CONCEPTS OF Genetics

유전학 개념과 원리 11판

이 도서의 국립중앙도서관 출판시 도서목록(CIP)는 e-CIP 홈페이지
(http://www.nl.go.kr/cip.php)에서 이용하실 수 있습니다.
(CIP 제어번호: CIP2016002340)

유전학 개념과 원리 11판

초판 인쇄: 2016년 2월 10일
초판 발행: 2016년 3월 5일

저 자: William S. Klug, Michael R. Cummings, Charlotte A. Spencer, Michael A. Palladino
역 자: (사) 한국유전학회
김철근, 김명희, 강성만, 강호철, 공홍식, 권혁빈, 김근일, 김근철, 김남근, 김세재,
김태욱, 김현우, 김희수, 문정환, 박영일, 서민덕, 심용희, 오정균, 원형식, 이명철,
이준규, 이지연, 임선희, 전상학, 정기화, 정민걸, 조성진, 채지형, 허만규
발 행 인: 문정구
발 행 처: (주)바이오사이언스출판
주 소: 서울특별시 서초구 도구로 115
전 화: (02)581-4057~8 팩스: (02)581-4059
이 메 일: inquiry@biosciencepub.com
홈페이지: http://www.biobooks.co.kr
I S B N: 978-89-6824-049-2 93470
등록번호: 제22-3079호
값 38,000원

CONCEPTS OF Genetics

유전학 개념과 원리 11판

한국유전학회 역

William S. Klug

Michael R. Cummings

Charlotte A. Spencer

Michael A. Palladino

BIOSCIENCE (주)바이오사이언스출판

저자 소개

*William S. Klug*은 미국 New Jersey 대학(이전 Trenton 주립대학)에서 17년간 생물학과 학과장으로 봉직했으며 현재 명예교수로 있다. 그는 인디애나주 Wabash 대학 생물학과를 졸업하였으며 Northwestern 대학교에서 박사학위를 받았다. 이후 Wabash 대학에서 조교수로 재직하며, 유전학, 일반생물학 및 전자현미경 기법을 강의하였다. 그는 초파리를 이용하여 미세구조의 형태학적 연구와 분자유전학적 연구로 난자 발생과정에 대해 연구하였다. Klug은 40년 넘게 생물학 전공 학부생들에게 유전학과 인간 및 분자유전학 고위 세미나 과정을 가르쳤다. 2001년에는 New Jersey 대학에서 뛰어난 강의로 강의교수상을 받았으며 2004년에는 국제 시그마 파이(Sigma Pi International)에서 수여하는 우수교수상과 함께 뉴저지 연구개발위원회(Research and Development Council of New Jersey)에서 수여하는 올해의 교육자로 선정되었다.

*Michael R. Cummings*는 현재 일리노이공과대학(Illinois Institute of Technology)의 생물, 화학 및 물리과학과에서 연구교수로 재직하고 있다. 25년 이상 시카고에 있는 Illinois 대학교에서 분자유전학 및 생명과학과 교수로 재직하였으며 Northwestern 대학교와 Florida 주립대학교의 교수를 역임한 바 있다. Cummings는 미네소타에 있는 St. Mary 대학을 졸업하였으며 Northwestern 대학교에서 석사 및 박사학위를 받았다. 이 책 외에도 비전공자들을 위한 인간유전학과 일반생물학 교과서를 집필하였다. Cummings는 인간 차단부동원체형 염색체의 이질염색질 부위의 분자구조와 물리지도작성 연구를 주로 수행하였다. 학부생들을 대상으로 멘델유전학과 분자유전학, 인간유전학, 일반생물학을 가르치고 있으며, 대학교수와 학생회 및 졸업생들이 선정하는 다수의 우수 강의교수상을 수상하였다.

*Charlotte A. Spencer*는 캐나다에 있는 Alberta 대학교에서 생화학과 교수로 재직하였으며 현재는 종양학과에서 은퇴 부교수로 지내고 있다. 그녀는 British Columbia 대학교에서 미생물학으로 학사학위를 받았으며 Alberta 대학교에서 유전학으로 박사학위를 취득한 후 미국 워싱턴주 시애틀에 있는 프레드 허치슨 암연구소(Fred Hutchinson Cancer Research Center)에서 박사 후 과정을 마쳤다. 그녀의 연구 관심 분야는 암세포, DNA 바이러스에 감염된 세포, 그리고 유사분열(mitosis, M기) 중인 세포에서 RNA 중합효소 II의 전사 조절에 관한 것이다. 그녀는 학부와 대학원에서 생화학, 유전학, 분자생물학 및 종양학을 강의하였으며, 학부 비전공자들을 위한 Prentice Hall Exploring Biology 시리즈 소책자를 집필하기도 하였다.

*Michael A. Palladino*는 현재 뉴저지주 West Long Branch에 있는 Monmouth 대학교 생물학과 교수 및 자연과학대학 학장으로 재직하고 있다. Trenton 주립대학(현 New Jersey 대학)을 나왔으며 Virginia 대학교에서 해부 및 세포생물학으로 박사학위를 받았다. 그는 활발히 학부학생 연구를 지도하고 있으며, 포유류 남성생식기관의 선천면역 관련 분자 기작, 산소 항상성 유지와 정소의 허혈성 손상에 관여하는 유전자들에 대해 연구하고 있다. 그는 생물학 전공 및 비전공자들을 대상으로 다양한 분야의 강의를 해 왔으며 현재는 유전학과 생명공학, 내분비학, 세포 및 분자생물학 실험 등을 가르치고 있다. 그는 2009년 미국 남성의학회로부터 젊은 연구자상을, 2005년에는 Monmouth 대학교로부터 우수 교육자상 및 뉴저지 의생명연구협회(New Jersey Association for Biomedical Research)로부터 자상한 마음상(Caring Heart Award)을 포함하여 다수의 연구 및 교육관련 상을 수상하였다. 그는 학부생들의 교과서인 *Introduction to Biotechnology*(최신 생명공학의 이해, 2012, (주)바이오사이언스출판)의 공동저자이며, 생물학 소책자인 Benjamin Cummings의 *Special Topics in Biology* booklet 시리즈의 편집자이며 이 시리즈의 첫 번째 책인 *Understanding the Human Genome Project*의 저자이기도 하다.

주요 차례

PART 1
유전자, 염색체, 그리고 유전

1 유전학 서론 1
2 체세포분열과 감수분열 16
3 멘델 유전학 40
4 멘델 유전법칙의 확장 70
5 진핵생물의 염색체 지도작성 104
6 세균과 박테리오파지의 유전적 분석과 염색체 지도작성 134
7 성결정과 성염색체 164
8 염색체 돌연변이: 수적 변이와 구조적 변이 188
9 핵외 유전 214

PART 2
DNA: 구조, 복제, 변이

10 DNA의 구조와 분석 231
11 DNA 복제와 재조합 261
12 염색체상의 DNA 구조 288

PART 3
유전자 발현, 조절, 발생

13 유전자 암호와 전사 308
14 번역과 단백질 337
15 유전자 돌연변이, DNA 회복, 전이 367
16 원핵생물의 유전자 발현 조절 396
17 진핵생물의 유전자 발현 조절 417
18 발생유전학 445
19 암과 세포주기 조절 469

PART 4
유전체학

20 재조합 DNA 기술 489
21 유전체학, 생물정보학, 단백질체학 522
22 유전공학과 생명공학의 응용 및 윤리적 제문제 569

PART 5
개체 및 집단유전학

23 양적유전학과 다중 형질 604
24 신경유전학 625
25 집단유전학과 진화유전학 647

현대 유전학 특강

1 후성유전학 674
2 RNA의 새로운 기능 684
3 DNA 법의학 701
4 유전체학과 맞춤의학 712
5 유전적으로 변형된 식품 724
6 유전자 치료 738

부록 A 참고문헌 753
부록 B 해답 765
용어해설 809
찾아보기 835

최신 주제 탐구

확장!

현대 유전학 특강

6개의 소단원에서는 학생들의 흥미를 끌 수 있는 최신 주제를 간단히 살펴볼 것이며, 이 중 3개는 새롭게 선보이는 주제이다:

- 후성유전학
- **신규!** RNA의 새로운 기능
- DNA 법의학
- 유전체학과 맞춤의학
- **신규!** 유전적으로 변형된 식품
- **신규!** 유전자 치료

SPECIAL TOPIC | 현대 유전학 특강 5

유전적으로 변형된 식품

수세기 동안, 인간은 원하는 유전형질을 가진 식물과 동물을 만들기 위해 선택적 육종기술(selective breeding techniques)을 사용하였다. 우리는 자연발생체와는 돌연변이체들을 선별하고 원하는 표현형을 얻기 위한 이들 간의 육종에 의하여 인류의 식량과 복잡한 문명을 지원하기 위해 다양한 개체들을 진화시켰다.

선택적 육종을 통한 유전자 조합(shuffling)은 엄청난 성공을 거두었지만, 그 과정이 너무 느렸다. 재조합 DNA 기술이 1970년대와 1980년대에 등장했을 때 과학자들은 원하는 특성을 가진 유전자를 동정하고 클로닝한 뒤 생물체에 도입하여 농업적으로 중요한 생물을 정확하고 신속하게 변형할 수 있다는 것을 깨달았다. 동물과 식물의 유전공학은 생산성 향상, 농약 사용 감소, 향상된 맛과 영양 등을 이끄는 새로운 농업과학의 시대를 약속하였다.

"동물과 식물의 유전공학은 생산성 향상, 농약 사용 감소, 향상된 맛과 영양 등을 이끄는 새로운 농업과학의 시대를 약속하였다."

1990년대 초부터 과학자들은 다수의 유전자변형(Genetically Modified, GM) 식품들을 생산하기 시작하였다. 1994년에 판매 승인을 받은 첫 번째 GM 작물은 Flavr Savr 토마토로, 일반 토마토보다 더 오래 단단하고 잘 익은 상태가 유지되었다. 바로 얼마 뒤에 다른 GM 작물들이 개발되었다: 바이러스 감염에 대한 저항이 있는 파파야와 호박, 열대 오일 라우레이트(laurate)를 포함한 카놀라, 곤충에 내성이 있는 옥수수와 면화, 그리고 제초제에 내성이 있는 대두와 사탕무 등이 있었다. 2012년에는 이미 200가지 이상의 다양한 GM 작물 품종이 생산되었다. 전 세계적으로 GM 작물은 1억 7,000만 헥타르에서 경작되고 있으며 GM 종자들은 150억 달러의 가치를 가진다.

많은 사람들이 GM 식품의 큰 잠재력을 알고 있지만—성장하고 있는 인구와 기후 변화로 인한 세계의 기아 해결을 위한—어떤 이는 기술에 의문을 가지고 GM 식품의 개발에 반대하며, 보안 펜스를 부숴버렸다. 15분 이내에 그들은 대부분의 GM 벼를 뿌리채 뽑고 짓밟았다. 공격자들은 황금쌀이 인간의 건강과 생물 다양성에 대한 위협이며, 지역 식용작물의 서구 기업 지배로 이어질 것이라고 주장했다.

GM 식품에 대한 반대는 황금쌀에만 국한된 것이 아니다. 2013년에는 52개국에서 개최된 집회에서 약 200만 명이 GM 식품 금지에 대한 행진을 했다. 어떤 국가는 모든 GM 식품에 대해 철저히 금지한 반면, 다른 국가에서는 기술을 용인하였다. 일부 과학자와 사업가들은 GM 식품의 거의 무한한 가능성을 극찬했지만, 반대파는 안전과 환경에 대한 우려를 보였다. GM 식품의 주제는 토론의 양쪽에서 과장된 수사, 정보, 그리고 오보를 초래했다.

그러면 GM 식품에 관한 진실은 무엇인가? 이 장에서는 GM 식품의 배경에 있는 과학을 소개하고, 새로운 기술의 약속과 문제점을 검토한다. 우리는 이 주제를 둘러싼 복잡한 질문을 다루기 위해 몇 가지 논쟁과 현재의 정보를 살펴볼 것이다.

...서 유전자 변형 옥수수의 필드를 공격하는 안... 작물 반대 운동가 수백 명이 미국의 생명공학... 에 의해 실험되고 있는 작물을 파괴했다.

신규!

현대 유전학 특강 단원의 끝

현대 유전학 특강 단원의 끝에는 학생들이 핵심 아이디어를 검토하고 토론을 유도하기 위해 문제를 제공한다.

확인 문제

1. 생명체 내에서 RNA가 담당하는 다양한 역할을 종류별로 제시하시오.
2. RNA 세계 가설을 입증할 수 있는 논거를 제시하시오.
3. 리보자임은 어떤 반응을 촉매하는가? 어떤 종류의 결합이 절단되거나 혹은 형성되는가?
4. 박테리아의 DNA 메틸화와 제한효소의 발현이 선천성 방어 전략으로 작용하는 근거는 무엇인가? 한편 크리스퍼알/카스페이스 시스템이 적응 방어 전략으로 작용하는 근거는 무엇인가?
5. 진핵생물에 존재하는 세 종류의 작은 비암호화 RNA는 무엇이며, 각각의 특징을 비교 설명하시오.
6. 이질염색질 부위에서 나타나는 RNA 유도 전사 침묵 기작은 상당히 모순적이다. 예를 들어 분열 효모에서 중심체 DNA는 전사 억제 상태가 되기 전에 우선 전사되어야 하는데, 어떻게 이러한 작용이 가능한지를 설명해 보시오.
7. 원형 RNA는 분자 '스펀지'로 작용하는데, 이것은 어떤 의미이며, 무엇을 '흡수'하는가?
8. 세포외 RNA는 식물과 동물의 체액에서 자주 발견되는데, 일반적으로 소낭 안에 들어 있거나 단백질에 결합되어 있다. 왜 그러한지 설명하시오.
9. 진핵생물의 mRNA는 세포의 특정 위치로 어떻게 이동하여 편재되는가? 또한 이러한 mRNA의 편재는 왜 일어나는가?

탐구 문제

1. RNA 세계 가설에서는 가장 초기의 생명체는 DNA 대신 RNA를 유전체로 사용했을 것이라고 제안한다. 그렇다면 현재 RNA 유전체를 가진 생명체가 존재하지 않는 이유는 무엇일까?
2. 박테리아의 sRNAs는 상보적 염기쌍 형성을 통해 mRNA에 결합하여 유전자 발현을 조절한다. sRNA/mRNA 간의 결합이 mRNA의 번역을 촉진할 것인지 혹은 억제할 것인지를 결정하는 요인은 무엇인가?
4. 원핵생물과 진핵생물은 각각 바이러스 혹은 외부 핵산에 대항하는 방어 기작을 진화시켰다. 두 종류의 방어 기작의 공통점과 차이점을 설명하시오.
5. 세포외 RNA는 사람의 체액에 많이 존재하지만, 현재 이들의 기능에 대해서는 별로 알려진 바가 없다. 인체 생물학에서 세포외 RNA가 어떤 역할을 담당할지에 대해 예측해 보시오.
6. 어떤 mRNA가 한 세포의 세포질 전체에 골고루 분포하고 있다고 가...

신규! 책 전체에 걸쳐 사진과 그림이 추가되었다.

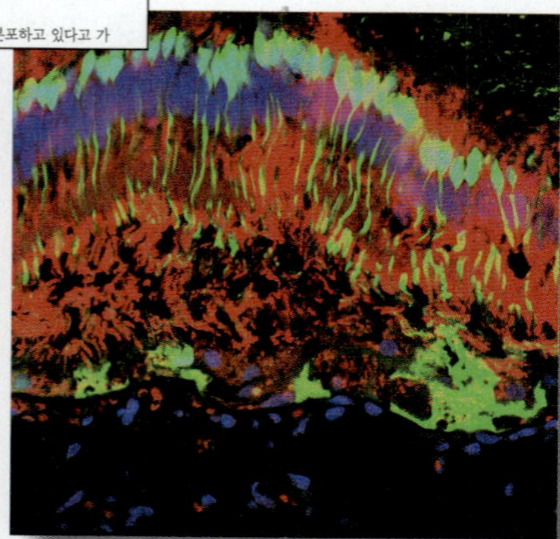

신규!

유전자의 새로운 개념

시간이 지남에 따라 유전자에 대한 개념이 어떻게 이해되고 변화되어 왔는지 몇몇 관련 장에서 통합하였다.

3, 4, 5, 6, 10, 12, 14, 16, 21장

10장

유전자의 새로운 개념

Watson과 Crick이 1953년에 제안한 DNA의 모델에 기초하여 처음으로 유전자는 유전정보를 암호화하는 DNA 이중나선의 뉴클레오타이드들의 서열이라고 분자적 용어로 서술하였다.

21장

유전자의 새로운 개념

ENCODE 프로젝트의 결과들을 기반으로, 예전에는 단백질을 암호화하지 않는 '정크 DNA'로 생각되었던 DNA 서열들이 종종 비암호화 RNA(ncRNA)로 전사된다는 것을 이제 알게 되었다. 현재 이러한 RNA들 중 일부의 기능이 밝혀지면서, 유전자의 개념이 ncRNAs를 암호화하는 DNA 염기서열을 포함하도록 확장되어야 하는지 생각해 봐야 한다. 이 글을 통해 합의할 수는 없지만, 유전자의 최종 해석을 발전시켜 가면서 이러한 현재의 발견을 아는 것은 중요하다.

신규!

유전자 기능 이해를 위한 현대적 접근

유전자의 기능을 이해하기 위해 최신 현대 기법인 유전자 적중 실험을 소개한다. 여기서는 각각의 표제에 대한 실험접근법을 탐구하고, 실험을 통해 나온 결과를 분석하여 그 장에서 다룬 개념과 연결한다. **탐구문제**를 포함하고 있다.

유전자 기능 이해를 위한 현대적 접근

다운증후군의 생쥐 모델

다운증후군의 유전적 배경을 고려한 기본적인 가설은 동일한 21번 염색체가 3개 존재하여 21번 염색체 상의 일부 유전자의 과발현을 유도하고, 과발현된 유전자 산물이 다운증후군의 여러 표현형 특징을 나타낸다는 것이다. 비록 다운증후군이 한 개의 유전자에 의해 야기되는 것은 아니지만, 각각의 유전자가 이 증후군을 구성하는 독특한 형질에 대한 책임이 있을 수 있다. 때문에 어떠한 유전자가 관여하는가를 밝히는 일은 많은 연구자들의 오랜 목표였다.

"유전자 기능 이해를 위한 현대적 접근" 중에서 우리는 한 개 또는 몇 개의 유전자를 연구하는 방식의 실험적 접근법에 초점을 맞출 것이다. 유전학자들은 많은 유전자의 기능을 동시에 분석하게 할 수 있는 3염색체성을 갖는 생물체 모델(동물모델)을 만들 수 있다. 과학자들은 다운증후군의 3염색체성(Ts)

다. 그러므로 Ts16 생쥐들은 Hsa21에 존재하는 중요한 직렬 상동유전자의 일부는 가지고 있지 않은 것이다. 또한 Ts16 생쥐들은 Hsa21에는 존재하지 않는 다른 유전자들에 대해 여분의 복사본을 보유하고 있다.

그 다음 진행된 연구는 Hsa21의 유전자들과 직렬 상동유전자를 갖는 생쥐의 10번과 17번 염색체의 생쥐 모델이었다. 이러한 연구의 중요한 목표는 Hsa21의 전부가 아닐지라도 대부분을 포함하는, 그리고 특별히 이 장의 앞에서 논의되었던 다운증후군의 중요한 부분(DSCR)에 존재하는 33개의 유전자 중 일부를 포함하는 생쥐 모델을 만드는 것이었다. 뉴욕, 버팔로의 로즈웰 파크 암 연구소의 과학자들이 2010년 생쥐의 10, 16, 17번 염색체(Mmu 10, 16, 17)의 일부를 조합하여 Hsa21의 모든 연관 부위에 대한 3염색체성 생쥐의 다운증후군 모델을 만들었다.

결론:

생쥐 모델을 이용한 연구는 다운증후군과 관련된 모든 표현형을 대변하는 유전자는 존재하지 않는다는 것을 보여주었지만, 대신 인간 다운증후군의 모든 표현형을 나타내기 위해서는 많은 유전자들의 과발현이 필수적이라는 것을 알려주었다. Mmu 10, 16, 17 생쥐 모델과 같은 새로운 모델의 생산은 다운증후군의 유전학적인 면의 이해와 다운증후군 환자들을 치료하기 위한 방법을 개발하기 위한 잠재적인 가치를 제공하였다. 명백히, 생물체의 유전체상에 완벽한 염색체를 추가하는 방법은 다운증후군과 같은 복잡한 인간의 질병을 연구하는 우리의 능력을 확장시켰다.

참고문헌:

Yu, T. et al. 2010. A mouse model of Down syndrome trisomic for all human chromosome 21 syntenic regions.

포함된 주제:

- 완두에서 흰 꽃 색을 조절하는 멘델 유전자의 동정(3장)
- 초파리 *Sxl* 유전자는 암컷 발달을 유도한다(7장)
- 다운증후군의 생쥐 모델(8장)
- 치명적인 기능결손(11장)
- 전이인자 매개 돌연변이 연구를 통한 대장암 유전자의 발견(15장)
- 마이크로 RNA는 암컷 생쥐에서 배란을 조절한다(17장)
- 플라나리아에서 하나의 유전자 신호 메커니즘이 머리 재생의 비밀을 밝히다(18장)
- 노화와 관련된 기억 상실의 잠재적인 분자 기전과 *RbAp48*(24장)

서문

교과서를 집필할 때는 한걸음 뒤로 물러나서 책의 내용이 잘 구성되어 있는지 새로운 시각으로 볼 필요가 있다. 그와 동시에 (1) 이전 판 이후로 그 분야의 정보—이 교과서의 경우는 유전학—가 얼마나 발전하였고 변화되어 왔는지, (2) 혁신적인 교수법이 고안되지는 않았는지, 그리하여 그 교수법을 책에 적용하여 학생들의 학습을 향상시킬 수 있는지 등의 두 가지 주요 질문을 제기해야 한다. 유전학을 공부하는 학생들을 위해 교과서를 집필한 지 어언 30년이 지났지만, 여전히 "유전학 개념과 원리(*Concepts of Genetics*)" 11판 준비과정은 새로운 시각을 필요로 하였다. 이번 판에서는 반드시 개정되어야 할 내용 이외에도 다음의 두 가지에 주안점을 두었다: (1) 교수와 학생이 교실 안과 밖에서 능동적으로 함께 **학습**할 기회를 많이 줄 것, (2) 아직 하나의 장으로 나누기는 어려우나 **새롭고 중요한 최신 주제**에 대해 **포괄적인 내용**을 제공할 것.

이후에 더 자세히 언급하겠지만 첫 번째 사항에 의거하여 여러 단원에서 **유전자 기능 이해를 위한 현대적 접근**이라는 새로운 코너를 추가하였다. 이외에도 매우 인기 있는 **유전자, 기술, 사회** 항목은 각 단원의 마지막 부분에 계속 유지하였다. 여기서는 조사해 보자(Your Turn)라고 하는 능동적인 학습 포맷을 제시하여 학생들이 함께 참여하여 흥미 있는 과제를 해결하게 할 것이다. **유전체학 탐색(Exploring Genomics)** 코너와 함께 이 코너들은 교실 안팎에서 소그룹의 학생들끼리 서로 의견을 나눌 수 있는 기초적인 주제가 되어줄 것이다. 최신 주제에 관해서는 **현대 유전학 특강(Special Topics in Modern Genetics)**을 통해 우리만의 독창적인 방법으로 내용을 집약시켜 독자들에게 제공할 것이다. 이 책에서는 6가지의 중요한 관련 주제—후성유전학, RNA의 새로운 기능, DNA 법의학, 유전체학과 맞춤의학, 유전적으로 변형된 식품, 유전자 치료—를 다룰 것이다. 이 중 3가지(RNA의 새로운 기능, 유전적으로 변형된 식품, 유전자 치료)는 이번에 새로 추가되었다.

목표

유전학 개념과 원리 11판은 이전과 마찬가지로 5개의 주요 목표를 갖고 있다.

- 유전학의 기본 개념 강조
- 복잡하고 분석적인 주제를 학생들이 이해하기 쉽도록 확실하고 명확하게 작성
- 문제해결 능력을 지속적으로 강조하면서 이를 위한 다양한 접근 방법 제공
- 과학적인 연구를 통해 어떻게 정보를 얻을 수 있는지 잘 묘사된 유전학의 풍부한 역사 전파
- 개념 발달에 도움이 될 사진을 바탕으로 교육학적으로 유용한 총천연색 그림 제작

이런 목표들이 모여 이 책의 토대가 되었으며, 이런 교육학적인 기반을 토대로 다양한 방법과 강의 형식으로 이 책을 수업에 사용할 수 있을 것이다.

책을 집필하면서 이런 목표를 달성하고, 또 지속적으로 향상된 버전의 교과서를 집필할 기회를 갖는 일은 즐거운 노동이었다. 이번 판의 교과서 집필은 유전학 교육에 대한 우리의 열정뿐만 아니라 지난 30년간 이 책을 채택해 주고 검토해 준 분들 그리고 우리 학생들이 보내준 건설적인 피드백과 격려 때문에 가능하였다.

이 책의 새로운 특징

- **현대 유전학 특강**—현대 유전학 특강이 뜨거운 호평을 받아 기뻤다. 교과서에 쉽게 포함하기 어려운 유전학의 중요한 주제에 대해 간략하면서도 연관성 있는 주제를 제공하고자 했다. 교수들은 이 집약적이고 유연한 장을 강의용으로, 또 교실 밖에서는 학생들에게 과제를 주기 위한 영감을 얻기 위해, 그리고 또 조별 과제 및 발표 근거로 사용하였다.

  이 책(11판)에서 새로운 부분은 유전학에서 매우 의미 있는 주제와 관련된 장이다: RNA의 새로운 기능, 유전적으로 변형된 식품, 유전자 치료. 모든 특강 단원에서 우리는 일련의 질문을 추가하여 학생들을 다시 그 단원으로 돌려보내 주요 아이디어를 검토하게 하거나, 각자 고민해 보고 다른 학생들과 토론을 하도록 근거를 제공한다.

- **유전자 기능 이해를 위한 현대적 접근** 여기서는 어떻게 유전공학의 발전이 유전자 기능을 이해하는 데 이바지하였는가를 강조한다. 학생들이 여러 단원에서 이 코너를 접하면서 유전자 기능을 이해하도록 기여한 여러 연구 결과들을 실험 기술과

연결시킬 수 있는 분석적 사고능력을 함양할 수 있을 것이다.

- **유전자의 새로운 개념** 이번 판에서 처음 소개하는 코너로, 몇몇 단원에 포함되어 있으며 시간이 흐름에 따라 과학자들이 유전자를 어떻게 이해해 왔는지를 간략히 보여준다. 우리는 유전자를 눈으로 직접 볼 수 없기 때문에 실험적인 결과에 의거하여 유전 단위가 무엇인지를 유추해야만 한다. 시간이 흐르면서 과학자들의 유전자에 대한 개념이 어떻게 새롭게 발전하였는지 강조하면서, 우리는 학생들이 유전정보를 보다 더 잘 이해하게 만든 그 동안의 발견 과정을 주목하도록 도와줄 것이다.
- **개념확인 문제** 각 장의 끝에 나오는 탐구 문제 중 두 번째 질문으로 11판에 처음 도입되었다. 학생들에게 각 장의 시작부분에 나열된 핵심 개념을 복습하고 설명하도록 한다. 이 부분은 개념 학습에 대한 우리의 교수법을 재강조한다.
- **신경유전학** 목차에서 나타나는 중요한 변화는 24장에서 볼 수 있다. 이번 판에서 이 장은 뇌기능 및 뇌질환을 유전자 분석과 연결하면서 신경생물학 분야에 다양한 유전학 정보를 반영하여 재처리하고 재정의하였다. 따라서 24장은 신경유전학으로 완전히 개정되었다.

신규 또는 갱신된 주제

최신 연구 결과를 보여주기 위해 각 장마다 내용을 수정하였고, 아래는 11판에 가장 중요한 신규 및 갱신된 항목들의 목록이다.

1장: 유전학 서론
- 신규. 중개 의학을 강조하는 속표지 그림

3장: 멘델 유전학
- 신규. 유전자 기능 이해를 위한 현대적 접근: 완두에서 흰 꽃 색을 조절하는 멘델 유전자의 동정
- 신규. 미갈로의 백변증에 기반한 연습문제

7장: 성결정과 성염색체
- 신규. 사람에서 부계 나이효과
- 신규. 유전자 기능 이해를 위한 현대적 접근 : 초파리 *Sxl* 유전자는 암컷 발달을 유도한다

8장: 염색체 돌연변이: 수적 변이와 구조적 변이
- 갱신. 취약 X 증후군
- 신규. 유전자 기능 이해를 위한 현대적 접근: 다운증후군의 생쥐 모델

9장: 핵외 유전
- 신규. 미토콘드리아 교체와 미토콘드리아 질병의 예방

11장. DNA 복제와 재조합
- 갱신. DNA 중합효소 III 완전효소
- 수정. DNA 합성관련 그림
- 신규. 박테리아 DNA 합성 개시
- 신규. 상동 유전자재조합과 유전자 전환
- 신규. 텔로미어 DNA 복제
- 신규. 유전자 기능 이해를 위한 현대적 접근: 치명적인 기능결손

12장: 염색체상의 DNA 구조
- 신규. 동원체 방추사 부착점의 구조와 기능

14장: 번역과 단백질
- 수정. 리보솜 관련 모든 그림

15장: 유전자 돌연변이, DNA 회복, 전이
- 신규. 인간에서 자발적 돌연변이율 데이터
- 갱신 및 개편. 돌연변이 분류
- 갱신. 색소성 건피증과 DNA 복구 기작
- 신규. 전이인자 매개 돌연변이 연구를 통한 대장암 유전자의 발견

16장: 원핵생물의 유전자 발현 조절
- 갱신. 리보스위치에 의한 유전자 조절

17장: 진핵생물의 유전자 발현 조절
- 확장. 염색질 수식
- 소개. 염색질 구조와 전사 조절에 대한 Weintraub과 Groudine의 실험
- 갱신. 프로모터와 인핸서 구조와 기능
- 갱신. 전사활성과 억제 기작
- 갱신. RNA 침묵
- 신규. ENCODE 데이터는 진핵생물 유전자 조절의 개념을 변화시킨다
- 신규. 유전자 기능 이해를 위한 현대적 접근: 마이크로 RNA는 암컷 생쥐에서 배란을 조절한다

18장: 발생유전학
- 신규 항목: 이진법의 스위치유전자와 신호 경로 및 신규 그림 4개

- 신규. 유전자 기능 이해를 위한 현대적 접근: 플라나리아에서 하나의 유전자 신호 메커니즘이 머리 재생의 비밀을 밝히다

19장: 암과 세포주기 조절

- 신규. 대장암의 진행 특성
- 갱신 및 개편. 운전자 변이와 탑승자 변이
- 확장. 인간 암에서 바이러스의 역할

20장: 재조합 DNA 기술

- 확장 및 신규 그림. 제3세대 DNA 염기서열결정법
- 신규. 유전자 기능결손 동물, 조건부 유전자 기능결손 및 형질전환 동물 관련 내용과 그림을 포함하고 있는 유전자 적중

21장: 유전체학, 생물정보학, 단백질체학

- 갱신. 인간 미생물군체 프로젝트
- 신규. 엑솜 염기서열분석법
- 갱신. 개인 유전체 프로젝트
- 수정 및 확장. ENCODE(Encyclopedia of DNA Elements) 프로젝트
- 신규. 염색질 면역침강법(ChIP) 및 염색질 면역침강후 염기서열결정(ChIPSeq) 내용 및 그림
- 신규. 질병 위험인자로서의 장내 미생물에 대한 사례 연구

22장: 유전공학과 생명공학의 응용 및 윤리적 제문제

- 신규. 생명공학 응용을 위한 합성 생물학 내용 및 그림
- 신규. 모체 혈액으로부터 태아의 유전체 염기서열을 예측하는 내용과 그림
- 갱신. 산전 유전자 검사
- 갱신. 최소 유전체
- 신규. 임상 목적 개인 유전체 염기서열결정과 단일 세포 염기서열 분석에 의한 유전자 분석
- 수정. 전체 유전체 염기서열결정 분석, 임신 전 검사, DNA 특허 및 운명 예측에 대한 추간 논의를 포함하고 있는 윤리문제.
- 탐구 문제 내용의 대대적 개정과 신규 문제 추가
- 신규. 유전학, 기술, 사회: 유전체 빅 데이터 시대의 개인 사생활과 익명성
- 신규. 암 치사 세균에 대한 사례 연구

23장: 양적유전학과 다중 형질

- 갱신. 다중 형질 연구에서 양적형질좌위(QTL)

24장: 신경유전학

- 교체. 행동유전학 장을 신경유전학 장으로 교체. 행동과 관련하여 뇌와 신경계에서 일어나는 분자적 사건을 강조하였으며 신규 그림 10개와 표 3개 첨가.
- 신규. 유전자 기능 이해를 위한 현대적 접근: 노화와 관련된 기억 상실에 관련된 잠재적인 분자 기전과 *RbAp48*

25장: 집단유전학과 진화유전학

- 신규. 거시 진화와 종분화 비율
- 수정. 분자시계에 대한 내용
- 신규. 2개 항목: 복잡한 기원 유전체와 모자이크형 유전체

현대 유전학 특강 1장: 후성유전학

- 신규. 마이크로 RNA와 긴 비암호 RNA

현대 유전학 특강 2장: RNA의 새로운 기능

- 신규. 새로 발견된 RNA의 새로운 기능에 관한 장—비암호화 RNA를 강조하면서 RNA의 다양한 기능을 중심으로

현대 유전학 특강 3장: DNA 법의학

- 신규. DNA가 실수로 범죄 현장에 옮겨져 어떻게 잘못된 체포가 이어질 수 있는지에 대한 설명
- 신규. DNA 표현형 결정

현대 유전학 특강 4장: 유전체학과 맞춤의학

- 신규. 유전체 프로파일링을 이용하여 맞춤 암치료법을 택한 한 개인의 성공적인 경험담을 포함하여 개인 유전체학과 암
- 갱신. 맞춤의학 및 질병진단법
- 갱신. 질병 상태를 예측하고 추적하기 위해 "체학(omics)" 프로파일링을 이용하는 최신 연구

현대 유전학 특강 5장: 유전적으로 변형된 식품

- 신규. 유전자변형식품에 관한 새로운 장—사용된 유전자 기술, 약속, 토론, 논쟁

현대 유전학 특강 6장: 유전자 치료

- 신규. 유전자 치료의 최신 지견에 관한 새로운 장—사람에서 유전자 치료의 최신 응용프로그램 제공

용어 해설

- 많은 용어가 개선되었다.
- 새로운 용어가 20개 이상 추가되었다.

개념 강조

이 교과서 제목—유전학 개념과 원리(Concepts of Genetics)—은 유전학 관련 책을 집필하고 가르치기 위해 기본적인 교육학적 접근을 반영하여 의도적으로 선정하였다. 그러나 일반적으로 생각하는 것처럼 "개념"이라는 단어를 정의하기는 쉽지 않다. 쉽게 말해서 우리는 개념을 의미 파악을 위한 하나의 단위로 생각했으며, 일련의 과학적 발견과 아이디어의 간략한 묘사라고 생각하였다. 따라서 개념은 광범위한 머릿속 이미지를 제공하는데, 예를 들어 염색체가 무엇으로 이루어져 있는지 상상해 본다거나, 유전정보의 복제, 전사, 번역 과정의 세밀한 반응들을 역동적으로 보거나, 유전이 이루어지는 다양한 방식들을 추상적으로 받아들이는 것과 같다.

우리는 이런 추상적인 이미지를 만드는 것이 유전학을 가르치는 최선의 방법이라고 생각한다. 구체적인 내용들은 외워도 곧 잊어버리지만, 개념적 틀 안에 포함이 된 것은 쉽게 기억된다. 이렇게 틀을 잡아놓으면 새로운 정보를 접했을 때 그 틀을 확장시킬 수 있고, 다른 개념과 함께 기존의 관련된 반응이나 아이디어가 합쳐져서 더 쉽게 이해할 수 있도록 한다. 큰 개념이 잡히면 결국에는 유전학 전 분야를 아우르게 되며, 이것이 이 책을 통해 얻고자 하는 목표이다.

학생들이 주요 중심내용에 대한 개념을 쉽게 확인할 수 있도록, 각 장은 **핵심 개념** 항목으로 시작하며, 이것은 앞으로 다루어질 가장 중요한 주제들을 보여준다. 각 장은 **요약**으로 끝나며, 여기서는 본문에서 다룬 내용의 요점을 5~10개 나열한다. 각 장에서 문제는 **어떻게 알았을까?** 라는 질문으로 시작하며 이것은 개념과 실험적 발견을 연결토록 한다. 이 문제 다음에는 이번 책에서 새로 선보이는 **개념확인 문제**가 있으며 이것은 그 장의 개념을 복습하고 일반적인 견해를 설명하도록 한다. 종합적으로 이런 코너들을 통해 학생들은 광범위한 유전학 용어와 유전학의 주요 세부 내용을 접하면서, 중요한 개념을 쉽게 받아들이고 이해하도록 돕는다. 이 책 전반에 걸쳐 신중하게 고안 제작된 그림 역시 이런 시도를 용이하게 한다.

이 책의 강점

- **구성**—우리는 유전학 내용이 변하는 추세를 반영하기 위해 중요 PART별로 단원들을 배열함으로써 주제의 조직화에 신경을 썼다. 특히 PART 4에서는 기본적인 DNA 재조합 기술의 기초를 다룬 장과 유전체학을 다룬 2개의 관련 장으로 구성되어 있다.
- **교육**—위에서 설명한 대로, 이번 책에서 주요 교육학적 목표 중 하나는 소그룹 학생들이 교실 안에서 수업자료로 혹은 숙제로 이용할 수 있도록 각 단원 안에 몇 가지 기능을 포함하였다. 교수법 연구는 학생들이 **능동적이며 협동적인 학습 경험**을 하도록 지속적으로 지원한다. 이런 목적을 위해 이 책에서는 다음 코너를 크게 강화하였다.
  - **사례 연구** 각 장의 뒤쪽에 있는 사례 연구는 일상생활에서 볼 수 있는 유전학 관련 짧은 사례를 소개하고, 그 다음 일련의 탐구 문제를 실었다. 사례 연구는 학생들이 새로 알게 된 정보를 수업 외적으로 만날 수 있는 이슈들과 즉시 연결시킬 수 있게 하였다.
  - **유전학, 기술, 사회** 이 코너에는 현재 우리 사회에 직접 영향을 미치는 유전학의 최신 발견과 관련된 화젯거리들을 담았다. **조사해 보자** 코너에서는 학생들에게 짧은 읽을거리와 웹사이트의 관련 자료를 조사하도록 안내하며 각 에세이마다 중심 주제에 대해 더 깊이 조사하고 토론할 수 있도록 유도한다.
  - **유전체학 탐색** 여기서는 유전체 연구를 통해 얻은 새로운 결과를 탐구하면서 각 장에서 선별된 주제에 관한 토의를 더 폭넓게 다룬다. 학생들은 전 세계 과학자들이 유전자 정보를 얻기 위해 이용하는 "tools"을 웹사이트에서 직접 만나볼 수 있다.

교수들이 이런 활동들을 수업 중의 능동적인 학습을 위해 사용하던지 교실 밖의 과제학습으로 활용하던지 간에, 이 코너들은 학생들의 학습을 위해 이런 교육학적 접근법을 사용하도록 독려할 것이다. 이런 활동들은 학생들이 참여하도록 만들고, 각 코너의 내용은 학생들이 유전학의 최신 주제에 대해 많은 것을 알아갈 수 있게 할 것이다.

번역에 붙여서

한국유전학회는 일찍이 1978년 학문적 발전과 교류를 도모하기 위하여 창립되었으며, 정기 학술발표대회 개최, SCIE 등재 학회지 발간 등의 학술 행사는 물론 유전학 총서, 유전학 종설집 및 유전학실험서를 발간하여 유전학의 대중적 전파에도 노력하여 왔다.

한국유전학회는 2013년도부터 국제화 시대에 걸맞은 세계적인 학회로 발돋움해야 하는 당위성과 함께, 회원님들의 전폭적인 지지 하에 다양한 변모를 시도해 왔다. 이러한 노력의 결과, 올해에는 학회의 사단법인 가입, 유전자/항체은행 개설, 학회홈페이지 전면 개편, 정기적인 E-letter 발간, 기금을 활용한 학술상 제정 및 시행, 젊은 피의 수혈을 통한 분과별 학술활동 개시, 제1회 국제심포지엄 개최 등을 성공리에 이룩할 수 있었다. 한편 이러한 변모의 하나로서 유전학 교재 번역사업도 수행하게 되었다.

유전학은 학문적 관점을 차치하더라도 사람이 살아가는 데에 있어서 모두에게 꼭 필요한 다양한 차원의 지식을 제공해 왔다. 학문적으로 1865년 멘델의 유전법칙이 발표된 이래 1953년 DNA 이중나선 구조가 알려지고 유전정보가 염색체에 위치한 DNA의 염기서열에 의해 결정된다는 사실이 알려짐에 따라, 유전학은 생명관련 학문 분야의 중심에 자리 잡게 되었다. 유전학은 1970년대 유전공학을 태동시켰고, 2000년대 사람 유전체 해독과 함께 생명 중심사회를 이끄는 견인차 역할을 해오고 있다. 최근 저명 과학자들은 향후 유전(체)학의 다양한 응용, 유전정보의 진화와 생명현상 자체의 이해, 기능 유전체학적 해석과 in silico 생물학의 도래, 유전학과 생명윤리학과의 논쟁, 유전체 빅데이터를 이용한 복합적 유전현상의 규명, 간단한 개별 유전체 모니터 시스템의 출현, 사람 질환에 대한 맞춤 유전체학의 적용, 다양한 종에서의 유전변이 분석에 기초한 집단유전학적 해석 등을 예측하고 있다. 따라서 유전학은 현대 생명 중심사회에 있어서 필수적인 학문이므로, 한국유전학회에서는 이러한 시대적 사명을 성실하게 수행하기 위해 교재용 "유전학 교과서 번역" 사업을 추진하게 되었다.

이에 따라 본 학회의 출판위원회에서는 다양한 유전학 교과서를 검토하였으며, 유전학의 기본 개념을 쉽고 명쾌하게 강조하여 설명하면서도 최신 주제에 대한 내용을 포괄하고, 학생들로 하여금 재미있게 접근할 수 있는 유전학 교재로서 William S. Klug 등이 저술한 "*Concepts of Genetics* 11판"을 선정하였다. 이 책은 1986년에 초판이 발행된 이래 현재까지 11차례의 증보판이 나올 정도로 현대 유전학 교재의 으뜸으로 꼽히며, 세계적으로 유수한 대학의 교재로 널리 사용되는 최고의 명저이다. 이번 판에서는 유전분석의 최신 기법과 응용을 추구하면서 유전학의 기초 개념을 다루고 있으며, 특히 문제 해결 능력의 함양에 초점을 맞추면서 최근의 유전학분야의 첨예한 주제들에 대해 심도 있게 소개하고 있다.

본 학회 회원이면서 각 분야의 강의를 담당하는 25명의 교수가 각자의 세부전공에 따라 장별로 나누어 초고 번역을 진행하였으며, 4명의 감수위원이 수차례에 걸친 검토와 교정 작업을 거쳐 이 책을 완성하였다. 모든 역자는 1년 남짓 많은 시간과 노력을 경주하였다. 그동안 바쁜 와중에도 후학들을 생각하여 본 교재 번역에 참여한 역자는 물론 성원을 아끼지 않은 한국유전학회 회원들께 감사를 드리며, 각 번역원고를 꼼꼼하게 여러 번 교정해 준 김명희, 김태욱, 원형식, 채지형 감수위원들께 특별한 감사의 마음을 전한다. 이 책이 나오기까지 헌신해·준 출판위원장 김명희 교수 및 출판운영위원 원형식 교수의 리더십과 노고에 깊이 감사드린다. 또한 이 책을 멋지게 만들어준 ㈜바이오사이언스출판 문정구 대표이사와 편집진 여러분께도 심심한 감사를 드린다.

모쪼록 이 책이 유전학을 공부하는 학생들은 물론 생명 중심사회를 맞이하여 유전학을 심도 있게 이해하고자 하는 모든 사람들에게 널리 보급되어 우수한 기초 지식과 좋은 정보로 활용되기 바란다.

2015년 12월 22일

한국유전학회 22대 회장

한양대학교 생명과학과 김철근

역자 서문

한국유전학회 출판위원회는 2015년도 사업으로 교재용 "유전학 교과서 번역" 사업을 진행하게 되어 번역할 책을 찾던 중 William S. Klug 등이 저술한 *Concepts of Genetics* 11판(2015)을 접하게 되었습니다. 이 책은 기존에 출간되었던 다양한 유전학 교재에 비해 그 내용과 구성 면에서 많이 달랐습니다. 이 책은 특히 유전학의 기본 개념을 강조하면서도 새롭고 중요한 최신 주제에 대한 내용을 포괄적으로 포함하고 있으며, 교수와 학생의 능동적 학습을 유도하는 여러 기회를 제공합니다. 문제해결 능력을 지속적으로 강조하면서 이를 위한 다양한 접근 방법을 제공하고 있어 학생들이 유전학을 쉽게 접하며 공부하기에 좋은 책으로 판단되어 출판위원회에서 검토를 거친 후 번역작업을 하게 되었습니다.

이 교과서를 우리말로 번역하는 과정에 있어 제일 먼저 권혁빈 교수(선문대학교)가 용어 번역을 완료하였으며, 다음 각 장 번역 역자들에게 통일된 용어를 사용하도록 하였습니다. 그러나 이를 벗어난 단어의 경우, 한국생물과학협회에서 2015년에 출판한 생물학용어집(한국생물과학협회 편, 바이오사이언스출판, 서울)에 따라서 사용하는 것을 권장하였으며, 용어집에 없는 용어는 역자가 적합한 용어 또는 원어를 한글로 표기하였습니다 그 외 나름의 번역 기본 지침으로는 본문에 준하여 본인이 직접 이해하기 쉽게 국문으로 번역하였으며 수동형 영문은 가급적 능동형으로 번역하고 직역보다는 의역을 권장하였습니다. 학명은 이탤릭체(기울임꼴)로 쓰고(예: *D. melanogaster*, *E. coli*), 이탤릭체 및 볼드체(굵은 글씨)로 되어 있는 부분은 번역 부분에도 동일하게 표시하였습니다. 용어풀이에 제시되어 있는 용어를 포함한 주요 용어는 ( )를 사용하여 그 영문을 밝혀 적어주되, 각 장의 맨 처음 한 번에 한하였으며, 이때 '국문(영문, 약자)'의 순서로 기입하고 괄호는 한글에 붙여 쓰기[예: 중합효소연쇄반응(polymerase chain reaction, PCR)]로 하며, 본문에 볼드체로 표시된 용어는 경우 반드시 원어를 기입하도록[예: **다면발현(pleiotropy)**] 하였습니다. 학자명과 고유명사(인명, 지명, 유전자 이름 등) 및 약어는 원어를 그대로 쓰고 번역하지 않으며(상하첨자의 경우도 동일하게 표시), 본문 내 참고문헌도 번역하지 않고 원어 그대로 기입하였습니다.

이 책의 번역작업 후반부에는 본인을 포함하여 원형식 교수(건국대학교), 채지형 교수(한양대학교), 김태욱 교수(한양대학교)를 중심으로 감수위원회를 구성하여 각 감수담당교수들이 2차 교정까지 끝낸 자료를 가지고 비교 검토하고 가다듬어 번역 작업을 마무리하였습니다. 생각보다도 감수 작업은 많은 시간과 노력을 요하는 작업이었습니다. 바쁘신 가운데에도 기꺼이 번역에 동참해 주신 교수님들과 편집위원으로 수고를 해 주신 교수님들, 그리고 감수위원 교수님들께 진심으로 감사드립니다.

번역에 참여하신 여러 교수님들과 편집 및 감수위원들께서 최선을 다해 노력하였으나 용어를 통일하고 문장을 매끄럽게 가다듬는 과정에서 본의 아니게 오역이나 오탈자가 있을 수 있습니다. 따라서 이 책의 번역과 관련된 오류가 있다면 이는 전적으로 저희의 책임입니다. 오류와 관련된 충고와 질책을 저희에게(inquiry@biosciencepub.com) 주시면 겸허히 받아들이겠으며 보다 더 나은 책이 되는데 보탬이 될 것입니다.

끝으로 이 책의 출판을 위해 아낌없는 격려와 지원을 아끼지 않으신 한국유전학회 김철근 회장님과 (주)바이오사이언스출판 문정구 대표이사 및 임직원 일동에게 진심으로 감사드립니다.

2015년 12월
한국유전학회 출판위원장
연세대학교 의과대학 김명희

역자소개

김철근 한양대학교 자연과학대학 생명과학과

김명희 연세대학교 의과대학 해부학교실

강성만 고려대학교 생명과학대학 생명과학부

강호철 아주대학교 의과대학 의학과

공홍식 한경대학교 농업생명과학대학 생명공학과

권혁빈 선문대학교 BT융합제약공학과

김근일 숙명여자대학교 이과대학 생명과학과

김근철 강원대학교 자연과학대학 생명과학과

김남근 차의과학대학교 생명과학대학 의생명과학과

김세재 제주대학교 자연과학대학 생물학과

김태욱 한양대학교 자연과학대학 생명과학과

김현우 부경대학교 수산과학대학 자원생물학과

김희수 부산대학교 자연과학대학 생명과학과

문정환 명지대학교 자연과학대학 생명과학정보학과

박영일 건국대학교 의료생명대학 생명공학과

서민덕 아주대학교 약학대학 약학과

심용희 건국대학교 생명특성화대학 시스템생명공학전공

오정균 목포대학교 자연과학대학 생명과학과

원형식 건국대학교 의료생명대학 생명공학과

이명철 충남대학교 생명시스템과학대학 생물과학과

이준규 서울대학교 사범대학 생물교육과

이지연 고려대학교 의과대학 병리학교실

임선희 동아대학교 자연과학대학 생명과학과

전상학 서울대학교 사범대학 생물교육과

정기화 공주대학교 자연과학대학 생명과학과

정민걸 공주대학교 사범대학 환경교육과

조성진 충북대학교 자연과학대학 생물학과

채지형 한양대학교 자연과학대학 생명과학과

허만규 동의대학교 자연.생활과학대학 분자생물학과

차 례

PART 1
유전자, 염색체, 그리고 유전

1 유전학 서론 *1*

1.1 유전학은 풍부하고 재미있는 역사를 가지고 있다 *2*
- 1600~1850: 근대 생물학의 여명 *2*
- 찰스 다윈과 진화 *3*

1.2 유전학은 한 세기보다 짧은 시간 만에 멘델로부터 DNA로 진전되었다 *3*
- 형질 전달에 대한 멘델의 연구 *3*
- 유전의 염색체설: 멘델과 감수분열의 통합 *4*
- 유전적 변이 *5*
- 유전자의 화학적 본성에 대한 탐구: DNA 또는 단백질? *5*

1.3 분자유전학의 시대를 열게 한 이중나선의 발견 *6*
- DNA와 RNA의 구조 *6*
- 유전자 발현: DNA로부터 표현형까지 *6*
- 단백질과 생물학적 기능 *7*
- 유전자형과 표현형의 연결: 낫모양 적혈구 빈혈증 *7*

1.4 재조합 DNA 기술의 발전은 DNA 클로닝 시대를 열었다 *8*

1.5 생명공학의 충격은 계속적으로 확대되고 있다 *8*
- 식물, 동물 그리고 식량 공급 *8*
- 유전학과 의학에서의 생명공학 *9*

1.6 유전체학, 단백질체학, 생물정보학은 새롭게 확장되고 있는 분야이다 *9*
- 유전자 기능을 이해하기 위한 현대적 접근 *10*

1.7 유전학 연구는 모델생물체를 사용할 필요가 있다 *10*
- 유전학 모델생물체의 현대적 세트 *11*
- 모델생물과 인간의 질병 *11*

1.8 우리는 유전학 시대에 살고 있다 *12*
- 노벨상과 유전학 *12*
- 유전학과 사회 *12*

유전학, 기술, 사회
- 현대 유전학의 사회적, 윤리적 영향 *13*

유전체학 탐색
- 유전체학, 생물정보학, 단백질체학을 배우기 위한 인터넷 자료들 *13*

요약 *14*

사례 연구 교실 너머로 유전학의 본질적인 생각을 확장하기 *15*

탐구 문제 *15*

2 체세포분열과 감수분열 *16*

2.1 세포 구조는 유전적 기능과 밀접하게 관련되어 있다 *17*

2.2 염색체는 이배체 생물체에서 상동의 쌍으로 존재한다 *19*

2.3 체세포분열은 염색체를 분열하는 세포로 분배한다 *21*
- 간기와 세포주기 *21*
- 전기 *22*
- 전중기와 중기 *24*
- 후기 *24*
- 말기 *25*
- 세포주기 조절과 검문지점 *25*

2.4 감수분열은 생식세포와 포자에서 이배체로부터 반수체로 염색체 수를 감소시킨다 *26*
감수분열의 개요 *26*
제1감수분열 전기 *28*
제1감수분열 중기, 후기, 그리고 말기 *29*
제2감수분열 *29*

2.5 배우자 발달은 정자형성과 난자형성 과정에서 서로 다르다 *30*

2.6 모든 이배체 생물에서 감수분열은 유성생식에 매우 중요하다 *33*

2.7 전자현미경은 체세포분열과 감수분열 염색체의 물리적 구조를 밝혔다 *33*

유전체학 탐색
PubMed: 생물의학 문헌의 탐색과 검색 *35*

사례 연구 시기선택이 가장 중요하다 *35*
요약 *35*
질문 및 해답 *36*
탐구 문제 *37*

3 멘델 유전학 *40*

3.1 멘델은 유전양상을 연구하기 위하여 모델 실험적 접근법을 이용하였다 *41*

3.2 단성잡종 교배는 한 형질이 세대에서 세대로 어떻게 전달되는지를 알려준다 *42*
멘델의 처음 세운 3가지 법칙 *42*
현대 유전학 용어 *43*
멘델의 분석적 접근법 *43*
퍼넷사각형 *44*
검정교배: 단일 형질 *45*

3.3 멘델의 양성잡종 교배는 독특한 F_2 비율을 생성한다 *46*
멘델의 4번째 법칙: 독립적 분리 *46*
검정교배: 두 형질 *47*

유전자 기능 이해를 위한 현대적 접근
완두에서 흰 꽃 색을 조절하는 멘델 유전자의 동정 *49*

3.4 삼성잡종 교배는 멘델의 법칙이 다형질 유전에도 적용됨을 보여주었다 *49*
분지법 혹은 분지도식 *50*

3.5 멘델의 업적은 20세기 초에 재발견되었다 *51*
유전의 염색체설 *52*
단위요소, 유전자, 그리고 상동염색체 *52*

■ 유전자의 새로운 개념 *54*

3.6 독립적 분리는 광범위한 유전적 다양성을 생성한다 *54*

3.7 확률법칙으로 유전적 결과를 설명할 수 있다 *54*
이항 정리 *55*

3.8 카이제곱 검정으로 유전적 자료에 대한 기회의 영향을 평가할 수 있다 *56*
카이제곱 계산과 귀무가설 *56*
확률값 해석하기 *58*

3.9 가계도 분석으로 사람 형질의 유전양식을 알 수 있다 *59*
가계도 작성 규칙 *59*
가계도 분석 *60*

3.10 돌연변이 표현형들은 분자수준에서 연구되었다 *61*
멘델의 주름진 종자는 어떻게 생성되는가: 분자적 설명 *61*
테이-삭스병: 사람의 열성질환의 분자적 기초 *62*

유전체학 탐색
사람의 온라인 멘델 유전 *62*

사례 연구 평가를 위한 문제와 그렇지 않은 문제 *63*
요약 *63*
질문 및 해답 *64*
탐구 문제 *66*

4 멘델 유전법칙의 확장 *70*

4.1 대립유전자는 여러 방법으로 표현형을 바꾼다 *71*

4.2 유전학자들은 대립유전자를 나타내기 위해 다양한 기호를 사용한다 *72*

4.3 불완전 혹은 부분 우성에서는 어떤 대립유전자도 우성이 아니다 *72*

4.4 공동우성에서는 이형접합자의 두 대립유전자의 영향이 뚜렷이 나타난다 *73*

4.5 집단 내에는 한 유전자에 대한 여러 대립유전자들이 존재할 수 있다 *74*
ABO식 혈액형 집단 *74*
A와 B 항원 *74*

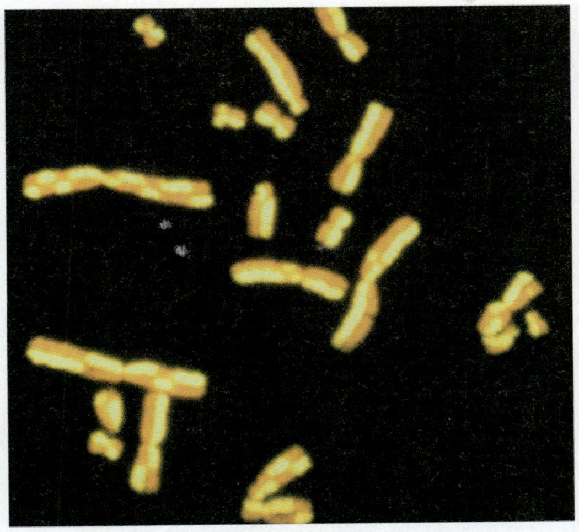

봄베이 표현형 *75*
초파리의 흰 눈 좌위 *76*

4.6 치사 대립유전자는 필수 유전자임을 의미한다 *76*
우성, 열성 그리고 털 색깔 치사의 분자적 기초: *agouti* 유전자 *77*

4.7 두 가지 유전양상을 보여주는 두 유전자 쌍의 조합은 9:3:3:1의 비율을 변형시킨다 *78*

■ 유전자의 새로운 개념 *78*

4.8 표현형은 종종 하나 이상의 유전자에 의해 영향을 받는다 *79*
상위성 *79*
새로운 표현형들 *83*
기타 변형된 양성잡종비 *85*

4.9 상보성 검정은 비슷한 표현형을 만드는 두 돌연변이가 같은 유전자의 대립유전자인지 결정할 수 있게 한다 *85*

4.10 하나의 유전자 발현이 많은 영향을 미칠 수 있다 *86*

4.11 X-연관은 X 염색체상에 유전자가 있다는 것을 의미한다 *87*
초파리에서의 X-연관 *87*
사람에서의 X-연관 유전 *88*

4.12 한성 유전과 종성 유전에서는 개인의 성이 표현형에 영향을 미친다 *89*

4.13 유전학적 배경과 환경은 표현형을 변경시킬 수 있다 *90*
침투도와 발현도 *91*
유전적 배경: 위치효과 *91*
온도 영향—조건적 돌연변이에 대한 소개 *91*
영양효과 *92*
유전적 발현의 개시 *93*
유전적 예후 *93*
각인과 유전자 침묵 *93*

유전학, 기술, 사회

순종 개의 유전적인 운명을 개선하기 *94*

사례 연구 그러나 그는 청각장애자가 아니다 *95*

요약 *96*

질문 및 해답 *96*

탐구 문제 *98*

5 진핵생물의 염색체 지도작성 *104*

5.1 같은 염색체상에 연관된 유전자는 함께 분리된다 *105*
연관 비율 *106*

5.2 교차는 염색체 지도작성에서 유전자 사이의 거리를 결정하는 기초가 된다 *108*
Morgan과 교차 *108*
Sturtevant와 지도작성 *108*
단일교차 *110*

5.3 지도작성 시에 유전자의 순서를 결정하기 위해서는 다중교차 분석이 필요하다 *111*
여러 번의 교환 *111*
초파리에서의 3점 지도작성 *112*
유전자 순서의 결정 *114*
옥수수에서의 지도작성 *116*

5.4 두 유전자 사이의 거리가 증가하면 지도의 값이 부정확해진다 *119*
간섭과 일치계수 *119*

5.5 초파리의 유전자 지도는 매우 자세히 만들어져 있다 *120*

■ 유전자의 새로운 개념 *120*

5.6 로드값 분석과 체세포 잡종화가 인간의 염색체 지도를 작성하는 데 중요한 역할을 했다 *121*

5.7 현재는 주석을 달아놓은 컴퓨터 데이터 베이스와 DNA 마커를 사용해 염색체 지도작성이 가능하다 *123*

5.8 교차는 염색분체 사이의 물리적 교환을 포함한다 *124*

5.9 체세포분열 동안에 자매염색분체 사이에서도 교환이 일어난다 *125*

5.10 Mendel은 연관을 알았을까? *126*

■ Mendel은 왜 연관을 발견하지 못했을까? *126*

유전체학 탐색

인터넷에 있는 인간 염색체 지도 *127*

사례 연구 자폐증과의 연관 *127*

요약 *128*

질문 및 해답 *128*

탐구 문제 *130*

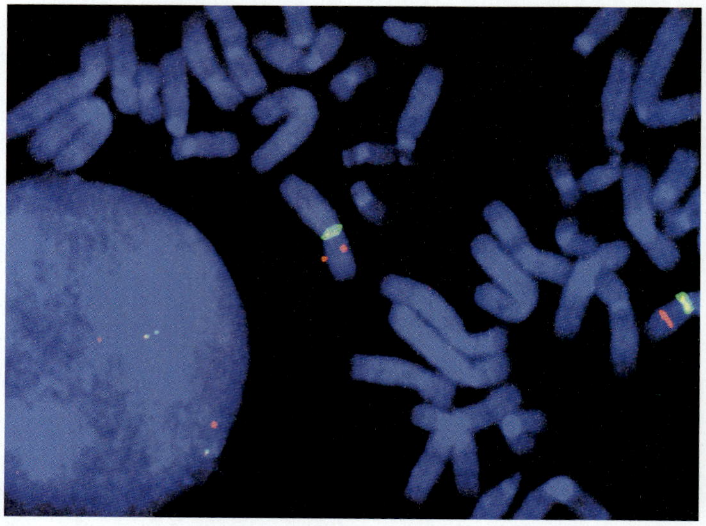

6 세균과 박테리오파지의 유전적 분석과 염색체 지도작성 *134*

6.1 세균은 자발적 돌연변이를 일으키며, 지수적 비율로 성장한다 *135*

6.2 세균에서 유전적 재조합이 일어난다 *136*
- 세균의 접합: F^+와 F^- 균주의 발견 *136*
- Hfr 세균과 염색체 지도작성 *138*
- $F^+ \times F^-$ 교배의 재조합: 반복 실험 *141*
- F′ 상태와 부분접합체 *141*

6.3 Rec 단백질은 세균의 재조합에 필수적이다 *142*

6.4 F 인자는 플라스미드의 한 종류이다 *144*

6.5 형질전환은 세균에서 유전적 재조합을 일으키는 두 번째 과정이다 *145*
- 형질전환 과정 *145*
- 형질전환과 연관 유전자 *146*

6.6 박테리오파지는 세균 바이러스이다 *146*
- 파지 T4: 구조와 생활사 *147*
- 용균반 시험 *147*
- 용원성 *149*

6.7 형질도입은 바이러스-매개 세균의 DNA 전달 과정이다 *149*
- Lederberg-Zinder 실험 *149*
- 형질도입의 본질 *150*
- 형질도입과 지도작성 *151*

6.8 박테리오파지는 유전자간 재조합을 일으킨다 *151*
- 박테리오파지 돌연변이 *151*
- 박테리오파지의 지도작성 *152*

6.9 파지 T4에서 유전자 내 재조합이 일어난다 *153*
- 파지 T4의 *rII* 좌위 *153*
- *rII* 돌연변이에 의한 상보성 *154*
- 재조합 분석 *154*
- *rII* 좌위의 결실 검사 *155*
- *rII* 유전자 지도 *156*

■ 유전자의 새로운 개념 *156*

유전학, 기술, 사회

콜레라 유전자에서부터 먹는 백신까지 *158*

사례 연구 치료가 필요한가 아닌가 *159*

요약 *159*

질문 및 해답 *159*

탐구 문제 *161*

7 성결정과 성염색체 *164*

7.1 생활사는 성결정에 의존적이다 *165*
- 클라미도모나스 *165*
- 옥수수 *166*
- 예쁜꼬마선충 *167*

7.2 X와 Y 염색체는 20세기 초 성결정 연구의 주요 대상이었다 *168*

7.3 사람의 Y 염색체는 남성을 결정한다 *169*
- 클라인펠터증후군과 터너증후군 *170*

47,XXX 증후군 171
47,XYY 증후군 171
사람에서의 성분화 172
Y 염색체와 남성 발생 172

7.4 사람에서 남성과 여성의 비율은 1.0이 아니다 174

7.5 포유동물에서 유전자량 보정은 과도한 X-연관 유전자의 발현을 억제한다 175
바소체 175
라이온 가설 176
불활성화 기작 177

7.6 초파리에서 성은 상염색체에 대한 성염색체의 비율로 결정된다 179
초파리의 유전자량 보정 180

유전자 기능 이해를 위한 현대적 접근

초파리 *Sxl* 유전자는 암컷 발생을 유도한다 181

초파리 모자이크 182

7.7 온도의 변화는 파충류에서 성을 결정한다 182

유전학, 기술, 사회

성별의 문제: 사람에서의 성 선택 184

사례 연구 지긋지긋한 그것 185

요약 185

질문 및 해답 185

탐구 문제 186

8 염색체 돌연변이: 수적 변이와 구조적 변이 188

8.1 염색체의 수적 변이: 용어와 기원 189

8.2 1염색체성과 3염색체성이 표현형의 다양성에 미치는 효과 189
1염색체성 189
3염색체성 190
다운증후군: 21번의 3염색체성 191
다운증후군의 중요한 부분(DSCR) 191

유전자 기능 이해를 위한 현대적 접근

다운증후군의 생쥐 모델 192

다운증후군에서 여분의 21번 염색체의 기원 193
인간 염색체의 이수성 195

8.3 반수체 세트가 2개 이상 존재하는 배수성은 식물에서는 만연하다 195
동질배수성 195
이질배수성 197
핵내배수성 198

8.4 염색체의 구성과 배열에서 변이가 일어난다 198

8.5 결실은 염색체 일부를 소실하는 것이다 200
인간의 고양이 울음 증후군 200

8.6 중복은 염색체의 일부분이 반복되는 것이다 200
유전자 반복과 증폭 — 리보솜 RNA 유전자 201
초파리의 막대모양 눈 돌연변이 202
진화에 있어서 유전자 중복의 역할 202
분자적 수준에서 중복: 사본수 변이 203

8.7 역위는 직선상에 놓인 유전자를 재배열한다 203
배우자 형성 동안 역위의 결과 203
역위의 진화상 장점 205

8.8 전좌는 유전체 내에서 염색체 일부의 위치를 변화시킨다 205
인간의 전좌: 가족성 다운증후군 206

8.9 인간 염색체에서 절단에 취약 부위 207
취약 X 증후군 207
취약 부위와 암과의 상관관계 208

유전학, 기술, 사회

다운증후군과 산전 진단—새로운 우생학? 209

사례 연구 흥미로운 이야기 210

요약 210

질문 및 해답 210

탐구 문제 211

9 핵외 유전 214

9.1 엽록체와 미토콘드리아 DNA에 의한 세포소기관 유전 215
엽록체: 분꽃의 다양성 215
클라미도모나스의 엽록체 돌연변이 215

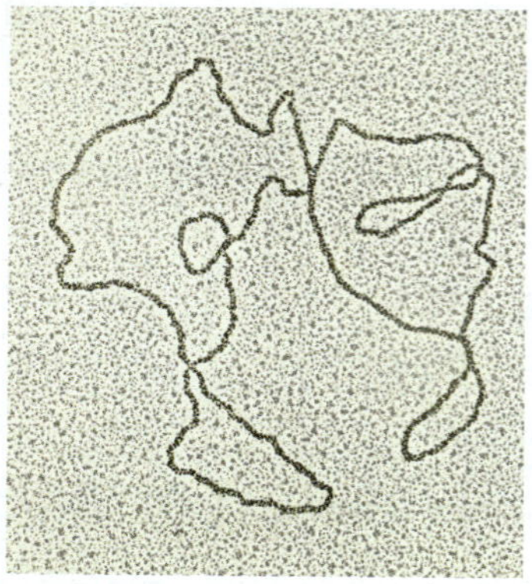

미토콘드리아 돌연변이: 붉은빵곰팡이와 효모의 초기 연구 216

9.2 미토콘드리아와 엽록체 DNA에 대한 연구를 통해 세포소기관 유전현상을 설명할 수 있다 218
세포소기관 DNA와 세포공생설 218
엽록체 DNA의 분자구조와 유전자 산물 219
미토콘드리아 DNA의 분자구조와 유전자 산물 220

9.3 미토콘드리아 DNA의 돌연변이는 질병을 일으킨다 221
미토콘드리아, 건강 및 노화 222
미토콘드리아 관련 유전병의 향후 예방 223

9.4 모계효과는 초기 발생에서 모계 유전자형의 중요성을 알려준다 224
물달팽이의 껍질 방향성 224
초파리의 배아발생 224

유전학, 기술, 사회

미토콘드리아 DNA와 로마노프 왕가의 비밀 226

사례 연구 쌍둥이의 차이 227

요약 228

질문 및 해답 228

탐구 문제 228

PART 2

DNA: 구조, 복제, 변이

10 DNA의 구조와 분석 231

10.1 유전물질은 네 가지 특성을 꼭 발휘할 수 있어야 한다 232

10.2 1944년 이전에는 단백질이 유전물질로 지지를 얻었다 232

10.3 DNA가 유전물질이라는 증거는 박테리아와 박테리오파지의 연구를 통하여 처음 밝혀졌다 233
형질전환: 초기 연구 233
형질전환: Avery, MacLeod 및 McCarty의 실험 234
Hershey-Chase 실험 236
형질주입 실험 237

10.4 간접적인 증거와 직접적인 증거가 진핵생물의 유전물질도 DNA라는 사실을 지지한다 239
간접적인 증거: DNA의 분포 239
간접적인 증거: 돌연변이 유발 239
직접적인 증거: 재조합 DNA 연구 239

10.5 RNA가 일부 바이러스의 유전물질로 작용한다 240

10.6 DNA 구조의 이해를 위한 핵산 화학 240
뉴클레오타이드: 핵산의 구성 단위체 240
뉴클레오사이드 이인산과 뉴클레오사이드 삼인산 242
폴리뉴클레오타이드 242

10.7 DNA의 구조는 DNA의 기능을 이해하는 열쇠이다 243
염기-구성 연구 244
X선 회절 분석 245
Watson-Crick 모델 245

■ 핵산의 분자 구조: 디옥시리보오스 핵산의 구조 248

■ 유전자의 새로운 개념 249

10.8 다른 형태의 DNA가 존재한다 249

10.9 RNA의 구조는 화학적으로 DNA와 비슷하지만 단일 가닥이다 250

10.10 많은 분석 기술들이 DNA와 RNA 연구에 유용하게 사용된다 251
자외선의 흡수 251
핵산의 변성과 복원 251
분자 혼성화 252
형광 제자리 혼성화(FISH) 252
재결합 동력학과 반복 DNA 252
핵산의 전기영동 254

유전체학 탐색

생물정보학 소개: BLAST 255

사례 연구 급변한 천연두 바이러스 256

요약 256

질문 및 해답 257
탐구 문제 258

11 DNA 복제와 재조합 261

11.1 DNA는 반보존적 복제에 의해 재생산된다 262
Meselson-Stahl 실험 263
진핵생물에서의 반보존적 복제 264
복제원점, 복제분기점, 복제단위 265

11.2 박테리아의 DNA 합성에는 다른 효소들과 더불어 5가지 중합효소가 관여한다 266
DNA 중합효소 I 266
DNA 중합효소 II, III, IV, V 267
DNA Pol III 완전효소 268

11.3 DNA 복제 과정 동안 많은 복잡한 이슈들이 해결되어야 한다 269
DNA 이중나선의 풀림 269
RNA 프라이머를 이용한 DNA 합성의 개시 270
연속적, 비연속적 DNA 합성 270
선도가닥과 지연가닥에서 동시다발적인 합성이 일어난다 271
DNA 복제 동안 교정과 오류 수정이 일어난다 272

11.4 DNA 복제를 논리적인 모델로 요약한다 272

11.5 복제는 많은 유전자들에 의해 조절된다 273

유전자 기능 이해를 위한 현대적 접근
치명적인 기능결손 273

11.6 진핵생물의 DNA 복제는 원핵생물의 복제와 유사하지만 보다 더 복잡하다 275
다중복제원점에서 복제 개시 275
진핵생물의 많은 DNA 중합효소들 276
염색질을 통한 복제 276

11.7 선형 염색체의 양 끝은 복제되는 동안 문제가 된다 277
텔로미어의 구조 277
텔로미어에서의 복제 277

11.8 DNA 재조합은 DNA 복제처럼 특정한 효소들에 의해 이루어진다 279
상동재조합 모델 279
상동재조합에 관여하는 효소와 단백질들 281
상동재조합의 결과인 유전자 변환 281

유전학, 기술, 사회
텔로미어(Telomeres): 영원한 생명의 열쇠인가? 283

사례 연구 쉬어가는 코너 284
요약 284
질문 및 해답 284
탐구 문제 285

12 염색체상의 DNA 구조 288

12.1 바이러스와 박테리아 염색체는 상대적으로 간단한 DNA 분자이다 289

12.2 초나선꼬임은 바이러스와 박테리아 염색체의 응축을 돕는다 290

12.3 색다른 DNA 배열을 보이는 특이 염색체 292
다사염색체 292
램프브러쉬 염색체 293

12.4 진핵생물에서 염색질로 배열된 DNA 294
염색질 구조와 뉴클레오솜 294
염색질 재구성 296
이질염색질 298

12.5 염색체 밴딩으로 유사분열 염색체의 부위를 차별화한다 298

12.6 진핵생물 유전체는 DNA 반복서열을 지닌 복잡한 염기서열의 배열로 되어 있다 299
부수체 DNA 300
동원체 DNA 서열 301
중간 반복서열: VNTRs과 STRs 301
반복이동서열: SINEs와 LINEs 302
중간 반복 다중유전자 302

12.7 진핵생물 유전체의 대부분은 기능유전자를 암호화하지 않는다 302

유전체학 탐색
유전체 변이 데이터베이스: 사람 유전체의 구조적 변이 303

사례 연구 예술은 배움을 고취시킨다 304
요약 304
질문 및 해답 304
탐구 문제 305

PART 3
유전자 발현, 조절, 발생

13 유전자 암호와 전사 308

13.1 유전암호는 리보뉴클레오타이드 염기를 '문자'로 이용한다 309
13.2 초기의 연구들은 암호의 기본적인 작동법을 알아냈다 309
트리플렛 즉 3염기로 이루어진 암호 310
겹치지 않는 세 문자 암호 310
연속적이고 특이성이 결여된 중첩성 암호 311
13.3 니렌버그와 마태, 그 외의 연구자들에 의해 유전암호가 해독되었다 311
시험관 내에서의 폴리펩타이드 합성 311
동형중합체 암호 312
혼합 혼성중합체(copolymers) 312
트리플렛 결합 분석 313
반복적인 혼성중합체 315
13.4 64가지 코돈으로 구성된 암호사전은 몇 가지 흥미로운 패턴을 보여준다 316
중첩성과 워블가설 316
암호의 규칙성 317
개시와 종결, 그리고 억제 317
13.5 박테리오파지 MS2에 대한 연구에서 유전자 암호가 확인되었다 318
13.6 유전암호는 거의 보편적이다 318
13.7 서로 다른 개시 지점은 겹쳐진 유전자들을 만든다 319
13.8 전사는 DNA 주형에서 RNA를 합성한다 320

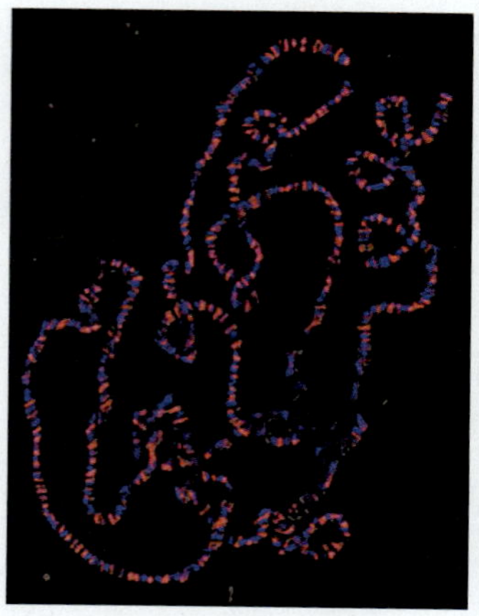
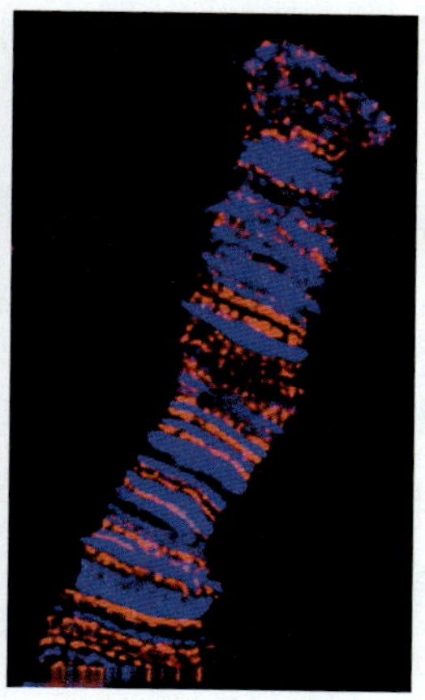

13.9 세균과 파지에 대한 연구는 mRNA의 존재에 대한 증거를 제시했다 320
13.10 RNA 중합효소가 RNA를 합성한다 321
프로모터, 주형결합, 그리고 시그마 인자 321
RNA 합성의 개시, 신장, 종결 323
13.11 진핵생물에서의 전사는 여러 면에서 원핵생물의 전사와 다르다 323
진핵세포에서의 전사 개시 324
RNA 중합효소의 기능과 관련한 최근의 발견들 325
진핵생물 RNA 가공: 모자와 꼬리 325
13.12 진핵세포 유전자의 암호 부위는 인트론이라고 하는 서열이 끼어들어가 있다 326
스플라이싱 기작들: 자가스플라이싱 RNA들 328
스플라이싱 기작들: 스플라이세오좀 328
■ 유전자의 새로운 개념 329
13.13 RNA 편집은 최종 전사체를 변형시킨다 330
13.14 전사는 전자현미경으로 관찰된다 330
사례 연구 종종 효과 있는 약물 331
요약 331
유전학, 기술, 사회
안티센스 치료법을 이용한 질병과의 싸움 332
질문 및 해답 333
탐구 문제 333

14 번역과 단백질 337

14.1 리보솜 및 tRNA가 mRNA의 번역을 담당한다 337
리보솜 구조 338
tRNA 구조 339
tRNA 채우기 340
14.2 mRNA의 번역은 세 단계로 구성된다 341
개시 342
신장 342
종결 344
다중리보솜 344
14.3 고해상도 연구가 기능적인 원핵세포 리보솜의 상세한 정보를 밝혔다 345

14.4 진핵세포의 번역은 더욱 복잡하다 *346*

14.5 선천적 대사증후군 연구는 단백질이 유전 현상에 중요하다는 기본적인 지식을 제공하였다 *347*
페닐케톤뇨증 *348*

14.6 붉은 옥수수 곰팡이 연구에서 1유전자:1효소 가설이 비롯되다 *348*
Beadle과 Tatum이 수행한 붉은 옥수수 곰팡이 돌연변이체의 분석 *348*
유전자와 효소: 생화학적 경로의 분석 *350*

14.7 인간 헤모글로빈 연구를 통해서 한 유전자가 한 폴리펩타이드를 암호화한다는 것을 확립하였다 *351*
겸상(낫모양)적혈구 빈혈증 *351*
인간 헤모글로빈 *353*

■ 유전자의 새로운 개념 *353*

14.8 한 유전자의 뉴클레오타이드 서열과 해당 단백질의 아미노산 서열은 공통선형성을 나타낸다 *353*

14.9 단백질 구조 변이가 생물학적 다양성의 기초이다 *354*

14.10 번역후 변형이 최종 단백질 산물을 바꾼다 *357*
단백질 접힘 및 잘못접힘 *358*

14.11 단백질은 다양한 역할의 기능을 한다 *359*

14.12 단백질은 하나 이상의 기능적 도메인을 갖는다 *360*
엑손 섞기 *360*
단백질 도메인의 유래 *361*

유전체학 탐색
단백질 서열의 연구를 위한 번역 기구 및 Swiss-Prot *361*

사례 연구 결손 리보솜 *362*

요약 *363*

질문 및 해답 *363*

탐구 문제 *363*

15 유전자 돌연변이, DNA 회복, 전이 *367*

15.1 유전자 돌연변이는 다양한 방법으로 분류된다 *368*
분자 변화의 형태에 근거한 분류 *368*
표현형 결과에 근거한 분류 *369*
돌연변이의 위치에 근거한 분류 *370*

15.2 자발적으로 혹은 무작위적으로 일어나는 돌연변이 *370*
자발적 돌연변이와 유도 돌연변이 *370*
인간의 자발적 돌연변이율 *371*
방황변이 시험: 돌연변이는 무작위적인가? 혹은 적응적인가? *372*

15.3 자발적 돌연변이는 복제오류와 염기변환으로부터 일어난다 *373*
DNA 복제오류와 오차(slippage) *373*
호변체 변이 *373*
탈퓨린화와 탈아민화 *374*
산화적 손상 *374*
전이인자 *375*

15.4 화학물질 및 방사선에 의한 유도 돌연변이 *375*
염기 유사체 *375*
알킬화, 끼어들기, 첨가물 형성물질 *375*
자외선 *376*
이온화 방사선 *377*

15.5 단일 유전자 돌연변이는 다양한 질병을 야기한다 *378*
단일 염기쌍 돌연변이와 β-탈라세미아(지중해성 빈혈) *379*
DNA 반복 확장에 의한 돌연변이 *379*

15.6 생물체는 돌연변이에 대응하기 위해 DNA 회복 시스템을 사용한다 *380*
교정과 짝틀림 수선 *380*
복제후 수선과 SOS 수선 시스템 *381*
광회복 수선: UV 손상의 전환 *381*
염기와 뉴클레오타이드 절제 수선 *381*
뉴클레오타이드 절제 수선과 색소성 건피증 *383*
진핵생물의 이중나선 절단 수선 *384*

15.7 화합물의 돌연변이유발성 평가를 위한 에임즈 검사 *385*

15.8 유전체 내에서 이동하고 돌연변이를 만들 수 있는 전이인자 *386*
삽입서열과 박테리아 전이인자 *386*
옥수수의 *Ac-Ds* 시스템 *387*
초파리의 코피아와 *P* 인자 *388*

유전자 기능 이해를 위한 현대적 접근
전이인자 매개 돌연변이 연구를 통한 대장암 유전자의 발견 *389*

인간의 전이인자 *390*
전이인자, 돌연변이, 진화 *390*

유전체학 탐색

돌연변이 확인을 위한 염기서열 정렬 *391*

사례 연구 유전적 왜소증 *392*

요약 *392*

질문 및 해답 *392*

탐구 문제 *393*

16 원핵생물의 유전자 발현 조절 *396*

16.1 원핵생물은 환경조건에 반응하여 유전자 발현을 조절한다 *397*

16.2 대장균에서 락토오스 대사는 유도 시스템으로 조절된다 *397*

구조유전자들 *397*

조절 돌연변이의 발견 *399*

오페론 모델: 음성 조절 *399*

오페론 모델의 유전적 증거 *399*

억제자의 분리 *401*

16.3 이화물질 활성단백질(CAP)은 락 오페론에서 양성 조절을 한다 *402*

16.4 억제자 복합체의 결정구조 분석은 오페론 모델을 확인시켰다 *404*

16.5 대장균에서 트립토판(*trp*) 오페론은 억제 유전자 시스템이다 *406*

트립토판 오페론의 증거 *406*

■ 유전자의 새로운 개념 *406*

16.6 RNA 2차 구조의 변형은 원핵세포 유전자 조절에 기여한다 *407*

전사감쇠 *408*

리보스위치 *409*

16.7 아라비노스(*ara*) 오페론은 하나의 조절 단백질이 양성과 음성 조절을 한다 *410*

사례 연구 먹이 독성과 세균 유전자 발현 *411*

요약 *411*

유전학, 기술, 사회

정족수 감지: 세균사회에서의 네트워킹 *412*

질문 및 해답 *413*

탐구 문제 *413*

17 진핵생물의 유전자 발현 조절 *417*

17.1 진핵생물의 유전자 조절은 DNA에서 단백질 생성에 이르기까지 여러 단계에서 수행된다 *418*

17.2 진핵생물의 유전자 발현은 염색질 변형에 의해서 영향을 받는다 *419*

염색체 영역과 전사공장 *419*

열린 그리고 닫힌 염색질 *419*

히스톤 변형과 뉴클레오솜 염색질 리모델링 *420*

DNA 메틸화 *420*

17.3 진핵생물 전사개시는 특정 *cis*-작용 부위를 필요로 한다 *421*

프로모터 요소 *421*

인핸서와 사일런서 *422*

17.4 진핵생물 전사개시는 *cis*-작용 부위에 결합하는 전사인자에 의해 조절된다 *423*

인간 메탈로티오네인 IIA 유전자: 여러 *cis*-작용 요소와 전사인자들 *424*

진핵생물 전사인자의 기능 도메인 *425*

17.5 활성자와 억제자는 보편전사인자와 결합하여 염색질 구조에 영향을 준다 *425*

RNA 중합효소 II와 전사개시복합체의 형성 *425*

전사활성과 억제 기작 *426*

17.6 모델 생명체에서 유전자 조절: 효모 *GAL* 유전자의 전사 *427*

17.7 전사후 유전자 조절은 RNA 가공에서 단백질 가공에 이르는 많은 단계에서 일어난다 *428*

mRNA의 선택적 스플라이싱 *428*

선택적 스플라이싱과 인간 질병 *430*

초파리에서 성결정: 선택적 스플라이싱의 조절 모델 *430*

mRNA 안정성 조절 *431*

번역과 번역후 조절 *432*

17.8 RNA 침묵은 여러 방법으로 유전자 발현을 조절한다 *432*

RNA 유도 유전자 침묵에 관한 분자 기작 *433*

생물공학과 의학에서 RNA 유도 유전자 침묵 *434*

유전자 기능 이해를 위한 현대적 접근

마이크로 RNA는 암컷 생쥐에서 배란을 조절한다 *435*

17.9 예정된 DNA 재배열은 일부 유전자들의 발현을 조절한다 436
면역계와 항체 다양성 436
κ 경쇄 유전자에서 유전자 재배열 436

17.10 ENCODE 데이터는 진핵생물 유전자 조절의 개념을 변화시킨다 438
인핸서와 프로모터 요소 438
전사와 RNA 가공 439

유전체학 탐색
조직특이적 유전자 발현 439

사례 연구 미스터리한 근이영양증 440

요약 440

질문 및 해답 441

탐구 문제 442

18 발생유전학 445

18.1 분화는 통합적인 유전자 발현을 통해 이루어진다 445

18.2 발생 메커니즘의 진화적 보존은 모델 생물체들을 통해 연구될 수 있다 446
발생학적 메커니즘 분석 447

18.3 초파리 배아발생 과정의 유전적 분석을 통한 동물의 체축형성 탐구 447
초파리 발생의 개요 447
배아발생 과정의 유전자 분석 448

18.4 초파리에서 접합자유전자의 체절 형성 프로그램 450
간극유전자 450
쌍지배유전자 450
체절극성유전자 450
생쥐와 사람에서의 체절형성유전자 451

18.5 호메오선택 유전자는 성체의 몸 부분을 결정한다 452
초파리에서 혹스유전자 452
혹스유전자와 인간 유전질병 454

18.6 식물은 진화를 통해 동물에 대응하는 발생 조절 시스템을 가지게 되었다 454
애기장대의 호메오유전자 455
호메오유전자의 진화적 분기 456

18.7 발생에서 세포-세포 상호작용 연구를 위한 예쁜꼬마선충 모델 457
발생의 신호전달 과정 457

유전자 기능 이해를 위한 현대적 접근
플라나리아에서 하나의 유전자 신호 메커니즘이 머리 재생의 비밀을 밝히다 458

Notch 신호전달 경로 459
예쁜꼬마선충 발생의 개요 459
음문 형성의 유전학적 분석 460

18.8 이진법의 스위치유전자와 신호 경로는 유전체 발현 프로그램을 조절한다 461
눈 형성 조절 462

유전학, 기술, 사회
줄기세포 전쟁 464

사례 연구 한 쪽 발 또는 다른 쪽 발 465

요약 465

질문 및 해답 466

탐구 문제 466

19 암과 세포주기 조절 469

19.1 암은 체세포 수준에서의 유전질환이다 470
암이란 무엇인가? 470
암 세포는 동일한 기원을 가진다 470
암줄기세포 가설 471
다수의 변이를 요구하는 다단계 과정으로서의 암 471
운전자 변이와 탑승자 변이 472

19.2 암 세포는 유전체 안정성, DNA 회복과 염색질 변형에 영향을 미치는 유전적 결함을 가지고 있다 472

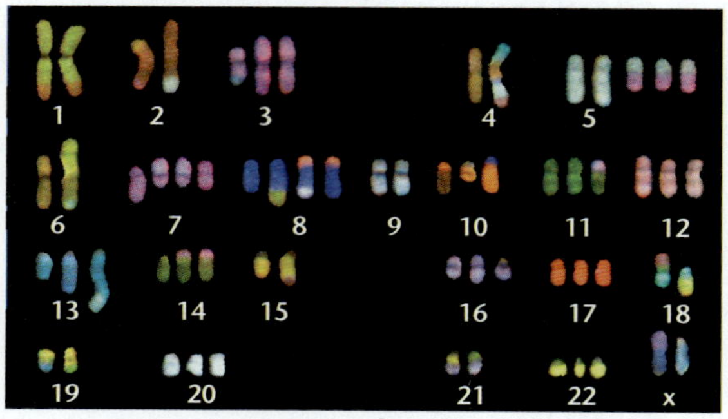

유전체 불안정성과 DNA 회복 결합 *473*
염색질 변형과 암 후성유전학 *474*

19.3 암 세포는 세포주기 조절의 유전적 결함을 가진다 *474*
세포주기 및 신호전달 *474*
세포주기 제어와 검문지점 *475*
세포자살의 조절 *476*

19.4 원발암유전자와 종양억제유전자는 암 세포에서 변형되어 있다 *476*
ras 원발암유전자 *478*
p53 종양억제유전자 *478*
RB1 종양억제유전자 *479*

19.5 암 세포는 다른 조직으로 전이되고 침윤된다 *481*

19.6 일부 암은 유전될 수 있다 *482*

19.7 바이러스는 인간과 동물 모두에서 암을 유발한다 *482*

19.8 환경 요인은 인간 암을 유발할 수 있다 *484*

유전체학 탐색
암 유전체 해부 프로젝트(CGAP) *485*

사례 연구 안전한 줄 알았다 *485*
요약 *485*
질문 및 해답 *486*
탐구 문제 *486*

PART 4
유전체학

20 재조합 DNA 기술 *489*

20.1 재조합 DNA 기술은 두 개의 중요한 도구로 시작된다: 제한효소와 DNA 클로닝 벡터 *490*
제한효소는 특정한 인식서열에서 DNA를 자른다 *490*
DNA 벡터는 클로닝할 DNA 분자를 받아들이고 복제한다 *491*
박테리아 플라스미드 벡터 *492*
다른 종류의 클로닝 벡터들 *494*
식물 세포를 위한 Ti 벡터들 *495*
클로닝 벡터를 위한 숙주 세포들 *495*

20.2 DNA 라이브러리는 클론된 서열의 모음이다 *496*
유전체 라이브러리 *496*
상보적 DNA 라이브러리 *497*
스크리닝으로 특정 유전자들을 라이브러리로부터 골라낼 수 있다 *498*

20.3 중합효소연쇄반응은 DNA를 복제하기 위한 강력한 기술이다 *500*
PCR의 한계 *501*
PCR의 응용 *502*

20.4 DNA를 분석하는 분자적 기술들 *503*
제한효소 지도작성 *503*
핵산 블롯팅 *504*

20.5 DNA 염기서열결정법은 분자수준에서 DNA 구조를 분석할 수 있는 궁극적인 방법이다 *507*
염기서열결정 기술은 빠르게 발전하였다 *509*
차세대, 제3세대 염기서열결정법 *509*
DNA 염기서열결정과 유전체학 *511*

20.6 유전자의 기능을 연구하기 위한 기능결손 또는 형질전환 생물 만들기 *511*
유전자 적중과 기능결손 동물모델 *511*
형질전환 동물 만들기: 기초 *515*

유전체학 탐색
재조합 DNA의 조작: 제한효소 지도작성과 PCR 프라이머 설계 *516*

사례 연구 재조합 DNA 기술에 대하여 걱정해야 하는가? *517*
요약 *517*
질문 및 해답 *517*
탐구 문제 *518*

21 유전체학, 생물정보학, 단백질체학 *522*

21.1 전유전체 서열결정법은 전체 유전체를 분석하고 조립하는 데 널리 사용되는 방법이다 *523*

고처리 염기서열결정법과 유전체학에 미치는 영향 *524*
개별 클론 접근법 *525*
드래프트 서열과 오류 점검 *527*

21.2 DNA 염기서열 분석은 생물정보학의 적용과 유전체 데이터베이스를 필요로 한다 *527*
유전자 서열을 동정하기 위한 주석달기 *528*
유전자 서열을 검증하는 특성은 주석달기 과정에서 인식될 수 있다 *529*

21.3 유전체학은 유전자의 잠재적인 기능과 유전체의 또 다른 요소들을 규명하고자 한다 *531*
서열 분석에 의한 유전자와 단백질 기능 예측 *531*
단백질 도메인, 모티프의 구조적 분석에 의한 기능 예측 *532*
연구자들은 유전체의 기능과 조절 양상을 조사하기 위해서 염색질 면역침강법 같은 유전체학 기법들을 이용하고 있다 *532*

21.4 인간 유전체 프로젝트는 인간 유전체 구성의 중요한 측면을 밝혀냈다 *533*
프로젝트의 발달 *533*
인간 유전체의 주요 특성들 *534*
인간 유전체의 개체간 변이형 *535*
인터넷을 이용한 인간 유전체 프로젝트의 접근 *536*

21.5 ‘Omics’ 혁명은 생물학 연구의 새로운 시대를 열었다 *538*
석기시대 유전체학 *538*
인간 유전체 프로젝트(HGP) 이후: 다음은 무엇인가? *539*
개인 유전체 프로젝트와 개인 유전체학 *539*
엑솜 염기서열분석 *541*
DNA 요소 백과사전(ENCODE) 프로젝트 *541*

■ 유전자의 새로운 개념 *542*
인간 미생물군체 프로젝트 *542*
모든 유전체 해독과 유전체 10K 계획 *543*

21.6 비교유전체학은 서로 다른 유기체들의 유전체를 분석하고 비교한다 *543*
원핵생물과 진핵생물 유전체는 공통의 구조적, 기능적 특성과 중요한 차이를 나타낸다 *544*
비교유전체학은 표본(모델) 유기체와 인간 유전체에 관한 새로운 정보를 제공한다 *546*
성게 유전체 *546*
개 유전체 *546*
침팬지 유전체 *547*
붉은털원숭이 유전체 *548*
네안데르탈인 유전체와 현대 인간 *548*

21.7 비교유전체학은 다중유전자족의 진화와 기능을 연구하는 데 유용하다 *549*

21.8 메타유전체학은 유전체학 기술을 환경 시료에 적용한다 *551*

21.9 전사체 분석은 세포와 조직에서 발현되는 유전자의 양상을 밝힌다 *553*
미세배열 분석 *553*

21.10 단백질체학은 세포의 단백질 구성을 동정하고 분석한다 *556*
유전자의 숫자와 세포나 조직에서 발현되는 단백질 수의 조화 *556*
단백질체학 기술: 단백질 분리를 위한 2차원 겔 전기영동 *557*
단백질체학 기술: 단백질 동정을 위한 질량분석법 *558*
*Tyrannosaurus rex*와 *Mammut americanum* 화석에서 콜라겐의 동정 *561*

21.11 시스템생물학은 유기체 세포의 모든 구성요소 간 상호작용을 연구하기 위한 통합적인 접근이다 *562*

유전체학 탐색
콘티그, 샷건 염기서열 결정법, 비교유전체학 *564*

사례 연구 당신의 미생물군체가 질병을 일으키는 위험인자일 수 있다 *565*

요약 *565*

질문 및 해답 *566*

탐구 문제 *566*

22 유전공학과 생명공학의 응용 및 윤리적 제문제 569

22.1 유전자 변형 생물은 다양한 범위의 생물학 제제 그리고 의약품을 합성한다 570
세균에서의 인슐린 생산 570
형질전환 동물 숙주와 의약품들 571
백신 생산을 위한 재조합 DNA 연구법 573
식물체를 이용한 백신 단백질 생산 573
DNA 기반 백신 573

22.2 식물 유전공학은 농업의 대변혁을 일으켰다 574

22.3 형질전환 동물은 생명공학에서 중요한 역할을 하고 있다 575
형질전환 동물의 예들 575

22.4 합성 유전자와 합성 생물학의 출현 576
유전체는 어느 정도까지 간단할 수 있나? 576
합성 유전체의 이식 577
생물공학적 응용을 위한 합성 생물학 579

22.5 유전공학과 유전체학은 의학 진단을 변화시키고 있다 580
출생 전 유전자 검사 580
제한효소 분석에 기반한 유전자검사법 582
대립유전자 특이적 올리고뉴클레오타이드를 이용한 유전자 검사 583
DNA 미세배열과 유전체 스캔을 이용한 유전자 검사 584
유전자 발현 미세배열을 이용한 유전자 분석 587
병원체의 유전자 발현과 유전자형 분석을 위한 미세배열 응용 589

22.6 개인 유전체 염기서열결정을 통한 유전자 분석 590

22.7 전유전체 연관성 연구는 질병을 유발하는 유전체 변이들을 확인한다 591

22.8 유전체학은 개인 맞춤의학을 포함한 새롭고 보다 표적화된 의학적 치료를 제공한다 593
약리유전체학과 합리적 의약품 설계 593
유전자 치료 594

22.9 유전공학, 유전체학 그리고 생명공학은 윤리적, 사회적, 법률적 의문을 제기한다 595
유전자 검사와 윤리적 딜레마 595
직거래 유전자 검사와 유전자 검사 시행기관의 규제 596
DNA와 유전자 특허 597
유전체 염기서열 분석은 많은 윤리적 문제점들을 제기한다 598
예상 검사, 운명 예측 그리고 아기 예측 특허 598
특허권과 합성 생물학 598

유전학, 기술, 사회

유전체 빅 데이터 시대의 개인 사생활과 익명성 599

사례 연구 암 치사 세균 600
요약 600
질문 및 해답 601
탐구 문제 602

PART 5
개체 및 집단유전학

23 양적유전학과 다중 형질 604

23.1 모든 다유전자성 형질에서 연속변이가 나타나는 것은 아니다 605

23.2 양적형질은 멘델의 법칙으로 설명할 수 있다 605
양적유전의 다인자설 605
가산적 대립유전자: 연속변이의 기초 606
다유전자 수 측정 607

23.3 다유전자성 형질 연구는 통계분석 방법을 필요로 한다 607
평균 608
분산 608
표준편차 609
평균의 표준오차 609
공분산과 상관계수 609
양적형질 분석 609

23.4 유전력은 표현형 변이에 대한 유전자 기여도로 추정된다 610
광의의 유전력 611
협의의 유전력 612
인위선택 612

23.5 인간의 쌍생아 연구로 유전력을 추정한다 614
쌍생아 연구는 몇몇 한계를 가진다 614

23.6 양적형질좌위는 다중적 표현형 연구에 유용하다 *616*
eQTLs과 유전질환 *618*

유전학, 기술, 사회

녹색혁명의 재조명: 쌀에 대한 유전연구 *619*

사례 연구 유전의 동전던지기 *620*

요약 *620*

질문 및 해답 *620*

탐구 문제 *621*

24 신경유전학 *625*

24.1 중추신경계는 감각 자극을 수용하고 행동 반응을 발생시킨다 *626*
중추신경계에서 세포의 구성 *626*
시냅스는 뉴런 간 정보를 전달한다 *627*

24.2 신경 자극의 전달과 관련된 유전자의 동정 *628*

24.3 시냅스는 인간의 많은 행동 장애와 관련이 있다 *630*
신경전달물질 분해의 결함 *630*
취약 X 증후군과 시냅스 *631*

24.4 동물 모델은 헌팅턴병과 학습 행동 연구에서 중요한 역할을 한다 *631*
헌팅턴병은 신경퇴행성 행동 장애이다 *632*
헌팅턴병의 형질전환 생쥐 모델 *633*
헌팅턴병의 기전 *633*
헌팅턴병의 치료전략 *634*
기억과 학습연구를 위한 동물모델로서의 초파리 *634*
학습의 신경 경로와 기전의 해부 *635*
초파리는 사람의 기억과 학습연구에 효과적인 모델이다 *636*

24.5 행동 장애는 환경적 요인을 갖는다 *636*

유전자 기능 이해를 위한 현대적 접근

노화와 관련된 기억 상실에 관련한 잠재적인 분자 기전과 *RbAp48* *637*

정신분열증은 복합적인 행동 장애이다 *638*
여러 행동 장애는 유전적 관계를 공유한다 *639*
후성유전학과 정신질환 *640*
중독과 알코올 중독은 유전적이고 환경적인 원인에 의한 행동이다 *641*

사례 연구 인간 질환 연구를 위한 영장류 모델 *643*

유전체학 탐색

HomoloGene: 행동 유전자를 찾는 방법 *643*

요약 *644*

질문 및 해답 *644*

탐구 문제 *644*

25 집단유전학과 진화유전학 *647*

25.1 유전변이는 대부분의 집단과 종에 존재한다 *648*
인위선택에 의한 유전변이 검출 *648*
뉴클레오타이드 서열변이 *648*
집단 내 높은 수준의 유전변이 해석하기 *649*

25.2 하디-바인베르그 법칙은 대립유전자 빈도와 유전자형 빈도를 설명한다 *650*

25.3 하디-바인베르그 법칙은 인간 집단에 적용될 수 있다 *652*
집단의 하디-바인베르그 평형에 대한 검증 *652*
집단의 복대립유전자 빈도 계산하기 *654*
X-연관 형질의 대립유전자 빈도 계산하기 *654*
이형접합체 빈도 계산하기 *655*

25.4 자연선택은 대립유전자 빈도의 변화를 일으키는 주요 요인이다 *655*
집단에서 자연선택 발견하기 *656*
적응도와 선택 *656*
여러 유형의 선택이 있다 *657*

25.5 돌연변이는 유전자풀에 새로운 대립유전자를 만든다 *658*

25.6 이주와 유전자 흐름은 대립유전자 빈도를 바꿀 수 있다 *659*

25.7 유전적 부동은 작은 집단에서 대립유전자 빈도의 무작위적 변화를 일으킨다 *660*
인간 집단에 대한 창시자 효과 *660*

25.8 선택교배는 유전자형 빈도를 바꾸지만 대립유전자 빈도를 바꾸지 않는다 *661*
동계교배 *662*

25.9 감소된 유전자 흐름, 선택과 유전적 부동은 종분화를 유발할 수 있다 *662*
종분화로 이끌어가는 변화 *663*

대진화와 종분화의 속도 *663*

25.10 계통발생은 진화 역사를 분석하는 데 이용될 수 있다 *664*

아미노산 서열에 의한 계통수 구축 *665*

분자시계는 진화적 변화의 속도를 측정한다 *665*

유전체학과 분자 진화 *665*

인간 유전체의 복잡한 기원 *665*

인간 유전체는 모자이크형이다 *668*

유전학, 기술, 사회

아프리카에서 나온 유전적 발자취 추적하기 *668*

사례 연구 뜻밖의 결과 *670*

요약 *670*

질문 및 해답 *670*

탐구 문제 *671*

현대 유전학 특강 1

후성유전학 *674*

유전체의 후성유전학적 변화 *675*

DNA 메틸화 *675*

■ **BOX 1** 후성유전학의 시작 *675*

히스톤 변이 및 염색질 재구성 *675*

마이크로 RNA와 긴 비암호화 RNA *676*

후성유전학과 각인 *677*

보조생식기술 및 각인 결함 *679*

후성유전학과 암 *679*

후성유전학과 환경 *681*

■ **BOX 2** 후성유전학과 암에 대하여 얼마나 더 많이 알아야 하는가? *681*

후성유전학체 프로젝트 *682*

현대 유전학 특강 2

RNA의 새로운 기능 *684*

RNA의 촉매 기능: 리보자임과 생명의 기원 *684*

리보자임의 유전공학 *686*

원핵생물에서 작은 비암호화 RNA는 조절 기능을 수행한다 *687*

원핵생물에서 안내 RNA는 바이러스 방어 기능을 나타낸다 *688*

■ **BOX 1** 크리스피알/카스페이즈 기술을 활용한 RNA-유도 유전자 치료 *690*

진핵생물에서 작은 비암호화 RNA는 유전자 발현을 조절한다 *690*

siRNAs와 RNA 간섭 *691*

miRNA는 유전자 발현의 전사후 단계를 조절한다 *692*

piRNA는 다음 세대로의 전달을 위해 유전체를 보호한다 *692*

RNA 유도 전사 침묵 *693*

긴 비암호화 RNA의 종류와 기능은 다양하다 *694*

lncRNA는 염색질 조절 복합체와 상호작용하여 전사 억제를 유도한다 *694*

lncRNA는 전사인자의 활성을 조절한다 *694*

원형 RNA는 마이크로 RNA를 흡수하는 '스펀지' 역할을 한다 *695*

■ **BOX 2** 세포외 RNA는 세포간 소통에 중요한 역할을 할까? *697*

진핵생물에서 mRNA의 위치와 번역 조절 *698*

현대 유전학 특강 3

DNA 법의학 *701*

DNA 감식법 *701*

직렬반복 서열수변이를 이용한 DNA 지문법 *701*

■ **BOX 1** Pitchfork 사건: DNA 감식 결과를 이용한 첫 범죄 판결 *702*

상염색체 STR DNA 감식법 *703*

Y 염색체 STR 감식법 *704*

미토콘드리아 DNA 감식법 *705*

■ **BOX 2** Thomas Jefferson의 DNA: 친자확인과 그 이상 *706*

단일뉴클레오타이드 다형성 감식법 *706*

■ **BOX 3** Pascal Della Zuana 사건: DNA 바코드와 야생생물 법의학 *707*

DNA 감식의 해독 *707*

DNA 감식의 유일함 *708*

검사의 오류 708
■ **BOX 4** Kennedy Brewer 사건: 2개의 물은 자국 오류와 반전 709
■ **BOX 5** DNA 이동 사건: Lukis Anderson 이야기 709
DNA 감식 결과 데이터베이스 710
DNA 감식에 관련된 기술적 측면과 윤리적 쟁점 710

현대 유전학 특강 4

유전체학과 맞춤의학 712

맞춤의학과 약리유전체학 712
약물 치료의 최적화 712
■ **BOX 1** 화이자의 크리조티닙(Crizotinib) 이야기 713
약물 부작용의 감소 714
맞춤의학과 질병 진단 716
■ **BOX 2** 약리유전체학 정보 데이터베이스(PharmGKB): 웹사이트의 유전자, 약물, 질병 717
개인 유전체와 암 718
■ **BOX 3** 맞춤 암 진단과 치료: Lukas Wartman 이야기 719
개인 유전체학과 질병 진단: 한 사람의 유전체 분석하기 719
기술적, 사회적, 윤리적 문제 720
■ **BOX 4** 유전체학을 넘어: 개인의 '-체학' 프로파일 721

현대 유전학 특강 5

유전적으로 변형된 식품 724

GM 식품은 무엇인가? 725
제초제 내성 GM 작물 725
해충 저항성 GM 작물 726
■ **BOX 1** GM 연어 이야기—하류 효과? 726
직접 소비를 위한 GM 작물 727
■ **BOX 2** 모나크 나비(제주왕나빗과의 일종) 이야기 728
■ **BOX 3** 하와이 GM 파파야의 성공 729
GM 식물을 만드는 데 사용된 방법 729
선별마커 730
Roundup-Ready® 대두 731
황금쌀 2 732
GM 식품 논쟁 732
건강과 안전성 733
환경적 영향 734
GM 식품의 미래 735

현대 유전학 특강 6

유전자 치료 738

어떤 유전질환이 유전자 치료의 대상인가? 738
치료유전자는 어떻게 전달되는가? 739
유전자 치료용 바이러스 벡터 739
■ **BOX 1** ClinicalTrials.gov 740
비바이러스 전달 방법 742
최초의 성공적인 유전자 치료 실험 742
유전자 치료의 난관 743
유전자 치료가 가지는 문제점 744
최근의 성공적인 실험들 744
망막 실명의 치료 744
HIV 벡터는 최근의 실험에서 가능성을 보여주었다 745
■ **BOX 2** 글리베라(Glybera)는 최초의 상용 유전자 치료로 유럽에서 승인을 받았다 746
유전자 치료에서 표적으로의 접근법 747
유전자 표적화에 대한 DNA-편집 핵산가수분해효소 747
유전자 억제를 위한 RNA 침묵 748
미래의 도전과 윤리 문제 749
유전자 치료를 둘러싸고 있는 윤리적 관점 750
■ **BOX 3** 운동 능력에 대한 유전자 도핑 750

부록 A 참고문헌 753
부록 B 해답 765
용어해설 809
찾아보기 835

새로운 유전학 모델생물인
예쁜꼬마선충(*Caenorhabditis elegans*),
제브라피시(*Danio rerio*), 그리고
애기장대(*Arabidopsis thaliana*).

1 유전학 서론

핵심 개념

- 21세기 유전학은 고대로부터 19세기를 거쳐 현재에 이른 발견과 실험의 풍부한 전통 위에 세워졌다.
- 전달유전학이란 유전자에 의해 조절되는 형질이 배우자를 통해 세대에서 세대로 전해지는 일반적인 과정을 말한다.
- 염색체상의 유전자들 간 거리와 위치 지도를 만들기 위한 유전적 교배에 돌연변이 계통을 사용할 수 있다.
- DNA 구조에 대한 Watson-Crick 모델은 유전정보가 어떻게 저장되고 발현되는지를 설명한다. 이 발견이 분자유전학의 토대이다.
- 유전학에 혁명을 일으킨 재조합 DNA 기술은 인간 유전체 프로젝트의 토대가 되었고 유전학과 정보과학을 결합하는 새로운 학문 영역을 탄생시켰다.
- 생명공학은 농업, 의학, 산업을 포함한 광범위한 영역에 걸쳐 사용되는 유전적으로 변형된 생물체와 이들의 산물을 제공한다.
- 유전학 연구에 사용되는 모델생물체들은 인간의 질병을 연구하기 위하여 재조합 DNA 기술 및 유전체학과 병합하여 사용되고 있다.
- 유전학 기술은 이의 사용을 관리하는 정책, 법안, 관례보다 더 빠르게 발전하고 있다.

인간 유전체 프로젝트와 유전학의 기타 영역에서 얻은 정보는 우리의 일상생활에 지대한 영향을 미치기 시작하고 있다. 예를 들어, 연구자들과 임상 의사들은 건강관리의 질을 높이기 위해 유전적 발견을 새롭게 개선된 진단 및 치료 방법으로 직접 "전환"시키는 **중개 의학(translational medicine)**을 통하여 이 정보들을 사용하고 있다. 전 세계적으로 주요 사망원인인 심혈관 질환은 관심이 집중되고 있는 중요 영역 중의 하나이다. 이 질환을 유발하는 핵심 위험인자 가운데 하나는 혈중 "나쁜" 콜레스테롤(저밀도 지질단백질 콜레스테롤 또는 LDL 콜레스테롤)의 수준이 올라가는 것이다. 스타틴 약물은 LDL 콜레스테롤의 혈액 수준을 낮추고 심장병의 위협을 줄이는 데 효과적이지만 이 약으로 치료받은 사람들의 50% 이상에서 위험이 여전히 남아 있고 심각한 부작용을 동반한다.

약 250억 달러 규모로 추정되는 LDL 치료 분야의 시장 점유율을 높이기 위해 주요 제약회사들은 더 효과적인 차세대 콜레스테롤 저하 약물을 개발하고 있다. 그러나 새로운 약을 시장에 내놓는 것은 위험이 따른다. 비용은 10억 달러를 넘어갈 수 있고 많은 약(셋 중 하나)이 임상 시험에 실패하며 철수된다. 신약 개발의 새로운 전략을 찾는 데 있어서 인간 유전학은 점점 더 중요한 역할을 하고 있다. 개체군 내에서 LDL의 혈액 내 수준은 개인별로 3배 이상 차이가 나며 이 변동의 약 50%는 유전적이다. 비록 많은 유전자들이 관여하고 있음에도 LDL 수준을 조절하는 데 있어서 유전자 *PCSK9*의 역할은 유전적 접근이 어떻게 약물의 목표를 찾아내고 새로운 약이 성공할 수 있는 기회를 높이는지 보여주는 훌륭한 예다. *PCSK9*에 대한 기초 연구를 약물 개발과 환자 치료에 사용할 수 있도록 신속하게 전달한 것은 중개 의학의 선구적인 예다.

PCSK9 유전자가 발견된 직후 이 유전자의 돌연변이형이 LDL 콜레스테롤 수준이 매우 높은 것과 관련이 있어 가족성 고콜레스테롤혈증(familial hypercholesterolemia, FH)으로 불리는 질환으로 발전한다는 사실이 발견되었다. 이 연구는 텍사스주 연구자들의 관심을 끌게 되었고, 연구자들은 *PCSK9* 유전자의 다른 돌연변이가 반대 효과를 나타내어 LDL 콜레스테롤 수준을 대폭 낮출 수 있지 않을까 생각했다. 이 가설을 테스트하기 위해 그들은 3,500명으로부터 LDL 수준과 DNA 시료를 포함한 자세한 임상 정보를 담고 있는 댈러스 병원의 심장 연구 자료를 분석하였다. LDL 수준이 극히 낮은 환자들의 *PCSK9*에 대한 DNA 염기서열을 분석한 결과, 혈중 LDL 수준을 40%까지 낮춘 두 개의 돌연변이를 찾아냈다. 다른 연구는 이 돌연변이의 보인자들은 심장병 위험이 88% 더 낮다는 것을 보여주었다.

한편, PCSK9 단백질이 간세포의 LDL 수용체에 결합하여 수용체를 세포 내부로 이동시켜 파괴되게 하는 것으로 확인되었다. 두 돌연변이 중 어느 하나에 대한 보인자들도 PCSK9 단백질 수준이 현저히 낮다. 그 결과 이러한 개인들의 간세포는 더 많은 LDL 수용체를 갖게 되고 결과적으로 혈액으로부터 LDL을 더 많이 제거하게 된다. 이 정보를 이용하여 제약회사들은 PCSK9 단백질에 결합하여 이 단백질이 LDL 수용체와 상호작용하는 것을 막아 LDL 콜레스테롤 수준을 낮추는 항체-기반 약물을 개발했다. 이 약이 실험군에서 혈중 LDL 수준을 70%까지 감소시킨다는 것을 임상시험에서 성공적으로 보여주었다. 만약 추가 시험에서도 성공한다면 이 약은 가까운 시일에 시장에 나올 것이다.

*PCSK9*의 경우에 결과가 어찌되든 간에, 유전학 연구와 신약 개발의 결합은 연구를 통한 발견이 임상적으로 적용되는 속도를 높이는 결정적이며 흥미진진한 역할을 하게 될 것이라는 것은 명확하다.

본 서론에서는 유전학과 유전학 역사에서 중요한 사건들에 대해 소개하고 유전학의 핵심 원리와 최근의 진보에 대해 간략하게 설명한다. 이 장에서 토의하는 모든 주제는 이 책의 각 장에서 더 자세히 살펴볼 것이다. 또한 근대 유전학과 이의 근본적인 원리를 철저히 이해할 수 있게 될 것이다. 이 방식을 따라 즐겁게 공부하되 초보 유전학자로서 책임에도 매우 신중하기 바란다.

1.1 유전학은 풍부하고 재미있는 역사를 가지고 있다

어떤 형질이 유전되는 본성을 사람들이 언제 처음 인식하게 되었는지 알지 못하지만 고생물학적 증거들(예를 들어, 그림을 통한 묘사, 보존한 뼈와 두개골, 그리고 건조된 종자)은 사람들이 야생 개체군으로부터 유전적 변종들을 인위적으로 선발함으로써 수천 년 전에 성공적으로 동물을 길들이고 식물을 재배했다는 사실을 보여준다. 기원전 8000년부터 1000년 사이에 말, 낙타, 소, 그리고 늑대가 가축화되었으며, 곧이어 이 종들의 선택적 교배가 뒤따랐다. 옥수수, 밀, 벼, 그리고 대추야자를 포함하는 많은 식물의 재배는 기원전 약 5000년 전에 시작되었다. 이러한 증거들은 종의 유전적 조성을 조작하려고 했던 조상들의 시도가 성공적이었음을 보여준다.

그리스 문화의 황금시대 동안 히포크라테스(Hippocratic) 의과대학(기원전 500~400년) 자료와, 철학자이며 박물학자인 아리스토텔레스(Aristotle, 기원전 384~322년)의 자료에서 사람과 관련된 유전현상이 논의되었다. 히포크라테스의 논문 "종자에 대하여(*On the Seed*)"에서는 몸의 다양한 부위에 있는 활성 '체액(humor)'이 유전되는 형질의 운반자로 역할한다고 설파했다. 남성 몸의 다양한 부위로부터 정액으로 모아진 다음 자식에게 전달되는 이런 체액은 건강할 수도 있고 병들어 있을 수도 있는데, 병든 체액은 선천적 장애나 기형을 갖고 있는 신생아가 태어나는 이유가 된다는 것이다. 또한 이런 체액이 자손에게 전달되기 전에 개체 내에서 바뀔 수도 있다고 믿었는데, 이는 부모가 환경에 반응하여 '획득'한 형질을 신생아들이 어떻게 '물려받을' 수 있는지 설명한다.

아리스토텔레스는 히포크라테스의 생각을 넓혀 남성의 정액은 부모의 '형태'와 동일한 자손을 생산하는 능력을 가지고 있는 '활력 열(vital heat)'을 담고 있다고 제안했다. 아리스토텔레스는 이 열이 여성이 만드는 생리혈, 즉 자식을 낳는 '물리적 물질'을 만든다고 믿었다. 배아는 (일부 히포크라테스 학파가 생각했던 것처럼) 이미 성인의 모습을 축소한 형태로 담고 있기 때문이 아니라 활력 열의 형태 형성 능력 때문에 발달한다고 했다. 히포크라테스와 아리스토텔레스의 생각은 오늘의 관점에서는 원시적이고 순진한 것이지만, 1800년대 이전에는 포유류에서 정자나 난자가 관찰되지도 않았다는 점을 상기해야만 한다.

1600~1850: 근대 생물학의 여명

기원전 약 300년부터 기원후 1600년 사이에 유전학에 대한 중요하고 새로운 생각은 거의 없었다. 그러나 1600년부터 1850년 사이에 생명의 생물학적 기초에 대한 통찰력을 제공하는 장

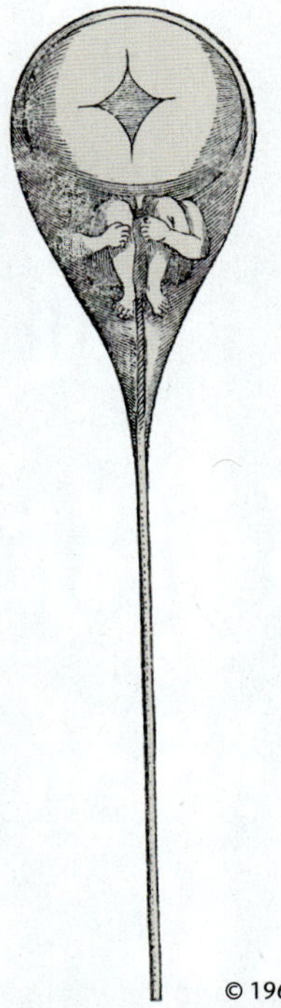

© 1964 National Library of Medicine

그림 1-1. 완벽한 비율과 완전한 형태를 갖춘 축소된 성인을 담고 있는 정자미인의 묘사도.

족의 발전이 이루어졌다. 1600년대에 William Harvey는 생식과 발달을 연구하여 **후성설(epigenesis)**을 제안했는데, 이는 생물이 궁극적으로 난자를 성체로 탈바꿈시키는 연속적인 발달 과정에 의해 수정란으로부터 발달한다는 학설이다. 후성설은 직접적으로 **전성설(preformation)**, 즉 수정란은 **정자미인(homunculus)**으로 불리는 완전한 성인의 축소형을 담고 있다는 학설과 상충되었다(그림 1-1). 1830년경 Matthias Schleiden과 Theodor Schwann은 모든 생물체는 세포라고 부르는 기본 구조 단위로 이루어져 있으며 세포는 기존에 존재했던 세포로부터 기원한다는 **세포설(cell theory)**을 제안했다. 살아 있는 생물체가 무생물적 요소로부터 창조된다는 **자연발생설(spontaneous generation)**은 18세기 후반 Louis Pasteur에 의해 틀렸음이 입증됐고, 그 후부터 생물체는 기존 생물체로부터 기인하며 세포로 구성되어 있다고 여겨졌다.

1800년대 중반 찰스 다윈(Charles Darwin)과 그레고리 멘델(Gregor Mendel)의 혁명적인 연구는 20세기와 21세기에 유전학이 급속히 발전할 수 있게 하는 무대를 마련했다.

찰스 다윈과 진화

이런 배경과 함께, 진화에 대한 생각을 기술하여 1859년 "종의 기원(*The Origin of Species*)"을 출판한 찰스 다윈의 연구에 대해 간략하게 토의해보자. 다윈의 지질학적, 지리학적, 생물학적 관찰은 현존하는 종은 조상 종으로부터 변형을 동반한 물려받기를 통해 생겨난 것이라는 확신을 주었다. 비글호 항해(1831~1836)를 통해 크게 영향을 받아 다윈은 진화적 변화의 기작을 설명하는 **자연선택설(natural selection)**을 만들어내게 되었다. Alfred Russel Wallace에 의해 독립적으로 만들어지고 제안되었던 자연선택설은 개체군이 환경이 지탱할 수 있는 것보다 더 많은 자손을 가지는 경향이 있어 개체들 사이에 생존을 위한 투쟁이 일어난다는 관찰에 기반을 둔다. 환경에 적응할 수 있게 하는 유전 형질을 가지고 있는 개체들은 덜 적응적인 형질을 가진 개체들보다 생존과 번식을 더 잘 할 수 있다. 오랜 시간이 지나면 매우 경미한 것일지라도 유리한 변이는 축적될 것이다. 만약 이런 유전되는 변이를 가지고 있는 개체군이 생식적으로 격리되면 새로운 종이 생겨날 수도 있다.

그러나 다윈은 변이와 유전의 유전적 기초에 대한 이해가 부족했고, 이로 인해 그의 이론은 20세기에 합리적인 비평을 받게 되었다. 다윈이 자신의 책을 출판한 직후에, 멘델은 완두콩에서 형질이 어떻게 세대에서 세대로 넘어가는지를 보여주며 형질이 어떻게 유전되는지에 대한 일반적인 모델을 제공하는 한 편의 논문을 1866년에 출판했다. 그의 연구는 Carl Correns, Hugo de Vries, 그리고 Erich Tschermak가 1900년경에 부분적으로 재현하여 밝혀낼 때까지 거의 알려지지 않았다.

20세기 초반에 이르러 유전과 발달은 염색체 내에 담겨 있는 유전자의 유전정보에 의존하고, 염색체는 배우자에 의해 각 개체에게 분배된다는 소위 **유전의 염색체설(chromosome theory of inheritance)**이 명확해졌다. 다윈의 이론에 남아 있던 빈틈은 채워졌고 멘델의 연구는 유전학의 토대로서 계속 기여하고 있다.

1.2 유전학은 한 세기보다 짧은 시간 만에 멘델로부터 DNA로 진전되었다

유전적 과정은 생명 그 자체에 필수적이기 때문에 유전학은 생물학을 통합하며 생물학의 핵심 역할을 한다. 과학의 한 분야인 유전학은 1850년대 말 유럽 중심부의 한 수도원 정원에서 시작되었다.

형질 전달에 대한 멘델의 연구

오스트리아 수도사인 멘델은 완두콩을 이용하여 10여 년에 걸친 일련의 실험을 수행했다. 그는 정량 데이터 분석법을 실험 결과에 적용했으며 형질은 부모로부터 자손에게 예측 가능한 방식으로 전달된다는 것을 보여주었다. 더 나아가 그는 식물의 각 형질은 한 쌍의 인자(이것을 우리는 이제 유전자라 부른다)에 의해 조절되며 배우자 형성(알세포와 정자의 형성) 동안 유전자 쌍

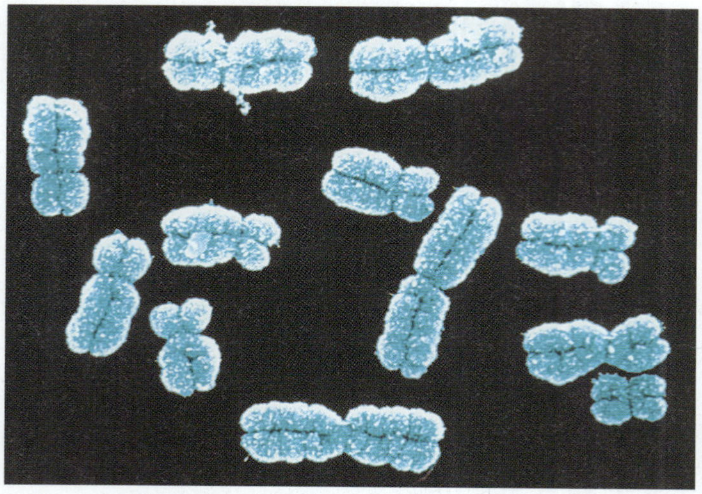

그림 1-2. 세포분열을 준비할 때 복제된 인간 염색체의 주사현미경 착색 사진.

의 구성원들은 서로 분리된다고 결론 내렸다. 그의 연구는 1866년에 출판되었으나 1900년경에 다른 연구자들이 출판한 논문에 인용될 때까지는 대부분 알려지지 않았다. 그러나 일단 확인이 된 이후 멘델의 발견은 완두콩과 모든 다른 고등 생물들에서 형질의 전달을 설명하는 것으로 인식되었다. 그의 연구는 유전과 변이를 연구하는 생물학의 한 분야로서 정의되는 **유전학(genetics)**의 기초를 만들었다. 멘델 유전학은 뒤에 더 논의할 것이다(3, 4장 참조).

유전의 염색체설: 멘델과 감수분열의 통합

멘델은 염색체의 구조와 역할이 알려지기 이전에 실험을 수행했다. 그의 연구가 출판된 지 약 20년 후, 현미경의 발달로 연구자들은 염색체를 확인할 수 있게 되었고(그림 1-2) 대부분의 진핵생물에서 각각의 종은 대부분의 세포에서 **이배체 수(diploid number, 2*n*)**로 불리는 특정한 수의 염색체를 갖고 있음을 밝혀냈다. 예를 들어 인간의 이배체 수는 46이다(그림 1-3). 이배체 세포 내 염색체는 **상동염색체(homologous chromosome)**로 불리는 쌍으로 존재한다.

19세기 후반 10여 년 동안 연구자들은 두 가지 세포분열 형태인 **체세포분열(mitosis)**과 **감수분열(meiosis)** 동안 염색체의 행동에 대해서도 기술하였다. 체세포분열(그림 1-4)에서, 염색체는 복제되고 배분되어 딸세포 각각이 부모 세포에 있는 것과 동일한 염색체 세트를 받는다. 감수분열은 배우자 형성과 관련되어 있다. 감수분열에 의해 만들어지는 세포는 각 염색체 쌍 중 하나의 염색체만 받으며, 따라서 염색체 수는 **반수체 수(haploid number, *n*)**로 불린다. 난자와 정자의 융합을 통해 태어난 자식이 부모와 그들 종의 특징적인 염색체 수를 유지하고자 한다면 이와 같은 염색체 수의 감소는 필수적이다.

20세기 초기에 Walter Sutton과 Theodor Boveri는 독립적으

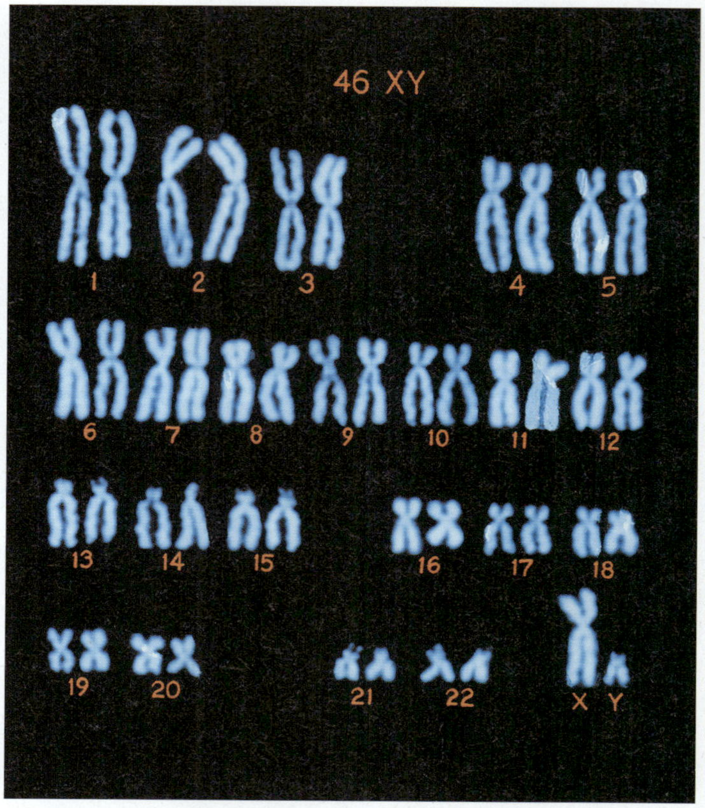

그림 1-3. 인간 남성 염색체 세트의 착색 사진. 이와 같은 방식으로 정렬된 세트를 핵형(karyotype)이라고 부른다.

로 감수분열 동안 염색체의 행동은 멘델이 기술한 배우자 형성 동안의 유전자의 행동과 동일하다는 점을 주목했다. 예를 들어, 유전자와 염색체는 쌍으로 존재하고 한 유전자 쌍의 구성원들과 한 염색체 쌍의 구성원들은 배우자 형성 중에 서로 분리된다. 이러한 유사점에 근거하여 Sutton과 Boveri는 각각 유전자는 염색체 위에 실려 있다고 제안했다(그림 1-5). 그들은 독립적으로 유전의 염색체설을 만들어냈는데, 유전되는 형질은 배우자를 통해

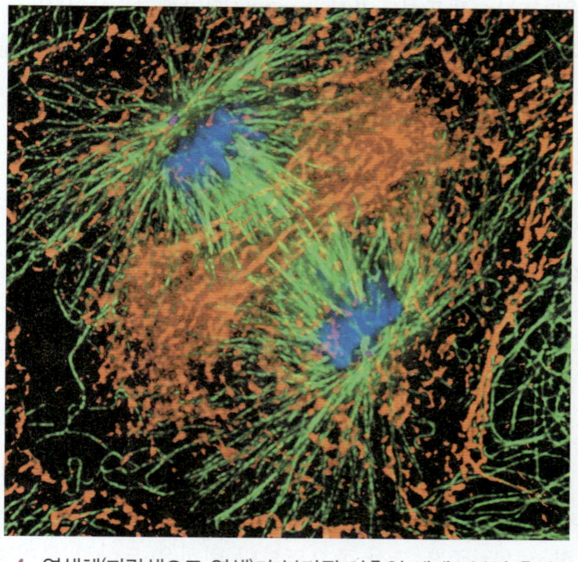

그림 1-4. 염색체(파란색으로 염색)가 분리된 이후인 체세포분열 후반부.

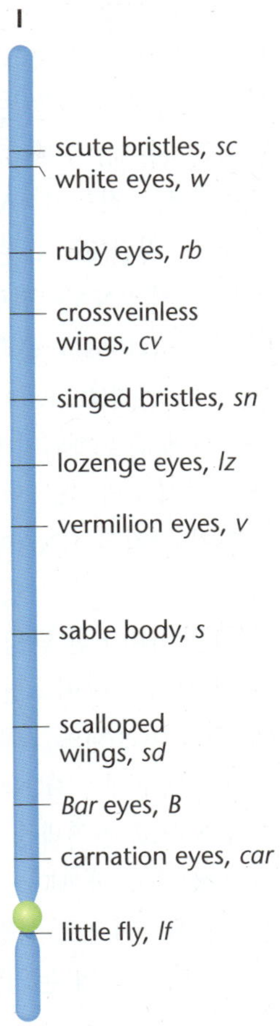

그림 1-5. 여러 유전자의 위치를 보여주고 있는 초파리(*D. melanogaster*)의 1번 염색체(성-결정 염색체 중 하나인 X 염색체). 염색체는 수백 개의 유전자를 포함할 수 있다.

정확하게 전달되는 염색체상에 존재하며, 세대에서 세대로 유전적 연속성을 유지시키는 유전자에 의해 조절된다고 설명한다.

유전적 변이

유전의 염색체설이 제안되었던 때와 거의 같은 시기에 과학자들은 초파리(*Drosophila melanogaster*)의 형질 유전을 연구하기 시작했다. 초기 연구에서 흰 눈 초파리(그림 1-6)가 정상(야생형)의 빨간 눈 초파리 사이에서 발견되었다. 이 변이는 눈 색을 조절하는 유전자 중 하나의 **돌연변이(mutation)**에 의해 만들어졌다. 돌연변이는 DNA 서열상의 유전 가능한 변이로 정의되며 모든 유전적 변이의 원천이다.

초파리에서 발견된 흰 눈의 변이체는 눈 색을 조절하는 한 유전자의 **대립유전자(allele)**이다. 대립유전자들은 한 유전자의 대체형으로 정의된다. 서로 다른 대립유전자는 한 생물의 관찰되는 특징 또는 **표현형(phenotype)**에 있어서의 차이를 만들어 낼 수 있다. 한 생물체에 담겨 있는 한 형질의 대립유전자 세트는 **유전형(genotype)**이라고 부른다. 돌연변이 유전자를 마커로 사용하여 유전학자들은 염색체상에서 유전자의 위치를 결정할

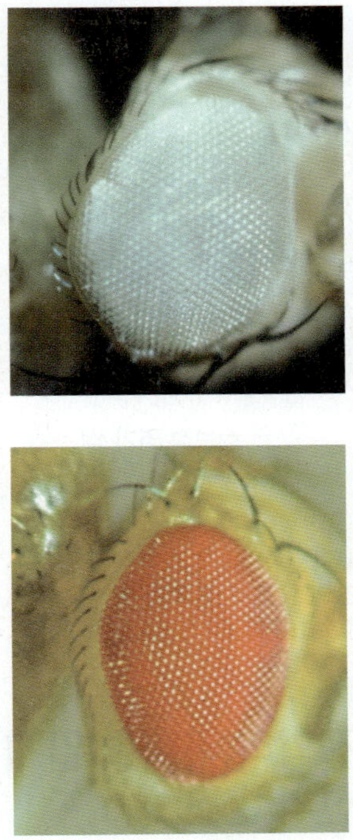

그림 1-6. 초파리(*D. melanogaster*)의 흰색 눈 돌연변이(위)와 정상 붉은색 눈(아래).

수 있다(그림 1-5).

유전자의 화학적 본성에 대한 탐구: DNA 또는 단백질?

흰 눈 초파리에 대한 연구는 돌연변이 형질이 한 염색체에 수렴될 수 있다는 것을 보여주었다. 이는 유전자가 염색체에 담겨 있다는 생각을 확인시켜주는 것이다. 이러한 관계가 확립되었을 때 과학자들은 염색체의 어떤 화학적 요소가 유전적 정보를 담고 있는지 찾아내는 데 관심을 기울였다. 1920년대에 이르러 과학자들은 단백질과 DNA가 염색체의 중요 화학 성분임을 알게 되었다. 수많은 서로 다른 단백질들이 존재하고, 이들이 핵과 세포질 어디에나 분포하고 있기 때문에 많은 과학자들은 단백질이 유전정보를 담고 있다고 생각했다.

1944년 뉴욕 록펠러 연구소의 Oswald Avery, Colin MacLeod, 그리고 Maclyn McCarty 연구원은 DNA가 세균의 유전정보 운반자임을 보여주는 실험 결과를 출판하였다. 이 증거는 매우 명백했음에도 불구하고 많은 영향력 있는 과학자들을 확신시키는 데 실패했다. 유전물질 운반자로서의 DNA의 역할에 대한 추가적인 증거는 바이러스를 연구하는 다른 과학자들로부터 나왔다. DNA가 유전정보를 운반한다는 연구결과는 향후 몇 년에 걸친 다른 연구와 함께 단백질이 아니라 DNA가 유전물질이라는 확고한 증거를 제시하여 DNA의 구조를 확립하기 위한 연구의 장을 마련하였다.

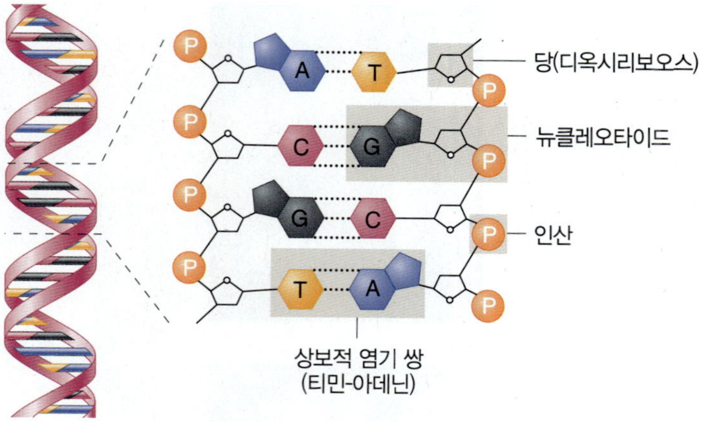

그림 1-7. 이중나선 배열(왼쪽)과 각 가닥을 구성하는 화학적 요소(오른쪽)를 보여주고 있는 DNA 구조의 요약. 오른쪽의 점선은 DNA 나선의 두 가닥을 서로 붙잡는 약한 화학결합인 수소결합을 나타내고 있다.

1.3 분자유전학의 시대를 열게 한 이중나선의 발견

DNA가 유전정보를 운반한다고 받아들여지게 되자 DNA 분자의 구조 해독과 DNA 분자 안에 저장되어 있는 정보가 표현형을 만들어내는 기작에 대해 연구가 집중되었다.

DNA와 RNA의 구조

20세기의 가장 위대한 발견 중 하나는 1953년 DNA의 구조를 밝힌 James Watson과 Francis Crick에 의해 이루어졌다. DNA는 긴 사다리 같은 거대분자로서 이중나선을 형성하도록 꼬여 있다(그림 1-7). 이중나선의 각 가닥은 **뉴클레오타이드(nucleotide)**로 불리는 단위체로 이루어져 있다. DNA에는 네 종류의 서로 다른 뉴클레오타이드가 있는데, 각각 축약하여 A(adenine, 아데닌), G(guanine, 구아닌), T(thymine, 티민), C(cytosine, 시토신)의 질소성 염기를 담고 있다. 이 네 가지 염기는 다양한 서열 조합 속에서 궁극적으로 유전정보를 암호화한다. DNA 두 가닥은 정확히 서로 상보적이어서 이중나선 내 사다리의 가로대는 항상 A = T와 G = C 염기쌍으로 구성된다. Maurice Wilkins와 함께 Watson과 Crick은 DNA의 구조에 대한 연구로 1962년 노벨상을 수상했다. DNA의 구조는 뒤에 다시 논의할 것이다(9장 참조).

또 다른 핵산인 RNA는 DNA와 화학적으로 유사하지만 뉴클레오타이드에 다른 당(디옥시리보오스 대신 리보오스)을 담고 있고 티민 대신 질소성 염기 우라실을 담고 있다. 그러나 RNA는 일반적으로 단일 가닥 분자이다.

유전자 발현: DNA로부터 표현형까지

DNA 내에 뉴클레오타이드의 순서로 암호화되어 있는 유전정보는 기능적 유전자 산물을 만들어내는 일련의 과정들을 통해 발현된다. 대부분의 경우 이 산물은 단백질이다. 진핵세포에서 단백질 합성을 이끌어내는 과정은 핵 내부에서 **전사(transcription)**와 함께 시작하는데, 이때 DNA의 한쪽 가닥에 있는 뉴클레오타이드 서열이 상보적인 RNA 서열을 만들어내는 데 사용된다(그림 1-8의 위쪽). 일단 RNA 분자가 만들어지면 이는 세포질로 이동하고 여기에서 RNA—**전령(messenger) RNA** 또는 짧게 **mRNA**—는 **리보솜(ribosome)**과 결합한다. mRNA 지휘하에서의 단백질 합성은 **번역(translation)**이라고 부른다(그림 1-8의 가운데). mRNA에 암호화되어 있는 정보(**유전암호, genetic code**)는 연속한 뉴클레오타이드 세 개로 구성된다. **코돈(codon)**으로 부르는 3염기 각각은 DNA에 저장된 정보에 상보적이며 단백질 내로 특정 아미노산을 삽입시키도록 지정한다. 단백질(그림 1-8의 아래쪽)은 아미노산 단량체로 이루어진 중합체이다. 단백질에서 흔히 발견되는 아미노산은 20종류가 있다.

단백질 조립은 **운반 RNA(tRNA)**로 불리는 연결 분자의 도움으로 이루어진다. 리보솜 내부에서 tRNA는 mRNA 코돈에 암호화되어 있는 정보를 인지하고 번역과정 동안 단백질을 만드는 데 필요한 적절한 아미노산을 운반한다.

유전자 발현은 여기에서 개략적으로 설명하는 것보다 더 복잡하다. 복잡한 것들의 일부분은 뒤에 논의할 것이다(14, 17장

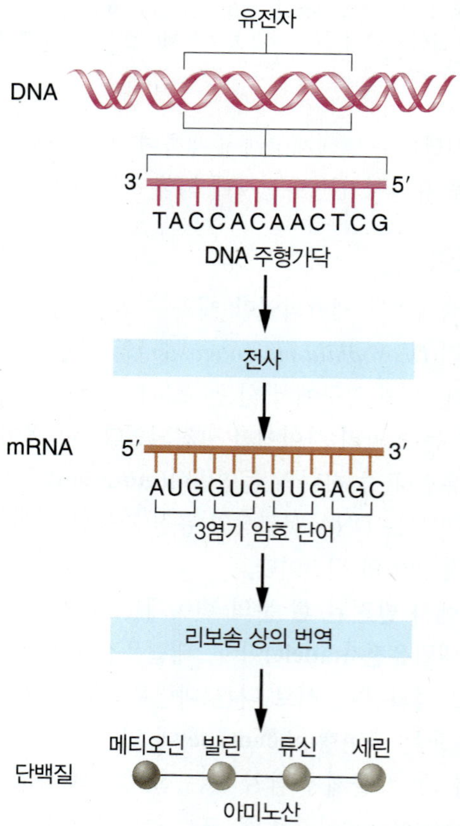

그림 1-8. 유전자 발현은 DNA로부터 mRNA로의 전사(위)와 (리보솜의 도움을 받아) mRNA로부터 단백질(아래)로의 번역(가운데) 과정으로 구성된다.

과 현대 유전학 특강 1장—후성유전학 참조).

단백질과 생물학적 기능

대부분의 경우에서 단백질은 유전자 발현의 최종산물이다. 단백질 및 이들이 수행하는 생물학적 기능의 다양성—생명 자체의 다양성—은 단백질이 20가지 서로 다른 아미노산의 조합으로부터 만들어진다는 사실로부터 유발된다. 100개의 아미노산으로 구성된 단백질 사슬은 각 위치에서 20개 아미노산 중 어느 한 개를 가질 수 있다는 것을 생각해보라. 따라서 아미노산 100개로 이루어진 서로 다른, 즉 고유 서열 단백질의 가능한 수는 다음과 같다.

$$20^{100}$$

확실히, 단백질은 막대한 구조적 다양성의 잠재력을 가진 분자이며 생물 시스템의 중추 역할을 수행한다.

효소(enzyme)는 단백질의 큰 범주를 형성한다. 이 분자는 생물학적 촉매 역할을 하는데, 반응의 활성화 에너지를 낮추어 체온에서 세포 대사가 진행될 수 있게 한다.

효소 이외의 단백질은 세포와 생물체의 필수 구성원이다. 이들에는 적혈구 세포 내 산소결합 분자인 헤모글로빈, 이자 호르몬인 인슐린, 결합조직 분자인 콜라겐, 근수축 단백질인 액틴과 미오신 등이 포함된다. 단백질의 모양과 화학적 습성은 이들의 아미노산 서열에 의해 결정되는데, 이는 한 유전자의 DNA 내에 저장되어 있다가 RNA로 전달된 다음 단백질 합성을 지시하는 정보에 의해 받아 쓰인 것이다.

유전자형과 표현형의 연결: 낫모양 적혈구 빈혈증

단백질이 만들어지면 이의 생화학적 또는 구조적 특성이 표현형을 만들어내게 된다. 돌연변이가 유전자를 바꿀 때, 돌연변이는 암호화되어 있는 단백질의 기능을 변형하거나 제거하여 표현형을 변화시킬 수도 있다. 이러한 일련의 사건들을 추적하기 위하여 인간 유전 질환인 낫모양 적혈구 빈혈증을 살펴보자.

낫모양 적혈구 빈혈증은 폐로부터 온몸의 세포로 산소를 운반하는 단백질인 헤모글로빈의 한 돌연변이형 때문에 일어난다. 헤모글로빈은 서로 다른 유전자에 암호화되어 있는 두 개의 서로 다른 단백질 α-글로빈과 β-글로빈으로 이루어진 복합 분자이다. 낫모양 적혈구 빈혈증에서 β-글로빈을 암호화하는 유전자의 돌연변이는 단백질을 구성하는 146개 아미노산 중 1개를 치환시킨다. 그림 1-9는 β-글로빈에서 정상형과 돌연변이형의 DNA와 이에 대한 mRNA 코돈, 그리고 4~7번째 위치의 아미노산을 보여주고 있다. 낫모양 적혈구 빈혈증에서 돌연변이는 DNA 뉴클레오타이드 한 개를 변화시키고, 이는 mRNA의 6번 코돈을 GAG로부터 GUG로 변화시켰으며, 이에 따라 β-글로빈의 6번째 아미노산이 글루탐산에서 발린으로 바뀐 것을 주목하라. 다른 145개 아미노산은 이 돌연변이에 의해서는 바뀌지 않는다.

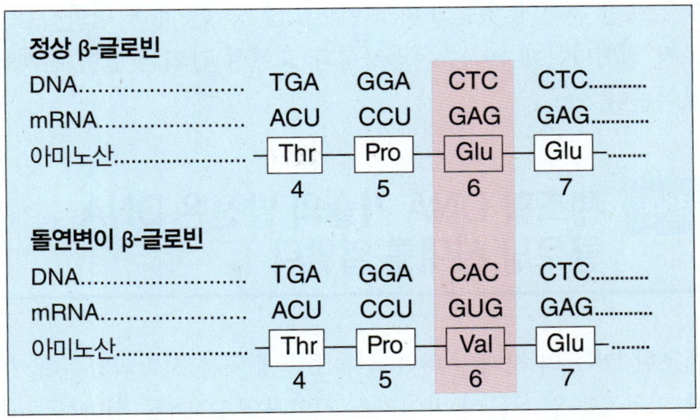

그림 1-9. β-글로빈을 암호화하는 DNA의 단일 염기 치환(CTC→CAC)은 mRNA의 코돈을 변화시켜(GAG→GUG) 다른 아미노산이 삽입되게 하여(Glu→Val) 낫모양 적혈구 빈혈증의 원인이 되는 변형된 형태의 β-글로빈을 만들어낸다.

β-글로빈 유전자 두 카피 모두가 돌연변이 된 사람들은 낫모양 적혈구 빈혈증을 갖는다. 이들의 β-글로빈 단백질은 혈중 산소 농도가 낮을 때 적혈구 내에서 헤모글로빈 분자가 중합되게 하여 헤모글로빈의 긴 사슬을 형성하게 하고 그 결과 적혈구 세포의 모양이 일그러진다(그림 1-10). 모양이 변형된 세포는 깨지기 쉽고 또한 쉽게 부서져 순환계에서 적혈구 세포의 수가 감소한다(빈혈증은 적혈구 세포가 부족한 것이다). 낫모양 적혈구 세포는 모세혈관과 소혈관에서 혈액 흐름을 막아 심장, 뇌, 근육, 신장에 심각한 통증을 일으키고 손상을 입힌다. 이러한 모든 증상은 한 유전자에서 뉴클레오타이드 단 하나가 변화하여

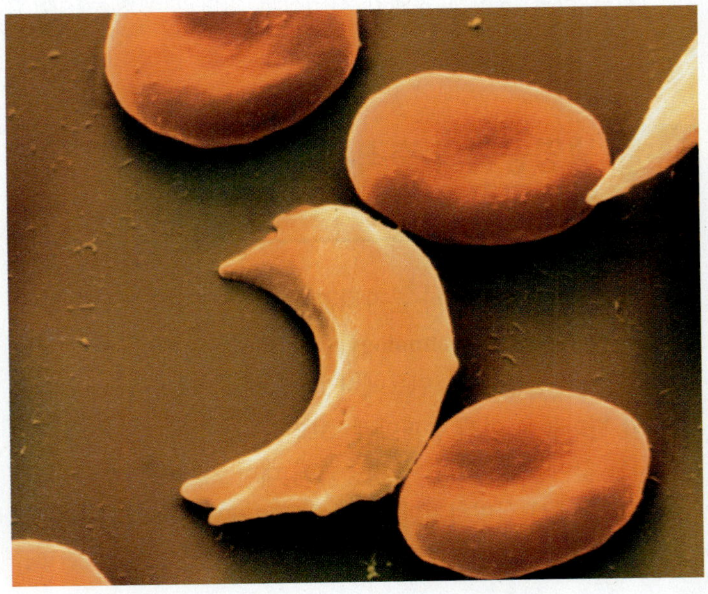

그림 1-10. 정상 적혈구 세포(원형)와 낫모양 적혈구 세포. 낫모양 적혈구 세포들은 모세혈관과 작은 혈관들을 막는다.

β-글로빈 분자에 있는 146개 아미노산 중 한 개를 변화시킴으로써 일어나는데, 이는 유전자형과 표현형 간의 밀접한 관계를 보여준다.

1.4 재조합 DNA 기술의 발전은 DNA 클로닝 시대를 열었다

재조합 DNA의 시대는 1970년대 초반에 처음 시작되었는데, 이때 연구자들은 세균이 바이러스 침입자의 DNA를 절단하는 데 사용하는 **제한효소(restriction enzyme)**가 어떤 생물체의 DNA를 특정 뉴클레오타이드 서열에서 절단하여 재생 가능한 단편 세트를 만드는 데 사용될 수 있다는 것을 발견했다.

곧이어 연구자들은 제한효소의 작용으로 만들어진 DNA 절편을 **벡터(vector)**로 부르는 운반체 DNA 분자 내부로 삽입시켜 **재조합 DNA(recombinant DNA)** 분자를 만드는 방법을 찾아냈다. 세균 세포 내부로 전달되었을 때, 벡터와 DNA 절편 조합의 수천 카피 또는 **클론(clone)**이 세균의 번식과정 중에 만들어진다. 많은 양의 클론된 DNA 절편을 세균 숙주 세포로부터 추출할 수 있다. 이 DNA 절편들은 유전자를 분리하고 이들의 조직화와 발현을 연구하며 이들의 뉴클레오타이드 서열과 진화를 연구하는 데 사용될 수 있다.

한 생물체의 **유전체(지놈, genome)**, 즉 한 생물체의 완전한 반수체 DNA 총량을 대표하는 클론들의 집합을 유전체 라이브러리라고 한다. 유전체 라이브러리는 이제 수백 종에서 이용 가능하다.

재조합 DNA 기술은 유전학 연구의 속도를 가속화시켰을 뿐만 아니라 미국 경제에 중대한 기여자로 성장한 생명공학 산업을 탄생시켰다.

1.5 생명공학의 충격은 계속적으로 확대되고 있다

재조합 DNA 기술과 기타 분자적 기술을 사용하여 산물을 만드는 것을 **생명공학(biotechnology)**이라고 부른다. 미국에서 생명공학은 일상생활의 많은 면들에서 대변혁을 일으켰다. 생명공학에 의한 변화들은 이제 슈퍼마켓, 보건, 농업, 더 나아가 사법체계에서도 찾아볼 수 있다. 생명공학에 대한 자세한 논의는 뒷장(19장 참조)에서 설명하지만, 여기에서는 생명공학의 영향에 대한 일상의 예를 살펴보자.

그림 1-11. 성체 유선세포로부터 복제된 핀 도싯종(Finn Dorset) 면양 돌리와 첫째 새끼 양 보니.

식물, 동물 그리고 식량 공급

작물을 유전적으로 변형시키기 위한 재조합 DNA 기술의 사용은 농업에 혁명을 일으켰다. 제초제 및 해충 저항성 유전자들과 영양 강화를 위한 유전자들이 작물에 도입되었다. 재조합 DNA 기술을 사용하여 종을 가로질러 유전되는 형질을 전달함으로써 **형질전환(transgenic)** 생물이 탄생하였다. 제초제 저항성 옥수수와 대두는 1990년대 중반에 처음 심어졌고 형질전환 계통은 이제 미국 옥수수의 88%, 대두의 93%를 차지한다. 미국에서 가공식품의 70% 이상은 형질전환 작물에서 온 성분을 함유하고 있는 것으로 추정된다.

유전적으로 조작된 생물과 관련된 최근의 발견들에 대해서는 다음에 논의할 것이다(현대 유전학 특강 5장—유전적으로 변형된 식품).

양과 소 같은 가축을 클로닝하는 새로운 방법은 이 동물들을 이용하는 방식 또한 바꿨다. 1996년에 복제양 돌리(그림 1-11)가 핵을 제거한 난자에 성체 세포의 핵을 이식하는 핵 치환에 의해 클로닝되었다. 이 방법은 좋은 형질을 가지고 있는 유전적으로 동일한 자손을 수십 또는 수백 개체를 생산할 수 있게 하며 농업, 스포츠, 의학 등에도 많이 적용될 수 있다.

생명공학은 또한 의학적으로 사용되는 인간 단백질을 생산하는 방식도 변화시켰다. 유전자 전달을 사용함으로써 이제 형질전환 동물이 이런 치료 단백질을 합성한다. 2009년에 형질전환 염소의 젖으로부터 생산된 항응고 단백질이 미국 식품의약국으로부터 미국 내 사용 승인을 얻었다. 형질전환 동물이 생산한 기타 인간 단백질들도 심각한 몇몇 질병을 치료하기 위한 임상시험에 최근 사용되고 있다. 생명공학 혁명은 새로운 기술의 개

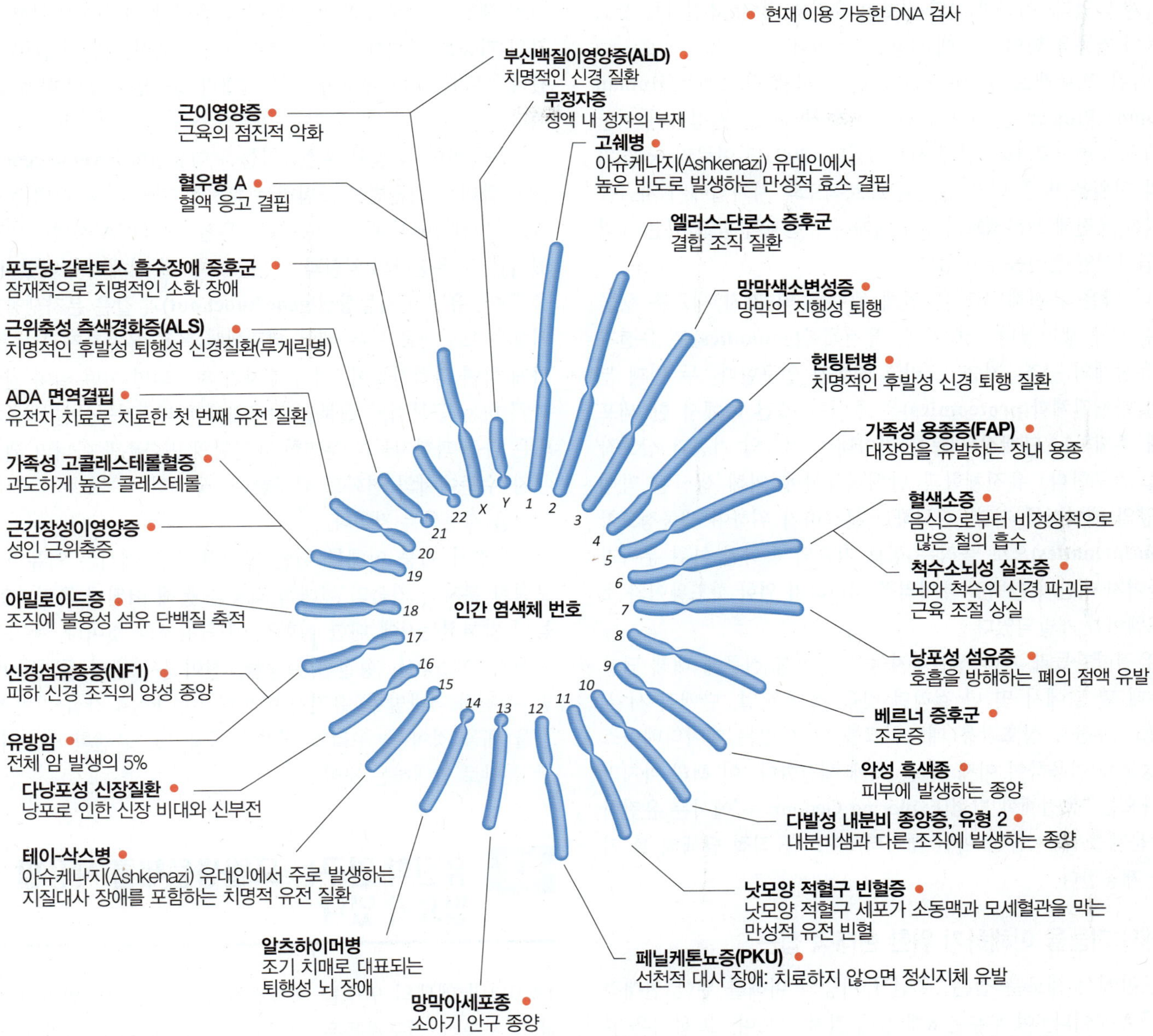

그림 1-12. 돌연변이가 일어날 경우 유전병을 일으키는 유전자들의 위치를 표시한 인간 염색체 세트. 유전자 검사로 진단 가능한 것은 붉은 점으로 표기했다.

발을 통하여 여러가지 관련 산물들을 만들기 위해 계속 확대될 것이다.

유전학과 의학에서의 생명공학

미국에서 1,000만 명 이상의 어린이 또는 성인이 유전적 결함으로 고통받고 있으며 모든 가임 부부의 약 3%는 유전적으로 비정상적인 아이를 가질 위험에 직면해 있다. 수백 가지 유전적 결함의 분자적 기초가 이제 알려져 있으며 이런 유전자 중 많은 수가 지도화되어 있으며 분리되고 클로닝되었다(그림 1-12). 유전적 결함을 출생 전에 진단하거나 부모가 100종류 이상의 유전적 결함에 대한 '보인자'인지 테스트할 수 있는 생명공학에서 유래한 유전자 검사 방법이 현재 이용 가능하다. 유전적 결함으로 발전하거나 아이들에게 영향을 줄 수 있는 개인의 위험을 확인하기 위해 전체 유전체를 훑어볼 수 있는 더 새로운 방법들도 개발 중이다. 그러나 유전자 검사 방법 및 관련 기술의 사용은 아직까지 풀리지 않고 있는 윤리적 우려를 불러일으키고 있다.

1.6 유전체학, 단백질체학, 생물정보학은 새롭게 확장되고 있는 분야이다

유전체 라이브러리를 만들기 위해 재조합 DNA 기술을 사용하게 된 과학자들은 한 생물체의 전체 유전체 서열을 얻어내기 위하여 라이브러리 내 모든 클론의 염기서열을 결정하는 것을 고려하게 되었다. 이러한 서열 정보는 유전체 내 각 유전자를 찾고 이들의 기능을 확인하는 데 사용될 수 있다.

이런 프로젝트 중 하나인 인간 유전체 프로젝트(Human Genome Project)는 인간 유전체의 염기서열을 결정하기 위한 국제적 노력으로 1990년에 시작되었다. 2003년 이르러 공공 기금의 지원을 받은 인간 유전체 프로젝트와 사기업에서 자금을 지원한 유전체 프로젝트가 유전체에서 유전자를 담고 있는 영역의 염기서열 결정을 끝마쳤다.

더 많은 유전체 서열을 얻게 될수록 몇 가지 새로운 생물학 분야가 생겨났다. 첫 번째, **유전체학(genomics)**은 유전자와 유전체의 구조, 기능, 그리고 진화를 연구한다. 두 번째 분야인 **단백질체학(proteomics)**은 주어진 조건 하에서 한 세포 내에 존재하는 단백질 세트를 찾아내며 이들의 기능과 상호작용을 연구한다. 유전체학과 단백질체학에 의해 생산된 막대한 양의 데이터를 저장, 검색하고 분석하기 위하여 **생물정보학(bioinformatics)**으로 불리는 정보 기술의 특화된 하위 분야가 만들어져 핵산과 단백질 데이터를 처리하기 위한 하드웨어와 소프트웨어가 개발되었다.

유전학자들과 기타 생물학자들은 실험적 질문에 대해 답을 하는데 몇 달에서 몇 년 걸리던 것을 핵산 서열, 단백질 서열, 그리고 유전자-상호작용 네트워크를 담고 있는 데이터베이스 내 정보를 이용하여 이제 몇 분 내에 해결한다. 이 책의 마지막에 나오는 "유전체학 탐험(Exploring Genomics)"에서는 유전학 연습문제를 푸는 동안 이런 데이터베이스를 직접 탐색해 볼 기회를 제공한다.

유전자 기능을 이해하기 위한 현대적 접근

이번 판에서 새로운 점은 "유전자 기능의 이해를 위한 현대적 접근" 부분이다. 이 부분은 8개 장에 걸쳐 나오며, 그 목적은 유전학자들이 유전자의 기능을 연구하는 데 사용하는 최신 실험 기법들의 예를 소개하는 것이다. 선택된 장에서 유전자 기능을 이해하기 위한 실험적 예와 이로부터 제시된 개념을 연결한다.

역사적으로, **전통(classical)** 또는 **전향 유전학(forward genetics)**으로 부르는 접근법은 유전자의 기능을 연구하고 이해하는 데 필수적이었다. 이 접근법에서 유전학자는 자연적으로 나타나는 돌연변이에 의존하거나 또는 모델생물체의 표현형을 변화시키기 위하여 의도적으로(예를 들어 화학물질, X-선 또는 자외선을 사용하여) 돌연변이를 일으킨 다음 새로운 표현형을 유발시킨 유전자를 찾기 위한 노동 집약적이며 시간 소모가 큰 과정을 통해 연구했다. 이런 노력의 결과 해당 유전자 또는 관심 있는 유전자들을 찾을 수 있게 되었고, 기술이 발전하게 되었을 때 유전자 서열을 결정할 수 있었다.

전향 유전학적 접근법은 여전히 사용되고 있지만 전 유전체 서열 해독이 일상이 되어감에 따라 유전학 연구에 있어서 유전자의 기능을 이해하기 위한 분자적 접근법이 상당히 많이 변해왔다. 우리는 여기에서 이러한 현대적 접근법을 강조하게 될 것이다.

지난 20여 년 동안 유전학자들은 **역유전학(reverse genetics)**으로 불리는 접근법을 포함하는 분자적 기술 사용에 의존해 왔다. 역유전학에서 관심 있는 특정 유전자의 DNA 서열은 알려져 있지만 그 유전자의 역할과 기능은 보통 잘 이해되지 않았다. 예를 들어, **유전자 기능상실(gene knockout)**과 같은 분자생물학적 기술은 모델생물 또는 배양 세포에서 목표 유전자가 기능을 못하게 하여 과학자들이 "이 유전자가 파괴되면 어떤 일이 일어날까?" 하는 근본적인 질문을 탐구하게 한다. 기능상실 생물체를 만든 다음 과학자들은 분명한 표현형의 변화뿐만 아니라 세포와 분자 수준에서의 변화도 탐구한다. 궁극적인 목표는 유전자의 기능을 결정하는 것이다.

"유전자 기능 이해를 위한 현대적 접근"에서는 역유전학을 포함한 분자적 기술의 현대적 적용을 통해 어떻게 유전자의 기능이 밝혀졌는지에 대한 실험적 예를 강조할 것이다. 독자들은 유전자 기능상실, 형질전환 동물, 전이인자-매개 돌연변이 유발, 유전자 과다발현, 유전자 방해를 위한 RNA 간섭-기반 방법 등을 배울 것이다. 우리의 희망은 독자들을 유전학 연구의 '첨단' 분야로 안내하는 것이다.

1.7 유전학 연구는 모델생물체를 사용할 필요가 있다

1900년대 멘델의 연구를 재발견한 이후, 다양한 범위의 생물체를 사용한 연구자들은 멘델이 설명한 유전의 원리가 식물과 동물 사이에서 보편적으로 중요하다는 것을 확인했다. 유전학자들은 점차 초파리(*Drosophila melanogaster*)와 생쥐(*Mus musculus*)를 포함하는 소수의 생물체에 관심을 집중하였다(그림 1-13). 이러한 경향은 두 가지 이유 때문이었다. 첫째, 유전적 기작은 대부분의 생물체에서 동일하다. 둘째, 이러한 생물체들은 유전학 연구에 특별히 적합한 특성을 가지고 있다. 이들은 쉽게 자라고, 생활사가 상대적으로 짧고, 자손을 많이 낳으며, 유전적 분석이 상당히 명확하다. 시간이 지나 연구자들은 이 종들에 방대한 돌연변이 계통을 만들어냈고, 돌연변이들은 신중히 연구되어 유전자의 염색체상 위치가 결정되었다. 이들의 잘 분석된 유전학 때문에 이 종들은 기초 생물학 과정들을 연구하는 데 사용되는 생물로 정의되는 **모델생물체(model organism)**가 되었다. 뒷장에서는 모델생물체에서의 발견들이 어떻게 노화, 암, 면역계, 행동 등을 포함한 생물학의 많은 측면에 영향을 미

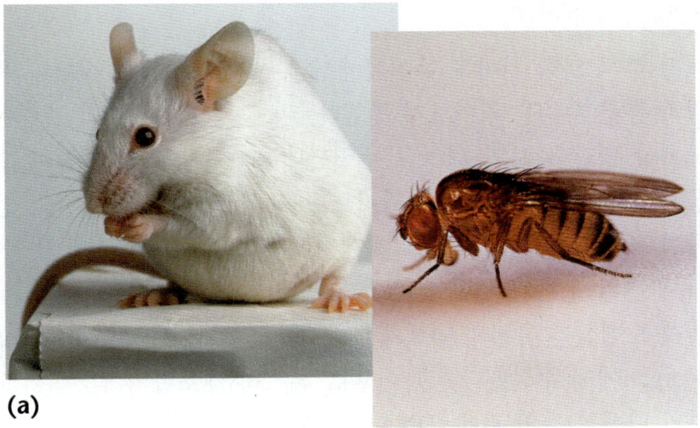

(a) (b)

그림 1-13. 유전 분석의 제1세대 모델생물인 (a) 생쥐, *Mus musculus*와 (b) 초파리, *Drosophila melanogaster*.

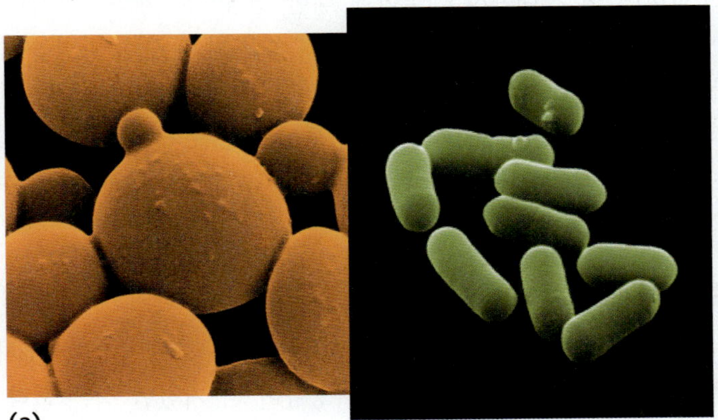

(a) (b)

그림 1-14. 유전학 연구의 미생물 모델생물로 사용되어 온 (a) 효모 *Saccharomyces cerevisiae*와 (b) 대장균 *Escherichia coli*.

치고 있는지도 살펴볼 것이다.

유전학 모델생물체의 현대적 세트

점진적으로 유전학자들은 모델생물체에 바이러스(T 파지와 람다 파지 등)와 미생물(대장균과 효모)을 추가했다(그림 1-14).

최근 들어, 그 밖의 종들이 모델생물체로 개발되었는데, 이 중 세 종은 이 장을 시작하는 사진 속에서 볼 수 있다. 각각의 종은 배 발달을 연구하기 위해 선택되었다. 선충인 예쁜꼬마선충(*Caenorhabditis elegans*)은 신경계가 단지 몇백 개의 세포로 이루어져 있고 이 세포들과 몸의 다른 모든 세포들의 발달 운명에 대한 설계도가 해독되어 있기 때문에 신경계의 발달과 기능을 연구하기 위한 모델 시스템으로 선택되었다. 생활사가 짧은 소형 식물인 애기장대(*Arabidopsis thaliana*)는 식물 과학의 많은 양상들을 연구하기 위한 모델생물체가 되었다. 제브라피시(*Danio rerio*)는 척추동물의 발달을 연구하기 위해 사용하는데, 크기가 작고 빠르게 번식하며 알, 배, 그리고 유생이 모두 투명하다.

표 1.1 몇 가지 인간 질병 연구에 사용되는 모델생물

생물	인간 질병
대장균(*E. coli*)	대장암 및 기타 암
효모(*S. cerevisiae*)	암, 베르너 증후군
초파리(*D. melanogaster*)	신경계 장애, 암
예쁜꼬마선충(*C. elegans*)	당뇨병
제브라피시(*D. rerio*)	심혈관계 질환
생쥐(*M. musculus*)	레쉬-니한 증후군, 낭포성 섬유증, 취약 X 염색체 증후군, 기타 많은 질병들

모델생물과 인간의 질병

재조합 DNA 기술의 발달과 유전체 해독의 결과는 모든 생물이 공통의 기원을 갖고 있다는 사실을 확인시켜 주었다. 이 때문에 서로 다른 생물체 내에 있는 기능이 유사한 유전자들은 구조와 뉴클레오타이드 서열이 유사하거나 동일한 경향이 있다. 따라서 모델생물체의 유전학을 연구함으로써 과학자들이 알게 된 것들 중 많은 것들이 인간의 질병을 이해하고 처치하는 기초로서 인간에게 적용될 수 있다. 또한 종 간에 유전자를 전달함으로써 형질전환 생물체를 만들 수 있는 능력은 과학자들이 미생물로부터 곰팡이, 식물, 그리고 동물에 이르는 범주의 생물체에서 인간의 질병에 대한 모델을 개발할 수 있게 하였다(표 1.1).

대장암 같은 인간 질병을 대장균을 이용하여 연구한다는 생각은 당신에게 강한 충격을 줄 수 있지만 DNA 수선(어떤 형태의 대장암에서 결여되어 있는 과정)의 기본 단계는 두 생물체에서 동일하며, 이 과정에 참여하는 한 유전자(대장균의 *mutL*과 인간의 *MLH1*)가 두 생물체 모두에서 발견된다. 더 중요한 것은, 대장균은 키우기 더 쉬운 장점이 있고(매 20분마다 세포가 분열함), 연구자들은 유전자가 어떻게 작동하는지 알기 위하여 세균 *mutL* 유전자에 새로운 돌연변이를 쉽게 만들고 연구할 수 있다. 이 지식은 궁극적으로 인간의 대장암을 치료할 약물과 기타 치료법의 개발을 이끌 수 있다.

초파리 또한 다수의 인간 질병을 연구하는 데 쓰이고 있다. 신경계의 구조적 기형과 성체-유발 신경계 퇴화의 표현형을 만드는 돌연변이 유전자들이 초파리에서 확인되었다. 유전체 해독 프로젝트의 정보는 이 유전자들의 거의 대부분이 인간에도 존재한다는 것을 보여준다. 예를 들어, 인간 색소성 망막염으로 불리는 망막의 복잡한 질병과 관련된 유전자들이 망막 퇴화에 관여하는 초파리 유전자들과 동일하다. 초파리에서의 돌연변이 연구는 이런 복잡한 질병을 분석하고 여기에 관여하는 유전자들의 기능을 밝히는 데 도움이 된다.

인간 신경계의 질병을 연구하는 또 다른 접근법은 재조합

DNA 기술을 이용하여 돌연변이 인간 질병 유전자를 초파리에 전달하는 것이다. 형질전환 초파리는 이제 돌연변이 인간 유전자 자체, 인간 질병 유전자의 발현에 영향을 주는 다른 유전자들, 그리고 이 유전자들의 작동에 대한 치료 약물의 효과와 같이 인간에게 시행하기 어렵거나 불가능한 모든 연구를 수행하는 데 쓰인다. 유전자 전달법은 헌팅턴병(Huntington diseae), 마카도조셉병(Machado-Joseph disease), 근긴장성이영양증(myotonic dystrophy), 알츠하이머병(Alzheimer disease)을 포함하여 거의 12종류의 인간 신경퇴행 변성을 연구하는 데 사용되고 있다.

후속 장을 통해 모델생물체들을 계속해서 만나게 될 것이다. 이들을 만날 때 이들이 기초 유전학 연구의 풍부한 역사를 가지고 있을 뿐만 아니라 인간의 유전적 결함과 감염 질병을 연구하는 최전선에도 서 있음을 기억하라. 그러나 다음에 논의되는 것처럼, 이러한 기술의 일부가 어떻게 그리고 언제 안전하고 윤리적으로 수용 가능한 것으로 받아들여질지에 대한 합의에 도달하지는 못했다.

1.8 우리는 유전학 시대에 살고 있다

멘델은 모라비아의 브륀 자연사 협회(the Natural History Society of Brünn in Moravia) 회의에서 발표된 1865년 논문에서 완두에서의 유전에 대한 10년에 걸친 프로젝트를 기술했다. 100년이 채 지나지 않아 1962년 노벨상은 DNA 구조에 대한 연구로 James Watson, Francis Crick, 그리고 Maurice Wilkins에게 수여됐다. 이 기간은 멘델 연구의 수용, 염색체상에 유전자가 있다는 발견, DNA가 유전정보를 암호화한다는 것을 증명한 실험, 그리고 DNA 복제의 분자적 기초에 대한 설명 등에 도달한 세월을 담고 있다. 멘델의 수도원 정원으로부터 인간 유전체 프로젝트와 그 후속 연구까지의 급속한 유전학 발달은 그림 1-15의 연대표에 요약되어 있다.

노벨상과 유전학

어떤 다른 과학 분야도 유전학에서의 발견으로 인한 정보의 폭발과 흥분 수준을 겪어보지 못했다. 이 충격은 유전학과 관련된 노벨상 명단을 보면 너무나 뚜렷한데, 20세기 초기와 중기 수상자들로 시작하여 오늘날까지도 계속되고 있다(앞 표지의 안쪽 참조). 노벨 생리의학상, 화학상은 지속적으로 유전학 및 이와 관련된 분야의 연구에 수여되고 있다. 이런 연구에 대한 첫 번째 노벨상은 유전의 염색체설에 대한 연구로 1933년 Thomas Morgan에게 수여됐다. 그 이후로 유전적 재조합의 발견, 유전자와 단백질 간의 관계, DNA의 구조, 그리고 유전암호 등을 포함한 많은 다른 연구에 대한 수상이 뒤따랐다. 이번 세기에도, 유전학자들은 2002, 2005, 2007, 그리고 2009년 노벨상 수상을 포함하여 현 시대에서 생물학에 대한 영향으로 계속 주목받고 있다. 2010년에 생리 및 의학 분야의 상은 체외 수정 방법을 개발한 Robert Edwards에게 수여됐으며, 2012년 상은 성숙한 세포가 배로 발달하거나 줄기세포를 형성할 수 있게 재프로그램될 수 있음을 보여준 John Gurdon과 Shinya Yamanaka에게 수여됐다.

유전학과 사회

유전학을 연구하는 것보다 더 흥미진진한 시간이 없었던 것처럼, 사회에 대한 이 학문 분야의 영향이 더 커졌던 적은 없다. 유전학과 생명공학에서 유전학의 응용은 사회적 관습과 공공 정책, 그리고 이의 사용을 통제하는 데 필요한 법률보다 훨씬 빠르게 발전하고 있다. 우리 사회는 산전 검사, 유전적 차별, 유전자의 소유권, 유전자 치료에 대한 접근과 안전성, 유전적 사생활 등에 대한 관심사 등을 포함한 유전학과 관련된 민감한 쟁점들과 씨름하고 있다. 이 강좌를 끝마칠 즈음에 당신은 지금이 유전학의 시대임을 확신하는 충분한 증거를 보게 될 것이며 유전 과학과 이의 사용에 관해 생각하거나 대화에 참여할 필요가 있음을 이해하게 될 것이다.

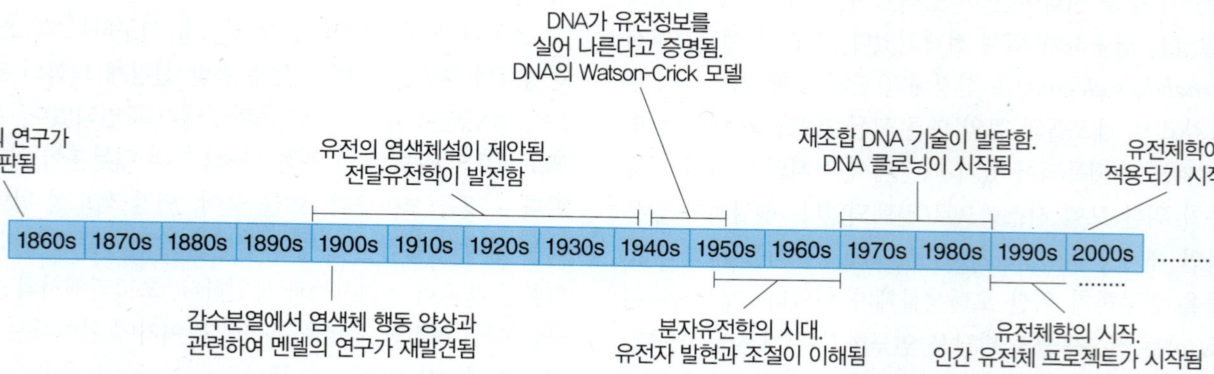

그림 1-15. 멘델의 완두콩 연구부터 현대의 유전체학 및 이의 연구, 의학, 사회에서의 응용까지 유전학의 발달을 보여주는 연대표. 유전학의 발견에 대한 역사의 감각을 갖는 것은 이 책을 공부해 나가는 데 유용한 토대가 될 것이다.

유전학, 기술, 사회

현대 유전학의 사회적, 윤리적 영향

이 책의 특별한 특징 중 하나는 많은 장의 결론에서 찾아볼 수 있는 유전학, 기술, 사회로 부르는 일련의 에세이들이다. 이 에세이들은 우리 각자의 삶과 사회에 영향을 주는 유전학과 관련된 일반적인 주제를 탐구한다.

오늘날, 유전학은 삶의 모든 면을 다루고 있어 약학, 농업, 법률, 생명공학, 제약 산업에 있어서 빠른 변화를 가져오고 있다. 의사들은 병의 경과를 진단, 예측하고 유전적 결함을 자궁 내에서 감지하기 위하여 수백 가지 유전자 검사를 사용한다. 과학자들은 우리 자신을 포함하여 많은 종에서 일어난 진화의 경로를 추적하기 위하여 DNA에 기반한 방법을 적용한다. 농부들은 병-저항성과 가뭄-저항성 작물을 키우며 유전자 전달 기술에 의해 탄생한 생산성이 더 높은 가축을 기른다. 법 집행 기관은 친자감별, 강간과 살인 수사에 DNA 감식법을 적용한다. 생명공학 산업은 그 자체로 매년 70만 개 이상의 일자리와 500억 달러 이상의 수익을 창출하고 있으며 매 10년마다 규모가 2배씩 성장하고 있다.

이렇게 급속하게 변화하는 유전자 기반 기술과 함께 도전적인 일련의 윤리적 딜레마 또한 발생하고 있다. 누가 유전정보를 소유하고 조절하는가? 유전자-강화 농작물과 가축은 인간과 환경에 안전한가? 유전체 기술이 부자들만이 아니라 우리 모두 이용 가능하게 될 것이라고 어떻게 확신하는가? 새로운 생식 기술의 사회적 결과는 무엇이 될 것 같은가? 지금이 복잡한 개인적, 사회적 결정을 하기 위하여 모든 사람들이 유전학을 이해할 필요가 있는 때이다.

유전학, 기술, 사회 에세이 각각은 상호작용 방식으로 제시된다. 각 에세이의 마지막 '조사해 보자' 부분에서 여러분은 진지하게 생각하게 할 몇 가지 질문들과 각 질문을 탐구하는 데 도움이 되는 자료들을 발견할 것이다. 이 질문들은 개인 조사의 도입 지점으로서 그리고 학급 또는 학습에서 탐구할 주제로서 역할할 수 있게 고안되었다.

유전학, 기술, 사회가 근대 유전학의 평생 공부를 시작하는데 재미있고, 도전적이며 효과적인 방법이라는 것을 여러분이 알게 되기를 희망한다. 재미있게 읽기 바란다.

유전체학 탐색

유전체학, 생물정보학, 단백질체학을 배우기 위한 인터넷 자료들

유전체학은 가장 빠르게 변화하는 유전학 분야 중 하나다. 이 분야의 새로운 정보가 놀랄만한 속도로 축적됨에 따라 유전체학, 단백질체학, 생물정보학, 그리고 기타 '오믹스(omics)' 분야의 발전을 계속 뒤쫓는 것은 확실히 도전적인 일이 되었다. 그 결과, 유전학자, 분자생물학자, 기타 과학자들은 새로운 정보를 공유하고 비교하기 위하여 온라인 데이터베이스에 의존한다.

많은 장의 마지막에 나오는 "유전체학 탐색" 특집의 목적은 전 세계 생물학자들이 유전체학과 단백질체학 및 관련 분야의 연구 데이터를 공유, 분석, 정리, 비교, 분류하는데 의존하는 다양한 인터넷 데이터베이스들을 소개하는 것이다. 우리는 이 믿을 수 없는 새로운 정보의 풀—전 세계 최고의 공공적으로 이용 가능한 자원들 중 일부로 구성—을 탐험할 것이며 이곳에서 발견한 서열과 구조 데이터를 분석하기 위하여 생물정보학적 접근법을 어떻게 사용할지 보여줄 것이다. 유전체학 탐구 연습 각 세트는 특별히 관련이 있거나 유용한 데이터베이스 또는 프로그램 한 개 또는 그 이상에 대한 기본적인 소개를 하고 각 장에서 논의했던 중요한 개념을 확대시키거나 보강하기 위하여 데이터베이스를 사용하는 연습문제로 안내할 것이다. 연습문제는 데이터베이스를 다루는 법을 배울 수 있게 설계되었지만, 탐험이 이 연습문제들로만 제한될 필요는 없다. 유전체학을 배우는 즐거움의 일부는 스스로 이 뛰어난 데이터베이스를 탐험하여 흥미 있어 하는 어떤 분야에서든지 최신 정보를 얻을 수 있다는 것이다. 탐험을 즐기시오!

이번 장에서는 유전학에서 고전적 접근과 현대 실험적 접근 모두에서 모델생물이 중요함을 토의했다. 첫 번째 세트의 유전체학 탐험 연습에서는 모델생물을 포함하여 완결됐거나 진행 중인 유전체 프로젝트에 대한 최신 정보를 찾을 수 있는 훌륭한 인터넷 사이트 여러 개를 소개한다.

(계속)

유전체학 탐색—계속

■ **연습 I - 유전체 뉴스 네트워크**

과학자들이 인플루엔자균(*Haemophilus influenzae*)의 유전체를 밝혀내 이 세균을 전체 유전체가 해독된 첫 번째 생물로 만들었던 1995년 이래 500종 이상의 생물들의 염기서열 해독이 완료되었다. 유전체 뉴스 네트워크는 최근 해독 완료된 유전체 서열의 기본 정보에 접근할 수 있게 하는 사이트다.

1. www.genomenewsnetwork.org 주소의 유전체 뉴스 네트워크를 방문하시오.

2. "Quick Guide to Sequenced Genome" 링크를 클릭하시오. 페이지를 아래로 이동하고 모기(*Anopheles gambiae*), 락토코커스 락티스(*Lactococcus lactis*; 유산균의 일종), 침팬지(*Pan troglodytes*)의 유전체 정보를 찾을 수 있는 적당한 링크를 클릭하고 각 생물체에 대한 다음의 질문에 답하시오.

   a. 누가 이 생물의 유전체를 해독했고 몇 연도에 해독 완료되었는가?

   b. 각 생물체의 유전체 크기는 염기쌍으로 얼마인가?

   c. 각 유전체에는 대략 얼마나 많은 유전자가 있는가?

   d. 왜 유전학자들이 이 생물체의 유전체를 연구하는 데 흥미가 있는지 간략하게 기술하시오.

■ **연습 II - 모델생물체의 유전체 탐험**

유전학에 대한 이해를 증진시키는 데 대단히 소중한 역할을 해 온 많은 모델생물체들의 유전체에 대한 엄청난 양의 정보가 이용 가능하다. 다음은 유전학을 연구할 때 매우 훌륭한 자원이 되는 몇몇 사이트에 대한 링크들이다. 모델생물체의 유전체에 대해 더 많이 알기 위하여 당신이 가장 좋아하는 모델생물의 정보를 연결한 사이트를 방문하시오.

- Ensembl Genome Browser: www.ensembl.org/index.html. 많은 모델생물체들의 유전체 정보에 대한 뛰어난 사이트.
- FlyBase: flybase.org. 초파리(*Drosophila*) 유전자와 유전체에 대한 훌륭한 데이터베이스.
- Gold™ Genomes OnLine Database: www.genomesonline.org. 전 세계적으로 완료됐거나 진행 중인 유전체 프로젝트에 대한 종합적인 접근.
- Model Organisms for Biomedical Research: www.nih.gov/science/models. 모델생물체들에 대한 풍부한 자료를 가지고 있는 미국 국립보건원 사이트.
- The *Arabidopsis* Information Resource: www.arabidopsis.org. 모델 식물 애기장대(*Arabidopsis thaliana*)의 유전체 데이터베이스.
- WormBase: www.wormbase.org. 예쁜꼬마선충(*Caenorhabditis elegans*)의 유전체 데이터베이스.

요약

1. 완두에 대한 멘델의 연구는 부모로부터 자손으로의 유전자 전달에 대한 원리를 확립하여 유전학의 기반을 마련했다.
2. 유전자와 염색체는 유전의 염색체설의 기본 구성 단위이다. 이 학설은 유전되는 형질은 염색체상에 있는 유전자에 의해 조절된다는 것을 설명하며 유전정보의 전달이 어떻게 세대에서 세대로의 유전적 연속성을 유지시키는지 보여준다.
3. DNA는 RNA를 만드는 주형이 되고, RNA는 단백질의 아미노산 순서를 암호화하고 있다고 설명하는 중심 원리(central dogma)에 기초한 분자유전학은 멘델 유전학에서 전달유전학으로 기술된 현상을 설명한다.
4. 분자유전학에 지대한 영향을 미친 재조합 DNA 기술은 한 생물체의 유전자가 벡터 내부로 잘려 들어가 클로닝되어 특정 DNA 서열의 수많은 사본을 만들어낼 수 있게 하였다.
5. 생명공학은 농업과 제약 산업, 의학에 혁명을 일으켰다. 이는 의학적으로 중요한 유전자 산물의 대량 생산을 가능하게 하였다. 유전자 검사는 유전적 결함을 가진 개인들과 결함을 가진 아이들을 낳을 수 있는 위험이 있는 사람들을 찾아낼 수 있게 하며, 유전자 치료는 심각한 유전적 결함을 치료할 수 있는 희망을 준다.
6. 유전체학, 단백질체학, 그리고 생물정보학은 재조합 DNA 기술로부터 유래된 새로운 분야이다. 이 분야들은 유전학과 정보 기술을 융합하여 과학자들이 유전체 서열, 유전자의 구조와 기능, 세포 내 단백질 세트, 그리고 유전체의 진화 등을 탐험할 수 있게 한다. 인간 유전체 프로젝트는 유전학의 한 예다.
7. 모델생물체의 사용은 유전적 기작의 이해를 발전시켰으며 재조합 DNA 기술과 함께 인간 유전병의 모델을 만들어 냈다.
8. 사회에 대한 유전공학기술의 효과는 매우 크지만, 이 기술을 사용함으로써 유발되는 논쟁을 다루기 위한 정책 개발과 법률 제정은 이로 인한 혁신에 비해 훨씬 뒤떨어져 있다.

사례 연구 | 교실 너머로 유전학의 본질적인 생각을 확장하기

교실 밖에서 마주칠 수 있는 상황들을 유전학과 관련 짓기 위하여 각 장에 사례 연구와 질문을 담았다. 각 사례는 각 장에서 다룬 기본 개념 중 하나에 대한 관심을 끌어내기 위해 고안했다. 사례는 이 개념이 일상의 유전적 논쟁에 어떻게 적용될지를 보여주기 위하여 예와 각본을 사용한다.

사례 연구와 뒤따르는 질문의 많은 경우는 토론 수업이나 집단 프로젝트의 기초 자료 또는 논문과 발표의 출발점으로 쓰일 수 있다. 이 자료들을 학습 경험 강화뿐만 아니라 유전학을 책 밖으로 꺼내 일상생활에 적용하는 데 사용해보시오.

탐구 문제

1. 형질이 어떻게 세대에서 세대로 전달되는지에 대한 멘델의 결론을 설명하시오.

개념확인 문제

2. 첫 페이지에 있는 이번 장의 개념을 재검토하시오. 이들 대부분은 유전물질로서 DNA의 발견과 이에 따른 재조합 DNA 기술의 발달과 관계된 것들이다. 오늘날 우리가 인지하고 있는 유전학 분야에 있어서 재조합 DNA 기술의 영향에 대해 간략히 논술하시오.
3. 유전의 염색체설은 무엇이며, 이것은 멘델의 발견과 어떻게 관련되는가?
4. 유전자형과 표현형을 정의하시오. 이들이 어떻게 관련되며 대립유전자가 당신의 정의에 어떻게 부합되는지 설명하시오.
5. Avery, MacLeod, McCarty의 실험이 수행되었던 시기의 지식수준을 고려해 볼 때, 왜 일부 과학자들은 DNA가 유전정보의 운반자라는 것을 받아들이기 어려웠을까?
6. 염색체와 유전자의 차이를 비교하시오.
7. 유전정보는 어떻게 DNA 분자에 암호화되어 있는가?
8. 분자유전학의 중심 원리(central dogma)와 어떻게 이것이 현대 유전학의 기초가 되었는지 설명하시오.
9. 각각 고유의 아미노산 서열을 갖는 단백질로서 5개의 아미노산 길이의 서로 다른 단백질은 얼마나 많이 만들어질 수 있는가?
10. DNA 클로닝에서 제한효소와 벡터의 역할을 설명하시오.
11. 미국에서 작물에 대한 생명공학의 영향은 무엇인가?
12. 유전자 조작 생물체의 특허 획득에 대한 논쟁을 요약하시오.
13. 우리는 모두 유전체 내에 약 20,000개의 유전자를 가지고 있다. 현재까지 이 유전자들 중 6000개 이상에 대해 특허권이 부여됐다. 당신은 회사나 개인이 인간 유전자에 대해 특허권을 얻는 것이 가능하다고 생각하는가? 왜 그런가?
14. 모델생물체를 사용하는 것이 인간 질병을 조절하는 유전자에 대한 지식을 어떻게 발전시켰는가?
15. 만약 당신이 대단히 파괴적인 후발성 유전병(다른 말로, 인생의 후반까지는 나타나지 않는 병)이 당신 가족 내에 돌아다니고 있고 20세에 이 병을 테스트해 볼 수 있다는 것을 안다면, 당신이 보인자인지 알기를 원하는가? 당신이 40세에 도달했을 때 당신의 답은 바뀔 것 같은가?
16. 왜 유전학에서의 발견들이 수많은 노벨상을 수상하게 됐다고 생각하는가?
17. 유전학의 시대는 식물과 동물 유전체를 조작할 수 있는 생명공학적 방법의 놀라운 발전에 의해 탄생되었다. 전 세계 인구는 60억 명으로 정점을 찍었으며 2050년까지 92억 명에 도달할 것으로 예상될 때, 일부 과학자들은 전 세계적인 유전자 조작(GM) 식품 도입만이 미래의 식량 수요를 맞출 만큼 충분하게 작물 생산량을 증가시킬 수 있다고 제안한다. 영양소의 증가와 함께 병충해 저항성, 제초제와 냉해, 가뭄 그리고 염분에 대한 내성은 GM 식품의 긍정적인 면으로 보인다. 그러나 다른 과학자들은 다른 생물체에 대한 의도하지 않았던 피해, 살충제 효과의 반감, 그리고 인간의 건강에 대해 아직 알지 못하는 효과가 GM 식품에 대한 잠재적 관심사라고 경고한다. 만약 당신이 1차 식품 생산물(예를 들어, 쌀)에 GM 도입을 규제할 수 있는 위치에 있다면 도입을 허가하기 전에 어떤 기준을 세울 것인가?
18. 전 세계 생명공학과 제약 산업의 지도자들이 모인 BIO(Biotechnology Industry Organization, 생명공학 산업 협회) 회의가 2005년 6월 필라델피아에서 열렸다. 동시에 광범위한 생명공학적 응용으로 인한 위험을 강조하는 사람들의 모임인 BioDemocracy 2005도 필라델피아에서 모였다. 생명공학의 혜택은 본문에 설명되어 있다. BioDemocracy 회의에서 의심할 여지없이 토의되었던 위험의 일부를 예측해 보시오.

체세포분열 전중기(prometaphase) 단계의 염색체. 수선화(*Haemanthus*) 꽃 세포에서 유래함.

2 체세포분열과 감수분열

핵심 개념

- 세포 및 유성생식 생물체의 세대간 유전적 연속성은 각각 체세포분열과 감수분열 과정을 통해 유지된다.
- 이배체 진핵세포는 상동염색체 쌍에 유전정보를 담고 있는데, 각 쌍의 염색체 하나는 모계에서, 다른 하나는 부계에서 온 것이다.
- 체세포분열은 복제된 염색체가 세포 증식 동안 자식 세포에 분배되는 기작이다.
- 체세포분열은 한 개의 이배체 세포를 두 개의 이배체 딸세포로 바꾼다.
- 감수분열 과정은 각 상동염색체 쌍의 한 염색체를 각각의 배우자 또는 포자에 분배하며, 따라서 이배체 염색체 수를 반수체 염색체 수로 줄인다.
- 감수분열은 각 상동염색체 쌍의 모계와 부계 구성원의 다양한 조합을 배우자나 포자에 분배함으로써 유전적 다양성을 만들어낸다.
- 체세포분열과 감수분열 단계 동안 유전물질은 염색체로 불리는 개별 구조로 응축된다.

모든 생물체는 유전물질로 부르는 한 물질을 담고 있다. 일부 바이러스를 제외하면 이 물질은 DNA 핵산으로 이루어져 있다. 유전자로 불리는 부분을 보유하고 있는 DNA는 근본적으로 선형인 구조를 갖고 있으며, 유전자의 산물은 세포의 대사 활성을 조절한다. 일련의 유전자들을 가지고 있는 생물체의 DNA는 **염색체(chromosome)**라고 부르는 구조로 조직화되는데, 염색체는 유전정보를 전달하는 운송 수단의 역할을 한다. 세포의 한 세대에서 다음 세대로, 한 생물체에서 이들의 자손으로 염색체가 전달되는 방식은 극도로 정확해야 한다. 이번 장에서 우리는 세포와 개체 사이에서 유전적 연속성이 어떻게 정확히 유지되는지 논한다.

두 가지 주요 과정인 **체세포분열(mitosis)**과 **감수분열(meiosis)**이 핵이 있는 세포의 유전적 연속성에 관여한다. 두 과정의 기작은 많은 방식에서 유사하지만 그 결과는 상당히 다르다. 체세포분열은 2개의 세포를 만들어내며, 각각은 부모 세포와 염색체 수가 같다. 이에 반하여, 감수분열은 유전정보와 염색체 수를 정확히 반으로 줄인다. 새로운 세대에서 유전물질의 양이 2배 증가하지 않으면서 유성생식이 일어나려면 이러한 축소는 필수적이다. 엄밀하게 말해서, 체세포분열은 유전인자가 딸세포에 균등하게 분배되는 세포주기의 일부분이다. 감수분열은 생식세포인 **배우자(gamete)**나 **포자(spore)**를 만들게 되는 아주 특별한 형태의 세포분열의 일부분이다. 이 과정은 한 개체가 자손에게 유전정보를 전달하는 과정에서 필수적인 단계다.

보통, 염색체는 체세포분열과 감수분열 동안만 볼 수 있다. 세포가 분열하지 않을 때, 염색체를 구성하는 유전물질은 핵 내에 확산형 망구조로 펼쳐지고 풀려 있는데, 일반적으로 이를 **염색사(chromatin)**라고 부른다. 체세포분열과 감수분열을 설명하기 전에 유전적 기능에 특별히 중요한 구획을 강조하여 세포의 구조를 간단히 살펴볼 것이다. 또한 세균의 원핵(핵이 없는) 세포와 고등 생물의 진핵세포 사이의 구조적 차이를 비교할 것이다. 그 다음 이번 장의 나머지 부분은 세포분열 동안 염색체의 행동에 대해 설명하고자 한다.

2.1 세포 구조는 유전적 기능과 밀접하게 관련되어 있다

1940년 이전, 세포 구조에 대한 지식은 광학현미경으로 볼 수 있는 것으로 제한되었다. 1940년경에는 투과전자현미경이 개발 초기 단계에 있었고 1950년까지 세포의 자세한 초미세 구조에 대하여 많은 것들이 알려지게 되었다. 전자현미경 하에서 세포는 매우 다채로우며 고도로 조직화된 구조로 보이는데, 이의 형태와 기능은 각 세포 유형에 의한 특별한 유전적 발현에 의존한다. 소용돌이 모양의 막, 세포소기관, 미세소관, 소립과 섬유의 새로운 세계가 밝혀졌다. 이러한 발견은 생물학 전반에 대한 사고의 혁명을 일으켰다. 핵, 리보솜, 중심체 같은 많은 세포 구성원들이 직간접적으로 유전적 과정에 참여한다. 다른 구성원들은—미토콘드리아와 엽록체—자신의 고유 유전정보를 가지고 있다. 여기에서는 일차적으로 유전학 연구에 관련된 세포 구조의 측면에만 집중할 것이다. 그림 2-1에서 보여주는 일반화한 동물 세포는 우리가 논의할 구조 대부분을 나타내고 있다.

모든 세포들은 세포의 영역을 규정하고 세포의 외부 환경으로부터 세포의 범위를 결정하는 외부 층인 **원형질막(plasma membrane)**으로 둘러싸여 있다. 이 막은 수동적이지 않으며 대신 세포 내외부로의 물질 이동을 능동적으로 조절한다. 막 이외

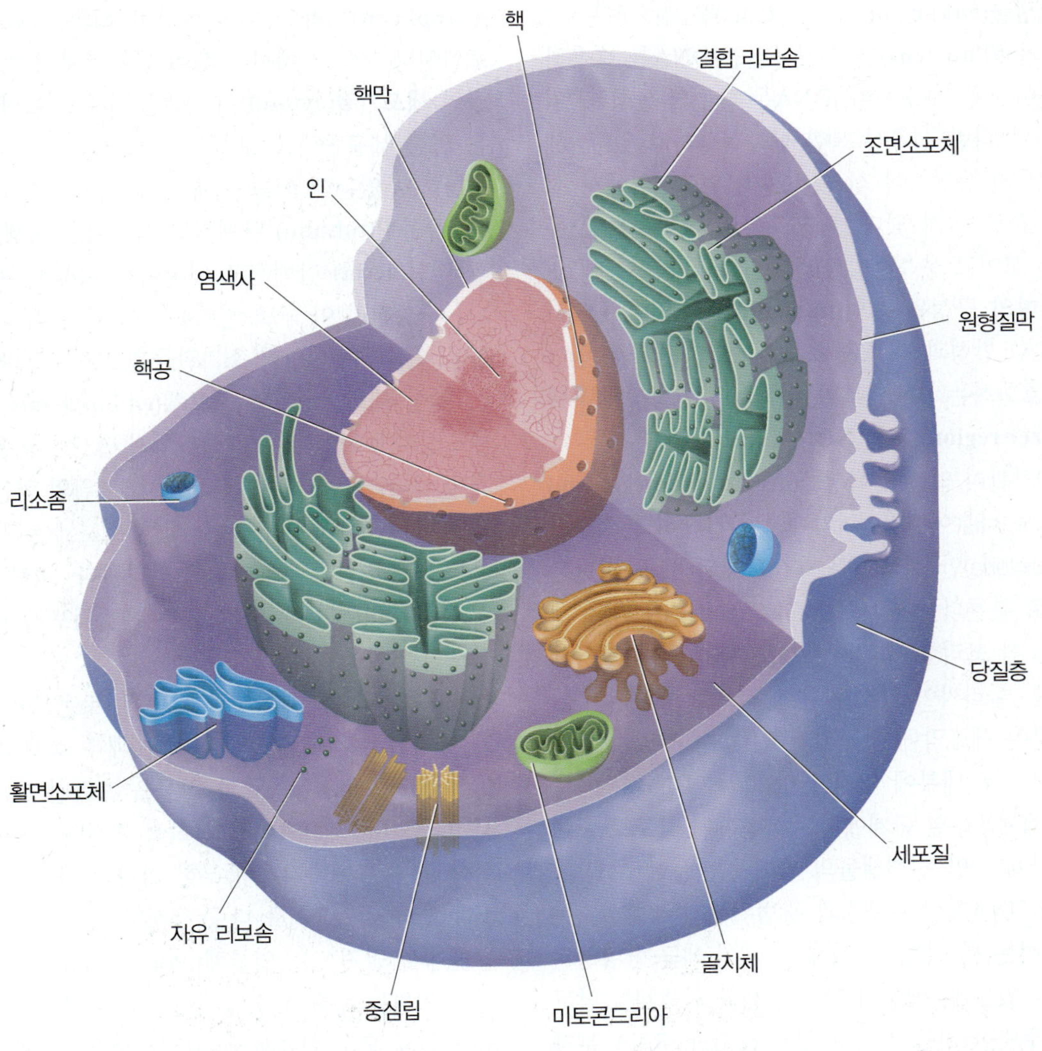

그림 2-1. 일반적인 동물 세포. 본문에서 설명한 세포의 구성요소들을 강조하여 나타냈다.

에도 식물세포는 **셀룰로스**(cellulose)로 불리는 다당류를 주성분으로 하는 외부 층인 **세포벽(cell wall)**도 가지고 있다.

대부분은 아니더라도 많은 동물 세포들은 원형질막 위에 **당질층(glycocalyx)** 또는 **세포 껍질(cell coat)**로 불리는 세포 덮개를 가지고 있다. 당단백질과 다당류로 구성된 이 덮개는 식물이나 세균에 있는 비슷한 구조물과는 화학적 조성이 다르다. 당질층은 다른 기능들 중에서도 세포 표면에 생화학적 동일성을 제공하며, 세포의 정체성을 확립하는 외부 덮개의 구성원들은 유전적 조절하에 있다. 예를 들어, AB, Rh, MN 항원 같은 다양한 세포-식별 표지들은 다른 세포 종류들 중에서 적혈구 세포 표면에서 발견된다. 다른 세포들의 표면에는 조직과 기관 이식 중 면역반응을 불러일으키는 조직적합성 항원이 존재한다. 다양한 **수용체 분자(receptor molecule)** 또한 세포 표면에서 발견된다. 이 분자들은 세포막을 가로질러 세포 내부로 특정 화학 신호를 전달하기 위한 인식 부위 역할을 한다.

살아 있는 생물체는 그들의 세포에 핵을 갖느냐 갖지 않느냐에 따라 두 개의 큰 그룹으로 구분된다. 핵과 기타 막성 소기관의 존재는 **진핵생물(eukaryotic organisms)**을 정의하는 특성이다. 진핵세포의 **핵(nucleus)**은 유전물질인 DNA를 수용하고 있는 막으로 싸여 있는 구조이며, DNA는 다수의 산성 및 염기성 단백질들과 가느다란 섬유상 복합체를 형성하고 있다. 세포주기의 비분열 시기 동안, 이 섬유는 풀려 있고 (위에서 설명한 것처럼) 염색사로 퍼져 있다. 체세포분열과 감수분열 동안, 염색사 섬유는 꼬이고 응축하여 염색체가 된다. 또한 핵 내에 존재하는 무정형의 구성원이 **인(nucleolus)**인데, 이곳에서 리보솜 RNA(rRNA) 합성과 리보솜 조립의 초기 단계가 일어난다. rRNA를 암호화하는 DNA 부위는 합쳐서 **인형성체 부위(nucleolus organizer region)** 또는 **NOR**이라고 부른다.

핵막과 막성 소기관이 없는 **원핵생물(prokaryotic organism)**은 두 개의 그룹으로 나누어진다. 여기에서는 간단히 논의하기 위해 진정세균(eubacteria)만 설명한다. 더 오래된 세균 집단은 고세균(archaea)으로 부른다. 대장균(*Escherichia coli*) 같은 세균에서 유전물질은 긴 고리형 DNA 분자로 존재하는데 **핵양체(nucleoid)**로 불리는 둘러싸여 있지 않은 영역으로 응축되어 있다. DNA의 일부분은 세포막에 부착되어 있을 수도 있지만 일반적으로 핵양체는 세포 내부에 퍼져 있다. 비록 DNA가 응축되어 있다고 해도 체세포분열 단계에서는 핵양체가 극도로 꼬여 있지는 않다. 이 단계 동안 진핵생물의 염색체는 눈에 보인다. 그러나 진핵생물의 DNA처럼 단백질과 광범위하게 결합하지는 않는다. 그림 2-2에서는 세포분열에 의해 두 개의 세균이 형성되는 모습을 보여주고 있는데, 핵양체 영역이 세균 염색체를 담고 있다. 원핵세포는 뚜렷한 인을 가지고 있지 않지만 rRNA 분자를 암호화하는 유전자는 가지고 있다.

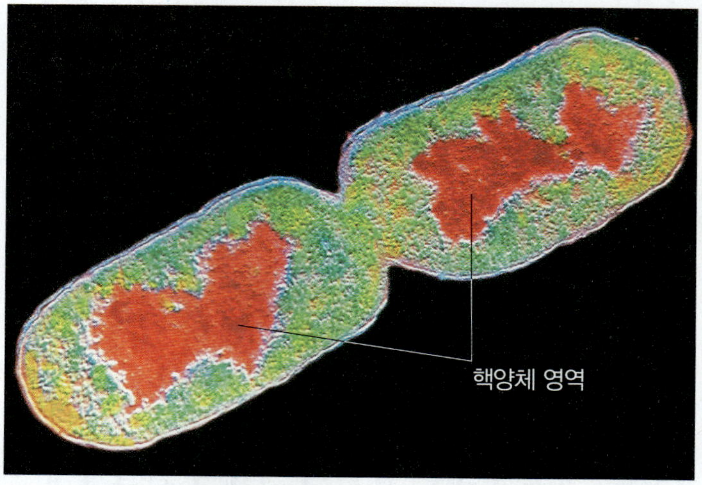

그림 2-2. 세포분열 중인 대장균(*E. coli*)의 전자현미경 채색 사진. 핵양체로 불리는 두 염색체 영역(빨간색으로 보임)이 딸세포로 나누어진 것이 특히 눈에 띈다.

핵을 제외한 진핵세포 원형질막 내부의 나머지를 **세포질(cytoplasm)**이라고 하며 다양한 핵외 세포소기관들이 여기에 포함된다. 세포질에서 구획이 나누어져 있지 않은 콜로이드 물질인 **세포기질(cytosol)**이 세포소기관을 둘러싸고 있다. 세포질은 또한 세포골격을 구성하는 소관과 섬유의 대규모 시스템을 포함하고 있는데 이들은 세포 내 지지구조의 격자 틀을 형성한다. **튜불린(tubulin)** 단백질로 이루어진 **미세소관(microtubule)**과 **액틴(actin)** 단백질로 이루어진 **미세섬유(microfilament)**가 1차 구성원인 이 구조 골격은 세포의 형태를 유지하고 세포 운동을 촉진하며 다양한 소기관들을 고정시킨다.

막성 세포소기관인 **소포체(endoplasmic reticulum, ER)**는 세포질의 구획을 나누고 생화학적 합성에 이용되는 표면적을 크게 늘린다. 지방산과 인지질 합성 부위의 역할을 하는 소포체는 표면이 매끈하게 나타나며, 다른 소포체는 리보솜이 박혀 있어 울퉁불퉁하기 때문에 거칠게 나타난다. **리보솜(ribosome)**은 전령 RNA(mRNA)에 담겨 있는 유전정보가 단백질로 번역되는 장소의 역할을 한다.

세 종류의 세포질 구조, 즉 미토콘드리아, 엽록체, 그리고 중심립은 진핵세포의 활성에 매우 중요하다. **미토콘드리아(mitochondria)**는 동물과 식물을 포함한 대부분의 진핵생물에서 발견되며, 세포호흡의 산화적 과정이 일어나는 장소이다. 이 화학 반응은 에너지가 풍부한 분자인 아데노신3인산(adenosine triphosphate, ATP)을 다량 생성한다. 식물, 조류 및 몇몇 원생동물에서 발견되는 **엽록체(chloroplast)**는 지구상에서 에너지를 포획하는 주요 과정인 광합성과 관련이 있다. 미토콘드리아와 엽록체 모두 핵에서 발견되는 것과는 구분되는 형태의 DNA

를 담고 있다. 이들 모두 스스로 복제되고 자신의 유전정보를 전사하고 번역할 수 있다. 미토콘드리아와 엽록체의 유전 기구가 원핵세포의 것과 밀접하게 닮았다는 점은 흥미롭다. 이러한 관찰로부터 이 소기관들이 한때는 원시 자유생활 생물체였으며 원시 진핵세포와 공생관계를 확립했다는 가설이 제시되었다. 이 세포소기관들의 진화적 기원에 관한 학설을 **세포공생설(endosymbiont hypothesis)**이라고 부른다.

동물 세포와 몇몇 식물 세포는 또한 **중심립(centriole)**으로 불리는 한 쌍의 복합 구조를 가지고 있다. 각각 **중심체(centrosome)**로 불리는 특정 영역에 위치하는 이 세포질체는 체세포분열과 감수분열 중에 기능하는 방추사를 조립하는 데 참여한다. 어떤 생물체에서 중심립은 섬모와 편모(세포를 나아가게 하거나 물질을 이동시키기 위한 털 또는 채찍과 같은 구조) 형성에 관여하는 기저 소체(basal body)라는 또 다른 구조에서 기인한다.

중심립에 의한 **방추사(spindle fiber)**의 조립은 체세포분열과 감수분열 초기 동안 일어난다. 이 섬유들은 세포분열 동안 염색체가 분리될 때 염색체의 이동에 중요한 역할을 한다. 이들은 튜불린 단백질 중합체로 이루어진 미세소관의 배열로 구성된다.

2.2 염색체는 이배체 생물체에서 상동의 쌍으로 존재한다

체세포분열과 감수분열 과정을 논의할 때, 상동염색체의 개념을 이해하는 것이 중요하다. 이러한 이해는 또한 앞으로 멘델 유전학을 논의할 때 특히 중요하게 될 것이다. 염색체는 체세포분열 중에 가장 쉽게 볼 수 있다. 주의 깊게 살펴보면 독특한 길이와 모양이 분명해진다. 각 염색체는 **동원체(centromere)**로 불리는 잘록한 영역을 담고 있는데, 이의 위치가 각 염색체의 일반적인 모양을 설정한다. 그림 2-3은 염색체 길이를 따라 동원체가 서로 다른 곳에 위치한 염색체들을 보여주고 있다. 동원체의 양방향으로 뻗어 있는 것은 염색체의 팔이다. 동원체의 위치에 따라 팔의 비율이 달라진다. 그림 2-3에 나타낸 것처럼, 염색체는 동원체의 위치를 기초로 하여 **중부동원체형(metacentric)**, **차중부동원체형(submetacentric)**, **차단부동원체형(acrocentric)**, 또는 **말단동원체형(telocentric)**으로 구분된다. 관례상, 짧은 팔은 동원체 위쪽에 나타내며 **p 팔(p arm**, 작다는 뜻의 'petite'의 p)로 부른다. 긴 팔은 동원체 아래쪽에 나타내며 **q 팔(q arm**, 알파벳 상 p 다음 글자가 q이기 때문)로 부른다.

체세포분열을 공부하는 데 있어서 몇 가지 관찰들은 특별히 상호 관련되어 있다. 첫째, 동일 종의 구성원으로부터 기인한 모든 체세포는 같은 수의 염색체를 갖는다. 대부분의 경우에 이는 **이배체 수(diploid number, 2*n*)**를 나타내는데, 이의 의미는 아래쪽에서 보다 명확해질 것이다. 모든 염색체의 길이와 동원체 위치가 조사됐을 때, 두 번째 일반적인 특성이 명확해진다. 성 염색체를 예외로 하면, 염색체들은 쌍을 이뤄 존재하며, 각 쌍의 구성원들을 **상동염색체(homologous chromosome)**라고 부른다. 따라서 특정한 길이와 동원체 위치를 보여주는 각 염색체에 대하여 동일한 특성을 갖는 또 하나의 염색체가 존재한다.

이 원칙에 예외가 있다. 많은 세균과 바이러스는 한 개의 염색체만 갖고 있으며 효모와 점균류, 그리고 선태류(이끼) 같은 일부 식물들은 생활사의 대부분을 반수체 상태로 보낸다. 즉, 이들은 생애 대부분의 시간 동안 각 상동염색체 쌍 중 하나만 갖고 있다.

그림 2-4는 서로 다른 상동염색체 쌍의 물리적 외형을 보여

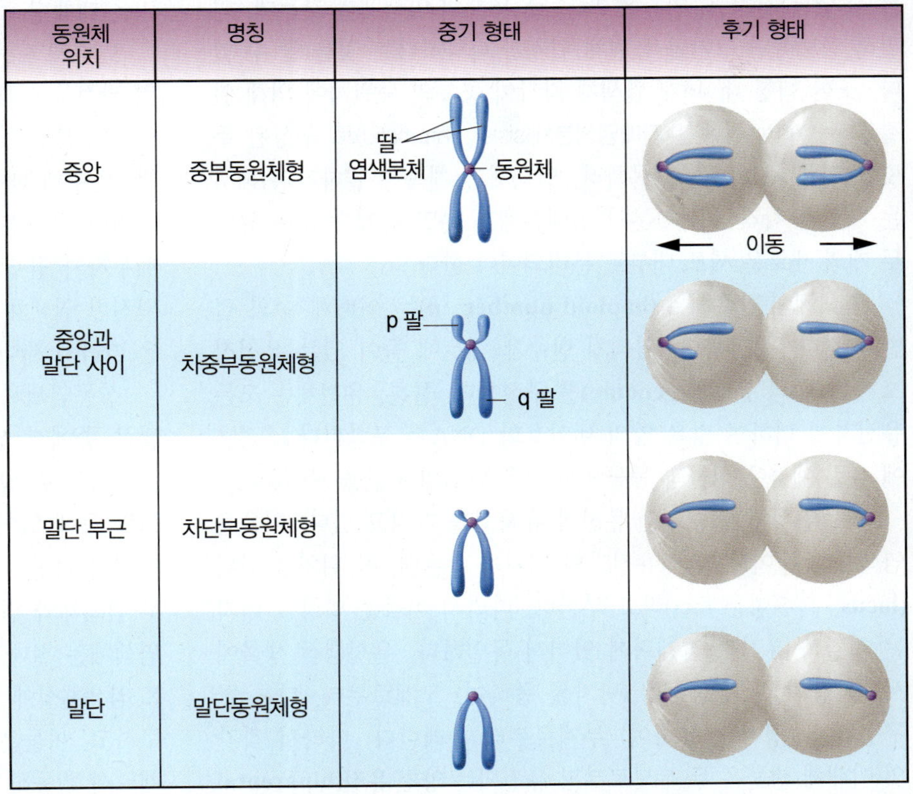

그림 2-3. 동원체의 위치와 이에 따른 염색체의 명칭. 중기의 동원체 위치에 의해 후기의 염색체 형태가 결정됨을 주목하라.

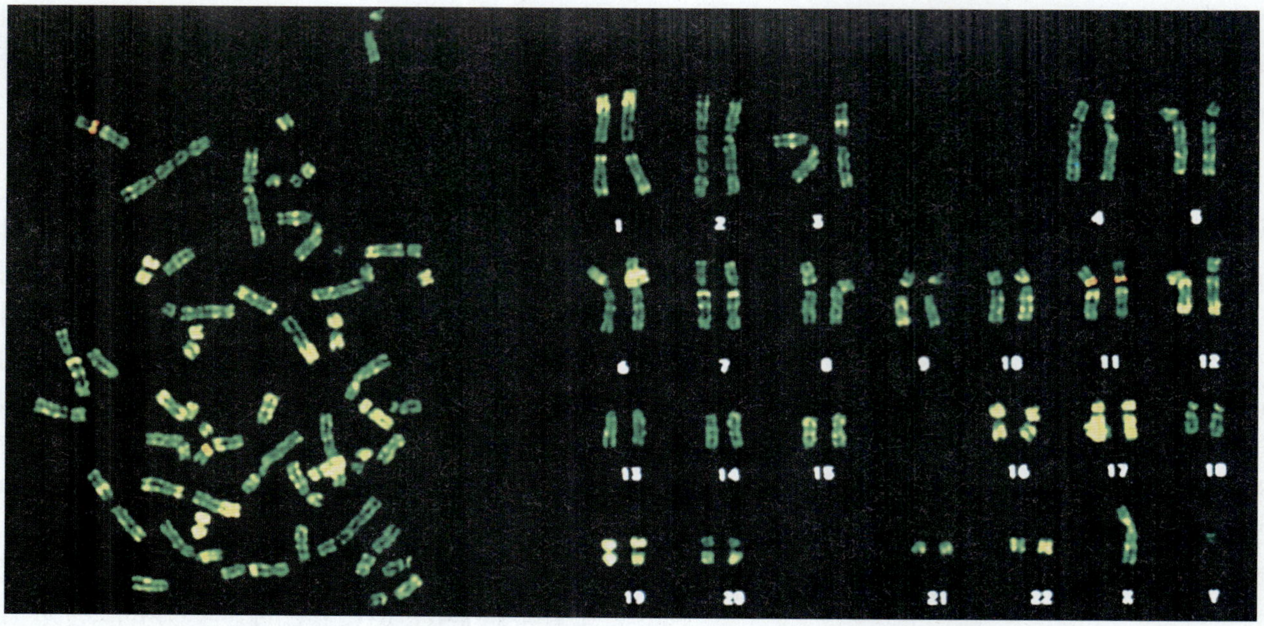

그림 2-4. 인간 남성의 분열 중인 세포에서 유래한 중기 염색체 표본(왼쪽)과 이로부터 얻은 핵형(오른쪽). X와 Y 염색체를 제외한 모든 염색체들은 상동의 쌍으로 존재한다. 각 염색체는 뚜렷한 이중 구조로서 공통의 동원체에 연결된 자매염색분체의 쌍으로 구성되어 있다.

준다. 인간 체세포 염색체를 사진 찍었는데, 사진을 잘라 짝을 맞추면 **핵형(karyotype)**이라고 부르는 배열이 된다. 여기에서 볼 수 있는 것처럼, 인간은 $2n$ 수로 46개의 염색체를 갖는데, 면밀히 검토하면 크기와 동원체 위치가 다양하다는 것을 알 수 있다. 또한 핵형 내 46개 염색체 각각이 공통의 동원체에 의해 연결된 두 개의 평행한 자매염색분체(sister chromatid)로 구성된 뚜렷한 이중 구조임을 주목하라. 염색체가 계속 분열하기 위해서는 서로가 각각의 복사본인 염색분체가 분열이 계속 되는 동안 두 개의 새로운 세포 내부로 분리되어야 한다.

염색체의 **반수체 수(haploid number, *n*)**는 이배체 수의 절반과 같다. 종합하면, 염색체 반수체 세트에 들어 있는 유전정보가 그 종의 **유전체(genome)**를 구성한다. 물론, 유전체는 모든 유전자에 더하여 많은 양의 비암호화 DNA를 포함한다. 표 2.1에 실린 예들은 식물과 동물에서 넓은 범위의 n 값을 보여준다.

상동염색체는 중요한 유전적 유사성을 가지고 있다. 이들은 염색체의 길이를 따라 유전자의 위치가 같은데, 각 위치를 **좌위(locus**, 복수형은 loci)라고 부른다. 따라서 이들은 영향을 미치는 형질과 유전적 잠재력에 있어서 동일하다. 유성생식 생물에서 각 쌍의 한 구성원은 (난자를 통하여) 모계로부터, 다른 한 구성원은 (정자를 통하여) 부계로부터 유래한다. 따라서 각각의 이배체 생물은 두 부모로부터 유전되는 **양친 유전(biparental inheritance)**의 결과로서 각 유전자를 두 카피 가지고 있다. 전달유전학에 대한 장에서 보게 되겠지만, 동일한 특성이나 형질에 영향을 준다고 하더라도 각 유전자 쌍의 구성원들이 똑같을 필요는 없다. 같은 종 구성원의 개체군에서 같은 유전자에 대한 많은 대체형, 즉 **대립유전자(allele)**가 존재할 수 있다.

반수체 수, 이배체 수, 그리고 상동염색체의 개념은 감수분열 과정을 이해하는 데 중요하다. 배우자나 포자가 형성되는 동안 감수분열은 염색체의 이배체 수를 반수체 수로 바꾼다. 그 결과, 반수체 배우자나 포자는 정확하게 상동염색체 각 쌍 중 한 개씩만, 즉 하나의 완전한 반수체 세트를 갖는다. 수정할 때 두 배우자가 융합하면 이배체 수로 다시 돌아온다. 즉, 접합자는 완전한 염색체 반수체 세트를 두 개 갖는다. 유전물질의 불변성은 따라서 세대에서 세대로 유지된다.

상동염색체 쌍의 개념에 대해 한 가지 중요한 예외가 있다. 많은 종에서 **성·결정 염색체(sex-determining chromosome)**가 구성하는 한 쌍은 크기, 동원체 위치, 팔의 비율 또는 유전적 정보량 등에 있어서 흔히 상동성을 가지지 않는다. 예를 들어, 인간에서 여성은 두 개의 X 상동염색체를 가지며 남성은 한 개의 Y 염색체와 한 개의 X 염색체를 가진다(그림 2-4). 이 X와 Y 염색체는 절대적으로 상동이 아니다. Y 염색체는 훨씬 더 작고 X 염색체상에 있는 대부분의 유전자 좌위가 없다. 그럼에도 불구하고, 이들은 상동 영역을 가지고 있고 감수분열 중 상동염색체로서 행동하여 남성으로부터 만들어지는 배우자는 한 개의 X 염색체 또는 한 개의 Y 염색체를 받는다.

표 2.1 다양한 생물의 염색체 반수체 수

일반명	학명	반수체 수(n)
검정빵곰팡이	*Aspergillus nidulans*	8
잠두	*Vicia faba*	6
고양이	*Felis domesticus*	19
소	*Bos taurus*	30
닭	*Gallus domesticus*	39
침팬지	*Pan troglodytes*	24
옥수수	*Zea mays*	10
목화	*Gossypium hirsutum*	26
개	*Canis familiaris*	39
달맞이꽃	*Oenothera biennis*	7
개구리	*Rana pipiens*	13
초파리	*Drosothila melanogaster*	4
양파	*Allium cepa*	8
완두콩	*Pisum sativum*	7
메뚜기	*Melanoplus differentialis*	12
클라미도모나스	*Chlamydomonas reinhardtii*	18
말	*Equus caballus*	32
집파리	*Musca domestica*	6
생쥐	*Mus musculus*	20
인간	*Homo sapiens*	23
독말풀	*Datura stramonium*	12
모기	*Culex pipiens*	3
애기장대	*Arabidopsis thaliana*	5
붉은빵곰팡이	*Neurospora crassa*	7
감자	*Solanum tuberosum*	24
붉은털원숭이	*Macaca mulatta*	21
예쁜꼬마선충	*Caenorhabditis elegans*	6
누에	*Bombyx mori*	28
아메바	*Dictyostelium discoideum*	7
금어초	*Antirrhinum majus*	8
담배	*Nicotiana tabacum*	24
토마토	*Lycopersicon esculentum*	12
수련	*Nymphaea alba*	80
밀	*Triticum aestivum*	21
효모	*Saccharomyces cerevisiae*	16
제브라피시	*Danio rerio*	25

2.3 체세포분열은 염색체를 분열하는 세포로 분배한다

체세포분열 과정은 모든 진핵생물에서 대단히 중요하다. 원생동물과 일부 곰팡이나 조류와 같은 몇몇 단세포 생물에서 (세포분열의 일부로서) 체세포분열은 무성생식의 기반이 된다. 다세포 이배체 생물은 **접합자(zygote)**로 불리는 단세포 수정란으로서 생을 시작한다. 접합자 및 이의 딸세포에서 체세포분열 활성은 생물체의 발달과 성장의 토대가 된다. 성체에서 체세포분열 활성은 상처의 치료와 어떤 조직에서 세포 대체의 기초가 된다. 예를 들어, 피부의 표피 세포와 인간의 장 내벽은 계속적으로 벗겨지고 재생된다. 세포분열은 또한 척추동물에서 핵을 잃고 적혈구 세포가 되는 망상적혈구를 계속 생산한다. 비정상적인 상황에서 체세포는 세포분열 조절 능력을 상실하고 종양을 형성한다.

유전물질은 **핵분열(karyokinesis)** 중 딸세포 내로 분할된다. 이 과정은 상당히 복잡하고 고도의 정확성이 필요하다. 염색체는 먼저 정확하게 복제되어야 하고 그 다음 정밀하게 분할되어야 한다. 마지막 결과는 두 개의 딸핵이 만들어지는 것으로 각각은 부모 세포와 동일한 염색체 조성을 갖는다. 핵분열이 끝나면 **세포질분열(cytokinesis)**이 뒤따른다. 핵분열보다 덜 복잡한 이 과정은 세포 부피를 둘로 분할하며, 각각의 새로운 세포는 원형질막으로 둘러싸여 구분된다. 세포질이 재구성되면 각 세포에서 세포소기관이 복제되는데 기존에 존재하던 막 구조들로부터 나타나거나 새로이(de novo) 합성된다.

세포분열을 뒤따라 새로 만들어진 딸세포의 초기 크기는 부모 세포의 거의 절반이다. 그러나 새로운 세포 각각의 핵은 원래 세포의 핵보다 눈에 띄게 작지 않다. DNA 양을 측정해보면 부모 세포와 딸세포 핵의 유전물질의 양이 같다.

간기와 세포주기

많은 세포들은 분열과 비분열 사이의 지속적인 변화를 겪는다.

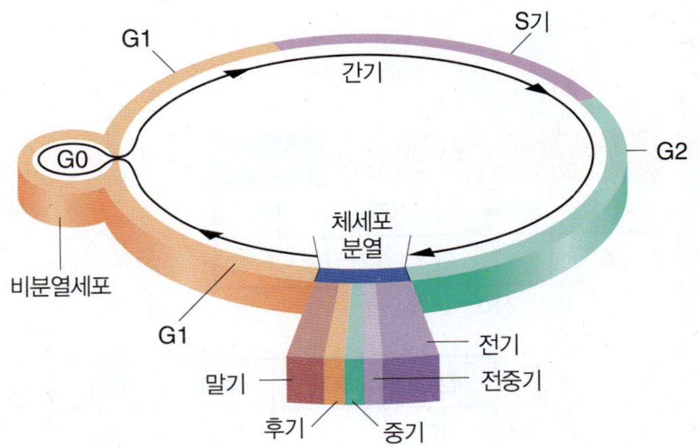

그림 2-5. 임의의 세포주기를 구성하는 단계들. 체세포분열이 끝난 세포들은 간기의 G1기에 들어가 새로운 주기를 시작한다. 세포들은 분열하지 않거나(G0기) G1기를 통과하여 DNA 합성을 시작하고(S기) 주기를 완료한다(G2기와 분열기). 체세포분열이 끝나면 두 개의 딸세포가 만들어지고, 두 세포를 위한 새로운 주기가 시작된다.

분열이 한 번 끝날 때부터 다음 번 분열이 끝날 때까지 일어나는 사건들이 **세포주기(cell cycle)**를 구성한다(그림 2-5). 세포분열 사이의 기간으로서 세포주기의 시작 단계인 **간기(interphase)**를 살펴보자. 한때는 간기 동안의 생화학적 활성이 전적으로 세포의 성장과 정상 기능에 할애된다고 생각했다. 그러나 우리는 이제 간기 동안 뒤따라오는 체세포분열에 대단히 중요한 또 다른 생화학적 단계, 즉 각 염색체의 DNA 복제(the replication of the DNA of each chromosome)가 일어난다는 것을 알고 있다. DNA가 합성되는 이 기간은 세포가 체세포분열에 들어가기 이전 시기이며 **S기(S phase)**로 불린다. DNA 합성 개시와 종결은 방사성 전구체가 DNA 내부로 통합되는 것을 관찰함으로써 감지할 수 있다.

연구 결과, 간기 동안에 DNA 합성이 일어나지 않는 두 시기가 있는데, 하나는 S기 이전 시기이고 다른 하나는 S기 이후 시기다. 이들을 각각 **G1기(gap I)**와 **G2기(gap II)**로 나타낸다. S기뿐만 아니라 이 두 기간 모두 대사 활성이 강하며 세포의 성장과 분화가 뚜렷하게 일어난다. G2기의 끝 무렵에 세포의 부피는 거의 2배 증가하고, DNA는 복제되며, 체세포분열(M)이 시작된다. 체세포분열을 뒤따라 계속 분열하는 세포는 그림 2-5에서 보여주는 것처럼 이 주기(G1, S, G2, M)를 계속 반복한다.

생체 외(*in vitro*, 문자 그대로 '유리병 안에서') 연구에 근거하여 세포주기에 대한 많은 것들이 알려져 있다. 배양되어 자랄 때, 서로 다른 생물체들의 많은 세포들이 약 16시간 내에 주기를 완주한다. 체세포분열의 실제적인 과정은 전체 주기의 작은 일부분만 차지하며 보통 한 시간보다 짧다. 간기의 S기와 G2기의 길이는 서로 다른 세포형에서도 상당히 일정하다. 대부분의 차이는 G1기의 길이에서 나타난다. 그림 2-6은 인간 배양 세포에서 이 시기들의 상대적인 길이와 체세포분열 단계의 길이를 보여주고 있다.

간기			체세포분열
G1	S	G2	M
5	7	3	1

시간

전기	중기	후기	말기
36	3	3	18

분

그림 2-6. 배양 중인 인간 세포에서 완전한 세포주기를 완료하는 데 소요되는 각 단계의 시간. 세포의 종류와 상태에 따라 시간은 달라진다.

G1기는 세포의 성숙과 이의 조절을 연구하는 데 있어 매우 흥미롭다. G1기 중 한 시기에 모든 세포는 두 경로 중 하나를 따른다. 세포들은 세포주기에서 빠져나와 정지되고 **G0기(G0 stage)**로 들어가거나(그림 2-5 참조) G1을 계속 진행하여 DNA 합성을 개시하고 주기를 끝마친다. G0기에 들어간 세포들은 살아 있고 대사적으로 활성이 있지만 증식하지는 않는다. 암세포는 분명하게 G0로 들어가는 것을 회피하거나 아주 빠르게 이 시기를 빠져나간다. 다른 세포들은 G0기로 들어가고 세포주기로 다시는 재진입하지 않는다. G0기에 있는 다른 세포들은 여전히 G1기로 들어가도록 자극받을 수 있으며 이에 따라 세포주기로 재진입한다. 세포학적으로, 간기는 눈에 보이는 염색체가 없는 것이 특징이다. 대신, 핵은 이전 체세포분열이 끝난 이후 풀려 퍼져 있는 염색체인 염색사로 차 있다[그림 2-7(a)]. 일단 G1기, S기, G2기가 끝나면 체세포분열이 시작된다. 체세포분열은 활발하며 지속적인 활성의 역동적 시기다. 체세포분열의 전체 과정은 개별 단계로 세분되며, 각 단계마다 특별한 사건이 일어난다. 이 단계들은 일어나는 순서에 따라 전기, 전중기, 중기, 후기, 그리고 말기로 부른다. 각 단계는 이에 해당하는 현미경사진과 함께 그림 2-7에 나타냈다.

전기

흔히, 체세포분열의 절반 이상을 **전기(prophase)**가 차지하는데, 이 시기에는 몇 가지 중요한 사건들이 일어난다. 모든 동물 세포의 전기 초기에 일어나는 일들 중 하나는 두 쌍의 중심립이 세포의 반대쪽 끝으로 이동하는 것이다. 이 구조들은 핵막 바로 바깥쪽 중심체(2.1절에서 소개함)로 불리는 분화된 세포질 영역에서 발견된다. 중심립 각 쌍은 하나의 완성된 단위체와 작고 새로 만들어지는 하나의 딸 중심립으로 구성된다.

중심립은 이동하여 세포의 반대편 양 말단에 극을 형성한다. 이동이 끝나면 중심립이 자리 잡은 중심체가 세포질 미세소관으로부터 두 극 사이에서 움직이는 방추사 섬유를 조립하고 염색체 분리가 일어나는 축을 만들어낸다. 흥미롭게도, 대부분의 식물 세포들(약간의 예외는 있음), 곰팡이, 그리고 일부 조류들은 중심립이 없는 것 같다. 그럼에도 불구하고, 방추사는 체세포분열 동안 확실하게 나타난다.

중심립이 이동할 때, 핵막은 분해되기 시작하며 점차 사라진다. 비슷한 방식으로 핵인도 핵 내부에서 해체된다. 이러한 일들이 일어날 때, 흩어져 있던 염색사는 뚜렷한 실모양의 구조인 염색체가 보이게 될 때까지 응축하기 시작한다. 전기의 끝에 가면 염색체는 협착된 한 지점인 동원체를 제외하고 세로로 나누어져 있는 이중 구조를 하고 있음이 명확해진다. 각 염색체의 두 부위는 한 번의 복제 사건으로부터 형성되어 담고 있는 DNA가

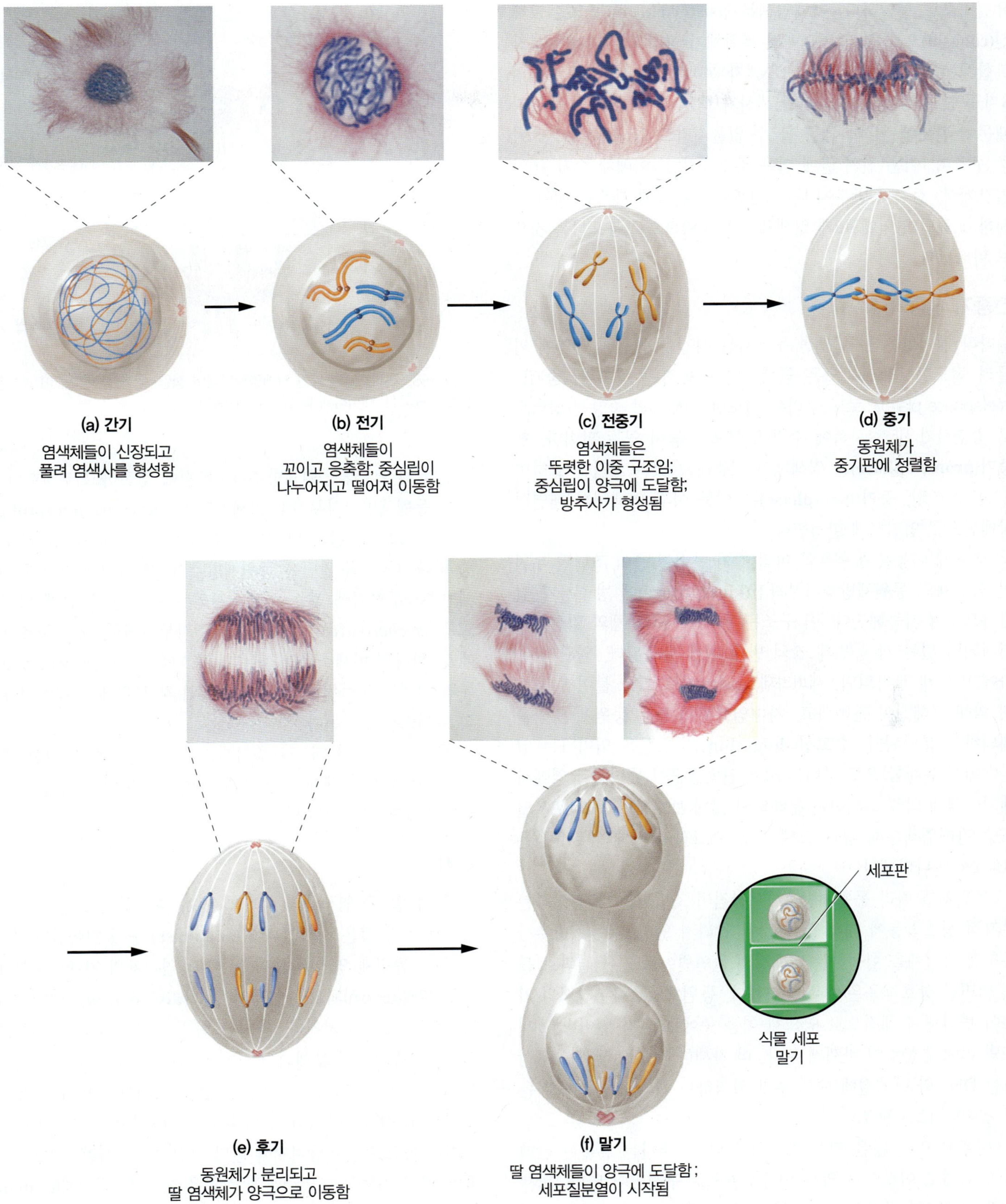

그림 2-7. 이배체 수가 4인 한 동물 세포의 체세포분열을 보여주는 그림. 각 단계에서 발생하는 사건들은 본문에 설명되어 있다. 두 쌍의 상동염색체 중 한 쌍은 길이가 더 긴 중부동원체형 염색체이며, 다른 한 쌍은 더 짧은 차중부동원체형 염색체이다. 각 쌍의 모계와 부계 염색체는 다른 색깔로 표시하였다. (f)는 식물 세포의 말기 후반부를 그린 것으로 세포판이 형성되고 있고 중심립은 없다. 광학현미경 사진으로 보여주는 세포는 이배체 수가 8인 식물 수선화(*Haemanthus*)의 꽃에서 유래한 것이다.

유전적으로 동일하다. **자매염색분체(sister chromatid)**는 **코헤신(cohesin)**으로 불리는 단백질 복합체가 붙잡고 있다. 이 분자 복합체는 원래 각 염색체의 DNA가 복제되는 때인 세포주기의 S기 동안 형성된다. 따라서 염색사가 핵 내부에 풀려 퍼져 있기 때문에 간기에 염색분체를 볼 수 없을지라도 염색체는 이미 이중 구조며, 이는 전기 말에 더욱 뚜렷해진다. 이배체 수가 46인 인간에서, 전기 후반부에 대한 세포학적 관찰에 따르면 핵이 차지하고 있던 영역에 46개 염색체가 무작위적으로 분포하는 것으로 나타났다.

전중기와 중기

뒤따라 일어나는 두 단계를 구분하는 사건은 동원체 영역에 이끌려 적도판 쪽으로 모든 염색체가 이동하는 것이다. **중기판(metaphase plate)**으로도 불리는 적도판은 세포의 중앙선 영역으로 방추사가 만드는 축에 수직 방향으로 놓여 있는 판이다. **전중기(prometaphase)**는 염색체가 이동하고 있는 기간을 말하며 [(그림 2-7(c)], **중기(metaphase)**는 이동 이후 염색체가 배열된 상태만으로 엄밀하게 한정한다.

염색체 이동은 동원체와 여러 겹의 단백질 층이 조립된 부위인 염색체의 **동원체방추사부착점(kinetochore)**에 방추사가 결합함으로써 가능해진다. 이 구조는 두 자매염색분체와 밀접하게 연결되어 있는 각 동원체 쌍의 반대 면에 형성된다. 일단 방추사에 바르게 부착되면, 세퍼라제(separase)로 이름 붙여진 효소에 의해 코헤신이 분해되고, 자매염색분체 팔은 동원체 영역을 제외하고 분리된다. **슈고신(shugoshin**, 수호신을 의미하는 일본어에서 유래함)으로 불리는 고유 단백질군이 동원체 영역에서 세퍼라제에 의해 코헤신이 분해되지 않게 보호한다. 체세포분열 도중 자매염색분체 쌍과 코헤신 및 슈고신 복합체의 관련성은 그림 2-8에 나타냈다.

동원체를 따라 동원체방추사부착점이 조립되는 데 관여하는 분자적 상호작용에 대해 많은 것이 알려져 있다. 동원체방추사부착점 복합체를 형성하는 단백질의 돌연변이로 인한 결과로 볼 때 이러한 상호작용은 매우 흥미롭다. 동원체방추사부착점의 기능이 변하면 잠재적으로 염색체 이동 중에 오류가 일어나 딸세포의 이배체 함량이 바뀌게 된다. 더 자세한 것은 염색사를 구성하는 DNA와 단백질에 대해 추가 설명하는 책의 후반부에서 논할 것이다(12장 참조).

방추사 또한 많은 것이 알려져 있다. 방추사는 튜불린 단백질 단위체로 이루어져 있는 미세소관으로 구성되어 있다. 미세소관은 세포의 반대쪽 극에 위치한 두 개의 중심체 영역에서 기원하며 성장한다. 이들은 극성 튜불린 단위체가 첨가되거나 소실된 결과로 길어지기도 하고 짧아지기도 하는 역동적인 구조이다. 염색체 이동과 직접 관련이 있는 미세소관 대부분은 중심체

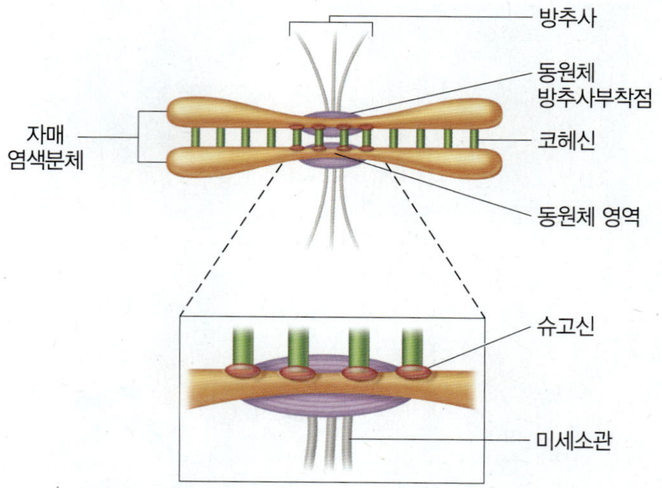

그림 2-8. 체세포분열 동안 자매염색분체의 정렬, 쌍 형성, 분리. 이 과정은 코헤신과 슈고신, 세퍼라제 복합체가 관여한다.

로부터 자라나와 동원체방추사부착점에 접촉하고 부착한다. 이들을 **동원체방추사부착점 미세소관(kinetochore microtubule)**이라 부르는데, 한쪽 말단은 중심체 영역 근처에 있고(세포 극 중 하나) 다른 쪽 말단은 동원체방추사부착점에 부착한다. 동원체방추사부착점에 붙는 미세소관의 수는 생물체 간에 다르다. 효모(*Saccharomyces*)는 동원체방추사부착점의 판형 구조 각각에 단 하나의 미세소관만 붙는다. 또 다른 극단적인 예로서 포유류의 체세포는 동원체방추사부착점의 각 부위에 30개에서 40개의 미세소관이 붙는다.

중기가 완결될 때, 각 중심체는 무작위적으로 배열한 채 바깥쪽으로 뻗은 염색체 팔과 함께 중기판에 일렬로 정렬한다. 이 배열은 그림 2-7(d)에 나타냈다.

후기

체세포분열 중 염색체의 분배에 매우 중요한 일들은 체세포분열에서 가장 짧은 시기인 **후기(anaphase)** 중에 일어난다. 이 시기 동안 동원체 영역만 붙어 있는 각 염색체의 자매염색분체가 서로 분리(disjoin)되고—**염색체 분리(disjunction)**—세포의 양쪽 끝으로 끌어당겨진다. 완전한 염색체 분리가 일어나기 위해서는 (1) 슈고신이 분해되어 보호 역할을 못하고, (2) 각 자매염색분체의 동원체 영역을 붙잡고 있는 코헤신 복합체가 세퍼라제에 의해 절단되며, (3) 각 염색체의 자매염색분체가 세포의 반대편 극쪽으로 끌어당겨져야 한다(그림 2-8). 이런 일들이 진행됨에 따라 이동하는 염색분체 각각을 이제 **딸 염색체(daughter chromosome)**라고 부른다.

세포의 반대쪽 극으로 딸 염색체가 이동하기 위해서는 동원체방추사부착점에 방추사가 결합해야만 한다. 최근 연구에 따르면, 염색체 이동은 분열하는 세포 내 여러 곳에서 발견되는 운

동 단백질(motor protein)로 불리는 일련의 특별한 분자들의 활성 결과이다. **분자 모터(molecular motor)**로 불리는 이 단백질은 ATP의 가수분해로 생성되는 에너지를 사용한다. 미세소관의 활성에 대한 이들의 효과는 궁극적으로 방추사를 단축시켜 세포의 반대편 말단 쪽으로 염색체를 끌어당긴다. 각 염색체의 동원체는 이동 도중에 길을 이끄는 것처럼 보이고, 염색체 팔이 그 뒤를 따른다. 방추사가 짧아지는 것을 설명하는 몇 가지 모델들이 제시되었다. 이들은 방추사 말단에서 튜불린 단위체가 선택적으로 제거된다는 공통점이 있다. 제거 과정은 위에서 설명한 분자 모터에 의해 완수된다.

그림 2-3에서 보는 것처럼, 동원체의 위치가 분리 과정 중의 염색체 모양을 결정한다. 동일한 염색체 세트를 각각의 딸세포에게 제공하기 위해서는 후기 중에 일어나는 단계들이 매우 중요하다. 인간 세포의 경우, 각 극에 46개의 염색체가 있고, 각각은 본래의 자매염색체 쌍으로부터 온 것이다. **그림 2-7(e)**는 완결 직전의 후기를 보여주고 있다.

말기

말기(telophase)는 체세포분열의 마지막 단계이며 그림 2-7(f)에 나타냈다. 말기가 시작할 때, 양쪽 극에 한 세트씩 완전한 염색체 두 세트가 존재한다. 이 시기에서 가장 중요한 사건은 세포질을 나누는 또는 분배하는 세포질분열이다. 한 세포로부터 두 개의 새로운 세포가 만들어진다면 세포질분열은 필수적이다. 세포질분열의 가장 중요한 기작은 식물과 동물 세포에서 크게 다르지만 최종 결과는 같다. 즉 두 개의 새로운 세포가 만들어진다. 식물 세포에서는 **세포판(cell plate)**이 중기판이 있던 지역을 가로질러 합성되어 가로놓인다. 그러나 동물 세포에서는 마치 풍선의 중앙을 끈으로 만든 고리로 조이는 것처럼 세포질이 수축된다.

서로 다른 생물체에서 세포질분열 과정이 다양한 것은 놀라운 일이 아니다. 형태가 보다 더 규칙적이고 구조적으로 견고한 식물 세포는 원형질 막 주변에 새로운 세포벽 물질들을 축적시키는 기구가 필요하다. 말기 동안 가로놓여지는 세포판은 **중간박막층(middle lamella)**으로 불리는 구조가 된다. 후에 각 딸세포에서 세포벽의 1차 및 2차 층이 세포막과 중간박막층 사이에 축적된다. 동물에서 세포막이 완전히 수축하면 새로 분열한 세포의 특징인 **세포 고랑(cell furrow)**이 만들어진다.

체세포분열로부터 간기로 이행하는 데 필요한 기타 사건들은 말기 중에 시작된다. 이들은 일반적으로 전기 동안 일어났던 사건들의 반전이다. 새로 만들어진 세포에서 염색체는 풀리기 시작하여 다시 한 번 염색사로 퍼지며, 이들 주위에 핵막이 재형성되고, 방추사는 사라지며 인이 점차 재형성되어 간기 초기 동안 핵 내부에서 눈에 보이게 된다. 말기가 완료될 때, 세포는 간기에 들어간다.

세포주기 조절과 검문지점

체세포분열로 끝이 나는 세포주기는 근본적으로 모든 진핵생물에서 동일하다. 많은 다양한 생물체에서 세포주기가 유사하다는 것은 이것이 진화 과정을 통해 보존되어 있는 유전적으로 조절되는 프로그램에 의해 지배되고 있다는 것을 시사한다. 이러한 조절이 중단되면 악성종양의 특징인 조절되지 않는 세포분열이 일어날 수 있기 때문에 어떻게 유전자가 세포주기를 조절하는지는 특히 매우 흥미롭다.

지난 20년에 걸친 거대한 연구 노력은 큰 결실을 맺었고, 우리는 이제 세포주기를 조절하는 많은 유전자들에 대한 지식을 갖게 되었다. 이 연구를 통해 Lee Hartwell, Paul Nurse, 그리고 Tim Hunt는 2001년 노벨 생리의학상을 수상했다. 필수적인 생물학적 과정에 대한 유전적 조절 연구와 함께, 세포주기를 방해하는 돌연변이를 발견하고 이 돌연변이가 주는 효과를 밝히는 연구가 집중되고 있다. 이 책의 후반부에서 암의 분자적 기초에 대해 고찰할 때 이 주제에 대해 더 자세히 살펴보기로 하고(19장 참조), 여기에서는 간략하게 개관한다.

세포주기의 하나 또는 다른 단계에 영향을 미치는 많은 돌연변이들이 알려져 있다. 효모에서 최초로 발견되었으며 이제 인간을 포함한 모든 생물체에서도 명백한 이런 돌연변이들은 **세포분열 주기 돌연변이[*cell division cycle*(*cdc*) mutation]**라고 지정되었다. 많은 돌연변이 유전자의 정상 산물은 다른 단백질에 인산기를 첨가하는 **인산화효소(kinase)**로 불리는 단백질이다. 이들은 **사이클린(cyclin)**으로 불리는 단백질과 함께 '주 제어자'의 역할을 한다. 사이클린은 이 인산화효소에 결합하여(사이클린-의존성 인산화효소를 만듦) 세포주기 동안 적절한 시기에 이들을 활성화시킨다. 활성화된 인산화효소는 세포주기의 진행을 조절하는 다른 목표 단백질을 인산화시킨다. *cdc* 돌연변이 연구를 통해 세포주기는 최소한 세 가지 주요 **검문지점(checkpoint)**을 갖고 있는데, 이곳에서 세포주기의 다음 단계를 시작하기 전 정상적인 체세포분열에 이르게 되는 과정들이 주 제어 분자에 의해 추적 관찰되거나 점검받는다.

검문지점은 세포주기에서 추적 관찰이 일어나는 곳을 따라 이름이 붙여진다(그림 2-5). 첫 번째(때때로 두 개의 개별 검문지점으로 간주되기도 함)는 **G1/S 검문지점(G1/S checkpoint)**으로 이 전 체세포분열 이래로 세포가 도달한 크기를 감시하고 또한 DNA의 상태를 평가한다. 만약 세포가 적당한 크기에 이르지 못하거나 DNA가 손상됐으면, 이 조건들이 '수정'될 때까지 세포주기의 추가 진행이 정지된다. 만약 두 조건이 G1/S 검문지점에서 '정상'이면, 세포는 G1에서 S기로 진행 허가를 받는다. 두 번째 검문지점은 **G2/M 검문지점(G2/M checkpoint)**인데, 여기서 체세포분열을 시작하기 전에 DNA가 점검된다. 만약 DNA 복제가 불완전하거나 DNA에 손상이 있지만 복구되지 않은 것이 감지되면, 세포주기는 정지한다. 마지막 검문지점은 체세포분열 중간에 일어나며 **M 검문지점(M checkpoint)**이라고 부른다[때로는 **방추사 조립 검문지점**(spindle assembly checkpoint)라고도 함]. 여기에서는 방추사가 성공적으로 만들어졌는지와 방추사가 동원체와 관련된 동원체방추사부착점에 붙었는지가 감시된다. 만약 방추사가 적절히 형성되지 않았거나 부착이 부적절하면, 체세포분열은 정지한다.

세포주기 조절과 검문지점들의 중요성은 이 조절 시스템이 손상되었을 때 무슨 일이 일어나는지를 고려하면 증명될 수 있다. 예를 들어, 한 세포의 DNA가 손상되어 세포주기 조절이 손상된 한 개 이상의 돌연변이가 일어났다고 가정해보자. 분열세포 개체군 중 하나가 세포주기를 계속 진행시키게 된다면, 유전적으로 변경된 세포는 제어되지 못하고 분열할 것이다. 이것이 암이 발달하는 핵심 단계이다. 대신 검문지점 중 한 곳에서 세포주기가 정지된다면, 세포는 DNA 손상을 수선하거나 영구적으로 분열을 멈춰 잠재적 종양을 막게 된다.

실전문제

2-1 이번 장에서 처음 나오는 "실전문제"에 대해 소개한다. 실전문제는 모든 장에서 다음과 같은 방식으로 나오며, 매번 토의해볼 수 있는 문제를 준다. 그 다음, 문제를 푸는 데 도움이 되는 "힌트"가 제공된다. 첫 번째 문제다.
(a) 만약 한 생물체의 이배체 수가 16이면 체세포분열 전기가 끝날 때 몇 개의 염색분체가 보이는가?
(b) 체세포분열 후기 중 양극 각각으로 이동하는 염색체는 몇 개인가?

■ **힌트:** 이 문제를 풀기 위해서는 체세포분열 동안 상동염색체 각 쌍에 무슨 일이 일어나는지 이해해야 한다. 이 문제는 이배체 수 16인 생물체에서 염색체의 행동에 대해 이해하고 있는지 물어보고 있다. 해결의 실마리는 체세포분열 동안 각 상동염색체의 구성원은 짝을 짓는다기보다는 독립적으로 행동한다는 점을 아는 것이다.

2.4 감수분열은 생식세포와 포자에서 이배체로부터 반수체로 염색체 수를 감소시킨다

체세포분열과는 다르게 감수분열 과정은 유전물질의 양을 1/2로 감소시킨다. 이배체에서 체세포분열은 완전한 이배체의 딸세포를 만들어내지만 감수분열은 염색체의 반수체 세트를 갖는 배우자 또는 포자를 생산한다. 유성생식 동안 배우자들은 수정을 통해 융합하여 부모 세포에서 발견되는 이배체 수준을 재구성한다. **그림 2-9**는 두 쌍의 상동염색체를 뒤따라감으로써 두 과정을 비교한다.

정의에 의하면, 반수체 배우자 또는 포자는 정확하게 각 상동염색체 쌍 중 하나를 담고 있어야 하기 때문에 감수분열 사건은 고도로 특별해야 한다. 만약 성공적으로 완료되면 감수분열은 세대에서 세대로 유전적 연속성을 보장한다.

유성생식 과정은 또한 종의 각 구성원 간의 유전적 다양성을 보장한다. 감수분열을 공부함에 따라 이 과정의 결과 배우자들이 모계와 부계에서 유래한 염색체들의 고유한 조합을 반수체 염색체로서 각각 담고 있음을 보게 될 것이다. 배우자 간의 이러한 엄청난 유전적 다양성과 함께 수정할 때 수많은 모계-부계 염색체 조합이 가능하다. 뿐만 아니라, 감수분열시 **교차(crossing over)**에 의해 상동염색체 쌍의 구성원 사이에 유전적 교환을 일으킨다는 것도 보게 될 것이다. 이 과정은 모계와 부계 염색체의 모자이크형 염색체를 만들어 내어 배우자와 이들로부터 유래하는 자손의 잠재적 유전적 다양성을 더욱 키운다. 그러므로 유성생식은 유전물질을 뒤섞고, 각 부모와 크게 다른 자손을 만들어 낸다. 따라서 감수분열은 종 내 유전적 재조합의 주요 원천이다.

감수분열의 개요

앞으로 진행될 논의에서 감수분열의 목표가 염색체 수를 반으로 감소시키는 것임을 규명할 것이다. 이 과정의 단계들을 고려하기 전에 어떻게 이배체 세포들이 반수체 배우자나 포자가 되는지 간략하게 요약할 것이다(그림 2-9의 오른쪽).

체세포분열에서 부계와 모계로부터 각각 유래한 상동염색체 쌍의 구성원들은 분열 과정 동안 독자적으로 행동한다. 이에 반하여, 감수분열 초기에 상동염색체는 쌍을 이룬다. 즉, 이들은 시냅스[synapse, 또는 **접합(synapsis)**]를 형성한다. 처음에는 **2가(bivalent)** 염색체로 불렸던 각각의 접착 구조는 결과적으로 네 개의 염색분체로 구성된 **4분염색체(tetrad)**가 된다. 네 개의 염색분체가 존재한다는 것은 실제로 각각의 상동염색체(2가 염색체를 만듦)가 복제되었음을 보여준다. 그러므로 첫 번째 분열은 제1감수분열에서 일어나며 **축소 분열(reductional division)**이라 말한다(각각 염색체 한 개를 나타내는 동원체의 수가 절반으로 줄어들기 때문임). 두 개의 상동염색체를 나타내는 4분염색체 각각은 분리되어 두 개의 **2분염색체(dyad)**가 된다. 각각의 2분염색체는 공통의 동원체에서 연결되어 있는 두 개의 자매염

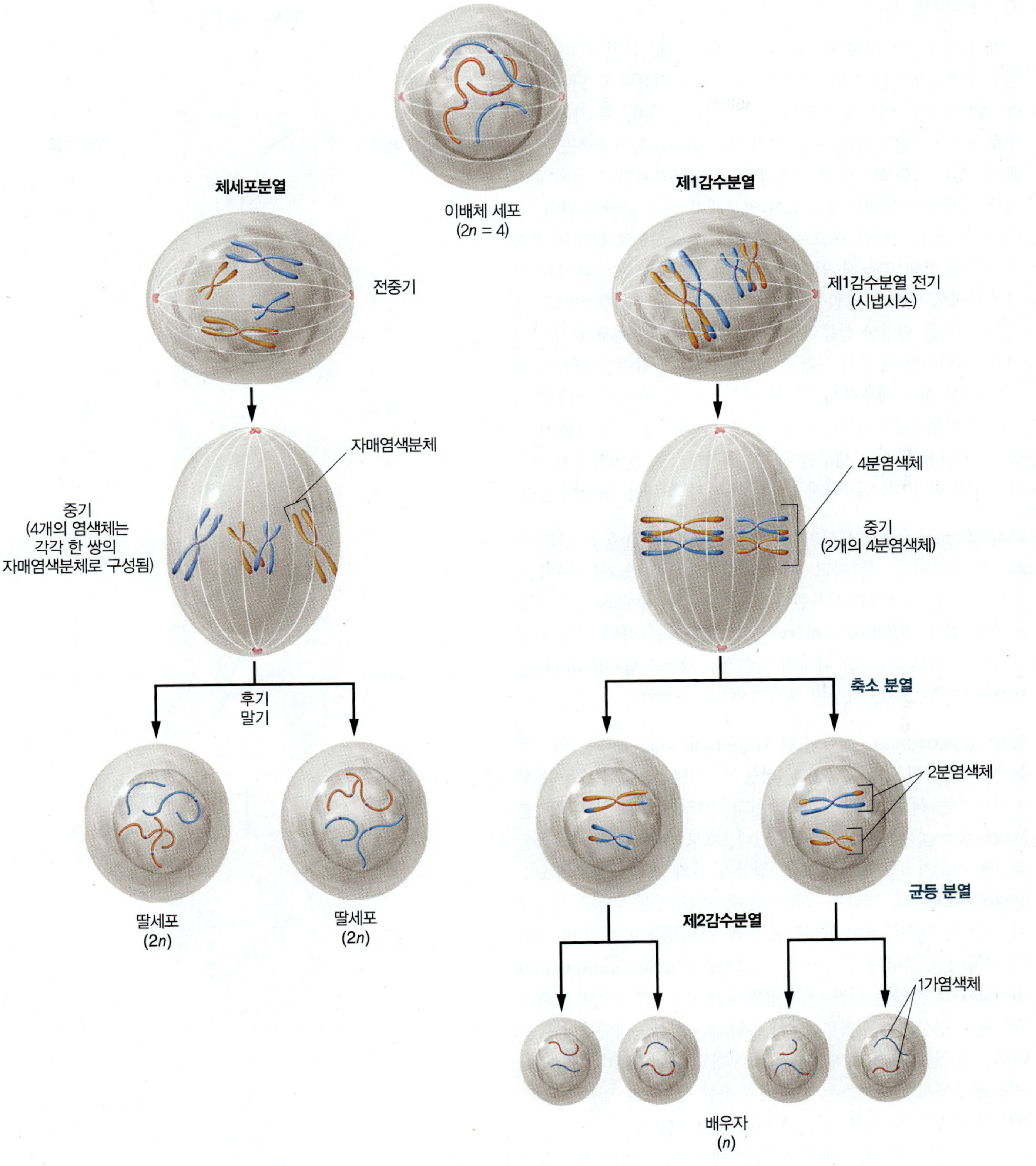

그림 2-9. 체세포분열과 감수분열의 주요 사건들과 그 결과에 대한 개요. 그림 2-7에서와 같이 두 쌍의 상동염색체로 나타내었다.

색분체로 구성된다. 두 번째 분열은 제2감수분열 동안 일어나며 **균등 분열(equational division)**이라 말한다(동원체 수가 동일하게 유지되기 때문임). 여기에서 각 2분염색체는 각각 한 개의 염색체인 두 개의 **1가염색체(monad)**로 나뉜다. 따라서 두 번의 분열은 잠재적으로 네 개의 반수체 세포를 만든다.

제1감수분열 전기

이제 감수분열에 대해 자세히 살펴보자. 체세포분열처럼 감수분열도 연속적인 과정이다. 설명을 쉽게 하기 위하여 각 단계 이외에 세부단계의 이름을 붙인다. 유전적 관점에서, 세 가지 사건으로 초기 단계인 **제1감수분열 전기(prophase I)**의 특징을 설명할 수 있다(**그림 2-10**). 첫째, 체세포분열에서처럼 간기에 존재하는 염색사가 두꺼워지며 꼬여 염색체가 눈에 보이게 된다. 또한 각 염색체는 이중 구조로서 **코헤신(cohesin)**으로 불리는 분자 복합체에 의해 결합해 있다. 둘째, 체세포분열과는 다르게 각 상동염색체 쌍의 구성원들은 쌍을 이뤄 시냅스를 형성한다. 셋째, 시냅스를 형성한 상동염색체의 염색분체 사이에서 교차가 일어난다. 이러한 유전적 사건의 복잡성 때문에 감수분열의 이 단계는 다섯 개의 세부단계, 즉 세사기, 접합기, 태사기, 복사기[1], 그리고 이동기로 나뉜다. 세부단계를 설명할 때, 감수분열의 가장 초기 단계에서 이 세부단계들이 즉각적으로 분명해지지 않더라도 염색체의 DNA는 이전 간기에서 복제되었음을 알아야 한다.

세사기(leptonema) **세사기 단계(leptotene stage)** 동안 간기 염색사는 응축하기 시작하고, 비록 여전히 늘어져 있기는 하지만, 염색체가 눈에 보이기 시작한다. 줄 위에 있는 구슬과 닮은 응축 구조인 **염색소립(chromomere)**이 각 염색체를 따라 나타난다. 상동염색체들의 짝맞춤 개시에 필수적인 **상동성 탐색(homology search)**으로 불리는 과정이 세사기 동안 시작된다.

접합기(zygonema) **접합기 단계(zygotene stage)** 동안 염색체는 계속 짧아지고 두꺼워진다. 상동성 탐색이 진행되는 동안 상동염색체는 서로 정렬하기 시작한다. 이러한 소위 거친 짝맞춤(rough pairing)는 접합기 말에 끝난다. 효모에서 상동염색체들은 약 300 nm 거리로 떨어져 있고 접합기 거의 마지막에 **측면 요소(lateral element)**로 불리는 구조가 쌍을 이룬 상동염색체 사이에서 보인다. 감수분열이 진행됨에 따라 염색체를 따라 측면 요소의 전체적인 길이가 증가하며, **시냅시스복합체(synaptonemal complex)**로 불리는 훨씬 더 광범위한 초미세구조가 상동염색체 사이에서 형성되기 시작한다. 이 복합체는 상동염색체들이 짝을 이루는 동안 정확하게 배열시키는 매개체로 여겨진다. 몇몇 이배체 생물에서 시냅시스는 지퍼와 유사한 방식으로 일어나는데, 핵막에 부착한 염색체의 말단 부위에서 시작한다.

쌍을 이룬 상동염색체가 2가염색체가 되면 접합기는 끝난다. 비록 각 2가염색체의 양 구성원이 자신의 DNA를 복제했다고 해도, 각 구성원이 이중 구조라는 점은 아직은 눈에 보일 만큼 뚜렷하지 않다. 각 종의 2가염색체 수는 반수체(n) 수와 같다.

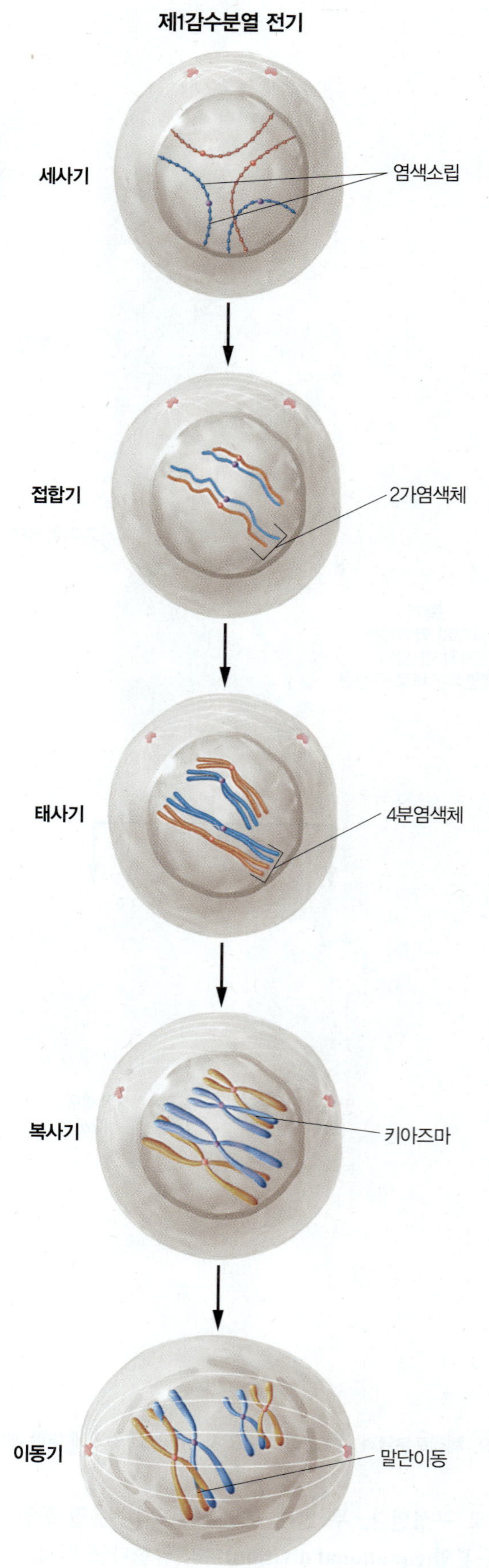

그림 2-10. 그림 2-9의 염색체로 나타낸 제1감수분열 전기의 세부단계.

---

[1] 세부단계들의 명사형임. 형용사형 또한 본문에서 사용되고 있다.

태사기(pachynema) 접합기에서 **태사기 단계(pachytene stage)**로 전이하는 동안, 염색체는 계속 꼬이고 짧아지며 시냅시스복합체는 각 2가염색체의 두 구성원 사이에서 더욱 발달한다. 이는 상동염색체의 쌍 형성인 시냅시스로 이어진다. 접합기의 거친 짝맞춤 특성과 비교하면, 상동염색체들은 이제 겨우 100 nm 정도 떨어져 있다.

태사기 동안, 각 상동염색체는 이제 확실하게 이중 구조로서 각 염색체 DNA가 이전에 복제되었다는 가시적 증거를 제시한다. 따라서 각 2가염색체는 네 개의 염색분체를 갖고 있다. 체세포분열에서처럼 복제된 것들은 **자매염색분체(sister chromatid)**라고 하며, 상동염색체 쌍의 모계와 부계 구성원의 염색분체들은 **비자매염색분체(nonsister chromatid)**라고 한다. 네 개의 구성원으로 이루어진 구조인 **4분염색체(tetrad)**는 두 쌍의 염색분체를 가지고 있다.

복사기(diplonema) 뒤따르는 **복사기 단계(diplotene stage)** 동안, 각 4분염색체는 두 쌍의 자매염색분체로 구성되어 있음이 더욱 명확해진다. 각 4분염색체 내에서 자매염색분체의 각 쌍은 분리되기 시작한다. 그러나 한 개 이상의 지역은 염색분체가 뒤얽혀 붙은 채로 남아 있다. 이런 부위 각각은 **키아즈마(chiasma, 복수형은 chiasmata)**로 불리며, 비자매염색분체가 위에서 **교차(crossing over)**로 언급한 과정을 통해 유전적 교환을 하고 있는 지점을 나타낸다고 생각된다. 비록 염색체 영역 사이의 물리적 교환이 이전 태사기 단계 동안 일어난다고 해도 교차의 결과는 복제된 염색체가 분리되기 시작할 때에만 볼 수 있다. 교차는 유전적 다양성의 중요한 원천이며, 이전에 밝힌 것처럼, 이 과정 동안 유전물질의 새로운 조합이 형성된다.

이동기(diakinesis) 제1감수분열 전기의 마지막 단계는 **이동기**이다. 염색체는 완전히 떨어지지만 비자매염색분체는 키아즈마 부위에 느슨하게 연결되어 있다. 분리가 진행됨에 따라 키아즈마는 4분염색체의 말단 쪽으로 이동한다. 이러한 **말단이동(terminalization)** 과정은 복사기 후반부에 시작되며 이동기 중간에 끝난다. 마지막 세부단계 도중 핵인과 핵막이 분해되고 각 4분염색체의 동원체 2개가 최근에 형성된 방추사에 붙는다. 제1감수분열 전기가 끝날 때쯤 각 4분염색체 구조의 동원체는 세포의 중기판에 위치한다.

제1감수분열 중기, 후기, 그리고 말기

감수분열의 나머지 과정은 그림 2-11에 묘사되어 있다. 제1감수분열 전기 이후 단계들은 체세포분열과 유사하다. 첫 번째 분열의 **제1감수분열 중기(metaphase I)**에서 염색체는 최대로 짧아지며 두꺼워진다. 각 4분염색체의 말단 키아즈마는 눈에 보이며 비자매염색분체를 함께 붙잡고 있는 주요 인자인 것처럼 보인다. 각각의 4분염색체는 중기판으로 이동을 촉진하는 방추사와 상호작용한다. 첫 번째 후기 이전에 각 4분염색체는 무작위적으로 정렬한다. 4분염색체의 절반(2분염색체 중 하나)은 나중에 양쪽 극 중 한곳으로 당겨질 것이며, 나머지 절반은 반대편 극으로 이동한다.

제1감수분열 단계 동안, 한 개의 동원체 부위가 각 쌍의 자매염색분체를 함께 붙잡는다. 동원체는 한 개의 단위처럼 보이며, 동원체방추사부착점이 각 동원체 주위에서 형성된다. 체세포분열에서 논의했던 것처럼(그림 2-8 참조), 코헤신이 자매염색분체를 함께 유지하는 데 중요한 역할을 한다. 제1감수분열 후기에서 코헤신은 자매염색분체 사이에서 분해되는데, 체세포분열에서처럼 동원체 부위는 슈고신 복합체에 의해 보호받는다. 그 다음, 각 4분염색체의 절반(하나의 2분염색체)은 분열하는 세포의 양쪽 극으로 끌어 당겨진다. 이러한 분리 과정은 상동염색체가 서로 나누어지는 물리적 기준의 분리이다. 가끔 감수분열에서 오류가 발생하여 분리가 이루어지지 않는다. **비분리(nondisjunction)**라는 용어는 이러한 오류를 설명하는 것이다. 정상적인 제1감수분열 후기가 끝날 때, 반수체 수와 동일한 일련의 2분염색체가 각 극에 존재한다.

만약 첫 번째 감수분열의 전기에 교차가 일어나지 않았으면, 양극의 2분염색체 각각은 전적으로 부계 또는 모계 염색분체로만 이루어진다. 그러나 교차로 인해 교환이 일어나면 부계와 모계 기원의 모자이크 염색분체가 만들어진다.

많은 생물에서 **제1감수분열 말기(telophase I)**에 2분염색체 주변에서 핵막이 형성된다. 이 경우, 핵은 이후 짧은 간기에 들어간다. 만약 간기가 일어나면, 염색체는 이미 두 개의 염색분체로 구성되어 있기 때문에 복제되지는 않는다. 다른 생물에서 세포는 후기로부터 제2감수분열로 곧바로 진행한다. 일반적으로, 감수분열 말기는 체세포분열의 말기보다 훨씬 짧다.

제2감수분열

배우자나 포자 각각이 이들의 4분염색체로부터 한 개의 염색분체만 받았다면 **제2감수분열(meiosis II)**로 불리는 두 번째 분열이 반드시 필요하다. 제2감수분열을 특징짓는 단계는 그림 2-11의 오른쪽에 나타냈다. **제2감수분열 전기(prophase II)** 동안 각각의 2분염색체는 공통의 동원체 영역에 의해 붙어 있는 자매염색분체의 쌍으로 이루어져 있다. **제2감수분열 중기(metaphase II)** 동안 동원체는 적도판에 배열한다. 슈고신 복합체가 분해될 때, 동원체는 분리되고 **제2감수분열 후기(anaphase II)**가 시작되며, 각 2분염색체의 자매염색분체가 반대편 극 쪽으로 당겨진다. 2분염색체 수가 반수체 수와 같기 때문에, **제2감수분열 말기(telophase II)**에 각 극에는 상동염색체 각 쌍 중 한 개만 존재한다. 각 염색체는 이제 1가염색체이다. 제2감수분열 말기를 뒤

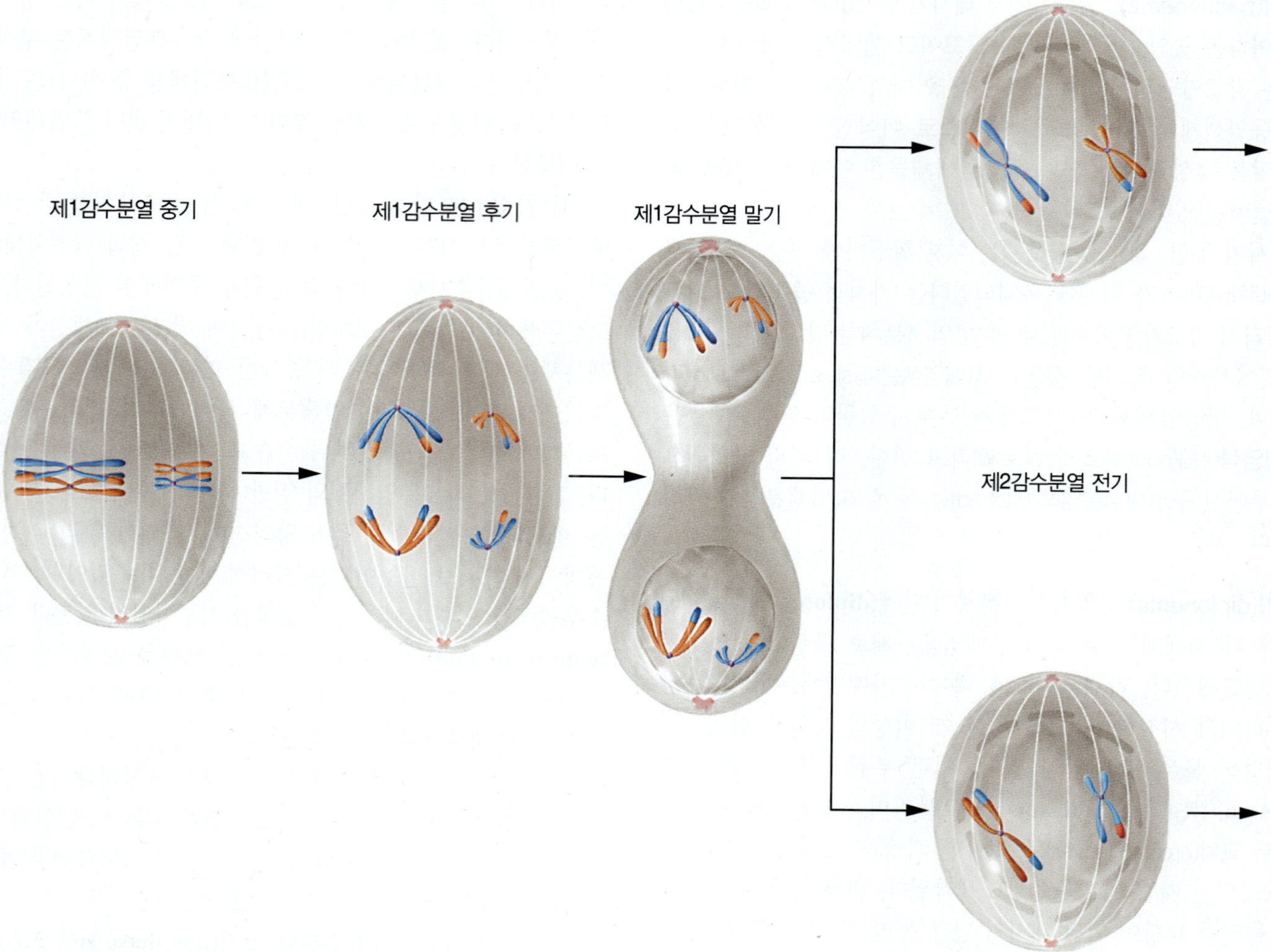

그림 2-11. 이배체 수가 4인 한 동물 세포에서 감수분열의 주요 사건들. 제1감수분열 중기로부터 시작함. 제2감수분열 말기가 끝난 후 세포 내 염색체 조합은 제1감수분열 중기와 제2감수분열 중기 동안 적도판에 정렬한 4분염색체와 2분염색체 각각의 무작위적 배열에 의존한다는 점을 주목해야 한다. 보여주지는 않았지만, 몇 가지 다른 조합도 만들어질 수 있다. 여기에서 보여주는 사건은 본문에 설명되어 있다.

실전문제

2-2 한 생물체의 제1난모세포에서 이배체 수가 16이다. (a) 제1감수분열 전기에서 4분염색체는 몇 개 존재하는가? (b) 제2감수분열 전기에 2분염색체는 몇 개 존재하는가? (c) 두 번째 감수분열 후기 동안 각 극에는 몇 개의 1가염색체가 존재하는가?

■ **힌트:** 이 문제를 풀기 위해서는 감수분열 중 상동염색체 각 쌍의 부계와 모계 구성원에 어떤 일이 일어나는지 이해해야 한다. 이 문제는 이배체 수 16인 생물에서 염색체의 행동을 이해하고 있는지 물어보고 있다. 해결의 실마리는 감수분열 동안 부계와 모계 염색체의 시냅스를 알고 있는지이다. 일단 각 염색분체가 복제되면, 감수분열의 초기에 4분염색체가 만들어지고, 각각의 원래 쌍은 한 단위처럼 행동하며 제1감수분열 후기 동안 두 개의 2가염색체가 된다.

더 연습하려면 33, 34, 35번 문제를 참조하시오.

이어 세포질분열이 뒤따르고, 결과적으로 한 번의 감수분열을 통해 4개의 배우자가 형성된다. 제2감수분열이 끝나면 반수체 상태를 달성할 뿐만 아니라 만약 교차가 일어났다면, 각 1가염색체는 부계와 모계가 조합된 유전정보를 갖게 된다. 결과적으로, 배우자로부터 만들어지는 자손은 조부모에서 존재하던 유전정보의 혼합물을 받게 될 것이다. 감수분열은 따라서 각각의 뒤따르는 세대에서 유전적 다양성 수준을 크게 증가시킨다.

2.5 배우자 발달은 정자형성과 난자형성 과정에서 서로 다르다

대부분의 동물에서 배우자형성 과정에 참여하는 모든 세포의 감수분열 동안 일어나는 사건들이 비슷하다고 해도 수 배우자형성(정자형성)과 암 배우자형성(난자형성) 사이에는 분명한 차이점이 있다. 그림 2-12는 이 과정들을 요약했다.

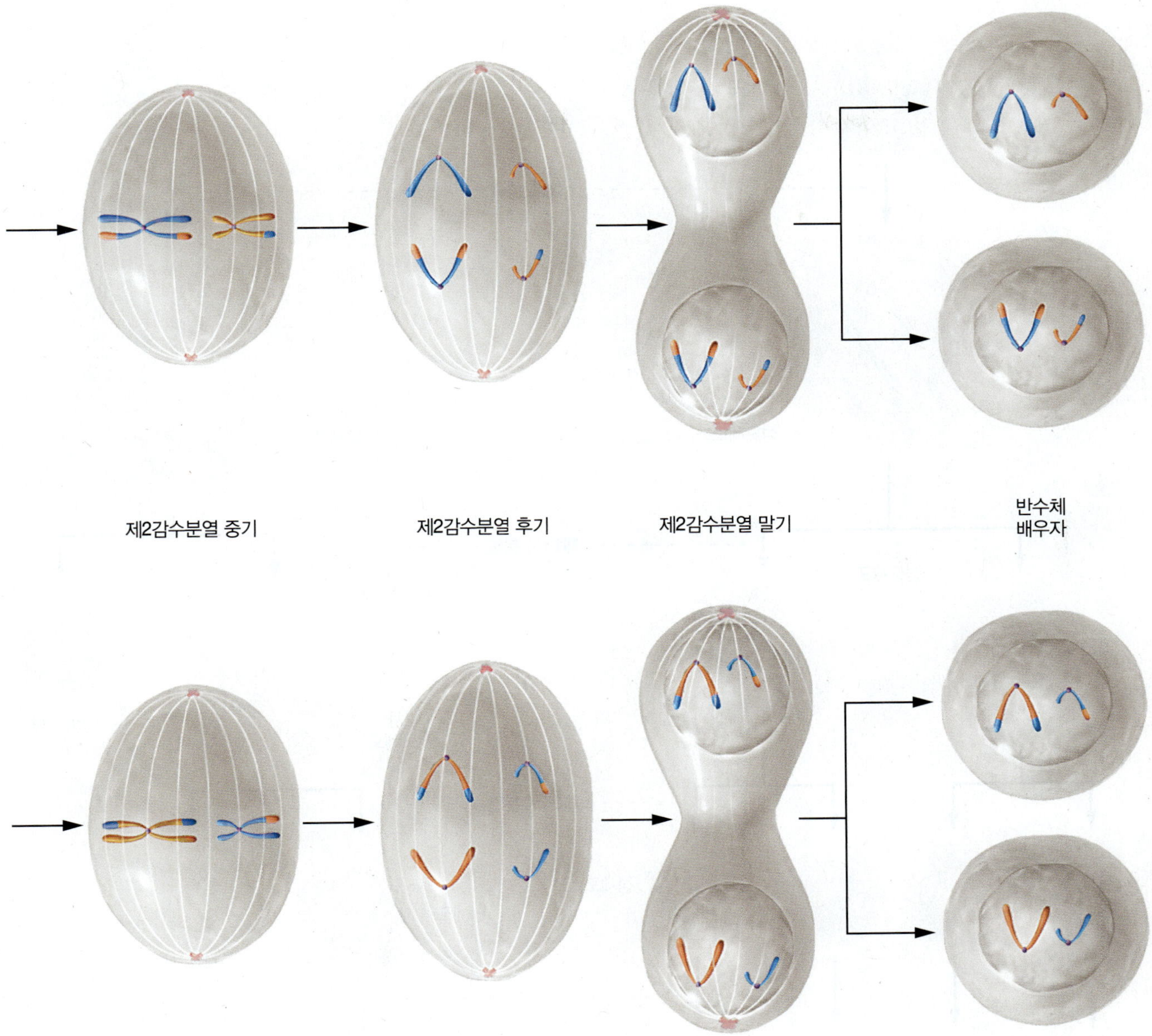

그림 2-11. (계속)

정자형성(spermatogenesis)은 남성 생식기관인 정소에서 일어난다. 이 과정은 **정원세포(spermatogonium)**로 불리는 미분화된 이배체 생식세포가 커지면서 시작된다. 정원세포는 성장하여 **1차 정모세포(primary spermatocyte)**가 되어 첫 번째 감수분열을 한다. 분열 결과 2분염색체의 반수체 수를 갖는 **2차 정모세포(secondary spermatocyte)**가 만들어진다. 2차 정모세포는 두 번째 감수분열을 하여 각각 2개의 **정세포(spermatid)**를 만든다. 정세포는 일련의 발달 변화인 **정자 완성(spermiogenesis)** 과정을 거쳐 고도로 특수화된 운동성의 **정충(spermatozoa)** 또는 **정자(sperm)**가 된다. 정자형성 과정 동안 만들어지는 모든 정자세포는 반수체 수의 염색체와 동일한 양의 세포질을 갖고 있다.

정자형성은 성숙한 수컷 동물에서 연속적으로 또는 주기적으로 일어날 수 있다. 정자형성의 시작은 종의 생식주기에 의해 결정된다. 연중 생식하는 동물은 정자를 계속 만드는 데 반해 생식시기가 특정 계절에 국한되어 있는 동물은 그 시기 동안만 정자를 생산한다.

동물의 **난자형성(oogenesis)**에서 **난(ova**, 단수는 **ovum)** 또는 난자의 형성은 여성 생식기관인 난소에서 일어난다. 감수분열 결과 형성되는 딸세포는 동일한 양의 유전물질을 받지만 동일한 양의 세포질은 받지 않는다. 대신, 각 분열 동안 **난원세포(oogonium)**의 세포질에서 유래한 **1차 난모세포(primary oocyte)**의 거의 모든 세포질은 두 딸세포 중 하나에만 집중된다. 성숙한

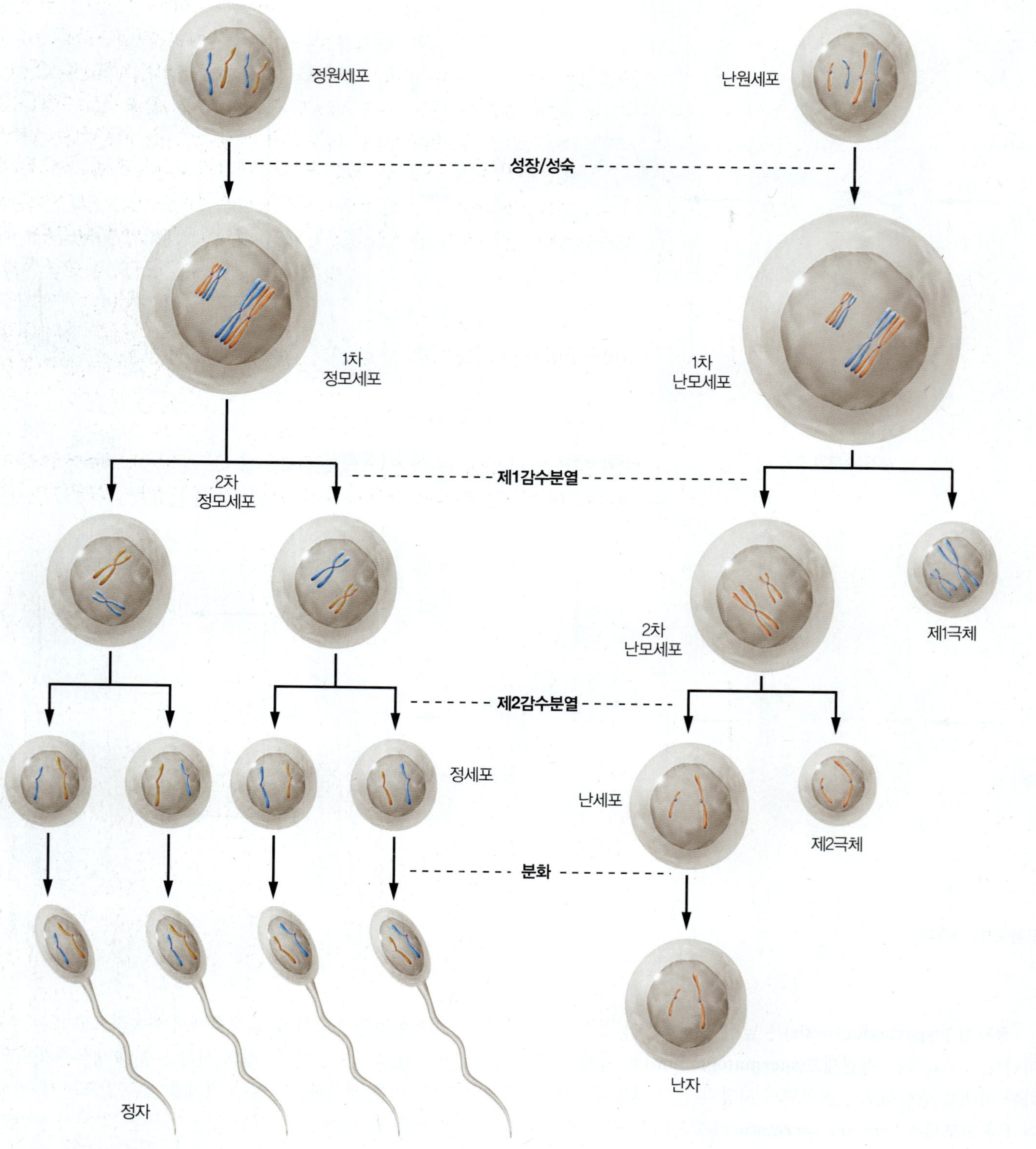

그림 2-12. 동물 세포에서 정자형성과 난자형성.

난자의 주요 기능이 수정 후 발달하는 배에 영양을 공급하는 것이기 때문에 세포질을 한 곳에 집중시키는 것이 필요하다.

난자형성의 제1감수분열 후기 동안, 1차 난모세포의 4분염색체가 분리된 2분염색체는 반대편 극 쪽으로 이동한다. 제1감수분열 말기 동안, 한쪽 극에 있는 2분염색체는 극소량의 세포질에 둘러싸여 **제1극체(first polar body)**를 형성한다. 제1극체는 분열하여 2개의 작은 반수체 세포를 형성할 수도 있고 분열하지 않을 수도 있다. 감수분열 제1분열에 의해 형성된 또 하나의 딸세포는 세포질 대부분을 담고 있으며 **2차 난모세포(secondary oocyte)**로 불린다. 성숙한 난세포는 감수분열 제2분열 동안 2차 난모세포로부터 만들어진다. 이 분열 동안 2차 난모세포의 세포질 역시 불균등하게 나누어져 **난세포(오티드, ootid)**와 **제2극체(second polar body)**를 만든다. 난세포는 분화하여 성숙한 난자가 된다.

정자형성 과정의 분열과 달리, 난자형성 과정의 감수분열은 연속적으로 일어나지 않는다. 어떤 동물종에서 제2분열은 제1분열 직후 일어난다. 인간을 포함한 다른 종에서는, 모든 난모세포의 제1분열이 배(embryo)의 난소에서 시작하지만 제1감수분열 전기에서 멈춘다. 여러 해가 지난 후, 배란되기 직전 각각의 난모세포에서 감수분열이 재개된다. 제2분열은 수정이 된 이후에만 완료된다.

실전문제

2-3 그림 2-12는 동물 세포에서 난자형성 과정을 보여주고 있다. 제2극체(제2감수분열에서 유래함)의 유전형은 난세포의 유전형과 항상 동일한가? 왜 그런가? 또는 왜 그렇지 않은가?

■ **힌트:** 이 문제를 풀기 위해서는 난자형성 과정 동안의 감수분열을 이해해야 한다. 이 문제는 극체에 대해 알고 있는지 물어보고 있다. 해결의 실마리는 제1감수분열 동안 각 상동염색체 쌍 사이에서 교차가 일어났는지를 고려하는 것이다.

2.6 모든 이배체 생물에서 감수분열은 유성생식에 매우 중요하다

감수분열 과정은 모든 이배체 생물체의 성공적인 유성생식에 매우 중요하다. 이는 이배체량의 유전정보가 반수체량으로 줄어드는 기작이다. 동물에서 감수분열은 배우자가 형성되게 하는 데 반해 식물에서는 반수체 포자가 만들어진 다음 반수체 배우자를 형성한다.

각각의 이배체 생물체는 상동염색체 쌍의 형태로 유전정보를 저장한다. 각 쌍은 모계와 부계에서 유래한 염색체 한 개씩으로 이루어진다. 감수분열 이후 반수체 세포는 잠재적으로 모든 상동염색체 쌍의 부계 또는 모계 염색체 중 하나를 담고 있다. 그러나 제1감수분열 중 일어나는 교차 과정은 각 상동염색체 쌍의 부계와 모계 구성원 사이의 대립유전자의 자리를 뒤바꾸고, 각 염색체는 분리되며 독립적으로 배우자 내부로 분류되어 들어간다. 이러한 사건들의 결과 배우자에 엄청난 양의 유전적 다양성이 초래된다.

곰팡이와 식물의 생활사에서 감수분열이 수행하고 있는 중대한 역할을 간략하게 설명하는 것이 중요하다. 많은 곰팡이에서 생활사의 우세한 단계는 반수체 영양 세포로 구성되어 있다. 이들은 감수분열을 통해 만들어지며 체세포분열에 의해 증식한다. 다세포 식물에서 생활사는 이배체 **포자체 상태(sporophyte stage)**와 반수체 **배우자체 상태(gametophyte stage)**가 번갈아 나타난다(그림 2-13). 이러한 '세대 교번' 동안 서로 다른 식물 집단에 따라 어느 한쪽 상태가 우세한데, 감수분열과 수정 과정은 포자체와 배우자체 상태 사이에 '다리'를 놓는다. 그러므로 감수분열은 식물 생활사의 필수 요소이다.

2.7 전자현미경은 체세포분열과 감수분열 염색체의 물리적 구조를 밝혔다

이번 장에서 현재까지 세포분열과 배우자 형성 동안의 염색체 행동을 강조하면서 체세포분열과 감수분열 염색체에 중점을 두고 설명했다. 한 가지 흥미로운 질문은 왜 염색체가 간기 동안에는 보이지 않다가 체세포분열과 감수분열의 여러 단계 동안에는 보이는가이다. 전자현미경을 이용한 연구들은 왜 이런가를 명확하게 보여준다.

간기 동안 핵 내부에는 염색사 섬유가 퍼져 있다는 점을 상기하자[그림 2-14(a)]. 그러나 일단 체세포분열이 시작되면 염색사는 꼬이고 접혀 전형적인 체세포분열 염색체로 응축한다[그림 2-14(b)]. 만약 체세포분열 염색체를 구성하는 섬유가 헐겁게 풀리게 되면 크게 확산된 영역은 간기 염색사에서 보이는 개별 섬유와 유사하다[그림 2-14(c)]. 섬유의 말단은 거의 없을 뿐만 아니라 어떤 경우에는 전혀 보이지 않는다. 대신, 개별 섬유는 항상 안쪽으로 고리를 형성하고 있다. 이 섬유들은 분명히 서로의 주변에서 꼬이고 감겨 체세포분열 염색체의 일반적인 접힘 양상을 보여준다. 체세포분열의 말기 후반부에 시작하여 간기 G1기까지 염색체는 계속 풀려 염색사의 특징인 긴 섬유를 형성하는데, 염색사는 DNA와 이의 결합 단백질인 히스톤(histone)으로 불리는 특별한 단백질로 이루어진다. 이 방식이 DNA가 전사와 복제 동안 가장 효과적으로 기능하는 물리적 배열이다.

중기 염색체의 다양한 꼬임에 대한 전자현미경 관찰을 통해 Ernest DuPraw는 그림 2-14(c)에서 보여주는 **접힌 섬유 모델(folded-fiber model)**을 제시하였다. 중기 동안, 각 염색체는 동원체 영역에서 붙어 있는 두 개의 자매염색분체로 이루어져 있다. 염색분체의 팔 각각은 감긴 실타래 같은 단일 섬유로 보인다. 섬유는 단단하게 꼬인 이중나선 DNA와 단백질로 구성된다. 순차적으로 꼬고-뒤틀고-응축하는 과정이 간기 염색사가 더 많이 응축된 체세포분열 염색체로 변화하기 쉽게 하는 것처럼

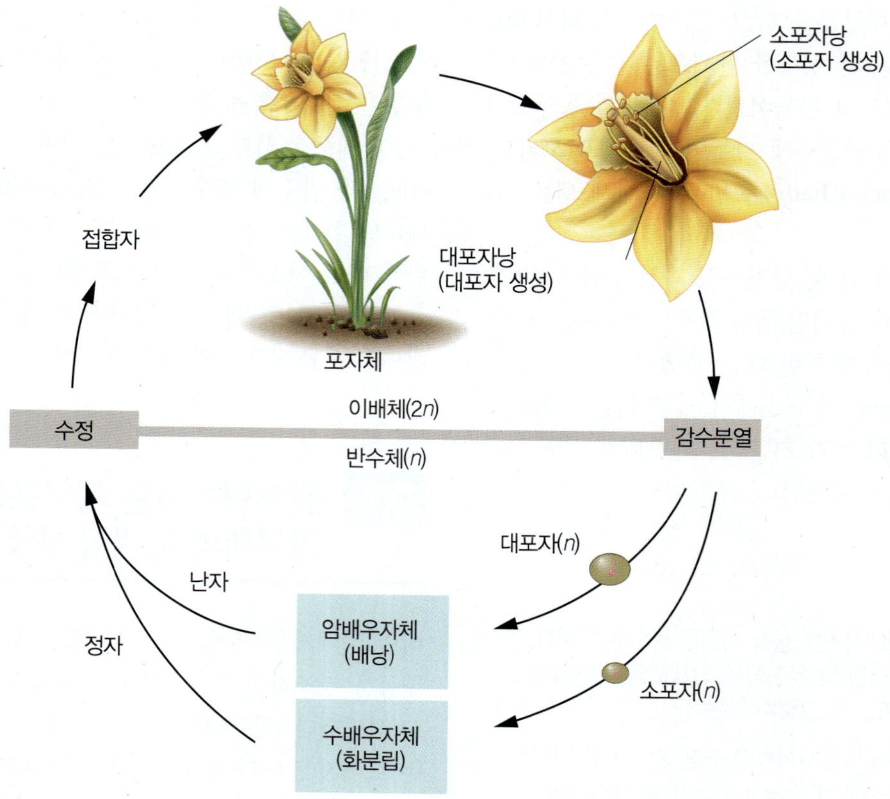

그림 2-13. 다세포 식물에서 이배체 포자체(2n)와 반수체 배우자체(n) 사이의 세대 교번. 감수분열과 수정 과정이 생활사의 두 단계에 다리를 놓아준다. 여기에서 보여주는 것과 같이, 속씨식물(현화식물)에서는 포자체 단계가 우세하다.

보인다. 유전학 연구에 의하면 간기에서 전기로 이행하는 동안 염색사 섬유 내 DNA 길이는 5000배 줄어든다. 모든 진핵생물에서 체세포분열 염색체의 모양이 고도로 정돈되어 있고 일정하다는 점을 보면 이 과정은 극도로 정확해야 한다. 현미경 사진에서 각 염색체를 구성하는 자매염색분체가 명확하게 구분되는 것을 특히 주목하라. 이들은 후기 이전까지 공유하고 있는 공통의 동원체에 의해서만 연결되어 있다. 염색체 구조를 더 자세히 설명할 때(12장 참조) 이 주제로 다시 돌아올 것이다.

그림 2-14. (a) 간기 핵의 특징적인 염색사와 (b) 체세포분열 중 염색사에서 유래한 중기 염색체의 비교. (c) 어떻게 염색사가 응축하여 염색체를 만들어 내는지 보여주는 체세포분열 염색체의 모식도. (a)는 투과전자현미경 사진이며 (b)는 주사전자현미경 사진이다.

유전체학 탐색

PubMed: 생물의학 문헌의 탐색과 검색

PubMed는 미국 국립 의학 도서관(National Library of Medicine)의 국립 생명공학 정보센터(National Center for Biotechnology and Information, NCBI)에서 개발한 인터넷 기반 탐색 시스템이다. PubMed를 사용하면 5600종 이상의 생명의학 학술지에 실린 2300만 건 이상의 문헌에 접속할 수 있다. 많은 학술지의 전체 내용을 대학 도서관을 통해 전자적으로 얻을 수 있으며, 어떤 학술지들(*Proceedings of the National Academy of Sciences USA, Genome Biology, Science* 등)은 일정 기간 동안 문헌에 대한 무료 공공 접속도 제공한다.

이번 연습에서는 튜불린, 인간의 암 그리고 암 치료 사이의 상호 관계에 대한 질문에 답하기 위하여 PubMed를 탐험할 것이다.

■ **연습 1-튜불린, 암, 그리고 체세포분열**

이번 장에서 튜불린과 세포주기 동안 미세소관의 역동적 행동을 소개했다. 암 세포는 연속적이며 조절되지 않는 체세포분열이 특징이다.

튜불린과 미세소관이 암 발달에 관여하는가? 이 중요한 구조들이 암 치료의 목표가 될 수 있는가?

1. 답 찾기를 시작하기 위하여 http://www.ncbi.nlm.nih.gov/pubmed/ 주소의 PubMed 사이트에 접속하시오.
2. 탐색창에 "tubulin cancer"를 치고 탐색을 진행하기 위하여 "search" 버튼을 클릭하시오.
3. 연구 논문 몇 개를 선택하고 초록을 읽으시오.

암과 튜불린의 관련성에 대한 질문에 답하기 위하여 탐색을 몇 개의 논문, 아마도 리뷰 논문에 국한하고자 할 수 있다. 이 경우 페이지 왼쪽에 있는 논문 유형 범주 아래에 있는 "Review" 링크를 클릭하시오.

도서관을 통해 또는 무료로 공공 접속이 가능한 문헌의 일부에 대하여 초록 또는 본문 전체를 탐색하시오. 간략한 보고서를 준비하거나 수업에 참여하는 사람들에게 당신의 경험을 구두로 공유하시오. 탐색 도중 배운 가장 중요한 것들 중 두 가지를 기술하고 검색 도중 만났던 정보원을 확인하시오.

사례 연구 | 시기선택이 가장 중요하다

호지킨병(Hodgkin's disease, 림프종의 일종) 때문에 60일마다 화학요법과 방사선요법 치료를 받는 20대 초반의 한 남자가 있다. 아기를 갖기 위한 시도가 실패한 이후 그는 인공 수정 병원에서 정자 검사를 받은 결과, 복수의 염색체가 불규칙하다는 것을 발견했다. 항암치료를 받은 지 5일 이내에 검사했을 때, 여분의 염색체가 자주 존재하거나 한 개 이상의 염색체가 완전히 결여되어 있었다. 그러나 이러한 불규칙성은 38일째 또는 그 이후에는 관찰되지 않았다.

1. 염색체 불규칙성에 대하여 시간과 관련된 차이를 유전학자는 어떻게 설명할 수 있는가?
2. 정원세포가 화학요법과 방사선요법에 노출된 것이 2차 정모세포가 노출된 것보다 더 큰 문제를 일으킬 수 있다고 생각하는가?
3. 항암치료를 계속 받는 동안 생식력과 관련하여 이 남자에게 해줄 확실한 조언은 무엇인가?

요약

1. 세포 구조는 정교하고 복잡하며, 대부분의 구성원들이 직간접적으로 유전적 과정에 관여한다.
2. 이배체 생물에서 염색체는 상동의 쌍으로 존재하며 이들은 구조, 동원체의 위치와 유전자 좌위가 동일하다. 상동염색체 쌍의 한 구성원은 모계로부터, 다른 하나는 부계로부터 유래한다.
3. 체세포분열과 감수분열은 세포가 염색체 내에 함유하고 있는 유전물질을 정확하고 질서 있게 자손 세포에 분배하는 기작이다.
4. 세포주기의 일부분인 체세포분열은 염색사가 이배체 수의 염색체로 응축하는 개별 단계로 세분된다. 각 염색체는 공통의 동원체에 붙어 있는 동일한 자매염색분체의 쌍으로 이루어진 이중 구조로 처음 나타난다. 체세포분열이 진행됨에 따라 동원체는 나누어지고 자매염색분체는 방추사에 의해 당겨져 떨어지며 세포의 반대편 극 쪽으로 향하게 된다. 그 다음 세포질분열이 일어나 전구 세포 내에 담겨 있는 것과 동일한 유전정보를 갖는 2개의 새로운 세포를 만든다.

5. 감수분열은 이배체 세포를 반수체 배우자 또는 포자로 바꿔 유성생식이 가능하게 한다. 염색체 복제의 결과, 이배체가 되기 위해 두 번의 연속적인 감수분열이 필요하며 각각의 반수체 세포는 상동염색체 쌍 중 하나의 염색체만 받는다.
6. 남성과 여성의 감수분열 간에는 큰 차이가 있다. 정자형성은 세포질을 동등하게 나눠 4개의 반수체 정자 세포를 만든다. 반면, 난자형성은 세포질 대부분을 하나의 난세포에 모으고 다른 반수체 세포를 축소시켜 극체로 만든다. 난자에 있는 여분의 세포질은 수정 이후 접합자 발달에 기여한다.
7. 감수분열의 결과 부계와 모계 염색분체 사이의 교차 동안 염색체 절편의 교환을 통해 그리고 배우자 내로 부계와 모계 염색분체의 무작위적 분리를 통해 대규모의 유전적 다양성이 발생한다. 또한 감수분열은 곰팡이와 식물의 생활주기에서 상호 교차하는 세대 사이의 다리로서 중요한 역할을 한다.
8. 체세포분열 염색체는 간기의 염색사 섬유가 염색분체의 특징적인 형태로 감기고 응축된 결과로 만들어진다.

질문 및 해답

"질문과 해답"은 학생들에게 큰 가치가 있는 특집으로 시작한다. "질문과 해답"은 각 장의 마지막에 나오는 탐구 문제 앞에 나오며, 유전적 분석에서 유용한 접근 방식들을 보여주는 예시 문제와 해답을 제공한다. 예시 문제를 통해 얻게 될 시야는 각 장에서 뒤따르는 문제들을 푸는 능력을 높여줄 것이다.

1. 이배체 수가 $2n = 6$인 한 생물체에서 (a) 체세포분열, (b) 제1감수분열, (c) 제2감수분열 동안 얼마나 많은 염색체 구조들이 중기판에 정렬할 것인가? 각 배열을 설명하시오.

해답: (a) 체세포분열에서 상동염색체는 시냅스를 형성하지 않아 6개의 이중 구조가 존재할 것이며, 각각은 자매염색분체 쌍을 구성한다. 다른 말로 염색체 구조의 수는 이배체 수와 같다.

(b) 제1감수분열에서 상동염색체들은 시냅스를 형성하여 염색체 구조의 수는 3으로 줄어든다. 각각은 4분염색체로 불리며 두 쌍의 자매염색분체로 구성된다.

(c) 제2감수분열에서, 같은 수(3)의 염색체 구조가 존재하지만, 이 경우 이들은 2분염색체로 불린다. 각각의 2분염색체는 자매염색분체의 쌍이다. 교차가 일어날 때, 각 염색분체는 제1감수분열 전기에서 교환을 통해 얻은 그들의 비자매염색분체의 일부를 가질 수 있다.

2. 교차를 무시할 때, 그림 2-11에서 보여주고 있는 염색체에 대하여 중기 동안 일어날 수 있는 모든 가능한 배열을 그리시오.

해답: 아래 그림에서 보여주는 것처럼, $n = 2$일 때 4가지 배열이 가능하다.

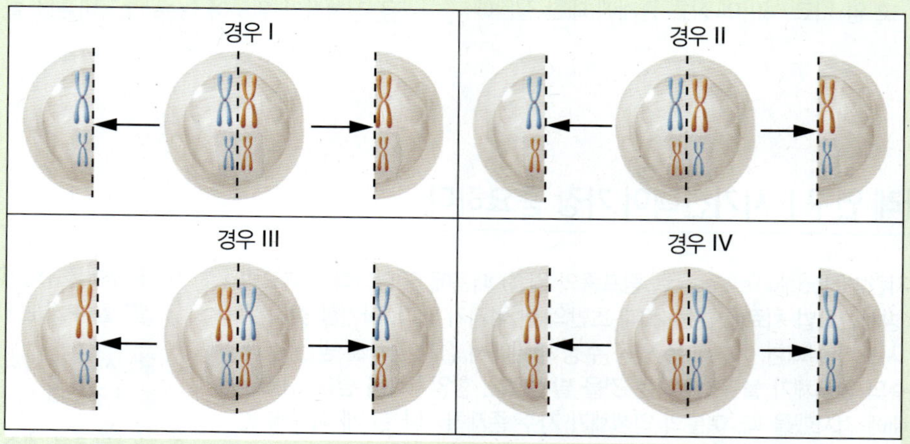

2번 문제의 해답

3. 2번 문제의 염색체에서 큰 염색체 각각은 한 유전자의 서로 다른 대립유전자인 A 또는 a를, 작은 염색체는 두 번째 유전자의 서로 다른 대립유전자인 B 또는 b를 가지고 있다고 가정하자. 제1감수분열 이후 각각의 대립유전자 조합(AB, Ab, aB, ab)이 만들어질 확률을 계산하시오.

해답: 아래 그림에서 보여주는 것과 같다:

경우 I	*AB*와 *ab*
경우 II	*Ab*와 *aB*
경우 III	*aB*와 *Ab*
경우 IV	*ab*와 *AB*

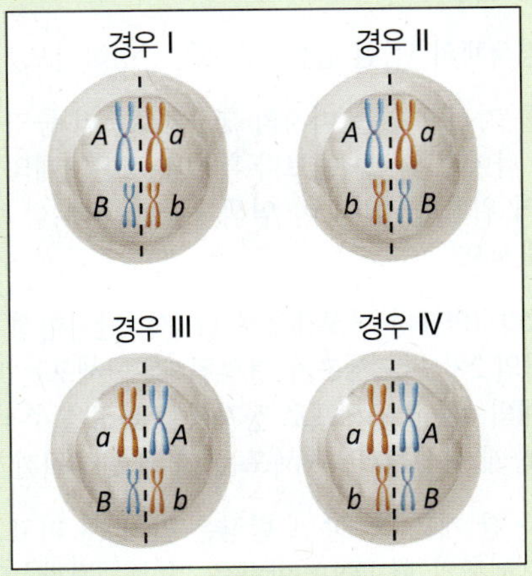

3번 문제의 해답

전체: $AB = 2\ (p = 1/4)$
$Ab = 2\ (p = 1/4)$
$aB = 2\ (p = 1/4)$
$ab = 2\ (p = 1/4)$

4. 세 쌍의 서로 다른 염색체가 있다면($n = 3$), 제1감수분열 이후 서로 다른 염색체 배열은 몇 개 나타날 수 있을까?

해답: 만약 $n = 3$이면, 8개의 서로 다른 배열이 가능하다. 가능한 배열 양상의 수는 2^n으로 나타낼 수 있으며, n은 반수체 수와 같다. 다음 장에서 보게 되는 것처럼, 이러한 양상은 멘델의 **분리**(segregation) 법칙을 따라 만들어지며, 이는 또 다른 멘델 법칙인 **독립 유전**(independent assortment)의 물리적 기초 역할을 한다.

5. 교차가 일어나지 않았다고 가정하고, 제1감수분열 전기 동안 감수분열 4분염색체의 구성에 대하여 설명하시오. 교차가 한 번 일어났다면 4분염색체 구조에 어떤 영향을 줄까?

해답: 4분염색체는 두 쌍으로 된 4개의 염색분체를 가지고 있다. 각 쌍의 구성원들은 자매염색분체이다. 이들은 공통의 동원체에 부착되어 있다. 한 쌍의 구성원은 모계로부터, 다른 쌍의 구성원들은 부계로부터 온 것이다. 부계와 모계에서 온 구성원들은 비자매염색분체다. 한 번의 교차 사건은 부계와 모계 염색분체의 일부분을 교환하는 키아즈마를 만들어 4분염색체의 두 염색분체가 물리적으로 겹치게 한다. 이러한 교환 과정을 교차라고 한다.

탐구 문제

어떻게 알았을까?

1. 이번 장에서는 분열하는 체세포(체세포분열)와 배우자 또는 포자형성 세포(감수분열)에서 세포분열 동안 염색체가 어떻게 분배되는지에 초점을 맞췄다. 또한 이러한 정보를 얻을 수 있게 한 방법들과 추론을 논할 기회도 많이 가졌다. 이번 장에서 배운 내용을 바탕으로 다음 질문에 답하시오.
   (a) 염색체가 상동의 쌍으로 존재한다는 것을 어떻게 알 수 있을까?
   (b) DNA 복제가 체세포분열 초기가 아니라 간기 동안 일어난다는 것을 어떻게 알 수 있을까?
   (c) 체세포분열 염색체가 염색사에서 유래한다는 것을 어떻게 알 수 있을까?

개념확인 문제

2. 16쪽의 핵심 개념을 검토하시오. 모든 내용이 체세포분열 또는 감수분열과 관련된 개념적 주제와 관련이 있다. 이 개념들을 바탕으로, 체세포분열과 감수분열을 비교하는 짧은 에세이를 쓰시오. 주요 내용에 생물체에서 각각의 역할, 분열 기작, 각 과정이 정확하게 실행되지 않았을 때의 결과 등을 포함하시오.

3. 다음의 세포 구성원들이 유전정보의 저장, 발현, 또는 전달에서 수행하는 역할은 무엇인가?
   (a) 염색사, (b) 핵인, (c) 리보솜, (d) 미토콘드리아, (e) 중심립, (f) 중심체.

4. 상동염색체, 이배체, 반수체의 개념을 설명하시오. 두 개의 상동염색체가 공유하는 특성은 무엇인가?

5. 한 종에서 두 개의 염색체가 길이가 같고 동원체 위치가 비슷하지만 상동염색체는 아니라면 이들 간의 차이는 무엇인가?

6. 체세포분열 각 단계의 특징적인 현상에 관해 설명하시오.

7. 동원체 위치에 근거할 때 염색체 이름은 어떻게 붙여지는가?

8. 식물과 동물의 체세포분열에서 말기를 비교하시오.

9. 세포주기의 단계와 각 단계의 특징을 설명하시오.

10. 다음 용어를 정의하고 설명하시오. (a) 시냅시스, (b) 2가, (c) 키아즈마타, (d) 교차, (e) 염색소립, (f) 자매염색분체, (g) 4분염색체, (h) 2분염색체, (i) 1가염색체.

11. 제1감수분열 전기에 처음 나타나는 자매염색분체와 비자매염색분체의 유전 함량과 기원을 비교하시오. 제1감수분열 중기 동안 4분염색체가 적도판에 정렬할 때 유전 함량은 어떻게 변화할까?

12. 두 유형의 세포분열의 최종 결과를 고려할 때, 상동염색체는 왜 체세포분열 중에는 쌍을 이루지 않고 감수분열 중에는 쌍을 이루는가?

13. 정자형성과 난자형성을 비교하시오. 극체 형성은 왜 중요한가?

14. 왜 감수분열은 중요한 유전적 변화를 일으키지만 체세포분열은 그렇지 않은지 설명하시오.

15. 한 이배체 세포가 C1과 C2, M1과 M2, 그리고 S1과 S2로 지정된 세 쌍의 상동염색체를 가지고 있다. 교차는 일어나지 않는다. 다음의 세포에서 가능한 염색체 조합은 무엇인가?
(a) 체세포분열로 생긴 딸세포
(b) 첫 번째 감수분열 중기의 세포
(c) 감수분열이 모두 끝난 반수체 세포

16. 위 문제에서 네 번째 염색체 쌍(W1과 W2)이 추가될 때 감수분열에 의해 만들어질 수 있는 서로 다른 반수체 세포의 수는 몇 개인가?

17. 반수체 수가 6인 한 동물의 난자형성 과정 중 한 2분염색체가 제2감수분열 동안 분리되지 않았다. 제2감수분열 분열이 뒤따라 일어나 이 2분염색체는 난자 안으로 온전히 들어갔다. (a) 성숙한 난자와 (b) 제2극체에는 각각 얼마나 많은 염색체가 존재하는가? (c) 정상 정자로 수정되면 어떤 염색체 조건이 만들어지는가?

18. 반수체 수가 10인 한 생물에서 모든 동원체가 모계 염색체로부터 유래한 10개의 염색체를 갖고 있는 정자가 형성될 확률은 얼마인가?

19. 제1감수분열 전기 동안, (a) 교차는 언제 일어나는가? (b) 시냅스는 언제 일어나는가? (c) 염색체는 어느 시기에 가장 느슨하게 응축되어 있는가? (d) 언제 키아즈마가 처음 보이는가?

20. 관속 식물의 생활사에서 감수분열의 역할을 설명하시오.

21. 염색사 섬유와 체세포분열 염색체를 비교하시오. 두 구조는 어떻게 관련되어 있는가?

22. 체세포분열 염색체의 "접힌 섬유" 모델을 설명하시오.

23. 12개 염색체를 가지고 있는 미지의 생물체로부터 중기 염색체를 관찰하고 있다. 나머지 염색체들보다 확실히 작은 2개의 염색체가 길이와 동원체의 위치가 같다. 이 염색체들에 대해 할 수 있는 모든 것들을 설명하시오.

24. 한 동물에서 50개의 1차 난모세포로 다양한 난자형성 과정을 추적한다면, 몇 개의 2차 난모세포가 형성될까? 난세포는 몇 개 형성될까? 만약 50개의 1차 정모세포로 정자형성 과정을 추적한다면, 2차 정모세포는 몇 개 형성될까? 정세포는 몇 개 형성될까?

25. 초파리의 정자 한 개의 핵 DNA 함량은 약 0.18 피코그램이다. 초파리 1차 정모세포의 핵 DNA 함량은 얼마나 될까? G1기 체세포(비생식세포)의 핵 DNA 함량은 얼마로 예측되는가? 중기 체세포의 핵 DNA 함량은 얼마로 예측되는가?

응용 문제

이번 장 및 각 장에서 탐구 문제의 일부로서 몇 개의 "응용" 유전학 문제를 제시한다. 특별히 도전적인 문제를 찾아내기 위하여 이 부분을 별도로 마련했다. 여러분은 유전적 실험을 고안하거나 협동 학습을 수행하기 위하여 실제 자료를 조사하고 이용해야 할 수도 있다. 어떤 문제들은 고추의 유전적 변종과 같이 약간 매콤할 수도 있고 어떤 것들은 몹시 매울 수도 있다. 이 문제들이 제시하는 도전을 즐기기 바란다.

26~31번 문제. *AA*, *BB*, *CC*로 표기되는 염색체 쌍을 갖고 있는 이배체 세포가 있다. 각 염색체 쌍은 모계와 부계 구성원(예를 들어, A^m과 A^p)을 갖는다. 이 표기법을 이용하여, 체세포분열과 감수분열에 대한 염색분체의 조합을 그리시오. 복제 또는 시냅스의 결과 염색분체가 언제 쌍을 이루는지 꼭 나타내시오. 이 프로젝트를 위해 큰 갈색 포장지나 잘라 펼친 쇼핑백을 사용할 수도 있고 다른 학생들과 협력할 수도 있다. 문제를 풀기 위해 필요한 기술을 발전시키는 효과적인 방법으로서 협동 학습을 권장한다.

26. 체세포분열에서 어떤 염색분체 조합이 나타날 것인가? 후기가 완료됐을 때 어떤 염색분체 조합이 각각의 극에서 어떻게 나타날 것인가?

27. 교차는 없다고 가정하고, 제1감수분열 동안 전기가 끝났을 때 어떤 염색분체 조합이 나타날 것인가? 후기 초반에 염색체 이동이 시작될 때 모든 가능한 염색분체의 배열을 그리시오.

28. 27번 문제에서 그린 것 이외의 제2감수분열 전기 동안 가능한 염색분체의 조합이 있는가? 만약 그렇다면 그것들을 그리시오.

29. 제2감수분열 후기 초반에 염색분체의 모든 가능한 조합을 그리시오.

30. 제1감수분열 중기에 *C* 염색체가 분리되지 않았고, 제2감수분열 동안 2분염색체(1가염색체 대신)로 분리되었다고 가정하자. 제1감수분열과 제2감수분열의 후기 동안의 염색체 배열은 어떻게 변화하는지 그리시오.

31. 30번 문제에서 만들어진 배우자가 수정을 통해 정상 반수체의 배우자와 융합했다고 가정하자. 어떤 조합이 가능할 것인가? 각 염색체 쌍에 대하여 부계와 모계 각각 하나씩의 구성원을 갖고 있는 이배체 접합자는 몇 퍼센트일까?

32. 곡류인 호밀(*Secale cereale*)의 염색체 수는 14이며 캐나다 야생 호밀(*Elymus canadensis*)의 염색체 수는 28이다. *Secale*과 *Elymus*의 교배에 의해 불임 잡종이 만들어질 수 있다.
(a) 잡종의 체세포 염색체 수는 몇 개로 예상되는가?
(b) 불임 잡종의 제1감수분열에서 어떤 염색체도 쌍을 이루지 못했음을 고려했을 때(Hang and Franckowlak, 1984), 이 염색체들의 제1감수분열 후기에서의 분리 양상을 추정하시오.

33. 인간의 체외 수정에 사용할 수 있는 잠재적 2차 난모세포의 염색체

균형을 평가하는데 적용되어 온 흥미로운 방법이 있다. 형광제자리 혼성화(FISH) 방법을 이용하여 Kuliev와 Verlinsky(2004)는 제1극체에서 개별 염색체를 찾아내 "자매" 난모세포의 염색체 구성을 추론할 수 있었다. 만약 관찰하고 있는 제1극체가 각 염색체(2분염색체)를 한 카피씩 가지고 있고 21번 염색체는 두 개의 2분염색체를 가지고 있다고 가정하자. 2차 난모세포에서 21번 염색체 수는 몇 개로 예상되는가? 만약 2차 난모세포가 수정된다면 이로부터 만들어지는 접합자는 어떤 결과를 얻게 될 것인가?

34. 제1극체를 조사하고 있는데 다른 염색체 각각은 한 카피(2분염색체)를 가지고 있지만 21번 염색체는 전혀 볼 수 없다고 가정하자. 2차 난모세포에서 21번 염색체 수는 몇 개로 예상되는가? 만약 2차 난모세포가 수정된다면 이로부터 만들어지는 접합자는 어떤 결과를 얻게 될 것인가?

35. Kuliev와 Verlinsky(2004)는 제1감수분열에서 상대적으로 높은 분리 오류가 있다고 말한다. 이 경우 동원체의 미성숙 분열이 제2감수분열보다 제1감수분열에서 발생한다. 제1극체에서 단일 염색분체(1가염색체)인 21번 염색체를 관찰했다면 2차 난모세포에서 21번 염색체 수는 몇 개로 예상되는가? 이 2차 난모세포가 수정에 참여한다면 예상되는 결과는 무엇인가?

멘델은 1866년 완두를 이용한 실험을 통해 전달유전학의 핵심 법칙을 주창하였다.

3 멘델 유전학

핵심 개념

- 유전은 유전자라고 부르는 독립적 인자에 저장된 정보에 의해 결정된다.
- 유전자는 염색체라고 부르는 매개체를 통해 세대에서 세대로 전달된다.
- 이배체 생물에서 쌍으로 존재하는 염색체가 양친 유전의 기초를 제공한다.
- 배우자가 생성되는 동안 염색체는 그레고리 멘델(Gregor Mendel)이 최초로 제안한 법칙에 따라 분리된다. 이 법칙들은 19세기 멘델이 완두콩을 이용해서 얻은 연구 결과에 근거하고 있다.
- 멘델의 법칙들은 배우자가 생성되는 동안 상동염색체들이 서로 분리되고, 각 상동염색체의 분리는 다른 상동염색체의 분리와 독립적이라고 규정하고 있다.
- 확률로 표시되는 유전 비율은 기회편차가 있으며 통계학적으로 평가할 수 있다.
- 가계도 분석을 통해 사람 형질의 유전적 특성을 예측할 수 있다.

생물체의 유전은 수천 년 전부터 인지해오고 있었지만, 유전현상을 설명하는 최초의 과학적인 접근은 약 150년 전에 이루어졌다. 1866년 멘델은 유전의 근본적인 원리에 기초를 제공하는 일련의 실험 결과들을 논문으로 발표하였다. 이러한 멘델의 연구결과는 20세기 말까지는 인정받지 못했지만, 결국 독립적인 유전단위로서 유전자의 개념이 확립되었다. 그 이후로 염색체의 일부로서 유전자가 세대를 통해 전달되는 방법을 설명할 수 있게 되었다. 20세기에 시작된 유전학 연구는 오늘날까지도 활발히 진행되고 있다. 실제로 유전학은 1900년대 초부터 분자수준에서 유전학 연구를 수행하는 현재까지 생물학의 최첨단 연구분야로 남아 있다.

멘델이 정원식물인 완두(*Pisum sativum*)를 이용하여 유전연구를 시작할 당시에는 염색체와 감수분열의 기전에 대한 지식은 전혀 없었다. 그럼에도 불구하고 멘델은 독립적인 **유전단위**(units of inheritance)가 존재한다고 하였고 배우자가 생성되는 동안 유전단위의 행동을 예측하였다. 후세 연구자들은 세포학적 관찰을 통해 감수분열 동안 염색체의 행동과 멘델의 유전 법칙을 연관시킬 수 있게 되었다. 이들간의 관련성이 인정을 받게 됨으로써, 멘델의 법칙은 부모에서 자손으로 유전자가 전달되는 방식을 연구하는 학문, 즉 **전달유전학(transmission genetics)**의 기본 법칙으로 확립되었다. 이 법칙들은 멘델이 수행한 실험에서 직접 도출되었다.

3.1 멘델은 유전양상을 연구하기 위하여 모델 실험적 접근법을 이용하였다

멘델은 1822년 중앙유럽에 위치한 Heinzendorf라는 시골에서 소작농의 아들로 태어났다. 그는 고등학교를 우수한 성적으로 졸업한 후 수년 동안 철학을 공부하였다. 1843년 Gregor라는 세례명을 받은 후 현재는 체코공화국에 속해 있는 브르노의 토마스성 아우그스틴(St. Thomas) 수도원에 부임하였다. 그는 1849년에 안식년을 받은 후 1951년부터 1953년까지 비엔나 대학에서 물리학과 식물학을 수학하였다. 멘델은 1954년에 브르노로 돌아온 이후부터 16년여 동안 물리학과 자연과학을 가르쳤다. 멘델은 평생 동안 수도원의 전폭적인 지원을 받으면서 교육과 연구를 수행하였다.

1856년 멘델은 정원 콩인 완두를 이용한 첫 번째 교배실험으로 연구자로서의 첫 걸음을 내디뎠다. 그는 1868년 대수도원장으로 임명될 때까지 연구를 계속하였다. 이후 멘델은 유전학에 대한 관심은 식지 않았지만, 대수도원장으로의 직무 수행에 더 많은 시간을 보내야 했다. 1884년 멘델은 신장병으로 사망하였다. 그 당시 지방신문은 다음과 같이 멘델의 죽음을 애도하였다.

> "그의 죽음은 가난으로부터 한 후원자를, 인류로부터 고귀한 성품을 가진 한 사람을 빼어갔고, 우리는 따뜻한 친구이자, 자연과학의 선구자, 성실한 성직자를 잃게 되었다."

멘델은 1865년 특정 완두계통 간의 단순 유전교배 실험 결과를 최초로 학회에 보고하였다. 다른 연구자들 또한 유전에 관한 실험적 증거를 제시하는 실험들을 시도하였지만 성공하지는 못했다. 멘델이 교배실험에 성공한 이유는 적어도 부분적으로는 섬세한 실험계획과 분석법을 사용했기 때문이었다.

멘델은 실험 생물학에 필요한 방법론에 대한 탁월한 통찰력을 지니고 있었다. 첫째, 그는 쉽게 키울 수 있고 인위적으로 교배할 수 있는 생물체를 선택하였다. 완두식물은 자연적으로는 자가교배하지만 실험적으로도 쉽게 교잡할 수 있다. 그리고 교배된 식물은 잘 생식하며 한 계절 내에 파종할 수 있다. 멘델은 7가지의 식별되는 특징을 추적하였다(우리는 이를 특성 혹

특성	대립형질		F₁ 결과	F₂ 결과	F₂ 결과
종자 모양	둥근/주름진		모두 둥근	5474 둥근 1850 주름진	2.96:1
종자 색	노란색/녹색		모두 노란색	6022 노란색 2001 녹색	3.01:1
꼬투리 모양	통통한/잘록한		모두 통통한	882 통통한 299 잘록한	2.95:1
꼬투리 색	녹색/노란색		모두 녹색	428 녹색 152 노란색	2.82:1
꽃색	자주색/흰색		모두 자주색	705 자주색 224 흰색	3.15:1
꽃위치	축생/정생		모두 축생	651 축생 207 정생	3.14:1
줄기 크기	큰/작은		모두 큰 키	787 큰 키 277 작은 키	2.84:1

그림 3-1. 7 종류의 대립형질과 완두를 이용한 멘델의 7종류 단성교배 실험 결과. 각 실험에서 한 형질을 가진 식물의 꽃가루와 다른 형질을 가진 식물의 난자를 수정하였다. 제1세대(F_1)에서 모든 식물은 두 형질 중 한 형질만 관찰되었다. 대립형질은 제2세대(F_2) 식물의 1/4에서 다시 출현하였다.

은 특징이라 부른다). 각 특징은 두 가지 대조적인 형태, 즉 **형질(traits)**로 발현된다(그림 3-1). 예를 들면, 줄기 길이 특징에는 큰 키와 작은 키 형질로 실험하였다. 그리고 그는 종자 모양과 색, 깍지 모양과 색, 꽃의 색과 위치 등 6종류의 식별 가능한 형질 쌍을 선택하였다. 멘델은 종자 상인들로부터 순계 식물을 얻었는데, 자가수분을 하는 경우 순계에서 각 형질은 세대를 통해 변함이 없이 유지되었다. 멘델의 성공에는 물론 다른 요인들도 있다. 적합한 생물체를 선택한 이외에도, 멘델은 각 실험마다 한 종류 혹은 몇 종류의 형질에 한정하여 면밀히 관찰하였다. 또한 그는 유전실험에 필수적인 요소인 정확한 양적 실험 기록을 관리하였다. 멘델은 이러한 실험 결과를 분석하여 전달유전학의 원리가 되는 법칙을 발견하였다.

멘델의 실험 결과는 그가 죽은 후, 20세기에 접어들 때까지 인정을 받지 못했다. 그렇지만 염색체의 기능과 행동을 연구하던 유전학자들에 의해 멘델의 논문이 재발견된 이후에, 염색체와 멘델의 법칙이 밀접하게 관련된다는 것이 명백히 드러나게 되었다. 멘델은 유전형질의 전달에 대한 기본법칙을 발견하였다.

3.2 단성잡종 교배는 한 형질이 세대에서 세대로 어떻게 전달되는지를 알려준다

멘델이 수행한 가장 단순한 교배는 한 쌍의 대립형질만을 포함하고 있는데, 이를 **단성잡종 교배(monohybrid cross)**라 한다. 단성잡종 교배에서는 조사되는 대립형질 중 한쪽 형질만을 발현하는 두 양친 계통에서 유래한 순계식물끼리 교배한다. 처음에는 이 교배로 생성된 제1세대 자손들을 조사하고, 이어서 제1세대 자손들을 **자가교배(selfing)**하여 생성된 자손들을 조사한다. 원래 부모를 **P_1 혹은 부모세대(parental generation)**, 이들로부터 생성된 자손들을 **F_1 혹은 제1세대(first filial generation)**, 제1세대 자손들끼리 자가교배로 생성된 자손들은 **F_2 혹은 제2세대(second filial generation)**라 한다.

멘델의 대표적인 단성잡종 교배는 큰 키 식물과 작은 키 식물 간의 교배이다. **큰 키(tall)**와 **작은 키(dwarf)**는 줄기 길이 형질에 대한 대립형질이다. 큰 키 식물 혹은 작은 키 식물들을 서로 교배하거나 다른 계통과 교배시키지 않는 한, 이들은 자가 교배로 생성된 순계식물로서 세대를 통해 형질들이 변함없이 유지된다. 그렇지만 멘델이 큰 키 식물과 작은 키 식물을 교배했을 때, F_1 자손들 모두 큰 키 식물만 생성되었다. 멘델은 F_1 세대의 개체들끼리 교배했을 때, 1064개체 중 787개체는 큰 키 식물이고, 277개체는 작은 키 식물임을 관찰하였다. 이 교배(그림 3-1)에서 작은 키 형질은 F_1 세대에서는 사라졌다가 F_2 세대에서 다시 출현함에 주목하자.

유전적 자료는 보통 비율로 표시하고 분석한다. 이 예에서 여러 번의 동일한 P_1 교배를 수행하여 얻은 대부분 F_1 식물들은 큰 키 식물이었다. 주목한 바와 같이, 1064개의 F_2 자손 중 787개체는 큰 키 식물이고 277개체는 작은 키 식물이었다. 이 비율은 2.8:1 혹은 대략 3:1에 해당한다.

멘델은 완두의 다른 대립형질 쌍에 대해서도 비슷한 실험을 수행하였다. 이 결과들은 그림 3-1에 나타내었다. 모든 교배에서 얻은 결과는 앞서 설명한 큰 키/작은 키 식물 간의 교배와 유사하였다. 조사된 모든 형질에서 F_1 자손 모두는 양친 중 한쪽 형질만을 발현하였다. 그러나 F_2 자손들은 거의 3:1의 비율로 나타났다. 즉, 3/4은 F_1 식물과 표현형이 같았고, 1/4은 F_1에서 사라졌던 형질을 가진 식물들이었다.

멘델의 단성잡종 교배에서 한 가지 더 주목할 것이 있다. 모든 교배에서 F_1과 F_2 자손들의 유전양상은 P_1 식물의 꽃가루(정자)를 제공하든 난자를 제공하든지에 관계없이 유사하였다. 이러한 교배는 큰 키 식물의 꽃가루를 작은 키 식물에 수분시키거나 이와 반대로 수행할 수 있는데, 이를 **역교배(reciprocal crosses)**라 한다. 그러므로 멘델의 단성잡종 교배는 성과 연관되지 않는다는 것을 말해준다.

멘델은 그의 실험 결과들을 설명하기 위하여 각 형질에 대한 특정 단위요소가 존재한다고 제안하였다. 멘델은 이 요소들이 유전의 기본단위로 작용하여 세대에서 세대로 변함없이 전달되며, 각 개체에서 발현되는 여러 형질들을 결정한다고 제안하였다. 멘델은 이러한 일반적인 생각을 가지고, 이 요소들이 단성잡종 교배 결과들을 정확히 설명하는 가설들을 세워나갔다.

멘델의 처음 세운 3가지 법칙

멘델은 단성잡종 교배에서 얻은 일률적인 결과를 바탕으로 다음과 같은 유전의 3가지 가정 혹은 법칙을 도출하였다.

1. 쌍으로 존재하는 단위요소

유전형질은 개체에서 쌍으로 존재하는 단위요소에 의해 결정된다.

큰 줄기와 작은 줄기를 포함한 단성잡종 교배에서 각 형질을 지배하는 특정한 **단위요소(unit factor)**가 있다. 각 이배체 개체는 양쪽 양친으로부터 한쪽씩 물려받는다. 요소들이 쌍으로 존재하기 때문에 3가지 조합이 가능하다: 큰 줄기 요소 2개를 가진 경우, 작은 줄기 요소 2개를 가진 경우, 각 요소를 하나씩 가진 경우. 각 개체는 줄기 길이를 결정하는 3가지 단위요소 조합 중 한 종류를 가지게 된다.

2. 우성/열성

한 개체에서 특정 형질을 결정하는 2종류의 단위요소가 있을 때, 한 단위요소는 다른 단위요소에 대해 우성이고 다른 단위요소는 열성이다.

각 단성잡종 교배에서 F_1 세대에서 발현된 형질은 우성 단위요소에 의해 조절되고 발현되지 않는 형질은 열성 단위요소에 의해 조절된다. 우성과 열성이란 용어는 형질을 표시하는데도 사용된다. 위의 예에서 큰 키는 작은 키에 대해 우성이다.

3. 분리

배우자가 형성되는 동안, 단위요소 쌍들은 분리된다. 이때 각 배우자는 두 단위요소를 동등한 확률로 물려받는다.

개체가 동일한 단위요소 쌍(예: 2개의 큰 키 단위요소)을 가지고 있다면, 모든 배우자들은 한 종류의 단위요소만을 물려받게 된다(이 예에서 큰 키). 개체가 서로 다른 요소(예: 큰 키와 작은 키 단위요소 하나씩)를 가지고 있다면, 각 배우자들은 큰 키 혹은 작은 키 단위요소를 양쪽 다 50% 확률로 물려받는다.

멘델은 위의 법칙을 사용하여 단성잡종 교배실험 결과를 적절하게 설명할 수 있었다. 큰 키와 작은 키 식물의 교배를 사용하여 예시를 들어보자. 멘델은 P_1 큰 키 식물과 작은 키 식물들은 모두 동일한 단위요소를 가진다고 추론하였다. 큰 키 식물의 배우자들은 분리의 결과로 모두 큰 키 단위요소만을 물려받는다. 마찬가지로 작은 키 식물의 배우자들은 모두 작은 키 단위요소만을 물려받는다. 수정이 되고 나면, 모든 F_1 식물은 각 양친으로부터 한 종류의 단위요소씩을 물려받는다—한쪽 양친으로부터 큰 키 요소를 다른 양친으로부터 작은 키 요소를 물려받아 쌍을 형성하게 된다. 그러나 큰 키는 작은 키에 대해 우성이기 때문에 모든 F_1 식물들은 큰 키 식물이다.

F_1 식물들이 배우자를 형성할 때, 분리의 원칙에 따라 각 배우자들은 큰 키 요소 혹은 작은 키 요소를 무작위적으로 물려받는다. F_1 식물 간의 자가교배로 무작위적 수정이 일어나면, 4종류의 F_2 조합이 동등한 확률로 생성된다.

1. 큰 키/큰 키
2. 큰 키/ 작은 키
3. 작은 키/ 큰 키
4. 작은 키/작은 키

조합 (1)과 (4)는 각각 분명히 큰 키 식물과 작은 키 식물을 생성할 것이다. 우성/열성의 원칙에 따라 조합 (2)와 (3)은 모두 큰 키 식물이 될 것이다. 따라서 F_2에서 3/4은 큰 키 식물, 1/4은 작은 키 식물, 즉 3:1 비율이 예측된다. 이는 멘델의 단성잡종 교배에서 관찰한 비율과 정확히 일치한다. 다른 단성잡종 교배에서도 비슷한 결과들이 관찰되었다(그림 3-1).

현대 유전학 용어

단성 잡종교배와 멘델이 처음 세운 3가지 법칙을 분석하기 위하여 우선 새로 등장하는 용어와 단위요소에 대한 부호 관례를 소개한다. 큰 키와 작은 키와 같은 형질은 단위요소에 포함된 정보가 형태적으로 발현된 것이다. 형질의 형태적인 발현을 **표현형(pheynotype)**이라 한다, 멘델의 단위요소를 현대 유전학자들은 **유전자(gene)**라고 부른다. 식물의 키와 같은 특정 형질에 대한 표현형은 단일 유전자의 다른 형태들, 즉 **대립유전자(alleles)**에 의해 결정된다. 예를 들어, 큰 키와 작은 키를 발현하는 단위요소들은 완두의 키를 결정하는 대립유전자들이다.

유전학자들은 유전자를 표기하기 위해 여러 가지 부호 체계를 사용한다. 4장에서 이러한 관례를 보게 될 것이다, 그러나 여기에서는 이 단원에서 계속적으로 사용되는 부호에 한정한다. 이 관례에 따라 열성형질의 첫 문자는 의심되는 특성을 표시한다. 소문자 이탤릭체는 열성형질의 대립유전자를 나타내고 대문자 이탤릭체는 우성 형질의 대립유전자를 나타낸다. 따라서 멘델의 완두 식물에서, 작은 키(dwarf) 대립유전자는 *d* 로 큰 키 대립유전자는 *D* 로 표시한다. 대립유전자를 쌍(*DD*, *Dd*, 혹은 *dd*)으로 표시하면 특정 개체가 가진 두 단위요소를 나타내는데, 이것을 **유전자형(genotype)**이라 한다. 유전자형은 형질에 대한 개체의 유전적 구성과 더불어 개체가 반수체인지 이배체인지를 알려준다. 유전자형을 알게 되면 개체의 표현형을 알 수 있다: *DD* 와 *Dd*는 큰 키 식물이고, *dd*는 작은 키 식물이다. 두 대립유전자가 동일(*DD* 혹은 *dd*)하면, 그 개체는 해당 형질에 대해 **동형접합성(homozygous)** 혹은 **동형접합자(homozygote)**이고, 대립유전자가 다른 개체(*Dd*)는 **이형접합성(heterozygous)** 혹은 **이형접합자(heterozygote)**이다. 그림 3-2에 제시된 단성잡종 교배를 설명하기 위해 이 부호와 용어들을 사용하였다.

멘델의 분석적 접근법

멘델이 단위요소가 쌍으로 존재한다고 추론하도록 만든 것은 무엇일까? 그가 선택한 형질 각각에는 두 종류의 대립형질이 있었기 때문에 두 개의 요소가 존재해야 한다는 것은 논리적이다. 그렇지만 왜 F_1 세대에서는 두 형질 혹은 표현형 중 하나가 사라지는 것일까? F_2 세대를 관찰함으로써 이에 대한 답을 할 수 있었다. 열성형질과 그 단위요소는 실제적으로 F_1 세대에서 사라진 것이 아니다. 이들은 단지 숨겨져 있다가 F_2 자손 중 1/4 비율로 다시 출현한다. 따라서 멘델은 큰 키 형질과 작은 키 형질 단위요소 하나씩 F_1 개체로 전달되었다고 결론을 내렸다. 그러나 큰 키 요소 혹은 대립유전자는 작은 키 요소 혹은 대립유전자에 대해 우성이기 때문에 모든 F_1 자손들은 큰 키 식물이다. 이 정보가 주어진다면, 멘델이 3:1의 F_2 비율을 어떻게 설명했는지

의문을 가질 수 있다. 그림 3-2에서 보여주는 것처럼, 멘델은 F_1 이형접합체의 큰 키 대립유전자와 작은 키 대립유전자는 무작위적으로 배우자로 분리된다고 추론하였다. 수정이 무작위적으로 이루어진다면 그 비율을 예측할 수 있다. 매우 큰 자손집단이 생성된다면, 이 교배 결과는 3:1 비율로 나타나게 된다.

멘델은 현대 유전학자들이 쉽게 접할 수 있는 과학적 지식이 없는 상황에서 실험을 수행하였다. 그렇다면 마땅히 그의 분석적인 추리력은 실로 뛰어난 과학적 성취로 간주될 만하다. 단순하지만 정교하게 수행한 교배실험을 기초로 그는 독립적인 유전단위의 존재를 제안했을 뿐만 아니라, 이들이 어떻게 세대에서 세대로 전달되는지를 명확하게 설명하였다.

퍼넷사각형

수정 과정에서 배우자들이 융합되어 생성되는 유전자형과 표현형은 **퍼넷사각형(Punnett square)**이라고 부르는 도표를 작성함으로써 간편하게 알 수 있다. 퍼넷사각형은 이 방법을 처음 고안한 과학자 Reginald C. Punnett의 이름에서 유래하였다. 그림 3-3은 지금 논의되고 있는 $F_1 \times F_1$ 단성잡종 교배에 대한 퍼넷사각형 분석법이다. 가능한 모든 배우자들을 가로줄 혹은 세로줄에 표시한다. 수직 열은 암컷 양친의 배우자를, 수평 열은 수컷 양친의 배우자를 나타낸다. 배우자들을 수직 열과 수평 열에 할당하고 각 칸에 수컷과 암컷의 배우자 정보를 적어 넣음으로써 새로운 세대를 예측할 수 있고 결과적으로 모든 가능한 유전자형이 생성된다. 즉, 퍼넷사각형을 채워 넣음으로써 가능한 모든 무작위적 수정 결과들이 작성된다. 가능한 모든 자손의 유전자형과 표현형은 칸 속의 조합을 보고 확인할 수 있다.

퍼넷사각형 방법은 유전학을 처음 접하는 학생들이 유전적인 문제를 해결하는데 특히 유용하다. 그림 3-3에서 F_2 세대에서 3:1의 표현형 비와 1:2:1의 유전자형 비를 쉽게 알 수 있다.

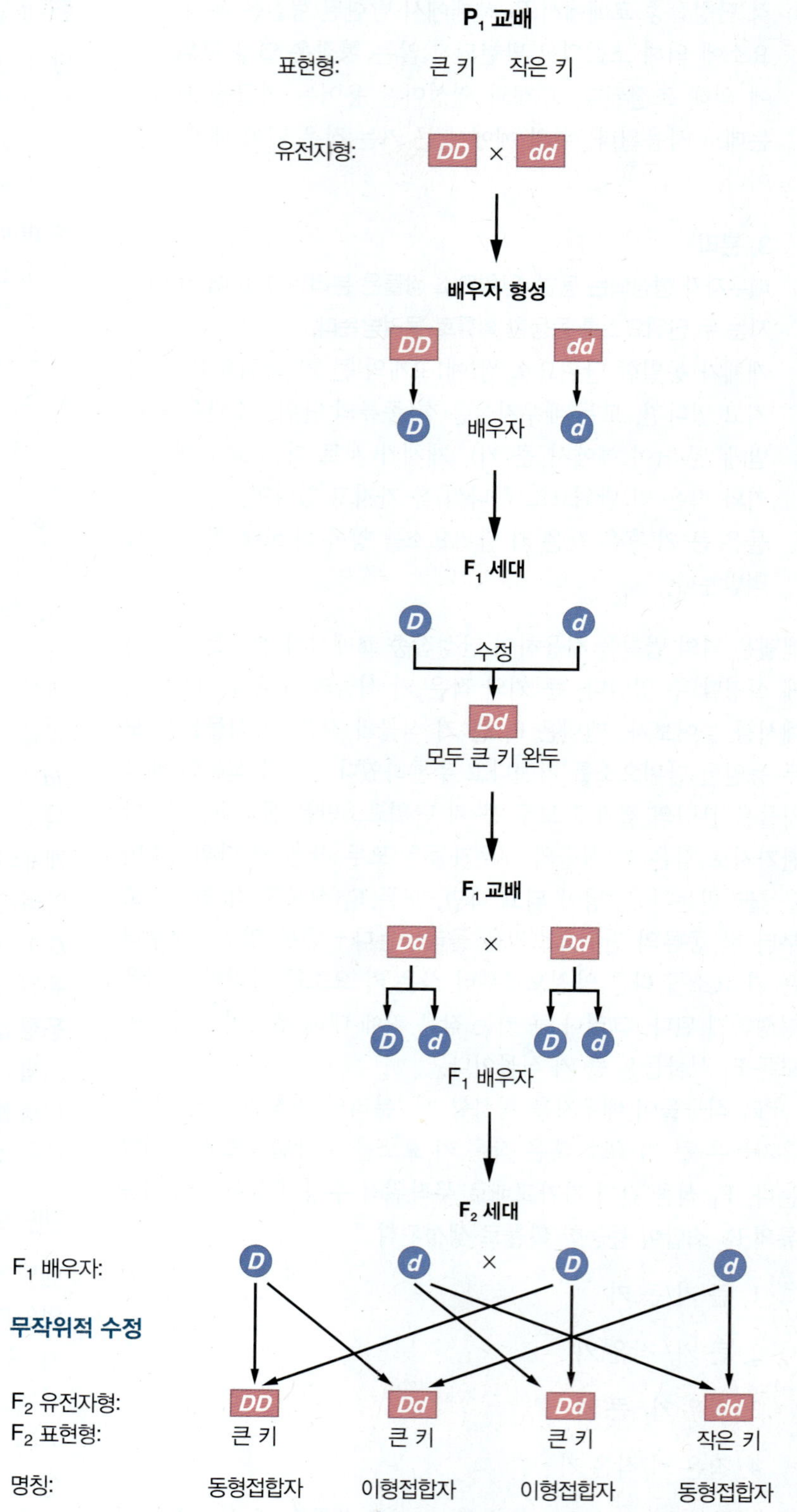

그림 3-2 큰 키와 작은 키 완두 식물 간의 단성잡종 교배. 개체들은 사각형으로 배우자들은 원형으로 표시하였다.

실전문제

3-1 비둘기의 깃털은 바둑무늬 혹은 순수무늬 색상을 나타낸다. 일련의 조절된 교배에서 다음의 결과를 얻었다.

P_1 교배	F_1 자손 바둑무늬	순수무늬
(a) 바둑무늬 × 바둑무늬	36	0
(b) 바둑무늬 × 순수무늬	38	0
(c) 순수무늬 × 순수무늬	0	35

이어서 F_1 자손들을 선택적으로 교배하여 다음의 결과를 얻었다. (각 F_1 비둘기를 얻은 P_1 교배는 괄호 속에 표시하였다.)

$F_1 \times F_1$ 교배	F_2 자손 바둑무늬	순수무늬
(d) 바둑무늬 (a) × 순수무늬 (c)	34	0
(e) 바둑무늬 (b) × 순수무늬 (c)	17	14
(f) 바둑무늬 (b) × 바둑무늬 (b)	28	9
(g) 바둑무늬 (a) × 바둑무늬 (b)	39	0

바둑무늬와 순수무늬 털 색은 어떻게 유전되는가? 포함된 유전자를 선택하고 부호로 표시해 보라. 그리고 각 교배에서 양친과 자손의 유전자형을 결정하라.

■ **힌트:** 이 문제는 비둘기에서 수행하여 얻은 교배 결과를 분석하여 유전양식과 각 교배에서 양친과 자손의 유전자형을 결정하는 것이다. 해결의 실마리는 우선 이 교배가 단성잡종 교배인지 아닌지를 결정하는 것이다. 그렇게 하기 위해서는 실험자료를 멘델교배의 특성인 비율로 변환시킨다. 여기서는 우선 F_2 비율 중에 어느 것이 멘델의 3:1 단성잡종 교배와 일치하는지를 확인한다. 그런 후에 두 번째 단계로 어떤 형질이 우성인지 열성인지를 결정한다.

검정교배: 단일 형질

F_2 세대에서 생성된 큰 키 식물은 유전자형이 *DD*이거나 *Dd*이다. 여러분은 유전자형을 구분할 수 있는 방법이 있는지 의문을 가질 수 있다. 멘델은 현재에도 식물과 동물에서 유전자형을 구분하기 위하여 사용되고 있는 단순한 방법인 **검정교배(testcross)**를 고안하였다. 우성 표현형을 나타내지만 유전자형을 모르는 개체를 유전자형을 알고 있는 동형접합자 열성 개체(homozygous recessive individual)와 교배한다. 예를 들어, 그림 3-4(a)에서처럼, *DD* 유전자형인 큰 키 식물을 *dd* 유전자형인 작은 키 식물과 교배하여 생긴 자손들은 모두 표현형은 큰 키 식물이고 유전자형은 *Dd* 식물이다. 그렇지만 그림 3-4(b)에서 보는 것처럼, 유전자형이 *Dd*인 큰 키 식물이 작은 키 식물(*dd*)과 교배하면 자손의 절반은 큰 키 식물(*Dd*)이고 나머지 절반은 작은 키 식물(*dd*)이다. 그러므로 큰 키와 작은 키 식물의 1:1 비율로 나타난 것은 유전자형을 모르는 큰 키 식물이 이형접합자라는 사실을 알려준다. 검정교배의 결과는 독립적인 단위요소가 형질을 조절한다는 멘델의 결론에 더욱 힘을 실어 주었다.

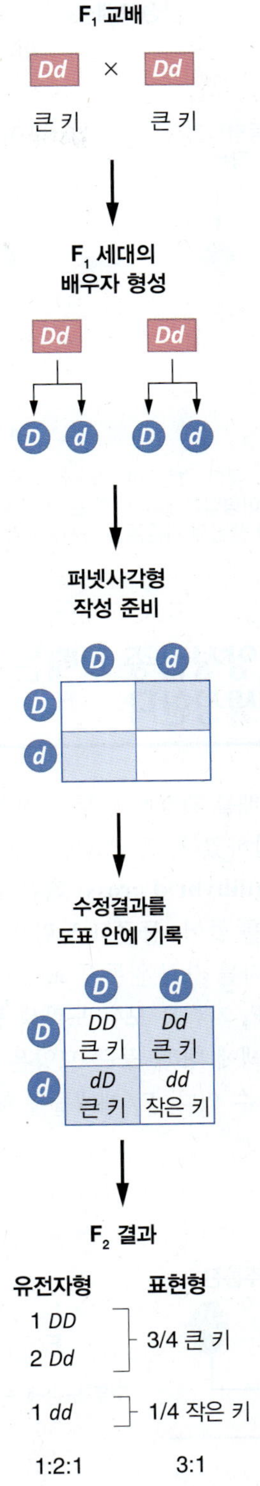

그림 3-3. 그림 3-2에 보여준 $F_1 \times F_1$ 교배에서 F_2 비율이 어떻게 생성되는지를 보여주는 퍼넷사각형.

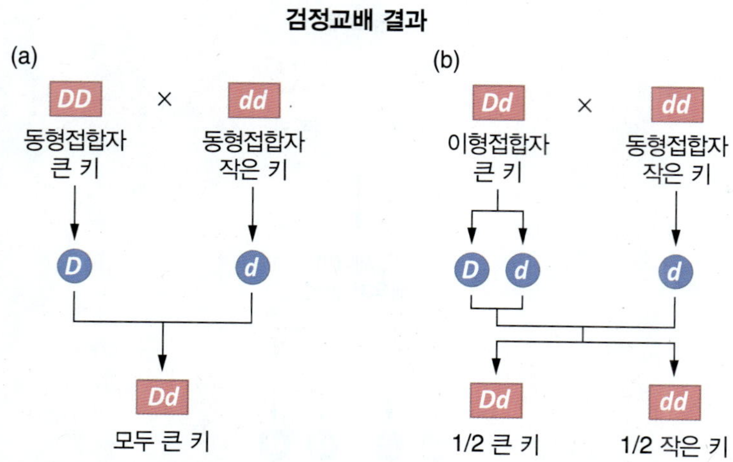

그림 3-4. 단일 형질에 대한 검정교배. (a)에서 큰 키 양친은 동형접합체이지만, (b)에서는 큰 키 양친은 이형접합체이다. 각 큰 키 P_1의 유전자형은 동형접합자 열성 작은 키 식물과 교배하여 생성된 자손들을 조사함으로써 알 수 있다.

3.3 멘델의 양성잡종 교배는 독특한 F_2 비율을 생성한다

멘델은 단성잡종 교배를 확장하여 두 가지 형질 쌍을 동시에 조사하는 실험을 고안하였다. 두 쌍의 대립형질을 포함하는 교배를 **양성잡종 교배(dihybrid cross)** 혹은 2요소 교배(two-factor cross)라고 한다. 예를 들어, 둥글고 노란색 종자를 가진 완두와 주름지고 녹색인 종자를 가진 완두를 교배하여 얻은 결과를 그림 3-5에 나타내었다: F_1 자손은 모두 노란색 둥근 종자를 가진다. 따라서 노란색은 녹색에 대해, 둥근 모양은 주름진 모양에 대해 우성임을 분명히 알 수 있다. F_1 개체들을 자가 교배했을 때, 대략적으로 F_2 식물의 9/16는 노랗고 둥근 종자를, 3/16은 노랗고 주름진 종자를, 3/16은 녹색인 둥근 종자를, 1/16은 녹색이고 주름진 종자를 가지고 있었다. 그림 3-5에는 이 교배의 변형도 제시하였다. 두 형질 모두 우성(노랗고 둥근 종자)이고 두 형질 모두 열성(녹색이고 주름진 종자) P_1 양친 간에 교배 대신에 노랗고 주름진 종자를 가진 양친과 녹색이고 둥근 종자를 가진 양친과 교배하였다. P_1 표현형이 바뀌었지만 F_1과 F_2의 결과는 똑같았다. 왜 이렇게 되는지에 대한 이유는 다음 절에서 명확히 알게 될 것이다.

멘델의 4번째 법칙: 독립적 분리

양성잡종 교배 결과는 두 개의 가상적인 단성교배를 별도로 수행했다고 가정한다면 쉽게 이해할 수 있다. 서로 독립적으로 유전되는 두 세트의 형질을 생각해보자. 이는 특정 식물이 노란색이나 녹색인 종자를 가질 확률이 이 식물에서 둥글거나 주름진 종자를 가질 확률에 어떠한 영향을 주지 않음을 의미한다. 따라서 노란색은 녹색에 대해 우성이므로 첫 번째 가상적인 교배에서 F_1 식물은 모두 노란색이다. 두 번째 가상적 교배에서 둥근 모양이 주름진 모양에 대해 우성이기 때문에 F_1 식물은 모두 둥근 모양이다. 멘델이 양성잡종 교배에서 F_1 식물을 조사했을 때, 가상적 교배에서 예측된 것처럼, F_1 식물은 모두 노랗고 둥근 종자를 가지고 있었다.

첫 번째 교배에서 예상되는 F_2 결과 3/4은 노란색이고 1/4은 녹색인 것이다. 비슷하게, 두 번째 교배에서는 3/4은 둥글고 1/4은 주름진 것이다. 그림 3-5는 양성잡종 교배에서 F_2 식물의 12/16은 노란색이고 4/16은 녹색으로 기대되는 3:1(3/4:1/4) 비를 보여주고 있다. 비슷하게, 모든 F_2 식물의 12/16는 둥글고

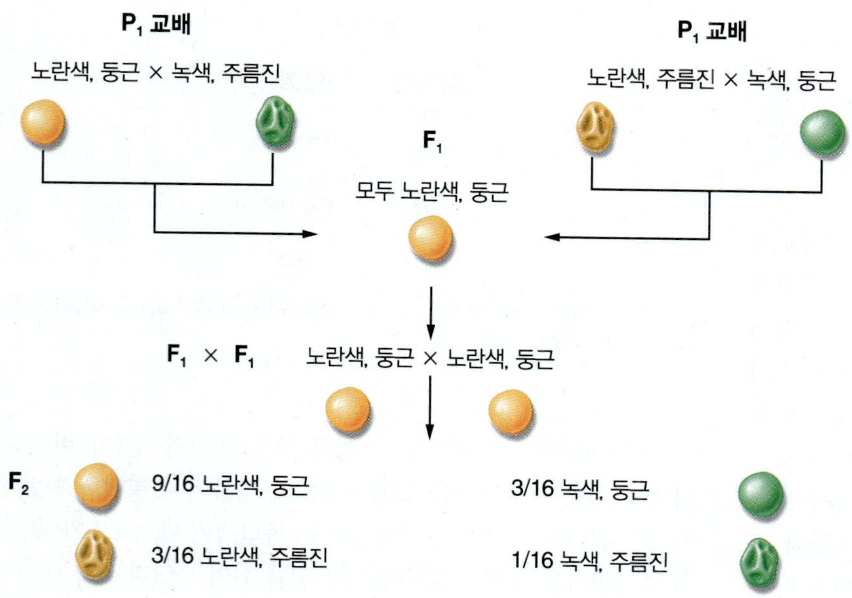

그림 3-5. 멘델이 수행한 양성잡종 교배에서 F_1과 F_2의 결과. 왼쪽 상단에는 노란색인 둥근 종자와 녹색이고 주름진 종자를 가진 양친끼리 교배하였고, 오른쪽 상단에는 노란색이고 주름진 종자와 녹색이고 둥근 종자를 가진 양친끼리 교배하였다.

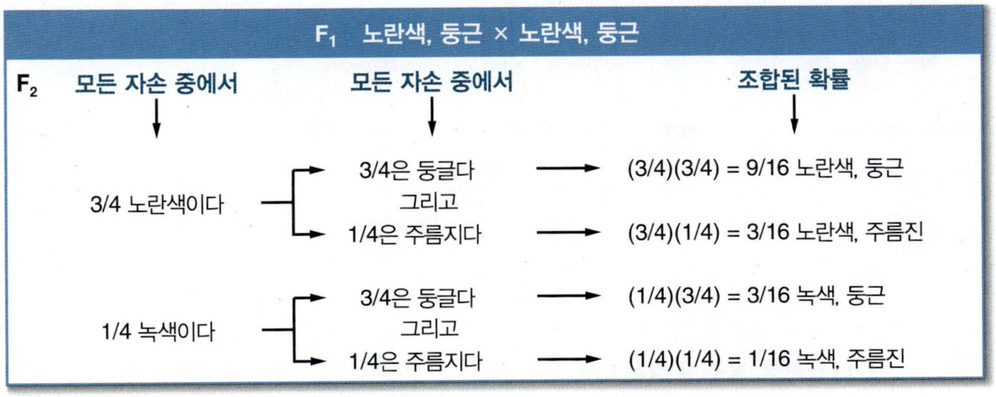

그림 3-6. 독립적으로 분리되는 두 형질에 대한 각 F_2 표현형의 조합된 확률 계산. 각 식물이 노란색이거나 녹색인 종자가 될 확률이 그 식물이 둥글거나 주름진 종자가 될 확률에 영향을 미치지 않는다.

4/16는 주름진 종자로 다시 3:1 비를 나타내고 있다.

이러한 수치는 두 쌍의 대립형질들이 독립적으로 유전된다는 것을 말해준다. 그러므로 우리는 확률의 **곱셈법칙(product law)**을 적용하여 출현 가능한 모든 F_2 표현형의 빈도를 예측할 수 있다: 두 개의 독립적인 사건이 동시에 일어날 확률은 독립적인 각 사건이 일어날 확률을 서로 곱한 값과 같다. 예를 들어, 둥글고 노란 종자인 F_2 식물일 확률은 (3/4)(3/4) 혹은 9/16이다. 이는 모든 F_2 식물의 3/4은 노란색 종자이고, 모든 F_2 식물의 3/4은 둥근 종자이기 때문이다.

이와 유사한 방식으로, 다른 3가지 F_2 표현형의 비율도 계산할 수 있다: 노랗고(3/4) 주름진(1/4) 종자는 3/16의 빈도로, 녹색이고(1/4) 둥근(3/4) 종자는 3/16 빈도로, 녹색이고(1/4) 주름진(1/4) 종자는 1/16 빈도로 출현한다. 이러한 계산은 그림 3-6에 나타내었다.

이제 양친 교배에서 노란색이고 둥근 식물과 녹색이고 주름진 식물을 교배하든 혹은 노란색이고 주름진 식물과 녹색이고 둥근 식물을 교배하든 간에 F_1과 F_2의 결과가 동일한 이유가 분명해진다. 두 교배에서 모든 F_1 자손의 유전자형은 동일하다. 결과적으로, F_2 세대에서도 두 교배의 결과는 동일하다.

멘델은 수많은 양성잡종 교배에서 비슷한 결과를 얻었기 때문에 그의 4번째 법칙을 제안하였다.

4. 독립적 분리

배우자가 형성되는 동안, 분리되는 단위요소 쌍들은 서로 독립적으로 분리된다.

이 원칙은 한 단위요소의 쌍이 분리되는 것은 다른 모든 단위요소 쌍의 분리와는 독립적으로 일어난다고 규정하고 있다. 무작위적 분리로 인해 각 배우자는 모든 단위요소의 쌍 중 하나씩 물려받게 된다. 한 쌍에 대해서 어떠한 단위요소를 물려받든지 간에 다른 단위요소의 분리에 영향을 주지 않는다. 그러므로 독립적 분리원칙에 따라 조합 가능한 모든 배우자들이 동등한 빈도로 생성된다.

그림 3-7에 나타낸 퍼넷사각형은 F_2 세대를 생성하는데 독립적 분리가 어떻게 작용하는지 보여준다. F_1 식물들에 의해 생성되는 배우자들을 살펴보자. 모든 배우자들은 *G* 혹은 *g* 그리고 *W* 혹은 *w* 를 물려받는다. 독립적 분리는 4가지 조합(*GW*, *Gw*, *gW*, *gw*) 모두 동등한 확률로 생성된다는 것을 규정하고 있다.

모든 $F_1 \times F_1$ 수정에서 각 접합자는 동등한 확률로 각 양친으로부터 4가지 조합 중 한 가지 조합을 물려받는다. 수많은 자손들이 생성된다면, 9/16는 노랗고 둥근 종자, 3/16은 노랗고 주름진 종자, 3/16은 녹색이고 둥근 종자, 1/16은 녹색이고 주름진 종자를 가지게 되어 **멘델의 양성잡종 9:3:3:1 비율(Mendel's 9:3:3:1 dihybrid ratio)**이 생성된다. 이것은 분리, 독립적 분리, 무작위적 수정이 일어난다는 확률 사건에 근거한 이론적인 비율이다. 엄격한 기회편차로 인해, 특히 자손집단의 크기가 작을 경우에는 실제 결과가 이론적인 비율과 일치하지 않을 수 있다.

검정교배: 두 형질

두 종류 우성형질이 발현되지만 그 개체의 유전자형을 모를 때 검정교배를 적용할 수 있다. 예를 들어, 위에 서술한 것처럼 F_2 세대에서 노랗고 둥근 종자의 표현형은 *GGWW*, *GGWw*, *GgWW* 혹은 *GgWw* 유전자형에서 생성될 수 있다. F_2 노랗고 둥근 종자를 가진 식물을 열성 동형접합자인 녹색이고 주름진 종자를 가진 식물과 교배한 후 자손을 분석해 보면 이 노랗고 둥근 식물의 유전자형을 알 수 있다. 이들 유전자형 각각에서 생성되는 배우자들이 다르기 때문에 검정교배 결과 그 자손에서 생성되는 표현형 비가 달라지게 된다. 여러분 스스로 이 개념을 이해하고 있는지 4종류 교배로 생성되는 각각의 결과를 직접 해석해 보라.

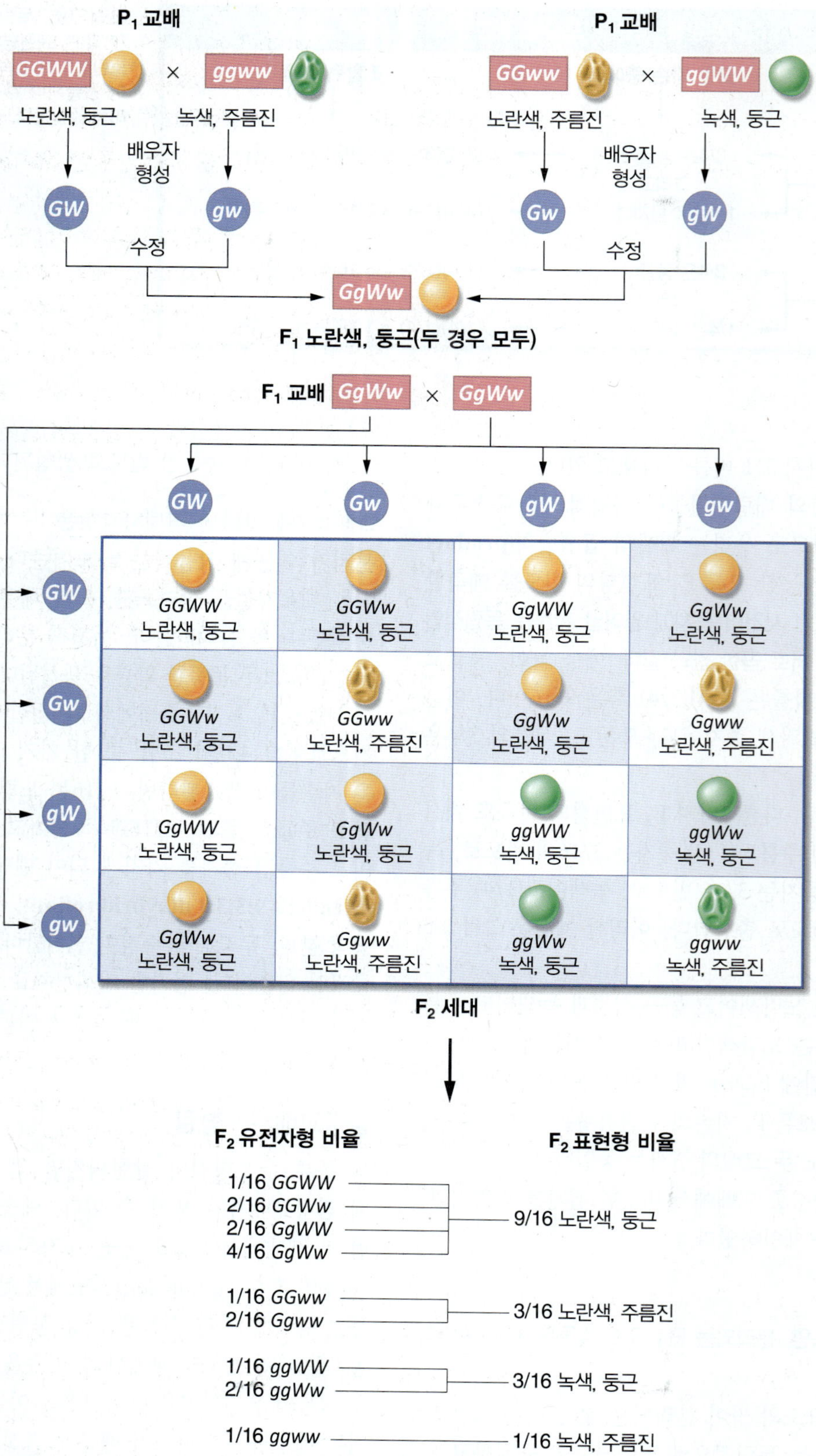

그림 3-7. 그림 3-5에 제시된 양성잡종 교배에 대한 분석. F_1 이형접합자 식물들을 자가교배하여 퍼넷사각형에 제시된 F_2 식물들이 생성되었다. F_2 식물의 표현형 비와 유전자형 비를 나타내었다.

유전자 기능 이해를 위한 현대적 접근

완두에서 흰 꽃 색을 조절하는 멘델 유전자의 동정

멘델이 완두의 꽃색을 연구한 지 150년이 지난 2010년, 국제적 연구팀에서 완두의 꽃 색을 조절하는 유전자를 동정하였다. 이 연구팀은 그들이 관심을 가져 추적한 유전자를 유전자 *A*라고 명명하였다. 이 유전자는 페튜니아, 클로버를 포함한 다른 식물에서도 발견되었다. 유전자 *A*는 **전사인자(transcription factor)**로서, DNA에 결합하여 다른 유전자의 발현을 조절하는 단백질을 암호화한다. 완두 식물의 자주색 꽃 세포들은 자주색을 나타내는 안토시아닌이라는 색소분자를 축적한다. 흰색 꽃을 가진 완두 식물들은 안토시아닌 생합성에 필요한 유전자를 가지고 있지만, 안토시아닌 색소가 축적되진 않는다. 연구자들은 유전자 *A* 에 의해 생성된 전사인자가 안토시아닌 생합성 유전자의 발현을 조절할 것이라는 가설을 세웠다.

이 가설을 검증하고 유전자 *A*의 기능을 확인하기 위하여, 정상적인 유전자 *A*를 유전자 총(전달하려는 유전자를 코팅한 금속입자를 세포 내로 도입시키는 도구)을 사용하여 흰 꽃잎 세포로 도입하였다. 이 연구에서는 유전자 *A*를 코팅한 황금 입자가 일부 세포로 들어가며 도입된 세포에서 유전자 *A*가 발현되었다.

결과:

유전자 *A*가 도입된 흰 꽃잎 세포는 안토시아닌 색소가 축적되어 자주색으로 된다(왼쪽 사진). 사진 속의 상자는 유전자 *A* 발현을 분명히 볼 수 있도록 확대한 영상이다. 유전자 *A*가 들어 있지 않는 DNA로 코팅한 대조군은 색소가 축적되지 않았다(오른쪽 사진). 유전학자들은 이러한 실험을 **구제실험(rescue experiment)**이라고 부른다. 이것은 유전자 *A*를 받은 세포에서 흰 꽃 돌연변이 표현형이 자주색, 즉 야생형으로 구제 혹은 회복되었기 때문에 붙여진 명칭이다.

결론:

완두 유전자 *A*는 완두에서 안토시아닌 유전자의 발현을 조절하는 데 관여하는 전사인자를 암호화한다. 흰 꽃을 가진 완두에서 유전자 *A*의 염기서열을 분석한 결과, 유전자 *A*에 단일 염기서열 변화가 검출되었고, 이 단일 염기서열 변화가 유전자 *A*를 불활성화시킨다는 사실을 발견하였다. 정상적인 유전자 *A* 사본을 가진 세포는 안토시아닌을 발현하여 자주색으로 된다. 돌연변이 유전자 *A*를 가진 세포는 안토시아닌을 생성하지 못하기 때문에 흰색이다. 멘델의 흰 꽃에 대한 유전적 비밀이 풀리게 되었다.

참고문헌:

Hellens, R. P et al. (2010). Identification of Mendel's White Flower Character. *PLoS One* 5(10): e 13230. doi:10.1371/journal.pone.0013230.
Take a look at the YouTube video "Finding the molecular answer to Mendel's pea color experiment" to hear Dr. Heller describe the approach his group used to identify the function of this gene. http://www.youtube.com/watch?v=BEhtyXCdcTg

탐구문제:

1. 아래 사진에 보여준 잎에서 유전자 *A*의 발현이 점으로 나타나는 이유는 무엇인가? 이것이 의미하는 것은 무엇인가?
2. 안토시아닌을 축적하는 유전자에 돌연변이를 가진 완두 식물에서 위와 같은 실험을 수행했다면, 유전자 *A* 도입으로 돌연변이 표현형을 회복시킬 수 있다고 생각되는가? 왜 그런가 아니면 왜 그렇지 않은가?

3.4 삼성잡종 교배는 멘델의 법칙이 다형질 유전에도 적용됨을 보여주었다

지금까지 우리는 최대 두 가지 대립형질 쌍의 유전을 살펴보았다. 멘델은 **삼성잡종 교배(trihybrid cross)** 혹은 3요소 교배(three-factor cross) 실험을 통해 분리와 독립적 분리의 법칙이 세 쌍의 대립형질에도 적용된다는 것을 증명하였다.

삼성잡종 교배는 양성잡종 교배에 비해 다소 복잡하지만, 분리와 독립적 분리의 법칙을 따른다고 가정하면, 그 결과를 쉽게 계산할 수 있다. 예를 들어, 이론적인 3쌍의 대립형질(*A*, *a*, *B*, *b*, *C*, *c*로 표시함)을 포함하는 교배를 생각해보자(그림 3-8).

*AABBCC*와 *aabbcc* 개체 간의 교배에서 생성된 F_1 개체들은 모두 3 유전자 쌍에 대해 이형접합자이다. 이들의 유전자형은 *AaBbCc*로 우성인 *A*, *B*, *C*의 표현형을 나타낸다. F_1 개체들을 양친으로 사용하여 교배한다면 각각은 8종류의 배우자들이 동등한 빈도로 생성한다. 이제 여러분은 64개 칸을 가진 퍼넷사각형을 작성하여 표현형을 부여할 수 있다. 그러나 이 방법은 분석되는 유전자 수가 많아짐에 따라 더욱 복잡해진다. 따라서 예측되는 비율을 계산하기 위한 다른 방법이 고안되었다.

분지법 혹은 분지도식

앞의 그림 3-6에서 보여준 것처럼 각 대립형질 쌍을 별도로 고려하면서 **분지법(forked-line method)**을 이용하여 그 결과들을 조합하는 것은 그리 어렵지 않다. 이 접근법은 **분지도식(branch diagram)**이라고도 부르며, 양성잡종 교배에서 확립된 확률법칙을 단순 적용하는 것이다. 각 유전자 쌍은 배우자 형성 동안 독립적으로 행동한다고 가정한다.

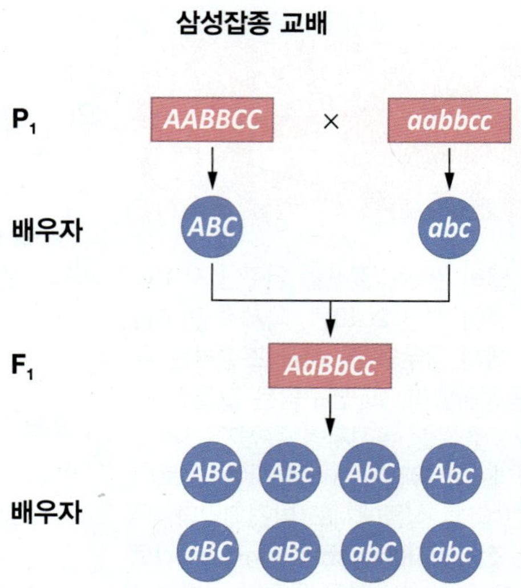

그림 3-8. 삼성잡종 교배에서 P_1과 F_1 배우자들의 생성.

실전문제

3-2 둥근 모양 대 주름진 모양, 그리고 노란색 대 녹색의 멘델 형질을 생각하라. 다음의 교배를 잘 살펴보고 그 자손들의 표현형을 분석함으로써 양친 식물의 유전자형을 결정하시오.

양친 식물	자손
(a) 둥근, 노란색 × 둥근, 노란색	3/4 둥근, 노란색 1/4 주름진, 노란색
(b) 주름진, 노란색 × 둥근, 노란색	6/16 주름진, 노란색 2/16 주름진, 녹색 6/16 둥근, 노란색 2/16 둥근, 녹색
(c) 둥근, 노란색 × 둥근, 노란색	9/16 둥근, 노란색 3/16 둥근, 녹색 3/16 주름진, 노란색 1/16 주름진, 녹색
(d) 둥근, 노란색 × 주름진, 녹색	1/4 둥근, 노란색 1/4, 둥근, 녹색 1/4 주름진, 노란색 1/4 주름진, 녹색

■ **힌트:** 이는 멘델의 양성잡종 교배를 포함하는 문제로 각 교배 예에서 양친의 유전자형을 결정하는 문제이다. 해결의 실마리는 여러분이 아는 모든 것을 써넣는 것이다. 그렇게 하면, 사실 그대로 문제의 본질로 들어갈 수 있게 되어 여러분이 결정해야 할 것들이 분명해진다. 예를 들어, (b)의 경우에서 주름진, 노란색 식물은 열성 주름진 형질에 대해 동형접합자이고 적어도 1개의 노란색 우성형질을 가져야 한다. 이것들이 확립되면 남아 있는 떡잎 색에 대한 대립유전자만을 결정하면 된다.

단성잡종 교배 *AA* × *aa*가 이루어질 때, 다음과 같은 사실을 알 수 있다.

1. 모든 F_1 개체들은 유전자형이 *Aa*이고 *A* 대립유전자에 의한 표현형이 생성된다. 다음 논의에서는 이를 A 표현형으로 표기한다.
2. F_2 세대는 *A* 표현형이거나 *a* 표현형인 개체로 구성되며, 그 비율은 3:1이다.

마찬가지로 *BB* × *bb*와 *CC* × *cc* 교배에서도 같은 세대들이 생성된다. 따라서 F_2 세대에서 모든 개체들 중 3/4은 *A* 표현형, 3/4은 *B* 표현형, 3/4은 *C* 표현형을 가지게 된다. 비슷하게, 모든 개체들 중 1/4은 *a*, 1/4은 *b*, 1/4은 *c* 표현형을 발현한다. 각 표현형적 조합을 발현하는 개체들의 비율은 배우자 형성 동안 세 쌍 유전자들이 독립적으로 분리된 후 무작위적으로 수정이 이루어진다고 가정한다면 예측이 가능하다. 우리는 다시 한 번 확률의 법칙을 적용할 수 있다. 그림 3-9에 분지법을 이용하여 F_2 세대의 표현형 비율을 계산한 결과를 제시하였다. 이들은 삼성잡종 비율인 27:9:9:9:3:3:3:1로 분류된다. 모든 유전자들이 독립적으로 분리된다고 가정한다면, 더 많은 대립유전자를 포함하는 교배에서도 똑같은 방법을 적용할 수 있다. 여러분은 후에 알겠지만, 유전자들이 항상 독립적으로 분리되는 것은 아니다. 그렇지만 멘델 형질의 경우, 모든 형질은 독립적으로 분리된다.

그림 3-9에는 F_2 세대의 표현형 비율만을 보여주고 있다는 점에 주목하자. 물론, 유전자형의 비율도 계산할 수 있다. 이를 위해서는 *A/a*, *B/b*, *C/c* 유전자를 분리하여 다시 생각해야 한다. 예를 들어, *A/a* 쌍에서 F_1 교배는 *Aa* × *Aa* 이다. 표현형적으로 3/4 *A*와 1/4 *a*의 F_2 비율이 생성된다. 그렇지만 유전자형으로

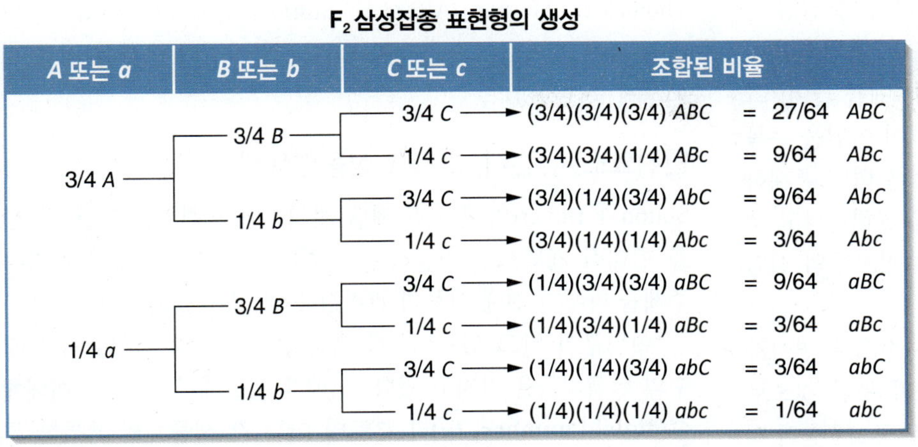

그림 3-9. 분지법을 이용한 F_2 삼성잡종의 표현형의 비율 계산. 이 방법은 각 표현형이 예측되는 출현빈도에 기초하고 있다.

는 1/4 *AA*: 1/2 *A/a*: 1/4 *aa* 비율이 생성된다. 그림 3-9를 모델로 사용해서, 도표의 왼쪽 끝 항에 이 유전자형 비율을 적어 놓는다. 각 항에 3개 선으로 1/4 *BB*, 1/2 *Bb*, 1/4 *bb*로 연결한다. 이렇게 부여된 9가지 지점 각각에서 3개 선으로 1/4 *CC*, 1/2 *Cc*, 1/4 *cc* 유전자형에 연결된다. 완성된 도표의 오른쪽 항에는 27종류의 유전자형과 이들의 출현 빈도가 위치하게 된다.

두 개 이상의 유전자 쌍을 포함하는 교배에서 배우자, 유전자형, 표현형의 결과를 계산하는 것은 매우 복잡하다. 몇 가지의 수학 공식을 이용하면 이 문제를 해결하는 여러 단계에서 그 정확성을 확인할 수 있다. 우선, 교배에 포함된 이형접합자 유전자형이 몇 개인지를 결정한다. 예를 들어, *AaBb* × *AaBb* 교배인 경우 $n = 2$; *AaBbCc* × *AaBbCc* 교배인 경우는 $n = 3$; *AaBBCcDd* × *AaBBCcDd* 교배인 경우는 $n = 3$ 이다(*B* 유전자는 이형접합자가 아니기 때문에). 일단 n 값이 결정되면, 각 양친으로부터 2^n 종류의 배우자들이 생성된다: 수정 결과 3^n 종류의 유전자형이 생성된다. 이 유전자형으로부터 2^n 종류의 표현형이 발현된다. 표 3.1은 여러 유전자 쌍들이 독립적으로 분리된다고 가정할 때, 이들 간의 교배에 적용될 수 있는 수학 공식을 요약하여 제시하였다.

표 3.1 유전학 문제 풀이에 유용한 수학공식

독립적으로 분리하는 유전자에 대해 이형접합자인 개체들 간의 교배			
이형접합자인 유전자 쌍 수	생성 가능한 배우자 수	생성 가능한 유전자형 수	생성 가능한 표현형 수*
n	2^n	3^n	2^n
1	2	3	2
2	4	9	4
3	8	27	8
4	16	81	16

* 4번째 칸은 각 유전자 쌍에서 단순 우성-열성 관계가 성립되는 경우를 가정함.

실전문제

3-3 분지법, 혹은 분지도표를 이용하여 다음 3종류 삼성교배에서 유전자형과 표현형을 결정하라: (a) *AaBbCc* × *AaBBCC*, (b) *AaBBCc* × *aaBBCc*, (c) *AaBbCc* × *AaBbCc*.

■ **힌트:** 이 문제는 갈래진 선 접근법을 이용하여 제시한 삼성잡종 교배 결과를 결정하는 것이다. 해결의 실마리는 분지법을 이용하는 데 있어 각 유전자 쌍을 별도로 고려해야 한다는 것이다. 예를 들어, 이 문제에서 우선 *A/a* , *B/b*, *C/c* 교배 각각에 대해 순서적으로 그 결과를 예측하라. 그런 후에 분지법을 이용하여 각 교배의 결과를 추적해 나간다.

3.5 멘델의 업적은 20세기 초에 재발견되었다

멘델은 1856년 연구를 시작하여, 그의 연구 결과를 1865년 브룬(Brünn) 자연과학회에서 발표하였다. 그리고 이 연구 결과는 그 다음 해에 논문으로 정식 출판되었다. 그의 발견은 인용되거나 쟁점화되지 못한 관계로 약 35년 동안이나 그 중요성을 인정받지 못했다. 그 당시 멘델의 발견이 학계에서 인정받지 못한 이유를 설명하는 여러 가지 제안들이 있다.

우선, 멘델이 집착한 확률사건의 수학적 분석법은 그 당시 생물학 연구분야에서 흔치 않는 접근방법이었다는 것이다. 아마 그 당시 동료학자들은 멘델을 이방인으로 간주하였을 것으로 추정된다. 더 중요한 것은 그의 결론이 생물종의 변이를 설명하는 그 당시 가설들과 일치하지 않았다. 자연변이에 대한 주제는 진화론을 공부하는 학생들에게 큰 관심사였다. 이 연구그룹들은 Charles Darwin과 Alefred Russel Wallace가 발견한 제안에 고무되어, 자손은 양친의 표현형이 혼합되어 생성된다는 **연속변이(continuous variation)**설을 지지하고 있었다. 앞에서 언급한 것처럼, 멘델은 변이는 독립적인 단위요소간의 우성-열성 관계에 기인한다고 가정하였으며, 이것은 결과적으로 **불연속 변이(discontinuous variation)**를 지지하는 것이었다. 예를 들어, 그림 3-1의 F_2 꽃은 흰색이거나 자주색이지 중간색이 아님을 주목하라. 멘델은 양성잡종 교배로 생성된 F_2 자손들은 이미 존재하는 단위요소들이 새롭게 조합되어 생성된 형질을 발현한다고 제안하였다. 멘델의 가설은 변이 원인에 대한 진화학자들의 선입관과 일치하지 않았다.

멘델과 동시대의 학자들은 멘델의 법칙이 자손으로 변이가 전달되는 방법을 잘 설명해준다는 것을 인지하지 못한 것으로 보인다. 대신에 그들은 멘델의 연구 결과를 **왜 특정 표현형이 더 생존력이 더 좋은지?** 에 대한 의문을 제기하는 수단으로 멘델의 연구 결과를 해석했던 것으로 보인다. 멘델 시대의 과학자들은 당시 다윈이 주창한 세기적인 생물진화론의 영향으로 멘델의 연구 결과를 자세히 들여다보지 못했을 것이다.

유전의 염색체설

19세기 말에 멘델의 연구 결과를 알아볼 수 있게 하는 놀라운 현미경적 관찰이 있었다: Walter Flemming은 불도마뱀 세포핵에서 염색체를 관찰하였다. 1879년에 프레밍은 세포분열 동안 실(thread)과 유사한 구조를 가진 염색체의 행동을 기술하였다. 그의 발견과 다른 여러 학자들의 연구 결과는 유전학자들에게 핵 내에 존재하는 독립적인 단위요소가 중요한 연구주제로 등장하게 하는 계기가 되었다.

20세기 초, Hugo de Vries, Carl Correns, Eric Tschermak 등 세 명의 식물학자들은 독립적으로 멘델과 유사한 교배실험을 수행하였다. De Vries는 그의 연구 논문을 통해 여러 식물종에서 분리의 법칙을 기술하였다. 그는 소장된 문헌을 찾던 중에 멘델의 논문이 그가 내린 결론과 분명히 일치한다는 사실을 발견하였다. Correns와 Tsehermak 또한 멘델의 결론와 유사한 결론에 도달하였다.

이와 동시에, Walter Sutton과 Theodor Boveri 등 두 세포학자는 감수분열 동안 염색체의 행동을 연구하여 얻은 그들의 발견을 멘델의 분리 및 독립적 분리의 법칙과 연관시키는 논문을 발표하였다. 그들은 감수분열 동안 염색체의 분리는 멘델의 두 법칙의 세포학적 기초가 될 것이라고 제안하였다. 그들은 멘델의 단위요소가 염색체에 위치한 유전자가 아닌 염색체로 생각하고 있었지만, 그들의 발견은 멘델의 연구 결과의 중요성을 재정립함으로써 유전 연구에 관심을 불러일으키는 계기가 되었다. 우리는 Sutton과 Boveri를 **유전의 염색체설(chromosomal theory of inheritance)**의 창시자로 인정한다. 유전의 염색체설은 생물체에서 유전물질이 염색체에 존재한다는 생각으로 그 후 20년 동안 발전을 거듭하였다. 다음 장에서 살펴보겠지만, Thomas H. Morgan, Alfred H. Sturtevant, Calvin Bridges, 그리고 다른 학자들이 Sutton과 Boveri의 가설이 옳다는 것을 명백하게 증명하였다.

단위요소, 유전자, 그리고 상동염색체

Sutton과 Boveri의 관찰과 멘델 법칙과의 관련성은 전달유전학을 현대적 개념으로 기술하는 기초를 제공하였기 때문에 다른 주제를 다루기 전에 이들의 관련성을 더 깊게 살펴보려 한다.

여러분이 알고 있듯이, 각 생물종은 그들의 체세포에 특정 수의 염색체들을 가지고 있다. 이배체 생물에서 이 수를 **이배체 수(diploid number, 2*n*)**라 부르며 이는 각 생물체의 독특한 특성이다. 배우자 형성(감수분열) 동안, 그 수는 정확이 절반(n)으로 감소하고 수정 동안 두 배우자가 융합됨으로써 이배체 수로 다시 회복된다. 그렇지만 감수분열 동안 염색체 수가 무작위적으로 감소되는 것은 아니다. 초기 세포학자들은 염색체의 이배체 수는 형태적 모양과 행동적으로 구별되는 상동염색체로 구성된다는 사실을 알고 있었다 − 따라서 배우자들은 상동염색체 쌍 중 한쪽씩을 물려받기 때문에 각 배우자의 염색체 구성은 매우 독특하고 그 염색체 수는 반수체 수와 동일하다.

이러한 기본 정보를 가지고 여러분은 단위요소의 행동과 염색체와 유전자 간의 관계를 살펴볼 수 있다. 그림 3-10에는 멘델의 세 가지 법칙과 각각에 대한 염색체적인 설명이 제시되어 있다. 실제로 단위요소들은 상동염색체상에 위치한 유전자들이다[(그림 3-10(a)]. 각 상동염색체 쌍의 요소들은 배우자 형성 동안 분리, 혹은 분배된다[(그림 3-10(b)]. 그림에서는 가능한 두 종류의 배열을 모두 보여주고 있다.

독립적 분리의 법칙을 설명하기 위해서는, 주어진 상동염색체 쌍을 구성하는 구성원들을 구별하는 것이 중요하다. 각 쌍에서 한쪽은 **모계 양친(maternal parent)**에서 유래하고, 다른 쪽은 **부계 양친(parental parent)**에서 유래한다. (다른 양친에서 유래된 염색체는 다른 색으로 표시하였다.) 그림 3-10(c)에서 보는 바와 같이, 각 상동염색체 쌍들이 독립적으로 분리된 후 각 배우자는 각 염색체 쌍 중에서 한쪽씩 물려받는다. 모든 가능한 조합들이 동등한 확률로 생성된다. 멘델이 양성잡종 교배에서 사용했던 부호(*G*, *g*와 *W*, *w*)를 도표에 써넣는다면 4종류의 배우자들이 동등하게 생성되는 이유를 알 수 있다. 멘델의 단위요소 쌍(이 예에서 *G*와 *W*)들이 독립적으로 행동하는 것은 이들이 서로 다른 상동염색체에 위치하기 때문이다.

생물체에서 관찰되는 다양한 표현형은 염색체 수보다 더 많은 유전자가 존재한다는 논리를 제공한다. 그러므로 각 상동염색체에는 하나의 형질보다 더 많은 유전정보를 가져야 한다. 현재는 염색체가 선상으로 배열된 정보를 함유하고 있는 수많은 유전자들로 구성되어 있다는 개념이 받아들여지고 있다. 멘델의

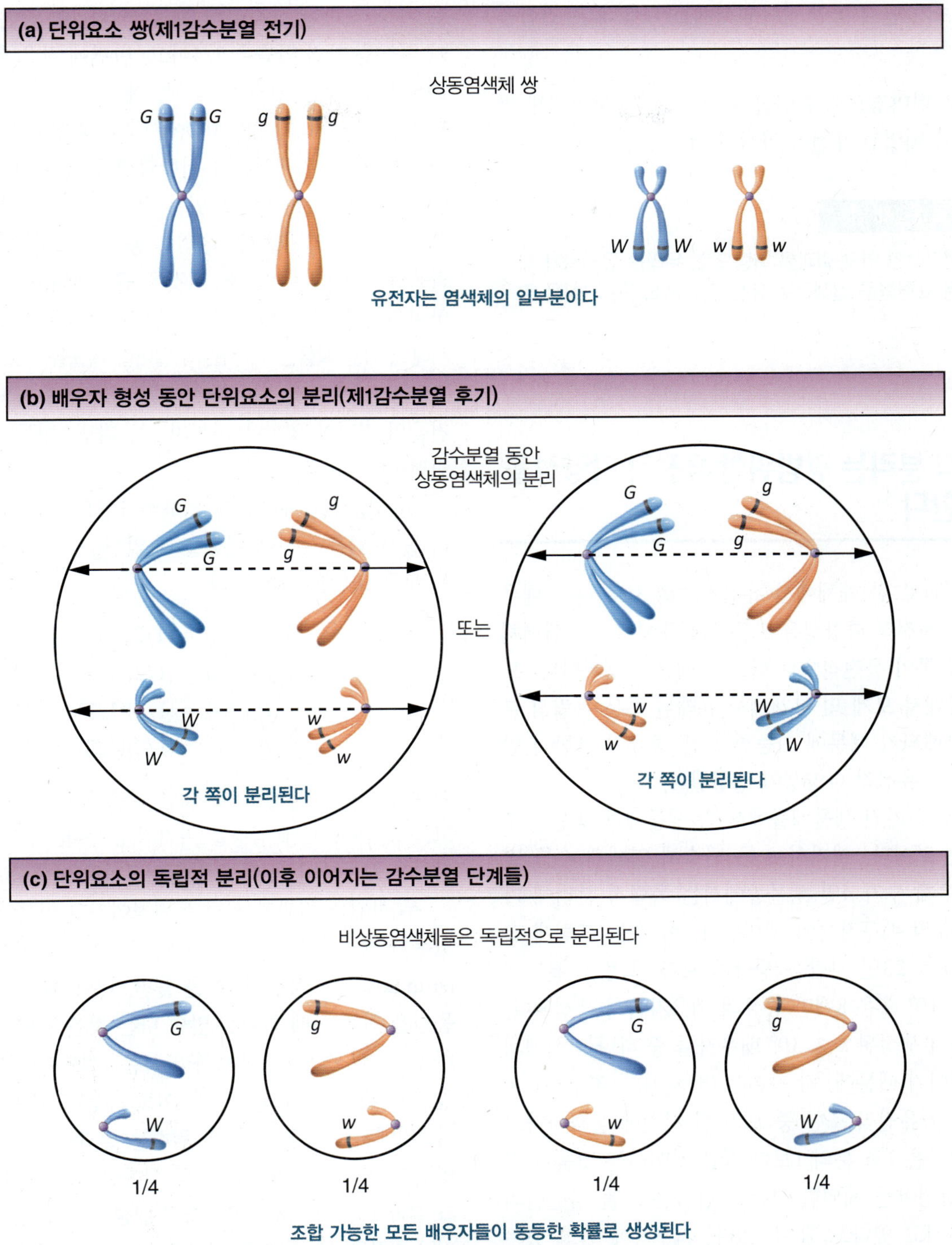

그림 3-10. 단위요소 쌍(a), 분리(b), 그리고 독립적 분리(c)와 멘델의 법칙과의 관련성. 상동염색체상에 유전자의 존재와 감수분열에서의 이들의 행동을 나타내었다.

단위요소 쌍(예를 들어 큰 키와 작은 키를 결정하는)은 실제적으로 한 쌍의 상동염색체에 위치한 유전자 쌍으로 구성되어 있다. 특정 유전자가 자리하는 염색체의 위치를 **좌위(locus, 복수는 loci)**라고 한다. 한 유전자의 대립유전자들(예: *G* 와 *g*)은 같은 형질을 결정하지만, 이들은 서로 사소한 차이(이 경우는 종자의 색)를 나타내는 유전정보를 가지고 있다. 여러분은 두 종류의 대립유전자를 가진 유전자만을 살펴보았다. 그러나 대부분의 유전자들은 둘 이상의 대립유전자를 가지고 있다. 이제 두 염색체가 상동염색체 쌍인지를 판단할 수 있는 기준을 복습하면서 이 단원을 마무리하려 한다.

1. 유사분열과 감수분열 동안, 염색체가 특정 형태로 나타날 때 상동염색체 쌍은 그 크기가 같고 동원체의 위치도 같다. 성염색체(예: 포유류에서 X 와 Y 염색체)는 예외이다.

2. 감수분열 초기 단계 동안 상동염색체들은 쌍 혹은 접합을 형성한다.
3. 일반적으로 현미경으로 확인할 수 없지만, 상동염색체 쌍은 선상으로 배열된 유전자 좌위 순서가 동일하다.

유전자의 새로운 개념

멘델이 수행한 선구적인 연구 결과를 바탕으로, 우리는 유전자가 식별되는 형질 혹은 표현형을 결정하는 유전 단위요소라는 사실을 알게 되었다.

3.6 독립적 분리는 광범위한 유전적 다양성을 생성한다

독립적 분리의 결과로 한 개체에서 유전적으로 서로 다른 배우자들이 생성된다. 유전적 다양성은 모든 염색체에서 상동염색체 쌍을 구성하는 각 쪽이 유전적으로 다르기 때문에 생겨난다. 모든 상동염색체 쌍에서 모계 및 부계에서 유래된 쪽은 독립적 분리로 배우자로 분배되기 때문에 가능한 모든 종류의 조합이 만들어지고 그 결과로 유전적 다양성이 생성된다.

특정 염색체 수를 가진 생물체들에서 각 생물체가 생성할 수 있는 배우자 수는 2^n이다. 여기서 n 은 반수체 염색체 수를 말한다. 따라서 반수체 수가 4인 생물종에서는 독립적 분리에 따라 2^4 혹은 16종류의 배우자들이 생성된다. 이 수는 그렇게 크지 않다. 그러나 $n = 23$인 사람을 생각해 보자. 독립적 분리에 따라 2^{23}, 즉 8×10^6 혹은 8백만 종류의 배우자들이 생성된다. 수정은 두 양친에서 생성된 8×10^6 배우자들 중 하나씩 선택되어 융합하는 과정이기 때문에, 각 자손은 $(8 \times 10^6)^2$ 혹은 64×10^{12} 종류의 가능한 유전적 조합 중 오직 한 사건에 불과하다고 할 수 있다. 이 확률은 1조 분의 1보다 작은 값이라는 것을 고려한다면, 일란성 쌍생아를 제외한 모든 사람들은 그들 자신만의 유일한 형질을 가지고 있다고 할 수 있다. 지구상에 살고 있는 사람 수보다 더 많은 종류의 염색체 조합이 가능하다니 놀라운 일이다! 독립적 분리 결과로 생성되는 유전적 다양성은 유성생식을 하는 모든 생물의 진화과정에 매우 중요하다.

3.7 확률법칙으로 유전적 결과를 설명할 수 있다

유전적 비율은—예를 들어 3/4 큰 키: 1/4 작은 키—확률적으로 가장 적합한 생각이라 할 수 있다. 이 값은 각 접합자가 큰 키 형질을 가질 확률은 3/4이고, 반면에 작은 키 형질을 가질 확률은 1/4이라는 수정의 결과를 예측한다. 확률의 범위는 확실하게 사건이 일어나지 않는 0.0에서부터 확실하게 사건이 일어난 1.0까지다. 이 단원에서는 유전학과 확률의 관계를 고려해 볼 것이다. 일어날 확률을 알고 있는 두 개 이상의 사건들이 독립적이지만 동시에 일어날 때, 우리는 동시에 일어날 수 있는 결과들의 확률을 계산할 수 있다. 이것은 **곱셈법칙(product law)**을 적용하여 해결할 수 있다. 곱셈법칙은 두 개 혹은 그 이상의 사건들이 동시에 일어날 확률은 각 사건의 일어날 확률을 서로 곱한 값과 같다고 규정한다(3.3절 참조). 한 사건의 결과가 고려되고 있는 다른 사건들의 결과에 영향을 미치지 않는다면, 이들 사건들은 서로 독립적이다.

곱셈법칙을 예시하기 위해서 1센트짜리 동전(P)과 5센트짜리 동전(N)을 동시에 던졌을 때 앞면(H)과 뒷면(T)이 나올 수 있는 모든 조합을 적어 보자:

$$(P_H{:}N_H) = (1/2)(1/2) = 1/4$$
$$(P_T{:}N_H) = (1/2)(1/2) = 1/4$$
$$(P_H{:}N_T) = (1/2)(1/2) = 1/4$$
$$(P_T{:}N_H) = (1/2)(1/2) = 1/4$$

어느 동전이든 던졌을 때 앞면 혹은 뒷면이 나올 확률은 1/2이고, 서로의 결과에 영향을 미치지 않는다. 따라서 가능한 4개 조합들은 모두 동등한 확률로 일어난다고 예측할 수 있다.

두 사건의 결과가 서로 독립적이지만 이들 결과에 도달할 수 있는 방법이 한 가지 이상일 때 그 확률을 계산하려면 **덧셈법칙(sum law)**을 적용한다. 예를 들면, 1센트짜리 동전과 5센트짜리 동전을 던졌을 때 하나는 앞면 다른 것은 뒷면이 나올 확률은 얼마인가? 이 경우는 1센트짜리 혹은 5센트짜리 동전 중 하나에서 앞면이 나왔다면, 그 다음은 어느 동전에서든 뒷면이 나오면 된다. 위에서 언급한 것처럼, 원하는 결과를 얻을 수 있는 두 가지 방법이 있다. 두 가지 방법의 확률은 각각 1/4이다. 덧셈법칙은 그 결과가 두 가지 사건 이상으로 달성할 수 있는 경우, 그 결과가 일어날 확률은 가능한 모든 사건들이 일어날 각 확률을 더한 값과 같다고 명시하고 있다. 따라서 덧셈법칙에 따라 예시한 경우의 전체적 확률은

$$(1/4) + (1/4) = 1/2$$

이다.

즉, 두 번 시도 중 한번은 원하는 결과를 얻을 수 있음을 의미한다.

이 단순한 확률법칙은 전달유전학에 대한 논의와 유전학 문제를 해결하는 데 매우 유용하다. 실제로 곱셈법칙은 앞에서 분

지법을 이용하여 멘델의 양성잡종과 삼성잡종 교배의 표현형 비율을 산출하는 데 적용하였다. 교배의 결과를 알고자 할 때, 각 가능한 사건에 대한 확률을 계산하는 것으로 족하다. 이 값을 알게 되면, 각 표현형 혹은 유전자형을 발현하는 자손의 비율을 예측할 수 있다.

확률을 다룰 때 특히 명심해야 할 점은 가능한 결과의 예측은 표본 크기가 매우 크다고 가정하고 있다는 것이다. 양성잡종 교배에서 자손 중에서 9/16는 두 가지 우성형질을 발현한다고 예측하였다. 그러나 표본 크기가 작다면 정확하게 16개체 중 9개체에서 이 표현형을 관찰할 수 없다. 대신에 표본 크기가 매우 크다면 대략 9/16의 비율로 이 표현형을 관찰할 수 있다. 표본 크기가 작을 경우에는 예측 비율에서 벗어난 편차는 기회적 요인으로 생긴다. 기회 편차에 대해서는 다음 절에서 통계학을 논의할 때 자세히 다루게 될 것이다. 여러분이 알게 되겠지만, 표본 크기가 커질수록 순전히 기회요인 탓으로 생기는 편차에 대한 영향은 감소한다.

이항 정리

이항 정리(binomial theorem)를 이용한 확률 계산은 사건의 조합을 도달할 수 있는 방법이 여러 가지가 있을 때, 이러한 사건을 분석하는 데 유용하다. 특정 자녀 수를 가진 가족에서 남아와 여아를 특정 조합으로 가질 확률을 계산할 수 있다. 예를 들어, 4 자녀를 둔 가족에서 둘은 남아이고 둘은 여아일 확률은 얼마인가? 이 질문은 각 출산이 독립적인 사건이고 여러 출산 순서들이 전체적으로는 동일한 결과를 생성할 수 있기 때문에 복잡하다.

이항 정리는 다음과 같이 표현할 수 있다.

$$(a + b)^n = 1$$

여기서 a와 b는 두 가지 선택 가능한 결과를 얻을 수 있는 각각의 확률이고 n는 시도 횟수이다.

n	이항식	전개한 이항식
1	$(a+b)^1$	$a+b$
2	$(a+b)^2$	$a^2+2ab+b^2$
3	$(a+b)^3$	$a^3+3a^2b+3ab^2+b^3$
4	$(a+b)^4$	$a^4+4a^3b+6a^2b^2+4ab^3+b^4$
5	$(a+b)^5$	$a^5+5a^4b+10a^3b^2+10a^2b^3+5ab^4+b^5$
	등	등

n 값이 증가할수록 전개한 이항식은 복잡해진다. 표 3.2에 제시된 파스칼 삼각형(Pascal's triangle)을 이용하면 전개한 식에서 각 항의 수치 계수를 쉽게 결정할 수 있다. 삼각형 꼭대기에서 3번째 줄에서 출발해 보면, 각 수는 해당하는 수 바로 상단에 있는 인접 두 수의 합과 같다.

표 3.2 파스칼 삼각형

n	수치 계수*
	1
1	1 1
2	1 2 1
3	1 3 3 1
4	1 4 6 4 1
5	1 5 10 10 5 1
6	1 6 15 20 15 6 1
7	1 7 21 35 35 21 7 1
등	등

* 1이 아닌 모든 수는 바로 위에 있는 두 수의 합과 같다.

이항식을 전개하기 위해 a와 b의 지수(예: a^3b^2)는 다음과 같이 결정할 수 있다.

$$(a + b)^n = a, a^{n-1}b, a^{n-2}b^2, a^{n-3}b^3, ..., b^n$$

이 방법을 이용하여 표현하면, $(a + b)^7$은 다음과 같이 전개할 수 있다.

$$a^7 + 7a^6b + 21a^5b^2 + 35a^4b^3 + ... + b^7$$

이제 원래의 질문으로 돌아가자: 4 자녀를 둔 가족에서 둘은 남아이고 둘이 여아일 확률은 얼마인가?

우선, 각 결과에 대한 초기 확률을 할당해 보자:

$$a = \text{남아} = 1/2$$
$$b = \text{여아} = 1/2$$

$n = 4$인 이항식을 전개하면 다음과 같다.

$$(a + b)^4 = a^4 + 4a^3b + 6a^2b^2 + 4ab^3 + b^4$$

각 항은 가능한 결과를 나타내는 것으로 남아의 수를 나타내는 a의 지수와 여아의 수를 나타내 b의 지수로 표시하였다. 따라서 남아 둘과 여아 둘을 나타내는 항, 즉 우리가 찾고 있는 결과를 나타내는 확률적 표현은 다음과 같다.

$$\begin{aligned} p &= 6a^2b^2 \\ &= 6(1/2)^2(1/2)^2 \\ &= 6(1/2)^4 \\ &= 6(1/16) \\ &= 6/16 \\ P &= 3/8 \end{aligned}$$

그러므로 남아 둘과 여아 둘인 4 자녀를 둔 가족의 확률은 3/8이다. 네 자녀를 둔 가족들 중에 3/8은 두 남아와 두 여아를 가진다고 예측할 수 있다.

다른 예를 살펴보기 전에 파스칼 삼각형을 사용하고 싶지 않다면, 수학적 공식을 이용해서 특정 지수세트에 대한 수치 계수를 결정할 수 있다.

$$n!\,/\,(s!t!)$$

이 식에서

n = 전체 결과 수
s = 결과 a 일어날 횟수
t = 결과 b 일어날 횟수

따라서 $n = s + t$

부호 !는 계승(factorial)을 나타내는데, 1에서부터 특정 양의 정수까지 모든 정수의 곱이다. 예를 들면,

$$5! = (5)(4)(3)(2)(1) = 120$$

계승에서 0! = 1이라는 점을 명심하라.

이 공식을 이용하여 7 자녀를 둔 가족에서 남아가 5명이고 여아가 2명일 확률을 계산해 보자. 이 예에서 $n = 7$, $s = 5$, 그리고 $t = 2$이다. 이제 a 결과를 이르게 하는 5개의 사건과 b 결과를 이르게 하는 두 개의 사건을 표현하는 식을 세워보자.

$$\begin{aligned} p &= \frac{n!}{s!t!}a^s b^t \\ &= \frac{7!}{5!2!}(1/2)^5(1/2)^2 \\ &= \frac{(7)\cdot(6)\cdot(5)\cdot(4)\cdot(3)\cdot(2)\cdot(1)}{(5)\cdot(4)\cdot(3)\cdot(2)\cdot(1)\cdot(2)\cdot(1)}(1/2)^7 \\ &= \frac{(7)\cdot(6)}{(2)\cdot(1)}(1/2)^7 \\ &= \frac{42}{2}(1/2)^7 \\ &= 21(1/2)^7 \\ &= 21(1/128) \\ p &= 21/128 \end{aligned}$$

일곱 자녀를 둔 가족 중에서 평균적으로 21/128은 5명의 남아와 2명의 여아를 두고 있다고 예측할 수 있다.

이항 정리를 이용한 계산은 다유전자성 형질 분석(23장), 집단의 평형 연구(25장) 등 다양한 유전적 분석에 활용된다.

3.8 카이제곱 검정으로 유전적 자료에 대한 기회의 영향을 평가할 수 있다

멘델의 3:1 단성잡종 비율과 9:3:3:1 양성잡종 비율은 다음과 같은 가정하에서 예측된 것이다: (1) 각 대립유전자는 우성 혹은 열성이다, (2) 분리(segregation)는 서로 영향을 미치지 않는다, (3) 독립적 분리(assortment)가 일어난다, (4) 수정은 무작위적으로 일어난다. 마지막 두 가정은 시도된 횟수(chance event)에 의해 영향을 받기 때문에 임의 변동(random fluctuation)이 생기게 된다. 여러분은 동전 하나를 던졌을 때 앞면 혹은 뒷면이 나오는지를 기록함으로 **기회 편차(chance deviation)**에 대한 개념을 쉽게 이해할 수 있다. 각 시도마다 앞면이 나올 확률이 1/2, 뒷면이 나올 확률은 1/2이다. 따라서 시도 횟수가 많을 때는 1/2:1/2 혹은 1:1 이다. 동전을 1000회 던질 경우 거의 500번은 앞면 500번은 뒷면을 관찰할 수 있다. 이 이론적 비율에서 벗어나는 정당한 변이(예: 486번은 앞면이고 514번은 뒷면)가 기회 때문에 생긴다.

동전을 던지는 횟수가 감소할수록 기회 편차의 영향을 더 받는다. 예를 들어, 동전을 4번 던질 경우 4번 모두 앞면 혹은 뒷면만 관찰될 수 있는데 이는 놀라운 일이 아니다. 그렇지만 1000회를 던졌다면 앞면이 1000번, 뒷면이 1000번 나올 가능성은 거의 없다. 사실 이런 결과는 불가능하다고 할 수 있다. 실제적으로 1000회 시도에서 앞면이 1000번 나올 확률은 $(1/2)^{1000}$이다. $(1/2)^{20}$이 백만 분의 1보다도 적기 때문에 $(1/2)^{1000}$의 확률을 가진 사건은 거의 일어나지 않는다고 할 수 있다.
유전적 결과를 예측하거나 분석할 때 여러분은 다음 두 가지를 명심해야 한다.

1. 동전을 던지는 것처럼 독립적 분리와 수정 결과는 기회 편차에 기인하는 무작위적 편차가 발생한다.

2. 표본 크기가 증가할수록 기대 결과로부터 벗어나는 평균 편차가 감소한다. 따라서 집단 크기가 클수록 최종 결과에 미치는 기회편차의 영향은 감소한다.

카이제곱 계산과 귀무가설

유전학에서는 관찰된 편차를 평가하는 숙달된 능력이 필요하다. 실험 자료가 1:1, 3:1, 혹은 9:3:3:1 비율에 적합하다고 가정할 때, 우리는 **귀무가설(null hypothesis, H_0)**를 세우게 된다. 귀무가설은 관찰값(혹은 비율)과 기대값(혹은 비율) 사이에 진정한 차이가 없다고 가정했기 때문에 붙여진 이름이다. 어떠한 명백한 차이가 순수하게 기회 탓으로 생길 수 있다. 주어진 자료에 대해 귀무가설의 유효성을 통계적으로 분석할 수 있다. 이 분석 결과

표 3.3 카이제곱 검정

(a) 단성잡종

교배 기대 비율	관찰값(o)	기대값(e)	편차($o-e$)	편차(d^2)	d^2/e
3/4	740	3/4(1000) = 750	740–750 = −10	$(-10)^2 = 100$	100/750 = 0.13
1/4	260	1/4(1000) = 250	260–250 = +10	$(+10)^2 = 100$	100/250 = 0.40
	합계 = 1000				$\chi^2 = 0.53$
					$p = 0.48$

(b) 양성잡종

교대 기대 비율	관찰값(o)	기대값(e)	편차($o-e$)	편차(d^2)	d^2/e
9/16	587	567	+20	400	0.71
3/16	197	189	+8	64	0.34
3/16	168	189	−21	441	2.33
1/16	56	63	−7	49	0.78
	합계 = 1008				$\chi^2 = 4.16$
					$p = 0.26$

에 따라 귀무가설을 (1) 기각하거나 (2) 기각하지 못한다. 만일 귀무가설이 기각된다면, 기대값에서 관찰된 편차는 기회요인만으로 생긴 것이 아니라고 판정한다. 이럴 경우 귀무가설과 이를 뒷받침하는 가정들을 재검토해야 한다. 귀무가설을 기각할 수 없다면 관찰된 편차는 기회 탓이라고 판정한다.

카이제곱 검정[chi-square(χ^2) analysis]을 통해 간편하게 귀무가설을 검증할 수 있다. 카이제곱 검정에서는 비율의 각 구성원(기대값에서 벗어난)에서 관찰된 편차는 물론 표본크기까지 고려하여 단일 수치로 환산한다. χ^2값은 관찰된 편차가 기회의 결과로서 어떠한 빈도로 일어날 수 있는지를 평가하는 데 이용된다. 카이제곱 검정에 이용되는 수식은 아래와 같다.

$$\chi^2 = \Sigma\frac{(o-e)^2}{e}$$

여기에서 o는 주어진 범주의 관찰값이며, e는 그 범주에 대한 기대값이다. Σ(그리스 문자로 시그마)는 비율 구성에서 각 범주에서 계산된 값을 모두 더하라는 뜻이다. $(o-e)$는 각 범주에서 관찰된 편차(d)이기 때문에 다음과 같이 식을 정리할 수 있다.

$$\chi^2 = \Sigma\frac{d^2}{e}$$

표 3.3(a)에 가상적인 단성잡종 교배에서 F_2 결과에 대한 χ^2 계산 단계를 나타내었다. 이 교배에서 얻은 자료를 분석하기 위해 왼쪽부터 오른쪽으로 진행하며 그 계산이 정확한지 확인하라. 편차 d는 양의 수이든 음의 수이든 간에 상관없이 d^2으로 제곱하면 양의 수가 된다. 표 3.3(b)는 양성잡종 교배의 F_2 결과에 대한 분석 단계를 보여준다. 이 예에서 각 단계에 기재되어 있는 숫자들이 어떻게 산출되었는지 이해되는가?

카이제곱 검정에서 첫 단계는 χ^2 값을 해석하는 것이다. 이를 위해서는 우선 **자유도(degree of freedom, df)**를 결정해야 한다. 자유도는 $n-1$과 같으며, 여기서 n은 자료를 구분해 주는 범주, 말하자면 가능한 결과의 수를 나타낸다. 3:1 비율에서 $n = 2$이고 $df = 1$이다. 9:3:3:1 비율에서는 $n = 4$이므로 $df = 3$이다. 자유도는 범주의 수가 증가할수록 기회적 결과로 더 큰 변이가 생길 수 있다는 것을 의미한다. 일단 자유도가 결정되면, χ^2값은 그와 상응하는 **확률값(probability value, p)**으로 해석할 수 있다. 그림 3-11은 χ^2 값과 자유도에 따라 그에 상응하는 확률값을 나타낸 표와 그래프이다. 그래프를 이용하여 p 값을 어떻게 결정하는지 알아보자. 표를 이용한 p 값 결정 방법은 그림 3-11(b)의 설명에 자세히 제시되어 있다. 다음의 순서대로 그래프를 이용하여 p 값을 결정해 보자.

1. 수평 축(x축)에서 χ^2 값을 찾는다.
2. 이 지점에서 결정된 자유도에 따른 그래프까지 수직선을 그린다.
3. 여기에서 왼쪽으로 수평선을 그어 수직 축(y축)과 만날 때까지 선을 그은다.
4. 보간법으로 상응하는 p 값을 산정한다.

여러분은 표 3.3(a)의 단성잡종을 이용하여 p 값을 결정해 보았다. 그림 3-11(a)에서 p 값은 0.48로 산정되었다. 이제 이 방법을 사용하여 양성잡종 교배[표 3.3(b)]에 대한 p 값을 산정해 보자. χ^2 값이 4.16이고 $df = 3$이기 때문에 p 값은 0.26 정도로 산정된다. 표에서 이 결과를 비교해 보고, 단성잡종과 양성잡종 교배 모두에서 p 값이 0.2와 0.5 범위 내에 들어 있는지 확인하라.

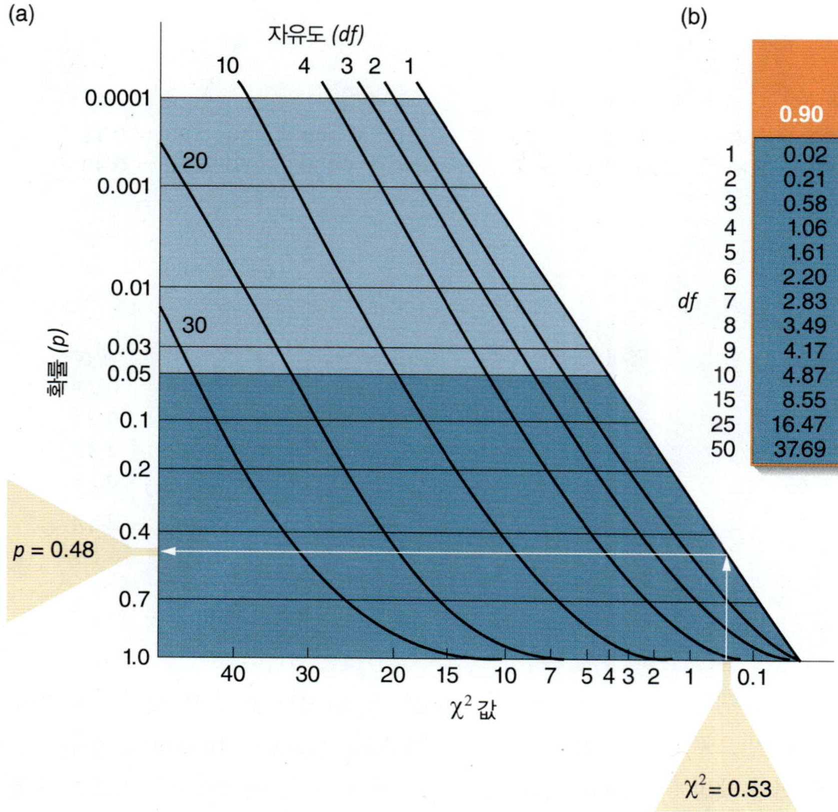

(b)

df	0.90	0.50	0.20	0.05	0.01	0.001
	확률 (p)					
1	0.02	0.46	1.64	3.84	6.64	10.83
2	0.21	1.39	3.22	5.99	9.21	13.82
3	0.58	2.37	4.64	7.82	11.35	16.27
4	1.06	3.36	5.99	9.49	13.28	18.47
5	1.61	4.35	7.29	11.07	15.09	20.52
6	2.20	5.35	8.56	12.59	16.81	22.46
7	2.83	6.35	9.80	14.07	18.48	24.32
8	3.49	7.34	11.03	15.51	20.09	26.13
9	4.17	8.34	12.24	16.92	21.67	27.88
10	4.87	9.34	13.44	18.31	23.21	29.59
15	8.55	14.34	19.31	25.00	30.58	37.30
25	16.47	24.34	30.68	37.65	44.31	52.62
50	37.69	49.34	58.16	67.51	76.15	86.60

χ^2 값

귀무가설 기각 실패
귀무가설 기각

그림 3-11. (a) χ^2 값을 p 값으로 환산하는 그래프. (b) 자유도에 따른 p 값 선택을 위한 χ^2 값 표. p 값이 0.05 이상(짙은 파란색 영역)에 대응하는 χ^2 값들은 귀무가설을 기각하지 못한다는 것을 정당화해 준다. p 값이 0.05 이하(옅은 파란색 영역)에 대응하는 χ^2 값들은 귀무가설을 기각할 수 있음을 보증한다. 예를 들어, 카이제곱표(b)에서 자유도 1일 때 $\chi^2 = 0.53$ 값은 0.2와 0.5 사이의 확률값에 해당한다. 그래프(a)에서 보간법을 사용하면 더 정확하게 p 값(0.48)을 산정할 수 있다. 따라서 우리는 귀무가설을 기각하지 못한다.

확률값 해석하기

지금까지 χ^2 값 계산과 이에 따른 p 값을 어떻게 결정하는지 살펴보았다. 이 단계를 지나면 여러분은 카이제곱 검정의 가장 중요한 국면에 이르게 된다: 즉, p 값의 의미를 해석하는 것. p 값을 백분율로 생각하는 것이 가장 단순하다. 표 3.3(b)의 양성잡종 교배를 예를 들어 살펴보자. p 값이 0.26이므로 26%로 생각할 수 있다. 이 예에서 p 값은 같은 실험을 여러 번 반복했을 때, 시도된 실험 중 26%에서는 최초 시도에서 관찰된 것만큼 혹은 그보다 큰 기회 편차가 생길 것이 기대된다는 뜻이다. 반대로 반복된 실험 중 74%에서는 기회의 결과로서 최초 관찰된 것보다 적은 편차를 보인다는 뜻이다. 따라서 p 값은 귀무가설(이 경우 9:3:3:1의 비율에 대한)을 증명하지도 못하며 절대적으로 부정하지도 못한다. 대신에 우리는 상대적인 기준을 설정하여 귀무가설을 기각하거나 혹은 기각하지 못한다고 할 수 있다. 일반적으로 0.05의 p 값을 기준으로 설정한다. 카이제곱 검정에 적용할 때, 0.05보다 적은 p 값은 일련의 결과에서 관찰된 편차는 시도된 실험 중 5% 미만에서만 기회의 결과로서 일어난다는 것을 의미한다. 이 p 값은 관찰된 결과와 기대되는 결과 간에 실제적인 차이가 있어 귀무가설을 기각할 것을 요구한다.

반면에 0.05 혹은 그 이상의 p 값(0.05에서 1.0까지)은 관찰된 편차가 시도된 실험 중 5% 혹은 그 이상에서 기회의 결과로 생긴다는 것을 의미한다. 이러한 결론은 귀무가설을 기각하지 못하도록 한다(표준으로 $p = 0.05$를 사용할 때). 그러므로 0.26의 p 값은 독립적 분리로 결과를 설명하는 귀무가설을 기각할 수 없다. 따라서 관찰된 편차는 기회의 결과라고 정당하게 말할 수 있다.

마지막으로 귀무가설이 기각되는 경우, $p \leq 0.05$에 대해 알아보자. 표 3.3(b)와 비슷하게 가능한 9:3:3:1 비율에 적합한지를 검증하기 위해 자료를 분석하여 계산 결과에 따라 귀무가설을 기각했다고 가정하자. 이 자료에 대한 다른 해석은 무엇인가? 연구자들은 귀무가설을 받쳐주는 가설들을 재검토할 것이다. 우리의 양성잡종 교배에서 분리는 두 유전자 쌍에 대해 동등하게 작동한다고 가정하였다. 또한 수정은 무작위적으로 일어나며 배우자들의 생존력은 유전자형에 관계없이 똑같다고 가정하였다 — 모든 배우자들은 동등한 확률로 수정에 참여한다. 마지막으로 수정 후에도, 즉 성체 이전 단계 및 성숙한 자손들 모두 유전자형에 상관 없이 동등한 생존력을 가진다고 가정하였다. 만일 이 가정들 중에 어느 하나에 오류가 발견되더라도 원래 가설이 필연적으로 논리적 모순을 가지는 것은 아니다.

이 점을 분명히 하기 위해 한 예를 들어 보자. 귀무가설을 "초파리들 간의 양성접종 교배에서 3/16은 돌연변이 날개 없는 초파리가 될 것이다"라고 가정하자. 그렇지만 돌연변이 초파리들은 정상날개 초파리에 비해 성체 이전 시기 혹은 어린 성체까지 생존하는 능력이 떨어진다. 결과적으로 실험에서 얻은 자료는 3/16보다 적은 비율을 얻게 될 것이다. 귀무가설을 기각하는 것 자체가 분리의 법칙과 독립적 분리의 법칙의 유효성을 기각하는 것은 아니다. 왜냐하면 우리가 알지 못하는 다른 요소들이 결과에 영향을 줄 수 있기 때문이다.

실전문제

3-4 멘델은 양성잡종 교배 실험에서, 315 둥글고 노란색, 108 둥글고 녹색, 101 주름지고 노란색, 32 주름지고 녹색인 F_2 식물들을 관찰하였다. 이 자료를 이용하여 다음 사항에 대해 그 적합성을 χ^2 분석으로 검증하시오.

(a) 이들은 9:3:3:1 비율에 적합하다.
(b) 둥글고:주름진 자료는 3:1 비율에 적합하다.
(c) 노란색:녹색 자료는 3:1 비율에 적합하다.

■ **힌트:** 이 문제는 실험자료들이 일정 비에 적합한지 분석하기 위해 χ^2 검증을 적용하는 것이다. 해결의 실마리는 우선 기대 비율을 사용하여 기대값을 결정하고 χ^2 값을 계산하는 것이다. 그런 후에 각 범주에서의 편차를 결정하고 d^2/e을 계산하라. χ^2 값을 구했다면, 각 비율에 대한 p 값을 결정하고 해석해야 한다.

더 연습하려면 18, 19, 20번 문제를 참조하시오.

3.9 가계도 분석으로 사람 형질의 유전양식을 알 수 있다

이제 사람에서 표현형의 유전양식은 어떻게 결정하는지 살펴보자. 사람에서는 실험적인 교배가 불가능하며 상대적으로 자손수도 작다. 사람에서 유전을 연구하는 전통적인 방법은 **가계도(pedigree)**를 작성하는 것이다. 가계도에는 각 세대 구성원들에서 조사되고 있는 형질의 발현 여부를 표시해 놓는다. 가계도를 분석함으로써 조사하고 있는 형질이 어떻게 유전되는지를 예측할 수 있다—예를 들어 이 형질이 우성 대립형질인지 혹은 열성 대립유전자인지 결정할 수 있다. 같은 형질을 나타내는 더 많은 가계도를 연구하게 된다면 그 형질의 유전양식을 더 확실하게 결정할 수 있다.

가계도 작성 규칙

유전학자들이 가계도를 작성할 때 사용하는 몇 가지 규칙들을

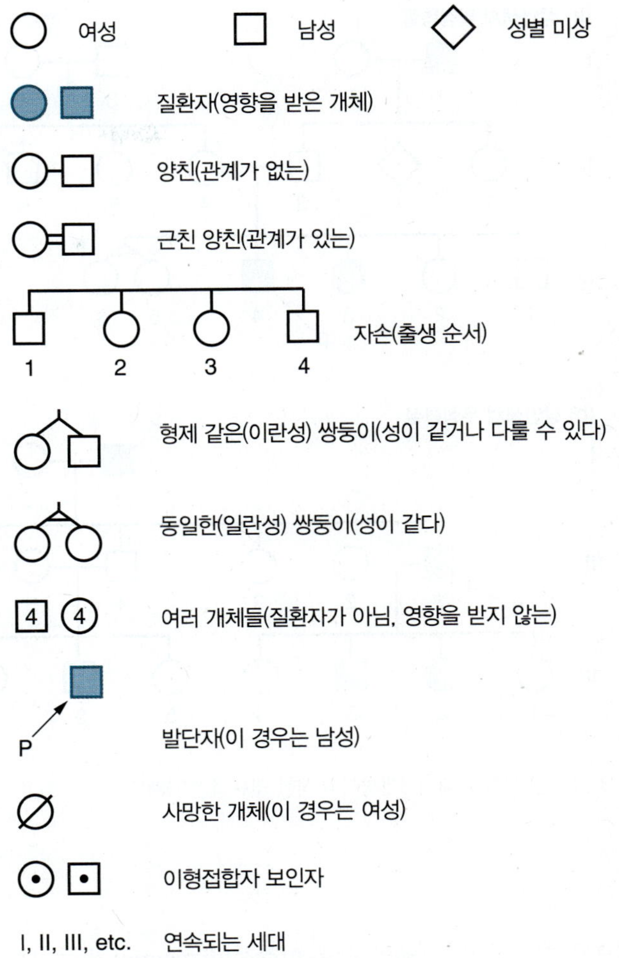

그림 3-12. 사람 가계도에서 흔히 볼 수 있는 규정.

그림 3-12에 나타내었다. 여성은 원으로 남성은 사각형으로 표시한다. 성을 모르는 개체는 마름모형으로 표시한다. 양친은 보통 서로 한 줄 수평선으로 연결하고 자식들과 수직선으로 연결한다. 양친이 서로 혈연관계이면 **근친(consanguineous)** 혼인으로, 친사촌 간일 때 이중 수평선으로 연결한다. 자손은 **형제자매(sibs; siblings**의 약자)라고 하며 수평 **형제자매선(sibship line)**으로 연결한다. 형제자매는 출생순서에 따라 왼쪽에서 오른쪽으로 아라비아 숫자로 표시한다. 양친 또한 아라비아 숫자로 표시하며 세대는 로마 숫자로 표기한다. 가계도에서 한 형질만을 추적할 경우, 채워진 원, 사각형, 마름모는 조사되는 표현형을 발현하는 개체이고, 채워지지 않은 것들은 발현되지 않는 개체를 의미한다. 일부 가계도에서 열성형질이 발현되지는 않지만, 이형접합자가 확실한 경우 채워지지 않는 원 혹은 사각형에 점을 찍어 넣는다. 개체가 사망하여 그 표현형을 모르고 있다면 원형 혹은 사각형에 대각선을 그려 넣는다.

쌍둥이는 형제자매선의 수직선에서 유래하는 대각선으로 표시한다. 동일 혹은 **일란성(monozygotic)** 쌍둥이는 대각선을 수

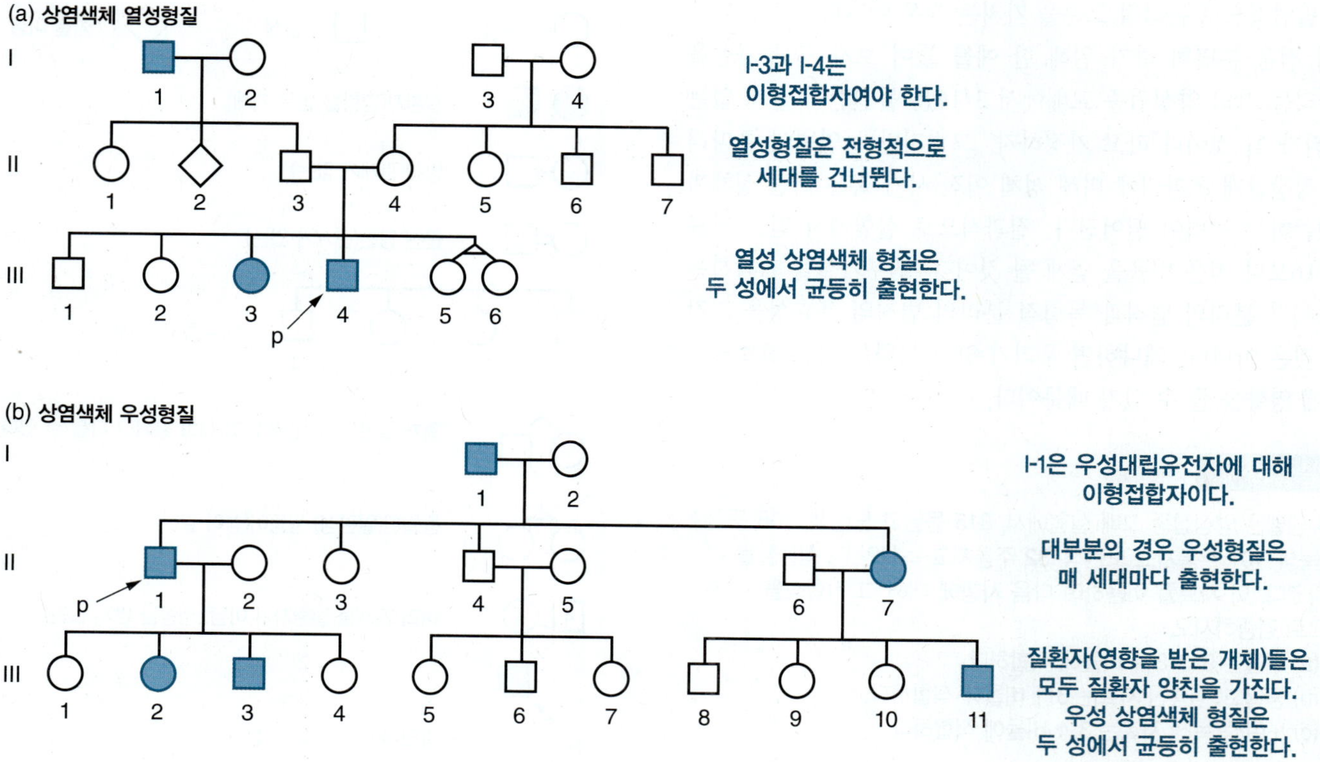

그림 3-13. 두 형질에 대해 3대까지 추적한 대표적인 가계도.

평선으로 연결하며, 형제와 같은 **이란성(dizygotic)** 쌍둥이는 연결선이 없다. 부호 속의 숫자는 동성의 형제자매 수와 같거나 혹은 미지의 표현형 수를 나타낸다. 가계도에서 해당 표현형이 최초로 관찰된 개체를 **발단자(proband)**라고 부르며, **p**를 붙여 화살표로 표시하는데 이것은 남녀 모두에게 적용된다.

가계도 분석

그림 3-13에 두 가계도를 제시하였다. 첫 번째는 상염색체 열성 유전형질을 보여주는 가계도이다. 한 예로 멜라닌 색소가 합성되지 않는 **백색증(albinism)**을 들 수 있다. 제1세대의 부친 (I-1)은 백색증 질환자이다. 한 양친이 희귀한 열성형질을 가질 때 나타나는 특징 중 하나는 다음 세대에서 그 형질이 "사라진다"는 것이다. 열성형질이라 가정한다면 질환이 없는 여성(I-2)은 정상 동형접합자인 개체로 판단할 수 있는데, 이것은 자손 중 누구도 질환을 가지고 있지 않기 때문이다. 그녀가 이형접합자라고 한다면 자손 중 절반에서 백색증이 나타날 것으로 예상되지만, 자손 모두 정상이다. 그러나 표본 크기(3자녀)가 적기 때문에 확신을 가지고 단정하기는 어렵다.

추가적인 증거들이 제공된다면 열성형질이라는 점에 더 설득력을 더해준다. 만일 백색증이 우성형질이라면, 개체(II-3)의 자손들(III-3와 III-4)이 백색증이기 때문에 개체(II-3) 자신도 백색증을 가지고 있어야 한다. 그러나 그는 백색증 질환자가 아니다. 3세대(III)를 구성하는 자손들을 면밀히 살펴보면 백색증이 열성형질이라는 가설을 지지하는 증거들을 찾을 수 있다. 양친(II-3와 II-4)이 모두 이형접합자라면, 이들 자손의 1/4은 백색증이 될 것으로 예상된다. 6자녀 중 2명이 백색증이다. 기대 비율에서 벗어난 이 정도의 편차는 적은 자손을 생성하는 교배에서는 기대하기 매우 어렵기 때문에 다시 한번 백색증이 열성형질임을 확인할 수 있다. 따라서 II-3 개체와 II-4 개체의 부호 안에 점을 그려 넣을 수 있다. 마지막으로, 상염색체성 형질은 그 형질이 남성과 여성에서 동등한 확률로 발현되는 특징을 나타낸다. 우리는 4장에서 성을 결정하는 X 염색체상에 위치한 유전자들에 대한 가계도를 조사할 것이다. X-연관 형질들은 남성 자손에서 더 빈번하게 출현하고, 그 형질이 아버지로부터 아들로 전달되지 않는 독특한 전달양식을 보여준다.

두 번째 가계도는 헌팅턴병과 같은 상염색체 우성형질의 유전양상을 보여준다. 가계도 분석에서 우성형질임을 알려주는 핵심 정보는 질환자 자손 모두 그 형질을 발현하는 부모를 가지고 있다는 것이다. 우연히 모든 자손들이 우성 대립유전자를 물려받지 않을 수도 있다. 만일 그렇다면, 그 형질은 다음 세대로 전달되지 않는다. 즉 그 형질의 전달은 중단된다. 열성형질과 마찬가지로 이 형질이 상염색체성이라면 남성과 여성에서 동등한 확률로 발현된다.

한 집단에서 주어진 상염색체성 우성형질이 매우 희귀하게 존재한다면, 질환자가 양친으로부터 돌연변이 유전자를 한 사본씩 물려받을 확률은 매우 낮다. 그러므로 대부분의 경우 질환자 개체들은 우성 대립유전자에 대해 이형접합자들이다. 결과적으로 자손들 중 절반은 그 형질을 물려받는다. 그림 3-13의 두 번째 가계도는 이러한 사실을 암시해 준다. 더욱이 돌연변이가 우성이라면 단일사본으로 돌연변이 표현형을 충분히 발현할 수 있다. 동형접합자의 표현형은 더욱 심각할 것으로 예견할 수 있으며, 심지어는 치사작용을 초래할 것이다. 이에 대한 한 예를 **가족성 고콜레스테롤혈증(familial hypercholesterolemia)**을 유발하는 우성 유전자에서 찾을 수 있다. 이형접합자는 저밀도 지질단백질, 즉 LDL(나쁜 콜레스테롤이라 부름) 수용체에 결함을 가진다. 결과적으로 콜레스테롤이 혈액에서 세포로 원활하게 흡수되지 못하여 혈액 내 콜레스테롤 농도가 상승한다. 적절한 조절을 하지 않는다면, 이러한 이형접합자 개체들은 보통 40대를 전후해서 심장발작을 경험한다. 이형접합자 개체의 혈중 LDL 농도는 정상 개체에 비해 2배 정도 높다. 희귀하게 동형접합자 개체들도 발견된다. 이들은 LDL 수용체 두 사본 모두에 결함을 가지고 있기 때문에, 혈중 LDL 농도가 정상 개체에 비해 10배 정도 높다. 그래서 이들은 매우 어린 시기 심지어는 5세 이전, 필연적으로 20세 이전에 심장발작을 겪는다.

많은 형질에 대한 가계도 분석은 역사적으로 사람 유전연구에서 매우 유용한 접근법으로 이용되어 왔다. 그렇지만 대량의 자손을 생성하는 실험적 교배를 통해 얻은 결론에 비해 가계도 연구로는 확실한 결론에 도달하기 어렵다. 그럼에도 불구하고 같은 형질 혹은 질환에 대한 독립적인 가계도 분석 연구에서 동일한 결과들이 도출될 수 있다. 표 3.4에 대표적인 사람 형질들을 열성 혹은 우성 표현형에 따라 분류하여 제시하였다.

표 3.4 사람에서 대표적인 열성과 우성 형질

열성형질	우성형질
백색증	연골 형성부전증
알캅토뇨증	단지증
운동실조 모세혈관 확장증	선천성 정지형 야맹증
색맹	엘로스-단로스 증후군
낭포성 섬유증	털감소증
듀켄 근이양증	헌팅턴병
갈락토오스혈증	고콜레스테롤혈증
혈우병	마르팡 증후군
레쉬-니한 증후군	근긴장성 이영양증
페닐케토뇨증	신경섬유종증
낫모양 적혈구 빈혈증	페닐티오카르바미드 시험
테이삭스병	포르피린증

실전문제

3-5 다음은 사람에서 근시안(myopia, nearsightedness)에 대한 가계도이다.

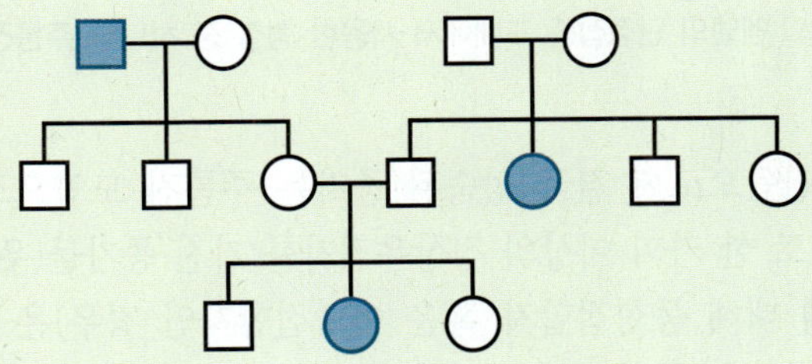

이 질환이 우성 혹은 열성 형질로 유전되는지를 예측하라. 여러분의 예측에 기초하여 각 개체의 유전자형을 결정하시오.

■ **힌트:** 이 문제는 가계도를 분석하여 근시안의 유전양식을 결정하는 것이다. 해결의 실마리는 그들 양친에서 이 형질이 발현되지 않지만, 그 형질을 발현하는 자손 개체가 있는지 없는지를 동정하는 것이다. 이는 문제 해결을 위한 강력한 실마리로 한 종류의 유전양식을 배제할 수 있다.

3.10 돌연변이 표현형들은 분자수준에서 연구되었다

정상과 돌연변이 유전자의 분자적 기초와 이들의 표현형이 발현되는 기전이 밝혀진 두 가지 예를 소개하면서 이 장을 마무리한다. 멘델이 유전법칙을 발표한 이후, 100여 년간 이에 대한 설명을 할 수 없었다. 하지만 이에 대한 논의는 유전자가 어떻게 표현형을 조절하는지 이해하는 데 큰 도움이 된다. 우선, 멘델 형질 중 한 형질의 분자적 기초에 대한 논의를 진행한 후 사람 질환에 대해 논의한다.

멘델의 주름진 종자는 어떻게 생성되는가: 분자적 설명

멘델은 100년 전에 주름진 종자를 사용하여 교배실험을 수행하였다. 최근에 과학자들은 주름진 종자가 생성되는 기전을 밝혀냈다. 주름진 종자 유전자의 야생형 대립유전자는 **전분-분지화 효소(starch-branching enzyme, SBEI)**라고 하는 단백질을 암호화한다. 이 효소는 종자가 성숙함에 따라 고도로 분지화된 전분을 생성하는 반응을 촉매한다.

주름진 종자(그림 3-14) 식물은 이 유전자의 돌연변이 대립유전자를 동형접합자로 가지고 있기 때문에 효소 활성이 없다. 결과적으로 종자 내에서 전분이 합성될 때 전분-분지점이 생성되지 않기 때문에, 종자가 발생하는 동안 자당이 많이 축적되고 수분함량이 많아진다. 이에 따라 종자 내에 삼투압이 증가하여 탈

그림 3-14. 멘델의 단성잡종 교배에서 사용한 형질 중 하나인 주름진 종자와 둥근 종자.

수가 촉진됨으로써 결국 성숙된 종자는 주름진 모양으로 변한다. 반대로 한 카피 이상의 정상유전자를 가진 종자들(우성대립유전자에 대해 동형접합자 혹은 이형접합자인 경우)은 발생과정에서 전분을 왕성하게 합성하고 탈수를 최소화할 수 있도록 삼투압이 유지된다. 이러한 결과로 종자는 둥근 모양을 취하게 된다.

SBEI 유전자를 클로닝하여 분석한 결과, 유전자와 표현형의 관계를 새로운 관점에서 통찰할 수 있게 되었다. 흥미롭게도, 돌연변이 유전자에서 암호서열을 파괴하는 800 염기 쌍으로 된, **전이요소(transposable element)**라고 부르는, 외부염기 서열이 발견되었다. 전이요소는 생물체의 유전체에서 한 곳에서 다른 곳으로 이동할 수 있는 능력을 가지고 있다. 전이요소들은 옥수수, 파슬리, 금어초, 초파리 등 여러 생물체에서 발견되었다.

테이-삭스병: 사람의 열성질환의 분자적 기초

사람에서 단일 돌연변이 유전자에 의해 유발되는 치명적인 질환에 대한 몇 예들이 보고되었다. **테이-삭스병(Tay-Sachs disease)**의 원인에 대한 현대적 설명을 살펴보자. 테이-삭스병은 중추신경계 전반에 걸쳐 치명적인 손상을 초래하는 열성질환이다. 테이-삭스병을 가지고 태어난 유아는 출생 시에는 질환이 발현되지 않기 때문에 6개월까지는 정상적으로 성장한다. 그 이후부터 점진적으로 정신적 및 신체적인 능력에 문제가 발생한다. 질환을 가진 유아는 결국 눈이 멀어지고 귀가 막히고, 정신지체 및 마비 증세를 보이는데, 대부분 1년 혹은 2년 길게는 5년 이내에 사망에 이르게 된다. 테이-삭스병은 전형적인 상염색체성 열성질환으로 이 환자들의 양친은 모두 정상이며, 대부분의 경우 질환에 대한 가족력도 없다. 그러나 이들 자녀 중 1/4은 테이-삭스병을 가지게 된다.

대부분의 유전자에서 최종적인 발현 산물은 단백질이다. 테이-삭스병과 관련된 단백질이 동정되어 이 질환에 대한 분자적 기초를 이해하게 되었다. 테이-삭스병은 **hexosaminidase A(Hex-A)**라는 단일 효소의 활성 결핍 때문에 유발된다. Hex-A는 세포내 리소좀(lysosomes)에서 발견되며, 신경세포막의 지질성분인 강글리오사이드 GM2를 분해하는 기능을 담당한다. 기능적인 Hex-A가 없다면 강글리오사이드가 두뇌의 신경세포에 축적되어 신경계가 파괴된다. 정상 대립유전자의 한 복사본을 가지고 있는 이형접합자에서 Hex-A의 활성은 정상인에 비해 50% 정도의 활성을 나타낸다. 그렇지만 이들에게는 질환이 발현되지 않기 때문에 정상 유전자 한 사본의 활성만으로도 정상적인 발생과 신경계 기능을 충분히 담당할 수 있다고 할 수 있다. 이러한 관찰은 열성 돌연변이의 분자적 기초를 제시해 준다. 즉 두 유전자 모두 돌연변이로 파괴된 경우에만 돌연변이 표현형이 발현된다는 것을 알 수 있다. 테이-삭스병 원인 유전자는 15번 염색체에 위치하며, Hex-A 효소의 알파 사슬을 암호화한다. 현재까지 이 유전자에 대한 50여 종류의 돌연변이들이 테이-삭스병 표현형을 유발한다고 보고되었다.

유전체학 탐색

사람의 온라인 멘델 유전

사람의 온라인 멘델 유전(The Online Mendelian Inheritance in Human, OMIM) 데이터베이스는 멘델 유전양식으로 유전되는 사람의 유전자와 질환들에 대한 다양한 자료들을 수집한다. 이 데이터베이스에는 염색체 이상으로 유발되는 질환(한 염색체가 소실된 단염색체성, 여분의 염색체를 가진 삼염색체성 등)들은 포함되어 있지 않다. OMIM 데이터베이스는 매일 업데이트되고 있으며, 2008년 고인이 된 존 홉킨스 대학의 Dr. Victor McKusick 박사가 창안하여 편집한 "*Mendelian Inheritance in Man*"이란 저서의 온라인 판이다. OMIM 사이트에 접속하면 DNA와 단백질 서열, 염색체 지도, 질환에 대한 설명, 그리고 참고문헌 등과 같은 다양한 정보들을 볼 수 있으며 이와 관련된 사이트로 링크할 수 있다. 이 연습문제에서는 OMIM에 접속하여 낫모양 적혈구 빈혈증(sickle-cell anemia)과 다른 멘델 유전 질환에 대한 정보를 탐색하여 질문에 답하면 된다.

■ **연습 I - 낫모양 적혈구 빈혈증**

여러분은 이 단원에서 열성과 우성인 사람형 질들을 살펴보았다. 이제 OMIM 데이터베이스를 탐색하면서 상염색체 열성질환인 낫모양 적혈구 빈혈증에 대한 정보를 더 조사해 보자.

1. 탐색을 시작하기 위해 OMIM 사이트 (www.omim.org.)로 접속한다.
2. SEARCH 박스에 "sickle-cell anemia"를 써넣고 Search 버튼을 누른다.
3. 기입번호 #603903으로 링크한다.
4. 낫모양 적혈구 빈혈증에 대한 정보들을 복습한다. 오른쪽 상단에 제시된 주제들의 항목을 살펴보고 더 많은 정보들을 학습한다.
5. 페이지 끝에 나열된 참고문헌 중 1~2개를 선택하고, PubMed에 접속하여 이 문헌들의 초록을 학습한다.
6. 탐색한 정보들을 바탕으로 다음에 답하라.
   a. 낫모양 적혈구 빈혈증을 지닌 개체들은 어떠한 유전자에 돌연변이가 유발되어 있는가?
   b. 이 질환의 주요 증상은 무엇인가?
   c. 낫모양 적혈구 빈혈증을 최초로 보고한 문헌은 무엇인가?
   d. OMIM에서 찾은 이 질환의 다른 두 가지 특징을 나열하라. 그리고 이 정보들을 얻기 위해 사용한 데이터베이스는 무엇인가?

■ **연습문제 II - 다른 열성 혹은 우성 질환들**

사람에서 우성 혹은 열성 형질로 유전되는 다른 형질들을 선택하여 그 특징들을 조사하라. 조사과정은 앞의 예에서 수행한 것과 동일하다. 일단 유전자를 선택했다면 연결된 데이터베이스로 들어간다.

탐색하여 얻은 흥미 있는 정보들을 기술하고 인용한 참고문헌을 제시하라.

사례 연구 I 평가를 위한 문제와 그렇지 않은 문제

Thomas는 그의 형이 앓고 있는 치매, 근육경직, 발작 등의 증세가 악화되고 있다는 사실을 알게 된 후부터 자신이 실로 무서운 가족력을 가지고 있다는 사실을 인지하게 되었다. 의학적 진단 결과, 올해 49세인 Thomas 형의 병명은 헌팅턴병(HD)으로 판명되었다. HD는 우성으로 유전되는 질환으로, HD 환자는 통상 45세부터 그 증상이 나타나기 시작하여 60세 초반에 사망에 이른다고 알려져 있다. 우울한 뉴스를 접한 Thomas는 침울하였고 이제야 아버지의 자살을 이해할 수 있었다. 올해 38세인 Thomas는 어쩌면 자신도 HD 유전자를 가지고 있을지도 모른다는 의문을 가지게 되었다. 그래서 그는 유전자 검사를 받을 경우에 장점과 단점에 대해 아내와 의논하게 되었다. Thomas 부부는 십대인 두 자녀, 아들과 딸을 두고 있다.

1. 이 실제적 시나리오에서 유전 상담관의 역할은 무엇인가?
2. 가계도를 작성하여 분석할 경우, 가계도 분석은 Thomas와 그의 가족이 직면한 딜레마를 푸는 데 어떠한 도움이 되는가?
3. Thomas가 유전자 검사를 받기로 결정했다면 건강보험회사는 어떠한 역할을 할 것인가?
4. Thomas가 HD 양성으로 판정받았고 여러분이 Thomas의 자녀들이라고 가정했을 때, 여러분은 유전자 검사를 받기를 원하는가?

요약

1. 멘델의 법칙은 표현형적 형질의 유전적 기초를 설명하는 데 도움이 된다. 수많은 단성잡종 교배실험을 통해 멘델은 단위요소는 쌍으로 존재하며, 이들은 형질을 발현하는데 우성/열성의 관계를 가진다고 하였다. 그는 더 나아가서 단위요소는 배우자 형성 동안 서로 분리되어 각 배우자로 동등한 확률로 전달된다고 하였다.
2. 멘델의 양성잡종 교배 결과에 기초한 독립적 분리 법칙은 각 단위요소 쌍이 다른 단위요소 쌍들과는 독립적으로 분리된다고 규정하고 있다. 결과적으로 가능한 모든 배우자 조합들이 동등한 확률로 생성된다.
3. 퍼넷사각형과 분지법은 두 개 이상의 유전자를 포함한 교배에서 표현형 혹은 유전자형 비율을 예측하는 데 이용된다. 분지법은 덜 복잡하면서도 퍼넷사각형 접근법과 똑같은 정확성을 보증한다.
4. 1800년대 들어 염색체의 발견과 감수분열 과정에서 염색체 행동에 대한 연구들은 멘델의 법칙이 재발견되는 전기를 마련하였다. 이 연구들을 통해 단위요소와 염색체 간의 연관성이 밝혀지게 되었다.
5. 유전 비율은 확률로 표시되기 때문에 유전적 교배 결과를 해석하기 위해서 확률법칙에 대한 이해가 필수적이다.
6. 카이제곱 검정으로 기대값과 관찰값 간에 실제적인 차이가 없다고 가정하는 귀무가설을 검증할 수 있다. 카이제곱 검정은 관찰된 변이가 기회편차에 기인할 수 있는지를 확률로 검증한다.
7. 가계도 분석은 사람의 형질을 여러 세대에 걸쳐 연구하는 방법론이다. 대량 교배가 불가능하고 많은 자손들이 생성될 수 없는 상황에서 가계도 분석은 형질과 질환의 유전양상을 예측하는데 기초적 자료를 제공한다.

질문 및 해답

유전학도로서 여러분은 전달유전학의 다양한 문제들을 풀면서 이에 대한 지식을 잘 이해하고 있는지 평가받게 된다. 주어진 문제를 잘 해결하려면, 이론에 대한 정확한 지식과 더불어 이를 실제적인 유전현상에 적용할 수 있는 능력이 필요하다. 대부분 학생들은 유전학 문제를 해결하면서 도전성과 이에 대한 보상감을 느낀다고 한다. 이 절은 이러한 문제를 해결하는 데 필요한 논리적인 통찰력을 제공하기 위해서 마련하였다.

유전학 문제는 대수학의 단어풀이와 매우 유사하며 그 문제를 해결하는 접근법도 동일하다: (1) 문제를 세심하게 분석한다, (2) 단어를 부호로 해석하고 각 부호를 정확하게 정의한다, (3) 문제해결에 이용될 특정 방법을 선택하여 적용한다. 처음 두 단계가 매우 중요하며, 세 번째 단계는 기계적으로 수행된다.

가장 단순한 문제는 P_1 세대에 대한 정보를 모두 제시한 후에 F_1과 F_2 세대에서 출현할 유전자형과 표현형의 비율을 계산하는 문제이다. 이런 유형의 문제를 접하면 다음의 순서대로 문제를 해결하시오.

(a) 가능한 모든 P_1 개체들에 대한 유전자형을 결정한다.

(b) P_1 양친에서 생성될 수 있는 배우자를 결정한다.

(c) 퍼넷사각형 혹은 분지법을 이용하여 배우자를 재조합 한다. 간단한 문제이면 암산으로 가능하다. F_1의 유전자형으로부터 표현형을 결정하고 기재한다.

(d) 위 과정을 반복하여 F_2 세대의 정보들을 알아낸다.

제시된 정보를 사용하여 유전자형을 결정하려면 전달유전학의 기본이론을 잘 이해하고 있었야 한다. 다음 문제를 생각해 보자: 초파리에서 열성 돌연변이 대립유전자를 동형접합자로 가질 경우 검은 몸색이다. 정상 야생형 대립유전자는 회색 몸색을 발현한다. 검은 몸 암컷과 회색 몸 수컷(이 수컷의 부계 양친은 검은 몸임)을 교배했을 때 F_1 세대의 표현형의 비율은 얼마인가?

이 문제를 해결하려면, 분리의 법칙과 우성/열성을 잘 이해하고 있어야 한다. 또한 수컷의 부계양친에 대한 정보도 활용해야 한다. 이 문제를 해결하는 논리적 접근법의 한 예를 설명한다.

암컷은 검은 몸이기 때문에 돌연변이 대립유전자에 대해 동형접합자(bb)이다. 수컷은 회색 몸이므로 하나 이상의 우성 대립유전자(B)를 갖는다. 수컷의 부계양친이 검은 몸(bb)이므로 이 수컷은 이형접합자(Bb)일 것이다. 이제 이 문제를 간단히 해결할 수 있다.

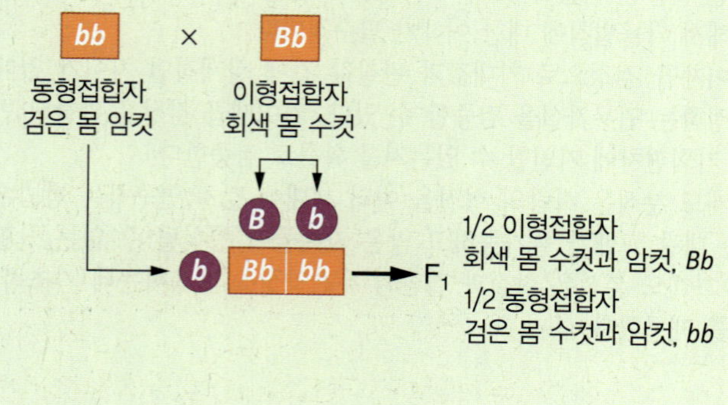

위에서 학습한 접근법을 적용하여 다음의 문제를 풀어보자.

1. 멘델은 통통한 꼬투리가 잘록한 것에 대한 우성임을 발견하였다. 반면에 둥근 종자는 주름진 종자에 대해 우성이다. 그는 통통하고 둥근 식물을 잘록하고 주름진 식물과 교배하였다. 이 교배에서 생긴 F_1 세대는 모두 통통하고 둥근 식물이었고, F_2 세대에서는 9:3:3:1의 표현형 비율을 관찰하였다. 이 정보를 활용하여, 동형접합자인 잘록하고 둥근 식물과 통통하고 주름진 식물을 교배했을 때 기대되는 F_1 및 F_2 세대의 결과들을 예측하시오.

해답: 우선 대립형질 쌍에 대해 부호를 할당하라. 열성형질을 표시하기 위해서는 각 형질의 첫 단어를 소문자로 표기하고, 우성형질을 표시하기 위해서는 대문자로 표기한다. 따라서 C와 c는 통통하고 잘록한 꼬투리를, W와 w는 둥글고 주름진 표현형을 각각 지칭한다.

P_1 세대의 유전자형을 결정하고, 배우자들을 조합하여 F_1 세대를 구성한다. 그런 후에 유전자형으로부터 표현형을 표기한다.

P_1: $ccWW$ (잘록한, 둥근) × $CCww$ (통통한, 주름진)

배우자: cW ↓ Cw

F_1: $CcWw$ 통통한, 둥근

여러분은 F_1 세대는 두 유전자 쌍에 대해 이형접합자로서 두 우성표현형을 발현하는 것은 알 수 있다. 따라서 F_2 세대에서 고전적인 멘델의 9:3:3:1의 비율이 나타날 것이라 예측할 수 있다. 어쨌든 이를 확인하기 위해 분지법으로 문제를 풀어 보자. 두 유전자 쌍은 이형접합자이며, 이들은 서로 독립적으로 분리된다고 기대되기 때문에 각 유전자 쌍으로부터 생성되는 F_2 결과를 분리하여 예측할 수 있다. 이제 분지법을 이용하여 문제를 풀어보자.

F_2 자손들은 다음과 같은 비율로 생성된다.

$Cc \times Cc$		$Ww \times Ww$	
CC, Cc, cC	통통한	WW, Ww, wW	둥근
cc	잘록한	ww	주름진

1. 이 비율을 이용하여 분지법 도표를 완성하고 9:3:3:1 표현형 비율이 생성되는지 확인하라. (이 비율은 실제 9/16:3/16:3/16:1/16임을 기억하자.) 곱셈법칙을 적용하여 최종 확률을 계산하시오.

3/4 통통한	3/4 둥근	(3/4)(3/4) →	9/16 통통한, 둥근
	1/4 주름진	(3/4)(1/4) →	3/16 통통한, 주름진
1/4 잘록한	3/4 둥근	(1/4)(3/4) →	3/16 짤록한, 둥근
	1/4 주름진	(1/4)(1/4) →	1/16 짤록한, 주름진

2. 유전자형을 모르는 양친 식물을 포함하는 또 다른 교배에서 다음 과 같은 자손들이 생성되었다.

   3/8 통통한, 둥근
   3/8 통통한, 주름진
   1/8 잘록한, 둥근
   1/8 잘록한, 주름진

   두 양친의 유전자형과 표현형을 결정하시오.

   해답: 이 문제는 다소 어렵게 느껴질 수 있다. 세대를 거슬러 올라가서 작업을 해야 하기 때문에 예리한 통찰력이 필요하다. 최선의 접근방법은 종자모양과 꼬투리 모양의 형질을 서로 분리해서 생각하는 것이다.

   모든 식물 중에서 3/8 + 3/8 = 3/4은 통통하고 1/8 + 1/8 = 1/4은 잘록하다. 양친 역할을 할 때 여러 유전자 조합 중에서 3/4:1/4의 비율을 생성할 수 있는 유전자형은 어떠한 유전자형일까? 이 비율은 멘델의 단성잡종 F_2 비율과 동일하다. 따라서 유전자형을 모르는 두 양친은 F_1 양친과 동일한 유전적 특성을 공유한다고 예측된다: 두 양친 모두 꼬투리 모양을 조절하는 유전자에 대해 이형접합자로서 *Cc* 이다.

   이 가정을 받아들이기 전에, 종자모양을 조절하는 가능한 유전자형에 대해 생각해 보자. 여러분이 이 형질만을 고려한다면, 이 형질은 3/8 + 1/8 = 1/2 둥근: 3/8 + 1/8 = 1/2 주름진 비율로 발현된다는 것을 알 수 있다. 이 비율이 생성되기 위해서는 양친 모두 이형접합자는 될 수 없다. 왜냐하면 이들은 3/4:1/4 표현형 비율을 생성하기 때문이다. 또한 둘 다 동형접합자일 경우는 모든 자손들이 단일 표현형을 보이기 때문에 이것도 아니다. 따라서 이 가설을 설명할 수 있는 남아 있는 유일한 가설은 종자모양 형질에 대해서 한 양친은 동형접합자이고 다른 양친은 이형접합자일 경우이다. 그러나 이 중 *WW* × *Ww* 는 한 표현형만 생성하기 때문에 이치에 맞지 않다. 그렇다면, *ww* × *Ww*일 가능성이 남아 있다. 이 교배에서 생성될 수 있는 자손은 1/2 *Ww*(둥근):1/2 *ww*(주름진)이기 때문에 우리가 찾는 결과와 정확히 일치한다.

   이제 여러분의 가설을 조합해서 교배 결과를 예측해 보자. 두 번째 유전자가 우성 혹은 열성이 될 수 있을 경우 대시(-)로 표기하는데 이는 표현형만 예측하기 때문이다.

   3/4 *C-*
   - 1/2 *Ww* → 3/8 *C-Ww* 통통한, 둥근
   - 1/2 *Ww* → 3/8 *C-ww* 통통한, 주름진

   1/4 *cc*
   - 1/2 *Ww* → 1/8 *ccWw* 잘록한, 둥근
   - 1/2 *Ww* → 1/8 *ccww* 잘록한, 주름진

   보다시피 이 교배는 우리가 보았던 최초의 정보와 일치하는 자손들을 생성한다. 이제 이 문제를 해결하였다. 이 문제 풀이의 분지법에서는 유전자형을 사용하였고, 1번 문제를 풀 때는 표현형을 사용했다는 사실에 주목하시오.

3. 실험실에서 유전학도들이 정상인 긴 날개를 가진 초파리와 뭉뚝한(*dumpy*) 돌연변이 날개를 가진 초파리를 교배하였다. 이들은 뭉뚝한 날개가 돌연변이 형질이라 생각하고 있었다. F_1 세대에서 모든 초파리들은 긴 날개를 가지고 있었다. F_2 세대에서는 다음과 같은 결과를 얻었다.

   792 긴 날개
   208 뭉뚝한 날개

   유전학도들은 뭉뚝한 날개 형질이 열성인지를 검증하기 위하여 F_2 자료를 이용하여 χ^2 분석을 수행하였다.

   (a) 어떠한 비율을 가정했을까?

   (b) 분석결과는 가설을 지지하는가?

   (c) 뭉뚝한 날개 돌연변이에 대한 자료는 무엇을 제시해 주는가?

   해답:

   (a) 유전학도는 F_2 자료(792:208)로부터 열성유전자는 멘델의 3:1 단성잡종 비율에 적합하다고 가정하였다.

   (b) χ^2 분석에서 첫 번째 단계는 3:1 비율에 맞는 기대값(e)을 구하는 것이다. 그런 후에 편차 $o - e(d)$를 계산할 수 있다.

비율	*o*	*e*	*d*	d^2	d^2/e
3/4	792	750	42	1764	2.35
1/4	208	250	−42	1764	7.06
	합계 = 1000				

$$\chi^2 = \Sigma \frac{d^2}{e}$$
$$= 2.35 + 7.06$$
$$= 9.41$$

   그림 3-11를 참조하여 확률(p)값을 결정하고 편차가 기회요인의 결과로 생긴 것인지 결정한다. 두 가지 결과(n = 2)가 가능하기 때문에 자유도(df) = n − 1 = 1이다. 그림 3-11(b)의 표에서 p 값은 0.01 에서 0.001에 해당한다. $P < 0.05$이기 때문에 귀무가설은 기각된다. 이 자료는 3:1 비율과 일치하지 않는다는 것을 의미한다.

   (c) 유전학도는 멘델의 3:1 비율이 확실하게 발현될 것이라는 가정을 세울 때 설정한 여러 가지 가정들이 있다. 이 가정들을 검토해보면 왜 귀무가설이 기각되었는지 설명할 수 있다. 한 가지 예를 들어 설명하면, 교배결과 생성된 유전자형들은 모두 동등한 생존력을 가진다고 가정하였다—긴 날개 혹은 뭉뚝한 날개를 생성하는 유전자형들 모두 수정에서부터 발생 초기를 거쳐 성체에 이르기까지 동일한 생존력을 가진다는 가설이다. 더 상세한 연구를 통해 뭉뚝한 날개를 가진 초파리가 긴 날개 초파리보다 생존력이 낮다는 사실이 밝혀졌다. 이런 결과로 인해 뭉뚝한 날개를 가진 초파리들이 기대값보다 적게 출현했다고 예측할 수 있다. 이것이 사실이라는 것을 증명하지는 못하지만, 주어진 자료에서 이를 확인할 수 있다.

4. 낭포성 섬유증(cystic fibrosis)의 원인 유전자는 상염색체 열성 유전된다. 두 양친이 이 유전자에 이형접합자이고 5명의 자녀를 두고 있다고 하자. 이들 자녀 중 3명이 정상일 확률을 계산하시오.

   해답: 이 문제는 이항식을 사용해서 풀 수 있다. 이를 위해서 여러분이 이미 알고 있는 두 가지 사실을 활용해야 한다. 각 임신에서 정상아를 가질 확률은

(계속)

질문 및 해답—계속

$$P_a = \text{정상} = 3/4$$

그리고 질환을 가진 아이를 가질 확률은

$$P_b = \text{질환자} = 1/4$$

이 값들을 다음 공식에 대입한다.

$$\frac{n!}{s!t!}a^5b^t$$

여기서 $n = 5, s = 3$, and $t = 2$ 이다.

$$p = \frac{(5)\cdot(4)\cdot(3)\cdot(2)\cdot(1)}{(3)\cdot(2)\cdot(1)\cdot(2)\cdot(1)}(3/4)^3(1/4)^2$$

$$= \frac{(5)\cdot(4)}{(2)\cdot(1)}(3/4)^3(1/4)^2$$

$$= 10(27/64)\cdot(1/16)$$

$$= 10(27/1024)$$

$$= 270/1024$$

$$p = \sim 0.26$$

탐구 문제

이 단원은 물론 뒷장에 제시된 유전학 문제를 다룰 때, 특별한 언급이 없는 한 항상 P_1 세대의 구성원은 모두 동형접합자라고 가정한다.

어떻게 알았을까?

1. 여러분은 이 장에서 멘델의 법칙, 확률, 가계도 분석에 대한 내용을 집중적으로 학습하였다. 또한 이러한 생각, 개념, 그리고 기술들을 이끌어낸 방법론과 논리들에 대해서도 알아보았다. 이에 대한 논의들을 기초로 하여 다음 질문에 답을 쓰시오.
(a) 멘델은 배우자가 형성되는 동안 단위요소의 행동에 대한 법칙을 어떻게 세울 수 있었을까? 그는 실제적으로 배우자를 관찰하지는 못했다.
(b) 우성을 발현하는 개체가 동형접합자인지 이형접합자인지를 어떻게 알았을까?
(c) 유전적 자료를 분석할 때, 기대비율에서 벗어나는 편차가 다른 요인이 아닌 기회적 요인으로 생긴다는 것을 어떻게 알았을까?
(d) 사람에서는 교배실험을 할 수 없기 때문에 사람의 형질의 유전양식은 어떻게 알았을까?

개념확인 문제

2. 이 장의 첫 페이지에 서술된 핵심개념을 복습하시오. 처음 다섯 가지의 개념들은 멘델의 법칙에 대한 현대적 해석을 기술하고 있다. 이 개념들에 기초하여, 멘델의 4가지 법칙들과 현재 우리가 알고 있는 유전자, 대립유전자, 그리고 상동염색체와의 관련성을 짧은 단문으로 기술하시오.

3. 사람의 백색증(albinism)은 단순 열성형질로 유전된다. 다음 가계들에서 양친과 자녀들의 유전자형을 결정하시오. (두 가지 유전자형이 가능하다면 둘 다 기재하시오.)
(a) 두 양친은 모두 정상이고 5 자녀들을 두고 있다. 이 중 4명이 정상이고 1명이 백색증이다.
(b) 정상 남성과 백색증 여성 사이에 6 자녀들이 있는데, 모두 정상이다.
(c) 정상 남성과 백색증 여성 사이에 6 자녀들이 있는데, 3명은 정상이고 3명이 백색증이다.
(d) (b)와 (c)의 가계도를 작성하시오. (b)의 정상 자녀들 중 한 사람이 (c)의 자녀들 중 한 사람과 혼인하여 8 자녀를 두고 있다. 이 자녀들을 가계도에 위치시키고 이들의 표현형(정상 혹은 백색증)을 예측하시오.

4. 여러분이 3번 문제에서 작성한 가계도에서 멘델의 법칙들 중 어떠한 법칙을 알 수 있는가? 이 법칙들을 나열하고 정의하시오.

5. 멘델의 단성잡종 결과들이 한 법칙을 제외한 나머지 법칙들을 설정하는데 어떻게 활용했는지 논의하시오. 이 결과들을 활용하지 않은 법칙은 어떠한 법칙인가? 그 이유를 설명하시오.

6. 멘델이 실험생물로 선택한 완두는 어떠한 장점을 가지는가?

7. 멘델은 둥근 종자와 노란색 떡잎을 가진 완두를 주름진 종자와 녹색 떡잎을 가진 완두와 식물과 교배하였다. 생성된 F_1 식물은 모두 둥근 종자와 노란색 떡잎을 가지고 있었다. 이 교배의 결과를 퍼넷 사각형과 갈래진 선 접근법(혹은 분지도표)을 이용하여 F_2 세대까지 작성하시오.

8. 앞의 교배에 기초하여 F_2 세대의 개체들이 둥근 종자와 녹색 떡잎을 가지면서 순계일 확률은 얼마인가?

9. 멘델의 법칙들 중 어느 법칙이 두 형질 쌍 이상인 교배에서 관찰되는가? 이 법칙을 정의하시오.

10. 검은색 기니피그(guinea pig)와 흰색 기니피그를 교배하여 얻은 F_1 자손은 모두 검은색이었다. F_2 세대의 자손들은 대략 3/4 검은색:1/4 흰색이었다.
(a) 이 교배의 유전자형과 표현형을 나타내는 도표를 작성하시오.
(b) F_2 자손 중 흰색인 두 마리를 서로 교배하면 어떠한 자손들이 생성되는가?
(c) F_2 세대에서 생성된 검은색 자손끼리 다음의 두 교배를 실시하였다.

교배	자손
교배 1	모두 검은색
교배 2	3/4 검은색, 1/4 흰색

각 교배의 결과를 도표로 작성하시오.

11. 염색체들 중에서 상동염색체를 구분할 수 있는 기준은 무엇인가?

12. 초파리에서 **회색(gray)**은 **흑단색(ebony)**에 대해 우성이고, **긴날개(long)**는 **흔적날개(vestigial)**에 대해 우성이다. P_1 개체들을 동형접합자로 가정하고, 다음의 교배를 F_2 세대까지 수행하고 각 세대의 유전자형과 표현형의 비율을 결정하시오.
(a) 회색 몸, 긴 날개 × 흑단색 몸, 흔적날개
(b) 회색 몸, 흔적 날개 × 흑단색 몸, 긴날개
(c) 회색 몸, 긴 날개 × 회색 몸, 흔적날개

13. 다음의 유전자형을 가진 개체들은 몇 종류의 배우자를 생성하는가?: (a) *AaBb*, (b)*AaBB*, (c) *AaBbCc*, (d) *AaBBcc*, (e) *AaBbcc*, 그리고 (f) *AaBbCcDdEe*
각 개체의 배우자를 나열하시오.

14. 멘델은 녹색 종자와 노란색 종자 완두 식물을 교배하였다. F_1 식물은 모두 노란색 종자를 가지고 있었다. F_2 식물들 중에서 노란색 종자인 식물이 6022개체이고 녹색 종자인 식물이 2001개체였다. F_2 노란색 종자 식물들 중 자가수분을 통해 다음과 같이 519개체가 얻어졌다. 순계 노란 종자 식물이 166개체이고, 나머지 353개체의 교배 결과, F_3 세대에서 3/4은 노란색 종자, 1/4은 녹색 식물들이 관찰되었다. 이 교배들을 도표로 그려 설명하시오.

15. 검은색 기니피그와 흰색의 기니피그를 이용한 연구에서 100마리 검은 동물과 100마리 흰 동물을 교배하여 F_2 세대까지 자손들을 얻었다. 이 교배 중 94개의 교배에서 F_1 자손들 모두 검은색이었고, F_2 세대에서는 검은색 3: 흰색 1의 비율로 자손들이 생성되었다. 나머지 6개 교배에서는 F_1 동물의 절반은 검은색이고 나머지 절반은 흰색이었다. 왜 이렇게 되었는가? 6개의 예외적인 교배에서 얻은 F_1 세대의 검은색 동물과 흰색 동물을 교배했을 때 그 결과를 예측하시오.

16. 멘델은 둥글고 녹색인 종자와 주름지고 노란색 종자 식물을 교배하였다. F_1 식물은 모두 둥글고 노란색 종자를 가지고 있었다. 이 F_1 식물을 검정 교배했을 때 예상되는 결과를 설명하시오.

17. 탈라세미아(thalasemia)는 사람의 유전적인 빈혈 질환이다. 이 병에 걸린 환자는 가벼운 빈혈 증세 혹은 심각한 빈혈 증세를 보인다. 이 질환의 유전에 단일유전자 쌍과 두 개의 대립유전자가 관여한다고 가정한다면, 탈라세미아는 우성질환일까? 아니면 열성질환일까?

18. 다음은 멘델이 수행한 두 가지 단성잡종 교배 결과이다.

(a) 통통한 꼬투리	882
잘록한 꼬투리	299
(b) 자주 꽃	705
흰색 꽃	224

각 교배에서 χ^2 분석으로 검증할 귀무가설을 설정하시오. 두 교배에서 χ^2 값을 계산하고 p 값을 결정하시오. 두 교배에서 편차가 기회요인에 의하는지 그렇지 않는지를 설명하시오. 어느 쪽이 편차가 더 큰가?

19. 유전학자가 두 개의 표현형을 생성하는 자료를 분석하여 250:150의 비율을 관찰하였다. 그녀는 두 가지 가설을 세워 χ^2 분석으로 검증하기로 결정하였다: (a) 자료는 3:1의 비율에 적합하다. 그리고 (b) 자료는 1:1 비율에 적합하다. 각 가설에서 χ^2 값을 계산하시오. 각 가설에 대해 어떠한 결론을 내릴 수 있는가?

20. 귀무가설을 기각하는 기준은 임의적으로 설정할 수 있다. 연구자들은 낮은 수준 또는 높은 수준의 기준을 설정하여, 귀무가설을 기각 또는 기각할 수 없는 p 값을 하향 또는 상향할 수 있다. 유전 교배의 카이제곱 검정을 수행할 때, 한계 기준을 p = 0.10으로 설정했다면, 귀무가설을 기각할 수 없는 판정이 더 엄격해지는가? 그 이유를 설명하시오.

21. 다음 가계도를 보고 물음에 답하시오.

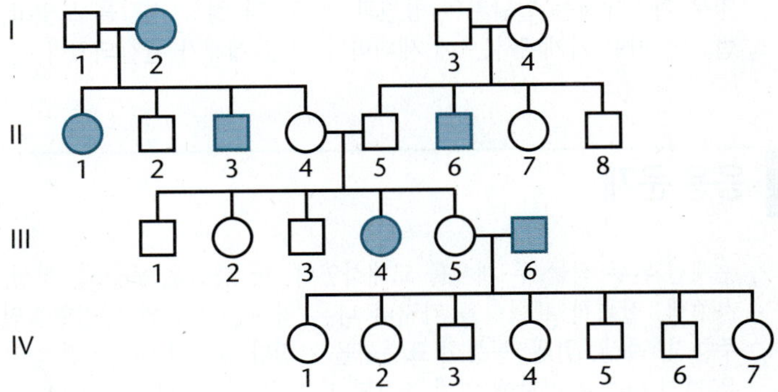

조사되는 형질의 유전양식과 가능한 모든 구성원의 유전자형을 예측하시오. 대립유전자 *A*와 *a*가 형질발현을 조절한다고 가정한다.

22. 다음은 충분한 정보를 제시하지 않는 가계도이다. 각 가계도에서 추론할 수 있는 형질들의 유전양식에 대해 결론을 내려 보시오. (4개 가계도의 각각은 모두 다른 형질이다.)

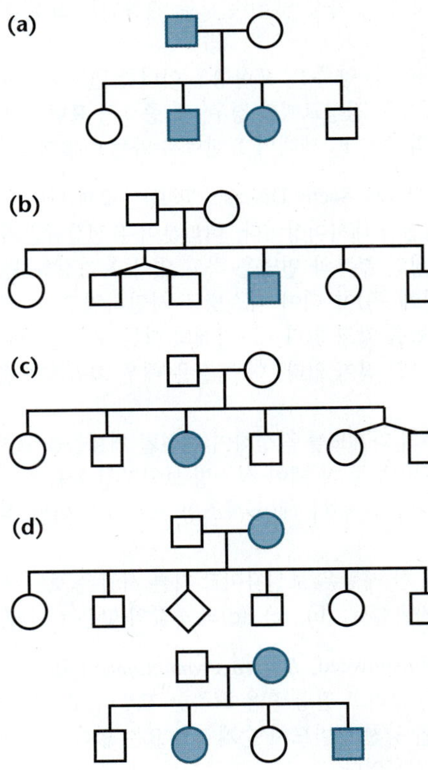

23. 다섯 자녀를 둔 가족에서 다음과 같이 자녀를 가질 확률을 계산하시오.
(a) 모두 남아일 경우는?
(b) 3명은 남아이고 2명은 여아일 경우는?
(c) 2명은 남아이고 3명은 여아일 경우는?
(d) 모두 성이 같을 경우는?

남아일 확률(p = 1/2)과 여아일 확률(p = 1/2)은 같다고 가정한다.

25. 십여 년 동안 과학자들은 희귀한 조기발병 청신경병증(early-onset auditory neuropathy, 난청)을 가진 가계도에서 여러 상황들이 관찰되었기 때문에 이 질환의 유전양식을 결정하는데 혼란스러워 했다. 일부 가계에서는 발단자의 양친과 조부모가 정상 청각을 보였고, 반면에 어떤 가계에서는 매 세대마다 난청 개체가 관찰되었다. 두 난청 모두 유전적으로 발병한다고 가정한다. 두 가계도에서 관찰된 난청에 대한 유전적 기원을 논리적으로 설명하시오.

26. 최근 법정에서 "기형아(wrongful birth)" 사건이 다루어졌다. 이 사건의 요지는 정상 양친에서 스미스-램리-오피즈 증후군(Smith-Lemli-Opitz syndrome)을 가진 아이가 태어났다는 것이다. 이 증후군은 구개가 갈라지는 등 여러 출산기형과 더불어 생식 및 비뇨기관에서 여러 문제들을 야기하는 표현형적 특징을 보인다. 전담의사가 첫째 아이 출산 시에 유전적 소인이 없다는 말을 듣고, 이 부부는 둘째를 가지게 되었다. 그러나 둘째는 스미스-램리-오피즈 증후군을 가지고 태어났다. 여러분이 유전 상담관의 역할을 한다면, 법정에서 이에 대해 어떻게 진술할 것인가? 이 질환이 열성형질이라는 사실을 알고 있다. 양친이 질환자인 두 자녀를 가질 확률을 포함해서 진술할 내용들을 작성해 보시오.

응용 문제

27. 순계인 완두 식물 두 개체를 교배하였다. 한 양친은 둥글고, 정생, 자주색, 잘록한 표현형을 가지며 다른 양친은 이들의 대립형질인 주름진, 축생, 흰색, 통통한 표현형을 가진다. 4개의 대립형질 쌍들은 각기 다른 유전자에 의해 조절되고, 다른 염색체에 위치한다. 교배 결과, F_1 세대는 모두 둥글고, 축생, 자주색, 통통한 표현형 개체들만 관찰되었다. F_2 세대에서는 이 형질들에 대해 가능한 모든 조합들이 멘델 유전 법칙과 일치하는 비율로 생성되었다.
(a) F_1 세대의 결과에 기초하여, 이 형질들의 유전에 대해 어떠한 결론을 내릴 수 있는가?
(b) F_2 세대에서, 가장 높은 빈도로 관찰되는 표현형은 어떤 것인가?
(c) F_2 세대에서, 가장 낮은 빈도로 관찰되는 표현형은 어떤 것인가?
(d) F_2 세대에서, 양쪽 P_1 표현형은 어떠한 빈도로 출현하는가?
(e) F_1 식물들을 검정교배할 경우, 몇 종류의 표현형이 생성되는가? 이 표현형의 수는 F_2 세대의 표현형 수와는 어떻게 다른가?

28. 테이-삭스병(Tay-Sachs Disease, TSD)은 2세 나이에 죽음을 이르게 하는 선천적 대사이상이다. 여러분이 유전상담관의 자격으로 표현형이 정상인 부부와 면담을 하고 있다고 가정하자. 남편은 여성인 사촌(부계 쪽)이 테이-삭스병로 사망하였고, 아내는 외삼촌이 테이-삭스병을 앓고 있다. 두 가계의 다른 구성원들에서는 테이-삭스병이 보고된 적이 없다. 이 형질은 매우 희귀하게 출현한다고 가정한다.
(a) 이 부부의 가계도를 작성하여 관련된 개체들을 표시하시오.
(b) 남편과 아내 둘 다 테이-삭스병 보인자일 확률은 얼마인가?
(c) 남편과 아내 둘 다 테이-삭스병 보인자가 아닐 확률은 얼마인가?
(d) 부부 중 한 사람은 보인자이고 다른 사람은 보인자가 아닐 확률은 얼마인가?[힌트: (b), (c), (d)의 p 값의 합은 1 이다.]

29. 흰독말풀(Jimsonweed, *Datura stramonium*)의 표현형은 진홍색 혹은 흰색 꽃, 그리고 편평 혹은 뾰족한 꼬투리 구조를 하고 있다. 교배에 이용된 양친이 반드시 순계일 필요는 없다. 두 교배 결과를 다음 표에 제시하였다.

흰색 뾰족한 × 흰색 뾰족한	3/4 흰색 뾰족한
	1/4 흰색 편평한
진홍색 편평한 × 진홍색 편평한	3/4 진홍색 편평한
	1/4 흰색 편평한

(a) 이 결과를 기초로 진홍색/흰색과 편평한/뾰족한 형질 유전에 대한 가설을 세워 보시오.
(b) 형질들에 대해 조합 가능한 모든 순계 식물들을 가지고 있다고 가정한다. 특정한 단일교배를 F_2 세대까지 수행함으로써 가설이 옳고 그름을 증명할 수 있다. 여러분이 세운 가설이 옳다고 가정한다면, 이 교배에서 얻은 결과 중 어떠한 결과가 가설을 지지하는가?

30. 야생형(정상) 노랑초파리(*Drosophila melanogaster*)의 표현형은 곧은 날개와 긴 강모이다. 휜 날개와 짧은 강모를 가진 돌연변이 계통들이 발견되었다. 두 돌연변이 원인 유전자는 서로 다른 염색체에 위치한다. 다음 page 상단에 나타낸 것과 같이 5종류의 교배를 자세히 살펴보시오.
(a) 우성 혹은 열성으로 각 돌연변이를 정의하시오. 각 경우에서 어느 교배가 여러분의 해답을 지지하는가?
(b) 유전자를 부호로 표기하고, 각 교배에서 양친의 유전자형을 결정하시오.

31. 양친의 유전자형을 알고 있을 때 다음 세대에 출현할 표현형의 비율을 결정할 수 있다. 이때 전개된 이항식 혹은 파스칼 삼각형 대신에 다음의 수식을 이용할 수 있다.

$$\frac{n!}{s!t!}a^s b^t$$

여기서 n은 자녀의 총 수, s는 한 표현형 범주에 속하는 자녀 수, t는 다른 표현형 범주에 속하는 자녀 수, a는 첫째 표현형이 출현할 확률, b는 두 번째 표현형이 출현할 확률이다. 이 수식을 이용해서 다음 문제를 풀어라. 두 양친이 낫모양 적혈구 빈혈증(sickle-cell anemia)에 대해 이형접합자인 경우, 5자녀를 둔 가족에서 정확하게

교배	자손			
	곧은 날개 긴 강모	곧은 날개 짧은 강모	흰 날개 긴 강모	흰 날개 짧은 강모
1. 곧은, 짧은 × 곧은, 짧은	30	90	10	30
2. 곧은, 긴 × 곧은, 긴	120	0	40	0
3. 흰, 긴 × 곧은, 짧은	40	40	40	40
4. 곧은, 짧은 × 곧은, 짧은	40	120	0	0
5. 흰, 짧은 × 곧은, 짧은	20	60	20	60

2명이 낫모양 적혈구 빈혈증일 확률은?

32. 토마토 식물을 이용해서 멘델의 분리의 법칙을 검증하려 한다. 순계 큰 키 변종(*SS*)과 순계 작은 키 변종(*ss*)을 교배하였다. 이형접합자 F_1 큰 키 식물(*Ss*)를 자가교배하여 다음과 같은 2개의 F_2 결과들을 얻었다.

교배 1	교배 2
큰 키 30	큰 키 300
작은 키 5	작은 키 50

(a) χ^2 검증을 이용하여 두 실험자료를 분석하시오. 두 자료의 χ^2 값을 구하고 p 값을 평가하시오.
(b) 위의 분석 결과로부터, 실험적인 조건에서 많은 자손을 생성토록 해야 하는 것에 대한 중요성에 대해 어떠한 결론을 내릴 수 있는가?

33. 멜라닌(피부색소) 생성 유전자의 돌연변이로 유발되는 백색증은 사람을 포함한 여러 생물종에서 발견된다. 1991년에 뉴 사우스 웨일즈 근해에서 흰혹등고래("Migaloo"라고 부름) 한 개체가 관찰되었다. 최근 Polanowaki와 그의 동료들(Polanowski, A., S. Robinson-Laverick and D. Paton. 2012. *Journal of Heredity* 103:130-133)은 오스트리아 동해안에서 미갈로를 포함한 흰혹등고래 집단의 유전학 연구를 수행하였다.
(a) 미갈로의 백색증은 우성 돌연변이인가 열성 돌연변이인가? 여러분의 해답을 논리적으로 서술하시오.
(b) (a) 문제를 푸는데 어떤 자료들이 도움이 되는가?

34. (a) 미갈로의 백색증을 희귀한 열성 돌연변이라고 가정한다면, 이 집단에서 자연적으로 강건한 흰혹등고래 아집단이 생성될 가능성이 있는가?
(b) 미갈로의 백색증을 희귀한 우성 돌연변이라고 가정한다면, 이 집단으로부터 자연적으로 강건한 흰혹등고래 아집단이 생성될 가능성이 있는가?

35. 미갈로의 백색증은 희귀한 열성 유전자에 의해 유발된다고 가정한다.
(a) 정상 색소를 가진 두 이형접합자끼리 교배했을 때 처음에 탄생하는 세 자손 모두 정상 색소일 확률은?
(b) 첫째 암컷 자손이 정상 색소일 확률은?
(c) 첫째 자손이 정상 색소인 암컷일 확률은?

36. 상아질형성부전증(dentinogenesis imperfect)은 치아를 보호하는 중간층에 존재하는 골-유사 성분인, 상아질 시알로인산단백질의 생성과 관련된 치아 질환이다. 사람에서 이 질환의 원인 유전자는 4번 염색체에 위치하며 상염색체 우성 대립유전자로 유전된다. 그리고 이 치아 질환은 사람집단에서 6000명에서 8000명당 1명꼴로 출현한다. 상아질형성부전증인 남성(이 남성의 부친은 질환을 가지고 있고 모친은 정상이다)과 정상 치아를 가진 여성이 혼인하여 6자녀들을 두고 있다. 첫 번째 자녀가 상아질형성부전증일 확률은 얼마인가? 6자녀들 중 3자녀들이 상아질형성부전증일 확률은 얼마인가?

갈색, 금색, 검은색의
래브라도 리트리버 강아지로,
이들의 털 색깔은
두 개의 유전자 쌍에 의해
조절된다.

4 멘델 유전법칙의 확장

핵심 개념

- 대립유전자가 멘델의 법칙에 따라 부모로부터 자녀에게 전달될 때, 종종 멘델에 의해 관찰된 것과는 달리 대립유전자 간 분명한 우열관계를 보이지 않는다.
- 멘델의 유전양상으로부터 확장된 많은 경우에 두 개 혹은 그 이상의 유전자들이 한 가지 표현형에 영향을 미치는 것으로 알려져 있다.
- 유전자가 X 염색체에 있다면, XY 개체는 두 개의 X 염색체 중의 하나만 받기 때문에 이형접합성의 가능성이 없어져 멘델의 유전양상에 대한 또 다른 예외가 된다.
- 멘델의 유전법칙의 여러 예외적인 경우는 전형적인 단성잡종 교배, 양성잡종 교배 그리고 삼성잡종 교배와 다른 비율의 표현형이 나타난다.
- 표현형은 보통 유전자가 발현되는 환경과 유전자 작용이 결합된 결과로 나타난다.

우리는 전달유전학의 기본 원리를 다루었다. 유전자들이 상동염색체에 존재하고, 배우자형성 중에 이 상동염색체들은 서로 간에 분리되며, 다른 분리 중인 염색체와는 독립적으로 나누어지는 것을 살펴보았다. 이는 부모에게서 자손으로 유전자가 전달되는 기본 원리이다. 자손이 전체 유전자 세트를 받았더라도 표현형을 결정하는 것은 유전자의 발현이다. 유전자 발현이 단순한 우성/열성 방식을 따르지 않거나, 하나의 형질 발현에 한 쌍 이상의 유전자가 영향을 미칠 경우 전통적인 3:1과 9:3:3:1의 F_2 비율에 변화가 온다. 이 장과 다음 몇 개의 장에서 우리는 더 복잡한 유전 모델을 다룰 것이다. 이 상황들은 훨씬 복잡하지만 멘델에 의해 확립된 기본적인 원리는 계속 유지된다.

이 장에서는 첫 번째 논의를 한 세트의 유전자에 의해서 조절되는 유전형질로 한정하고자 한다. 상동염색체 쌍을 갖는 이배체 생물들에서는 각 유전자당 두 개의 복사본에 의해 형질이 결정된다. 집단 내에는 유전자에 변화가 생긴 대립유전자(allele)가 있기 때문에 복사본은 반드시 동일하지는 않다. 대립유전자가 어떻게 표현형에 영향을 미치는지가 우리의 주요한 관심사가 될 것이다. 그리고 하나의 표현형이 한 세트 이상의 유전자에 의해 영향을 받는 **유전자 상호작용(gene interaction)**에 관해서 살펴보고 많은 예시들을 통해 다양한 유전양상을 설명할 것이다.

이제까지 우리는 X와 Y 이외의 염색체만을 다루었다. 하지만 **X-연관(X-linkage)**, 즉 X 염색체상에 존재하는 유전자의 경우를 통해서 멘델 비율이 변형된 또 다른 유전양상을 살펴볼 것이다. 또한 유전자가 반드시 X 염색체상에 있지 않으면서도 개체의 성별이 표현형에 영향을 미치는 한성유전과 종성유전도 살펴볼 것이다. 그리고 우리는 주어진 표현형이 종종 유전자, 세포 혹은 개체가 접한 환경에 의해서 어떻게 달라지는지에 대해 살펴보면서 이 단원을 마칠 것이다. 이것은 표현형이 단지 개체의 유전자형에 의해서만이 아니라 더 많은 것에 의해 결정된다는 것을 가리킨다. 이 장에서 논의되는 몇 개의 주제는 나중에 더 깊게 다룰 것이다(현대 유전학 특강 1장—후성유전학 참조).

4.1 대립유전자는 여러 방법으로 표현형을 바꾼다

1900년대 초기에 멘델의 연구가 재발견된 후에 유전자가 개체의 표현형에 영향을 미치는 많은 방법에 대한 연구들에 초점이 맞춰졌다. 멘델의 발견에서 유래한 이 연구 과정을 네오 멘델 유전학이라 한다(*neo*는 그리스 단어로 '~로부터' 혹은 '새로운'을 뜻한다).

이 장에서 설명하는 각각의 유전양상은 예상되는 멘델의 비율을 정확이 따르지 않는 경우들을 조사한 것이다. 멘델의 유전 법칙을 변형시키고 확장한 가설들이 제안되어 특별하게 설계된 교배에 의해 검증되었다. 이런 관찰로 제안된 가설들은 표현형이 한 쌍 혹은 그 이상의 상동염색체의 특정 좌위에 있는 하나 이상의 유전자에 의해 조절된다는 원리에 따라 설계되었다.

다양한 유전양식을 이해하기 위해서는, 먼저 **대립유전자(allele)**의 잠재적인 기능을 생각해 보아야 한다. 대립유전자는 한 유전자의 변형된 형태이다. 집단 내에서 가장 흔히 관찰되는 대립유전자, 즉 우리가 임의로 정상이라고 부르는 대립유전자를 **야생형 대립유전자(wide-type allele)**라고 하며 이것은 보통 우성이다. 야생형 대립유전자는 야생형 표현형을 결정하며, 특정 좌위에서 일어나는 돌연변이 표현형을 비교하는 표준이 된다.

돌연변이 대립유전자는 변형된 유전정보를 포함하고 종종 변형된 유전자 산물을 만들어 낸다. 예를 들면, 사람에서 헤모글로빈의 β 사슬을 암호화하는 많은 대립유전자들이 존재한다. 이런 모든 대립유전자들은 β 사슬 폴리펩타이드의 합성에 필요한 정보를 가지고 있지만 각각의 대립유전자들로부터 약간의 다른 형태의 단백질이 만들어진다. 이 대립유전자로부터 단백질이 만들어졌을 때 기능은 변형될 수도 있고 아닐 수도 있다.

돌연변이는 대립유전자들이 만들어지는 원천이 된다. 생명체의 관찰을 통해서 대립유전자가 인식되려면 대립유전자는 반드시 표현형에 변화를 일으켜야 한다. 새로운 표현형은 관련 유전자로부터 나온 산물의 기능이 변함으로써 나타난다. 종종 돌연변이는 특정한 야생형의 기능을 감소시키거나 잃게 한다. 예를 들면, 만약 한 유전자가 특정 효소를 암호화하고 있는데 이 유전자에 돌연변이가 생기면 이 돌연변이 유전자로부터 만들어진 효소는 구조가 바뀌어 기질에 대한 친화성이 감소하거나 아예 없을 수도 있다. 이러한 돌연변이를 **기능결손 돌연변이(loss-of-function mutation)**라고 한다. 기능을 완전히 상실한 돌연변이를 **비대립유전자(null allele)**라고 부른다.

반대로, 돌연변이가 야생형 유전자 산물의 기능을 촉진할 수도 있다. 이것은 대부분 유전자 산물의 양이 증가하기 때문에 일어난다. 예를 들어, 돌연변이가 이 유전자의 전사에 영향을 미쳐 일어날 수 있는데 이런 돌연변이를 **기능획득 돌연변이(gain-of-function mutation)**라고 하며, 이배체 생물에서 정상 표현형을 바꾸는데 유전자의 한 복사본만으로도 충분하기 때문에 대개 우성 대립유전자가 된다. 기능획득 돌연변이의 예로 세포주기를 조절하는 **원발암유전자(proto-oncogenes)**가 **발암유전자(oncogenes)**로 전환되는 것을 들 수 있는데, 이 돌연변이에서는 정상적인 세포주기의 조절이 과도하게 만들어지는 이 산물에 의해서 무너져 암세포가 만들어진다. 또 다른 예로는 억제 신호물질이 특정한 생화학 반응을 조절하지 못하도록 수용체의 민감도를 변화시키는 것이 있다. 이 경우 유전자 산물이 계속해서 기능을 하는 상태로 존재하는 것이라고도 할 수 있다.

기능획득과 기능상실 돌연변이의 개념에 대해서 소개했지만, 어떤 돌연변이는 기능에 아무런 변화를 주지 않는 대립유전자가 될 수 있다는 것도 주목할 필요가 있다. 이 경우 표현형 변화가 뚜렷하지 않기 때문에 돌연변이를 바로 확인하기는 어렵다. 하지만 이런 돌연변이는 DNA 서열을 직접 조사하면 확인이 가능하다. 이런 돌연변이는 유전자 산물이 생물체의 표현형과 진화 적응도에 변화를 일으키지 않기 때문에 **중립 돌연변이(neutral mutation)**라고 불린다.

마지막으로 어떤 표현형은 하나의 유전자에서의 돌연변이 결과에 의해 나오지만, 다른 형질들은 종종 많은 유전자들의 산물에 영향을 받는다. 예를 들면, 효소반응의 경우에는 대부분 아미노산과 같은 최종산물을 합성하는 복잡한 대사경로의 일부를 이룬다. 경로의 반응들 중 어느 곳에서 일어난 돌연변이도 최종산물을 합성하지 못하는 공통된 결과를 가져온다. 따라서 최종산물과 관련된 표현형은 종종 하나 이상의 유전자의 영향을 받는다. 초파리의 눈 색깔 돌연변이가 이 경우에 해당한다. 눈 색깔은 겹눈의 면들에서 갈색과 밝은 빨간색 색소가 합성되어 축적된 결과로 나타난다. 갈색 색소를 합성하는 여러 회로를 방해하는 다수의 열성 기능상실 돌연변이가 있다. 이런 돌연변이는 다른 염색체에 있는 유전자 이상으로 생기지만 똑같은 표현형(갈색 색소 결실로 인한 밝은 빨간 눈)을 보여준다. 예로는

*vermilion, cinnabar, scarlet*이 있으며 이들은 표현형적으로 구별되지 않는다.

다음 몇몇 장에서 논의될 많은 교배들에서는 단지 하나 혹은 소수의 유전자 쌍들이 관여한다. 각 교배들에서 고려되지 않은 유전자들은 유전양상에 영향을 미치지 않는다는 것을 잊지 말아야 한다.

4.2 유전학자들은 대립유전자를 나타내기 위해 다양한 기호를 사용한다

3장에서 매우 단순한 멘델 형질들에 대한 대립유전자를 표시하기 위한 방법을 배웠다. 열성형질의 첫 글자를 따서 소문자 이탤릭체로 나타내면 열성 대립유전자를 뜻하고 같은 글자를 대문자로 쓰면 우성 대립유전자를 나타낸다. 그러므로 키가 크고 작은 것에 대해서 키가 작은 것이 열성이면, 영어 dwarf의 d를 이용하여 우성과 열성의 대립형질을 나타내는 대립유전자를 각각 *D*와 *d*로 표시한다. 멘델은 단위 요소들을 이와 같은 방법으로 대문자와 소문자를 이용하여 표시하였다.

또 다른 유용한 체계가 초파리(*Drosophila melanogaster*)의 연구에서 야생형과 돌연변이형을 구분하기 위해 개발되었다. 이 체계는 돌연변이 형질 이름의 첫 글자 혹은 두세 글자의 조합을 사용한다. 만약 형질이 열성이면 소문자가 사용되고 우성이면 대문자가 사용된다. 야생형 대립형질은 같은 글자로 표시되지만 첨자 +를 붙인다. 예를 들어, *ebony*는 열성 몸 색깔 돌연변이다. 정상 야생형 몸 색깔은 회색이다. 이 체계를 이용하면 *ebony*는 부호 *e*로 표시되고 회색은 e^+로 표시된다. 이 유전자 좌위에 야생형 대립유전자(e^+) 혹은 돌연변이(e) 대립유전자가 있을 수 있다. 그러므로 이배체 초파리는 다음 세 유전자형 중 하나를 나타낼 것이다.

e^+/e^+	**회색 동형접합자(야생형)**
e^+/e	**회색 이형접합자(야생형)**
e/e	**검은색 동형접합자(돌연변이)**

문자들 사이의 빗금은 두 대립유전자가 상동염색체상의 같은 좌위에 있음을 나타내는 것이다. 만약 우리가 초파리의 우성 날개 돌연변이인 *Wrinkled*에 대해 고려한다면 Wr/Wr, Wr/Wr^+, Wr^+/Wr^+과 같은 세 가지 유전자형이 가능하다. 처음 두 유전자형은 주름진 날개 표현형을 나타낸다.

이 체계의 장점은 더 간략히 나타낼 수 있다는 것이다. 야생형 대립유전자는 단순히 그냥 + 표시로 나타낼 수 있다. *ebony*를 예로 들면 가능한 세 가지 유전자형은 다음과 같다.

$+/+$	**회색 동형접합자(야생형)**
$+/e$	**회색 이형접합자(야생형)**
e/e	**검은색 동형접합자(돌연변이)**

또 다른 변형은 대립유전자 간에 우성이 존재하지 않을 때 이용된다(4.3절 참조). 단순히 대문자와 위첨자를 이용해 대립하는 대립유전자를 표시하여, R^1과 R^2, L^M과 L^N, I^A와 I^B와 같이 쓸 수 있다.

여러 생물들에서 유전자를 표시하기 위한 다양한 유전적 명명 체계가 이용된다. 보통 유전자 이름은 유전적 기능이나 돌연변이 유전자에 의해 발생된 질병을 반영하여 만들어진다. 예를 들어, 효모의 *cdk*는 *c*yclin-*d*ependent *k*inase 유전자의 약자로 이것의 산물은 세포주기 조절에 관여한다(2장 참조). 박테리아에서 leu^-는 류신 생합성 유전자인 leu^+에 돌연변이가 일어나 기능이 없는 것을 뜻한다. *dnaA*는 DNA 복제에 관계된 세균 유전자를 의미하며, 이탤릭체가 아닌 정자체의 DnaA는 그 유전자에 의해 만들어지는 단백질을 나타낸다. 사람의 경우에는 이탤릭체 대문자로 유전자를 표시를 한다. 예를 들면, *BRCA1*은 유방암을 일으키는 유전자들 중에 하나를 나타낸다. 이런 다른 체계들이 혼란스럽게 보이지만 이들 모두 유전자들을 나타내는 유용한 방법이다.

4.3 불완전 혹은 부분 우성에서는 어떤 대립유전자도 우성이 아니다

3장에서 배운 멘델의 교배와는 다르게 대비되는 형질을 가진 부모 간의 교배는 종종 중간 표현형을 갖는 자손이 나오기도 한다. 예를 들면, 붉은색의 분꽃이나 금어초를 하얀 꽃의 식물과 교배시키면 자손은 분홍색의 꽃을 피운다. 중간색깔의 식물 F_1에서는 일부 붉은 색소가 생산되기 때문에 붉은 꽃도 하얀 꽃도 우성이 아니다. 이러한 경우를 **불완전(imcomplete)** 혹은 **부분적(partial) 우성(dominance)**이라고 한다.

만약 이 표현형이 두 개의 대립유전자를 갖는 하나의 유전자에 의해 조절되고 어느 것도 우성이 아니라면 F_1(분홍) $\times F_1$(분홍)의 교배 결과를 예상할 수 있다. 그림 4-1의 F_2 결과는 꽃의 색깔이 단지 한 쌍의 대립유전자에 의해서 결정된다는 것으로 보여준다. F_2 세대의 유전자형 비(1:2:1)는 멘델의 단성잡종 교배에서와 동일하다. 하지만 어떤 대립유전자도 우성이 아니기 때문에 표현형의 비는 멘델 단성잡종에서의 3:1의 결과와는 달리 표현형과 유전자형의 비가 동일하다. 어떤 대립유전자도 열

그림 4-1. 금어초에서의 불완전 우성.

성이 아니기 때문에 대문자나 소문자를 유전자 기호로 쓸 수 없다. 대신에 붉은 대립유전자와 하얀 대립유전자를 R^1과 R^2로 표현한다. 또 W^1과 W^2로도 나타낼 수 있고 C^W와 C^R과 같이 색깔을 나타내는 C와 하얀색과 붉은색을 나타내는 W와 R을 첨자로 이용해 나타낼 수도 있다.

어떻게 중간 표현형을 보여주는 이형접합체에서 우성이 없다고 설명할 수 있을까? 가장 정확한 방법은 유전자 발현을 양적인 방법으로 고려해보는 것이다. 위의 꽃 색깔의 경우 하얀 꽃을 만드는 돌연변이는 아마도 완전한 '기능상실'이 일어난 것이다. 이 경우 야생형 대립유전자(R^1)로부터 만들어진 유전자 산물은 붉은 색소를 합성하는 반응에 관여하는 효소일 것이다. 돌연변이 대립유전자(R^2)는 색소 합성 반응을 촉진시키지 못하는 효소를 만들어낸다. 그 결과 이형접합체는 붉은 꽃 식물의 절반 색소만을 만들어내므로 꽃 색깔이 분홍색이 된다.

뚜렷한 불완전 우성의 경우는 비교적 드물다. 하지만 한 대립유전자가 완전한 우성으로 보일 때에도 표현형보다 유전자 산물과 이것의 기능을 심도 있게 조사해 보면 종종 유전자 발현에서 중간 유전의 특징을 발견할 수 있다. 예를 들면, 사람의 생화학적 질환인 **테이-삭스병(Tay-Sachs disease)**을 가지는 열성 동형접합의 사람들은 치명적인 지질 축적 장애로 인해 신생아(1~3세) 때 죽는다. 테이-삭스병 질환자들은 지질대사에 관여하는 **헥소스아미니데이즈(hexoseaminidase)**의 활성이 거의 없다. 돌연변이 유전자 사본을 하나 가지고 있는 이형접합자들은 표현형적으로는 정상이지만 동형접합성 정상인 사람에게서 발견되는 효소 활성의 50% 정도만 나타난다. 다행스럽게도 이 정도의 효소활성으로도 정상적인 생화학적 기능을 수행하는 데 문제가 없다. 이러한 상황은 효소 질환에서는 흔한 것이며 유전자 산물이 특정 수준에 이르면 정상 표현형이 발현되는 **임계 효과(threshold effect)**의 개념으로 설명된다. 테이-삭스병을 포함한 대부분의 경우에 임계값이 50%보다 작다.

4.4 공동우성에서는 이형접합자의 두 대립유전자의 영향이 뚜렷이 나타난다

만약 한 유전자의 두 대립유전자가 두 가지의 뚜렷하게 구분되는 산물을 만들어 내면 불완전 우성이나 우성/열성과는 다른 경우가 발생한다. 이러한 경우에 이형접합자의 두 대립유전자가 동시에 발현되는 것을 **공동우성(codominance)**이라고 부른다. 사람에서의 **MN식 혈액형(MN blood group)**은 공동우성의 한 예다. Karl Landsteiner와 Philip Levine은 적혈구 세포 표면에서 당단백질이라는 분자가 개인의 생화학적, 면역적 특성을 결정하는 타고난 항원 역할을 한다는 것을 발견하였다. 인간에게는 M과 N이라는 두 가지 형태의 당단백질이 존재하며, 한 개인은 둘 중 하나 혹은 두 종류 모두를 가질 수 있다.

MN 체계는 4번 염색체에서 발견되는 상염색체성 유전자의 조절하에 있으며 두 대립인자는 L^M과 L^N으로 표기된다. 사람들은 이배체성이므로 세 가지 조합이 가능하며 각 개인은 뚜렷한 혈액형을 보여준다.

유전자형	표현형
$L^M L^M$	M
$L^M L^N$	MN
$L^N L^N$	N

예상된 바와 같이 두 이형접합체 MN형의 부모들 사이에서는 아래와 같이 세 가지 혈액형 모두의 자녀가 나올 수 있다.

$$L^ML^N \times L^ML^N$$
$$\downarrow$$
$$1/4\ L^ML^M$$
$$1/2\ L^ML^N$$
$$1/4\ L^NL^N$$

또 다시 1:2:1의 유전자형 비율이 얻어진다.

공동우성 유전은 두 대립인자로부터의 확연하게 다른 유전자 산물의 발현이 특징적이다. 이러한 특징이 공동우성을 이형접합자가 중간으로 섞인 표현형을 발현시키는 불완전 우성과 구별해준다. 공동우성을 연구하기 위해서는 두 산물 모두 표현형적으로 관찰 가능해야만 한다. ABO형 혈액형 체계를 다룰 때 공동우성의 또 다른 예를 만나게 될 것이다.

4.5 집단 내에는 한 유전자에 대한 여러 대립유전자들이 존재할 수 있다

어떤 유전자에 저장되는 정보는 광범위하고 돌연변이는 이 정보를 많은 방법으로 변형시킬 수 있다. 각각의 변화는 다른 대립유전자를 만들어 낸다. 그러므로 어떤 유전자에 대해 한 집단구성원의 대립인자의 수는 두 개로 제한될 필요는 없다. 같은 유전자에 대해 세 개 혹은 그 이상의 대립유전자들이 있을 때 우리는 **복대립유전자(multiple allele)**라고 말하며 이들의 유전양상은 독특하다. 복대립유전자들은 집단 내에서만 연구될 수 있다는 것을 인식하는 것이 중요하다. 어떤 이배체 개체라도 같은 유전자의 다른 두 대립유전자만을 가질 수 있다. 그러나 한 종의 집단에서는 같은 유전자에 대해 많은 선택 가능한 형태가 존재할 수 있다.

ABO식 혈액형 집단

복대립유전자가 나타나는 가장 단순한 경우는 한 유전자에 대해 세 개의 대립유전자가 존재하는 경우다. 이 상황은 1900년대 초 Karl Landsteiner에 의해서 발견된 사람의 **ABO식 혈액형 그룹(ABO blood group)**에서 발견된다. ABO 체계는 MN 혈액형처럼 적혈구 세포 표면에 존재하는 항원에 의해 나타난다. A와 B 항원은 MN 항원들과 다른 9번 염색체에 위치하는 유전자에 의해서 조절된다. MN 체계에서와 같이 ABO 체계에서도 대립유전자 조합 중 하나는 공동우성 유전양식을 나타낸다.

개인의 ABO 표현형(혈액형)은 A형 항체 혹은 B형 항체를 포함하는 항혈청에 혈액 샘플을 섞어 알아낸다. 만약 개인의 적혈구 세포 표면에 항원이 존재하면, 상응하는 항체와 반응해 응집을 야기한다. 이 방식으로 개개인을 조사하면 네 가지 표현형이 나타날 것이다. 각각의 개인은 A 항원(A 표현형), B 항원(B 표현형), A와 B 항원(AB 표현형)을 가지거나 아예 항원을 가지지 않는(O 표현형) 경우이다.

1924년에 이 표현형들은 한 유전자에 대한 세 대립유전자의 유전 결과로 나오는 것으로 생각되었다. 이 가설은 많은 다양한 가족들의 혈액형 조사를 기반으로 만들어졌다. 비록 서로 다양한 명칭을 사용할 수 있지만 우리는 이 세 대립유전자를 구별하는 데 I^A, I^B 그리고 i를 사용한다. I라는 기호는 항원의 다른 이름인 **동종응집원(isoagglutinogen)**의 첫 글자를 따온 것이다. 만약 우리가 I^A와 I^B 대립유전자가 각자의 A와 B 항원을 생산하고 i가 A 혹은 B 항원 어느 것도 만들지 않는다는 것을 감안하면 가능한 유전자형의 종류와 표현형은 다음과 같이 나타날 수 있다.

유전자형	항원	표현형
I^AI^A	A	A
I^Ai	A	
I^BI^B	B	B
I^Bi	B	
I^AI^B	A, B	AB
$i\ i$	없음	O

여기에서 I^A와 I^B 대립유전자는 i 대립유전자에 대해서 우성이지만, I^A와 I^B 대립유전자 서로 간에는 공동우성이다.

인간의 혈액형에 대한 우리의 지식은 적합한 수혈과 성공적인 장기이식 등에 실용적으로 이용되고 있다.

A와 B 항원

이제 ABO식 혈액형의 생화학적 측면을 심도있게 살펴보자. A와 B 항원은 실제로 적혈구의 세포막에 돌출되어 있는 지질 분자(지방산)에 붙어 있는 탄수화물 그룹(당류)이다. A와 B 항원의 특이성은 탄수화물 그룹의 말단 당에 따라 결정된다.

거의 대부분의 개인들은 한 개 혹은 두 개의 말단 당이 첨가되는 **H 기질(H substance)**을 가지고 있다. 그림 4-2에서와 같이 H 기질은 세 개의 당 분자—갈락토스(glactose, Gal), N-아세틸글루코사민(N-acetylglucosamine, AcGluNH) 그리고 푸코스(fucose)가 서로 화학적으로 결합된 것을 포함하고 있다. I^A 대립유전자로부터 만들어지는 효소는 H 기질에 말단 당인 N-아세틸갈락토사민(N-acetylgalactosamine, AcGalNH)을 결합시키

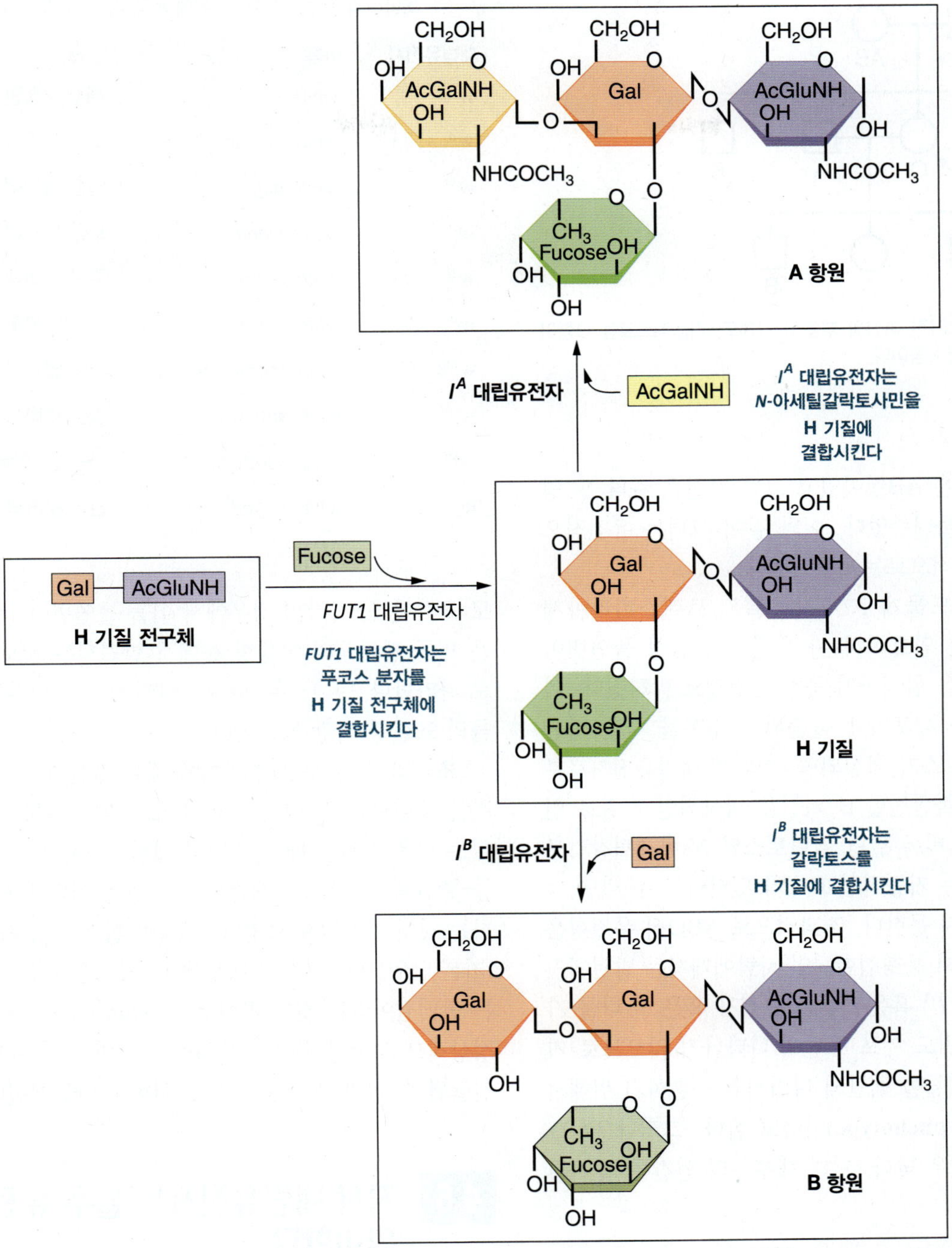

그림 4-2. ABO혈액형 그룹의 생화학적 기초. 대부분의 사람에게 존재하는 야생형 *FUT1* 대립유전자로부터 나온 산물은 전구체 분자에 푸코스 분자를 부착시킴으로서 H 기질이 만들어지도록 한다. I^A와 I^B 대립유전자로부터 만들어지는 효소는 말단 당 잔기들이 H 기질에 결합할 수 있도록 한다. I^O 대립유전자는 어느 것의 결합도 지시하지 못한다. H 기질을 만들지 못하면 I^A와 I^B 대립유전자를 가지고 있더라도 O형처럼 여겨지는 봄베이 표현형이 나타난다. Gal:갈락토스(galactose); AcGluNH: *N*-아세틸글루코사민(*N*-acetylglucosamine); AcGalNH: *N*-아세틸갈락토사민(*N*-acetylgalactosamine).

며, I^B 대립유전자로부터 만들어지는 효소는 H 기질에 *N*-아세틸갈락토사민 대신에 말단 갈락토오스를 결합시킨다. 이형접합체(I^AI^B)는 적혈구 세포 표면의 H 기질 부위에 두 종류의 말단 당이 나타나는 AB형의 공동우성을 나타난다. 마지막으로 O형 사람은 적혈구 표면에 돌출된 H 기질 어디에도 두 말단 당이 결합하지 않는다.

봄베이 표현형

1952년, 아주 예외적인 상황이 H 기질의 유전적 특징에 대한 정보를 제공하였다. 봄베이에 사는 한 여인에게서 독특하게 유전적으로 예측되지 않는 혈액형이 나타났다. 수혈이 필요한 상황에서 그녀는 A와 B 항원 모두 가지고 있지 않은 것을 발견했고 O형으로 분류되었다. 그러나 그림 4-3의 가계도 일부에서 보이

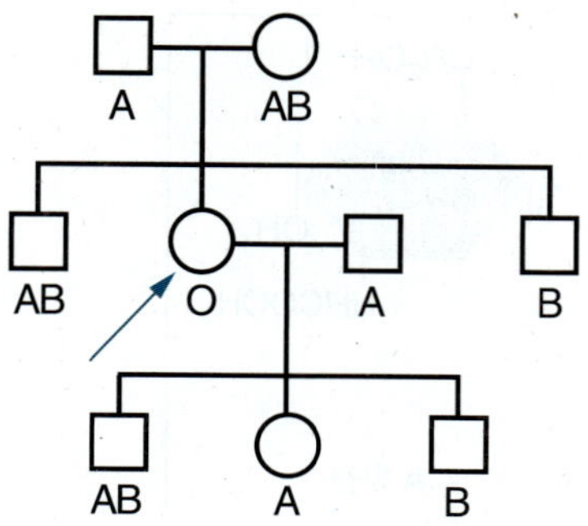

그림 4-3. 봄베이 표현형을 가진 여성의 부분적 가계도. 기능적으로는 O형이지만, 유전적인 관점에서 보면 B형이다.

듯이 그녀의 부모 한쪽은 AB형이었고 그녀 자신은 자녀 두 명에게 I^B 대립유전자를 물려주었다. 이와 같이 그녀는 유전적으로는 B형이었지만 기능적으로는 O형이었다.

나중에 이 여성은 드물게 *FUT1*[푸코실 트랜스퍼라아제(fucosyl transferase)를 암호화하는] 유전자에 열성 돌연변이를 가져 완전한 H 기질을 합성하지 못하는 것으로 밝혀졌다. 이 돌연변이에서는 적혈구 세포막에 돌출된 탄수화물 사슬 말단에 푸코스가 없다. 푸코스가 결실되면 I^A와 I^B 대립유전자로부터 만들어지는 효소는 불완전한 H 기질을 정상적인 기질로 인식하지 못한다. 따라서 비록 말단 갈락토스와 *N*-아세틸갈락토사민을 결합시킬 수 있는 기능적인 효소가 있더라도 두 말단 당의 어느 것도 결합시키지 못한다. 결과적으로 ABO식 유전형은 *FUT1* 유전자의 돌연변이 동형접합체인 사람에게서는 발현되지 않는다. 비록 그 사람이 I^A 혹은 I^B 대립유전자 혹은 둘 다를 가지고 있더라도 어떤 항원도 세포 표면에 나타나지 않으므로 기능적으로는 O형이다. 이들을 집단의 나머지와 구분하기 위해서 **봄베이 표현형(Bombay phenotype)**이라고 한다. 그러나 *FUT1* 대립유전자의 빈도는 매우 낮다. 거의 대부분의 인간은 H 기질을 합성한다.

초파리의 흰 눈 좌위

식물과 동물의 많은 표현형들이 복대립유전자에 의한 유전에 영향을 받는다. 초파리의 경우 거의 모든 좌위에서 많은 대립유전자들이 존재한다. 1912년 Thomas H. Morgan과 Calvin Bidges에 의해 발견된 흰 눈을 유발하는 열성 돌연변이는 이 좌위를 차지하는 대립유전자가 100개 이상이 있다. 이 대립유전자 시리즈에서 눈 색깔은 완전히 색소가 없는 *white* 대립유전자부터 짙은 루비색의 *white-satsuma* 대립유전자, 주황색의 *white-apricot* 대립유전자 그리고 담황색의 *white-buff* 대립유전자에 이른다. 이 대립유전자들을 각각 w, w^{sat}, w^a 그리고 w^{bf}로 표시한다. 각각의 경우에서 이들 돌연변이 눈들의 색소 총량은 벽돌 빨간색의 야생형 눈에서 발견되는 것보다 20% 미만으로 나타난다. 표 4.1은 이러한 여러 흰 눈 대립유전자들과 그것들의 표현형 색깔 목록이다.

표 4.1 초파리의 흰 눈 유전자 좌위에 존재하는 몇 가지 대립유전자들

대립유전자	이름	눈 색
w	*white*	깨끗한 하얀색
w^a	*white-apricot*	노란빛 주황색
w^{bf}	*white-buff*	연한 담황색
w^{bl}	*white-blood*	노란빛 루비색
w^{cf}	*white-coffee*	깊은 루비색
w^e	*white-eosin*	노란빛 분홍색
w^{mo}	*white-mottled orange*	연한 얼룩덜룩 주황색
w^{sat}	*white-satsuma*	깊은 루비색
w^{sp}	*white-spotted*	가는 결, 얼룩덜룩 노란색
w^t	*white-tinged*	연한 분홍색

초파리의 흰 눈 돌연변이에 대한 생물학적 기초를 살펴보는 것은 흥미로운 일이다. 우리가 초파리의 눈색깔에 대해서 알고 있는 것을 감안할 때 돌연변이 대립유전자가 야생형 눈 색깔(벽돌-빨간색)을 만드는 색소의 생합성을 어떻게 방해하는지 추정하는 것이 바람직해 보인다. 하지만 흰 눈 유전자의 산물은 낱눈(기본 단위)으로 구성된 겹눈에 색소를 전달하는 것과 관련이 있는 단백질이라는 것이 밝혀졌다. *white* 돌연변이에서 눈 색소는 정상적으로 합성되지만 눈 색소가 눈의 기본 단위 구조(낱눈)로 전달될 수 없기 때문에 흰 눈 표현형이 만들어진다.

4.6 치사 대립유전자는 필수 유전자임을 의미한다

한 생물의 생존에는 많은 유전자 산물이 필수적이다. 기능이 없어진 유전자 산물을 합성하는 돌연변이는 종종 이형접합체에서는 견딜 수 있는 조건이 된다. 즉, 하나의 야생형 대립유전자로 생존에 필요한 산물을 충분히 생산할 수 있다는 뜻이다. 그러나 어떤 돌연변이는 **열성치사 대립유전자(recessive lethal allele)**로 작용하여 동형접합성 열성 개체는 살아남지 못한다. 죽는 시기는 그 산물이 언제 필요한지에 달려 있다. 예를 들면, 포유류의 경우 발생 중 어린 시기 혹은 심지어 성체가 되어서 사망하기도 한다.

실전문제

4-1 기니피그에서 털 색깔을 조절하는 좌위에는 네 개의 대립유전자가 존재한다. C(모든 색깔), c^k(적갈색), c^d(크림색) 혹은 c^a(흰색)이고 우성 순서는 $C > c^k > c^d > c^a$ 이다. (C는 다른 모두에 대해 우성, c^k는 c^d, c^a에 대해 우성이지만 C에 대해는 아니다.) 다음의 교배에서 부모의 유전형을 결정하고 나타날 표현형의 비율을 결정하여라.

(a) 적갈색 × 크림색, 두 기니피그 모두 한 쪽 부모가 흰색일 때
(b) 적갈색 × 크림색, 적갈색 기니피그는 한 쪽 부모가 흰색이고 크림색 기니피그는 두 부모가 모두 적갈색일 때
(c) 적갈색 × 크림색, 적갈색 기니피그는 두 부모가 모두 전체 색깔을 가지고 크림색 기니피그는 두 부모가 모두 적갈색일 때
(d) 적갈색 × 크림색, 적갈색 기니피그의 한 쪽 부모는 모든 색깔을, 다른 한 쪽 부모는 흰색을, 크림색 기니피그는 두 부모가 모든 색깔을 가질 때

■ **힌트:** 이 문제는 복대립유전자에 대한 이해가 필요하다. 해결의 실마리는 다양한 대립유전자의 우성 위계에 주목하는 것이다. 집단이 두 개 이상의 대립유전자를 가지고 있다 하여도 개체는 최대 두 개의 대립유전자만을 갖는다. 따라서 대립유전자가 배우자로 나누어지는 것은 분리의 법칙을 따른다.

몇몇의 경우에서 치사효과를 나타내는 대립유전자는 이형접합체일 때에도 독특한 표현형을 나타내기도 한다. 그러한 대립유전자들은 열성치사로 작용하지만 표현형에 대해서는 우성으로 작용한다. 예를 들면, 21세기 초 생쥐에서 노란색 털을 나타내는 돌연변이가 발견되었다. 노란색 털은 **그림 4-4**에서 보는 바와 같이 야생형 쥐의 털 색깔(agouti, 아구티)과는 다르다. 두 계통 간의 다양한 교배 조합들은 특이한 결과를 보여주었다.

교배				
(A) 아구티	×	아구티	⟶	모두 아구티
(B) 노란색	×	노란색	⟶	2/3 노란색 1/3 아구티
(C) 아구티	×	노란색	⟶	1/2 노란색 1/2 아구티

이런 결과들은 한 쌍의 대립유전자로 설명할 수 있다. 털색과 관련해 돌연변이 노란색 대립유전자(A^Y)는 야생형 아구티 대립유전자(A)에 우성이므로 이형접합체 쥐는 노란 털색을 가진다. 그러나 노란색 대립유전자는 또한 동형접합성 열성치사를 보인다. 만약 두 복사본(A^Y/A^Y)이 존재하면 쥐는 태어나기 전에 죽는다. 그러므로 동형접합성 노란 쥐는 태어나지 않는다. 이들 세 가지 교배에 대한 유전적 특징은 그림 4-4에 나와 있다.

다른 경우에서는 돌연변이가 **우성치사 대립유전자(dominant lethal allele)**로 작용한다. 이런 경우에는 하나의 대립유전자만 존재해도 개체는 죽는다. 사람의 경우 **헌팅턴병(Hundington disease)**이라 불리는 질병은 우성 상염색체 대립유전자 H에 의해 발생하는 것으로 이형접합체(Hh)는 질병의 발생이 성인이 될 때까지 지연된다. 이후 질환유전자를 갖는 개인들은 죽기까지 점진적으로 신경 및 운동성 퇴화를 겪는다. 이러한 치사성 질환은 전형적으로 약 40세 정도로 늦게 발현되므로 특히 비극적이다. 이 정도가 되면 질병을 가진 개인은 이미 가정을 가지게 되고 자손들은 각각 50%의 확률로 이 대립유전자를 물려받으며 이 대립유전자를 그들 자손에게 전달함으로써 결국 질병을 더 퍼트리게 된다. 미국의 포크가수이자 작곡가였던 Woody Guthrie(현재의 포크가수 Ario Guthrie의 아버지)는 이 질병으로 39세 때 사망했다.

우성치사 대립인자는 아주 드물게 관찰된다. 이들이 집단 내에 존재하려면, 질병을 앓는 개인은 헌팅턴병과 같이 치사성이 발현되기 전에 자손을 낳아야 한다. 만약 모든 질병을 가진 개인들이 생식 연령에 도달하기 전에 죽는다면 그 돌연변이 유전자는 다음 세대로 전달되지 못할 것이고 그 돌연변이 유전자는 새로운 돌연변이에 의해 다시 생겨나지 않는 한 그 집단 내에서 사라지게 될 것이다.

우성, 열성 그리고 털 색깔 치사의 분자적 기초: *agouti* 유전자

아구티 노란색 쥐의 유전자에 대한 분자적 분석은 어떻게 하나의 돌연변이가 한 표현형 효과(털 색깔)에 우성인 동시에 다른 것(배아발생)에 열성일 수 있는지에 대해 설명해 준다. A^Y 대립유전자는 기능획득 돌연변이의 전형적인 예이다. 야생형 A 대립유전자 동형접합체인 동물들은 밴드 형태로 노란색 색소를 가지고 있고 그렇지 않은 부분에 검은 털이 있어 아구티 표현형을 나타낸다(그림 4-4). 이형접합체는 노란색 색소가 전체 털에 나타나는데 이는 A^Y 대립유전자의 DNA 코딩 영역의 앞 부분에 존재하는 조절부위의 결실에 기인한다. A^Y 대립유전자의 발현을 조절하는 수단이 없다면 하나의 A^Y 대립유전자는 이형접합체에서 항상 켜져 있고 이 우성의 효과로 기능획득이 일어난다.

동형치사 효과 또한 돌연변이 유전자에 대한 분자적 분석을 통해서 알게 되었다. A^Y 대립유전자의 조절부위에 대한 대규모 결실은 실제로는 그 주변의 유전자($Merc$)의 결실을 포함하여 이 유전자의 기능이 상실되었다. 이 유전자는 배아발생에 중요하므로 A^Y/A^Y 동형접합체가 되면 실제로는 $Merc$ 유전자의 결핍으로 인해 치사가 일어난다. 이형접합체는 야생형 $Merc$ 유전자 산물의 임계 수준을 넘기 때문에 생존한다.

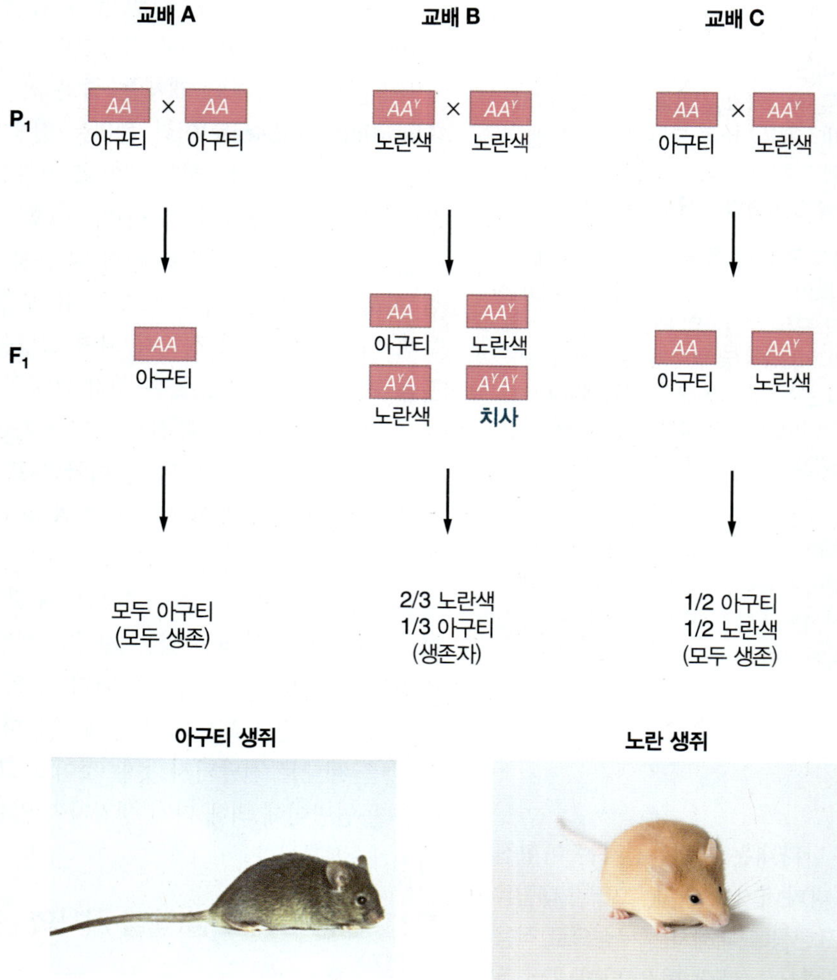

그림 4-4. 아구티(*agoutie*) 대립유전자(*A*)와 노란색(*yellow*) 돌연변이 대립유전자(A^Y)를 포함한 세 가지 교배의 유전적 패턴. 돌연변이 대립유전자가 정상 대립유전자에 대해 털 색깔을 조절할 때는 우성이지만 동형 열성치사 대립유전자인 것을 생각하라. A^YA^Y 유전자형을 갖는 쥐는 죽는다.

4.7 두 가지 유전양상을 보여주는 두 유전자 쌍의 조합은 9:3:3:1의 비율을 변형시킨다

지금까지 논의된 예들은 멘델의 3:1로 이루어지는 F_2 단성잡종 비율을 변형시킨다. 그러므로 양성잡종 교배에서 이들 두 유전양식의 조합은 전형적인 9:3:3:1의 비율을 변형시킬 것이다. 불완전 우성, 공동우성, 복대립유전자 그리고 치사 대립유전자에 대한 특징을 이해하였다면 이제 두 형태의 유전이 동시에 일어나는 상황을 다룰 수 있을 것이다. 각 형질을 조절하는 유전자들이 같은 염색체상에 연관되어 있지 않다면 멘델의 독립적 분배에 관한 원리가 이 상황에 적용된다.

예를 들어, 백색증(albinism)을 일으키는 상염색체 열성 유전자에 대해 이형접합성이고 혈액형이 모두 AB형인 두 사람의 결혼을 생각해보자. 이들 아이들 각각에서 특정 표현형이 조합되어 나올 확률은 얼마일까? 백색증은 단순하게 멘델식으로 유전하고 혈액형은 복대립유전자 I^A, I^B, i에 의해 결정된다. 이 질문에 대한 해답은 **그림 4-5**에 분지법을 사용하여 도식화해 나타내었다. 이 양성잡종 교배는 전통적인 4가지 표현형이 9:3:3:1의 비율을 나타내지 않는 대신 6가지 표현형이 3:6:3:1:2:1의 비율로 나타난다. 이것은 서로 다른 유전양식이 조합될 때 가능한 다양한 변형 비를 나타내는 한 예이다.

유전자의 새로운 개념

20세기 초 멘델의 연구에 대한 재발견 후 많은 유전학자들의 연구를 바탕으로, 염색체가 유전자 운반체이고 감수분열은 멘델 이론의 물리적 기반이라는 염색체 유전설이 제시되었다. 계속되는 40년 동안 유전자의 개념은 유전 단위가 다양한 형태 혹은 대립유전자로 존재할 수 있는데, 이들의 각각은 다른 방법으로 표현형에 영향을 줄 수 있어 불완전 우성, 공동우성 혹은 심지어 치사가 되기도 한다는 것을 반영하는 것으로 변해왔다. 돌연변이는 새로운 대립유전자의 원천이라는 것이 명확해졌다. ■

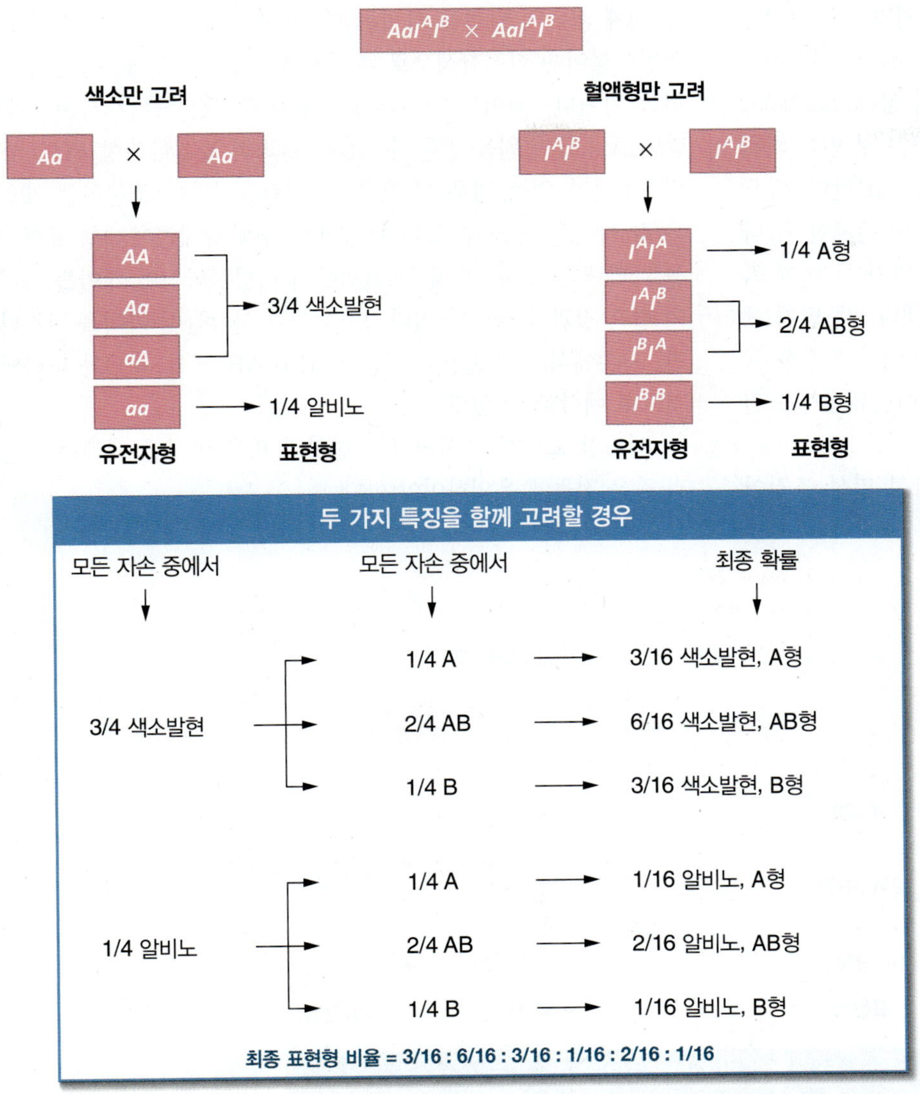

그림 4-5. 분지법을 이용한 사람의 ABO 혈액형과 백색증 대립유전자를 갖는 사람 간의 결혼에서 나타나는 자손의 비율 계산.

4.8 표현형은 종종 하나 이상의 유전자에 의해 영향을 받는다

멘델의 연구가 재발견된 직후, 많은 경우에 어떤 표현형은 하나 이상의 유전자에 의해서 영향을 받는다는 것이 연구 결과를 통해서 밝혀졌다. 이것은 표현형에 대한 유전적 영향이 멘델이 그의 완두 교배에서 발견한 상황보다 훨씬 복잡하다는 것을 보여주는 매우 중요한 발견이었다. 식물과 동물의 각 몸체 부분들의 발달을 조절하는 개별적인 유전자가 있는 것이 아니며, 눈 색깔, 털 색깔 혹은 과일 모양과 같은 표현형들은 많은 유전자들과 그들의 산물들 간의 상호작용에 의해 만들어진다는 것이 명확해졌다.

유전자 상호작용(gene interaction)이라는 말은 종종 여러 유전자들이 하나의 특정 형질에 영향을 미친다는 것을 설명하기 위해 사용된다. 그러나 이것은 둘 또는 그 이상의 유전자 혹은 그 산물들이 반드시 직접 상호작용하여 특정 표현형에 영향을 미친다는 뜻은 아니다. 그보다는 많은 유전자 산물들의 세포 내 기능이 공통된 표현형의 발달에 기여한다는 것이다. 예를 들어, 곤충의 눈과 같은 기관의 발달은 굉장히 복잡하며, 다수의 표현형적 특징(특정한 크기, 모양, 질감, 색깔)을 갖는 구조로 발달한다. 눈은 일련의 복잡한 발생 단계들을 거쳐 형성되는 기관이다. 이러한 과정은 **후성설(epigenesis)**이라는 발생 개념을 설명해 주는 것으로, 각 발생 단계는 기관의 복잡성과 특징을 증가시키며 많은 유전자들의 조절과 영향을 받는다.

후성설과 다양한 유전자의 상호작용을 이해시켜주는 훌륭한 예는 포유류의 소리를 감지하고 해석하는 기관인 내이의 형성 과정이다. 내이의 구조와 기능은 대단히 복잡하다. 내이는 독특한 해부학적 특징을 갖는데, 중이를 통해 모아진 외부의 소리를 받아들이고 음파를 신경자극으로 변화시키기 위한 구조로 발달한다. 따라서 귀는 많은 유전자의 작용에 의한 복잡한 발생학적 사건이 연쇄적으로 일어나면서 형성된다. 귀 발생에서 많은 과정을 방해하는 돌연변이는 일반적으로 **유전성난청(hereditary deafness)**이라는 질병을 유발한다. 이런 많은 유전자들 중의 일부는 상호작용을 통해 공통의 표현형을 만들어낸다. 이러한 경우, 많은 유전자들이 관여하는것을 반영하여 돌연변이 표현형을 **이형적 형질(heterogeneous trait)**이라고 한다. 사람의 경우 몇 개의 대립유전자가 대부분의 유전성난청의 원인으로 작용하지만 50개 이상의 유전자들이 소리를 인식하는 능력을 발달시키는 데 관여하는 것으로 알려져 있다.

상위성

유전자 상호작용의 가장 좋은 예는 **상위성(epistasis)**이다. 상위는 하나의 유전자 쌍의 발현이 다른 유전자 쌍의 발현을 가로막거나 변형시키는 것을 말한다. 때때로 이에 관여된 유전자들은 상반되는 방법으로 동일한 표현형에 영향을 주며, 그 결과 표현형을 가리는 효과를 가져온다. 그러나 다른 경우에는 관련된 유전자들이 상보적이거나 협동적인 방법으로 서로 상호작용한다.

예를 들어, 열성 대립인자들이 동형접합으로 존재할 때 두 번째 좌위(혹은 여러 개의 다른 좌위들)의 다른 대립인자들의 발현을 방해하거나 뒤집는다. 이러한 경우에 첫 번째 좌위에 있는 대립유전자들이 두 번째 좌위의 대립유전자에 대해 상위(epistatic)에 있다라고 하며, 두 번째 좌위에 있는 대립유전자는 첫 번째 좌위에 있는 대립유전자에 대해 하위(hypostatic)에 있다고 한다. 앞으로 살펴보겠지만, 이 주제에 대한 다양한 형태들이 존재한다. 다른 예를 보면, 첫 번째 좌위의 한 우성 대립유전자가 두 번째 좌위의 대립유전자들의 발현에 대해 상위를 나타낸다. 세 번째 예로는, 두 유전자 쌍이 서로 상보적(complement)이어서 특정한 표현형을 나타내기 위해서는 적어도 하나의 우성 대립유전자가 필요하다.

이미 논의되었던 봄베이 표현형은 동형접합성 열성 조건이 두 번째 좌위의 발현을 가리는 예다. 여기서 *FUTI* 유전자의 돌연변이형이 동형접합성으로 존재하면, I^A나 I^B 대립인자들의 발현을 가린다. 적어도 하나의 *FUTI* 대립유전자를 가지는 개인만이 A나 B 항원을 만들 수 있다. 결과적으로 야생형 *FUTI* 대립유전자가 없는 경우 I^A 혹은 I^B 대립유전자를 포함하는 개인은 각 항원을 만들 수 있는 능력의 여하에 관계없이 O형 표현형을 나타낸다. 그림 4-6에 두 좌위에서 이형접합성인 개인들 사이의 결혼 결과가 나타나 있다. 만약 이런 사람들이 아이를 가진다면, 자손에서의 표현형의 비는 3 A: 6 AB: 3 B: 4 O가 나타날 것으로 예상할 수 있다.

이러한 교배를 조사하고 표현형의 비를 예상할 때에는 다음과 같은 점들에 유의하여야 한다.

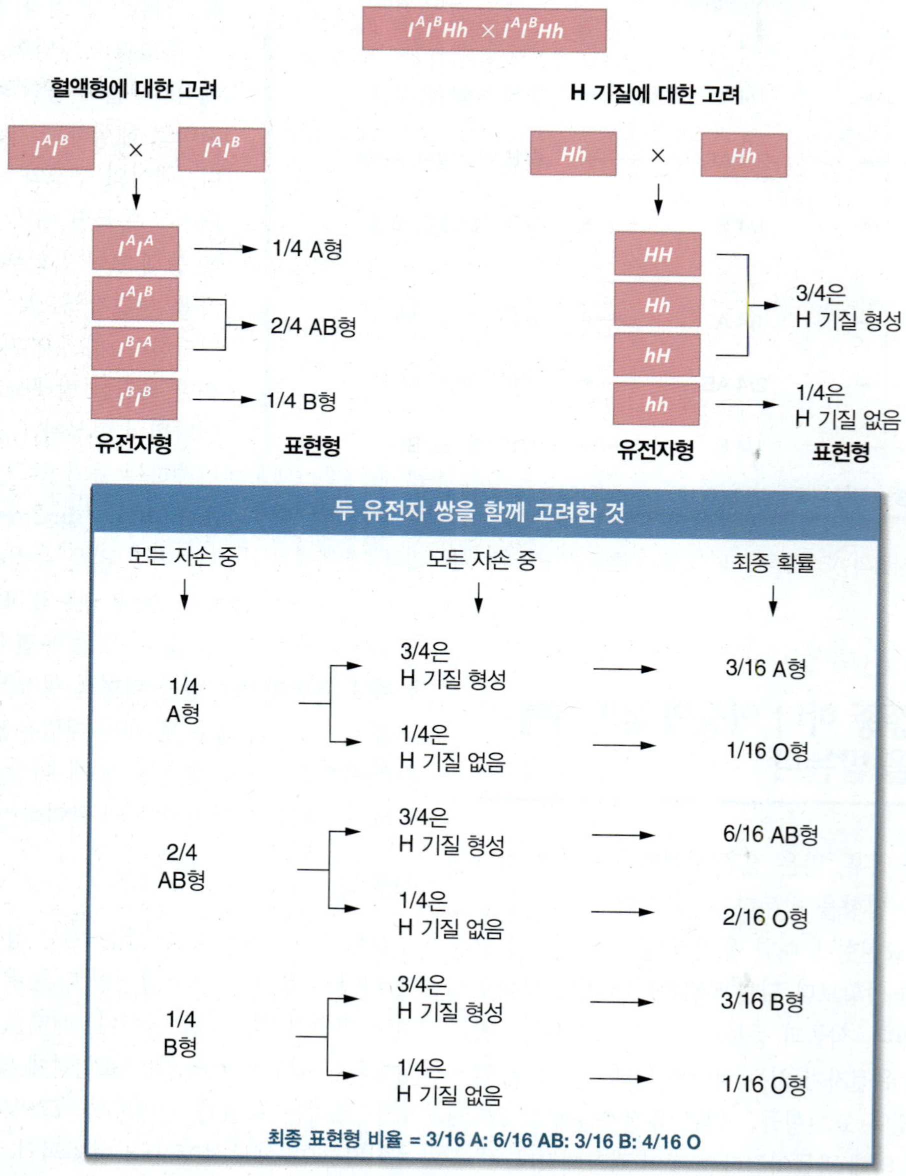

그림 4-6. ABO식 혈액형을 결정하는 두 가지 유전자가 이형접합성인 개인들 사이의 혼인 결과. 최종적으로, 표현형은 두 유전자를 따로 고려한 후 분지법(forked-line method)을 이용한 결과들을 조합함으로써 최종 표현형 비를 계산할 수 있다.

1. 이러한 교배와 그림 4-5에서 보여주는 변형된 양성잡종 사이에 하나의 핵심적인 차이가 존재한다. 오직 하나의 특성(혈액형)만이 나타난 것이다. 그림 4-5의 변형된 양성잡종 교배에서는 혈액형과 피부의 색소가 각각 독립된 표현형으로 얻어졌다.

2. 오직 하나의 특성만이 얻어진다고 하더라도 표현형의 비는 16 분수로 나타난다. 만일 우리가 H 기질과 그것을 조절하는 유전자에 대해 알고 있지 못하지만, 자손의 표현형 비가 16 분수이기 때문에 A와 B 항원들을 조절하는 유전자 이외의 유전자가 이 표현형 발현에 관여하고 있다는 사실을 확신할 수 있게 된다. 하나의 특징이 나타나지만 비가 3:6:3:4처럼 16 분수로 나오면 두 유전자 쌍이 관심의 대상이 되는 표현형을 나타내는데 '상호작용'을 하고 있다는 것을 나타낸다.

유전자 상호작용의 연구는 멘델의 양성잡종 F_2의 비율(9:3:3:1)을 다른 방식으로 변형시키는 많은 유전양상들이 있다는 것을 보여준다. 다음 몇 가지 예들에서 상위성은 다양한 방식으로 4개의 표현형 범주들을 하나 혹은 그 이상으로 묶어주는 역할을 한다. 이들 네 그룹은 그림 4-7에 여러 변형된 비율과 함께 나타나 있다.

우리가 이러한 예나 또는 다른 예들을 논할 때는(그림 4-8에서 보는 바와 같이) 몇 가지 가정을 하고, 관례를 받아들여야 한다.

1. 각 경우에서 뚜렷한 표현형 집단들이 만들어지며, 각 집단은 분명하게 다른 것들과 구별이 가능하다. 그러한 특징들은 불연속적 변이들로 나타나며, 여기서 표현형 범주들은 서로서로 차이가 있고 질적으로도 다르다.

2. 각 교배에서 고려되는 유전자들은 각자 다른 염색체에 위치하고 따라서 배우자 형성기에 서로 독립적으로 분리된다. 그러므로 각 경우에서 대립인자들을 *A*, *a* 그리고 *B*, *b*로 표시하여 서로 다른 교배들의 결과를 쉽게 비교할 수 있다.

3. 한 유전자 쌍에 완전한 우성이 존재하고 *AA*와 *Aa*, 혹은 *BB*와 *Bb* 등은 그들의 유전적 효과가 동일할 때, 두 유전자의 조합에 대해 *A*– 혹은 *B*–와 같은 기호를 사용하여 표시한다. 여기에서 줄표(–)는 표현형에 대한 영향 없이 양쪽 대립인자 중 어떤 것이라도 존재할 수 있다는 것을 나타낸다.

4. 모든 P_1 교배들은 동형접합성 개체들(예: *AABB* × *aabb*, *AAbb* × *aaBB*, 혹은 *aaBB* × *AAbb*)로 이루어진다. 그러므로 각 F_1 세대는 유전자형 *AaBb*의 이형접합자들만으로 구성된다.

5. 각각의 예에서 이들 이형접합성 부모로부터 얻어진 F_2 세대가 분석 대상이 된다. 두 유전자가 관여하면(그림 4-7), F_2 유전자형은 4가지 범주들로 나온다: 9/16 *A*–*B*–, 3/16 *A*–

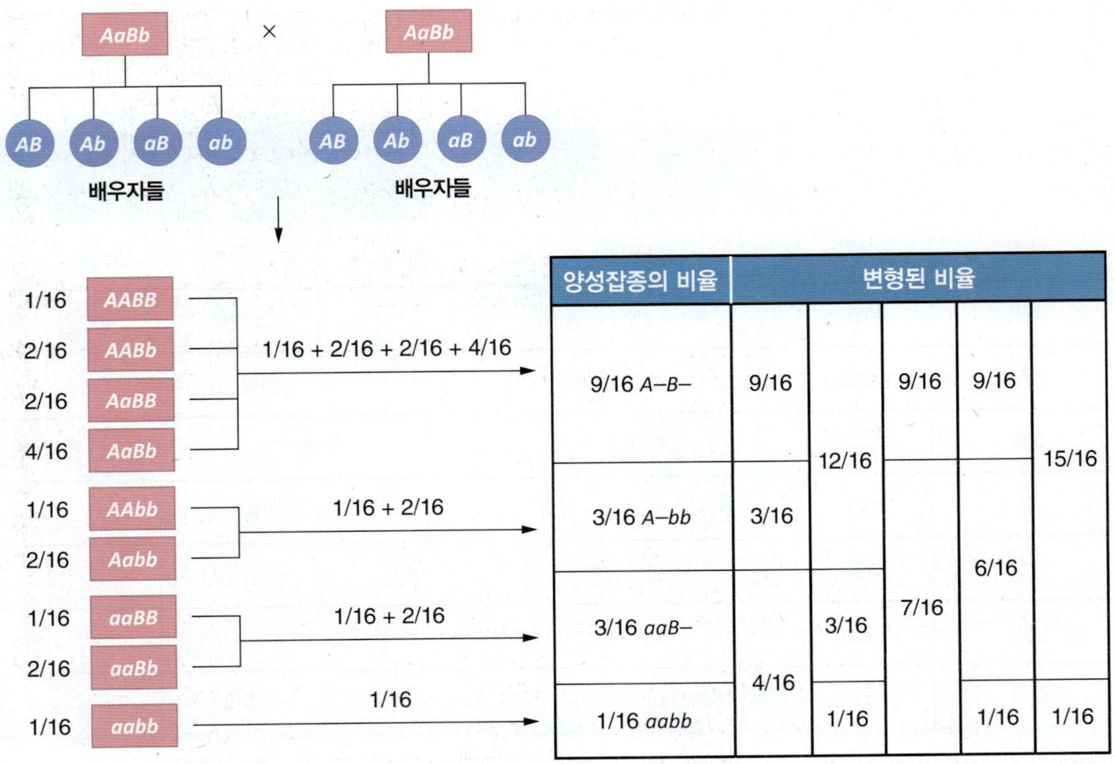

그림 4-7. 두 유전자에 대해 이형접합성인 개체들 사이의 교배에서 생성되는 9가지의 독특한 유전자형과 이들로부터 만들어지는 다양한 변형 양성잡종 비율들.

bb, 3/16 *aaB*−, 그리고 1/16 *aabb*. 우성 때문에 각 범주들 내 모든 유전자형은 그 표현형에 미치는 효과가 동일하다.

우리의 첫 사례는 쥐의 털 색깔 유전이다(그림 4-8). 정상적인 야생형 털색은 아구티(agouti)로 각각의 털에 색소 띠가 교대로 나타남으로써 형성되는 회색 패턴이다(그림 4-4 참조). 아구티은 검은색(non-agouti) 털에 대해 우성이고 검은색은 열성 돌연변이 대립유전자 *a*에 의해 유발된다. 그러므로 *A*−는 아구티 털을 나타나게 하는 반면, *aa*는 검은색 털을 만든다. 독립된 좌위의 열성 돌연변이 *b*는 동형접합성일 경우 색소 침착을 없애서 다른 좌위의 유전자형에 상관없이 흰색 쥐(*bb*)를 만든다. 따라서 아구티(*AABB*)와 흰색(*aabb*) 사이의 교배에서 F_1의 구성원들은 모두 *AaBb*이고 아구티 털을 가진다. F_1이형접합자들 사이의 교배에서 나온 F_2 자손들에서는 다음의 유전자형과 표현형들이 관찰된다.

F_1: *AaBb* × *AaBb*

↓

F_2의 비율	유전자형	표현형	최종 표현형 비
9/16	*A*−*B*−	아구티	9/16 아구티
3/16	*A*−*bb*	흰색	3/16 검은색
3/16	*aaB*−	검은색	4/16 흰색
1/16	*aabb*	흰색	

우리는 관찰된 9:3:4의 F_2 비율을 만드는 유전자 상호작용을 다음과 같은 두 단계 과정으로 나타낼 수 있다.

	유전자 B		유전자 A	
전구체 분자 (색깔 없음)	↓ ⟶ *B*−	검은 색소	↓ ⟶ *A*−	아구티 패턴

B 대립유전자가 존재하는 경우, 검은 색소는 색이 없는 물질로부터 만들어질 수 있다. *A* 대립유전자가 존재하면, 검은 색소는 털의 발생 과정 중에 아구티 표현형을 만드는 방식으로 침착된다. 만일 *aa* 유전자형이라면, 모든 털이 검은색으로 남을 것이다. 만약 *bb* 유전자형이라면, *A* 혹은 *a* 대립인자 존재에 상관없이 검은 색소는 생산되지 않고 흰쥐가 나올 것이다. 그러므로 *bb* 유전자형은 *A* 유전자의 발현을 가리거나 억제하는 것으로 이를 **열성 상위**(recessive epistasis)라고 한다.

우성 상위(dominant epistasis)라고 불리는 두 번째 형태의 상위는 하나의 유전자 좌위에 존재하는 우성 대립유전자가 두 번째 좌위에 존재하는 대립유전자의 발현을 가릴 때 발생한다. 예를 들어, 그림 4-8의 사례 2는 여름 호박의 열매 색깔을 다루고 있다. 여기에서 우성 대립인자인 *A*는 두 번째 좌위의 유전자형 *B*에 관계없이 흰색의 열매를 만든다. 우성 대립인자 *A*가 없으면(*aa* 유전자형), *BB*나 *Bb*는 노란색을 나타내는 반면, *bb*는 녹색을 나타낸다. 그러므로 만약 두 개의 흰색 이형접합자(*AaBb*)를 교배하면, 이러한 형태의 상위 때문에 재미있는 표현형 비가 발생하게 된다.

F_1: *AaBb* × *AaBb*

사례	생물	특징	F_2 표현형들 9/16	3/16	3/16	1/16	변형 비율
1	생쥐	털색깔	아구티	알비노	검은색	알비노	9:3:4
2	호박	색깔	흰색		노란색	녹색	12:3:1
3	완두	꽃색깔	보라색	흰색			9:7
4	호박	열매 모양	원반형	구형		길쭉한 것	9:6:1
5	닭	색깔	흰색		색깔 있음	흰색	13:3
6	생쥐	색깔	흰색 반점	흰색	색깔 있음	흰색 반점	10:3:3
7	냉이	씨 외피	삼각형			타원형	15:1
8	갑충	색깔	6/16 거무스름한 색, 3/16 빨간색	검은색	흑옥	검은색	6:3:3:4

그림 4-8. 이중 이형접합성 F_1 개체들 사이의 교배로부터 얻어진 변형된 양성잡종 F_2 표현형 비율. 그림 4-7에서 보여준 네 가지의 F_2 유전자형 그룹들이 여러 가지 방법으로 조합된다.

↓

F_2의 비율	유전자형	표현형	최종 표현형 비
9/16	*A–B–*	흰색	12/16 흰색
3/16	*A–bb*	흰색	3/16 노란색
3/16	*aaB–*	노란색	1/16 녹색
1/16	*aabb*	녹색	

자손들 중에서 9/16가 *A–B–*이고 흰색이다. 3/16은 *A–bb* 유전자형을 가지며 역시 흰색이다. 나머지 호박의 3/16이 노란색(*aaB–*), 1/16이 녹색(*aabb*)이다. 조합해 보면, 변형된 비는 12:3:1이 된다.

세 번째 예시(그림 4-8의 사례 3)는 William Bateson과 Reginald Punnett(퍼네트 평방을 고안함)에 의해 처음 발견된 것으로, 흰색 꽃인 스위트피의 두 계통 사이의 교배 결과로부터 나왔다. 예상 밖으로, F_1 식물은 모두 자주색이고, F_2는 9/16의 자주색과 7/16의 흰색 비율로 나타난다. 이러한 결과들에 대해 제시된 설명은 두 유전자 쌍 중 적어도 하나의 우성 대립인자가 자주색 꽃을 나타나게 하는 데 필요하다는 것이다. 따라서 이러한 교배를 **상보적 유전자 상호작용**(complementary gene interaction)이라고 한다. 다른 모든 유전자형 조합들은 어느 하나의 열성 대립인자가 동형접합성일 때 다른 좌위의 우성 대립인자의 발현을 가리기 때문에 흰색 꽃을 나타나게 한다.

교배는 다음과 같다:

P_1: *AAbb* × *aaBB*
흰색 흰색

↓

F_1: 모두 *AaBb*(자주색)

F_2의 비율	유전자형	표현형	최종 표현형 비
9/16	*A–B–*	자주색	9/16 자주색
3/16	*A–bb*	흰색	7/16 흰색
3/16	*aaB–*	흰색	
1/16	*aabb*	흰색	

이제 어떻게 두 유전자 쌍이 이러한 결과들을 만들어냈는지 나타내 보자.

	유전자 A		유전자 B	
전구체 분자 (색깔 없음)	↓ ⟶ *A–*	중간산물 (색깔 없음)	↓ ⟶ *B–*	최종산물 (자주색)

각 유전자 쌍에서 적어도 한 개의 우성 대립유전자로부터 만들어진 산물이 양쪽의 생화학적 반응을 일으켜 최종산물을 생산함으로써 자주색 꽃을 만들게 된다. 위의 교배에서는 F_2 자손의 9/16에서 이러한 결과를 보여주었다. 다른 모든 식물들(7/16)은 흰색 꽃을 가진다.

이 3가지의 예시는 어떻게 두 유전자가 상호작용하여 공통의 표현형에 영향을 미치는가를 보여준다. 다른 예들에서는, 두 개 이상의 유전자와 산물들이 표현형이 나오는 것을 조절한다.

새로운 표현형들

다른 경우, 유전자 쌍의 상호작용에 의해 F_2 세대에서 양성잡종 비율을 변화시킬 뿐 아니라, 전혀 새로운 형태의 표현형이 나올 수도 있다. 그림 4-8의 사례 4는 여름 호박 *Cucurbita pepo*의 열매 모양 유전을 나타낸다. 원반 모양의 열매(*AABB*)를 가진 식물이 길쭉한 모양의 열매(*aabb*)와 교배하면, F_1 세대는 모두 원반 모양의 열매를 나타낸다. 그러나 F_2 자손들에서는, 부모의 열매 모양을 나타내는 것과 더불어 새로운 모양과 구형의 열매가 나타난다. 열매 모양의 다양성은 그림 4-9에 나타나 있다.

F_2 세대는 9:6:1의 변형된 비율을 나타내며, 이 비율은 다음과 같이 만들어진다.

F_1: *AaBb* × *AaBb*
원반 원반

↓

F_2의 비율	유전자형	표현형	최종 표현형 비
9/16	*A–B–*	원반형	9/16 원반형
3/16	*A–bb*	구형	6/16 구형
3/16	*aaB–*	구형	1/16 길쭉한 것
1/16	*aabb*	길쭉한 것	

이러한 유전자 상호작용의 예에서는 두 개의 유전자 쌍 모두가 열매의 모양에 동일하게 영향을 미친다. 각 좌위에서의 우성 대립유전자는 어떤 인자든 구형의 열매를 만든다. 그러나 두 우

그림 4-9. 원반모양, 길쭉한 모양, 구형을 포함하는 다양한 과일 모양을 나타내는 여름 호박(summer squash).

실전문제

4-2 몇몇의 식물에서 빨간색 꽃 색소인 시아니딘(cyanidin)은 색깔이 없는 전구체 분자에서 합성된다. 이 시아니딘 분자에 하이드록실기(OH^-)가 추가되면 자주색을 나타낸다. 자주색을 나타내는 품종 중 2개를 무작위적으로 골라 교배하였을 때, 다음과 같은 결과를 관찰할 수 있었다:

94 자주색
31 빨간색
43 흰색

이 꽃의 색깔을 결정하는 데에 관여하는 유전자의 수는 몇 개인가? 어떤 유전적 조합이 어떠한 표현형을 만드는가? 자주색 품종 × 자주색 품종의 교배 다이어그램을 그려라.

■ **힌트:** 이 문제는 식물의 꽃 색(하나의 특징인)이 세 가지 다른 변이가 있다는 것을 설명하고 있다. 해결의 실마리는 먼저 주어진 데이터를 분석하고 의미 있는 비율로 바꾸어 보는 것이다. 이는 몇 개의 유전자 쌍이 연관이 되어 있는지를 찾는 방향성을 제시해 줄 것이다. 그 후에 표현형의 비율과 일치하는 유전자형을 그룹 지을 수 있는 것이다.

더 연습하려면 15, 16, 17, 18번 문제를 참조하시오.

성인자가 모두 존재하면(*A*와 *B*), 열매는 넓적해져서 원반모양을 나타낸다.

F_2 세대에서 예상 밖의 표현형을 보이는 또 다른 흥미로운 예는 초파리의 눈 색깔의 유전에서 볼 수 있다. 앞에서도 언급했듯이, 야생형의 눈 색깔은 벽돌-빨간색(brick red)이다. 두 개의 열성 돌연변이인 *brown*과 *scarlet* 유전자가 교배를 했을 때, F_1 세대는 모두 야생형의 눈 색깔을 갖는다. F_2 세대에서는 야생형, 밝은 붉은색, 갈색 그리고 흰색의 눈을 가진 초파리가 9:3:3:1의 비율로 나타난다. 이 비율은 멘델의 양성잡종 비율과 동일하지만, 초파리 교배에는 눈 색깔이라는 한 가지의 특징에만 연관되어 있다. 이는 유전자 상호작용으로 인한 변형된 양성잡종 비율에 대해 연구할 때 중요한 차이점이 된다.

초파리 눈 색깔에 대한 생화학적인 기초가 밝혀졌기 때문에, 초파리 교배는 유전자 상호작용의 훌륭한 예이다(**그림 4-10**). 전형적인 절지동물인 초파리는 낱눈(ommatidia)이라는 시각적인 단위가 수백 개 모여 복안을 만든다. 야생형의 눈 색깔은 각 낱눈에서 두 개의 다른 색소 그룹인 밝은 붉은색(drosopterins)과 갈색(xanthommatins)이 축적되고 섞임으로써 생성된다. 각 색

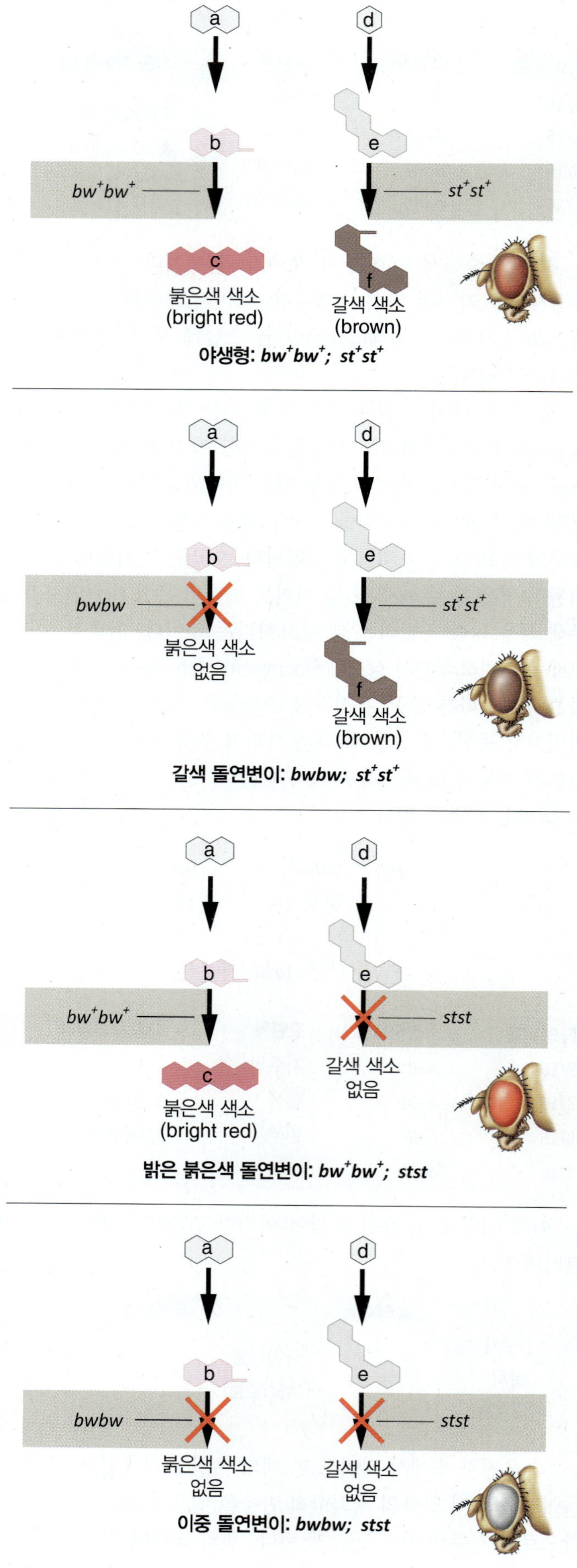

그림 4-10. 갈색 눈과 붉은색 눈 초파리의 교배로부터 나온 네 종류의 눈 색깔의 생화학적인 특징에 대한 이론적인 설명. 적어도 하나의 야생형 bw^+ 대립유전자가 존재하면, b 물질을 c로 변환할 수 있는 효소가 생성되고, 갈색의 색소(drosopterin)가 합성된다. 적어도 하나의 야생형 st^+ 대립인자가 존재하면, e 물질을 f로 변환하고 붉은색 색소(xanthommatin)가 합성된다. 열성 돌연변이 인자인 *st*와 *bw*가 동형접합성으로 존재하면 각 색소 분자의 합성을 방해한다. 유전자형에 따라 이러한 색소 합성 회로의 하나 혹은 둘이 억제되거나 혹은 그 어느 것도 억제되지 않을 수 있다.

소의 종류는 각기 다른 생합성 경로에 의해 만들어진다. 각 경로의 과정에는 각자 다른 효소에 의해 촉매되고 이는 각자 다른 유전자의 조절을 받기 때문이다. 그림 4-10에서 볼 수 있듯이 *brown* 유전자 돌연변이가 동형 접합성일 때 밝은 붉은색의 색소를 합성하는 경로를 방해한다. 왜냐하면 오직 갈색의 색소(xanthomatins)만이 있기 때문에 눈이 갈색이 된다. 다른 상염색체에 있는 유전자 이상으로 생긴 *scarlet* 유전자 돌연변이는 갈색(xanthommatin) 색소를 합성하는 경로를 방해하기 때문에 동형접합성 돌연변이에서는 눈 색깔이 밝은 붉은색을 나타낸다. 각 돌연변이로부터 기능을 하지 못하는 효소들이 만들어진다. *brown*과 *scarlet* 유전자에 대한 이중 돌연변이 동형접합인 초파리는 두 가지의 기능적 효소가 없어 어떤 색소도 만들지 못한다. 따라서 F_2 세대에서 흰색 눈 초파리가 1/16의 비율로 새롭게 나타난다. 이러한 색소의 결핍은 X 염색체에 연관된 *white* 유전자의 돌연변이, 즉 색소는 합성이 되지만 필요한 전구체가 낱눈을 구성하는 세포 안으로 들어갈 수 없어서 생기는 경우가 아니라는 것을 알아야 한다.

기타 변형된 양성잡종비

그림 4-8의 나머지 예들(5-8)은 양성잡종 비의 부가적인 변형을 나타내며 유전자 상호작용의 또 다른 예들을 보여준다. 표를 통해 이미 확인한 것처럼 13:3, 10:3:3, 15:1 그리고 6:3:3:4의 비율이 있다. 이러한 4가지 예들에서는 두 가지의 공통점이 있다. 하나는 각각의 예에 적합한 설명을 하는 데 있어서 분리와 독립의 법칙을 전혀 위반하지 않는다는 것이다. 그러므로 이 예시들에서 보이는 유전의 복잡성이 멘델이 내린 결론을 위반하지 않는다. 둘째로, 각 예들에서 F_2 표현형의 비는 16 분수들로 표현된다. 유전양식이 알려져 있지 않은 교배들에서 16 분수의 비율로 관찰되면 그것은 두 유전자 쌍이 관찰된 표현형을 조절한다는 것을 시사하는 것이다. 유전 문제를 분석하는 데 있어서도 동일한 추론을 해야 한다. 유전인 문제를 해결하는 다른 방법은 이 장의 결론 부분에 있는 "질문 및 해답" 부분에서 볼 수 있다.

4.9 상보성 검정은 비슷한 표현형을 만드는 두 돌연변이가 같은 유전자의 대립유전자인지 결정할 수 있게 한다

비슷한 표현형을 생산하는 두 돌연변이가 독립적으로 분리되면, 재미있는 상황이 발생한다. 두 연구자가 각기 다른 연구실에서 독립적으로 날개 없는 초파리를 분리하여 순계를 확립한 후 각 돌연변이의 표현형이 열성 유전에 의해 나타나는 것을 확인하였다고 가정하자. 우리는 두 계통이 모두 같은 유전자에서 돌연변이가 일어났다고 생각할 수도 있다. 그러나 많은 유전자들이 날개의 형성에 관여하기 때문에 서로 다른 유전자상의 돌연변이에 의해 날개의 형성이 억제되었을 가능성을 생각해야 한다. 이것은 이 장의 앞부분에 소개된 귀머거리의 유전의 이형형질(heterogeneous trait)과 관련된 사례이다. **상보성 검정(complementation analysis)**이라는 분석을 통해 이러한 두 돌연변이가 같은 유전자에서 생긴 것, 즉 그들이 대립인자인지 아니면 다른 유전자들로부터 생긴 돌연변이인지를 알 수 있다.

반복하자면 우리의 분석은 다음과 같은 간단한 질문에 답을 구하는 것이다. 비슷한 표현형을 나타내는 두 돌연변이가 같은 유전자로부터 나온 것인가 아니면 서로 다른 유전자로부터 나온 것인가? 이에 대한 해답을 찾기 위해 두 돌연변이 계통을 교배하고 F_1 세대에 대한 분석이 필요하다. 두 가지 결과가 나올 수 있으며 각 교배에 대한 해설이 그림 4-11에 나와 있다. 이런 가능성(사례 1과 사례 2)을 논의해 보기 위해 m^a와 m^b 돌연변이를 가정해 보자.

사례 1. 모든 자손이 정상 날개를 발달시킨다.
해석: 두 열성 돌연변이는 대립유전자 관계가 아닌 서로 다른 유전자들에 존재한다. 교배 후에 모든 F_1 초파리들은 두 유전자에 대해 이형접합성이다. 각각의 돌연변이가 독립된 유전자에 존재하며, F_1 초파리는 두 좌위에서 이형접합성이어서 두 유전자의 정상적인 산물이 생산된다. 이는 각 유전자들 중에 하나는 정상 복사본이 있어 날개가 정상적으로 발생하기 때문이다. 이러한 경우 이 유전자들은 야생형의 표현형을 회복하는데 상보적이며, 두 돌연변이는 다른 유전자로부터 일어났기 때문에 상보성이 일어난다고 한다.

사례 2. 모든 자손들이 날개를 형성하지 못한다.
해석: 두 돌연변이는 같은 유전자에서 영향을 받은 것으로 이들은 서로 대립유전자로 상보성은 일어나지 않는다. 두 돌연변이가 같은 유전자에 영향을 미쳤기 때문에, F_1 초파리들은 두 돌연변이 대립인자에 대해 동형접합성(m^a 대립유전자와 m^b 대립유전자)이다. 정상적인 유전자 산물이 생산되지 않기 때문에, 날개는 형성되지 않는다.

상보적 분석은 초파리 유전학자 Edward B. Lewis에 의해 처음 고안된 것으로, 같은 표현형을 나타내는 어떤 수의 돌연변이들도 검증하는 데 이용할 수 있다. 그러한 분석을 통해 오직 하나의 유전자가 관여되었다거나, 혹은 둘 또는 그 이상의 유전자들이 관여되어 있다는 것을 알 수 있다. 한 유전자에 생긴 것으로 판정된 모든 돌연변이들은 같은 **상보성 그룹(complementation group)**에 속한다고 한다. 그리고 이들은 다른 그룹의 돌연변이들을 보완해 줄 수 있다. 같은 형질에 영향을

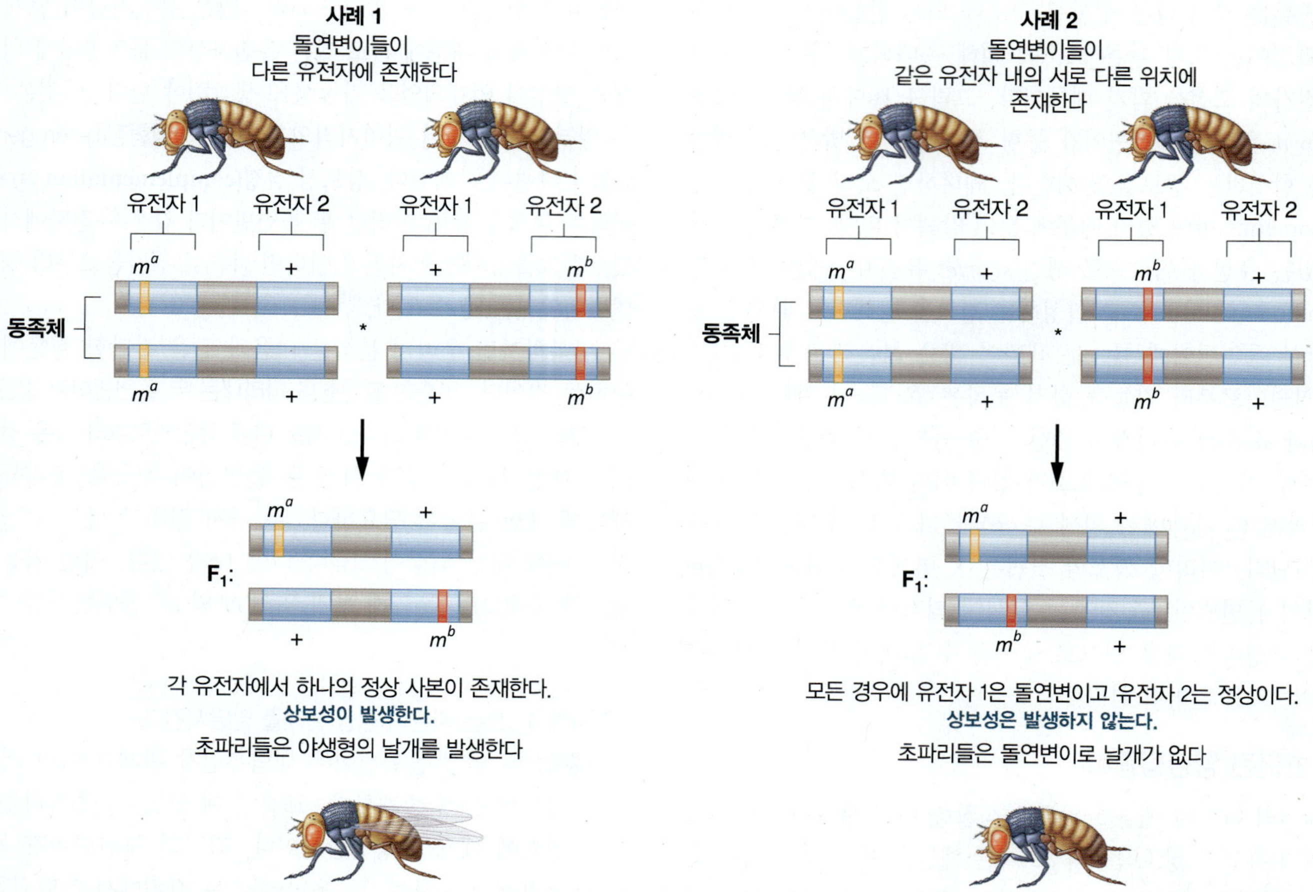

그림 4-11. 초파리의 두 가지 날개 없는 돌연변이(m^a와 m^b)에 대한 상보성 검정. 사례 1의 경우에서는 돌연변이들이 같은 유전자의 대립유전자들이 아닌 반면, 사례 2의 경우에서는 돌연변이들이 같은 유전자의 대립유전자들이다.

미치는 많은 수의 돌연변이를 이용하여 상보성 검사를 수행한다면, 그 형질을 결정하는 데 관여하는 유전자들의 총 숫자를 예측할 수 있다.

4.10 하나의 유전자 발현이 많은 영향을 미칠 수 있다

이전 절에서는 두 개 또는 더 많은 유전자가 하나의 형질에 영향을 미치는 것에 초점을 두었다면, 반대의 경우, 즉 하나의 유전자 발현이 많은 표현형에 영향을 미치는 것도 매우 흔한 일이다. 종종 표현형을 깊이 있게 조사하다 보면 발견하게 되는데 이러한 현상을 **다면발현(pleiotropy)**이라고 한다. 인간의 장애는 매우 훌륭한 예인데, 두 가지 사례를 통해서 이를 이해해 보자.

첫 번째의 장애는 **마르팡 증후군(Marfan syndrome)**으로 결합조직을 구성하는 단백질인 피브릴린(fibrillin)을 암호화하는 유전자의 상염색체 우성 돌연변이로 인간에게 심각한 문제를 초래한다. 이 단백질은 정상인의 몸의 많은 조직에 널리 퍼져 있으므로 이 단백질에 문제가 생기면 많은 영향을 미칠 것으로 예상할 수 있다. 사실 피브릴린은 눈 렌즈의 통합적 구조, 대동맥과 같은 혈관생성, 뼈, 그리고 기타 조직에 있어서 중요한 역할을 한다. 결과적으로 마르팡 증후군은 수정체의 위치 변화, 대동맥 질환에 걸릴 위험의 증가, 팔다리뼈들의 길이 증가와 같은 증상(표현형)을 보인다. 이는 링컨 대통령이 앓았다고 추측되는 역사적으로 흥미로운 장애이다.

두 번째는 **혼합포르피린증(prophyria variegata)**이라고 불리는 상염색체 우성 돌연변이이다. 이 병을 앓는 사람은 적혈구가 교체되면서 파괴될 때, 헤모글로빈의 구성성분인 포르피린(porphyrin)을 적절히 분해하지 못한다. 과도한 포르피린의 축적으로 소변의 색이 검붉어짐으로써 바로 알 수 있다. 그러나 이러한 표현형적 특징은 단순히 진단법으로 사용된다. 이 장애의 심각한 특징은 몸, 그 중에서도 뇌에 포르피린이 쌓이면서 독성이 생겨 복부 통증, 근육 약화, 열, 심장 박동 증가, 불면증, 두통, 시력 문제(실명을 야기할 수 있는), 헛소리, 경련 등을 동반한다. 여기서 볼 수 있듯이 이 장애를 대표하는 뚜렷한 표현형을 찾기가 어렵다.

마르팡 증후군처럼, 혼합포르피린증 또한 역사적으로 의의를 갖는다. 미국 독립 혁명 당시 영국의 왕이었던 조지 3세가 위와 같은 증상들로 고통받았다고 여겨진다. 그는 죽기 전에 실명을 했고 치매 증상을 보였다.

우리는 다면발현을 설명하기 위해서 다양한 예들을 더 제시할 수 있지만, 자세히 보면 대부분의 돌연변이가 한 가지 이상의 표현형을 보여주고 있는 것을 발견하게 된다.

4.11 X-연관은 X 염색체상에 유전자가 있다는 것을 의미한다

많은 동물들과 몇몇 식물종에서는, 한쪽의 성은 서로 닮지 않은 염색체 쌍을 포함한다. 많은 경우, 이들은 X와 Y 염색체로 표시된다. 예를 들어, 초파리와 인간은 수컷이 하나의 X와 Y 염색체를 포함하는 반면, 암컷은 두 개의 X 염색체를 가진다. Y 염색체는 감수분열 중에 X 염색체와 상동염색체로 행동하며 소수의 유전자만을 가지고 있는데 이들은 X 염색체에 존재하는 어떤 유전자와도 같지 않다. 인간의 Y 염색체에는 다수의 남성 특이적인 유전자가 있지만, X 염색체에 존재하는 대부분 유전자는 없다. 결과적으로 X 염색체에 존재하는 유전자는 상염색체 유전자의 유전양식과 매우 다르게 나타난다. 이러한 상황을 설명하기 위해서 X-**연관(X-linkage)**이라는 용어를 사용한다.

아래 논의에서는, X 염색체상에서는 존재하지만 Y 염색체에는 없는 유전자들의 유전양식에 대해 초점을 맞출 것이다. 이러한 상황은 이 장의 주요 관심사인 멘델 비율의 변형을 초래한다.

초파리에서의 X-연관

X-연관에 대한 첫 번째 예로는 1910년경 토머스 모건(Thomas H. Morgan)이 보고한 초파리의 흰 눈 돌연변이다(그림 4-12). 야생형 초파리의 붉은 눈은 흰 눈 돌연변이에 대해 우성이다.

모건은 흰 눈 형질의 유전양식이 이 돌연변이 대립유전자를 가지는 부모의 성과 분명하게 연관되어 있다는 것을 보여주었다. 부모 중 어떤 개체가 열성을 가졌느냐에 상관없이 F_1과 F_2는 유사한 결과를 보여주었던 전형적인 단성잡종 교배의 결과와는 달리, 흰 눈 혹은 붉은 눈인 초파리들 사이의 상반교잡(reciprocal cross)은 동일한 결과를 보여주지 않았다. 모건은 흰 눈의 좌위가 상염색체 중의 하나에 있는 것이 아니라 X 염색체상에 있다는 결론을 얻었다. 여기서 유전자와 형질은 모두 X-연관되었다고 한다.

그림 4-12는 흰 눈과 붉은 눈 초파리들 사이의 상반교잡을 보여준다. F_1과 F_2 세대들에서 표현형의 비가 분명하게 차이가 나며 이것은 P_1의 흰 눈 부모가 암컷이냐 수컷이냐에 따라 결정된다.

모건은 이러한 관찰을 수컷 초파리와 암컷 초파리 사이의 성

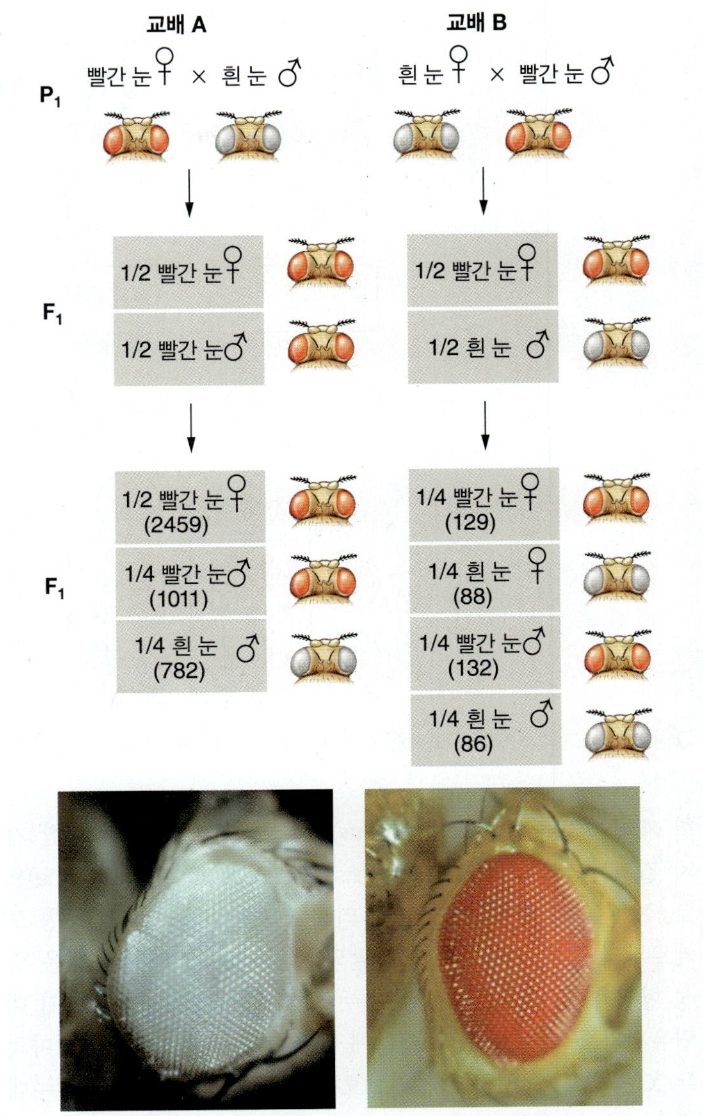

그림 4-12. 초파리의 X-연관 흰 눈 돌연변이에 대한 모건의 상반교잡 결과. 실제 F_2 결과가 괄호 안에 나타나 있다. 사진은 흰 눈과 빨간 벽돌색 야생형 눈을 보여준다.

염색체 조성에서 발견되는 차이와 연결시켰다. 그는 흰 눈을 만드는 열성대립인자가 X 염색체에서는 발견되지만, Y 염색체에는 없다고 가정하였다. 따라서 암컷은 각각의 X 염색체에 하나씩 두 개의 유전자 복사본을 가지지만, 수컷은 하나의 X 염색체상에 한 개의 유전자만을 갖는다.

그림 4-13에서 보여주는 것처럼 X-연관 유전에 대한 모건의 해석은 그의 결과에 대하여 적절한 논리적 설명이었다. Y 염색체는 X 염색체에 존재하는 대부분의 유전자에 대해 상동성이 결여되어 있으므로, 수컷의 X 염색체상에 존재하는 어떤 대립유전자들이라도 바로 표현형이 나타난다. 수컷들은 X-연관된 유전자들에 대해서는 동형접합성이나 이형접합성이 불가능하며, 대신에 이배체 세포에서 유전자의 한 사본(copy)만을 가지고 있는 **반접합체(hemizygosity)** 형태로 존재한다. 그리고 이러

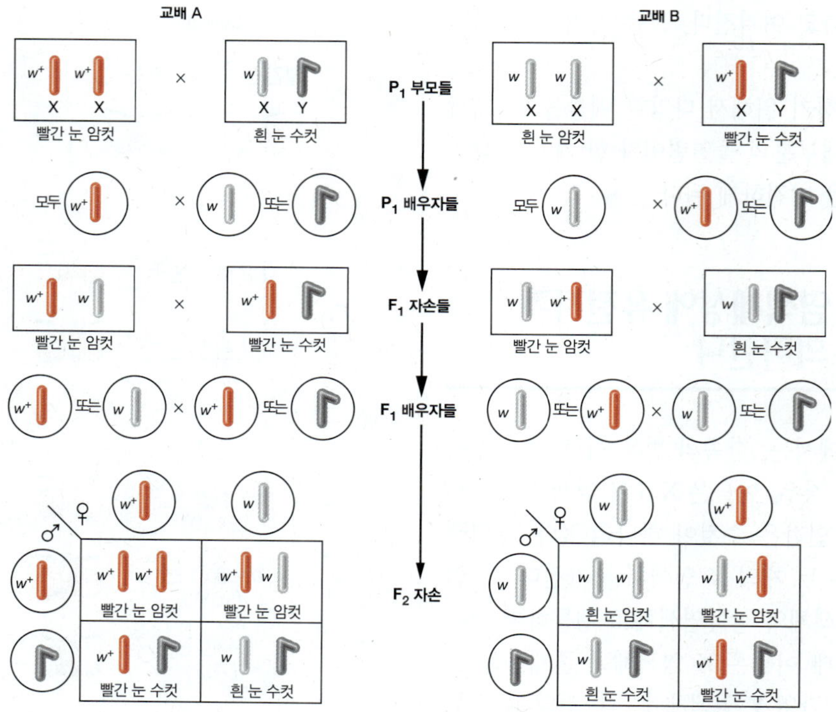

그림 4-13. 그림 4-12에서 보여준 X-연관 교배 결과에 대한 염색체 수준의 설명.

한 개체를 **반접합성(hemizygous)**이라고 한다. X-연관의 한 가지 결과는 유전의 십자형 패턴(crisscross pattern of inheritance)으로, X-연관된 열성유전자들에 의해 조절되는 표현형이 동형 모계로부터 모든 아들들에게 전달되는 것이다. 이러한 패턴은 열성 형질을 가지고 있는 암컷이 두 X 염색체 모두에 돌연변이 대립유전자를 가지고 있기 때문에 발생한다. 모든 아들은 엄마의 두 X 염색체 중 하나를 물려받으며 그 X 염색체에 존재하는 대립유전자에 대하여 반접합성이기 때문에 모든 아들은 엄마와 같이 동일한 열성 X-연관 형질들을 발현하게 된다.

모건의 연구는 위대한 역사적 중요성을 갖는다. 1910년쯤에 멘델의 연구와 감수분열 중의 염색체들의 행동 사이의 연관성에 대한 주장은 **염색체 유전설(chromosome theory of inheritance)**에 대한 기초를 제공해 주었다. 모건의 연구와 약 1920년쯤 그의 제자였던 Calvin Bridges의 연구는 유전자가 특정한 염색체를 통해 전달되는 직접적인 증거를 제공해 주었으며, 이것은 염색체 유전설을 지지하는 첫 번째의 확고한 증거가 되었다.

사람에서의 X-연관 유전

표 4.2에서 보는 것과 같이, 사람에서는 많은 유전자들과 이들에 의해 조절되는 관련 형질들이 X 염색체와 연관되어 있는 것으로 생각된다. 이들 X-연관 형질들은 유전양식의 십자형 패턴 때문에 가계도(pedigree)에서 쉽게 발견된다. 그림 4-14는 사람의 **색맹(color blindness)**에 대한 가계도를 나타낸다. I세대의 엄마는 이 형질을 그녀의 모든 아들에게 전달하지만 딸들에게는 전달하지 않는다. 만약 II 세대의 자손이 정상인 개인들과 결혼하게 되는 경우 색맹인 아들들은 모두 정상인 아들과 정상인 딸들을 낳는 반면(III-1,2,3), 정상 시각을 가진 딸들은 정상 시각의 딸들(III-4,6,7)뿐 아니라 색맹이거나(III-8) 혹은 정상 시각인 아

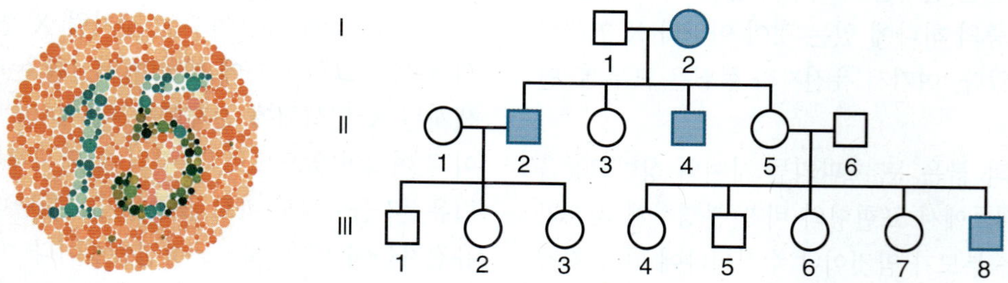

그림 4-14. 사람의 X-연관 색맹 형질에 관한 가계도. 사진은 이시하라 색맹 도표(Ishihara color-blindness chart)로 적록색맹 확인용이다. 정상 시력을 가진 사람은 숫자 15가 보이겠지만, 적록색맹을 가진 사람은 숫자 17이 보일 것이다.

표 4.2 사람의 X-연관 형질들

질환	특징
색맹, 듀탄 타입	녹색 빛에 무감각함
색맹, 프로탄 타입	붉은색 빛에 무감각함
파프리 병	갈락토시데이즈 A의 결핍; 심장과 신장의 결함, 이른 죽음
G-6-PD 결핍	포도당-6-인산 탈수소효소(glucose-6-phosphate dehydrogenase)의 결핍; 잠두(fava bean)와 같은 특정 음식이나 프리마퀸(primaquines)과 같은 약을 섭취했을 때 심각한 빈혈 증상을 동반함
혈우병 A	혈액 내 응고인자 Ⅷ의 결핍으로 인해 발생하는 전형적인 응고인자 결핍의 형태
혈우병 B	크리스마스 병. 혈액 내 응고인자 Ⅸ의 결핍으로 인해 발생하는 질환
헌터 증후군	이두로네이트 설파타제(iduronate sulfatase) 효소의 결핍으로 인해 생기는 점액성 다당류(mucopolysaccharide) 축적 질환. 작은 키, 집게 같은 손가락(claw-like finger), 거친 얼굴 형태, 느린 지적 발달 그리고 청각 장애
어린선	스테로이드 설파타제(steroid sulfatase) 효소의 결핍. 비늘처럼 각질이 일어나는 건조한 피부, 특히 손발에 심함
레쉬-니한 증후군	히포크산틴 구아닌 포스포리보실트랜스퍼라아제(hypoxanthine guanine phosphoribosyltransferase, HPRT)의 결핍으로 인해 운동과 지적 능력의 지체, 자해 그리고 일찍 죽음
뒤센근이영양증	진행성의, 수명을 단축시키는 질환으로 근육 변성과 약화가 일어남. 때때로 정신 지체와 연관됨. 디스트로핀(dystrophin) 단백질의 결핍으로 인해 유발됨

들(III-5)을 낳게 될 것이다.

X-연관된 유전자가 전달되는 방식 때문에 열성 상염색체성 질환들과는 달리 열성 X-연관 질환들과 관련된 독특한 상황이 나타난다. 예를 들어, 어떤 X-연관 질환이 개인을 생식연령에 도달하기 이전에 쇠약하게 하거나 혹은 이들에게 치명적이라면 질환은 전적으로 남성들에게 나타난다. 이것은 집단 내의 치사 대립유전자에 대한 유일한 제공자가 보인자이면서 이 질환이 나타나지 않은 이형의 여성이기 때문에 그렇다. 이 여성들은 이 대립유전자를 아들 절반에게 전달하며, 이것을 받은 아들들은 반접합성이기 때문에 이 질환이 나타난다. 이형접합성인 여성들은 역시 딸들의 절반에게 이 대립유전자를 전달하지만 이들은 보인자가 되어 질병을 나타내지는 않는다. 그러한 X-연관 질환 중 하나가 **뒤센근이영양증**(duchenne muscular dystrophy)이다. 이 질환은 6세 이전에 발병하며 종종 20세 이전에 죽는다. 보통 남자에서만 발생한다.

실전문제

4-3 아래에 3개의 가계도가 있다. 각 형질에 대하여 X-연관 열성 유전인지 아니지를 생각해 보자. 한 두 문장 정도로 그 이유를 설명해 보아라.

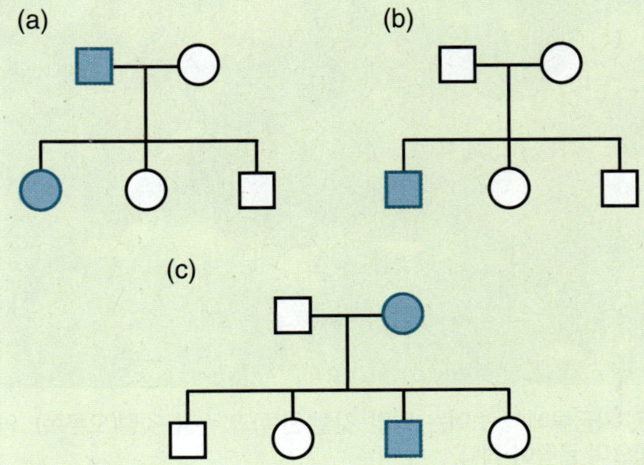

■ **힌트:** 이 문제는 가계도를 볼 때 X-연관 열성 유전의 가능성을 가지고 있다. 해결의 실마리는 X-연관 열성 대립유전자가 항상 남성에게 발현되고, 절대 아빠로부터 아들에게 전달되지 않는다는 반접합성의 특징을 고려하는 것이다. 반대로 동형접합성의 여성은 모든 아들에게 형질을 전달하지만, 아빠가 질환에 걸리지 않는 조건에서는 딸들에게 형질을 전달하지 않는다.

4.12 한성 유전과 종성 유전에서는 개인의 성이 표현형에 영향을 미친다

X-연관 유전과는 달리 유전자 발현 양상은 유전자가 성염색체에 있지 않을 때에도 개인의 성에 의해서 영향을 받을 수 있다. 개체의 성이 어떤 표현형의 발현에 결정적인 역할을 하는 많은 예들이 여러 생물체에서 밝혀져 있다. 몇몇 경우에서는, 특정 표현형이 한쪽 성에서만 한정되기도 하고, 다른 예들에서는 한쪽 성에만 한정되지 않지만 표현형의 발현정도에 영향을 미치기도 한다. 이것이 **종성 유전(sex-influenced inheritance)**이 **한성 유전(sex-limited inheritance)**과 다른 점이다.

이 두 가지의 유전에서 상염색체의 유전자가 표현형 차이의 원인이지만, 이러한 유전자의 발현은 개개인을 구성하고 있는 호르몬에 의존한다. 따라서 이형 접합성의 유전자형은 남성에서 하나의 표현형을 보이고 여성에서는 다른 표현형을 보인다. 예를 들어, **그림 4-15**에서처럼 집에서 기르는 닭들에서는 꼬리와 목의 깃털이 수컷과 암컷에서 종종 차이가 나는 **한성 유전**을 보인다. 수탉의 깃털은 길고 좀 더 굽어져 있으며, 점무늬가 있는 반면, 암탉의 깃털은 짧고 좀 덜 곱슬거린다. 이러한 깃털 표현형은 상염색체상에 존재하는 한 쌍의 대립유전자에 의해 조절되

그림 4-15. 가금류에서 보이는 암탉 깃털(왼쪽)과 수탉 깃털(오른쪽). 암탉의 깃털들은 짧으며 굴곡이 적다.

는데 이들의 발현은 성호르몬의 영향을 받는다. 아래의 표에서와 같이 암탉의 깃털은 우성 대립유전자 *H*에 의해서 결정되며, 동형의 열성 *h* 대립유전자가 나타나는 것과는 상관없이 모든 암컷에서는 암컷 깃털이 나타난다. *hh* 유전자형은 오로지 수컷에서만 수컷 깃털을 나타나게 한다.

유전자형	표현형	
	♀	♂
HH	암컷 깃털	암컷 깃털
Hh	암컷 깃털	암컷 깃털
hh	암컷 깃털	수컷 깃털

가금류의 어떤 품종에서는 암컷 깃털이나 수컷 깃털의 대립유전자가 집단 내에 고정되어 있다. 레그호온(Leghorn) 품종에서는 모든 개체들이 *hh* 유전자형이어서, 결과적으로 암수는 깃털만으로도 구별이 가능하다. 세브라이트 밴텀(Sebright bantam)들은 모두 *HH*이므로, 결과적으로 깃털 표현형으로는 암수를 구별할 수 없다.

한성 유전의 또 다른 예가 젖소의 우유 생산을 담당하는 상염색체 유전자이다. 우유 생산에 영향을 미치는 모든 유전자형에 상관없이, 이들 유전자는 암컷에서만 발현된다.

종성 유전의 예로는 사람의 대머리(pattern baldness), 양의 어떤 품종에서의 뿔 형성[예: 도싯 뿔 양(Dorsett Horn sheep)], 그리고 소에서의 모피 패턴이 있다. 그러한 경우들에서는, 상염색체 유전자들에 의해 대조적인 표현형이 결정되며, 남성이나 여성 모두에게서 발현되지만 이들 유전자의 발현은 개체의 호르몬 조성에 따라 달라진다. 그러므로 이형접합성 유전자형이 성

그림 4-16. 성에 영향을 받는 사람의 상염색체 형질인 대머리.

에 따라 다른 표현형을 보여준다. 예를 들어, 그림 4-16처럼 머리 꼭대기의 털이 매우 얇아지거나 없어지는 대머리는 다음과 같은 방식으로 유전된다.

유전자형	표현형	
	♀	♂
BB	대머리	대머리
Bb	정상	대머리
bb	정상	정상

비록 여성들이 대머리를 나타낼 수 있다고 하더라고 이 표현형은 남성들에서 훨씬 흔하다. 여성들이 *BB* 유전자형을 가지고 있다고 하더라도 남자보다 훨씬 약하고, 훨씬 나이가 들어서 나타난다.

4.13 유전학적 배경과 환경은 표현형을 변경시킬 수 있다

이번 장의 마지막 절에서는 표현형의 발현을 고려해 볼 것이다. 우리는 개체의 유전자형이 언제나 직접적으로 표현형으로 발현된다고 추정한다(2, 3장). 예를 들어, 완두콩의 열성 대립유전자인 *d*의 동형접합체(*dd*)는 키 작은 완두일 것이라고 추정할 수 있다. 우리는 유전자의 기능적인 산물의 유무가 직접적으로 개체의 표현형을 결정한다는 것으로 유전자 발현을 살펴보았다. 그

러나 상황은 훨씬 복잡하다. 대부분의 유전자 산물의 기능은 세포의 내적 환경 안에서 이루어지고, 세포들은 다른 세포와 여러 가지 방식으로 상호작용한다. 게다가 개체는 다양한 환경의 영향을 받는다. 그러므로 유전자 발현과 그로 인한 표현형은 특정 유전자형과 외부환경의 상호작용으로 빈번하게 변화된다. 이 장의 마지막 절에서는 유전자의 발현을 변화시키는 변수들을 다룰 것이다.

침투도와 발현도

어떤 돌연변이의 유전자형은 언제나 독특한 표현형으로 발현되는데, 반면에 다른 것들은 야생형과 구별되지 않는 일정 비율의 개체들을 생산하기도 한다. 특정 형질의 발현정도는 조사되는 유전자형의 **침투도**와 **발현도**를 결정함으로써 정량적으로 연구될 수 있다.

적어도 어느 정도의 돌연변이 유전자형을 발현하는 개체들의 백분율이 그 돌연변이의 **침투도(penetrance)**를 결정한다. 예를 들어, 초파리에서 발견되는 많은 돌연변이 대립유전자들의 표현형이 야생형의 표현형과 겹칠 수 있다. 만약 주어진 돌연변이 유전자형 초파리의 15%가 야생형의 표현형을 나타낸다면, 이 돌연변이 유전자는 85%의 침투도를 가진다고 말한다.

반면에 **발현도(expressivity)**는 돌연변이 유전자형의 발현범위를 반영한다. 열성돌연변이 유전자 *eyeless*를 동형접합체로 가진 초파리는 정상 눈을 가진 것부터 약간 줄어든 것, 한쪽 혹은 두 눈이 모두 없어진 것 등의 표현형 범위를 보인다(그림 4-17). 비록 평균 눈의 감소범위가 1/4~ 1/2까지이지만 발현도 범위는 눈이 완전히 없는 것부터 완전히 정상인 것까지 나타난다.

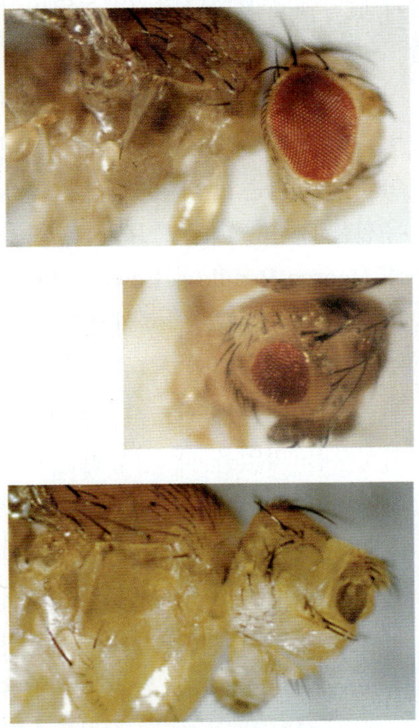

그림 4-17. *eyeless* 동형접합체 돌연변이 파리에서 나타나는 다양한 발현도. 돌연변이에서는 야생형 눈에서부터 눈의 부분적 감소 그리고 눈의 완전한 손실까지 단계적 변화가 있다.

eyeless 유전자의 발현은 표현형에서 다양성이 일어나는 원인을 알아보는데 실험적인 기초를 제공해 주었다. 만약 실험실 환경이 일정하였지만 광범위한 변이가 계속 관찰된다면 다른 유전자가 *eyeless* 유전자에 영향을 주었거나 변형했다고 할 수 있다. 반면에 만약 유전적 배경이 표현형 변이의 원인이 아니라면, 환경적 요소인 온도, 습도, 영양상태가 관여했을 수도 있다. *eyeless*는 실험 결과, 유전적 배경과 환경요소 둘 다 표현형에 영향을 주는 것으로 알려졌다.

유전적 배경: 위치효과

비록 **유전적 배경(genetic background)**의 특정 효과와 잠정적 표현형을 결정하는 유전자의 발현을 측정하는 것은 어려운 일이지만, 유전적 배경의 한 가지 효과는 특징이 잘 밝혀져 있는데, 그것은 **위치효과(position effect)**라 한다. 그 예로, 다른 유전물질에 대한 한 유전자의 물리적 위치가 유전자의 발현에 영향을 끼칠 수 있다. 예를 들어, 염색체 위치가 바뀌거나 재배열되면(전좌나 역위), 염색체 부분에서 유전자의 정상적인 발현이 바뀔 수 있다. 이것은 만약 유전자가 응축되어 있거나 유전적으로 불활성화 상태인 영역, 즉 **이질염색질(heterochromatin)** 지역으로 유전자가 이동하였을 때 일어난다.

위치효과의 예로 이형접합체의 암컷 초파리의 X-연관 눈 색깔 열성돌연변이 *white*(w)를 들 수 있다. w^+/w의 유전자형은 빨간 벽돌색 눈을 가지고 있다. 그러나 만약 w^+ 대립유전자를 가진 X 염색체 부분에 전좌가 일어나 이질염색질 부근으로 이동하였다면 w^+의 발현은 변화된다. 빨간 눈을 가진 대신에, 눈이 잡색이 되거나, 얼룩덜룩하게 빨간색과 흰색 패치의 눈 색이 된다(그림 4-18). 따라서 전좌가 일어난 후에는 정상 w^+ 대립유전자의 우성효과는 간헐적으로 일어난다. 비슷한 위치효과로는 이질염색질이 *white* 좌위 옆으로 이동하였을 때 일어난다. 이질염색질 지역은 인접한 유전자의 발현을 억제한다. 다른 많은 생명체들의 좌위에서 위치효과가 나타나는데, 이것은 유전정보의 정상적인 배열에 변화가 오면 유전자 발현에 변화가 올 수 있다는 증거를 제공해 준다.

온도 영향—조건적 돌연변이에 대한 소개

화학적 활성은 반응 물질의 운동에너지에 의존적이고, 따라서 환경의 온도에 의존적이다. 따라서 우리는 온도가 표현형에 영향을 끼칠 것이라 예상할 수 있다. 달맞이꽃에서 예를 들 수 있는데, 달맞이꽃은 23°C에서 자라면 붉은 꽃이 피고, 18°C에서 자라면 흰 꽃이 된다. 더 놀라운 예는 샴고양이와 히말라야 토끼

(a)

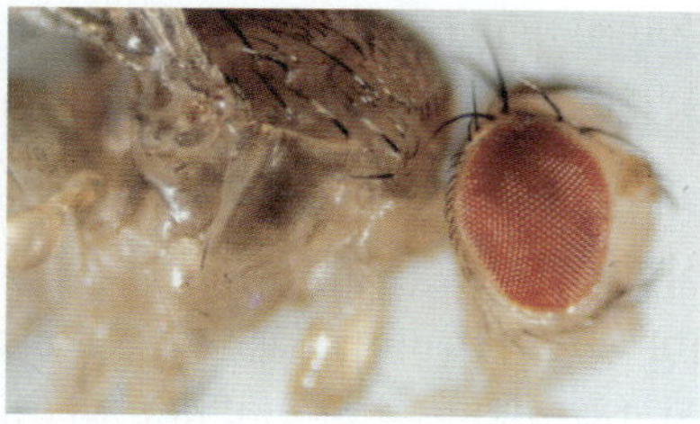

(b)

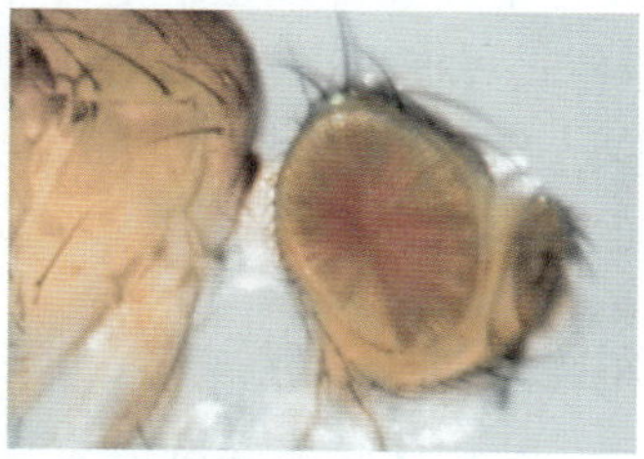

그림 4-18. *white* 유전자에 대하여 이형접합체인 두 암컷 초파리의 눈 표현형에서 나타나는 위치효과. (a) 빨간 벽돌색 눈을 보여주고 있는 정상 우성 표현형. (b) *white* 유전자의 전좌로 인로 생긴 잡색의 눈.

에서 몸의 온도가 다른 부위보다 낮은 곳에서 검은색의 털이 나타나는데, 특히 코와 귀 그리고 발에서 그렇다(그림 4-19). 이 경우 색소를 생산하는 효소가 신체의 말단 부위의 온도가 낮은 부분에서만 기능을 하기 때문으로 생각되며, 반면에 이보다 온도가 높은 몸의 다른 부위에서는 효소가 기능을 잃어버리기 때문으로 생각된다.

돌연변이의 발현은 온도에 영향을 받는데 이것을 **온도민감성 돌연변이(temperature-sensitive mutations)**라고 하며, **조건부 돌연변이(conditional mutaitons)**의 한 예로 환경 조건이 표현형 발현을 결정한다. 온도 민감성 돌연변이의 예는 바이러스, 그리고 박테리아, 곰팡이, 초파리 등 다양한 생명체에서 알려졌다. 극단적으로 돌연변이 대립유전자를 가진 어떤 개체는 어떤 온도에서 자랄 때만 돌연변이 표현형을 나타내고, 다른 온도에서는 자란 개체는 야생형 표현형을 갖는다. 이런 형태의 온도 효과는 발생 과정의 중요한 과정을 억제하지만 치사적인 돌연변이를 연구하는 데 유용하게 이용할 수 있다. 예를 들어, 세균성 바이러스가 **허용적 조건(permissive condition)**인 25°C에서 배양된다면, 돌연변이 유전자의 산물이 기능하고, 감염과정이 정상적으로 진행이 되어 새 바이러스가 생산됨으로서 연구할 수 있게 될 것이다. 그러나 온도민감성 돌연변이를 가진 세균성 바이러스가 **제한적 조건(restrictive condition)**인 42°C에서 배양된다면, 감염 과정은 이 필수적인 유전자 산물이 필요한 시점(예: 바이러스 조립)까지만 진행되고 멈출 것이다. 온도민감성 돌연변이는 바이러스에서 쉽게 유도되어 분리됨으로써 유전학 연구에 큰 도움이 되었다.

영양효과

개체의 유전자형에 의해서만 표현형이 결정되지 않는 또 다른 예는 **영양 돌연변이(nutritional mutations)**이다. 미생물에서 생합성 경로에 중요한 효소가 불활성화되어 영양분 합성을 막는 돌연변이는 흔하게 발견된다. 이런 돌연변이를 가진 미생물을 **영양요구주(auxotroph)**라고 한다. 만약 생합성 경로의 마지막 생산물이 더 이상 생산되지 못한다면, 그리고 그 생산물이 정상적인 성장과 발달에 중요하다면, 이 돌연변이는 성장을 막고 치사에 이를 수 있다. 예를 들어, 빵 곰팡이 *Neurospora*가 아미노산 류신(leucine)을 생산하지 못할 때, 단백질은 더 이상 합성되지 못한다. 만약 류신이 배지에 첨가된다면 이러한 효과는 사라질 것이다. 영양 돌연변이는 세균 유전학 연구에 매우 중요한 역할을 해 왔으며, 1940년대 George Beadle과 Edward Tatum이 하나의 유전자는 하나의 효소를 암호화하고 있다는 제안을 하는데 중요한 기초가 되었다(14장 참조).

인간에서는 약간 다른 상황이 존재한다. 어떤 식이성분을 먹었을 때 정상인은 해가 없이 그것을 소화할 수 있지만 유전적으로 이상이 있는 사람에게는 반대가 될 수 있다. 종종, 어떤 돌연변이는 정상 음식물에서 흔하게 발견된 성분에 대한 대사가 일어나지 못한다. 예를 들어, 유전병인 **페닐케톤뇨증(phenylketonuria)**을 가진 사람은 아미노산 페닐알라닌을 대사하지 못한다. **갈락토스혈증(galactosemia)**을 가진 사람은 갈락토스를 분해하지 못한다. **락토스**

(a)

(b)

그림 4-19. (a) 히말라얀 토끼. (b) 샴고양이. 둘 다 주둥이, 귀, 발에 검은 털이 있다. 이런 부분인 털 색깔은 색소 형성에 관련된 온도민감성 돌연변이 대립유전자에 의해 나타난다.

과민증(lactose intolerance)을 가진 사람은 락토스를 대사할 수 없다. 그러나 관련된 물질의 섭취를 철저하게 줄이거나 제한한다면, 이러한 표현형은 개선될 수 있다.

유전적 발현의 개시

한 개체의 생애 주기에서 모든 유전자들이 동시에 발현되는 것은 아니다. 대부분의 경우에 돌연변이 유전자가 가시적으로 표현형을 나타내는 나이는 정상적인 성장과 발달 단계와 관련이 있다. 사람의 태아, 유아, 청소년기 및 성인 등의 시기에서는 각각 다른 유전정보를 필요로 한다. 따라서 많은 중증 유전 질환들이 출생할 때까지는 나타나지 않을 수도 있다. **테이-삭스병(Tay-Sachs disease)**은 상염색체 열성으로 비정상적인 Hexoaminidase A에 의한 치명적인 지질대사질환이다. 처음 태어나고 몇 달 동안 표현형적으로는 정상으로 보이지만 발달 장애, 마비, 그리고 시력이 상실되고 대부분 3세 정도가 되면 죽는다.

레쉬-니한 증후군(Lesch-Nyhan syndrome)은 X-연관 열성형질로 유전되며 비정상적인 핵산대사(질소화된 퓨린 염기의 대사 경로 결핍)로 인해 혈액과 조직에 요산이 축적되고, 정신지체, 마비, 입술과 손을 자해하게 된다. 이 질환은 하이포잔틴-구아닌 인산리보실 전이효소(hypoxanthine-guanine phosphoribosyl transferase, HPRT)를 암호화하는 유전자의 돌연변이로 인해 발생한다. 신생아는 첫 징후가 발생하기 전 6~8달 동안은 정상적이다.

또 다른 예는 **뒤센근이영양증(Duchenne muscular dystrophy, DMD)**인데, X-연관 열성형질로 유전되며 점진적 근육 손실이 동반된다. 이 유전질환은 보통 3~5살 전에는 확인되지 않는다. 현대 의학으로도 치료가 어려워 종종 20대 초반에 죽는다.

아마도 발병 나이와 관련한 인간의 질병 중 가장 변이가 심한 것이 **헌팅턴병(Huntington disease)**일 것이다. 상염색체 우성으로 유전되는 헌팅턴병은 대뇌피질의 전두엽에 영향을 미쳐서 점진적인 세포사멸이 10년 이상에 걸쳐서 일어나게 된다. 뇌의 퇴화와 수반되는 통제 불가능의 경련과 지능 퇴화가 일어나며 결국 죽음에 이른다. 이 증상은 모든 나이에서 발병되는 것으로 보고되었지만, 보통 30~50살 사이에 가장 빈번하게 처음 발견되며 평균적으로 38세에 발병이 되는 것으로 알려져 있다.

이 예들은 유전자 산물이 개체의 생애주기에서 특정한 시기에 중요한 역할을 한다는 생각을 뒷받침해준다. 어떤 돌연변이 유전자의 영향은 상당한 시간 동안 눈에 띄는 효과가 없을 수도 있다. 그러다가 어떤 시기에 돌연변이 표현형이 나타난다. 이것은 아마도 발생이 진행되고 나이를 먹어감에 따라 변화해 가는 생체 내 생리적 환경 때문으로 생각된다.

유전적 예후

표현형 발현의 유전적 개시 연구에 대한 관심은 세대를 거치면서 증상이 점점 이른 시기에 나타나고 좀 더 심각한 상황으로 전개되는 유전질환을 발견하면서부터였다. 이 현상을 **유전적 예후(genetic anticipation)**라고 한다.

근긴장성이영양증(myotonic dystrophy, DM1)은 유전적 예후 현상을 확실하게 보여준다. 상염색체 우성으로 유전되는 이 질환에 걸린 개인들은 그 증상의 정도에 있어 매우 심한 차이를 보인다. 약한 경우는 어른이 되어서 백내장을 앓는 정도이면서 근육퇴화는 보이지 않지만, 심한 경우 심각한 근병변과 정신박약 증세도 나타날 수 있다. 가장 심한 경우는 출생 후 바로 사망하는 경우이다. 1989년 매우 중요한 발견이 일어났는데 C.J. Howeler와 그 동료들은 유전된 세대가 거듭될수록 증세가 심해지고 더 이른 시기에 나타난다는 것을 확인하였다. 연구자들은 61쌍의 부모자식을 연구한 결과, 60건의 사례에서 질환을 앓고 있는 부모를 둔 아이들이 더 이른 시기에 발병하며, 표현형의 발현 시기도 더 빨랐다.

1992년, DM1 돌연변이의 분자적 원인과 질병의 유전적 예후 현상이 규명되었다. DMPK 유전자 내에 특징적으로 3개의 염기가 반복되는 서열이 존재하며 이 반복횟수는 불안정하였다(17장 참조). 정상적인 개인에서 반복횟수는 5~35회 정도이며, 질병이 일어난 개인의 경우 150~2000회 정도 반복되어 있다. 더 많은 숫자로 반복되는 경우 더 심하게 질환을 앓았다. 가장 놀라운 관찰은, 다음 세대에서 이 반복 서열의 반복되는 수가 증가한다는 사실이다. 돌연변이 유전자로부터 전사된 RNA는 질병의 원인이 되며, 다른 유전자의 발현을 바꾼다. 2형 근긴장성이영양증, 유약 X 증후군(fragile-X syndrome), 케네디질환(kennedy disease), 그리고 헌팅턴병(Huntington disease) 등과 같은 유전질환들도 DNA 서열의 반복 정도와 질병의 심각성 사이에 연관성을 보인다.

각인과 유전자 침묵

유전적 배경의 마지막 예는 **각인(genomic imprinting 또는 parental imprinting)**으로 초기 발생 시기에 선택적 **유전자 침묵**(gene silencing)이 일어나며 표현형 발현에 영향을 준다. 이 경우 상동염색체의 한 쪽에는 각인이 일어나고, 다른 쪽에는 일어나지 않았다. 이런 침묵 현상은 관련 유전자 또는 부위가 어느 부모 유래인가에 영향을 받는다. 한 염색체에서의 이러한 유전자의 침묵은 각인되지 않는 다른 상동염색체상의 대립유전자로부터 표현형이 바로 나타나도록 한다. 그러므로 각인 단계는 이 현상을 이해하는 데 중요한 이슈로 배우자 형성 전이나 기간 동안에 일어나며 정자나 난자를 만드는 조직에서 다르게 각인된 유전자를 갖는다.

첫 번째 예로 유전체 각인은 1991년에 3가지 특별한 쥐 유전자에서 발견되었다. 그중 하나가 인슐린유사성장인자(Insulin-like growth factor, *Igf2*)이다. 쥐가 이 유전자에 대하여 두 개의 정상 대립유전자를 가지면 정상적인 크기가 되며, 반면에 두 개의 돌연변이 대립인자를 가지면 성장인자가 없어서 난쟁이가 된다. 하나의 대립유전자는 정상이며, 하나의 대립유전자는 돌연변이인 이형접합체의 쥐의 표현형은 정상인 대립유전자가 어떤 부모로부터 왔는지에 의해 결정된다. 정상 대립유전자가 아버지로부터 유래되었으면 정상 크기이지만, 어머니로부터 왔다면 난쟁이 쥐가 된다. 이것으로부터 우리는 정상 *Igf2* 유전자는 난자가 만들어지는 동안 각인되며, 수컷에서 정자가 만들어지는 조직에서는 정상적으로 기능한다고 추론할 수 있다. 각인은 유전되는데 발생 시 만들어지는 모든 자손 세포에서 *Igf2*의 유전자 침묵이 일어난다. 다음 자손에서의 각인은 유전자가 정자나 혹은 난자를 만드는 어떤 조직을 통해서 전달되느냐에 따라 결정된다.

사람에게서 나타나는 한 예로는 15번 염색체의 긴팔(15q1)에서 같은 부분이 달리 각인됨으로써 일어나는 두 가지 다른 유전질환이 있다. 두 가지 경우 모두, 질환은 15번 염색체 쌍의 같은 부위의 결실 때문에 생긴다. 첫 번째 질환은 **프래더-윌리 증후군(Prader–Willi syndrome, PWS)**으로 아버지로부터 온 염색체에 결실이 일어나고 어머니로부터 온 염색체는 정상일 때 일어난다. 만약 어머니로부터 온 염색체에 결실이 일어나고 아버지로부터 온 염색체는 정상이면 완전히 다른 질병인 **안젤만 증후군(Angelman syndrome, AS)**이 발생한다.

이 두 경우는 다른 표현형을 보여준다. PWS는 심각한 지적 장애를 수반하고, 식욕조절이 안되는 심한 섭식장애, 비만, 당뇨병과 성장지연을 일으킨다. AS는 정신박약과 불수의적인 근수축(무도병)과 발작이 동반된다는 특징이 있다. 우리는 염색체 15번이 포함된 지역이 남성과 여성의 배우자에서 다르게 각인되고 정상적인 발달을 위해서는 모계 유래와 부계 유래의 결실되지 않은 부분이 필요하다는 것을 알 수 있다.

비록 유전체 각인에서 많은 문제가 해결되지 않은 채 남아 있지만, 많은 유전자들이 각인과 관련이 있다는 것이 알려져 있다. 지금까지 50개가 넘는 각인현상들이 포유류에서 밝혀졌다. 이것은 특정 유전자보다 염색체의 부분이 각인되었다고 보인다. 이 현상은 **후성유전학(epigenetics)**의 한 예로서 유전적 발현이 DNA의 핵산서열에 담긴 정보의 직접적인 결과로만 일어나는 것은 아니라는 것이다. 대신에 DNA에 변화가 일어나 발현이 영향을 받는다. 이 변화는 세포가 분열 시 자손 세포에 전달되며 종종 배우자를 통해서 다음 세대에도 전달된다.

각인 및 다른 후성학적 사건에 대한 정확한 분자적 원리는 아직도 불확실하지만 **DNA 메틸화(DNA methylation)**가 관여하는 것은 확실해 보인다. 대부분의 진핵생물에서 메틸그룹은 메틸트랜스퍼레이즈(methyltransferase) 효소에 의해 시토신의 5번 탄소 위치에 첨가될 수 있다(10장 참조). 메틸 그룹은 CpG 핵산 혹은 CpG 단위(CpG섬이라고 함)들이 DNA 사슬에 존재할 때 첨가된다.

DNA 메틸화는 각인에 대한 분자적 기작으로 생각되는데 이는 높은 수준의 메틸화는 유전자 발현을 억제하며, 활성화된 유전자 혹은 이들의 조절 부위는 메틸화되어 있지 않기 때문이다. 이 현상은 흥미로운 주제이다. 우리는 뒷부분에서 위의 주제들을 포함한 최근의 발견들을 다루게 될 것이다(현대 유전학 특강 1장—후성유전학 참조)

유전학, 기술, 사회

순종 개의 유전적인 운명을 개선하기

개를 사랑하는 사람들에게 개가 천천히 시력을 잃어가며, 영구적인 어둠에 고통당하는 것을 보는 것처럼 마음이 아픈 일은 없다. 이것은 개가 점진적 망막위축(progressive retinal atrophy, PRA)에 걸리면 생기며, 1909년 Gordon setters(개의 한 품종)에서 처음 발견된 유전질환이다. 그 이후로 PRA는 Irish setters, border collies, Norwegian elkhounds, toy poodles, miniature schauzers, cocker spaniels 그리고 Siberian huskies를 포함하는 100종류 이상의 다른 품종의 개에서 발견되었다.

많은 유전자 산물들은 건강한 망막의 발달과 유지에 필요하며 이런 유전자들 중 어느 하나에서 결함이 생기면 망막의 기능 장애를 일으킬 수 있다. 몇십 년간의 연구를 통해 5개의 유전자(*PDE6A, PDE6B, PRCD, rhodopsin, PRGR*)를 발견하였는데 앞으로 더 많은 유전자가 발견될 것이다. 다른 돌연변이 대립유전자가 다른 품종에서 존재

(계속)

하며, 각 대립유전자는 다른 형태의 PRA와 연관되어 있다. 임상증상과 증상의 발전 정도가 조금씩 다르다. *PDE6A*, *PDE6B*, *PRCD* 유전자들은 열성형질로 유전되며, *rhodopsin* 유전자(Mastiffs 종에서 발견됨)는 우성이고, *PRGR* 돌연변이(Siberian huskies와 Samoyeds)는 X-연관되어 있다.

PRA는 잡종견에 비해 순종견이 10배 정도 더 흔하게 걸린다. 크기, 모양, 색깔, 행동 등과 같은 사람들이 원하는 특정한 형질을 얻기 위하여 많은 개들이 교배되어 왔다. 원하는 특징 중 많은 것이 열성형질에 의해 결정된다. 이 대립유전자를 가장 빨리 동형접합자로 만드는 방법은 근친교배를 통해 같은 대립유전자를 갖도록 하는 것이다. 예를 들면, 사촌이나 조부모와 교배를 시키는 것이다. 어떤 사육사는 훌륭한 계보를 가진 개를 이용하여 이익을 얻고자 개 쇼에서 상을 탄 개로부터 수백 마리의 자손을 만들어낸다. 이 '인기 있는 종견 효과'는 이름처럼 순종의 동형접합자 비율을 더 높여주었다.

불행하게도, 사육하면서 인기 있는 품종 가계의 자손 간의 동계 교배로 해로운 열성 대립유전자를 갖는 동형의 개체가 늘어나 유전 질환의 발생 비율이 높게 나타난다. 300개 이상의 유전질환이 순종 개에서 발견되었고, 많은 품종들에서 20개 이상의 유전질환이 발견된다. 코넬대의 연구진에 따르면, 어떤 동물보다도 순종 개가 가장 높은 유전질환으로 고통을 당하고 있는데 미국의 2,000만 순종 개 중 25%가 적어도 한 가지 유전질환을 갖는 것으로 알려져 있다.

운이 좋게도, 순종 개의 건강을 증진시킬 새로운 방법을 제공하기 위한 개 유전학의 발전이 시작되었다. 2007년, 개에서 30개의 다른 망막 질병에 대한 유전검사가 가능해졌다. PRA 검사를 통해 *PRCD* 돌연변이를 갖는 이형접합체를 찾아낸다. 이 보인자들은 PRA에 어떠한 증상도 보이지 않지만, 다른 이형접합체와 교배하게 되면 그들 자손 중 25%에게 형질을 물려주게 된다. 포르투갈 물새 사냥용 개(Portuguese water dog)에서 교배 과정을 통해 PRA 보인자를 제거시킴으로써 형질의 출현을 근절시켰고 다른 품종에서도 질환의 창궐을 크게 감소시켰다.

과학자들은 2005년 개 유전체연구의 완성으로 개의 유전질환과 관련된 더 많은 유전자들을 발견할 수 있을 것이다. 게다가 유전자 결함을 고칠 새로운 치료법이 생겨날 것이다.

개의 유전체 연구는 반려 동물의 유전질환을 줄이는 것을 넘어 인간에게 이득이 될 것이다. 개 유전체의 85% 유전자는 사람의 것과 동일하고, 심장질환과 간질, 알러지, 그리고 몇몇 종류의 암질환 등을 포함하는 300개가 넘는 개의 질환은 사람에게도 영향을 끼친다. 개에서 이런 질병을 유발하는 유전자를 발견하게 되면 사람에게서 유사한 유전자를 찾는데 지름길이 될 것이다. 사람의 질환 치료에 기여하게 되면 개는 완전히 새로운 면에서 '사람의 가장 친한 친구'라는 것을 증명하게 될 것이다.

조사해 보자

시간을 가지고, 개인적으로나 그룹으로, 다음의 질문에 답하여라. 순종 개의 유전에 관한 이슈를 이해하기 위하여 참고문헌을 조사하거나 링크를 활용한다.

1. 순종 개의 유전적 질환에 있어서 유전적 테스트에 어떤 제한이 있을까?

   이 주제는 OptiGen web site(http://www.optigen.com)에서 볼 수 있다. OptiGen은 개의 PRA에 알려진 모든 형태의 유전자검사와 다른 유전질환에 대한 검사를 개발하는 회사이다. 이 회사의 검사항목에서 prcd-PRA을 선택하고 "Benefits and limits to All genetic Testing"를 방문해 보자.

2. 시베리안허스키(Siberian huskies)의 PRA와 비슷한 인간의 질병은 무엇인가?

   이 유전자와 질병에 대해 더 많은 것을 알고 싶다면 database "Inherited Diseases in Dogs" (http://vet.cam.ac.uk/idid/)그리고 시베리안허스키의 Progressive Retial Atrophy database를 참조하여라. OMIM reference에 링크한 후 Siberian huskie의 PRA에 대한 인간의 버전에 대해 조사해 보아라.

3. 차이니스 샤페이(Chinese Shar-Pei)는 주름진 피부로 유명하다. 불행히도 이 순종 개는 유전적 열병으로 취약하다. 최근에 이 개들로부터 *HAS2*로 알려진 유전자가 발견되었다. 이 유전자는 하이알루론산 합성효소 2(hyaluronic acid synthase 2)를 암호화하는데 이 유전자에 돌연변이가 생기면 피부가 주름지고 열병이 생긴다. *HAS2* 유전자가 어떻게 이 다면발현효과를 나타내는지 그리고 이 발견이 왜 인간의 건강에 중요한지 설명하여라.

   Olsson이 발표한 논문(Olsson, M. et al., 2001)에서 *HAS2* 유전자의 발견에 대한 내용을 읽어보자. *HAS2* 유전자의 상의 불안정한 중복이 차이니즈 샤페이 종의 피부 주름과 열병에 원인이 된다. *PLoS Genetics* 7(3):e1001332를 참조하여라.

사례 연구 | 그러나 그는 청각장애자가 아니다

가족사를 연구하면, 청각장애인 부부는 각자 몇 세대에 걸쳐 청각장애인 친척이 있는 것을 알게 된다. 기본적인 유전학 이해를 통해 청각장애의 여러 형태 중의 하나는 상염색체 열성으로 유전된다는 것을 알았다. 이들이 아이를 갖고자 하는데 위의 유전정보에 따르면 이들의 모두 아니면 일부의 자녀가 청각장애자가 될까봐 걱정스럽다. 행복하게도 이들의 첫 번째 자녀는 정상 청력을 가지고 있었다. 이 커플은 유전학자인 여러분이 이 상황을 설명해 주기를 바란다.

1. 이 부모들은 그들의 청력장애를 상염색체 열성형질로 물려받았나?
2. 다음 아이가 청력장애자가 될 가능성이 있는가?
3. 만약 그들의 첫 자녀가 청각장애가 있었다면 결과는 어떻게 되었을까?

요약

1. 멘델의 연구가 재발견된 후 전달유전학은 다른 형태의 유전양상을 포함하는 것으로 확장되었는데 여기에는 불완전 우성, 공동우성, 복대립유전자와 치사대립유전자 등을 포함한다.
2. 멘델의 전통적인 F_2 비율은 유전자의 상호작용이 표현형 변이를 조절할 때 달라진다. 많은 경우에 상위를 포함하는데, 하나의 유전자의 발현이 다른 유전자의 발현에 영향을 주거나 억제한다.
3. 상보성 검정은 비슷한 표현형을 나타내지만 독립적으로 발견된 돌연변이들이 서로 대립유전자인지 아닌지를 결정해 준다.
4. 다면발현은 하나의 돌연변이에 의해 나타나는 다양한 표현형 효과를 의미한다.
5. X 염색체에 있는 유전자들은 X-연관을 통해 엄마의 X-연관형질이 모든 아들들에게 전달되는 소위 십자형 유전과 같은 독특한 유전양상을 보여준다.
6. 한성 유전과 종성 유전은 상염체상에 존재하는 유전자에 의해 나타나는 표현형에 개체의 성이 영향을 줄 때 발생한다.
7. 표현형의 발현은 언제나 유전자형을 있는 그대로 모두 반영하는 것은 아니다. 다양한 발현도가 관찰되거나 혹은 일부 돌연변이는 기대하는 표현형을 보여주지 않는데 이를 돌연변이 대립유전자의 침투도라고 한다. 뿐만 아니라 표현형은 유전적 배경, 온도와 영양 상태 등에 따라 달라질 수 있다. 결과적으로 유전자 발현의 시작은 개체의 생애 동안 달라질 수 있으며, 심지어 돌연변이 대립인자가 부계나 모계로부터 왔는지에 따라 달라지는데 이를 각인이라고 한다.

질문 및 해답

유전적 문제는 두 가지 다른 특징이나 복대립유전자, 불완전 우성이나 상위가 포함되면 복잡해진다. 가장 어려운 경우들은 실험실이나 야외연구 중에 선구적인 유전학자들이 직면한 것들이었다. 그들은 유전자형을 모르는 부모의 자손을 관찰함으로써 역으로 유전양식을 결정해야만 했다.

1. 닭의 볏 모양 유전에 대해 생각해 보자. 호두 볏, 장미 볏, 완두 볏 그리고 홑 볏으로 나타나는 닭의 볏들은 뚜렷하게 관찰되는 형질들이다. 이 변이들은 아래 사진에 나타나 있다. 다음의 결과를 참고하여, 볏 모양은 어떻게 유전되며 각 교배의 P_1 유전자형은 무엇인지 결정하시오.

교배 1:	홑 볏 × 홑 볏	⟶	모두 홑 볏
교배 2:	호두 볏 × 호두 볏	⟶	모두 호두 볏
교배 3:	장미 볏 × 완두 볏	⟶	모두 호두 볏
교배 4:	F_1 × 교배 3의 F_1		
	호두 볏 × 호두 볏	⟶	93 호두 볏
			28 장미 볏
			32 완두 볏
			10 홑 볏

해답: 처음 보면, 이 문제는 매우 어려워 보이지만 체계적으로 접근하고 각 단계별로 나누어 접근하면 간단하게 풀 수 있다. 어떤 유용한 정보를 얻을 수 있는지 자료를 보면서 시작해 보자. 일단 도움을 줄 수 있는 것을 발견하면, 그 다음엔 과학적인 접근법을 따른다. 즉, 가설을 세우고 주어진 자료에 대하여 검증해 보는 것이다. 모든 경우에 부합하는 유전양식을 찾아보시오.

이 문제는 바로 두 가지 유용한 정보를 제공해준다. 하나는 교배 1에서 홑 볏의 계통이 순계이라는 것이고, 두 번째는 교배 2에서 P_1 호두 볏은 순계이며, 장미 볏과 완두 볏 사이의 교배 3으로부터도 만들어진다는 것이다. 이들 F_1 호두 볏들을 교배한 교배 4에서는 네 가지 볏 모양이 약 9:3:3:1의 비율로 나왔다는 것이다. 이러한 관찰은 바로 두 유전자 쌍이 교배에 관여한다는 것을 시사하는데, 그 이유는 얻어진 자료가 멘델의 양성잡종 교배비와 같기 때문이다. 오직 한 가지 특징인 볏 모양만이 관여되어 있기 때문에 상위가 발생할 수 있다. 이것은을 가설로 사용될 수 있으며, 여러분은 두 유전자가 '상호작용'하여 어떻게 각 표현형이 나오게 되는지 제시해야 한다.

만약 대립유전자 쌍을 A,a와 B,b로 나타내면, 여러분은 교배 4 자손에서 호두 볏이 9/16으로 나타났기 때문에, A-B-는 호두 볏이 될 것이다. (A-는 AA 혹은 Aa 그리고 B-는 BB 혹은 Bb를 각각 나타낸다) 여러분은 또한 교배 2에서 유전자형이 $AABB \times AABB$이며, 여기서 호두 볏은 순계인 것으로 보인다고 가정할 수 있다.

홑 볏이 교배 4의 모든 자손 중 1/16에서 표현형으로 나타나므로, 이 표현형이 $aabb$ 유전자형의 결과라고 예상할 수 있다. 이것은 교배 1의 결과와 같다.

이제 장미 볏과 완두 볏에 대한 유전자형을 결정하기만 하면 된다. 가장 논리적인 예상은 적어도 하나의 우성 A 혹은 B 대립인자가 이 중 열성조건의 다른 대립인자 쌍과 조합되어 이들 표현형을 나타내는 것으로 볼 수 있다. 예를 들어

A-bb ⟶ 장미
aaB- ⟶ 완두

만약 교배 3에서 $AAbb$(장미 볏)이 $aaBB$(완두 볏)과 교배된다면 모든 자손들은 $AaBb$(호두 볏)이 될 것이다. 이것은 자료와 일치하며, 이제 교배 4만 확인하면 된다. 우리는 이들 호두 볏 유전자형이 위에서처럼 $AaBb$라고 예상할 수 있으며, 다음 교배로부터

$AaBb$(호두 볏) × $AaBb$(호두 볏)

우리는 아래의 결과를 예상한다.

(계속)

질문 및 해답—계속

9/16 A-B-(호두 볏)
3/16 A-bb(장미 볏)
3/16 aaB-(완두 볏)
1/16 $aabb$(홑 볏)

우리의 예상은 주어진 자료와 일치한다. 처음 두 유전자 쌍의 상호작용에 대한 가설은 모든 경우에 일치하기 때문에 문제를 해결하였다고 본다.

이 문제는 전달유전학에 대한 기본적 이론 지식의 필요성을 증명하는 것이다. 이러한 지식을 가지고, 여러분은 해결책을 찾아 단계적인 방법으로 진행해 갈 수 있도록 해주는 실마리를 찾을 수 있다. 문제풀이에 통달하는 것은 연습을 필요로 하지만, 많은 만족감을 줄 것이다. 다음 문제에 대해서 같은 일반적 접근법을 적용해 보시오.

호두 볏

완두 볏

장미 볏

홑 볏

2. 무 꽃의 색깔이 빨간색, 자주색, 아니면 흰색이다. 무의 먹을 수 있는 부분은 길쭉하거나 달걀형이다. 꽃의 색깔만 연구한다면, 우성이 뚜렷하지 않고 빨간 꽃과 흰 꽃을 교배하면 모두 자주색 꽃이 나온다. F_1을 상호교배하면, F_2 세대는 1/4 빨강 : 1/2 자주 : 1/4 흰색으로 나온다. 무의 모양에 관해서는, 길쭉한 것이 달걀형에 우성인 멘델 유전양식을 나타낸다.

(a) 순계인 빨간 꽃의 길쭉한 무와 흰 꽃의 달걀형 무를 교배시켜 나온 F_1과 F_2의 표현형을 결정하여라. 유전자를 문자로 표시한 후 문제를 풀기 시작한다.

(b) 빨갛고 달걀형인 무와, 유전자형 및 표현형을 모르는 식물의 교배에서 다음과 같은 자손을 얻었다.

103 빨간색 길쭉함, 101 빨간색 달걀형
98 자주색 길쭉함, 100 자주색 달걀형

위 식물의 표현형과 유전자형을 결정하시오.

해답: 먼저 유전자를 기호로 표시한다.

RR = 빨간색 O- = 길쭉함
Rr = 자주색 oo = 달걀형
rr = 흰색

(a) 이것은 색깔을 조절하는 유전자 쌍이 불완전우성을 나타내는 변형된 양성잡종 교배이다. 모양은 통상적으로 조절된다.

P_1: $RROO$ × $rroo$
(빨간색 길쭉함) (흰색 달걀형)
F_1: 모두 $RrOo$(자주색 길쭉함)
$F_1 \times F_1$: $RrOo \times RrOo$

F_2:	1/4 RR	3/4 O-	3/16 RRO-	빨간색 길쭉함
		1/4 oo	1/16 $RRoo$	빨간색 달걀형
	2/4 Rr	3/4 O-	6/16 RrO-	자주색 길쭉함
		1/4 oo	2/16 $Rroo$	자주색 달걀형
	1/4 rr	3/4 O-	3/16 rrO-	흰색 길쭉함
		1/4 oo	1/16 $rroo$	흰색 달걀형

F_2를 얻기 위해 분지법을 사용하였다. 먼저 색깔 유전자에 대한 F_1 교배($Rr \times Rr$) 결과를 고려하며, 다음으로 모양에 대한 교배($Oo \times Oo$) 결과를 고려한다.

(b) 두 가지 형질이 독립적으로 유전되므로, 그들을 따로 고려한다. 자료는 1/4:1/4:1/4:1/4 비율을 보여주는 것을 기억하자. 먼저 색깔을 고려한다.

P_1: 빨간색 × ??? (알려지지 않음)
F_1: 204 빨간색 (1/2)
198 자주색 (1/2)

왜냐하면 빨간색의 부모들은 RR이 되어야 하며, 모르는 것들은 이런 결과를 얻기 위해서는 Rr 유전자형을 가질 수밖에 없다. 그러므로 자주색이다.
이제 모양을 고려해보자.

P_1: 둥근 형 × ??? (알려지지 않음)
F_1: 201 길쭉함 (1/2)
201 달걀형 (1/2)

달걀형은 oo일 수밖에 없으므로, 이 결과를 얻기 위해서는 알려지지 않은 유전자형은 Oo일 수밖에 없다. 그러므로 길쭉한 형일 것이다. 따라서 알려지지 않는 식물은

자주색이며 길쭉한 $RrOo$

3. 사람에서 적록색맹은 X-연관 열성형질로 유전된다. 어떤 여자가 정상시력을 가지고 있고 그의 아버지가 색맹인데, 정상 시각을 가진 남자와 결혼하였다. 이들 부부에서 생긴 아들과 딸의 색맹 여부를 판단하시오.

해답: 이 여성은 아버지에게서 돌연변이 대립유전자를 갖는 X 염색체를 물려받았기 때문에 이형접합자이지만 그녀의 남편은 정상이다. 그러므로 부모의 유전자형은

$Cc \times C$↾(↾은 Y 염색체를 나타냄)
모든 딸들은 정상(CC, Cc)이며, 아들 중 1/2은 색맹(c↾)이며, 나머지 반은 정상(C↾)이다.

(계속)

질문 및 해답—계속

4. 관련성이 없는 두 한정된 가계도를 생각해보자. 각 가계도에서 X-연관 열성, X-연관 우성, 상동염색체 열성, 상동염색체 우성 형질의 4가지 경우에서 절대로 해당하지 않는 유전양식은?

(a)

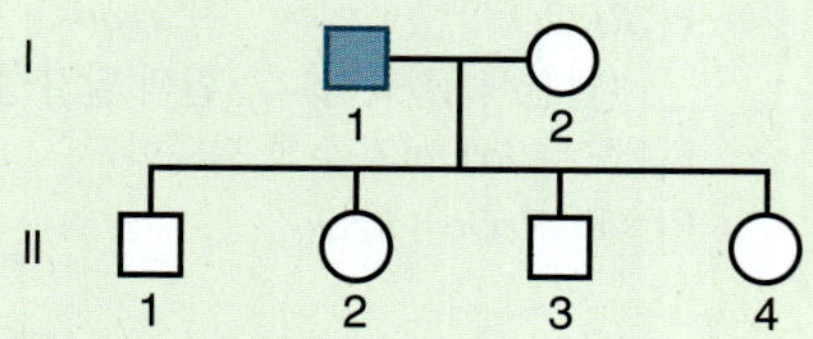

(b)

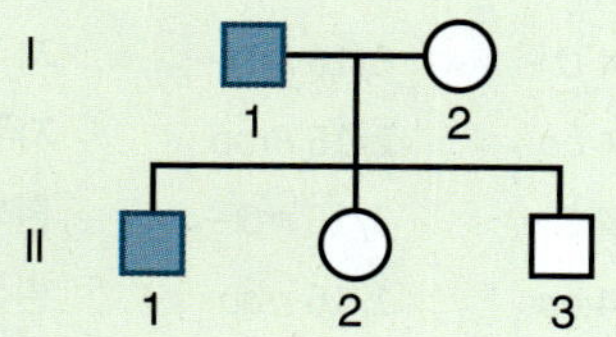

해답: 만약 가계도 (b)에서 모계 부모가 이형이라면 두 가계도에서 X-연관 열성과 상염색체 열성이 가능하다. 가계도 (a)에서 얼핏보아 상염색체 우성은 아닌 것 같다. 왜냐하면 적어도 자손의 반은 그들의 부모 중 하나에 의해서 나타나는 우성형질이 나타나야 하기 때문이다. 그러나 영향을 받은 부모가 상염색체 우성 유전자를 이형접합체로 가지고 있을 때, 이것은 옳다고 볼 수 있는데, 각 자손이 돌연변이 유전자를 받고 발현되는데 50%의 확률을 가지고 있음으로 네 자손만으로는 가능성을 제외하기엔 너무 적다. 가계도 (b)에서 상염색체 우성은 확실히 가능하다. 두 가지 경우 X-연관 우성을 배제할 수 있는데, 왜냐하면 여성자손들이 우성 대립인자를 받으면 형질을 보여줄 텐데 어떤 가계도에서도 여성에서 형질이 나타나지 않고 있다.

탐구 문제

어떻게 알았을까?

1. 이 장에서는 멘델법칙의 확장 및 변형, 그에 따른 비율 변형에 초점을 맞추었다. 이 과정에서 우리는 정보들이 어떻게 얻어졌는지 생각해 보는 많은 기회를 가졌다. 이러한 정보를 바탕으로 다음의 근본적인 질문에 어떤 답을 줄 수 있겠는가?
   (a) 초창기 유전학자들은 전형적인 멘델의 유전법칙에 따른 비율을 벗어난 유전양상을 어떻게 알아낼 수 있었을까?
   (b) 유전학자들은 어떤 표현형적인 특징이 2개 이상의 유전자 쌍의 상호작용에 의해서 생긴다고 어떻게 결정할 수 있었을까? 그들은 얼마나 많은 유전자 쌍이 관여하는가를 결정할 수 있었을까?
   (c) 특정 유전자가 상염색체가 아닌 성을 결정하는 염색체상에 있는지 알 수 있을까?
   (d) 유전자 발현이 개인의 성과 관련이 있을 때 어떻게 유전자가 한성유전 혹은 종성 유전이 아니라 X-연관되어 있는지 알 수 있을까?

개념확인 문제

2. 70쪽에 있는 이 장의 핵심 개념은 모두 멘델의 유전법칙에서 만났던 유전양상에 벗어나 있다. 왜 다면발현 및 치사 대립유전자가 종종 전통적인 멘델의 단성잡종 및 양성잡종 비율에서 벗어나는 결과를 가지고 오는지 짧은 에세이를 쓰시오.

3. 쇼트혼(Shorthorn) 소에서 털색은 빨간색과 흰색, 아니면 혼합된 색일 것이다. 혼합된 색은 빨간색과 흰색이 혼합된 된 중간색이다. 다음 자료는 다양한 교배를 통해 얻어졌다.

빨간색	×	빨간색	⟶	모두 빨간색
흰색	×	흰색	⟶	모두 흰색
빨간색	×	흰색	⟶	모두 혼합색
혼합색	×	혼합색	⟶	1/4 빨간색 : 1/2 혼합색 : 1/4 흰색

어떻게 이 털색이 유전되는가? 각 교배의 부모와 자손의 유전자형은 어떻게 될까?

4. 여우에서 어떤 유전자에 두 대립인자 P와 p가 있으며, PP는 치사성이고, Pp는 백금색 털, pp는 은색 털을 나타낸다. 백금색 털을 가진 여우가 근친교배를 하면 어떤 자손의 비가 얻어지는가? P 대립유전자는 치사성(a)과 백금색 털(b)을 유도하는데 우성으로 작용하는가 아니면 열성으로 작용하는가?

5. 쥐에서 짧은 꼬리 돌연변이가 발견되었다. 긴 꼬리를 가진 쥐와 교배하였을 때, 자손 중 4마리는 짧은 꼬리이고, 3마리는 긴 꼬리였다. F_1 세대 중 2마리의 짧은 꼬리 쥐를 골라 교배하였다. 이들로부터 6마리의 짧은 꼬리와 3마리의 긴 꼬리의 자손 쥐를 생산하였다. 이 유전 실험은 3번 정도 반복되었고, 같은 결과를 보여주었다. 어떤 유전적 비율이 관찰되겠는가? 유전양상에 대하여 가설을 세워보고, 교배를 다이어그램으로 표시하시오.

6. A, B, AB와 O에 대하여 모든 가능한 유전자형을 열거하시오. ABO식 혈액형은 우성인가? 열성인가? 공동우성인가?

7. 인간에서 ABO식 혈액형에 관하여 다음의 어머니와 아버지의 유전자형을 결정하시오.

   아버지: 혈액형은 B형이고 그의 어머니는 O형 혈액형이었다.

   어머니: A형 혈액형이지만 그녀의 아버지는 B형 혈액형이었다.
   이 부부의 자손에서 나타날 수 있는 혈액형을 예측하고 각각의 비율을 예측하시오.

8. 논란의 여지가 있는 부모의 경우로 자식의 혈액형은 O형이고, 어머니의 혈액형은 A이다. 아버지의 혈액형이 될 수 없는 것은 무엇인가? 다른 혈액형은 특정한 남성이 아버지라는 것을 증명해주는가?

9. A와 B 항원은 *Se/Se* 혹은 *Se/se* 유전자형을 갖는 사람의 침을 포함하는 분비물에서 수용성 물질로 발견되지만, *se/se* 유전자형을 갖는 사람에서는 발견되지 않는다. 따라서 사람들은 분비자와 비분비자로 나누어진다.
   (a) 혈액형 AB형과 O형이며 두 사람 모두 *Se/se* 유전자형인 사람이 결혼을 하여 나온 자손의 혈액형 및 분비 능력에 대한 비를 결정하시오.
   (b) 만약 두 부부가 모두 H 물질을 생산하는 유전자가 이형접합자(*Hh*)이었다면 결과가 바뀌었을까?

10. 새들에서 다리와 날개가 짧아 걸을 때 '발바리(creeper)'처럼 보이는 것이 닭에서도 관찰된다. 이 발바리 닭이 정상 닭과 교미를 하면 자손의 절반은 정상이지만 절반은 발바리 표현형을 갖는다. 발바리 표현형은 절대 순계로 존재하지 않는다. 만약 이들끼리 교배가 이루어지면 2/3는 발바리, 1/3은 정상이다. 이러한 상황에 대한 유전양상을 설명하시오.

11. 토끼에서 다음과 같은 방식으로 복대립유전자가 털색을 조절한다. *C*는 다른 대립유전자에 대해 우성이어서 모든 색깔을 나오도록 한다. 친칠라의 털색은 c^{ch} 대립유전자로부터 나온다. 이것은 *C*를 제외한 모든 다른 대립유전자에 대해 우성이다. c^h는 오직 c^a (알비노)에 우성이며, 히말라야 털 색깔을 결정한다. 결과적으로 $c^{ch} > c^h > c^a$ 순서로 우성이 결정된다. 다음 3가지 경우에서, P_1 세대의 두 교배뿐만 아니라 F_1 세대 중 하나의 표현형을 보여준다.

	P_1 세대		F_1 세대	
(a)	히말라야 세대 × 히말라야 세대	⟶	알비노	
			×	→ ??
	모든 색깔 개체 × 알비노	⟶	친칠라	
(b)	알비노 × 친칠라		알비노	
			×	→ ??
	모든 색깔 개체 × 알비노	⟶	모든 색깔 개체	
(c)	친칠라 × 알비노		히말라야	
			×	→ ??
	모든 색깔 개체 × 알비노	⟶	히말라야	

각 경우에 대하여 P_i 세대 및 F_1 자손의 유전자형을 결정하고, 표시되 F_1 간의 교배결과를 예측하시오.

12. 서로 다른 상염색체상에 존재하는 세 쌍의 유전자가 꽃의 색깔과 모양 그리고 식물의 키를 결정한다. 첫 번째 유전자 쌍은 불완전 우성을 나타내며 색깔은 빨간색이거나 분홍색(이형접합자) 그리고 흰색을 나타낸다. 두 번째 쌍은 우성의 가면모양의 꽃부리 혹은 열성의 펠로리아형 꽃 모양을 결정하며, 세 번째 쌍은 키가 큰 우성 혹은 키가 작은 열성 형질을 만든다. 빨간색, 가면모양 꽃부리 및 키가 큰 동형접합성 식물은 희고, 펠로리아형이며 키가 작은 식물과 교배하였다. F_1의 유전자형과 표현형을 결정하시오. F_1 식물끼리 교배한다면, 자손의 비율 중 얼마나 F_1식물과 같은 표현형을 나타내겠는가?

가면모양 꽃　　펠로리아형 꽃

13. 12번 문제에서 꽃의 색은 빨간색, 흰색, 분홍색일 것이고 모양은 가면이거나 펠로리아 모양이다. 다음의 교배에서 P_1과 F_1 유전자형을 결정하시오.

(a) 빨간색, 펠로리아형 꽃 × 흰색, 가면모양 꽃
↓
F_1: 모두 분홍색이며 가면모양 꽃

(b) 빨간색, 가면모양 꽃 × 흰색, 펠로리아형
↓
F_1: 모두 분홍색, 펠로리아형

(c) 분홍색, 펠로리아형 × 빨간색, 펠로리아형 → F_1
- 1/4 빨간색, 가면모양 꽃
- 1/4 빨간색, 펠로리아형 꽃
- 1/4 분홍색, 펠로리아형 꽃
- 1/4 분홍색, 가면모양 꽃

(d) 분홍색, 가면모양 꽃 × 흰색, 펠로리아형 → F_1
- 1/4 흰색, 가면모양 꽃
- 1/4 흰색, 펠로리아형 꽃
- 1/4 분홍색, 가면모양 꽃
- 1/4 분홍색, 펠로리아형 꽃

(e) (a)의 F_1과 (b)의 F_1을 교배하면 표현형의 비는 어떻게 나오는가?

14. 말은 크림색, 밤색, 혹은 황금색(꼬리와 갈기는 흰색을 가짐)이 가지고 있다. 이들 표현형 중에서 황금색만이 순계 교배가 되지 않는다.

크림색	×	황금색	→	1/2 크림색 1/2 황금색
밤색	×	황금색	→	1/2 밤색 1/2 황금색
황금색	×	황금색	→	1/4 밤색 1/2 황금색 1/4 크림색

(a) 위에 얻어진 결과에 대해 유전자에 기호를 부여하여 어떤 유전자형이 어떤 표현형을 결정하는지를 표시하고 유전양상을 결정하시오.
(b) 크림색과 밤색 사이의 교배에서 F_1과 F_2의 결과를 예측하시오.

밤색

황금색

크림색

15. 초파리의 눈 색깔 표현형을 결정하며 열성 상염색체 유전을 하는 갈색과 스칼렛 좌위가 독립 유전을 한다면(그림 4-10 참조), P_1 교배를 결과로 얻어진 F_1와 F_2 결과를 예측하시오. 갈색과 스칼렛 대립유전자가 동시에 돌연변이인 동형접합자가 되면 색소는 만들어지지 않으며 눈색은 흰색이 된다.
(a) 야생형 × 흰색
(b) 야생형 × 스칼렛
(c) 갈색 × 흰색

16. 생쥐의 털 색깔은 *C* 대립유전자가 존재할 때만 생긴다. *cc* 유전자형은 흰색이다. 색깔이 나타난다면 이것은 *A*와 *a*의 대립유전자들에 의해 결정되는데, *AA*나 *Aa*는 아구티(agouti)을 나타내고, *aa*는 검은색을 나타낸다.
(a) *AACC*와 *aacc* 생쥐들 사이에서 얻어진 F_1과 F_2의 유전자형과 표현형의 비는 무엇인가?
(b) 유전자형을 모르는 아구티 암컷과 *aacc* 유전자형을 가진 수컷 사이의 3가지 교배에서 다음과 같은 표현형의 비를 얻었다.

(1)		(2)		(3)	
	8 아구티		9 아구티		4 아구티
	8 흰색		10 검은색		5 검은색
					10 흰색

어미의 유전자형은 무엇인가?

17. 쥐에서 독립적으로 분리되는 두 상염색체 유전자의 유전자형이 털색을 결정한다.

A–B–	(회색)
A–bb	(노란색)
aaB–	(검은색)
aabb	(크림색)

3번째 유전자 쌍은 어떠한 털색이 나올지를 결정한다. *CC*와 *Cc* 유전자형은 *A*와 *B* 대립유전자의 발현에 따라 털색이 결정되도록 하지만, *cc* 유전자형은 *A*와 *B* 대립유전자가 존재해도 알비노가 되도록 한다. 다음과 같은 교배들의 F_1 표현형 비를 결정해 보시오.
(a) *AAbbCC* × *aaBBcc*
(b) *AaBBCC* × *AABbcc*
(c) *AaBbCc* × *AaBbcc*
(d) *AaBBCc* × *AaBBCc*
(e) *AABbCc* × *AABbcc*

18. 17번 문제의 유전양상에서 다음 자손을 만들어낸 부모의 유전자형과 표현형을 예측하시오.
(a) 9/16 회색: 3/16 노란색: 3/16 검은색: 1/16 크림색
(b) 9/16 회색: 3/16 노란색: 4/16 알비노
(c) 27/64 회색: 16/64 알비노: 9/64 노란색: 9/64 검은색: 3/64 크림색
(d) 3/8 검은색: 3/8 크림색: 2/8 알비노
(e) 3/8 검은색: 4/8 알비노: 1/8 크림색

19. 고양이과의 한 종에서는 눈색이 회색, 청색, 녹색, 혹은 갈색이고 각각은 순계이다. 동형의 부모를 교배시켜 다음과 같은 결과가 얻어졌다.

교배	P_1	F_1	F_2
A	녹색 × 회색	모두 녹색	3/4 녹색: 1/4 회색
B	녹색 × 갈색	모두 녹색	3/4 녹색: 1/4 갈색
C	회색 × 갈색	모두 녹색	9/16 녹색: 3/16 갈색 3/16 회색: 1/16 청색

(a) 자료의 분석 결과 몇 개의 유전자가 관여되어 있는가? 유전자 기호를 쓰고 각 유전자형의 표현형을 써 보시오.
(b) 회색 눈 고양이와 유전자형과 표현형을 모르는 고양이 사이의 교배에서 F_1 세대는 관찰되지 않았다. 그러나 F_2는 교배 C의 F_2와 같은 비율이다. P_1과 F_1 고양이의 유전자형과 표현형을 결정하시오.

20. 어떤 식물의 키가 큰 품종과 작은 품종을 교배하였다. F_1에서 모두 키가 큰 품종이 나왔다. F_1끼리 교배하였을 때, F_2에서 9/16는 키가 큰 품종이, 7/16은 작은 품종이 나왔다.
(a) 키의 유전과 관련된 유전자 쌍의 수와 키가 큰 품종과 작은 품종으로 예상되는 유전자형을 열거하시오. (dash를 이용하여 표시함)
(b) F_2를 자가교배하였을 때 F_2 자손 중 순계로 나올 비율은 얼마인가? 유전형을 나열하시오.

21. 식물의 독특한 종류 중에는 꽃이 노랑, 파랑, 빨강 아니면 자주색인 것이 있다. 모든 색은 순계가 있을 수 있다. 만약, 파란 꽃을 빨간 꽃과 교배하였을 때, 모든 F_1 식물에서 노란색 꽃이 나왔다. 이들로부터 F_2를 생산하여 다음과 같은 비의 자손을 얻었다.

9/16 노랑 : 3/16 파랑 : 3/16 빨강 : 1/16 보라

순계를 이용한 다른 교배에서 노란색 꽃과 자주색 꽃을 교배하였다. F_1은 모두 노랑 꽃이었고, F_2 자손에서 위와 같이 9:3:3:1의 비율을 보였다.
(a) 꽃 색깔 유전자를 기호로 표시하고, 네 가지 꽃 색깔에 대한 유전자형을 쓰시오.
(b) 순계의 빨강과 자주색 꽃의 F_1과 F_2의 교배 결과를 쓰시오.

22. ABO와 MN 항원식 혈액형을 통해 확인된 다섯 쌍의 결혼한 부부의 혈액형에 대한 결과가 표에 나와 있다.

	부모의 표현형				자손의 표현형
(1)	A, M	×	A, N	(a)	A, N
(2)	B, M	×	B, M	(b)	O, N
(3)	O, M	×	B, N	(c)	O, MN
(4)	AB, M	×	O, N	(d)	B, M
(5)	AB, MN	×	AB, MN	(e)	B, MN

각 부부로부터 나온 자손의 혈액형이 (a)~(e)에 표시되어 있다. 중복이 없이 각 자손들을 그들의 부모와 연결시켜 보시오. 맞는 답이 한 세트 이상인가?

23. 남편과 부인이 모두 정상 시력을 가지고 있는데, 이 두 사람 각각의 아버지는 모두 X-연관된 적록색맹이다. 첫 번째 자손이 (a) 정상인 아들, (b) 정상인 딸, (c) 색맹인 아들, (d) 색맹인의 딸일 가능성은 각각 얼마인가?

24. 사람에서 ABO식 혈액형은 상염색체 복대립유전자의 조절을 받는다. 색맹은 X-연관 열성형질이다. 만약 두 부모가 A형이고 정상 시력인데 색맹이면서 O형인 아들을 낳았을 때, 다음 자녀가 정상 시력이면서 O형인 딸을 낳을 확률은?

25. 초파리에서 X-연관 열성 돌연변이인 *scalloped(sd)*는 불규칙한 날개 가장자리를 만든다. (a) scalloped 암컷과 정상 수컷과 교미가 일어날 경우, 그리고 (b) scalloped 수컷이 정상 암컷과 교미를 할 경우에 나올 F_1 및 F_2 결과를 다이어그램으로 표시하시오. 이 결과들을 *scalloped* 유전자가 상염색체에 있다고 생각하고 나오는 결과와 비교하시오.

26. 초파리에서의 또 다른 열성 돌연변이는 *ebony(e)*로 상염색체(3번)에 위치하며 야생형 초파리에 비해 짙은 체색을 띤다. scalloped 날개에 정상 체색인 암컷과 ebony 체색에 정상 날개를 가진 수컷을 교배시킬 때 어떤 표현형의 F_1과 F_2 암수 자손들이 나오겠는가? 이 문제를 퍼네트 사각형법과 분지법을 이용하여 풀어보시오.

27. 초파리에서 X-연관된 *vermilion* 돌연변이는 밝은 붉은 눈을 가지고 있으며, 붉은 벽돌색 야생형 초파리와 구별된다. 다른 상염색체에 있는 열성돌연변이인 *suppressor of vermilion(su-v)*은 *v*에 대한 동형접합자나 반접합자 초파리의 눈이 야생형을 갖도록 해준다. *vermilion* 대립유전자가 없으면 *su-v*는 눈 색깔에 아무런 영향을 주지 못한다. *vermilion* 좌위의 야생형 대립인자를 가졌으나 *su-v*에 대해서는 동형접합자인 암컷과 *su-v* 좌위에 야생형대립인자를 가진 *vermilion* 수컷과의 교배로부터 나온 F_1과 F_2 표현형 비율을 구하시오.

28. 초파리에서 *vermiolion*은 X-연관되어 있으며 밝은 붉은색 눈을 가지고 있고, *brown*은 상염색체 열성 돌연변이로 갈색 눈을 가지고 있다. 두 가지 돌연변이를 모두 가지게 되면 흰 눈이 된다. 다음 교배들의 F_1과 F_2의 결과들을 예상해 보시오.
    (a) vermilion 암컷 × 갈색 수컷
    (b) 갈색 암컷 × vermilion 수컷
    (c) 흰색 암컷 × 야생형 수컷

29. 초파리에서 X-연관 흰 눈 열성 돌연변이와 상염색체 연관된 적갈색(*sepia*) 열성 돌연변이에서 다음 표현형의 순계 부모의 교배로부터 나오는 F_1과 F_2를 예상해 보시오. 흰 눈 돌연변이는 적갈색 돌연변이에 대해 상위로 작용한다.
    (a) 흰 눈 암컷 × 적갈색 수컷
    (b) 적갈색 암컷 × 흰 눈 수컷

30. 다음의 세 가계도는 모두 하나의 사람 형질을 포함한다.
    (a) 만약 존재한다면, 다음 중 어떤 조합이 배제될 수 있는가?
        우성이면서 X-연관
        우성이면서 상염색체
        열성이면서 X-연관
        열성이면서 상염색체
    (b) 여러분이 배제시킨 조합에 대해 결정적인 역할을 하였던 II 세대(예: II-1,II-2)의 개인을 지적해 보시오. 만약 그 어느 누구도 배제될 수 없다면 '해당 없음'이라고 쓰시오.

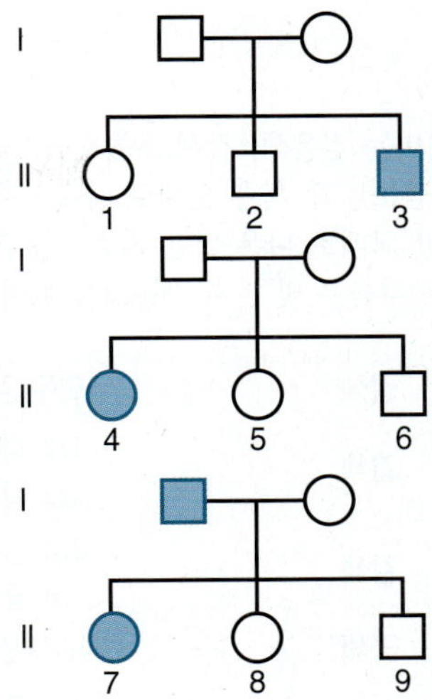

    (c) (a)에서 내린 결론에 비추어 볼 때 II-1,II-6, 그리고 II-9의 유전자형은 무엇인가? 한 가지 이상이면 모두 쓰시오. 유전자형에 대해서는 *A*와 *a*의 기호를 사용한다.

31. 염소에서 수염의 발달은 열성 유전자이다. 다음은 순계 교배가 이루어지고 F_2까지 전달된 것을 보여준다.

P_1: 수염이 있는 암컷 × 수염이 없는 수컷
↓
F_1: 수컷이 모두 수염이 있고, 암컷은 모두 수염이 없음

$F_1 \times F_1$ →
- 1/8 수염 없는 수컷
- 3/8 수염 없는 수컷
- 3/8 수염 없는 암컷
- 1/8 수염 있는 암컷

이 형질의 유전양상 및 발현을 설명하고, 교배를 도시화하시오. 여러분의 가설을 증명할 하나 혹은 그 이상의 교배실험을 제시하시오.

32. 수컷 깃털을 가지고 있는 가금류 수컷이 순계의 암컷 깃털을 가지고 있는 암컷 가금류와 교미하여 나올 수 있는 F_1과 F_2를 예상하시오. 이것은 한성 유전임을 기억하시오.

33. 두 엄마가 붐비는 도시의 병원에서 같은 시간대에 아들을 낳았다. 엄마1의 아들은 X-연관 열성 대립유전자에 의해 야기되는 혈우병을 가지고 있다. 하지만 부모 그 누구도 질병이 없다. 엄마2는 아버지가 혈우병이 있지만 정상 아들을 낳았다. 몇 년 후, 커플1이 태어난 후 아이들이 신생아실에서 바뀌었다고 병원을 고소하였다. 여러분이 유전상담가로서 이것을 증언해 달라고 소환되었다. 여러분은 배심원에게 어떤 정보를 제공할 수 있겠는가?

34. 표현형적 발현의 주제들과 그것에 나쁜 영향을 주는 요소들을 논의해보시오.

35. 표현형적 발현과 관련된 용어로서 침투도와 발현도를 비교하시오.

응용 문제

36. 라브라도 레트리버는 검은색, 갈색(초콜릿색), 혹은 금색(노란색)이다(70쪽의 그림 참조). 각 색은 순계로 사육되지만, 만약 부모가 순계가 아닌 다양한 교배로 나온 많은 자손들을 조사해 보면 다른 결과들이 나타난다. 다음은 몇 가지 가능성을 보여준다.

(a)	검은색	×	갈색	→	모두 검은색
(b)	검은색	×	갈색	→	1/2 검은색 1/2 갈색
(c)	검은색	×	갈색	→	3/4 검은색 1/4 금색
(d)	검은색	×	금색	→	모두 검은색
(e)	검은색	×	금색	→	4/8 금색 3/8 검은색 1/8 갈색
(f)	검은색	×	금색	→	2/4 금색 1/4 검은색 1/4 갈색
(g)	갈색	×	갈색	→	3/4 갈색 1/4 금색
(h)	검은색	×	검은색	→	9/16 검은색 4/16 금색 3/16 갈색

이 자료들과 일치하는 유전양상을 제안하고, 각 교배에서 일치하는 부모들의 유전자형을 제시하시오. 또한 각 색깔에 대하여 순계인 개의 유전자형을 제시하시오.

37. 푸에트리코의 우림인 El Yunque의 한쪽에서 채취한 순계 자주색 잎을 갖는 식물이 다른 쪽에서 발견된 순계의 흰색 잎 식물과 교배되었다. F_1 자손은 모두 자주색이다. 많은 수의 $F_1 \times F_1$ 교배로부터 다음과 같은 결과를 얻었다.

보라: 4219 흰색: 5781 (총 10,000개)

잎색의 유전양상은 무엇인가? 여러분이 유전학자라면 가설을 어떻게 설명할 것인가? 수행할 유전 실험을 설명하시오.

38. 덱스터 및 케리 소들은 뿔이 있거나 또는 없다. 덱스터는 짧은 다리를 가지는 반면, 케리는 긴 다리를 가진다. 뿔이 없는 케리와 뿔이 있는 덱스터 사이에서 많은 자손들이 얻어졌는데, 반은 뿔 없는 덱스터였고, 반은 뿔 없는 케리였다. 이들 두 형태의 F_1을 교배하여 다음과 같은 F_2 자손이 얻어졌다.

3/8 뿔 없는 덱스터
3/8 뿔 없는 케리
1/8 뿔 있는 덱스터
1/8 뿔 있는 케리

한 유전학자가 이 자료에 의문을 가지고 이 소를 수십 년간 교배한 농부를 인터뷰했다. 유전학자는 케리가 순종이지만, 덱스터는 순종이 아니고 케리와는 달리 많은 자손을 생산하지 않았다는 사실을 알았다. 이러한 관찰을 유전적으로 설명해 보시오.

39. 유전학 연구가 금지된 외계의 혹성에서 온 한 유전학자가 순종인 개구리 두 종을 가지고 왔다. 한 종은 '립잇, 립잇' 울며 자주색 눈을 가지고 있었고, 다른 종은 '니딥, 니딥' 울며 녹색 눈을 가진다. 유전학자는 두 종을 교배하여 F_1 개구리를 얻었는데, 모든 울음을 울며 파란 눈을 가졌다. F_2 자손은 다음과 같은 비율을 보여주었다.

27/64	파란색 눈, 립잇 울음소리
12/64	녹색 눈, 립잇 울음소리
9/64	파란색 눈, 니딥 울음소리
9/64	자주색 눈, 립잇 울음소리
4/64	녹색 눈, 니딥 울음소리
3/64	자주색 눈, 니딥 울음소리

(a) 두 형질의 유전에 몇 쌍의 유전자가 관여하는가?
(b) 이들 중 몇 개의 유전자가 눈의 색깔을 조절하며, 이를 어떻게 설명할 수 있는가? 울음소리는 몇 개의 유전자가 조절하는가?
(c) 모든 표현형을 유전자 기호로 표시하고, P_1 및 F_1의 유전자형을 표시하시오.
(d) 6개의 F_2 표현형에 대한 유전자형을 표시하시오.
(e) 몇 년간의 실험 후에 이 유전학자는 모든 6개의 F_2 표현형에 대한 순계를 분리하였다. 위의 순계를 이용한 다음 교배의 F_1과 F_2 표현형 비를 설명해 보시오.

파란색 눈, 니딥 울음소리 × 자주색 눈, 립잇 울음소리

(f) 순종 교배 중 한 세트는 초기에 유전학자를 혼란에 빠뜨렸다. 자주색 눈을 가지고 있으며 니딥 울음소리를 갖는 순종 개체와 녹색 눈과 니딥 울음소리를 갖는 순종을 교배시켰을 때 종종 다른 결과를 얻었다. 어떤 교배에서는 모든 자손이 파란색 눈에 니딥 울음소리를 가지고 있지만, 다른 교배에서는 모든 자손이 자주색 눈에 니딥 울음소리를 가지고 있었다. 또 다른 교배에서는 1/2은 파란색 눈이며 니딥 울음소리를, 1/2은 자주색 눈이며 니딥 울음 소리를 갖는 자손이 관찰되었다. 세 번째 교배에서는 1/2이 파란색 눈으로 니딥으로 낮게 우는 개구리와 1/2의 자주색 눈에 니딥으로 낮게 우는 개구리가 관찰되었다. 왜 다른 결과가 나왔는지 설명하시오.
(g) 다른 실험에서 이 유전학자는 자주색 눈에 립잇 울음소리를 갖는 개체끼리 교배하여 아래 결과를 얻었다.

9/16	자주색 눈, 립잇 울음소리
3/16	자주색 눈, 니딥 울음소리
3/16	녹색 눈, 립잇 울음소리
1/16	녹색 눈, 니딥 울음소리

부모의 유전자형은 무엇인가?

40. 아래 가계도에서는 남성의 조기성숙에 대한 유전을 보여주는데, 질병의 어린이는 4살에 사춘기가 왔다. 이 표현형을 유전적으로 설명해 보시오.

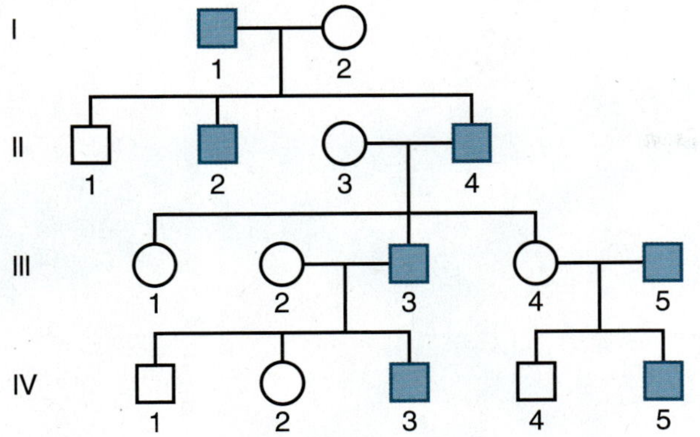

41. 강사는 유전학 시험을 치르는 학생들에게 다음 질문에 나오는 숫자를 의미 있는 비율로 전환한 후 풀도록 하였다. 강사는 최종 비율은 2개의 유전자 쌍을 반영하는 것으로 가정하였고, 대부분의 옳은 답도 같은 결론이었다. 질문은 다음과 같다.
"꽃은 흰색, 주황색, 갈색일 수 있다. 흰 꽃 식물이 갈색 꽃의 식물과 교배된다면, 모든 F_1은 흰색이다. F_2에 대한 결과는 다음과 같다.

48	흰색
12	주황색
4	갈색

색깔에 대한 유전을 이해하기 위하여 F_2에서 보이는 숫자를 의미 있는 비율로 바꾸고, 관련된 유전자의 수와 각 표현형을 만들어내는 유전자형을 결정한다.
(a) 두 유전자 쌍으로 문제를 푸시오. 최종 F_2의 비율은 무엇인가?
(b) 많은 학생들은 두 유전자 쌍으로 설명하는 것에 실패하였고, 세 개의 유전자 쌍이 관여하는 것으로 설명하였다. 강사는 답을 면밀하게 살펴본 후 의미 있는 답이라고 하였다. 3개의 유전자 쌍을 이용하여 문제를 푸시오.
(c) 이제 우리는 딜레마에 빠졌다. 자료를 분석해 볼 때 이것은 두 종류의 유전양상과 일치하는 것으로 판단된다. 학생들이 제시한 2가지 해답을 구별하는 실험을 제시하되 원래 부모를 포함하는 교배는 제외한다.

42. 분꽃에서 많은 꽃 색깔이 관찰된다. 진한 빨강과 흰색의 두 순계를 포함한 교배에서 나온 F_1 자손은 모두 장미색이었다. F_2에서는 P_1과 F_1에서 나타난 색깔을 포함하여 4가지의 새로운 표현형이 관찰되었다. 비율은 다음과 같다.

1/16 진홍색	4/16 장미색
2/16 오렌지색	2/16 창백한 노란색
1/16 노란색	4/16 흰색
2/16 마젠타(자홍색)	

이 꽃 색깔의 유전을 설명하시오.

43. 원암유전자(proto-oncogenes)는 세포주기가 진행되도록 하여 체세포분열이 시작되도록 한다. 세포분열을 멈춘 세포에서는 원암유전자의 발현은 조절물질에 의해 억제되어 있다. 모든 유전자에서 공통적으로 나타나는 것처럼 원암유전자도 단백질을 암호화하고 있는 부위가 조절 DNA 부위 다음에 온다. 두 종류의 돌연변이, 즉 하나는 원암유전자의 조절 부위에서 기능을 제거시키는 돌연변이와 다른 하나는 유전자 산물을 비활성화시키는 암호화 지역의 돌연변이 돌연변이가 있다고 하자. 이들이 기능획득 돌연변이인지 아니면 기능손실 돌연변이인지 구별하고, 각각이 우성 혹은 열성 돌연변인지를 판단하시오.

44. 아래는 영국의 빅토리아 여왕부터 내려온 왕실의 혈우병 가계도이며, 빅토리아 여왕은 혈우병에 대한 최초의 보인자라고 생각된다. 가계도를 분석을 통해 어떤 여성이 확실히 보인자인지 표시하시오. 이레네(Irene) 공주가 보인자일 확률은 얼마인가?

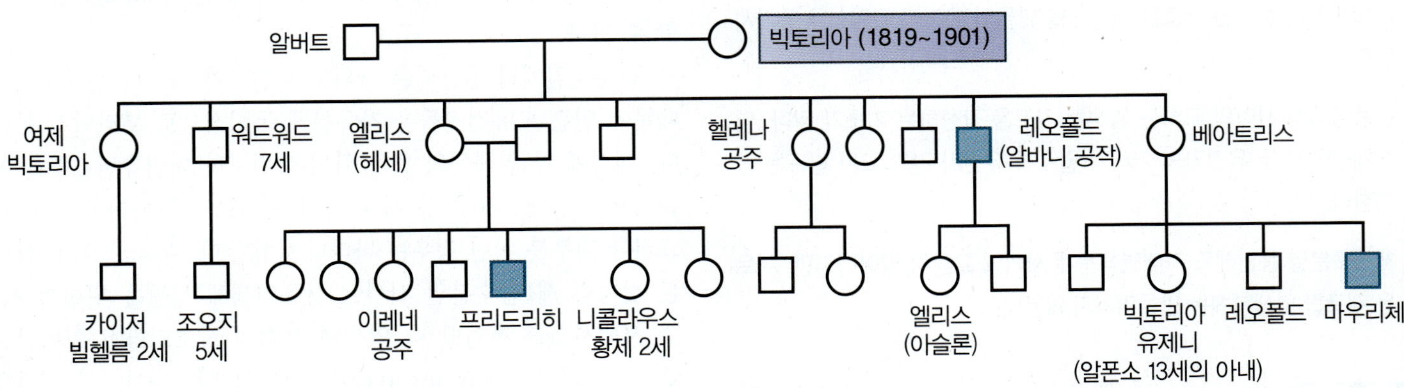

제1감수분열 전기에
시냅시스를 형성한
상동염색체 사이의 교차점.

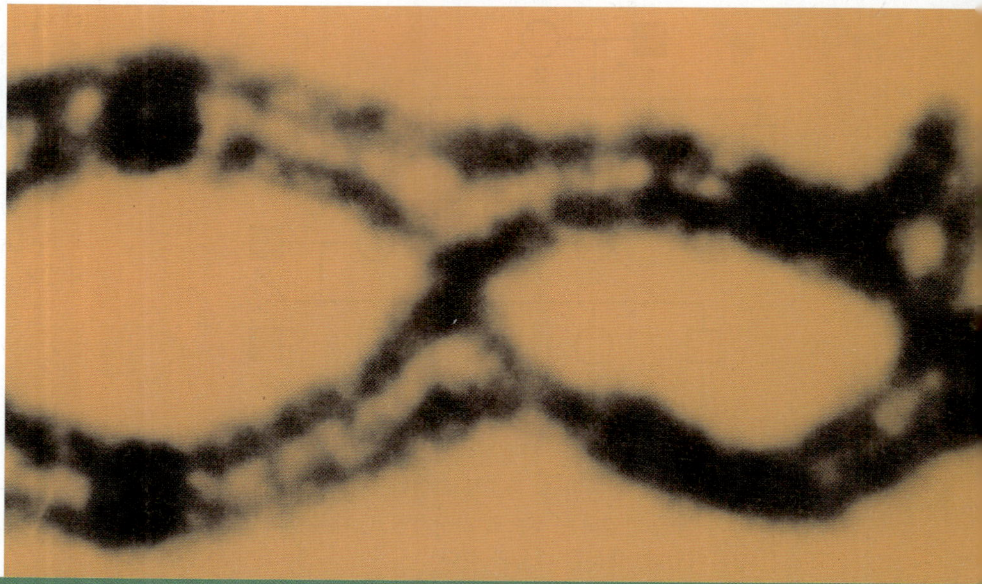

5 진핵생물의 염색체 지도작성

핵심 개념

- 진핵생물의 염색체는 많은 수의 유전자를 가지고 있으며, 염색체의 길이 방향으로 유전자의 위치는 고정되어 있다.
- 교차에 의해 분리되지 않는 한, 같은 염색체에 있는 대립유전자는 배우자 형성 동안에 하나의 단위로써 전달된다.
- 감수분열 동안에 일어나는 상동염색체 사이의 교차는 다양한 조합의 대립유전자를 가진 재조합 배우자를 만들어 유전적 다양성을 증가시킨다.
- 상동염색체 사이의 교차는 염색체 지도를 작성하는 기초가 된다. 염색체상에서 두 유전자의 거리가 멀수록 유전자 간의 교차 빈도는 증가한다.
- 체세포분열 동안에도 자매염색분체 사이에 교환이 일어나지만, 새로운 재조합 염색분체는 만들어지지 않는다.

Walter Sutton과 Theodor Boveri는 세포학과 유전학 분야를 통합하는데 큰 역할을 했다. 1903년 초에 Sutton은 대부분의 생명체에서 염색체보다 더 많은 '단위 인자'가 존재해야 한다는 점 등을 지적했다. 곧바로 여러 생물을 대상으로 한 유전학 연구를 통해 특정한 유전자들이 마치 서로 붙어 있거나 혹은 연결되어 있는 것처럼 함께 분리되는 현상이 밝혀졌다. 이후 이런 유전자들은 같은 염색체의 일부분으로써, 실제로 하나의 단위처럼 전달된다는 것을 알게 되었다. 지금 우리는 대부분의 염색체에 아주 많은 수의 유전자가 있음을 알고 있다. 같은 염색체에 존재하는 이런 유전자들을 **연관되어**(linked) 있다고 하며, 유전교배를 통해 **연관(linkage)**을 증명할 수 있다.

감수분열에서 전달되는 단위는 유전자가 아니라 염색체이기 때문에 연관된 유전자들은 자유롭게 독립적으로 분리되지 못한다. 대신에 한 염색체의 모든 좌위에 위치한 대립유전자들은 이론적으로는 배우자 형성 시 하나의 단위로 전달되어야만 한다. 그러나 대부분 이런 경우는 나타나지 않는다. 우리가 이미 살펴본 것처럼 제1감수분열 전기에 상동염색체가 쌍을 형성할 때, 즉 시냅시스를 형성할 때 염색체 분절의 상호교환이 일어난다(2장). 이러한 **교차(cross over)**는 상동염색체 사이에서 대립유전자의 뒤섞임, 즉 **재조합(recombination)**을 일으키며, 이것은 4분염색체 단계에서 항상 일어난다.

교차는 감수분열 동안에 실제로 염색체의 가닥이 끊어지고 다시 연결되는 과정으로 알려져 있는데, 여러분은 5장의 첫 머리에서 그 예를 현미경 사진으로 볼 수 있다. 염색체 분절의 교환은 특정한 개체가 형성하는 배우자의 유전적 변이를 엄청나게 증가시켜 줄 수 있다. 이러한 방식의 변이는 상동염색체의 독립적 분리에 의한 변이와 함께 자손들이 모계와 부계 대립유전자의 다양한 조합을 갖게 해준다.

한 염색체상의 두 좌위 사이에서 일어나는 교차 빈도는 두 좌위의 거리에 비례한다. 따라서 어떤 좌위들을 고려하느냐에 따라 재조합 배우자의 백분율은 달라진다. 이러한 상관관계를 이용해서 염색체상에 유전자 사이의 상대적 거리를 표시하는 염색체 지도를 작성할 수 있다.

이 장에서는 연관, 교차, 염색체 지도작성을 자세히 살펴볼 것이다. 또한 유전정보의 교환과 관련된 다양한 주제들도 다룰 것이며, 7개의 염색체를 가진 개체를 대상으로 7종류의 유전자를 연구한 Mendel이 왜 연관에 관한 문제에 부딪히지 않았는지와 같은 흥미로운 문제로 장을 마치게 될 것이다.

5.1 같은 염색체상에 연관된 유전자는 함께 분리된다

이 장의 주요 주제에 대한 간략한 개요가 그림 5-1에 나타나 있는데, 감수분열의 결과를 보여주는 이 그림에서 (a) 독립적인 분리, (b) 교차가 없는 연관, (c) 교차가 일어나는 연관의 차이가 잘 나타나 있다. 그림 5-1(a)에서는 두 쌍의 염색체가 독립적으로 분리된 결과 각각의 배우자는 이형접합 유전자 쌍 중 하나를 가지게 된다. 수많은 감수분열이 일어날 때 이 두 염색체를 관찰해 보면, 네 종류의 유전적으로 서로 다른 배우자가 동일한 비율로 형성되며, 각각 두 유전자의 대립유전자 조합이 서로 다르다.

이제 이 결과를 같은 염색체상에 두 유전자가 연관되었을 경우 나타나는 양상과 비교해 보자. 만일 두 유전자 사이에 교차가 일어나지 않는다면[그림 5-1(b)], 유전적으로 서로 다른 배우자는 두 종류만 만들어질 것이다. 각 배우자는 두 상동염색체 중 어느 한 쪽에 있는 대립유전자만을 받게 되며, 분리될 때 함께 전달된다. 이 경우가 **부모형(parental)** 또는 **비교차형 배우자(noncrossover gametes)** 만이 만들어지는 완전 연관(complete linkage)의 예이다. 두 부모형 배우자는 같은 비율로 만들어진다. 두 유전자 사이의 완전 연관은 아주 드물게 나타나긴 하지만 이러한 개념의 이론적 결과를 고려해 보는 것은 여전히 유익한 일이다.

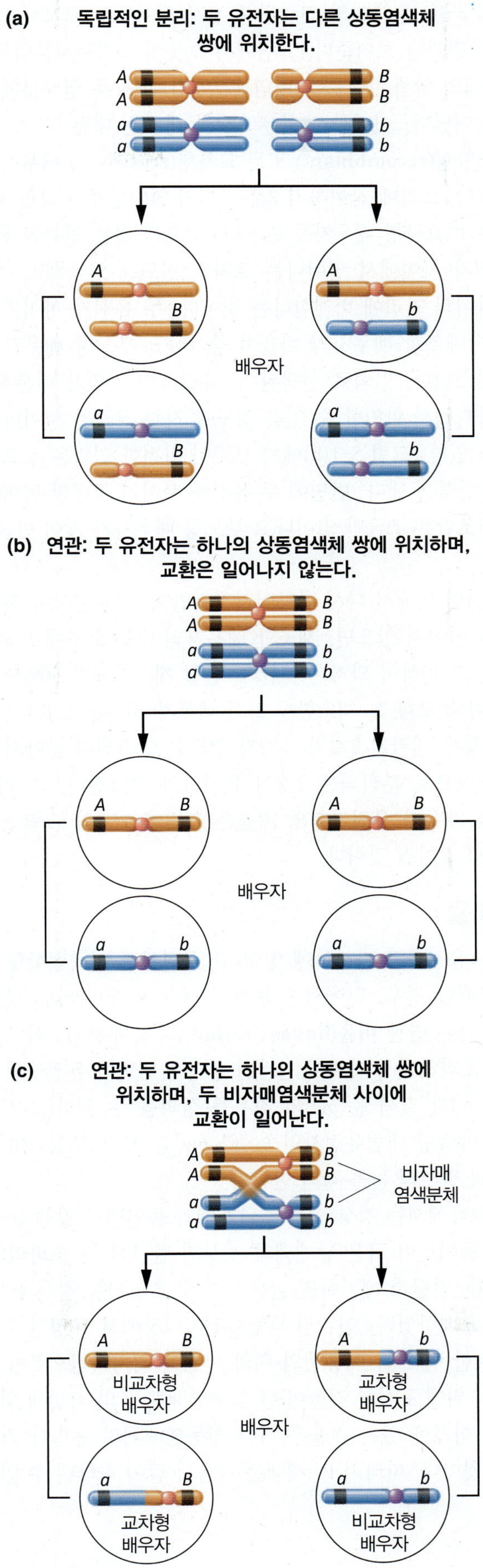

그림 5-1. 이형접합인 두 개의 유전자가 (a) 다른 쌍의 염색체에 위치한 경우, (b) 같은 상동염색체 쌍에 위치하지만 교환이 일어나지 않은 경우, (c) 같은 상동염색체 쌍에 위치하지만 두 비자매염색분체 사이에서 교환이 일어난 경우의 배우자 형성 결과를 나타낸 것이다. 이 그림과 다음의 그림에서 각각의 상동염색체 쌍은 다른 색으로 표시하였다. (그림 2-7, 2-11 참조)

그림 5-1(c)는 2개의 연관된 유전자 사이에서 교차가 일어났을 때의 결과를 보여준다. 그림에서 보듯이 교차는 4분염색체에 있는 4개의 염색분체 중 자매염색분체가 아닌 두 염색분체 사이에서 일어났다. 이러한 교환은 2개의 새로운 대립유전자 조합, 즉 **재조합형(recombinant)** 또는 **교차형(crossover) 배우자**를 만들어 낸다. 교환에 참여하지 않는 2개의 염색분체는 그림 5-1(b)와 같은 비교차형 배우자를 만든다. 중요한 것은 연관된 특정한 두 유전자 사이에서 일어나는 교차의 빈도는 염색체에서 해당 좌위 사이의 거리에 비례한다는 것이다. 두 유전자 사이의 거리가 멀면 재조합 배우자의 비율이 증가하고 부모형 배우자의 비율은 감소한다. 임의로 선택된 두 유전자의 거리가 이론적으로 너무 가까워서 확인할 수 있을 정도로 자주 교차가 일어나지 않을 수도 있다. 그림 5-1(b)에서 보듯이 완전한 연관은 부모형 배우자만 만들어 낸다. 반면에 두 유전자 사이가 조금만 떨어져 있으면 재조합은 조금만 일어나고 부모형 배우자가 많이 만들어질 것이다.

이 장의 뒤에서 다시 다루어지겠지만 두 연관된 유전자 좌위가 멀리 떨어져 있으면, 재조합 배우자의 수는 50%에 도달하게 되는데, 그 이상이 되지는 못한다. 만일 재조합체가 50%에 이르면 4종류(부모형 2, 재조합형 2)의 배우자 비율은 1:1:1:1이 된다. 이 경우 연관된 2개의 유전자 전달은 연관되지 않아서 완전히 독립적으로 분리되는 2개의 유전자와 같아진다. 즉 가능한 4종류의 배우자 유전자형의 비율은 그림 5-1(a)와 그림 5-1(c)에서처럼 같아질 것이다.

연관 비율

만일 두 유전자가 가까이에 있어 완전 연관된 이형접합형 개체 간에 교배할 경우, F_2에서 독특한 표현형 비가 나타날 것이고, 이를 우리는 **연관 비율(linkage ratio)**이라고 부른다. 이 비율의 예로는 초파리에서 가까이 연관된 열성 돌연변이 유전자인 굵은 날개맥(*hv*)과 갈색 눈(*bw*)의 경우를 살펴볼 수 있다(그림 5-2). 정상의 야생형 대립유전자인 hv^+와 bw^+는 모두 우성이며 가는 날개맥과 빨간색 눈을 각각 만든다.

이 교배에서는 정상의 가는 날개맥과 돌연변이 갈색 눈의 초파리를 돌연변이 굵은 날개맥과 정상의 빨간색 눈 초파리와 교배시켰다. 간단히 얘기하면 굵은 날개맥 초파리를 갈색 눈의 초파리와 교배하였다. 연관된 대립유전자(4장에서 규정된 유전자 기호)는 한 선 또는 이중선의 위와 아래에 위치시킴으로써 표시한다. 선 위에 표시한 것들이 한 상동염색체 상의 좌위에 위치한 것이며, 아래에 있는 것들은 다른 상동염색체의 동일한 좌위에 위치한 것이다. 따라서 P_1 세대는 다음과 같이 나타낼 수 있다.

$$P_1: \frac{hv^+\ bw}{hv^+\ bw} \times \frac{hv\ bw^+}{hv\ bw^+}$$

가늘고, 갈색　굵고, 빨간색

이 유전자들은 상염색체에 위치하고 있기 때문에 암컷이나 수컷의 표시는 필요치 않다.

F_1 세대에는 각각의 초파리가 부모의 염색체 쌍으로부터 하나의 염색체를 받게 된다. 모든 초파리는 이 두 유전자 쌍에 대해 이형접합이며, 가는 날개맥과 빨간색 눈의 우성 형질을 나타내게 된다.

$$F_1 = \frac{hv^+\ bw}{hv\ \ bw^+}$$

가늘고, 빨간색

그림 5-2(a)에 나타낸 것과 같이 F_1 세대를 상호교배하는 경우, 각각의 F_1 개체는 완전히 연관되어 있기 때문에 부모형의 배우자만을 만들게 된다. 수정 후의 F_2 세대에서는 표현형 비와 유전자형의 비가 1:2:1이 된다. F_2 세대의 1/4은 가는 날개맥과 갈색 눈이며, 1/2은 야생형 형질, 즉 가는 날개맥과 빨간색 눈을, 1/4은 굵은 날개맥과 빨간색 눈을 가질 것이다. 그러므로 비율은 굵은 1: 야생형 2: 갈색 1이 된다. 이런 1:2:1의 비는 완전 연관의 특징이다. 완전 연관은 유전자가 아주 가까이에 있고, 자손의 수가 많지 않을 때에 주로 나타난다.

그림 5-2(b)는 F_1 초파리의 검정교배 결과를 나타낸 것이다. 이런 교배 결과 가늘고 갈색인 초파리와 굵고 빨간색 초파리의 비율은 1:1이 된다. 이러한 형질을 조절하는 유전자가 불완전하게 연관되어 있거나 다른 상염색체에 위치한다면 검정교배 결과는 2종류가 아니라 4종류의 표현형을 가지게 될 것이다.

특정 종에 대해 많은 수의 돌연변이 유전자를 조사하게 되면 같은 염색체에 위치한 유전자들은 서로 연관되었다는 증거를 볼 수 있다. 그 결과 각 염색체에 대해 하나의 **연관군(linkage**

실전문제

5-1 가상의 두 열성 상염색체 유전자 *a*와 *b*에 대해 이형접합체가 이 두 유전자의 동형접합 돌연변이체와 검정교배되는 경우를 생각해보자. 표현형의 비를 다음과 같은 조건에서 각각 예상해 보시오.
(a) *a*와 *b*가 다른 상염색체에 위치할 때
(b) *a*와 *b*가 같은 상염색체에 연관되어 있지만 멀리 떨어져 있어 항상 교차가 일어나는 경우
(c) *a*와 *b*가 같은 상염색체에 연관되어 있고, 너무 가까이에 위치하여 교차가 전혀 일어나지 않는 경우

■ **힌트:** 이 문제는 연관, 교차, 독립적 분리와 관련되어 있다. 해결의 실마리는 두 유전자가 연관되어 있지 않을 때와 연관되어 있지만 너무 멀리 떨어져 있어 감수분열 동안에 항상 교차가 일어날 때가 구분이 가지 않는다는 것이다.

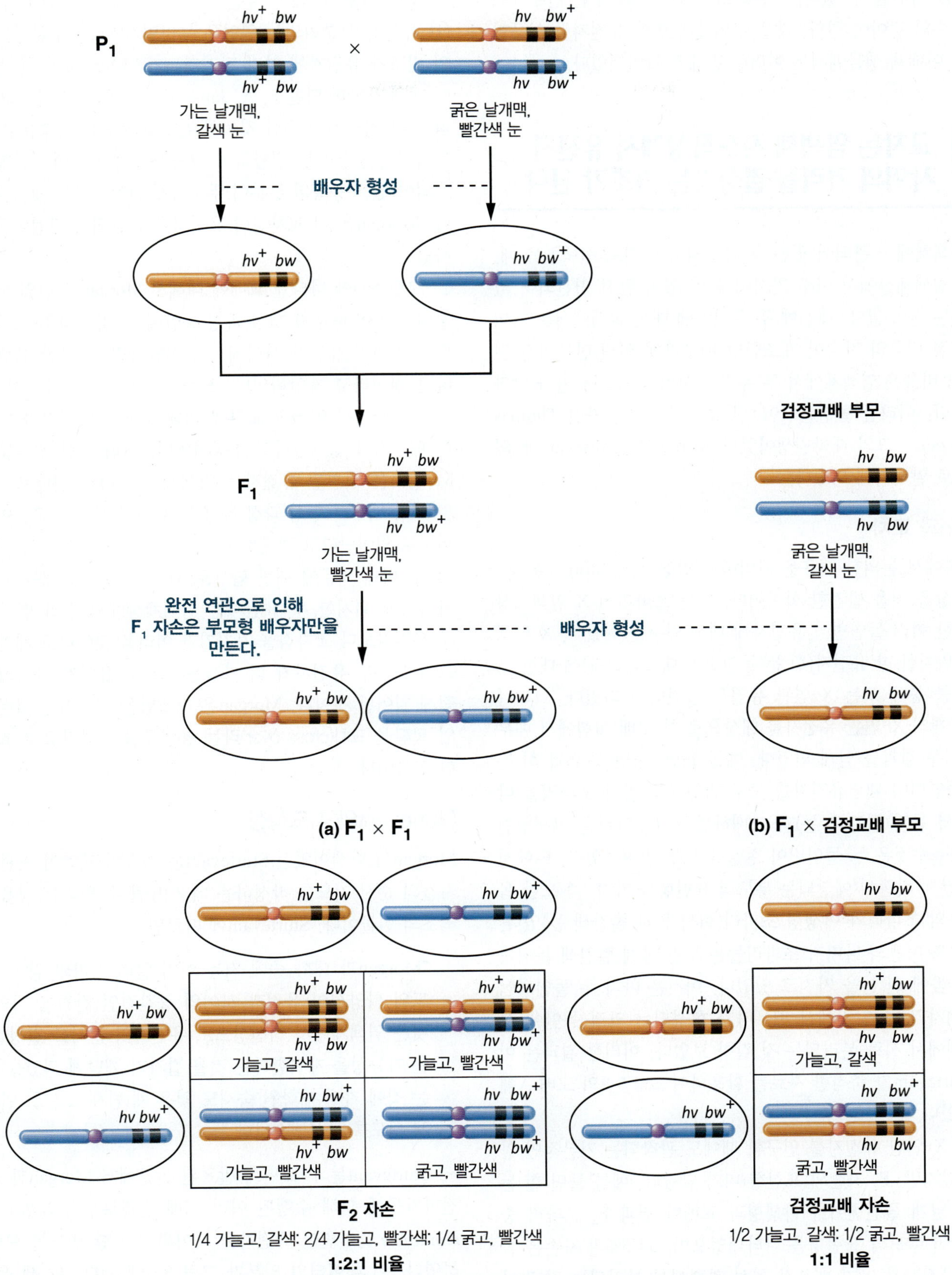

그림 5-2. 같은 염색체에 위치한 두 유전자가 완전 연관임을 보여주는 교배 결과. (a) F_2 교배 결과. (b) F_1의 검정교배 결과.

group)을 확인할 수 있다. 이론적으로 연관군의 수는 반수체의 염색체 수와 같아야 한다. 많은 수의 돌연변이 유전자를 사용할 수 있는 이배체 생물에서는 이러한 관계가 확인되었다.

5.2 교차는 염색체 지도작성에서 유전자 사이의 거리를 결정하는 기초가 된다

같은 염색체에 연관되어 있는 두 유전자를 임의로 선택했을 때, 이들이 염색체상에서 아주 가까이 붙어 있어 완전 연관되어 있는 경우는 거의 없다. 대신에 두 유전자에 대한 교배에서는 거의 항상 일정 비율의 자손이 재조합형 배우자에 의해 만들어질 것이다. 그 비율은 염색체에서 두 유전자 사이의 거리에 따라 달라질 것이다. 이러한 현상은 1911년 초파리 유전학자인 Thomas H. Morgan과 그의 대학원생이었던 Alfred H. Sturtevant에 의해 최초로 알려지게 되었다.

Morgan과 교차

앞서 4장에서 논의한 내용을 기억하고 있겠지만, Morgan은 X-연관 현상을 처음 발견한 학자이다. 그는 초파리의 X 염색체상에 위치한 여러 돌연변이 유전자에 대해 연구를 해왔다. X 염색체상에 위치한 한 유전자(흰 눈 돌연변이 대립유전자)에 대한 초기 연구를 통해 그는 X-연관 유전을 발견하게 되었다. 그러나 처음 두 개의 X-연관 유전자를 대상으로 한 교배 실험에서 매우 혼란스러운 결과를 얻게 되었다. 예를 들면, 노란 몸(y)과 흰 눈(w)의 돌연변이 대립유전자를 모두 발현하는 암컷 초파리를 야생형(회색 몸과 빨간색 눈)과 교배하였다. F_1 암컷은 야생형인 반면에 F_1 수컷은 두 돌연변이 형질을 모두 발현하였다. F_2에서는 대부분의 자손이 예상되는 부모의 표현형을 가진, 즉 노란 몸과 흰 눈의 초파리와 야생형 초파리(회색 몸과 빨간색 눈)였다. 그런데 1% 미만의 나머지 초파리들은 노란 몸에 빨간색 눈이거나 회색 몸에 흰 눈을 가지고 있었다. 이것은 마치 두 돌연변이 대립유전자가 F_1 암컷에서 배우자가 형성되는 과정 동안에 상동염색체에서 서로 분리되는 것 같아 보였다. 이러한 결과는 이후에 Sturtevant가 축적한 자료를 활용하여 **그림 5-3**의 교배 A에 나타나 있다.

다른 X-연관 유전자를 연구할 때에도 관찰되는 기본적인 양상은 같았지만, F_2 자손의 표현형 비가 달랐다. 예를 들면 흰 눈과 작은 날개 돌연변이를 야생형과 교배한 결과 F_2 초파리 중 65.5%만이 부모의 표현형을 나타내었으며, 34.5%의 자손은 돌연변이 유전자가 마치 배우자 형성 과정에서 분리되는 것 같아 보였다. 이 결과 또한 Sturtevant가 만들어 놓은 자료를 사용하여 그림 5-3의 교배 B에 소개되어 있다.

Morgan은 다음과 같은 두 가지 의문에 직면하게 되었다. (1) 유전자가 분리되는 원인은 무엇인가? (2) 왜 분리되는 현상의 빈도가 유전자에 따라 달라지는가? Morgan이 첫 번째 질문에 대해 제안한 답은 F. A. Janssens 그룹이 제시한 초기 세포학적 관찰 결과에 기초한 것이었다. Janssens은 감수분열 동안 상동염색체들이 서로 결합하여 교차점을 형성하며, X 형태로 교차되어 있는 중복된 부분이 뚜렷하게 관찰된다는 것을 확인하였다. Morgan은 이 교차점이 유전자가 교환되는 지점이라고 제안하였다.

그림 5-3에 나타낸 교배에 대해서 Morgan은 만일 염색체 물질의 교환이 배우자 형성 과정 동안에 F_1 암컷의 두 X 염색체상의 돌연변이 유전자 사이에서 일어난다면, 고유한 표현형이 나타날 것이라고 제안하였다. 노란 몸-흰 눈 교배와 흰 눈-작은 날개 교배에서 이러한 교환에 의해 부모형 배우자와 다른 재조합 배우자가 생겨났다고 주장하였다. 여러 실험 결과를 토대로 Morgan은 연관된 유전자는 염색체를 따라서 일렬로 배열되어 있으며, 배우자 형성 과정 동안 두 유전자 사이의 교환이 다양한 빈도로 일어난다고 결론지었다.

두 번째 의문에 대한 답으로 Morgan은 염색체를 따라 서로 가까이에 위치한 두 유전자는 염색체상에서 멀리 떨어져 있는 두 유전자보다 교차점을 가지기가 어려울 것이라고 제안하였다. 그러므로 두 유전자가 더 가까울수록 두 유전자 사이의 교환은 적게 일어날 것이다. Morgan은 재조합을 일으키는 이런 물리적인 교환을 교차(cross over)라는 용어로 표현하자고 최초로 제안한 인물이다.

Sturtevant와 지도작성

Morgan의 학생이었던 Sturtevant는 스승의 제안이 연관된 유전자들의 순서 지도를 작성하는 데 사용될 수 있다는 것을 깨달은 최초의 인물이다. Sturtevant에 따르면,

> "Morgan과 대화 중에 저는 이미 알려진 바와 같이 연관 정도의 다양성이 유전자 사이의 공간적인 간격에 기인한다는 것은 염색체에서 직선상으로 유전자의 순서를 결정할 수 있는 가능성을 제시한다는 것을 갑자기 깨닫게 되었습니다. 저는 집에 가서 대학원 숙제도 잊은 채 밤새도록 첫 번째 염색체 지도를 작성했습니다."

Sturtevant는 1913년에 발표된 논문에서 Morgan과 다른 유전학자들에 의해 수행된 여러 교배 결과로부터 *yellow, white, miniature* 돌연변이 유전자들 사이의 재조합 빈도를 모아 정리하였다. 이 데이터의 일부가 그림 5-3에 있다. 이 세 유전자의 각 쌍에 대한 재조합의 빈도는 다음과 같다.

(1) *yellow*, *white* 0.5%

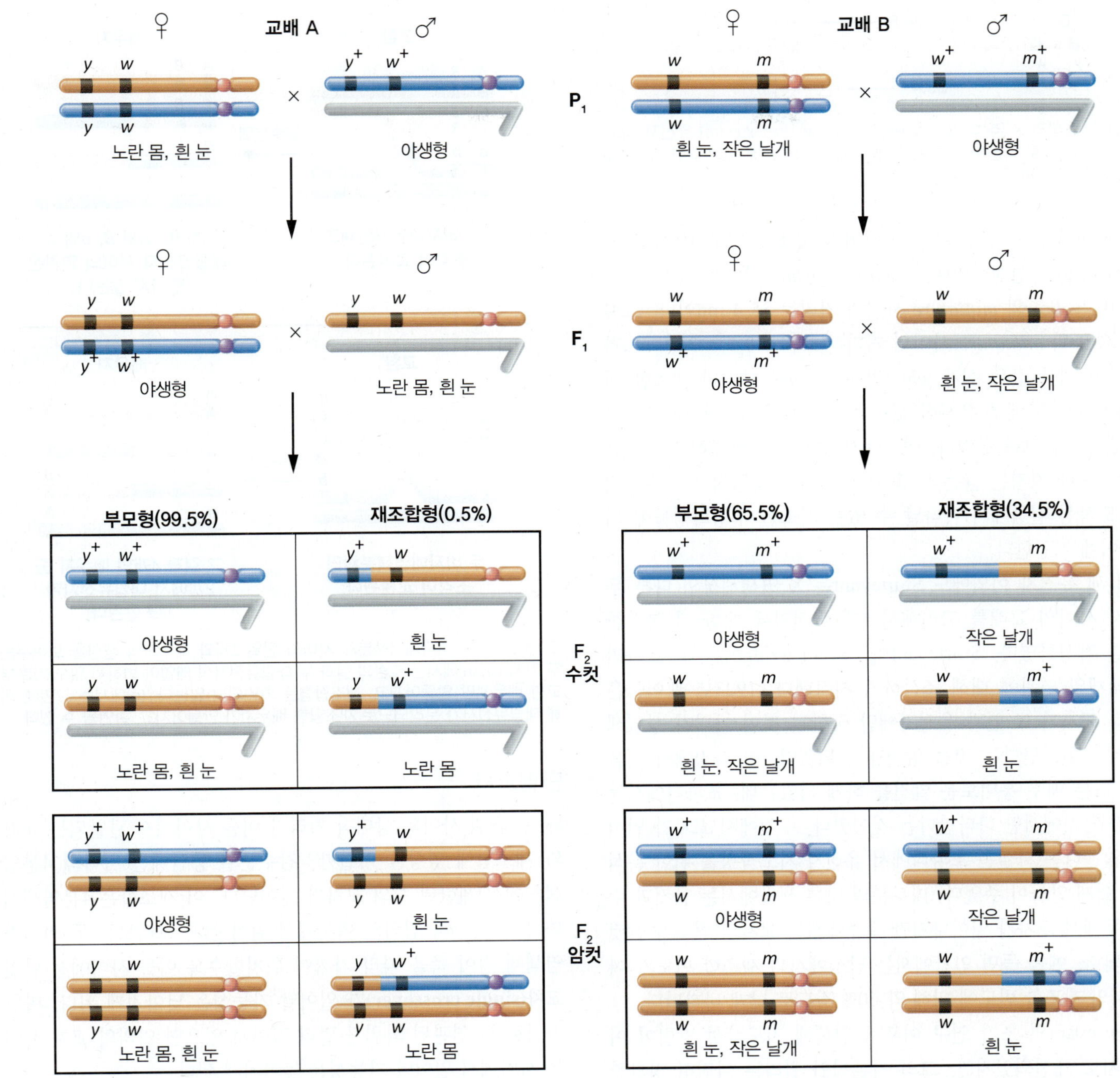

그림 5-3. Sturtevant가 수집한 *yellow*(*y*), *white*(*w*) 돌연변이(교배 A)와 *white*, *miniature*(*m*) 돌연변이(교배 B)에 대한 교배의 F_1과 F_2 결과. 교배 A에서 F_2 초파리(수컷과 암컷)의 0.5%가 재조합 표현형을 나타내며, *white* 또는 *yellow* 중 한 형질을 나타낸다. 교배 B에서는 F_2 초파리(수컷과 암컷)의 34.5%가 재조합 표현형으로써, *miniature* 또는 *white* 돌연변이 형질을 나타낸다.

(2) *white*, *miniature* 34.5%

(3) *yellow*, *miniature* 35.4%

(1)과 (2)의 합이 거의 (3)과 같으므로, Sturtevant는 연관된 유전자 사이의 재조합 빈도는 부가적이라고 제안하였다. 이를 토대로 그는 X 염색체상에서 이 유전자들이 *yellow-white-miniature*의 순서로 위치한다고 예측하였다. 이런 결론에 도달한 논리는 다음과 같다. *yellow*와 *white*는 재조합 빈도가 낮으므로 매우 가까이 위치한다. 그러나 *white-miniature*와 *yellow-miniature*의 재조합 빈도는 *yellow-white* 재조합 빈도보다 크게 나타나므로 *yellow*와 *white*는 각각 *miniature* 유전자와는 멀리 떨어져 있다. *miniature*는 *white*보다 *yellow*와 더 높은 빈도의 재조합을 나타내므로(35.4% 대 34.5%) *white*가 이 두 유전자 사이에 위치한다.

Sturtevant는 재조합 빈도에 대한 Morgan의 연구 결과가 염색체상에서 두 유전자 또는 좌위 사이의 거리를 측정하는 데 사용될 수 있음을 알았다. 그는 X 염색체상에서 세 유전자의 지

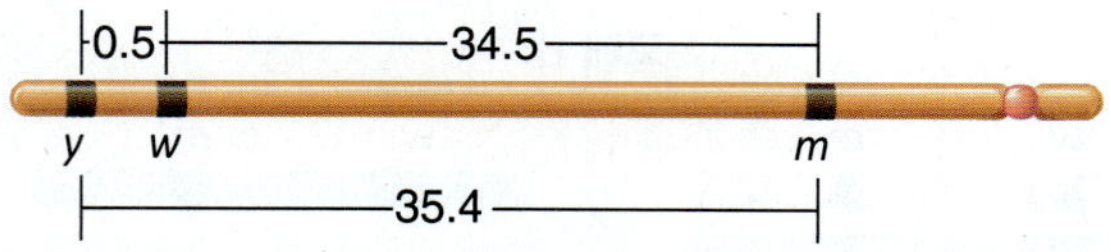

그림 5-4. 초파리 X 염색체의 *yellow*(*y*), *white*(*w*), *miniature*(*m*) 유전자 지도. 각각의 숫자는 서로 다른 두 유전자에 대한 세 종류의 교배 시에 나타나는 재조합 자손의 백분율이다.

도를 작성하였는데, 두 유전자 사이의 재조합 빈도 1%를 1 지도 단위(mu)로 설정하였다.[1] *yellow*와 *white* 사이의 거리는 0.5 mu이며, *yellow*와 *miniature* 사이의 거리는 35.4 mu이다. 그렇다면 *white*와 *miniature* 사이의 거리는 35.4 - 0.5 = 34.9 mu가 된다. 이 예상 값은 실제 *white*와 *miniature* 사이의 재조합 빈도(34.5 mu)와 매우 유사한 값이다. 이 세 유전자에 대한 지도가 그림 5.4에 그려져 있다. 여기에서 숫자들이 완벽히 부가적으로 맞아 떨어지지는 않는데 그 이유는 서로 독립적으로 수행되는 지도작성 실험에서 나타날 수 있는 사소한 부정확성들에 의한 차이에 기인한다.

이 세 유전자 이외에도 Sturtevant는 X 염색체상의 다른 두 유전자 사이의 교배를 고려해서 5개 유전자에 대한 더 복잡한 지도를 작성하였다. Sturtevant와 Calvin Bridges는 곧 초파리 상염색체의 연관에 대해 조사하기 시작했다. 1923년에 이들은 연관과 교차가 X-연관 유전자에만 국한된 것이 아니라 상염색체에서도 일어난다는 것을 밝혀내게 되었다. 이 과정에서 이들은 또 다른 매우 흥미로운 발견을 하게 되었는데, 초파리에서는 교차가 암컷에서만 나타난다는 것이었다. 수컷에서 교차가 일어나지 않는다는 사실은 초파리에서 유전자 지도작성을 위한 분석을 더 쉽게 만들어 주었다. 대부분의 다른 생물에서는 암컷과 수컷 모두에서 교차가 일어나지만 수컷에서는 교차의 빈도가 암컷보다 낮다. 예를 들면 인간에서는 남성에서의 재조합 빈도가 여성에서의 재조합 빈도에 비해 약 60% 정도로 낮게 나타난다.

Sturtevant의 초기 연구 이후로 염색체 지도작성 방법이 여러 가지로 개선되었지만, 그의 기본적인 원리는 여전히 정확한 것으로 받아들여지고 있다. 이러한 원리는 훨씬 더 많은 연관된 돌연변이 유전자들에 대한 자세한 염색체 지도를 작성하는데 사용되고 있다. Sturtevant의 발견은 또한 유전학의 다양한 분야에서 역사적으로도 매우 의미 있는 것이었다. 1910년에는 유전의 염색체설이 보편적으로 받아들여지지 않고 있었으며, 심지어 Morgan조차도 직접 실험을 하기 이전까지는 이 이론에 대해 회의적이었다. 위의 연구를 통해 비로소 염색체에 일렬로 유전자들이 배열되어 있으며 이 유전자들이 Mendel의 단위인자와 같은 것이라는 사실이 확실히 확립되었다.

[1] Morgan의 업적을 기리는 의미에서 지도단위를 센티모건(cM)으로 쓰기도 한다.

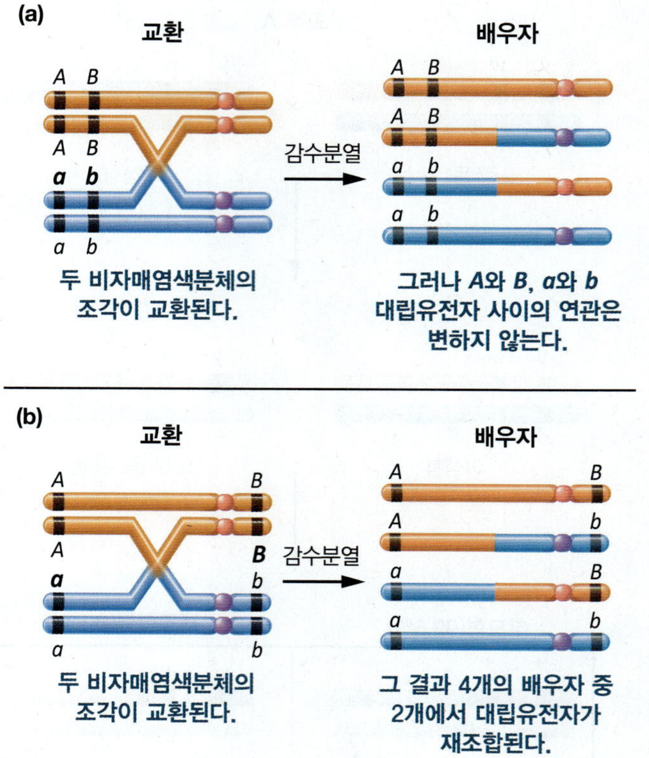

그림 5-5. 두 비자매염색분체 사이의 단일교차와 배우자의 생성을 보여주는 두 가지 예. (a)에서는 교환의 결과 두 대립유전자의 배열이 변하지 않으므로 부모형 배우자만 만들어지고, 재조합형은 확인되지 않는다. (b)에서는 교환에 의해 대립유전자가 분리되므로 재조합형 배우자가 만들어지고, 확인될 수 있다.

단일교차

왜 두 좌위 사이의 상대적 거리가 이들 사이에서 관찰되는 교차와 재조합에 영향을 미칠까? 감수분열 동안에는 각각의 4분염색체에서 제한된 수의 교차가 일어난다. 이 재조합은 4분염색체의 길이를 따라 임의의 위치에서 일어난다. 그러므로 두 좌위가 염색체 길이 축을 따라 가까이 위치할수록 이들 사이에서 **단일교차(single crossover)**가 일어날 가능성은 낮아지게 된다. 마찬가지로 두 연관된 좌위가 멀리 떨어져 있으면 임의의 교차가 이들 사이에서 일어날 가능성은 높아지게 된다.

그림 5-5(a)에서는 한 번의 단일교차가 두 비자매염색분체 사이에서 일어나지만 두 좌위 사이에서는 일어나지 않았다. 그러므로 두 관심 있는 형질에 대해서 재조합형 배우자는 만들어지지 않고, 교차는 확인되지 않는다. 그림 5-5(b)에서는 두 좌위가 멀리 떨어져 있으므로 교차가 이들 사이에서 일어나며 형질이 재조합된 배우자가 만들어진다.

단일교차가 두 비자매염색분체 사이에 일어난 경우 4분염색체의 다른 두 염색분체는 교환에 참여하지 않으며, 배우자도 변하지 않는다. 따라서 두 연관된 유전자 사이에 100% 확률로 단일교차가 일어난다 할지라도 재조합은 형성된 배우자의 50%에서만 관찰된다. 이 개념이 그림 5-6에 모식도로 소개되어 있다.

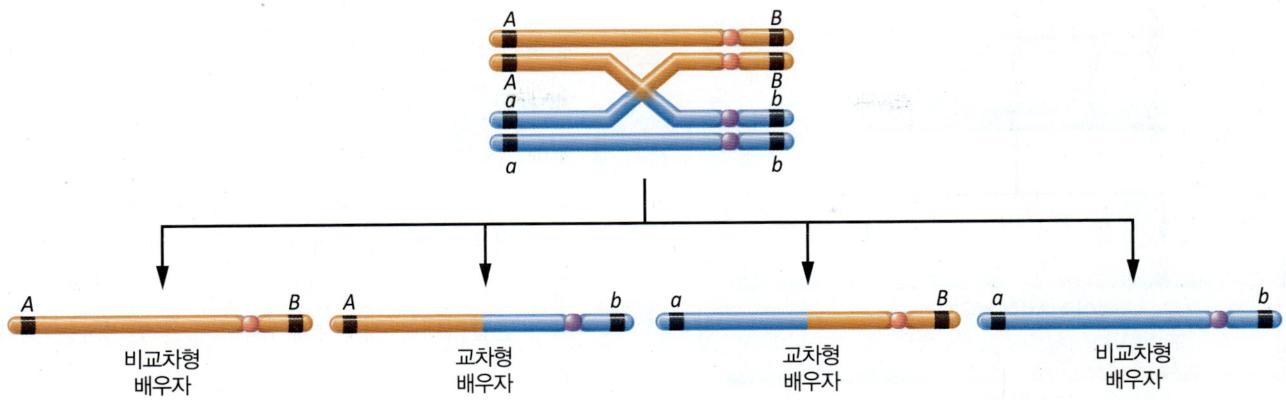

그림 5-6. 4분염색체에서 두 비자매염색분체 사이에 단일교차가 일어난 결과. 두 비교차형(부모형)과 두 교차형(재조합형) 배우자가 생겨난다.

만일 주어진 두 좌위 사이에서 한 번의 교환만 일어나 20%의 재조합 배우자가 관찰된다면, 이론적으로는 4분염색체의 40%에서 이 두 좌위 사이에 교차가 일어났다고 결론지을 수 있을 것이다. 일반적인 규칙은 이 조건에서 두 유전자 사이의 교환이 일어나는 4분염색체의 퍼센트는 형성된 재조합형 배우자 퍼센트의 두 배가 된다는 것이다. 그러므로 교차에 의해서 관찰되는 재조합의 이론적인 한계는 50%이다.

두 연관된 유전자가 50 지도단위 이상 떨어져 있는 경우에는 이론적으로는 4분염색체 100%에서 교차가 일어날 수 있다. 이 경우에는 각각의 4분염색체는 그림 5-6에 나타난 것과 같이 마치 두 유전자가 다른 염색체에 위치하고 있어 독립적으로 분리되는 것처럼 4종류의 배우자가 같은 비율로 나타날 것이다. 그러나 여러 가지 이유로 이렇게 이론적인 한계에 도달한 경우는 거의 나타나지 않는다.

5.3 지도작성 시에 유전자의 순서를 결정하기 위해서는 다중교차 분석이 필요하다

두 연관된 유전자 사이의 단일 교차 연구는 두 유전자 사이의 거리(distance)를 결정하는 기초를 제공한다. 그러나 여러 개의 연관된 유전자를 연구할 때는 염색체상에서 이들의 순서(sequence)를 결정하기가 매우 어렵다. 다행히도 4분염색체의 염색분체 사이에서 다중교차가 일어난다는 사실을 발견함으로써 더 복잡한 염색체 지도를 만들어 낼 수 있는 방법을 찾아내게 되었다. 다음에 살펴볼 내용처럼 세 개나 그 이상의 연관된 유전자를 동시에 조사할 때는 먼저 유전자의 순서를 결정하고 그 다음 이들 사이의 거리를 결정하는 것이 가능해졌다.

실전문제

5-2 두 유전자 쌍(*P/p*, *Z/z*)에 대해 유전자형을 모르는 개체를 검정교배(*ppzz*)한 결과 배우자가 다음과 같은 비율로 만들어졌음을 알 수 있었다.

PZ, 42.4%; *Pz*, 6.9%; *pZ*, 7.1%; *pz*, 43.6%

이 데이터로부터 얻어낼 수 있는 모든 가능한 결론을 쓰시오.

■ **힌트:** 이 문제는 교차의 비율과 유전자 간의 거리 사이의 관계를 이해하느냐에 관련된 것이다. 해결의 실마리는 비교차형 배우자와 교차형 배우자는 서로 상반된 쌍으로써 거의 같은 비율로 나타난다는 것을 아느냐는 것이다.

여러 번의 교환

하나의 4분염색체에서 비자매염색분체 사이에 여러 번의 교차로 인해 2, 3회 또는 그 이상의 유전자 교환이 일어날 수 있다. **이중교차(double crossover, DCO)**에 의해 나타나는 유전물질의 이중 교환이 그림 5-7에 나타나 있다. 이중 교환을 연구하기 위해서는 각각의 두 대립유전자에 대해 이형접합인 세 유전자 쌍을 조사해야 한다. 세 좌위 사이의 재조합 빈도를 결정하기 전에 간단한 확률 계산부터 살펴보자.

앞서 살펴본 바와 같이 *A*와 *B* 또는 *B*와 *C* 사이에서 일어나는 단일교차의 가능성은 두 해당 좌위 사이의 거리에 직접적으로 비례한다. *A*와 *B*의 거리와 *B*와 *C*의 거리가 가까우면 가까울수록 이 두 세트의 좌위 사이에서 교환이 일어날 가능성은 점점 작아지게 될 것이다. 이중교차의 경우 2개의 독립 사건 또는 교환이 동시에 일어나야 한다. 2개의 독립사건이 동시에 일어날 수학적 확률은 각각의 확률의 곱이다(이것은 3장에 소개된 곱의 법칙이다).

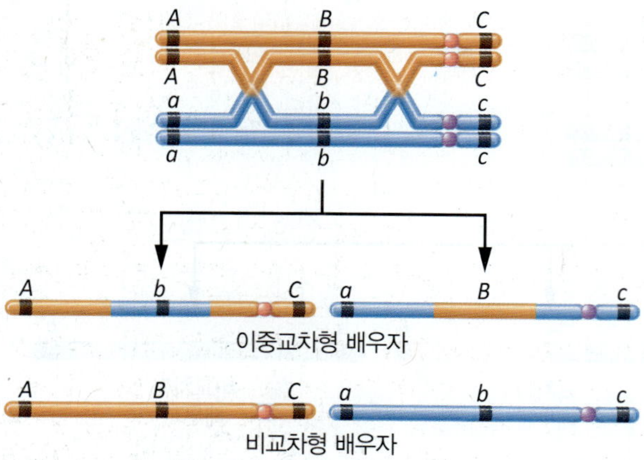

그림 5-7. 두 비자매염색분체 사이에 이중 교환이 일어난 결과. 두 염색분체 사이에서만 교환이 일어났으므로, 두 비교차형 배우자와 두 이중교차형 배우자가 생겨난다. 이 장의 첫 페이지에 있는 그림에서 제1감수분열 전기에서 추출한 4분염색체에 두 개의 교차점이 있는 것을 볼 수 있다.

한 번의 교환에 의해 생겨난 교차형 배우자가 *A*와 *B* 사이에서는 20%이고, *B*와 *C* 사이에서는 30%라고 가정하자. 두 번의 교환(*A*와 *B* 사이와 *B*와 *C* 사이)에 의해 생겨나는 이중교차 배우자가 나타날 확률은 (0.20)(0.30) = 0.06, 즉 6%로 예상할 수 있다. 이러한 계산으로부터 예상되는 이중교차형 배우자의 빈도가 각각의 단일교차에 의해 생기는 배우자의 빈도보다 훨씬 낮을 것이라는 것을 명백히 알 수 있다.

만일 세 유전자가 하나의 염색체에 비교적 가까이 위치한다면 예상되는 이중교차형 배우자의 빈도는 매우 낮을 것이다. 예를 들면 그림 5-7에서 *A*–*B* 거리가 3 mu이고 *B*–*C* 거리가 2 mu라고 가정하면, 예상되는 이중교차 빈도는 (0.03)(0.02) = 0.0006, 즉 0.06%이며, 이것은 10,000번당 6번 나타난다는 것이다. 따라서 가까이 연관된 유전자가 포함된 지도작성 시에는 매우 많은 수의 자손을 분석해야만 이중교차를 관찰할 수 있다. 위의 예에서는 만일 1000개의 자손을 조사한다 할지라도 이중교차를 관찰하기는 어려울 것이다. 그러므로 4개 또는 5개 유전자에 대한 지도작성에서 3중교차와 4중교차는 더 적게 나타나리라는 것은 매우 명백한 일이다.

초파리에서의 3점 지도작성

앞 절에서 소개한 정보를 바탕으로 한 번의 교배를 통해 3개 또는 그 이상의 연관된 유전자에 대한 지도작성이 가능하다. 지도작성 과정 전체를 보여주기 위해 상당히 다른 2종을 대상으로 3개의 연관된 유전자에 대한 두 가지 상황을 조사해 보자.

성공적으로 지도작성을 위한 교배를 수행하기 위해서는 세 가지 기준이 충족되어야만 한다.

1. 교차형 배우자를 만드는 개체의 유전자형은 대상이 되는 모든 좌위에 대해 이형접합이어야 한다. 만일 어떤 좌위에서건 동형접합이 나타나면 모든 배우자는 같은 대립유전자를 가지게 되어 지도작성 분석에서 배제되어야 한다.

2. 교배는 태어나는 자손의 표현형을 관찰하여 모든 배우자의 유전자형을 결정할 수 있도록 계획되어야 한다. 이것이 필요한 이유는 배우자의 유전자형을 직접 관찰할 수 없기 때문이다. 이런 문제를 극복하기 위해 자손의 표현형 종류는 부모가 만들어내는 배우자의 유전자형을 반영하는 것이어야만 한다.

3. 모든 교차형에 해당하는 자손을 얻기 위해서 지도작성 실험에서는 충분한 수의 자손을 얻어야만 한다.

그림 5-8에 제시된 초파리의 지도작성 3점교배는 이 세 가지 기준을 모두 만족하는 것이다. 이 교배는 3개의 X-연관 열성 돌연변이 유전자인 *yellow*(*y*, 노란 몸), *white*(*w*, 흰 눈), *echinus*(*ec*, 성게 모양 눈)를 대상으로 한 것이다. 교배를 도식화해 나타내기 위해서는 아직 그것이 맞는지 틀리는지는 모르지만 어떤 한 순서를 가정해야만 한다. 그림 5-8에서는 먼저 이 세 유전자의 순서가 *y*-*w*-*ec*라고 가정하였다. 이 순서가 틀리다면 결과를 통해 틀리다는 것을 확인하고 맞는 순서를 찾아낼 수 있을 것이다.

P_1 세대에서 세 유전자 모두에 대해 야생형 대립유전자가 반접합체인 수컷을 세 유전자 모두 열성 돌연변이 대립유전자의 동형접합인 암컷과 교배시켰다. 그러므로 P_1 수컷은 몸 색, 눈 색, 눈 모양으로 볼 때 야생형이며, **야생형 표현형**(wild-type phenotype)을 가진다고 말할 수 있다. 반면에 암컷은 노란 몸, 흰 눈, 성게 모양 눈의 세 가지 돌연변이 형질을 모두 나타낸다.

이 교배로부터 만들어지는 F_1 세대는 모든 세 좌위에 대해 이형접합인 암컷과 반접합체인 수컷(수컷은 X 염색체를 하나만 가지고 있음)으로 구성되어 있다. 표현형으로 볼 때 모든 F_1 암컷은 야생형이며, F_1 수컷은 모두 노란 몸, 흰 눈, 성게 모양 눈을 가진다. F_1 암컷의 유전자형은 세 연관된 유전자의 지도를 작성할 수 있는 첫 번째 기준을 만족하고 있다. 즉 세 좌위에 대해 모두 이형접합이어서 교차가 일어나면 재조합형 배우자가 생겨난다는 것이다. P_1 부모의 유전자형 때문에 3가지 돌연변이 대립유전자 모두가 한 상동염색체에 위치하며, 3가지 야생형 대립유전자는 모두 다른 상동염색체에 위치하게 된다는 점을 주목하시오. 부모의 형질이 달랐다면 이형접합을 만드는 다른 배열도 가능했을 것이다. 예를 들면 이형접합의 암컷이 *y*와 *ec* 돌연변이 대립유전자를 한 상동염색체에 가지고, 다른 상동염색체에 *w* 대립유전자를 가지고 있을 수도 있는데, 이 경우는 한 부모가 노란 몸, 성게 모양 눈을 지니며, 다른 부모가 흰 눈을 가지게 된다.

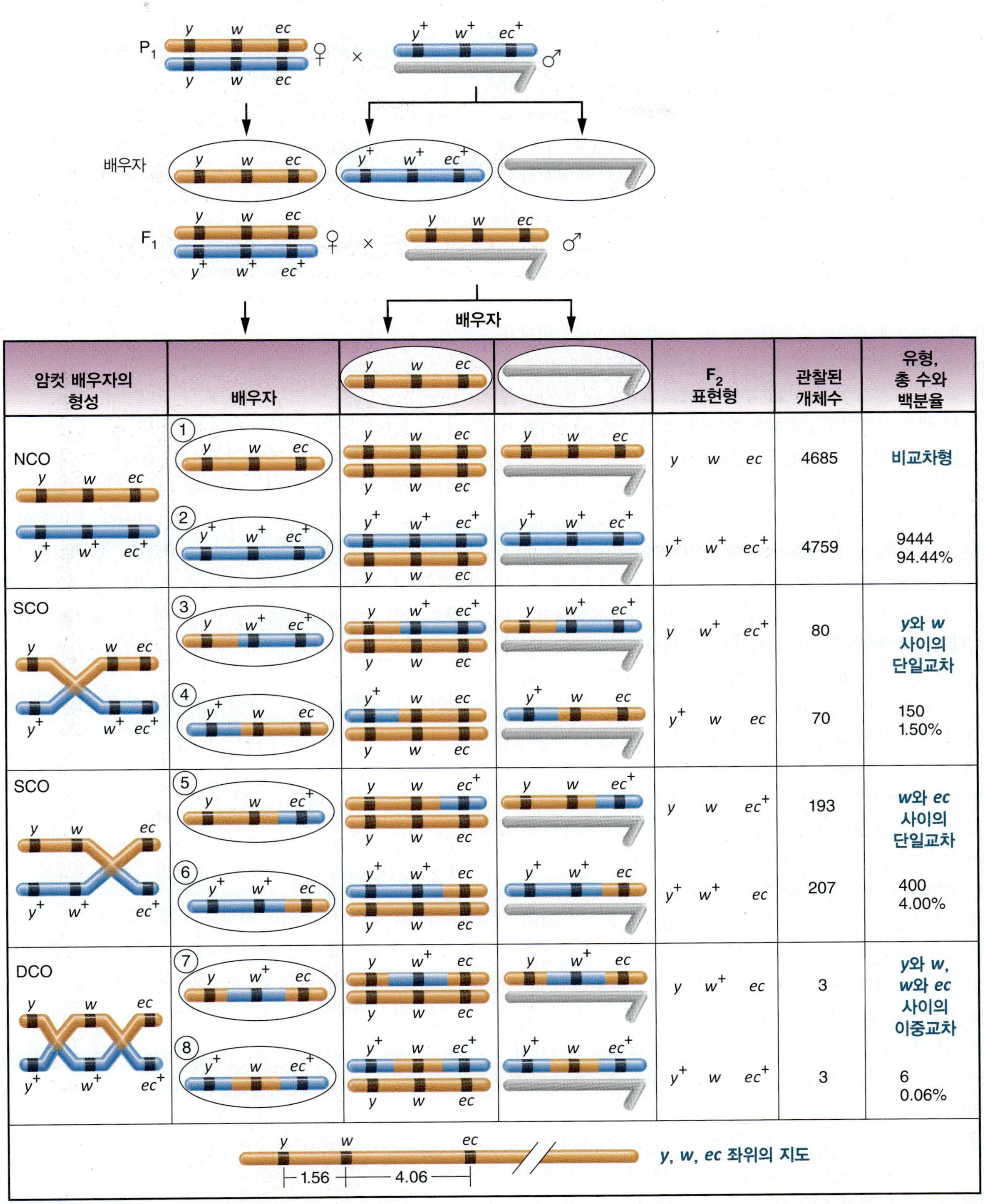

그림 5-8. 초파리에서 *yellow*(*y* 또는 y^+), *white*(*w* 또는 w^+), *echinus*(*ec* 또는 ec^+) 유전자를 포함하는 3점교배를 나타낸 것이다. NCO, SCO, DCO는 각각 비교차형, 단일교차형, 이중교차형을 나타낸다. 동원체는 염색체에 표시하지 않았으며, 두 비자매염색분체만 왼쪽 칼럼에 나타냈다.

그림의 교배에서 두 번째 기준은 F_1 수컷에서 형성되는 배우자로 의해 충족된다. 모든 배우자는 세 돌연변이 대립유전자를 모두 가지고 있는 X 염색체를 가지고 있거나 이 세 좌위를 하나도 가지지 않는 Y 염색체를 가지고 있다. 어떤 종류가 수정되던 F_1 암컷에서 만들어진 배우자의 유전자형이 F_2의 암컷과 수컷 자손에서 표현형으로 나타날 것이다. 그 결과 F_1 암컷 부모에서 만들어지는 모든 비교차형과 교차형 배우자를 F_2의 표현형을 관찰함으로써 확인할 수 있다.

두 조건이 충족되었으므로 그림 5-8에 제시된 교배 결과로부터 염색체 지도를 작성할 수 있다. 먼저, 어떤 F_2 표현형이 다양한 비교차형과 교차형에 해당하는지를 결정해야 한다. **비교차형(noncrossover)** F_2 표현형을 결정하기 위해서는 F_1 암컷에 의해 만들어지는 부모형 배우자로부터 유래한 개체를 구분해야 한다. 이런 배우자 각각은 교차에 의해 영향 받지 않은 X 염색체를 가지고 있다. 분리 결과 두 종류 배우자가 거의 동일한 비율로 생겨나며 그에 따라 F_2 표현형이 나타나게 된다. 이들은 이형접합에서 유래했기 때문에 두 가지 부모형 배우자의 유전자형과 F_2 표현형은 서로 상반된다. 예를 들면 하나가 야생형이면 다른 하나는 돌연변이형이다. 이것은 위의 교배에서도 마찬가지이다. 다른 경우에서는 한 염색체가 하나의 돌연변이 대립유전자를, 그리고 다른 염색체가 다른 두 돌연변이 대립유전자를 가지고 있는 경우도 있다. 따라서 이들은 **상반된 종류(reciprocal class)**의 배우자와 표현형이라고 불린다.

2가지 비교차형 표현형은 자손들 중 가장 큰 비율로 나타나기 때문에 가장 쉽게 구별될 수 있다. 그림 5-8에서는 배우자 (1)과 (2)가 가장 많이 나타난다. 따라서 노란 몸, 흰 눈, 성게 모양 눈 초파리와 세 형질 모두에 대해 정상, 즉 야생형인 초파리가 비교차형에 속하며 F_2 자손의 94.44%이다.

두 번째로 쉽게 구분되는 종류는 이중교차 표현형이다. 이들이 생겨날 확률이 낮기 때문에 가장 적게 나타날 것이다. 이들은 두 번의 독립적인 단일교차가 동시에 일어나야 생겨난다. 2가지의 상반된 표현형도 확인할 수 있는데, 배우자 7은 노란 몸과 성게 모양 눈 돌연변이 형질과 정상 눈 색을, 그리고 배우자 8은 흰 눈 돌연변이 형질과 정상의 몸 색깔과 눈 모양을 나타낸다. 이 2가지 이중교차 표현형은 모두 합해 F_2 자손 중 0.06%에 불과하다.

남아 있는 4가지 표현형은 단일교차에 의한 2종류로 나눌 수 있다. 배우자 3과 4는 노란 몸과 흰 눈 유전자의 좌위 사이에서 단일교차에 의해 생겨나는 상반된 표현형으로 F_2 자손의 1.50%에 해당한다. 배우자 5와 6은 F_2 자손의 4.00%에 해당하며, 흰 눈과 성게 모양 눈 유전자 좌위 사이의 단일교차에 의해 생겨나는 표현형이다.

이제 이 세 좌위 사이의 지도 거리를 계산할 수 있다. *y*와 *w* 사이의 거리 또는 *w*와 *ec* 사이의 거리는 이들 사이에 나타나는 모든 확인 가능한 교차의 백분율과 같다. 특정한 두 유전자를 대상으로 할 때 이것은 관련된 단일교차와 이중교차를 모두 포함한 값이며, 이중교차는 두 번의 단일교차가 동시에 일어난 것이므로 이것 또한 포함되어야 하는 것이다. *y*와 *w* 유전자의 경우에는 배우자 3, 4, 7, 8을 모두 포함한 값으로, 모두 합하면 1.50% + 0.06%, 또는 1.56 mu이다. 마찬가지로 *w*와 *ec*의 거리는 이 두 좌위 사이에서의 교차로 인해 형성된 모든 자손의 백분율과 같으며, 배우자 5, 6, 7, 8의 합인 4.00% + 0.06%, 또는 4.06 mu이다. X 염색체상에서 이 세 좌위의 지도는 그림 5-8의 아래에 그려져 있다.

유전자 순서의 결정

앞의 예에서 우리는 염색체상에서 이 세 유전자의 순서가 *y-w-ec*라고 가정하였는데, 분석 결과 이 순서가 교배 자료와 잘 맞는다는 것을 알 수 있었다. 그러나 대부분의 지도작성 실험에서는 유전자의 순서가 밝혀져 있지 않으며, 이러한 분석에 있어서 또 하나의 변수가 된다. 위의 예에서 유전자의 순서가 밝혀져 있지 않았다면 그 순서를 확인하기 위해 다음의 2가지 방법 중 하나를 사용했을 것이다. 여러분은 이 중 하나를 선택해서 잘 사용할 수 있어야 한다.

방법 1 이 방법은 가능한 배열이 세 유전자 중 어느 하나가 가운데 위치하는 세 가지 경우밖에 없다는 사실에 기초한 것이다.

(I) *w-y-ec* (*y*가 가운데)
(II) *y-ec-w* (*ec*가 가운데)
(III) *y-w-ec* (*w*가 가운데)

다음과 같은 단계로 분석하여 유전자의 순서를 결정하시오.

1. 세 가지 순서 중 어느 하나를 가정하고 먼저 이형접합 부모의 한 상동염색체에서(우리의 경우에는 F_1 암컷) 비교차형과 교차형 배우자를 만드는 대립유전자의 배열(arrangement of allele)을 결정하시오.

2. 이 배열 안에서 이중교차가 일어나면 관찰된 이중교차 표현형(observed double-crossover phenotype)이 나타날 수 있는지를 확인하시오. 이러한 표현형은 가장 적게 나타나므로 쉽게 확인할 수 있다는 점을 명심하시오.

3. 만일 이 순서에서는 정확한 표현형이 나타나지 않는다면 나머지 두 순서에 대해서 같은 시도를 반복하시오. 이 중 하나는 반드시 맞는 것이어야 한다.

이러한 단계가 그림 5-9에 *y-w-ec* 교배를 이용해서 나타나 있다. 가능한 배열은 위에서와 같이 I, II, III으로 표시하였다.

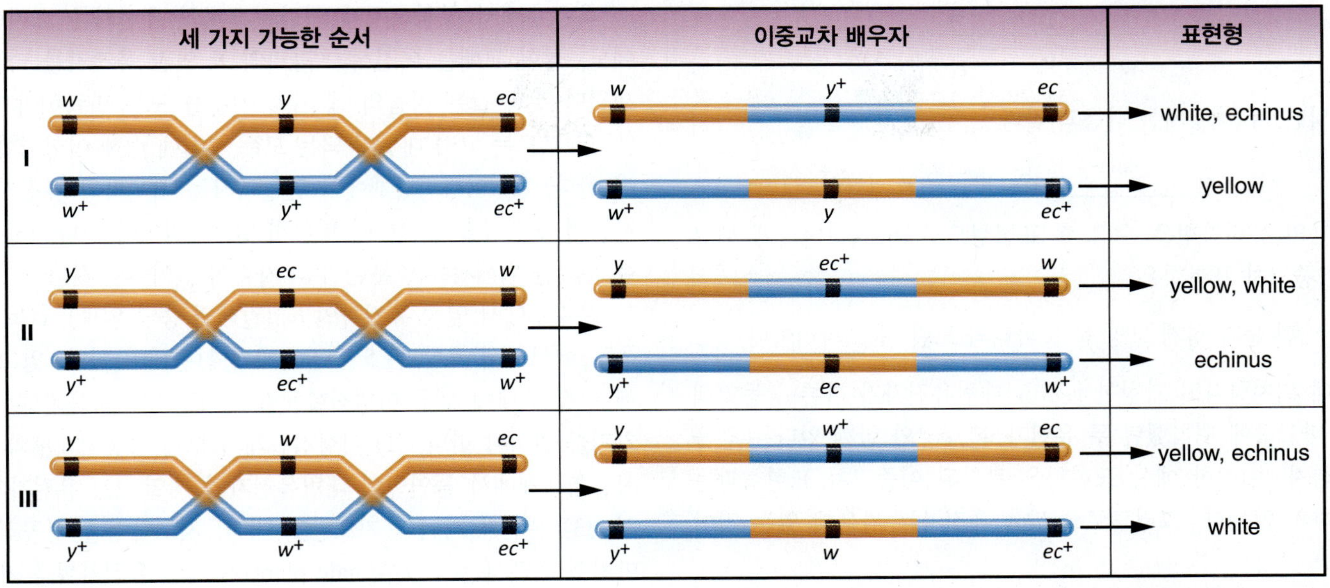

그림 5-9. *white*, *yellow*, *echinus* 유전자의 세 가지 가능한 순서, 각 경우의 이중교차 결과 배우자의 유전자형, 검정교배 결과 자손의 표현형을 나타낸 것이다. 단순화를 위해 4분염색체에서 비교차염색분체는 나타내지 않았다.

1. y가 w와 ec 사이에 위치한다고 가정하면(배열 I) F_1 이형접합체의 상동염색체에서 대립유전자의 배열은 아래와 같다.

$$\frac{w \quad y \quad ec}{w^+ \quad y^+ \quad ec^+}$$

이런 대립유전자의 분포는 P_1 세대에서 어떻게 교배가 일어나느냐에 따라 결정되는데, P_1 암컷은 w, y, ec 대립유전자를 가진 X 염색체를, P_1 수컷은 w^+, y^+, ec^+ 대립유전자를 가진 X 염색체를 제공했다.

2. 이 배열에서 이중교차가 일어나면 다음과 같은 배우자가 만들어질 것이다.

$$\underline{w \quad y^+ \quad ec} \text{ 와 } \underline{w^+ \quad y \quad ec^+}$$

만일 y가 가운데 있다면 F_2 이중교차 표현형은 배우자의 유전자형과 일치할 것이며, 따라서 흰 눈과 성게 모양 눈 표현형을 나타내는 자손과 노란 눈 표현형을 나타내는 자손이 나타나야 한다. 그러나 실제 이중교차 결과는 노란 눈과 성게 모양 초파리 그리고 흰 눈 초파리였으므로, 우리가 가정한 순서는 틀린 것이다.

3. $ec/ec+$ 대립유전자가 가운데 있는 배열 II와 $w/w+$ 대립유전자가 가운데 있는 배열 III을 고려해 보면,

$$\text{(II)} \ \frac{y \quad ec \quad w}{y^+ \quad ec^+ \quad w^+} \text{ 또는 (III)} \ \frac{y \quad w \quad ec}{y^+ \quad w^+ \quad ec^+}$$

배열 II는 예상되는 이중교차 표현형이 F_2 세대에서 노란 몸과 흰 눈 초파리와 성게 모양 눈 초파리로, 여전히 예상되는 이중교차 표현형이 실제 관찰된 이중교차 표현형과 일치하지 않는다. 그러므로 위의 순서는 틀린 것이다. 그러나 배열 III은 실제 관찰되는 표현형인 노란 몸과 성게 모양 눈 초파리와 흰 눈 초파리가 만들어지며, 따라서 w가 가운데에 위치한 이 배열이 맞는 것이다.

방법 1을 요약하면, 첫째, 상반된 비교차형 표현형을 확인한 후, 교차형 배우자를 만드는 이형접합체에서 상동염색체 상의 대립유전자의 배열을 결정한다. 그 다음 가능한 3가지 배열 중 어느 것이 관찰되는 이중교차 표현형을 만들어낼 수 있는지를 판별한다. 그것이 맞는 순서이다. 이 방법은 그림 5-9에 요약되어 있다.

방법 II 방법 II 또한 이형접합체 부모의 각 상동염색체에서 대립유전자의 배열을 결정하는 것으로 시작된다. 그 외에도 한 가지 가정이 더 필요한데, 이것은 이중교차가 일어나면 가운데 위치한 대립유전자가 반대편 상동염색체에 위치한 이웃한 바깥쪽 두 대립유전자 사이로 들어간다는 것이다.

예를 들면, w-y-ec 순서로 다음과 같이 배열되어 있다고 가정하면,

$$\frac{w \quad y \quad ec}{w^+ \quad y^+ \quad ec^+}$$

이중교차가 일어나면 y와 y^+ 대립유전자가 교환되어 다음과 같은 배열이 나타날 것이다.

$$\frac{w \quad y^{+} \quad ec}{w^{+} \quad y \quad ec^{+}}$$

분리되면, 두 배우자는 다음과 같다.

$$\underline{w \quad y^{+} \quad ec} \text{ 와 } \underline{w^{+} \quad y \quad ec^{+}}$$

배우자의 유전자형은 수정 후 표현형으로 바로 나타나게 되므로, 이중교차 표현형은

흰 눈과 성게 모양 눈 초파리와 노란 몸 초파리이다.

가운데 위치한다고 가정한 *yellow* 대립유전자가 다른 상동염색체의 바깥쪽에 위치했던 두 유전자 w^+, ec^+와 함께 있다는 점을 주목하자. 이러한 예상 표현형은 관찰된 이중교차 표현형과는 일치하지 않는다. 그러므로 *yellow* 유전자는 가운데 있는 것이 아니다.

echinus 유전자나 *white* 유전자가 가운데에 있다고 가정한 후 위와 같은 방법으로 분석할 수 있다. *echinus* 유전자가 가운데 있다고 가정한 경우에는 부정적인 결론에 도달하게 될 것이다. 만일 *white* 유전자가 가운데에 있다고 가정하면 예상되는 이중교차형과 실제 이중교차형이 일치하게 되며, 따라서 *white* 유전자가 *yellow*와 *echinus* 유전자 사이에 위치한다고 결론지을 수 있다.

방법 II를 요약하면, 교차형 배우자를 만들어 낼 수 있는 이형접합체 상동염색체의 대립유전자 배열을 결정한다. 그 다음 실제 이중교차 표현형을 조사하여 한 대립유전자가 바뀌어서 더 이상 원래 이웃했던 대립유전자들과 함께 있지 않다는 것을 확인한다. 그 대립유전자가 다른 두 유전자 사이에 위치한 것이다.

우리의 예에서는 F_1 이형접합체에서 하나의 상동염색체에 *y*, *ec*, *w*가 있으며, 다른 상동염색체에 y^+, ec^+, w^+가 있다. F_2 이중교차형에서 교환된 것은 *w*와 w^+이다. *w* 대립유전자는 이제 y^+와 ec^+와 함께 있으며, w^+ 대립유전자는 *y*와 *ec* 대립유전자와 함께 있다. 그러므로 *white* 유전자가 가운데 있으며, *yellow*와 *echinus* 유전자는 양쪽에 위치한 것이다.

옥수수에서의 지도작성

염색체 지도작성의 기본 원리를 배웠으므로, 이제 옥수수에서 이와 관련된 문제를 고려해 보자. 옥수수의 분석은 앞의 예와는 2가지 점이 다르다. 첫째는 초파리의 교배는 X-연관 유전자에 대한 것이었지만, 옥수수의 경우 상염색체 유전자를 다룬다는 것이다. 둘째는, 교배에 대해 논의할 때 기호를 사용하는 법이 다르다는 것이다. 유전자 기호와 첨자(예: bm^+, v^+, pr^+)를 사용하는 대신에 여기서는 야생형 대립유전자를 간단히 +로 나타낼 것이다. 이 시스템은 다루기는 편하지만 지도작성 과정에 대한 더 깊은 이해가 필요하다.

옥수수에서 상염색체에 연관된 3개의 유전자를 고려할 때에도, 실험 교배는 여전히 초파리의 X-연관 유전자를 다룰 때 세웠던 것과 같은 다음의 세 가지 기준을 모두 만족해야 한다. (1) 한 부모는 고려 대상이 되는 모든 형질에 대해 이형접합체여야 한다. (2) 이형접합체에서 만들어지는 배우자의 유전자형은 자손의 표현형을 관찰하여 명확히 알 수 있어야 한다. (3) 완전한 분석을 위해서는 충분한 수의 자손이 있어야만 한다.

옥수수에서 열성 유전자인 *bm*(갈색의 중앙 잎맥), *v*(녹색 묘목), *pr*(보라색 호분)은 5번 염색체에 연관되어 있다. 암그루가 세 형질에 대해 모두 이형접합체라고 가정하면 다음과 같은 세 가지를 알아야 한다. (1) 이형접합체의 모계 상동염색체와 부계 상동염색체에서 돌연변이 대립유전자의 배열. (2) 유전자의 순서. (3) 유전자 사이의 지도단위 거리. 지도작성을 성공적으로 마치기 위해서는 수그루(male plant)가 어떤 유전자형을 가지고 있어야 할까? 두 번째 기준을 충족시키기 위해서는 수그루가 모든 세 가지 열성 돌연변이 대립유전자에 대해 동형접합체여야 한다. 그렇지 않다면 이 교배의 자손은 한 표현형에 대해 하나 이상의 유전자형을 가지게 되므로 정확한 지도작성은 불가능하다. 이것은 검정교배와 마찬가지라는 점을 주목하시오.

그림 5-10에 이러한 교배의 예가 그려져 있다. 그림에 나타난 것처럼 이형접합 암컷에서 대립유전자 배열이나 좌위들의 순서는 알 수가 없다. 여러 가지 가능성이 그려져 있으며, 이 중 어느 것이 맞는지를 결정해야만 한다. 검정교배에서 수컷의 유전자 순서도 알 수 없으며, 따라서 임의로 지정을 해야 한다. 일단은 *v*를 가운데 놓고 시작할 것인데, 이것이 맞는 것인지는 아직 모르는 일이다.

자손은 상반된 표현형을 나타내는 쌍들로 나눌 수 있는데, 교차가 일어나지 않은 한 종류(NCO), 단일교차가 일어난 두 종류(SCO), 이중교차가 일어난 한 종류(DCO)로 모두 4가지의 상반된 종류가 나타난다.

이 문제를 해결하기 위해서 그림 5-10과 5-11을 참고하여 다음의 질문에 대해 생각해 보자.

1. 암컷 부모에서 대립유전자의 이형접합 배열은 무엇일까?

   가장 높은 빈도로 나타나는 두 개의 비교차형을 결정하시오. 이 경우에는 $\underline{+\ v\ bm}$과 $\underline{pr\ +\ +}$가 이에 해당한다. 따라서 암컷 부모의 상동염색체에서 대립유전자들은 그림 5-11(a)와 같이 분포할 것이다. 이 상동염색체는 재조합 없이 배우자로 그대로 분리된다. 대립유전자들이 다르게 배열되어 있다면 관찰 결과와 같은 비교차형이 나타나지 않을 것이다. ($\underline{+\ v\ bm}$은 $\underline{pr^+\ v\ bm}$과, $\underline{pr\ +\ +}$는 $\underline{pr\ v^+\ bm^+}$와 같다는 것을 명심하시오.)

(a) **이형접합 암컷에서 가능한 대립유전자의 배열과 유전자의 순서**

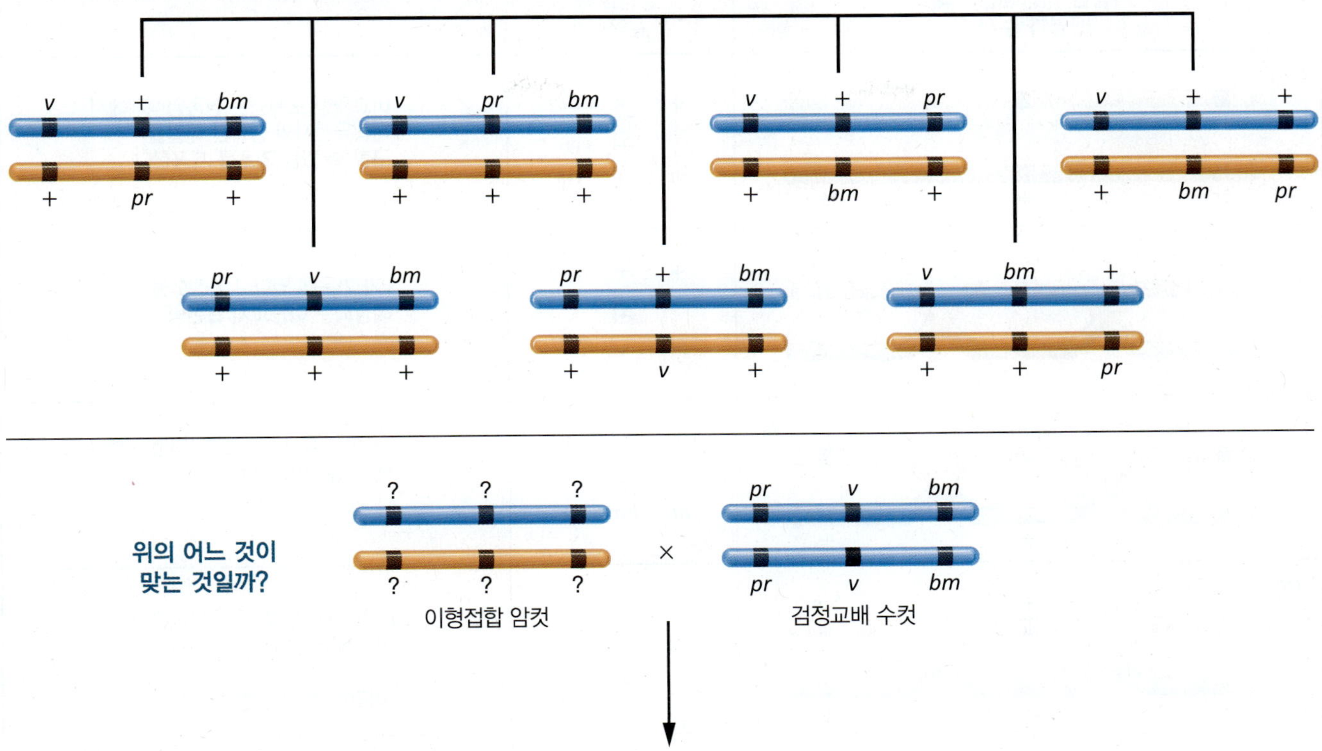

(b) **지도작성 교배의 실제 결과***

자손의 표현형	개체수	총 수와 백분율	교차의 종류
+ *v* *bm*	230	467 42.1%	비교차형 (NCO)
pr + +	237		
+ + *bm*	82	161 14.5%	단일교차형 (SCO)
pr *v* +	79		
+ *v* +	200	395 35.6%	단일교차형 (SCO)
pr + *bm*	195		
pr *v* *bm*	44	86 7.8%	이중교차형 (DCO)
+ + +	42		

**pr* – *v* – *bm*의 순서가 맞는지는 모른다.

그림 5-10. (a) 이형접합 암컷에서 가능한 일부 대립유전자의 배열과 유전자의 순서. 3점교배 결과 얻은 데이터는 (b)에 있는데, 이것은 암컷을 검정교배 한 것으로 어떤 배열의 조합과 순서가 맞는 것인지 결정하는 기초가 된다. [그림 5-11(d) 참조]

2. 유전자는 어떤 순서일까?

이 질문에 답하기 위해서 먼저 방법 I을 사용할 것이다. 질문 1의 답에 기초하면 대립유전자의 배열은 다음과 같다.

$$\frac{+ \quad v \quad bm}{pr \quad + \quad +}$$

그런데 이 유전자의 순서가 맞는 것일까? 즉 이 순서에서 이중교차가 일어난다면 관찰되는 이중교차 표현형이 나올 수 있을까? **그림 5-11(b)**에 나타난 관찰 결과를 보면 그렇지 않다. 이제 **그림 5-11(c)**와 **5-11(d)**와 같은 다른 순서에 대해 생각해보자.

$$\frac{+ \quad bm \quad v}{pr \quad + \quad +} \quad \text{또는} \quad \frac{v \quad + \quad bm}{+ \quad pr \quad +}$$

위의 오른쪽에 있는 순서여야만 관찰된 이중교차 배우자[그림 5-11(d)]가 생길 수 있다. 그러므로 *pr* 유전자가 가운데 위치하는 것이 맞다.

가능한 대립유전자의 배열과 순서	검정교배 표현형	설명
(a) 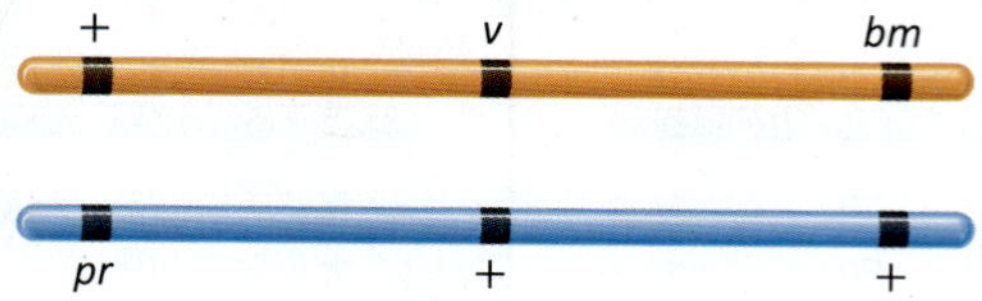	+ v bm 와 pr + +	비교차형 표현형은 상동염색체에서 대립유전자의 정확한 배열을 구할 수 있는 기초를 제공한다.
(b) 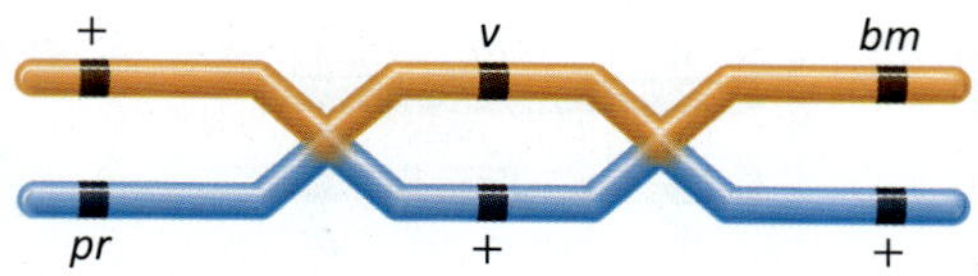	+ + bm 와 pr v +	v가 가운데 있다고 가정했을 때 예상되는 이중교차 표현형
(c) 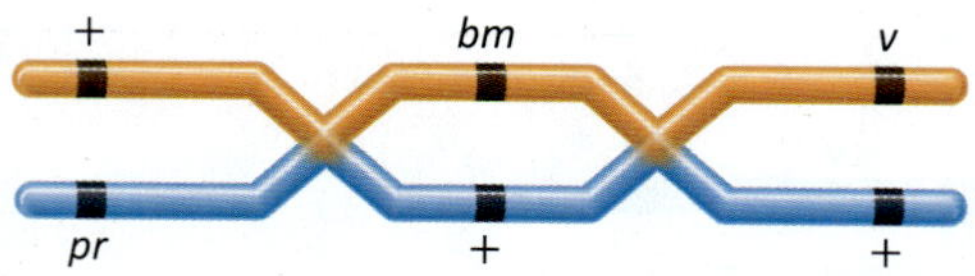	+ + v 와 pr bm +	bm이 가운데 있다고 가정했을 때 예상되는 이중교차 표현형
(d) 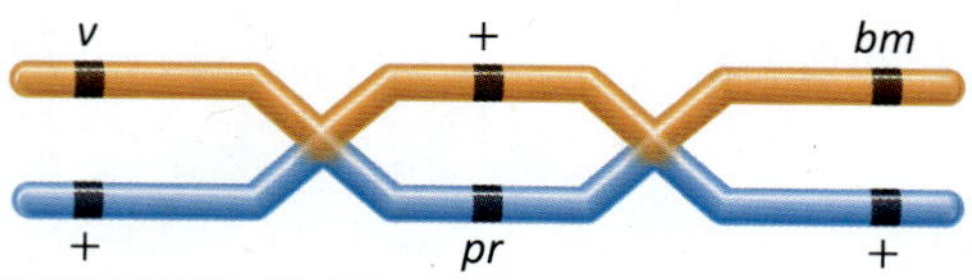	v pr bm 와 + + +	pr이 가운데 있다고 가정했을 때 예상되는 이중교차 표현형 **(이것이 실제 상황이다.)**
(e) 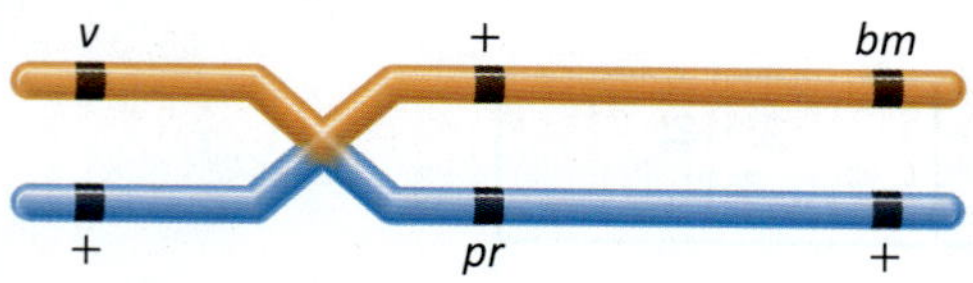	v pr + 와 + + bm	(a)와 (d)가 정확하다면 교차가 v와 pr 사이에 일어난 단일교차 표현형
(f) 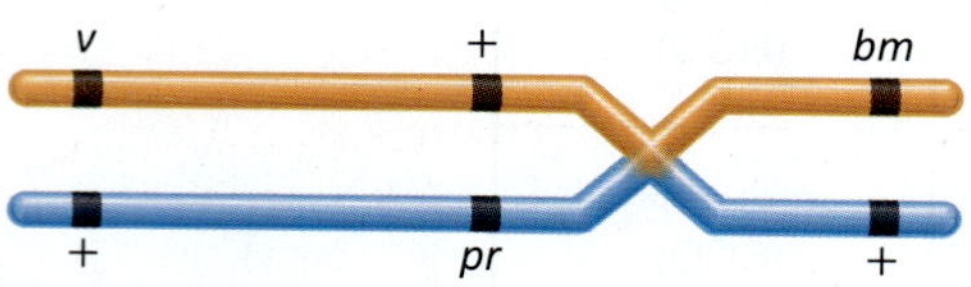	v + + 와 + pr bm	(a)와 (d)가 정확하다면 교차가 pr와 bm 사이에 일어난 단일교차 표현형
(g) **최종 지도** 		

그림 5-11. 이형접합 암컷 부모의 대립유전자 배열과 유전자 순서를 모르는 그림 5-10의 교배에서 세 유전자의 지도작성.

분석에 방법 II를 사용하더라도 같은 결론에 도달할 수 있다. 이 경우에는 유전자의 순서에 대한 가정은 필요치 않다. 이형접합 부모의 상동염색체에서 대립유전자 배열은 다음과 같다.

$$\frac{+\quad v\quad bm}{pr\quad +\quad +}$$

이중교차 배우자는 다음과 같다.

$$\underline{pr\quad v\quad bm}\ \text{와}\ \underline{+\quad +\quad +}$$

여기서 비교차형 배열에 대해 이동한 것은 *pr* 대립유전자이며, 따라서 이중교차 결과 *v*와 *bm* 대립유전자와 함께 위치하게 된다. 이 두 대립유전자(*v*와 *bm*)는 하나의 상동염색체상에 함께 존재하는 것이므로, *pr*이 따로 위치한 유전자, 즉 가운데 위치한 유전자인 것이다. 따라서 방법 I에서 얻은 것과 마찬가지로 배열과 순서는 다음과 같다.

$$\frac{v\quad +\quad bm}{+\quad pr\quad +}$$

3. 각각의 유전자 사이의 거리는 얼마일까?

좌위들의 정확한 순서가 *v-pr-bm*이라는 것을 바탕으로, 이제 *v*와 *pr*, *pr*과 *bm* 사이의 거리를 측정해 보자. 두 유전자 사이의 거리는 이들 사이에서 일어나는 모든 재조합에 기초하여 계산할 수 있다는 사실을 기억하고 있을 것이다. 여기서 재조합에는 단일교차와 이중교차가 모두 포함되는 것이다.

그림 5-11(e)에는 *v*와 *pr* 사이의 단일교차에 의해 만들어지는 *v pr* +와 + + *bm* 표현형이 나와 있으며, 그림 5-10에는 이 단일교차에 의해 14.5%의 자손이 태어난다고 나와 있다. 이 단일교차에 이중교차로 생겨나는 자손의 퍼센트(7.8%)를 더하면 *v*와 *pr* 사이의 거리는 22.3 mu가 된다.

그림 5-11(f)에 있는 *pr*과 *bm* 사이의 단일교차 표현형은 *v* + +와 + *pr bm*이며, 그림 5-10에 나와 있는 비율은 35.6%이다. 이중교차의 비율(7.8%)을 더하면 *pr*과 *bm* 사이의 거리는 43.4 mu이다. 이 예에서 세 유전자에 대한 최종 지도는 그림 5-11(g)와 같다.

실전문제

5-3 초파리에서 X-연관 열성유전자 형질 *a*, *b*, *c*의 이형접합체 암컷을 *a*, *b*, *c*의 표현형을 나타내는 수컷과 교배했다. 다음은 그 자손들의 표현형과 수를 나타낸 것이다.

+	*b*	*c*	460
a	+	+	450
a	*b*	*c*	32
+	+	+	38
a	+	*c*	11
+	*b*	+	9

이외의 다른 표현형은 나타나지 않았다면,

(a) 암컷의 X 염색체상에서 이들 대립유전자는 어떻게 배열되어 있을까?

(b) 유전자의 올바른 순서를 결정하고, X 염색체상에서 이들 유전자의 지도를 작성하시오.

(c) 자손에서 어떤 표현형이 나타나지 않는가? 그 이유는?

■ **힌트:** 이 문제는 3점 지도작성 실험에 관한 것인데, 일반적으로는 이런 교배 결과 8종류의 표현형이 나타나지만, 이 경우에는 6가지 표현형만 관찰되었다. 해결의 실마리는 좌위 사이의 거리가 비교적 가까운 경우에는, 샘플 수가 작으면 상반된 단일교차형이 쌍으로 관찰되더라도 예상되는 이중교차가 관찰되지 않을 수 있다는 것이다. 관찰되지 않은 배우자를 이중교차형으로 놓고 이들의 빈도를 0으로 표시하시오.

더 연습하려면 15, 16, 17번 문제를 참조하시오.

5.4 두 유전자 사이의 거리가 증가하면 지도의 값이 부정확해진다

지금까지는 염색체상의 어떤 두 좌위에 대해서든 교차의 빈도가 거리에 직접적으로 비례한다고 가정했다. 그러나 항상 모든 좌위에서 교차 현상이 관찰되는 것은 아니다. 이런 예로는 두 좌위 사이에서 이중교차가 일어나는 경우이다. 그림 5-12(a)의 예를 보면 이중교차가 일어나면 각각의 비자매염색분체상에 원래의 대립유전자 배열이 회복된다. 따라서 교차가 일어나더라도 이것을 확인할 수는 없다. 이런 현상은 두 좌위 사이에서 짝수의 교환이 일어나는 경우 항상 나타나게 된다.

또한 여러 가닥 사이의 교환에 의해 생겨나는 복잡성 때문에 일반적으로 지도작성 시에는 두 유전자 사이의 실제 거리에 비해 작은 값을 얻게 된다. 두 유전자가 멀리 떨어져 있을수록 확인할 수 없는 교차가 많아지게 될 것이다. 두 유전자가 비교적 가까이에 위치한다면 이 차이가 크지 않겠지만, 그림 5-12(b)에 있는 재조합 빈도와 지도 거리의 그래프에서 볼 수 있듯이 거리가 멀어질수록 부정확도는 커지게 된다. 즉 두 유전자 사이의 거리가 멀어질수록 재조합과 지도 거리가 정비례한다고 가정할 때, 얻을 수 있는 이론적인 빈도는 실제 관찰되는 빈도와 큰 차이를 보이게 된다. 정확한 지도는 두 유전자가 비교적 가까이에 함께 위치한 경우에 얻을 수 있다.

간섭과 일치계수

5.3절에서 살펴본 곱의 법칙에 소개된 바와 같이 두 유전자 사이의 거리가 결정되면 이중교차와 같은 여러 번의 교환 빈도에 대한 기대값을 예상해 볼 수 있다. 예를 들면, 앞 절의 옥수수 교배에서는 *v*와 *pr* 사이의 거리가 22.3 mu이고 *pr*과 *bm* 사이의 거리가 43.4 mu이다. 이중교차를 일으키는 각각의 단일교차가 서로 독립적으로 일어난다면 예상되는 이중교차의 빈도(DCO_{exp})는 다음과 같이 계산될 수 있다.

$$DCO_{exp} = (0.223) \times (0.434) = 0.097 = 9.7\%$$

지도작성 실험에서 관찰되는 DCO의 빈도는 예상되는 DCO 값보다 작다. 옥수수 교배를 예로 들면 기대값은 9.7%인 반면, 관찰되는 DCO 값은 7.8%에 불과하다. 염색체의 한 부위에서 교차가 일어나면 가까운 주변부에서 더 이상의 교차가 일어나는 것을 방해하는 **간섭(Interference, *I*)** 현상이 이러한 감소를 일으킨다.

간섭에 의한 불일치 정도를 정량화하기 위해 **일치계수(coefficient of coincidence, *C*)**를 계산한다.

$$C = \frac{\text{관찰된 DCO}}{\text{예상된 DCO}}$$

옥수수 교배에서는,

$$C = \frac{0.078}{0.097} = 0.804$$

C 값을 구하게 되면 다음과 같은 간단한 식을 이용해서 간섭(*I*)

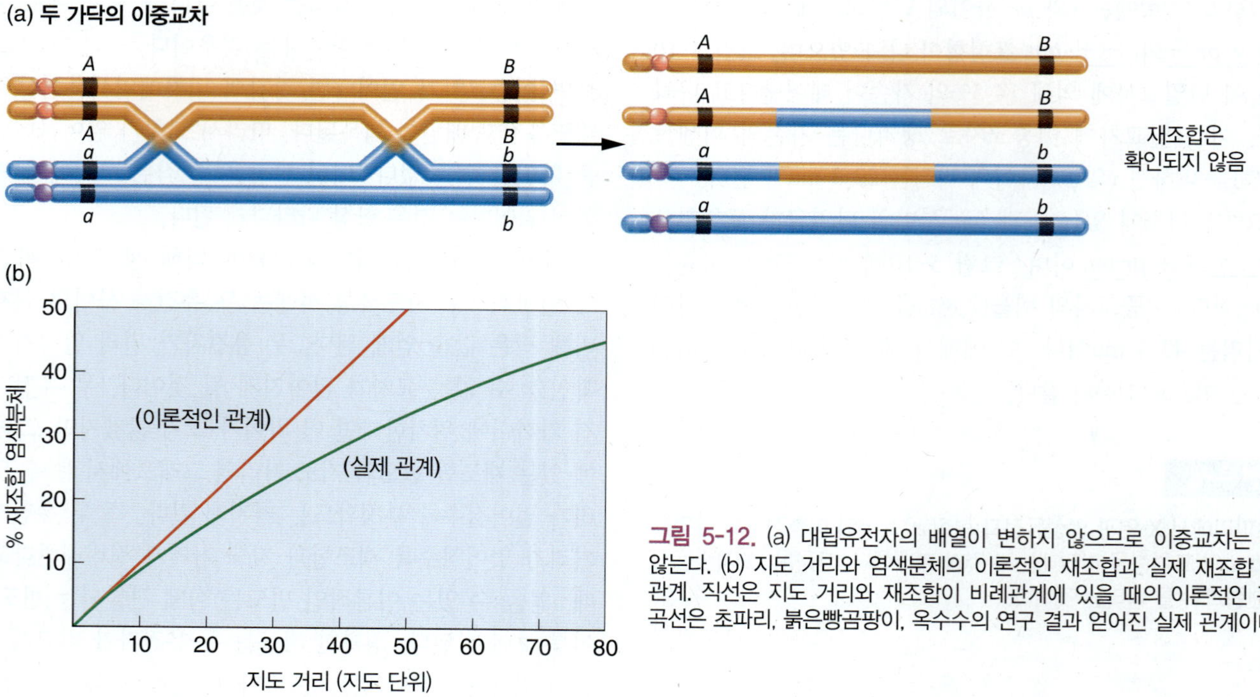

그림 5-12. (a) 대립유전자의 배열이 변하지 않으므로 이중교차는 관찰되지 않는다. (b) 지도 거리와 염색분체의 이론적인 재조합과 실제 재조합 퍼센트의 관계. 직선은 지도 거리와 재조합이 비례관계에 있을 때의 이론적인 관계이다. 곡선은 초파리, 붉은빵곰팡이, 옥수수의 연구 결과 얻어진 실제 관계이다.

정도를 정량화할 수 있다.

$$I = 1 - C$$

옥수수 교배에서는,

$$I = 1.000 - 0.804 = 0.196$$

만일 간섭이 완벽하다면 이중교차는 일어나지 못하며, $I = 1.0$이다. 만일 기대되는 값보다 DCO가 적게 일어난다면 I는 양의 값이며, **양성 간섭(positive interference)**이 일어난다고 말한다. 만일 DCO가 기대되는 것보다 많이 일어난다면 I는 음의 값이며, **음성 간섭(negative interference)**이 일어난 것이다. 예를 들면 I가 양의 값으로 (0.196)이면 예상되는 것보다 이중교차가 19.6% 적게 일어난다는 것을 의미한다.

양성 간섭은 진핵생물 시스템에서 가장 흔하게 관찰된다. *C. elegans*의 예를 들면, 염색체 하나당 단 한 번의 교차만이 관찰되며, 이는 각 염색체에 따라 간섭이 완전히 일어난다는 것이다($C = 1.0$). 다른 생물에서는 염색체를 따라 더 가까이에 위치할수록 양성 간섭이 더 많이 일어나게 된다. 초파리에서는 대개 10 지도단위 거리 내에서는 완벽하게 간섭이 일어난다. 이러한 결과들은 교차점이 가까이에 형성되는 것을 억제하는 물리적인 제한이 간섭을 일으킨다는 것을 의미한다. 이러한 해석은 유전자들 사이의 거리가 멀어질수록 간섭이 감소한다는 사실과도 일치하는 것이다. 그림 5-10과 5-11에 나타난 옥수수 교배에서는 세 유전자가 비교적 멀리 떨어져 있어 기대되는 이중교차의 80%가 실제로 관찰되는 것이다.

5.5 초파리의 유전자 지도는 매우 자세히 만들어져 있다

초파리, 옥수수, 생쥐 등과 같은 생물은 많은 돌연변이가 발견되어 있으며, 지도작성을 위한 교배가 가능하므로, 각 염색체의 유전자 지도가 자세히 만들어져 있다. **그림 5-13**은 초파리의 네 종류 염색체의 지도 일부이다. 초파리는 거의 모든 형태적인 특징에 대한 돌연변이가 존재한다. 돌연변이에 의해 영향 받는 각각의 좌위는 먼저 네 염색체 중 어느 것에 위치하는지, 또는 연관군을 확인하고, 그 다음 해당 염색체상에 위치하는 다른 유전자들에 대한 상대적 위치를 확인하여 지도를 작성한다. 그림에서 볼 수 있듯이 X 염색체의 유전자 지도는 II 또는 III번 상염색체보다 짧다. 이 셋과 비교하면 IV번 염색체는 매우 작다. 세포학적인 증거로 볼 때 유전자 지도의 상대적 길이는 이들 염색체의 상대적인 물리적 길이와 대체로 상관관계가 있다.

유전자의 새로운 개념

1920년대에서 1950년대 사이에 초파리와 다른 생물에서의 유전자 지도작성 연구에 기초하여 유전학자들은 유전자는 염색체를 따라 위치하는 특정 서열로 구성되어 있으며, 그 사이에서 재조합이 일어날 수 있는 유전의 단위로 여기게 되었다. 즉 유전자는 나눌 수 없는 '줄 위의 구슬'로 여겨졌던 것이다.

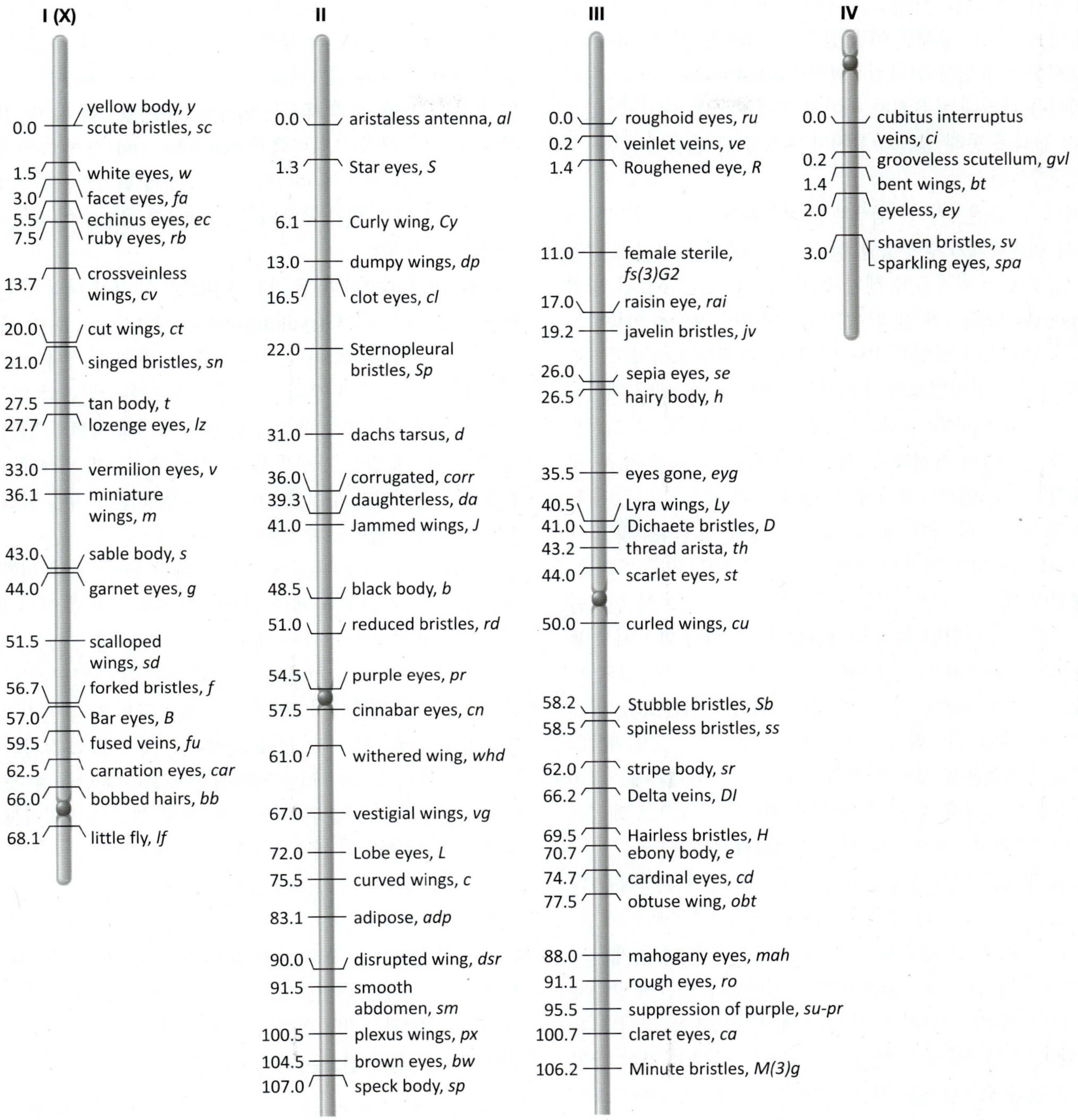

그림 5-13. 초파리의 4개 염색체의 부분적인 유전자 지도. 각 염색체에서 원형은 동원체 위치를 나타낸 것이다. 염색체 I은 X 염색체이다. 염색체 IV는 비율을 맞추어 그린 것이 아니며, 실제로는 다른 것에 비해 더 작다.

5.6 로드값 분석과 체세포 잡종화가 인간의 염색체 지도를 작성하는 데 중요한 역할을 했다

인간에게서 잘 계획된 교배 실험을 하고 많은 자손을 얻는 것은 윤리적으로도 적절하지 않으며, 가능하지도 않다. 따라서 초기의 연관에 관한 연구는 가계도 분석에 의한 것이었으며, 이를 통해 특정한 형질이 X-연관인지 아니면 상염색체 형질인지를 확인하였다. 앞서 4장의 본문에서 보았듯이 X 염색체상에 위치하는 유전자가 결정하는 형질은 특징적인 가계도를 나타내게 된다. 즉 이런 유전자들은 확인하기가 쉽다는 것이다. 상염색체 형질의 경우에는 형질의 쌍이 연관되어 있는지 아니면 독립적으로 분리되는지 명확히 구분하기 위해 많은 노력이 필요하다. 방대한 가계도가 주어진다면 고려 대상인 두 유전자의 형질이 자손에게 함께 전달되는지를 조사하여 두 유전자의 연관 여부를 예측해 낼 수 있다. 실제로 이런 방법으로 **Rh 항원(Ph antigen)**을 암호화하는 유전자와 **타원적혈구증(elliptocytosis)**이라 불리는 표현형을 나타내는 유전자 사이의 연관 관계를 밝힐 수 있었다. 이런 결과를 통해 인간의 유전자 지도를 잘 만들 수 있을 것으로 기대되었다.

그러나 두 유전자가 한 염색체상에서 떨어져 위치하지만 가계도에서 연관관계가 불분명할 정도로만 재조합 배우자가 만들어지는 경우에는 어려움이 생기게 된다. 이 경우 **로드값 방법(lod score method)**이라 불리는 확률 계산법이 연관을 입증하는 데 도움을 준다. 이 방법은 1947년 J. B. S. Haldane과 C. A. Smith가 처음 고안하였으며, 1955년 N. Morton에 의해 개선되었다. 로드값(log of the odds, 연관에 대한 배당률의 로그값)은 특정한 가계나 여러 가계가 두 형질을 가지고 있을 때 이 두 형질이 유전적으로 연관되어 있을 확률에 의해 결정되는 값이다. 먼저 두 형질에 대한 가계 데이터가 두 형질이 연관되지 않고 즉 독립적으로 분리되어 전달될 경우의 확률을 계산한다. 그 다음, 같은 형질에 대한 동일한 가계 데이터가 특정한 재조합 빈도를 가지고 연관되어 나타날 확률을 계산한다. 이 확률 계산에서 통계적 유의도는 $p = 0.05$ 수준이다. 그 다음, 이들 확률값의 비율을 계산하여 로그값을 취하면 이 값이 연관에 대한 또는 연관에 반한 '배당률'을 반영하는 값이 된다. 전통적으로 3.0 이상의 값은 연관이 되었음을 강하게 지지하는 것으로 해석되며, −2.0 이하의 값은 연관되지 않았음을 강하게 지지하는 것으로 해석된다. 값이 −2.0과 3.0 사이라면 결론을 내리기 어렵다.

로드값 방법은 인간의 유전자가 특정 염색체에 위치함을 확인하고 인간의 기초적인 염색체 지도를 작성하는 데 크게 기여하였다. 그러나 그 정확도는 가계도의 크기에 의해 제한되며, 다라서 초기 연구 결과들은 이러한 제한점과 인간의 반수체 염색체 수(23개)가 비교적 많기 때문에 실망스러운 것이었다. 1960년대에는 상염색체의 연관에 대해서는 알려진 것이 많지 않았다. 그러나 오늘날에는 처음 개발되었을 당시의 제한점과는 달리 이 기법이 인간의 연관을 연구하는 데 매우 중요해지게 되었는데, 그 이유는 인간의 각 염색체에 위치하는 분자적 DNA 마커(molecular DNA marker)가 많이 발견되었기 때문이다. 염색체의 특정한 좌위에 위치하는 유전자와 똑같이 행동하는 이들 마커의 발견은 재조합 DNA 기술(20장)과 유전체 분석(21장)에 기인한 것이다. 이제는 어떤 인간의 형질에 대해서도 이러한 마커와의 연관관계를 조사할 수 있게 되었다. DNA 마커에 대해서는 5.7절에서 다시 살펴보게 될 것이다.

1960년대에 개발된 **체세포 잡종화(somatic cell hybridization)** 기법을 통해 인간의 유전자가 특정한 염색체에 위치함을 확인할 수 있었다. G. Barski가 처음 발견한 이 기술은 배양 중인 두 세포를 하나의 세포로 융합할 수 있다는 사실에 기초한 방법이다. Barski는 처음 두 종류의 생쥐 세포주를 사용하였는데, 이내 다른 종의 세포들도 융합될 수 있음을 알 수 있었다. 처음 융합이 일어나면 **이핵체(heterokaryon)**가 만들어지는데, 이 잡종세포는 공통의 한 세포질에 2개의 핵을 가진다. 적절한 기술을 사용하면 인간 세포와 생쥐 세포를 융합하여 잡종세포를 분리해 낼 수 있다.

이핵체를 배양하면 두 가지 흥미로운 변화가 나타난다. 먼저 핵이 융합하여 **융합핵(synkaryon)**이 만들어지고, 여러 세대 동안 계속 배양하면 두 종의 염색체 중 한 종의 염색체가 점차 사라지게 된다. 인간과 생쥐의 잡종인 경우에는 인간의 염색체가 점차 사라져 결국에는 생쥐의 완전한 염색체 세트와 인간 염색체 중 한 두 개 만을 가지게 된다. 이렇게 인간의 염색체가 무작위적으로 없어지기 때문에 남아 있는 염색체에 어떤 인간 유전자가 있는지를 확인할 수 있다.

실험의 논리적 근거는 명백하다. 예를 들면, 만일 인간의 특정한 유전자 산물이 세 개의 인간 염색체를 가지고 있는 융합핵에서 만들어진다면, 그 산물에 대한 유전자는 남아 있는 세 개의 인간 염색체 중 어느 하나에 위치해야만 한다. 반면에 특정 유전자 산물이 융합핵에서 만들어지지 않는다면 해당 유전자는 세 개의 염색체에 위치하지 않을 것이다. 이론적으로 각각의 인간 염색체를 가지고 있는 23종류의 잡종 세포주를 만들 수 있으며, 유전자 산물을 확인할 수만 있다면 어떤 인간 유전자라도 어느 염색체에 위치하는지 바로 확인할 수 있다.

실제로 각 세포주가 여러 개의 인간 염색체를 가지고 있는 경우가 대부분이다. 특정 유전자 산물의 유무와 각 염색체의 유무의 상관관계를 조사하는 것을 **연관 검사법(synteny testing)**이라고 한다. 예를 들어, 그림 5-14에 주어진 4개의 유전자 산물(A, B, C, D)과 8개의 인간 염색체의 관계에 관한 가상의 데이터에서, A 산물을 만드는 유전자의 위치를 분석해보자.

1. A 산물은 23번 세포주에서 생성되지 않는데, 이 세포주에는 1, 2, 3, 4번 염색제가 있다. 따라서 A 산물에 대한 *A* 유전자는 이 네 염색체에는 위치하지 않고, 5, 6, 7, 8번 염색체 중 하나에 위치할 것이다.

2. A 산물은 34번 세포주에서 만들어지는데, 이 세포주에는 5, 6번 염색체는 있지만 7, 8번 염색체는 없다. 따라서 *A* 유전자는 5, 6번 염색체에 위치하며, 7, 8번 염색체에 위치할 수는 없다.

3. A 산물은 41번 세포주에서도 만들어지는데, 여기에는 5번 염색체는 있지만 6번 염색체는 없다. 따라서 이 분석 결과에

잡종 세포주	가지고 있는 인간 염색체								발현되는 유전자 산물			
	1	2	3	4	5	6	7	8	A	B	C	D
23									−	+	−	+
34									+	−	−	+
41									+	+	−	+

5-14. 인간의 유전자들이 어느 염색체에 위치하는지를 조사하기 위한 연관 검사법에 사용하는 가상의 데이터. 23, 34, 41로 이름 붙여진 세 종류의 잡종 체세포주에서 인간의 1~8번 염색체의 유무와 가상의 인간 유전자인 A, B, C, D의 유전자 산물을 만들어 내는지를 조사하였다.

의하면 *A* 유전자는 5번 염색체에 위치하고 있다.

같은 방법으로 *B* 유전자는 3번 염색체에 위치함을 확인할 수 있다. 이것이 맞는지 스스로 분석해 보자.

C 유전자는 상황이 다르다. 이 데이터에 의하면 C는 1~7번 염색체에는 없다. 따라서 8번 염색체에 있을 것으로 추정되지만 직접적인 증거는 없으며, 따라서 다른 데이터가 필요하다. *D* 유전자에 대해서는 여러분이 분석해 보시오. 어느 염색체에 위치하고 있을까?

소개된 방법을 사용해서 수백 개의 인간 유전자가 어느 염색체에 위치하는지 확인할 수 있었다. 해당 산물이 밝혀지지 않은 유전자에 대해서는 위치를 확인하기 위해 다른 방법을 사용해야 했다. 예를 들면, 재조합 DNA 기술과 가계도 분석을 함께 사용하여 헌팅턴무도병(Huntington disease), 낭포성섬유증(cystic fibrosis), 신경섬유종증(neurofibromatosis)을 일으키는 유전자가 각각 4, 7, 17번 염색체에 위치함을 확인할 수 있었다. 다음 절에도 소개되겠지만 현대의 유전체 분석기술에 의해 수많은 인간의 형질에 대한 유전자 위치를 알 수 있게 되었다.

5.7 현재는 주석을 달아놓은 컴퓨터 데이터 베이스와 DNA 마커를 사용해 염색체 지도작성이 가능하다

재조합 분석에 기초한 전통적인 방법에 의해 여러 종에서 자세한 염색체 지도가 작성되었지만, 인간과 같은 여러 생물에서는 이러한 연구를 하기가 어렵기 때문에 자세한 지도를 얻을 수 없었다. 다행스럽게도 DNA를 직접 분석할 수 있는 기술이 개발되면서 이러한 생물에서도 지도를 작성할 수 있게 되었다. 이에 대해 인간을 예로 들어 살펴보겠다.

기술 개발의 계기가 된 것은 재조합 DNA와 유전체 연구를 통해 확인된 **DNA 마커(DNA maker)**의 발견이었다. 이들 마커는 염기서열과 위치가 확인된 짧은 DNA 조각으로써, 지도작성을 위한 유용한 표지물이다. 이러한 마커에 대한 인간의 유전자 분석을 통해 유전체 내의 수많은 유전자의 위치를 확인할 수 있으며, 이것이 지도작성의 궁극적인 목표이다(그림 21-11 참조).

가장 처음 사용되었던 DNA 마커로는 **제한효소 절편길이 다형성(restriction fragment length polymorphism, RFLP)**(22장 참조)과 **미세부수체(microsatellite)** 또는 **짧은 직렬반복(short tandem repeat)**(12장 참조)이 있다. RFLP는 제한효소에 의해 인식되어 절단되는 특정한 DNA 염기서열 부위의 다형성이다. 미세부수체는 유전체에 걸쳐 나타나는 짧은 반복서열로써, 특정 부위에서 반복된 수가 서로 다르다. 예를 들면, 두 뉴클레오타이드 서열 CA가 각 부위[$(CA)_n$]에 5~50번 반복되어 있으며, 유전체에 평균적으로 약 10,000 염기마다 한 번씩 나타나게 된다. 미세부수체는 반복된 횟수뿐만 아니라 양옆의 DNA 서열에 따라 확인될 수 있다. 더 최근에는 **단일뉴클레오타이드 다형성(single-nucleotide polymorphism, SNP)**이라 불리는 단일 뉴클레오타이드의 변이가 사용된다. 유전체 안에 존재하는 수백만 개에 달하는 이러한 변이에 대해 관심 있는 질병이나 형질과의 연관관계를 조사함으로써, 관련된 유전자를 확인하고 그 위치를 알아낼 수 있다.

낭포성섬유증(cystic fibrosis)은 DNA 마커를 사용하여 위치를 확인한 초기 연구의 좋은 예이다. 이 병은 생명을 위협하는 상염색체 열성 외분비 질환으로, 진한 점액이 과다분비되어 폐와 이자 같은 기관의 기능이 저하된다. 이 질환을 일으키는 유전자가 7번 염색체에 위치한다는 것이 알려진 이후로, 이 염색체의 긴 팔(q)에서의 정확한 위치를 알아낼 수 있었다.

수년 전에(2007년 6월) SNP를 DNA 마커로 사용해서 7종류의 흔한 인간의 질환, 즉 1형(인슐린 의존성) 및 2형 당뇨(Type 1 and Type 2 diabetes), 크론병(Crohn's disease, 염증성 장질환), 고혈압(hypertension), 관상동맥질환(coronary artery disease), 양극성장애(bipolar disorder, 조증-우울증), 류마티스관절염(rheumatoid arthritis)과 24개의 유전체 위치간의 관련성을 확인하였다. 각각의 경우 유전체의 특정 염색체, 특정 부위가 질병 민감성과 관련 있음이 확인되었으며, 일부에서는 이를 통해 질병의 원인과 관련된 특정 유전자를 확인할 수 있었다.

지난 15년간 DNA 염기서열 분석기술의 급격한 발달로 인해 인간과 다른 여러 종의 **염기서열지도(sequence map)**가 작성되었다. 염기서열지도는 가장 자세한 지도를 제공하게 되는데, 그 이유는 이 지도가 염색체상의 유전자와 비암호화 부위의 염기서열까지 자세히 나타내기 때문이다. 인간유전체사업을 통해 모든 인간 염색체의 염기서열 지도가 밝혀졌으며, 그 결과 인간의 유전자 서열, 염색체상의 유전자 위치, 유전자와 비암호화 부위의 근접성 등에 대한 자세한 정보를 알게 되었다. 예를 들면, 인간 염색체의 염기서열을 **생물정보학(bioinformatics)** 방법으로(22장 참조) 소프트웨어 프로그램을 사용하여 분석한 데이터를 사용해서, 유전체에서 가능한 단백질 암호화 서열의 지도를 작성할 수 있었다. 이런 방법으로 이전까지 알려져 있지 않았던 수천 개의 유전자 후보를 찾아낼 수 있었다.

현재 이용 가능한 여러 개의 인간유전체사업 데이터베이스를 사용하면 인간 염색체에서 재조합 빈도가 아니라 염기쌍 거리 수준으로 유전자 지도를 작성할 수 있다. 이것이 유전체의 **물리적 지도(physical map)**와 앞서 소개한 **유전적 지도(genetic map)**를 구분하는 차이가 된다. 어떤 종의 유전체 서열을 알게 되면 연관이나 기타 다른 방법에 의한 유전적 지도를 작성 하는 것은 시대에 뒤떨어진 일이 된다.

DNA 염기서열로 구성된 물리적 지도의 예는 그림 21-12를 참조하시오. 이장의 마지막에 있는 [유전체학 탐색]을 통해 인간유전체사업 데이터베이스를 찾아보고 인간 염색체의 자세한 염기서열 지도를 살펴보시오. 여기에서 여러분은 현재까지 인간유전체사업을 통해 밝혀진 모든 유전자와 후보 유전자의 염기서열까지 자세히 살펴볼 수 있을 것이다. 이러한 주제에 대해서는 21장과 22장에서 자세히 다루게 될 것이다.

5.8 교차는 염색분체 사이의 물리적 교환을 포함한다

유전적 지도작성 기술이 개발된 이후로 이 기술들이 제1감수분열 전기에 관찰된 교차점과 교차의 관계를 연구하는 데 사용되었다. 예를 들면, 교차점이 교차현상을 명확히 보여주는 표시일까? 만일 그렇다면 고등생물에서 교차는 상동염색체 사이의 실질적인 물리적 교환의 결과일 것이다. 1930년대에 H. Creighton과 McClintock은 옥수수를 사용해서, 그리고 C. Stern은 초파리를 사용해서 이것이 사실이라는 것을 각각 독립적으로 입증해 보였다.

실험이 비슷하기 때문에 이 둘 중 옥수수의 예만 살펴볼 것이다. Creighton과 McClintock은 옥수수의 9번 염색체에 연관된 두 유전자에 대해 연구했다. 이 중 한 좌위의 대립유전자인 *colorless(c)*와 *colored(C)*는 배젖(배젖은 옥수수 낟알 안의 영양조직이다)의 색을 조절한다. 다른 좌위에 있는 *starchy(Wx)*와 *waxy(wx)* 대립유전자는 배젖의 탄수화물 특성을 조절한다. 연구에 사용된 옥수수는 이 두 좌위에 대해 이형접합체이다. 이 실험의 핵심은 상동염색체 중 하나가 두 개의 고유한 세포학적 마커를 가지고 있었다는 것이다. 이 마커는 염색체의 한 끝에 위치한 진하게 염색되는 마디와 반대편 끝에 위치한 8번 염색체에서 전좌된 조각이다. 이 대립유전자의 배열과 마커는 그림 5-15와 같으며, 세포학적으로 확인할 수 있다.

Creighton과 McClintock은 이형접합체 식물을 *colorless*(*c*) 대립유전자에 대해 동형접합이며, *waxy/starchy* 대립유전자에 대해 이형접합인 식물과 교배하였다. 그 결과 자손에서 다양한 표현형이 나타났는데, 그 중에서도 고유한 세포학적 마커를 가

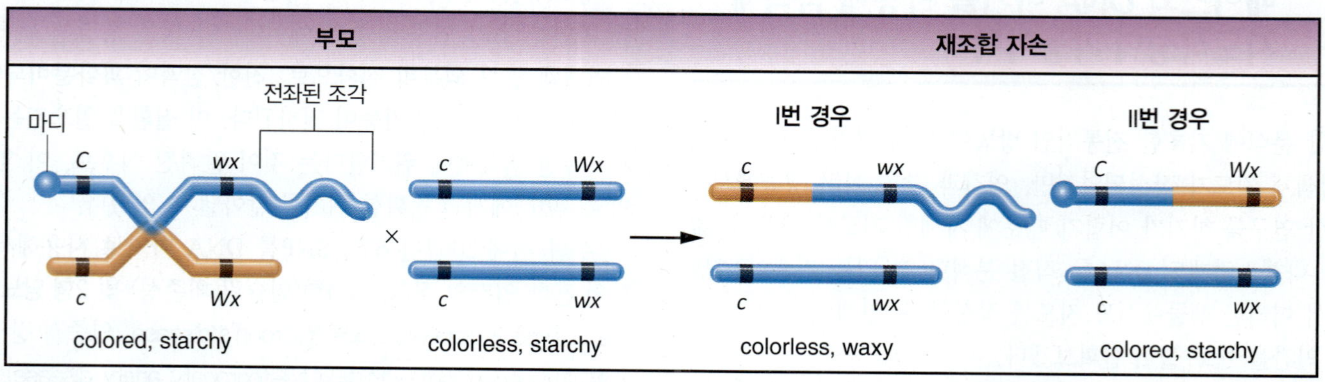

그림 5-15. 옥수수를 사용한 Creighton과 McClintock의 실험에서 부모와 재조합 자손의 표현형과 염색체의 조성. 마디와 전좌된 조각은 세포학적인 마커로 사용되어, 교차 과정에서 실제로 두 염색체 사이에서 교환이 일어남을 보여줄 수 있다.

진 염색체에서의 교차 결과 생겨나는 표현형에 흥미를 느끼게 되었다. 그들은 colorless, waxy 표현형을 나타내는 이 식물(그림 5-15의 I번 경우)의 염색체에 대해 세포학적 마커의 존재를 조사하였다. 만일 유전적 교차가 상동염색체 사이의 물리적 교환을 수반하는 것이라면 전좌된 염색체는 보이겠지만 마디는 나타나지 않을 것인데, 실제 결과도 이와 같았다. colored, starchy 표현형을 나타내는 두 번째 식물(II번 경우)은 비재조합형 배우자나 교차에 의해 생겨날 수 있다. 그렇다면 진한 마디는 가지지만 전좌된 염색체는 가지고 있지 않은 경우가 발견될 것이다. 이 것 또한 확인되었으며, 따라서 교차 과정에는 염색체의 물리적 교환이 수반된다는 결론을 다시 한 번 지지할 수 있었다. 초파리를 이용한 Stern의 발견과 더불어 이 연구 결과는 교차가 세포학적 기초에서 일어난다는 사실을 명확히 입증해주고 있다.

10장에서 DNA에 대해 자세히 다룬 이후 염색분체의 DNA 가닥 사이에서 절단과 결합이 어떻게 일어나는지에 대해 살펴보기 위해 교차에 대한 주제를 다시 한 번 다루게 될 것이다. 11장에서 다루게 될 이러한 논의는 유전자 재조합을 이해하는 데 크게 도움이 될 것이다.

5.9 체세포분열 동안에 자매염색분체 사이에서도 교환이 일어난다

감수분열에서 접합된 상동염색체 사이에 나타나는 교차를 고려하면서, 아마도 그러한 물리적인 교환이 체세포분열 동안에 함께 배열되는 자매염색분체 사이에서도 일어날 수 있는지에 대해 의문을 가져 보았을 것이다. 체세포분열의 전기와 중기에서 각각의 염색체는 공통의 동원체에 의해 연결된 두 개의 동일한 자매염색분체로 구성되어 있다. 교차와 유사한 상호적인 교환이 자매염색분체 사이에서도 일어난다는 것이 여러 실험에 의해 입증되었다. **자매염색분체 교환(sisterchromatid exchanges, SCE)**이 새로운 대립유전자 조합을 만들어 내지는 못하지만 이러한 교환의 중요성에 대한 증거들이 계속 쌓여가고 있다.

SCE의 확인과 이에 관한 연구는 여러 가지 독특한 염색 기술에 의해 촉진될 수 있었다. 한 가지 방법에서는 세포를 티미딘 유사체인 브로모데옥시유리딘(BrdU)이 있는 조건에서 배양하여 두 세대 동안 복제되도록 한다. 두 번의 복제가 끝나면 각각의 자매염색분체 쌍에서 하나는 두 가닥이 모두 BrdU로 표지되어 있으며, 다른 하나는 한 가닥만 BrdU로 표지되어 있게 된다. BrdU를 구별할 수 있는 염색법을 사용하면 두 가닥 모두 BrdU로 표지된 염색분체가 한 가닥 만 BrdU로 표지된 염색분체보다 덜 밝게(less brightly) 염색된다. 그 결과 SCE를 쉽게 확인할 수 있

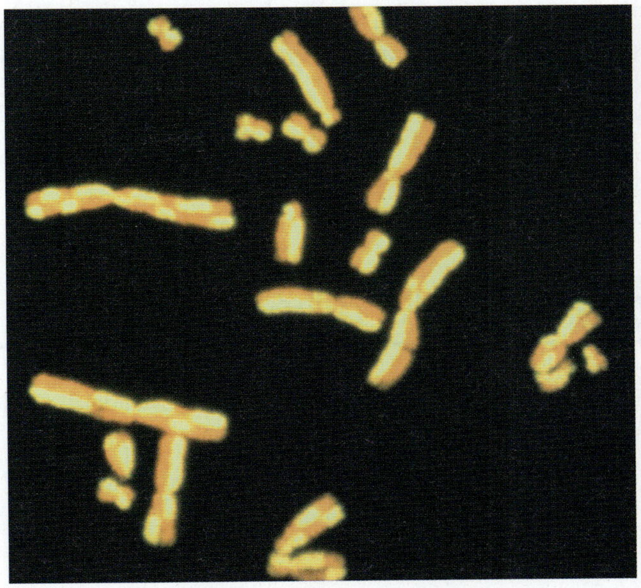

그림 5-16. 체세포분열 동안 염색체에 나타나는 자매염색분체교환(SCE). 무늬가 교대로 나타나는 양상으로 인해 얼룩무늬염색체라고 불리기도 하는데, 티미딘 유사체인 BrdU가 두 가닥에 모두 삽입되어 있는 자매염색분체가 한 가닥에만 삽입되어 있는 것보다 덜 밝게 염색된다. 이 염색체들은 33258-Hoechst와 아크리딘 오렌지로 염색하여 형광현미경으로 관찰한 결과이다.

다. 그림 5-16에는 여러 번의 SCE가 일어났음을 명확히 알 수 있다. 무늬가 교대로 나타나는 양상으로 인해 이런 자매염색분체를 **얼룩무늬 염색체(harlequin chromosome)**라고 부르기도 한다.

SCE의 중요성은 현재까지 명확하지는 않지만 다음과 같은 몇 가지 결과들로 인해 이 현상에 대한 관심이 증가하였다. 예를 들면, 염색체의 손상을 유발하는 물질(바이러스, X선, 자외선, 기타 화학 돌연변이원 등)을 처리하면 SCE의 빈도가 증가한다. 또한 인간의 15번 염색체에 있는 *BLM* 유전자의 돌연변이에 의해 발생하는 **블룸증후군(Bloom syndrome)**에서도 SCE의 빈도 증가가 관찰된다. 이 희귀한 열성 유전병의 증상으로는 태아와 출생 후의 성장 저하, 햇빛에 대한 안면 피부의 민감성, 면역 결핍, 악성 및 양성 종양에 걸리기 쉬운 소인, 이상 행동 양상 등이 있다. 블룸증후군 환자로부터 얻어 배양한 백혈구, 골수세포, 섬유아세포의 염색체는 정상인 동형접합자나 이형접합자의 염색체와 비교하면 매우 연약하며 불안정하다. 비상동염색체 사이에서의 절단과 재배열의 증가 또한 과도한 SCE와 함께 관찰된다. J German과 그의 동료들의 연구 결과에 의하면 BLM은 **DNA 헬리케이즈(DNA helicase)** 효소를 암호화하는데, 이 효소에 대해서는 DNA 복제 과정에서 그 작용이 잘 알려져 있다(11장 참조).

비상동염색체 사이의 교환 메커니즘과 자매염색분체 사이의 교환 메커니즘은 공통점이 있는 것으로 알려져 있는데, 이는 특정한 유전 질환이 있는 환자에서 이 두 가지 사건의 빈도가 모두

증가하기 때문이다. 이러한 결과는 SCE에 대한 연구 결과가 재조합 메커니즘을 이해하고 정상 염색체와 유전적으로 비정상적인 염색체의 상대적인 안정성을 이해하는 데 기여할 수 있음을 시사한다. DNA 복제에 대해 공부할 때 SCE에 대해 다시 한 번 살펴보게 될 것이다(11장 참조).

5.10 Mendel은 연관을 알았을까?

전달 유전학의 토대가 되었던 "완두를 사용한 Mendel의 교배실험"을 현대적으로 해석해 보는 것으로 이 장을 마무리하겠다.

어떤 사람들은 완두를 사용한 고전적인 실험에 관해서 Mendel이 매우 운이 좋았던 것이라고 믿고 있다. 그들의 관점에서 보면, Mendel은 교배실험에서 7종류의 돌연변이 형질 사이에 어떤 연관관계도 보지 못한 것이며, 만일 Mendel이 연관이나 교차와 관련된 매우 다양한 결과들을 얻었었다면 유전의 기본적인 양상을 파악하고 올바르게 해석하기가 어려웠을 것이라고 이야기한다.

아래의 글상자에 그대로 옮겨온 Stig Blixt의 글을 보면 이러한 이야기들이 옳지 않다는 것을 알 수 있다. 이 글에서 보게 되겠지만 Mendel이 연구한 유전자 중 일부는 실제로는 연관된 것이었다. Mendel이 연관을 관찰하지 못한 것이 아니라는 점을 여러분에게 알려주는 일은 Blixt에게 맡겨 두겠다.

Mendel은 왜 연관을 발견하지 못했을까?

Mendel은 운이 좋게도 실험 과정에서 복잡한 연관과 맞닥뜨리지 않았다는 이야기를 꽤 많이 듣게 된다. 그는 7개의 유전자를 사용했는데, 완두는 7개의 염색체를 가지고 있다. 일부 사람들은 그가 하나라도 더 관찰했다면 아마도 심각한 문제에 직면하게 되었을 것이라고 이야기한다. 그러나 이것은 실상을 지나치게 단순화한 것이다. 실제로 Mendel은 4번 염색체에 있는 유전자 3개, 1번 염색체에 있는 유전자 2개, 그리고 5번과 7번 염색체에 있는 유전자를 각각 하나씩 사용했을 것이다(표 1 참조).

이론적으로 나타날 수 있는 21가지의 양성잡종 조합 중에 4가지(*a-i, v-fa, v-le, fa-le*)는 서로 연관되어 있다. 그러나 수백 차례의 교배와 완두의 유전자 지도에서 알 수 있듯이 1번 염색체에서 *a*와 *i*는 너무 멀리 떨어져 있어서 일반적으로 연관이 관찰되지 않는다. 4번 염색체의 한 쪽에 위치한 *v, le*와 다른 쪽에 있는 *fa*도 마찬가지이다. 그러면 *v-le*가 남는데, 이들은 연관을 보여야만 한다.

그러나 Mendel은 바로 이 조합에 대해서는 어떤 결과도 발표하지 않았는데, 아마도 이 두 유전자가 함께 분리되도록 하는 교배 실험은 하지 않았던 것 같다. 그러므로 Mendel이 비록 한 염색체에서 한 유전자씩을 선택하여 연관의 복잡성을 피해간 것은 아니지만 연관의 복잡성을 경험하지 못한 것이 아니라는 것은 명백한 일이다.

스티그 블릭스트
Weibullsholm Plant Breeding Institute Landskrona, Sweden, and Centro de Energia Nuclear na Agricultura, Piracicaba, SP, Brazil

표 1. 현재 알고 있는 대립유전자 이름과 Mendel이 사용한 형질 쌍의 관계

Mendel이 사용한 형질의 쌍	현재의 대립유전자 이름	염색체 위치
종자 색깔, 노란색-초록색	*I-i*	1
종피와 꽃, 유색-흰색	*A-a*	1
성숙한 콩깍지, 부드럽게 부푼-주름지고 수축된	*V-v*	4
꽃차례, 잎축(leaf axis)-식물 꼭대기에 산형으로	*Fa-fa*	4
식물의 키, 0.5~1 m	*Le-le*	4
미숙한 콩깍지, 초록색-노란색	*Gp-gp*	5
성숙한 종자, 부드러운-주름진	*R-r*	7

유전체학 탐색

인터넷에 있는 인간 염색체 지도

이 장에서 어떻게 재조합 데이터가 연관에 기초한 염색체 지도를 작성하는데 활용되는지에 대해 논의해 보았다. 비록 연관 분석과 염색체 지도작성이 유전학에서 여전히 중요한 연구방법이기는 하지만, 여러 종의 생물에서 염색체의 완전한 염기서열을 분석하는 유전체학 기법을 통해 염색체 지도가 점점 더 많이 만들어지고 있다. 인간 유전체 프로젝트의 결과 인간 염색체 지도를 이제 인터넷에서 자유롭게 볼 수 있다. 마우스를 누르는 것만으로도 엄청나게 많은 정보에 바로 접근할 수 있다. 여기서는 미국 국립생명과학기술정보센터(**National Center for Biotechnology Information, NCBI**)의 **유전자와 질병(Genes and Disease)** 웹사이트를 탐색하여 인간의 염색체 지도에 대해 알아볼 것이다.

■ **NCBI 유전자와 질병**

NCBI 웹사이트는 유전체 정보를 얻을 수 있는 매우 좋은 장소이다. 이 사이트에서 유전자와 질병 사이트를 찾아볼 것인데, 여기서는 특정한 질병 유전자의 위치를 보여주는 인간의 염색체 지도를 볼 수 있다.

1. 다음 주소로 유전자와 질병 사이트에 접속하시오.
http://www.ncbi.nlm.nih.gov/books/NBK22183/

2. "Chromosome Maps"를 클릭하여 인간의 염색체 핵형 그림이 있는 페이지를 여시오. 염색체 지도 그림의 염색체를 클릭하거나, 페이지를 아래로 내려 염색체를 보거나, 페이지의 오른쪽 편에 있는 염색체 리스트를 클릭하시오. 예를 들면, 7번 염색체를 클릭하시오. 각 염색체 그림 위에는 해당 염색체의 유전자 수와 염기쌍 수가 표시되어 있다.

3. 7번 염색체를 다시 보시오. 처음에는 선택된 질병 유전자만 보이기 때문에 이 염색체에 5개의 질병 유전자만 있는 것으로 오해할 수도 있다. 그러나 염색체 그림 바로 위에 있는 "MapViewer" 링크를 클릭하면 염색체에 있는 유전자의 완전한 "Master Map"과 유전자의 이름을 나타내는 기호를 포함해서 해당 염색체에 대한 자세한 정보를 보게 될 것이다.
   링크: "Links"를 통해 특정 유전자의 OMIM(3장의 "유전체학 탐색"에서 논의한 Online Mendelian Inheritance in Man) 데이터, 단백질 정보(*pr*), 유사유전자의 리스트(*hm*, 서열이 유사한 다른 유전자들) 등에 관한 정보를 볼 수 있다.

4. 흥미 있는 특정 유전자에 대해 더 알고 싶으면 MapViewer에서 링크를 클릭하시오.

5. MapViewer의 염색체 지도에서 "hypothetical gene or protein(가상의 유전자 또는 단백질)" 리스트에 포함되어 있는 유전자를 찾아보시오.
   a. 유전자나 단백질에 대해 '가상의'라고 하는 것이 무슨 의미일까?
   b. 가상의 단백질을 암호화하는 유전자의 유전자 좌위를 지정하기 위해 유전체학에서는 어떤 정보를 사용할까?

다양한 여러 종의 염색체 지도를 포함한 훌륭한 데이터베이스를 가지고 있는 **NCBI Map Viewer** 홈페이지(http://www.ncbi.nlm.nih.gov/projects/mapview/)를 방문해 보시오. 여러분이 흥미를 느끼는 생물의 염색체 지도에 대해 알아보기 위해 데이터베이스를 검색해 보시오.

사례 연구 | 자폐증과의 연관

한 부부는 자폐아 자녀의 상태에 대해 알 수 있을 뿐만 아니라 이 복잡한 행동 질환을 규명하는 데 도움이 되는 연구에 참여하기로 결심했다. 인터뷰에서 연구자는 부모에게 자폐증이 수백 가지 유전자의 작용에 의해 나타날 수 있으며, 여러 케이스에서 똑같은 하나의 유전자가 원인으로 발견되는 경우는 많지 않다고 설명해 주었다. 최근의 연구에 의하면 자폐증에 관여할 가능성이 큰 18개의 유전자가 확인되어 후보 유전자로 언급되고 있는데, 그 중에서도 2, 7, 14번 염색체에 있는 세 유전자의 관련성은 매우 크다. 기본적인 유전학의 원리에 대해 잘 알지 못했던 이 부부는 여러 가지 흥미로운 질문을 하였다. 여러분이 인터뷰 담당자였다면 어떻게 답했을까?

1. 후보 유전자를 발견하는 것이 자폐증을 치료하는 데 어떻게 도움이 될까?
2. 수백 가지의 유전자가 관여한다면 우리 자식이 이들 중 여러 유전자의 돌연변이를 가지고 있을 가능성이 있을까?
3. 복잡한 유전적인 조건과 함께 환경적인 요인도 함께 작용한다면, 다음 아이가 자폐증을 가질 위험성을 계산할 수 있는 방법이 있을까?
4. 자폐증을 출산 전에 진단하는 것이 가능할까?

요약

1. 같은 염색체에 위치한 유전자는 연관되어 있다고 한다. 연관된 유전자의 대립유전자가 상동염색체의 가까이에 위치하면 배우자 형성 시에 대개 함께 전달된다.
2. 배우자 형성 시에 연관된 유전자 사이의 교차빈도는 유전자 사이의 거리에 비례하며, 이는 염색체를 따라 유전자들의 상대적 위치를 결정하는 지도작성 실험의 기초가 된다.
3. 3점 지도작성 실험에서 유전자의 순서를 결정하기 위해서는 이중교차 배우자를 분석해야 하는데, 이중교차 배우자는 자손의 표현형으로 알 수 있다.
4. 간섭이란 염색체의 한 부분에서 일어나는 교차가 이웃한 염색체 부위에서의 교차에 영향을 미치는 것으로, 일치계수를 계산하여 정량화한다.
5. 인간의 연관에 관한 연구 초기에는 가계도와 로드값 분석이 사용되었고, 이후 체세포잡종 기술이 사용되었으며, 이제는 새로 발견된 분자적 DNA 마커의 사용에 의해 크게 발달하였다.
6. 옥수수와 초파리의 세포학적 연구를 통해 교차가 실제로 비자매염색분체 사이의 물리적 교환에 의해 일어남이 밝혀졌다.
7. 재조합은 체세포분열에서 자매염색분체 사이에서도 일어나며, 이것을 자매염색분체교환(SCE)이라고 한다.

질문 및 해답

1. 초파리의 3번 염색체에 연관된 3개의 유전자를 대상으로 일련의 2점 교배를 통해 다음과 같은 거리가 계산되었다.

   cd−*sr* 13 mu
   cd−*ro* 16 mu

   (a) 위 데이터로부터 이 세 유전자의 순서 결정과 유전자 지도를 완성할 수 없는 이유는 무엇인가?

   (b) 어떤 데이터가 이런 문제를 해결해 줄 수 있을까?

   (c) 다음 중 어떤 순서가 맞는 것인지 이야기할 수 있을까?

   $$ro \overset{16}{\text{——}} cd \overset{13}{\text{——}} sr$$

   또는

   $$sr \overset{13}{\text{——}} cd \overset{16}{\text{——}} ro$$

   해답:

   (a) 이 계산 데이터에 의하면 2가지 가능성이 있기 때문이다.

   첫 번째 경우: $cd \overset{13}{\text{——}} sr \overset{3}{\text{——}} ro$

   또는

   두 번째 경우: $ro \overset{16}{\text{——}} cd \overset{13}{\text{——}} sr$

   (b) 지도거리는 *ro*와 *sr* 사이의 교차에 의해 결정된다. 첫 번째 경우가 맞다면 3 mu가 될 것이며, 두 번째 경우가 맞다면 29 mu가 될 것이다. 실제로 이 거리는 29 mu이며, 따라서 두 번째 경우가 맞는 것이다.

   (c) 아니다. 데이터에 의하면 이 둘은 같은 것이다.

2. 초파리에서 *Lyra(Ly)*와 *Stubble(Sb)*는 각각 3번 염색체의 40번과 58번 좌위에 위치한 우성 돌연변이이다. *bright red* 눈을 가지는 열성 돌연변이가 발견되었는데, 이것도 3번 염색체에 위치하고 있다. 이 세 돌연변이에 대해 모두 이형접합인 암컷과 *bright red* 돌연변이(*br*)에 대해 동형접합인 수컷을 교배하여 지도를 작성하려 한다. 교배 결과 아래의 표와 같은 데이터를 얻었을 때, 3번 염색체상에서 *br* 돌연변이의 위치를 결정하시오. 그림 5-13을 참조해서 발견된 *bright red* 돌연변이가 어떤 돌연변이인지 예상해 보시오. 왜 그렇게 생각하는지 설명하시오.

표현형			개체수
(1) *Ly*	*Sb*	*br*	404
(2) +	+	+	422
(3) *Ly*	+	+	18
(4) +	*Sb*	*br*	16
(5) *Ly*	+	*br*	75
(6) +	*Sb*	+	59
(7) *Ly*	*Sb*	+	4
(8) +	+	*br*	2
합계			= 1000

해답: 첫째, 이형접합 부모(이 경우에는 암컷)의 상동염색체에서 대립유전자의 배열을 결정하시오. 이를 위해서는 가장 높은 빈도의 상반된 표현형을 찾아내면 되는데, 이것이 비교차형 배우자로부터 나온 것이다. 이 표현형은 (1)과 (2)이며, 각각의 표현형은 한 상동염색체상의 대립유전자를 나타낸다. 따라서 대립유전자의 배열은 다음과 같다.

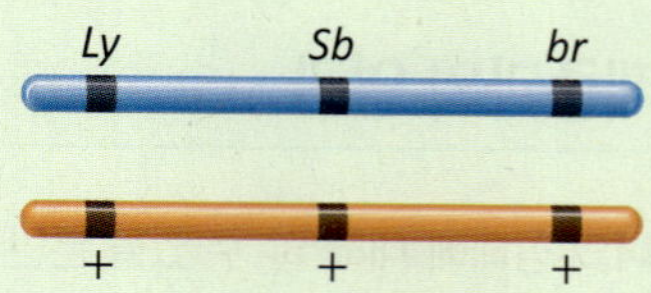

둘째, 염색체상에서 이 세 좌위의 순서를 결정하시오. 이것은 어떤 순서가 관찰된 이중교차 표현형, 즉 가장 적게 나타난 상반된 표현형인 (7)과 (8)을 만들어 낼 수 있는지를 확인하면 된다. 만일 위의 순서가 맞는 것이라면 이중교차는 다음과 같이 일어날 것이다.

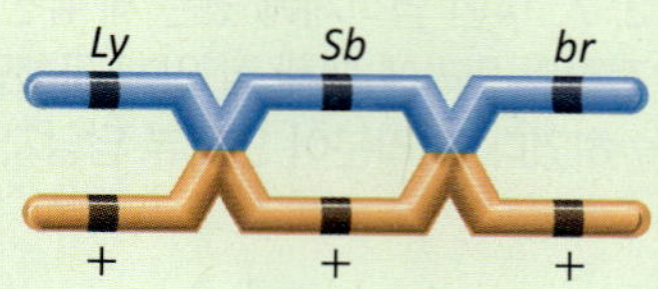

따라서 표현형은 *Ly* + *br*과 + *Sb* +로 나타날 것이다. 표의 데이터를 보면 (5)와 (6)과 같은 이 표현형은 실제로는 단일교차에 의한 것으로 이중교차에 의한 것이 아니다. 그러므로 위의 순서는 틀린 것이다. 가능한 순서로는 두 가지가 더 있는데, *Ly* 유전자가 가운데 있는 경우(A의 경우)와 *br*이 가운데 있는 경우(B의 경우)이다.

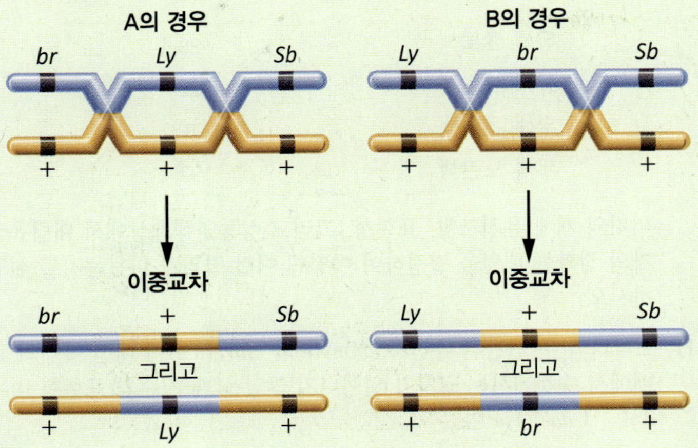

실제 데이터와 비교해 보면 B의 경우가 맞는 것임을 알 수 있다. 이중교차 배우자인 (7)과 (8)은 *Ly*와 *Sb*를 발현하고 *br*을 발현하지 않는 초파리 또는 *br*은 발현하지만 *Ly*와 *Sb*는 발현하지 않는 초파리를 만든다. 따라서 올바른 유전자의 **배열**(arrangement)과 **순서**(sequence)는 다음과 같다.

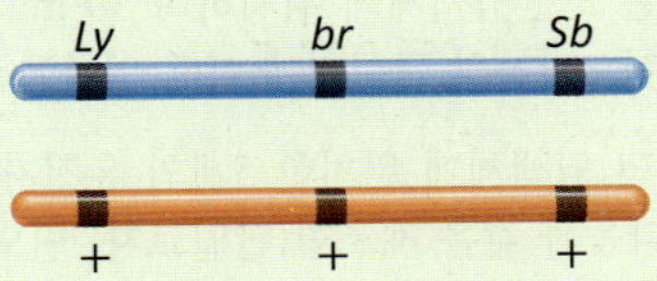

순서가 이렇게 결정되면 다음에는 *Ly*와 *Sb*에 대한 *br*의 상대적 위치를 결정하시오. *Ly*와 *br* 사이의 단일교차는 다음과 같다.

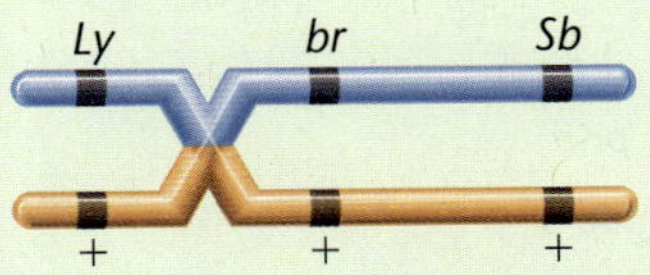

따라서 *Ly* + +와 + *br Sb*, 즉 (3)과 (4)번 표현형을 나타내는 초파리가 만들어진다. 그러므로 *Ly*와 *br* 좌위 사이의 거리는 다음과 같다.

$$\frac{18 + 16 + 4 + 2}{1000} = \frac{40}{1000} = 0.04 = 4 \text{ mu}$$

이때 *Ly*와 *br* 사이의 모든 교차 빈도를 고려해야 하므로 두 번의 단일교차가 동시에 일어나는 이중교차 값도 더해야 한다는 사실을 명심하라. 이와 마찬가지로 *br*과 *Sb* 좌위 사이의 거리도 이들 사이의 단일교차 값으로부터 구할 수 있다.

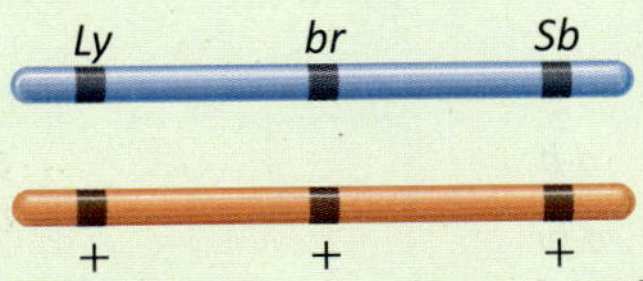

위의 단일교차 결과 *Ly br* +와 + + *Sb*의 표현형, 즉 (5)와 (6) 표현형이 만들어진다. 따라서 거리는 다음과 같다.

$$\frac{75 + 59 + 4 + 2}{1000} = \frac{140}{1000} = 0.14 = 14 \text{ mu}$$

최종 지도는 *Lyra*와 *Stubble*의 위치가 알려져 있으므로, *br*이 44 좌위에 위치하는 것이다.

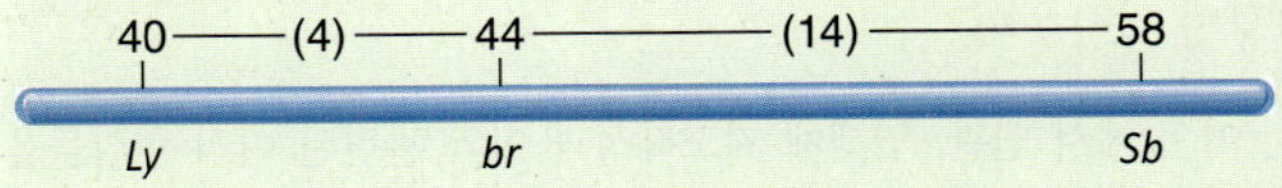

그림 5-13을 보면 밝은 빨간색 눈을 만드는 돌연변이인 *scarlet*이 44 좌위에 위치하고 있으므로, 발견된 *bright red* 눈 돌연변이가 *scarlet*의 대립유전자라고 가정할 수 있다. 이 가정을 증명하기 위해서, 우리가 가지고 있는 *bright red* 돌연변이 암컷을 *scarlet* 수컷과 교배할 수 있다. 만일 두 돌연변이가 동일 대립유전자라면 상보성은 나타나지 않을 것이며, 모든 자손은 밝은 빨간색의 돌연변이 눈 표현형을 가지게 될 것이다. 만일 상보성이 나타나 정상적인 황적색(야생형)의 눈을 가지게 된다면 *bright red*와 *scarlet*은 다른 좌위에 위치한 것이다. 이 경우에는 모든 자손이 이 두 좌위에 대해 이형접합이며, 이 둘은 모두 열성이므로 어떤 돌연변이 표현형도 나타나지 않는 것이다. 이런 교배를 소위 **대립성 검정**(allelism test)이라고 한다.

3. 토끼에서 검은색(*B*)은 갈색(*b*)에 대해 우성이며, 순색(*C*)은 친칠라(c^{ch})에 대해 우성이다. 이 형질들을 조절하는 유전자는 연관되어 있다. 이 두 형질에 대해 이형접합이며 검고 순색인 토끼를 갈색의 친칠라 토끼와 교배하였을 때 다음과 같은 결과를 얻었다.

갈색, 친칠라	31개체
검은색, 순색	34개체
갈색, 순색	16개체
검은색, 친칠라	19개체

이형접합 부모에서 대립유전자의 배열과 두 유전자 사이의 지도 거리를 결정하시오.

해답: 이것은 2점 지도작성 문제이다. 2개의 가장 많은 상반된 표현형은 비교차성이며, 가장 적은 상반된 표현형이 단일교차에 의해 생겨난 것이다. 부모의 상동염색체에서 대립유전자의 분포는 비교차형 표현형에서 알 수 있는데, 그 이유는 이들이 변하지 않고 그대로 배우자로 전달된 것이기 때문이다.

단일교차형은 35/100, 즉 35%이다. 따라서 두 유전자 사이의 거리는 35 mu이다.

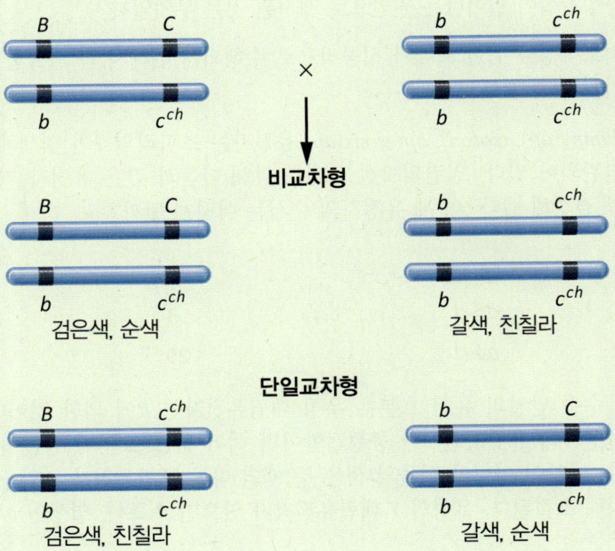

탐구 문제

어떻게 알았을까?

1. 이 장에서 연관, 염색체 지도작성과 이와 관련된 여러 현상들을 살펴보았다. 또한 이런 정보들이 어떤 방법과 추론을 통해 밝혀졌는지를 배우는 기회가 되었다. 이 장에서 배운 내용을 활용해 다음의 기본 질문에 대해 답해 보시오.
(a) 두 유전자 사이의 재조합(교차) 빈도가 염색체에서 이들 사이의 거리와 비례한다는 것을 어떻게 실험적으로 보여줄 수 있을까?
(b) 특정한 유전자들이 서로 다른 염색체에 위치하는 것이 아니라 한 염색체에 연관되어 있다는 것을 어떻게 알 수 있을까?
(c) 교차가 염색분체 사이의 물리적인 교환에 의해 일어난다는 것을 어떻게 알 수 있을까?
(d) 체세포분열 동안에 자매염색분체 사이에 재조합이 일어난다는 것을 어떻게 알 수 있을까?
(e) 사람과 같이 계획된 교배 실험을 할 수 없는 생명체에 대해서는 어떻게 유전자가 연관되어 있음을 확인하고 어떻게 유전자 지도를 작성할 수 있을까?

개념확인 문제

2. 104쪽에 나와 있는 핵심 개념을 살펴보시오. 이들 중 대부분이 연관된 유전자 사이에서 일어나는 교차와 관련된 것이다. 교차를 어떻게 확인할 수 있는지, 그리고 교차 실험에서 얻은 데이터로부터 어떻게 염색체 지도를 작성할 수 있는 기초를 얻을 수 있는지에 대해 짧은 에세이를 쓰시오.

3. 교차가 제1감수분열 동안에 일어난다는 것을 보여주는 세포학적 증거에 대해 설명하시오.

4. 같은 염색체에 있는 두 유전자의 거리가 멀수록 교차가 더 많이 일어나는 이유는 무엇인가?

5. 두 개의 유전자 사이에서 항상 교차가 일어나는 경우라 할지라도, 단일교차형 비율의 상한선은 왜 50% 인지를 설명하시오.

6. 이중교차는 단일교차에 비해 왜 적게 일어날까?

7. 양성간섭이 일어나는 원인으로 제시된 것은 무엇일까?

8. 지도작성을 위한 교배가 성공적으로 수행되기 위해서 꼭 필요한 두 가지 기준은 무엇일까?

9. *dumpy*(*dp*), *clot*(*cl*), *apterous*(*ap*) 유전자는 초파리의 2번 염색체에 연관되어 있다. 일련의 2점 교배를 통해 다음과 같은 유전자 거리를 결정해 냈다. 이 세 유전자의 순서는 어떻게 될까?

dp-ap	42
dp-cl	3
ap-cl	39

10. 옥수수 낟알의 유색 호분은 우성 대립유전자인 *R*에 의한 것이다. 열성 대립유전자인 *r*이 동형접합이면 색이 없는 호분이 만들어진다. 낟알이 아니라 식물의 색은 두 개의 다른 대립유전자, *Y*와 *y*에 의해 조절된다. 우성인 *Y* 대립유전자가 있으면 초록색, 열성인 *y* 대립유전자의 동형접합이면 노란색이 된다. 유전자형과 표현형을 모르는 개체와 이 두 형질에 대해 열성 동형접합인 개체 사이의 검정교배 결과 다음과 같은 자손을 얻었다.

유색, 초록색	88
유색, 노란색	12
무색, 초록색	8
무색, 노란색	92

미지의 개체 유전자형, 표현형, 그리고 상동염색체상에서 대립유전자의 정확한 배열을 결정하여 어떻게 이런 결과가 나왔는지를 설명하시오.

11. 초파리의 두 연관된 유전자 *ebony*(*e*)와 *claret*(*ca*)에 대한 아래의 교배에서 수컷에서는 교차가 일어나지 않았을 때 자손의 표현형 비는 2 + : 1 *ca* : 1 *e* 이었다.

♀		♂
$\dfrac{e \quad ca^+}{e^+ \quad ca}$	×	$\dfrac{e \quad ca^+}{e^+ \quad ca}$

이 두 유전자는 3번 염색체에 위치하며 30 mu 떨어져 있을 때, 암컷에서의 교차는 이들의 표현형에 어떤 영향을 미쳤을까?

12. 초파리에서 2번 염색체에 위치한 5개의 유전자에 대한 일련의 2점 교배를 통해 다음과 같은 재조합(단일교차) 빈도를 관찰했다.

pr-adp	29%
pr-vg	13
pr-c	21
pr-b	6
adp-b	35
adp-c	8
adp-vg	16
vg-b	19
vg-c	8
c-b	27

(a) *adp* 유전자는 2번 염색체의 한쪽 끝(좌위 83)에 위치한다는 것을 알고, 이 유전자들에 대한 지도를 작성하시오.
(b) 다른 여섯 번째 *d* 유전자를 *b*와 *pr*에 대해 조사한 결과는 다음과 같다.

d-b	17%
d-pr	23%

*d*와 *c*, *d*와 *vg*, *d*와 *adp*에 대한 2점교배 결과 재조합 빈도를 예상해 보시오.

13. 상염색체에 연관된 유전자 b(*black body*), d(*dachs tarsus*), c(*curved wings*)에 대해 모두 이형접합인 초파리 암컷 2마리가 있다. 이 유전자들은 d-b-c의 순서로 위치하며, b는 c보다는 d에 더 가깝다. 아래 그림은 각 암컷의 유전자형 배열과 형성되는 다양한 배우자를 나타낸 것이다.

암컷 A		암컷 B	
$\frac{d\ b\ +}{+\ +\ c}$ ↓	배우자 형성	$\frac{d\ +\ +}{+\ b\ c}$ ↓	
(1) d b c	(5) d + +	(1) d b +	(5) d b c
(2) + + +	(6) + b c	(2) + + c	(6) + + +
(3) + + c	(7) d + c	(3) d + c	(7) d + +
(4) d b +	(8) + b +	(4) + b +	(8) + b c

각각의 경우 비교차형(NCO), 단일교차형(SCO), 이중교차형(DCO)에 해당하는 것으로 나누어 보시오. 그 다음 각각이 생겨날 수 있는 상대적 빈도를 쓰시오.

14. 초파리에서 3개의 X-연관 열성 형질인 *scute* 털(sc), *sable* 몸체(s), *vermilion* 눈(v)을 모두 나타내는 암컷과 야생형 수컷을 교배하였다. F_1에서 암컷은 모두 야생형이었으나, 수컷은 모두 돌연변이 형질을 나타냈다. F_1을 교배하여 F_2 자손을 얻었으며, F_2 1000마리의 표현형은 다음과 같다.

표현형	개체수
sc s v	314
+ + +	280
+ s v	150
sc + +	156
sc + v	46
+ s +	30
sc s +	10
+ + v	14

위의 결과에서 암수는 확인되지 않았다.

(a) 적절한 표기법을 사용하여 P_1과 F_1 부모의 유전자형을 결정하시오.

(b) 세 유전자의 순서를 결정하고 이들 사이의 지도거리를 계산하시오.

(c) 이중교차는 예상되는 것보다 많이 일어났을까 적게 일어났을까?

(d) 일치계수를 계산하시오. 이 값은 양성간섭과 음성간섭 중 어느 것을 의미할까?

15. 초파리에서 X-연관 열성 유전자인 *yellow*(y), *white*(w), *cut*(ct)는 각각 노란색 몸, 흰색 눈, 짧은 날개를 나타내는 유전자이다. 노란색 몸, 흰색 눈과 정상 날개를 가진 암컷을 눈과 몸은 정상이지만 날개가 짧은 수컷과 교배시켰다. F_1 암컷은 세 형질 모두에 대해 야생형이었지만, F_1 수컷은 노란색 몸과 흰색 눈 형질을 나타냈다. 이들을 교배하여 F_2를 얻었으며, 이 중 수컷 자손만 조사한 결과는 다음과 같으며, 이 결과를 바탕으로 유전자 지도를 작성했다.

표현형	수컷 자손 수
y + ct	9
+ w +	6
y w ct	90
+ + +	95
+ + ct	424
y w +	376
y + +	0
+ w ct	0

(a) F_1 부모의 유전자형을 그려 보시오.

(b) *white*가 X 염색체의 좌위 1.5에 위치한다고 가정하고 지도를 작성해 보시오.

(c) 이중교차 자손이 생겨날 것이라고 예상되는가?

(d) F_2 암컷 자손이 지도를 작성하는 데 사용될 수 있을까? 그 이유는?

16. 초파리에서 *Dichaete*(D) 날개 형태는 3번 염색체에 위치한 우성 돌연변이이며, 동형인 경우 치사이다. *ebony* 몸(e)과 *pink* 눈(p)은 3번 염색체에 있는 열성 돌연변이이다. *Dichaete* 계통의 초파리를 동형접합인 ebony 몸과 pink 눈을 가진 파리와 교배해서 얻은 Dichaete 표현형을 나타내는 F_1 파리를 ebony와 pink의 동형접합체와 역교배했다. 아래 표에 있는 이 역교배 결과를 사용해서,

(a) 부모와 자손의 유전자형이 표기된 두 번의 교배에 대한 모식도를 그려 보시오.

(b) 이 세 유전자의 순서와 이들 사이의 거리를 구하시오.

표현형	수
Dichaete	401
ebony, pink	389
Dichaete, ebony	84
pink	96
Dichaete, pink	2
ebony	3
Dichaete, ebony, pink	12
야생형	13

17. 3번 염색체 유전자인 pink, ebony에 대해 동형접합인 암컷 초파리를 2번 염색체 유전자인 dumpy의 동형접합 수컷과 교배하였다. 이 유전자들은 열성이기 때문에 모든 자손은 야생형이었다. F_1 암컷을 이 세 형질에 대해 모두 열성인 수컷과 검정교배를 하였다. 두 개의 연관된 유전자인 pink와 ebony가 20 mu 떨어져 있다고 가정할 때, 이 교배 결과를 예상해 보시오. 만일 상반 교배, 즉 교차가 일어나지 않는 F_1 수컷을 세 형질에 대해 모두 열성인 암컷과 교배한다면 결과가 어떻게 달라질까?

18. 초파리에서 두 돌연변이 *Stabble*(Sb)와 *curled*(cu)는 3번 염색체에 연관되어 있다. *Stubble*은 우성 유전자이고 동형일 때는 치사이며, *curled*는 열성 유전자이다. 다음과 같은 유전자형을 가진 암컷을 교배시켜 자손 중 재조합체를 확인하려 한다면 어떤 유전자형을 가

진 수컷을 사용해야 할까?

$$\frac{Sb \quad cu}{+ \quad +}$$

19. 18번 문제에 해당하는 교배에서, *Sb*와 *cu*가 3번 염색체상에서 8.2 mu 떨어져 있고 1000마리의 자손을 얻었다면, 암컷과 수컷 자손의 수가 같다고 가정할 때 교배 결과는 어떻게 나왔을까?

20. 체세포분열 시의 재조합과 자매염색분체 교환이 한 개체에서 유전적 다양성을 만드는 데 효과적일까? 자손의 유전적 다양성에는 어떨까?

21. 초파리 수컷에서는 교차가 일어나지 않고 감수분열 동안에도 시냅시스 복합체가 관찰되지 않는 반면, 암컷에서는 교차도 일어나고 시냅시스복합체도 관찰된다는 사실로부터 끌어낼 수 있는 가능성 있는 결론은 무엇일까?

22. 유전자형이 *AaBbCc*인 개체를 모두 열성인 개체(*aabbcc*)와 검정교배하였다. 자손의 유전자형과 개체수는 다음 표와 같다.

20	*AaBbCc*	20	*AaBbcc*
20	*aabbCc*	20	*aabbcc*
5	*AabbCc*	5	*Aabbcc*
5	*aaBbCc*	5	*aaBbcc*

(a) 이 유전자들이 모두 독립적으로 분리된다면 자손 중 나타날 수 있는 유전자형과 표현형은 몇 가지이며, 그 비율은 어떻게 될까? 각 쌍에서 우열 관계는 명확하다고 가정하시오.

(b) 이 세 유전자가 한 염색체에 밀접하게 연관되어 있으며, 교차형 배우자는 만들어지지 않는다고 가정하고 위의 (a) 질문에 다시 답하시오.

(c) 위의 표에 있는 실제 데이터로부터 이 세 유전자의 상대적인 위치에 대해 내릴 수 있는 결론은 무엇일까?

23. 이미 논의된 바 있었던 지도작성 시에 생겨나는 부정확성(그림 5-12 참조)에 근거하여 22번 문제에 대한 답을 수정할 수 있을지에 대해 알아보시오.

24. 전통적인 유전자 지도작성은 효모, 곰팡이, 옥수수, 초파리 등과 같은 다양한 생물체에서 성공적으로 사용되었다. 그러나 인간의 유전자 지도작성은 최근에 이르러서야 관심을 받게 되었다. 이러한 전통적인 유전자 지도작성 기술을 인간에게 적용하는데 시간이 걸린 요인은 무엇인가?

25. DNA 마커는 인간의 유전자 지도작성에 큰 도움을 주었다. DNA 마커란 무엇이며, 이것이 가지는 장점은 무엇일까?

26. 어떤 식물에서 과일은 빨간색 또는 노란색이며, 과일의 모양은 타원형 또는 긴 형태이다. 빨간색과 타원형이 우성형질이다. 이 두 형질에 대해 이형접합인 두 식물을 검정교배한 결과는 다음과 같다.

	자손	
표현형	**식물 A**	**식물 B**
빨간색, 긴 모양	46	4
노란색, 타원형	44	6
빨간색, 타원형	5	43
노란색, 긴 모양	5	47
	100	100

이 두 유전자의 상대적인 위치와 두 부모 식물의 유전자형을 결정하시오.

27. 교배실험에 사용된 두 식물은 25 mu 떨어져 있는 연관된 두 유전자 쌍(*Aa*/*Bb*)을 지닌 이형접합체이다. 모계와 부계 배우자가 형성될 때 모두 교차가 일어나며 *A*와 *B* 대립유전자가 우성이라고 가정하고 자손에서 표현형의 비를 구하시오.

응용 문제

28. 여러 인간-생쥐 체세포잡종 세포주에서 특정한 인간 유전자의 발현과 인간 염색체의 존재에 대해 조사하였다. 그 결과는 다음 표와 같다. 각 유전자가 어느 염색체에 위치하는지 결정하시오.

	잡종세포주					
	A	B	C	D	E	F
발현된 유전자						
ENO1 (enolase-1)	−	+	−	+	+	−
MDH1 (malate dehydrogenase-1)	+	+	−	+	−	+
PEPS (peptidase S)	+	−	+	−	−	−
PGM1 (phosphoglucomutase-1)	−	+	−	+	+	−
염색체의 유무						
1	−	+	−	+	+	−
2	+	+	−	+	−	+
3	+	+	−	−	+	−
4	+	−	+	−	−	−
5	−	+	+	+	+	+

29. 유전자형이

$$\frac{a \quad b \quad c}{+ \quad + \quad +}$$

인 암컷이 100개의 감수분열 4분염색체를 만들었다. 이 중 68개에서는 교차가 일어나지 않았으며, 남은 32개 중 20개는 *a*와 *b* 사이에서, 10개는 *b*와 *c* 사이에서, 2개는 *a*와 *b*, *b*와 *c* 사이에서 이중교차가 일어났다. 400개의 배우자가 만들어진다면 8가지의 유전자형 각각은 몇 개씩 만들어질까? 이 유전자들의 순서가 *a*-*b*-*c*이고 배열은 앞서 보여준 것과 같다면 이 좌위들 사이의 지도 거리는 얼마일까?

30. 유전학을 공부하는 한 학생에게 실험과목에서 흰색 눈을 가지는 정체를 모르는 돌연변이에 대해 연구하라는 과제가 주어졌다. 이 학생은 순종의 돌연변이 암컷을 야생형(빨간 눈) 수컷과 교배한 결과 야생형의 F_1 초파리만 태어남을 확인했다. F_2에서는 자손이 다음과 같은 비율로 태어났다.

야생형	5/8
밝은 빨간색 눈	1/8
갈색 눈	1/8
흰색 눈	1/8

이 학생은 결과를 보고 매우 당황했는데, 교사는 유전자 상호작용(4장 참조)을 예로 들며 원래 흰색 눈 돌연변이는 아마도 갈색 눈 돌연변이와 밝은 빨간색 눈 돌연변이의 동형접합에 의해서 나타난 결과일 수 있다고 제안하였다. 이 가능성에 대해 심사숙고한 다음 학생은 데이터를 분석하여 결과를 설명할 수 있었으며, 두 유전자의 상대적인 위치에 대해 여러 가지를 알 수 있었다. 학생이실험 결과를 이해하는 데 있어서 핵심적이었던 것 중 하나는 초파리에서 교차가 암컷에서는 일어나지만 수컷에서는 일어나지 않는다는 것이다. 학생은 분석을 통해 두 유전자에 대해 무엇을 알 수 있었을까?

31. 초파리는 한 쌍의 성 염색체(XX, XY)와 II, III, IV번 염색체라 불리는 세 쌍의 상염색체를 가지고 있다. 유전학을 공부하는 한 여학생이 매우 짧은 다리(*sh*)를 가지는 수컷 초파리를 발견했다. 학생은 이 수컷을 이용해서 돌연변이 순종을 만들 수 있었으며, 이것이 열성임을 알 수 있었다. 그녀는 이 돌연변이를 열성유전자인 *black*(*b*, II번 염색체에 위치한 몸 색깔 유전자)과 *pink*(*p*, III번 염색체상의 눈 색 유전자)를 가지고 있는 계통에 통합시켰다. 그 다음 *b*, *p*, *sh*에 대해 동형접합인 계통의 암컷을 야생형 수컷과 교배시켰다. 이 교배에서 얻은 F_1 수컷은 모두 야생형이었으며, 이것을 *b*, *p*, *sh* 동형접합 암컷과 역교배 하였다. 그 결과 얻은 F_2는 다음 표와 같으며, 이외의 다른 표현형은 관찰되지 않았다.

	야생형	Pink*	Black, Short*	Black, Pink, Short
암컷	63	58	55	69
수컷	59	65	51	60

*나머지 형질은 야생형이다.

(a) 이 결과를 분석하여 학생은 *short*를 한 연관군(한 염색체)에 포함시킬 수 있었다. *short*는 어느 염색체에 포함될까? 그렇게 생각한 이유를 단계별로 쓰시오.
(b) 학생은 위 실험의 상반교배, 즉 F_1 암컷을 *b*, *p*, *sh*에 대해 모두 동형접합인 수컷과 역교배실험을 다시 수행하였다. 85%의 자손은 위와 같은 종류였지만 15%는 *b* + *p*, *b* + +, + *sh p*, + *sh* +가 비슷한 비율로 나타났다. 이 결과를 어떻게 설명할 수 있으며, 이 데이터로부터 어떤 정보를 얻을 수 있을까?

32. 초파리에서 세 가지 돌연변이, *Bar*(*B*, 막대형 눈), *miniature*(*m*, 작은 날개), *ebony*(*e*, 검은색 몸)에 대해 이형접합인 암컷이 있다. *Bar*는 우성 돌연변이다. 이 초파리를 정상 눈, 작은 날개, 검은 몸을 가진 수컷과 교배하여, 다음과 같은 결과를 얻었다.

111 작은 날개	101 막대형 눈, 검은 몸
29 야생형	31 막대형, 작은 날개, 검은 몸
117 막대형	35 검은 몸
26 막대형, 작은 날개	115 작은 날개, 검은 몸

이 교배의 결과를 해석하시오. 이들 중 어떤 유전자들이 서로 연관되어 있다는 결론을 얻게 된다면, 그들 사이의 지도거리를 구하시오.

33. Xg 혈액형의 대립형질을 조절하는 유전자(Xg^+, Xg^-)와 새로 발견된 열성 근육질환 유전병인 **간헐성근육무력증**(episodic muscle weakness, EMWX)(Ryan et al., 1999)을 조절하는 유전자는 인간 X 염색체의 Xp22.3 위치(짧은 팔의 말단) 가까이에 연관되어 있다. Xg^-인 EMWX 남자가 Xg^+인 여성과 결혼하여 8명의 딸과 한 명의 아들을 얻었는데, 이들은 모두 근육의 기능이 정상이었으며 아들은 Xg^+, 모든 딸은 *EMWX*와 *Xg* 좌위 모두 이형접합이었다. 다음의 표에는 세 딸의 남편과 그 자손의 표현형이 나와 있다.

	남편의 표현형	자손의 성	자손의 표현형
딸 1:	Xg^+	여성	Xg^+
		남성	EMWX, Xg^+
딸 2:	Xg^-	남성	Xg^-
		여성	Xg^+
		남성	EMWX, Xg^-
딸 3:	Xg^-	남성	EMWX, Xg^-
		남성	Xg^+
		남성	Xg^-
		남성	EMWX, Xg^+
		남성	Xg^-
		남성	EMWX, Xg^-
		여성	Xg^+
		여성	Xg^-
		여성	Xg^+

(a) 위에 기술한 내용과 표를 모두 포함하는 가계도를 작성하시오.
(b) 각각의 자손에 대해서, 이들의 표현형이 교차에 의해 생겨난 것인지 아니면 교차 없이 생겨난 것인지 표시하시오.

34. 인간에서 발생 이상을 일으키는 감수분열 과정의 실수가 비교적 높은 빈도로 나타나기 때문에 실수의 빈도와 염색체의 형태 및 행동과의 상관관계를 밝히려는 노력이 계속되고 있다. Tease 등(2002)은 감수분열에서 재조합의 빈도와 위치를 직접 예측할 수 있는 세포면역염색 방법을 사용하여 인간 태아 난모세포의 21번, 18번 및 13번 염색체를 조사하였다. 아래의 표는 그 결과를 요약한 것으로서, 각 염색체의 재조합 빈도와 3염색체성의 빈도를 비교하였다. (이들 3염색체성의 상태에 대해서는 8장에 있는 설명을 참조하시오.)

3염색체성	평균 재조합 빈도	살아서 태어난 빈도
21번 염색체	1.23	1/700
18번 염색체	2.36	1/3000~1/8000
13번 염색체	2.50	1/5000~1/19000

(a) 재조합과 비분리의 빈도에 대한 이 결과로부터 어떤 결론을 내릴 수 있을까? 재조합 빈도는 3염색체성 빈도에 어떤 영향을 미칠까?
(b) 다른 연구를 통해 난모세포 당 교차 수는 거의 일정하며, 양성 간섭이 가능한 많은 염색체에서 제한된 수의 교차가 일어나도록 역할을 한다고 제안되었다. (a)에 있는 정보를 고려하여 양성 간섭이 가질 수 있는 선택적 이점은 무엇인지 추론해 보시오.

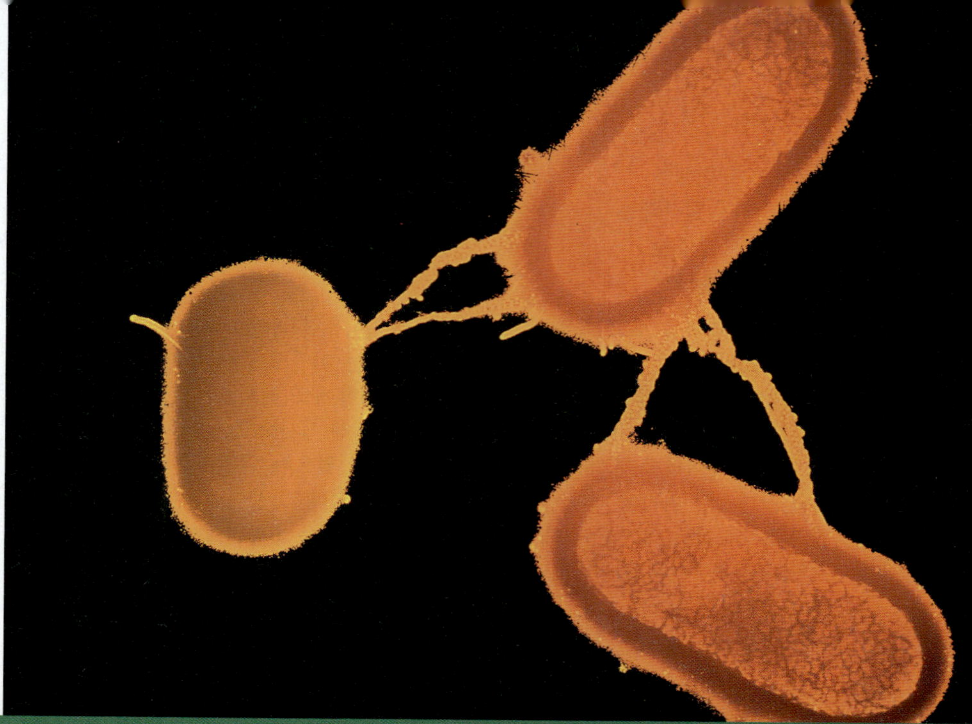

대장균(*Escherichia coli*) 접합의 투과전자현미경 사진.

6 세균과 박테리오파지의 유전적 분석과 염색체 지도작성

핵심 개념

- 세균의 유전체는 거의 대부분 단일 원형 염색체로 구성되어 있다.
- 세균은 세포 간 유전물질의 교환과 재조합을 할 수 있는 다양한 방법을 발달시켜 왔는데, 접합, 형질전환 및 형질도입이 있다.
- 접합을 일으키고 세균 염색체를 한 세포에서 다른 세포로 전달할 수 있는 능력은 'F 인자'로 불리는 DNA가 보유한 유전정보에 의해 결정된다.
- F 인자는 세균의 세포질에 플라스미드 상태로 자율적으로 존재하거나, 세균 염색체 속에 통합되어 숙주 염색체의 수용체 세포로의 전달을 촉진하여 유전적 재조합을 이끌기도 한다.
- 접합이 일어나는 동안 유전적 재조합은 세균의 유전자 지도작성에 대한 기초를 제공한다.
- 박테리오파지는 세균을 숙주세포로 감염시키는 바이러스이다. 바이러스 DNA가 숙주세포 안으로 침투하면, 그 안에서 복제되며, 박테리오파지의 합성과 세균의 용균을 유도한다.
- 박테리오파지 DNA는 드물게 숙주 염색체 속으로 통합되어 프로파지 상태로 존재하면서, 세균 DNA와 함께 복제된다.
- 박테리오파지는 유전자 간 및 유전자 내 재조합 모두를 수행할 수 있다.

이 장에서는 진핵생물의 유전학과 염색체 지도작성에 대한 주제에서 나아가 세균과 세균을 숙주로 삼는 박테리오파지(bacteriophage)의 유전적 재조합 및 지도작성에 대해 논의하고자 한다. 본 주제에 대해 주목하게 되면, 우리는 세균과 박테리오파지가 집단 내에서 개체들 간에 서로 유전물질을 전달하는 복잡한 기전을 진화시켜 왔다는 것을 확실히 파악하게 될 것이다. 이런 기전들은 유전학자들로 하여금 염색체 지도작성을 가능하게 하는 기반을 제공한다.

세균과 박테리오파지 연구는 다양한 분야의 유전 연구에 대한 지식의 축적에 핵심적인 역할을 수행해 왔다. 예를 들면, 우리가 알고 있는 유전정보의 발현과 조절에 대한 이해의 많은 부분은 세균이나 박테리오파지를 이용한 실험으로부터 유도되었다. 또한 뒷장에서 보게 되겠지만(20장), 세균과 세균 속에 존재하는 플라스미드에 대한 엄청난 지식들은 광범위하게 사용되는 DNA 클로닝과 재조합 DNA 제작의 기반을 제공해 왔다.

유전학 연구 대상 생물로서 세균과 세균 바이러스의 가치는 그들이 보여주는 두 가지 중요한 특징에 기반을 둔다. 첫째, 매우 짧은 생식주기를 가진다. 유전적으로 동일한 수십억 개체의 세균이나 파지를 생산하는 데 필요한 수백 세대를 매우 짧은 시간에 수행할 수 있다. 둘째, 순수 배양을 통해 연구에 활용할 수 있다. 즉, 단일 종이나 돌연변이 균주의 세균과 동일 유형의 바이러스를 쉽게 분리하여 배양하면서 다른 비슷한 종(혹은 균주)들과 독립적으로 연구할 수 있다. 결과적으로, 이들은 지난 반세기 동안 유전학의 발전에 필수적인 존재였다.

6.1 세균은 자발적 돌연변이를 일으키며, 지수적 비율로 성장한다

세균을 이용한 유전학 연구는 이들의 돌연변이를 활용하는 능력에 의존한다. 유전적으로 동일한 세균을 특정 환경 조건하에서 배양하면, 종종 다른 특징의 유전적 변이체가 관찰된다는 사실은 오래 전부터 알려져 있다. 1943년 전까지, 이런 변이들의 기원에 대한 견해는 격론의 대상이었다. 대부분의 세균학자들은 환경적 요인들이 특정 세균의 변화를 유도하여 새로운 환경조건에 대한 생존과 적응을 이끈다고 믿었다. 예를 들면, *E. coli* 균주들은 박테리오파지 T1의 감염에 대해 민감한 것으로 알려져 있다. 박테리오파지 T1의 감염은 숙주인 세균의 희생을 대가로 지불하면서 바이러스가 생식하는데, 새로이 증식된 바이러스들은 숙주세포를 파괴하고 용균시키면서 방출된다. *E. coli* 균주를 T1과 같이 고르게 배지에 도말하면, 대부분의 세포들은 용균된다. 그렇지만 *E. coli* 세포 중 일부는 드물게 감염으로부터 살아남으며, 용균이 되지 않는다. 만약 살아남은 세포만을 분리하여 순수 배양으로 계통을 확립하면, 그들의 자손들은 모두 T1 감염에 대한 저항성을 가진다. 이와 같은 관찰 상황을 설명하기 위한 **적응 가설(adaptation hypothesis)**은 파지와 세균의 상호관계는 면역성의 획득이 필수적임을 의미한다. 다른 말로, 파지에 대한 노출은 세균에게 저항성을 '유도(induce)'시킨다는 것이다.

한편, 박테리오파지 T1의 존재 유무와 상관없이 일어나는 **자발적 돌연변이(spontaneous mutation)**의 출현은 *E. coli* 저항성의 기원을 설명할 수 있는 다른 대안적 모델을 제시하였다. 1943년에 Salvador Luria와 Max Delbrück는 진핵생물과 유사하게, 세균도 자발적 돌연변이를 일으킨다는 첫 번째 신뢰할 수 있는 증거를 제시하였다. **방황변이 시험(fluctuation test)**으로 불리는 그들의 실험은 현대 세균 유전학 연구의 개시를 알리는 표석이 되었다(16장에서 이들의 발견에 대해 다룰 것이다). 순계 배양에서 자발적으로 출현한 돌연변이 세포는 선별 기술을 사용하여 그들의 부모 균주로부터 분리하여 독립적인 균주로 확립시킬 수 있다. **선별(selection)**이란 원하는 돌연변이체는 잘 자라지만, 야생형은 자라지 못하는 조건에서의 배양을 의미한다. 세심하게 디자인된 선별 조건에서는, 대부분의 돌연변이를 분리해 낼 수 있다. 세균이나 바이러스는 보통 한 단일 염색체만을 가지는 반수체이므로, 모든 돌연변이들은 돌연변이체 세포의 자손에서 직접적으로 발현하는데, 이런 특징 또한 미생물을 대상으로 연구하는 데 장점으로 작용한다.

세균은 액체 배지나 반고체성 한천 표면의 배양접시 모두에서 자란다. 만약 성장 배지의 영양물 구성이 매우 단순하여 유기탄소원(예를 들면, 포도당이나 젖당)과 Na^+, K^+, Mg^{2+}, Ca^{2+}, NH_4^+를 포함하여 몇 가지 무기이온들만 포함한다면, 이것은 **최소배지(minimal medium)**라 한다. 이런 최소배지에서 자라기 위해서, 세균은 모든 필수 유기 화합물(아미노산, 퓨린, 피리미딘, 당, 비타민, 지방산 등)들을 합성할 수 있어야 한다. 사람 신체는 결코 흉내를 낼 수 없는 이런 놀라운 생합성 능력을 가진 세균을 **원영양체(prototroph)**라 한다. 원영양체는 모든 성장 요구성에 대해 야생형(wild type)이라 한다. 반면, 어떤 세균이 돌연변이로 인해 하나 혹은 그 이상의 유기 화합물 합성 능력을 잃어 버렸다면, 그 세균은 **영양요구주(auxotroph)**가 된다. 예를 들면, 히스티딘을 만들 수 있는 능력을 잃어버린 세균은 원영양체인 his^+에 대해 his^- 영양요구주로 표기한다. his^- 세균이 자라기 위해서는, 해당 아미노산이 반드시 최소배지에 영양분으로 함유되어야만 한다. 모든 영양분이 충분히 함유된 배지를 **완전배지(complete medium)**라 한다.

세균 성장을 정량적으로 분석하기 위해 미량의 세균(적은 양의 세균이 포함된 액체, 예를 들면 0.1 혹은 1.0 mL)을 액체 배양 배지에 접종한다. 세균 배양에서 특징적인 성장 패턴의 그래프를 그림 6-1에서 보여준다. **지체기(lag phase)** 동안은 성장이 느리다. 이어 **대수기[logarithmic(log) phase]**로 불리는 빠른 성장을 보이는 기간이 나타난다. 이 시기 동안, 세포는 고정된 시간 간격으로 세포분열을 계속하여 지수적 성장(exponential growth)을 나타낸다. 배양 배지의 세포 밀도가 대략 10^9 세포/mL에 도달하게 되면, 영양분이 한계에 이르고, 세포는 분열을

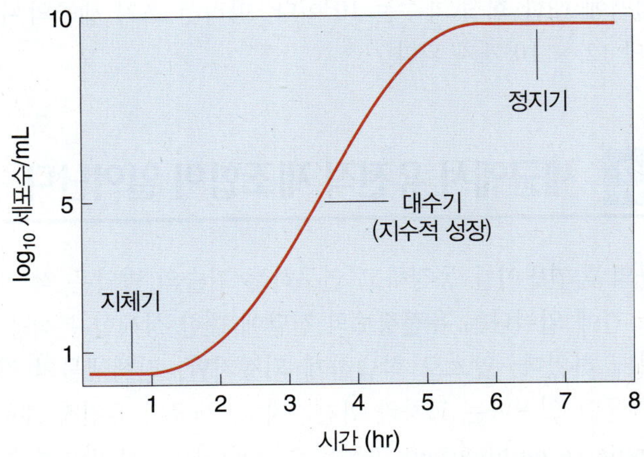

그림 6-1. 전형적인 세균 집단의 성장 곡선으로, 배양 초기의 지체기, 지수적 성장이 일어나는 대수기 및 영양분이 소진될 때 나타나는 정지기를 보여준다. 모든 세포는 결국 죽게 될 것이다.

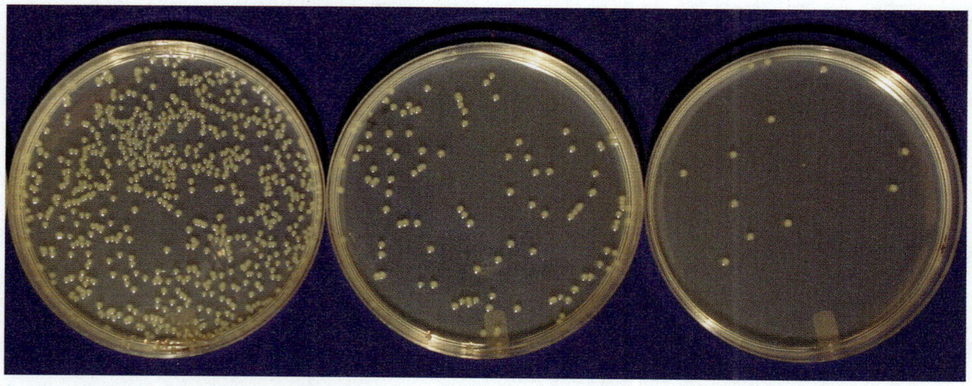

그림 6-2. 세균의 연속적인 희석 후 배양한 결과. 각 희석은 10배 단위로 이루어졌다. 각 콜로니들은 단일 세균 세포로부터 유래된 것이다.

멈춘다. 이 시점에 세포는 **정지기(stationary phase)**로 들어간다. 대수기 동안 배가시간(doubling time)은 20분 정도로 짧다. 따라서 수천 개의 세포를 배지에 접종하여도 하룻밤 배양으로 쉽게 최대 세포 밀도에 도달한다.

액체 배지에서 자라는 세포들은 배양접시의 반고체 배지로 옮겨 배양하여 정량화할 수 있다. 접종 후 많은 세포분열이 일어나면, 각 세포는 배지의 표면에서 눈으로 관찰되는 콜로니를 형성한다. 콜로니의 수를 계산한다면, 원 배양액에 존재한 세균의 수를 측정하는 일이 가능하다. 만약 콜로니의 수가 너무 많다면, 원 배양액의 **연속적인 희석(serial dilution)**과 접종을 수행하여, 개별 콜로니로 구분이 될 수 있을 만큼 콜로니 수를 낮춘다(그림 6-2). 이런 희석 기술을 통해 원 배양액에 존재하는 세균의 수를 계산할 수 있다.

예를 들어, 그림 6-2의 세 배양접시는 각각 10^{-3}, 10^{-4} 및 10^{-5} 농도(왼쪽부터 오른쪽)[1]로 희석된 액체 배양을 나타낸다고 가정해 보자. 우리는 단지 콜로니의 개수를 정확하게 셀 수 있는 접시만 선택하면 된다. 각 콜로니는 아마도 단일 세균으로부터 유도된 것이므로, 콜로니의 개수와 희석 계수를 곱해서 희석하기 전 초기 접종액의 mL당 세균의 수를 구할 수 있다. 그림 6-2에서 제일 오른쪽 배양접시는 12개의 콜로니를 보여준다. 10^{-5} 희석액에 대한 희석 계수는 10^5이다. 따라서 초기 세균의 수는 mL당 12×10^5개가 된다.

6.2 세균에서 유전적 재조합이 일어난다

세균의 돌연변이를 동정하고 연구하는 기술의 발달은 각 개별 세포 간에 일어나는 유전정보의 전달에 대한 상세한 분석을 가능하게 하였다. 앞으로 학습하게 되겠지만, 진핵생물의 감수분열 동안 일어나는 교차와 마찬가지로, 세균의 **유전적 재조합(genetic recombination)** 과정은 염색체 지도작성 방법론 개발에 대한 기초를 제공해 주었다. 한 세포의 염색체에 존재하는 하나 혹은 그 이상의 유전자를 유전적으로 구별되는 다른 세포의 유전자와 **교체(replacement)**를 의미하는 **유전적 재조합**이란 용어를 세균에 적용하기 위해서는, 그 의미를 정확히 파악하는 것이 중요하다. 이것은 진핵생물에서 **상호교환(reciprocal exchange)**을 일으키는 교차(crossing over)와 다소 다르지만, 크게 볼 때 유전정보가 전달되어 변경된 유전자형을 초래한다는 기능은 동일하다.

우리는 한 세균에서 다른 세균으로 유전정보를 전달하는 세 가지 과정인 **접합(conjugation)**, **형질전환(transformation)**, **형질도입(transduction)**에 대해 논의할 것이다. 전체적으로 이런 과정에 대한 지식은 동일 세균종 내에서, 간혹 서로 다른 종 간에 구성원 사이의 유전적 변이의 기원을 이해하는 데 도움을 준다. 유전정보의 전달이 동일 종 내의 개체들 간에 일어난다면, 이런 현상을 **수직적 유전자 전달(vertical gene transfer)**이라고 부른다. 전달이 서로 관련은 있지만 다른 세균종 사이에서 일어난다면, **수평적 유전자 전달(horizontal gene transfer)**로 불린다. 수평적 유전자 전달 과정은 세균의 진화에 중요한 역할을 담당해 왔다. 수평적 전달에 관여하는 것으로 밝혀진 유전자들은 일반적으로 수용체 종의 생존에 유리하다. 예를 들면, 한 종이 다른 종에게 항생제 저항성 유전자를 전달해 줄 수 있다. 혹은 병원성을 향상시키는 유전자가 전달될 수 있다. 그래서 이런 전달에 대한 잠재적 능력은 의학 분야에서는 주요 관심사가 된다. 또한 수평적 유전자 전달은 세균의 종분화 과정에 대한 주요한 요인으로 작용해 왔다. 대부분은 아닐지라도, 많은 세균종들은 다른 종에서 유래한 유전자의 수용체들이다.

세균의 접합: F^+와 F^- 균주의 발견

1946년에 Joshua Lederberg와 Edward Tatum이 한 세균의 유전정보가 다른 세균으로 전달되어 유전정보가 재조합되는 과정인 **접합(conjugation)**을 수행한다는 결과를 발표하였을 때, 세균의 재조합에 대한 연구는 시작되었다. 그들의 초기 실험은 *E. coli* 균주 K12의 두 가지 다중 영양요구주(영양요구성 돌연변이체)

---

[1] 10^{-5}는 1:100,000의 희석을 의미한다.

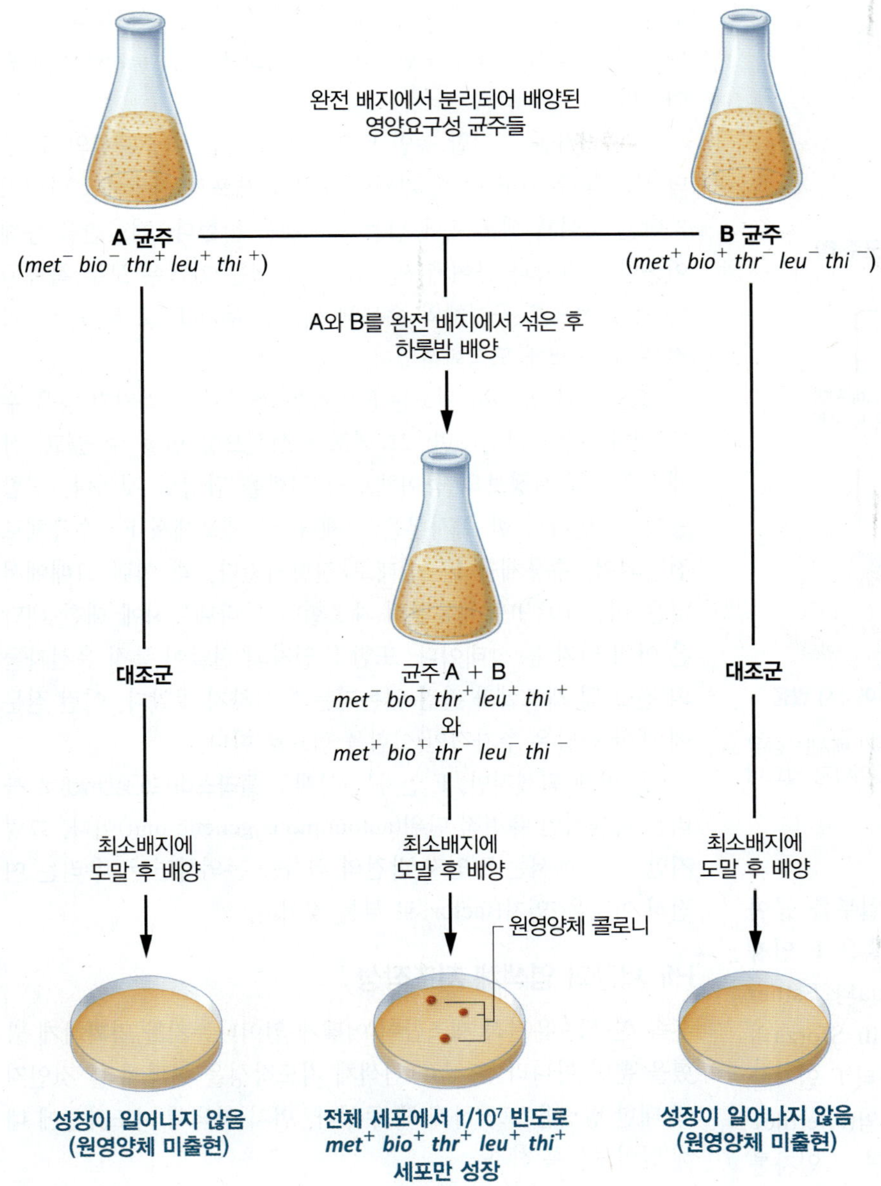

그림 6-3. 두 영양요구성 균주들 사이에서 일어난 유전적 재조합의 결과로서 원영양체의 출현. 어떤 영양요구주도 최소배지에서 자랄 수 없지만, 자랄 수 있는 원영양체의 출현은 유전적 재조합이 일어났음을 암시한다.

를 이용하였다. 그림 6-3에서 보여주듯이, A 균주는 자라기 위해서 메티오닌(met)과 비오틴(bio)이 필요한 반면, B 균주는 트레오닌(thr), 루신(leu)과 티아민(thi)이 필요하였다. 어떤 균주도 최소배지에서는 자랄 수 없었다. 두 균주는 처음에는 완전한 영양분들이 공급된 배지에서 각각 분리하여 배양한 후, 두 균주를 섞어서 몇 세대를 더 동시배양하였다. 그 후, 배양 세포들을 최소배지에 도말하였다. 최소배지에서 자란 세포들은 원영양체이다. 둘 혹은 세 개의 독립적인 부위에 위치하는 2~3개의 돌연변이 유전자들에서 동시에 자발적 돌연변이가 발생하여 야생형 세포로 전환된다는 가정은 매우 부적절해 보인다. 따라서 연구자들은 원영양체들은 두 돌연변이체 균주 간에 일어난 어떤 형태의 유전적 교환과 재조합의 결과로 생겨났을 것으로 예상하였다.

그 당시 실험에서 도말된 세포 중 $1/10^7$(혹은 10^{-7}) 비율로 원영양체를 얻을 수 있었다. 대조군 실험에서는 A와 B 균주를 계속 분리해서 배양한 후 서로 다른 최소배지에 도말하였다. 이 경우는 어떤 원영양체도 관찰되지 않았다. 이런 실험 결과에 기초하여, Lederberg와 Tatum은 유전적 재조합이 매우 낮은 빈도이지만 일어난다고 주장하였다.

Lederberg와 Tatum의 발견은 곧 접합의 물리적 본성과 유전적 원리를 밝힌 수많은 실험들로 이어졌다. 다른 세균도 유전물질의 단일 방향 전달(unidirectional transfer)을 수행할 수 있음이 빠르게 입증되었다. 어떤 세포는 염색체의 일부를 다른 세포에 넘겨주는 공여체 역할을 하는데, 이런 세포를 **F^+ 세포(F^+ cell**, F는 'fertility'에서 따옴)로 표기한다. **F^- 세포(F^- cell)**로 표기되는 수용체 세균은 공여체의 염색체 물질(현재는 DNA로 밝혀짐)을 받아서 자기 자신의 염색체 일부로 통합시킨다.

후속적으로 수행된 실험은 염색체 전달을 위해서는 세포-세포 접촉이 필수적임을 밝혔다. 이 개념은 F^+와 F^- 세포의 성장을 관찰할 수 있는 Davis U관(Davis U-tube)을 고안한 Bernard Davis에 의해 제시되었다(그림 6-4). 관의 아래쪽에는 액체 배지는 통과하지만 세균의 통과는 허용하지 않는 크기의 미세 구멍을 가진 유리 필터를 장치하였다. F^+ 세포를 필터의 한쪽 팔의 관 속에 넣어주고, F^- 세포는 반대편 팔의 관 속에 주입하였다. 배양 동안 배지는 필터를 가로질러 앞뒤로 통과하여 양 세균 배양 세트에 공유된다. Davis가 관의 양쪽 팔에서 수거한 세균을 최소배지에 도말하였을 때, 어떤 원영양체도 관찰되지 않았으므로, 그는 **두 균주의 세포 간 물리적 접촉이 유전적 재조합을 위해서는 필수적**이라는 결론을 내렸다. 우리는 지금 물리적 상호작용이 접합 과정의 개시 단계로서, 6~9 nm의 관상 돌출물인 **F 선모(F pilus)** 혹은 **성선모(sex pilus)**로 불리는 구조물에 의해 매개된다는 것을 알고 있다(이 장의 시작 페이지에 있는 그림 참조). 세균은 보통 다른 기능을 수행하는 여러 종류의 선모를 많이 갖고 있지만, 모든 선모는 어떤 면에서든 부착(세포들 간의 결합) 기능과 관련된다. 교배 쌍이 서로 접촉을 개시하면, 염색체 전달이 가능해진다.

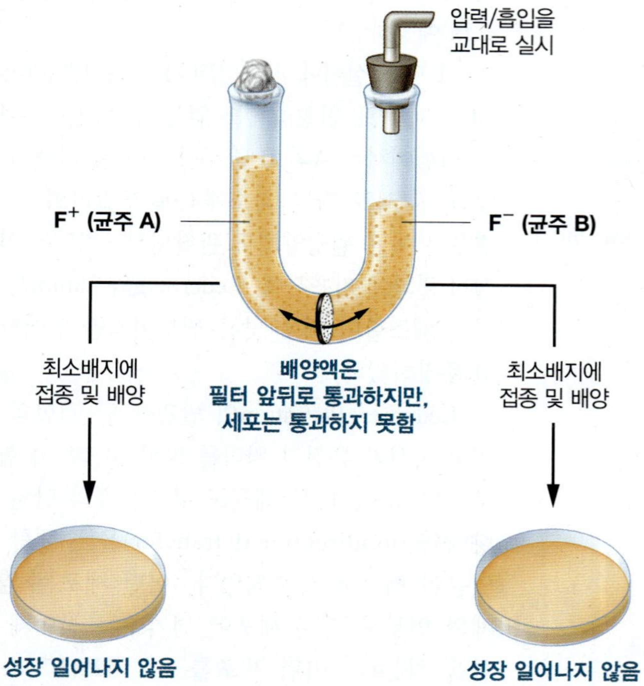

그림 6-4. 데이비스 U관 장치에서 영양요구성 A 균주와 B 균주가 배지는 공유하지만 필터에 의해 분리되어 자라게 하면, 유전적 재조합이 일어나지 않으며 원양양체도 출현하지 않는다.

나중에 F^+ 세포는 접합 동안 자신의 염색체 일부를 공여하는 능력을 부여하는 **수정인자(fertility factor)** 혹은 **F 인자(F factor)**를 가진다는 증거가 확보되었다. Joshua와 Esther Lederberg의 실험과 William Hayes와 Luca Cavalli-Sforza의 실험은 특정 환경적 요인이 임성(fertile)의 세포로부터 F 인자를 제거한다는 사실을 알게 하였다. 그렇지만 이런 '불임(infertile)' 세포를 임성(fertility)의 공여체 세포와 함께 배양하면, F 인자를 재획득한다. 이 발견은 F 인자가 이동하는 인자라는 가설을 제시하게 하였는데, 이 결론은 접합 후 F^- 수용체 세포는 언제나 F^+로 전환된다는 관찰로 더욱 확실해졌다. 접합으로 인한 유전자 전달(유전적 재조합)의 드문 사례 외에도, F 인자 그 자체가 모든 수용체 세포로 전달된다. 따라서 Lederberg와 Tatum의 초기 교배(그림 6-3)는 다음과 같이 정리할 수 있다.

균주 A		균주 B
F^+ (공여체)	×	F^- (수용체)

F 인자는 세균의 염색체와는 구별되지만, 비슷한 특징을 보이는 것으로 확인되었다. F 인자는 환형의 이중가닥 DNA 분자로 구성되었으며, 크기는 세균 염색체의 약 2% 정도이고(대략 100,000 염기쌍), 유전자를 40개 정도 갖고 있다. 유전자들 중 상당수는 *tra* 유전자들로서, 이 유전자 산물들은 성선모의 형성에 필수적인 유전자를 포함하여 유전정보의 전달(*tra*nsfer)에 관여한다.

유전학자들은 접합 동안 F 인자의 전달은 이중나선의 두 가닥 분리와 두 가닥 중 한 가닥이 수용체 세포로 이동하고 나머지 가닥은 공여체 세포 속에 남는다는 것을 밝혔다. 접합관을 통해 이동하는 가닥과 공여체 세포에 남아 있는 가닥은 모두 복제된다. 결과적으로 공여체와 수용체 세포 모두가 F^+로 된다. 이 과정은 그림 6-5에 도식화하였다.

요약하면, *E. coli* 세포는 F 인자를 가질 수도 가지지 않을 수도 있다. 만약 가진다면, 그 세포는 성선모를 만들 수 있고, 잠재적으로 유전정보의 공여체로서 역할을 담당할 것이다. 접합 동안, F 인자의 한 복사본은 언제나 F^+ 세포에서 F^- 수용체로 전달되어, 수용체를 F^+ 상태로 전환시킨다. 왜 이런 교배에서 낮은 비율(10^{-7})만이 유전적 재조합을 나타내는지에 대한 대답은 아직 남겨 둔 상태이다. 또한 F 인자의 전달이 특정 유전자들의 전달 및 재조합과 관련 있는지는 확실하지 않았다. 이런 질문에 대한 해답은 추가적인 실험을 필요로 한다.

곧 알게 되겠지만, F 인자는 실제로 **플라스미드(plasmid)**로 불리는 자율적인 유전적 단위(autonomous genetic unit)이다. 그렇지만 이 장에서는 F 인자 발견의 역사를 논의하면서, 우리는 여전히 이것을 '인자(factor)'로 부를 것이다.

Hfr 세균과 염색체 지도작성

후속 연구는 유전적 재조합이 어떻게 일어나는지를 명확하게 밝혔을 뿐만 아니라, *E. coli* 염색체 지도작성을 어떻게 할 것인지에 대한 방법을 고안하게 해 주었다. 먼저 염색체 지도작성에 대해 알아보도록 하자.

Cavalli-Sforza는 1950년에 *E. coli* K12의 F^+ 균주에 돌연변이를 유발하는 화학물인 질소 머스타드를 처리하였다. 처리된 세포로부터, 그는 $1/10^4$(혹은 10^{-4})의 비율로 재조합을 보이는 유전적으로 변형된 공여체 세균 균주를 찾아내었는데, 이 균주는 원래 F^+ 균주보다 1000배나 더 높은 빈도를 보이는 것이다. 1953년에 William Hayes는 비슷하게 높은 빈도의 재조합을 나타내는 다른 균주를 분리하였다. 두 균주를 **고빈도 재조합(high-frequency recombination, Hfr)**으로 표기하였다. Hfr 세포는 F^+ 세포의 한 특별한 종류이다.

고빈도 재조합 외에도, Hfr 균주와 원 F^+ 균주 사이에서 다른 중요한 차이점이 발견되었다. 만약 공여체 세포가 Hfr 균주로부터 유래되었다면, 수용체 세포는, 때때로 유전적 재조합을 나타내기도 하지만, **절대로 Hfr이 되지 못하고**, F^- 세포로 남는다. 비교해보면,

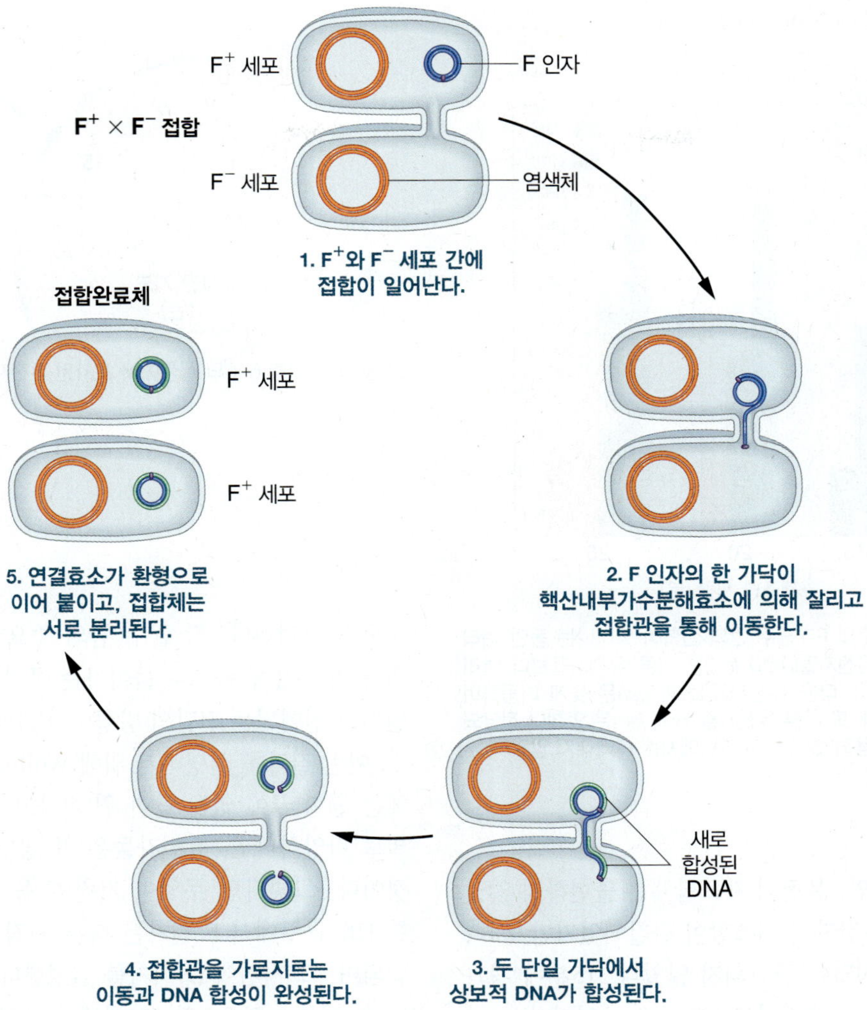

그림 6-5. F^- 수용체 세포가 어떻게 F^+로 전환되는지를 설명해 주는 $F^+ \times F^-$ 교배. 접합 동안 F 인자의 DNA는 복제되어, 한 새로운 복사본은 수용체 세포로 들어가서 F^+로 전환시킨다. F 인자에 그려진 막대는 복제 동안 일어나는 시계방향의 회전을 나타낸다. F 인자의 전달을 따라 새롭게 복제된 DNA는 옅은 파란색으로 표시하였다.

$F^+ \times F^- \rightarrow$ 수용체는 F^+가 된다(저빈도 재조합)

Hfr $\times F^- \rightarrow$ 수용체는 F^-를 유지한다(고빈도 재조합)

Hfr 균주의 가장 중요한 특징은 아마도 **재조합의 특이한 본성**일 것이다. 한 주어진 Hfr 균주에서 특정 유전자들은 다른 유전자들에 비해 더 높은 빈도로 재조합되며, 어떤 유전자들은 전혀 재조합되지 않는다. 이런 유전자 전달의 **비무작위적**(nonrandom) 양상은 Hfr 균주에 따라 다양하다. 이런 결과가 당황스러웠지만, Hayes는 *E. coli*의 Hfr 균주가 생산되면서 F 인자에 대한 약간의 생리적 변형이 일어난 것으로 해석하였다.

1950년대 중반에 Ellie Wollman과 Francois Jacob은 실험을 통해 Hfr 세포와 F^+ 세포의 차이점을 설명하고, Hfr 균주가 *E. coli* 염색체의 유전자 지도작성에 어떻게 활용되는지를 보여주었다. Wollman과 Jacob의 실험에서 Hfr과 적합한 표지 유전자들로서 항생제-저항성 F^- 균주들을 섞은 후, 이들 유전자의 재조합을 서로 다른 시간에 분석하였다. 특히, Hfr과 F^- 균주의 혼합체를 배양하면서, 배양 시료를 일정 간격으로 수거하여 믹서기에 넣었다. 믹서기가 작동하면서 발생되는 절단력은 접합 중인 세균을 분리시켜 염색체 전달을 중단시켰다. 이어 각 시료의 세포들을 항생제가 포함된 배지에서 자라게 하여, 오로지 수용체 세포만 회수하였다. 이어서 이들 세포에 대해 특정 유전자의 전달에 대해 검사를 실시하였다.

단절교배 기술(interrupted mating technique)로 불리는 실험은 특정 Hfr 균주에 의존하여 어떤 유전자는 다른 유전자보다 더 빠른 시간에 전달되어 재조합되는 현상을 설명해 주었다. 그림 6-6의 그래프는 이런 실험 결과를 나타낸 것이다. 두 균주

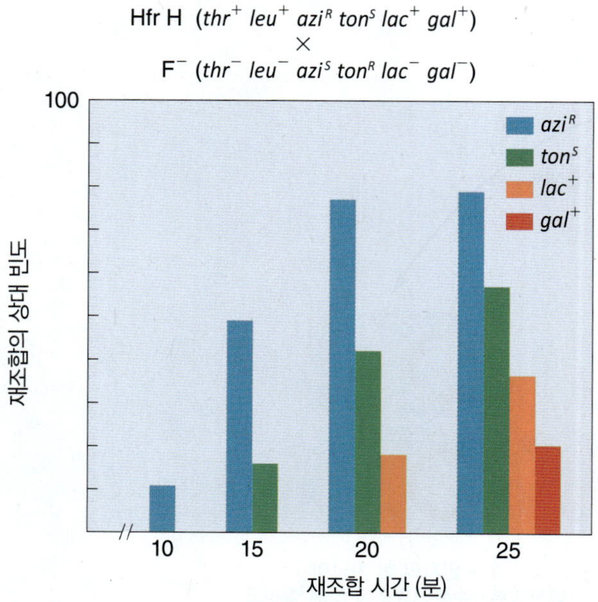

그림 6-6. *E.coli*의 특정 Hfr 균주와 F^- 균주 간의 접합이 일어나는 동안 여러 유전자들의 순차적 전달. 어떤 유전자들(*azi*와 *ton*)은 다른 유전자들보다 빨리 이동하여 더 빈번하게 재조합된다. 다른 유전자들(*lac*과 *gal*)은 늦게 이동하며 재조합체가 낮은 비율로 관찰된다. 또 다른 유전자들(*thr*과 *leu*)은 언제나 전달되며 재조합체의 초기 스크린에 사용되었지만, 이 그림에서는 나타내지 않았다.

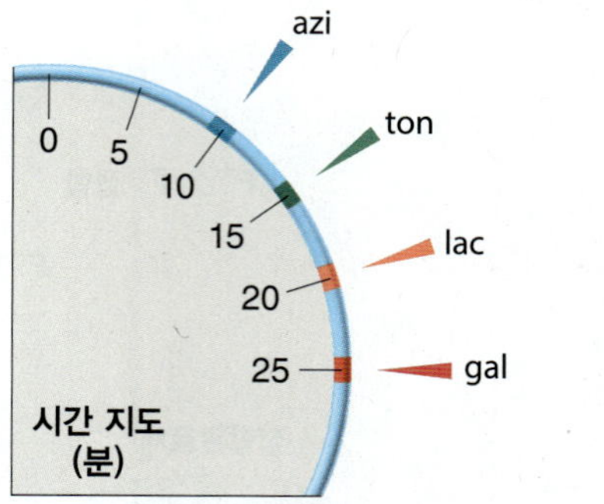

그림 6-7. 그림 6-6의 실험에서 조사된 유전자들의 시간 지도.

를 섞어 준 후 처음 8분 동안, 유전적 재조합체는 출현하지 않았다. 약 10분 정도에 *azi*^{R} 유전자의 재조합이 관찰되었지만, *ton*^{S}, *lac*$^+$ 혹은 *gal*$^+$ 유전자의 전달은 관찰되지 않았다. 15분이 경과했을 때, 재조합체의 50%는 *azi*^{R}이었고 15%는 *ton*^{S}였지만, *lac*$^+$나 *gal*$^+$는 전혀 관찰되지 않았다. 20분 경과되었을 때 재조합체 중에서 *lac*$^+$ 유전자가 관찰되었으며, 25분에 *gal*$^+$ 유전자가 또한 전달되기 시작했다. Wollman과 Jacob은 접합이 진행된 기간의 길이와 상관관계를 보이는 **유전자의 순서적 전달(ordered transfer of genes)**을 설명하였다.

Hfr 세균의 염색체는 선형으로 전달되며, 유전자 순서와 시간(분)으로 측정된 유전자간 거리는 Wollman과 Jacob이 수행했던 실험으로 예측될 수 있을 것으로 여겼다(**그림 6-7**). **시간 지도작성(time mapping)**으로도 종종 불리는 이런 기술은 *E. coli* 염색체의 첫 번째 유전적 지도에 대한 기초를 제공했다. 세균의 지도작성에서 분(minute)은 진핵생물의 지도 단위와 유사하다.

Wollman과 Jacob은 다른 Hfr 균주를 사용하여 비슷한 유형의 실험을 반복 수행하면서, 비슷한 결과지만 한 가지 중요한 차이점을 발견하였다. 그들의 처음 실험처럼, 유전자들은 언제나 시간의 경과에 따라 선형으로 전달되지만, 유전자들이 수용체로 들어가는 순서는 Hfr 균주에 따라 매우 다양한 것처럼 보였다[**그림 6-8(a)**]. 따라서 연구자들이 유전자들의 전달 비율을 재조사하면, 각 균주에 대한 독특한 양상을 보이는 서로 다른 유전적 지도가 그려진다. 각 균주 간의 중요한 차이점은 단지 기원(O)의 위치(수용체 속으로 들어가는 공여체 염색체의 첫 지점)와 기원에서 진행되는 전달의 방향이다[**그림 6-8(b)**].

이런 결과를 설명하기 위해 Wollman과 Jacob은 *E. coli* 염색체는 원형(끝이 없는 닫힌 원)이라고 주장했다. 기원(O)이 균주별로 다양하다면, 유전자들은 각 경우마다 다른 순서로 전달될 것이다. 그렇다면 무엇이 기원(O)을 결정하는가? 그들은 다양한 Hfr 균주에서 F 인자는 다른 지점을 통해 염색체 속으로 통합되며, 그 지점이 O 위치를 결정한다고 주장하였다. 이런 통합의 한 예를 **그림 6-9**의 1단계에서 보여준다. Hfr과 F^- 세포 간의 접합 동안, F 인자의 위치가 전달의 개시점을 결정한다(2와 3단계). O 근처에 위치한 유전자들이 먼저 전달되고, F 인자는 전달되는 유전물질의 마지막 부분이 된다(4단계). 그렇지만 접합이 전체 염색체가 접합관을 통해 전달될 수 있을 만큼 긴 시간 동안 지속되는 경우는 드물다(5단계). **이런 사실이 수용체 세포가 Hfr 세포와 교배했을 때, F^-로 남아 있는 이유를 설명해 준다.**

그림 6-9는 또한 공여체의 DNA 분자를 구성하는 두 가닥 중 전달 과정 동안 어떻게 한 가닥의 진입만 허용되는지에 대한 방식을 설명하고 있다(3단계). 진입된 DNA는 수용체 속에서 복제한 후, 숙주 염색체의 상동 지역과 재조합을 할 수 있는 능력을 가진다. 공여체 속에 남아 있는 DNA 가닥도 역시 복제를 수행한다.

다른 Hfr 균주들을 사용한 단절교배 실험을 통해 *E. coli* 염색체의 완전한 지도작성이 가능하였다. 시간(분) 단위로 작성된 지도에서 대장균 K12 균주의 지도는 100분의 길이를 나타내었다. *E. coli* 염색체에 대한 현대의 유전체 분석은 4000개를 조금 상회하는 단백질 암호화 서열이 존재함을 보여주나, 당시의 지도작성은 대략 1000개 유전자의 좌위를 확인하였다.

(a)

Hfr 균주	(접합 초기)			유전자 전달 순서				(접합 후기)
H	*thr* –	*leu* –	*azi* –	*ton* –	*pro* –	*lac* –	*gal* –	*thi*
1	*leu* –	*thr* –	*thi* –	*gal* –	*lac* –	*pro* –	*ton* –	*azi*
2	*pro* –	*ton* –	*azi* –	*leu* –	*thr* –	*thi* –	*gal* –	*lac*
7	*ton* –	*azi* –	*leu* –	*thr* –	*thi* –	*gal* –	*lac* –	*pro*

(b)

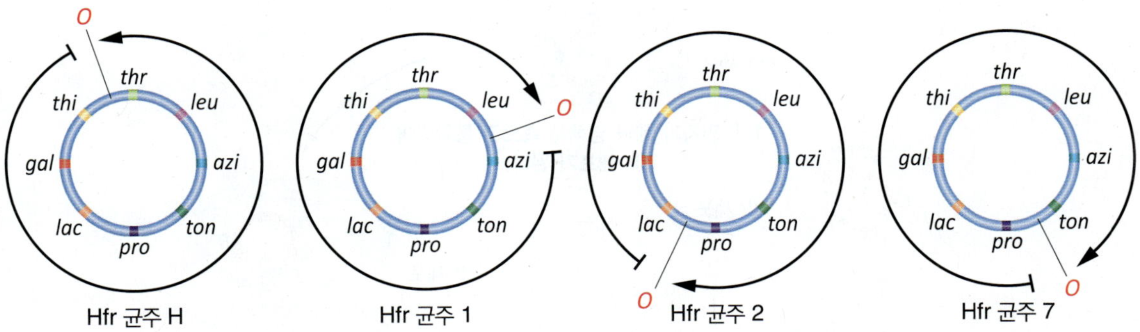

그림 6-8. (a) 네 종류 Hfr 균주에서의 유전자 전달 순서는 *E. coli* 염색체가 환형임을 의미한다. (b) 전달이 개시되는 기원(*O*)을 각 균주에 따라 동정하였다. 기원은 염색체 속으로 F 인자가 통합된 지점이며, 전달의 방향은 F 인자가 통합된 방향에 의해 결정된다. 화살표 머리는 전달이 개시되는 기점을 나타낸다.

실전문제

6-1 다섯 종류의 서로 다른 Hfr 세균 균주를 이용하여 단절교배 실험을 수행했을 때, 다음과 같은 순서의 유전자 전달과 재조합이 관찰되었다. 이 결과를 기초로 하여, 세균 염색체의 지도를 작성해 보아라. 이 결과는 염색체가 원형이라는 개념을 지지하는가?

Hfr 균주	유전자 순서				
1	*T*	*C*	*H*	*R*	*O*
2	*H*	*R*	*O*	*M*	*B*
3	*M*	*O*	*R*	*H*	*C*
4	*M*	*B*	*A*	*K*	*T*
5	*C*	*T*	*K*	*A*	*B*

■ **힌트:** 이 문제는 세균 염색체가 접합 동안 어떻게 전달되어 재조합을 일으키고 지도작성에 필요한 자료를 제공하는지에 대한 이해를 필요로 한다. 문제 풀이의 핵심은 염색체 전달이 균주-특이적이며, 염색체에서 F 인자가 통합된 위치 및 방향에 의존적임을 이해하는 데 있다.

$F^+ \times F^-$ 교배의 재조합: 반복 실험

앞의 모델은 $F^+ \times F^-$ 교배 동안 유전적 재조합이 어떻게 일어나는지를 이해하는 데 도움을 주었다. $F^+ \times F^-$ 교배는 Hfr × F^- 교배보다 훨씬 낮은 빈도로 재조합이 일어나고 무작위적 유전자 전달이 이루어짐을 상기하자. 지금까지 알아본 내용은 F^+와 F^-를 섞었을 때, 접합이 쉽게 일어나며, F^+ 세포와의 접합에 참여한 F^- 세포는 F 인자의 한 복사본을 받지만, 유전적 재조합은 일어나지 않는다는 것이다. 그렇지만 F^+ 세포 집단에서도 극히 낮은 빈도이지만 F 인자는 세균 염색체의 무작위적인 위치로 자발적 통합이 일어나며, 그림 6-9에서 보여주는 것처럼 F^+ 세포가 Hfr 상태로 전환된다. 따라서 $F^+ \times F^-$ 교배에서 매우 낮은 빈도의 재조합(10^{-7})은 Hfr 세포의 드문 출현에 기인하며, 이어 Hfr 세포는 F^- 세포와 접합을 일으킨다. F 인자의 통합 지점이 무작위적이므로, 새롭게 만들어진 *Hfr* 공여체에 의해 전달되는 유전자들도 역시 커다란 F^+/F^- 집단에서 무작위적으로 나타날 것이다. 수용체 세균은 재조합체로 보이겠지만, 실제로 F^-를 유지할 것이다. 만약 이 세포가 다음에 F^+ 세포와 접합을 한다면, F^+ 세포로 전환될 것이다.

F′ 상태와 부분접합체

1959년에 *E. coli*의 Hfr 균주에 대한 실험을 수행하면서, Edward Adelberg는 F 인자가 자신의 통합된 상태를 벗어남으로써 세포가 F^+ 상태로 복귀될 수 있음을 관찰하였다(**그림 6-10**, 1단계). 이런 현상이 발생할 때, F 인자는 종종 자신과 함께 몇 개의 인접한 세균 유전자를 동반한다(2단계). Adelberg는 이런 상태를 F^+ 및 Hfr과 구분하기 위해 F′로 표기하였다. Hfr과 마찬가지로, F′는 F^+의 또 다른 특수한 경우이다.

세포질의 F 인자 속에 있는 세균 유전자의 존재는 흥미로운 상황을 연출한다. F′ 세균은 F^+ 세포처럼 행동하면서, F^- 세포

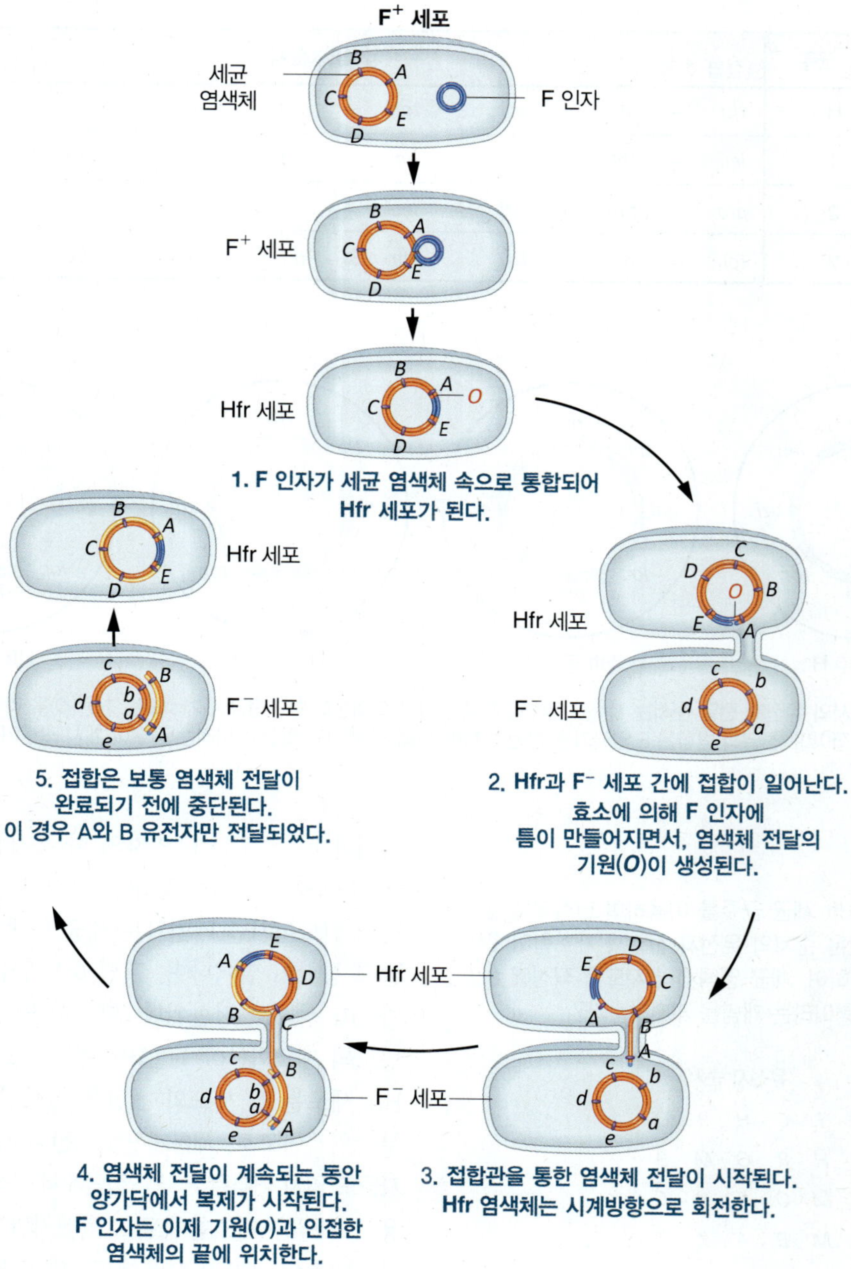

그림 6-9. F^+의 Hfr 상태로의 전환은 F 인자가 세균 염색체와의 통합으로 일어난다. 통합 지점이 전달의 기원(*O*)을 결정한다. 접합 동안 한 효소가 F 인자에 틈을 만들고 바로 그 지점에서 염색체 전달을 시작하면 숙주 염색체 속으로 통합된다. 접합은 보통 완전한 전달이 일어나기 전에 중단된다. 여기서는 *A*와 *B* 유전자만 F^- 세포로 전달됨을 보여주는데, 이 유전자들은 숙주 염색체와 재조합할 것이다. 염색체에서 새로 복제된 DNA는 연한 오렌지색으로 표시하였다.

와 접합을 개시한다(그림 6-10, 3단계). 이런 일이 발생할 때, 염색체 유전자들을 포함하는 F 인자는 F^- 세포로 전달된다(4단계). 결과적으로, F 인자의 한 부분이었던 염색체 유전자들이 이제는 수용체 세포에서 중복으로 존재하게 되는데(5단계), 그 이유는 수용체는 여전히 완전한 염색체 하나를 가지기 때문이다. 이것은 **부분접합체(merozygote)**로 불리는 부분적인 이배체 세포를 생성시킨다. F′ 부분이배체의 순수 배양법이 확립되었다. 교재의 뒷부분에서 논의하겠지만(16장 참조), 이 기술은 세균에서의 유전자 조절 연구에 매우 유용하게 활용되어왔다.

6.3 Rec 단백질은 세균의 재조합에 필수적이다

연구자들은 세균 사이에서 일어나는 단일방향의 DNA 전달 현상을 확립한 후, 수용체 세포 내에서 재조합 사건이 구체적으로 어떻게 일어나는지에 대해 관심을 가졌다. 공여 DNA는 어떻게 수용체 염색체의 상동 지역 옆으로 위치하는 것일까? 유전학적 연구를 통해 많은 생물 시스템에서 재조합이 일어나는 생화학적

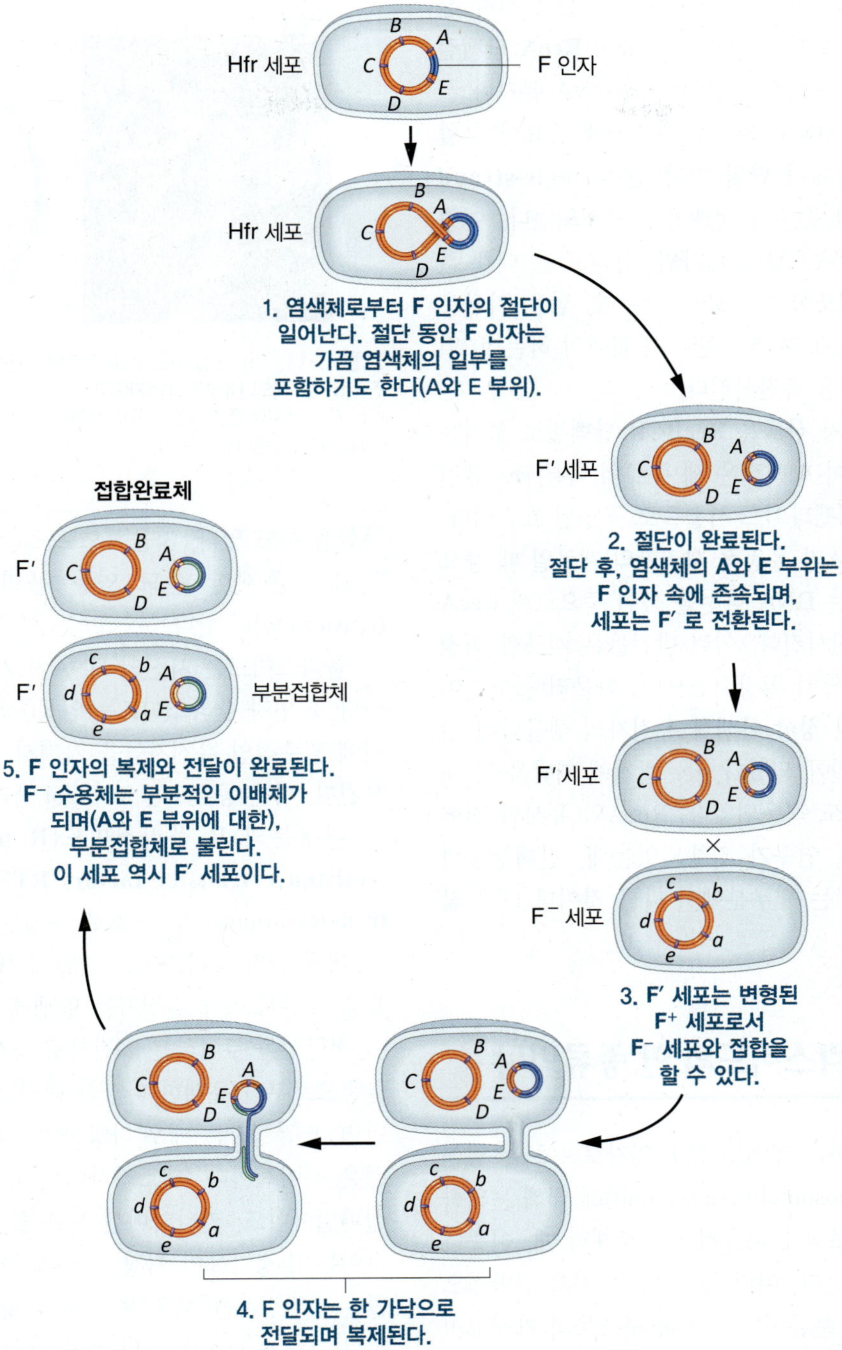

그림 6-10. Hfr 세포의 F′상태로의 전환과 F^- 세포와 교배. 전환은 F 인자가 통합 상태를 벗어날 때 일어난다. 염색체로부터 절단되어 나올 때, F 인자는 하나나 그 이상의 유전자를 동반할 수 있다(그림에서는 *A*와 *E* 유전자). 후속적으로 이어진 접합에서 수용체 세포는 부분접합체로 불리는 부분적인 이배체가 된다. 이런 세포도 F^+ 공여체 세포로 행동한다.

기전이 밝혀졌다. 핵심 기전들은 재조합 수행 과정이 손상된 많은 돌연변이체 그룹의 분리와 *rec*(*rec*ombination에서 따옴) 유전자들의 발견으로부터 얻어졌다.

재조합 기전과 관련된 첫 번째 연구는 *recA, recB, recC* 및 *recD*로 표기된 여러 돌연변이 유전자의 발견이었다. 첫 돌연변이 유전자인 *recA*는 세균에서 일어나는 유전적 재조합 빈도를 1000배나 낮게 떨어뜨려서, 재조합이 거의 일어나지 못하게 하였다. 다른 *rec* 돌연변이들도 재조합을 약 100배 정도 감소시켰다. 그러나 이 유전자의 정상 야생형들은 재조합 과정 동안 정확히 필수적인 기능을 수행하였다.

연구자들은 정상 세포에서 유전자 산물들을 분리하고, 이것들이 유전적 재조합에 중요한 역할을 한다는 것을 관찰하였지만, *rec* 돌연변이체 세포에서는 기능을 수행하는 유전자 산물을 분리하지 못했다. 첫 번째로 분리된 산물이 **RecA 단백질(RecA protein)**이다.[2)] 이 단백질은 단일 가닥 DNA 분자나 끝이 풀린 선형의 이중가닥 DNA 분자의 재조합에 중요한 역할을 수행한다. 여러 세균종에서 **단일 가닥 전위(single-strand displacement)**가 재조합의 공통된 형태임이 확인되었다. 이중가닥 DNA가 수용체 세포 속으로 들어가면, 한 가닥은 대개 분해되고, 상보적 가닥만 재조합의 재료로 남는다. 남은 가닥은 숙주 세포를 따라 자신과 상동 지역을 반드시 찾아야 하는데, 일단 찾으면, RecA가 재조합을 촉진시킨다.

두 번째 관련되는 유전자 산물은 **RecBCD 단백질**로 불리는 보다 복잡한 단백질인데, 이 단백질은 세 종류의 다른 *rec* 유전자에 의해 암호화되는 폴리펩타이드 사슬들로 구성된 효소이다. 이 단백질은 이중가닥 DNA가 유전적 재조합의 재료일 때 중요한 역할을 한다. RecBCD는 DNA 나선을 풀어 줌으로써 RecA가 관여하는 재조합을 촉진시킨다. 이런 발견들은 재조합 과정에 대한 우리의 지식을 상당히 확장시켰으며, 아울러 돌연변이의 분리, 표현형의 확립 및 정상 야생형 유전자의 생물학적 기능 결정에 대한 중요성을 알게 되었다. *rec* 발견에 기반을 둔 재조합 모델은 진핵생물에서도 적용되었다: RecA와 유사한 진핵생물 단백질들이 동정되어 연구가 진행되었는데, 진핵생물의 DNA 재조합 모델 두 가지는 뒷부분에서 다룰 것이다(11장 참조).

6.4 F 인자는 플라스미드의 한 종류이다

앞 절에서 세균이 접합을 하는 데 필요한 F 인자로 부르는 염색체외 유전 단위(extrachromosomal heredity unit)에 대해 논의하였다. F 인자가 세균의 세포질에 자율적으로 존재할 때, 이중나선의 원형 DNA 형태를 갖는다. 이런 특징은 F 인자를 일반적으로 **플라스미드(plasmid)**로 분류되는 유전적 구조물의 카테고리에 포함하게 한다[그림 6-11(a)]. 플라스미드는 보통 세포질에 여러 개의 복사본으로 존재하며, 각각은 한 개나 그 이상의 유전자를 가지는데, 간혹 상당히 많은 유전자를 포함하기도 한다. 플라스미드 복제는 숙주 세포의 염색체를 복제하는 동일한 효소에 의존하며, 세포분열 동안 숙주 염색체와 마찬가지로 딸세포들에도 분포한다. 많은 플라스미드는 세균 세포의 세포질에 존재한다. 그렇지만 F 인자와 같이 일부 플라스미드는 숙주 염색체에

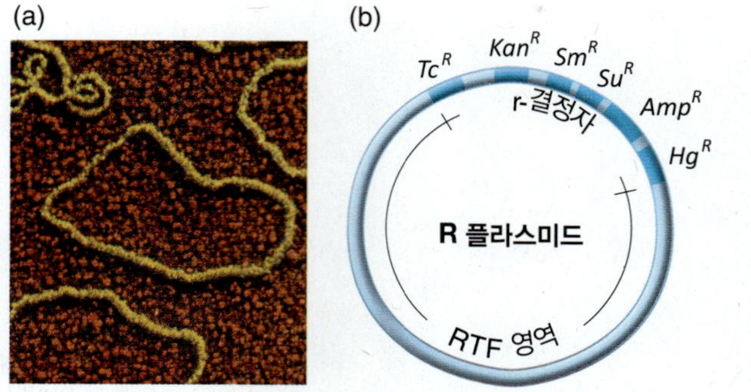

그림 6-11. (a) 대장균(*E. coli*)으로부터 분리한 플라스미드의 전자현미경 사진. (b) 한 개의 내성전달인자(RTF)와 여러 개의 r-결정자를 가진 R 플라스미드(Tc, 테트라사이클린; Kan, 카나마이신; Sm, 스트렙토마이신; Su, 설파밀아미드; Amp, 암피실린; Hg, 수은).

통합될 수도 있다. 자율적으로도 존재할 수도 있고 염색체에 통합되어 존재할 수도 있는 플라스미드를 특별히 **에피솜(episome)**이라 한다.

플라스미드는 자신의 DNA가 가지는 유전정보에 따라 분류한다. F 인자 플라스미드는 임성(fertility)을 부여하고 성선모 형성에 필수적인 유전자들을 가져서, 접합과 유전적 재조합을 일으킨다. 다른 종류로는 R과 Col 플라스미드가 있다.

대부분의 **R 플라스미드(R plasmid)**는 **내성전달인자(resistance transfer factor, RTF)**와 한 개 이상의 **r-결정자(r-determinant)** 두 요소로 구성된다[그림 6-11(b)]. RTF는 세균 개체 간의 플라스미드 전달에 핵심적인 역할을 하는 유전정보를 보유하고, r-결정자는 항생제나 수은과 같은 중금속에 대한 저항성을 부여하는 유전자로 구성된다. RTF는 서로 다른 세균종으로부터 유래한 다양한 플라스미드 사이에서 매우 유사한 반면, r-결정자는 매우 다양하며, 각각이 보여주는 항생제 저항성은 특이적이다. 테트라사이클린, 스트렙토마이신, 암피실린, 설파밀아미드, 카나마이신 혹은 클로람페니콜에 대한 저항성을 보이는 결정자들이 가장 흔하게 관찰된다. 때론 플라스미드가 많은 r-결정자를 보유하여, 여러 항생제에 대한 저항성을 부여한다[그림 6-11(b)]. 이런 플라스미드를 보유한 세균은 의학적으로 매우 큰 관심을 받는데, 그 이유는 그들이 현재 가지는 다중 저항성뿐만 아니라, 다른 병원성 세균으로 쉽게 전달되어 광범위한 항생제에 대해 내성을 획득한 세균을 탄생시킬 수 있기 때문이다.

이런 종류의 플라스미드가 처음 알려진 것은 1950년 일본에서 이질(dysentery)을 일으키는 *Shigella* 세균에서다. 병원에서 앞에서 언급한 다섯 종류의 항생제 모두에 대해 저항성을 갖고 있는 세균이 검출되었다. 이런 현상은 인류 보건을 위협하는 분명하고 중대한 요인이다. 다행히도 세균 세포는 RTF가 없는 r-결정자 플라스미드를 종종 가진다. 이런 세포는 항생제 저항성

[2)] 세균의 유전자 이름은 이탤릭체의 소문자로 표기하는 반면, 해당 유전자의 산물은 대문자로 시작하는 정자체로 표기하는 것에 주의하기 바란다. 예를 들면, *recA* 유전자는 RecA 단백질을 암호화한다.

은 있지만, 저항성에 대한 유전정보를 수용체 세포로 전달하지는 못한다. 그렇지만 가장 흔히 연구하는 플라스미드들은 한 개 혹은 그 이상의 r-결정자는 물론 RTF를 가진다.

Col 플라스미드(Col plasmid)인 ColE1(*E. coli*로부터 유래됨)은 R 플라스미드와 뚜렷이 구분된다. 이것은 동일한 플라스미드를 보유하지 않은 세균에게 매우 해로운 한 개 이상의 단백질을 암호화한다. 이웃 세균을 죽일 수 있는 이 단백질을 **콜리신(colicin)**이라 부르며, 이런 플라스미드를 보유한 세포는 **콜리신 생산성(colicinogenicity)** 세균이라 한다. 세포당 10~20 복사본으로 존재하는 Col 플라스미드는 독소로부터 숙주 세포를 보호하는 면역 단백질을 암호화하는 유전자 또한 갖고 있다. R 플라스미드와 다르게, Col 플라스미드는 일반적으로 다른 세포로 전달되지 않는다.

재조합 DNA 연구에서의 역할로 플라스미드에 대한 관심이 고조되어 있다. 나중에 학습하게 되겠지만(20장), 생물로부터 유래한 어떤 특정 유전자를 플라스미드 속으로 삽입시킨 후, 이 플라스미드를 세균 세포 속으로 넣을 수 있다. 플라스미드를 보유한 세포는 자신의 DNA를 복제하고 세포분열을 수행하는데, 이때 외래 유전자도 함께 복제되어 많은 복사본을 만든다.

6.5 형질전환은 세균에서 유전적 재조합을 일으키는 두 번째 과정이다

일부 세균에서 **형질전환(transformation)**은 유전정보를 재조합시키는 또 다른 기전을 제공한다. 작은 세포 외부(외인성) DNA 조각은 살아 있는 세균 속으로 도입되어, 수용체 세포에서 안정된 유전적 변화를 유도할 수 있다. 이 장에서 형질전환을 다루는 이유는 형질전환을 일으키는 세균종들에서 접합보다는 훨씬 제한적이긴 하나, 이 기전이 세균 유전자의 지도작성에 사용될 수 있기 때문이다. 이 책 뒷부분에서 살펴보겠지만(10장 참조), 형질전환 과정 역시 DNA가 유전물질임을 증명하는 데 유용한 수단이었다. 비록 **전기천공법(electroporation)**에 의해 유도되는 인위적인 방법이기는 하지만, 재조합 DNA에 대한 학습에서(20장), 형질전환이 유전자 클로닝의 중요한 방법임을 알게 될 것이다.

형질전환 과정

형질전환 과정(그림 6-12)은 여러 단계로 구성되는데, 크게 (1) 외부 DNA의 수용체 세포 속으로의 도입과 (2) 외부 DNA와 수용체 염색체의 상동 지역 사이에서의 재조합 과정을 포함한다. 유전적 재조합을 위해서는 두 과정의 완성이 요구되지만, 둘째 단계없이 형질전환의 첫째 단계만 일어나서, 세균의 세포질 안에 외부 DNA는 추가되었지만 염색체와의 재조합은 일어나지 않을 수도 있다.

세균 세포 집단에서 특별히 **수용능(competence)**이라는 생리적 상태에 있는 세포들만 DNA를 받아들인다. 여러 연구를 통해 다양한 종류의 세균이 자연에서 쉽게 형질전환을 수행한다는 것을 알았다(*Haemophilus influenza, Bacillus subtilis, Shigella*

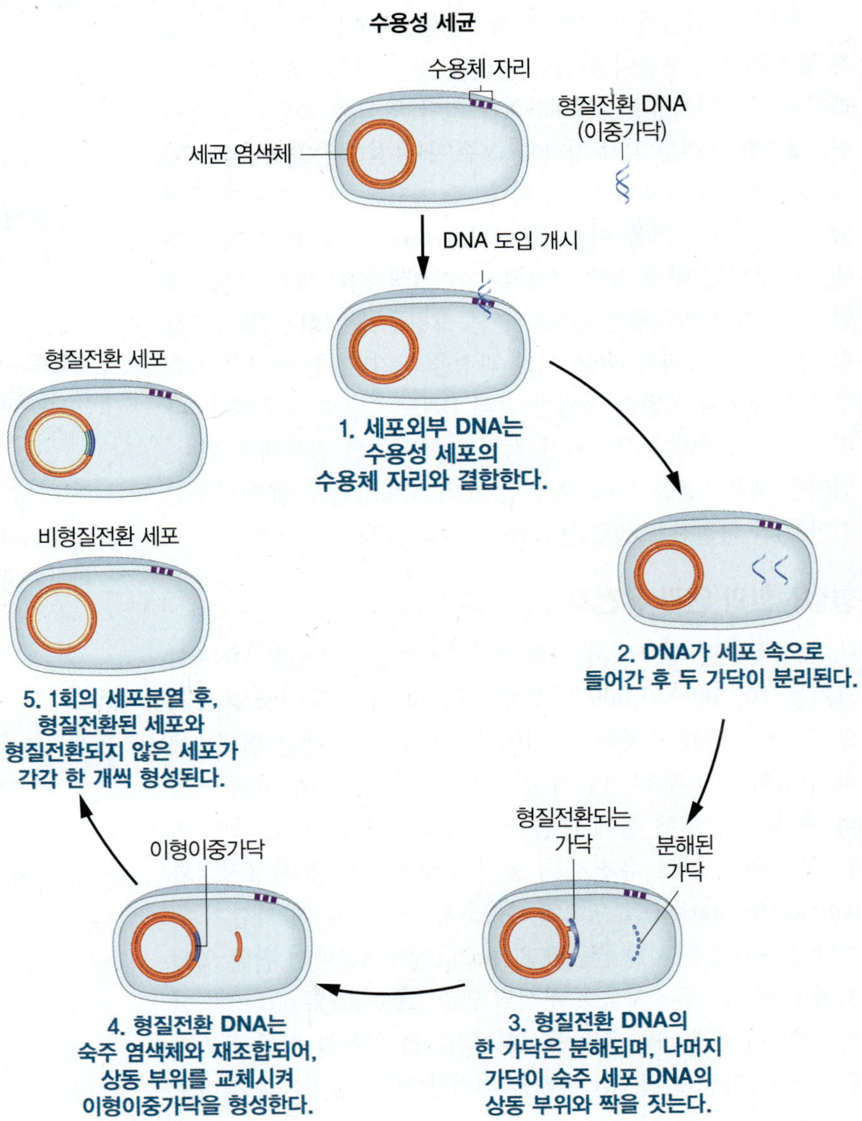

그림 6-12. 세균 세포에서 외인성 DNA에 의해 형질전환이 일어나는 과정. 도입되는 DNA는 두 가닥 중 한 가닥만이 형질전환 과정에 참여하며, 형질전환은 계속된 세포분열 때 완성된다.

paradysenteriae, Streptococus pneumoniae 및 *E. coli* 등). 다른 세균들도 수용능을 갖도록 실험실에서 유도할 수 있다. DNA의 도입은 수용 능력이 있는 세균의 세포 표면에 존재하는 제한된 수의 수용체 자리를 통해 일어나는 것으로 보인다(그림 6-12, 1단계). 에너지 생산이나 단백질 합성을 저해하는 물질들의 처리는 형질전환 또한 억제하므로 세포 속으로의 진입은 에너지와 특별한 전달 분자들을 필요로 하는 능동적인 과정으로 예상된다.

DNA가 도입된 후, 이중나선의 두 가닥 중 한 가닥은 곧 핵산분해효소에 의해 분해되므로, 한 가닥만 형질전환에 참여한다(그림 6-12, 2와 3단계). 살아남은 가닥은 세균 염색체의 상보적 부위와 함께 배열한다. 몇 가지 효소가 관여하는 과정을 통해, DNA 조각은 염색체의 상동 부위와 교체되며(4단계), 잘려진 염색체 DNA 가닥은 분해된다.

재조합을 검출하기 위해서, 형질전환 DNA는 돌연변이와 같은 유전적으로 구별이 가능한 변이를 갖는 다른 균주로부터 유래하여야 한다. 형질전환 DNA가 일단 염색체 속으로 통합되면, 재조합 부위는 각각 하나의 숙주 가닥(원래 존재했던 DNA)과 돌연변이체 가닥으로 구성된다. 각 가닥은 서로 다르게 유래했으므로, 이 지역을 **이형이중가닥(heteroduplex)**이라 부르는데, 이 부위는 대개 일부 일치되지 않는(짝틀림) 염기서열을 포함한다. 이런 짝틀림은 DNA 수선 과정을 활성화시킨다(15장 참조). 수선과 1회의 DNA 복제 과정을 거치면, 한 가닥은 처음 수용체 세포의 서열과 동일한 본래 DNA 서열로 복구되며, 나머지는 돌연변이체 유전자가 적절하게 배치된 염색체로 된다. 연이은 세포분열을 통해 각각 한 개의 비형질전환 세포(비돌연변이체)와 형질전환 세포(돌연변이체)가 생성된다(5단계).

형질전환과 연관 유전자

초기 형질전환 연구에서 가장 효율성이 높은 외인성 DNA의 크기는 10,000~20,000 염기쌍으로, 몇 가지 유전자를 보유할 수 있을 만큼 충분히 긴 길이임을 밝혔다.[3] 세균 염색체에서 인접하거나 매우 가깝게 위치한 유전자들은 이 정도 크기의 단일 조각 내에 함께 포함될 수 있다. 결과적으로 단일 전달 사건으로 여러 유전자를 동시에 전달하는 **동시형질전환(cotransformation)**을 일으킬 수 있다. 서로 충분히 가깝게 위치한 유전자들은 서로 **연관된다(linked)**. 진핵생물에서 단일 염색체에 존재하는 유전자들로 구성된 **연관 그룹(linkage group)**과 달리, 여기서 **연관(linkage)**은 동시형질전환을 허용할 만큼 유전자들이 서로 가깝게 위치한 상태를 의미한다(즉, 유전자들이 바로 옆에 혹은 가깝게 위치한 경우).

두 유전자가 연관되지 않았다면, 동시 형질전환은 서로 다른 DNA 조각이 관여된 두 독립적인 사건의 결과로서만 일어날 수 있다. 진핵생물에서의 이중 교차가 일어나는 현상과 비슷하게, 동시에 두 독립적인 형질전환이 일어날 확률은 각각의 확률의 곱과 같다. 따라서 연관되지 않은 두 유전자가 동시에 형질전환이 일어날 확률은 두 유전자가 서로 연관되었을 경우보다 훨씬 낮다. 어떤 주어진 조건에서 연관된 유전자들 간의 상대적인 거리를 형질전환 결과로부터 측정할 수 있는데, 이것은 약간 더 복잡하기는 하지만, 진핵생물에서의 염색체 지도작성 원리와 비슷하다.

[3] 오늘날, 유전자 재조합 실험에서 2000 염기쌍 길이의 DNA가 매우 효율적인 것으로 알려져 있다.

실전문제

6-2 유전자형이 $a^- b^-$인 수용체 균주가 관여하는 형질전환 실험에서 다음과 같은 결과를 얻었다. *a*와 *b* 유전자의 상대적인 위치에 대해 내릴 수 있는 결론은 무엇인가?

	형질전환체(%)		
형질전환 DNA	a^+b^-	a^-b^+	a^+b^+
a^+b^+	3.1	1.2	0.04
a^+b^-와 a^-b^+	2.4	1.4	0.03

힌트: 이 문제는 형질전환을 통해 세균 유전자들이 서로 가깝게 "연관"되었는지를 어떻게 결정할 수 있는지를 이해하는 데 있다. 당신은 각각의 두 유전자에 대한 상대적인 위치를 예상하는 질문을 받았다. 문제 풀이를 위한 핵심은 두 유전자의 동시형질전환은 확률의 법칙에 따라 일어난다는 것이다. '비연관된' 두 유전자는 오로지 두 가지 독립적인 사건에 의해서만 형질전환될 것이다. 이런 경우가 일어날 확률은 각 사건이 일어날 확률의 곱과 같다.

6.6 박테리오파지는 세균 바이러스이다

숙주가 세균인 바이러스를 **박테리오파지(bacteriophages)** 또는 흔히 **파지(phages)**라고 한다. 파지의 생식은 세균에서 형질도입(transduction)이라고 하는 새로운 유형의 유전적 재조합을 유도할 수 있다. 이 과정을 이해하기 위해서는 박테리오파지의 유전학에 대해 먼저 알아야 한다.

모델 생물로서 박테리오파지를 사용한 유전학 연구는 매우 활발히 수행되어 왔다. 이 절에서는 먼저 한 유형의 박테리오파지에 대한 구조와 생활사를 조사할 것이다. 이어서 이런 파지에 대해 세균에 감염된 동안에 어떤 연구가 수행되었는지를 알아볼

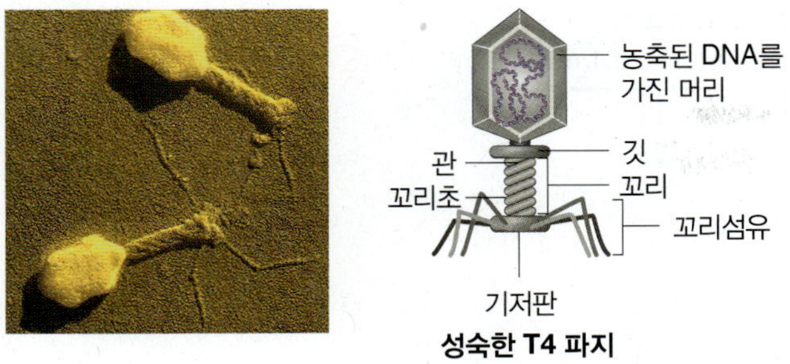

그림 6-13. 박테리오파지 T4의 구조로서, DNA로 채워진 20면체 머리, 깃, 관, 꼬리초가 포함된 꼬리, 꼬리 섬유를 가진 기저판으로 구성된다. 조립되는 동안 꼬리 구성 요소들이 머리에 부착되며, 이어 꼬리섬유가 부착된다.

것이다. 마지막으로, 초기 파지 감염이 일어난 후, 두 가지 가능한 생활사 양식을 비교 조사할 것이다. 이런 정보들은 **형질도입**과 **박테리오파지 재조합**에 대한 기초적인 배경으로 활용될 것이다.

파지 T4: 구조와 생활사

박테리오파지 T4는 T-짝수 파지(T-even phages)로 분류되는 세균 바이러스 그룹 중의 하나이다. 이 바이러스는 그림 6-13에서 보여주듯이 복잡한 구조로 되어 있다. 유전물질인 DNA는 20면체의 단백질 코트 속에 위치하면서 바이러스의 머리를 구성한다. DNA는 평균 크기의 유전자 150개 이상을 가지기에 충분한 크기이다. 머리는 깃(collar)과 중앙 관을 감싸는 수축초(contractile sheath)를 포함하고 있는 꼬리와 연결된다. 꼬리로부터 돌출된 꼬리섬유는 말단에 세균 숙주인 *E. coli* 세포벽의 바깥 표면에 존재하는 특수한 지역을 특이하게 인지하는 결합자리를 가진다.

파지 T4의 생활사(그림 6-14)는 바이러스가 세균 숙주 세포에 흡착으로 결합하면서 개시된다. 꼬리초의 ATP-매개 수축이 중앙 관의 세포벽 침투를 유도하는 것처럼 보인다. 머리 속의 DNA는 밀려나와 세포막을 통과하여 세균 세포질 속으로 들어간다. 몇 분 이내에 세균의 DNA, RNA 및 단백질 합성이 모두 저해되고, 바이러스 분자의 합성이 시작된다. 동시에 숙주 DNA의 분해가 일어난다.

바이러스 유전자의 활동이 집중적으로 일어나는 시기가 감염이다. 초기에 파지 DNA의 복제가 일어나서 바이러스 DNA 분자 풀을 만든다. 이어서 머리, 꼬리 및 꼬리섬유의 구성물들이 합성된다. 성숙한 바이러스의 조립은 복잡한 과정으로 이루어지는데, William Wood, Robert Edgar와 그 외 학자들에 의해 잘 연구되었다. 세 가지 과정으로 구성되는데: (1) 바이러스 머릿속으로 DNA의 포장, (2) 꼬리의 조립 및 (3) 꼬리섬유의 조립이다. DNA가 일단 머릿속으로 농축되어 포장되면, 머리는 꼬리 구조물과 합쳐지며, 이어서 꼬리섬유가 부착된다. 전체 공정은 자동 조립 기능과 효소-매개 과정이 종합되어 완성된다.

대략 200개의 새로운 파지가 생산되면, 세균 세포는 리소자임(파지 유전자의 산물)의 활성에 의해 파괴되며, 성숙한 파지들이 숙주 세포로부터 방출된다. 감염에서 이 단계를 **용균(lysis)**이라 하며, **용균회로(lytic cycle)**로 불리는 전체 과정을 완성한다. 약 200개의 새로운 파지들은 다른 세균 세포를 감염시키면서, 용균 과정을 계속적으로 반복한다.

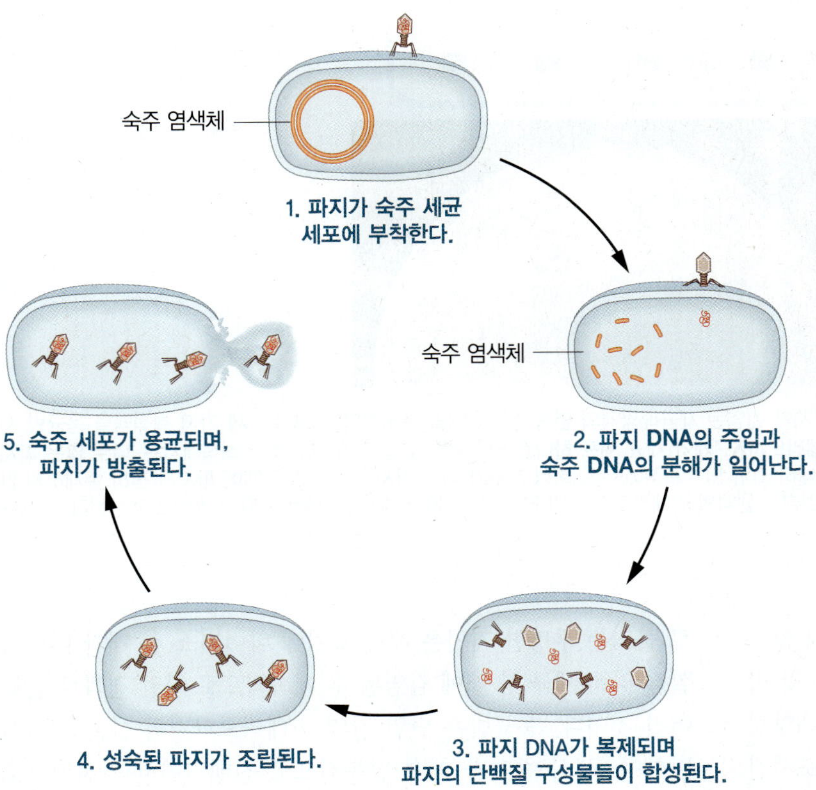

그림 6-14. 박테리오파지 T4의 생활사.

용균반 시험

박테리오파지와 다른 바이러스들은 분자생물학의 발전에 매우 중요한 역할을 하였다. 세균에 대한 바이러스의 감염은 연구에 필요한 엄청난 양의 박테리오파지를 얻을 수 있게 한다. 보통 10^{10}개 이상의 바이러스가 1 mL의 배양액으로부터 생산된다. 감염 후 특정한 배양 조건에서 생산된 용균반의 개수를 결정하는 것이 많은 유전학 연구에 중요하다. 박테리오파지의 돌연변이 및 재조합 연구와 같은 정량적 분석을 수행할 때, **용균반 시험(plaque assay)**은 매우 유용하게 활용된다.

그림 6-15는 용균반의 실제 모양과 함께 용균반 시험 과정을 설명해 주고 있다. 바이러스를 감염시킨 후 얻은 세균 배양액을 연속적으로 희석한다. 이어, 각

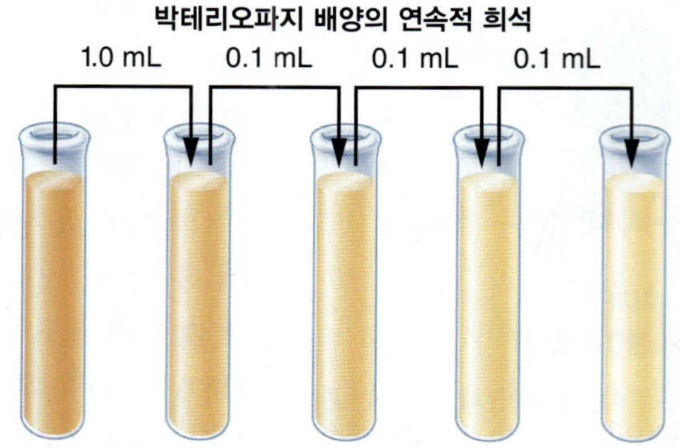

총 부피	10 mL	10 mL	10 mL	10 mL	10 mL
희석	0	10^{-1}	10^{-3}	10^{-5}	10^{-7}
희석 계수	0	10	10^3	10^5	10^7

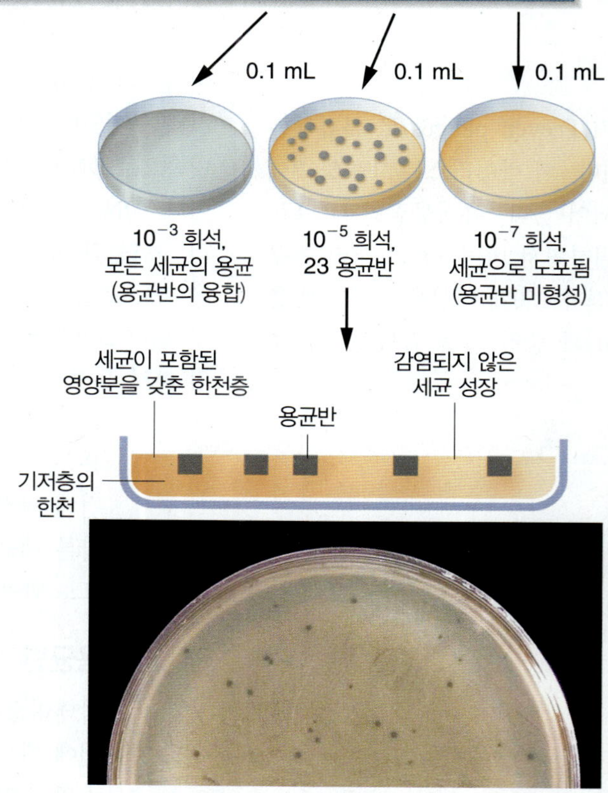

그림 6-15. 박테리오파지 분석을 위한 용균반 시험. 먼저, 박테리오파지가 감염된 세균배양액의 연속적 희석액을 준비한다. 그 다음, 세 가지 희석액을 용균반 시험 기술을 사용하여 분석한다(10^{-3}, 10^{-5}, 10^{-7}). 각 용균반은 초기에 박테리오파지 1개가 세균 세포 하나를 감염시킨 것을 의미한다. 10^{-3} 희석에서는, 너무 많은 파지가 존재하여 모든 세균이 용균된다. 10^{-5} 희석에서는, 23개의 용균반이 나타났다. 10^{-7} 희석에서는, 희석 계수가 너무 커서 0.1 mL 분주액에 파지가 전혀 존재하지 않으며, 따라서 용균반도 형성되지 않는다. 10^{-5} 희석의 0.1 mL 분주액으로부터, 원액의 박테리오파지 밀도가 $23 \times 10 \times 10^5$ 파지/mL(230×10^5)로 계산된다. 사진은 *E. coli*가 도포된 배지 위에 형성된 파지 T2의 용균반을 보여준다.

희석액으로부터 0.1 mL의 분주액을 영양분이 함유된 굳지 않은 소량의 한천배지(약 3 mL)에 섞어 주는데, 이 한천배지는 몇 방울의 잘 자란 세균 배양액이 더해진 것이다. 이 혼합액을 배양접시의 영양분이 포함된 고체 배지 표면에 부어 골고루 도포시킨 후, 배양 시작 전에 한천이 고체로 굳게 한다. **용균반(plaque)**으로 불리는 투명한 지역은 배양 초기에 바이러스 한 개가 바닥에 깔려 있는 세균 한 개에 감염된 후 계속적으로 자란 결과로 만들어진 것이다. 용균반은 단일 감염 박테리오파지의 클론들을 의미하며, 생식 주기가 계속 반복적으로 진행되면서 가시적으로 나타난 것이다. 너무 약하게 희석이 되면, 용균반이 너무 많이 형성되어 서로간에 붙게 되어 깔려 있는 세균 전체를 용균시켜 버릴 것이다. 그림 6-15에서는 이런 현상이 10^{-3}의 희석에서 관찰되었다. 그렇지만 희석 정도를 적당하게 높이면, 각 용균반을 셀 수 있으며, 초기 배양액의 바이러스 밀도를 측정할 수 있다.

$$\text{초기 파지 밀도} = (\text{용균반 개수/mL}) \times (\text{희석 계수})$$

그림 6-15에서는 10^{-5}로 희석된 0.1 mL의 분주액에서 23개의 용균반이 관찰되었다. 따라서 우리는 **현재의 희석된 용액**의 밀도를 230 용균반/mL로 측정한다(사용한 분주액이 0.1 mL이기 때문이다). 10^{-5}로 희석된 배양액의 0.1 mL에서 23개의 용균반이 관찰되었으므로, 원래 희석되지 않은 배양액의 초기 파지 밀도는 다음과 같이 계산된다.

$$\text{초기 파지 밀도} = (230/\text{mL}) \times (10^5) = (230 \text{ X } 10^5)/\text{mL}$$

이번 예시는 10^{-5} 희석액으로부터 얻어졌으므로, 우리는 또 10^{-7}의 희석에서는 훨씬 낮은 0.23 용균반/0.1 mL을 얻을 것으로 예상할 수 있다. 따라서 만약 0.1 mL의 10^{-7} 희석액으로 실험을 수행한다면, 한 개의 파지 입자도 관찰하지 않을 것으로 예상된다. 이런 예측은 그림 6-15에서 입증하고 있는데, 어떤 용균반도 나타나지 않는 세균의 본래 도말 상태를 보여준다. 이것은 희석 계수가 단순히 너무 크기 때문이다.

용균반 시험의 수행은 박테리오파지의 돌연변이 및 재조합 연구에 매우 유용하게 활용되었다. 이 장의 뒷부분에서 파지 T4의 단일 유전자에 대한 Seymour Benzer의 정교한 유전 분석에 대해 논의할 때, 우리는 이 시험을 보다 직접적으로 적용해 볼 것이다.

용원성

바이러스에 대한 세균의 감염이 바이러스 증식과 용균을 언제나 유발하지는 않는다. 1920년대 초에 바이러스는 세균 세포 속으로 침입한 후 세균과 공존할 수 있음이 밝혀졌다. 이런 공존관계에 대한 정확한 분자적 기전이 오늘날 잘 밝혀져 있다. 바이러스 DNA는 침입 후, 세균의 세포질에서의 복제 대신에 세균의 염색체 속으로 통합된다. 이런 통합은 **용원성(lysogeny)**으로 불리는 발생단계의 특징이다. 그 후, 세균의 염색체가 복제될 때마다, 바이러스 DNA도 따라서 복제되고 세포분열에 따라 자손의 세균 세포로 전달된다. 새로운 바이러스가 생산되지 않으며, 세균 세포의 용균도 일어나지 않는다. 그렇지만 화학물질이나 자외선 처리와 같은 특정한 자극이 주어지면, 바이러스 DNA는 자신의 통합된 상태를 소실하여 복제, 파지 증식 및 세균의 용균을 개시한다.

용원성의 관계를 설명하는 데 몇 가지 용어를 사용한다. 세균 염색체 속으로 삽입되어 통합된 상태의 바이러스 DNA를 **프로파지(prophage)**라 부른다. 세포를 용균시키거나 프로파지로 행동할 수 있는 바이러스를 **용원성 파지(temperate phages)**라 한다. 세포를 오로지 용균만 시킬 수 있는 바이러스는 **독성 파지(virulent phages)**라 부른다. 프로파지를 가지는 세균은 **용원상태에 있는(lysogenized)** 것이다. **용원성 세균(lysogenic bacteria)**에서 바이러스 생식이 유도되면 용균될 수 있다. 바이러스 DNA는 앞에서 논의한 F 인자와 마찬가지로 **에피솜(episome)**으로 분류되며, 세포질에서 혹은 염색체의 한 부분으로 복제할 수 있는 유전적 분자이다.

6.7 형질도입은 바이러스-매개 세균의 DNA 전달 과정이다

1952년에 Norton Zinder와 Joshua Lederberg는 *Salmonella typhimurium* 세균에서 재조합 가능성에 대해 조사하였다. 그들은 두 개의 서로 다른 영양요구주 균주들의 혼합 배양으로부터 원영양체를 분리하였지만, 재조합이 *E. coli*에서와 같은 F 인자 및 접합에 의해서 일어나지는 않는다는 것을 알았다. 그들이 발견한 것은 오늘날 **형질도입(transduction)**으로 부르는 박테리오파지에 의해 매개되는 세균의 재조합 과정이었다.

Lederberg-Zinder 실험

Lederberg와 Zinder는 *Salmonella*의 영양요구성 균주 LA-22와 LA-2를 함께 섞어준 후 최소배지에 도말하여, 원영양체 세포를 분리하였다. LA-22 균주는 페닐알라닌과 트립토판 아미노산을 합성할 수 없으며(phe^- trp^-), LA-2는 메티오닌과 히스티딘 아미노산을 합성할 수 없다(met^- his^-). 원영양체(phe^+ trp^+ met^+ his^+)는 약 $1/10^5$ 세포(또는 10^{-5})의 비율로 복구되었다.

이런 관찰에 대해 처음에는 *E. coli*의 접합 균주에서 관찰된 것과 같은 종류의 재조합인 것으로 예상하였지만, Davis U관을 사용한 실험은 곧 그렇지 않음을 보여주었다(그림 6-16). 두 영양요구성 균주는 유리 필터로 분리시켜서, 두 균주 간의 직접적인 접촉은 억제시켰지만, 여전히 공동 배지에서 자라게 하였다. 필터의 양쪽 관 속에서 배양액을 수거하여 최소배지에 각각 도말하였더니 놀랍게도 원영양체가 복구되었는데, LA-22 세균을 접종한 쪽의 관에서만 출현하였다. 만약 접합에 의해 일어난 일이라면, Davis U관은 모든 재조합을 억제했어야 한다(그림 6-4 참조).

LA-2 세포는 새로운 유전정보(phe^+ 및 trp^+)의 공급원인데, 어떻게 LA-2 세포로부터 LA-22 세포까지 정보가 필터를 통해

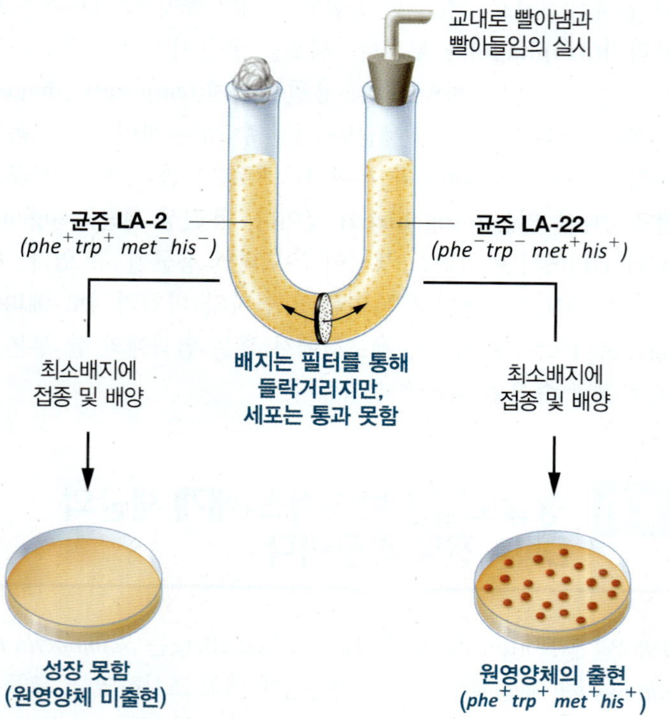

그림 6-16. *Salmonella*를 이용한 Lederberg와 Zinder의 실험. 두 종류 영양요구성 균주를 각각 Davis U관의 반대쪽 관에 접종시킨 후, LA-2 균주가 접종된 쪽이 아닌 LA-22 균주가 접종된 쪽에서 원영양체를 분리하였다.

전달되어 교차를 일으키는지는 미스터리였다. 알지 못하는 새로운 전달자를 단순히 **여과성 물체(filterable agent, FA)**로 표기하였다.

FA의 실체를 밝히기 위해 다음의 세 가지 실험적 관찰이 사용되었다.

1. LA-2 세포가 LA-22 세포와 배지를 공유하며 자랐을 때만 FA가 LA-2 세포로부터 만들어졌다. LA-2 세포를 독립적으로 자라게 한 후 나중에 이 배지를 LA-22에 첨가하면 재조합이 일어나지 않았다. 따라서 LA-22 세포는 LA-2에 의한 FA의 생산에 어떤 역할을 담당하지만, 두 균주가 성장 배지를 공유할 때만 그 역할을 수행하였다.
2. DNA를 분해하는 효소인 DNase의 첨가는 FA의 활동을 저해시키지 못했다. 따라서 FA는 세포 외부에 자유롭게 존재하는 외인성 DNA가 아니므로, 형질전환은 배제되었다.
3. Davis U관에서 필터의 구멍 크기를 박테리오파지의 크기보다 작게 줄였을 때는, FA가 필터를 통과하지 못했다.

이런 실험적 관찰과 용원성 파지가 *Salmonella* 균을 용원성 상태로 유지시키는 기전으로부터, 연구자들은 유전적 재조합 사건이 LA-22 *Salmonella* 세포의 염색체에 프로파지 형태로 이미 존재하던 박테리오파지 P22에 의해 매개된 것으로 예상하였다. 연구자들은 P22 프로파지는 때때로 증식기(vegetative phase) 혹은 용균기로 전환되어 증식한 후, LA-22 세포로부터 방출되는 것으로 가설을 세웠다. 세균보다 훨씬 작은 P22와 같은 파지는 U관의 필터를 통과하여, 일부 LA-2 세포에 감염된 후 용균시킨다. LA-2의 용균 과정에서 P22 파지는 간혹 자신의 머릿속에 LA-2 염색체의 일부를 포장한다. 만약 그 부위가 phe^+과 trp^+ 유전자를 포함한다면, 그리고 이어서 해당 파지가 필터를 가로질러 LA-22 세포에 감염된다면, 새롭게 형성된 용원성 세포는 원영양체처럼 행동할 것이다. 세균의 재조합이 박테리오파지 P22에 의해 매개되는 이런 형질도입 과정을 그림 6-17에 도식화하였다.

형질도입의 본질

후속 연구를 통해 다른 종류의 세균에서도 형질도입성 파지의 존재를 밝혔다. 예를 들면, *E. coli*는 파지 P1에 의해 형질도입되었고, *B. subtilis*와 *Pseudomonas aeruginosa*는 파지 SPO1과 F116에 의해 각각 형질도입되었다. 몇몇 다른 유형의 형질도입 방식에 대해서도 자세히 밝혀졌다. 비록 형질도입의 처음 관찰은 용원성 파지와 용원상태에 있는 세균에서 이루어졌지만, 동일한 과정이 정상적인 용균 회로 동안에도 일어날 수 있음이 밝혀졌다. 때때로, 작은 세균 DNA 조각이 바이러스 염색체와 함께 포장되거나, 아니면 바이러스 염색체 대신 포장되어 형질도입성 파지는 바이러스 DNA와 세균 DNA를 모두 보유하거나, 세균 DNA만을 보유할 수 있다. 어떤 경우든지, 형질도입성 파지는 단지 적은 수의 세균 유전자만을 보유할 수 있는데, 파지 머리는 최대한 세균 염색체의 1%까지 농축하여 보유할 수 있다. 숙주 세포를 감염시키는 능력은 파지 머릿속의 DNA 종류와 관련이 없으므로, 두 경우의 바이러스 모두 형질도입을 일으키는 일이 가능하다.

바이러스 DNA 대신 세균 DNA가 숙주 세포 속으로 주입되었을 때, 그 DNA는 세포질에 남거나 세균 염색체의 상동지역과 재조합된다. 만약 박테리아 DNA가 세포질에 남는다면, 이것은 복제될 수는 없지만, 세포분열 후 하나의 자손 세포의 세포질로 전달될 수 있다. 이런 일이 발생하면, 단지 한 세포만 형질도입된 유전자들에 대해서 부분적으로 이배체가 유도되는데, 이런 현상을 **미결실 형질도입(abortive transduction)**이라 부른다. 세균 DNA가 세균 염색체의 상동 지역과 재조합되면, **완전 형질도입(complete transduction)**이 일어나며, 이 경우 형질도입되는 유전자들은 염색체의 한 부분으로 완전히 편입되어 모든 딸세포로 전달된다.

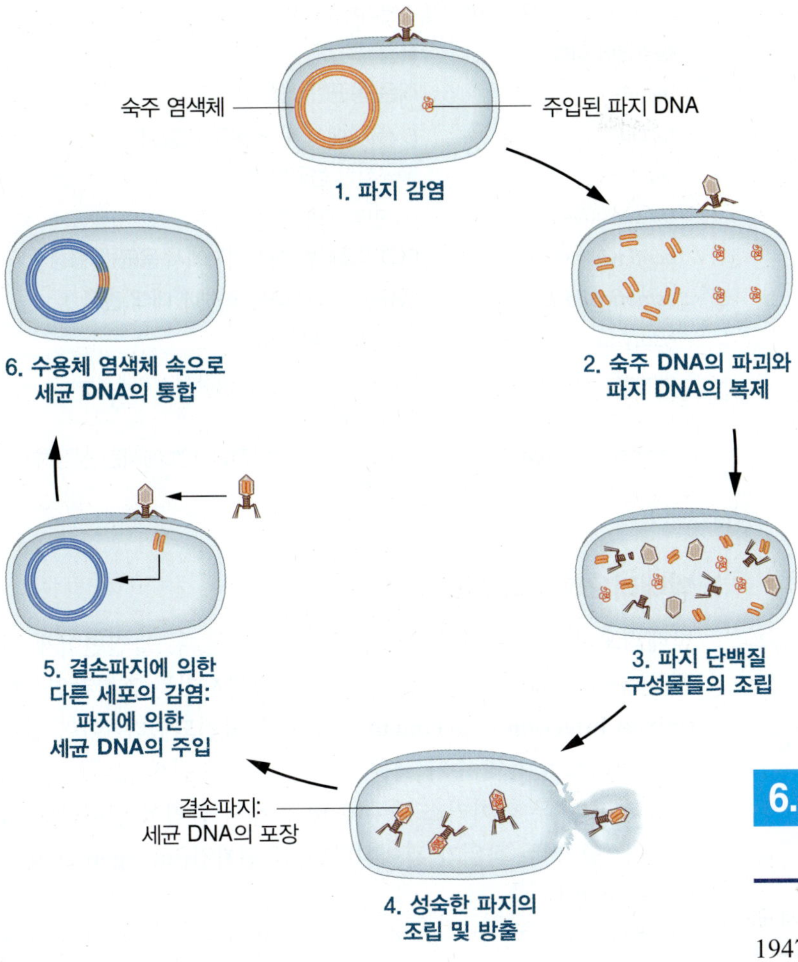

그림 6-17. 일반 형질도입.

미결실 형질도입과 완전 형질도입은 모두 무작위적으로 DNA 조각과 유전자가 도입되는 특징을 보이는 **일반 형질도입**(generalized transduction)이라는 큰 그룹의 하위 그룹들이다. 세균 염색체의 각 조각은 제한적이지만 파지 머릿속으로 포장된 후 형질도입 동안 재조합될 수 있는 낮은 기회를 가진다. 대부분의 일반 형질도입은 미결실형으로, 완전 형질도입은 미결실 형질도입보다 10~20배 낮은 빈도로 일어나는 것으로 여겨진다. 일반 형질도입에 비해, **특수 형질도입**(specialized transduction)은 세균 DNA의 전달이 무작위적이지 않으며, 균주-특이적 유전자가 형질도입될 때만 일어난다. 이것은 용원성 박테리오파지의 프로파지 DNA가 숙주 염색체로부터 절단되어 나올 때, 바이러스 DNA의 어느 한쪽 끝에 세균 DNA 일부를 가질 때 일어난다.

형질도입과 지도작성

형질전환과 마찬가지로, 형질도입은 세균 염색체의 연관분석과 지도작성에 사용되었다. 형질도입 사건에 관여하는 세균 DNA 조각은 몇몇 유전자를 보유할 만큼 충분히 크다. 결과적으로, 세균 염색체상에서 서로 가깝게 위치하는 두 유전자는 **동시형질도입(cotransduction)**으로 불리는 과정에 의해 동시에 형질도입될 수 있다. 만약 두 유전자가 단일 DNA 조각에 포함될 만큼 염색체상에서 충분히 가깝지 않다면, 두 유전자를 모두 단일 세포로 전달하기 위해서는 두 번의 독립적인 형질도입 사건이 일어나야 한다. 이런 일은 동시형질도입보다 훨씬 낮은 확률로 일어나므로, 특정 유전자들의 동시 재조합의 빈도를 비교하여 연관의 정도를 결정할 수 있다.

둘 혹은 세 개의 연관된 유전자에 초점을 맞춘다면, 형질도입 연구는 관련 유전자들의 정확한 순서 또한 결정할 수 있다. 서로 더 가깝게 연관된 유전자들일수록 동시형질도입의 빈도는 더 높아진다. 세 개의 가깝게 배열된 유전자들에 대해 지도작성 연구를 수행할 수 있는데, 다른 지도작성의 방법과 동일한 원리로 유전자 위치를 예측할 수 있다.

6.8 박테리오파지는 유전자간 재조합을 일으킨다

1947년 무렵에 몇몇 연구팀들은 박테리오파지에서 유전적 재조합을 관찰할 수 있음을 보여주였다. 이런 관찰은 바이러스에서도 유전자 지도작성이 가능함을 알게 했다. 이런 연구는 가시적으로 구분되거나 분석될 수 있는 수많은 파지 돌연변이들의 동정에 의존하였다. 세균이나 진핵생물에서와 같이, 돌연변이들은 유전자를 동정하고 이어서 지도작성 실험에 활용될 수 있다. 세균성 바이러스에 대한 재조합과 지도작성을 학습하기 전에, 잘 알려진 몇 가지 돌연변이들에 대해 간단히 살펴보고자 한다.

박테리오파지 돌연변이

파지 돌연변이는 종종 세균 세포의 용균으로 형성되는 용균반의 형태에 영향을 준다. 예를 들어, Alfred Hershey는 1946년에 *E. coli*의 균주 B의 배지 위에서 특이한 T2 용균반을 관찰하였다. 일반적인 T2 용균반은 작으면서 가운데는 뚜렷하지만 바깥으로 갈수록 흐려지는(거의 보이지 않는) 후광을 보인다. 반면, 특이한 용균반은 더 크며, 뚜렷한(옅은 색의 용균반에 비해) 경계선을 보인다(그림 6-18). 바이러스를 이런 용균반으로부터 분리한 후, *E. coli* B 균주에 재감염시켰을 때도 나타나는 용균반 형태는 동일했다. 그래서 용균반 표현형은 돌연변이체 파지의 증식으로 나타나는 유전성 형질로 판명되었다. Hershey는 그 돌연변이체를 *rapid lysis*(*r*)로 명명했는데, 커다란 크기의 용균반이 파

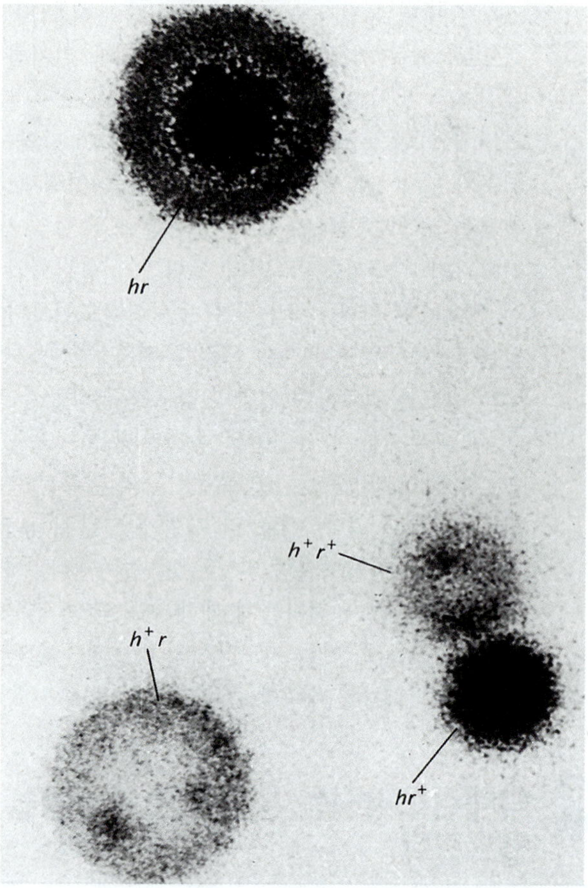

그림 6-18. 두 종류의 T2 파지, h^+r와 hr^+를 *E. coli*에 동시 감염시켜서 관찰한 용균반 형태 표현형. 부모형의 유전자형 외에도 재조합체 용균반인 *hr*과 h^+r^+가 관찰된다.

지의 더 빠르거나 더 효율적인 생활사에 기인하는 것으로 생각했기 때문이다. 오늘날 우리는 야생형 파지에서 일정한 크기의 용균반이 형성되면, 더 이상의 증식이 억제된다는 것을 알고 있다. T2 파지의 *r* 돌연변이체는 이런 억제를 극복하여 더 큰 용균반을 만든다.

Salvador Luria는 다른 박테리오파지 돌연변이인 *host range* (*h*)를 발견하였다. 이 돌연변이는 파지가 감염할 수 있는 세균의 숙주 범위를 넓힌다. 야생형 T2 파지는 *E. coli* B 균주만 유일하게 감염할 수 있고, 다른 균주인 *E. coli* B-2의 표면에는 부착하거나 흡수되지 못한다. 그러나 *h* 돌연변이체는 *E. coli* B-2에 부착하여 감염시키는 능력을 가진다. *E. coli* B와 B-2를 섞어서 배양하면, *h* 용균반은 h^+의 용균반보다 중앙의 색이 훨씬 더 짙다(그림 6-18).

표 6.1은 T-짝수 박테리오파지(즉, T2, T4, T6)에서 분리되어 연구된 또 다른 종류의 돌연변이 리스트이다. 이런 돌연변이는 박테리오파지에서 유전적 현상을 연구하는 데 중요하다.

표 6.1 T-짝수 파지의 여러 돌연변이체들

돌연변이 이름	특징
minute	작은 용균반 형성
turbid	*E. coli* B에서 탁한 용균반 형성
star	불규칙한 용균반 형성
UV-sensitive	UV 민감도의 변화
acriflavin-resistant	아크리플라빈 한천배지에서 용균반 형성
osmotic shock	증류수에서의 빠른 희석에 대해 견딤
lysozyme	리소자임 생산 불능
amber	*E. coli* K12에서는 성장하지만 B에서는 성장 못함
temperature-sensitive	25℃에서는 성장하지만 42℃에서는 성장하지 못함

박테리오파지의 지도작성

박테리오파지의 유전적 재조합은 서로 다른 두 돌연변이체 파지 균주를 동일한 세균 배양에 동시에 감염시키는 **혼합감염실험(mixed infection experiments)** 과정 중 발견되었다. 이런 실험은 바이러스 입자의 수가 세균 세포의 수보다 훨씬 많아서, 대부분의 세포가 두 바이러스 균주에 대해 동시 감염이 일어나게 설계한다. 만약 두 좌위가 관여된다면, **유전자간(intergenic)** 재조합이라고 한다.

예를 들어, T2/*E. coli* 시스템을 사용한 한 연구에서 부모형 바이러스는 h^+r(야생형 숙주범위, 빠른 용균)이거나 hr^+(숙주범위의 확장, 정상 용균)가 사용되었다. 만약 재조합이 일어나지 않았다면, 이 두 부모 유전자형만 파지 자손에서 관찰될 것이다. 그러나 부모 유전자형 외에도, 재조합체인 h^+r^+와 *hr*이 관찰되었다(그림 6-18 참조). 진핵생물과 마찬가지로, 전체 용균반의 수로 나눈 재조합체 용균반의 비율은 두 유전자 간의 상대적 거리를 반영한다:

$$\text{재조합체 빈도(\%)} = (h^+r^+ + hr)/\text{전체 용균반 수} \times 100$$

*h*와 *r* 좌위에 대해 예시로 제시된 데이터를 표 6.2에서 보여준다.

비슷한 재조합 연구가 다양한 박테리오파지에서 수많은 돌

표 6.2 파지 T2의 *h*와 *r* 유전자가 포함된 교배($hr^+ \times h^+r$)의 결과

유전자형	용균반 수	결과분석
hr^+	42	부모형 자손
h^+r	34	76%
h^+r^+	12	재조합체
hr	12	24%

출처: Data derived from Hershey and Rotman(1949).

연변이 유전자들을 대상으로 수행되었다. 그 결과들은 진핵생물의 지도작성 실험과 매우 비슷하게 분석한다. 2- 혹은 3- 좌위 간 지도작성이 가능하고, 총 파지 자손 중 재조합체의 비율을 계산한다. 이 비율값은 염색체를 구성하는 DNA 분자에서 두 유전자 간의 상대적 거리에 비례한다.

두 바이러스 염색체 간의 절단 및 재융합 과정으로 진행되는 파지 재조합은 진핵생물의 교차 모델과 유사하다. 바이러스 재조합의 역동성에 대해서는 상당히 자세하게 밝혀졌다. 감염이 되면 초기에 파지의 염색체는 복제를 시작한다. 이 시기가 진행되면서, 염색체의 풀이 세균의 세포질에 축적된다. 서로 다른 유전자형을 가진 두 파지에 이중 감염이 일어나면, 염색체 풀은 처음에는 두 종류의 부모형으로만 구성된다. 복제 전이나 후 혹은 복제가 진행되는 동안 두 유전자형 사이에 유전적 교환이 일어난다면, 재조합 염색체가 만들어진다.

여기서 논의한 h^+r과 hr^+의 경우에는, h^+r^+과 hr의 재조합 염색체가 만들어진다. 이런 염색체 각각은 복제를 수행하여, 재조합체 서로간 및 부모형 간에 교환이 일어난 새로운 복제물들을 형성시킨다. 그 외에도, 재조합은 두 염색체의 교환에 한정되지 않고, 세 개 혹은 그 이상의 염색체가 동시에 관여될 수 있다. 파지 발생이 진행됨에 따라 염색체들은 무작위적으로 풀로부터 선택되어 파지 머릿속으로 포장되어 성숙한 파지 입자를 형성한다. 따라서 자손파지에는 다양한 부모형과 재조합 유전자형이 존재한다.

다음 절에서 살펴보겠지만, 바이러스의 강력한 선별 기작으로 하나의 유전자 안에서 교환이 일어나는 **유전자 내 재조합**(*intragenic* recombination)을 탐색할 수 있는데, 유전자와 유전자 사이의 어떤 지점에서 일어나는 유전자 간 재조합과 구분된다. 이런 연구는 유전자의 정밀 구조분석이라 불리는 연구 분야를 탄생시켰다.

6.9 파지 T4에서 유전자 내 재조합이 일어난다

이 절에서는 유전 분석의 독특한 예를 소개하고자 한다. 1950년대 초에 Seymour Benzer는 파지 T4의 한 단일 좌위인 *rII*에 대해 자세히 알아보았다. Benzer는 유전자 내 교환의 결과로 극히 드물게 나타나는 유전적 재조합체를 분리할 수 있는 실험을 성공적으로 디자인하였다. 이런 재조합은 진핵생물의 교차에 해당되지만, 두 유전자 사이가 아니라 한 유전자 내에서 일어난다는 특징을 가진다. Benzer는 이런 재조합이 *E. coli* 숙주 세균에 동시에 감염한 개별 박테리오파지들로부터 유래한 DNA 사이에서 일어난다고 주장했다.

Benzer가 수행한 연구로 *rII* 좌위에 대한 상세한 지도가 작성되었다. 그의 분석으로 매우 상세한 정보가 제공된 점과 염기서열분석 기술이 개발되기 수십 년 전에 이런 실험이 수행되었다는 점 때문에 유전자의 내부 구조와 관련된 통찰력은 특히 주목할만 하였다.

파지 T4의 *rII* 좌위

유전적 분석에서 1차적으로 필요한 사항은 조사하고자 하는 유전자에 대한 돌연변이를 많이 분리하는 일이다. *rII* 좌위의 돌연변이들은 *E. coli* 균주 B와 배양하였을 때 독특한 용균반을 형성하므로, 그들의 동정이 용이하였다. 그림 6-18은 관련된 T2 파지에서 r^+ 야생형과 r 돌연변이체의 용균반을 보여준다. Benzer는 독립적인 *rII* 돌연변이체를 많이 분리하는 일에서부터 연구를 접근하여, 재조합 연구 수행을 통해 이 좌위의 유전적 지도를 작성하고자 하였다. 그는 결국 약 20,000 돌연변이체를 얻었으며 이들은 무작위로 분리되었으므로 돌연변이의 대부분이 *rII* 좌위 내 다른 부위에 위치할 것이므로, 지도작성 연구에 대한 충분한 기반을 제공할 것으로 예상하였다.

Benzer의 분석에 대한 핵심은 *E. coli* B를 감염시켜 용균시키는 능력은 있지만, 두 번째 관련된 균주인 *E. coli* K12(λ)는 성공적으로 용균을 시키지 못하는 *rII* 돌연변이체 파지였다.[4)] 반면, 야생형 파지는 B와 K12(λ) 균주 모두를 용균시킬 수 있다. Benzer는 이런 조건들이 매우 민감한 스크린 기법 개발을 가능하게 할 것으로 판단했다. 어떤 두 개의 서로 다른 돌연변이체 균주에서 분리한 파지를 *E coli* B에 동시 감염시키면, 그 좌위에서 두 돌연변이 부위 간의 교환은 드물게 야생형 재조합체를 생성시킬 것이다(그림 6-19). 만약 99.9% 이상의 *rII* 파지와 0.1% 이하의 야생형 파지로 구성된 자손 파지들을 K12 균주에 감염시키면, 야생형 재조합체는 성공적으로 증식하여 야생형 용균반을 형성할 것이다. 이것이 드문 재조합체를 분리하고 정량화하는 핵심 단계이다.

연속적 희석 기술을 이용하여, Benzer는 *E. coli* B에서 생산된 *rII* 돌연변이체 파지의 전체 수와 *E. coli* K12를 용균시키는 재조합 야생형 파지의 숫자를 결정할 수 있었다. 이 결과는 재조합의 빈도를 결정하는 기초를 제공하였으며 유전자 내 두 돌연변이 사이의 거리와 비례하는 값을 보였다. 앞으로 보게 되겠지만, 이런 실험의 디자인은 매우 민감하였다. 즉, Benzer는 1억 개의 돌연변이체 파지로부터 한 개 이하의 재조합형인 야생

[4)] K2 명명에 포함된 '(λ)'는 이 세균 균주가 파지 λ에 의해 용원성임을 의미한다. 사실, 이것 때문에 *rII* 돌연변이체는 이런 세균을 용균시킬 수 없다. 앞으로는 이 균주를 *E. coli* K12로 간략히 표기할 것이다.

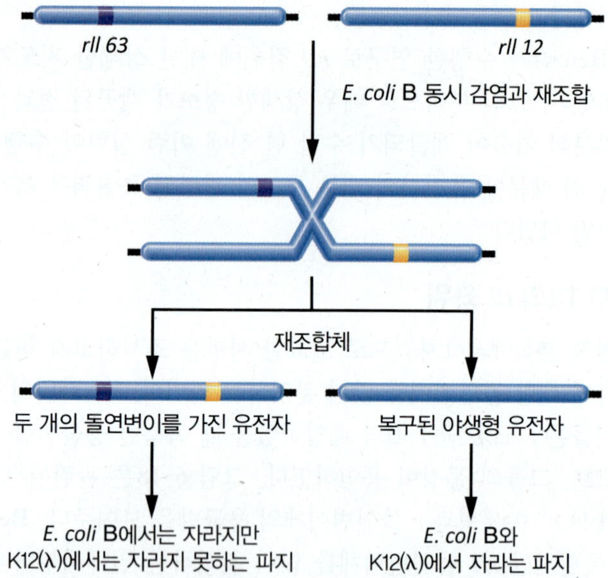

그림 6-19. 파지 T4의 *rII* 좌위에서 두 돌연변이 간 유전자 내 재조합의 도식. 재조합 결과로 *E. coli* B와 K12 모두에서 자랄 수 있는 야생형 파지와 두 돌연변이가 *rII* 좌위로 통합된 파지를 형성시켰다. 후자는 *E. coli* B에서는 자라겠지만, *E. coli* K12에서는 자라지 못한다.

형 파지를 분리할 수 있었다. 수많은 실험으로부터 얻은 정보를 종합하면, *rII* 좌위의 상세한 지도작성이 가능해진다.

지도작성에 대해 논의하기 전에 Benzer의 스크린의 초기 단계에서 이룬 업적으로, 오늘날 유전학 실험실에서 광범위하게 사용되는 **상보성 분석(complementation assay)** 기술 개발로 이끈 중요한 업적에 대해 먼저 살펴보고자 한다(4장 참조).

rII 돌연변이에 의한 상보성

Benzer가 유전자 내 재조합 연구를 시작하기 전에, 초기 단계에서 직면한 문제를 해결해야만 했다. K12 세균을 한 쌍의 서로 다른 *rII* 돌연변이 파지로 동시 감염시키는 대조군 실험을 수행하는 동안, Benzer는 어떤 *rII* 돌연변이 파지의 쌍들이 K12 세균을 용균시키는 것을 알았다. 야생형 *rII*만이 K12 세균을 용균시킬 수 있을 것으로 예상했기 때문에 이런 결과는 매우 당혹스러웠다. 어떻게 동일한 유전자 내에 결함을 가진 것으로 생각되는 두 *rII* 돌연변이 파지가 야생형의 기능을 나타내었을까?

Benzer는 동시 감염 동안 각 돌연변이체 파지는 다른 파지가 가진 어떤 결함을 공급하여, 야생형의 기능을 복구시킨 것으로 생각했다. 그가 **상보성(complementation)**으로 부른 이 현상은 그림 6-20(a)에서 보여준다. 많은 쌍의 돌연변이들에 대해 검증한 결과, 각 돌연변이는 두 개의 **상보성 그룹(complementation groups)**인 A 혹은 B로 나누어졌다. 서로 상보성에 실패한 돌연변이들은 동일한 상보성 그룹으로 분류하였으며, 서로 상보성을 보인 돌연변이들은 다른 상보성 그룹에 할당하였다. Benzer는 상보성 그룹을 묘사하기 위해 가장 작은 기능적 유전 단위를 의미하는 **시스트론(cistron)**이라는 신조어를 만들었다. 현대용어로 시스트론은 하나의 유전자를 의미한다.

우리는 지금 Benzer의 A와 B 시스트론이 처음 *rII* 좌위로 언급된 부위 속의 두 분리된 유전자를 의미한다는 것을 알고 있다(처음에 *rII* 좌위는 단일 유전자만 있는 것으로 가정했다). 한 돌연변이는 A 유전자에 존재하고 다른 유전자는 B 유전자에 존재하는 두 *rII* 돌연변이체를 사용하여 K12 세균을 감염시키면, 상보성을 보인다. 따라서 A 돌연변이체는 야생형 B를, B 돌연변이체는 야생형 A를 제공하기 때문에, 각 돌연변이체는 야생형 유전자 산물의 공급원이 된다. 우리는 또한 왜 두 돌연변이체가 상보성에 실패하는지를 설명할 수 있다. 두 A-시스트론 돌연변이체들은 실제로 동일한 유전자에 돌연변이가 존재하는 것이다. 이 경우에 두 A-시스트론 돌연변이체들이 조합된다면, B 야생형 산물의 공급원은 되겠지만, A 야생형 산물의 공급원은 될 수 없다[그림 6-20(b)].

Benzer는 일단 모든 *rII* 돌연변이들을 A나 B 시스트론에 할당한 후, A 시스트론에서 돌연변이를 상호 검증하거나 B 시스트론에서 돌연변이를 상호 검증하는 유전자 내 재조합 연구로 되돌아올 수 있었다.

실전문제

6-3 파지 T4의 *rII* 좌위에 대한 상보성 조사에서, 세 가지 서로 다른 돌연변이를 갖는 세 그룹을 검사하였다. 각 그룹에 대해서 두 가지 조합만 검사하였다. 아래에 주어진 기초 결과들을 근거로 하여, 각 그룹에 대한 세 번째 실험의 결과를 예측하라.

A 그룹	B 그룹	C 그룹
$d \times e$ –용균	$g \times b$ –용균 안됨	$j \times k$ –용균
$d \times f$ –용균 안됨	$g \times i$ –용균 안됨	$j \times l$ –용균
$e \times f$ –?	$b \times i$ –?	$k \times l$ –?

■ **힌트:** 이 문제는 *rII* 좌위에 서로 다른 돌연변이를 가지는 두 박테리오파지주가 하나의 세균 세포에 동시감염될 때 상보성이 왜 일어나는지를 이해하는 데 있다. 문제 풀이를 위한 핵심은 각 돌연변이가 서로 다른 유전적 산물을 만들지 못한다면, 각 파지주는 다른 파지주에서 소실된 산물을 공급하여 상보성을 유도한다는 것이다.

더 연습하려면 19, 20, 22번 문제를 참조하시오.

재조합 분석

약 20,000개의 *rII* 돌연변이 중에서 대략적으로 반 정도가 서로 다른 시스트론에 존재한다. Benzer는 각 시스트론에 존재하는 돌연변이들의 지도작성에 대해 착수하였다. 예를 들면, 두 *rII* A 돌연변이체들(즉, A 시스트론 내 서로 다른 돌연변이를 가진 두 파지 균주)을 먼저 액체 배지에서 *E. coli* B에 감염시켰다. 만약 A 시스트론 내 두 돌연변이 지점 사이에서 재조합이 일어난다면, 야생형 자손 파지들이 낮은 빈도로 출현할 것이다. 이와 같은 실험으로 얻은 자손 바이러스를 *E. coli* K12 배지에 도말하면, 야생형 재조합체만 세균을 용균시키면서 용균반을 만들 것이다. 전체 비재조합체 자손 파지의 수는 자손 파지를 *E. coli* B 배지에 도말하여 결정할 수 있다.

실험 과정을 **그림 6-21**에서 보여주고 있다. 재조합체의 비율은 적절한 농도로 희석시킨 배지에서 용균반의 수를 세어서 결정할 수 있다. 진핵생물의 지도작성 실험에서와 같이, 재조합체의 빈도는 시스트론 내에서 두 돌연변이 사이의 거리를 측정하는 일이다. 예를 들면, 재조합체의 수가 4×10^3/mL이고, 자손의 총 수는 8×10^9/mL이라면, 돌연변이체 간의 재조합 빈도는 다음과 같다:

$$2\left(\frac{4 \times 10^3}{8 \times 10^9}\right) = 2(0.5 \times 10^{-6})$$
$$= 10^{-6}$$
$$= 0.000001$$

각 재조합 사건은 두 개의 상호적인 산물을 생산하므로, 반드시 2를 곱해야 한다(둘 중 오로지 야생형인 1개만 검출됨).

rII 좌위의 결실 검사

앞에서 제시한 재조합 빈도를 결정하는 방법이 각 시스트론 내에 존재하는 돌연변이들의 지도작성을 가능하게 하지만, 한번에 두 개의 돌연변이씩 모든 가능한 조합으로 1000 돌연변이를 검사하기 위해서는 수백만 번의 실험을 수행해야 할 것이다. 다행히, Benzer는 **결실 검증(deletion testing)**이라고 하는 한 분석

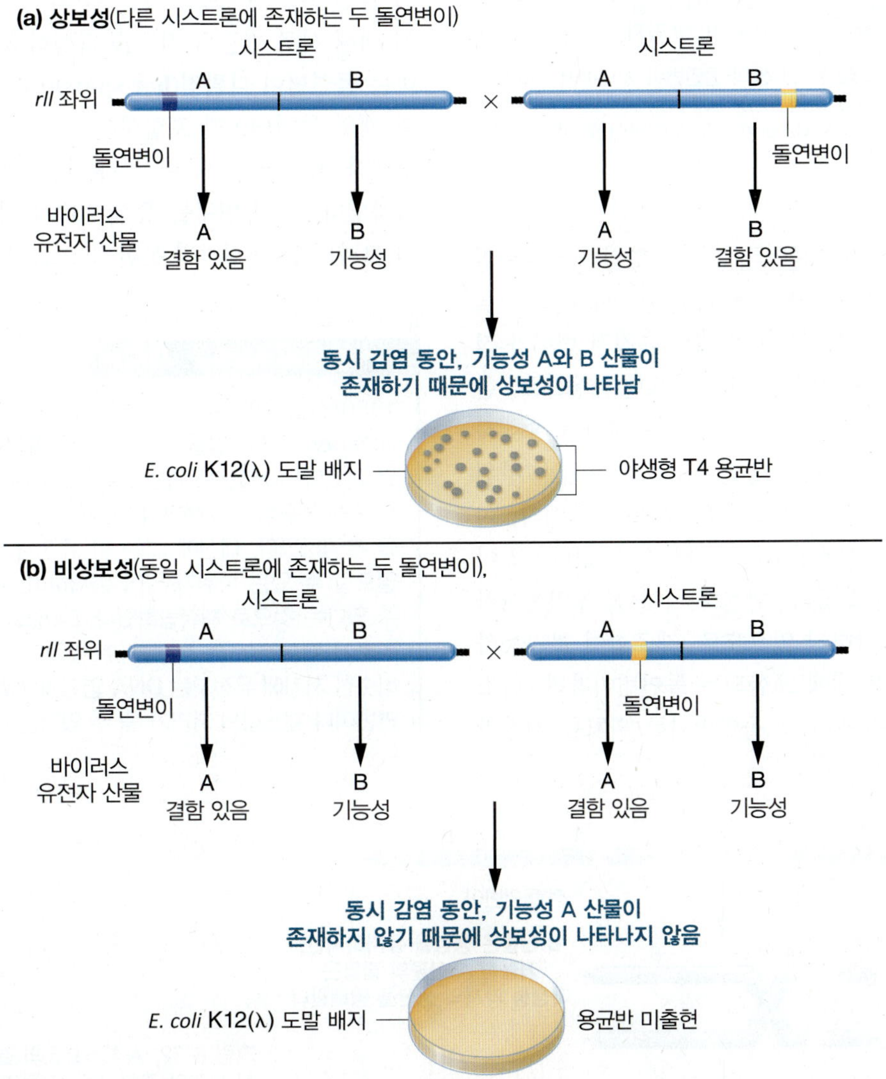

그림 6-20. 두 쌍의 *rII* 돌연변이 비교. (a) 서로 상보적인 경우를 보여준다. (b) 서로 상보적이지 않은 경우를 보여준다. 상보성은 각 돌연변이가 서로 분리된 시스트론에 존재할 때 나타난다. 상보성의 실패는 두 돌연변이가 동일한 시스트론에 존재할 때 나타난다.

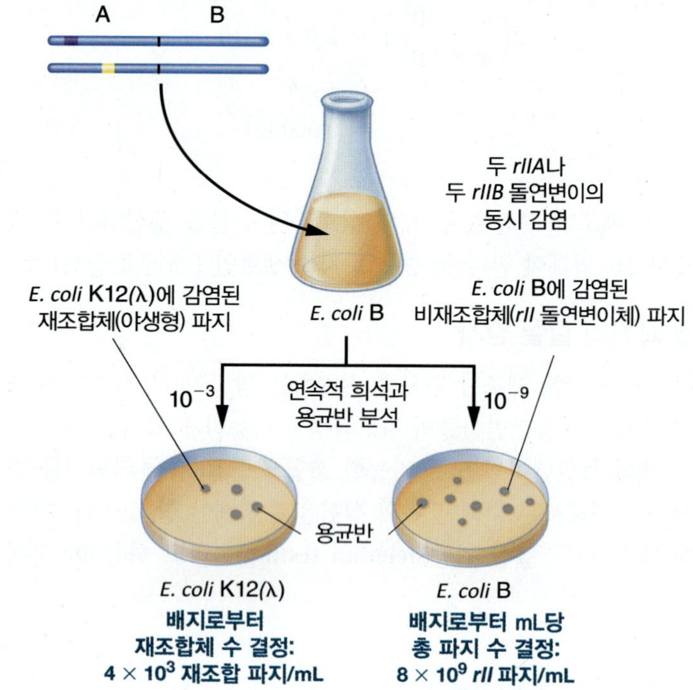

그림 6-21. 동일 시스트론에 존재하는 한 쌍의 돌연변이 사이에서 일어나는 재조합 분석 실험. 그림에서 플라스크 속의 *E coli* B에 감염되는 모든 파지는 플라스크의 왼쪽에 제시된 염색체처럼, A 시스트론에 두 돌연변이 중 하나를 보유한다.

방식을 고안함으로써, 이런 한계를 극복할 수 있었다. 그는 일부 *rII* 돌연변이는 실제로 각 시스트론의 작은 부위에 대한 결실이라는 것을 알았다. 즉, *rII* 특징을 나타내는 유전적 변이가 점 돌연변이의 특징이 아니라는 것이다. 가장 중요한 내용으로, 한 결실 돌연변이를 다른 파지와 동시 감염시키는 검사를 수행하되, 결실 돌연변이를 가지는 하나와 동일 시스트론의 결실 부위 내에 위치하는 점 돌연변이를 대상으로 검사하는 경우이다. 이런 검사에서는 절대 야생형 재조합체를 출현시킬 수 없다. 그 이유를 그림 6-22에서 설명하고 있다. 결실 지역이 점 돌연변이가 존재하는 DNA 부위를 포함하지 않으므로, 재조합이 불가능하다. 따라서 한 결실된 지역 내에 포함되는 돌연변이라면, 다소 정확도는 떨어지지만 신속하게, 그 돌연변이를 위치를 결정할 수 있다.

결실 검증은 각 돌연변이의 대략적인 위치에 대한 자료를 제공할 수 있었다. 예를 들면, 그림 6-23에서 보여주는 것과 같이, A 시스트론의 여러 지역에 걸쳐 중첩되어 존재하는 7가지 결실은 시스트론 내의 점 돌연변이의 초기 스크린에 사용되었다. 점 돌연변이를 가지는 바이러스 염색체가 결실을 가진 염색체와 재조합을 일으키는지 여부에 따라 각 점 돌연변이는 시스트론의 특정 지역으로 할당할 수 있다. 각 7개의 결실 지역 내 추가적인 결실의 검사는 각 *rII* 점 돌연변이를 더 정교하게 위치시키거나 지도작성을 하는 데 사용될 수 있다. 어떤 점 돌연변이가 야생형 재조합체의 생산에 실패한다면, 그 점 돌연변이는 결실 지역 내에 위치한다는 것을 기억하자.

rII 유전자 지도

몇 년간의 노력으로, Benzer는 파지 T4의 *rII* 좌위를 구성하는 두 시스트론의 유전적 지도를 작성하였다(그림 6-24). 20,000개의 돌연변이 분석으로부터, 이 좌위 내 307개의 구체적인 지점에 대해 서로 연관된 지도를 작성하였다. 많은 돌연변이를 포함하는 **돌연변이 다발점(hot spots)**이라 불리는 지역은 하나 내지 몇 개의 돌연변이만 포함하는 지역에 비해 돌연변이에 더 민감하였다. Benzer는 또 시스트론 내에 돌연변이가 없는 지역도 관찰하였다. 그의 연구를 통해 200개 정도의 재조합 단위는 여전히 그 위치를 결정하지 못한 것으로 추정했다.

유전자의 새로운 개념

1950년대 초에 유전자는 돌연변이를 일으키거나 두 *유전자 간(intergenic)* 재조합을 일으키는 더 이상 나눌 수 없는 유전의 단위로 여겼다. 1950년대 중반 Seymour Benzer의 T4 파지에 대한 *rII* 좌위의 선구적인 유전학적 분석은 유전자는 나눠지지 못한다는 것을 부정하였다. 대신에 그는 한 유전자 내에는 각각이 돌연변이를 일으킬 수 있는 부위가 많이 존재하며, *유전자 내* 재조합이 일어날 수 있다는 것으로 재확립하였다. Benzer는 *rII* 좌위 내에서 이런 부위들에 대해 지도를 작성할 수 있었다. 다음 장에서 살펴보겠지만, 비슷한 시기에 유전자는 DNA 염기쌍으로 구성되고, 각 염기쌍이 돌연변이나 재조합의 자리가 될 수 있다는 것이 명확하게 밝혀졌다.

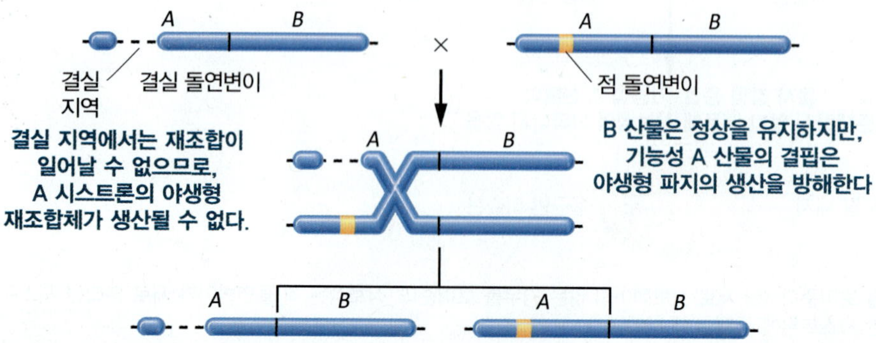

그림 6-22. A 시스트론의 결실을 가진 파지 염색체와 그 결실 부위와 중첩되는 점 돌연변이를 가진 다른 파지 사이의 재조합은 야생형의 A와 B 시스트론을 가지는 염색체를 만들 수 없다.

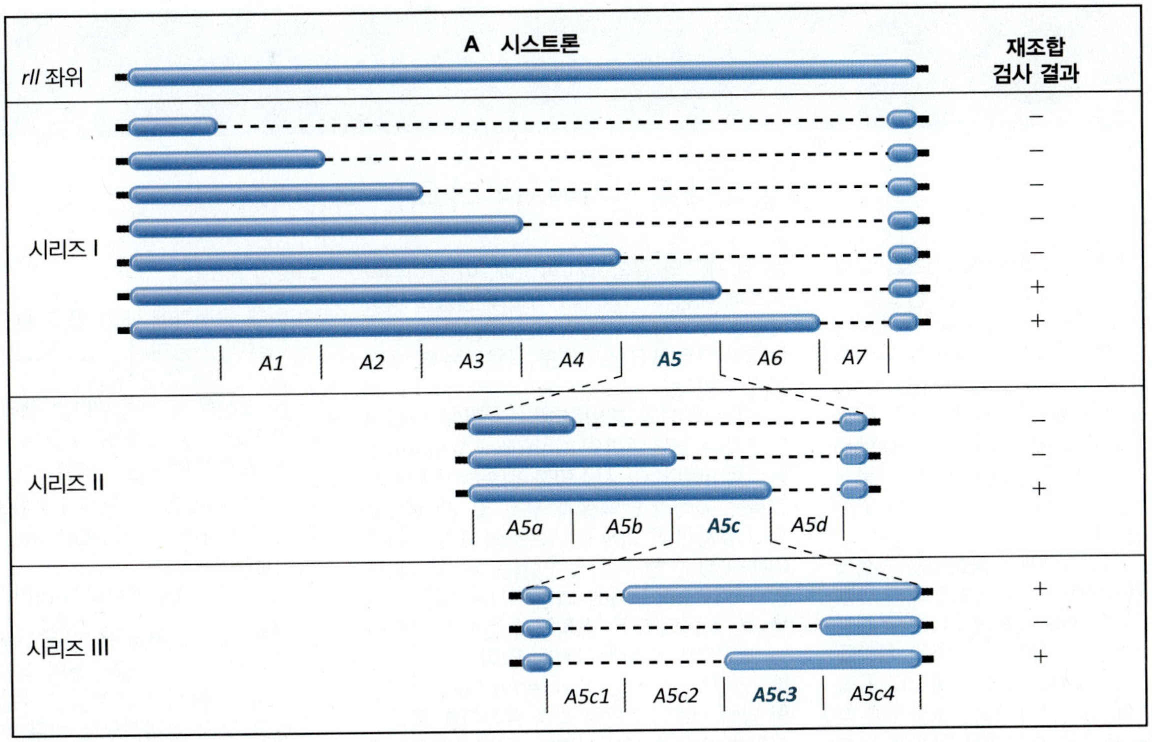

그림 6-23. *rII* 돌연변이의 위치를 결정하는 데 사용되는 *rII* 좌위의 A 시스트론에 존재하는 세 단계의 중첩 결실 시리즈. 예를 들면, 한 돌연변이 파지에 대한 시리즈 I의 각 결실(점선 지역)에 대한 검사에서 야생형 재조합 자손의 생산 결과가 오른쪽의 표시(– 혹은 +)와 같다면, 그 돌연변이는 반드시 *A5* 지역에 존재해야 한다. 시리즈 II에서 그 돌연변이는 *A5c* 부위로 좀 더 좁힐 수 있고, 시리즈 III에서는 *A5c3*로 더욱 좁힐 수 있다.

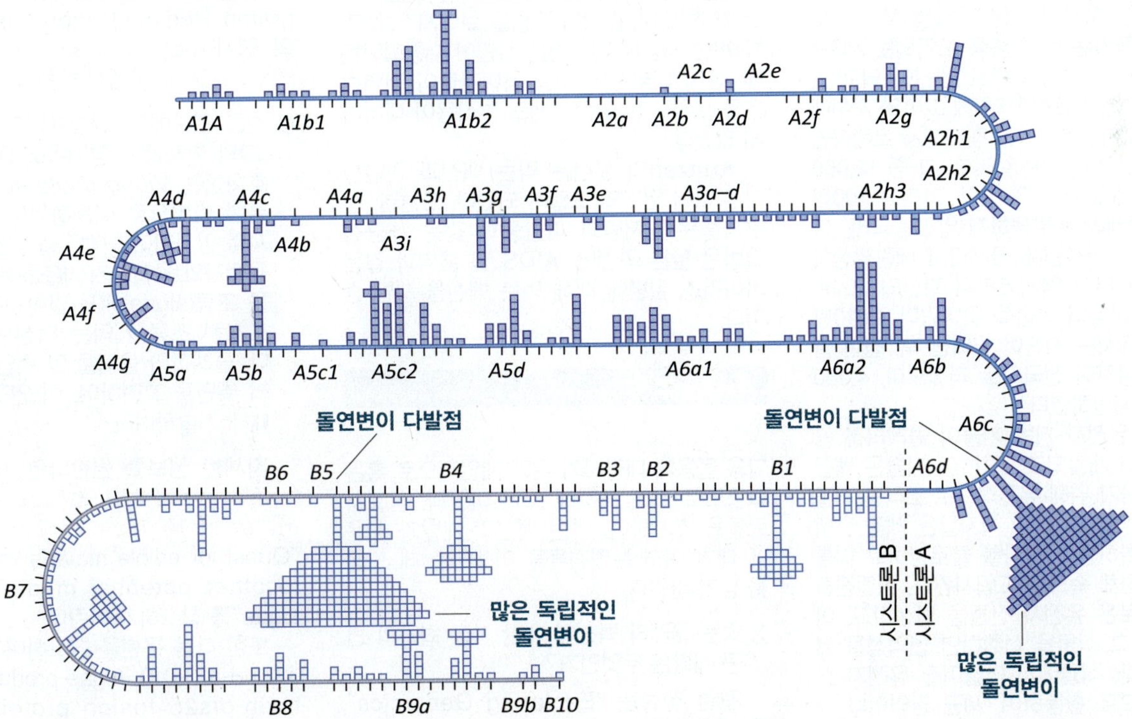

그림 6-24. 파지 T4에서 *rII* 좌위의 A 및 B 시스트론에 존재하는 돌연변이들의 부분 지도. 각각의 작은 사각형은 독립적으로 분리된 돌연변이를 나타낸다. '돌연변이 다발점(hot spot)'으로 불리는 두 지역(*A6cd* 및 *B5*)에서는 많은 수의 돌연변이가 존재한다는 것에 주목하라.

유전학, 기술, 사회

콜레라 유전자에서부터 먹는 백신까지

분자유전학적 기술의 발전으로, 과학자들은 인류에게 심각한 영향을 주는 일부 세균성 질병을 억제하는 데 접근할 수 있게 되었다. 세균의 유전자를 클론하고 다른 생물로 전달시킬 수 있는 우리의 능력은 새로운 치료법으로 이끌었다. 콜레라 치료를 위한 먹는 백신(edible vaccines)의 이야기는 유전공학이 어떻게 심각한 인간 질병의 치료에 활용될 수 있는지를 잘 보여준다.

콜레라는 강과 해양에서 동정되는 구부러진 구형 세균인 *Vibrio cholera*에 의해 유발된다. 대부분의 *V. cholera* 균주들은 무해하며, 일부만 병원성을 가진다. 감염은 사람들이 병원성 *V. cholera*로 오염된 물이나 음식물을 섭취할 때 일어난다. 일단 소화계에 침입하면, 이들 세균은 소장에서 군집을 형성하며, 내장의 내면을 덮고 있는 점액세포 속으로 침투하는 장내독소(entrotoxin) 단백질을 생산한다. 이 독소는 과다 수분분비와 염분용해를 촉발하여, 심한 설사와 탈수, 근육경련, 혼수를 일으키고, 종종 죽음에 이르게 한다. 장내독소는 각각 다른 유전자에 의해 암호화되는 A와 B 소단위의 두 폴리펩타이드로 구성되어 있다.

콜레라는 여전히 기본적 위생 설비가 부족하고 공급되는 물이 종종 오염되는 제3세계에서는 인간 사망의 주요 원인이 되고 있다. 예를 들면, 1994년 7월에 고마와 자이레에 위치한 혼잡한 피난민 캠프에서 르완다인 70,000명이 콜레라에 걸리고, 그 중 12,000명의 사망이 보고된 적 있다. 그리고 100여 년 동안 콜레라가 발생하지 않았던 라틴 아메리카에서 1991년에 콜레라가 대량발생하여 페루에서부터 멕시코까지 확산되었으며, 10,000명 이상의 목숨을 앗아갔다. 2010년에 아이티에서는 지진이 일어난 후, 심한 콜레라가 발생하여 전국으로 퍼졌으며, 4,000명 이상이 사망하였다.

새로운 유전자-기반 기술이 콜레라를 공격하기 위해 개발되고 있다. 이 기술은 백신으로 사용하기 위해 유전적으로 조작된 식물에 초점을 맞추고 있다. 학자들은 세균 단백질을 암호화하는 유전자를 클로닝하고 이를 식물의 유전체 속으로 도입시킨다. 형질전환 식물은 새로운 유전자 산물을 합성하고, 어떤 동물이 그 식물을 섭취하면 면역성을 획득하게 된다. 식물에서 만들어진 유전자 산물은 항원으로 활동하여, 세균 감염이나 세균 독소의 작용에 대항하는 항체의 생산을 촉진하게 된다. 콜레라 장내독소의 B 소단위는 장 세포와 결합하기 때문에, 이 폴리펩타이드에 대항하는 항체가 독소의 결합을 막아 세균을 무해하게 만들겠다는 희망으로, 연구는 항원으로서 B 소단위를 사용하는 데 초점을 맞추었다.

먹는 백신을 개발하려는 노력에 앞장선 연구자는 코넬대학의 Charles Arntzen과 동료들이었다. 이 시스템을 검증하기 위해서 그들은 콜레라 단백질과 구조 및 면역적 특징이 유사한 *E. coli* 장내독소의 B 소단위를 이용하였다. 연구의 첫 단계는 B 소단위를 암호화하는 유전자에 대한 DNA 클론을 얻은 후, 식물의 모든 조직에서 전사를 유도하는 프로모터에 부착시키는 일이었다. 두 번째, 연구자들은 *Agrobacterim*-매개 형질전환 방법으로 재조합된 잡종 유전자를 토마토 식물체 속으로 도입시켰다. 유전공학적으로 조작된 식물은 새로운 유전자를 발현시켜 장내독소의 B 소단위를 생산하였다. 셋째, 그들은 생쥐를 유전적으로 조작된 식물체를 소량으로 먹여 사육하였다. Arntzen 연구 그룹은 생쥐가 B 소단위에 대해 특이적인 항체를 생산하며, 소장으로 분비하는 것을 확인하였다. 그들이 순수분리한 장내독소를 생쥐에게 먹였을 때, 그 생쥐는 독소의 작용으로부터 보호되었으며, 콜레라 증상을 보이지 않았다. 1998년 사람에 대한 임상시험이 수행되었는데, 거의 대부분의 시험 참여자들이 면역반응을 보였으며, 아무에게도 부작용이 나타나지 않았다.

Arntzen의 실험은 먹는 백신과 관련된 다른 여러 연구의 모델이 되었다. 오늘날, 연구자들은 탄저병과 파상풍과 같은 세균성 질병은 물론 광견병, AIDS 및 홍역과 같은 바이러스 질병에 대해 먹는 백신을 개발 중이다.

조사해 보자

다음 물음에 대답하기 위해 개인적으로 혹은 그룹으로 모여 조사해 보기 바란다. 참고자료들을 조사하여, 먹는 백신의 개발과 사용에 대한 여러 논의점들을 이해하는 데 도움을 받기 바란다.

1. 먹는 콜레라 백신에 대한 가장 최근의 연구 개발은 무엇인가?

   관련 정보는 "Exploring Genomics"로 기술된 PubMed 웹사이트(http://www.ncbi.nlm.nih.gov/pubmed)에서 찾을 수 있다(2장 참조).

2. 현재 콜레라에 대한 몇 가지 구강 백신의 이용이 가능하다. 이런 백신이 가능한데, 당신은 왜 연구자들이 콜레라에 대한 먹는 백신을 또 개발한다고 생각하는가? 콜레라에 걸릴 위험에 노출된 집단에게 어떤 종류의 백신을 선택할 것인가?

   이런 콜레라 백신에 대해서는 국제보건기구(World health Organization)의 웹사이트(http://www.who.int/cholera/vaccines/en)를 조사하기 바란다.

3. 콜레라는 오염된 물과 음식물의 섭취를 통해 전파된다. 콜레라의 심각성에도 불구하고, 콜레라 환자들은 구강 수분재섭취를 통해 효과적으로 치료받을 수 있다. 콜레라는 위생시설과 의학적 관리가 부실한 곳에서만 중요한 보건 문제가 되고 있다. 이런 사실에 주목하여 위생시설, 정수처리 및 의료 교육의 개선에 소요되는 비용과 비교할 때, 콜레라 백신을 개발하는 데 얼마나 많은 연구비를 사용하는 것이 합리적이라고 생각하는가?

   위생시설 대 콜레라 백신의 논의는 Integrated Regional Information Network의 웹사이트(http://www.irinnews.org/Report/84386/)에서 찾을 수 있다.

4. 최근 연구에서, 캘리포니아대학(샌디에이고)의 학자들은 장내독소 B 소단위를 암호화하는 *Vibrio cholerae* 유전자를 독특한 방법으로 이용하였다. 그들은 유전자를 말라리아 단백질을 암호화하는 다른 유전자와 융합시켜 재조합된 융합 유전자를 조류(algae)에서 발현시킨 후, 동결건조시킨 조류를 먹는 백신으로 사용하였다. 콜레라와 음식물 및 수인성 질병의 관리 측면을 고려하여, 이 연구의 중요성에 대해 기술하여라.

   자세한 정보를 원한다면, http://phys.org/news/2013-04-quest-edible-malarial-vaccine-potential.html에서 "Quest for edible malaria vaccine leads to other potential medical uses for algae"를 참고하기 바란다.

   또한 다음 문헌을 참고하여라: Gregory, J.A., et al. 2013. Algae-produced cholera toxin-pfs25 fusion proteins as oral vaccines. *Appl. Environ. Microbiol.* 79: 3917–3925.

사례 연구 | 치료가 필요한가 아닌가

태어난 지 넉 달 된 아기가 36시간 동안 약간의 고열이 있었으며, 안절부절못한 엄마는 소아과 의사를 찾았다. 검사 결과, 감염이나 열 발생의 원인이 되는 외형상 징후를 찾지 못했다. 불안한 엄마는 의사에게 항생제 치료를 요구하였지만, 의사는 이틀 동안 아기를 지켜본 후 결정하기를 권했다. 의사는 지난 수십 년 동안 의학이나 농업에서 항생제의 과다한 사용으로 전 세계적으로 항생제에 대한 내성을 가진 세균이 폭발적으로 증가하였다고 설명했다. 또한 세균의 생식 행동은 자신의 항생제 저항성 형질을 다른 질병-유발 세균에게 광범위하게 전달할 수 있고, 오늘날 많은 균주들이 여러 항생제에 대한 내성을 동시에 가진다고 설명했다. 이 의사의 정보는 몇 가지 흥미로운 질문을 유도한다.

1. 세균이 저항성을 공유할 수 있다는 의사의 언급은 맞는 내용인가?
2. 세균의 항생제 저항성 유전자는 어디에 존재하며, 어떻게 교환하는가?
3. 만약 아기가 예방책으로 항생제 투여를 받았다면, 이것은 내성 세균이 생겨나는데 어떤 방식으로 관여할 수 있을까?
4. 병원 외에 어떤 곳에서 유아나 어린이가 세균의 항생제-저항성 균주와 접할 수 있을까? 우리 몸에 이런 세균의 존재는 언제나 감염을 의미하는가?

요약

1. 세균의 유전적 재조합은 세 가지 방식으로 일어난다: 접합, 형질전환 및 형질도입.
2. 접합은 세포질에 존재하는 F 인자로 불리는 플라스미드를 가진 세균에 의해서 개시된다. 접합이 일어난 후, 수용체 세포는 F 인자의 복사본을 받아서 F^+ 상태로 전환된다.
3. F 인자가 세포질로부터 염색체 속으로 통합되면, 그 세포는 공여체로 유지되며, Hfr 세포로 불린다. 교배가 일어나면, 공여체 염색체는 단일 방향으로 수용체 속으로 전달되어 재조합을 개시하며, 세균 염색체의 시간 지도작성의 기초가 된다.
4. F 인자와 같은 플라스미드는 세균의 세포질에서 발견되는 자율적으로 복제되는 DNA 분자이며, 접합 동안 플라스미드 전달에 필요한 유전자는 물론 항생제 저항성을 부여하는 독특한 유전자를 가진다.
5. 세포간 접촉을 요구하지 않는 세균의 형질전환은 수용체 세균 속으로 들어가서 숙주 염색체와 재조합을 일으키는 외인성 DNA를 필요로 한다.
6. 세균을 감염시키는 박테리오파지가 숙주 세포 내에서 증식하는 생활사가 상세하게 알려져 있으며, 용균반 분석을 통해 연구를 수행할 수 있다.
7. 박테리오파지는 숙주 세포에 감염되어 증식하고 용균시키는 용균성과 숙주 세포에 감염된 후 숙주 염색체 속으로 자신의 DNA를 통합시키지만 증식은 할 수 없는 용원성을 유지할 수 있다.
8. 형질도입은 바이러스가 매개하는 세균 DNA의 재조합이다. 용원성 세균이 용균 회로로 재진입하면, 새로운 박테리오파지들은 숙주(세균의) DNA를 전달하는 운반체의 역할을 한다.
9. 형질도입은 세균의 연관분석과 지도작성 연구에도 사용된다.
10. 용균반 형태와 숙주 범위 돌연변이를 포함한 다양한 박테리오파지의 돌연변이체 표현형에 대한 연구는 바이러스의 유전적 교환연구와 지도작성을 위한 기초가 된다.
11. 박테리오파지 T4의 *rII* 좌위에 대한 유전적 분석은 Seymour Benzer가 유전자 내 재조합을 연구할 수 있게 하였다. *rII* 돌연변이체들을 분리하고 상보성 분석, 재조합 연구 및 결실 지도작성을 수행하여, Benzer는 *rII* 좌위의 두 시스트론 내에 300개 이상의 구체적인 위치에 대해 지도작성을 할 수 있었다.

질문 및 해답

1. *his, leu, mal* 및 *xyl* 유전자가 포함된 교배를 통해 시간 지도작성을 실시하였다. 수용체 세포는 네 유전자 모두에 대해 영양요구주이다. 25분 후 교배가 중단되었을 때, 수용체 세포들에서 다음과 같은 결과를 보였다. F 인자의 원점(*O*)에 대한 각 유전자들의 상대적인 위치를 그림으로 표시하라.
   (a) 세포의 90%가 xyl^+이었다.
   (b) 세포의 80%가 mal^+이었다.
   (c) 세포의 20%가 his^+이었다.
   (d) leu^+ 세포는 없었다.

해답: *xyl* 유전자가 가장 높은 빈도로 전달되었는데, 이것은 *O*에 가장(매우) 가깝게 위치한다는 것을 의미한다. 다음으로 *mal* 유전자가 가깝게 위치하면서 *xyl* 근처에 있을 것이며, 다음으로 *his* 유전자가 좀 더 떨어진 곳에 위치한다. *leu* 유전자는 다른 세 유전자보다 가장 멀리 떨어져 있는데, 그 근거는 재조합체가 전혀 관찰되지 않았기 때문이다. 그림은 일부만 나타낸 환형 염색체를 따라 배열된 이들 유전자의 상대적인 위치를 보여준다.

2. 각각 다른 돌연변이인 a^-, b^- 또는 c^-를 가진 3종류 균주가 형질전환 실험의 공여체 DNA로 이용되었다. 수용체 세포는 이 세 유전자 모두에 대해 야생형이지만 d^- 돌연변이를 가졌다.

(계속)

질문 및 해답—계속

(a) d 유전자가 a, b, c 유전자보다 앞쪽에 있다고 가정할 때, 아래에 제시된 데이터를 기초로 하여, 네 유전자의 연관지도를 제시하여라.

DNA 공여체	수용체	형질전환체	형질전환체 빈도
a^-d^+	a^+d^-	a^+d^+	0.21
b^-d^+	b^+d^-	b^+d^+	0.18
c^-d^+	c^+d^-	c^+d^+	0.63

(b) 만약 공여체 DNA가 야생형이고 수용체 세포가 a^-b^-, a^-c^- 혹은 b^-c^- 중의 하나라면, 어떤 교배가 가장 많은 수의 야생형 형질전환체를 생산할 것으로 기대되는가?

해답: (a) 제시된 자료는 a, b, c 유전자 각각과 d 유전자 간의 상대적 거리를 반영한다. a와 b 유전자는 d 유전자와 대략적으로 같은 거리에 존재하고 있어, 서로간에는 강하게 연관되어 있다. c 유전자는 많이 떨어져 있다. d 유전자가 다른 유전자들보다 앞에 위치한다고 가정하면, 지도는 다음과 같을 것으로 예상된다.

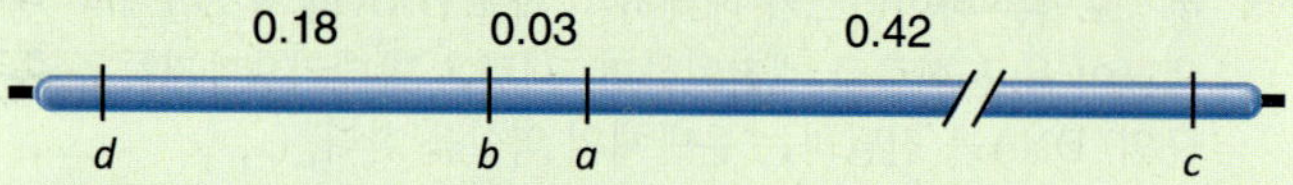

(b) a와 b 유전자가 가깝게 연관되어 있으므로, 이 두 유전자가 단일 사건으로 형질전환될 가능성이 가장 높다. 따라서 a^-b^- 수용체 세포가 가장 빈번하게 야생형으로 전환될 것으로 기대된다.

3. 파지 T4의 *rII* 좌위에 대한 정밀-구조 분석을 통해 이 좌위가 두 개의 시스트론을 가지는 것이 확실해지면서, Benzer는 어떤 쌍의 두 돌연변이에 대해서도 상보성 검증을 수행할 수 있었다. 상보성은 *E. coli* K12를 두 파지로 동시에 감염시켜 측정하였는데, 각 파지는 서로 다른 독립적인 돌연변이를 가지며, 어느 파지도 단독으로는 K12를 용균시킬 수 없었다. 돌연변이 *1*(*M-1*)은 A 시스트론에 존재하고, 돌연변이 *2*(*M-2*)는 B 시스트론에 존재한다고 가정할 때, 다음의 결과로부터 각 돌연변이가 어떤 시스트론에 존재하는지를 결정하라. 돌연변이를 특정 시스트론에 적절하게 할당할 수 없는 경우도 있는가?

검증을 위한 동시감염 균주 쌍	결과*
1, 2	+
1, 3	−
1, 4	−
1, 5	+
2, 3	−
2, 4	+
2, 5	−

* + 또는 −는 상보성 혹은 상보성 실패를 각각 의미한다.

해답: *M-1*과 *M-5*는 서로 상보적이므로, 같은 시스트론에 존재하지 않는다. 따라서 *M-5*는 B 시스트론상에 존재해야 한다. *M-2*와 *M-4*는 서로 상보적이다. 동일한 이유로, *M-4*는 *M-2*와 같이 존재할 수 없으며, A 시스트론에 존재한다. *M-3*는 *M-1*과 *M-2* 모두에 대해 상보적이지 않으므로, 양 시스트론에 모두 존재하는 것처럼 보인다. 한 가능한 설명으로, *M-3*의 물리적 결함이 어떻게든 A와 B 시스트론과 중첩된다는 것이다. 한 서열에서의 이중 돌연변이가 각 시스트론을 바꾸었을 수 있다. 또는 양 시스토론과 중첩되는 결실이 있어서 *M-1* 및 *M-2* 모두에 대해 상보적이지 않을 수도 있다.

4. 다른 돌연변이인 *M-6*에 대한 검증 결과이다.

검증 쌍	결과
1, 6	+
2, 6	−
3, 6	−
4, 6	+
5, 6	−

*M-6*에 대해 가능한 모든 결론을 서술하여라.

해답: 검증 결과는 *M-6*를 B 시스트론에 할당할 때 부합한다.

5. *M-2*, *M-5* 및 *M-6*에 대해 재조합 분석을 수행하여 모두 B 시스트론에 위치시켰다. *E. coli* B와 K12의 두 균주를 사용한 재조합 분석은 재조합이 *M-2*와 *M-5* 사이 그리고 *M-5*와 *M-6* 사이에서 일어났지만, *M-2*와 *M-6* 사이에서는 일어나지 않았다. 왜 일어나지 않았을까?

해답: *M-2*와 *M-6*는 동일한 돌연변이이거나, 또는 둘 중 한 돌연변이가 다른 하나와 서로 중첩되는 결실을 가졌지만 *M-5*와는 중첩되지 않는 경우이다. 검증 결과는 또 양 돌연변이가 모두 결실일 가능성도 배제할 수 없다.

6. 파지 T4의 *rII* 좌위에 대한 재조합 연구에서 *E. coli* B 균주의 동시 감염으로 얻은 파지를 K12와 B 균주에 각각 감염시킨 후, 측정된 파지 성장 값의 의미는 무엇인가? 두 균주에 대해 어떤 값이 언제나 더 높겠는가?

해답: 야생형과 돌연변이체 파지가 모두 용균하는 *E. coli* B에 대해 용균반 분석을 수행했을 때, mL당 파지의 전체 수를 결정할 수 있다. 대부분의 세포들이 한 유형이나 혹은 다른 유형의 *rII* 돌연변이체이므로, K12로 얻은 값보다 훨씬 크다. 용균반의 전체 용균을 피하기 위해서는 엄청난 희석이 필수적이다. K12에서 *RII* 돌연변이체는 자랄 수 없지만, 야생형은 자랄 것이다. 야생형 파지는 드물게 나타나는 재조합체이므로, 상대적으로 그 수가 적어서 심한 희석은 필요 없다.

탐구 문제

어떻게 알았을까?

1. 이 장에서 우리는 세균과 세균을 숙주로 사용하는 바이러스(박테리오파지)에 존재하는 유전 시스템에 초점을 맞추었다. 특히 우리는 세균과 파지가 일으키는 유전적 재조합의 기전에 대해 논의하였는데, 재조합은 유전학자들로 하여금 세균과 박테리오파지 염색체의 지도작성을 가능하게 하였다. 이 과정에서 이런 정보들을 어떻게 획득하였는지를 살펴볼 수 있는 많은 기회를 가졌다. 이 장에서 다룬 내용으로부터, 다음 질문들에 대해 당신은 어떤 대답을 제시할 수 있겠는가?
   (a) 세균과 박테리오파지에 유전자들이 존재한다는 것을 어떻게 알 수 있는가?
   (b) 세균이 유전적 재조합을 수행하여 한 개체에서 다른 개체로 유전자를 전달시킬 수 있다는 것을 어떻게 알 수 있는가?
   (c) 세균 사이의 유전적 재조합이 세포-세포 접촉을 포함하는지 아닌지를 어떻게 알 수 있는가?
   (d) 박테리오파지가 형질도입으로 유전물질을 재조합하며, 형질도입이 일어날 때 세포-세포 접촉이 필수적이지 않다는 것을 어떻게 알 수 있는가?
   (e) 박테리오파지에서 유전자 간 교환이 일어나는 것을 어떻게 알 수 있는가?
   (f) 박테리오파지 T4의 *rII* 좌위는 두 지역 혹은 시스트론으로 나누어진다는 것을 어떻게 알 수 있는가?

개념확인 문제

2. 이 장 첫 페이지(134쪽)의 핵심 개념을 살펴보아라. 많은 부분이 세균과 박테리오파지에서 일어나는 유전적 재조합의 발견에 대한 내용들이다. 세균과 박테리오파지에서 재조합이 어떻게 일어나는지를 비교하는 짧은 요약문을 작성하여라.

3. 세균의 F^+와 F^- 교배에 대해 다음의 물음에 대해 답하여라.
   (a) 세포 사이의 물리적 접촉이 필수적임은 어떻게 증명되었는가?
   (b) 염색체 전달이 단일방향이라는 것은 어떻게 증명되었는가?
   (c) F^+인 세균의 유전학적 의미는 무엇인가?

4. 다음 각 경우에서 주요 차이점을 열거하라: (a) $F^+ \times F^-$ 및 Hfr $\times$ F^- 세균 교배와 (b) F^+, F^-, Hfr 및 F' 세균.

5. Hfr $\times$ F^- 교배에서 염색체 지도작성의 원리에 대해 설명하여라.

6. 일반적으로 세균에서 재조합 실험을 수행할 때, 사용하는 세균을 완전배지에서 배양한 후, 최소 성장배지로 옮긴다. 최소배지에 먼저 배양한 다음에 완전배지로 옮기는 역방식의 프로토콜은 왜 없을까?

7. Hfr $\times$ F^- 교배로부터 재조합체는 왜 드물게 생산되는가? 그렇다면, F^+에 대해서는 어떻겠는가?

8. F' 세균과 부분접합체의 기원에 대해 기술하여라.

9. 어떤 형질전환 실험에서 공여체 DNA는 원영양체 세균 균주($a^+\ b^+\ c^+$)로부터 얻었고, 수용체는 세 유전자 모두에 대해 영양요구주($a^-\ b^-\ c^-$)였다. 다음과 같이 얻어진 형질전환체로부터, 세 유전자들 간의 연관 관계에 대해 어떤 일반적인 결론을 도출할 수 있겠는가?

$a^+\ b^-\ c^-$	180
$a^-\ b^+\ c^-$	150
$a^+\ b^+\ c^-$	210
$a^-\ b^-\ c^+$	179
$a^+\ b^-\ c^+$	2
$a^-\ b^+\ c^+$	1
$a^+\ b^+\ c^+$	3

10. 형질전환 동안 이형이중가닥이 형성되는 방식에 대해 설명하여라.

11. Zinder와 Lederberg의 형질도입 실험에서 얻어진 원영양체가 F^+가 매개된 접합의 결과가 아니었다고 결론 내린 업적에 대해 설명하여라.

12. 용균반, 용원성 및 프로파지에 대해 정의하여라.

13. 일반 형질도입과 특수 형질도입을 구분하여라.

14. 가상적인 두 유전적 바이러스($a^-\ b^-\ c^-$ 및 $a^+\ b^+\ c^+$)가 숙주 세균의 동시 감염에 사용되었다. 10,000개의 용균반 중에서 다음과 같은 유전자형들이 관찰되었다. 바이러스 염색체에서 세 유전자들의 유전자 지도를 작성하여라. 간섭이 양성인지 음성인지를 결정하여라.

$a^+\ b^+\ c^+$	4100	$a^-\ b^+\ c^-$	160
$a^-\ b^-\ c^-$	3990	$a^+\ b^-\ c^+$	140
$a^+\ b^-\ c^-$	740	$a^-\ b^-\ c^+$	90
$a^-\ b^+\ c^+$	670	$a^+\ b^+\ c^-$	110

15. 박테리오파지 유전체는 머리, 깃, 꼬리 및 꼬리 섬유를 구성하는 단백질들을 암호화하는 많은 유전자들로 구성되어 있다. 바이러스 유전체는 리보솜 구조에 필수적인 유전자가 결핍되었음에도 불구하고, 파지 감염 후 이들 유전자가 전사된 후 어떻게 단백질들을 합성할 수 있을까?

16. 만약 세균이 전체적으로 도말된 배지에서 단일 박테리오파지가 한 *E. coli* 세포를 감염시켜 용균시키고, 대략 200개의 바이러스를 생산한다면, 3번의 추가적인 용균회로가 진행되었을 때, 하나의 용균반에는 얼마나 많은 파지가 존재하겠는가?

17. 파지에 감염된 세균 배양액을 연속적으로 희석하고, 각 희석마다 용균반 수를 결정하여, 다음 표와 같은 결과를 얻었다. 각 용균반 분석에서 0.1 mL이 사용되었다고 가정한다면, 각 희석 실험으로부터 어떤 결론을 내릴 수 있겠는가?

	희석 계수	실험 결과
(a)	10^4	모든 세균이 용균됨
(b)	10^5	용균반 14개
(c)	10^6	용균반 0개

18. 파지 T4의 *rII* 좌위에 대한 재조합 연구에서 *E. coli* B 균주의 동시 감염으로 얻은 파지를 K12와 B 균주에 각각 감염시킨 후 측정된 파지 성장 값의 의미는 무엇인가? 두 균주에 대해 어떤 값이 항상 더 높겠는가?

19. 파지의 *rII* 돌연변이체 분석에서 상보성 검증으로부터 다음과 같은 결과를 얻었다:

돌연변이체	결과 (+/– 용균)
1, 2	+
1, 3	+
1, 4	–
1, 5	–

*2*와 *3*, *2*와 *4* 및 *3*과 *4* 간의 검증에 대한 결과를 예상하라.

20. 19번 문제에서 돌연변이들에 대한 추가적인 검증을 실시하여 다음과 같은 결과를 얻었다면, 돌연변이체 *5*에 대해 어떤 결론을 내릴 수 있겠는가?

돌연변이체	결과
2, 5	–
3, 5	–
4, 5	–

21. 앞의 문제로부터 돌연변이체 *2*와 *3*을 사용하여, *E. coli* B에 혼합 감염을 시켜 얻은 자손 바이러스의 연속적 희석액을 *E. coli* B와 K12 두 균주가 각각 도말된 배지에 첨가한 후, 다음과 같은 결과를 얻었다.
(a) 두 돌연변이체 사이에서의 재조합 빈도를 구하여라.

도말된 균주	희석	용균반
E. coli B	10^{-5}	2
E. coli K12	10^{-1}	5

(b) 새로운 돌연변이 *6*에 대해 이전의 문제들에서 언급한 돌연변이 *1*부터 *5*까지와의 관련성을 검증하였다. 초기 검증에서 돌연변이체 *6*은 돌연변이체 *2* 및 *3*과 상보적이었다. 돌연변이체 *1, 4* 및 *5*에 대한 재조합 분석에서 돌연변이체 *6*은 *1*과 *5*에 대한 재조합체를 생산하였지만, *4*에 대해서는 생산하지 못했다. 돌연변이 *6*에 대해 어떤 결론을 내릴 수 있겠는가?

응용 문제

22. 파지 T4에 대한 7종류의 *rII* 돌연변이 분석에서 돌연변이 *1, 2, 6*은 A 시스트론에 위치하고, 돌연변이 *3, 4, 5*는 B 시스트론에 위치하였다. 돌연변이 *4*는 돌연변이체 *5*와 중첩되는 결실을 가졌다. 나머지는 모두 점 돌연변이체이다. 돌연변이체 7에 대해서는 아무것도 아는 바가 없다. *1*과 *2*, *1*과 *3*, *2*와 *4* 및 *4*와 *5* 사이에 대한 상보성의 결과(+ 혹은 −)를 예측하여라.

23. 이전 문제에서 다룬 돌연변이체 *1*과 *2* 사이의 재조합 분석에서 다음 표와 같은 결과를 얻었다.

균주	희석	용균반	표현형
E. coli B	10^{-7}	4	r
E. coli K12	10^{-2}	8	1

(a) 재조합 빈도를 계산하여라.
(b) 돌연변이체 *6*에 대해 돌연변이체 *1*과 재조합을 조사하였을 때 그 결과가 균주 B에 대해서는 위의 결과와 같았지만, K12에 대해서는 그렇지 않았다. 연구자들은 K12 자료를 잃어버렸지만, 재조합 빈도가 돌연변이체 *1*과 *2* 간의 검사에서보다 10배나 더 높았음을 기억했다. 잃어버린 값들(희석 및 콜로니 수)은 무엇인가?

24. *Bacillus subtilis*에서 형질전환을 이용하여 아미노산 합성에 영향을 주는 두 돌연변이 유전자인 트립토판(trp_2^-)과 티로신(tyr_1^-)에 대한 연관분석을 수행하였다. 다음 결과를 검토하고, 연관과 관련된 모든 가능한 결론을 도출하여라. 실험 B의 수행 목적은 무엇인가? [참고문헌: E. Nester, M. Schafer, and J. Lederberg (1963).]

공여체 DNA	수용체 세포	형질전환체	관찰 수
A. trp_2^+ tyr_1^+	trp_2^- tyr_1^-	trp^+ tyr^-	196
		trp^- tyr^+	328
		trp^+ tyr^+	367
B. trp_2^+ tyr_1^- 및 trp_2^- tyr_1^+	trp_2^- tyr_1^-	trp^+ tyr^-	190
		trp^- tyr^+	256
		trp^+ tyr^+	2

25. 단절교배 실험에서 Hfr 균주가 세 유전자의 지도작성에 사용되었다. 교배는 $Hfr\ /\ a^+\ b^+\ c^+\ rif^+ \times F^-/\ a^-\ b^-\ c^-\ rif^r$이다(대립유전자의 리스트는 지도상의 순서를 의미하지 않으며; rif^r는 rifampicin 항생제에 대한 저항성을 나타낸다). a^+ 유전자는 A 영양소의 생합성에, b^+ 유전자는 B 영양소의 생합성에, c^+ 유전자는 C 영양소의 생합성에 필수적이다. 음성(−) 대립유전자는 이들 영양소에 대해 영양요구성 돌연변이들이다. 교배는 시간 = 0에서 시작하여 다양한 시간 후에 교배 혼합물을 세 종류의 배지로 옮겼다. 각 배지는 최소배지에 rifampicin 및 다음 표에 나타낸 것과 같은 특정 영양소를 포함하였다(각 교배 시간에 대한 결과는 해당 배지에서 자란 콜로니의 수로 표시하였다).

	교배개시 후 단절 시간			
	5분	10분	15분	20분
영양소 A 및 B	0	0	4	21
영양소 B 및 C	0	5	23	40
영양소 A 및 C	4	25	60	82

(a) 이 실험에서 rifampicin을 첨가하는 목적은 무엇인가?
(b) 실험 결과에 기초하여, *a, b, c* 유전자들의 F 인자에 대한 상대적 위치를 염색체상에서 결정하여라.
(c) 이 실험을 통해 *rif* 유전자의 위치를 결정할 수 있겠는가? 결정할 수 없다면, F 인자와 *b* 유전자에 대해 *rif* 유전자의 상대적인 위치를 결정할 수 있는 실험을 디자인하여라.

26. 박테리오파지가 포함된 1 mL의 용액으로 용균반 실험을 수행하였다. 이 용액을 세 번에 걸쳐 순차적으로 희석시켰는데, 각 희석은 0.1 mL의 바이러스 용액을 9.9 mL의 액체 배지에 섞어 줌으로써 실시하였다. 용균반 실험을 위해 최종 희석액의 0.1 mL을 배지에 도말하여 17개의 용균반을 관찰하였다. 희석 전 처음 1 mL에 존재하는 박테리오파지의 초기 밀도를 결정하여라.

27. 다양한 조합의 두 유전자를 동시에 다루는 공동형질전환 실험에서 다음과 같은 결과를 얻었다. 어떤 유전자들이 서로 '연관'되었는지를 결정하여라.

성공한 공동형질전환	성공하지 못한 공동형질전환
*a*와 *d*; *b*와 *c*; *b*와 *f*	*a*와 *b*; *a*와 *c*; *a*와 *f*; *d*와 *b*; *d*와 *c*; *d*와 *f*; *a*와 *e*; *b*와 *e*; *c*와 *e*; *d*와 *e*; *f*와 e

28. 27번 문제의 실험에서 다른 유전자 *g*에 대해 조사하였다. 이 유전자는 *f* 유전자와 함께 실험하였을 때 양성 공동형질전환을 보였다. 그렇다면 *g* 유전자를 *a*, *b*, *c*, *d*, *e* 유전자에 대해 조사하였을 때의 결과를 예측하여라.

29. F와 같은 접합 플라스미드에 의해 매개되는 세균의 접합은 병원성이나 항생제 저항성을 나타내는 유전자들의 공유를 통해 공중 보건을 잠재적으로 위협한다. 400종 이상의 세균들이 건강한 인간의 위장에 공생하며, 200종 이상이 사람의 피부에 공생한다. Francisco Dionisio는 종간 접합에 의한 플라스미드 전달을 수행하는 능력을 연구하였다[*Genetics* (2002) 162:1525-1532]. 아래의 데이터는 장내세균인 *Escherichia* 속의 다양한 종들이 보여준다. 각 데이터는 $\log_{10}$으로 표시된 값으로 −2.0은 전달 비율이 10^{-2}와 같다는 의미이다. 제시된 값들 사이에 모든 차이는 통계적으로 유의하다고 가정한다.
(a) 이런 결과로부터 유추할 수 있는 일반적인 결론은 무엇이겠는가?
(b) 어떤 종이 종내 전달을 가장 잘 일으키는가? 어떤 쌍 두 종의 종간 전달을 가장 잘 일으키는가?
(c) 인류 보건의 관점에서 이런 조사 결과의 중요성은 무엇인가?

수용체	공여체			
	E. chrysanthemi	*E. blattae*	*E. fergusonii*	*E. coli*
E. chrysanthemi	−2.4	−4.7	−5.8	−3.7
E. blattae	−2.0	−3.4	−5.2	−3.4
E. fergusonii	−3.4	−5.0	−5.8	−4.2
E. coli	−1.7	−3.7	−5.3	−3.5

30. *Salmonella enterica*에서 특정 접합 전달 유전자(*tra1*) 중 어떤 기능성 지역이 플라스미드 R27의 전달에 관여하는지를 결정하기 위한 연구를 수행하였다. R27 플라스미드는 장티푸스에 대한 다중 항생제 저항성을 나타내는 분자를 암호화하는 능력 때문에 의학적으로 큰 관심을 받고 있다. 접합으로 전달이 일어나는 기능 지역을 동정하기 위해 Lawley 등은 *tra1* 유전자의 특정 지역에 돌연변이를 일으킨 후 접합에 대한 영향을 조사하였다(2002. *J. Bacteriol.* 184:2173-2180). 아래에 보여주는 그림은 검사된 지역의 지도로서 플라스미드의 접합 전달에 관여하는 것으로 여겨지는 곳이다. 비슷하게 색칠된 부분들은 서로 관련된 기능을 나타낸다. 숫자는 돌연변이 분석에 사용된 각 기능 지역을 나타낸다.

지도와 함께 R27 접합에서 이런 돌연변이들의 효과는 표에서 보여준다.

R27 접합에서 *tra1* 유전자의 기능 지역에서의 돌연변이 효과

R27 돌연변이 지역	접합 전달	상대적인 접합 빈도 (%)
1	+	100
2	+	100
3	−	0
4	+	100
5	−	0
6	−	0
7	+	12
8	−	0
9	−	0
10	−	0
11	+	13
12	−	0
13	−	0
14	−	0

(a) 주어진 결과에서 모든 기능 지역들이 접합 전달에 영향을 주는 것으로 보이는가?
(b) 어떤 지역이 접합에서 가장 영향력이 있는 것으로 보이는가?
(c) 어떤 지역이 접합에서 가장 영향력이 낮은 것으로 보이는가?
(d) 이런 결과로부터 일반적으로 도출할 수 있는 결론은 무엇인가?

31. 독감(flu)은 연간 250,000~500,000여 명의 사망자를 유발시키며 주기적으로 높은 발병률을 보인다. 예를 들면, 1918년의 독감 대발생은 세계적으로 대략 3000만 명을 사망하게 하였는데, 인류 역사에 기록된 가장 최악의 죽음의 병으로 여겨진다. 맹독성 flu 균주의 주기적 출현에 비추어 볼 때 과학계에서 독감 생물학에 대해 활발히 연구하는 것은 당연하다. 2007년 국제 알레르기 및 전염병 연구소는 2,035종류의 인간과 조류 바이러스 계통의 염기서열 결정을 완성했다. 독감 바이러스 균주들은 이 장에서 기술한 재조합을 일으키고, 그들 유전체(DNA 대신 RNA로 구성됨)는 오류가 발생하기 쉬운 복제(error-prone replication)를 하기 때문에 높은 돌연변이율을 보인다. 또한 그들은 한 세포 속으로 두 개 이상 감염되면, 8개 염색체들이 다양한 조합으로 염색체 재배분(reassortment)을 일으킬 수 있다. 우리는 백신을 만들 수 있지만, 백신은 매년 바꿔야만 하며, 어떤 해에 어떤 특정한 균주가 유행할지를 다만 추측할 수 있을 뿐이다. 이상의 정보들에 기반하여, 다음 질문들에 대해 고려해 보라.
(a) 독감 바이러스의 염색체 재분배와 연계된 높은 돌연변이율와 재조합률에 대한 진화적 중요성은 무엇인가?
(b) 인류가 유행성 이하선염, 홍역, 수두 등에 대해 대항하는 것처럼, 독감에 대해서는 왜 그렇게 대항하지 못하는가?
(c) 많은 바이러스 질병에 대해 백신을 사용할 수 있지만, 독감은 그렇지 않다. 왜 그런가?

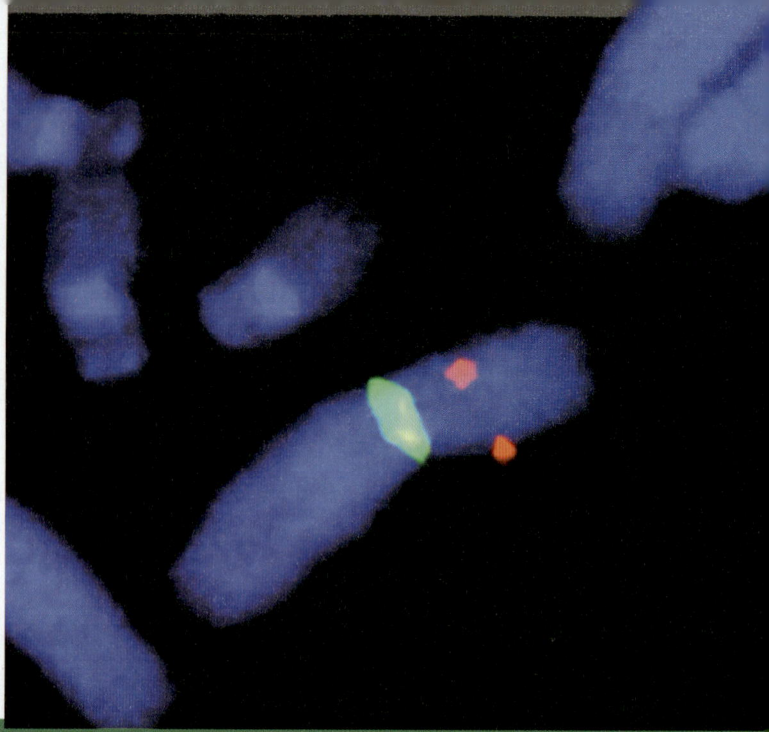

인간의 X 염색체. 형광제자리혼성화 (fluorescence *in situ* hybridization, FISH) 법으로 밝게 처리되어 있다. 특정 탐침자는 DNA의 특정 서열에 부착된다. 녹색 형광의 탐침은 X 염색체의 동원체 영역에 특이적으로 붙은 것이다. 붉은 형광의 탐침은 X-연관 유전자인 뒤센근이영양증 (Duchene muscular dystrophy, DMD)에 특이적으로 붙은 것이다.

7 성결정과 성염색체

핵심 개념

- 종 내의 유전적 변이를 크게 증가시키는 유성생식의 경우, 성분화(sexual differentiation) 기작이 필요하여 다양한 유전적 기작이 진화하여 종 내에서 성적 이형성(sexual dimorphism)이 생겨나게 되었다.
- 단일 염색체에 있는 특정 유전자들은, 종종 발생 과정에서 여성성 혹은 남성성의 원인이 된다.
- 인간에서 이배체 수를 넘는 추가적인 X 혹은 Y 염색체가 나타날 수 있는데, 이는 종종 특이한 표현형을 나타내는 증후군을 유발할 수 있다.
- 성결정 염색체의 분리에 의하여 남성과 여성의 성 비율이 이론적으로 1:1이 되지만, 실제 수태 과정에서 남성의 비율이 높게 나타난다.
- 포유류에서 1개의 X 염색체를 가지고 있는 수컷에 비해 암컷은 2개의 X 염색체를 가지고 있는데, 암컷의 초기 발생 과정에서 2개 중 하나의 X 염색체가 무작위로 불활성화되어 추가적인 유전정보가 보정된다.
- 몇몇 파충류에서 알의 배양 온도가 자손의 성을 결정한다.

생물학의 세계에서 다양한 생식법과 생활사가 관찰되고 있다. 몇몇 생물은 유성생식(sexual reproduction)의 증거를 전혀 보여주지 않는 완전한 무성생식(asexual reproduction)을 한다. 몇몇 생물은 짧은 기간의 유성생식과 긴 기간의 무성생식의 두 가지 전략을 교대로 취한다. 하지만 대부분의 이배체 진핵생물들은 새로운 개체를 형성하는 방법으로 유성생식을 유일한 자연스러운 기작으로 취한다. 부모로부터 자손으로, 잘 정돈된 유전물질의 전달 및 그 결과로서의 표현형 다형성은 감수분열 과정에서 일어나는 분리(segregation)와 독립적 분배(independent assortment)에 의존한다. 감수분열은 반수체(haploid)의 배우자(gamete)를 만드는 과정으로서, 각 반수체 배우자의 수정 결과 그들 종의 특징적인 이배체(diploid)의 염색체 수를 유지하도록 한다. 때문에, 감수분열은 같은 종의 유전적 일관성을 유지하는 기작이다.

감수분열을 통해 유성생식을 하는 개체의 영속성은 수정 과정에서 각 배우자들 간의 효과적인 결합을 필요로 한다. 다시 말해 성공적인 수정은 생식기관에서의 성분화 형식에 달려 있다. 명백한 증거가 없음에도 불구하고, 이러한 분화는 몇몇 박테리아, 고세균 및 단세포 진핵생물인 조류(algae) 등과 같은 다양한 개체에서 일어난다. 인간을 포함한 많은 동물들에서, 성분화는 암컷과 수컷 간 표현형의 차이를 통하여 더욱 명백하게 나타난다. 철과 화성을 나타내는 고대 상징인 방패와 창(♂), 그리고 구리와 금성을 나타내는 고대 상징인 거울(♀)은 남성성과 여성성을 각각 나타내게 되었다.

포유류에 속한 다양한 종들은, XY 염색체쌍과 같이 서로 다른 혹은 **이형의 염색체쌍(heteromorphic chromosome)**이 하나의 성별을 결정하지만, 많은 종에서 염색체에 비해 유전자가 **성결정(sex determination)**을 좌우한다. 우리가 이 장에서 공부할 것은, 이러한 성결정 유전자들 몇몇은 **성염색체(sex chromosome)**에 나타나지만, 다른 몇몇은 상염색체에 나타난다는 것이다. 많은 연구를 통하여 서로 가까운 관계의 개체더라도 성염색체에 변이가 상당히 많이 일어남이 밝혀졌는데, 이는 성결정을 조절하는 기작이 빠른 진화를 겪었다는 것을 보여준다.

이 장에서 우리는 유전학 연구에서 종종 사용되는 세 개의 모델생물인 녹조류인 클라미도모나스(*Chlamydomonas*), 옥수수(*Zea mays*), 그리고 선형동물인 예쁜꼬마선충(*C. elegans*)의 생활사를 관찰함으로써 성결정의 대표적인 형태를 확인할 것이다. 이러한 개체들은 성결정에 있어서 서로 다른 대조적인 형태를 보여주고 있다. 또한 포유류의 대표자로서 인간과 선구적인 성결정 연구가 수행된 초파리를 살펴봄으로써 성결정에 대한 유전적 기초를 더욱 깊이 탐구해보고자 한다.

이 장에서 다룰 몇몇 주제들은 이 책의 끝 부분에서 더 깊이 논의될 것이다(현대 유전학 특강 1장—후성유전학 참조).

7.1 생활사는 성결정에 의존적이다

다세포 동물에서 성적 이형을 묘사할 때(암컷과 수컷의 차이), 생물학자들은 아래의 1차 성분화와 2차 성분화를 구분한다. **1차 성분화(primary sexual differentiation)**는 배우자가 생산되는 생식선 발달을 의미하고, **2차 성분화(secondary sexual differentiation)**는 젖샘과 외부생식기와 같은 명백한 차이를 보이는 기관뿐 아니라 비생식기관까지 포함한 개체의 전체적인 형태적 차이를 의미한다. 동물과 식물에서, **단성(unisexual)**, **자웅이주(dioecious)**, 그리고 **암수딴몸(gonochoric)**이라는 용어는 비슷하게 쓰이며, 한 개체가 암컷 혹은 수컷의 한 가지 생식기관을 가진다는 것을 의미한다. 반대로 **양성(bisexual)**, **자웅동주(monoecious)**, 그리고 **암수한몸(hermaphroditic)**이라는 용어는 한 개체가 암컷과 수컷의 두 가지 생식기관을 모두 갖는 것을 의미하며, 이러한 개체는 동물계와 식물계에서 모두 나타난다. 암수한몸 개체들은 난자와 정자 모두 생산할 수 있다. **간성(intersex)**이라는 용어는 대부분 불임인 중간 상태의 성적 분화를 가지는 개체들을 의미하는 데 사용된다.

클라미도모나스

녹조류인 클라미도모나스의 생활사는 드문 유성생식 시기를 나타내는 생물의 대표적인 예를 보여준다(그림 7-1). 이러한 생물들은 일생의 대부분을 무성적인 체세포분열에 의해 딸세포를 만드는 반수체 상태로 지낸다. 하지만 질소 고갈 등 영양상태가 나빠질 경우 몇몇 딸세포들은 배우자로서 기능한다. 수정이 되면, 이배체 접합자가 나쁜 환경을 견딜 수 있게 된다. 조건이 좋게 바뀐다면, 감수분열이 시작되어 반수체의 영양세포들이 다시 생산된다.

이러한 종에서는 무성적으로 생산되는 반수체인 영양세포와 유성적인 생식이 관여된 반수체 배우자 사이에 가시적 차이가 거의 없다. 더구나, 접합 중에 융합하는 두 배우자는 형태적으로 구분이 불가능하기에 **동형배우자(isogametes)**로 불리며, 이를 생산하는 종들을 **동형배우자성(isogamous)**이라고 부른다.

반세기 이상, 클라미도모나스의 배우자는 두 가지 교배형으로 나누어지는 것이라고 생각되었다. 하나의 반수체 세포들로부터 얻어진 클론들을 이용하여 실험한 결과, 그들은 몇몇 클론과는 접합하지만, 모든 클론과 접합하지는 않았다. 더 많은 수의 교배 능력을 실험했을 때, 그들은 mt^+ 또는 mt^-의 둘 중 하나를 선택한다는 것이 확인되었다. '플러스(+)' 세포들은 오직 '마이너스(−)' 세포들하고만 접합하였고 그 반대의 경우도 마찬가지였다. 세포간의 융합(수정) 이후 감수분열을 통해 네 개의 반수체 세포인 **유주자(zoospores)**를 만들어 내는데, 이는 두 개의 플러스 세포와 다른 두 개의 마이너스 세포로 나누어진다.

추후의 연구에서 각 플러스 세포와 마이너스 세포들은 화학적으로 서로 다르다는 것이 확인되었다. 클라미도모나스의 한 가지 교배형 세포(또는 그들의 편모들)의 추출액을 서로 다른 교배형 세포에 첨가했을 때 덩어리 혹은 응집된 형태가 나타나는 데 비해, 같은 교배형의 세포추출액을 첨가했을 때에는 응집 현상이 나타나지 않았다. 이러한 실험은 이들 동형배우자 간 형태학적 유사성에도 불구하고, 생화학적인 차이가 있음을 보여준다. 따라서 클라미도모나스에서는 형태학적 성분화가 관찰되지 않지만, 원시적인 성분화가 존재한다는 것이 확인되었다. 추후 연구에서 클라도모나스 염색체 VI에 위치한 *mt* 좌위가 질소 고갈 결과 세포융합에 중요한 역할을 하는 mt^- 교배형의 발현을 매개한다는 것이 확인되었다.

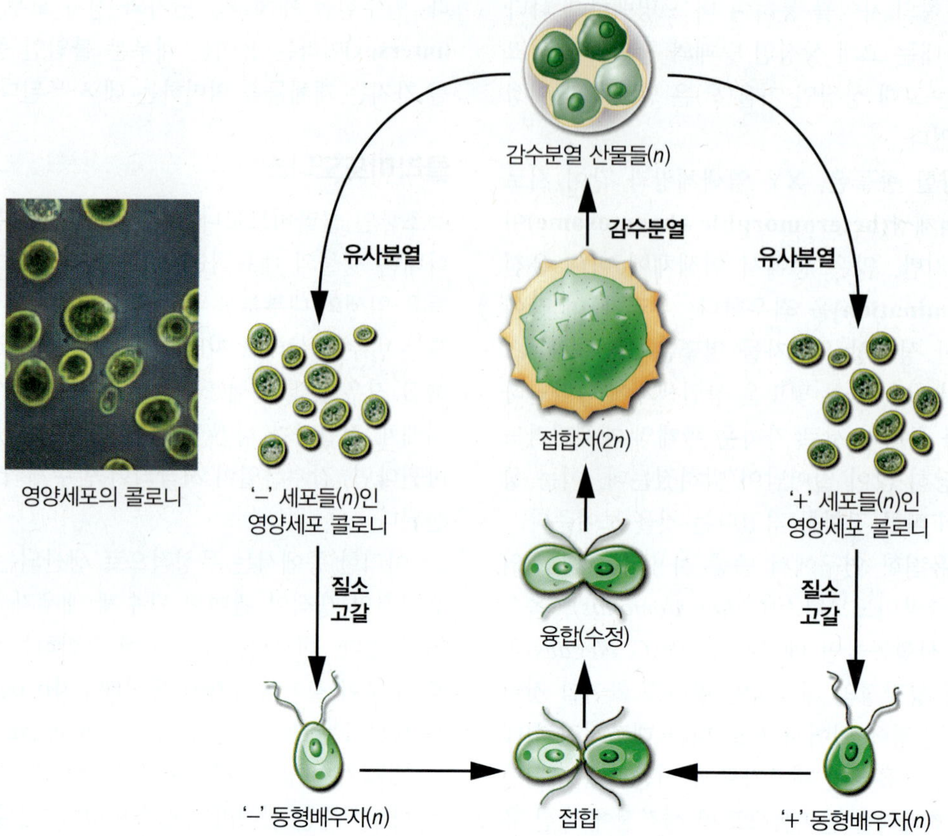

그림 7-1. 클라미도모나스의 생활사. 악조건은 수정 시에 융합할 수 있는 상대편의 교배형 동형배우자 형성을 촉진시킨다. 동형배우자의 융합으로 얻어진 접합자는 감수분열을 통해 각 교배형인 두 가지의 반수체 세포를 만들게 된다. 사진은 클라미도모나스의 영양세포들을 보여주고 있다.

옥수수

많은 식물들의 생활사에서 반수체 **배우체 시기**(haploid gametophyte stage)와 이배체 **포자체 시기**(dipliod sporophyte stage)가 교대로 나타난다(그림 2-13). 감수분열 및 수정 과정은 생활사 중 위의 두 시기를 연결시키는 과정이고, 각 시기에 머무는 시간의 상대적 정도는 주요 식물군에 따라 다양하다. 이끼와 같은 몇몇 선태식물에서 반수체 배우체 시기가 우점하고 배우체의 형태학적 구조가 상대적으로 더 큰 데 비해, 종자식물에서는 이배체 포자체 시기가 우점하고 포자체의 형태학적 구조가 상대적으로 더 크다.

우리에게 간식으로 친숙한 옥수수(*Zea mays*)는 **자웅동주**(monoecious) 종자식물의 대표적인 예로, 이들의 생활사 동안 포자체 시기가 우점하고 포자체의 크기가 상대적으로 크다. 암수 구조가 성숙한 개체에 동시에 나타나기에, 성결정은 한 개체의 서로 다른 세포에서 다르게 나타난다(**그림 7-2**). 옥수수수염을 이루는 수술(stamen)은 이배체의 소포자(microspore) 모세포를 만드는데, 이들 각각은 감수분열을 거쳐 4개의 반수체 소포자를 만든다. 각각의 반수체 소포자들은 발달하여 성숙한 웅성 소배우체(microgametophyte) 및 꽃가루(pollen grain)가 된다. 이들 각각은 두 개의 정핵(sperm nuclei)을 가진다.

대포자(megaspore) 모세포로 알려진 동등한 자성 이배체 세포는 포자체의 암술(pistil)에서 생성된다. 감수분열 후, 총 4개의 반수체 대포자 중 오직 하나가 살아남는다. 이때, 3회의 유사분열을 거친 후 배낭에 둘러싸인 총 8개의 반수체 핵을 만든다. 이들 중 배낭의 중심에 있는 2개의 핵은 배젖핵(endosperm nuclei)이 된다. 하나의 난핵(oocyte nucleus)과 두 개의 조세포(synergids)로 이루어진 3개의 핵이 위치하는 배낭 끝의 주공(micropyle)에 정핵이 들어온다. 배낭 반대편에는 3개의 반족세포 핵(antipodal nuclei)이 존재한다.

수분(pollination)은 꽃가루가 암술머리(stigma)에 접촉하고, 긴 꽃가루관핵이 배낭을 향하여 자랄 때 일어난다. 주공(micropyle)에서 접촉이 일어날 때, 두 개의 정핵은 배낭으로 들어오게 된다. 하나의 정핵은 반수체인 난핵과 합쳐지는 한편, 다른 하나의 정핵은 두 개의 배젖핵(endosperm nuclei)과 합쳐진다. 이 과정은 **중복수정**(double fertilization)이라고 알려져 있으며, 각각 이배체의 접합자핵과 삼배체의 배젖핵을 만든다. 한 대의 옥수수는 약 1000여 개의 이러한 구조물들을 포함하고 있으며, 이러한 구조물들 각각이 하나의 옥수수 낟알로 발달하는 것이다. 각 옥수수 낟알이 발아하게 되면, 포자체로서의 새로운 식물이 된다.

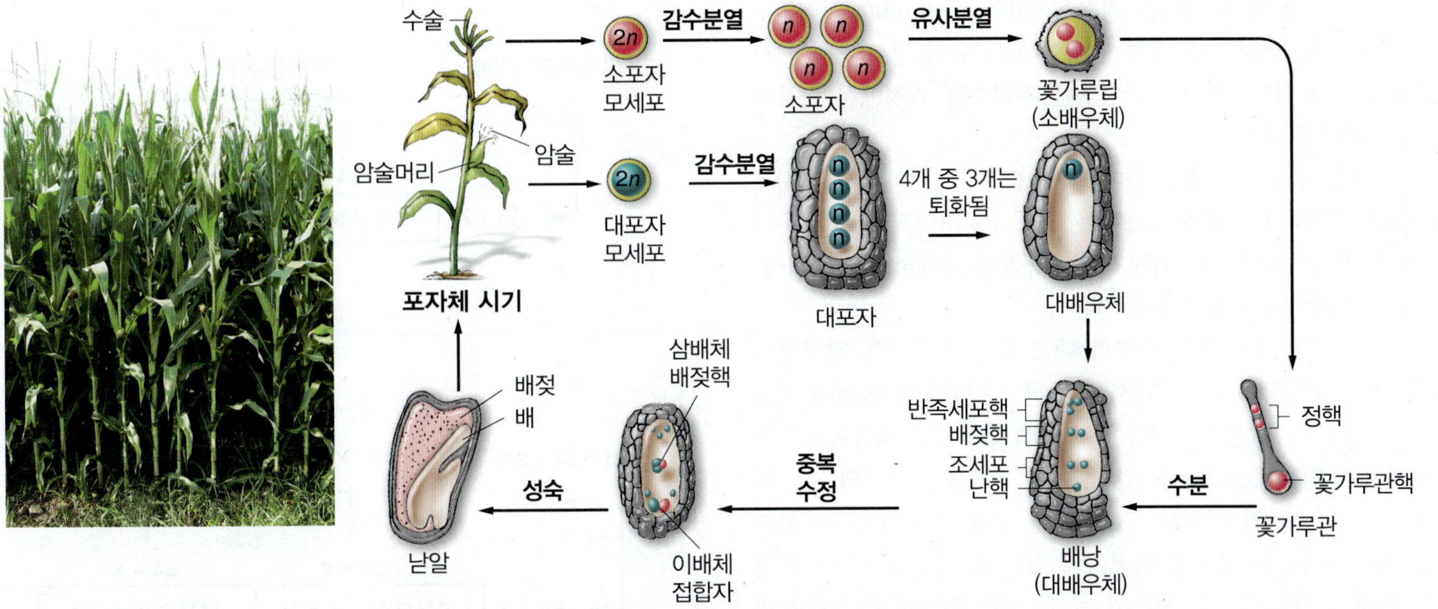

그림 7-2. 옥수수의 생활사. 이배체인 포자체는 수술과 암술을 가지고 있으며, 반수체인 소포자와 대포자를 만들게 된다. 이들은 각각 꽃가루와 배낭으로 발달하며 정자와 난자들을 품게 된다. 수정 후, 낟알 안에서 배가 자라고 배젖에 의하여 영양이 공급된다. 낟알이 발아하게 되면 새로운 포자체(성숙한 옥수수 알갱이)가 생기고 생활사가 반복된다.

옥수수와 같은 자웅동주 식물들은 자성과 웅성 각각의 배우자를 만드는 조직들이 서로 같은 유전적 조성을 가지고 있기에, 처음에 성결정과 분화의 기작을 밝히는 것이 매우 어려웠다. 하지만 정상적인 옥수수 수술과 암술의 형성을 방해하는 수많은 돌연변이 유전자들이 발견되었다. 이들 유전자의 산물이 자성 혹은 웅성 조직의 분화에 영향을 미침으로써 성결정에 중요한 역할을 한다는 사실을 보여준다.

예를 들어, 꽃의 성적 발달을 변형시키는 돌연변이 유전자들은 중요한 정보를 제공한다. 돌연변이 대립유전자 *tassel seed* (*ts1* 및 *ts2*)의 동형접합체에서는 수술의 생성을 방해하고 암술을 형성하게 한다. 반면 야생형 유전자는 일반적으로 세포사멸을 유도함으로써 암술을 형성하는 세포들을 제거한다. 따라서 이러한 단일 유전자의 돌연변이는 한 자웅동체 식물에서 자성만 남도록 할 수 있다. 이와 반대로, 열성 돌연변이인 *silkless*(*sk*)와 *barren stalk*(*ba*)는 암술의 형성을 방해하여, 야생형의 *ts* 유전자를 갖게 될 경우 웅성의 생식기만을 가지는 식물로 발달시킨다.

이러한 돌연변이 연구에서 얻어진 자료들을 통하여, 이들 유전자의 여러 야생형 대립인자들의 산물이 성결정을 조절하는 데 상호작용한다는 사실을 제시한다. 꽃의 성적 발달에 따라 자성 혹은 웅성 구조로 성분화가 되고, 이에 따라 자성 혹은 웅성 배우자가 생산된다.

예쁜꼬마선충

선충의 하나인 예쁜꼬마선충[*C. elegans*; **그림 7-3(a)**]은 유전학 연구에서 각광받고 있는 생물로서, 특히 발생 과정에서 유전적 조절을 연구하는 데 많이 활용되고 있다. 이들의 유용성은 성체가 959개의 체세포로 이루어졌고, 이들 세포의 정확한 계보를 특정 배아 기원까지 추적할 수 있다는 점이다.

이들 벌레는 두 가지 성적 표현형을 가진다: 하나는 정소만

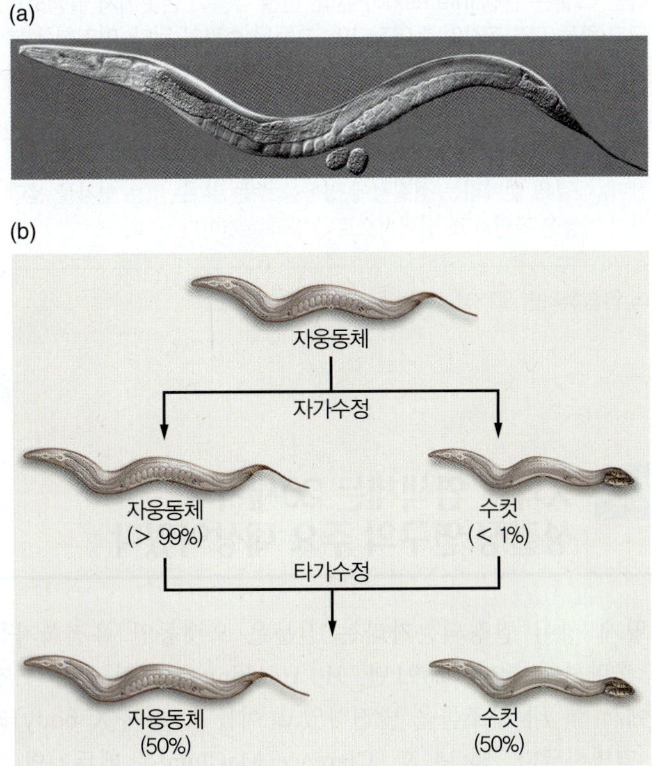

그림 7-3. (a) 현미경으로 확인한 양성 선충류인 예쁜꼬마선충(*C. elegans*). (b) 하나의 양성 개체가 자가생식한 결과와 양성 개체와 수컷이 교배한 결과.

가지는 웅성과 다른 하나는 자웅동체(hermaphrodite)인데, 두 개의 생식선(gonad)에서 유충 발생이 되는 동안 정자와 난자 각각을 만들게 된다. 생산된 난자들은 자가수정 과정에서 저장된 정자와 수정된다.

이 과정의 결과는 매우 흥미롭다[그림 7-3(b)]. 대부분의 개체는 그들 어버이처럼 자웅동체이며, 오직 1% 미만의 자손이 웅성 개체가 된다. 성체 웅성 개체가 자웅동체와 교배하면 반수의 웅성과 반수의 자웅동체 자손을 만든다.

자웅동체가 발달되는 신호와 대조적으로, 웅성을 결정짓는 신호는 상염색체와 X 염색체에 존재한 유전자들의 발현에 의하여 제공받는다. 예쁜꼬마선충은 Y 염색체가 없고 자웅동체들은 두 개의 X 염색체를 가지는 반면, 웅성 개체들은 하나의 X 염색체를 가진다. 상염색체쌍과 X 염색체 수의 비가 예쁜꼬마선충의 성을 결정하는 것으로 여겨지고 있는데, 이 비율이 1.0이면 (두 개의 X 염색체와 두 사본의, 즉 한 쌍의 상염색체) 자웅동체가 되고, 이 비율이 0.5이면 웅성이 된다. 이형성 Y 염색체가 없는 것은 예쁜꼬마선충의 특성이다.

실전문제

7-1 바다에 사는 개불(*Bonellia viridis*)은 환경에 따라 성결정이 되는 극단적 예이다. 미분화의 유충은 자유로운 유영과 함께 암컷으로 분화되거나, 성체 암컷의 주둥이로 이동하여 수컷이 된다. 만일 유충이 짧은 기간 동안 암컷의 주둥이에 있다가 떨어지고 해수에 위치한다면, 그들은 간성(intersex)이 된다. 만일 유충이 연못에서 발생하게 되고 주둥이의 조각이 주어진다면, 그들은 수컷이 된다. 이러한 성분화를 포유류의 성분화와 비교해 보시오. 개불의 성분화 기작을 증명할 추후 실험을 제안해 보시오.

■ **힌트:** 이 문제는 성결정과 관련된 실험적 발견을 분석할 수 있도록 한다. 해결의 실마리는 성결정에 영향을 주는 알 수 없는 인자를 분리하여 기능을 확인하고, 실험적으로 증명하는 것이다.

더 연습하려면 30, 31, 32번 문제를 참조하시오.

7.2 X와 Y 염색체는 20세기 초 성결정 연구의 주요 대상이었다

어떻게 성이 결정되는가라는 질문은 오랫동안 유전학자들을 혼란하게 했다. 1891년, H. Henking은 특정 곤충의 정자에서 핵 내 구조물을 발견하였고 이를 X-소체(X-body)라고 명명하였다. 몇 년 후, Clarence McClung은 메뚜기의 정자에서 이상한 유전적 구조물을 확인하였고 이를 이형염색체(heterochromosome)라고 명명하였다. 한편, 나머지 정자에서

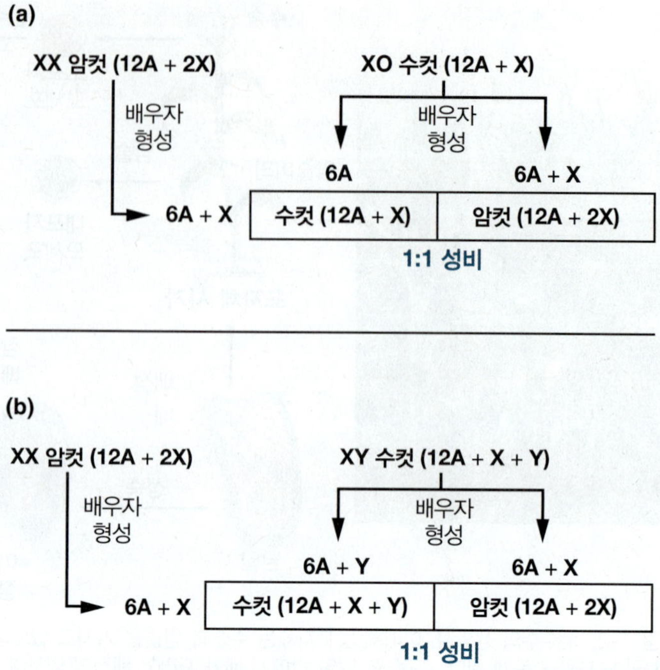

그림 7-4. (a) 이형배우자인 성결정(수컷)의 경우 XO의 핵형을 가지고, X 염색체를 포함하거나 포함하지 않는 배우자들을 생산된다. (b) 이형배우자인 성결정(역시 수컷)의 경우 XY의 핵형을 가지고, X 또는 Y 염색체를 포함한 배우자들이 생산된다. 위의 두 예에서 자손의 염색체 조성에 따라 성이 결정된다.

는 이와 같은 구조물이 발견되지 않았다. 그는 실수로 이형염색체의 존재와 웅성 자손의 생산을 연관시켰었던 것이다. 1906년, Edmund B. Wilson은 Henking과 McClung의 발견을 분명히 하였는데, 이는 남방제비나비(*Protenor*)의 암컷 체세포는 X 염색체 2개를 포함한 총 14개의 염색체를 가지며, 수컷 체세포는 X 염색체 1개를 포함한 총 13개의 염색체를 갖고 있다는 것이다. 때문에 암컷의 난자형성 과정에서, 짝수 개의 염색체는 감수분열 과정에서 정확히 반으로 나눠지기에 각 배우자는 하나의 X 염색체를 포함한 총 7개의 염색체를 갖게 된다. 한편, 정자형성과정에서 X 염색체가 없는 총 6개의 염색체를 가진 배우자와, X 염색체가 포함된 총 7개의 염색체를 가진 배우자가 생성된다. X를 가진 정자의 수정 결과 암컷 자손이 생성되고, X가 없는 정자의 수정 결과 수컷 자손이 생성된다[그림 7-4(a)].

웅성 배우자의 X 염색체 존재 또는 비존재는 이러한 종에서 성결정을 위한 효과적인 기작을 제공할 뿐만 아니라, 자손의 성비를 1:1로 유지할 수 있도록 한다. 앞에서 알아보았던 예쁜꼬마선충도 이러한 성결정 체계를 보여준다.

Wilson은 노린재류 곤충인 milkweed bug(*Lygaeus turcicus*)를 대상으로 실험을 하였는데, 암수 모두 총 14개의 염색체를 가지고 있고, 이 중 12개는 상염색체이다. 암컷은 두 개의 X 염색체를 가지며, 수컷은 하나의 X 염색체와 함께 **Y 염색체(Y chromosome)**라고 명명된 약간 작은 이형염색체를 가진다. 이

종에서 암컷은 (6A + X) 조성을 가진 한 종류의 배우자만을 만들 수 있으나, 수컷은 동일한 비율의 (6A + X)와 (6A + Y) 조성의 각 배우자들을 생산한다. 그러므로 무작위적인 수정 후, 동일한 수의 수컷 자손과 암컷 자손이 서로 각각 구분되는 염색체 구성을 갖게 된다[그림 7-4(b)].

*Protenor*와 *Lygaeus* 곤충에서 수컷은 서로 다른 염색체 형태의 배우자들을 생산한다. 그 결과 수컷의 성결정은 **이형염색체배우자 성(heterogametic sex)**으로 설명되며, 수컷 유래 배우자들은 궁극적으로 종 내에서 효과적으로 자손의 성을 결정하게 된다. 암컷의 경우, 닮은 염색체 형태의 배우자들을 생산하는데, 이를 **동형염색체배우자 성(homogametic sex)**이라 하며, 염색체 수와 형태에 있어서 한 종류의 배우자가 만들어지게 된다.

수컷은 항상 이형염색체배우자 성 전략을 택하는 것은 아니다. 몇몇 생물체에서는 *Protenor*(XX/XO) 혹은 *Lygaeus*(XX/XY)의 성결정 양식처럼 암컷이 두 종류의 배우자를 만든다. 대표적 예로는 특정 나방들과 나비, 몇몇 물고기, 파충류, 양서류 및 적어도 한 종의 식물(*Fragaria orientalis*), 그리고 대부분의 조류이다. 암컷이 이형염색체배우자 성임을 쉽게 구별하기 위하여, 몇몇 유전학자들은 XX/XY 대신에 **ZZ/ZW**라는 표시를 사용한다. 이때, ZZ는 동형염색체배우자로서 수컷을 나타내고, ZW는 이형염색체배우자로서 암컷을 나타낸다. 대표적인 예로 닭을 들 수 있다.

7.3 사람의 Y 염색체는 남성을 결정한다

사람에서 성결정을 이해하려는 시도는 거의 100여 년 전, 분열하는 세포의 염색체들을 조사하는 연구 등을 통하여 시작되었다. 사람의 이배체 염색체 수를 정확히 결정하려는 노력들이 있었으나, 상대적으로 많은 수의 염색체 수 때문에 분석이 꽤 힘들었다. 1912년에, H. von Winiwarter는 세포분열 중기의 정원세포로부터 총 47개의 염색체를 발견하였다. 사람의 성결정에 있어서 여성은 하나의 부가적 염색체를 가질 것이라는 예측에 근거하여 여성은 총 48개의 염색체를 가지고 있다고 믿었다. 그러나 1920년대, Theophilus Painter는 정소조직의 세포에서 45~48개의 염색체들을 관찰하였으며, 현재에는 오직 남성에서만 있는 것으로 알려진 작은 Y 염색체도 발견하였다. 그의 원래 연구논문에서 Painter는 사람의 이배체 염색체 수로 46개를 선호하였으나, 최종적으로 남성과 여성에서 모두 48개라고 함으로써 잘못된 결론을 내렸다.

30년 동안, 위의 잘못된 숫자가 받아들여졌다. 1956년, Joe Hin Tjio와 Albert Levan은 염색체를 관찰하기 위한 더 나은 방법을 발견하였다. 이러한 발전된 기법을 통하여 매우 명확한 세포분열 중기 상태가 관찰되었고, 사람의 이배체 염색체 수는 46개임이 확인되었다. 같은 해 말, C. E. Ford와 John L. Hamerton은 정소 조직을 이용하여 이 발견을 재확인하였다. 그림 7-5에서 확인할 수 있는 사람의 핵형은 Tjio와 Levan의 기술에 의하여 관찰된 것이다.

23쌍의 사람 염색체 중 한 쌍은 남성과 여성에서 그 형태학적 특성이 다르다. 이들 두 염색체는 X와 Y 염색체로 표시된다. 사람의 여성은 두 개의 X 염색체를 가지며, 남성은 X와 Y 각각 하나씩의 염색체를 가진다.

우리는 이러한 관찰을 통하여 Y 염색체가 남성성을 결정한다고 결론지을 수 있음에도 불구하고, 다음과 같은 여러 가지 다른 해석이 가능하다. Y 염색체는 성결정에 아무런 역할을 하지 않을 수 있으며, 두 개의 X 염색체는 여성성을 유발할 수 있거나, 두 번째 X 염색체의 결실에 의하여 남성성이 결정될 수 있다. 어떤 설명이 맞는지에 대한 증거는 사람의 성염색체 조성에

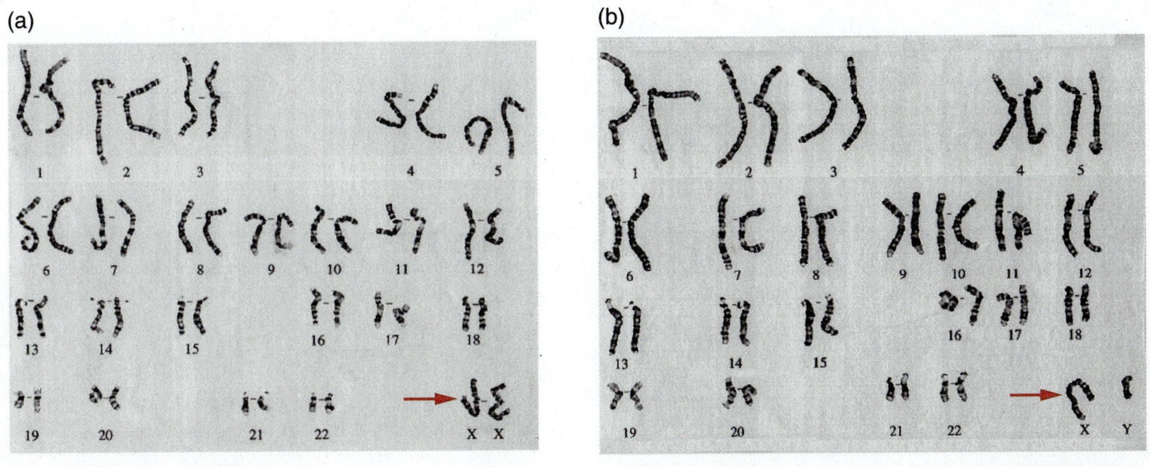

그림 7-5. 정상인 여성과 남성의 고전적 핵형 분석. 각각은 22쌍의 상염색체와 두 개의 성염색체를 포함하고 있다. 여성(a)은 동일한 두 개의 X 염색체를 가지는 반면, 남성(b)은 하나의 X와 하나의 Y 염색체를 가진다.

변이를 지닌 개체의 연구를 통해 제시되었다. 이러한 조사들을 통하여 Y 염색체가 사람에서 정말로 남성성을 결정한다는 것을 알아냈다.

클라인펠터증후군과 터너증후군

1940년경, 과학자들은 비정상적 성 발달을 특징으로 하는 **클라인펠터증후군(Klinefelter syndrome)(47,XXY)**과 **터너증후군(Turner syndrome)(45,X)**[1]이라는 이상 현상을 발견하였다. 클라인펠터증후군을 가진 사람들은 보통 남성의 성기와 내부 도관들을 가지지만 정소의 발달이 미약하고 정자를 생산하지 못한다. 그들은 일반적으로 키가 크고 팔다리가 길며 손과 발이 크다. 비록 몇 가지 남성적인 발달이 일어나긴 하지만 여성적인 성 발달이 완전히 억제되는 것은 아니다. 여성형 유방(gynecomastia) 현상이 나타나고, 엉덩이도 종종 둥근 모양을 갖는다. 이렇게 모호한 성 발달은 비정상적인 사회성 발달을 유도할 수 있다. 지적인 능력은 보통 이하 수준이다.

터너증후군을 가진 사람은 여성의 외부생식기와 내부도관을 가지지만 난소가 제대로 발달하지 않는다. 다른 특징적인 이상은 작은 키(일반적으로 150cm 미만)와 목 뒤 피부의 처짐, 그리고 유방이 제대로 발달하지 않는 것 등을 들 수 있다. 넓고 방패 같은 가슴이 종종 나타나며, 지적 능력은 보통 수준이다. 1959년에 이들 증후군을 가진 사람들의 핵형이 결정되면서, 이러한 이상 현상이 성염색체와 관련됨이 밝혀졌다. 클라인펠터증후군을 가진 사람은 X 염색체를 하나 더 가지고 있었다. 거의 대부분이 44개의 상염색체와 함께 XXY 조성을 가진다[그림 7-6(a)]. 이러한 핵형을 가진 사람을 47,XXY로 표시한다. 터너증후군을 가진 사람은 종종 1염색체성(monosomic)이며, 44개의 상염색체와 함께 오직 하나의 X 염색체를 갖고 있다. 때문에 이들은 45,X로 표시한다[그림 7-6(b)]. 이러한 염색체 조성을 나타내는 방법에 대해 알아보자면: 숫자는 존재하는 염색체 총 수를 일컫는 것이고, 쉼표 뒤의 정보는 정상 이배체로의 염색체 구성에서 변형된 것을 표시한다. 두 상태 모두 **비분리(nondisjunction)**에 의한 것인데, 이는 X 염색체가 감수분열 단계에서 적절히 분리되지 않은 것이다(비분리 현상은 8장에 설명되어 있고 그림 8-1에서 묘사되었다).

클라인펠터와 터너증후군에서 관찰되는 핵형들, 그리고 각각의 성적 표현형은 과학자들로 하여금 Y 염색체가 사람에서 남성성을 결정짓게 한다는 결론을 내릴 수 있도록 한다. Y 염색체가 없는 경우, 사람의 성은 한 개의 X 염색체를 가진 경우이더라도 여성이다. 클라인펠터증후군을 가진 사람의 Y 염색체는 그 발현이 완전하지 않는 경우라도 남성을 결정하는 데 충분하다. 비슷하게, 터너증후군을 가진 사람처럼 Y 염색체가 없는 경우 남성성이 나타나지 않는다.

클라인펠터증후군은 660명의 남아당 2명 정도의 빈도로 나타난다. **48,XXXY**, **48,XXYY**, **49,XXXXY**, 그리고 **49,XXXYY** 등의 핵형들은 표현형적으로 47,XXY와 비슷하지만, 증상정도는 X 염색체 수가 많은 사람들에서 종종 심각하게 나타난다.

터너증후군은 핵형이 45,X 외에 다른 핵형에 의해서도 생길 수 있는데, 체세포들이 두 가지 서로 다른 핵형을 가지는 **모자이크(mosaic)**의 경우에도 나타날 수 있다. 이러한 모자이크 세포들은 초기 발생 단계의 유사분열 문제에 의해서 유발되는데, 가장 많이 관찰되는 염색체 조합은 **45,X/46,XY**와 **45,X/46/XX**이다. 따라서 정상 핵형을 갖고 생명을 시작한 배아라도, 두 가지 핵형을 가진 사람에서는 이러한 증후군이 나타날 수 있다.

[1] 대부분의 증후군 이름은 최초로 발견한 사람의 이름을 따서 소유격 형태로 사용됨에도 불구하고(예: 클라인펠터증후군), 최근에는 비소유격 형태가 선호되고 있는 추세이다.

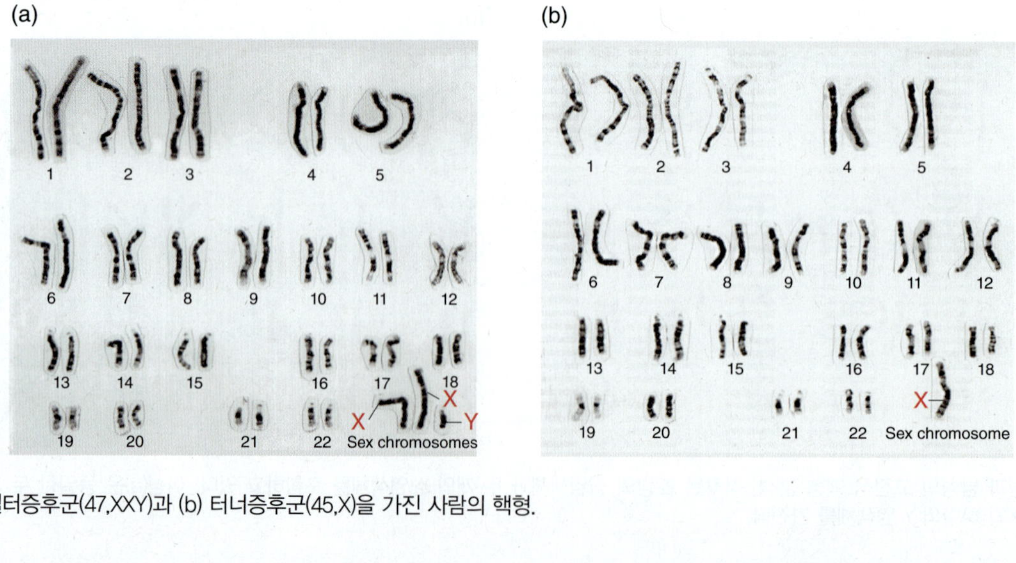

그림 7-6. (a) 클라인펠터증후군(47,XXY)과 (b) 터너증후군(45,X)을 가진 사람의 핵형.

표 7.1 여러 조건에서의 XYY 빈도

조건	제한요소	연구대상의 수	XYY의 수	XYY의 빈도
표준집단	신생아들	28,366	29	0.10%
정신질환자-수형자	키 제한 없음	4,239	82	1.93
수형자	키 제한 없음	5,805	26	0.44
정신질환자	키 제한 없음	2,562	8	0.31
정신질환자-수형자	키 제한	1,048	48	4.61
수형자	키 제한	1,683	31	1.84
정신질환자	키 제한	649	9	1.38

출처: Compiled from data presented in Hook, 1973, Tables 1-8. Copyright 1973 by the American Association for the Advancement of Science.

터너증후군은 2,000명의 여아당 한 명꼴로 발견되는데 이 빈도는 클라인펠터증후군에 비하여 낮다. 이러한 차이를 설명하는 하나의 설명으로는 대부분의 45,X의 태아는 자궁 안(in utero)에서 죽기에 자발적으로 유산된다. 따라서 임신 시의 터너증후군 빈도는 클라인펠터증후군 빈도와 비슷할 것이다.

47,XXX 증후군

정상 상염색체와 함께 세 개의 X 염색체가 존재하는(**47,XXX**) 개체는 여성으로 분화가 유도된다. 상당히 가변적인 이 증후군은 3개의 X 염색체를 동반하기에 종종 **트리플-X(triplo-X)**로 불리며 1,000명의 여아당 한 명꼴로 나타난다. 흔히, 47,XXX 여성은 염색체 수의 비정상에도 불구하고 완전히 정상의 표현형일 수도 있다. 어떤 경우, 2차 성징의 지연, 불임, 그리고 정신박약적인 특성이 나타나기도 한다. 드물게, **48,XXXX**(테트라-X)와 **49,XXXXX**(펜타-X) 핵형들이 보고된 바 있다. 이들 핵형과 관련된 증상들은 비슷하지만, 47,XXX에서 나타나는 증상에 비해 더 두드러지게 나타난다. 그러므로 많은 경우 추가적인 X 염색체의 존재는 정상적인 여성의 발달에 필요한 미세한 유전적 균형을 침해하는 것으로 보인다.

47,XYY 증후군

성염색체 이상의 또 다른 예인 **47,XYY**는 사람의 정상 이배체에서 Y 염색체 하나가 더 추가됨으로써 발생하는데, 1965년 Patricia Jacobs에 의해 연구되었다. 그녀는 스코틀랜드의 최고 보안 교도소에 수감된 수형자 315명 중 9명이 47,XYY 핵형임을 확인하였다. 이러한 핵형을 가진 남성들은 평균을 상회하는 신장 수치를 보여주었으며, 반사회적인(비폭력적인) 범죄의 결과로 수감되었다. 연구된 9명의 남성 중에서 7명이 정상에 준하는 지적 능력을 가졌으며, 모두가 인격장애를 겪고 있었다. 몇몇 다른 연구들에서도 비슷한 결과가 보였다.

이러한 염색체 조성과 범죄행동의 가능성에 대한 연관은 상당한 흥미를 제공해 주었기에, 범죄 집단과 비범죄 집단에서 47,XYY 조성의 표현형과 빈도에 대한 추가적인 연구들이 계속해서 진행되었다. 일반적으로 보통 이상의 키와(일반적으로 180cm 이상) 평균 수준의 지능이 보고되었고, 이러한 핵형을 가진 남성의 빈도는 실제로 표준 집단에 비해 교도소나 정신병원에 수감된 사람들에 있어서 더 높게 나타났다(표 7.1 참조). 교도소에 수감되지 않은 XYY 남성들의 특징에 관해 의문이 제기되었는데, 유일한 공통점은 그들이 180cm 이상으로 키가 크다는 것이다.

이러한 문제를 다루기 위해 47,XYY 핵형을 가진 각 개인들의 출생과 성장 과정에 나타나는 행동 양식을 추적하는 연구가 시작되었다. 1974년까지 Stanley Walzer와 Park Gerald, 두 명의 연구자는 보스턴 산부인과에서 태어난 15,000명 중 약 20명의 XYY 신생아를 찾아냈다. 그러나 그들은 곧 연구를 중단하라는 엄청난 압력을 받게 되었다. 연구를 반대하는 사람들의 주장으로는, 이러한 연구는 윤리적으로 정당화될 수 없을 뿐만 아니라, XYY 핵형을 가진 개인들에게 심각한 침해를 입힐 수 있다고 주장하였다. 반대자들은 (1) 이전에 행해진 큰 집단연구에서도 추가적인 Y 염색체와 비정상적인 행동 사이에 어떠한 상관관계도 밝혀진 바가 없으며, (2) 이 연구에서 XYY를 지닌 개인을 '낙인(labeling)' 찍는 것이 자기충족적인 예언을 유도할 수 있다고 주장하였다. 즉, 이 연구의 참여 결과로 부모, 친척 그리고 친구들이 47, XYY로 확인된 개인을 다르게 취급하여 궁극적으로 예상된 반사회적인 행동을 하게 될 수 있다는 것이다. 정부의 재정적 지원과 하버드 의대의 지원에도 불구하고, Walzer와 Gerald는 그들의 연구를 1975년에 그만두었다.

Walzer와 Gerald의 연구 이후로, 많은 XYY 남성들은 반사회적인 행동을 하지 않으며 정상적인 삶을 살고 있다는 것이 명백해졌다. 그러므로 우리는 여분의 Y 염색체와 남성의 행동학적 문제 사이에는 높지만 일관성 없는 관계가 있다는 결론을 내려야 한다.

사람에서의 성분화

연구자들은 남성성에 필요한 유전정보가 Y 염색체에 있다고 확인했기에, 성결정 유도 '신호'를 제공하는 특정 유전자들을 찾고자 시도하였다. 우리가 이 주제에 대해 논의하기에 앞서, 어떻게 인간이 성적으로 이형인 남성과 여성으로 발생하는지 성분화 과정에 대해 고찰하는 것이 유용할 것이다. 초기 발생과정 중 인간의 배아는 잠재적인 자웅동체 시기를 지난다. 임신 5주째가 되면, 생식선(gonad)을 형성하게 될 조직인 생식선원기(gonadal primordia)가 배아의 신장과 결합된 한쌍의 **생식능선(gonadal ridges)**의 형태로 생겨난다. 배아는 잠재적으로 자웅동체인데, 이 단계에서 생식선 표현형은 성적으로 같아, 남성 혹은 여성의 생식구조로 구별되지 않으며, 생식능선조직은 남성과 여성의 각 생식선이 될 수 있다. 발생과정에서 원시생식세포(primordial germ cell)가 이 능선으로 이동하여 바깥쪽 표피와 내부 수질을 형성한다[**표피**(cortex)와 **수질**(medulla)은 기관의 외부와 내부 조직을 각각 일컫는 말임]. 표피는 난소로 발생할 수 있고, 수질은 정소로 발생할 수 있다. 더구나, 볼프관(Wolffian duct)과 뮐러관(Mullerian duct)이라 불리는 두 쌍의 미분화 도관은 각 배아 안에 존재하게 된다. 볼프관은 남성생식기로 분화하는데 비해, 뮐러관은 여성생식기로 분화하게 된다.

생식능선의 세포들이 난소 또는 정소를 형성할 수 있기 때문에, 이들은 종종 **양성잠재성 생식선(bipotential gonad)**이라 언급된다. 어떤 스위치가 생식능선으로 하여금 난소 또는 정소의 발생을 유발하는 것일까? Y 염색체의 존재 또는 부재가 열쇠이다. 만일 능선부위의 세포들이 XY 염색체 조성으로 되어 있다면, 임신 7주째에 수질이 정소로 발생하게 된다. 그러나 Y 염색체가 없다면 남성으로의 발생은 일어나지 않고, 능선부위의 피질은 난소조직을 형성하며, 뮐러관은 수란관(나팔관), 자궁, 자궁경부와 질의 일부분을 형성하게 된다. 적절한 남성 혹은 여성의 도관 체계의 병렬적 발생이 일어나지만 특정한 성의 발생경로가 시작됨에 따라 다른 한 쪽의 도관 체계는 퇴화하게 된다. 만약 정소분화가 시작된다면, 배아의 고환조직은 남성으로의 분화를 유지하는 데 필수적인 호르몬을 분비하게 된다. 다음 장에서 논의될 것으로써, Y 염색체의 존재와 정소의 발생은 여성생식기의 형성을 억제하게 된다.

여성에서는 태아발생의 12주째에 난소 안의 난원세포(oogonia)가 감수분열을 시작하여 난소 내에서 제1난모세포가 발견된다. 임신 25주째가 되면 모든 난모세포가, 사춘기 시기가 도래할 10~15년이 지날 때까지 감수분열 상태에서 멈추어 있게 된다. 하지만 남성에서는, 사춘기가 될 때까지는 제1정모세포가 생기지 않는다(그림 2-12 참조).

Y 염색체와 남성 발생

X 염색체와는 달리 Y 염색체는 오랫동안 유전정보가 거의 없다고 생각되어 왔다. 비록 Y 염색체가 X 염색체에 비하여 훨씬 적은 수의 유전자만을 포함하고 있지만, 유전정보가 없다는 생각은 사실이 아니다. 인간 유전체 프로젝트의 결과에 의하면 Y 염색체는 50여 개의 유전자들로 이루어진 반면, X 염색체는 1,000여 개의 유전자들로 이루어져 있다. 인간의 X와 Y 염색체들은 약 200만 년 전 상염색체쌍의 상동 영역으로부터 유래했을 것이라고 예측되며, 그 이유로 두 염색체는 현재 약간의 서열 유사성을 갖고 있는 것을 들 수 있다. Y 염색체에 위치한 유전자들 및 잠재적인 유전영역들에 대한 최근의 분석 결과, 이들 중 일부는 X 염색체상에 상동영역이 존재하며, 다른 일부는 X 염색체상에 상동영역이 없다. 예를 들어, Y 염색체의 양 말단에 있는 **유사상염색체 부위(pseudoautosomal region, PAR)**는 X 염색체와 유사성이 있고, 감수분열 과정에서 쌍을 이루고 재조합하는 과정이 일어난다. 이러한 쌍을 이루는 영역의 출현은 웅성 배우자형성 과정 중 X와 Y 염색체의 분리에 있어서 매우 중요하다. 유사상염색체 부위를 제외한 Y 염색체의 나머지 95% 영역은 X 염색체와 쌍을 이루거나 재조합하지 않는다. 그 결과 예전에는 Y **염색체의 비재조합 부위**(nonrecombining region of the Y, NRY)라고 불리었으나, 최근 연구자들은 이 부분을 **Y의 남성 특이적 부위(male-specific region of the Y, MSY)**라고 명명하였다. 앞으로 논의하겠지만, MSY의 일부 영역은 X 염색체의 유전자들과 상동성이 있고, 다른 일부는 그렇지 않다.

사람의 Y 염색체가 그림 7-7에 도식화되어 있다. MSY는 기능유전자들을 포함하는 **진정염색질 부위**(euchromatic region)와 유전자가 없는 **이질염색질 부위**(heterochromatic region)로 나뉜다. Y 염색체 단완의 진정염색질 내부에 위치한 **성결정 부위 *Y*(*sex-determining region Y, SRY*)**이라 불리는, 남성의 발생을 조절하

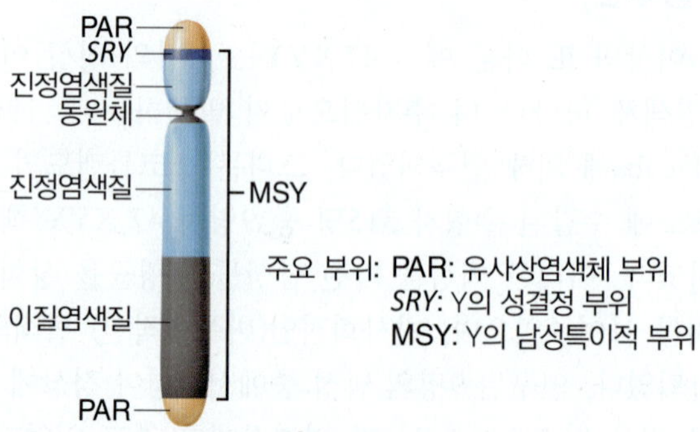

그림 7-7. 인간 Y 염색체상의 다양한 영역들.

는 중요한 유전자가 있다. 사람에서 Y 염색체의 부재는 거의 모든 경우 여성의 발생을 유도하였고; 때문에 이 유전자는 X 염색체에 존재하지 않는다. 6~8주 정도의 발생 단계에서, *SRY* 유전자는 XY 염색체쌍을 가진 배아에서 활성을 띤다. *SRY*는 미분화된 배아의 생식선을 정소로 만드는 단백질을 암호화하고 있는데, 이 단백질을 **정소결정인자(testis determining factor, TDF)** 라고 일컫는다.

SRY(또는 가까운 형태)는 모든 포유류에 존재하고 많은 연구가 되어 왔으며 다양한 동물 집단을 통틀어 중요한 기능을 나타낸다. 흥미롭게도 닭에서 비슷한 유전자가 확인되었다. *DMRT1*이라 불리는 이 유전자는 Z 염색체에 위치하고 있다. 우리는 성염색체 구성과 성적 표현형이 일치하지 않는, 매우 드물게 나타나는 개체에서 특정 DNA서열이 존재 혹은 부재함을 확인함으로써 *SRY* 유전자가 남성의 성결정을 책임진다는 것을 알 수 있다. 예를 들어, 두개의 X 염색체만을 가진 남성도 존재한다. 이 경우 보통 하나의 X 염색체에는 *SRY* 유전자가 포함된 Y 염색체 영역이 결합되어 있다. 여성에서 하나의 X와 하나의 Y 염색체를 가지는 경우가 있는데, 그들의 Y 염색체에는 *SRY* 유전자가 없다.

형질전환 생쥐(transgenic mice) 실험은 이 결론을 뒷받침할 수 있다. 형질전환 동물은 외래 DNA를 주입한 수정란에서 생성되며, 배아발생 동안 외래 DNA는 배아의 유전적 구성에 통합된다. 정상 생쥐의 Y 염색체에서 인간의 *SRY* 유전자에 해당하는 영역이 규명되었다. *SRY* 유전자를 포함한 DNA를 정상 XX 생쥐의 수정란에 주입하면, 자손의 대부분은 남성으로 발생된다.

SRY 유전자의 산물이 어떻게 배아의 생식선 조직을 난소보다 정소로 발생 유도할 것인가 하는 문제는 몇 년 동안 연구되고 있다. TDF는 여러 유전자의 조절 서열에 직접 결합하여 유전자 발현을 조절하는 **전사인자**(transcription factor)로 기능한다. 이와 같이 TDF는 성분화 과정에서 하위단계의 다른 유전자 발현을 제어하는 주요 스위치 역활을 하는 반면, TDF의 표적 유전자를 동정하는 것은 어려웠다. 생쥐에서는 *Sox9*이 TDF의 표적 유전자로 알려져 있다. TDF에 의해 활성화되는 다른 잠재적인 표적 유전자는 널리 연구되고 있는 **뮐러관 억제물질(MIS, Müllerian inhibiting substance** 또는 뮐러관 억제호르몬 또는 반-뮐러관 호르몬)을 암호화한다. 발생 중인 정소 세포는 MIS를 분비한다. 그 이름에서 알 수 있듯이 MIS 단백질은 뮐러관 내부에 있는 세포의 퇴화(위축)을 일으킨다. 뮐러관의 퇴화는 여성의 생식 기관 형성을 방지한다.

*SRY*에 의해 발현 조절되는 일련의 유전자 중 여러 상염색체 유전자가 알려졌다. 예로는 인간 *SOX9* 유전자가 *SRY*에 의해 활성화되면, 세포 분화를 통해 남성 생식 세포를 포함한 세정관을 형성하게 된다. 생쥐에서 섬유아세포 성장인자 9(*Fgf9*)는 XY 개체의 생식선에서 과발현된다. 정소 발생은 *Fgf9* 결핍 생식선에서 완전히 차단되고, 난소 발달의 징후가 나타난다. 다른 유전자인 *SF1*은 스테로이드 대사에 영향을 미치는 효소의 조절에 관여한다. 생쥐에서 *SF1* 유전자는 남성과 여성의 양성 생식능선 부위에서 처음 활성상태를 나타내며, 정소 형성이 명백해지는 발생 시점까지 발현이 지속된다. 그 시점에서 *SF1* 유전자의 발현은 수컷에서 지속되고, 암컷에서는 소멸한다. 생쥐를 이용한 최근의 연구는 특정 유전자의 발현을 억제함으로써 암컷의 평생 동안 정소 발생을 효과적으로 억제할 수 있음을 시사하고 있다. 이것은 성체 암컷 생쥐에서 전사인자를 암호화하는 유전자 *Foxl2*의 결실로 인해 난소가 정소로 전환분화(transdifferentiation)되는 실험 결과에 근거한다. 이러한 다양한 유전자와 성결정 사이의 관계를 확립하는 것이 인간의 남성과 여성이 결정되는 방법을 완전히 이해하는 데 도움이 되겠지만, 아직도 해야 할 연구가 많이 남아 있다.

David Page 그룹의 연구를 통해 인간의 Y 염색체의 MSY 영역에 대한 완전한 그림이 제공되었다. Page는 지난 수십 년간 Y 염색체에 대한 연구를 선도해 왔다. 첫 번째 영역은 **X-전이부**(X-transposed region)이다. 이것은 약 15%의 MSY를 포함하며, 인류의 진화 과정(약 300만~400만 년 전) 중에 X 염색체로부터 유래한 것이다. 이 X-전이부는 현대의 Xq21 부위와 99%의 상동성을 가진다. 두 개의 유전자가 이 부위에 존재하며, X 염색체에 상동 유전자가 위치한다.

Page와 동료 연구자들은 MSY 영역 전체에 **회문구조(palindromes)**, 즉 상보가닥에서 반대 방향으로 읽었을 때 동일한 서열 구조를 보이는 염기쌍 배열이 존재하고 있음을 발견하였다. 복제 동안 Y 염색체의 자매염색분체에서 회문구조 간의 재조합은 Y 염색체의 변이를 복구하는 메커니즘이다. 이 발견은 Y 염색체가 그 크기와 구조를 어떻게 유지할 수 있었는지를 보여주는 흥미로운 결과이다. 2010년 초에 Page와 동료들은 두 종의 Y 염색에 대한 종합적인 비교를 진행했다.

하나의 흥미로운 발견은 인간 Y 염색체의 MSY는 침팬지 MSY보다 서열 구조가 매우 다르다는 것이었다. 연구를 통해 6백만 년에 걸쳐 두 종의 분리 이후 급속한 진화가 일어났음을 알려준다. 놀라운 점은 영장류의 성염색체가 수억 년 동안 존재해 왔다는 것이다. 침팬지의 MSY 서열의 30% 이상이 인간의 MSY 서열과 상동성을 가지고 있지 않았다. 침팬지의 MSY는 공통조상에 비해 단백질을 암호화는 유전자를 많이 잃었지만, 인간의 MSY에 비해 2배 정도의 회문구조 배열을 포함하고 있다.

MSY의 두 번째 지역은 **X-퇴화부**(X-degenerative region)로 표

시된다. MSY의 약 20%를 포함하는 이 지역은 X 염색체에 존재하는 부분과 약간 관련이 있는 서열을 포함한다. 이 부분은 27개의 단일 사본 유전자들과 **위유전자**(pseudogene, 진화 동안 유전자 서열이 퇴화되어 비기능적이 된 것)들을 포함한다. X-전이부에 존재하는 유전자들과 더불어, X-퇴화부 유전자들은 X 염색체의 해당 유전자들과 상동성을 가진다. X-퇴화부 유전자 중 하나가 이전에 논의한 *SRY* 유전자이다. 다른 X-퇴화부 유전자들은 신체의 모든 조직에서 발현되는 단백질이지만, *SRY*는 정소에서만 발현된다.

세 번째 지역은 **증폭부**(ampliconix region)라고 하며, MSY의 약 30%를 구성하며, 정소 발생과 밀접하게 연관된 대부분의 유전자를 포함한다. 이들 유전자는 X 염색체상에 해당 유전자가 없으며, 정소에 국한되어 발현된다. 60개의 전사 단위(유전자)가 9개 유전자군(gene family)으로 나뉘어 있으며, 대부분은 여러 사본으로 나타난다. 각 유전자군의 구성원들은 거의 동일한(> 98%) DNA 서열을 가진다. 각 반복 단위는 **증폭단위(amplicon; 앰플리콘)**라고 하며, Y 염색체의 장완과 단완 부분의 진정염색질 부위에 흩어져 있는 7개의 부분에 포함되어 있다. 증폭부의 유전자들은 정소의 발생과 기능에 특이적인 단백질들을 만들며, 이들 유전자 산물의 대부분은 남성 생식력(fertility)과 직접적으로 관련이 있다. 현재 인간 집단에서 남성의 생식력 대부분이 이들 유전자의 돌연변이와 관련되는 것으로 알려져 있다.

최근의 연구 동향은 Y 염색체와 아버지의 노화 간의 관계를 확인하는 것이다. 이미 수년에 걸쳐, 어머니의 나이와 다운증후군 등의 염색체 이상을 갖는 자손의 출생률과 관련 있는 것으로 알려져 있다(8장 참조). **아버지 연령 효과**(paternal age effect, PAE)에 의하면, 고령의 아버지 나이가 특정 암, 정신분열증, 자폐증 및 여러 유전적 선천성 질환을 가진 자손의 출생률을 높인다고 한다. 정자의 유전체 서열 분석 결과를 통하여, Y 염색체 영역에서 특정 PAE 변이를 포함하여 수많은 변이를 확인하였다. 실험적 증거를 통하여, PAE 변이는 양성적으로 선택되어 시간이 지남에 따라 돌연변이 정자가 늘어나게 됨이 증명되었다.

이러한 발견들은 이 독특한 염색체에 존재하는 유전정보에 대한 새로운 지식을 제공한다. 따라서 현재의 연구 결과는, 25년 전에 유행했던 사람의 Y 염색체는 남성성을 유발하는 소수의 유전자를 제외하고 거의 유전정보가 없다고 설명하던 소위 '**버려진 땅 가설**(wasteland theory)'을 명백히 반박한다. 새로운 발견과지식은 어떻게 남성이 결정되는지에 대한 좀 더 명확한 그림을 제공한다.

실전문제

7-2 굴지 형성이상(Campomelic dysplasia, CMD1)은 선천적인 증후군으로서 뼈와 연골의 비정상적 형성을 특징으로 한다. 이는 상염색체 우성 돌연변이로 염색체 17번에 관련 유전자가 위치하고 있다. 아래 일련의 관찰에 따라 각각의 경우에 대하여 어떤 것이든지 정당화될 수 있는 적절한 결론을 추론하시오.

(a) 46,XY 핵형을 보이는 환자 중 대략 75% 정도가 반대 성인 여성의 특성을 갖게 된다.

(b) 돌연변이가 아닌 형태의 *SOX9* 유전자는 XY 남성의 생식선에서 발현하지만, XX 여성에서는 발현하지 않는다.

(c) *SOX9* 유전자의 아미노산은 Y-연관 *SRY* 유전자와 71%의 서열 유사성을 보인다.

(d) 46,XX 핵형을 보이는 CMD1 환자는 여성으로 발생되지만, 생식선의 비정상은 관찰되지 않는다.

■ **힌트:** 이 문제는 당신에게 이 장에서 배운 정보를 실제 생활에 적용할 수 있도록 해 준다. 해결의 실마리는 다른 염색체에서 발견되는 여러 유전자 산물들의 발현으로 인해 어떤 유전자가 활성화되어 정상 산물을 생성하는지를 알아보는 것이다. 이 사례의 경우, 아마도 Y 염색체에 위치한 무엇일 것이다.

7.4 사람에서 남성과 여성의 비율은 1.0이 아니다

모양이 다른 성염색체가 종의 한쪽 성에만 존재하는 것은 남녀 자손의 비를 동등하게 생산할 수 있는 기구가 된다. 이 조절력은 X와 Y(혹은 Z와 W) 염색체가 감수분열 중에 분리되어 이형배우자성인 쪽의 배우자 중 절반이 염색체 하나를, 나머지 배우자 절반이 다른 염색체 하나를 받는다는 가정에 기초한다. 7.3절에서 배운 바와 같이 상동적으로 짝지어지는 작은 유사 유전자 영역이 사람의 X 염색체와 Y 염색체 모두에 존재한다. 두 가지 형태의 배우자가 수정에 있어서 동등한 성공도를 가지며, 두 성은 발생 중에 동등한 생존력을 가진다고 가정하면, 1:1의 남녀 성비가 얻어진다.

양쪽 성이 동등한 수로 생산하도록 하는 잠재력이 있다고 가정하고, 남성 자손들과 여성 자손들의 실제 비율을 조사하면, 이것을 **성비(sex ratio)**라고 한다. 보통 두 가지 측정 방법이 사용된다. **1차 성비(primary sex ratio)**는 집단 내에서 수태된 여아에 대한 남아의 비를 나타내는 것이다. **2차 성비(secondary sex ratio)**는 출생 당시의 비율을 반영한다. 2차 성비가 더 결정하기 쉽지만, 불균형적인 태아 사망 혹은 배아 사망을 반영하지 못한다는 단점이 있다.

1969년 세계 인구조사 자료에 인류 집단의 2차 성비가 결정되었을 때, 이 비율은 정확한 1.0이 아닌 것으로 나타났다. 예를 들어, 미국의 코카서스 집단에서 이 비율은 1.06에 약간 못 미치는 것으로 나타나, 100명의 여아에 대해 약 106명의 남아가 태어나는 것으로 보였다. 1995년, 이 비율은 약간 더 떨어져 1.05가 되었다. 미국의 아프리카-미국계 집단에서 이 비율은 1.025이다. 다른 나라들에서는 남아의 출생이 이들 값보다 훨씬 높다. 예를 들어, 한국에서는 2차 성비가 1.15에 달한다.

이러한 비율에도 불구하고, 1차 성비가 1.0일 가능성이 있으며, 수태와 출생 사이에서 이 비율이 변화할 수 있다. 1.0을 초과하는 2차 성비에 대해서는 선천적으로 여아 사망률이 남아 사망률보다 더 높다고 생각할 수도 있다. 그러나 이 가설은 사실이 아닌 것으로 나타났다. 사실상 그 반대 현상이 일어난다. 1948년에 보고된 카네기 대학의 연구에 따르면, 약 6,000명의 배아와 태아가 유산이나 임신 이상으로 조사되었고, 남아의 태아 사망률이 실제로 높은 것으로 나타났다. 이 연구에서 얻어진 자료에는 미국의 코카서스인들에서의 1차 성비가 약 1.079인 것으로 추정되었다. 좀 더 최근의 자료들에서는 이 수치가 좀 더 높아져서 1.20과 1.60 사이인데, 이것은 사람 집단에서 여아보다는 남아가 더 많이 임신된다는 것을 시사한다.

왜 1.0이라는 예상된 1차 성비와 이렇게 차이가 나는가 하는 것은 확실하지 않다. 적절한 설명을 위해서는 이론적인 비율이 기초하고 있는 다음과 같은 가정들을 조사해 보아야만 한다.

1. 분리의 법칙 때문에, 남성은 동등한 숫자의 X 포함 정자 및 Y 포함 정자를 만든다.

2. 각 형태의 정자는 동등한 생존력을 가지며, 여성의 생식기관에서 동등한 운동성을 가진다.

3. 난자의 표면은 두 형태의 정자를 동등하게 받아들인다.

이러한 가정들에 대해 직접적인 실험적 반증들이 있는 것은 아니지만 사람의 Y 염색체는 X 염색체보다 더 작으며, 따라서 무게도 더 작다. 그러므로 Y를 포함한 정자가 X를 포함한 정자보다 더 작아서 더 좋은 운동성을 보유할 가능성이 있다고 예측해볼 수 있다. 이것이 사실이라면 남성 접합자를 만드는 수정 사건이 증가할 것이며, 이것은 관찰된 1차 성비에 대한 가능한 설명이 된다.

7.5 포유동물에서 유전자량 보정은 과도한 X-연관 유전자의 발현을 억제한다

정상 여자에 존재하는 두 개의 X 염색체와 남자에 존재하는 한 개의 X 염색체는 두 성에서 상염색체들이 동일한 수로 존재한다는 것과 비교할 때 매우 독특한 것이다. 이론적인 바탕에서만 보면, 이러한 불균형은 모든 X-연관 유전자들에 대해 남자와 여자에서 '유전적 양(genetic dosage)' 문제를 일으킬 것으로 생각된다. 여성은 모든 X-연관 유전자들을 두 배로 발현할 능력이 있는 것이다. 이전에 다뤘듯이 다양한 증후군을 나타내는 남녀 모두에서 부가적인 X 염색체는 이러한 양적인 문제를 더욱 심각하게 할 것이다. 배아 발생은 적절한 시기에 정확하게 조절되는 유전자 발현 수준에 따라 이루어진다. 이번에는 남성과 여성의 X 염색체에 위치한 유전자들의 발현량을 균형적으로 맞추는 **유전자량 보정(dosage compensation)** 기작과 X-연관 유전자 발현에 관한 연구에 대해 알아볼 것이다.

바소체

암컷 고양이를 이용한 Murray L. Barr와 Ewart G. Bertram의 연구와 Keith Moore의 인간에 대한 후속 연구를 통해 포유동물에서 X 염색체의 양적 불균형을 보정해 주는 유전적 기구를 발견하였다. Barr와 Bertram은 암컷 고양이의 간기 신경세포에서 어둡게 염색되는 소체를 발견했으나, 수컷 고양이의 유사세포에서는 이것을 발견할 수 없었다. 사람에서 이 소체는 여성의 구강점막 세포나 섬유아세포 등에서 쉽게 발견되지만 남성의 세포에서는 나타나지 않는다(그림 7-8). 약 1 μm 지름의, 고도로 응축된 구조는 간기세포의 핵막에 붙어 있다. 이 구조는 DNA를 감지하는 포일겐 반응(Feulgen reaction)으로 염색된다.

현재의 실험적 증거들은 **성염색질 소체(sex chromatin body)**, 혹은 단순 **바소체(Barr body)**라고 불리는 이 소체가 불활성화된 X 염색체라는 것을 증명해 준다. Susumo Ohno는 최초로 바소체가 두 X 염색체 중 하나에서 생기는 것이라고 제시하였다. 이 가설은 유전자량 보정에 대한 기구를 제공하는 것으로 매우 매력적인 것이였다. 여성의 세포에서 두 염색체 중 하나가 불활성이라면 여성과 남성에서 발현될 수 있는 유전정보의 양은 동일할 것이다. 이 가설을 지지하는 간접적인 증거가 이 장의 초반에 설명했던 성염색체 증후군에 대한 연구로부터 얻어졌다. 얼마나 많은 X 염색체들이 존재하든 하나만 빼고 나머지 모든 X 염색체들은 불활성화되는 것으로 보이며, 따라서 바소체로 나타난다. 예를 들어 45,X 여성인 터너증후군에는 바소체가 없고, 47,XXY 남성인 클라인펠터증후군에서는 하나의 바 소체, 47,XXX인 여성은 2개의 바소체, 그리고 48,XXXX 여성은 3개의 바소체가 나타나는 식이다(그림 7-9). 그러므로 바소체의 수는 $[N - 1]$ 규칙을 따르며, 여기서 N은 존재하는 X 염색체의 수이다.

하나만 제외하고 모든 X 염색체를 불활성화시키는 이 기작은 유전자량 보정에 대한 우리의 이해를 증진시키지만, 더 복잡

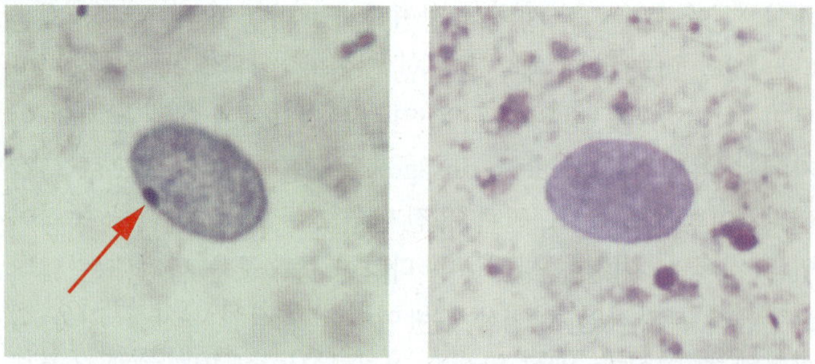

그림 7-8. 바소체를 형성하지 못하는 남성의 구강 상피세포(오른쪽)와 바소체(왼쪽 그림에 화살표로 표시)가 핵에 나타난 여성 세포의 현미경학적 관찰사진. 이러한 구조는 성 염색질 소체라고 불리는데, 불활성화된 X 염색체를 나타낸다.

한 다른 문제들을 야기한다. 예를 들어, 정상인 여자의 두 X 염색체 중 하나가 불활성화된다면, 왜 터너증후군인 여자는 완전한 정상이 아닌가? 3중 혹은 4중 X 핵형(47,XXX와 48,XXXX)을 가지는 여자들은 왜 정상이 아닌가? 나아가 클라인펠터증후군(47,XXY)에서는 X 염색체 불활성화가 효과적으로 46,XY인 개체와 같은 상황을 만들 것이다. 그런데 왜 이들 남자는 핵 내부에 존재하는 부가적인 X 염색체의 영향을 받는 것인가?

한 가지 가능한 설명은 생식선을 형성하기로 결정된 세포들의 매우 초기 발생 단계에서 염색체 불활성화가 일어나지 않는다는 것이다. 또 하나의 설명은 바소체를 구성한 각 X 염색체 전체가 불활성화되지 않는다는 것이다. 최근 연구에서 실제로

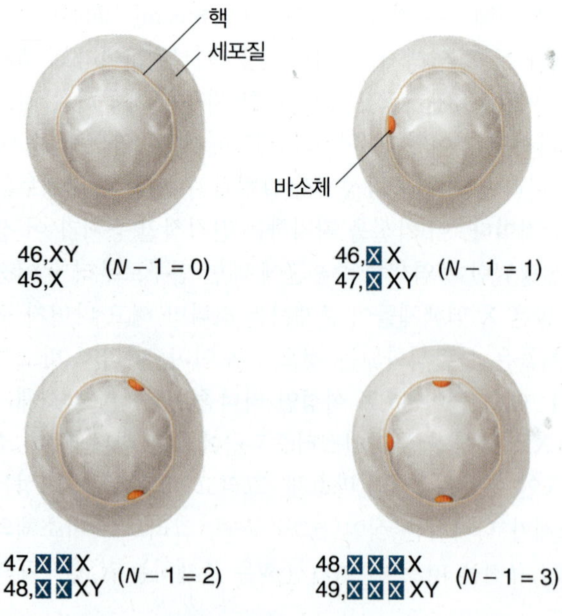

그림 7-9. 사람의 다양한 핵형에서 나타나는 바소체. 하나를 제외한 모든 X 염색체(N − 1)가 불활성화된다.

인간 X 염색체의 유전자 15%가 불활성화를 벗어난 것을 입증했다. 분명히, X 염색체에 존재하는 모든 유전자의 불활성화가 필요한 것은 아니다. 어느 가설이 옳든, 부가적인 X 염색체들의 분명한 불활성화에도 불구하고, 특정 X-연관 유전자들의 과도한 발현이 여전히 나타난다.

라이온 가설

포유동물의 암컷에서 하나의 X 염색체는 모계 기원을 가지며, 다른 하나는 부계에서 기원한 것이다. 어느 쪽이 불활성화되는가? 불활성화는 무작위적인가? 모든 체세포에서 같은 염색체가 불활성화되는가? 1961년, Mary Lyon과 Liane Russell은 독립적으로 이 같은 질문에 대해 하나의 가설을 제시하였다. 즉 X 염색체의 불활성화는 배아 발생 초기 어떤 시점의 체세포들에서 무작위로 일어난다. 일단 불활성화가 일어나면, 모든 자손 세포들은 같은 X 염색체를 불활성화시킨다는 것이다.

이 설명은 **라이온 가설(Lyon hypothesis)**로 불리는데, X-연관 털색 유전자에 이형접합체인 암컷 쥐의 관찰에 기초한 것이다. 이들 이형접합체 암컷들의 색소 침착은 얼룩 무늬로 나타나는데, 한쪽 얼룩은 하나의 X 염색체상에 존재하는 유전자를 발현하며, 다른 얼룩은 나머지 X 염색체상에 위치한 대립유전자를 발현한다. 실제로, 얼룩무늬의 표현형은 인접한 세포 덩어리들에서 서로 다른 X 염색체가 불활성화된다면 나타날 수 있을 것이다. 비슷한 모자이크 유형이 검은색과 연노랑 털 무늬의 거북껍질 암코양이나 캘리코 암코양이에서 나타난다(그림 7-10). 이러한 X-연관 털색 유형은 수컷 고양이에서는 나타나지 않는데, 이들은 모든 세포에 하나의 모계 X 염색체만을 가지므로 오직 하나의 X-연관 털색 대립유전자만을 가지는 반접합성이기 때문이다.

라이온 가설을 지지하는 가장 직접적인 증거는 인간 섬유아세포를 이용한 유전자 발현연구로부터 나왔다. 생검 시료에서 개개의 세포들을 분리하여 시험관에서 배양이 가능한데, 하나의 세포에서 유래한 각 배양을 **클론(clone)**이라고 칭한다. 포도당-6-인산 탈수소효소(glucose-6-phosphate dehydrogenase, G6PD)의 합성은, X-연관 유전자에 의해 조절된다. 이 유전자의 수많은 돌연변이 대립유전자들이 추적되었고, 각 대립유전자의 산물들은 전기영동시 이동패턴이 달라 야생형 효소들과 쉽게 구분될 수 있다.

서로 다른 *G6PD* 대립유전자를 가진 여성의 섬유아세포를 채취하여 연구하였다. 라이온 가설은, 만약 발생 초기에 무작위로 X 염색체의 불활성화가 일어나고 모든 자손세포들에서 영원히 그 불활성화가 유지된다면, 연구에 사용된 세포는 두 가지 형태의 클론, 즉 각 클론은 서로 다른 종류의 전기영동형 *G6PD*를

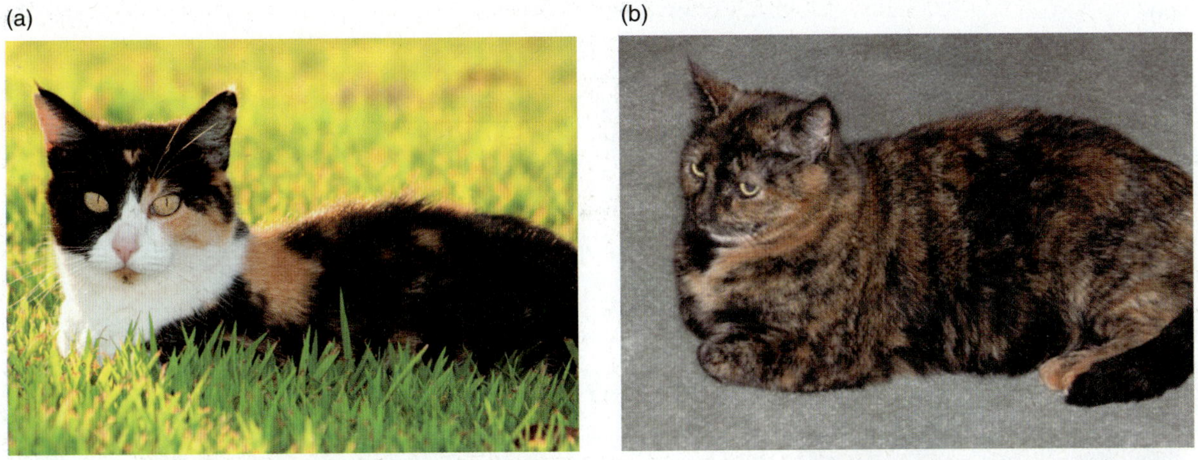

그림 7-10. 캘리코 고양이(a)에서 오렌지색과 검은색 털이 무작위로 분포하는데, 이는 라이온 가설을 설명한다. 캘리코 고양이의 하얀색 부분은 다른 유전자 때문이며, 하얀색 털이 없는 거북 껍질 고양이(b)와 캘리코 고양이를 구분할 수 있다.

보이며두 종류의 세포가 비슷한 비율로 나타날 것이라고 예상했다.

1963년 Ronald Davidson과 동료들은 한 명의 이형접합체 여성에서 얻어진 14개의 클론을 대상으로 실험을 수행하였다. 7개는 한 종류의 효소를 발현하는 것으로 나타났고, 다른 7개는 또 다른 형태의 효소를 발현했다. 가장 중요한 것은 14개의 클론 모두 두 종류의 효소 형태를 보이지 않았다는 점이다. 그러므로 *G6PD* 돌연변이에 대한 연구는 모계 혹은 부계 X 염색체의 무작위적이고 지속적인 불활성화를 강력하게 지지한다.

X 염색체의 불활성화로 인한 또 다른 결과는 포유동물 암컷에서 모든 이형 접합 X-연관 대립유전자에 대해 모자이크 표현형이 나타난다는 것이다. 신체의 일부 영역만 모계 유래의 대립유전자를 발현하고, 다른 부분은 부계 유래의 대립유전자를 발현한다. 재미있는 예로 **적록색맹(red-green color blindness)**이 있으며, 이는 X-연관 열성 질환이다. 인간에서 반접합체 남성들은 완전히 모든 망막세포가 색맹이다. 그러나 이형접합체인 여성들은 망막세포들이 결함 있는 색깔 인식 부위와 그렇지 않는 부분으로 모자이크 양상을 보일 수 있다. 예를 들어서, 이형접합체 여성의 초기발생에서 X 염색체들 중 하나의 무작위적 불활성화가 이러한 현상을 나타나게 한다.

실전문제

7-3 최초의 복제 고양인 카본 카피(Carbon Copy, CC)는 캘리코 고양이인 레인보우의 난소세포를 유전적 공여자로 사용하여 만들어졌다. 세포로부터 이배체 핵을 추출한 후, 핵이 제거된 난자에 이식하였다. 생성된 접합자를 배양접시에서 배아로 발생시킨후 대리모 고양이에 배아를 착상시켜 CC가 탄생하였다 . CC의 대리모는 타비(이 장의 끝인 187쪽을 참조)이다. CC가 오렌지색과 검은색 털의 무작위 분포를 보일지, 오직 오렌지색, 혹은 검은색일지에 대해 확신이 없었기 때문에, 유전학자들은 캘리코 고양이의 복제 결과에 큰관심을 가졌다. 라이온 가설에 따르면, 결과는 불확실하다. CC가 레인보우와 같은 외모를 가질 것인가? 생각해 보자.

■ **힌트:** 이 문제는 라이온 가설에 대하여 이해하는 것을 요구한다. 해결의 실마리는 공여 핵이 성체 암컷 고양이의 분화된 난소세포로부터 유래하였다는 것이고, 해당 세포는 이미 X 염색체 중 하나가 불활성화되어 있음을 의미한다.

불활성화 기작

X 염색체의 불활성화 메커니즘은 연구가 활발한 영역이다. DNA 혹은 결합된 히스톤 단백질 중 어느 한쪽이 화학적으로 변형되거나 또는 DNA와 히스톤 단백질이 동시에 화학적으로 변형되면, 해당 염색체에 위치한 대부분의 유전자가 불활성화된다. 어떤 변형이든, 연속된 염색체 복제와 세포분열에도 동일한 염색체를 불활성화시키는 방식으로 기억이 만들어진다. 이렇게 한쪽 상동체의 유전자는 발현되지 않고 다른 나머지 상동체의 유전자만 발현되도록 하는 과정을 **각인(imprinting)**이라고 한다. 또한 이 용어는 유전정보가 변형되어 유전자 발현이 억제되는 많은 다른 예시에 적용된다. 총칭하여 이러한 현상은 **후성유**

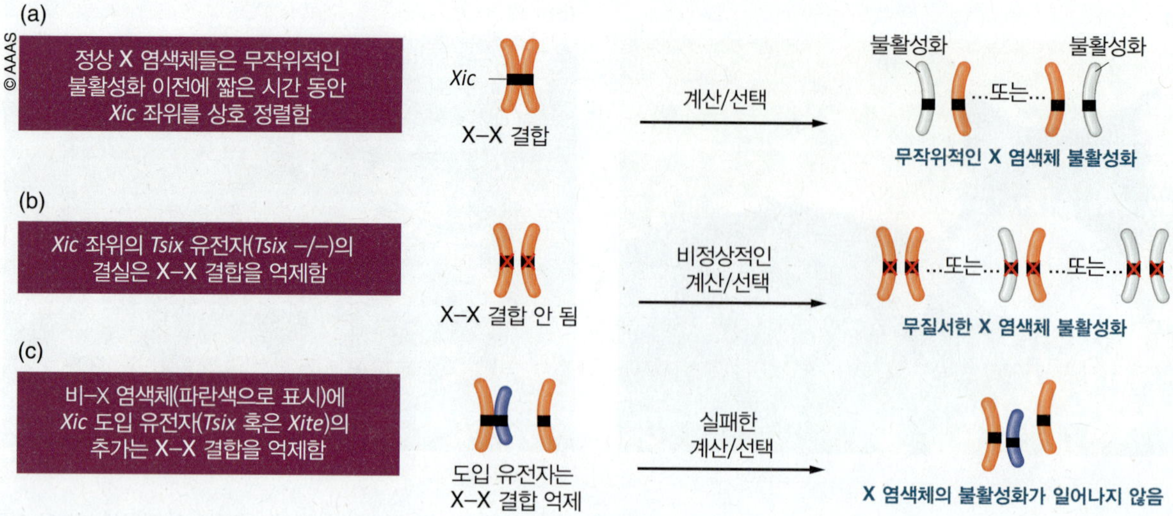

그림 7-11. (a) X 염색체들의 일시적 결합은 X 염색체 불활성화를 개시하는 데 필요하다. (b) *Xic* 좌위의 *Tsix* 유전자의 결실은 X 염색체간 결합을 막고, 무질서한 X 염색체 불활성화를 유도한다. (c) *Xic*이 포함된 도입 유전자의 추가로 인해 X 염색체간 결합이 억제되어 X 염색체 불활성화를 막는다.

전학(epigenetics) 연구 분야의 일부이다. 후성유전학에 관련된 여러 주제는 나중에 공부할 내용이다(현대 유전학 특강 1장—후성유전학 참조).

최근의 연구를 통해 X 염색체의 불활성화 기작을 규명하기 시작했다. 포유동물의 X 염색체에는 주요 제어 단위 영역이 존재한다. 인간 X 염색체의 단완 말단에는 **X-불활성화 센터(X-inactivation center, *Xic*)**가 존재하고, 이 부위에서의 유전자 발현은 불활성화된 X 염색체에서만 나타난다. *Xic*는 약 1 Mb(10^6 염기쌍) 길이이며, 여러 추정된 조절단위와 4개의 유전자를 포함하는 것으로 알려져 있다. 이들 중 하나인 **X-염색체 불활성화 특이 전사물(X-inactive specific transcript, XIST)**은 X 염색체의 불활성화에 중요한 유전자인 것으로 알려져 있다.

생쥐의 *XIST* 유전자를 대상으로 한 실험을 통해 *XIST* 유전자로부터 전사된 RNA에 대해 몇 가지 흥미로운 관찰이 이루어지고 있다. 첫째, *XIST* RNA 산물이 상당히 크고, 단백질을 암호화하지 않으며, 번역되지도 않는다. *XIST* RNA 산물은 자신을 생성한 주형 유전자가 위치한 X 염색체에 펼쳐져 둘러싼다. *Xic* 좌위에 위치한 두 개의 비암호화 유전자인 *Tsix*(*Xist*의 안티센스 파트너)와 *Xite*는 X 염색체의 불활성화에 중요한 역할을 하는 것으로 보인다.

둘째, *Xist*의 전사가 모든 X 염색체에서 처음에는 매우 낮은 수준으로 일어난다는 것이다. 그러나 불활성화가 일단 시작되면, 전사는 불활성화된 X 염색체에서만 지속적으로 증폭된다. 1996년 Neil Brockdorff와 Graeme Penny가 이끄는 연구 그룹은 *Xist*의 전사가 염색체 불활성화에 중요한 역할을 한다는 증거를 제공했다. 연구자들은 *Xist* 유전자에 표적 결실(7 kb)을 도입하여 해당 서열을 망가뜨렸다. 결과적으로 결실 돌연변이를 포함하는 염색체는 불활성화되지 못했다. 각인 및 불활성화에 관한 흥미로운 질문이 남아 있다. 예를 들어, 둘 이상의 X 염색체를 가지는 세포에서 어떠한 종류의 '계산' 기구가 하나만 남기고 나머지 염색체들을 불활성화되도록 지시하는가? Jeannie T. Lee와 동료의 연구에서 어머니와 아버지의 X 염색체가 처음에 쉽게 쌍을 이루고, X 염색체의 불활성화 전에 *Xic* 좌위에서 X 염색체의 수를 계산하는 방법을 제안하였다[그림 7-11(a)]. Lee와 동료들은 생쥐 배아줄기세포를 사용하여 *Xic* 좌위에 위치한 *Tsix* 유전자를 제거했다. 이 결실은 X-X의 쌍형성을 차단하고, 0, 1 또는 2개 X 염색체의 무질서한 불활성화를 야기했다[그림 7-11(b)]. Lee와 동료들은 *Tsix* 또는 *Xite*의 여러 복사본을 포함한 유전공학적으로 조작된 비 X 염색체를 도입함으로써 염색체 수를 계산하는데 있어 *Xic* 좌위의 역할에 대한 새로운 증거를 제공했다. [이들은 인위적인 생물에 도입되기 때문에 **도입유전자(transgenes)**라고도 한다.] 이 실험 절차는 효과적으로 X-X 쌍형성을 방지하고 X 염색체의 불활성화를 막았다[그림 7-11(c)].

X 염색체간의 쌍형성 및 X 염색체 수 계산에 작용하는 여러 유전자와 단백질에 대한 연구가 진행 중이다. Lee와 동료들의 최근 연구에서 불활성화된 X가 유전자 발현의 침묵상태를 유지하기 위해 핵 주변 영역에 결합할 필요가 있다는 증거를 제공했다. 실제로, 여성의 체세포에 존재하는 비활성화된 X 염색체인 바소체는 대부분 핵막에 부착된 것으로 관찰된다.

많은 의문이 남는다. 무엇이 활성 염색체에서 *Xist*가 전사되지 않도록 *Xic*를 '억제'하는가? 어떻게 각인상태가 전달되어 동일한 X 염색체 혹은 염색체들의 불활성화가 기억되어 라이온 가설대로 자손세포에서도 그대로 유지되는가? 이 질문의 해답이 어떻든, 우리는 포유동물에서 어떻게 유전자량 보정이 확립되는지를 이해하는 단계로 흥미로운 발걸음을 뗀 셈이다.

7.6 초파리에서 성은 상염색체에 대한 성염색체의 비율로 결정된다

노랑초파리(*Drosophila melanogaster*)와 여러 초파리종에서 수컷과 암컷은 일반적으로 사람과 같은 성염색체 조성(수컷은 XY이고 암컷은 XX이다)을 가지기 때문에, 우리는 Y 염색체가 이들 파리에서도 웅성(maleness)을 일으킬 것으로 추측한다. 그러나 1916년 Calvin Bridges의 멋진 실험은 이것이 사실이 아님을 밝혔다. 그는 상당히 여러 가지의 염색체 조성을 가진 파리들을 연구하여 Y 염색체는 초파리의 성결정에 참여하지 않는다는 결론을 내렸다. Bridges는 X 염색체와 상염색체들이 함께 성결정에 참여한다는 제안을 내놓았다. Y 염색체가 결여된 예쁜꼬마선충(*C. elegans*)에서 성염색체와 상염색체들이 모두 성결정에 필수적으로 작용함을 살펴보았다.

Bridges의 연구는 두 단계로 나눌 수 있다: (1) 암컷의 감수분열 중 X 염색체의 비분리로 발생되는 자손과 (2) 각 염색체에 대해 3개의 사본을 포함하는 삼배체($3n$) 암컷의 자손을 관찰하는 것이다. 우리는 이 장에서(그리고 그림 8-1에서 볼 것이지만) 이미 본 것처럼, 비분리는 제1 또는 제2감수분열의 후기 단계 동안에 쌍을 이룬 염색체의 분리가 일어나지 않는 것이다. 결과는 두 종류의 비정상적인 배우자의 생성인데, 하나는 염색체가 추가($n + 1$)되고, 다른 하나는 염색체의 결여($n - 1$)이다. 이러한 비정상적인 반수체 배우자의 수정은 $2n + 1$ 또는 $2n - 1$의 접합자를 생성한다. 인간처럼 비분리가 X 염색체에서 일어나고 상염색체는 정상적인 조성일 경우, XXY와 XO의 성염색체 구성이 발생할 수 있다. ('O'은 제2의 X 혹은 Y 염색체가 존재하지 않는다는 것을 의미하며, 터너증후군에서 XO 유전자형이 나타난다.)

사람에서 발견된 바와는 대조적으로, Bridges는 XXY 파리들은 정상적인 암컷이고 XO 파리들은 불임성 수컷임을 발견했다. XXY 파리에서 Y 염색체의 존재는 웅성을 유도하지 못했으며, XO 파리에서 Y 염색체의 부재가 여성화를 이끌어내지 못하였다. 이 자료로부터 그는 초파리의 Y 염색체에는 웅성결정 요소가 결여되어 있으나, XO 수컷이 불임인 것으로 보아 웅성 생식력에 필수적인 유전정보를 포함하고 있다는 결론을 내렸다.

Bridges는 삼배체 암컷($3n$)의 자손들을 연구함으로써 초파리에서의 성결정 양식을 규명할 수 있었다. 초파리는 반수체 수가 4개이므로 1쌍의 성염색체쌍과 3쌍의 상염색체를 가진다. 삼배체 암컷들은 드물게 생기는 이배체 난자와 정상 반수체 정자 간의 수정으로 생긴다. 삼배체 암컷들은 약간 큰 몸체에 조악한 강모와 눈을 가지지만 생식할 수 있다. 각 염색체들의 수가 홀수(3개)이므로, 감수분열 중에는 대다수의 염색체들이 여러 종류의 비정상 염색체 조성을 가진 배우자들로 분산되어 들어간다. 성적 표현형, 염색체 조성, 그리고 Bridges의 설명 사이의 관계가 그림 7-12에 나타나 있다.

Bridges는 성결정에서 필수적인 요소가 상염색체(A) 반수체 세트에 대한 **X 염색체의 비율**이라는 것을 깨달았다. 정상적인 상태(2X:2A)와 삼배체(3X:3A)인 암컷들은 각각 그 비율이 1.0이고 둘 다 암컷이 된다. 이 비율이 1을 초과하는 (3X:2A 혹은

정상 이배체 수컷

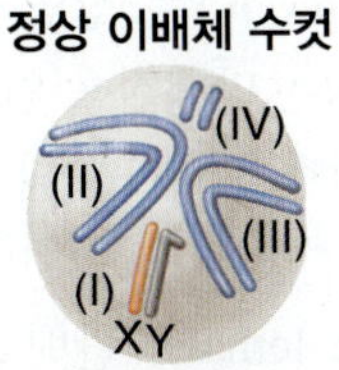

2세트의 상염색체
\+
X Y

염색체 구성	상염색체 세트에 대한 X 염색체 비율	성적 표현형
3X:2A	1.5	초 암컷
3X:3A	1.0	암컷
2X:2A	1.0	암컷
3X:4A	0.75	간성
2X:3A	0.67	간성
X:2A	0.50	수컷
XY:2A	0.50	수컷
XY:3A	0.33	초 수컷

그림 7-12. 초파리의 염색체 구성, 상염색체 세트에 대한 X 염색체의 비율, 그리고 그에 따른 성 표현형. 정상 이배체 수컷의 염색체 구성은 왼쪽에 나타나 있다(XY:2A). 표에서 정상 암컷과 수컷에 대한 것은 음영으로 표시되어 있다.

1.5가 되는) 경우 소위 **초자성(superfemale)**이 나온다. 이러한 암컷은 다소 약하고 불임성이며 감소된 생존력을 가지므로 현재 **초암컷(metafemale)**이라는 말로 불린다.

정상(XY:2A) 수컷과 불임(XO:2A) 수컷은 각각 1:2 혹은 0.5의 비율을 가진다. 이 비율은 XY:3A 수컷에서 1:3 혹은 0.33으로 감소되면서 불임성인 **초수컷(metamale)**이 생긴다. Bridges가 관찰한 다른 초파리들은 X:A 비율이 0.5와 1.0 사이에 존재하기도 한다. 이들 파리는 일반적으로 크고 다양한 표현형적 이상 및 부수적인 양성 생식기를 나타냈다. 그들은 모두 불임이고 수컷과 암컷 모두의 표현형을 나타내므로 **간성(intersex)**으로 표기된다.

Bridges의 결과들은 초파리에서 수컷으로 발생시키는 요소가 성염색체상에 존재하지 않고 대신 상염색체상에서 발견됨을 시사한다. 그러나 몇몇 암컷 결정인자들은 X 염색체상에 존재한다. 그러므로 1차 성결정과 관련하여 하나씩의 상염색체와 하나의 Y 염색체를 가지는 수컷의 배우자들은 수컷 자손이 되는데, 이것은 Y 염색체가 존재하기 때문이 아니라 두 번째 X 염색체가 없기 때문이다. 이런 성결정 양식은 **유전적 균형이론(genic balance theory)**으로 설명된다. Bridges는 웅성에 대한 역치는 X:A 비율이 1:2(X:2A)일 때 이루어지지만, 부가적인 X의 존재(XX:2A)가 이 균형을 바꾸고 따라서 암컷으로 분화시키게 된다고 제안했다.

초파리에서 성결정에 관여하는 많은 돌연변이 유전자들이 밝혀졌다. 열성 상염색체성 유전자인 *transformer*(*tra*)는 75년 전에 Alfred H. Sturtevant에 의해 발견된 것으로 단일 상염색체 유전자가 성결정에 중대한 영향을 미칠 수 있음을 보여준다. *tra*에 동형접합인 암컷은 불임인 수컷으로 성이 전환되지만, 동형접합인 수컷은 영향을 받지 않는다.

최근에 알려진 또 다른 유전자 *Sex-lethal*(*Sxl*)도 결정적인 역할을 하는 것으로 보이는데, 성결정에 '주요 스위치(master switch)'로 작용한다. X-연관성 *Sxl* 유전자는 상염색체에 대한 X 염색체의 비가 1.0일 때 활성화되며, 암컷의 발생에 필수적이다. 예를 들어, X:A비가 0.5인 경우에 *Sxl* 유전자의 활성화가 일어나지 않으며, 수컷으로 발생한다. 1960년 Hermann J. Muller에 의해 처음 연구된 *Sxl* 유전자의 흥미로운 점은 *Sxl* 불활성화 돌연변이는 암컷 배아를 죽이지만 수컷 배아에는 영향이 없는데, 이것은 이 유전자의 역할에 부합하는 것이다. 어떻게 염색체 비율이 *Sxl* 좌위에 영향을 미치는지는 아직 명확하지 않지만, 이 질문에 대한 몇 가지 통찰을 제공한다. *Sxl* 좌위는 일련의 유전자 발현 체계의 일부로 다른 유전자들, 즉 앞에서 언급한 *tra*와 *dsx*(*doublesex*) 및 여러 유전자들을 조절한다. 야생형의 *tra* 대립유전자는 암컷에서만 *Sxl* 유전자 산물에 의해 활성화되고, 이것이 다시 *dsx* 발현에 순차적으로 영향을 미칠 수 있다.

dsx 유전자의 첫 RNA 전사물이 어떻게 스플라이싱되는냐에 따라 dsx 단백질은 수컷 혹은 암컷 특이적인 유전자들을 활성화할 수 있다. 이러한 순차적 조절의 각 단계들은 일정 형태의 **RNA 스플라이싱(RNA splicing)** 과정을 요구하며, RNA 조각들이 단백질 번역에 앞서 '이어 붙이기'가 된다. *Sxl* 유전자의 경우 해당 전사물이 여러 가지 다른 형태로 이어 붙이기 될 수 있고 이러한 현상을 **선택적 스플라이싱(alternative splicing)**이라고 한다. 서로 다른 두 개의 RNA 전사물이 암컷과 수컷에서 각각 한 유전자에 의해 생산될 수 있다. 암컷이 되는 경우 *Sxl* 전사물은 기능성 단백질을 암호화하며, 유전자 발현의 순차적 조절을 시작하여, 궁극적으로 암컷의 발생을 유도한다. 수컷이 되는 경우, *Sxl* 전사물은 비기능성 단백질을 암호화하며 따라서 다른 패턴의 유전자 발현을 조절하여 수컷의 분화가 일어나도록 한다. 나중에 본문에서(17장 참조) 진핵생물의 유전자 발현 조절에 관여하는 메커니즘 중 하나로 선택적 스플라이싱이 소개될 것이다.

초파리의 유전자량 보정

수컷은 하나의 사본이 있지만, 초파리 암컷은 X-연관 유전자에두 개의 사본이 포함되어 있기 때문에, 인간이나 생쥐 등의 포유동물 처럼 유전자량에 문제가 발생한다. X 염색체 불활성화가 관찰되지 않기 때문에, 초파리의 유전자량 보정 메커니즘은 포유동물과는 상당히 다르다. 대신 수컷의 X-연관 유전자가 암컷에 비해 두 배의 수준으로 전사된다. 흥미롭게도, X-연관 유전자군이 상염색체로 이동하는 경우, 더 이상 X 염색체에 위치하지 않음에도 불구하고 유전자량 보정 현상이 여전히 나타난다. 포유류처럼 초파리에서도 유전자량 보정에 관한 이해가 최근 상당히 이루어지고 있다. 성결정 동안 암컷 분화를 유도하는 주요 스위치 유전자인 *Sxl*은 최소한 네 개의 상염색체성 유전자를 조절하여 유전자량 보정에 관여한다. 이러한 유전자 중 하나의 변이는 수컷에서 X-연관 유전자의 발현 증가를 심각하게 감소시켜 치사를 유발한다.

수컷의 증가된 유전자 활성 메커니즘을 설명하는 증거들이 확인되었다. 잘 알려진 모델로 *mle*(*maleless*)라는 상염색체 유전자는 X 염색체의 수많은 영역에 결합하는 단백질을 암호화하는데, 이는 X 염색체의 증가된 유전자 발현을 유도한다. 세 개의 다른 상염색체 유전자 산물 역시 *mle* 결합에 필요하며, 또한 그 결합에 참여한다. MSL(*male*-specific lethals) 단백질은 수컷 파리에서 유전자 발현을 증가시키기 위해 X 염색체의 유전자 풍부 영역에 결합하는 것으로 나타났다. 요약하면, 이러한 유전자 활성화 단백질의 집단을 **유전자량 보정 복합체(dosage compensation complex, DCC)**라고 한다. 그림 7-13에는 상염색체에는 결합하지 못하지만 초파리의 X 염색체에 결합하는 이러

유전자 기능 이해를 위한 현대적 접근

초파리 *Sxl* 유전자는 암컷 발생을 유도한다

최근 과학자들은 초파리의 생식세포의 발생 및 정자 또는 난자를 형성하는 과정 동안 중요한 단계에 대하여 조사하였다. 이 장에서 설명한 바와 같이, 초파리 *Sxl* 유전자는 RNA에 결합하여 RNA 스플라이싱을 조절하는 단백질을 암호화하고 있다. 연구자들은 암컷의 생식세포 운명을 시작하는 분자 메커니즘은 알 수 없지만, *Sxl* 유전자 산물이 이 과정을 조절하는 중요한 스위치로 작용할거라는 가설을 세우고 있다. 이 가설을 시험하기 위해 그들은 XY 수컷 파리에서 얻은 미분화 이배체 생식세포인 **원시 생식세포(primordial germ cell, PGC)**에서 *Sxl*을 발현시켰다. *Sxl*을 발현하는 PGC를 암컷 파리의 난소에 이식하여, 난자 형성에 들어가도록 유도하였다.

결과:

다음 표는 *Sxl* 주입 결과를 정리했다. 이식된 세포가 난모세포를 형성하고, 이러한 난모세포가 자손을 생산할 수 있었는지의 여부를 확인하였다. 표에서 보는 바와 같이 난소에 이식했을 때 *Sxl*을 첨가하지 않은 XY 기증자 PGC는 난모세포를 생성하지 않았다. *Sxl* 유전자를 포함하는 XY PGC의 경우, 이식된 초파리의 72%에서 난자를 생산하고, 이 난자들은 각각 수정하여 자손을 생산할 수 있었다! 따라서 정자가 될 운명인 Y 염색체 함유 세포에 단일 유전자의 추가만으로 세포의 운명을 바꾸어 암컷 생식세포의 발생을 유도할 수 있다. 대조군 실험은 비기능성의 돌연변이 *Sxl*를 가진 XY 기증자 세포(XY-nullo *Sxl*)를 이용하여 실시되었다.

기증자 PGC	이식된 생식세포를 가진 암컷 성체의 수	이식된 생식세포에서 난자를 생성한 암컷 성체의 수	이식된 생식세포로부터 자손이 생성된 암컷 성체의 수
XY	13	0 (0%)	0
XY + *Sxl*	18	13 (72%)	8
XY-nullo *Sxl*	15	0 (0%)	0
XX	25	25 (100%)	25

(Table modified from Hashiyama et al., Table 1.)

결론:

*Sxl*은 초파리에서 암컷 생식세포의 발생을 시작하는 역활을 한다. 많은 질문은 *Sxl*이 어떻게 암컷 생식세포에서 활성화되며, *Sxl* 유전자 산물이 암컷 생식세포에서 어떤 RNA 분자에 영향을 줄 것인가 하는 것이다. 생식계열의 성적 발생은 여러 동물종 사이에서 보존된 것으로 간주하고 있으므로, 이 결과는 매우 흥미롭다. 초파리 연구를 통해 *Sxl* 같은 유전자들이 생식세포 발생을 조절하는 기작을 이해함으로써 인간을 포함한 포유동물에서 배우자 발생의 중요한 측면을 이해할 수 있을 것이라 기대한다.

참고문헌:

Van Doren, M. 2011. Determing sexual identify. *Science* 333:829-830.

Hashiyama, K., et al. 2011. *Drosophila* sex lethal gene initiates female development in germline progenitors. *science* 333:885-888.

탐구문제:

1. 표에서 네 가지 실험 중 대조군은 어떤 것인가?
2. 각 대조군 실험의 역활에 대하여 토론해 보아라. 결과가 예측한대로 나왔는가?

한 단백질의 존재를 나타내고 있다. 형광 항체가 파리 유충의 침샘 세포의 거대 다사 염색체에 추가될 때 DCC 단백질의 위치를 식별할 수 있다(12장 참조).

이 모델은 마스터 스위치인 *Sxl* 유전자가 유전자량 보정에 중요한 역할을 하고 있다는 것을 알려준다. XY 파리에서 *Sxl*은 비활성 상태이며, 따라서 상염색체 유전자가 활성화되고, 강화된 X 염색체의 활성을 유도한다. 한편, *Sxl* 유전자는 XX 암컷에서 활성화되고, *mle* 유전자 같은 하나 이상의 수컷 특이적 상염색체성 유전자를 불활성화한다. 이러한 상염색체 유전자의 활성을 감소시킴으로써, 암컷에서 X 염색체에 연관된 유전자의 발현을 2배로 증가시키지 않게 되며, 이로 인해 유전자량 문제를 해결한다.

Tom Cline은 유전자량 보정이 작동하기 전에 *Sxl*은 몇 가지 다른 X-연관 유전자의 발현을 위한 센서로 작용할 것이라 제안하였다. 어떤 면에서 *Sxl*은 X 염색체의 개수를 센다. 예를 들어 2개의 X 염색체로 인해 X-연관 유전자의 발현량이 높은 것으로 감지되면, *Sxl* 유전자 산물은 변형되어 상염색체 유전자의 발현을 감소시키게 된다. 이 모델은 아직 수정이 필요하고 완성되어 있지 않지만, 앞으로의 연구를 위해 유용하다.

분명히, 포유동물에서 볼 수 있는 것과 완전히 다른 유전자량 보정 메커니즘이 초파리(그리고 아마도 이와 관련된 많은 생물)에 존재한다. X-연관 유전자의 발현을 동일하게 하기 위해

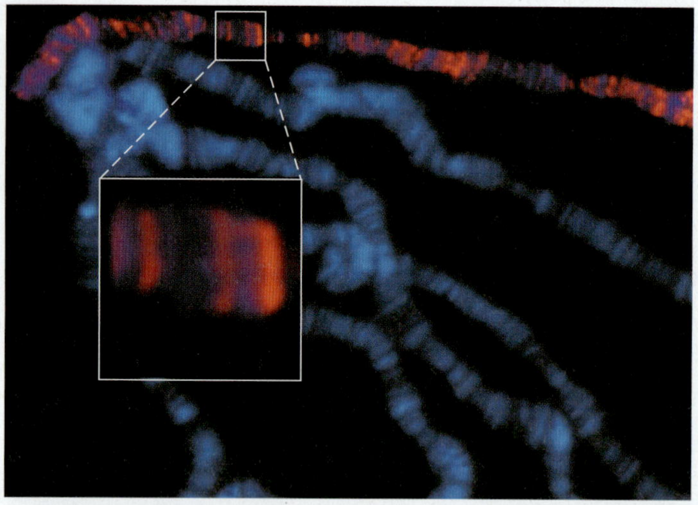

그림 7-13. 초파리 다사염색체에 위치하는 유전자량 보정 복합체(DCC)와 결합하는 형광 항체의 모습. X-연관 유전자들의 발현 증가는 DCC의 역할과 관련 있다는 증거를 제시한다.

그림 7-14. 초파리에서 좌우 암수한몸(bilateral gynandromorph)은 1차 유사분열 동안 두 세포 중 하나에서 X 염색체가 결실되어 발생한다. 왼쪽 부분은 하나의 X 염색체를 지닌 수컷 세포로 되어 있고 돌연변이의 흰 눈과 작은 날개의 대립유전자를 발현한다. 오른쪽 부분은 2개의 X 염색체를 지닌 암컷 세포로 구성되며, 2개의 열성 대립유전자에 대해 이형접합체이다.

정교한 메커니즘이 형성된다는 것은 유전자 발현 수준의 중요성을 입증한다. 유전자 산물의 미묘한 균형은 수컷과 암컷 모두의 정상적인 발생을 유지하는데 필요하다.

초파리 모자이크

초파리에서 성결정 기작과 X-연관에 대한 지식을 통해(4장) 그림 7-14에 소개된 독특한 모양의 비정상적인 초파리의 모습을 이해할 수 있다. 이 파리는 X-연관 유전자인 흰 눈(w) 및 소형 날개(m)에 대한 이형접합체인 암컷 집단에서 발견되었다. 이 파리는 **좌우 암수한몸(bilateral gynandromorphy)**이며, 몸통(왼쪽)의 절반은 수컷의 것과 같고, 다른 절반(오른쪽)은 암컷으로 발생하였다.

우리는 다음과 같이 단일 파리에서 양성의 존재를 설명할 수 있다. 만일 암컷 수정란(흰 눈과 작은 날개에 대해 이형접합체이다)에서 첫 번째 유사분열 동안 X 염색체의 1개를 잃을 경우 2개의 세포는 각각 XX와 XO일 것이다. 따라서 하나의 세포는 암컷이고 다른 것은 수컷일 것이다. 이러한 각각의 세포는 모든 자손 세포를 생산하게 되고, 배아 발생 동안 신체의 왼쪽 혹은 오른쪽 절반 중 하나를 구성하게 된다.

좌우 암수한몸의 경우, XO 구성의 초기 세포는 동일한 자손 세포를 생산하고 파리의 왼쪽 절반을 형성하는데, 그 염색체 구성 때문에 수컷이 된다. 절반의 수컷은 흰색과 작은날개를 보여주므로, w^+와 m^+ 대립유전자를 가진 X 염색체는 잃어버리고 w와 m을 지닌 X 염색체를 유지했다. 신체의 오른쪽의 모든 세포는 초기의 XX 세포에서 유래했으며 두 돌연변이 유전자에 대해 이형접합체 상태이므로, 야생형의 눈과 날개의 표현형을 발현했다.

첫 번째 유사분열 동안 방추사의 방향에 따라 파리의 신체 축에 암컷 대 수컷 발생의 경계를 구분짓는 '선'이 형성되어 암수한몸이 될 수 있다.

7.7 온도의 변화는 파충류에서 성을 결정한다

여기서는 환경, 특히 온도가 성결정에 중대한 영향을 미치는 파충류들에 관한 예를 다루는 것으로 마치고자 한다. 앞서 보여준 예들처럼 성이 유전적으로 결정된다는 **유전자형 성결정(genotypic sex determination, GSD)**과는 대조적으로, 지금 다룰 이야기는 **온도-의존성 성결정(temperature-dependent sex determination, TSD)** 으로 구분된다. 온도-의존성 성결정에 관한 연구는 이전의 어떤 연구들보다도 성결정의 기본적인 사실들을 잘 드러내준다.

많은 파충류에서 성은, 이미 언급했던 다른 생물들에서와 마찬가지로 수태 당시의 성염색체 조성에 의하여 미리 결정된다. 예를 들어, 독사를 포함하여 많은 종류의 뱀에서 ZZ/ZW 양식이 작용하며, 암컷이 이형배우자 성이다. 그러나 보아뱀과 비단뱀(python)에서는 양쪽 성에서 성염색체를 구분할 수 없다. 도마뱀에서는 XX/XY와 ZZ/ZW 양식이 둘 다 발견되는데, 종에 따라 다르다.

하지만 모든 악어, 대부분의 거북이, 몇몇 도마뱀을 포함한 여러 파충류 종에서 성결정은 배발생 중의 결정적 기간(임계기간) 동안의 알 부화온도에 따라 결정된다. 세 종류의 뚜렷한 온도-의존성 성결정 양식을 볼 수 있다(그림 7-15에서 사례 I~III). 첫 번째 경우(사례 I)에서는 낮은 온도가 100% 암컷을, 그리고 높은 온도는 100% 수컷을 결정한다. 두 번째 경우(사례 II)에서는 그 반대인 상황이 발생한다. 세 번째 경우(사례 III)에서는 낮거나 높은 온도는 100% 암컷을 만드는 반면, 중간의 온도는 다양한 정도로 수컷을 생산한다. 세 번째 경우는 다양한 종류의 악어, 거북이, 그리고 도마뱀들에서 나타난다. 물론 이들 종 중 다른 구성원에서는 다른 성결정 양식이 나타나기도 한다.

세 가지 경우에서 한 가지 이상의 온도가 수컷과 암컷 모두를 결정한다는 관찰에 주목할 필요가 있다. 어떤 온도에서는 대략 수컷과 암컷의 수가 같은데 이를 핵심온도(pivotal temperature, T_P)라 한다. 이러한 관찰로부터 야기되는 주요 질문은 온도에 의해 영향을 받는 대사적 혹은 생리적 활성인자들은 무엇인가? 라는 것이다.

답은 스테로이드(주로 에스트로겐)와 이들의 합성에 관련된 효소들이다. 연구에 따르면 에스트로겐, 안드로겐, 그리고 이들의 합성을 조절하는 효소들에 대한 온도의 효과가 난소와 정소의 분화에 관여하고 있음을 분명히 보여준다. 특히 한 가지 효소인 **아로마테이즈(aromatase)**는 안드로겐(테스토스테론과 같은 남성호르몬)을 에스트로겐(에스트라디올과 같은 여성호르몬)으로 바꿔준다. 이들 효소의 활성은 생식선의 분화 활성 경로와 관련되어 있으며, 난소 발생 시에 효소 활성이 높으며, 정소 발생 시에 낮게 유지된다. Claude Pieau와 동료들은 열감수성 요소가 파충류의 아로마테이즈 유전자의 전사를 조절하여 온도-의존성 성결정을 이끌 것이라고 제안한다. 몇 가지 다른 유전자들도 이 조절 과정에 참여하는 것으로 보인다.

생식선 분화에 있어서 성 스테로이드의 개입은 새, 물고기 및 양서류에서 보고되고 있으며, 따라서 에스트로겐에 의한 성결정 양식은 비포유류 척추동물의 특징인 것으로 보인다. 이와 같은 시스템의 조절은 많은 파충류에서 온도 의존적인 반면, 다른 생물체에서는 성염색체(XX/XY 혹은 ZZ/ZW)에 의해 이루어진다. 이 문제에 대해 끝으로, 포유류의 성결정에 있어서 중요한 요소인 *SRY*의 산물이 아로마테이즈 유전자의 조절 부위에 결합됨을 생체외 실험에서 보였는데, 이로써 *SRY*의 산물이 난소 발생의 억제자로 작용할 수 있는 메커니즘이 제안되었다.

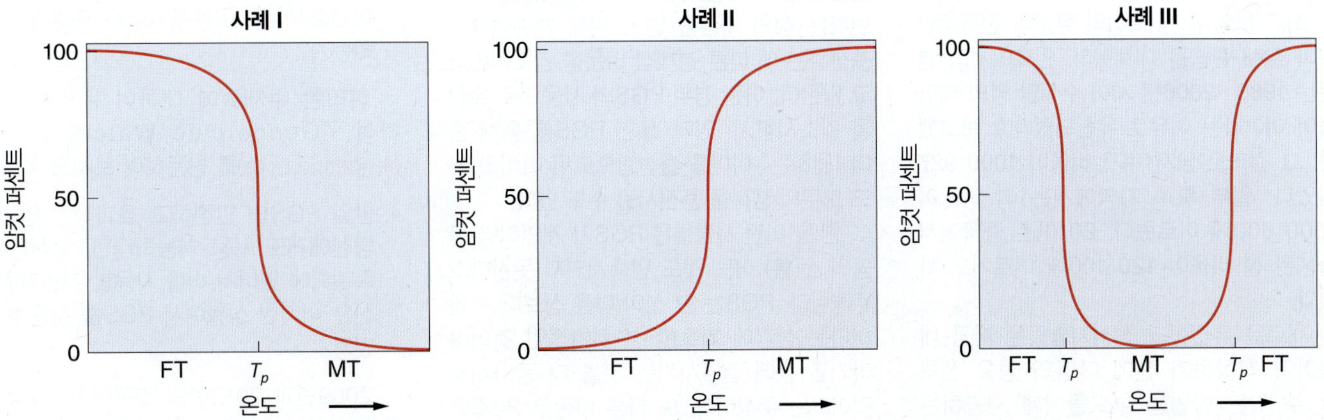

그림 7-15. 본문에서 묘사된 파충류에서 세 종류의 온도-의존성 성결정(TSD) 양식. 중요한 온도인 T_p(핵심온도)가 배발생 동안 성결정의 결정적 요소로 작용한다(FT = 암컷 결정 온도; MT = 수컷 결정 온도).

유전학, 기술, 사회

성별의 문제: 사람에서의 성 선택

역사적으로 사람들은 자손에서 자신들이 선호하는 성을 선택하려는 다양하고도 기괴한 방법들을 사용해 왔다. 중세 유럽에서는 예비 부모들이 침대 밑에 망치를 두면 아들을, 가위를 두면 여자 아이를 임신하는 데 도움을 준다고 믿었다. 오른쪽 고환의 정자는 아들을 만들고 왼쪽 고환의 정자는 딸을 만든다는 고대의 믿음에 기초한 관습도 있었다. 18세기에 이르러서도 유럽사람들은 아들 상속자를 얻기 위해 왼쪽 고환을 묶어버리곤 했다. 몇몇 문화에서는 자손의 성을 조절하려는 노력이 더 어두운 면을 가지고 있는데, 여아살해가 그것이다. 고대 그리스에서는 여자아이의 살인이 너무나 흔해서 일부 지역에서는 남아:여아의 비가 4:1에 육박하기도 했다. 인도의 일부 시골에서는 1990년대에 이르기까지 수백의 가족들이 이러한 관습을 받아들인다고 보도되었다. 1997년, 세계보건기구(World Health Organization)는 중국에서 여자 태아의 선택적인 낙태 및 여아에 대한 정부의 무관심 때문에 5,000만 명 가량의 여자들이 사라진 것으로 보이는 인구자료를 보고했다.

최근 들어서 성 특이적 유산이 전통적인 여아 살해 관습을 대체했다. 인도에서의 연구는 1986~2006년 사이 수십만 명의 태아들이 여아라는 이유로 유산되었다고 보고했다. 그 결과로 남자:여자 비율이 1000:927 이었다. 일부 북쪽 지역에서는 이 비율이 1000:600에 이르렀다. 2010년, 중국에서 출생된 성 비율이 120:100에 이르기도 하였다.

새로운 유전학과 생식기술들은 자궁 내 태아가 착상하기 전에 아이의 성을 선택할 수 있는 방법을 부모들에게 제공하는데, 이를 *착상 전 성 선택(preimplantation gender selection, PGS)*이라 한다. 시험관 수정을 거쳐 배아들은 성별 검사를 받은 후, 성 선택된 배아들만이 착상된다. 성 선택의 가장 간단하고 안전한 방법은 DNA 함량을 기반으로 X와 Y 염색체를 함유한 각 정자를 분리하는 것이다. X와 Y염색체의 서로 다른 크기 때문에, X를 포함한 정자는 Y 정자보다 2.8~3.0%의 DNA를 더 포함하고 있다. DNA의 형광 염색으로 처리한 정자 시료가 형광활성 세포분류기(fluorescence-activated cell sorter, FACS)에서 레이저 광선을 통과해 홈을 지나가게 되며, 이를 통해 DNA 형광성의 강도에 기초하여 정자가 두 부류로 나뉜다. 분류된 정자들은 표준화된 자궁 내 수정에 사용된다.

이 PGS 방법은 수많은 법적, 윤리적 논란을 일으켰다. 어떤 사람들은 예비 부모들이 기본 출산권과 더불어 성 선택 기술을 사용할 법적 권리를 가진다고 생각한다. 이 의견에 지지하는 사람들은 PGS는 많은 가족들의 고통을 줄일 수 있다고 말한다. 예를 들어, 혈우병이나 뒤센근이영양증과 같은 X-연관성 질환을 전달할 위험에 있는 사람들은 이제 이러한 질병을 표현하지 않는 딸을 골라 임신할 수 있는 기회를 가질 수 있다.

하지만 PGS를 사용하는 많은 사람들이 비의료적 목적으로, 즉 가족의 "균형"을 맞추기 위해 사용한다. 이러한 방법의 사용을 지지하는 이들의 논리는, 의도적으로 자손의 성을 고를 수 있는 능력이 인구 과밀을 막고 원하는 성의 자손을 얻기 위해 계속적으로 출산하는 데 따른 경제적 비용을 감소시킨다고 말한다. 어떤 경우 PGS의 사용으로 유산을 감소시킬 수 있다. 또한 PGS를 통해 좀 더 "원하는" 아이를 출산함으로써 아이와 부모 모두의 행복을 증진시킬 수도 있다.

한편, 어떤 사람들은 PGS가 개인이나 공공의 선(善) 어느 것도 만족시키지 못한다고 주장한다. PGS는 한 성이 다른 성보다 우월하다는 생각에 기초한 성 차별적인 것이며 아기를 성에 결부시키는 것을 더 증가시킬 것이라는 주장이다. 또 다른 비판은 PGS를 사회적으로 받아들이는 것이 아이들의 특성에 있어 또 다른 유전적 조작을 받아들이는 문을 열게 될 것으로 우려한다. PGS가 사회 전반에 미치는 영향을 예측하는 것은 어려운 일이지만, 이러한 성 선택의 마술사는 병 밖으로 나와 다시는 병 안으로 들어가려고 하지 않을 것이다.

조사해 보자

시간을 가지고 개인별로 혹은 집단별로 아래의 질문에 대하여 답하여 보자. 아래 참고문헌을 조사해 본다면, 당신은 성 선택에 대한 여러 주제들에 대하여 이해할 수 있을 것이다.

1. 당신은 PGS를 사용하는데 대한 찬반 논쟁에 대하여 어떻게 생각하는가?
2. 일반적으로 승인되는 도덕적 그리고 법적 관념은 생식적 자율성이며, 이는 개인의 생식에 대한 결정은 외부의 방해를 받지 않고 자유로운 상태에서 이루어져야 함을 의미한다. 생식적 자율성이 제한되는 상황이 존재하는가?

위의 질문을 포함한 여러 문제가 J. A. Robertson이 2001년에 발표한 American Journal of Bioethics, Volume 1, 2-9페이지에 있는 일련의 논문에 잘 나와 있다. 여기에는 PGS를 둘러싼 도덕적 그리고 법적 주제들에 대한 요약이 제시되어 있다.

3. 몇몇 사회에서 시행되는 여아 살해 및 남아선호사상의 이유에 대하여 어떻게 생각하는가?

이러한 주제들에 대하여 논의하기 위하여, "Gendercide Watch" (www.gendercide.org)를 방문하여 보시오.

4. 만일 PGS의 안전하고 효과적인 방법이 당신에게도 사용 가능하다면, 당신은 가족계획에 있어서 이를 사용할 것인가? 당신은 어떠한 상황에서 PGS를 사용할 것인가?

2009년과 2012년의 연구에서, 착상 전 유전자 검사가 불임클리닉 웹 사이트에서 아직은 조악한 수준으로, 위험을 최소화한 상태로 가능하다는 정보를 내 놓았다. 다음의 주제에 대해 조사해 보시오. Klitzman R. et al. 2009. Preimplantation genetic diagnosis 9PDG) on in-vitro fertilization (IVF) websites: presentations of risks, benefits and other information. Fertil. Steril. 92(4): 1276-1283.

사례 연구 | 지긋지긋한 그것

한 사람이 자신이 키우는 수컷 강아지 중 하나가 비정상적인 생식기를 가졌음을 발견했다. 근처의 대학 수의학 클리닉을 방문한 후, 핵형 분석을 통해 해당 강아지가 Y 염색체가 결여되었고, 대신 XX 염색체 쌍을 가졌는데 X 염색체 중 하나가 일반적인 크기보다 약간 크다는 것을 알게 되었다(포유류로서 수컷 개는 보통 XY, 암컷은 XX이다). 수의사가 말하기를 다른 품종에서는 일부 암컷에서 XY 염색체 쌍을 가지고, Y 염색체가 정상보다 약간 짧은 양상을 보이는 경우가 있다고 말한다. 이러한 관찰은 몇 가지 흥미로운 의문을 제기했다.

1. 이 개의 염색체 조성이 어떻게 모호한 성결정으로 이어질 수 있었는지 추측할 수 있는가?
2. 이러한 경우가 남성을 결정하는 유전자(들)의 위치를 파악하는 데 어떻게 이용될 수 있겠는가?
3. 당신이 정상 크기의 XY 염색체 쌍을 가진 암컷을 발견했다고 가정하자. 어떤 돌연변이가 이 경우에 관여했을까?
4. 단 하나의 X 염색체를 가지는 암컷 개를 발견했다고 가정하자. 이 개의 생식 관련 기관과 생식 능력에 대해 어떻게 예측할 수 있겠는가?

요약

1. 유성생식은 수컷 및 암컷 배우자를 형성하는 데 필요한 남성 혹은 여성 생식기관의 분화에 의존한다. 궁극적으로 생식기관의 분화는 특정 유전자들에 의해 조절되고 대부분 특정 성염색체에 국한된다.
2. 특정 성염색체들은 성결정 및 성분화를 조절하는 유전정보를 가지고 있다.
3. 완전한 *SRY* 유전자를 포함하는 Y 염색체의 유무는 인간 및 다른 포유류에서 수컷 결정에 기여한다.
4. 사람에서 수태시 여성보다 남성의 비율이 높은 반면 배아와 태아의 발생과정에서 남성의 사망률이 여성의 사망률보다 더 높다. 하지만 출생시의 2차 성비는 남성이 약간 더 높게 나타난다.
5. 포유류에서 암컷 체세포는 이른 배아 발생 시기에 무작위적으로 두 X 염색체 중 하나를 불활성화시킨다. 이는 수컷 및 암컷에서 X 염색체 연관 유전자들의 발현에 균형을 맞추는 데 중요한 과정이다.
6. 라이온 가설에 따르면, 발생 초기에 모계 혹은 부계의 X 염색체가 무작위로 불활성화되며, 각 세포의 후손에서 모두 같은 X 염색체가 불활성화된다. 그러므로 포유류의 암컷은 이형접합성 X-연관 대립유전자들에 관해서 유전적 모자이크 방식으로 발생하게 된다.
7. 많은 파충류들은 성결정에 있어 온도-의존적 영향을 보인다. 많은 파충류에서 특정 성염색체가 유전적 성을 결정하지만, 온도가 성결정에 관여하는 유전자들에 영향을 주어 배아가 수컷 또는 암컷 표현형으로 발생할지 영향을 준다.

질문 및 해답

1. 초파리에서, X 염색체가 서로 부착되어서($\widehat{XX}$), 늘 같이 몰려 다닐 수 있다. 몇몇 개체들은 이렇게 부착된 X 염색체들과 Y 염색체의 세트를 포함한다.

   (a) 이러한 초파리는 어떤 성을 가지게 될 것인가? 왜 그런가를 설명하시오.

   (b) (a)에서 나오는 개체들과 반대 성의 정상 개체와 교배를 실시하였다. 자손들에 대한 성을 예측해 보시오.

   (c) (b)에서 자손들이 상호교배한 결과 나타난 자손들은 어떻게 될 것인가?

해답: (a) 암컷이 될 것이다. X 염색체와 상염색체와의 비율이 초파리의 성을 결정하는데, 그 비율은 1.0이 되고, 정상적인 암컷이 된다. 초파리의 Y 염색체는 성결정에 있어서 영향을 주지 않는다.

(b) 모든 자손들은 아래와 같은 성염색체 구성을 보여줄 것이다.

(1) $\widehat{XX}X$ → 3개의 X 염색체를 가진 초암컷(3염색체성)

(2) $\widehat{XX}Y$ → 모체와 닮은 암컷

(3) XY → 일반 수컷

(4) YY → 발생이 일어나지 않음

(c) 한 세대 후 부착 X를 가진 암컷이 세대를 통하여 유지될 것이다.

2. Xg 세포 표면 항체는 X 염색체에 위치한 유전자에 의해 암호화된다. Y 염색체에는 같은 유전자가 존재하지 않는다. 두 개의 공동우성 대립유전자들이 동정되었다: *Xg1*와 *Xg2*. *Xg2/Xg2* 유전자형을 가진 여성과 *Xg1*/Y의 유전자형을 가진 남자 사이에서 아이가 출생했고, 그 아이의 유전자형은 *Xg1/Xg2/Y*를 가짐과 함께 클라인펠터증후군을 갖게 되었다. 적절한 유전학 용어를 사용하여, 어떻게 이 개체가 발생되었는지를 짧게 설명해 보시오. 부모 중 누가 감수분열 시 잘못되었겠는가?

해답: 클라인펠터증후군을 갖는 아이의 유전자형은 *Xg1/Xg2/Y*이기 때문에, 그는 반드시 *Xg1* 대립유전자와 Y 염색체를 아버지로부터 물려받았다. 때문에, 정자형성 과정의 감수분열 1단계에서 비분리가 일어났을 것이다.

탐구 문제

어떻게 알았을까?

1. 이 장에서 우리는 성분화, 성염색체, 그리고 성결정에 관련된 유전적 기작에 대하여 알아보았다. 그리고 우리는 어떠한 방법을 통하여 이러한 정보를 추론하는지에 대하여 알아보았다. 이 장의 설명으로부터, 아래의 기초 질문에 대하여 답을 제시하시오.
   (a) 옥수수의 성결정에 역할을 하는 특정 유전자를 어떻게 알았을까?
   (b) 성결정에 있어서 성염색체의 이형성 혹은 동형성 여부, 즉 Y 염색체가 어떠한 중요한 역할을 하는지에 대하여 어떻게 알았을까?
   (c) 인간 X 염색체가 성결정에 영향을 주지 않는 반면, Y 염색체가 남성을 결정하고 Y의 결손은 여성을 나타낸다는 것을 어떻게 알았을까?
   (d) 이론상 인간의 성비에 비하여 실제 인간의 성비는 남성이 약간 많은데, 이러한 사실로부터 우리는 어떠한 사실을 도출할 수 있을까?
   (e) 포유류와 비교하여 초파리는 성결정 기작을 다르게 활용하며, 특히 동일한 성염색체 구성이 암컷과 수컷에서 나타날 수 있는데, 이러한 사실을 어떻게 알았을까?
   (f) 포유류 암컷의 초기발생 과정에서 부계 혹은 모계의 X 염색체가 무작위로 불활성화되는데, 이는 어떻게 알았을까?

개념확인 문제

2. 이 장의 164쪽에 나열된 핵심 개념에 대하여 복습해 보시오. 이러한 개념들을 성결정 영역 또는 성염색체에 위치한 유전자들의 발현에 관한 것이다. 상염색체와 대비되는 성염색체의 특성에 대하여 짧은 에세이를 쓰시오.
3. 예쁜꼬마선충과 같은 동물과 옥수수 같은 식물의 생활사를 비교해 보시오.
4. 동형 염색체(*homomorphic*)와 이형 염색체(*heteromorphic*), 그리고 동형 배우자(*isogamous*)와 이형 배우자(*heterogamous*) 개체간의 차이를 구분해 보시오.
5. 성분화(sexual differentiation)와 성결정(sex determination) 개념을 구분해 보시오.
6. 성결정에 있어서 XX/XY 형태와 XX/XO 형태를 비교해 보시오.
7. 초파리와 사람의 성결정 기작의 주요 차이점에 대하여 설명해 보시오.
8. 인간을 포함한 포유류는 수컷에서 X와 Y 염색체가 존재하는 데 비해 암컷에서 두 개의 X 염색체가 존재한다. 이 경우 '유전자량 문제'를 어떻게 해결할 것인가?
9. 사람의 초기 발생 과정 동안 표현형은 성적으로 다르지 않다. 이미 성적으로 유전자형이 고정되었는데도 불구하고 왜 이러한 현상이 생기는가?
10. 초파리와 사람의 성결정에 대한 결론을 지지할 수 있는 특이적인 관찰(혹은 증거)는 무엇인가?
11. 정상적인 남성 배우자와 수정 이후, 여성 배우자에서의 비분리가 어떻게 클라인펠터증후군이나 터너증후군 자손을 유발할 수 있는가?
12. 어느 쪽이 이형배우자성인지 알려지지 않은 한 곤충이 발견되었다. 이 곤충에서 감소된 날개(*reduced wing, rw*)에 대하여 X-연관 열성 돌연변이가 발견되었다. 다음 각각의 경우에서, 감소된 날개 암컷과 정상 날개의 수컷 간의 교배를 통하여 얻어지는 F_1과 F_2 세대를 비교해 보시오.
    (a) 암컷이 이형배우자성.
    (b) 수컷이 이형배우자성.
13. 성이 다른 두 송아지 쌍둥이(이란성 쌍둥이)를 임신한 소의 경우, 쌍둥이 암송아지는 일반적으로 불임이고 생식기관이 남성화된다. 이 송아지는 프리마틴(freemartin)이라고 일컫는다. 소의 태아 쌍둥이들은 태반을 공유할 수 있고, 순환계도 공유하게 된다. 왜 프리마틴이 생기는가에 대하여 예측해 보시오.
14. $\widehat{XX}Y$의 핵형을 가지는 부착-X 암컷이("질문 및 해답" 참조) X-연관 열성인 흰 눈 표현형을 나타낸다. 이 암컷이 X-연관 열성인 작은 날개 표현형을 나타내는 수컷과 교배되었다. 교배의 결과 얻어진 자손에 대하여, 성별, 눈 색, 그리고 날개의 크기에 대해 예측해 보시오.
15. 암컷 배우자의 부착-X 염색체들은 가끔 분리되기도 한다고 가정해 보자. 14번 문제의 부계 표현형에 근거하여 F_1 세대에서 어떤 결과가 나타나야 암컷의 감수분열 중에 이러한 사건이 발생했음을 알 수 있는가?
16. Y 염색체의 남성결정 유전자들은 감수분열 동안 X 염색체와 시냅스를 형성하는 제한된 영역에 위치하지 않는다. 만일 몇몇 유전자들이 이 영역에 있을 때 어떠한 결과가 생길 것인가?
17. 바소체란 무엇이며, 세포의 어디에서 발견되는가?
18. 다음과 같은 각 개인들의 간기세포에서 바소체의 수를 추정해 보시오. (a) 클라인펠터증후군. (b) 터너증후군. (c) 핵형이 47,XYY, 47,XXX, 그리고 48,XXXX인 경우.
19. 라이온 가설을 정의해 보자.
20. X-연관 *G6PD* 유전자의 한 가지 대립유전자에 동형접합인 여성에서 라이온 가설이 검증 가능한가? 그 이유를 설명해 보시오.
21. X-연관인 적록색맹 형질에 대하여 이형접합인 여성의 경우 망막 세포에 라이온 가설이 미치는 잠재적인 효과를 예측해 보시오.
22. 고양이 사육사들은 X-연관 캘리코 털 패턴과 거북껍질 패턴을 나타내는 고양이들은 거의 암컷이라는 것을 경험상 알고 있다. 왜 그럴까?
23. 정상적인 이배체 개인의 유전정보 발현에 있어서, 유전자량 보정기구에 대한 필요성이 제시하는 바는 무엇일까?
24. 인간과 초파리에서 X 염색체 유전자량 보정 과정은 어떻게 다를까?
25. 인간에 있어서 1차 성비가 2차 성비에 비해 높다는 결론을 제시하는 증거는 무엇인가?
26. 인간에서 남아의 수태 비율이 여아의 수태 비율에 비해 높은 사실을 설명할 수 있는 가설을 모두 제시해 보시오.
27. 쥐에서 *SRY* 유전자(7.3절 참조)는 Y 염색체상에서 수컷의 감수분열 중에 X 염색체와 쌍을 이루는 위상염색체(pseudoautosomal) 영역 중 하나에 근접하여 위치하고 있다. 이러한 정보 하에, 두 개의 X 염색체를 가지는 비정상적인 수컷이 어떻게 생기는지를 설명하는 모델을 제시해 보시오(단, Y 염색체의 *SRY* 포함 조각이 하나의 X 염색체에

부착되어 있다).

28. 사람의 눈에서 빨간색과 초록색을 감지하는 단백질을 암호화하는 유전자들은 X 염색체상에 나란히 존재하며, 공통의 조상형인 색소 유전자로부터 유래한 것으로 생각된다. 이 두 단백질은 아미노산 서열에서 76%의 상동성을 가진다. 두 개의 X 염색체 각각에 두 유전자를 가진 정상 시각의 여성이 적색 색맹 아들을 낳게 되었다. 이 아들은 초록색 감지 유전자 하나를 가지고 있지만, 빨간색 감지 유전자를 가지고 있지 않다. 이러한 결과를 염색체 수준에서(감수분열 과정 중) 해석해 보시오.

29. 파충류에서 아로마테이즈 효소의 역할은 무엇인가?

응용 문제

30. 말벌(*Bracon hebetor*)에서 처녀생식(parthenogenesis; 미수정란이 발생 개시)으로 반수체 생물이 생기는 경우가 종종 일어난다. 모든 반수체들은 수컷이다. 수정으로부터 자손이 생기게 되면, 모두 암컷이 된다. P. W. Whiting은 9개의 대립유전자(X_a, X_b, 등)를 가진 X-연관 유전자가 성을 결정한다는 것을 밝혔다. 동형접합성이거나 반접합성 조건은 수컷을 발생시키고, 이형접합성 조건은 암컷이 되도록 한다. 만약 X_a/X_b 암컷이 X_a 수컷과 교배되어, 50%의 수정란과 50%의 미수정란을 낳게 되었다면, 자손에서 암컷과 수컷의 비율은 어떻게 될까?

31. 1800년대 중반 꿀벌(*Apis mellifera*)의 성은 난자의 수정(암컷) 혹은 미수정(수컷)에 의하여 결정된다고 생각되었다. 이러한 결론은 세포학적 관찰을 통해 추후에 지지되었다. 하지만 수컷 꿀벌은 교배를 통해 수정란 이배체로부터 유래할 수도 있으며, 자연 상태에서 이배체 수컷을 만들어 낼 수 있다. 몇몇 수컷은 수정란으로 부화된 직후 암컷의 일벌에게 포식 당한다. 30번 문제에 설명된 말벌의 성결정 방식에 근거하여 꿀벌의 성결정에서 이배체 수컷 배 발생을 포함하는 모델을 제시해 보시오.

32. 생쥐에서 X-연관 우성 돌연변이인 고환여성화(*Testicular feminization*, *Tfm*)는 성분화 중에 정소 호르몬인 테스토스테론에 대해 정상 반응이 일어나지 않게 한다. X 염색체상의 *Tfm* 대립인자에 돌연변이를 가진 XY 생쥐는, 정소를 발달시키지만 더 이상 수컷으로 분화는 일어나지 않는다. 또한 이러한 동물의 외부 생식기는 암컷이다. 이러한 정보를 바탕으로 포유류에서 성결정과 성분화에 있어서 *Tfm* 유전자 산물과 X, Y 염색체들의 역할에 대하여 어떠한 결론을 내릴 수 있는가? 당신이 생쥐의 염색체를 조작할 수 있는 유전공학자라고 생각하고, 당신의 설명을 확인하기 위한 실험을 어떻게 고안할 수 있을까?

33. 카본 카피(CC; Carbon Copy)는 복제 고양이이며(실전문제 참조), 검은색과 흰색 털을 가졌으나, 오렌지색 털은 없었다. 이러한 결과는 유전학 지식이 있는 학생들에게는 놀랍지 않은 것이다. 복제 과정에서 공여핵을 제공한 체세포인 난소세포를 고려하여 이러한 결과를 설명해 보시오.

복제고양이인 Carbon Copy가 대리모와 함께 있다.

34. 초파리와 나비를 비롯한 많은 개체에서, 성비를 바꾸는 유전자들에 대한 연구가 이루어졌다. 집파리(*Musca domesticus*), *Aedes aegypti*(황열병을 옮기는 모기), 그리고 *Culex pipiens*(필라리아병과 몇몇 바이러스성 질병을 옮기는 모기)와 같은 해충 종들에서, 과학자들은 특히 이러한 유전자들에 관심을 많이 가졌다. *Culex*의 성은 단일 유전자쌍에 의하여 결정되는데, *Mm*은 수컷이 되고 *mm*은 암컷이 된다. 동형 열성 유전자인 *dd*를 가진 수컷은 암컷 자손을 거의 만들 수 없다. 수컷에서 *dd*의 조합은 첫 번째 감수분열 과정에서 *m* 유전자를 가진 2분염색체에 파편화를 일으키므로, 완벽한 정자형성이 진행되지 않는다.
    (a) 아래 각 두 유전자형에 따라 1차 그리고 2차 정세포에 대한 염색체 배열 양상을 묘사함으로써, 성비 왜곡 현상을 설명해 보자: *Mm Dd*와 *Mm dd*. 유전자형 *Dd*와 *dd* 간에 감수분열 결과물이 어떻게 달라질 수 있을까? *Culex pipiens*에 있어서 이배체인 염색체 수는 6개이고, *D*와 *M* 좌위 모두 같은 염색체에 위치하고 있다.
    (b) 뒤틀린 성비를 유발하는 *dd*와 같은 형태는 어떻게 해충의 개체군 수를 조절할 수 있을까?

35. 닭에서 성결정에 중요한 유전자가 발견되었다. *DMRT1* 유전자는 Z 염색체에만 위치하고 있고 W 염색체에는 존재하지 않는다. 인간의 *SRY* 유전자와 다르게, 암탉은 *DMRT1* 유전자의 단일 사본이 존재하는데 비해(ZW), 수탉은 두 개의 사본이 존재한다(ZZ). 그럼에도 불구하고, 이 유전자는 오직 정소 발생 시에만 발현된다. Andrew Sinclair(인간의 *SRY* 유전자에 대한 공동 발견자)의 연구실에서 나온 실험 사례로써, Craig Smith와 그의 동료들은 RNA 간섭 기술(17장 참조)을 활용하여 ZZ 배아의 *DMRT1* 유전자 발현을 '녹다운(knock down)'시키는 데 성공하였다. 그 결과 발생하는 생식선은 정소보다 난소의 모습과 유사하였다[*Nature* 461: 267(2009)]. 인간에서 *SRY* 유전자의 역할과 비교하여, 닭에서 *DMRT1* 유전자의 기능에 대하여 어떤 결론을 내릴 수 있겠는가?

36. 척추동물에서 하나의 패러다임은 성결정이 1차적으로 한 번 일어나 정소와 난소가 형성되며, 2차 성징(남성과 여성의 특성)은 남성 혹은 여성 호르몬에 의하여 독립적으로 일어난다는 것이다. 최근에 D. Zhao와 동료들은 세 마리의 닭에서 좌우 암수한몸(bilateral gynandromorph)을 발견하였고, 몸통의 오른쪽 부분은 명백히 암컷이고, 왼쪽 부분은 명백히 수컷임을 확인하였다[*Nature* 464: 237(2010]. 위의 패러다임을 시험하기 위해 세 마리의 닭을 이용하여 조사할수 있는 실험적 의문을 제안하시오. 이러한 패러다임과 대조되는 대안적 해석은 무엇일까?

서로 다른 형광물질로 표지된
탐침을 이용한 인간
염색체의 핵형분석.

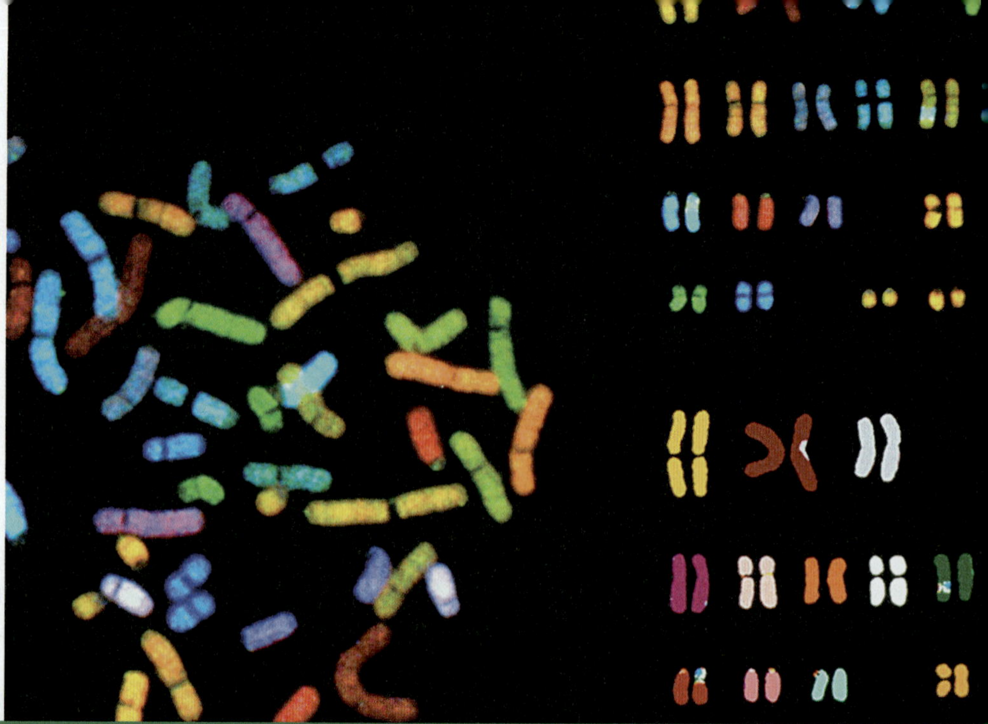

8 염색체 돌연변이: 수적 변이와 구조적 변이

핵심 개념

- 감수분열 동안 염색체의 정상적인 분리가 실패하면 배우자 세포를 구성하는 염색체에 변이(이상)가 생기고, 결국 그러한 배우자 세포에서 기인한 자손에도 변이가 생기게 된다.
- 식물은 종종 비정상적인 유전적 구성(genetic content)을 허용하지만, 그 결과로 독특하고 유일한 표현형을 나타내기도 한다.
- 동물의 유전정보는 정교하게 균형을 맞춘 상태로 존재하기 때문에, 각 염색체 혹은 염색체 일부의 획득이나 손실을 갖는 이배체 생물체의 경우에는 종종 치사하거나 비정상 표현형을 나타낸다.
- 이배체 생물체의 유전체상에서 유전정보의 재배열은 해당 생물체에서는 허용될 수도 있지만, 그렇다 하더라도 이러한 생물체에서 유래한 배우자 세포의 생존력이나 그로부터 발생한 자손의 표현형에 영향을 줄 수 있다.
- 인간의 염색체는 절단되기 쉬운 취약 부위가 존재하는데, 이는 비정상 표현형을 유도한다.

전 장에서는 돌연변이와 그 결과로 생성된 대립유전자가 어떻게 생물체의 표현형에 영향을 미치고, 멘델의 법칙에 따라 어떻게 형질이 부모로부터 자손으로 전달되는가에 대하여 공부하였다. 이번 장에서 우리는 각각의 유전자 변화보다 좀 더 현저한 변화, 즉 염색체 수준에서의 변화로부터 생길 수 있는 표현형 변이를 살펴보고자 한다.

대부분의 이배체 종들은 정상적으로는 정확하게 2개의 반수체(haploid)로 구성된 염색체 세트를 보유하고 있지만, 이러한 유형으로부터 변이된 다양한 경우들도 알려져 있다. 이러한 변이에는 염색체 총수의 변화, 염색체 일부분의 중복이나 결실, 그리고 염색체 간 또는 염색체 내에서 유전적 물질의 재조합이 있다. 이와 같은 변화를 **염색체 돌연변이** 또는 **염색체 이상(chromosome mutations** or **chromosome aberration)**이라 하며, 유전자 돌연변이로부터 구분된다. 멘델의 법칙에 따르면 염색체는 유전요소의 전달 단위이기 때문에 염색체 이상은 예상 가능한 방법으로 자손에게 전달되고, 여러 독특한 유전적 결과가 만들어진다.

생물체의 유전적 구성요소는 정교하게 균형상태를 유지하고 있기 때문에, 유전체 내에 존재하는 유전정보의 위치나 구성이 아주 미미하게 변화할지라도 그 결과로 표현형의 변화를 가져올 수 있다. 특히 동물의 경우, 큰 변화는 치명적일 수 있다. 이 장을 통하여 우리는 다양한 형태의 염색체 이상, 이러한 이상을 보유하고 있는 결과로 생길 수 있는 생물체의 표현형, 그리고 이를 보유하고 있는 생물체의 자손에 미치는 영향에 대하여 고찰할 것이다. 또한 진화의 과정에서 염색체 이상의 역할에 대해서도 논의할 것이다.

8.1 염색체의 수적 변이: 용어와 기원

염색체의 수적 변이(variation)는 염색체를 한 개 이상 획득하거나 소실하는 경우부터 염색체의 반수체 세트를 한 세트 이상 획득하거나 소실하는 경우까지 다양하다. 우리는 논의를 진행하기 전에 이러한 변이를 묘사할 수 있는 용어를 명확히 정의하고자 한다. **이수성(aneuploidy)**이란 생물체가 한 개 이상의 염색체를 획득하거나 소실하지만, 염색체의 완전한 세트를 획득하거나 소실하지는 않는 경우이다. 이배체에서 한 개의 염색체를 소실한 경우를 1염색체성(monosomy)이라 하고, 한 개의 염색체를 획득한 결과는 3염색체성(trisomy)이라 한다. 이러한 변화는 염색체의 완전한 반수체 세트가 존재하는 **정배수성(euploidy)**의 상태와는 다르다. 만약 두 세트 이상이 존재한다면, **배수성(polyploidy)**이라는 용어를 사용한다. 3세트를 갖는 생물체는 특별히 **삼배체(triploid)**, 4세트를 갖는 생물체는 **사배체(tetraploid)**와 같이 명명한다. 표 8.1은 이런 내용들을 이해하기 쉽도록 이수성과 정배수성 변이 각각의 범주와 이들 변이에 속하는 사항들을 체계적으로 정리해 놓았다.

염색체의 획득이나 소실이 있는 경우들을 살펴보았듯이, 어떻게 이러한 이상이 발생하는지 관찰할 필요가 있다. 예를 들어, 인간의 성별을 결정하는 염색체의 수가 변화하는 것이 어떻게 증후군을 만들어 내는가(7장)? 기억하고 있는지 모르겠지만, X 염색체 하나를 획득하거나(47,XXY) 소실하면(45,X) **클라인펠터증후군(Klinefelter syndrome)**이나 **터너증후군(Turner syndrome)**이 된다(그림 7-6). 인간의 경우 여성이 여분의 X 염색체를 갖거나(예: 47,XXX, 48,XXXX), 남성이 여분의 Y 염색체(47,XYY)를 갖게 될 수도 있다.

표 8.1 염색체 수적 변이에 대한 용어

용어	설명
이수성	$2n \pm x$ 염색체
1염색체성	$2n - 1$
이배수성/이배체	$2n$
3염색체성	$2n + 1$
4염색체성, 5염색체성 등	$2n + 2$, $2n + 3$ 등
정배수성	n의 배수화
이배체	$2n$
배수성	$3n$, $4n$, $5n$, ...
삼배체	$3n$
사배체, 오배체 등	$4n$, $5n$ 등
동질배수성	동일 유전체의 배수화
이질배수성 (복이배체)	가깝게 연관된 친족 유전체의 배수화

실전문제

8-1 터너증후군(45,X)인 여성이 그녀의 아버지가 가지고 있는 X-연관 혈우병(hemophilia) 또한 갖고 있다. 이 여성 환자에서 어느 쪽 부모가 감수분열 동안 염색체 비분리가 일어나서 터너증후군이 일어나게 하는 생식세포를 생산한 것인가?

■ **힌트:** 이 문제는 염색체 비분리가 어떻게 염색체의 이수성(aneuploidy)을 유도하는가를 이해하여야 한다. 해결의 실마리는 이 장에서 논의되었고 후에 더욱 자세히 논의할 터너증후군과 이 여성 환자에서 혈우병을 발현하게 하는 요소, 그리고 어느 부모가 정상 감수분열이 진행된 X 염색체를 갖고 있는 생식세포를 만들지에 대하여 고려하면 된다.

더 연습하려면 27, 28, 29번 문제를 참조하시오.

이러한 염색체 변이는 배우자 세포를 생산하는 과정 중에 염색체 **비분리(nondisjuctin)**라는 불규칙한 오류에서 기인하는 현상으로, 쌍을 이루는 상동염색체가 서로 분리되지 못하고 실패하여 생긴다. 이러한 과정은 염색체가 정상적으로 배우자 세포들로 분리되는 것을 방해하게 된다. 배수체 생물체에서 제1 또는 제2 감수분열(meiosis I or II) 동안 염색체의 비분리 결과를 그림 8-1에서 보여준다. 이와 같이 비분리된 염색체 2개 모두를 혹은 0개를 갖는 비정상 배우자 세포가 형성된다. 이러한 비정상 배우자 세포가 정상인 반수체 배우자 세포와 수정하게 되면 비분리된 염색체에 해당하는 염색체를 3개 혹은 1개 갖는 접합자를 생산하게 된다. 염색체 비분리는 인간이나 다른 생물체에 다양한 이수성의 상황을 유발한다.

8.2 1염색체성과 3염색체성이 표현형의 다양성에 미치는 효과

우리는 지금 상염색체의 수적인 변이와 이러한 변화의 유전적 결과에 대하여 이야기하려고 한다. 가장 보편적인 **이수성(aneuploidy)**의 예는 배수체 세트에서 한 개의 염색체가 첨가되거나 또는 소실되는 형태이다.

1염색체성

한 개의 염색체 소실은 $2n - 1$의 염색체 수, 즉 **1염색체성(monosomy)**을 갖는 생물체를 생산한다. 45,X 터너증후군에서 보여주듯이 인간에 있어서 X 염색체의 1염색체성이 나타나기는 하지만, 일반적으로 인간이나 다른 동물에서 상염색체의 1염색체성은 발생하지 않는다. 초파리(*Drosophila*)에서는 매우 작은 염색체 IV(개체의 약 5% 이하의 유전자만 포함하고 있음)의 1염색체성인 경우에는 발생이 매우 천천히 진행되며, 몸의 크기가 감소하고 생존율에도 장애를 받게 된다. 보다 큰 염색체인 II와

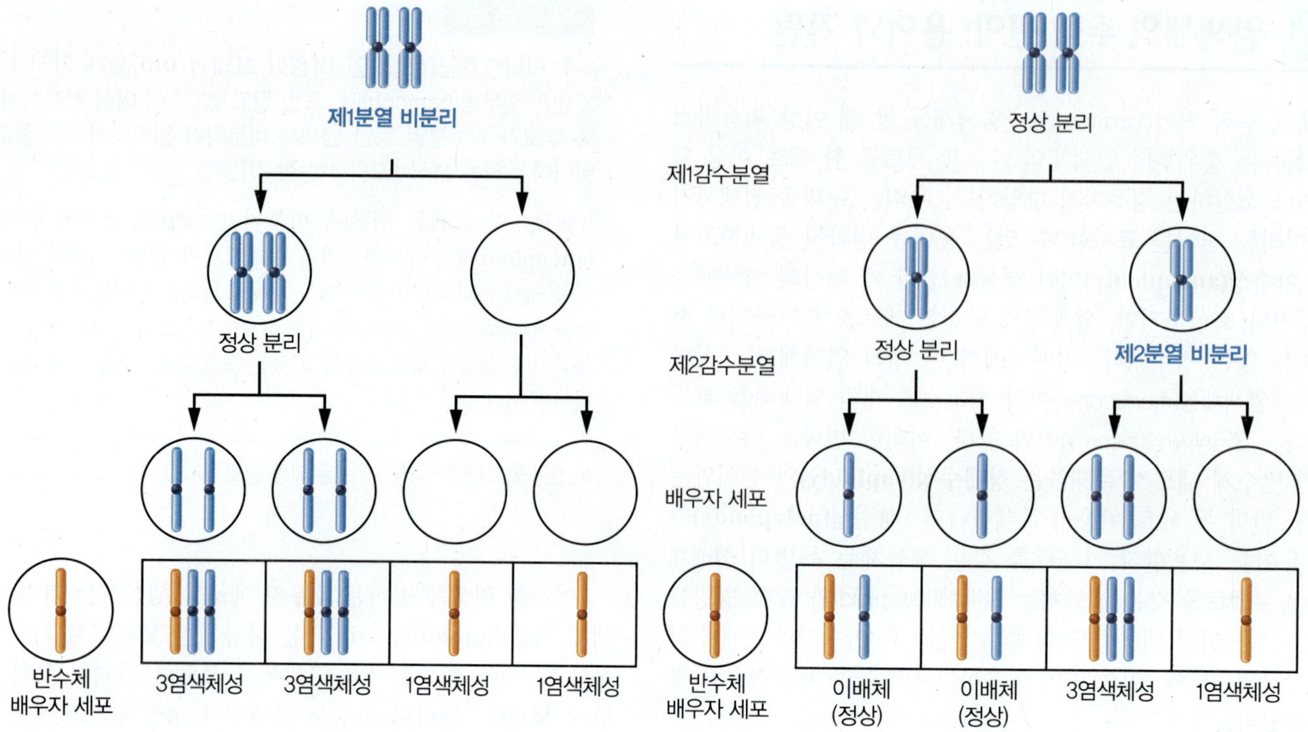

그림 8-1. 제1 그리고 제2 감수분열 동안 일어나는 염색체 비분리 현상. 두 경우 모두 일부 배우자 세포는 특정 염색체 2개를 모두 포함하거나 소실한다. 정상 반수체를 갖는 배우자 세포와 수정 후에 1염색체성(monosomic), 2염색체성(정상) 또는 3염색체성(trisomic) 접합자가 생성된다.

III의 1염색체성 초파리는 전혀 발견된 적이 없는 것으로 보아 분명히 치명적이다.

남겨진 상동염색체상에 모든 유전자에 대해 최소한 한 개의 복사본이 존재하기 때문에, 1염색체성 생물체가 생존하지 못하는 것은 의문이었다. 그러나 만약 이러한 유전자 중 하나가 치사 대립유전자라면, 쌍을 이루지 못한 염색체가 존재하는 경우 생물체는 사망하게 될 것이다. 이에 상응하는 야생형 대립유전자를 갖는 이형접합체는 생존하지만, 1염색체성을 갖는 경우에는 열성으로 치사하게 된다. 이수성이 치명적인 또 다른 이유는 열성 유전자 한 개의 복사본이 아마도 그 생물체를 유지하기 위한 적당한 기능을 수행하기에 불충분하기 때문일 것이고, 이러한 현상을 **반수체 기능부전(haploinsufficiency)**이라고 한다.

이수성이 식물계에서는 다소 허용적이다. 상염색체의 1염색체성은 여러 다양한 식물 중 옥수수, 담배, 달맞이꽃(*Oenothera*), 그리고 흰꽃독말풀(*Datura*)에서 관찰된 바 있다. 그럼에도 불구하고, 1염색체성 식물은 일반적으로 정상인 이배체들보다 생존력이 약하다. 특히, 수정 전에 긴 발생 과정을 수행하는 반수체 꽃가루는 한 개의 염색체가 부족한 경우 특히 민감하여 거의 생존하지 못한다.

3염색체성

일반적으로 **3염색체성(trisomy)**($2n + 1$)의 효과는 1염색체의 경우와 유사하다. 그러나 여분의 염색체를 획득하는 경우가 동식물 모두에서 하나의 염색체를 소실하는 경우보다 생존율이 조금 더 높다. 동물의 경우, 이러한 현상은 주로 3염색체성을 일으키는 염색체가 상대적으로 작은 경우에 해당된다. 그러나 초파리와 인간 모두에서 크기가 큰 상염색체의 획득에 의한 이수성은 심각한 효과를 나타내며 일반적으로 발생 과정 중에 사망하게 된다.

식물의 경우 3염색체성 생물체는 생존할 수는 있지만 그들의 표현형은 변화할 것이다. 고전적인 예로, 흰꽃독말풀이인 *Datura*의 경우 이배체의 염색체 수는 24개이다. 이 경우 반수체에 해당하는 12개의 염색체에 대해 12가지의 3염색체성인 경우가 가능하고, 실제로 각각의 예들이 발견되었다. 각각의 염색체에 대한 3염색체성은 식물의 피막 표현형을 변화시켜 독특한 표현형을 나타낸다(그림 8-2). 이러한 피막 표현형들이 처음에는 한 개 이상의 유전자 변이에 의해 야기되는 것으로 생각되었었지만 사실은 3염색체성에 의한 것이다.

또 다른 예는 벼(*Oryza sativa*)에서 볼 수 있는데, 이들의 반수체 염색체 수는 12개이다. 각 염색체의 3염색체성 계통을 분리하여 분석한 결과 11개의 계통은 야생형과도 다르고 서로와도 달랐다. 커다란 염색체의 3염색체성은 더 특징적이고 성장 역시 느리다. 이것은 염색체가 클수록 작은 염색체보다 유전적 불균형의 효과가 클 것이라는 생각과 일치한다. 잎의 구조, 군엽(foliage), 줄기, 곡물의 모양, 그리고 식물의 키 또한 어떤 3염색체성인가에 따라 다양하게 나타난다.

그림 8-2. 각각 가능한 12가지의 3염색체성 조건에 의해 독특하게 변화되는 표현형을 갖는 흰꽃독말풀(*Datura stramonium*) 열매의 포자낭.

다운증후군: 21번의 3염색체성

상당한 수가 출생 후 1년 이상 생존하는 인간의 유일한 상염색체 3염색체성이 1866년 Langdon Down에 의하여 발견되었다. 현재, 이것은 G 그룹[1](**그림 8-3**)의 하나인 21**번** 염색체의 3염색체성의 결과로 알려져 있고, **다운증후군(Down syndrome)** 혹은 간단히 **21번 3염색체성(triosmy 21**: 47,21+)이라고 한다. 이 3염색체성은 약 800명의 신생아 중 1명의 확률로 태어난다. 이것이 매우 드문 것처럼 여겨질지도 모르지만, 미국의 경우 매년 약 4,000~5,000명이 출생하고 있으며, 현재 250,000명 이상이 다운증후군을 앓고 있다.

증후군으로 분류하기 위하여 규정된 다양한 특징들 중에서 많은 표현형적인 특징이 21번 3염색체성에 존재하기는 하지만, 개개의 다운증후군 환자는 일반적으로 이러한 다양한 표현형 중 일부만을 나타낸다. 다운증후군의 경우에는 12~14개의 특징이 있는데, 각 개인의 경우 평균적으로 6~8개의 표현형을 발현한다. 그럼에도 불구하고, 이러한 개개인의 외형은 매우 비슷하고 서로 닮아 있다. 대부분 각 눈에 내안각췌피(epicanthic fold)[2]가 현저하고, 전형적으로 얼굴이 평면적이며 둥근 머리를 갖고 있다. 또한 다운증후군이 있는 사람들은 특징적으로 작은 키, 돌출되고 주름진 혀(이 때문에 입이 특징적으로 열려 있다), 그리고 특징적인 손금과 지문이 있는 짧고 넓적한 손을 갖는다. 육체 및 정신적 운동능력, 그리고 정신적인 발육이 느리다. 또한 기대 수명은 평균 50세로 좀 짧은 반면, 개인에 따라 60대까지도 생존할 수 있는 것으로 알려져 있다.

다운증후군을 가지고 있는 아이들은 호흡기 질병이나 심장의 기형을 갖고 있는 경향이 많으며, 정상군에 비하여 약 20배 정도 높은 혈구암의 발병률을 보인다. 더욱이, 노년기의 다운증후군 환자의 사망 원인은 대부분 알츠하이머병 때문이며, 이들의 발병기는 정상군보다 훨씬 이르다.

다운증후군의 중요한 부분(DSCR)

다운증후군은 인간 사회에서 보편적으로 나타나기 때문에, 그 질병의 유전적 배경에 대한 폭넓은 이해가 요구되었다. 오랜 연구를 통해 21번 염색체에 결정적으로 중요한 부분이 존재하며,

[1] 크기와 동원체의 위치에 기초하여, 인간의 상염색체는 7개의 그룹으로 나눈다: A(1-3), B (4-5), C(6-12), D(13-15), E(16-18), F(19-20), 그리고 G(21-22).

[2] 내안각췌피(epicanthic fold) 또는 눈구석주름(epicanthus)은 위쪽 눈꺼풀의 피부가 접혀진 것으로, 코에서 눈썹의 안쪽까지 확장되어 있다. 이것은 눈의 아래쪽 안쪽 구석에 있어서 눈이 기울어지게 하거나 아몬드 형태로 보이도록 한다. 내안각췌피는 아시아 민족의 눈에서는 흔하게 보이는 정상적인 모양이다.

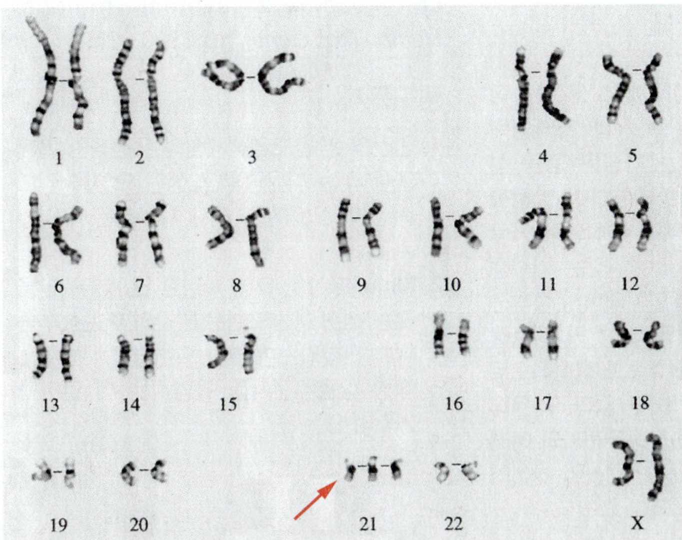

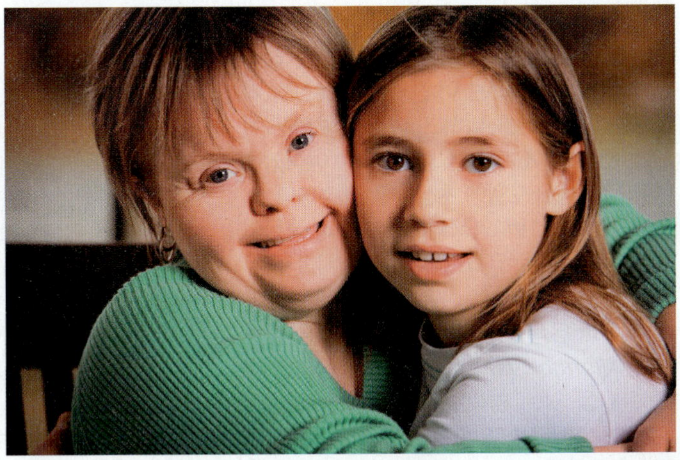

© Design Pics/Alamy

그림 8-3. 다운증후군(오른쪽에 있는 정상 자매를 포옹하고 있는) 아이의 핵형과 사진. 핵형에서 G 그룹인 21번 염색체가 3개 존재하여 47,21+의 핵형을 만든다.

3염색체성에서 유전자 양에 민감하며, 증후군과 관련된 많은 표현형과 관련이 있는 유전자를 포함하고 있는 중요한 부분이 있을 것이라는 생각을 하게 되었다. 이러한 가상적인 염색체의 부위를 **다운증후군의 중요한 부분(down syndrome critical region, DSCR)**이라고 한다. 2004년에 DSCR에 대한 3염색체성을 갖는 생쥐 모델이 만들어졌다. 비록 일부 생쥐는 다운증후군의 특징을 나타내지는 않았지만, 그럼에도 불구하고 아래 박스에 나열되어 있는 사항들을 조사하기 위한 연구는 지속되어야 한다.

현재 인간과 생쥐 모두에 있어서 DSCR의 연구는 여러 가지 흥미로운 발견을 이끌어 내고 있다. 현재까지 연구 결과는 DSCR에 존재하는 유전자들의 복사본이 3개 존재해야 하는 것이 다운증후군에 필수적이지만, 인지능력의 결함이라는 특징을 나타내기에는 충분하지 않다는 결과를 얻었다. 또 다른 발견은 다운증후군 환자들은 폐암, 피부암과 같은 고형암을 포함하여 일

유전자 기능 이해를 위한 현대적 접근

다운증후군의 생쥐 모델

다운증후군의 유전적 배경을 고려한 기본적인 가설은 동일한 21번 염색체가 3개 존재하여 21번 염색체상의 일부 유전자의 과발현을 유도하고, 과발현된 유전자 산물이 다운증후군의 여러 표현형 특징을 나타낸다는 것이다. 비록 다운증후군이 한 개의 유전자에 의해 야기되는 것은 아니지만, 각각의 유전자가 이 증후군을 구성하는 독특한 형질에 대한 책임이 있을 수 있다. 때문에 어떠한 유전자가 관여하는가를 밝히는 일은 많은 연구자들의 오랜 목표였다.

"유전자 기능 이해를 위한 현대적 접근" 중에서 우리는 한 개 또는 몇 개의 유전자를 연구하는 방식의 실험적 접근법에 초점을 맞출 것이다. 유전학자들은 많은 유전자의 기능을 동시에 분석하게 할 수 있는 3염색체성을 갖는 생물체 모델(동물모델)을 만들 수 있다. 과학자들은 다운증후군의 3염색체성(Ts) 생쥐 모델을 만들었고 20년 이상 이용하여 왔다. 따라서 우리는 이 증후군의 유전적 기초에 대한 이해를 넓히고, 이러한 증후군 치료법의 개발에 도움을 줄 것으로 예상되는 여러 Ts 생쥐 모델에 초점을 맞출 것이다.

인간의 21번 염색체(Hsa21)와 생쥐의 16번 염색체는 유사한 유전적 위치를 공유하는 *연관(syntenic)* 부위—서로 다른 종에 존재하며 유사한 염기배열을 갖는 *직렬 상동유전자(orthologs)*의 배열과 많은 동일한 유전물질을 갖는 염색체 부위—를 보유한다. 초기 생쥐 모델 중 한 가지(Ts16)는 실제로 생쥐의 16번 염색체를 한 개 더 가지고 있고, 인간의 다운증후군의 특징들을 일부 나타낸다. 그러므로 Ts16 생쥐들은 Hsa21에 존재하는 중요한 직렬 상동유전자의 일부는 가지고 있지 않은 것이다. 또한 Ts16 생쥐들은 Hsa21에는 존재하지 않는 다른 유전자들에 대해 여분의 복사본을 보유하고 있다.

그 다음 진행된 연구는 Hsa21의 유전자들과 직렬 상동유전자를 갖는 생쥐의 10번과 17번 염색체의 생쥐 모델이었다. 이러한 연구의 중요한 목표는 Hsa21의 전부가 아닐지라도 대부분을 포함하는, 그리고 특별히 이 장의 앞에서 논의되었던 다운증후군의 중요한 부분(DSCR)에 존재하는 33개의 유전자 중 일부를 포함하는 생쥐 모델을 만드는 것이었다. 뉴욕, 버팔로의 로즈웰 파크 암 연구소의 과학자들이 2010년 생쥐의 10, 16, 17번 염색체(Mmu 10, 16, 17)의 일부를 조합하여 Hsa21의 모든 연관 부위에 대한 3염색체성 생쥐의 다운증후군 모델을 만들었다.

결과:

Mmu 10, 16, 17 3염색체성 생쥐는 다운증후군에서 나타나는 학습과 기억능력의 손상을 나타내며 이는 다양한 행동 실험과 전기생리적인 기록을 통하여 밝혀졌다. 생쥐는 뇌에 뇌척수액이 축적되어 둥글고 확장된 뇌두개(cranium)를 갖는 뇌수종(hydrocephalus)과 같은 인간의 다운증후군 표현형과 연관된 해부학적 이상 역시 보여준다. 인간에게 있어서 뇌수종과 직접적으로 알려진 유전자는 Hsa21에는 없다. 때문에 이러한 상황은 여러 직렬 상동유전자의 여러 복사본이 발현됨에 따라 생긴 현상일 것이라고 여겨진다.

결론:

생쥐 모델을 이용한 연구는 다운증후군과 관련된 모든 표현형을 대변하는 유전자는 존재하지 않는다는 것을 보여주었지만, 대신 인간 다운증후군의 모든 표현형을 나타내기 위해서는 많은 유전자들의 과발현이 필수적이라는 것을 알려주었다. Mmu 10, 16, 17 생쥐 모델과 같은 새로운 모델의 생산은 다운증후군의 유전학적인 면의 이해와 다운증후군 환자들을 치료하기 위한 방법을 개발하기 위한 잠재적인 가치를 제공하였다. 명백히, 생물체의 유전체상에 완벽한 염색체를 추가하는 방법은 다운증후군과 같은 복잡한 인간의 질병을 연구하는 우리의 능력을 확장시켰다.

참고문헌:

Yu, T. et al. 2010. A mouse model of Down syndrome trisomic for all human chromosome 21 syntenic regions. *Human Mol. Genet.* 19:2780–2791.

탐구문제:

1. 인간의 21번 3염색체성의 유전적인 복제물을 갖는 다운증후군 생쥐 모델을 만드는 것에 있어서 2가지 제한점은 무엇인가?
2. Mmu 10, 16, 17의 특정한 연관 부위만을 갖는 생쥐 동물모델은 인간의 다운증후군에서 관찰되는 특별한 표현형을 유발하는 직렬 상동유전자를 규명하는 데 얼마나 가치가 있는가?

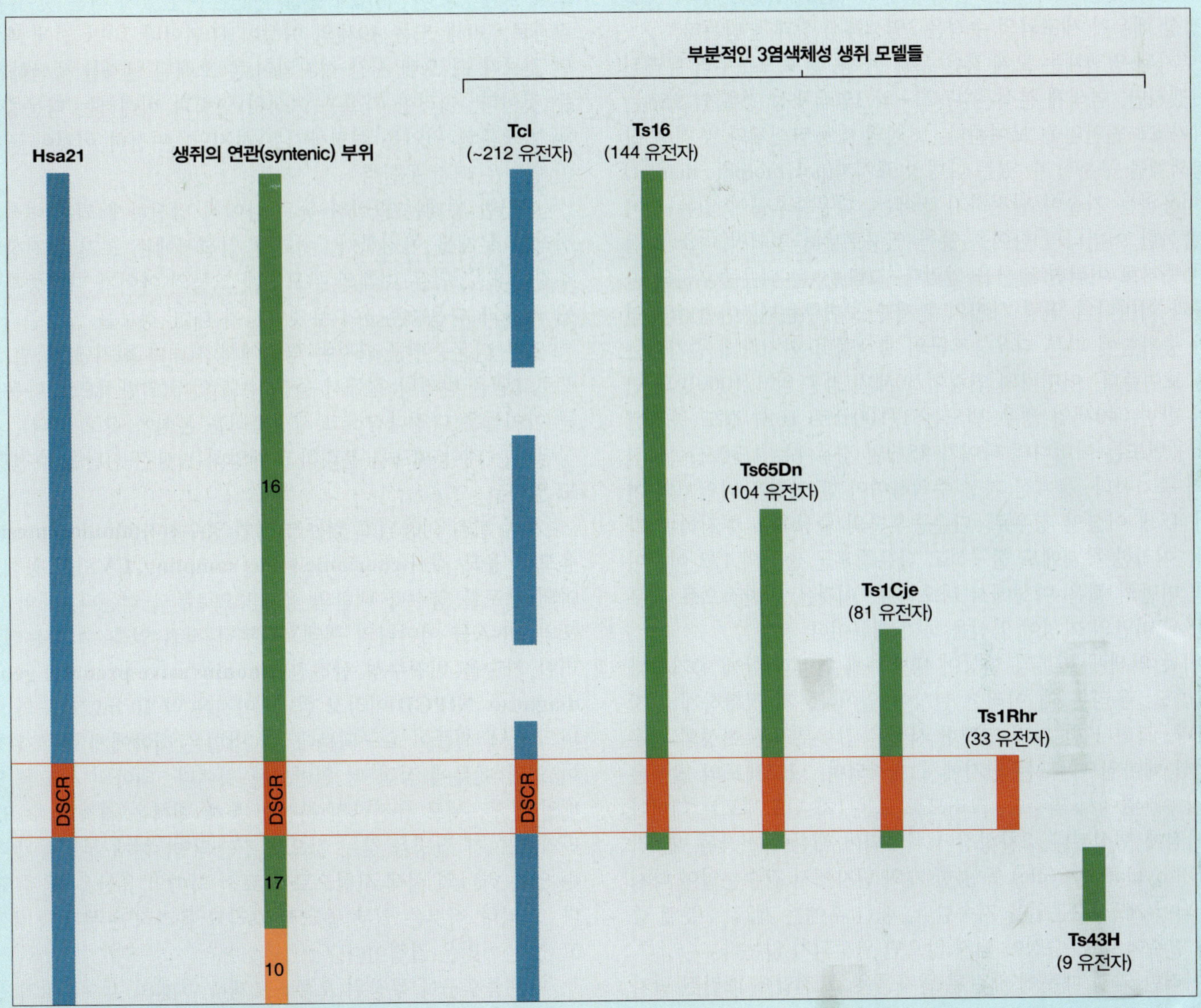

생쥐 염색체(Mmu) 10, 16, 17번과 부분적인 3염색체성 생쥐 모델에서 염색체의 구성(configuration)이 동질적인 부위와 DSCR이 위치한 인간의 21번 염색체의 장완에 초점을 맞추어 비교한 도식.

부 암의 발생률이 감소한다는 점이다. 이런 장점은 *DSCR1* 유전자의 여분의 복사본이 존재하기 때문인데, *DSCR1*은 **혈관내피세포 성장인자**(vascular endothelial growth factor, VEGF)를 억제하는 단백질을 암호화한다. 다시 말해서, 이 유전자의 발현은 혈관 형성 과정을 억제한다. 그 결과로, 이 유전자의 과발현은 암 세포가 적절한 혈관을 형성하는 것을 저해하여 암 세포의 성장을 감소시킨다. 2002년에 발표된 17,800명의 다운증후군을 대상으로 한 14년간의 연구 결과는 다운증후군의 경우 대조군에 비하여 암으로 인한 사망률이 약 10%가량 감소하는 것을 보여주었다. 의심할 여지 없이, 앞으로 많은 정보가 DSCR의 연구로부터 밝혀질 것이다.

다운증후군에서 여분의 21번 염색체의 기원

이러한 3염색체성 상태는 감수분열 동안 21번 염색체의 비분리를 통하여 가장 빈번하게 일어난다. 쌍을 이룬 상동염색체가 제1 혹은 제2감수분열 후기 동안에 비분리되어 생성되는 배우자 세포가 $n + 1$의 염색체 수를 갖게 될 것이다. 다운증후군을 일으키는 이러한 오류의 약 75%는 제1감수분열 동안에 발생하는 염색체 비분리 때문으로, 다음 단계에서 이러한 비정상 배우자 세포와 정상 배우자 세포와의 수정은 3염색체성 상태를 만든다.

추가된 염색체는 모계 혹은 부계 둘 중 한 쪽으로부터 유래된 것이겠지만, 염색체 분석은 47,21+의 3염색체성 경우 약 95%는 난자가 그 원인임을 보여준다. 모계의 상동염색체와 부계의 상동염색체를 구분할 수 있는 다형성 표지자(polymorphic marker)를 이용하는 기술이 발전하기 전에는, 다운증후군이 있는 태아를 출산한 어머니의 나이를 통한 연구로부터 얻어진 다소 간접적인 증거로 이러한 결론을 얻었다. 그림 8-4는 다운증후군의 출생률과 어머니의 연령 사이의 관계를 보여주는데, 어머니의 연령이 증가함에 따른 다운증후군의 출생률이 현저하게 증가되는 것을 보여준다. 어머니의 연령이 30세일 경우 약 1/1000명의 빈도인 반면, 40세일 경우 빈도는 1/100으로 10배 정도 증가한다. 이 빈도는 어머니의 나이가 45세일 경우에는 1/30으로 여전히 더 증가한다. 통계상 가장 주의하여야 할 연령은 가임기의 여성이 45세 이상인 경우로, 다운증후군의 출산율은 현저히 증가한다. 이러한 통계에도 불구하고 다운증후군 출산의 1/2 이상이 35세 미만의 젊은 여성에서 나오는데, 이것은 일반적으로 대부분 35세 미만의 여성이 임신을 하기 때문이다.

비록 염색체 비분리 현상이 명백하게 연령과 함께 증가한다 하더라도, 우리는 왜 이러한 현상이 일어나는지 정확하게 알지 못한다. 그러나 한 가지 명백한 사실은 감수분열은 여성의 경우 여전히 태아일 때 모든 난자에서 개시되며, 난모세포의 발생은 제1감수분열에서 멈춘다. 그러므로 모든 1차 난모세포는 태어나는 시점에 형성된다. 2차성징이 시작되어 배란이 시작될 때, 각 배란기(ovulation cycle) 동안 한 개의 난자에서 감수분열이 다시 시작되어 제2감수분열을 지속한다. 배란 후에는 제2감수분열 중기에 멈추어지고, 수정이 되지 않으면 완성되지 않는다.

이러한 과정 때문에 배란된 난자들은 그 전달에 배란된 난자

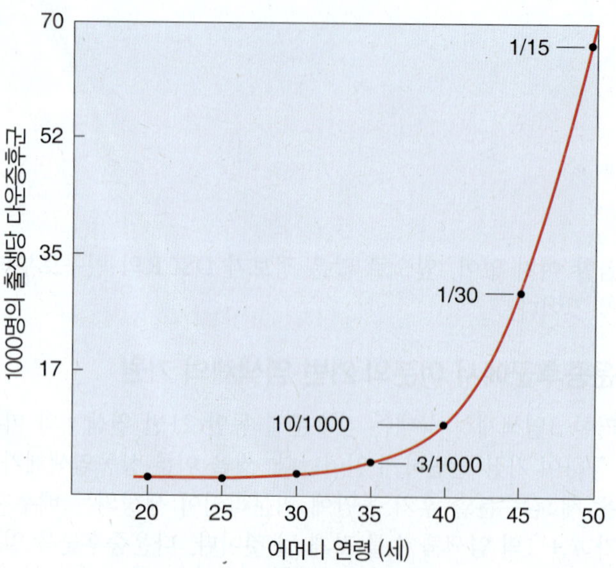

그림 8-4. 산모의 나이와 연관된 다운증후군 출산율.

보다 약 한 달 더 제1감수분열기에 멈추어 있게 되는 것이다. 그 결과로, 30세 또는 40세의 여성이 10년이나 20년 전에 배란했던 것보다 더 오랜 시간 정지되어 온 오래된 난자를 생산하게 되는 것이다. 이러한 가설은 여성의 연령과 비례하는 다운증후군의 발생률의 원인을 설명하기는 하지만, 여전히 이것이 직접적인 원인은 되지 못한다.

이러한 통계는 확실히 늦은 나이에 임신하게 되는 여성에게 심각한 문제를 야기한다. 이러한 임신시에는 초기 유전상담을 추천한다. 상담은 미래의 부모에게 그들의 아이가 다운증후군이 될 확률과 다운증후군이 무엇인지에 대한 정보를 알려준다. 비록 일부 다운증후군 환자는 병원에서 지내야 하지만, 특별 교육 프로그램을 받거나 집에서 돌볼 수도 있다(일반적으로 다운증후군 아이들은 다정다감하고 사랑스러운 본성을 갖고 있다). 유전상담사는 태아 세포를 분리하고 배양하는 산전 진단을 추천할 수도 있다.

가장 널리 이용되고 있는 방법인 **양수천자(amniocentesis)**와 **융모막 융모 검사(chorionic villus sampling, CVS)**를 통해, 태아의 세포를 양수나 태반의 융모막으로부터 얻는다. 태아의 세포와 DNA를 어머니의 혈액으로부터 직접 얻을 수 있는데, 이러한 기술을 **비침수성 산전진단(noninvasive prenatal genetic diagnosis, NIPGD)**이라고 한다. 이것은 약 10 mL 정도의 어머니의 혈액 샘플이 요구되는데, 이 방법은 태아에게 아무 위험성이 없기 때문에 점점 더 일반화될 것이다. 태아의 세포를 얻고 배양한 후, 세포 유전학적 분석을 통해 핵형을 결정할 수 있다. 만약 태아가 질병을 갖는 것으로 진단되면, 현재 부모들이 취할 수 있는 하나의 선택 사항으로 치료적 의미의 유산을 할 수도 있다. 그러나 이것은 일부 종교적 그리고 윤리적인 문제를 내포하고 있는 어려운 결정이다.

다운증후군이 무작위 오류—모계나 부계의 감수분열기 동안 21번 염색체의 비분리—에 의해서 야기되기 때문에, 이러한 질병의 발생은 유전될 것이라 여겨지지는 않는다. 그럼에도 불구하고, 다운증후군은 경우에 따라 가계를 따라 나타나기도 한다. 이런 경우, **가족성 다운증후군(familial down syndrome)**이라고 하며, 21번 염색체의 전좌 때문인데 이런 종류의 염색체 이상은 이 장의 뒤에서 다시 논의할 것이다.

인간 염색체의 이수성

다운증후군 외에, 2종류의 인간3염색체성이 출산까지 생존할 수 있으며, 출산까지 생존하는 1염색체성은 없다: **파타우 증후군(Patau**: 47,13+)과 **에드워드 증후군(Edwards**: 47,18+). 그러나 이들은 심각한 기형을 보이며 초기에 사망한다. 그림 8-5는 파타우 유아의 비정상 핵형을 보여주고 있으며 파타우 신생아를 특징 짓는 많은 결함을 보여준다.

이상의 관찰은 많은 다른 이수성 상태가 존재하지만, 이상을 갖고 있는 태아는 출산기까지 생존할 수 없는지에 대한 의문을

제기한다. 이러한 경우는 자연 유산한 태아들의 핵형 분석을 통해 확인되었다. 이러한 연구들은 2가지 명백한 확률을 밝혀내었다: (1) 모든 수정란의 약 20%는 자연 유산된다(일부의 측정은 상당히 높다). 그리고 (2) 모든 자연 유산된 태아들 중 약 30%는 어떤 형태이든 염색체 불균형을 갖는다. 이것은 모든 수정 중 적어도 6%(0.20 × 0.30)는 비정상 염색체 구성을 갖는다는 것을 의미한다. 염색체 이상을 갖고 있는 태아의 대부분은 이수성이다.

David H. Carr는 이러한 연구들에 대한 광범위한 조사를 통해 유산된 태아의 상당 부분이 3염색체성이라는 것을 밝혀내었다. 그리고 인간의 모든 염색체에 대한 3염색체성이 발견되었다. 흥미롭게도, 사산아 가운데 가장 높은 확률을 갖는 1염색체성은 45,X의 경우인데, 이런 태아가 출산시까지 생존한다면 터너증후군(turner syndrome)을 갖는 신생아가 된다. 염색체 비분리는 $n + 1$과 동일한 빈도로 $n - 1$의 배우자 세포를 생산해야 함에도 불구하고, 상염색체 1염색체성은 거의 발견되지 않는다. 이것은 한 개의 염색체가 부족한 배우자 세포는 기능적으로 심각하게 손상되기 때문에 배아는 발생의 초기에 사망하게 되므로 배아를 얻기 어렵다. 우리는 이 장의 초기에 1염색체성이 왜 치명적일 수 있는지에 대해 논의하였다. 또한 Carr는 다양한 형태의 배수성과 다양한 염색체 이상이 존재한다는 것을 발견하였다.

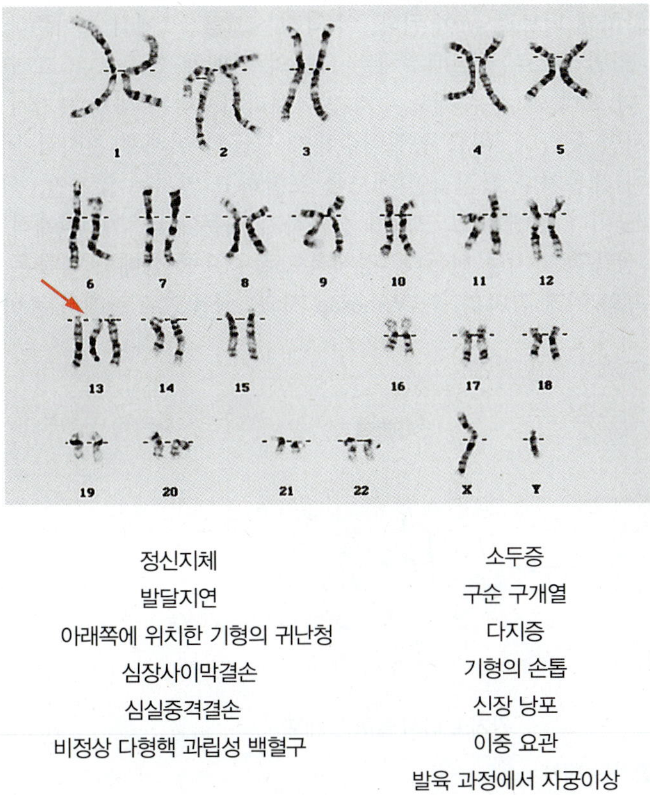

그림 8-5. D 그룹인 13번 염색체가 3개 존재하여 47,13+의 경우를 만드는 파타우 증후군 유아의 핵형과 표현형의 묘사.

이러한 관찰은 정상 배아의 발생은 유전정보의 발현이 정밀한 균형상태를 유지하도록 정확한 이배체의 염색체 구성이 필요하다는 가설을 뒷받침한다. 대부분의 이수성에 의한 출생전 사망은 인류에서 이러한 유전적 이상이 지속되는 것을 막아준다.

8.3 반수체 세트가 2개 이상 존재하는 배수성은 식물에서는 만연하다

배수성(polypoidy)이라는 용어는 반수체 염색체 세트가 2개 이상의 수로 발견되는 경우를 말한다. 배수체(polypoids)의 명칭은 발견되는 염색체 세트의 수에 기초한다: 3배수체(tripoid)는 3n의 염색체를; 4배수체(terapoid)는 4n; 5배수체(pentaploid)는 5n의 방식(표 8.1). 배수체에 대해서 여러 가지 일반적인 설명이 가능하다. 이러한 경우가 상대적으로 동물종에서는 빈번하지 않지만, 도마뱀, 양서류, 그리고 어류에서 나타날 수 있고 식물종에서는 훨씬 더 보편적으로 나타난다. 일반적으로 홀수의 염색체 세트는 세대를 통해서 유지되지 않는다. 왜냐하면 홀수의 상동염색체를 갖는 배수체 생물체는 종종 유전적으로 균형이 잡힌 배우자 세포를 생산하지 못하기 때문이다. 동일한 이유로, 유성생식으로만 번식하는 식물종에서 삼배체, 오배체 등은 일반적으로 발견되지 않는다.

배수체는 두 가지 방식에서 기원한다: (1) 동일한 종이 보유하고 있는 정상 반수체의 구성과 동일한 하나 이상의 염색체 세트를 추가로 갖고 있는 **동질배수성(autopolyploidy)** 또는 (2) 다른 종과의 교배 결과로 생기는 다른 염색체 세트의 조합의 결과로 만들어지는 **이질배수성(allopolyploidy**: 그리스 어원 *allo*는 '다른'을 뜻함). 동질배수성과 이질배수성의 차이는 그림 8-6에서 보여주듯이 여분의 염색체 세트의 유전적 기원에 기초한다.

배수체에 대한 논의에서 우리는 추가적인 염색체 세트의 기원을 명확히 하기 위하여 다음과 같은 상징을 사용한다. 예를 들어, A가 어떤 특정 개체의 반수체 염색체 세트를 대표한다면,

$$A = a_1 + a_2 + a_3 + a_4 + \cdots + a_n$$

a_1, a_2 등등은 각각의 염색체이고 n은 반수체의 수이다. 정상 이배체 생물체는 간단하게 AA라고 표현한다.

동질배수성

동질배수성(autopolyploidy)에서 각각의 추가적인 염색체 세트는 부모종과 동일하다. 그러므로 삼배체는 AAA라고 표현하고, 사배체는 $AAAA$라고 표현한다.

동질삼배체(autotriploids)는 여러 방식으로 만들어진다. 감수분열 동안 모든 염색체가 분리되어 이동하는 것이 실패하여 이배체 배우자 세포가 생성될 수 있다. 만약 그런 배우자 세포가

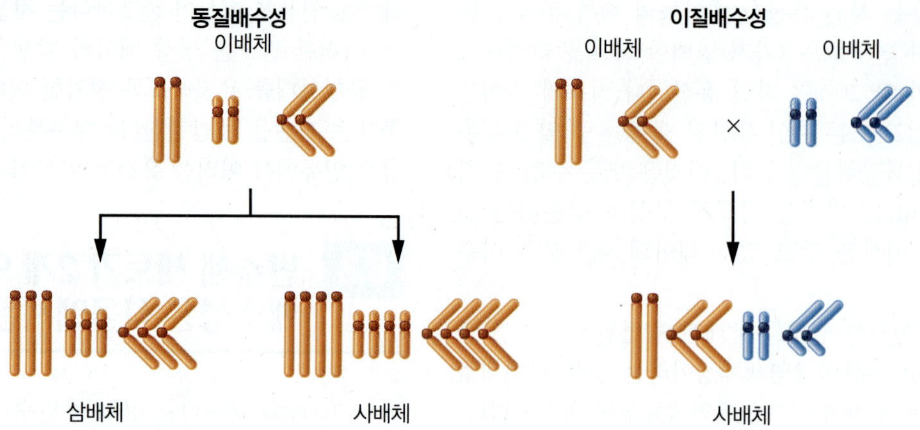

그림 8-6. 동질배수성와 이질배수성 핵형의 염색체 기원의 비교.

반수체 배우자 세포와 수정하면, 3세트의 염색체를 갖는 접합자(zygote)가 생산된다. 또는 드물지만 2개의 정자가 한 개의 난자와 수정하여, 그 결과로 삼배체인 접합자가 생성되기도 한다. 삼배체는 또 사배체와 이배체의 교잡(crossing)에 의한 실험적인 상황하에서도 생산될 수 있다. 사배체는 $2n$의 염색체 수를 갖는 배우자 세포를 생산하는 반면, 이배체 생물체는 n개의 염색체를 갖는 배우자 세포를 생산할 것이다. 이들 배우자 세포의 수정을 통해 만들고자 하였던 삼배체가 생산된다.

동질사배체(autotetraploids; $4n$)는 짝수의 염색체 수를 갖고 있기 때문에 이론적으로 동질삼배체보다 자연적으로 더 많이 발견되는 경향이 있다. 홀수의 염색체 수를 갖고 있어 유전적으로 불균형적인 배우자 세포를 생산하는 삼배체와 다르게, 사배체는 유성생식 과정중 균형적인 배우자 세포를 생산할 것이다.

배수체가 어떻게 자연적으로 증가하는가는 유전학자들에게는 매우 흥미롭다. 이론상, 염색체들이 복제되었지만, 모세포가 세포질분열을 수행하지 못하여 분리되지 않고 다시 간기로 들어가면 염색체 수는 두 배가 될 것이다. 이러한 현상이 일어날 것이라는 것은 실험적으로 이배체 세포에서 사배체 세포가 만들어질 수 있다는 관찰에 의해서 뒷받침된다. 이것은 감수분열기의 세포에 차갑거나 뜨거운 충격을 주거나, 유사분열 중인 체세포에 콜히친을 처리하여 얻을 수 있다. **콜히친(colchinine)**은 백합과 식물인 autumn crocus로부터 추출한 알카로이드로, 방추사 형성을 저해하여 복제된 염색체들이 세포분열 후기에 분리되지 못하여 양극으로 이동하지 못한다. 콜히친을 제거하면, 세포는 다시 간기로 진행할 수 있다. 쌍을 이룬 자매염색분체가 분리되고 염색사로 풀리기 시작할 때, 핵은 2배체 염색체 수의 2배를 포함하게 되므로 $4n$이 된다. 이 과정은 그림 8-7에서 보여준다.

일반적으로 동질배수체는 그들의 이배체 친족보다 그 크기가 더 크다. 이것은 세포 수가 많아서라기보다는 세포 크기가 커져서인 듯하다. 비록 동질배수체가 그들의 이배체 친족과 비교하여 새롭거나 특징적인 정보를 포함하고 있지는 않지만, 식물의 꽃이나 열매는 그 크기가 증가하기 때문에 다양한 원예적 또는 상품적 가치를 만든다. 경제적으로 중요한 삼배체 식물은 가지속의 여러 감자의 종, Winesap 사과, 상품으로 판매하는 바나

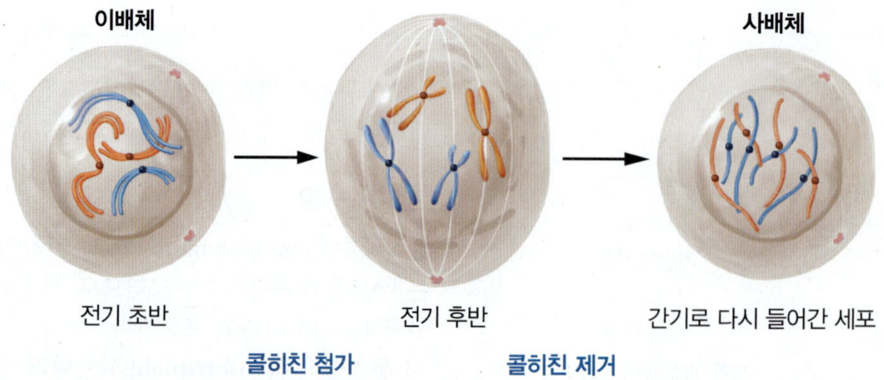

그림 8-7. 염색체 수를 배가시키는 콜히친의 작용. 상동염색체 2쌍이 보인다. 간기에 각각의 염색체의 DNA가 복제되었으나 세포분열 전기의 후반부까지는 2중 구조로 보이지 않는다. 후기가 정상적으로 진행되지 않고 간기로 다시 들어가면 염색체의 수가 배가 될 것이다.

나, 씨 없는 수박, 그리고 *Lilium tigrinum* 등이 있다. 이들 식물은 무성생식으로 번식한다. 이배체 바나나는 딱딱한 씨를 포함하지만, 판매되는 삼배체 '씨없는' 바나나들은 먹을 수 있는 씨를 갖는다. 사배체 싹양배추(alfalfa), 커피, 땅콩, 그리고 McIntosh 사과 또한 경제적 가치를 갖는데, 이는 그들의 이배체나 삼배체들보다 크거나 생장이 빠르기 때문이다. 가장 인기 있는 여러 종류의 질경이 백합도 대부분 사배체이다. 이들 각각의 잎은 두껍고 크며, 더 생생하고, 식물은 더 잘 생장한다. 상업적인 딸기는 8배체이다.

우리는 배수성이 증가된 세포가, 새로운 유전자가 존재하지 않는데도, 그들의 이배체와는 다른 표현형을 어떻게 갖는가에 대하여 오랫동안 궁금해왔다. 유전자의 발현을 관찰할 수 있는 현대의 생명공학기술은 일부 흥미로운 관점을 제시하였다. 예를 들어, Gerald Fink와 그의 동료들은 유전체를 1개, 2개, 3개, 4개 갖는 효모 *Saccharomyces cerevisiae* 종을 만들 수 있었다. 각 균주는 동일한 유전자를 갖고 있지만, 다른 배수성을 갖는다. 이들은 다음 단계로 이 생물체의 모든 세포주기 동안 모든 유전자의 발현 정도를 관찰하였다. Flink와 그의 동료들은 10배의 유전자 발현 증감이라는 다소 엄격한 기준을 이용하여, 배수성의 정도가 증가함으로써 적어도 그 발현이 10배 증가하는 유전자 10개와 감소하는 7개의 유전자를 찾았다.

이러한 유전자들 중 하나는 어떻게 배수체 세포가 반수체나 이배체 세포보다 커질 수 있는지 보여주었다. 배수체 효모에서 배수성이 증가했을 때 효모 세포의 크기는 증가하는 반면, 2개의 **G1 cyclins**, 즉 Cln1과 Pcl1의 발현은 감소한다. G1 cyclins은 세포가 G1기를 통과하는 것을 촉진하는데 G1 cyclins의 발현이 억제되면 G1기가 길어진다. 배수체 세포는 G1기에 오랫동안 머물고, 일반적으로 세포주기의 G1기 동안에 세포의 크기가 성장한다. 또한 배수성이 증가함에 따라 효모세포는 다양한 형태를 보여준다. 배수성 증가에 따라 억제되는 몇몇 다른 유전자들은 형태적 변화를 유도하는 세포골격 형성과 관련 있다.

이질배수성

배수체는 가까운 친족간의 종 교배로부터 획득될 수 있다. 만약 염색체 세트 *AA*를 갖고 있는 종의 반수체인 난자가 *BB*의 염색체 세트를 갖고 있는 종의 정자와 수정하면, 그 결과로 생성되는 교배체는 *AB*로, 여기서 $A = a_1, a_2, a_3, \cdots a_n$과 $B = b_1, b_2, b_3, \cdots b_n$이다. 교배 식물은 생존할 수 있는 배우자 세포를 만들어 낼 능력이 없기 때문에 생식이 불가능할 것이다. 대부분의 경우 일부 혹은 모든 *a*와 *b* 염색체가 상동염색체가 아니므로 감수분열시 시냅시스(synapse)할 수 없기 때문이다. 그 결과, 유전적 불균형을 갖는 배우자 세포가 생성된다. 그러나 만약 새로운 *AB* 유전적 조건이 자연적으로 혹은 유도에 의하여 염색체가 복제된다면, 모든 *a* 염색체의 2개 복사본, 그리고 모든 *b* 염색체의 2개 복사본이 존재할 것이고 그들은 감수분열 동안 짝을 이룰 수 있을 것이다. 그 결과로, 생식 가능한 *AABB* 사배체가 생산될 수 있다. 이러한 경우는 그림 8-8에서 보여준다. 이러한 배수체는 서로 다른 종으로부터 유래한 4개의 반수체 동량을 포함하기 때문에, **이질사배체(allotetraploidy)**라고 한다. 두 개의 종이 알려진 경우, 이질사배체 대신 **복이배체(amphidiploid)**라고 한다.

복이배체 식물은 자연에서 자주 발견된다. 그들이 생식 가능한 것은 유전적으로 균형 잡힌 배우자 세포를 형성할 수 있다는 가능성에 기초한다. 각 종의 염색체에 대한 상동염색체가 존재함에 따라 감수분열은 정상적으로 일어난다(그림 8-8). 그리고 수정은 정상적으로 식물이 유성생식으로 번식하도록 한다. 이것은 *A* 세트의 어떤 염색체도 *B* 세트의 어떤 염색체와도 상동이 아니라는 가장 단순한 상황을 전제로 한다. 가까운 친족인 종에서 복이배체가 형성된 경우, 일부 *a*와 *b* 염색체 사이에 상동성이 존재할 것이다. 이질배수체는 대부분의 동물에서는 거의 존재하지 않는다. 왜냐하면 교배행동이 대부분 종 특이적이므로 교배가 일어날 수 있는 초기 단계가 거의 일어나지 않기 때문이다.

식물에서 복이배체의 고전적인 예는 미국의 목화 재배 종인 *Grossypium*이다(그림 8-9). 이 종은 26쌍의 염색체를 갖는다: 13

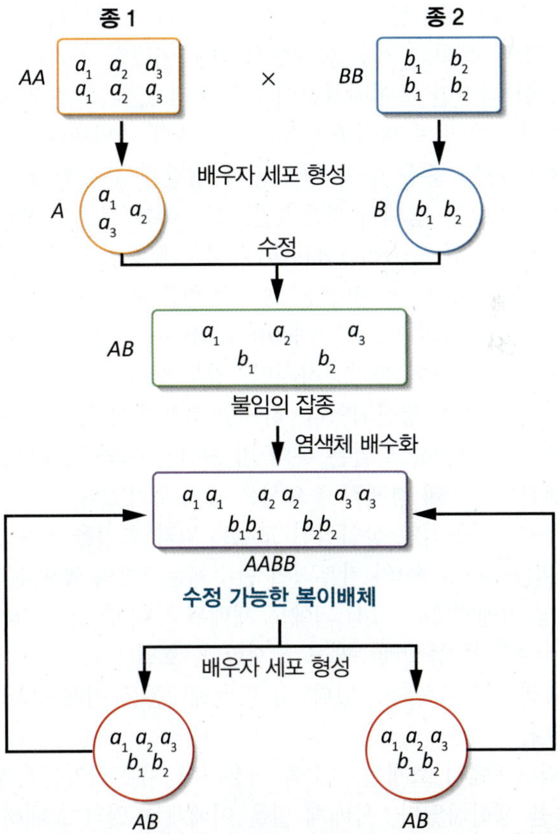

그림 8-8. 복이배체(amphidiploid)의 기원과 증식. 종 1은 3개의 염색체 a_1, a_2, 그리고 a_3로 구성된 유전체 *A*를 포함한다. 종 2는 2개의 염색체 b_1과 b_2로 구성되어 있는 유전체 *B*를 포함한다. 이 두 종의 수정과 염색체 배수화(doubling)에 따라 완전한 2배체 유전체 2개를 포함하는 수정 능력이 있는 복이배체(*AABB*)가 형성된다.

그림 8-9. 미국의 목화 재배 식물 *Gossypium* 복이배체의 꼬투리.

개는 크고 나머지 13개는 매우 작다. 이러한 사실은 구세계 목화(Old World cotton)가 큰 염색체 13쌍만을 갖고 있다는 것이 발견되었을 때, 이질배수체로 의심되었다. 이후, 야생 미국 목화가 작은 염색체 13개 쌍을 갖고 있다는 것이 관찰되었을 때, 이러한 추측은 더욱 확고해졌다. J. O. Beasley는 구세계 종과 야생 미국종을 교배한 후, 잡종에 콜히친을 처리하여 염색체 수를 복제하여 경작된 목화의 기원을 재현하였다. 이러한 처리의 결과 생식 가능한 다양한 복이배체들이 만들어졌고, 이들은 26쌍의 염색체를 갖고 있으며 재배종과 비슷한 특징을 나타낸다.

복이배체는 종종 양쪽 부모종의 형질을 표현한다. 흥미롭지만 실질적으로 경제적 중요성은 없는 예는 무종인 *Raphanus sativus*와 배추인 *Brassica oleracea* 사이에 형성된 잡종이다. 두 종 모두 반수체 수 n = 9이다. 초기 잡종은 *Raphanus*의 9개 염색체와 *Brassica*의 9개 염색체(9R + 9B)로 구성된다. 대부분의 잡종은 거의 생식이 불가능하지만, 일부 생식이 가능한 복이배체(18R + 18B)가 생산되었다. 하지만 불행하게도, 이 식물의 뿌리는 배추와 비슷하고 잎은 무와 비슷하다. 이와 반대되는 잡종 역시 생산되었는데 경제적 중요성은 갖지 못하였다.

훨씬 더 성공적인 상업적인 교배는 밀과 호밀을 이용한 경우이다. 밀(*Tritcum* 속)의 기본적인 반수체는 7개의 염색체를 갖는다. 정상 이배체($2n$ = 14) 외에도 재배된 사배체($4n$ = 28), 육배체($6n$ = 42) 등 동질배수체도 존재한다. 호밀(*Secale* 속) 역시 7개의 염색체로 구성되어 있다. 유일한 재배종은 이배체($2n$ = 14) 식물이다.

그림 8-8에서 소개된 기술을 이용하여, 유전학자들은 다양한 잡종들을 생산하였다. 사배체 밀을 이배체 호밀과 교배하고, F_1 식물을 콜히친으로 처리하여 다양한 육배체($6n$ = 42)를 얻는다. *Triticale*이라고 명명된 잡종은 새로운 속을 대표한다. 다양한 밀과 호밀 종을 교배하거나 역교배하여 생식이 가능한 다양한 잡종을 만들었다. 이러한 교배는 다양한 *Triticale* 속을 만들어 내었다. 이러한 잡종 식물은 밀과 호밀 모두의 특징을 나타낸다. 예를 들어, 어떤 잡종은 밀의 고단백질 구성과 호밀의 높은 라이신 아미노산 조성을 갖는 조합이다(밀은 라이신 함량이 낮기 때문에 영양분 지수에 제한이 있다). 밀은 대량 생산이 가능한 곡물로 고려되는 반면, 호밀은 좋지 않은 환경에서는 성장이 불안정하다. 두 형질을 조합한 *Triticale* 종은 현저하게 곡물의 생산을 증대시킬수 있는 가능성이 있다. 여러 개발도상국가에서는 오랫동안 교배를 통해 곡물을 개량하도록 설계된 프로그램을 진행 중이다.

핵내배수성

핵내배수성(endopolyploidy)은 이배체 개체에서 오직 일부 세포만 배수체인 것을 뜻한다. 이런 세포에서는, 염색체 세트가 핵내 유사분열 없이 반복적으로 복제된다. 자연적으로 일어나는 많은 핵내배수체의 예가 관찰되었는데, 인간을 포함한 척추동물의 간 세포 핵은 종종 $4n$, $8n$ 또는 $16n$의 염색체 세트를 포함한다. 꽃이 피는 식물의 말단부(apical region)에 있는 줄기와 유조직(parenchymal tissue) 역시 종종 핵내배수체이다. 모기 애벌레의 장을 덮고 있는 세포들은 $16n$ 배수성이다. 그러나 번데기 동안, 이 같은 세포는 매우 빠른 감수분열을 진행하여 작은 이배체 세포들을 유도한다. 소금쟁이 *Gerris*는 서로 다른 조직에서 매우 다양한 개수의 염색체가 발견되는데, 침샘 세포에는 각 염색체가 1024에서 2048 복사본까지 여러 형태로 존재할 수 있다. 이 생물체의 이배체 수는 22이기 때문에, 침샘 세포의 핵은 40,000개 이상의 염색체를 포함하고 있다.

비록 핵내배수성의 역할이 분명하지 않더라도, 염색체 복사본의 증식은 종종 특정 유전자의 발현이 높게 요구되는 세포에서 발생한다. 사실, 모든 세포에서 특정 유전자 산물이 굉장히 많이 요구되는 경우, 유전체상에 해당 유전자의 다중 복사본이 존재하는 것은 잘 알려진 사실이다. 리보솜 RNA 또는 운반 RNA 유전자가 다중 복사본 유전자의 대표적 예다. 생물체에서 다중 복사본 유전자가 존재함에도 불구하고 특정 세포에서 해당 유전자 산물이 충분하지 않을 경우, 훨씬 더 큰 폭으로 발현될 수 있도록 유전체 전체의 복제가 필요할 수도 있다.

8.4 염색체의 구성과 배열에서 변이가 일어난다

두 번째 유형의 일반적 염색체 변이는 염색체의 중요한 부위가 한 개 이상 결실, 첨가, 또는 재배열되는 것이다. 이러한 변이 유형에는 유전자 또는 염색체 일부의 결실이나 중복, 염색체 일부의 역위, 비상동 염색체 간의 일부가 서로 교환되거나, 또는 단순히 하나의 염색체 일부분이 다른 염색체로 이동되는 것

실전문제

8-2 같은 속에 속하지만 다른 종인 2개의 식물을 교배하였을 때, F_1 잡종이 더욱 생존력이 강하고 화려한 꽃을 갖는다. 불행히도 이러한 잡종은 생식력이 없으며 오직 꺾꽂이(vegetative cuttings)에 의해서만 번식할 수 있다. 잡종의 생식력 결핍이 일어나는 이유와 이러한 잡종의 생식력을 회복시키기 위해서는 어떻게 해야 하는지 설명하시오.

■ **힌트:** 이 문제는 이질배수성(allopolyploid) 식물의 염색체 구성을 이해하여야 한다. 해결의 실마리는 F_1의 염색체 구성과 기원 그리고 어떻게 염색체 구성을 조정할 수 있는가에 초점을 맞추는 것이다.

과 같은 유전 물질의 재조합을 포함한다. 교환이나 이동은 **전좌**(translocation)라고 불리는데, 이는 유전자의 위치가 유전체상에서 변화되는 것이다. 이러한 염색체 이상이 **그림 8-10**에 묘사되어 있다.

염색체의 구조적인 변화는 대부분 염색체의 축을 따라 한 번 이상 절단된 후에, 유전물질의 재배열이나 소실이 일어나서 생긴다. 염색체는 자발적으로 부러져 조각이 날 수 있지만, 절단되는 비율은 화학물질이나 방사선에 노출된 세포에서 증가할 것이다. 비록 염색체의 말단인 텔로미어(telemore)는 새로이 만들어진 '절단된' 염색체의 끝 부분 또는 다른 텔로미어와 쉽게 융합하여 붙지는 못하지만, 부러진 염색체의 끝 부분은 '점착성'이 있어서 다른 부러진 말단과 재결합할 수 있다. 만약 절단과 재결합으로 인해 원래의 염색체 구성과 다른 변화가 생식세포에서 발생한다면, 배우자 세포들은 구조적인 재배열을 갖게 되며, 이러한 변화는 유전될 수 있다.

염색체 이상이 상동염색체 중 한 개에서 발견되고 다른 한 개에서는 발견되지 않을 경우, **이상에 대한 이형접합자**(heterozygous for the aberration)라고 한다. 일반적이지는 않지만, 이런 경우에는 감수분열 시 특징적인 짝을 이루는 배치(paring configuration)가 시냅시스 동안 형성된다. 이러한 배치 방식은 염색체에 발생한 변화 종류를 규명하는 데 유용하다. 만약 유전 물질의 소실이나 획득이 없다면, '이형접합자와 같은(heterozygously)' 이상을 갖는 생물체는 표현형적으로는 영향을 받지 않는다. 그러나 일반적이지 않은 비정상적인 상동염색체 쌍의 배열은 종종 일부 염색체 부위에 대하여 중복되거나 결실된 배우자 세포를 유도한다. 이러한 현상이 발생했을 때, 특정 이상

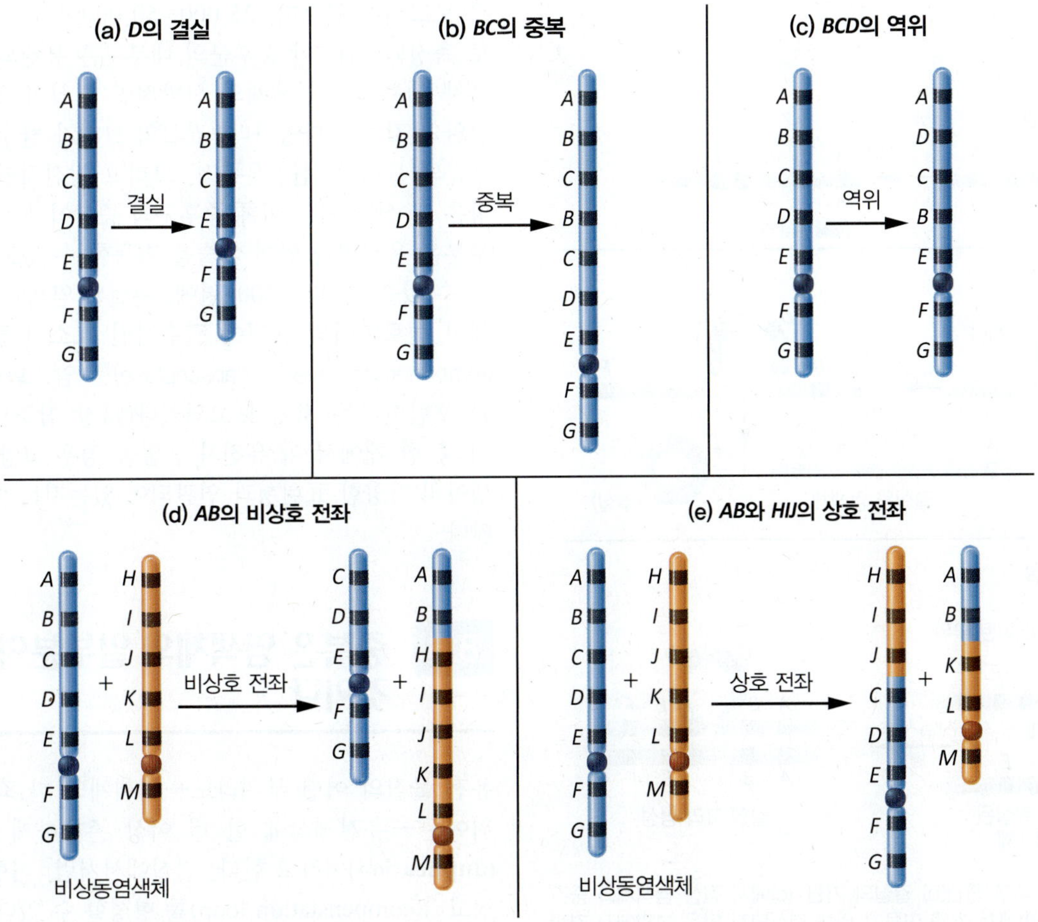

그림 8-10. 염색체 일부의 중복, 결실 그리고 재배열을 보여주는 5가지 유형.

의 '보인자(carriers)' 자손은 표현형적인 변화를 나타낼 가능성이 증가한다.

8.5 결실은 염색체 일부를 소실하는 것이다

염색체에서 한 곳 이상에서 절단이 일어나 일부를 소실했을 때, **결실**(**deletion** 또는 **deficiency**)이라고 한다. 결실은 염색체의 말단 부위나 중간 부위 어디에서든 일어날 수 있다. 이러한 결실을 **말단(terminal)** 또는 **중간(inercalary) 결실**이라고 한다[그림 8-11(a)와 8-11(b)]. 동원체(centromere) 부위를 포함하고 있는 염색체는 세포가 분열할 때 일반적으로 유지되는 반면, 동원체가 없는 염색체 부위는 결국 유사분열이나 감수분열 이후 자손 세포에서 소실된다. 커다란 중간 결실을 갖는 염색체와 정상 상동염색체 사이에서 시냅시스가 형성되면, 정상 상동염색체에서 쌍을 이루지 못한 부위는 **결실(deletion)** 또는 **보정(compensation) 고리(loop)**[그림 8-11(c)]를 형성하게 된다.

만약 염색체의 일부만이 결실된다면, 생물체는 생존할 것이다. 그러나 염색체 일부 결실로 인해 매우 심각한 결과가 나타날 수도 있다. 우리는 다음에서 고양이 울음 증후군의 예를 통하여 그 효과를 논의할 것이다. 만약 더욱 많은 유전정보가 결실되면 종종 치명적이므로, 이러한 염색체 돌연변이를 갖는 경우는 연구될 수 없다.

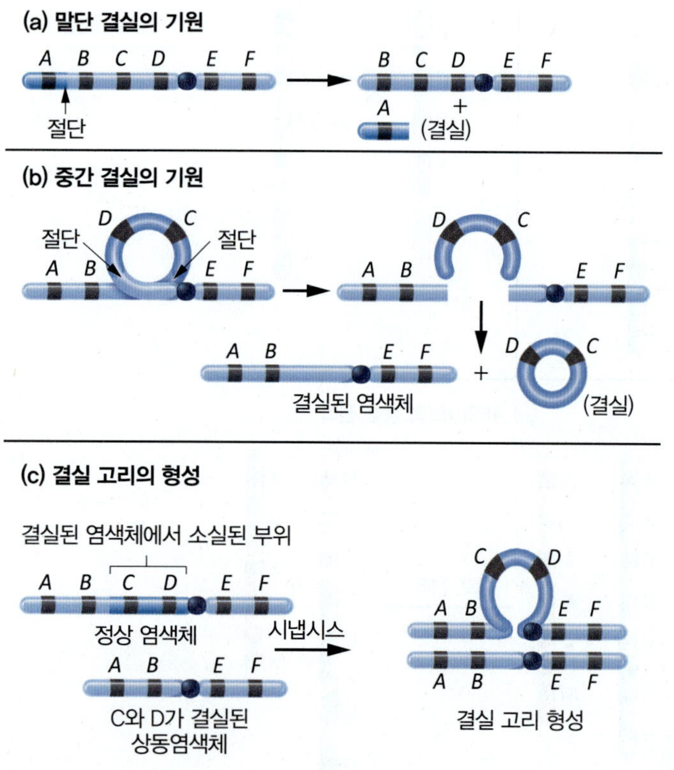

그림 8-11. 말단(a)과 내부 중간(b) 결실의 기원. (c)에서 정상 염색체와 중간 결실을 갖는 염색체 사이에서 쌍을 이루기 위해 결실되지 않은 부위에서 결실(혹은 보정) 고리가 형성된다.

인간의 고양이 울음 증후군

인간의 **고양이 울음 증후군(cri du chat syndrome)**은 5번 염색체 말단의 작은 결실로부터 기인하며, **부분적인 1염색체성**(partial monosomy)으로 여겨진다. 그러나 소실된 부위가 매우 적기 때문에, **부분결실(segmental deletion)**이라고도 한다. 고양이 울음 증후군은 Jérôme LeJeune가 1963년에 처음 보고하였는데, 고양이 울음소리와 비슷한 기괴한 소리를 포함하는 임상적인 증상 때문에 이러한 명칭을 갖게 되었다. 이 증후군은 5번 염색체 단완의 작지만 다양한 부분의 결실과 연관되어 있다(그림 8-12). 그러므로 유전적인 구성은 46,5p-로 묘사되고, 46개의 염색체 모두를 갖고 있지만 5번 염색체 한 개의 p완(petitie, 단완)의 모두 혹은 일부가 없어진 경우이다.

이러한 증후군을 갖는 신생아는 위장과 심장 합병증을 포함하는 해부학적인 기형을 갖고 있으며, 종종 정신지체를 보인다. 성문(glottis)과 후두(특징적인 울음의 일으키는)의 비정상적인 발생은 이 증후군의 전형적인 특징이다.

1963년 이후로, 수백 건의 고양이 울음 증후군이 세계적으로 보고되어 왔으며, 25,000~50,000명의 출생당 1명의 발생률로 측정되었다. 이 증후군의 대부분은 유전되지 않지만 대신 배우자 세포에서 염색체의 산발적인 결실이 일어난다. 결실되는 단완의 길이는 다양하다. 결실의 크기가 클수록 고양이 울음 증후군의 물리적, 신경운동적, 그리고 정신적인 수준에 미치는 영향은 더 심각하다. 비록 증후군의 증상이 심각하다 하더라도, 대부분은 움직임과 언어 기술을 획득할 수 있고 아마도 집에서 돌볼 수 있을 것이다. 2004년에, 손실된 염색체의 일부가 DNA 복제시 텔로미어의 유지에 필수적인 효소인 **텔로미어 역전사효소**(temormerase reverse transcriptase)를 암호화하는 *TERT* 유전자를 포함한다는 것이 보고되었다(11장 참조). 하지만 상동염색체 중 한 개에서 이 유전자가 없을 경우 고양이 울음 증후군 신생아의 다양한 표현형과 연관되어 있는지는 여전히 알려져 있지 않다.

8.6 중복은 염색체의 일부분이 반복되는 것이다

유전 물질의 어떤 부위라도—염색체의 한 좌위이든 커다란 부위이든—유전체상에 한 번 이상 존재하게 될 때, 이를 **중복(duplication)**이라고 한다. 결실에서처럼, 이형접합체의 쌍은 보정고리(compenstation loop)를 형성할 수 있다. 중복은 감수분열 동안 시냅시스된 염색체 사이의 불균등한 교차(그림 8-13)나 감

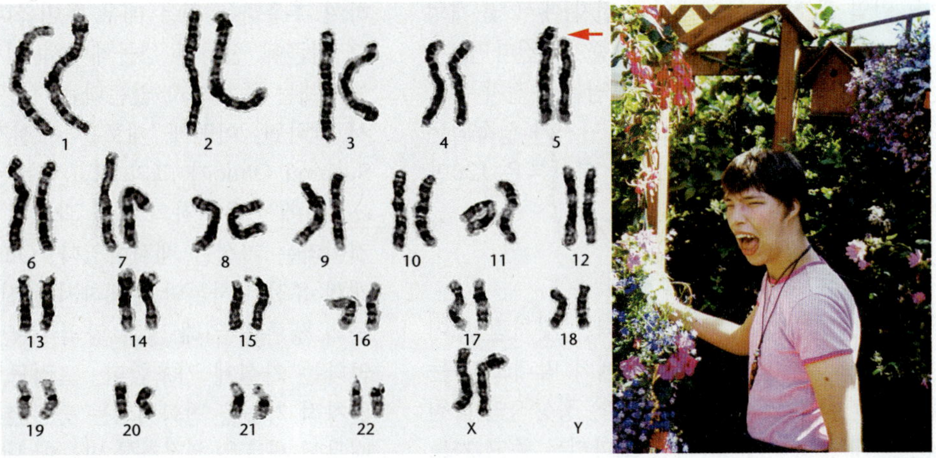

그림 8-12. 고양이 울음 증후군(46,5p−)을 보여주는 아이의 대표적인 핵형과 사진. 핵형에서 화살표는 한 개의 5번 상동염색체에서 단완의 작은 조각이 결실되었음을 표시한다.

수분열 전에 복제 오류 결과로 발생하는데, 이는 중복과 결실 모두를 생산할 수 있다.

우리는 중복의 3가지 흥미로운 견해를 고려할 것이다. 첫째, 중복 결과는 유전자의 반복화이다. 둘째, 결실과 같이 중복은 표현형 변이를 나타낼 수 있다. 셋째, 믿을 만한 이론에 따르면, 중복은 진화 동안 유전적 변이의 중요한 원천으로 작용해 왔다.

유전자 반복과 증폭 — 리보솜 RNA 유전자

염색체 일부분의 중복은 잠재적으로 개별 유전자의 사본 수를 증폭할 수 있다. 단백질 합성을 많이 하는 세포에서 리보솜 RNA는 유전자가 증폭되어 충분한 리보솜이 생성되도록 한다. 대사활동을 활발히 하는 여러 세포에서 rRNA를 암호화하는 유전자 한 개의 사본은 부적절하다고 가정할 수 있다. 유전체에서 특정 RNA 염기서열을 암호화하는 부위를 탐지할 수 있는 분자혼성화(molecular hybridization) 기술을 이용하여 rRNA 유전자에 많은 사본이 있음을 확인하였다. rRNA 유전자 부위를 **rDNA**라고 하고, 이러한 현상은 **유전자 반복(gene redundancy)**이라고 불린다. 예를 들어, 장내 세균인 대장균[*Escherichia*(*E.*) *colli*]에서 반수체 유전체의 약 0.7%가 rDNA를 구성하는데 이는 유전자 7개의 사본과 동등하다. 초파리에서는 반수체 유전체의 0.3%가 rDNA를 구성하며, 130개 유전자 사본 수에 해당된다. 비록 동일한 유전자의 여러 사본이 rRNA에만 국한되어 있지는 않지만, 우리는 이 절에서 rRNA 유전자에 초점을 맞출 것이다.

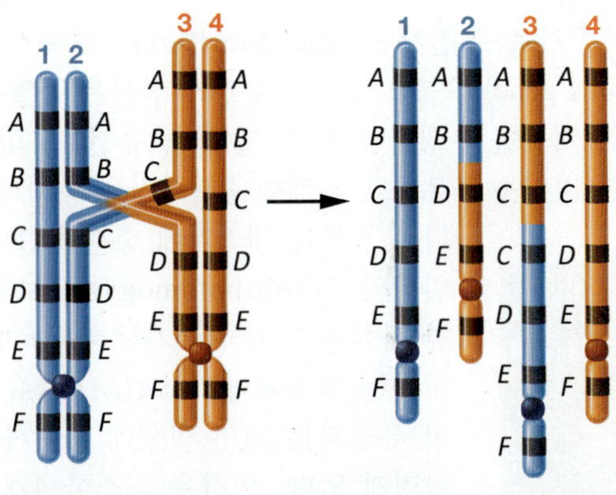

그림 8-13. 동등하지 않은 교차의 결과로 생긴 염색체의 중복과 결실. 왼쪽의 사가염색분체는 시냅시스 동안 잘못 배열되어 쌍을 이룬다. 염색분체 2와 3 사이의 한 번의 교차 결과를 나타낸다. 오른쪽 염색체에서 결실(2번 염색체)과 중복(3번 염색체)을 보여준다. 교차에 참여하지 않은 2개의 염색체는 유전자 서열이나 구성면에서 정상으로 남아 있다.

흥미롭게도, 일부 세포, 특히 난자에서는 rDNA의 정상적인 반복만으로 충분한 양의 rRNA을 공급할 수 없다. 난자는 초기 발생 동안 배아가 사용할 많은 양의 리보솜과 충분한 영양분을 저장한다. 어떤 다른 유형의 세포보다도 난자는 보다 많은 리보솜이 존재한다. 양서류인 *Xenopus laevis*가 풍족한 리보솜을 어떻게 획득하는가에 대해 살펴봄으로써, 우리는 rRNA의 양을 증가시키는 두 번째 방법을 알 수 있다. 이러한 현상을 **유전자 증폭(gene amplification)**이라 한다.

rRNA를 암호화하는 유전자는 **인형성체 부위(nuclear organizer region, NOR)**라고 알려진 염색체 부위에 존재한다. NOR은 리보솜 생산 과정의 중심 역할을 하는 핵과 밀접하게 연결되어 있다. 분자 혼성화 기술은 *Xenopus*에서 각각의 NOR이 rRNA를 암호화하는 유전자의 복사본이 400개 정도임을 보여준다. rRNA 유전자의 이러한 중복에도 불구하고, 양서류 난자가 수정 후에 진행하는 발생을 위해 필요한 엄청난 양의 리보솜을 합성하기에는 분명히 부족하다.

rRNA 유전자의 수가 증폭되기 위하여, rDNA는 선택적으로 복제되고, 각각의 새로운 유전자 세트가 DNA 주형으로부터 유리된다. 각각의 새로운 복사본은 한 개의 NOR에 상응하기 때문에, 수많은 작은 인(nucleolus)들이 난자에서 형성된다. 1,500개 정도의 많은 '소핵소체(micronucleoli)'가 한 개의 *Xenopus* 난자에서 관찰되었다. 만약 각 NOR(400개의 유전자)에서 몇 개의 유전자를 복제하여 소핵소체의 수(1,500개)를 증가시킨다면, 우리는 *Xenopus* 난자에서 증폭으로 50만여 개가 넘는 유전자 복사본을 만들어 낼 수 있다. 만약 각각의 복사본이 난자가 성숙되는 동안 20번 정도 전사된다면, 이론상, rRNA의 복사본은 120만 개 이상의 리보솜을 생산한다.

초파리의 막대모양 눈 돌연변이

중복은 단순한 유전자 돌연변이에 의해 야기되는 것처럼 보이는 표현형적 변이를 일으킬 수 있다. 초파리에서 막대모양 눈(*Bar*-eye) 표현형(그림 8-14)은 고전적인 예이다. 정상적인 타원형 모양의 눈 대신, 막대 모양의 눈을 가진 초파리는 좁고 가느다란 구멍 같은 눈을 갖는다. 이러한 표현형은 X 연관 우성 돌연변이와 같은 방식으로 유전된다.

1920년대 초반에 Alfred H, Sturtevant와 Thomas H. Morgan이 "막대모양 눈 돌연변이"를 발견하고 연구하였다. 정상 야생형 암컷(B^+/B^+)은 각 눈에 약 800개의 면을 가지고 있다. 이형접합체 암컷(B/B^+)은 약 350개의 면을 갖고 있는 반면, 동형접합체 암컷(B/B)은 평균적으로 70개의 면만을 갖는다. 암컷은 경우에 따라 적은 수일지라도 그 면이 복구되고, 이를 이중막대(*double Bar*: B^D/B^+)라고 묘사한다.

약 10년 후, Calvin Bridges와 Herman J. Muller는 *Bar* 초파리와 야생형 초파리의 다사(polytene) X 염색체의 염색 패턴(banding)을 비교하였다. 이 염색체는 부위별, 범주별로 잘 구획되어 염색되는 줄(banding)모양을 가지고 있다. 이러한 연구는 16A라고 명명된 줄 부위가 야생형 초파리에서는 2개의 X 염색체상에 한 개의 사본으로 존재하지만, 막대모양 눈 초파리에서는 이 부위가 2개로 복제되어 있고, 이중막대 눈 초파리에서는 3개로 복제되어 있음을 알게 되었다. 이러한 관찰은 막대모양 눈 표현형이 유전자의 화학적인 변화로 인한 것이 아니라 유전자의 중복 때문이라는 증거를 보여주었다.

진화에 있어서 유전자 중복의 역할

진화를 연구하는 동안 유전적 변이를 가능하게 하는 기전에 대하여 추측하는 것은 매우 흥미롭다. 독특한 유전자 산물들의 보다 최근에 진화된 생물체에서 기원하여 존재하지만 고대의 생물체에는 존재하지 않는다는 것은 매우 흥미로운 주제이다. 다시 말하면, 어떻게 '새로운' 유전자들이 증가되는가? 1970년에 Susumu Ohno가 그의 보고서(논문) *Evoultion by Gene Duplication*에서 유전자의 복제 과정이 새로운 유전자의 주요 원인일 것이라는 가설을 제시하였다. Ohno의 이론은 유전체상에는 한 개의 유전자 사본만 존재하지만 진화하는 동안 일부 종의 구성원들의 생존을 위해 많은 양의 유전자 산물들이 필수적일 수밖에 없다는 가설에 기초한다. 그러므로 유일한 유전자들은 자신의 일차적 기능을 변화시키는 충분한 돌연변이들을 축적할 수 없기 때문에 새로운 유전자를 만들어 낸다.

그러나 만약 필수적인 유전자가 배우자 세포에서 복제된다면, 이러한 여분의 복사본은 중요한 돌연변이적인 변화들을 다음 세대에 허용할 것이다. 왜냐하면 원래 유전자는 자신의 기본적인 기능에 대한 유전정보를 제공할 수 있기 때문이다. 중복된 복사본은 긴 시간 동안 자유롭게 많은 돌연변이적인 변화를 획득할 수 있다. 짧은 시간 안에서는 새로운 유전정보가 영향을 미치지 못할 것이다. 그러나 오랜 진화의 관점에서 복제된 유전자는 충분하게 변화하여 세포에 다양한 역할을 부여할 수 있다. 새로운 기능은 개체에 '적응'적 이득을 주게 될 것이고, 적응도(fitness)를 개선할 것이다. Ohno는 지속적으로 유지되는 유전적 다양성의 메커니즘에 대한 개요를 제시하였다.

Ohno의 이론은 DNA 염기서열에서 상당한 공통성을 보이지만, 서로 다른 유전자 산물을 생성하는 유전자들을 발견함으로써 지지되었다. 예를 들어 소화효소 트립신(trypin)과 카이모트립신(chymotrypsin)을 암호화하는 유전자는 호흡 분자인 마이오글로빈(myoglobin)과 다양한 형태의 헤모글로빈(hemoglobin)을 암호화하는 유전자들과 동일한 조상 유전자로부터 중복을 통하여 형성된 유전자들이라고 결론지을 수 있다. 진화 과정 동안, 연관된 유전자들은 충분히 분기되어 각각의 유전자 산물이 고유의 기능을 수행하게 된다.

다른 증거로 **유전자군(gene families)**—연속적인 유전자(contiguous gene) 그룹으로 해당 유전자 산물은 동일하거나, 매우 비슷한 기능을 수행한다. 다시 말해서, 유전자군의 구성원들은 동일한 기원을 공유하고 유전자 중복과정을 통해서 생성되었다는 결론을 내리기에 충분한 DNA 염기서열상의 상동성(holomogy)을 보인다. 이러한 사실을 지지하는 가장 흥미로운 예 중의 하나는 영장류에서 *SRGAP2* 유전자이다. 이 유전자는 뇌의 발생에 관여하는 것으로 알려져 있다. 인간은 최소한 4개의 유사한 유전자 사본을 가지고 있는 반면, 인간이 아닌 영장류는 오직 한 개의 사본만을 가지고 있다. 여러번의 중복 사건은 약 340만 년,

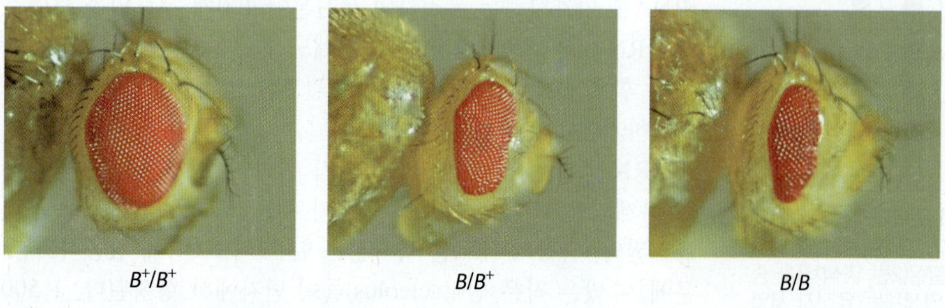

그림 8-14. 초파리에서 야생형 눈과 비교한 막대모양 눈 표현형.

240만 년, 그리고 100만 년 전으로 추적할 수 있는데, 그 결과는 A-D로 표시할 수 있는 *SRGAP2*의 서로 다른 형태이다. 이러한 진화 기간은 영장류에서 인류의 기원 시기와 일치한다. *SRGAP2* 유전자는 뇌의 수상돌기 가시(dendritic spine)의 형성 및 조절과 연관되어 있는 것으로 현재 알려져 있고, 언어의 발생과 사회적인 인식을 포함한 인간의 확장된 두뇌 기능의 진화에 기여한 것으로 보인다.

진화 동안 중복에 의해서 생긴 유전자군의 다른 예로 다양한 종류의 인간 헤모글로빈 폴리펩타이드 사슬뿐만 아니라 면역학적으로 중요한 주요 조직 적합 복합체를 암호화하는 항원과 T 세포 수용체가 있다.

분자적 수준에서 중복: 사본수 변이

유전체 시대가 도래하면서 완전한 유전체의 염기서열을 분석할 수 있게 됨에 따라(20, 21, 22장), 우리는 유전자의 일부 중복이 대부분 몇천 개의 염기서열을 포함하면서 규칙적으로 일어난다는 것을 알게 되었다. 같은 종의 다른 개체와 비교하였을 때, 어떤 중복된 염기서열의 일부 복사본 수는 다양하다는 것을 발견하였다—때때로 복사본 수가 많기도 하고 적기도 하다. 이러한 다양성은, 일부 커다란 DNA 염기서열에서 양적인 차이를 보여주기 때문에, **사본수 변이(copy number variants, CNVs)**라고 명명되었고, 유전체의 유전자를 암호화하는 부위와 암호화하지 않는 부위 모두에서 발견된다.

CNVs는 여러 개별적인 형질 발현에 중요한 역할을 하는 것으로 현재 알려져 있기 때문에 유전학에서는 매우 흥미롭다. 2004년에 2개의 독립적인 연구 그룹이, 유전 질환을 갖고 있지 않은 건강한 개체의 유전체상에서 CNVs가 존재한다는 것을 밝혀내었다. CNVs는 처음에는 최소 90% 이상의 염기서열이 동일한 최소 1 kb의 염기서열(1,000 base pairs) DNA 부위라고 정의되었다. 이러한 초기 연구는 약 50개의 CNVs 위치를 발견하였고, 2005년에는 300개의 추가적인 위치가 규명되었다. 2010년, 약 500개의 염기서열로 DNA의 길이를 줄였을 경우에 CNVs 위치의 수는 10,000개 이상으로 측정되었고, 인간 유전체에서 유전적 다양성의 큰 부분을 차지한다. 앞으로의 연구를 통해 인간 유전체에서 더욱 많은 CNVs가 발견될 것이라는 데에는 의심의 여지가 없다.

현재 연구는 CNVs와 인간 질병과의 관계를 찾는 데 초점을 맞추고 있다. CNVs는 유전적 배경이 아직 충분히 이해되지 않은 많은 질병들과 긍정적이거나 혹은 부정적인 연관성을 보여준다. 예를 들어, 소통, 행동, 그리고 사회성에 손상을 받은 것으로 잘 알려진 신경발달 질병인 자폐증(autism)과 CNVs 간의 관계가 보고된 바 있다. 흥미롭게도, 산발적으로 일어나는 자폐의 약 10%에서 돌연변이 CNV 위치가 새롭게 발견되는 것으로 보이며, 이 경우 정상의 부모는 CNV 돌연변이가 존재하지 않는다. 대조적으로 가계성 질병인 경우 약 2%만이 돌연변이 CNV를 보여준다.

종종 전체 유전자의 염기서열이 중복되어 개인에 영향을 주는 경우가 있다. 예를 들어, *CCL3L1* 유전자의 평균 사본 수가 높은 경우에는 바이러스 감염 시에 HIV를 억제하는 효과를 보여 AIDS로 진행되는 것을 막아준다. 또 다른 발견은 훨씬 많은 수의 표피생장인자 수용체(epidermal growth factor receptor, EGFR) 유전자를 갖는 비소세포폐암(non small cell lung cancer) 환자의 경우 치료에 훨씬 반응성이 높다는 것이다. 마지막으로, *DEFB*라고 알려진 유전자의 수가 감소할수록 결장(colon)에 문제가 발생하는 크론병(Crohn's disease)이 나타날 확률이 높아진다. 이러한 발견은 중복이나 결실은 더 이상 염색체 돌연변이의 교과서적인 예에만 제한되지 않는다는 것을 보여준다. 우리는 이러한 흥미로운 주제에 대해서 유전체에 대해 자세하게 논의할 때 다시 다룰 것이다(21장)

8.7 역위는 직선상에 놓인 유전자를 재배열한다

역위(inversion)는 또 다른 염색체의 구조적 변이로 염색체의 일부분이 염색체 내에서 180도 회전해서 생기는 염색체 이상이다. 역위는 유전정보의 손실을 포함하지는 않고 단순히 직선상에 놓인 유전자의 염기서열을 재배열한다. 역위는 염색체의 길이를 따라 서로 다른 2지점에서 절단된 후, 180도 회전한 조각이 다시 삽입되어 생성된다. 그림 8-15는 어떻게 역위가 생성되는지 보여준다. 절단 전에 염색체 고리가 생성됨으로써 새롭게 만들어진 '접착성 말단'은 서로 가까이 위치하며 연결된다.

역위된 부분은 짧을 수도 길 수도 있고, 동원체를 포함할 수도 포함하지 않을 수도 있다. 만약 동원체가 재배열된 염색체의 일부가 아니라면, 이는 **측동원체 역위(paracentric inversion)**라고 한다. 만약 동원체가 역위된 부분의 일부라면, 이것은 **협동원체 역위(pericentric inversion)**라고 하며, 그림 8-15에서 보여준다.

비록 역위로 인해 개인에게 미치는 영향은 매우 작은 것처럼 보이지만, 유전학자에게 역위의 결과는 매우 흥미롭다. 역위에 대하여 이형접합인 생물체는 비정상 배우자 세포를 생산하여 자손에게 중요한 영향을 미칠 것이다.

배우자 형성 동안 역위의 결과

만약 상동염색체 쌍 중 한 개만 역위 부분을 가지고 있다면, 감수분열 동안 정상적 배열의 시냅시스는 불가능하다. 한 개의 역위된 염색체와 한 개의 역위되지 않은 정상 염색체를 갖는 개체를 **역위 이형접합체(inversion heterozygote)**라고 한다. 감수분열 시 이와 같은 두 개의 염색체는 **역위 고리(inversion loop)**를 만들 때에만 쌍을 이룰 수 있다(그림 8-16).

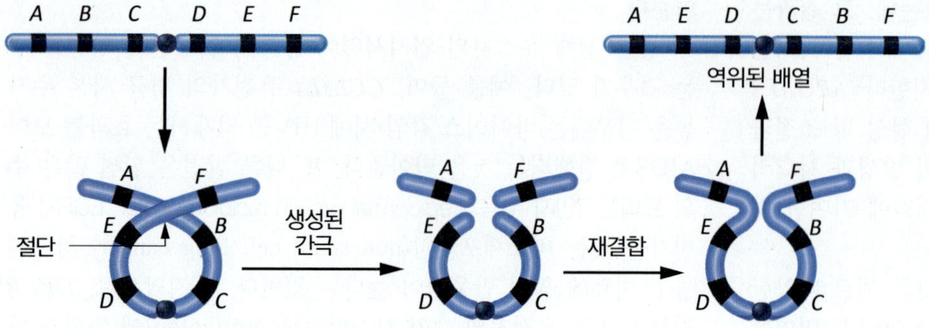

그림 8-15. 협동원체 역위 (pericentric inversion) 형성.

된 2개의 염색분체를 생산한다. 그러나 교차가 측동원체 역위 내에서 생겼을 때는 한 개의 재조합 **이중 동원체 염색분체(dicentric chromatid**: 2개의 동원체를 갖는)와 한 개의 재조합 **무동원체 염색분체(acentric chromatid**: 동원체가 없는)가 만들어진다. 둘 모두 염색체 부분의 중복과 결실 역시 보유한다. 핵분열 후기 동안 무동원체 염색분체는 불규칙적으로 어느 한 쪽으로 이동하거나 소실되기도 하는 반면, 이중 동원체 염색분체는 양쪽 방향으로 끌려가게 된다. 양극으로 이동하는 염색분체는 세포학적으로 관찰 가능한 이중동원체 다리(dicentric bridge)를 만든다. 이중동원체 염색분체는 일반적으로 이동 중에 절단되고, 감수분열 동안 염색분체의 일부는 하나의 배우자 세포로 나머지 일부는 다른 배우자 세포로 가게 된다. 그러므로 재조합 염색분체를 갖는 배우자 세포는 유전물질이 결핍된다. 이러한 배우자 세포가 수정에 참여하면, 접합자(zygote)는 종종 비정상적으로 발생된다.

만약 교차가 역위 고리의 역위된 부위 내에서 생기지 않는다면, 상동염색체는 분리되고 그 결과 배우자 세포로 분배될 수 있는 2개의 정상과 2개의 역위된 염색분체가 생길 것이다. 만약 교차가 역위 고리 내에 생긴다면, 비정상 염색분체가 생산될 것이다. 측동원체 역위(paracentric inversion)에서 교차가 한 번 일어난 경우(single crossing over, SCO) 효과는 그림 8-16(a)에 그려져 있다.

감수분열 시 4분염색체(tetrad)의 경우, 자매염색분체 사이에서 한 번의 교차는 부모와 동일한 2개의 염색분체와 재조합

그림 8-16(b)에서 보여주듯이 협동원체 역위를 갖는 염색분체와 정상의 상동염색분체 사이의 교차 결과로 비슷한 형태의 염색

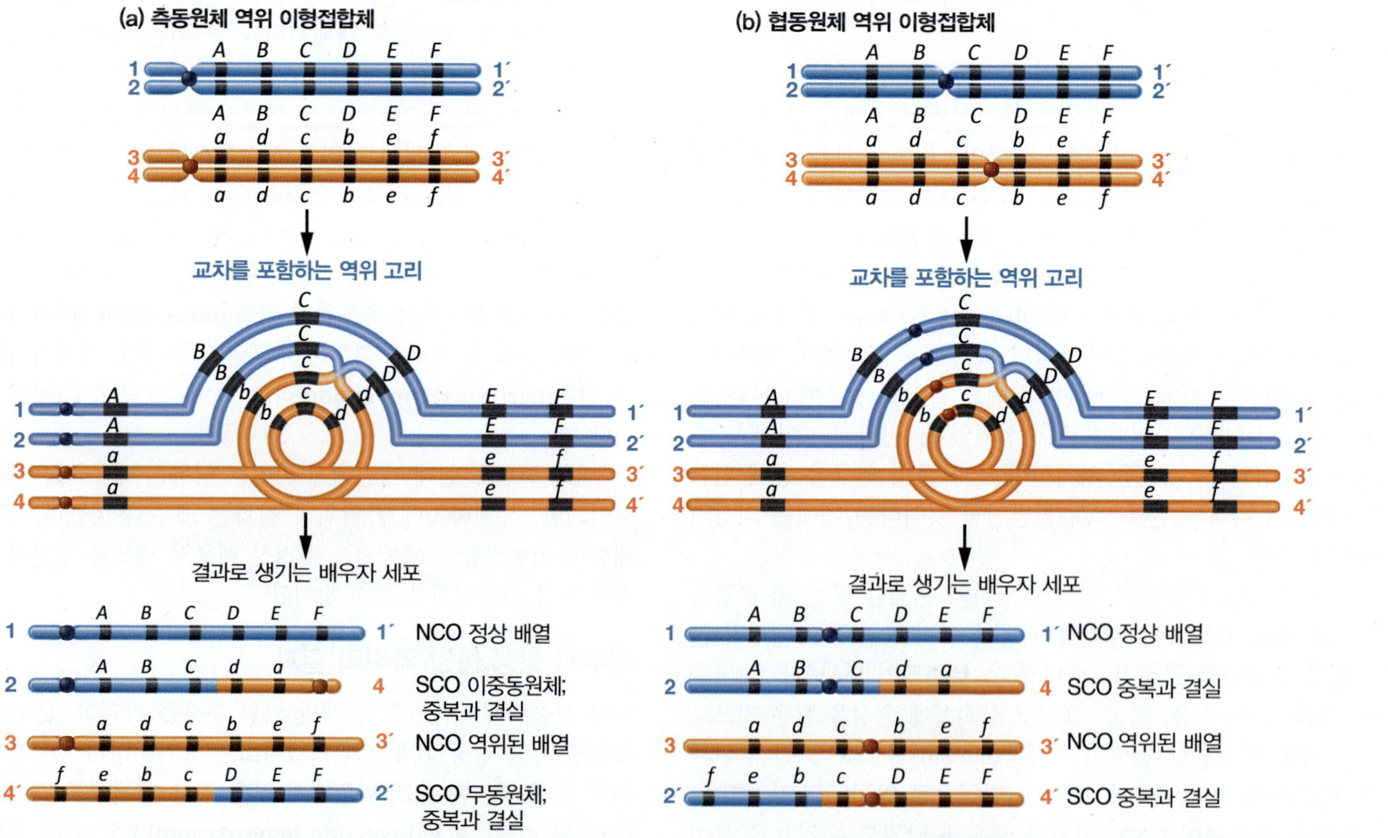

그림 8-16. (a) 측동원체 역위(paracentric inversion) 이형접합체에 있어서 역위 고리 내에서 한 번의 교차(SCO)가 일어났을 경우, 2개의 변화된 염색분체, 즉 무동원체(acentric) 염색분체와 이중동원체(dicentric) 염색분체가 형성된다. 또한 이 두 염색분체는 모두 중복되거나 결실된 부위를 포함한다. (b) 협동원체 역위(pericentric inversion)의 이형접합체에서 교차가 일어나면, 중복과 결실 부위를 모두 포함하는 2개의 변화된 염색분체가 형성된다.

체 불균형이 나타난다. 이러한 교차로 인해 형성된 재조합 염색분체는 중복과 결실을 갖는다. 식물에서 이러한 비정상 염색분체를 가진 배우자 세포는 정상적으로 발생하지 못하고 유산되는 꽃가루나 밑씨를 만들게 된다. 그러므로 수정 전에 치사가 일어나고 생존할 수 없는 씨가 만들어진다. 동물에서 감수분열 오류 전에 배우자 세포가 발생하여 염색체 오류에도 불구하고 수정이 일어날 수 있다. 그러나 수정 후에 생존할 수 없는 배아가 생성되므로, 두 경우 모두 생존력은 떨어진다.

재조합 염색분체를 가진 배우자 세포로부터 형성된 자손은 생존할 수 없고 복구되지 못하기 때문에, 역위가 교차를 억제하는 것처럼 보인다. 실제로 역위 이형접합체에서 역위된 부위 내에서 염색체 교환이 일어날 때 **교차 산물의 생성을 억제하는** 효과를 갖는다. 만약 교차가 측동원체 또는 협동원체 역위 내에서 항상 일어난다면, 배우자 세포의 50%는 기능을 하지 못할 것이다. 그러므로 수정란의 생존력은 크게 감소한다. 더욱이, 살아남은 배우자 세포의 1/2는 역위된 염색체를 가지며 종 내에서 역위는 지속될 것이다. 이러한 주기는 다음 세대의 감수분열 동안 지속적으로 반복될 것이다.

역위의 진화상 장점

역위 이형접합체에서 재조합 산물의 생성이 억제되기 때문에, 역위내 인접한 위치에 있는 특정 대립유전자 그룹은 여러 세대 동안 유지될 것이다. 만약 인접하여 유지되는 대립유전자가 생물체의 생존에 유리하다면, 역위는 종의 진화적인 생존에 도움이 된다. 예를 들어, 만약 *ABcDef*라는 대립유전자 세트가 *AbCdeF*나 *abcdEF* 세트보다 적응력이 좋다면, 배우자 세포는 교차에 의하여 방해받지 않은 *ABcDef* 유전자 세트를 갖게 될 것이다.

동일한 원리를 적용하여 연구실에서 역위를 포함하는 **균형자 염색체(balancer chromosome)**를 이용하게 되었다. 개체가 균형자 염색체의 이형접합체일 때, 원하는 배열의 대립유전자 세트는 실험이 진행되는 동안 유지된다.

8.8 전좌는 유전체 내에서 염색체 일부의 위치를 변화시킨다

전좌(translocation)는 유전체상에서 염색체의 일부가 새로운 위치로 이동하는 것이다. 예를 들어, 상호 전좌(reciporcal translocation)는 2개의 비상동염색체 사이에서 염색체 일부를 교환한다. 이러한 일이 생기는 간단한 방법은 2개의 비상동염색체 중 일부가 서로 가까워지고 교환이 촉진되는 것이다. 그림 8-17(a)는 염색체상에서 오직 2개의 절단이 요구되는 단순한 상호 전좌를 보여준다. 만약 서로 교환되는 부분이 염색체 내부에 존재한다면, 각 염색체 위에 2개씩 4개의 절단이 요구된다.

> **실전문제**
>
> **8-3** (a) 협동원체 역위(pericentric inversion) 이형접합체의 염색체 부위 내에서 매우 드문 이중 교차가 일어났을 경우 그 효과는 무엇인가? (b) 측동원체 역위(paracentric inversion) 이형접합체의 염색체 부위 내에서 매우 드문 이중교차가 일어났을 경우의 효과는 무엇인가?
>
> ■ **힌트:** 이 문제는 이형접합 역위가 존재할 때 어떻게 상동염색체의 시냅시스가 일어나는지를 이해할 뿐 아니라, 협동원체와 측동원체 역위 사이의 차이점을 이해하여야 한다. 해결의 실마리는 4분염색체를 그리고 이중 교차가 진행 중인 염색분체들을 묘사하는 것이다.

상호 전좌의 유전적 결과는, 여러 가지 면에서 역위와 유사하다. 예를 들면, 유전정보는 소실되거나 획득되지 않고, 유전 물질이 재배열하게 된다. 그러므로 전좌가 일어났다고 해서 생물체의 생존에 직접적으로 영향을 주지 않는다.

상호 전좌에 대한 이형접합체인 상동염색체는 감수분열 동안 일반적이지 않은 시냅시스를 형성한다. 그림 8-17(b)에서 보여주듯이, 시냅시스 쌍의 결과는 십자 형태이거나 교차하는 형태이다. 역위에서처럼, 감수분열 시 일반적이지 않은 시냅시스의 결과로 인해 배우자 세포의 일부는 유전적으로 불균형하다. 그러나 전좌의 경우 비정상 배우자 세포가 교차의 필수적인 결과는 아니다. 그림 8-17(b)와 8-17(c)에서 상동염색체의 동원체에 초점을 맞추어 어떻게 불균형 배우자 세포가 생성되는지 보여준다. 독립의 법칙 원리에 따라서 제1동원체를 갖는 염색체는 제1감수분열 후기 동안 방추사의 한쪽 끝으로 불규칙적으로 이동한다. 제1동원체를 갖는 염색체는 제3동원체나 제4동원체를 갖는 염색체 둘 중 하나와 함께 한쪽 극으로 이동한다. 제2동원체를 갖는 염색체는 제3동원체나 제4동원체를 갖는 염색체와 함께 다른 극으로 이동한다. 이 결과로 4가지의 가능한 감수분열 산물이 생성된다. 1,4 조합은 전좌가 없는 염색체를 포함하고 정상이다. 그러나 2,3 조합은 전좌된 염색체이지만 완전한 유전정보를 포함하고 균형이 잡혀져 있다. 이러한 결과가 이루어졌을 때[그림 8-17(c)의 상단], 제1감수분열에서 분리 방식은 **선택적 분리(alternative segreagation)**라고 한다. 두 번째 방식[그림 8-17(c)]은 중복되거나 결실을 갖는 염색체를 포함하는 1,3과 2,4 조합의 다른 2개의 가능한 산물을 만든다. 이 패턴은 **인접 분리 1(adjacent segregation-1)**이라고 한다. 상동염색체의 동원체가 감수분열 동안 같은 극으로 분리되어 이동하는, 세 번째 타입의 재배열(인접 분리 2, adjacent segregation-2)은 이 그림에 포함되지 않았다. 이러한 유형의 분리는 유전적으로 불균형한 중복되거나 결실된 염색체를 포함하는 배우자 세포를 형성하는 인접 분리 1과 유사하다.

동물에서 유전적으로 불균형한 배우자 세포가 수정에 참여하면, 그 결과 자손은 일반적으로 생존하지 못한다. 상호 전좌의

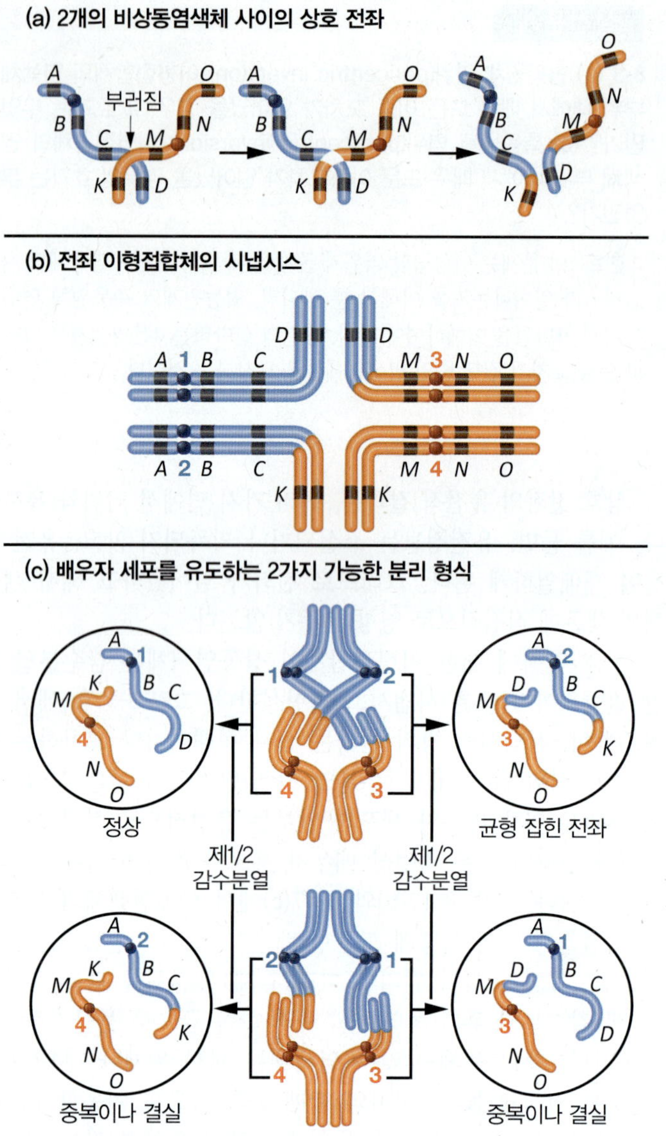

그림 8-17. (a) 상호 전좌의 가능한 기원. (b) 전좌에 대하여 이형접합체가 감수분열 동안 형성하는 시냅시스의 형태. (c) 2가지 가능한 분리의 양식으로, 한 가지는 정상과 균형잡힌 배우자 세포(선택적 분리. alternative segregation)를 만들고, 하나는 중복과 결실이 있는 배우자 세포(인접 분리 I, adjacent segregation I)를 만든다.

이형접합체 부모로부터 생긴 자손의 50% 이하만이 생존 가능하다. 부모가 가지고 있는 이러한 조건은 **반불임성(semisterility)**이라고 하며, 생물체의 생식 적응도(reproductive fitness)에 영향을 주어 진화에 작용한다. 인간의 경우 이런 불균형 상태는 부분적인 1염색체성(monosomy)이나 3염색체성(trisomy)을 유발하여 다양한 선천적 장애를 일으킨다.

인간의 전좌: 가족성 다운증후군

1959년부터 수행된 연구를 통해 인류에 존재하는 수많은 전좌를 발견하였다. 일반적인 유형의 전좌 중 하나는 2개의 비상동 차단부동원체형 염색체(acrocentric chromosome)의 단완에서 가장 말단이 절단된 경우이다. 이러한 결과로 절단된 작은 부분은 소실되고, 큰 부분은 동원체 부위에서 서로 융합된다. 이러한 유형의 전좌는 새롭고 커다란 차중부동원체성(submetacentric) 또는 중부동원체성(metacentric) 염색체를 생산하는데 이를 **로버트손 전좌(Robertsonian translocation)**라고 한다.

이러한 전좌는 가족성 다운증후군의 경우를 설명할 수 있다. 이 장의 초기에, 대부분의 다운증후군은 21번 염색체의 3염색체성 때문이라고 하였다. 이러한 염색체 구성은 한 쪽 부모의 감수분열 동안 염색체의 비분리로 인한 결과이다. 다운증후군의 95% 이상이 이러한 3염색체성이다. 이 경우, 동일 부모에게서 태어난 두 번째 아이가 다운증후군일 확률은 매우 낮다. 그러나 다운증후군 아이를 갖는 어떤 가계에서는 여러 세대를 통하여 이 증후군이 훨씬 높은 빈도로 발생하는 것을 볼 수 있다—이것을 '가족성'이라고 한다.

가족성 다운증후군(familial Down syndrome)을 보이는 가계 구성원의 세포유전학적 연구를 통해 그 원인을 밝혀내었다. 분석 결과 한 쪽 부모가 **14/21, D/G 전좌**(그림 8-18)를 포함한다는 것을 알게 되었다. 즉, 한 쪽 부모는 G 그룹 염색체 21번의 대부분이 D 그룹 염색체 14번의 한쪽 말단으로 전좌되어 있다. 이러한 개체는 45개의 염색체만을 가지고 있지만 표현형적으로 정상이고 이를 **균형 전좌 보인자**(balanced translocation carrier)라고 한다. 감수분열 동안 균형 전좌 보인자의 배우자 세포 중 하나는 21번 염색체에 대해 2개의 복사본을 갖는다—정상 염색체인 첫 번째 사본과 전좌된 염색체 14번에 존재하는 2번째 21번 염색체 복사본. 이런 배우자 세포가 정상 반수체 배우자 세포와 수정하게 되면, 접합자는 46개의 염색체를 갖지만 21번 염색체의 복사본을 3개 갖는다. 즉 이 개체는 다운증후군을 나타낸다. 다른 잠재적으로 생존할 수 있는 자손은 표준 이배체(전좌 없이)나 부모와 동일한 균형전좌를 갖는다. 양쪽 모두 다 결과는 정상 개체이다. 4번째 경우에는, 1염색체성(monosomic) 개체가 생산되는 경우로 모두 사망한다. 비록 묘사되지 않았지만, 매우 드물게 인접 분리 2 유형도 발생할 수 있으며, 이런 배우자 세포는 불균형적이고 수정 시 치사한다.

위의 발견으로 이배체의 수를 갖는 개체에서 유전적으로 3염색체성의 표현형을 보여주는 현상의 역설적인 면을 이해할 수 있게 되었다. 사실 흥미롭게도 45개의 염색체를 갖고 정상 표현형인 "보인자"는 유전 물질의 완벽한 이배체의 양을 갖지는 않는다. 왜냐하면 14번과 21번 염색체에서 전좌가 일어나는 동안 단완의 아주 작은 부분이 소실되기 때문이다. 이것은 두 염색체가 융합이 일어나기 전에 각각 말단에서 절단이 일어나기 때문이다. 특별한 부위는 리보솜의 중요 구성물인 rRNA를 암호화하는 유전자의 복사본을 보유하고 있는 여러 염색체 부위 중 두 곳에 해당한다. rRNA 유전자의 경우 20%까지 소실되어도 보인자는 표현형적 영향을 받지 않는다.

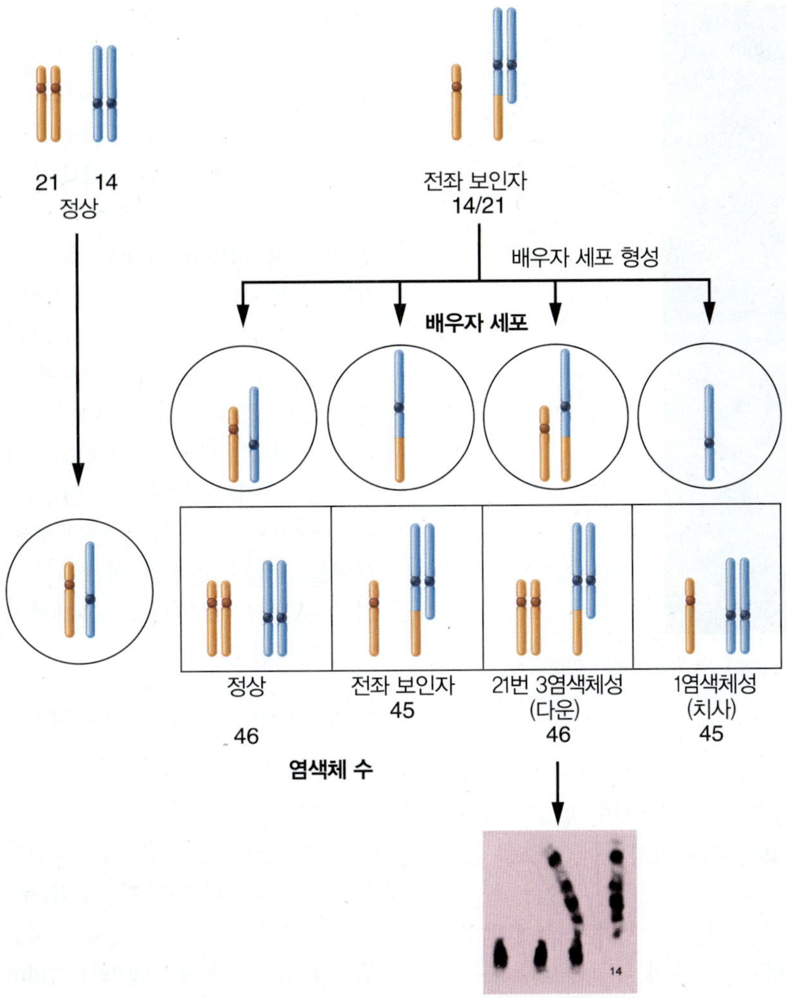

그림 8-18. 가족성 다운증후군에서 염색체의 전좌. 사진은 전좌 보인자 부모로부터 생성된 자손의 21번 염색체의 3염색체성(trisomy 21)을 보여준다.

8.9 인간 염색체에서 절단에 취약 부위

우리는 인간의 세포를 배양한 후 유사분열 중기 염색체를 관찰하는 것이 가능하게 된 1970년 즈음에 발견된 흥미로운 결과를 짧게 논의하면서 이 장을 마무리할 것이다. 특정 개체에서 얻은 세포에서 염색체 중 한 개의 특정 부위가 염색이 되지 않고 틈(gap)이 생긴 것을 관찰할 수 있다. 이와 같은 형태를 보이는 또 다른 개체에서 염색체 세트 내의 다른 위치에서 틈이 관찰되었다. 배양액에 일반적으로 존재하는 엽산과 같은 특정 화학물질이 없는 상태에서 배양했을 때, 염색체의 절단이 더욱 민감한 것처럼 보이기 때문에, 결국 **취약 부위(fragile site)**라고 불리게 되었다.

염색체의 특정 위치에서 취약성(fragility)의 원인은 알려져 있지 않다. 그러나 염색체 전체 길이에서 절단에 민감한 위치가 나타나기 때문에, 이러한 지점은 촘촘히 꼬여 있지 않은 염색질 부위일 것이라고 여겨진다. 비록 거의 모든 취약 부위에 대한 연구가 유사분열 중인 세포를 이용하여 생체 외(*in vitro*)에서 수행되었지만, 여러 취약 부위와 그에 상응하는 정신지체나 암과의 연관성을 발견하면서 취약 부위에 대한 관심이 증가하게 되었다.

취약 X 증후군

대부분의 취약 부위는 특정 임상적인 증후군과 연관되지 않는 반면, X 염색체상에 엽산에 민감한 부위를 갖는 개체의 경우, **취약 X 증후군(fragile X syndrome, FXS)**(그림 8-19)을 나타낸다. 이 증후군은 유전성 정신지체의 가장 일반적인 형태이다. 취약 X 증후군은 남자의 경우 약 4,000명당 1명 그리고 여성의 경우 8,000명당 1명 정도의 비율로 나타난다. 일반적으로 표현형을 보이는 여성은 오직 한 개의 취약 X 염색체를 갖기 때문에, 이 질병은 우성 형질로 고려된다. 다행스럽게도, 침투도(penetrance)는 완벽하지 않고, 취약 X 염색체를 갖는 여성의 경우에는 약 30%, 남자의 경우에는 약 80%만이 완전히 해당 표현

그림 8-19. 인간의 취약 X 염색체. '틈(gap)' 부위(염색체의 아래쪽)이 취약 X 증후군과 연관되어 있다.

형을 발현한다. 증후군을 갖는 남성은 정신지체뿐 아니라 특징적으로 턱이 앞으로 튀어나오고 귀가 매우 크며, 길고 가는 얼굴과 큰 고환을 갖는다. 여성 보인자는 미성숙한 난소를 갖게 된다.

현재 취약 부위에 존재하는 유전자가 이 증후군을 유발하는 것으로 알려져 있다. *FMR1* 유전자는 3개의 뉴클레오타이드 서열이 여러 번 반복되어 그 수가 증가하여 유전자의 크기가 확장될 수 있다. 이런 **3뉴클레오타이드 반복(trinuclotide repeats)**은 헌팅턴병(Huntington disease)과 근긴장성 이영양증(mytonic distropy)에서 나타나는 특징이기도 하다. *FMR1*에서 3뉴클레오타이드 서열인 CGG는 유전자를 암호화하는 서열에 인접한 비번역 부위('상단'부위)에서 반복되어 나타난다. 반복 횟수는 사람마다 다양하며, 그 수가 많을수록 취약 X 증후군의 발현과 직접적으로 관련된다. 정상인은 약 6~54개의 반복을 갖는 반면, 55~230개의 반복을 갖는 사람들은 증상을 보이지는 않지만 이 질병의 보인자로 여겨진다. 230개 이상이 반복되면 증후군이 된다. FXS에 반복의 수가 증가됨에 따라 보이는 첫 번째 효과는 *FMR1*의 발현이 소실되는 것이다. FXS 연구에서 특별히 흥미로운 면은 *FMR1* 유전자 산물인 FMRP라는 RNA 결합 단백질의 발견이다. 그러므로 FXS의 신경학적인 증상은 신경세포 특이적인 RNA 기능 조절이 망가진 결과이다.

일단 *FMR1* 유전자에서 3뉴클레오타이드 반복의 수가 증가되면, 반복된 서열 주변 혹은 그 내부의 염기에서 메틸화와 같은 화학적 변화가 일어나 유전자를 불활성화시킨다. RNA 결합 단백질인 FMRP는 뇌에서 발현하며 이 단백질의 결핍과 취약 X 증후군과 연관된 인지능력의 결함 사이의 직접적인 연관성이 점차 증명되고 있다.

유전적인 관점에서 취약 X 증후군의 흥미로운 면은 CGG 반복의 불안정성이다. 6~54개의 반복서열을 갖는 인간은 같은 수의 복사본을 자손에게 전달한다. 그러나 55~230개의 반복을 갖는 보인자는 증후군을 나타내지는 않을지라도, 자손에게 증가된 복사본을 전달하여 이후 세대에 반복 서열이 증가하는 **유전적 예상(genetic anticipation)**으로 알려진 현상을 보여준다. 일단 230개의 반복이라는 역치를 넘어서면, 각각의 연속적인 세대에서 정신 박약의 정도는 3뉴클레오타이드 반복 수가 증가됨에 따라 점점 더 심각해진다. 흥미롭게도 보인자 상태(55~230개의 반복)로부터 증후군 상태(230개 이상의 반복)로 확장되는 것은 부계에 의해서가 아닌 모계에 의해서 유전자가 전달되는 동안만 발생한다. 그러므로 '보인자' 남성은 아마도 딸에게 안정한 염색체를 전달하지만, 그 다음 단계에서 그녀는 자손에게 증가된 반복서열를 갖는 불안정한 염색체를 전달하게 될 것이다. 하지만 이러한 증가된 반복서열의 불안정한 염색체는 그들의 할아버지로부터 기원한 것이다.

취약 부위와 암과의 상관관계

취약 X 증후군의 연구를 통해 유전학자들은 불안정한 염색체 부위에 대하여 관심을 갖기 시작하였으며, 1966년에 Carlo Croce, Kay Huebner와 동료들은 상염색체 취약 부위와 폐암간의 관계를 보고하였다. 그들은 취약 부위로 인한 결함이 다양한 종류의 암 형성과 연관이 있다고 제안하였다. Croce와 Huebner는 우선 *FHIT* 유전자(*f*ragile *hi*stidine *t*riad)는 3번 염색체 단완의 *FRA3B*라고 명명된 잘 알려진 취약 부위에 위치하고, 종종 폐암 환자의 암세포에서 변형되거나 소실되어 있다. 더욱 자세한 연구들이 현재 진행되어 이 유전자의 정상 단백질 산물이 식도, 유방, 자궁, 간, 신장, 췌장, 대장 그리고 위 암을 포함한 많은 다른 암종에서 부재한다는 것을 밝혀내었다. 취약 위치 내에 존재하는 *FHIT*와 같은 유전자들은 돌연변이나 결실에 민감성이 증가하는 것은 분명하다.

최근에, Croce의 실험실에서 Muller Fabbri와 Kay Huebner는 또 다른 취약 부위를 연구하여 매우 흥미로운 결과를 발표하였다. 16번 염색체의 *FRA16D* 위치에서 발견된 *WWOX* 유전자는 *FHIT* 유전자처럼 인간의 다양한 암과 관련이 있다. 특히, *WWOX* 유전자는 대부분의 폐암뿐 아니라, 유방, 난소, 전립선, 방광, 식도 그리고 췌장의 암조직에서 유전적으로 침묵하거나 소실되어 있는 것으로 밝혀졌다. 유전자가 존재하지만 침묵할 경우, DNA는 과메틸화되어 불활성화 상태가 된다고 여겨진다. 더욱이 활성 유전자는 암세포를 인지하는 감시 기능을 통해 세포자살(apoptosis)을 유도하며, 악성종양이 개시되기 전에 효과적으로 종양 세포를 제거하는 **종양 억제 유전자**로 작용하는 것으로 여겨진다.

유전학, 기술, 사회

다운증후군과 산전 진단—새로운 우생학?

다운증후군은 신생아에서 나타나는 가장 보편적인 염색체 이상이다. 해마다 약 4,000~5,000명의 신생아가 미국에서 다운증후군을 가지고 태어난다. 다운증후군 태아를 임신할 위험성이 높은 나이가 많은 산모들은 수십 년 동안 다운증후군 산전 진단을 이용해 왔다. 미국에서 다운증후군 양성 태아의 낙태율은 약 30%이고, 대만이나 프랑스 같은 나라에서는 85%까지로 추정된다.

다운증후군 검사뿐 아니라, 다른 염색체 혹은 유전자 이상에 대한 산전 유전 진단이 의료서비스에서 이용되고 있다. 새로운 유전체 기술이 개발됨에 따라 우리는 곧 수백 개의 유전적 이상과 유전자 변이를 진단하는 시대를 마주하게 될 것이다.

많은 사람들은 유전적으로 비정상적인 태아의 출산을 막는 것을 도덕적으로 허용한다. 그러나 또 다른 이들은 산전 유전자 검사와 선천성 질병의 제거는 모두 다 비윤리적이라고 반박한다. 이러한 논쟁은 유산에 대한 자기 결정력에 대한 견해 차이 때문이다. 더욱이, 일부 사람들은 선별적인 낙태가 뒤따르는 산전 유전자 검사는 우생학이라고 주장한다.

이러한 우생학 논쟁은 감정적으로 매우 고조되어 있으며, 일부 사람들은 유전 질환에 대한 진단을 논의할 때 우생학을 거론하는 것은 부적절한 논쟁이라고까지 한다. 우생학 논쟁의 양편에 있는 대부분의 사람들은 우생학을 불명확하게 정의하고 있고, 우생학이 산전 유전자 검사와 어떻게 관련되는지 명백하게 설명하지 못하고 있다.

그렇다면, 우생학이란 무엇인가? 그리고 다운증후군이나 다른 인간의 유전 질환에 우생학이 어떻게 적용되는가? *우생학(eugenics)*이라는 용어는 1883년에 Francis Galton이 '종족 태생의 질을 개선하는데 관련된 모든 면을 다루는 과학; 또한 최고의 이득을 부여하도록 하는 것을 다루는 과학'이라고 처음 정의하였다. Galton은 지적능력(intelligence) 및 성격(personality)과 같은 형질은 타고나는 것이므로, 특별한 형질을 갖는 순종의 개를 만드는 것과 같이 특정 그룹의 사람들을 서로 선별적으로 교배할 수 있다고 믿었다. Galton은 강요에 의한 것이 아니라, 사람은 자발적으로 이점이 있는 후손을 생산하기 위해서 교배를 한다고 생각한 것이다.

20세기 초기에서 중반까지, 세계적으로 많은 나라가 바람직한 인간 형질의 개선과 바람직하지 못한 형질의 제거를 목적으로 우생학 정책을 채택하였다: *긍정적인 우생학(positive eugenics)*은 바람직한 정신적, 신체적 형질을 갖는 사람들을 생산하도록 하고, *부정적인 우생학(negative eugenics)*은 바람직하지 못한 형질의 사람들을 생산하지 못하도록 하거나 막는 것이다. 영국, 캐나다 그리고 미국을 포함하여 많은 국가가 정신적으로 장애가 있는 사람과 범죄자에 대하여 강제적으로 불임을 시키는 프로그램을 제정하였다. 독일의 나치 우생학 정책은 특히 악명 높은데, 그 결과 수천 수만의 신체장애가 있는 사람들이 사망했고 인간 유전 실험에 이용되었다. 우생학 운동은 제2차 세계대전 이후 근절되었고, 그 이후로 *우생학*이라는 용어 자체는 사악한 것으로 취급되었다.

우생학 운동의 역사를 보면서, 우리가 다운증후군과 여러 유전병을 논의할 때 *우생학*이라는 용어를 사용하는 것이 타당한지 질문을 던지게 된다. 일부 사람들은 건강한 아이를 선별하는 것은 우생학이 아니라고 주장한다. 왜냐하면 여기에는 강제성이 없고, 정부가 포함되어 있지 않으며, 고통을 감소시키려는 목적을 갖고 있기 때문이다. 다른 사람들은 그러한 자발적인 선별이 여전히 우생학을 지속한다고 지적한다. 왜냐하면 유전자 선별은 보다 나은 인간 종족을 만들어내려는 생명공학의 형태를 포함하고 있기 때문이다.

유전체와 유전병 소인에 대한 전례없는 지식의 시대에 들어서고 있는 현재, 우리는 인간의 유전체를 조절하고 개선하려는 노력이 윤리적인지 아닌지, 그리고 이러한 노력에 한계는 무엇인지에 대한 결정을 내려야 한다. 우생학 운동의 역사는 우리에게 유전 정보의 잠재적인 오용에 대해 강력히 주의해야 한다고 말해준다.

조사해 보자

개별적 혹은 그룹으로 다음 질문에 대하여 답하시오. 당신이 유전 진단과 우생학에 대한 일부 사안에 대한 논의할 수 있도록 참고 문헌과 링크를 조사하시오.

1. 당신은 현재 산전 그리고 착상 전 유전자 진단 후 시행되는 선별적 유산을 우생학이라고 생각하는가 그렇지 않다고 생각하는가? 그 이유는 무엇인가?

   이 질문에 대한 배경을 위해서 아래 논문을 참조하시오.

   McCabel, L. and McCabe, E., 2011. Down syndrome: Coercion and eugenics. Genet. Med. 13:708–710. 다른 유용한 논의는 Scully, J.L., 2008. Disaility and genetics in the era of genomic medicine. *Nature Reviews Genetics* 9:797–802에서 확인할 수 있다.

2. 유전 상담이 비지시적인 것이 바람직한 것인가? 혹은 비지시적인 것이 가능하다고 생각하는가?

   선별적 유산이 따르는 유전 진단이 우생학이라는 논쟁 중의 하나는 산모가 '정상' 아이를 생산해야 한다는 강력한 중압감이 있기 때문이다. 일부 이러한 중압감은 유전상담으로부터 올 수도 있다. 이 주제에 대해서 논의하기 위해서는 King, D.S., 1999. Preimplantation genetic diagnosis and the "new" eugenics. *J. Med. Ethics* 25:176–182를 참조하시오.

3. 만약 유전체 기술이 현재보다 더욱 진화하여 당신 아이의 형질을 선택할 수 있다면, 당신은 이러한 기술의 이점을 선택할 것인가? 키, 몸무게, 지적 능력, 운동능력, 예술적 기질과 같은 형질 중 무엇을 선택할 것인가? 그렇다면 이것은 우생학인가?

   스위스 법대와 의대 학생들이 비슷한 질문에 대해 어떤 대답을 했는지 아래 논문을 참조하시오.

   Elger, B. and Harding, T., 2003. Huntington's Disease: Do future phsyicians and lawyers think eugenically? *Clinc. Genet.* 64:327–338.

사례 연구 | 흥미로운 이야기

일반적으로 수생식물의 과잉 성장은 준설이나 제초제를 이용하여 조절하는데, 개인 혹은 공공 용도의 수로를 유지하는 데 중요한 문제이다. 1963년 이배체 초어(grass carp)가 아칸소 주에 식물을 소비하도록 도입되었으나, 엄청난 속도로 증식하여 35개 주의 수생 생태계를 위험에 빠뜨렸다. 1980년대 많은 주가 다른 방법으로 높은 불임률과 7~10년이라는 수명을 갖는 삼배체 초어를 이용하였다. 오늘날, 대부분의 주는 삼배체 초어에 의해 수생식물의 양을 조절하고 있으며, 초어가 도입된 지역에 제안될 수 있도록한다. 특별한 산물을 만들기 위한 개체의 유전적 변형은 확실히 미래에 더욱 보편화될 것이고, 여러 흥미로운 질문을 야기시킨다.

1. 삼배체 초어의 예를 볼 때, 널리 이용하게 될 비슷하게 변형된 종이 일으킬 논란거리는 무엇인가?
2. 만약 당신이 특정 수로를 담당하는 자원이라면, 실험실에서 생산된 배수체 종을 수로에 유입하도록 허가하기 전에 어떠한 질문을 할 것인가?
3. 위의 상황에서 사배체 초어종을 만들어 이용하는 것이 권장되지 않는 이유는 무엇인가?

요약

1. 염색체의 정상적인 이배체 상태가 변화하는 것을 염색체 이상 혹은 염색체 돌연변이라고 한다.
2. 1염색체성과 3염색체성 질병에 대한 연구들은 정상 발생 과정에 정교한 유전적 균형이 필수적이라는 것을 알려준다.
3. 염색체 반수체 세트가 2개 이상 존재할 때, 이들은 동일 혹은 다른 종으로부터 유래할 수 있고, 각각 동질배수성과 이질사배체의 기초하에 만들어진다.
4. 유전자나 염색체의 부분 결실이나 중복은 인간의 고양이 울음 증후군이나 초파리에서 막대모양 눈과 같은 돌연변이 표현형의 원인이 될 수 있고, 반면 중복은 특히 증폭되거나 새로운 유전자의 공급자로서 중요할 수 있다.
5. 역위와 전좌는 처음에는 유전정보의 소실이나 해로운 효과가 매우 적거나 거의 없다. 그러나 역위나 전좌를 포함한 염색체 부위의 이형접합체는 감수분열 이후 유전적으로 비정상적인 배우자 세포를 생산하며, 종종 치사하거나 생존할 수 없는 결과로 이어진다.
6. 인간의 유사분열 염색체의 취약 부위는 흥미로운 연구대상이었는데, X 염색체의 취약 부위는 가장 보편적인 형태의 정신지체와 연관되어 있는 반면, 여러 상염색체의 취약 부위는 다양한 형태의 암과 연관되어 있기 때문이다.

질문 및 해답

1. 3개의 유전자 *a*, *b*, *c*를 포함하는 옥수수를 이용한 교배에서 이형접합체(*abc*/+++)를 *abc*/*abc*와 검정교배(testcross)한다. 비록 3개의 유전자가 염색체를 따라 분리되어 있더라도, 재조합 배우자 세포와 그 결과의 표현형이 관찰될 것으로 예견할 수 있는데, 오직 2가지의 표현형이 나타난다: *abc*와 +++. 더욱이, 교배는 기대했던 것보다 훨씬 적은 수의 식물을 생산한다. 또 다른 표현형은 발견되지 않고 생존율이 왜 감소하는지에 대한 이유를 제시하시오.

   해답: 2개의 염색체 중 한 개는 아마도 3개의 유전자 모두가 역위 부위에 포함될 것이며, '재조합' 자손의 생성을 효과적으로 방해할 것이다. 만약 이것이 측동원체 역위(paracentric inversion)이고 유전자들이 명백하게 분리되어 있다면(의미있는 횟수의 재조합이 일어난다고 가정하면), 교차 시 수많은 무동원체와 이중동원체 염색체가 형성될 것이고, 그 결과 생존율의 감소를 관찰하게 될 것이다.

2. 야생형 집단에서 정상적으로 $2n = 8$임에도 불구하고 수컷 초파리가 오직 7개의 염색체만 가지고 있는 것으로 발견되었다. 자세히 관찰한 결과 염색체 IV(가장 작은 염색체) 중 한 개가 염색체 II의 말단 끝 쪽에 붙어 있고(전좌되어 있고) 그것의 동원체가 소실되어 있어, 염색체 수의 감소가 일어났음을 알 수 있었다.

   (a) 제1감수분열에서 시냅시스 동안 염색체 II과 IV의 모든 구성원을 그리시오.

   해답:

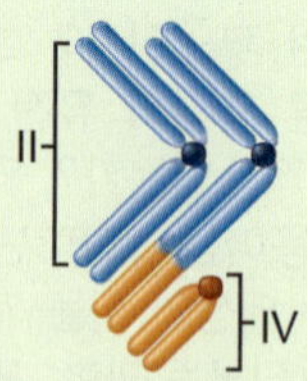

   (b) 만약 이 수컷이 열성 염색체 IV에 열성 돌연변이 *eyeless*(*ey*)를 지닌 동형접합자 암컷(정상 염색체 구성)과 교배한다면, 염색체 II과 IV에 대해 어떠한 구성을 갖는 자손이 나타날 것인가?

해답:

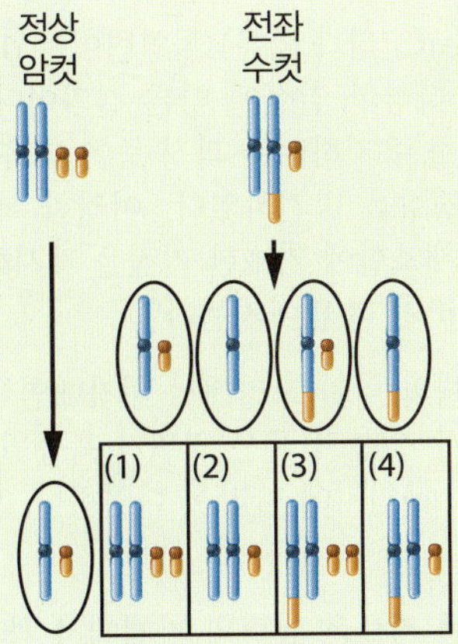

(c) (b)의 해답 그림에 따라서 비정상적인 염색체를 갖는 모두가 생존했다고 가정했을 때, 눈의 존재에 대한 표현형의 비율은 어떻게 될 것인가?

해답:

1. 정상(이형접합체)
2. 눈이 없음(eyeless) (1염색체성, 모계로부터 염색체 IV를 포함)
3. 정상(이형접합체, 3염색체성, 아마도 사망)
4. 정상(이형접합체; 균형 전좌)

최종 비율은 3/4 정상: 1/4 눈이 없음

탐구 문제

어떻게 알았을까?

1. 이번 장에서 우리는 염색체의 수나 배열의 변화 결과로 생성되는 염색체 돌연변이에 초점을 맞추었다. 논의를 통해 이러한 많은 정보를 획득하는 방법과 추론에 대하여 생각할 많은 기회를 가졌다. 이번 장에서 배운 내용으로부터 다음의 기본적 질문에 대하여 답을 제시해 보시오.

   (a) 다운증후군을 일으키는 여분의 염색체가 일반적으로 모계로부터 기원한 것이라는 것을 어떻게 알았을까?
   (b) 인간의 이수성(anueploids)은 대부분 배아나 태아 발생 시 생존하지 못하므로 출생하지 못하는데, 인간의 22개의 상염색체 각각에 대한 이수성(aneuploidy)이 수정 시에 일어나는 것을 어떻게 알았을까?
   (c) 특징적인 돌연변이의 표현형이 염색체 수나 구조의 변화에 기인한다는 것을 어떻게 알았을까?
   (d) 돌연변이 막대 눈 표현형 초파리가 유전자의 뉴클레오타이드 서열의 변화라기보다는 중복된 유전자 부위 때문이라는 것을 어떻게 알았을까?

개념확인 문제

2. 188쪽에 있는 이번 장의 핵심 개념을 복습하시오. 모두 '정상' 이배체 유전체로부터 생겨난 다양한 염색체 이상에 대한 내용이다. 특징적인 염색체 이상으로부터 나오는 5가지의 변화된 표현형을 논하는 짧은 에세이를 작성하시오.

3. 쌍으로 된 용어를 정의하고 이들의 차이를 설명하시오.
   이수성(aneuploidy)/정배수성(euploidy)
   1염색체성(monosomy)/3염색체성(trisomy)
   파타우 증후군(Patua syndrome)/에드워드 증후군(Edward syndrome)
   동질배수성(autopolyploidy)/이질배수성(allopolyploidy)
   측동원체 역위(paracentric inversion)/협동원체 역위(percicentric inversion)

4. 이배체의 염색체 수가 18개인 종에 대하여, 반수체, 사배체, 그리고 1염색체성(monosomic) 생물체의 체세포에 존재할 염색체 수를 제시하시오.

5. 다운증후군이 정자형성과정보다 난자형성과정 동안의 염색체 비분리에 의해서 더 자주 생성된다는 증거가 무엇인지 제시하시오.

6. 인간에 있어서 이수성(aneuploidy) 핵형이 수정 시에는 존재하지만 일반적으로는 살아남을 수 없다는 증거가 무엇인지 제시하시오.

7. 이질사배체(allotetraploid)와 동질삼배체(autotriploid) 그리고 동질사배체(autotetraploid)의 수정능력을 비교하시오.

8. 미국에서 재배되는 목화의 기원을 설명하시오.

9. 상동염색체 한 개는 정상이고 다른 하나는 결실이나 중복으로 손상을 갖고 있을 경우, 상동염색체 쌍의 시냅시스 형태가 어떻게 형성될지 예상하시오.

10. 역위는 '교차를 억제한다'라고 이야기된다. 이 용어는 기술적으로 옳은 용어인가? 그렇지 않다면 정확하게 다시 묘사하시오.

11. 협동원체 역위 혹은 측동원체 역위 내에서 교차가 발생할 경우, 역위 이형접합자의 사가염색분체로부터 생성되는 배우자 세포의 유전적 구성을 비교하시오.

12. 인간의 성인 헤모글로빈은 2개의 알파(α)와 2개의 베타(β) 폴리펩타이드로 구성된 사합체(tetramer)이다. 16번 염색체의 α 유전자 클러스터와 11번 염색체의 β 유전자 클러스터는 아미노산 유사성을 공유하는데, α 글로빈 폴리펩타이드(141개 아미노산)의 61개 아미노산은 β 글로빈 폴리펩타이드(146개 아미노산)와 동일한 서열을 갖는다. 이렇듯 2개의 서로 다른 염색체상에서 부분적으로 공유하는 기능과 구조를 갖는 2개의 폴리펩타이드의 존재를 어떻게 설명할 것인가?

13. 진화 과정에서 유전자 중복의 역할에 대한 Ohno의 가설을 논의하

시오. 이러한 가설을 지지하는 증거는 무엇인가?

14. 진화 과정에서 역위와 전좌가 하는 역할을 무엇인가?

15. 달맞이꽃(*Primula kewnsis*)은 36개의 염색체를 가지며, 2개의 친족 종인 *P. floribunda*($2n$ = 18)와 *P. verticillata* ($2n$ = 18)의 염색체 모양과 비슷하다. 어떻게 *P. kewensis*가 두 친족 종으로부터 발생할 수 있었는가? *P. kewnesis*를 유전적 용어로 어떻게 묘사할 것인가?

16. 일부 국화속의 변종은 18, 36, 54, 72, 그리고 90개의 염색체를 갖는다. 모두 9개 염색체의 기본적인 세트의 배수가 된 것이다. 이러한 변종들을 유전적으로 어떻게 묘사할 것인가? 각 변종의 핵형이 공유하는 특징은 무엇인가? 27개의 염색체를 갖는 변종이 발견되었으나 그들은 불임이다. 왜 그런가?

17. 초파리는 4번 염색체가 1염색체성(monosomic)이고 아직 생식능력이 있다. 4번 염색체에 위치한 열성 형질인 굽은 강모(bent bristles)에 대한 다음의 교배에서 F_1과 F_2의 결과를 비교하시오. (a) 염색체성 IV, 굽은 강모 X 이배체, 정상 강모; (b) 염색체성 IV, 정상 강모 X 이배체, 굽은 강모

18. 멘델의 확률은 동질사배체를 포함하는 교배에서 변화한다. 한 개의 식물이 우성 형질인 녹색 씨를 표현하고, 동형접합자(*WWWW*)라고 가정하자. 이 식물이 하얀 씨이고 동시에 동형접합자(*wwww*)인 식물과 교배되었다. 만약 한 개의 우성 대립형질이 녹색 씨를 생산하기에 충분하다면, 교배의 F_1과 F_2의 결과를 예상해 보시오. 염색체의 시냅시스는 감수분열 동안 무작위적이라고 가정하시오.

19. 문제 18번에서 정확하게 F_2 비율을 설정하였다면, 독립적으로 분배되는 2개의 형질을 갖는 '양성잡종(dihybrid)' 교배에서 F_2 비율을 예상하시오. (예: P1= *WWWWAAAA* x *wwwwaaaa*)

20. 초파리의 *bobbed*(꼬리가 짧은) 돌연변이는 rRNA를 암호화하는 증폭된 유전자의 다양한 결실에 따른 결과이다. 연구자들이 *bobbed* 돌연변이 개체를 유지하려는 과정 중에 다음 세대에서 야생형으로 재전환하려는 경향을 발견하였다. 이러한 복귀 현상을 설명할 수 있는 감수분열 재조합에 기초한 기전을 제시하시오. 또한 배양시에 왜 야생형 초파리가 더 많아지는가?

21. 역위 이형접합체의 역위 고리에서 비자매염색분체 사이에서 한 번 교차하여 생길 수 있는 산물은 역위가 측동원체(paracentrc)인지 협동원체(pericentric)인지에 따라서 다양하다. 어떠한 차이가 기대되는가?

22. 가족을 계획하는 커플은 남편의 가계에서 과거 3세대 동안 상당수의 사산아가 발생한 것과 여러 기형아가 태어나 유아기 초기에 사망한 것을 알고 있다. 아내는 유전학을 공부했고 남편에게 핵형분석을 하는 유전 상담 클리닉을 방문할 것을 요구했다. 분석 결과, 남편은 46개 염색체의 정상 구성을 가지고 있었지만, 밴딩 분석은 1번 염색체 쌍(A 그룹) 중 한 개에서 그 길이의 70%에 해당하는 역위를 갖고 있었다. 나머지 상동염색체 1번과 모든 다른 염색체는 정상의 밴딩을 보여준다
(a) 당신은 과거 높은 사산아의 발생률을 어떻게 설명할 것인가?
(b) 당신은 미래 자녀들이 비정상일 확률을 어떻게 예상할 것인가?
(c) 태아가 정상인지 아닌지에 따라 각각의 임신 시마다 유산을 할 것인지 아닌지를 결정하도록 산모에게 충고하겠는가? 그렇지 않다면, 당신은 무엇을 제시할 수 있겠는가?

응용 문제

23. 초파리의 교배에서, 상염색체에 연관되어 있는 유전자 *a*, *b*, *c*, *d*, *e*(*abcde*/+++++)에 대하여 이형접합체인 암컷이 모든 대립 유전자에 열성인 수컷 동형접합체와 검정교배되었다. 각 유전자 간의 거리가 최소 3 map units임에도 불구하고, 오직 4개의 표현형만이 발견되었으며 아래의 데이터 값을 나타내었다.

표현형	파리의 수
+ + + + +	440
a b c d e	460
+ + + + +	48
a b c d +	52
	합계 = 1000

기대되었던 교차의 여러 표현형이 왜 나타나지 않았는가? 주어진 데이터로부터 유전자간의 거리를 구할 수 있는가? 그렇다면, 유전자 지도를 결정하시오.

24. 유전 상담을 받은 여성이 2번 염색체와 3번 염색체 사이에 염색체 재배열이 일어난 이형접합체임을 알게 되었다. 그녀의 염색체는 정상의 핵형과 비교하여 아래에 나타나 있다.
(a) 어떠한 종류의 염색체 이상이 보이는가?
(b) 그림을 이용하여, 염색체의 다른 부분들을 표시하면서 이러한 염색체들이 감수분열 시에 어떻게 쌍을 이루는지를 나타내시오.
(C) 이 여성은 표현형적으로 정상이다. 이것이 당신을 놀라게 하는가? 그렇다면 그 이유는 무엇이고 그렇지 않다면 그 이유는 무엇인가? 어떠한 상황에서 이러한 재배열이 표현형에 영향을 미칠 수 있을 것이라고 기대하는가?

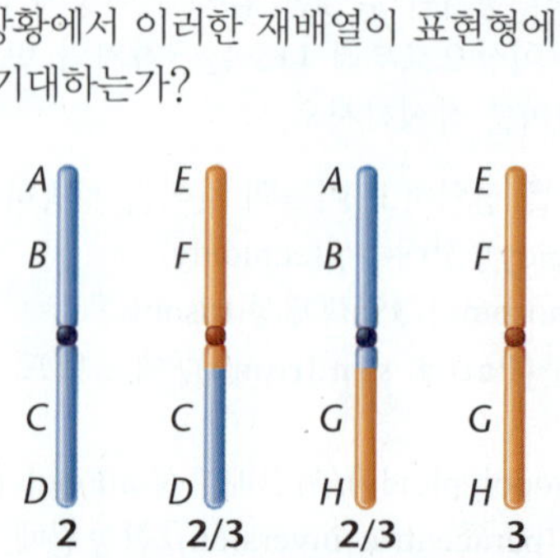

25. 문제 24번의 여성은 2번의 유산을 경험하였다. 그녀가 전문 유전상담사인 당신에게 이러한 질문을 하였다. 그녀의 빈번한 유산에 대한 유전적 설명이 가능한가? 그녀는 아이를 갖는 시도를 멈추어야 하는 것인가? 그렇지 않다면, 그녀가 정상인 아이를 가질 확률은 얼마인가? 그녀에게 적절한 정보를 제공하시오.

26. 최근에 수행된 1021명의 다운증후군 환자의 세포유전학적 연구에서, 46명은 전좌의 결과로 대부분은 t(14;21)로 표현되었다. 이 결과가 의미하는 것은 무엇이고 얼마나 많은 염색체가 t(14;21)의 다운증후군 환자에 존재할 것으로 기대하는가?

27. 클라인펠터증후군(47,XXY) 소년이 표현형적으로 정상인 엄마와 X 연관 피부 질환인 anhidrotic etoderamal dysplasia를 갖는 아버지 사이에서 태어났다. 엄마의 피부는 완벽하게 정상으로 피부 이상 흔적은 없다. 이에 비하여, 그녀의 아들은 정상 피부와 비정상 피부가 뒤섞여 있다.
(a) 비정상 배우자 세포에 기여한 부모는 어느 쪽인가?
(b) 적절한 유전학 용어를 이용하여, 발생 가능한 감수분열상의 실수를 묘사하시오. 어떤 분열에서 실수가 발생하는지를 표시하시오.
(c) 적당한 유전학 용어를 이용하여, 아들의 피부 표현형을 설명하시오.

28. 터너증후군은 대부분 모계나 부계로부터, 부모의 배우자 세포 형성 동안 성염색체가 비분리되어 나타난다. 그러나 일부 여성은 몸의 일부 세포(체세포)에 X 염색체가 부족한 반면, 다른 세포들은 2개의 정상 X 염색체를 보유하는 매우 드문 형태의 터너증후군을 나타낸다. 종종 혈구 그리고/또는 피부 세포에서 발견되는 이러한 형태의 모자이크(mosaic) 터너증후군은 상대적으로 약한 증상을 보인다. 예를 들어 특별히 45,X(20)/46,XX(80)라고 표현되는 개체는 검사된 세포의 20%가 X 1염색체성이다. 감수분열이 진행되는 동안 어떻게 모자이크 패턴을 야기시키고, 어떠한 매개변수가 X0인 세포의 비율과 분표를 결정할 수 있는가?

29. 염색체 비분리의 기원을 조사하기 위하여, 체외(*in vitro*) 수정 과정 동안 수정에 실패한 200개의 인간 난자를 지속적으로 관찰하였다(Angel, R. 1997. *Am. J. Hum. Genet.* 61:23032). 이러한 난자들은 제1감수분열이 완료되었고 제2감수분열 중기(metaphase II)에 중지되어 있다. 대부분(67%)은 정상 MII 중기를 완료하여 23개의 염색체를 보여주고, 2개의 자매염색분체를 구성하는 각각은 동일한 동원체에 붙어 있다. 나머지 난자는 모두 비정상 염색체 구성을 갖는다. 3염색체성을 고려할 때, 놀랍게도 비정상 난자의 어떤 것도 24개의 염색체를 갖지 않는다.
(a) 3염색체성은 염색체 비분리와 연관되어 있으므로, 3염색체성의 기원의 측면에서 결과를 해석하시오. 이 결과가 왜 놀라운가?
(b) 많은 수의 비정상 난자는 22 1/2의 염색체를 포함한다; 즉, 22개의 염색체와 1/2 염색체에 해당하는 한 개의 염색분체를 포함한다. 감수분열을 통하여 그러한 난자가 생산되고 정상 정자와 수정되었을 때 접합자의 염색체 구성은 어떻게 되는가?
(c) 22 1/2 염색체의 구성이 어떻게 만들어질 수 있는가? MII기 염색체의 여러 쌍을 포함한 그림을 그리시오.
(d) 당신의 대답이 그림 8-1에 요약된 것처럼, 염색체 비분리와 3염색체성에 대하여 일반적으로 수용되는 이론을 지지하는가 아니면 이의를 제기하는가?

30. 3살 된 아이가 45,X 염색체 구성에 의한 결과로 터너증후군의 일부 초기 증상을 나타낸다. 염색체 분석은 46,XX(정상)와 45,X의 2개의 세포 타입을 나타낸다. 이러한 모자이크 패턴의 기원에 대한 기전을 제시하시오.

31. 정상 여성이 45개의 염색체를 갖는 것으로 발견되었고, 그 중 한 개는 염색체 15번과 21번의 대부분을 포함하는 로버트슨 전좌이다. 그녀의 남편이 정상 핵형을 가졌을 때 그녀의 자손에서 가능한 염색체 구성을 논의하시오.

32. 프라다 윌리 그리고 안젤만 증후군(4장)은 부분적으로 유전체 각인(genomic imprinting) 과정을 통하여 만들어진다. 배우자 세포를 형성하는 동안 특정 유전자에 부모의 기원이 '표시'된다. 2종류의 증후군에서, 15번 염색체의 장완의 일부(15q11~15q13)가 각인되어 있다. 벡위드-와이드만 증후군(성장이 빠르고 암의 발병률은 높음)은 11번 염색체의 단완 위에 존재하는 유전자의 비정상적 각인과 연관되어 있다. 위의 세 증후군 모두 각인된 유전자 서열이 비정상적인 유전적 혹은 염색체 이상에 노출될 때 발생한다. 그러한 사건의 하나는 한부모 이체증(uniparental disomy, UPD)으로, 한 쪽 부모로부터 한 개 염색체(혹은 염색체의 일부)에 대한 상동염색체 2개를 모두 받고 다른 부모로부터는 해당 염색체를 받지 않은 경우이다. 대부분의 경우 UPD는 어떤 표현형의 변화가 없으나, 만약 11번과 15번 염색체가 포함되어 있다면, 유전자 각인과 연관 되어 복잡성이 증가된다. 아래 목록은 UPD의 가능한 기원이다. 각각에 대한 그림과 설명을 제공하시오.
1. **3염색체성 복원(trisomic rescue)**: 3염색체성 접합자에서 한 개의 염색체를 소실
2. **1염색체성 복원(monosomic rescue)**: 1염색체성 접합자에서 한 개의 염색체를 획득
3. **배우자 세포 보완(gamete complementation)**: 2개의 염색체 복사본을 갖는 배우자 세포와 그에 상응하는 염색체 복사본이 없는 배우자 세포의 수정
4. **동위 염색체 형성(Isochromosmoe formation)**: 한 개 완의 2 복사본(예: 15q-15q)을 포함하는 염색체

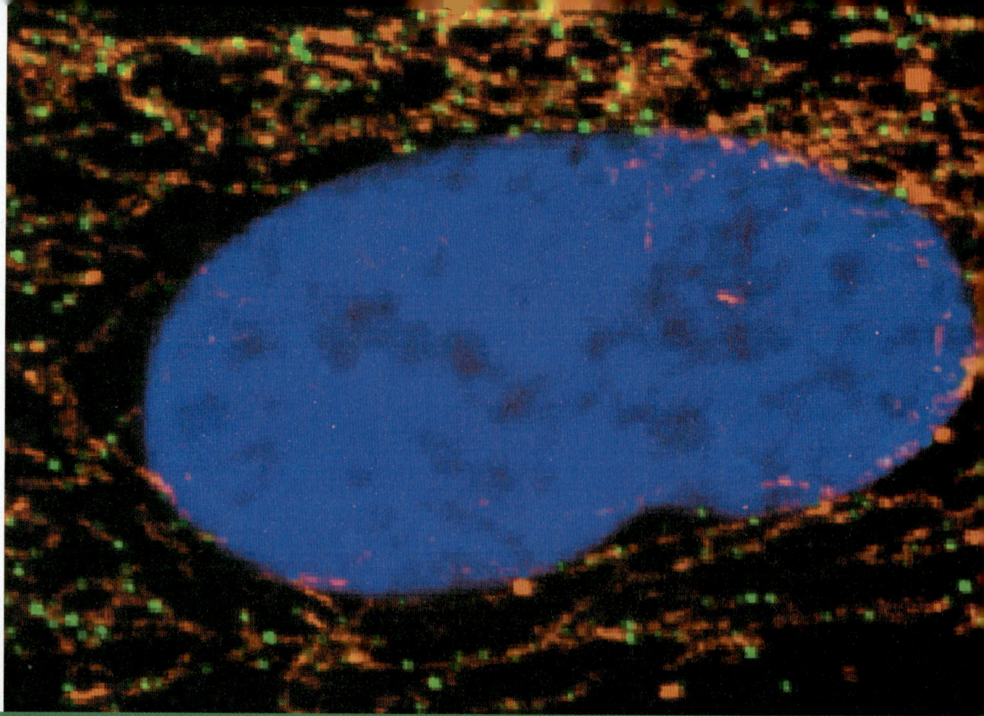

포유류 세포에서 관 모양의 네트워크로 구성된 미토콘드리아(붉은색)에 핵양체 형태의 미토콘드리아 DNA(녹색)가 나타나 있다. 세포 핵은 파란색으로 염색되어 있다.

9 핵외 유전

핵심 개념

- 핵외 유전은 핵 내에 있는 염색체에 위치한 유전자의 전달과 무관한 유전현상으로 인해 표현형이 결정되는 것을 말한다.
- 핵외 유전의 대표적 예인 세포소기관 유전은 미토콘드리아 혹은 엽록체 내의 유전정보가 전달되어 나타나며, 주로 한쪽 부모 유전현상을 보인다.
- 미토콘드리아 DNA가 결정하는 형질은 주로 여성 배우자인 난자를 통해 한쪽 부모 유전을 따르는 반면, 엽록체 DNA가 결정하는 형질은 한쪽 부모 혹은 양쪽 부모 유전을 보인다.
- 미토콘드리아 돌연변이는 사람의 여러 질병 및 노화와도 관련 있다.
- 모계효과는 배우자 형성과정 및 초기발생 동안 모계 핵의 유전자형이 발현하는 것을 말하며, 개체의 표현형에 중요한 영향을 미친다.

유전학 연구가 진행되면서 멘델 유전학, 즉 양쪽 부모 세포에서 유래한 핵 내 염색체의 유전자가 전달되어 표현형이 결정된다는 기본 원리를 벗어나는 결과들이 가끔 발표되었다. 멘델의 법칙을 벗어나는 유전현상이 관찰되었고, 그 중 일부는 핵외 유전이 표현형에 영향을 미침을 명백히 보여주었다. 이러한 관찰은 유전학 분야에서 DNA의 역할이 분명하게 설정되기 이전에는 상당히 회의적으로 받아들여졌으나, 분자유전학의 발달과 미토콘드리아 및 엽록체 DNA의 발견으로 오늘날 핵외 유전은 유전학의 중요한 주제로 자리매김하게 되었다.

핵외 유전은 여러 유형으로 구분된다. 가장 일반적인 유형은 **세포소기관 유전(organelle heredity)**인데, 미토콘드리아 혹은 엽록체 내의 DNA가 자손의 표현 형질을 결정한다. 세포소기관 유전은 한쪽 부모, 일반적으로는 모계로부터 수정란을 거쳐 자손에게 세포소기관을 전달하게 된다. 두 번째 유형으로 미생물 간의 공생 혹은 기생적 관계에서 나타나는 **감염 유전(infectious heredity)**이 있다. 이 경우 숙주 세포의 세포질에 해당 미생물이 존재하는지의 여부에 따라 표현형이 결정된다. 세 번째 유형은 표현형에 미치는 **모계효과(maternal effect)**인데, 난자에 저장되어 있는 모계의 유전자 산물이 수정란을 거쳐 자손에게 전달되어 나타나는 현상이다. 모계에서 유래한 유전자 산물은 발생 중인 배아의 여러 세포에 분배되어 표현형에 영향을 주게 된다.

핵외 유전의 공통적 요소는 핵이 아닌 세포질에 존재하는 유전정보가 자손에게 전달되며, 일반적으로 한쪽 부모 유전현상을 보이는데, 이러한 특징으로 **핵외 유전(extranuclear inheritance)**을 정의할 수 있다.

9.1 엽록체와 미토콘드리아 DNA에 의한 세포소기관 유전

본 절 및 다음 절에서는 엽록체와 미토콘드리아의 기능과 관련된 형질의 유전방식, 즉 **세포소기관 유전(organelle heredity)** 현상의 몇 가지 예를 살펴볼 것이다. 세포소기관에 DNA가 존재한다는 것이 밝혀지기 이전에는 우리가 논의 중인 형질의 유전이 핵에 있는 유전자가 아닌 세포질에 있는 무언가와 관련되어 있을 거라는 점 외에는 거의 알지 못했다. 대부분의 경우(모든 경우는 아니지만), 해당 형질이 모계에서 난자의 세포질을 통해 전달되는 것으로 추측하였으며, 상반 교배에서 자손의 표현형이 다르게 나타나는 결과를 보였다.

엽록체와 미토콘드리아의 돌연변이 대립유전자로 인해 야기되는 유전현상은 다음의 두 가지 이유로 분석하기가 어렵다. 첫째, 두 세포소기관이 정상적으로 기능하기 위해서는 핵 및 세포소기관의 DNA로부터 발현된 유전자 산물이 동시에 필요하기 때문에, 세포소기관 결함 돌연변이의 유전적 기원을 밝혀내기가 어렵다. 둘째, 세포분열 후 각 자손 세포로 많은 수의 세포소기관이 분배된다. 만일 하나 혹은 소수의 세포소기관에서 새로운 돌연변이가 형성되고 대부분의 정상 세포소기관과 함께 하나의 세포에 존재하게 될 경우, 해당 돌연변이 표현형은 정상 세포소기관의 작용으로 인해 나타나지 않게 될 것이다. 이와 같이 세포소기관의 유전적 조성이 변이를 보이거나 다양화되는 것을 **이질세포질(heteroplasmy)**이라 한다. 핵 내 유전자의 조절을 받는 멘델 형질과는 달리 세포소기관 DNA에 암호화된 유전자에 담긴 형질에 대한 분석은 훨씬 더 복잡해진다.

지금부터 세포소기관 유전에 해당하는 대표적인 실례를 살펴본 후, 각 세포소기관의 DNA와 유전자 발현에 관한 정보를 알아보도록 한다.

엽록체: 분꽃의 다양성

1908년, Carl Correns(멘델의 유전 원리의 재발견자)는 엽록체의 전달과 연관되는 유전현상을 처음으로 보고하였다. Correns는 분꽃(*Mirabilis jalapa*)의 변이형을 발견하였는데, 일부 줄기에는 흰색 잎, 다른 줄기에는 녹색 잎, 또 다른 줄기에는 점박이 잎을 가지고 있었다. 흰색 잎과 점박이 잎의 흰색 부분은 엽록체에 빛을 흡수하는 색소인 엽록소를 가지지 않는다.

Correns는 잎의 색 형질이 유전되는 현상에 흥미를 가지게 되었는데, 모든 실험 가능한 조합의 교배에서 잎의 색 형질은 밑씨(ovule)의 표현형을 엄격하게 따르고 있음을 알게 되었다(그림 9-1). 예를 들어 자손에 해당하는 종자가 녹색 잎을 지닌 가지의 밑씨에서 유래한 경우, 꽃가루의 표현형에 상관 없이 모든 자손 식물은 녹색 잎만을 가지게 된다. Correns는 분꽃의 잎 색 형질이 모계의 세포질을 통해 유전되는 것이라 결론 지었는데, 꽃가루는 수정란의 세포질을 구성하는데 거의 기여하지 않으며 자손의 잎 색 표현형에도 전혀 영향을 주지 않았기 때문이다.

잎의 색깔은 엽록체 기능에 따른 것이므로, 엽록체에 존재하거나 세포질에 존재하면서 엽록체에 영향을 주는 유전정보가 잎의 색 형질의 유전양상을 결정할 것이다. 점박이 잎의 흰색 부분에 나타나는 녹색 엽록소가 제거된 유전적 결함은 엽록체 DNA의 돌연변이에 의한 것이라 할 수 있다.

클라미도모나스의 엽록체 돌연변이

단세포 녹조류인 *Chlamydomonas reinhardtii*는 색소체(plastid)의 유전을 연구하는 데 매우 유용한 모델 시스템이다. 클라미도모나스(*Clamydomonas*)는 반수체 진핵생물로, 한 개의 큰 엽록체 안에 환형의 이중나선 DNA 분자가 대략 75개의 복사본으로 존재한다. 반수체 간의 교배로 이배체가 된 직후 감수분열을 하게 되며, 실험실 배양 조건에서 생활사의 다양한 단계를 쉽게 관찰할 수 있다. 1954년 Sager는 클라미도모나스의 세포질 돌연변이를 최초로 보고하였으며, 표현형은 스트렙토마이신 저항성(str^R)이었다. 두 교배형에 해당하는 mt^+와 mt^-는 접합자의 세포질을 구성하는 데 동등하게 기여하지만, str^R 표현형은 오직 mt^+가 지닌 형질을 따른다는 것을 알아내었다(그림 9-2). 항생제 저항성 혹은 민감성을 지닌 두 균주의 상반 교배를 통해 서로 다른 결과, 즉 모든 자손이 mt^+ 부모의 유전자형에 의존하여 표현형을 나타내었다. 그림의 결과에서처럼 자손의 절반은 mt^+이고 나머지 절반은 mt^-이므로, 교배형은 멘델 유전 원리를 따르는 핵의 유전자가 결정함을 알 수 있다.

최초의 돌연변이 발견 이후, 클라미도모나스 연구에서 한쪽 부모 유전을 보이는 여러 종류의 돌연변이(다양한 종류의 항생제 저항성 혹은 의존성)가 발견되었다. 이러한 돌연변이는 모두 엽록체의 유전과 관련 있으며, 연구를 통해 엽록체 유전에 대한 지식을 얻을 수 있었다.

두 교배형이 융합되는 수정 직후, 각 교배형에서 유래한 하나의 엽록체는 서로 융합한다. 이후 접합자는 감수분열을 통해 반수체 세포를 생산하는데, 자손 세포의 엽록체 내에는 오직 mt^+에서 유래한 유전정보를 지니게 된다. mt^-의 엽록체에 존재하던 유전정보는 퇴화되어 사라지게 된다.

클라미도모나스에서는 미토콘드리아의 영향을 받는 표현형도 한쪽 부모 유전현상을 보인다. 그러나 미토콘드리아가 결정하는 여러 종류의 항생제 저항성 표현형에 대한 연구 결과, 미토콘드리아의 유전정보를 자손 세포에게 전달하는 교배형은 mt^-

	밑씨의 위치		
꽃가루 제공자	흰색 잎 가지	녹색 잎 가지	점박이 잎 가지
흰색 잎 가지	흰색	녹색	흰색, 녹색 또는 점박이
녹색 잎 가지	흰색	녹색	흰색, 녹색 또는 점박이
점박이 잎 가지	흰색	녹색	흰색, 녹색 또는 점박이

그림 9-1. 다양한 잎을 지닌 분꽃의 서로 다른 가지에서 유래한 밑씨와 꽃가루 간의 교배 및 자손의 표현형. 사진은 madagascar spur라는 식물의 잎에서 나타나는 점박이 무늬를 보여준다.

실전문제

9-1 진핵생물 녹조류인 클라미도모나스는 세균의 단백질 합성을 억제하는 항생제인 erythromycin에 민감성을 지닌다. 클라미도모나스는 두 종류의 교배형, mt^+와 mt^-가 존재한다. 만일 항생제 민감성을 지닌 mt^+ 세포와 항생제 저항성을 지닌 mt^- 세포를 교배할 경우, 모든 자손 세포는 항생제 민감성을 나타낸다. 상반교배(항생제 저항성 mt^+ 세포와 항생제 민감성 mt^- 세포 간의 교배)의 경우, 모든 자손 세포는 항생제 저항성을 나타낸다. 항생제 저항성 돌연변이가 엽록체의 DNA에 의한 것이라고 가정할 경우, 위 교배의 결과로부터 어떠한 결론을 유추할 수 있는가?

■ **힌트:** 이 문제는 단세포 조류에서 세포소기관이 세포질 전달을 통해 유전되는 현상의 이해와 관련 있다. 해결의 실마리는 실험 결과가 두 가지 가능성, 즉 형질의 유전이 한쪽 부모를 따르는지 혹은 양쪽 부모를 따르는지를 고려하는 것이다.

부모 세포임을 알 수 있었다. 한 쪽 부모에서 한 종류의 세포소기관을, 다른 쪽 부모에서 다른 세포소기관을 자손에게 유전하는 현상에 대한 의미성은 아직 알려진 바가 없다.

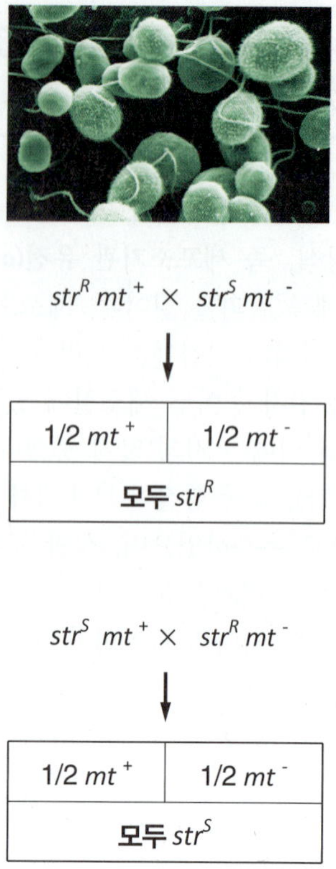

그림 9-2. 녹조류 클라미도모나스의 스트렙토마이신-저항성(str^R) 균주와 스트렙토마이신-감수성(str^S) 균주 간의 상반 교배 결과.

미토콘드리아 돌연변이: 붉은빵곰팡이와 효모의 초기 연구

미토콘드리아 기능에 영향을 주는 돌연변이를 발견하여 연구를 진행하면서 미토콘드리아 역시 고유의 유전정보 체계를 지니고 있음을 알게 되었다. 미토콘드리아 돌연변이도 엽록체 유전과 유사한 방식으로 생식 과정에서 세포질을 통해 자손에게 전달된다. 1952년, Mary B. Mitchell과 Herschel K. Mitchell은 붉은빵곰팡이(*Neurospora crassa*, **그림 9-3**)를 연구하면서 매

그림 9-3. 빵곰팡이 *Neurospora crassa*의 현미경 사진.

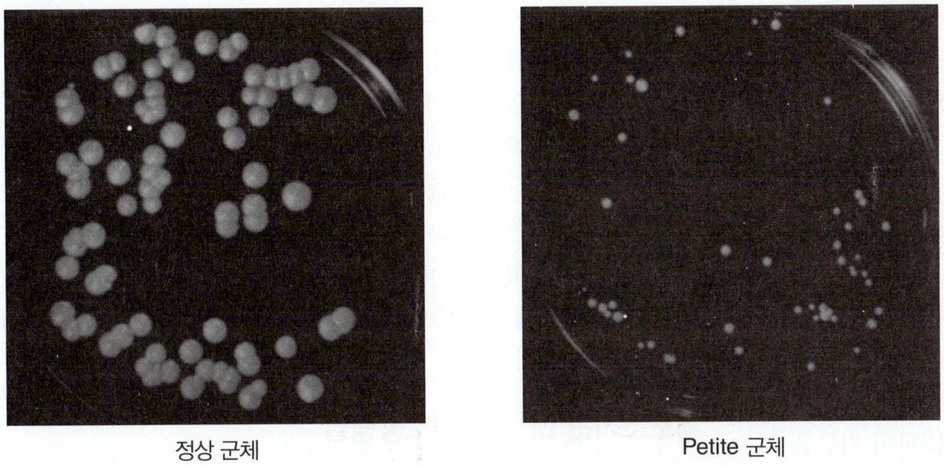

그림 9-4. 효모 *Saccharomyces cerevisiae*의 정상 군체와 *petite* 군체 간의 비교.

우 느리게 성장하는 돌연변이 균주를 발견하고 *poky*라고 명명하였다. *poky*는 **모계 유전**(maternal inheritance)의 약자로 *mi-1* 이라 부르기도 한다. 균주 *poky*의 느린 성장은 미토콘드리아 기능의 손상, 즉 전자전달계에 필수적인 여러 종류의 시토크롬 단백질의 부재로 인한 것이다. 시토크롬 단백질이 없을 경우 ATP 합성을 이끄는 세포호흡이 정상적으로 일어나지 않게 된다. 야생형과 *poky* 균주 간의 교배에서 *poky* 형질은 모계 유전을 따르는 것으로 나타났다. 만일 한 쪽 교배형이 *poky* 균주이고 상대 교배형이 야생형인 경우 모든 자손 세포가 *poky* 형질이었다면, 상반 교배에서는 모든 자손 세포가 야생형을 나타낼 것이다.

미토콘드리아 돌연변이에 관한 연구는 효모(*Saccharomyces cerevisiae*)를 이용하여 진행되었다. 1956년 Boris Ephrussi와 동료들이 발견한 효모의 미토콘드리아 돌연변이는 군체(colony)의 크기가 매우 작은 표현형을 지녀 *petite*라 명명하였다(**그림 9-4**). 여러 종류의 독자적인 *petite* 돌연변이 균주를 발견하여 연구한 결과, 모든 *petite* 돌연변이는 미토콘드리아에서 비정상적인 전자전달계 기능으로 인한 세포호흡 이상이라는 공통적 특징을 나타내었다. 효모는 조건 혐기성생물로 산소가 있거나 없는 조건 모두에서 살아갈 수 있으며, 산소가 없는 환경에서는 해당과정에 의한 포도당 발효로 에너지를 생성할 수 있다. 따라서 *petite* 돌연변이는 미토콘드리아의 기능 결함에도 불구하고 무산소 조건에서 에너지를 생성함으로써 생존할 수 있다.

그림 9-5에는 *petite* 돌연변이의 복잡한 유전방식이 나타나 있다. 일부 *petite* 돌연변이체는 핵 내 유전자의 돌연변이에 의한 것으로 해당 유전자 산물이 미토콘드리아로 이동하여 기능하는 경우이다. 이들은 멘델 유전방식을 따르므로 **분리형(*segregational*) *petites***라 부른다. 나머지 돌연변이체는 세포질 유전방식을 보이며, 미토콘드리아 DNA의 변화로 인해 표현형이 나타난다. 세포질 유전방식은 교배 실험에서 두 가지 양상을 보이는데, 우선 **중립형(*neutral*) *petites***은 야생형과 교배 시 감수분열의 결과물인 모든 자낭포자(ascospore)가 야생형, 즉 정상 크기의 군체 표현형을 나타낸다. 만일 자손 세포를 부모인 *neutral petites*와 역교배할 경우에도 동일한 양상, 즉 정상 군체 표현형이 유지될 것이다. 대부분의 *neutral petites*는 미토콘드리아 DNA가 완전히 혹은 상당량이 결실되어 있어서 자손들이 정상적으로

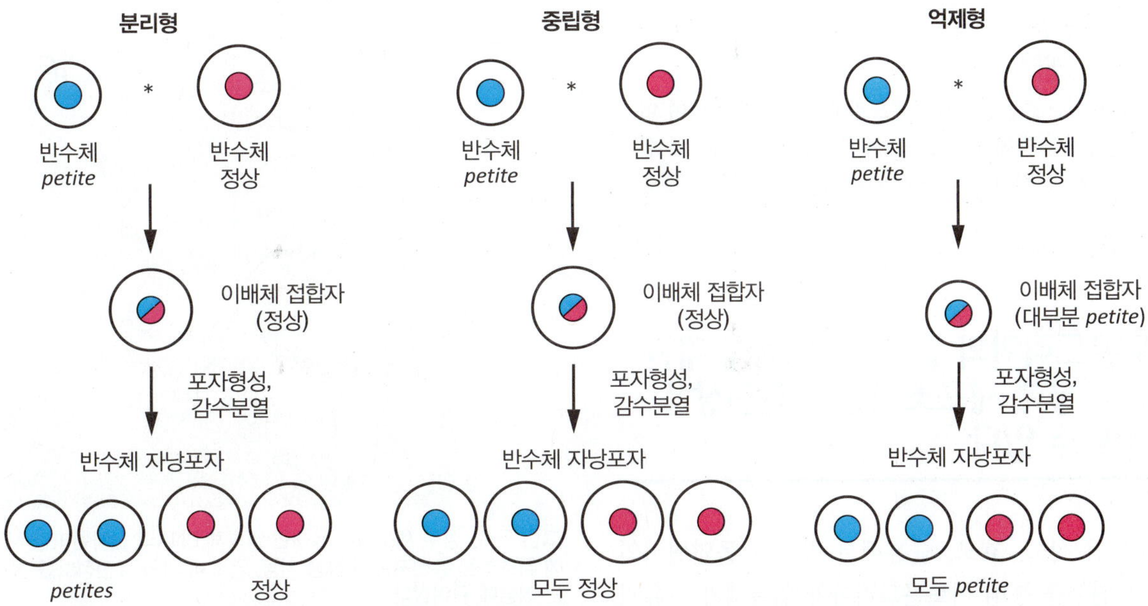

그림 9-5. 효모 *Saccharomyces cerevisiae*에서 미토콘드리아 기능에 영향을 주는 3 종류의 *petite* 돌연변이의 교배 결과.

성장하기 위해 생식을 통해 정상 부모로부터 세포호흡을 할 수 있는 미토콘드리아를 전달받게 된다. 이러한 결과를 통해 효모에서는 양쪽 부모로부터 미토콘드리아가 자손에게 전달됨을 알 수 있다. 정상 부모에서 유래한 기능성 미토콘드리아는 자손 세포에서 복제되어 세포호흡 기능을 수행한다.

세 번째 유형의 돌연변이는 **억제형(*suppressive*) *petites***으로, 돌연변이와 야생형 간의 교배로 이배체 접합자를 형성한 후 감수분열을 통해 생성되는 반수체 세포는 모두 *petite* 표현형을 보인다. 자손 세포가 양쪽 부모로부터 미토콘드리아를 전달받는다고 가정하면, *petite* 세포는 **우성-음성 돌연변이(dominant-negative mutation)** 표현형, 즉 정상 미토콘드리아의 기능을 억제하는 방식으로 작용하는 것이다.

세포소기관 DNA의 특성을 감안하여 이러한 억제 현상을 설명하는 두 가지 가설이 제기되었다. 첫째, 미토콘드리아의 돌연변이(혹은 결손) DNA가 더 빨리 복제되므로 결국 숫자상으로 돌연변이 미토콘드리아가 우세하게 작용하여 표현형을 주도하게 된다고 설명한다. 두 번째 가설은 돌연변이와 야생형 미토콘드리아 DNA 간에 재조합이 일어나 정상 DNA에 오류가 도입되거나 변형된다는 것이다. 그러나 아직 어느 가설이 맞는지에 대해서는 정확히 밝혀져 있지 않다.

실전문제

9-2 산소가 있는 환경에서 배양한 효모에서 *petite* 돌연변이 균주를 분리하였다. 돌연변이 표현형을 일으키는 원인을 알아내기 위해 *petite* 균주와 야생형 균주 간에 교배를 진행하였다. 각 교배에서 다음의 3가지 결과가 나타날 경우, 각 결과로부터 *petite* 돌연변이의 유형이 무엇인지를 논리적으로 설명해 보시오.

(a) 자손 세포 모두 야생형
(b) 자손 세포 일부는 *petite*, 일부는 야생형
(c) 자손 세포 모두 *petite*

■ **힌트:** 이 문제는 *petite* 표현형이 미토콘드리아 기능과 관련되며 미토콘드리아의 유전방식을 이해하고 있는가에 관한 것이다. 해결의 실마리는 효모에서 미토콘드리아가 양쪽 부모 유전방식을 따르는 것을 알고 있는가에 있다.

9.2 미토콘드리아와 엽록체 DNA에 대한 연구를 통해 세포소기관 유전현상을 설명할 수 있다

앞서 소개한 것처럼 식물, 효모, 균류에서 발견한 돌연변이의 유전방식에 대한 연구를 통해 미토콘드리아와 엽록체가 고유의 DNA와 유전정보 발현 시스템을 보유하고 있을 거라 제안되었다. 대부분의 생물체에서 미토콘드리아와 엽록체는 모계 세포질 유전을 따르며, 앞서 소개한 여러 돌연변이의 예들이 엽록체 혹은 미토콘드리아의 기능 결함과 관련이 있는 것으로 추측되었으므로, 유전학자들은 이들 세포소기관에 DNA가 존재한다는 직접적인 증거를 찾아내고자 하였다. 미토콘드리아와 엽록체가 고유의 DNA를 갖고 있음이 밝혀졌고, 또한 이들 DNA에 대한 자세한 연구를 통해 미토콘드리아와 엽록체의 진화적 기원에 대한 주요 단서를 알게 되었다.

세포소기관 DNA와 세포공생설

전자현미경을 통해 미토콘드리아와 엽록체 내에 존재하는 DNA를 확인하였으며, 진핵세포의 핵에서 관찰되는 형태와 상당히 다르다는 것을 알게 되었다(그림 9-6, 9-7). 미토콘드리아와 엽록체의 DNA는 박테리아에서 관찰되는 DNA와 매우 유사하다. DNA 구조의 형태적 유사성과 세포소기관 특이적인 전사와 번역을 담당하는 고유의 유전자 발현 시스템의 존재로 인해 Lynn Margulis와 동료들은 **세포공생설(endosymbiotic theory)**을 제안하게 되었다. 세포공생 이론은 미토콘드리아와 엽록체가 20억 년 전 독립적으로 살아가는 원시세균(protobacteria)으로부터 기원한 것이라고 설명한다. 이 원시세균은 각각 미토콘드리아와 엽록체의 기능으로 설정된 세포호흡 혹은 광합성을 할 수 있는 능력을 지니고 있었다. 세포공생설에 따르면 세포호흡 혹은 광합성을 할 수 없는 보다 큰 크기의 원시 진핵세포가 이러한 원시세균을 수용하게 되었을 거라 제안한다. 두 세포에게 서로 이득이 되는 공생 관계가 확립되면서 세균은 결국 독립적으로 살아

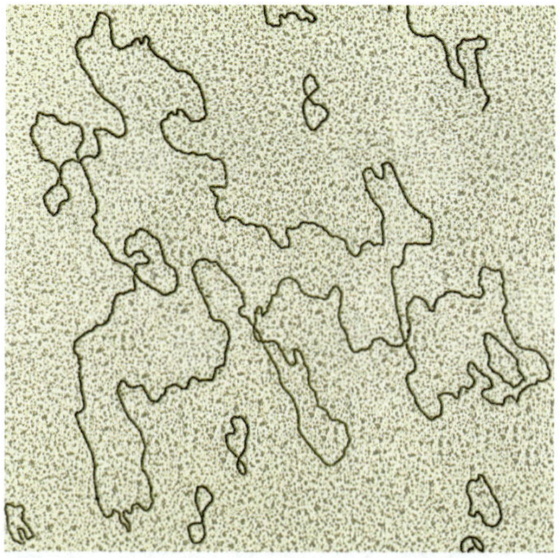

그림 9-6. 상추 세포에서 유래한 엽록체 DNA의 전자현미경 사진. 엽록체 DNA에 암호화된 유전자는 광합성 기능, 엽록체 내의 유전정보를 전사하거나 번역하는 기능에 관여한다.

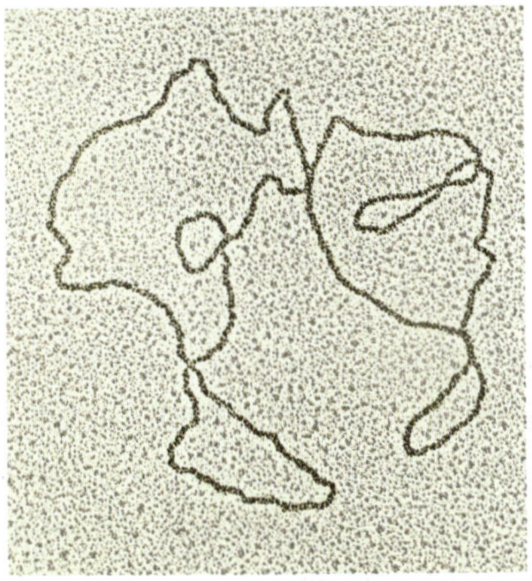

그림 9-7. 개구리(*Xenopus laevis*) 세포에서 유래한 미토콘드리아 DNA의 전자현미경 사진.

가는 능력을 잃어버리게 되었고, 반면 숙주인 진핵세포는 세포호흡 혹은 광합성을 수행하는 능력을 획득하게 되었을 것이다. 물론 몇 가지 의문이 남아 있긴 하지만, 세포공생설에 대한 많은 증거가 계속적으로 제기되고 있으며 세포공생설의 기본 원리는 현재 널리 받아들여지고 있다.

오늘날의 미토콘드리아를 대상으로 연구가 진행되면서 세포공생설을 더 잘 이해하게 될 것이다. 진핵세포로의 침입 이후 진화의 과정 동안 다양한 형태의 진핵생물이 고유의 분기군을 형성하며 등장하게 된다. 숙주 세포의 진화가 진행되는 동안 동반자인 세균도 고유의 독자적인 변화가 있어났을 것이다. 가장 주요한 변화는 세균이 지닌 유전자의 상당수가 숙주의 핵으로 이동한 것이었다. 이동한 유전자의 산물(products)은 여전히 해당 세포소기관에서 작용하지만, 핵 DNA에 암호화되어 전사되고 세포질에서 번역되어 최종 목적지인 세포소기관으로 운송된다. 현재 일반적인 미토콘드리아의 유전체로 남아 있는 DNA의 양은 미토콘드리아의 기원이 되는 원시세균이 지녔던 것에 비해 극히 소량이다. 현재 유전자가 가장 많은 세포소기관도 가장 작은 세균이 갖고 있는 유전자의 10%도 안 된다.

엽록체의 진화에서도 유사한 변화가 나타난 것으로 밝혀졌다. 다음 장에서는 오늘날의 엽록체와 미토콘드리아 DNA에 대해 좀 더 자세히 살펴보도록 한다.

엽록체 DNA의 분자구조와 유전자 산물

엽록체의 독자적인 유전자 시스템의 연구가 진행되면서 세포공생설은 더욱 지지를 받고 있다. 엽록체는 유전정보 물질인 DNA와 함께 단백질 합성장치도 갖고 있다. 엽록체의 번역장치를 구성하는 분자들은 핵과 세포소기관의 유전정보로부터 함께 만들어진다.

엽록체 DNA의 크기는 여러 생물체에서 비교적 유사하며, 보통 100~225 kb 정도이다. 엽록체 DNA는 원핵세포의 DNA와 매우 유사한데, 원형 구조의 이중나선이며 진핵세포 DNA에 특징적으로 결합된 단백질(히스톤)이 존재하지 않는다. 동일한 생물체의 핵 DNA와 비교하면 엽록체 DNA는 항상 다른 밀도와 염기 조성을 나타낸다.

엽록체 DNA의 크기는 미토콘드리아 DNA보다 훨씬 큰데, 어느 정도는 유전자의 수가 더 많기 때문이라 할 수 있다. 그러나 주 원인은 엽록체 DNA에 유전자간 혹은 유전자 내에 긴 비암호화 서열을 지니고 있어서이다. 유전자 내의 비암호화 서열은 인트론이거나 진핵세포의 핵 DNA에 특징적으로 나타나는 비암호화 서열(13장 참조)이다. 또한 DNA 서열의 중복도 많이 나타난다. 여러 식물에서 발견되는 비암호화 서열의 다양성은 원시 진핵세포로 침입한 후 엽록체가 독자적으로 진화했음을 알려준다.

녹조류 클라미도모나스는 하나의 엽록체에 약 75개의 DNA 복사본이 있다. 스위트피(sweet pea) 같은 고등식물은 각 엽록체당 여러 개의 DNA 복사본을 갖고 있는데, DNA의 크기(134 kb)가 클라미도모나스의 엽록체 DNA(195 kb)보다 작다. 일부 생물체에서는 엽록체에 있는 다수의 DNA 복사본 간에 유전자 재조합이 관찰되기도 한다.

엽록체 DNA에 암호화된 유전자 산물 중 상당수는 세포소기관의 번역 기능에 관여한다. 리보솜 RNA(16*S*, 23*S* rRNA)를 암호화하는 유전자가 두 세트씩 존재한다. *S*는 10장에서 소개한 Svedberg 침강단위를 의미하며, 분자의 크기 및 형태와 관련이 있다. 또한 엽록체 DNA(cpDNA)는 다수의 운반 RNA(tRNA)와 엽록체 특이적인 리보솜을 구성하는 여러 단백질을 암호화하고 있다. 우산이끼류의 엽록체 DNA 서열이 최초로 분석되었는데, 30종류의 tRNA, RNA 중합효소, 다수의 rRNA 및 다양한 리보솜 구성 단백질을 암호화하는 유전자가 존재하였다. 여러 식물의 엽록체 DNA에 암호화된 유전자 산물의 차이와 다양성은 엽록체가 독립적으로 진화하였음을 알려준다.

엽록체의 리보솜은 핵 내 유전자 정보로부터 생성되며 세포질에 위치한 리보솜과 상당히 다르다. 엽록체의 리보솜은 박테리아의 리보솜 크기와 형태에 해당하는 70S보다 약간 작은 침강단위(Svedberg coefficient)를 가진다. 엽록체의 리보솜 구성 단백질의 일부는 엽록체 DNA에 암호화되어 있지만, 일부 단백질은 핵 DNA에 암호화되어 있다. 그러나 핵 DNA로부터 생성된 엽록체의 리보솜 구성 단백질 대부분은 세포질의 리보솜을 구성하는 해당 단백질과는 화학적으로 상당히 다르다. 이러한 관찰 결과는 세포공생설을 뒷받침하는 직접적 증거라 할 수 있다.

다른 여러 유전자는 엽록체의 주요 기능인 광합성 작용에 특이적인 것으로 밝혀졌다. 예를 들어, 이끼류에서 엽록체 DNA에 있는 92개의 유전자는 광합성의 명반응에 핵심적인 역할을 하는 틸라코이드막의 구성요소 단백질을 암호화한다. 이들 유전자의 돌연변이는 광합성 기능을 방해할 수 있다. 엽록체 기능에 관여하는 유전자에 대해 핵과 엽록체 간의 분포는 광합성 반응의 주요 효소인 ribulose-1-5-bisphosphate carboxylase(*Rubisco*)를 예로 살펴볼 수 있다. 이 효소 단백질의 작은 소단위체는 핵의 유전자가 암호화하는 반면, 큰 소단위체는 엽록체 DNA가 암호화한다.

미토콘드리아 DNA의 분자구조와 유전자 산물

미토콘드리아 DNA의 구조와 유전자 산물에 대한 광범위한 연구를 통해 많은 정보가 알려졌다. 대부분의 진핵생물에서 미토콘드리아 DNA는 이중가닥의 원형 구조(그림 9-7)이며, 염색체 DNA에서 특징적으로 관찰되는 단백질이 존재하지 않는다. 섬모를 지닌 원생생물 중 일부에서 예외적으로 선형 형태의 미토콘드리아 DNA가 관찰된다.

미토콘드리아 DNA는 일반적으로 엽록체 DNA보다 크기가 작으며, 생물체에 따라 다양한 크기를 지닌다(표 9.1). 인간을 포함한 여러 동물에서 미토콘드리아 DNA는 16~18 kb 정도의 크기를 가진다. 그러나 효모의 미토콘드리아 DNA 크기는 75 kb 정도이며, 식물의 경우에는 일반적으로 더 크다. 겨자과 식물인 애기장대(*Arabidopsis*)의 미토콘드리아 DNA는 367 kb이다. 척추동물은 미토콘드리아당 5~10개의 DNA 복사본을 가지며, 식물의 경우에는 20~40개의 DNA 복사본이 존재한다.

미토콘드리아 DNA의 특징적인 면을 살펴보면, 우선 유전자 서열에 인트론이 없으며 유전자 중복도 거의 나타나지 않는다. 이러한 구조적 특징은 엽록체 DNA에서는 관찰되지 않으며, 상당히 드문 형태라 할 수 있다. 또한 유전자와 유전자 사이에 존재하는 스페이서(spacer) DNA도 많이 존재하지 않는다. 미토콘드리아 DNA의 크기가 작은 생물종에서는 이러한 구조적 특성이 특히 더 두드러진다. 효모와 같이 비교적 큰 크기의 미토콘드리아 DNA에는 인트론 DNA와 스페이서 DNA가 상당 부분을 차지한다. 미토콘드리아 유전자의 발현은 모든 생물이 사용하는 공통 유전암호에서 몇 가지 변형된 방식을 따르는데, 다음 장(13장 참조)에서 소개할 것이다. 또한 미토콘드리아 DNA의 복제를 담당하는 효소들이 핵 DNA에 암호화되어 되어 있다는 점도 흥미롭다.

사람의 미토콘드리아 DNA는 2종류의 rRNA, 22종류의 tRNA, 세포호흡에 필수적인 13종류의 폴리펩타이드를 암호화한다. 미토콘드리아 DNA의 유전자로부터 생성된 산물은 미토콘드리아 내막에 위치한 전자전달계의 구성 단백질 복합체로 기능한다. 일련의 단백질 복합체는 여러 소단위체로 구성되는데, 많은 소단위체 단백질은 핵 유전자로부터 전사되어 세포질에서 합성된 후 미토콘드리아로 이동한 것이다. 따라서 미토콘드리아에서 기능하는 단백질 합성 기구인 리보솜과 세포호흡의 구성 단백질들은 핵과 미토콘드리아 유전자로부터 함께 만들어진다.

척추동물의 미토콘드리아 DNA에서 매우 흥미로운 점이 관찰되는데, DNA의 각 가닥의 밀도가 원심분리 분석에서 매우 다르게 나타난다. 이러한 밀도 차이를 이용해 각 가닥을 분리하여 무거운 가닥(heavy, H)과 가벼운 가닥(light, L)으로 나누어 분석한 결과, 미토콘드리아 유전자의 대분분은 H 가닥에 암호화되어 있으며 일부 유전자는 상보적인 L 가닥에 암호화되어 있다.

세포공생설에서 예측한 것처럼, 미토콘드리아에 존재하는 리보솜은 세포질의 리보솜과는 다르다. 여러 종에서 미토콘드리아의 리보솜은 55*S*에서 80*S*에 이르는 다양한 침강단위를 보인 반면, 세포질의 리보솜은 동일하게 80*S*의 침강단위를 가진다. 미토콘드리아에서 기능하는 대부분의 단백질은 핵 유전자로부터 생성되며, 실제 핵 DNA에 암호화된 1,100개 이상의 유전자로부터 생성된 산물이 미토콘드리아의 활성에 필수적이다. 예로 미토콘드리아에 존재하는 DNA 중합효소, RNA 중합효소, 번역 개시인자, 번역 신장인자, 리보솜 구성 단백질, 아미노아실 tRNA 합성효소 및 여러 tRNA 등이 해당된다. 미토콘드리아로 운반되는 단백질 산물과 세포질에서 동등한 기능을 하는 해당 단백질은 두 세트가 모두 핵 유전자에 암호화되어 있으나, 아미노산 서열이 서로 다르다는 점은 세포공생설을 뒷받침해주는 또 하나의 증거이다. 예를 들어 미토콘드리아의 tRNA에 아미노산을 결합시키는 합성효소는 세포질의 tRNA에는 작용하지 않고 미토콘드리아의 tRNA에만 특이성을 보인다. 번역 개시인자와 신장인자도 역시 미토콘드리아 혹은 세포질의 리보솜에 각각 특이적으로 작용한다. 또한 박테리아의 RNA 중합효소와 핵의 RNA 중합효소는 여러 개의 소단위체로 구성된 복합체 단백질인 반면, 미토콘드리아의 RNA 중합효소는 하나의 폴리펩타이

표 9.1 다양한 생물체에서 미토콘드리아 DNA의 크기

생물체	크기(kb)
Homo sapiens(사람)	16.6
Mus musculus(생쥐)	16.2
Xenopus laevis(개구리)	18.4
Drosophila melanogaster(초파리)	18.4
Saccharomyces cerevisiae(효모)	75.0
Pisum sativum(콩)	110.0
Arabidopsis thaliana(애기장대)	367.0

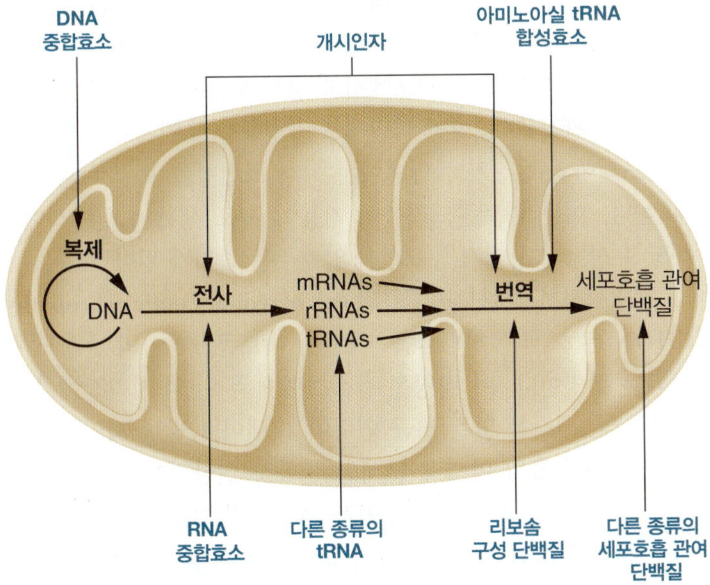

그림 9-8. 미토콘드리아 기능에 필수적인 유전자 산물. 세포소기관으로 운반되는 유전자 산물은 핵 유전자에 암호화되어 있으며 세포질에서 합성된다.

드로 이루어져 있다. 또한 미토콘드리아의 RNA 중합효소는 일반적으로 박테리아의 RNA 합성을 억제하는 항생제에 민감하게 반응하나, 진핵생물의 RNA 합성 억제제에는 반응하지 않는다. 핵 유전자와 미토콘드리아 유전자가 각각 미토콘드리아의 구성과 기능에 어떻게 기여하는가를 그림 9-8에서 비교해 볼 수 있다.

실전문제

9-3 사람의 미토콘드리아 DNA는 22종류의 tRNA 유전자를 갖고 있다. 그러나 미토콘드리아는 단백질 번역을 위해 32종류의 tRNA 분자가 필요한데, 어떻게 미토콘트리아에서 번역이 가능한지 설명해 보시오.

■ **힌트:** 이 문제는 진핵생물에서 미토콘드리아의 기원에 대해 이해하고 있는가를 질문한다. 해결의 실마리는 세포공생설과 이에 따른 파생 효과 및 결과에 대해 고려해 보는 것이다.

더 연습하려면 16, 17, 18번 문제를 참조하시오.

9.3 미토콘드리아 DNA의 돌연변이는 질병을 일으킨다

사람의 미토콘드리아 DNA는 16,569 염기쌍으로 이루어지며, 염기서열 전체의 해독이 이루어졌다. 앞서 소개한 것처럼 미토콘드리아 DNA에는 세포호흡에 필수적인 13종류의 단백질이 암호화되어 있다. 세포의 에너지 공급은 ATP 합성을 담당하는 세포호흡에 의존하므로, 미토콘드리아 유전자의 돌연변이로 인한 기능 소실은 해당 생물체에 심각한 영향을 줄 수 있다. 앞서의 예에서 살펴본 효모의 *petite* 돌연변이의 경우, 만일 효모가 무산소 호흡, 즉 발효를 할 수 없다면 치사 표현형을 나타낼 것이다. 실제로 미토콘드리아 DNA는 다음의 3가지 이유로 돌연변이에 상당히 취약한 속성을 보인다. 첫째, 미토콘드리아 DNA는 핵 DNA에 존재하는 히스톤 단백질을 가지고 있지 않으므로 구조적 보호를 받지 못한다. 둘째, 미토콘드리아는 제한적인 DNA 수선 기작을 가지고 있다. 셋째, 미토콘드리아는 세포호흡의 결과로 높은 농도의 **활성산소종(reactive oxygen species, ROS)**을 가지는데, 한정된 공간에서 ROS는 세포소기관의 구성요소에 독성을 나타내며 단백질, 지질, DNA에 손상을 준다. 결국 ROS는 미토콘드리아 DNA의 점돌연변이 및 결실의 빈도를 증가시키게 된다. 실제 미토콘드리아 DNA의 돌연변이율은 핵 DNA보다 최소 10배 정도 높다.

사람 세포에서 미토콘드리아 DNA의 복사본은 체세포의 경우 수백 개, 난자의 경우 대략 100,000개로 다양성을 지닌다. 수정란은 난자로부터 많은 수의 미토콘드리아를 받게 되므로, 만일 하나 혹은 적은 수의 미토콘드리아가 돌연변이를 지니고 있다 하더라도 많은 수의 정상 미토콘드리아의 작용으로 인해 돌연변이 표현형이 상당히 완화될 수 있다. 그러나 발생초기 세포분열을 통해 수정란 내의 초기 미토콘드리아 집단이 딸세포로 분배되며, 새롭게 형성된 자손 세포에서 세포소기관은 자율적으로 복제한다. 그러므로 초기 집단의 세포소기관에 치명적인 돌연변이가 생기거나 혹은 이미 존재할 경우, 성인의 세포는 다양한 빈도의 정상과 비정상의 세포소기관을 가지게 될 것이다. 하나의 세포에서 세포소기관의 유전적 조성이 다양한 것을 **이질세포질(heteroplasmy)**이라 한다.

사람의 질병 중 미토콘드리아의 변형에 의한 것이라 구분하는 몇 가지 기준이 아래에 제시되어 있다.

1. 질병 표현형이 멘델의 유전방식이 아니라 모계 유전현상을 보여야 한다.
2. 질병 표현형이 세포소기관의 에너지 생성 기능에 결함이 나타나야 한다.
3. 미토콘드리아 유전자에 최소 하나 이상의 돌연변이가 있어야 한다.

현재 위의 특징에 부합되는 150종류 이상의 다양한 증후군들이 알려져 있다. 일부 증후군은 유아기에 나타나며, 일부는 성인이 될 때까지 표현형이 나타나지 않는다. 어떤 증후군은 여러 기관에 영향을 미치는 반면 기관-특이적인 표현형을 보이는 경우도 있다. 예로 **MERRF(myoclonic epilepsy and ragged-**

(a)

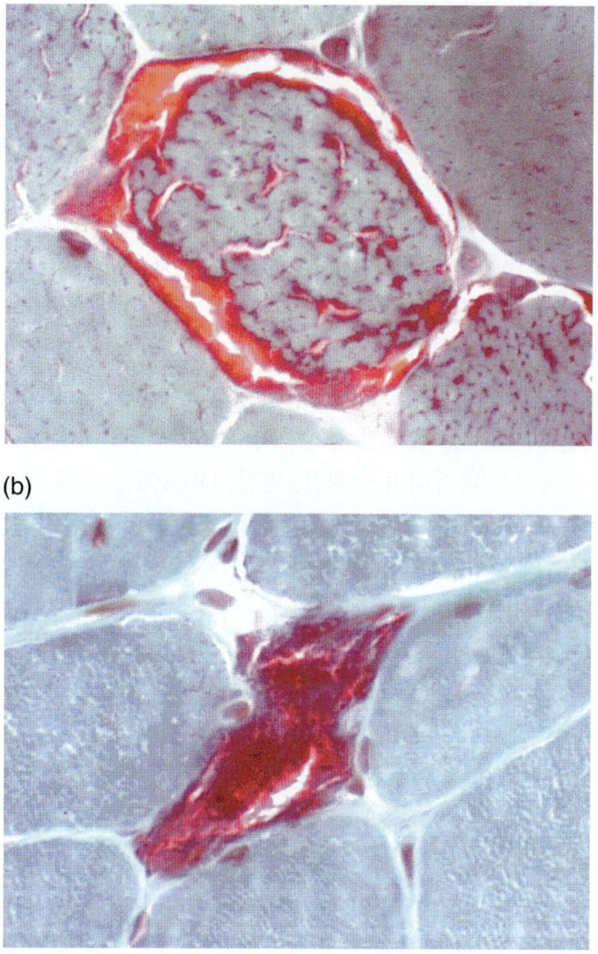

(b)

그림 9-9. 미토콘드리아 유전병인 MERRF 환자의 골격근 세포에서 관찰되는 얼룩투성이의 붉은 조각 형태의 근섬유. (a) 낮은 수준의 미토콘드리아 증식을 보이는 근섬유(붉은 가장자리와 붉은 반점 형태의 세포질). (b) 대부분의 세포 구조물을 대체해 버린 미토콘드리아의 뚜렷한 증식.

red fiber disease) 증후군은 모계 유전방식을 따르는데, 어머니가 질병을 가진 경우 자손이 증후군 표현형을 나타내지만 아버지가 질병을 가진 경우 자손은 정상이다. MERRF 증후군은 매우 드물게 나타나며, 운동실조(근육의 통합적 운동 기능 결함), 청각장애, 치매, 간질성 발작 등을 보인다. MERRF 환자의 골격근을 염색해 보면, 비정상적인 미토콘드리아의 증식으로 인해 얼룩투성이의 붉은 조각 형태의 골격근 섬유가 관찰되므로(그림 9-9) 증후군 이름을 'ragged-red'라 한다. 이 증후군은 많은 에너지를 소비하는 뇌의 기능이 주로 영향을 받으므로 여러 신경학적 증상이 동반된다.

MERRF 환자의 미토콘드리아 DNA를 분석한 결과, 22종류의 tRNA를 암호화하는 유전자 중 $tRNA^{Lys}$ 유전자 서열에서 A → G로 유사형염기치환(transition) 돌연변이가 발생하였다. 이러한 유전자 변형은 세포소기관 내에서 번역을 방해하여, 결국 질병의 다양한 증상을 야기하게 된다. MERRF 증후군 환자의 세포는 정상 및 비정상 미토콘드리아를 동시에 가지는 이질세포질 형태이다. 환자마다 두 종류의 미토콘드리아의 비율이 다르며, 심지어 동일 환자의 여러 세포에서 다양한 수준으로 비정상 미토콘드리아가 관찰된다. 만일 이질세포질 형태를 보이지 않는다면 미토콘드리아의 유전자 돌연변이는 치사 표현형을 보일 확률이 매우 높다. 이는 미토콘드리아의 기능이 세포 생존에 필수적이며 해당 유전자의 상대적 중요성을 알려주는 증거가 된다.

레버씨선천성시신경병증(Leber's hereditary optic neuropathy, LHON)은 모계 유전방식을 따르며, 미토콘드리아의 손상도 동반되는 질병이다. 이 질병은 갑작스럽게 두 눈의 시각장애가 나타나는데, 시각을 잃는 평균 연령이 27세이나 발병 시기는 다양하다. 세포호흡의 마지막 단계인 산화적 인산화에 관여하는 미토콘드리아 유전자의 돌연변이가 보고되었으며, 증후군의 50% 이상에서 NADH 탈수소효소의 소단위체를 암호화하는 유전자의 특정 서열에서 돌연변이가 발견된다. 이 돌연변이는 모계 유전을 따라 모든 자손 세포에게 전달된다. 흥미로운 점은 LHON 증후군의 경우 대부분 가족력이 없으며 새롭게 형성되는 돌연변이로 인한 '산발적(sporadic)' 양상을 보인다.

또 다른 미토콘드리아 질병인 **컨스-세이어증후군(Kearns-Sayre syndrome, KSS)**은 시각과 청각의 소실과 함께 심장 장애를 보인다. 컨스-세이어증후군은 미토콘드리아 DNA의 여러 부위에서 결실이 관찰되며, 많은 경우 아동기에는 증상이 없으나 성인이 되면서 점차적으로 다양한 증상이 나타난다. 증상의 정도가 심할수록 미토콘드리아 DNA의 결실 돌연변이의 빈도가 증가되어 있다.

미토콘드리아, 건강 및 노화

미토콘드리아 이상과 관련된 유전병 연구를 통해 발생 과정 동안 미토콘드리아의 기능적 중요성을 알게 되었다. 실제 미토콘드리아의 기능 이상은 여러 주요 질병, 빈혈, 시각 상실, 제2형 당뇨, 자폐증, 동맥경화, 불임, 퇴행성 신경질환(파킨슨병, 치매, 헌팅턴병, 정신분열증, 양극성 장애) 및 여러 암과도 관련된다. 피부암, 대장암, 유방암, 간암, 췌장암, 폐암, 전립선암, 방광암 등에서 미토콘드리아 DNA의 돌연변이가 보고되고 있다.

150종류 이상의 미토콘드리아 관련 유전병에서 대략 400여 종의 미토콘드리아 DNA의 돌연변이가 보고되었다. 미토콘드리아 유전체를 대상으로 돌연변이 진단 테스트가 개발되어 질병의 초기 진단에 활용되고 있다. 예를 들어 피부세포에서 미토콘드리아 DNA 돌연변이는 지속적인 자외선 노출과 피부암 발생의 바이오마커로 사용된다. 그러나 미토콘드리아 DNA 돌연변이가 악성 종양 발생의 원인으로 작용하는 것인지 종양 형성으로 인한 결과인지는 아직 확실치 않다. 그러나 미토콘드리아 DNA 돌연변이와 암은 상당히 밀접한 관련이 있으며, 많은 화학적 암

유발물질은 미토콘드리아 DNA에 상당한 돌연변이를 유발하는 것으로 알려져 있다.

또한 미토콘드리아 관련 유전병 연구를 통해 미토콘드리아 기능의 점진적 저하가 노화 과정에 영향을 줄 것이라 제안되었다. 시간이 흐름에 따라 미토콘드리아 DNA에 산발적 돌연변이가 축적되면서 미토콘드리아의 기능이 저하되고 ATP 공급은 줄어들게 될 것이라는 가설로, 세포는 정상 활동을 위해 역치 수준의 ATP 생산을 요구하는데, 역치 이하로 ATP 양이 떨어지게 되면 노화 과정이 가속화된다.

여러 연구에서 노화된 조직은 상당한 DNA 손상을 지닌 미토콘드리아를 가지고 있음이 확인되었다. 암의 경우와 마찬가지로 미토콘드리아 DNA의 손상이 단순히 노화 과정의 바이오마커인지 아니면 손상으로 인해 미토콘드리아의 생리적 기능이 저하되어 노화를 유발하는 것인지는 의문이다. 후자의 가설을 뒷받침하는 증거로 설치류에서 연령 단계별 근육 위축이 미토콘드리아 DNA의 결실 및 전자전달계 이상과 관련 있음이 보고되었다. 미토콘드리아 DNA의 결실은 위축성 근육 세포에서는 발견되나, 정상 근육조직의 근섬유 세포에는 나타나지 않았다. 유전자 변형 생쥐의 연구에서도 유사한 결과가 보고되었는데, 미토콘드리아 DNA의 복제 동안 교정을 담당하는 핵 유전자의 변이로 교정 기능이 감소된 생쥐는 생식능 저하 및 정상 생쥐보다 훨씬 높은 비율의 돌연변이 축적을 보였다. 또한 유전자 변형 생쥐는 특징적으로 이른 노화 양상, 털의 탈색과 탈모, 골밀도와 근육량의 감소, 생식능 저하, 빈혈, 수명 감소 등이 관찰되었다.

여러 연구를 통해 미토콘드리아 DNA의 정보에 따라 세포 호흡이 진행되어 적당량의 ATP를 생산하는 것이 얼마나 중요한지를 알 수 있다. 정상적 생명 활동의 하나로 세포에 자발적인 유전적 손상이 있게 되면, 세포 기능은 저하될 것이며 이로 인해 노화가 유발되거나 노화-관련 질병이 진행될 수도 있다.

미토콘드리아 관련 유전병의 향후 예방

대략 5,000명당 1명의 비율로 미토콘드리아 관련 질병을 갖고 있거나 질병유발 위험성이 있다. 현재 미토콘드리아 DNA 변이로 인한 유전병을 진단하는 검사도구가 많이 개발되어 있으나, 치료법은 없는 실정이다. 그러나 질병을 가진 어머니로부터 자손에게 미토콘드리아 DNA 돌연변이가 전달되는 것을 막는 새로운 치료법이 개발되고 있다. 2010년에 연구자들은 붉은털원숭이(*Macaca mulatta*)의 난자에서 미토콘드리아 DNA 유전체를 효과적으로 교체할 수 있음을 증명하였다. **그림 9-10**에서 살펴보면, 한 암컷에서 유래한 공여자 난자의 핵 유전체를 꺼내어 정상 미토콘드리아를 지닌 다른 암컷의 핵이 제거된 난자에 이식한다. 재구성된 난자를 수정시킨 후 공여자 암컷의 자궁에 착상시

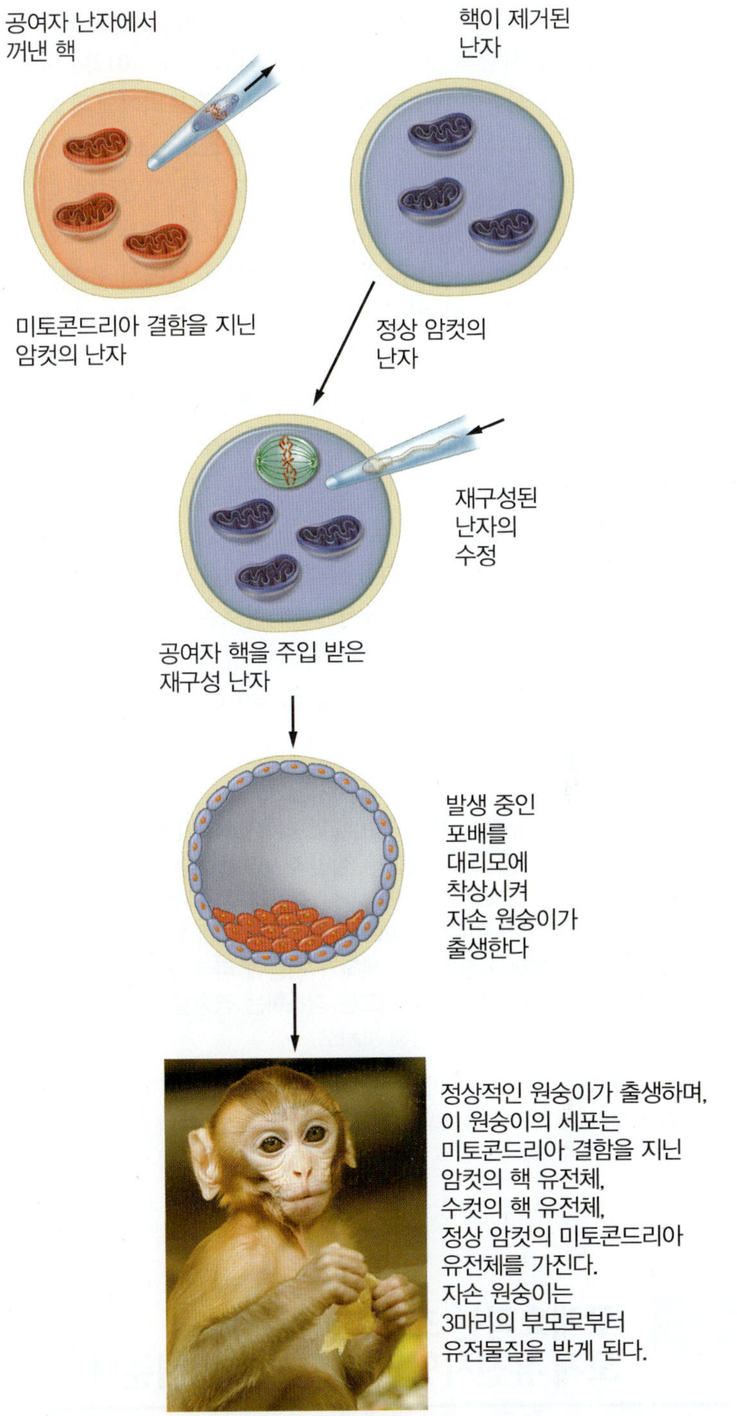

그림 9-10. 붉은털원숭이의 난모세포를 이용한 미토콘드리아교체 실험의 도식. 미토콘드리아 결함을 지닌 난모세포에서 핵(붉은색)을 꺼내어 정상 미토콘드리아를 지닌 핵이 제거된 난자에 주입한다. 수컷의 정자를 난자에 주입하여 수정시킨 후, 발생 중인 포배를 대리모의 자궁에 착상시킨다. 그 결과 건강한 원숭이가 출생한다. 미토콘드리아교체 기술은 체외수정과 병행하여 사용할 경우 미토콘드리아 DNA 돌연변이로 인한 유전병의 치료에 상당한 효과를 가져올 수 있다.

키면, 건강한 자손이 태어난다. 자손은 공여자 난자 유래의 핵 유전체 DNA와 수령자 난자 유래의 미토콘드리아를 가지게 되며, 핵 유전체를 제공한 난자 유래의 미토콘드리아는 존재하지 않는다.

이 기술을 **미토콘드리아교체(mitochondrial swapping)**라 부르기도 하는데, 현재 사람의 생식 연구에 활용되고 있다. 2012년 말경 사람의 난자를 사용한 체외수정 과정에 미토콘드리아교체 기술이 활용되었는데, 해당 수정란은 포배기(100 cell stage)까지 정상적으로 발생하였다. 이로부터 배아줄기세포주를 확립하여 다양한 방식으로 분석을 진행한 결과, 이 배아줄기세포주는 미토콘드리아교체 기술이 적용되지 않은 세포주와 모든 면에서 유사한 양상을 보였다. 따라서 이 기술은 미토콘드리아 유전병을 지닌 가계에서 질병의 유전을 막는 향후 치료법으로 사용될 전망이다.

이 치료법이 사용되기 위해서는 여러 기술적 및 윤리적 문제들이 해결되어야 할 것이다. 예를 들면, 이 기술에는 총 3명의 유전적 부모가 관련되는데 과연 윤리적으로 타당한지에 대해 의문이 제기될 수 있다. 2013년 영국에서는 미토콘드리아 유전병을 예방하기 위해 위 기술을 적용한 체외수정을 합법화하려는 최초의 국가가 되려고 했다. 따라서 이제 미토콘드리아 유전병을 가진 여성은 자신의 DNA와 제삼자에서 유래한 미토콘드리아를 가진 건강한 자손을 낳을 수 있게 될 것이다.

실전문제

9–4 미토콘드리아의 모계 기원과 미토콘드리아 DNA의 상대적으로 높은 돌연변이 빈도를 고려해 볼 때, 성인의 세포는 높은 비율의 돌연변이, 즉 비정상 미토콘드리아를 가질 것이라 예측된다. 그 결과 세대가 진행됨에 따라 미토콘드리아는 결국 자멸하게 될 수도 있을 것이다. 그러나 실제 상황에서는 세대가 지남에 따라 한 계보에서 미토콘드리아 DNA의 돌연변이 빈도는 감소하는 경향을 보인다. 왜 이러한 현상이 나타나는지 설명해 보시오.

■ **힌트:** 이 문제는 미토콘드리아에서 이질세포질을 이해하고 있는가에 관한 것이다. 해결의 실마리는 진화를 이끄는 요인, 특히 자연선택의 개념을 각 세포에 존재하는 많은 수의 미토콘드리아에 적용해 보는 것이다.

9.4 모계효과는 초기 발생에서 모계 유전자형의 중요성을 알려준다

모계효과(maternal effect) 혹은 모계영향(maternal influence)은 특정 형질에 대한 자손의 표현형이 난자에 있는 핵 유전자 산물의 조절에 따른 현상이다. 이 현상은 양쪽 부모 유전, 즉 부모의 핵 유전자 정보를 자손에게 전달하여 표현형이 결정되는 것과는 대조적이다. 모계효과에서 암컷 배우자의 핵 유전자가 전사되어 유전자 산물(단백질 혹은 RNA)이 난자의 세포질에 저장된다. 수정 후 이 유전자 산물은 새롭게 형성된 세포에 분배되어 초기 발생 동안 설정되는 패턴 혹은 형질에 영향을 주게 된다. 모계 유전체가 특정 형질에 영향을 주는 두 가지 예를 살펴보도록 한다.

물달팽이의 껍질 방향성

물달팽이(*Lymnaea peregra*)의 껍질 방향성은 모계효과로 인해 일시적이 아닌 지속적인 표현형에 영향을 주는 대표적 예이다. 물달팽이 일부 품종은 왼쪽으로 감긴, 즉 좌선형의 껍질(*dd*)을 가지는 반면, 다른 품종은 오른쪽으로 감긴 우선형의 껍질(*DD* 혹은 *Dd*)을 가진다. 이 물달팽이류는 자웅동체이며 타가 혹은 자가 수정을 통해 교배의 다양성을 제공한다.

그림 9-11에는 순종 물달팽이 간의 상반 교배 결과를 보여준다. 교배의 두 경우 모두 좌선형과 우선형 개체 간에 이루어져 모두 이형접합자 자손이 생산되지만, 자손의 표현형에서 각각 다른 결과를 보여준다. 자손의 표현형은 전적으로 난자를 제공하는 암컷의 유전자형에 의존하는데, 각 경우에서 연속적인 자가수정을 통해 3세대와 4세대 자손의 표현형을 조사함으로써 하나의 가설을 증명해 볼 수 있다. 난자를 제공하는 암컷의 유전자형이 *DD* 혹은 *Dd*인 경우 우선형 껍질을 지닌 자손만을 생산하며, 유전자형 *dd* 암컷의 경우 좌선형 껍질을 지닌 자손만을 생산한다. 따라서 자손 달팽이의 껍질 방향성은 **난자를 제공하는 모계의 유전자형에 따라 결정되며 모계의 표현형과는 상관 없다.**

물달팽이의 발생 과정을 살펴보면, 8-세포기 배아 이후 단계에서 난할 패턴의 방향성에 따라 껍질 방향성이 결정된다. 모계 유전자의 작용으로 세포-세포간 상호작용이 영향을 받아 분열하는 세포의 방향성이 설정된다. 우선형 대립유전자(*D*)는 활성을 지닌 유전자 산물을 생산하여 오른쪽으로 감긴 껍질 모양을 형성하도록 한다. 난할 전의 좌선형 난자에 우선형 난자의 세포질을 주입하면, 해당 좌선형 난자는 우선형 껍질을 형성하게 된다. 그러나 반대의 경우, 좌선형 난자의 세포질이 주입된 우선형 난자는 아무런 영향을 받지 않는다. 따라서 좌선형 대립유전자는 전형적인 열성 돌연변이로 작용하며 불활성의 유전자 산물을 암호화하고 있음이 명백하다.

결론적으로, *DD* 혹은 *Dd* 유전자형을 지닌 암컷이 생산하는 난모세포에는 *D* 유전자 산물이 합성되어 세포질에 저장되어 있다. 심지어 난모세포가 감수분열 이후 대립유전자 *d*만을 지닌 경우에도 대립유전자 *d*를 지닌 정자와 수정하여 생성된 *dd* 자손은 우선형 껍질을 보일 것이다.

초파리의 배아발생

모계효과의 잘 알려진 예로 노랑초파리(*Drosophila melanogaster*)의 배아발생 과정을 조절하는 여러 유전자에 대해 살펴보자. 18장에서 자세히 다루겠지만 초파리의 배아발생을 조절하는 유전자 시스템은 매우 흥미롭다. 모계효과 유전자의 단백질 산물은 다른 유전자의 발현을 활성화하며, 발현된 유전자의 산

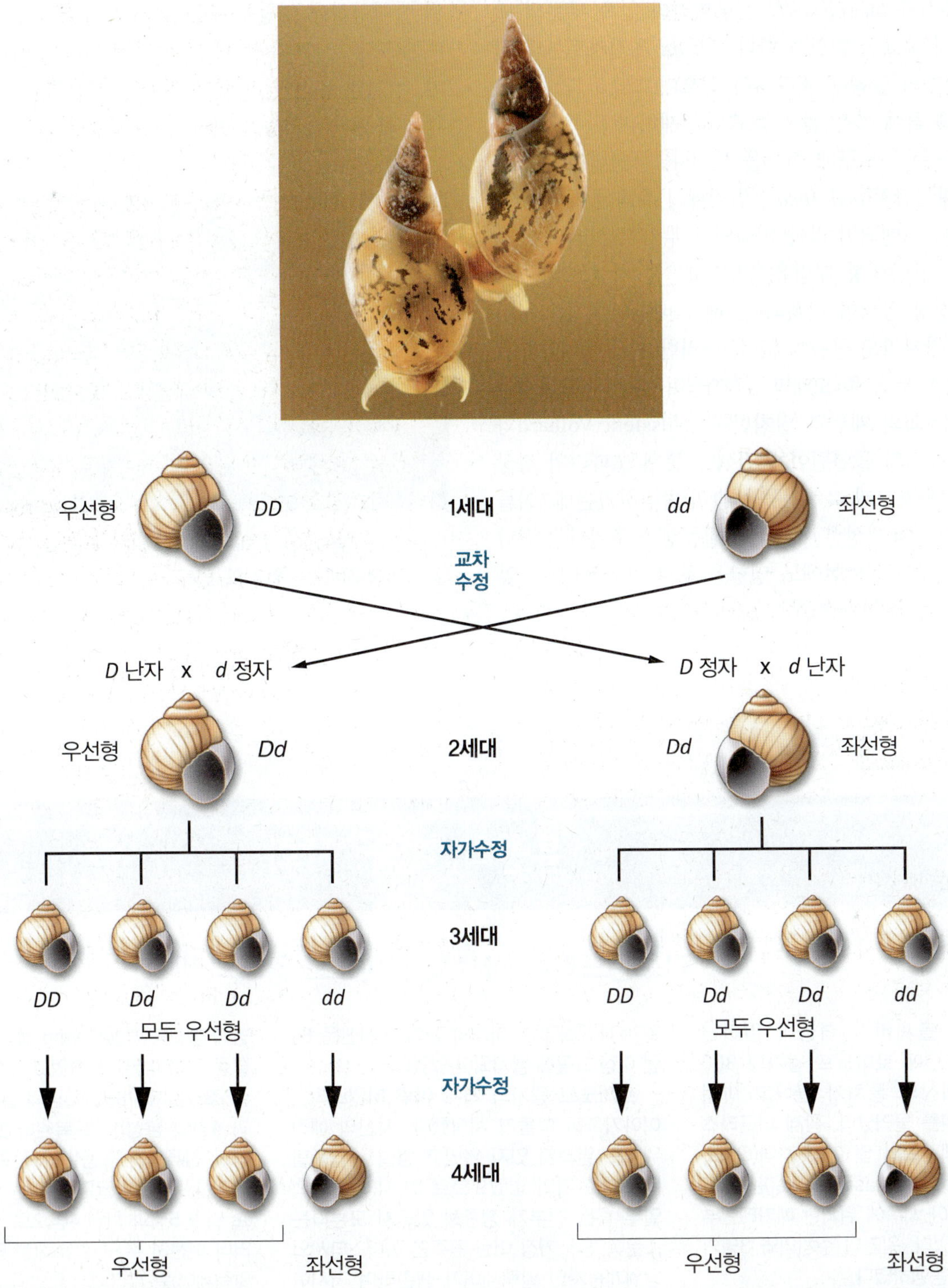

그림 9-11. 물달팽이 *Lymnaea peregra*의 껍질 방향성 유전. 껍질 방향성은 우선형(오른쪽 감김) 혹은 좌선형(왼쪽 감김)이다. 모계효과는 2세대와 3세대에서 뚜렷하게 관찰되는데, 자손의 유전자형과 상관 없이 모계의 유전자형이 자손의 표현형을 조절한다. 사진에서 우선형 및 좌선형 껍질을 지닌 달팽이를 보여준다.

물은 또 다른 유전자들의 활성을 조절한다. 이러한 일련의 단계적인 유전자 발현 조절을 통해 정상적인 배아발생이 진행되어 성체 초파리가 된다. Edward B. Lewis, Christiane Nüsslein-Volhard, Eric Wieschaus는 초파리의 배아발생을 조절하는 유전자의 규명과 작동 기작에 대한 연구를 진행하였고, 그 업적으로 1995년 노벨 생리의학상을 공동 수상하였다. 모계효과를 나타내는 유전자의 산물은 발생 중인 난자에서 합성되어 수정 전에 난모세포에 저장된다. 수정 이후, 이 유전자 산물들은 분자적 농도구배를 형성하여 발생이 진행됨에 따라 공간적 조직화를 설정한다.

예를 들어 유전자 *bicoid*(bcd^+)는 초파리의 앞쪽 부분의 발생을 결정하는 데 중요한 역할을 한다. *bicoid* 유전자로부터 전사된 RNA는 난자의 앞쪽에 저장되어 있으며(**그림 9-12**), 번역 후 단백질은 앞쪽 끝에 가장 높은 농도로 존재하며 뒤쪽으로 갈수록 점차 줄어드는 농도구배 현상을 보인다. 돌연변이 대립유전자를 가진 동형접합자(bcd^-/bcd^-) 암컷에서 유래한 배아는 앞쪽 부분의 발생이 진행되지 않아 머리와 흉부가 생성되지 않는다. 최소한 하나의 야생형 대립유전자(bcd^+)를 지닌 모계에서 유래한 배아는 정상 발생이 진행되며, 해당 배아의 유전자형이 돌연변이 동형접합자라도 상관이 없다. 이러한 현상은 **배아의 유전자형이 아닌 암컷 부모, 즉 모계의 유전자형이** 자손의 표현형을 결정한다는 **모계효과**의 개념과 일치한다. Nüsslein-Volhard와 Wieschaus는 대규모의 돌연변이체 검색을 통해 초파리의 정상 발생에 필수적인 모계효과 유전자들을 많이 발견하였는데, 이들은 초파리의 앞뒤 형태형성뿐 아니라 체절형성을 조절하는 접합자 유전자(핵 유전자)의 발현에도 영향을 준다. 18장에서는 앞뒤 형태형성에 영향을 주는 여러 모계효과 유전자들에 대해 살펴볼 것이다. 이 유전자들은 대부분 발생의 여러 면에 영향을 주며, 멘델의 유전 원리를 따르는 '접합자(핵)' 유전자의 공간적 발현을 조절하는 기능을 한다.

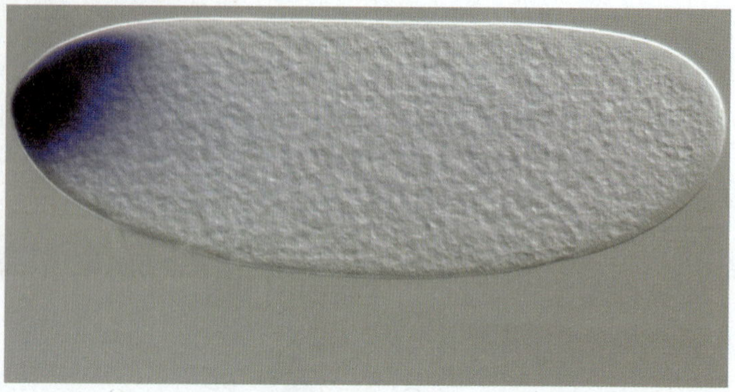

그림 9-12. 초파리의 초기발생 동안 배아의 앞쪽 부위에 집중적으로 존재하는 *bicoid* mRNA(파란색 염색)의 농도구배.

유전학, 기술, 사회

미토콘드리아 DNA와 로마노프 왕가의 비밀

러시아 볼셰비키 혁명이 일어난 1917년에 로마노프 왕가의 300년 이상의 통치가 끝나고 마지막 황제는 왕위를 물러났다. 황제 니콜라스 2세, 왕비 알렉산드라 및 다섯 자녀(Olga, Tatiana, Maria, Anastasia, Alexei)는 체포되었고, 시베리아 서쪽에 위치한 예카테린부르크로 추방되었다. 왕가의 주치의와 3명의 하인들도 함께 동행하였다.

1918년 7월 17일 밤에 황제 일가를 깨워 지하실로 데려간 후 더 안전한 장소로 옮길 것이라 하였으나, 무장한 11명의 남자들이 들어와 왕가 가족과 하인들에게 총격을 가했다. 처형을 완전하게 하고자 시신의 몸을 총검으로 찌르고 얼굴을 알아볼 수 없게 짓이긴 후 갱도 아래로 던져버렸다. 이틀 후 갱도에서 시신을 꺼내어 근처 숲으로 이동하여 얕게 매장하였고, 마지막 왕가의 시신은 60년 이상 그곳에 방치되어 있었다.

로마노프 왕가의 서거 이후 비밀스러운 이야기들이 떠돌기 시작했다. 시신의 매장 위치도 알려져 있지 않았고 암살을 입증할 목격자도 거의 없었으므로, 마지막 왕가의 일부 혹은 전부가 생존해 있을지 모른다는 소문이었다. 가장 어린 공주인 아나스타샤와 왕위계승자인 알렉세이가 생존하여 러시아에서 도망쳤고 왕권 복원을 기다리고 있다는 낭만적인 신화가 번지고 있었다. 1918년 이후 200명 이상의 사람들이 자신이 아나스타샤 공주라고 주장하는 사건들이 벌어졌다.

1979년, 러시아 지질학자가 예카테린부르크 근처의 얕게 매장된 무덤에서 네 개의 유골을 발견하면서 로마노프 왕가의 비밀이 풀리기 시작하였다. 1991년 구소비에트 연방의 *정보공개*(*glasnost*) 정책이 진행되면서 발굴 작업이 본격화되었고, 1,000여 개의 유골 조각을 찾아내어 9명의 골격(5명의 여성과 4명의 남성)으로 복원하였다. 골격의 측정과 컴퓨터를 활용한 사진과 골격의 상호대조를 통해, 발굴된 유해는 살해된 로마노프 일가 5명과 하인 4명으로 추정되었다. 그러나 여전히 두 구의 유해(한 명의 딸과 아들 알렉세이)는 발견되지 않았다.

유해의 신원을 입증하기 위해 DNA 분석이 진행되었는데, 유해 간의 가족관계를 설정하고 생존해 있는 친족들과의 비교를 통해 로마노프 왕가의 일원이 맞는가를 검증하는 것이었다. 과학자들은 유해의 뼈 조각에서 소량의 DNA를 분리하여 DNA 분석을 진행한 결과, 부모로 추정되는 성인 남성과 여성 및 3명의 소녀들 간에 가족 관계가 성립됨을

(계속)

유전학, 기술, 사회—계속

확인하였다. 나머지 성인 4명의 DNA 분석 결과 서로간에 아무런 연관이 없었으며 왕가 가족과도 무관하였다.

핵 DNA의 분석 이후, 미토콘드리아 DNA의 분석도 이루어졌다. 미토콘드리아는 모계로만 유전되므로, 미토콘드리아 DNA 서열은 감수분열의 교차로 인한 유전적 복잡성이 나타나지 않아 모계추적에 용이하게 사용할 수 있다. 과학자들은 아홉 구의 유해에서 얻은 미토콘드리아 DNA를 대상으로 다양성이 높은 부위 두 곳의 서열을 분석하였다. 왕비 알렉산드라로 추정되는 유해의 DNA 서열은 영국의 왕자 필립(알렉산드라의 5촌 조카)과 정확히 일치함으로써 신원이 확인되었다. 그러나 황제 니콜라스 2세의 신원 확인은 복잡한 양상을 보였다.

황제의 미토콘드리아 DNA 서열은 2명의 생존자인 Xenia Cheremeteff-Sfiri 백작부인(황제의 5촌 조카)과 James George Alexander Bannerman Carnegie 공작(황제의 할머니에서 모계로 거슬러 내려온 후손)의 서열과 비교 분석하였는데, 그 결과는 놀라웠다. 미토콘드리아 DNA 서열의 16,169번째 위치에서 니콜라스 황제는 C 혹은 T를 가진 것으로 나타난 반면, 백작부인과 공작은 해당 위치에 T만을 가지고 있었다. 결론적으로 니콜라스 황제의 세포에는 두 종류의 미토콘드리아가 존재하고, 각각은 미토콘드리아 DNA의 16,169번째 위치에 서로 다른 염기서열을 가지고 있는 것이다. 이러한 현상을 이질세포질이라 하며, 현재 전체 인구 중 10~20% 정도에서 발생하는 것으로 알려져 있다. 니콜라스 황제와 생존자 친족의 미토콘드리아 DNA 서열간의 불일치를 명백히 밝히기 위해 러시아 정부는 1899년 결핵으로 사망한 황제의 동생인 Gerogij Romanov 대공의 유해를 분석할 것을 정중히 요청하였다. 황제의 동생도 미토콘드리아 DNA의 16,169번째 위치에서 두 종류의 염기서열을 보이는 동일한 이질세포질 현상이 관찰되었다. 따라서 예카테린부르크에서 발굴된 유해는 로마노프 왕가인 것으로 판명되었고, 몇 년간의 논란은 마침내 해결되었다. 황제 니콜라스 2세, 왕비 알렉산드라 및 3명의 공주 유해는 살해된 지 80년이 지난 1998년 7월 17일에 상트페테르부르크에 위치한 피터 폴 성당에 안장되었다.

조사해 보자

개별적으로 혹은 팀을 이루어 다음의 질문에 대한 답을 찾아 보자. 로마노프 왕가의 신원을 확인하는 과정에서 나타난 기술과 여러 이슈들에 대해 참고문헌과 인터넷 사이트를 활용하여 조사해 보자.

1. 2007년에 로마노프 왕가의 유해 발굴 지역 근처에서 또 다른 무덤이 발견되었다. 이 무덤에는 성인 남성과 여성의 유해가 1구씩 있었으며, 1918년 사건의 목격자 증언에 따르면 왕자 알렉세이와 공주 1명의 시신은 불태우지 못하여 근처에 매장했다는 진술과 일치한다. 2007년에 발견된 유해 2구가 최초의 무덤에서 찾지 못한 로마노프 왕가의 일원이 맞는지 조사해 보자.

   다음의 문헌에서 해당 유해의 신원을 확인하는 법의학적인 DNA 분석 과정에 대해 찾아볼 수 있다. Coble, M. D., et al. 2009. Mystery solved: The identification of the two missing Romanov children using DNA analysis. *PloS ONE* 4: 1–9.

2. 아나스타샤 공주라고 주장했던 사람들 중 가장 유명했던 이는 1984년 미국에서 사망한 Anna Anderson이었다. Anderson 양의 신원을 확인하기 위해 어떤 종류의 DNA 분석법이 사용되었으며, 그 결과는 어떠하였는가?

   다음의 문헌부터 찾아보도록 한다. Stoneking, M., et al. 1995. Establishing the identity of Anna Anderson Manahan. *Nature Genet*. 9: 9–10.

3. 알렉세이 로마노프는 혈우병을 앓고 있었으며, 질병 유전자는 영국의 빅토리아 여왕에서부터 시작하여 알렉세이의 어머니에게로 전해진 것이었다. 역사가들은 알렉세이의 질병이 러시아 혁명과 로마노프 왕조의 몰락에 영향을 주었다고 평가한다. 왜 이러한 평가를 하게 되었는지와 알렉세이의 질병에 대한 유전적 원인을 알아보자.

   "왕가의 질병"과 알렉세이의 혈우병이 역사에 어떠한 영향을 주었는지에 관한 흥미로운 내용을 다음의 문헌에서 찾아볼 수 있다. Rogaev, E. I., et al. 2009. Genotype analysis identifies the cause of the "Royal Disease." *Science* 326: 817.

사례 연구 | 쌍둥이의 차이

2000년에 Tampa Bay Rays 야구팀에서는 1라운드 선발 선수로 Rocco Baldelli를 지명하였다. 그 후 2년 동안 Rocco는 프로야구팀에서 성공적인 경력을 쌓아가고 있었으나, 어느 날 갑자기 근육 손상과 극심한 피로 증상을 호소하게 되었다. 이러한 증상은 미토콘드리아 이상으로 인한 근육 질병인 것으로 판명되었다. 이 진단으로 인해 일란성 쌍둥이 형제에게 개별적인 의학적 해석이 필요하게 되었고, 나이, 성별, 인종, 사회적 지위와 무관하게 수천 명의 어린이와 성인에게 영향을 주는 유사한 질병에 대해 국가적 차원의 경각심도 요구되었다. Rocco가 시력과 근력의 상실로 고통을 받기 전까지 14년 동안 쌍둥이 형제는 같은 조건에서 경쟁하며 지내왔다. 미토콘드리아 질병의 진단으로 Rocco가 보이는 증상의 원인과 향후의 치료에 대해서는 알게 되었지만, 여전히 몇 가지 중요한 의문점이 제시되었다.

1. 쌍둥이 형제의 부모와 다른 친척들은 외관상 건강하다. 그런데 어떻게 Rocco는 미토콘드리아 유전병이 나타나게 된 것일까?
2. 일란성 쌍둥이 형제에게서 어떻게 한 명만이 미토콘드리아 유전병이 나타날 수 있는 걸까?
3. 유전병이 나타나지 않은 다른 한 명의 쌍둥이 형제는 계속 건강할 것이라고 예측할 수 있을까?

요약

1. 핵의 유전자는 양쪽 부모로부터 전달되는 유전방식을 따른다. 그러나 난자의 세포질을 통해 전달되는 유전정보로 인해 표현형이 결정되는 유전방식도 존재한다.
2. 세포소기관 유전은 엽록체 DNA와 미토콘드리아 DNA가 지닌 유전자형에 따라 표현형이 결정되는데, 이 두 세포소기관은 자손에게 전달되기 때문이다. 엽록체 돌연변이는 식물의 광합성 작용에 영향을 주며, 미토콘드리아 돌연변이는 세포호흡을 통해 생성된 ATP를 많이 소비하는 세포에 주로 영향을 준다. 결론적으로 돌연변이 표현형은 각 세포소기관의 기능 소실과 관련 있다.
3. 엽록체와 미토콘드리아는 약 20억 년 전에 원시 세균이 초기 진핵세포 내로 유입되면서 처음 나타났으며, 이후 숙주 세포와 함께 진화하였다는 것이 세포공생설이다. 현재의 엽록체와 미토콘드리아에 존재하는 DNA와 유전 기구에 대한 관찰과 연구를 통해 세포공생설을 지지하는 증거가 광범위하게 늘어나고 있다.
4. 사람의 미토콘드리아 DNA의 돌연변이로 인해 여러 종류의 유전병이 발생한다.
5. 모계의 유전자형에 따라 발현된 유전자 산물이 난자에 저장되어 이후 초기 발생에 영향을 주는 현상을 모계효과라 한다. 달팽이 껍질 방향성과 초파리 초기발생 동안의 유전자 발현이 모계효과의 대표적인 예이다.

질문 및 해답

1. 다음의 가상 가계도를 살펴본 후, 해당 형질이 어떻게 유전되는지에 대해 적절한 해석을 하고, 이 해석에 부합하지 않는 점을 지적해 보시오.

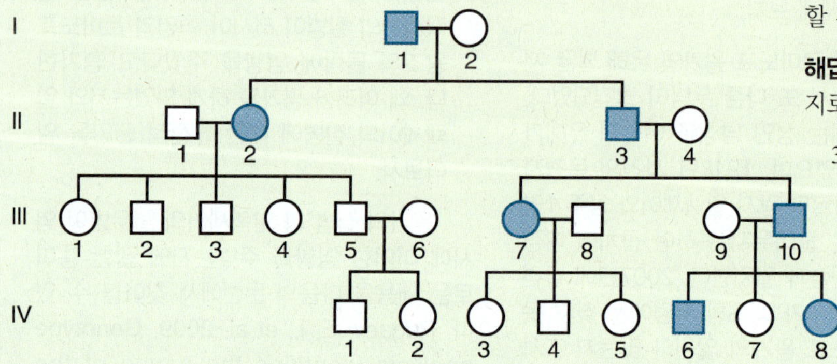

해답: 해당 형질을 지닌 아버지로부터 한 명의 자손을 제외하고 모든 자손에게 형질이 유전되며, 모계로는 유전되지 않는다. 자손 IV-7(딸)이 유일한 예외이다.

2. 1번 문제의 해답에 따라 해당 형질의 유전자가 Y 염색체에 존재할 것이라고 말할 수 있는가? 증거를 가지고 반박해 보시오.

해답: Y 염색체에 존재하지 않는다. 왜냐하면 해당 형질이 아버지로부터 아들뿐 아니라 딸에게도 전달되기 때문이다.

3. 가계도에 나타난 유전방식은 부계효과(paternal effect)인가? 아니면 부계유전(paternal inheritance)인가?

해답: 아버지는 해당 형질을 거의 모든 자손에게 전달하므로, 가계도의 형질은 부계유전의 특성을 보인다. 이 형질이 아버지의 핵 유전자로부터 유래한 부계효과의 영향인지를 알기 위해서는 더 많은 가계도 분석이 진행되어야 한다.

탐구 문제

어떻게 알았을까?

1. 우리는 이 장에서 핵외 유전이란 무엇인지, 미토콘드리아와 엽록체 내의 유전정보가 형질의 표현형을 어떻게 결정할 수 있는지, 그리고 모계 유전자형의 발현으로 인해 개체의 표현형이 어떻게 영향을 받는지를 알아보았다. 동시에 이런 정보를 밝혀낸 연구 방법과 추론에 대해서도 자세히 살펴보았다. 9장에서 배운 내용을 토대로 다음의 기본 질문에 대해 해답을 제시해 보시오.

(a) 핵에 있는 정보가 아닌 엽록체 내의 유전정보로 인해 특정 표현형이 유전된다는 것을 어떻게 발견하게 되었는가?

(b) 효모에서 세 종류의 *petite* 돌연변이의 발견을 통해 연구자들은 군체 크기가 핵외 유전방식을 따른다는 것을 어떻게 알게 되었는가?

(c) 세포공생설을 지지하는 여러 증거를 제시해 보시오.

(d) 우선형 껍질과 좌선형 껍질을 지닌 달팽이 간의 교배 실험을 통해 껍질방향성이 모계효과 유전방식을 따르는 것으로 밝혀졌는데, 어떠한 관찰 결과로 인한 것인지를 설명해 보시오.

(e) 모계효과가 유전의 기본적 원리를 따른다는 것을 밝힌 연구 결과는 무엇인지 제시해 보시오.

개념확인 문제

2. 이 장의 핵심 개념을 다시 살펴보자. 처음의 3개 항은 세포소기관 DNA에 의한 핵외 유전에 대한 설명이다. 마지막 항은 모계효과에 대한 내용이다. 세포소기관 유전과 모계효과를 구별하여 설명하는 짧은 에세이를 작성해 보시오.

3. 항생제 스트렙토마이신(streptomycin)에 저항성을 보이는 클라미도모나스는 엽록체 유전자 혹은 핵 유전자의 돌연변이로 나타난다. 두 유전자에서 저항성을 지닌 mt^+ 균주와 스트렙토마이신에 민감한 균주 간의 교배로 나타나는 자손의 표현형 결과에 대해 예측해 보시오. 상반 교배의 결과도 예측해 보시오.

4. 어떤 식물에 녹색 잎, 흰색 잎, 점박이 잎이 함께 존재한다. 이것은 엽록체의 돌연변이로 인해 색 형성이 억제되어 나타나는 현상이다. 다음의 교배 결과를 예측해 보시오.

밑씨 제공자		꽃가루 제공자
(a) 녹색 잎을 지닌 가지	×	흰색 잎을 지닌 가지
(b) 흰색 잎을 지닌 가지	×	녹색 잎을 지닌 가지
(c) 점박이 잎을 지닌 가지	×	녹색 잎을 지닌 가지
(d) 녹색 잎을 지닌 가지	×	점박이 잎을 지닌 가지

5. 이배체 효모 균주는 포자 형성과 잇따르는 감수분열로 인해 반수체 자낭포자를 형성하며, 포자의 융합으로 다시 이배체 세포가 생성된다. **분리형** *petite* 균주의 포자와 정상의 야생형 균주의 포자가 융합하면, 이배체 접합자는 모두 정상 표현형을 나타낸다. 감수분열 이후 생성된 자낭포자는 *petite*와 정상 표현형을 나타낸다. **분리형** *petite* 표현형은 우성 형질과 열성 형질 중 어느 형태로 유전되는가?

6. **분리형** *petite* 균주의 자낭포자와 **중립형** *petite* 균주의 자낭포자 간의 교배 결과를 예측해 보시오. 접합자의 표현형과 감수분열 결과 생성된 자낭포자의 표현형을 나타내시오.

7. 우선형 껍질을 지닌 물달팽이(*Dd*)와 좌선형 껍질을 지닌 물달팽이(*Dd*) 간의 교배에서 그림 9-11에 나타난 것처럼 교차 수정을 할 경우 교배 결과를 예측해 보시오. 만일 *Dd* 우선형 달팽이는 난자만을 생성하고, *Dd* 좌선형 달팽이는 정자만 생성한다면 어떤 결과가 나타날 것인가?

8. 물달팽이 교배에서 난자를 생성하는 달팽이가 우선형 껍질을 가졌으나, 유전자형은 알지 못한다. 정자를 생성하는 달팽이의 경우 유전자형과 표현형을 모두 알지 못한다. 이때 F_1 자손은 모두 우선형 껍질의 표현형을 보였다. F_1 자손 10마리를 자가 교배한 결과, 절반은 우선형 껍질을 지닌 자손, 나머지 절반은 좌선형 껍질을 지닌 자손을 생성하였다. 부모 세대의 유전자형을 예측해 보시오.

9. *Drosophila subobscura*에서 열성 유전자 *grandchildless*(*gs*)를 지닌 동형접합자 암컷의 경우 모든 자손이 불임이나, 동형접합자 수컷의 경우에는 정상 자손을 생성한다. 이 돌연변이 유전자는 왜 암컷에게만 영향을 주는지 설명해 보시오.

10. 순종의 과민한 생쥐 수컷과 순종의 무기력한 생쥐 암컷(가상의 변종 생쥐)을 교배한 결과 모든 자손은 무기력한 표현형을 나타내었다. F_2 세대에서도 모두 무기력한 자손 생쥐가 생성되었다. 이러한 결과에 대해 가장 적절한 유전적 설명을 제시하고, 이 설명을 검증하기 위한 교배 실험을 제안해 보시오.

11. 수정에 참여할 난모세포에서 하나의 미토콘드리아에 번역을 방해하는 돌연변이가 발견되었다고 가정하자. 이 난모세포로부터 형성되는 자손에서 해당 돌연변이의 효과는 어떠할 것인지 예측해 보시오.

12. 세포공생설이란 무엇이며, 진핵생물의 세포소기관에 위치한 핵외 DNA에 관한 연구와 세포공생설은 어떠한 관련이 있는지 설명하시오.

13. 앞의 7장 탐구 문제 33번 문항에서 핵이식복제, 즉 핵이 제거된 난자에 이배체 세포의 핵을 주입하여 배아를 생성하는 기술을 통해 CC 고양이의 탄생을 묘사하였다. 소, 양, 생쥐, 개 및 여러 종의 동물이 체세포 핵을 이용하여 복제되었다. 이 기술을 통해 생성된 배아와 성체 동물은 종종 다양한 종류의 미토콘드리아 결함을 보인다. 핵이식복제 기술을 통해 생성된 배아에서 미토콘드리아 결함이 자주 나타나는 원인에 대해 예측해 보시오.

응용 문제

14. 초파리 배아에서 앞뒤 축은 난자형성 이후 성숙한 난자에서 합성, 저장되는 다양한 유전자 산물의 작용으로 결정된다. 이 유전자에 돌연변이가 일어나면 배아형성 동안 비정상적인 축이 형성되는데, 이것을 **모계효과** 돌연변이라 한다. 모계효과 돌연변이는 세포소기관 유전에 따른 돌연변이와 어떤 면에서 차이를 보이는가? 모계효과와 세포소기관 유전을 구분할 수 있게 가상의 돌연변이 유전자를 대상으로 일련의 교배 실험을 설계하고 예측 결과를 제안해 보시오.

15. 모계효과 유전자 *bicoid*(*bcd*)의 돌연변이는 열성으로 작용한다. Bicoid 단백질 산물이 없으면, 배아는 정상적으로 발생하지 못한다. *Bicoid* 대립유전자의 이형접합자 암컷(bcd^+/bcd^-)과 돌연변이 동형접합자 수컷(bcd^-/bcd^-) 간의 교배를 가정해 보자.
(a) 돌연변이 동형접합자 수컷이 어떻게 정상적으로 생존할 수 있는지에 대해 설명해 보시오.
(b) 교배의 F_1 세대와 F_2 세대의 결과(정상 배아발생 혹은 비정상 배아발생)를 예측해 보시오.

16. (a) 사람의 미토콘드리아 유전체는 rRNA, tRNA 및 여러 단백질을 암호화하며, 핵 유전체에 암호화된 1,100종류의 단백질이 미토콘드리아로 운반된다. 미토콘드리아 유전체가 적은 비율로 단백질과 RNA를 암호화하는 것에 비해 미토콘드리아 DNA 돌연변이로 인

한 유전병은 상대적으로 높은 비율로 보고되었다(Bigger, B. et al. 1999). 할아버지가 최초의 미토콘드리아 DNA 결함을 가진다고 가정할 경우, 3세대의 가계도를 만들어 유전양상을 예측해 보시오. 할머니가 최초의 미토콘드리아 DNA 결함을 가진다고 가정할 경우, 3세대의 가계도를 만들어 유전양상을 예측해 보시오.

(b) 앞서의 (a) 상황에서, 만일 미토콘드리아 결함을 유발하는 돌연변이가 열성으로 작용하며 핵 유전체에 위치한다고 가정할 경우(해당 돌연변이 유전자 산물은 성공적으로 미토콘드리아로 운반되며 미토콘드리아의 주요 생리적 기능을 방해한다), 가계도의 유전양상은 어떻게 바뀔 것인지 예측해 보시오.

17. 미토콘드리아 DNA의 돌연변이로 인해 많은 종류의 신경학적 질병, 예를 들어 MERRF(myoclonic epilepsy and ragged-red fiber disease)증후군, 레버씨선천성시신경병증(Leber's hereditary optic neuropathy), 컨스-세이어증후군(Kearns-Sayre syndrome, KSS) 등이 발생한다. 각 경우에 질병의 표현형은 돌연변이와 정상 미토콘드리아의 비율이 질병마다의 특정 역치값 이상일 때 나타나게 되는데, 일반적으로 60~95% 수준이다.

(a) 미토콘드리아 질병은 전반적으로 사람을 쇠약하게 만든다. 현재까지 미토콘드리아 질병의 치료법이 개발되지 못한 원인은 무엇일까? 미토콘드리아 질병을 완화 혹은 치료하기 위한 일반적인 접근법을 제안해 보시오.

(b) 배아에 존재하는 엄청난 수의 미토콘드리아에 비해 난자에는 비교적 적은 수의 미토콘드리아가 존재한다. 난자의 세포질에 미토콘드리아 병목현상이 존재한다고 가정할 경우, 치료의 기회로 제공할 수 있을지에 대해 설명해 보시오.

18. 연구자들은 레이증후군(Leigh syndrome)의 증상이 흥미로운 분포를 나타내는 한 가계를 조사하게 되었다. 레이증후군은 서서히 운동 기능이 소실되며(운동실조, ataxia, A), 말초신경장애(PN, peripheral nerve의 장애를 의미함)를 나타낸다. ATPase 효소의 활성을 감소시키는 미토콘드리아 DNA 돌연변이가 레이증후군 환자의 조직에서 발견되었다. 다음 표는 가계 내에서 증상의 유무를 요약한 것이다.

사람	증상	돌연변이 미토콘드리아의 %
가계의 출발자	A, PN	> 90%
형제	A, PN	> 90%
형제	없음	17%
어머니	PN	86%
외삼촌	PN	85%
외사촌	A, PN	90%
외사촌	A, PN	91%
외할머니	없음	56%

(a) 표에 명시된 정보를 요약한 가계도를 그려보시오.

(b) 레이증후군의 유전방식에 대해 설명해 보시오.

(c) 동일 가계에서 사람마다 증상의 차이를 보이는 원인에 대해 설명해 보시오. 세포소기관 유전에서 이런 다양성을 묘사하는 용어를 제시해 보시오.

(d) 미토콘드리아 DNA 돌연변이로 인한 증상과 백색증(albinism)을 유발하는 돌연변이의 발현과 유전이 어떻게 다른지에 대해 비교 설명해 보시오.

19. 연구 논문(Payne, B. A. et al. 2013)에 따르면, 건강한 사람의 미토콘드리아 DNA를 분석한 결과 테스트에 참여한 모든 사람에서 낮은 수준의 이질세포질 현상이 나타났음이 보고되었다.

(a) 이질세포질 현상을 설명할 수 있는 가능성 있는 요인을 두 가지 제시해 보시오.

(b) 다양한 변이를 지닌 미토콘드리아 집단이 나타나기 위해서는 하나의 미토콘드리아 내의 유전적 구성이 어떠해야 할지 제안해 보시오.

이중나선 DNA의
Watson-Crick 모델
청동 조각.

10 DNA의 구조와 분석

핵심 개념

- DNA는 일부 바이러스를 제외한 지구에 사는 모든 생물의 유전물질이다.
- Watson-Crick 모델에 따르면 DNA는 우회전 이중나선 형태이다.
- 서로 역평행인 이중나선의 두 가닥은 상보적인 질소성 염기 간의 수소결합에 의해 서로 결합되어 있다.
- 유전정보의 저장과 발현의 원리는 DNA의 구조에 들어 있다.
- RNA는 DNA와 매우 유사하지만 RNA는 대부분 단일 가닥 분자로 존재한다.
- RNA는 일부 바이러스의 유전물질이다.
- 핵산을 분석하기 위해 개발한 많은 기술의 대부분은 질소성 염기의 상보성 탐지에 기초한다.

앞 장에서 배우자(gamete)를 통하여 미래의 자손에게 전달되는 형질들을 조절하는 유전자들이 염색체에 들어 있다고 서술하였다. 논리적으로 유전자는 다음 세대로 전달되어 각 개체의 형태와 특징을 결정하는 어떤 종류의 정보를 갖고 있어야 한다. 그러한 정보를 **유전물질(genetic material)**이라고 한다. 마찬가지로 생물의 성체 형태를 초래하는 복잡하고 다양한 과정을 지시하는 정보도 유전물질이다.

1944년까지 염색체의 어떤 화학적 요소가 유전자를 형성하고 유전물질을 구성하는지 몰랐다. 염색체는 핵산과 단백질을 모두 포함하고 있기 때문에 둘 다 유전물질의 후보였다. 그런데 1944년에 핵산인 DNA가 유전현상의 정보를 제공하는 근거로 작용한다는 직접적인 실험 증거가 나왔다.

일단 유전 과정에 DNA가 중요하다고 밝혀지자 DNA의 구조뿐만 아니라 DNA의 구조와 기능과의 관계를 밝혀내려는 목표로 연구가 활발해졌다. 1944년부터 1953년까지 많은 과학자들은 생물학사에서 가장 중요하고 흥미로운 질문인 DNA는 어떻게 생명현상의 유전 근거로 작용하는가를 해결할 정보를 찾아내려고 많은 노력을 기울였다. 그들은 복잡하지만 질서 있는 DNA의 기능이 DNA 분자의 화학 구조에 의존한다는 확신을 갖고 있었다.

그러한 노력은 1953년에 James Watson과 Francis Crick이 DNA의 이중나선 특성에 대한 가설을 제안하는 결과를 낳았다. 일단 DNA의 일반적인 구조가 결정되면 그 분자의 기능을 명확하게 알기 쉬울 것이라는 가정은 옳았다고 판명되었다. 이 장에서는 먼저 DNA가 유전물질이라는 증거를 알아본 후 DNA의 구조를 살펴보겠다. 후반부에서는 핵산인 DNA와 RNA의 연구에 유용한 다양한 분석 기술을 논의할 것이다.

이 장에서 논의되는 주제의 일부는 뒤에서(현대 유전학 특강 2장—RNA의 새로운 기능 참조) 심층적으로 탐구할 것이다.

10.1 유전물질은 네 가지 특성을 꼭 발휘할 수 있어야 한다

유전물질로 작용하는 분자는 중요한 4가지 특성인 **복제(replication)**, **정보의 저장(storage of information)**, **정보의 발현(expression of information)** 및 **돌연변이에 의한 변이(variation by mutation)**를 꼭 발휘할 수 있어야 한다. 유전물질의 복제(replication)는 세포주기의 일부분으로 모든 살아 있는 생물이 필수적으로 갖고 있는 특성이다. 세포에서 유전물질이 복제되어 양이 두 배가 되면 세포는 유사분열을 통하여 똑같은 두 개의 딸세포로 나누어져야 한다. 유전물질은 배우자가 형성될 때도 복제되는데 감수분열(meiosis) 과정(2장 참조)을 통하여 각 세포가 원래 유전물질의 반만 갖도록 나누어진다. 유사분열과 감수분열의 생산물은 다르지만 두 과정 모두 일반적인 세포 증식에 속한다.

정보의 저장(storage of information)은 세포에서 발현되거나 발현되지 않는 유전정보를 저장할 수 있는 분자를 필요로 한다. 개체를 구성하는 세포의 대부분은 완전한 유전체의 복사본을 갖고 있지만 특정한 시점에 유전체의 일부분만 세포에서 발현된다. 예를 들면, 박테리아의 많은 유전자는 특정한 환경 신호에 반응하여 발현되나 환경이 변하면 발현이 중지된다. 척추동물의 피부세포에서 멜라닌 유전자는 발현되나 헤모글로빈 유전자는 절대 발현되지 않는다. 반면에 소화세포에서는 소화작용에 관련되는 여러 유전자가 발현되지만 멜라닌 유전자는 발현되지 않는다.

저장을 위해서는 지구에 사는 수많은 생명체들에서 생산되는 매우 다양한 유전자 산물들을 암호화하는 유전물질이 필요하다. 유전물질의 화학적 언어가 그와 같은 수많은 정보를 저장할 수 있어야 하고 모든 정보를 자손에게 전달할 수 있어야 한다.

저장된 유전정보의 발현(expression)은 세포에서 일어나는 **정보흐름(information flow)**에 기본적 기초가 되는 복잡한 과정이다(그림 10-1). 정보흐름의 첫 단계는 주요한 세 종류의 RNA 분자가 합성되는 DNA의 **전사(transcription)**이다. 전령 RNA(messenger RNA, mRNA), 운반 RNA(transfer RNA) 및 리보솜 RNA(ribosomal RNA)가 주요한 세 종류의 RNA이다. 물론 mRNA는 tRNA와 rRNA가 관여하는 과정을 통하여 단백질로 번역된다. 각 종류의 mRNA는 특정 유전자의 산물이며 각기 다른 단백질을 합성한다. **번역(translation)** 과정에서 mRNA

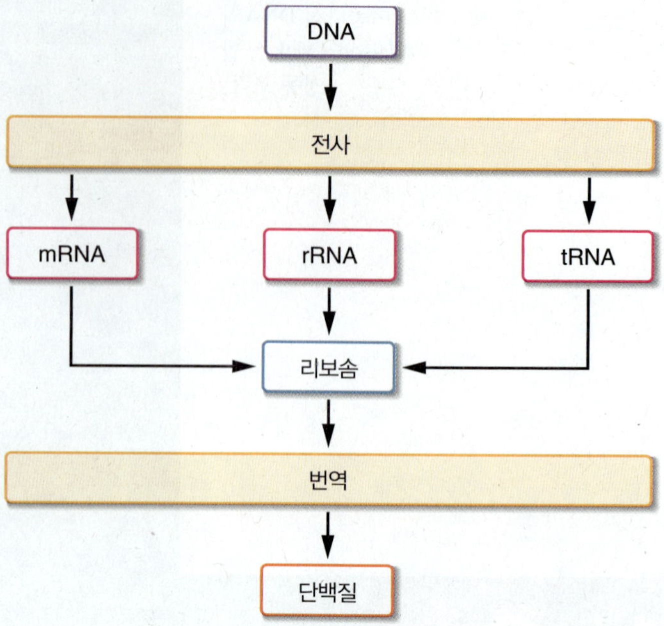

그림 10-1. 세포에서 일어나는 DNA에서 RNA를, RNA에서 단백질을 생산하는 정보흐름(중심원리)을 단순화하여 나타낸 도해.

의 화학적 정보가 폴리펩타이드라고 부르는 아미노산 사슬의 합성을 지시하고 아미노산 사슬은 단백질을 형성한다. 이와 같은 과정들이 총괄적으로 작용하여 "DNA는 RNA를 만들고, RNA는 단백질을 만든다."라는 **분자유전학의 중심원리(central dogma of molecular genetics)**의 토대를 이룬다.

유전물질은 또한 돌연변이 과정을 통하여 일어나는 개체들의 변이성(variability)의 원천이다. DNA의 화학적 구성의 변화인 돌연변이가 일어나면 그 변화는 전사와 번역 과정에 반영되어 특정 단백질에 영향을 미친다. 돌연변이가 배우자에서 일어나면 그것은 다음 세대로 계속 전달되어 집단에 분포하게 된다. 돌연변이 및 염색체 수의 변화와 염색체의 재배열(8장 참조)을 포함하는 유전적 변이는 진화 과정을 일으키는 원천이다.

10.2 1944년 이전에는 단백질이 유전물질로 지지를 얻었다

유전의 개념이 확립된 후, 유전물질이 물리적으로 부모로부터 자손에게 전달된다고 생각하였다. 생체분자들의 구조에 관한 연구가 상당히 진행된 19세기 말에 유전물질을 화학적 용어로 서술하기 시작하였다. 단백질과 핵산 모두 유전물질 역할을 하는 중요한 후보로 고려되었지만 1940년대까지 유전학자들은 단백질을 선호하였다. 이와 같은 현상은 놀랄만한 일은 아니었다.

왜냐하면 단백질이 세포 안에 다양하고 풍부하게 있으며 핵산보다 단백질에 관한 화학이 훨씬 많이 밝혀졌기 때문이었다.

1869년에 스위스 화학자인 Friedrich Miescher가 DNA를 처음 연구하였다. 그는 세포의 핵을 분리한 후, 핵으로부터 오늘날 DNA를 포함하고 있는 것으로 알려진 산성 물질을 추출하여 그것을 **뉴클레인(nuclein)**이라고 명명하였다. 그러나 DNA에 관한 연구가 진척되면서 DNA가 염색체에 존재한다고 밝혀졌지만, DNA는 방대한 유전정보를 저장하기 위해 갖춰야 할 화학적 다양성이 결여된 것으로 생각되었다.

이러한 결론은 전적으로 DNA는 **뉴클레오타이드(nucleotide)**라고 부르는 구조가 비슷한 네 종류의 분자를 거의 같은 비율로 갖고 있다는, 1940년에 이루어진 Phoebus A. Levene의 관찰에서 나왔다. Levene은 DNA 구조에 대한 **테트라뉴클레오타이드 가설(tetranucleotide hypothesis)**에서 DNA는 네 종류의 뉴클레오타이드가 반복적으로 구성되었다고 하였는데 이것은 옳지 않은 주장이었다. 결과적으로 DNA에서 관심이 멀어졌고 단백질을 선호하였다. 그러나 1940년대에 Erwin Chargaff는 대부분의 생명체는 네 종류의 뉴클레오타이드를 정확하게 같은 비율로 갖고 있지 않다고 발표하여 Levene의 제안이 틀렸음을 밝혔다. 뒤에서 DNA의 구조가 Chargaff의 관찰을 설명하는 것을 보게 될 것이다.

10.3 DNA가 유전물질이라는 증거는 박테리아와 박테리오파지의 연구를 통하여 처음 밝혀졌다

Oswald Avery, Colin MacLeod 및 Maclyn McCarty가 공동으로 1944년에 발표한 세균의 "형질전환 본질(transforming principle)"의 화학적 성질에 관한 논문은 처음으로 DNA를 유전물질로 받아들이게 한 업적이었다. 뒤이어 발표된 다른 연구팀들의 결과와 함께 그들의 연구 결과는 유전을 담당하는 생체분자는 단백질이 아니라 DNA라는 직접적인 실험 증거를 처음 보여주었다. 이것은 생명공학을 용이하게 해주고 생명의 근본을 더 깊게 이해하도록 해주는 **분자유전학의 시대(era of molecular genetics)**를 도래하게 하였다. 미래의 연구와 생각에 끼친 그들의 영향은 Darwin의 진화론 발표와 Mendel 전달 유전학 재발견의 영향에 필적한다. 이 세 가지 연구는 생물학에서 위대한 혁명적인 사건이다.

형질전환: 초기 연구

Avery, MacLeod 및 McCarty의 업적에 기반을 제공한 연구는 1927년 영국 보건부의 의사였던 Fredrick Griffith에 의해 시작되었다. 그는 몇 종류의 *Diplococcus pneumoniae*[1] 세균 균주를 사용하여 실험하였다. **독성(virulent)**, 즉 감염성 균주는 일부 척추동물(특히 인간과 생쥐)에서 폐렴을 일으키는 반면, **무독성(avirulent)** 즉 비감염성 균주는 병을 일으키지 않는다.

독성의 차이는 다당류 캡슐에 의존하는데, 독성 균주는 다당류 캡슐을 갖고 있는 반면 무독성 균주는 캡슐이 없다. 숙주 동물의 순환계에 있는 식세포는 캡슐이 없는 세균을 쉽게 빨아들여 파괴한다. 다당류 피막을 갖고 있는 병원성 세균은 쉽게 포식되지 않기 때문에 증식하여 폐렴을 일으킨다.

캡슐의 유무가 병원성 균주의 집락(colony)과 무병원성 균주의 집락을 뚜렷하게 다르게 만든다. 평면 한천배지에서 배양하면 캡슐을 갖고 있는 균주는 표면이 매끈하고 반짝이는 집락(*S*)을 형성하고 캡슐을 갖고 있지 않은 균주는 매끈하지 않은 집락(*R*)을 형성한다. 따라서 독성 균주와 무독성 균주는 표준배양방법으로 쉽게 구분된다.

각각의 *Diplococcus* 균주는 **혈청형(serotype)**이라고 부르는 다양한 유형의 하나로서 점액질의 두꺼운 캡슐을 구성하는 다당류 성분의 화학적 구조가 미세하게 다르다. 혈청형은 면역기법으로 식별하고 로마 숫자로 표시한다. 미국에서 가장 빈번하게 폐렴을 일으키는 균주는 유형 I과 유형 II이다. Griffith는 유전물질에 관한 새로운 개념을 얻은 실험에 유형 II*R*과 유형 III*S*를 사용하였다. 표 10.1은 Griffith가 사용한 두 균주의 특징을 요약한 것이며, 그림 10-2는 실험 과정을 묘사한 것이다.

Griffith는 다른 연구자들의 결과로부터 살아 있는 독성 세포만 생쥐에서 폐렴을 일으킨다는 것을 알았다. 열로 죽인 독성 세균을 생쥐에 주사하면 폐렴이 생기지 않았는데 이것은 살아 있는 무독성 세균이 병을 일으키지 않는 것과 마찬가지다. Griffith의 결정적인 실험(그림 10-2)은 살아 있는 II*R*(무독성) 세포를 열로 죽인 III*S*(독성) 세포와 혼합하여 생쥐에 주사하는 과정이다. 두 가지 타입을 각각 주사하였을 때 생쥐가 죽지 않았기 때문에 이중주사는 생쥐를 죽이지 않을 것이라고 예상했다. 그러나 두 가지 타입의 세포를 주사한 생쥐는 5일 후에 모두 죽었다. 역설적으로 들릴지 모르지만 분석한 죽은 생쥐의 혈액에 수많은 살아 있는 타입 III*S*(독성) 세균이 들어 있었다.

표 10.1 Fredrick Griffith가 독창적인 형질전환 실험에 사용했던 *Diplococcus pneumoniae* 균주

혈청유형	집락 형태	캡슐	병원성
II*R*	거칠음	없음	없음
III*S*	매끈함	있음	있음

[1] 현재는 *Streptococcus pneumoniae*라고 부른다.

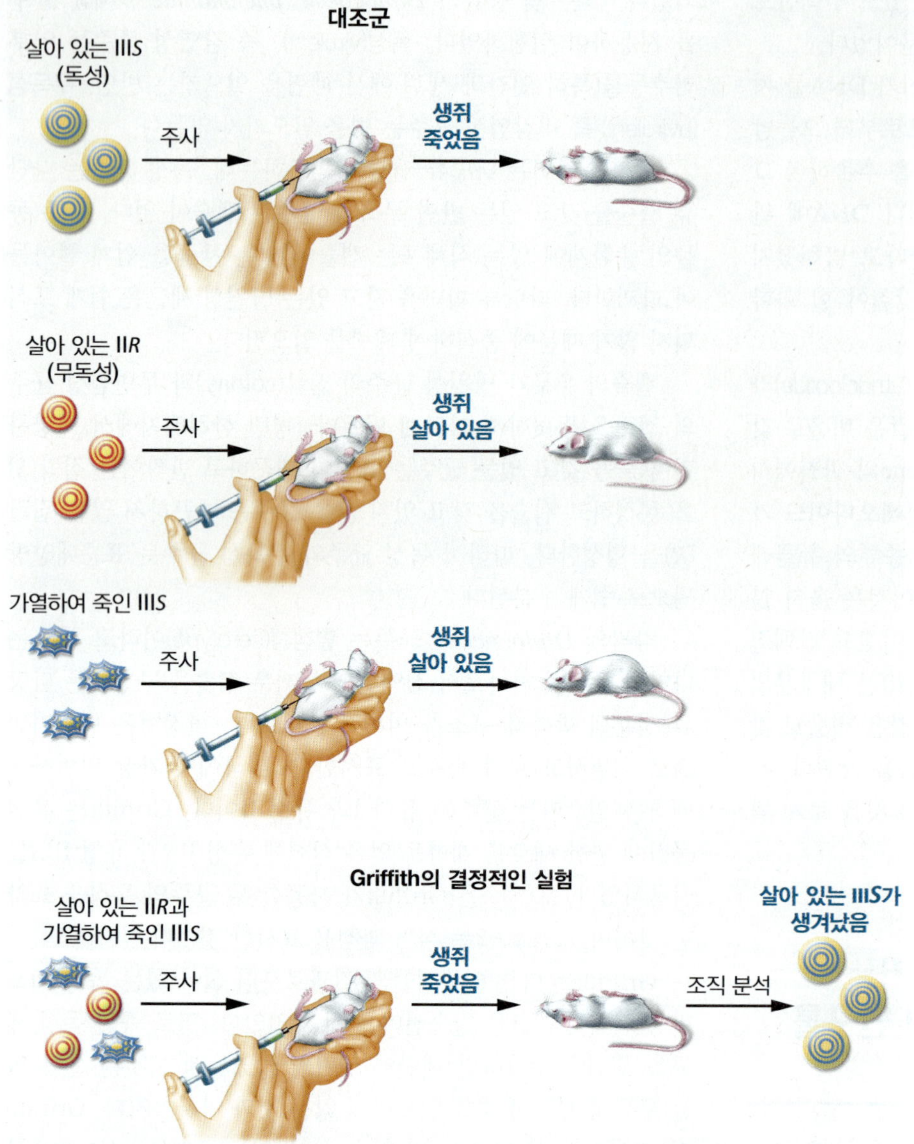

그림 10-2. Griffith의 형질전환 실험.

실제로 죽은 생쥐의 혈액에 들어 있던 III*S* 세균은 열로 죽인 세포를 만드는 데 사용했던 III*S* 균주와 일치하였다. 살아 있는 무병원성 II*R* 세균만 주사한 생쥐는 폐렴이 발생하지 않았으며 건강한 상태를 유지하였다. 이것은 열로 죽인 III*S* 세균이 없는 조건에서 무병원성 II*R* 세균이 병원성 III*S* 세균으로 자연적으로 바뀐다는(혹은 돌연변이 된다는) 가능성을 배제하는 실험 결과이다. 대신에 살아 있는 II*R* 세균과 열로 죽인 III*S* 세포 사이에 어떤 종류의 상호작용이 일어났다는 것을 나타낸다.

Griffith는 이유는 모르지만 열로 죽인 III*S* 세균에 의해서 살아 있는 무병원성 II*R* 세포가 병원성 III*S* 세균으로 전환되었다는 결론을 내렸다. 그는 이 현상을 **형질전환(transformatioin)**이라고 하였으며 캡슐 자체만으로는 폐렴을 일으키지 못하지만 다당류 캡슐의 구성 요소이거나 캡슐 합성에 필요한 화합물이 형질전환 본질(transforming principle)로 작용했을 것이라고 제안하였다. 즉, 죽은 III*S* 세포에서 유래한 형질전환 본질이 II*R* 세포의 특별한 '영양분'으로 작용한 것이라고 생각했다.

Griffith의 실험 결과는 다른 의사들과 세균학자들로 하여금 형질전환 현상을 연구하는 계기를 마련했다. 1931년까지 Rockefeller Institute의 M. Henry Dawson은 Griffith의 관찰을 확인하였고, 한 걸음 발전한 실험을 수행하였다. Dawson과 그의 동료들은 형질전환이 시험관 내(*in vitro*)에서도 일어난다는 것을 실험하였다. 시험관에 열로 죽인 III*S* 세포와 살아 있는 II*R* 세포를 함께 배양하면 살아 있는 III*S* 세포가 생겨났다. 따라서 형질전환을 일으키기 위해서 생쥐에 세균을 주사할 필요가 없었다. 1933년에 J. Lionel Alloway는 III*S* 세포 추출물과 살아 있는 II*R* 세포를 사용한 더 발전된 정교한 생체외 시험관 실험을 수행하였다. 열로 죽인 III*S* 세포 추출물의 수용성 여과 용액 자체가 살아 있는 III*S* 세포와 마찬가지로 형질전환을 일으켰다. Alloway와 다른 연구자들은 형질전환을 유전적 사건으로 생각하지 않고 일종의 생리적 변화라고 생각하였다. 그럼에도 불구하고 화학적 물질이 형질전환을 일으킨다는 실험 증거는 매우 설득력이 있었다.

형질전환: Avery, MacLeod 및 McCarty의 실험

어떤 분자가 형질전환 본질로 작용하는가는 가장 중요한 질문이었다. 1944년에 Avery, MacLeod 및 McCarty는 10년간의 연구 결과를 논문으로 발표하였다. 그들은 형질전환 본질을 순수하게 정제하였으며, 그것은 의심할 여지 없이 DNA라고 발표하였다. 그 논문은 현재 분자유전학 분야에서 뛰어난 고전으로 평가받고 있다.

그림 10-3은 보통 Avery, MacLeod 및 McCarty의 실험이라고 부르는 그들의 자세한 연구를 요약한 것이다. 그들은 병원성 타입 III*S* 세포를 배양한 매우 많은 양의 액체 배양(50~75리터)을 정제 과정에 사용하였다. 세포들을 원심분리로 모은 후, 가열 살균하였다. 세포를 균질화한 후, 디옥시콜산(deoxycholate, DOC)을 사용한 추출 과정을 몇 번 반복하여 무병원성 타입 II*R*

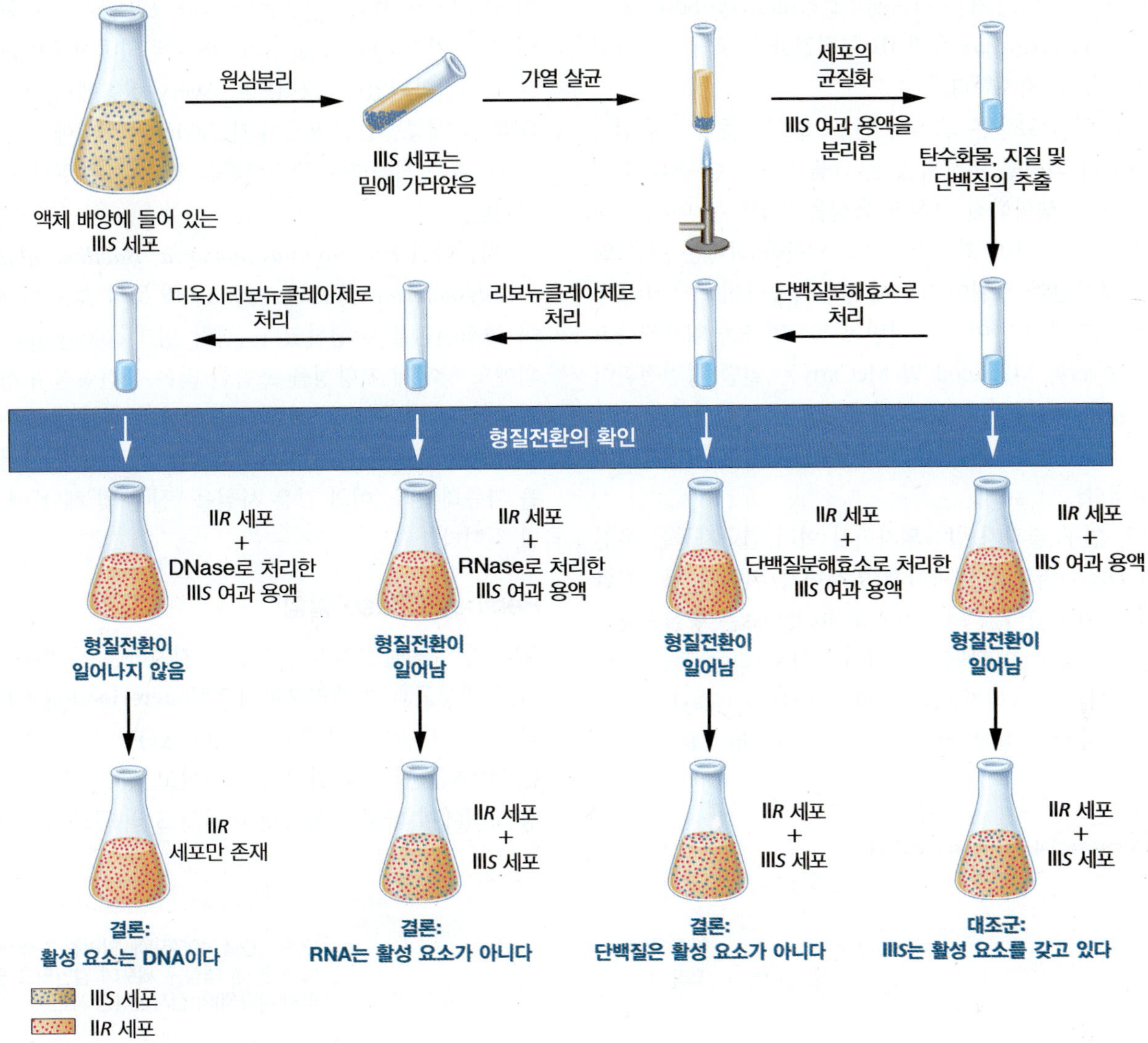

그림 10-3. DNA가 형질전환 본질임을 증명한 Avery, MacLeod와 McCarty의 실험 요약.

세포의 형질전환을 일으키는 활성이 있는 수용성 여과 용액을 분리하였다. 활성이 있는 여과 용액에 들어 있는 단백질은 수차례의 클로로포름(chloroform) 추출로 제거하였으며, 다당류는 효소를 처리하여 제거하였다. 마지막 단계에서, 단백질과 다당류를 제거한 여과 용액에 에탄올(ethanol)을 첨가하여 무병원성 타입 II*R* 세포의 형질전환을 일으키는 활성을 갖는 섬유 모양의 물질을 분리하였다. 처음 시작한 75리터 시료로부터 마지막 단계에서 10~25 mg의 '활성 요소(active factor)'를 분리하였다.

보충 검증을 통하여 DNA가 형질전환 본질이라는 것을 확립하였다. 섬유 모양의 물질에 들어 있는 질소와 인의 비가 그 당시 DNA의 화학 이름으로 사용되었던 '소디움 디속시리보뉴클리에이트(sodium desoxyribonucleate)'에 들어 있는 질소와 인의 비와 일치하였다. Avery, MacLeod 및 McCarty는 자신들의 발견을 확실하게 입증하기 위하여 섬유 모양의 물질에 들어 있을 수 있는 오염 물질을 모두 제거하였다. 섬유 모양의 물질을 단백질분해효소인 트립신(trypsin)과 키모트립신(chymotrypsin)으로 처리한 후, RNA 분해효소인 **리보뉴클레아제(ribonuclease, RNase)**로 처리하였다. 그러나 이와 같은 처리로 단백질과 RNA를 완전히 제거해도 형질전환 활성은 변하지 않았다. 그런데 최종산물인 여과 용액은 강한 DNA 양성 반응을 나타냈다. 개와 토끼의 혈청에서 분리한 DNA 분해효소인 **디옥시리보뉴클레아제(deoxyribonuclease, DNase)**를 사용한 실험에서 최종적으로 확증되었다. 디옥시리보뉴클레아제를 처리한 여과 용액은 형질전환 활성이 사라졌다. 결과적으로 Avery와 그의 동료들은 일련의 실험에서 활성을 나타내는 형질전환 원리는 DNA라고 확신하였다.

앞에 언급한 연구자들이 수행한 많은 실험, 그들이 이끌어낸 결론의 확인과 재확인 그리고 명확한 실험 설계는 매우 훌륭하다. 그렇지만 Avery, MacLeod 및 McCarty는 그들의 결론을 1944년에 발표한 논문에 다음과 같이 매우 간단하게 서술하였

다: "우리가 제시하는 증거는 디속시리보스(desoxyribose[2]) 타입의 핵산이 *Pneumococcus* 유형 III 형질전환 본질의 기본단위라는 생각을 확실히 지지한다."

Avery와 그의 동료들은 그들의 연구 결과가 뜻하는 유전적 의미와 생화학적 의미를 이해하였다. 그들은 이러한 종류의 핵산이 폐렴 세균의 생화학적 활성과 특성을 결정하는 데 구조적으로 중요할 뿐만 아니라 기능적으로도 역할을 한다는 것을 알아냈다. 즉, 형질전환 본질이 II*R* 세포와 작용하여 유형 III*S*의 캡슐 다당류의 합성에 관여하는 일련의 효소반응을 일으킨다고 생각하였다. Avery, MacLeod 및 McCarty는 일단 형질전환이 일어나면 캡슐의 다당류는 다음 세대에서도 계속 합성된다고 주장하였다. 따라서 형질전환은 유전적이며 유전물질을 변화시킨다고 강조하였다.

이와 같은 연구 결과가 발표되자마자 여러 연구자들은 유전현상에서의 DNA 역할을 명확하게 밝혀내기 위해서 형질전환 연구를 더욱 진행하였다. 특히, Rollin Hotchkiss는 형질전환을 일으키는 중요한 요소가 단백질이 아니라 DNA라는 것을 확증하였다. 이 실험과는 독립적으로 1949년에 Harriet Taylor는 집락이 거친 *R* 균주에서 **매우 거친(extremely rough, ER)** 돌연변이 균주를 분리하여 실험을 하였다. *ER* 균주는 *R* 균주보다 집락이 훨씬 거칠었다. *R* 균주의 DNA에 의해서 *ER* 균주가 *R* 균주로 형질전환되었다. 그러므로 Avery 실험에서 다른 균주로부터 DNA를 제공받았던 *R* 균주가 Taylor의 실험에서는 다른 균주에게 DNA를 제공하여 형질전환을 일으킬 수 있다는 것을 보여준 것이다.

지금까지 *Haemophilus influenza*, *Bacillus subtilis*, *Shigella paradysenteriae* 및 *Escherichia coli* 등의 많은 미생물을 사용하여 형질전환을 수행하였다. 집락 형태(colony morphology) 이외에도 항생제 저항성을 포함한 많은 유전형질의 형질전환이 보고되었다. 이와 같은 형질전환 실험의 결과는 DNA에 의한 형질전환이 단순한 생리적 변화가 아니라 유전적 사건이라는 생각을 확증하였다. 이와 같은 사실을 "질문 및 해답"에서 다시 탐구할 것이다.

Hershey-Chase 실험

DNA가 유전물질이라는 사실을 지지하는 두 번째로 중요한 증거는 대장균과 **박테리오파지 T2(bacterio-phage T2)**를 사용한 연구에서 나왔다. 간단히 **파지(phage)**라고 부르는 이 바이러스는 DNA를 단백질 껍질이 둘러싸고 있는 구조이다. 전자현미경 사진에서 파지는 육각형 머리와 꼬리 구조를 갖고 있다. 그림

[2] 현재는 desoxyribose를 deoxyribose로 적는다.

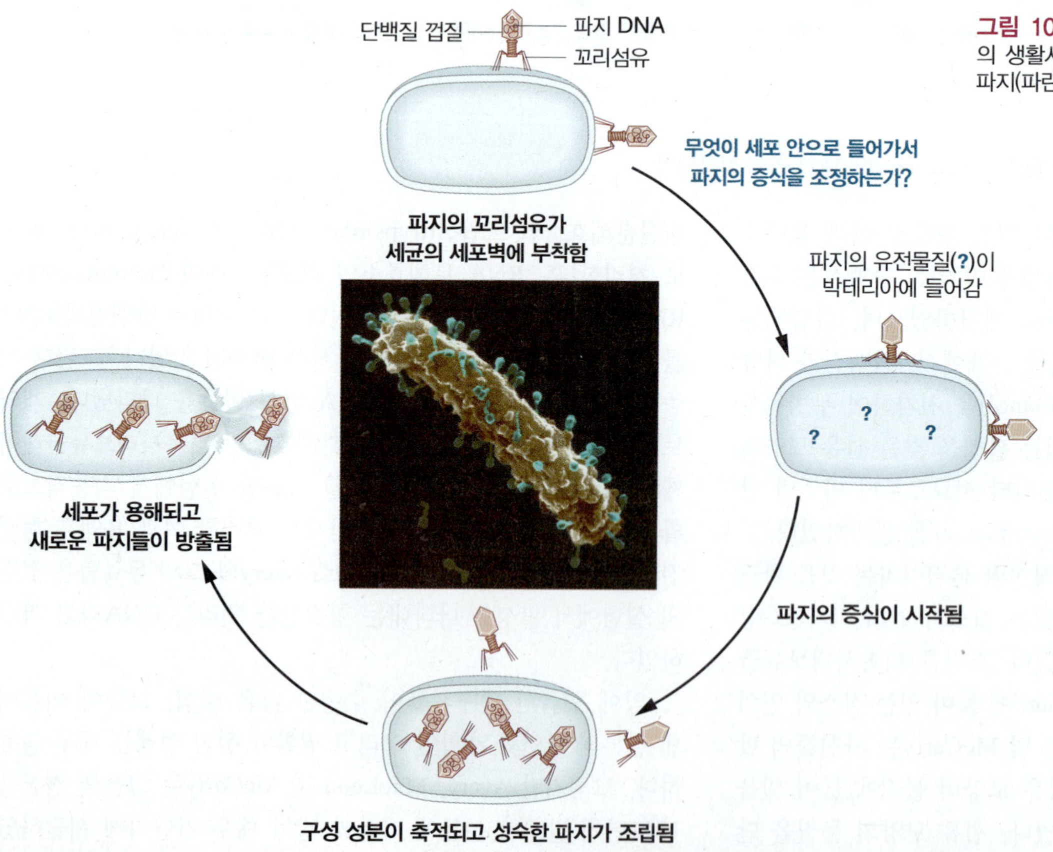

그림 10-4. 1952년에 알려진 T-짝수 박테리오파지의 생활사. 대장균 세포에 감염되고 있는 수많은 T2 파지(파란색)의 전자현미경 사진.

10-4는 1952년에 밝혀진 T2와 같은 박테리오파지의 생활사를 보여주고 있다. 간단히 설명하면, 파지가 세균 세포 표면에 결합한 후, 파지의 어떤 유전 요소가 세균 세포 안으로 들어간다. 이렇게 감염이 되면, 바이러스의 요소가 숙주 세포의 세포 활동을 조정하여 바이러스의 증식이 일어나게 한다. 매우 짧은 시간 안에 많은 파지가 만들어지고 세균 세포가 용해되면 바이러스들이 방출된다. 이와 같은 과정을 **용균회로(lytic cycle)**라고 한다.

Alfred Hershey와 Martha Chase는 파지의 증식 과정을 밝혀내기 위한 실험을 수행하여 그 결과를 1952년에 발표하였다. 그들은 세균 세포 안에서 일어나는 파지의 증식 과정에서 파지의 단백질과 핵산이 각각 어떤 역할을 하는지를 명확하게 밝혀낸 실험을 수행하였다. Hershey와 Chase는 기존의 데이터로부터 다음과 같은 사실을 알고 있었다.

1. T2 파지는 약 50%의 단백질과 50%의 DNA로 구성되어 있다.
2. 세균 세포 표면에 파지의 꼬리가 결합되어 감염이 유발된다.
3. 세균 세포 안에서 새로운 파지들이 만들어진다.

파지의 분자 구성요소인 DNA 혹은 단백질(혹은 둘 다)이 세균 세포 안으로 들어가서 바이러스의 증식을 조정하는 것 같았다. 어느 것인가?

Hershey와 Chases는 ^{32}P와 ^{35}S 방사성동위원소를 사용하여 파지의 감염 과정에서 일어나는 파지의 분자 구성요소의 경로를 추적하였다. DNA는 인(P)은 갖고 있으나 황은 갖고 있지 않기 때문에 ^{32}P는 DNA를 표지할 수 있으며, 단백질은 황(S)은 갖고 있으나 인은 갖고 있지 않기 때문에 ^{35}S는 단백질을 표지할 수 있다. 이러한 특징이 실험의 핵심 기반이다. 만약 대장균 세포를 먼저 ^{32}P 혹은 ^{35}S를 첨가하여 배양한 후, T2 바이러스를 감염시키면 증식된 파지는 DNA가 ^{32}P 방사성동위원소로 표지되거나 단백질 껍질이 ^{35}S 방사성동위원소로 표지될 것이다. 이와 같이 방사성동위원소를 함유한 파지를 분리하여 방사성동위원소를 갖고 있지 않은 대장균 세포를 감염시킨다(그림 10-5).

방사성동위원소를 함유한 파지와 방사성동위원소를 함유하지 않은 대장균 세포를 혼합하면 파지의 꼬리섬유가 세균의 표면에 결합하여 하나의 결합체를 이룬다. 믹서기의 강력한 전단력으로 파지-세균 결합체를 분리하여 파지와 세균을 각각 분석한다. 원심분리로 가벼운 파지와 무거운 세균을 분리한다(그림 10-5). Hershey와 Chase는 분리한 파지와 세균에 들어 있는 방사성동위원소를 추적하여 ^{32}P가 표지된 대부분의 DNA는 세균 세포 안에 들어 있고 ^{35}S가 표지된 단백질은 속이 빈 파지 껍질에 들어 있는 것을 증명할 수 있었다. 이와 같이 분리된 세균 세포는 바이러스 DNA를 갖고 있어서 새로운 파지가 증식되어 용해되었다. 방출된 파지에는 ^{35}S는 들어 있지 않았고 ^{32}P가 들어 있었다.

Hershey와 Chase는 이 결과에 대해 파지 껍질의 단백질은 숙주 세포의 바깥에 남아 있고 새로운 파지의 증식에는 관여하지 않았다고 해석하였다. 반면에 가장 중요한 파지 DNA가 숙주 세포 안으로 들어가서 파지의 증식을 일으켰다고 주장하였다. Hershey와 Chase는 T2 파지의 유전물질은 단백질이 아니고 DNA임을 증명하였다.

이 실험은 Avery와 그의 동료들의 실험과 더불어 DNA가 유전을 담당하는 분자라는 증거를 확실하게 제공하였다. 이와 같은 결과는 지금까지 분자유전학 분야에서 주춧돌 역할을 하고 있다.

실전문제

10-1 기본적인 설계를 형질전환 현상에 적용하여 Hershey와 Chase의 연구와 유사한 실험을 수행할 수 있을까? 가능한지 혹은 가능하지 않은지를 설명하시오.

■ **힌트:** Hershey-Chase 실험 과정을 이해하여 형질전환 연구에 적용하는 문제이다. 형질전환 과정은 세포와 세포의 접촉 없이 외부 DNA가 형질전환될 세포 안으로 들어가는 것임을 기억하는 것이 해결의 실마리다.

형질주입 실험

Hershey-Chase 실험의 결과가 발표된 후로 8년 동안 발표된 박테리오파지를 사용한 연구들은 DNA가 유전물질이라는 사실을 더욱더 확고하게 증명하였다. 1957년에 대장균을 리소자임(lysozyme) 효소로 처리하여 세포를 파괴하지 않고 세포벽을 제거할 수 있다는 여러 보고가 있었다. 효소를 처리하여 세포벽을 제거한 세포는 외부와의 경계인 세포막만 남게 된다. 이러한 구조를 **원형질체(protoplast 혹은 spheroplast)**라고 부른다. John Spizizen과 Dean Fraser는 분쇄한 T2 입자들 원형질체에서 파지의 증식을 일으킬 수 있다고 각각 발표하였다. 이는 원형질체를 사용할 경우 감염을 일으키기 위한 바이러스는 완전한 형태일 필요는 없다는 것을 의미한다. 그러므로 바이러스 단백질 껍질 구조가 온전한 세포벽을 통한 DNA의 이동에는 필수적이지만 원형질체로의 감염에는 꼭 필요하지 않다.

1960년에는 George Guthrie와 Robert Sinsheimer가 유사하지만 더 정교한 실험 결과를 발표하였다. 약 5386개의 뉴클레오타이드로 구성된 원형의 단일 가닥 DNA 분자를 갖고 있는 작은 박테리오파지 ϕX174로부터 정제한 DNA를 대장균 원형질체에 첨가하여 완전한 ϕX174 박테리오파지를 생산하였다. 바이러스

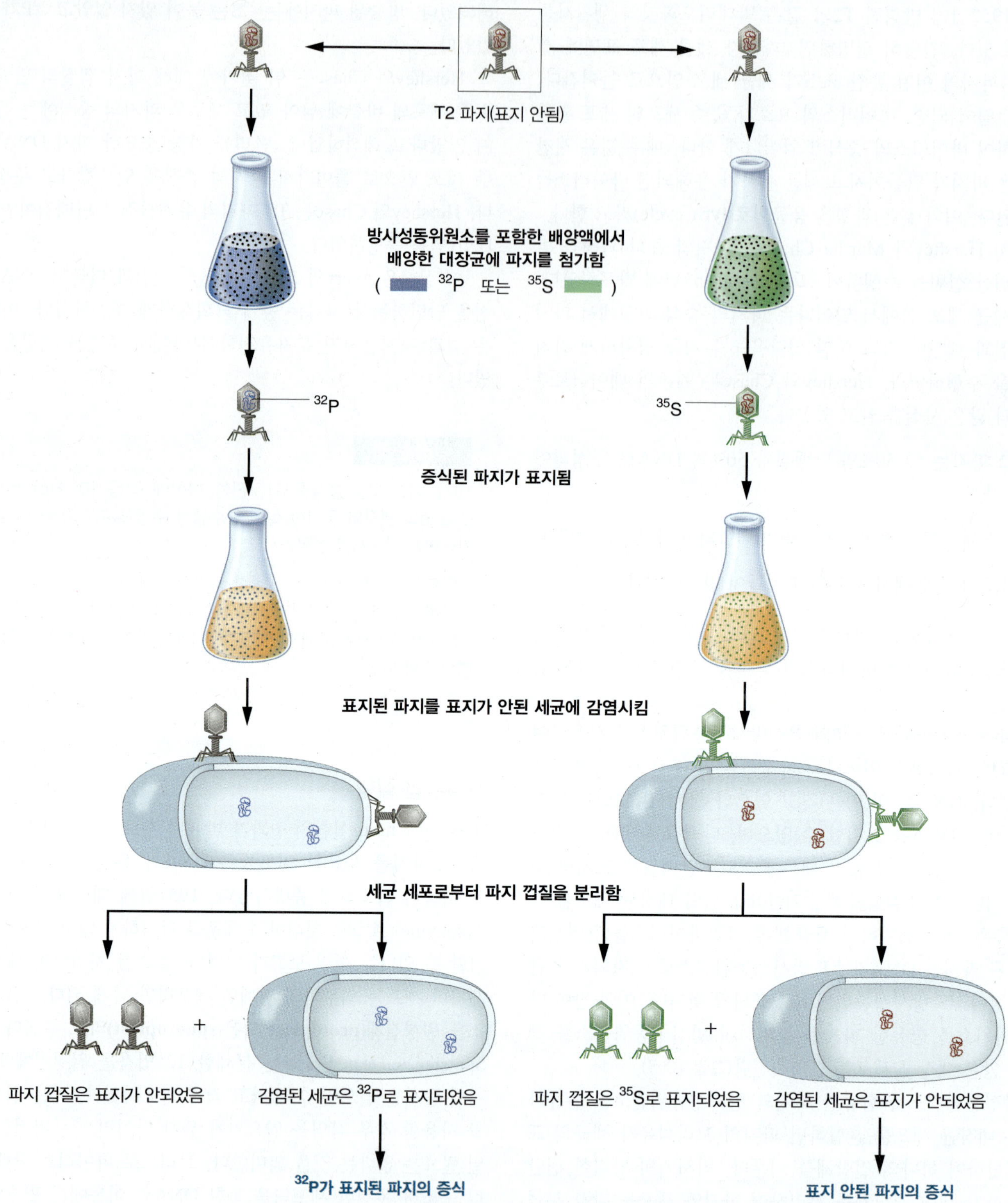

그림 10-5. 감염된 대장균에서 T2 파지의 증식을 조정하는 것은 단백질이 아니라 DNA라는 것을 증명하는 Hershey-Chase 실험의 요약.

의 핵산으로만 감염시키는 과정인 **형질주입(transfection)** 실험은 ϕX174 DNA 자체에 바이러스의 생산에 필요한 모든 정보가 들어 있다는 것을 결정적으로 증명하였다. 그러므로 이 실험은 그때까지는 모든 직접적인 증거가 비록 세균과 바이러스의 연구에서 밝혀졌지만 DNA가 유전물질로 작용한다는 증거를 확고하게 보여주었다.

10.4 간접적인 증거와 직접적인 증거가 진핵생물의 유전물질도 DNA라는 사실을 지지한다

1950년에 DNA가 유전물질임을 증명한 세균과 바이러스에서 수행한 실험이 진핵생물에는 해당되지 않았지만 일반적으로 유전물질은 진핵생물에서도 같은 역할을 하는 보편적인 물질일 것이라고 생각하였다. 초기에는 DNA가 진핵생물의 유전물질임을 나타내는 몇 가지 정황 관찰에 의존하였다. 후에, DNA가 유전 과정에서 명확히 중심적인 역할을 한다는 직접적인 증거가 확립되었다.

간접적인 증거: DNA의 분포

유전물질은 핵에 들어 있는 염색체의 일부분으로 존재해야 하며 핵 안에서 기능을 발휘해야 한다. DNA와 단백질 모두 염색체의 구성 성분이다. 그런데 단백질은 세포질에도 풍부하게 있으나 DNA는 세포질에는 없다. 미토콘드리아와 엽록체 모두 유전적 기능을 수행하며 DNA 또한 두 세포소기관에 들어 있다. DNA는 주요한 유전적 기능이 일어나는 곳에서 발견된다. 반면에 단백질은 세포의 모든 곳에서 발견된다. 이러한 사실은 유전물질이 단백질이라기보다는 DNA라는 생각과 부합한다.

일찍이 핵 안의 염색체에 유전물질이 들어 있다고 생각하고 있었기 때문에 세포의 배수성(n, $2n$ 등)과 유전물질로 작용하는 물질의 양 사이에는 상관관계가 있어야 한다. 배우자세포(정자세포와 난자세포)와 체세포의 배수성을 비교해 볼 수 있다. 체세포는 이배체($2n$)로 반수체(n)인 배우자 세포보다 염색체를 두 배 갖고 있다.

표 10.2는 다양한 동물의 반수체인 정자세포에 들어 있는 DNA 양과 이배체인 핵이 있는 적혈구 전구세포에 들어 있는 DNA 양을 비교하고 있다. DNA의 양과 염색체의 집합개수 사이에는 밀접한 상관관계가 있다. 배우자 세포와 이배체 세포에 들어 있는 단백질은 이러한 상관관계를 전혀 보여주지 않는다. 이와 같은 결과는 진핵생물의 유전물질이 단백질이 아니라 DNA라는 정황 증거이다.

표 10.2. 여러 종의 반수체 세포와 이배체 세포에 들어 있는 DAN의 양*

생물명	n (pg)	$2n$ (pg)
인간	3.25	7.30
닭	1.26	2.49
송어	2.67	5.79
잉어	1.65	3.49
청어	0.91	1.97

*정자세포(n)와 핵이 있는 전구체 적혈구 세포($2n$)의 배수성을 비교하였다.

간접적인 증거: 돌연변이 유발

자외선(ultraviolet light, UV light)은 유전물질에 돌연변이를 유발할 수 있는 많은 요인 중의 하나이다. 효모 같은 간단한 생물을 다양한 파장의 자외선으로 조사한 후, 각 파장에 의해 유발된 돌연변이 개수로 자외선의 돌연변이 작용을 측정할 수 있다. 각 파장에 대한 돌연변이 개수를 그래프로 그리면 자외선의 **작용 스펙트럼(action spectrum)**이 만들어진다. 작용 스펙트럼을 유전물질이라고 생각하는 분자들의 **흡수 스펙트럼(absorption spectrum)**과 비교할 수 있다(그림 10-6). 유전물질로 작용하는 분자는 돌연변이를 유발하는 파장의 자외선을 흡수할 것이다.

파장이 260 nm인 자외선에 의해서 돌연변이가 가장 크게 유발되었으며 DNA와 RNA는 모두 260 nm 파장의 자외선을 가장 강하게 흡수하였다. 반면에 단백질은 280 nm 파장의 자외선을 가장 강하게 흡수하였지만 280 nm 파장의 자외선에 의해서는 돌연변이가 거의 유발되지 않았다. 이와 같은 결과는 유전물질이 단백질이 아니라 핵산이라는 생각을 지지하는 간접적인 증거이다.

직접적인 증거: 재조합 DNA 연구

앞에서 설명한 정황 증거들이 DNA가 진핵생물의 유전물질이라는 직접적인 증거가 되지는 못했지만 연구자들이 이 추론

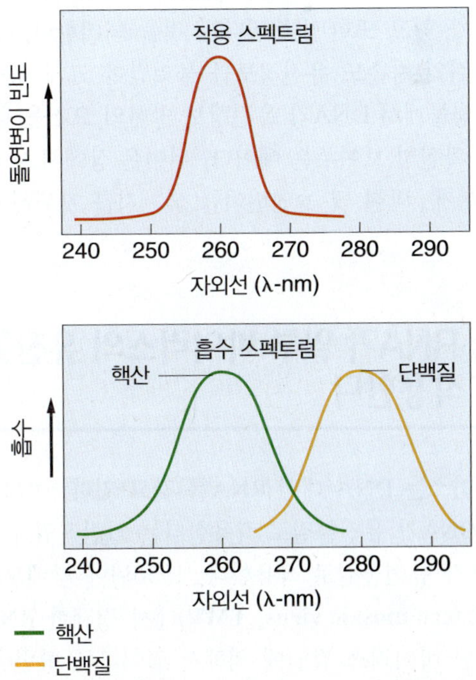

그림 10-6. 작용 스펙트럼(돌연변이를 일으키는 자외선의 파장을 결정함)과 흡수 스펙트럼(핵산과 단백질이 흡수하는 자외선의 파장 영역을 나타냄)의 비교.

을 기본적 가설로 사용하여 빠른 진전을 이루는 계기가 되었다. 오늘날 DNA가 모든 진핵생물의 유전물질이라는 확실성에는 의심의 여지가 없다. 가장 강력한 증거는 **재조합 DNA 기술(recombinant DNA technology)**을 이용한 분자적인 분석을 통하여 제공되었다. 이 기술은 먼저 진핵생물의 특정한 유전자에 해당하는 DNA 조각을 분리하여 박테리아 DNA 안에 연결시켜 재조합 DNA를 만든다. 재조합 DNA를 세균 세포에 삽입한 후, 유전자 발현을 조사한다. 진핵생물 유전자의 단백질이 세균 세포에서 합성된다면 이것은 세균 세포 안에 진핵생물 유전자가 존재하고 기능을 나타낸다는 것을 직접적으로 보여주는 것이다. 이와 같은 결과는 매우 많이 보고되었다. 예를 들어, 인간 인슐린과 인터페론 단백질을 암호화하는 유전자들을 세균에 삽입하면 그 세균은 인슐린과 인터페론을 생산한다. 세균이 분열하면 진핵생물 DNA는 세균 DNA와 함께 복제되어 딸세포로 분배되고 딸세포에서 발현되어 인슐린과 인터페론을 생산한다.

재조합 DNA 연구 결과로 특정한 유전자를 암호화하는 많은 양의 DNA를 사용할 수 있게 되어 DNA가 유전물질로 작용한다는 다른 직접적인 증거를 얻었다. Beatrice Mintz 연구실은 생쥐의 수정란에 주입한 인간 β-글로빈(β-globin) 유전자의 DNA가 나중에 생쥐의 조직에 존재하여 발현되는 것과 그 생쥐의 자손에게 전달되어 발현되는 것을 발표하였다. 이와 같은 생쥐가 **형질전환동물(transgenic animal)**의 예이다. 다른 연구에서는 집쥐(시궁쥐, rat)의 성장호르몬 유전자 DNA를 생쥐(mouse)의 수정란에 주입하였다. 이러한 수정란에서 발생한 생쥐의 약 1/3은 보통 생쥐보다 두 배 크게 성장하였다. 이것은 외래 DNA가 생쥐에 들어가 있고 또한 발현된다는 것을 의미한다. 두 배 크게 성장한 생쥐의 자손도 유전정보를 물려받아 크게 성장한다. 이것은 진핵생물에서 DNA가 유전정보 발현의 요건을 충족시킨다는 사실을 확실히 보여주는 예이다. 뒤이은 장에서 어떻게 DNA가 저장, 복제, 발현 및 돌연변이를 되는지를 자세히 살펴볼 것이다.

10.5 RNA가 일부 바이러스의 유전물질로 작용한다

일부 바이러스는 DNA 대신 RNA를 갖고 있다. 이러한 바이러스에서는 DNA가 유전물질로 작용한다는 일반적인 규칙의 예외로서 RNA가 유전물질로 작용한다. 1956년에 **담배모자이크 바이러스(tobacco mosaic virus, TMV)**에서 정제한 RNA를 담배잎에 뿌리면 바이러스 감염에 의해서 일어나는 병변이 잎에 나타난다는 결과가 발표되었다. 그리하여 RNA가 이 바이러스의 유전물질이라는 결론을 얻었다.

1965년과 1966년에 Norman Pace와 Sol Spiegelman은 $Q\beta$ 파지에서 분리한 RNA를 시험관(*in vitro*)에서 복제하였다. 파지를 감염시킨 대장균 세포에서 분리한 **RNA 복제효소(RNA replicase)**를 사용하여 RNA를 복제한다. 시험관에서 복제한 RNA를 대장균 원형질체에 첨가하면 감염과 바이러스 증식이 일어난다. 시험관에서 합성된 RNA가 이와 같은 파지의 유전물질로 작용하여 바이러스 증식에 필요한 모든 요소를 생산한다. Hershey와 Chase가 사용한 T2 바이러스와 같은 많은 종류의 바이러스는 DNA를 유전물질로 사용하는데, RNA를 갖고 있는 바이러스 그룹도 있다. 그것은 복제 방법이 특별한 **레트로바이러스(retrovirus)**이다. 레트로바이러스의 RNA는 상보적인 DNA 분자를 합성하는 주형으로 사용된다. 이와 같은 **역전사(reverse transcription)** 과정은 **역전사효소(reverse transcriptase)**라고 부르는 RNA-의존 DNA 중합효소(RNA-dependent DNA polymerase)에 의해서 진행된다. 이렇게 합성된 DNA 중간체는 숙주 세포의 유전체 안으로 삽입되고, 숙주 세포의 DNA가 전사될 때 원래의 레트로바이러스 RNA 염색체 복사본이 생산된다. 여러 종류의 RNA 종양 바이러스뿐만 아니라 선천성면역결핍증(AIDS)을 일으키는 인간 면역결핍 바이러스(human immunodeficiency virus)가 레트로바이러스에 속한다.

10.6 DNA 구조의 이해를 위한 핵산 화학

지금까지 DNA와 RNA가 유전 과정에서 매우 중요함을 이해하였고 이제는 이 분자들의 화학 구조를 간단히 살펴보도록 한다. DNA와 RNA의 구조 단위는 매우 비슷하다. 두 분자의 화학적 유사성은 유전자 발현 과정에서 진행되는 두 분자의 협조적인 기능에 중요하다. 다른 주요한 생체유기분자들(단백질, 탄수화물 및 지질)과 마찬가지로 핵산 화학은 다양한 길이의 사슬로 중합되는 비슷한 구성 단위체들에 기반한다.

뉴클레오타이드: 핵산의 구성 단위체

DNA는 핵산이며, **뉴클레오타이드(nucleotide)**는 모든 핵산 분자를 구성하는 단위체이다. 모노뉴클레오타이드(mononucleotide)라고도 부르는 이 구조적 단위체는 **질소성 염기(nitrogenous base)**, **오탄당(pentose sugar)** 및 **인산 그룹(phosphate group)**의 세 가지 필수 구성요소로 구성된다. 질소성 염기는 두 종류가 있는데 9원자 이중고리 구조의 **퓨린(purine)**과 6원자 단일고리 구조의 **피리미딘(pyrimidine)**이다.

핵산에는 두 종류의 퓨린과 세 종류의 피리미딘이 있다. 두 종류의 퓨린은 **아데닌(adenine, A)**과 **구아닌(guanine, G)**이다. 세 종류의 피리미딘은 **시토신(cytosine, C)**, **티민(thymine, T)**

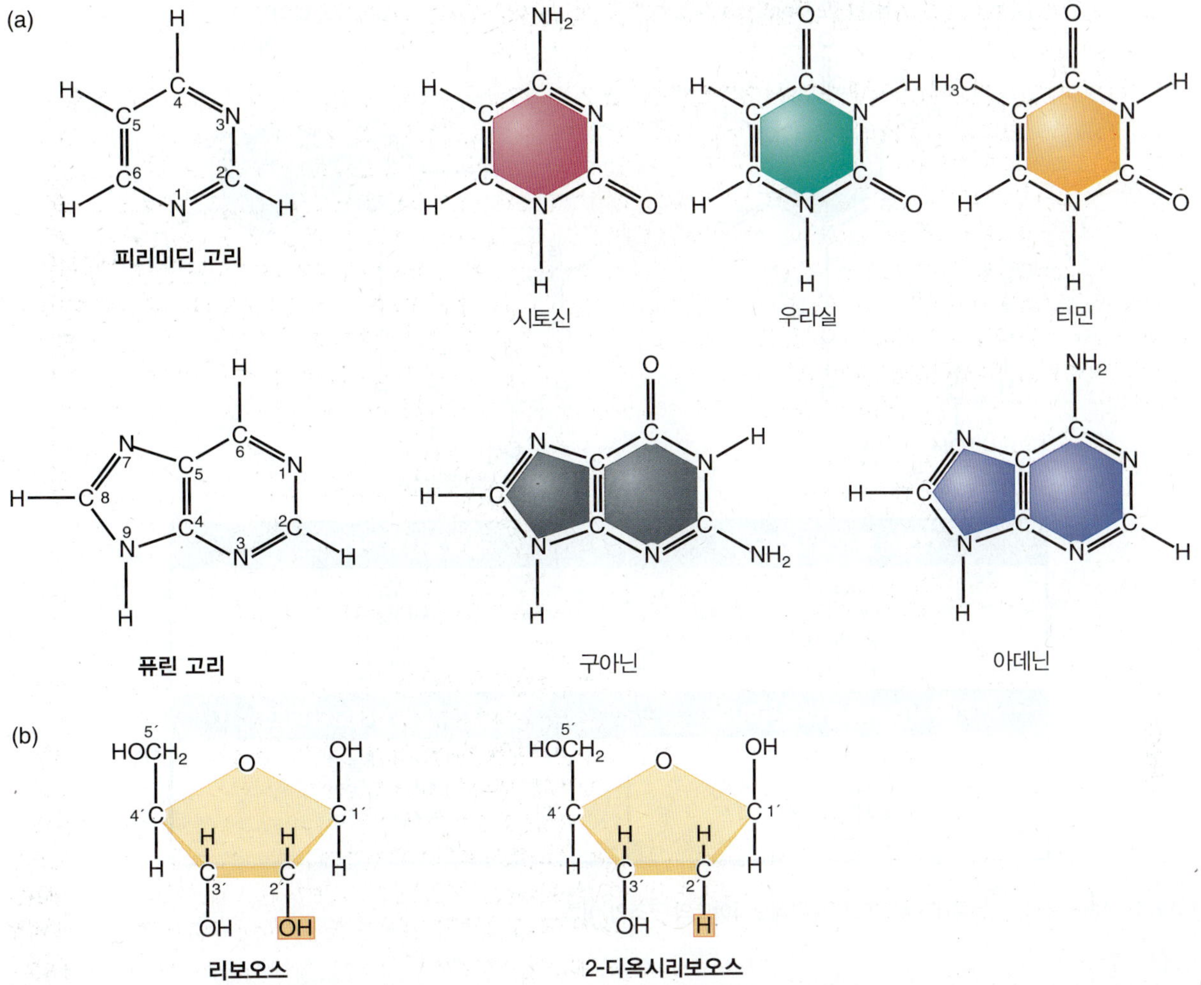

그림 10-7. (a) RNA와 DNA의 질소성 염기인 피리미딘과 퓨린의 화학 구조. 두 카테고리 염기의 탄소와 질소에 번호를 매긴 구조가 왼쪽에 나타나 있다. (b) 각각 RNA와 DNA의 오탄당인 리보오스와 2-디옥시리보오스의 화학 고리 구조.

및 **우라실(uracil, U)**이다. A, G, C, T 및 U의 화학 구조가 **그림 10-7(a)**에 나타나 있다. DNA와 RNA 모두 A, C 및 G를 갖고 있고, T는 DNA에만 있으며 U는 RNA에만 있다. 퓨린과 피리미딘의 고리 구조를 구성하는 각각의 질소 원자와 탄소 원자는 번호가 표시되어 있다.

핵산을 구성하는 오탄당의 종류로 핵산의 이름을 결정한다. 리보핵산(ribonucleic acid, RNA)은 **리보오스(ribose)**를 갖고 있는 반면에 디옥시리보핵산(deoxyribonucleic acid, DNA)은 **디옥시리보오스(deoxyribose)**를 갖고 있다. **그림 10-7(b)**는 두 종류의 오탄당 고리 구조를 보여주고 있다. 각 탄소 원자는 프라임 부호가 있는 번호(예: C-1′, C-2′)로 구분한다. 리보오스는 C-2′ 위치에 수산기가 결합되어 있고 디옥시리보오스는 C-2′ 위치에 수소 원자가 결합되어 있다. 그러므로 C-2′ 위치의 수산기 결핍이 DNA를 RNA와 구별해 준다. C-2′ 위치에 수산기가 없기 때문에 오탄당을 더 명확하게 **2-디옥시리보오스(2-deoxyribose)**라고 부른다.

퓨린 혹은 피리미딘 염기와 리보오스 혹은 디옥시리보오스 당으로 구성된 분자를 **뉴클레오사이드(nucleoside)** 화학 단위라고 부른다. 뉴클레오사이드에 인산 그룹이 결합된 분자를 **뉴클레오타이드(nucleotide)**라고 부른다. 뉴클레오사이드와 뉴클레오타이드 분자는 각각을 구성하는 질소성 염기(A, T, G, C 혹은 U)에 따라 명명한다. 뉴클레오사이드와 뉴클레오타이드의 구조와 각 분자들의 명명법이 **그림 10-8**에 나타나 있다.

뉴클레오타이드의 구성요소 간의 결합은 매우 특이하다. 오탄당의 C-1′ 원자는 질소성 염기와 화학결합을 한다. 염기가 퓨린이면 N-9 원자가 오탄당과 공유결합을 하며, 염기가 피리미딘이면 N-1 원자가 오탄당과 공유결합을 한다. 디옥시리보뉴클레오타이드에서 인산 그룹은 오탄당의 C-2′, C-3′ 혹은 C-5′ 원자와 결합한다. C-5′ 인산 배치가 그림 10-8에 나타나 있다. 이 구조가 생물체에 존재하는 가장 일반적인 형태이며 DNA와

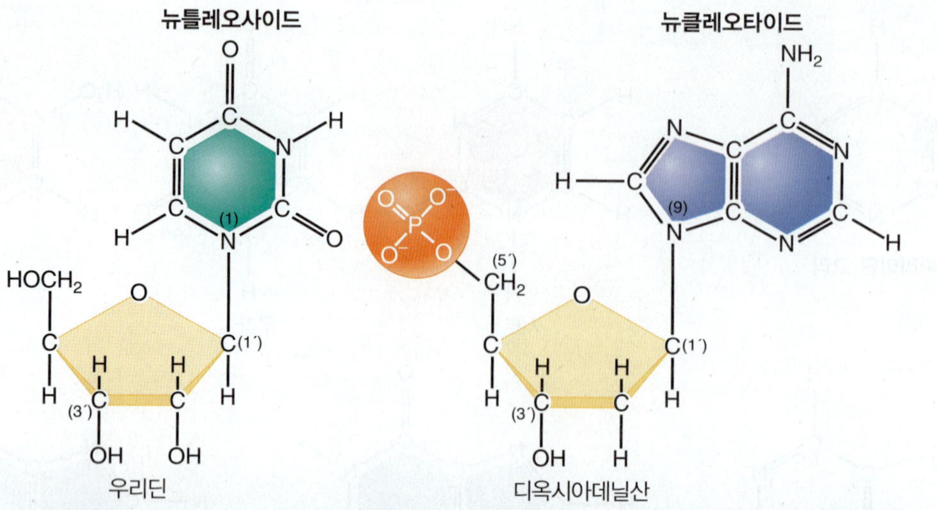

리보뉴클레오사이드	리보뉴클레오타이드
아데노신 시티딘 구아노신 우리딘	아데닐산 시티딜산 구아닐산 우리딜산
디옥시리보뉴클레오사이드	**디옥시리보뉴클레오타이드**
디옥시아데노신 디옥시시티딘 디옥시구아노신 디옥시티미딘	디옥시아데닐산 디옥시시티딜산 디옥시구아닐산 디옥시티미딜산

그림 10-8. RNA와 DNA를 구성하는 뉴클레오사이드와 뉴클레오타이드의 구조와 이름.

RNA에 들어 있는 구조이다.

뉴클레오사이드 이인산과 뉴클레오사이드 삼인산

뉴클레오타이드는 또한 **뉴클레오사이드 일인산(nucleoside monophosphate, NMP)**으로도 표시한다. 인산이 하나 혹은 두 개 더 첨가되면 각각 그림 10-9에 나타나 있는 **뉴클레오사이드 이인산(nucleoside diphosphate, NDP)**과 **뉴클레오사이드 삼인산(nucleoside triphosphate, NTP)**이 된다. 세포 안에서 삼인산 형태는 핵산 합성 과정에서 전구체로 작용하기 때문에 중요하다(11장 참조). 더욱이 **아데노신 삼인산(adenosine triphosphate, ATP)**과 **구아노신 삼인산(guanosine triphosphate, GTP)**은 마지막 인산 그룹의 첨가와 제거에 많은 양의 에너지가 관여하기 때문에 세포생물에너지학에서 중요하다. 세포에서 ATP 혹은 GTP가 ADP 혹은 GDP와 무기인산(inorganic phosphate, P_i)으로 가수분해되면 많은 양의 에너지가 방출된다. 이와 같은 화학 전환이 다른 반응과 짝을 이루고 있으면 생산되는 에너지가 반응을 수행한다. 따라서 ATP와 GTP는 많은 유전적 과정을 포함한 수많은 세포의 활동에 관여한다.

폴리뉴클레오타이드

두 개의 모노뉴클레오타이드 연결은 두 개의 당을 연결하는 인산 그룹에 의해 이루어진다. 인산이 양쪽으로 에스터 결합에 의해 두 개의 알코올(두 당의 수산기 그룹)과 결합되기 때문에 **인산다이에스터 결합(phosphodiester bond)**이라고 부른다. 그림 10-10(a)는 DNA에서의 인산다이에스터 결합을 보여주고 있다. RNA에도 같은 인산다이에스터 결합이 있다. 각각의 구조는 **C-5′ 말단(C-5′ end)**과 **C-3′ 말단(C-3′ end)**을 갖는다. 두 개의 뉴클레오타이드가 연결되어 **디뉴클레오타이드(dinucleotide)**를 구성하고; 세 개의 뉴클레오타이드가 연결되어 **트리뉴클레오타이드(trinucleotide)**를 구성한다. 약 30개 이하의 뉴클레오타이드가 서로 연결된 사슬을 **올리고뉴클레오타이드(oligonucleotide)**라고 부르며, 더 긴 사슬을 **폴리뉴클레오타이드(polynucleotide)**라고 부른다.

그림 10-10(a)에 나타낸 것과 같은 방법으로 폴리뉴클레오타이드 구조를 그리는 것은 많은 시간이 걸리고 복잡하기 때문에 빠른 도식 방법이 고안되었다[그림 10-10(b)]. 거의 수직에 가까운 직선은 오탄당을 나타내며, 질소성 염기는 C-1′ 위치의 위에 붙인다. 중간에 P가 쓰여진 대각선은 한 당의 C-3′ 위치와 다

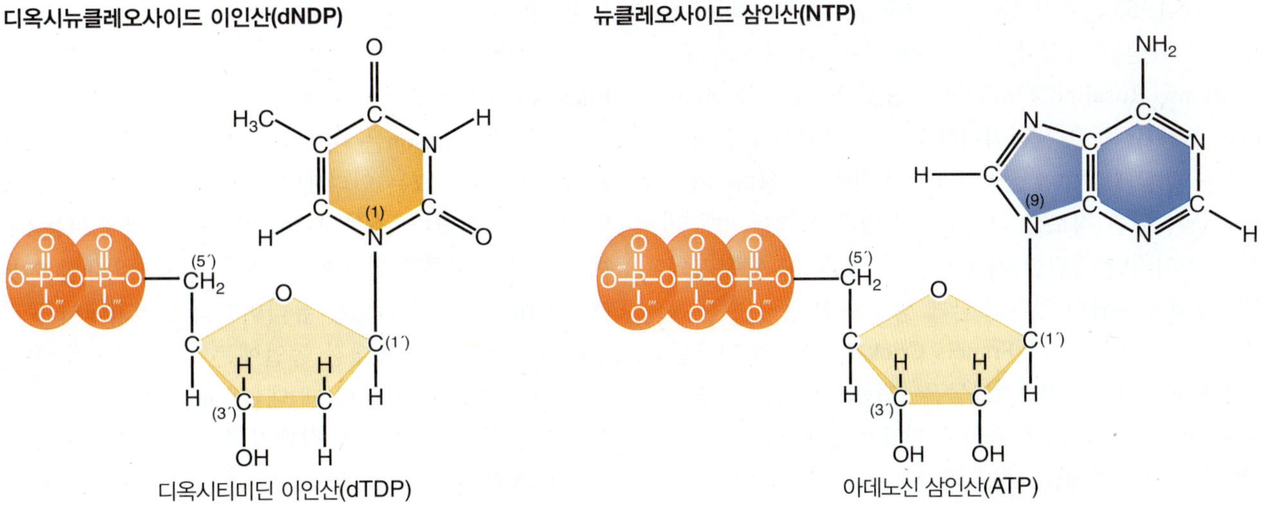

그림 10-9. 뉴클레오사이드 이인산과 뉴클레오사이드 삼인산의 구조. 디옥시티미딘 이인산과 아데노신 삼인산의 구조가 그려져 있음.

른 당의 C-5′ 위치에 연결하는데 이것은 인산다이에스터 결합을 나타낸다. 이와 같은 도식의 원리를 따르는 변형된 여러 가지 속기 방법이 사용되고 있다.

앞에서 설명한 Levene의 테트라뉴클레오타이드 가설은 일반적으로 1940년 전까지 받아들여졌으나 그 후 10년 동안의 연구를 통하여 옳지 않다고 밝혀졌다. DNA가 같은 비율로 4가지 염기를 가질 필요가 없다고 밝혀졌다. 또한 DNA 분자의 분자량이 테트라뉴클레오타이드의 분자량보다 훨씬 큰 10^6~10^9 달톤으로 측정되었다. 현재 DNA는 매우 매우 긴 폴리뉴클레오타이드 사슬로 밝혀졌다.

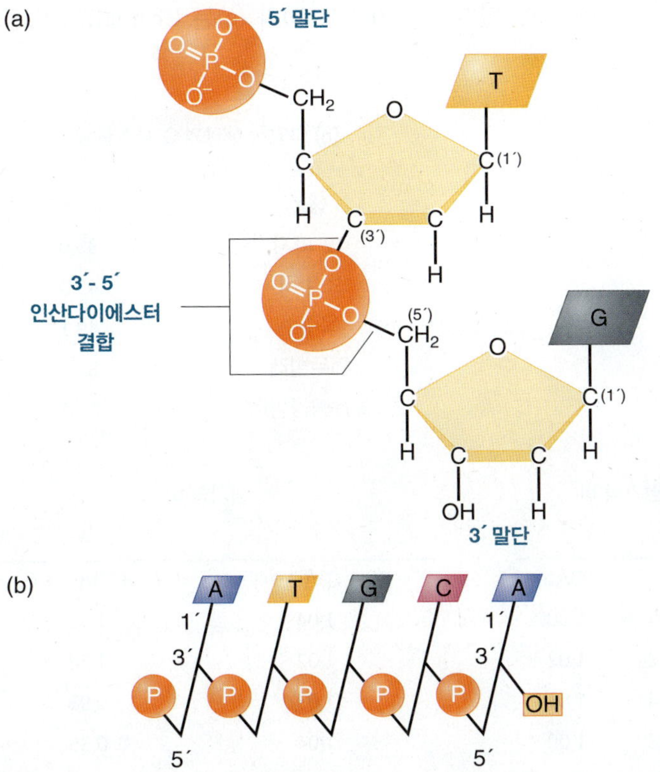

그림 10-10. (a) 두 개의 뉴클레오타이드가 C-3′-C-5′(3′-5′) 인산다이에스터 결합으로 연결되어 디뉴클레오타이드를 형성한다. (b) 폴리뉴클레오타이드의 속기 표기법.

긴 폴리뉴클레오타이드 사슬은 DNA의 분자량이 크다는 것을 나타내며 방대한 양의 유전정보를 저장하는 DNA의 가장 중요한 특성을 설명해 준다. 긴 사슬의 각각의 뉴클레오타이드 위치가 네 종류의 뉴클레오타이드 어느 것으로도 채워질 수 있다면 무수히 많은 변이가 가능하다. 예를 들어, 폴리뉴클레오타이드를 구성하는 뉴클레오타이드가 단지 1000개라면 뉴클레오타이드 순서가 서로 다른 4^{1000}개의 폴리뉴클레오타이드가 가능하다. 이와 같은 엄청나게 다양한 분자 구조의 가능성은 DNA가 세포 활동을 조정하는 데 필요한 방대한 양의 화학정보를 저장하기 위해서는 필수적이다.

10.7 DNA의 구조는 DNA의 기능을 이해하는 열쇠이다

앞 절에서 DNA가 모든 생물(일부 바이러스는 예외)의 유전물질임을 명확히 이해하였으며 핵산을 구성하는 기본적인 화학 성분을 자세히 살펴보았다. 이제는 DNA의 구조를 정확하게 파헤쳐 보도록 한다. 어떻게 폴리뉴클레오타이드 사슬이 유전물질로 작용하는 DNA로 구성되었나? DNA는 한 개의 사슬로 구성되었나 혹은 두 개 이상의 사슬로 구성되었나? 만약 두 개 이상의 사슬로 구성되었다면 사슬들은 서로 어떻게 화학적으로 관계를 이루는가? 곁가지를 구성하는 사슬은 있는가? 더욱 중요한 질문은 어떻게 DNA 분자 구조가 DNA가 수행하는 다양한 유전적 기능(즉, 저장, 발현, 복제 및 돌연변이)과 관련되어 있는가?

1940년부터 1953년까지 많은 과학자들은 DNA의 구조를 밝혀내는 데 관심을 가졌다. 그들 중에서 Erwin Chargaff, Maurice Wilkins, Rosalind Franklin, Linus Pauling, Francis Crick, James Watson 등은 생물학사에서 가장 중요하고 흥미롭다고 생각하는 "어떻게 DNA가 생명의 유전적 기초로 작용하는가?"라는 질문을 풀기 위한 정보를 찾아내려고 많은 노력을 기울였다. 복잡한 구조이지만 정연한 기능이 들어 있을 DNA 분자의 화학 구조와 체제에 해답이 있다고 굳게 생각하였다.

1953년에 James Watson과 Francis Crick은 DNA의 구조는 이중나선 형태라고 제안하였다. 그들은 그들의 모델을 설명한 짧은 논문을 네이처(*Nature*) 학술지에 발표하였다. (논문의 전문을 이 책의 248쪽에 별쇄함) 어떤 의미에서, 이 논문의 발표로 매우 치열했던 과학의 경주가 끝났다. Watson은 자신의 저서인 "이중나선(*The Double Helix*)"에서 DNA 구조를 밝혀내도록 이끈 과학 드라마의 인간적 측면을 이야기하고 있다.

Watson과 Crick이 자신들의 제안을 정립하는 데 중요하게 작용한 데이터는 두 가지 자료로서: (1) 가수분해한 DNA 시료의 성분 분석과 (2) DNA의 X선 회절 연구이다. Watson과 Crick의 정확한 성분 분석은 이미 발표되어 있는 데이터를 확인할 수 있는 모델을 만드는 데 중요한 역할을 하였다. DNA의 구조에 대한 정확한 해답을 얻는 것이 퍼즐을 맞추는 것이라고 간주한다면 영국의 케임브리지에 있는 Cavendish Laboratory에서 연구한 Watson과 Crick이 공동으로 처음의 조각을 맞추는 데 성공한 것이다.

원대한 발견을 자세히 알아보기 전에 James Watson과 Francis Crick의 흥미로운 배경을 살펴보자. 시카고대학교를 15살에 입학한 Watson은 대학생 시절에는 조류학(ornithology)에 관심이 있었다. 그는 인디애나대학교에서 바이러스를 연구하여 박사학위를 받았다. 스물네 살이었던 1953년에 그는 Crick과 함께 이중나선 이론을 발표했다. 우리 시대의 위대한 이론 생물학자인 Crick은 런던에 있는 유니버시티 칼리지에서 물리학을 공부하였고 제2차 세계대전 동안에는 군사 연구를 수행하였다. Watson과 공동 연구를 할 때 대학원생이었던 그의 나이는 35살이었으며 폴리펩타이드와 단백질의 X선 회절 연구를 수행하였다. DNA의 구조를 발견하고 난 후 바로 Crick이 평소에 자주 Watson과 함께 점심을 먹었던 케임브리지의 Eagle Pub 식당으로 가서 식당에 있던 사람들에게 "우리가 생명의 비밀을 발견하였어요."라고 소리친 유명한 일화가 있다. 60년 이상이 지난 현재도 대다수의 과학자들은 진실로 공감하지 않는가!

염기-구성 연구

1949년부터 1953년까지 Erwin Chargaff는 그의 동료들과 크로마토그래피 방법을 사용하여 다양한 생물의 DNA 시료에 들어 있는 네 가지 염기를 분리한 후, 정량적인 방법을 사용하여 각 염기의 양을 결정하였다. Chargaff의 원래 데이터 일부가 표 10.3(a)에 쓰여 있다. 표 10.3의 (b)와 (c)는 Chargaff의 발견을

표 10.3 DNA의 염기 조성 데이터

(a) Chargaff의 데이터*

Organism/Source	몰 비율[a] A	T	G	C
황소의 흉선	26	25	21	16
황소의 비장	25	24	20	15
효모	24	25	14	13
조류 결핵균	12	11	28	26
인간의 정자	29	31	18	18

(c) 다양한 생물의 G + C 함량

생물	%G + C
T2 파지	36.0
초파리	45.0
옥수수	49.1
연두벌레	53.5
붉은빵곰팡이	53.7

(b) 다양한 생물의 DNA에 들어 있는 염기의 조성

	염기의 조성				염기의 비		염기의 비	
	1	2	3	4	5	6	7	8
생물	A	T	G	C	A/T	G/C	(A + G)/(C + T)	(A + T)/(C + G)
인간	30.9	29.4	19.9	19.8	1.05	1.00	1.04	1.52
성게	32.8	32.1	17.7	17.3	1.02	1.02	1.02	1.58
대장균	24.7	23.6	26.0	25.7	1.04	1.01	1.03	0.93
팔련구균	13.4	12.4	37.1	37.1	1.08	1.00	1.04	0.35
T7 박테리오파지	26.0	26.0	24.0	24.0	1.00	1.00	1.00	1.08

*출처: Data from Chargaff, 1950.

[a]인(P) 1몰당 염기의 몰수(회수율이 100% 미만일 수 있음).

보강해주는 최근에 분석한 염기-구성 정보이다. Chargaff의 데이터가 Watson과 Crick이 DNA의 이중나선 모델을 창안하는 데에 중요한 역할을 하였다. 데이터로부터 다음과 같은 결론이 유도되었다.

1. 표 10.3(b)를 보면, DNA에서 아데닌의 양은 티민의 양과 일치한다(1, 2, 5열). 또한 구아닌의 양은 시토신의 양과 일치한다(3, 4, 6열).
2. 따라서 퓨린의 합(A + G)과 피리미딘의 합(C + T)은 일치한다(7열).
3. (G + C)의 백분율은 (A + T)의 백분율과 일치하지 않는다. 이 비율은 생물들 간에서 매우 다르다[8열, 표 10.3(c)].

위의 결론은 DNA 분자의 염기 구성은 명확한 패턴이 있음을 의미한다. 이 데이터는 DNA 퍼즐을 푸는 실마리를 제공하였다. 또한 그들은 직접적으로 네 염기가 똑같은 양으로 들어 있다는 Levene의 테트라뉴클레오타이드 가설을 부정하였다.

X선 회절 분석

X선을 DNA 분자로 구성된 섬유에 쪼이면 X선이 분자의 원자 구조에 의존하는 패턴으로 회절이 된다. 회절 패턴을 사진 필름에 수집하여 분석하면 분자의 전체적인 형태와 분자 안에서의 규칙성을 알 수 있다. Linus Pauling과 화학자들은 **X선 회절 분석(X-ray diffraction analysis)**을 사용하여 단백질의 구조를 성공적으로 연구하였다. 일찍이 1938년에 William Astbury가 이 기술을 DNA에 시도하였다. 그는 1947년에 DNA 분자 구조 내부의 반복적인 3.4옹스트롬 단위(3.4 Å) 주기성[3)]을 측정하였는데 이것을 통하여 염기들이 쌓여 있는 동전처럼 포개져 있다고 이해하였다.

Maurice Wilkins의 실험실에서 연구했던 Rosalind Franklin은 1950과 1953년 사이에 정제된 DNA 시료를 사용하여 향상된 X선 데이터를 만들어냈다(그림 10-11). 그녀의 결과는 Astbury의 3.4 Å 주기성을 확인하였으며, DNA 구조가 일종의 나선이라고 제안하였다. 그렇지만 그녀는 명확한 모델을 제안하지 못했다. Pauling은 Astbury와 다른 연구자들의 결과를 분석하였고, DNA는 삼중나선이라는 틀린 주장을 하였다.

Watson-Crick 모델

Watson과 Crick은 자신들의 DNA 구조 분석을 1953년에 발표하였다. 앞에서 언급한 염기 조성에 기초하여 모델을 제작함으로써 그들은 그림 10-12(a)에 나타낸 DNA의 이중나선 형태에 도달하였다.

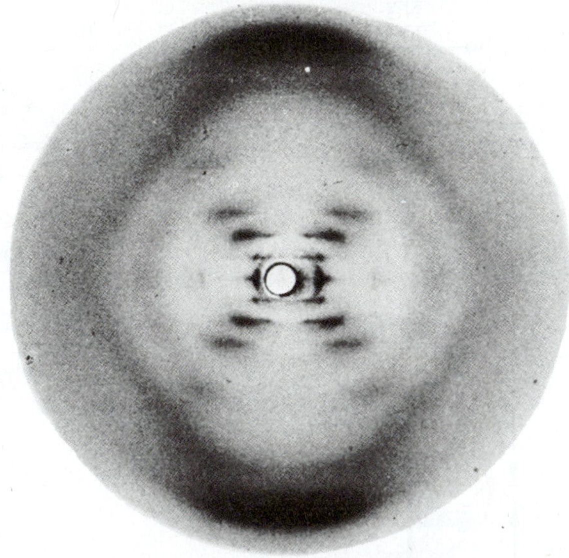

그림 10-11. 정제한 DNA 섬유의 B 형태를 Rosalind Franklin이 찍은 X선 회절 사진. 주변에 보이는 진한 두 개의 원호는 분자의 밀접한 간격 배치를 나타내는 것으로 과학자들은 이것으로 질소성 염기가 3.4 Å 간격의 주기를 갖는다고 예측하였다. 점으로 이루어진 내부의 십자 패턴은 분자의 전체적인 모습을 나타내는 것으로 이것은 분자가 나선의 특성을 갖고 있음을 의미한다.

이 모델은 다음과 같은 주요한 특징을 갖는다.

1. 두 개의 긴 폴리뉴클레오타이드 사슬은 중심축을 따라 감겨서 우회전 이중나선을 형성한다.
2. 두 사슬은 **역평행(antiparallel)**이다; 즉, 사슬의 C-5′ → C-3′ 방향이 서로 반대로 위치하고 있다.
3. 두 사슬의 염기는 중심축과 직각으로 위치한 납작한 구조이다; 염기들은 이중나선의 내부에 3.4 Å(0.34 nm) 간격으로 서로 '포개져(stacked)' 있다.
4. 두 사슬의 마주보는 질소성 염기는 수소결합에 의해서 쌍을 이루고 있다; DNA에서는 A와 T의 쌍과 G와 C의 쌍만 존재한다.
5. 이중나선 한 바퀴의 중심축 길이는 34 Å(3.4 nm)이다. 따라서 이중나선의 한 회전은 10개의 염기쌍으로 이루어진다.
6. 분자의 길이를 따라 교대로 돌아가는 큰 **주홈(major groove)**과 작은 **부홈(minor groove)**이 형성된다.
7. 이중나선의 직경은 20 Å(2.0 nm)이다.

염기쌍의 특성(위의 4번)은 모델의 유전적 기능을 설명하는 측면에서 볼 때 모델의 가장 중요한 특징이다. 염기쌍의 특성을

3) 현재는 nm를 주로 사용함(1 nm = 10 Å).

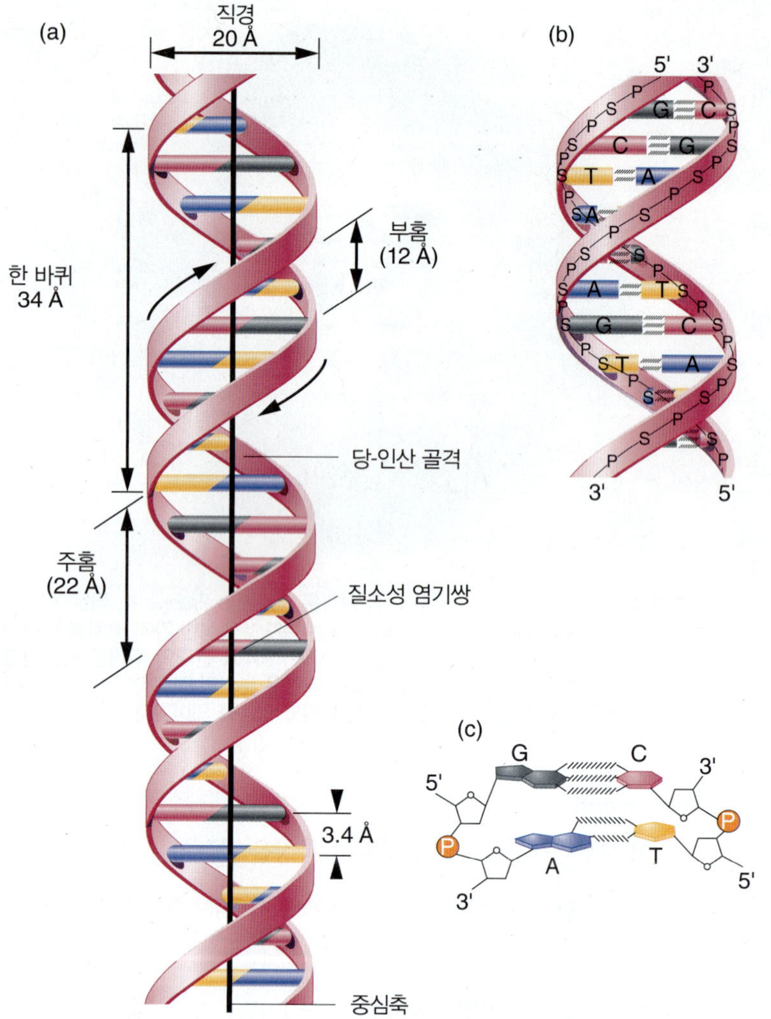

그림 10-12. (a) Watson과 Crick이 제안한 DNA 이중나선. 리본 형태의 가닥은 당-인산 골격을 나타내며 수평 가로대는 질소성 염기쌍을 나타내는데 한 바퀴당 10쌍이 있다. 주홈과 부홈이 보이고 있다. 진한 수직선은 중심축을 나타낸다. (b) 나선의 염기, 당, 인산 및 수소결합을 자세히 묘사한 그림. (c) 사슬의 역평행 배열과 수평으로 쌓인 염기를 나타낸다.

DNA(Z-DNA)는 좌회전 이중나선이다.

Watson과 Crick이 제안한 모델의 핵심은 염기쌍의 특이성이다. Chargaff의 데이터는 A의 양은 T와 같고 G의 양은 C와 같다고 시사하였다. Watson과 Crick은 A가 T와 쌍을 이루고 G가 C와 쌍을 이루면 그러한 조합을 설명할 수 있으며, 이와 같은 쌍은 염기쌍 간의 수소결합[그림 10-12(b)]으로 가능하다는 것을 깨달았다. 염기쌍 간의 수소결합은 또한 두 개의 사슬을 고정하는 화학적 안정성을 제공한다. 이와 같은 방법으로 구성요소가 배열되면 분자의 길이를 따라 주홈과 부홈이 만들어진다. 또한 제안한 이중나선의 '나선형 계단의 가로대'에 마주하고 있는 퓨린(A 혹은 G)과 피리미딘(T 혹은 C)으로 X선 회절 연구로 제안된 직경 20 Å(2 nm)을 설명할 수 있다.

A와 T의 염기쌍과 G와 C의 염기쌍의 특이성을 **상보성(complementarity)**이라고 하며, 이것은 각 염기쌍 간에 수소결합을 형성하는 화학적 친화성의 결과이다. 상보성은 DNA 복제와 유전자 발현 과정에서 매우 중요하다.

특별히 두 가지 질문은 중요하다. 첫째, 다른 염기쌍은 가능하지 않은가? Watson과 Crick은 A와 G의 쌍과 C와 T의 쌍은 각각 퓨린-퓨린 쌍과 피리미딘-피리미딘 쌍이기 때문에 배제하였다. 그러한 염기쌍은 퓨린과 피리미딘의 크기 때문에 전자는 직경이 20 Å보다 크게 되고 후자는 작게 된다. 그리하여 그러한 염기쌍에 의해서 형성된 3차원 구조는 수소결합이 충분히 형성되지 않는 정열을 이룬다. 이와 비슷한 이유로 A와 C의 쌍과 G와 T의 쌍도 비록 퓨린과 피리미딘으로 구성되었지만 배제하였다.

두 번째 질문은 수소결합의 성질에 관한 것이다. 즉, 설명하기 전에 강조해야 할 몇 가지 중요한 특징이 있다. 첫째, 두 사슬의 역평행 배열은 이중나선 모델의 핵심이다. 한 사슬은 5′ → 3′ 방향으로 진행하고(위로 향하는 것처럼 보임), 다른 사슬은 3′ → 5′ 방향으로 진행한다(아래로 향하는 것처럼 보임). 이것은 그림 10-12(b)와 10-12(c)에 묘사되어 있다. 다양한 뉴클레오타이드의 구성요소들의 결합각도 때문에 만약 두 개의 사슬이 서로 평행으로 배열한다면 이중나선이 형성되지 않는다.

둘째, Watson과 Crick이 제작한 우회전 이중나선의 특성은 거울상인 좌회전 이중나선과 비교하면 잘 이해할 수 있다(그림 10-13). 우회전 이중나선의 입체구조는 Watson과 Crick이 알고 있던 데이터와 가장 잘 부합한다. 뒤에 설명할 다른 형태의

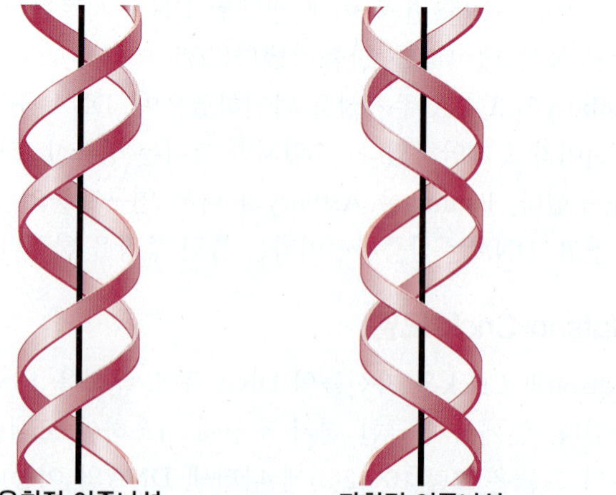

그림 10-13. DNA의 우회전 나선형태와 좌회전 나선형태. 서로 거울상이다.

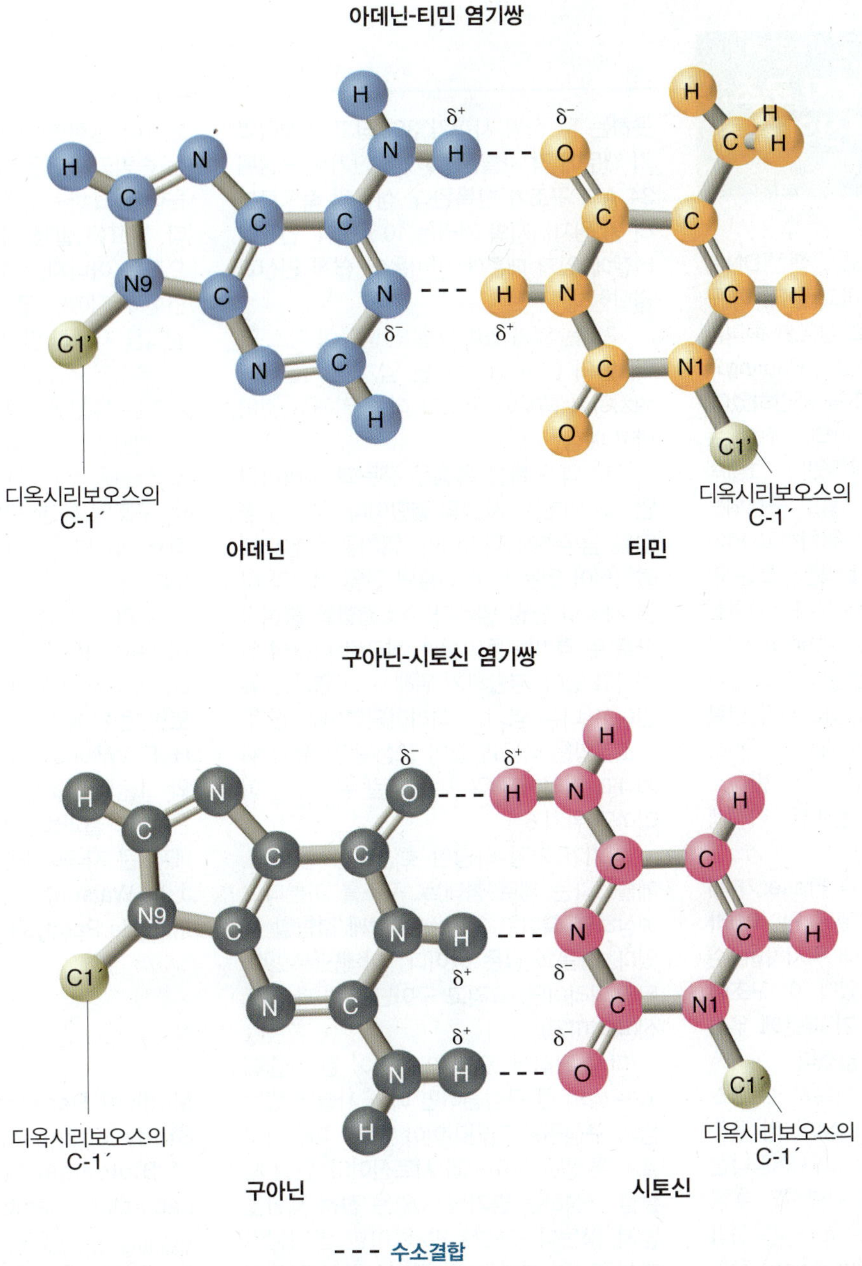

그림 10-14. A와 T, G와 C 염기쌍의 공-막대 모형. 점선(---)은 염기 사이에 형성된 수소결합을 나타낸다.

수소결합의 특성은 무엇이며 수소결합은 안정된 이중나선의 형성에 충분히 강한가? **수소결합(hydrogen bond)**은 공유결합을 하고 있는 수소 원자와 비공유 전자쌍을 갖고 있는 원자 사이에 형성되는 매우 약한 정전기적 인력이다. 수소 원자는 부분 양전하를 가지며, 공유결합을 하고 있는 산소와 질소 원자의 특성인 비공유 전자쌍은 부분 음전하를 갖는다. 이러한 반대 전하 사이의 약한 화학적 인력이 수소결합을 형성한다. 이중나선 구조에서 아데닌은 티민과 이중수소결합을 형성하고 구아닌은 시토신과 삼중수소결합을 형성한다(**그림 10-14**). 두 개 혹은 세 개의 수소결합 자체는 매우 약하지만 연속된 수천 개의 수소결합(긴 폴리뉴클레오타이드에 형성된 수소결합)은 이중나선을 매우 안정하게 해준다.

부가적인 안정화 요소는 중심축에 따라 이루어진 당과 염기의 배열이다. Watson-Crick 모델에서, 소수성('물을 싫어하는')의 질소성 염기는 중심축 내부에 거의 수평으로 포개져 있어서 세포 안에서는 분자 외부의 수용성 환경과 차단된다. 친수성('물을 좋아하는')의 당-인산 골격은 중심축의 외부에 노출되어 있어서 물과 상호작용을 한다. 이러한 분자적 배열로 인하여 이중나선은 화학적으로 매우 안정하다.

최근에 Watson-Crick 모델의 기초가 되는 DNA 형태를 더

핵산의 분자 구조: 디옥시리보오스 핵산의 구조

우리는 디옥시리보오스 핵산(DNA) 염의 구조를 제안하고 싶다. 이 구조는 생물학적으로 상당한 흥미가 있는 독특한 특징을 갖고 있다. Pauling과 Corey[1]가 이미 핵산의 구조를 제안하였다. 그들은 친절하게 논문이 출판되기 전에 논문의 원고를 우리에게 보내주었다. 그들의 모델은 서로 꼬인 세 개의 사슬로 구성되는데 인산은 섬유축에 가까이 위치하고 염기는 바깥에 위치한다. 우리의 의견으로는 이 구조는 두 가지 이유로 불충분하다: (1) X선 도해에 사용한 물질은 자유산(free acid)이 아니고 산의 염(salt)이다. 산성의 수소 원자 없이 어떤 힘이 구조를 지탱하는지가 명확하지 않으며, 특히 축 가까이 위치한 음전하의 인산은 서로 물리친다. (2) 일부 반데르발스(van der Waals) 거리는 너무 가깝게 보인다.

또한 다른 세 사슬 구조를 Fraser가 제안하였다(출판 중). 그의 모델은 인산이 바깥에 위치하고 염기가 내부에 위치하며, 수소결합으로 서로 연결되어 있다. 이 구조에 대한 설명은 다소 불분명하기 때문에 우리는 이것에 관하여 논평하지 않겠다.

우리는 근본적으로 다른 디옥시리보오스 핵산 염의 구조를 제안하고 싶다. 이 구조는 같은 축을 중심으로 서로 꼬인 이중나선 사슬이다. 우리는 평범하게 화학적인 추정을 하는데, 즉 각각의 사슬은 α-D-디옥시리보퓨라노스(α-D-deoxyribofuranose) 잔기의 3′과 5′에 연결된 인산다이에스터 그룹들로 구성되었다. 두 사슬(그러나 염기들은 아님)은 섬유축에 직각의 한 쌍으로서 결부되어 있다. 두 사슬은 모두 우회전 나선이며, 쌍을 이루고 있기 때문에 두 사슬을 구성하는 원자들은 서로 반대 방향으로 연결되어 있다. 각 사슬은 대략적으로 Furberg[2]의 모델 No. 1을 닮았다; 즉, 염기는 나선의 내부에 위치하고 인산은 바깥에 위치하고 있다. 당과 당 주위의 원자들의 배치는 당이 결합한 염기와 대략 직각을 이루는 Furberg의 '표준 배치(standard configuration)'와 매우 비슷하다. 각 사슬에서 잔기는 z-방향으로 3.4 Å씩 떨어져 있다. 같은 사슬에서 이웃하는 두 잔기 사이가 36° 라고 추정하였기 때문에 각 사슬은 10개의 잔기로 구성된 34 Å의 구조가 반복된다. 섬유의 축으로부터 인 원자까지의 거리는 10 Å이다. 인산이 바깥에 있기 때문에 양이온이 쉽게 인산과 결합한다.

구조는 열려 있어서 물의 함량이 다소 크다. 물의 양이 더 적으면 염기가 기울어져 위치하기 때문에 구조가 더 치밀해질 것이라고 예상한다.

구조의 독특한 특징은 퓨린과 피리미딘 염기에 의한 두 사슬의 결합이다. 염기의 평면은 섬유축에 직각이다. 염기들은 쌍으로 결합되어 있는데 한 사슬의 단일 염기와 다른 사슬의 단일 염기가 수소결합을 형성하므로 두 염기는 동일한 z-좌표로 나란히 위치하고 있다. 결합하기 위해서 한 염기는 퓨린이고 다른 염기는 피리미딘이어야 한다. 수소결합은 다음과 같이 형성된다: 퓨린 위치 1과 피리미딘 위치 1; 퓨린 위치 6과 피리미딘 위치 6.

염기가 가장 타당한 호변이성 형태(즉, 에놀보다는 케토 형태)로 구조를 이룬다고 예상하면 특이한 염기쌍만 함께 결합할 수 있다. 다음과 같은 쌍이다: 아데닌(퓨린)과 티민(피리미딘) 그리고 구아닌(퓨린)과 시토신(피리미딘).

다시 말하면, 만약 아데닌이 한 사슬에 있는 쌍의 한 구성원이면 다른 사슬에 있는 쌍의 구성원은 티민이어야 한다; 마찬가지로 다른 쌍은 구아닌과 시토신이다. 단일 사슬을 구성하는 염기의 서열은 전혀 제한을 받지 않는다. 그렇지만 특이한 염기쌍만 형성된다면 한 사슬의 염기서열이 정해지면 다른 사슬의 염기서열은 자동적으로 결정된다.

실험을 통하여[3, 4] 디옥시리보오스 핵산에서 아데닌 양과 티민 양의 비와 구아닌 양과 시토신 양의 비가 거의 같다고 밝혀냈다.

아마도 디옥시리보오스 대신 리보오스 당을 사용하여 이와 같은 구조를 만들기는 불가능하다. 왜냐하면 리보오스에 하나 더 있는 산소 원자가 너무 근접한 반데르발스 접촉을 형성하기 때문이다.

전에 발표된 디옥시리보오스 핵산의 X선 데이터는[5, 6] 우리의 구조를 자세히 검증하기에는 충분하지 않다. 우리의 구조가 대략적으로 실험 데이터와 부합한다고 말할 수 있으나 정확한 데이터로 검증을 받기 전에는 증명되지 않은 것으로 간주해야 한다. 다음에 발표하는 논문에서 일부 확인될 것이다. 발표된 실험 데이터와 입체화학에 전적으로는 아니지만 주로 기초하여 구조를 창안한 시점에는 우리는 그 논문에서 제시한 결과를 자세히 알지 못했다.

우리가 주장한 특이적 염기쌍으로부터 우리는 유전물질의 가능한 복제 기전을 즉시 제안할 수 있음을 인식하게 되었다. 구조 형성을 위해 가정하였던 조건을 포함하여 구조에 대한 모든 상세한 내용은, 원자좌표 세트와 함께 다른 논문에 발표될 예정이다.

우리는 지속적으로 조언과 비평을 (특히 분자 간의 거리에 대해서) 해주신 Jerry Donohue 박사님께 깊은 감사를 드린다. 또한 런던에 있는 King's College의 M. H. F. Wilkins 박사와 R. E. Franklin 박사와 그들의 동료들이 제공해준 발표되지 않은 실험 결과들의 일반적인 특성과 의견은 매우 큰 자극이 되었다. 우리 중 한 사람인 J. D. Watson은 National Foundation for Infantile Paralysis의 지원을 받았다.

–J. D. Watson
–F. H. C. Crick

Medical Research Council Unit for Study of the Molecular Structure of Biological Systems, Cavendish Laboratory, Cambridge, England.

[1]Pauling, L., and Corey, R. B., *Nature*, 171, 346 (1953); *Proc. U.S. Nat. Acad. Sci.*, 39, 84 (1953)
[2]Furberg, S., *Acta Chem. Scand.*, 6, 634 (1952)
[3]Chargaff, E. For references see Zamenhof, S., Brawerman, G., and Chargaff, E., *Biochim. et Biophys. Acta*, 9, 402 (1952)
[4]Wyatt, G. R., *J. Gen. Physiol.*, 36, 201 (1952).
[5]Astbury, W. T., *Symp. Soc. Exp. Biol. 1, Nucleic Acid*, 66 (Camb. Univ. Press, 1947)
[6]Wilkins, M. H. F., and Randall, J. T., *Biochim. et Biophys. Acta*, 10, 192 (1953)

욱 정교하게 분석하여 모델이 실제와는 미세하게 다른 구조적 차이가 있음을 밝혀냈다. 한 회전을 구성하는 염기쌍의 정확한 개수는 Watson과 Crick이 예측한 10.0이 아니라 10.4이다. 고전 모델에서는 각 염기쌍이 이웃하고 있는 염기쌍으로부터 나선축을 36° 회전한다고 하였는데 새로운 결과는 34.6° 회전한다. 결과적으로 360° 회전에 10개의 염기쌍보다 약간 더 필요하다.

Watson-Crick 모델은 즉각적으로 분자생물학 분야의 출현에 영향을 주었다. 네이처(*Nature*)에 발표한 1953년의 처음 논문에 이미 그들은 "우리가 주장한 특이적 염기쌍으로부터 우리는 유전물질의 가능한 복제기전을 즉시 제안할 수 있음을 인식하게 되었다."라고 서술하였다. 두 달 후, Watson과 Crick은 이 깨달음을 두 번째 논문으로 네이처에 연속해서 발표하였다. 그들은 DNA의 특이한 복제 메커니즘인 **복제의 반보존적 방식(the semiconservative mode of replication)**을 제안하였다(11장 참조). 두 번째 논문도 또한 두 가지 새로운 개념을 암시하였다; (1) 염기의 순서에 유전정보가 저장되는 것과 (2) 염기의 변화로 일어나는 돌연변이 혹은 유전적 변화이다. 이러한 생각은 1953년 이후로 수많은 실험의 지지를 받아 현재는 일반적으로 누구나 인정하고 있다.

Watson과 Crick이 만들어낸 생각들의 통합은 유전학과 생물학의 계속적인 연구에 매우 중요하였다. 현재는 유전자의 특성과 유전적 메커니즘의 역할을 생화학적 용어로 설명하고 연구할 수 있다. 그들의 업적과 Wilkins의 업적은 크게 평가받아, 세 사람은 1962년에 노벨 생리 · 의학상(Nobel Prize in Physiology and Medicine)을 함께 수상하였다. 불행하게도 Rosalind Franklin은 1958년에 37세의 나이로 사망하여 노벨상은 고인에게는 수여하지 않는 규정 때문에 그녀는 노벨상을 수상하는 영광을 누릴 수 없었다. 노벨상은 분자유전학 분야에서 이룬 업적에 수여하는 여러 상 중의 하나였다.

유전자의 새로운 개념

Watson과 Crick이 1953년에 제안한 DNA의 모델에 기초하여 처음으로 유전자는 유전정보를 암호화하는 DNA 이중나선의 뉴클레오타이드들의 서열이라고 분자적 용어로 서술하였다.

10.8 다른 형태의 DNA가 존재한다

다른 조건에서 DNA를 분리하면 다른 형태의 DNA가 형성된다. Watson과 Crick이 분석한 당시에는 두 가지 형태인 **A-DNA**와 **B-DNA**가 알려졌다. Watson과 Crick의 분석은 Rosalind

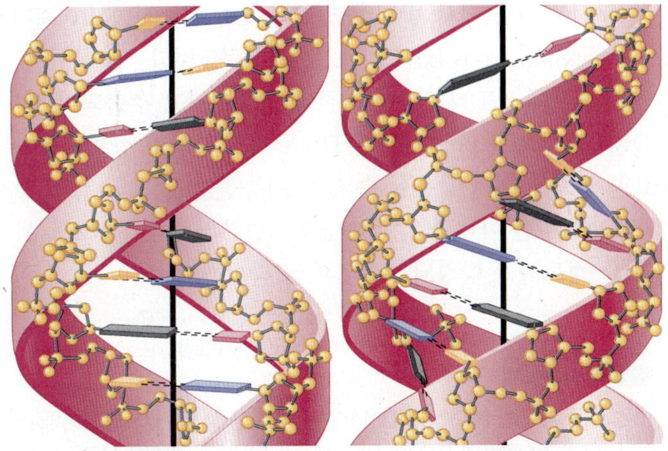

그림 10-15. B-DNA와 A-DNA의 염기쌍의 방향을 자세히 나타낸 그림. B-DNA의 염기쌍은 나선에 대해서 직각이지만 A-DNA의 염기쌍은 기울어졌고 나선에서 벗어나 있다. B-DNA와 비교해서 A-DNA는 직경이 약간 더 크고 한 바퀴에 염기가 한 쌍 더 있다.

Franklin이 수행한 B 형태의 X선 회절 연구에 기초하였다. B 형태는 낮은 염 농도의 수용액에서 형성되는 것으로 생물학적으로 의미있는 구조라고 할 수 있다.

1950년대의 DNA 연구는 X선 회절을 사용하여 수행하였는데, 최근의 연구는 **단결정 X선 분석(single-crystal X-ray analysis)**을 사용하여 수행한다. 초기 연구에서는 약 5 Å의 해상도를 얻었으나 단결정은 X선을 거의 원자 해상도에 가까운 약 1 Å의 간격으로 회절시킨다. 결과적으로 모든 원자가 가시적이라 훨씬 자세한 구조를 알 수 있다.

이러한 현대적 기술을 사용하여 높은 염이나 탈수 조건에서 주로 형성되는 A-DNA를 면밀히 탐구하였다. B-DNA와 비교하여 A-DNA는 약간 더 치밀하여 나선의 각 회전당 약 11개의 염기쌍이 돌아가고 직경이 23 Å (23 nm)이다(그림 10-15). A-DNA도 우회전 나선이며 염기의 방향은 약간 달라서 염기가 나선의 축에 대하여 기울어져서 측면으로 이동되어 있다. 결과적으로 주홈과 부홈의 모습이 변형된다. 생체 내(*in vivo*), 즉 생리적 조건에서는 A-DNA가 형성되지 않을 것으로 보여진다.

실험실의 다양한 조건에서 연구를 수행하여 다양한 형태의 우회전 나선들을 발견하였다. C-DNA, D-DNA, E-DNA 등을 발견하였으며, 가장 최근에 P-DNA를 발견하였다. **C-DNA**는 A-DNA와 B-DNA의 정제 과정 조건보다 강한 탈수 조건에서 발견된다. **D-DNA**와 **E-DNA**는 구아닌 염기가 결여된 나선의 구조이다. **P-DNA**(Linus Pauling의 이름을 따서 명명)는 인위적으로 DNA를 길게 늘림으로써 형성되는 형태이다.

마지막으로, **Z-DNA**라고 부르는 DNA 형태는 1979년에 G와 C 염기쌍으로만 구성된 합성 DNA 올리고뉴클레오타이드를 연구하는 과정에서 발견하였다. Z-DNA는 좌회전 이중나선(left-handed double helix)의 다소 독특한 구조이다. 살아 있는 생물의 염색체에 Z-DNA 부분이 존재할 것이라고 추측되어 왔다. Z-DNA의 독특한 나선 배열은 DNA-결합 분자와 상호작용하는 중요한 인식 부위로 작용할 수 있는 가능성을 갖고 있다. 그렇지만 Z-DNA뿐만 아니라 앞에 언급한 4종류의 어떤 DNA도 생체에 어느 정도까지 형성되는지는 아직 확실하지 않다.

실전문제

10-2 이중가닥의 바다성게 DNA에는 시토신(C) 염기가 17.5% 들어 있다. 다른 세 종류의 염기는 몇 %씩 들어 있는지 계산하시오.

■ **힌트:** 독특한 DNA 분자에 들어 있는 한 염기의 양에 근거하여 다른 세 종류의 염기량을 추정하는 문제이다. 해결의 실마리는 DNA의 Watson-Crick 모델에 들어 있는 염기-쌍 법칙을 이해하는 것이다.

10.9 RNA의 구조는 화학적으로 DNA와 비슷하지만 단일 가닥이다

RNA의 구조는 몇 가지 중요한 예외는 있지만 DNA의 구조를 닮았다. RNA도 뉴클레오타이드가 연결된 폴리뉴클레오타이드 사슬이지만 리보오스 당이 디옥시리보오스를 대체하고 질소성 염기 우라실이 티민을 대체한다. 다음의 두 가지 중요한 예외가 있지만 대부분의 RNA는 단일 가닥이라는 것이 또한 다른 중요한 점이다. 첫째, RNA 분자는 되접어 꺾이어 상보적인 염기쌍들이 있는 부위가 이중가닥 지역을 형성하기도 한다. 둘째, 유전물질로 RNA를 갖고 있는 동물바이러스 일부는 이중가닥 나선을 갖고 있다.

앞에서(그림 10-1 참조) 언급하였듯이, 유전정보의 발현 과정에서 기능하는 세포의 주요한 세 종류의 RNA가 있다: **리보솜 RNA(ribosomal RNA, rRNA)**, **전령 RNA(messenger RNA, mRNA)**, **운반 RNA(transfer RNA, tRNA)**. RNA 분자들은 모두 전사과정에서 합성된, DNA 분절 두 가닥 중 한 가닥의 상보적인 복사본이다. 즉, RNA의 뉴클레오타이드 서열은 합성의 주형으로 사용된 DNA의 디옥시리보뉴클레오타이드 서열과 상보적이다. RNA는 우라실이 티민을 대체하기 때문에 전사 과정과 RNA 염기쌍 짓기 과정에서 우라실이 아데닌과 상보적이다.

표 10.4에 원핵세포와 진핵세포에 존재하는 주요한 RNA 종류들이 정리되어 있다. RNA는 원심 장에서의 침강속도와 크기(뉴클레오타이드의 개수)에 따라 분류한다. 침강속도는 분자의 밀도, 질량 및 형태에 의존하며 **스베드베리 계수(Svedberg coefficient**, *S*)로 표시한다. 일반적으로 분자의 *S* 값이 클수록 분자량이 크지만 비례하지는 않는다. 즉, 분자량이 두 배로 증가해도 *S* 값은 두 배가 되지 않는다. 이것은 분자의 질량 이외에 분자의 크기와 형태가 침강속도(*S*)에 영향을 주기 때문이다. 표 10.4에서 보듯이 RNA 분자들은 크기가 매우 다양하다.

표 10.4 주요한 RNA 종류

종류	총 RNA 중 %*	스베드베리 계수(*S*)	진핵생물(E) 혹은 원핵생물(P)	뉴클레오타이드 개수
리보솜 (rRNA)	80	5	P, E	120
		5.8	E	160
		16	P	1542
		18	E	1874
		23	P	2904
		28	E	4718
운반 (tRNA)	15	4	P, E	75~90
전령 (mRNA)	5	다양함	P, E	100~10,000

* 대장균에서.

리보솜 RNA가 대장균 세포 안에 들어 있는 전체 RNA의 약 80%를 차지한다. 리보솜 RNA는 **리보솜(ribosome)**의 중요한 구성요소이다. 리보솜은 번역 과정에서 단백질을 합성하는 작업대 역할을 한다. 원핵생물과 진핵생물에 존재하는 다양한 형태의 rRNA는 크기가 매우 다르다.

전령 RNA는 유전자 DNA에서 리보솜으로 유전정보를 전달한다. 전령 RNA는 크기가 상당히 다양한데 이것은 mRNA에 의해서 해독되는 단백질의 크기가 다양할 뿐만 아니라 mRNA의 전사에 주형으로 사용한 유전자의 크기가 매우 다른 것을 의미한다. 표 10.4를 보면 대장균에서 mRNA는 약 5%이지만 이 비율은 세포마다 차이가 있고 세포의 성장 단계에 따라 다르다.

일반적인 세포에서 전체 RNA의 15%를 차지하는 운반 RNA는 RNA 분자 중 가장 작으며(평균 분자 크기기준) 번역 과정에서 아미노산을 리보솜에 운반한다. 한 개 이상의 tRNA 분자가 동시에 하나의 리보솜과 상호작용하기 때문에 분자의 작은 크기로 그러한 상호작용이 용이하게 일어난다.

세 종류의 RNA 기능은 나중에 더 상세히 설명할 것이다(13, 14장 참조). 이들 RNA가 유전적 발현에서 대표적으로 주된 형태이지만, 특별히 진핵생물에는 다양한 기능을 하는 독특한 RNA 종류가 또한 존재한다. 예를 들면, **텔로머레이즈 RNA(telomerase RNA)**와 **RNA 프라이머(RNA primer)**는 염색체 말단의 DNA 복제에 관여하며(11장), **작은 핵**

RNA(small nuclear RNA, snRNA)는 mRNA의 가공 과정에 참여하고(13장), **안티센스 RNA(antisense RNA)**와 **마이크로 RNA(microRNA, miRNA)** 및 **짧은 간섭 RNA(short interfering RNA, siRNA)**는 유전자 조절에 관여한다(17장). 또한 책의 뒷부분에 RNA 역할에 관한 최근의 발견이 설명되어 있다(현대 유전학 특강 2장-RNA의 새로운 기능 참조).

실전문제

10-3 독일홍역을 일으키는 루벨라 바이러스(rubella virus)는 또한 신생아에게 여러 가지 건강문제를 야기한다. 루벨라 바이러스의 핵산을 분석한 (A + G)/(U + C) = 1.13 결과에서 어떤 결론을 얻을 수 있는가?

■ **힌트:** 바이러스의 유전물질로 작용하는 핵산의 화학 조성을 분석하는 문제이다. 해결의 실마리는 염기쌍을 포함하는 핵산 화학의 지식을 적용하는 것이다.

더 연습하려면 32, 33번 문제를 참조하시오.

10.10 많은 분석 기술들이 DNA와 RNA 연구에 유용하게 사용된다

1953년 이후에 정교하게 핵산을 분석하여 유전물질로서 DNA의 역할과 전사와 번역 과정에서 RNA의 역할을 명확하게 밝혀냈다. 여기서 핵산 분석에 필요한 기본적인 방법들을 알아본다. 많은 분석 방법은 핵산의 구조에 필수적인 수소결합의 독특한 성질을 이용한다. 뒤에서(20장 참조), 클로닝(cloning)을 포함한 다양한 DNA의 조작을 위해 개발한 다른 기술들을 살펴본다.

자외선의 흡수

퓨린과 피리미딘 고리 구조와 자외선과의 상호작용 때문에 핵산은 254~270 nm 파장의 자외선을 가장 강하게 흡수한다(그림 10-6). 수용액에서 DNA와 RNA의 최대 흡수는 260 nm에서 일어난다. 그러므로 자외선을 사용하여 질소성 염기가 들어 있는 분자(즉, 뉴클레오사이드, 뉴클레오타이드 및 폴리뉴클레오타이드)의 위치를 파악하고 분리하며 검증할 수 있다.

자외선 분석은 분자를 분리하고 확인하는 일반적인 방법과 연결하여 사용하고 있다. 다음 절에서 자외선 흡수의 사용이 핵산의 정제에 중요하다는 것을 알아볼 것이다.

핵산의 변성과 복원

열에 의해서 DNA와 같은 복잡한 분자는 **변성(denaturation)**되거나 3차원 구조가 풀려 기능을 잃는다. 이중가닥 DNA의 변성은 이중가닥 구조를 형성하는 수소결합이 끊어져 나선이 풀려 가닥이 분리되는 것이다. 그렇지만 공유결합은 끊어지지 않는다. DNA의 점성이 감소하고 자외선 흡수와 부력 밀도가 증가한다. 실험실에서 변성은 의도적으로 열이나 화학물질을 사용하여 일으킬 수 있다. [가열에 의한 변성을 용융(melting)이라 부르기도 한다.] 용융 실험에서, 가열한 용액의 DNA 자외선 흡수 증가를 **흡광증가 이동(hyperchromatic shift)**이라고 하며, 측정은 간단하다. 이와 같은 현상이 그림 10-16에 나타나 있다.

G≡C의 염기쌍은 A=T의 염기쌍보다 수소결합을 하나 더 갖고 있기 때문에(그림 10-14 참조) 열처리에 더 안정하다. 따라서 A=T의 염기쌍보다 G≡C의 염기쌍이 더 많은 DNA를 완전히 변성시키는 데는 더 높은 온도가 필요하다. 가열 과정의 온도에 대해서 260 nm의 흡광도를 측정하여 그래프를 그려 DNA의 **용융 곡선(melting profile)**을 작성한다. 용융 곡선의 중간지점을 **용융온도(melting temperature, T_m)**라고 부르며, 이 온도에서 DNA의 50%가 나선이 풀리거나 변성된다(그림 10-16). 흡광도가 최대가 되어 곡선이 증가하지 않을 때에 완전히 변성이 일어나 단일 가닥만 존재한다. 용융 곡선 분석으로 DNA의 특징을 알 수 있으며 염기의 구성을 측정할 수 있다.

변성 과정이 역으로 진행될 수 있을까. 즉, 핵산의 단일 가닥이 다시 이중나선을 형성할 수 있을까? 가능하다. 변성된 DNA의 복원은 유전적 실험에 크게 기여한 중요한 많은 분석 기술의 원리이다.

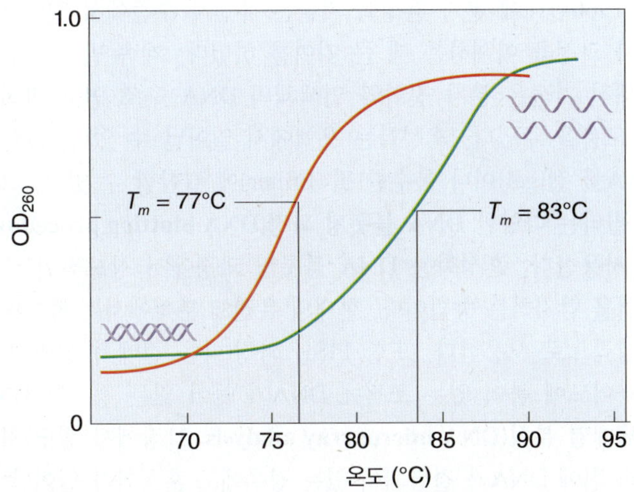

그림 10-16. (G + C)의 함량이 다른 두 DNA 분자의 용융 곡선. 온도가 증가함에 따라 자외선 흡수가 증가(흡광증가 효과)한다. 용융온도(T_m)가 83℃인 분자가 T_m이 77℃인 분자보다 (G + C)의 함량이 더 크다.

열로 변성된 DNA를 천천히 식히면 상보적인 가닥 간의 무작위적인 충돌로 다시 결합한다. 적합한 온도에서 수소결합이 다시 형성되어 가닥의 짝이 맞아 이중가닥 구조를 형성한다. 낮은 온도의 시간이 길어질수록 더 많은 이중가닥이 형성된다. 재결합하는 두 가닥에 염기쌍이 형성된다면 조건에 따라 완전한 일치(전체 가닥의 완전한 상보성)가 이중나선의 형성에 필수적인 것은 아니다.

분자 혼성화

핵산의 변성과 복원은 분자유전학에서 사용하는 가장 유용한 기술의 하나인 **분자 혼성화(molecular hybridization)**의 원리이다. 이 기술의 이름은 이중가닥을 형성할 단일 가닥들이 같은 핵산의 두 가닥일 필요는 없다는 사실 때문에 이와 같이 명명되었다. 예를 들면, 두 개의 다른 생물에서 분리한 DNA 가닥들 간의 염기 상보성이 합리적 수준으로 높으면 복원에 적합한 온도에서 이중가닥의 분자 혼성체가 형성될 것이다. 이러한 혼성화는 또한 단일 가닥 DNA와 단일 가닥 RNA 간에도 일어난다. 이와 같은 혼성화에 딱 들어맞는 예는 RNA와 그것을 전사한 DNA를 함께 혼합하는 경우이다(그림 10-17). RNA가 상보적인 단일 가닥 DNA를 만나 결합할 것이다. 이런 경우에는 DNA 분자를 가열하여 가닥을 분리한 후, 단일 가닥 RNA에 첨가하여 천천히 온도를 낮춘다. 만약 RNA가 실험에 사용한 DNA에서 전사되었다면 서로 상보적이기 때문에 분자 혼성화가 진행되어 DNA:RNA 이중가닥이 형성된다. 이중가닥 분자가 형성되는 양을 측정하는 몇 가지 방법이 있다. 초기에는 방사성동위원소를 한 가닥에 결합시켜 혼합한 후, 형성되는 이중가닥 혼성체에서 발산되는 방사능을 측정하였다.

1960년대에 분자 혼성화 기술은 유전자 수준에서 일어나는 전사 과정을 이해하는 데 큰 기여를 하였다. 계속 발전하여 정교해진 기술은 분자 진화와 염색체의 DNA 구조 연구 발전에 큰 도움을 주었다. 혼성화는 용액에서 일어날 수 있다. 그런데 DNA를 겔(gel)이나 특수한 필터(filter)에 결합할 수 있다. 그러한 필터는 다양한 **DNA 블롯팅 과정(DNA blotting procedure)**에 사용한다. 혼성화는 DNA 블롯팅 과정에서 상보적인 핵산 서열을 탐지하는 방법이다. 현대의 유전체 분석에서는 블롯팅을 일상적으로 사용한다. 또한 FISH 과정(다음 절에서 설명)처럼 슬라이드에 붙어 있는 조직에 DNA가 들어 있는 경우와 **DNA 미세배열 분석(DNA microarray analysis,** 21장에서 설명)처럼 유리 칩에 DNA가 결합되어 있는 경우에도 혼성화가 일어난다. 클로닝한 수천 개의 유전자에서 특정한 DNA 서열을 미세배열 분석으로 한번에 찾아낼 수 있다.

형광 제자리 혼성화(FISH)

분자 혼성화 기술은 세포 안에 들어 있는 DNA를 혼성체를 형성하는 목표물로 사용할 수 있게 발전하였다. 형광 물질을 사용하여 이와 같은 방법의 혼성화를 측정하는 기술을 **형광 제자리 혼성화(fluorescent *in situ* hybridization)**라고 부르며 간단히 약자 **FISH**로 알려져 있다. 이 과정은 유사분열기 또는 간기의 세포를 슬라이드에 고정한 후, 혼성화를 준비한다. 단일 가닥의 DNA나 RNA를 첨가하고 혼성화를 측정한다. 첨가한 핵산이 탐침으로 작용한다. 왜냐하면 핵산과 상보성이 높은 특정 염색체 부위에서만 혼성화가 일어나기 때문이다. 형광 탐침이 개발되기 전에는 방사능 탐침을 사용하여 방사능사진촬영술로 혼성화를 측정하였다.

형광 탐침은 특유한 방법으로 준비한다. DNA가 사용될 경우, DNA에 크기가 작은 유기 분자인 바이오틴(biotin)을 결합하여 바이오티닐-DNA(biotylated DNA)를 만든다. 한편, 바이오틴에 강한 결합 친화력을 갖는 다른 분자인 아비딘(avidin)이나 스트렙트아비딘(streptavidin)을 플루오레신(fluorescin) 같은 형광 분자와 결합하여 형광복합체를 만든다. 제자리 혼성화(*in situ* hybridization)를 수행한 후에 형광복합체를 첨가하여 조직 시료와 반응시킨다. 형광 방법은 매우 민감하여 혼성화된 DNA의 위치를 정확하게 찾아낸다.

그림 10-18은 FISH를 사용하여 찾아낸 인간 염색체의 동원체의 특정 DNA를 나타낸다. FISH의 해상도는 염색체에 위치하고 있는 단일 유전자를 확인할 수 정도로 크다. 특정한 유전정보의 위치를 염색체에서 확인할 수 있는 FISH 기술은 실험 유전학자들의 매우 유용한 방법이 되었다.

재결합 동력학과 반복 DNA

분자 혼성화 과정의 확장은 상보적인 단일 DNA 가닥들의 재결합 속도(rate of reassociation)의 분석일 것이다. **재결합 동력학(reassociation kinetics)** 기술은 Roy Britten과 David Kohne이 처음 개발하여 연구하였다.

이러한 연구에서 사용되는 DNA는 먼저 작은 조각들로 절단된다. 절단한 DNA 조각의 평균 크기는 수백 개의 염기쌍이다. DNA 조각들을 가열하여 단일 가닥으로 분리하고(변성), 온도를 낮추면서 재결합을 측정한다. 재결합 과정에서 단일 가닥 DNA들은 무작위적으로 서로 충돌한다. 단일조각들이 상보적이면 안정한 이중가닥이 형성되고, 상보적이지 않다면 단일조각들은 분리된 상태로 다른 DNA 조각들과 접촉한다. 모든 가능한 결합이 완성될 때까지 반응을 진행한다.

다른 생물들의 DNA 재결합 속도를 비교하면 많은 정보를 얻을 수 있다. 유전체 크기가 증가함에 따라 DNA의 양이 많아

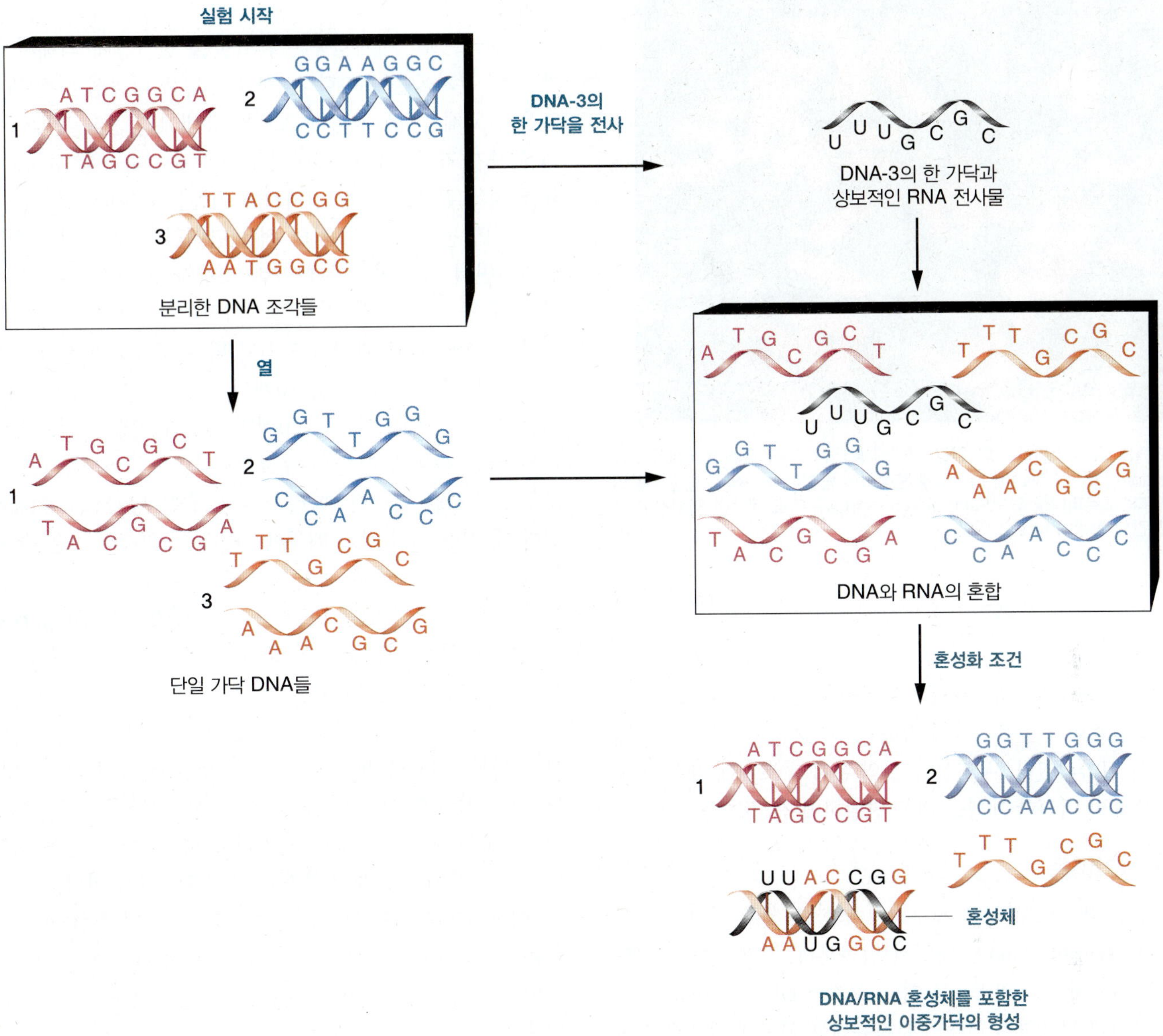

그림 10-17. DNA 조각들과 그 중 특정 DNA 조각(DNA–3)의 한 가닥에서 전사된 RNA 분자와의 혼성화 과정을 나타내는 도식도.

져서 재결합 시간은 증가한다. 유전체의 크기가 크면 무작위적인 충돌을 통하여 모든 조각들이 정확하게 결합하는데 더 많은 시간이 걸리기 때문에 재결합은 매우 느리게 일어난다. 매우 큰 유전체를 갖고 있는 진핵생물의 재결합 속도를 측정한 연구는 놀라운 결과를 보여주었다. 재결합 시간이 크게 늘어날 것으로 추측된 진핵생물의 일부 DNA는 오히려 재결합이 세균의 DNA보다 빠르게 진행되었다. 진핵생물의 다른 DNA는 추측한대로 재조합 시간이 매우 길었다.

이러한 결과로부터 Britten과 Kohne은 빠르게 재결합하는 DNA 조각은 **반복 DNA 서열(repetitive DNA sequences)**을 갖고 있다는 가설을 제안하였다. 이 가설은 왜 재결합이 매우 빠르게 일어나는가를 설명해준다. 같은 서열을 많이 갖고 있는 DNA는 상보적 결합을 수월하게 할 수 있으므로 같은 서열이 하나 있는 DNA보다 더 빠르게 재결합한다. 반면에 빠르게 재결합하지 못하고 남아 있는 DNA 조각들은 유전체에 하나밖에 없는 **단일 사본 DNA 서열(unique DNA sequences)**로 구성되어 있다.

진핵생물의 유전체에는 반복 DNA가 많이 존재하며 그것은 유전정보가 염색체에 어떻게 구성되어 있는가를 이해하는 열쇠이다. 반복의 정도는 매우 다양하다. 어떤 경우에는 짧은 DNA 서열이 백만 번 이상 반복하고 어떤 경우에는 긴 서열이 단지 몇 번 반복한다. 중간 정도의 반복이 일반적이다. 뒤에서(12장 참조) 더 다룰 이 주제의 내용은 유전자와 염색체에서의 DNA의

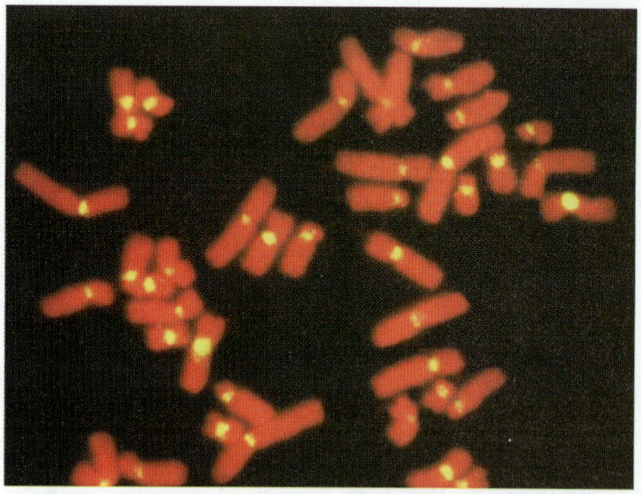

그림 10-18. 유사분열 중기의 인간 염색체에 대한 FISH(Fluorescent *in situ* Hybridization). 동원체 DNA에 특이하게 혼성화된 탐침이 노란색 형광신호를 발산하고 있다. 프로피디움 요오드(propidium iodide)로 대조 염색한 염색체 DNA에서는 빨간색 형광이 나오고 있다.

구성이다. 반복 DNA의 발견은 진핵생물의 매우 많은 DNA가 단백질을 암호화하는 유전자에 속해 있지 않다는 것을 이해하게 한 초기의 실마리였다. 우리는 유전의 분자적 토대에 대한 이해를 넓힘으로써 이러한 개념을 더욱 면밀히 발전시킬 것이다.

핵산의 전기영동

마지막으로, 핵산의 분석에 필수적인 역할을 해주는 기술인 **전기영동(electrophoresis)**에 대해서 알아본다. 단백질 연구에도 유용하게 사용하는 전기영동은 다른 크기의 DNA와 RNA 사슬 조각의 분리에 적용하며 현대의 분자유전학 연구에 필수적인 기술이다.

일반적으로, 전기영동은 혼합물을 전기장에 의해서 이동하게 하여 분자들을 분리한다. 시료를 넣은 다공성 매질(거름종이 혹은 반고체 겔)을 전기가 흐르는 용액에 담근다. 만약 두 종류의 분자가 거의 형태와 질량이 같다면 순전하가 더 큰 분자가 반대 극성의 전극 쪽으로 더 빠르게 이동할 것이다.

전기영동 기술은 초기의 적용(단백질의 분리)에서 확장되고 발전되면서, 연구자들은 다양한 크기의 구멍이 있는 겔이 분리를 크게 증가시킨다는 것을 발견하였다. 이 방법은 특히 비슷한 전하 대 질량 비를 가지나 크기가 다른 분자들의 혼합물 분리에 효과적이었다. 예를 들면, 10개의 뉴클레오타이드로 구성된 폴리뉴클레오타이드 사슬과 20개의 뉴클레오타이드로 구성된 폴리뉴클레오타이드 사슬은 뉴클레오타이드의 인산 그룹 때문에 모두 음전하를 갖는다. 따라서 두 사슬은 양극으로 이동하는데 전하 대 질량 비가 같기 때문에 전기장에 의해서 같은 속도로 이동한다. 결과적으로 두 사슬의 분리는 미약하다. 그렇지만 다양한 크기의 구멍이 있게 만들 수 있는 **아가로스 겔(agarose gel)**과 같은 다공성 매질에서 두 분자는 극명하게 분리된다. **작은 분자가 큰 분자보다 겔 속에서 더 빠르게 움직인다**(그림 10-19). 분리의 핵심은 다공성 겔 매질이다. 겔 속에서 큰 분자는 작은 분자보다 이동에 더 큰 제한을 받는다. 이 방법으로는 뉴클레오타이드 개수 차이가 하나인 폴리뉴클레오타이드 사슬도 분리된다. 전기영동이 끝나면 핵산에 결합하는 형광 염색물질을 사용하여 다양한 크기의 분자가 위치하고 있는 띠를 확인한다.

핵산의 전기영동 분리는 뒷장(20, 21장)에서 설명할 연구 기술들의 수행에 핵심적인 기술이다. 특히, DNA 염기서열결정 방법뿐만 아니라 다양한 블롯팅 기술(예를 들면, 서던 블롯과 노던 블롯)을 살펴볼 것이다.

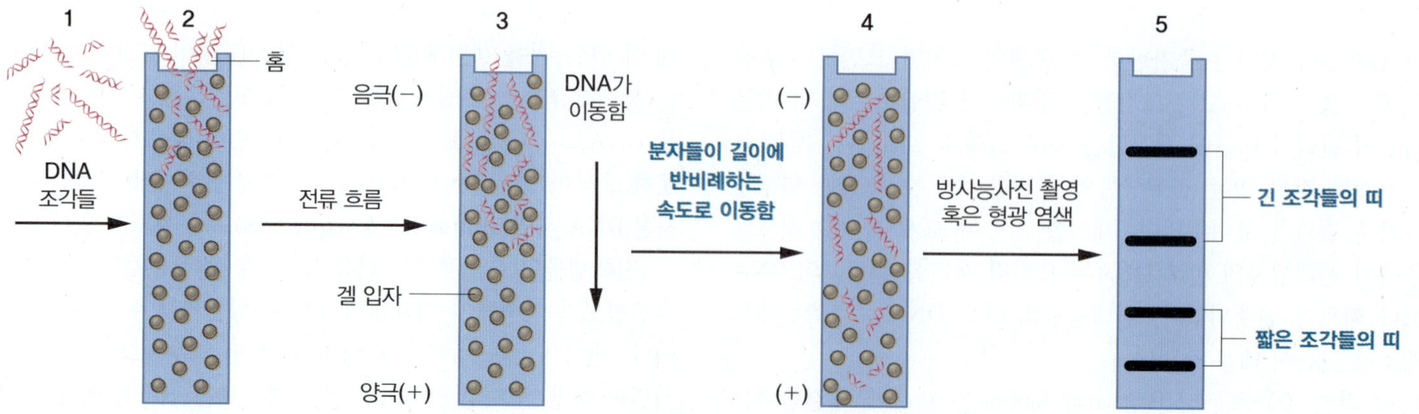

그림 10-19. 혼합되어 있는 다양한 길이의 DNA 조각들을 분리하는 전기영동 과정.

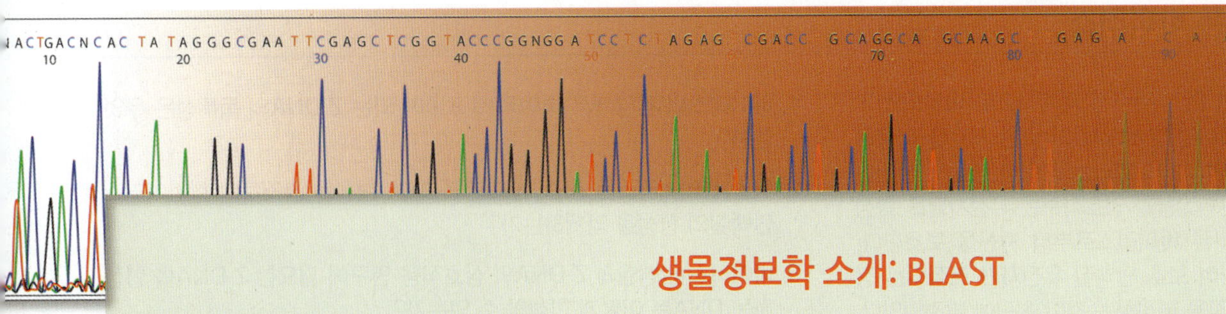

유전체학 탐색

생물정보학 소개: BLAST

이 장에서 살아 있는 생물의 유전물질인 DNA의 구조를 자세히 살펴보았다. 20장에서는 과학자들이 분자생물학과 유전학 연구실에서 일상적으로 수행하는 실험인 클로닝과 DNA 서열 결정에 관하여 학습할 것이다. 지난 15년 동안 DNA와 단백질의 서열 데이터가 폭발적으로 쏟아져 나옴으로써 새로운 분야인 *생물정보학(bioinformatics)*이 탄생하였다. 생물정보학은 핵산과 단백질 서열 데이터를 저장하고 공유하고 비교하고 분석하는 데 필요한 하드웨어와 소프트웨어를 개발하기 위하여 수학과 컴퓨팅 기술을 적용하는 학제간 과학이다.

생물정보학을 활용하는 많은 데이터베이스가 개발되었다. 그 중 하나인 **GenBank**(http://www.ncbi.nlm.nih.gov/genbank/)는 미국 국립보건원(National Institute of Health)에서 구축한 데이터베이스이다. 세계적인 GenBank 데이터베이스와 유럽과 일본에 구축된 데이터베이스는 현재 1,520억 개가 넘는 염기쌍의 서열 데이터를 저장하고 있다.

5장의 유전체학 탐색의 연습문제에서 National Center for Biotechnology Information (NCBI) Genes and Disease 사이트를 이미 방문하였다. **BLAST(Basic Local Alignment Search)**는 NCBI의 응용 프로그램이다. BLAST는 클로닝한 시료 간의 DNA 서열과 단백질 서열 유사성을 분석하기 위해서 GenBank나 다른 데이터베이스를 검색하는 매우 유용한 프로그램이다. 다음의 연습문제에서 BLAST의 많은 기능을 체험할 것이다.

■ 연습 1 - BLAST 소개

1. NCBI 웹사이트에서 BLAST(http://blast.ncbi.nlm.nih.gov/Blast.cgi)를 접속한다.
2. "nucleotide blast"를 클릭한다. DNA 데이터베이스를 검색하여 입력한 서열과 데이터베이스에 들어 있는 서열과의 유사성을 분석할 수 있다. 다음의 올리고뉴클레오타이드 서열을 입력하여 검색하려고 한다.

   CCAGAGTCCAGCTGCTGCTCATAC
   TACTGATACTGCTGGG
3. 위의 서열은 당신이 실험실에서 클로닝한 유전자의 일부분이라고 가정한다. 이 유전자나 유사한 서열의 다른 유전자가 발견되었나를 알아보려고 한다. 먼저 페이지 위의 "Enter Query Sequence"의 텍스트 상자에 위의 서열을 입력한다. 페이지 하단의 "Program Selection" 카테고리에서 "blastn"을 선택한 후, 페이지 밑의 "BLAST" 버튼을 클릭하여 검색을 시작한다. BLAST는 뛰어난 알고리즘을 사용하여 수백억의 서열 데이터를 검색하기 때문에 몇 분 안에 결과가 나온다. 검색 결과가 적힌 새 페이지가 나타난다.
4. 검색 결과가 나온 페이지에서 Graphic Summary 아래에 Descriptions 카테고리와 검색을 위해 입력한 서열(query sequence라고 부름)과 일치하거나 매우 유사한 서열을 정리한 표가 있다. BLAST에서는 query sequence의 길이, 데이터베이스의 서열과 비교되는 횟수 등을 고려한 통계적 측정에 근거하여 서열의 유사성을 결정한다. 입력한 서열(query sequence)과 데이터베이스 서열(subject sequence)의 비교에서 유사성이 큰 부분을 유의미한 *정렬(alignment)*이라고 부른다. 일반적으로 유의미한 정렬의 E 값은 1.0 미만이다.
5. 표의 윗부분은 전사물(mRNA 서열)과의 비교이고 아랫부분은 유전체 DNA 서열과의 비교이다. 유사성이 제일 큰 것부터 차례로 정리되어 있다.
6. 정렬은 가로선으로 나타낸다. BLAST는 실제로는 유사한 서열이지만 염기가 빠져서 정확하게 정렬이 되지 않는 부분은 공백인 채로 정렬한다. 표 아래를 스크롤하여 정렬된 서열을 보고 다음의 질문에 답하라.
   a. 입력한 물음 서열(query sequence)과 비교된 처음의 세 가지는 무엇인가?
   b. 각 정렬에는 유사성(%로 표시)과 공백(gap)의 개수가 표시되어 있다. 처음 세 가지의 유사성은 몇 %인가? 공백은 정렬된 서열의 몇 %인가?
   c. 첫째 서열과 연결된 링크(가장 오른쪽 줄)를 클릭하라. 다음과 같은 많은 정보가 나타날 것이다: 서열의 크기, 서열이 어느 종의 것인가, 서열에 관한 연구논문들이 연결되어 있는 PubMed, 서열을 포함하고 있는 유전자의 전체 서열, 서열이 폴리펩타이드를 암호화한다면 그 유전자가 해독하는 추측된 아미노산 서열. 이 유전자에 관한 정보를 훑어보아라. 이 유전자의 기능은 무엇인가?
7. 서열의 정보를 데이터베이스에 입력하기 전에 부여하는 그 서열의 인식번호인 식별번호(*accession number*)를 BLAST에 입력하여 검색할 수 있다. 예를 들어 식별번호 NM_007305를 입력하여 검색하라. 무슨 결과가 나오는가?
8. 다음의 서열이나 식별 번호를 BLAST에서 검색하라. 각 경우에, "Enter Query Sequence" 상자에 식별 번호나 서열을 입력한 후, "Choose Search Set" 상자로 이동하여 "Others" 버튼을 클릭한다. 다음은 "Program Selection" 상자로 이동하여 "megablast"를 클릭하여 검색을 시작한다. 이와 같은 검색은 물음 서열을 수많은 종의 유전자와 정렬해준다. 각각의 검색을 마친 후에 BLAST가 제공하는 정보를 조사하면 유전자의 이름을 포함하여 이 유전자에 대한 많은 것을 배울 수 있다.
   a. NM_001006650. 이 식별 번호의 물음 서열과 정렬된 첫 번째 서열은 무엇이며 서열이 100% 일치하는가?
   b. DQ991619. 이 서열이 암호화하는 유전자는 무엇인가?
   c. NC_007596. 어떤 살아 있는 동물이 이것과 유사한 유전자를 갖고 있는가?

사례 연구 | 급변한 천연두 바이러스

한때 매우 치명적인 전염병이었던 천연두는 전 세계적으로 박멸되었다. 그렇지만 천연두 바이러스인 버라이얼라(variola)의 보관 시료를 이용하여 연구가 계속되고 있다. 왜냐하면 버라이얼라는 강력한 생물학 무기이기 때문이다. 인간 세포는 보호 단백질들을 암호화하는 유전자들을 활성화하여 버라이얼라 바이러스나 다른 바이러스로부터 자신을 보호한다. 인간 세포는 버라이얼라에 반응하여 보호 단백질 유전자가 조절되는 장소에 일시적으로 작은 Z-DNA 조각을 형성하는 것이 최근에 발견되었다. 천연두 바이러스는 Z-DNA 조각을 특이적으로 공격하여 보호 단백질의 합성을 억제함으로써 세포의 방어 메커니즘을 벗어날 수 있다. 이 발견은 다음과 같은 흥미로운 질문을 갖게 한다.

1. 바이러스의 감염에서 특이적 목표물이 되는 Z-DNA의 독특성은 무엇인가?
2. 어떻게 바이러스는 숙주 세포의 Z-DNA 형성을 공격하여 항바이러스 단백질의 합성을 억제하는가?
3. 바이러스 단백질과 Z-DNA의 상호작용 연구에 필요한 Z-DNA를 형성하는 DNA는 어떻게 합성할 수 있는가?
4. 어떻게 이러한 연구를 통하여 버라이얼라나 이와 관련된 바이러스의 감염을 억제할 수 있는 약을 개발할 수 있을까?

요약

1. 단백질과 핵산 모두 가능성이 있는 유전물질의 후보이었으나, 초기에는 후보로 단백질을 선호하였다.
2. 1952년까지, 형질전환 연구와 박테리오파지로 감염시킨 세균을 사용한 실험은 DNA가 박테리아와 대부분 바이러스의 유전물질임을 강력히 주장하였다.
3. 초기에는 간접적인 관찰로만 DNA가 진핵생물의 유전을 조절한다는 가설을 지지하였으나, 재조합 DNA 기술과 형질전환 생쥐를 사용한 연구는 진핵생물의 유전물질도 DNA라는 직접적인 실험 증거를 제공하였다.
4. RNA는 일부 식물 바이러스와 동물 바이러스뿐만 아니라 일부 박테리오파지의 유전물질로 작용한다.
5. Watson과 Crick의 제안에 따르면, DNA는 상보적인 질소성 염기쌍간의 수소결합으로 역평행인 두 개의 긴 폴리뉴클레오타이드 사슬이 결합되어 구성된 우회전 이중나선 구조 형태로 존재한다.
6. 유전적 기능에서 중요한 핵산의 두 번째 카테고리는 RNA이다. RNA는 일반적으로 단일 가닥이며 리보오스 당이 디옥시리보오스를 대체하고 우라실 피리미딘이 티민을 대체하는 것을 제외하고는 DNA와 비슷하다.
7. 분자 혼성화와 전기영동을 포함한 다양한 핵산의 분석 방법은 유전적 메커니즘의 이해에 필수적이었던 연구를 가능하게 해주었다.
8. 이중가닥 DNA 연구에 사용한 기술 중에서 재결합 동력학 분석을 통하여 유전학자들은 진핵생물의 유전체에 똑같은 염기서열이 여러 번 반복된 반복 DNA(repetitive DNA)가 존재한다는 것을 발견하였다.

질문 및 해답

앞에 나온 장들과 비교해서 이 장에서는 연습문제를 많이 다루지 않았다. 대신에 분자생물학 시대의 도래를 야기한 초기에 수행하였던 실험들을 다시 분석해보았다. 이에 맞춰 "질문 및 해답"에서 다음 장에서 계속 언급될 접근 방법인 합리적이고 분석적인 실험의 사고에 관하여 살펴본다.

1. (a) Avery, MacLeod 및 McCarty의 형질전환 데이터를 정밀히 검토하면 DNA가 유전물질이라는 결론에 대해 어떤 반론을 제기할 수 있을까?
   (b) 위의 반론을 반박할 수 있는 관찰(나중에 수행한 실험 관찰 포함)은 무엇인가?

   해답: (a) 그들의 결과에만 따르면 DNA가 형질전환에 필수적이라는 결론을 얻을 것이다. 그렇지만 DNA가 캡슐이 없는 세포를 캡슐이 있는 세포로 직접 전환하는, 즉 캡슐을 형성하는 물질일 수도 있었다. 말하자면, DNA가 단순히 캡슐의 합성에 효소로 작용하여 매끄러운 유형 III 집락을 이루는 세포로 전환시켰다고 생각할 수도 있다.
   (b) 첫째, 형질전환이 된 세포는 형질을 자손 세포에게 전달하므로 DNA가 유전을 담당해야 하는 것이지 다당류 껍질을 직접 합성하지 않는다. 둘째, 그 후 5년 동안 계속해서 이루어진 형질전환 연구를 통하여 항생제 저항성 형질도 형질전환이 된다고 밝혀졌다. 그러므로 형질전환 요소는 다당류 합성에 국한하여 효과를 나타내는 것이 아니라 광범위하게 효과를 나타낸다. 이러한 관찰은 DNA가 유전물질이라는 결론과 더 부합한다.

2. 만약 RNA가 보편적이고 일반적인 유전물질이었다면 Avery 실험과 Hershey-Chase 실험의 결과는 각각 어떻게 나왔을까?

   해답: Avery 실험에서 DNase가 아니라 RNase로 처리한 여과액이 형질전환을 일으키지 않았을 것이다. 이러한 결과가 일어났다면 Avery와 그의 동료는 RNA가 형질전환 요소라고 결론을 내렸을 것이다. 단백질은 ^{32}P로 표지되지 않고 RNA는 표지되기 때문에 Hershey와 Chase는 똑같은 결과를 얻었을 것이다. 만약 그들이 RNA 핵산을 갖고 있는 박테리오파지를 알고 사용했다면 그들은 RNA가 박테리오파지의 증식을 담당한다는 결론을 내렸을 것이다.

3. 분자생물학자는 성공적으로 질병을 일으키는 중요한 생물을 분리하였으나 그 결과를 분석하는 데 어려움이 있었다. 이 생물은 염기 조성이 A = 21%, C = 29%, G = 29%, U = 21%인 주목할 만한 핵산을 유전물질로 갖고 있다. 핵산을 열로 가열할 때 흡수증가의 이동(hyperchromic shift)이 나타났으며, 재결합 속도는 T4 파지와 대장균의 재결합 속도보다 매우 느렸다. T4는 10^5개의 뉴클레오타이드 쌍을 갖고 있다.

   이와 같은 정보를 세심하게 분석하고 앞에서 살펴본 실험 결과에 근거하여 이 생물의 유전물질에 관한 가능한 결론을 모두 이끌어내시오. 이끌어낸 모델을 검증하는 분자의 특성에 관한 가설을 지지하는 예측을 한 가지 답하시오.

   해답: 무엇보다도 먼저, 우라실(U)이 존재하므로 분자는 RNA인 것 같다. 일반적인 RNA와는 달리 이 RNA의 A/U = G/C = 1 이므로 이중나선일 것이다. 흡수증가의 이동과 재결합 속도 결과가 이중나선 가설을 지지한다. 재결합 속도 실험에서 모든 핵산 조각이 박테리아나 바이러스의 핵산보다 느리게 결합하였으므로 반복 RNA 서열은 없다. 또한 이 핵산의 전체 길이는 T4 파지(10^5개 뉴클레오타이드 쌍)나 대장균보다 길다. 한 가지 예측은 당에 관한 것이다. 이끌어낸 모델은 디옥시리보오스보다는 리보오스 당이 존재함을 시사한다. 그렇다면 이와 같은 생각은 RNA가 이 생물의 유전물질이라는 가설을 지지한다.

탐구 문제

어떻게 알았을까?

1. 이 장에서 DNA가 유전물질이라는 것을 보여주는 정보와 Watson과 Crick이 제안한 DNA의 구조에 대해서 살펴보았다. 이제 DNA를 연구하는 다양한 기술을 설명하면서 장을 마무리하려고 한다. 동시에 많은 정보를 얻는 방법과 논리도 살펴볼 것이다. 본문의 설명으로부터 다음의 기본적인 질문에 대한 답을 생각하여 제안하시오.
   (a) 과학자들은 어떻게 박테리아와 박테리오파지의 유전물질이 다른 종류의 분자가 아니고 DNA라고 결정할 수 있었나?
   (b) DNA가 인간을 포함한 진핵생물의 유전물질이라는 것을 어떻게 알 수 있는가?
   (c) DNA의 구조가 두 개의 가닥이 상보적인 질소성 염기 사이에 형성되는 수소결합으로 결합된 이중나선인 것을 어떻게 결정하였는가?
   (d) 상보적인 염기쌍이 형성될 때 G는 C와, A는 T와 쌍을 이루는 것을 어떻게 알 수 있는가?
   (e) 진핵생물에 반복 DNA가 존재하는 것을 어떻게 알 수 있는가?

개념확인 문제

2. 231쪽의 핵심 개념을 정리하시오. 대부분의 개념은 DNA와 RNA의 구조와 유전물질로서의 역할에 관한 것이다. 각 구조의 장점과 역할을 포함하여 DNA와 RNA를 비교하는 짧은 에세이를 작성하시오.
3. 일반적으로 1940년 이전에는 유전물질로 DNA보다 단백질을 지지한 이유를 논하시오. 이러한 논쟁에서 테트라뉴클레오타이드 가설의 역할은 무엇이었나?
4. Griffith 혹은 Avery와 그의 동료들 혹은 Taylor의 형질전환 결론에 대한 다양한 반론들을 비교하시오.
5. Avery와 그의 동료들은 단백질 분해효소, RNase, DNase 등으로 처리한 정제 물질이 형질전환을 일으키는 능력이 있는가 없는가를 측정하여 III*S* 병원성 세균에 들어 있는 형질전환 요소가 무엇인지에 대한 결론을 얻었다. 이러한 실험의 목적과 결과는 무엇이었나? 무슨 결론이 도출되었는가?
6. Hershey-Chase 실험에서는 왜 ^{32}P와 ^{35}S를 사용하였는가? 이 실험의 논리와 결과를 설명하시오.
7. Hershey-Chase 실험 디자인으로 유전물질 분자로서 DNA와 RNA를 구별할 수 있는가? 어떻게 구별할 수 있는가 혹은 왜 구별할 수 없는가?
8. DNA가 진핵생물의 유전물질이라는 결론을 나타내는 실험관찰들은 무엇인가? 그것들을 설명하시오.
9. DNA가 모든 생물의 유전물질이라는 일반적인 사실의 예외는 무엇인가? 어떤 증거가 이러한 예외를 지지하는가?
10. 뉴클레오타이드를 구성하는 세 성분의 화학 구조를 그리고 연결하시오. 연결이 형성될 때 제거되는 원자는 무엇인가?
11. 당, 퓨린 및 피리미딘을 구성하는 탄소와 질소 원자의 번호는 어떻게 매기는가?
12. 아데닌(adenine)은 6-아미노 퓨린(6-amino purine)이라고도 부른다. 이와 같은 명명법으로 다른 네 가지 질소성 염기를 명명하시오. [O는 '옥시(oxy-)'로 CH_3는 '메틸(methyl)'로 표시한다.]
13. A와 G로 구성된 디뉴클레오타이드의 화학 구조를 그리시오. 이 구조의 오른쪽에, T와 C로 구성된 디뉴클레오타이드의 구조를 역평행(거꾸로) 방법으로 그리시오. 가능한 수소결합을 연결하시오.
14. DNA의 Watson-Crick 이중나선 모델의 특징을 설명하시오.
15. Watson과 Crick은 1953년의 제안에서 무슨 증거를 사용하였는가? 그들이 DNA의 구조에 도달하기 위하여 사용한 접근방법은 무엇이었는가?
16. Watson과 Crick이 Chargaff의 다음 데이터만 고려했다면 그들은 무슨 결론을 얻었을까?

	A	T	G	C
%	29	19	21	31

    이러한 결론은 Wilkins와 Franklin의 데이터와 왜 모순되는가?
17. 공유결합은 수소결합과 어떻게 다른가? 염기의 상보성을 정의하시오.
18. DNA와 RNA가 중요하게 다른 세 가지는 무엇인가?
19. RNA 분자의 주요한 세 가지 종류는 무엇인가? 각 종류의 RNA는 정보흐름의 개념과 어떻게 연관되는가?
20. 뉴클레오타이드의 어느 구성 요소가 자외선을 흡수하는가? 이 기술은 핵산의 분석에 왜 중요한가?
21. 변성 후의 DNA의 물리적 상태는 무엇인가?
22. 흡수증가 효과(hyperchromic effect)는 무엇인가? 그것을 어떻게 측정하는가? T_m은 무엇을 의미하는가?
23. T_m은 왜 염기 조성과 관련이 있는가?
24. 분자 혼성화의 화학적 기반은 무엇인가?
25. Watson-Crick 모델은 DNA의 복제에 대해서 무엇을 시사하는가?

26. 유전학 시간에 한 학생이 DNA에서 분해된 아데닌과 티민이 포함된 디뉴클레오타이드의 화학 구조식을 다음과 같이 그렸다.

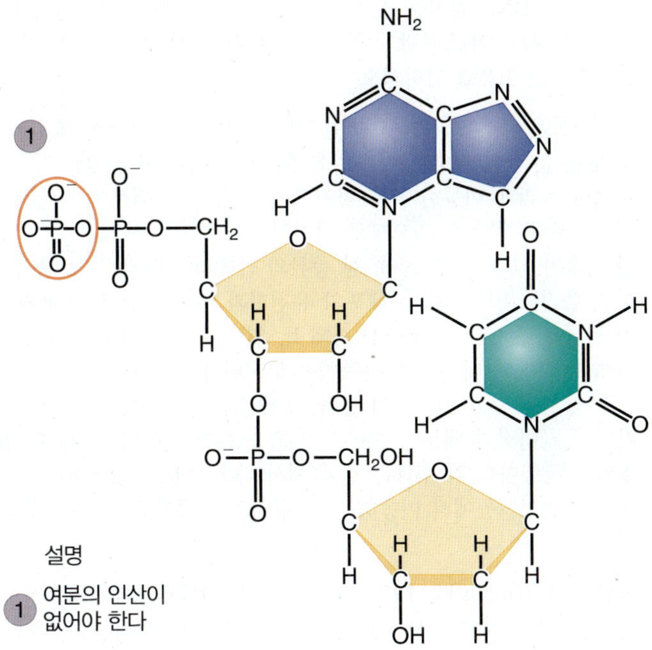

학생이 그린 위의 화학 구조에는 6가지의 주요한 오류가 있다. 그림에 표시된 것과 마찬가지로 오류 부분을 원으로 표시하고 번호를 2~6까지 매긴 후에 1번처럼 오류를 정정하여 간단히 설명하시오.

27. 본문에 설명한 B-DNA, Z-DNA, 우회전 나선 및 좌회전 나선에 관한 정보를 갖고 아래의 (a)와 (b)의 구조를 면밀하게 분석하여 나선의 특징에 대한 결론을 답하시오. 어느 것이 우회전 나선 구조이고 어느 것이 좌회전 나선 구조인가?

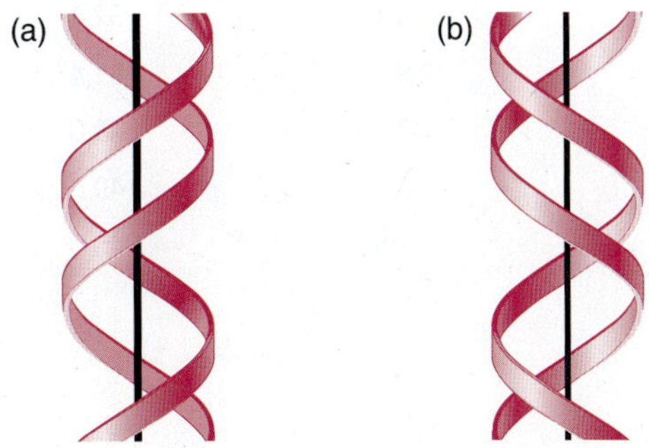

28. 시토신의 아미노 그룹이 가수분해됨으로써 시토신이 우라실로 전환되는 것이 자연적으로 가장 흔하게 일어나는 생리적 조건에 있는 DNA 손상 중의 하나이다. 시토신이 우라실로 바뀌면 DNA 구조에 어떠한 영향을 미치겠는가?

29. 일부 생물에서 시토신이 DNA에 추가된 후 피리미딘 고리의 5번 탄소에 메틸기가 결합한다. 만약 5-메틸 시토신 분자가 28번처럼 가수분해되면 무슨 염기가 만들어지는가?

30. FISH(Fluorescent *in situ* Hybridization)는 소요시간이 매우 짧기 때문에 병원이나 실험실에서 양수나 융모막 채취(CVS)에서 얻은 세포들의 이수성을 검사하는 데 사용한다. 일반적으로 이 방법으로는 13, 18, 21번과 X, Y 염색체를 검색한다. 양수나 융모막 시료를 사용하여 어떻게 FISH를 수행하는지를 설명하고 왜 다섯 가지 염색체를 검색하는지를 설명하시오.

31. 길이가 긴(10,000~20,000 뉴클레오타이드) DNA 분자들과 섞여 있는 길이가 짧은(200~400 뉴클레오타이드) DNA 분자를 분리하려고 한다. 두 가지 아가로스 겔을 만들 수 있는데, 하나는 1.5% 아가로스 겔로 재질이 단단하고 다른 하나는 0.5% 겔로 재질이 부드럽다. 어느 아가로스 겔을 사용하여 짧은 DNA 분자를 분리하겠는가? 그 이유는 무엇인가?

응용 문제

32. 독특한 핵산을 유전물질로 갖고 있는 원시적인 진핵생물을 발견하였다. 핵산 분석에 대한 정보는 다음과 같다:
(a) X선 회절 패턴은 DNA의 X선 회절 패턴과 유사하나 크기가 약간 다르고 불규칙성이 있다.
(b) 열을 가하면 260 nm에서 흡수증가 이동(hyperchromic shift)이 분명하게 나타났다.
(c) 염기의 조성은 다음과 같다:

아데닌	=	8%
구아닌	=	37%
크산틴	=	37%
히포크산틴	=	18%

(d) 당의 75%는 디옥시리보오스이고 25%는 리보오스이다.
위의 관찰에 부합하는 핵산 분자의 구조 모델을 제시하시오.

33. 뉴스 일자: 2030년 3월 1일. 우주 탐사 중에 발견한 독특한 생명체의 유전물질을 최근에 분리하여 분석하였다. 이 물질은 여러 가지 면에서 화학 조성이 DNA와 유사하다. 4탄당인 에리트로오스(erythrose)가 풍부하며 같은 양의 인산 그룹이 들어 있다. 또한 여섯 종류의 질소성 염기를 갖고 있는데 아데닌(A), 구아닌(G), 티민(T), 시토신(C), 히포크산틴(H), 그리고 크산틴(X) 등이다. 염기는 다음과 같은 비율로 존재한다:

A = T = H 그리고 C = G = X

X선 회절 연구 결과는 이 분자에는 규칙성(주기성)이 있으며 직경은 30 Å으로 일정하다. 다음의 질문에 답하시오.
(a) 이 분자의 일반적인 모델을 간략하게 설명하시오.
(b) 모델에서 H와 X는 어떤 특성의 염기쌍을 형성해야만 하는가?
(c) 직경이 일정하게 30 Å이면 (i) H와 X는 모두 퓨린 염기인가 혹은 피리미딘 염기인가? 혹은 (ii) 하나는 퓨린 염기이고 다른 하나는 피리미딘 염기인가?

34. 새로 발견한 두 종류의 박테리오파지 DNA를 분리하였다. 이 장에서 설명한 분석 기술들을 기초로 두 바이러스의 DNA를 분석하고 비교하는 실험 과정을 작성하시오. 사용할 각각의 기술은 무슨 정보를 제공해주는지 설명하시오.

35. 모든 DNA 분자는 같은 전하 대 질량 비를 갖고 있으며 형태가 같기 때문에 DNA 분자는 전기영동으로 크기에 따라 쉽게 분리된다. RNA 분자도 DNA처럼 전기영동으로 분리되는가 혹은 분리되지 않는가? 그 이유를 답하시오.

36. 전기영동은 다른 크기의 핵산 분자를 비교적 쉽고 정확하게 분리할 수 있는 분석 기술이다. 아가로스 겔에서 크기가 큰 분자는 작은 분자보다 느리게 이동한다. 그렇지만 같은 길이의 핵산이 다양한 입체구조로 존재할 수 있으므로 전기영동의 결과를 해석하기가 복잡한 경우가 있다. 예를 들어, 한 종류의 박테리아 플라스미드를 분리하면 플라스미드는 숙주 세포의 유전형과 분리 조건에 따라 세 가지 형태로 존재한다: 초나선(형태 I), 열린 원형(형태 II) 그리고 선형(형태 III). 형태 I은 매우 빽빽하게 꼬여 있는데 DNA 두 가닥은 모두 끊기지 않고 연결되어 있다. 형태 II는 DNA의 두 가닥 중 한 가닥이 끊어졌기 때문에 꼬이지 않은 느슨한 원형이다. 세 형태의 질량이 똑같아도 각 형태는 겔 속에서 다른 속도로 이동한다. 같은 조건의 전기영동에서 이동하는 세 형태의 상대적인 속도를 예측하시오.

37. 다음의 표(Kropinski, 1973) 자료는 어떤 박테리오파지들 DNA의 T_m과 화학 조성[%(G + C)]이다. 데이터를 사용하여 세로 좌표는 %(G + C)이고 가로 좌표는 T_m인 그래프를 그리시오. T_m과 %(G + C) 사이의 관계는 무엇인가? 이러한 관계를 나타내는 분자적 원리는 무엇인가?

파지	T_m	%(G + C)
α	86.5	44.0
κ	91.5	53.8
λ	89	49.2
ϕ80	90.5	53.0
χ	92.1	57.4
Mu-1	88	51.4
T1	89	48.0
T3	90	49.6
T7	89.5	48.0

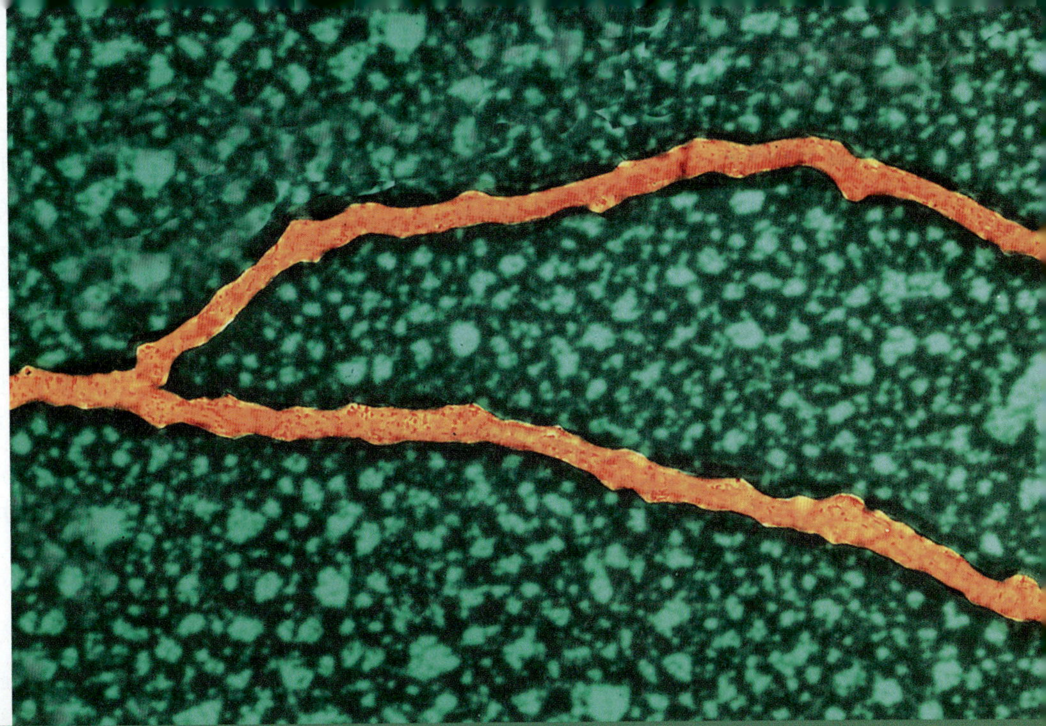

Hela 세포에서 얻은 사람 DNA의 투과전자현미경 사진, 복제 중인 DNA의 복제분기점 특징을 보여준다.

11 DNA 복제와 재조합

핵심 개념

- 부모와 자손 세포 사이의 유전 연속성은 왓슨-크릭 모델에 의해 예상된 DNA의 반보존적 복제에 의해 유지된다.
- 반보존적 복제는 복제대상이 되는 이중나선 각각의 가닥이 주형으로 쓰이며, 새롭게 복제된 이중나선은 각각 하나의 '오래된' 것과 '새로운' DNA 가닥을 포함한다.
- DNA 합성은 복잡하지만 질서정연한 과정이며, 많은 효소와 다른 여러 단백질이 주도하여 일어난다.
- DNA 합성은 뉴클레오타이드가 폴리뉴클레오타이드 사슬로 중합되는 것을 포함한다.
- DNA 합성은 원핵생물과 진핵생물에서 유사하나, 진핵생물에서 더 복잡하다.
- 진핵생물의 경우, 염색체 말단(텔로미어)에서의 DNA 합성은 특별한 문제점이 있지만, 특이한 RNA-포함 효소인 텔로머레이즈에 의해 극복된다.
- DNA 분자 사이의 일부분을 교환하는 중요한 과정인 유전적 재조합은 일련의 효소들의 주도로 일어난다.

DNA의 구조를 밝힌 왓슨과 크릭의 제안에 따라 과학자들은 어떻게 이 분자가 복제되는지에 관심을 가지게 되었다. 복제는 유전물질의 필수적인 기능이며, 세포분열 과정 동안 세포들 간의 유전적 연속성이 유지되려면 복제가 정밀하게 이루어져야 한다. 이것은 엄청나고 복잡한 일이다. 3×10^9(30억) 이상의 염기쌍이 인간 유전체 내에 존재하는 순간을 생각해보라. 이 염색체 중 단지 하나의 DNA를 정확하게 복제하는 것은 극도로 정밀한 메커니즘이 필요하다. 10^6의 오차율(백만분의 일)만 있어도, 유전체가 복제되는 한 주기 동안에 3000개(분명히 너무 많은)의 오류를 만들 수 있다. 비록 복제 과정의 오류가 전혀 없는 것이 아니며, 있었다면 많은 진화가 발생하지 않았을 것임에도 불구하고, 모든 생명체에서 아주 정확한 DNA 복제 기작이 진화하여 왔다.

1953년 왓슨과 크릭이 그들 논문(이 책의 248쪽에 별쇄함)의 결론에서 언급한 바와 같이, 어떻게 복제가 일어나는지에 대해 최초의 통찰을 제공하는 이중나선 모델을 제안했다. **반보존적 복제**(semiconservation replication)로 불리는 이 DNA 복제 방식은 곧 수많은 바이러스, 원핵생물, 진핵생물 연구로부터 증명되었다. 보편적인 DNA 복제 방식이 밝혀지자, DNA **합성**(DNA synthesis)에 대한 정확한 기작들을 밝히기 위한 심화된 연구가 진행되었다. 발견된 사실들은 수많은 효소와 다른 많은 단백질들이 DNA 나선을 복제하는 데 필요하다는 것이다. 합성과정에서 화학반응들의 복잡성 때문에, 관련연구들은 매우 활발한 연구영역이 되고 있다.

이 장에서 우리는 일반적인 복제 방식뿐만 아니라, DNA 합성의 세부적인 특징에 대해서도 논의할 것이다. 새로운 사실들을 밝혀내는 이런 연구는 분자수준에서 생명현상에 대한 우리의 이해를 넓히게 될 것이다.

11.1 DNA는 반보존적 복제에 의해 재생산된다

왓슨과 크릭은 질소를 많이 포함하는 염기의 배열 및 특징 때문에, 각각의 DNA 이중나선이 상보체의 합성을 위한 주형으로 제공될 수 있다는 사실을 알았다(그림 11-1). 그들은 만약 감겨진 나선이 풀린다면, 두 원래의 가닥에 배열되어 있는 각각의 뉴클레오타이드는 그것과 상보적인 뉴클레오타이드와 친화도를 가질 것이라고 제안했다. 우리가 이전에 배운 것처럼(10장 참조), 상보성은 수소결합이 가능하기 때문에 형성된다. 만약 티미딜산(T)이 존재한다면, 아데닐산(A)을 끌어들일 것이다. 만약 구아니딜산(G)이 존재한다면, 시티딜산(C)을 끌어들일 것이다. 마찬가지로 A는 T를 끌어들이고, C는 G를 끌어들인다. 이런 뉴클레오타이드가 양쪽 주형을 따라 연결되어 폴리뉴클레오타이드 사슬을 형성한다면, 그 결과 두 개의 동일한 DNA 이중가닥이 만들어질 것이다. 각각 복제되는 DNA 분자는 하나의 '오래된', 그리고 하나의 '새로운' 가닥으로 구성되며, 그런 이유로 인해 **반보존적 복제(semiconservative replication)**라는 용어가 만들어졌다.

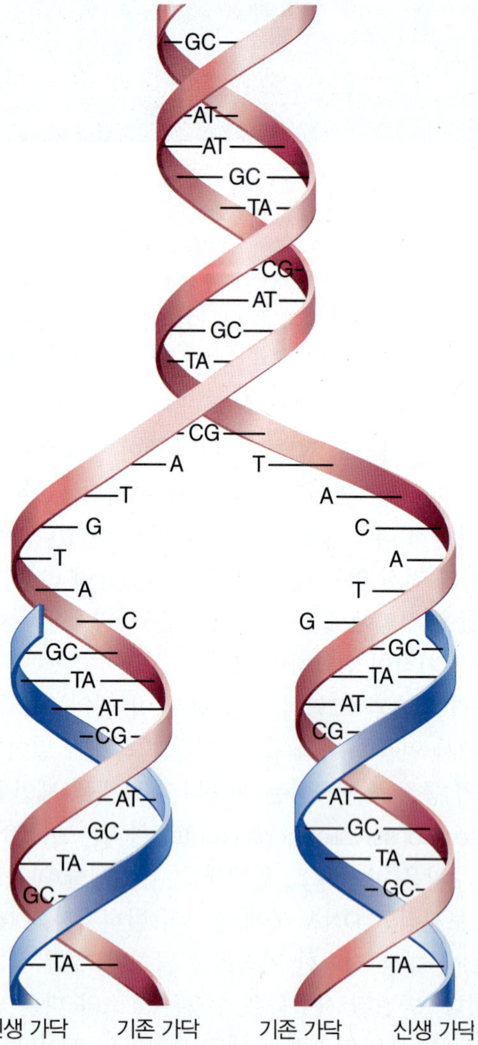

그림 11-1. DNA 반보존적 복제의 일반적인 모델. 파란색이 새롭게 합성되는 DNA 이다.

이론적으로 이중나선 가닥들을 주형으로 사용하는 또 다른 두 가지 복제 방식이 가능하다(그림 11-2). **보존적 복제(conservative replication)**에서는 이전 설명처럼 상보적인 폴리뉴클레오타이드 사슬이 합성된다. 그러나 합성에 의해 새롭게 만들어진 두 개의 가닥은 서로 합쳐지고, 원래 가닥은 다시 이중나선을 형성한다. 그러므로 원래의 나선은 그대로 '보존된다'.

두 번째 대안 모델로서 **분산적 복제(dispersive replication)**라 불리는 방식은, 복제 후에 원래 가닥들이 두 개의 새로운 이중나선으로 분산된다. 이런 이유로, 각각의 가닥이 오래된 DNA와 새로운 DNA 두 가지 모두로 구성된다. 이 방식은 원래 가닥들이 복제 중에서 절단되는 과정을 포함할 것이다. 이것은 세 가지 가능성 중 가장 복잡하고, 그래서 일어날 가능성이 제일 낮은 것으로 간주되었다. 그러나 실험적 모델로서는 배제할 수 없었다. 그림

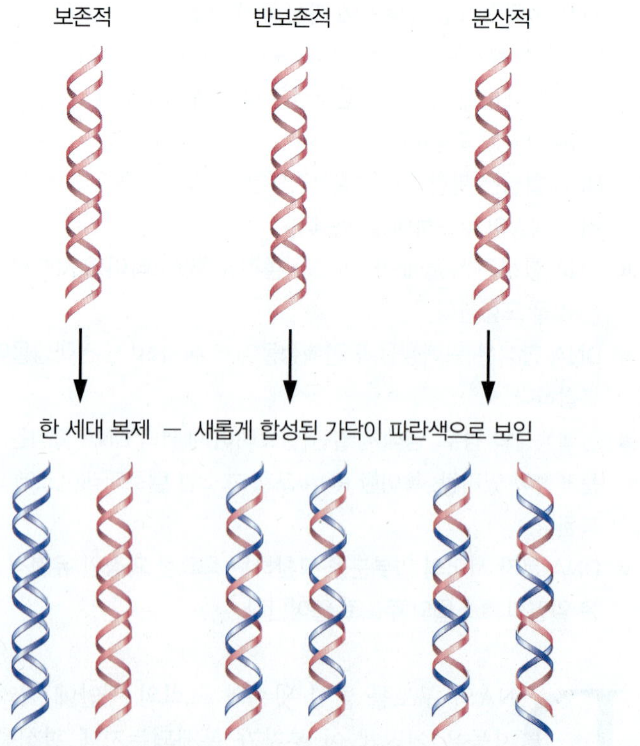

그림 11-2. 세 가지 가능성 있는 모델에 따른 복제가 일어난 후의 DNA 한세대 복제 결과.

11-2는 이론적으로 각각 세 가지 다른 방식에 의해 한 번 복제된 결과들을 나타낸다.

Meselson-Stahl 실험

1958년 Matthew Meselson과 Franklin Stahl은 반보존적 복제가 세균의 세포에서 새로운 DNA 분자를 만드는 데 사용된 방식이라는 확실한 증거에 대한 실험 결과를 발표했다. 그들은 유일한 질소 공급원으로 $^{15}NH_4Cl$(염화암모늄)이 들어 있는 배지에서 *E. coli* 세포를 여러 세대 동안 키웠다. 질소의 '무거운' 동위원소인 ^{15}N은 자연에 존재하는 동위원소 ^{14}N보다 중성자 하나를 더 가지고 있다. 그래서 ^{15}N을 포함하는 분자는 ^{14}N을 포함하는 것보다 더 밀도가 크다. 방사성 동위원소와 달리, ^{15}N은 안정적이다. 이 배지에서 여러 세대를 배양하면 *E. coli* 세포에는 DNA 질소성 염기를 포함하여 거의 모든 질소 함유 분자들이 더 무거운 동위원소를 가지게 된다.

이 실험 성공의 중요한 점은, ^{15}N을 함유하는 DNA가 ^{14}N을 함유하는 DNA와 구별되는 것이다. 실험 절차상 **침강평형 원심분리(sedimentation equilibrium centrifugation)** 또는 **부유밀도구배원심분리법**(buoyant density gradient centrifugation)이라고 불리는 기술을 사용하게 된다. 염화세슘과 같은 중금속염의 밀도구배 속에서 시료가 원심분리 힘을 받게 한다. DNA 분자 밀도가 구배기질의 밀도와 같아질 때 평형을 이룰 것이다. 이 경우에, ^{14}N-DNA보다 ^{15}N-DNA는 튜브바닥에 더 가깝게 위치할 것이다.

이 실험에서(그림 11-3) 균일하게 표지된 ^{15}N 세포를 $^{14}NH_4Cl$만 포함된 배지로 옮겼다. 그래서 복제 동안에 합성된 '새로운' DNA 모두는 '더 가벼운' 질소 동위원소를 가지게 되었다. 새 배지로 옮긴 시간을 0이라고 간주하자($t = 0$). 여러 세대 동안 *E. coli* 세포의 복제가 진행되도록 하고, 각 복제주기로부터 세포 시료들을 얻었다. 각 시료로부터 DNA를 추출하여 침강평형 원심분리법으로 분석하였다.

한 세대가 진행된 후 추출된 DNA는 한 줄의 중간 정도의 밀도에서 보였다—복제된 분자가 각각 하나의 새로운 ^{14}N-가닥과, 하나의 기존 ^{15}N-가닥으로 구성되는 반보존적 복제에 대한 예상된 결과이다(그림 11-4). 이 결과는 두 줄의 밴드가 발생할 것이라는 보존적 복제라는 예측과는 맞지 않았다. 그래서 보존적 복제방식은 받아들여지지 않았다.

두 번의 세포분열 후, DNA 시료는 두 줄의—중간위치 밴드 하나와 밀도구배의 ^{14}N 위치에 해당하는 더 가벼운 위치 밴드 하나—밀도 밴드를 보였다. 세 번째 세대 후에 더 가벼운 밴드의 비율이 증가한 것을 제외하고는 비슷한 결과가 나왔다. 이것 역시 반보존적 복제라는 해석과 일치하는 것이다.

여러분은 중간 밀도를 보이는 분자가 분산적 복제로 발생한 시료와도 일치할 수도 있다는 점을 알 수도 있을 것이다. 그러나 Meselson과 Stahl은 두 가지 관찰을 근거로 이 복제 방식은 배제하였다. 첫째, ^{14}N-포함 배지에서 복제된 첫 세대에서, 그들은 ^{14}N, ^{15}N이 섞여 있는 DNA 분자를 추출하여, 열을 가해 변성시켰다. 열은 두 가닥의 DNA를 단일 가닥으로 분리한다는 이전 내용을 상기해보라(10장 참조). ^{14}N, ^{15}N이 섞여 있는 DNA

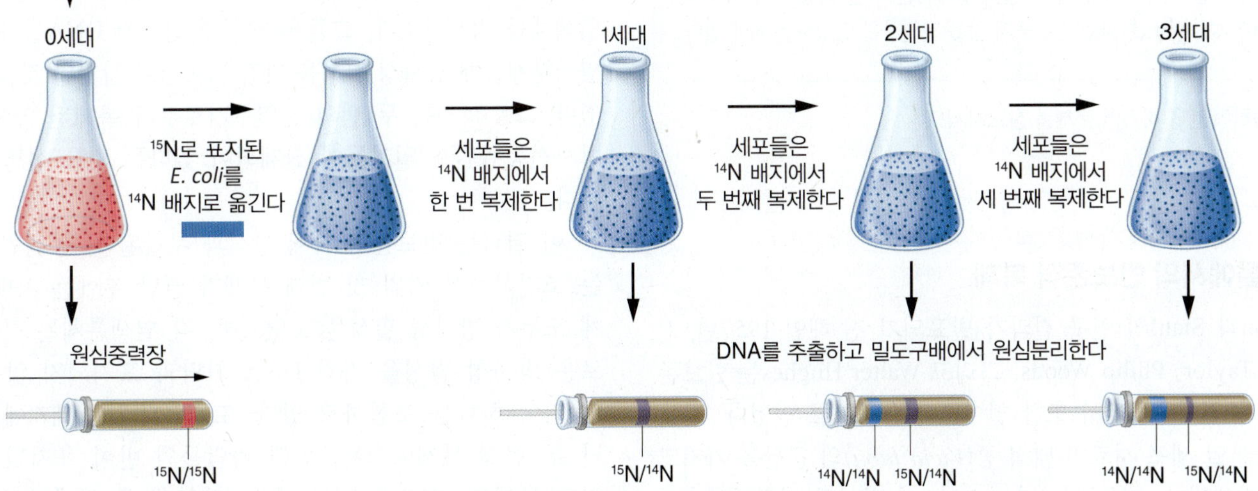

그림 11-3. Meselson-Stahl의 실험.

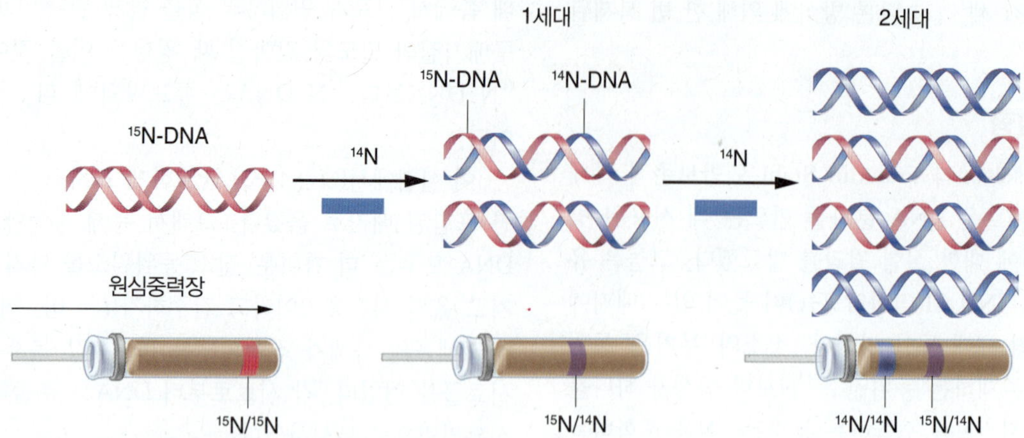

그림 11-4. Meselson-Stahl의 실험에서 두 세대의 반보존적 복제 후 기대되는 결과.

에서 단일 가닥의 밀도를 결정하였을 때, 그들은 중간 밀도가 아닌 ^{15}N 또는 ^{14}N의 밀도를 나타냈다. 이러한 관찰은 반보존적 방식과는 일치하지만, 분산적 방식과는 일치하지 않는 것이다.

또한 복제가 분산적이라면, $t = 0$ 이후의 모든 세대는 중간 밀도의 DNA를 보여야 할 것이다. 첫 번째 이후의 각 세대들에서 ^{15}N/^{14}N의 비율은 감소해야 할 것이고, ^{14}N, ^{15}N이 섞여 있는 DNA 밴드는 점차 더 흐려져야 할 것이며, 결국 ^{14}N 밴드에 도달해야 할 것이다. 이 결과는 관찰되지 않았다. Meselson-Stahl 실험은 박테리아에서 반보존적 복제에 대한 결정적인 증거를 제공했으므로, 보존적 방식과 분산적 방식 모두 배제되었다.

실전문제

11-1. Meselson-Stahl의 실험에서, 세 가지 복제 방법 중 한 세대 복제 후에 어느 가설이 제외될 수 있겠는가? 두 세대 복제 후에는 또 어떠한가?

■ **힌트:** 이 문제는 실험의 원리뿐만 아니라 세 가지 가능한 복제 방법 사이의 차이를 이해해야 한다. 해결의 실마리는 어떤 방법이 한 세대 복제 후에 혼성(hybrid) 나선을 만들지 않을 것인가를 결정하는 데에 있다.

더 연습하려면 3, 4, 5번 문제를 참조하시오.

진핵생물에서의 반보존적 복제

Meselson과 Stahl의 연구 결과가 발표되기 전 해인 1957년, J. Herbert Taylor, Philip Woods, 그리고 Walter Hughes는 반보존적 복제가 진핵생물에서 또한 일어난다는 증거를 얻었다. 그들은 좋은 분열 세포 시료인 넓적 콩(*Vicia faba*)의 근단을 가지고 실험을 진행했다. 이들 연구자는 DNA의 방사성 전구체인 ^{3}H-티미딘을 이용하여 DNA를 표지하고, 자기방사법을 수행함으로써 복제의 과정을 추적 관찰할 수 있었다.

자기방사법(autoradiography)은 세포학적으로 세포 내의 방사성동위원소의 위치를 정확하게 찾아내고자 할 때 적용되는 일반적인 기술이다. 이 과정은 세포 물질(이 실험에서는 근단)을 포함하는 조직 표본에 사진현상을 위한 에멀전을 덮어 씌우고, 어두운 곳에서 보관한다. 이후 필름이 가공된 만큼 슬라이드가 현상된다. 방사성동위원소는 에너지를 방사하므로, 현상됨에 따라 방출 지점에서 에멀전이 까맣게 변한다. 그 결과 절단 표면에서 까만 점 혹은 '티끌(grains)'을 볼 수 있으며, 이 결과로부터 세포 내에서 새롭게 합성된 DNA 위치 등을 식별할 수 있다.

Taylor와 그의 동료들은 방사성동위원소가 있는 조건에서 대략 한 세대 동안 근단을 배양한 후, 표지되지 않은 배지조건에서 세포분열이 계속되도록 하였다. 각 세대가 끝나갈 때, 콜히친(크로커스 식물에서 얻어지는 화합물로서 방추사를 파괴함)을 첨가하여 배양물을 세포 중기상태로 유지되게 한 후 자기방사법으로 염색체를 검사하였다. 그들은 새롭게 합성된 DNA를 포함하는 염색분체들에 방사성 활성을 가진 티미딘이 삽입된 것을 발견하였다. 그림 11-5는 두 번의 분열주기로부터 복제된 염색체에서 방사선동위원소 입자들이 산재되어 있다는 것을 설명하는 것이다.

이 결과는 반보존적 복제 방식과 부합된다. 동위원소가 있는 조건하에서 키워 첫 번째 복제가 끝난 후에는 자매염색분체 모두가 방사성 활성을 보였으며, 각 염색분체는 하나의 새로운 방사성 활성을 가진 DNA 가닥과 표지되지 않은 오래된 가닥 하나를 포함하고 있다. **표지되지 않은 배지**에서 일어난 두 번째 복제에서는, 원래 가닥들의 반이 표지되지 않았기 때문에 각 염색체의 두 자매염색분체 중 하나만이 방사성

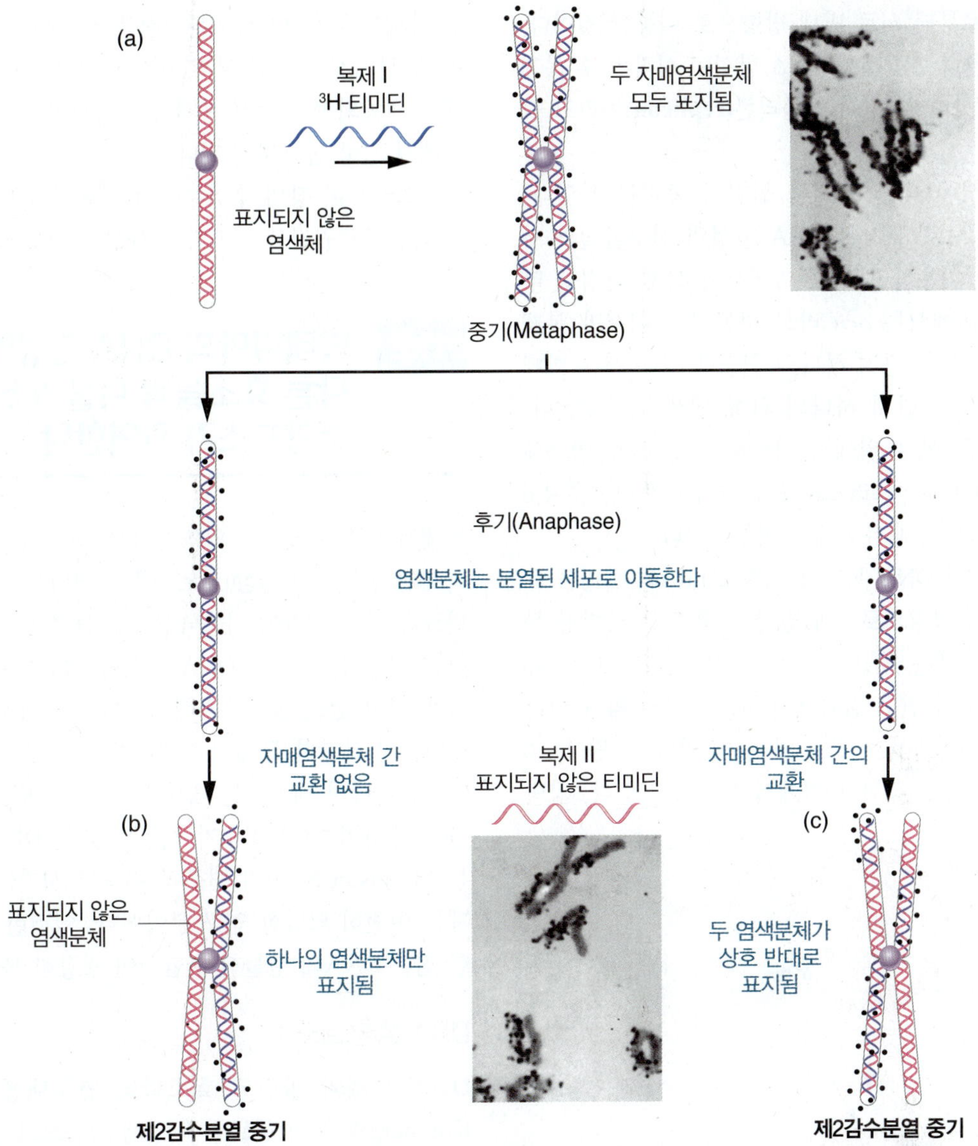

그림 11-5. 넓적 콩(*Vicia faba*) 근단에 있는 DNA의 반보존적 복제를 증명하는 Taylor-Woods-Hughes 실험. (a) ^{3}H-티미딘 처리하에 아직 표지되지 않은 염색체는 세포주기를 진행한다. 그것이 분열기에 들어가면, 방사능 사진 촬영에서 보는 바와 같이 염색체의 두 자매염색분체는 모두 표지된다. 두 번째 복제 후에는 (b), 이번에는 ^{3}H-티미딘 없이, 각 염색체의 오직 하나의 염색분체만이 검은 점으로 표지되어 있을 것이다. 두 자매염색분체 간의 교차부위를 제외하고(c), 기대한 바와 같이 나타난다. 현미경 사진은 실험을 통해 얻은 실제 방사능 촬영 사진이다.

활성을 띠게 될 것이다. 드물게 **자매염색분체가 교환**되는 예외적인 결과도 관찰되었다(5장에서 논의함).

Meselson-Stahl 실험과 Taylor, Woods, 그리고 Hughes의 실험들을 통해서, 복제는 반보존적 방식이라는 사실이 일반적으로 받아들여지게 되었다. 추후의 여러 다른 생물체를 이용한 연구로부터 같은 결과를 얻을 수 있었고, 왓슨과 크릭의 DNA 이중나선 모델 또한 더욱 확실하게 되었다.

복제원점, 복제분기점, 복제단위

반보존적 복제의 이해를 돕기 위해 관련된 몇 가지 이슈들을 살펴보자. 먼저 생각해 볼 것은 **복제원점(origin of replication)**이다. DNA 복제는 염색체의 어느 부분에서 시작될 것인가? 복제원점은 오직 한곳일까, 아니면 여러 부위에서 동시에 DNA 합성이 시작될까? 복제원점은 염색체의 아무 곳에서나 시작하는 것일까, 아니면 특정한 부분이 있는 것일까? 두 번째로, 복제가 시작되면, 한 방향으로 진행하는 것인가, 아니면 원점으로부터 양방향으로 진행되는 것인가? 다시 말하면, 복제는 **단방향적(unidirectional)**인가 아니면 **양방향적(bidirectional)**인가?

이러한 이슈들을 설명하기 위해 두 가지 개념적인 용어를 먼저 소개하고자 한다. 첫 번째로, 염색체상에서 복제가 일어나는 각 부분에서 나선의 가닥이 풀려지면서 **복제분기점(replication fork)**이라는 것이 생긴다. 그러한 분기점은 합성의 원점에서 처음으로 나타날 것이고 DNA 복제가 진행됨에 따라 이동될 것이다. 만약 복제가 양방향으로 진행된다면, 분기점이 두 개 존재할 것이고, 원점으로부터 서로 반대 방향으로 이동할 것이다. 두 번째 용어는 복제원점 한곳에서 DNA 합성이 시작된 후 복제되는 DNA 길이를 말하며, 이것이 **리플리콘(replicon)**이라고 불리는 단위이다.

복제원점과 방향성에 대한 명백한 실험적 증거들이 있다. John Cairns는 방사성으로 표지된 DNA 합성의 전구물질과 자기방사법 실험방법을 이용하여, *E. coli*에서의 복제 과정을 추적하였다. 그는 *E. coli*에서는 *oriC*라고 하는 부분에서만 복제가 개시된다고 설명하였다. 단지 하나의 원점을 갖는 것은 박테리아의 특징이며, 이들은 단지 하나의 환형 염색체를 갖는다. 박테리아 DNA 합성은 한 부위에서 시작하므로, 전체 염색체가 하나의 리플리콘이 된다. 그러므로 *E. coli*의 리플리콘은 4.6 Mb(4백6십만 염기쌍)의 전체 유전체로 이루어진다.

그림 11-6는 *E. coli*의 DNA 복제에 대한 Cairns의 설명을 묘사한 것이다. Cairns의 설명으로는 단방향 복제 또는 양방향 복제가 맞는냐 하는 질문에는 해답을 찾을 수 없다. 그러나 박테리오파지 람다(lambda)의 연구 결과에서 *oriC*로부터 양쪽 방향으로 움직이는 양방향 복제라는 것을 알 수 있었다. 그림 11-6은 Cairns의 연구 결과를 이러한 관점에서 설명하고 있다. 양방향 복제는 두 개의 복제분기점을 생성하며, 복제가 진행됨에 따라 각 분기점은 점점 더 멀어지게 된다. 이러한 복제분기점은 전체 염색체의 반보존적 복제가 완성되면, *ter*이라 불리는 종결 부위에서 결국 합쳐지게 된다.

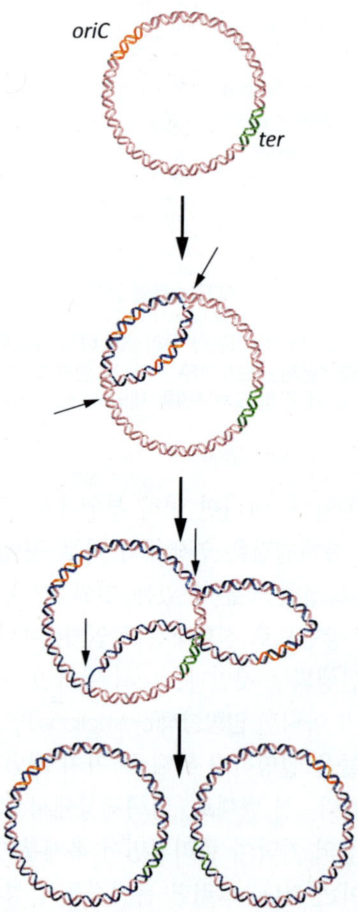

그림 11-6. *E. coli* 염색체의 양방향 복제. 검정 화살표는 복제분기점이 이동하고 있음을 보여준다.

그러나 이 장의 후반부에서 진핵생물의 경우 각각의 염색체는 다중복제원점을 가진다는 사실을 배우게 될 것이다.

11.2 박테리아의 DNA 합성에는 다른 효소들과 더불어 5가지 중합효소가 관여한다

복제가 반보존적이며 양방향으로 진행된다고 하는 것은 DNA 복제의 전반적인 양상(pattern)을 설명하는 것이며, DNA 합성이 완료된 가닥들 간에 이중나선 구조를 형성하는 현상까지를 설명하는 것이다. 그러나 DNA 주형을 대상으로 길고 긴 상보적 결합을 하고 있는 폴리뉴클레오타이드의 이중나선들이 어떻게 합성되는지 복잡한 문제에 대해서는 별로 설명하지 않고 있다. 분자생물학에서 제기되는 대부분 질문들처럼, 이 현상은 미생물들을 이용하여 먼저 연구가 시작되었다. DNA 합성에 관한 연구는 Meselson-Stahl의 연구와 비슷한 시기에 시작되었고, 이 주제는 여전히 활발한 연구 분야이다. 이러한 연구에서 가장 확실한 점은 DNA의 생물학적 합성이 굉장히 복잡하다는 것이다.

DNA 중합효소 I

DNA 복제와 관련된 효소학적 연구내용은 1957년 Arthur Kornberg와 그의 동료들에 의해 처음으로 알려졌다. 이들은 *E. coli*로부터 시험관(*in vitro*), 즉 무세포(cell-free) 시스템에서 DNA 합성을 진행할 수 있는 효소를 분리해 냈다. 이 효소는 유사한 효소들 중 첫 번째로 동정되었기 때문에 **DNA 중합효소 I(DNA polymerase I)**이라고 불린다.

Kornberg는 시험관 시스템에서 DNA 중합효소 I에 의해 DNA 합성이 진행되기 위해서는 필수 요소 2가지가 있다고 설명하였다: (1) 4종의 삼인산디옥시리보뉴클레오사이드(dNTPs)와 (2) 주형 DNA. 만약 4종의 삼인산디옥시리보뉴클레오사이드 중 하나라도 반응에서 빠지면, 합성이 제대로 일어나지 않는다. 만약 삼인산뉴클레오사이드가 아닌 다른 형태의 유도체들이 사용되면(뉴클레오타이드 또는 이인산뉴클레오사이드), 합성은 역시 일어나지 않는다. 만약 주형 DNA가 없다면, DNA의 합성은 일어나지만 굉장히 짧아진다.

Kornberg가 발견한 효소에 의해 일어나는 합성의 대부분은 반보존적 복제의 유형에 잘 들어맞는 것으로 나타났다. 이러한 반응은 그림 11-7에 요약되어 있으며, 뉴클레오타이드 하나가

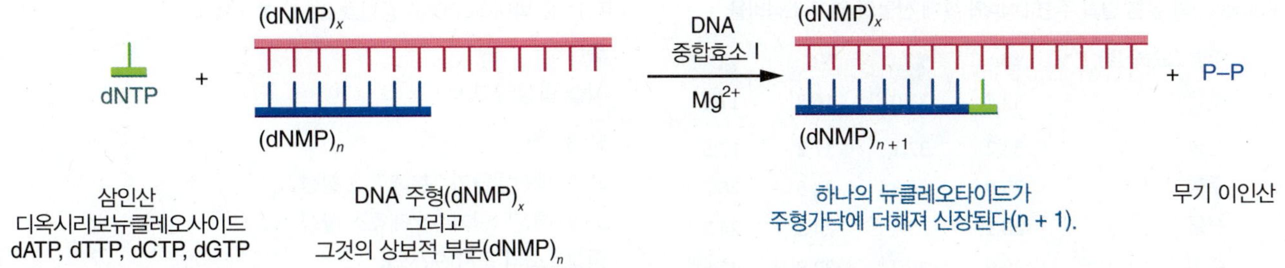

그림 11-7. DNA 중합효소 I에 의해 촉매되는 화학적 반응. 매 번의 반응에서 DNA 주형에 상보적으로 만들어지는 쪽에 뉴클레오타이드 하나가 첨가되고 있으며, 기질로서 삼인산뉴클레오사이드를 사용한다. 열역학적으로는 무기 이인산(pyrophosphate)의 방출이 반응을 이끈다.

첨가되는 것을 설명하고 있다. 이 효소는 928개 아미노산의 단일 폴리펩타이드로 구성된 것으로 나타났다.

새롭게 만들어지고 있는 사슬에 각 뉴클레오타이드가 첨가되는 방법은 DNA 중합효소 I만의 특별한 기능이다. 그림 11-8에서 보는 바와 같이, dNTP 전구물질은 디옥시리보오스당의 5′ 탄소와 연결된 세 개의 인산기를 포함하고 있다. 합성 과정 동안 끝쪽의 두 인산기가 잘려나가며, 5′ 탄소에 연결된 나머지 인산기는 첨가되는 디옥시리보오스의 3′-OH기에 공유결합으로 연결된다. 그러므로 **사슬 신장(chain elongation)**은 한 개의 뉴클레오타이드가 3′ 말단을 성장시킴으로써, **5′에서 3′ 방향(5′ to 3′ direction)**으로 일어난다. 각 단계에서 새롭게 노출된 3′-OH기는 DNA 합성이 진행됨에 따라 다음 뉴클레오타이드 첨가에 관여하게 된다.

DNA 중합효소 I을 분리하여 이의 촉매활성을 정립한 후, Kornberg는 DNA 주형을 복제하는 효소의 정확성, 즉 신뢰성을 증명하고자 하였다. 1957년에는 주형과 새로이 합성된 가닥의 뉴클레오타이드 서열을 확인하기 위한 기술이 아직 가능하지 않았기 때문에, 그는 처음에는 여러 간접적인 실험방법들을 사용하였다.

Kornberg가 사용한 실험방법 중 하나는 주형 DNA의 질소염기 조성과 생성된 DNA 산물의 염기조성을 비교하는 것이었다. 표 11.1은 3가지 주형 DNA에 대해 Kornberg가 분석한 염기구성 결과를 보여준다. 실험적 오차 내에서 각 산물의 염기 구성은 사용된 주형 DNA들과 일치한다. 이러한 자료는, 여러 유형의 주형 DNA와 산물 DNA의 비교를 통해 주형 DNA가 정확하게 복제되었음을 말해준다.

DNA 중합효소 II, III, IV, V

DNA 중합효소 I(DNA 중합효소는 DNA Pol I, II 등의 약어로 표기된다)은 분명히 DNA 합성을 주도하지만, 1969년에는 이 효소의 진정한 생물학적 역할에 필요한 중요한 제한 조건이 제기되었다. Paula DeLucia와 John Cairns는 중합효소 I의 활성에 결함이 있는 *E. coli* 돌연변이종을 발견하였다. 돌연변이는 *polA1*으로 명명되었다. 효소 기능이 없는 가운데 *E. coli* 돌연변이종은 여전히 DNA를 복제했고 성공적으로 증식했다. 그러나 세포들은 DNA 수선 능력이 없었다. 예를 들면, 돌연변이종은 DNA 손상과 돌연변이를 일으키는 자외선(UV)과 방사선에 매우 민감했다. 정상 박테리아는 다량의 UV에 의해 발생한 DNA 손상을 수선할 수 있었다. 이러한 사실은 다음 두 가지 결론을 이끌어낸다.

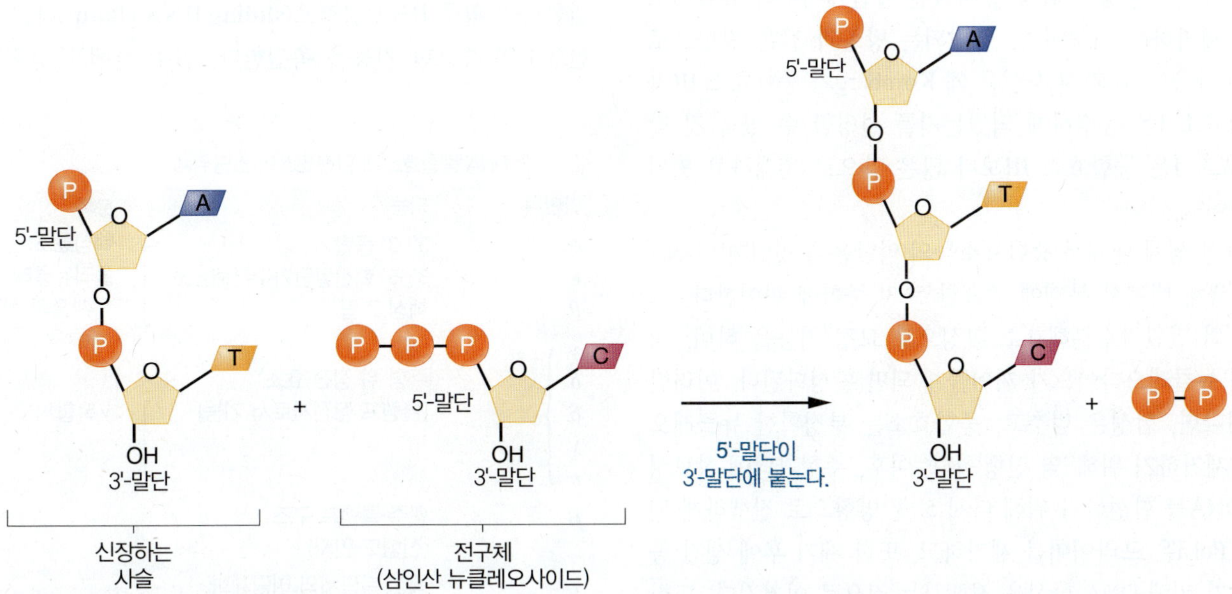

그림 11-8. DNA의 5′에서 3′ 합성에 대한 설명.

표 11.1 Kornberg의 실험 결과 주형 DNA와 복제 산물의 염기 조성비율

유기체	주형 또는 산물	%A	%T	%G	%C
T2 파지	주형	32.7	33.0	16.8	17.5
	산물	33.2	32.1	17.2	17.5
대장균	주형	25.0	24.3	24.5	26.2
	산물	26.1	25.1	24.3	24.5
송아지	주형	28.9	26.7	22.8	21.6
	산물	28.7	27.7	21.8	21.8

출처: Kornberg (1960).

1. DNA Pol I 이외에 적어도 한 가지 효소가 *E. coli* 세포 생체 내(*in vivo*)에서의 DNA 복제를 담당하고 있다.
2. DNA Pol I은 생체 내에서 DNA 합성의 정확도를 유지하는 매우 중요한 부수적 기능도 담당하고 있는 것으로 생각된다.

현재까지, 중합효소 I 활성이 없는 세포 또는 DNA 중합효소 I을 가지고 있는 정상 세포로부터 4종의 독자적인 DNA 중합효소들이 분리되었다. 표 11.2는 **DNA Pol I**와 **DNA Pol II**, **III**의 여러 가지 특성을 비교하였다. 비록 세 효소 중 어떤 것도 주형 DNA를 대상으로 새로운 DNA 합성을 개시할 수 없지만, 세 효소 모두 **프라이머(primer)**라 불리는 DNA 가닥이 존재할 때 이를 신장(elongate)시킬 수 있으며, 세 효소 모두 3′에서 5′으로 말단가수분해효소(exonuclease) 활성을 가지고 있기 때문에, 중합효소가 한쪽 방향으로 중합하다가 멈춘 후, 방향을 거꾸로 하여 지금 막 첨가된 뉴클레오타이드를 제거할 수도 있다. 나중에 배우겠지만, 이러한 활성은 잘못된 뉴클레오타이드를 제거하거나 교체하여 새로이 합성된 DNA를 교정할 수 있는 능력이 있음을 의미한다.

DNA Pol I은 또한 5′에서 3′으로 말단가수분해효소 활성을 가지고 있다. 이 활성은 합성이 시작된 말단에서부터 뉴클레오타이드를 제거하는 기능이며, 합성되는 방향과 같은 방향으로 진행된다. 다음의 두 가지 사실은 왜 Kornberg가 중합효소 III가 아닌 중합효소 I을 동정하게 되었는지를 설명할 수 있을 것 같다: 중합효소 I은 중합효소 III보다 많은 양으로 존재하고 훨씬 더 안정적이다.

그렇다면 생체 내에서 중합효소들의 역할은 무엇일까? DNA Pol III는 생체 내에서 복제에 중요한 5′-3′ 중합에 관여한다. 그것의 3′-5′의 말단가수분해효소 활성으로 교정 기능을 하며, 이는 잘못된 뉴클레오타이드가 끼어들게 되면 활성화된다. 이러한 일이 일어나면, 합성은 멈추고, 중합효소는 부정확한 뉴클레오타이드를 제거하기 위해 '역 진행'한다. 이후, 주형가닥에 상보성을 가진 DNA를 합성하기 위해 다시 5′-3′ 방향으로 진행하게 된다. DNA Pol I은 프라이머를 제거하고, 또한 제거 후에 생긴 공백을 채우기 위해 DNA 합성을 진행하는 것으로 여겨진다. 또한

표 11.2 박테리아 DNA 중합효소 I, II, III의 특성

특성	I	II	III
사슬 합성의 개시	−	−	−
5′-3′ 중합	+	+	+
3′-5′ 핵산말단가수분해효소 활성	+	+	+
5′-3′ 핵산말단가수분해효소 활성	+	−	−
중합효소의 분자 수/세포	400	?	15

이 효소의 말단가수분해효소 활성은 DNA 수선에도 참여한다. **DNA Pol IV**, **V**뿐만 아니라 DNA Pol II는 자외선 등의 외부 스트레스에 의해 발생한 DNA의 손상을 수선하는 여러 기작에도 관여한다. 중합효소 II를 암호화하는 유전자는 복제분기점에서 DNA 합성이 잘못됨에 따라 활성화된다.

DNA Pol III 완전효소

이 절에서는 DNA Pol III 분자가 매우 복잡한 구조라는 것을 강조하고자 한다. DNA Pol III의 활성화된 형태를 **완전효소(holoenzyme)**라 하는데, 독자적인 폴리펩타이드 소단위체(subunit)들로 구성되어 있으며, 그 중 10종은 동정되었다(표 11.3). 가장 긴 소단위체는 α이며, ε, θ 소단위체와 함께 **핵심효소(core enzyme)** 복합체를 형성하는데, 핵심효소는 완전효소 내에서 효소활성 기능을 담당하고 있다. *E. coli*의 경우, 각 완전효소 내에는 두 개 혹은 아마도 세 개의 핵심효소 복합체들이 존재한다. 핵심효소의 구성분 중 α 소단위는 주형가닥을 읽어가면서 DNA 합성을 담당하는 반면, ε 소단위는 교정 기능과 관련된 3′-5′ 말단가수분해효소 활성을 가진다. 한 종 이상의 핵심효소가 필요한 이유는 곧 배우게 될 것이다. 다섯 종의 소단위(γ, δ, δ', χ, υ)의 또 다른 그룹은 **활주 클램프 장전자(sliding clamp loader)**라고 불리는 복합체를 형성하는데, 그것은 핵심효소와 결합하여 **활주 DNA 클램프(sliding DNA clamp)**라고 불리는 완전효소의 중요한 기능을 촉진한다. 활주 클램프 장전자와 관련

표 11.3 DNA 중합효소 III 완전효소의 소단위체

아단위	기능	분류
α	5′-3′ 중합	핵심효소: 폴리뉴클레오타이드 사슬의 신장과 교정
ϵ	3′-5′ 핵산말단가수분해효소	
θ	핵심 조립	
γ, δ, δ', χ, υ	주형 위 장전 효소 [클램프 장전자로서 기능]	γ복합체
β	활주 클램프 구조 (진행도 인자)	
τ	핵심 복합체의 이량체화	

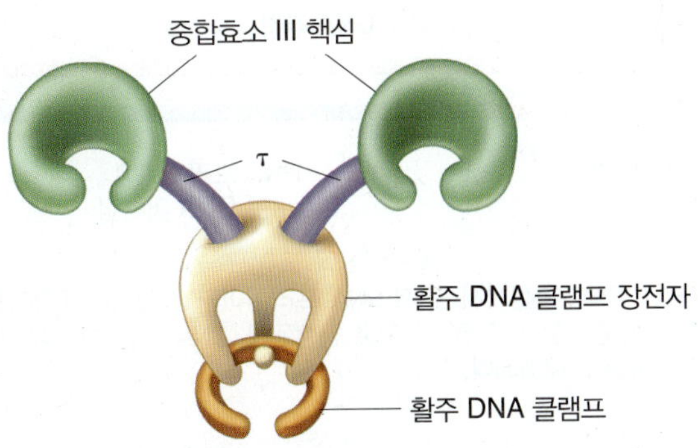

그림 11-9. 본문에서 설명한 pol III 완전효소를 구성하는 여러 조성들. 완전효소에는 세 종의 핵심효소 복합체가 존재할 수도 있지만, 단순화하기 위해 우리는 두 개만 묘사하였다.

된 효소 기능은 ATP 가수분해에 의하여 생성되는 에너지를 사용하게 된다. 활주 DNA 클램프는 핵심효소와 연결되어 있고 여러 개의 β 소단위로 구성되어 있으며, 도넛 모양을 만들어 열리고 닫힘으로써 복제되지 않은 DNA 나선을 둥글게 에워싼다. 이렇게 함으로써 또한 핵심효소와 연결되어 있기 때문에, 클램프는 핵심효소가 주형에 결합을 유지하게 하면서 합성 동안에 길을 이끌어 가는 역할을 하게 된다. 그러므로 핵심효소가 주형으로부터 떨어지기 전에 복제된 DNA 길이는 엄청나게 증가하는데, 이러한 특성을 **진행도(processivity)**라고 한다. 한 핵심효소마다 한 개의 활주 클램프가 있다. 마지막으로, 하나의 τ 소단위체가 핵심효소에 결합하여, 활주 클램프 장전자와 연결한다.

그림 11-9에는 DNA Pol III 완전효소가 도식적으로 묘사되어 있다. 모식도를 위의 구성 소단위들의 설명과 비교해보라. 우리는 완전효소가 두 종의 핵심효소 복합체를 포함한다고 위에서 언급하였지만, 세 번째 핵심효소가 존재할 수도 있다. DNA Pol III 완전효소를 구성하는 소단위들은 계속하여 언급될 것이다.

11.3 DNA 복제 과정 동안 많은 복잡한 이슈들이 해결되어야 한다

지금까지 우리는 세균, 바이러스 등에서 DNA 복제는 하나의 리플리콘(복제단위)을 따라 반보존적이며, 양방향으로 진행된다는 것을 배웠다. 또한 DNA 중합효소 III에 의해 5′-3′ 방향으로 DNA 합성이 진행된다는 사실을 알고 있다. 양방향 합성으로 진행되기 때문에 DNA 합성의 시작점에서 서로 반대방향으로 이동하는 복제분기점 두 곳이 형성될 수 있다. 다음에 열거된 사실로부터 알 수 있듯이, DNA 복제를 좀 더 심도 있게 이해하기 위하여 많은 이슈들을 해결하여야 할 것이다.

1. DNA 나선은 부분적으로 해체되어야 하며, 그 결과로서 양쪽 DNA 가닥에서 DNA 합성이 진행되는 동안 '열린' 형태가 안정화되어야 한다.
2. 풀려진 상태로 계속해서 DNA 합성이 진행되는 과정에서, 진행방향을 따라 이중나선의 꼬임현상이 증가하게 되어 나선 아래로 더욱 장력이 발생하는데, 이를 경감시켜야 한다.
3. DNA 중합효소 III의 진행방향으로 중합반응을 시작할 수 있는 일종의 프라이머가 합성되어야 한다. 놀랍게도 DNA가 아니라, RNA가 프라이머 역할을 수행한다.
4. RNA 프라이머가 합성되면, DNA 중합효소 III이 본래의 이중나선의 각 가닥에 상보적인 DNA 를 합성하게 된다. 이중나선 내의 두 가닥은 서로 반대쪽으로의 방향성을 가지고 있기 때문에, 연속적인 DNA 합성은 복제분기점이 진행되는 방향으로 이중나선의 두 가닥 중 한쪽 가닥에서만 가능하다. 반대쪽 가닥에서의 DNA 합성은 비연속적 합성이라는 다소 다른 형태의 기작으로 진행되어야 한다.
5. DNA 복제가 완결되기 전에 RNA 프라이머는 제거되어야 한다. 이때 일시적으로 간격(gap)이 형성되기 때문에, 그 위치에서 주형에 상보적인 DNA 분자들로 채워져야 한다.
6. 새롭게 합성된 DNA 가닥은 일시적으로 형성된 간격을 메우고, 인접한 DNA 가닥과 연결되어야 한다.
7. DNA 복제 과정에서 정확하게 상보적인 염기들을 연결하지만, DNA 중합효소는 때로는 완벽하지 않아서 합성되는 DNA 가닥에 부정확한 염기를 가져온다. 오류를 고치는 교정(proofreading) 기전은 DNA 합성의 필수과정이다.

이러한 점들을 고려하여 어떻게 각각의 이슈들을 해결해야 하는지 알아보기 위해 그림 11-10, 11-11, 11-12를 살펴보자. 그림 11-13은 DNA 합성 모델을 요약한 것이다.

DNA 이중나선의 풀림

이전에 논의된 바와 같이, 세균 또는 바이러스에서 DNA 복제가 시작되는 원형 염색체 내의 복제원점은 한 곳이다. 이 부위는 아주 잘 연구되어 있으며, 대장균의 경우 *oriC*라고 불린다. *oriC*는 245염기쌍으로 이루어져 있으며, 그 염기서열 중에는 9염기쌍의 반복서열이 다섯 번**(9mers)**, 13염기쌍 반복서열 세 번**(13mers)**을 포함하고 있다. 9mers나 13mers는 AT 서열이 많기 때문에, 전체 DNA 내의 평균적인 염기조성에 비해 상대적으로 덜 안정적이라는 특징이 있으며, 이 서열의 특징은 의심의 여지 없이 DNA 이중나선의 풀림(unwinding)이 손쉽게 진행될 수 있는 특징이라는 것이다. 특수한 개시 단백질인 **DnaA**(*dnaA* 유전자로부터 발현되는 단백질)는 복제가 일어나는 초기에 9mers에 결합하게 된다. 새롭게 형성된 복합체로 인해 구조적인 변화가 진행되어, 13mers 부위와 결합하게 되고, 이러한 변화로 인해 DNA 이중나선이 불안정화되어 열리게 됨으로써 DNA 내에 단일 가닥 부위(ssDNA)가 노출된다. 이 과정으로 **DNA 헬리케이즈(DNA helicase**, DnaB 폴리펩타이드들로 구성)라고 하는 복제 과정에서 중요한 기능을 하는 단백질이 결합할 수 있도록 한다. DNA 헬리케이즈는 노출된 단일 가닥 DNA 분자 중 한쪽 가닥 근처에서 6량체로 형성된다. 이후 헬리케이즈는 본격적인 복제개시를 위해 완전효소를 끌어들여 새롭게 형성된 복제분기점에 결합하게 한 뒤, ssDNA를 따라 이동하여 나가면서 진행방향의 DNA 이중나선을 계속 열리게 한다. 헬리케이즈는 ATP 가수분해에 의해 얻어지는 에너지를 이용하여, 이중나선을 안정화하고 있는 수소결합을 끊는다.

헬리케이즈가 DNA 이중나선을 열리게 하고 ssDNA가 만들어지면, 합성을 위해 주형으로 제공될 때까지 염기 간의 재결합은 저해되어야만 한다. 이것은 **단일 가닥 결합 단백질(single-stranded binding proteins, SSBs)**이라고 하는 ssDNA에 특이적으로 결합하는 단백질들에 의해 수행된다.

DNA 풀림이 진행됨에 따라 복제분기점 앞쪽에 꼬임 장력이 발생하여 때로는 **초나선꼬임(supercoiling)** 현상이 나타난다. 원형 DNA 분자에서는 초나선꼬임 현상은 추가적인 뒤틀림과 꺽임이 일어날 수도 있는데 이것은 고무줄을 길게 늘려놓은 후 한쪽 끝을 잡고 꼬아갈 때 만들어지는 현상과 매우 유사하다. 초나선꼬임 현상은 **DNA 위상이성질체화효소(DNA topoisomerase)** 그룹 중 하나인 **DNA 자이레이즈(DNA gyrase)**에 의해 해결될 수 있다. 자이레이즈는 단일 가닥 또는 이중가닥의 DNA를 절단('cut')하여 국소적인 이동을 촉매하는데, 이는 초나선꼬임에서 만들어지는 뒤틀림과 매듭을 제거하는('undoing') 효과를 가진다. DNA 가닥은 이후 재봉합된다. 이러한 반응들은 ATP 가수분해동안 방출되는 에너지에 의해 진행된다.

종합하면, DNA, 중합효소 복합체, 관련단백질들이 DNA 합성을 시작하는 분자들의 배열을 이루게 되는데, 이는 예전에 리플리솜(replisome)이라 부른 복합체의 한 부분이다.

RNA 프라이머를 이용한 DNA 합성의 개시

DNA 이중나선 내의 일부분에서 풀림현상이 일어나고 완전효소가 위치하게 되면, 어떻게 DNA 합성이 시작되는가? 지금껏 보아왔듯이, DNA 중합효소 III는 폴리뉴클레오타이드 사슬을 만들기 위해, 반응성 있는 3′-수산기의 프라이머를 필요로 한다. 원형의 염색체 내에서는 아무것도 이용할 수 없기 때문에, 과학자들은 어떻게 첫 번째 뉴클레오타이드가 첨가되었는지에 대해 조사해왔고, 이제 RNA가 DNA 합성개시를 위한 프라이머로 역할을 한다는 사실이 명백해졌다.

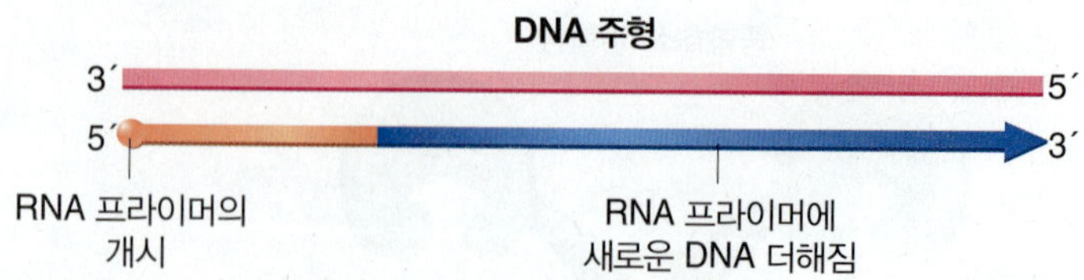

그림 11-10. DNA 합성개시. 먼저 RNA 프라이머가 합성되며, DNA에 상보적으로 결합한다. 합성은 모두 5′→3′으로 진행된다. DNA 중합효소 I에 의해 RNA 프라이머는 DNA로 대체되다.

DNA 주형 위에서 DNA에 상보적인 짧은 RNA 조각(10~12 뉴클레오타이드 정도)이 최초로 합성된다. RNA 합성은 **프라이메이즈(primase)**라고 하는 RNA 중합효소에 의해 만들어진다. 프라이메이즈는 DNA 헬리케이즈에 의해 복제분기점으로 유입되며, 합성을 시작하기 위해 자유로운 3′ 말단을 필요로 하지 않는다. DNA Pol III가 디옥시리보뉴클레오타이드를 첨가하여 DNA 합성을 시작하게끔 하는 것이 이 짧은 RNA 조각이다. 그림 11-10은 DNA 주형 위에서 DNA 합성개시를 개념적으로 설명하고 있다. 나중에 RNA 프라이머는 제거되고 DNA로 대체된다. 이 현상은 DNA Pol I에 의해 촉매된다. DNA 합성 개시 동안 나타나는 RNA 프라이밍 현상은 바이러스, 세균, 진핵생물에서 모두 일반적이다.

연속적, 비연속적 DNA 합성

DNA 이중나선의 양쪽 가닥이 서로 **역평행(antiparallel)**하다는 사실, 즉 한쪽 가닥이 5′-3′ 방향이면, 다른 한쪽 가닥은 3′-5′ 방향성을 가지고 있음을 명심하여야 한다. DNA Pol III는 5′-3′ 방향으로 DNA를 합성하기 때문에, 복제분기점에서 한쪽 가닥에서는 한 방향으로 DNA 합성이 일어나며, 다른 쪽 가닥은 반대 방향으로 진행된다.

그 결과, 가닥들이 풀리고 복제분기점들이 나선 아래로 진행함에 따라(그림 11-11), 단지 한쪽 가닥만이 **연속적 DNA 합성(continuous DNA synthesis)**의 주형으로 제공된다. 이렇게 새롭게 합성되는 DNA는 **선도가닥(leading strand)**이라고 한다. 분기점을 따라 반대 DNA 주형에는 개시 시작점이 여러 군데가 필요하며, **지연가닥(lagging strand)**[1]이라고 불리는 **비연속 DNA 합성(discontinuous DNA synthesis)**이 진행된다.

비연속적 DNA 합성이 일어난다는 사실은 Reiji와 Tuneko Okazaki에 의해 확인되었다. 이들은 박테리오파지 DNA가 대장균 내에서 복제될 때, 주형가닥에 수소결합으로 새롭게 합성

[1] DNA 합성은 한쪽 가닥에서는 연속적이고 다른 쪽 가닥에서는 비연속적이기 때문에, **반비연속 합성(semidiscontinous synthesis)**이라는 용어가 이러한 전체적인 과정을 설명하기 위해 때때로 사용되고 있다.

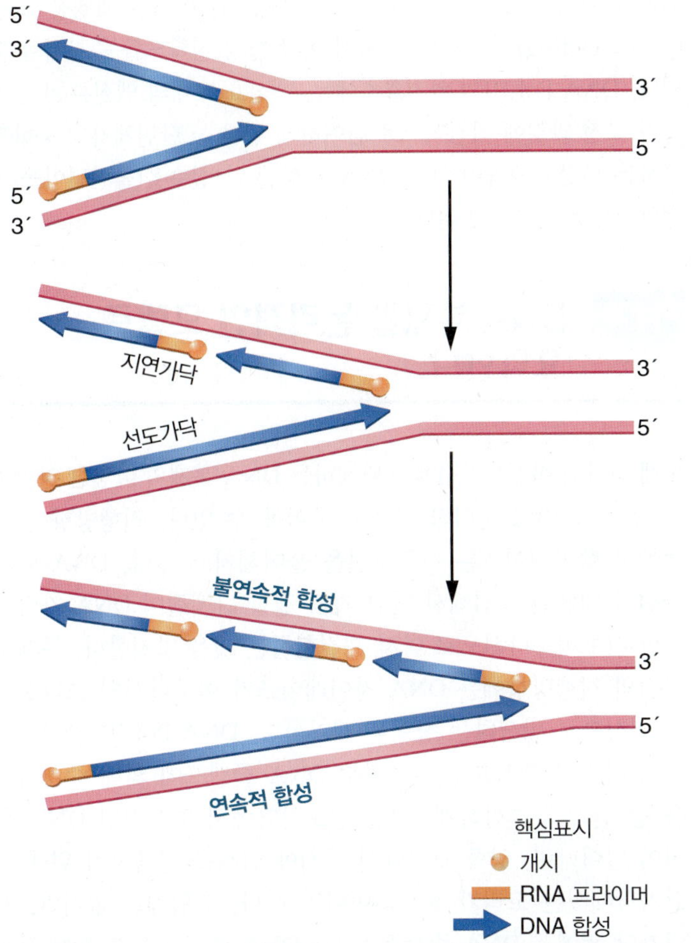

그림 11-11. DNA 두 가닥을 따라가는 합성에서 반대 극성이 필요하다. 왜냐하면 DNA 가닥들은 서로 역평행하게 주행하고, DNA 중합효소 III는 오직 한 방향으로만 합성하기 때문이다(5′에서 3′ 방향으로). 지연가닥에서 합성은 오카자키 절편을 만들면서 불연속적으로 일어나야만 한다. 선도가닥에서의 합성은 연속적이다. RNA 프라이머는 양쪽 가닥 모두에서 합성을 개시하는 데에 사용된다.

된 DNA 일부가 1000~2000 뉴클레오타이드 정도를 포함하는 짧은 조각 형태로 존재함을 알아냈다. RNA 프라이머는 그러한 짧은 조각들 각각에 포함되어 있다. 이 조각들을 **오카자키 절편(Okazaki fragment)**이라고 하며, 이들은 DNA 합성이 진행됨에 따라 더 큰 분자량을 가진 긴 DNA로 전환된다.

DNA의 비연속적 합성을 완결하기 위해서는 RNA 프라이머를 제거하는 효소와 지연가닥에 오카자키 절편들을 통합할 수 있는 효소들이 필요하다. 앞서 설명한 바와 같이, DNA Pol I은 프라이머들을 제거하며, 결손된 뉴클레오타이드를 대체하는 역할을 수행한다. 조각들의 연결은 **DNA 연결효소(DNA ligase)**가 담당하며, 이 효소는 비연속적으로 합성된 가닥들 사이의 단절을 메우기 위해 인산다이에스터 결합형성을 촉매하게 된다. DNA 합성 동안 DNA 연결효소가 이러한 기능을 담당한다는 사실은 연결효소 결핍 돌연변이 대장균에서 연결되지 못한 엄청나게 많은 오카자키 절편들이 축적되어 있다는 실험적 증거들로 인해 더 확실해졌다.

선도가닥과 지연가닥에서 동시다발적인 합성이 일어난다

지금까지 살펴본 모델들을 보면, DNA Pol III 완전효소가 어떻게 선도가닥과 지연가닥 양쪽에서 DNA를 합성하는지 질문할 수도 있다. 양쪽 가닥이 같은 복제분기점에서 동시에 복제될 수 있을까? 또는 두 벌의 동일한 효소들이 각각 나뉘어 기능함으로써 구별되는 것인가? 양쪽 가닥에서 동시에 복제가 진행되며, DNA Pol III 완전효소의 일부분인 2개의 핵심효소가 각각 양쪽 가닥에서 기능한다는 실험적 증거들이 제시되고 있다. 그림 11-12에서 설명하는 바와 같이, 지연가닥이 실타래처럼 감겨 고리를 형성하면, 완전효소에 의해 양쪽 주형가닥 위에서 동시에 뉴클레오타이드 중합반응이 시작될 수 있다. 1000~2000 뉴클레오타이드의 합성이 진행되고 나면, 지연가닥 위의 효소

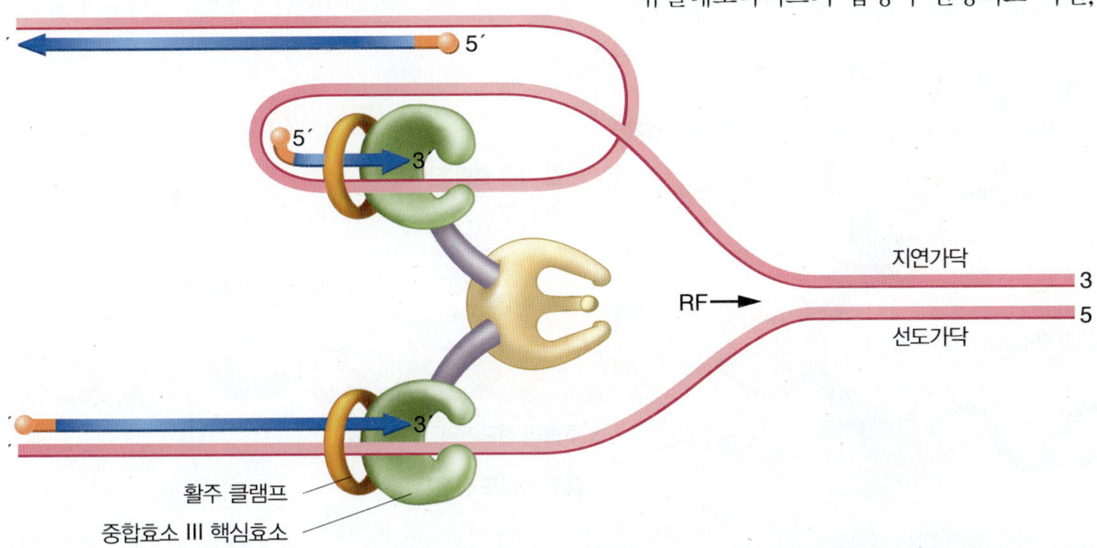

그림 11-12. 하나의 복제분기점(RF)에서 선도가닥과 지연가닥에서 발생하는 DNA 합성이 어떻게 공존할 수 있는지에 대한 묘사. 지연가닥의 주형은 합성의 생화학적 방향이 아닌 물리적인 방향을 뒤집기 위해 "고리" 모양이 된다. 효소는 이량체로 기능하고, 각 핵심 효소는 각각의 가닥에서 합성을 이루어낸다.

단량체는 반응이 끝난 오카자키 절편을 만나게 되며, 이 지점에서 지연가닥을 내보내게 된다. 다시 지연가닥의 새로운 고리가 감기게 되고, 이러한 기작들이 반복된다. 고리 형성은 주형(template)의 방향을 뒤집을 수는 있지만, 지연가닥의 5′-3′ 방향으로의 실제 합성 방향을 뒤집지는 못한다. 앞에서 언급되었듯이, DNA Pol III 완전효소에 관련된 세 번째 핵심효소가 있어서, 그것이 오카자키 절편의 합성에 기능하는 것으로 믿어진다. 간략하게 표현하기 위해서 이번과 다음 그림들에 단지 두 종의 핵심효소만을 포함하였다.

복제분기점에서 DNA 합성을 촉진하는 완전효소의 또 다른 중요한 특징은 도넛 모양의 활주 DNA 클램프이며, 이는 복제되지 않은 이중나선을 감싸고 또한 전진하는 핵심효소에 연결되어 있다. 이러한 집게의 형태는 DNA 중합반응이 진행되는 과정에서 핵심효소가 주형으로부터 해리되는 것을 방지할 수 있다. 이렇게 함으로써, 클램프는 핵심효소의 진행도를 엄청나게 증가시키게 되는데, 진행도는 주형으로부터 해리되기 전에 연속적으로 첨가되는 뉴클레오타이드 수를 말한다. 이러한 기능은 생체 내 복제 과정 동안 신속한 DNA 합성률을 유지하는 데 중요하다.

DNA 복제 동안 교정과 오류 수정이 일어난다

DNA 복제의 가장 중요한 목적은 정확하게 주형가닥 내의 각각의 뉴클레오타이드와 상보적인 새로운 가닥을 합성하는 것이다. DNA 중합효소가 아주 정확하게 기능한다 해도 DNA 합성은 완벽하지 못하며, 때로는 실수로 비상보적인 뉴클레오타이드가 끼어들어갈 수 있다. 이러한 부정확한 부위를 상쇄시키기 위해 DNA 중합효소들은 모두 3′-5′ 핵산말단가수분해효소(exonuclease) 기능도 가지고 있다. 이런 효소 활성은 잘못 끼어든 뉴클레오타이드 부위를 검출하고 제거할 수 있는 기능(3′-5′ 방향으로)도 있음을 의미한다. 잘못 끼어든 뉴클레오타이드 부위가 제거되면, 5′-3′ 합성이 다시 진행된다. 이러한 과정을 **교정(proofreading)**이라 하며, 100배 이상 합성 정확도를 증가시킬 수 있다. DNA Pol III의 완전효소에는, 핵심효소 내의 엡실론(ε) 단위체가 교정 과정에 직접적으로 참여하게 된다. ε 단위체가 기능하지 못하는 대장균 돌연변이는 DNA 합성 동안 실수율(돌연변이율)이 점차적으로 증가하게 된다.

11.4 DNA 복제를 논리적인 모델로 요약한다

이제 하나의 복제분기점에서 발생하는 DNA 복제의 다양한 양상들을 그림 11-13의 논리적 모델로 묶어볼 수 있다. 진행방향 분기점에서 헬리케이즈는 이중나선을 풀어헤치고 있다. DNA 이중나선이 해체된 지점에서 단일 가닥 결합 단백질이 DNA 가닥과 결합하여 이중나선으로 다시 재결합하는 것을 방지한다. 복제분기점의 진행방향에는 DNA 자이레이즈가 이중나선의 초나선꼬임 현상으로 발생하는 장력을 제거한다. DNA Pol III 완전효소 내의 각각의 핵심효소들은 활주 DNA 클램프에 의해 주형가닥들 중 한쪽에 결합하게 된다. 선도가닥에서 연속적인 DNA 합성이 일어나며, 양쪽 가닥에서 동시에 합성을 진행하기 위해 지연가닥에서는 고리가 형성되어야만 한다. 그림에는 없지만, 지연가닥 위에서 DNA 중합효소 I과 DNA 연결효소가 함께 작용하는 것이 필수적이며, 이들은 각각 RNA 프라이머를 DNA로 대체하고, 오카자키 절편을 연결시키는 역할을 한다.

DNA 합성에 대한 연구분야는 여전히 매우 활발한 연구 영역이기 때문에, 이 모델은 향후에도 의심의 여지없이 더 많은 내용들을 추가하게 될 것이다. 그때까지 이 모델은 어떤 유전적 현상이 해석될 수 있는가에 관해 DNA 합성과정을 요약하여 보여준다.

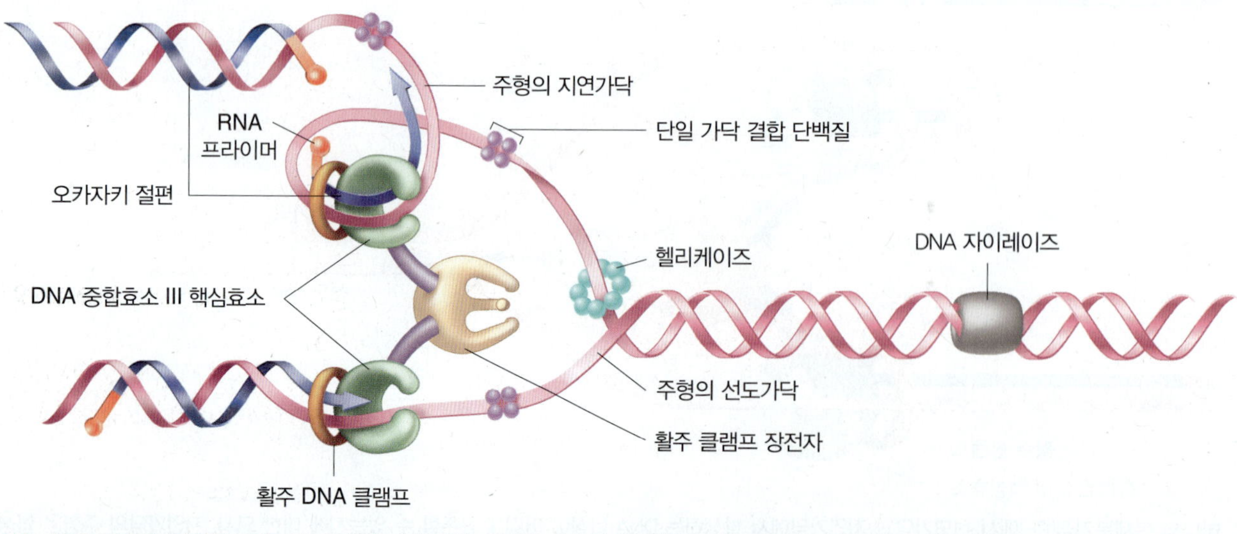

그림 11-13. 하나의 복제분기점에서의 DNA 합성에 대한 요약. 과정을 완수하기 위해 다양한 효소와 단백질들이 필수적이다.

실전문제

11-2. 외계생명체를 조사하였다. DNA 복제를 분석하였더니 특이적인 형태가 나타났다: 오카자키 절편이 관찰되지 않았다. 이러한 복제 형태를 설명할 수 있는 DNA 복제 모델을 설명하시오.

■ **힌트:** 그림 11-13에서 기술한 바와 같이 원핵세포들의 DNA 복제 과정을 이해하는 것과 관련이 있다. 왜 오카자키 절편이 DNA 합성 동안 관찰되고, 이들이 만들어지는 것이 왓슨-크릭 모델에서 설명하는 DNA 구조와 어떻게 관련 있는지 등을 고려해 본다면 해답의 실마리를 얻을 수 있을 것이다.

11.5 복제는 많은 유전자들에 의해 조절된다

바이러스, 세균 등의 DNA 복제에 대해 우리가 알고 있는 많은 사실들은 유전분석으로부터 얻어진 내용들이다. 예를 들면, DNA 중합효소 I이 복제 과정에 절대적으로 중요한 효소는 아니라는 사실들이 *polA1* 돌연변이와 관련된 연구들로 밝혀졌다. 다른 유전자들의 여러 돌연변이는 예를 들면 연결효소 결핍 또는 교정결핍 돌연변이들은 복제 과정에 문제를 일으키거나 심각하게 손상시킬 수도 있다. 그러한 돌연변이들은 치사유전자이므로 유전분석에서는 종종 어떤 조건상태에서는 발현되지만 또 다른 조건에서는 발현되지 않는 **조건부 돌연변이(conditional mutation)**를 사용하여야 한다. 예를 들면, **온도 민감성 돌연변이(temperature-sensitive mutation)**는 일반적인 배양 온도에서는 발현되지 않는다. 그러나 돌연변이 세균을 아주 제한적인(restrictive) 온도에서 배양할 때 돌연변이 형질이 발현되므로 연구될 수 있다. 돌연변이와 연관된 기능상실의 효과를 분석하는 것으로 온도 민감성 돌연변이에 대한 연구는 정상 유전자들의 최종 생산물과 관련 기능을 규명하는 단서를 제공할 수 있다.

표 11.4에서 보면, 대장균 내에 존재하는 많은 유전자들이 DNA 중합효소의 단위체들을 특정하고 있으며, DNA 합성 개시, 이중나선 풀림, 안정화, 프라이밍, 초나선꼬임 현상의 완화, 수선, 연결 등에 대한 단백질들을 생산해낸다. 이런 많은 유전자들이 발견되었다는 사실이 심지어는 아주 간단한 원핵세포에

표 11.4 여러 가지 *E.coli* 유전자와 그들의 산물 또는 복제에서의 역할

유전자	산물 또는 역할
polA	DNA 중합효소 I
polB	DNA 중합효소 II
dnaE, N, Q, X, Z	DNA 중합효소 III 소단위체
dnaG	프라이메이즈
dnaA, I, P	개시
dnaB, C	*oriC*에서 헬리케이즈
gyrA, B	자이레이즈 소단위체
lig	DNA 연결효소
rep	DNA 헬리케이즈
ssb	단일 가닥 결합 단백질
rpoB	RNA 중합효소 소단위체

유전자 기능 이해를 위한 현대적 접근

치명적인 기능결손

이 장에서는 DNA 복제 동안 DNA 연결효소의 필수 기능에 대해서 배웠다. 연결효소는 또한 DNA 재조합, DNA 수선 등을 위한 중요한 기능을 가지고 있다. 진핵세포는 적어도 3종의 DNA 연결효소 유전자(*Lig1, Lig3, Lig4*)를 발현하고 있다. 이 유전자들은 염기서열, 구조 등에서 유사하지만, 서로 다른 기능을 가지고 있다. DNA 연결효소 1(*Lig1*)은 포유동물 세포에서 DNA 복제와 관련된 중요 유전자이며, *Lig3*는 DNA 단일 가닥 수선과 절제수선(excision repair)에서 기능하며(15장에서 설명할 예정), *Lig4*는 재조합과 비상동말단 결합(nonhomologous end-joining)에서 필요하다. 어떻게 우리는 이런 DNA 연결효소들이 존재하는지 알았고, 그 기능을 밝혀내었는가? 다음에서 우리는 계획된 특정 유전자를 상실하였을 때 개체가 받는 영향을 밝히는 실험 방법으로서 **DNA 기능결손 기법(DNA knockout technology)**을 설명하고자 한다.

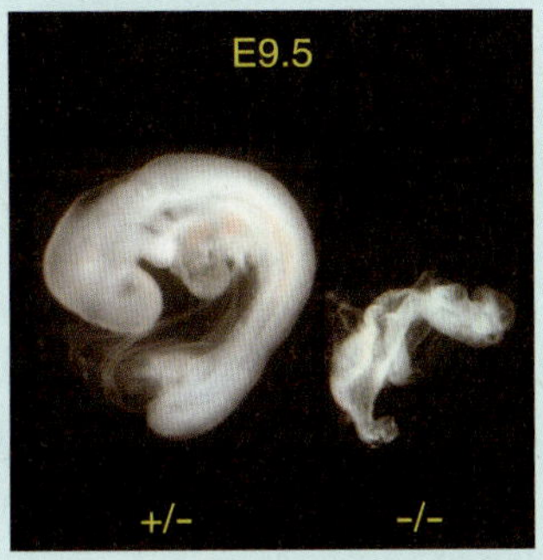

9.5일째에서 Lig3 결핍은 과도한 세포사멸을 일으킨다. Lig3 −/− 결핍 쥐 배아(오른쪽)에서는 9.5 dpc에 발생이 멈춘 반면, (왼쪽) 이형접합(+/−) 쥐 배아는 정상형 배아발생을 보인다.

DNA 연결효소 기능을 이해하기 위하여, 특정 연결효소 유전자가 상실되어 연결효소 기능이 결손된 생쥐를 만들었다. 결손

(계속)

현대적 접근—계속

(knockout) 생쥐는 유전공학적 조작으로 특정 유전자에 대해 이형접합인 부모 생쥐로부터 만들 수 있는데, 이러한 부모 생쥐들은 한쪽 대립유전자는 정상이고 반대쪽 대립유전자는 없거나 또는 기능이 소실된 대립유전자를 가지므로 +/−로 표시된다. 이형접합체를 가진 두 개체를 교배시키면, 일부는 동형접합성 −/−(null) 자손이 만들어지고 연구대상으서 선별될 수 있다. 교배로부터 −/− 자손이 만들어지지 않을 때, 종종 배아발생 과정의 치사현상으로 의심된다. 배아발생 과정에서 유전자의 기능적 중요성이 밝혀지는 것이 결손 생쥐의 치사현상이다.

결손 동물을 가지고 연구를 수행할 때 얻게 되는 중요한 해석들에 대해, 연결효소 결손 실험의 예를 들어 설명하고자 한다.

결과:

여러 실험군들로부터 다음과 같은 결과를 얻었다.

- *Lig1* 결손 생쥐의 배아가 중배엽까지 정상적으로 발생하고 죽었다.
- *Lig3* 결손 생쥐는 수정 후 8.5일째(8.5 dpc) 배발생이 중단되었다. 9.5 dpc에 과도한 세포자살(apotosis)이 발생하였다. 그러므로 *Lig3*가 없는 생쥐는 배발생 과정의 치사현상을 보인다. 이러한 치사현상을 설명하기 위해 미토콘드리아에서 *Lig3*의 필수 기능이 조사되었다.
- *Lig4* 결손 생쥐 또한 배발생 과정에서 치사현상을 보인다. *Lig4*−/− 배양세포주는 이온화 방사선 조사시 세포손상에 매우 민감하며, 이중나선 DNA 절단에 대한 비상동말단결합(nonhomologous end joining) 수선도 잘 일어나지 못한다.

결론:

위의 모든 연결효소들은 모두 배발생 과정의 치사현상을 보인다. 각각의 연결효소들이 어떤 역할을 하는지를 이런 연구들이 어떻게 설명할 수 있는가? 우리가 생각할 수 있는 하나의 결론은 연결효소 각각이 필수적이며, 다른 연결효소가 치사된 하나의 연결효소 기능을 대체할 수 없다는 실험적 관찰을 생각한다면, 서로 다른 연결효소들이 서로 독립적인 기능을 수행하고 있다는 것이다. *Lig4*−/− 연구 결과들로부터 연결효소 4는 돌연변이원에 대한 민감도가 매우 증가하였기 때문에 DNA 수선기능과 관련 있음을 알 수 있었다. 또한 연결효소 I, 연결효소 III은 연결효소 4의 중요한 기능을 대체할 수 없음도 알 수 있었다. 그러므로 연결효소 유전자의 돌연변이 또는 상실이 발생하면 다른 종류의 연결효소 유전자에 의해 대체될 수는 없다.

이 실험들은 결손 동물을 제작할 때 나타나는 일반적인 현상으로 설명할 수 있다. 유전자가 제거된 생쥐는 종종 발생 과정의 특정 시기에서 사망한다. 이 현상은 제거된 유전자가 최소한 개체 발생 과정 중 단백질을 만들어 내지 못하기 때문에 개체에 치사로 작용한 것이므로 세포 기능에 매우 중요하다는 것을 의미한다. 이것은 여러분이 개체의 죽음을 초래할 수 있는 DNA 복제와 같은 중요한 기작과 관련된 유전자 상실에 대해 생각한다면 그리 놀랄 일도 아니다.

연구자들은 이같은 결과를 예상하고 결손 동물을 통해 여러 번 가설을 확인하였다. 결손을 제작하였을 때 치사가 일어나는 문제를 해결하기 위해 **조건부 결손**이라는 실험방법을 사용하게 되었다. 이 실험방법은 전체 개체수준에서 어떤 유전자를 제거하기보다는 특정 기관에서 제거하는 방법으로 가능하다. 이러한 방법은 동물이 생존할 수 있으며, 연구자들은 특정 세포유형에 대해 유전자의 기능을 연구할 수 있다. 조건부 결손 동물은 유전자의 발현을 원래 상태로 돌리는 복구 실험에도 사용할 수 있다.

참고문헌

Adachi, N., et al. 2001. DNA ligase IVdeficient cells are more resistant to ionizing radiation in the absence of Ku70: Implications for DNA double-strand break repair. *Proc. Natl. Acad. Sci. USA, 98:12109–12113*.

Bentley, D.J., et al. 2002. DNA ligase I null mouse cells show normal DNA repair activity but altered DNA replication and reduced genome stability. *J. Cell Sci*., 115:1551–1561.

Puebla-Osorio, N., et al. 2006. Early embryonic lethality due to targeted inactivation of DNA ligase III. *Mol. Cell. Biol*., 26:3935–3941.

탐구문제:

1. 중요한 기능을 담당할 것으로 생각하는 유전자를 제거시킨 동물을 제작하였는데 눈에 띄는 *돌연변이형*이 나타나지 않았다. 이 유전자의 기능에 대해 어떠한 결론을 내릴 수 있을까?
2. 포유동물 세포에서 DNA 복제와 관련된 중요한 효소인 연결효소 1 유전자가 없는 생쥐가 교배 후 9일 동안 발생하는 것이 가능할까? 어떻게 생각하는가?
3. 지금까지 설명한 연결효소 실험에 근거하여 만일 DNA 중합효소 결손이 일어난 생쥐가 태어났다면 어떻게 생각할 수 있겠는가? 그러한 생쥐가 실제 만들어진 적이 있다. 2장의 '유전체학 탐색' 연습문제를 따라 PubMed 검색을 통해 DNA 중합효소 결손을 조사해 볼 것!
4. 유전자 기능 이해를 위한 현대적 접근법으로, *Lig1, Lig3, Lig4* 3종의 연결효소 유전자들의 기능적 역할에 대해 설명하였다. 포유동물 *Lig2*에 대해 알고 싶다면, http://www.ncbi.nlm.nih.gov/에서 "유전자" 데이터베이스에서 Human Lig2 라는 키워드로 조사하시오. 여러분이 정확한 답을 얻기 위해 replacement record를 클릭할 필요가 있다. 의문점을 해결하기 위해서는 요약을 읽으시오.

서조차 복제 기작이 매우 복잡하다는 것을 증명하고 있다. 엄청난 양의 DNA가 아주 짧은 시간 내에 정확하게 복제되어야 하는 것을 생각하면, 이러한 복잡성은 예상 못했던 일이 아니다. 다음 절에서 보겠지만, 이러한 기작들은 진핵세포에서 더 진화되어 있고, 조사하기가 더 어렵다.

11.6 진핵생물의 DNA 복제는 원핵생물의 복제와 유사하지만 보다 더 복잡하다

진핵생물의 DNA 복제는 박테리아에서의 복제와 특징면에서 매우 비슷하다. 두 시스템 모두 이중나선 DNA가 복제원점에서 풀리고, 복제분기점을 형성하며, 단일 가닥 DNA 주형으로부터 DNA 중합효소가 기능하여 양방향 합성을 통해 선도가닥과 지연가닥을 만든다. 진핵생물의 중합효소들도 박테리아의 중합효소들이 기능하는 것처럼 DNA 합성을 위해 똑같은 기반 물질을 필요로 한다. 4종의 삼인산디옥시리보뉴클레오사이드(dNTPs), DNA 주형, 프라이머가 그것이다. 그러나 진핵생물 DNA의 여러 특성들 때문에, 진핵생물 DNA 복제는 더욱 복잡하다. 진핵생물의 세포들은 훨씬 더 많은 양의 DNA를 포함하고 있으며, 이 DNA는 뉴클레오솜으로 복합되어 있고 염색체는 환형이 아닌 선형 구조로 이루어져 있다. 이 절에서는, 진핵생물의 복제 기작 과정에서 이러한 추가적인 복잡성을 해결하는 몇 가지 방식에 대하여 설명하고자 한다.

다중복제원점에서 복제 개시

진핵생물과 원핵생물 DNA 복제 사이의 가장 명백한 차이점은, 진핵생물의 복제 과정에서 다뤄지는 DNA 양이 훨씬 더 많다는 것이다. 예를 들어, 대장균(*E. coli*) 세포에 비하여 효모 세포는 3배 더 많은 DNA를 가지며, 초파리 세포는 40배 더 많은 DNA를 포함한다. 게다가, 진핵세포의 DNA 중합효소들은 원핵세포의 경우보다 25배 느리게 DNA를 합성한다(1분당 약 2,000 뉴클레오타이드). 이러한 조건 아래에서는, 진핵생물 염색체상의 하나의 복제원점에서부터 복제가 완결되기 위해서는 며칠이 걸린다. 그러나 진핵생물 세포 내의 전체 유전체 복제는 보통 몇 분이나 몇 시간 안에 완성된다.

엄청난 양의 DNA를 빠르게 합성하기 위해서, 진핵생물의 염색체는 다중복제원점을 가지고 있다. 효모 유전체는 250~400개의 복제원점을 가지며, 포유류 유전체의 경우에는 25,000개를 가지고 있다. 다중복제원점은 전자현미경을 통해 관찰할 수 있으며, DNA 나선이 열려 있는 '복제 거품(replication bubbles)'이 형성되어 있고, 각 거품은 이론적으로 두 개의 복제분기점을 제공하게 된다(그림 11-14). 효모에서의 복제원점은 대략 120 염기쌍들로 이루어져 있는, **자율복제 서열(autonomously replicating sequences, ARSs)**로 구성되어 있으며, 11 염기쌍의 **공통서열(consensus sequence**, 효모의 모든 ARSs에서 같거나 거의 비슷하게 나타나는 서열)을 포함한다. 포유류 세포들의 복제원점은 특별한 서열 모티프는 없는 것으로

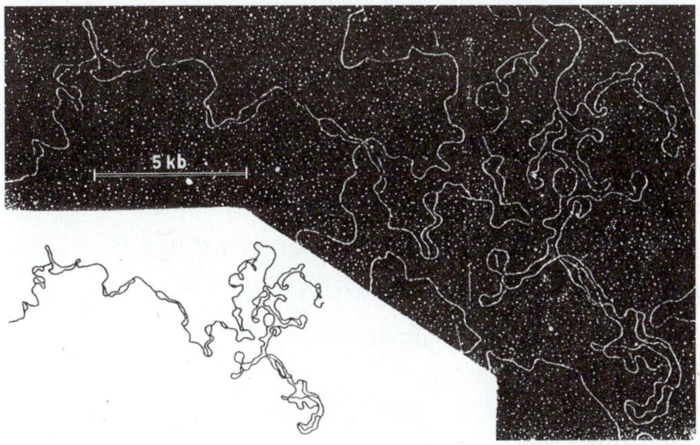

그림 11-14. 진핵생물 염색체의 다중복제원점. 초파리 핵으로부터 DNA를 추출하였고 전자현미경으로 관찰하였다. 현미경 사진의 왼쪽 아래에 위치한 그림을 보면, 이 119 kb의 DNA 절편에는 23곳의 복제 거품이 포함되어 있다.

보이고, 6~55 kb 영역의 넓은 범위에서 염색질 구조에 의해 결정되는 것으로 여겨진다.

진핵생물의 복제원점은 복제 개시 지점뿐만 아니라, DNA 복제의 시기도 조절한다. 이 조절 기능은 20여 가지 이상의 단백질로 이루어진 복합체에 의해 수행되는데, **복제전 복합체(prereplication complex, pre-RC)**라고 불리며, 복제원점에서 조립된다. 세포주기의 G1기 초기에 6종의 단백질로 구성된 **복제원점인식복합체(origin recognition complex, ORC)**가 복제원점을 인식하는데, 이로 인해 복제가 개시될 지점이 표시된다. 세포주기의 G1기를 지나면서 pre-RC를 형성하기 위해 여러 단백질들이 ORC와 결합한다. 복제 시작점에서 Pre-RC가 존재한다는 의미는 그지점에서 복제가 시작될 수 있다는 것을 '보증(licenses)' 하는 것이다. 복제원점으로부터 DNA 중합효소가 합성을 시작하면 pre-RC는 해체되고, 다음 세포주기의 G1기가 될 때까지 다시 조립되지 않는다. 이것은 DNA 복제가 완결된 부분과 복제되지 않은 DNA 부분을 구분해 주기 때문에 매우 중요한 기작이며 복제 과정을 질서 있게, 효율적으로 유지시켜 준다. 이러한 조절로 인해 각 세포주기 동안, 복제는 각 DNA마다 오직 한 번만 일어난다.

DNA 복제 개시 또한 pre-RC에 의해 조절된다. 복제 관련 단백질들의 인산화를 담당하는 많은 종류의 세포주기 인산화효소들과 DNA를 풀어주는 헬리케이즈들이 모두 pre-RC와 결합하는 것이 복제 개시를 위해 필수적이다. 인산화효소들은 S기에 활성화되어, DNA 복제 개시를 촉발하는 여러 단백질들을 인산화시킨다. 그 결과 복제분기점에서 DNA가 풀리고, 단일 가닥 DNA가 안정화되며, 복제원점에 DNA 중합효소가 결합함으로써 합성이 시작된다.

표 11.5 진핵생물 DNA 중합효소들의 특성

DNA 중합효소	기능
α (alpha)	RNA/DNA 프라이머, DNA 합성의 개시
δ (delta)	지연가닥 합성, 수선, 재조합, 교정
ε (epsilon)	선도가닥 합성, 수선, 재조합, 교정
γ (gamma)	미토콘드리아 DNA 복제 및 수선
β (beta)	염기제거 DNA 수선
η (eta), ζ (zeta), κ (kappa), ι (iota)	손상통과 DNA 합성
θ (theta), λ (lambda), μ (mu), ν (nu), Rev1	DNA 수선

진핵생물의 많은 DNA 중합효소들

복제단위(replicon)의 수가 많은 상황에 대처하기 위해, 진핵생물 세포들은 박테리아 세포들보다 더 많은 DNA 중합효소 분자들을 포함하고 있다. 예를 들면, 하나의 대장균 세포는 15분자의 DNA 중합효소 III을 가지지만, 포유류 세포는 수만 분자의 DNA 중합효소 분자들을 포함한다.

또한 진핵세포는 원핵세포보다 많은 종류의 DNA 중합효소들을 활용하고 있다. 인간의 유전체는 적어도 14종의 DNA 중합효소를 암호화하는 여러 유전자를 포함하고 있으며, 이 중에서 세 가지만이 핵내 유전체 DNA 복제 과정에 관여한다. 이러한 DNA 중합효소의 명명과 특징들은 표 11.5에 요약하였다.

중합효소 α, δ와 ε은 진핵세포 핵 DNA 합성 과정에서 개시와 신장에 관여하는 주요한 효소이기 때문에 앞으로의 설명은 이것들에 초점을 둘 것이다. **Pol α**는 네 종의 소단위체(subunit)로 구성되며 이 중 두 단위체가 선도가닥과 지연가닥 모두에서 RNA 프라이머를 합성한다. RNA 프라이머가 대략 10개의 리보뉴클레오타이드 길이가 되면 또 다른 단위체가 10~20개의 상보적인 디옥시리보뉴클레오타이드를 추가하게 된다. Pol α는 효소와 기질 사이 친화력의 의미로 사용되는 **진행도(processivity)**가 낮은 것으로 알려져 있는데, 그렇기 때문에 이 효소가 주형 DNA로부터 분리되기 전에 짧은 길이의 DNA가 합성되는 것이다. 프라이머가 자리를 잡으면, Pol α는 주형으로부터 분리되고, Pol δ 또는 ε으로 교체되는 **중합효소 전환(polymerase switching)**이 일어난다. 이 효소들은 서로 반대쪽 DNA 가닥에서 프라이머를 신장하는데 보다 더 좋은 진행도를 가지며, 3′에서 5′으로의 핵산말단가수분해효소 활성이 있기 때문에 교정 능력도 있다. Pol ε은 선도가닥에서, Pol δ는 지연가닥에서 DNA를 합성한다. Pol δ와 ε 모두, DNA 수선과 재조합을 포함하여 세포 내 여러 가지 DNA 합성 과정에도 참여한다. 그러므로 세 종의 DNA 중합효소들은 모두 세포 생존을 위해서는 필수적이다.

원핵세포 DNA 복제와 마찬가지로, 진핵세포 DNA 복제의 최종 단계에서는 RNA 프라이머를 DNA로 교체하는 과정과 지연가닥의 오카자키 절편을 연결하는 과정으로 진행된다. 진핵세포의 오카자키 절편은 원핵세포보다 약 10배 작다(100~150 뉴클레오타이드).

나머지 DNA 복제효소들 중 Pol γ는 미토콘드리아 내에서만 발견되며, 이 세포소기관 내의 DNA를 합성한다. 다른 DNA 중합효소들은 손상이나 비틀림 현상이 있는 DNA 주형 부위의 수선과 복제에 관여한다[손상통과 합성(**translesion synthesis, TLS**)라 함]. DNA 복제과정에서 이러한 손상통과(translesion) DNA 중합효소들은 정확도가 낮아 중합효소 α, δ, ε 보다 더 많은 오류를 만들지만, 이것의 기능은 나중에 수선될 수 있도록 공백(gap)을 만들어 비틀린 부위를 넘어갈 수 있도록 한다. 우리는 나중에 DNA 손상과 수선에 관한 주제를 다루게 될 것이다(15장 참조).

염색질을 통한 복제

원핵세포와 진핵세포 DNA 사이의 큰 차이점 중 하나는 진핵생물의 DNA가 세포 내에서 DNA 결합 단백질들과 함께 복합체를 형성한 염색질 상태로 존재한다는 것이다. 우리가 나중에 설명할 내용에서처럼(12장 참조), 염색질은 뉴클레오솜이라 불리는 단위가 규칙적으로 반복되며, 각 뉴클레오솜은 약 200 염기쌍의 DNA가 8개의 히스톤 단백질 분자를 감싸고 있다. 중합효소가 DNA 합성을 시작하기 전에, 복제 단백질들이 접근하기 위하여 뉴클레오솜과 다른 여러 DNA 결합 단백질들은 치워지거나 변형되어야 한다. DNA 합성이 진행됨에 따라 뉴클레오솜 형태의 특징을 재확립하기 위하여 히스톤 단백질과 비히스톤성 단백질들은 다시 새로 합성된 이중가닥에 빠르게 합쳐져야 한다. 그림 11-5에서 보이는 바와 같이 전자현미경으로 관찰해 보면, 복제분기점에서 새로운 DNA가 합성된 후에는 뉴클레오솜이 바로 형성되는 것을 알 수 있다.

복제된 DNA에서 뉴클레오솜 염색질을 다시 형성하기 위하여, 새로운 히스톤 단백질 합성과 DNA 합성은 세포주기의 S기

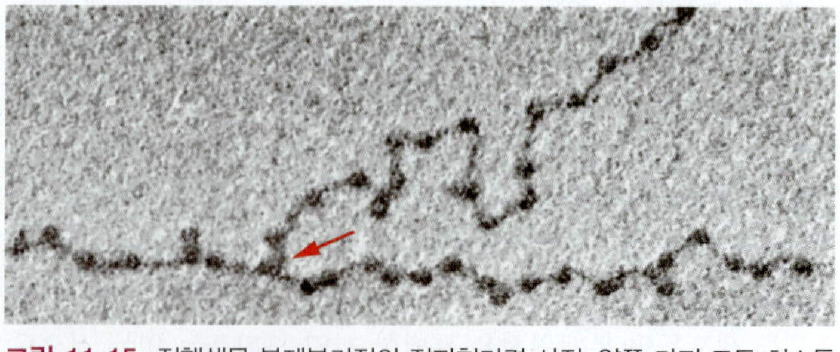

그림 11-15. 진핵생물 복제분기점의 전자현미경 사진. 양쪽 가지 모두 히스톤 단백질 포함-뉴클레오솜의 존재가 확인된다.

동안 긴밀하게 연결되어 있다. 연구 결과들에 의하면, 뉴클레오솜은 복제분기점이 형성되기 바로 직전에 분해되고, 이전에 존재하던 히스톤 단백질은 새롭게 합성된 히스톤 단백질과 함께 새 뉴클레오솜으로 조립될 수 있다. 새로운 뉴클레오솜은 복제분기점 바로 뒤의 새롭게 합성된 두 DNA 가닥에서 조립된다. 새 뉴클레오솜의 조립은 복제분기점을 따라 움직이는 **염색질 조립인자(chromatin assembly factors, CAFs)**에 의해 수행된다.

11.7 선형 염색체의 양 끝은 복제되는 동안 문제가 된다

원핵생물과 진핵생물 DNA 합성의 마지막 단계에서의 차이점은 그들 염색체의 구조적인 차이에서 기인한다. 박테리아나 대부분의 박테리오파지들은 환형의 닫혀 있는 DNA 구조를 하고 있지만, 진핵세포 염색체는 선형이다. 복제가 진행되는 동안, 선형 이중가닥 DNA 분자의 '끝 부위'에서는 두 가지 특별한 문제가 발생한다.

첫 번째 문제는 선형 염색체의 말단에서 이중가닥 DNA 분자의 끝 부위는, 염색체 내부가 DNA 손상으로 인해 망가진 경우에서 발생하는 **이중가닥 절단(double-stranded breaks, DSBs)** 모습과 매우 유사하다는 것이다. 그러한 경우에는, 느슨해진 이중가닥 끝 부분이 융합될 수 있고, 그 결과로 염색체 융합이나 전좌를 일으킬 수도 있다. 만약 끝 부분이 융합되지 않는다면 그것들은 핵산가수분해효소에 의해 쉽게 분해될 수 있다. 두 번째 문제는 DNA 복제 과정에서 발생하는데, DNA 중합효소가 단일 가닥의 5′ 말단 끝에서는 새로운 DNA를 합성할 수 없기 때문이다.

이러한 두 가지 문제를 해결하기 위해, 선형인 진핵세포 염색체 말단에는 **텔로미어**(**telomerse**)라고 하는 특수한 서열이 존재하여 염색체의 온전한 상태와 안정성이 보존되도록 한다. 텔로미어는 불활성 상태의 염색체 말단을 구성하며, 원래상태의 진핵세포 염색체가 부적절한 융합이나 분해가 되지 않도록 방지하는 역할을 한다. 또한 텔로미어는 다음에서 설명하는 바와 같이 5′ 말단 복제 문제를 해결한다.

텔로미어의 구조

우리는 텔로미어 DNA 서열이나 이에 결합하는 단백질들의 무언가 특이한 점으로 인해 텔로미어의 보호 기능이 주어질 것이라 추론을 할 수 있다. 실제로, 그런 현상들이 증명되었다. Elizabeth Blackburn과 Joe Gall는 미세핵(micronuclei, 섬모충 원생동물 *Tetrahymena*의 두 핵 중 작은 것)에 관한 연구로, 원생동물 염색체 말단이 TTGGGG의 짧은 직렬 반복 서열로 구성되어 있다는 것을 처음 발견하였다. 이 서열은 각 텔로미어를 만드는 두 DNA 가닥 중 한쪽 가닥에 매우 많은 반복형태로 존재한다. 이 가닥을 G-풍부 가닥이라고 하고, 반대로 그에 상보적인 가닥은 AACCCC가 많은 반복을 보이므로 C-풍부 가닥이라고 한다. 비슷한 방식으로, 모든 척추동물들은 G-풍부 가닥 말단에 TTAGGG 서열을 포함하고, 체세포에서 몇천 번이나 반복된 것을 관찰할 수 있다. 각 나선형 DNA 가닥의 선형 염색체 말단은 서로 역평행 구조를 이루기 때문에, 한 가닥은 3′ 말단을 가지고 다른 가닥은 5′ 말단을 가진다. 3′ 가닥이 G-풍부 가닥이다. 이것은 텔로미어 복제에서 매우 특별한 의미를 가진다.

그러나 먼저, 이러한 직렬 반복 DNA가 어떻게 염색체 말단을 불활성 상태로 만드는지 설명하도록 하자. 첫 번째 모델은 3′ 말단인 G-풍부 가닥이 상보적이지 않게 돌출되어 확장함으로써, 각 텔로미어 말단에 단일 가닥 꼬리를 형성한다는 발견으로부터 설정될 수 있다. *Tetrahymena*에서는, 이러한 꼬리가 단지 12~16 뉴클레오타이드 길이밖에 되지 않는다. 그러나 척추동물에서는 수백 뉴클레오타이드 길이가 될 수 있다. 이런 꼬리의 최종 구조가 염색체 불활성화와 관련되어 있다. A-T, G-C 염기쌍과 같은 방식의 상보성을 고려하지 않더라도, 여러 개의 정렬된 G를 포함하는 뉴클레오타이드들은 반대편 부위에 존재하는 G-풍부 서열과 서로 염기쌍을 이룰 수 있다. 그러므로 G-풍부 단일 가닥 꼬리는 스스로 고리 형태로 감겨 다중 G-G 수소결합을 형성함으로써 소위 **G-4중체**(**G-quartets**)를 만든다. 결과적으로 염색체 말단에 생긴 고리들은 [**t-고리**(**t-loops**)라 부른다] 구두끈을 묶은 나비 매듭과 매우 흡사하다. 이러한 구조는 이것에 결합하는 특이 단백질들과의 조합으로 염색체의 말단을 폐쇄하게 되며, 핵산분해효소에 의한 분해와 DNA 융합이 일어나지 못하게 한다.

텔로미어에서의 복제

이제 이중가닥 DNA 분자의 5′ 말단 부위에서 반보존적 복제가 진행될 때 문제가 될 수 있는 상황에 대하여 생각해보자. 이미 배운 바와 같이, DNA 복제는 선도가닥과 지연가닥에서 합성된 RNA 프라이머로부터 시작된다(**그림 11-16**). DNA 중합효소가 DNA 합성을 개시하기 위해서는 자유로운 3′-OH이 노출되어 있어야 하기 때문에 프라이머가 필요하다. 복제가 완결된 후, RNA 프라이머는 제거되어야 한다. 그 결과로 신규 합성된 DNA 가닥에 형성된 공백은 DNA 중합효소에 의해 채워지고 연결효소로 연결된다. 이러한 내부 공백들에서는 오카자키 절편 말단에 사용가능한 자유로운 3′-OH기가 있기 때문에 DNA 중합효소가 합성을 시작할 수 있다. 문제는 새롭게 합성된 DNA의 5′ 말단에 남겨진 공백에서 발생한다[그림 11-16의 공백 (b)와 (c)]. 합성을 개시하기 위해 필요한 3′-OH 작용기가 없기 때

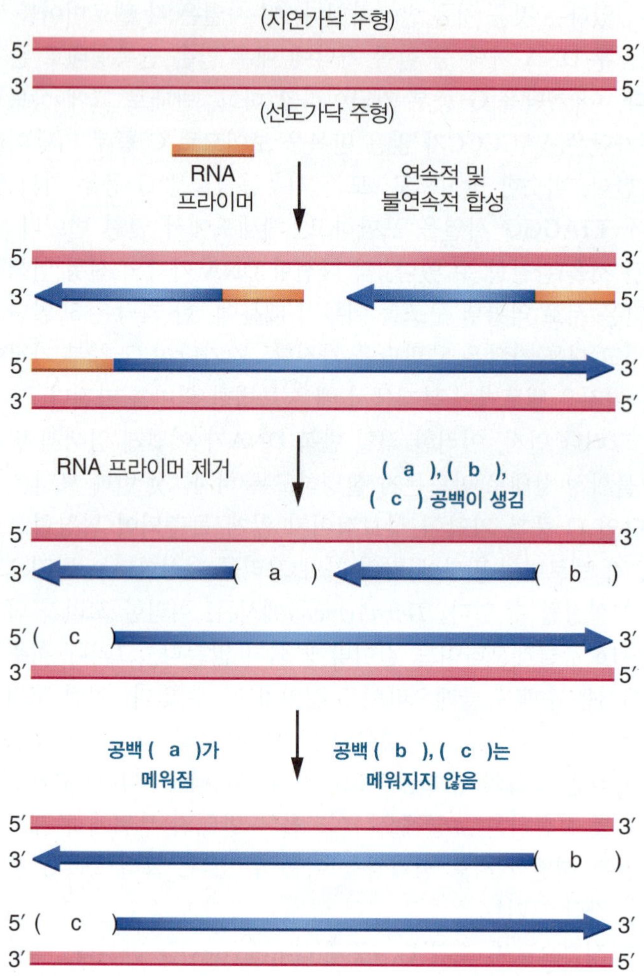

그림 11-16. 그림은 선형 염색체의 말단부 복제 과정에서 직면하는 어려움을 설명하고 있다. 선도가닥과 지연가닥이 합성됨에 따라 공백 (b)와 (c)가 형성된다.

문에, 이러한 공백은 DNA 중합효소에 의해 메워질 수 없다.

그러므로 그림 11-16에 설명하는 상황에서처럼, 연속된 DNA 합성 과정에서 매번 새롭게 합성된 DNA 가닥에는 항상 공백이 남게 되고, 염색체의 이중가닥 말단을 RNA 프라이머 길이만큼 짧아지게 한다. 매번 세포가 분열될 때마다 복제과정에서의 길이 감소는 점점 더 심해지고, 결국 텔로미어뿐 아니라 유전자 암호화 부위까지 제거될 수 있다.

소위 말단복제문제(end-replication problem)라고 하는 이 현상은 **텔로머레이즈(telomerace)**라고 하는 진핵생물 특유의 효소에 의해 해결된다. 텔로머레이즈는 Elizabeth Blackburn과 그녀의 대학원생인 Carol Greider의 *Tetrahymena*에 관한 연구에서 처음으로 발표되었다. 이전에 언급한 바와 같이, 진핵생물에서 텔로미어의 DNA는 다수의 짧고 반복적인 뉴클레오타이드 서열로 구성되어 있고 G-풍부 가닥이 돌출되어 단일 가닥 꼬리를 형성하고 있다. *Tetrahymena*에서 그 꼬리는 5′-TTGGGG-3′ 서열을 반복적으로 포함하고 있다. 우리가 앞으로 살펴볼 내용과 같이, 텔로머레이즈는 G-풍부 가닥의 3′ 말단에 6개의 뉴클레오타이드 반복서열을 여러 개 추가할 수 있다(5′-3′ 합성을 이용함). Blackburn과 Greider의 상세한 연구는 어떻게 *Tetrahymena* 텔로머레이즈 효소가 이런 합성을 완성하는지에 관해 놀라운 발견을 하였다. 이 효소는 리보뉴클레오단백질(ribonucleoprotein)이라는 점에서 매우 특이한데, 분자 구조 안에 촉매 활성에 필수적인 짧은 RNA 단편을 포함하고 있다. 텔로머레이즈의 RNA 성분(telomerase RNA component, TERC)은 효소가 텔로미어에 적절하게 부착할 수 있게 하는 '안내자' 역할을 하기도 하고, '주형'으로 작용하여 그에 상보적인 DNA를 합성할 수 있게 하기도 한다. RNA를 주형으로 한 DNA 합성을 **역전사(reverse transcription)**라고 한다. TERT라 불리는 텔로머레이즈 역전사효소(telomerase reverse transcriptase, TERT)는 텔로머레이즈가 가지고 있는 촉매활성 소단위체이다. TERC와 TERT 외에도, 텔로머레이즈는 여러 부속 단백질들을 포함한다. *Tetrahymena* TERC는 합성되어야 하는 텔로미어 반복 DNA 서열(TTGGGG)의 상보서열이 내포된 AACCCCAAC 서열을 가지는 것으로 밝혀졌다.

그림 11-17은 어떻게 효소가 작동하는지에 대한 한 가지 모델을 보여준다. 이 효소의 RNA 서열 부분(녹색)은 돌출된 DNA 단일 가닥의 말단 서열과 염기쌍을 이루고, RNA의 나머지 부분은 그 돌출부를 넘어서까지 존재한다. 다음으로, 뻗어 나온 RNA 서열의 역전사(RNA를 주형으로 DNA를 합성)는 G-풍부 지연 가닥의 길이를 확장하는 데 사용된다. 그 효소는 다시 가닥의 말단(새로 형성된 부분)으로 옮겨가 동일한 과정을 반복하여 지속적으로 확장을 진행시킬 것으로 여겨진다.

텔로미어가 텔로머레이즈에 의해 길어지면, 통상적인 DNA 합성이 계속된다. 프라이머가 프라이메이즈의 기능에 의해 텔로미어 말단 부위에 위치하게 되고, DNA 중합효소와 연결효소는 대부분의 공백을 채워준다[그림 11-17(d),(e)]. 프라이머가 제거되면 작은 공백이 남는다. 그러나 이 공백은 원래의 것과는 다르게 염색체 말단 부위 밖에 위치하므로 염색체가 짧아지는 것을 막는다. 다른 모델은 텔로머레이즈에 의해 만들어진 DNA 확장부위가 프라이머로 작용하여, 반대쪽 C-풍부 가닥의 DNA 합성을 촉진한다는 것이다. 이 모델에서는, 단일 가닥의 확장 부위가 뒤로 휘어져 3′-OH 작용기를 제공함으로써 공백을 메우기 위한 합성이 개시된다.

현재 모든 진핵생물 연구에서 텔로머레이즈의 기능이 발견되었다. 나중에 설명할 내용이지만(12장), 텔로미어 DNA 서열은 진화 과정 동안 매우 잘 보존되어 왔는데, 이는 텔로미어 기능의 중요성을 의미한다. 앞에서 언급한 바와 같이, 인간의 지연가닥 위 텔로미어 서열은 5′-TTAGGG -3′으로 반복되는데,

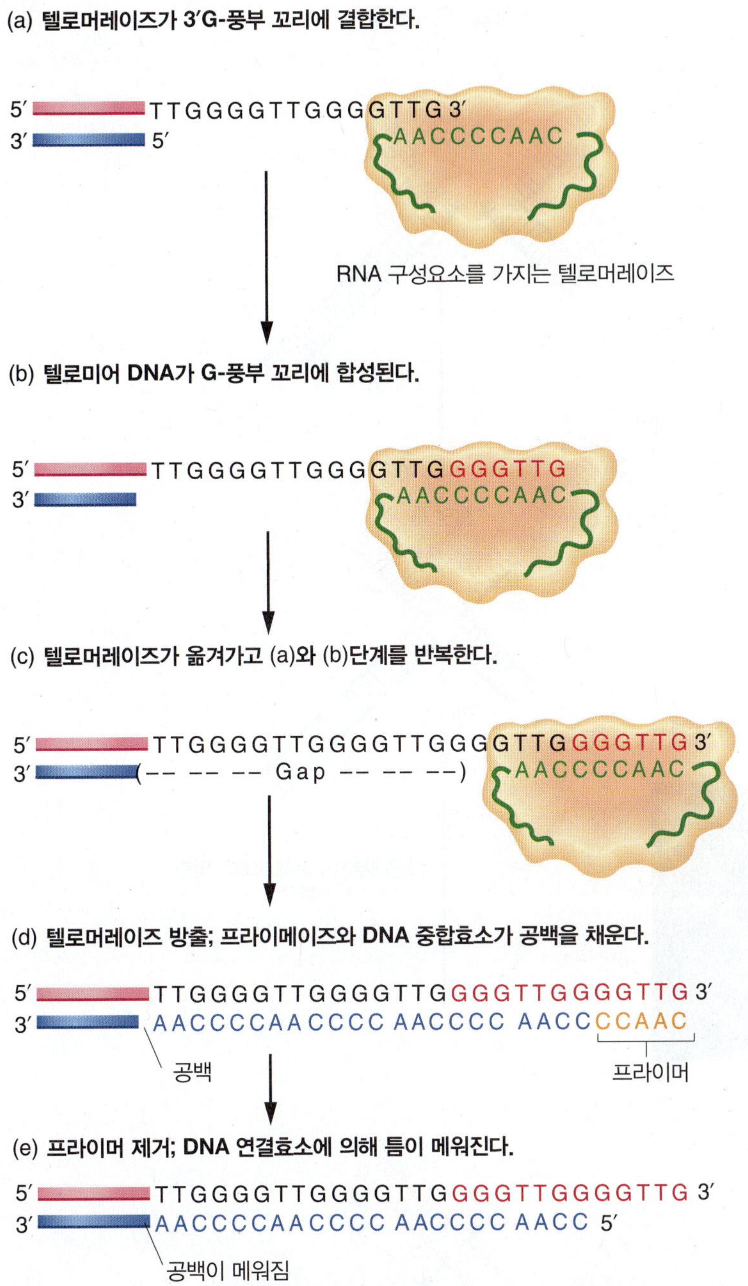

그림 11-17. 그림 11-16의 노출된 문제점 해결을 위해 예측할 수 있는 방법. 텔로머레이즈 효소(녹색의 RNA 구성요소와 함께)는 반복된 TTGGGG 서열 합성을 조절하여, 확장된 3′ 돌출부를 형성한다. 이것은 반대쪽의 DNA 합성을 촉진하는데, 각 복제주기 동안 선형 염색체의 말단 위에 생성된 틈을 메우게 된다.

*Tetrahymena*와는 오직 한 개의 뉴클레오타이드만 다르다.

대부분의 진핵생물 체세포에서 텔로머레이즈는 활성이 없으므로 각 세포분열과 함께 염색체의 텔로미어 길이가 짧아진다. 여러 번 분열이 진행됨에 따라 텔로미어가 심각하게 닳게 되어, 세포는 더 이상의 분열 능력을 잃게 될 수도 있다. 반면, 대부분의 줄기세포나 악성 세포들은 텔로머레이즈 활성을 유지하고 있기 때문에, 이 세포들의 불멸화에 기여할 수 있다. 이 장의 마지막 부분에서 "유전학, 기술, 사회"의 측면에서 살펴볼 것인데, 우리는 텔로머레이즈 활성과 텔로미어 길이가 노화, 암, 여러 질병들과 연관되어 있는 것을 알게 될 것이다.

11.8 DNA 재조합은 DNA 복제처럼 특정한 효소들에 의해 이루어진다

이제 유전적 재조합(5장 참조)에서 설명했던 내용을 상기해 보자. 거기에서 우리는 DNA 가닥의 분리와 재결합이 일어나는 상동염색체 간의 교차라는 기작이 결과적으로 DNA 분자들 사이의 유전적 정보 교환을 일으킨다는 것을 설명하였다. 이 장에서 우리는 DNA의 화학적 특성 그리고 복제에 관해 설명하였기 때문에, 어떻게 분자수준에서 재조합이 일어나는지 생각할 수 있다. 일반적으로 우리 논의는 어떤 두 상동성 있는 이중나선 DNA 분자들 사이의 유적적 교환과 관련된 내용일 것이며, 이것들은 바이러스나 박테리아의 염색체 또는 감수분열 동안의 진핵세포의 상동염색체 등에 모두 적용될 수 있다.

상동재조합 모델

DNA 서열 유사성을 가진 두 염색체 내의 같은 좌위에서의 유전자 교환은 **일반적 재조합(general recombination)** 또는 **상동재조합(homologous recombination)**으로 언급된다.

상동재조합 현상을 설명하는 여러 모델이 있는데 이들은 모두 공통된 특징을 가지고 있다. 첫째, 모델들 모두 1964년 Robin Holliday와 Harold L. K. Whitehouse가 각각 처음 제시하였던 내용을 기초로 한다. 둘째, 이 모델들 모두는 DNA 교환의 정확도를 설명하는 데 있어서 DNA 가닥 사이의 상보성에 의존한다. 마지막으로 모델들은 유전자 조합을 성공적으로 완수하기 위해서는 일련의 효소들이 관여하여야 한다고 설명한다.

그림 11-18에서 이러한 모델을 제시하고 있다. 짝지어진 한 쌍의 이중가닥 DNA 또는 상동체가 존재하여야 하고[(a)단계], 핵산내부가수분해효소가 각 DNA 내의 동일한 위치에서 단일 가닥 절단을 만들어낸다[(b)단계]. 절단으로 만들어진 내부가닥의 말단들은 반대편 이중나선에 상보적으로 염기쌍을 형성하면서 옮겨진다[(c)단계]. 다음, 연결효소가 느슨해진 말단을 봉합하면서[(d)단계], 교차 다리(cross bridge) 구조로 혼성화된 **이형이중가닥 DNA 분자(hetroduplex DNA molecules)**를 만든다. 이런 교차 다리의 위치는 **가지이동(branch migration)**

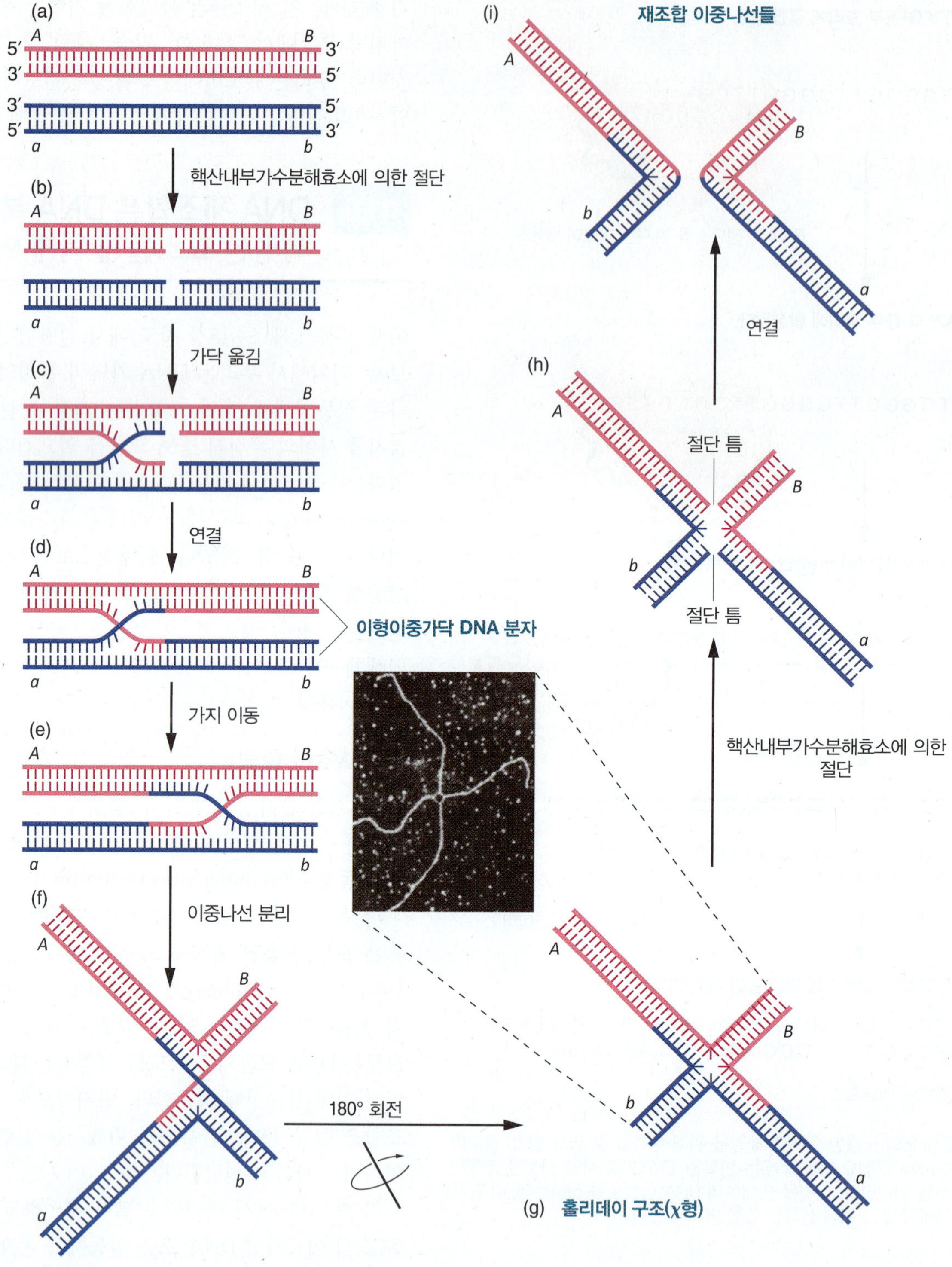

그림 11-18. 이형의 DNA 가닥들이 끊어지고 다시 이어진 결과로 유전적 재조합이 어떻게 일어날 수 있는지를 묘사하는 모델. 각 단계는 본문에 설명되어 있다. 전자현미경 사진은 DNA가 (g) 그림과 유사한 χ형의 구조를 이루고 있는 것을 보여준다.: *E. coli* 플라스미드 *Col*E1 DNA의 재조합과정에서 나타나는 확장된 형태의 홀리데이(Holliday) 구조이다. *David Dressler, Oxford University, England.*

이라 불리는 과정에 의해 염색체 내의 아래방향 서열 쪽으로 이동되는데[(e)단계], 이는 각각 이중나선 내의 대체된 가닥 간의 상보적으로 형성되었던 수소결합이 끊어지고 재형성되는, 즉 지퍼를 올리는 것과 유사한 방식이다. 이러한 이동현상으로 두 상동염색체 간의 이형이중가닥 DNA 길이가 증가하게 된다.

이중나선들이 꺾이고[(f)단계], 그림에서 보이는 하단부분이 180도 회전하면[(g)단계], χ형 또는 **홀리데이 구조(Holliday structure)**라 불리는 평면구조의 중간생성물이 형성된다. 이제,

이전에 교환에 포함되지 않았던 반대편 상동체들의 두 가닥이 핵산내부가수분해효소에 의해 절단되고[(h)단계] (i) 단계에서처럼 결합되면, 두 개의 재조합 이중나선이 만들어진다. 이러한 재조합의 결과로서 대립유전자들의 배열이 변함을 주목하자.

위 모델에서는 단일 가닥 절단이 수반되지만, 다른 재조합 모델에서는 DNA 이중나선 중 하나에서 이중가닥 절단이 관여한다고 설명하고 있다. 이 모델에 따르면 핵산내부가수분해효소가 절단지점에서 뉴클레오타이드를 제거하여, 각 가닥에서 3′ 돌출부들을 만들게 된다. 절단된 가닥들 중 한 가닥이 반대편 상동체의 온전한 이중가닥을 침범하고, 양 가닥이 온전한 상동체와 줄을 맞춘다. DNA 수선과 관련된 합성 기작들이 모든 공백들을 채우게 되고, 두 개의 홀리데이 교차점이 만들어진다. 핵산내부가수분해효소에 의해 절단 후 재결합으로 교환이 마무리될 수 있다. 최종 결과는 상동성 있는 DNA 분자 내에서 유전적 교환이 일어난다는 점에서 처음 설명했던 모델과 같다.

상동재조합 현상은 감수분열 동안 유전정보 교환에 필수적일 뿐 아니라, 손상된 DNA를 수선하는 데에도 중요하다. 앞으로 다루게 되겠지만(15장 참조), 다양한 형태의 요소들이 DNA 분자의 이중가닥 절단을 유도할 수 있다. 이런 요소들에는 이온화 방사선과 자유 라디칼들이 있다. 만약 세포가 상동재조합 기작에서 결함이 발생하였을 때, 이러한 세포들은 유전자와 염색체에서 돌연변이들이 축적되기 쉽고, 결국은 암, 질병 또는 세포사멸까지 진행될 수 있다.

상동재조합에 관여하는 효소와 단백질들

DNA 복제처럼, DNA 재조합에는 많은 효소와 단백질 활성이 필요하다. 재조합에 관여하는 많은 효소들이 효모와 대장균 같은 생물에서 유전자 돌연변이와 관련된 표현형 조사를 통해 밝혀졌다. 상동재조합을 조절하는 유전자 산물의 돌연변이는 방사능 민감도 증가, 복제 실패, 암 발생 또는 세포 사멸 등을 유도한다.

아마도 상동재조합과 관련된 가장 중요한 단백질은 **RecA** (*E.coli*)와 **Rad51**(진핵세포)일 것이다. 이들 단백질은 그림 11-18(b)에서 보는 바와 같이 핵산내부가수분해효소에 의한 DNA 절단 단계 이후 형성된 단일 가닥 DNA 말단에 결합한다. RecA와 Rad51은 반대쪽 DNA 분자에서 상동 서열을 찾아 가닥 침범과 옮김을 일으킨다. 몇몇 다른 단백질들은 RecA와 Rad51의 단백질 활성을 중재 또는 조절하게 된다. 효모의 경우, 중재 역할을 담당하는 단백질에는 Rad52, Rad55, Rad57이 있다. 이런 단백질들은 Rad51이 단일 가닥 DNA 말단에 결합하도록 돕고, 또한 그 DNA-단백질 복합체의 안정성 증가에 기여한다. Rad54 단백질은 다른 DNA 결합 단백질들을 대체하고, 그림 11-18(e)에서와 같은 가지이동을 촉진한다.

고등 진핵생물의 경우, **BRCA2**는 가장 중요한 상동재조합 중재 단백질중 하나이다. BRCA2는 Rad51과 직접 결합하여, Rad51이 단일 가닥 DNA에 결합하도록 돕는다. BRCA2의 중요성은 몇 종의 암과의 관련성에서 밝혀졌다. *BRCA2* 유전자의 돌연변이를 가진 개체는 유방암, 난소암, 등 여러 암에서 높은 발병을 보인다. *BRCA2* 유전자 돌연변이를 가진 생쥐의 세포는 방사선 조사 및 DNA 손상을 일으키는 화학물질에 매우 민감하다. DNA 손상에도 살아남는 세포들은 염색체 재배열, 절단 등이 축적된다. 이런 방식으로 BRCA2는 DNA 재조합, 수선 그리고 암 등과 관련되어 있음이 밝혀졌다. 우리는 추후에(19장 참조) DNA 수선과 암과의 연관관계에 대해 논의할 것이다.

이외에 많은 단백질들이 상동재조합에 관여한다. 대장균의 경우, **RecB**, **RecC**, **Rec D** 단백질들이 DNA 절단과 이중나선 풀림에 관여한다. 어떤 효소들은 홀리데이 구조 분해에 기능한다. DNA 중합효소, DNA 연결효소, 자이레이즈와 단일 가닥 결합 단백질들과 같은 DNA 복제와 관련된 단백질들도 상동재조합, DNA 수선 등에 관여한다.

상동재조합의 결과인 유전자 변환

앞서 살펴본 모델은 **유전자 변환(gene conversion)**이라는 독특한 유전현상을 이해하는 데 유용하다. 유전자 변환의 특징은 두 DNA 분자들 사이의 비상호(nonreciprocal)적인 유전자 교환이라는 것이다. 예를 들어, 이형접합 이배체생물체 내 하나의 염색체상의 어떤 유전자 좌위에 *Aa*라는 유전자형을 가졌다고 생각해보자. 이 생물의 세포에서 감수분열이 일어나면, DNA는 복제되고 4개의 염색분체가 만들어진다. 이 염색분체들은 *A*, *A*, *a*, *a* 로 지칭될 수 있는 반수체 배우자 세포들이다. 이것은 배우자 세포로서 정상적인 2:2이다. 그러나 어떤 경우에 있어서는 2:2 비율은 3:1 또는 1:3이 된다. 이는 하나의 대립유전자가 다른 대립유전자로 변환되었을 때 나타나는 현상이다.

유전자 변환은 상동재조합의 결과라고 여겨진다. 이 과정의 중요한 특징이 그림 11-19에 요약되어 있다. 유전자 변환은 그림 11-18(a)~(e)에서 보여준 상동재조합의 처음 5단계와 같은 방식으로 진행된다. 그러나 우리가 그림 11-18(e)에서 그랬던 것처럼, 외부표지자 *A*, *B*에 초점을 맞추기보다, 이형이중체 안의 지역들, 즉 약간 다른 DNA 서열(그림 11-19 TAG 대비 TCG)을 포함하는, 서로 다른 염색분체로부터 각각 유래한 단일 가닥들이 결합된 지역들을 주의 깊게 살펴볼 것이다. 이 두 개의 다른 염기서열로 인해 *G* 또는 *g*로 표현될 수 있는 두 대립유전자 쌍이 되는 것이다. 결과적으로 혼성화된 이중가닥 DNA 분자들은 잘못 마주친 염기쌍을 포함하게 된다—그림에서는 A와 G 그리고 T와 C.

유전자 변환의 다음 단계는 짝틀림 수선(mismatch repair)

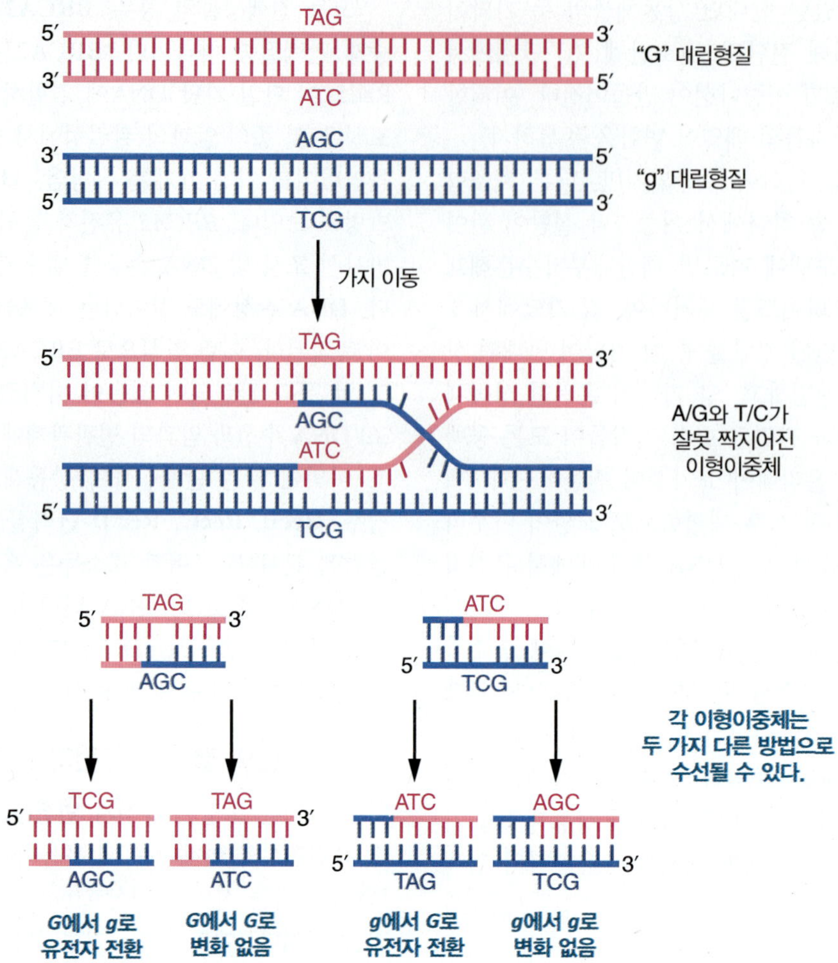

그림 11-19. 두 대립형질 *G*와 *g*에 대한 유전자 전환의 기작. 그림 위쪽에 보이는 바와 같이 상동적인 두 염색분체 간에는 두 대립형질로 정의될 수 있는 염기서열의 차이가 있다. 각 염색분체 위 단일 가닥 DNA의 5′과 3′ 말단을 주목하자. 이러한 두 비자매 염색분체 간의 상동재조합이 일어나는 동안, 그림 11-18에서 보여주는 바와 같이 각 가닥의 침입과 가지 이동이 일어난다. 결과로 잘못된 염기쌍을 포함하는 두 개의 이형중합체가 만들어진다. 이러한 잘못된 짝지음은 두 가지 방법으로 제거되고 수선될 수 있다: 이형중합체 지점을 원래의 유전자형의 돌려놓거나, 또는 염기서열을 다른 유전자형으로 바꾸거나 한다.

이라 불리는 DNA 수선 방식이며, 자세한 내용은 나중에(15장) 배우게 될 것이다. 짝틀림 수선은 그림 11-19에서 보는 바와 같이, 세포 내에서 A/G와 T/C처럼 짝틀림(mismatch) 현상이 나타날 때 DNA 분자를 교정하는 기작이다. 짝틀림 수선 동안 특정한 효소들이 짝틀림 뉴클레오타이드 중 하나를 제거하고 '짝맞는' 뉴클레오타이드로 대체하게 된다. 절단은 각 단일 가닥의 양쪽 한 부위에서 모두 일어날 수 있으므로, 각 이형이중가닥 부위에서 두 가지 방식으로 교정이 일어날 가능성이 존재한다. 그래서 어떤 경우에는, 교정이 일어나지만, 결과적으로 원래의 유전자형이 변화되지 않는 경우도 있다. 그러나 또 다른 경우에는, DNA 교정은 *G* 대립형질이 *g*로 *g*가 *G*로 전환되는 유전자 변환을 일으키게 된다.

체세포에서도 DNA 이중가닥 절단 수선 기작 동안 유전자 변환이 일어나가도 하며, 이것은 나중에 배우게 될 것이다(15장). DNA 분자의 양 가닥 뼈대가 절단되면, 손상이 일어난 DNA 가닥들은 절단지점에서 분해된 후, 상동 DNA 분자의 유전정보를 바탕으로 상동재조합의 기작을 이용하여 수선된다. 상동 DNA 분자의 염기서열이 약간 다르면, 손상 DNA의 분해부분을 메우기 위해 이러한 염기서열 차이도 그대로 복사되는 것이다. 그 결과로서 DNA 염기서열이 변환되며, 이러한 과정이 유전자 내에서 일어나면, 손상되었던 DNA에 새로운 대립형질이 만들어질 수도 있다.

유전학, 기술, 사회

텔로미어(Telomeres): 영원한 생명의 열쇠인가?

다른 모든 다세포 생물과 같이, 인간은 늙게 되고 죽는다. 우리는 나이가 듦에 따라, 면역체계의 효율성이 떨어지고, 상처 치유능력은 점점 감소하며, 조직은 탄력을 잃게 된다. 우리는 왜 나이를 먹으면서 노화되어야 하며, 과연 이것을 되돌릴 수 있을까? 최근의 연구들에 따르면, 이 질문에 대한 해답은 염색체 말단부에 있을 것이라 제안하고 있다.

인간의 세포는, 우리 몸속에서나 시험관 배양상태에서나 유한한 생명주기를 가지고 있다. 조직 배양 시, 정상적인 사람의 섬유 아세포는 약 50여 회 세포분열 후, 성장 및 분열 능력을 상실하게 된다. 결국, 죽게 되는 것이다. 세포의 노화가 생명체의 노화와 직접적으로 관련이 있는지 알지는 못하지만, 여러 가지 실험적 증거들이 시사하는 바가 있다. 예를 들면, 젊은 사람들로부터 추출되어 배양된 세포들은 노인들에게서 얻어진 세포들에 비해 더 많이 분열한다. 수명이 짧은 종으로부터 얻은 세포들은 수명이 긴 종의 세포들보다 분열횟수가 적고 일찍 성장을 멈추게 된다. 조로증 환자의 세포들은 정상인세포들보다 세포분열 횟수가 적다.

노화된 세포들의 공통적이면서 중요한 특징은 텔로미어이다. 대부분의 포유류 체세포들에서, DNA 중합효소는 각 주형가닥의 말단부에 대해 새로운 DNA를 합성할 수 없기 때문에 DNA 복제가 일어날 때마다 텔로미어는 줄어들게 된다. 그러나 배아 세포, 생식 세포 그리고 성체 줄기 세포들과 같이 증식이 왕성한 세포들은 *텔로머레이즈*(*telomerase*)를 이용하여 텔로미어 길이를 유지하고 있다—텔로머레이즈는 RNA를 포함하는 효소로서 선형 염색체 말단부에 텔로미어 DNA 서열을 추가하는 기능을 담당한다. 그러나 성체들의 체세포들은 텔로머레이즈를 가지고 있지 않으므로, 계속 증식하지 못한다.

텔로미어 길이를 늘리면, 우리가 영원한 젊음과 생명력을 얻을 수 있을까? 많은 연구들에 따르면, 세포에서 인위적으로 텔로머레이즈의 양을 증가시키면 노화를 역행할 수도 있다고 한다. 어떤 연구에서, 과학자들은 배양 중인 사람의 정상세포에 텔로머레이즈 유전자를 도입하였다. 텔로머레이즈 활성 증가로 인하여 텔로미어 길이가 늘어났으며, 세포들은 예상 분열횟수를 뛰어넘는 지속적인 성장을 유지하였다. 또 다른 연구에서 과학자들은 텔로머레이즈의 TERT 소단위체가 없는 돌연변이 생쥐를 제작하였다. 이 생쥐들은 조직 쇠퇴, 신경 퇴화, 수명 감소 등과 같은 노화의 전형적인 증상들을 보였다. 과학자들은 이 조로증 생쥐에서 텔로머레이즈의 기능을 재활성화시켰을 때, 조직 쇠퇴와 신경 퇴화 등의 현상은 사라지고, 수명이 늘어남을 관찰하였다.

이러한 연구들은 인간의 노화에서 나타나는 여러 증상들도 텔로머레이즈 유전자를 활성화시키면 나아질 수 있다는 것을 의미한다. 그러나 영생을 얻기 위하여 텔로머레이즈를 이용하기 전에, 우리는 심각한 부작용으로 일어날 수 있는 암에 대하여 생각해 볼 필요가 있다.

정상 세포들은 텔로미어가 짧아짐에 따라 일정 횟수의 세포분열 후에는 노화가 진행될 수 있지만, 암세포들은 그렇지 않다. 인간의 암세포의 80% 이상은 텔로머레이즈 활성을 가지고 있어 텔로미어 길이를 유지함으로써 무한정 분열하고 증식할 수 있다. 텔로머레이즈 활성이 없는 암세포들은 ALT(alternative lengthening of telomeres)라고 하는 잘 알려져 있지 않은 기전을 이용한다.

이와 같은 사실은 인간에게 텔로머레이즈 활성을 증가시키는 시도를 하기 전에 많은 주의를 기울여야 한다는 것을 의미한다. 한편으로는, 텔로머레이즈 활성을 억제할 수 있는 약이 텔로미어 길이를 짧게 하고, 노화시킴으로써 암세포를 파괴할 수 있으므로 새로운 항암 치료방법이 될 수 있다는 사실에 근거하여, 새로운 암 치료법을 고안해 볼 수 있다는 것을 의미하기도 한다. 사람들 대부분의 정상세포들은 텔로머레이즈를 발현하고 있지 않기 때문에, 그러한 치료법은 종양 세포에만 특이적으로 영향을 미칠 수 있을 것이고, 지금 사용하는 다른 항암제들에 비해 독성이 덜 할 것이다. 여러 종의 항텔로머레이즈 항암제들이 개발 중에 있고, 몇몇은 임상 시험 단계에 있다.

텔로미어에 대한 심도 깊은 이해로부터 암을 치료하고 노화를 거꾸로 되돌릴 수 있는 것이 가능해질까? 시간이 지나면 해결될 것이다.

조사해 보자

개별 혹은 그룹을 만든 후 시간을 내어 다음 문제들에 답해 보시오. 텔로미어, 노화, 암에 관한 이해를 돕기 위해 참고문헌과 링크를 조사하시오.

1. 텔로머레이즈 소단위체들 또는 텔로미어-결합 단백질들을 암호화하는 유전자에서의 돌연변이는 인간의 여러 질병들과 관련되어 있다. 이러한 돌연변이가 어떻게 질병에 관여하며, 어떤 것들이 서로 다른 표현형들을 광범위하게 나타내는가?

   Calado, R.T. and Young, N.S. 2009. Telomere diseases. *N. Eng. J. Med*. 361: 2353–2365. 이 논문에서 인간의 질병에 관련하여 텔로미어와 텔로머레이즈의 역할에 대해 논의했다.

2. Geron사에서 암 치료를 위해 imetelstat (GRN163L)이라고 불리는 항텔로머레이즈 항암제가 개발되고 있다. Imetelstat은 어떻게 작용하는가? imetelstat에 대한 임상 시험은 현재 어떤 단계인가? 항텔로머레이즈 항암제의 부작용으로 일어날 수 있는 것은 무엇인가?

   Geron 웹 사이트에서 이 약과 임상 시험에 대해 읽어 보라. http://www.geron.com/imetelstat. PubMed에서 GRN163L의 항암 효과에 대해 다룬 학술지를 찾아보라.

3. 만성적인 스트레스로 고통받는 사람들은 보다 잦은 건강 문제를 가지고 있으며, 일찍 노화되는 것으로 나타난다. 만성적 스트레스, 허약체질, 텔로미어 길이가 서로 연결되어 있다는 실험적 증거가 있는가? 스트레스가 어떻게 텔로미어 길이에 영향을 주며, 반대의 경우는 어떠한가?

   몇몇 최근 연구는 이러한 현상이 서로 어떻게 연결될 수 있는지 제안한다. 텔로미어와 스트레스에 대하여 읽어보아라. Blackburn, E.H. and Epel, E.S. 2012. Too toxic to ignore. *Nature* 490: 169–171.

4. 수명을 늘리고 노화와 관련된 질병의 발병을 지연시키기 위한 유일한 치료법은 열량제한(calorie restriction, CR)이다. CR은 적절한 영양을 유지하면서 음식물 섭취를 줄이는 것이다. 연구 결과에 따르면, CR과 텔로미어 길이가 관련되어 있을 수도 있다고 한다. CR과 텔로머레이즈는 건강과 수명을 연장시키기 위해 어떻게 기능하고 상호작용하는가?

   텔로머레이즈 활성과 CR 사이의 관계에 대한 조사를 시작하여라. Vera, E., et al. 2013. Telomerase reverse transcriptase synergizes with calorie restriction to increase health span and extend mouse longevity. *PloS One* 8: e53760.

사례 연구 | 쉬어가는 코너

인간 텔로미어 복제를 유전적으로 조절하는 연구가 어떤 유전적 질환과 관련이 있는지 과학자에게 물었다. 그가 대답하길, 복제 기작과 관련된 유전자들의 돌연변이들은 초기 발생 과정에서 매우 치명이기 때문에 그러한 연구에 이용되기가 어려울 것이라고 하였다. 그러나 사실, 텔로미어에 영향을 주는 희귀한 유전적 질환이 알려진 바 있다. 선천성각화부전증(dyskeratosis congenita, DKC)이라고 하는 질환은 진핵세포 염색체 말단부 복제를 책임지는 효소인 텔로머레이즈의 소단위 단백질 돌연변이와 관련되어 있다. 초기 증상은 피부, 손발톱, 뼈를 포함하여 빠르게 분열하는 세포들과 관련 조직들에서 나타나고, 5~15세 사이 어린시절에 발병이 시작된다.

이 질환에 대해 몇 가지 중요한 질문들을 던질 수 있다.

1. 이런 사람들은 어떻게 살아남을 수 있는가?
2. 빠르게 분열하는 세포들과 관련 조직은 왜 초기에 영향을 받았는가?
4. 이 질환은 수명에 영향을 줄 것으로 보이는가?
5. 텔로머레이즈의 구성성분인 RNA에서의 돌연변이 역시 DKC를 일으킬 것으로 예상하는가?

요약

1. 1958년, Meselson과 Stahl은 세 가지 복제 모델 중 *E. coli*의 DNA 복제 과정에서 새롭게 합성되는 DNA가 원래의 가닥 하나와 새로운 가닥 하나로 구성된다는 반보존적 복제임을 제시하였다.
2. Taylor, Woods, Hughes는 세포분열의 재료로 넓적콩의 뿌리 끝(근단)을 이용하여 진핵세포의 반보존적 복제를 설명하였다.
3. Arthur Kornberg는 *E. coli*로부터 DNA 중합효소 I을 분리해냈고, 주형 DNA와 전구체 삼인산뉴클레오사이드를 제공해주면, 시험관에서도 DNA 합성이 직접적으로 기능할 수 있음을 보여주었다.
4. *E. coli*의 *polA1* 돌연변이에서 DNA 중합효소 I 활성이 없음에도 불구하고 DNA 복제가 가능했던 현상의 발견은, 효소의 생체 내 복제 기능에 대한 가설이 맞는지에 대한 의구심이 들게 하였다. 그 이후 중합효소 III가 생체 내에서 DNA 복제를 담당하는 중요한 효소라는 사실이 밝혀지게 되었다.
5. DNA 합성을 개시하는 동안, 이중나선은 풀리고 합성이 시작되는 곳에서 복제분기점이 만들어진다. 여러 종류의 단백질들이 풀려 있는 나선을 안정화하고 복제분기점 앞에 발생하는 코일의 꼬임장력을 해소하는 역할을 담당한다.
6. DNA 합성은 각 주형가닥 위에 특정 부위에서 프라이메이즈(primase) 효소가 짧은 RNA 절편을 만들어 시작되며, 이 RNA 절편은 DNA 중합효소 III가 중합반응을 시작할 수 있도록 필요한 3′ 말단을 제공한다.
7. DNA 합성은 연속적인 선도가닥과 비연속적인 지연가닥에서 동시에 일어나는데, 지연가닥에서는 짧은 오카자키 절편이 만들어져 나중에 DNA 연결효소에 의해 연결된다.
8. 다중복제원점, 여러 가지 형태의 DNA 중합효소, 뉴클레오솜으로 구성된 염색질을 분해하거나 조립하는 인자들이 기능하기 때문에, 진핵세포에서 DNA 복제는 원핵세포의 복제보다 훨씬 더 복잡하다.
9. 진핵세포의 선형 염색체 말단부가 복제되기 위해서는 독특한 문제점이 있는데, 텔로미어와 더불어 텔로머레이즈라는 RNA 구성성분을 포함하는 효소가 있기 때문에 해결될 수 있다.
10. DNA 분자 사이의 상동재조합은 상동체간의 정확한 정렬과 더불어, DNA 가닥을 자르고, 재정렬하여 다시 이어주는 일련의 효소 작용들이 필요하다.

질문 및 해답

1. Meselson-Stahl의 실험 조건을 고려하여, DNA의 보존적 복제와 분산적 복제의 이론적인 결과를 예상해 보시오. 아래 그림에 주어진 침강 양상은, 세포들이 ^{14}N을 포함하는 배지로 옮겨진 후 두 세대 복제가 진행된 결과임을 생각하라.

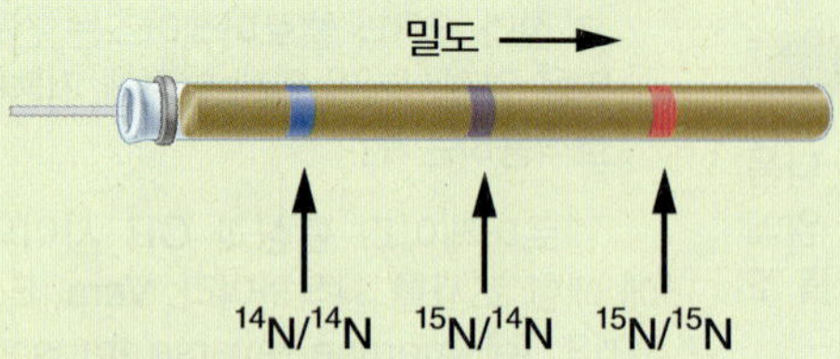

해답:

보존적 복제

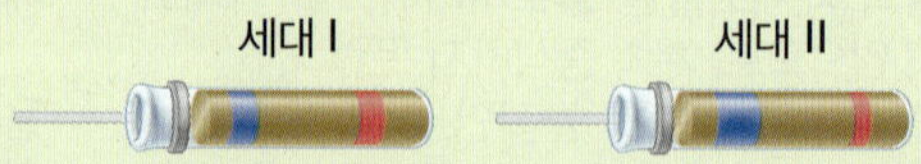

분산적 복제

2. *E.coli*의 dnaA 유전자 돌연변이는 치사유전자이기 때문에, 온도 의존적 조건부 돌연변이를 통해서만 연구될 수 있다. 이러한 돌연변이종들은 복제 허용 온도인 18°C에서 잘 자라면서 DNA를 복제하지만, 37°C라는 제한적 온도 조건하에서는 잘 자라지도 못하고, DNA 복제도 잘 일어나지 않는다. DnaA 단백질의 기능을

밝히는 데에는 두 가지 관찰 결과가 유용했다. 첫째, 풀려 있는 DNA 주형을 사용하고 있는 시험관(*in vitro*) 연구들은 DnaA 단백질을 필요로 하지 않는다. 두 번째, 만약 정상 세포를 18°C에서 성장시키다가 37°C로 옮겨주면, DNA 합성은 1회에 한하여 복제가 진행되지만, 그 후에는 멈춘다. 이러한 사실로부터 *dnaA* 유전자 산물의 역할이 무엇이라고 생각하는가?

해답: 18°C에서(복제가 가능한 온도), 돌연변이 성질은 나타나지 않았으므로 DNA 합성이 시작된다. 제한적 온도로 바꿔줄 경우, 이미 시작되었던 DNA 합성은 계속되지만 새로운 합성은 시작될 수 없다. 풀려 있는 DNA 합성을 위해서는 DnaA 단백질이 필요하지 않기 때문에, 이러한 사실은 생체내(*in vivo*)에서 DnaA 단백질이 원래의 DNA 나선과 상호작용하여, 합성이 진행되기 위해 필요한 국소적 변형을 어떠한 방식으로든 촉진함으로써 DNA 합성에 중요한 역할을 담당하고 있음을 시사한다.

탐구 문제

어떻게 알았을까?

1. 이 장에서, DNA가 어떻게 복제되고 합성되는지 중점을 두어 살펴보았다. 또한 DNA 수준에서의 재조합과 유전자 전환 현상에 대해서도 설명하였다. 이 과정에서, 우리는 어떻게 이러한 정보들을 얻었는지에 대해 생각해 볼 많은 기회들이 있었다. 설명한 바에 따라서 다음의 근본적인 질문들에 대해 여러분은 어떻게 답을 제시할 것인가?
   (a) 원핵세포와 진핵세포 모두에서 DNA 복제가 반보존적이라는 결론을 얻게 된 실험적 근거는 무엇인가?
   (b) DNA 합성이 DNA 중합효소 I이 아닌 중합효소 III에 의해 완성된다는 사실은 어떻게 증명했는가?
   (c) *in vivo* DNA 합성은 5′에서 3′ 방향으로 일어난다는 것을 어떻게 알 수 있었는가?
   (d) 두 개의 주형가닥 중 한 쪽에서의 DNA 합성은 비연속적이라는 사실을 어떻게 알 수 있었는가?
   (e) 진핵세포 DNA 복제에서 "텔로미어 문제"가 존재할 것이라는 것을 어떤 현상을 통해 알게 되었으며, 이 문제에 대한 해결방법은 무엇이라고 배웠는가?

개념확인 문제

2. 이 장의 261쪽 핵심 개념을 다시 보시오. DNA 복제와 합성에 관련되어 있는 내용이다. 복제와 합성이라는 용어를 구분하여 짧은 에세이를 작성하라. DNA에 적용하는데에 있어서, 두 용어 중 생화학적 용어로 더 적합한 단어는 무엇일까?

3. DNA의 보존적 복제와 반보존적 복제 그리고 분산적 복제를 비교 설명하여라.

4. Meselson-Stahl의 실험에서 ^{15}N의 역할을 설명하여라.

5. 복제가 (a) 보존적 또는 (b) 분산적으로 진행된다면, Taylor, Woods, Hughes의 실험 결과가 어떻게 될지 예상하여라.

6. DNA 중합효소 I에 의한, *in vitro* DNA 합성을 위해 필요한 요소들은 무엇인가?

7. Kornberg의 초기 실험에서, 그는 Anheuser-Busch 맥주통에서 *E. coli*를 배양하였다고 한다. (Kornberg는 St. Louis의 워싱턴 대학에서 근무하고 있었다.) 이런 환경적 조건들이 그의 실험에 도움이 되었을 수도 있다고 생각하는가? 이유는 무엇인가?

8. Kornberg는 DNA 주형을 복제하는 DNA 중합효소 I의 정확도를 어떻게 평가하였는가?

9. DNA 중합효소 I 의 어떠한 특징 때문에, 이 효소의 *in vivo* 기능이 DNA 합성을 통한 복제의 완성이라는 추측을 의심하게 되었는가가?

10. Kornberg는 DNA 중합 과정에서 성장 중인 DNA 가닥의 3′ 말단으로 뉴클레오타이드가 첨가된다는 것을 증명하였다. 노출된 3′-OH 작용기가 어떻게 DNA 신장에 참여하는가?

11. *polA1* 돌연변이의 중요성은 무엇이었는가?

12. DNA 중합효소 I, II, III의 특성들을 요약, 비교하여라.

13. DNA 중합효소 III를 구성하는 열 개의 소단위체 기능을 정리, 설명하여라. 완전효소(holoenzyme)와 핵심효소(core enzyme)를 구분하여라.

14. (a) 단방향 합성, 양방향 합성, 그리고 (b) DNA의 연속적 합성과 비연속적 합성을 각각 구분하여 설명하여라.

15. 생체 내에서 DNA 합성 시, DNA를 풀어주는 단백질들을 정리하라. 그들은 어떻게 기능하는가?

16. DNA 복제 과정 중 (a) 오카자키 절편, (b) DNA 연결효소, 그리고 (c) RNA 프라이머를 정의하고 중요성을 설명하라.

17. DNA 합성에 대해 통용되는 모델을 개괄 설명하여라.

18. 박테리아보다 진핵세포에서 DNA 합성은 왜 더 복잡할까? 또한 원핵과 진핵세포 DNA 합성의 유사한 점은 무엇일까?

19. *E. coli*가 분당 100,000 뉴클레오타이드의 속도로 DNA를 합성하여, 염색체를 복제하는 데 40분이 걸린다고 가정하자. (a) *E. coli* 전체 염색체는 몇 개의 염기쌍이 존재하는가? (b) 나선형 구조를 이루는 염색체의 물리적인 길이는 얼마인가—즉, 염색체가 하나의 원으로 펼쳐졌을 때, 원주의 길이는 얼마인가?

20. 다음은 여러 가지 *E. coli* 온도의존성 돌연변이종의 특징을 설명하고 있다. 각 돌연변이들은 어떤 효소 또는 단백질 기능이 망가졌는지 추측하여라.
    (a) 새롭게 합성된 DNA에 다수의 잘못 짝지어진 염기쌍을 가지고 있었다.
    (b) 오카자키 절편이 축적되고 DNA 합성이 완료되지 않았다.

(c) 복제 개시가 일어나지 않았다.
(d) 합성 속도가 매우 느리다.
(e) 초나선 구조의 가닥이 존재하고 복제가 완결되지 못했다.

21. 현재 사용되는 대부분의 항생제들은 단백질 합성이나 세포벽 형성을 방해하는데 비해, aminocoumarin 계열 항생제인 clorobiocin 은 DNA 자이레이즈 활성을 억제한다. 유사한 약제들이 사람의 암에 대한 항암치료법으로 시험되고 있다. 그러한 약제들은 어떻게 암뿐만 아니라 박테리아에도 효과적일 수 있을까?

22. 유전자 전환을 정의하고, 이 현상이 유전자 재조합과 어떻게 관련되어 있는지 설명하시오.

23. DNA 합성에 관련된 유전자 산물의 대다수는 DNA 합성을 할 수 없는 *E. coli* 돌연변이 연구를 통하여 최초로 확인되었다.
(a) *dnaE* 유전자는 DNA 중합효소 III의 소단위를 암호화한다. 이 유전자의 돌연변이는 어떤 영향을 미칠까? 이 돌연변이종의 배양을 어떻게 유지할 수 있는가?
(b) *dnaQ* 유전자는 DNA 중합효소의 ε 소단위를 암호화한다. 이 유전자의 돌연변이로부터 어떤 현상들이 나타날까?

24. 1994년, 사람의 암 세포주에서 텔로머레이즈 활성이 발견되었다. 텔로머레이즈는 사람의 체세포로 구성된 조직에서는 활성이 없지만, 이 발견은 인간이 텔로머레이즈 단백질 및 텔로머레이즈 RNA를 만들 수 있는 유전자를 가지고 있음을 의미한다. 텔로머레이즈의 조절되지 않은 활성은 암의 원인이 될 수도 있는데, 오랜 진화 과정에서 사람의 유전체 내에서 왜 이 효소를 암호화하는 유전자가 유지되어 왔는가? 텔로머레이즈 활성으로 이롭게 되거나, 또는 꼭 필요로 하는 인체세포로는 어떤 것들이 있을까? 설명하여라.

응용 문제

25. 노랑초파리(*D. melanogaster*)의 유전체는 대략 1.7×10^8 염기쌍으로 이루어져 있다. DNA 합성은 초당 30 염기쌍의 속도로 일어난다. 초기 배아에서, 전체 유전체는 5분 안에 복제된다. 그러면 전체 유전체 복제를 완성하기 위해 몇 개의 양방향 복제원점이 필요한가?

26. DNA 복제가 보존적 형태로 진행되는 가상의 생물을 가정하여, 이를 증명할 수 있는 실험을 Taylor, Woods, Hughes가 사용했던 실험과 비슷하게 고안하여라. 그림 11-5의 형태로, 자매염색분체를 그려, 이러한 복제 방식을 확립할 수 있는 예상 결과를 그림으로 설명하라.

27. 생물체들의 DNA 중합효소들은 신장하는 DNA 가닥에서 5′에서 3′ 말단 방향으로만 뉴클레오타이드를 첨가할 뿐, 절대 5′ 방향 쪽에 첨가할 수 없다. 이러한 이유 중 하나는 대부분의 DNA 중합효소들이 교정 기능을 가지고 있으며, 만약 DNA 합성이 3′에서 5′ 방향으로 일어난다면 교정 기능이 열역학적으로 불가능할 것이라는 점이다.
(a) DNA 합성이 3′에서 5′ 방향으로 일어난다면, DNA 중합효소가 촉매해야 하는 반응을 그려보아라.
(b) 여러분이 스케치한 그림을 보고, 왜 교정상의 문제가 발생하게 될지를 생각하라.

28. 어떤 외계 생물체가 DNA 합성 과정에서 각 염색체의 한쪽 말단에서만 "텔로미어 문제"가 있는 것으로 확인되었다. 이러한 내용을 설명할 수 있는 DNA 모델을 만드시오. 이 생명체는 원핵생물인가 아니면 진핵생물인가?

29. 어떤 DNA 이중가닥에서 아래의 염기서열을 가지는 사슬이 복제분기점에서 열려있고, 이를 주형으로 하여 RNA 프라이머가 밑줄친 염기에서 시작하여 합성된다면
(a) RNA 프라이머가 8개의 뉴클레오타이드로 구성되는 경우 염기서열은 무엇인가?
(b) 이 RNA 프라이머에서, 어떤 뉴클레오타이드가 3′-OH 말단부를 가지게 될까?

3′.......GGCTACC<u>T</u>GGATTCA....5′

30. 원핵생물의 오카자키 절편은 1200 뉴클레오타이드 범위인 반면, 진핵세포의 오카자키 절편은 보다 더 짧아서, 100~150 뉴클레오타이드 수준이다. Balakrishnan와 Bambara(2013)는 이 짧은 길이의 오카자키 절편이 뉴클레오솜 주기성과 관련되어 있다고 제안했다. 진핵세포 오카자키 절편의 길이가 복제과정동안 DNA에 존재하고 있는 뉴클레오솜에 의존적인지 아닌지를 결정할 수 있는 실험을 고안하여라.

31. 1968년, Reiji와 Tuneko Okazaki는 DNA 복제 과정에서 수많은 짧은 절편들이 합성되어 존재한다는 실험 결과를 얻었다. 그들은 대장균을 배양하는 과정에서 잠시 ^{3}H-티미딘을 첨가한 후, 여러 시간대에서 세포의 DNA를 추출하였다. 변성구배(denaturing gradient) 조건하에서 원심분리 후 DNA를 분석하였더니, ^{3}H-티미딘을 첨가한 시간과 원심분리한 시간과의 간격이 길어질수록, 짧은 가닥의 비율은 감소하고, 긴 가닥의 표지된 DNA가 더 많이 발견된다는 것을 알아냈다. 이 사실은 무엇을 설명해주는 것인가?

32. 아래 표(번안 자료; Khodursky et al., 2000)는 복제 허용적인 온도(30°C)와 복제 제한적인 온도(42°C)에서, 자이레이즈 저해 약물인 노보바이오신을 여러 농도를 처리한 후 배양된 4가지 대장균종에 대해 복제 개시 15분 후 DNA 합성 비율을 나타낸 것이다. 4가지 종들은 다음과 같은 특성과 유전자형을 가지고 있다. 야생형, 온도 민감성 자이레이즈 돌연변이(gyr^{ts}), 노보바이오신 저항성(gyr^{r}), 이중 돌연변이($gyr^{ts,r}$). 표에 포함된 자료를 기초로 하여 *A*, *B*, *C*, *D*종에 대한 적절한 유전자형을 찾아내어라.

온도(°C)	30			42		
노보바이오신(g/ml)	0	5	40	0	5	40
균종						
A	100	56	9	40	26	1
B	100	100	100	41	43	40
C	100	58	4	100	56	3
D	100	100	100	100	100	100

33. 아래의 다이뉴클레오타이드 그림을 생각해보라.
    (a) DNA인가 RNA인가?
    (b) 화살표는 5′ 말단에 가까운가, 3′ 말단에 가까운가?
    (c) 이 분자가 비장(spleen) 다이에스터레이즈(diesterase) 효소에 의해 C-5′쪽 인산을 연결하는 공유결합이 끊어졌다고 가정하자. 끊어진 후, 인산기는 어떤 뉴클레오사이드에 붙어 있겠는가(A인가 T인가)?

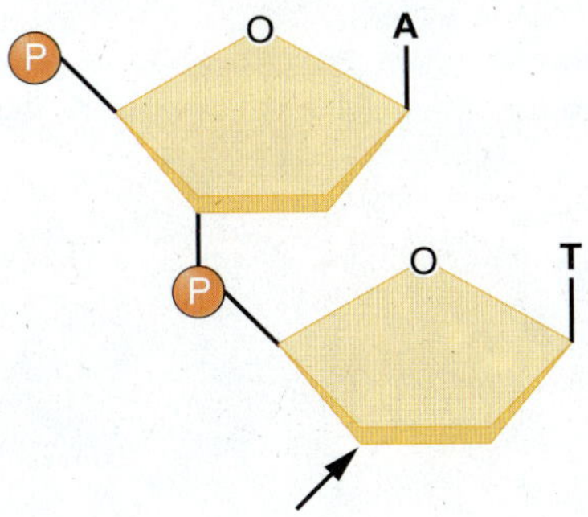

34. DNA 합성의 정확도를 측정하기 위하여, Arthur Kornberg와 동료들은 “최단-연접(nearest-neighbor) 분석”이라는 기술을 개발했는데, 이 방법으로 폴리뉴클레오타이드 사슬에서 어떤 두 염기가 연접하여 있는 빈도를 결정하게 된다(*J. Biol. Chem.* 236: 864-875). 이 방법은 비장 포스포다이에스터레이즈 효소를 사용하게 된다(이전 문제를 참고하라). 그림 11-8에서 본 바와 같이, DNA는 5′-뉴클레오타이드 중합반응에 의하여 합성된다—즉, 각 뉴클레오타이드는 디옥시리보오스 C-5′의 인산을 연결하여 첨가된다. 그러나 아래 그림에서처럼, 포스포다이에스터레이즈는 인산과 C-5′ 원자 사이를 끊기 때문에, 3′-뉴클레오타이드를 만들어낸다. 실험 과정에서, DNA의 네 종의 뉴클레오타이드 전구 물질 중 하나에(예를 들어, 시티딜산) ^{32}P로 방사능 표지시켜 DNA를 합성하자. 그러고 나서, DNA를 비장 포스포다이에스터레이즈로 자르게 되면 방사능 표지된 시티딜산 뉴클레오타이드의 인산기는 5′쪽에서 가장 가깝게 이웃하고 있는(nearest neighbor) 염기로 옮겨질 것이다.
네 종의 뉴클레오타이드 중 하나를 방사능으로 표지시킨 각각의 실험을 종합하여 가능한 모든 16가지 최단 연접들의 빈도를 계산할 수 있다. Kornberg는 다양한 DNA에 대한 실험에서, 주형 DNA와 복제 DNA의 최단-연접 빈도 분석 결과가 대체로 일치하는 것을 발견했다.

Kornberg는 최단 연접의 분석 결과로부터 이중나선의 두 가닥이 서로 반대 극성으로 존재한다는 결론을 얻었다. 아래 그림 서열의 DNA 이중가닥이 (a) 역평행 또는 (b) 평행인지를 Konberg의 실험적 접근방법을 사용하여 결정하여라.

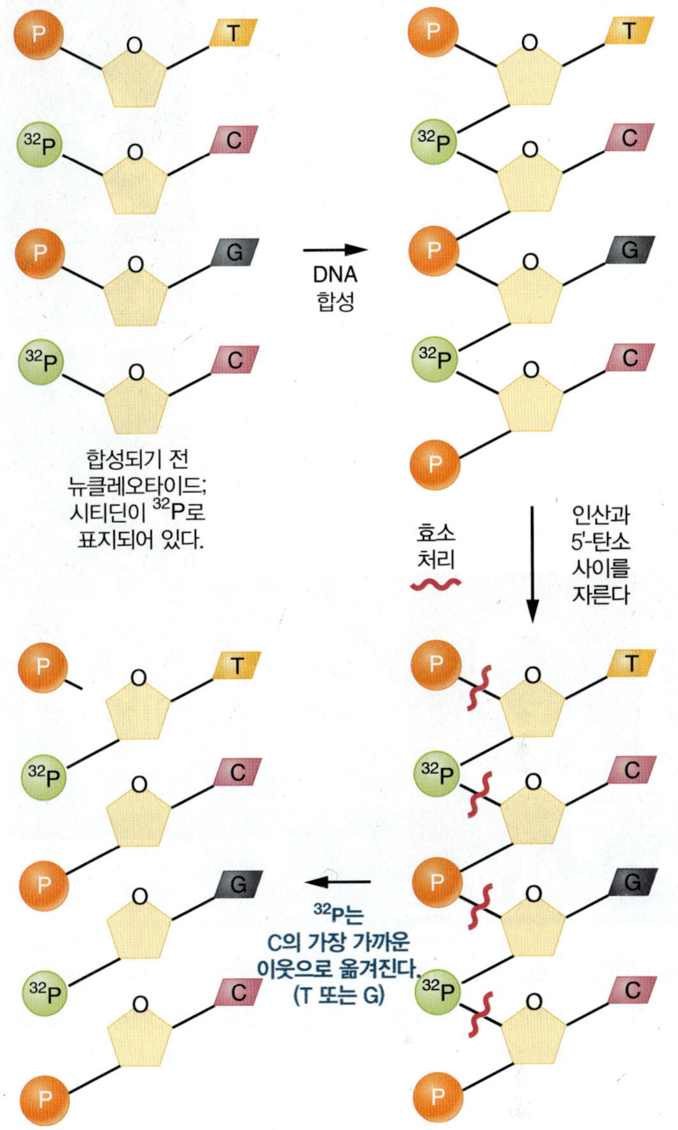

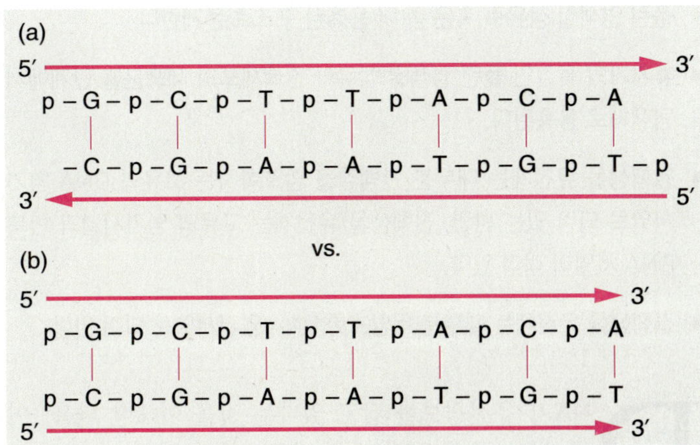

35. 10장의 33번 문제를 다시 생각해 보자. 여러분이 제안했던 모델에서, 그 분자는 반보존적으로 복제될 수 있겠는가? 왜 그러한가? 다른 방식의 복제도 가능할 것인가?

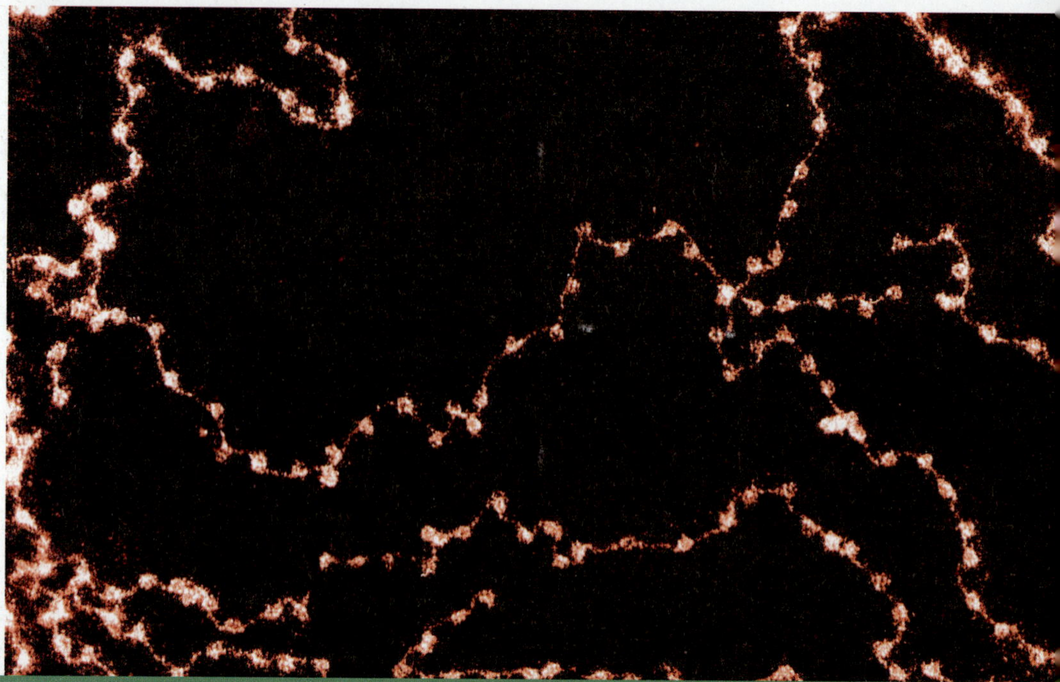

전자현미경 사진:
닭의 적혈구에서
추출된
염색질 섬유.

12 염색체상의 DNA 구조

핵심 개념

- 바이러스, 박테리아, 미토콘드리아, 엽록체의 유전정보는 예외가 있기는 하지만 결합된 단백질이 거의 없는 짧은 원형 DNA 분자에 담겨 있다.
- 바이러스, 박테리아와는 다르게 진핵세포에는 방대한 양의 DNA가 있다. DNA는 세포주기 전반에 걸쳐 뉴클레오솜의 형태로 배열되어 풀린 염색질 섬유로 혹은 좀 더 응축된 구조로 존재한다.
- 휴지기의 특징인 풀린 염색질 섬유가 진핵세포의 세포분열 단계에서 염색체로 응축된다.
- 원핵생물 유전체는 대부분 단백질을 암호화하는 고유의 DNA 염기서열로 되어 있는 반면, 진핵생물 유전체는 고유의 염기서열과 반복 DNA 서열이 섞여 있다.
- 진핵생물 유전체는 대부분 비암호화 DNA 염기서열로 되어 있다.

DNA가 유전정보를 담고 있다는 것을 이해한 다음, 어떻게 DNA가 유전자로 배열되는지, 어떻게 유전 기능의 기본단위가 염색체상에 배열되는지를 알아내는 데 집중하였다. 간단히 말하면, 풀어야 할 다음의 주요 질문은 유전물질이 유전체 내에 어떻게 배열되어 있는가이다. 이 주제는 많은 분야의 유전적 질문을 포함한다. 예를 들어, 유전체 구조의 다양성은 유전자 발현조절의 주요 관건이다.

이 장에서는 DNA가 염색질로, 그리고 염색질이 염색체로 배열되는 여러 가지 방법에 대해 알아보고자 한다. 생화학적 분석, 광학현미경 및 전자현미경으로 시각화하는 등 다양한 접근 방법으로 이러한 구조들을 연구해왔다. 이 장의 초반에는 바이러스와 박테리아의 염색체에 대해 무엇을 알고 있는지 대해 알아보고 진핵생물의 특이한 2개 구조인 다사염색체(polytene)와 램프브러쉬(lampblush) 염색체를 살펴보고자 한다. 그런 다음에 진핵생물 염색체가 분자수준에서 어떻게 배열되어 있는지를 고찰할 것이다. 예를 들어, 어떻게 DNA가 단백질과 함께 염색질을 이루며, 어떻게 휴지기의 특징인 염색질 섬유가 유사분열 및 감수분열 동안에 눈에 볼 수 있는 염색체 구조로 응축이 되는지를 알아볼 것이다. 진핵생물 유전체상의 DNA 염기서열 배열의 특징에 대해 살펴보면서 이 장을 마치고자 한다.

이 장에서 다루는 주제 중 몇몇은 책 뒷부분에서 더 깊이 탐구할 것이다(현대 유전학 특강 1장—후성유전학, 2장—RNA의 새로운 기능 참조).

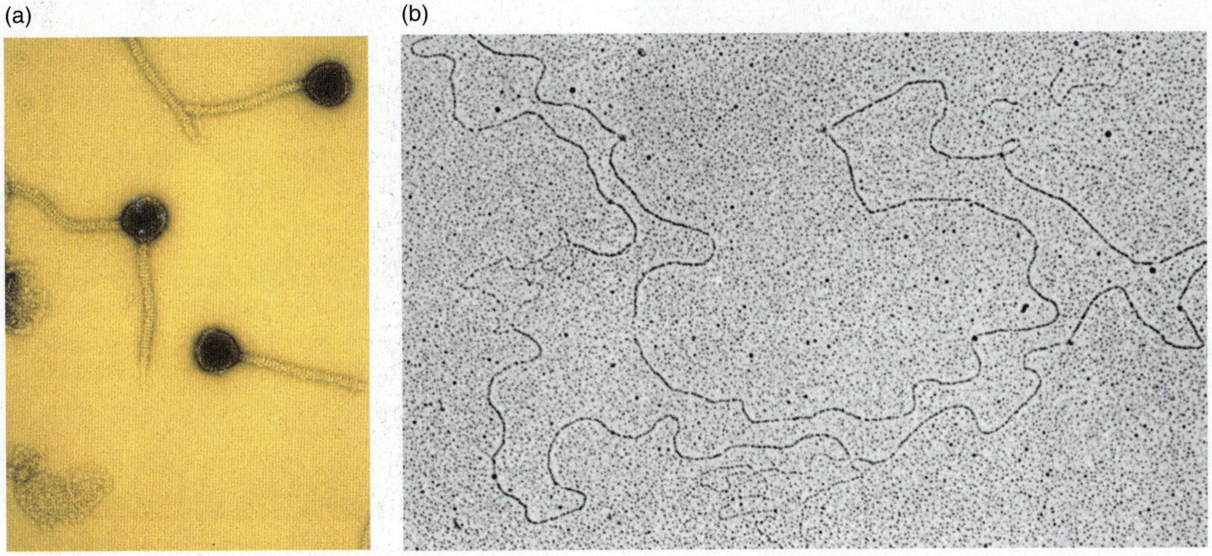

그림 12-1. (a) 파지 λ와 (b) (a)에서 추출한 DNA의 전자현미경 사진. 염색체의 길이는 17 μm이다. 파지는 DNA보다 5배 정도 더 확대한 사진이다.

12.1 바이러스와 박테리아 염색체는 상대적으로 간단한 DNA 분자이다

바이러스와 박테리아 염색체는 진핵생물의 것보다 훨씬 간단하다. 고등 생명체의 유전체를 이루는 다수의 염색체와는 전혀 다르게 대개 하나의 핵산 분자로 되어 있다. 원핵생물의 염색체는 결합 단백질이 거의 없고 상대적으로 적은 유전정보를 지닌다. 이러한 특징 때문에 원핵생물의 유전적 분석은 아주 간단하며 현재 염색체 구조에 대해 상당히 자세히 알고 있다.

바이러스 염색체는 단일 가닥 혹은 이중가닥의 DNA 혹은 RNA 핵산 분자로 되어 있다. 원형(공유결합으로 연결된 원형) 혹은 선형으로 존재할 수 있다. **ϕX174 박테리오파지**의 단일 가닥 DNA와 폴리오마(polyoma) 바이러스의 이중가닥 DNA는 원형으로 성숙된 바이러스의 단백질 외피 내에 존재한다. 반대로 **박테리오파지 람다(λ)**는 감염 전에는 선형 이중가닥의 DNA 분자로 있다가 숙주 세포를 감염시키는 순간 원형이 된다. 박테리오파지 T-even 시리즈 같은 바이러스는 숙주 박테리아 안에 있어도 선형 이중가닥의 DNA 염색체를 원형으로 바꾸지 않는다. 따라서 원형이 바이러스의 복제를 위해 절대적으로 필요한 것은 아니다.

바이러스 핵산 분자를 전자현미경으로 시각화하였다. 그림 12-1은 성숙한 박테리오파지 λ와 원형구조인 이중가닥 DNA 분자를 보여준다. 바이러스, 박테리아와 진핵생물의 공통적인 특징은 대단히 긴 DNA 분자를 상대적으로 작은 용적으로 포장할 수 있는 능력이다. λ는 DNA 길이가 17 μm인데 사방으로 0.1 μm보다 적은 파지 머리부분에 반드시 들어가야 한다. 표 12.1에서 여러 바이러스의 염색체 길이와 그들의 머리 구조 크기를 비교했다. 각 경우마다 비슷한 포장솜씨를 지녀야만 한다. 파지 T2의 크기와 그림 12-2에서 보여준 DNA와 바이러스 입자의 현

표 12.1 대표적인 바이러스와 박테리아의 유전물질

종류		핵산 유형	SS 또는 DS*	길이 (μm)	바이러스 머리 부분 혹은 박테리아 세포의 전체 크기 (μm)
바이러스	ϕX174 DNA SS	DNA	SS	2.0	0.025 × 0.025
	Tobacco mosaic virus	RNA	SS	3.3	0.30 × 0.02
	Lambda phage	DNA	DS	17.0	0.07 × 0.07
	T2 phage	DNA	DS	52.0	0.07 × 0.10
박테리아	*Haemophilus influenzae*	DNA	DS	832.0	1.00 × 0.30
	Escherichia coli	DNA	DS	1200.0	2.00 × 0.50

*SS = 단일 가닥; DS = 이중가닥

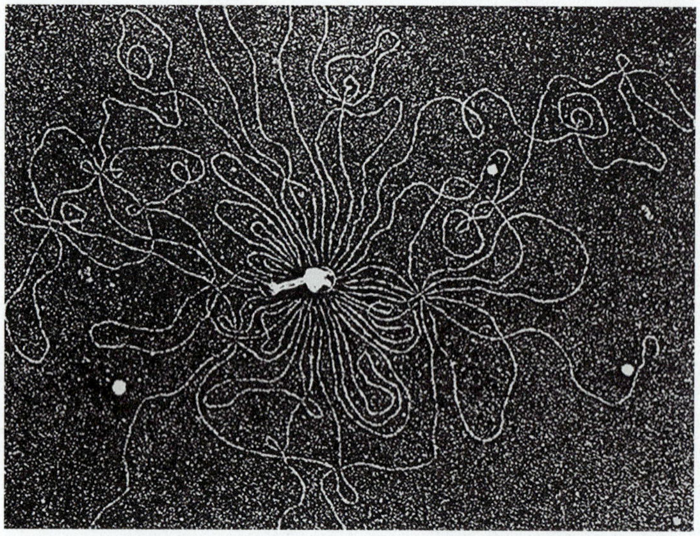

그림 12-2. 박테리오파지 T2와 삼투압 충격으로 밖으로 튀어나온 DNA의 전자현미경 사진. 염색체의 길이는 52 μm이다.

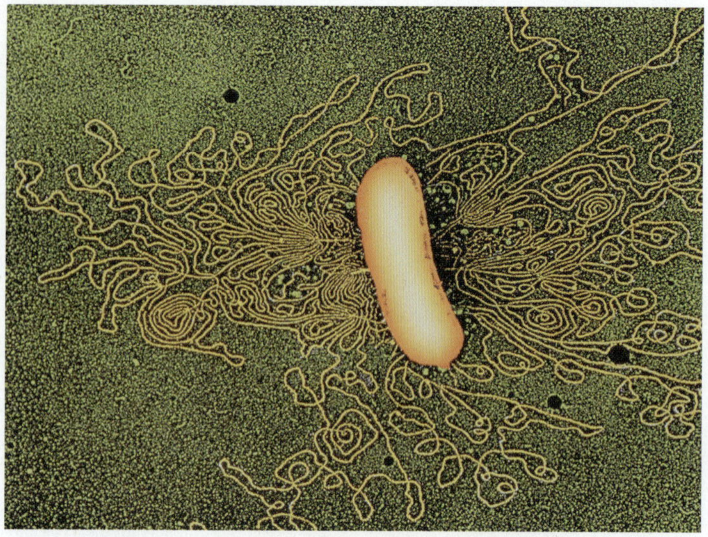

그림 12-3. *Escherichia coli* 박테리아와 삼투압 충격으로 밖으로 튀어나온 DNA의 전자현미경 사진. 염색체의 길이는 1200 μm이다.

미경 사진을 비교해보자. 염색체의 용적보다 바이러스 머리 공간이 2배 이상인 경우는 드물다. 거의 모든 공간은 채워져 있다. 이것은 거의 완벽한 포장임을 말한다. 머리 안에 포장되어 있는 바이러스의 유전물질은 숙주 세포로 나오기 전까지는 기능적으로 비활성화되어 있다.

박테리아 염색체 또한 상대적으로 간단한 형태이다. 항상 이중가닥의 DNA 분자로 되어 있으며 **핵양체(nucleoid)**라 불리는 구조로 응축되어 있다. 가장 연구가 많이 된 박테리아인 *Escherichia coli*는 길이가 1200 μm(1.2 mm) 정도인 커다란 원형 염색체를 가지고 있다. 세포를 조심스럽게 깨면 염색체가 나오며 이를 전자현미경으로 볼 수 있다(그림 12-3).

박테리아 염색체상의 DNA에는 몇 가지 유형의 DNA 결합 단백질이 붙어 있다. **HU**와 **H-NS(Histon-like Nucleoid Structuring) 단백질**이라고 하는 두 단백질은 작지만 세포 내에 많이 존재하며 DNA 인산기의 음전하에 이온결합을 할 수 있는 양전하를 띤 아미노산을 많이 함유하고 있다. 이것들은 DNA를 접고 굽히는 기능을 함으로써 핵양체로 DNA를 응축시키는 효과를 주는 꼬임을 유발한다. 또한 H-NS 단백질은 진핵생물의 히스톤같이 일반적으로 유전자의 활성을 조절하는 것 같다.

실전문제

12-1 박테리오파지와 박테리아에서 DNA는 거의 항상 원형 (닫힌 루프) 염색체로 구성되어 있다. λ(람다)파지는 예외로 바이러스 입자의 DNA를 선형 염색체로 유지한다. 하지만 DNA를 숙주세포에 삽입하자마자 복제를 시작하기 전에 원형으로 변한다. 진핵세포의 염색체 특징인 선형에 비해 원형 DNA 분자는 복제를 하는데 어떤 장점이 있는가?

■ **힌트:** 이 문제는 앞에서(11장 참조) 살펴본 진핵세포의 DNA 복제에 대해 알아야 한다. 해결의 실마리는 왜 텔로머라아제 효소가 진핵세포 DNA 복제에 필수적인지와 왜 박테리아와 바이러스 염색체가 텔로미어의 문제점 없이 복제될 수 있는지를 고려하는 것이다.

12.2 초나선꼬임은 바이러스와 박테리아 염색체의 응축을 돕는다

바이러스와 박테리아 염색체에서 DNA가 배열되고 포장되는 방법에 대한 한 가지 주요 견해는 닫힌 원형 분자의 특징인 **초나선꼬임 DNA(supercoiled DNA)**의 발견에 의한 것이다. 초나선꼬임 DNA는 쥐에서 종양을 유발하는 폴리오마 바이러스의 이중가닥 DNA 분자의 연구로 처음 제기되었다. 1963년에 폴리오마 DNA를 초고속원심분리기에서 돌려, 밀도와 응축의 정도 차를 보이는 3개의 서로 다른 물질을 관찰하였다. Jerome Vinograd는 가장 낮은 밀도의 것은 가장 응축되지 않았고 이것은 직선 DNA 분자라고 제시하였다. 나머지 2개는 밀도가 더 높았고 이것들은 지금 알고 있는 원형 DNA 분자이다. 닫힌 원형 분자는 더 응축되어 같은 분자의 직선 형태의 것보다 더 빠르게 침전된다. 3개 모두 동일한 분자량이었다.

나아가 Vinograd는 2개의 원형 DNA 중 더 밀도가 높은 것은 밀도가 낮은 원형 DNA와 비교할 때 약간 풀린(underwound), 공유결합으로 닫힌 DNA 이중나선이라고 제시하였다. 이중나선을 유지하려는 강력한 힘이 이러한 풀림 현상을 저지하여 분자가 **초나선꼬임(supercoil)**을 갖게 한 것이다. 즉, 정상적인 염기쌍을 유지하기 위해 어떤 방식으로든 뒤틀리게 된 것이다. Vinograd는 더 단단한 포장과 이로 인해 밀도를 증가시킨 원인은 초나선꼬임 현상이라고 제시하였다.

그림 12-4에서 과정을 묘사하였다. 정상적인 Watson–Crick 오른쪽 이중나선의 직선 분자가 있다고 하자[그림 12-4(a)]. 이 나선은 온전한 20회전을 지녔다. 이것은 **고리수(linking number, *L*)**가 20, 혹은 L=20이라는 것이다. 이 직선 나선의 양쪽 끝을 붙여서 닫힌 원형으로 바꾼다고 가정하자[그림 12-4(b)]. 만약 원형도 고리수가 20(끝끼리 붙일 때 고리를 더하거나 제하지를 않았다면)이라면 이 분자를 에너지적으로 느슨함(energetically relaxed)이라고 정하자. 이제 원을 잘라서 열고 2개 고리를 풀고는 다시 붙였다고 가정하자[그림 12-4(c)]. 그러면 L이 18이 되고 이 구조는 에너지적으로 긴장함(energetically strained)이 될 것이며 결과적으로 이런 긴장을 풀기 위하여 구조를 바꿀 것이다.

에너지적으로 더 유리한 구조를 갖기 위하여 풀린 분자는 풀리는 방향과 반대 방향으로 초나선꼬임을 형성할 것이다. 이 경우에는 [그림 12-4(d)] 2개의 음성 초나선꼬임이 자연적으로 생겨서 전체적으로 본래의 나선 고리수를 다시 갖게 될 것이다. 음성(negative)라는 용어를 사용한 것은 초꼬임나선이 왼쪽 방향(본래 나선은 오른쪽 방향인 반면에)이기 때문이다. 결국은 물리적 안정성을 증진시킨 더 응축된 구조를 형성할 것이다.

박테리아와 파지에서 닫힌 원형 DNA 분자는 대부분 DNA 이중나선이 약간 풀려 있다[그림 12-4(C)와 같이]. 예를 들어, 바이러스 SV40은 5200 염기쌍을 갖고 있다. 에너지적으로 느슨한 DNA는 나선의 온전한 한 회전에 10.4 염기쌍이 필요하기 때문에 고리수를 다음과 같이 계산할 수 있다.

$$L = \frac{5200}{10.4} = 500$$

하지만 원형 SV40 DNA를 분석하면 25고리가 풀려 있어 L이 475이었다. 예상대로 25개의 음성 초나선꼬임이 관찰된다. *E. coli*에서는 심지어 더 많은 수의 초나선꼬임이 관찰된다. 이런 현상은 핵양체 부위에서 염색체가 응축되는 것을 매우 촉진한다.

고리수만 다르고 동일한 분자를 서로 **위상이성질체(topoisomers)**라고 한다. 하지만 닫힌 원형 DNA에서와 같이 풀린 양 끝이 없으면 하나의 위상이성질체가 어떻게 다른 것으로 바뀔 수 있을까? 생물학적으로 한 가닥 혹은 두 가닥 모두를 자르고 끝을 다시 붙이기 전에 나선을 감든지 아니면 풀든지 하는 효소 중 어떤 하나가 이런 일을 할지도 모른다.

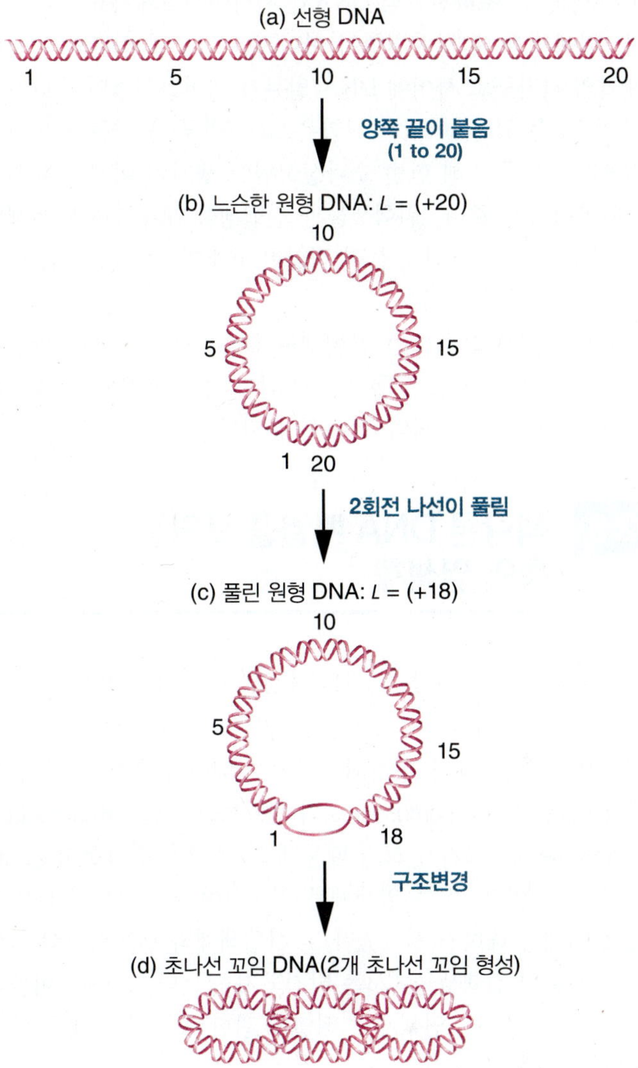

그림 12-4. 원형 DNA가 초나선꼬임 형태로 변환되는 과정 설명. L은 고리수를 나타낸다.

이러한 효소를 **위상이성질체화효소(topoisomerases)**라고 한다. Martin Gellert와 James Want에 의해 처음 발견된 이 효소는 나선의 한 가닥 혹은 두 가닥을 자르느냐에 따라 유형 I과 유형 II가 있다. *E. coli*에서 위상이성질체화효소 I은 음성 초나선꼬임의 수를 줄이며 위상이성질체화효소 II는 DNA에 음성 초나선꼬임을 만든다. 효소 II는 DNA에 붙어서 비튼 다음 두 가닥을 자르고 이때 만들어진 루프를 통과시킨다. 인산다이에스터 결합이 다시 만들어지면 고리수는 감소하고 자연스럽게 한개 이상의 초나선꼬임이 생긴다.

진핵생물도 초나선꼬임 DNA와 위상이성질체화효소를 갖고 있다. 염색체가 대개는 원형이 아니지만 염색질 섬유와 결합된 단백질의 격자구조 사이에 DNA 일부가 끼어들어가면 초나선꼬임이 생길 수 있다. 이러한 결합은 '고정된' 끝을 만들어 위상이성질체화효소에 의해 한번 초나선꼬임이 생기면 이것을 유지하는 데 안정감을 준다. 원핵생물과 진핵생물 모두 DNA 복제와 전사 과정 중 이중나선이 풀려 적합한 효소가 접근하게 되면 초나선꼬임이 만들어진다.

위상이성질체화효소는 진핵생물 DNA 구조변경과 관련된 또 다른 유전적 기능을 수행하는 것 같다. 흥미롭게도 이 효소는 복제 후에 자매염색분체의 DNA를 분리하는 데 관여한다.

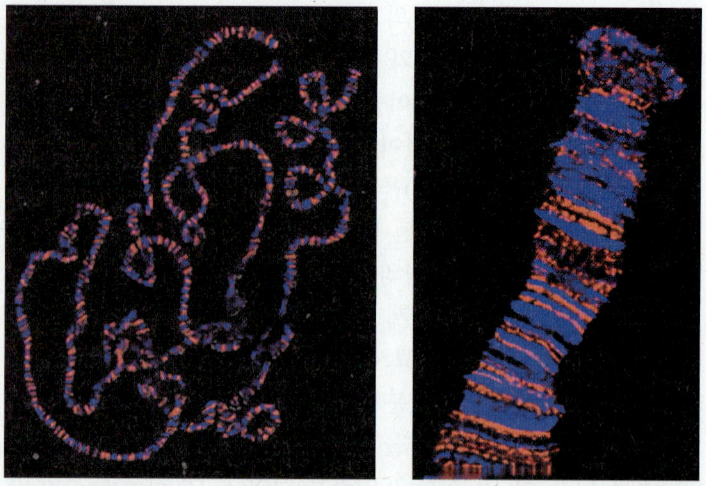

그림 12-5. 초파리(*Drosophila*)의 침샘에서 추출한 다사염색체.

12.3 색다른 DNA 배열을 보이는 특이 염색체

진핵생물 염색체가 지닐 수 있는 특별한 형태의 유전적 배열 두 경우를 이제 살펴보고자 한다. 유사분열 시 휴지기의 염색질에서 어떻게 염색체가 형성되는지를 이해하기 훨씬 전부터 다사염색체(polytene chromosomes)와 램프브러쉬 염색체(lampbrush chromosomes)는 크기가 크기 때문에 그 배열을 광학현미경으로 구별할 수 있었다. 이들 염색체를 연구하여 유전정보의 배열과 기능에 대해 이해하기 시작했다. 다사염색체와 램프브러쉬 염색체는 대부분의 진핵생물에서는 발견되지 않는다. 그러나 이들의 구조에 관한 연구는 염색체의 배열에 관한 공통된 주제를 밝혀주었다.

다사염색체

거대한 **다사염색체**는 파리 유충의 다양한 조직(침샘, 중장, 직장, 말피기씨소관)과 여러 원생동물과 식물종에서 볼 수 있다. 이것은 1881년에 E. G. Balbiani가 처음으로 관찰하였다. 이들의 유전적 구조에 관한 연구로 얻은 방대한 양의 정보는 그 다음의 염색체 탐색을 위한 모델 시스템이 되었다. 다사염색체가 특별히 흥미로운 것은 휴지기 세포의 핵에서 볼 수 있다는 것이다.

다사염색체는 길이가 200~600 μm이며 광학현미경으로 보면 선형의 밴드와 인터 밴드가 반복되는 것이 보인다(그림 12-5, 12-6). 종에 따라 염색체의 밴드패턴은 독특하다. 각각의 밴드를 **염색소립(chromomeres)**이라고 하는데 이것은 염색체 축을 따라 있는 가로로 응축된 물질을 묘사하는 일반적인 용어이다.

전자현미경과 방사능추적원소로 연구를 더해 보면 이들 염색체의 특이한 모양을 설명할 수 있다. 첫째, 다사염색체는 상동염색체가 쌍으로 존재한다. 대부분 체세포에서는 염색체 물질이 염색질로 퍼져 있고 상동염색체가 쌍을 이루지 않기 때문에 이것 자체는 매우 특이한 것이다. 둘째, 다량의 동일한 DNA 가닥으로 되어 있어 거대한 크기와 독특한 모양을 갖고 있다. 상동염색체 쌍을 이루는 DNA는 수많은 복제를 거치나 DNA 가닥이 분리되거나 세포질분열은 하지 않는다. 복제를 할 때, 염색체가 만들어지고 1000~5000개의 DNA 가닥이 서로 정확히 평행으로 배열된다. 수많은 가닥의 DNA가 평행으로 있으면 당연히 염색체 축을 따라 뚜렷한 밴드패턴을 이룰 것이다.

다사염색체에 있는 밴드는 처음에는 각각의 유전자가 보이는 것이라 해석하였다. 밴드에 있는 가닥이 유전적 활동을 할 때 지협적으로 풀리는 현상은 위의 견해를 더 견고히 했다. 이러한 풀림 현상은 툭 튀어나는 곳을 형성하게 되며 현미경상의 모양에 따라 **퍼프(puff)**라고 이름 지었다(그림 12-6). 퍼프가 유전자 활성이 높은 곳(RNA를 만드는 전사)이라는 것은 방사능사진촬영기술로 동위원소로 표시한 RNA 전구체의 합성 속도를 보면 이곳에서 높다는 것이 증명된다. 퍼프가 형성되지 않은 밴드는 적은 양 또는 동위원소가 전혀 관찰되지 않는다.

초파리(*Drosophila*)와 날파리(*Chironomus*) 같은 곤충의 발생 과정에서 밴드를 보면 서로 다른 유전자 활성을 알 수 있다. 독특한 밴드 패턴은 발생이 진행되면서 관찰되는 유전자 활성과 일치한다. 이 주제를 풀기 위한 시도에도 불구하고 각 밴드에 유전자가 몇 개가 있는지 아직 확실하지 않다. 하지만 15,000개의 유전자를 지닌 초파리에는 대략 5000개의 밴드가 있다는 것을 알고 있다. 흥미롭게도 한 밴드에는 아마도 10^7 염기쌍의

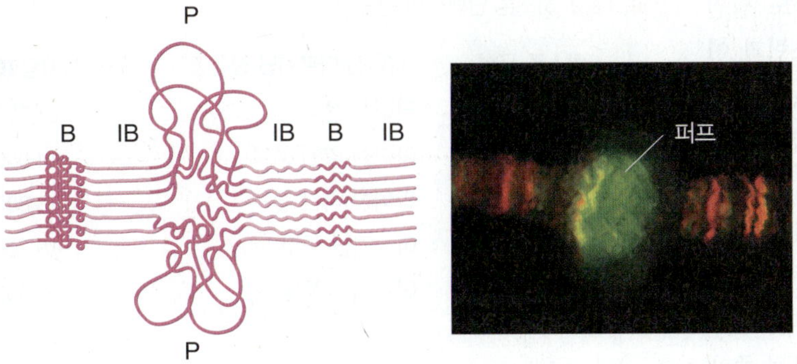

그림 12-6. 다사염색체상의 퍼프 사진. 그림은 밴드(B) 부위의 DNA 가닥이 풀려서 다사염색체상에 퍼프(P)를 형성하는 것을 묘사한 것이다. 각 밴드(B)는 염색소립을 나타내며 밴드와 밴드 사이의 인터 밴드 부위(IBs)도 표시하였다.

실전문제

12-2 초파리의 침샘세포를 떼어내어 동위원소로 표시된 티민이 있는 용액에서 키우고 방사능사진을 촬영하여 다사염색체를 보았다. 염색체상의 방사능 낟알의 분포를 예상해 보아라.

■ **힌트:** 이 문제는 다사염색체상의 DNA의 배열에 대한 이해가 있어야 한다. 해결의 실마리는 ^{3}H-티민이 분자추적자로써 DNA가 복제될 때만 DNA에 삽입될 것이라는 것을 인지하는 것이다.

DNA까지 포함할 수 있으며, 이는 평균 크기의 유전자 50~100개를 암호화하기에 충분한 DNA이다.

램프브러쉬 염색체

염색체의 구조에 대한 이해를 도운 또 다른 특이한 염색체는 **램프브러쉬 염색체**이다. 이것은 19세기에 석유램프 굴뚝을 청소하는 데 사용한 브러쉬와 비슷하게 생겨서 램프브러쉬라 이름하였다. 램프브러쉬 염색체는 1882년 Walther Flemming이 도롱뇽 난자에서 처음 발견하였으며, 그 후 1892년에 J. Ruckert이 상어 난자에서 관찰하였다. 지금은 척추동물의 난자와 곤충 정모세포의 특징으로 알려져 있다. 따라서 이것은 감수분열 염색체이다. 대부분의 실험은 개구리 난자로 수행되었다.

이 독특한 염색체는 발달 중인 세포의 대사활동을 활발히 조절하는 제1감수분열 전기인 복사기의 난자에서 쉽게 얻을 수 있다. 상동염색체가 키아즈마에 의해 서로 붙어서 시냅스 쌍으로 보인다. 하지만 대부분의 감수분열 염색체와 같이 응축되는 대신에 램프브러쉬 염색체는 길이가 500에서 800 μm로 늘어난다. 이것은 감수분열 후기에 정상길이인 15에서 20 μm으로 되돌아간다. 이러한 관찰에 의하면 램프브러쉬 염색체는 정상적인 감수분열 염색체가 풀리고 늘어난 것이라고 볼 수 있다.

그림 12-7에 보여준 램프브러쉬 염색체는 그들의 형태에 관한 중요한 단서를 제공한다. (a)는 광학현미경 사진으로 감수분열의 배열을 보여준다. 그림에서 보이는 각 수평구조의 직선 축에는 응축된 부위가 많이 있다. 이 부위는 다사염색체에서와 같이 **염색소립**이라 불린다. 각 염색체에서 한 쌍의 측면 루프가 나와서 염색체의 독특한 모양을 이룬다. (b)는 주사전자현미경 사진(scanning electron micrograph, SEM)으로 한 축을 따라 나란히 있는 많은 루프의 쌍을 보여준다. 다사염색체의 밴드

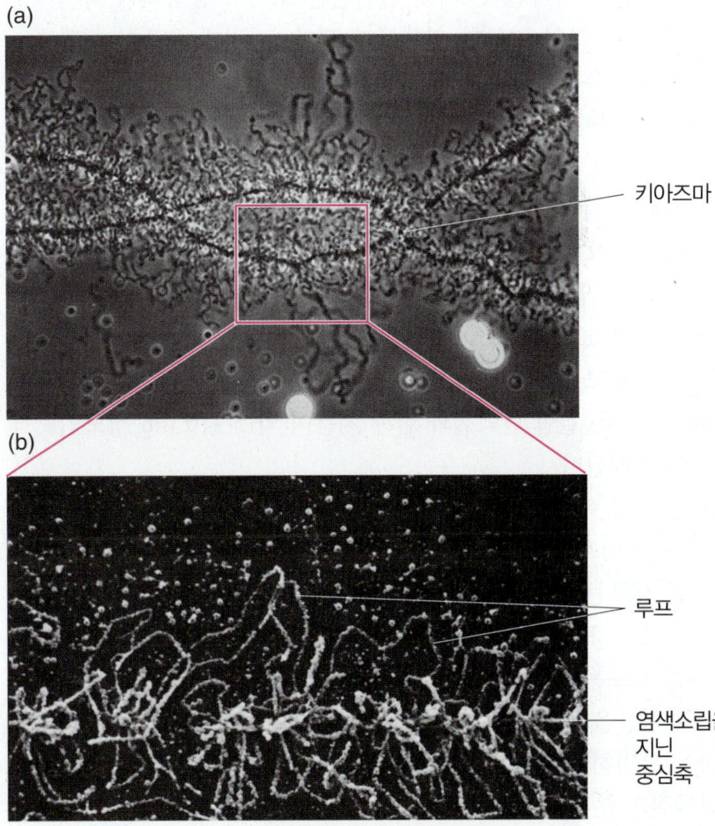

그림 12-7. 양서류의 난자에서 추출한 램프브러쉬 염색체. (a) 현미경 사진. (b) 주사전자현미경 사진.

와 같이 하나의 유전자를 암호화하는 데 필요한 것보다도 훨씬 많은 DNA가 각 루프에 있다. 이런 SEM 결과는 염색소립과 이것으로부터 나오는 염색체 섬유의 명확한 모습을 보여준다. 중심축은 2개의 DNA 이중나선으로 되어 있는 반면, 각 염색체 루프는 하나의 DNA 이중나선으로 되어 있다고 본다. 이러한 가정은 각 감수분열 염색체가 한 쌍의 자매염색분체로 되어 있다고 믿는 것과 일치한다. 방사능동위원소 RNA 전구체를 이용한 연구로 루프는 RNA 합성이 활발한 곳이라는 것을 알았다. 램프브러쉬의 루프는 다사염색체의 퍼프와 유사하여 전사 과정 중에 중심 염색소립의 축에서 풀려나온 DNA를 나타낸다.

12.4 진핵생물에서 염색질로 배열된 DNA

이제 관심을 바꾸어 진핵생물 염색체의 DNA 배열 방식을 살펴보자. 진핵생물 염색체는 유사분열 동안 응축된 구조상태로 가장 잘 볼 수 있다. 하지만 염색체가 분리되면 세포분열을 마치고 세포는 세포주기 중 휴지기에 들어간다. 이때에는 염색체가 풀려서 **염색질(chromatin)** 상태로 있다. 휴지기 동안에 염색질은 핵 전체에 퍼져 있다. 세포주기가 진행되면 DNA가 복제되고 다시 유사분열이 시작된다. 이때 염색질은 꼬이고 응축되어 다시 한 번 눈으로 확인 가능한 염색체가 된다. 이렇게 응축이 되면 각 염색질 섬유는 10,000배 정도 길이가 감소한다.

방금 설명한 이런 과정에서 DNA 배열은 유사분열과 같은 복잡한 과정이 전혀 없는 바이러스 혹은 박테리아에서보다 훨씬 더 난해하고 복잡하다. 이것은 진핵생물이 염색체당 DNA 양이 훨씬 많고 DNA와 결합한 단백질의 수가 많기 때문이다. 예를 들어, *E. coli* 염색체의 DNA 길이가 1200 μm인 반면, 사람의 염색체는 19,000~73,000 μm이다. 사람의 핵 하나에 있는 46개의 염색체 모두를 합하면 DNA 길이가 거의 2미터나 된다. 이런 유전물질은 결합 단백질과 함께 지름이 약 5~10 μm 정도인 핵 안에 존재한다.

다세포 진핵생물에 존재하는 수많은 종류의 세포가 갖고 있는 구조 및 생화학적 다양성과 이러한 복잡성은 상관이 있다. 서로 다른 세포는 매우 특이한 생화학적 활성을 기반으로 다른 기능을 보인다. 모든 세포가 전체 유전물질을 갖추고 있다 해도 서로 다른 세포는 다른 세트의 유전자를 활성화한다. 따라서 유전정보의 사용을 관리하기 위해서는 아주 잘 정립된 체계적인 시스템이 분명히 있어야만 한다. 이러한 시스템은 어떤 형태로든 유전물질의 분자구조와 상관성이 있을 것이다.

표 12.2 히스톤 단백질의 종류 및 성질

히스톤 유형	라이신-아르기닌 함유정도	분자량 (Da)
H1	라이신 풍부	23,000
H2A	라이신 약간 풍부	14,000
H2B	라이신 약간 풍부	13,800
H3	아르기닌 풍부	15,300
H4	아르기닌 풍부	11,300

염색질 구조와 뉴클레오솜

앞서 살펴본 대로 바이러스와 박테리아의 유전물질은 상대적으로 단백질 없이 DNA 혹은 RNA 가닥으로만 되어 있다. 반면, 진핵생물의 염색질은 세포주기 전반에 걸쳐 염색체 DNA와 결합된 단백질이 매우 많다. 결합 단백질은 양전하를 띤 **히스톤(histone)** 혹은 양전하를 덜 가진 **비히스톤 단백질**(nonhistone protein)로 나눌 수 있다. 이 두 그룹 중 히스톤은 가장 필수적인 구조적 역할을 한다. 히스톤은 양전하를 띤 아미노산 라이신과 아르기닌을 많이 갖고 있어 음전하를 띤 인산기를 갖고 있는 핵산과 정전기적으로 결합이 가능하다. 이런 유사한 상호작용을 하는 박테리아 단백질도 몇 개 있다. 히스톤의 주요 유형 5개를 표 12.2에 정리하였다.

염색질 구조의 일반적인 모델은 DNA와 단백질로 구성된 염색질 섬유가 많이 꼬여서 세포 내 핵 안에 응축된 형태로 접혀 있을 것이라는 가정을 바탕으로 한 것이다. 나아가 X선 회절연구로 히스톤이 염색질 구조에 중요한 역할을 한다는 것을 입증하였다. 염색질은 일정한 간격의 회절 고리를 만드는데 이것은 염색질 축을 따라 반복되는 구조적 단위가 있음을 제시한다. 히스톤 분자를 염색질에서 화학적으로 제거하면 이런 일정한 회절 패턴이 망가진다.

염색질 구조의 기본 모델은 1970년 중반에 만들어졌다. 다음과 같은 관찰을 통해 이 모델이 만들어졌다.

1. Micrococcal nuclease와 같은 핵산내부가수분해효소로 염색질을 자르면 200개 염기쌍 길이 정도의 DNA 절편 혹은 200개의 복수 염기쌍의 DNA 절편이 나온다. 이런 분해효소의 작용은 무작위가 아니라서 다양한 절편의 크기를 예상할 수 있다. 따라서 염색질은 어떤 유형의 반복되는 단위로 구성되어 있고 이것은 2개의 단위가 붙어 있는 곳을 제외하고는 분해효소로부터 DNA를 보호한다. 이곳은 단위 사이의 부위로 내부가수분해효소가 공격하여 자르는 곳이다.
2. 염색질의 전자현미경 관찰로 염색질 섬유는 원형 분자가

선형으로 연결된 집합체인 것을 알았다(그림 12-8). Ada와 Donald Olins는 이들 분자가 염색질 가닥의 축을 따라 일정하게 있으며 마치 선상의 구슬과 같다고 했다. 이러한 분자를 처음에는 *v-bodies*(*v*는 그리스 문자로 nu)라고 했고 지금은 **뉴클레오솜(nucleosome)**이라고 한다. 이러한 발견은 반복 단위가 있음을 제시한 위의 관찰과 일치한다.

3. 염색질의 뉴클레오솜의 DNA와 히스톤 분자의 화학적 결합에 대한 연구는 히스톤 H2A, H2B, H3와 H4가 2가지 유형의 4량체, $(H2A)_2 \cdot (H2B)_2$와 $(H3)_2 \cdot (H4)_2$로 있음을 보여주었다. Roger Kornberg는 각 반복되는 뉴클레오솜 단위는 각각의 4량체 하나와(결국 8량체) 200개 염기쌍의 DNA와 결합한 것임을 예측하였다. 이런 구조는 이전의 관찰과 일치하며 염색질에서 히스톤과 DNA의 상호작용을 설명하는 모델의 기반이 되었다.

4. 핵산분해효소의 작용시간을 늘리면 200개 염기쌍의 DNA 중 일부가 뉴클레오솜에서 제거가 되어 147개 염기쌍으로 된 **뉴클레오솜 중심 분자(nucleosome core particle)**가 된다. 오랜 분해시간으로 잃은 DNA는 뉴클레오솜을 서로 연결하는 부위이다. 이런 **연결 DNA(linker DNA)**는 다섯 번째 히스톤, H1과 결합되어 있다.

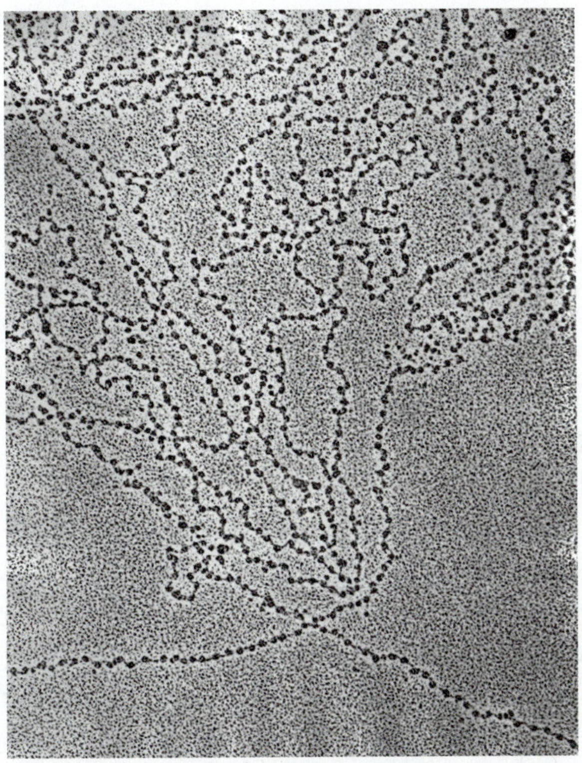

그림 12-8. *Drosophila melanogaster*에서 추출한 염색질 가닥을 따라 '선상의 구슬모양'으로 보이는 뉴클레오솜의 전자현미경 사진.

이런 정보와 함께 John T. Finch, Aaron Klug 및 그 외 연구자들이 수행한 중심 분자 결정의 X선과 중성자 산란분석으로 뉴클레오솜에 관한 자세한 모델이 1984년에 나왔다. 이 모델은 그림 12-9에서 설명한 대로 147 bp 길이의 2 nm 지름의 DNA 분자가 히스톤 8량체 둘레를 감고 있는 왼쪽 초나선꼬임으로 뉴클레오솜당 1.7회전 정도 감고 있다. 각 뉴클레오솜은 타원형으로 가장 긴 쪽이 11 nm 정도 된다[그림 12-9(a)]. 뉴클레오솜의 형성은 DNA 포장의 첫 단계로 DNA가 히스톤을 감음으로써 본래 길이의 3분의 1로 길이를 줄이는 중요한 단계이다.

염색질 섬유는 드물지만 이전 사진에서 설명한 대로 핵 안에 풀어진 형태로 존재하기도 한다(즉, 풀어진 사슬모양의 뉴클레오솜으로 존재). 반면, 11 nm 지름의 섬유는 더 두껍게 포장되어 30 nm 지름의 구조가 된다. 이런 구조를 처음에는 **솔레노이드(solenoid)**라고 불렀다[그림 12-9(b)]. 히스톤 H1에 의한 이런 두꺼운 구조는 다수의 뉴클레오솜이 꼬이고 서로 쌓여서 된 것으로 두 번째 단계의 포장이다. 이로 인해 DNA의 응축이 6배 증가한다. 이것은 세포주기의 휴지기 때 보이는 풀린 염색질 섬유의 특징적인 구조이다. 유사분열의 염색체로 되기 위해서는 아직도 응축이 더 일어나야 한다. 30 nm 구조는 접혀서 일련의 **루프 부위(looped domains)**를 만들고 더 응축이 되어 지름 300 nm의 염색질 섬유 구조가 된다[그림 12-9(c)]. 이런 **꼬인 형태의 염색질 섬유(coiled chromatin fibers)**는 중기 염색체의 세로방향 소단위 중 하나인 염색분체의 염색체 팔로 더 응축이 된다[그림12-9(d)]. 그림 12-9에서 염색분체의 팔이 지름이 700 nm가 되는 것을 보여주었지만 이 수치는 생물체에 따라 당연히 변한다. 700 nm라면 한 쌍의 염색분체는 대략 1400 nm의 염색체라는 것이다.

염색질상의 DNA 배열과 염색체상의 염색질 배열의 중요성은 인간세포가 유전물질을 지름이 5~10 μm되는 핵 안에 저장한다는 것을 고려하면 설명할 수 있다. 반수체 유전체는 30억개 이상의 염기쌍이 23개 염색체에 분배되어 있는 것이다. 배수체 세포는 이 양의 2배를 지닌다. 한 염기쌍이 0.34 nm이므로, 이 양이라면 거대한 길이의 DNA가 될 것이다(앞서 말한 대로 거의 2미터이다)! 정상적인 사람의 핵 내에는 대략 25×10^6개의 뉴클레오솜이 있을 것으로 추정한다.

완전히 풀린 DNA 이중나선에서부터 극도로 응축된 유사분열 염색체의 상태로 가는 전체적인 과정은 포장 비율(DNA 길이 대 이것을 포함하는 구조의 길이)이 대략 500 대 1이어야만 가능하다. 실제로 여기서 제시한 모델은 이 비율이 50 대 1 정도일 뿐이다. 분명히 큰 섬유는 더 휘고 꼬이고 포장되어 유사분열 염색체로 응축될 수 있다.

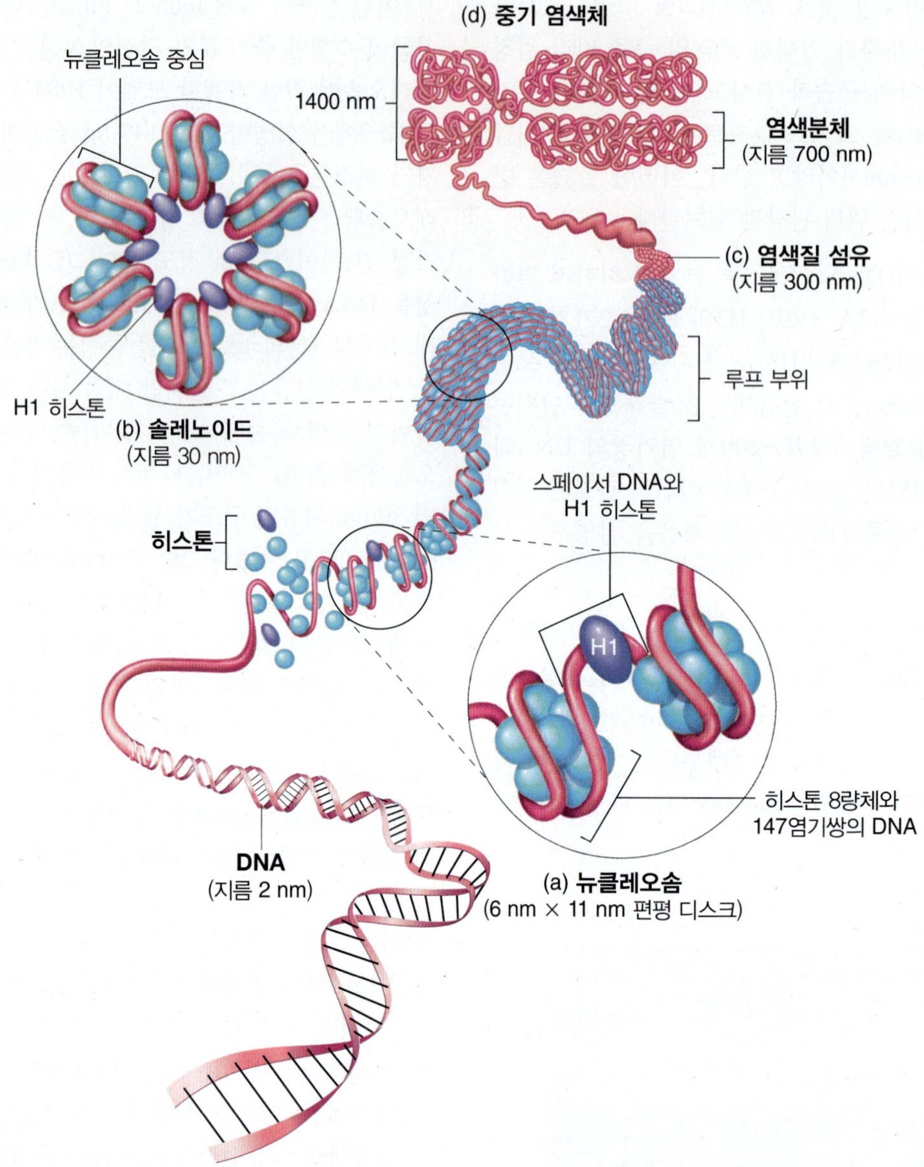

그림 12-9. 히스톤과 DNA가 뉴클레오솜을 형성하기 위하여 결합하는 일반적인 모델. 그림은 섬유가 꼬여서 더 응축된 구조를 이루어 궁극적으로는 세포분열 중기의 염색체를 형성하는 과정을 설명한다.

실전문제

12-3 사람의 핵은 지름이 10 μm이고, 완전히 풀렸을 때 지름이 11 nm인 뉴클레오솜의 형태로 있는 최장 2 m의 DNA를 이 안에 넣어야 한다면 핵 용적의 몇 퍼센트가 유전물질로 채워질 것인가?

■ **힌트:** 이배체의 DNA 양으로 어떻게 진핵생물의 핵을 '채워야' 하는지를 알기 위하여 수적인 계산을 하도록 묻는 문제이다. 해결의 실마리는 원구의 용적을 계산하는 공식 $V = (4/3)\pi r^3$을 이용하는 것이다.

더 연습하려면 12, 13, 14번 문제를 참조하시오.

염색질 재구성

수많은 유전학적 노력으로 뉴클레오솜 연구는 몇 가지 중요한 질문에 대한 답을 얻었으나 동시에 새로운 질문도 생겼다. 예를 들어, 앞서 논의한 대로 히스톤 단백질이 염색질을 이루는 뉴클레오솜으로 DNA를 포장하는 데 중요한 구조적 역할을 한다는 것을 규명하였다. 이러한 발견이 어떻게 방대한 양의 DNA가 진핵세포의 핵 내로 배열되는지에 관한 구조적인 문제를 푸는 데 도움을 준 반면에 이것은 또 다른 문제를 야기시켰다: 염색질 섬유상에서 몇 가지 단계의 응축이 일어날 때 DNA는 다른 중요한 DNA-결합 단백질과 상호작용을 해야 하는데 이들의 접근이 불가능하다. 예를 들어, 복제 및 전사를 진행하는 동안 효소 기능 및 조절 역할을 하는 여러 단백질이 DNA와 직접적으로 상호작용을 해야만 한다. 이와 같은 단백질-DNA 상호작용이 가능하기 위해서는 구조를 변경해야만 한다. 이 과정을 **염색질 재구성(chromatin remodeling)**이라고 한다. 복제 및 유전자 발현이 일어나기 위해서 염색질은 응축된 구조를 풀고, DNA 부위를 이러한 단백질에 노출시켜야만 하며, 활성이 없는 시기에는 이 과정을 거꾸로 되돌릴 수 있는 방법이 있어야만 한다.

어떻게 다른 상태의 염색질 구조를 이루는지에 대한 견해는 Timothy Richmond와 그의 연구원들이 뉴클레오솜 결정의 X선 회절 연구를 통해 1984년의 7 Å에서 1997년 2.8 Å으로 해상도를 상당히 개선할 수 있었던 1997년에 나오기 시작하였다. 이 연구팀의 연구성과를 바탕으로 한 모델을 그림 12-10에 제시하였다. 이 해상도에서는 대부분의 원자를 볼 수 있어서 히스톤을 감고 있는 초나선꼬임 DNA의 뒤틀림과 꼬임을 볼 수 있다. 그림에서 4쌍의 히스톤 단백질을 둘러싼 이중나선의 리본은 147 bp의 DNA임을 기억하라. 이런 구조는 염색질 섬유상에서 계속하여 반복되며 진핵세포의 핵에서 DNA의 기본 포장 단위이다.

2003년에 Richmond와 그의 동료들은 1.9 Å 해상도로 뉴클레오솜 내의 각 히스톤의 위치에 대해 자세히 밝혔다. 염색질 재구성과 특히 관련 있는 점은 뉴클레오솜 중심부에 접혀 있는 히스톤 도메인으로 포장되지 않고 대신 그곳으로부터 빠져나와 구조화되지 않은 **히스톤 꼬리(histone tails)**에 관한 관찰이었다.

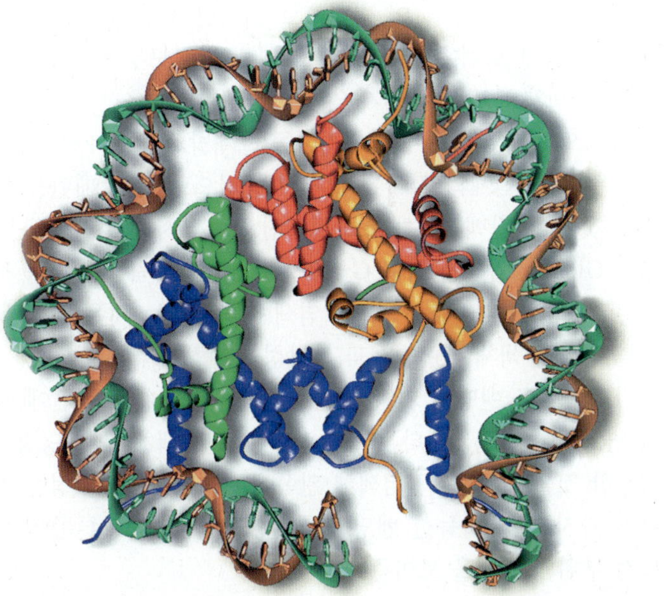

그림 12-10. 뉴클레오솜 핵심 분자의 해상도 2.8 Å로 얻은 X선 결정분석. 이중나선 DNA가 4쌍의 히스톤을 둘러싸고 있다.

예를 들어, 히스톤 H3와 H2B와 연결된 꼬리는 어떤 2차 구조도 없이 DNA 나선의 부홈(minor groove) 통로를 통과하여 튀어나와 있다. 그림 12-10을 자세히 보면 이런 꼬리의 예를 볼 수 있다. 히스톤 H4의 꼬리는 근접한 뉴클레오솜과 연결되어 있는 것 같다. 히스톤 꼬리는 염색질 재구성 및 유전자 발현조절과 같은 유전적 기능과 연결되는 다양한 화학적 변형을 위한 잠재적 대상이 될 수 있으므로 중요하다.

현재 이런 화학적 변형 몇 가지는 유전적 기능에 매우 중요하다고 알려져 있다. 가장 잘 연구된 히스톤 변형 중 하나는 히스톤 아세틸기 전달효소(histone acetyltransferase, HAT)가 수행하는 **아세틸화(acetylation)**이다. 아미노산 라이신의 옆고리에 있는 양전하를 띤 아미노기에 아세틸기를 붙이는 것은 양전하를 중성화하여 단백질의 순전하(net charge)를 효과적으로 바꾼다. 라이신은 히스톤에 많이 있으며 아세틸화가 유전자의 활성화와 연관되어 있다는 것은 한동안 알려진 사실이다. 아세틸화 정도가 높으면 염색질 섬유를 열거나 재구성을 한다. 이러한 활동은 활성 유전자 부위에서는 증가하고 비활성 부위에서는 감소한다. 잘 알려진 한 예가 포유동물의 X 염색체 불활성화로 인한 바소체(Barr body)의 형성이다(7장). 이때, 히스톤 H4가 상당히 적게 아세틸화되어 있다고 알려져 있다.

2개의 또 다른 중요한 화학적 변형으로 히스톤의 일부 아미노산의 **메틸화(methylation)**와 **인산화(phosphorylation)**가 있다. 이런 화학적 반응은 각각 메틸기 전달효소(methyltransferases)와 키나아제(kinases) 효소의 작용 때문이다. 메틸기는 히스톤의 아르기닌과 라이신기 둘 다에 붙일 수 있다. 이러한 변형은 유전자 활성과 연관이 있다. 아미노산 세린(serine)과 히스티딘(histidine)의 수산기에 인산기가 붙으면 단백질이 음전하를 띤다. 세포주기 중 히스톤 H3의 인산화가 특정 시기에 증가한다는 것은 알려져 있다. 이러한 화학적 변형은 DNA 복제 과정 및 복제 후에 일어나는 염색질의 풀어짐 및 응축 주기와 연관이 있다고 믿고 있다. 위의 화학적 변형(아세틸화, 메틸화, 인산화)은 특정 효소에 의한 가역적인 반응이다.

흥미롭게, 뉴클레오솜 내에서 히스톤의 메틸화는 진핵생물의 유전자 활성에 긍정적인 영향을 주며 DNA의 핵산 사슬 내의 염기 시토신의 질소기가 메틸화된 **5-메틸시토신(5-methylcytosine)**은 유전자 활성에 대개 부정적인 영향을 준다. 시토신의 메틸화는 대부분 구아닌산 염기가 시토산 염기 바로 다음에 있을 때만 일어나기 때문에 이로 인해 **CpG 섬(CpG island)**을 형성한다. 따라서 메틸화는 유전자 활성에 긍정적 혹은 부정적 영향을 줄 수 있다.

위에 설명한 연구는 뉴클레오솜과 염색질 배열에 관한 우리의 지식을 넓혀주었고 이 장에서 염색질 재구성의 개념에 대한 일반적인 소개를 하는 데 도움을 주었다. 하지만 유전적 과정에서 일어나는 염색질 재구성의 역할을 규명하려면 더 많은 연구가 수행되어야만 한다. 특히, 세포 내의 조절 분자에 의해 영향을 받는 변형 방식은 유전자 발현 기전에 대한 중요한 단서를 제공할 것이다. 염색질이 취하는 역동적이고 다양한 형태는 DNA가 직접 관여하는 모든 유전적 과정에 아주 중요하다는 것은 명확한 사실이다. 나중에 진핵생물 유전자 발현 조절을 언급할 때 염색질 재구성에 관해 좀 더 자세히 다시 논의할 것이다(17장 참조). 또 **후성유전학(epigenetics)**을 논의할 때 염색질 재구성은 중요한 주제이다. 후성유전학은 유전자를 구성하는 DNA 염기서열의 변화가 없이 한 생물체의 유전적 표현형의 발현 변형을 연구하는 분야이다. 나중에 이 주제에 대해 깊이 있게 논의할 것이다(현대 유전학 특강 1장—후성유전학 참조).

이질염색질

진핵생물 염색체의 DNA는 전체 길이가 하나의 연속된 이중나선 섬유로 되어 있음을 알고 있다. 또한 염색체 끝에서부터 끝까지 구조적으로 동일한 형태가 아니라는 것도 알고 있다. 20세기 초에 휴지기 동안에는 염색체의 대부분이 풀려서 염색이 잘 안 되지만, 일부는 염색이 진하게 되는 응축된 부분이 남아 있는 것을 관찰하였다. 1928년 염색체의 일부가 풀린 곳과 응축된 곳을 각각 설명하기 위하여 용어 **진정염색질(euchromatin)**과 **이질염색질(heterochromatin)**이 만들어졌다.

연이은 탐구로 이질염색질을 진정염색질과 구분하는 몇 개의 특징을 알아내었다. 이질염색질 부위는 유전자가 없거나 유전자가 억제되어 유전적으로 불활성화된 곳이다. 또한 이질염색질은 세포주기의 S기 동안에 진정염색질보다 늦게 복제된다. 이질염색질의 발견은 진핵생물 염색체 중 일부는 항상 단백질을 암호화하지는 않는다는 첫 번째 단서를 제공하였다. 예를 들어, 염색체의 특정 이질염색질 부위 중 하나인 **텔로미어(telomere)**는 염색체의 구조적 온전함을 유지하는 데 관여하고, 또 다른 부위인 **동원체(centromere)**는 세포분열 동안 염색체의 이동에 관여한다.

이질염색질의 존재는 진핵생물 유전물질의 독특한 특징이다. 어떤 경우에는 전체 염색체가 이질염색질화되어 있다. 한 예가 대부분이 유전적으로 불활성화된 포유동물의 Y 염색체이다. 또한 앞서 논의한 대로(7장 참조), 암컷 포유동물의 불활성화된 X 염색체는 불활성화된 이질염색질인 바소체로 응축되어 있다. Mealy bugs와 같은 종에서는 전체 반수체 염색체가 이질염색질화되어 있다.

특정 이질염색질 부위가 한 염색체에서 동일한 혹은 또 다른 비상동염색체의 새로운 장소로 전좌할 때 유전적으로 활성화되었던 부위가 전좌된 이질염색질 근처에 놓이게 되면 유전적으로 불활성화되는 경우가 있다. 앞서 살펴본 대로(4장 참조) 기존의 진정염색질에 미치는 이런 영향은 **위치효과(position effect)**의 한 예이다. 다른 모든 유전물질에 대해 유전자 혹은 유전자 그룹의 상대적 위치가 유전자 발현에 영향을 미칠 수 있다.

12.5 염색체 밴딩으로 유사분열 염색체의 부위를 차별화한다

1970년경까지는 광학현미경으로 상대적인 크기와 동원체의 위치로만 유사분열 염색체를 구분할 수 있었다. 불행하게도 반수체이며 염색체 숫자가 적은 생물조차도 2개 혹은 그 이상의 염색체끼리 서로 구분할 수 없었다. 하지만 그 이후로 유사분열 염색체를 세로방향으로 차등적으로 염색할 수 있는 세포학적 방법이 개발되었다. 이런 방법을 **염색체 밴딩기술(chromosome-banding techniques)**이라고 한다. 왜냐하면 염색 패턴이 다사 염색체의 밴드양상과 유사하기 때문이다.

첫 번째 염색체 밴딩기술은 Mary Lou Pardue와 Joe Gall이 고안하였다. 생쥐에서 준비한 염색체에 열을 가해서 변성시키고 Giemsa 염색으로 처리를 하면 독특한 염색 패턴이 나온다: 유사분열 염색체의 동원체 부위만 염색이 된다! 따라서 이런 염색 패턴을 **C-밴딩(C-banding)**이라고 한다. 앞서 말한 내용에 비추어보면, 이런 세포학적 기술로 이질염색질로 된 염색체의 특정 부위를 찾을 수 있다. 이 방법으로 처리한 사람의 핵형 그림을 그림 12-11에 보여주었다. 생쥐의 염색체는 모두 말단동원체로서 각 염색체의 말단 부위가 염색이 되었다.

이 즈음 다른 염색체 밴딩기술들도 개발되었다. 가장 유용한 기술은 각 염색체의 길이에 걸쳐 차등적으로 염색 패턴을 보여주는 것이다. 단백질분해효소 트립신으로 유사분열 염색체를 자르고 Giemsa 염색을 하여 **G-밴드(G-bands)**(그림 12-12)를 보여주는 기술이 있다. 차등적으로 염색반응을 하는 것은 염색체 길이를 따라 염색체의 이질성과 복잡성을 말해준다.

1971년 G-밴딩에 기반을 둔 사람 염색체 밴딩 패턴에 통일된 명명법이 확립되었다. 그림 12-13은 X 염색체에 이 명명법을 적용한 것을 보여준다. 염색체 왼쪽에는 p와 q팔로 지정한 곳의 여러 가지 식별 가능한 밴딩 단계를 표시하였고 오른쪽에는 각 특정 부위의 명칭을 보여준다.

여러 가지 밴딩 패턴을 만드는 분자 기전은 잘 모르지만 밴드는 특히 사람에서 세포유전학적 분석에 중요한 역할을 한다. 각 염색체마다 밴딩 패턴이 독특하여 크기와 동원체의 위치가

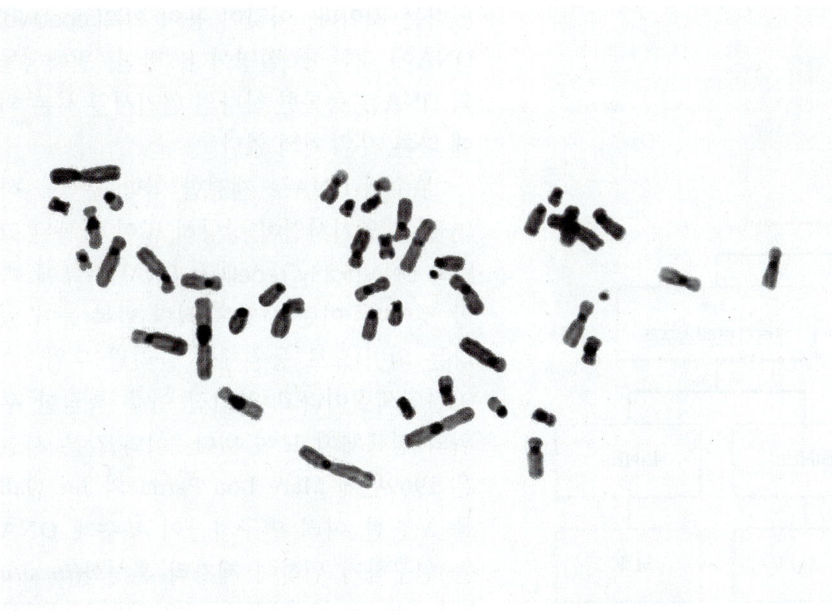

그림 12-11. C-밴딩을 보기 위한 방법으로 준비한 사람의 유사분열 염색체. 동원체만 염색이 된다(작고 검은 원형의 염색).

동일한 염색체끼리도 구별이 가능하다(예: 사람 염색체 4, 5, 21, 22). 밴딩 패턴은 아주 정확해서 상동염색체끼리도 서로 구분할 수 있고, 한 염색체의 일부가 다른 염색체로 이동하였을 때도 이동한 염색체를 아주 정확하게 알아낼 수 있다.

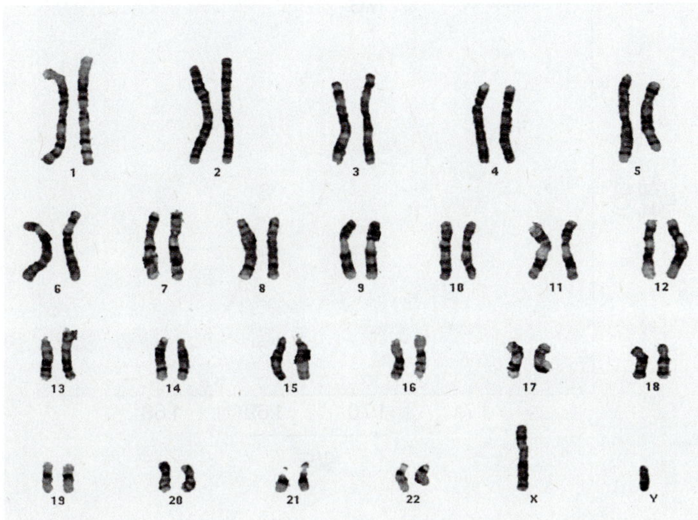

그림 12-12. 정상 남성의 G-밴드가 보이는 핵형. 염색체는 세포분열 중기에서 얻었다.

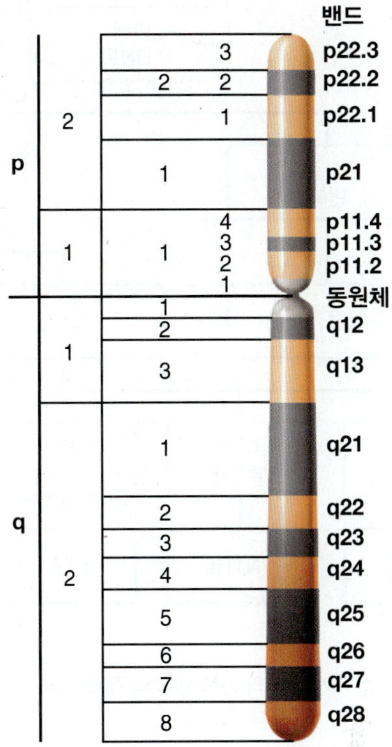

그림 12-13. 밴딩 패턴으로 구별한 사람의 X 염색체의 각 부위. 오른쪽에 있는 명칭은 특정 밴드를 지칭한다.

12.6 진핵생물 유전체는 DNA 반복서열을 지닌 복잡한 염기서열의 배열로 되어 있다

지금까지 박테리오파지, 박테리아 및 진핵생물 염색체의 일반적인 구조를 살펴보았다. 이제부터는 생물의 유전체, 그 중 진핵생물의 유전체를 구성하는 염색체상에 있는 DNA 서열의 배열에 관해 살펴보자. 배열에 관한 일반적인 특성을 살펴본 다음 어떻게 유전자 자체가 염색체상에 배열되는지에 초점을 맞출 것이다(21장 참조).

앞서 10장에서 살펴본 것같이 진핵생물의 염색체에는 유전자를 이루는 하나의 독특한 DNA 서열만이 아니라 많은 부분이 반복 DNA 서열로 되어 있다. 또한 그 반복의 정도도 다양하다. 많은 연구를 통해 **반복 DNA(repetitive DNA)**에는 여러 가지 서열과 배열이 있다는 것을 알았다. 그림 12-14에 이것을 체계적으로 분류해 놓았다. 기능성 유전자도 정상적으로 어떤 것은 한 개 이상의 사본이 있거나[이런 것을 **다중사본 유전자(multiple-copy gene)**라고 한다] 반복적이기도 한다. 하지만 대부분의 반복서열은 단백질을 암호화하지 않는다. 그러나 많은 경우 전사가 되고 만들어진 RNA는 나중에 자세히 논의하겠지만, 염색

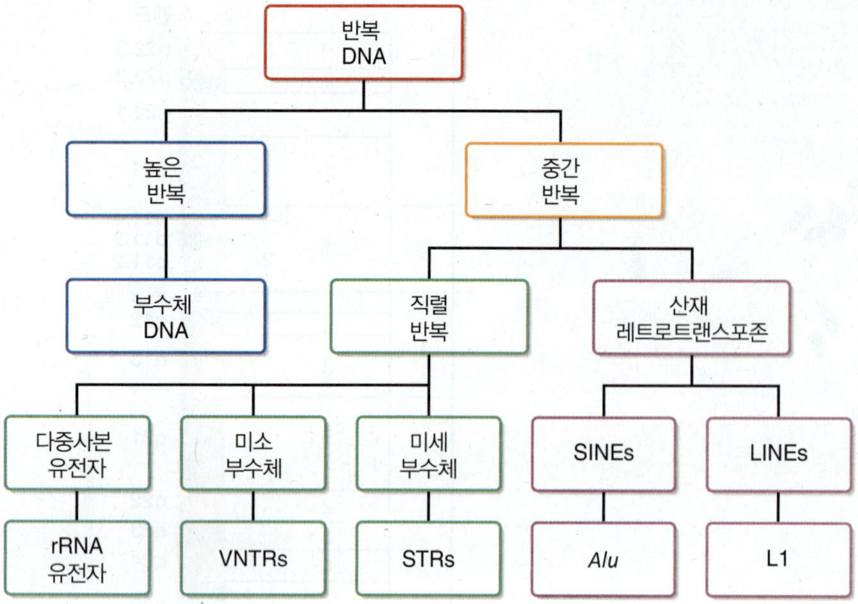

그림 12-14. 여러 가지 부류의 반복 DNA의 전체 개요.

질 재구성을 포함하여 여러 가지 역할을 한다(현대 유전학 특강 2장—RNA의 새로운 기능 참조). 3종류의 주요 반복서열에 대해 살펴보고자 한다: (1) 동원체와 관련되고 텔로미어를 이루는 이질염색질, (2) 짧거나 긴 DNA 서열의 직렬반복, (3) 진핵생물의 유전체 전체에 산재되어 있는 이동서열.

부수체 DNA

특정 종의 DNA 밀도는 DNA의 염기 구성(예: G≡C 대 A=T 쌍의 퍼센트)을 반영한다. DNA 밀도는 분자의 밀도를 결정하는 침강평형원심분리(sedimentation equilibrium centrifugation) 기술로 측정한다. 진핵생물 DNA를 이 방법으로 분석하면 대부분 상당히 일정한 밀도의 주요 밴드 하나가 보인다. 그러나 하나 혹은 그 이상의 부가적인 피크는 약간 다른 밀도를 갖는 DNA가 있다는 것을 의미한다. 이것을 **부수체 DNA(satellite DNA)**라고 하며 종에 따라 전체 DNA에서 차지하는 비율이 다르다. **그림 12-15**는 생쥐의 주요 밴드와 부수체 DNA 밴드 패턴을 보여준다. 원핵생물에는 부수체 DNA가 없다.

1960년 중반까지도 부수체 DNA는 수수께끼였다. 이 시기에 Roy Britten과 David Kohne이 한 가닥으로 이미 풀린 DNA의 재결합 역학을 조사하는 기술을 개발하였다(10장). 이들의 설명에 의하면 어떤 DNA 부위는 다른 부위보다 더 빨리 재결합을 하고 빠르게 재결합하는 부위는 동일하거나 거의 유사한 염기서열로 이루어진 다수의 DNA 절편으로 되어 있는 특징이 있다는 것이다. 이것이 용어 반복(repetitive) DNA에 대한 첫 설명이다. 반면, 원핵생물의 DNA는 독특한 하나의 염기서열 사본 외에 다른 것은 거의 없다.

부수체 DNA로 재결합 역학 분석을 하면 짧은 염기서열이 상당히 많이 반복된 고반복 DNA(highly repetitive DNA) 부류에 속할 것이다. 이런 서열은 직렬 반복(붙어 있다는 의미)으로 동원체를 둘러싼 부위, 즉 이질염색질이라고 알려진 아주 특정한 부위의 염색체에 모여 있다. 이와 같은 사실은 1969년에 Mary Lou Pardue와 Joe Gall을 포함한 여러 연구자들이 부수체 DNA를 연구하기 위하여 **제자리 혼성화(*in situ* hybridization)** 기술을 사용하면서 발견하였다. 이 방법은 표지된 DNA 혹은 RNA 탐침과 세포학적 분석을 위해 준비한 염색체상의 DNA 사이에서 일어나는 분자적 혼성화를 이용하는 것이다. 형광 탐침이 오늘날에는 기본이지만 Pardue와 Gall은 방사능동위원소 탐침을 사용하였다. 따라서 DNA 혹은 RNA 탐침과 결합한 염색체 부위를 찾기 위하여 방사능사진 촬영을 하였다.

Pardue와 Gall은 생쥐의 부수체 DNA에 맞추어 만든 방사능동위원소 분자탐침이 생쥐의 유사분열 염색체의 동원체 부위에

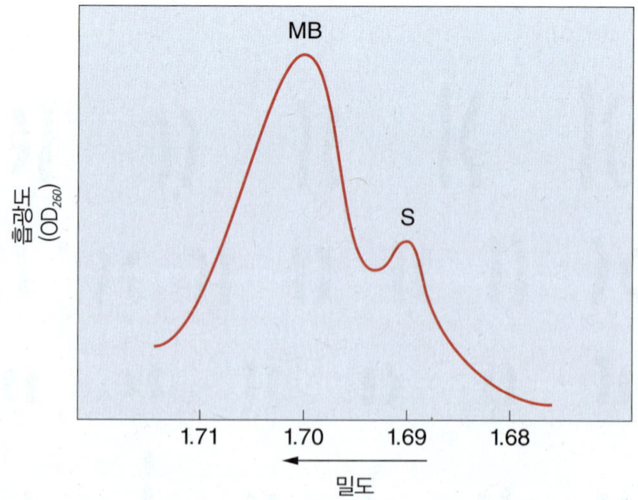

그림 12-15. CsCl 기울기 초원심분리기를 이용하여 분리한 생쥐의 주요 밴드(MB)와 부수체(S) DNA.

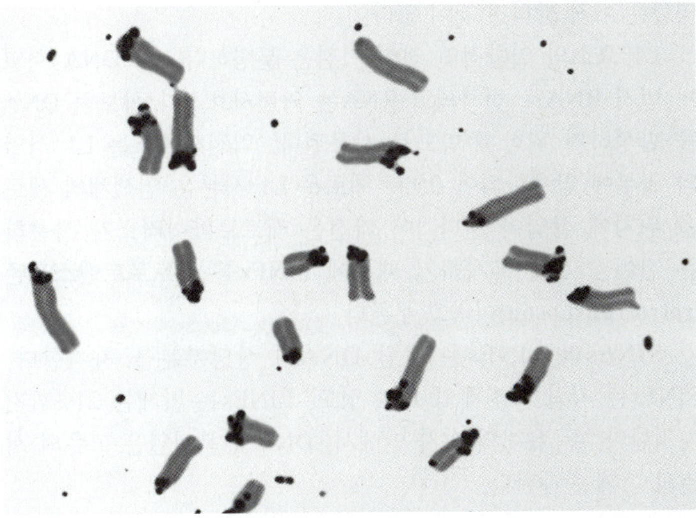

그림 12-16. 생쥐의 부수체 DNA의 방사성동위원소 탐침과 유사분열 염색체 간의 제자리 혼성화(*in situ* hybridization). 방사선자동사진에서 보이는 염색체상에 집중적으로 보이는 검은 점이 동원체이다. 이것은 동원체가 부수체 DNA로 되어 있다는 것과 부수체 DNA 서열의 위치를 알려준다.

있는 DNA와 혼성화가 일어나는 것을 보여주었다(그림 12-16). 몇 가지 결론으로 정리하면, 부수체 DNA는 부력밀도 연구에서 규명한 대로 분자적 구성이 DNA 주요 밴드와는 다르다. 이것은 짧은 반복서열로 되어 있다. 마지막으로 부수체 DNA는 염색체상에 이질염색질인 동원체 부위에서 볼 수 있다.

동원체 DNA 서열

유사분열 및 감수분열 동안 상동염색체의 분리는 **동원체(centromeres)**에 의존한다. 19세기에는 동원체를 세포학적으로 진핵생물 염색체를 따라 일어나는 1차 압축(primary constrictions)이라고 설명하였다(2장 참조). 동원체상에 있는 반복 DNA 서열이 이 역할에 중요할 것이라고 믿고 자세한 분석을 통해 이것을 증명하였다. 염색체 분리를 수행하기 위한 동원체의 최소한의 부위를 **CEN 부위(CEN region)**라고 명명하였다. 염색체상의 이와 같은 이질염색질 부위에는 DNA가 단백질 집합체에 붙어 있다. 다세포 생물은 세포분열 동안에 방추사를 만드는 미세소관에 붙어 있는 **동원체방추사부착점(kinetochore)**이 있다(그림 2-8 참조).

효모 *Saccharomyces cerevisiae*의 CEN 부위를 처음 연구하였다. 각각의 동원체는 동일한 기능을 수행하기 때문에 다른 염색체간 CEN의 DNA 서열이 매우 유사한 것은 당연하다. 염색체간에 아주 미세한 차이를 보일 뿐이다. 효모 염색체의 CEN 부위는 120 bp 정도이다. 돌연변이 분석에 의하면 이 DNA의 3′ 말단 부분이 동원체의 기능에 가장 중요하다고 한다. 5′ 말단 근처가 아니라 이 부위에 돌연변이가 일어나면 동원체의 기능이 결핍되기 때문이다. 따라서 이 부위의 DNA가 궁극적으로 방추사에 붙는 데 필수적일 것이다.

다세포 진핵생물의 동원체 서열은 효모보다는 훨씬 길고 크기도 상당히 다양할 것이다. 예를 들어, 초파리(*Drosophila*)의 CEN 부위는 서열 대부분이 매우 반복적인 200~600 kb의 DNA에 놓여 있다(생쥐의 동원체 부위에 위치한 매우 반복적인 부수체 DNA에 관해 앞에서 논의한 것을 기억하라). 사람에서 가장 잘 알려진 부수체 DNA 서열이 **알포이드계(alphoid family)**로 주로 동원체 부위에 있다. 알포이드 서열은 길이가 170 bp 정도이고 직렬반복서열로 1백만 염기쌍에 이른다. 이러한 진핵생물의 반복 DNA는 전사되어 RNA가 만들어지고 RNA는 궁극적으로 동원체방추사부착점의 기능에 관여한다고 현재 믿고 있다.

마지막으로 한 가지 재미있는 관찰은 거의 모든 진핵생물 뉴클레오솜의 H3 히스톤이 동원체 이질염색질에서는 히스톤 변형체인 CENP-A로 대체가 되어 있다는 것이다. CEN-P N-말단의 단백질 꼬리가 동원체방추사부착점 단백질에 붙는데 관여한다고 믿는다. 동원체방추사부착점 단백질은 방추사 미세소관에 있어서 필수적인 것이다. 이와 같은 발견은 동원체에만 존재하는 DNA 서열이 독특한 염색체 구조의 기능과 관련이 있음을 의미한다.

중간 반복서열: VNTRs과 STRs

다른 부류의 반복 DNA에 관해 간단히 살펴보면 진핵생물의 유전체 배열을 이해하는 데 추가적인 도움이 될 것이다. 사람 유전체의 5% 정도를 차지하는 매우 반복적인 높은 반복 DNA(생쥐는 10%) 외에, 두 번째 부류는 **중간 반복서열(middle 혹은 moderately repetitive DNA)**이다. 이것도 재결합 역학 연구로 알아내었으며 매우 잘 연구가 되어 있다. 이제 우리는 사람 유전체에 대해 상당히 알고 있기 때문에 중간 반복서열의 유전체상의 배열을 살펴보는데 사람의 것으로 설명하고자 한다.

중간 반복서열 DNA는 리보솜 RNA를 암호화하는 유전자와 같이 중복유전자들을 포함하지만 이 부류에 속하는 가장 중요한 것은 비암호화 직렬반복서열(noncoding tandemly repeated sequences) 혹은 비암호화 산재서열(noncoding interspersed sequences)이다. 유전체상의 이런 서열들의 기능은 아직 밝혀지지 않았다. **직렬반복서열 수변이(variable number tandem repeats, VNTRs)**라고 알려진 DNA가 한 예이다. 이러한 반복 DNA 서열은 길이가 15~100 bp이며 유전자내 혹은 유전자 사이에 존재한다. 수많은 이러한 집단이 유전체 전체에 퍼져 있으며 이것들을 **미소부수체(minisatellites)**라고 한다.

각 위치에서 특정 서열의 직렬반복의 수는 개인마다 달라서 그 길이가 1000~20,000 bp(1~20 kb)에 달한다. 나중에 21장에서 살펴보겠지만, 사람 개인마다 이런 부위의 크기(길이)가 다른 것은 **DNA 지문법(DNA fingerprinting)**이라고 하는 법의학 기술의 기초가 되었다.

또 다른 직렬반복서열 그룹은 2중, 3중, 4중, 그리고 5중 염기가 반복되어 있는 **미세부수체(microsatellites)** 혹은 **짧은 직렬반복(short tandem repeats, STRs)**이 있다. VNTRs과 같이 유전체 전체에 퍼져 있으며 한 위치에서 반복되는 수가 사람에 따라 다르다. 예를 들어, 사람에서 가장 흔한 미세부수체는 이중염기$(CA)_n$이다. n은 반복 수이다. 가장 흔하게는 n이 5와 50 사이이다. 미세부수체 부위는 유전체 분석을 위한 분자마커로 매우 유용하게 사용해왔다.

반복이동서열: SINEs와 LINEs

또 다른 반복 DNA로 직렬반복이 아니라 독자적으로 유전체 전체에 걸쳐 산재되어 있는 서열이 있다. 짧을 수도 있고 길 수도 있는데 많은 경우 **전이서열(transposable sequences)**의 특징이 더해져 있다. 전이서열은 이동이 가능하여 유전체 내에서 다른 위치로 이동할 수 있다. 사람 유전체의 많은 부분이 이러한 서열로 되어 있다. 전이서열은 나중에 15장에서 더 자세히 논의하도록 하자.

예를 들어, **짧은 산재인자(short interspersed elements, SINEs)**는 길이가 500 염기쌍보다 짧고 1,500,000개 혹은 그 이상 사람 유전체에 존재한다. 가장 잘 알려진 사람의 SINE는 서로 가까이 연관된 서열을 지닌 **알루족(*Alu* family)**이다(제한효소 *Alu* I가 인식하는 DNA 서열이 있기 때문이 *Alu*라 명명하였음). 이 부류의 DNA는 다른 포유동물에도 있으며 길이가 200~300 염기쌍으로 유전체 전체에 걸쳐 유전자 내에 또는 유전자와 유전자 사이에 균일하게 분포되어 있다. 사람의 경우, 전체 유전체의 5% 이상 차지한다.

Alu 서열은 특별히 흥미롭다. 왜냐하면 *Alu*족 중 어떤 것은 RNA로 전사되지만 이것의 역할이 명확하지는 않다. 그렇다고 해도 *Alu* 서열의 중요성은 유전체상에서 이동할 수 있는 잠재능력이 있고, 이것은 진화 과정에서 염색체의 재배열과 상관이 있기 때문이다. *Alu* 서열은 역전사효소(RNA 주형으로 DNA를 합성하는 효소)의 활성으로 RNA 요소로부터 생긴 것이며, 이에 상응하는 DNA가 유전체 전체에 퍼져 있는 것으로 간주된다.

긴 산재인자(long interspersed elements, LINEs) 부류도 또 다른 반복 전이 DNA 서열이다. LINEs는 길이가 대개 6 kb이며 사람 유전체에 대략 850,000개 존재한다. 사람에서 가장 중요한 예는 **L1족(L1 family)**이다. 이 부류는 길이가 대략 6400 염기쌍이며 500,000개가 있다. 5′ 서열은 매우 다양하며 유전체에서의 역할은 아직 밝혀진 것이 없다.

L1 요소의 일반적인 전이 기전은 분명하다. L1 DNA 서열이 먼저 RNA로 전사되고 RNA는 역전사효소가 상보적 DNA를 합성하기 위한 주형으로 사용된다. 역전사효소는 L1 서열의 일부에 암호화되어 있다. 새로운 L1 사본은 염색체의 새로운 위치에 삽입이 된다. 이 기전은 레트로바이러스가 사용하는 전이 기전과 유사하기 때문에 LINEs를 **레트로트랜스포존(retrotransposon)**이라고 부른다.

SINEs과 LINEs은 사람 DNA의 상당부분을 차지한다. SINEs는 사람 유전체의 13% 정도, LINEs는 많게는 21%까지 차지한다. 두 유형의 인자 안에서, DNA 반복서열은 고유의 서열과 함께 존재한다.

중간 반복 다중유전자

중간 반복 DNA 중 일부는 기능이 있는 유전자가 직렬로 다수로 존재한다. 예를 들어, 리보솜 RNA를 암호화하는 유전자는 수많은 사본을 가진다. 초파리(*Drosophila*)는 반수체 유전체당 120개의 사본이 있다. 하나의 유전자 단위는 커다란 전구체 분자를 암호화하며 전구체는 5.8*S*, 18*S*와 28*S* rRNA로 된다. 사람에서는 이 유전자의 다중 사본이 차단부동원체형 염색체 13, 14, 15, 21과 22의 p팔에 모여 있다. 5*S* rRNA를 암호화하는 유전자의 다중 사본은 1번 염색체 p팔의 말단 부위에 여러 무리로 존재하며, 각각의 무리로부터 독자적으로 전사된다.

12.7 진핵생물 유전체의 대부분은 기능유전자를 암호화하지 않는다

앞서 살펴본 진핵생물에서 여러 유형의 반복 DNA에 관한 정보를 보면 다음과 같은 중요한 질문을 제기 하게 된다: 진핵생물 유전체의 어느 정도가 실제로 기능유전자를 암호화하는가?

여러 형태의 높은 반복 DNA와 중간 반복 DNA 서열이 사람 유전체의 상당부분, 즉 계산에 의하면 전체 DNA 서열의 거의 50% 정도를 차지한다고 본다. 반복 DNA 외에 단독 사본의 서열을 갖는 많은 DNA도 대부분 **유사유전자(pseudogenes)**를 포함하여 비암호화 서열이다. 이러한 서열은 진화의 흔적을 보이는 이중사본의 유전자를 대표하는 DNA 서열이다. 이들은 이미 상당부분 돌연변이로 인해 서열이 변환되었다. 본래 유전자와 일정 부분 서열의 유사성이 있지만 대체로 삽입이나 결실로 인해 전사되지는 않는다.

생물체에 따라 유전체를 구성하는 반복 DNA의 비율이 다양하지만 한 가지 공통점이 있다: 유전체의 아주 적은 부분만이 실제로 단백질을 암호화한다. 예를 들어, 성게에서 단백질을 암호화하는 20,000~30,000개의 유전자는 유전체의 10%도 안 된다. 초파리는 5~10%만 차지한다. 사람에서는 20,000개 정도의 기능 유전자가 있을 것으로 추정되며 이를 암호화하는 부위는 전체 유전체 DNA 서열 중 2%만을 차지한다.

다양한 형태의 반복 DNA에 관한 연구는 유전체 배열에 관한 우리의 이해도를 상당히 높여준다. 유전체 배열은 나중에 21장에서 더 자세히 살펴볼 것이다.

유전체학 탐색

유전체 변이 데이터베이스: 사람 유전체의 구조적 변이

이 장에서는 염색체의 자세한 구조와 염색체상의 DNA 서열의 배열에 관하여 공부하였다. DNA의 상당부분과 다수의 유전자가 중복으로 인해 사본 수가 매우 다양한 **복제수 변이(copy number variations, CNVs)**를 발견하였다. 이들과 관련된 질환을 찾기 위하여 CNVs를 찾고 위치를 파악하는 연구가 진행 중이다.

수천 개의 CNVs를 사람 유전체에서 찾았다. 계산에 의하면 아마도 수천 개가 더 있을 것이다. 유전체학 탐색 연습에서는 **유전체 변이 데이터베이스(Database of Genomic Variants, DGV)**를 방문한다. DGV는 CNVs를 포함하여 사람 유전체에 있는 구조적 변이에 관한 방대한 요약을 빠르게 제공한다.

■ 연습 I - 유전체 변이 데이터베이스

1. DGV 주소 http://dgv.tcag.ca/dgv/app/home 들어간다. DGV의 목적에 대하여 더 배우기 위하여 "About the Project"를 클릭한다.
2. DGV에 있는 정보는 "Find DGV Variants by Chromosome"을 이용하여 찾고 싶은 염색체를 클릭하면 쉽게 볼 수 있다. 찾고 싶은 염색체를 클릭한다. "Variants" 탭 아래로 표가 보일 것이다. 이 표는 몇 개의 칸으로 나누어 데이터를 보여준다:
   - Start and Stop: 변이가 있는 염기쌍을 포함하여 CNV의 좌위를 보여준다.
   - Variation Accession: 각 변이에 해당하는 고유번호를 준다. 변이의 고유번호를 클릭한다. 별도의 페이지에 각 CNV에 대해 자세히 보여준다. CNV 내에 위치한 변이 및 알려진 유전자의 염색체 밴딩 위치를 보여준다.
   - Variant Type: 이 데이터베이스에 있는 대부분의 변이는 CNVs이다. 결실 혹은 삽입, 중복과 같은 변이의 유형을 나란히 보여준다.
3. CNVs의 한 그룹을 분석해 보자. 대부분의 CNVs는 단백질을 비암호화하는 방대한 부위나 조절 서열이 아닌 부위이기 때문에 표현형에는 영향을 주지 않을 것이다. 그러나 유전자를 포함하는 CNVs도 알려져 있다. 알츠하이머, 파킨슨 혹은 다른 질환과 연관된 유전자를 지닌 변이도 있다.

   유전자 defensin(*DEF*)은 거대 패밀리의 일부로 다중유전자이다. *DEF*유전자와 CNVs에 대해 더 배우기 위해 Keyword Search box를 이용하여 *DEF*를 찾는다. 결과 페이지에 연관된 CNVs의 리스트가 나온다. 이 리스트에 있는 *DEF* 유전자 이름을 클릭한다. 그러면 이 유전자에 대한 방대한 정보(Online Mendelian Inheritance in Man, OMIM과 같은 사이트와 연결하여 얻은 정보를 포함)를 줄 것이며 이를 이용하여 다음 질문에 답을 할 수 있을 것이다. 다른 염색체에 위치한 CNVs를 갖는 다른 *DEF* 유전자도 찾아본다. 그러면 다음 질문을 답하기 위해 필요한 정보를 얻을 수 있을 것이다.

   a. CNVs를 지닌 *DEF* 유전자를 어느 염색체에서 찾았는가?

   b. *DEF* 유전자의 기능에 관하여 무엇을 배웠는가? *DEF* 단백질은 무엇을 하는가?

   c. 사람에서 *DEF* 유전자형의 변이와 *DEF* 유전자 발현은 인간질환과 관련이 있는가? *DEF* 유전자형의 변이로 인해 영향을 받은 질환 종류에 대해 예를 들어라.

   d. 관심이 있는 염색체를 찾아서 그 염색체에 위치하는 CNVs에 대해 더 알아보기 위하여 DGV를 탐색하여라. 서로 다른 변이가 표시된 각 염색체 지도를 보여주는 Genome Browser을 이용해 보라. CNVs(파란색으로 표시)를 보기 위해 CNV를 클릭하면 염색체상의 CNV 위치로 가게 될 것이다.

사례 연구 | 예술은 배움을 고취시킨다

유전학을 공부하는 학생이 박물관을 방문하여 팔과 다리가 매우 짧고 얼굴이 비정상인 갓난 아기를 무릎에 놓고 있는 여자를 그린 Goya 그림을 보았다. 이것이 유전적 장애인지가 궁금하여 온라인을 찾아본 결과 이 아기는 로버츠 증후군(Roberts syndrome, RBS)이라는 드문 상염색체 열성형질이라는 것을 알았다. RBS 환자의 세포는 유사분열에 이상이 생겨 동원체가 미리 분리되며 말기 대신에 중기에 상동염색체의 다른 이질염색질 부위도 미리 분리된다. 결과적으로 중기 염색체가 단단하고 철도 자국 같은 모양을 가진다. RBS는 세포분열 동안에 기능을 하는 *ESCO2* 유전자 변이가 원인이다.

이 학생은 이 질환에 대해 더 조사하기 위해 몇 가지 질문을 하였다. 이 질문에 어떻게 답을 하겠는가?

1. 이 질환의 원인이 될 수 있는 동원체와 다른 이질염색질 부위의 공통점은 무엇인가?
2. *ESCO2* 변이가 유사분열 염색체에 이상을 초래하는 것을 볼 때 *ESCO2*가 암호화하는 단백질의 역할은 무엇일까?
3. 동원체가 미리 분리되면 어떻게 RBS에서 보이는 문제가 생길 수 있는가?

요약

1. 박테리오파지와 박테리아 염색체는 진핵생물과 달리 결합 단백질이 대부분 없고, 크기가 작으며 몇 가지 예외는 있으나 원형 DNA로 되어 있다.
2. 다사염색체와 램프브러쉬 염색체는 현대 분자생물학자가 사용하는 기술이 있기 전에 유전적 배열 및 기능에 대한 우리의 지식을 넓힐 수 있도록 해준 특이한 구조의 예이다.
3. 진핵생물 염색질은 뉴클레오솜이라는 반복 단위로 구성된 핵산단백질이다. 뉴클레오솜은 200개 염기쌍으로 된 DNA, 4가지 유형의 히스톤 8량체와 한 개의 연결 히스톤으로 구성된다.
4. 뉴클레오솜은 핵 내에 있는 염색질의 응축 기전을 제공한다. 예를 들어 아세틸화, 메틸화와 같은 여러 형태의 화학적 변형은 응축의 정도를 바꾼다. 이러한 과정을 염색질 재구성이라고 하며 이 과정은 DNA의 복제 및 전사에 중요하다.
5. 진핵생물에서 이미 휴지기에 응축되어 있으며 대부분 유전적으로 불활성화되어 있는 이질염색질은 염색체의 동원체, 텔로미어 부위, Y 염색체, 바소체로 설명할 수 있다.
6. 염색체 밴딩기술은 유사분열 염색체를 특정 부위로 나누어 확인할 수 있는 방법이다.
7. 진핵생물 유전체는 많은 종류의 반복 DNA를 갖고 있는 복잡한 서열의 구조를 갖고 있다. 반복 DNA는 유전체의 여러 부위에 직렬 반복으로 모여 있거나 유전제 전체에 무작위로 반복되어 산재하고 있다.
8. 거의 모든 진핵생물 유전체에서 DNA의 대부분은 기능유전자를 암호화하지 않는다. 예를 들어, 사람의 경우 유전체의 약 2%만이 20,000개의 유전자를 암호화하는 데 사용된다.

질문 및 해답

바닷속 깊은 곳에 살고 있는 단세포 생물을 새로 발견하였다. 이 생물체의 핵 안에는 7×10^6 염기쌍의 DNA로 구성된 하나의 선형 염색체만이 있으며, 이는 3종류의 히스톤 유사 단백질과 결합하고 있다. 다음 질문에 답하라:

1. Micrococcal 핵산분해효소 반응으로 700, 1400, 2100개 염기쌍의 DNA 절편을 얻었다. 이 절편들은 무엇을 의미하는지 예상해 보아라. 어떤 결론을 내릴 수 있는가?

   해답: 염색질 섬유는 700개 염기쌍의 DNA를 갖는 변이 뉴클레오솜으로 구성되어 있다. 1400과 2100 bp 절편은 뉴클레오솜이 각각 2개와 3개가 연결된 것이다. 효소반응이 완전하지 않아 이와 같은 절편이 나왔을 것이다.

2. 각각의 뉴클레오솜 분석으로 하나당 각 단백질을 한 개씩 가지고 있으며 짧은 연결 DNA는 결합된 단백질이 없다는 것을 알았다. 전체 염색체가 뉴클레오솜으로 되어 있다면(연결 DNA는 제외하고) 뉴클레오솜을 형성하기 위하여 필요한 단백질이 모두 몇 개인가?

   해답: 염색체가 7×10^6 염기쌍의 DNA로 되어 있으니 7×10^6 염기쌍에 있는 뉴클레오솜의 수는 다음과 같다.

   $$7 \times 10^6 / 7 \times 10^2 = 10^4 \text{ 뉴클레오솜}$$

   따라서 염색체는 3개 단백질의 10^4 사본을 지녀 총 3×10^4개의 단백질이 필요하다.

3. 이 생물체를 분석한 결과 Watson-Crick 모델과 유사한 이중나선 구조의 DNA를 가졌다. 그러나 오른쪽 나선구조의 온전한 한 회전당 20개의 염기쌍이 있다. 뉴클레오솜의 물리적 크기는 이미 알고 있는 진핵생물에서 발견된 뉴클레오솜이 지닌 용적에 비해

정확히 2배이며 뉴클레오솜의 축 길이는 2배가 길다. 이 생물체의 뉴클레오솜의 응축도(뉴클레오솜 한 개당 회전 수)와 다른 진핵생물의 것을 비교하라.

해답: 이 생물체는 35번의 온전한 회전으로 나선 DNA의 길이를 한 개의 뉴클레오솜으로 응축한다(뉴클레오솜당 700개의 염기쌍/한 회전당 20개의 염기쌍). 정상적인 진핵생물은 20번의 온전한 회전으로 나선 DNA의 길이를 한 개의 뉴클레오솜으로 응축(뉴클레오솜 당 200개의 염기쌍/한 회전당 10개의 염기쌍)하여 새로운 생물체에 비해 용적이 반인 뉴클레오솜을 이룬다. 따라서 응축도는 이 새로운 생물체가 적다.

4. 새롭게 발견한 생물체에는 염색체에 꼬임 혹은 응축이 더 이상 없다. 진핵생물 염색체와 이 상황을 비교하여라. 길이가 7×10^6 염기쌍인 휴지기 사람의 염색체가 더 짧을까 아니면 더 길까?

해답: 진핵생물 염색체는 연결 DNA로 연결된 뉴클레오솜이 꼬여서 솔레노이드 형태로 더 응축이 된다. 솔레노이드 응축은 진핵생물 섬유를 5배는 더 응축시킨다. 새로운 생물체의 염색체는 10^4 개의 뉴클레오솜으로 응축되고 길이가 진핵생물 섬유보다 2배가 길다. 진핵생물 섬유는 $7 \times 10^6 / 2 \times 10^2 = 3.5 \times 10^4$ 개의 뉴클레오솜으로 새로운 생물체보다 3.5배 더 많다. 하지만 솔레노이드 형태로 5배 더 응축되어 있기 때문에 새로운 생물체의 염색체가 더 길다.

탐구 문제

어떻게 알았을까?

1. DNA가 염색체상에서 어떻게 배열되어 있는지를 12장에서 중점적으로 다루었다. 이것을 이해하는 데 필요한 정보를 얻기 위해 수행한 방법들을 살펴볼 기회가 많았다. 이 장에서 주어진 설명을 통해 다음의 기본 질문에 답을 해보아라.
   (a) 바이러스 및 박테리아 염색체는 대부분 결합 단백질이 없는 원형 DNA 분자로 되어 있음을 어떻게 아는가?
   (b) 다사염색체의 퍼프와 램프브러쉬 염색체의 루프는 RNA를 만드는 과정인 전사가 집중적으로 일어나는 부위라고 결론 지을 수 있는 실험적인 근거는 무엇인가?
   (c) 진핵생물 염색질은 200개 염기쌍과 히스톤 8량체로 구성된 뉴클레오솜이 반복되어 형성된 것임을 어떻게 아는가?
   (d) 부수체 DNA는 반복서열로 되어 있으며 동원체 부위에 있다는 것을 어떻게 아는가?

개념확인 문제

2. 288쪽에 정리해 놓은 핵심 개념을 복습하여라. 모두 바이러스, 원핵생물 및 진핵생물의 염색체에 DNA가 어떻게 배열되어 있는지에 관한 내용이다. 바이러스 및 박테리아 대 진핵생물의 DNA 배열 사이에 주요 차이점을 비교하는 짧은 에세이를 작성하라.

3. 염색체 한 개를 지닌 박테리오파지 λ와 T2를 *E. coli*의 염색체와 그 크기를 비교하라. 어떻게 이 비교가 파지와 박테리아의 상대적 크기와 복잡성과 관련이 있는가?

4. 거대한 다사염색체의 구조와 이것이 어떻게 형성되었는지에 대해 설명하여라.

5. 다사염색체의 퍼프에서 어떤 유전적 과정이 일어나고 있는가? 어떻게 이것을 실험적으로 알 수 있는가?

6. 척추동물에서 어떤 유전적 과정 중에 램프브러쉬 염색체가 존재하는가?

7. 우리는 왜 진핵생물의 유전물질 배열이 바이러스나 박테리아의 것보다 더 복잡할 것이라고 예측하는가?

8. 염색질의 구조에 관한 모델을 만들 수 있도록 해 준 연구 결과를 순서대로 설명하여라.

9. 뉴클레오솜을 구성하는 분자의 구성 및 배열에 대해 설명하여라.

10. 뉴클레오솜이 꼬이고 접히면서 궁극적으로 염색분체로 되는 과정을 설명하여라.

11. 이질염색질을 종합적으로 정의하고 되도록 많은 예를 들어보아라.

12. 포유동물은 적어도 10^9 bp로 된 이배체 유전체를 지닌다. 이 많은 양의 DNA가 염색질 섬유로 존재한다. 이것은 9개의 히스톤과 200 bp의 DNA가 결합하여 뉴클레오솜을 이루고 6개의 뉴클레오솜은 합쳐져서 솔레노이드를 이루며 최종적으로 50배 응축된다. 다음을 결정하라. (a) 전체 섬유에 있는 총 뉴클레오솜의 개수, (b) 이배체 유전체에서 DNA와 결합한 히스톤 분자의 총 개수, (c) 전체 섬유의 총 길이.

13. 바이러스 DNA 분자가 일정하게 직경 20 Å, 길이 50 μm의 원형 가닥이라고 가정하자. 원형의 직경 0.08 μm인 머리 부위에 DNA가 있다면 DNA 분자가 바이러스 머리에 들어갈 수 있을까? DNA 분자는 완전한 유연성을 가졌다고 가정하자. 산술적으로 답을 하여라.

14. DNA 길이가 52 μm인 파지 T2 분자에 몇 개의 염기쌍이 있을까?

15. 히스톤 변형의 예로 히스톤 아세틸기전달효소(HAT)로 인한 아세틸화는 유전자의 활성화와 연결되며, 히스톤 탈아세틸기효소(HDAC)로 인한 탈아세틸화는 전형적인 이질염색질 유도로 유전자를 불활성화한다. 이런 이질염색질화는 한 지점에서 시작하여 불활성화 부위를 한계 짓는 경계에 이를 때까지 양쪽으로 퍼져나간다. 4장에서 간략하게 초파리(*Drosophila*)의 w^+ 대립유전자의 위치효과에 대해 논의하였다. w^+ 대립유전자가 전좌 혹은 역위로 인하여 이질염색질 부위로 재위치되면 w^+의 활성이 확연히 떨어진다. 이

형접합체(w^+/w)는 흰색과 빨간색 부분이 있는 얼룩 눈이 된다. 히스톤 아세틸화 혹은 탈아세틸화를 사용하여 어떻게 위치효과로 인한 얼룩현상을 설명할 수 있을까?

16. SINE과 LINE DNA 서열의 구조를 비교하여라. LINE을 왜 레트로트렌스포존이라고 하는가?

17. 직렬반복서열 수변이(VNTRs)는 유전자 안에 또는 유전자와 유전자 사이에 존재하는 길이가 15~100 bp 정도 되는 반복 DNA 서열이다. 왜 이 서열을 법의학에서 흔히 사용하는가?

18. 최신 연구에 의하면 질환의 발병 기전이 바이러스, 암, 노화 혹은 어떤 다른 원인이든지 간에 종종 DNA 메틸화의 특정 변화와 관련이 있다는 것이다. 만약 이런 패턴을 질환 진단을 위한 바이오마커로 고려해본다면 이것을 사용하기 위해서 필수적으로 고려해야 할 사항은 무엇인가?

19. 바이러스와 같은 감염체는 종종 숙주 세포의 유전체 구조에 지대한 영향을 끼친다고 알려져 있다. 많은 경우, 바이러스는 감염도를 증진시키기 위해 숙주 DNA 서열의 메틸화를 유도한다. 숙주 유전자 중 감염된 바이러스가 메틸화시키고자 하는 가장 유력한 후보자는 무엇일까?

20. 암은 정상세포에서 보이는 정상적인 조절 기능이 제대로 되지 않는 세포의 비정상적인 증식으로 정의할 수 있다. 최근 특정 암을 치료하기 위하여 히스톤 탈아세틸화 요법을 시도하였다(Delcuve et al., 2009년에 보고). FDA는 피부 T 세포림프종(cutaneous T-cell lymphoma)의 치료를 위해 히스톤 탈아세틸화(HDAC) 저해제의 사용을 허락하였다. 왜 히스톤 아세틸화가 암과 연관되며 특정 암의 치료에 HDAC 저해제를 사용하는 근거는 무엇인가?

응용 문제

21. 초파리(*Drosophila*) 연구에서 정상적으로 활성을 지닌 2개 유전자, w^+(흰색 눈, *white-eye*, 유전자의 야생형 대립유전자)와 *hsp26*(heat-shock 유전자)를 진정염색질과 이질염색질 부위에 플라스미드 벡터를 이용하여 삽입하고 각 유전자의 상대적 활성을 측정하였다(Sun et al., 2002). 아래 표에 결과를 정리하였다. 실험 결과를 통해 알 수 있는 이질염색질의 특징은 무엇인가?

	활성(상대적 퍼센트)	
유전자	진정염색질	이질염색질
hsp26	100%	31%
w^+	100%	8%

22. 뉴클레오솜의 역할, 염색질 구조와 기능에 대해 아직 모르는 점이 많다. 최신연구에 의하면 히스톤의 생체 내(*in vivo*) 화학적 변형이 유전자의 활성변화와 연관이 있다고 한다. H3와 H4의 아세틸화는 효모에서 유전자 활성을 각각 21.1%와 13.8% 증진시켰으며 효모의 이질염색질은 평균 유전체에 비해 과소메틸화되어 있다(Berstein et al., 2000). 이와 같은 발견의 중요성을 뉴클레오솜-DNA의 상호작용과 유전자 활성 측면에서 추정해보라.

23. "Nucleosome Positioning at the Replication Fork" 제목의 논문에서 "무작위로 분리된 '이미 있던' 뉴클레오솜과 '새롭게' 합쳐진 히스톤 8량체가 몇 초 내로 새롭게 복제된 DNA 가닥상에 빠르게 위치를 잡는다"고 보고했다(Lucchini et al., 2002). 이를 바탕으로, 어떻게 새롭게 복제된 염색질상의 DNA와 뉴클레오솜의 분포를 비교할 것인가? 새롭게 복제된 염색체상의 뉴클레오솜의 분포를 어떻게 실험적으로 테스트할 수 있을까?

24. 사람의 반수체 유전체에는 대략 10^6 사본의 *Alu* 서열이 있다. *Alu*는 짧은 산재인자(SINEs) 중 가장 연구가 잘 된 부류이다. *Alu* 단위는 아데닌이 많은 3′ 꼬리 부위와 282개의 공통 염기서열을 갖는다(Schmid, 1998). 사람의 반수체 유전체에 대략 3×10^9의 염기쌍이 있는 것을 고려할 때 각 *Alu*와 *Alu* 서열 사이에 몇 개의 염기쌍이 있을까?

25. 아래는 박테리오파지 λ 염색체의 일반적인 구조를 그린 것이다. 어떤 기전으로 숙주 세포를 감염하자마자 닫힌 원형 형태를 만드는지를 추정해보라.

5′ GGGCGGCGACCT-이중가닥 부위-3′

3′-이중가닥 부위-CCCGCCGCTGGA 5′

26. 1~6개 염기쌍의 반복서열을 갖는 직렬반복 DNA 서열—예를 들어, $(GACA)_n$—을 미세부수체라고 하며 이것은 진핵생물에 흔히 존재한다. 이러한 서열 중 3뉴클레오타이드 반복서열이 사람의 신경질환(헌팅턴무도병, 근긴강성 이영양증, 척추-연수 근위축증, 척수소뇌실조증, 취약X증후군)에 중요한 역할을 하기 때문에 매우 흥미롭다. 아래 표(Toth et al., 2000를 변경)는 유전자내 및 유전자 사이에 있는 미세부수체의 위치에 관한 데이터이다. 이 데이터를 보고 일반적으로 내릴 수 있는 결론은?

유전자내 및 유전자 사이에 있는 미세부수체 DNA 서열의 퍼센트

분류학적 그룹	유전자 내	유전자 사이
영장류	7.4	92.6
설치류	33.7	66.3
절지동물	46.7	53.3
효모	77.0	23.0
곰팡이류	66.7	33.3

27. 26번 문제의 연구에서 더 나아가 유전자 내에 있는 반복서열의 길이 패턴에 관한 데이터를 얻었다. 다음 표의 수치는 유전자 내에서 발견된 1~6개 염기 길이인 특정 서열의 미세부수체의 반복수이다. 예를 들어, 영장류에서 3개 염기로 된 것이 1126번 있는 반면에 2개 염기로 된 염기서열(GC)은 10번이 있다. 곰팡이류는 4개 염기로 된 서열(예를 들어, GACA)이 2번 만 있는 반면에 6개 염기로

된 반복서열(예를 들어 GACACC)은 219번 있다. 데이터를 분석하고 유전자 내에 다양한 길이의 미세부수체의 분포에서 보이는 일반적인 패턴은 무엇인가? 이러한 일반적인 패턴이 의미하는 점은 무엇인가?

유전자내 길이별 미세부수체의 분포

	반복서열의 길이(bp)					
분류학적 그룹	**1**	**2**	**3**	**4**	**5**	**6**
영장류	49	10	1126	29	57	244
설치류	62	70	1557	63	116	620
절지동물	12	34	21	0	21	591
효모	36	19	52	7	52	330
곰팡이류	9	4	35	2	35	219

28. 미세부수체는 최근에 친자확인을 위한 마커로 사용된다. 아래 표는 간단한 친자확인 검사의 결과이다. 10개의 미세부수체 마커를 사용하여 엄마, 자녀, 아버지로 추정되는 사람으로부터 채취한 검체를 검사하였다. 왼쪽 열에는 미세부수체의 좌위명, 각 개인의 유전자형은 각 좌위에서 서열의 반복수로 기록하였다. 예를 들어, 엄마는 좌위 D9S302에서 염색체 하나는 30번, 다른 하나는 31번의 반복수를 갖는다. 염색체 2개의 반복수가 동일한 개인의 경우는 숫자가 하나만 기록이 된다. (예를 들어 20.2 같이 소수점을 갖는 것은 숫자는 온전한 반복서열뿐 아니라 부분 반복서열을 갖는 경우이다.) 이러한 마커가 간단한 멘델의 법칙대로 유전된다고 가정하면 아버지로 추정되는 사람이 친아버지인가 아닌가 그렇다면 왜? 안 그렇다면 왜 아닌지? 설명하여라.

미세부수체 좌위-염색체 위치	엄마	자녀	아버지 추정자
D9S302-9q31-q33	30	31	32
	31	32	33
D22S883-22pter-22qter	17	20.2	20.2
	22	22	
D18S535-18q12.2-q12.3	12	13	11
	14	14	13
D7SI804-7pter-7qter	27	26	26
	30	30	27
D3S2387-3p24.2.3pter	23	24	20.2
	25.2	25.2	24
D4S2386-4pter-qter	12	12	12
			16
D5S1719-5pter-5qter	11	10.3	10
	11.3	11	10.3
CSF1PO-5q33.3.q34	11	11	10
		12	12
FESFPS-15q25-15qter	11	12	10
	12	13	13
TH01-11p15.5	7	7	7
			8

29. 사람 염색체 16의 짧은 팔(16p) 말단에 지중해성 빈혈증과 다낭성 낭포 신장질환을 포함하여 질환관련 유전자가 여러 개 있다. 이 부위의 염기서열을 분석한 결과 유전자를 암호화하는 부위가 텔로미어 관련 염기서열과 매우 유사하다는 것을 알았다. 이 유전자들의 위치와 텔로미어 관련 염기서열의 존재와 어떤 연관성이 있을까? 분석을 위하여 질환유전자와 관련된 어떤 정보가 더 필요할까?

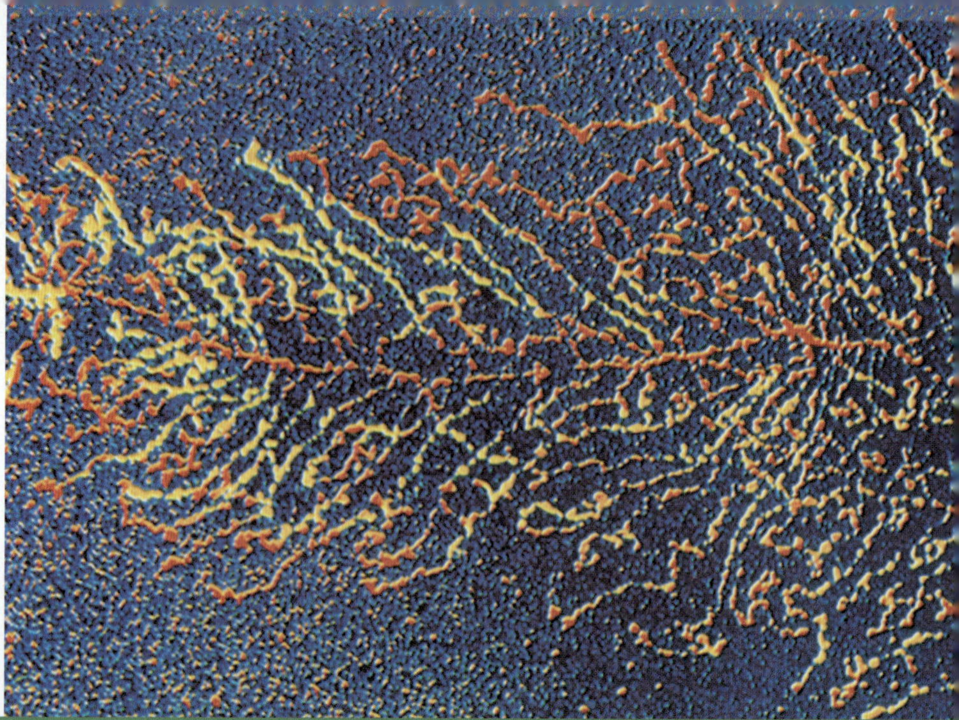

전사 중인 DNA 부위의
전자현미경 사진.

13 유전자 암호와 전사

핵심 개념

- 지구상의 모든 생명체는 유전정보를 트리플렛 암호로 DNA에 저장하며 이것은 모든 생물에 보편적이다.
- 유전 암호는 초기에 전사 과정을 통해 DNA에서 RNA로 전달된다.
- RNA로 전환되면, 유전 암호는 트리플렛 코돈으로 존재하는데, 이것은 3개의 뉴클레오타이드로 구성되며, 각 뉴클레오타이드는 RNA를 구성하는 4종류의 리보뉴클레오타이드 중 하나이다.
- 네 개의 알파벳 '문자'와 유사한, RNA의 4종류 리보뉴클레오타이드는 64가지의 서로 다른 세 문자 시퀀스로 조합을 이룰 수 있다. RNA에 존재하는 대부분의 트리플렛은 유전자의 최종산물인 단백질에 존재하는 20종류의 아미노산 중 하나를 암호화하고 있다.
- 몇몇 코돈은 단백질 합성의 시작과 종료 신호로 작용한다.
- 진핵생물의 전사 과정은, 원핵생물과 그들을 감염시키는 박테리오파지의 전사 과정과 비슷하나 훨씬 복잡하다.

우리가 이미 10장에서 보았듯이, DNA는 선상으로 배열된 디옥시리보뉴클레오타이드 서열로 이루어져 있다. 이 서열은 궁극적으로 대부분의 유전자들의 최종산물인 단백질의 서열을 결정한다. 이 장의 중요한 질문은 핵산에 저장된 정보들이 어떻게 단백질로 번역될 수 있는가이다. 그림 13-1은 이런 정보 이동의 과정을 잘 보여준다. 유전자 발현의 첫째 단계에서는 DNA의 두 가닥 중 하나(주형가닥)에 존재하는 정보가 전사의 과정을 거처 주형가닥에 상보적 서열을 가지는 RNA로 전달된다. 일단 합성이 되면, 이 RNA는 '전령(messenger)' 분자로 작용하고, 암호화된 정보를 핵 밖으로 전달한다. 따라서 이름도 **전령 RNA(messenger RNA, mRNA)**로 명명된다. 이 mRNA는 리보솜과 연계되어 단백질로 번역된다.

이 장에서는 두 가지 중요 질문들을 다룸으로써 유전자 발현의 초기 단계에 초점을 맞추게 될 것이다. 첫째는 어떻게 유전적 정보가 암호화되는가? 둘째는 전사의 과정이라고 정의되는, 'DNA에서 RNA로의 전달'이 어떻게 발생하는가? 앞으로 보게 될 것처럼, 독창적인 연구를 통해 유전암호가 3개의 문자 단위로 쓰인다는 것이 밝혀졌다. 즉, mRNA에 존재하는 리보뉴클레오타이드는 곧 유전자에 저장된 정보를 반영하는 것이다. 대부분의 트리플렛 암호는 단백질이 합성될 때 특정 아미노산의 삽입을 지시한다. 이미 11장에서 보았듯이 DNA 복제의 복잡성과 마찬가지로 전사 또한 주요 중합효소와 이를 보조하는 여러 단백질에 의존하는 복잡한 과정이라는 것을 예상할 수 있다. 이제 박테리아의 전사에 대해 살펴보고, 이들 원핵생물 모델과 진핵

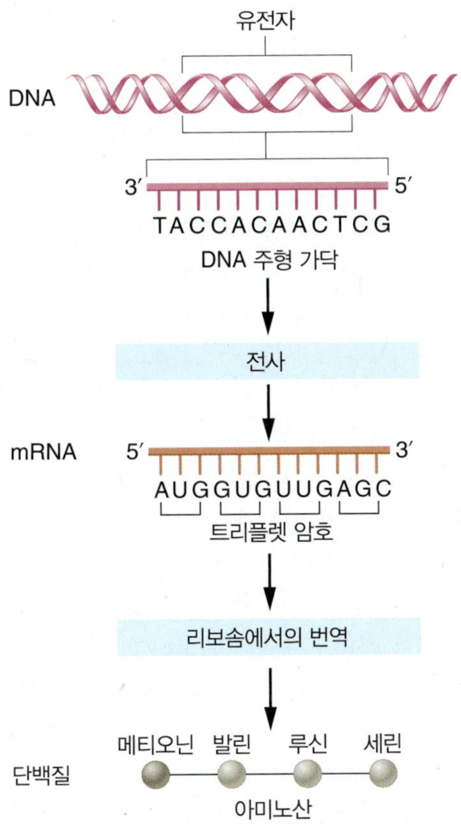

그림 13-1. DNA에 암호화된 유전정보가 단백질로 합성되는 순서도.

생물 전사와의 차이를 비교해 보도록 하자.

우리는 계속해서 번역이 어떻게 일어나는지, 그리고 단백질의 구조와 기능을 설명하면서 유전자 발현에 대해 논의할 것이다(14장). 또한 더불어서 이 장에서는 생물을 이해하는 기본적인 토대가 되는 분자 유전학의 포괄적인 그림을 그릴 수 있도록 해줄 것이다.

13.1 유전암호는 리보뉴클레오타이드 염기를 '문자'로 이용한다

현재의 유전암호에 대한 우리의 지식 수준을 올려준 다양한 분석적 접근을 고려하기에 앞서, 이들의 일반적인 특징들을 요약해 보도록 하자.

1. 유전암호는 mRNA 분자를 구성하는 리보뉴클레오타이드 염기를 '문자'로 사용하며 선형(linear form)으로 적는다. 리보뉴클레오타이드 서열은 DNA의 상보 뉴클레오타이드 염기로부터 유래한다.
2. mRNA 내의 각 '단어'들은 뉴클레오타이드 문자 3개로 구성되며, 따라서 3문자 암호 또는 **트리플렛 암호(triplet code)**라고 한다. 몇 가지 예외를 제외하면 **코돈(codon)**이라고 하는 이 3리보뉴클레오타이드는 하나의 아미노산을 지정한다.
3. 암호는 **명확하다(unambiguous)**—각 트리플렛은 단 하나의 아미노산만을 지정한다.
4. 암호는 **중첩성(degenerate)**이 있다. 즉, 하나의 아미노산은 하나 이상의 트리플렛 암호에 의해 지정될 수도 있다. 20개의 아미노산 중 18개에서 이런 중첩성이 있다.
5. 유전암호는 '시작'과 '종결'신호를 포함하고 있어서, 어떤 트리플렛은 번역을 **시작(initiate)**시키고, 어떤 암호는 번역을 **종결(terminate)**시킨다.
6. 암호 내에서는 내부 구두점(예를 들면 콤마와 유사함)은 사용되지 않는다. 그러므로 암호는 구두점이 없다고 말하는데, 이것은 일단 mRNA의 번역이 시작되면 코돈들이 종결 신호를 만날 때까지 **쉼 없이(commaless)** 계속해서 읽힌다는 뜻이다.
7. 암호는 **겹쳐지지 않는다(nonoverlapping)**. 일단 번역이 시작되고 나면, mRNA 내의 모든 리보뉴클레오타이드는 하나의 트리플렛의 일부가 된다.
8. 단백질을 만드는 아미노산 서열과 유전자 내 코돈 서열은 **동일 선상(colinear)**에 있다.
9. 암호는 거의 **보편적(universal)**이다. 일부 예외가 있긴 하지만, 거의 모든 바이러스, 원핵생물, 고세균, 그리고 진핵생물은 하나의 암호사전을 사용한다.

13.2 초기의 연구들은 암호의 기본적인 작동법을 알아냈다

1950년대 후반, mRNA가 유전정보를 DNA에서 단백질로 매개한다는 것이 아직 분명치 않았을 때는, DNA가 보다 직접적으로 단백질의 합성 과정에 참여할 것이라 생각했다. 리보솜들이 이미 규명되어 있었기 때문에, 초기의 생각은 DNA 정보가 핵에서 리보솜의 RNA로 옮겨지며 세포질에서 단백질 합성의 주형으로 사용된다는 것이었다. 그러나 이러한 생각은 불안정한 중간 주형들이 존재한다는 증거들이 축적되면서 곧 폐기되었다. 그와 대조적으로 리보솜의 RNA는 극도로 안정적이었다. 1961년에 들어 François Jacob와 Jacques Monod는 **전령 RNA(messenger RNA, mRNA)**의 존재를 가정하기에 이른다. mRNA가 발견된 이후, 유전적 정보가 DNA에 저장되어도, 단백질로 번역될 암호는 RNA에 존재하게 된다는 사실이 분명해졌다. 이제 중요한 문제는 어떻게 단 네 개의 문자—네 종류의 뉴클레오타이드—가

20개의 단어(아미노산)를 지정하는가였다. 과학자들은 DNA 암호의 각 뉴클레오타이드가 하나 이상의 암호 단어의 일부로서 겹칠 수 있는 가능성을 고려하였지만, 이러한 코드가 생성한 아미노산 서열과 일치하지 않는다는 증거가 축적되었다. 우리는 이와 관련된 몇몇 증거들을 다룰 것이다.

트리플렛 즉 3염기로 이루어진 암호

1960년대 초, Sidney Brenner는 이론상으로 볼 때 4개의 문자들이 20개의 아미노산을 지정하기 위해서는 최소한 3개의 문자로 이루어진 단어가 필요하므로, 암호가 트리플렛(triplet)이어야만 한다는 주장을 펼쳤다. 예를 들어 4개의 뉴클레오타이드 중 2글자를 사용한 암호라면 단지 16가지의 서로 다른 암호 단어들(4^2)을 만들어낸다. 트리플렛 암호는 64단어(4^3)와 20개의 아미노산을 암호화하기에 충분하며 256개의 단어들을 지정하는 네 문자 암호(4^4)보다는 훨씬 간단하다.

Francis Crick, Leslie Barnett, Brenner, 그리고 R. J. Watts-Tobin 등에 의해 이루어진 독창적인 연구로부터 트리플렛 암호의 첫 번째 결정적 증거가 나왔다. 6장에서 보았듯이 T4 파지에서 삽입 또는 결실로 유도된 *rII* 유전자의 돌연변이 연구를 보면 정상적인 파지는 대장균인 B와 K12 균주의 용해와 용균반을 형성한다. 그러나 *rII* 돌연변이 T4 파지는 K12 균주에 감염되지 않았고 B 균주에는 감염이 일어났다. Crick과 그의 동료들은 아크리딘 색소인 프로플래빈(proflavin)을 이용하여 돌연변이를 유도하였다. 이 화학물질은 DNA의 이중나선 구조에 끼어들어가 복제 과정에서 뉴클레오타이드를 하나 이상 삽입 또는 결실시킨다. 그림 13-2(a)에서 보듯이, 뉴클레오타이드 1개의 삽입으로 인해 단백질을 암호화하는 뉴클레오타이드의 연속 서열, 즉 번역틀(reading frame)이 이동하게 되고 이후 연속된 코돈이 변하게 된다. 이 돌연변이를 **번역틀이동 돌연변이(frameshift mutation)**라 한다. 번역시, 단백질을 구성하는 아미노산 서열은 돌연변이가 발생한 지점에서부터 근본적으로 바뀌게 될 것이다. 이러한 돌연변이가 *rII* 유전자상에 존재하는 T4 파지는 K12 균주에서 증식하지 못할 것이다.

Crick과 동료들은 번역틀이동 돌연변이가 일어난 파지에 다시 프로플래빈을 처리할 경우, 또 다른 삽입 또는 결실이 발생할 것이라고 추론했다. 두 번째의 돌연변이 과정에 파지는 원래의 파지처럼 대장균을 감염시킬 수 있다. 예를 들어, 처음 돌연변이 과정에서 삽입(+)이 일어나고, 두 번째 돌연변이 과정에서 삽입이 일어난 부분이 결실(−)됨으로써 원래의 번역틀로 복원된 것이다. 이런 방식으로, 결실(−)된 부분이 삽입(+)됨으로써도 복원될 수 있다.

이런 종류의 돌연변이 연구를 통해 연구자들은 같은 DNA 서열을 갖는 다양한 번역틀이동 돌연변이 사례를 비교할 수 있게 되었다. 그들은 다양한 조합의 삽입이나 결실이 야생형 형질로 돌아가게 한다는 것을 발견했다. 유전자 암호를 구성하는 뉴클레오타이드의 수를 밝혀줄 또 다른 관찰이 있었다. 동일한 염기서열에 두 개의 뉴클레오타이드가 삽입 또는 결실되면, 올바른 번역틀로 다시 돌아올 수 없었다. 이것은 두 문자로 이루어진 더블렛 암호와는 반대되는 결과이다. 그러나 세 개의 뉴클레오타이드가 삽입[그림 13-2(b)] 또는 결실되면 번역틀은 복구될 수 있었다. 이 관찰은 세 문자로 이루어진 암호 이론을 강력하게 지지하게 된다.

겹치지 않는 세 문자 암호

Sydney Brenner와 여러 다른 연구자들의 연구로 유전암호가 하나의 전사체에서 겹치지 않는다는 것이 정립되었다. 예를 들어, 트리플렛 암호를 가정하던 초기에, 브레너는 만약 암호들이 겹친다면 그로 인한 여러 가지 제약들이 수반될 것이라고 추론했다. 그는 세 개의 아미노산으로 이루어진 단백질을 암호화하는 뉴클레오타이드 서열을 이론적으로 상상했다. 만약 뉴클레오타이드 서열이 GTACA라고 생각하자. 가운데 TAC를 중심 코돈으로 하고 그 일부를 공유하는 바깥의 이웃한 GTA, ACA들은 중심코돈(TAC)과 연관된(TA로 끝나는 또는 AC로 시작하는 코돈을 가진 서열들) 특정 아미노산만을 암호화할 수밖에 없는 제약이 생기게 된다. 이러한 점들을 고려하여, 브레너는 만약 암호들이 겹친다면 단백질을 구성하는 세 아미노산의 조성이 다소 제한적일 것이라는 결론에 이르게 된다.

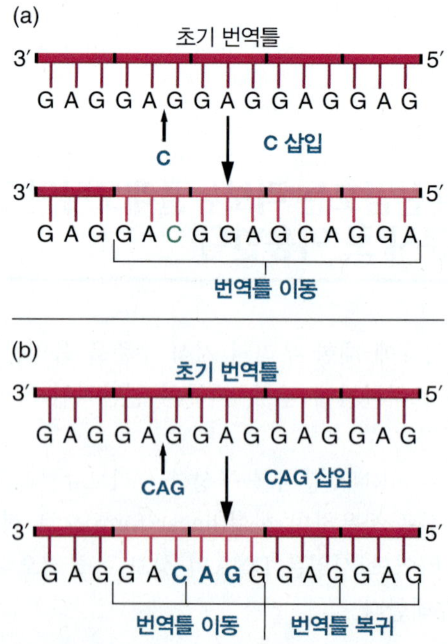

그림 13-2. 트리플렛(triplet) 서열 GAG가 반복되는 DNA 서열상에서 번역틀 이동 돌연변이 효과. (a) 단일 뉴클레오타이드의 삽입은 이후의 모든 번역틀을 변화시킨다. (b) 세 뉴클레오타이드의 삽입은 단지 두 개의 트리플렛만 변화시킨다. 그리고 번역틀은 원래대로 다시 재정립된다.

예를 들어, 어떤 특정 중심 아미노산을 가정할 경우, 이론적으로 생산되는 세 아미노산(삼중 펩타이드 서열) 조합은 단지 16(2^4)개만 가능하다. 브레너는 그때까지 알려진 단백질의 아미노산 서열을 찾고, 거기서 삼중 펩타이드 서열의 제한성을 찾았지만 실패했다. 그는 어떠한 중심 아미노산을 기준으로 이웃한 아미노산의 조합이 16가지의 삼중 펩타이드 서열보다 훨씬 다양하게 존재함을 발견했다. 이 발견을 통해 그는 암호들이 서로 겹치지 않는다고 결론 내리게 된다.

겹치는 암호에 대한 두 번째 주요 반론은 단일 뉴클레오타이드 변화에 따른 효과와 관련 있다. 암호가 겹쳐서 중복되게 되면, 하나의 점 돌연변이는 두 개의 인접한 아미노산에 영향을 끼칠 것이다. 그러나 담배 모자이크 바이러스(TMV)의 코트 단백질, 인간의 헤모글로빈 그리고 박테리아 트립토판 합성 효소들에서 하나의 아미노산만이 변한다는 것이 밝혀졌다.

겹치는 암호에 대한 세 번째 반론은 1957년 Francis Crick에 의해 제시되었는데, 그는 DNA가 단백질을 합성하기 위한 직접적인 주형이 아닐 것이라고 예측했다. 그는 뉴클레오타이드들과 아미노산 사이의 친화성이 수소결합을 필요로 한다고 추론했다. 그러나 화학적으로, 이러한 특정 친화성들은 없는 것 같았다. 대신에 아미노산과 공유결합하면서 뉴클레오타이드 서열에 수소결합을 할 수 있는 '어댑터 분자'가 있어야 한다고 제안했다. 크릭은 중복되는 암호가 있으면, 번역이 일어나는 동안 염기 부위에서 서로 겹치도록 다양한 어댑터가 필요하고, 번역 과정이 지나치게 복잡해지므로 인해 비효율적일 것이라고 보았다. 뒤에서 보게 되겠지만, 크릭의 예상은 적중했다—운반 RNA(transfer RNA, tRNA)가 단백질 합성에서 어댑터 역할을 수행하고, 리보솜이 한번에 두 개의 tRAN 분자를 수용한다.

결론적으로 크릭과 브레너는 번역 과정 중에 암호가 겹치지 않는다고 주장했고 이 개념은 예외없이 확정되었다.

연속적이고 특이성이 결여된 중첩성 암호

1958~1960년 사이, 유전암호에 관한 정보들이 계속해서 축적되었다. 크릭은 이미 유전적 증거를 바탕으로 확립한 어댑터 가설뿐 아니라 암호는 동일틀 내에서 **연속적(commaless)**이며 띄어쓰기가 없다고 주장하였다. 크릭은 또한 64개의 가능한 코돈에서 20개만이 아미노산을 지정하고 남은 44개는 아미노산을 지정하지 않을 것이라고 추측했다.

44개의 '빈' 암호들은 크릭의 잘못된 예상일까? 아니면 그 암호들이 특이성이 결여되어 하나 이상의 코돈이 같은 아미노산을 지정하는 것일까? 사실 크릭의 번역틀 연구에서 이미 그의 초기 제안과는 달리 암호들이 특이성이 결여되어 있는 것으로 제시되었다. 야생형질의 기능이 복구된 경우는—(+)와 (−); (++)와 (−−); 그리고 (+++)와 (−−−)—원래 번역틀도 복구된다. 그러나 번역틀이 복구되었더라도 삽입된 위치와 결실된 위치 사이에는 여전히 많은 암호들이 번역틀을 벗어나게 된다. 만약 가능한 64개의 코돈 중 44개가 아미노산을 지정하지 않은 **종결코돈(nonsense codons)**이라면, 번역틀을 벗어난 지역에서 적어도 하나의 종결코돈이 발생할 가능성이 매우 높다. 단백질 합성 과정에서 이러한 종결코돈을 만나면, 아마도 합성 과정이 멈추거나 그 서열에서 종료될 것이다. 그렇다면 *rII* 좌위의 단백질은 만들어지지 않을 것이고, 침투기능의 복구는 발생하지 않을 것이다. 다양한 파지 돌연변이 조합들은 K12 대장균 균주에서 증식이 가능하였고, 이를 통해 크릭과 그의 동료들은 십중팔구 남아 있는 44개의 코돈 대부분이 의미가 없지 않다고 결론 내렸다. 이에 따라서 유전암호는 특이성이 결여되었다고 보았다. 나중에 설명하겠지만, 이 추론은 정확한 것으로 판명되었다.

13.3 니렌버그와 마태, 그 외의 연구자들에 의해 유전암호가 해독되었다

1961년 Marshall Nirenberg와 J. Heinrich Mattaei는 처음으로 몇몇 특정 암호화 서열들의 특성을 규명하였고 이는 유전암호의 완전한 분석을 위한 토대가 되었다. 암호해독에 중요한 기여를 했던 다른 사람들의 연구와 함께 그들은 두 가지 실험적 기구를 사용하여 성공할 수 있었다. 하나는 시험관 내(*in vitro*) **단백질 합성 시스템(protein-synthesizing system)**이고 다른 하나는 합성 mRNA를 만들 수 있는 **폴리뉴클레오타이드 가인산분해효소(polynucleotide phosphorylase)**이다. 이들 mRNA들은 시험관에서 폴리펩타이드를 합성하기 위한 주형으로 작용한다.

시험관 내에서의 폴리펩타이드 합성

시험관 내 단백질 합성 시스템(cell-free protein-synthesizing system)에서도 아미노산들은 폴리펩타이드 사슬로 중합된다. 이러한 시험관 시스템은 리보솜, tRNA, 아미노산, 그리고 그 외 번역에 필요한 다른 분자 등, 세포 내의 단백질 합성에 필수적인 요소들을 포함(14장 참조)하고 있어야만 한다. 단백질 합성을 추적하기 위해서는 하나 이상의 아미노산들이 방사성을 띠고 있어야 한다. 마지막으로, 하나의 mRNA가 첨가되어 번역될 주형으로 작용해야만 한다.

1961년, 당시에 아직 mRNA가 분리되지 않았다. 그러나 폴리뉴클레오타이드 가인산분해효소를 이용하여 RNA 주형의 인공적 합성이 가능했고, 이들을 시험관 시스템에 첨가할 수 있었다. 이 효소는 세균에서 분리된 것으로 그림 13-3에 나타나 있는 반응을 촉매한다. 1955년, Marianne Grunberg-Manago와 Severo Ochoa에 의해 발견된 이 효소는 세균의 세포 내에서 대

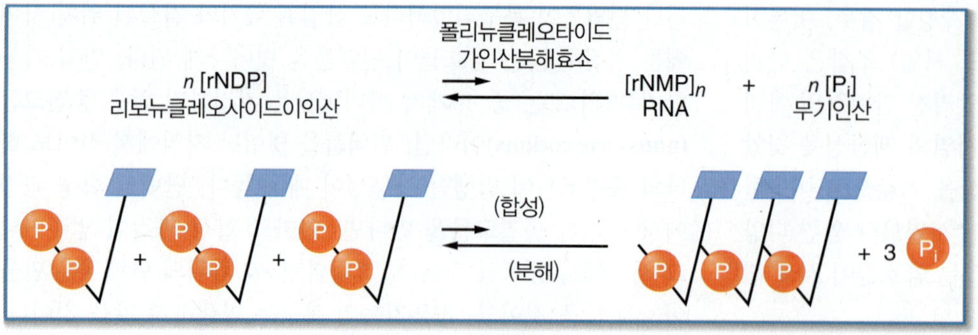

그림 13-3. 폴리뉴클레오타이드 가인산분해효소(polynucleotide phosphorylase)에 의해 촉매되는 반응. 반응의 평형이 RNA의 분해 쪽으로 기울지만 합성이 선호되는 방향으로 "강제될" 수 있다.

사적으로 RNA를 분해하는 기능을 한다. 그러나 시험관 내에서 리보뉴클레오사이드 이인산염의 농도가 높을 때에는 그림 13-3과 같이 RNA를 합성하는 쪽으로 반대의 반응이 일어날 수 있다.

생체 내에서 RNA를 합성하는 RNA 중합효소와는 달리, 폴리뉴클레오타이드 가인산분해효소는 DNA 주형을 필요로 하지 않는다. 결과적으로, 각 리보뉴클레오타이드의 첨가는 무작위적이며 반응 혼합물에 첨가된 4종의 리보뉴클레오사이드 이인산염의 상대적인 농도에 의존한다. 특정 리보뉴클레오타이드가 삽입될 확률은 다른 리보뉴클레오타이드들에 대한 상대적 양에 비례한다. 이 점은 다음의 니렌버그와 다른 연구자들의 실험을 이해하는 데 매우 중요하다.

단백질 합성을 위한 시험관 시스템과 합성 mRNA는 특정 아미노산들을 암호화하는 다양한 코돈들의 리보뉴클레오타이드 조성에 대한 해독을 가능하게 하였다.

동형중합체 암호

초기의 실험들에서 Nirenberg와 Matthaei는 오직 한 종류의 리보뉴클레오타이드로 이루어진 **RNA 동형중합체(homopolymer)**들을 합성했고 이것을 이용해서 시험관 내 폴리펩타이드 합성연구를 하였다. 다시 말해서, 시험관 시스템에 첨가된 mRNA는 UUUUUU..., AAAAAA..., CCCCCC..., 혹은 GGGGGG... 등이었다. 이러한 각각의 mRNA로부터 결과적으로 어떤 아미노산이 단백질로 합성되는지 실험하였다. 그들이 사용한 실험 방법은 아주 많은 양의 실험을 요구했다. 각 RNA 동형 중합체에 해당되는 아미노산 확인을 위해서 연구자들은 언제나 20종류의 아미노산을 만들고 각 실험에서는 그 중 하나만 표지한 후, 어떤 아미노산이 단백질로 합성되는지를 확인해야만 했다.

예를 들어, ^{14}C-페닐알라닌을 사용한 실험을 생각해 보자(표 13.1). 니렌버그와 마태는 동협중합체 UUUUU... (polyuridylic acid)로 이루어진 메시지는 오직 페닐알라닌으로만 이루어진 동형중합체 폴리페닐알라닌(polyphenylalanine)을 합성하도록 한다는 결론을 내렸다. 트리플렛 암호를 가정하여, 이들은 처음으로 특정 아미노산에 대한 하나의 코돈을 확인하였다. UUU는 페닐알라닌을 암호화한다. 비슷한 실험을 통해 곧 AAA는 라이신을, CCC는 프롤린을 지정한다는 것을 발견하였다. 폴리 G는 적당한 주형이 아니었는데, 아마도 분자들이 스스로 접혀서일 것이다. 그러므로 GGG의 지정은 다른 접근법을 사용해야 했다.

표 13.1 단백질로 통합된 ^{14}C-페닐알라닌

합성 mRNA	방사선량 (counts/min)
None	44
Poly U	39,800
Poly A	50
Poly C	38

출처: After Nirenberg and Matthaei (1961).

특정 트리플렛 코돈의 결정은 동형중합체가 사용되었기 때문에 가능한 것이었다. 위 방법은 각 트리플렛의 일반적인 뉴클레오타이드 조성만 알려주는 것이지 뉴클레오타이드의 특정 순서를 알려주지는 않았다. 단지 동일한 세 개의 문자로 만들어질 수 있는 유일한 서열들이었기 때문에(예: UUU) 페닐알라닌, 라이신, 프롤린에 대한 코돈이 결정될 수 있었다.

혼합 혼성중합체(copolymers)

이러한 기술을 가지고 Nirenberg와 Matthaei, 그리고 Ochoa 및 동료들은 **RNA 이형중합체(RNA heteropolymers)**를 사용하게 되었다. 이 기술을 통해 두 개 혹은 더 많은 종류의 리보뉴클레오사이드 이인산염들이 조합되어 인공 메시지를 만들었다. 연구자들은 각 형태의 리보뉴클레오사이드 이인산염의 상대적인 비를 안다면, 합성 mRNA에서 발견되는 어떤 특정한 트리플렛 암호의 빈도를 예측할 수 있을 것이라고 추론했다. 그리고 이 mRNA를 시험관 시스템에 첨가하고 새로 만들어진 단백질에 존재하는 특정 아미노산의 비율을 조사하면, 그 결과를 해석하여 특정 아미노산을 지정하는 트리플렛의 조성(composition)을 예측할 수 있으리라고 생각하였다.

이러한 접근이 그림 13-4에 나와 있다. A와 C가 1A:5C로 첨가된다고 가정해보자. 합성 과정 중에 RNA 분자상의 어떤 지

염기조성	가능한 트리플렛	특정 트리플렛의 발생 확률	최종 확률 %
3A	AAA	$(1/6)^3 = 1/216 = 0.4\%$	0.4
1C:2A	AAC ACA CAA	$(1/6)^2(5/6) = 5/216 = 2.3\%$	3 * 2.3 = 6.9
2C:1A	ACC CAC CCA	$(1/6)(5/6)^2 = 25/216 = 11.6\%$	3 * 11.6 = 34.8
3C	CCC	$(5/6)^3 = 125/216 = 57.9\%$	57.9
			100.0

메시지 화학적 합성

RNA

C C C C C C C C A C C C C C C A A C C A C C C C C A C C C C C A C C C A A

메시지 번역

단백질의 아미노산의 비율(백분율)		가능한 염기조성
Lysine	<1	AAA
Glutamine	2	1C:2A
Asparagine	2	1C:2A
Threonine	12	2C:1A
Histidine	14	2C:1A, 1C:2A
Proline	69	CCC, 2C:1A

그림 13-4. 1A:5C의 비율(1/6A:5/6C)이 사용되었을 때의 혼합 혼성중합체의 결과와 해석.

점에서 리보뉴클레오타이드의 삽입은 A:C의 비율에 의해 결정될 것이다. 그러므로 각 지점에서 A가 삽입될 확률은 1/6이고, C가 삽입될 확률은 5/6이다. 이를 바탕으로 우리는 합성 메시지에서 나타나는 특정 트리플렛의 빈도를 계산할 수 있다.

AAA의 빈도는 $(1/6)^3$, 약 0.4%이다. AAC, ACA, 그리고 CAA에 대해서는 모두 같은 빈도로, $(1/6)^2(5/6)$, 혹은 2.3%이다. 이들 세 가지 모두 2A:1C 트리플렛으로, 합하면 모든 세 글자 서열 중 6.9%를 차지한다. 같은 방식으로, 1A:2C 트리플렛은 $(1/6)(5/6)^2$ 혹은 11.6%(혹은 모두 합하면 34.8%); CCC는 $(5/6)^3$으로 57.9%로 나타날 것이다.

이러한 메시지들의 존재하에서 합성되는 단백질의 특정 아미노산 퍼센트를 조사함으로써 가능한 염기 조성을 예측할 수 있다(그림 13-4). 프롤린이 69%로 나타났기 때문에, 우리는 프롤린이 CCC(57.9%)와 2C:1A로 구성된 트리플렛 중 하나(11.6%)에 의해 암호화된다고 제안할 수 있다. 히스티딘(histidine)은 14%로 아마도 2C:1A의 하나(11.6%)와 1C:2A 하나(3.2%)에 의해 암호화될 것이다. 트레오닌(threonine)은 12%로 하나의 2C:1A에 의해서만 암호화될 것이다. 아스파라긴(asparagine)과 글루타민(glutamine)은 각각 하나의 1C:2A 트리플렛에 의해, 리신(lysine)은 AAA에 의해 암호화될 것으로 보인다.

mRNA를 만드는 데 4가지 리보뉴클레오타이드들을 사용하여, 연구자들은 비슷한 실험을 여러 번 수행했다. 20개 아미노산 모두에 대해 트리플렛 암호 단어의 조성을 결정한 것은 매우 큰 발전이긴 했지만, 아직도 트리플렛의 특정 서열들은 미지수였다. 다른 접근법이 필요했다.

트리플렛 결합 분석

좀 더 발전된 기술이 개발되는 데는 그리 오래 걸리지 않았다. 1964년에 Nirenberg와 Philip Leder는 **트리플렛 결합 분석(triplet binding assay)**법을 개발했는데, 이것으로 트리플렛들의 세부적 배치사항을 알 수 있었다. 이 기술은 3개의 리보뉴클레오타이드로 이루어진 짧은 RNA 서열이 제시되면, 리보솜이 이것과 결합하여 생체 내에서 발견되는 것과 같은 복합체를 형성하는 것을 이용한 것이다. 트리플렛 RNA 서열은 mRNA의 코돈 같은 역할을 하여 상보적인 서열을 갖고 있는 tRNA를 끌어당긴다(그림 13-5). mRNA의 코돈과 상보적인 tRNA 내의 트리플렛 서열을 **안티코돈(anticodon)**이라고 한다.

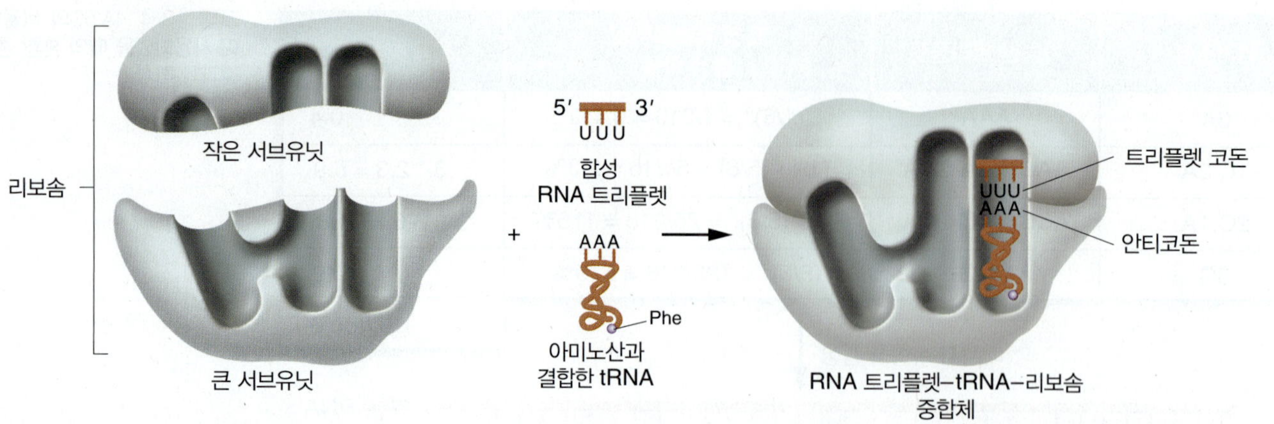

그림 13-5. 트리플렛 결합 분석의 예. 합성 UUU 트리플렛은 리보솜에 위치하고, 코돈으로 작용하여 상보적인 AAA 안티코돈을 갖고 있는 $tRNA^{phe}$을 끌어당긴다.

실전문제

13-1 폴리뉴클레오타이드 가인산분해효소를 사용한 혼성 중합체 실험을 통해 3/4G:1/4C의 비율로 합성 메시지를 만들었다. 결과 단백질의 아미노산 조성이 다음과 같이 정의될 때:

글리신	36/64	(56%)
알라닌	12/64	(19%)
아르기닌	12/64	(19%)
프롤린	4/64	(6%)

이 정보를 통해

(a) 각각의 가능한 코돈이 메시지 내에서 발생하는 횟수를 백분율(또는 비율)로 나타내어라.
(b) 존재하는 아미노산에 대한 하나의 일관된 기본 조성 배치를 결정하여라.
(c) 워블가설의 관점에서 가능한 한 많이 특정 코돈 배치를 예측하여라.

■ **힌트:** 이 문제는 혼합 혼성 중합체 실험 분석과 합성 메시지에 의해 번역되는 합성 아미노산 코돈의 배치 조성 예측에 관해 물어보는 것이다. 이 문제를 해결하기 위해 가장 중요한 부분은 우선 합성 RNA의 각 트리플렛 암호의 비율을 계산하고 합성 아미노산의 비율을 서로 맞추어 보는 것이다.

그 당시 비록 화학적으로 긴 RNA 가닥을 합성할 수는 없었지만, 특정 트리플렛 서열을 실험실에서 합성하여 주형으로 쓸 수는 있었다. 단지 필요한 것은 어떤 tRNA-아미노산이 트리플렛 RNA-리보솜 복합체와 결합하는지를 확인할 수 있는 방법을 고안하는 것이었다. 고안된 실험 체계는 비교적 단순한 것이었다. 실험할 아미노산이 방사성을 띠게 만들고 이 아미노산에 상응하는 tRNA과 결합시킨 '결합된' tRNA를 만들었다. 비록 정확하지는 않지만 이전의 실험으로 대략적인 코돈의 조성을 이미 알고 있었으므로, 연구자들은 각각의 특정 트리플렛에 대해서 어떠한 아미노산들을 실험해야 하는지 결정을 좁혀갈 수 있었다.

방사성을 띤 아미노산과 결합된 tRNA, RNA 트리플렛, 그리고 리보솜을 같은 시험관에 넣고 니트로셀룰로오스 필터를 통과시키면, 크기로 인해 리보솜은 남고 tRNA 같은 다른 작은 구성성분들은 통과하게 된다. 만약 방사능이 필터상에서 발견되지 않는다면, 잘못된 아미노산을 실험한 것이다. 만약 방사능이 필터에서 발견된다면, 이것은 아마도 방사성을 띤 아미노산과 결합된 tRNA가 리보솜에서 RNA 트리플렛과 결합했기 때문일 것이다. 이러한 경우 특정 코돈을 확정할 수 있다.

여러 연구실에서 이런 연구들이 진행되었고, 많은 경우에는 공통된 확실한 결과를 얻을 수 있었다. 예를 들어, 표 13.2는 26개의 트리플렛이 10개의 아미노산을 지정하는 것을 보여준다. 그러나 몇몇 경우에는 트리플렛의 결합이 비효율적이어서 결정이 불가능했고 결과적으로 64개의 트리플렛 중 50개 정도만 결정되었다. 이러한 트리플렛 결합 연구는 다음과 같은 두 가지 주요 결론을 이끌어 내었다. 첫째, 유전자 암호는 중첩성(degenerate)이 있다. 즉, 하나의 아미노산은 하나 이상의 트리플렛에 의해서도 지정될 수 있다. 둘째, 암호는 **명확하다**(unambiguous)—즉, 단일한 코돈은 단 하나의 아미노산만을 지

표 13.2 트리플렛 결합 분석법에 의해 얻어진 특정 3뉴클레오타이드가 지정하는 아미노산

3뉴클레오타이드	아미노산
AAA AAG	리신
AUG	메티오닌
AUU AUC AUA	이소류신
CCU CCC CCG CCA	프롤린
CUC CUA CUG CUU	류신
GAA GAG	글루탐산
UCU UCC UCA UCG	세린
UGU UGC	시스테인
UUA UUG	류신
UUU UUC	페닐알라닌

정한다. 이 장의 후반에 다루어지겠지만, 몇몇 예외를 제외하면 이러한 결론들은 잘 지지된다. 트리플렛 결합 기술(triplet-binding technique)은 유전 암호 해독에 혁신을 가져왔다.

반복적인 혼성중합체

유전자 암호를 해독하는 데 사용된 또 하나의 혁신적인 기술이 1960년대 초, Har Gobind Khorana에 의해 개발되었다. 그는 화학적으로 짧은 서열이 여러 번 반복되어 있는 기다란 RNA 분자를 합성했다. 그는 먼저 더 짧은 서열들(예: 두 개, 세 개, 네 개짜리 다중뉴클레오타이드들)을 여러 번 반복해서 만들고 이들을 효소로 결합시켜 긴 폴리뉴클레오타이드를 만들었다. **그림 13-6**에서 보이는 것처럼, 이런 방법으로 만들어진 디뉴클레오타이드(dinucleotide)는 두 개의 반복성 트리플렛을 가진 mRNA로 전환된다. 하나의 트리뉴클레오타이드(trinucleotide)는 개시가 일어나는 지점에 따라 3가지 가능한 트리플렛으로 이루어진 mRNA로 전환된다. 마지막으로, 테트라뉴클레오타이드(tetranucleotide)는 4가지 반복적인 트리플렛을 만들게 된다.

이러한 합성 mRNA가 시험관 시스템에 첨가될 때, 예측되는 여러 아미노산을 폴리펩타이드 내에서 찾을 수 있었다. 이러한 자료들은 실험을 통한 혼합 혼성중합체 조성 결정과 트리플렛 결합 실험에서 얻어진 자료들과 조합되어, 특정 코돈이 정해질 수 있다.

Khorana가 사용한 접근법으로 특정 코돈을 결정할 수 있는 예를 보면 그 방법의 가치를 알 수 있다. 다음 3가지 실험의 조합을 생각해보면: (1) **반복된 트리뉴클레오타이드 서열**(repeating trinucleotide sequence) UUCUUCUUC…는 개시 지점에 따라 UUC, UCU, CUU의 3가지의 반복된 트리플렛이 가능하다. 시험관 내에서 번역되었을 때 페닐알라닌(phe)이나, 세린(ser), 또는 류신(leu)만으로 이루어진 3종류의 서로 다른 폴리펩타이드 동형중합체(homopolymer)가 만들어진다. 한편, 각각의 트리플렛이 3가지의 아미노산 중 하나를 암호화한다는 것은 알고 있지만, 어떤 트리플렛이 어떤 아미노산을 암호화하는지는 모른다. (2) 반대로, **반복된 디뉴클레오타이드 서열**(repeating dinucleotide sequence) UCUCUCUC…는 UCU와 CUC를 만든다. 시험관 내에서 류신과 세린으로 이루어진 폴리펩타이드를 합성한다. 그러므로 트리플렛 UCU와 CUC는 류신과 세린으로 결정되지만, 우리는 여전히 어떤 트리플렛이 어떤 아미노산을 결정하는지는 모른다. 하지만 이러한 두 결과로부터, UCU는 반드시 페닐알라닌이 아닌, 류신이나 세린을 암호화하고 있다는 결론을 내릴 수 있다. 그러므로 CUU와 UUC 중에 하나는 류신 또는 세린을 암호화하고 있고, 나머지가 페닐알라닌을 암호화하고 있다고 결정할 수 있다. (3) 좀 더 자세한 정보를 얻기 위해, 네 개의 뉴클레오타이드 UUAC가 반복된 서열을 이용한 결과를 조사해보자. 이들은 트리플렛 UUA, UAC, ACU 그리고 CUU 트리플렛을 만들 수 있다. CUU 트리플렛은 우리가 관심을 가진 두 트리플렛 중 하나이다. 이 실험은 3개의 아미노산을 포함하고 있었다: 류신, 트레오닌, 티로신. CUU는 반드시 세린이나 류신을 지정할 것이라고 했고, 이 둘 중에서 오직 류신만 나타났으므로, 우리는 CUU가 류신을 지정한다고 결론지을 수 있다. 일단 이것이 결정되면, 논리적으로 다른 것들을 모두 결정할 수 있다. 남아

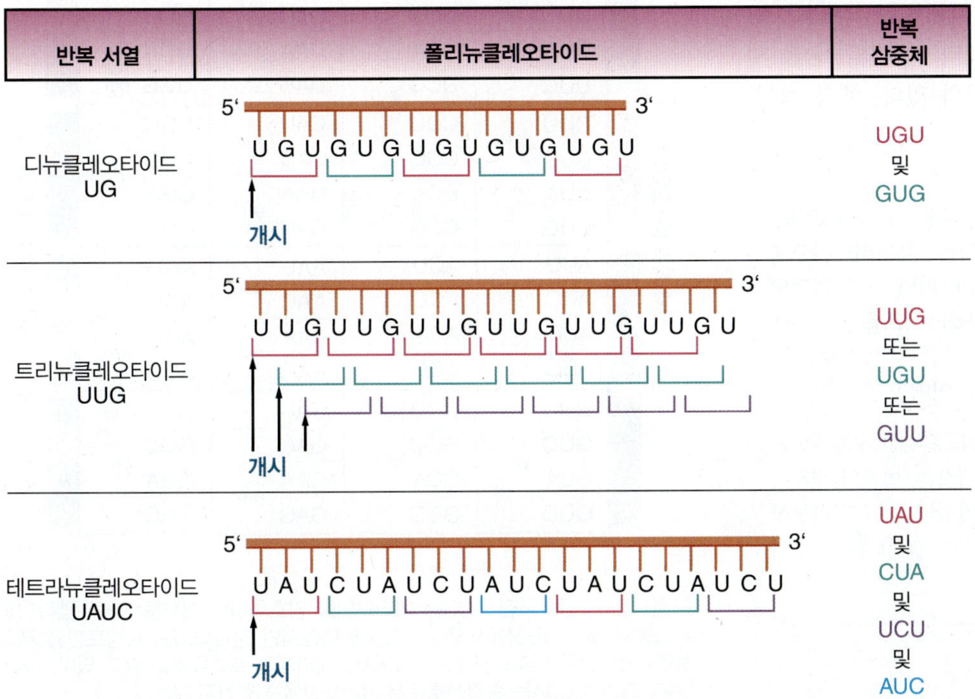

그림 13-6. 두 개, 세 개, 그리고 네 개의 뉴클레오타이드의 반복적인 혼성 중합체로의 전환. 각 경우에서 만들어지는 트리플렛 코돈들이 나타나 있다.

표 13.3 합성된 반복적인 혼성중합체 RNA를 이용하여 만들어진 아미노산들

반복된 혼성중합체	생성된 코돈	생성된 아미노산
UG	UGU	시스테인
	GUG	발린
AC	ACA	트레오닌
	CAC	히스티딘
UUC	UUC	페닐알라닌
	UCU	세린
	CUU	류신
AUC	AUC	이소류신
	UCA	세린
	CAU	히스티딘
UAUC	UAU	티로신
	CUA	류신
	UCU	세린
	AUC	이소류신
GAUA	GAU	없음
	AGA	없음
	UAG	없음
	AUA	없음

있는 두 개의 트리플렛 쌍(첫 번째 실험에서의 UUC와 UCU, 그리고 두 번째 실험에서의 UCU와 CUC) 중에서, 두 실험에 공통으로 나타난 트리플렛이 세린을 지정한다. 이것이 바로 UCU이다. 결정된 것을 빼면, 우리는 UUC가 페닐알라닌을, 그리고 CUC가 류신을 지정함을 알 수 있다. 그러므로 논리적인 분석을 따라가는 동안, 이들 실험으로부터 3개의 아미노산을 암호화하는 4개의 특정한 트리플렛이 결정되었다.

그러한 해석으로부터 코라나는 이미 해독되었던 트리플렛들을 다시 확인하는 반면, 다른 접근에서 해결되지 않았던 틈을 채울 수 있었다. 몇 가지 예시는 표 13.3에 나와 있다. 예를 들어,

실전문제

13-2 반복적인 혼성중합체가 합성 mRNA를 만드는 데 사용되었는데, 두 개의 뉴클레오타이드로 된 것은 서로 다른 두 아미노산으로 이루어진 한 종류의 폴리펩타이드를 생산하였다. 한편, 세 뉴클레오타이드로 된 서열은 세 가지의 서로 다른 폴리펩타이드를 만드는데 각각 한 종류의 아미노산으로 이루어져 있었다. 이유를 말해보아라. 반복적인 네 뉴클레오타이드가 사용되었을 때는 어떠할 것인가?

■ **힌트:** 이 문제는 반복된 혼성중합체 실험의 다른 결과를 생각해보는 것을 묻는 것이다. 반복적인 혼성중합체 RNA에서는, 번역의 개시가 어느 뉴클레오타이드에서든 일어날 수 있다는 것이다. 각각의 가능한 시작 지점에 의해 만들어지는 트리플렛 암호의 수를 결정하는 것이 이 문제를 푸는 열쇠다.

더 연습하려면 4, 5, 6번 문제를 참조하시오.

2종류의 테트라뉴클레오타이드 서열 GAUA, GUAA를 사용한 실험은 적어도 두 개의 트리플렛이 종결코돈(termination codons)임을 시사했다. 그 이유는 이 반복된 서열이 측정하기에는 너무 작은 수의 아미노산들이 중합되어 긴 폴리펩타이드가 만들어지지 않았기 때문이다. 두 메시지에 공통되는 트리플렛이 없었으므로, 그는 각 반복서열들이 단백질 합성을 종결시키는 트리플렛을 적어도 하나 이상 포함하고 있을 것으로 예상했다. 표 13.3에서 폴리-(GAUA) 서열에서 가능한 코돈 중에 UAG는 후에 종결코돈으로 밝혀졌다.

13.4 64가지 코돈으로 구성된 암호사전은 몇 가지 흥미로운 패턴을 보여준다

유전암호를 푸는 데 사용된 다양한 기술들은 61가지의 트리플렛 코돈과 지정된 아미노산 사전을 만들어 냈다. 나머지 3개의 트리플렛은 어떤 아미노산도 지정하지 않는 종결신호이다.

중첩성과 워블가설

유전암호 사전을 보면, 트리플렛 코돈이 지정하는 일반적인 패턴이 분명해진다. 그림 13-7은 Francis Crick에 의해 처음으로 제시된 것으로, 도해표에 각 지정된 아미노산들을 나타낸 것이다.

가장 뚜렷한 것은 초기의 연구자들이 예상했던 대로, 암호가

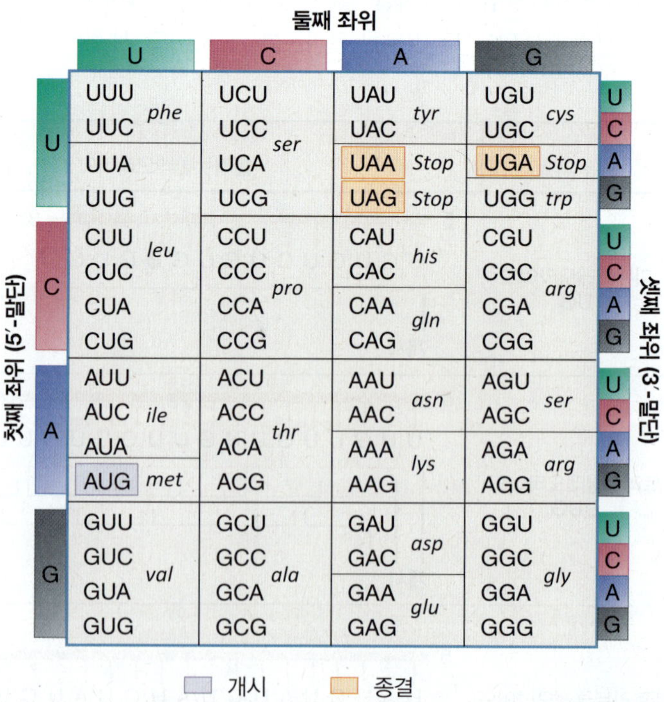

그림 13-7. 암호사전. AUG는 메티오닌을 암호화하며 대부분의 폴리펩타이드 사슬에서 첫 아미노산이 된다. UGG에 의해서만 암호화되는 트립토판을 제외하면 다른 모든 아미노산들은 2개에서 6개까지의 트리플렛을 갖고 있다. UAA, UAG, 그리고 UGA는 종결신호로서 아미노산을 지정하지 않는다.

중첩성이 있다는 것이다. 즉, 거의 모든 아미노산이 2개, 3개, 혹은 4개의 서로 다른 코돈에 의해 지정된다. 3개의 아미노산(세린, 아르기닌, 류신)은 6개의 서로 다른 코돈에 의해 암호화된다. 트립토판과 메티오닌만이 하나의 코돈에 의해 암호화된다.

또 분명한 것은 이러한 중첩성의 패턴이다. 흔히 같은 아미노산을 지정하는 코돈들은 처음 두 개의 문자는 같고, 3번째 문자만 다른 경우로 그룹화되어 있다. 예를 들어, 그림 13-7에서 볼 수 있듯이, 페닐알라닌의 코돈들은 (암호사전의 왼쪽 위 모서리의 UUU, UUC) 단지 3번째 문자만 다르다. 3번째 문자인 U와 C 모두 페닐알라닌을 지정한다. 4개의 코돈이 발린을 지정하고 (암호사전의 왼쪽 아래 모서리의 GUU, GUC, GUA, GUG), 이들 또한 3번째 문자만 다르다. 이 경우에는, 3번째에 위치하는 4개의 문자 모두 발린을 지정한다.

크릭은 3번째 위치에서의 이러한 경향성을 관찰하고 1966년에 **워블가설(wobble hypothesis)**을 제안했다. 크릭의 가설은 트리플렛 암호에서 3번째 리보뉴클레오타이드보다 처음 2개의 리보뉴클레오타이드가 정확한 tRNA를 끌어당기는데 훨씬 더 중요하다고 예상했다. 그는 코돈-안티코돈 상호작용에서 3번째 위치에서는 공간적인 제약이 줄어들어 수소결합이 기존의 염기쌍 형성 규칙에 따라 달라붙을 필요가 없다고 가정했다. 그러므로 워블가설은 3번째 위치에서는 염기쌍 형성 규칙에 있어 좀 더 유연한 쌍이 형성됨을 제안하는 것이다(표 13.4).

이런 느슨한 염기쌍 요구 혹은 '워블'은 한 가지 형태의 tRNA 내 안티코돈이 mRNA 내에서 1개 이상의 트리플렛과 쌍을 이루도록 한다. 워블가설이나 코드의 융통성과 부합하여, tRNA 안티코돈의 첫 번째 위치(5′ 말단)에 있는 U는 mRNA 코돈의 3번째 위치(3′ 말단)에 있는 A나 G와 쌍을 이룰 수 있다. 그리고 G는 마찬가지로 U나 C와 짝을 이룬다. tRNA에서 발견되는 변형 염기 중의 하나인 이노신[inosine(I), 15장에 서술]은 C, U 혹은 A와 짝을 이룰 수 있다. 이러한 워블 법칙의 결과로, 아미노산을 지정하는 61개의 트리플렛을 수용하는데, 약 30개의 서로 다른 tRNA 종만이 필요하다. 번역의 정확성을 해치지 않는 조건에서 워블은 경제성이 높은 방법으로 간주될 수 있다. 현재 30~40종의 tRNA가 세균에서 존재하며, 동물이나 식물세포에서는 50종까지도 존재할 것으로 추정된다.

표 13.4 안티코돈과 코돈의 염기쌍의 형성 규칙

tRNA의 (5′ 말단) 첫째 위치에서의 염기	mRNA의 (3′ 말단) 셋째 위치에서의 염기
A	U
C	G
G	C 또는 U
U	A 또는 G
I	A, U, 또는 C

암호의 규칙성

코돈서열과 그들이 지정하는 아미노산의 패턴에서 **정렬된 유전 암호(ordered genetic code)**라고 설명되는 또 다른 관찰이 분명해졌다. 화학적으로 유사한 아미노산들(chemically similar amino acids)은 종종 그들을 암호화하는 서로 다른 트리플렛 내에서 하나 혹은 두 개의 '중간(middle)' 염기들을 공유한다. 예를 들어, U나 C는 다른 여러 아미노산 중에서도 발린(valine)이나 알라닌(alanine)을 포함한 소수성 아미노산들을 지정하는 트리플렛의 2번째 위치에 자주 나타난다. 두 가지 코돈(AAA와 AAG)은 양전하를 갖는 아미노산인 리신(lysine)을 지정한다. 만약 이들 코돈에서 가운데 글자가 A에서 G로 바뀌면(AGA와 AGG로), 양전하를 갖는 아미노산인 아르기닌(arginine)이 지정된다. 세린(serine)이나 트레오닌(threonine) 같은 친수성 아미노산들은 가운데 자리에 G나 C를 포함하는 트리플렛 암호에 의해 지정된다.

아미노산들의 화학적 성질은 나중에 보다 자세하게 다룰 것이다(14장). '정렬된(ordered)' 암호의 최종 결과는 단백질 기능에 대한 잠재적인 돌연변이 효과를 중화시키는 것이다. 트리플렛 암호의 2번째 염기에 나타나는 많은 변화는 아미노산들을 다른 것으로 바뀌게 하지만, 그 변화는 종종 비슷한 성질을 가진 아미노산들을 지정한다. 그러한 경우에는, 단백질 기능이 크게 변하지 않을 수도 있다.

개시와 종결, 그리고 억제

이전에 언급된 시험관 실험과는 대조적으로, 생체 내에서 단백질 합성의 개시는 매우 특수한 과정이다. 세균에서는, 모든 폴리펩타이드 사슬에 첨가되는 최초의 아미노산은 변형된 형태의 메티오닌, 즉 ***N*-포밀메티오닌(*N*-formylmethionine, fmet)**이다. 오직 한 개 코돈 AUG가 메티오닌을 지정하며, 이것은 종종 **개시코돈(initiator codon)**이라고 불린다. 그러나 개시 부위가 아니라 mRNA의 내부에 AUG가 나타날 때는 포밀기가 붙지 않은 메티오닌이 폴리펩타이드 사슬에 첨가된다. 드물게, 다른 형태의 트리플렛인 GUG가 개시 중에 메티오닌을 지정하기도 하는데, GUG는 정상적으로는 발린을 암호화하기 때문에, 이런 일이 왜 발생하는지는 명확하지 않다.

세균에서 단백질 합성이 완성되면 개시 메티오닌의 포밀기가 제거되거나, 아니면 포밀메티오닌 전체가 잘려져 나간다. 진핵세포에서는 포밀화되지 않은 메티오닌이 개시 아미노산이다. 세균의 경우와 같이, 이러한 개시 메티오닌 잔기는 폴리펩타이드로부터 잘려나갈 수 있다.

앞 절에서 언급했던 것처럼, 3개의 다른 트리플렛(UAG, UAA 그리고 UGA)이 **종결코돈(termination codon)**으로 사용되며, 어떠한 아미노산도 지정하지 않는다.[1] 이들은 tRNA 분자에 의해 인식되지 않으며, 이들을 만나게 되면 번역은 종결된다. 유전자 내에서 이들 중 하나로 돌연변이가 생겨도 또한 변역이 종결된다. 이러한 경우, 리보솜에서 조기에 분리되기 때문에, 불완전한 폴리펩타이드가 합성된다. DNA상에서 그러한 변화가 생긴 것을 **종결 돌연변이(nonsense mutation)**라고 부른다.

13.5 박테리오파지 MS2에 대한 연구에서 유전자 암호가 확인되었다

지금까지 논의된 유전자 암호의 모든 면들은 상당히 완벽한 그림을 제공한다. 암호는 트리플렛이며, 중첩성이 있고, 모호하지 않으며, 쉼표가 없는, 시작과 종결 신호에 관한 문장부호만 포함한다. 이들 각각의 원리들은 RNA를 포함하는 박테리오파지 MS2(bacteriophage MS2)를 사용한 자세한 분석으로 Walter Fiers와 그 동료들에 의해 확인되었다.

MS2는 대장균인 *E. coli*를 감염시키는 박테리오파지다. 이것의 핵산(RNA)은 3500개 정도의 리보뉴클레오타이드만을 포함하며 3개의 유전자를 갖고 있다. 3가지 유전자는 각각 외피 단백질(coat protein), RNA-의존성 복제효소(RNA-directed replicase), 그리고 성숙 단백질(A 단백질)을 암호화하고 있다. 작은 유전체와 소수의 유전자로 이루어진 이 단순한 시스템으로 Fiers와 그 동료들은 유전자와 그 산물들을 분석할 수 있었다. 외피 단백질의 아미노산 서열은 1970년에 밝혀졌으며, 이 단백질을 암호화하는 유전자의 뉴클레오타이드 서열은 1972년에 보고되었다.

이 유전자와 이것이 암호화하는 단백질의 화학적 성질을 비교하여, 이 둘 사이의 **선형 대응성(colinearity)**의 관계가 존재함을 알게 되었다. 즉, 일련의 뉴클레오타이드 순서가 상응하는 일련의 단백질의 아미노산 순서와 정확하게 일치한다는 것이다. 게다가, 첫 번째 아미노산의 코돈은 공통적인 개시코돈인 AUG이다. 그리고 마지막 아미노산을 위한 코돈 뒤에 종결코돈인 UAA와 UAG가 연속적으로 따라 나온다. 이는 14장에서 논의할 것이다.

1976년에 MS2의 다른 두 유전자와 그 단백질 산물들의 서열이 결정되었다. 이러한 분석들은 분명히 유전암호가 세균 시스템에서 확립된 것과 마찬가지로, 바이러스에서도 동일함을 보여준다. 다른 증거들은 암호가 진핵세포에서도 일치하며, 따라서 이런 코돈은 모든 생물에 적용될 수 있는 보편적이라는 것을 보여준다.

[1] 역사적으로, *amber*(UAG), *ochre*(UAA), 그리고 *opal*(UGA)의 용어가 각 종결 코돈 돌연변이를 구분하기 위해 사용되었다.

13.6 유전암호는 거의 보편적이다

1960년과 1978년 사이에는, 유전암호가 바이러스, 세균, 고세균, 그리고 진핵생물에 동일하게 적용되는 보편적인 것이라는 추측이 일반적이었다. 확실히, mRNA와 번역 기구의 특징은 이들 생물체에서 매우 비슷한 것처럼 보인다. 예를 들어, 세균에서 분리한 세포추출물 시스템은 진핵생물의 mRNA를 번역할 수 있다. Poly U는 진핵세포에서 유래한 세포 외 시스템에서도, 폴리페닐알라닌으로 번역된다. 최근 재조합 DNA 기술(20장)을 이용한 많은 연구에서 진핵성 유전자들이 세균의 세포에 삽입되어 전사되고 번역될 수 있음을 보여준다. 진핵세포 내에서는, 쥐와 토끼에서 얻은 mRNA들이 양서류의 알에 주입되고 효과적으로 번역된다. 특히 헤모글로빈 분자들같이 서열이 결정된 여러 진핵성 유전자에 의해 암호화된 단백질의 아미노산 서열은 세균 연구에서 확립된 암호사전과 잘 부합한다.

그러나 1979년 효모와 사람의 미토콘드리아로부터 얻어진 DNA(mtDNA)의 암호화 특성에 대한 몇몇 보고는 유전적 언어의 보편성에 대한 가설을 훼손하는 것이었다. 그 이후로, 여러 다른 생물에서 mtDNA를 조사하였다.

분리된 mtDNA 조각들이 서열화되었고, 다양한 미토콘드리아 단백질들의 아미노산 서열들과 비교되었는데, 이들의 암호사전(표 13.5)에 몇 가지 예외가 있음이 드러났다. 가장 놀라운 것은 UGA 코돈으로, 정상적으로는 종결을 지시하지만, 효모나 사람의 미토콘드리아에서는 번역 중에 트립토판(tryptophan)을 삽입시킨다. 정상적으로는 이소류신(isoleucine)을 지시하는 AUA가 사람의 미토콘드리아에서는 메티오닌(methionine)의 내부 삽

표 13.5 암호 보편성의 예외들

코돈	정상 암호	변형 암호	출처
UGA	종결	Trp	인간과 효모의 미토콘드리아; 미코플라스마
CUA	Leu	Thr	효모의 미토콘드리아
AUA	Ile	Met	인간의 미토콘드리아
AGA	Arg	종결	인간의 미토콘드리아
AGG	Arg	종결	인간의 미토콘드리아
UAA	종결	Gln	*Paramecium, Tetrahymena, and Stylonychia*
UAG	종결	Gln	*Paramecium*

입을 지시한다. 효모의 미토콘드리아에서는, mRNA 내에서 CUA를 만나면 류신 대신에 트레오닌(threonine)을 삽입하였다.

1985년에 세균인 마이코플라즈마(*Mycoplasma capricolum*)에서 표준 암호와 다른 몇 가지 다른 예외들이 발견되었고, 원생동물인 섬모충들 *Paramecium*, *Tetrapymena*, 그리고 *Stylonychia*의 핵 유전자에서도 예외가 있었다. 표 13.5에서 보다시피, 종결코돈(UGA)이 트립토판을 지정하는 것과 그 밖에 다른 변형은 종결코돈을 글루타민으로 바꾼다. 이러한 변화들은 아주 중요한데, 왜냐하면 이는 원핵생물과 몇몇 진핵생물들에서 모두 볼 수 있기 때문이다. 다시 말하면, 오랜 시간에 걸쳐 진화가 종별로 독립적으로 이루어졌다는 것이다.

몇 가지 바뀐 코돈 지정에 있어 분명한 패턴이 있음을 주목하라. 암호화 능력의 변화는 3번째, 즉 워블 위치를 다르게 인식하는 것이다. 예를 들어, AUA는 세포질에서는 이소류신을 지정하고, 미토콘드리아에서는 메티오닌을 지정한다. 그러나 세포질에서 메티오닌은 AUG에 의해 지정된다. 비슷한 방식으로, UGA는 세포질에서는 종결을 유도하지만, 미토콘드리아에서는 트립토판을 지정한다. 세포질에서 트립토판은 UGG에 의해 지정된다. 코돈 인식에 있어서 이런 변화는 미토콘드리아에서 필요로 하는 tRNA의 수를 줄이는 방향으로 진화했음을 나타내는 것인지도 모른다. 예를 들어, 사람의 미토콘드리아에서는 22개의 tRNA만이 암호화된다. 그러나 더 많은 예들이 발견될 때까지 이러한 차이들은 기존에 확립된 일반적인 암호규칙에 대한 예외로 간주되어야만 한다.

13.7 서로 다른 개시 지점은 겹쳐진 유전자들을 만든다

앞에서 우리는 유전암호가 겹치지 않는다고 말했었다—특정 폴리펩타이드를 암호화하는 각각의 리보뉴클레오타이드들은 오직 한 코돈의 일부이다. 그러나 암호의 이러한 특징은 하나의 mRNA가 번역이 될 때 여러 개의 개시 지점을 가질 확률까지 배제하지는 못한다. 만약 그렇다면 이러한 지점들은 이론적으로 같은 mRNA에 대해 여러 개의 서로 다른 번역틀을 만들게 될 것이고, 따라서 하나 이상의 폴리펩타이드를 지정하게 될 것이다. 이러한 **겹쳐진 유전자(overlapping genes)**의 개념은 그림 13-8(a)에 나타내었다. 유전자는 **ORF** 또는 **열린 번역틀(open reading frame)**로도 나타내는데, 이는 개시와 종결 코돈을 가지며, 그 사이에 폴리펩타이드를 만드는 아미노산을 지정하는 일련의 트리플렛 암호를 갖는 RNA를 만드는 DNA 서열을 의미한다. 따라서 우리는 때때로 겹쳐진 ORF(overlapping ORF)로도 나타낸다.

이것은 일부 바이러스들에서 실제로 일어난다고 의심되었고, 파지 ϕX174가 신중하게 조사되었다. 그 환형 DNA 염색체는 5386개의 뉴클레오타이드로 구성되어 있었고, 최대 1795개의 아미노산을 지정할 수 있는 것이어서, 5개나 6개의 단백질을 만들기에 충분한 것이었다. 그러나 이 작은 바이러스는 사실상 2300개 이상의 아미노산으로 구성되는 9가지의 단백질을 합성했다. DNA의 뉴클레오타이드 서열과 합성된 폴리펩타이드의 아미노산 서열은 분명히 역설적이었다. 적어도 네 건의 다중 개시 지점이 발견되었고, 겹치는 유전자를 만들고 있었다[그림 13-8(b)].

K와 B 폴리펩타이드를 지정하는 서열은 A 폴리펩타이드를 지정하는 서열 내의 독립된 번역틀에서 개시된다. *K* 유전자 서열은 C 폴리펩타이드를 지정하는 근처의 유전자 서열과 겹쳐진다. E 서열은 D 폴리펩타이드를 지정하는 유전자 내부에서 시작되지만 번역틀은 서로 다르다. 마지막으로, A′ 서열은 A 서열의 틀 안에 있지만, A 서열의 중간에서부터 개시된다. 이들은 동일한 부분에서 종결된다. 설명한대로, 하나의 DNA 서열에서 7개의 서로 다른 폴리펩타이드를 만들 수 있다. 이렇지 않았다면 그 서열은 오직 세 개의 폴리펩타이드만 지정할 수 있었을 것이다(A, C, D).

비슷한 상황이 다른 바이러스와 세균에서도 관찰된다. 겹쳐지는 번역틀의 이용은 제한된 양의 DNA를 최적으로 사용할 수 있도록 한다. 그러나 이런 식으로 유전정보를 저장하는 방식은 분명히 불리한데, 하나의 돌연변이가 하나 이상의 단백질에 영향을 미치게 되고, 따라서 그러한 변화가 치명적인 것이 될 확률을 높인다. 방금 논의한 예[그림 13-8(b)]에서 *B* 유전자 가운데의 하나의 돌연변이는 세 가지 단백질(A, A′, K 단백질)에 영향

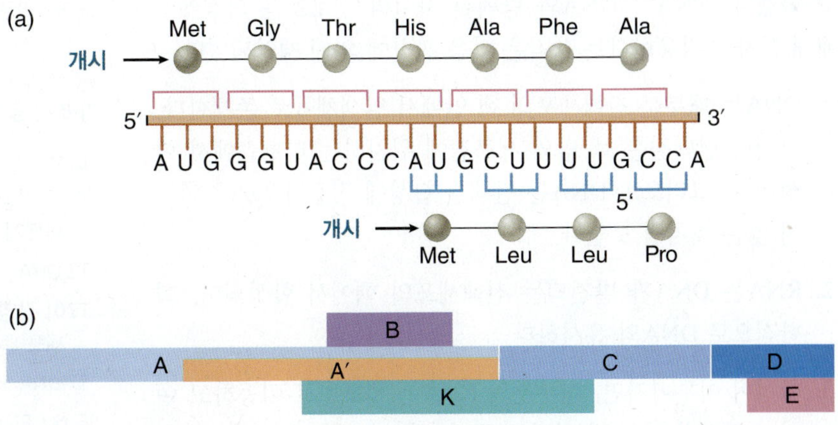

그림 13-8. 겹쳐진 유전자의 개념도. (a) 번역틀이 다른 두 개의 AUG 서열에서 개시된 단백질의 번역은 두 개의 다른 아미노산 서열을 만들어낸다. (b) ϕ x 174 파지에서 7개의 폴리펩타이드를 암호화하고 있는 서열의 상대적 위치.

을 미칠 수 있다. 아마도 이런 이유 때문인지 겹치는 유전자는 다른 생물에서는 그리 흔하지 않다.

최근 유전적 분석은 진핵동물에서 광범위하게 DNA 서열 정보를 조사할 수 있게 만들었고, 또한 겹쳐진 유전자의 개념이 포유동물을 포함한 생물에도 적용됨이 밝혀졌다. 예를 들어, 쥐와 사람의 DNA 연구에서 1200개가 넘는 사례가 밝혀졌다. 인간에서 5′ 말단과 3′ 말단(head to tail)이 겹치는 것과 5′ 말단과 5′ 말단(head to head)이 겹치는 경우가 발견되었으며 어떤 경우는 큰 유전자 안에 작은 유전자가 통째로 들어가 있는 경우도 있었다. 사람의 3 유전자 *MUTYH*, *TOE1*, 그리고 *TESK2*에서 *TOE1*은 5′ 말단 부위 *MUTYH*의 암호화 부위와 겹치고 3′ 말단은 *TESK2*의 암호 부위가 겹친다.

13.8 전사는 DNA 주형에서 RNA를 합성한다

유전 암호가 연구되는 중에도 단백질이 유전자의 최종 산물이라는 것은 명백한 사실이었다. 그러므로 몇몇 유전학자들이 암호를 밝히려는 시도를 하는 동안 몇몇 연구는 유전자 발현에 초점이 맞춰져 있었다. 주요 문제는 '어떻게 핵산인 DNA가 아미노산으로 구성된 단백질을 결정하는가'였다.

복잡한 다단계 과정은 DNA에 저장된 정보를 RNA로 전달하는 것으로 시작한다. DNA를 주형으로 RNA 분자들이 합성되는 과정을 **전사(transcription)**라고 한다. 이 과정을 통해 이중 나선의 두 가닥 중 하나의 유전자 서열과 상보적인 mRNA 분자가 생긴다. 그리고 mRNA 내의 트리플렛 암호는, 번역 중인 폴리펩타이드 사슬에 정확한 아미노산을 끼워 넣는 해당 tRNA의 안티코돈과 상보적이다. 전사의 중요성은 그것이 세포 내에서 **정보흐름(information flow)**의 첫 번째 과정이기 때문에 지극히 크다고 하겠다. RNA가 DNA와 단백질 사이의 정보흐름 과정에서 매개 분자로 작용한다는 생각은 다음 관찰에 의해 제시되었다.

1. DNA는 대부분 진핵세포의 핵 안에서 염색체들로 존재한다. 그러나 단백질은 핵 밖의 세포질에 위치하는 리보솜에서 합성된다. 그러므로 DNA는 단백질 합성에 직접적으로 참여하지 않는 것처럼 보인다.

2. RNA는 DNA가 발견되는 진핵세포의 핵에서 합성되며, 화학적으로 DNA와 유사하다.

3. 합성이 이루어지면, 대부분의 RNA는 세포질로 이동하고 여기서 단백질 합성(번역)이 이루어진다.

4. RNA의 양은 일반적으로 세포 내의 단백질의 양과 비례한다.

종합하면, 이러한 관찰들은 DNA에 저장된 유전암호가 RNA 매개체로 전달되고, 이들이 단백질 합성을 지시한다는 것을 암시해 준다. 분자유전학에서의 대부분의 새로운 생각들과 마찬가지로, 초기의 실험적 증거들은 세균과 그들의 파지에 대한 연구에 기초하고 있다.

13.9 세균과 파지에 대한 연구는 mRNA의 존재에 대한 증거를 제시했다

1956년과 1958년에 발표된 두 논문에서 Elliot Volkin과 그의 동료들은 *E. coli* 세균 감염 직후에 생성된 박테리오파지 RNA 분석에 대해서 발표했다. 동위원소 ^{32}P를 이용하여 새로 합성된 RNA의 염기 조성은 파지 DNA와 아주 닮았지만, 세균의 RNA와는 다르다는 것을 발견했다(표 13.6). 새롭게 합성된 RNA는 불안정하였지만, 새로운 파지 단백질의 합성보다 먼저 생성되었다. 따라서 볼킨과 그의 동료들은 RNA의 합성이 단백질 합성 과정에 있어 예비 단계라고 여겼다.

그러나 리보솜이 단백질의 합성에 관여한다는 것이 밝혀졌음에도 불구하고, 이 과정에서 이들의 역할들은 확실하지 않았다. 앞에서 언급했듯이, 하나의 가능성은 각 리보솜이 그것과 결합되어 합성되는 단백질에 특이적일 것이라는 것이다. 즉, DNA의 유전정보는 번역 과정 중에 리보솜의 RNA(rRNA)로 옮겨져서 각 리보솜은 특정 단백질의 합성에 제한적일 것이라는 것이다. 다른 가설은 리보솜은 단백질 합성에서 비특이적인 '작업대'이고, 특정한 유전정보는 전령 RNA의 책임이라는 것이다.

1961년 *E. coli*와 파지 시스템을 이용하여 Sydney Brenner, François Jacob과 Matthew Meselson은 이러한 의문에 답하는 실험 결과를 보고하였다. 감염되지 않은 *E. coli* 리보솜에 동위원소를 붙였고 이 방사선을 지닌 RNA 전구체가 존재하는 대장균에 파지를 감염시켰다. 연구자들은 파지 감염 이전에 존재했

표 13.6 박테리오파지 T2와 T7에 감염된 직후 *E. coli*에서 만들어진 RNA의 염기 조성(몰 백분율)과 감염되지 않은 *E. coli*의 RNA 조성 비교

출처	아데닌	티민	우라실	시토닌	구아닌
T2가 감염된 세포에서의 RNA	33	—	32	18	18
T2 DNA	32	32	—	17*	18
T7이 감염된 세포에서의 RNA	27	—	28	24	22
T7 DNA	26	26	—	24	22
E. coli RNA	23	—	22	18	17

*5-hydroxymethyl cytosine.

출처: Volkin and Astrachan (1956); Volkin, Astrachan, and Countryman (1958).

었던 세균의 리보솜에서 새롭게 생성된 RNA의 암호에 따라 파지 단백질이 생성됨을 입증하였다. 리보솜은 비특이적이고, 다른 유형의 RNA가 단백질 합성 과정에서 중계 역할을 한다는 것을 더욱 신뢰하게 되었다.

같은 해에 Sol Spiegelman과 그의 동료들은 감염된 세균으로 부터 ^{32}P이 표지된 RNA를 추출하고, 분자 잡종화 연구를 통해 같은 결론을 내릴 수 있었다. 그들은 서로 다른 실험을 통하여 추출된 RNA가 파지 DNA와 상보적 결합을 이루는지 살펴보기 위해 잡종화를 시도하였다. RNA는 파지의 DNA에만 잡종화되는 것을 확인함으로써, 바이러스의 유전정보에 상보적인 염기서열을 지닌 것을 확인하였다.

이러한 실험 결과는 전령 RNA(mRNA)가 DNA 주형에 따라 만들어지고, 리보솜과 연계하여 특정 단백질들의 합성을 지시한다는 것을 의미한다. 이러한 생각은 이미 François Jacob과 Jacques Monod가 1961년 세균에서의 유전자 조절에 대한 모델의 일부로 제시했던 것이다. 그 이후로, mRNA가 분리되었고 상당한 수준으로 연구되어 유전적 과정에서 mRNA의 역할에 대한 의문은 더 이상 없다.

13.10 RNA 중합효소가 RNA를 합성한다

RNA가 DNA 주형 위에서 합성될 수 있다는 것을 증명하기 위해 이런 합성을 지시하는 효소가 있음을 보여줄 필요가 있었다. 1959년에 Samuel Weiss를 포함한 몇몇 연구자들은 독립적으로 그러한 분자들을 쥐의 간에서 분리해 냈다. **RNA 중합효소(RNA polymerase)**라고 불리는 이 효소는, DNA 중합효소와 마찬가지로 일반적인 기질을 요구한다. 단지 기질로 쓰이는 뉴클레오타이드가 디옥시리보오스가 아닌 리보오스 당을 포함한다는 중요한 예외가 있긴 하다. DNA 중합효소와는 달리, 합성을 개시하기 위해 프라이머(primer)가 필요하지 않다. DNA를 주형으로 RNA를 합성하는 전체 반응식은 다음과 같이 표현할 수 있다.

$$n(\text{NTP}) \xrightarrow[\text{효소}]{\text{DNA}} (\text{NMP})_n + n(\text{PP}_i)$$

위 식이 나타내는 바와 같이, 뉴클레오사이드 삼인산(NTP)들이 이 효소의 기질로 작용하며, 이 효소는 뉴클레오사이드 일인산(NMP)들의 중합을 촉매하여 뉴클레오타이드들을 폴리뉴클레오타이드 사슬(NMP)n로 변화시킨다. 뉴클레오타이드들은 5′－3′ 인산다이에스터 결합(그림 10-12)에 의해 연결된다. 삼인산 전구체가 일인산 형태로 분해됨으로써 생성되는 에너지가 이 반응을 진행시키고, 무기인산(PP_i)들이 생성된다.

두 번째 식은 전사 과정이 진행됨에 따라 각 리보뉴클레오타이드가 연속적으로 첨가되는 것을 요약한 것이다.

$$(\text{NMP})_n + \text{NTP} \xrightarrow[\text{효소}]{\text{DNA}} (\text{NMP})_{n+1} + \text{PP}_i$$

이 식이 보여주는 바와 같이, 각 전사 단계는 하나의 뉴클레오사이드 삼인산(NTP) 전구체로부터 하나의 리보뉴클레오타이드(NMP)가, 자라나는 폴리리보뉴클레오타이드 사슬$(\text{NMP})_{n+1}$에 첨가되는 과정을 포함한다.

*E. coli*의 RNA 중합효소가 자세히 연구되었고, α, β, β', ω와 σ라고 표시된 소단위들로 구성된 것이 밝혀졌다. 이 효소의 활성형태, 즉 **완전효소(holoenzyme)**는 소단위들 $\alpha_2\beta\beta'\sigma$를 포함하며, 분자량이 거의 500,000 Da이다. 몇몇 세균에서 또 다른 소단위들의 변형이 확인되지만, 전사를 위한 촉매작용과 활성부위를 제공하는 것은 β와 β'이다. 앞으로 살펴보겠지만, **시그마 인자(sigma factor, σ)**라고 불리는 소단위는 RNA 전사의 개시를 조절한다[그림 13-9(a)].

*E. coli*에는 한 가지 형태의 RNA 중합효소만 존재하지만, 시그마 인자가 여러 종류가 있어서 RNA 중합완전효소의 다양성을 만든다. 한편 진핵생물들은 3가지의 뚜렷한 형태의 RNA 중합효소를 갖고 있으며, 각각은 세균의 효소에서 보다 더 많은 수의 소단위들로 구성된다. 이번 절에서 우리는 원핵생물에서의 전사 과정에 대해서 살펴보고, 이 장의 후반부에서 진핵생물의 전사에 대하여 논의할 것이다.

프로모터, 주형결합, 그리고 시그마 인자

전사의 결과로, DNA의 이중나선 중 한쪽 가닥과 상보적인 단일가닥의 RNA 분자가 합성된다. 전사에 대하여 논할 때, 전사되

실전문제

13-3 아래는 DNA 주형가닥의 디옥시리보뉴클레오타이드 염기서열이다:

염기서열 1 :	5′-CTTTTTTGCCAT-3′
염기서열 2 :	5′-ACATCAATAACT-3′
염기서열 3 :	5′-TACAAGGGTTCT-3′

(a) 각 염기서열으로부터 전사된 mRNA 서열을 결정하여라.
(b) 그림 13-7을 사용하여 각 mRNA가 암호화하고 있는 아미노산 서열을 결정하여라.
(c) 염기서열 1에 대해 상대 DNA 가닥의 서열은 어떤 것인가?

■ **힌트:** 이 문제는 DNA로부터 상보적인 정보가 RNA 결과물로 전해지는 것과 이러한 정보가 어떠한 아미노산으로 결정되는지 고려해보기 위함이다. 이 문제를 풀기 위해서는 RNA에서는 유라실이 아데닌과 상보적이고, DNA는 유전정보를 세포에 저장하는 반면, 번역되는 암호는 유전자를 구성하는 DNA 주형가닥에 상보적인 RNA에 담겨지는 것을 기억해야 한다.

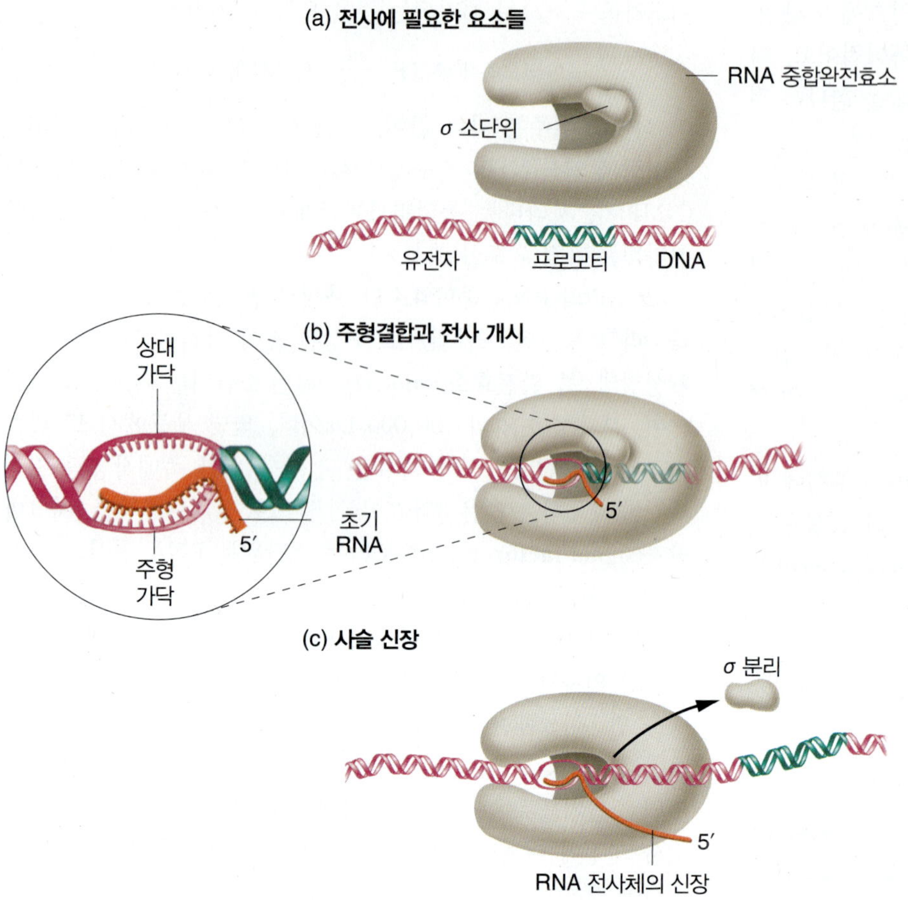

그림 13-9. 원핵생물 세포에서의 전사 초기 단계들. (a) 이 과정에서 사용되는 구성원들, (b) RNA 중합효소의 시그마 인자가 관여하는 주형의 −10 부위에서의 결합과 연이은 RNA 합성의 개시, (c) 전사복합체로부터 시그마 인자가 분리된 후 효소가 DNA 주형을 따라 움직이며 사슬 신장.

는 DNA 가닥을 주형가닥(template strand)이라고 하고, 그 상보가닥을 상대가닥(partner strand)이라고 부르겠다.

원핵세포에서 유전자 전사의 첫 단계는 **주형결합(template binding)**이다[그림 13-9(b)]. 세균에서 이러한 초기 결합은 RNA 중합효소의 σ 소단위가 **프로모터(promoter)**라고 하는 특정 DNA 염기서열을 인식할 때 이루어진다. 프로모터는 유전자의 초기 전사 지점으로부터 상류의 5′ 부위에 위치한다. 효소는 DNA를 따라 '탐색'하다가 프로모터를 만나면 이중나선을 따라 약 60개 뉴클레오타이드쌍에 부착하고, 그 중 40개가 첫 전사지점으로부터 상류에 존재하는 것으로 생각된다. 일단 이런 일이 발생하면, 나선이 부분적으로 변성되거나 풀려서, 효소가 DNA 주형에 접근하여 활성을 띠게 된다. 전사가 실제로 시작되는 지점을 **전사 개시 부위(transcription start site)**라고 한다.

프로모터와 RNA 중합효소의 상호작용은 전사 개시의 조절을 통해서 전사의 효율성을 통제하기 때문에 프로모터 서열의 중요성은 아무리 강조해도 지나치지 않다. 프로모터와 중합효소의 결합이 유전자 조절에 관한 논의의 핵심이고 이에 관해서는 다음 16, 17장에서 다룰 것이다. 다음 장에서 프로모터-효소 상호작용에 관한 정보를 자세히 다룰 것이기 때문에 여기서는 세 가지만 지적하고자 한다.

첫 번째는 DNA의 **공통 서열(consensus sequence)**에 대한 개념이다. 이들은 같은 생물체의 다른 유전자, 혹은 관련된 생물들에서 하나 이상의 유전자들에서 발견되는 유사(homologous) 서열들이다. 진화를 거치면서도 그들의 서열이 보존되었다는 것은 생물에서 그들의 역할이 매우 중요하다는 것을 의미한다. 그러한 서열 두 가지가 세균의 프로모터에서 발견되는데, 하나는 -10 부위 혹은 **프립나우 상자(Pribnow box)**로 불리며 TATAAT로 전사 개시 부위에서 10 뉴클레오타이드 상류에 위치한다. 다른 하나는 TTGACA로 35 뉴클레오타이드 상류에 위치한다(-35 부위). 두 부위에서의 돌연변이들은 전사를 감소시키고 때로는 심각한 영향을 준다.

이들과 같이 유전자에서 인접한 지역의 염기서열을 **시스 작용 요소(*cis*-acting elements)**라고 부른다. 시스(*cis*)라는 용어는 유기화학 용어에서 따온 것으로, 다른 기능기의 '바로 옆에(next to)' 혹은 같은 쪽(same side)이라는 뜻인데, '건너편의(across from)', 혹은 트랜스(*trans*)라는 말과 대조적이다. 따라서 분자 유전학에서, 시스-요소란 동일한 DNA 분자의 인접 부위를 말한다. 반대로 **트랜스 작용 인자(*trans*-acting factors)**는 이러한 DNA 요소에 결합하는 분자들이다.

두 번째는, 서로 다른 프로모터라면 RNA 중합효소들이 결합하는 정도가 매우 다르다는 것이다. 이 때문에, 유전자가 다양하게 발현한다. 현재는, 이것이 프로모터들의 서열 차이에 기인한 것으로 본다. 세균에서 매 1~2초당 개시되는 강한 프로모터와 10~20분에 한 번 정도 개시되는 약한 프로모터가 발견되었다. 프로모터 서열에서의 돌연변이들은 유전자 발현의 개시를 심각하게 감소시킬 수 있다.

마지막으로 강조하고 싶은 점은 세균의 σ 소단위에 관련된 것이다. 주요한 유형으로는 σ^{70}으로 표시되는 것으로, 이것은 분자량이 70 KDa에 근거한 이름이다. 대부분의 세균 유전자 프로모터가 이 형태를 인식한다. *E. coli*는 독특한 σ 소단위들(예: σ^{34}, σ^{54}, σ^{S}, 그리고 σ^{E})과 결합된 특이적인 유형의 RNA 중합효소를 갖고 있으며 각각의 유형은 다른 프로모터 서열을 인식하여 전사 개시에 있어 특이성을 제공한다.

RNA 합성의 개시, 신장, 종결

일단 RNA 중합효소가 프로모터를 인식한 후 결합이 이루어지면, DNA는 이중나선 구조에서 주형가닥을 노출시키는 열린 구조가 된다. 그 뒤에 효소는 DNA 주형에서 시작 부위의 첫째 뉴클레오타이드에 상보적인 첫째 5′-리보뉴클레오사이드 삼인산을 끼워 넣는 **개시(initiation)**를 촉매하게 된다. 앞서 언급한 것과 같이 이 과정에 프라이머는 필요하지 않다. RNA 합성이 진행됨에 따라서 연속적으로 리보뉴클레오타이드들이 삽입되고 인산디에스터 결합에 의해 연결된다. 이 과정은 5′에서 3′ 방향으로 (초기 RNA에서) 지속되어 일시적으로 서로 역평행한 8 bp의 DNA/RNA 이중체를 형성한다[그림 13-9(b)].

신장하고 있는 RNA 사슬에 몇 개의 리보뉴클레오타이드가 첨가되고 나면, σ 소단위는 완전효소에서 분리되고 핵심 효소의 지시에 따라 **사슬 신장(chain elongation)**이 진행된다[그림 13-9(c)]. *E. coli*에서는 이 과정이 37°C에서 초당 50 뉴클레오타이드 정도의 속도로 진행된다. DNA 중합효소와 마찬가지로 RNA 중합효소도 각 뉴클레오타이드를 삽입하는 동안 **교정(proofreading)**을 수행할 수 있다. 효소는 상보적이지 않은 염기가 삽입되었을 때 이 짝틀림을 인식하고 뒤로 돌아가서 제거할 수도 있다. 그 뒤 원래의 방향으로 돌아와 신장을 재개한다.

결국 효소는 종결신호로 작용하는 특수한 뉴클레오타이드 서열을 만날 때까지 유전자 전체를 지나가게 된다. 그러한 종결 서열은 대략 40 염기쌍 정도의 길이로 원핵생물에서 매우 중요한 서열이다. 왜냐하면 이 서열은 한 유전자의 끝에 인접하고 있으며 다음 유전자의 상류에 위치하는 서열이기 때문이다. 세균에서 흥미로운 점은 종결을 암시하는 종결 서열이 RNA로 전사된다는 점이다. 종결이 일어나는 위치의 고유한 뉴클레오타이드 염기서열은 새롭게 형성되는 전사체가 수소결합을 통해서 스스로 접히는 **머리핀 2차 구조(hairpin secondary structure)**를 형성하게 한다. 머리핀 구조는 종결에 있어 중요한 역할을 한다. 몇몇 경우에서 합성의 종결은 **종결인자(termination factor)**인 **로(rho, ρ)**에 의존적이다. 로는 커다란 헥시머 단백질로, 신장하는 RNA 전사체와 물리적으로 상호작용하여 전사의 종결을 촉진한다. 전사된 RNA 분자가 DNA 주형으로부터 떨어져 나오면 전사는 종결되고 핵심 중합효소가 분리된다. 합성된 RNA 분자는 유전자의 주형가닥에 존재하는 DNA 서열과 정확하게 상보적이다. A, T, C 혹은 G가 어디에 있든지 간에 해당하는 U, A, G 혹은 C 가 각각 RNA 분자에 삽입된다. 그러한 RNA 분자들은 궁극적으로 세포 내에 존재하는 모든 단백질의 합성을 지시하는 정보를 제공하게 된다.

세균에서는, 종종 같은 대사 과정에 관여하는 단백질을 암호화하고 있는 일련의 유전자들이 염색체를 따라 무리지어 존재한다. 대부분의 경우에 그 유전자들은 마지막 유전자만 빼고는 전사 종결 신호가 없이 계속 연결되어 있다. 결과적으로 전사 과정 중에 커다란 mRNA가 만들어지는데, 이 전사체는 하나 이상의 단백질을 암호화하게 된다. 박테리오파지의 유전자들은 때때로 **시스트론(cistron)**이라고 하는 기능적 **상보집단(complementation groups)**으로 존재하기 때문에(6장 참조) 이러한 RNA를 **폴리시스트로닉 mRNA(polycistronic mRNA)**라고 한다. 이러한 형태로 전사되는 유전자들의 산물은 보통 동시에 요구되기 때문에, 이것은 필요한 유전정보를 전사하고 연이어 번역시키는 효과적인 방법이다. 진핵생물에서는 예외적인 결과가 계속 보고되고는 있지만, **단일시스트론성 mRNA(monocistronic mRNA)**로 전사된다.

13.11 진핵생물에서의 전사는 여러 면에서 원핵생물의 전사와 다르다

전사에 관한 우리의 지식 중 많은 부분이 원핵생물의 연구로부터 나온 것이다. 진핵생물에서 대부분의 과정은 유사하지만 몇몇 주목할 만한 다른 점을 지니고 있다.

1. 진핵세포의 전사는 핵 내에서 3가지 독립적인 형태의 RNA 중합효소에 의해 이루어진다. 원핵세포와는 달리, 진핵세포의 RNA 전사체는 전사가 완료되기 전에는 리보솜과 결합할 수 없다. mRNA가 번역되기 위해서는 반드시 핵에서 세포질로 이동해야만 한다.

2. 진핵성 유전자의 전사 개시를 위해서는, 뉴클레오솜 코일이라고 불리는 밀집된 염색질 섬유들이 풀려야만 하고, DNA는 RNA 중합효소와 기타 다른 조절 단백질들이 접근 가능하도록 변형되어야 한다. **염색질 재구성(chromatin remodeling)**이라고 불리는 이런 상변이는, DNA 나선이 열림에 따라 발생하는 구조 변화에 관한 역동성을 반영한다(12장).

3. 전사의 개시와 조절에는 보다 광범위한 상호작용이 관여하는데, 즉 시스 작용 상류 DNA 서열들과 트랜스 작용 단백질 요소들 사이의 상호작용이 전사를 촉진하고 트랜스 작용 단백질 요소들 사이의 상호작용이 전사를 촉진하고 시작하도록 하는 데 관여한다. 예를 들어 진핵세포의 RNA 중합효소는 전사인자(transcription factor, TF)에 의해 DNA를 인식하고 결합하게 된다. 프로모터 외에도 **인핸서(enhancer)**라고 불리는 또 다른 조절 단위가 개시 시작점 상류의 5′ 조절 부위 내에 존재한다. 그러나 이들은 유전자 내에서 발견되기도 하고, 코딩 서열 넘어서 3′ 하류 부위에서 발견되는 경우도 있다.

4. 진핵세포에서 초기 RNA 전사체로부터 성숙한 mRNA가 되는 데에는 '가공(processing)'이라고 불리는 복잡한 단계들이 관여한다. 첫 번째 가공 과정은 5′ 모자(cap)와 3′ 꼬리(tail)가 mRNA가 되어야 할 거의 모든 전사체에 첨가되는 것이다. 초기 전사체들은 거의 대부분 최종적으로 단백질로 번역되어야 할 때의 크기보다 훨씬 크다. 때때로 이들은 **pre-mRNA**라고 불리기도 하는데 오직 핵 안에서만 발견되며 이들을 총칭해서 **이형 핵 RNA(heterogenous nuclear RNA, hnRNA)**라고 한다. 25%의 이형 핵 RNA 분자들만이 mRNA로 전환된다. 이렇게 전환되는 것들에서도 상당량의 리보뉴클레오타이드 서열이 잘려져 나가고, 남아 있는 분절들은 핵 밖으로 이동되고 번역되기 전에 다시 접합된다. 이러한 현상은 진핵세포의 **분절된 유전자**(split gene)와 **스플라이싱**(splicing) 개념을 가져왔다(13.12절에서 논할 것이다.)

이 장의 나머지 부분에서는 진핵세포에서의 전사에 관하여 자세히 다루고자 한다. 전사 과정은 어떤 DNA 염기서열을 언제 얼마나 자주 RNA로 복사할지를 결정하는 잘 통제된 과정이다. 17장에서 이와 직접적으로 관련된 진핵세포의 유전자 조절에 대한 주제를 다룰 것이다.

진핵세포에서의 전사 개시

진핵세포의 RNA 중합효소는 3가지 독특한 형태로 존재한다. 세 가지 형태의 효소는 표 13.7에서 나타난 바와 같이 각각 다른 유형의 유전자를 전사시킴에도 불구하고 특정 폴리펩타이드 소단위체를 공유한다. 각 효소들은 원핵세포의 단일 중합효소보다 크고 복잡하다. 예로 효모에서의 완전효소는 두 개의 큰 소단위체와 10개의 작은 소단위체로 구성된다.

전사 중 초기 주형에 결합하는 단계나 프로모터 부위에 관한 대부분의 지식이 거의 모든 유전자의 전사에 관련하는 **RNA 중합효소 II(RNA polymerase II, RNAP II)**로부터 나왔다. RNAP II의 활성은 유전자 주변의 시스 작용 DNA 요소와 이에 결합하는 여러 트랜스 작용 전사인자에 의해서 이루어진다(아래에서 다시 전사인자에 대하여 알아볼 것이다). 적어도 4개의 시스 작용 DNA 요소가 RNAP II에 의한 전사의 개시를 조절한다.

표 13.7 진핵세포에서의 RNA 중합효소들

형태	산물	위치
I	rRNA	인
II*	mRNA, snRNA	핵질
III	5S rRNA, tRNA	핵질

*RNAP II는 miRNA나 lncRNA를 포함한 다른 다양한 RNA 역시 합성한다(현대 유전학 특강 2장—RNA의 새로운 기능 참조).

이 중 첫 번째 요소는 **핵심 프로모터(core promoter)**로 RNAP II가 DNA 중 어느 지역에 붙어서 RNA로 복사시킬지 결정한다. 다른 세 개의 조절 DNA 염기서열은 **인접 프로모터 요소(proximal-promoter elements)**, **인핸서(enhancer)** 그리고 **사일런서(silencer)**로 불리며, 핵심 프로모터 요소로부터 RNAP II에 의한 전사 개시 효율성 및 전사 개시율에 영향을 끼친다. 원핵세포에서 RNA 중합효소가 인지한 DNA 서열이 프로모터였음을 상기하여라. 하지만 진핵세포에서는 원핵세포에서와는 다르게 많은 수의 시스 작용 DNA 요소와 결합하는 조절 단백질이 전사 개시를 조절한다.

여러 진핵생물 유전자에서 시스 작용 핵심 프로모터 요소는 **골드버그-호그네스(Goldberg-Hogness)** 혹은 **TATA 상자(TATA box)**이다. TATA 상자는 전사 개시 부위로부터 30뉴클레오타이드 상류(−30)에 위치하고, $TATA^{A}/_{T}AAR$(R은 퓨린계의 뉴클레오타이드를 의미함)의 공통 염기서열을 갖고 있다. TATA 상자의 서열과 기능은 원핵세포 유전자의 −10 프로모터 부위에서 발견되는 서열 및 기능과 유사하다. 그러나 아래에서 확인할 수 있는 것처럼, 진핵세포와는 달리 원핵세포의 경우 RNA 중합효소가 바로 −10 프로모터 부위와 결합한다. 다양한 핵심 프로모터와 인접 프로모터 요소 역시 진핵세포의 유전자 조절지역에서 확인되며, 각각은 전사 개시 지역에서 전사 개시의 효율성에 영향을 줄 수 있다. 이러한 다양한 요소는 이후에 더욱 자세히 다룰 것이다(17장 참조)

진핵세포의 프로모터 요소는 개시의 위치와 일반적인 효율성을 결정하지만 인핸서와 사일런서로 알려진 요소도 진핵세포 유전자의 전사에 극적인 영향을 준다. 두 이름이 암시하는 것과 같이 인핸서는 전사의 수준을 높이고 사일런서는 낮춘다. 두 요소의 위치는 매우 다양하여 프로모터의 바로 상류나 하류부분에, 유전자 안에, 또는 유전자에서 수천 염기 떨어진 곳에 위치할 수도 있다. 따라서 두 요소는 멀리서 전사를 조절할 수 있다. 인핸서와 사일런서는 종종 세포의 요구에 따라 혹은 개체의 발생과정 중 특정 시기와 특정 부위에서 전사의 증가와 감소가 일어나게 한다. 각 진핵세포의 유전자는 그 유전자 고유의 인접 프로모터, 인핸서 그리고 사일런서 요소의 배치를 가진다.

시스 작용 조절서열들(*cis*-acting regulatory sequences)을 보완하는 것들은 다양한 트랜스 작용 인자(*trans*-acting factor)들이다. 이들은 **전사인자(transcription factor)**로 불리며 RNA 중합효소 II(RNAP II)의 결합을 촉진시키고 전사 개시를 도와준다. 크게 두 가지 유형의 전사인자들이 있다: 모든 RNA 중합효소 II 매개 전사에 반드시 필요한 **기본전사인자들(general transcription factors, GTFs)**과 RNA 중합효소 II 전사 개시율 또는 효율에 영향을 미치는 **전사활성인자들(transcriptional activators)**과 **전사억제인자들(transcriptional repressors)**이 있다. 기본전사인자들이 없으면 RNA 중합효소 II가 진핵생물의 핵심 프로모터와 직접 결합하지 못하고 전사를 시작할 수 없다. 따라서 이들은 매우 필수적이다. 사람의 RNA 중합효소 II의 결합에 관여하는 기본전사인자들이 잘 알려져 있으며, **TFIIA, TFIIB** 등이 있다. 이들 중 하나인 **TFIID**는 직접 TATA 상자 서열과 결합한다. 일단 DNA에 TFIID의 초기 결합이 일어나면, RNA 중합효소 II와 함께 다른 기본전사인자들이 순차적으로 TFIID에 결합하여 거대한 **전개시복합체(pre-initiation complex)**를 형성한다.

특정 전사인자들(활성인자와 억제인자)은 인핸서와 사일런서 요소들과 결합하고 전개시복합체의 조립을 지원하거나 막음으로써 전사 개시를 조절하며 RNA 중합효소 II를 전개시복합체로부터 방출시켜 전사가 신장하게 된다. 이 전사인자들은 원핵생물 효소에서 시그마 인자의 역할을 대신하고 있으며, 진핵생물 유전자 조절에 중요한 역할을 하는 것으로 보인다. 우리는 이러한 인자와 결합하는 다양한 DNA 요소들뿐만 아니라, 진핵생물 유전자 조절에 관여하는 기본 전사인자와 특정 전사인자들의 역할에 대해서 알아볼 것이다(17장).

RNA 중합효소의 기능과 관련한 최근의 발견들

RNA 중합효소 II가 염색질 섬유(chromatin fiber)를 따라서 어떻게 전사를 할 수 있는 지 알아내는 것이 큰 관심을 받았다. 박테리아와는 달리, 중합효소는 뉴클레오솜의 구성성분인 히스톤 단백질 주위를 둘러싸고 있는 DNA와 직면하게 된다. 이러한 구조들이 이중가닥 DNA를 꽉 결속시켜서 전사에 장애가 된다는 것을 기억하여라(12장). 따라서 RNA 중합효소 II는 DNA 분자를 개방시키고 주형가닥이 RNA 합성 과정 동안 활성 부위를 통과할 수 있도록 두 가닥을 분리(denature)시켜야 한다. 커다란 핵산-단백질 구조 결정체를 만들고 5Å 이하의 해상도로 X선 회절 분석을 수행할 수 있는 능력은 몇 가지 놀라운 관찰을 가능하게 했다. 특히 Roger Kornberg와 동료들의 연구는 효모로부터 분리한 RNA 중합효소 II를 2.8Å 이하의 해상도로 분석한 것으로 매우 많은 정보를 준다. 이 정도 수준의 해상도는 복합체 내에서 모든 단백질의 각 아미노산 수준까지도 볼 수 있게 해준다!

다양한 발견을 통해 전사에서 가장 중요한 과정들이 상세히 밝혀졌다. 효모의 RNA 중합효소 II는 두 개의 커다란 소단위와 10개의 작은 소단위를 포함하는 분자량 500 kDa가량의 거대한 3차원적 복합체이다. 프로모터 DNA는 초기에 RNA 중합효소 II의 커다란 소단위 두 개 사이에 형성된 틈 사이에 위치한다. 사실 이 소단위 집합은 부분적으로 열리고 닫힐 수 있는 한 쌍의 턱과 비슷하며 이때 TFIID와 결합한다. DNA와 결합하기 전에 이 틈은 열려 있다. 일단 DNA와 결합이 되면, 이 틈은 부분적으로 닫히고 전사 개시 과정 동안 이중나선을 꽉 붙들고 있게 된다. 이 과정에 매우 중요하게 관여하는 이 부분은 크기가 약 50 kDa이며 **클램프(clamp)**라고 불린다.

일단 클램프에 의해 고정이 되면 **활성중심(active center)**이라고 불리는 부분에서 DNA 이중가닥이 조금 분리되고, 주형가닥의 전사 시작 부위를 찾게 된다. 그러고 나서 상보적인 RNA 합성이 DNA 주형가닥을 기반으로 시작된다. 그러나 전체 복합체는 아직 불안정하여 새로운 리보뉴클레오타이드들 몇 개만 붙인 후에 전사가 대부분 종결된다. 확실치는 않지만 11개의 리보뉴클레오타이드의 전사를 포함하는 안정적인 DNA-RNA 복합체가 형성되기 전까지는 **미결실전사(abortive transcription)** 과정이 수없이 반복된다. 일단 이런 과정이 일어나면, 미결실전사 과정이 극복되고 안정적인 복합체가 만들어져 RNA 전사의 신장이 진행된다. 이 단계에서의 전사는 고진행성 RNA 중합(highly processive RNA polymerization)의 단계에 도달했다고 한다.

전사가 진행됨에 따라 효소는 DNA를 따라 움직이며, 주어진 시간에 DNA의 약 40염기쌍과 신장된 RNA 사슬 18개 잔기가 효소 복합체의 일부가 된다. 가장 초기에 합성된 RNA는 효소의 홈을 관통하여 효소의 꼭대기 뒤쪽 구조인 **덮개(lid)** 밑으로 빠져나온다. **구멍(pore)**이라고 불리는 또 다른 지역은 효소의 바닥 부분에서 발견되며, RNA 전구물들이 이 복합체로 들어오는 지점이다.

전사가 진행됨에 따라 궁극적으로 종결 신호인 DNA 부분을 만나게 되고 복합체는 다시 초기의 미결실전사 단계에서와 같이 불안정해진다. 전사가 종결됨에 따라 클램프가 열리고 DNA와 RNA는 효소로부터 방출된다. 요약하자면, 전사 과정은 전사 개시 중에 불안정한 복합체의 형성, 신장에 의해 충분한 크기의 DNA-RNA 듀플렉스를 형성하여 안정성 확보, 신장 진행, 그리고 전사 종결의 특징인 불안정성으로 이루어진다.

이러한 콘버그의 발견은 전사에 대한 우리의 지식을 상당히 확장시켜 주었다. 이 연구로 인해 콘버그는 2006년에 노벨 화학상을 받았다. 지금까지 설명한 내용을 기초로 하여 머릿속으로 DNA와 효소가 결합한 시기부터 전사체가 이 거대한 분자 복합체로부터 방출되기까지의 과정을 그려보아라. 여러분이 이 과정을 마음속으로 분명히 그릴 수 있다면, 원핵세포보다 훨씬 복잡한 진핵세포의 전사를 잘 이해했다고 할 수 있다.

진핵생물 RNA 가공: 모자와 꼬리

세균에서 DNA 염기서열은 mRNA로 전사되며, mRNA는 곧바로 유전암호에 따라 아미노산 서열로 번역된다. 이와 달리 진핵성 RNA 전사체들은 세포질로 이동되어 번역에 참여하기 전에 상당한 변형 과정을 거쳐야 한다. 1970년까지 James Darnell과 그의 동료들이 축적한 증거에 의하면, 진핵생물의 mRNA는 처음 만들어질 때 단백질로 번역되는 것보다 훨씬 더 큰 전구체 분자로서 전사된다고 여겨졌다. 그들은 유전자의 **초기 전사체**(initial transcript)는 **성숙한 mRNA**(mature mRNA) 분자로 세포질에 나타나기 전 핵 안에서 가공 과정을 거쳐야 한다고 제안했다. 다양한 가공 단계가 다음 절에 논의되어 있으며 **그림 13-10**에 요약되어 있다.

진핵성 RNA 전사체들의 중요한 **전사 후 변형(posttranscriptional modification)**은 이들 분자의 5′ 말단에서 일어난다. 여기에 **7-메틸구아노신(7-methylguanosine, 7mG) 모자(cap)**가 첨가된다. Aaron Shatkin과 James Darnel이 발견한 이 모자는 초기 전사체가 완성되기도 전에 첨가되고, 핵산분해효소에 의한 공격으로부터 5′ 말단을 보호함으로써 핵 내에서 다음 가공에 중요하게 작용하는 것으로 보인다. 그 후, 모자는 성숙한 mRNA가 핵막을 가로질러 세포질로 이동하는 것을 도우며 mRNA가 단백질로 처음 번역될 때 관여하는 것으로 생각된다. 모자는 꽤 복잡하며, 모자와 RNA의 첫 리보뉴클레오타이드 사이의 5′-5′ 결합이 특징적이다. 어떤 진핵생물은 RNA의 처음 두 리보뉴클레오타이드 리보오스 당분자의 2′-탄소에 메틸기(CH_3)를 포함하기도 한다.

pre-RNA와 mRNA 모두 3′ 말단에 250개 정도 되는 아데닐산 신장부를 가진다는 발견으로 mRNA의 성숙 과정 중에 일어나는 RNA 전사체들의 가공에 이해가 늘어나게 되었다. 이런 **폴리-A 서열(poly-A sequence)**들은 초기 전사체의 3′ 말단이 효소에 의해 잘려지고 난 후에 첨가된다. 잘려지는 위치는 매우 잘 보존된 서열인 AAUAAA 서열로부터 약 10~35개 리보뉴클레오타이드 지난 지점이다. 현재 폴리 아데닐 서열은 다양한 진핵생물에서 연구된 거의 모든 mRNA의 3′ 말단에서 발견된다. 사실 폴리-A 꼬리는 일부 원핵생물의 mRNA에서도 발견된다. 진핵생물에서 히스톤 단백질을 암호화는 RNA는 예외적으로 폴리-A 서열이 발견되지 않는다.

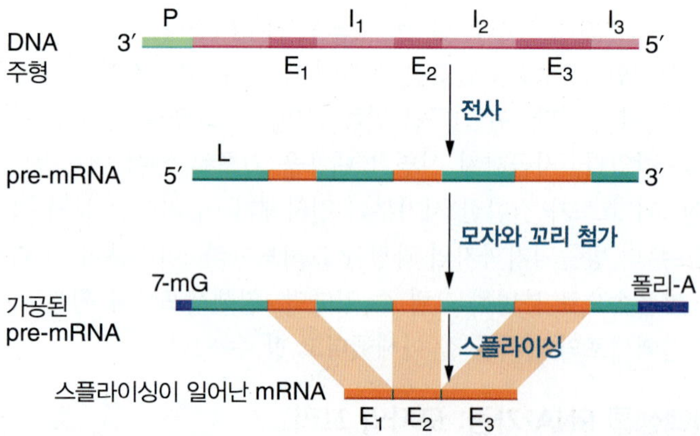

그림 13-10. 진핵생물에서 전사 후 RNA 가공. DNA 주형가닥에서 보여준 것처럼 전사는 선도서열(leader sequence, L), 몇 개의 인트론들(several introns, I), 그리고 몇 개의 엑손들(several exons, E)을 포함하는 pre-mRNA를만들어낸다. 이것은 5′ 7-mG 모자와 3′ 폴리-A 꼬리가 첨가되며 가공된다. 그러고 나서 인트론들은 잘려나가고 엑손들이 접합하여 성숙한 mRNA를 만든다. 위의 그림은 이 과정을 순서대로 묘사한 반면, 몇몇 진핵생물 전사체에서는 전사가 완료되고 폴리-A 꼬리가 첨가되기 전에 인트론 내에서 스플라이싱이 일어난다. 이러한 과정은 *공동전사 스플라이싱*(*cotranscriptional splicing*)의 개념을 야기시켰다.

AAUAAA 서열이 모든 진핵생물의 전사체에서 발견되는 것은 아니지만, 이 서열을 포함하고 있는 RNA에서는 아주 필수적인 것처럼 보인다. 이 서열에 돌연변이가 일어나면, 전사체는 정상적인 폴리-A 꼬리(poly-A tail)를 첨가할 수가 없다. 꼬리가 없으면 RNA 전사체는 빠르게 분해된다. 그러므로 5′ 모자와 3′ 폴리-A 꼬리 둘 다 mRNA 전사체가 세포질로 이동되고 번역되기 위해서 필수적이다.

13.12 진핵세포 유전자의 암호 부위는 인트론이라고 하는 서열이 끼어들어가 있다

1977년에 Susan Berget, Philip Sharp, 그리고 Richard Roberts 등이 동물 바이러스 유전자가 그들이 암호화하는 단백질의 아미노산 서열로 발현되지 않는 **내부**(internal) 뉴클레오타이드 서열을 포함한다는 직접적인 증거를 제시함으로써 커다란 RNA 전사체의 특성에 대한 설명이 가능해졌다. 이들 내부 DNA 서열들은 초기 RNA 전사체에는 존재하지만 성숙한 mRNA로 번역되기 전에 제거된다. 그러한 뉴클레오타이드 단편들을 **인트론(intervening sequences)**이라고 한다. 즉, 마지막 mRNA 산물에는 존재하지 않는 이들 DNA 서열을 **인트론(intron**, 'int'는 intervening을 뜻한다)이라 하며, 남는 부분을 엑손('ex'란 발현된다 expressed의 뜻)이라고 한다. 스플라이싱(splicing)은 인트론에 해당하는 리보뉴클레오타이드 서열들을 제거하고 엑손에 해당되는 부분들을 결합하는 과정이다.

비슷한 발견이 여러 진핵생물 유전자에서도 이루어졌으며, 두 가지 접근이 가장 효과적이었다. 첫 번째 접근은 분자 혼성화(molecule hybridization)로, 기능적으로 성숙한 mRNA와 이 유전자를 포함하고 있는 DNA를 혼성화시킨 것이다. 완전히 상보적이지 않은 두 핵산 사이의 혼성화로 **이형이중체(heteroduplex)**가 얻어지고, DNA에는 존재하지만 mRNA에는 존재하지 않는 인트론들은 고리모양으로 빠져나가 쌍을 이루지 않은 채로 남게 된다. 이러한 구조는 **그림 13-11**에서와 같이 전자현미경 사진으로 관찰할 수 있다. 이 그림에서 닭의 오브알부민(ovalbumin) 복합체는 7개의 고리(A~G까지)를 가지는 이형이중체이며, 고리는 DNA에는 있지만 최종적인 mRNA 상에는 존재하지 않는 7개의 인트론을 나타낸다.

두 번째 접근은 좀 더 자세한 정보를 제공한다. 이것은 DNA

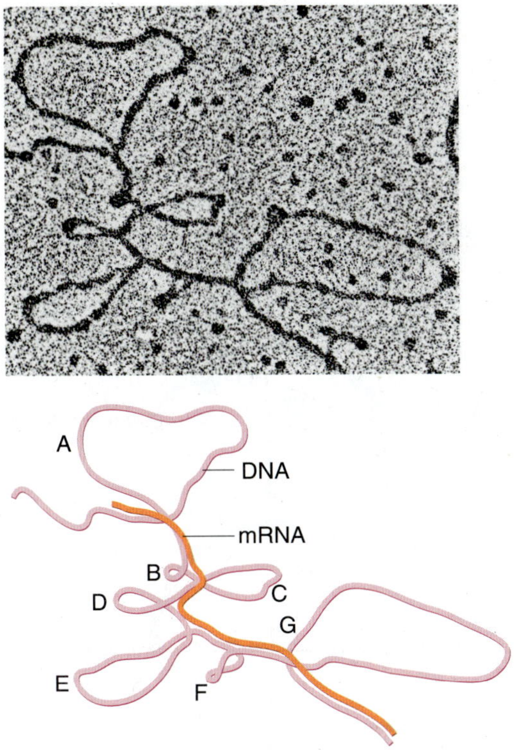

그림 13-11. 닭의 오브알부민 유전자의 주형 DNA 가닥과 성숙한 오브알부민 mRNA 사이에서 형성된 혼성분자(이형이중가닥, heteroduplex)의 전자현미경 사진과 그림. 7개의 DNA 인트론(A~G)이 짝이 없는 고리를 만든다.

뉴클레오타이드의 서열과 mRNA의 서열, 그리고 아미노산 서열과의 관계를 직접 비교한 것이다. 이런 접근은 모든 인트론에 대한 정확한 분석을 가능하게 한다.

지금까지, 대부분의 진핵성 유전자는 인트론들을 포함하는 것처럼 보인다(**그림 13-12**). 그렇게 알려진 것들 중 하나가 Philip Leder와 Richard Flavell이 독립적으로 연구한 쥐와 토끼의 **β-글로빈 유전자(β-globin gene)**였다. 쥐의 유전자는 104번째 아미노산을 지정하는 코돈 이후 550 뉴클레오타이드의 긴 인트론을 포함하고 있다. 토끼에서는, 110번째 아미노산 코돈 근처에 580 염기쌍의 인트론이 있다. 게다가, 약 120 뉴클레오타이드의 다른 인트론도 두 유전자에 존재한다. 조사된 모든 포유동물의 β-글로빈 유전자에서 비슷한 인트론들이 발견되었다.

닭의 **오브알부민 유전자(ovalbumin gene)**는 미국의 Bert O'Malley와 프랑스의 Pierre Chambon에 의해 자세하게 연구되었다. 그림 13-12에서 보는 바와 같이, 이 유전자는 7개의 인트론을 포함한다. 사실 유전자의 DNA 서열 대부분이 인트론으로 구성되어 있어 '조용(silent)'하다. 초기 RNA 전사체는 성숙한 mRNA 길이의 약 3배에 달한다. 그림 13-11과 그림 13-12의 오브알부민 유전자를 비교해보아라. 그림 13-11에서 쌍을 이루지 않은 고리와 그림 13-12의 인트론 서열을 매치시킬 수 있는가?

인트론을 포함하는 유전자들의 목록을 들자면 한이 없다. 사

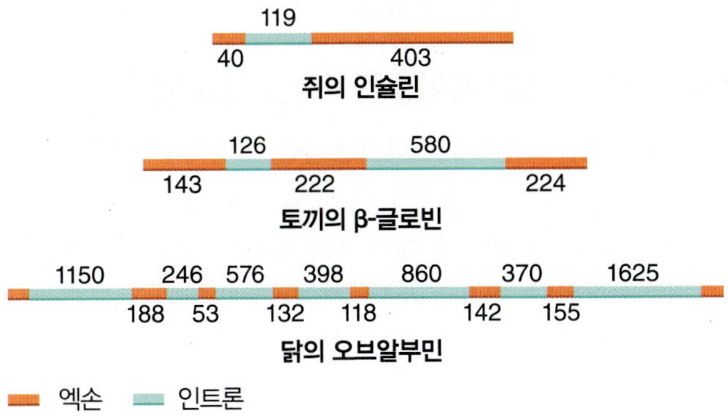

그림 13-12. 다양한 진핵생물 유전자에 있는 인트론들. 숫자들은 여러 인트론과 엑손 부위에 존재하는 뉴클레오타이드의 수를 나타낸다.

실상 소수의 진핵성 유전자들만 인트론을 갖지는 않는다. 하나의 유전자 내에 많은 수의 인트론을 가지는 극단적인 예가 척추동물의 주요 연결조직 단백질인 콜라겐에서 소단위 하나를 암호화하는 유전자에서 발견된다. *pro-α-2(1)* 콜라겐 유전자는 50개의 인트론을 포함하고 있다. 오류없이 성숙한 mRNA를 만들기 위해, 절단과 스플라이싱이 일어날 때 고도의 정확성이 요구된다. 마찬가지로 중요하게 짚고 넘어가야 할 것이 인트론이 제거된 최종 mRNA의 크기와 유전자의 크기는 다르다는 것이다. **표 13.8**에서 보여주듯이 콜라겐 유전자의 약 15%만이 최종 mRNA로 나타나는 엑손들로 구성되어 있다. 다른 단백질에서는 더 복잡한 그림이 나온다. 알부민 유전자는 약 8%만이 남아 번역되며, 알려진 사람 유전자 중 가장 큰 디스트로핀(dystrophin, 뒤센근이영양증에서 발견되지 않는 단백질 산물)은 유전자 서열 중 1% 미만이 mRNA에 남는다. 다른 두 개의 사람 유전자를 표 13.8에 대비시켰다.

지금까지 조사된 진핵성 유전자의 대부분이 인트론을 포함하는 반면, 몇 가지 예외가 있긴 하다. 특히, 히스톤과 인터페론을 암호화하는 유전자들은 인트론을 가지지 않는 것으로 보인다. 인트론이 없는 mRNA들은 세포질로 mRNA를 효율적으로 내보내기 위해 필요한 스프라이싱을 대체하기 위해 그들의 암호

표 13.8 사람의 유전자 크기, mRNA 크기, 그리고 인트론들의 숫자 비교

유전자	유전자 크기 (kb)	mRNA 크기 (kb)	인트론 개수
인슐린	1.7	0.4	2
콜라겐 [*pro-α-2(1)*]	38.0	5.0	51
알부민	25.0	2.1	14
페닐알라닌 히드록실라제	90.0	2.4	12
디스트로핀	2000.0	17.0	79

화 지역에 특정한 서열을 포함하고 있다.

스플라이싱 기작들: 자가스플라이싱 RNA들

인트론의 발견은 RNA에서 인트론들을 제거하고 엑손끼리 서로 접합하게 하는 기작을 밝히기 위한 집중적인 시도를 이끌어 내었다. 상당히 많은 연구가 이미 시험관내(*in vitro*) 연구를 기반으로 진행되어왔다. 흥미롭게도, 미토콘드리아와 엽록체에서 생산된 RNA뿐 아니라, 서로 다른 형태의 RNA에 대해서는 약간 다른 기작이 존재하는 것처럼 보인다.

그림 13-10에서 보듯이, 우리는 인트론을 제거할 수 있는 가장 간단한 기작을 상상할 수 있다. 인트론의 각 말단 부위에서 핵산내부가수분해(endonucleolytic) 같은 절단 'cut'이 일어난 후, 인트론은 제거되고, 인접한 엑손 말단 부위들은 효소에 의해 결합된다(간단히 말하자면, 인트론은 잘려 나가고 엑손 말단 부위들이 다시 결합 된다). 이러한 과정은 확실히 박테리아 운반 RNA(transfer RNAs, tRNAs)의 인트론에서 일어난다. 특정한 핵산내부가수분해효소(endonuclease)가 인트론 말단을 인식해서 잘라낸다. 그 다음에 RNA 연결효소(ligase)가 엑손 말단을 봉합하여 스플라이싱 과정을 완성한다. 그러나 모든 다른 RNA 연구에서—고등 진핵생물의 tRNA와 모든 진핵생물의 rRNA와 pre-mRNAs—인트론의 정확한 절단은 훨씬 더 복잡하고 훨씬 더 흥미롭다.

진핵생물에서 인트론들은 그들의 스플라이싱 기작에 기초하여 몇 가지 그룹으로 분류된다. 그룹 I에서는, rRNA의 1차 전사체의 일부가 인트론인 것이 한 예로, 이들은 인트론 절단을 위해 부가적인 요소들을 필요로 하지 않는다. 인트론 자체가 자신의 제거에 필요한 효소활성의 근거가 된다. 이러한 놀라운 발견은 1982년 Thomas Cech와 그의 동료들이 섬모성 원생동물 *Tetrahymena*에 대한 연구 도중에 얻어졌다. 이런 촉매 능력이 있는 RNA를 **리보자임(ribozyme)**이라고 부른다. 그룹 I 인트론의 자기 절단 과정(self-excision process)이 **그림 13-13**에 나와 있다. 화학적으로, 두 번의 뉴클레오필릭(nucleophilic) 반응이 일어난다—즉, 이 반응은 전자가 많은 화학종의 존재에 의해 유발된다[이 경우에, 전이 에스테르화 반응(transesterification reaction)]. 첫 반응은 이 반응에 보조인자(cofactor)로 작용하는 구아노신과 1차 전사체 사이의 반응이다[**그림 13-13(a)**]. 구아노신의 3′-OH 그룹은 인트론의 5′ 말단에 인접한 뉴클레오타이드로 전이된다[**그림 13-13(b)**와 **13-13(c)**]. 두 번째 반응은 왼쪽 편의 엑손에 새로 생긴 3′-OH 그룹과 인트론의 3′ 말단상의 인산이 상호작용하는 것이다[그림 13-13(c)]. 이 인트론은 잘려져 나가고 두 엑손 부분들이 연결되어 성숙한 RNA를 만들게 된다[**그림 13-13(d)**].

위의 설명처럼, 그룹 I 인트론의 자기 절단은 세균, 하등 진핵생물, 그리고 고등 식물에서 일어난다고 알려져 있다. 자기 절단은 미토콘드리아와 엽록체에서 생산된 1차 mRNA와 tRNA 전사체들 내의 인트론 제거 또한 조절하는 것으로 보인다. 그룹 II 인트론의 예도 있다. 그룹 I의 스플라이싱과는 다소 다르지만, 이들 스플라이싱 역시 인트론 제거를 위해 두 가지의 자기 촉매적 반응을 포함한다. 그룹 II 인트론은 균류, 식물, 원생생물, 그리고 세균에서 발견된다.

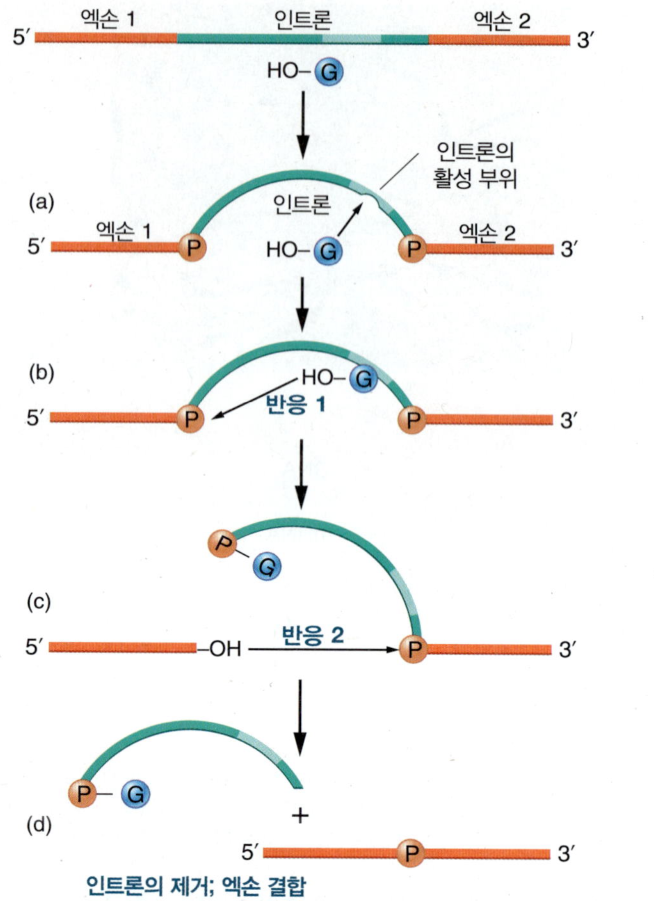

그림 13-13. 초기 rRNA 전사체(pre-rRNA)로부터 제거되는 그룹 I 인트론의 스플라이싱 기작. 이 과정은 두 번의 에스테르화 전이반응(transesterification reactions)을 포함하는 자기 절단(self-excision) 과정의 하나이다.

스플라이싱 기작들: 스플라이세오좀

인트론들은 진핵생물의 핵에서 유도된 pre-mRNA 전사체들의 주요 성분이다. 위에서 살펴본 그룹 I과 그룹 II 인트론들과 비교해보면, 핵에서 유도된 mRNA 내의 인트론들은 훨씬 더 크고—2만 뉴클레오타이드까지—많다. 이들의 제거는 훨씬 더 복잡한 기작을 필요로 하는 것으로 보인다. 이 스플라이싱은 **스플라이세오좀(spliceosome)**이라고 부르는 거대한 분자 복합체에 의해서 조절된다. 이들은 현재 포유동물의 세포뿐 아니라 효모의 세포 추출물에서도 발견되고 있다. 스플라이세오좀의 크기는 매우 커서 효모에서는 40*S*, 포유동물에서는 60*S* 리보솜 크기와 맞먹는다. 가장 필수적인 스플라이세오좀 구성성분은 **소형 핵 RNA(small nuclear RNA, snRNA)**들이다. 이 RNA들은 크기가 보통 100~200 뉴클레오타이드 정도로, 단백질과 결합하여 **소형 핵 RNA 단백질 복합체(small nuclear ribonucleoprotein, snRNPs 혹은 snurps)**를 이룬다. 이들은 우리딘(uridine) 잔기가 풍부하기 때문에 임의적으로 U1, U2, ⋯, U6로 표시된다.

그림 13-14는 인트론을 제거하는 단계를 보여주는 모델이다. 이 그림에서 비록 떨어져 독립적으로 보이는 구성요소로 묘사했지만, 실제로 이들이 스플라이싱이 일어나고 있는 RNA를 감싸고 있는 거대한 스플라이세오좀 복합체라는 사실을 기억하기 바란다. 인트론의 5′ 말단은 GU 두 개의 뉴클레오타이드 서열로 시작하는데, 이를 **제공 서열**(donor sequence)이라 하고, 3′ 말단은 AG 두 개의 뉴클레오타이드 서열로 끝나는데 이를 **수용 서열**(acceptor sequence)이라고 한다. 이 서열들은 인트론이 공유한 다른 공통서열들과 함께 스플라이세오좀의 특정한 snRNA을 끌어당긴다. 예를 들어 U1의 snRNA는 인트론 끝의 5′- 스플라이스 제공 서열과 상보적인 뉴클레오타이드 서열을 가진다. 이러한 유사성에 기인한 염기쌍 형성은 스플라이세오좀의 형성에서 첫 단계인 결합을 촉진한다. 다른 snRNPs(U2, U4, U5, U6)가 첨가되면 스플라이싱이 시작된다. 그룹 I 스플라이싱과 마찬가지로 두 번의 **전이에스테르화 반응**(transesterification reactions)이 관여한다. 첫 번째는 인트론 내에서 **분지점(branch point)**의 아데닌(A) 잔기의 3′-OH기가 작용하는 것이다. A잔기는 5′- 스플라이스 부위를 공격하여 RNA 사슬을 자른다. 다음 단계에서는 다른 여러 개의 snRNP가 관여하는데, 중간구조가 형성되고 뒤따라 두 번째 반응이 일어나서 인트론의 5′ 말단을 A와 연결시킨다. 그 결과 **올가미**(lariat)라고 부르는 특징적인 올가미 구조가 형성되는데 이는 잘려져 나갈 인트론을 포함하고 있다. 그 다음 엑손은 연결되고 snRNP는 떨어진다.

핵 안에서 일어나는 스플라이싱과 관련된 과정은 진핵생물의 유전자 발현을 조절할 수 있다. 예를 들어 **같은 유전자로부터 유래한 pre-mRNA에 존재하는 인트론들이 한 가지 이상의 방법으로 스플라이싱이되어 서로 다른 조합의 엑손들로 이루어진 성숙한 mRNA들이 만들어지게 되는 경우가 있다.** 이런 **선택적 스플라이싱(alternative splicing)**을 통하여 비슷하지만 동일하지 않은 여러 mRNA가 생성되고 이들은 번역시 **동종체(isoform)**라고 불리는 일련의 서로 연관된 단백질들을 생성하게 된다. 수많은 선택적 스플라이싱의 예들이 바이러스, 초파리, 사람에 이르기까지 다양한 생물에서 발견된다. 선택적 스플라이싱은 하나의 유전자로부터 여러 연관 단백질을 생산할 수 있는 방법으로, 한 생물의 유전체에서 만들어질 수 있는 유전자 산물이 증가한다. 우리는 진핵생물의 유전자 발현 조절(17장)에서 이 주제로 다시 돌아올 것이다.

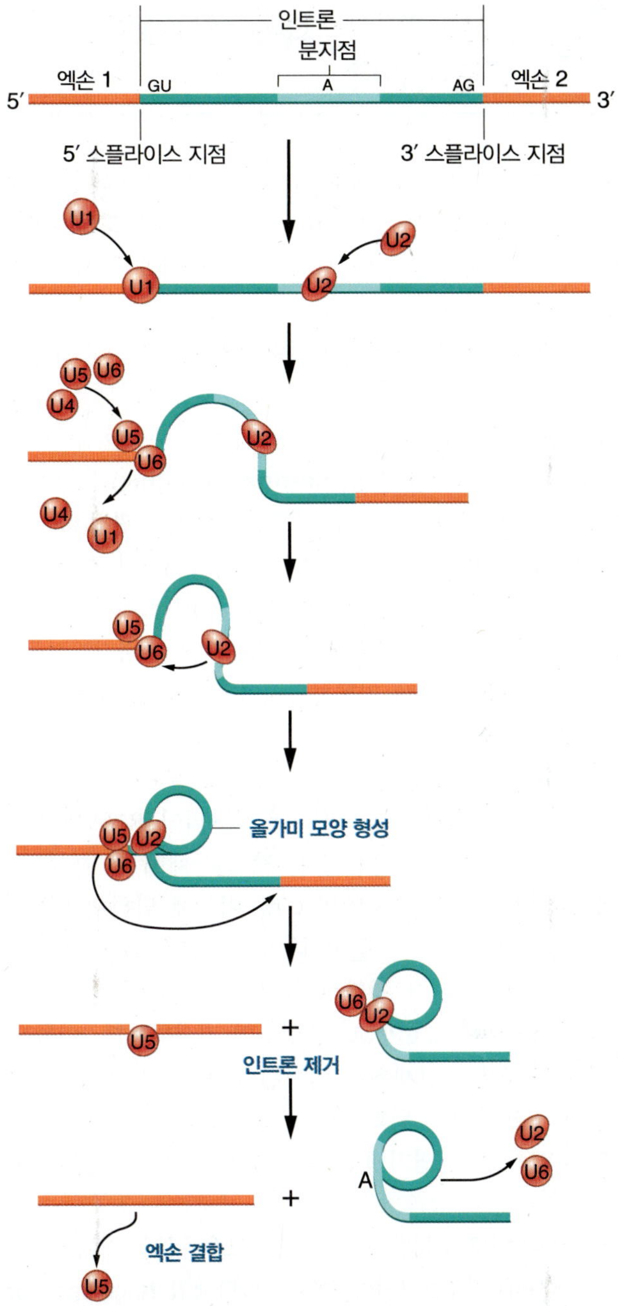

그림 13-14. pre-mRNA로부터 인트론을 제거하는 스플라이싱 기작의 모델. 인트론의 절단은 snRNA(U1, U2 등)에 의해 조절된다. 올가미 구조는 이 기작의 특징이다.

유전자의 새로운 개념

1960년대 유전암호 해독을 통해 유전자가 단백질의 아미노산 서열을 암호화하는 일련의 선형의 트리플렛 뉴클레오타이드로 구성된다는 개념이 확고해졌다. 원핵생물과 바이러스에서 이 개념이 확인되었고, 1977년 진핵생물에서도 확실해졌다. 진핵생물에서 유전자는 엑손이라 하는 암호화된 서열에 인트론이라고 하는 비암호화 부위가 끼어들어가 있는데, 성숙한 mRAN가 만들어지는 동안 인트론이 제거되어야만 한다.

13.13 RNA 편집은 최종 전사체를 변형시킨다

1980년대 후반, 몇몇 생물에서 전사 후 RNA 가공의 예상치 못한 새로운 형태가 발견되었다. **RNA 편집(RNA editing)** 이라고 부르는 이 과정에서는, pre-mRNA의 뉴클레오타이드 서열이 번역 전에 바뀌게 된다. 결과적으로, 성숙한 RNA의 리보뉴클레오타이드 서열은 RNA가 전사되었던 DNA의 엑손 내 서열과 달라진다.

여러 형태의 RNA 편집 현상 중 다음의 주요한 두 가지 형태가 알려져 있다. **치환 편집(substitution editing)**은 개개의 뉴클레오타이드 염기가 바뀌는 것이고, **삽입/결실 편집(insertion/deletion editing)**은 뉴클레오타이드가 첨가되거나 결실되는 것이다. 치환 편집은 몇몇 핵 유래 진핵성 RNA에서 일어나며, 식물의 미토콘드리아와 엽록체 RNA에서는 흔하다. 점균류인 *Physarum polycephalum* 미토콘드리아 mRNA는 두 가지 방법의 편집을 모두 사용한다.

아프리카 수면병을 일으키는 기생성 트리파노소마(*Trypanosoma*)와, 이 유사종들의 미토콘드리아 RNA에서 광범위한 삽입/결실 편집이 발견된다. 각 전사체에 첨가되는 우리딘(uridine)의 수는 암호서열의 60% 이상에 달하며 일반적으로 이들이 개시코돈을 만들고 나머지 서열들은 적절한 번역틀로 존재하게 한다. 트리파노소마에서 삽입/결실 편집은 **안내 RNA(guide RNA, gRNA)** 주형들이 지시하는데, 이들도 역시 미토콘드리아 유전체에서 전사된다. 이 작은 RNA는 최종 mRNA에서 편집된 부위와 매우 상보적이다. gRNA들은 먼저 편집될 mRNA들과 염기쌍을 형성하여 정확한 편집을 하도록 이끈다.

가장 많이 연구된 치환 편집의 예가 포유동물의 핵에서 유래한 mRNA 전사체에서 발견된다. **아포지방단백질 B(apolipoprotein B, apo B)**는 하나의 유전자가 긴 형태와 짧은 형태 두 가지 단백질을 암호화한다. 사람의 장 세포에서는 apo B mRNA의 C가 U로 바뀌는 편집이 일어나 CAA 글루타민 암호를 UAA 종결코돈으로 바꾸어, 유전적으로 암호화된 길이의 약 절반 정도에서 폴리펩타이드가 끝나도록 한다. 이러한 편집은 편집 부위 바로 아래에 존재하는 '정박서열(mooring sequence)'과 결합하는 단백질 복합체에 의해 수행된다.

두 번째 예는 포유동물의 뇌 조직에서 **글루탐산 수용체 채널**(glutamate receptor channel, GluR)을 구성하는 소단위들이다. 이 경우 번역 전 pre-mRNA에서 아데노신(A)이 이노신(I)으로 바뀌어져 I가 번역 중에 구아노신(G)으로 읽히게 된다. 세 가지의 ADAR(*a*denosine *d*eaminase *a*cting on *R*NA) 효소 집단이 글루탐산 채널 소단위들 내의 다양한 부위에서 편집을 한다고 믿고 있다. ADAR에 의한 편집에 요구되는 이중가닥 RNA들은 GluR mRNA 전사체들의 인트론/엑손 결합에 의해 만들어진다. 편집작용에 의한 변화로 인해 이 소단위들을 포함한 수용체의 용질 투과도와 탈감각 반응시간 등과 같은 생리적 특성이 변한다.

최근 두족류의 전압의존성 칼륨(K^+) 채널에서 ADAR의 편집과 유사한 예가 보고되었다. 이 채널은 필수적인 유전자 산물로서 신경세포의 기능을 조절한다. 이 흥미로운 예에서는 냉수에 사는 오징어의 칼륨 채널에서 특정한 RNA 편집이 일어난다. 그러나 열대환경에 사는 같은 종에서는 일어나지 않았다. 이 경우 냉온에 대응하여 RNA 편집이 일어나 환경에 적응하는 것으로 보인다.

이상의 결과는 RNA 편집이 전사 후 가공의 또 다른 중요한 메커니즘을 제공하고, 미토콘드리아와 같이 작거나 무성생식하는 유전체에만 한정되지 않는다는 것을 보여준다. 이러한 발견은 또 RNA 편집이 유전자 발현의 조절에 있어 매우 중요한 의미를 가진다는 것을 보여준다.

13.14 전사는 전자현미경으로 관찰된다

우리는 Oscar Miller, Jr., Barbara Hamkalo, Charles Thomas가 전자현미경적 연구에 기초하여 얻은 원핵생물과 진핵생물의 전사 과정을 시각자료로 제시하면서 이 장을 마치려고 한다. 그림 13-15는 대장균의 연구에서 얻은 현미경 사진과 이에 대한 설명적 도해를 보여준다. 사진을 보면 여러 가닥의 RNA들이 주형 DNA의 여러 지점으로부터 뻗어 나오고 있다. 많은 전사가 하나의 유전자에서 동시에 발생하므로, 많은 RNA 가닥을 얻는다. 전사 시작점으로부터 하류로 내려갈수록 점차적으로 길어지는 RNA 가닥들이 발견된다. 반면 가장 짧은 가닥은 전사 시작점에 가깝다.

*E. coli*를 현미경으로 관찰하여 또 다른 재미있는 현상을 발견하였다. 원핵생물들은 핵이 결여되어 있기 때문에, 세포질의 리보솜은 염색체와 물리적으로 분리되어 있지 않다. 결과적으로 리보솜은 부분적으로 전사된 mRNA 분자에 자유롭게 부착할 수 있고 번역을 개시한다. 14장에서 다시 보게 되겠지만 RNA가 길어질수록 더 많은 리보솜이 붙게 된다. 이러한 구조를 **폴리솜(polyribosome)**이라고 한다. 전사를 직접 관찰하는 것은 이 과정에 대한 생화학적 분석에 기초해 얻어진 과학자의 예측을 확인시켜 준다.

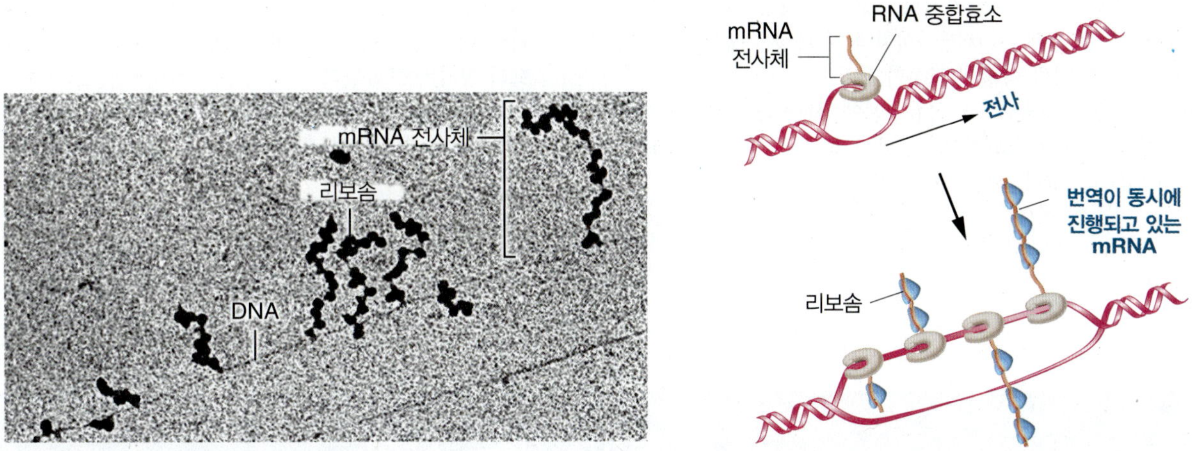

그림 13-15. *E. coli*의 한 유전자에서 일어나는 동시적 전사의 전자현미경 사진과 도해. 전사체가 형성됨에 따라 리보솜이 결합하여 각 가닥들을 따라 동시적으로 번역이 개시된다. O. L. Miller, Jr., Barbara A. Hamkalo, C.A. Thomas, Jr. *Science* 169: 392–395, 1970 by the American Association for the Advancement of Science.

사례 연구 | 종종 효과 있는 약물

헤모글로빈 β 사슬의 부재로 인해 발생하는 열성 유전질환인 β-지중해성 빈혈증(β-thalassemia)을 앓는 30살의 이 여성은 7살 때부터 수혈을 받았다. 그러나 수혈에도 불구하고 그녀의 건강은 쇠퇴하였다. 그녀의 주치의는 대안치료로 그녀의 누락된 β 사슬을 대체하기 위하여 태아 β 헤모글로빈 사슬의 전사를 유도하는 5-아자시티딘(5-azacytidine)을 투여하였다. 이 약은 DNA의 메틸기를 제거하여 유전자 전사를 활성화시킨다. 메틸기의 첨가는 유전자의 발현을 억제한다. 그러나 주치의는 사람의 유전자 중 약 40% 정도는 메틸화(metylation)에 의해 억제되어 있다는 점을 염려한다. 그렇지만 몇 주간 5-아자시티딘을 투여한 결과 그녀의 상태는 극적으로 호전되었다. 비록 치료는 성공적이었으나, 이 약의 사용은 몇 가지 중요한 질문을 야기한다.

1. 왜 그녀의 주치의는 많은 유전자의 전사가 메틸화에 의해 억제되어 있다고 염려하는가?
2. 어떤 유전자가 가장 크게 우려되는가?
3. 5-아자시티딘과 같은 약을 투여하는 결정적인 기준은 무엇인가?

요약

1. 초기 연구를 통해 유전암호는 트리플렛으로 되어 있으며 겹치지 않고, 연속적이며 중첩성이 있음을 알았다.
2. 시험관내 단백질 합성 체계에서 RNA 동형중합체와 복합혼성중합체 사용은 특정 아미노산을 지정하는 트리플렛 코돈의 조성은 결정하나 서열은 결정하지 못한다.
3. 트리플렛 결합 분석법 및 복합혼성중합체의 반복적인 사용을 통해 특정 아미노산을 지정하는 트리플렛 코돈의 특정 서열을 결정할 수 있다.
4. 여러 가지의 다양한 실험적 접근법으로 결정된 완전한 유전암호 사전은 64개의 코돈 중 61개가 단백질에서 발견되는 20개의 아미노산을 지정하며, 3개의 트리플렛이 번역을 종결시킴을 보여준다. 61개의 코돈 중 하나가 개시암호로서 메티오닌을 지정한다.
5. 파지 MS2의 전체 뉴클레오타이드 서열과 이에 상응하는 단백질의 아미노산 서열을 비교함으로써 개시암호와 종결암호를 포함하는 암호사전을 재확인하였다. 약간의 예외를 제외하고 여러 발견은 암호가 모든 생물체에서 보편적이라는 믿음을 지지한다.
6. 유전자 발현의 초기단계인 전사는 RNA 중합효소의 지시에 따라 DNA 주형에 상보적인 RNA 가닥을 합성하는 것이다.

7. 전사 과정은 DNA 복제와 마찬가지로, 개시, 신장 그리고 종결로 세분화할 수 있다. 또한 DNA 복제에서처럼 이 과정은 상보적인 뉴클레오타이드간의 염기쌍 형성에 의존한다.
8. 프로모터라고 불리는 DNA의 5′ 상류부분에 RNA 중합효소가 결합하면 전사가 시작된다. 프로모터는 중합효소의 결합에 필수적인 TATA 상자와 같은 특수한 서열들을 포함한다.
9. 전사시 초기전사체를 생성하는 과정은 원핵생물보다 진핵생물이 훨씬 더 복잡하며, pre-mRNA의 5′ 위치에 7 mG 캡과 3′ 폴리-A 꼬리 첨가가 포함된다.
10. 진핵생물에서 1차 전사체는 DNA에 존재하는 인트론 서열을 포함하고 있으며, 이것은 성숙한 mRNA를 생성하기 위해 잘려져 나가야만 한다.

유전학, 기술, 사회

안티센스 치료법을 이용한 질병과의 싸움

질병에 대한 치료약은 종종 독성 부작용을 동반한다. 일반적인 치료제들은 정상세포와 병든 세포 모두를 대상으로 하고 있으며, 단지 병들거나 감염된 세포들이 정상세포에 비해 좀 더 민감할 뿐이다. 과학자들은 오랫동안 정상세포는 건강하게 살려두고 병든 세포만을 찾아내어 파괴하는 마술 탄환을 꿈꾸어 왔다. 최근 총칭 *안티센스(antisense)*라고 하는 희망적인 치료제가 나타났다.

안티센스 치료법들은 *안티센스 올리고뉴클레오타이드(antisense oligonucleotides, ASOs)*인 짧은 합성 단일 가닥 DNA 분자의 설계와 이용에 기초를 두고 유전자 발현의 분자생물학을 이해하면서부터 얻어졌다. 세포가 바이러스에 감염되거나, 암세포로 변형, 또는 많은 유전자 결함으로 고통받게 되는 것은 근본적으로 유전자 돌연변이나 부적합한 유전자 발현이 그 원인이다. 이런 상황을 유발하는 mRNA는 DNA 주형가닥으로부터 전사되며, 다른 말로 '센스(sense)' RNA로 알려져 있다. 만약 과학자들이 센스 RNA 서열을 안다면 이와 상보적인 DNA 가닥을 합성할 수 있다. 이 상보적인 DNA가 안티센스 올리고뉴클레오타이드이다. 세포 내에 도입되면, ASOs는 왓슨-크릭 염기쌍을 통해 특정한 표적 센스 RNA와 결합한다. 센스 RNA와 결합한 ASOs는 mRNA의 전사를 방해하거나 분해한다.

안티센스 접근법은 잠재적 특이성 때문에 흥미롭다. 안티센스 분자는 상보적인 센스 RNA에 결합하는 서열을 가지고 있기 때문에, 센스 RNA가 암호화하고 있는 특정 단백질 합성을 방해할 수 있다. 만약 암호화된 단백질이 유전질병의 원인이거나 바이러스 번식에 필요할 때, 또 일반 세포에는 필요치 않으나 암세포의 성장에 요구되는 것이라면, 이 안티센스 분자는 치료에 이용될 수 있을 것이다.

ASO를 약물로 이용하기 위해 과학자들이 짧은 단일 가닥의 안티센스 DNA 올리고뉴클레오타이드(20개 정도의 뉴클레오타이드)를 디자인할 수 있고 시험관에서 대량의 ASO를 합성할 수 있다. 또한 다양한 방법을 통해 ASO를 생물체 내로 혹은 배양세포 내로 도입할 수 있다.

비록 효과적인 ASO 치료제의 개발은 느리고 어려웠지만, 현재 두 종의 ASO 약물이 FDA의 승인을 받고 시장에 나와 있다. 이 중 fomivirsen 혹은 Vitravene이라고 하는 약물은 눈의 cytomegalovirus의 감염을 타킷으로 한 것이다. Mipomersen 또는 Kynamro라고 불리는 또 다른 약물은 아포지방 단백질 B 합성을 저해하여 가족력에 의한 고지혈증 환자를 치료하는 데 사용한다.

현재까지 20종 이상의 안티센스를 이용한 치료제가 임상 2기 및 3기를 거쳤다. 이런 치료제들은 암이나, 천식, 궤양성 대장염, 신부전증, 그리고 바이러스 감염을 치료하기 위해 고안되었다.

ASO를 이용한 새롭고 유망한 치료법은 '안티센스로 유도된 엑손 제거(*antisense-mediated exon skipping*)' 기술로 안티센스 올리고뉴클레오타이드를 이용하여 스플라이싱 패턴을 조절하는 방법이다. 현재 임상이 진행되고 있는 가장 앞서 나가는 엑손 제거 방법은 뒤시엔느 근위축증(Duchenne muscular dystrophy, DMD) 환자를 대상으로 한 것이다. DMD 환자는 X-연관성 열성유전질병으로 매년 남자 신생아 3500명 중에 한 명꼴로 발병한다. 이 질병으로 인하여 근육위축, 심장질환, 그리고 조기사망에 이르게 된다. 이 질병은 79개의 엑손을 가진 *dystrophin* 유전자의 돌연변이로 발생한다. 결실, 중복, 그리고 열린 번역틀 변이로 인한 짧은 단백질 발현 및 기능 상실 등 돌연변이의 종류는 다양하다.

많은 dystrophin 유전자 돌연변이가 엑손 51에서 일어난다. 과학자들은 엑손 51 스플라이싱이 일어나는 부위 근처의 DNA에 특이적인 ASO를 고안하였다. 이런 ASO는 정상적인 mRNA의 스플라이싱을 방해하여 엑손 50과 엑손 52가 결합하여 mRNA 상에 돌연변이가 일어난 엑손 51 부위를 제거할 수 있다. 비록 내부적으로 아미노산의 결실이 일부 있는 dystrophin 단백질이 생성되기는 하지만 부분적으로 근육의 기능을 회복할 수 있다. ASO에 의해 조절되는 엑손-제거(skip) 기술은 지중해성 빈혈(β-thalassemia), 척추근육위축증(spinal musclular atrophy), 그리고 암과 같은 질병에 적용할 수 있다.

조사해 보자

다음의 질문에 답하기 위해 개인이든 그룹이든 시간을 가지고 생각해 보자. 참고문헌을 조사하고 안티센스 치료법을 개발하고 사용하는데 따른 기술적 문제들에 대해 토론할 수 있도록 참고문헌과 인터넷을 검색해 보자.

1. ASO를 치료법으로 사용하는 것에 대한 기술적 문제는 어떤 것들이 있을까? 과학자들은 이런 문제를 어떻게 접근하고 있는가?

안티센스 핵산 약물 디자인에 대한 논의는 다음 논문을 읽어 보아라. Watts, J. K. and Corey D.R. 2012. Silencing disease genes in the laboratory and the clinic. *J. Pathol.* 226: 365–379.

2. ASO를 뒤시엔느 근위축증에 대한 엑손 건너뛰기 치료법(exon-skipping therapies)으로 사용하는 데 한계점은 무엇인가? 엑손 건너뛰기 치료법에 대한 임상시험은 현재 어떤 상황인가?

뒤시엔느 근위축증에 대한 엑손 건너뛰기 치료법은 아래 논문을 읽어 보아라. Fairclough, R.J. et al. 2013. Therapy for Duchenne muscular dystrophy: Renewed optimism from genetic approaches. *Nature Rev. Genet.* 14: 373–378. 임상실험에 대한 정보는 http://www.ncbi.nlm.nih.gov/pubmed을 이용해 검색을 시작하라.

3. Mipomersen(Kynamro, Isis Pharmaceuticals)이 최근 가족력에 의한 고지혈증 치료용으로 승인되었다. 이 ASO의 작동원리는 무엇이고, 왜 동형접합 유전병 환자만 사용하도록 제한되었는가?

Mipomersen에 대해 더 알아보려면 아래의 논문을 읽어보아라. Bell, D.A. et al. 2012. Mipomersen and other therapies for the treatment of severe familial hypercholesterolemia. *Vascular Health and Risk Management* 8: 651 – 659.

질문 및 해답

1. DNA가 4가지 염기가 아니라 6개의 염기(3가지 상보적 염기쌍)를 갖고 진화되었다면, 얼마나 많은 트리플렛 암호들이 가능할 것인지 계산해보라. 20개의 아미노산과 시작 및 종결 암호가 있다고 가정할 때, 6개의 염기가 2글자 암호로 가능했을까?

해답: 6개 중 3개를 선택한다면 $(6)^3$ 즉 216개의 트리플렛 암호가 나올 수 있다. 만약 암호가 두 글자라면, $(6)^2$ 혹은 36개의 두 문자 암호가 나올 것이므로, 20개의 아미노산과 시작-끝 암호를 수용할 수 있는 것보다 충분히 많다.

2. 1/2C:1/4A:1/4G를 이용한 이형중합체 실험에서 RNA 분자를 합성할 때 몇 가지의 서로 다른 트리플렛이 생길 수 있을까? 가장 빈번한 트리플렛은 얼마나 자주 발생할 것인가?

해답: $(3)^3$ 혹은 27개의 트리플렛이 생길 것이다. 가장 빈번한 것은 CCC로 $(1/2)^3$ 혹은 1/8회 존재할 것이다.

3. 일반적인 혼성중합체(copolymer) 실험에서, UUAC가 계속 반복해서 나왔다. 몇 가지 트리플렛이 RNA 합성에서 발생할 수 있을까? 그리고 이 RNA가 번역된다면 폴리펩타이드에 몇 가지의 아미노산이 나타날 수 있을까? 그림 13-7을 참고하여라.

해답: 합성 RNA는 4가지 트리플렛—UUA, UAC, ACU, 그리고 CUU—을 계속 반복하는 형태로 나타날 것이다. UUA와 CUU 둘 다 류신을 암호화하고, ACU와 UAC는 각각 트레오닌과 티로신을 암호화하므로, 그러한 RNA 조건하에서 합성되는 폴리펩타이드는 세 종류의 아미노산을 포함하며 leu-leu-thr-tyr이 반복된다.

4. Actinomycin D는 DNA 의존성 RNA 합성을 방해한다. 이 항생제는 특정 단백질을 조사할 세균 배양액에 첨가한다. 항생제가 첨가되지 않은 대조군 배양과 비교해서 이 단백질의 번역은 20분 동안 더 이상 단백질이 만들어지지 않을 때까지 감소한다. 이 결과를 설명하여라.

해답: 단백질 번역의 기초인 mRNA는 약 20분의 수명을 가진다. Actinomycin D가 첨가되면 전사가 방해되고 새로운 mRNA는 만들어지지 않는다. 이미 존재하던 mRNA로부터 20분까지 단백질이 번역되었다.

탐구 문제

어떻게 알았을까?

1. 이 장에서 우리는 유전암호와 DNA에 저장되어 있던 유전정보가 상보적인 RNA 분자로 전사되는 것에 초점을 맞추었다. 이 과정에서 우리는 이 정보를 얻기 위한 실험 방법과 논리적으로 추론할 기회를 많이 가졌다. 이 장에서 설명한 내용을 기반으로 다음 기초적인 질문에 답하여라.

(a) 직접적인 실험적 증거를 얻기 전 왜 유전학자들은 유전암호가 트리플렛 염기서열로 구성되어 있으며 각각 겹치지 않는다고 믿었는가? 실험적으로 이런 추정이 맞다는 것을 어떻게 입증하였는가?

(b) 특정 아미노산을 암호화하는 코돈 조성에 대한 초기 식견을 갖도록 한 실험적인 증거는 무엇인가?

(c) 실험적으로 트리플렛 암호의 특정 서열이 어떻게 결정되었는가?
(d) 실험적으로 결정된 트리플렛 코돈이 어떻게 박테리아파지 MS2를 이용한 연구에서 검증되었는가?
(e) DNA에 암호화되어 있는 정보의 발현이 RNA 중간체를 포함한다는 증거는 무엇인가?
(f) 진핵생물 유전자의 초기 전사체는 비암호화된 서열을 포함하며, 단백질로 번역되기 전에 제거되어야만 한다는 것을 어떻게 알 수 있나?

개념확인 문제

2. 308쪽의 핵심 개념을 검토하여라. 모든 내용은 어떻게 유전정보는 DNA에 저장되어 있고 단백질로 번역되기 전 RNA로 옮겨가는 지에 맞추어져 있다. 유전암호의 주요 특성과 DNA 주형에서 RNA가 전사되는 주요 과정에 대하여 간단하게 요약하여라.

3. Crick, Barnett, Brenner, 그리고 Watts-Tobin 등은 번역틀 이동 돌연변이에 대한 연구에서 3(+) 혹은 3(–) 돌연변이가 정확한 번역틀을 회복하는 것을 발견했다. (a) 암호가 트리플렛이라면 뉴클레오타이드 6개의 첨가나 소실이 번역틀에 미치는 영향은? (b) 암호가 6개의 뉴클레오타이드로 이루어진 6자(sextuplet) 암호라면, 세 뉴클레오타이드나, 6개, 9개의 첨가나 소실로 이루어진 틀이동 돌연변이에 의해 번역틀이 회복될 수 있을까?

4. 반복된 네 뉴클레오타이드 UUAC로부터 합성된 mRNA가 오로지 세 개의 아미노산만 통합시키는 반면, UAUC는 네 개의 아미노산을 통합시켰다. 왜 그런가?

5. 반복성 혼성중합체를 사용한 실험에서 AC...는 트레오닌과 히스티딘을, CAACAA...는 글루타민, 아스파라긴, 그리고 트레오닌을 통합했다. 트레오닌의 트리플렛 암호를 결정할 수 있겠는가?

6. 반복적인 혼성중합체를 사용한 암호화 실험에서 (표 13.3에서와 같이) 아래와 같은 자료를 얻었다.

중합체	생성되는 코돈	폴리펩타이드의 아미노산
AG	AGA, GAG	Arg, Glu
AAG	AGA, AAG, GAA	Lys, Arg, Glu

AGG는 아르기닌 암호로 알려져 있다. 워블가설을 고려하여 나머지 네 코돈이 지정하는 아미노산을 결정하여라.

7. 트리플렛 결합 분석 기법에서 코돈에 부합하는 아미노산이 표지되었을 경우 방사능은 필터에 남게 된다. 이 기술의 기초를 설명해 보아라.

8. 서로 다른 생물체에서 분리한 인슐린의 아미노산 서열이 결정되었을 때 일부 차이가 발견되었다. 예를 들어 알라닌은 트레오닌으로, 세린은 글리신으로, 발린은 이소류신으로 대체되어 있었다. 이들 아미노산 변화를 유도할 수 있는 코돈에서의 단일 염기 변화를 나열해 보라.

9. *E. coli*의 트립토판 합성효소의 야생형과 돌연변이형의 아미노산 서열에 관한 연구에서 다음과 같은 변화가 관찰되었다.

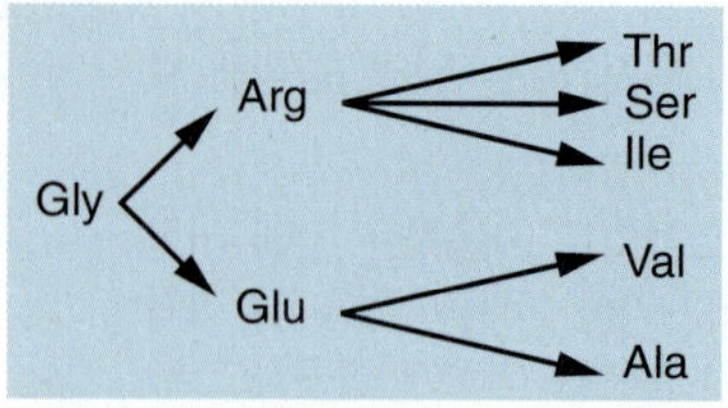

하나의 뉴클레오타이드 변화로 각 아미노산 변화를 일으킨 트리플렛 암호들을 결정해 보라.

10. 폴리뉴클레오타이드 가인산분해효소(Ochoa 효소)는 왜 생체 내에서 RNA를 합성하지 않는가?

11. 표 13.1을 참고하여, poly U + poly A 혼합물이 ^{14}C-페닐알라닌을 단백질로 통합하지 않는 이유를 설명할 수 있겠는가?

12. 다음의 짧은 가상적 mRNA 서열을 번역하는 중에 만들어지는 아미노산 서열을 예측하라(두 번째 서열은 첫 번째 서열에서 오직 하나의 뉴클레오타이드만 빠진 것임을 주목하여라).

서열 1 : 5′- AUGCCGGAUUAUAGUUGA -3′

서열 2 : 5′- AUGCCGGAUUAAGUUGA -3′

서열 2에 일어난 돌연변이 종류는 무엇인가?

13. 아래의 짧은 가상적 mRNA 분자가 분리되었으며 2차구조를 나타내는 흡광도 상향전이(hyperchromic shift)를 보였다. 그 서열은 다음과 같다.

5′ – AGGCGCCGACUCUACU – 3′

(a) 이 분자에 대한 2차원 모형을 제시해 보라.
(b) 전사에 의해 이러한 분자를 만들어졌다면 DNA 서열은 무엇인가?
(c) 이 분자가 CGA 안티코돈을 가진 tRNA의 일부라면 해당 코돈은 어떤 것일까?
(d) 이 분자가 어떤 메시지의 일부라면 번역후 얻은 아미노산의 서열은? (그림 13-7을 참고하여라.)

14. 야생형 대장균 트립토판 합성효소의 210번째 아미노산은 글리신이다. 글리신을 지정하는 코돈이 GGA라면 얼마나 많은 단일 염기 치환이 210 부위의 아미노산 변화를 일으킬 것인가? 그리고 그것들은 어떤 것인가? 야생형 코돈이 GGU라면 몇 개가 얻어지는가?

15. 그림 13-7을 보고 답하여라.
(a) 다음은 가상의 바이러스 mRNA 서열이다.

5′-AUGCAUACCUAUGAGACCCUUGGA – 3′

중첩된 유전자로부터 생길 수 있다는 것을 감안하면 얼마나 많은 폴리펩타이드 서열들이 생성될 수 있겠는가? 서열은 무엇인가?
(b) (a)부분의 서열을 바꾸는 염기 치환 돌연변이에 의해 한 종류의 폴리펩타이드를 제외한 모든 폴리펩타이드의 합성이 사라졌다. 바뀐 서열은 아래와 같다. 왜 그런지 설명하여라.

5′-AUGCAUACCUAUGAGACCCUUGGA-3′

16. 대부분의 단백질은 히스티딘보다는 류신을, 트립토판보다는 히스티딘을 더 많이 포함하고 있다. 이 세 아미노산에 대한 코돈 수를 이들 정보와 연관시켜 보아라.

17. 전사 과정을 정의하라. 분자유전학의 중심원리(central dogma)의 어느 부분에 해당하는가?

18. mRNA의 존재에 대한 최초의 증거는?

19. 세균의 RNA 중합효소의 구조에 대해 설명해 보라. 핵심효소(core enzyme)란 무엇인가? σ 소단위의 역할은?

20. RNA 중합효소에 의한 전사를 요약하는 간단한 화학반응을 문장으로 설명하여라.

21. 원핵세포에서 전령 RNA 분자들은 빨리 분해되기 때문에 분리하기가 상당히 어렵다. 왜 이러한 일이 일어나는지 이유를 제시할 수 있겠는가? 진핵세포의 mRNA들은 원핵세포의 mRNA들보다 좀 더 안정적이고 세포 내에서 더 오래 존재한다. 이러한 사실은 이자세포에서 다량의 인슐린을 합성하는데 이로울까, 해로울까?

22. 진핵생물에서 다양한 형태의 전사 후 가공에 대하여 각각 예를 들어 간단하게 나타내어라.

23. 대부분 진핵생물 RNA 전사 후 수식의 한 형태로 3′ 말단에 폴리-A 꼬리가 붙는다. 폴리-A 꼬리서열이 없을 때 전사체는 빠른 속도로 분해된다. 다양한 길이의 폴리-A 꼬리는 원핵생물에서도 발견된다. 하지만 안정성이 증가하지 않고 더 빨리 분해된다. 이 두 경우 모두 RNA 2차구조는 폴리-A 꼬리서열과 상호작용한다. RNA의 활동을 고려할 때 3′-폴리 아데닐레이션의 일반적인 기능은 무엇인가?

24. 초기 전사체의 서열과 크기를 변화시킬 수 있는 두 종류의 RNA 편집의 역할에 대하여 설명하라. 단백질 생성에 영향을 주는 것을 포함하여 각 편집형태의 여러 예를 간략하게 설명하여라.

25. 치환 RNA 편집은 C가 U로 혹은 A가 I로 치환되는 것을 포함한다고 알려져 있다. 각각을 설명할 수 있는 공통적인 화학적 사건은 무엇인가?

응용 문제

26. 오늘날의 트리플렛 유전암호는 원시적인 단백질 합성을 위해 더 적은 수의 아미노산이 존재하던 때의 더블렛(2문자) 암호로부터 진화해왔다는 주장이 있다.
(a) 당신은 현존하는 암호 사전에서 더블렛 암호의 개념을 지지할 수 있는 어떤 증거를 발견할 수 있는가?
(b) 알라닌, 발린, 글리신, 아스파르산, 글루탐산과 같은 아미노산은 초기 생합성 과정에 존재하며(Taylor and Coates, 1989), 다른 아미노산보다 더 잘 보존되어 있다(Brooks and Fresco, 2003). 따라서 그들은 진화적으로 초기에 존재하던 아미노산이라 생각된다. 유전암호의 진화적 관점에서 이 정보의 중요성은 무엇인가? 또한 처음 두 개의 염기 중 어떤 염기가 이런 아미노산을 결정짓는 데 중요하게 작용해왔을까?
(c) 원시 단백질과 최근에 진화된 단백질을 비교해보면 시스테인, 티로신, 그리고 페닐알라닌이 나중에 나타난 아미노산으로 보인다. 게다가, 이들 아미노산은 무생물적 지구에서는 없었을 것이라 생각된다(Miller, 1987). 이 세 아미노산을 각각 두 개의 코돈만 갖고 있으며 기원이 더 오래된 다른 많은 아미노산들은 더 많은 코돈을 갖고 있다. 이것이 단지 우연의 일치인가 아니면 이것을 설명할 만한 논리가 있는가?

27. 1954년 George Gamow는 DNA가 직접 폴리펩타이드 합성을 위한 주형으로 이용되는 가능성을 고려한 유전자 코드를 제안하였다. 진핵생물에서 그런 시스템을 고려하는 것에 대한 어려움은 무엇인가? 이런 제안들에 대해 반박할 수 있는 관찰과 이론적인 고려사항들은 무엇인가?

28. 혼성중합체(copolymer) 실험에서 4/5C:1/5A 혹은 4/5A:1/5C를 혼합하여 메신저를 합성하였다. 이들 메신저가 다음과 같은 아미노산 조성의 단백질을 생산했다.

4/5C:1/5A		4/5A:1/5C	
프롤린	63.0%	프롤린	3.5%
히스티딘	13.0%	히스티딘	3.0%
트레오닌	16.0%	트레오닌	16.6%
글루타민	3.0%	글루타민	13.0%
아스파라긴	3.0%	아스파라긴	13.0%
리신	0.5%	리신	50.0%
	98.5%		99.1%

이 자료를 이용하여 각 아미노산에 대한 특정 암호조성을 예상해 보아라.

29. 다음은 짧은 단백질의 야생형과 돌연변이형의 아미노산 서열을 나타낸 것이다.

야생형 :	Met-Trp-Tyr-Arg-Gly-Ser-Pro-Thr
돌연변이 1 :	Met-Trp
돌연변이 2 :	Met-Trp-His-Arg-Gly-Ser-Pro-Thr
돌연변이 3 :	Met-Cys-Ile-Val-Val-Val-Gln-His

(a) 그림 13-7을 이용하여, 변화된 단백질을 만든 돌연변이 유형을 예측하여라.
(b) 각 돌연변이 단백질이 합성되도록 한 특정 리보뉴클레오타이드 변이는 무엇이었는지 결정하여라.
(c) 야생형 RNA는 9개의 트리플렛으로 구성된다. 9번째 트리플렛의 역할을 무엇인가?

(d) 돌연변이 단백질을 보고 야생형의 첫 8개 트리플렛에서 어떤 트리플렛이 변한 것인지 결정할 수 있겠는가? 결정할수 있던 없던각 경우에서 왜 그런지 그 이유를 설명하여라.
(e) 또 다른 네 번째 돌연변이가 분리되었다. 그것의 아미노산 서열은 바뀌지 않았지만 돌연변이 세포는 비정상적으로 적은 양의 야생형 단백질을 생산하였다. 이 유전자에서 돌연변이가 존재하는 장소를 가능한 자세히 예측하여라.

30. 유전자 암호는 중첩적이다. 아미노산은 1개, 2개, 3개, 4개 또는 6개의 트리플렛 암호에 의해 암호화된다. (그림 13-7을 보라.) 한 가지 재미있는 질문은 트리플렛 암호의 빈도가 단백질들 내에 출현하는 아미노산의 빈도와 관련이 있는가 하는 것이다. 즉, 유전자 암호가 의도된 사용에 최적화되어 있는가? *E. coli*의 단백질에서 9개 아미노산의 출현 빈도값이 다음 표에 나와 있다.

아미노산	%
Met	2
Cys	2
Gln	5
Pro	5
Arg	5
Ile	6
Glu	7
Ala	8
Leu	10

(a) 각 아미노산을 암호화하는 트리플렛(암호)의 개수는?
(b) (a)의 결과와 표의 자료를 그래프로 표현할 수 있는 방법을 고안해 보라.
(c) 단백질을 만드는 아미노산의 상대적인 빈도와 각각을 위한 트리플렛의 수가 관련이 있는지를 결정하기 위해 여러분의 자료를 분석해 보아라. 여러분의 결론을 한 문단 정도의 글로 작성하여라.
(d) 여러분이 이 문제를 좀 더 다루고자 한다면 어떤 분석을 더 진행할 수 있겠는가?

31. M. Klemke 등은(2001) 포유류의 신경호르몬 수용체 내의 한 엑손에서 흥미로운 암호화 현상을 발견했다. 이 과정으로 두 개의 단백질(XLαs와 ALEX)이 같은 엑손에서 생산되는 것으로 보인다. 아래는 쥐에서 유래한 이 엑손의 5′ 말단 DNA 서열을 나타낸 것이다. 소문자는 XLαs 단백질의 초기 암호화 부분을 나타낸 것이고, 대문자는 ALEX가 시작되는 부분을 나타낸 것이다. (편의를 위해, 그리고 RNA 암호사전과 맞추기 위해 DNA 절편의 상대 가닥인 비암호화 가닥을 나타냈다.)

5′ -gtcccaaccatgcccaccgatcttccgcctgcttctgaagATGCGGGCCCAG

(a) 이 비암호화 DNA 서열을 암호화 RNA 서열로 전환하여라.
(b) XLαs 부분에서 개시코돈의 위치를 정하여라.
(c) ALEX 부분에서 개시코돈의 위치를 정하여라. 두 개시 코돈이 같은 번역틀 안에 있는가?
(d) 각 암호화 서열에 대한 아미노산 서열을 말하라. 겹치는 부분에서 두 아미노산 서열은 같은가?
(e) 같은 DNA 서열이 두 가지 단백질 산물을 만들도록 하는 것이 진화적으로 장점인가? 단점이 있다면 무엇인가?

32. DNA에서 공통 서열이라는 개념은 이 장에서 소개된 바와 같이 동일 생물 내의 서로 다른 유전자에서 혹은 서로 다른 생물의 유전자에서 비슷한 서열을 뜻한다. 그 예로 원핵세포의 프립나우 상자와 −35′ 부위, 그리고 진핵세포의 TATA 상자를 들 수 있다. Novitsky와 동료들(2002)의 연구는 HIV-Type 1C(AIDS 감염의 주요 원인) 바이러스 73개 주에서 사람의 대식세포 안에서 HIV 전사를 개시하는 데 필수적인 *cis*- 작용 서열인 NF-κB의 프로모터-인핸서 부위에 GGGNNNNNCC(N은 뉴클레오타이드 어떤 것이라도 상관 없음) 공통서열이 존재함을 보고했다. 저자들은 이 서열을 비롯해서 또 다른 보존된 공통서열의 발견이 AIDS 백신 고안에 중요할 것으로 생각하고 있다. 이런 공통서열을 알고 있으면 어떤 장점이 있는가?

33. 최근의 관찰에 따르면, 선택적 스플라이싱은 진핵세포가 유전자 기능의 목록을 확장하는 일반적인 기작이라고 한다. Xu와 동료들(2002. *Nuc. Acids Res*. 30: 3754-3766)의 연구는 약 50%의 인간 유전자들이 선택적 스플라이싱을 하며 질병 유발 돌연변이 중 약 15%가 잘못된 선택적 스플라이싱과 관련 있다고 한다. 서로 다른 조직들은 현저하게 다른 선택적 스플라이싱 빈도를 보이는데, 뇌는 그러한 사건의 약 18%를 차지한다.
(a) 선택적 스플라이싱이란 무엇인가? 그리고 선택적 스플라이싱이 제공하는 진화적 전략은?
(b) 왜 어떤 조직은 다른 조직들보다 더 많은 선택적 스플라이싱을 하는가?

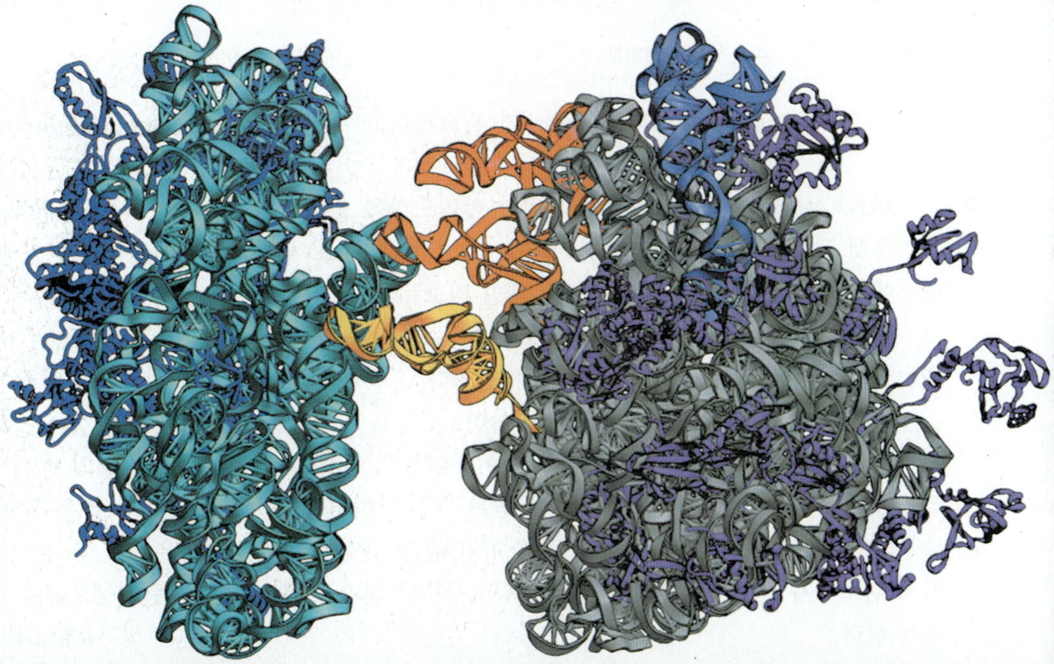

두 개의 단위체를 연결하는 세 개의 tRNA를 갖고 있는 *Thermus thermophilus* 70*S* 리보솜의 결정 구조. *Albio Baucom* 박사가 제공한 그림 (*baucom@biology.ucsc.edu*). 사이언스(292권, 2001년 5월 4일) 표지에서 따온 것임.

14 번역과 단백질

핵심 개념

- 전령 RNA(mRNA)의 리보뉴클레오타이드 서열은 DNA에 저장된 유전적인 정보를 반영하고 이러한 유전자들에 암호화되어 있는 단백질의 아미노산 서열을 지정한다.
- 번역 과정은 mRNA에 담긴 정보를 해독하여 폴리펩타이드 사슬을 합성하는 데 사용한다.
- 번역은 mRNA, tRNA, 리보솜 및 폴리펩타이드 사슬의 개시, 신장, 종결에 핵심적인 여러 가지 인자들을 포함한다.
- 대부분 유전자들의 최종산물인 단백질은 3차원적 구조를 갖게 되는데, 이는 단백질을 구성하는 폴리펩타이드 사슬의 1차 아미노산 서열에 의해서 이루어진다.
- 단백질의 기능은 3차 구조와 밀접하게 연관되는데, 돌연변이가 이러한 3차 구조를 붕괴시킬 수 있다.

13장에서 유전자 코드가 DNA에 트리플렛 코돈의 형태로 정보를 담고 있으며, 이 정보가 우선적으로 전사 과정을 통해 DNA 주형가닥과 상보적인 mRNA로 발현된다는 것을 배웠다. 그런데 유전자 발현의 최종산물의 대부분은 유전자 코드에 의해서 그 서열이 미리 정해지는 일련의 아미노산으로 구성된 '폴리펩타이드'이다. 이 장은 mRNA에 존재하는 정보가 어떻게 전환되어, 단백질 분자로 접히는 폴리펩타이드를 어떻게 생성하는지 살펴본다. 나아가 단백질이 유전자의 최종산물임을 입증하는 증거를 살펴보고, 단백질 구조, 다양성 및 기능의 다양한 측면을 간단하게 토론한다. 이러한 정보는 유전자 발현에 대한 우리의 이해도를 확장시키고, DNA에 발생한 돌연변이들이 생물체에서 관찰되는 다양한 표현형질을 어떻게 변화시키는지에 대한 중요한 근거를 제시할 것이다.

14.1 리보솜 및 tRNA가 mRNA의 번역을 담당한다

mRNA의 **번역(translation)**은 아미노산을 생물학적으로 중합하여 폴리펩타이드 사슬을 만든다. 유전자 코드에 관한 토론에서 언급했던 바와 같이, 이 과정은 비특이적 작업대로 사용되는 **리보솜(ribosome)**과 연계해서 일어난다. 번역에서 중심적인 질문은 어떻게 mRNA의 트리플렛 코돈이 특정한 아미노산을 폴리펩타이드의 적소에 지정하느냐이다. 이 질문에 대한 답은 **운반 RNA(transfer RNA, tRNA)**에서 찾게 되었다. tRNA 분자들은 특정한 트리플렛 코돈에 존재하는 유전자 정보를 해당되는 아미노산으로 바꾼다. 13장에서도 언급한 바와 같이, Francis Crick

은 1957년에 모종의 '어댑터(adaptor)'가 필요하다고 제안하였다.

mRNA는 리보솜과 연계하여 특정한 아미노산을 불러오는 트리플렛 코돈을 드러낸다. tRNA 분자는 뉴클레오타이드 서열 내부에 코돈과 상보적인 세 개의 연속적인 리보뉴클레오타이드로 구성된 **안티코돈(anticodon)**을 갖고 있다. tRNA의 다른 부위는 코돈에 해당되는 아미노산과 공유결합한다.

tRNA와 mRNA 사이의 수소결합이 아미노산들을 가깝게 위치시켜서 이들 사이에 펩타이드 결합이 이루어진다. mRNA가 리보솜을 통과하면서 이와 같은 과정이 반복되어, 아미노산들이 중합되어 하나의 폴리펩타이드가 된다. 이와 같은 과정을 상세하게 검토하기 전에 리보솜과 운반 RNA의 구조를 먼저 살펴보도록 한다.

리보솜 구조

리보솜이 유전정보의 발현에서 핵심적인 역할을 하기 때문에 그 구조는 상세하게 분석되었다. 박테리아 세포 하나는 10,000여 개의 리보솜을 갖고, 진핵세포 하나는 몇 배에 달하는 수의 리보솜을 갖는다. 전자현미경으로 분석한 결과, 박테리아 리보솜의 지름은 약 40 nm이며 두 개의 소단위체로 이루어진 것이 밝혀졌다. 두 가지 소단위체는 각각 한 개 혹은 두 개 이상의 RNA와 여러 가지 **리보솜 단백질(ribosomal protein)**로 구성된다. 두 개의 소단위체가 하나의 리보솜으로 연합하여 이루는 구조를 **모노솜(monosome)**이라고 부른다.

원핵세포와 진핵세포 간의 주요 차이점을 그림 14-1에 요약하였다. 소단위체 및 rRNA 구성인자들은 자당(sucrose) 농도 구배에서의 원심분리를 통해 쉽게 분리되며 그 침강계수에 의거해서 구분된다. *S*(*Svedberg coefficient*)로 표시되는 침강계수는 분자의 밀도, 무게 및 모양을 반영한다. 원핵세포의 모노솜은 한 개의 70*S* 입자이나 진핵세포의 모노솜은 80*S* 입자이다. 이는 다른 크기 입자들의 이동 속도가 다르다는 것을 나타내며 반드시 분자량의 총량을 반영하지는 않는다. 예를 들어, 원핵세포의 70*S* 모노솜은 50*S* 및 30*S* 소단위체로 구성되고, 진핵세포 모노솜은 60*S* 및 40*S* 소단위체로 구성된다.

원핵세포에서 더 큰 소단위체는 23*S* rRNA 분자, 5*S* rRNA 분자 및 31개의 리보솜 단백질들로 구성된다. 진핵세포에서 이에 해당되는 소단위체는 28*S* rRNA 분자, 5.8*S* 및 5*S* rRNA 분자, 그리고 46개의 단백질들로 구성된다. 원핵세포의 더 작은 소단위체는 16*S* rRNA 분자와 21개의 단백질들로 구성된다. 진핵세포에서 이에 해당되는 소단위체는 18*S* rRNA 분자와 33개의 단백질들로 이루어진다. 대략적인 분자량(단위: 달톤, Da)과 이러한 구성분의 뉴클레오타이드 수를 그림 14-1에 표시하였다.

리보솜의 RNA 분자들은 번역에서 모든 중요한 촉매 기능을 수행한다고 밝혀졌다. 리보솜을 구성하는 많은 수의 리보솜 단백질들의 기능은 오랫동안 수수께끼로 남아 있었으나, 이들은

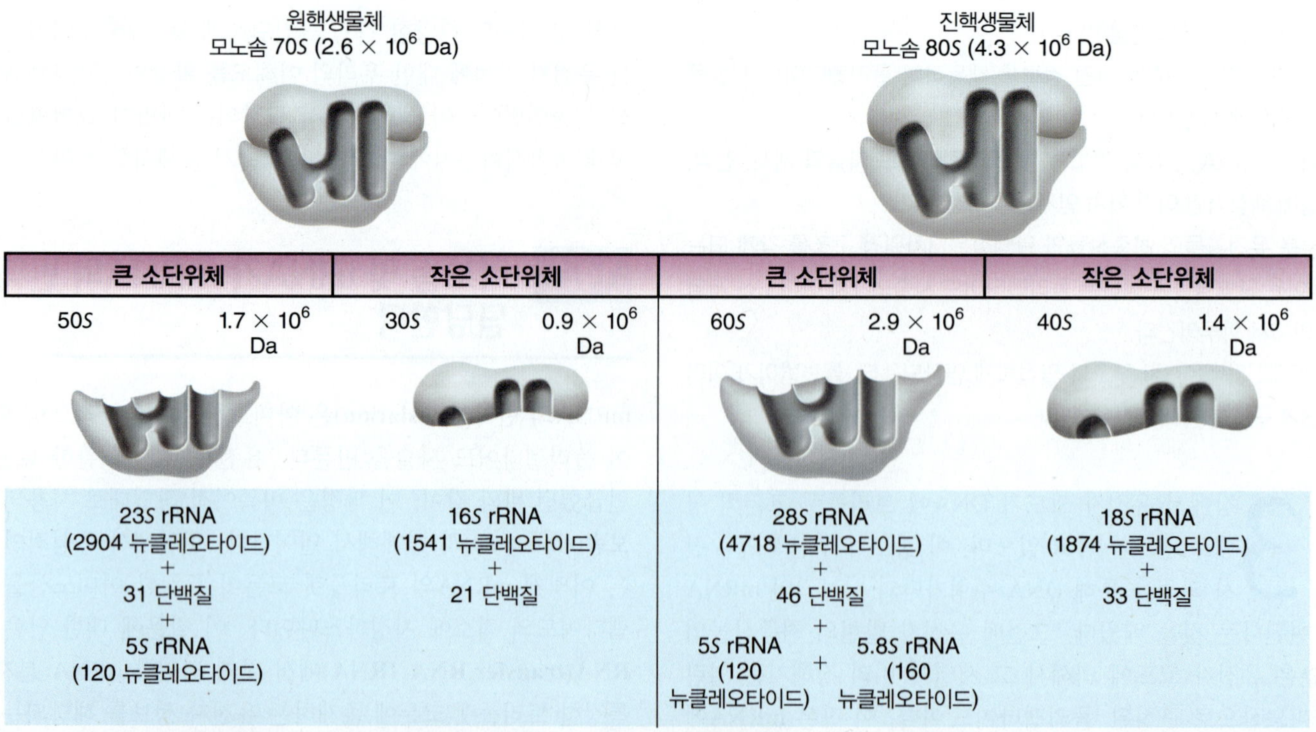

그림 14-1. 원핵생물체 및 진핵생물체 리보솜 구성인자의 비교.

아마도 번역 과정에 관여하는 여러 가지 분자들과의 결합을 촉진하여 단지 번역 과정의 미세조정에만 관여할 것으로 예상된다. 이러한 추측은 리보솜 단백질을 제거한 리보솜으로 수행한 실험에서도 어느 수준의 촉매기능이 유지되는 것에 근거한 것이다.

분자 혼성화 연구를 통해 rRNA 구성인자를 암호화하고 있는 유전자들의 중복 정도가 파악되었다. 대장균 유전체는 23*S*, 16*S* 및 5S를 암호화하고 있는 서열을 7개 갖고 있다. 이러한 유전자들 각 세트의 1차 전사체는 30*S* RNA인데, 이는 효소에 의해서 절단되어 작은 구성인자가 된다. 이처럼 세 가지 rRNA 구성인자를 암호화하고 있는 유전자 정보가 서로 연결되어 있어서, 여러 단계로 이루어지는 전사 과정을 거쳐 생성되는 세 가지 구성인자들이 동일한 양으로 생성되어 리보솜을 조립한다.

진핵세포에서는 28*S*, 18*S* 및 5.8*S* 구성인자를 암호화하고 있는 서열을 더욱 많이 가지고 있다. 초파리의 경우, 한 개의 45*S*로 전사되는 부위가 반수체의 유전체에 약 120개가 있다. 40*S*는 28*S*, 18*S*, 그리고 5.8*S* rRNA로 가공된다. 이는 대장균의 세 가지 rRNA 구성인자와 유사한 것이다. *Xenopus laevis*는 반수체 유전체에 34*S* 유전자를 500개 이상을 갖고 있다. 포유류에서 1차 전사체는 45*S*이다. **rDNA**라 불리는 이러한 rRNA 유전자들은 반복 DNA의 일부이며 염색체의 여러 곳에 군락으로 분포한다.

각각의 군락은 **종렬반복(tandem repeats)** 형태로 이루어졌으며, 각 단위 사이에 비암호 **간격 DNA(spacer DNA)** 서열이 존재한다. 인간에서 이 유전자 군락들은 염색체 13, 14, 15, 21, 그리고 22번의 말단 근처에 존재한다. 이 거대 전사체는 진핵세포의 5*S* rRNA 구성인자를 갖고 있지 않는다. 5*S* 리보솜 구성인자를 암호화하는 유전자들은 따로 존재한다. 사람의 경우, 5*S* rRNA를 암호화하는 유전자 군락은 염색체 1번에 있다.

리보솜 구성인자의 구조와 유전적 기원에 대한 구체적인 지식이 축적되었음에도 불구하고, 이러한 구성인자들의 기능은 아직 완전히 밝혀지지 못하였다. 이는 당연할지도 모른다. 리보솜은 가장 크기 때문에 세포 구조체들 중 가장 복잡할 수도 있다. 예를 들어, 박테리아 모노솜은 260만 Da의 전체 분자량으로 이루어진다.

tRNA 구조

tRNA는 작고 안정성이 높기 때문에 연구가 가장 자세하게 되어 있는 RNA 분자이다. 이들은 75~90개의 뉴클레오타이드로 구성되었으며, 원핵세포와 진핵세포에서 거의 동일한 구조를 보이고 있다. 원핵세포와 진핵세포에서 tRNA는 DNA에서 전사되어 큰 전구체를 만들고, 이는 절단 가공되어 완성된 4*S* tRNA 분자가 된다. 예를 들어, *E. coli*의 $tRNA^{Tyr}$[위 첨자는 해당 tRNA가 인식해서 결합하는 특정 아미노산, 즉 **연관 아미노산(cognate amino acid)**을 가리킨다]는 77 뉴클레오타이드로 구성되지만, 그 전구체는 126 뉴클레오타이드로 구성된다.

1965년, Rober Holley와 그 연구팀은 효모의 $tRNA^{Ala}$의 완전한 서열을 보고하였다. 이들의 발견에서 흥미로운 점은 다수의 뉴클레오타이드가 tRNA에서만 발견되는 **변형 염기(modified base)**를 갖고 있는 것이었다. 그림 14-2에 나타낸 바와 같이, 이러한 뉴클레오타이드의 각각은 RNA를 구성하는 염기(G, C, A, U) 중 하나에 변형이 생긴 염기를 갖고 있다. 그림에 나타난 것은 이노신산, 리보티민산, 그리고 유사유리딘산이다. 이러한 변형된 구조들은 tRNA의 전사 후에 일어나는데, 일반적인 개념의 **전사후 변형(posttranscriptional modification)**에 해당된다. 이 경우에, 전사 과정 중 유전자 코드에 의해 유인된 염기가 효소 반응에 의해 변형된다. 이와 같은 염기의 변형이 발생하는 이유는 불분명하지만, 번역 기간 중에 수소결합을 효과적으로 촉진하기 위한 방편으로 짐작하고 있다.

Holley는 염기서열 분석을 기반으로 2차원적인 **tRNA의 클로버잎 모델(cloverleaf model of tRNA)**을 제안하였다. tRNA는 염기쌍 형성에 의한 특징적인 2차 구조를 갖는 것으로 알려져 왔다. Holley는 1차 염기서열에서 염기쌍이 가능한 몇 가지 구간을 파악하였다. 쌍을 이루는 줄기와 쌍을 이루지 못한 고리

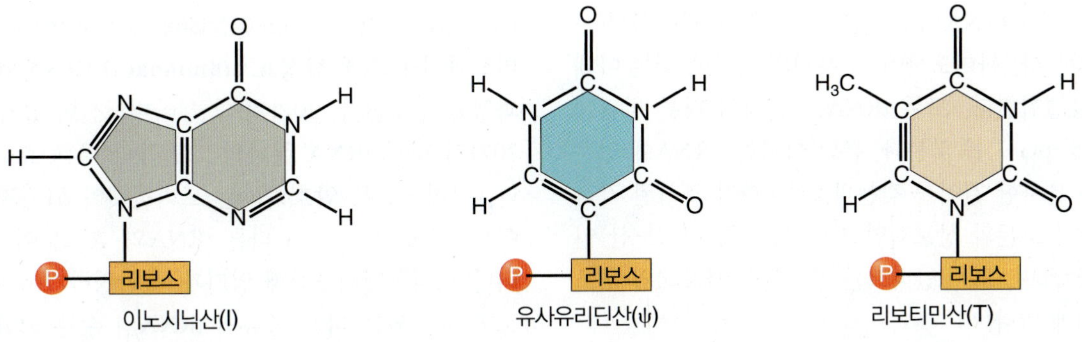

그림 14-2. tRNA에서 일반적이지 않은 염기로 구성된 리보핵산.

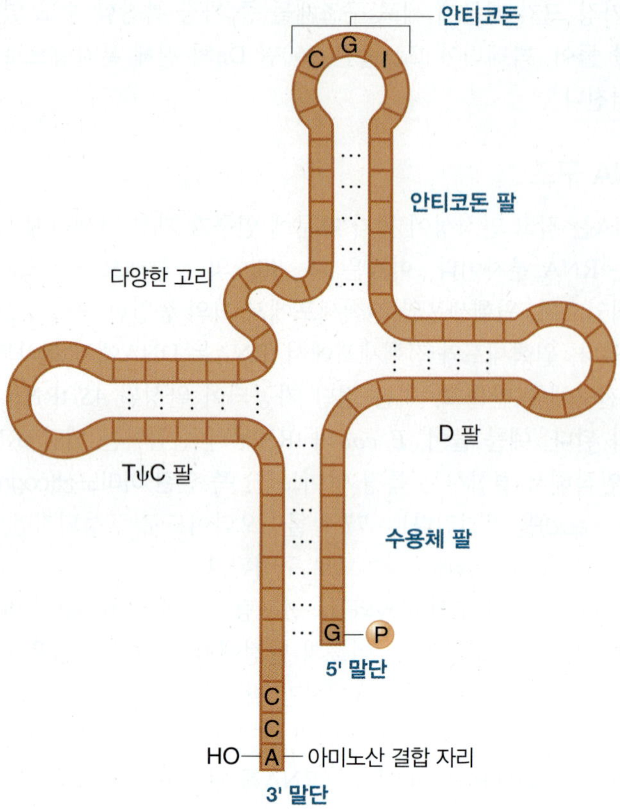

그림 14-3. Holley의 운반 RNA 2차원 클로버 잎 모델. 세 점(···)은 수소결합을 표시함.

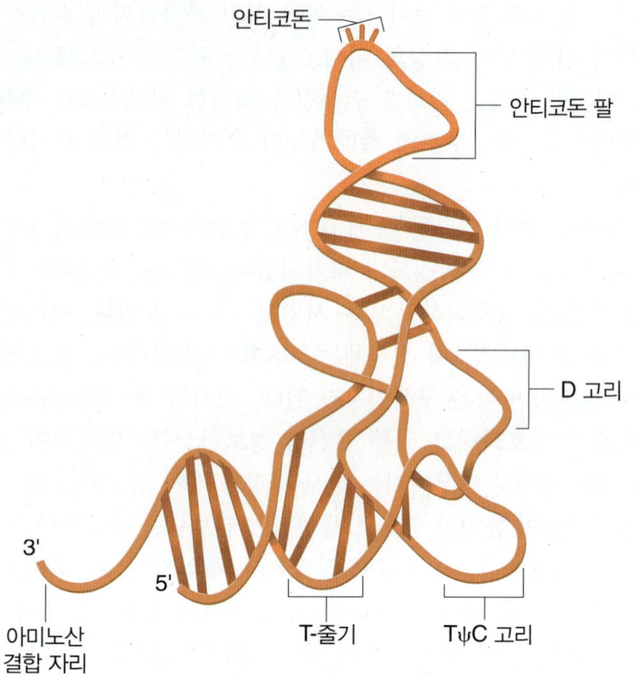

그림 14-4. 운반 RNA의 3차원 구조 모델.

모양으로 이루어진 그의 모델은 클로버 잎의 모양이었다. 고리 부위들은 변형된 염기를 갖고 있어서 일반적으로 염기쌍을 형성하지 않았다. Holly의 모델은 그림 14-3에 나타냈다.

GCU, GCC, GCA 트리플렛들은 알라닌을 지정한다. 따라서 Holley는 이러한 코돈의 하나와 상보적인 안티코돈 서열을 $tRNA^{Ala}$ 분자에서 찾아보았다. 그는 클로버잎의 한 개의 고리 부위에서 CGI(3′에서 5′ 방향) 형태를 발견하였다. 질소성 염기 I(이노신산)은 알라닌 트리플렛의 세 번째 염기 U, C, 혹은 A와 수소결합을 이룰 수 있었다. 이에 따라 **안티코돈 고리(anticodon loop)**가 발견되었다.

다른 종류의 tRNA 연구를 통해서도 한결같은 결과가 도출되었다. 첫째, 모든 tRNA의 3′ 말단은 동일한 염기서열(···pCpCpA-3′)을 갖는다. 아미노산이 이 부위의 말단에 있는 아데노신 잔기와 공유결합한다. 모든 tRNA는 분자의 다른 말단에 뉴클레오타이드(5′-pG···)를 갖는다. 뿐만 아니라, tRNA에 있는 줄기와 고리들은 유사한 길이를 갖는다. 이제까지 조사된 각각의 tRNA는 알려진 코돈과 상보적인 안티코돈, 즉 아미노산 인지 부위를 갖고 있으며, 모든 안티코돈 고리들은 클로버잎 구조에서 동일한 위치에 있다.

클로버잎 모델은 뉴클레오타이드 서열에 기반하여 예견되었기 때문에 tRNA의 X선 결정구조학적 분석에 의해서 밝혀진 3차원 구조는 매우 흥미로운 것이었다. 1974년, 미국의 Alexander Rich 연구팀과 영국의 J. Roberts, B. Clark, Aaron Klug 연구팀이 tRNA의 X선 결정구조를 3 Å 분해능으로 밝히는 데 성공하였다. 이러한 해상도에서는 개별 뉴클레오타이드에 의해서 형성되는 양상도 구분할 수 있었다.

그 결과, tRNA의 3차원적 모델이 완성되었다(그림 14-4). 안티코돈 고리 및 3′-수용 부위(아미노산이 공유결합하는 부위)의 위치가 밝혀졌다. 유전학자들은 중간 고리들의 모양이 tRNA에 특정한 아미노산을 결합시키는 효소를 인지하는 데 사용될 것으로 추측했다. 이제 이 주제에 대해 집중한다.

tRNA 채우기

번역이 진행되기 전에 tRNA 분자들은 해당되는 아미노산과 화학적으로 결합되어야 한다. 이러한 활성화 과정을 **채우기(charging)**, 혹은 아미노아실화(aminoacylation)라고 부르는데, **아미노아실-tRNA 합성효소(aminoacyl tRNA synthetase)**가 이 과정을 주도한다. 20가지 다른 아미노산이 있기 때문에, 적어도 20가지 다른 tRNA 분자와 그만큼의 다른 효소들이 있어야 한다. 아미노산을 암호화하는 트리플렛이 61가지가 있기 때문에 이론적으로는 61가지 다른 tRNA와 효소들이 있어야 한다. 그러나 트리플렛의 3번째 염기가 '불안정하기(wobble)' 때문에 최소한 요구되는 다른 종류의 tRNA의 수는 31개이다. 실제로는 이보다 많은 수가 존재한다. 해당되는 tRNA의 수가 훨씬 많음

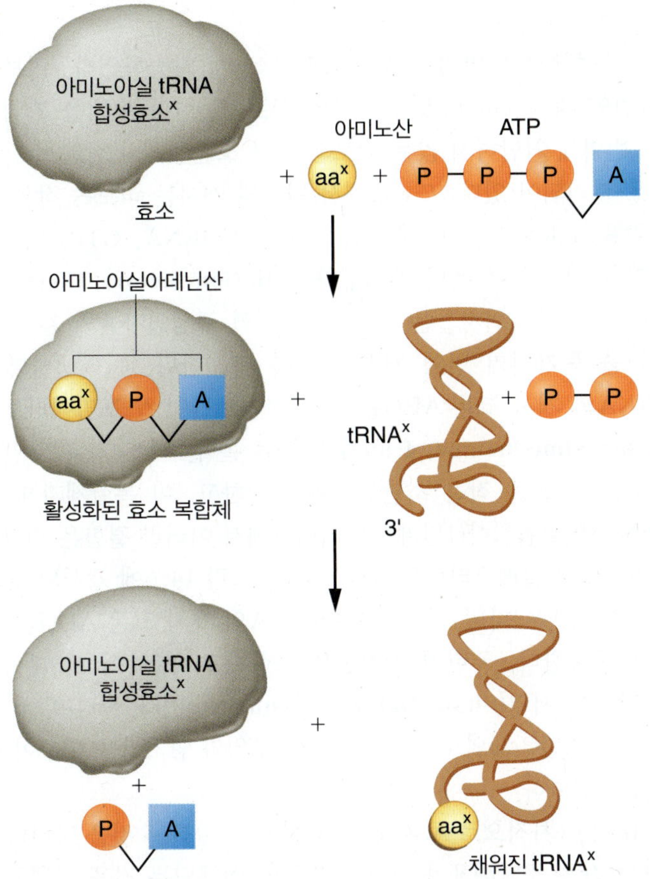

그림 14-5. tRNA 채우기 단계. 위첨자 x는 각 아미노산을 채우는 과정에 관여하는 해당 특정한 tRNA와 아미노아실 tRNA 합성효소를 가리킨다.

에도 불구하고, 합성효소는 각 아미노산을 담당하는 총 20가지만 존재하는 것으로 파악된다.

채우기 과정은 그림 14-5에 도식하였다. 초기 단계에서 아미노산이 활성화 형태로 바뀌어 ATP와 작용하여 **아미노아실 아데닐산(aminoacyladenylic acid)**을 만든다. ATP의 5′-인산 및 아미노산의 카복실 말단 사이에 공유결합이 생긴다. 이러한 반응은 합성효소와 연계하여 일어나며, 특정한 tRNA 분자와 반응하는 복합체를 형성한다. 다음 과정에서 아미노산이 적합한 tRNA에 전달되어 3′ 말단에 있는 아데닌 잔기와 공유결합한다. 채워진 tRNA는 아미노아실 tRNA(aminoacyl tRNA)라고 부르는데, 이는 단백질 합성에 직접 관여한다. 아미노아실 tRNA 합성효소는 특이성이 매우 높은 효소로서 오직 한 가지 아미노산과 그 아미노산을 담당하는 tRNA, 즉 **동종수용 tRNA(isoaccepting tRNA)**만을 인식한다. 이 점은 번역의 완성도에 매우 중요하다.

실전문제

14-1 1962년 Chapeville을 비롯한 다른 연구자들이 방사선으로 표지된 ^{14}C-시스테닐 tRNA^{Cys}(채워진 tRNA^{Cys} + 시스테인)을 분리한 후, 시스테인에서 황산기를 제거하여 알라닐-tRNA^{Cys}(채워진 tRNA^{Cys} + 알라닌)을 만들었다. 알라닐-tRNA^{Cys}을, 시스테인을 코딩하는 합성 mRNA에 첨가한 결과, 알라닌으로 구성된 폴리펩타이드가 합성되었다. 당신은 이 실험에서 어떤 결론을 도출할 수 있는가?

■ **힌트:** 이 문제는 번역 기간 중에 채워진 tRNA를 mRNA에 가져다 주는 역할을 tRNA가 하는지 아니면 채우기 기간 중에 tRNA에 첨부된 아미노산이 하는지에 관한 것이다. 해결의 실마리는 mRNA의 트리플렛 코돈이 시스테인에 관한 것인데 번역 과정에서 바라지 않았던 알라닌이 삽입되는 실험 결과에 있다.

더 연습하려면 8, 9, 10번 문제를 참조하시오.

14.2 mRNA의 번역은 세 단계로 구성된다

전사의 경우와 마찬가지로, 번역 과정은 별개의 단계로 나뉠 수 있다. 우리는 이러한 단계를 도식(그림 14-6, 14-7, 14-8)을 참고로 들여다볼 것인데, 번역은 역동적이며 지속적인 과정이라는 것을 염두에 두도록 하자. 다음의 토론사항을 읽어 내려가면서, 그림에 표시된 과정들을 단계별로 따라가도록 한다. 번역에 관여하는 단백질 인자들과 그 역할들을 표 14.1에 요약하였다.

표 14.1 대장균의 번역에 관련하는 여러 단백질 인자들

과정	인자	역할
번역 개시	IF1	30*S* 단위체와 결합하여 아미노아실 tRNA가 A 지점에 결합하는 것을 방지한다.
	IF2	f-met-tRNA를 30*S*-mRNA 복합체와 결합시켜 GTP를 가수분해한다.
	IF3	30*S* 단위체와 결합하여, 30*S* 단위체가 50*S* 단위체와 결속되는 것을 방지한다.
폴리펩타이드 신장	EF-Tu	GTP와 결합한다; 아미노아실 tRNA를 리보솜의 A 지점에 가져간다.
	EF-Ts	활성화된 EF-Tu를 생성한다.
	EF-G	전좌를 활성화한다; GTP–의존적이다.
번역 종결 및 폴리펩타이드 방출	RF1	tRNA에서 폴리펩타이드의 방출과 전좌 복합체의 해체를 촉매한다; UAA 및 UAG 종결 코돈 특이적이다.
	RF2	RF1처럼 작용한다; UGA 및 UAA 코돈 특이적이다.
	RF3	RF1 및 RF2를 활성화한다.

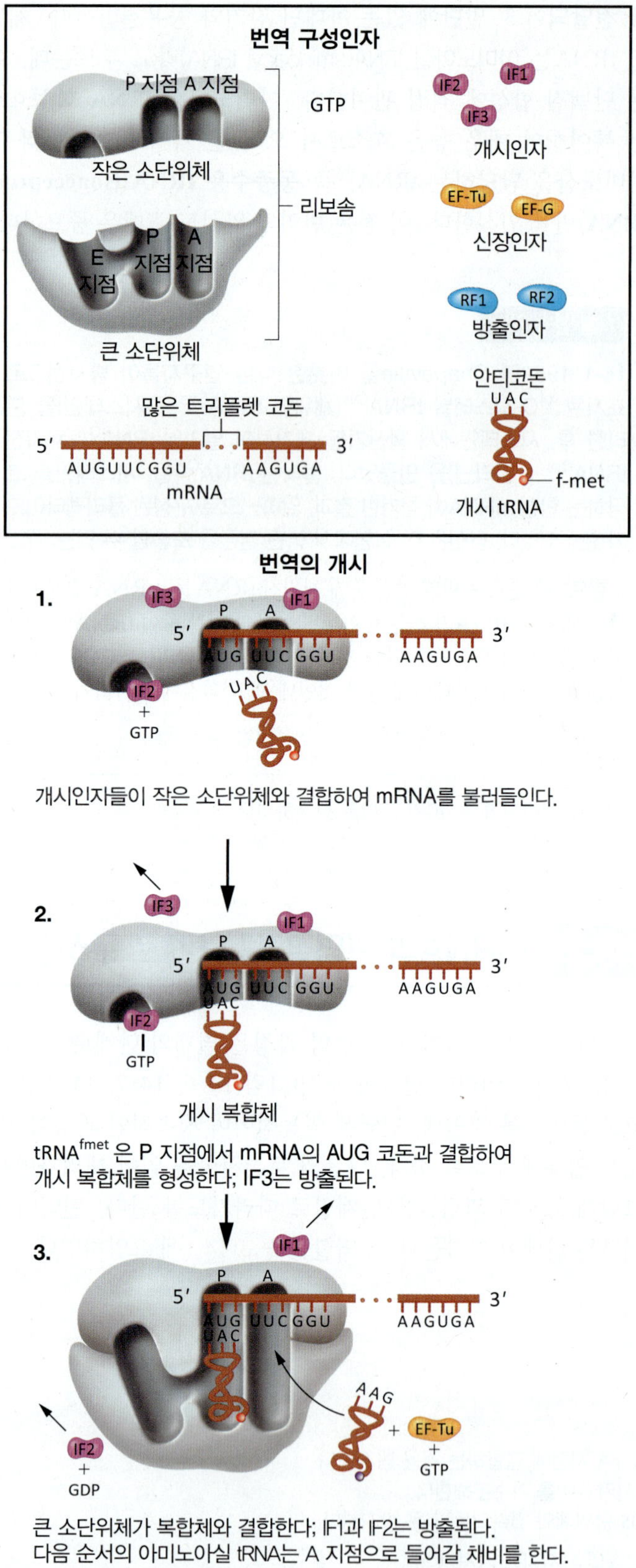

그림 14-6. 번역개시. 그림의 왼편에 각각의 구성인자에 대하여 기술하였다.

개시

원핵생물에서 번역의 개시를 **그림 14-6**에 기술하였다. 리보솜이 번역 과정에서 비특이적 작업대로 기능한다는 것을 기억하자. 번역에 가담하지 않는 리보솜은 큰 소단위체와 작은 소단위체로 분리되어 있다. *E. coli*에서 번역의 개시는 리보솜 작은 소단위체, mRNA 분자, 채워진 특정 개시 tRNA, GTP, Mg^{2+}, 그리고 단백질 성분의 **개시인자(initiation factors, IFs)**를 포함하는데, 개시인자들은 여러 가지 번역 구성인자들의 결합 친화력을 증가시켜 번역 개시 과정을 촉진한다. 원핵생물에서 mRNA의 개시 코돈 AUG는 변형 아미노산인 ***N*-포밀메티오닌(*N*-formylmethionine, f-met)**을 붙여 온다. 세 가지 개시인자가 먼저 리보솜 작은 소단위체와 결합하고, 이 복합체가 다시 mRNA에 결합한다(1단계). 박테리아에서 이러한 결합은 최대 6개의 리보뉴클레오타이드(AGGAGG, 그림 14-6에 표시되지 않음)상에서 일어나며, 이 서열은 mRNA의 개시 코돈 AUG의 앞쪽에 존재한다. 퓨린계 염기만을 포함하고 있는 이 서열은 **샤인-달가노 서열(Shine-Dalgarno sequence)**이라 불리며, 리보솜 작은 소단위체의 16*S* rRNA의 한 부위와 염기쌍을 이루어 개시를 촉진한다.

IF1은 1차적으로 A 지점이 tRNA와 결합하는 것을 방지하고 IF3는 작은 소단위체가 큰 소단위체와 연계되는 것을 저해하는 한편, IF2는 개시에서 좀 더 직접적인 역할을 한다. 본질적으로 GTP 분해효소인 IF2는 mRNA와 채워진 tRNA와 상호작용하여 이들을 P 지점에 안착시킨다(2단계). 이 단계는 번역틀(reading frame)을 제자리에 안착시킴으로써 뒤따라오는 세 뉴클레오타이드 단위의 모든 코돈들이 정확히 번역될 수 있게 한다. IF3가 방출됨에 따라 나머지 복합체는 리보솜 큰 소단위체와 결합하여 70*S* 개시 복합체를 형성한다. 이 과정에서 IF2와 결합하고 있는 GTP 한 분자가 가수분해되어 필요한 에너지를 공급하고, 이어서 IF1과 2는 방출된다(3단계).

신장

번역의 두번째 과정인 신장이 **그림 14-7**에 나타나 있다. 앞에서 언급한 바와 같이, 개시 복합체는 mRNA의 두 번째 트리플렛에 해당되는 아미노산을 갖고 있는 두 번째 아미노아실 tRNA가 A 지점으로 들어갈 수 있는 상태이다. 신장인자 중 하나인 EF-Tu가 채워진 tRNA를 개시 복합체로 수송한다(1단계). 개시에서의 IF2와 마찬가지로, EF-Tu는 GTP 분해효소로서 GTP를 결합하고 가수분해를 통해 이 과정에 필요한 에너지를 공급한다.

다음 단계는 P 지점에 있는 말단 아미노산(이 경우, 메티오닌)과 A 지점의 tRNA 상에 있는 아미노산 사이에 펩타이드 결합의 형성을 위한 단계이다. 합성 중인 폴리펩타이드 사슬의 길이가 아미노산 한 개 단위로 길어지는 것을 **신장(elongation)**이라고 부른다. 신장이 발생하기 전에 P 지점에 있는 tRNA와 인식된 아미노산 사이의 공유결합은 가수분해되어 절단된다. 새롭게 형성된 이량 펩타이드는 아직 A 지점에 남아 있는 tRNA의 말단에 붙어 있는다(2단계). 리보솜 큰 소단위체에 삽입된 **펩티딜 전이효소(peptidyl transferase)**가 이러한 반응들을 촉매하는 것으로 처음에 생각되었으나, 현재는 큰 소단위체의 23*S* rRNA가 촉진하는 것으로 밝혀졌다. 초기-mRNA의 스플라이싱(13장 참조)에서 토론한 바와 같이, 리보자임(ribozyme)이라 부르는 이 복합체의 RNA 구성인자가 처리 과정의 촉매를 담당한다.

신장이 반복되기 전에 P 지점에서 비워진 채 남아 있는 tRNA는 큰 소단위체에서 방출되어야 한다. 비워진 tRNA는 리보솜에 있는 **E 지점[E(exit) site]**으로 이동한다. 완전해진 **mRNA – tRNA – 아미노산$_2$ – 아미노산$_1$** 복합체는 P 지점을 향해서 세 개의 뉴클레오타이드만큼 이동한다(3단계). 전좌(translocation)라고 부르는 이 단계는 여러 개의 신장인자 단백질들을 필요로 한다. 처음에는 GTP의 가수분해에서 생성된 에너지가 전좌에 필수적이라고 여겨졌으나, 지금은 생성된 에너지가 신장의 각 단계에 적합한 구조들의 위치를 고정시키는 것으로 생각되고 있다. 이제 mRNA에 있는 세 번째 코돈이 A 지점으로 이동하여 특정하게 채워진 tRNA를 수용할 준비가 되어 있다(4단계). 두 지점을 간단하게 구분하여 기억하는 방법은 이동한 뒤에 P 지점(*P* 펩타이드)은 펩타이드 사슬과 결합한 tRNA를 지니고 있고 A 지점(*A* 아미노산)은 아미노산으로 채워진 tRNA, 즉 아미노아실 tRNA를 갖고 있다는 점이다.

신장과 전좌의 순서는 계속해서 반복된다(4, 5단계). mRNA가 리보솜을 통해서 세 개의 뉴클레오타이드만큼 이동할 때마다 성장하는 폴리펩타이드에 한 개의 아미노산이 첨부된다. 6단계 그림에서 표현되듯이 적합한 크기(약 30개 아미노산)의 폴리펩타이드 사슬이 만들어지면 큰 소단위체의 기저에서 빠져나오기 시작한다(6단계). 큰 소단위체는 신장 중에 있는 폴리펩타이드가 빠져나오는 터널을 갖고 있다.

앞에서 살펴본 바와 같이, 번역에서 작은 소단위체의 기능은 mRNA에 있는 코돈을 해독하는 것이고, 큰 소단위체의 역할은

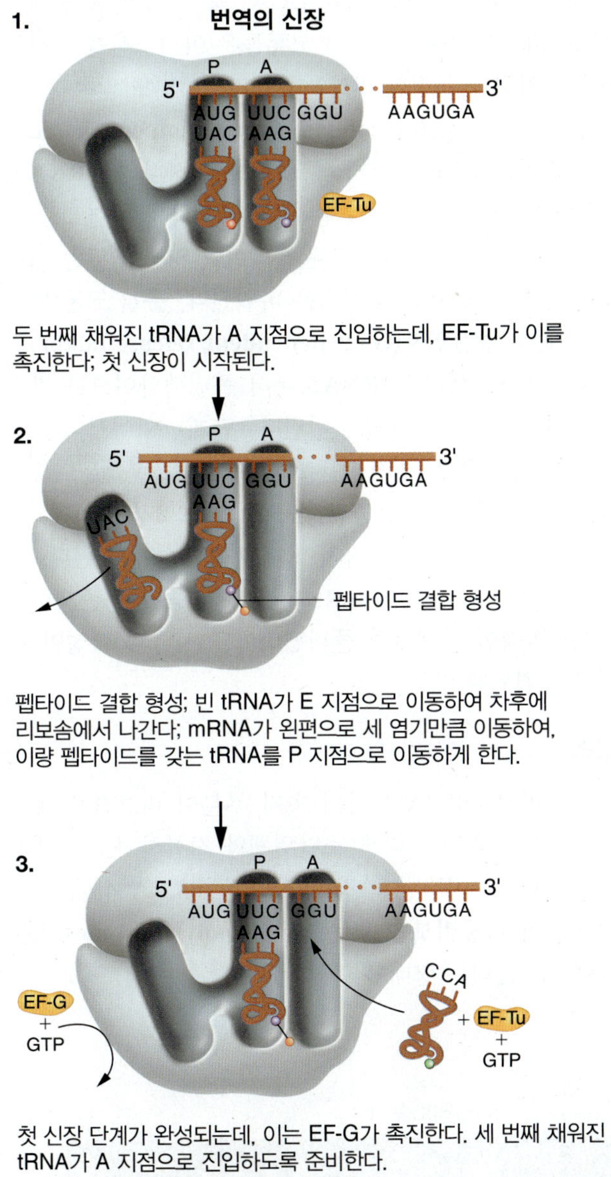

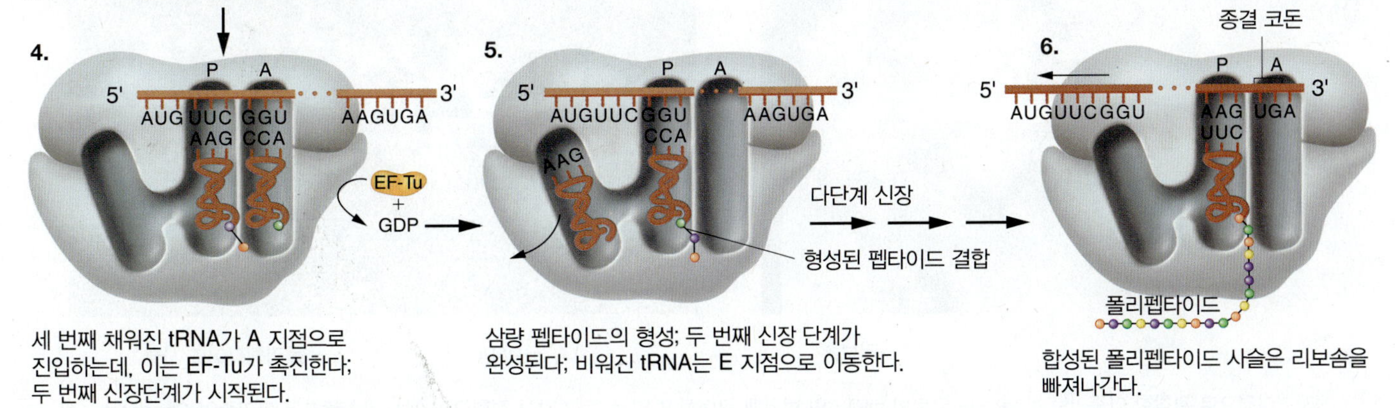

그림 14-7. 번역 중에 성장하는 펩타이드 사슬의 신장.

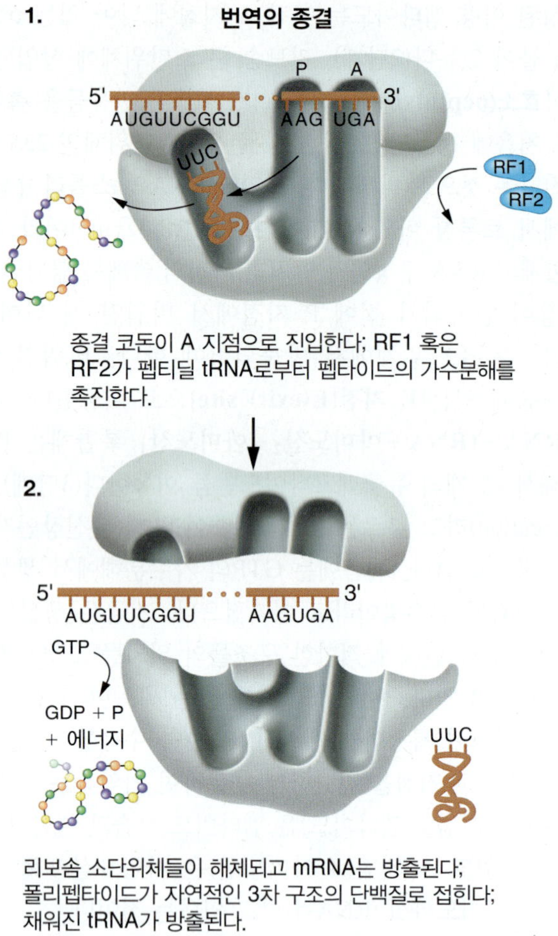

그림 14-8. 번역 과정의 종결.

펩타이드 결합을 형성하는 데 있다. 이러한 과정의 효율성은 대단히 높으며, 오차율은 단지 10^{-4}인 것으로 관측된다. 이러한 비율을 적용하면, 부정확한 아미노산의 발생은 평균 500 아미노산 길이의 폴리펩타이드 20개당 한 번 일어난다. *E. coli*에서 신장은 37℃에서 초당 15개의 아미노산이 첨가되는 속도로 진행된다.

종결

그림 14-8은 번역의 세 번째 과정, 종결에 관한 것이다. 세 가지 트리플렛 코돈(UAG, UAA, 또는 UGA) 중 하나가 A 지점에 나타나면, 이 과정이 진행된다. 이 코돈들은 아미노산을 지정하지 않으며, A 지점에 특정한 tRNA를 불러들이지도 않는다. 그래서 이들을 **종결 코돈(stop codons, termination codons, 또는 nonsense codons)**이라고 부른다. 통상적으로 하나의 mRNA에 몇 개의 종결 코돈이 연속적으로 존재한다. 하나의 종결 코돈이 나타나면, 폴리펩타이드의 합성이 완결되어 P 지점에 있는 펩티딜 tRNA의 일부가 되면서, A 지점은 비워진다. 종결 코돈의 신호는 **GTP-의존성 방출인자(GTP-dependent release factor)**의 활성화를 유도하여, 펩티딜 tRNA로부터 폴리펩타이드를 가수분해하고 번역 복합체로부터 방출시킨다(1단계). 이어서, tRNA가 리보솜에서 방출되면, 리보솜은 소단위체들로 분해된다(2단계). 원핵생물에는 두 가지 방출인자, RF1과 RF2가 있는데, 각각은 3가지 종결 코돈 중에 두 가지에 대한 특이성을 지닌다. 돌연변이로 인하여 종결 코돈이 mRNA 분자의 중간에 존재하게 되면, 동일한 과정이 발생하여 폴리펩타이드 사슬의 합성이 미완성 상태로 종결된다.

다중리보솜

신장이 진행되면서 mRNA 분자의 초기 부분이 리보솜을 통과하면, 이 부위가 노출되어 다른 소단위체와 결합하여 2차 개시 복합체를 형성한다. 이러한 과정이 하나의 mRNA 상에서 몇 번을 되풀이하여 **다중리보솜** 또는 **폴리솜(polyribosomes 또는 polysomes)**이라 불리는 형태를 형성한다.

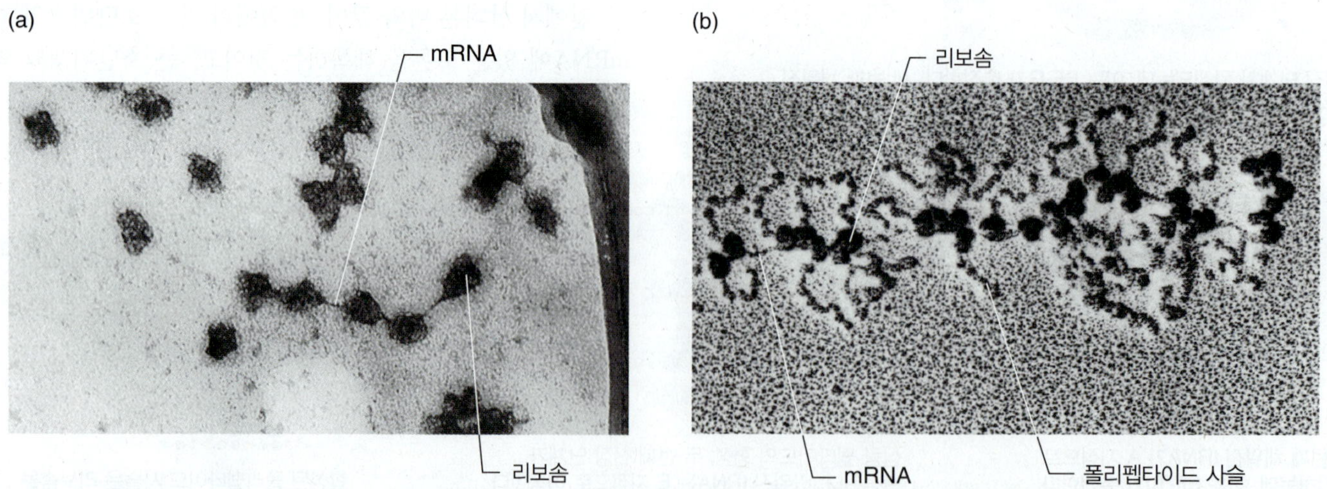

그림 14-9. 전자현미경으로 관찰한 다중리보솜. (a) 헤모글로빈 mRNA의 번역에 관여하고 있는 토끼 망상 적혈구의 예시. (b) 깔따구 파리종인 *Chironomus thummi*의 침샘 세포에서의 예. 리보솜으로부터 빠져나오고 있는 신생 펩타이드 사슬이 보인다. 번역이 mRNA의 왼편에서 오른편으로 진행되면서 그 길이가 길어진다.

세포를 부드럽게 용해한 후, 다중리보솜을 분리하여 분석할 수 있다. 그림 14-9는 전자현미경으로 관찰한 다중리보솜을 보여주고 있다. 그림 14-9(a)에서 여러분은 각각의 리보솜 사이에 있는 가는 실사 모양의 mRNA를 볼 수 있다. 그림 14-9(b)의 그림은 번역 기간 중에 리보솜에서 나오고 있는 폴리펩타이드 사슬을 극명하게 보여주고 있다. 폴리솜 복합체의 형성은 한 번의 단백질 합성에 동원되는 구성인자들이 효율적으로 사용되는 점을 잘 보여주고 있다. 테이프와 테이프 레코더의 예를 들자면, 폴리솜 복합체는 하나의 테이프(mRNA)를 여러 개의 레코더(리보솜)가 동시에 사용하고 있는 것으로 비유할 수 있다. 임의의 순간에, 각각의 레코더는 노래의 다른 부분을 연주하는 것이다(폴리펩타이드가 각각의 리보솜에서 합성되고 있다).

14.3 고해상도 연구가 기능적인 원핵세포 리보솜의 상세한 정보를 밝혔다

앞에서 기술한 번역 과정 및 리보솜 구조에 대한 지식은 1차적으로 생화학적 및 유전학적 관찰과 전자현미경으로 분석한 리보솜의 형태에서 비롯되었다. 이러한 정보를 확인하고 다듬기 위해서 리보솜의 구조를 더 높은 해상력으로 조사하였다. 일례로, 리보솜 결정체를 X선 회절 기술로 분석하는 것이다. 그러나 기능하고 있는 리보솜의 엄청난 크기와 분자 상호작용의 복잡성으로 인하여 X선 회절 연구를 할 수 있는 결정체를 얻기는 매우 어렵다. 그럼에도 불구하고, 지난 10년간 상당한 진전이 있었다. 첫째, 몇몇 실험실에서 각각의 리보솜 소단위체를 결정화하여 조사하였는데, 그 중에 V. Ramakrishnan의 업적이 가장 뛰어나다. 이후에 mRNA 및 tRNA와 연계되어 있는 70*S* 리보솜의 결정 구조가 Harry Noller 연구팀에 의해서 규명되었다. 중요한 점은, 완전한 번역 복합체를 원자 수준 해상도로 볼 수 있었다는 것이다. Ramakrishan과 Noller 모두 *Thermus thermophilus* 박테리아의 리보솜을 사용하였다.

이러한 연구로 인해서 가치있는 결과가 많이 나왔다. 예를 들어, 원자 수준에서 측정된 소단위체들의 크기와 모양이 고해상도 전자현미경으로 추측한 값과 잘 맞아떨어진다. 나아가서 기능적 상태에 따른 리보솜의 모양 변화는 번역 과정의 역동적인 성질을 입증한다. 소단위체들의 RNA 구성인자의 중요성과 위치에 대한 정보도 많이 밝혀졌다. 예를 들어, 16*S* RNA의 약 삼분의 일이 납작하게 돌출되어, 30*S* 소단위체 내부에 플랫폼(platform)을 만드는데, 이는 번역 기간 중에 mRNA-tRNA 복합체의 이동을 조절한다. Noller의 발견에 의거한 모델 중의 하나를 이 장의 표지 그림으로 사용하였다.

결정구조학적 분석을 통해서 리보솜의 RNA가 번역에 가장 중요한 역할을 담당한다는 것을 알아냈다. 리보솜의 두 소단위체들 사이에서 아미노산의 다중화가 일어나는데, 이 지역은 거의 RNA로 구성되어 있다. 반면에 많은 수의 리보솜 단백질들은 대부분 리보솜의 주변 지역에 분포한다. 이러한 관찰들은 유전학적 근거로 예측된 사항들—번역 기간 중에 아미노산들을 연결하는 촉매 과정들이 단백질이 아니라 RNA에 의해서 이루어짐—을 뒷받침하였다.

이러한 발견을 통해서 tRNA를 수용할 것으로 예견되는 다양한 지점들의 실질적인 위치도 알아냈다. X선 회절 연구를 통해서 세 지점(A, P, E)을 찾았으며, 각 지점에 있는 리보솜의 RNA가 tRNA 분자에 있는 고리와 도메인의 여러 부위에 직접 결합한다는 것을 밝혔다. 이러한 관찰들은 tRNA의 여러 부위의 역할에 대한 가설을 뒷받침하고, 나아가서 tRNA 분자의 특징인 독특한 3차원적 구조가 진화 과정을 통해서 보존된 이유를 이해하는 데 큰 도움이 되었다.

또 다른 중요한 발견으로서 A, P, E 지점들 사이의 거리가 최소 20 Å에서 최대 50 Å인데, 이로 인해 tRNA 분자가 전좌 과정에서 이동해야 하는 거리가 규정된다. 이는 tRNA의 크기에 비해 상당한 거리로 여겨진다. 추가 분석을 통해서 이러한 세 지점 사이를 연결하는 분자(RNA-단백질) 교량을 발견하였는데 이는 전좌 과정에도 관여한다. 이와 같은 교량이 다른 주요 지점들에도 존재하는데 리보솜의 기능과 연관이 있다. 이러한 정보를 통해서 번역 기간 중에 리보솜에서 일어나는 역동적인 변화에 관한 전체적인 모양을 그릴 수 있다. 마지막 관찰은 50년 전에 Francis Crick가 제안한 **불안정 가설(wobble hypothesis)**(13장에서 소개)과 연관된다. Ramakrishna 연구진은 mRNA를 적합한 tRNA와 연결시키는 해독 단계에 관여하는 정확한 지점을 30*S* 소단위체의 16*S* rRNA 상에서 찾아냈다. 이 지점에 존재하는 두 개의 특정한 뉴클레오타이드가 뒤집힌 상태로 빠져나와 코돈:안티코돈 영역을 탐색하고 상호 간에 일어나는 염기쌍의 정확도를 점검하는 것으로 여겨진다. 불안정 가설에 의하면, 이 단계의 엄격성은 처음 두 염기쌍에서 높게 유지되나 세 번째(혹은 불안정) 염기쌍에서는 적어진다.

원핵세포의 번역에 대한 지식이 계속적으로 축적되는 동안, Niels Fischer 연구팀이 2010년 놀라운 연구 결과를 보고하였다. 독특한 고해상도 방법—시간-분해 단일입자 초저온 전자현미경, **time-resolved single particle cryo-EM(cryo-electron microscopy)**—을 사용하여 번역 과정에 관여하는 70*S* *E. coli* 리보솜을 포착하여 5.5 Å의 해상도로 분석하였다. 이러한 작업은 200만 장이 넘는 영상을 컴퓨터로 분석하여 번역 과정 동안 일어나는 tRNA의 궤적에 대한 시공간적 자료를 마련하였다. 이 연구진은 폴리펩타이드 사슬의 신장 기간 중에 tRNA가 어떻게 이동하는지를 분석한 결과, 이 궤적들이 리보솜의 구성인자에서 일어나는 역동적인 구조적 변화와 연관된다는 것을 증명하였다. 놀랍게도 이러한 연구는 리보솜이 번역 기간 동안 열에너지에 의한 브라운 운동으로 추진되는 복합 분자 기계처럼 작용한다는 것을 밝혔다. 즉, 전좌에 필요한 여러 가지 입체적인 변화를 일으키기 위한 열역학적 요소들이 리보솜 자체에 존재한다는 것이다.

리보솜의 구조와 기능에 관한 수많은 질문은 아직도 남아 있다. 특히, 여러 가지 리보솜 단백질의 정확한 기능은 밝혀지지 않았다. 그러나 Noller, Remakrishan, Fischer를 비롯한 다른 연구자들의 연구 업적에 근거하여 도출된 모델들로 인해서 우리는 번역의 기전에 대해서 더 많이 이해하게 되었다.

14.4 진핵세포의 번역은 더욱 복잡하다

우리가 논의한 모델의 일반적인 양상은 박테리아의 번역 과정의 연구에 근거하였다. 앞에서 본 바와 같이(그림 14-1), 원핵세포와 진핵세포 사이의 주요 차이점은 후자의 경우, 번역이 일어나는 리보솜이 더 크고 이를 구성하는 rRNA와 단백질 인자들이 더욱 복잡하다는 점이다. 흥미로운 점은 원핵세포와 진핵세포의 rRNA들이 **핵심 서열**(core sequence)이라는 것을 공통적으로 갖고 있으나, 진핵세포의 rRNA들은 **확장 서열**(expansion sequences, ES)을 더 갖고 있는데, 이 서열이 아마도 추가적인 기능을 할 것으로 여겨진다. 다른 주요 차이점으로서, 전사와 번역이 원핵세포에서는 연결되어 있지만, 진핵세포에서 이 두 과정들은 시공간적으로 독립되게 발생한다. 진핵세포에서 전사는 핵에서 일어나지만, 번역은 세포질에서 진행된다. 이러한 분리로 인하여 진핵세포에서는 여러 단계에서 유전자 발현이 조절될 수 있다.

진핵세포에서의 번역 개시 양상은 많은 부분에서 다르다. 번역되는 mRNA에는 세 가지 차이점이 있다. 첫째, mRNA의 5′ 말단이 성숙될 때 7-메틸구아닌(7-mG) 잔기로 끝막음(capping)된다(13장 참조). 원핵세포에는 없는 이 마개(cap)는 번역의 효율적인 개시에 필수적이다. 두 번째 차이점은 많은 mRNA들이 AUG 개시코돈의 앞쪽으로 세 번째 위치에 퓨린(A 또는 G) 염기를 갖고, 뒤에는 G(<u>A/G</u>NNAUG<u>G</u>) 서열이 나타난다. 이를 발견한 Marilyn Kozak의 이름을 따서 명명되었으며, 진핵세포에서 이 서열은 개시 tRNA와의 상호작용을 촉진시켜 번역의 효율을 증가시키는 것으로 여겨진다. **코작 서열(Kozak sequence)**은 원핵세포의 mRNA 앞쪽 지역에서 발견되는 샤인-달가노 서열과 유사한 것으로 여겨진다.

셋째, 진핵세포의 mRNA는 3′ 말단에 **폴리-A 꼬리(poly-A tail)**를 전사 후에 필수적으로 첨가하여 **다중아데닌화**(polyadenylation)된다. 폴리-A가 없는 mRNA는 세포질에서 신속하게 분해된다. 흥미로운 점은 예외적으로 히스톤 mRNA가 다중아데닌화되지 않는 것이다. 번역 개시와 관련된 다른 차이점은 원핵세포에서 반드시 필요로 하는 포밀메티오닌 아미노산이 진핵세포에서는 필요하지 않다는 것이다. 그러나 번역 복합체의 형성에 필수적으로 메티오닌 코돈인 AUG 트리플렛과 이에 해당되는 독자적인 tRNA($tRNA_i^{Met}$)가 필요하다.

또 다른 주목할만한 차이점으로서, 진핵세포의 mRNA는 원핵세포의 것보다 오래 생존한다. 대부분이 몇 분을 넘어 몇 시간 정도 존재하다가 세포 안에 있는 핵산분해효소에 의해서 분해된다. 따라서 이들은 훨씬 오랫동안 단백질 합성을 위해 남아있을 수 있다. 원핵세포와 유사한 단백질 인자들이 진핵세포에서도 번역의 개시, 신장 및 종결을 주도한다. 많은 수의 이러한 진핵세포 인자들이 원핵세포의 해당 인자들과 높은 상동성을 갖지만, 각 단계 동안 일반적으로 매우 많은 인자들을 필요로 하며 일부는 원핵세포에서보다 훨씬 복잡다단하다. 끝으로 기억할 점은 진핵세포에서 전부는 아니나 상당수의 리보솜이 조면소포체(rough ER)를 구성하는 막과 연계되었다는 것이다. 이와 같은 막 구조는 원핵세포에는 없다. 진핵세포에 존재하는 이러한 연계 구조로 인해 리보솜에서 새롭게 합성되는 단백질들이 조면소포체의 채널을 통해서 효과적으로 분비된다. 전자현미경을 사용한 연구를 통해서 이러한 과정이 어떻게 일어나는지 파악하게 되었다. 리보솜의 큰 소단위체에 있는 이 **터널**(tunnel)은 두 소단위체가 마주보는 지점에서 시작하여 큰 소단위체의 뒤편 근처에서 끝난다. 큰 소단위체 내에서 터널의 위치는 새롭게 합성된 폴리펩타이드 사슬이 리보솜에서 나가는 통로를 부여하는 것으로 여겨진다. 효모에 대해 연구된 바에 의하면, 새롭게 합성된 폴리펩타이드가 Sec61 단백질로 형성된 막채널을 통과하여 ER로 진입한다. 이 채널은 리보솜 채널의 출구 지점과 완벽하게 정렬된다. 원핵세포에서 폴리펩타이드는 리보솜에서 세포질로 즉시 방출된다.

결론적으로, 2010년 수년간의 노력 끝에 Marat Yusupov 연구진이 4.15 Å의 놀라운 해상력으로 진핵세포 80S 리보솜의 결정구조를 가시화하였다. 효모의 리보솜에 집중한 이 연구는 진핵세포 특이적인 번역 양상들이 어떻게 이루어지는지를 원자 수준에서 밝힐 수 있는 초석을 마련하였다. 첫째, mRNA가 번역 기간 중에 3개 뉴클레오타이드 간격으로 이동(전좌 과정)함에 따라 작은 소단위체가 4°~5° 시계방향 회전을 한다. 예견한 대로, 번역은 실제로 역동적인 과정으로서 mRNA가 리보솜을 통과할 때, 각 소단위체는 상대적으로 이동한다. 이와 같은 해상력으로 분석이 계속된다면, mRNA와 tRNA가 리보솜과 상호작용하는 양상을 규명할 것이며, 따라서 진핵세포에서 일어나는 번역 과정을 더욱 상세하게 이해하게 될 것이다.

14.5 선천적 대사증후군 연구는 단백질이 유전 현상에 중요하다는 기본적인 지식을 제공하였다

단백질이 유전자 발현의 최종산물이라는 사실을 어떻게 알게 되었는지 생각해보자. 20세기 초반에 Archibald Garrod와 William Bateson가 관찰한 내용들이 유전 과정에서 단백질의 역할에 대한 최초의 통찰을 주었다. Garrod는 영국의 의과학자 집에서 태어났다. 그의 부친은 외과의사였는데, 관절염의 화학적 원인에 대하여 매우 큰 흥미를 갖고 있었으며, 그의 형은 런던에서 선도적인 동물학자였다. 외과의사인 Garrod는 인간의 몇 가지 유전적 질환에 관심을 갖게 되었다. 그는 백색증과 시스틴뇨증을 연구하였으나, 우리는 여기서 **알캅토뇨증(alkaptonuria)**에 대한 연구 내용을 기술하고자 한다. 이러한 증상을 갖는 사람들은 중요한 대사 과정에 혼란이 발생한다(그림 14-10). 그 결과, 이들은 호모겐티식산(homogentisic acid)으로 알려진 알캅톤 2,5-디히드록시페닐아세틱산(alkapton 2,5-dihydroxyphenylacetic acid)을 대사할 수 없고 호모겐티식산이 세포와 조직에 축적되어 소변으로 배출된다. 이 분자가 산화되어 까맣게 되는데, 신생아의 경우에도 기저귀에서 쉽게 발견된다. 대사되지 않은 산물들은 관절 부위에 축적되는 경향이 있어서 귀와 코를 검게 만든다. 관절에서 이러한 축적은 양성 관절염의 원인이 된다. 알캅톤뇨증은 희귀병이나 평생 지속되는 심각한 병은 아니다.

Garrod는 이러한 양성(benign) 특징의 유전적 양상을 분석하여 알캅톤뇨증을 연구한 결과, 이 질병은 유전된다는 결론을 내렸다. 연구한 32가지 사례에서 19가지 사례가 7 가족에 집중되었으며, 한 가족은 4인의 형제 자매가 영향을 받았다. 몇 가지 사례에서 부모는 다르나 첫 조카와는 연관되는, 즉 **동일한 선친(consanguineous)**을 갖는 친척, 친족 관계가 있었다. 근친 관계의 부모는 원친 관계의 부모보다 열성 형질을 발현하는 후손을 낳을 확률이 더 높은데, 이는 근친 관계의 부모가 모두 열성 형질에 대해서 이형접합일 가능성이 크기 때문이다(25장 참조). Garrod는 이러한 유전적 상태가 대사의 대체성 방식의 결과이며, 유전정보가 신체에서 일어나는 화학적 반응을 조절한다는 결론을 내렸다. **유전자**나 **효소**와 같은 용어는 Garrod의 시절에 익숙한 것이 아니었다. Garrod는 이에 상응하는 개념으로 '**단위인자(unit factors)**' 그리고 '**발효체(ferments)**'를 사용했다. Garrod는 1902년 최초의 관찰 내용을 발표하였다.

Bateson을 포함한 몇몇 유전학자들만이 Garrod의 연구 내용을 지지하고 언급하였다. Garrod의 제안은 유전되는 상태는 모

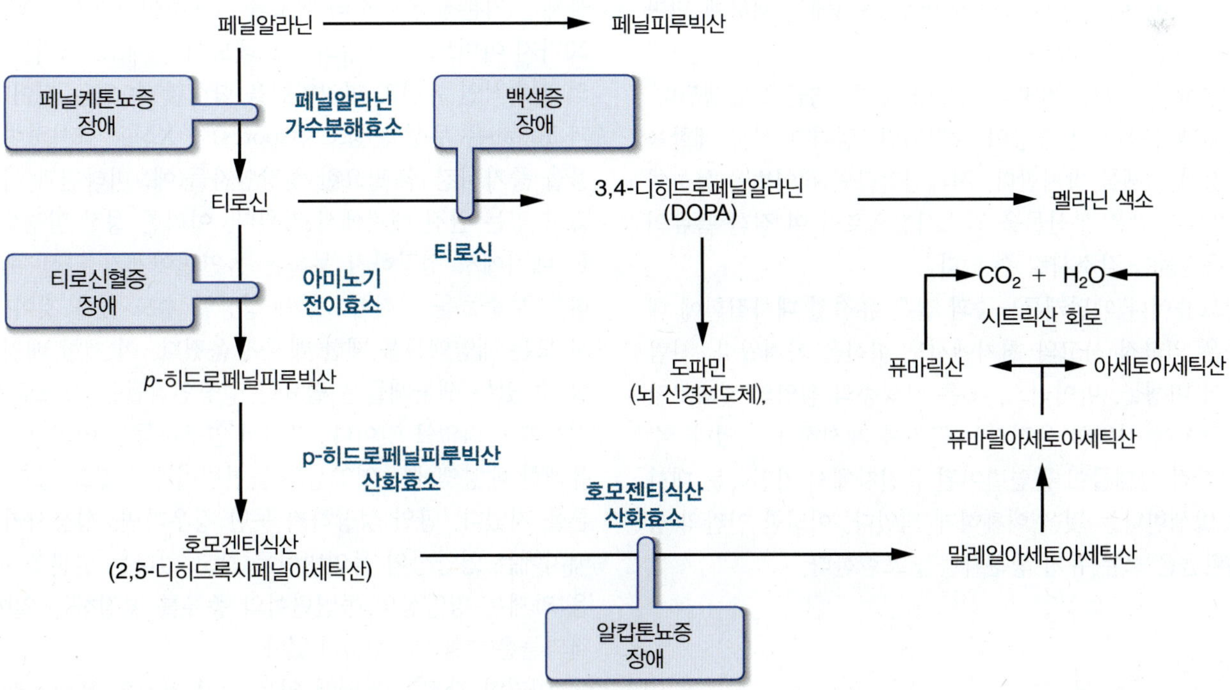

그림 14-10. 페닐알라닌 및 티로신이 관여하는 대사경로. 돌연변이에서 유래한 여러 가지 대사 장애가 페닐케톤뇨증, 알캅토뇨증, 백색증 및 티로신혈증을 야기한다.

종의 핵심적 물질의 결여 때문이라는 Bateson의 주장과 잘 맞아떨어졌다. 1909년, Bateson은 '유전에 관한 멘델의 법칙(*Mendel's Principles of Heredity*)' 책을 발간하고, 발효체를 유전과 연관지었다. 그러나 거의 30년 동안, 대부분의 유전학자들이 유전자와 효소 간의 관계를 증명하지 못했다. Mendel과 마찬가지로, Garrod와 Bateson은 시대를 앞섰던 것이다.

페닐케톤뇨증

인간의 유전성 대사 질환인 **페닐케톤뇨증(phenylketonuria, PKU)**은 그림 14-10에 나타낸 경로에서 또 다른 반응이 저해될 때 나타난다. 1934년 처음 보고된 이 질환은 정신 지체를 유발하며 상염색체 열성 질환으로 유전된다. 질환을 갖는 사람들은 페닐알라닌을 티로신으로 바꾸지 못한다. 이 두 아미노산의 차이는 하나의 수산화기(OH)에 있는데, 티로신에는 있고 페닐알라닌에는 없다. **페닐알라닌 수산화효소(phenylalanine hydroxylase)**가 이 반응을 촉매하는데 이 효소가 질환자에서 불활성화되며 이형접합체에서 약 30% 수준으로 활성화된다. 이 효소는 간에서 기능한다. 페닐알라닌의 정상적인 혈중 농도는 1 mg/100 mL이나, 페닐케톤뇨증 환자의 농도는 최대 50 mg/100 mL까지 이른다.

페닐알라닌이 축적되면서, 페닐피루빅산과 다른 유도체로 전환될 수도 있다. 이들은 콩팥에서 효율적으로 흡수되지 않을 뿐만 아니라 페닐알라닌보다 소변으로 더욱 빠르게 유출된다. 페닐알라닌과 그 유도체들은 뇌척수액으로 진입하여 뇌에서 그 농도가 높아진다. 이러한 물질들이 발생 초기에 존재하게 되면 정신 지체를 유발하는 것으로 여겨진다.

페닐케톤뇨증은 11,000명의 신생아 중 한 명꼴로 발생된다. 신생아의 혈액 분석에서 증상이 발견되면, 엄격한 식사 제한을 시행하여 정신 지체를 방지한다. 저페닐알라닌 식이법을 통하여 페닐피루빅산과 같은 부산물을 감소시킴으로써 이 질환 특유의 비정상적 특징들을 감소시킬 수 있다.

알캅톤뇨증이나 페닐케톤뇨증과 같은 유전성 대사질환에 대한 지식들은 의학적 사고와 처치에서도 혁신을 가져왔다. 사람의 질병들이 미생물, 바이러스, 혹은 기생충의 침입의 결과로만 여겨졌던 당시에 질병의 유전적인 근거를 제시하게 되었다. 수백 가지 의학적 상태들이 돌연변이된 유전자에서 기인하는 대사의 오류로 발생한다는 것을 이해하게 되었다. 이러한 인간의 생화학적 질환들은 모든 유기 생분자들을 포함한다.

14.6 붉은 옥수수 곰팡이 연구에서 1유전자:1효소 가설이 비롯되다

1933년 시작한 두 개의 독립된 연구에서 George Beadle은 유전자가 효소의 합성에 직접 관여한다는 확실한 실험적 증거를 제시하였다. Boris Ephrussi와 공동 연구로 진행된 첫 연구는 초파리 눈의 색소 세포에 관한 것이었다. Beadle과 Ephrussi는 초파리의 눈 색깔을 바꾸는 돌연변이 유전자들이 생화학적 오류와 연관되며, 효소 기능의 상실에도 관여한다고 믿었다. 이러한 발견에 힘입어 Beadle은 Edward Tatum과 함께 붉은 옥수수 곰팡이 *Neurospora crassa*의 영양학적 돌연변이들을 연구하여, **1유전자:1효소 가설(one-gene:one-enzyme hypothesis)**을 제안하였다.

Beadle과 Tatum이 수행한 붉은 옥수수 곰팡이 돌연변이체의 분석

1940년대 초기에 Beadle과 Tatum은 생화학적 분석이 잘되어 있고 돌연변이체의 유발 및 분리가 비교적 용이한 붉은 옥수수 곰팡이를 시료로 선택하였다. 이들은 돌연변이를 유발하여 이 생물체의 성장에 필수적인 반응이 유전적으로 차단되는 균종(strain)을 제작하였다.

Beadle과 Tatum은 이 생물체가 정상적인 발달에 필요한 모든 생물물질을 합성할 수 있다는 것을 알았다. 예를 들어, 이 생물체는 기본적인 탄소와 질소를 사용하여 9가지 수용성 비타민, 20가지 아미노산, 다수의 카로테노이드 색소, 그리고 모든 종류의 필수적인 퓨린과 피리미딘을 합성할 수 있는 것이다. Beadle과 Tatum은 무성 분생포자(spores)에 X선을 조사하여 돌연변이율을 증가시킨 후 필요한 성장인자들(예: 비타민과 아미노산)을 갖고 있는 완전 배지에서 키웠다. 이러한 성장 환경의 경우, 제한 배지에서 성장하지 못하는 돌연변이체가 완전 배지에 존재하는 보충물을 섭취함으로써 성장할 수도 있을 것이다. 다음으로 모든 배양액들을 제한 배지에 옮겼다. 이 제한 배지에서 성장할 수 있는 생물체들은 필요한 성장인자들을 스스로 합성할 수 있음에 틀림없을 것이다. 그래서 연구자들은 이러한 생물체들이 유래한 배양액에는 영양상의 돌연변이체를 갖고 있지 않다는 결론을 지었다. 만일 성장하지 못한 경우라면, 성장시키지 못했던 배지에는 영양상의 돌연변이를 갖고 있다는 결론을 내렸다. 다음 과제는 영양상의 돌연변이의 종류를 결정하는 일이었다. 그 결과들은 그림 14-11(a)에 있다.

이러한 과정을 통해서 얻은 수천 가지의 분생포자를 분리하여 완전 배지에서 키웠다. 제한 배지에서 수행한 다음 분석에서 많은 배지들이 성장에 실패하였는데, 이는 어떠한 영양상 돌연

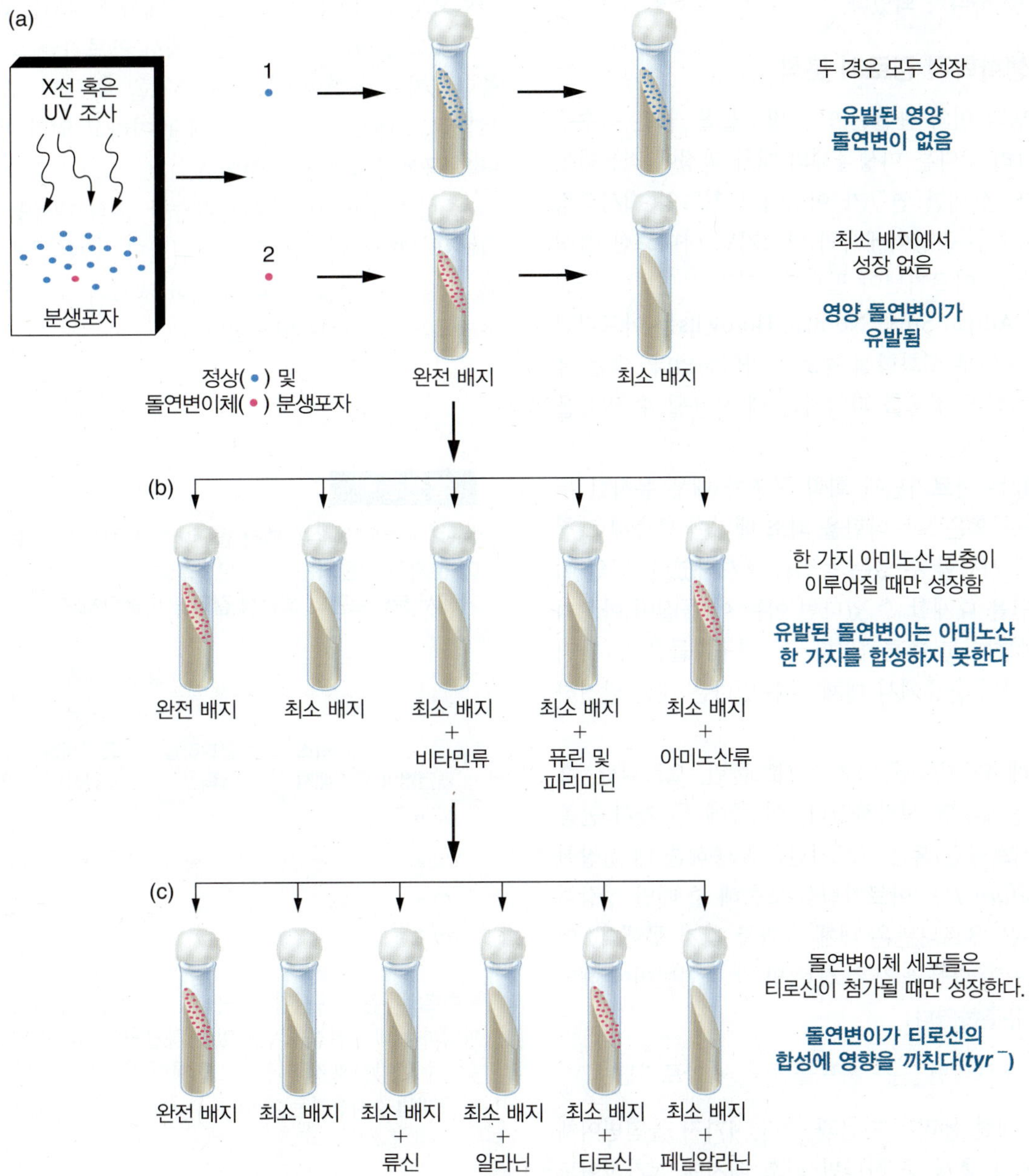

그림 14-11. 붉은 옥수수 곰팡이에서 영양 요구성 돌연변이의 유발, 분리, 및 분석. (a) 대부분의 분생포자(파란 점)는 영향을 받지 않으나, 한 분생포자(빨간 점)는 돌연변이를 갖는다(b 및 c). 돌연변이의 정확한 성질이 연구된 바, 티로신의 생합성에 관여하는 것으로 밝혀졌다.

변이가 유도되었다는 뜻이다. 돌연변이체의 종류를 구분하기 위해서 돌연변이체를 다른 조합의 보충제를 갖고 있는 일련의 불완전 배지에서 조사하였다[그림 14-11(b),(c)]. 이어서 하나의 비타민, 아미노산, 퓨린, 혹은 피리미딘을 갖는 배지에서 분석하는 조사를, 하나의 특정한 보충제가 성장을 유도할 때까지 계속하였다. Beadle과 Tatum은 성장을 재가동시키는 보충제는 그 돌연변이체가 합성할 수 없는 분자라는 결론을 내렸다.

첫 번째 돌연변이체 계통은 배지에 비타민 B_6(pyridoxine)를, 두 번째 것은 비타민 B_1(thiamine)을 필요로 하였다. 동일한 방법을 사용하여 Beadle과 Tatum은 비타민, 아미노산, 핵산, 혹은 다른 분자들을 합성하는 능력이 결핍된 수백 가지 돌연변이체를 분리하여 연구하였다.

Beadle과 Tatum은 80,000가지 이상의 분생자를 분석하여 유전학과 생화학 간에 유사성이 매우 높다는 결론을 내렸다. 영양상의 돌연변이 각각은 정상 개체에서 중요한 반응 한 가지를 촉진하는 효소활성을 잃어버린 것으로 나타났다. 또한 어떤 돌연변이는 거의 모든 효소 조절 반응과 관련하여 발견되었다. Beadle과 Tatum은 가설 '유전자 하나가 효소 하나를 특정짓는다'에 대한 실험적 근거를 제시하였는데, 이는 Garrod와 Bateson이 30년 먼저 제안한 것이었다. 이 개념은 수정 과정을 거쳐서 유전학의 주요 원리 중 하나가 되었다.

유전자와 효소: 생화학적 경로의 분석

1유전자:1효소 개념과 이와 관련된 연구 방법들을 붉은 옥수수 곰팡이, 대장균, 그리고 다른 미생물체의 대사 과정에 적용하는 연구가 수행되었다. 상세한 연구가 이루어진 최초의 대사과정 중 하나는 붉은 옥수수 곰팡이에서의 아르기닌 아미노산 합성 경로이다. 성장하는데 아르기닌이 필요한 7가지 돌연변이 균종 (arg^-)을 연구하여 Adrian Srb와 Norman Horowits는 아르기닌의 합성에 관여하는 일부 생화학적 경로를 파악하였다. 이는 유전학적 분석이 생화학적 정보를 파악하는 데 사용될 수 있음을 잘 보여주었다.

Srb와 Horowitz는 아르기닌과 화학 구조가 매우 유사한 두 가지 성분, 시트룰린 혹은 오르티틴을 최소 배지에 보충제로 첨가하여 성장을 다시 시작할 수 있는 능력을 조사하였다. 만일 이 중 하나가 아르기닌을 대체할 수 있다면 이는 이 물질이 아르기닌의 생합성에 관여한다고 추론하였다. 이 연구자들은 두 가지 분자가 모두 한두 가지 균종에서 대체될 수 있다는 것을 발견하였다.

7가지 균종 중에 4가지(*arg 4~7*)가 시트룰린, 오르니틴, 혹은 아르기닌을 보충해주면 성장하였다. 이 중에 두 가지 균종(*arg 2*, *arg 3*)은 시트룰린 혹은 아르기닌을 보충해줄 때 성장하였다. 한 가지 균종(*arg 1*)은 아르기닌을 보충해 줄 때만 성장하였다. 시트룰린 혹은 우르니틴은 대체 효과를 갖지 못했다. 이 실험의 결과를 토대로, 다음과 같은 경로 및 각 돌연변이에 해당되는 대사 장애를 유추하였다:

$$\text{전구체} \xrightarrow[\text{효소 A}]{arg\ 4\sim7} \text{오르니틴} \xrightarrow[\text{효소 B}]{arg\ 2\sim3} \text{시트룰린} \xrightarrow[\text{효소 C}]{arg\ 1} \text{아르기닌}$$

이러한 결론에 대한 논리는 다음과 같다. 4가지 돌연변이체(*arg 4~7*)는 3가지 보충제 중 하나만 최소 배지에 첨가하여도 성장하였는데, 이는 성장을 방해하는 돌연변이들이 오르니틴, 시트룰린, 혹은 아르기닌이 관여하는 단계 이전의 대사 과정을 방해한다는 것을 의미한다. 3가지 분자 중에 어느 한 가지를 첨부하면, 대사 과정이 정상으로 회복되었다. 결과적으로, 시트룰린과 오르니틴 모두가 아르기닌의 생합성에 관여하는 것으로 판독되었으나, 이 과정에 관여하는 순서를 결정할 수 있는 결과는 아니었다.

반면에 *arg 2* 및 *arg 3* 돌연변이체는 시틀룰린을 첨가할 때 성장하였으나, 오르니틴을 첨부하였을 때는 성장하지 않았다. 따라서 오르니틴이 대사 중지 전 단계에서 합성된 것임에 틀림없다. 오르니틴을 첨가하여도 대사의 중단은 계속될 것이다. 그러나 시트룰린은 대사 중단을 극복하였는데, 이는 중단 단계 점을 지나서 합성되는 것임에 틀림없다. 따라서 오르니틴에서 시트룰린으로 합성되는 것은 이 경로에서 합성되는 순서임을 뜻한다.

끝으로, *arg 1*은 시트룰린에서 아르기닌으로 합성되는 것을 중단시키는 돌연변이라고 결론지을 수 있다. 오르니틴 혹은 시트룰린도 대사 경로의 초반에 관여하고 있기 때문에 대사의 중단을 극복하지 못하는 것이다.

종합하자면, 이상에서 기술한 분석 내용들은 그림 14-12에 나타낸 생합성의 순서를 뒷받침한다. 1944년에 Srb와 Horowitz가 수행한 실험들 이후, 자세한 경로가 밝혀졌으며, 각 단계를 조절하는 효소들도 밝혀졌다.

실전문제

14-2 A 일련의 살모넬라 돌연변이체들의 성장에는 트립토판 혹은 이 분자와 관련되는 다른 분자들을 필요로 한다. 아래의 결과에 의거해서 트립토판의 생합성 결과를 도출하시오.

돌연변이	성장 보충제 최소 배지	안트라닐릭산	인돌 글리세롤 인산	인돌	트립토판
trp 8	−	+	+	+	+
trp 2	−	−	+	+	+
trp 3	−	−	−	+	+
trp 1	−	−	−	−	+

■ **힌트:** 이 문제는 실험 결과를 분석하여 살모넬라에서 생화학 경로를 파악하는 데 주안점을 두고 있다. 해답의 요점은 원리를 이해해서 붉은 옥수수 곰팡이의 생화학 경로를 파악하는 데 사용되었던 것과 동일한 접근 방법을 사용하는 데 있다.

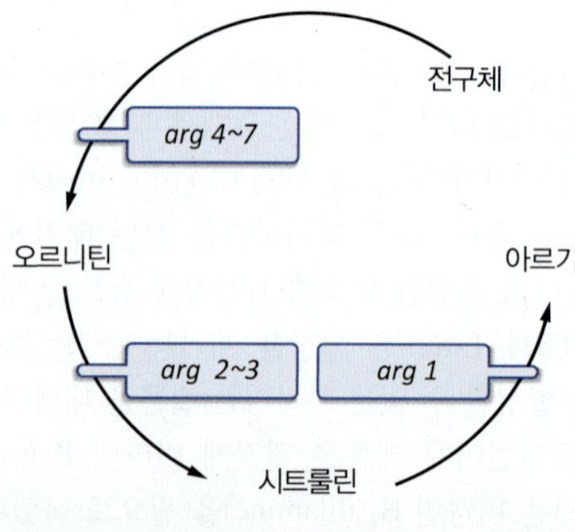

그림 14-12. 붉은 옥수수 곰팡이에서 아르기닌의 생합성을 간략하게 그린 경로.

14.7 인간 헤모글로빈 연구를 통해서 한 유전자가 한 폴리펩타이드를 암호화한다는 것을 확립하였다

모든 유전학자가 1940년대 초반에 제기된 1유전자:1효소 개념을 즉각적으로 수용하지는 않았다. 이 당시, 돌연변이 효소들이 여러 가지 다른 종류의 표현 형질에서 변형을 야기하는 원인을 명확하게 파악하고 있지 않았기 때문에 놀라운 일은 아니었다. 예를 들어, 초파리 돌연변이체들은 눈 크기, 날개 모양, 날개 정맥 양상 등에서 변이를 보였다. 식물의 경우, 씨앗 표면, 높이 및 과일 크기에서 다양한 돌연변이체가 있었다. 어떻게 하나의 불활성 돌연변이 효소가 이러한 표현 형질들을 야기하는지는 많은 유전학자들에게 수수께끼였다.

두 가지 요인으로 인해서 1유전자:1효소 가설을 수정하였다. 첫째, 거의 모든 효소가 단백질이지만 모든 단백질이 효소는 아니다. 생화학 유전학 연구가 진행되고, 모든 단백질들이 유전자에 저장된 정보에 의해서 특정된다는 것이 밝혀지면서, 좀 더 명확한 용어, **1유전자:1단백질 가설(one-gene:one-protein hypothesis)**이 되었다. 둘째, 단백질들은 종종 한 가지 이상의 폴리펩타이드 사슬들로 구성되는 단위체를 갖는다. 이는 다음 장에서 논의할 단백질의 4차 구조의 근거가 되었다. 각각의 폴리펩타이드 사슬은 독립된 유전자에 의해서 암호화되기 때문에, Beadle과 Tatum의 기본 원리의 개선된 서술은 **1유전자:1폴리펩타이드 가설(one-gene:onepolypeptide chain hypothesi)**이다. 겸상적혈구 빈혈증 환자의 헤모글로빈 구조 분석의 결과가 나오면서 원래 가설에 대한 보정이 제기되었다.

겸상(낫모양)적혈구 빈혈증

유전자가 효소에 한정되지 않고 단백질을 특정한다는 첫 번째 증거는 **겸상적혈구 빈혈증(sickle-cell anemia)** 환자에서 유래한 돌연변이 헤모글로빈 분자의 분석에서 비롯되었다. 이 환자들은 저산소 상태에서 헤모글로빈의 다량화(polymerization)로 인하여 길어지고 굽어지는 적혈구를 갖는다. 이러한 적혈구의 낫자루 모양은 건강한 적혈구의 원반 모양과는 매우 대조적이다(그림 14-13). 이러한 환자들은 산소 압력이 낮은 장소에서 미세혈관의 벽면에 적혈구들이 덩어리 형태로 결집하기 때문에 위험할 수 있다. 그 결과, 여러 가지 조직이 저 산소 상태에 놓이게 되어 심각한 상해를 받는다. 이러한 상태가 발생할 때, 환자는 겸상(낫모양) 적혈구 위기(sickle-cell crisis)를 갖게 된다. 적합한 처지가 이루어지지 않으면, 생명을 잃을 수도 있는 위기가 된다. 콩팥, 근육, 관절, 뇌, 장 기관 및 폐 등도 영향을 받을 수 있다.

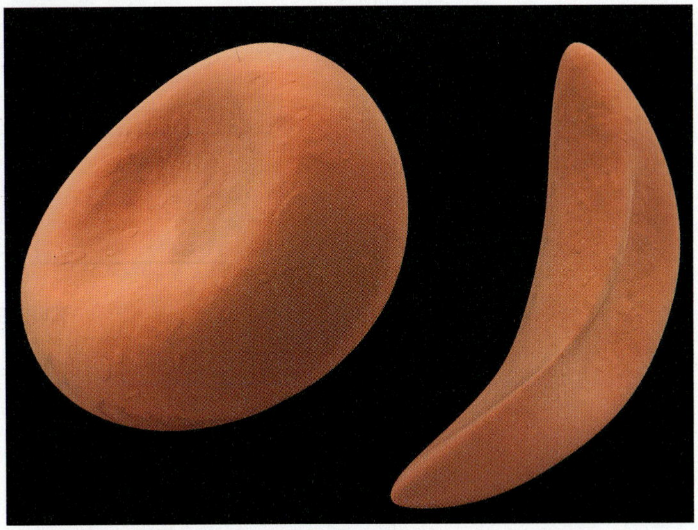

그림 14-13. 정상 적혈구와 겸상적혈구 빈혈증 환자 적혈구의 비교.

위기(crisis)뿐만 아니라, 이러한 환자들의 적혈구는 정상적인 것보다 빠르게 파괴되어서 빈혈증을 갖는다. 보상적인 생리 기전은 골수에서 적혈구 생성의 증가와 무리한 심장 운동 등이다. 이러한 기전들로 인해서 골수의 크기와 모양뿐만 아니라 심장의 확장이 비정상적으로 발생한다.

1949년, James Neel과 E. A. Beet는 이러한 질환이 멘델의 법칙으로 유전된다는 것을 증명하였다. 가계 분석의 결과, 한 쌍의 대립유전자 Hb^A와 Hb^S가 세 가지 유전형질과 발현형질을 조절하였다. 건강한 자와 질환을 갖고 있는 자는 각각 동형접합 유전형 Hb^A/Hb^A과 Hb^S/Hb^S을 갖는다. 이형접합체의 적혈구는 **겸상(낫모양) 적혈구 형질(sickle-cell trait)**을 갖고 있으나 질환 증세를 보이지 않으며, 적혈구의 반 이상은 정상이다. 이와 같은 이형접합체는 전적으로 영향받은 것은 아니나, 결손이 있는 유전자를 갖고 있으며, 이는 평균 50% 수준에서 다음 세대로 전달된다.

Linus Pauling 연구진은 같은 해에 겸상적혈구 빈혈증에 대한 분자적 근거를 제시하였다. 환자와 정상인에서 분리한 헤모글로빈의 전기영동 이동 속도가 다르다는 것을 보고하였다. 전기영동에서 전하를 갖는 분자들은 전기장에서 이동한다(10장 참조). 두 분자의 전하가 다르면 이들의 이동 속도가 달라질 것이다. 따라서 Pauling 연구진은 정상과 겸상세포 헤모글로빈 사이에 화학적인 차이가 존재한다는 결론을 지었다. 이 두 가지 분자를 지금부터 각각 **HbA**와 **HbS**라고 부른다.

그림 14-14(a)는 세 가지 경우의 유전형질에서 유래한 헤모글로빈의 **전분 겔 전기영동(starch gel electrophoresis)**에서의 이동 양상을 보여주고 있다. 겔은 배지에서 이동하는 분자의 지지체이다. 이 실험에서 시료를 음극(−)과 양극(+) 사이에 존재하

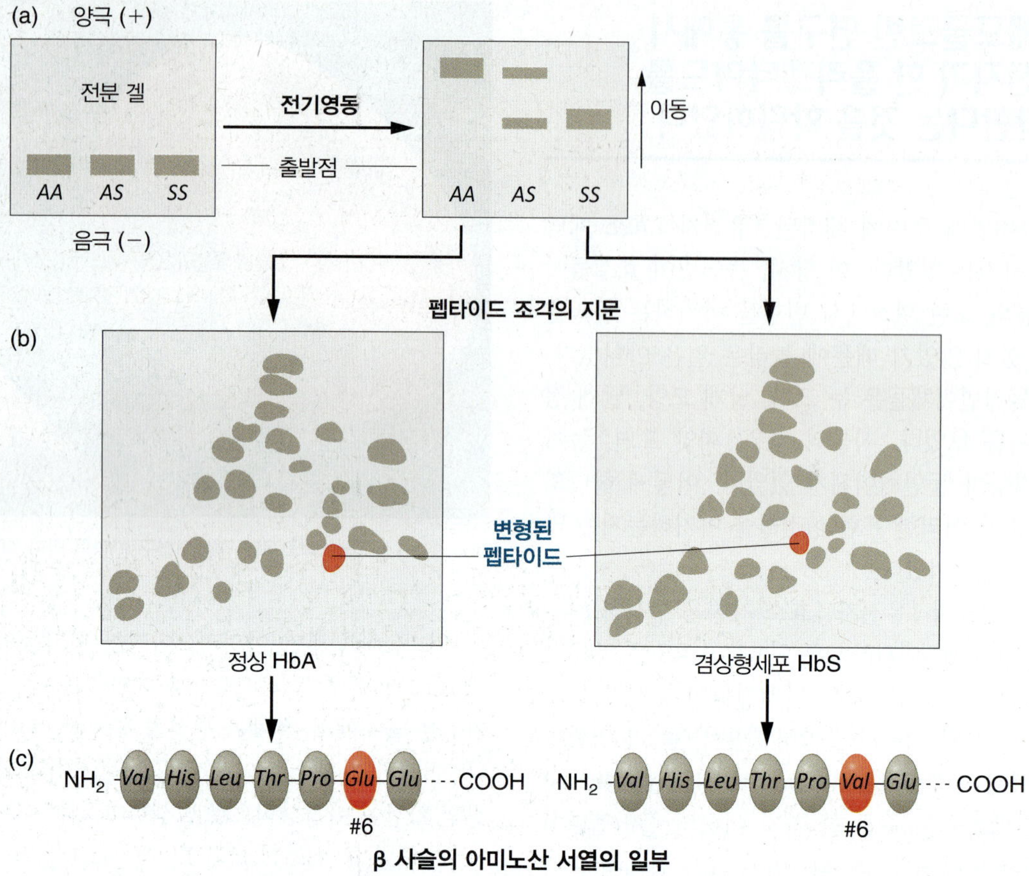

그림 14-14. Hb^AHb^A, Hb^AHb^S 및 Hb^SHb^S 개인에게서 유래한 헤모글로빈에 대한 전기영동, 지문 및 아미노산 분석 결과. (a) 겸상적혈구 빈혈증(Hb^SHb^S)의 헤모글로빈은 전기영동장에서 다른 속도로 이동한다. (b) 지문 분석에서 나타난 변형된 펩타이드 한 가지. (c) β 사슬의 6번째 위치에서 변경된 아미노산, 발린. 전기영동 분석 결과, 이형접합체(Hb^AHb^S)는 헤모글로빈 두 가지 형을 모두 갖고 있다.

는 시작점에 놓은 후에 전류를 공급한다. 모든 분자가 양극을 향하여 이동하는 양상은 음성 전하를 뜻한다. HbA가 HbS보다 더 멀리 이동한 사실은 HbA의 음성 전하가 더 크다는 뜻이다. 보인자(carrier)의 헤모글로빈 전기영동 양상을 분석한 결과, HbA와 HbS 모두 존재하였는데, 이는 이들이 이형접합 유전형이라는 것을 뜻한다.

Pauling의 발견은 두 가지 가능성을 제안하였다. 헤모글로빈이 비단백질성 철분-함유 헴 그룹(heme group)들과 네 개의 폴리펩타이드 사슬을 가지는 글로빈 부분으로 구성된다는 것이 알려졌다. HbS 전하의 변화는 이론적으로 이러한 구성인자 중의 하나에 생긴 화학적 변화에 기인한다.

1954년에서 1957년 사이에 Vernon Ingram의 연구가 이 문제의 답을 제기하였다. 그는 헤모글로빈 단백질을 구성하는 글로빈의 1차 구조에 일어난 화학적 변화가 원인임을 증명하였다. 그림 14-14(b)에 나타낸 **지문 분석 기술(fingerprinting technique)**을 사용하여 Ingram은 HbS가 아미노산 조성에서 HbA와 다르다는 것을 밝혔다. 성인의 헤모글로빈은 4차 구조에서 141개 아미노산으로 구성된 동일한 두 개의 α 사슬과 146개 아미노산으로 구성된 2개의 동일한 β 사슬을 포함하고 있다.

지문분석 기술은 단백질을 효소로 끊어 만든 펩타이드 조각들을 분석한다. 여러 가지 펩타이드 조각 혼합물을 흡착 종이에 놓고 전기장을 걸면 조각들이 전하에 따라 이동한다. 그 다음 이 종이를 90도 회전하여 용매에 담그면, 크로마토그래피 작용으로 인해서 펩타이드들은 두 번째 방향으로 이동한다. 그 결과, 펩타이드 조각들이 2차원적으로 분리되어서 특유의 점의 분포, 즉 '지문'이 나타난다. Ingram의 연구 결과, HbS와 HbA의 차이는 단 한 개의 펩타이드 조각에 있다는 것이 밝혀졌다[그림 14-14(b)]. 추가 분석을 통해 β 사슬의 6번째 잔기인 글루타민산이 발린으로 치환되었다는, 하나의 아미노산 변화로 인해 펩타이드 차이가 발생했음을 알게 되었다[그림 14-14(b)].

이 발견은 여러 측면에서 매우 큰 의미가 있다. 하나의 유전자가 하나의 폴리펩타이드 사슬에 대한 유전정보를 갖는다는 것을 명확하게 수립한 것이다. HbS의 연구를 통해서 하나의 돌연변이가 하나의 아미노산의 치환을 주도함으로써 표현형질을 결정한다는 것을 증명하였다. 또한 겸상적혈구 빈혈증에 대한 원인을 밝힘으로써 유전성 **분자 질환(molecular disease)**의 개념을 확실하게 수립하였다. 끝으로, 이 연구로 인하여 인간 헤모글로빈의 완벽한 연구가 이루어짐으로써 높은 수준의 유전학적 통찰을 갖게 되었다.

미국에서 겸상적혈구 빈혈증은 유독 아프리칸-아메리칸 집단에서 대부분 발견된다. 대략 625명의 아프리칸-아메리칸 출생아 중 한 명꼴이다. 최근 들어 50,000에서 75,000명 정도가 질환을 갖고 있는 것으로 파악된다. 아프리칸-아메리칸 부부 145쌍 중 한 쌍이 둘 다 이형접합 보유자이다. 이런 경우, 이들 자녀의 25%가 이 질환을 가질 수 있다.

인간 헤모글로빈

인간 헤모글로빈에 대한 연구를 역사적인 관점에서 소개하였는데, 이제 인간의 헤모글로빈에 대하여 최근 밝혀진 내용을 토론하고자 한다. 분자생물학적 분석을 통해서 개인은 일생을 통해서 단계별로 다른 종류의 헤모글로빈 분자를 생성한다. 모두 다 4량체인데, 이는 각각 개별 유전자에 암호화된 7개의 다른 폴리펩타이드 사슬 중 4개의 사슬이 서로 다른 조합으로 이루어지기 때문이다. 이러한 다양한 유전자의 발현은 발생학적으로 조절된다.

대부분의 성인 헤모글로빈은 **α 사슬** 두 개와 **β 사슬** 두 개로 구성된 **HbA**이다. 겸상적혈구 빈혈증과 관련된 돌연변이는 β 사슬에 있던 점을 기억하자. 생후 6개월 이후 성인에서 발견되는 헤모글로빈의 98%는 HbA이다. 나머지 2%가 소수 성인 구성인자인 **HbA_2**로 이루어진다. 이 분자는 두 개의 α 사슬과 두 개의 **델타(δ) 사슬**로 구성된다. δ 사슬은 β 사슬과 매우 유사하며, 146개의 아미노산으로 구성된다.

배아 및 태아 발생 기간 중에 상당히 다른 헤모글로빈 세트가 발견된다. 최초의 세트를 **가우어 1(Gower 1)**이라 하는데, 이는 α 사슬과 매우 유사한 **제타(ζ) 사슬** 두 개와 β 사슬과 유사한 **입실론(ϵ) 사슬** 두 개로 이루어진다. 착상 후 8주가 지나면, 다른 사슬로 구성된 또 다른 종류의 헤모글로빈이 점진적으로 배아형을 대체한다. 이 분자를 **HbF**, 혹은 **태아 헤모글로빈(fetal hemoglobin)**이라 부르는데, α 사슬 두 개와 **감마(γ) 사슬** 두 개로 이루어진다. γ 사슬에는 $^G\gamma$ 및 $^A\gamma$ 두 가지가 있다. 둘 다 β 사슬과 유사하며 단 한 개의 아미노산이 다르다. 이들은 출생 직전까지 분포하고, 출생 후에 HbA와 HbA_2가 점진적으로 HbF를 대체한다. 다섯 가지 4량체의 명칭과 발현 순서를 표 14.2에 요약하였다.

표 14.2 태아에서 성체까지 인간 헤모글로빈의 구성분

헤모글로빈 형태	단위사슬 성분
배아-가우어 1	$\zeta_2\epsilon_2$
태아-HbF	$\alpha_2{}^G\gamma_2$
	$\alpha_2{}^A\gamma_2$
성체-HbA	$\alpha_2\beta_2$
소수 성체-HbA_2	$\alpha_2\delta_2$

유전자의 새로운 개념

1940년대, 유전자의 분자적 성질이 정의되고 있지 않았을 때, Beadle과 Tatum의 획기적인 연구 내용이 유전자 산물, 즉 "유전자-하나: 효소-하나" 가설에 관한 최초의 실험적 증거를 제시하였다. 이러한 제안은 추가적인 지지와 보정을 거쳐 유전자 하나가 폴리펩타이드 사슬 하나를 특정한다는 것을 의미하였다.

14.8 한 유전자의 뉴클레오타이드 서열과 해당 단백질의 아미노산 서열은 공통선형성을 나타낸다

유전자가 폴리펩타이드 사슬의 합성을 특정한다는 사실을 확립한 다음 단계의 질문은 어떻게 핵산에 담긴 유전자 정보가 폴리펩타이드 사슬의 아미노산 서열을 창출하는 기초로 사용되느냐 이고, 이에 대해 공통선형성 관계가 두 분자 간에 존재하는 것으로 생각되었다. 즉, 한 유전자의 DNA에 있는 뉴클레오타이드 서열은 해당되는 폴리펩타이드의 아미노산 서열과 직접적으로 연관된다 — **공통선형성(colinarity)**의 개념.

이러한 개념을 뒷받침하는 최초의 실험적 증거는 Charles Yanofsky가 수행한 대장균의 **트립토판 합성효소**(tryptophan synthetase)의 A 단위체의 유전자, *trpA*의 연구에서 시작되었다. Yanofsky는 효소의 활성을 상실한 여러 가지 돌연변이체를 분리하였다. 이어서 그는 이 유전자 내에서 각 돌연변이체의 상대적인 위치를 동정하였다. 또한 그는 각각의 돌연변이 단백질에서 발생한 아미노산 치환의 위치를 규명하였다. 실험 결과 두 세트를 비교하면, 공통선형성 관계가 나타났다. *trpA* 유전자 내에 있는 각 돌연변이의 위치는 트립토판 합성효소의 폴리펩타이드 A에서 변환된 아미노산의 위치와 연관성이 있었다. 그림 14-15는 이러한 비교에 관한 것이다.

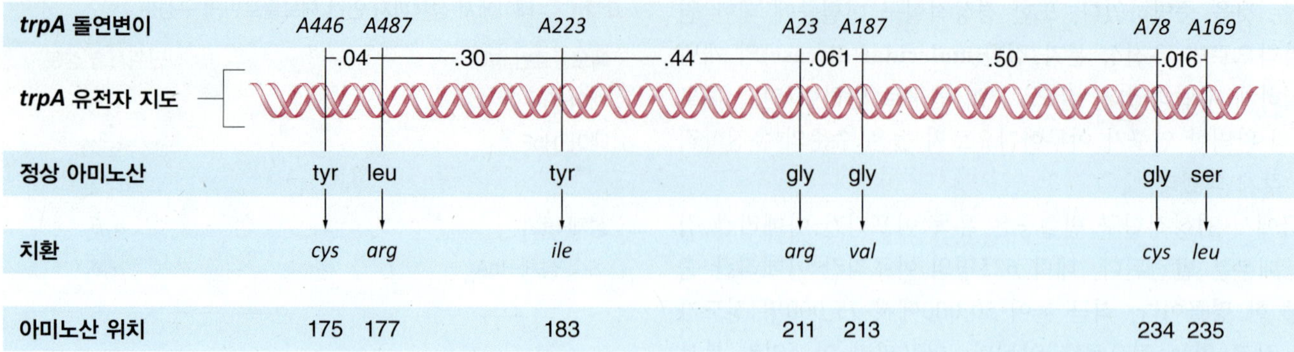

그림 14-15. 대장균의 *trpA* 여러 돌연변이의 유전자 지도와 단백질 산물에 나타난 아미노산 간의 공통 선형성에 대한 예시. 돌연변이 사이에 나타낸 숫자는 연관거리(linkage distance)를 뜻한다.

14.9 단백질 구조 변이가 생물학적 다양성의 기초이다

유전자 정보를 담아서 발현하는 핵산과 대조적으로, 단백질은 유전자 발현의 최종산물로서 생물학적 기능과 더욱 밀접하게 연관되어 있다. 세포의 종류나 생명체들 사이의 다양성의 기반은 생물학적 기능에 있다. 단백질이 하나의 유기체에서 그 수많은 복합체와 중요한 세포 기능을 수행하거나 조절할 수 있게 하는 원리는 무엇일까? 앞으로 논의하겠지만, 단백질 기능의 복잡성에 대한 비밀은 단백질의 믿을 수 없을 정도로 다양한 구조에 있다.

토론에서 좀 벗어나는 이야기지만, **폴리펩타이드(polypeptide)**와 **단백질(protein)**의 차이를 알아야 한다. 폴리펩타이드는 간단하게 말하면 단백질의 전구체이다. 아미노산 다중체 하나가 번역 기간 중에 리보솜에서 조립되어 방출되는데, 이를 **폴리펩타이드**라고 부른다. 이어서 폴리펩타이드가 접혀지고 기능적인 3차원적인 구조를 갖게 되는데, 이를 **단백질**이라고 부른다. 대부분의 경우, 이 과정에서 몇 개의 폴리펩타이드가 합쳐져 더 높은 단계의 단백질 구조를 창출한다. 3차원적인 구조는 하나의 단백질의 특정한 기능에 핵심적일 뿐만 아니라 구조적으로 다른 단백질들로부터 구분 짓는다.

핵산과 마찬가지로, 단백질을 구성하는 폴리펩타이드 사슬들은 선형이며, 곁가지가 없는 다중체이다. 거의 모든 생물체에서 20가지 아마노산이 단백질의 단위체로 작용한다.[1] 각 아미노산은 **카복실기(carboxyl group)**, **아미노기(amino group)**, 그리고 중심 탄소 원자와 공유결합하고 있는 **유리기[radical(R) group;** 아미노산의 종류를 결정짓는 곁사슬]를 갖는다. 그림 14-16은 단백질에 있는 20가지 아미노산을 정의하는 20가지 R기를 보여주고 있다. 이들은 4가지 주요 집단으로 구분된다: (1) **비극성(소수성)**, (2) **극성(친수성)**, (3) **양전하성**, 그리고 (4) **음전하성**. 폴리펩타이드는 기다란 다중체이고, 다중체의 단위체는 20가지 아미노산 중의 하나이며, 각각의 아미노산은 독특한 화학적 성질을 갖고 있기 때문에, 단백질의 최종적인 구조와 화학적 활성에 엄청난 다양성이 있을 수 있게 된다. 예를 들어, 평균적인 폴리펩타이드 한 분자가 200개의 아미노산(약 20,000 Da의 분자량)으로 구성된다면, 20가지 다른 단위체로 만들 수 있는 독특한 서열로 구성된 단백질 분자의 수는 20^{200}이다.

1900년경, 독일인 화학자 Emil Fischer는 아미노산들이 결합하는 양식을 알아냈다. 한 아미노산의 아미노기가 다른 아미노산의 카복실기와 탈수 축합 반응을 통해서 물 분자 하나를 방출하면서 반응할 수 있음을 증명하였다. 이 결과 생성된 공유결합을 **펩타이드 결합(peptide bond)**이라고 부른다(그림 14-17). 두 개의 아미노산이 연결되어 **이량펩타이드**(dipeptide), 3개가 **삼량펩타이드**(tripeptide) 등을 구성한다. 10개 이상의 아미노산들이 펩타이드 결합으로 연결되면, 이 사슬을 **폴리펩타이드**라 부른다. 일반적으로, 길이에 상관없이 폴리펩타이드는 한 쪽 끝에 아미노기 말단(N-말단)을, 반대편 끝에 카복실기 말단(C-말단)을 갖는다.

---

[1] 두 가지 아미노산은 이러한 20개의 규칙에서 벗어난다: **셀레노시스테인(selenocysteine, Sec)** 및 **피로리신(pyrrolysine, Pyl)**은 각각 시스테인과 리신의 변형된 형태이다. Sec는 세 가지 생물체 도메인(고세균, 박테리아, 진핵생물체)에서 소수 단백질의 활성화 부위에서 발견된다. 폴리펩타이드에 Sec를 삽입하는 일은 원래 종결 코돈으로 기능하는 UGA 코돈을 다시 암호화하여 Sec 코돈으로 작용하게 하는 분자적 처리가 필요하다. 이와 유사하게, mRNA의 내부에 존재하는 종결코돈, UAG에 대해서 폴리펩타이드 사슬에 Pyl이 삽입된다. Pyl은 메탄을 좋아하는 박테리아에서 발견되며, 최근 들어, 환형동물벌레의 피부 저층에서 공생하는 박테리아에서도 발견되었다.

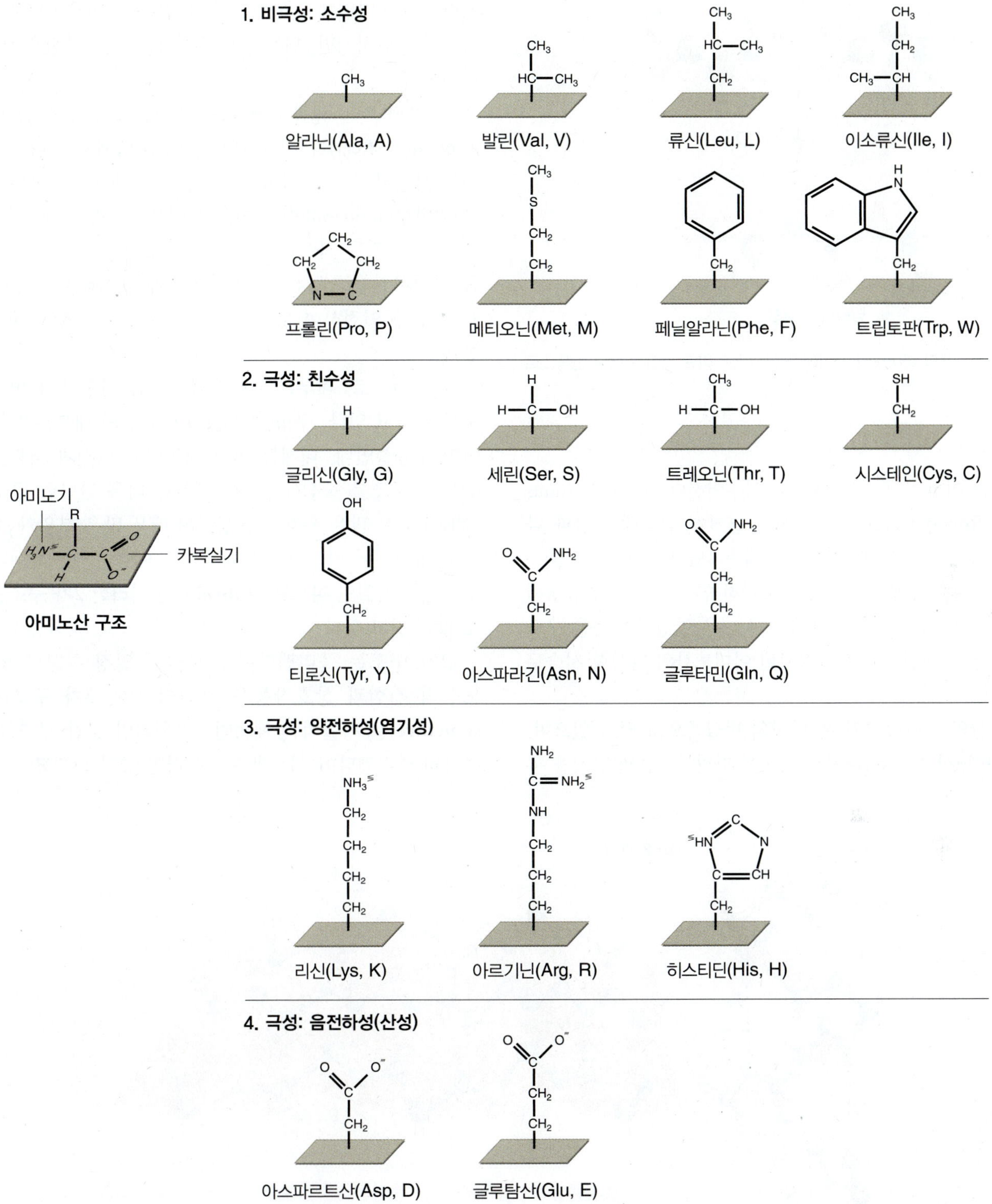

그림 14-16. 생물체가 암호화하고 있는 20가지 아미노산의 화학 구조와 명칭은 네 가지 범주로 나뉜다. 각 아미노산은 두 가지 약어 체제로 표기된다; 예를 들어, 알라닌은 Ala 또는 A로 표기된다.

네 단계의 단백질 구조가 있다; 1차, 2차, 3차, 4차. 폴리펩타이드의 선형 골격에 있는 아미노산의 서열이 **1차 구조(primary structure)**를 이룬다. DNA를 구성하는 염기서열이 mRNA 중간체를 거쳐서 이 서열을 결정한다. 이후 고차원적으로 조직되는 단백질 구조 특성은 이러한 폴리펩타이드 1차 구조에 특이적으로 결정된다.

2차 구조(secondury structure)는 폴리펩타이드 사슬에서 서로 가깝게 위치하는 아미노산들이 나란히 배열되는 일정한 규

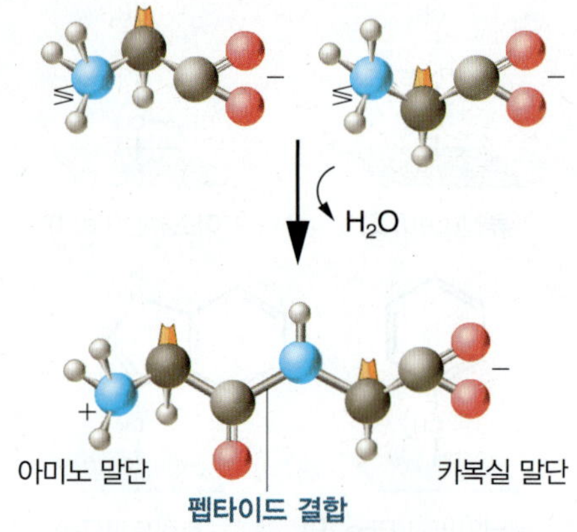

그림 14-17. 두 개의 아미노산 사이에 형성된 펩타이드 결합은 탈수 반응으로 이루어진다.

칙 혹은 되풀이하는 공간적 배치로 이루어진다. 1951년, Linus Pauling과 Robert Corey는 이론적인 근거에 입각해서 **알파 나선(α helix)**을 2차 구조의 한 종류로 예측하였다. α 나선 모델[그림 14-18(a)]은 나중에 X선 결정구조학적 연구에 의해서 규명되었다. 이는 막대 구조와 유사한 것으로 매우 안정성이 높은 구조이다. 나선은 수소결합으로 안정화된 아미노산의 나선형 사슬로 이루어진다.

아미노산의 곁사슬(R기)은 나선의 바깥쪽으로 뻗어 있으며, 각각의 아미노산 잔기는 나선의 길이를 따라 1.5 Å의 간격을 유지한다. 한 바퀴에 3.6 잔기가 소요된다. 이론적으로 왼손방향 나선이 가능하지만, 단백질에 존재하는 모든 나선은 오른손방향 나선이다.

1951년 Pauling과 Corey는 또 다른 2차 구조, **β-병풍 구조(β-pleated sheet)**를 제안하였다. 이 모델에서 하나의 폴리펩타이드 사슬이 스스로 접히거나, 몇 개의 사슬이 평행(parallel) 혹은 역방향(antiparallel) 평행으로 이웃하여 달린다. 이웃한 사슬의 특정 원자들 사이에 형성되는 수소결합들이 이와 같은 구조를 안정시킨다[그림 14-18(b)]. 지그재그 형태로 형성된 평면에서 선상에 인접하여 있는 아미노산들은 3.5 Å의 간격을 유지한다.

일반적으로, 대부분의 단백질들은 α 나선과 β-병풍 구조를 모두 가지고 있다. 구형(globular) 단백질의 대부분은 둥근 모양이며 수용성인데, 대개는 여러 지역의 α 나선과 더불어 하나의 β-병풍 구조를 중심에 가지고 있다. 더욱 단단한 구조를 갖는 단백질들은, 많은 수가 불용성이며 매우 많은 부위가 β-병풍 구조로 형성되어 견고함을 더해 준다. 예를 들어, 누에나방이 합성하는 단백질인 **피브로인(fibroin)**은 이러한 2차 구조를 전적으로 많이 갖고 있다.

2차 구조는 폴리펩타이드 사슬의 일정 부분에 있는 아미노산의 접힘과 상호작용을 가리키지만, **3차 구조(tertiary structure)**는 사슬의 총체적인 3차원적인 공간 구조를 말한다. 각각의 폴리펩타이드는 매우 특이적인 양식으로 꼬이고, 꺾이고

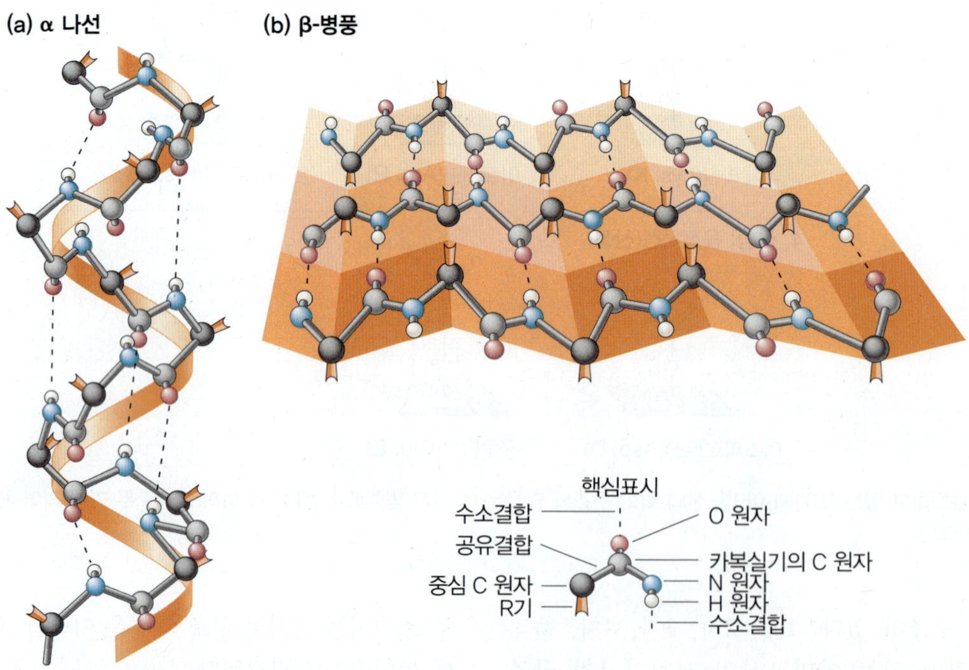

그림 14-18. (a) 오른손 방향 α 나선은 폴리펩타이드 사슬의 2차 구조의 하나이다. (b) β-병풍 구조는 폴리펩타이드 사슬의 2차 구조의 또 다른 형태이다. 간단하게 나타내기 위해서 모든 원자를 나타내지는 않았다.

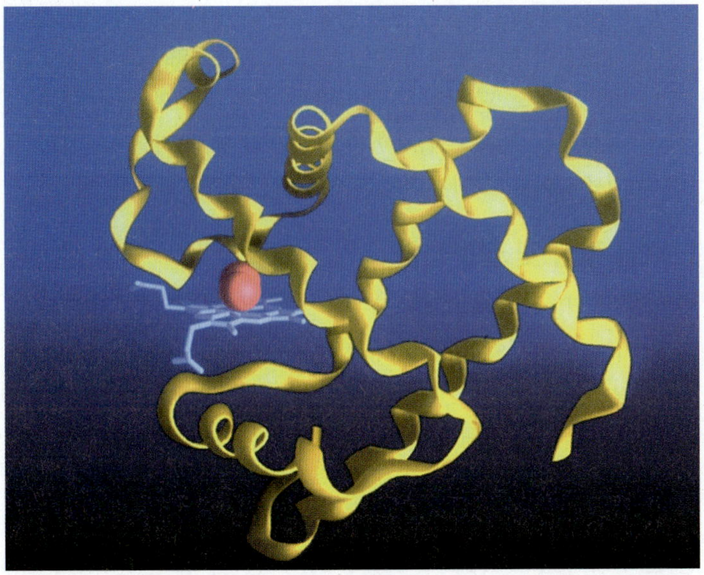

그림 14-19. 호흡 색소 마이오글로빈 단백질의 3차 구조. 결합한 산소 원자는 빨간색으로 표시되었다.

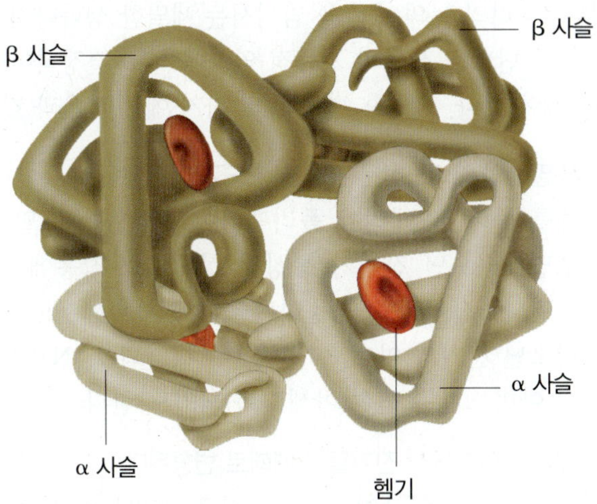

그림 14-20. 헤모글로빈의 4차 단백질 구조. 네 개 사슬(두 개의 α 및 두 개의 β)이 네 개의 헴기와 작용하여 기능적인 분자를 형성한다.

그 주변을 휘감아, 특정한 단백질 개개의 특성을 형성한다. 3차 구조의 모델을 그림 14-19에 나타냈다. 이 수준의 구조에서 세 가지 요인들이 분자의 구조와 안정성을 결정하는 데 중요하다:

1. 인접한 시스테인 잔기들 사이에 형성된 이황화 결합이 독특한 아미노산, 시스틴(cystine)을 생성한다.
2. 일반적으로, 극성 친수성 R기들이 구조의 표면에 위치하여 물 분자와 작용한다.
3. 비극성 소수성 R기들은 통상 분자의 내부에 있어, 서로 상호작용하고 물 분자와의 상호작용을 회피한다.

모든 단백질의 3차원적 구조는 폴리펩타이드의 1차 구조의 산물이라는 것을 아는 것이 필요하다. 따라서 유전자 코드가 단백질의 최종적인 구조를 창출하기 위해서는 아미노산의 서열을 특정해야 한다. 세 가지 안정화 인자의 효과는 사슬에서 각 아미노산의 다른 아미노산들에 대한 상대적인 위치에 달려 있다. 접힘이 일어나면, 열역학적으로 가장 안정한 구조가 형성된다. 이 단계의 구조가 특히 매우 중요한데 모든 단백질의 특정한 기능이 3차 구조와 직접적으로 연관되기 때문이다.

단백질의 **4차 구조(quaternry structure)**의 개념은 두 개 이상의 폴리펩타이드로 구성된 단백질 복합체를 뜻하며, 여러 가지 사슬의 상대적인 위치를 말한다. 이러한 형태의 단백질은 다량체(oligomeric)이며, 다량체의 각 사슬을 원량체(protomer), 혹은 단위체(subunit)라고 한다. 원량체들은 특이적 및 보완적인 양상으로 서로 잘 맞출 수 있는 형태를 가지고 있다. 헤모글로빈은 4개의 원량체(두 개의 α와 두 개의 β 사슬)로 만들어진 다량체 단백질로서 상세한 수준까지 잘 연구되어 있고 그 4차 구조를 그림 14-20에 나타낸다. DNA 및 RNA 중합효소를 포함하여 대부분의 효소들이 4차 구조를 갖는다.

실전문제

14-3 HbS는 인간 헤모글로빈의 β 사슬의 6번 잔기, 글루타민산이 발린으로 치환되어 생긴 것이다. HbC도 β 사슬의 동일한 위치에 있는 글루타민산이 리신으로 전환되어 발생한 것이다. 유전자 코드 표(그림 13-7)에서 핵산 한 개의 변화가 이러한 돌연변이를 야기할 수 있는지 검증하시오. 그리고 그림 14-16에서 글루타민산, 발린 및 리신의 R기를 조사하시오. 세 가지 아미노산의 화학적인 차이점을 기술하시오. 이러한 변화들이 분자의 구조를 어떻게 바꾸고, 그 결과 헤모글로빈의 기능이 어떻게 달라지는지 예견하시오.

■ **힌트:** 이 문제는 인간 헤모글로빈을 구성하는 사슬들 중 하나를 암호화하고 있는 유전자에서의 돌연변이로 인한, 여러 아미노산 치환의 결과 미치는 잠재적인 영향력을 고려하도록 묻고 있다. 해결의 열쇠는 세 아미노산(글루탐산, 리신, 발린)의 구조와 알짜 전하를 생각하고 비교해보는 것이다.

14.10 번역후 변형이 최종 단백질 산물을 바꾼다

단백질의 기능을 논의하기 전에 단백질들도 RNA와 마찬가지로 합성이 완료된 후에 많은 경우 변형된다는 점에 주목해야 한다. 이러한 추가적 가공과정을 총칭하여 **번역후 변형(posttranslational modification)**이라고 한다. 이러한 변형의 대부분은 우리의 논의 수준을 넘어서는 세밀한 생화학적 변형이지만, 최종 단백질 산물의 기능적 역량에 매우 결정적이라는 것을 인식해야 한다. 번역후 변형의 몇 가지 예는 다음과 같다:

1. N-말단의 아미노산은 통상 제거되거나 변형된다.
   예를 들어, 박테리아 폴리펩타이드에 있는 포밀기 또는 포밀메티오닌 잔기가 통상적으로 효소 작용에 의해 제거된다. 진핵세포의 폴리펩타이드 사슬에서도 최초 메티오닌 잔기의 아미노기가 자주 제거되고, N-말단 잔기의 아미노기는 변형(아세틸화)되기도 한다.

2. 개개의 아미노산 잔기들이 때때로 변형된다.
   예를 들어, 인산이 티로신 같은 아미노산의 수산기에 첨부된다. 이러한 변형들은 음성 전하를 갖는 잔기를 만들어서 다른 분자와 이온결합을 형성할 수 있게 한다. 인산화의 과정은 인산화효소(kinase)의 작용으로 이루어지며, 여러 가지 세포의 활동을 조절하는 데 매우 중요하다. 다른 아미노산 잔기들에는 메틸기 혹은 아세틸기가 효소 작용을 통하여 첨부될 수 있는데 이는 변형된 폴리펩타이드 사슬의 기능에 영향을 끼친다.

3. 때로는 탄수화물 곁가지가 첨부된다.
   이들은 단백질에 공유결합으로 첨부되어 당단백질을 만든다. 당단백질은 세포-표면 분자의 중요한 범주에 속하며, 인간의 ABO 혈액형을 특정하는 항원을 포함한다.

4. 폴리펩타이드 사슬의 일부가 잘려진다.
   예를 들어, 인슐린 유전자에서 번역된 긴 단백질의 일부가 효소 작용으로 잘려져서 최종적인 인슐린은 51개 아미노산 잔기로 이루어진다.

5. 신호서열은 제거된다.
   일부 단백질의 N-말단은 단백질의 기능에 적합한 장소로 단백질을 보내는 데 중요한 역할을 하는 30여 개의 아미노산으로 구성된 서열을 갖고 있다. 이 서열을 **신호 서열(signal sequence)**이라 부르는데, 특정 단백질의 세포 내 최종 목적지를 결정하는 역할을 한다. 이 과정을 **단백질 표적화(protein targeting)**라고 부른다. 예를 들어, 분비 단백질이나 막 단백질이 될 단백질들을 일단 소포체의 내강으로 보내는데 특정한 서열이 필요하다. 같은 목적지에 도달하는 여러 가지 단백질들의 신호 서열은 아미노산 서열에서 다를지라도 화학적인 성질은 유사하다. 예를 들어, 분비 단백질들은 N-말단 신호 서열로서 일련의 15개 소수성 아미노산들과 이 앞에 존재하는 양성 전하의 아미노산을 갖는다. 단백질이 수송되면, 기능적인 단백질이 되기 전에 신호 서열이 효소 작용으로 제거된다.

6. 폴리펩타이드 사슬은 종종 금속 이온과 복합체를 형성한다.
   단백질의 3차 및 4차 구조는 종종 금속 원자를 필요로 한다. 기능적 단백질은 폴리펩타이드 사슬과 금속 원자로 구성되는 분자 복합체이다. 네 개의 철 원자와 네 개의 폴리펩타이드로 이루어지는 헤모글로빈이 그 좋은 예이다.

단백질 접힘 및 잘못접힘

단백질 접힘(protein folding)은 리보솜을 빠져나간 선형 분자가 아미노산 서열에 내재되어 있는 총체적인 화학적 성질로 인하여 열역학적으로 안정된 3차원적 구조를 만드는 자연발생적 과정으로 여겨졌다. 이는 많은 경우에 사실이지만, 여러 가지 연구에 의하면 여러 가지 단백질의 적합한 접힘은 **샤페론(chaperone)**이라는 분자의 도움 없이 이루어지지 않는다. 샤페론[**분자 샤페론**(molecular chaperones) 또는 **샤페로닌**(chaperonins)이라고도 불리움]은 그 자체가 단백질로서, 단백질의 임의적인 잘못 접힘을 방지하여 접힘 과정을 매개하는 기능을 한다. 이들은 효소와 비슷한 양식으로 관심 단백질에 결합하지만 최종산물의 일부가 되지는 않는다. 최초의 샤페론 단백질은 초파리에서 **열충격 단백질(heat-shcok proteins)**이라는 이름으로 발견되었으나, 모든 생물체에 광범위하게 존재하는 것으로 보고되었다.

이들은 심지어 미토콘드리아와 엽록체에도 분포한다. 진핵세포의 막-결합 리보솜에서 번역이 일어날 때 샤페론은 특히 중요하며 새로 번역된 폴리펩타이드는 소포체의 내강으로 배출된다. 샤페론이 있어도 잘못 접힘이 발생할 수 있는데, 이때 작동되는 '품질관리' 시스템이 있다. 잘못 접힌(misfolded) 단백질들은 소포체에서 세포질로 수송되는 시점에서 **유비퀴틴(ubiquitin)**이라는 작은 단백질들로 '표지(tag)'된다. **폴리유비퀴틴-단백질 복합체**는 **포로테아솜(proteasome)**이라는 세포내 구조로 수송되어, 유비퀴틴이 방출되면서 잘못 접힌 단백질들이 단백질 분해효소의 작용으로 분해된다.

잘못 접힌 단백질들은 제대로 기능하지 못할 뿐만 아니라, 부적합하게 접힌 단백질들이 세포 내에 축적되어 세포뿐만 아니라 그 생물체에도 매우 해롭기 때문에 단백질 접힘은 결정적으로 중요한 과정이다. 예를 들어서, 양의 **스크래피(scrapie)**, **소의 해면상뇌증[bovine spongiform encephalopathy; 광우병(mad cow disease)]**, 인간의 **크로이츠펠트-야콥병(Creutzfeldt-Jakob disease)**과 같은 포유동물의 전염성 뇌질환들은 잘못 접힌 단백질 덩어리, **프리온(prion)**이 뇌에 축적되어 유발된다. 잘못 접힌 단백질(일명 PrP^{Sc})은 뉴런에서 합성되는 성체의 뇌에 분포하는 정상적인 세포 단백질(일명 PrP^{C})의 변형된 형태이다. PrP^{C}와 PrP^{Sc}의 차이는 2차 구조에 있다. 정상적 비감염성 PrP^{C}는 α-나선형으로 접히는 반면, 감염성 PrP^{Sc}는 β-병풍형으로 접힌다. 비정상적 PrP^{Sc} 분자가 PrP^C 분자와 접촉하면 정상 단백질은 비정상적 구조로 다시 접힌다. 이 과정은 연쇄 반응으로 계속되어 잠재적으로 무서운 결과—궁극적으로 뇌를 파괴하는 프리온 입자의 형성—를 가져올 수 있다. 따라서 이러한 종류의 질환은 단백질의 2차 구조의 질병으로 생각할 수 있다. 최근에 여러 연구실에서 단백질의 접힘과 잘못 접힘을 유전학적 관점에서 연구하고 있다. 인간의 유전성 질환의 상당수가 잘못 접힌 단백질들이 만드는 비정상적인 덩어리에 기인한다. 앞에서 논의한 **겸상(낫모양)적혈구 빈혈증(sickle-cell anemia)**도 이와 같은 경우인데, 헤모글로빈 베타 사슬의 아미노산 하나의 변화가 이 분자의 덩어리를 적혈구 내에 만들어 치명적인 결과를 낳는다. **크로이츠펠트 야곱병(Creutzfeldt-Jakob disease)**의 상염색체 우성 유전형은 PrP 아미노산 서열의 변화를 가져온 돌연변이로서 프리온 형성을 촉발하는 것으로 보고되었다. **헌팅턴병(Huntington disease)**, **알츠하이머병(Alzheimer disease)** 및 **파킨슨병(Parkinson disease)**과 같은 여러 진행형 신경성퇴화형 질병들은 뇌에서 형성되는 비정상적인 단백질 응집체와 관련된다. 헌팅턴병은 상염색체 우성 형질로서 유전되지만 알츠하이머 및 파킨슨 질환과 관련된 유전적 요인들만큼 잘 정의되지는 않고 있다.

14.11 단백질은 다양한 역할의 기능을 한다

지구상의 생명체의 핵심은 세포 기능의 다양성에 있다. DNA 및 RNA가 유전적 정보의 저장과 발현의 수단으로 사용되는 한편, 단백질은 세포의 기능적 수단으로 사용된다. 박테리아와 같이 진화적으로 하등생물체로부터 대부분의 진핵생물체를 구분짓는 것은 다양한 구조와 기능을 나타내는 세포의 역량이다. 따라서 단백질 기능에 대한 기초적인 이해는 유전학적 과정을 완벽히 고찰하는 데에 핵심적인 일이다.

단백질은 세포에서 가장 많이 존재하는 거대분자이다. 유전자의 최종산물로서, 이들은 수많은 다양한 역할을 담당한다. 예를 들어, 호흡기관 색소물질인 **헤모글로빈(hemoglobin)**과 **미오글로빈(myoglobin)**은 산소를 운반하며, 이는 세포 대사에 필수적이다. **콜라겐(collagen)**과 **케라틴(keratin)**은 생물체의 피부, 연골 조직 및 털을 구성하는 구조 단백질이다. **액틴(actin)**과 **미오신(myosin)**은 수축성 단백질로서 근육세포에 다량 분포하고 **튜뷸린(tubulin)**은 유사 및 감수분열 방추사 기능의 기초를 제공한다. 다른 예들을 들자면, **면역글로불린(immunoglobulin)**은 척추동물의 면역체계에서 역할하며, **수송 단백질(transport protein)**은 막을 통과하는 분자의 이동에 관여하고; 일부 **호르몬(hormon)**과 그 **수용체(receprtor)**들은 다양한 화학적 활성을 조절하고, **히스톤(histon)**은 진핵 생물체의 DNA와 결합하고; **전사인자(transcription factor)**는 유전자 발현을 조절한다.

그럼에도 불구하고, 가장 다양하고 광범위한 단백질들(기능적 측면)은 이 장에서 지속적으로 언급된 **효소(enzyme)**이다. 효소는 생체 세포에서 화학적 반응을 특이적으로 촉매한다. 모든 촉매제와 같이 효소는 화학 반응이 평형에 도달하는 속도를 증가시키지만, 화학 평형의 종결점을 바꾸지는 않는다. 이와 같이 뛰어나고 고도로 특이적인 촉매 성질은 특정 세포의 대사 능력을 결정하는데, 이는 소위 **생화학(biochemistry)**의 기초를 제공한다. 세포의 유전적 및 세포학적 과정에 관련하는 여러 효소의 특이적 기능들을 본문에서 계속 설명하고자 한다.

생물학적 촉매(biological catalysis)는 효소가 주어진 반응에 대해 **활성화 에너지(energy of activation)**를 낮추는 과정을 말한다(그림 14-21). 활성화 에너지는 분자가 다른 분자와 반응하기 위해서 도달해야 하는 증가된 운동 에너지 상태이다. 이러한 상태는 온도를 상승시켜 얻을 수 있으나, 효소는 더 낮은 생리학적 온도에서 생물학적 반응이 발생할 수 있도록 한다. 따라서 효소는 이처럼 생명현상이 가능하게 한다.

효소의 촉매 성질은 분자의 **활성 자리(active site)**의 화학적 형태에 의해서 결정된다. 이 자리는 효소의 표면에 존재하는 틈새나 함몰된 부위로서 반응물 및 기질과 결합하여 이들의 상호작용을 촉진한다. 효소적으로 촉매가 이루어지는 반응은 세포

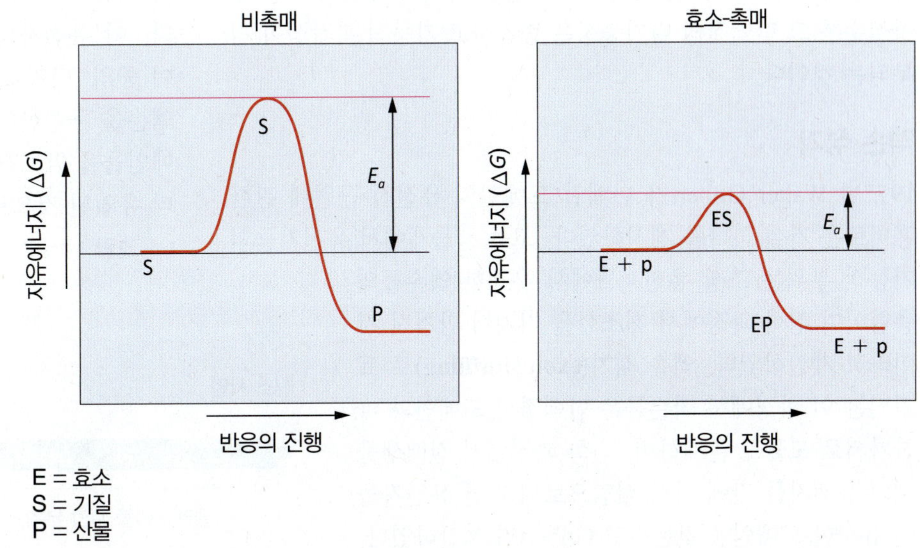

그림 14-21. 비촉매 화학 반응 대비 효소적 촉매 화학 반응의 에너지 조건. 반응을 개시하는 데 필요한 활성에너지(E_a)가 촉매의 결과 현저하게 낮아졌다.

내에서 대사 활동을 조절한다. 이러한 반응은 이화작용 혹은 동화작용이다. **이화작용(catabolism)**은 큰 분자가 더 작거나 간단한 형태의 분자로 분해되면서 화학적 에너지를 방출하는 것이다. **동화작용(anabolism)**은 대사의 합성 단계로서 핵산, 단백질, 지질 및 탄수화물과 같은 다양한 구성성분들을 만든다.

14.12 단백질은 하나 이상의 기능적 도메인을 갖는다

이제 결론적으로 특정 아미노산 서열로 이루어진 구별되는 지역들이 단백질 분자들의 특유의 기능과 연관되어 있다는 중요한 발견을 간단히 논의하고자 한다. 통상 50~300개 아미노산으로 이루어진 이러한 서열들이 **단백질 도메인(protein domain)**을 구성하는데, 이들은 분자의 나머지 부분과 상관없이 안정되고 독자적인 구조로 접힌 일종의 모듈로서 작동한다. 상이한 도메인은 서로 다른 기능성을 나타내며, 어떤 단백질들은 도메인 하나만 갖는가 하면 다른 단백질들은 두 개 이상의 도메인을 갖는다.

도메인의 의미는 단백질의 3차 구조에 있다. 각 도메인은 α 나선과 β-병풍 구조를 포함하는 혼합된 2차 구조들을 가질 수 있다. 특정 도메인의 독특한 구조는 해당 단백질의 특이적 기능을 부여한다. 예를 들어서, 도메인 하나가 어떤 효소의 촉매 부위로 작용하거나, 특정한 리간드와 결합하는 기능을 부여하기도 한다. 따라서, 단백질에 관한 설명은 **촉매 도메인(catalytic domain)**, **DNA-결합 도메인(DNA-binding domain)** 등으로 언급될 수 있다. 요약하면, 단백질 하나는 일련의 구조적 기능적 모듈들로 구성된다고 할 수 있다. 따라서 단백질 하나에 도메인의 수가 많아질수록 그 단백질의 다기능성은 증가하고 기능적 복잡성이 첨부되는 것이다.

엑손 섞기

1977년 Walter Gilbert가 단백질 도메인의 유전적 근원에 관한 흥미로운 가설 하나를 제시하였다. 고등 생물체에서 유전자들의 기능적 부위는 조상 유전자들에서 유래한 엑손들의 총합이며 진화 과정에서 재조합을 거쳐서 합쳐진 것이라고 제안하였다. **엑손 섞기(exon shuffling)**로 표기되는 이 과정에서 엑손들은 단백질의 도메인과 마찬가지로 모듈로 존재하며, 진화 과정에서 진핵생물체의 유전자들 간에 다시 섞임으로써 다른 유전자들이 유사한 도메인을 갖는다고 Gilbert가 제안하였다.

몇 가지 연구 결과들이 이러한 제안을 뒷받침한다. 대부분의 엑손들은 상당히 작아서 평균 150 염기쌍 내외이며 50여 개의 아미노산을 암호화하는데, 이는 단백질의 많은 기능적 도메인의 크기와 일치한다. 둘째, 진화 과정에서 엑손 섞기를 야기한 재조합 사건들은 유전자의 인트론을 구성하는 부위에서 발생한 것으로 예상된다. 인트론은 생물체를 저해하지 않으면서 돌연변이를 축적할 수 있기 때문에 재조합 사건들이 더욱 무작위적인 염기서열을 만들 수 있다. 진화 과정이 길어질수록 서열의 다양성은 증가할 것이고, 실제로 이러한 현상이 관찰된다: 인트론의 길이는 50~20,000 bp 사이에 있으며 상당히 무작위적인 염기서열을 보인다.

1977년 이후부터 유전자 구조를 분석하기 위한 신중한 연구가 진행되었다. 1985년에 엑손 모듈에 관한 Gilbert의 제안을 뒷받침하는 직접적인 증거가 발표되었다. 예를 들어, 저농도 지질단백질(low-density lipoproteins, LDLs)의 막수용체를 암호화하는 인간 유전자가 분리되어 서열이 밝혀졌다. **LDL수용체 단백질(LDL-receptor protein)**은 혈중 콜레스테롤을 세포 안으로 수송하는 데 필수적이다. 이는 세포내섭취(endocytosis)를 매개하고 여러 기능적 도메인을 갖고 있을 것으로 보인다. 즉, LDL 기질들과 특이적으로 결합할 수 있고, LDL이 막을 관통하여 수송됨에 따라 막 내부의 다양한 깊이에 위치하고 있는 다른 단백질들과 상호작용할 수 있는 도메인들을 포함하고 있다. 뿐만 아니라 수용체 분자는 번역후 탄수화물이 첨부되는 변형이 일어나므로, 이러한 탄수화물 분자가 연결되는 도메인이 분명 존재해야 한다. 이와 같은 다양한 기능요소들을 고려하면, LDL 수용체 단백질이 몇 가지 다른 도메인들을 가질 것으로 예측할 수 있다.

LDL 수용체 유전자를 상세하게 분석한 결과들은 엑손 모듈과 더불어 진화 과정 동안 이들의 섞기에 관한 개념을 뒷받침한다. 이 유전자의 크기는 45,000여 개의 염기쌍으로 매우 큰데 이 중의 단지 2,600개보다도 작은 수의 염기쌍이 전체 18개의 엑손을 구성한다. 이러한 엑손들은 단백질 내의 여러 기능적 도메인들을 암호화하고 있는데, 진화 과정에서 다른 유전자들로부터 유입된 것으로 보인다.

그림 14-22는 이러한 상관 관계를 보이고 있다. 첫째 엑손은

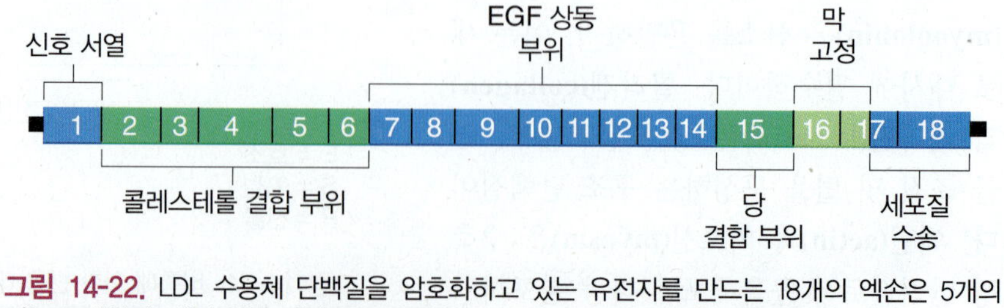

그림 14-22. LDL 수용체 단백질을 암호화하고 있는 유전자를 만드는 18개의 엑손은 5개의 기능 도메인과 1개의 신호 서열로 구성된다.

LDL 수용체가 막의 일부가 되기 전에 단백질에서 제거되는 신호 서열을 갖고 있다. 다음 5개 엑손들은 콜레스테롤 결합 부위를 특정하는 도메인을 만든다. 이 도메인은 아미노산 40개가 일곱 번 반복되어 만들어진다. 8개의 엑손으로 암호화된 다음 도메인은 생쥐의 펩타이드—호르몬 **피부성장인자**(epidermal growth factor, EGF)와 놀라울 정도의 상동성(이와 유사한 서열이 세 가지 혈액응고 단백질에서도 발견된다)을 갖는 400개의 아미노산 서열로 구성된다. 이 영역은 아미노산 40개의 반복 서열 3개를 포함한다. 15번째 엑손은 번역후 변형 과정에서 당이 첨부되는 도메인을 특정하고, 그 다음 두 개의 엑손은 막에 삽입되어 세포 표면의 **피막소와**(coated pits)라는 특정 부위에 수용체를 고정시키는 단백질 부위를 만든다.

LDL 엑손에 관한 이러한 발견들은 엑손 섞기의 학설을 뒷받침하는 데 상당한 근거가 된다. 물론, 특이적 분자 상호작용에 단백질 도메인이 필요하다는 개념에 대해서도 일치한다.

단백질 도메인의 유래

'엑손 섞기' 학설에서 흥미로운 논쟁의 초점은 언제 인트론이 진화 과정에서 출현했는지에 관한 의문이다. 1978년에 Ford Doolittle은 이렇게 사이에 끼어든 서열이 지금의 진핵세포의 가장 원시적 조상 유전체의 한 부분이었다고 제안하였다. 이러한 '인트론-우선(intron-early)설을 지지하여, Gilbert는 인트론에서 발견되는 유사한 서열들이 상관관계가 먼 진핵생물체(예를 들어 인간, 닭, 옥수수)가 공통적으로 갖는 유전자 내의 동일한 위치에서 발견된다면, 이러한 서열은 원시 조상 유전체에도 존재해야 할 것이라고 주장했다.

Doolittle의 제안이 맞는다면, 왜 인트론이 대부분의 원핵생물체에서 발견되지 않고 효모에서는 자주 발견되는 것일까? 진화 과정에서 어느 시점에 존재했으나 이러한 원시 생물체의 유전체가 진화하면서 사라졌을 것이라고 Gilbert는 주장하였다. 강력한 선택 압력으로 그러한 상실이 발생하면서 염색체를 간소화하여 복제와 유전자 발현에 따른 에너지 소모를 최소화하였다. 더구나, 간소화는 mRNA 생산에서 발생하는 실수를 줄이는 결과를 가져왔다. 그러나 반대 개념인 '인트론-후생'설을 지지하는 Jeffery Palmer와 같은 학자들은 인트론이 진화과정의 훨씬 뒤에 처음 나타났다, 즉 원핵생물체가 아닌 현대의 진핵생물체의 조상이되는 어떤 하나의 진핵생물체군에 처음으로 나타났을 것이라고 주장한다.

대규모 유전체 서열이 밝혀지면서 이 논쟁은 가열되고 있다. 우리는 이제 특정한 생물체의 모든 DNA 염기서열을 완전하게 해독할 수 있다. 아미노산을 암호화하고 있는 부위와 그러하지 않은 부위를 진화상 거리가 있는 종 간에 비교하여 어떻게 이러한 서열들이 진화하였는지에 대한 통찰을 얻고자 한다. 최근까지 '인트론-우선'설 혹은 '인트론-후생'설을 지지하는 명백한 증거가 나오지 않고 있어 이 논란은 해결되지 않은 채 남아 있다.

유전체학 탐색

단백질 서열의 연구를 위한 번역 기구 및 Swiss-Prot

우리가 유전체 탐구 연습을 위하여 사용하는 여러 가지 데이터베이스와 생물정보학 프로그램은 DNA 및 RNA 서열을 다루는 데 초점을 맞추어 왔다. 번역과 단백질 구조 및 기능에 관한 다양한 일면을 연구하는 과학자들은 인터넷을 통해서 동원할 수 있는 최대한의 광범위한 생물정보학적 도구와 데이터베이스를 사용한다. 이러한 사이트의 대부분은 하나의 세포 혹은 조직에서 발현되는 모든 단백질군을 연구하는 단백질체학을 통해서 개발되었다. 본문의 뒷부분에서 단백질체학을 좀 더 상세하게 다룰 것이다(21장 참조).

본 유전체학 탐색 연습에서, 우리는 한 유전자의 일부를 가능한 폴리펩타이드로 번역하기 위하여 ExPASy(Expert Protein Analysis System)의 프로그램 하나를 사용할 것이다. 그 다음 이 폴리펩타이드에 관한 정보를 더욱 파악하기 위하여 데이터베이스를 탐구할 것이다.

■ **연습 I - 염기 서열을 번역하고 폴리펩타이드 분석하기**

스위스 생물정보학 연구소가 운영하는 ExPASy(Expert Protein Analysis System)는 단백질체학 연구에 필요한 정보 자원을 충분하게 제공하고 있다. 우리는 ExPASy에서 번역 도구(Translate Tool) 프로그램을 사용하여 염기서열을 하나의 폴리펩타이드 서열로 번역하고자 한다. 이러한 목적에 합당한 여러 다른 프로그램이 웹상에서 사용 가능하지만, ExPASy는 좀 더 학생 친화적 도구에 해당된다. 당신은 이 번역도구를 사용하여, 분리한 유전자에서 예상되는 폴리펩타이드 서열을 만들어 낸 다음 열린번역틀(ORF)과 가능한 여러 가지 폴리펩타이드를 찾아볼 수 있다.

1. 우리는 웹상에서 어떤 cDNA의 서열에 기반하여 인간 유전자 하나의 일부 서열을 제공한다. 교과서 후반부(20장)에서, 여러분은 cDNA가 세포에서 발현되는 mRNA 분자와 상보적인 DNA 복제물이라는 것을 배울 것이다. 여러분이 ExPASy를 사용하여 아래 서열을 번역하기 전에, NCBI 웹사이트(http://blast.ncbi.nlm.nih.gov/Blast.cgi)에서 a nucleotide-nucleotide BLAST search를 운영하여 이 서열에 해당하는 유전자를 찾아보시오. BLAST 찾기에서 도움이 필요하다면 10장 유전체학 탐색 연습을 참조하시오.

   ACATTTGCTTCTGACACAATTGTGT
   TCACTAGCAACCTCAAACAGACAC
   CATGGTGCATCTGACTCCTGAGGA
   GAAGTCTGCCGTTACTGCCCTGT
   GGGGCAAGGTGAACGTGGATGAA
   GTTGGTGGTGAGGCCCTGGGCAG

2. http://web.expasy.org/translate/에 있는 ExPASy Translate Tool program에 들어가서, 이 cDNA 서열을 복사해서 번역기구에 붙여넣은 후 "Translate Sequence"를 클릭하여 이 cDNA가 암호화하고 있는 가능한 폴리펩타이드 서열을 생성하시오.

3. 번역 결과를 검토하고 다음 질문에 답하시오:
   a. Translate Tool이 생성한 가능한 폴리펩타이드 서열은 하나인가 혹은 여러 개인가?
   b. 번역 결과가 여러 폴리펩타이드 서열을 나타낸다면 이는 무엇을 뜻하는가? 설명하시오.
   c. 그림 14-14를 참조하여, Translate Tool로 생성한 번역틀 중에 어느 것이 맞는 것인가?

4. ExPASy는 또한 **UniProt KB/Swiss-Prot**과 단백질 자료은행(Protein Data Bank) 등의 다른 많은 데이터베이스와 연결화여 이 폴리펩타이드에 대한 많은 정보에 접근할 수 있게 한다. UniProt KB/Swiss-Prot은 스위스 생물정보원(SIB)과 유럽생물정보원(EBI)이 운영하는 단백질 서열 데이터베이스로서 세계적으로 가장 널리 사용된다.

5. 이 폴리펩타이드의 특징을 좀 더 알아보기 위해서는, 완전한 서열로 분석하는 것이 가장 좋다. 완전한 서열을 얻기 위해서는, 여러분이 옳다고 믿는 번역틀의 링크를 클릭하시오.

6. 전체 폴리펩타이드의 아미노산 서열을 도출하기 위해서, 폴리펩타이드의 첫 번째 아미노산인 메티오닌을 뜻하는 "M"을 클릭한 다음, 다음 쪽의 하단에 있는 ExPASy/SIB 링크 화면에서 "BLAST" 제출을 사용하여 BLAST 찾기를 시작한다. BLAST 결과 페이지에서, Uni-ProtKB/Swiss-Prot entry P68871를 찾으시오; 이는 DNA 및 RNA 서열에 부여하는 식별 번호와 유사한 것으로서, 단백질 서열을 위한 식별 번호이며, 이는 이 서열에 해당되는 것이다.

   이 단백질에 관한 포괄적인 결과를 보기 위해서 이 링크를 클릭하시오. 이 단백질의 정체가 1단계에서 여러분이 발견한 것과 일치하는지 확인하시오.

7. Swiss-Prot 결과에서 다음과 같은 내용을 탐구해보자:
   a. "Protein Attributes"와 "General Annotation(comments)"부분을 사용하여 본 폴리펩타이드에 관하여 더 많은 것을 알아보자.
   b. "Sequence Annotations" 기능에서, Natural Variants에 대한 링크를 찾아서 이 폴리펩타이드와 연관되는 자연발생적 돌연변이에 대하여 더 알아보자.
   c. "Cross-References" 범주에서, 3D 구조 데이터베이스를 찾아서 폴리펩타이드의 접은 형태를 보여주는 3D 모델 양식을 나타내보자.
   d. "Cross-References"에서 2D 겔 데이터베이스를 찾고; Swiss 2D PAGE 링크를 사용하여 다른 조직 샘플에서 채취한 이 폴리펩타이드의 2D 겔들을 관찰해보자. 2D 겔의 양상에 대하여 그림 21-21을 참조하시오. 이 기능으로 2D 겔 이미지를 보면서 "Map Locations"를 클릭하여 이 폴리펩타이드에 해당되는 겔의 특정한 지점을 알아보자.
   e. "Cross-References"에서 'Family and Domain databases links'를 사용하여 이 폴리펩타이드와 연관된 폴리펩타이드 및 단백질들에 관한 풍성한 정보를 보도록 하자.
   f. "Cross-References"에서 다른 범주를 탐구해보자; DrugBank 링크를 방문하여 이 폴리펩타이드와 결합하여 영향을 끼치는 약품들의 정보를 알아보자.

사례 연구 | 결손 리보솜

다이아몬드 블랙팬 빈혈증(Damond Blackfan anemia, DBA)은 희귀 우성 유전병으로 골수부전, 선천적 결손증, 그리고 암에 대한 심각한 소인이 특징이다. DBA 환자들은 통상적으로 생애 첫해에 빈혈증을 가지며, 비정상적인 수의 골수 세포형을 갖게 되고, 백혈병과 골수암의 발생 위험이 증가된다. DBA는 돌연변이에 의한 분자적 변이로 야기된다. 분자 수준에서, 리보솜 단백질을 구성하는 11개 유전자 중에 하나가 돌연변이 되어 DBA가 발생되며, 이러한 모든 돌연변이들은 리보솜 형성을 붕괴하는 것이 공통된 특징이고, 궁극적으로는 리보솜의 안정성이나 기능에 영향을 미친다.

이 질병과 관련된 여러 의문들은 아직 풀리지 않고 있다.

1. 생명체를 유지하는 데 리보솜의 핵심적 중요성을 감안한다면, 어떻게 리보솜 단백질에 돌연변이를 갖고 있는 생명체가 생존할 수 있을까?
2. 왜 생체 내의 특정한 세포군, 예를 들어 골수 세포들은 다른 세포 종류보다 리보솜 단백질의 돌연변이에 더욱 취약한가?
3. DBA는 의학적 질병에서 상당히 다른 다양한 침투도(penetrance)를 보인다. 어떻게 이런 점이 이 질환을 야기하는 분자적 기전을 연구할 수 있는 방법을 제시할 수 있을까?

요약

1. 번역은 리보솜과 함께 mRNA의 지시로 폴리펩타이드가 합성되는 과정이다.
2. 번역은 mRNA에 있는 트리플렛 코돈과 해당되는 아미노산 사이의 어댑터로 작용하는 tRNA를 필요로 한다.
3. 번역은 리보솜에서 진행되며, 전사와 마찬가지로 개시, 신장 및 종결의 단계로 나뉘는데, 상보적인 뉴클레오티드 사이의 염기쌍 친화력으로 일어난다.
4. 유전적 대사 질환은 대부분 효소 단백질 유전자에 발생한 돌연변이로 인한 효소 작용의 상실로 인하여 유발된다.
5. Beadle과 Tatum이 붉은 옥수수 곰팡이에서 수행한 영양학적 돌연변이 연구를 근거로 유전자 하나가 효소 하나를 암호화한다고 제기하였다.
6. Pauling과 Ingram은 겸상적혈구 빈혈증 환자의 헤모글로빈 연구에 기반하여 "1유전자: 1효소" 가설을 수정하여 하나의 유전자가 하나의 폴리펩타이드 사슬을 암호화한다고 정립하였다.
7. 유전자의 최종산물, 단백질은 네 단계의 구조적 짜임을 통해 3차원적 구조를 표현하고, 이는 각 분자 기능의 기초가 된다.
8. 단백질이 수행하는 수많은 기능 중에 가장 영향력이 높은 역할은 효소이며, 이는 고도로 특이적인 생물학적 촉매로 작용함으로써 생명체의 모든 종류의 분자를 생성하는 데 중점적인 기능을 수행한다.
9. 진핵생물체에서 단백질은 한 개 이상의 기능적 도메인을 가지며, 각 도메인은 유전자 내에 흩어져 있는 엑손에 암호화되어 있다. 특정한 도메인은 특정한 기능적 역량을 단백질에 부여하는데 진화상에서 유전자 간에 "섞기"는 것으로 보인다.

질문 및 해답

아래 그림에 나타난 성장 반응은 네 개의 붉은 옥수수 돌연변이체를 서로 관련된 화합물인 A, B, C, D 중 하나를 갖고 있는 서로 다른 배지에 각각 키운 결과이다. 이 돌연변이체들 모두가 최소 배지에서는 자라지 못했다. 이러한 결과를 근거하여 모든 가능성을 유추하시오.

	성장보충			
돌연변이	A	B	C	D
1	−	−	−	−
2	+	+	−	+
3	+	+	−	−
4	−	+	−	−

해답: *1*번 돌연변이에 대한 결론은 지을 수 없으나, 아마도 A, B, C, D가 관여하는 생화학적 경로와 관계없는 어떤 필수인자가 결여되었다고 예상할 수 있다. C 성분에 대한 결론도 내릴 수 없으나, 만일 다른 성분과 함께 어떤 경로에 관여한다면, A, B, D의 합성 전 단계에서 합성되는 산물일 수 있다. 이제, 이 세 가지 성분과 *2, 3, 4* 유전자가 암호화하고 있는 효소들이 이들의 합성을 조절하는 방식을 분석해야 한다. B 성분이 세 가지 경우에서 성장을 유발하였기 때문에, '최종산물'로 고려할 수 있다(이는 세 가지 경우에 나타난 장벽을 모두 통과하였음). 이와 유사한 추론으로서, A가 세 단계 중에 두 개의 장벽을 통과하였기 때문에 A 산물은 경로상에서 B보다 앞서 있다. D 산물은 B에 앞서 있어서 아래와 같이 부분적 해답을 얻을 수 있다:

$$C(?) \longrightarrow D \longrightarrow A \longrightarrow B$$

이제, 어떤 돌연변이가 어떤 단계를 조절하는지 살펴보자. 돌연변이 *2*의 성장이 D, B, A 산물에 의해서 극복되었기 때문에, 이는 세 가지 산물의 앞 단계를 조절함에 틀림없으며, 확신할 수는 없지만 아마도 D 산물로의 직접적인 전환 단계일 것이다. 돌연변이 *3*은 B와 A에 의해서 해결되었으므로, 이는 경로상에서 이 둘 앞에 있을 것이다. 따라서 우리는 이의 기능이 D를 A로 전환하는 것이라고 할 수 있다. 마찬가지로, 이런 조건을 반영해서 돌연변이 *4*는 A를 B로 전환한다고 할 수 있다. 이로써 다음과 같이 더욱 완전한 해답을 유도하였다.

$$C(?) \xrightarrow{2(?)} D \xrightarrow{3} A \xrightarrow{4} B$$

탐구 문제

어떻게 알았을까?

1. 이 장에서 우리는 mRNA가 단백질로 번역되는 사실과 단백질의 구조와 기능에 대하여 논의하였다. 이를 통해, 우리는 그러한 정보의 대부분을 얻을 수 있는 방법론과 추론을 접할 수 있는 많은 기회를 가졌다. 이 장에서 주어진 설명들을 가지고, 다음과 같은 기본적인 질문들에 대하여 당신이 제안할 수 있는 해답은 무엇인가:
   (a) Holley가 tRNA의 2차원적 크로바잎 모델을 제안했던 정보는 어떤 실험적 근거에서 유래하였는가?
   (b) mRNA에 있는 특정 코돈이 번역에서 사슬 종결을 지시한다는 것을 확증한 실험적 정보는 무엇인가?
   (c) 붉은 옥수수 영양학적 돌연변이 연구에 기반하여 우리는 유전

자 하나가 효소 하나를 특정한다는 것을 어떻게 알았을까?

(d) 단백질이 유전자 발현의 최종산물이라는 결론을 내리게 된 근거는 무엇인가?

(e) 그림 13-7의 유전자 코드가 옳다는 것을 직접적으로 확증한 실험적 정보는 무엇인가?

(f) 한 단백질의 구조가 그 단백질의 기능과 긴밀한 연관이 있다는 것을 우리는 어떻게 알았을까?

개념확인 문제

2. 337쪽에 있는 핵심 개념을 복습하시오. 이는 모두 mRNA에 저장된 유전자 정보의 번역과 어떻게 단백질의 화학적 정보가 이러한 분자에 기능을 부여하는지에 관한 것이다. 이와 같은 개념과 관련하여 리보솜이 번역 과정에서 담당하는 역할을 간단하게 토론하시오.

3. 번역에서 tRNA와 mRNA의 기능을 대비하고 전사와 번역 과정에 관여하는 모든 효소의 목록을 작성하시오.

4. Francis Crick은 tRNA 기능에 대하여 '어탭터 가설'을 제안하였다. 그 이유를 설명하시오.

5. 번역 기간 중에 무슨 분자가 코돈을 지니고 있나? 안티코돈은?

6. 진핵생물체 헤모글로빈의 사슬 하나는 아미노산 141개로 구성된다. 이 폴리펩타이드 사슬을 암호화하는 mRNA의 뉴클레오타이드는 최소 몇 개인가?

7. mRNA에서 각 뉴클레오타이드의 길이가 0.34 nm라고 가정하면 지름이 20 nm인 리보솜 안에서 동시에 존재할 수 있는 트리플렛 코돈의 수는 몇 개인가?

8. tRNA에 적합한 아미노산이 채워지는 과정을 요약하시오.

9. tRNA가 기능을 수행하기 위해서는 3차 구조에 담겨 있는 적어도 네 개의 특정한 인식 부위가 있다. 무엇인가?

10. 동종수용 tRNAs란 무엇인가? 아미노아실 tRNA 합성효소에는 20가지가 있으나 tRNA에는 31가지가 존재함을 고려하여, 각각의 채워진 tRNA가 올바른 아미노산을 받기 위하여 사용되는 매개변수에 대하여 논의하시오.

11. 페닐케톤뇨증을 완화하기 위한 식이요법을 처방하기에 어려운 점을 논의하시오.

12. 페닐케톤뇨증은 페닐알라닌을 티로신으로 변환하지 못한다. 왜 이 환자가 티로신 결핍증을 보이지 않는 것일까?

13. 페닐케톤뇨증은 정상인에 비해 종종 가벼운 착색이 생긴다. 이에 대한 이유를 제시하시오.

14. 페닐케톤뇨증(PKU)을 갖고 있는 환자에서 발생하는 정신지체의 발생을 초기 발견과 엄격한 식이요법으로 예방할 수 있다. 현대에 들어서서 이 병에 걸린 개인은 종종 정상적인 삶을 누리고 가정을 갖고 있다. 여러 이유로, 이러한 환자들은 나이가 들어감에 따라 엄격한 식이요법을 지키지 않는다. 식이요법을 무시하는 PKU 산모가 신생아에게 끼치는 영향을 예견하시오.

15. 꽃 색소의 합성은 효소로 조절되는 생합성 경로를 통해서 이루어진다. 아래에 있는 교배에서 관찰된 표현형질을 만드는데 돌연변이 유전자 및 그 산물들의 역할을 추론하시오:

(a) P_1: 흰색 품종 A × 흰색 품종 B
F_1: 모두 보라색
F_2: 9/16 보라색: 7/16 흰색

(b) P_1: 흰색 × 분홍색
F_1: 모두 보라색
F_2: 9/16 보라색: 3/16 분홍색: 4/16 흰색

16. 붉은 옥수수 곰팡이와 같은 생물체의 생화학적 돌연변이체의 연구를 통해서 어떤 경로들은 가지를 친다는 것을 증명하였다. 제시된 결과는 티아민의 합성 과정에서 가지를 친 경로의 속성을 나타낸 것이다.

	성장 보조제			
돌연변이	최소 배지	피리미딘	티아졸	티아민
thi-1	−	−	+	+
thi-2	−	+	−	+
thi-3	−	−	−	+

왜 이 결과는 직선 경로를 뒷받침하지 않는가? 붉은 옥수수 곰팡이에서 티아민의 합성에 관련하는 경로를 추론하시오.

17. 1유전자:1효소 개념이 오늘날 완전히 정확한 것으로 받아들여지지 않는 이유를 설명하시오.

18. 어떤 단백질의 전기영동 속도의 변화가 이 단백질의 1차 구조 변화로 해석되는 이유를 설명하시오.

19. 인간의 헤모글로빈 분자를 구성하는 폴리펩타이드 사슬들을 비교하시오.

20. 겸상적혈구 빈혈증을 예로 들어, 분자 혹은 유전 질환이 무엇을 의미하는지 기술하시오. 이러한 질환과 미생물 감염에 의한 질병 사이의 유사성과 차이점을 논의하시오.

21. 겸상적혈구 빈혈증의 유전학적 기전 이해에 있어서 Pauling과 Ingram의 공헌을 비교 분석하시오.

22. 두 사람의 헤모글로빈을 전기영동과 지문분석으로 비교 분석하였다. 전기영동상에서 이동 속도의 차이가 없었으나, 지문분석에서 아미노산 하나의 차이가 나타났다. 이 현상이 일어난 이유를 설명하시오.

23. HbS는 빈혈증과 말라리아 저항성을 유발하지만, HbA를 갖고 있는 사람에서 말라리아 원충 *Plasmodium falciparum*이 적혈구를 침입하면 말라리아에 걸린다. HbC를 갖고 있는 사람이 빈혈증을 가질지 그리고 말라리아 저항증을 가질지 예견하시오.

24. 인간 헤모글로빈의 α 및 β 사슬에 있는 몇 가지 아미노산의 치환을 아래에 나타냈다.

Hb 타입	정상 아미노산	치환 아미노산
Hb Toronto	Ala	Asp (α-5)
HbJ Oxford	Gly	Asp (α-15)
Hb Mexico	Gln	Glu (α-54)
Hb Bethesda	Tyr	His (β-145)
Hb Sydney	Val	Ala (β-67)
HbM Saskatoon	His	Tyr (β-63)

코돈 표(그림 13-7)를 사용하여 이 중에 몇 가지가 단일 뉴클레오타이드 변환으로 일어나는지 예견하시오.

25. 박테리아와 바이러스에서 앰버(*amber*)라는 돌연변이는 번역에서 폴리펩타이드 사슬의 미성숙 종료를 야기한다. 많은 앰버 돌연변이가 T4 파지의 하나의 머리 단백질을 암호화하는 유전자의 다양한 지점에서 발견된다. 어떻게 이와 같은 시스템을 연구하여 공통선형성(colinearity)의 개념을 설명하고 뒷받침할 수 있을까?

26. 공통선형성이 무엇을 의미하는지 기술하시오. 공통선형성의 개념이 유전학적 연구에서 갖는 의미는 무엇인지 기술하시오.

27. 대장균의 *trpA*를 연구(이 장에서 논의한 바 있는)한 Yanofsky의 업적이 MS2(13장에서 논의됨) 파지를 연구한 Fiers의 업적보다 공통선형성을 뒷받침하는 다소 직접적인 증거가 되었다. 그 이유를 설명하시오.

28. 단백질 구조의 네 단계를 정의하고 비교하시오.

29. 단백질 기능의 범주에서 당신이 생각할 수 있는 모든 종류와 각 범주에 대한 예시를 제시하시오.

30. 효소는 어떻게 기능하는가? 왜 효소가 지구 상의 생명체에 필수적일까?

31. 엑손 섞기는 DNA에 존재하는 엑손들을 단백질의 기능적 도메인 재배치와 관련시키는 하나의 제안이다. 엑손 섞기를 뒷받침하는 근거는 무엇인가? 엑손의 유래에 관한 두 가지 학설은 '인트론-우선'과 '인트론-후생'이다. 이 두 가지 학설을 설명하고 그 증거를 기술하시오.

응용 문제

32. 독립적으로 분류되는 아래의 세 유전자는 어떤 가상의 식물에서 꽃 색깔의 기전과 관련된 다음의 생화학적 경로를 조절하는 것으로 알려져 있다.

$$\text{무색} \xrightarrow{A-} \text{노란색} \xrightarrow{B-} \text{초록색} \xrightarrow{C-} \text{점박이}$$

동형접합체 열성 돌연변이 세 가지는 각각 이러한 단계의 서로 다른 한 단계를 방해하는 것으로 알려졌다. 아래와 같은 순수-육종 식물의 P_1 교배에서 유래한 F_1 및 F_2 세대의 표현형질을 결정하시오.

(a) 점박이(*AABBCC*) × 노란색(*AAbbCC*)
(b) 노란색(*AAbbCC*) × 초록색(*AABBcc*)
(c) 무색(*aaBBCC*) × 초록색(*AABBcc*)

33. 유전자 *A* 및 *B* 간에 교차가 발생하지 않을 경우, 문제 32의 (a) 교배의 결과를 예견하시오. 유전자 *A* 및 *B* 간에 교차가 발생하고, 염색체 지도에서 20 지도 단위(map unit, mu) 떨어져 있을 경우, 동일한 교배의 결과를 예견하시오.

34. 남미 우림의 처녀지에서 식물 한 종이 발견되었는데, 순수-교배종의 꽃 색깔은 분홍, 로즈, 오렌지, 혹은 보라색이었다. 매우 기민한 식물유전학자가 단순 교배를 시도하여 아래와 같이 F_2 세대를 획득하였다:

P_1:	보라색 × 분홍색
F_1:	모두 보라색
F_2:	27/64 보라색
	16/64 분홍색
	12/64 로즈색
	9/64 오렌지색

이러한 결과에 근거하여, 그는 꽃 색소 침착의 유전 방식과 색소의 합성에 관여하는 생화학적 경로를 제안할 수 있었다.

이 결과를 면밀하게 분석하여 유전 방식에 관한 여러분의 가설을 세우시오. 여러분의 가설과 일치하는 생화학적 경로를 제안하시오. 어떻게 여러분은 다른 교배들을 통해서 여러분의 가설을 검증할 수 있을까?

35. 항생제-내성 장구균(*Enterococci*) 종의 출현 및 다른 박테리아 병원체로의 저항성 유전자 전이로 인해 새로운 세대의 항생제 필요성이 대두되었다. 현존하는 항생제가 작용할 수 있는 가능 부위의 범주를 가늠하기 위하여, 번역 기구의 구성인자들(예: 그림 14-6의 3단계 참조)을 간략하게 기술하고, 일련의 숫자를 사용하여 아래 표에 나타낸 항생제의 작용점을 표시하시오.

항생제	작용
1. 스트렙토마이신	30S 리보솜 소단위체와 결합한다.
2. 클로람페니콜	70S 리보솜의 펩티딜 전달효소를 억제한다.
3. 테트라사일클린	채워진 tRNA와 리보솜의 결합을 억제한다.
4. 에리스로마이신	50S 입자와 결합하여 70S 리보솜의 형성을 방해한다.
5. 카수가마이신	$tRNA^{fmet}$의 결합을 방해한다.
6. 티오스트렙톤	EF-G를 억제하여 전좌를 방해한다.

36. 병원체 박테리아가 항생제 내성을 갖게 되는 것은 주요한 건강 문제로 대두되었다. 가능성 있는 새로운 항생제는 에버니미신(evernimicin)인데, 이는 미코라모노스포라균(*Micromonospora carbonacea*)에서 분리되었다. 에버니미신은 광범위한 그람양성 병원체 박테리아에 대해서 항생제 활성을 갖는 올리고당이다. 이러한 약제의 기전 방식을 검증하기 위하여 연구자는 에버니미신에 대하여 감소된 예민성을 보이는 23*S* 리보솜 DNA 돌연변이체(예: Adrian et al., 2000. *Antimicrob. Ag. and Chemo.* 44: 3101–3106)를 분석하였다. 이들은 내성을 나타내는 두 종류의 돌연변이체를 발견하였다. 하나의 돌연변이는 23*S* rRNA 핵산서열 2475~2483 사이에서 일어났고, 다른 하나는 리보솜 단백질 L16에서 발생하였다. 이는 이러한 두 리보솜 구성성분이 구조 및 기능적으로 연결되

어 있음을 제안한다. tRNA 안티코돈 줄기고리는 리보솜의 A 지점에서 rRNA 염기서열 2464-2485 사이에 결합하는 것으로 밝혀졌다. 이러한 발견은 L16의 기능, 즉 tRNA의 아미노아실 줄기를 리보솜의 A 지점에 가져오는 기능과 부합한다. 이러한 정보와 함께, 35번 문제에서 요약된 번역 기구를 사용하여 에버니미신의 항박테리아 작용이 일어날 만한 곳을 제시하시오.

37. DNA에서 단백질로 흐르는 유전정보는 mRNA에 의해 매개된다. 여러분이 mRNA와 상보적인 짧은 DNA 실사(안티센스 올리고핵산)를 세포 안에 넣으면, 수소결합이 일어나서 DNA/RNA 혼성체를 표지하고, 이 RNA가 리보핵산분해효소-H에 의해서 분해되는 것을 조사할 수 있다. 리보핵산분해효소-H에 의한 종양괴사인자(*TNFα*) mRNA의 분해에 미치는 안티센스 올리고핵산의 길이에 따른 효과를 분석한 보고가 있다. *TNFα*는 항종양 및 항염증 활성을 나타낸다(Lloyd et al., 2001. *Nuc. Acids Res.* 29: 3664 - 3673). 다음의 그래프는 여러 크기의 안티센스 올리고핵산이 리보핵산-H 절단작용을 유발하는 유효성에 관한 것이다.

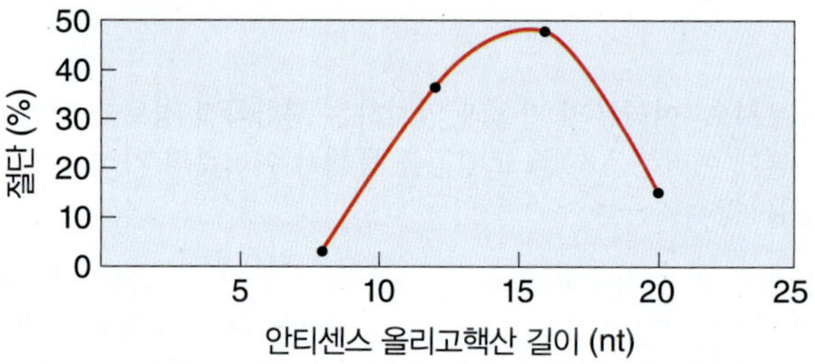

(a) 안티센스 올리고핵산이 세포 내에서 유전정보의 흐름을 방해하는 양식을 기술하시오.
(b) 이 그래프에서 유도할 수 있는 일반적인 결론은 무엇일까?
(c) 올리고핵산의 길이 외에 생체 내에서 안티센스 효능에 영향을 끼칠 수 있는 요인들은 무엇일까?

38. 번역의 완성도는 특정한 아미노산 하나와 특정한 tRNA 하나를 짝짓는 과정을 담당하는 아미노아실 tRNA 합성효소의 기능에 달려 있다. 두 가지 비교적 희귀 질환, 샤코트-마리-치아 질환 2D (Charcot-Marie-Tooth disease 2D, CMT2D)와 말초 척수 근위축증(distal spinal muscular atrophy type V, dSMAV)은 말초 신경 축색의 신경병리학적 질환으로, 7번 염색체의 짧은 팔 부위에 위치하는 글리실 tRNA 합성효소 유전자와 관련이 있다. CMT2D 혹은 dSMA-V를 지니고 있는 가계는 글리실 tRNA 합성효소 유전자에 발생한 미스센스(missense) 돌연변이를 갖고 있는 것으로 밝혀졌다(Antonellis et al., 2003). 표본 가계도 하나(Antonellis et al., 2003)가 여기에 있다(무기명을 유지하기 위하여 성별은 표기되지 않음).
(a) 이 가계도 및 아미노아실 tRNA 합성효소의 기능을 고려하여 이러한 질환들을 야기하는 유전자들이 이들의 작용에서 우성인지 열성인지 판단하시오.
(b) 단백질 합성에서 이 합성효소의 역할을 고려하여 번역의 효율성의 결여에도 불구하고 생존할 수 있는 점에 대하여 논의하시오.
(c) 다른 조직에 비해서 일부 조직(신경)이 더욱 영향을 받는 이유를 논하시오.

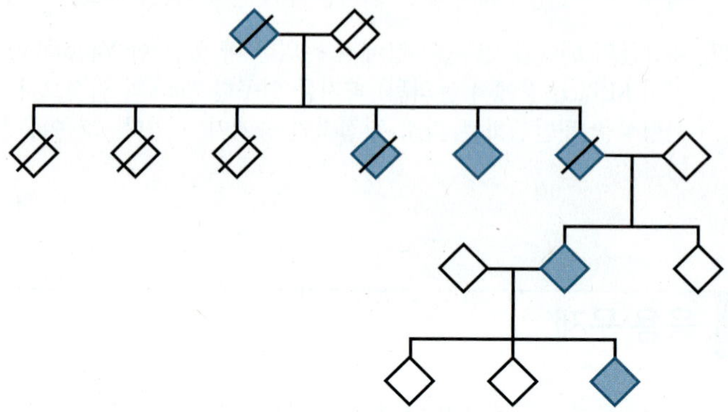

39. 단백질들의 4차 구조, 특히 표면의 성질에 대해서 알고 있을 때, 표적 약물 치료의 개발을 촉진할 수 있는 새로운 접근 방법을 제안하시오.
(a) 그림 14-6과 그 논의 내용을 참고하여 세포 내에서 이 단백질의 표면에 존재하는 아미노산의 부류를 예견하시오.
(b) 세포의 표면에 존재하는 수용체 분자의 기능 부위에 Glu, Arg, 및 Asp이 존재한다고 가정하고, 이 부위를 효과적으로 차단할 수 있는 아미노산 서열 하나를 제안하시오.
(c) 최근에 갑상선과 연관이 있는 안드로겐 수용체를 일반적으로 펩타이드유사체로 알려진 합성 분자를 사용하여 표적하였는데, 이들의 많은 수는 자연적으로 생성되는 L-아미노산 입체이성질체(steroisomer)가 아니고 D-아미노산 입체이성질체를 가지고 있다. D-아미노산이 안드로겐 수용체의 기능 부위 혹은 이러한 측면에서 다른 어떤 유해한 기능 부위를 억제하는데 특히 유용한 이유를 기술하시오.
(d) 합리적인 약물 설계는 비교적 최근에 이루어지고 있는 표적치료제 설계 접근법이다. 고전적인 "시행-착오" 접근법에 비하여 합리적 신약 설계에 있어 단백질의 구조, 특히 표면 특성에 대한 지식이 어떻게 활용될 수 있겠는지 예측하시오.

Ds 인자의 전이는 옥수수 알의 색소 유전자에 돌연변이를 일으킨다.

15 유전자 돌연변이, DNA 회복, 전이

핵심 개념

- 돌연변이는 DNA 염기서열에 나타나는 모든 종류의 변화를 말한다.
- 돌연변이는 유전적 변이의 원인이 되며, 자연선택을 위한 원천을 제공한다. 또한 세포사, 유전질환, 암을 일으키는 유전적 손상의 원인이 되기도 한다.
- 돌연변이는 염기쌍 변화의 형태, 염색체내 돌연변이의 위치, 영향받는 유전자 산물의 기능에 따라 생물체에게 광범위한 영향을 준다.
- 돌연변이는 세포내부의 생물학적, 화학적 반응의 결과에 따라 자발적으로 일어나거나 화학약품, 방사선 등 외부요인에 의해 유도적으로 일어날 수도 있다.
- 단일유전자 돌연변이는 다양한 유전병의 유발요인으로 작용한다.
- 생물체는 돌연변이 유발에 대항하기 위해 수많은 유전자 회복기작을 가진다. 이러한 기작은 작은 교정 또는 복제실수의 수선에서부터 염기절단, 상동염색체 재조합 복구에 이르기까지 다양하다.
- DNA 회복을 조절하는 유전자의 돌연변이로 인해 유전체에 돌연변이 빈도가 증가하게 되며, DNA 회복관련 유전질환과 암이 유발된다.
- 전이인자는 염색체 안으로 들어가거나 밖으로 나오는 이동이 가능하므로 염색체 절단의 원인이 되며, 암호화 부위와 유전자 조절부위 등에서 돌연변이를 유발하기도 한다.

정보를 저장하고 복제하며 전달하고 정보를 해독하는 DNA 분자는 유전의 기본 역할을 수행한다. 그러나 DNA 염기서열에서 일어나는 변화 역시 중요하다. 만약 DNA 염기서열의 변화로부터 오는 변이가 없다면, 표현형의 변이체도 없을 뿐더러 환경변화에 대한 적응도 없고, 진화도 없을지 모른다. 유전자 돌연변이는 새로운 대립유전자를 갖게 하는 원인이 되며, 집단 내에서 유전적 변이의 기원이 된다. 반면에 돌연변이는 세포사, 유전질환, 암 등을 일으키는 유전적 변화의 기원이 되기도 한다.

또한 돌연변이는 유전적인 분석을 위한 기초를 제공한다. 돌연변이로 인한 표현형의 변이체들을 분석하여 변형된 표현형을 유발시킨 유전자를 연구하거나 증명할 수 있다. 유전자 연구에 있어서 돌연변이는 부모에게서 자손으로 전달되는 동안 유전자 마커에 의해 추적이 가능하게 행동한다. 표현형의 변이체 없이 고전적인 유전자 분석은 가능하지 않다. 예를 들어 만약 모든 완두 식물들이 단일형태의 표현형을 나타냈다면 Mendel은 연구를 위한 어떤 기초도 마련할 수 없었을 것이다.

8장에서 우리는 염색체 수준의 돌연변이인 염색체성 돌연변이에 대해 자세히 알아보았다. 그에 반해서 우리가 이제 탐구하려고 하는 돌연변이는 개별적인 유전자 내에 존재하는 DNA 염기쌍에서 일어나는 **유전자 돌연변이(gene mutations)**이다. 우리는 또한 다양한 DNA 회복 기작을 사용하는 세포가 돌연변이로부터 어떻게 자신을 방어하는지 알아볼 것이다.

15.1 유전자 돌연변이는 다양한 방법으로 분류된다

돌연변이란 DNA 염기서열상의 변화로 정의할 수 있다. DNA 분자의 어느 영역의 염기쌍 변화도 돌연변이라고 볼 수 있다. 돌연변이는 단일 염기쌍 교환, 한 개 혹은 그 이상의 염기쌍 결실, 삽입 혹은 염색체 구조상의 주요한 변경을 포함할 수도 있다.

돌연변이는 단백질 암호화 부위에서 일어나거나 인트론이나 조절부위의 비암호화 부위 내에서 일어날 수도 있다. 돌연변이는 탐지가능한 표현형으로 나타날 수도 있고 그렇지 않을 수도 있다. 돌연변이에 의한 생물형질의 변화 정도는 세포의 돌연변이 극복형태에 따라 달라지며, 돌연변이에 의한 변화 정도는 유전자 산물이나 유전자 조절 부위의 기능에 따라 달라진다.

돌연변이는 체세포나 생식세포에서 모두 일어날 수 있다. 생식세포에서 일어나는 돌연변이는 유전되며, 유전질환뿐만 아니라 유전적 다양성의 계승이나 진화의 기초가 된다. 체세포에서 일어나는 돌연변이는 다음 세대에 전달되지는 않으나 세포기능의 변화나 종양을 유발할 수 있다.

돌연변이의 형태나 효과가 광범위하기 때문에 유전학자들은 몇 가지 방법으로 돌연변이를 분류한다. 이런 조직화된 분류체계는 상호간에 배타적이지 않다. 이 절에서 우리는 유전자 돌연변이를 분류하는 방법에 대해서 알아보기로 한다.

분자 변화의 형태에 근거한 분류

유전학자들은 종종 유전자 돌연변이를 뉴클레오타이드의 변화라는 점을 고려하여 분류한다. 하나의 염기쌍이 다른 염기 분자로 변화하는 것은 **점돌연변이(point mutation)**, 혹은 **염기치환(base substitution)**이라고 한다(그림 15-1). 단백질을 암호화하는 유전자 내의 코돈 중 하나의 뉴클레오타이드의 변화는 다른 아미노산을 위한 새로운 코돈의 생성을 초래할 수 있다. 이러한 돌연변이는 **과오 돌연변이(missense mutation)**라고 부른다. 두 번째로 일어날 수 있는 결과는 코돈이 단백질의 번역을 종결짓는 종결코돈으로 바뀌는 것이다. 이것은 **종결 돌연변이(nonsense mutation)**라고 한다. 만약 점돌연변이가 코돈을 변형시켰으나 아미노산은 바뀌지 않았다면(이는 유전 암호의 중복성에 기인함), 이것은 **침묵 돌연변이(silent mutation)**라고 할 수 있다.

여러분은 종종 염기치환을 설명하는 다른 두 가지 용어를 볼 수 있다. 만약 피리미딘이 피리미딘으로 교체되거나 퓨린이 퓨린으로 교체된다면 **유사형 염기치환(transition)**이 일어난 것이다. 만약 퓨린이 피리미딘으로 대체되거나 그 역으로 일어났다면 **교차형 염기치환(transversion)**이 일어난 것이다.

유전자 변화의 또 다른 형태는 유전자 내의 어느 지점에서든 하나 혹은 그 이상의 뉴클레오타이드의 삽입이나 결실이 있다. 그림 15-1처럼 단일 뉴클레오타이드의 결실이나 첨가는 바로 다음 순서의 모든 3염기코돈의 변화를 초래한다. 이것은 번역하는 동안 코돈의 번역틀이 바뀌어 읽혀지기 때문에 **번역틀이동 돌연변이(frameshift mutations)**라고 불린다. 번역틀이동 돌연변이는 원래의 번역틀을 회복할 수 있는 3의 배수만을 제외하고는 어떤 수의 염기가 첨가되거나 결실될 때 일어난다. 많은 변형된 코돈 중 하나가 UAA, UAG 혹은 UGA에 해당하는 번역 종결코돈일 수 있다. 번역하는 동안 우연히 종결코돈 중 하나를 만나게 되면 폴리펩타이드 합성은 그 시점에서 종결된다. 명확히 말해서 번역틀이동 돌연변이가 특별히 암호화 서열의 앞부분에서 일어나면 매우 심각한 영향을 줄 수 있다.

표현형 결과에 근거한 분류

돌연변이는 아무것도 아닌 것부터 심각한 것까지 표현형의 결과에 따라 광범위해질 수 있으며 돌연변이의 형태나 위치에 따라 달라진다.

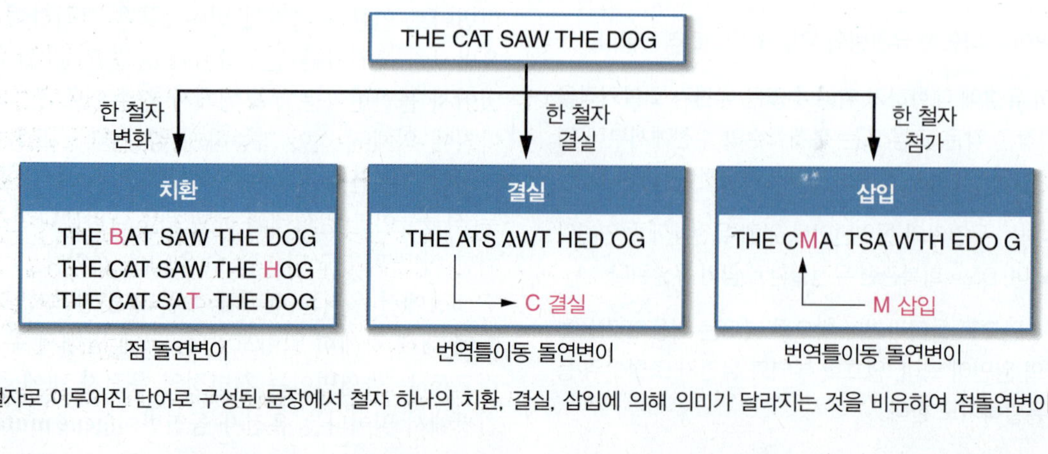

그림 15-1. 3개의 철자로 이루어진 단어로 구성된 문장에서 철자 하나의 치환, 결실, 삽입에 의해 의미가 달라지는 것을 비유하여 점돌연변이와 번역틀이동 돌연변이를 설명한다.

4장에서 앞서 논의하였듯이, **기능결손 돌연변이(loss-of-function mutation)**는 유전자 산물의 기능을 제거하거나 축소하는 것 중의 하나이다. 점돌연변이에서 유전자 전체에 결실이 일어나는 돌연변이까지 어떤 형태의 돌연변이든지 기능의 손실을 일으킨다. 기능이 완전히 손실되는 결과를 가져오는 돌연변이를 **삭제 돌연변이(null mutation)**라고 한다.

대부분의 기능결손 돌연변이는 열성이다. 야생형의 이배체 개체에 열성 돌연변이 대립유전자 하나가 존재할 때, 다른 하나의 대립유전자는 야생형이다. 이러한 경우에 100% 미만의 유전자 산물만으로도 야생형의 표현형을 나타내는 데 충분하다.

몇몇 기능결손 돌연변이는 우성일 수 있다. **우성 돌연변이(dominant mutation)**는 이배체 생물체에 야생형의 대립인자가 존재함에도 불구하고 돌연변이 표현형이 나타난다. 우성 돌연변이는 두 가지 형태로 결과를 나타낼 수 있다. **반수체 기능부전(haploinsufficiency)**은 단일 야생 대립유전자가 야생형 표현형을 나타낼 만큼 충분한 산물을 만들 수 없을 때 일어난다. 인간의 마르팡증후군은 반수체 기능부전에 의해 일어나는 기능 장애의 한 예이다—이런 경우는 *FBN1* 유전자의 하나의 복사본(대립유전자)에 기능결손 돌연변이를 갖고 있기 때문이다. 대조적으로 **우성기능획득 돌연변이(dominant gain-of-function mutation)**는 강화되거나 잘못되거나 혹은 새로운 기능을 생산하는 유전자 산물의 결과이다. 이 경우 단백질의 아미노산 서열에 변화가 생겨서 단백질에 새로운 활성이 부여될 수도 있다. 또는 유전자 조절부위의 돌연변이로 인해 높은 수준의 유전자 발현 혹은 비정상적인 시간, 장소 등에 유전자 발현이 유도된다. **우성음성 돌연변이(dominant negative mutation)**는 야생형 대립유전자의 생산기능을 직접적으로 방해한다. 이것은 종종 비기능적인 돌연변이 유전자 산물이 야생형 유전자 산물과 결합하거나 그것을 비활성화시킬 때 발생한다.

가장 쉽게 관찰되는 돌연변이는 형태적인 특성에 영향을 주는 것들이다. 이러한 돌연변이는 **가시 돌연변이(visible mutations)**라고 알려져 있고, 정상형 또는 야생형의 가시적인 표현형을 변화시킬 수 있는 능력에 따라 인식된다. 예를 들어 멘델의 완두콩의 모든 특성과 초파리에서 나타나는 많은 종류의 유전적 변이는 생물체에 명백한 형태 변화를 유발하므로 가시 돌연변이에 속한다.

몇몇 돌연변이는 영양학적이나 생화학적인 효과를 증가시키기도 한다. 박테리아(세균)나 곰팡이에서, 특징적인 **영양요구 돌연변이(nutritional mutation)**는 아미노산이나 비타민을 합성하는 능력을 손실하는 결과이다. 인간의 겸형적혈구 빈혈증과 혈우병은 **생화학적 돌연변이(biochemical mutations)**의 결과 생기는 질병의 예이다. 비록 돌연변이가 항상 형태학적 특성에 영향을 주는 것은 아니지만, 단백질의 기능에 영향을 주어 돌연변이 개체의 건강과 생존에 영향을 줄 수 있다.

다른 범주는 생물체의 행동양식에 영향을 주는 돌연변이로 구성된다. **행동 돌연변이(behavioral mutations)**의 근본적인 영향은 분석하기가 어렵다. 예를 들어 초파리의 짝짓기 행동은 초파리가 날개짓을 할 수 없을 때에는 약화될 가능성이 있다. 그러나 그 결함은 날개짓을 유도하는 신경과 날개 근육에 있거나, 혹은 날개짓을 일으키는 신경신호가 시작되는 뇌에 있을지도 모른다.

다른 돌연변이 그룹—**조절 돌연변이(regulatory mutations)**—은 유전자 발현 조절에 영향을 준다. 조절유전자의 돌연변이 혹은 유전자를 통제하는 부위에서 일어나는 돌연변이는 정상적인 유전자의 발현 조절 과정을 붕괴할 수도 있다. 즉 유전자 발현이 부적절하게 활성화되거나 비활성화 될 수 있다. 예를 들어 다음에 논의될(16장 참조) 젖당 오페론(*lac* operaon)에서처럼 조절유전자는 전체 젖당 오페론의 전사를 조절하는 산물을 생산한다. 이러한 조절유전자 내에서의 돌연변이는 젖당 오페론에 부정적인 영향을 주는 조절 단백질의 생산을 유도할 수 있다. 유전자 조절에 관한 지식은 조절 돌연변이의 연구를 통해 축적되어 왔다. 조절 돌연변이는 프로모터 혹은 전사 개시, mRNA 스플라이싱, mRNA 안정화와 관련된 여러 단계의 유전자 발현 조절에 영향을 미치는 다양한 유전자 조절 부위에서 일어날 수도 있다.

돌연변이는 생물체의 생존에 필수적인 유전자 산물에 부정적인 영향을 미칠 수 있으며, 이러한 경우에 **치사 돌연변이(lethal mutation)**라고 한다. 인간의 다양한 유전성 생화학 질환들이 치사 돌연변이의 예이다. 예를 들어, 테이-삭스병이나 헌팅턴병은 돌연변이에 의해 사망에 이르게 되는 질환들로 인간 생활사의 어두운 측면이다.

돌연변이의 또 다른 흥미로운 부류는 환경에 의존하여 돌연변이의 효과가 생물체에 작용하는 것이다. 이러한 돌연변이는 생물체의 유전체에 존재하나 특정한 환경 조건하에서만 탐지되기 때문에 **조건부 돌연변이(conditional mutations)**라고 한다. 조건부 돌연변이의 가장 좋은 예로는 **온도민감성 돌연변이(temperature-sensitive mutations)**가 있다. 허용된 온도에서 돌연변이 유전자 산물이 정상적으로 작동할 수 있으나 다른 제한적인 온도에서는 그 기능을 잃는다. 그러므로 생물체가 허용된 온도에서 제한적인 온도로 조건이 바뀔 때 돌연변이의 효과가 명확해진다. 4장에서 논의하였듯이, 샴고양이나 히말라야 토끼처럼 온도에 민감한 털색변이는 조건부 돌연변이의 두드러진 예이다.

중립 돌연변이(neutral mutation)는 단백질 암호화 부위나 유전체의 여러 부위에서 일어날 수 있으며, 생물체의 유전적 적합성에 끼치는 영향은 거의 없다. 예를 들어, 유전자 내의 중립 돌연변이는 리신 코돈(AAA)을 아르기닌 코돈(AGA)으로 바꿀 수 있다. 두 아미노산이 화학적으로 유사하므로, 이러한 변화는 단백질의 기능에 미미한 것일 수도 있다. 진핵생물의 유전체는 주로 비암호화 부위들로 구성되므로, 대부분의 돌연변이는 유전자를 함유하지 않은 유전체의 커다란 부분에서 일어날지도 모른다. 이러한 돌연변이가 만약 유전자 산물이나 발현에 영향을 주지 않는다면 중립 돌연변이라고 할 수 있다.

돌연변이의 위치에 근거한 분류

돌연변이가 일어나는 세포의 종류나 염색체의 위치에 따라 돌연변이를 분류할 수 있다. **체세포 돌연변이(somatic mutations)**는 생식세포를 제외한 신체의 어느 세포에서나 일어날 수 있다. **상염색체 돌연변이(autosomal mutations)**는 상염색체에 있는 유전자 내에서 일어나는 돌연변이이다. 반면에 **X-연관(X-linked)**이나 **Y-연관(Y-linked) 돌연변이**는 X나 Y 염색체에 위치한 상당히 많은 유전자 내에서 일어난다.

체세포에서 일어나는 돌연변이는 다음 세대로 전달되지 않는다. 이배체 생물의 체세포에서 하나의 열성 상염색체 돌연변이가 일어날 경우, 검출 가능한 표현형으로 나타나지 않을 것이다. 대부분의 이런 돌연변이의 발현은 세포 내의 야생형 대립유전자의 발현에 의해 잠복하게 될 것 같다. 체세포 우성 돌연변이의 경우 좀 더 강한 영향을 줄 것이고, 만일 수컷에서 X-연관 돌연변이는 즉각적으로 발현하게 될 것이다. 발생의 초기, 즉 소수의 미분화된 세포들이 복제되어 분화된 조직이나 기관으로 발생하는 동안 우성 혹은 X-연관 체세포돌연변이가 일어난다면 그 효과는 뚜렷해질 것이다. 성인의 조직세포에서 일어나는 우성 돌연변이는 이미 형성된 수천의 비돌연변이 세포들의 활성에 의해 가려질 수 있다.

생식세포 돌연변이는 배우자가 자손을 생산할 때 전달될 수 있으므로 더욱 중요하다. 돌연변이는 자손을 구성하는 모든 세포에서 발현될 잠재성을 가지고 있다. 유전된 우성 상염색체 돌연변이는 첫 번째 세대에서 표현형으로 발현될 것이다. **동형염색체배우자** 암컷(**homogametic** female)의 배우자에서 발생되는 X-연관 열성 돌연변이는 반접합성 수컷 자손에게서 발현될 수 있다. 이형접합체 때문에 수컷 혹은 암컷의 배우자에서 일어나는 상염색체 열성 돌연변이 대립유전자(심지어 치사 대립유전자까지도)는 여러 세대에 걸쳐 넓게 퍼질 때까지 눈에 띄지 않게 전달될 수 있었다. 보통 새로운 대립유전자는 교배를 통해 두 개의 대립유전자가 동형접합체의 조건이 될 때에만 분명해진다.

15.2 자발적으로 혹은 무작위적으로 일어나는 돌연변이

우리는 유전자 돌연변이에 대해 생각할 때, 유전적 실수가 주로 화학물질이나 방사선과 같은 환경적 요소의 공격으로 나타난다고 간주한다. 비록 환경적 작용이 돌연변이 비율에 영향을 주기도 하지만, 유전체 내의 많은 유전적 변이는 알려지지 않은 내부적인 요소로부터 일어난다. 더구나 돌연변이는 진화적인 압력에 의해 자극받지 않으며, 방향성도 없다. 유전자 돌연변이의 이러한 특성들을 알아내기 위하여 인간과 다른 생물이 갖는 자발적 돌연변이율뿐만 아니라 자발적, 인위적 유도 그리고 무작위 돌연변이에 대해 아래의 세부항목에서 다루게 될 것이다.

실전문제

15-1 사람의 난자에서 유전체 서열 중 A가 T로 바뀌는 자발적 돌연변이가 일어날 경우, 이 돌열변이 난자로부터 발생하는 자손의 표현형은 어떠할지 가장 정확하게 예측해보시오.

■ **힌트:** 이 문제는 하나의 염기쌍 돌연변이가 표현형에 미치는 효과를 예측해보는 것이다. 해결의 실마리는 사람 유전체의 구성, 암호화 및 비암호화 부위에서의 돌연변이 효과, 그리고 발생과정 동안 돌연변이의 효과를 고려하는 것이다.

더 연습하려면 3, 4, 5, 6, 7번 문제를 참조하시오.

자발적 돌연변이와 유도 돌연변이

돌연변이는 비록 두 범주가 다소 중복된다 하더라도 자발적 혹은 유도 돌연변이 중 하나로 분류될 수 있다. **자발적 돌연변이(spontaneous mutations)**는 유전자의 뉴클레오타이드 서열에서 자연적으로 변화가 일어난다. 어떤 특별한 작용물질이 돌연변이를 발생시켰다고 할 수 없으며 우발적인 것으로 간주된다. 이러한 많은 자발적 돌연변이는 질소를 포함하는 염기구조에 변화가 일어나는 생물체의 정상적인 생물학적 혹은 화학적 과정의 결과로서 일어난다. 종종 자발적 돌연변이는 우리가 이 단원의 뒷부분에서 논의할 DNA 복제과정 동안에 일어난다.

자발적 돌연변이와는 대조적으로 **유도 돌연변이(induced mutation)**는 외부 요인의 영향에 의해 발생한다. 유도 돌연변이는 자연적인 혹은 인공적인 작용물질의 결과일 수 있다. 예를 들어, 우주나 광물에서 오는 방사선과 대부분의 생물체가 노출된 태양에너지원으로부터 나오는 자외선 등은 유도 돌연변이를 일으키는 요인이다.

인공적인 유도 돌연변이에 대한 최초 증명으로 1927년 Hermann J. Muller는 X선이 초파리(*Drosophila*)에서 돌연변이를 유발할 수 있다고 보고하였다. 1928년, Lewis J. Stadler는 X선이 보리(barley)에서도 같은 효과를 나타낸다고 보고하였다. 다양한 형태의 방사선과 여러 종류의 자연적 혹은 합성된 화학물질 역시 돌연변이의 발생률을 높인다.

생물체의 자발적 돌연변이율에 관한 몇몇 일반화된 정보가 알려져 있다. **돌연변이율(mutation rate)**은 한 세대 혹은 하나의 배우자를 형성하면서 유전자에 나타나는 돌연변이로 정의한다. 첫 번째로, 자발적 돌연변이율은 모든 생물체에서 매우 낮다. 두 번째로, 돌연변이 비율은 생물체마다 서로 다르다. 세 번

표 15.1 서로 다른 생물체에서 다른 유전자 좌위에서의 자발적인 돌연변이율

생물체	특징	위치	비율*
박테리오파지 T2	용해저해	$r \rightarrow r^+$	1×10^{-8}
	숙주범위	$h^+ \rightarrow h$	4×10^{-9}
대장균	젖당 발효	$lac^- \rightarrow lac^+$	2×10^{-7}
	스트렙토마이신 민감도	$str\text{-}d \rightarrow str\text{-}s$	1×10^{-8}
옥수수	시든 종자	$sh^+ \rightarrow sh^-$	1×10^{-6}
	보라색	$pr^+ \rightarrow pr^-$	1×10^{-5}
초파리	황색 몸	$y^+ \rightarrow y$	1.2×10^{-6}
	흰 눈	$w^+ \rightarrow w$	4×10^{-5}
생쥐	얼룩피부	$s^+ \rightarrow s$	3×10^{-5}
	갈색피부	$b^+ \rightarrow b$	8.5×10^{-4}

*비율은 유전자 복제(T2), 세포분열(대장균), 혹은 배우자, 세대별(옥수수, 초파리, 생쥐)로 나타낸다.

째로, 같은 종 사이에서도 자발적 돌연변이율은 유전자마다 서로 다르다.

바이러스나 세균의 유전자는 평균적으로 약 1억분의 1(10^{-8})의 비율로 DNA 복제나 세포분열에서 자발적 돌연변이를 겪는다(표 15.1) 옥수수나 초파리는 훨씬 높은 비율로 돌연변이가 나타난다. 이들 그룹에서 연구된 유전자 돌연변이는 형성된 배우자당 10만분의 1(10^{-5})에서 100만분의 1(10^{-6}) 사이의 평균치에 달한다. 생쥐의 몇몇 유전자들은 1만분의 1(10^{-4})에서 10만분의 1(10^{-5})로 자발적 돌연변이율에 있어서 10배 이상 더 높다. 유전체의 위치에 따른 돌연변이 비율이 왜 그렇게 넓은 편차를 보이는지는 명확하지 않다. 생물체에서 유전자 사이의 돌연변이율 차이는 유전체의 여러 영역에서 내재적으로 서로 다른 돌연변이성을 지니고 있기 때문일지도 모른다. 몇몇 DNA 서열은 돌연변이에 대한 민감성이 높게 나타나며, 이는 **돌연변이 다발점(mutation hot spots)**으로 알려져 있다. 생물체 사이의 변이 비율은 어느 정도 DNA 교정과 수선 시스템의 상대적인 효율성에 기인한다. 우리는 이 장의 뒷부분에서 이러한 시스템에 대해 논의할 것이다.

인간의 자발적 돌연변이율

인간에게 일어나는 자발적 돌연변이율과 이러한 새로운 돌연변이 발생에 대한 잠재적 효과는 유전학 연구의 지속적인 관심사이다. 최근까지 유전체의 작은 부분이나 개별적인 유전자를 조사하여 인간의 생식계열 돌연변이율을 연구하여 왔다. 최근에 전유전체 염기서열분석법은 빠르고 경제적으로 변화되어 왔다. 암호화 부위건 비암호화 부위건 전체 유전체를 조사하는 것이 가능하게 되었고, 부모에게서 자손에 이르는 유전체를 비교할 수도 있게 되었다. 이러한 방법으로 전체 유전체의 돌연변이율을 좀 더 정확하게 측정하게 되었다.

2012년, 아이슬란드의 한 연구 그룹에서 78명의 부모/자손 쌍에 해당하는 219명의 유전체 염기서열을 분석하였고, 전체 유전체에서 단일염기다형성(single-nucleotide polymorphisms, SNPs)을 비교하였다.[1] 데이터 분석결과, 신생아의 유전체가 부모와 비교해서 평균 60개의 새로운 돌연변이를 갖는다고 밝혔다. 새로운 돌연변이 수는 태아 임신 시기의 아버지의 나이에 따라 중요하게 좌우됨을 밝혔다. 예를 들어 아버지의 나이가 20살일 때, 아이에게 대략 25개의 새로운 돌연변이를 유발하였다. 아버지의 나이가 40살이면 대략 65개의 새로운 돌연변이를 유발하였다. 대조적으로 어머니는 어떤 나이에서든 약 15개의 새로운 돌연변이를 유발하였다. 연구자들은 아버지의 돌연변이율이 16.5년마다 배로 증가되며, 아버지의 나이에서 매년 대략 2개의 추가적인 돌연변이를 유발하는 것으로 계산하였다. 상당 부분의 돌연변이가 아버지로부터 제공된다는 것은 여성의 생식세포보다 남성의 생식세포가 전 생활사 중 더 많은 횟수의 세포분열을 하는 것과 관련될 것이라 여겨진다.

이 연구에서 밝혀진 4933개의 새로운 단일염기다형성(SNP) 중 오직 73개만이 유전자의 엑손 부위에서 발생하였다. 또한 이들 단일염기다형성의 10%가 부정적인 표현형 변화를 유도한다고 제안하였다. 만일 그렇다면 평균 60개의 새로운 자발적 돌연변이 중 각 세대마다 약 6개의 해로운 표현형을 가져올지도 모른다. 이 연구는 인간의 자발적 돌연변이율을 결정하는 데 어려움이 있음을 지적하고 있다. 즉, 정확한 측정에 도달하기 위해서는 인구통계학적인 특징이나 부모의 나이와 같은 요인도 고려되어야 하기 때문이다.

[1] Kong, A., et al. 2012. Rate of de novo mutations and the importance of father's age to disease risk. *Nature* 488: 471–475.

방황변이 시험: 돌연변이는 무작위적인가? 혹은 적응적인가?

유전학의 기본 개념 중의 하나는, 돌연변이는 무작위적으로 일어나며 선택압의 결과로 나타나는 것이 아니라 선택압이 존재하지 않아도 자발적으로 일어난다는 것이다. 이러한 개념은 'Luria-Delbrück 방황변이 테스트'를 포함하여 많은 실험을 통해 증명되어 왔다.

1943년 Salvador Luria와 Max Delbruck는 돌연변이는 적응된 기작의 한 부분으로 일어나는 것이 아니라 자발적이고 무작위적으로 일어난다는 직접적인 증거를 제시하였다. **Luria-Delbrück 방황변이 실험(Luria-Delbrück fluctuation test)**은 놀라울 정도로 분석적이고도 이론적인 연구의 한 예이다.

Luria와 Delbruck는 *Escherochia coli*-T1시스템을 사용하여 실험을 수행하였다. T1 박테리오파지는 *E.coli* 세포를 감염시켜 감염된 세균을 용해하는 세균성 바이러스이다. *E.coli*에서 돌연변이가 일어나 T1 저항성을 갖는 세포가 발생할 수 있다. Luria와 Delbruck는 커다란 플라스크와 여러 개의 개별적인 배양튜브 각각에 *E.coli* 세포를 접종하고, T1 박테리오파지가 없는 조건에서 여러 세대 동안 배양하였다. 배양 후에 각각의 작은 배양튜브에 약 2000만 개의 세포가 있었으며, 큰 플라스크에는 보다 높은 농도로 자라도록 하였다. 이때 작은 개별 튜브에 있는 박테리아를 T1 박테리오파지가 포함된 배양액의 표면에 고르게 뿌려 주었다. 비슷하게, 큰 플라스크의 배양액을 여러 개의 그룹(각 그룹당 약 2000만 개의 세포를 포함)으로 나눈 후 T1이 포함된 배양 접시의 배지 표면에 고르게 뿌려 주었다. 배양 후에 T1 박테리오파지에 저항성이 있는 각각의 *E.coli* 세포들이 자라며 콜로니(colony)를 형성한다. 저항성이 없는 다른 모든 *E.coli* 세포는 죽을 것이다. 그때 배양접시에 존재하는 콜로니의 숫자를 센다.

두 가설(적응적 돌연변이와 무작위적 돌연변이)을 구분하기 위한 실험적인 설명은 다음과 같다.

가설 1: 적응적 돌연변이(adaptive mutation). 만약 돌연변이가 배지에 있는 T1 박테리오파지에 반응하여 적응적으로 일어난다면, T1을 포함한 배지에서 자란 모든 *E.coli* 세포는 T1에 대한 저항성 돌연변이를 획득할 일정한 가능성을 갖는다. 그러므로 저항성을 갖는 세포(콜로니)수는 배양 접시에 박테리오파지가 존재하느냐와 *E.coli*의 수에만 의존한다. T1과 일정한 수의 *E.coli*가 각각의 배양 접시에 존재하기 때문에 저항성 콜로니도 일정한 비율로 출현할 것이다.

가설 2: 무작위 돌연변이(random mutation). 만약 돌연변이가 무작위적으로 일어나고 박테리오파지의 존재유무에 영향을 받지 않는다면, 저항성 돌연변이는 심지어 T1박테리오파지가 없는 배양조건에서 어느 시기건 낮은 비율로 발생할 수 있다. 만약

표 15.2 Luria-Delbrück의 자발적 돌연변이 실험

샘플 그룹	T1-저항성 박테리아 수 동일배양(대조군)	개별배양
1	14	6
2	15	5
3	13	10
4	21	8
5	15	24
6	14	13
7	26	165
8	16	15
9	20	6
10	13	10
평균	16.7	26.2
편차	15.0	2178.0

출처: After Luria and Delbrück (1943).

돌연변이가 배양 과정 초기에 발생했다면, 돌연변이 박테리아의 연속된 성장으로 배양 동안 많은 수의 저항성 세포를 만들 수 있다. 만약 돌연변이가 배양 과정 후기에 발생했다면, 저항성 박테리아의 수는 좀 더 적어질 수 있다. 무작위적 돌연변이 가설은 저항성 세포의 수가 각 배양튜브 혹은 실험군마다 변동을 보일 것이라 예측한다. 대조군인 큰 플라스크의 배양액을 여러 그룹으로 나눈 경우(민감성 혹은 저항성 세포의 균질한 혼합물)는 각 배양접시에서 모두 일정한 수의 저항성 콜로니를 생산할 수 있다.

표 15.2는 Luria-Delbrück 실험의 대표적 결과를 보여준다. 중간 열은 큰 플라스크의 배양액으로부터 분주된 각 그룹의 돌연변이 콜로니 수를 보여준다. 이 데이터는 대조군으로 작용하며, 샘플에서는 방황변이가 관찰되지 않는다. 대조적으로 오른쪽 열은 독립된 10개의 배양액으로부터 얻은 저항성 콜로니 수를 보여준다. 이 데이터는 각각의 독립된 배양액의 경우 방황변이 변동을 나타내며, 돌연변이가 선택압이 없는 환경에서도 무작위적으로 일어나며, 안정적인 형태로 유전될 수 있음을 제안한다.

비록 자발적 돌연변이 개념이 어느 정도 수용될지라도 환경압력에 의해 특별한 돌연변이가 유도될 수가 있기 때문에 유전학자들은 혼란에 빠진다. 기아와 같은 스트레스를 받을만한 영양학적 환경에서 세균이 고돌연변이 상태를 만들어 생존력을 강화시킬 수 있는가에 대한 연구가 최근에 제안되었다. 이러한 연구 결과는 여전히 논란거리가 되고 있으나, 연구자들은 여전히 적응적 돌연변이의 가능성에 흥미를 갖고 있다.

15.3 자발적 돌연변이는 복제오류와 염기변환으로부터 일어난다

이 장에서 우리는 자발적 돌연변이를 이끄는 여러 과정을 요약 정리해 보고자 한다. 하지만 DNA를 변화시키는 요인 중에는 자발적 돌연변이뿐 아니라 유도 돌연변이도 있음을 명심할 필요가 있다.

DNA 복제오류와 오차(slippage)

11장에서 배운 바와 같이 DNA 복제과정은 불완전하다. 때때로 DNA 중합효소는 DNA 복제 중에 맞지 않는 뉴클레오타이드를 끼워 넣는다. 비록 DNA 중합효소는 내재하는 3′→5′핵산말단가수분해효소(3′→5′ exonuclease)의 교정 기능을 가지고 있어서 대부분의 복제오류를 교정하지만, 편입오류가 일어난 핵산은 복제 후 문제가 발생할 수 있다. 만일 이들 오류가 DNA 수선(회복)기작에 의해 탐지되어 교정되지 않으면 돌연변이를 유발하게 된다. 짝틀림(mispairing)에 기인한 복제오류는 점돌연변이를 유발한다. 사실상 염기는 **호변체(tautomers)**라고 알려진 다양한 형태를 취할 수 있으므로 다음 장에서 설명할 DNA 복제 중에 짝틀림의 기회를 증가시킨다.

점돌연변이와 짝틀림 이외에도, DNA 복제는 삽입과 결실을 유도한다. 삽입 혹은 결실 돌연변이는 DNA의 주형가닥이 고리구조를 형성하여 복제 중 주형의 위치에서 벗어날 경우에 발생하며, 혹은 DNA 중합효소가 반복적으로 주형에 없는 핵산을 첨가할 때에도 나타나게 된다. 만약 복제 중 주형가닥에서 고리구조가 나타나면 DNA 중합효소는 고리구조 내의 주형 서열을 무시하게 되어 합성된 새로운 가닥에 작은 결실이 만들어지게 된다. 만일 DNA 중합효소가 주형에 없는 핵산을 반복적으로 도입하면 새로운 핵산의 주입으로 새롭게 합성된 가닥에는 짝이 없는 고리구조가 만들어지게 된다. 삽입과 결실은 번역틀이동 돌연변이 혹은 아미노산 삽입이나 결실을 유발하게 된다.

복제 오차(replication slippage)는 DNA의 어느 부분에서나 일어날 수 있으나 직렬반복서열을 포함한 부분에서 보다 빈번하게 일어난다. 반복서열은 주된 DNA 돌연변이 다발지역이고 어떤 경우에는 취약 X 증후군(fragile X syndrome)이나 헌팅톤병 같은 유전성 질환의 원인이 되기도 한다. 유전체 비암호화 부위의 고돌연변이성 반복서열은 최근의 법의학 DNA 분석법의 기반이 되고 있다.

호변체 변이

퓨린과 피리미딘은 호변체 형태로 존재할 수 있다. 즉 분자 내에 한 개의 양성자 이동에 따라서 별개의 화학구조 형태를 만들 수 있다. 생물학적으로 중요한 호변체는 티민과 구아닌의 케토-에놀형과 시토신과 아데닌의 아미노-이미노형이다. 이들 변이는 분자간 결합구조를 바꾸고 비상보적 염기 간에 수소결합을 유발한다. 그러므로 **호변체 변이(tautomeric shifts)**는 영구적인 염기쌍 변화와 돌연변이를 유도하게 된다. 그림 15-2는 정상적인 염기쌍과 비교되는 T≡G 그리고 C=A 염기쌍을 나타낸다.

DNA 복제과정에서의 돌연변이는 주형에서 비상보적인 염기결합에 의해 일시적으로 호변체가 형성되었을 때이다. 그리고 다음 번 복제에서 '짝틀림'이 일어난 염기는 분리되고 각각의 정

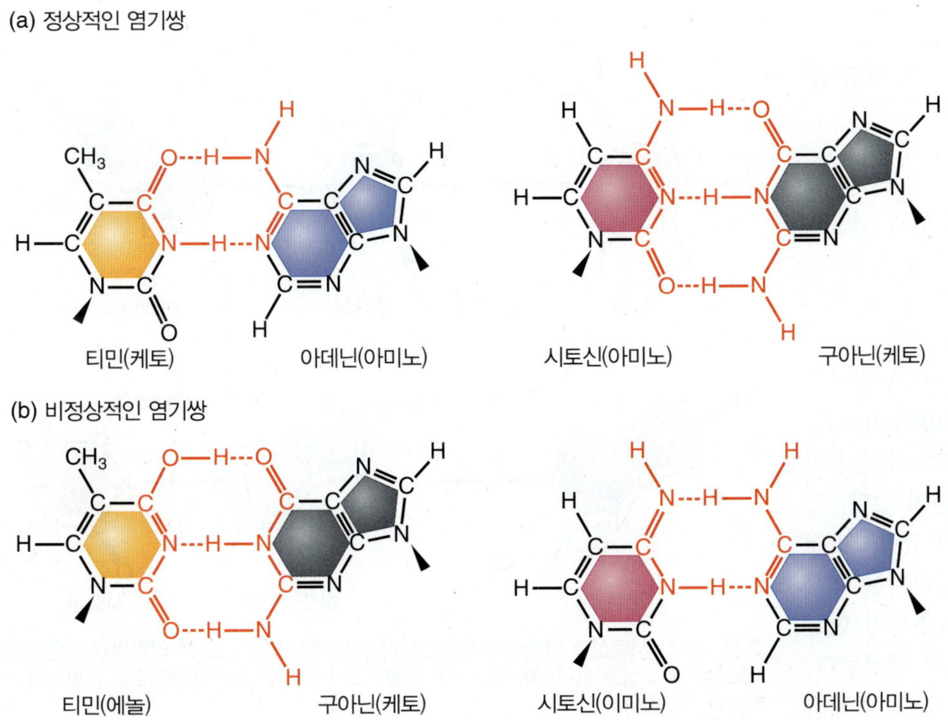

그림 15-2. 정상적인 염기쌍과 (a) 호변체 변이에 의한 비정상적인 염기쌍의 예. (b) 긴 삼각형 모양은 오탄당과 결합하는 지점을 표시한다.

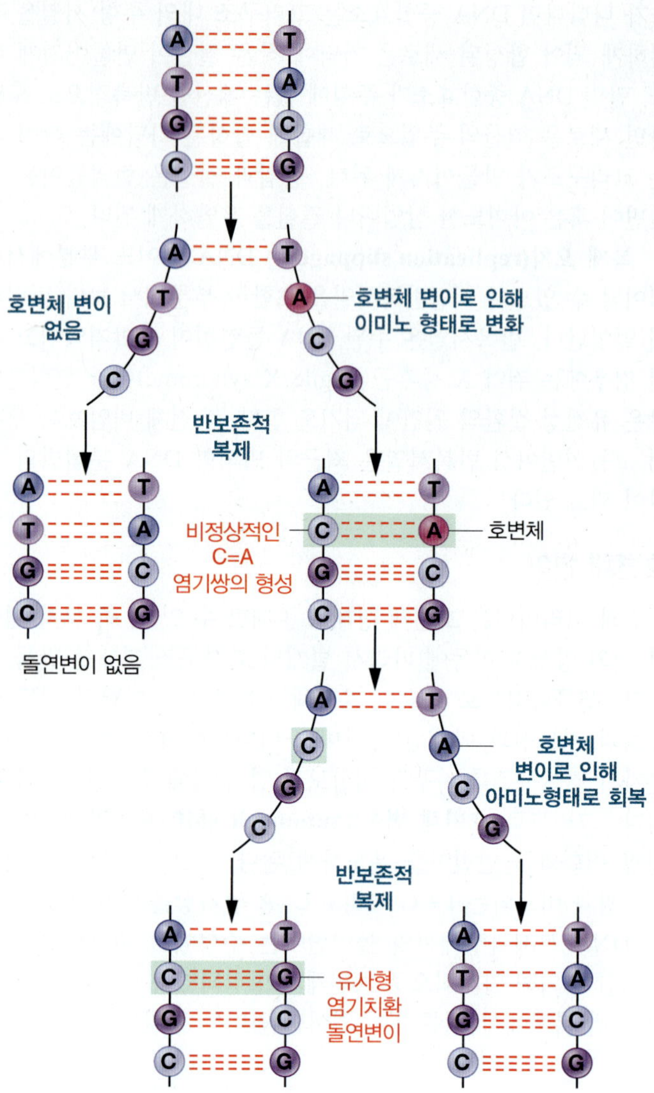

그림 15-3. 아데닌의 호변체 변이에 의한 A=T 에서 G≡C로의 유사형 염기치환의 형성과정.

상적인 염기와 상보적으로 결합하게 된다. 그 결과 점돌연변이가 나타나게 된다(**그림 15-3**).

탈퓨린화와 탈아민화

자발적 돌연변이 중에 가장 대표적인 두 가지 DNA 염기손상은 탈퓨린화와 탈아민화이다. **탈퓨린화(depurination)**는 완전한 이중나선 DNA 분자 중에 질화염기 하나가 손실된 것이다. 대표적인 퓨린으로는 구아닌과 아데닌이 있다. 이들 염기 중에 핵산의 디옥시리보오스의 1′-C와 퓨린고리의 9번 자리 간의 글리코사이드 결합이 끊어져 나타나는 현상이다. 유전학자들이 보기에 이러한 자발적 돌연변이 현상은 배양 중인 포유동물 세포의 DNA에서 매일 생성된다. 만일 퓨린이 떨어진 자리가 회복되지 않으면 DNA 복제가 진행되는 동안 그 자리에는 염기가 없는 상태가 된다. DNA 중합효소는 그 자리에 무작위로 염기를 배치하게 된다.

탈아민화(deamination)는 시토신이나 아데닌의 아미노 그룹이 케토 그룹으로 바뀌는 것이다(**그림 15-4**). 이 경우에 시토신은 우라실로 바뀌게 된다. 이러한 변화의 주요한 효과는 DNA 복제가 일어나는 동안 염기쌍 형성에 변화가 생겨 정상적으로 시토신과 구아닌 간의 염기쌍이 형성되지 않게 된다. 즉 시토신은 우라실로 바뀌게 되고, 아데닌과 결합하여 본래의 G≡C 쌍에서 A=U 결합으로 바뀌게 된다. 그 다음 복제가 일어나면, A=T 쌍으로 바뀌게 되는 것이다. 아데닌의 탈아민화로 생성된 히포크산틴은 자연스럽게 시토신과 결합함에 따라 A=T 쌍은 G≡C 쌍으로 바뀌게 된다. 탈아민화는 자발적으로 일어나거나 아질산(HNO_2)과 같은 화학적 돌연변이유발원에 의해 생겨난다.

산화적 손상

DNA는 정상적인 세포활동의 부산물을 통해서도 손상을 입는다. 이들 부산물에는 정상적인 산소호흡이 진행되는 동안에 생성되는 친전자성 산화제(electrophilic oxidants)인 활성산소종이 포함된다. 예를 들어, 초과산화이온(O_2^-), 수산화라디칼($\cdot OH$) 그리고 과산화수소(H_2O_2)는 세포대사 중에 생성되며 DNA를 보존함에 있어서 끊임없는 위협요소가 되고 있다. 이들 **활성 산화제(reactive oxidant)**는 고에너지 방사능에 노출되어도 만들어지며, 염기의 변이, 염기손실, 외가닥 절단 등을 포함한 수백 종류의 화학적 변형을 DNA에 야기한다.

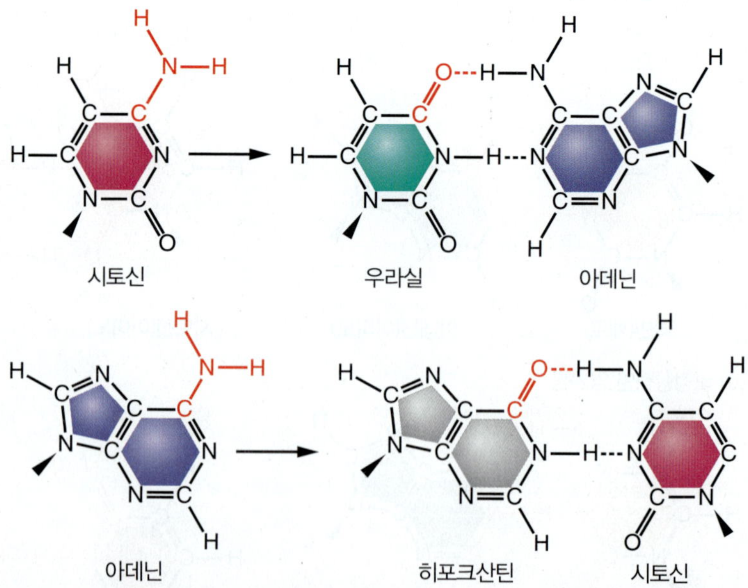

그림 15-4. 시토신과 아데닌의 탈아민화에 의해 유발되는 새로운 염기쌍과 돌연변이. 시토신은 우라실로 전환되어 아데닌과 결합하고, 아데닌은 히포크산틴으로 전환되어 시토신과 결합한다.

전이인자

전이성 유전인자, 또는 **전이인자(transposons)**는 유전체 및 DNA 내에서 이동이 가능한 DNA 인자를 말한다. 전이인자는 박테리아에서 인간까지 모든 생물체의 유전체에서 발견되며, 실제로 유전체의 많은 부분을 차지하고 있다. 전이인자는 자연적인 돌연변이 발생을 일으킬 수 있다. 만약 새로운 위치로 이동하여 유전자의 암호화 영역에 삽입되는 경우, 번역틀을 변경하거나 종결코돈이 생길 수 있다. 또한 유전자의 조절영역에 삽입되는 경우, 정상적인 유전자 발현을 방해할 수 있다. 전이인자는 이중나선 손상, 역위, 그리고 전좌 등의 염색체 손상을 발생시킬 수 있다. 전이인자에 대해서는 15.8절에 자세히 설명되어 있다.

실전문제

15-2 인간의 X-염색체 연관 열성 돌연변이(X-linked recessive mutation)의 가장 유명한 사례는 대영제국 빅토리아 여왕 후손의 혈우병이다. 왕족의 가계도상 빅토리아 여왕은 이형접합체(heterozygous)의 특성을 나타낸다. 그러나 X-염색체 연관 질환에 대하여 그녀의 아버지는 전혀 영향을 주지 못하였으며, 그녀의 어머니가 보인자라는 증거도 없다. 이때, 돌연변이 발생 방법에 대한 몇 가지 가능한 설명은 무엇인가? 질환으로 이어질 수 있는 돌연변이의 종류는 무엇인가?

■ **힌트:** 이 문제는 새로운 돌연변이의 배경에 대한 결정을 묻고 있다. 해결의 실마리는 돌연변이 발생의 방법과 발생할 때의 세포의 종류, 그리고 어떻게 유전되는가를 고려하는 것이다.

15.4 화학물질 및 방사선에 의한 유도 돌연변이

유도 돌연변이에서 유도란 자발적 돌연변이 발생 빈도보다 돌연변이율이 더 증가하는 것을 말한다. 지구상의 모든 세포는 **돌연변이 유발원(mutagen)**이라고 불리는 물질에 노출되어 있으며, 이것은 DNA 손상과 유도 돌연변이 빈도를 잠재적으로 촉진시킨다. 이 물질 중 일부는 곰팡이 독소, 우주광선과 자외선 등 자연적인 환경의 구성요소들이다. 다른 것들은 몇 가지의 산업 폐기물질, 의료용 X선, 그리고 담배의 화학물질 등이며 현대 사회에서 인간이 만든 물질이나 비자연적인 것들도 추가로 고려될 수 있다. 긍정적인 측면에서 유전학자들은 유전자 분석이나 기능 연구를 위하여 돌연변이 유발원을 활용한다. 이러한 몇 가지 자연적 혹은 비자연적 물질에 의한 돌연변이 메커니즘에 대해 알아보자.

염기 유사체

돌연변이 유발 화학물질의 한 가지로 **염기 유사체(base analogs)**가 있으며, 이는 핵산 생합성 동안 사용되는 4가지 퓨린과 피리미딘 대신 사용될 수 있는 화합물이다. 예를 들어, 우라실의 유도체인 **5-브로모우라실(5-bromouracil, 5-BU)**의 경우, 티민 유사체로서 기능하지만 피리미딘 고리의 5번 위치에 할로겐화되어 있다. 만약 5-BU가 화학적으로 디옥시리보오스에 연결된 경우, 뉴클레오사이드 유사체인 **브로모데옥시우리딘(bromodeoxyuridine, BrdU)**이 형성된다. 그림 15-5는 티민과 그 유사체의 구조를 비교하였다. 여기서 메틸기 대신에 브롬 원자의 존재는 호변체 변이가 발생할 확률을 증가시킨다. 만약 5-BU가 DNA 내에서 티민(T) 자리에 대신 위치하면, 5-BU는 에놀 형태로 호변체 변이가 일어나 구아닌(G)과 염기쌍을 형성한다. 한 번의 복제 후에 변이의 결과로 A=T에서 G≡C로의 유사형 염기치환이 발생한다. 더욱이, DNA 내 5-BU의 존재 자체가 돌연변이를 유발하는 자외선(UV)에 대한 분자의 감도를 증가시킨다.

돌연변이를 유발하는 염기 유사체는 다른 것들이 더 있다. 예를 들어, **2-아미노 퓨린(2-amino purine, 2-AP)**은 아데닌의 염기 유사체로서 작용할 수 있다. 2-AP는 티민(T)과 염기쌍을 형성할 뿐만 아니라 시토신(C)과도 염기쌍을 형성할 수 있으므로, 복제 후 A=T에서 G≡C로의 치환 가능성을 가진다.

알킬화, 끼어들기, 첨가물 형성물질

많은 종류의 자연발생 및 인공 화학물질은 DNA 구조 변화 및 돌연변이를 야기한다. 제1차 세계대전 중 화학 무기 연구에서 발견된 황 함유 머스터드가스(mustard gas)는 화학적 돌연변이 유발원 중 첫 번째로 밝혀졌다. 머스터드가스는 **알킬화 물질(alkylating agents)**로 뉴클레오타이드 안의 아미노 그룹과 케토 그룹에게 CH_3 또는 CH_3CH_2 같은 알킬 그룹을 전달하는 물질이다. 예를 들어, 에틸메탄 설포네이트(ethylmethane sulfonate, EMS)는 티민(T)의 4번째와 구아닌(G)의 6번째에 존재하는 케토그룹을 알킬화시킨다. 이는 염기 유사체와 마찬가지로 염기쌍 친화도의 변화와 돌연변이를 유발시킨다. 6-에틸구아닌(6-ethylguanine)은 아데닌의 염기 유사체로서 티민(T)과 쌍을 이룬다(그림 15-6).

끼어들기 물질(intercalating agent)은 크기와 모양이 DNA의 염기쌍 사이에 끼어들기에 알맞다. 염기쌍 사이에 결합한 끼어들기 물질은 염기쌍을 비틀고 DNA 주형을 풀어준다. DNA 구조가 변형되면 전사, 복제 그리고 회복 등의 기능에 영향을 주게 된다. DNA 복제 및 회복을 하는 동안 결실과 삽입이 일어나게 되면 번역틀이동 돌연변이가 발생하게 된다.

어떤 끼어들기 물질은 DNA 염색에 사용된다. 예를 들어 에티듐 브로마이드(ethidium bromide, EtBr)는 형광 화합물로서

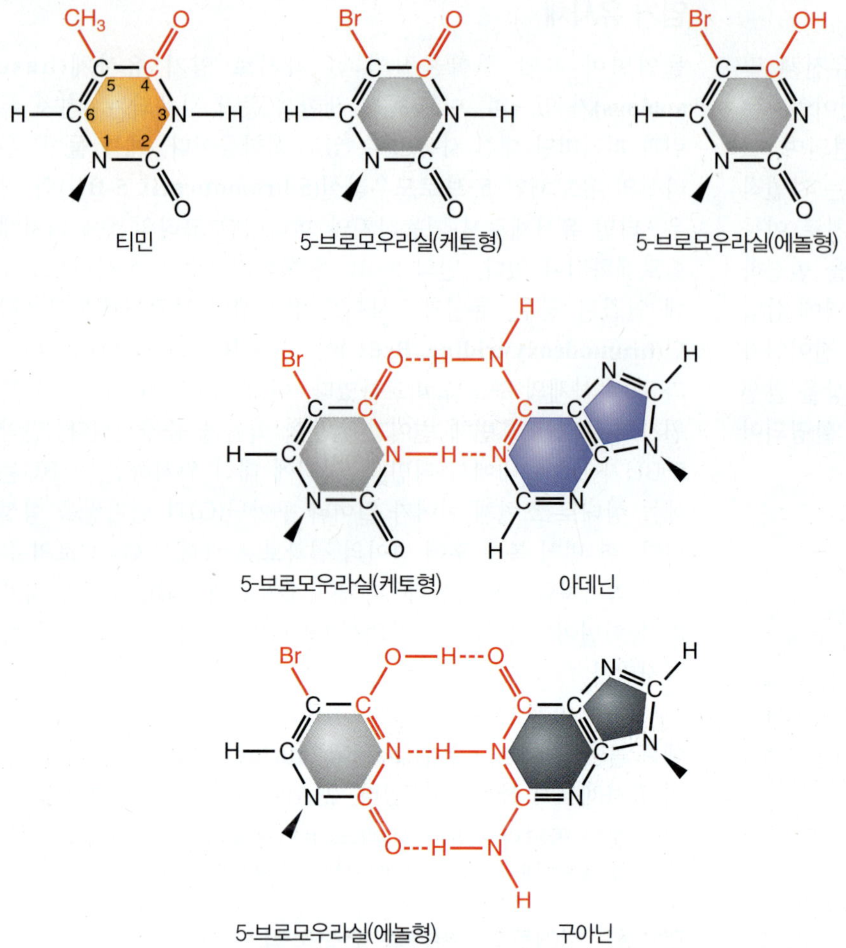

그림 15-5. 5-브로모우라실(5-BU)과 티민의 화학적 구조 유사성. 5-BU의 케토형은 흔하게 나타나며, 티민의 유사체로 아데닌과 결합한다. 5-BU의 에놀형은 드물게 나타나며, 구아닌과 결합한다.

분자생물학 실험실에서 DNA 정제나 겔 전기영동을 하는 동안 DNA가 보이도록 해준다. 형광발색 확인에 사용하는 EtBr과 자외선은 모두 돌연변이원 특성이 있는 화학 물질이어서 사용 시 반드시 주의를 기울여야 한다. 다른 끼어들기 물질은 암의 화학적 치료에 사용된다. 독소루비신(doxorubicin)은 호지킨림프종 치료에 사용되고, 악티노마이신(dactionomycin)은 다양한 육종의 치료에 사용된다. 이는 암세포의 경우 DNA 복제의 빈도가 비암세포에 비하여 활발히 진행되므로, 암세포는 정상세포에 비하여 돌연변이와 DNA 손상을 유발하는 화학치료 물질에 대하여 민감하게 반응한다.

다른 화학물질 그룹인 첨가물 형성물질(adduct-forming agents)은 돌연변이를 야기시키는 것으로 알려져 있다. DNA 첨가물은 DNA에 공유결합하여 복제 및 회복 시에 DNA 형태를 변경 또는 간섭하는 물질이다. 첨가물 형성물질의 대표적인 두 가지는 아세트알데하이드(acetaldehyde; 담배에 포함된 물질)와 헤테로사이클릭 아민류(heterocyclic amines, HCAs)이다. HCAs는 발암물질로 소, 닭, 물고기와 같은 육류를 요리하는 동안 발생된다. HCAs는 아미노산과 크레아틴이 높은 온도에 있을 때 형성된다. 많은 HCAs는 구아닌 염기와 공유결합한다. 적어도 17가지의 서로 다른 HCA들이 위암, 대장암, 유방암과 같은 암의 발생과 연관되어 있다.

자외선

모든 전자기 방사선은 서로 다른 파장으로 정의되는 에너지파로 구성되어 있다(**그림 15-7**). 파장의 전체 범위는 **전자기 스펙트럼(electromagnetic spectrum)**이라고 하며, 임의의 스펙트럼에서 방사선의 에너지는 파장에 반비례한다. 가시광선 범위의 에너지파와 더 긴 파장의 에너지파들은 유기 분자에 대부분 무해하다. 그러나 가시광선보다 짧은 파장의 에너지파는 본질적으로 많은 에너지를 가지고 있으며, 유기 분자에 지장을 초래할 가능성이 있다. 잘 알려진 바와 같이 퓨린과 피리미딘은 **자외선[ultraviolet(UV) radiation]**을 흡수하는데, 대부분 260 nm의 파장을 가진 에너지파이다. 비록 지구상의 오존층이 대부분의 위험한 UV 광선을 흡수한다고 하여도, UV는 노출된 세포들에게 시간당 수천 개의 DNA 손상을 야기할 수 있다. DNA에서 UV 광선의 영향으로 나타나는 중요한 변형은 **피리미딘 이합체(pyrimidine dimer)**를 형성하는 것인데, 이는 동일한 두 개의 피리미딘으로 구성되며 특히 두 개의 티민 잔기가

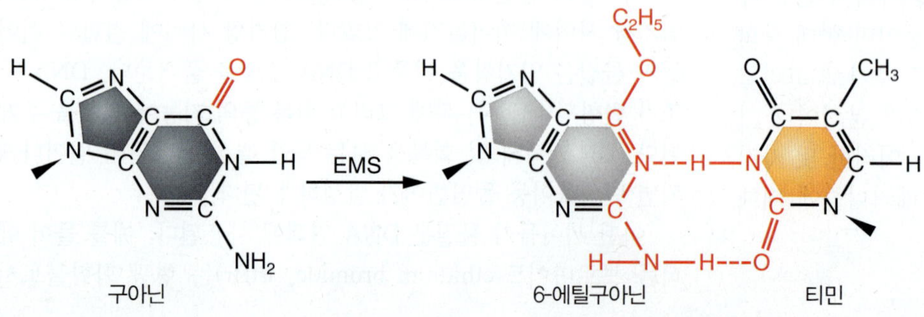

그림 15-6. 알킬화 물질인 ethylmethane sulfonate(EMS) 처리로 구아닌이 6-ethylguanine으로 전환된다. 6-ethylguanine은 티민(T)과 염기쌍을 형성한다.

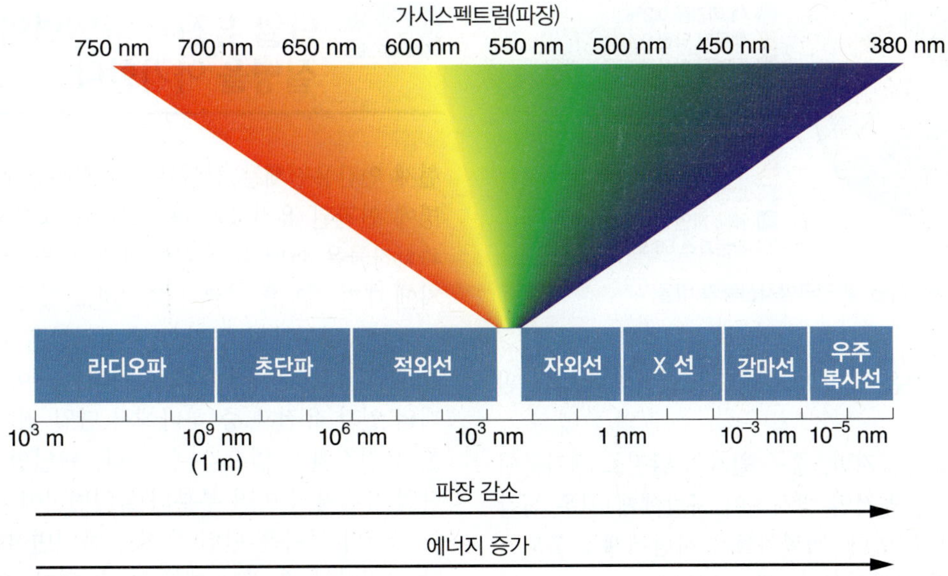

그림 15-7. 전자기 스펙트럼의 범위와 파장.

하나의 구성체를 이룬다(그림 15-8). 피리미딘 이합체는 DNA 형태를 왜곡하고 정상적인 DNA 복제를 억제한다. 결과적으로, 이러한 오류는 복제과정 중 DNA 염기서열에 돌연변이 발생을 가능케 한다. 자외선에 의해 유도된 이합체의 광범위한 증가는 UV 노출로 세포가 죽는 기전과 일정 부분 관련이 있다.

이온화 방사선

앞서 설명한 바와 같이, 방사선의 에너지는 파장에 반비례한다. 그러므로 **X선(X-rays)**, **감마선(gamma rays)**, 그리고 **우주 복사선(cosmic rays)**은 자외선보다 더 많은 에너지를 갖는다(그림 15-7). 결과적으로, 이 에너지파들은 조직 깊숙이 침투하여 분자들을 이온화시키는 현상을 야기한다. 따라서 이러한 종류의 방사선을 **이온화 방사선(ionizing radiation)**이라고 부른다.

세포 내로 관통한 이온화 방사선은, 안정화된 분자와 원자를 **자유라디칼(free radicals)**—분자 또는 원자 내의 하나 또는 그 이상의 전자가 쌍으로 존재하지 않는—상태로 전환시킨다. 자유라디칼은 직간접적으로 유전물질에 영향을 주는데, DNA의 퓨린 및 피리미딘을 변화시키며, 인산다이에스터 결합을 파괴하고, 염색체의 기존 형태에 손상을 초래하고 결실, 전좌, 염색체 절편화와 같은 다양한 염색체 이상을 유발한다.

이와 같이 이온화 방사선은 심각한 유전적 손상을 야기할 수 있기에, 어느 정도의 방사선 조사량이 사람에게 돌연변이를 유발할 수 있는지와 일상 생활에서 대부분의 손상을 야기하는 이온화 방사선의 근원은 무엇인지 고려하는 것은 중요하다. 그림 15-9는 X선 조사량에 따른 X-연관 치사 열성 돌연변이 발생 비율의 그래프이다. 이 그래프상에서 X선 조사량과 돌연변이 발생은 비례관계를 가지며, 방사선 조사량이 2배이면, 2배의 돌연변이가 유도된다. 그래프를 보면 추세선의 선형(line)이 원점에

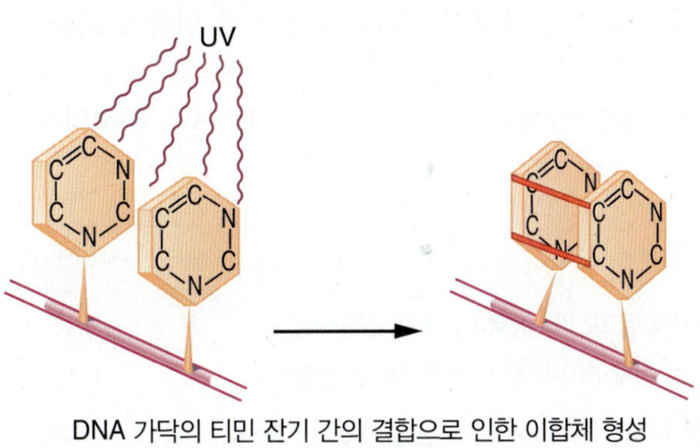

그림 15-8. 자외선에 의한 티민이합체의 형성과 그에 따른 DNA 구조의 뒤틀림 현상. 피리미딘 고리의 원자 사이에 교차결합이 형성된다.

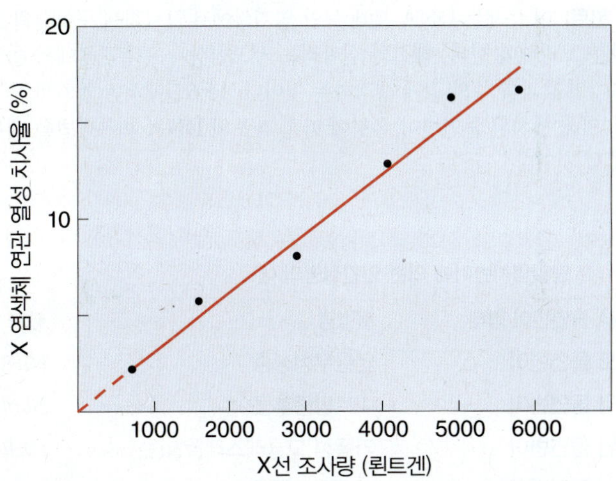

그림 15-9. 초파리에서 X선 조사량 증가에 따른 X-연관 열성 돌연변이 발생률 그래프. 점선은 추정 값을 표시한 것으로 그래프의 제로축을 가로지른다.

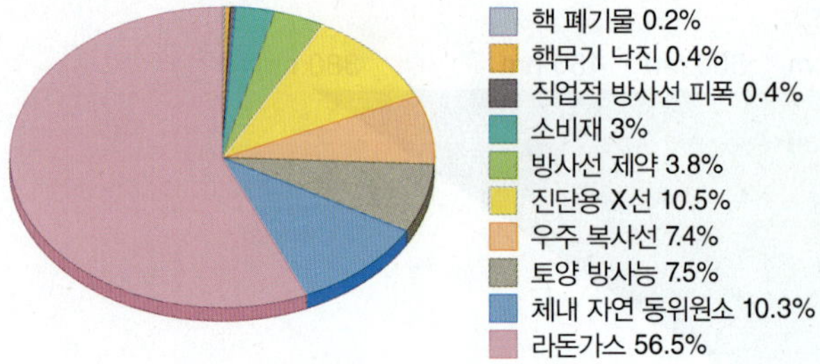

그림 15-10. 연평균 노출되는 자연 및 인공방사선량의 비율.

가깝게 있으므로, 아주 적은 양의 방사선도 돌연변이 유발의 원인임을 생각할 수 있다.

비록 과학적인 자료는 없지만, 종종 원자력 발전소 폐기물이나 의료용 X선과 같이 인공적인 방사선이 사람에게 매우 심각한 방사선 노출원이 될 수 있다. 과학자들은 사람에게 노출되는 방사선의 적어도 20%가 사람이 만든 것으로부터 나온다고 추정한다. 그림 15-10은 미국에 거주하는 사람들이 노출되는 방사선의 종류를 요약한 것이다. 이 자료를 보면, 방사선에 노출되는 빈도가 높은 순으로 라돈가스, 우주 복사선, 그리고 토양 방사능의 순서이다. 인공 방사선의 절반 이상이 의료용 X선 및 방사성 의약품에 의하여 노출되는 것이다.

실전문제

15-3 항암제로 사용되는 멜팔란(melphalan)은 머스터드가스 족(family)의 알킬화 물질이다. 이것은 두 가지 작용을 할 수 있는데, 구아닌 염기의 알킬화를 야기하는 것과 DNA 가닥이 서로 교차결합하도록 한다. 설명한 두 가지의 작용으로 멜팔란이 암세포를 죽일 수 있게 된다. 그렇다면, 멜팔란의 영향으로 손상받은 DNA의 회복을 위해 암세포가 할 수 있는 두 가지 방법은 무엇인가?

■ **힌트:** 이 문제는 DNA 복제 동안 염기쌍에서 알킬화된 구아닌의 효과를 고려해야 한다. 해결의 실마리는 세포성장과 분열과정에서 돌연변이의 효과를 주의 깊게 생각하는 것이다. 15.6절에서는 알킬화 물질에 의해 생성된 돌연변이 유형에 따른 세포의 DNA 회복방법을 배우게 될 것이다.

15.5 단일 유전자 돌연변이는 다양한 질병을 야기한다

현재 인간유전체는 서열분석과 전유전체 분석기술로 인하여 질병에 연관된 유전자와 돌연변이를 정확하게 알아낼 수 있으며, 과학자들은 어떤 특정 유형의 돌연변이가 인간질병에 관여하는지에 대한 정보를 빠르게 축적하고 있다.

비록 대부분의 인간의 유전질환은 **다인자(polygenic)**—여러 유전자의 변이에 의해 야기되는—이거나 심지어 약 20,000개의 인간 유전자 중 하나에서 단일 염기쌍의 변화에서도 심각한 유전질환을 일으킬 수 있다. **단일인자(monogenic)** 질환은 단일 유전자의 여러 부분의 돌연변이에 의해서 야기될 수 있다. 표 15.3의 목록은 단일 유전자 돌연변이에 의해 발생되는 심각한 유전병의 몇 가지 예를 볼 수 있다. 인간 유전자, 돌연변이, 그리고 질환에 관련된 포괄적인 데이터베이스는 책 초반에서 설명한 "유전체학 탐색(Exploring Genomics)"에서 공부했듯이 Online Mendelian Inheritance in Man(OMIM) 데이터베이스를 통해 알아볼 수 있다. 2014년까지, OMIM 데이터베이스는 분자 수준에서 잘 연구된 4,000개 이상의 표현형에 대해 목록화가 진행되었다.

유전학자들은 인간질환을 야기하는 단일염기 돌연변이의 약 30%는 종결 돌연변이에 의한 것으로 추정한다. 이 돌연변이는 단백질 합성 시에 종결코돈을 만들어내는 것뿐만 아니라, mRNA의 분해를 가속화하기도 한다. 많은 수의 돌연변이들은 과오 돌연변이로서 단백질의 아미노산을 변화시키며, 번역틀이동 돌연변이로서 단백질 서열이 변화와 함께 내부 종결코돈을 생성하게 된다. 일반적으로 질환 관련 돌연변이는 유전자의 프로모터 서열, mRNA 스플라이싱 신호, 전사, 가공, mRNA 또는 단백질의 안정성에 영향을 주는 여러 비번역 부위에 영향을 주기도 한다. 최근 한 연구에서 전체 점돌연변이의 15%가 mRNA 스플라이싱 이상의 결과로 유전질환을 야기한다고 보고하였다. 스플라이싱 돌연변이의 약 85%는 5′ 말단의 서열과 3′ 말단의 서열이 달라져 스플라이싱 신호가 변하게 되는 것이다. 이후 유전자 내의 새로운 스플라이싱 부위가 생성되어 잘못된 스플라이싱이 발생하여 종종 비정상 mRNA가 분해되거나 비정

표 15.3 단일염기변이에 의한 인간질병의 예

DNA 돌연변이 형태	질병명	분자 변화
과오 돌연변이	연골무형성증	*FGFR2* 유전자의 380번째 글리신이 아르기닌으로 전환
종결 돌연변이	마르팡증후군	*Fibrilin-1* 유전자의 2113번째 타이로신이 종결코드로 전환
삽입 돌연변이	가족성 고콜레스테롤혈증	*LDLR* 유전자에 다양한 삽입
결실 돌연변이	낭포성 섬유증	*CFTR* 유전자의 508번째 아미노산인 페닐알라닌 코돈의 결실
3염기 반복확장	헌팅턴병	*Huntingtin* 유전자의 암호화서열 부위에 CAG 3염기 반복서열이 40회 이상 반복됨

상 단백질 산물이 생성된다.

단일 염기쌍 돌연변이와 β-탈라세미아(지중해성 빈혈)

낫세포 빈혈증은 단일 유전자 내에 특정한 하나의 염기쌍 변화가 원인이지만, 대부분의 유전질환은 단일 유전자 내의 여러 돌연변이에 의해 발생한다. β-탈라세미아의 경우 하나의 유전질환이 다수의 돌연변이에 의해 발생한다는 것을 보여주는 좋은 예이다.

β-탈라세미아는 헤모글로빈 수의 감소나 부재가 원인인 상염색체 열성 유전 혈액질환이다. 전세계에 걸쳐 발생하는 이 질환은 세계적으로 가장 흔한 단일 유전자 질환이며, 특히 지중해, 북아프리카, 중동, 중앙아시아, 동남아시아 국가에서 더 흔하다.

β-탈라세미아를 가진 사람은 매우 심한 정도부터 가벼운 정도의 무기력, 발달지연, 황달, 장기비대, 그리고 잦은 수혈을 동반한 빈혈증 등의 증상을 나타난다.

β-글로빈 유전자(*HBB* 유전자)의 돌연변이가 β-탈라세미아의 원인이 된다. *HHB* 유전자는 146개 아미노산으로 구성된 β-글로빈 폴리펩타이드를 암호화한다. 두 개의 β-글로빈 폴리펩타이드는 두 개의 α-글로빈 폴리펩타이드와 결합되어 있다. *HHB* 유전자는 11번 염색체 단완에 1.6 kb 길이로 놓여 있다. 이 유전자는 3개의 엑손과 2개의 인트론으로 구성된다.

과학자들은 250 종류 이상의 돌연변이들을 *HBB* 유전자에서 발견하였으나, 이중 약 20 종류의 돌연변이가 전세계적으로 나타나는 대부분의 β-탈라세미아와 관련된다. 대부분의 돌연변이는 *HBB* 유전자 내에서나 인근의 단일염기를 변경시키거나, 일부 염기를 삽입하거나 결실시킨다. 또한 β-탈라세미아의 영향을 받는 각 집단은 이들 돌연변이의 독특한 혼합형태(unique mixture)를 가지고 있다. 예를 들어, 사마리아인 환자의 95% 이상에서 밝혀진 가장 일반적인 돌연변이는 39번째 코돈에서 단일 염기쌍 변화로 나타난 종결 돌연변이에 의해 β-글로빈 폴리펩타이드가 조기종결되는 것이다. 반면에 구 유고슬라비아 집단에서의 β-탈라세미아 돌연변이 연구는 14종류의 돌연변이가 밝혀졌고, 그 중 3개의 돌연변이(모두 인트론 1의 스플라이싱 신호)가 전체 환자의 75%를 차지한다.

β-탈라세미아의 원인이 되는 돌연변이의 유형은 β-글로빈 아미노산 서열(과오, 종결, 번역틀이동 돌연변이)에 영향을 줄 뿐만 아니라 *HBB* 유전자의 전사효율, mRNA 스플라이싱과 안정성, 번역 그리고 단백질의 안정성 또한 변하게 한다.

표 15.4는 β-탈라세미아의 원인인 단일 유전자 돌연변이의 종류에 대한 내용을 요약한 것이다. 이 중 절반 이상의 돌연변이는 단일 염기쌍 변화이고, 나머지는 짧은 삽입, 결실, 중복 등이다.

DNA 반복 확장에 의한 돌연변이

1990년경부터 시작된 인간의 다양한 유전성 질환의 분자유전학적 분석을 통해 특이한 형태의 돌연변이가 발견되어 주목을 받기 시작했다. 연구진은 일부 돌연변이 유전자에 **3뉴클레오타이드 반복서열(trinucleotide repeat sequence;** 특정 짧은

표 15.4 β-탈라세미아(지중해성 빈혈)의 원인인 *HBB* 유전자의 돌연변이 유형

알려진 돌연변이 종류	영향을 주는 유전자 부위	설명
22	5′ 상부 부위	단일 염기쌍 돌연변이는 전사시작 부위의 앞쪽인 −101과 −25 사이에서 일어난다. 예를 들어 −30 TATA 부위의 T가 A로의 유사형 염기치환이 일어나면 유전자 전사가 감소되어 중증 질환이 나타난다.
1	mRNA CAP 부위	+1 위치에 이른 단일 염기쌍 돌연변이(A에서 C로 변환)는 mRNA의 양을 감소시킨다.
3	5′ 비번역 부위	+20, +22, +33에 위치한 단일 염기쌍 돌연변이는 전사와 번역의 감소 및 가벼운 증상을 나타낸다.
7	ATG 번역 개시 코돈	mRNA의 AUG 서열을 변경하는 단일 염기쌍 돌연변이는 비번역과 더불어 심각한 질병을 일으킨다.
36	엑손 1, 2, 3 암호화 영역	단일 염기쌍의 과오 돌연변이, 종결 돌연변이와 비정상적인 mRNA 스플라이싱을 유발하는 돌연변이. 질병의 증상 정도는 약한 것부터 매우 심각한 것까지 다양하다.
38	인트론 1, 2	단일 염기쌍의 유사형 염기치환과 교차형 염기치환은 mRNA 스플라이싱을 감소시키거나 없애버리기도 한다. 스플라이싱 부위의 돌연변이는 mRNA의 안정성에 영향을 준다. 이들은 대부분 심각한 질병의 원인이 된다.
6	아데닐산 중합반응 부위	AATAAA 서열의 단일 염기쌍 변환은 정상보다 훨씬 긴 mRNA의 생산 또는 mRNA 안정성 감소, mRNA의 절단 및 아데닐산중합반응의 효율을 감소시킨다. 질병은 경미하다.
>100	*HBB* 유전자 전체 및 주변부위	짧은 삽입, 결실 및 바뀐 암호화 영역의 중복, 틀이동에 의한 종결코돈의 생성, 그리고 mRNA 스플라이싱의 변경.

DNA 서열이 여러 번 반복)이 확장되어 존재하고 있는 것을 발견하였다. 정상인들은 이 서열의 반복 횟수가 적지만, 20여 종류의 질환을 갖는 환자 집단들은 특정 유전자 내에 혹은 주변 부위에 200회 이상(일부 경우)의 비정상적으로 많은 횟수의 반복서열 을 갖고 있다.

세 개의 뉴클레오타이드의 반복 확장과 관련된 질병의 예는 취약 X 증후군(8장에서 자세히 설명), 근긴장성이영양증, 헌팅턴병(4장에서 설명) 등이 있다. $(CAG)_n$과 같이 세 개의 뉴클레오타이드 반복이 암호화 영역 내에서 일어나면, 반복서열은 긴 서열의 글루타민으로 번역될 수 있다. 이 글루타민 서열로 인해 단백질이 비정상적으로 응집될 수도 있다. 반복서열이 mRNA의 암호화 영역 밖에서 일어날 경우, mRNA는 세포내 중요한 조절 단백질과 결합하여 해당 단백질을 기능적으로 격리시킴으로써 '독성(toxic)' RNA로 작용할 수 있을 것이다. 또한 긴 반복서열이 있는 DNA의 영역에 비정상적 메틸화가 일어나 유전자의 전사 침묵을 유도할 가능성도 있을 것이다.

반복서열이 세대에서 세대로 전달되는 메커니즘은 매우 흥미롭다. 이것은 DNA 복제 중의 오류이거나 DNA 손상 회복 중의 오류일 것이라고 생각된다. 원인이 무엇이든, 이러한 짧고 불안정한 반복서열의 존재는 인간과 다른 많은 생물체에 널리 퍼진 것으로 보인다.

15.6 생물체는 돌연변이에 대응하기 위해 DNA 회복 시스템을 사용한다

생명체는 진화를 통해 여러 가지의 정교한 회복 시스템을 만들어 왔다. 이런 **DNA 회복(DNA repair)** 시스템은 지구상의 생물의 생존에 필요한 유전적 온전함을 유지하기 위해 필수적이다. 돌연변이와 회복의 균형은 개별 유전자와 생물체에서 관찰되는 돌연변이율이라는 결과로 나타나게 된다. 가장 중요한 관심사는 이러한 회복시스템이 유전질환과 암을 일으키는 원인 유전자의 손상에 대항할 수 있는가이다. DNA 회복기전의 결함과 암발병 사이의 연관성에 관한 내용은 후반에 자세하게 나온다(19장 참조).

우리는 현재 생물이 유전자 손상에 대항하기 위해 사용하는 주요 접근법인 DNA 회복 시스템에 대해 알아보고자 한다.

교정과 짝틀림 수선

대부분의 돌연변이는 DNA가 복제되는 동안에 일어나며, 맞지 않는 뉴클레오타이드가 DNA 중합효소에 의해 삽입된다. 세균의 주요 DNA 합성효소(**DNA 중합효소 III**)는 10^{-5}의 오류율을 가지므로 거의 100,000번에 한번 꼴로 잘못된 염기가 삽입된다. 다행히, DNA 중합효소는 이러한 오류의 99%를 포착하여 각 단계에서 교정을 한다. 만약 잘못된 뉴클레오타이드가 중합되는 동안 삽입되면, 효소는 오류를 인식하고 '반대(reverse)'방향으로 작동하게 된다. 즉 3′에서 5′으로 작용하는 핵산말단분해효소는 부정확한 뉴클레오타이드를 절단하고 올바른 뉴클레오타이드로 대체하게 한다. 이것은 복제 효율을 100배 향상시키고, 10^7번마다 1개의 불일치, 즉 10^{-7}의 최종 오류율을 유지한다.

교정 후에도 여전히 남아 있는 잘못된 조합의 염기쌍, 짧은 염기의 삽입이나 결실과 같은 실수에 대한 대처 방법으로 **짝틀림 수선(mismatch repair)** 메커니즘이 존재한다. 짝틀림 수선을 하는 동안, 잘못된 염기는 감지되어 제거된다. 그리고 그 자리에 맞는 염기가 삽입된다. 하지만 회복시스템은 어떻게 맞는 염기(주형 가닥)와 잘못된 염기(새로 합성된 가닥)를 인식할 수 있는 것일까? 만약 불일치를 인식하지만 식별이 이루어지지 않는다면, 아무 염기나 제거될 것이고, 정확한 염기를 갖는 50%가량의 가닥이 잘리게 될 것이다. 따라서 가닥의 구별은 중요한 단계이다.

가닥 식별의 과정은 몇몇 대장균과 같은 박테리아에서 밝혀졌고 이는 **DNA 메틸화(methylation)**를 기반으로 하고 있다. **아데닌 메틸화효소(adenine methylase)**가 있는 박테리아는 DNA 복제 중 기질로 아래의 DNA 서열을 인식하여 아데닌 잔기의 각각에 메틸기를 첨가한다.

5′− GATC − 3′
3′− CTAG − 5′

복제과정으로부터 새롭게 합성된 DNA 가닥은 DNA 중합효소 다음에 아데닌 메틸화효소가 작용하기 때문에 일시적으로 메틸화되어 있지 않다. 수선효소가 이 불일치를 인식하고 비메틸화(새로 합성된) DNA 가닥에 결합한다. **핵산내부가수분해효소(endonuclease)**는 비메틸 DNA 가닥에 있는 불일치 뉴클레오타드의 5′ 혹은 3′ 골격 부위에 틈을 만든다. **핵산말단가수분해효소(exonuclease)**는 틈이 생긴 DNA 가닥을 풀고 잘못 결합한 부위를 분해한다. 최종적으로, DNA 중합효소는 올바른 DNA 가닥을 주형으로 사용하여, 핵산말단분해효소에 의해 생성된 공간을 채운다. DNA 연결효소는 마지막 틈을 밀봉한다.

일련의 대장균 유전자 산물인 핵산말단분해효소, DNA 중합효소 III와 연결효소뿐만 아니라 MutH, MutL, MutS 등은 불일치 DNA 회복에 관련되어 있다. *MutH*, *MutL* 그리고 *MutS* 유전자에 돌연변이를 갖게 되면 짝틀림 수선을 할 수 없는 균주가 된다. 위의 내용은 대장균에서 일어나는 메커니즘이며, 유사한 메커니즘이 효모와 포유동물에도 존재한다.

인간에서는 DNA 짝틀림 수선 단백질을 암호화하는 유전자의 돌연변이(예를 들어, 대장균에서 *MutS*와 *MutL* 유전자와 동등한 인간의 *hMSH2*와 *hMLH1*)는 유전성 비용종성 대장암(결장직장암)과 연관이 있다. 짝틀림 수선의 결함은 일반적으로 다른 암에서도 발견되는데, 예를 들어 백혈병, 림프종, 난소암, 전립선암 및 자궁내막 암 등이 있다. 이런 암세포는 유전체에서 자연 돌연변이 비율이 증가하고 있음을 보여준다. 짝틀림 수선의 결함과 암의 연관성은 생쥐를 이용한 실험을 통해 뒷받침된다. 짝틀림 수선 유전자에 결함을 갖도록 설계된 생쥐는 많은 수의 돌연변이가 발생되며, 호발암성(cancer-prone)을 띠게 된다.

복제후 수선과 SOS 수선 시스템

앞서 설명된 회복 과정에서 수선되지 못하거나 DNA 복제과정이 완벽하게 수행되지 못했을 때에는 **복제후 수선(postreplication repair)** 시스템이 이를 해결한다. 그림 15-11에 예시된 바와 같이, 손상된 DNA를 포함한 채 복제되고 있을 때 DNA 중합효소는 이 부분을 새로 합성된 가닥에 복제하지 않고 손상된 부위를 건너뛸 수 있다. 이 빈틈을 수정하려면, RecA 단백질이 동일한 극성의 손상되지 않은 나머지 어버이 가닥(donor strand; 기증자 가닥)에 해당하는 영역과 재조합 교환을 지시해야 한다. 기증자 가닥 DNA의 손상되지 않은 부분이 빈틈 부분을 대체하게 되면 기증자 가닥에 새로운 틈이 형성된다. 이 틈은 복제가 진행됨에 따라 회복 합성에 의해 채워질 수 있다. 재조합 반응이 DNA 회복 기작에 연관되어 있기 때문에, 이것을 **상동재조합 수선(homologous recombinational repair)**이라 한다.

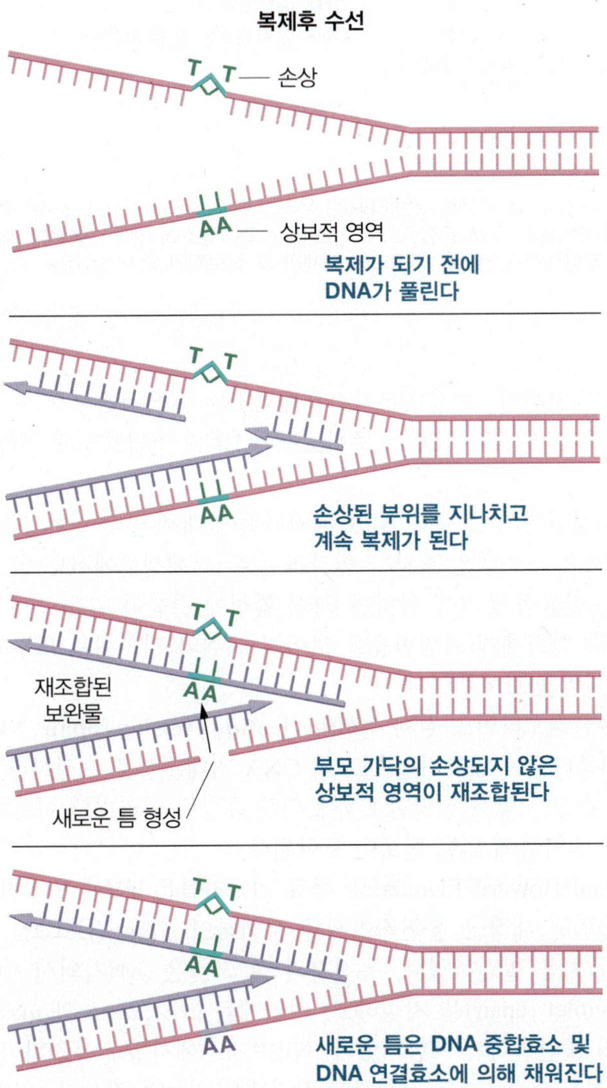

그림 15-11. 티민 이량체와 같은 손상부위를 건너 뛰고 DNA 복제가 일어난 후 복제후 수선이 시작된다. 재조합 과정을 통해서, 올바른 상보적인 서열은 부모가닥에서 손상 반대편 나선의 틈에 삽입된다. 새로운 틈(gap)은 DNA 중합효소와 DNA 연결효소에 의해 채워진다.

또 다른 회복 경로인 대장균에서의 **SOS 수선 시스템(SOS repair system)**은 조금 다른 방식으로 DNA 손상에 반응한다. 수선되지 않은 DNA 짝틀림과 빈틈이 다수 존재하면 박테리아는 약 20개의 유전자(lexA, RecA, uvr 유전자 등)의 발현을 유발하며, 해당 유전자 산물은 손상이 있음에도 DNA 복제를 허용토록 한다. SOS 수선 시스템은 DNA 손상을 최소화하는 마지막 수단이다. SOS 수선이 진행되는 동안 DNA 합성시 실수가 쉽게 일어남으로써, 정상적으로는 복제가 멈추게 되는 부위에 무작위적으로 아마도 잘못된 염기를 삽입시킨다. 그 결과 SOS 수선은 그 자체가 돌연변이 유발성(mutagenic)이지만, DNA 손상으로 죽게될 세포 중 일부 돌연변이 세포가 생존할 가능성을 갖게 된다.

광회복 수선: UV 손상의 전환

그림 15-8에 예시된 바와 같이, 자외선은 피리미딘 이합체 생성의 결과로 돌연변이 유발성을 갖는다. UV 조사에 의한 대장균 DNA의 손상은 부분적으로 원래 상태로 전환될 수 있다. 이 과정은 **광회복 효소(photoreactivation enzyme, PRE)** 단백질의 활성에 의존한다. 이 효소는 UV에 의해 생성된 티민 이합체 사이의 결합을 절단하는데(그림 15-12), 어둠 속에서 티민 이합체와 연관되어 있지만, 이합체 분리를 위해 빛의 광자를 흡수해야 한다. UV 유도 돌연변이의 수를 감소시키는 능력에도 불구하고, **광회복 수선(photoreactivation repair)**은 *E. coli*에서 절대적으로 필수적인 것은 아니다. 왜냐하면 광회복 효소를 암호화하는 유전자에 삭제 돌연변이가 발생해도 *E. coli*의 생존에 문제가 없기 때문이다. 이 효소는 인간에는 없지만 박테리아, 곰팡이, 식물, 일부 척추동물과 같은 많은 생물체에서 발견된다. 광회복 수선이 결핍된 인간을 포함한 여러 생물체들은 자외선의 피해를 극복할 수 다른 수선 메커니즘에 의존해야만 한다.

염기와 뉴클레오타이드 절제 수선

수많은 광독립 DNA 수선 시스템들이 모든 원핵생물과 진핵생물에 존재한다. 이 기본적인 메커니즘은 **절제 수선(excision repair)**, 즉 자르거나 붙여 넣는 방식을 사용한다. 절제수선은 다음 세 단계로 구성되어 있다.

1. DNA 이중나선의 한 가닥 또는 두 가닥에 존재하는 오류는 핵산내부가수분해효소에 의해 인식되고 잘린다. 인산다이에스터 결합 골격의 절제수선은 일반적으로 오류에 인접한 뉴클레오타이드가 포함되어 있을 뿐만 아니라 나선의 한 가닥에 틈이 생기게 된다.

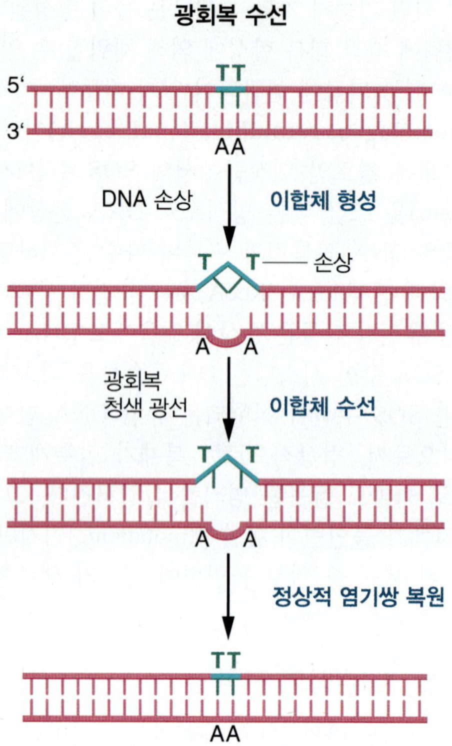

그림 15-12. 손상 입은 DNA는 광회복 수선에 의해 복구된다. 광회복효소(PRE)는 티민 이합체를 분리시킨다. 이는 가시 스펙트럼의 청색광에 의해 활성화되어야 한다.

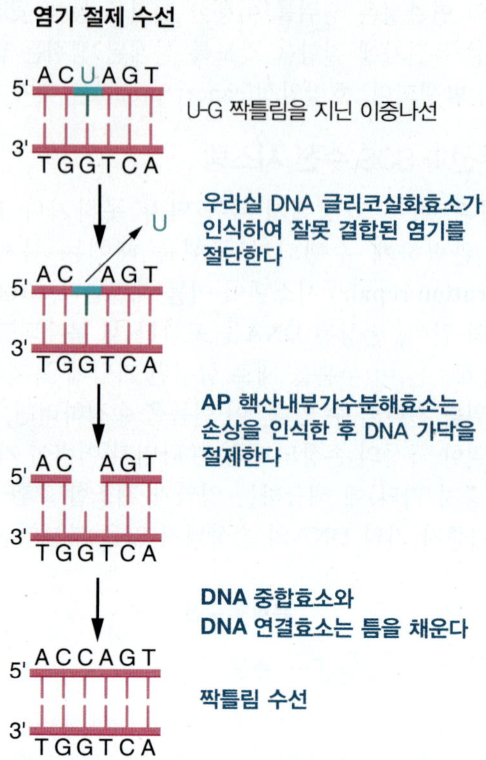

그림 15-13. 염기 절제 수선(BER)은 우라실 DNA 글리코실화효소, AP 핵산내부가수분해효소, DNA 중합효소 그리고 DNA 연결효소에 의해 수행된다. 우라실(U)은 비상보적인 염기로 인식되어 절제한 후 상보적인 염기(cytosine, C)로 대체된다.

2. DNA 중합효소는 온전한 주형나선을 사용하여 그 가닥에 상보적인 뉴클레오타이드를 삽입한 후 틈을 메운다. 효소는 뉴클레오타이드를 DNA의 3′-OH 말단에 더해준다. *E. coli*에서 이들 과정은 일반적으로 DNA 중합효소 I에 의해 수행된다.
3. DNA 연결효소는 마지막으로 삽입된 뉴클레오타이드의 3′-OH 말단에 남아 있는 절단(nick) 부위를 봉합한다.

절제수선에 두 종류가 있다: 염기 절제 수선과 뉴클레오타이드 절제수선. **염기 절제 수선(base excision repair, BER)**은 손상된 DNA 염기가 포함되어 있는 DNA를 바로잡는다. 대장균의 BER 경로의 첫 단계에서 **DNA 글리코실화효소(DNA glycosylase)**가 변경된 염기를 인식한다. 각각의 DNA 글리코실화효소가 인지하는 특정 염기는 **그림 15-13**에서 볼 수 있다. 예를 들어, 우라실 DNA 글리코실화효소는 DNA에서 우라실의 존재를 인식한다. DNA 글리코실화효소는 당과 염기 사이의 글리코사이드 결합을 잘라 **탈피리미딘(apyrimidinic)** 또는 **탈퓨린(apurinic)** 부위를 만든다. 염기가 빠진 당은 **AP 핵산내부가수분해효소(AP endonuclease)**에 의해 인식된다. AP 핵산내부가수분해효소는 탈피리미딘 또는 탈퓨린 부위의 인산다이에스터 골격을 자른다. 핵산내부가수분해효소는 디옥시리보오스 당을 제거하고 빈공간은 DNA 중합효소와 DNA 연결효소에 의해 채워진다.

대장균 연구를 통해 BER 메커니즘에 대해 많이 알게 되었지만, BER 시스템은 효모나 인간과 같은 진핵생물에서도 발견되었다. 실험적 증거에 의하면 BER 활성에 결함이 있을 경우, 감마선과 산화제에 과민반응을 보이며 생쥐와 인간세포 모두에서 세포사멸을 보여주었다.

뉴클레오타이드 절제 수선(necleotide excision repair, NER)은 이중나선이 일그러질 정도의 DNA 거대손상을 수선한다. 이러한 손상은 앞서 설명한 UV에 의해 유발된 피리미딘 이합체와 DNA 첨가물에 의한 변형이 포함된다.

Paul Howard-Flanders와 동료 연구자들은 UV에 민감한 여러 독립된 대장균 돌연변이체를 분석하여 NER 경로(**그림 15-14**)를 처음 발견하였다. 유전자의 한 그룹은 *uvr*(자외선 수선; ultraviolet repair)을 지정하고, 여기에는 *uvrA, uvrB* 와 *uvrC*의 3가지 돌연변이가 포함되었다. NER 경로에서 *uvr* 유전자 산물은 DNA 손상부위를 인식하고 잘라내는 기능을 갖는다. 일반적으로 손상의 양쪽주변에서 특정 수의 뉴클레오타이드가 잘려 나간다. 대장균에서 일반적으로 손상을 포함하여 13개 뉴클레오타

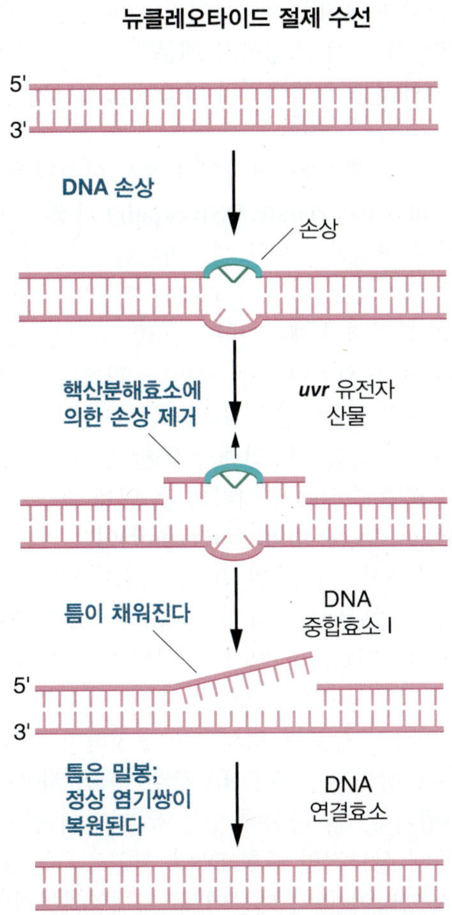

그림 15-14. UV로 인한 티민 이합체의 뉴클레오타이드 절제 수선. 수선하는 동안 원핵생물에서는 13개 뉴클레오타이드가 절제되고, 진핵생물에서는 28개의 뉴클레오타이드가 절제된다.

이드가 제거된다. 수선은 BER에서 발생하는 것과 유사한 방법으로 DNA 중합효소 I 및 DNA 연결효소에 의해 완료된다. 손상되지 않은 반대가닥은 복제를 위한 주형으로 사용되며 수선이 진행된다.

뉴클레오타이드 절제 수선과 색소성 건피증

진핵생물의 NER 메커니즘은 원핵생물보다 훨씬 더 복잡하고, 약 30여 종류의 더 많은 단백질이 작용한다. 인간의 시스템에 대해 알려진 것 중 대부분은 **색소성 건피증(xeroderma pigmentosum, XP)** 환자에 대한 심층 연구에서 비롯되는데, 이 질환은 열성으로 유전되는 희귀질환으로서 심각한 피부병이나 피부암 등의 발생 및 신경학적 결함을 갖는 광범위한 증상이 나타난다. 색소성 건피증 환자들은 자외선에 매우 민감하다. 또한 그들은 다른 정상인들보다 암 발생 비율, 특히 피부병 발생 비율이 2000배 이상 높다. 질환의 조기 발견과 햇빛으로부터의 보호가 병의 진행을 막을 수 있지만, 이 질환은 어렵고 까다로우며,

그림 15-15. 색소성 건피증 환자들은 햇빛에 의해 유발되는 세포 손상으로 특정 XP 피부 병변을 보이며, 적색얼룩(홍반)과 피부에 불규칙한 색소변화를 보여준다.

때로는 치명적이다(그림 15-15).

XP 환자의 자외선 유도 손상의 수선은 시험관 내에서 연구되고 있는데, 정상인과 XP 환자에게서 얻은 섬유아세포를 배양에 이용한다(섬유아세포는 미분화된 결합조직 세포이다). 연구 결과 XP 표현형은 뉴클레오타이드 절제수선(NER) 경로의 결함과 하나 이상의 유전자돌연변이에 의해 발생한다는 사실을 밝혔다.

1968년 James Cleaver는 XP 환자의 경우 염색체 복제과정 외에 일어나는 계획되지 않은 **DNA 합성(unscheduled DNA synthesis)** 과정에 결손이 있다는 것을 보여주었다. 계획되지 않은 DNA 합성은 자외선에 의해 정상세포에서 유발된다. 이런 종류의 합성은 NER 반응 중에 DNA 중합 반응을 나타내는 것으로 생각되므로 XP 환자에서 계획되지 않은 DNA 합성의 결손은 NER 자체의 결핍으로 나타날 수 있다고 제안하였다.

NER과 XP에 관여하는 여러 유전자는 **체세포 혼성화(somatic cell hybridization)**를 이용한 연구를 통해 조사되었다. 혈연이 아닌 XP 환자 2명의 섬유아세포를 조직배양으로 키운 후 융합을 통해 이핵체를 형성시켰다. **이핵체(heterokaryon)**는 유전적으로 다른 2개의 핵이 한 세포질 안에 존재하는 단일 세포이다. 체세포 혼성화 이후 NER의 작동 여부는 계획되지 않은 DNA 합성 수준에 의해 측정될 수 있다. 만약 두 XP 세포 각각의 변이가 같은 유전자에서 발생한다면, 융합세포인 이핵체는 여전히 NER을 할 수 없을 것이다. 이핵체에 관련 유전자의 정상 사본이 존재하지 않기 때문이다. 그러나 만약 이핵체에서 NER이 일어날 경우, 두 XP 세포의 돌연변이는 두 개의 서로 다른 유전자에 존재하고 있었던 것이 틀림없다. 실험 결과 두 돌연변이의 **상보성(complementation)**이 증명되었고, 이 개념은 이미 4장에서 언급되었다. 이핵체로 융합된 각 세포의 유전자는

적어도 하나의 정상 사본을 가지고 있기 때문에 상보성이 있는 것이다. 수많은 XP 환자의 세포를 융합함으로써 연구진들은 얼마나 많은 유전자가 XP의 표현형에 관여하는지 결정하는 것이 가능해졌다.

상보성 실험을 포함한 여러 연구를 기반으로 XP 환자를 7가지의 상보성군으로 나눌 수 있는데, 이것은 적어도 7개의 다른 유전자가 인간의 뉴클레오타이드 절제수선에 관여하고 있음을 나타낸다. 이러한 상보성 그룹을 대표하는 각각의 유전자 *XPA*에서 *XPG*(색소성 건피증 유전자 *A-G*)는 현재 확인되었고 각각의 상동유전자가 효모에서 발견되었다. XP 환자의 약 20%는 7개 상보성 그룹 중 어느 것에도 해당되지 않는다. 이런 환자들의 대부분은 DNA 중합효소 *H*를 암호화하는 유전자의 변이를 가지고 있으며, NER 기능이 결손 되어있다. XP 환자의 약 6%는 7개 상보성그룹 유전자나 효소 *H* 유전자 중에 돌연변이를 가지고 있지 않는데, 이것은 다른 유전자나 암호화 영역 밖의 변이가 XP에 관여하고 있을 가능성을 보여준다.

결함이 있는 XP 유전자의 연구 결과, 현재 NER은 정상세포에서 DNA 손상에 대응하는 방법으로 알려져 있다. 인간에서 일어나는 첫 번째 단계는 *XPC*, *XPE* 및 *XPA* 유전자가 암호화하는 단백질이 DNA 손상을 인식하는 것이다. 그 후 이 단백질들은 DNA 손상부위에 나머지 수선 단백질을 모은다. *XPB*와 *XPD* 유전자는 헬리케이즈를 암호화하고, *XPB*와 *XPG* 유전자는 핵산분해효소를 암호화한다. 이들을 포함한 다른 인자들의 절제수선 복합체는 변이가 있는 DNA 가닥을 약 28개 뉴클레오타이드 길이로 절단하는 것에 관여한다.

NER 경로의 결함과 관련된 두 개의 다른 희귀염색체 열성 유전질환은 코카인 증후군(Cockayne syndrome, CS)과 모발유황이영양증(trichothiodystrophy, TTD)이다. CS의 증상은 발생 및 신경학적 결함과 햇빛에 대한 민감성을 보이지만, 암의 발생과는 관련이 없다. CS 환자는 대개 20세 이전에 사망한다. TTD 환자는 왜소증, 지능 저하, 부서지기 쉬운 머리카락과 약한 피부, 안면기형으로 고통받는다. CS와 마찬가지로, TTD 환자는 햇빛에 민감하지만 암에 걸리는 비율이 정상 수준보다는 높지 않다. TTD 환자는 평균수명이 대략 6년이다.

CS와 TTD 둘 다 NER에 연관된 단백질을 암호화하는 여러 유전자뿐 아니라 XP에 관여하는 동일한 유전자(*XPB* 및 *XPD*)의 일부에 돌연변이가 발생한다. 이 동일한 유전자의 돌연변이나 DNA 회복과정의 돌연변이로 인해 다양한 증상들이 나타나는 이유는 아직 불분명하지만, NER 유전자의 산물이 여러 중요한 과정에 참여하고 있음을 반영한다고 볼 수 있다.

진핵생물의 이중나선 절단 수선

지금까지 DNA 한 가닥의 손상과 오류를 다룬 수선 과정을 논하였다. DNA 나선 두 가닥이 끊어질 때, 예를 들어 이온화 방사선에 노출되어 두 가닥이 끊어질 때 어떤 방식의 DNA 회복이 일어나는가를 알아보기로 한다. 이런 유형의 손상은 염색체 재배열, 암, 세포사 등을 초래하기 때문에 세포를 매우 위험하게 만든다. 이 절에서는 진핵세포의 이중나선 절단에 대해 다룰 것이다.

DNA 수선의 특수한 형태인 DNA **이중나선 절단 수선(double-strand break repair, DSB repair)** 과정은 절단된 DNA 두 가닥을 다시 연결하기 위해 활성화된다. 최근에 DSB 수선에 대해 관심이 증가하였는데, 이 과정의 결함이 X선 과민반응과 면역결핍증과 관련되기 때문이다. 이러한 결함은 또한 유방암과 난소암의 가족력과 관련이 있어 보인다. 판코니 빈혈증(Fanconi anemia)이나 혈관확장성 운동실조증 등 인간의 여러 질병 증후군은 DSB 수선의 결함으로 인해 발생한다.

이중나선 절단 수선에 관여하는 첫 번째 과정은 **상동재조합 수선(homologous recombination repair)**이다. 이 과정의 첫 번째 단계는 이중나선 절단을 인식하는 효소가 활성화되어 절단된 DNA 가닥의 5′ 말단에서부터 뉴클레오타이드를 분해하여 돌출된 3′ 말단을 형성한다(그림 15-16). 하나의 돌출된 말단은 자매염색분체에서 상보성이 있는 영역을 찾아, 상동관계의 DNA 이중가닥에 침입하여 상보적 염기쌍을 형성하며 정렬된다. 이후 DNA 합성은 손상되지 않은 DNA 주형가닥을 사용하여 3′ 돌출 말단에서 진행된다. 한 나선에 있는 두 가닥이 절단되었을 때, 수선 과정 중에 상보적인 주형 DNA 서열로 사용할 손상 없는 부모의 DNA 가닥이 없기 때문에 두 자매염색분체의 상호작용이 필요하다. DNA 수선 합성 후, 이형이중가닥 분자는 분리되며 이미 앞에서 언급한 것처럼(11장 참조) 두 염색분체도 분리된다.

DSB 수선을 위한 주형으로 자매염색분체를 사용할 수 있는 시기는 DNA 복제 이후 세포주기의 S기 말이나 G2기 초 사이이므로, 이때 DSB 수선이 발생한다. 손상 받지 않은 주형은 수선 합성이 일어나는 동안 사용되기 때문에, 상동재조합 수선은 정확한 과정이다.

비상동 말단결합(nonhomologous end joining)이라고 하는 두 번째 과정도 이중나선 절단을 수선한다. 이 메커니즘은 수선되는 동안 DNA의 상동부분을 다시 모으지 않는다. 이 시스템은 DNA 복제 이전 시기인 G1기일 때 활성화된다. 말단결합 수선에 관여하는 여러 단백질 복합체가 있고, DNA 의존성 단백질 인산화효소와 유방암 민감성 유전자 산물인 BRCA1을 포함할 수도 있다. 이들과 여러 단백질은 손상된 DNA의 자유말단에 결합하고 다듬어 다시 그들을 연결시킨다. 몇 개의 염기서열은 말단 결합 과정에서 소실되기 때문에, 이것은 오류가 발생하기 쉬운 수선 시스템이다. 또한 만약 하나 이상의 염색체가 이중나선 절단을 겪게 된다면, 이전의 본문(8장 참조)에서 논의한 것처럼 잘못된 말단은 서로 결합되어 비정상적인 염색체 구조로 이어진다.

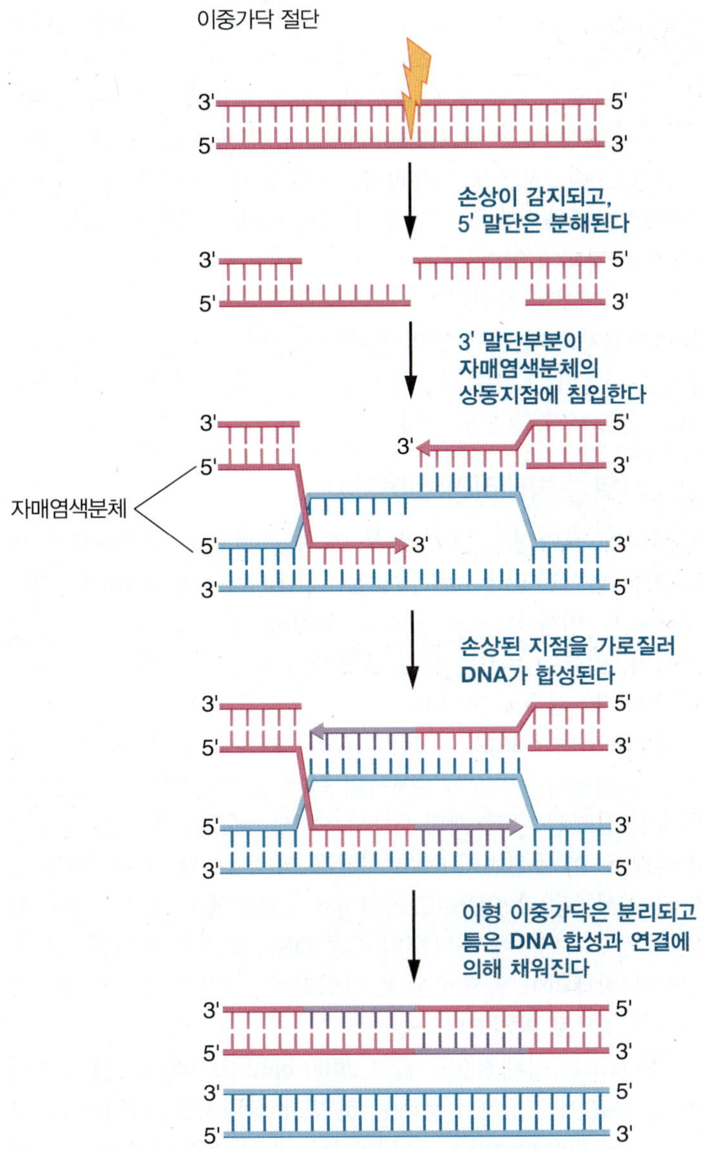

그림 15-16. 이중나선 절단의 상동재조합 수선 단계.

실전문제

15-4 유전학자들은 종종 초파리에 돌연변이를 유발하기 위해 에틸메탄설포네이트(ethylmethane sulfonate, EMS)를 사용한다. EMS가 유전자 연구를 위해 돌연변이원으로 선택된 이유는 무엇인가? 정상적인 짝틀림 수선 시스템에 결함이 있는 초파리에서 EMS의 효과는 무엇일까?

■ **힌트:** 이 문제는 DNA 회복 시스템이 없는 상태에서 유용한 돌연변이원으로서 EMS의 작용을 평가해 보는 것이다. 해결의 실마리는 DNA에 미치는 EMS의 화학적 효과를 고려하는 것이다. 또한 EMS 유발 DNA 돌연변이에 작동하는 DNA 수선 유형과 그 진행과정의 효율을 고려해야 한다.

15.7 화합물의 돌연변이유발성 평가를 위한 에임즈 검사

피부, 소화계 또는 호흡계를 통해 인체에 들어가는 모든 화학물이 돌연변이 발생률을 높이는 특성을 가지고 있다는 것에 대해 우려가 크다. 우리가 걱정하는 합성 화학물질의 예로는 공기와 물 오염, 식품 보존료, 인공 감미료, 제초제, 살충제 및 의약품에서 찾을 수 있다. 돌연변이유발성(mutagenicity)은 곰팡이, 식물, 포유류 배양 세포를 포함한 다양한 생물체에서 테스트할 수 있지만, 여기서 설명하는 테스트는 가장 일반적인 경우로 세균을 사용하는 것이다.

에임즈 검사(Ames test)는 돌연변이의 특정 유형을 확인할 수 있는 살모넬라균(*Salmonella typhimurium*)의 여러 균주들을 사용한다. 예를 들어, 몇 개의 균주는 염기쌍 치환 돌연변이를 검출하며, 다른 균주들은 틀이동 돌연변이를 검출할 때 사용된다. 각 균주는 히스티딘오페론의 유전자 중 하나에 돌연변이를 가지고 있다. 돌연변이 균주들은 히스티딘(his^- 균주)을 합성할 수 없기 때문에 성장을 위해 배지에 히스티딘이 필요하다(**그림 15-17**). 분석방법은 돌연변이 유전자에서 일어나는 복귀돌연변이의 빈도를 측정하는데, 야생형 박테리아(his^+ 복귀변이체)의 생성 빈도를 검사한다. 이러한 살모넬라 균주들은 돌연변이원에 대해 증가된 민감성을 가지고 있다. 왜냐하면 DNA 손상 회복과 박테리아를 감싸 외부물질로부터 보호하는 지질다당류 장벽 합성에 관여하는 유전자에 돌연변이를 가지고 있기 때문이다.

인체에 들어가는 많은 물질들은 비교적 무해한데, 일반적으로 간에서 화학적 반응을 통해 대사적으로 활성화된 생성물이 되기 전까지는 무해하다. 따라서 에임즈 검사는 포유류의 간 추출물이 있는 시험관에서 시험 화합물을 반응시키는 단계를 포함한다. 혹은 생쥐에 시험 화합물을 주입한 후 간 효소에 의해 변형시킨 후 에임즈 검사에 사용하기 위해 회수한다.

에임즈 검사가 처음 사용되었던 1970년대에 **발암물질(carcinogen)**로 알려져 있던 것들이 많이 조사되었고, 80% 이상이 강력한 돌연변이원인 것으로 나타났다. 돌연변이의 결과로 세포의 형질이 악성 상태로 전환되므로 이러한 결과는 놀라운 일이 아니다. 예를 들어, 담배 연기에서 나오는 60가지 이상의 화합물은 에임즈 검사에서 양성반응을 보였고 동물 시험에서 암을 유발한다는 것을 보였다. 에임즈 검사의 양성반응은 화합물이 발암물질이라는 것을 입증하지는 못하지만, 에임즈 검사는 예비검사 장비로 유용하다. 에임즈 검사는 산업 및 제약 화합물의 개발과정에 널리 사용되고 있다.

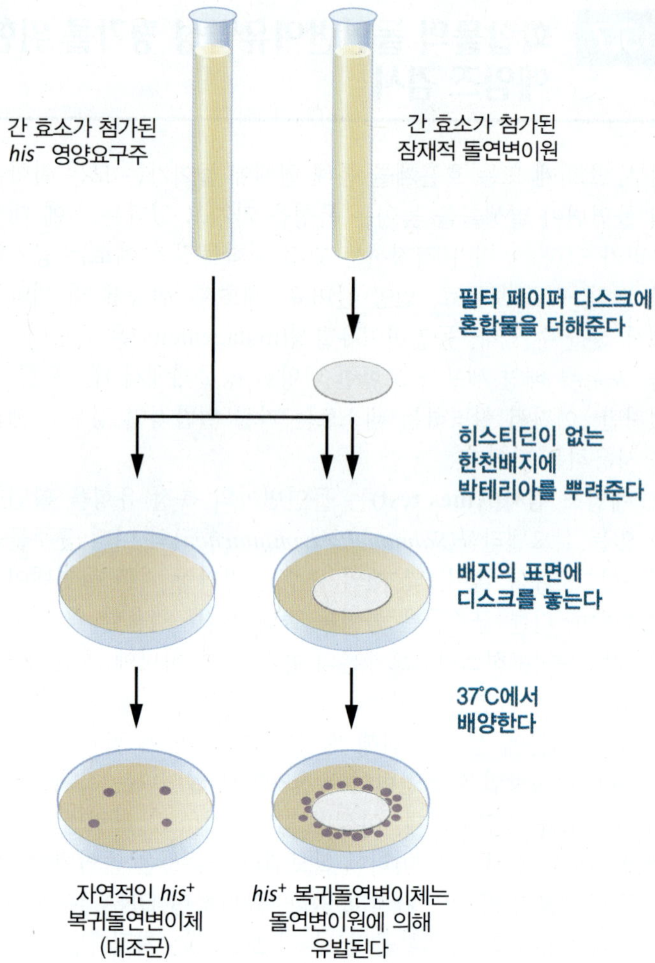

그림 15-17. 잠재적인 돌연변이 유발성 화합물을 스크리닝하는 에임즈 검사.

15.8 유전체 내에서 이동하고 돌연변이를 만들 수 있는 전이인자

전이인자(transposable element)는 **트랜스포존(transposon)** 또는 '도약 유전자(jumping gene)'로 알려져 있고, 유전체의 여러 위치에 자신을 삽입하고 염색체 내부 혹은 사이를 이동하거나 전이할 수 있다.

전이인자는 박테리아에서 인간에 이르기까지 모든 생물체의 유전체에 존재한다. 뿐만 아니라 어디에나 존재하지만, 전이인자는 일부 진핵생물 유전체의 상당부분을 차지한다. 예를 들면 인간 유전체의 약 50%는 전이인자에서 유래되었다. 비정상적으로 큰 유전체를 가진 도롱뇽과 보리 등과 같은 일부 생물체는 다양한 형태의 전이인자 복사본 수십만 개를 포함하고 있다. 비록 이러한 요소의 기능은 불분명하지만 인간 유전체 서열분석 연구 데이터에서 일부 유전자가 전이인자로부터 진화하였을지도 모르고, 이들 요소가 유전체를 변형시키고 현재의 모습을 구축하는 데 도움이 되었을 것으로 생각된다. 전이인자는 또한 유전자 연구에 유용한 도구이다. 유전학자들은 모델생물체에서 돌연변이 유발원, 클로닝 태그(cloning tags), 혹은 외부 DNA의 운반체로써 트랜스포존을 이용한다. 유전자 연구에서 트랜스포존을 사용한 실례가 389쪽의 "유전자 기능 이해를 위한 현대적 접근"에 잘 설명되어 있다.

이 절에서는 자연적인 돌연변이원으로서의 전이인자에 대해 논의하고자 한다. 유전체의 전이인자 이동은 유전자를 파괴하고 돌연변이를 일으키며, 뿐만 아니라 이중나선 절단과 같은 염색체 손상을 일으킬 수도 있다.

삽입서열과 박테리아 전이인자

박테리아 전이인자 요소의 두 가지 유형으로 삽입서열과 박테리아 전이인자가 있다. **삽입서열[insertion sequence(IS) elements, 이하 IS 요소]**은 한 장소에서 다른 장소로 이동할 수 있으며, 이들이 유전자 또는 유전자 조절 부위에 삽입되는 경우 돌연변이를 일으킬 수 있다.

IS 요소는 최초로 대장균의 *gal* 오페론의 돌연변이 분석 중에 확인되었다. 이 오페론에서의 특정 돌연변이는 오페론의 맨 앞쪽에 삽입된 수백 개의 DNA 염기쌍 때문인 것을 발견했다. 놀랍게도, 이 돌연변이 DNA 부분은 자발적으로 이 위치에서 절단되어 제거될 수 있으며, 이때 *gal* 오페론의 야생형 기능이 복원된다. 후속연구에서 다수의 다른 DNA 요소가 유사한 작동방식으로 박테리아 염색체 내로 삽입되어, 유전자 기능에 영향을 미치는 것으로 밝혀졌다.

IS 요소는 상대적으로 짧고 2000 bp(2킬로베이스)를 초과하지 않는다. 대장균에서 분리된 첫 번째 삽입서열은 IS1이고, 그 길이는 약 800 bp 이다. 그 밖에 IS2, 3, 4, 5와 같은 IS 요소의 크기는 약 1250~1400 bp이다. IS 요소는 세균 유전체에 여러 개의 복사본이 존재한다. 예를 들어 대장균 염색체는 IS1의 복사본 5~8개, IS2와 IS3의 복사본 5개 뿐만 아니라 F 인자와 같이 플라스미드에 위치한 IS 요소의 복사본도 존재한다.

모든 IS 요소들은 이동에 필수적인 두 가지 특성을 가진다. 첫째, **전이효소(transposase)**를 암호화하는 유전자인데, 이 효소는 IS 요소가 삽입할 수 있도록 DNA의 두 가닥을 엇갈리게 자른다. 둘째, IS 요소의 말단은 **역위말단 반복서열(inverted terminal repeats, ITR)**을 포함하고 있다. ITR은 DNA의 짧은 조각으로 서로 같은 염기서열을 가지고 있지만 서로 반대방향으로 배열된 짧은 DNA 조각이다(그림 15-18). 그림 15-18에서 ITR은 단지 몇 개의 뉴클레오타이드로 구성되지만 IS의 ITRs는 일반적으로 약 20~40개의 뉴클레오타이드를 포함한다. ITR은 전이에 필수적이고 전이효소의 결합을 위한 인식부위로서 기능한다.

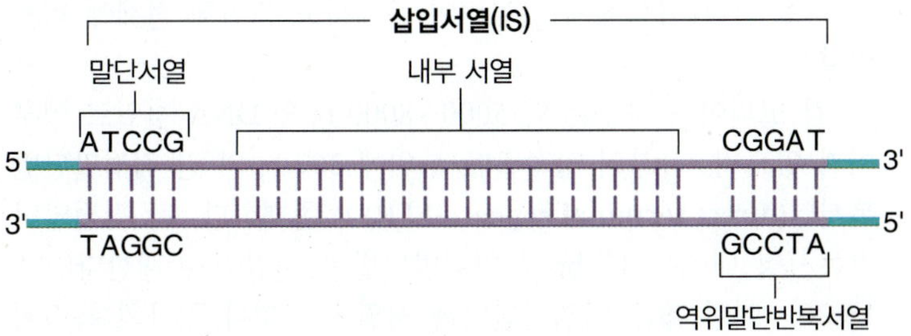

그림 15-18. 삽입서열(IS)은 보라색으로 표시되어 있다. 말단서열은 서로 완벽하게 역반복되어 있다.

박테리아 전이인자(Tn elements)는 IS 요소보다 크고, 전이와 관련이 없는 단백질을 암호화하는 유전자를 포함하고 있다. 일부 Tn 요소는 Tn10처럼 두 가지 IS 요소가 약제내성 유전자의 양쪽 끝부분에 인접해 위치한다. IS 요소는 전이인자가 원래의 위치에서 잘려 나와 새로운 위치로 들어가는데 있어 필수적인 전이효소를 암호화하고 있다. Tn3와 같은 또 다른 종류의 전이인자는 염기서열 말단 부위에 역위 반복서열을 가지며, 전이인자의 중간에 위치하는 전이효소 유전자로부터 전이효소를 생성한다. IS 요소처럼 전이인자는 플라스미드와 박테리아 염색체 내로 이동가능하며, 만약 삽입된 부위가 유전자이거나 또는 유전자를 조절하는 부위라면 돌연변이를 야기시킬 수 있다.

전이인자는 박테리아 플라스미드에 다양한 약물 저항성을 주입할 수 있어 최근 흥미롭게 연구되고 있다. 세균의 **R 인자(R factor)**라 불리는 플라스미드는 중금속, 항생제, 다양한 약물에 대한 내성을 동시에 부여하는 다양한 전이인자를 포함할 수 있다. 이들 전이인자는 플라스미드로부터 박테리아의 염색체로 이동될 수 있으며 박테리아의 여러 종 사이에서 다약제 내성을 유발할 수 있다.

옥수수의 *Ac-Ds* 시스템

박테리아 유전체 내에서의 전이를 발견하기 20년 전에 Barbara McClintock은 옥수수에서의 유전인자들의 이동을 발견해 냈다. 그녀는 배젖 또는 호분에서 나타나는 **분해자(*Dissociation*, *Ds*)**와 **활성자(*Activator*, *Ac*)**의 두 가지 돌연변이의 유전 현상을 옥수수 염색체의 세포학적 검사에 접목하여 분석하였다. 처음에 McClintock은 *Ds*가 9번 염색체에 위치하는 것을 밝혀냈다. *Ac*가 유전체 내에 존재할 때 *Ds*는 염색체상에서 자신이 위치하는 곳의 인접부위에 절단을 야기한다. 만약 염색체의 절단이 체세포 분열 단계에서 발생하게 되면, 자손세포는 절단된 염색체의 일부를 잃게 됨으로써 다양한 표현형을 나타나게 된다. 이 장 첫 페이지의 사진은 위와 같은 *Ds* 돌연변이에 의해 옥수수의 표현형이 변이된 예이다.

이후 연구에서 McClintok은 *Ds*와 *Ac* 부위가 때로는 새로운 염색체로 이동한다는 것을 밝혀냈다. 또한 *Ds*의 이동은 *Ac*가 존재할 때만 가능한 반면, *Ac*는 여타의 조절인자 없이 스스로 이동이 가능함을 확인하였다. *Ds*의 존재에 따른 유전적 영향으로는 염색체의 절단 현상이나 특정 유전자의 발현억제를 예로 들 수 있을 것이다. *Ds*로 인해 유전자 돌연변이가 일어난 세포에서 *Ds*는 또 다른 부위로 이동가능하며, 그 결과 돌연변이가 본래의 유전자 형태로 회복될 수 있다.

그림 15-19는 *Ds*와 *Ac*의 이동과 그에 따른 효과를 나타낸 것이다. McClintock의 처음 연구에 따르면 *Ds* 부위가 9번

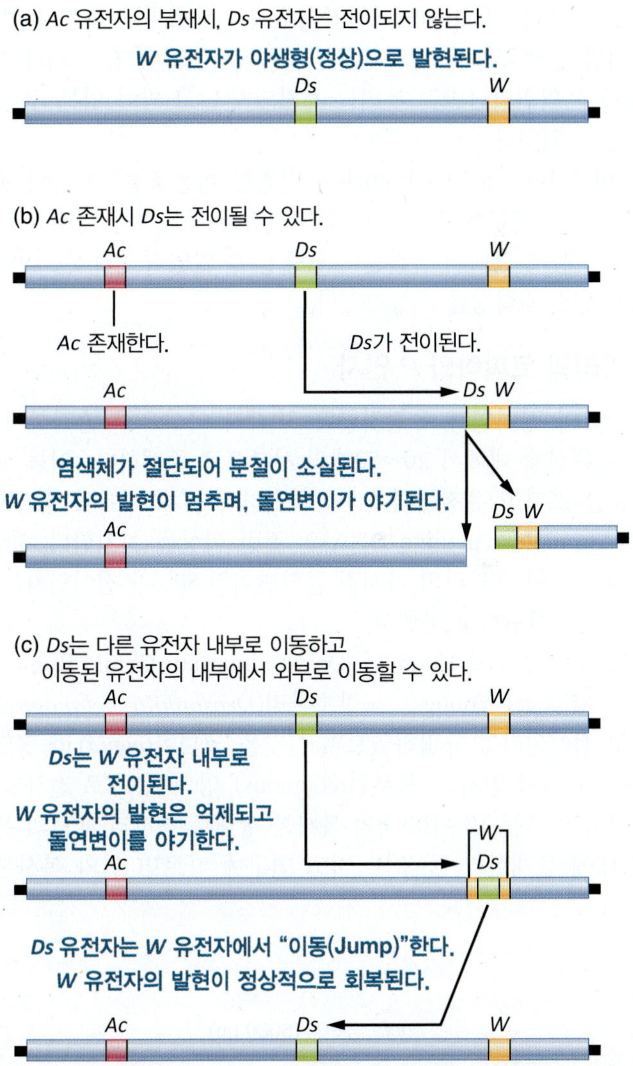

그림 15-19. 유전자 발현에 있어 활성자(activator, *Ac*)와 분해자(dissociation, *Ds*)의 효과. (a) 만약 *Ds*가 *Ac* 없이 존재한다면 *W* 유전자의 발현은 정상적으로 이루어진다. (b) *Ac*가 존재할 경우 *Ds*는 *W* 유전자 인접 부위로 전이될 수 있다. *Ds*는 *W* 유전자가 위치하는 부분에 염색체 절단을 야기시킬 수 있다. (c) *Ac*가 존재할 때, *Ds*는 *W* 유전자 부위로 전이되어 *W* 유전자가 발현되지 못하도록 할 수 있다. 만약 *Ds*가 *W* 유전자로의 전이 이후에 다시 *W* 유전자로부터 이동하게(빠져나오게) 된다면 *W* 유전자의 발현은 정상적으로 회복될 수 있다.

염색체로 부터 다시 빠져나온 세포에서는 색소 합성이 복원되었다. McClintock은 *Ds*와 *Ac* 유전자를 **이동조절인자(mobile controlling elements, MCEs)**라 칭했다. 우리는 현재 저명한 옥수수 유전학자 중의 하나인 Alexander Brink가 명명한 전이인자라는 명칭으로 사용하고 있다.

다수의 *Ds*와 *Ac* 부위는 지금도 연구되고 있으며, 이 두 요소 간의 상관관계를 명확하게 이해하고자 하는 연구들이 진행되어 왔다. 처음으로 연구된 *Ds* 인자(*Ds*9)는 *Ac* 인자의 전이효소 유전자내 194 bp가 제거된 것을 제외하고는 염기서열이 거의 일치하였다. *Ds*9 인자내 전이효소 암호화 부위가 제거되었다는 것은 *Ds*의 이동이 *Ac*에 의존적일 수밖에 없음을 설명해 주는 주요한 증거이다. 다수의 다른 *Ds* 인자들의 염기서열 분석을 통해 각각의 *Ds* 인자들이 *Ds*9과 마찬가지로 전이효소 암호화 부위의 염기서열 상당 부분이 제거되어 있음을 알 수 있었다. 그러나 각각의 경우 역위말단반복 부위는 제거되지 않고 남아 있는 것을 확인할 수 있었다.

비록 Babara McClintock이 발견한 이동조절인자들의 중요성이 초기 연구에서 완벽히 인지되지는 못했지만 이후 분자적 분석을 통해 그녀의 결론들이 입증될 수 있었다. 그녀는 1983년 노벨 생리·의학상을 수상하였다.

초파리의 코피아와 *P* 인자

초파리의 전이인자 유전자군은 30가지 이상으로 존재하며 각각은 유전체 내에서 20~50개의 사본으로 존재한다. 이들 유전자군은 초파리 유전체의 5%를 차지하며 개체 내에서 중간반복 DNA(middle repetitive DNA)의 절반 이상을 차지한다. 한 연구에 의하면 초파리의 가시적 돌연변이의 50%가 전이인자의 작용으로 나타난다고 하였다.

1975년 David Hogness, David Finnegan, Gerald Rubin, 그리고 Michael Young은 노랑초파리(*Drosophila melanogaster*) 내의 전이인자를 규명하였으며 이것을 **'코피아(*copia*)'**라 명명하였다. 코피아 인자는 '풍부한(coupious)' 양의 RNA로 전사된다. 코피아 인자는 10~100개의 복사본 형태로 초파리 세포의 유전체 내에 존재한다. 유전자 지도 연구에 따르면 위의 복사본들은 서로 다른 염색체에 전이되어 존재하고 유전체 전체에 퍼져 있다.

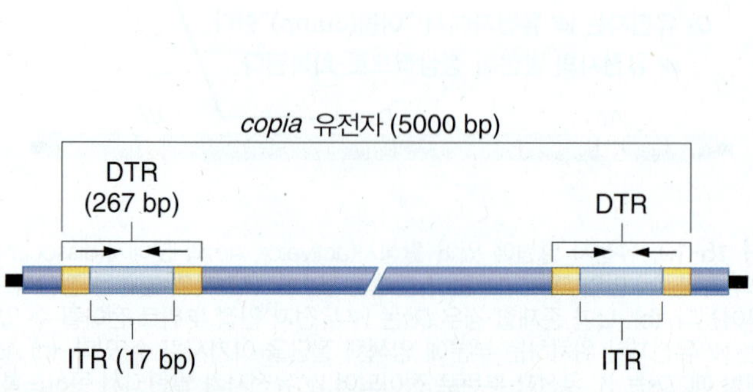

그림 15-20. 노랑초파리(*Drosophila melanogaster*) 내의 코피아(*copia*) 전이인자의 구조적 구성. 말단 반복 서열이 표시되어 있다.

각 코피아 인자들은 약 5000~8000 bp의 DNA 서열로 이루어져 있으며, 각각의 양쪽말단 부위에 267 bp의 긴 **직접말단반복서열(direct terminal repeat, DTR)**이 존재한다. 각 직접말단반복서열 내에는 17 bp의 역위말단반복 서열이 존재한다(그림 15-20). 이런 짧은 역위말단반복 서열은 코피아 인자의 특징이다. 직접말단반복서열은 초파리 외의 다른 생물체의 전이인자에서도 발견되나, 일반적인 것은 아니다.

코피아의 삽입은 역위말단반복서열의 존재 여부에 따라 의존적으로 나타나며, 유전체의 특정 부분에서 우선적으로 발생되는 것 같다. 코피아 유사인자들은 염색체상의 삽입부위에서 조절 효과를 나타내는 것으로 알려져 있다. 체절 형성이나 눈의 색 변화와 같은 돌연변이는 해당 유전자에 코피아의 삽입이 일어나 나타난다. 예를 들어 흰색 살구(*white-apricot*) 눈 색 돌연변이는 흰색눈 대립유전자 내에 코피아 인자가 삽입되어 발생된다. 흰색 살구 눈 색 대립유전자로부터 코피아의 전이가 일어나면 야생형 대립유전자로 회복 가능하다.

아마도 초파리에 가장 많이 존재하는 전이인자는 ***P* 인자(*P* elements)**일 것이다. 이들은 **교잡증후군(hybrid dysgenesis)** 현상을 연구하던 중에 발견되었으며, 교잡증후군의 표현형(또는 증상)으로는 불임증, 돌연변이 비율 증가, 초파리 특정 계통 간의 자손에서 나타나는 염색체 재배열 등을 들 수 있다. 교잡증후군은 생식세포에서 *P* 인자의 전이가 높은 비율로 나타나면서 돌연변이가 유발되어 생기는 질병으로서, 이때 *P* 인자는 유전자 또는 주변부로 삽입된다. *P* 인자들은 0.5~2.9 kb 사이의 상당히 긴 염기서열을 갖고 31 bp의 역위말단반복 서열을 포함한다. *P* 인자는 적어도 2개의 단백질을 암호화하는데, 그 중 하나는 전이효소로서 *P* 인자의 전이를 가능케 하며, 또 다른 하나는 억제 단백질로서 전이를 억제하는 기능을 담당한다. *P* 인자 전이는 조직 특이성을 보이는데, 전이효소의 유전자가 오직 생식세포에서만 발현되기 때문이다. *P* 인자 전체가 유전체 내로 삽입된 초파리 계열은 *P* 인자 내의 억제 단백질이 작용하여 이후에 발생될 수 있는 전이를 억제시킨다.

돌연변이는 여러 가지 종류의 삽입 현상에 의해 일어날 수 있다. 만약 *P* 인자가 유전자의 암호와 부위에 삽입된다면, 유전자의 전사는 진행될 수 있으나, 정상적인 유전자 산물이 생성되지 않을 것이다. 만약 유전자의 프로모터 부위에 *P* 인자의 삽입이 일어나면 유전자의 발현량에 영향을 미칠 수 있다. 비암호화 부위인 인트론으로의 삽입은 유전자의 스플라이싱에 영향을 주거나 전사를 조기 종료시킬 수 있다.

유전학자들은 유전자 분석을 위한 하나의 도구로써 *P* 인자를 이용해왔다. *P* 인자의 가장 유용한 적용 사례 중의 하나는 특정 유전자를 초파리 유전체 내로 삽입하는 운반체로 사용하는 것이며, 이 기술을 **생식계열 형질전환(germ-line**

유전자 기능 이해를 위한 현대적 접근

전이인자 매개 돌연변이 연구를 통한 대장암 유전자의 발견

이번 장에서 전이인자에 관하여 배웠으며, 유전체 내에서 전이인자가어떻게 이동하는지를 알게 되었을 것이다. 과학자들은 전이인자의 특성을 활용하여 유전체 내에 특이적이고 무작위적인 DNA 염기서열 돌연변이 생성을 위한 도구로 전이인자를 사용하였다. **전향 유전학**에서 유전자의 기능을 알아보기 위해 형질전환 혹은 기능결손 동물을 제작하는데도 전이인자를 사용할 수 있다.

인간 대장암(colorectal cancers: CRCs)은 유전학 및 후성유전학적 변화 등의 복잡한 기전에 의해 발생된다. 다수의 유전자들은 *종양형성 추진요인(drivers of tumorigenesis)*이 되어 암세포 형성을 야기한다. 또 다른 돌연변이는 승객돌연변이(*passenger mutation)*로 대장암이 진행되는 동안 몇몇 지점에서 나타나는데, 종양의 유발에는 직접적으로 영향을 거의 미치지 않는다. 새로운 대장암 표적치료법의 개발을 위해서는 driver mutation과 passenger mutation을 구별하는 것이 필수적이다. 생쥐 모델에서 대장암 유발 유전자를 규명하는데 있어 전이인자가 얼마나 중요한 연구 재료로 사용되는지를 살피고자 한다.

연구자들은 형질전환 동물 간의 교배를 통해 **조건부 기능 결손 동물**(conditional knockout animal)을 제작하였다. 하나의 형질전환 생쥐는 소장에서 발현되는 *Villin* 유전자의 프로모터 서열에 전이효소 유전자가 연결되어 있다. 그 결과 이 동물의 위장관 상피세포에서 전이효소의 발현이 상당히 높게 나타난다. 또 다른 형질전환 생쥐는 *T2/Onc*로 전이인자를 가지고 있다. 이 전이인자는 전이효소를 포함하고 있지 않아서 부모계통에서는 이동하지 않는다. 위 두 생쥐의 교배를 통해 자손 생쥐의 위장관 세포는 한정적으로 전이효소를 갖게 된다. 자손 생쥐의 전이효소는 *T2/Onc* 전이인자가 생쥐 유전체 내에서 전이될 수 있도록 한다. 이론적으로 전이인자의 작용으로 대장암 유발 유전자에 돌연변이가 발생하게 되면, 대장암과 유사한 표현형을 지닌 생쥐를 생산할 수 있게 된다.

결과:

위장관 내에 전이효소가 발현되는 형질전환 생쥐 중 72%가 소장 관련 종양에 걸렸다(사진). 이 동물들은 대조군인 정상 생쥐보다 일찍 죽었다. 장내 병변의 분석을 통해 대장암의 특징을 확인하였다. 종양으로부터 분리한 DNA의 염기서열 분석을 통해 전이인자 삽입부위를 규명할 수 있었고, 약 16,000개 이상의 전이인자 삽입부위 중 77개의 후보 유전자를 선별할 수 있었다. 이 연구에서 발견된 유전자들은 최근에 시행된 인간 대장암 샘플의 DNA를 이용한 대규모 엑손 서열 연구와 비교되었다. 이 연구를 통해 규명한 60개의 생쥐 유전자는 인간 대장암에서 돌연변이가 일어 났거나 비정상적으로 발현되는 것으로 밝혀졌다. 이와 같은 전이인자의 스크리닝으로 대장암과는 연관성이 없었던 17개의 후보 유전자를 새롭게 알아내었다.

결론:

전이인자의 스크리닝을 통해 인간의 대장암을 유발하는 후보 유전자들을 알아낼 수 있었으며, 생쥐의 위장관 내에 종양을 유발하는 돌연변이를 식별할 수 있었다. 본 연구결과는 대장암의 종양형성이 소규모의 돌연변이 유전자 집단(세트)에 의해 유도된다는 것을 제안한다. 또한 생쥐와 인간의 대장암 유발 유전자들이 상당히 공통적인 것을 알 수 있었으며, 이후 약물개발과 대장암 치료에 생쥐모델이 유용하게 쓰일 수 있을 것임을 알 수 있었다.

참고문헌:

Starr, T. K. 2009. A transposo-based genetic screen in mice identifies genes altered in colorectal cancer. *Science*, 323:1747-1750.

탐구문제:

1. 본 논문의 *T2/Onc* 전이 시스템은 때로는 "잠자는 공주(Sleeping Beauty)"로 불린다. 왜 이렇게 좋은 이름이 붙여졌을까? 구글 검색을 통해 이 질문에 대한 해답을 찾을 수 있을 것이다.
2. 본 논문의 스크리닝 접근 방식의 제한점은 무엇이라고 생각하는가?
3. 형질전환 생쥐에서 *Apc*, *Tcf12*와 *Fbxw7* 유전자에 전이인자의 삽입이 다수 발견되었고, 인간 대장암 조직에서 돌연변이가 일어났거나 비정상적인 발현을 보였으므로, 대장암 유발 유전자 중 핵심인자로 제안되었다. Online Mendelian Inheritance in Man(OMIM, http://www.omim.org)의 검색을 통해 이 유전자들의 기능에 관해 알아볼 수 있다.

(a) (b)

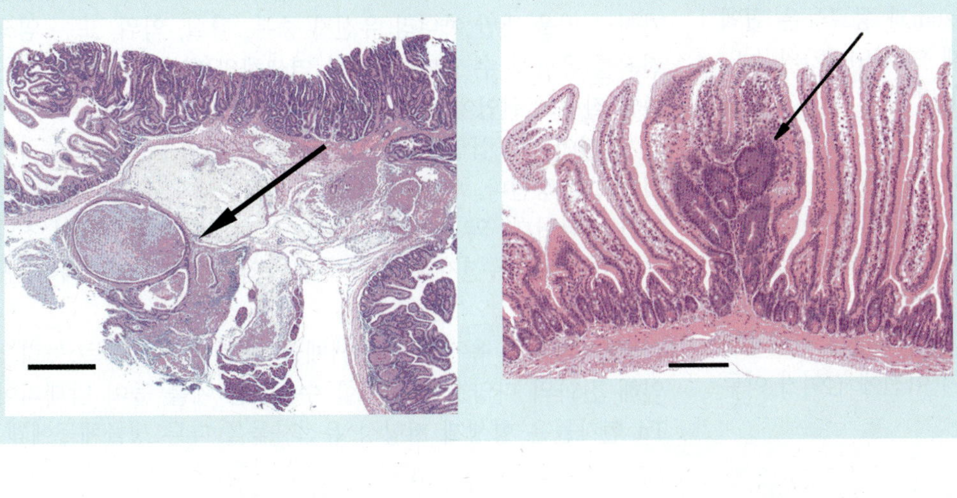

그림 (a) 형질전환 동물의 소장 조직에서 선암종(adenocarcinoma) 발생 부위(화살표, 500 μm)와 (b) 위장관 상피세포까지 종양이 침투한 부분[화살표 100 μm]의 헤마톡실린-에오신 조직염색을 통한 현미경 사진.

표 15.5 인간 유전체 내에 존재하는 전이인자

전이인자 종류	길이	유전체 내의 사본수	유전체 내의 %
LINEs	1~6 kb	850,000	21
SINEs	100~500 bp	1,500,000	13
LTR 인자	<5 kb	443,000	8
DNA 인자	80~300 bp	294,000	3
미분류 인자들	—	3,000	0.1

transformation)이라 한다. *P* 인자는 또한 유전자에 돌연변이를 유발하거나 돌연변이 유전자를 동정하는 데에 사용될 수 있다. 연구자들은 특정 염색체 위치로 *P* 인자를 표적 삽입하기 위한 방법을 완성 중이며, 이러한 기술은 유전자 활성 분석을 위한 생식계열 형질전환의 정확도를 높인다.

인간의 전이인자

인간의 유전체에 존재하는 전이인자로부터 파생된 DNA 서열은 풀리지 않는 수수께끼와 같다. 최근 유전체 서열분석 데이터에 따르면 인간 유전체의 절반 정도가 전이인자 DNA로 구성되어 있다고 밝혀졌다. 8장에서 소개한 바와 같이 인간의 전이인자의 주요 그룹은 **긴 산재 인자(long interspersed elements, LINEs)**와 **짧은 산재 인자(short interspersed elements, SINEs)**로 구성된다. 이들은 인간 유전체의 약 30% 이상을 차지한다. 이외의 전이인자 그룹은 약 11% 정도를 차지한다(표 15.5). 인간유전체의 약 1%만이 암호화 서열에 해당하므로, 인간유전체에는 기능성 유전자보다 전이인자가 약 40~50배 이상 더 많이 존재한다.

비록 대부분의 인간 전이인자가 불활성일지라도, 최근에 전이인자에 대해 "현행범으로 잡다(caught in the act)"라는 표현처럼 잠재적 이동가능성과 유전자 돌연변이 효과를 통해 인간 유전체에 미칠 상당한 영향력들을 보여주고 있다. 혈우병을 앓고 있는 남자아이의 경우가 위와 같은 경우이다. 혈우병을 야기하는 요인 중 하나는 X 염색체에 암호화되어 있는 혈액응고인자 8번의 기능적 결함 발생이다. Haig Kazazian과 동료들은 혈액응고인자 8번 유전자의 두 지점에 긴 산재 인자(LINE)의 삽입이 일어났음을 알아냈다. 연구자들은 위와 같은 결과가 모계 X 염색체 중 하나에 특정 LINE이 포함되어 있었기 때문에 나타난 결과라 예상하였다. 만약 그렇다면, 보인자 어머니는 이형접합자이며, LINE을 포함한 염색체를 아들에게 전달했을 것이다. 놀랍게도 LINE은 모계의 X 염색체에 존재하지 않았으며, 부모 모두의 22번 염색체에서 LINE 서열이 발견되었다. 이러한 결과는 어머니의 배우자 형성 세포에서 전이인자가 다른 염색체로 이동하였으며, 아들에게 유전자를 전달하기 이전에 전이가 이루어졌음을 의미한다.

긴 산재 인자가 인간의 디스트로핀 단백질을 암호화하는 유전자(*dystrophin*) 내에 삽입되면 적어도 두 가지 경우의 뒤센근이영양증이 발병될 수 있다. 그 중 하나는 긴 산재 인자가 엑손 48번에 삽입된 것이며, 다른 경우는 엑손 44번에 삽입된 것으로, 두 경우 모두 번역틀이동 돌연변이를 일으켜 디스트로핀 단백질의 번역이 조기에 중단된다. 긴 산재 인자는 위의 경우뿐만 아니라 *APC*와 *c-myc* 유전자 내로 삽입될 수 있으며, 이 경우 대장암과 유방암을 발병시킬 수 있는 돌연변이를 유발한다. 이외에 전이인자들의 이동은 체세포 내에서도 발견된다. 2009년도에 연구자들은 적어도 11가지의 인간 질병이 긴 산재 인자의 삽입에 의해 나타난다고 밝힌 바 있다.

짧은 산재 인자의 삽입현상은 30종류 이상의 질병을 유발할 수 있다. *Alu* 인자의 경우 *BRCA2* 유전자 내로 삽입되며, 이 경우 종양억제유전자의 불활성화와 가족성 유방암을 유발시킨다. *Alu* 인자의 삽입에 의해 *factor IX* 유전자(B형 혈우병), *ChE* 유전자(acholinesterasemia), *NF1* 유전자(neurofibromatosis, 신경섬유종증)의 돌연변이가 알려져 있다.

전이인자, 돌연변이, 진화

전이인자는 유전자 내에서 다양한 효과를 나타낼 수 있다. 암호화된 유전자 내로 전이인자가 삽입되면, 유전자의 정상적인 번역틀을 파괴하거나 전사된 mRNA의 번역이 조기종료 되도록 유도한다. 많은 전이인자들은 자신의 염기서열에 스플라이싱 자리와 아데닐산중합반응 신호뿐만 아니라 프로모터와 인핸서를 포함하고 있다. 위와 같은 조절 서열들이 전이인자 내에 존재함으로써 이들은 근처에 존재하는 유전자에 영향을 미칠 수 있다. 아데닐산중합반응 또는 전사 종결신호를 포함하는 전이인자가 유전자의 인트론 내로 삽입되면 유전자의 전사가 전이인자 내에서 조기 종결될 것이다. 또한 유전자로부터 전사된 mRNA의 비비정상적인 스플라이싱을 유도할 수 있다. 유전자의 전사 조절부위로 전이인자가 삽입될 경우, 정상적인 발현 조절이 나타나지 않으며 전이인자 자체에 존재하는 프로모터나 인핸서로 인해 정상과는 다르게 발현될 수 있다. 유전체 내에 존재하는 두 개 또는 그 이상의 전이인자들은 전이인자 사이의 재조합 가능성을 가지고 있을 뿐만 아니라 유전자 중복, 결실, 역위, 또는 염색체 전좌를 유발할 수 있다. 이러한 염색체의 재배치는 표현형의 변화와 질병의 원인이 될 수 있다.

전이인자의 삽입현상은 인간 돌연변이의 약 0.2%를 차지할 것으로 추정된다. 인간 외의 다른 생물들에서도 전이에 의한 피해가 나타난다. 약 10%의 새로운 쥐 돌연변이와 50%의 초파리 돌연변이들은 유전자나 그 근처에 삽입되는 전이인자에 의해 발생된다.

전이인자는 유전자와 염색체를 변형시킬수 있는 능력으로 인해 진화의 다양성에 기여할 수 있다. 예를 들어 박테리아의 Tn 인자들은 항생제 저항성 유전자들을 다른 생물체들에게 전달할 수 있으며, 특정 환경에서 박테리아의 생존 가능성을 높일 수 있다. 전이인자가 진화에 기여하는 또 다른 예로는 초파리의 말단소체를 들 수 있다. LINE 유사인자들은 초파리 염색체의 말단부위에 존재하는데, 세포분열이 일어나는 동안 초파리 염색체의 길이를 유지시켜주는 말단소체로서의 역할을 수행한다. 진화된 전이인자는 인간의 *RAG1*과 *RAG2* 유전자에서도 볼 수 있다. 이들 유전자는 면역시스템의 발달에 필수적 요소인 **재조합효소(recombinase)**를 암호화하며 전이인자로부터 진화된 유전자이다.

전이인자는 이외에도 유전자 발현 양상이 변화되도록 하고, 이러한 현상이 숙주 생물체 내에 고착되어 유전체의 진화에 영향을 미칠 수도 있을 것이다. 예를 들어, 인간 **아밀라아제**(amylase) 유전자의 인핸서는 귀밑샘에서 유전자의 발현을 유도한다. 이 인핸서는 영장류 진화 초기단계에 유전자 조절부위에 전이인자가 삽입되어 진화한 것으로 보인다. 전이인자 서열의 존재로 인해 유전자 발현 패턴이 변화(또는 진화)한 또 다른 예로 T-세포 특이적으로 발현되는 *CD8* 유전자와 태반 특이적으로 발현되는 렙틴(*leptin*)과 *CYP19* 유전자 등을 들 수 있다.

유전체학 탐색

돌연변이 확인을 위한 염기서열 정렬

이 장에서는 여러 가지 돌연변이의 원인과 그 돌연변이들이 어떻게 단백질의 구조와 기능을 변화시켜 표현형에 영향을 주는지에 대해 조사하였다. 유전학, 유전통계학, 단백질체학의 출현은 현대 유전학에 있어서 주요한 학문으로 유전학자들에게 유전자와 단백질의 아미노산 서열의 돌연변이를 확인하고 조사하는 데에 전례 없는 핵심 분야가 되었다.

이번 연습문제에서는 연구 중인 단백질에 대한 풍부한 자료를 제공하는 SIB (Swiss Institute for Bioinformatics)의 ExPASy(Expert Protein Analysis System) 사이트를 사용할 것이다. 여기서 2개의 폴리펩타이드 서열을 비교하여 돌연변이를 정확히 찾아내기 위해 SIM(서열의 "유사성"에 대한) 이라고 불리는 ExPASy 프로그램을 사용할 것이다. 돌연변이를 규명하면, 이 유전자의 기능과 유전자와 관련된 질병에 대해 더 많이 배우게 될 것이다.

■ 연습문제 I. 인체 내 단백질에 영향을 미치는 과오돌연변이 규명

1. http://web.expasy.org/sim/에 접속하여 이번 연습을 시작하시오. SIM은 알고리즘을 기반으로 하는 소프트웨어 프로그램으로 아미노산 서열상의 유사성을 찾음으로써 다양한 폴리펩타이드 서열을 비교할 수 있다.
2. 관련 웹사이트인 *Concepts of Genetics*에 접속하여 Exploring Genomics exercise 중 이번 단원에 해당하는 페이지를 연다. 웹사이트에서는 두 명의 다른 개체에게서 각각 발현하는 폴리펩타이드의 아미노산 서열을 보여준다(인간 A, 인간 B). 아미노산 서열은 각각의 아미노산에 해당하는 단일 문자 암호를 사용하여 표기하였다(아미노산의 명칭과 단일 문자 암호에 대한 첨부 표를 참조).
3. 각각의 서열을 복사하여 SIM 사이트에 구획이 나눠진 "SEQUENCE" 입력란에 붙여넣기를 한다. 인간 A의 서열은 서열 1에 인간 B의 서열은 서열 2에 사용한다. "USER-entered sequence" 버튼을 각각 클릭한다. 인간 A와 인간 B의 서열에 적절하게 이름을 쓴다. 두 서열을 비교하기 위해 등록한 후 아래의 질문에 답한다.
   a. 분석한 각각의 폴리펩타이드 서열에 몇 개씩의 아미노산이 존재하는가?(SIM 결과 보고서의 "residues" 해당)
   b. 정렬 결과를 잘 살펴보시오. 두 가지 폴리펩타이드를 비교하였을 때 아미노산 서열의 차이점을 찾을 수 있는가? 무엇을 찾았는가?

■ 연습문제 II. 유전병 조건의 유전적 기반 확인

1. ExPASy 사이트를 통해 BLAST 링크(http://web. expasy.org/blast/)로 들어가서 단백질 BLAST(blastp) 프로그램을 통해 분석 중인 폴리펩타이드 서열을 입력하여 검색하시오. 입력 서열과 정렬되어 나온 상위 3가지의 단백질 서열에 대한 BLAST 결과를 각각의 서열 링크를 클릭하여 조사하시오. 특히 각각의 결과에 있는 "Comment"란을 참고하면 다음 부분에 나오는 질문에 대해 답을 할 수 있을 것이다.
2. 분석 대상의 유전자는 이미 연구되었기 때문에 PubMed(http://www.ncbi. nlm. nih.gov/pubmed)에 접속하여 Vajo, Z., Francomano, C. A., and Wilkin, D.J.의 리뷰 논문을 찾아보시오.
3. 다음의 질문에 답하시오.
   a. 분석 대상의 폴리펩타이드는 어떤 유전자에 암호화되어 있는가?
   b. 이 단백질의 기능은 무엇인가?
   c. 연습문제 1에서 분석한 정렬 결과, BLAST, PubMed 검색 결과를 기반으로 연습문제 1에서 확인한 돌연변이는 어떤 질병의 원인이 되는가? 답을 설명하고 질병과 관련된 표현형에 대해 간단히 서술하시오.

사례 연구 | 유전적 왜소증

임신 7개월인 곧 출산을 앞둔 산모가 정기적으로 초음파에 노출되었다. 이전의 검사에서는 정상이었지만 이번 검사에서는 태아의 팔이 비정상적으로 짧았다. 의사는 연골형성부전증(achondroplasia)이라고 불리는 왜소증이 태아에게 있음을 의심했다. 의사는 산모에게 이 장애의 원인은 약 25,000분의 1의 확률로 일어나는 상염색체 우성 돌연변이 때문이라고 전했다. 출산을 앞둔 그녀는 대학에서 유전학을 공부했기 때문에 여러 가지 질문들을 하였다. 당신은 어떤 대답을 할 것인가?

1. 가족력이 없다면 어떻게 아기가 우성 유전병을 가지고 있을 수 있는가?
2. 돌연변이는 부모 중 어느 쪽으로부터 유전되기 더 쉬운가?
3. 만약 아이가 연골형성부전증이라면 다음에 태어날 아이가 같은 질병을 가질 확률이 증가하는가?
4. 임신 초기의 X선이나 초음파의 노출이 질병의 원인이 될 수 있는가?

요약

1. 돌연변이는 체세포나 생식세포에서 또는 상염색체나 성염색체에서 자발적으로 나타나거나 유도될 수 있다. 돌연변이는 뉴클레오타이드의 변화 위치와 형태에 따라 유전자 기능에 다양한 영향을 미친다.
2. 자발적 돌연변이는 다양한 방법으로 발생하며 DNA 복제 시의 오류부터 DNA 염기의 손상까지 전 범위에서 일어나는 정상적인 세포대사 작용의 결과이다.
3. 돌연변이는 다양한 화학물질과 방사선에 의해서 발생한다. 이러한 물질들은 DNA 분자의 기본구조인 염기와 당-인산기에 손상을 줄 수 있다.
4. 단일 유전자 돌연변이는 다양한 질병의 원인이 된다. 이러한 돌연변이는 염기쌍의 치환, 삽입, 결실, DNA 반복서열의 확장 등이 나타날 수 있다.
5. 생물체는 교정과 짝틀림 수선, 복제후 수선, 광회복 수선, SOS 수선, 염기절제 수선, 뉴클레오타이드 절제 수선, 이중가닥 수선을 포함하는 다양한 DNA 수선 기작을 이용하여 돌연변이에 대응한다.
6. 연구자들은 에임즈 검사를 통해 돌연변이유발성(mutagenisity)과 암유발 물질들을 조사할 수 있다.
7. 전이인자들은 유전자 사이를 옮겨 다닐 수 있고 돌연변이를 유발하며 유전자의 발현을 변화시킬 수 있다. 또한 전이인자들은 진화에 기여한다.

질문 및 해답

1. DNA 복제 시 아데닌(A)과 유사한 염기인 2-아미노퓨린(2-AP)은 시토신(C)과 염기쌍을 이룬다. 5-브로모우라실(5-BU)은 티민(T)의 유사 염기로 구아닌(G)과 염기쌍을 이룬다. 제시된 3개의 뉴클레오타이드 서열로 구성된 이중가닥 DNA에서 3번의 복제가 일어난다고 가정하자. 첫 번째 복제에서 두 유사물질은 어디든지 가능한 위치에 결합될 수 있다. 두 번째와 세 번째 복제가 시작되기 전에 결합하지 못한 유사물질들은 제거되었다. 최종 서열은 무엇일까?

해답:

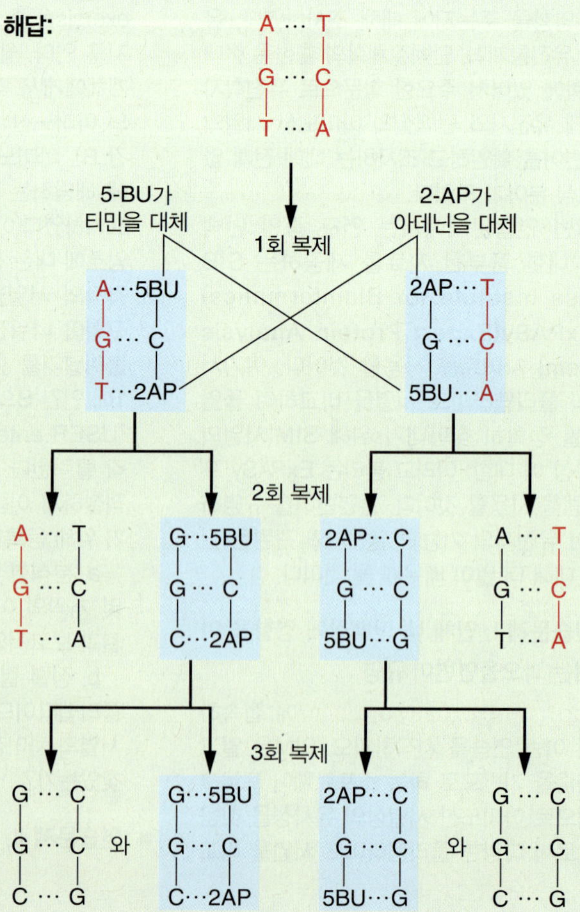

2. 출생 시 드물게 나타나는 인간의 우성 돌연변이를 연구하였다. 이 돌연변이는 40,000명의 출생아 중에서 6명꼴로 발견되었다. 가계도에서 2명의 사례가 발견되었고 돌연변이는 이미 부모 중 한 명에게서 나타났다. 이 돌연변이에 대한 자발적 돌연변이 발생률을 계산하시오. 이러한 결론에 영향을 주는 근본적인 가정은 무엇인가?

해답: 새로운 돌연변이는 6명 중 오직 4가지 경우이다. 출생 시 두 배우자가 나타나기 때문에 감수분열로부터의 생성된 표본의 크기는 80,000이다. 따라서 발생률은

$$4/80,000 = 1/20,000 = 5 \times 10^{-5}$$

와 같다. 우리는 돌연변이 유전자가 충분히 침투도가 높고 독립적으로 발현하는 것을 가정으로 한다. 만약 침투도가 높지 않다면, 계산값이 작아질 수 있다. 왜냐하면 하나 또는 그 이상의 돌연변이가 감지되지 않을 수도 있기 때문이다. 또한 검사는 100% 정확하다는 가정이 필요하다. 하나 또는 그 이상의 돌연변이 개체들을 '놓쳐버린다(missed)'면 다시 계산값이 작아질 수 있다. 마지막 가정으로, 돌연변이 개체와 정상적인 개체의 경우 모두 자궁 내에서의 생존율이 같다는 것이다. 이러한 가정에 의해 출생에서의 돌연변이 개체수는 임신시 돌연변이 개체수와 같다. 만약 가정이 거짓이라면 계산값은 다시 작아진다.

3. 다음의 계산을 생각해 보시오.
   a. 지구의 인구수는 7×10^9이다.
   b. 각각의 개체들은 약 20,000(0.2×10^5)개의 유전자를 가진다.
   c. 돌연변이 평균 발생률은 각각의 유전자 좌위당 10^{-5}이다.

전체 인구 중 자발적 돌연변이가 얼마나 일어나는가? 모든 유전자에서 자발적 돌연변이가 동등하게 발생한다는 가정하에 전체 인구에서 얼마나 많은 새로운 돌연변이들이 각각의 유전자에서 발생하는가?

해답: 먼저, 각각의 개체들은 이배체($2n$)의 염색체를 가지고 있기 때문에 각 유전자는 2개씩 존재하며, 각각의 배우자로부터 발생한다. 그러므로 자발적 돌연변이의 총 발생수는

($2 \times 0.2 \times 10^5$ 유전자수/개체)
$\times$ (7×10^9 개체수) $\times$ (10^{-5} 돌연변이/유전자)
$= (0.4 \times 10^5) \times (7 \times 10^9) \times (10^{-5})$ 돌연변이수
$= 2.8 \times 10^9$ (총 인구수에서 발생한 돌연변이수)

2.8×10^9 돌연변이수/0.2×10^5 유전자수
$= 14 \times 10^4$ (총 인구수에서 한 유전자당 일어나는 돌연변이의 발생수)

탐구 문제

어떻게 알았을까?

1. 이 장에서는 유전자 돌연변이가 발생되는 과정과 세포의 DNA 손상에 대한 수선 기작에 대해 알아보았다. 동시에 이 장에서 소개한 정보를 밝히기 위해 적용된 연구방법과 추론에 대해 알아볼 수 있었다. 15장에서 배운 내용을 토대로 다음 질문에 답하시오.
   (a) 돌연변이가 자발적으로 발생함을 어떻게 알게 되었는가?
   (b) 특정 화학물질과 방사선이 DNA에 돌연변이를 유도함을 어떻게 알게 되었는가?
   (c) DNA 수선 기작이 자발적, 혹은 유도된 돌연변이의 대부분을 정확하게 감지하고 교정하는지 어떻게 알게 되었는가?

개념확인 문제

2. 367쪽의 핵심 개념을 복습하시오. 이 개념은 유전자 돌연변이가 유도되는 방법과 표현형에 미치는 영향 그리고 돌연변이가 수선되는 방법에 관한 것이다. 그 중 처음의 4가지 개념은 이배체 생물에게 미치는 유전자 돌연변이의 영향에 관한 것이다. *E. coli* 와 같은 반수체 생물체에게 이러한 유전자 돌연변이의 개념이 적용되는지에 대해 간단한 에세이를 작성하시오.

3. 자발적 돌연변이는 무엇인가, 그리고 왜 자발적 돌연변이는 드문 것인가?

4. 다세포 생물체에서 체세포 돌연변이의 발견이 어려운 이유를 설명하시오.

5. 대부분의 돌연변이는 해롭다고 여겨진다. 그렇다면 왜 돌연변이가 진화 과정에서 필수적이라는 것이 타당한지 설명하시오.

6. 무작위 돌연변이가 이롭기보다 해로운 이유는 무엇인가?

7. 대부분의 이배체 생물의 돌연변이는 열성이다. 이유는 무엇인가?

8. 조건부 돌연변이(conditional mutation)는 무엇인가?

9. 호변체 변이(tautomeric shift)가 무엇이며, 이로 인해 돌연변이가 유도되는 과정에 대해 설명하시오.

10. 탈아민물질과 알킬화제, 염기 유사물질들이 돌연변이의 발생에 미치는 영향에 대해 대조하고 비교하시오.

11. 아크리딘 염료는 번역틀이동 돌연변이를 유발한다. 단일 피리미딘계 염기나 퓨린계 염기로 치환이 되는 점돌연변이보다 번역틀이동 돌연변이가 더 해로운 이유는 무엇인가?

12. X선이 자외선보다 더 강한 돌연변이 유발물질인 이유는 무엇인가?

13. 자연 발생 물질이나 인공물질로 유도되는 DNA 손상은 다수의 신호전달을 포함하는 다양한 세포반응을 이끌어낸다. 또한 DNA 수선 기작의 활성화는 세포자살(예정된 세포 사멸)과 세포주기 지연을 유도하는 신호전달을 활성화시킬 수 있다. DNA 손상에 대한 세포반응으로 세포자살과 세포주기 지연이 주로 나타나는 이유는 무엇인가?

14. 자외선의 영향에 대응하는 여러 DNA 수선 기작의 차이를 비교해 보시오. 자외선이 유도하는 돌연변이 수선에서 가시광선의 역할은 무엇인가?

15. 유방촬영술은 유방암을 초기에 진단할 수 있는 정확한 스크리닝 기술이다. 하지만 이 기술은 X선 진단을 이용하기 때문에 논란이 많

다. 그 논란의 이유는 무엇인가? 의학적 스크리닝을 위해 X선을 사용하는 것을 정당화할 수 있는 이유는 무엇인가?

16. β-탈라세미아를 일으키는 *HBB* 유전자의 돌연변이는 대부분 인트론이나 비번역부위에서 발생한다. 돌연변이가 유전자의 암호화 부위에서 직접적으로 일어나지 않지만 인트론이나 비번역부위에서 발생하여도 심각한 질병이 나타나는 이유를 설명하시오.

17. 잠정적인 돌연변이 유발물질에 대한 에임즈 검사 방법을 설명하시오. 에임즈 검사결과 양성으로 확인된 물질이 암을 유발할 수 있다고 생각하는 이유에 대해 설명하시오.

18. 인간의 색소건피증(XP)의 원인인 유전적 결함은 무엇인가? 어떻게 이러한 결함이 질병과 관련한 표현형을 나타내는가?

19. 인간, 박테리아, 옥수수, 초파리에서의 다양한 전이인자들을 비교하시오. 어떠한 특징을 공유하고 있는가?

20. 선진국의 향상된 생활환경과 의학치료는 인간의 돌연변이 발생률에 어떠한 영향을 주는지에 대해 추측하시오.

21. 옥수수에서 *Ds*나 *Ac*와 같은 전이인자들은 삽입된 지점이나 근처 유전자들에 돌연변이를 유발할 수 있다. 이러한 인자들은 돌연변이 표현형의 복귀를 유도하면서 원래 있었던 위치에서 빠져나와 멀리 이동하는 것이 가능하다. 그러나 몇몇의 경우 전이인자의 이동은 돌연변이 대립유전자 내부 혹은 근처에서 일어나기 때문에 더 심각한 표현형이 나타나기도 한다. 전이인자나 근처유전자에 어떠한 일이 발생하게 되면 더 심각한 표현형이 나타나게 될지 추론해 보시오.

22. 약 0.2%의 인간 돌연변이는 전이인자의 삽입이 원인이며, 다른 생물체에서는 훨씬 더 높은 돌연변이 손상이 발생한다고 알려져 있다. 전이인자가 진화에 어떠한 방법으로 기여하는가?

23. 류신(leucine)의 합성이 불가능한 박테리아를 배양할 때, 돌연변이 유발물질을 첨가하고 세포를 1회 복제한다. 이 시점에서 배양한 세포를 얻어 희석한 다음 류신이 포함되지 않은 배지와 류신이 포함된 배지에 각각 배양한다. 첫 번째 배양조건(최소 배지)은 류신을 합성할 수 있는 세포만 자랄 수 있는 반면, 두 번째 배양조건(류신이 첨가된 최소 배지)은 모든 세포가 자랄 수 있다. 다음은 이 실험의 결과이다.

배양조건	희석	개체수
최소 배지	10^{-1}	18
최소 배지 + 류신	10^{-7}	6

류신 합성과 관련된 유전자 좌위에서의 돌연변이 발생률은 얼마나 되는가?

응용 문제

24. 아래 표는 7개의 색소건피증 세포주에서 형성된 이핵체 실험의 가설적 결과이다:

	XP1	*XP2*	*XP3*	*XP4*	*XP5*	*XP6*	*XP7*
XP1	−						
XP2	−	−					
XP3	−	−	−				
XP4	+	+		−			
XP5	+	+	+	+	−		
XP6	+	+	+	+	−	−	
XP7	+	+	+	+	−	−	−

Note: + = 상보성/− = 비(非)상보성

이 결과는 융합 이핵체에서 계획되지 않은 DNA 합성의 발생(+)과 미발생(−)을 나타낸 표이다. 어떤 세포주도 단독으로는 계획되지 않은 DNA 합성이 발생하지 않는다. 어떤 세포주들이 동일한 상보성 그룹에 속하는가? 이 실험 결과에서 종류가 다른 상보성 그룹은 몇 개인가? 또한 이 실험 결과로부터 XP의 유전적 배경에 대해 무엇을 예측해 볼 수 있는가?

25. 당신이 1945년에 발발한 히로시마와 나카사키의 원자폭탄 공격에서 생존한 일본인을 대상으로 고에너지 방사선의 유전학적인 영향에 대해 조사하는 유전체 연구팀의 연구원이 되었다고 가정하자. 방사선이 염색체와 유전자 돌연변이에 미치는 영향에 대한 장단기적인 연구의 윤곽을 설정해 보시오. 이는 체세포와 생식세포 모두에서 방사선에 대한 영향을 조사하는 전략을 포함하여야 한다.

26. 방사선이 돌연변이의 원인이라는 사실에 근거하여 인공적 형태의 방사선이 인체에서 일어나는 돌연변이의 주된 요인이라는 가정이 있다. 만약 그렇지 않다면, 증거를 제시해 보시오.

27. 박테리아의 DNA 짝틀림 수선에 관여하는 단백질에 대응하는 인체 단백질은 다른 단백질과 비슷한 수준으로 돌연변이에 의해 손상될 수 있다. 특정한 형태의 암과 사람의 DNA 짝틀림 수선 유전자의 돌연변이가 관계가 있다는 증거를 제시하시오.

28. 스타트렉의 종족 중 하나인 베타조이드는 마인드리더(*mindreader*, *mr*)라고 불리는 유전자의 조절 하에 독심술이 가능하다. 대부분의 베타조이드는 독심술이 가능하지만, 드물게 *mr* 유전자의 열성 돌연변이는 독심술이 느리거나 능력에 대한 둔감성을 보인다. 첫번째 돌연변이 표현형의 경우에는 약간의 독심술을 가지고는 있지만 정상적인 베타조이드보다 마음을 읽는 속도가 느리다. 또한 독심술에 대해 둔감성을 가진 베타조이드는 아예 능력이 없다. 베타조이드족의 유전자는 인트론이 없기 때문에 오로지 번역되는 DNA 서열만 존재한다. *mr* 유전자는 3332개의 뉴클레오타이드로 구성되며, 베타조이드는 4문자의 유전암호를 사용한다.

아래 표는 서로 다른 *mr* 유전자의 5가지 돌연변이에 대한 표이다.

돌연변이	돌연변이의 특징	표현형
mr-1	코돈 829번 종결 돌연변이	느린 독심술
mr-2	코돈 52번 과오 돌연변이	느린 독심술
mr-3	염기 83~150번 결실	느린 독심술
mr-4	코돈 192번 과오 돌연변이	둔감성
mr-5	염기 83~93번 결실	둔감성

각각의 돌연변이에 대해 어떻게 해당 표현형을 유발하는지에 대해 가능한 설명을 제공해 보시오. 예를 들면, 왜 코돈 829의 *mr-I* 종결 돌연변이가 더 심각한 둔감성 표현형보다 느린 독심술 표현형을 유발하는지에 대한 가설을 제시하시오. 또한 나머지 돌연변이에 대해서도 가설을 세워보시오(그럴듯한 범위에서 창의적으로 한다면 하나 이상의 설명이 가능하다!)

29. 피부암은 다른 암의 합병증과 거의 비슷하게 인간의 생명을 위협한다. 다음의 그래프는[kreamer, 1997. *Proc. Natl. Acad. Sci.*(*USA*) 94:11–14)으로 부터 수정] XP 증상이 있는 환자와 그렇지 않은 환자의 피부암 발병 연령을 보여주며, 연령에 따라 누적 백분율로 나타낸 것이다. 비-XP 환자군은 NCI의 통계정보를 통해 29,757명의 암환자를 대상으로 하였고, XP 환자군은 XPR의 통계 결과를 기반으로 하여 63명의 피부암 환자들의 정보를 보여준다.
(a) 표에서 포함하고 있는 정보의 개요를 설명하시오.
(b) XP 환자의 암발병 연령이 더 어린 이유를 설명하시오.

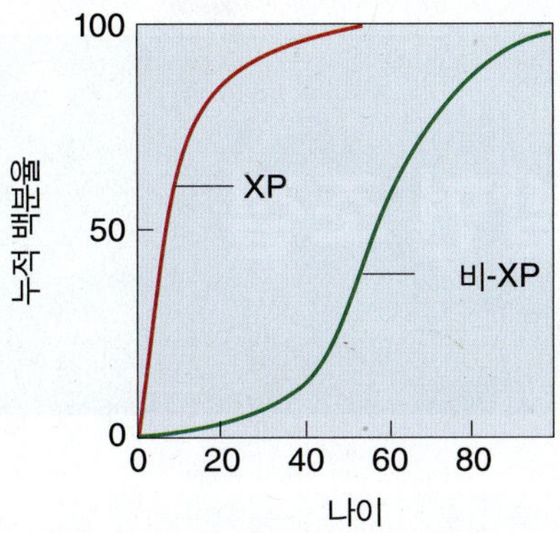

30. 박테리아에서 삽입서열(IS elements)은 갈락토오스 대사를 조절하는 3개의 유전자의 5′ 상부서열에서 최초로 발견되었다. 이 3개의 유전자는 삽입서열에 의해 동시에 영향을 받았지만, 하나의 삽입서열만이 존재하였다. 이러한 기작이 발생하는 이유에 대해 설명하시오.

31. 인간과 여러 생물체에서 대부분의 전이인자는 유전자의 비암호화 부위 — 인트론, 유사유전자, 특정한 유형의 반복 DNA — 에 위치해 있음이 발표되었다. 이 결과를 해석하는 몇가지 방법 중 2가지 가능한 해석을 제시해 보시오. 당신은 2개의 해석중 어느 것이 더 선호되며, 왜 그런지 설명하시오.

32. *IL2RG* 유전자의 돌연변이는 대략 30%의 확률로 중증복합면역결핍증(severe combined immunodeficiency disorder, SCID)을 유발한다. 이러한 돌연변이의 결과로 면역체계 발달에 필수인 사이토카인 수용체의 단백질 구성에 변화가 일어난다. *IL2RG* 유전자는 8개의 엑손과 적절한 전사와 번역에 필요한 상부서열과 하부서열을 포함하고 있다. 아래 보기는 관찰된 돌연변이 중 일부이다. 각각에 대해 *IL2RG* 유전자 산물에 미치는 영향을 설명하시오(IL2RG 단백질은 375개 아미노산으로 가정).
(a) 암호화 부위의 종결 돌연변이
(b) 엑손 1 삽입, 번역틀이동의 원인
(c) 엑손 7 삽입, 번역틀이동의 원인
(d) 과오 돌연변이
(e) 엑손 2 결실, 번역틀이동의 원인
(f) 엑손 2 결실, 정상번역틀
(g) 엑손 2와 3에 걸친 큰 결실

33. 신경 및 근육질환은 다양한 3염기반복서열의 확장과 연관되어 있다. 아래의 표는 여러 질병, 반복서열과 그 위치, 정상 반복 수, 질병 돌연변이의 반복 수를 열거했다.
(a) 3염기반복으로 인한 대부분의 질병은 반복의 확장에 기인한다. 두 가지 메커니즘은 종종 반복 확장을 설명하기 위해 제안되는데, (1) 상동염색체의 잘못된 정렬로 인한 시냅스 이상과 교차, (2) DNA 복제시 한 가닥이 고리 구조를 형성함으로써 정상적인 복제의 방해로 인한 오류 때문이다. 각 메커니즘의 간단한 개요를 제시하시오.
(b) 반복의 일부가 유전자의 비암호화 부위에서 발생하는 것을 알 수 있다. 아미노산 서열이 변경되지 않았는데 어떻게 돌연변이가 발생할 수 있는가?
(c) 엑손에서 발생하는 반복 확장의 두 가지 경우, 확장의 정도는 엑손 밖에서의 확장 발생 시보다 상당히 작다. 이러한 관찰에 대한 설명을 제시하시오.

질병	반복	위치	정상 반복수	질병 돌연변이
취약 X 증후군	CCG	5′ 비암호화 부위	6~230	>230
헌팅턴병	CAG	엑손	6~35	36~120
근육긴장성퇴행위축증	CTG	3′ 비암호화 부위	5~37	37~1500
안구인두근육위축증	GCG	엑손	6	8~13
프리이드라이히 운동실조증	AAG	인트론	20	200~900

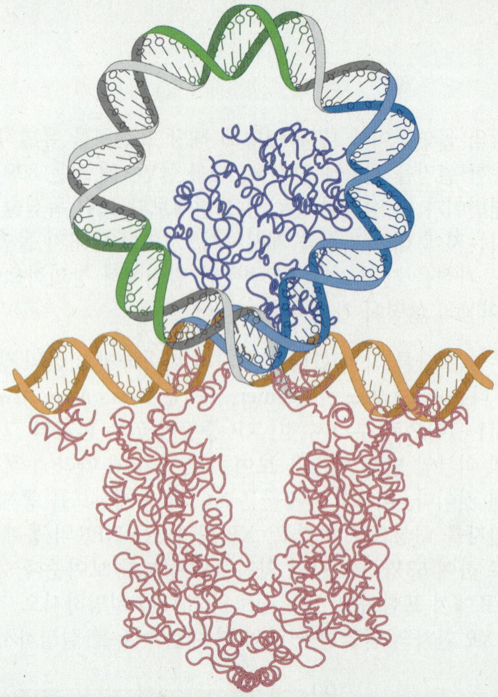

락 조절 DNA에서 락(*lac*) 억제자(적색)와 이화 물질 활성 단백질(DNA 고리의 중앙에 있는 진한 청색)이 락 오페론의 프로모터와 결합하여 93 염기쌍을 가진 억제 고리를 어떻게 만드는지를 보여주는 모델.

16 원핵생물의 유전자 발현 조절

핵심 개념

- 박테리아에서 유전자 발현의 조절은 종종 세포에 필요한 대사와 연계되어 있다.
- 박테리아에서 유전정보의 효과적인 발현은 전사를 조절하는 복잡한 조절 기작에 좌우된다.
- 전사를 조절하는 기작은 유전자 발현의 양성적 또는 음성적 조절로 나눌 수 있다.
- 원핵생물에서 기능적으로 연관되어 있는 단백질을 암호화하고 있는 유전자들이 클러스터로 모여 있는 경향이 있으며 종종 함께 조절된다. 인접한 조절서열과 함께 이런 클러스터를 오페론이라고 부른다.
- 오페론 내에서 유전자의 전사는 유도되거나 억제될 수 있다.
- 종종, 생합성 경로의 최종 대사 산물은 그 경로에 있는 유전자 발현을 유도하거나 억제한다.

앞 장에서 DNA가 어떻게 유전자로 조직화되고, 유전자가 어떻게 유전정보를 저장하며, 또 이 정보가 전사와 번역 과정을 통해 어떻게 발현하는지 살펴보았다. 이제 분자유전학의 가장 기본적인 질문 중 하나를 살펴보자: 유전적 발현이 어떻게 조절되는가? 모든 유전자가 항상 동시에 발현하지 않는다는 것은 분명하다. 예를 들어 대장균에서 단백질을 자세히 분석해보면 유전체에 의해 암호화되는 4,000여 개의 폴리펩타이드 사슬의 농도가 매우 다양한 것을 알 수 있다. 어떤 단백질은 세포당 5~10분자가 존재하고 있는 반면, 리보솜이나 여러 해당과정에 관여하는 단백질은 세포당 많게는 100,000개까지 존재한다. 비록 많은 원핵세포 유전자 산물이 기초 수준의 적은 양으로 존재하고 있지만, 필요시 이들 산물의 농도는 크게 증대될 수 있다. 확실히 유전정보의 발현을 조절하기 위해 근본적인 조절 기작이 존재해야만 한다.

이 장에서는 원핵세포의 유전자 발현 조절을 살펴볼 것이다. 앞의 여러 장에서 살펴본 것처럼 박테리아는 여러 가지 이유로 유전학에서 매우 유용한 연구 대상 유기체이다. 일례로 대장균은 매우 짧은 생식주기를 가지고 있고, 하룻밤 배양으로 유전적으로 동일한 박테리아를 수십억 개 얻을 수 있다. 또 '순수 배양'을 할 수 있어 유전적으로 독특한 돌연변이 박테리아 균주를 분리하고 연구할 수 있다.

본 주제와 관련하여 박테리아는 환경조건에 따라 유전자 전사 유도 등 유전자 발현 연구를 위한 훌륭한 모델 시스템이다. 우리 연구의 초점은 전사 조절이며, 또 번역을 조절하는 센서로 작동하는 서열을 갖고 있는 mRNA의 경우도 살펴볼 것이다.

이 장에서 논의되는 주제 중 일부는 나중에 심도 있게 다룰 것이다(현대 유전학 특강 2장—RNA의 새로운 기능 참조).

16.1 원핵생물은 환경조건에 반응하여 유전자 발현을 조절한다

유전자 발현 조절은 원핵생물, 특히 대장균에서 광범위하게 연구되었다. 유전학자들은 이 유기체에서 매우 효과적인 유전적 기작이 진화하여 온 것을 규명하였는데 세포의 대사적 필요에 따라 특정 유전자의 전사가 유도되거나 억제된다. 박테리아는 환경 변화뿐만 아니라 복제, 재조합, DNA의 수선, 세포분열을 포함한 다양한 세포 활동과 관련되어 유전자 활성을 조절한다.

미생물이 그들의 유전자 산물의 합성을 조절한다는 생각은 새로운 사실이 아니다. 1900년대 초, 락토오스(갈락토오스와 포도당을 가진 이당류)가 효모의 성장 배지에 있으면 효모는 락토오스 대사에 필요한 효소를 합성한다는 것을 이미 알고 있다. 락토오스가 없으면 합성이 기초 수준으로 줄어든다. 연구자들은 곧이어 박테리아 역시 환경에 적응하여 특별한 화학적 기질이 존재할 때만 특정 효소를 생산한다는 것을 일반화시킬 수 있었다. 현재 이들을 **유도성 효소(inducible enzyme)**라 부른다. 이에 비해 환경의 화학적 조건에 상관없이 지속적으로 합성되는 효소를 **구성성 효소(constitutive enzyme)**라 부른다. 보다 최근 연구에서 특별한 분자가 존재할 때 유전자 발현이 억제되는 대조적인 시스템이 알려졌다. 이런 분자들은 보통 동화적 생합성 경로의 최종산물들이다. 예를 들어 아미노산인 트립토판은 세균 세포에서 합성될 수 있다. 환경이나 배양배지에 트립토판의 공급이 충분하면 유기체는 에너지를 소모해가면서 트립토판 생성을 위한 효소를 합성할 이유가 없다. 따라서 트립토판은 트립토판 생성 효소를 만드는 데 필요한 mRNA의 전사를 억제하는 역할을 하는 기작으로 진화되었다. 락토오스 대사를 조절하는 유도 시스템과 대조적으로 트립토판 발현을 조절하는 시스템은 **억제성(repressible)**이라 한다.

조절이 유도성이거나 억제성일지라도 **음성(negative)** 또는 **양성 조절(positive control)**하에 놓일 수 있다. 음성 조절에서는 조절 분자에 의해 차단이 되지 않으면 유전자가 발현한다. 반대로 양성 조절에서는 조절 분자가 직접 RNA 생성을 자극할 경우에만 전사가 일어난다. 이론상, 어떤 형태의 조절이든 유도성 또는 억제성일 수 있다. 이 장에서 보다 확실하게 논의할 항목은 조절의 대조적인 시스템을 명확하게 밝히는 것이다. 락토오스 소화와 트립토판 합성에 관여한 효소는 음성 조절이다.

16.2 대장균에서 락토오스 대사는 유도 시스템으로 조절된다

1946년 Jacques Monod의 연구를 시작으로 그 후 10년 동안 Joshua Lederberg, François Jacob, Andre Lwoff의 중요한 기여로 락토오스 대사에 관한 유전학 및 생화학적 증거가 축적되었다. 연구를 통해 락토오스가 없으면 유전자 활성이 억제되고 락토오스가 있으면 유도된다는 것을 알았다. 락토오스가 있을 경우, 락토오스 대사에 관여하는 효소의 농도가 몇 개 분자에서 세포당 수천 배까지 급격히 증가한다. 따라서 락토오스 대사에 관여하는 효소는 유도적이고, 락토오스는 유도자이다.

원핵세포에서 관련된 기능을 가진 효소를 암호화하는 유전자들(예를 들면 락토오스 대사에 관여하는 일련의 유전자 세트)은 세균의 염색체에 클러스터로 모여 있는 경향이 있고 이 유전자들의 전사는 하나의 조절 부위를 통해 함께 조절된다. 이 조절 부위의 위치는 거의 대부분 조절하는 유전자 클러스터의 상류(5′)에 있다. 조절 부위는 이들 유전자와 같은 가닥에 위치하고 있기 때문에 ***cis*-작용 자리(*cis*-acting site)**라 부른다. *cis*-작용 조절 부위는 유전자 클러스터의 전사를 조절하는 분자와 결합한다. 이들 분자를 ***trans* 작용 요소(*trans*-acting elements)**라 부른다. 이 조절자리에서의 사건이 유전자를 mRNA로 전사할 것인지를 결정하고, 따라서 이에 해당하는 효소와 또 다른 단백질 산물을 mRNA로부터 합성할 것인지를 결정하게 된다. *cis*-작용 자리에 *trans* 작용 요소가 결합하여 유전자 클러스터를 음성적(전사를 억제함) 또는 양성적(클러스터에서 유전자의 전사를 유도함)으로 조절한다. 이 절에서 그런 세균 유전자 클러스터의 전사가 어떻게 함께 조절되는지 살펴볼 것이다.

유전자 클러스트의 한 부분인 조절유전자와 조절부위의 발견은 유전자 발현이 이 시스템에서 어떻게 조절되는지 이해하는데 매우 중요하다. 이들 조절 요소의 어느 것도 락토오스 대사에 필요한 효소를 암호화하고 있지 않다. 그림 16-1에서 보는 것처럼 **락토오스(lactose)**, **락 오페론(*lac* operon)**은 세 개의 구조유전자와 인접한 조절부위로 구성되어 있다. 또한 전체 유전자 클러스터는 락토오스의 유무에 따라 빨리 반응하기 위해 하나의 통합된 방식으로 기능한다.

구조유전자들

효소의 1차구조를 암호화하고 있는 유전자를 **구조유전자(structural gene)**라 한다. 락 오페론에는 세 개 구조유전자가 있다. *LacZ* 유전자는 **β-갈락토시데이즈(β-galactosidase)**를 암호화하는데, 이 효소의 일차적인 역할은 이당류인 락토오스를

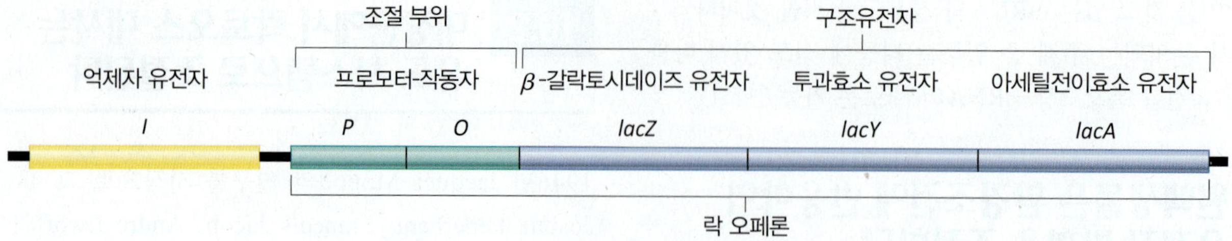

그림 16-1. 락토오스 대사 조절에 관여하는 유전자들과 조절 단위체들의 간략한 개요(DNA 내의 각 부위의 길이는 임의로 나타내었다). 보다 상세한 모델은 이 장 후반부에 보여줄 것이다(그림 16-10 참조).

단당류인 포도당과 갈락토오스로 전환시킨다(**그림 16-2**). 락토오스가 해당작용에서 1차 에너지원으로 쓰이기 위해 이 전환은 필수적이다. 두 번째 유전자, *lacY*는 **투과효소(permease)**의 1차 구조를 암호화하는데, 이 효소는 세균 세포 내로 락토오스의 유입을 촉진시킨다. 세 번째 유전자, *lacA*는 **아세틸전이효소(transacetylase)**를 암호화한다. 이 효소의 생리학적 역할은 확실히 알려져 있지 않지만 세포에서 락토오스 분해에 의한 독성 부산물 제거가 포함될 것이다.

이 세 효소를 암호화하는 유전자를 연구하기 위해 연구자들은 이들 효소가 결여된 수많은 돌연변이체를 분리하였다. Joshua Lederberg가 lac^- 돌연변이체를 처음 분리하여 연구하였다. β-갈락토시데이즈($lacZ^-$) 또는 투과효소($lacY^-$)를 생성하지 못한 돌연변이 세포는 에너지원으로 락토오스를 사용할 수 없다. 아세틸전이효소 유전자 돌연변이 역시 발견되었다. Lederberg의 유전자 지도 연구에서 세 유전자는 가까이 연관되어 있거나 *Z-Y-A* 순서로 세균 염색체에서 연속적으로 존재한다(그림 16-1 참조).

이들의 밀접한 연관에 대한 지식은 훗날 구조유전자의 조절이 어떻게 되는지 이해하는 데 도움이 되었다: 세 유전자 모두 한 개 단위체로 전사되는데 이런 것을 소위 **폴리시스트론 mRNA(polycistronic mRNA)**라 한다(**그림 16-3**; 시스트론(*cistron*)이 하나의 유전자를 암호화하고 있는 핵산서열의 일부라는 것을 기억하여라). 이것은 결과적으로 세 유전자를 함께 조절하여 한 개의 RNA가 세 유전자 산물을 동시에 번역하게 한다.

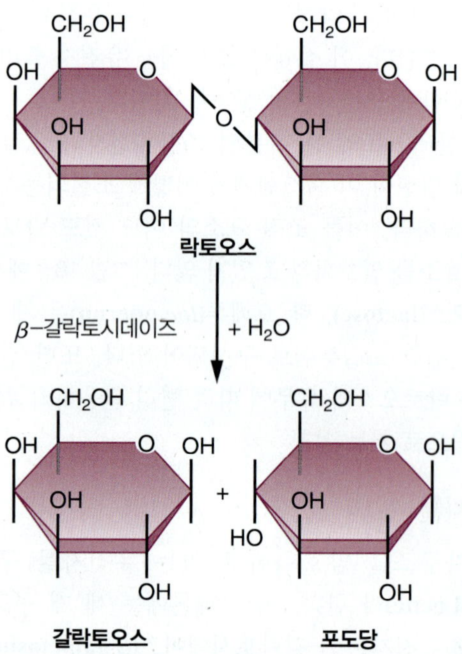

그림 16-2. 이당류인 락토오스로부터 단당류인 갈락토오스와 포도당으로의 대사적 전환.

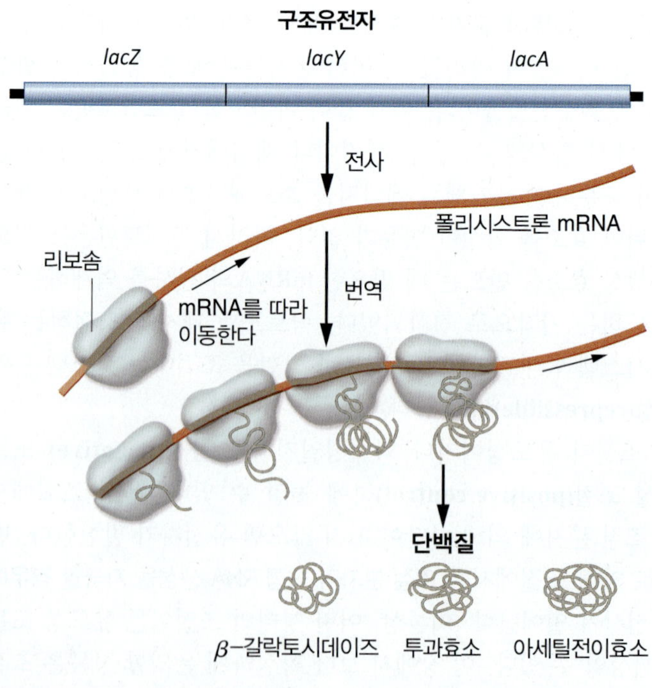

그림 16-3. *lac* 오페론의 구조유전자는 한 개의 폴리시스트론 mRNA로 전사되는데, 이것은 여러 리보솜에 의해 동시에 번역되어 오페론이 암호화하고 있는 세 효소가 만들어진다.

조절 돌연변이의 발견

락토오스가 어떻게 락 오페론의 전사를 자극하고 또 오페론이 암호화하는 효소의 합성을 유도할까? 이에 대한 해답의 일부는 그림 16-4에 나타낸 황을 함유한 락토오스 유사 물질인 **이소프로필티오갈락토사이드(isopropylthiogalactoside, IPTG)**를 사용한 연구에서 얻어졌다. 이 무상 유도자는 본연의 유도자처럼 행동하지만, 합성된 효소에 대한 기질로 작용하지는 않는다. 이런 발견은 1차유도 반응이 유도자와 효소 사이의 상호작용, 즉 결합에 의한 것이 아니라는 것을 의미한다.

그러면 유도에서 락토오스의 역할은 무엇일까? 이 질문에 대한 답은 **구성성 돌연변이(constitutive mutation)**라 부르는 또 다른 돌연변이 연구를 필요로 하였다. 이러한 돌연변이를 갖고 있는 세포는 락토오스의 유무에 관계없이 효소를 생성한다. 구성성 돌연변이 $lacI^-$ 연구에서 구조유전자 *lacZ*, *lacY*, *lacA* 내부가 아닌 근처에 이 돌연변이가 있었다. 이 돌연변이 연구로 **억제자 유전자(repressor gene)**라 부르는 *lacI* 유전자를 발견하게 되었다. $lacI^-$와 동일한 효과를 유발하는 구성성 돌연변이의 두 번째 세트는 구조유전자와 매우 가까운 부위에 있다. $Lac\ O^C$라 명명된 이 돌연변이 종류는 오페론의 **작동자 부위(operator region)**에 위치하고 있다. 이 두 종류의 구성성 돌연변이에서 효소들은 항상 만들어지고, 유도성은 없어지며, 유전자 조절은 상실된다.

오페론 모델: 음성 조절

1960년에 즈음하여 Jacob과 Monod는 **오페론 모델(operon model)**이라 부르는 음성 조절을 포함하는 가설 기작을 제안하였는데 이는 일련의 유전자들이 하나의 단위체로서 조절되고 발현된다는 것이다. 그림 16-1에서 보았듯이 그들이 제안한 락 오페론은 구조유전자 *Z*, *Y*, *A*와 **작동자 부위**(operator region)라 부르는 인접한 DNA 서열로 구성되어 있다. 그들의 견해에 따르면 *lacI* 유전자는 **억제자 분자(repressor molecular)**를 생성하여 구조유전자의 전사를 조절하는데, 이 억제자는 **다른자리입체성(allosteric)**으로서 다른 분자와 가역적으로 결합하여, 3차원 구조와 화학적 활성 모두가 변한다. 그림 16-5는 락 오페론의 구성과 락토오스의 유무에 따른 *lac* 억제자의 작용을 나타낸 것이다.

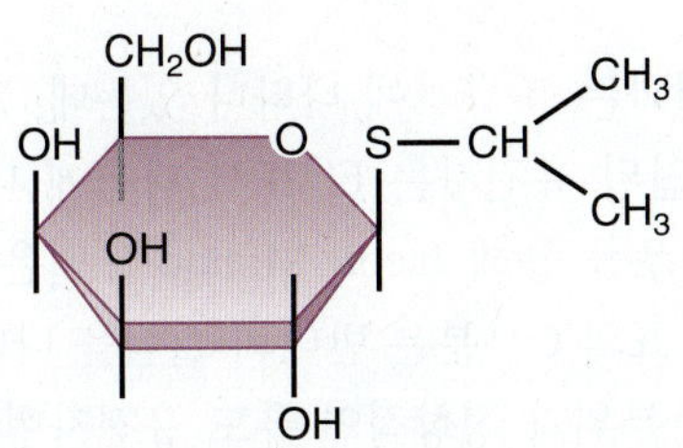

그림 16-4. 무상 유도자 이소프로필티오갈락토사이드(IPTG).

Jacob과 Monod는 일반적인 정상 상태에서 억제자가 작동자 부위의 DNA 서열에 결합한다고 제안하였다. 그렇게 되면 RNA 중합효소의 활동을 방해하여 구조유전자의 전사가 효과적으로 억제된다[그림 16-5(b)]. 그러나 락토오스가 있으면 이 당이 억제자와 결합하여 다른자리입체성(구조상) 변화를 일으킨다. 이 변화는 억제자의 결합자리를 변경시켜 작동 DNA와 결합할 수 없는 상태가 된다[그림 16-5(c)]. 억제자-작동자 상호작용이 없으면 RNA 중합효소가 구조유전자를 전사하고, 락토오스 대사에 필요한 효소들이 생성된다. 억제자가 작동자 부위와의 결합에 **실패**(fail)할 경우에만 전사가 일어나기 때문에 이 조절을 **음성 조절**(negative control)에 속한다고 말한다.

요약하면 오페론 모델은 단백질, 유도자, DNA 사이에 일련의 분자적 상호작용이 일어나 구조유전자 발현의 효과적인 조절을 설명해준다. 락토오스가 없는 경우에 유전자들이 암호화하고 있는 효소들은 필요 없게 되고, 이런 효소들을 암호화하고 있는 유전자들의 발현을 억제한다. 락토오스가 있으면 억제자와 결합하여 간접적으로 이 유전자들의 발현을 유도한다.[1] 모든 락토오스가 대사작용으로 소모되면 락토오스가 억제자와 결합할 수 없게 되고, 억제자가 작동 DNA에 결합할 수 있도록 다시 자유 상태가 되어 전사가 억제된다.

I^-와 O^C 구성성 돌연변이는 분자적 상호작용을 저해하여 구조유전자의 전사가 지속적으로 일어난다. 그림 16-6(a)에서 보듯이 I^- 돌연변이체에서는 억제자 단백질이 변형 또는 결여되어 작동자 부위와 결합할 수 없으므로 구조유전자는 항상 켜진 형태 즉 항상 발현한다. O^C 돌연변이체의 경우[그림 16-6(b)], 작동자 DNA의 뉴클레오타이드 서열이 변형되어 정상적인 억제자 분자와 결합할 수 없게 된다. 이 결과로 동일 선상에 있는 구조유전자는 항상 전사된다.

오페론 모델의 유전적 증거

오페론 모델은 타당도를 검증할 수 있는 세 가지 주요한 예측을 유도할 수 있어 좋다. 검증될 수 있는 주요한 예측은 다음과 같다. (1) *I* 유전자는 확산성 산물(즉, *trans*-작용 산물)을 만든다. (2) *O* 부위는 조절에 관여하고 있으나 산물을 생성하지 않는다(이를, *cis*-작용이라 한다) (3) *O* 부위는 전사를 조절하기 위해 구조유전자 옆에 인접해야 한다.

부분적 이배체 세균은 이런 가정을 접근하는 데 도움이 되는데, 특히 *trans*-작용 조절 요소의 존재를 예측할 수 있다. 예

[1] 좀 더 상세히 기술하면 유도자는 락토오스의 이성체인 알로락토오스이다. 락토오스가 세균 세포에 유입되면 락토오스의 일부는 β-갈락토시데이즈 효소에 의해 알로락토오스로 전환된다.

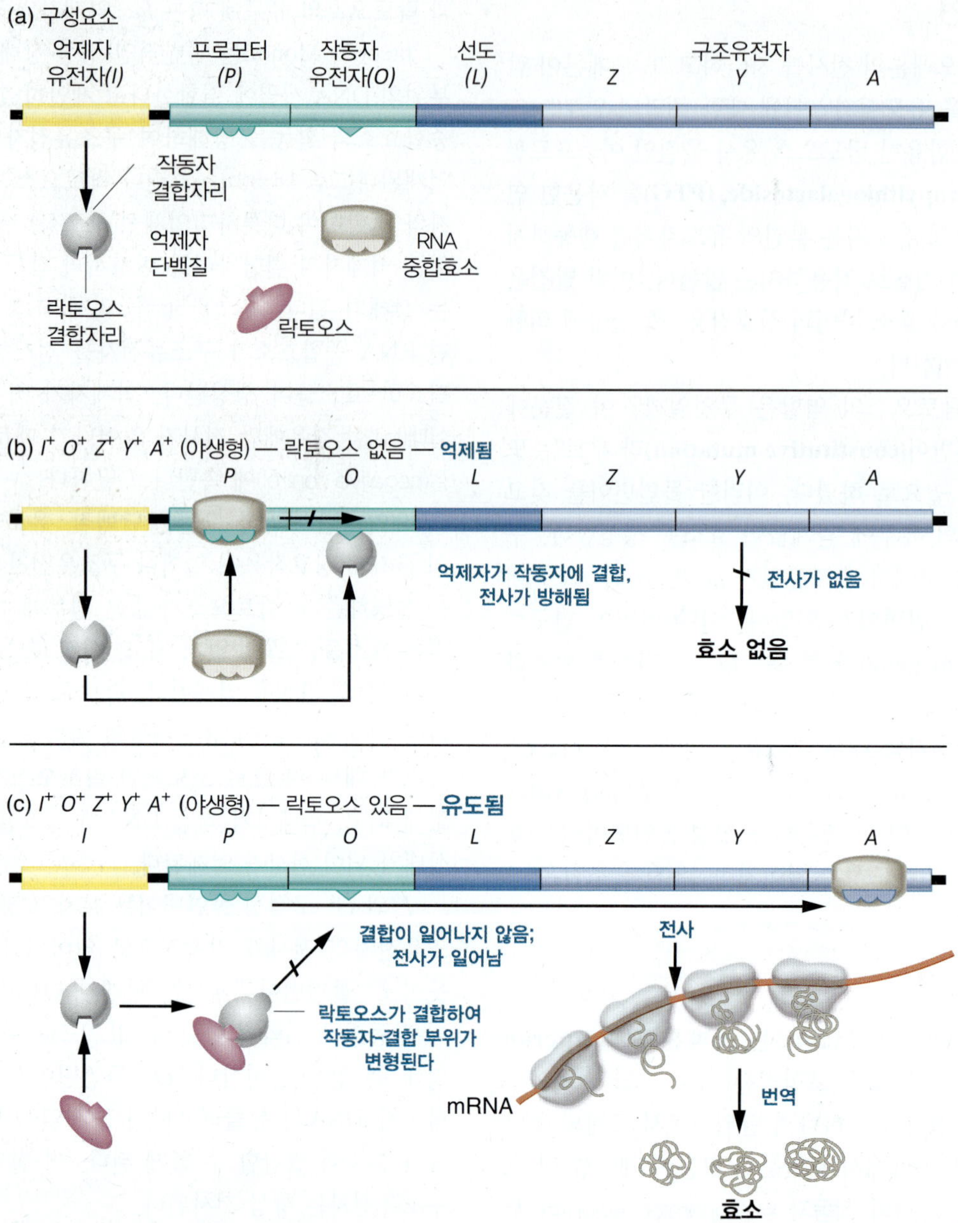

그림 16-5. 야생형 락 오페론의 구성요소와 락토오스 존재유무에 따른 반응.

를 들어, F-플라스미드가 염색체유전자를 포함할 수 있으며 이 경우(6장), F′라 부른다. F^- 세포가 이런 플라스미드를 획득할 때, 자신의 염색체 외에 플라스미드에 존재하는 한 개 이상의 추가적인 유전자를 획득한다. 이런 숙주 세포를 **부분접합체(merozygote)**라 부르는데 이 세포는 어떤 획득한 유전자에 대해 이배체이다(염색체의 나머지 부분은 이배체가 아니다). 그런 플라스미드를 사용하여 I^+ 유전자를 I^-의 유전자형을 가진 숙주 세포 속으로 또는 O^+ 부위를 O^C 유전자형을 가진 숙주 세포 속으로 도입할 수 있다. Jacob-Monod의 오페론 모델은 그런 세포에서 조절이 어떻게 영향을 받는가를 예측한다. I^+ 유전자가 I^- 세포로 도입되면 유도성 능력이 회복되어야 하는데 정상적 야생형 억제가 *trans*-작용인자이므로 삽입된 I^+ 유전자에 의해 생성된다. 대조적으로 O^+ 부위가 O^C 세포에 첨가되면 구성효소 생성에 아무런 영향이 없다. 구조유전자의 발현 조절은 바로 인접한 O^+에 의해 좌우되는데, 이는 O^+가 *cis*-작동조절자이기 때문이다.

이런 실험 결과는 표 16.1에 나타나 있는데, *Z*는 구조유전자를 표시한다(삽입된 유전자는 F′ 표시 다음에 나타내었다). 앞서 기술한 두 경우를 통해 Jacob-Monod 모델은 지지되었다(표 16-1의 B부분). 표의 C부분은 반대의 실험을 나타낸 것이고, I^- 유전자 또는 O^C 부위가 정상적인 유도 유전자형의 세포에 추가된 것이다. 모델에서 예측한 것처럼 유도능력은 이런 부분 이배

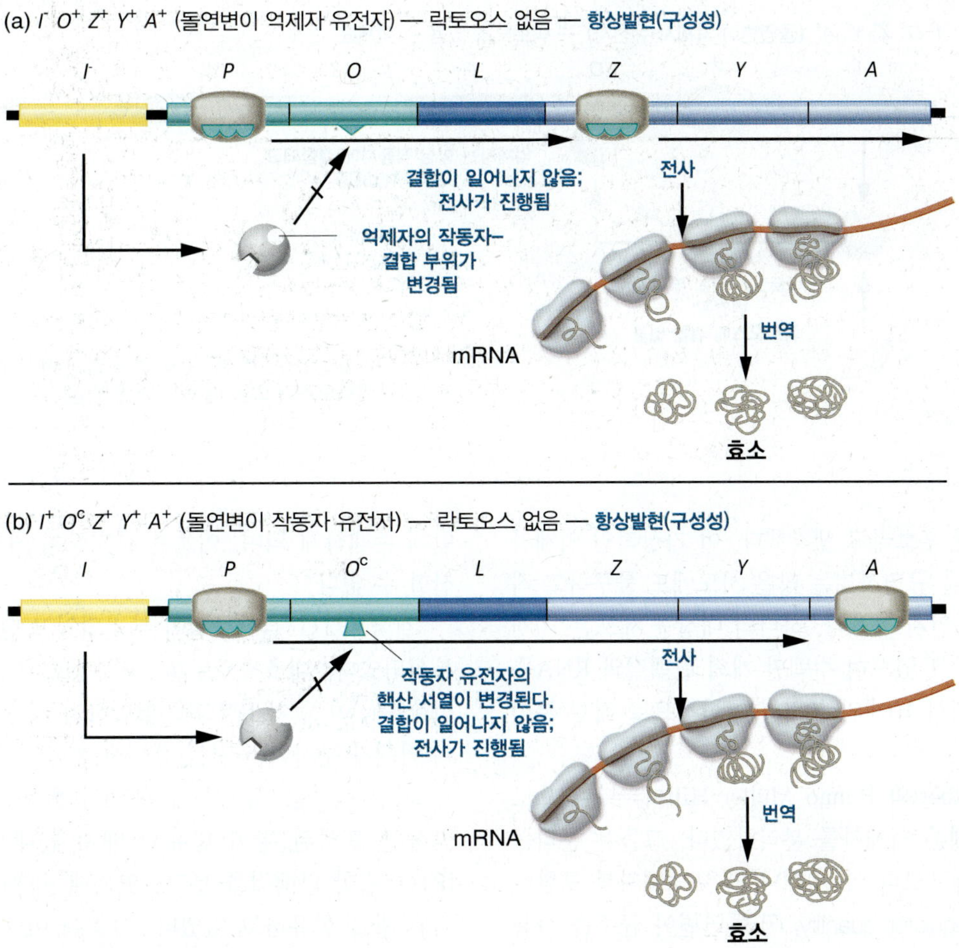

그림 16-6. I^-와 O^C 돌연변이 세포에서 락토오스가 없을 때 락 오페론의 반응.

체에서 유지된다.

오페론 모델에서 어떤 I 유전자 돌연변이가 I^- 돌연변이의 반대 효과를 가질 것으로 예상할 수 있다. 즉 억제자는 작동자에 결합할 수 없기 때문에 돌연변이 억제자는 유도자인 락토오스와 결합할 수 없도록 생성되어야 한다. 결과적으로 이런 억제자는 작동자 서열과 항상 결합하고 구조유전자는 영구적으로 억제된다. 이런 경우 I^+ 유전자가 추가로 존재하여도 발현에 효과가 거의 없거나 영향이 없을 것이다.

사실 돌연변이 I^S의 경우, 예상한대로 표 16.1의 D에서 보듯이 오페론은 '과도한 억제'로 나타난다(그림 16-7). I^+ 유전자의 추가는 유전자 활동의 억제를 효과적으로 완화시키지 못한다. 이런 결과는 억제자가 DNA-결합 도메인과 유도자-결합 도메인이 분리되어 있다는 생각과 일치한다.

억제자의 분리

비록 Jacob과 Monod의 오페론 이론이 원핵세포에서 유전자 조절의 많은 측면을 설명하는 데 성공적이었지만, 그들의 획기적인 논문이 발표된 1961년까지도 억제자 분자의 본질에 대해서는 알려지지 않았다. 그들은 다른자리입체성 억제자가 단백질이라 추정하였고 분자의 활동이 DNA에 결합할 능력이 필요하기

표 16.1 여러 대장균 유전자형에서 락토오스 유무에 따른 유전자 활성(+ 또는 −) 비교

	β-갈락토시데이즈 활성	
유전자형	**락토오스 있음**	**락토오스 없음**
A. $I^+O^+Z^+$	+	−
$I^+O^+Z^-$	−	−
$I^-O^+Z^+$	+	+
$I^+O^CZ^+$	+	+
B. $I^-O^+Z^+/F'I^+$	+	−
$I^+O^CZ^+/F'O^+$	+	+
C. $I^+O^+Z^+/F'I^-$	+	−
$I^+O^+Z^+/F'O^C$	+	−
D. $I^SO^+Z^+$	−	−
$I^SO^+Z^+/F'I^+$	−	−

참고: B에서 D까지 대부분 유전자형은 F 인자에 유전자가 부착된 F′을 포함하는 부분 이배체이다.

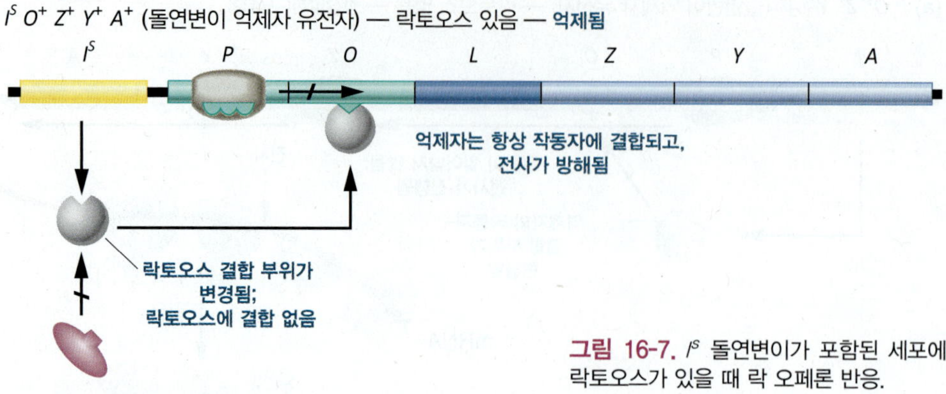

그림 16-7. I^S 돌연변이가 포함된 세포에서 락토오스가 있을 때 락 오페론 반응.

때문에 RNA도 가능한 후보라고 생각했다. 이 가상적인 억제자 분자를 추출하고 특성을 규명하려는 많은 시도에도 불구하고 직접적인 화학적 증거는 얻지 못했다. 하나의 대장균 세포는 10개 이하의 락 억제자를 갖고 있으며 수백만 개의 단백질과 RNA를 갖고 있는 세포 하나에서 10개의 분자를 화학적으로 직접 분석하는 일은 무척 어렵다.

1966년 Walter Gilbert와 Benno Müller-Hill이 부분적으로 정제된 형태로 락 오페론 억제자를 분리하였다. 그들은 분리를 위해 야생형 대장균 세포보다 약 10배나 많은 억제자를 포함하고 있는 **조절자 양적**(regulator quantity, I^q) 돌연변이 균주를 사용하였다. 그들은 억제자와 결합하는 무상 유도자 IPTG의 사용과 **평형투석(equilibrium dialysis)** 기법을 통해 성공할 수 있었다. 이 기법으로 I^q 세포의 추출물을 투석주머니에 넣고 방사성으로 표시한 IPTG가 함유된 외부 용액에 평형이 되도록 담가 작은 IPTG 분자들이 막주머니 안 밖으로 자유로이 확산되게 하였다. 평형에 도달하면 방사성 IPTG의 농도는 외부 용액에서 보다 막주머니 내부에서 높아지게 되고 IPTG-결합물질이 세포추출물 안에 존재하게 되며, 이들은 분자량이 커서 주머니막을 통해 확산할 수 없다.

결국 IPTG-결합물질이 분리되었고 단백질의 다양한 특성이 분석되었다. 대조적으로 I^- 구성세포 추출물은 락 억제자의 활성(activity)이 없어 IPTG와 결합하지 않았으므로 분리된 단백질이 억제자 분자라는 것을 강하게 제시되었다.

이런 생각을 확고하게 하기 위해 Gilbert와 Müller-Hill은 방사선 표시된 황이 함유된 배지에 대장균 세포를 배양하여 IPTG-결합 단백질을 분리하였는데 이 단백질은 방사선으로 표시된 황을 함유하고 있었다. 다음에 이 단백질을 *lacO*$^+$ 유전자를 운반하는 람다(λ) 파지 균주의 DNA와 혼합시켰다. 두 물질이 섞이지 않으면 DNA는 40*S*에 침강한다. 반면 IPTG-결합 단백질은 7*S*에 침강한다. 그런데 DNA와 단백질이 혼합되면 초고속원심분리기로 구배를 만들어 침강시킬 때 방사선 표지된 단백질이 DNA와 같은 비율로 침강하는데 이는 단백질이 DNA와 결합한 것을 의미한다. 추가실험에서 IPTG-결합물 또는 억제자 단백질이 락 부위를 함유한 DNA에만 결합하고 작동자-구성 O^C 돌연변이체를 가진 락 DNA에는 결합하지 않는다는 것을 보여주었다.

실전문제

16-1 *lac Z, Y, A* 구조유전자가 하나의 폴리시스트론 mRNA로 전사될지라도 각 유전자는 번역을 위해 필수적인 개시와 종결 신호를 가지고 있다. (a) Z 유전자의 앞부분, (b) A 유전자의 앞부분에서 염기 하나의 결실이 일어났다고 가정할 때, 세포가 락토오스 배지에서 생장할때 어떤 일이 벌어질 것인가?

■ **힌트:** 이 문제를 풀기 위해 유전암호, 번역틀이동 돌연변이, 전사종결을 가진 락 오페론의 유전적 발현을 이해하는 것과 연계해야 한다. 해결의 실마리는 폴리시스트론 mRNA 내 하나의 핵산 결실 효과를 고려하는 것이다.

더 연습하려면 5, 6, 7번 문제를 참조하시오.

16.3 이화물질 활성단백질(CAP)은 락 오페론에서 양성 조절을 한다

앞서 락 오페론의 토의에서 기술한 것처럼 β-갈락토시데이즈의 역할은 락토오스를 포도당과 갈락토오스 성분으로 분해하는 것이다. 그런데 세포가 사용하려면 갈락토오스 역시 포도당으로 전환되어야 한다. 락토오스와 포도당이 모두 충분한 양이 있는 환경이라면 세포 자체는 어떤 것을 발견할까? 포도당이 대장균에서 탄소원으로 선호되면 세포가 락 오페론의 전사를 유도하는 것은 에너지 측면에서 효과적이지 못하다. 즉 필요한 포도당이 이미 존재한다. 다음에 살펴볼 내용으로 또 다른 분자성분인 **이화물질 활성단백질(catabolite-activating protein, CAP)**이라 부르는 물질로 포도당이 존재할 때 락 오페론의 발현을 감소시키는 데 참여한다. 이런 저해를 **이화물질 억제(catabolite repression)**라 부른다.

CAP와 조절에서 그 역할을 이해하기 위해 그림 16-5에 나타낸 시스템을 다시 살펴보자. 락 억제자가 유도자(락토오스)에 결합할 때 락 오페론이 촉진되고 RNA 중합효소는 구조유전자를 전사한다. 앞서(14장) 기술한 것처럼 전사는 RNA 중합효소와 프로모터 부위의 핵산서열 사이에 결합의 결과로 일어나며 **프로모터 부위(promotor region)**는 개시 암호화 서열의 상부(5′)에 있다. 락 오페론 내에서 프로모터는 *I* 유전자와 작동자 부위(*O*) 사이에 있다(그림 16-1). 면밀한 조사에서 전사를 촉진하기 위한 CAP가 역시 존재하지 않으면 중합효소의 결합은 거의 효과적이지 못하다는 것을 알 수 있다.

그림 16-8에 기작이 요약되어 있다. 포도당이 없을 때 유도조건하에서 CAP는 CAP자리에 결합하여 양성 조절을 하고, 프로모터 자리에 RNA 중합효소 결합을 촉진시켜 전사가 일어난다. 따라서 구조유전자의 가장 효과적인 전사를 위해서는 억제자가 락토오스와 결합해야 하며(오페론 발현을 억제하지 못하게), CAP는 CAP-결합자리와 결합해야 한다.

이제 CAP에 관한 핵심적인 의문에 도달하였다. 포도당의 존재가 어떻게 CAP 결합을 저해할까? 해답은 또 다른 분자인 **고리형 아데노신 1인산(cyclic adenosine monophosphate, cAMP)**에 있으며 CAP 결합에 관여한다. **프로모터에 결합하기 위해 CAP는 cAMP와 결합해야 한다.** cAMP의 농도는 **아데닐 사이클라제(adenyl cyclease)** 효소에 의해 좌우되는데 이 효소는 ATP에서 cAMP 전환을 촉진한다(그림 16-9).[2] 이화물질 억제에서 포도당의 역할은 이제 분명해졌다. 포도당은 아데닐 사이클라제 활성을 저해하여 세포에서 cAMP의 양을 감소시킨다. 이런 조건에서 CAP는 락 오페론의 전사-양성 조절에 필수적인 cAMP-CAP 복합체를 형성할 수 없게 된다.

락 억제자처럼 CAP와 cAMP-CAP를 X선 결정학으로 조사하였다. CAP는 이량체이며 락 프로모터를 구성하는 특수한

[2] cAMP가 포함되어 있기 때문에 CAP를 CRP(cyclic AMP receptor protein)라 부르며 이 단백질을 암호화하고 있는 유전자를 *crp*라 부른다. 단백질이 처음 CAP라 명명되었기 때문에 여기서도 처음 명칭을 따른다.

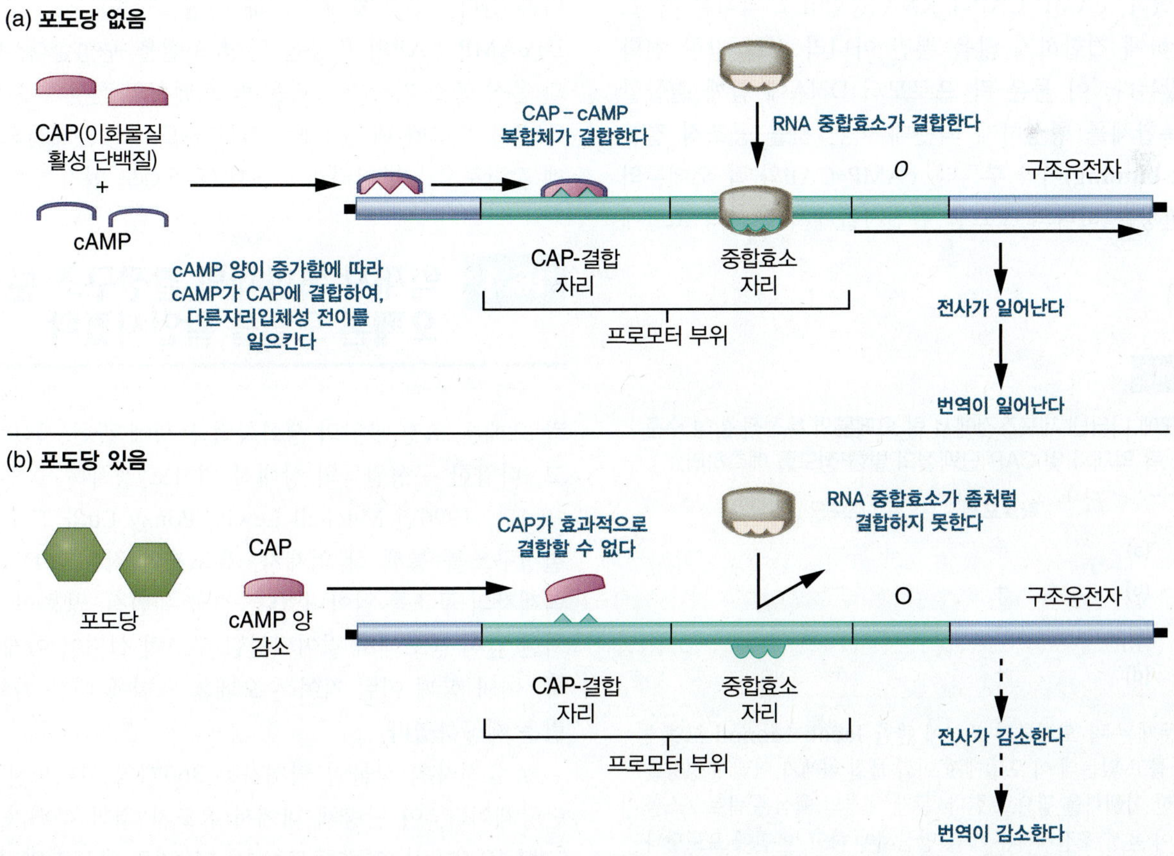

그림 16-8. 이화물질. (a) 포도당이 없을 때 cAMP 양이 증가하여 cAMP-CAP 복합체를 형성하고, 프로모터의 CAP자리에 결합하여 전사를 촉진한다. (b) 포도당이 있을 때 cAMP 양이 감소하고 cAMP-CAP 복합체가 형성되지 않아 전사는 촉진되지 않는다.

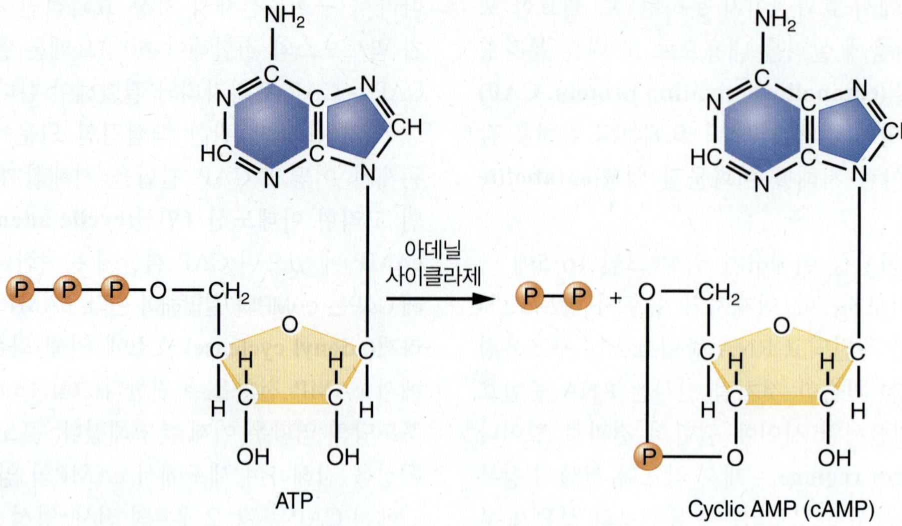

그림 16-9. ATP에서 cAMP의 합성은 아데닐사이클라제에 의해 촉매된다.

DNA 뉴클레오타이드서열 인접 부위에 삽입된다. cAMP-CAP 복합체는 DNA에 결합하여 DNA를 구부러지게 하여 새로운 형태를 만든다고 추측된다.

용액 안에서 결합에 관한 연구는 유전자 활성 기작을 더욱 명확하게 하였다. cAMP-CAP나 RNA 중합효소 각각은 락 프로모터에 강하게 결합하지 않을 뿐만 아니라 서로 강한 친화력을 갖지 않는다. 이 둘은 락 프로모터 DNA에 함께 결합할 때 강하게 복합체를 형성하게 되는데 이런 것을 **공조적 결합 (cooperative binding)**이라 부른다. cAMP-CAP와 락 오페론의 경우 이런 현상은 하나의 소그룹 유전자들에서 유전적 조절에 관련된 높은 특수성이 있다는 것을 의미한다.

이화물질억제에 의한 락 오페론의 조절은 결국 효과적인 에너지 사용이고, 포도당의 존재는 락토오스 대사 필요성을 압도하기 때문에 락 오페론 조절을 통해 락토오스는 세포에 이용되어야 한다. 락 억제자에 의해 음성 조절이 되는 것과 대조적으로 cAMP-CAP의 활동은 양성 조절을 구성한다. 따라서 양성과 음성 조절 기작의 조합은 락 오페론의 전사 수준을 결정한다. CAP가 포함된 대사억제는 다른 유도 오페론에서도 관찰되었는데 갈락토오스와 아라비노스 대사 조절도 여기에 포함된다.

실전문제

16-2 아래 표에 나타낸 세포조건에서 락 오페론의 유전적 활성 수준뿐만 아니라 락 억제자 및 CAP 단백질의 발현 정도를 예측하라.

	락토오스	포도당
(a)	−	−
(b)	+	−
(c)	−	+
(d)	+	+

힌트: 이 문제는 락 오페론의 조절에 관한 Jacob-Monod 모델에 대한 지식을 묻고 있는데 이 모델에서 이화 물질 억제가 어떻게 영향을 주는지에 대한 이해력을 필요로 한다. 문제 해결의 핵심은 락토오스를 포함한 조절이 음성 조절계라는 것을 명심해야 하고, 반면에 포도당과 대사억제를 포함한 조절이 양성 조절계라는 것이다.

16.4 억제자 복합체의 결정구조 분석은 오페론 모델을 확인시켰다

락 오페론 조절 부위의 생화학적 본성에 관한 지식을 알게 되었고, 다양한 구성원들의 상대적 위치도 정확히 알게 되었다(그림 16-10). 1996년 Mitchell Lewis, Ponzy Lu와 그들의 연구진은 결정구조를 통해 락 억제자, 유도자와 작동자 DNA에 결합한 억제자의 구조를 알아내었다. 결국 유전적, 생화학적 자료에 근거한 앞서 정보에서 결여되었던 구조적 설명이 이제는 보완되었다. 이와 함께 이런 기여는 오페론 조절에 대한 거의 완전한 그림을 제공하였다.

I 유전자의 산물인 억제자는 360개의 아미노산으로 구성된 단량체이다. 이 단량체 내에서 유도자 결합 부위가 동정되었다[그림 16-11(a)]. 이량체[그림 16-11(b)]도 유도자와 결합할 수 있는데 기능적 억제자는 단량체 4개로 구성된 동질 사량체이다.

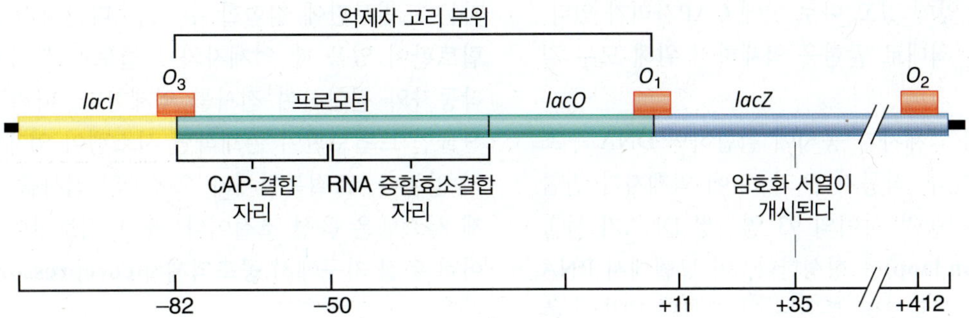

그림 16-10. 본문에 기술한 것처럼 락 오페론의 유전적 발현 조절에 관여하는 다양한 조절 부위. 아래에 나타낸 숫자는 전사 개시로부터 위(−), 아래(+) 방향으로 핵산자리를 나타낸 것이다.

사량체는 조절 조건에 따라 단백질분해효소에 의해 쪼개질 수 있어 5개로 분절이 된다. 그 중 4개 분절은 사량 단위체의 N 말단에서 유도되는데 작동자 DNA에 결합한다. 5번째 분절은 사량체의 핵심으로 남아 있는데 COOH-말단에서 유도된다: 이것은 락토오스나 IPTG 같은 무상 유도자와 결합한다. 각 사량체는 동시에 2개의 대칭적 작동자 DNA 나선에 결합할 수 있음이 밝혀졌다.

작동자 DNA는 이미 돌연변이 연구(*lacO*^{C})에서 밝혀졌고 DNA 서열 분석으로 확인되었으며 *lacZ* 유전자를 암호화하고 있는 서열의 바로 앞에 위치하고 있다. 결정학 연구에서 억제자가 실제로 부착하는 이 기본 작동자 O_1 부위는 21 염기쌍으로 구성되어 있다. 다른 두 보조 작동자 부위도 동정되었는데 그림 16-10에 나타나 있다. 하나는 O_2로 기본 작동자로부터 401 염기쌍 뒤에 있고 *lacZ* 유전자 내에 존재한다. 또 하나는

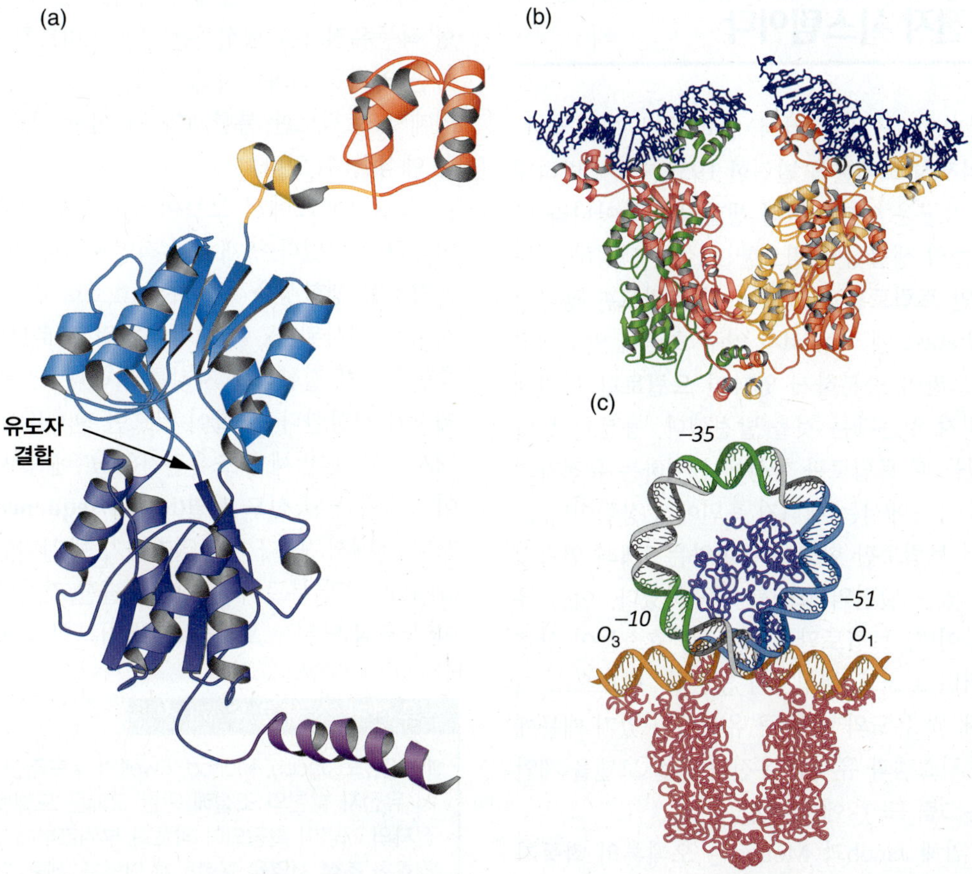

그림 16-11. 결정구조 분석을 통해 얻은 락 억제자와 DNA에서 작동자 자리와 결합하고 있는 모델. (a) 억제자 단량체로 유도자-결합자리를 보여준다. DNA-결합 부위는 적색으로 표시하였다. (b) 억제자 이량체는 작동자 DNA(진한 청색)의 21염기쌍 분절 2개와 결합한다. (c) *lac* DNA와 결합하고 있는 억제자(핑크색)와 CAP(진한 청색). 작동자 부위 O_1과 O_3의 결합은 프로모터 DNA에서 93 염기쌍의 억제 고리를 만든다.

O_3로 O_1에서 93 염기쌍 앞에 있고 바로 뒤에 CAP자리가 있다. 생체내에서 세 작동자는 최대로 발현을 억제하기 위해 모두 결합되어야 한다.

2개의 작동자 자리에 억제자가 동시에 결합하면 DNA 구조를 비틀어 구부러지게 한다. 작동자 O_1과 O_3에 억제자가 결합하면[그림 16-11(C)] 두 작동자 사이의 93 염기쌍 DNA가 돌출하여 **억제고리(repression loop)**를 형성한다. 이 모델에서 RNA와 중합효소와 결합하는 프로모터 부위는 이 고리의 내부에 존재하여 억제 동안 중합효소가 접근하는 것을 방해한다. 또 억제고리는 CAP-결합자리도 포함하고 있어 발현 유도시 RNA 중합효소와 CAP 상호작용을 촉진한다. 이 모델에서 억제에 의한 DNA 고리는 진핵세포에서 일어나는 구조적 변화와 유사하다(17장 참조).

유도자 분자와 상호작용이 수반되는 3차원 구조 변화의 연구가 있었다. 40년 전 유전적 관찰을 통해 설정한 Jacob과 Monod의 모델은 결정학 연구를 통해 락 오페론의 새로운 수준의 이해를 가져왔다.

16.5 대장균에서 트립토판(*trp*) 오페론은 억제 유전자 시스템이다

비록 유도과정이 상당한 시기에 걸쳐 알려지게 되었지만, Monod와 동료들이 억제성 오페론을 발견한 1953년까지 밝혀내지 못했다. 야생형 대장균은 아미노산의 생합성뿐만 아니라 다른 필수적인 큰 분자들의 생합성에 필요한 효소를 생성하는 능력이 있다. 아미노산인 트립토판과 그 효소인 **트립토판 생합성 효소(trptophan synthetase)**에 Monod의 연구 초점이 맞추어졌고, 생장배지에 트립토판이 충분하게 있다면 트립토판 합성에 필요한 효소는 합성되지 않는다는 것을 발견했다. 충분한 트립토판이 성장배지에 있을 때 트립토판 합성에 관여하는 유전자의 발현을 억제하는 것이 세균에서는 에너지 측면에서 장점이다.

대장균 염색체에서 트립토판 합성에 관여하는 5개의 연속적 유전자를 암호화하고 있는 일련의 효소를 연구하였다. 이들 유전자는 오페론의 일부이며, 트립토판이 있을 때 효소들이 상호 협력하여 억제되어 어떤 효소도 생성하지 않는다. 락토오스 대사를 위한 효소의 억제 및 유도와 매우 큰 유사성이 있기 때문에 Jacob과 Monod는 락 시스템과 유사한 유전자 조절 모델을 제안하였다(향상된 버전은 그림 16-12에 있다).

억제를 설명하기 위해 Jacob과 Monod는 오페론의 작동자 부위에 단독으로 상호작용하지 않는 정상적으로 비활성 억제자(normally inactive repressor)의 존재를 제시하였다. 그런데 억제자는 트립토판에 결합할 수 있는 다른자리입체성 분자이다. 트립토판이 있을 때 억제자와 트립토판 복합체는 구조가 바뀌고 작동자와 결합하여 전사를 억제한다. 따라서 동화작용의 최종 산물인 트립토판이 존재하면 시스템이 억제되고 효소가 생성되지 않는다. 조절복합체가 오페론의 전사를 저해함으로 이런 억제 시스템은 음성 조절이다. 또 트립토판이 억제에 참여함으로 이런 조절 기구에서 **공조억제자(corepressor)**라 부른다.

트립토판 오페론의 증거

2개의 범주에 속하는 구성 돌연변이의 분리로 억제 오페론에 대한 개념의 지지가 곧 이루어졌다. 첫 번째 그룹은 *trpR*$^-$인데 구조유전자로부터 상당히 먼 거리에 위치하고 있다. 이 자리는 억제자를 암호화하는 유전자 자리이다. 추측컨대, 이 돌연변이는 트립토판과 상호작용하는 억제자 또는 억제자 형성 전체를 저해한다. 어떤 경우이든, *trpR*$^-$ 돌연변이를 가진 세포에서는 억제가 일어나지 않는다. 예상대로 *trpR*$^+$ 유전자가 기능적으로 억제 분자를 암호화하고 있다면 이 유전자의 존재는 억제성을 회복할 것이다.

두 번째, 구성성 돌연변이는 락 오페론의 작동자와 유사한데 구조유전자에 바로 옆에 인접하고 있기 때문이다. 더욱이, 야생형 작동유전자를 생성하는 플라스미드를 돌연변이 세포로 삽입하면 억제를 회복하지 못한다. 이를 통해 작동자 돌연변이체는 억제자-트립토판 복합체와 더 이상 상호작용하지 않는다는 것을 예상할 수 있다.

그림 16-12에서 보듯이 *trp* 오페론 전체에 대해 이제는 잘 이해하게 되었다. 5개 연속적인 구조유전자(*trpE, D, C, B, A*)는 트립토판 생합성을 촉진하는 효소로 번역되는 폴리시트로닉 메시지로 전사된다. 락 오페론처럼 프로모터 부위(*trpP*)는 RNA 중합효소가 결합하는 자리를 나타내고, 작동자 부위(*trpO*)는 억제자가 결합한다. 결합이 없으면 전사는 *trpP-trpO* 부위 내에서 개시되어 첫 번째 구조유전자(*trpE*)에 앞서 162개의 뉴클레오타이드로 구성된 **선도 서열(leader sequence)**이 만들어진다. 선도 서열 내에서 또 다른 조절자리가 발견되었는데 이를 **전사감쇠자(attenuator)**라 부르며 다음에 기술할 것이다. 우리가 아는 것처럼 이런 조절 단위는 오페론 조절 기작의 통합 부분이다.

유전자의 새로운 개념

1960년도 Jacob, Monod, Lwoff의 두드러진 연구를 토대로 세균에서 유전자 발현의 조절에 관한 오페론 모델을 확립하게 되었고, 유전자의 개념이 확장되어 암호화 부위로부터 상부(5′)에 존재하는 비암호화 조절 서열을 포함하게 되었다. 세균 오페론에서 같은 생화학적 경로에 참여하는 여러 연속적인 구조유전자의 전사는 한 세트의 조절서열에 의해 조절된다.

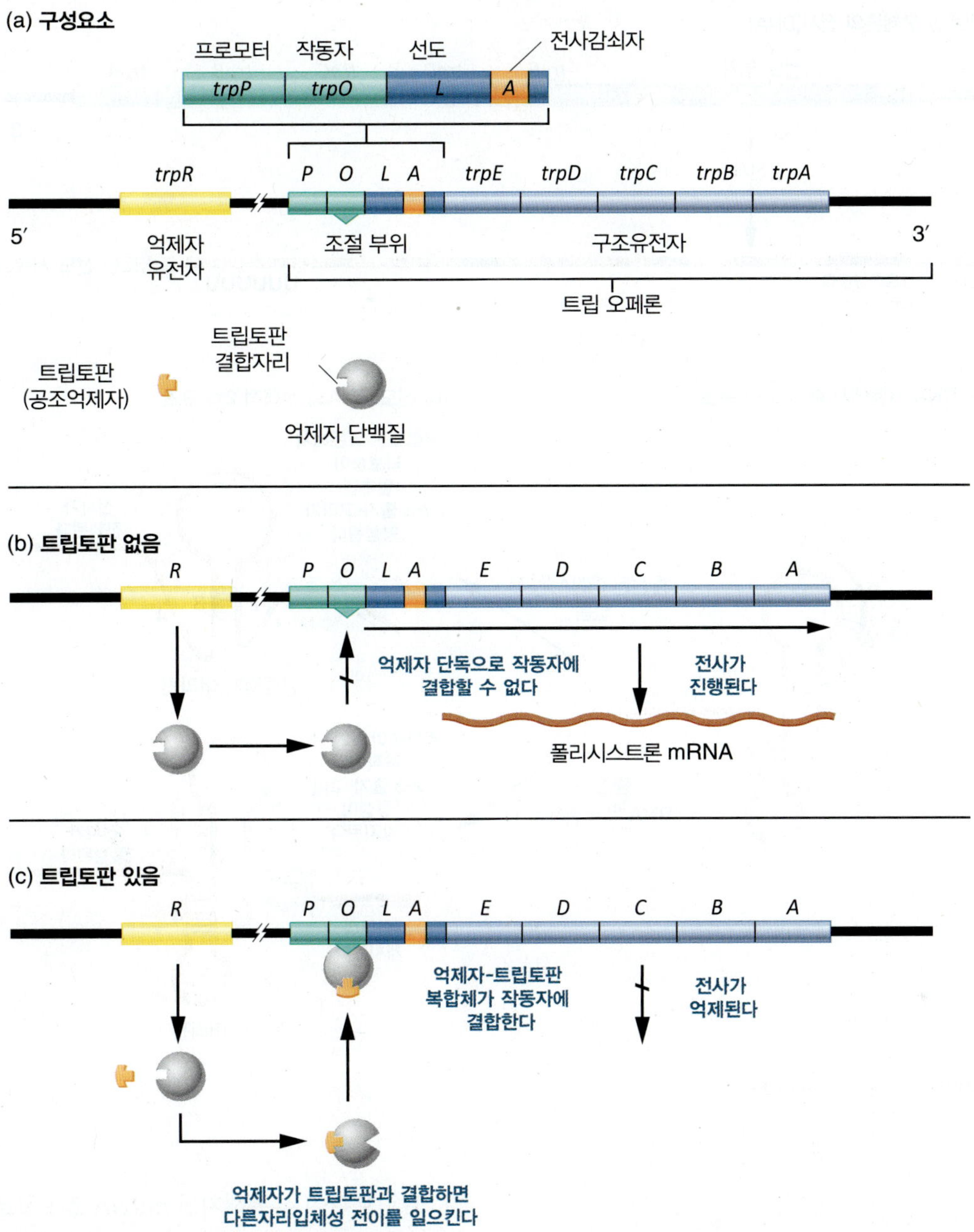

그림 16-12. 억제오페론. (a) 트립토판 오페론 조절에 관여하는 구성요소. (b) 트립토판이 없을 때 비활성 억제자가 만들어져 작동자(*O*)에 결합할 수 없다. 따라서 전사가 진행된다. (c) 트립토판이 있을 때 트립토판이 억제자와 결합하여 다른자리입체성 전이가 일어난다. 이 복합체가 작동자 부위에 결합하여 오페론 억제를 유도한다.

16.6 RNA 2차 구조의 변형은 원핵세포 유전자 조절에 기여한다

앞에서는 프로모터 및 작동자 부위와 결합하는 조절 단백질에 의한 유전자 조절을 살펴보았다. 락 억제자와 CAP 단백질 같은 조절 단백질은 RNA 중합효소가 프로모터에 결합하는 것에 영향을 주어 전사 개시를 감소시키거나 증가시킨다.

원핵세포에서 유전자 조절은 전사가 개시된 후 초기 mRNA의 특별한 부위에 있는 조절 분자의 상호작용을 통해서도 일어난다. 이런 조절 분자의 결합은 mRNA의 2차 구조를 변경시켜 미성숙 전사 종결 또는 번역 억제를 유발한다. RNA 2차 구조에 의한 두 가지 형태인 **전사감쇠**(attenuation)와 **리보스위치**(riboswitch)에 대해 살펴보자. 이 두 유형은 원핵세포에서 유전자의 미세한 조절에 도움이 된다.

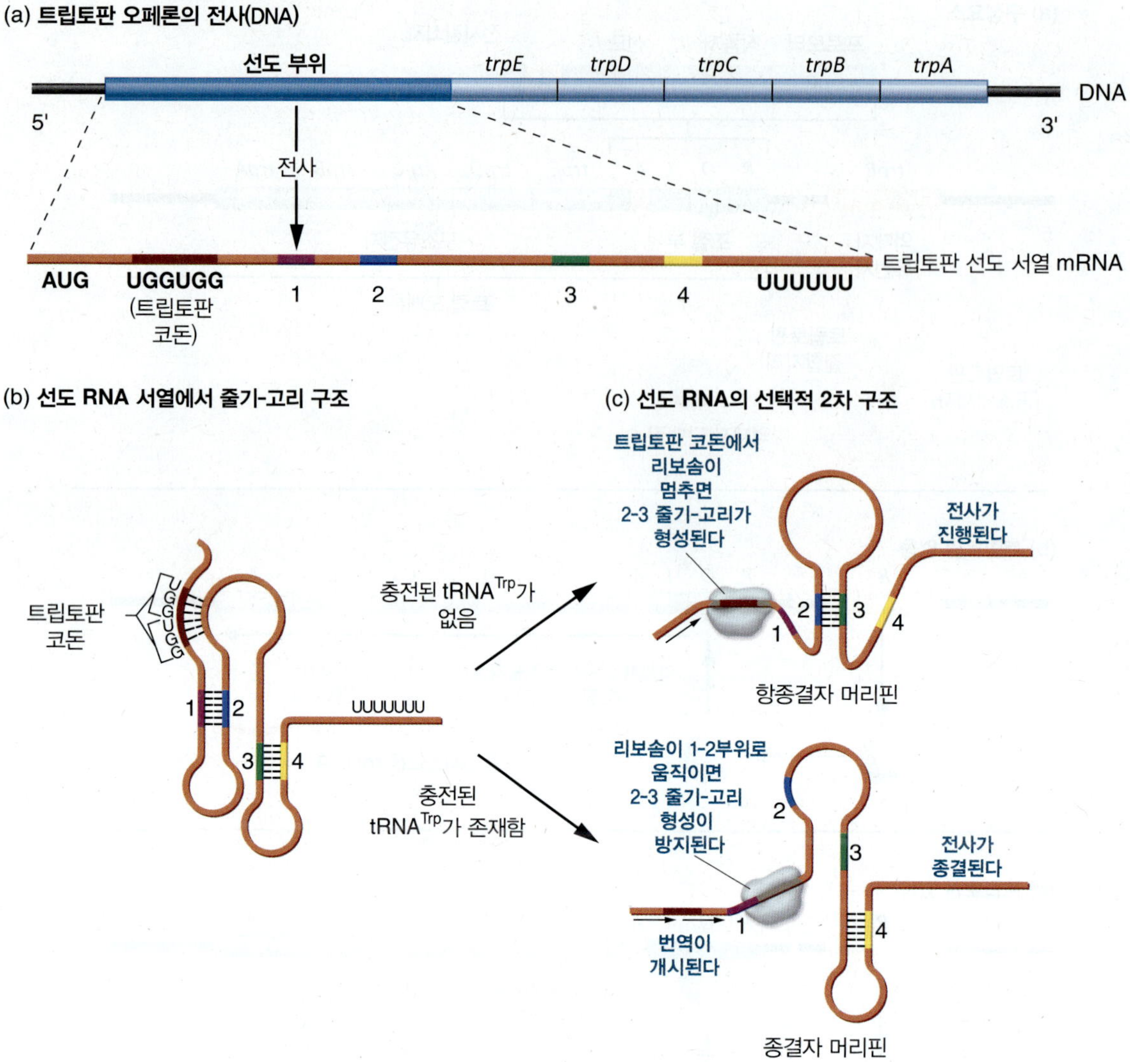

그림 16-13. 트립토판 오페론을 조절하는 전사감쇠모델.

전사감쇠

Charles Yanofsky, Kevin Bertrand와 그들의 연구진은 트립토판이 있을 때 *trp* 오페론이 억제되고, 전사개시가 여전히 낮은 수준에서 일어나지만 약 140개 뉴클레오타이드 지난 지점에서 전사가 종결되는 것을 관찰하였다. 그들은 이 과정을 **전사감쇠(attenuation)**라 불렀는데 오페론이 '약화 또는 감소' 발현처럼 보였기 때문이다. 그러나 트립토판이 없거나 낮은 농도로 존재할 때 전사가 종결되는 것이 아니라 개시되어 구조유전자의 선도 서열을 넘어 계속해서 일어난다.

앞의 관찰에 근거하여 Yanofsky와 연구진은 전사감쇠가 어떻게 일어나고 조절되는지 설명하는 모델을 제시하였다(그림 16-13). 그들이 제시한 것은 전사되는 개시 DNA 서열이 mRNA 서열을 생성하는데, 이 mRNA는 '머리핀' 같은 2개의 상호배타적인 줄기-고리 구조로 접힐 수 있는 잠재력을 가지고 있다. 트립토판이 부족해지면 mRNA 2차 구조는 **항종결자 머리핀(antiterminator hairpin)** 같은 모양이 형성된다. 전사가 항종결자 머리핀 부위를 지나게 되고 전체 mRNA는 계속해서 생성된다. 반대로 트립토판이 과도하게 되면 mRNA 구조가 **종결자 머리핀(terminator hairpin)**처럼 변형되어 전사는 거의 대부분 미성숙 상태로 종결되어 결국 전사감쇠된다.

Yanofsky 모델의 핵심은 mRNA의 5′ 비번역 부위(5′-UTR)에서 선도 서열이 항종결자 머리핀을 형성하기 위해 번역되어야 한다는 것이다. 이 선도 서열은 트립토판을 암호화하는 트리플렛(UGG) 2개를 포함하고 있고, 리보솜에 의한 번역 개시 신호인 개시 AUG 서열의 바로 아래에 위치하고 있다. 트립토판이 충분히 있을 때 충전된 $tRNA^{Trp}$이 세포에 존재한다. 결국 리보솜은 그런 UGG 트리플렛은 번역시키고, 전사감쇠를 통해 **종결자 머리핀** 형성을 허용한다. 종결자 머리핀이 RNA 중합효소가 전사를 미성숙으로 종결되도록 신호를 하면 오페론은 전사되지 않는다. 세포에서 트립토판이 고갈되면 충전된 $tRNA^{Trp}$이 없다. 따라서 리보솜은 UGG 트리플렛의 번역 동안 멈춘 상태가 된다. 이 부위에 멈추고 있는 리보솜은 mRNA의 종결자 머리핀의 형성을 방해하고 선도 전사 내 항종결자 머리핀의 형성을 허용한다. 결국 전사가 진행되어 구조유전자 전체가 발현된다.

트레오닌, 히스티딘, 루이신, 페닐알라닌 같은 아미노산 생합성에 관여하는 효소를 암호화하는 오페론을 포함하여 많은 다른 세균 오페론들로 유전자 발현을 조절하기 위해 전사감쇠를 사용한다. *Trp* 오페론처럼 전사감쇠는 전사감쇠자 부위가 있는 선도 서열에서 일어난다.

리보스위치

트립토판 오페론에서 전사감쇠가 밝혀진 이후, mRNA 2차 구조의 형태에 따라 유전자 조절이 일어나는 여러 사례가 기술되었다. 이런 것 중 하나로 **리보스위치(riboswitches)**라 부르는 예가 있다. 앞서 기술한 트립토판 오페론의 전사감쇠처럼 리보스위치 조절 기작은 짧은 리보 핵산서열(또는 요소)이 mRNA의 5′-UTR에 있다. 이 RNA 효소는 대사물 같은 작은 분자 리간드와 결합할 수 있고, 합성 또는 활성이 mRNA가 암호화하는 유전자에 의해 조절된다. 그런 결합은 리보스위치 한 도메인에 구조적 변화를 유발하고, 두번째 RNA 도메인에 또 다른 변화를 유도하여 대부분 전사 종결자 구조를 만들어낸다. 이 **종결자 구조(terminator structure)**는 전사 기작을 직접 방해하여 전사를 중지시킨다.

리보스위치는 아미노산을 포함하여 퓨린, 비타민 보조인자, 아미노 당, 금속이온 등 광범위한 리간드를 인식할 수 있다. 리보스위치는 세균에 광범위하게 퍼져 있다. 예를 들면 고초균(*Bacillus subtilis*)에서 세균 유전자의 약 5%는 리보스위치에 의해 조절된다. 리보스위치는 고세균, 곰팡이, 식물에서도 발견되었고 동물에도 존재할 것이다.

리보스위치 내 두 개의 중요한 도메인은 **앱타머(aptamer)**라 부르는 리간드 결합자리와 종결자 구조를 형성할 수 있는 **발현 플랫폼(expression platform)**이다. 그림 16-14는 리보스위치 조절의 주요 원리를 나타낸 것이다. 리간드(대사산물)가 없을 때 mRNA의 5′-UTR가 그림 왼쪽에 나타나 있다. RNA 중합효소는 미결합 리간드-결합자리를 전사하여 **디폴트 형태**(default conformation)에서 발현 도메인은 **항종결자 형태**(antiterminator conformation)이다. 따라서 전사는 발현 플랫폼과 암호화 부위를 따라 계속 진행된다. 그림의 오른쪽은 리간드 결합자리에 리간드가 결합하여 발현 플랫폼이 **종결자 형태**(terminator conformation)로 형태변화가 유도된다. RNA 중합효소는 효과적으로 차단되고 전사가 중지된다.

앞서 기술한 내용은 대다수 리보스위치에 적합한 반면, 우리의 주제에 완벽하게 적용될 수 있는 모델로 두 변이형이 있다. 첫째, 리보스위치의 디폴트 위치가 종결자 형태 내에 있을 가능성이다. 예를 들어, 아미노아실 tRNA 합성효소를 암호화하고 있는 유전자의 5′-UTRs을 생각해 보아라(14장 참조). 이 경우 미충전된 tRNA는 리간드로 작용하여 **항종결자 형태**를 포함하는 5′-UTR의 앱타머에 결합한다. 이는 유전자의 전사를 지속하여

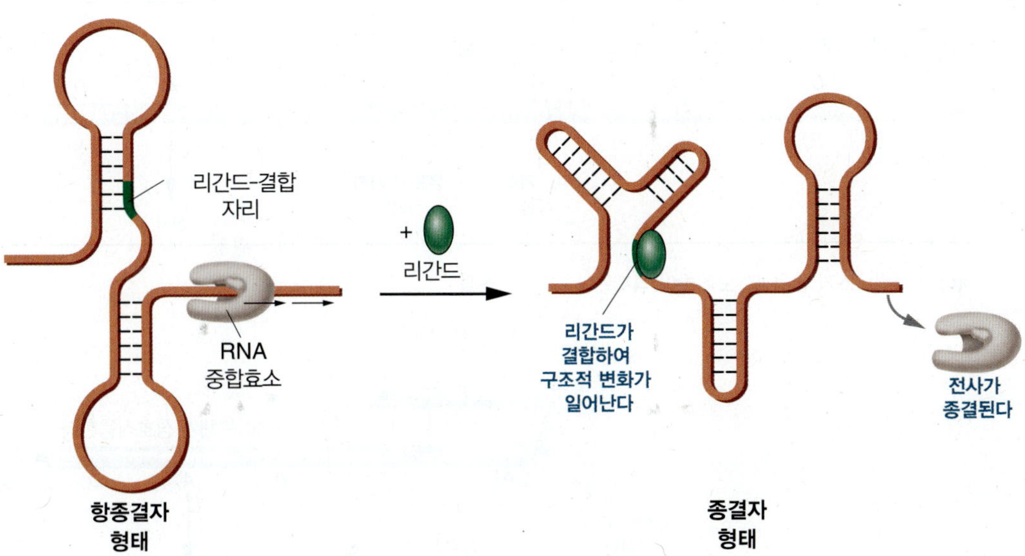

그림 16-14. 리보스위치가 유전자 발현을 조절하는 기작에 대한 그림으로 리간드가 없는 경우는 항종결자 형태이나 리간드와의 결합은 mRNA를 종결자 형태로 변경한다(오른쪽).

tRNA를 충전하는 데 필요한 효소의 번역을 유도한다. 충전된 tRNA가 풍부하여 미충전된 tRNA가 앱타머와 결합하고 있지 않을 때 리보스위치는 **종결자 형태**로 변경되고, 전사가 효과적으로 차단된다. 예상대로 충전된 tRNAs는 앱타머에 결합하지 못한다.

마지막으로 세균의 리보스위치의 예인데, 앞서 기술한 트립 오페론의 전사감쇠처럼 선택적 5′-UTR 형태가 전사를 완수하여 앱타머에 리간드가 결합하면 형태 변화를 유도하여 리보솜에 의한 번역을 저해한다. 그런 경우에 유전자 발현 조절은 번역수준에서 일어나게 된다.

후반부에 RNA와 관련된 최근 발견에 대해 살펴볼 것이다(현대 유전학 특강 2장—RNA의 새로운 기능).

16.7 아라비노스(*ara*) 오페론은 하나의 조절 단백질이 양성과 음성 조절을 한다

이 장의 마지막 부분으로 대장균에서 분석한 **아라비노스 오페론[arabinose(*ara*) operon]**에 대해 간략하게 살펴본다. 이 유도 오페론은 특이한데 그 이유는 동일한 조절 단백질이 양성 조절과 음성 조절을 모두 할 수 있기 때문이다. 결과적으로 어떤 때는 유전자 발현을 유도하고, 어떤 때는 억제한다. 그림 16-15(a)는 오페론 구성요소를 나타낸 것이고, 그림 16-15(b)와 (c)는 각각 오페론이 활성적인 상태와 불활성 상태를 나타낸 것이다.

1. 아라비노스당의 대사는 3개의 구조유전자 *araB*, *A*, *D*의 효소 산물에 의해 지배된다[그림 16-15(a)]. *araC* 유전자가 암호화하고 있는 조절 단백질 araC가 이들의 전사를 조절하며 두 조절 부위 *araI*와 *araO*$_2$와 상호작용한다.[3] AraC 단백질

[3] 부가적 작동자 O_1 부위가 역시 존재하는데 아라비노스 구조유전자의 조절에는 포함되지 않는다.

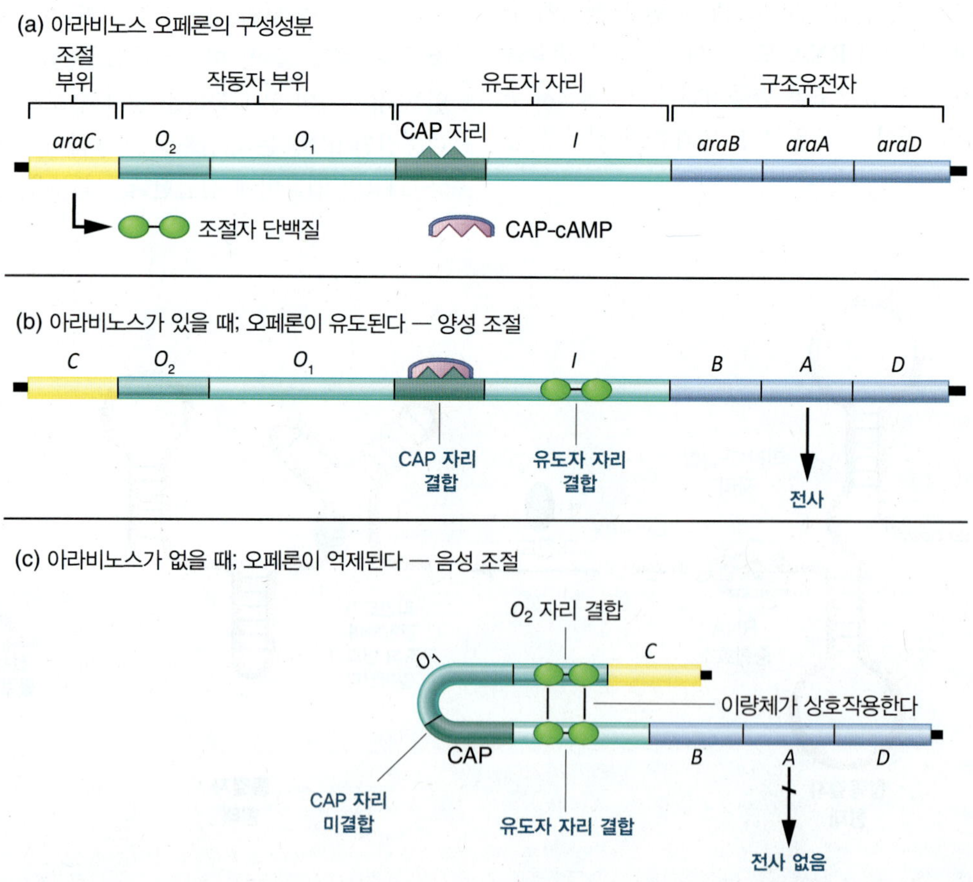

그림 16-15. 아라비노스 오페론의 유전적 조절. *araC* 유전자의 조절 단백질은 유도자(아라비노스가 존재할 때)로 작용하거나 억제자(아라비노스가 없을 때)로 작동한다.

은 이 자리에 따로따로 혹은 공조적으로 결합할 수 있다.

2. I 부위는 시스템이 유도될 때 AraC에 의해 결합되는 유일한 부위이기 때문에 명칭이 부여되었다[그림 16-15(b)]. 이 결합이 일어나려면 아라비노스와 cAMP 둘 다 존재해야 한다. 따라서 락 오페론의 유도처럼 CAP-결합자리가 프로모터 부위에 있으며 포도당이 있을 때 이화물질 억제를 조절한다.

3. 아라비노스와 cAMP 둘 다 없을 때 AraC 단백질은 I 자리와 O_2 자리(이 오페론에서 2번째 작동자 부위로 발견되어 이름이 붙여짐) 두 곳에 공조적으로 결합한다. I와 O_2 둘 다 AraC에 결합하면 DNA에서 구조변화가 일어나 견고한 고리를 형성하며[그림 16-15(c)] 구조유전자는 억제된다.

4. O_2 부위는 I 부위로부터 약 200 뉴클레오타이드 상위에 위치한다. 두 조절부위 모두 AraC 이량체가 결합한다. 두 부위가 모두 결합되어 있으면 이량체 끼리 상호작용하여 고리를 형성하고 억제를 유발한다. 추측컨데, 이 고리는 RNA 중합효소가 프로모터 부위에 접근하는 것을 저해한다. DNA에서 고리로 돌출(I와 O_2 사이에 뻗쳐 나옴)된 부위는 억제 복합체 형성에 아주 중요하다. 이 부위에 몇 뉴클레오타이드의 삽입이나 결실이 일어난 유전적 변경은 고리형성을 저해하기에 충분하므로 따라서 전사가 억제된다.

아라비노스 오페론과 관련된 연구는 관련된 유전자들의 조절에서 복잡성의 정도를 보여준다. 이 장의 서두에 기술한 것처럼 조절 기작의 발달은 진화상의 장점을 제공하여 세균 시스템이 자연환경에 적응하게 하였다. 질문의 여지없이 이런 기작들은 여러 생리조건하에서의 생존뿐만 아니라 높은 생화학적 효율성 면에서 유전적으로 잘 갖춰진 장치이다.

사례 연구 | 먹이 독성과 세균 유전자 발현

Midwestern 대학에서 여러 대학생들이 발열, 근육통, 구토를 호소하였다. 혈액검사 결과 *Listeria monocytogenes*라는 식중독 세균에 감염되었음을 알았다. 생물 전공인 한 학생은 세균이 어떻게 장에서 혈류로 가는지 물었다. 의사는 *Listeria* 세포가 세포 표면에 inlA를 발현하고 장세포의 표면에 있는 수용체를 통해 장안으로 들어가고 장에서 혈류로 이동한다고 설명하였다. 일단 혈액에 세균이 들어가면 간에 도달하고, 또 다른 세포막 단백질 inlB를 사용하여 감염의 주된 장소인 간세포에 침투한다. 계속해서 의사는 *inlA, inlB* 유전자의 전사정도가 *Listeria* 균의 감염 능력을 결정한다고 설명하였다.

나중에 학생들은 유전학 강사와 이 내용을 토의하고, 세균이 어떻게 인간세포에서 수용체의 정상적 기능을 강탈하여 그들의 생활사 일부로 활용할 수 있는지 여러 질문을 생각하였다.

1. *inlA*와 *inlB* 유전자가 항상 발현하는지 아니면 인간 수용체의 존재에서 유도되는 것인지 어떻게 말할 수 있을까?
2. 이런 유전자들은 정상적으로 낮은 수준에서 발현되지만 일단 장상피세포와 접촉하면 전사가 증가할까? 어떻게 이것을 판정할 수 있는가?
3. *inlA, inlB* 유전자는 오페론의 일부인가? 또는 이들 유전자가 동일한 프로모터를 사용할까? 어떤 실험으로 이것을 알 수 있을까?
4. 세균 유전자들의 조절을 이해하는 것이 감염을 치료하기 위해 어떻게 사용될 수 있을까?

요약

1. 대장균에서 락 오페론의 연구는 세균에서 유전자 조절에 대한 우리들의 이해에 선구자적이었다.
2. 락토오스 대사와 관련된 유전자들은 락토오스의 유무에 따라 음성 조절계로 동시에 조절된다.
3. 이화물질 활성단백질(CAP)은 락 프로모터에서 RNA 중합효소와 상호작용하여 락 유전자 발현을 양성 조절하고 세균세포에서 cAMP 양에 의해 좌우된다.
4. 대장균에서 락 억제자가 분리되고 연구되었다. 결정구조 분석은 오페론의 DNA뿐만 아니라 유도자와 어떻게 상호작용하는지 보여주었고, DNA에서 구조변화로 억제고리 형성이 유도되어 RNA 중합효소가 오페론의 프로모터에 결합하지 못한다는 것을 보여주었다.
5. 유도성 락 오페론과 달리 트립오페론은 억제성이다. 트립토판이 있을 때 억제자는 트립토판 오페론의 조절 부위에 결합하여 전사 개시가 억제된다.
6. 감쇠과정은 최종산물의 존재에 근거하여 오페론을 조절하고, mRNA 2차 구조를 변경시켜 전사에서 미숙종결을 유도한다.
7. 리보스위치는 mRNA의 5′-UTR 선도 부위에서 2차 구조의 형태변화로 유전자 발현을 조절한다.
8. 대장균에서 아리비노스 오페론은 독특한데 하나의 조절 단백질이 양성 및 음성적 조절을 하여 아라비노스당을 대사하는 효소 유전자를 발현한다.

유전학, 기술, 사회

정족수 감지: 세균사회에서의 네트워킹

수십 년간 과학자들은 세균을 세포와 세포 간 교류가 없는 독립된 단세포로 간주해왔다. 그런데 최근 연구에서 많은 세균이 유전자 발현을 조절할 수 있고 *정족수 감지*(*quorum sensing*)라는 교류의 형태를 통해 그들 행동을 공조한다는 것을 밝혀냈다. 이 과정을 통해 세균들은 집단 크기에 관한 정보를 교신하는 자동유도자라 부르는 화학신호를 주고받는다. 집단 크기가 어떤 '*정족수*(*quorum*)' – 실무 세계에서 일을 수행하기 위해 참석해야 하는 구성원의 최소수라 정의 – 에 도달할 때 자동유도자들은 전체로서 그들의 이익이 되는 방식으로 유전자 발현을 조절한다. 정족수 감지는 70종 이상 세균에서 기술되어 왔고, 해양세균에서 생물 발광을 조절하는 데에서부터 병원성 세균에서 악성인자의 발현을 조절하는 데까지 이용된다. 정족수 감지에 대한 이해는 원핵생물 유전자 발현에 대한 우리의 개념을 변경시켰고, 새로운 항생제를 포함하여 실제 적용을 위한 발전을 도모하고 있다.

정족수 감지는 1960년대 발견되었는데 하와이산 오징어, *Euprymna scolopes*와 공생관계인 생발광 박테리아, *Vibrio fisheri*의 연구를 통해서였다. 야간에 먹이를 사냥하는 동안 오징어는 해저를 밝히기 위해 발광기관이 있는 *V. fisheri*에 의해 빛을 발산하고, 반대로 오징어의 포식자에게는 달빛에 의해 만들어진 그늘로 인해 정상적으로 활동해도 마치 횃불처럼 보인다. 이번에는 세균의 입장에서, 세균은 오징어의 발광기관에서 보호를 받고 영양이 풍부한 환경에서 이익을 취한다. 낮에는 세균이 생장하지 않도록 오징어가 능력을 발휘하는데, 그 결과 세균 농도를 줄여 발광기관에서 빛을 내지 않도록 세균의 루시페라제(*lux*) 오페론의 발현을 방지한다.

무엇이 세균의 *lux* 유전자가 세포 고농도에서 켜지고, 세포 농도가 낮으면 꺼지게 하는가? *V. fisheri*에서 반응성 자동유도자는 분비된 호모세린 락톤 분자라는 물질이다. 집단 크기가 임계수준이 되면 집단 내 이들 분자가 축적되고, 세균에 전달되어 *lux* 유전자 발현을 자극하는 전사인자에 직접 결합하여 *lux* 오페론이 자극된다.

*Vibrio fisheri*에서 정족수 감지의 발견 이후 과학자들은 다른 세균에서도 유사한 세균 교신 시스템을 동정하였는데 슈도모나스 포도상구균, 연쇄상구균 같은 사람에게 심각한 병원균도 포함되어 있다. 세균 유전자 발현의 15%는 정족수 감지로 조절될 수 있다.

정족수 감지 분자는 다른 종간에서도 교신할 수 있다. 1994년 프린스턴대학의 Bonnie Bassler와 그녀의 연구진들은 해양세균 *Vibrio harveyi*에서 자동유도자를 발견했는데 다른 다양한 세균에서도 역시 존재한다는 것을 알았다. 자동유도자-2(AI-2)라는 분자는 종간 '정족수 감지를 통한 대화'를 중계할 능력이 있어 세균 교신을 위한 유니버셜 언어 기능을 한다. AI-2의 축적이 세포수에 비례하고, 또 AI-2의 구조가 다른 종간에 약간씩 차이가 있으므로 AI-2는 세균 사회에서 세포밀도와 종 조성에 관한 모든 정보를 전달할 수 있다는 것이 현재 가설이다.

병원성 세균은 정족수 감지를 유전자 발현을 조절하는 데 사용하며 이 생성물들을 세균이 숙주에 침입할 때 면역계가 탐지하는 것을 피하는 데 도움을 준다. 예를 들면 콜레라균(*Vibrio cholera*)은 콜레라를 유발하는 균인데, AI-2와 부가적으로 종-특이 자동유도자가 콜레라 독성의 생성을 조절하는 유전자를 촉진시킨다. 슈도모나스(*Pseudomonas aeruginosa*)는 그람음성세균으로 종종 낭포성 섬유증 환자에게 영향을 주며 정족수 감지로 엘라스타제, 프로테아제를 생성하는데 이들은 호흡 상피를 파괴하고 눈의 모양체 기능을 방해한다. 슈도모나스는 또한 바이오 필름, 강한 보호성 껍질의 생산을 조절하는데 자동유도자를 사용하며, 항생제의 작용을 거의 불가능하게 만든다. 다른 세균은 정족수 감지를 통해 세포 밀도를 결정하여 숙주의 면역계와 감염에 대한 방어를 제압하기에 충분한 크기의 콜로니가 될 때까지 독성물질 생산을 지연시킨다. 많은 세균이 정족수 감지에 의존하여 질병-유발 유전자를 조절하기 때문에 정족수 감지를 막을 수 있는 치료법이 감염퇴치에 도움이 될 수 있다. 이런 잠재적 치료에 대한 연구가 현재 진행 중이며 지금은 임상 단계까지 접근하고 있다. 따라서 발광 오징어에서 흥미 있는 관찰에서 시작된 것이 세균 유전학에서 고무적인 신기원을 유발하였고, 큰 임상적 유의성이 입증될 날이 올 것이다.

조사해 보자

다음 질문에 개인적 또는 그룹별로 대답하는 시간을 가져라. 참고문헌을 조사하고 연계시키면 세균에서 기작을 이해하고 정족수 감지의 포괄적 용도를 아는 데 도움이 될 것이다.

1. 정족수 감지 분자의 저해제는 항박테리아제 같은 잠재력을 가지고 있다. 어떤 방식으로 정족수 감지 저해제가 세균성 감염 치료에 이용될 수 있는가? 이런 치료법이 임상 시험에 도달했는가?

   정족수 감지 치료에 관한 최근 보고 내용은 다음 논문에서 찾을 수 있다. Njoroge, J. and Sperando, V. 2009. Jamming bacterial communication: New approaches for the treatment of infectious diseases. *EMBO Mol. Med.* 1(4): 201–210.

2. 여러 기작에 의해 자동유도자 분자가 세균 유전자 발현을 조절한다. 이런 기작들을 기술하고 어떻게 각 기작이 세균감염을 제어하기 위한 타킷으로 사용될 수 있는가?

   자동유도자가 유전자 발현을 조절하는 기작은 다음 문헌에 요약되어 있다. Asad, S. and Opal, S.M. 2008. Bench-to-bedside review: Quorum sensing and the role of cell-to-cell communication during invasive bacterial infection. *Clitical Care* 12: 236–247.

3. 정족수 감지 시스템은 숙주 세포가 발산하는 화학적 신호를 감지하고 반응할 수 있다. 이런 일이 어떻게 일어나고 병원성 세균에는 어떤 이득이 있는지 설명하여라.

   생물계 간 교신과 정족수 감지를 다룬 최근 문헌이 있다. Wagner, V.E. et al. 2006. Quorum sensing: dynamic response of *Pseudomonas aeruginosa* to external signals. *Trends Microbiol*. 14(2): 55–58.

질문 및 해답

대장균에서 가상의 오페론(*theo*)은 아미노산의 생합성에 실질적으로 관여하는 효소를 암호화하는 여러 구조유전자를 내포하고 있다. 락 오페론과 달리 억제자 유전자는 오페론에서 분리되어 있고 조절 분자를 암호화하는 유전자는 *theo* 오페론 내에 포함되어 있다. 최종산물(아미노산)이 있을 때, 최종산물이 조절 분자와 결합하고 이 복합체는 작동자에 결합하여 오페론을 억제한다. 아미노산이 없을 때 조절 분자는 작동에 결합하지 못하여 전사가 진행된다.

이 오페론을 분류하고 특성화하는데 다음 돌연변이를 고려해 보자. 또한 야생형 유전자와 함께 부분적인 이배체 세포(F′)에서 돌연변이 유전자가 존재하는 경우도 살펴보자.

(a) 작동자 부위에서 돌연변이

(b) 프로모터 부위에서 돌연변이

(c) 조절자 유전자 돌연변이

각 경우에 돌연변이가 *theo* 오페론의 조절에 영향을 준다고 가정하면 오페론에서 전사가 일어날까 안일어날까? 각각의 반응을 락 오페론에서의 경우와 비교해 보아라.

해답: *theo* 오페론은 억제성이고 음성 조절이다. 아미노산이 배지에 없을 때(혹은 그런 환경), 조절유전자의 생성물은 작동자 부위에 결합할 수 없고, RNA 중합효소에 의해 전사가 진행된다. 아미노산 합성에 필요한 효소가 생성된다. 초기에 아미노산이 존재하거나 충분한 합성이 이루어진 이후라면, 아미노산은 조절자에 결합하고 작동자 부위에 결합할 수 있는 복합체를 형성하며 오페론 내의 유전자 전사를 억제한다.

theo 오페론은 트립토판 시스템과 유사하나 조절유전자가 오페론에서 분리되어 있지 않고 오페론 내에 있다. 따라서 *theo* 오페론에서 조절자 유전자 자체는 아미노산의 유무에 따라 조절된다.

(a) 락 오페론처럼 *theo* 작동자 유전자 내의 돌연변이는 억제자 복합체가 결합할 수 없고 전사가 계속 일어난다. 야생형 대립유전자를 운반하는 F′ 플라스미드의 존재는 구조유전자에 인접되어 있지 않아 효과가 없다.

(b) *theo* 프로모터 부위의 돌연변이는 의심의 여지가 없이 RNA 중합효소 결합을 저해하여 전사가 저해된다. 이것은 락 오페론에서도 일어난다. F′ 플라스미드에 야생형 대립유전자가 있어도 아무런 효과가 없다.

(c) *theo* 조절자 유전자에서의 돌연변이는 *lac* 시스템처럼 억제자와의 결합을 방해하거나 작동자 유전자와의 결합을 저해한다. 두 경우 전사는 항상 이루어진다. 두 경우 모두 조절자가 작동자에 결합하는 것이 실패하고 전사가 지속된다. *lac* 시스템에서 공조억제자 락토오스와의 결합 실패는 시스템을 영구적으로 억제한다. 야생형 대립유전자의 추가는 억제성을 회복시키고 이 유전자는 항상 전사된다.

탐구 문제

어떻게 알았을까?

1. 이 장에서 우리는 원핵세포에서 유전자 발현 조절에 초점을 두었다. 이 과정에서 수많은 정보를 얻기위해 사용된 기법과 추론에 대해 생각할 기회가 많이 있었다. 이 장에 주어진 설명으로부터 다음 기본적인 질문에 대해 답하여라.
   (a) 세균이 환경에 반응하여 특정 유전자의 발현을 조절하는 것을 어떻게 알았는가?
   (b) 락토오스가 락토오스 대사에 관련된 유전자 산물의 유도자 역할을 한다는 증거는 무엇인가?
   (c) 억제자 분자가 락 오페론을 조절한다는 것을 어떻게 알아냈는가?
   (d) *lac* 억제자가 단백질이라는 것을 어떻게 알 수 있는가?
   (e) *lac* 오페론이 유도 조절계라는 것과 대조적으로 트립 오페론이 억제 조절계라는 것을 어떻게 알 수 있는가?

개념확인 문제

2. 이 장 서두(396쪽)에 제시된 핵심 개념을 검토하여라. 모두 원핵세포에서 유전자 발현 조절과 관련이 있다. 여러분이 생각하기에 세균에서 조절계가 왜 진화했는지 토의한 다음 간단한 에세이를 작성하고(즉, 그런 유기체에 조절계가 어떤 장점을 제공했는지), 조절과 관련해서 왜 공통 기능에 관여하는 유전자들이 모두 오페론에서 발견되는지 논의하여라.

3. 유전자 발현에서 양성 대 음성 조절을 비교하여라.

4. 유도성 시스템과 억제성 시스템에서 억제자의 역할을 비교하여라.

5. 다음 표에 나타난 *lac* 유전자형에 대해 구조유전자(Z)는 항상 발현하는 구성성인지, 영구적으로 억제되는지, 또는 락토오스의 존재시 유도되는지 예측하여라.

유전자형	구성성	억제됨	유도됨
$I^+O^+Z^+$			X
$I^-O^+Z^+$			
$I^-O^CZ^+$			
$I^-O^CZ^+/F'O^+$			
$I^+O^CZ^+/F'O^+$			
$I^SO^+Z^+$			
$I^SO^+Z^+/F'I^+$			

6. 다음 표에 나타난 유전자형과 조건(락토오스 유 또는 무)에서 기능성 효소나 비기능성 효소가 만들어지는지 또는 효소생성이 없는지 예측하여라.

유전자형	조건	기능성 효소 생성	비기능성 효소 생성	효소 생성 없음
$I^+O^+Z^+$	락토오스 없음			X
$I^+O^CZ^+$	락토오스			
$I^-O^+Z^-$	락토오스 없음			
$I^-O^+Z^-$	락토오스			
$I^-O^+Z^+/F'I^+$	락토오스 없음			
$I^+O^CZ^+/F'O^+$	락토오스			
$I^+O^+Z^-/$ $F'I^+O^+Z^+$	락토오스			
$I^-O^+Z^-/$ $F'I^+O^+Z^+$	락토오스 없음			
$I^SO^+Z^+/F'O^+$	락토오스 없음			
$I^+O^CZ^+/$ $F'O^+Z^+$	락토오스			

7. *lacI* 유전자의 DNA 서열 내에서 많은 $lacI^-$와 $lacI^S$ 돌연변이체의 위치가 결정되었다. 이들 중 $lacI^-$ 돌연변이는 유전자의 5′ 상부에서 일어난다. 반면에 $lacI^S$ 돌연변이는 유전자의 하부에서 발생하는 것을 발견했다. 유전자 내 두 돌연변이형의 위치가 *lacI* 유전자 산물인 억제자의 기능에 대해 알고 있는 것과 일치하는가?

8. *lac* 억제자를 분리하게 한 실험적 근거를 기술하여라.

9. 어떤 특성 때문에 *lac* 억제자가 단백질이라는 것을 알았는가? 이것이 오페론 시스템 내에서 억제자를 작동한다는 증거를 기술하여라.

10. CAP 단백질을 암호화하는 (a) *crp* 유전자의 기능과 (b) 프로모터 내 CAP-결합자리의 기능을 방해하는 돌연변이를 갖는 *lac* 오페론의 유도가 가능한지를 예측하여라.

11. 에리스리톨(erythritol)은 과일과 발효음식에 풍부한 당인데, 설탕의 당도에 비해 65% 단맛이 있으며 칼로리는 95%나 적다. 이것은 '치아에 우호적'이고, 사람이 소비해도 일반적으로 부작용이 전혀 없다. 병원균 브루셀라(*Brucella*)균은 에리스리톨을 분해하는데 에리스리톨 대사에 관여하는 4개의 근접한 유전자를 가지고 있다. 4개의 유전자 중 하나(*eryD*)는 다른 3개 유전자 발현을 억제하는 산물을 암호화한다. 에리스리톨 대사는 에리스리톨에 의해 자극된다. 브루셀라균에서 에리스리톨 대사 조절을 설명할 수 있는 간단한 조절모델을 나타내어라. 이 시스템은 유도성인가 아니면 억제성 조절인가?

12. 트립토판 생합성의 조절에서 전사감쇠의 역할을 기술하여라.

13. 트립 오페론의 전사감쇠가 1970년대 처음 논의되었을 때 유전적 조절을 실행하는데 비교적 덜 효과적이라고 간주했다. 그러나 그 후 전사감쇠가 비교적 일반적인 조절 전략인 것으로 밝혀졌다. 전사감쇠가 유전적 조절에 비교적 덜 효과적임에도 불구하고 광범위하게 일어나는 것은 무엇을 설명하는가?

14. Neelaredoxin는 15 kDa에 해당되는 단백질이며 혐기성 원핵생물에서 일반적으로 만들어진다. 과산화물을 청소하는 역할을 하며 구성성으로 발현된다. 또 이 단백질 발현은 O_2 또는 H_2O_2에 노출되면 더 이상 유도되지 않는다(Silva, G., et al. 2001. *J. Bacteriol*. 183: 4413-4420). **구성성 발현**(constitutively expressed)과 **유도성**(induced)이라는 용어가 neelaredoxin 합성에서 무슨 의미인가?

15. 치즈와 요구르트 같은 유제품은 여러 락토바실러스(*Lactobacillus*) 종을 포함한 다양한 혐기성 세균에 의해 락토오스에서 포도당과 갈락토오스로 전환되며, 궁극적으로 젖산이 된다. 이런 전환은 투과효소와 β-갈락토시데이즈 둘에 의해 좌우된다. 요구르트의 생산을 위해 빠른 발효를 계속하면 선택적으로 어떤 한 락토바실러스 아종은 락 오페론 발현 조절 능력을 상실한다(Lapierre, L., et al. 2002. *J. Bacteriol*. 184:928-935). 이 아종에 있어 락 오페론은 '켜짐'인가 '꺼짐'인가? 위에 기술한 조절의 상실에 기여한 유전적 사건은 무엇인가?

16. 재조합 기법으로 *lac* 오페론의 구조유전자가 아라비노스 오페론의 조절장치와 융합되었다고 가정하자. 아라비노스가 이 융합 유전자를 갖고 있는 대장균의 최소배지에 첨가된다면 β-갈락토시데이즈가 유도되어 생성될 것이라고 예상하는가? 설명하여라.

17. 대장균에서 트립 오페론의 전사감쇠, *B. subtilis*에서 리보스위치 둘 다 유전자 발현을 조절하는데 mRNA 선도 부위의 2차 구조 변화에 의존한다. 이 두 유형의 조절에 있어 유사점과 차이점을 비교하여라.

18. 앞서 논의(6장)한 박테리오파지의 생활사를 기억하고 다음 문제를 생각해 보아라: 용원성 박테리오파지의 생활주기 중 바이러스 DNA가 세균 염색체 속으로 삽입되어 삽입된 프로파지가 트로이 목마처럼 행동한다. 이들은 정지 상태로 있을 수 있고 또는 자동 바이러스의 생산을 위해 용해를 개시할 수 있다. 여러 오페론이 억제자와 상호작용하여 프로파지 상태로 남아 있어 억제 상태의 용원회로를 유지한다. 박테리아 세포에 손상(예를 들어 자외선)을 주어 억제자의 부분적 손상을 유도하면 용원회로에 관여하는 효소들이 만들어진다. 이 조절계가 양성 조절이라고 생각하는가? 음성 조절이라고 생각하는가?

응용 문제

19. 항생제를 피하기 위한 세균의 전략은 다양하고, 세포에서 항생제를 배출해내는 막-결합 유출 펌프를 가지고 있다. 유출 펌프의 연구(Grkovic, S., et al., 2002)를 보면 펌프를 가동시키려면 에너지가 필요한데 항생제가 없을 때 펌프를 작동시키면 선택적 불리함이 있다. 역시 이 연구에서 기술한 것으로 항생제가 주어지면 시스템에 따라 촉진 단백질 또는 억제 단백질과 상호작용하여 유출조절에 중요한 역할을 한다. 그런 시스템은 **음성 조절**(**유도성** 또는 **억제성**) 또는 **양성 조절**(**유도성** 또는 **억제성**)의 관점에서 어떤 범주에 속할까?

20. 가상의 오페론에서 유전자 *A, B, C, D*는 억제자유전자, 프로모터 서열, 작동자 유전자, 구조유전자를 나타내는데 각 이름이 **순서대로일 필요는 없다.** 이 오페론은 가상의 분자(tm) 대사작용과 연계되어 있다. 아래의 표에 나타난 자료로부터 이 오페론이 유도성인지 억제성인지 판단하여라. 그 다음 *A, B, C, D*를 오페론의 네 부분에 배정해라. 여러분의 추론을 말하여라(AE = 활성효소, IE = 불활성효소, NE = 효소 없음).

유전자형	tm 존재	tm 부재
$A^+B^+C^+D^+$	AE	NE
$A^-B^+C^+D^+$	AE	AE
$A^+B^-C^+D^+$	NE	NE
$A^+B^+C^-D^+$	IE	NE
$A^+B^+C^+D^-$	AE	AE
$A^-B^+C^+D^+/F'A^+B^+C^+D^+$	AE	AE
$A^+B^-C^+D^+/F'A^+B^+C^+D^+$	AE	NE
$A^+B^+C^-D^+/F'A^+B^+C^+D^+$	AE + IE	NE
$A^+B^+C^+D^-/F'A^+B^+C^+D^+$	AE	NE

21. 세균 오페론은 가상적인 아미노산 티소판(tis)을 만드는 데 필요한 생합성효소 생성과 관련 있다. 이 오페론은 분리되어 있는 유전자 *R*에 의해 조절되는데 이것이 없으면 효소합성이 일어나지 않는다. 야생형 조건에서 tis가 있으면 효소가 생성되지 않는다. tis가 없으면 이 효소가 합성된다. 작동자 유전자(O^-)에서 돌연변이는 tis 존재와 관계없이 억제된다. 이 오페론은 양성 조절인가? 음성 조절인가? (a) 야생형 세포에서 tis가 있을 때 그리고 (b) 돌연변이가 있을 때 유전자의 억제 모델을 제시하여라.

22. 기름이 있는 환경일 때 기름을 대사하는 유전적 산물을 생산하는 유도성 오페론을 갖고 있는 해양 세균이 분리되었다. 조사에 의하면 이 오페론이 양성 조절이고, *reg* 유전자를 가지고 있으며, reg 생성물은 작동자 부위(*O*)에 결합하여 *sg*라 명명된 구조유전자를 조절한다.

    이 오페론이 어떻게 기능하는지 이해하기 위하여 구성 돌연변이 균주와 여러 부분 이배체 균주를 분리하고 테스트하여 아래의 결과를 얻었다.

숙주 염색체	F′ 인자	표현형
야생형	없음	유도성
야생형	돌연변이 균주의 *reg* 유전자	유도성
야생형	돌연변이 균주의 오페론	구성성
돌연변이 균주	야생형의 *reg* 유전자	구성성

돌연변이뿐만 아니라 이 오페론 조절의 특성에 관해 가능한 결론을 모두 도해하여라. 구성성 돌연변이는 *trans*-작용하는 *reg* 요소에서 일어났는가 *cis*-작용하는 *O* 작동자 요소에서 일어났는가?

23. 대장균에서 SOS 수선유전자(15장에서 논의)는 LexA 억제자라 부르는 *lexA* 유전자 산물에 의해 음성 조절된다. 세포에서 DNA가 광범위하게 손상을 입으면 LexA 억제자는 *recA* 유전자 산물(RecA)에 의해 불활성화되고 SOS 유전자들의 전사는 급격히 증가한다.

    SOS 유전자 중 하나는 *uvrA* 유전자 산물이다. 여러분은 DNA 수선에 관여하는 *uvrA* 유전자 산물의 기능을 연구하는 학생이다. 여러분은 UvrA 단백질을 항상 발현하는 돌연변이 균주를 분리하고 이 돌연변이 균주의 이름은 $uvrA^C$이고 *lexA*와 *uvrA* 오페론을 나타내는 아래 그림을 작성하였다.

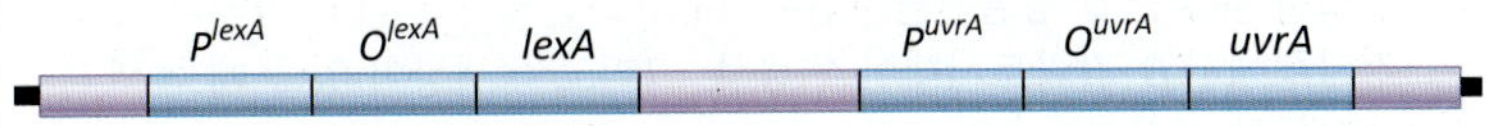

(a) *uvrA* 구성적 표현형이 되는 2개 돌연변이체를 기술하라. 포함된 실제 유전자형을 나타내어라.
(b) 여러분이 분리한 2개의 돌연변이가 어떤 것인지 결정하기 위해 부분이배체 균주를 사용하여 일련의 유전적 실험을 요약하여라.

24. 동료 학생들이 23번 문제를 검토하고 두 가지 돌연변이형 사이에 차이를 나타낼 수 있는 보다 직접적인 비유전적 실험이 있다고 주장한다. 이것은 복잡한 유전학 실험이 필요없고 다른 SOS 유전자의 생성물을 쉽게 분석할 수 있는데 그런 실험을 제안하여라.

25. 그림 16-13은 mRNA 선도 서열의 여러 중요한 부위를 나타낸 것으로 트립토판 오페론에서 전사감쇠 과정에 중요한 역할을 한다. 선도 서열을 좀 더 면밀하게 조사하면 5′ 말단에서 아래(3′) 방향으로 약 30 뉴클레오타이드 위치에서 시작하며 그림 아래에 나타내었다.

    이 분자 안에는 선택적 머리핀 형성을 일으키는 서열이 존재한다. 이것은 트립토판을 암호화하는 연속적 트리플렛을 포함하고 있으며 여기에서 번역이 멈춘다. 큰 종이(엷은 황색 랩 같은 것)를 한 장 취하라. 유전학 수업을 듣는 여러 학생들과 함께 트립토판 코돈과 그림 16-13에 나타난 종결자와 항종결자 머리핀을 형성하는염기쌍 부위를 찾아 보아라.

26. 성적으로 전달되는 가장 흔한 질병 중의 하나는 세균, *Chlamyclia trachomatis*에 의해 유발되고, 치료하지 않으면 실명이 된다. 감염이 되면 대사적으로 불활성 세포가 유전자 발현을 통해 분화되고, 대사적으로 활성화된 세포는 이분법으로 분열한다. 열충격 단백질에 의해 불활성 상태를 벗어나며 생식주기를 활성화시키고, 숙주세포에 클라미디아이의 결합을 촉진시킨다고 제안되었다. 연구자들도 *Chlamyclia trachomatis*에서 열충격 조절계에 관한 다음과 같은 관찰을 하였다: (1) 조절 단백질(R이라 부름)은 *cis*-작용하는 DNA 요소(D라 부름)에 결합한다; (2) R과 D기능은 억제자-작동자 쌍이다; (3) R 기능은 전사의 음성 조절자이다; (4) D는 역반복 서열로 구성되어 있다; (5) R에 의한 억제는 D의 초나선화에 의존적이다(Wilson & Tan, 2002).
(a) 이 정보에 근거하여 *Chlamyclia trachomatis*에서 대사의 열충격 조절을 설명할 수 있는 모델을 고안하여라.
(b) 대장균 같은 일부 세균은 열충격 전사를 조절하기 위해 열충격 시그마 인자를 사용한다. 앞서 기술한 클라미디아에서의 발견이 열민감성 시그마 인자의 사용과 비교할 수 있는가?

AUGAAAGCAAUUUUCGUACUGAAAGGUUGGUGGCGCACUUCCUGAAACGGGCAGUGUAUUCACCAUGCGUAAAGCAAUCAGAUACCCAGCCCGCCUAAUGAGCGGGCUUUUUUUU

위의 25번 문제의 선도 서열

27. 일반적으로 리포터 유전자는 유전자의 활성이 비교적 쉽게 탐지되고, 다양한 조사를 통해 프로모터 활성을 연구하는 데 사용된다. 재조합 DNA 기법을 통해 리포터 유전자를 흥미 있는 프로모터와 부착하고 이 재조합 분자를 형질전환 또는 형질 주입법으로 선택한 숙주에 삽입한다. 해파리 *Aeguorea victoria*의 녹색형광 단백질(GFP)은 청색광에 노출되면 녹색 형광을 띤다. *lac* 오페론의 조절 장치를 연구한다고 가정하자. *lac* 오페론의 구조유전자를 *GFP* 유전자(당신의 리포터 유전자)로 대체한 것을 제외하고 *lac* 오페론의 모든 요소를 포함하고 있는 플라스미드(*p*)를 만들었다. 이 플라스미드를 대장균에 형질전환시킨다. 다음 조건에서 그리고 아래의 유전자형에서 β-갈락토시데이즈 생성, 그리고 녹색광이 있을 때 녹색 콜로니를 예상하는가?

	배지조건		반응	
유전자형	락토오스	포도당	β-갈락토시데이즈	녹색 콜로니
$I^+O^+Z^+/p - I^+O^+GFP$	−	+	−	−
	+	+		
	+	−		
$I^+O^+Z^-/p - I^+O^CGFP$	−	+		
	+	−		
$I^+O^+Z^+/p - I^SO^CGFP$	−	+		
	+	−		
$I^+O^CZ^+/p - I^SO^+GFP$	−	+		
	+	−		

세포 핵 안에 있는
염색체 영역.
각 염색체는 다른 색
탐침으로 염색되었다.

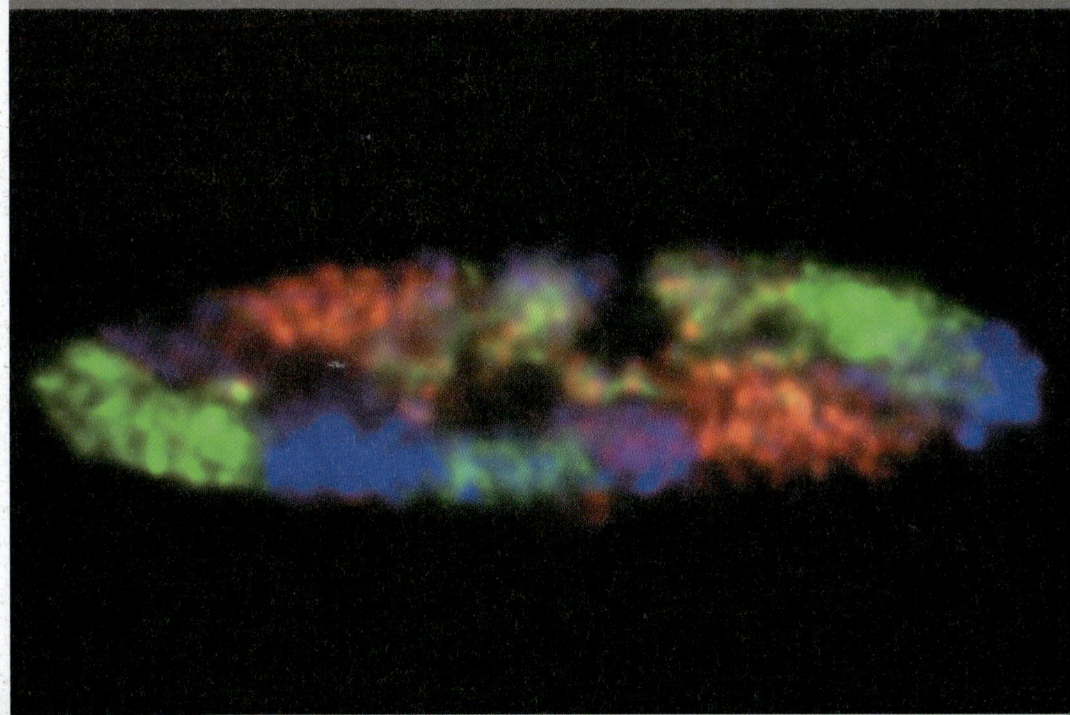

17 진핵생물의 유전자 발현 조절

핵심 개념

- 유전정보의 발현은 전사, mRNA 가공, 핵 밖으로 수송, mRNA 안정성, 번역, 번역후 변형 등 여러 단계의 조절 기작에 의해서 이루어 진다.
- 진핵생물에서는 DNA와 히스톤 변형뿐만 아니라 염색질 리모델링도 유전자 발현 조절에 중요한 역할을 한다.
- 진핵생물의 전사개시는 프로모터, 인핸서, 사일런서라고 알려진 *cis*-작용 DNA에 전사조절 단백질의 결합이 필수적으로 요구된다.
- 전사 활성인자와 억제인자는 유전자 프로모터에 보편전사인자의 결합을 촉진하여 전사개시복합체를 형성하도록 한다.
- 진핵생물의 유전자 발현은 pre-mRNA의 선택적 스플라이싱, 핵 외로 수송, mRNA 안정성 조절, 번역 조절, 번역후 가공을 포함하는 많은 전사 후 기작들에 의해서 조절된다.
- RNA 유도 유전자 침묵은 여러 가지 방법으로 유전자 발현을 조절하고, 과학연구와 의학치료 도구로 사용된다.
- 소수의 유전자에서 예정 DNA 재배열이 유전자 조절에 기여한다.

하나의 생명체를 구성하는 모든 세포들은 같은 유전체를 포함한다. 그러나 특정 세포 유형에 따라서 유전체에 존재하는 유전자들 중 일부분만 발현된다. 예를 들어, 백혈구 세포들은 특정 면역글로불린을 암호화하는 유전자를 발현하여 감염이나 외부물질로부터 생명체를 방어하는 항체를 합성한다. 그러나 피부, 신장, 간세포들은 면역글로불린 유전자를 발현하지 않는다. 췌장세포는 혈액내 당의 존재에 반응하여 인슐린을 생성하고 분비하지만, 면역글로불린을 생성하지 않는다. 게다가, 필요하지 않을 때는 인슐린을 합성하지 않는다. 다세포 생물을 구성하는 진핵세포는 단지 영양분 공급 정도에만 의존해서 성장하지 않는다. 대신에 그들은 신체의 적절한 부위와 발생 과정의 적절한 시기에 따라서 성장과 분열을 조절한다. 정상적 세포성장과 분열을 조절하는 유전자의 소실은 발생결함 혹은 암으로 진행될 수 있다.

진핵생물의 유전자 조절은 유전학 연구에서 가장 빠르게 발전하는 분야 중 하나이다. 진핵생물의 유전자 발현을 조절하는 기작에 대한 지식이 놀라울 정도로 빠르게 축적되고 있으며, 또한 인간 질병치료와 같은 응용분야에 크게 공헌하고 있다.

이 장에서 우리들은 진핵생물의 유전자 발현을 탐구할 것이다. 또한 DNA 재배열 및 염색질 변형뿐 아니라 전사 및 전사 후 조절기작에 이르기까지 유전자 조절의 일반적인 특징의 개요를 논의할 것이다.

이 장에서 토의하는 주제의 일부는 현대 유전학 특강 1장의 후성유전학과 2장의 RNA의 새로운 기능 부분에서 자세히 다룰 것이다.

17.1 진핵생물의 유전자 조절은 DNA에서 단백질 생성에 이르기까지 여러 단계에서 수행된다

진핵생물의 유전자 발현은 특정 시기, 특정 세포 유형, 환경 등 복잡한 변화에 대응해서 필요한 유전자의 발현량을 조절하기 위하여 잘 조직화되어 있다. 진핵생물은 다양한 기작을 이용하여 유전자 발현량을 조절한다. 원핵생물의 유전자 조절은 전사의 개시단계에서 주로 일어나지만, 진핵생물의 유전자 발현 조절은 여러 단계에서 발생할 수 있다. 이것은 DNA 주형의 변화, 전사 개시, mRNA 가공과 안정성, 단백질의 생성, 변형, 안정성 단계를 포함한다(그림 17-1). 진핵생물은 원핵생물에서 가능했던 것보다 더 많은 조절 형태를 사용하는 특징이 있다.

- 진핵생물은 원핵생물보다 훨씬 많은 DNA를 포함하고, 히스톤과 그 외 다른 단백질들과 DNA는 연합하여 매우 응축된 구조로 핵 내에 존재한다. 진핵생물은 유전자 발현에 영향을 주기 위하여 이러한 구조 조직을 변형시킨다.
- 진핵생물의 mRNA는 대부분 핵 밖으로 수송되기 전에 스플라이싱, 캡핑, 폴리아데닐화되어야 한다. 이러한 각 과정들은 번역에 사용되는 mRNA 수와 종류에 영향을 주기 위하여 조절될 수 있다.
- 진핵생물은 많은 염색체(하나 이상의)를 가지고 있고, 이 염색체에 유전자가 위치하며, 염색체는 이중막으로 되어 있는 핵 내에 존재한다. 전사 후에 핵에서 세포질로 RNA를 수송하는 단계는 번역에 사용되는 mRNA의 양을 통제하기 위하여 조절될 수 있다.
- 진핵생물의 mRNA는 다양한 반감기($t_{1/2}$)를 가진다. 대조적으로 대부분의 원핵생물의 mRNA는 빠르게 분해된다. 이러한 특성은 환경변화에 원핵생물들이 빠르게 반응하게 한다. 진핵생물에서 세포의 종류에 따라 mRNA 분해율을 이용하여 mRNA의 양과 종류를 정교하게 조절할 수 있다.

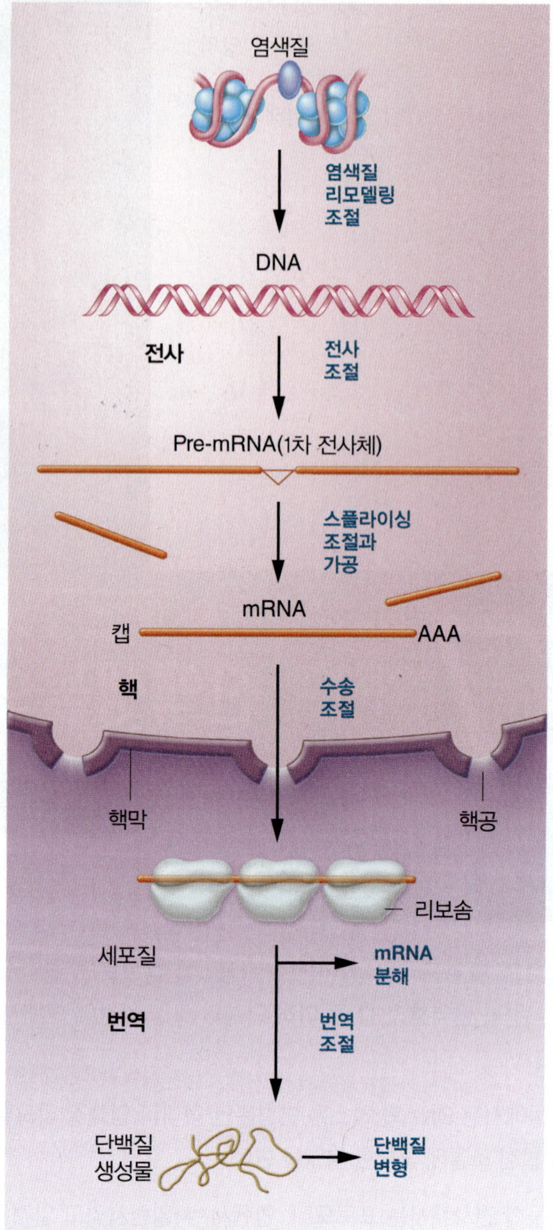

그림 17-1. 진핵생물의 유전자 발현 조절은 모든 단계에서 일어난다. 각 단계는 유전자가 발현되는 양에 영향을 미친다.

- 진핵생물의 번역률은 단백질 합성, 변형, 분해 조절과 마찬가지로 발현 조절에 중요하다.

다음 절에서 진핵생물의 유전자 발현이 조절되는 주요한 방법을 관찰한다. 우리는 RNA 중합효소 II(RNAP II)에 의해서 전사되는 유전자의 조절에 국한해서 토의할 것이다. 앞에서 논의된 것처럼(13장 참조), 진핵생물은 전사에 세 가지 다른 종류의 RNA 중합효소를 사용한다. RNAP II는 모든 mRNA와 작은 핵 RNA를 암호화하는 유전자를 전사한다. 반면에 RNA 중합효소 I과 III는 리보솜 RNA, 약간의 작은 핵 RNA, 운반 RNA를 암호화하는 유전자를 전사한다. RNA 중합효소 I과 III에 의해서 전사되는 유전자는 RNAP II에 의해서 전사되는 것들과는 다르게 조절된다. RNA 중합효소 각 종류에 의해서 인지되는 프로모터는 뉴클레오타이드 염기서열이 다르고, 다른 종류의 전사인자가 결합한다. 게다가, 각 중합효소에 의해서 전사되는 유전자는 서로 다른 전사 종결신호와 mRNA 가공 기작을 가지고 있다.

17.2 진핵생물의 유전자 발현은 염색질 변형에 의해서 영향을 받는다

진핵생물 유전자는 원핵생물과 구분되는 두 가지 구조적 특징을 보인다. 첫째, 진핵생물 유전자는 세포 내의 분명한 위치, 즉 핵 내에 존재하는 염색체에 위치하고 있다. 특정 공간에 유전정보가 모여 있으므로 전사 조절 단백질과 번역 및 세포대사에 관여하는 단백질은 따로 위치하게 된다. 둘째, 앞부분에서 서술된 것처럼(12장 참조), 진핵생물 DNA는 히스톤과 그 외 다른 단백질과 결합하여 염색질을 형성한다. 염색질의 기본구조는 뉴클레오솜이라고 불리는 기본 단위가 반복되는 것이 특징이다. 뉴클레오솜은 30 nm 섬유로 응축되고 때로는 더 응축된 구조를 형성한다. 응축된 염색질 구조의 존재는 전사, 복제, DNA 수선을 포함하는 많은 과정을 저해한다.

이 절에서 진핵생물이 유전자 발현을 조절하기 위하여 염색질을 변형시키는 방법에 대해서 고찰한다.

염색체 영역과 전사공장

염색체 페인팅기술의 발달로 간기 핵 염색체가 아무렇게나 뭉쳐져 있는 구조가 아니라 매우 정교하게 정돈된 구조라는 것을 알게 되었다. 간기 핵에서 각 염색체는 **염색체 영역(chromosome territory)**이라고 불리는 분명한 도메인을 점유하고 다른 염색체와 구분되어 존재한다. 염색체 사이의 공간에는 DNA가 거의 없는데, 이것은 **염색체간 도메인(interchromosomal domain)**이라고 불린다.

연구 결과 전사 활성상태의 유전자는 염색체간 도메인 공간에서 염색체 영역의 가장자리에 위치한다고 제안한다. 이러한 구조는 활성유전자를 전사인자 혹은 다른 활성유전자와 가깝게 결합하도록 함으로써 그들이 통합적으로 발현 조절되게 한다.

핵 내에 다른 특징, 즉 **전사공장(transcription factory)**은 유전자 발현을 조절하는 데 기여한다. 전사공장은 활성 RNA 중합효소와 전사 조절 분자의 대부분을 포함하는 핵 부위이다. 과학자들은 생체세포영상기술을 사용해서 전사가 촉진되거나 억제될 때 전사공장이 빠르게 형태를 바꾸어 서로 분리되는 유동성 있는 구조라는 것을 알아내었다. 전사공장이 전사개시의 필요조건인지 결과인지 아직 뚜렷하지 않다. 그러나 전사 단백질과 활발하게 전사되는 유전자를 핵의 특정 위치에 농축함으로써 세포는 유전자의 발현을 촉진할 수 있다.

열린 그리고 닫힌 염색질

DNA가 뉴클레오솜 그리고 다른 염색질 결합 단백질과 강하게 결합하게 되면, 전사를 포함한 여러 기능에 관여하는 단백질이 DNA에 접근하기 어려워진다. 이와 같은 방해구조는 가끔 '닫힌' 염색질이라고 언급한다. 뉴클레오솜 염색질에서 전사가 시작되기 전에 염색질 구조는 전사조절인자와 RNA 중합효소에 '열린' 구조가 되어야 한다.

1976년에 Mark Groudine과 Harold Weintraub는 열린 염색질 구조와 전사활성 사이의 관련성을 처음으로 보고하였다. Groudine과 Weintraub는 닭 적혈구, 섬유아세포, 뇌세포의 핵을 분리한 후, 각각의 핵에 낮은 농도의 DNase I 효소를 처리하였다. 이 효소는 염색질 내의 DNA 구조에 따라 DNA를 다양하게 절단한다. 뉴클레오솜과 강하게 결합되어 있는 DNA는 DNase I에 저항성을 띠며, 뉴클레오솜과 약하게 결합되어 있는 DNA는 빠르게 절단된다. DNase I을 처리한 핵으로부터 DNA를 분리하고 세 종류의 유전자 상태를 확인하였다. 베타글로빈(적혈구에서만 전사가 일어난다), 조류종양바이러스(세 종류 세포에서 모두 전사된다), 오브알부민(세 종류 어느 곳에서도 전사되지 않는다). Groudine과 Weintraub는 베타글로빈 DNA가 적혈구 핵에서 절단되지만, 섬유아세포나 뇌 세포의 핵에서는 절단되지 않는다는 것을 발견하였다. 대조적으로 조류종양바이러스 DNA는 세 종류의 모든 세포 핵에서 절단되고, 오브알부민 DNA는 어느 세포 핵에서도 절단되지 않았다. 게다가, 포도상구균의 핵산분해효소 를 이용한 절단 분석법을 통해 세 종류 유전자가 세 종류의 세포 핵에서 뉴클레오솜과 결합되어 있음을 확인하였다. Groudine과 Weintraub은 연구 결과를 통해 전사활성 및 불활성 유전자가 뉴클레오솜과 결합되어 있지만, 전사활성유전자와 결합되어 있는 염색질은 변형된 구조로 존재한다고 결론지었다.

Groudine과 Weintraub의 연구 이후로 과학자들은 전사 활성 및 불활성 상태와 관련된 염색질 구조의 변형 형태를 규명하였다. 이것들은 히스톤 변형, 염색질 리모델링, 메틸화와 같은 DNA 변형을 포함한다.

히스톤 변형과 뉴클레오솜 염색질 리모델링

뉴클레오솜이 변형될 수 있는 한 방법은 구성 성분을 변화시키는 것이다. 예를 들면 대부분 뉴클레오솜은 정상 히스톤 H2A를 포함한다. 그러나 어떤 유전자의 프로모터 부위는 H2A.Z와 같은 변형 히스톤을 포함하는 뉴클레오솜에 가까이 위치한다. 뉴클레오솜 내에 H2A.Z 변형 히스톤의 존재는 뉴클레오솜의 유동성과 DNA의 위치화에 영향을 준다. 그 결과로 이러한 변형 뉴클레오솜과 결합되어 있는 유전자 프로모터는 뉴클레오솜 위치에 따라서 전사활성 상태가 되거나 억제 상태가 된다.

염색질 변형의 두 번째 기작은 히스톤 변형으로, 히스톤 단백질의 N 말단 꼬리에 작용기가 공유결합하는 것이다. 가장 일반적인 히스톤 변형은 아세틸, 메틸, 인산기가 히스톤 꼬리의 염기성 아미노산에 첨가되는 것이다.

아세틸화는 히스톤 단백질의 양전하를 감소시켜 히스톤과 DNA 간의 친화력을 감소시킨다. 그 결과 전사조절 단백질이 DNA에 결합할 수 있도록 열린 염색질 구조가 형성된다.

히스톤 아세틸화는 **히스톤 아세틸기 전달효소(histone acetyltransferase enzymes, HATs)**에 의해서 촉매된다. 어떤 경우에 HAT는 전사 조절 부위에 결합한 특정 전사활성 단백질에 의해서 유인 된다. 다른 경우에 전사활성 단백질 자체가 HAT 활성을 갖는다. 물론 열린 염색질 구조는 닫힌 염색질 구조로 전환될 수 있다. 그 경우 **히스톤 탈아세틸화 효소(histone deacetylases, HDACs)**는 히스톤 꼬리에서 아세틸기를 제거한다. HDACs는 조절부위에 결합한 특정 억제 단백질에 의해서 유인될 수 있다.

세 번째 기작은 염색질 리모델링인데, 염색질 리모델링 복합체가 DNA에 뉴클레오솜을 배치시키거나 제거하게 된다. 염색질 리모델링 복합체는 DNA를 따라 뉴클레오솜을 움직이거나 재정렬하기 위하여 ATP를 사용하는 다중 소단위 복합체이다. 재정렬된 뉴클레오솜은 염색질 부위에 전사활성인자와 RNAP II와 같은 전사 조절 단백질의 접근을 용이하게 한다. 가장 잘 연구된 리모델링 복합체 중 하나인 **SWI/SNF** 복합체와 같은 리모델러는 여러 가지 방법으로 작용할 수 있다(그림 17-2). SWI-SNF 복합체는 히스톤과 DNA 사이의 결합을 느슨하게 함으로써 뉴클레오솜이 DNA를 따라 미끄러져 조절 부위를 노출하게 한다. 다른 방법으로 그들은 뉴클레오솜 핵심으로부터 DNA 가닥을 느슨하게 하거나 혹은 내부 뉴클레오솜 요소의 구조를 변경시킬 수 있다. 모든 경우에 DNA는 일시적으로 노출되어 전사인자 및 RNA 중합효소와 결합하게 된다. 염색질 리모델링 복합체도 DNA 특정 부위에 결합한 전사활성 단백질에 의해서 DNA에 유인될 수 있다. 리모델링 복합체의 결합은 히스톤 변형의 상태에 따라 영향을 받는다.

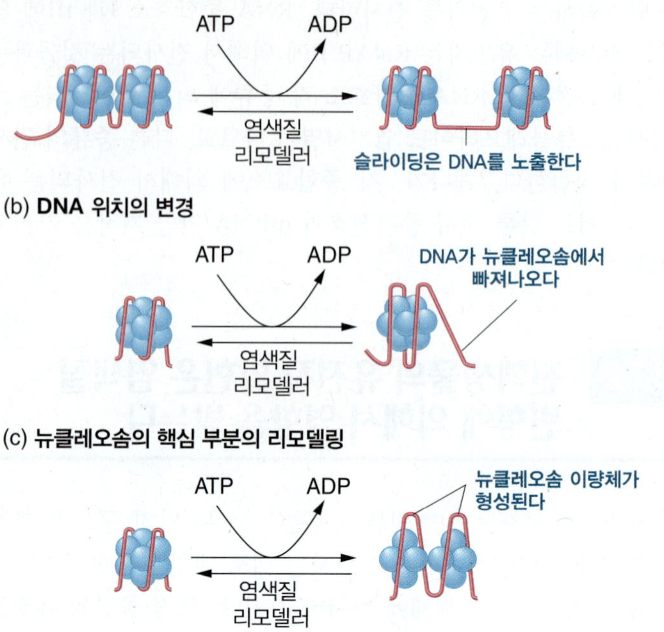

그림 17-2. SWI/SNF 복합체와 같은 염색질 리모델러가 뉴클레오솜과 DNA 간의 결합을 변경하는 세 가지 방법. (a) DNA-히스톤 접촉이 느슨해져서 뉴클레오솜이 DNA를 따라 미끄러져 DNA 조절 부위를 노출한다. (b) 뉴클레오솜 핵심 부분을 둘러싸고 있는 DNA 위치가 변경된다. (c) 핵심 뉴클레오솜 부분의 요소들이 재정돈되어 변형된 뉴클레오솜 구조가 된다.

DNA 메틸화

유전자 발현 조절에서 중요한 역할을 하는 염색질의 또 다른 변화는 DNA에 있는 염기나 당에 메틸기가 첨가되거나 제거되는 것이다. **DNA 메틸화(DNA methylation)**는 대부분 시토신의 **5 위치(5-methylcytosine)**에 발생하고, 그 결과 메틸기가 DNA 나선의 큰홈으로 뻗어 나온다. 메틸화는 대부분 DNA에서 CG 염기의 시토신에 일어난다.

$$5'—{}^{m}CpG—3'$$
$$3'—GpC^{m}—5'$$

메틸화되는 CpG 염기서열은 유전체 전반에 걸쳐 무작위로 분산되어 있지 않고, **CpG섬(CpG islands)**이라고 불리는 CpG-서열이 풍부한 부위에 밀집되어 있는 경향이 있다. CpG섬은 일반적으로 유전자의 5′ 말단 프로모터 지역에 존재한다. 진핵생물의 유전체에 있는 시토신 잔기는 거의 5%가 메틸화되어 있다.

진핵생물의 유전자 발현에서 메틸화의 역할에 대한 증거는 많은 관찰에 근거한다. 첫째, 메틸화 정도와 발현 정도는 서로 역행되는 관계를 이루고 있다. 유전체의 거대 전사 불활성화 지역(예를 들어, 포유동물 암컷세포에서 관찰되는 X 염색체 불활성화)은 종종 메틸화 밀집 지역인 것으로 밝혀졌다.

둘째, 메틸화 패턴은 조직특이적이고, 일단 확립되면 해당 조직의 모든 세포는 메틸화 패턴에 대해 유전력을 갖게 된다. 적절한 DNA 메틸화 패턴은 포유동물 발생 과정에 필수적인 듯하다. 이러한 유전력에도 불구하고 특정 부위의 전사를 활성화하거나 억제하기 위해 메틸화 효소와 탈메틸화 효소는 특정 DNA 부위의 메틸화 패턴을 변경할 수 있다.

유전자 발현에서 메틸화의 역할에 대한 가장 직접적인 증거는 염기 유사체를 사용한 연구에서 나왔다. 뉴클레오사이드 **5-아자시티딘(5-azacytidine)**은 DNA 복제 동안 시티딘을 대신해서 DNA로 들어갈 수 있다. 이러한 유사체는 메틸화될 수 없고, 따라서 5-아자시티딘이 들어간 부위는 메틸화되지 않는다. DNA 내로 들어간 5-아자시티딘은 유전자 발현의 패턴을 바꾸며, 불활성화된 X 염색체에 있는 대립유전자의 발현을 촉진한다. 게다가, 어떤 분화된 세포에서 DNA 내의 5-아자시티딘으로 인해 원래 침묵되어 있던 유전자의 발현이 유도된다.

메틸화가 어떻게 유전자 발현에 영향을 주는가? 생체 외 연구 데이터는 메틸화는 DNA의 전사인자 결합을 방해함으로써 전사를 억제할 수 있다는 것을 제시한다. 메틸화된 DNA는 또한 유전자 조절 부위에 억제성 염색질 리모델링 복합체와 HDACs를 끌어올 수 있다.

실전문제

17-1 암세포는 종종 비정상적인 염색질 변형 패턴을 갖는다. 어떤 종류의 암에서 DNA 수선 유전자 *MLH1*과 *BRCA1*은 프로모터 지역이 과메틸화되어 있다. 이러한 비정상적인 메틸화 패턴이 어떻게 암을 일으키는지 설명하시오.

■ **힌트:** 이 문제는 암세포에서 돌연변이된 유전자의 종류에 대한 이해와 관련되어 있다. 해결의 실마리는 어떻게 DNA 메틸화가 암 관련 유전자 발현에 영향을 미치는가를 고려해야 한다.

17.3 진핵생물 전사개시는 특정 *cis*-작용 부위를 필요로 한다

진핵생물의 전사 조절은 유전자 주변부와 먼 거리에 떨어져 있는 특정 DNA 염기서열에 많은 조절인자의 결합을 요구한다. 이러한 염기서열은 자체적으로 전사를 조절할 수 없을지라도, 해당 서열 부위에 조절 단백질을 불러들여 유전자의 전사를 촉진하거나 억제할 수 있으므로 필수적이다. 이 절에서는 *cis*-작용 서열(*cis*-acting sequences)이라고 알려진 DNA 염기서열에 대해서 토의할 것이다. 이 서열은 RNAP II가 전사시키는 유전자의 발현을 정확하게 조절하기 위해서 필요하다. 앞 장에서 언급된 것처럼(13장 참조) ***cis*-작용 서열(*cis*-acting sequence)**은 조절대상의 유전자와 같은 염색체 위에 존재한다. 이것은 유전자의 발현에 영향을 주는 ***trans*-작용 인자(*trans*-acting factors,** 예를 들어 DNA 결합 단백질이나 작은 RNA 분자들)와는 대조적이다.

프로모터 요소

프로모터(promoter)는 전사기구를 인지하는 DNA 부위이며, 하나 혹은 여러 단백질이 결합하여 전사개시를 조절한다. 프로모터는 정확하게 전사를 개시하여 기본량을 발현하기 위하여 필요하다. 프로모터는 조절 대상 유전자의 바로 근처에 위치하고 있으며, 전사가 시작되는 위치와 DNA 전사 방향을 결정한다. 프로모터 내에 많은 **프로모터 요소(promoter elements,** 특정 조절인자가 결합하는 짧은 뉴클레오타이드 서열)가 있다.

진핵생물 프로모터 내에 두 종류 하위요소가 있다. 첫째, **핵심 프로모터(core promoter)**는 RNAP II에 의한 정확한 전사개시를 결정한다. 둘째, **근위 프로모터 요소(proximal promoter elements)**는 기본량의 전사를 효율적으로 조절한다.

최근 생물정보학과 유전체 연구를 통해 프로모터가 얼마나 복잡하게 구성되었는지 그리고 어떻게 정교하게 작동되는지에 대해서 알게 되었다. 또한 진핵생물 프로모터가 구조와 기능면에서 다양성이 있다는 것을 밝혀내었다. 오늘날 프로모터는 집중(focused)과 분산(dispersed) 중 어느 하나인 것으로 생각된다. **집중 프로모터(focused promoters)**는 단일 뉴클레오타이드가 **전사개시점(transcription start site)**으로 작용하여 전사가 개시된다. 대조적으로 **분산 프로모터(dispersed promoters)**는 50~100개의 뉴클레오타이드 부위에 흩어져 있는 많은 전사개시점에서 전사가 개시된다(그림 17-3). 하등 진핵생물 유전자의 대부분은 집중 프로모터에 의한 전시개시 방식이지만, 포유동물에서는 유전자의 30%만이 이러한 방식을 따른다. 집중 프로모터는 전사가 매우 정교하게 조절되는 유전자에 존재하고, 반면에 분산 프로모터는 일반적으로 항상 전사되는 유전자에 나타난다.

분산 프로모터를 구성하는 DNA 요소에 대해서는 잘 알려져 있지 않다. 분산 프로모터는 보통 CpG섬 내에서 발견되는데 이것은 염색질 변형이 분산 프로모터의 전사개시에 영향을 준다는 것을 제시한다. 게다가, 어떤 데이터는 분산 프로모터가 집중 프로모터와 같은 유형의 조절 요소를 포함하고, 같은 전사개시 단백질이 결합한다는 것을 보여준다. 그러나 분산 프로모터의 조절 요소는 공통서열 요소와 많은 불일치를 가지며, 이것은 아마 분산 프로모터로부터 전사개시가 적게 일어나는 이유를 설명한다.

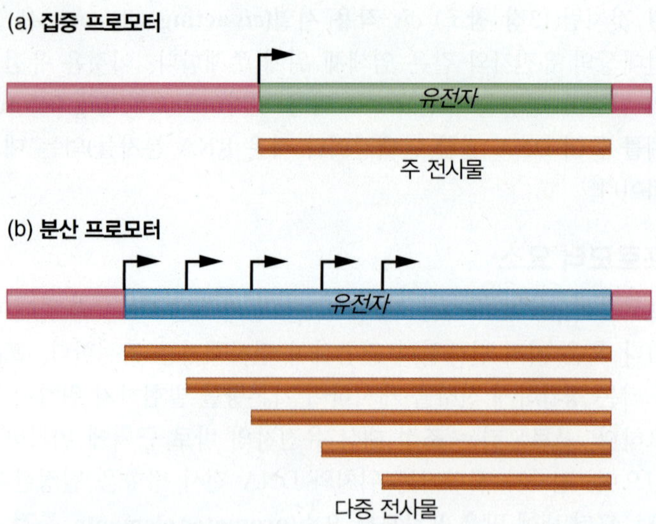

그림 17-3. 집중과 분산 프로모터. 집중 프로모터(a)는 특정 전사개시점을 결정한다. 분산 프로모터(b)는 거의 100 bp 지역에 걸쳐 다중 개시 부위에서 약한 전사개시를 결정한다. 분산 프로모터는 보통 척추동물에 있고, 하우스키핑 유전자와 연관되어 있다. 전사개시 부위와 전사방향이 화살표로 표시된다.

집중 프로모터 구조에 대해서는 많이 알려져 있다. 집중 프로모터는 하나 혹은 더 많은 DNA 서열 요소로 구성되며, 개시자(Initiator, Inr), TATA 상자, TFIIB 인지 요소(BRE), 하부 프로모터 요소(DPE), 모티프 텐 요소(MTE)가 포함된다. 이러한 요소들의 위치와 공통서열이 그림 17-4에 요약되어 있다. BRE, TATA, Inr 요소 등은 모든 집중 프로모터의 일반적인 구성요소인 듯하다. 그러나 MTE와 DPE는 일부의 집중 프로모터에서만 발견된다. 이러한 핵심 프로모터의 역할은 특정 전사개시 단백질과 결합하는 것이고 다음 절에 논의될 것이다.

Inr 요소(Inr element)는 전사개시점을 포함하는데 −2에서 +4까지 걸쳐 존재한다. 인간의 Inr 공통서열은 YYAN^{A}/$_{T}$YY(Y는 피리미딘 뉴클레오타이드이고 N은 모든 뉴클레오타이드를 의미한다)이다. 전사개시 부위는 +1 부위에 위치한 첫 A 잔기이다. **TATA 상자(TATA box)** 요소는 전사개시점으로부터 거의 −30 위치에 존재하고 공통서열은 TATA^{A}/$_{T}$AAR(R은 퓨린 뉴클레오타이드를 의미한다)이다. **BRE**는 TATA 상자의 상부 혹은 하부 한 쪽에 핵심 프로모터 안에 발견된다. **MTE**와 **DPE** 서열 모티프는 전사개시점의 하부에 위치하는데 +18~+27과 +28~+33 위치에 각각 존재한다.

많은 프로모터는 핵심 프로모터 요소와 함께, TATA 상자와 BRE의 상부에 위치한 근위 프로모터 요소를 갖는다. 근위 프로모터 요소는 핵심 프로모터 요소와 같이 작용하여 전사 기본량을 증가시킨다. 예를 들면, **CAAT 상자(CAAT box)**는 CAAT 혹은 CCAAT 공통서열을 가지며, 개시점으로부터 70~80 염기쌍 상부에 존재한다. 돌연변이 분석 결과, CAAT 상자(존재할 때)는 프로모터의 전사개시 능력에 매우 중요하다는 것을 제시한다. CAAT 상자의 양쪽 인접부위의 돌연변이는 전사에 영향을 미치지 않지만, CAAT 서열 내에 돌연변이는 전사율을 매우 많이 낮춘다. 그림 17-5는 CAAT 상자와 여러 프로모터 요소 내의 돌연변이가 전사에 미치는 효과를 요약한 것이다. **GC 상자**는 프로모터 부위에 가끔 발견되는 또 다른 요소인데, 공통서열은 GGGCGG이다. GC 상자는 하나 혹은 더 많은 복사본으로 −110 부위에 존재한다.

인핸서와 사일런서

진핵생물 유전자의 전사는 프로모터 서열뿐만 아니라 **인핸서(enhancer)**라고 불리는 DNA 서열에 의해서 조절된다. 인핸서는 유전자의 어느 쪽 부위에도 위치할 수 있고 유전자로부터 멀리 떨어지거나 혹은 유전자 내에 존재하기도 한다. 인핸서는 조절 대상 유전자로부터 100만 염기쌍 떨어져 존재할 수도 있다. 프로모터처럼 인핸서는 조절하는 유전자와 같은 염색체에 위치하여 기능하기 때문에 *cis* 조절자이다. 프로모터 서열은 기본량

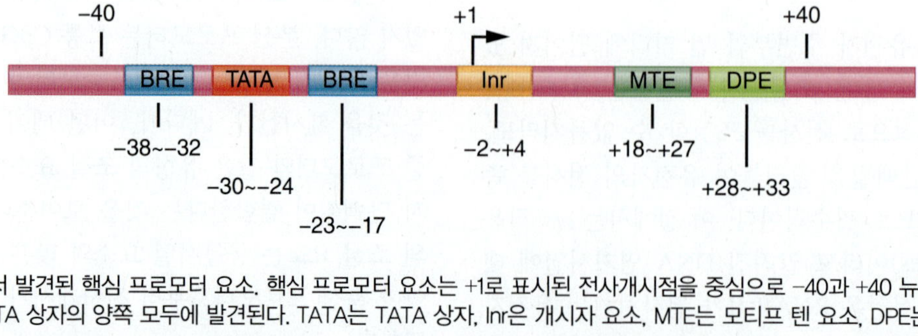

그림 17-4. 집중 프로모터에서 발견된 핵심 프로모터 요소. 핵심 프로모터 요소는 +1로 표시된 전사개시점을 중심으로 −40과 +40 뉴클레오타이드 사이에 존재한다. BRE는TFIIB 인식요소인데, TATA 상자의 양쪽 모두에 발견된다. TATA는 TATA 상자, Inr은 개시자 요소, MTE는 모티프 텐 요소, DPE는 하부 프로모터 요소이다.

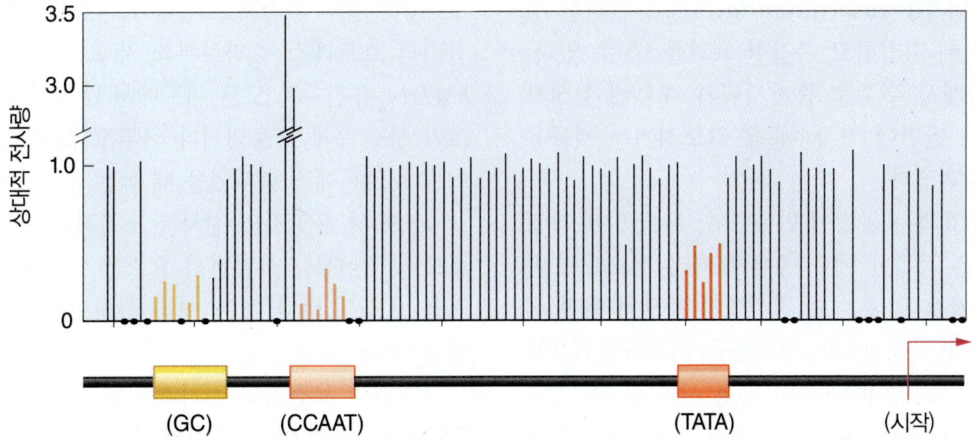

그림 17-5. 베타글로빈 유전자의 프로모터 부위에 생성된 여러 종류의 점돌연변이가 전사량에 미치는 영향에 대한 그래프. 각각의 선은 특정 위치에 존재하는 단일 뉴클레오타이드 돌연변이에 의해서 생성된 전사량을 나타낸다. 점은 돌연변이 테스트가 진행되지 않은 뉴클레오타이드를 나타낸다. 프로모터의 특정 요소 내의 돌연변이는 전사량에 가장 큰 효과를 준다는 것을 명심하시오.

전사에 필수적이고 인핸서는 전사량을 최고로 올리는 데 필요하다. 게다가, 인핸서는 시간, 조직특이적으로 유전자 발현을 유도한다. 이와 같이 인핸서와 원핵생물의 작동자 사이에 어느 정도 유사성이 있지만 인핸서는 구조나 기능면에서 더 복잡하다.

과학자들은 배양세포에 도입한 유전자를 대상으로 특정 돌연변이가 전사에 미치는 효과를 분석함으로써 프로모터와 인핸서의 작용을 분석하였다. 또한 클로닝한 리포터 유전자에 여러 방향으로 인핸서 요소를 연결시킨 후, 리포터 유전자의 발현을 분석함으로써 인핸서의 작용을 연구하였다. 이러한 생체 외 연구를 통해 프로모터와 인핸서를 구분짓는 몇 가지 특징을 밝혀내었다.

1. 인핸서는 조절 대상 유전자에 대해 고정된 위치를 가지지 않아도 된다. 인핸서는 유전자의 상부, 하부 혹은 유전자 내에 존재하여도 항상 기능할 것이다.
2. 인핸서 요소의 방향이 바뀌어도 작용에는 별 영향을 미치지 않는다.
3. 만일 인핸서가 생체에서 정상적으로는 발현되지 않는 유전자 옆으로 주입되면, 그 유전자의 전사가 촉진된다.

유전자 내에 위치한 예는 면역글로불린 중 사슬 유전자의 인핸서이며, 이것은 두 엑손 사이에 있는 인트론에 존재한다. 이러한 인핸서는 면역글로불린 유전자를 발현하는 세포 내에서만 오직 활성이 있으므로, 조직특이적 유전자 발현이 인핸서를 통해 조절될 수 있다는 것을 나타낸다. 유전자 하부에 존재하는 인핸서의 예는 베타글로빈 유전자의 인핸서이다. 닭에서 베타글로빈과 입실론글로빈 유전자 사이에 존재하는 인핸서가 한 방향으로 작동하여 배발생 과정 동안 입실론글로빈 유전자의 전사를 조절하고, 반대 방향으로는 성인에서 베타글로빈 유전자의 발현을 조절한다.

인핸서는 조립식이고 종종 여러 다른 짧은 DNA 서열을 포함한다. 예를 들면, SV40 바이러스의 인핸서(진핵생물 내에서 전사된다)는 전사개시점에서 상부쪽으로 200 bp 떨어져 위치하고 거의 100 bp로 되어 있는 두 개의 조절요소로 구성된 복잡한 구조이다. 두 조절요소는 각각 최대 전사율에 기여하는 여러 서열 모티프를 포함한다. 이러한 조절요소 중 하나가 소실된다면 전사에 효과를 미치지 않지만, 양쪽 다 소실되면 생체 내 전사는 크게 감소한다.

다른 종류의 *cis*-작용 전사 조절 요소인 **사일런서(silencer)**는 진핵생물 유전자의 전사개시를 억제한다. 인해서와 마찬가지로 사일런서는 *cis*-작용의 짧은 DNA 염기서열인데 연관된 프로모터에서 전사율에 영향을 준다. 사일런서는 종종 조직 및 시기 특이적으로 유전자 발현을 조절한다.

최근 ENCODE 프로젝트를 통해 프로모터, 인핸서, 그리고 여러 DNA 요소에 대한 정보가 크게 늘어났다. 17.10절에서 ENCODE 데이터의 중요성과 의미에 대해 알아볼 것이다.

17.4 진핵생물 전사개시는 *cis*-작용 부위에 결합하는 전사인자에 의해 조절된다

프로모터, 인핸서, 사일런서를 포함하는 *cis*-작용 조절 부위는 전사 조절 단백질이 결합하는 자리로 기능 함으로써 전사개시에 영향을 준다. **전사인자(transcription factor)**로 알려진 전사 조절 단백질은 전사에 다양하고 복잡한 효과를 줄 수 있다. 어떤 전사인자는 전사개시 수준을 증가시키기 때문에 **활성자(activator)**로 알려지고 반면에 전사수준을 감소시키는 것들은 **억제자(repressor)**로 알려졌다.

활성자와 억제자의 효과는 환경에 반응하여, 혹은 발생 과정의 적절한 시기에, 혹은 적절한 세포 종류에 따라 정교하게 바뀔 수 있다. 이러한 작용을 위해 어떤 전사인자는 오직 특정 세포 종류에만 존재하여 표적유전자의 발현량을 조직특이적으로 조절한다. 어떤 전사인자는 발생 과정의 특정 시기에서만 발현되고 혹은 외부나 내부 신호에 반응하여 발현된다. 어떤 경우에 *cis*-작용 부위에 결합하여 유전자를 조절하는 전사인자는 세포에 계속 존재하고 심지어 조절부위에 결합하기도 하지만, 오직 구조적으로 변형되거나(예를 들어서 인산화에 의해서) 호르몬 같은 다른 분자가 결합할 때에만 활성화된다. 또한 전사인자의 이러한 변형은 조직 혹은 시간 특이적 방식으로 조절될 수 있다. 게다가, 다른 전사인자는 동일 DNA 서열 혹은 두 다른 중복된 서열에 경쟁적으로 결합할 수 있다. 세포에서 전사인자 농도와 DNA에 결합하는 강도가 전사개시 수준을 결정해준다. 마지막으로 유전자 조절부위 내에 여러 인핸서와 프로모터 요소에 결합하는 다양한 전사인자들은 상호결합하여 전사개시 정도와 시간을 세밀하게 조절한다.

인간 메탈로티오네인 IIA 유전자: 여러 *cis*-작용 요소와 전사인자들

인간 **메탈로티오네인 IIA 유전자(metallothionein IIA gene, *hMTIIA*)**는 어떻게 한 유전자의 전사가 여러 프로모터, 인핸서 요소 그리고 각 조절서열에 결합하는 전사인자들 간의 상호작용에 의해서 조절되는지에 대한 예를 보여준다. *hMTIIA* 유전자 생성물은 아연, 카드늄과 같은 중금속에 결합하는 단백질로, 많은 양의 금속으로 인한 독성효과로부터 세포를 보호한다. 산화적 스트레스 효과로부터 세포를 보호하는 데도 관여한다. *hMTIIA* 유전자는 모든 세포에서 낮은 수준으로 발현되지만, 세포가 중금속에 노출되거나 글루코코르티코이드와 같은 스테로이드 호르몬에 노출되었을 때 높은 수준으로 전사된다.

hMTIIA 유전자의 전사를 조절하는 *cis*-작용 조절 요소는 프로모터, 인핸서, 사일런서 요소를 포함한다(그림 17-6). 각 *cis*-작용 요소는 하나 혹은 여러 전사인자가 특이적으로 결합하는 짧은 DNA 서열이다.

hMTIIA 유전자는 전사개시를 지정하는 핵심 프로모터 요소 TATA상자와 Inr을 포함한다. 핵심 프로모터에 결합하는 인자들은 다음 절에서 논의될 것이다. 근위 프로모터 요소 GC는 SP1 인자와 결합한다. SP1은 대부분의 진핵생물에 항상 존재하고 낮은 수준으로 전사를 촉진한다. 발현수준은 또한 인핸서 요소라고 고려될 수 있는 BLE(기본 요소)와 ARE(AP인자 반응 요소)에 의해서 조절된다. 이러한 *cis*-요소들은 활성인자 단백질 1,2,4(AP1, AP2, AP4)와 결합한다. 이 단백질들은 여러 세포 종류에 다양한 수준으로 존재하고 외부 성장신호에 반응하여 활성될 수 있다. BLE에는 AP1과 AP4 인자에 대한 서열이 겹치는 형태로 존재하므로 각 세포에서 AP1과 AP4가 어떻게 BLE에 결합하는지에 따라 *hMTIIA* 유전자 전사의 선택적 촉진 정도가 결정된다. 고수준의 전사는 인핸서 MRE(metal response element, 금속 반응요소)와 GRE(glucocorticoid response element, 글루코코르티코이드 반응요소)의 존재에 의해서 자극받는다. 금속유도 전사인자(MTF1)는 중금속 존재에 반응하여 MRE에 결합한다. 세포 내에 중금속이 과도하게 존재하면 낮은 농도로 존재하는 메탈로티오네인 단백질에서 아연이 분리될 것으로 추정한다. 유리된 아연이온이 MTF1 전사인자의 DAN 결합 도메인 내의 아연-집게 모티프에 결합하여 단백질의 구조를 변경시킨다. 아연이온이 결합한 MTF1은 세포질에서 핵으로 이

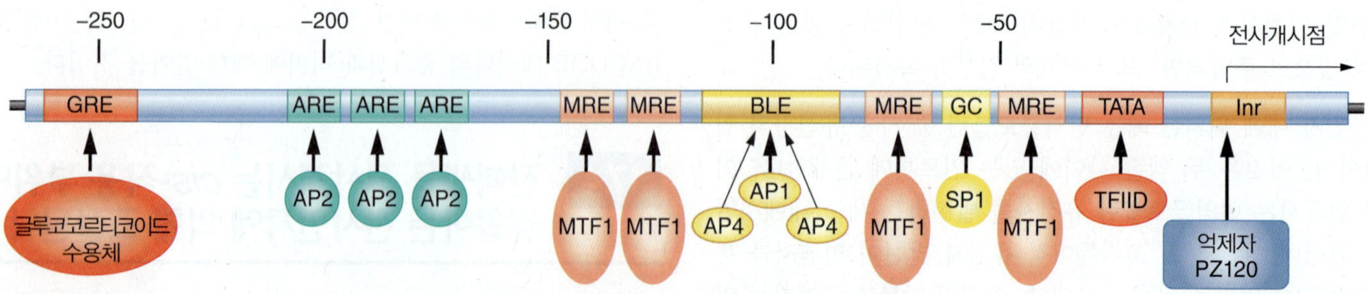

그림 17-6. 인간 메탈로티오네인 IIA 유전자 프로모터와 인핸서 부위, 다중 *cis*-작용 조절 서열을 포함한다. *hMTIIA* 전사의 기본량과 유도량을 조절하는 전사인자들은 유전자 아래에 있고, 그들이 결합하는 부위를 화살표로 표시한다.

동하여 *hMTIIA* 유전자 상부에 있는 MRE에 결합함으로써 메탈로티오네인 유전자 전사를 활성화시킨다. 수용체 단백질이 글루코코르티코이드 스테로이드 호르몬과 결합했을 때에만 글루코코르티코이드 수용체 단백질이 GRE에 결합한다. 글루코코르티코이드 수용체는 일반적으로 세포질에 존재한다. 그러나 글루코코르티코이드 호르몬이 세포질로 들어가서 수용체에 결합하여 구조적 변화가 일어나게 되면, 수용체가 핵으로 들어가서 GRE에 결합하고 *hMTIIA* 유전자 전사를 촉진한다. 이외에 *hMTIIA* 유전자 전사는 전사개시 부위에 결합하는 억제 단백질 PZ120의 작용에 의해서 억제될 수도 있다.

hMTIIA 유전자에 결합하는 여러 조절요소와 전사인자들은 외부 혹은 내부 조건의 변화에 반응하여 유전자의 전사를 활성화하거나 혹은 억제하게 한다.

진핵생물 전사인자의 기능 도메인

우리는 DNA에 결합하여 전사 시작을 활성화하거나 억제하는 전사인자에 대해서 논의해왔다. 이런 기능은 전사인자 단백질 내에 두 기능 도메인(특정 기능을 수행하는 아미노산 집단)을 통해서 얻어진다. 그 중에 하나인 **DNA-결합 도메인(DNA-binding domain)**은 *cis*-작용 조절 요소에 존재하는 특정 DNA 서열에 결합한다. 또 다른 도메인인 ***trans*-활성(*trans*-activating)** 혹은 ***trans*-억제 도메인(*trans*-repression domain)**은 전사를 활성하거나 억제하는데, 다른 전사인자 혹은 RNA 중합효소와 상호작용하여 효과를 나타낸다. 이것에 관해서는 다음 절에 논의할 것이다.

진핵생물 전사인자의 DNA-결합 도메인은 다양한 특징을 갖고 있는 3차원 구조 모티프를 가지고 있다. 대표적인 예로 나선-회전-나선(HTH), 아연-집게, 염기성 류신지퍼(bZIP) 모티프가 있다.

원핵생물과 진핵생물 전사인자 모두에 존재하는 **나선-회전-나선(helix-turn-helix, HTH)** 모티프는 특정 아미노산 서열이라기보다는 어떤 기하학적 형태에 의해서 결정된다. 여러 개의 아미노산으로 구성된 '회전구조'(이것을 보고 명명하였다)에 의해서 분리되는 두 개의 알파나선으로 인해 단백질이 DNA에 결합하게 된다.

아연-집게(zinc-finger) 모티프(한 예로써 MTF1 전사인자에 존재)는 유전자 발현을 조절하는 다양한 전사인자에서 발견된다. 전형적인 아연-집게 단백질은 두 개의 시스테인과 두 개의 히스티딘이 일정간격의 반복을 나타내는 클러스터를 가지고 있다. 이러한 클러스터는 아연 원자와 결합하여 고리 구조를 만들고 특정 DNA 서열과 상호결합한다.

염기성 류신지퍼(basic leucine zipper, bZIP) 모티프는 단백질-이량체를 만드는 류신지퍼 영역을 포함한다. bZIP을 포함하는 두 분자들이 이량화될 때, 류신 잔기들이 '지퍼'처럼 잠긴다. 그 결과 생긴 이량체의 지퍼 옆에 두 개의 알파나선 부위가 존재하는데 이들은 DNA 결합자리에 있는 인산잔기와 특정 염기에 결합한다.

전사인자의 *trans*-활성 혹은 *trans*-억제 도메인은 DNA-결합 도메인과는 뚜렷하게 다르며, 30~100개 아미노산을 가지고 있다. *Trans*-활성 혹은 *trans*-억제 도메인의 아미노산 서열은 전사인자들 간에 상당히 다양하다. 이들이 전사개시를 활성화하는 방법 또한 매우 다양하며 다음 절에서 논의하겠다.

17.5 활성자와 억제자는 보편전사인자와 결합하여 염색질 구조에 영향을 준다

우리들은 진핵생물 전사 조절에 관련된 두 가지 단계에 대해서 논의해왔다: 첫째, 염색질은 재구성되고 변형되어 전사 조절 단백질들이 특정 *cis*-작용 요소에 결합하게 한다. 둘째, 외부신호에 반응하여 혹은 조직과 시간 특이적 방법으로 전사인자들은 *cis*-작용 요소에 결합하고 전사개시율의 촉진과 억제의 효과를 가져온다. 우리가 고려해야 할 다음 질문은 어떻게 이러한 *cis*-작용 요소들과 DNA 결합인자들이 서로 영향을 주어 전사개시를 조절하는가이다. 이 질문에 답하기 위해서 어떻게 진핵생물 RNAP II와 보편전사인자들이 프로모터에 유인되는지에 대해 이해하여야 한다.

RNA 중합효소 II와 전사개시복합체의 형성

보편전사인자(general transcription factor) 단백질들은 기본량 혹은 촉진된 양의 전사를 시작하기 위해서 프로모터에 모여야 한다. 보편전사인자들은 특정 순서로 모여서 **개시전복합체(preinitiation complex, PIC)**를 형성한다. PIC는 RNAP II가 전사개시점을 인지하여 전사를 시작하게 하는 플랫폼으로 작용한다.

핵심 프로모터에서 RNAP II를 돕는 보편전사인자들은 **TFIID**(*T*ranscription *F*actor for RNAP *IID*), **TFIIB, TFIIA, TFIIE, TFIIF, TFIIH, 매개자(Mediator)**들이다. 보편전사인자와 핵심 프로모터 그리고 RNAP II 간의 상호작용에 대한 개요를 그림 17-7에 기술하였다.

PIC의 형성에서 첫 번째 단계는 핵심 프로모터의 TATA 상자와 TFIID의 결합이다. TFIID는 **TBP**(*T*ATA *B*inding *P*rotein)와 **TAFs**(*T*BP *A*ssociated *F*actors)라고 불리는 대략 13개 단백질을 포함하는 다중소단위 복합체이다. 게다가, 일련의 TAFs

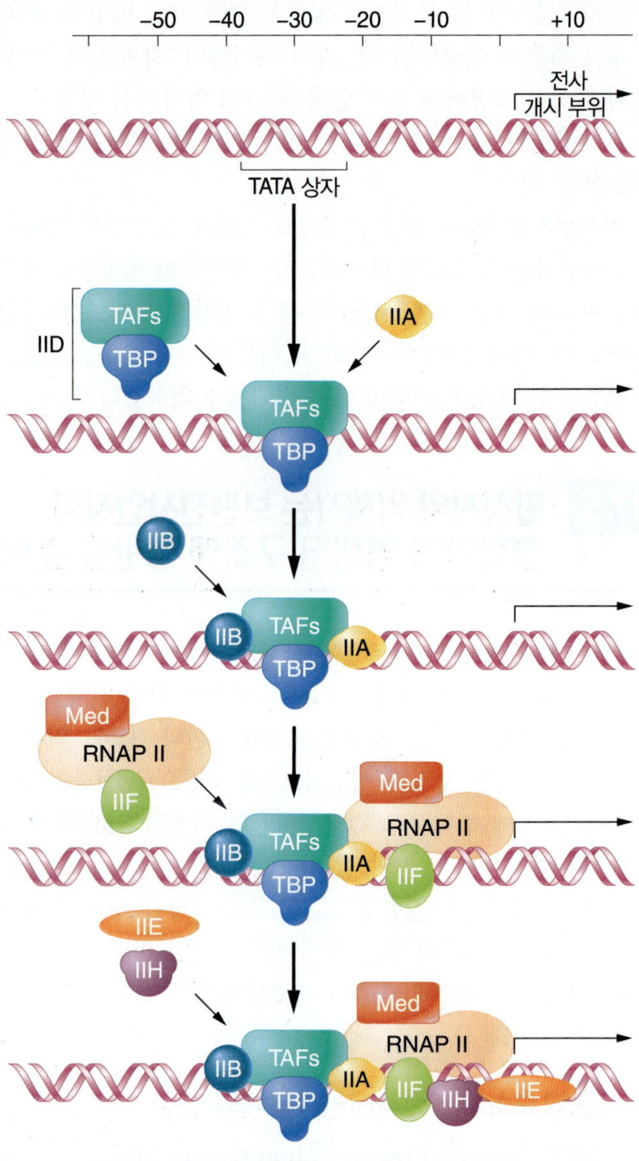

그림 17-7. RNAP II에 의한 전사개시에 필요한 보편전사인자의 조립.

는 DPEs와 MTEs뿐 아니라 Inr 요소에도 결합한다. TFIIA는 TFIID와 상호작용하고 TFIID가 핵심 프로모터에 결합하는 것을 도와준다. TFIID가 핵심 프로모터와 접촉하면 TFIIB는 TATA 상자의 한쪽 혹은 양쪽에 있는 BREs에 결합한다. TFIID와 TFIIB가 핵심 프로모터에 결합하면 다른 보편전사인자들은 RNAP II와 상호작용하여 결합하고 프로모터로 오게 도와준다. 완전히 형성된 PIC는 전사개시 부위의 DNA를 느슨하게 하여 RNAP II를 전사개시에서 신장단계로 전환시킨다. 고등진핵생물의 많은 프로모터에서, RNAP II는 전사개시 부위에 약 50 bp 하부에 정지된 상태로 있으면서 전사 신장으로 전환되게 하는 신호를 기다린다. 고등생물의 여러 다른 유전자 프로모터와 효모의 모든 프로모터에서 RNAP II는 프로모터 부위를 떠나서 **신장복합체(elongation complexes)** 상태로 DNA 주형을 따라 이동한다. 여러 보편전사인자, 특히 TFIID, TFIIE, TFIIH, 매개자들은 핵심 프로모터에 남아 있다가 다음 PIC가 형성되는 것을 돕는다.

전사활성과 억제 기작

과학자들은 어떻게 전사 활성자와 억제자가 RNAP II 전사에 변화를 주는지 설명하기 위하여 여러 가지 모델을 제시하였다. 대부분의 모델에서 먼 거리에 있는 인핸서 혹은 사일런서 요소가 조절 대상 유전자의 프로모터 부위와 물리적으로 가깝게 접촉하기 위해 DNA 고리화가 관여할 것이라 제안한다.

DNA 고리화를 지지하는 두 종류의 분석 결과를 살펴보자: 포름알데히드 교차결합분석과 직접관찰분석. 세포를 포름알데히드로 처리하면, 단백질은 매우 밀접하게 연관되어 있는 DNA 혹은 다른 단백질과 교차결합을 이룬다. 포름알데히드 교차실험 결과에서, 프로모터가 활성 상태일 때 인핸서 부위와 프로모터 부위(몇백만 bp 떨어져 있어도)는 매우 가까이 위치하고 있으며, 이는 각 조절부위에 결합하는 단백질간의 상호작용 때문일 것이다. 직접관찰실험에서는 핵 내에서 인핸서와 프로모터가 물리적으로 가깝게 위치하는 것을 밝히기 위하여 형광제자리 혼성화(FISH) 기술을 사용한다.

전사활성과 억제 기작을 설명하는 한 모델에서, DNA 고리화는 활성자, 억제자, 보편전사인자를 프로모터 근처로 모이게 하는 효과를 준다. 이러한 모집 모델에서 인핸서와 사일런서 요소는 유전자의 프로모터에 주요 조절 단백질의 농도를 증가시키는 공여자로서 작용한다. 인핸서에 결합된 전사 활성자들은 PIC의 조립 혹은 안전성을 증가시키거나 혹은 프로모터로부터 RNAP II의 방출을 촉진함으로써, 전사개시율을 증가시킨다. 프로모터에 결합된 인자와 접촉하기 위하여 활성자들은 **공동활성자(coactivator)**라고 불리는 다른 단백질들과 상호작용하여 **인핸세오좀(enhanceosome)** 복합체를 형성하는 것으로 생각된다(그림 17-8). 인핸세오좀은 매개자와 TFIID의 소단위체를 통해 PIC와 직접적으로 접촉한다. 유사한 방법으로 사일런서 요소와 결합되어 있는 억제자는 PIC 조립과 RNAP II 방출 정도를 감소시킨다.

두 번째 모델에서, DAN 고리화는 표적유전자의 전사를 촉진시키거나 억제하는 **염색질 변형(chromatin alteration)**을 유발한다. 프로모터 근처로 전달된 염색질 리모델링 복합체나 염색질 변형자는 보편전사인자 및 RNAP II와 상호작용할 수 있도록 프로모터를 열거나 닫는다. 혹은 개시전복합체에 정지되어 있는 RNAP II의 방출을 방해한다.

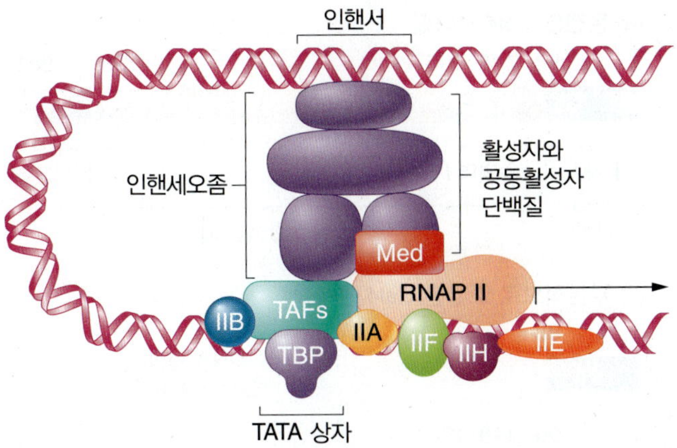

그림 17-8. DNA 고리의 형성을 통해 프로모터로부터 떨어져 있는 인핸서 혹은 사일런서에 결합하는 인자들은 개시전복합체에 있는 보편전사인자와 상호작용하여 전사량을 조절한다.

전사활성과 억제가작에 대한 세 번째 모델은 인핸서 혹은 사일런서 고리화가 전사를 유도하거나 저해하는 핵 지역으로 표적유전자를 재위치시키는 것이다. 이러한 핵 재위치(nuclear relocation) 모델은 전사공장(RNAP II와 전사 조절인자가 높은 농도로 존재하는 핵 지역)의 존재설과 일치한다.

실전문제

17-2 에스트로겐 호르몬은 에스트로겐 수용체(ER) 단백질을 불활성 상태에서 활성전사인자로 전환한다. ER은 많은 유전자의 프로모터 근처에 위치한 인핸서의 *cis*-작용 부위에 결합한다. 어떤 조직에서 에스트로겐의 존재는 ER 표적유전자의 전사를 활성화하는 듯 보이고, 반면에 다른 조직에서 같은 유전자의 전사를 억제하는 듯 보인다. 어떻게 이러한 일이 일어나는지 설명하시오.

■ **힌트:** 이 문제는 인핸서와 사일런서가 어떻게 작동하는지에 대한 이해에 관한 것이다. 해결의 실마리는 *trans*-작용 인자가 전사개시에 변화를 유발하기 위해 인핸서와 상호작용하는 여러 방법을 고려하는 것이다.

더 연습하려면 28, 29, 30번 문제를 참조하시오.

17.6 모델 생명체에서 유전자 조절: 효모 *GAL* 유전자의 전사

진핵생물의 유전자 발현 조절을 연구하기 위하여 사용된 최초의 모델 시스템은 효모의 ***GAL* 유전자 시스템(*GAL* gene system)**이었다. *GAL* 시스템은 네 개의 구조유전자(*GAL1*, *GAL10*, *GAL2*, *GAL7*)와 세 개의 조절유전자(*GAL4*, *GAL80*, *GAL3*)를 포함한다. 구조유전자의 생성물은 갈락토오스를 세포 안으로 수송하고 당을 대사한다. 조절유전자의 생성물은 구조유전자의 전사를 양성적으로 혹은 음성적으로 조절한다.

GAL 구조유전자의 전사는 **유도적(inducible)**이다. 즉, 기질 갈락토오스의 존재 유무에 의해서 전사가 조절된다. 갈락토오스가 없는 곳에서 *GAL* 구조유전자는 전사되지 않는다. 갈락토오스를 배양배지에 더하면 전사가 바로 시작되고, mRNA 농도가 1000배 증가한다. 조절유전자 *GAL*의 기능소실 돌연변이는 전사 활성화를 막는데, 이것은 전사가 **양성 조절(positive control)**, 즉 활성 단백질이 작용하여 유전자 전사를 시작한다는 것을 나타낸다. 이 절에서 우리는 어떻게 두 *GAL* 유전자, *GAL1*과 *GAL10*이 양성적으로 조절되는지를 조사할 것이다[그림 17-9(a)].

이 두 유전자의 전사는 거의 170 bp되는 **UAS_G**(*u*pstream *activating* *s*equence *of GAL* genes)라 불리는 조절부위에 의해서 조절된다. 효모에서 UAS 요소는 고등 진핵생물에서 발견되는 인핸서와 유사하다. UAS_G의 염색질 구조는 항상 열려 있는, 즉 **DNA 분해효소 민감(DNase hypersensitive)** 구조인데, 이것은 뉴클레오솜과 느슨하게 연합되어 있다는 것을 뜻한다. UAS_G 내에 Gal4 단백질**(Gal4p)**이 인식하는 네 개의 결합자리가 있다. 이러한 자리들은 *GAL1*과 *GAL10* 유전자의 전사여부와 상관없이 Gal4 단백질에 의해서 항상 점유되어 있다. Gal4p는 *GAL80* 유전자의 산물인 Gal80 단백질**(Gal80p)**에 의해서 음성적으로 조절된다.

갈락토오스가 없는 조건에서는, Gal80p는 항상 Gal4p와 결합하여 그림 17-9(b)에서처럼 Gal4p의 전사 활성 도메인을 덮는다. 전사 활성은 갈락토오스가 Gal3 단백질**(Gal3p)**과 상호작용할 때 일어난다. 갈락토오스에 결합한 Gal3p는 구조변화가 일어나 UAS_G에 결합된 Gal4p/Gal80p 복합체와 상호작용할 수 있게 된다. 이러한 상호작용은 Gal80p와 Gal4p의 결합을 파괴하여 Gal4p 활성 도메인을 노출시킨다.

Gal4p는 881개의 아미노산으로 구성된 단백질이다. 이것은 전사를 활성화시키는 *trans*-활성 도메인과 UAS_G 내에 DNA 서열을 인지하고 결합하는 DNA-결합 도메인을 갖고 있다[그림 17-10(a)]. 과학자들은 *GAL4* 유전자에 여러 종류의 결실을 만든 후 DNA 결합능과 전사 활성능을 분석함으로써 이러한 기능 도메인을 규명한다[그림 17-10(b)].

많은 연구로부터 축적된 데이터는 전사활성이 Gal4p의 활성 도메인과 다른 단백질들 사이에 접촉으로부터 발생한다는 것을 제시한다. *GAL* 프로모터에 상호결합하는 첫 번째 인자는 Gal4p와 직접적으로 결합하는 공동활성자 SAGA이다. SAGA 결합

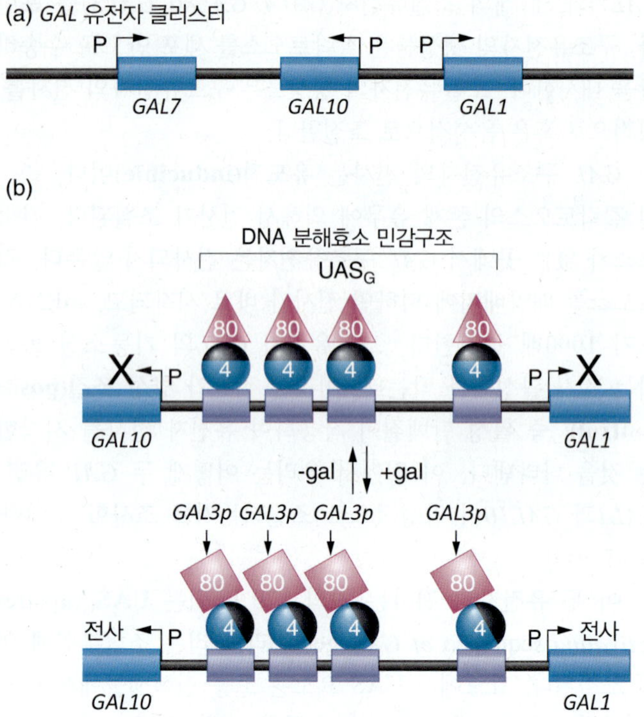

그림 17-9. *GAL1*과 *GAL10* 전사활성 모델. (a) 세 개의 *GAL* 유전자(*GAL7, GAL10, GAL1*)를 포함하는 효모 유전체의 구조. 화살은 전사 부위와 방향을 나타낸다. 프로모터는 'P'로 나타낸다. (b) *GAL10*과 *GAL1* 유전자의 UAS_G 지역. UAS_G 지역은 Gal4p를 위한 네 개의 결합자리(보라색 상자)를 가지고 있다. Gal4p 분자는 청색 원, Gal80p는 빨간색 세모 혹은 네모로 표시되어 있다. 전사 유도는 Gal4p와 결합한 Gal80p의 구조변경에 의해서 나타나며 Gal4p 전사 활성 도메인을 노출시킨다.

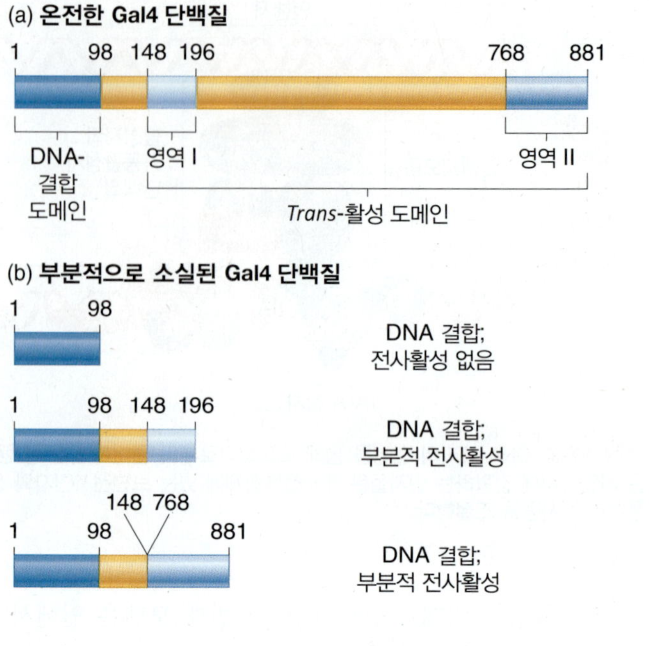

그림 17-10. Gal4p 활성인자의 구조와 기능. (a) Gal4p는 DNA 결합 도메인(어두운 청색)과 두 개의 전사활성영역(밝은 청색)을 갖고 있다. Gal80p 결합부위는 아미노산 851~881 영역에 존재한다. (b) 여러 소실이 Gal4p 활성에 미치는 영향.

후에, 보편전사인자인 매개자가 Gal4p와 상호작용하여 복합체로 들어간다. 마지막으로 RNAP II와 남아 있는 보편전사인자들이 *GAL* 프로모터에 있는 PIC로 오게 된다. Gal4p에 의해서 촉진되는 다른 단계는 뉴클레오솜 리모델링이다. Gal4p는 뉴클레오솜-리모델링 복합체 SWI/SNF을 *GAL* 프로모터로 오게 하여 프로모터에 결합되어 있는 뉴클레오솜의 제거를 진행시킨다.

17.7 전사후 유전자 조절은 RNA 가공에서 단백질 가공에 이르는 많은 단계에서 일어난다

유전자 발현 조절은 DNA에서 단백질에 이르는 과정 중에 여러 단계에서 일어난다. 진핵생물에서 유전자 발현 조절의 전사 단계를 조절하는 것이 가장 효과적이지만, **전사후 조절(posttranscriptional regulation)**도 중요하다. 전사에 앞서서 진핵생물 mRNA전사물은 여러 단계에서 가공이 일어나는데, 비암호 인트론 제거 및 남아 있는 엑손을 정확하게 연결하는 스플라이싱, mRNA 5′ 말단에 캡, 3′ 말단에 폴리-A의 합성을 포함한다. 게다가, RNA 분자들이 편집되어 염기가 변형될 수 있다. 성숙한 전령 RNA는 세포질로 수송된 후 번역되고 분해된다. 단백질 생성물의 양을 통제하기 위하여 각각의 이러한 단계에서 발현이 조절된다. 또한 단백질 산물의 안정성, 변형, 활성 등이 조절될 수도 있다.

이 절에서 진핵생물에서 매우 중요한 전사후 유전자 조절의 여러 기작을 살펴볼 것이다—선택적 스플라이싱, mRNA 안정성, 번역의 통제. 다음 절에서 우리들은 전사후 유전자 조절의 다른 방법을 논의할 것이다—RNA 침묵.

mRNA의 선택적 스플라이싱

선택적 스플라이싱은 같은 전구체 mRNA 분자로부터 다양한 종류의 mRNA가 생성되어 한 개의 유전자로부터 여러 종류의 유사하지만 다양한 기능을 가진 단백질들을 만들어낸다.

스플라이싱 패턴의 변화는 번역된 단백질에 많은 다른 효과를 준다. 작은 변화조차도 단백질의 효소활성, 수용체 결합능력, 세포에서 단백질 위치까지도 영향을 줄 수 있다.

그림 17-11은 **calcitonin/calcitonin 유전자-관련 펩타이드 유전자(*CT/CGRP* 유전자)**로부터 전사된 전구체 mRNA의 선택적 스플라이싱 과정을 보여준다. 갑상선 세포에서 *CT/CGRP* 전

구체 전사물은 처음 4개 엑손만을 포함하는 방법으로 스플라이싱되어 성숙 mRNA를 형성한다. 갑상선 세포에서 엑손 4에 있는 폴리아데닐화 신호는 mRNA를 가공하여 폴리-A 꼬리를 합성하도록 한다. 이러한 mRNA는 calcitonin 단백질로 번역된다. Calcitonin은 32개 아미노산으로 구성된 펩타이드 호르몬으로 칼슘농도 조절에 관여한다. 뇌와 말초신경계에서 *CT/CGRP* 전구체 전사물은 엑손 5와 6을 포함하고 엑손 4는 포함하지 않도록 스플라이싱된다. *CGRP* mRNA는 다양한 조직에서 37개 아미노산으로 구성된 펩타이드 호르몬을 생성한다. 이와 같이 선택적 스플라이싱을 통해 한 종류의 유전자로부터 다양한 구조, 위치, 기능을 가진 2종류의 펩타이드 호르몬이 합성된다.

선택적 스플라이싱은 각 유전자로부터 여러 단백질을 생성토록 한다. 그 결과 생명체가 만들 수 있는 단백질 수(**단백질체, proteome**)는 유전체에 있는 유전자 수와 다를 수밖에 없고 이와 같은 단백질 다양성은 유전자 수를 큰 폭으로 증가시키는 효과를 준다. 선택적 스플라이싱은 모든 후생동물에서 발견되지만 인간을 포함한 포유동물에서는 특히 더 일반화되어 있다. 과학

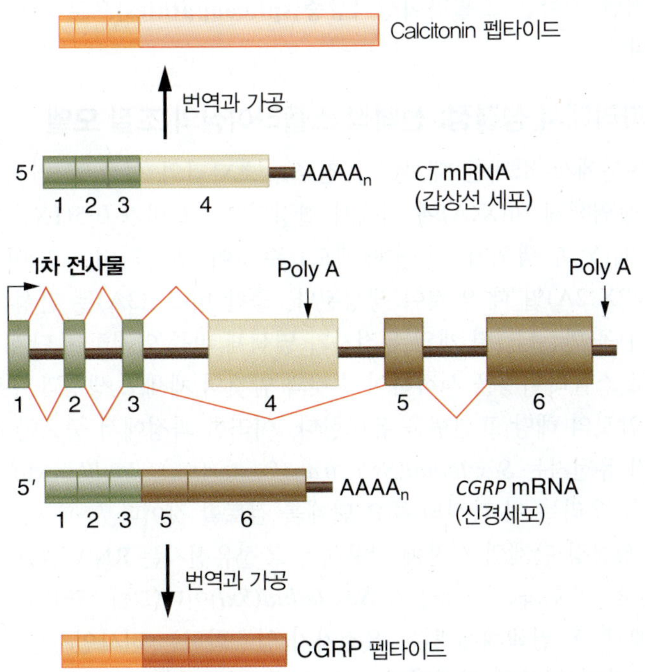

그림 17-11. *CT/CGRP* 유전자 전사물의 선택적 스플라이싱. 그림의 중간에 보여지는 1차 전사물은 6개 엑손을 포함한다. 1차 전사물은 두 종류의 서로 다른 mRNA로 스플라이싱되며, 처음 3개 엑손은 공통적으로 포함하나 마지막 엑손은 서로 다르게 포함한다. *CT* mRNA는 엑손 4를 포함하는데 4번째 엑손의 말단에 폴리아데닐화가 일어난다. *CGRP* mRNA는 엑손5와 6을 포함하는데 엑손 6의 말단에 폴리아데닐화가 일어난다. *CT* mRNA는 갑상선 세포에서 생성된다. 번역후 생기는 단백질은 calcitonin 펩타이드가 된다. 대조적으로 *CGRP* mRNA는 신경세포에서 생성된다. 번역후 생기는 단백질은 CGRP 펩타이드가 된다.

자들은 적어도 인간 유전체에서 단백질 암호화 유전자들의 3분의 2가 선택적 스플라이싱된다고 추정한다. 따라서 인간은 반수체 유전체에 존재하는 20,000개 유전자로부터 수십만 종류의 다른 단백질을 생성할 수 있다.

선택적 스플라이싱의 작용을 고려하면 얼마나 많은 종류의 폴리펩타이드가 한 종류의 mRNA 전구체로부터 만들어질까? 이 질문의 답은 초파리에 있는 *Dscam* 유전자를 연구하여 얻을 수 있다. 발생 과정에서 신경계 세포는 정확하게 서로 연결되어야 한다. 단지 25만 개의 신경세포를 가진 초파리에서조차 이것은 대단한 작업이 된다. 신경세포는 다른 신경세포들과 연결되는 세포성 돌기인 축삭을 갖는다. 초파리 ***Dscam* 유전자**는 축삭 성장을 유도하는 단백질을 암호화하는데, 이 단백질은 신경세포가 서로 정확하게 연결되도록 한다. *Dscam* pre-mRNA에서 엑손 4, 6, 9, 17 각각은 가능한 일련의 선택적 스플라이싱이 되는 부위이다(그림 17-12). 각 엑손은 상호 배제 형태로 성숙 mRNA로 스플라이싱되는 여러 개의 대체물을 가지며, 각 대체물은 하나 이상 사용하지 않는다. 엑손 4는 12개 대체물, 엑손 6은 48개 대체물, 엑손 9는 33개 대체물, 엑손 17은 2개의 대체물이 있다. 이러한 방식으로 형성될 수 있는 가능한 조합 수는 이론적으로 *Dscam* 유전자의 경우 38,016개의 서로 다른 단백질을 형성할 수 있다. 가능한 mRNA와 단백질 종류가 많을지라도 초파리 신경계는 이러한 대체물을 모두 요구하는가? 최근 연구는 그렇다고 제안한다.

과학자들은 각 신경세포가 다양한 세트의 Dscam 단백질을 발현한다는 것을 보여주었다. 게다가, 생체 외 연구는 각 종류의 Dscam 단백질이 다른 종류가 아닌 같은 종류의 Dscam 단백질에만 결합할 수 있다는 것을 보여준다. 아미노산 서열에서 약간의 변화가 있어도 두 개의 Dscam 분자들 사이에 결합이 감소되거나 사라진다. 생체 내 연구는 같은 종류의 Dscam을 발현하는 세포들은 서로 결합한다는 것을 보여준다. 따라서 신경세포에서 다양한 Dscam 단백질은 각 신경세포를 위한 분자표지를 제공하여 신경세포가 알맞은 표적에 가도록 하여 다른 종류의 신경세포의 축삭돌기와는 섞이지 않도록 하는 듯하다.

다른 예로는 초파리의 신경계에서 발현되는 ***para*** 유전자를 살펴보자. *Para*는 적어도 48개의 다양한 mRNA 변이를 만들 수 있는 6개의 선택적 스플라이싱 부위를 가지고 있을 뿐만 아니라, 11개 위치에서 **RNA 편집(RNA editing)**이라는 전사후 가공 과정도 일어난다. RNA 편집은 전사와 스플라이싱 후에 발생하는 염기 치환을 말한다. 선택적 스플라이싱과 RNA 편집으로 *para* 유전자는 이론적으로 서로 다른 백만 종류의 전사물을 형성할 수 있다.

초파리 유전체는 13,000개의 유전자를 포함하지만, *Dscam*

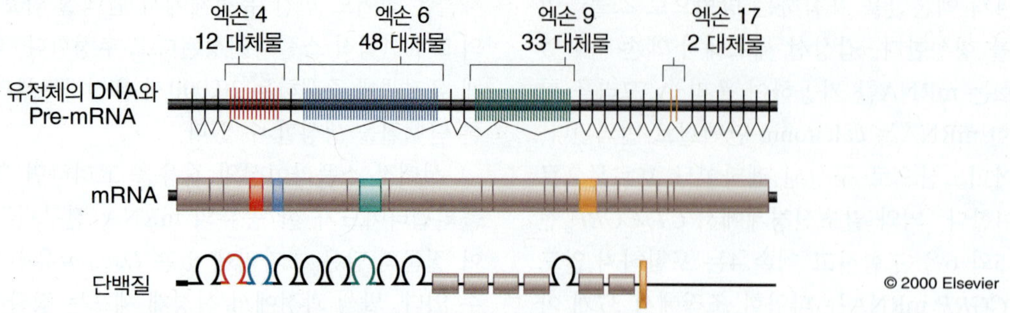

그림 17-12. *Dscam* 유전자 mRNA의 선택적 스플라이싱. (위) 초파리에서 *Dscam* 유전자와 mRNA 전구체의 구조. *Dscam* 유전자는 발생 과정에서 축삭 성장을 지시하는 단백질을 암호화한다. 각 mRNA는 엑손 4(빨간색)에서 가능한 12개 중 하나, 엑손 6(청색)에서 가능한 48개 중 하나, 엑손 9(녹색)에서 가능한 33개 중 하나, 엑손 17(노란색)에서 가능한 2개 중 하나를 포함할 것이다. 이러한 엑손 선택의 모든 가능한 조합을 세면, *Dscam* 유전자는 서로 다른 38,016 종류의 Dscam 단백질을 암호화할 것이다.

유전자만 가지고도 그것보다 2.5배 더 많은 단백질을 형성할 수 있다. 선택적 스플라이싱은 포유동물에서 매우 일반적으로 일어나기 때문에 인간 유전체로부터 생성될 수 있는 단백질의 조합은 천문학적일 것이다.

선택적 스플라이싱과 인간 질병

스플라이싱 조절에 손상을 주는 돌연변이는 여러 유전병을 일으킨다. 이러한 질병 중에 하나인 **근긴장성이영양증(myotonic dystrophy)**은 RNA 스플라이싱의 결함이 어떻게 다양한 증상을 야기할 수 있는지에 대한 예이다. 근긴장성이영양증(DM)은 성인 근육 결함의 가장 일반적인 형태인데, 8000명 중 한 명꼴로 발생한다. 또한 근긴장성이영양증은 두 개의 질병 형태(DM1, DM2)로 나타나며, 상염색체 우성 질환이다. 이 질병 둘 다 다양한 증상을 보이는데, 근육 피로, **근긴장증(myotonia,** 비정상적인 근육이완), 인슐린 저항, 백내장, 정소 이상, 행동과 인지 결함, 심장 근육 이상, 모근 종양을 포함한다.

DM1은 ***DMPK* 유전자**의 3′ 비번역 부위에 존재하는 3개 뉴클레오타이드 반복서열인 CTG의 팽창에 기인한다. 정상인에서 *DMPK* 유전자는 CTG 반복서열을 5~35개의 카피를 가지고 있지만, DM1 환자의 유전자는 150~2000개의 CTG 반복서열 카피를 가지고 있다. 증상의 심각성은 반복서열의 카피 수와 관련되어 있다. DM2는 ***ZNF9* 유전자**의 첫 번째 인트론 내에 CCTG 반복서열의 팽창에 의해서 야기된다. 환자는 *ZNF9* 인트론 내에 해당 반복서열이 11,000번까지 반복된다. DM2에서 증상의 심각성은 반복서열의 수와 관련되어 있지 않다.

최근에 과학자들은 DM1과 DM2가 *DMPK* 혹은 *ZNF9* 유전자의 단백질 산물의 변화뿐만 아니라 반복서열을 포함하는 RNA가 독성 효과를 야기한다는 것을 발견하였다. 이러한 RNA들은 핵 내에 축적되어 응집체를 형성한다. *ZNF9*의 경우에, 스플라이싱 후에 인트론의 나머지 부분이 분해될 때, CCUG 반복서열은 자체적으로 핵에 축적된다. 축적된 RNA는 근육 혹은 신경조직의 기능에 중요한 RNA들의 스플라이싱 조절 단백질들에 결합하여 스플라이싱 활성을 저해한다. 지금까지 과학자들은 DM1 환자의 근육, 심장, 뇌에서 부적절하게 스플라이싱되는 약 20여 종의 유전자를 발견하였다. 종종 태아형 스플라이싱 패턴이 DM1과 DM2 환자에서 일어나며, 성인형 스플라이싱 패턴으로의 전환이 결여된다. RNA 스플라이싱의 조절에서 나타나는 이러한 결함은 **스필라이싱이상증(spliceopathies)**으로 알려져 있다.

초파리에서 성결정: 선택적 스플라이싱의 조절 모델

앞부분에서 소개한 대로(7장 참조), 초파리의 성은 X 염색체와 상염색체 비(X:A)에 의해서 결정된다. 그 비가 0.5(1X:2A)일 때(Y 염색체가 없을 때에도) 수컷이 생성되며, 그 비가 1.0(2X:2A)일 때 암컷이 생성된다. 중간 비(2X:3A)는 간성(성전이)을 만든다. 몇 개의 유전자가 염색체 비를 인지하여 단계적으로 스플라이싱을 시작하여 수컷과 암컷의 체세포 생성과 수컷과 암컷의 해당 표현형을 유도한다. 이러한 과정에서 중요한 세 가지 유전자는 *Sex lethal*(*Sxl*), *transformer*(*tra*), *doublesex*(*dsx*)이다. 우리는 이 과정의 주요 단계를 검토할 것이다.

성결정 단계의 시작에 작용하는 조절유전자는 RNA 결합 단백질을 암호화하는 유전자 ***Sex lethal*(*Sxl*)**이다(그림 17-13). 암컷에서, X 염색체에 있는 유전자가 암호화하는 전사인자는 *Sxl* 유전자의 전사를 활성화한다고 생각된다. 수컷에서 이 전사인자의 농도가 낮아 *Sxl*의 전사를 활성화하기에는 충분하지 않다. 이와 같이 다른 전사 조절의 결과로써 SXL 단백질은 오직 암컷 배아에서 발현된다. SXL 단백질의 존재 유(암컷에서)무(수컷에서)로 인해 수컷과 암컷에서 특이적인 pre-mRNA 스플라이싱 과정이 시작된다. SXL이 있을 때, 암컷 스플라이싱 패턴이 나타나는데 이것은 초기설정 형태인 수컷 스플라이싱 패턴을 압도

한다.

SXL 단백질의 표적 중 하나는 ***transformer(tra)*** 유전자로부터 전사된 pre-mRNA이다. *tra* pre-mRNA는 수컷과 암컷 모두에서 전사된다. SXL 단백질이 존재할 때, *tra* pre-mRNA는 스플라이싱되어 기능성 TRA 단백질로 번역되는 성숙 mRNA을 형성한다. SXL이 없을 때, *tra* pre-mRNA는 종결 코돈이 성숙 mRNA에 포함되는 방식으로 스플라이싱된다. 이 mRNA의 번역으로 길이가 짧아진 비기능성 단백질이 형성된다. SXL은 pre-mRNA에 결합해서 스플라이싱 기구에 의한 스플라이싱 신호의 인지를 변경함으로써 *tra* pre-mRNA 스플라이싱 패턴을 변형한다.

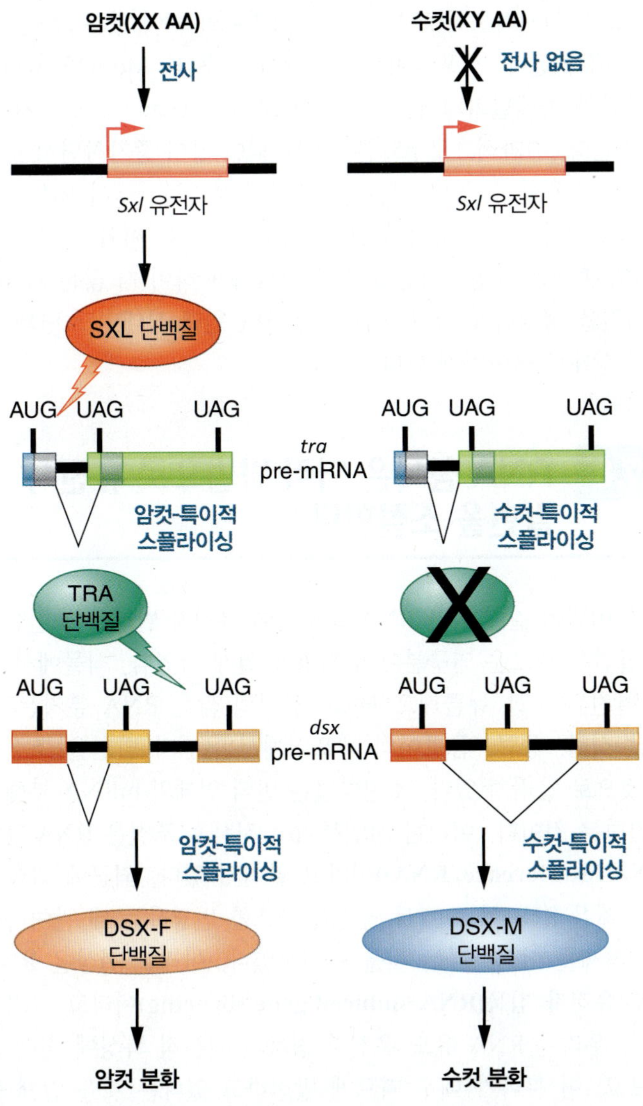

그림 17-13. 초파리 수컷과 암컷의 성 발생을 결정하는 pre-mRNA 스플라이싱 조절. X 염색체와 상염색체(AA) 비는 *Sxl* 유전자의 전사물에 영향을 준다. SXL 단백질의 존재는 암컷 특이적 DSX-F 전사인자가 생성되도록하는 일련의 암컷 특이적 스플라이싱을 시작한다. SXL 단백질이 없을 때, 수컷 특이적 패턴의 pre-mRNA 스플라이싱이 일어나며, DSX-M 단백질에 의해 수컷 특이적 유전자 발현을 유도한다.

일련의 성결정 조절 단계에서 ***doublesex(dsx)***는 성적 표현형의 발생 과정에 중요한 조절유전자이다. *dsx* 유전자는 암컷과 수컷 모두에서 기능이 있는 mRNA와 단백질을 생성한다. 그러나 pre-mRNA의 스플라이싱이 성 특이적 방법으로 진행되어 다른 종류의 전사물을 생성하고 따라서 다른 종류의 DSX 단백질을 생성한다. 암컷에서 기능성 TRA 단백질은 스플라이싱 인자로 작용하여 *dsx* pre-mRNA에 결합하여 암컷 특이적 패턴의 스플라이싱을 지시한다. 수컷에서 TRA 단백질이 존재하지 않으므로, *dsx* pre-mRNA의 스플라이싱은 수컷 특이적 mRNA와 단백질을 생성하게 한다. 암컷 DSX 단백질(DSX-F)과 수컷 단백질(DSX-M)은 모두 전사인자이지만 다른 방식으로 작용한다. DSX-F는 수컷 특징을 조절하는 유전자의 전사를 억제하지만, DSX-M은 수컷 발생을 조절하는 유전자의 전사를 활성화한다. 게다가, DSX-M은 암컷 발생을 조절하는 유전자의 전사를 억제한다.

총합하여 *Sxl* 유전자의 산물은 스위치로 작용하여 *dsx* 전사물의 스플라이싱을 성특이적으로 조절함으로써 성 발생 과정을 선택한다. SXL 단백질은 오직 X:A 비가 1인 배아에서만 생성된다. TRA 단백질의 부재로 *dsx* 전사물의 암컷 특이적 스플라이싱이 발생하지 않게 되면 수컷형 스플라이싱이 자동적으로 진행되어 결과적으로 수컷 표현형 산물을 만들게 된다.

실전문제

17-3 초파리 *tra* 유전자에 발생한 특정 돌연변이는 XX 암컷을 수컷으로 보이게 한다. 대조적으로 *tra*에 다른 돌연변이가 일어난 경우, XY 수컷 초파리가 정상 암컷으로 보이게 한다. *tra* 돌연변이로 기능이 없는 대립유전자가 된다면, 위와 같은 표현형 중 어느 것이 기대되는가? 만일 돌연변이가 항상 활성이 있는 *tra* 유전자 산물을 형성한다면 어느 것이 기대되는가?

■ **힌트:** 이 문제는 초파리에서 SXL 작용 경로를 이해하는지와 관련된다. 해답의 실마리는 초파리 암컷과 수컷에서 정상 TRA 단백질의 기능을 검토하는 것이다.

mRNA 안정성 조절

어떤 mRNA의 **안정 수준(steady-state level)** 정도는 유전자가 전사되는 비율과 mRNA가 분해되는 비율의 조합에 의해서 결정된다. mRNA의 안정 수준량은 단백질 번역에 필요한 mRNA 양을 결정한다. 모든 mRNA 분자는 합성된 후 어떤 시점에서 분해되지만, **반감기(half-life, $t_{1/2}$)**로 정의되는 mRNA 수명은 mRNA마다 서로 다르며 세포의 요구에 따라 조절될 수 있다.

mRNA는 일반적으로 세 가지 과정을 따라 분해된다. 첫째, 폴리-A 꼬리의 길이를 짧게 하는 효소에 의해서 분해된다. 새롭게 합성된 mRNA 폴리-A 꼬리는 약 200 뉴클레오타이드 길이로 **폴리-A 결합 단백질(poly-A binding protein)**과 결합한다. 이 단백질이 폴리-A 꼬리에 결합하여 mRNA를 안정화시킨다. 폴리-A 꼬리가 짧아져서 30 뉴클레오타이드보다 적으면 mRNA는 불안정하게 되고 RNA를 5′→3′ 혹은 3′→5′ 방향으로 분해하는 핵산말단가수분해효소의 기질로서 작용을 한다. 둘째, **캡제거효소(decapping enzymes)**는 mRNA의 7-메틸구아노신 캡을 제거하여 불안정화시킬 수 있다. 셋째, mRNA는 핵산내부가수분해효소에 의해서 절단되어 각 말단에 핵산말단가수분해효소가 작용할 수 있는 비보호 말단을 제공한다. 핵산내부에서 가수분해가 발생하는 예로 **종결코돈 생성에 의한 분해(nonsense-mediated decay)** 동안 일어나는 것과 RNA 간섭에 의해서 촉진되는 것들이 있다(17.8절에서 논의될 것이다). 종결코돈 생성에 의한 mRNA 분해는 번역이 미성숙 종결코돈에서 종결될 때 발생한다. 핵산내부가수분해효소는 종결코돈 근처에서 mRNA를 공격하여 핵산말단가수분해효소의 작용 부위인 비보호 말단을 만들게 된다. 종결코돈 생성에 의한 분해는 돌연변이 mRNA 분자를 제거하여 비정상 단백질 생성과 축적을 막는 중요한 기작이다.

mRNA 안정성을 조절하는 기작은 무엇인가? mRNA 반감기는 분해 혹은 안정 복합체를 끌어오는 특정 RNA 서열 요소를 통해 변화될 수 있다. 잘 연구된 RNA 안정성 요소는 **아데노신-우라실 풍부요소(adenosine-uracil rich elment, ARE)**인데, 이것은 A와 U 리보뉴클레오타이드로 구성된 RNA 가닥이다. 이러한 AU-풍부요소는 짧은 반감기를 가진 mRNA의 3′ 비번역 부위에 위치하고 있다. 이러한 ARE-포함 mRNA는 세포성장 혹은 전사조절에 관여하는 단백질을 암호화한다. 성장하지 않는 세포 혹은 낮은 농도의 유전자 발현을 필요로 하는 세포에서, 특정 복합체가 이러한 mRNA 분자의 ARE에 결합하여 폴리-A 꼬리를 짧게 하고 mRNA 분해를 촉진시키게 된다. 포유동물 mRNA의 10%는 이러한 비안정성 요소를 포함한다고 추측된다.

번역과 번역후 조절

유전자 발현의 궁극적 목적은 활성 있는 유전자 산물을 만드는 것이다. 유전자 산물의 활성도와 양이 조절되는 방법은 여러 가지가 있다. 어떤 경우에는 mRNA 번역이 조절되어 적절한 양의 단백질을 생성한다. 다른 경우에는 단백질 안정성이 조절되거나 혹은 단백질의 가공을 통해 구조를 변화시켜 활성에 영향을 준다.

번역후 조절의 중요한 예는 **p53 단백질(p53 protein)**이다. p53 단백질은 정상세포를 DNA 손상과 다른 스트레스로부터 보호한다. 이 단백질은 세포주기 정지, DNA 수선, 예정 세포사에 관여하는 여러 유전자의 전사를 촉진하는 전사인자이다. 정상조건에서 p53은 매우 낮은 양으로 존재하며, 이들은 비활성화되어 있다. 세포가 DNA 손상과 대사 스트레스에 처해지면 p53 단백질의 양이 폭발적으로 증가한다. 게다가 p53 전사인자는 활성을 갖게 된다.

p53의 양과 활성의 변화는 단백질 안정성 증가와 단백질 가공에 의해 일어난다. 스트레스가 없는 세포에서 p53은 **Mdm2** 단백질과 결합한다. Mdm2 단백질은 p53 단백질의 전사활성 도메인에 결합하여 전사 유도 능력을 저해한다. 게다가, Mdm2는 유비퀴틴 연결효소로서 작용하여 유비퀴틴 잔기를 p53 단백질에 추가한다. **유비퀴틴(ubiquitin)**은 작은 단백질로 여러 표적 단백질에 꼬리표처럼 결합하는데, 이들의 역할은 단백질 분해효소가 인지하도록 표지한다. 유비퀴틴화 되어 있는 p53은 결국 분해가 된다. 세포들이 스트레스를 받을 때 Mdm2와 p53은 인산화와 아세틸화되어 결국 p53으로부터 Mdm2가 떨어져 나오게 한다. 결과적으로 p53은 안정화되어 양이 증가하면서 전사인자로 작용할 수 있다. 또 다른 조절의 형태는 p53이 *Mdm2* 유전자의 전사를 유도하는 전사인자라는 것이다. 이와 같이 활성 p53의 존재는 음성되먹임 고리를 시작하게 하여 더 많은 Mdm2 단백질을 생성하게 한다. 이것은 p53이 원래 상태인 소량의 비활성 상태로 돌아가게 한다.

17.8 RNA 침묵은 여러 방법으로 유전자 발현을 조절한다

지난 10년에 걸쳐 작은 RNA 분자들이 유전자 발현을 조절한다는 발견은 새로운 연구분야의 지평을 열게 하였다. 식물에서 처음 발견된 ~21 뉴클레오타이드 길이의 짧은 RNA 분자는 오늘날 식물, 동물, 곰팡이의 세포질에서 유전자 발현을 조절하는 것으로 알려져 있다. 조절방법은 번역 억제와 mRNA 분해를 촉진하는 것이다. 이러한 서열특이적 전사후 조절은 **RNA 간섭(RNA interference, RNAi)**이라고 알려져 있다. 최근에 과학자들은 짧은 RNA가 핵에서 염색질 구조를 변경하는 데 관여하여 전사억제를 야기한다는 것을 규명하였다. 이러한 현상은 **RNA 유도 유전자 침묵(RNA-induced gene silencing)**이라고 알려져 있다. 우리는 RNA 유도 유전자 침묵의 기본적 특성에 대해 살펴보고, 이 분야가 매우 빠르게 발전하고 있다는 것을 알게 될 것이다. 이 책의 현대 유전학 특강 2장(RNA의 새로운 기능 참조)에서 다양한 RNA 분자에 의한 유전자 조절에 대해서 더 깊이 논의할 것이다.

RNAi는 식물과 동물 유전자 발현을 연구하는 과정에서 처음 발견되었다. 한 연구 프로젝트에서 Andrew Fire와 Craig Mello는 선충(*Caenorhabditis elegans*) 세포에 *unc-22* 유전자의 mRNA에 상보적인 염기서열을 갖는 단일 가닥 혹은 이중가닥 RNA 분자를 주입하였다. 그들은 단일 가닥 안티센스 RNA 분자가 내생 센스 mRNA에 결합해서 *unc-22* 유전자 발현을 억제할 것이라고 기대했지만, 놀랍게도 이중가닥 mRNA의 주입이 *unc-22* mRNA 발현을 억제하는 데 있어서 10~100배 더 효과적이라는 것을 발견하였다. 그들은 이 현상을 연구해서 그 결과를 1998년 *Nature* 저널에 발표하였다. 그들은 이중가닥 RNA의 한 가닥이 상보적 서열을 지닌 mRNA에 작용하여 mRNA의 분해를 유도한다고 보고하였다. 단지 몇 개의 이중가닥 RNA 분자만 가지고도 많은 양의 mRNA를 분해시켰다. Fire와 Mello의 연구는 분자생물학 분야의 새로운 장르를 열었고, 응용성에서도 굉장한 의미가 있었다. RNAi에 관한 업적으로 그들은 2006년 노벨 생리 · 의학상을 수상하였다.

RNA 유도 유전자 침묵에 관한 분자 기작

두 가지 주요 유형의 짧은 RNA 분자가 RNA 유도 유전자 침묵에 관여한다: **짧은 간섭 RNA(small interfering RNAs, siRNAs)**와 **마이크로 RNA(microRNAs, miRNAs)**. 그들은 서로 기원이 다를지라도 작용 기작은 유사하다. 언급한 두 가지 유형의 RNA는 20-25 리보뉴클레오타이드로 구성된 짧은 이중가닥 분자이다. siRNA는 매우 긴 선형 이중가닥 RNA 분자로부터 형성되며, 세포질에 위치한다. 자연에서 이러한 siRNA 전구물질은 바이러스 감염이나 혹은 트랜스포존 발현(둘 다 생활사의 한 부분으로서 이중가닥 RNA 분자를 합성한다)의 결과로써 세포 내에서 생성된다. RNAi는 세포가 이중나선 RNA를 인지하고 불활성화시키는 데 사용하는 방법이며, 외부 혹은 내부 공격으로부터 생명체를 보호한다. siRNA 분자는 실험실에서 합성될 수 있으며, 오늘날 과학자들은 연구나 치료 목적으로 이중나선 RNA를 세포 안으로 주입한다. 세포질에서 이중나선 RNA 분자는 **Dicer**로 알려진 효소복합체에 의해서 인지되고 절단되어 siRNA가 된다.

miRNA는 핵에서 자신의 유전체로부터 전사되는 단일 가닥 RNA로부터 출발하여 이중가닥 줄기-고리 구조를 갖는다. 핵 내에 존재하는 핵산분해효소는 이러한 줄기-고리 구조를 인지한 후 절단한다. 줄기-고리 RNA 조각은 핵에서 세포질로 수송된 후, Dicer 복합체에 의해서 더 가공되어 짧은 선형의 이중가닥 miRNA가 된다. 지난 몇 년에 걸쳐 과학자들은 진핵생물 유전체의 많은 양이 RNAP II에 의해서 전사되지만, 열린번역틀이 없어서 단백질로 번역되지 않고 RNA 산물로 존재한다는 것을 발견하였다. 이러한 RNA는 유전체의 비암호화 부위에 위치한 각자의 프로모터에서 전사되거나 다른 단백질 암호화 유전자의 인트론 내에 있는 서열로부터 전사된다. 지금까지 1500개 이상의 miRNA가 인간 유전체에서 발견되었다. 과학자들은 진핵생물이 짧은 비암호화 RNA로 전사되는 수천 개의 유전자를 가지고 있고, 이것들은 모든 암호화 유전자의 절반 이상에서 유전자 발현을 조절할 것이라고 추정했다.

비암호화 RNA는 어떻게 음성적으로 유전자 발현을 조절하는가? RNA 유도 유전자 침묵에 관여하는 두 가지 경로에 대해서 그림 17-14에 나타나 있다.

RNAi 경로는 여러 단계를 포함한다. 첫째, siRNA 혹은 miRNA 분자는 **RNA 유도 침묵 복합체(RNA-induced silencing complex, RISC)**라 불리는 효소 복합체와 결합되어 있다. 둘째, RISC 내에서 짧은 이중나선 RNA가 변성되고 센스가닥이 분해된다. 셋째, RNA/RISC 복합체는 고도로 특이적인 기능성 있는 RNAi로 작용하여, RISC에 포함된 안티센스 RNA에 상보적인 mRNA 분자를 찾아낸다. 이 시점에서 RNAi는 두 개의 경로 중 하나를 선택할 수 있다. RISC에서 안티센스 RNA가 mRNA에 완전히 상보적이면, RISC는 mRNA를 절단할 것이다. 그 후 절단된 mRNA는 리보핵산분해효소에 의해서 분해된다. RISC에서 안티센스 RNA가 mRNA에 완벽하게 상보적이지 않으면, RISC 복합체는 mRNA에 결합되어 있는 상태로 존재하여 리보솜이 mRNA를 번역하는 것을 방해한다. 이와 같이, RNAi는 mRNA 안정성 혹은 번역에 영향을 주어 유전자 발현을 침묵시킬 수 있다.

mRNA 번역을 억제하고 mRNA 분해를 촉진하는 것에 더해서, siRNA와 miRNA는 특정 유전자와 유전체 부위의 전사를 억제할 수 있다. 그들은 다른 복합체와 결합하여 이와 같은 작용을 한다—**RNA 유도 전사 침묵 복합체(RNA-induced transcription silencing complex, RITS)**. RITS 내의 안티센스 RNA 가닥은 RITS 복합체를 특정 유전자의 프로모터나 염색질의 특정 부위로 데려간다. 그후 RITS는 염색질 변형 효소를 이 지역으로 유인한다. 염색질 변형 효소는 히스톤과 DNA를 메틸화시켜 이질 염색질을 형성시켜 전사 침묵을 유도하게 된다. 염색질-매개 유전자 침묵 효과를 통해 miRNA 분자는 유전자 각인과 X 염색체 불활성화와 같은 후성유전학 현상에 관여하는 것으로 알려졌다.

RNAi 경로는 간접적인 방법으로 전사를 억제할 수 있다. 전사인자 mRNA는 종종 RNAi-매개 침묵 작용의 표적이 된다. 특정 전사인자의 양이 세포에서 감소될 때, 해당전사인자가 조절하는 유전자들의 전사 또한 억제된다. 최근 연구는 RNA 유도 유전자 침묵 기작이 정상 발생 과정과 조직특이적 세포 분화에 관여하는 유전자 발현에도 작용한다는 것을 보여준다.

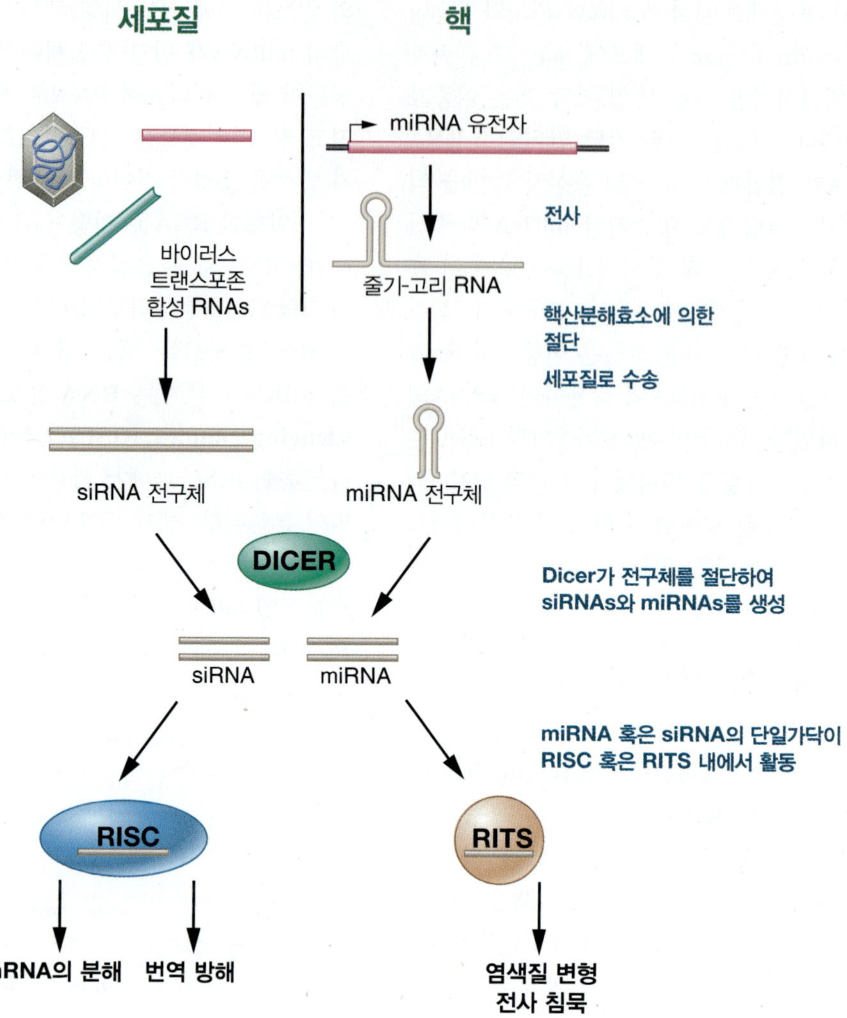

그림 17-14. RNA 유도 유전자 침묵에 의한 유전자 조절 기작. siRNA 혹은 miRNA 전구체는 세포질에서 Dicer 복합체에 의해서 짧은 이중나선 RNA 분자로 가공된다. 이후 그들은 RISC 복합체나 혹은 RITS 복합체에 의해서 인지되고 한 가닥이 분해된다. RNAi 경로에서 RISC 복합체는 안티센스 단일 가닥 RNA의 유인으로 표적 mRNA 기질을 인지한 후, mRNA의 분해 혹은 번역 저해를 유도한다. 전사 침묵 경로에서 RITS 복합체는 핵에서 miRNA나 siRNA의 단일 가닥에 상보적인 유전체 DNA를 인지한 후, 염색질을 변형하는 효소를 끌어들여 전사를 억제한다.

생물공학과 의학에서 RNA 유도 유전자 침묵

최근에 유전학자들은 RNAi를 강력한 연구 도구로 사용해왔다. RNAi 기술을 사용하면, 유전체에 유전자 돌연변이를 유도하지 않고도 단일 유전자 결손을 야기할 수 있다. RNAi-매개 유전자 침묵은 비교적 특이적이고 저가로 이용될 수 있으며, 유전자 기능을 빠르게 분석하게 한다. 수십 개의 회사들은 지금도 연구목적으로 특정 리보뉴클레오타이드 서열의 siRNA 분자를 합성하고 있다. 이 분자들은 배양세포로 주입되어 특정 유전자 산물의 기능을 억제할 수 있다.

연구 목적뿐 아니라 RNAi는 약물로써 개발될 수 있다. 이론적으로 특정 유전자의 과발현에 의해서 야기되는 유전병 혹은 비정상 유전자 산물의 발현에 치료 목적의 RNAi를 적용할 수 있다. 바이러스 감염처럼 명백한 표적물을 대상으로 과학자들은 조직배양에 RNAi를 사용함으로써 HIV, 인플루엔자, 폴리오 바이러스들의 감염을 감소시키는 훌륭한 결과를 얻었다. 바이러스 감염, 눈병, 암, 염증성 장 질환 동물 모델에 siRNA 분자를 사용해서 성공적인 치료효과를 보았다. 이러한 연구에서 합성 siRNA 분자는 점막 표면, 눈, 뇌 조직, 소장에 처리되었다. RNAi 약물 치료연구는 빠른 진전을 보이고 있으며, 첫 번째 인간 임상단계인 임상 1상(독성)이 완료되었다. 연령에 따른 시력 감퇴를 치료하는 약물로서 혈관 내피세포 성장 유전자에 대한 siRNA를 사용하는 임상 2상과 3상(효율성) 시험이 시도된 바 있다. B형 간염과 호흡기 바이러스 감염 치료에 RNAi를 사용하는 임상연구도 시도되었다. 또한 인플루엔자, C형 간염 바이러스 감염, 일부 종양 치료에도 siRNA를 적용한 임상시험이 계획 중이다.

과학자들은 암 진단과 치료에 RNAi 이용 가능성에 대해서 특히 관심을 가졌다. 최근 연구는 miRNA 유전자의 발현 패턴이 각종 종양에 따라서 다르다는 것을 보여주었다. 이런 관찰은 좀 더 정확한 종양 진단법의 개발과 암의 경로 예측 및 치료계획에 도움이 된다. 게다가, 어떤 암은 miRNA 유전자의 발현에 결함이 있는 듯하다. 이러한 종양에 합성 siRNA를 처리하여 그 결함을 교정하고 암을 치료할 수 있다. 마지막으로, 어떤 암은 하나 혹은 여러 주요한 원발암유전자가 비정상적으로 발현하거나 과발현되는 것이 특징이다. RNAi 방법이 이러한 특정 유전자 산물을 표적으로 삼는다면, 방사선 혹은 화학적 치료와 같은 방법으로도 효과가 없는 암종의 치료에 도움이 될 것이다.

RNAi 과학은 분자의학 발전에 매우 전망적이다. 분석가들은 앞으로 십 년 내에 첫 번째 RNAi 치료제가 나올 것으로 기대한다.

유전자 기능 이해를 위한 현대적 접근

마이크로 RNA는 암컷 생쥐에서 배란을 조절한다

이 장에서 여러분은 유전자 발현 침묵에 작용하는 miRNA의 역할에 대해서 배웠다. miRNA가 처음 발견되었을 때, 유전자 발현의 전사후 조절에 miRNA가 작용할지에 대해 확신을 갖지 못했다. 과학자들은 miRNA의 기능연구를 위해 단백질 암호화 유전자를 제거하는 것과 동일한 방식으로 기능결손 동물을 만들었다. 기능결손 동물의 제조방법은 뒷부분(20장 참조)에서 자세하게 논의할 것이다. 이러한 연구를 통해서 우리는 miRNA가 발생 과정 및 성체 기능에 얼마나 중요한 역할을 하는지 이해할 수 있다.

여기에서는 두 개의 miRNA(miR-200b와 miR-429)에 대한 최근 연구를 살펴본다. miR-429 유전자는 miR-200 유전자군에 속하며, miR-200b와는 단 한 개의 뉴클레오타이드가 다르다. miR-200b는 생쥐 정소에서 처음 발견되었으며, 생후 2주에 최고로 발현되고 전 생애를 통해서 지속적으로 발현된다. 이러한 발견으로 과학자들은 miR-200b는 수컷 생식능에서 어떠한 역할을 한다고 가정하였다. 이 가정을 테스트하기 위하여 miRNA-200b와 miR-429의 이중 기능 결손(double knockuots, DKOs) 생쥐를 제조하였다.

결과:

놀랍게도 DKO 수컷 생쥐는 정소에 어떠한 비정상도 발견되지 않았고, 번식능에도 결함이 없었다. 그러나 miR-DKO 암컷 생쥐는 miRNA-200b와 miR-429의 이형접합 수컷과 교배시켰을 때, 번식능이 크게 감소되었다. miR-DKO 암컷의 임신율은 9%이지만, 야생형 암컷은 85%이다(아래 그림 a 참조). 이러한 번식능 차이는 생후 3개월 후에도 지속되었다. 황체호르몬(LH, 배란에 매우 중요한 호르몬) 양의 혈청 내 감소가 miR-DKO 암컷에서 관찰되었다. DKO 암컷 생쥐의 난소를 조사했을 때 배란된 난자의 수가 감소되어 있었다(아래 그림 b 참조). 그러나 miR-DKO 생쥐에 배란을 촉진하는 호르몬(gonadotropin)을 처리하였을 때, 이형접합 암컷과 유사한 수의 난자를 생성했다. 마지막으로 miR-200b와 miR-429의 손실이 뇌하수체에서 *Zeb1* 유전자의 발현을 증가시키는 것을 보여주었다. *Zeb1*은 LH 단백질을 암호화하는 *Lhb* 유전자의 발현량을 감소시켰다. *Zeb1*은 *Lhb* 유전자의 발현을 조절하는 전사인자를 암호화할 것으로 예상된다.

결론:

배란실험에서 miR-DKO 암컷에 호르몬이 처리되었을 때 정상 난자형성과정을 거쳐 배란이 진행되었다. 이것은 miR-200b와 miR-429의 기능 결손이 LH를 포함한 배란에 관

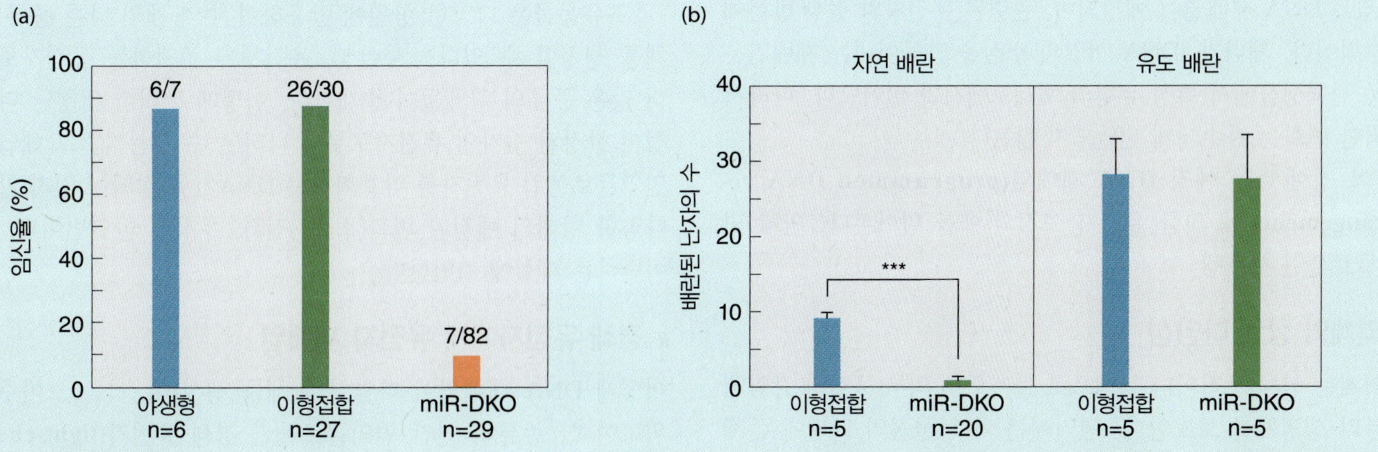

(a) 야생형 암컷, miR-200b와 miR-429의 이형접합 암컷, miR-DKO 암컷 생쥐의 임신율. (b) 이형접합 암컷과 miR-DKO 암컷 생쥐에서 배란된 난자의 수(자연배란과 유도배란).

한 호르몬 조절의 한 면을 손상한다는 것을 보여준다. miR-200b 유전자군은 인간에 도 존재하며, 인간 *ZEB*와 *LHB* 유전자의 근처에 존재하기 때문에, miR-200b와 miR-429는 인체에서 배란을 조절하는데 어떤 역할을 할 가능성이 있다.

참고문헌:

Hasuwa, H., Ueda, J., Ikawa, M., and Okabe, M. 2013. MiR-200b and miR-429 function in mouse ovulation and are essential for female fertility. *Science*, 341:71–73.

탐구문제:

1. 위에 서술된 결과에 기초해서 miR-200b와 miR-429, *Zeb1*과 *Lhb* 유전자와 miR-DKO 암컷 생쥐의 배란 사이에 연관성을 설명하는 그림을 그려 보시오 .
2. 이 연구에서 miR-DKO 암컷 생쥐가 miR-200b와 miR-429 과발현 형질전환 수컷 생쥐와 교배되었다. 이형접합 수컷과 교배된 miR-DKO 암컷 생쥐와 비교했을 때, miR-DKO 암컷의 임신율은 변화가 없거나 증가 아니면 감소하는가? 이 교배 실험의 결과를 조사한 문헌을 참고하시오.
3. OMIM을 사용해서 *Zeb1*의 인간동족체(homolog)를 검색하고 이 유전자와 연관된 인체 질병이 있는지 알아보시오. 이러한 결과를 예상하였는가?

17.9 예정된 DNA 재배열은 일부 유전자들의 발현을 조절한다

돌연변이 때문에 유전자 서열에 변화가 일어나는 것을 제외하고는 대부분의 생명체에서 유전체 DNA는 뚜렷한 변화 없이 안정되어 있다. 그러나 이러한 유전체 안정성에도 불구하고 DNA 재배열에 의한 유전자 조절의 여러 예가 있다. 앞부분(8장 참조)에서 DNA 증폭을 배웠고, 발생 과정 중에 특정 유전자 산물이 많이 요구될 때, 개구리 난자 세포에 있는 rRNA 유전자의 증폭으로 어떻게 유전자 발현이 이루어는지 보았다.

지금부터 일부 진핵생물 유전자에서 발생 과정 동안 일어나는 여러 종류의 예정 DNA 재배열에 대해 알아보자. 재배열의 한 형태는 유전체에 여러 부위에 존재하는 유전자 절편으로부터 새로운 유전자를 만들어낸다. 다른 재배열 형태는 DNA 복사 혹은 재조합의 결과로써 유전자 발현 스위치가 만들어진다. 이러한 경우 DNA 재배열이 예정되며, 관련된 유전자의 정상 발현에 필수적이다. 게다가, DNA 서열의 소실을 만들어내는 재배열은 고등 진핵생물에서 특정 유형의 체세포에서만 일어난다. 따라서 이러한 변화는 자손에게 전달되지 않는다.

이 장에서는 **예정 DNA 재배열(programmed DNA rearrangements)**에 의한 유전자 조절의 예를 알아본다: 인체 면역 글로불린 시스템.

면역계와 항체 다양성

면역계는 신체 조직이나 혈액으로 들어오는 외부 물질과 감염체로부터 생명체를 보호한다. 면역계는 외부 물질의 표면에 존재하는 분자를 인지하고, 물리적으로 열쇠-자물쇠 모형으로 결합하여 작동한다—**항원 인식(antigen recognition)**으로 알려진 현상. **항원(antigen)**은 주로 단백질과 같은 분자들인데 면역반응을 불러일으킨다. 면역반응에는 많은 요소가 관여하지만 여기서는 **면역글로불린(immunoglobulin)** 혹은 **항체(antibody,** 항원에 직접적으로 결합하는) 단백질의 생성에 관여하는 **체액성 면역(humoral immunity)**에 초점을 맞춘다.

면역글로불린은 골수에서 발생하여 성숙되는 **B림프구(B lymphocytes)** 혹은 **B세포(B cell)**에서 합성된다. 면역글로불린 분자는 이황화결합으로 연결된 4종류의 폴리펩타이드 사슬로 구성된다. 이러한 폴리펩타이드 중 2개는 **경쇄(light chains, L)**이고 두 개는 **중쇄(heavy chains, H)**이다(그림 17-15). 경쇄와 중쇄는 같이 모여 Y 형태의 면역글로불린 구조를 형성한다. 경쇄와 중쇄 각자는 폴리펩타이드 C 말단에 **불변영역(constant region)**과 N 말단에 **가변영역(variable region)**을 포함한다. 면역글로불린 분자로 같이 모였을 때, 4개의 변이영역은 한 종류의 특정 항원을 인지하는 독특한 구조를 형성한다. 각 B세포는 오직 한 종류의 면역글로불린을 생성한다.

포유동물은 다양한 항원에 반응하여 수억 개의 다른 종류 항체를 생성할 수 있다—사실상, 유전체에 존재하는 유전자보다 더 많은 종류의 항체들이 존재한다. 어떻게 그러한 엄청난 다양성이 한정된 숫자의 유전자로부터 나타날 수 있는가? 그 해답은 면역글로불린 유전자를 암호화하는 DNA가 고정되어 있지 않고 다양한 형태의 예정된 변화(소실, 전좌, 무작위 돌연변이)가 일어난다는 사실에 기인한다.

κ 경쇄 유전자에서 유전자 재배열

어떻게 DNA 재배열이 다양한 항체를 생성하는지를 보여주기 위하여 한 종류의 인간 면역글로불린 **경쇄 유전자(light-chain gene, κ 경쇄 유전자)**의 형성에 대해 살펴보자.

B세포 발생 과정 동안 2번 염색체에 존재하는 여러 DNA

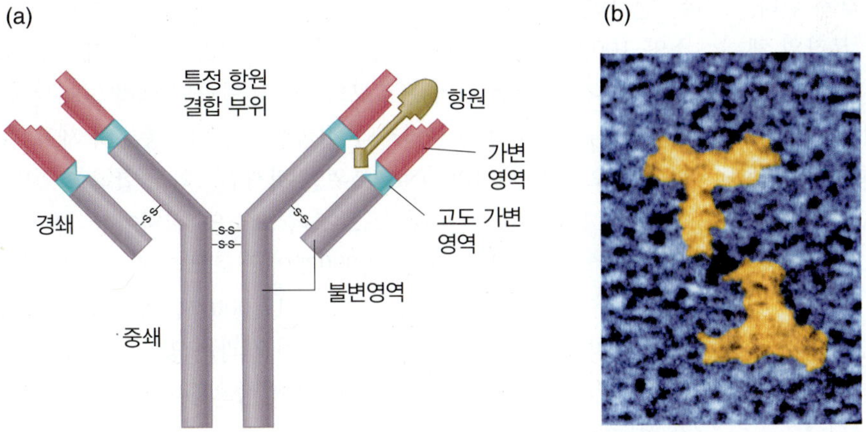

그림 17-15. 면역글로불린 분자의 구조. (a) 면역글로불린 분자는 Y 형태이고 4가지 폴리펩타이드 사슬로 구성되어 있다. 각 사슬은 불변영역(보라색), 가변영역(빨간색), 고도가변영역(청색). 가변영역과 고도가변영역은 자물쇠-열쇠 모델처럼 특정 항원과 상호작용하는 항원 인식 부위를 형성한다. 사슬은 이황화결합에 의해서 연결된다. (b) 색으로 스캔한 전자현미경 사진은 Y 형태의 면역글로불린 분자를 보여준다. 현미경관찰에 앞서 음성적으로 염색되었다.

영역에서 인간 κ 경쇄 유전자가 조합적으로 형성된다. 생식세포뿐만 아니라 대부분의 체세포에서 이런 DNA 영역은 그림 17-16에 나타난 것과 같이 정렬되어 있다. 70~100개의 서로 다른 **L(선도, leader)**과 **V(가변, variable) 영역**이 있고, 이들의 반은 기능이 있으며 κ 경쇄 분자의 가변영역을 암호화한다. LV 영역 각자는 앞부분에 전사개시 서열이 있다. LV 영역은 **J(joining) 영역**(5개의 J-암호화 엑손을 포함한다)에서 6 kb 앞에 놓여 있다. J 영역 옆에 인핸서 서열과 단일 **C 엑손(exon)**이 있다. 인핸서 서열은 근처에 있는 프로모터에서 전사를 촉진한다. 단일 C 엑손은 κ 경쇄 분자의 불변영역을 암호화한다.

성숙 B세포의 발생 과정 동안 LV 영역(그림 17-16에 있는 L_2V_2) 중 하나가 재조합에 의해서 5개 J 영역 중 하나(그림에서 J_3)에 연결된다. 이러한 재조합 과정을 통해 염색체에 있는 중간 DNA가 모두 제거되며, LV 프로모터는 근처에 있는 면역글로불린 인핸서에 의해 활성화되어 유전자 전사가 진행된다. 그 결과 생기는 RNA는 스플라이싱 되어 L과 V 영역 사이에 있는 인트론과 J와 C 영역 사이에 있는 인트론을 제거한다. 성숙 mRNA가 번역된 후 폴리펩타이드는 선도 아미노산 서열의 제거과정이 일어난다. 재배열된 κ 유전자는 유지되며 B세포의 모든 자손세포에 전달된다.

항체 다양성은 35~50개의 서로 다른 기능성 LV 영역과 5개의 J 영역 중 하나와의 재조합 결과로 생긴다. 두 개의 또 다른 기작이 항체 다양성 정도를 더 증가시킨다. LV 영역을 J 영역에 연결하는 재조합 과정은 정확하지 않고 여러 염기쌍을 포함하는 영역 내 어느 곳에서나 발생할 수 있다. 이러한 부정확성 때문에 특정 LV 영

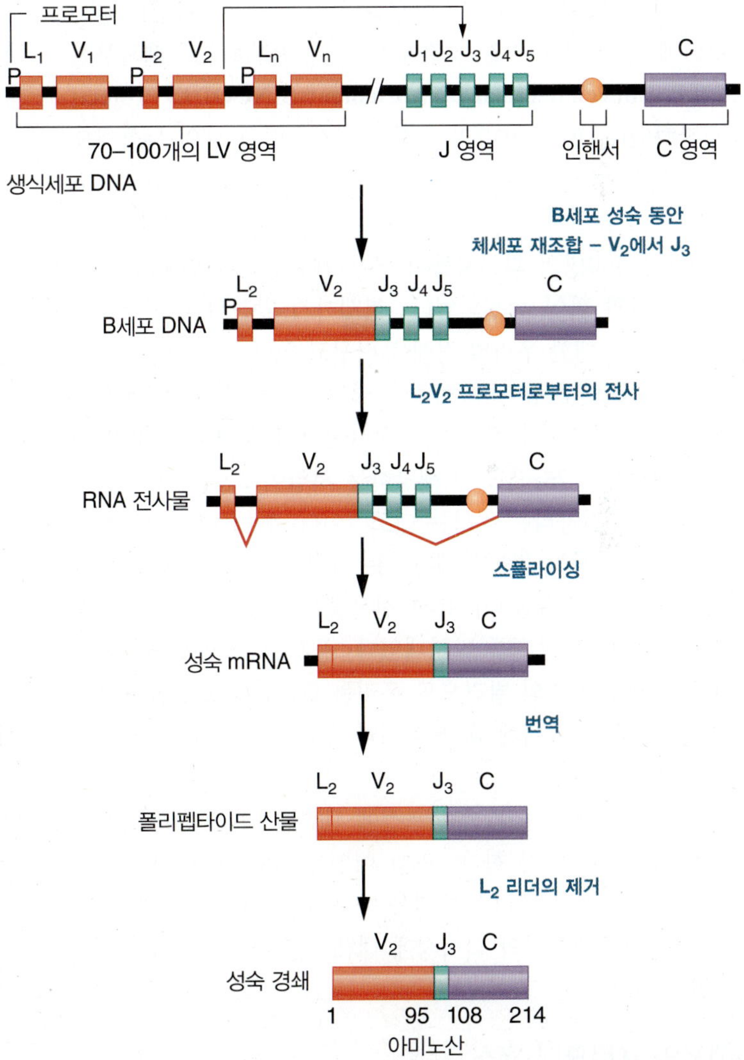

그림 17-16. B세포에서 κ 경쇄 유전자의 조립 이후, 전사, mRNA 가공, 번역, 번역후 변형이 뒤따른다. 면역글로불린 유전자는 하나의 J 영역(J_3)과 재조합된 하나의 LV 영역(L_2V_2)을 포함한다. 남아 있는 J 영역과 인핸서를 포함하는 인트론은 스플라이싱에 의해 전사물에서 제거된다. 번역 후에 성숙 폴리펩타이드 사슬이 세포막을 통과할 때, 선도서열(L_2)이 절단된다.

역과 J 영역 사이의 재조합은 더욱더 다양한 결과를 갖게 된다. 게다가, V 영역은 B세포 발생 과정에서 높은 확률로 무작위 체세포 돌연변이(**초돌연변이, hypermutation**)가 일어난다. 초돌연변이는 LVJ 영역 서열 내에 더 많은 다양성을 유입한다. 인간 κ 경쇄 유전자를 만드는 DNA 재배열 기작은 다른 종류의 경쇄 유전자(λ 경쇄라 불린다)를 암호화하는 유전자 그리고 면역글로불린 중쇄를 암호화하는 유전자를 형성하는 동안에도 일어난다.

17.10 ENCODE 데이터는 진핵생물 유전자 조절의 개념을 변화시킨다

우리는 인간 유전체와 진핵생물 유전자 조절에 대해 새로운 개념을 제시한 프로젝트를 고찰함으로써 이 장을 마치고자 한다. 2003년에 미국 국립 인간 유전체연구소는 **DNA 요소 백과사전 프로젝트[Encyclopedia of DNA Elements(ENCODE) Project]**를 시작하였다. ENCODE의 목적은 인간유전체 31억 뉴클레오타이드에 존재하는 기능성 DNA 서열을 규명하고 이러한 요소들이 어떻게 유전자 발현을 조절하는가를 결정하는 것이다. 전 세계적으로 400명의 과학자들이 몰두하여 방대한 연구를 진행한 결과, 거의 반이 완성되었다. 현재까지 발견된 데이터들은 유전자 조절에 대한 우리의 견해를 바꾸고 있다.

ENCODE 연구 중 가장 놀라운 발견 중 하나는 인간 유전체의 80%가 조절요소로 작용하여 전사활성에 참여하는 것이다. 이것은 유전체의 2% 정도에 해당하는 서열이 2만 개 단백질을 암호화하는 유전자라는 것과는 대조적이다. 한때는 '정크 DNA'라고 불린 유전체의 80%에 해당하는 서열에서, ENCODE는 수천 개의 인핸서, 프로모터, RNA 전사물을 암호화하는 서열, 특이적 염색질 변형 부위를 밝혀내었다. 풍부한 조절요소와 이들 간의 상호작용 범위의 발견으로 우리는 DNA 정보가 표현형으로 어떻게 전환되는지에 대한 이해와 유전자에 대한 정의를 바꾸고 있다.

여기서는 진핵생물 유전자 조절에 관련된 ENCODE 데이터를 간단히 살펴보고자 한다. 또한 어떻게 ENCODE 데이터가 유전자 조절에 대한 우리의 개념을 바꾸는지에 대해서도 고찰한다. ENCODE 데이터의 의미성에 대해서는 나중에(21장 참조) 제시될 것이다.

인핸서와 프로모터 요소

조절인자와 결합하는 DNA의 특성인 DNase 초민감도와 히스톤 변형과 같은 염색질 특징을 조사함으로써 ENCODE 연구자들은 100만 개 이상의 유전자 조절 단백질의 결합 부위를 발견하였다. 유전자 조절 단백질은 주로 인핸서와 프로모터에 결합하는 전사인자이며, 이 결합 부위는 거의 400,000개의 인핸서 요소와 100,000개의 프로모터를 포함한다. 125종류의 세포를 분석해 본 결과, 인핸서와 프로모터 DNA 영역의 대략 30%는 한 종류의 세포에서만 전사인자와 결합한다. 모든 종류의 세포 유형에서 오직 3700개의 DNA 부위만 전사인자와 결합하고 있다.

다른 흥미 있는 발견은 프로모터 요소의 위치이다. 염색질 특징을 조사함으로써 거의 30,000개의 프로모터 영역은 단백질 암호화 유전자 내에 존재하고, 이 중 17,000개는 안티센스 방향으로 위치하고 있음을 알게 되었다. 이 결과는 암호화 혹은 비암호화 유전자들 전반에 걸쳐 안티센스 방향으로 겹치게 전사개시가 상당량 일어날 수 있음을 암시한다.

17.5절에서 배운 것처럼 인핸서와 사일런서에 결합한 전사인자는 프로모터에 존재하는 다른 전사 단백질들과 상호작용하는 것으로 생각된다. 이러한 상호작용을 위해 100만 염기쌍되는 길이의 DNA 고리가 형성된다. ENCODE는 인핸서와 프로모터 간의 상호작용을 조사하여 더욱 놀라운 결과들을 얻었다. 과학자들이 오직 유전체만의 1%만 조사했는데도 인핸서와 같은 원거리 조절요소와 프로모터 사이에 1000개 이상의 직접적인 상호작용 부위를 발견하였다. 이러한 상호작용 중 대략 60%는 세포 유형에 특이적이다.

ENCODE 데이터는 인핸서가 여러 다른 프로모터의 전사에 영향을 줄 수 있다는 것을 보여주는데, 반드시 가장 가까운 프로모터인 것은 아니다. 고리형성을 통한 상호작용 중 약 7%는 인핸서와 가장 가까운 프로모터 사이에 일어난다. 대략 프로모터의 50%는 하나 이상의 여러 조절요소와 물리적으로 상호작용을 하며, 어떤 프로모터는 20개 정도의 많은 조절요소와 상호작용을 하기도 한다. 유사하게 대략 인핸서의 10%는 하나 이상의 프로모터와 상호작용하며, 때때로 10개 정도의 여러 프로모터와도 작용한다.

과학자들은 인핸서와 프로모터 사이에 나타나는 다중 상호작용이 같은 세포 내에서 동시에 발생하는 것이 아니라 개별 실험에서 분석되는 세포집단 내에서 일어나는 상호작용 전체를 반영하는 것이라 추측한다. 이러한 데이터는 유전자와 조절요소가 복잡하고 유동적인 연결망 방식으로 상호작용함을 암시한다. 인핸서와의 상호작용이 종종 가장 가까운 유전자 프로모터를 건너뛰기 때문에, 아직 밝혀지지 않은 기작을 통해 조절요소가 적절한 시간과 장소에서 특정 유전자를 표적으로 유전자 발현을 유도해야 할 것이다.

ENCODE 데이터는 각 세포 유형마다 유전자 발현 표현형을 결정하기 위하여 서로 다른 조합의 조절요소와 결합 단백질이 사용되는 것과 함께 세포 유형마다 유전체가 조절되는 방식에 중요한 차이점이 존재한다는 것을 알려준다.

전사와 RNA 가공

ENCODE 프로젝트 중 가장 놀라운 발견 중의 하나는 인간 유전체의 75%까지 전사될 수 있다는 것이다. 128,000개의 전사물이 발견되었고, 이 전사물 중 7만 개 이상은 유전자간 영역에 있는 DNA 혹은 단백질 암호화 유전자 내에서 안티센스 방향의 전사로부터 유래된다. 7,000개 이상의 짧은 RNA가 발견되었고, 이들은 짧은 핵(sn)RNA, 짧은 인(sno)RNA, 마이크로(mi) RNA, 운반(t)RNA를 포함한다. 이러한 많은 짧은 RNA들은 mRNA와 여러 긴 비암호화 RNA 내에서 유래된다. 다른 흥미있는 RNA 유형은 **인핸서RNA(enhancer RNA)**이다. 종종 인핸서 요소 내에 프로모터 요소가 존재하며 전사가 개시되어 몇 천 염기의 전사물이 형성된다. 어떤 세포 유형에서 가장 활성을 가진 인핸서로부터 인핸서 RNA가 생성된다. 전반적으로 한 세포에서 형성된 방대한 양의 전사물은 단백질을 암호화하지 않고 핵 내에 존재한다.

ENCODE 실험은 RNA 스플라이싱이 전사 동안 일어난다는 것을 보여준다. 전사가 일어나고 있는 과정 중에 인트론이 전사 전구체로부터 스플라이싱되고 있는 것을 관찰하였다. 또한 유전자에서 동시에 많은 스플라이싱 변이체를 생성하는 것을 관찰하였다. 단백질 암호화 유전자의 대략 3분의 2가 적어도 다른 두 종류의 스플라이싱 변이체를 만들며, 유전자 자리당 평균적으로 4종류의 전사물이 생성된다. 각 유전자로부터 만들어진 스플라이싱 변이체들은 각각 다른 양으로 합성되는데, 이 중 하나가 대부분의 양을 차지한다.

유전체 전반에서 다량으로 형성된 전사물이 기능을 가지고 있는가에 대해서는 논쟁 중이다. 어떤 과학자들은 이 전사물들이 세포 표현형에 영향을 주는 게 아니라 단지 '잡음(noise)'에 불과하다고 주장한다. 만약 이것이 사실이면, 진핵생물에서 유전자 발현 조절의 상당수가 전사후 단계에서 일어나야 할 것이다. 많은 종류의 짧은 비암호 RNA와 일부 긴 비암호화 RNA들이 유전자 조절 역할을 하는 것으로 밝혀졌으므로, 더 많은 RNA에서 기능이 발견될 가능성이 높다.

ENCODE 데이터로 인해 우리는 유전의 분명한 단위인 유전자에 대한 개념을 바꾸게 되었다. ENCODE 과학자들은 전사물이 유전자의 기본 단위로 고려되어야 한다고 제안한다. 이 경우에 **유전자(gene)**란 용어는 특정 표현형에 기여하는 RNA를 암호화하는 모든 서열을 포함한다는 고차원적 개념을 의미한다.

ENCODE 프로젝트로부터 더 많은 데이터가 나올 때마다 진핵생물의 유전자 조절에 대한 우리의 개념은 계속 바뀌게 될 것이다.

유전체학 탐색

조직특이적 유전자 발현

이 장에서 우리는 어떻게 유전자 발현이 매우 복잡한 방법으로 조절될 수 있는지 논의하였다. 우리가 고려했던 유전자 발현의 한 면은 프로모터, 인핸서, 사이런서 서열이 유전자의 전사개시를 조절하여 조직특이적 유전자 발현을 유도하는 것이다. 한 생명체의 모든 세포와 조직들은 같은 유전체를 함유하며, 많은 유전자가 모든 유형의 세포와 조직에서 발현된다. 그러나 근육세포, 혈액세포, 여러 조직 세포들은 대부분 조직특이적(다른 유형의 조직에서 발현이 제한되거나 없을 것이다)으로 유전자를 발현한다. 이번 문제에서, 10장에서 했던 것처럼 NCBI 홈페이지에 들어가 BLAST 도구를 사용해서 여러 유전자를 검색한다. 우리는 BLAST를 사용해서 조직특이적 유전자 발현 패턴에 대해서 더 많이 배울 것이다.

■ **연습 - 조직특이적 유전자 발현**

1. NCBI 홈페이지에서(http://blast.ncbi.nlm.nih.gov/Blast.cgi) BLAST에 접속하시오.
2. 다음은 조직특이적 발현 패턴을 보여주는 네 종류의 서로 다른 유전자의 유전자은행식별번호(GenBank accession number)이다.

   NM_021588.1
   NM_00739.1
   AY260853.1
   NM_004917

3. 각 유전자의 식별번호를 이용하여 뉴클레오타이드 BLAST 검색을 수행하시오. BLAST 검색을 하기 위하여 10장에 있는 "유전체학 탐색"을 참조하시오. 식별번호는 뉴클레오타이드 서열을 찾는 것이기 때문에 검색할 때 "nucleotide blast"(blastn) 프로그램을 사용하시오. 여러분

(계속)

유전체학 탐색—계속

은 "blastn" 프로그램에 들어가자마자 "Choose Search Set" 범주에서 한 종류의 생물체에 특이적인 데이터베이스만을 검색하지 않기 위해서 "Others(nr etc.)"를 설정하여야 한다.

4. 여러분의 BLAST 검색 결과에서 각 유전자에 대한 여러 항목 중에 제일 위에 위치한 alignment를 클릭하게 되면, 이 유전자에 대한 서열 alignment를 보여주는 페이지로 가게 될 것이다. 그 페이지의 오른쪽에서 "Related Information" 항목을 찾아 그곳에 있는 "Gene" link를 열면 이 유전자에 관련된 세부사항들에 관한 정보를 볼 수 있다.

   몇몇 alignment들은 "Map Viewer"에 대한 link를 나타내는데, 이 "Map Viewer"는 그 유전자에 관한 유전체 지도정보를 제공할 것이다. 그리고 "UniGene" link는 UniGene 정보를 보여줄 것이다. UniGene에 들어가면 몇몇 유전자에 대해서 UniGene 정보를 검색하기 전에 유전자의 이름 위에 있는 link 혹은 유전자 이름 자체를 클릭할 필요가 있을 것이다. 각각의 UniGene 정보에 있는 "Gene Expression" 항목 아래에 보이는 "EST Profile" link를 반드시 살펴보시오. EST profile은 서로 다른 조직에서의 유전자 발현 패턴들을 정리한 표를 보여줄 것이다.

   또한 "GEO Profile"이 이용 가능하다면 UniGene 정보에 있는 "Gene Expression" 항목 아래에 보이는 "GEO Profile" link를 살펴보시오. 이 link들은 관심 대상의 유전자에 대해 수행된 많은 유전자 발현 연구들을 보여줄 것이다. 각각의 유전자에 관한 자료들을 살펴본 후, 다음 질문들에 답하시오.

   a. 서열 alignment에 근거한 각각의 서열의 정체는 무엇인가? 여러분은 어떻게 이것을 알아냈는가?

   b. 각각의 유전자들은 어떤 종으로부터 클로닝된 것인가?

   c. 각각의 유전자는 어떤 조직에서 발현하는가?

   d. 이 유전자는 발생 단계에 따라 조절된 발현을 보여주는가?

   e. 가장 적은 수의 조직에서 발현됨으로써 가장 통제된 발현 패턴을 보여주는 유전자는 무엇인가?

사례 연구 | 미스터리한 근이영양증

30대 초반 남자가 손과 목의 근육이 갑자기 약해지면서 몇 주 후에 근육통증이 뒤따르는 후발성 근이영양증을 보였다. 담당의사는 유전적 근육퇴행위축증(베커근이영양증, 근긴장성이영양증 1형과 2형)의 하나를 가지고 있는지 알기 위하여 유전자 검사를 제안하였다. 이러한 검사는 디스트로핀, *DMPK*, *ZNF9* 유전자에 있는 돌연변이를 검색하는 것이다. 이 검사는 베커근이영양증은 배제한다. *DMPK*와 *ZNF9* 유전자 테스트의 결과를 기다리는 동안 담당의사는 유전자의 비암호화 부위에서 3뉴클레오타이드 반복서열과 4뉴클레오타이드 반복서열의 확장으로 돌연변이가 일어났을 것이라고 설명했다. 질병은 암호화된 단백질의 변화가 아니라 RNA 스플라이싱 패턴의 변화 때문이라고 설명하였다. 스플라이싱 이후 남게 된 뉴클레오타이드 반복서열을 포함하는 RNA는 다른 유전자 전사물의 정상적인 스플라이싱을 방해한다. 이러한 논의는 이 질병의 진단과 유전학적 원인에 대한 흥미있는 질문을 갖게 한다.

1. 선택적 스플라이싱은 무엇이며, 어디에서 일어나는가? 선택적 스플라이싱의 억제가 어떻게 질병관련 유전자의 발현에 영향을 주는지 설명하시오.

2. 확장된 3개 혹은 4개 뉴클레오타이드 반복서열은 스플라이싱을 변경하는데 있어서 어떠한 역할을 하는가?

3. 근이영양증의 다른 유형(베커근이영양증과 뒤센근이영양증)과 어떻게 대조가 되는가?

요약

1. 진핵생물에서 유전자 발현 조절은 DNA 재배열과 염색질 변형부터 전사개시 및 전사후 가공에 이르기까지 다양한 단계에서 일어난다.
2. 염색질 수준에서 진핵생물의 유전자 조절은 유전자 특이적 염색질 리모델링, 히스톤 변형 혹은 DNA 변형을 포함한다.
3. 진핵생물의 전사는 유전자 특이적 프로모터, 인핸서, 사일런서 요소의 의해서 조절된다.
4. 전사인자는 프로모터, 인핸서, 사일런서 내에 존재하는 *cis*-작용 조절 부위에 결합하여 전사율에 영향을 미친다.
5. 전사인자는 보편전사인자와 핵심 프로모터 간의 결합을 촉진시키거나 억제함으로써 작동한다. 전사인자는 염색질을 리모델링하거나 변형할 수 있다.
6. 전사후 유전자 조절은 선택적 RNA 스플라이싱, RNA 수송,

mRNA 안정성 변화를 포함한다.

7. 선택적 스플라이싱은 단일 유전자에 의해서 암호화되는 유전자 산물의 수를 증가시킨다.
8. 번역과 단백질 안정성 수준에서 전사후 유전자 조절은 활성유전자 산물의 양에 영향을 미친다.
9. RNA 유도 유전자 침묵은 전사뿐만 아니라 mRNA의 번역성과 안정성에 영향을 미치는 전사후 유전자 조절 기작이다.
10. 예정 DNA 재배열은 특정 세포 유형에 있는 일부 유전자에서 발생한다. 이러한 재배열은 특정 유전자들의 정상적 발현 조절을 위해 필요하다.

질문 및 해답

1. 과학자인 여러분은 이미 클로닝되어 염기서열이 밝혀진 어떤 유전자의 전사조절을 연구하고자 한다. 연구를 시작하기 위하여 여러분은 해당 유전자의 DNA 클론을 확보한다. 그 클론은 적어도 1 kb DNA 상부영역을 포함한다. 여러분은 이 DNA의 유전자 상부영역에 다양한 결실을 포함하는 돌연변이 DNA를 다시 클로닝한다. 이와 같은 결실 주형이 아래 그림에 나타나 있다. 각각의 DNA 주형이 해당 유전자의 전사를 직접적으로 지시하는지 조사하기 위하여 두 개의 다른 유형의 생체 외 전사시스템을 준비한다. 첫 번째는 정제된 RNAP II와 정제된 보편전사인자 TFIID, TFIIB, TFIIE, TFIIF, TFIIH를 포함하는 정교한 시스템이다. 두 번째 시스템은 배양세포의 핵에서 대부분의 단백질을 추출하여 만들어진 핵 추출물로 구성된다. 이러한 두 종류의 전사 시스템을 이용하여 각각의 주형의 전사능을 분석하여 다음과 같은 결과를 얻는다.

(a) −11결실 주형의 경우 핵추출물 시스템과 정제 시스템에서 전사가 일어나지 않는 이유는 무엇인가?

(b) 결실이 없는 주형의 경우 핵추출물 시스템과 정제 시스템을 사용한 결과가 어떻게 다른가?

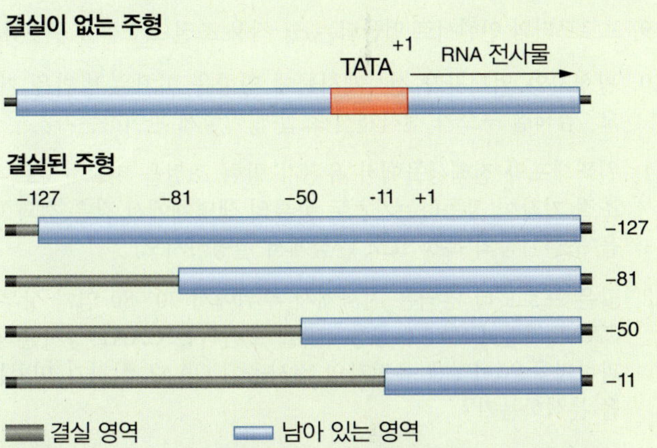

DNA 주형	핵 추출물	정제 시스템
결실 없음	++++	+
−127 결실	++++	+
−81 결실	++++	+
−50 결실	+	+
−11 결실	o	o

\+ 낮은 전사효율
++++ 높은 전사효율
o 전사 없음

(c) 각각의 결실 주형에서 핵추출물 시스템과 정제 시스템에서 얻어진 결과를 비교하시오.

(d) 이러한 데이터는 해당 유전자의 전사 조절에 대해서 무엇을 알려주는가?

해답:

(a) −11 주형에서 전사가 일어나지 않는 것은 전사에 매우 중요한 DNA 서열이 이 결실 주형에 없다는 것을 의미한다. −50 주형은 핵추출물과 정제 시스템 모두에서 전사를 보여주므로 기본수준 전사에서 중요한 서열은 −50과 −11 사이에 있다. TATA 상자가 이 영역에 위치하고 있는데, −11 주형에서는 이 부위가 없으므로 전사가 일어나지 않는다.

(b) DNA 상부영역을 포함하는 결실 없는 주형은 핵추출물에서 전사 수준이 매우 높지만 정제 시스템에서는 낮다. 이러한 데이터는 핵추출물과 비교하여 정제 시스템에는 어떤 요소가 결여되어 있으며, 이러한 요소들은 전사를 촉진하는 데 매우 중요하다는 것을 뜻한다. 핵추출물의 구성 성분이 정확하게 설정되어 있지 않으므로, 추출물 내의 어떤 요소가 필수적인지는 알 수 없다.

(C) −127과 −81 주형 모두 핵추출물과 정제 시스템을 사용했을 때 결실이 없는 주형과 같은 방법으로 작동한다—핵추출물에서는 매우 많은 양의 전사가 있지만 정제 시스템에서는 적은 양의 전사가 있다. 대조적으로 −50 주형은 양쪽 시스템에서 모두 전사량이 낮다. 이러한 결과는 핵추출물 시스템에서 나타나는 높은 수준의 전사에 필요한 모든 서열이 −81과 −50 사이에 위치하고 있다는 것을 알려준다.

(d) 첫째, 이러한 데이터는 보편전사인자만으는 높은 정도의 전사 효율을 갖기에는 부족하다는 것을 알려준다. 보편전사인자가 작용하는 DNA 서열요소는 전사개시 부위에서 50 bp 내에 놓여 있다. 둘째, 이 유전자의 프로모터는 하나의 전사개시점과 필수적인 TATA 상자를 가진 '집중' 프로모터 그룹에 속한다는 것을 알려준다. 셋째, 많은 양의 전사를 위해 전사개시점으로부터 −81과 −50 사이의 서열을 요구한다. 이러한 서열은 핵추출물 내의 어떤 요소와 상호작용한다.

2. 과학자들은 질병을 야기하는 돌연변이의 15%는 선택적 스플라이싱의 실수로 인해 발생할거라 추정한다. 그러나 엑손결실은 뒤셴근이영양증(DMD) 환자의 근육세포에 디스트로핀 생성을 증가시킨다는 흥미로운 사례가 있다. 디스트로핀 유전자의 엑손 45 결실은 DMD-유발 돌연변이의 가장 흔한 형태이다. 그러나 베커근이영양증(BMD, 근이영양증의 약한 유형) 환자는 엑손 45와 46 모두 결실되었다(van Deutekom and van Ommen, 2003.

(계속)

질문 및 해답—계속

Nat. Rev. Genetics 4: 774–783). 왜 엑손 45와 46 모두 결실된 BMD 환자가 DMD 환자보다 더 많은 디스트로핀을 생성하는가?

해답: 하나의 엑손이 결실된다는 것은 유전자 생성물에 여러 효과를 미친다. 첫 번째 가능성은 엑손이 결여된 디스트로핀 유전자로부터 생성된 mRNA는 불안정하여 디스트로핀 단백질 생성이 감소된다. mRNA가 안정해도 돌연변이된 디스트로핀 단백질은 빠른 분해의 표적이 되어서 활성 단백질이 감소될 수 있다. 다른 가능성은 한 엑손의 결실이 번역틀이동 돌연변이를 유발하여 번역종결코돈을 만들게 된다. 디스트로핀 유전자는 260만 염기쌍의 DNA에 79개의 엑손을 갖고 있는데, 엑손 45에서 유발된 번역틀이동 돌연변이는 유전자 중간에 종결코돈을 생성하게 된다. 이러한 유전자로부터 전사된 mRNA는 미성숙 종결코돈 때문에 종결코돈 생성에 의한 mRNA 분해의 표적이 될 수 있다. 분해가 안된 mRNA는 정상 디스트로핀 단백질보다 더 짧은 단백질을 암호화하고 이것은 빠르게 분해될 것이다.

엑손 45와 46의 결실의 경우, 엑손 47에서 디스트로핀 단백질의 번역틀을 복원할 수 있다. 이러한 단백질 생성물은 두 결실된 엑손이 암호화하는 아미노산 서열을 잃게 된다. 그러나 단백질 자체는 약간의 활성이 있고 부분적으로 야생형 표현형을 복원한다. Deutekom과 Omemen 논문에서 서술된 것처럼 모든 DMD 돌연변이의 대략 60%는 하나의 엑손결실을 포함한다. DMD 유전자 치료에서 고려되는 한 전략은 pre-mRNA의 스플라이싱 동안 다른 엑손들을 건너뛰도록 함으로써 정상 번역틀을 복원하는 것이다. 만약 성공한다면 이러한 유전자 치료는 심각한 DMD 표현형을 좀 더 약한 질병(BMD와 유사한)으로 전환시킬 수 있다.

탐구 문제

어떻게 알았을까?

1. 이 장에서 우리는 어떻게 진핵생물 유전자들이 염색질 변형부터 단백질 안정성 조절에 이르기까지 다양한 단계에서 발현이 조절되는지 살펴보았다. 동시에 우리는 이러한 정보들을 얻게 되는 추론과 방법에 대해서도 살펴보았다. 17장에서 배운 내용을 토대로 다음 질문에 답하시오.
   (a) 프로모터와 인핸서 서열이 진핵생물에서 전사개시를 조절하는 것을 어떻게 알게 되었는가?
   (b) 진핵생물 전사인자가 프로모터 지역 근처 DNA 서열에 결합하는 것을 어떻게 알게 되었는가?
   (c) 이중나선 RNA 분자들이 유전자 발현을 조절할 수 있다는 것을 어떻게 알게 되었는가?

개념확인 문제

2. 417쪽의 핵심 개념을 검토하시오. 이 개념은 진핵생물의 유전자 발현에 기여하는 많은 서로 다른 조절 단계를 설명한다. 5번째 개념은 전사후 조절의 여러 단계를 요약한다. 어떻게 ENCODE 프로젝트에서 얻어진 최근 데이터가 인간에서 전사와 전사후 유전자 조절의 중요성에 관한 우리의 견해를 바꾸고 있는지를 서술하는 짧은 에세이를 작성하시오.
3. 유전자 발현 조절이 원핵생물보다 다세포 진핵생물에서 더 복잡한 이유는 무엇인가? 진핵생물에서 유전자 발현 조절에 대한 연구는 왜 더 어려울까?
4. 염색질 리모델링에 대한 정의를 내리고 이 현상에 대한 두 가지 예를 제시하시오.
5. 간기 핵의 구성을 서술하시오. 이 서술에 염색체 영역, 염색체간 영역, 전사공장 등을 포함하시오.
6. 여러 실험에서 비교적 전사활성이 없는 유전체 영역은 DNase I에 의해 잘 절단되지 않는다. 그러나 전사활성이 있는 영역은 DNase I에 의해 잘 절단된다. 어떻게 DNase I 감수성 혹은 저항성이 전사활성과 연관되는지 서술하시오.
7. 히스톤 변형에 대한 두 가지 서로 다른 유형에 대해서 간단하게 기술하시오.
8. 염색질이 리모델링되는 방법에 대해서 개괄하시오. 이러한 리모델링 과정이 전사에 영향을 주는 방법에 대해서 기술하시오.
9. 프로모터와 인핸서로 언급되는 *cis*-작용 조절 요소들을 구별하시오.
10. 활성자와 억제자가 전사개시률에 영향을 미치는 방법을 기술하시오. 염색질 구조가 전사개시 조절에 어떻게 관여하는가?
11. 원핵세포와 진핵생물에서 유전자 발현 조절을 비교하시오. 어떻게 조절 기작이 작동하는가? 두 종류의 생명체에서 같은 점과 다른 점을 조절기작의 특정 요소 관점에서 설명하시오.
12. 많은 프로모터 영역은 전사개시 부위에서 70~80 염기 상부영역에 CAAT 혹은 CCAAT 공통서열을 포함하는 CAAT 상자를 갖는다. 과학자들은 어떻게 유전자의 전사율에 CAAT 상자가 미치는 영향을 분석하는가?
13. 최근 연구는 프로모터가 두 종류(집중 혹은 분산)로 구분될 수 있다는 것을 보여준다. 이들은 어떻게 다르고 어떤 유전자들과 연관되는 경향이 있는가?
14. RNA 간섭(RNAi)을 통해 나타나는 RNA 유도 유전자 침묵현상에 대한 개요를 기술하시오. 침묵 과정이 어떻게 시작되고 어떤 요소들이 참여하는가?
15. 어떻게 면역글로불린 유전자의 재배열 동안 부정확한 재조합이 면역반응의 다양성에 기여하는가?
16. 집중프로모터에 있는 개시자(Inr), BREs, DPEs, MTEs들의 구조적 특징을 설명하시오.

17. 복제분기점 앞에서 나선꼬임으로 인한 압력이 발생했을 때 나타나는 초나선꼬임 DNA는 DNA 자이레이즈에 의해서 이완된다. 초나선꼬임은 전사 조절에 관여할 수 있다. 과학자들은 원거리(2500 bp)에서 작동하는 인핸서는 초나선꼬임 DNA에 의존한다는 것을 발견하였다. 그러나 단거리(110 bp)에서 작동하는 인핸서는 별 영향을 받지 않는다(Liu et al.,2001. Proc. *Natl. Acad. Sci.* [USA] 98: 14,883 – 14,888). 그림을 그려서, 초나선꼬임이 원거리에서 작동하는 인핸서 활성에 양성적으로 영향을 미치는 방법을 제시하시오.

18. 포유동물을 포함한 일부 생명체에서 CpG 서열의 5-메틸시토신(m^5C)과 유전자 활성 사이의 상관관계는 역으로 작용한다. 게다가, m^5C는 염색질을 전사활성에서 불활성 상태로 전환하는 단백질들을 유인하는 데 관련된다. 전반적으로 m^5C가 티민으로 전환하기 때문에 CpG 서열이 유전체 DNA에 적게 존재한다. 그러나 비메틸화 CpG 섬은 종종 활성유전자와 연관되어 있다. 과학자들은 정자에 있는 DNA 메틸화 패턴이 쥐의 연령에 따라서 다양하다는 것을 발견하였다. 이러한 결과를 통해, 포유동물의 연령에 따른 DNA 메틸화 패턴의 변화가 연령과 관련된 증상의 기저요인이 될 수 있음을 제안하였다(Oakes et al., 2003. *Proc. Natl. Acad. Sci.* 100: 1775 – 1780). 위의 정보 관점에서 부계 연령 관련한 메틸화 패턴의 변화와 선천성 기형을 연관지어 설명하시오.

19. 가상의 극지 생명체(Quagarre)에서 면역글로불린 유전자는 두 개의 차이점을 제외하고는 인간과 유사하게 재배열한다. 첫 번째 차이점은 κ 경쇄 V 영역이 4번 염색체에 존재하고, 다른 κ 경쇄 영역은 10번 염색체에 존재한다는 것이다. 다른 차이점은 Quagarre 면역글로불린 유전자는 13세가 될 때까지 재배열이 일어나지 않는다. Quagarre의 B세포에서 세포분열 중인 염색체 표본을 조사하여 어떻게 그 생물의 나이를 추정할 수 있을까?

응용 문제

20. DNA 메틸화 정도는 비교적 훌륭한 암 진단 표지자가 될 수 있기 때문에, 과학자들은 암 치료의 한 형태로서 DNA 메틸화를 변경할 가능성에 대해서 탐구하였다. 초기연구는 저메틸화가 어떤 종양의 형성을 억제하고 다른 암은 촉진한다는 것을 보여준다. 왜 다른 종류의 암이 저메틸화나 고메틸화 치료에 서로 다르게 반응한다고 생각하는가?

21. 다음 돌연변이가 어떻게 효모 *GAL1* 유전자의 전사에 영향을 주는지 설명하시오.
    (a) *GAL4* 유전자 내의 결실로 1~100 아미노산을 암호화하는 영역의 제거
    (b) *GAL3* 유전자 전체 서열의 결실
    (c) *GAL80* 유전자 내의 돌연변이로 Gal80 단백질은 Gal3p와 상호작용하는 능력이 제거
    (d) *GAL1* 유전자의 상부에 있는 4개의 UAS_G 요소 중 하나를 제거하는 결실
    (e) *GAL1* 핵심 프로모터 내에 점 돌연변이로 TATA 상자의 서열 변경

22. 간기 핵은 염색체 영역, 염색체간 영역, 전사공장들로 구조적으로 조직화되어 있다. 배양 중인 인간세포에서 과학자들은 세포마다 거의 8000개의 전사공장을 발견하였고, 각 전사공장은 활발하게 전사 중인 RNA에서 평균적으로 8개의 RNAP II 분자들과 결합되어 있다. 각 RNAP II 분자들이 서로 다른 유전자를 전사한다면, 전사공장은 어떻게 나타날까? 전사공장에서 전사 중인 8개의 다른 유전자를 보여주는 단순한 그림을 그리고, 프로모터, 구조유전자, 전사물을 표기하시오.

23. β-지중해성빈혈증은 헤모글로빈의 정상 베타사슬이 없거나 매우 감소되어서 나타난다. 이러한 환자의 치료를 위하여 5-아자시티딘의 사용에 대해서 많은 연구를 해왔다. 5-아자시티딘의 처리는 β-지중해성빈혈증 치료에 어떻게 효과를 미칠까? 여러분은 부작용이 있다고 생각하는가? 있다면 왜 그런가?

24. 많은 핵 RNA에 '5′-캡', '3′ 폴리-A 꼬리'의 첨가는 세포질로 성숙 mRNA를 수송하기 전에 일어난다. 이러한 변형은 mRNA 안정성에 영향을 주는 듯하다. 유전자 조절을 위한 많은 분석에서 북아메리카 반딧불에서 추출한 루시퍼레이즈(luciferatse) 유전자를 리포터로 사용한다. 루시퍼레이즈 유전자가 전사되고 번역될 때 단백질 산물은 시험관에서 쉽게 분석될 수 있다. 루시페린, ATP, 산소의 존재 하에 루시퍼레이즈 효소는 쉽게 정량화될 수 있는 빛을 생성한다. 루시퍼레이즈 mRNA가 시험관에서 다르게 변형(5′-캡, 폴리-A 꼬리)된다 가정하고 5′-캡, 폴리-A 꼬리의 첨가가 mRNA 안정성에 영향을 주는 분석 시스템을 제안하시오.

25. DNA 메틸화는 일반적으로 전사의 감소와 연관된다. 다음 데이터는 인간세포에서 유전자 활성에 DNA 메틸화의 정도와 위치가 주는 효과에 대한 것이다. 루시퍼레이즈 유전자를 생체 외에서 다양한 정도로 메틸화시킨 진핵생물 프로모터 절편에 연결시켜 클로닝하였다. 이러한 재조합 플라스미드를 조직배양 세포로 도입하고 루시퍼레이즈 활성을 분석하였다. 다음 데이터는 DNA 메틸화 위치의 차이에 따라 루시퍼레이즈 발현 정도를 비교한 것이다(Irvine et al., 2002. *Mol. and Cell. Biol.* 22: 6689 – 6696). 이 데이터로부터 어떤 결론을 얻을 수 있을까?

DNA 조각	메틸화되는 영역 크기 (kb)	메틸화된 CpG의 수	상대적 루시퍼레이즈 발현
전사 단위 외부 (0 – 7.6 kb 밖)	0.0	0	490X
	2.0	100	290X
	3.1	102	250X
	12.1	593	2X
전사 단위 내부	0.0	0	490X
	1.9	108	80X
	2.4	134	5X
	12.1	593	2X

26. 부정확한 스플라이싱으로 인해 종종 질병이 유발된다. 과학자들은 인간 암세포에서 스플라이싱의 특이적 변화를 관찰하고 많은 변화가 종양억제유전자의 기능을 파괴하는 것을 발견하였다(Xu and Lee, 2003. *Nucl. Acids Res.* 31: 5635–5643). 일반적으로 스플라이싱 변화가 이러한 RNA와 종양억제유전자의 기능에 미치는 효과는 무엇일까? 스플라이싱 특이성의 소실은 암과 어떻게 연관되어 있는가?

27. 전통적인 유전자 분석에서 과학자들은 클론된 유전자 서열 내 혹은 주변에 돌연변이를 유발하였다. 이러한 돌연변이 유전자 서열을 배양세포 혹은 모델 생명체에 도입하고 표현형을 관찰하였다. 현재 유전학자들은 유전자 분석을 위해 RNA 유도 유전자 침묵 방법을 추가하였다. 성 결정에 초파리 *tra* 유전자의 역할을 연구하기 위하여 RNA 유도 유전자 침묵을 이용하는 방법을 기술하시오. 전통적 유전자 분석법을 사용해서 *tra* 기능을 어떻게 연구하는지 기술하시오. 각 연구방법에 있어서 장점과 단점을 설명하시오.

28. 모든 유방암의 75%는 에스트로겐에 노출되었을 때 분열하는 것으로 보아 'ER 양성적'이다. 게다가 이러한 ER 양성 암의 반은 프로게스테론에 노출되었을 때 분열하는 것으로 보아 'PR 양성적'이다. 에스트로겐과 프로게스테론과 같은 호르몬이 세포증식을 촉진하는 단계를 제시하시오. 타목시펜은 보통 ER 양성 암 환자를 치료하는 데 사용된다. 타목시펜의 역할에 대해 분자수준에서 추론하시오.

29. 인간 베타글로빈 유전자를 둘러싸고 있는 유전체 서열을 분석하는 동안 여러분은 메탈로티오네인 IIA(*hMTIIA*) 유전자의 GRE와 유사서열을 가진 DNA 부위를 발견하였다. (1) 이러한 서열이 베타글로빈 유전자의 정확한 발현에 필요한지를 분석하는 실험방법을 기술하시오. (2) 이러한 서열이 *hMTIIA* 유전자의 GRE와 같은 방식으로 작용하는지를 분석하는 실험방법을 기술하시오.

30. 전사인자는 유전자 발현 조절에 핵심역할을 한다. 그러나 역할을 하기 위해서 전사인자들은 핵 내에서 작용해야 한다. 대부분의 단백질처럼 전사인자들은 세포질에서 번역된다. 핵에 들어가기 위하여 전사인자들은 핵 위치 신호를 포함한다. 어떤 경우 전사인자는 스테로이드 호르몬과 같은 다른 분자와 결합되었을 때만 작동한다. 핵에 들어간 후 전사인자들은 적절한 DNA 부위에 결합하고 프로모터, 인핸서, 사일런서에 있는 다른 전사 조절 단백질들과 상호작용한다. 전사인자들은 활성 혹은 억제도메인을 통해 전사를 활성화하거나 억제한다. 많은 약물치료는 전사인자를 표적으로 하는데, 위에 언급된 정보에 근거해서 전사인자를 표적하는 약물치료가 성공적으로 작용하는 세 가지 기작을 제시하시오.

여분의 비정상적 날개를 가지는 초파리는
호메오 선택 유전자의 돌연변이로 인해
2쌍의 날개를 갖는다.

18 발생유전학

핵심 개념

- 발생 과정 중 유전자 발현은 특정 유전자의 선별적 전사에 기초한다.
- 동물들은 접합자로부터 성체의 전반적 형태를 이루기 위해 몇몇의 신호 전달체계와 유전자 조절 네트워크를 공유한다. 이러한 공유된 속성으로 인해 동물 모델을 이용한 연구를 통해 인간의 발생 과정에 관한 이해를 가능하게 한다.
- 분화는 단계적인 유전자 발현에 의해 조절되며, 세포의 발생학적 운명을 결정하고 특이성을 부여한다.
- 식물은 동물의 발생 조절 메커니즘과 유사한 메커니즘을 가지면서 독립적으로 진화했다.
- 많은 생물체에서 이진법의 스위치유전자가 배아 세포의 발생학적 운명을 결정한다.

지난 20여 년 동안 유전자분석, 분자생물학, 유전체학의 연구를 통해 각기 다른 동식물임에도 불구하고 다양한 다세포성 생물들이 접합자에서부터 성체까지 진행되는 발생학적 사건 내에서 많은 유전자, 유전 경로, 분자적 신호전달 체계를 서로 공유한다는 것을 알게 되었다. 세포 수준에서 발생은 세 가지 주요 사건으로 특징지을 수 있다: **특수화(specification)**는 최초의 신호가 공간적으로 구분되는 특성을 부여하는 것이며, **결정(determination)**은 한 세포의 발생학적 운명이 결정되는 것이고, **분화(differentiation)**는 한 세포가 자신의 최종 형태와 기능을 획득하는 과정이다. 미세배열(microarray), 고속대용량 서열 결정, 후성유전학, 단백질체학 그리고 시스템생물학을 포함한 새로운 분석 방법들에 의해 환경요인에 따른 유전자의 발현과 상호작용이 어떻게 진행생물의 발생 과정을 조절하는지에 대해 이해하기 시작했다.

이번 장에서는 발생을 연구하기 위한 여러 유전자 분석 방법을 배울 것이다. 발생유전학 분야는 새로운 개체 발생 시 연속적으로 변화하는 표현형에 관해 분자적, 세포적 수준에서 발생학적 사건들의 기초를 설명할 것이다.

18.1 분화는 통합적인 유전자 발현을 통해 이루어진다

동물의 유전체는 수만 개의 유전자를 포함하고 있지만, 오직 소수의 유전자만이 성체의 모양을 형성하도록 조절한다(그림 18-1). 발생유전학자들은 발생에 대한 중요한 의문점을 해결하기 위해

(a)

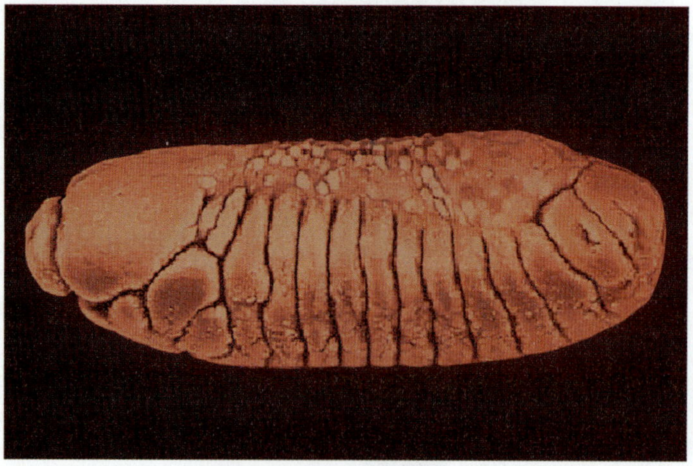

(b)

그림 18-1. (a) 초파리 배아와 (b) 초파리 성체.

이러한 유전자에 돌연변이를 일으켜 연구한다:

- 어떤 유전자들이 발현되는가?
- 유전자들은 언제 발현되는가?
- 발생하는 배아의 어느 부분에서 유전자들은 발현되는가?
- 유전자들의 발현은 어떻게 조절되는가?
- 유전자들에 결함이 생겼을 때 무슨 일이 일어나는가?

이러한 질문들은 결정, 유도, 세포-세포 소통 그리고 세포 분화와 같은 발생학적 과정의 분자적 기초를 설립하는 데 공헌하였다. 돌연변이를 통한 유전자 분석법은 발생 과정 동안 유도물질의 유무, 수용체, 유전자 전사, 세포와 조직 간의 상호작용, 관찰가능한 구조적 변화들간의 상관관계를 밝히기 위해 사용된다.

발생(development)을 정의하는 효과적인 방법은 생물체를 구성하는 모든 세포(줄기세포를 제외한)의 분화 상태 달성 여부이다. 예를 들어, 포배기 배아 내의 한 세포는 분화되어 있지 않지만, 성체에서 헤모글로빈을 합성하는 적혈구 세포는 분화되어 있다. 어떻게 미분화 세포로부터 분화된 세포가 형성될까? 이 과정은 배아 각각의 세포 내에서 서로 다른 유전자 그룹의 점진적인 활성과 관련되어 있다. 유전학적 관점에서 볼 때, 다세포성 생물체 내에서 발생 동안 형성되는 서로 다른 유형의 세포를 정의하는 방법은 각각의 다른 세포 안에서 활성화된 유전자들을 분류하고 확인하는 것이다. 다시 말해서, 발생은 서로 다른 유전자의 발현 양상에 의해 좌우된다.

서로 다른 시간과 세포 안에서 다양한 유전자들을 활성 또는 비활성화시킴으로써 분화가 이루어진다는 개념을 **가변 유전자 활성 가설(variable gene activity hypothesis)**이라 한다. 이 가설의 기본 가정은, 첫째, 각각의 세포는 모든 유전체를 가지고 있고, 둘째, 서로 다른 특정 유전자들의 전사가 각 세포의 분화와 발생의 방향을 조절한다는 것이다. 다세포성 생물체에서 발생 관련 유전자와 선택적 전사 방식은 발생 기작과 함께 진화 과정 내내 보존되어왔다. 결과적으로, 과학자들은 유전적으로 잘 알려진 모델 생물체의 잘 보존된 발생 기작을 분석함으로써 인간을 포함한 복잡한 다세포 생물의 발생 과정에 대해 배울 수 있다.

18.2 발생 메커니즘의 진화적 보존은 모델 생물체들을 통해 연구될 수 있다

다양한 종의 발생 과정에 대한 유전학적 분석을 통해 모든 동물의 형태와 크기가 공통의 발생학적 메커니즘과 유전자 세트에 의해 조절됨을 알게 되었다. 예를 들어, 얼룩말, 제브라피쉬 그리고 수많은 종들 사이에서 형태적 차이는 종 특이적 유전자에 의해서가 아닌 호메오(*Hox*)유전자라고 불리는 한 유전자 세트의 각기 다른 발현 양상의 결과이다. 유전체 서열결정 프로젝트는 다양한 종의 호메오유전자들이 공통조상을 가지고 있다고 확인시켜 주었다. 이러한 상동성은 인간 배아발생과 유전질환에 대한 연구가 초파리와 같은 동물 모델을 통해 돌연변이 유발, 유전교배, 수백의 자손을 관찰하는 대단위 실험 등을 행함으로써 이루어질 수 있다는 것을 의미한다(1장 참조).

진화-발생학(evolutionary and developmental biology, Evo-devo)분야의 연구를 통해, 비록 많은 발생학적 메커니즘은 모든 종에 걸쳐 공통적이지만, 진화에 의해 여러 새롭고 독특한 성체형성 방법이 발생되었음을 알게 되었다. 또한 이러한 진화적 변화는 돌연변이, 유전자 중복, 진화적 분기, 오래된 유전자에 새로운 기능 추가, 그리고 유전자에 새로운 발생학적 경로 부여 등을 포함한 다양한 유전적 메커니즘으로부터 나타난다. 우선, 이 장의 핵심으로 다양한 종 사이에 유전자 및 발생학적 메커니즘의 유사성에 대하여 공부할 것이다.

발생학적 메커니즘 분석

이번 단원에서 발생의 모든 양상을 다룰 수는 없고, 또한 정자와 난자의 융합에 의해 유발되는 발생학적 메커니즘의 세부 사항에 대해 살펴볼 수는 없다. 하지만 우리는 발생의 전반적인 과정에 초점을 맞춰 살펴볼 것이다:

- 어떻게 배아 안에서 동물의 몸 구조가 정해질까
- 미분화 세포를 분화세포로 만드는 유전자 발현 프로그램
- 발생에서 세포-세포 소통의 역할

우리는 발생 과정과 이와 관련된 주제들을 설명하기 위해 세 가지 모델 시스템을 사용할 것이다—초파리(*Drosophila melanogaster*), 애기장대(*Arabidopsis thaliana*), 예쁜꼬마선충(*Caenorhabditis elegans*). 또한 초파리와 애기장대에서 선별적인 유전자 발현 양상이 어떻게 발생학적 선택을 순차적으로 제한하여, 성체의 구조를 형성하는지를 알아볼 것이다. 다음으로 이러한 모델생물에서 얻어진 지식을 확장시켜 인간의 발생학적 결함에 대해 이해하고 토론해 볼 것이다. 마지막으로, 예쁜꼬마선충의 성체 구조가 만들어질 때, 세포-세포 소통의 역할에 대해 공부할 것이다.

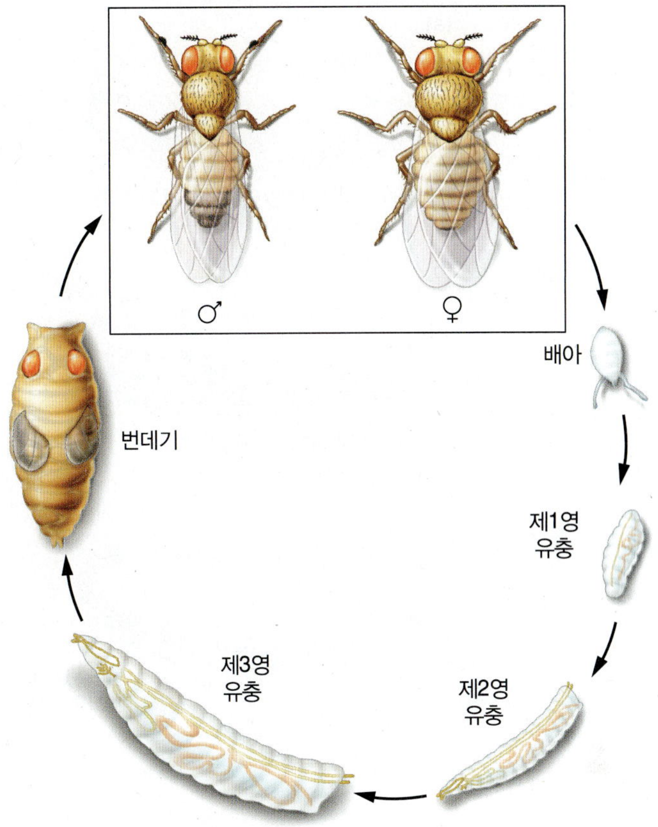

그림 18-2. 초파리의 생활주기.

18.3 초파리 배아발생 과정의 유전적 분석을 통한 동물의 체축형성 탐구

초파리의 배아발생 시기에 따라 배아의 특정 위치에 자리잡은 세포는 어떻게 특정 유전자의 발현을 조절하는 걸까? 이것은 발생생물학의 주요 문제이다. 이 문제에 답하기 위해 우리는 초파리의 배아에서 유전자의 발현 순서를 조사할 것이다. 비록 초파리의 발생 과정은 인간과 다소 낮은 상동성을 가지지만, 두 종 사이에서 같은 유전자들이 발생을 조절한다는 점을 기억하자.

초파리 발생의 개요

초파리의 생활주기는 여러 구분되는 시기를 포함해 약 열흘 정도이다: 배아기, 세 가지 유충 시기, 번데기 시기, 성체 시기(그림 18-2). 미수정란의 세포질은 모계로부터 유래된 일련의 분자들이 농도구배를 이루고 있으며, 이 농도구배는 배아의 특정 구역에 위치한 핵의 발생학적 운명을 결정하는 중요한 역할을 한다.

수정이 일어난 직후, 접합자 핵은 세포질분열 없이 핵분열이 연속적으로 일어난다[그림 18-3(a),(b)]. 결과적으로 여러 개의 핵으로 구성된 단일세포가 되는데 이러한 세포들은 다핵체(syncytium)라고 한다. 약 10번째 분열 시 핵은 난자의 주변부 세포질로 이동하는데, 그곳에는 모계 유래의 mRNA 전사물과 단백질들이 국소적인 농도구배를 이루고 있다[그림 18-3(c)]. 몇 번의 분열이 더 일어난 후, 핵은 원형질막에 둘러싸이고[그림 18-3(d)], 배아의 바깥부분을 둘러싸는 세포층이 형성된다. 핵과 세포질 구성물질 간의 상호작용은 배아의 유전자 발현 양상을 직접적으로 지시한다.

초파리의 성체에 있는 생식세포는 감수분열 후 배우자를 형성하도록 예정되며, 배아의 후극(posterior pole)에서 형성된다[그림 18-3(c),(d)]. 배아의 다른 곳에 있는 핵은 보통 체세포를 형성한다. 후극이 아닌 위치에 있는 핵을 후극쪽 세포질로 이식한 경우, 이 핵들은 체세포가 아닌 생식세포를 형성한다. 따라서 배아의 후극에 있는 세포질에는 핵을 생식세포로 유도하는 모계 구성물질을 함유하고 있음이 확인되었다.

세포질 구성물질에 의해 체세포 핵(생식세포가 아닌)의 전사 프로그램이 활성화되어 배아의 전-후 축과 등-배 축이 결정되며, 이후 배아의 체절 형성이 일어난다[그림 18-3(e)]. 혹스(*Hox*)

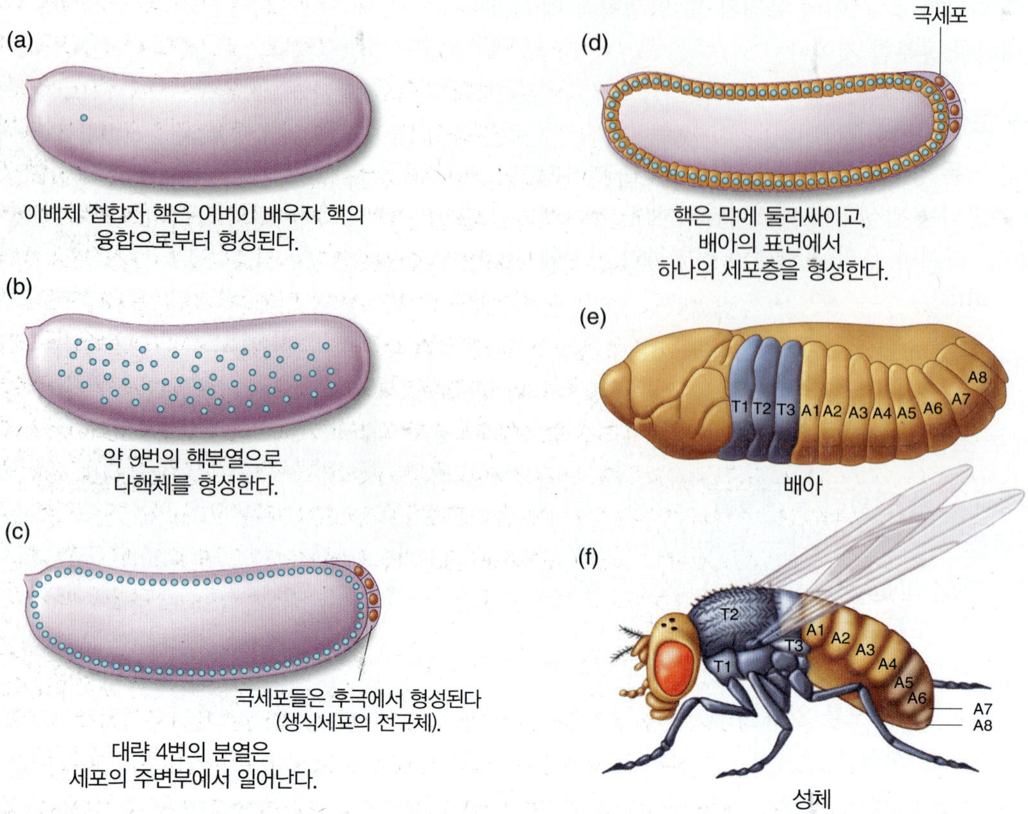

그림 18-3. 초파리에서 초기 배아발생 단계. (a) 접합자핵을 가진 수정란(*2n*). (b) 핵분열은 매 10분마다 일어난다. 9번의 분열은 다핵체를 만든다. (c) 10번째 분열 시, 핵은 주변부 또는 난자의 피질로 이동하고, 추가적인 4번의 핵분열이 일어난다. 수정 후 약 2.5시간이 지나면 세포들의 한 작은 집단(극세포)은 배아의 뒷부분 극에서 형성되며, 이러한 극세포는 성체시기에 생식세포를 만들게 된다. (d) 수정 후 약 3시간이 지났을 때, 핵은 세포막에 둘러싸여 배아의 표면을 뒤덮는 하나의 세포층을 형성하고, 세포성 배반엽을 형성한다. (e) 수정 후 약 10시간이 지난 배아. 이 시기에는 몸체의 체절형성이 명확하게 이루어진다. 체절 앞쪽에는 머리가 형성되고, T1~T3는 흉부 체절이 되고, A1~A8은 복부 체절이 된다. (f) 배아의 각 체절로부터 형성된 구조를 나타내는 초파리 성체.

유전자들의 조절하에, 각 체절들은 초파리 성체의 분화된 구조물을 형성할 것이다[**그림 18-3(f)**].

배아발생 과정의 유전자 분석

초파리에서 두 종류의 유전자 세트가 배아발생을 조절한다: 모계영향유전자와 접합자유전자(**그림 18-4**). 모계영향유전자의 산물(mRNA 또는 단백질)은 암컷 초파리로에서 생성되어 발생 중인 난자 안에 자리잡는다. 이러한 많은 모계영향인자들은 난자 속 세포질의 특정 부분에서 농도구배를 일으키며(또는 농축되어) 분포한다. 모계영향유전자의 치명적인 열성 돌연변이를 가진 동형접합자 암컷은 생식력이 없다. 왜나하면, 그들의 배아는 모두 야생형 모계유전인자들을 받지 못하기 때문에 비정상적으로 발생하거나 죽는다. 모계영향유전자들은 전사인자, 수용체 그리고 유전자 발현을 조절하는 단백질들을 암호화하며, 발생 과정 중 이러한 모계영향 유전자의 산물들은 배아 내에서 시공간으로 특이적 유전자 발현 프로그램을 활성화시키거나 억제시킨다.

접합자유전자들은 수정 후 형성된 배아의 핵 안에서 전사된다. 이러한 배아 유전체의 산물들은 모계영향유전자 산물의 분포에 반응하여 배아의 특정 위치에서 선별적으로 전사된다. 접합자유전자의 치명적인 열성 돌연변이들은 배아의 높은 치사율로 이어질 수 있다.

초파리 발생을 조절하는 유전자들에 대한 대부분의 지식은 1995년 노벨 생리 의학상을 수상한 Ed Lewis, Christiane Nüsslein-Volhard, 그리고 Eric Wieschaus에 의해 밝혀졌다. Ed Lewis는 1970년대에 처음으로 발생 과정을 조절하는 유전자들을 밝혀냈다. 1970년대 후반에는 Nüsslein-Volhard와 Wieschaus가 초파리 내에서 발생을 조절하는 모든 유전자를 밝히기 위한 방법을 고안하였고, 돌연변이가 유발된 수천 마리의 초파리 자손 중 형태적 구조에 결함을 가진 열성치사 돌연변이

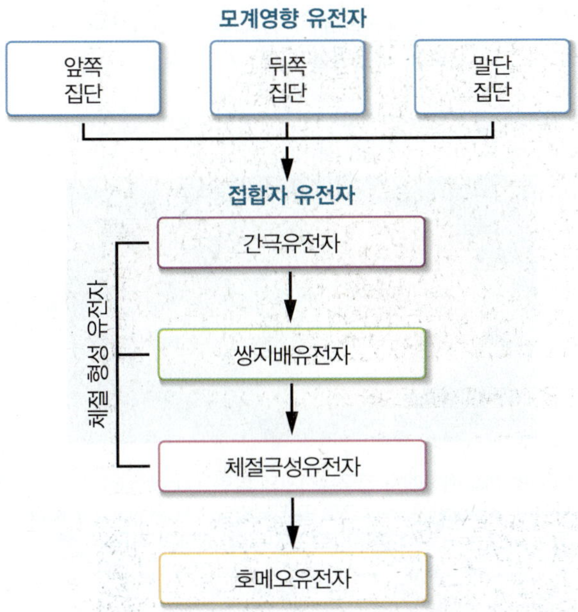

그림 18-4. 초파리 체절형성유전자들의 분류체계. 모계영향 유전자의 산물들은 첫 세 그룹의 접합자 유전자(간극유전자, 쌍지배유전자, 체절극성유전자)의 발현을 조절하며, 이후 호메오유전자들의 발현을 조절한다.

를 조사하는 연구를 진행하였다. 초파리의 어버이 세대는 열성 치사 배아 돌연변이의 이형접합체 보인자로 확인되었고, 연구자들은 돌연변이 표현형에 근거하여 세 가지 종류로 구분지었다: **간극(gap)**유전자, **쌍지배(pair-rule)**유전자 그리고 **체절극성(segment polarity)**유전자. 1980년에 이 유전자들에 대한 연구에 기초하여 Nüsslein-Volhard와 Wieschaus는 배아발생이 모계영향유전자 산물의 농도구배에 의해 시작된다는 모델을 제안했다. 이러한 분자적 농도구배에 의해 설정된 위치정보를 해석하여 두 세트의 접합자유전자가 발현한다: (1) **체절형성유전자(segmentation genes)**(간극유전자, 쌍지배유전자, 체절극성유전자) 그리고 (2) **호메오 선택(*Hox*)유전자(homeotic selector genes)**. 체절형성유전자들은 배아를 일련의 체절로 나누고, 체절의 개수와 크기 그리고 각 체절의 극성을 결정한다. 호메오유전자들은 각 체절 내의 세포들의 발생학적 운명을 결정하여 각 체절로부터 형성될 성체 구조를 지정한다(그림 18-4).

초파리의 발생 과정에 대한 유전 모델은 그림 18-5에 요약되어 있다. 난자발생 과정 동안 난자에 배치된 대부분의 모계영향 유전자 산물은 수정 직후 활성화되어 배아의 핵 내에서 위치 특이적 패턴으로 유전자 발현을 활성화하여 배아의 전-후축을 설정하도록 한다[그림 18-5 (a)]. 많은 모계유전자 산물은 세포의 특수화와 결정에 관여하고 있다. 모계유전자 산물은 전사인자를 암호화하며 간극유전자의 발현을 활성화시켜 성체의 머리, 가슴 및 복부에 해당하는 영역으로 배아를 구분 짓는다[그림 18-5 (b)]. 간극유전자는 쌍지배유전자 발현을 활성화시키는 전사인자를 암호화하며, 쌍지배유전자 산물은 체절 두 개 정도 크기의 영역으로 배아를 세분화시킨다[그림 18-5(c)]. 이후 쌍지배유전자의 산물은 체절극성유전자의 발현을 활성화시켜 각 체적을 전방 및 후방 영역으로 세분화시킨다[그림 18-5(d)]. 모계유전자와 체절형성유전자의 작용으로 전-후축이 설정되고 호메오유전자의 작동이 시작된다[그림 18-5(e)].

실전문제

18-1 초파리 배아의 외부 구조에 영향을 주는 모계영향 돌연변이를 검색하여 100개 이상의 변이를 발견하였다. 이 검사에서 다른 연구자들은 약 40개의 모계영향유전자가 있다고 결론지었다. 어떻게 이러한 서로 다른 결과를 제시할 수 있는가?

■ **힌트:** 이 문제는 초파리 성체에 돌연변이원을 노출시켰을 때 돌연변이를 확인하는 방법을 이해하는지를 묻는 것이다. 해결의 실마리는 유전자 및 대립유전자 간의 차이를 이해하는 것이다.

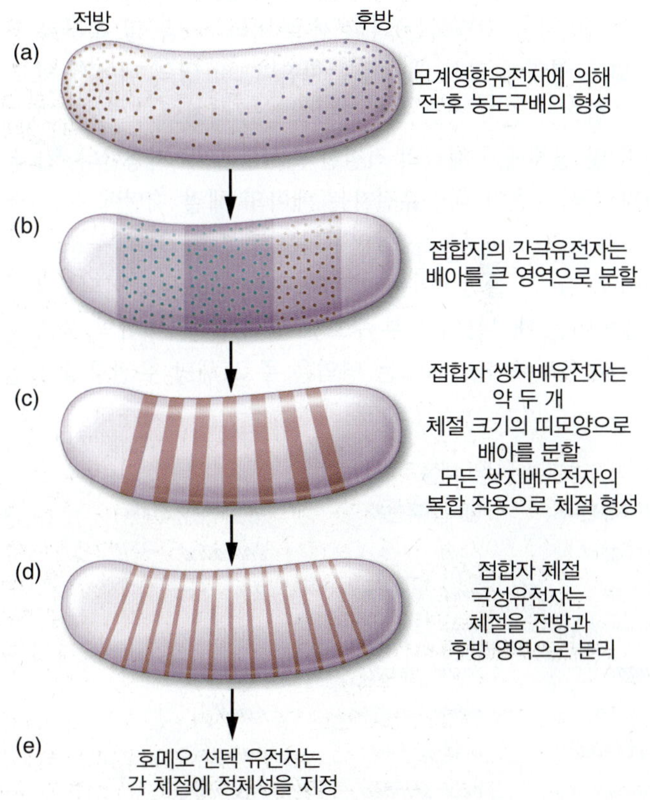

그림 18-5. (a) 초파리의 발생 동안 세포 운명의 점진적인 결정. 모계 단백질은 배아의 전후축을 따라 설정된다. (b~d) 세 그룹의 체절형성유전자는 점진적으로 몸의 체절을 구분한다. (e) 각각의 체절은 호메오유전자에 의해 정체성이 부여된다.

18.4 초파리에서 접합자유전자의 체절 형성 프로그램

체절유전자는 20개 이상 발견되었으며 각 유전자 변이체 표현형에 기초하여 분류된다(표 18.1). (1) 간극유전자의 돌연변이는 인접한 일련의 체절을 삭제하여, 배아의 정상적인 몸구조에 간극을 형성하며 (2) 쌍지배유전자의 돌연변이는 교대로 나타나는 모든 체절에 영향을 주어, 각각의 영향을 받은 체절 부분을 제거하며, (3) 체절극성유전자의 돌연변이는 각 체절의 일부에 결함을 야기한다.

배아의 전-후축을 결정하는 이들 세 종류의 유전자 이외에 또 다른 종류의 유전자는 배아의 등-배 축을 결정한다. 이 절에서 전후축에 관여하는 유전자에 제한하여 더 상세하게 각 그룹의 구성을 살펴볼 것이다.

간극유전자

배아에 농도구배를 이루는 모계유전자 산물은 배아의 **간극유전자(gap gene)**의 전사를 조절한다. 간극유전자는 신체 계획의 초기 단계를 설정하기 위해 서로 교차 조절한다. 야생형 간극 유전자(전사인자를 코딩하는)의 전사는 머리, 가슴 및 복부로 구분된 넓은 영역에 걸쳐 배아를 분할한다. 각 영역 내에서 서로 다른 조합의 유전자 작용으로 궁극적으로 체절의 종류와 유충, 번데기 및 성체에서 체절의 적절한 순서를 모두 지정한다. 간극 유전자의 돌연변이 대립유전자는 배아의 체절 패턴에 큰 간극을 만들어낸다. *hunchback* 돌연변이는 흉부 및 복부 구조가 소실되며 *Krüppel* 돌연변이는 머리와 흉부 구조가 소실되고 *knirps* 돌연변이는 대부분의 복부 구조를 잃게 된다. 배아의 각 부분에서 간극유전자가 발현되는 영역은 주로 해당 유전자의 돌연변이 표현형의 위치와 연관된다. 앞쪽에서 *hunchback*, 중간에서 *Krüppel*(그림 18-6), 후방에서는 *knirps*. 앞서 소개한 것처럼 간극유전자는 쌍지배유전자의 발현을 조절하는 전사인자를 암호화한다.

표 18.1 초파리에서의 체절유전자

간극유전자	쌍지배유전자	체절극성유전자
Krüppel	*hairy*	*engrailed*
knirps	*even-skipped*	*wingless*
hunchback	*runt*	*cubitis*
giant	*fushi-tarazu*	*hedgehog*
tailless	*paired*	*fused*
buckebein	*odd-paired*	*armadillo*
caudal	*odd-skipped*	*patched*
	sloppy-paired	*gooseberry*
		paired
		naked
		disheveled

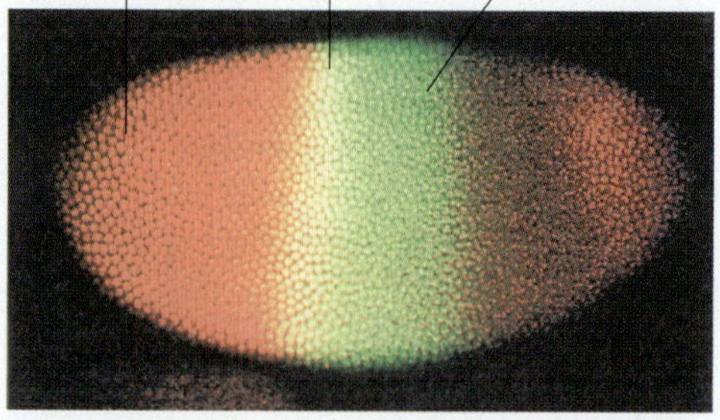

그림 18-6. 초파리 배아에서 간극유전자의 발현. Hunchback 단백질은 주황색으로 표시되며, Krüppel은 녹색으로 표시되었다. Hunchback과 Krüppel 단백질 모두 있는 세포는 노란색 줄무늬로 표시된다. 배아의 각 점은 핵이다.

쌍지배유전자

쌍지배유전자(pair-rule genes)는 모듈화된 인핸서 구조와 간극유전자에 의해 7개의 띠 모양으로 발현 조절된다. 이 유전자 세트의 발현으로 체절형성의 2가지 과정이 진행된다. 먼저 체절의 경계를 설정하고 체절극성유전자의 발현을 조절함으로써 다음 프로그램이 각 체절 내의 세포에서 진행되도록 한다. 쌍지배유전자의 돌연변이는 교대로 나타나는 모든 체절 부분을 제거한다. 적어도 8개의 쌍지배유전자는 일련의 띠 모양으로 배아를 분할하도록 작용한다. 쌍지배유전자의 전사는 모계영향 유전자 산물과 간극유전자 산물의 작용에 의해 중재된다. 초기에 이런 띠 모양 패턴의 경계는 겹치며, 결과적으로 이러한 중복지역 세포들은 서로 다른 조합의 쌍지배유전자를 발현하게 된다(그림 18-7). 체절 패턴에서 경계의 분리는 인접한 체절에 위치한 서로 다른 전사인자의 조합 활동을 통해 이루어진다(그림 18-8).

체절극성유전자

체절극성유전자(segment polarity genes)의 발현은 쌍지배유전자가 암호화하는 전사인자에 의해 제어된다. 쌍지배유전자의 작용으로 생성된 각 체절 내에서 체절극성유전자는 배아의 둘레를 따라 이어진 단일 밴드의 세포에서 활성화된다(그림 18-9). 이것은 14개의 체절로 배아를 분할한다. 체절극성유전자의 산물은 각각의 세포에 동일성을 부여하고, 각 체절 내에서 전-후 패턴

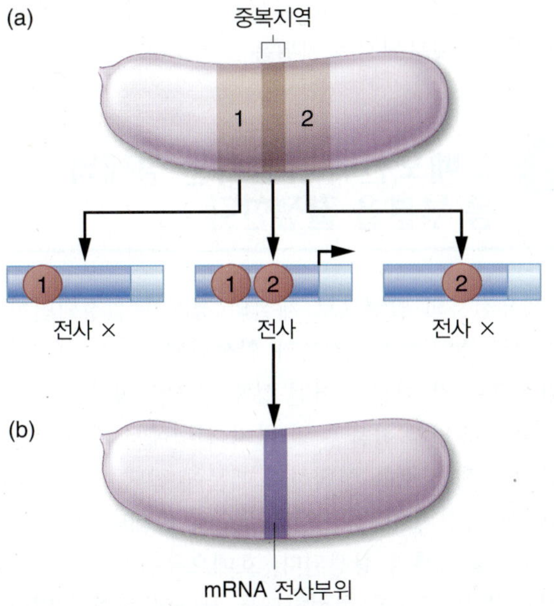

그림 18-7. 유전자 발현의 새로운 패턴은 두 개의 다른 유전자 산물을 포함한 중복 영역에서 생성될 수 있다. (a) 전사인자 1과 2는 각 발현 영역의 중복 부위에 존재한다. 두 전사인자가 표적유전자의 프로모터에 모두 결합해야 하는 경우, 해당유전자는 두 전사인자를 모두 포함한 세포에서만 활성화될 것이다. (b) 배아의 제한된 영역에서 표적유전자의 발현.

(극성)을 확립한다.

생쥐와 사람에서의 체절형성유전자

우리는 초파리에서 세 그룹의 체절형성유전자의 작용으로 체절이 형성되는 과정을 살펴보았다. 인간과 여러 포유동물에서도 이러한 유전자가 존재하여 생물의 배아발생 과정을 조절할 것인가? 이 질문에 대답하기 위해 초파리 후기에 쌍지배유전자 중 하나인 *runt*에 대해 알아보자. *runt* 유전자는 발생 후기에 신경계 형성 및 성결정 과정을 조절하며, 표적유전자의 전사를 조절하는 단백질을 암호화한다. *runt* 단백질에서 128개 아미노산으로 구성된 DNA 결합 영역 *runt* 도메인은 초파리, 생쥐 및 인간에서 매우 보존되어 있다. 실제로 *in vitro* 실험에서 초파리와 생쥐의 runt 단백질이 기능적으로 교환 가능하다는 것을 보여주고 있다. 생쥐에서 *runt*는 발생 초기에 발현하며 혈구 세포, 뼈 및 생식계 형성을 조절한다. *runt* 단백질이 조절하는 표적유전자의 세트는 초파리와 생쥐에서 다르지만, 두 생물에서 *runt*의 발현은 표적유전자의 전사 조절을 통해 배아의 미분화세포의 운명을 지정한다.

*runt*의 인간 상동유전자인 *RUNX2*의 돌연변이는 상염색체 우성유전 특징을 갖는 쇄골두개골 형성이상(CCD)을 야기한다. 쇄골두개골 형성이상 환자의 뼈는 샘문으로 알려진 막 모양의 틀을 형성하지 못하기 때문에 두개골 상단에 구멍이 뚫려 있다.

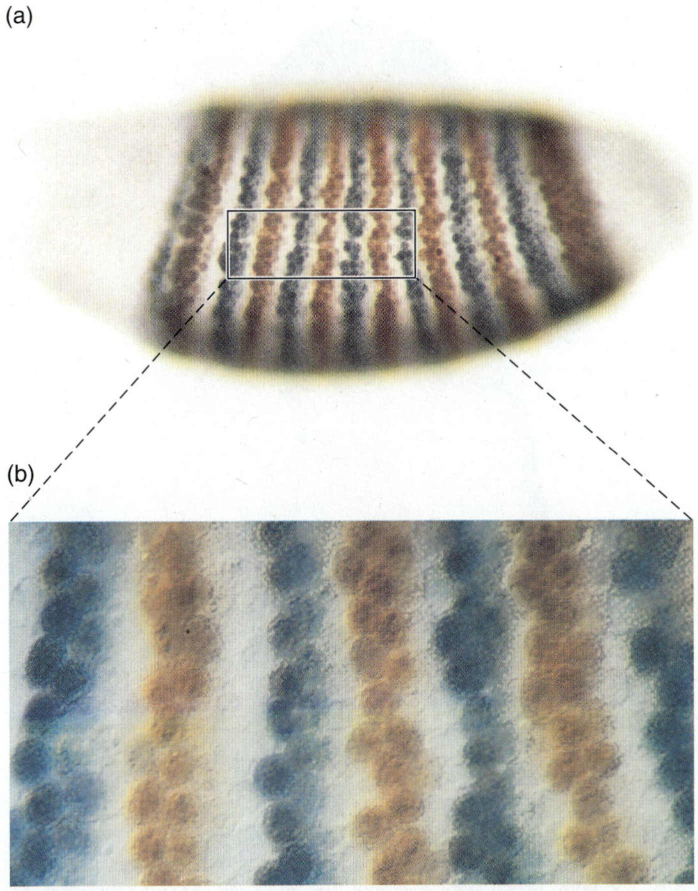

그림 18-8. 초파리 배아에서 쌍지배유전자 발현의 줄무늬 패턴. 배아는 *even-skipped*와 *fushi-tarazu* 유전자의 발현 패턴을 나타낸다. (a) 저배율 사진 및 (b) 동일한 배아에서의 고배율 사진.

또한 쇄골이 발달하지 못하며 양쪽 어깨가 가슴 쪽으로 접히게 된다(그림 18-10). *runt*의 상동체 돌연변이 대립유전자 하나를 갖는 생쥐는 인간과 유사한 표현형을 갖는다. 돌연변이 대립유전자 두 개를 갖는 생쥐는 완전한 뼈를 가지고 있지 않으며, 상어와 유사하게 연골만을 갖고 있다. 따라서 *runt* 유전자는 생쥐

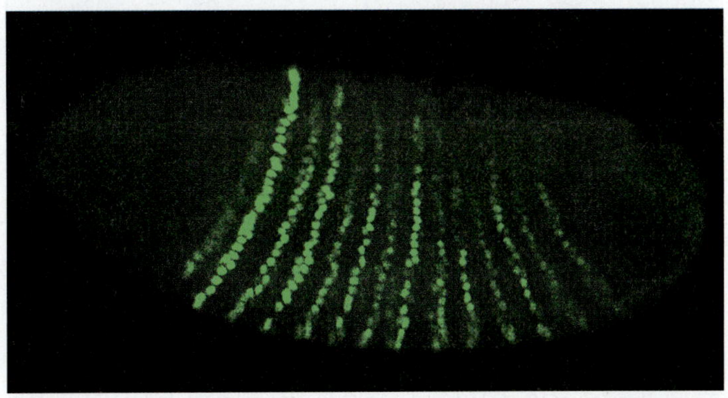

그림 18-9. 초파리 배아에서 체절극성유전자인 *engrailed*가 발현되는 14개의 줄무늬.

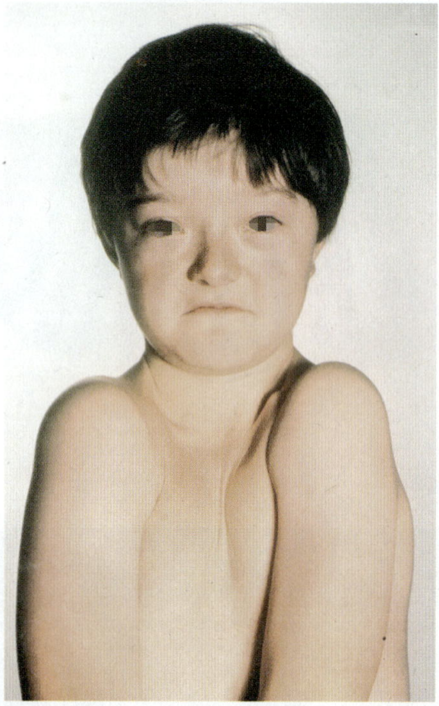

그림 18-10. 이 질병은 상염색체 우성유전 특징을 지니며, 인간 *runt* 유전자인 *RUNX2*의 돌연변이에 의해 발병한다. 돌연변이 대립유전자를 지닌 이형접합체들은 많은 골격질환을 갖게 된다. 이런 골격질환은 유아시기에 샘문봉합이 안 되어 두개골 상단에 구멍을 형성하거나 쇄골 발생이 정상적으로 진행되지 않는다. 쇄골이 형성되지 않기 때문에, CCD 환자들의 어깨는 가슴 쪽으로 접히게 된다. Reprinted by permission from Macmillan Publishers Ltd.: Fig 1 on p. 244 from: *British Dental Journal* 195: 243–248 2003. Greenwood, M. and Meechan, J. G. "General medicine and surgery for dental practitioners." Copyright © Macmillan Magazines Limited.

및 인간에서 뼈 형성의 시작을 제어하는 중요한 유전자로 작용함을 알 수 있다(그림 18-11).

초파리, 생쥐 및 인간의 *runt* 도메인 서열의 유사성과 초파리 발생 동안 초파리 버전을 대체하는 생쥐 *runt* 유전자의 작용을 고려해 볼 때, 동일한 체절형성유전자가 수백만 년 전 공통조상에서 분기된 생물에서 발견됨을 보여준다.

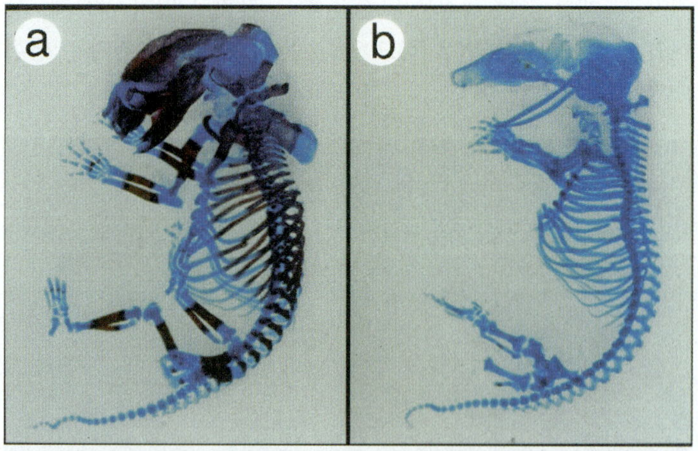

그림 18-11. *runt* 유전자인 *Cbfa1*에 대한 정상 생쥐와 돌연변이 생쥐의 뼈 형성. (a) 17.5일 된 정상 생쥐에서의 연골(파란색)과 뼈(갈색). (b) 17.5일 된 동형접합 돌연변이 배아의 골격. 연골만 형성되어 있다. 돌연변이 생쥐에서 뼈가 형성되지 않았다. *Cbfa1* 유전자의 발현은 뼈를 형성하는 골아세포의 발생학적 운명을 결정한다.

18.5 호메오선택 유전자는 성체의 몸 부분을 결정한다

체절형성유전자의 발현으로 체절의 경계가 설정되면서 호메오(그리스어로 '동일한') 유전자가 활성화된다. 호메오 선택 유전자의 발현으로 각 체절이 어떤 성체 구조를 형성할지 결정된다. 호메오 선택 유전자 산물은 몇 가지 선택에서 특정 체절에 적합한 하나의 발생 경로를 선택하기 때문에 선택 유전자라고 한다. 초파리에서 특정 발생 경로의 선택으로 안테나, 입 부분, 다리, 날개, 흉부 및 복부가 형성된다. 호메오유전자의 돌연변이는 다른 체절과 같은 구조를 형성하도록 하나의 체절이 변형되기 때문에 **호메오 변이(homeotic mutant)**로 불린다. 예를 들어, 안테나페디아(*Antennapedia*, *Antp*)의 야생형 대립유전자는 흉부의 제2체절에서 다리 형성을 유도한다. *Antp*의 우성 기능-획득 돌연변이의 경우 머리와 가슴에서 이 유전자가 발현되어 돌연변이 초파리의 머리에 안테나 대신 다리가 형성된다(그림 18-12).

초파리에서 혹스유전자

초파리 유전체의 3번 염색체에 두 그룹의 호메오 선택 유전자(*Hox* 유전자)가 위치하며, 전사인자를 암호화한다(표 18.2). 안테나페디아(*Antennapedia*, *ANT-C*) 복합체는 머리 구조와 흉부의 처음 두 체절을 지정하는 5개의 유전자가 포함된다[그림 18-13(a)]. 바이토랙스(*bithorax complex*, *BX-C*) 복합체는 제2흉부 체절의 후방부분, 제3흉부 체절 전체 및 복부 체절의 구조를 지정하는 3개의 유전자를 포함한다[그림 18-13(b)].

대부분의 종에서 혹스유전자(표 18.2)는 두 가지의 공통점을 지닌다. 첫 번째로, 혹스유전자는 **호메오박스(homeobox)**라고 알려진 매우 보존된 180 bp의 뉴클레오타이드 서열을 가지고 있다(*Hox*는 homeobox의 줄임말). 호메오박스는 **호메오도메인(homeodomain)**이라 알려진 DNA에 결합하는 60개의 아미노산 서열을 암호화한다. 두 번째로, 대부분의 종에서 혹스유전자

표 18.2 초파리에서의 *Hox* 유전자

안테나페디아 복합체	바이토랙스 복합체
labial	*Ultrabithorax*
Antennapedia	*abdominal A*
Sex combs reduced	*Abdominal B*
Deformed	
proboscipedia	

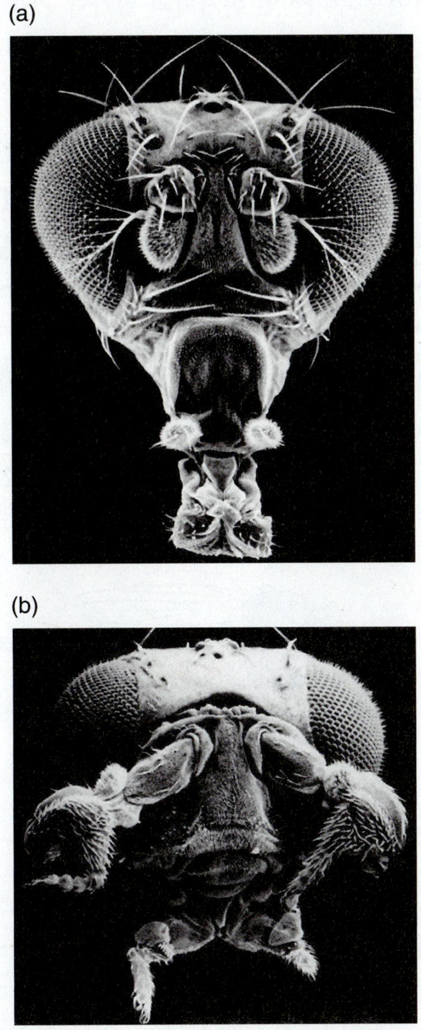

그림 18-12. 초파리에서 안테나페디아(*Antp*) 돌연변이. (a) 야생형 초파리의 머리에서 더듬이와 머리부분이 형성된다. (b) *Antp* 돌연변이에서 정상적인 더듬이의 구조가 다리로 대체된 것을 보여준다. 이는 머리에서 *Antp* 유전자가 활성화되어 발생된다.

는 몸의 전후축을 따라 유전자 순서와 동일하게 발현한다. 다시 말하면, 혹스 집단의 한쪽 끝(3′ 말단)에 위치한 유전자들은 배아의 앞쪽 끝에서 발현된다. 그리고 혹스 집단의 중앙에 있는 유전자들은 배아의 중앙에서 발현되고, 혹스 집단의 다른 쪽(5′ 말단)에 있는 유전자들은 배아의 뒤쪽 부분에서 발현된다(**그림 18-14**). 비록 처음으로 초파리에서 혹스유전자들이 발견되었어도, 선충, 성게, 제브라피쉬, 개구리, 생쥐 그리고 사람을 포함한 체절로 구성된 몸을 가진 대부분의 진핵생물 유전체에서 혹스유전자들은 발견된다(**그림 18-15**).

요약하자면, 초파리에서 발생을 조절하는 유전자들은 시공간적으로 일련의 순서로 작용하며, 초기배아의 전-후축(그리고 등-배축)을 설정하는 유전자들이 먼저 작동한다. 전-후축을 따라 설정된 모체의 mRNA 및 단백질의 농도구배는 간극유전자를 활성화시켜 배아를 넓은 몇 개의 영역으로 구분 짓는다. 이후 간극유전자들은 쌍지배유전자를 활성화시켜 배아를 체절로 나눈다. 체절형성유전자들의 마지막 그룹인 체절극성유전자는 각각의 체절을 전-후축을 따라 연속적으로 앞뒤 부분으로 나눈다. 각 체절들은 혹스유전자의 작용에 의해 정체정이 결정된다. 그러므로 초파리 배아세포들의 발생 잠재력은 전사와 번역 그리고 신호전달에 작용하는 조절단백질과 유전자의 연속적인 작용을 통해 점진적으로 제한되어 특정 운명을 갖게 된다.

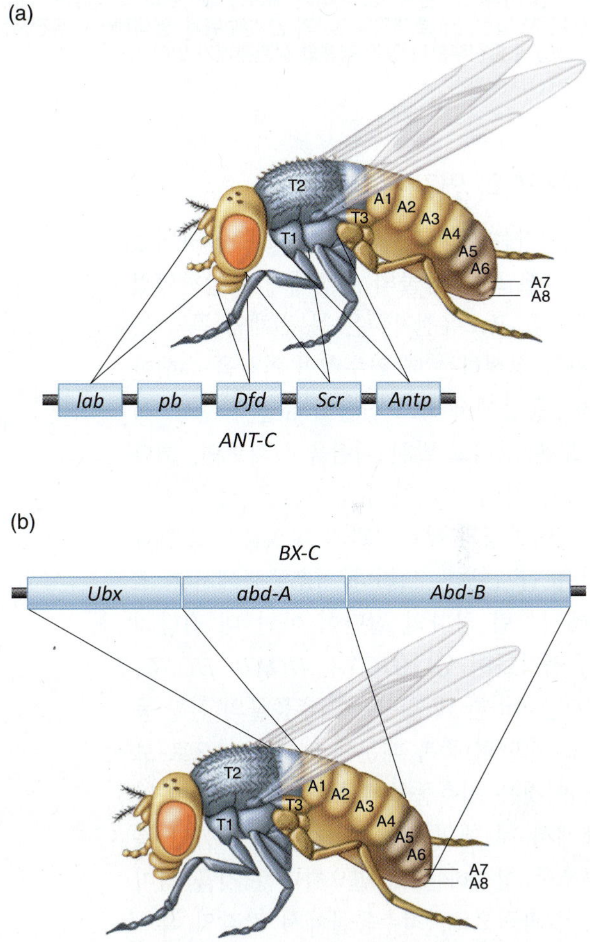

그림 18-13. 안테나페디아(*Antennapedia*) 복합체의 유전자들이 결정하는 성체 구조. (a) *ANT-C* 복합체에서, *labial*(*lab*)과 *Deformed*(*Dfd*) 유전자들은 머리체절의 형성을 조절한다. *Sex comb reduced*(*Scr*) 유전자와 안테나페디아(*Antp*) 유전자는 첫 번째 두 개의 흉부체절(T1과 T2)의 정체성을 결정한다. *proboscipedia*(*pb*)는 배아발생 동안 작용하지 않지만 성체에서 분화된 상태를 유지하기 위해 요구될 것이다. 돌연변이종에서 아랫 입술수염은 다리로 변하게 된다. (b) *BX-C* 복합체에서, *Ultrabithorax*(*Ubx*) 유전자는 T2의 뒤쪽 부분과 T3의 구조 형성을 조절한다. 두 개의 다른 유전자인 *abdominal A*(*abdA*)와 *Abdominal B*(*AbdB*)는 여덟 개의 복부체절(A1~A8)의 정체성을 구체화한다.

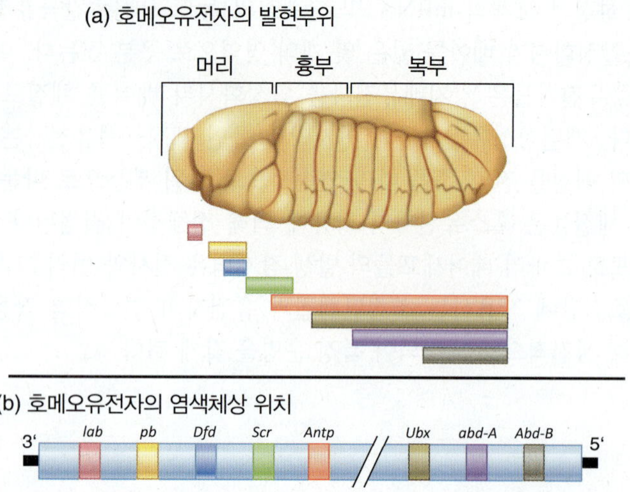

그림 18-14. 초파리의 호메오유전자들의 공간적인 발현 패턴과 염색체상 위치의 선형 대응적인 관계. (a) 초파리 배아와 배아표피 및 중추신경계에서 호메오유전자 발현. (b) 호메오유전자의 염색체 위치. 염색체에서 유전자들의 순서는 그들의 발현부분의 앞쪽 경계와 상관관계가 있다.

혹스유전자와 인간 유전질병

혹스유전자는 초파리에서 처음으로 규명되었지만, 이후 모든 동물의 유전체에서 발견되었다. 이러한 혹스유전자들은 몸 전체와 몸의 부속기관을 형성하는 데 필수적인 역할을 수행한다. 척추동물에서 혹스 집단의 유전자 순서, 서열의 보존 그리고 발현 패턴을 살펴보면, 초파리에서와 같이 이러한 유전자들은 전-후축을 따른 배아발생과 부속기관의 형성을 조절한다는 것을 암시한다. 그러나 척추동물에서는 초파리에서처럼 하나의 집단이 아닌 네 집단의 혹스유전자들이 있다(*HOXA*, *HOXB*, *HOXC*, *HOXD*). 이러한 네 집단은 척추동물의 진화 동안 혹스 집단의 중복 때문에 일어난 것으로 보인다. 이것은 척추동물에서 단지 하나가 아닌 두 개에서 네 개의 혹스유전자들의 조합이 특정 구조를 형성하는 데 필요하다는 것을 의미한다. 결과적으로, 척추동물에서 각각의 혹스 유전자에서의 돌연변이는 초파리에서처럼 완전한 변이를 일으키지 못한다. 초파리에서 하나의 혹스유전자 돌연변이는 평형곤(haltere)을 날개로 변화시킬 수 있다(이 장의 시작부분에 있는 사진 참조). 인간의 발생에서 몇몇의 유전적인 사지 기형이 *HOXD* 유전자 돌연변이에 의해 유발된다는 발견을 통해 *HOXD* 유전자의 역할을 확인하였다. 예를 들어, *HOXD13* 유전자의 돌연변이는 추가적인 손가락과 발가락 기형 및 손과 발의 뼈 이상이 나타나는 질병(synpolydactyly, SPD)을 유발한다(그림 18-16).

18.6 식물은 진화를 통해 동물에 대응하는 발생 조절 시스템을 가지게 되었다

식물과 동물은 아마 다세포 생명체의 출현 전인 진핵생물의 기원 후인, 약 16억 년 전에 공통의 조상으로부터 갈라져 나왔다. 식물과 동물에서 돌연변이의 유전적 분석 및 유전체 서열의 결

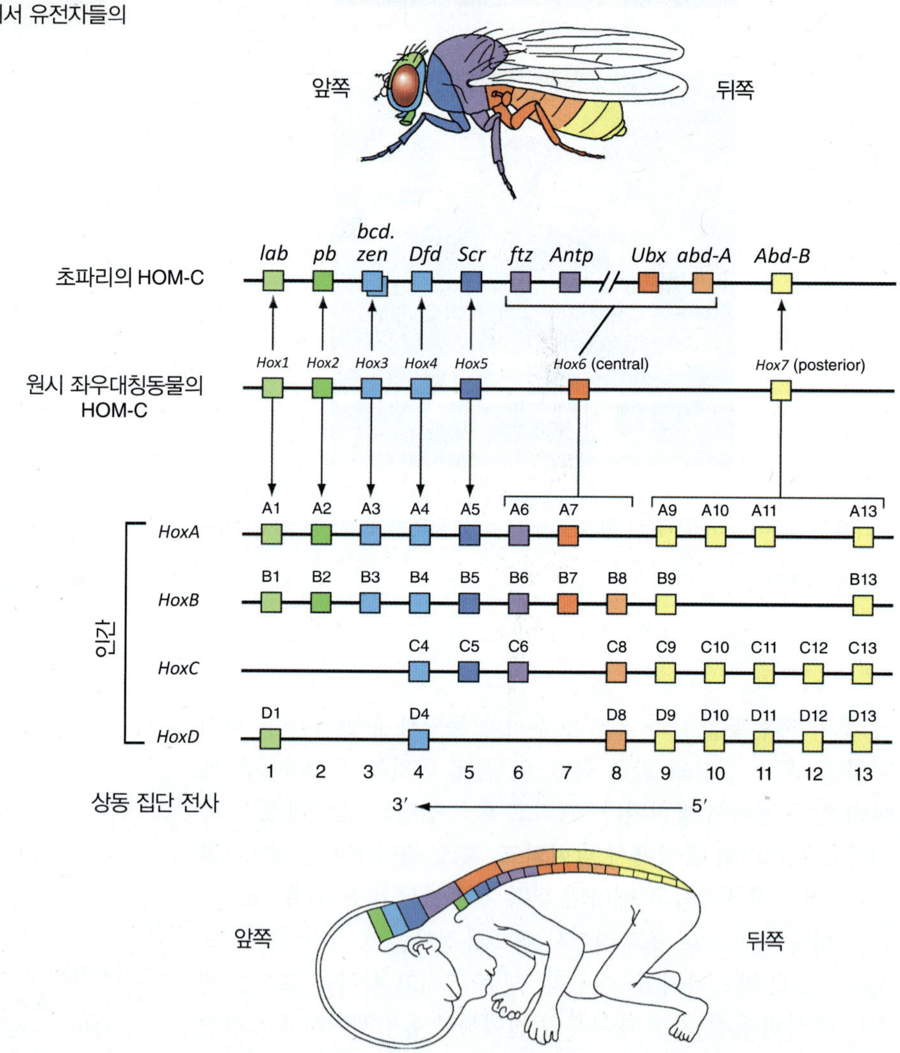

그림 18-15. 혹스유전자의 구성과 발현 패턴의 보존. (위) 성체 초파리의 몸 구조에서 각 색깔은 해당 구조의 형성을 조절하는 혹스 집단의 유전자들과 일치시켜 나타낸 것이다. (아래) 초기 인간배아에서 혹스유전자들의 발현패턴. 초파리에서처럼, 혹스 집단의 3′ 말단에 있는 유전자들은 앞쪽 구조를 형성하며 5′ 말단에 있는 유전자들은 뒤쪽 구조를 형성한다.

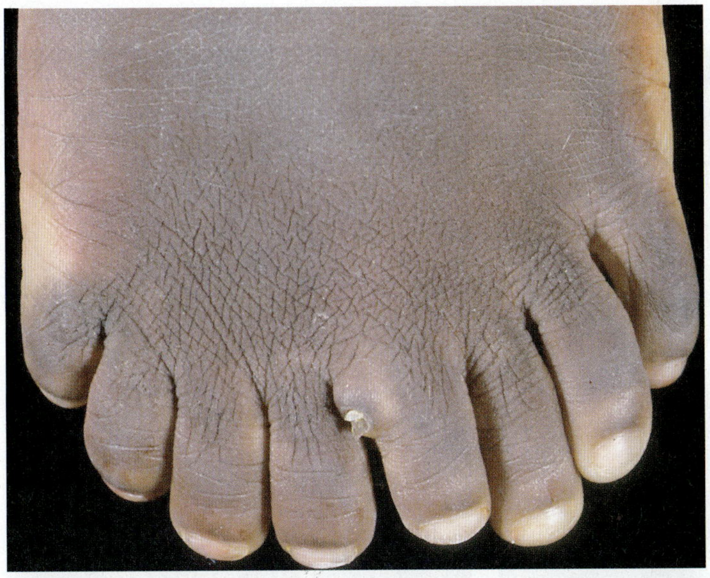

그림 18-16. 인간배아의 뒤쪽에서 발현하는 혹스유전자들(이 경우에는 *HOXD13*)에서 일어난 돌연변이는 사지 기형을 유발한다. 위 사진은 추가 발가락 기형을 보여주며 synpolydactyly라고 알려져 있다. 또한 *HOXD13* 유전자의 돌연변이는 손발의 뼈 이상을 유발한다.

실전문제

18-2 초파리에서 *fushi tarazu*(*ftz*)와 *engrailed*(*eng*) 유전자들은 호메오박스 전사인자를 암호화하며, 다른 유전자의 발현을 유발할 수 있다. 이 두 유전자는 발생시기에 거의 동일한 시간에 작용하고 동일한 부위에서 몸 체절의 세포 운명을 결정하는 데 작용한다. *ftz*가 *engrailed*의 발현을 조절하는지, *engrailed*가 *ftz*를 조절하는지 혹은 두 유전자 모두 또 다른 유전자에 의해 조절되는지를 알기 위해 당신은 돌연변이 분석연구를 수행 중이다. *ftz* 돌연변이 배아(*ftz*/*ftz*)에서 *engrailed* 단백질은 없다. *engrailed* 돌연변이 배아(*eng*/*eng*)에서 *ftz* 발현은 정상적이다. 이 결과를 통해 두 유전자의 조절에 관해 무엇을 알 수 있는가? *engrailed* 유전자는 *ftz*를 조절하는가, 아니면 *ftz* 유전자가 *engrailed*를 조절하는가?

■ **힌트:** 이 문제는 초파리의 성체 이전의 서로 다른 발생단계에서 어떻게 유전자가 조절되는지에 관한 것이다. 해결의 실마리는 조사 중인 두 유전자의 발현 시기를 결정하기 위해 돌연변이체 분석 결과를 사용하는 데 있다.

더 연습하려면 15, 16, 18번 문제를 참조하시오.

과는 동물과 식물에서 발생학적인 패턴형성의 기본적인 메커니즘이 독립적으로 진화되었음을 보여준다. 우리는 이미 초파리를 실험모델로 사용해 동물에서 발생과 패턴형성을 조절하는 유전 시스템들을 연구해왔다. 그리고 이제 식물에서 이 시스템들을 간단히 조사해볼 것이다. 겨자과에 속하는 작은 식물인 애기장대(*Arabidopsis thaliana*)를 모델로 하여 꽃 발생 과정에서 패턴 형성에 대해 광범위한 연구가 진행되었다(그림 18-17). 꽃분열조직(Floral meristem)이라 불리는 분화되지 않은 세포의 집단은 꽃을 만든다(그림 18-18). 각각의 꽃은 네 개의 기관인 꽃받침, 꽃잎, 수술, 심피로 이루어져 있다. 이 네 개의 기관은 분열조직 내에 동심원 형태를 이루는 세포로부터 발생된다[그림 18-19(a)].

그림 18-17. 식물 유전학 연구에서 실험모델로 사용되는 애기장대(*Arabidopsis thaliana*).

애기장대의 호메오유전자

식물의 꽃형성에 관여하는 세 집단의 호메오유전자들은 꽃 기관의 발생을 조절한다(표 18.3). A 집단 유전자들은 단독으로 작용하여 꽃받침을 형성하도록 한다. A 집단과 B 집단 유전자들은 함께 발현하여 꽃잎을 형성토록 하며, B 집단과 C 집단 유전자들은 함께 작용하여 수술 형성을 조절한다. 단독으로 작용하는 C집단 유전자들은 심피의 형성을 결정한다. 꽃이 발생하는 동안[그림 18-19(b)], A 집단 유전자들은 동심원 1과 2(꽃받침과 꽃잎)에서 발현이며, B 집단 유전자들은 동심원 2와 3(꽃잎

표 18.3 애기장대의 호메오선택유전자*

Class A	*APETALA1 (AP1)*
	APETALA2 (AP2)
Class B	*APETALA3 (AP3)*
	PISTILLATA (P1)
Class C	*AGAMOUS (AG)*

*관례상, 애기장대의 야생형 유전자는 대문자로 표기.

그림 18-18. (a) 애기장대(*Arabidopsis*) 꽃의 구조. 기관들은 집중적으로 배치된다. 꽃받침은 가장 바깥쪽을 형성하고 꽃잎과 수술이 꽃받침을 따른다. 심피는 내부에 위치하게 된다. (b) 위에서 본 꽃의 모습.

과 수술)에서 발현된다. 그리고 C 집단 유전자들은 동심원 3과 4(수술과 심피)에서 발현된다. 기관의 형성은 세 집단의 유전자 발현 패턴에 의존한다. 동심원 1에서 오로지 A 집단의 유전자 발현으로 인해 꽃받침 형성이 유발된다. 동심원 2에서 A 집단과 B 집단 유전자의 발현은 꽃잎을 형성하게 한다. 동심원 3에서 B 집단과 C 집단 유전자의 발현은 수술을 형성하게 한다. 동심원 4에서 오로지 C 집단 유전자의 발현은 심피를 형성하게 한다.

초파리에서와 같이, 호메오유전자의 돌연변이는 비정상적인 위치에 기관들이 형성되게 한다. 예를 들어, *APETALA2* 돌연변이(*AP2*)에서 기관의 순서는 정상적인 순서(꽃받침, 꽃잎, 수술, 심피)와 다르게 심피, 수술, 수술, 심피이다[그림 18-20(a),(b)]. 집단 B 유전자의 기능결손 돌연변이(*AP3*, *PI*)에서, 꽃잎은 꽃받침이 되고 수술은 심피로 변형되어[그림 18-20(c)], 기관의 순서는 꽃받침, 꽃받침, 심피, 심피 순으로 나타난다. 집단 C 유전자에 속하는 *AGAMOUS*의 돌연변이 식물은 동심원 3에 수술 대신에 꽃잎을, 동심원 4에 심피 대신에 꽃받침을 가지게 되며, 꽃받침, 꽃잎, 꽃잎, 꽃받침 순으로 나타날 것이다[그림 18-20(d)].

호메오유전자의 진화적 분기

초파리와 애기장대는 체축을 형성하고 체축을 따라 구조의 정체성을 확립하기 위해 서로 다른 세트의 비상동적 마스터(master) 조절유전자를 사용한다. 초파리에서 이러한 임무는 부분적으로 혹스유전자들에 의해 수행된다. 그리고 혹스유전자들은 전사인자를 암호화하며, 호메오박스 도메인을 공유한다. 애기장대의 호메오유전자들은 **MADS-박스 단백질**이라 불리는 다른 그룹의 전사인자이다. MADS-박스 단백질들은 58개의 아미노산 서열을 공통적으로 가지나, 혹스유전자의 아미노산 서열이나 단백질 구조와는 유사성이 없다. 두 유전자 세트는 전사인자를 암호화하며, 중복된 패턴으로 발현되는 발생의 마스터 조절인자들이다. 이들은 각 구조의 정체성을 결정한다.

공통조상으로부터 진화적인 기원을 살펴보면, 초파리와 애기장대의 유전체는 호메오박스와 MADS-박스 유전자 집단을 포함하고 있으나, 각 유전자 집단은 식물계와 동물계에서 각기 다른 용도로 적응되어왔다. 이것은 발생학적 메커니즘이 각각의 그룹에서 독립적으로 진화되었다는 것을 보여준다.

식물과 동물 모두에서 전사인자는 유전자 발현에 영향을 주는 염색질 구조의 변화에 의존하여 작용한다. 초파리와 애기장대에서 조절 유전자들의 발현 개시를 유지시키는 유전자들이 상동적인 것으로 보아 전사 개시 메커니즘은 식물과 동물에 보존되어 있다. 식물에서 *CURLY LEAF* 유전자는 호메오유전자들의

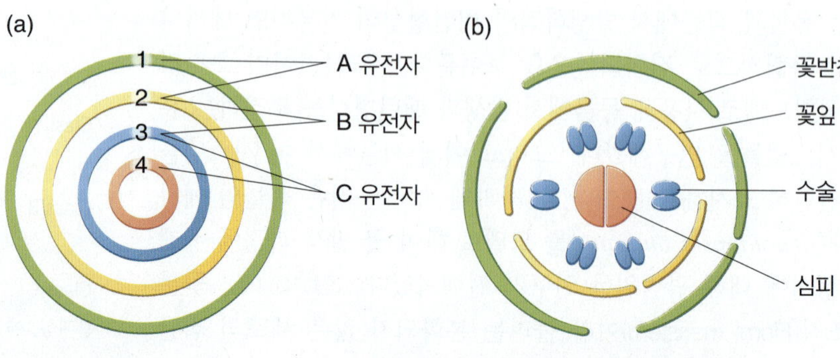

그림 18-19. 꽃의 분열조직에서의 세포배열. (a) 네 개의 동심원, 표시한 1~4는 각각 (b) 성숙한 꽃의 꽃받침, 꽃잎, 수술, 그리고 심피의 배열을 나타낸다.

그림 18-20. (a) 애기장대의 야생형 꽃은 (밖에서부터 안으로) 꽃받침, 꽃잎, 수술, 심피를 가진다. (b) *APETALA2* 호메오유전자의 돌연변이 꽃은 심피, 수술, 수술, 심피를 가진다. (c) *PISTILLATA* 돌연변이는 꽃받침, 꽃받침, 심피, 심피를 가진다. (d) *AGMOUS* 돌연변이는 꽃잎과 꽃받침이 수술과 심피 자리에서도 나온다.

발현을 조절한다. 이 유전자는 초파리의 *Polycomb* 유전자 그룹의 구성요소와 상당한 상동성을 보인다. *Polycomb* 그룹의 조절 유전자들은 발생 동안 호메오박스 유전자의 발현을 조절한다. *CURLY LEAF* 유전자와 *Polycomb* 유전자는 유전자 발현을 억제하는 단백질을 암호화하며, 염색질의 입체구조를 변화시킨다. 따라서 비록 서로 다른 유전자들이 발생을 조절하기 위해 사용될지라도 식물과 동물 모두 이러한 유전자 집단의 발현을 조절하는 진화적으로 보존된 메커니즘을 사용한다.

18.7 발생에서 세포-세포 상호작용 연구를 위한 예쁜꼬마선충 모델

다세포 생물의 발생 동안 세포-세포 상호작용은 전사 프로그램과 상호작용한 세포와 그 주변 세포들의 발생학적 운명에 영향을 미친다. 세포-세포 상호작용은 인간과 생쥐, 초파리를 포함한 대부분의 진핵생물의 배아발생 과정에서 매우 중요하다.

발생의 신호전달 과정

발생 초기, 동물은 많은 수의 신호전달을 사용하여 발생을 조절한다. 기관 형성이 시작된 후, 이미 사용되는 신호전달 경로에 더하여 새로운 경로가 추가된다. 새로이 활성화된 경로는 독립적이면서 협동 네트워크를 형성하여 특정 전사패턴을 확립한다. 신호 전달 네트워크를 통해 전-후축의 극성과 체축을 결정하며, 통합적인 패턴 형성 및 조직과 기관의 분화를 지시한다. 발생초기에 사용되는 신호전달 경로와 각 경로가 어떤 발생 과정을 조절하는지를 표 18.4에 나타내었다. Wnt/β-catenin 신호전달 시스템은 동물진화의 초기에 나타났으며, 매우 잘 보존되어 있다. 이 시스템은 동물발생의 기본적인 신호전달 경로이며, 여러 개의 분기된 경로를 통합시키는 복잡한 형태이다.

Wnt/β-catenin 신호전달 경로가 발생 과정을 어떻게 조절하는지 이해하기 위해 각 경로의 구성요소에 대해 활발한 연구가 진행되고 있으며, 향후 Wnt/β-catenin 시스템의 신호전달 이상으로 발생하는 질병을 치료하게 될 것이다.

여기서는, 다른 신호전달 시스템인 **Notch 신호전달 경로(Notch signaling pathway)**의 작용과 구성요소에 대하여 초점

표 18.4 초기 배아발생의 신호전달 경로

***Wnt* 경로**
몸의 등쪽화
여성 생식기관의 발생
등-배 분화
***TGF-β* 경로**
중배엽 유도
좌우 비대칭
뼈발생
***Hedgehog* 경로**
척삭 유도
체절형성
소화관/내장 중배엽
***Receptor Tyrosine Kinase* 경로**
중배엽 유지
***Notch* 전달 경로**
적혈구 발생
신경형성
망막 발생

출처: *Taken from* Gerhart, J. 1999. 1998 Warkany lecture: Signaling pathways in development. *Teratology* 60: 226-239. © 1998 John Wiley & Sons, Inc.

유전자 기능 이해를 위한 현대적 접근

플라나리아에서 하나의 유전자 신호 메커니즘이 머리 재생의 비밀을 밝히다

몇몇 생물들의 재생능력은 매우 놀라운 현상이다. 히드라, 플라나리아, 도롱뇽과 같은 동물들은 기관이나 몸의 일부분이 손상되거나 절단되어도 이를 재생할 수 있다. 발생학자들과 여러 과학자들은 이러한 생물들이 재생능력에 매우 큰 흥미를 가져왔다. 재생을 결정짓는 진화적 메커니즘은 무엇이며, 왜 몇몇 생물들만이 재생 능력을 가지며 그 밖의 생물들은 재생을 하지 못할까? 이러한 정보는 인간의 조직과 기관의 수선 및 교체에 적용할 수 있다.

(a) (b)

(a) 실험 대조군(위)과 β-catenin RNAi가 처리된 꼬리 조각(아래)을 나타낸 시간대별 사진. 대조군의 조각은 머리를 재생하는 데 실패하였다. 24개 중 16개의 RNAi가 처리된 꼬리 조각은 머리 부분을 형성하였다.

(b) β-catenin RNAi가 처리된 꼬리조각(노랑)과 RNAi를 처리하지 않은 대조군(회색). 발달한 머리 부분은 염색약으로 표지된 먹이를 삼킬 수 있으며, 이는 재생된 머리 부분이 정상적인 기능을 한다는 것을 입증한다.

2013년 신성세포(neoblast)라 불리는 줄기세포로부터 머리 재생을 유도하는 분자적 신호전달 경로를 밝힌 논문이 *Nature*에 발표되었다. 대부분의 플라나리아 종들은 잘려진 꼬리 조각으로부터 머리 재생할 수 있다. 그러나 이 연구는 재생능력이 없어서 꼬리 조각으로부터 머리 부분을 재생할 수 없는 플라나리아 종에 초점이 맞추어져 있다. 만약 과학자들이 이러한 플라나리아 종에서 머리 재생 과정의 원인을 밝힐 수 있다면, 편형동물이나 그 밖에 동물에 있어서 재생 과정의 유전적 경로에 대한 중요한 실마리를 제공해 줄 수 있을 것이다.

이번 장에서 여러분은 인간을 포함한 다세포성 생물의 초기 배아발생에 있어 Wnt/β-catenin 경로의 역할에 대해 배웠을 것이다. Wnt 단백질은 β-catenin의 축척을 유도하며, β-catenin은 발생 과정이나 조직치유 및 유지에 중요한 유전자의 발현을 조절한다. Wnt/β-catenin 경로의 돌연변이는 발생 결함이나 종양형성과 관련이 있다. 이전의 연구에서 재생 가능한 플라나리아에서 Wnt/β-catenin 경로의 활성을 증가하였을 때, 머리 부분의 상처에서 꼬리가 재생되어 양방향의 꼬리를 가진 플라나리아를 만들어 냈다. 반대로 상처난 꼬리 부분에서 Wnt/β-catenin 경로의 활성을 감소시켰을 때 꼬리 대신 머리가 형성되어, 이 플라나리아는 두 개의 머리를 갖게 되었다.

꼬리 부분에서 머리재생이 불가능한 플라나리아에 대해 설명할 수 있는 가설은 특정 수준의 Wnt/β-catenin 경로의 활성이 머리 부분 재생에 요구된다는 것이다. 이러한 가설을 입증하기 위해 연구진은 **RNA 간섭(RNAi)** 기술을 적용한 특별한 실험에 초점을 맞추었다. 이전 내용에 대해 상기해보자(17장 참조). RNAi는 특정 RNA 분자를 침묵시키기 위한 서열 특이적 방법이다. 재생 능력이 없는 플라나리아 *Dugesia lacteum*(*D. lacteum*)를 사용하여, 연구진들은 머리 "회복" 실험(그림 a 참조)을 시도하였다. *D. lacteum*의 꼬리부분을 제거한 뒤, RNAi 방법으로 β-catenin1 mRNA을 침묵시키도록 제작된 이중가닥RNA(dsRNA)를 주입하였다.

결과:

β-catenin1 RNAi의 처리 결과 24개 중 16개의 꼬리부분에서 머리가 재생됨을 관찰하였다(그림 a). 연구진들은 머리 구조를 확인하기 위해 머리 및 중추신경계와 관련된 표지 유전자 발현을 분석하였다. 또한 재생된 머리 부분이 정상적인 기능을 하는지 알아보기 위해 플라나리아에 염색약으로 표지된 음식을 삼킬 수 있는지 여부를 확인 증명하였다. 추가로 진행된 실험에서, *D. lacteum*의 꼬리부분에서는 Wnt경로의 억제 유전자인 *notum*이 발현되지 않기 때문에, 머리 재생이 일어나지 않을 것이라고 설명하였다.

결론:

연구진들은 *D. lacteum*와 같이 재생에 결함이 있는 종의 경우, 머리 부분 재생을 유도하는 Wnt/β-catenin의 억제가 불충분하다고 결론지었다. 따라서 RNAi에 의한 Wnt/β-catenin의 억제조절은 머리 부분 재생을 유발할 수 있다. 이러한 결과로부터 재생 가능한 종들은 필요할 시 Wnt/β-catenin의 억제조절이 이루어짐을 예상할 수 있다. 가장 인상적인 것은 하나의 신호전달 경로가 머리 재생을 유도하는 데 충분하다는 사실이다. 재생이 가능한 종과 그렇지 않은 종들의 Wnt/β-catenin 경로의 유전자 조절에 대한 이해는 다음 연구를 진행함에 있어 중요하다. 과학자들은 플라나리아의 재생관련 분자적 메커니즘을 이해함으로써 인간의 재생 능력을 증진시키는 데 도움을 줄 수 있을 것이라고 예상한다.

참고문헌:

Umesono, Y., et al. (2013). The molecular logic for planarian regeneration along

the anterior-posterior axis. *Nature* 500: 73–76.
Sikes, J.M. and Newmark P.A. (2013). Restoration of anterior regeneration in a planarian with limited regenerative ability. *Nature* 500: 77–80.
Liu, S-Y., et al. (2013). Reactivating head regrowth in a regeneration-deficient planarian species. *Nature* 500: 81–84.

탐구문제:

1. *D. lacteum*에서 머리 형성에 많은 양의 ERK 단백질이 요구되며, Wnt/β-catenin 경로가 ERK 단백질을 억제한다는 사실은 생각해볼 만하다. 이러한 가설을 입증하기 위한 실험을 고안해보시오. 위에서 고안한 실험적 접근에 기초하여, 만약 ERK 단백질이 머리재생에 관여한다면 당신은 실험적으로 위와 같은 사실을 어떻게 설명할 수 있는가?
2. 위 본문에 나온 결과에 과학자들이 흥분하는 이유 중 하나는 몸의 복잡한 구조를 재생하는데 항상 세부적으로 많은 신호전달 경로가 필요하지 않다는 것이다. 재생결함의 치료(단지 인간의 조직치유만이 아니라)에 있어 종 특이적 작용이 나타날 수 있다는 사실에 근거하여 앞서 언급된 내용을 찬성 또는 반박하시오.

을 맞출 것이다. 그리고 선형동물문인 예쁜꼬마선충의 음문 발생에서 Notch 신호전달 경로의 역할을 조사할 것이다.

Notch 신호전달 경로

Notch 경로의 유전자는 이 신호전달계(*Notch* 돌연변이는 날개가 톱니 모양이거나 V자 홈이 파여진 모양)의 구성요소를 규명하는 데 사용한 초파리 돌연변이의 이름을 따서 명명했다. Notch 신호전달계는 직접적인 세포 접촉을 통해 상호작용하는 세포의 발생 운명을 조절한다. *Notch* 유전자(다른 생물에도 해당유전자가 존재한다)를 암호화하는 신호 수용체 단백질은 원형질막에 박혀 있다(그림 18-21). *Notch* 수용체 단백질에 결합하는 또 다른 막단백질은 Delta이다. 신호와 수용체가 모두 막단백질이므로, Notch 신호전달계는 인접한 세포에서만 작동한다. 한 세포의 Delta 단백질이 인접한 세포의 Notch 수용체에 결합하면 Notch 단백질의 세포질 영역 꼬리가 잘려져 세포질로 이동한 후 *Su*(*H*)(suppresor of *Hairless*) 단백질에 결합하게 된다. 이 단백질 복합체는 핵 안으로 들어가 전사보조인자와 결합하고, 특정 발생 경로를 조절하는 유전자 세트의 전사를 활성화시킨다(그림 18-21).

Notch 신호전달계의 가장 주된 역할 중 하나는 집단 내의 동일한 세포에 대하여 서로 다른 발생학적 운명을 결정짓는다. 간단히 말해서, 이 작용은 발생학적으로 동일한 두 개의 인접한 세포 사이에서 일어나는 상호작용이다. 우리는 선형동물의 배아발생 과정에 대하여 간략히 설명한 이후 예쁜꼬마선충의 음문 발생에서 Notch 신호전달계의 역할을 확인할 것이다.

예쁜꼬마선충 발생의 개요

선형동물인 *C. elegans*는 발생의 유전적 조절에 대한 연구에서 폭넓게 연구된다. 이 동물은 사용시 몇 가지 이점이 있다: (1) 유전적으로 아주 잘 알려져 있다, (2) 유전자 서열이 밝혀져 있고, (3) 성체는 적은 수의 세포를 포함하며 매우 결정된 발생 프로그램을 따른다. 선형동물은 수정란에서부터 성체까지 발생하

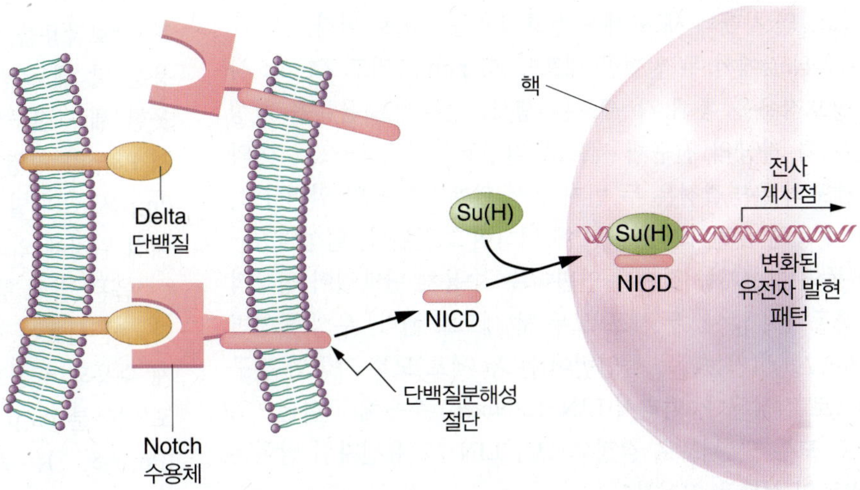

그림 18-21. 초파리에서 Notch 신호전달 경로의 구성요소. 막관통 단백질 Delta를 보유한 세포는 신호세포이다. 세포막에 Notch 단백질을 갖고 있는 세포가 이 신호를 받는다. Delta와 Notch의 결합은 단백질가수분해를 통해 전사를 활성화시키게 된다. Notch 단백질의 세포질 쪽에서 잘려나간 조각은 Notch intracellular domain(NICD)으로 불리며 Su(H) 단백질과 결합하고 핵으로 들어가 유전자 전사 프로그램을 활성화시킨다.

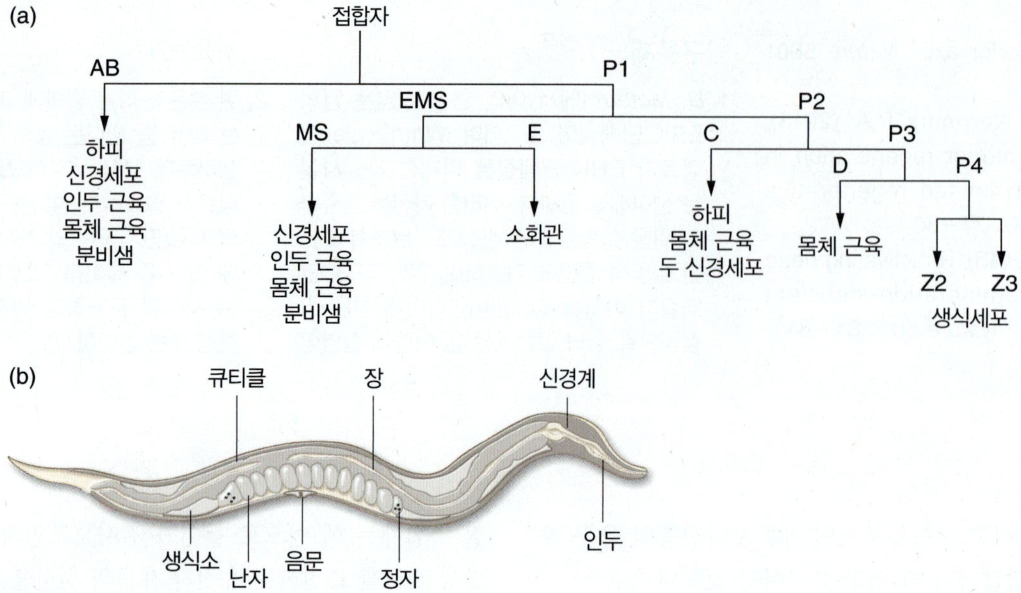

그림 18-22. (a) *C. elegans*의 초기 세포분열과 각 계보로부터 형성된 조직과 기관을 보여주는 간략한 세포 계보표. 각각의 수직선은 세포분열을 나타내고, 수평선은 생산된 두 세포의 상관관계를 보여준다. 예를 들어, 접합자로부터 첫 번째 분열이 일어나 새로운 두 개의 세포인 AB와 P1이 형성된다. 배아발생 과정 동안 자웅동체 선충은 세포분열을 통해 959개의 체세포를 만든다. (b) 자웅동체인 성체 *C. elegans*. 대략 1 mm의 길이이고, 959개의 세포로 구성되며, 발생의 유전적 조절 을 연구하는 위해 모델 생물체로서 넓게 사용되고 있다.

는데 약 2일 걸리며, 성체의 길이는 약 1 mm이다(그림 18-22). 생활주기는 배아 단계(약 16시간), 4단계의 유생(L1에서 L4) 그리고 성체 단계를 포함한다. 성체는 성별이 두 개이다: 자가수정하는 자웅동체인 XX 개체와 XO 수컷. 돌연변이원을 처리한 자웅동체의 자가수정을 통해 돌연변이 동형접합 계통들을 개발할 수 있으며, 수백 종류의 돌연변이 계통을 형성하여 목록화하고 유전자 지도제작을 진행하였다.

음문 형성의 유전학적 분석

자웅동체인 *C. elegans* 성체는 몸의 중앙부 근처에 위치한 음문을 통해서 알을 낳는다(그림 18-22). 음문은 유생 시기 동안에 형성되고, 몇 차례의 세포-세포 상호작용을 필요로 한다.

*C. elegans*에서 두 인접한 세포인 Z1.ppp 그리고 Z4.aaa 사이의 상호작용을 통해 각 세포는 생식소 닻 세포(음문을 형성할 세포)와 자궁의 전구체 세포로 결정된다(그림 18-23). 이와 같은 세포의 운명결정은 두 번째 유생 단계(L2) 동안 일어나고, Notch 수용체 유전자인 *line-12*에 의하여 조절된다. 열성의 *lin-12(0)* 돌연변이(기능 결손 돌연변이)는 수용체 단백질이 정상적으로 작동하지 않아, 두 세포 모두 닻 세포로 된다. 우성 돌연변이인 *lin-12(d)*(기능획득 돌연변이)는 두 세포 모두 자궁의 전구체 세포로 결정된다. 따라서 LIN-12(Notch) 수용체의 결손으로 두 세포 모두 닻 세포로 결정되므로, LIN-12 유전자의 발현은 자궁경로의 선택을 지시한다.

그러나 이 현상은 생각보다 좀 더 복잡하다. 처음에 두 이웃한 세포들은 발생학적으로 동등하며, 낮은 수준의 Notch 신호 단백질(*lag-2* 유전자에 의해 암호화된)과 Notch 수용체 단백질을 합성한다. 우연히, 하나의 세포는 다른 세포보다 신호물질(LAG-2 또는 Delta 단백질)을 더 많이 생산하게 된다. 이는 이웃한 세포의 수용체(LIN-12 단백질) 생산을 증가시키게 된다. 수용체 단백질이 좀 더 생산된 세포는 자궁 전구체가 되고, 신호 단백질을 좀 더 생산한 세포는 닻 세포가 된다. 첫 번째 세포-세포 상호작용에서 중요한 요소는 LAG-2(Delta) 신호 단백질과 LIN-12(Notch) 수용체 단백질 사이의 균형이다.

일단 생식선의 닻 세포가 결정되면, 두번째 순서의 세포-세포 상호작용을 통해 음문형성이 이루어진다. 이와 같은 상호작용은 닻 세포(생식소에 위치한)와 피부에 위치한 여섯 개의 이웃한 세포(전구세포) 사이에서 이루어진다(그림 18-24). P3.p에서 P8.p라 명명된 전구세포들은 Pn.p 세포라고 불린다. 각각의 Pn.p 세포의 발생학적 운명은 닻 세포를 기준으로 각 세포의 상대적 위치에 의해 결정된다.

음문 발생 동안에 닻 세포는 LIN-3 신호 단백질을 합성한다. 이 신호는 세 개의 인접한 Pn.p 전구세포들(Pn.p 5~7)에게 수용되어 신호전달이 이루어진다. 닻 세포에 가장 가까운 세포(대부분 Pn.p 6)는 1차 음문 전구세포가 되고, 인접한 세포들(Pn.p 5, 7)은 2차 전구세포들이 된다. 1차 음문 전구세포로부

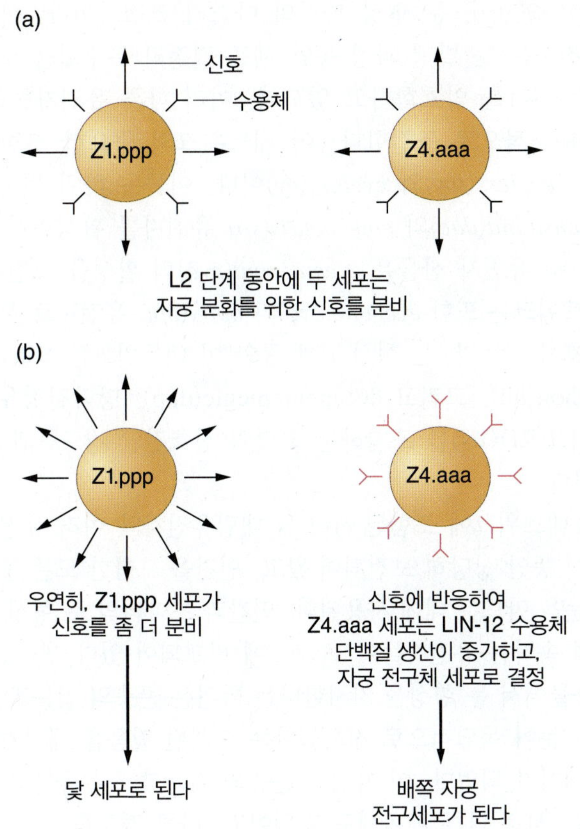

그림 18-23. 닻 세포 결정에서의 세포-세포 상호작용.(a) L2 단계 동안에 두 이웃한 세포는 자궁의 분화를 유도하기 위해 화학신호를 분비하기 시작한다. (b) 우연히, Z1.ppp세포는 Z4.aaa세포의 신호 수용체의 생산물을 증가시키는 것을 야기하기 위해 신호를 좀더 생산한다. 증가된 신호의 활성은 Z4.aaa을 배쪽의 자궁 전구세포를 되고 Z1.ppp 닻 세포로 되는 것을 가능하게 야기시킨다.

터 온 신호 단백질은 2차 세포의 *lin-12* 수용체 유전자를 활성시켜, 1차의 전구세포가 되는 것을 막는다. 다른 전구세포들(Pn.p 3, 4, 8)은 닻 세포로부터 신호를 받지 못하고 피부세포로 된다.

18.8 이진법의 스위치유전자와 신호 경로는 유전체 발현 프로그램을 조절한다

발생 과정 동안에 특정 유전자들은 스위치로써 활동하고, 한 세포가 진행할 수 있는 선택 발생 가능한 경로들의 수를 감소시킨다. 결정의 포인트는 대부분 이진법, 즉 주어진 시간에서 세포가 선택할 수 있는 두 개의 발생 운명이 있고, 스위치유전자의 활동으로 세포는 신호 경로 중 오직 하나만의 프로그램을 작동시킨다. 이 유전자들은 **이진법의 스위치유전자(binary switch genes)**라고 불린다. 이진법의 스위치 유전자는 조직이나 기관의

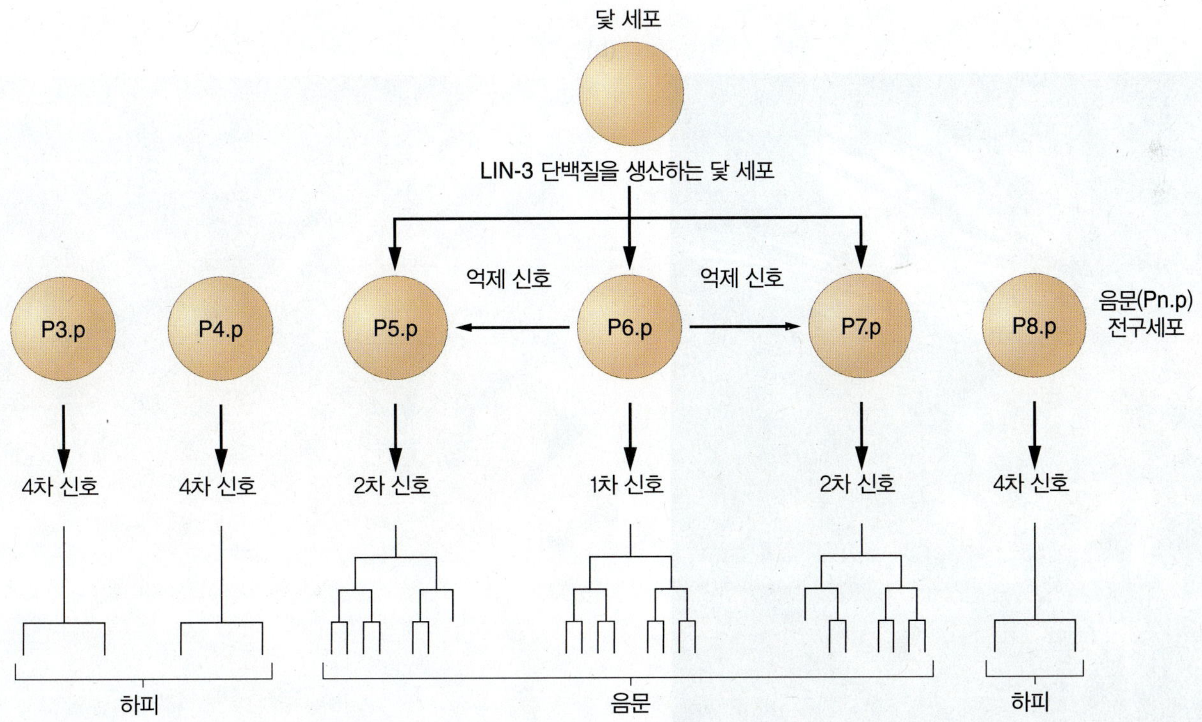

그림 18-24. *C. elegans*의 음문 형성에서 세포 계열 결정. 닻 세포에서 생성된 LIN-3 단백질 신호는 세 전구세포(Pn.p 세포들)에 수용된다. 닻 세포와 가장 가까이에 있는 세포가 1차 음문 전구세포가 되고, 인접한 세포들이 2차 전구세포가 된다. 1차 세포에서 생성된 신호는 2차 세포에서 *lin-12* 유전자를 활성화시켜, 1차 세포로 되는 것을 막는다. 양측면의 전구세포는 닻 세포로부터 신호를 받지 않아, 음문 세포 대신에 피부(하피)세포가 된다.

완전한 발생을 시작하도록 하며, 신호전달 경로와 함께 작용하여 **유전자 조절 네트워크(gene-regulatory networks, GRNs)**를 형성한다. 우리는 어떻게 이진법의 스위치유전자가 눈 형성을 조절하는지, 그리고 어떻게 이 조절 경로가 모든 생물체의 눈에서 사용되는지 살펴볼 것이다.

눈 형성 조절

성체 초파리는 성체 전 단계 발생에서 겹눈을 형성한다[그림 18-25(a)]. 이진법 스위치유전자인 *eyeless*의 야생형 대립유전자의 작용으로 세포는 더듬이 형성 경로 대신에 눈 형성을 위한 발생 경로 프로그램을 시작한다. 초파리에서 *eyeless*의 열성 돌연변이 동형접합체의 눈은 크기가 감소되고 비정상적인 양상을 가진다[그림 18-25(b)]. 일반적으로 다리, 날개 및 더듬이와 같은 몸의 다른 부분에서 *eyeless*가 비정상적으로 발현하게 되면 해당 부위에서 눈이 형성된다[그림 18-26(a)]. 발생 과정 동안 *eyeless* 유전자의 스위치가 잘못 켜지게 되면, 원래의 정상 발생 및 분화가 일어나지 않고 *eyeless*가 발현된 세포들은 이웃한 세포들이 따르는 정상적인 발생 경로 대신에 눈 형성을 위한 발생학적 프로그램을 따른다.

Eyeless 유전자는 7개 유전자의 네트워크의 구성요소이며[그림 18-26(b)], 눈 형성 과정의 마스터 조절자이다. 이 7개의 유전자는 눈 발생 과정 동안 세포 결정과 특수화를 조절하는 전사인자를 암호화하고 있으며, 여러 다른 유전자들의 발현을 순차적으로 조절한다. 이 네트워크의 중요한 조절자는 *twin of eyeless*(*toy*)와 *eyeless*(*ey*)이다. 이들은 하위 전사인자인 *dachshund*(*dac*)와 *sine oculis*(*so*) 유전자를 활성화시키며, *dac*와 *so* 유전자 산물은 *eyes absent*(*eya*)의 활성을 조절한다. 이 네트워크는 또한 *eyegone*(*eyg*)와 *optix*(*opt*) 유전자로부터 오는 신호를 받는다. 눈 형성 단계 동안 이 네트워크는 *Notch*(*N*), hedgehog(hh), 그리고 decapentaplegic(dpp), 망막결정유전자 네트워크(RDGN)를 포함하는 몇몇의 신호전달 경로들과 상호작용한다.

이 네트워크에 포함된 *eyeless* 대립유전자와 여러 유전자들은 진화 동안 상당히 보전되어 왔고, 인간을 포함한 모든 동물에 있어 눈을 만드는 데에 사용된다. 인간과 초파리의 눈 형성 네트워크에 속하는 유전자들이 표 18.5에 비교되어 있다. *Eyeless*가 척추동물에서 눈 형성을 지시한다는 발견은 곤충의 겹눈과 척추동물의 눈이 독립적으로 진화했다는 오래된 믿음을 재평가하게 되는 계기가 되었다. 이 가정은 곤충의 겹눈과 척추동물의 카메라 눈은 서로 다른 배아세포 기원이고, 다른 경로를 통해 분화

(a) (b)

그림 18-25. (a) 초파리 성체의 일반적인 겹눈. (b) *eyeless*(*ey*) 돌연변이 동형접합체 초파리에서 눈 발생은 비정상적이고 성체는 눈을 가지고 있지 않다. *ey* 유전자는 모든 동물에서 눈발생을 조절하는 이진법의 스위치유전자로 작용한다.

표 18.5 초파리와 척추동물에서의 눈유전자들

척추동물 유전자	초파리 상동유전자	척추동물 눈에서의 발현 양상	기능결손 표현형
Pax6	*eyeless, twin of eyeless*	수정체 기원판, 눈소포	무홍채증(인간), 소안증(쥐)
Bmp4	*dpp*	눈소포, 머리 외배엽	무수정체(쥐)
Bmp7	*60A*	눈소포, 머리 외배엽	무수정체(쥐)
EYA4	*dift*(눈 결여)	눈주위 간충직, 수정체에 약한 발현	눈이 없음(인간 또는 쥐), 인간에서 몇몇 돌연변이는 백내장과 앞쪽부위의 결함이 발견됨
Six3	*sine oculis*	수정체 기원판, 눈소포	매우 작은 눈(인간)
Optx2	*optix*	눈소포	눈이 없음(인간)
Dach1	*dachshund*	눈소포	*n.d.

*n.d., 확인되지 않음.
출처: Wawersik, S. and Maas, R.L. 2000. Vertebrate eye development as modelled in *Drosophila*. *Hum. Mol. Genet.* 9:917–925, Table 1, p. 921.

되었으며, 구조적으로 다르다는 관찰을 기초로 하였다. 그러나 분자적 수준에서 *eyeless* 유전자와 *Pax6* 유전자(척추동물에서 *eyeless* 유전자의 상동 유전자)는 DNA 결합 도메인 서열이 매우 유사하며, 이 두 유전자는 모두 눈이 발생하는 곳에서 발현된다.

Walter Gehring과 동료들은 쥐의 *Pax6* 유전자 사본을 가진 유전자변형 초파리를 만들어 *eyeless*와 *Pax6* 유전자 사이의 연관성을 조사하였다. 충격적인 두 가지 결과는 다음과 같다: (1) 척추동물에서 이진법의 스위치유전자는 초파리의 더듬이 부분에서 여분의 눈 형성을 유발하며[그림 18-27(a)] (2) 초파리에서 생쥐의 유전자가 작동되기 때문에, 무척추동물과 척추동물의 눈은 실제로 분자적 단계에서 유사성을 갖는다는 것이다. 그러므로 초파리의 눈과 생쥐의 눈은 진화적으로 연관되어 있다. 두 전사인자(*eyeless*와 *Pax6* 유전자 산물)의 하위 표적유전자들 또한 보존되어 있으므로, 눈 발생 단계를 조절하는 유전인자들은 공통조상으로부터 분기되기 이전인 5억 년 전에 종간에 공유했음을 알 수 있다. 이런 진화적 보존 덕분에 초파리의 눈 발생 연구 결과는 인간의 유전성 눈 결함을 이해하는 데 있어 분자적 기초자료로 이용할 수 있다.

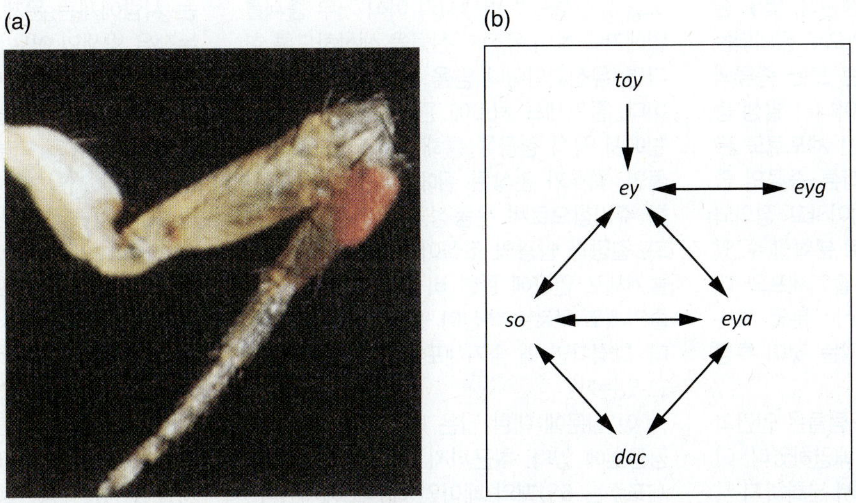

그림 18-26. 초파리 다리 위에서의 눈 형성. 이러한 비정상적 위치(이소성 눈)는 일반 다리세포에서 *eyesless* 유전자가 발현됨으로써 나타난다. (b) 초파리에서 눈 형성을 조절하는 유전자 조절 네트워크. *toy, twin of eyeless; ey, eyeless; so, soine oculis; eya, eyes absent; dac, dachshund; opt, optix; eyg, eyegone.*

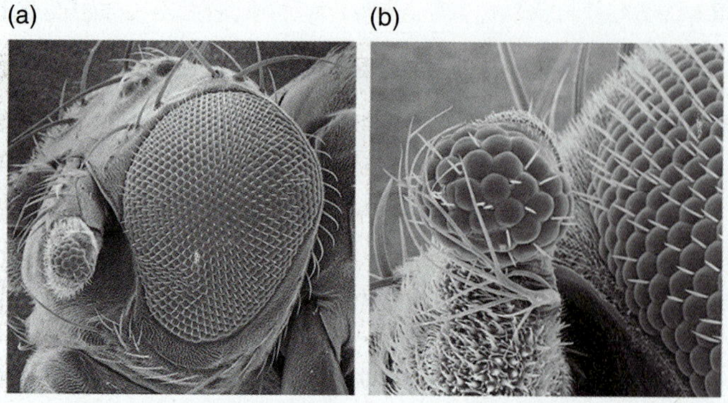

그림 18-27. (a) *Eyeless* 유전자에 대한 생쥐 상동체의 작용으로 유도된 초파리의 더듬이 위에 형성된 작은 눈. (b) 유도된 눈의 고배율 사진, 더듬이 위의 눈 구조는 정상적 임을 알 수 있다.

유전학, 기술, 사회

줄기세포 전쟁

줄기세포 연구는 1970년 재조합 DNA 기술의 개발 이후로 가장 논쟁이 되는 연구 영역일 것이다. 줄기세포 연구는 대통령의 공약, 미디어 선거, 윤리적 논쟁의 초점이지만, 줄기세포 연구를 충분히 이해하여 찬반양론을 평가할 수 있는 사람은 극소수이다.

줄기세포는 자신을 무한정 복제할 수 있고, 심장, 뇌, 간 그리고 근육조직과 같은 특수화된 기능을 가진 세포로 분화가 가능한 원시 세포이다. 우리 몸을 이루는 세포는 대략 200종류로 구성되어 있는데, 이런 다양한 세포들은 줄기세포로부터 생성된다. 몇몇 줄기세포들은 *전능성(totipotent)*으로 정의되는데, 전능성이란 몸을 구성하는 모든 종류의 성숙 세포로 분화 가능할 뿐 아니라 발생 중인 배아와 결합된 조직인 태반 세포로도 분화가능한 능력을 의미한다. 다른 종류의 줄기세포는 *다능성(pluripotent)*이라고 정의되는데, 적은 수의 성숙한 세포로 분화할 수 있는 능력을 의미한다. 하지만 줄기세포와 대조적으로 완전히 분화된 세포는 분열 또는 다른 세포로의 변형을 하지 않는 것이 특징이다.

지난 수 년 동안, 여러 연구팀들은 인간의 다능성 줄기세포를 분리하고 배양하였다. 이 줄기세포들은 배양 접시 내에서 분화하지 않고 무한정 분열하는데, 위 과정은 자가 재생(self-renewal)으로 알려져 있다. 성장인자 또는 호르몬에 노출되면, 다능성 줄기세포들은 신경, 뼈, 신장, 간, 심장 또는 이자세포와 같은 특정 세포로 분화된다.

다능성 줄기세포가 배양 조건에서 잘 분열하고 특수화된 세포로 분화한다는 사실은 큰 흥미를 유발하였다. 과학자들은 줄기세포로 부터 무제한적으로 특수화된 세포들을 생산한다면, 손상되거나 병에 걸린 조직들을 대체할 수 있는 원천이 될 수 있다고 예견했다. 따라서 줄기세포는 파킨슨병, 제1형 당뇨병, 만성심장질환, 알츠하이머, 그리고 척추 손상을 치료하는 데 사용될 수 있다. 줄기세포를 유전적으로 변형시켜 이식 거부 증세를 없애거나 특이 유전자 산물을 생산하도록 한다면, 유전결함이나 암을 치료할 수 있을 것이다. 줄기세포 치료에 관한 관심은 동물실험에서 극적 성공을 통해 확대되었다. 예를 들면, 척추가 손상된 쥐에 사람의 줄기세포를 주입함으로써 운동성을 다시 갖게 되었고, 결장과 방광의 조절이 가능하게 되었다. 줄기세포 연구에 관한 비평가와 옹호자들은 줄기세포 치료는 혁신이 될 것이라고 동의했다. 그렇다면 왜 줄기세포 연구는 논쟁이 되고 있는가?

이 질문에 대한 답은 다능성 줄기세포의 공급원에 있다. 최근까지 모든 다능성 줄기세포주는 5일째의 배아인 배반포에서 얻는다. 배반포는 50~150개의 세포로 구성되는데, 대부분의 세포는 초기 배아를 지지하는 조직과 태반을 형성한다. 배반포의 내부세포집단은 30~40개의 다능성 줄기세포로 장차 배아의 모든 조직으로 분화하게 된다. 병원에서 진행하는 체외수정 시술에서 자궁 착상 전에 수정란을 5일 동안 배양한다. 배아줄기세포(ESC)는 5일째 배아인 배반포의 내부세포집단을 분리하여, 배양 접시에서 기른 것이다.

배아줄기세포주를 획득하려면 초기배아가 파괴해야 하므로, 착상 전 배아도 사람이라는 주장에 따라 윤리문제가 발생한다. 초기 배아를 사람으로 생각하기엔 너무 이르다는 사람에게는 문제가 되지 않는다. 양쪽의 논쟁은 발생의 어느 단계부터 인간인지에 관하여 기초적 질문을 야기한다.

최근에는 과학자들이 배아를 사용하지 않고 여러 종류의 다능성 줄기세포를 생성하는 방법을 개발하였다. 가장 촉망받는 방법 중 하나는—*유도 다능성 줄기세포[induced pluripotent stem(iPS) cell]*로 알려져 있다—다능성 줄기세포주를 체세포로부터 얻는 방법이다. iPS 세포를 제작하기 위해서 과학자들은 분리한 체세포에(피부세포와 같은 세포) 특정 유전자를 포함한 조작된 레트로바이러스를 감염시킨다. 레트로바이러스는 체세포를 불멸의 다능성 줄기세포로 전환시킬 수 있는 생산물을 암호화하는 여러 인간 유전자를 갖고 있다.

iPS 세포주의 개발은 인간 배아 이용에

관한 윤리적 문제를 해결함으로써 줄기세포 연구에 새로운 관심을 다시 일으켰다. 그리고 면역 거부 반응 없이 이식이 가능한 환자-맞춤형 다능성 줄기세포주의 원천이 되었다.

현재, 어떤 유형의 줄기세포가 예측한 대로 기적을 이루게 될지는 알 수 없다. 그러나 줄기세포 연구가 현재 속도로 진행된다면 결코 먼 이야기가 아닐 것이다.

조사해 보자

개인이나 그룹으로 아래의 질문에 대해 논의하시오. 줄기세포 연구와 관련된 기술과 논쟁에 관하여 이해를 도울 수 있는 참고문헌과 링크를 조사하시오.

1. 2013년에 한 연구팀이 핵이 없는 난자에 체세포의 핵을 전달함으로써 난자를 수정란으로 활성화시켰다. 연구팀은 핵 기증자와 유전적으로 일치하는 ESCs를 확보하기 위해 배반포를 이용하였다. 이 연구팀은 어떻게 실험을 진행하였으며, 왜 기증자의 iPS 줄기세포를 이용하지 않고 위 방법을 이용하였는가?

   이 연구에 관한 논문인 Tachibana, M.,et al. 2013. Human embryonic stem cells derived by somatic cell nuclear transfer. *Cell* 153: 1–11.를 읽어보시오. 윤리적 논쟁에 관한 토론은 뉴욕 타임즈 웹사이트인 http://www.nytimes.com/2013/05/16/science/scientistsuse-cloning-to-create-embryonic-stemcells.html?ref=science&_r=0.에서 "Cloning is used to create embryonic stem cells"라는 제목으로 찾을 수 있다.

2. 핵 치환을 이용한 ESCs 제조기술과 iPS 세포 제조 기술은 Drs. John Gurdon과 Shinya Yamanaka의 연구에 기초한다. 2012년, 이 두 명의 과학자는 성체 세포를 리프로그래밍하여 줄기세포로 전환한 연구업적으로 노벨 생리의학상을 수상하였다. 줄기세포 치료의 관점에서 두 과학자의 중요한 발견을 서술하시오.

   위 연구자들의 연구업적은 노벨상 웹사이트 http://www.nobelprize.org/nobel_prizes/medicine/laureates/2012/advanced.html.에서 찾아볼 수 있다.

3. 현재, 줄기세포 임상은 임상 1단계에서 테스트되고 있다. 줄기세포 치료는 긍정적 전망에도 불구하고 조심스럽게 시작되어, 규정되지 않은 여러 임상 방법이 전세계로 광고되고 제공된다. 현재 어떤 임상시험이 제공되고 있으며, 규정되지 않은 줄기세포 치료의 현황은 무엇인가?

   줄기세포 연구에 관한 국제사회 사이트를 통해 정보를 조사하시오: http://www.closerlookatstemcells.org.

사례 연구 | 한 쪽 발 또는 다른 쪽 발

사람에서 *HOXD* 호메오유전자 집단은 사지 발생에 중요한 역할을 한다. 한 대가족 내에서 36명 중 16명은 록커 발바닥 발(선천적 수직 거골, CVT) 또는 발톱 발(샤르코마리투드병, CMT)이라고 알려진 우성 유전 기형이 발생한다. 질병에 걸린 사람의 한 쪽 발은 CVT, 다른 쪽 발은 CMT이다. 유전자 분석 방법을 통해 *HOXD10* 유전자의 과오돌연변이가 확인되었으며, 이로 인해 *HOXD10* 유전자 산물인 전사인자의 호메오도메인에서 한 개의 아미노산이 치환되었다. 이 영역은 전사인자 단백질이 표적유전자에 결합하는 데 매우 중요한 역할을 한다. 발 기형을 가진 모든 구성원은 이형접합성이다. 정상 집단은 정상 대립유전자의 동형접합체이다.

1. 발의 기형을 가진 이형접합자가 *HOXD10* 정상 대립유전자를 가지고 있다면, 전사인자를 암호화하는 유전자의 우성 돌연변이는 어떻게 발생학적 기형을 유발하는가?
2. 어떻게 임상적으로 서로 다른 두 개의 장애가 하나의 돌연변이를 통해 일어나는가?
3. 이 돌연변이의 작용 방식을 이해함으로써 발생 과정의 조절에 관하여 우리는 무엇을 알 수 있는가?

요약

1. 발생과 분화 과정을 조절하는 유전정보에 관한 메커니즘을 탐구하는 발생유전학은 생물학에서 가장 주된 영역이다. 유전학자들은 발생 과정에 영향을 미치는 돌연변이를 분리하여 발생을 조절하는 유전자를 규명한다.
2. 배아발생 동안 특정 유전자는 세포질 구성성분과 같은 세포 내 환경에 의해 조절된다. 초파리에서 초기 발생은 모계 세포질에 의해 조절되는데, 이후 접합자 유전자 발현에 영향을 준다. 발생 과정 중 세포의 내부 환경과 외부 환경은 초기 유전자 산물과 세포 간의 신호를 통해 바뀌게 된다.
3. 초파리에서 유전학적 분석과 분자적 연구를 통해 유생과 성체의 몸 구조를 결정하는 정보가 난자에 있음을 확인하였다.
4. 초파리의 배아발생에 대한 광범위한 유전자 분석을 통해 배아의 전후축을 결정하는 산물을 암호화하는 모계영향 유전자를 찾게 되었다. 이러한 모계영향 유전자는 접합자의 체절형성유전자 세트를 활성화시켜 일련의 유전자 발현을 조절하며, 결국 호메오선택유전자의 발현을 통해 체절의 정체성을 결정한다. 동일한 유전자 세트는 인간을 포함하여 모든 좌우대칭 동물의 배아발생을 조절한다.
5. 애기장대의 꽃 형성은 호메오유전자에 의해 조절된다. 하지만 이러

한 유전자 세트는 초파리 및 여러 동물의 호메오 선택 유전자와는 다른 유전자군이다.

6. 발생 동안 주요한 변화는 종종 이진법 스위치유전자에 의해 조절된다. 이들의 활동은 기관 또는 조직 형태를 만드는 경로의 선택을 야기한다.

질문 및 해답

1. 진흙에 사는 점균류의 연구에서 cyclic AMP(cAMP)가 포자 형성 과정을 유도하는 발생 프로그램에서 중요한 역할을 한다는 증거가 제시되었다. 세포막에 위치한 cAMP 수용체 유전자가 동정되었고, 단백질의 아미노산 서열도 이미 알려져 있다. 자유생활하는 개별 세포들이 생식구조를 만들기 위해서 모인 후 두 종류의 세포(prespore cell 또는 prestalk cell) 중 하나로 분화한다. 이렇게 모인 세포 집합체는 세포의 응집을 촉진하기 위해 cAMP를 파동 형태로 분비한다. 이후 발생단계 후기에서 세포집합체에서 유전자를 활성화하기 위해 cAMP를 지속적으로 분비한다. cAMP는 세포-세포 상호작용과 유전자 발현을 조절하는 것으로 제안되었다. 몇몇 실험적인 기술을 이용하여 이 가설을 검사하는 것은 중요하다. 어떤 연구 방법이 이 가설을 검사하기 위해 고안될 수 있을까? 그리고 어떤 특정 실험 시스템이 가설을 검사하기 위해 선택될까?

   해답: 생물학 분석에 있어서 가장 강력한 방법 중 하나는 생화학적 유사체(혹은 억제제)를 사용하는 것인데, 이는 예측 가능한 방식으로 유전자 전사 또는 유전자 산물의 활동을 막기 위함이다. 또 다른 방법으로 유전자와 산물을 변형하기 위해 돌연변이를 사용하는 것이다. 이런 두 가지 접근은 점균류의 발생 프로그램에서 cAMP의 역할을 연구하는 데에 사용될 수 있다. 첫째로, GTP 혹은 GDP 같이 cAMP와 화학적으로 연관된 물질이 cAMP에 의해 조절되는 과정에 영향을 주는가에 대한 검사해 볼 수 있다. 사실, cAMP 수용체에 대해 낮은 결합력을 가진 GTP와 GDP는 cAMP의 활동을 효과적으로 억제한다.

   돌연변이 분석은 cAMP 수용체 시스템의 구성요소를 분석하는 데 이용될 수 있다. 한 접근은 돌연변이 기능을 복원하기 위해서 야생형 유전자의 형질전환을 이용하는 것이다. 수용체 단백질에 대한 유전자들도 동정되었기 때문에, 수용체 단백질에서 특정 돌연변이를 유발한 재조합 DNA를 만들어 세포 내로 형질전환시킨 후 그 효과를 평가할 수 있다.

2. 성게에서 초기 발생은 RNA 합성을 저해하는 actinomycin D가 존재해도 일어날 수 있다. 그러나 actinomycin D가 발생 초기에 존재하지만 몇 시간 이후에 제거된다면, 모든 발생은 중지된다. 사실, actinomycin D가 단지 발생 6시간에서 11시간 사이에 존재한다면 정상적으로 15시간째에 발생하는 사건은 억제된다. 6시간과 15시간 사이에 유전자 전사의 역할에 관하여 어떤 결론이 도출될 수 있는가?

   해답: 모계 mRNA는 수정된 성게 알에서 발견된다. 그러므로 발생의 상당 부분은 배아 유전체의 전사 없이 일어날 수 있다. 왜냐하면 15시간이 지난 이후 발생은 전처리된 actinomycin D에 의하여 억제되기 때문이다. 이는 배아 유전체의 전사가 15시간 이후의 발생 과정을 시작하거나 유지하는 데 필요한 것으로 보인다. 이러한 전사는 발생 6시간에서 15시간 사이에 일어나야 한다.

3. 초파리의 호메오유전자 중 하나를 꽃형성 호메오유전자에 돌연변이가 일어난 동형접합의 애기장대 배아에 도입할 경우, 당신은 초파리의 유전자가 애기장대 돌연변이 표현형을 정상으로 복원시킬 수 있다고 기대하는가? 그 이유는 무엇인가?

   해답: 초파리 호메오유전자는 혹스유전자 그룹에 속해 있다. 이와 비교하여 애기장대 호메오유전자는 MADS-box 단백질 그룹에 속해 있다. 이 두 유전자 그룹은 초파리와 애기장대에 존재하지만, 동물계와 식물계에서 다른 기능을 하는 것으로 진화해 왔다. 따라서 도입된 초파리의 혹스유전자는 MADS-box 돌연변이의 표현형을 복원시킬 수 없을 것이지만, 실제 실험으로 확인해야 할 것이다.

탐구 문제

어떻게 알았을까?

1. 이 장에서 우리는 배아발생 과정과 성체구조 형성 과정에서 일어나는 거시적 현상뿐만 아니라 세포간 혹은 세포 내 현상에도 초점을 맞췄다. 특히 우리는 어떻게 유전자 발현이 단계적으로 일어나 성체 몸의 체제가 정해지는지 그리고 발생에서 세포-세포 상호작용의 역할에 대하여 논의하였다. 이러한 주제들에 기반하여 다음 기초적인 질문에 답하시오.
   (a) 얼마나 많은 유전자가 초파리 같은 생물체에서 발생을 조절하는지 어떻게 알게 되었을까?
   (b) 어떤 실험적 증거를 통해 난자에서 분자의 농도 기울기가 발생을 조절하는지를 증명하였는가?
   (c) 각 체절에서 특정 성체구조가 형성되도록 결정하는 호메오 선택 유전자는 어떻게 발견되었는가?
   (d) *C. elegans*의 음문 발생에 관련된 유전자 조절 기작에 대해 어떻게 알게 되었는가?
   (e) 모든 동물에서 눈 형성은 이진법의 스위치유전자에 의해 조절된다는 사실을 어떻게 알게 되었는가?

개념확인 문제

2. 445쪽에 있는 핵심 개념을 검토하시오. 각 개념의 중심 내용은 모

두 발생 단계와 연관이 있다. 발생 과정에서 선별적 전사의 역할, 세포 운명의 유전자 조절 그리고 신호전달의 역할 등의 개념에 기초하여 짧은 글을 쓰시오.

3. 분화(*Differentiation*)와 결정(*determination*)의 차이점을 신중하게 구별하시오. 어떤 현상이 발생에서 처음으로 일어나는가?

4. 거의 모든 공급원에서 분리한 핵은 개구리의 난자로 주입될 수 있다. 주입된 핵은 전사와 번역 시에 활성상태로 작용함을 보여준다. 어떻게 이러한 실험 시스템이 발생유전학 연구에 유용하게 사용될 수 있는가?

5. 초파리 배아발생 과정에서 다핵체 배반엽 단계와 세포성 배반엽 단계를 구별하시오.

6. (a) 모계영향 유전자는 무엇인가?
(b) 모계영향 유전자 산물은 언제 만들어지며, 어디에 존재하는가?
(c) 모계영향 유전자는 발생의 어떤 면을 조절하는가?
(d) 모계영향 돌연변이의 표현형은 무엇인가?

7. (a) 접합자유전자란 무엇인가? 이 유전자 산물은 언제 만들어지는가?
(b) 접합자유전자 돌연변이와 관련된 표현형은 무엇인가?
(c) 모계 유전자형은 접합자유전자를 포함하는가?

8. 접합자유전자의 주요 군을 나열하시오. 이 유전자의 각 군은 어떤 기능을 하는가?

9. 실험은 통해 초파리 수정란의 후극의 극성 세포질에 위치한 핵이 생식 세포로 분화할 것임을 보여준다. 만약 극성 세포질이 수정 직후 수정란의 앞쪽 끝에 이식된다면, 앞쪽으로 이동한 세포질에 위치한 핵에서 어떤 일이 일어날 것인가?

10. 특정 유전자가 여러 세포 유형에서 전사되는지 아닌지 어떻게 결정하는가?

11. 발생 동안 특정 유전자가 전사되는 것을 관찰할 수 있다. 이 유전자의 발현이 전사조절 혹은 번역 조절하에 있는지 어떻게 알 수 있는가?

12. 호메오 돌연변이 안테나페디아는 초파리 더듬이에서 다리가 나타나는 기능획득 돌연변이이다. 이러한 돌연변이의 특성은 무엇인가? 안테나페디아 유전자는 어떻게 더듬이를 다리로 바꿨을까?

13. 초파리의 호메오 돌연변이 *spineless aristapedia*(ss^a)는 더듬이 끝에서 작은 족근 구조(정상적으로는 다리의 일부분)를 형성한다. ss^a 돌연변이 분석을 통해 결정 동안 유전자의 역할에 관하여 어떤 정보가 제공되는가?

14. 배아발생 과정과 종양형성 과정(암의 발생)은 세포증식, 세포자살, 세포이동과 침입, 신생혈관형성 및 선별적 유전자 활성 등의 많은 특징을 공유한다. 배아 세포는 비교적 미분화되고, 암 세포는 미분화 또는 탈분화된 것으로 나타난다. 호메오유전자 발현은 초기 발생을 지시하고 돌연변이의 발현은 분화상태의 상실 또는 세포 정체성의 변화를 야기한다. M.T. Lewis(2000. *Breat Can. Res.* 2: 158-169)는 유방암이 호메오유전자의 발현 변형으로 유발될 수 있다고 제안했다. 암에서 호메오유전자 11개를 검사했을 때, 대조군과 비교했을 때, 8개는 저발현되고, 3개는 과발현된다. 호메오유전자에 대한 정보를 근거로 그 유전자들이 종양형성 과정에 관련된다고 할 수 있는가?

15. 초기발생은 모계에서 제공된 물질, mRNA 그리고 접합자유전자 발현의 개시 사이의 시공간적 상호작용에 의존한다. 모계에 암호화된 mRNA들은 생산되고, 위치하며 분해되어야 한다(Surdej and Jacobs-Lorena, 1998. *Mol. Cell Biol.* 18: 2892-2900). 예를 들어, 앞-뒤 극성 결정유전자인 *bicoid* 유전자의 전사는 모계에서 이루어진다. *bicoid* mRNA는 난소의 영양세포에서 합성된 후에 난모세포로 운송된 후 앞쪽 끝에 위치한다. 알을 낳은 후에 *bicoid* mRNA는 번역되고 불안정한 bicoid 단백질은 배아의 앞-뒤축을 따라 감소하는 농도구배를 형성한다. 낭배형성이 시작될 때, *bicoid* mRNA는 분해된다. *bicoid* mRNA의 분해를 설명하기 위한 두 모델을 고려해보자. (1) 분해는 mRNA 내의 신호에 의해 야기될 수 있다(내재 모델). (2) 분해는 수정란 내의 mRNA의 위치에 의해야기될 수 있다(외재 모델). 실험적으로, 어떻게 이 두 모델을 구별할 수 있는가?

16. 초파리와 많은 여러 배아의 생식세포 형성은 배아에서 세포의 위치와 어떤 종류의 세포질 결정 인자에 노출되는지에 의존적이다. 초파리 알의 뒤쪽 부분 세포질(극 원형질)에 노출된 핵은 모계로부터 유래된 성분의 지시에 따라 생식세포를 형성한다. R. Amikura et al.[2001. *Proc. Nat. Acad. Sci.*(USA) 98: 9133 – 9138]는 초파리 배아의 germ plasma에서 미토콘드리아 외부에 위치한 미토콘드리아 유형의 리보솜을 지속적으로 발견하였고, 생식세포 결정에 밀접하게 관련되어 있음을 가정했다. 만약 이러한 현상을 공부하고 있다면 이 리보솜의 작용에 관하여 무엇을 알고 싶은가?

17. 발생 초기의 가장 흥미로운 점 중 하나는 관찰가능한 G1과 G2 단계가 없는 빠른 세포주기에서 측정 가능한 G1기 및 G2 기와 체크포인트를 가진 느린 세포주기로 재설정된다는 것이다. 이러한 재설정 동안, 사이클린을 지정하는 모계 mRNA는 탈아데닐화되며, 접합자유전자들은 활성화되어 사이클린을 만든다. Audic et al.의 연구(2001. *Mol. and Cell. Biol.* 21: 1662 – 1671)는 탈아데닐화가 접합자유전자의 전사에 필요함을 제안한다. 이러한 연구 결과의 중요한 특징을 나타낸 다이어그램을 제시하시오.

응용 문제

18. 초파리에서 혹스유전자의 발현을 조절하는 많은 유전자들이 확인되었다. 이러한 동형접합 돌연변이 중 하나가 *extra sex combs*인데, 이들은 머리의 일부와 흉부 및 복부 체절 전부가 마지막 복부 체절로 발생한다. 즉 돌연변이의 영향을 받은 체절은 뒤쪽 체절로 발생한다. 이러한 표현형을 통해 *extra sex combs* 유전자가 어떤 종류의 혹스유전자 그룹을 조절할 것인지 예측해 보시오.

19. 초파리의 *apterous* 유전자는 날개 패턴과 성장에 필요한 단백질을

암호화한다. 단백질은 신경 발생, 생식과 생존에도 기능을 하는 것으로 알려져 있다. 쇠파리의 *apterous*와 매우 비슷한 생쥐와 사람의 유전자를 이용하여 형질전환 초파리를 생성할 때, *apterous* 돌연변이 표현형은 복원된다(Rincon-Limas et al. 1999. *Proc. Nat. Acad. Sci.* [USA] 96: 2165-2170). 게다가, 형질전환 초파리의 전체 몸에서 형질전환된 유전자의 발현 패턴이 정상 초파리의 *apterous* 유전자와 매우 유사하다.

(a) 글에서 의미하는 복원의 뜻이 무엇인가?

(b) 발생의 분자적 속성의 관점에서 이러한 결과들이 의미하는 것은 무엇인가?

20. 애기장대에서 꽃 발생은 호메오유전자들에 의해 조절된다. 이러한 유전자들의 분류군이 얼마나 있는가? 그리고 꽃 형성 호메오유전자들의 개별적 혹은 조합된 발현을 통해 어떤 구조가 형성되는가?

21. 애기장대의 꽃 형성 호메오유전자는 MADS-box 유전자군에 속해 있다. 하지만 초파리에서 호메오유전자들은 호메오박스 유전자 그룹에 속해 있다. 애기장대와 초파리에서 *Polycomb* 유전자군 중 하나가 이러한 분기된 호메오유전자들의 발현을 조절한다. *Polycomb* 유전자들은 매우 다른 두 세트의 호메오유전자들의 발현을 어떻게 조절하는가?

22. 성결정 조절유전자의 동정 및 특성 분석은 *C. elegans*를 연구하는 사람들에게 초점이 되어왔다. 초파리처럼 *C. elegans*의 성은 상염색체 세트에 대한 X 염색체의 비율에 의해 결정된다. 이배체인 야생형 수컷은 하나의 X 염색체를 가지고, 이배체 야생형 자웅동체는 두 개의 X 염색체를 가지고 있다. 많은 다른 돌연변이들은 성결정에 영향을 주는 것으로 확인되었다. *her-1* 유전자의 기능결손 돌연변이는 XO 선충이 자웅동체로 발생하도록 하지만, XX 발생에는 아무런 영향을 주지 않는다. (XX 선충은 정상적인 자웅동체이다.) 반대로, *tra-1* 유전자의 기능결손 돌연변이는 XX 선충이 수컷으로 발생하도록 한다. 이러한 정보로부터 야생형 선충의 성결정에 관한 유전자들의 역할을 추론하시오.

23. *C. elegans*의 음문 발생은 생식선의 화학적 신호에 대해 발생 중인 음문 부위의 중앙에 위치한 표피 전구세포가 어떻게 반응하는지에 의존한다. 음문이 없는 돌연변이 *let-23*의 경우 생식선으로부터의 신호가 차단되며 고로 중앙 전구세포의 어느 것도 음문 구조를 만들지 않는다. 음문이 없는 돌연변이 *n300*의 경우 중앙 전구세포가 형성되지 않는다.

(a) 음문 발생 경로에서 어떤 유전자가 먼저 작용할까?

(b) 이중 돌연변이 시 어떤 표현형(음문형성의 유무)이 기대되는가? 이유는 무엇인가?

24. 22번 문제에 기초하여 단일, 이중 돌연변이 계통의 표현형 분석을 통해 *C. elegans*의 성결정 모델이 정립되었다. 이 모델은 *her-1*유전자가 *tra-1*유전자의 활성도를 설정함에 따라 성결정을 조절한다고 제안한다. 또한 *tra-1*유전자는 차례로 다양한 성적 이형 조직의 생산에 관련된 유전자의 발현을 조절한다. 이러한 정보를 가지고 다음 질문에 대한 답을 예측해 보시오.

(a) *her-1* 유전자 산물은 *tra-1* 유전자의 활성도에 긍정적 혹은 부정적 영향을 주는가?

(b) *tra-1, her-1* 이중 돌연변이는 어떤 표현형을 가지는가?

25. 발생에서 유전자 상호작용에 대해 우리가 아는 정보의 대부분은 선충, 효모, 초파리, 박테리아를 이용하여 알아낸 것이다. 이것은 모델생물들의 유전체가 잘 알려져 있고, 유전자 조작이 상대적으로 쉬웠기에 가능하다. 그러나 가장 큰 흥미는 인간의 복잡한 질병과 관련된 유전자의 상호작용이다. Wang과 White(2011. *Nature Methods* 8(4)341-346)는 RNAi 실험을 통해 포유류 세포에서 상호작용하는 단백질체를 조사하였다. 그들은 RNAi 기술이 성공적으로 작용하기 위해 도입된 RNAi에 의한 유전자 기능 저해의 비효율성과 오프-타깃 효과에 대한 개선이 필요하다고 언급했다.

(a) 어떻게 발생 경로 연구에 RNAi를 이용할 수 있는가?

(b) "유전자기능저해의 비효율성" 및 "오프-타깃 효과"는 결과 해석에 어떻게 영향을 미치는가?

26. 아래는 모델생물 애기장대의 발생학적으로 중요한 카테고리(조직과 기관) 중 유전자 발현을 미세배열 기법으로 분석한 것이다(Schmid et al., 2005). 여러 조직 유형은 가로축에 제시되어 있고, 상대적인 유전자 활동은 세로축에 제시되어 있다.

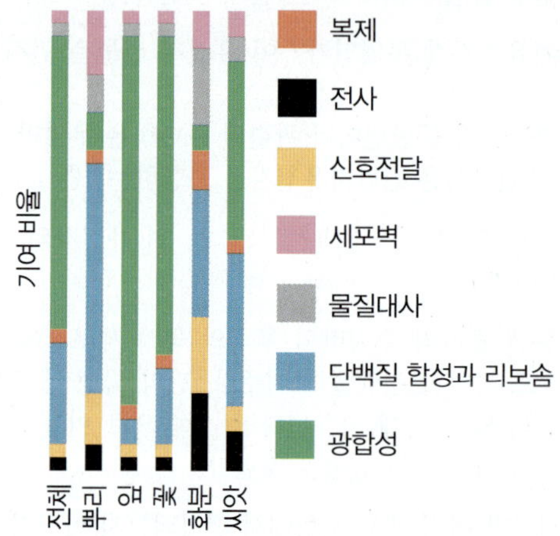

(a) 유전자 발현 패턴은 합리적으로 기대하는 것과 상응하는가?

(b) 식물의 보편적인 발생 프로그램은 동물과 비교되는데, 식물은 생애 동안 지속적으로 새로운 기관을 추가하면서 발생한다. 이러한 발생 프로그램이 꽃과 씨앗에서 광합성 유전자의 발현을 설명하는 데 얼마나 도움이 되는가?

(c) 전형적으로 발생 과정을 연구하는데, 하나 또는 적은 수의 유전자들을 대상으로 진행해왔다. 유전체 분석은 수많은 유전자를 포함하여 일반적 분류군에 대한 결과를 보여준다. 이러한 대단위적인 접근 방식은 발생에서 유전자 역할을 이해하는 데 어떤 도움을 주는가?

27. Dominguez et al.(2004)은 초파리 눈의 성장과 조직의 유형을 결정하는 유전자를 연구함으로써 사람의 눈 발생에 대해 이해할 수 있다고 제안하였다.

(a) 초파리의 눈 결정 유전자가 사람에서도 발견된다는 증거는 무엇인가? 해답에 이종상동유전자에 대한 내용을 포함시켜 설명하시오.

(b) *eyeless* 유전자가 발생 네트워크의 한 부분이라는 증거는 무엇인가?

(c) 유전자 네트워크는 일반적으로 발생 과정을 결정할 수 있는가? 예를 들어 설명하시오.

세포분열의 마지막 단계(세포질분열)에 있는 두 개의 전립선 암 세포의 전자현미경 사진. 두 세포는 여전히 세포질에 의해 연결되어 있다.

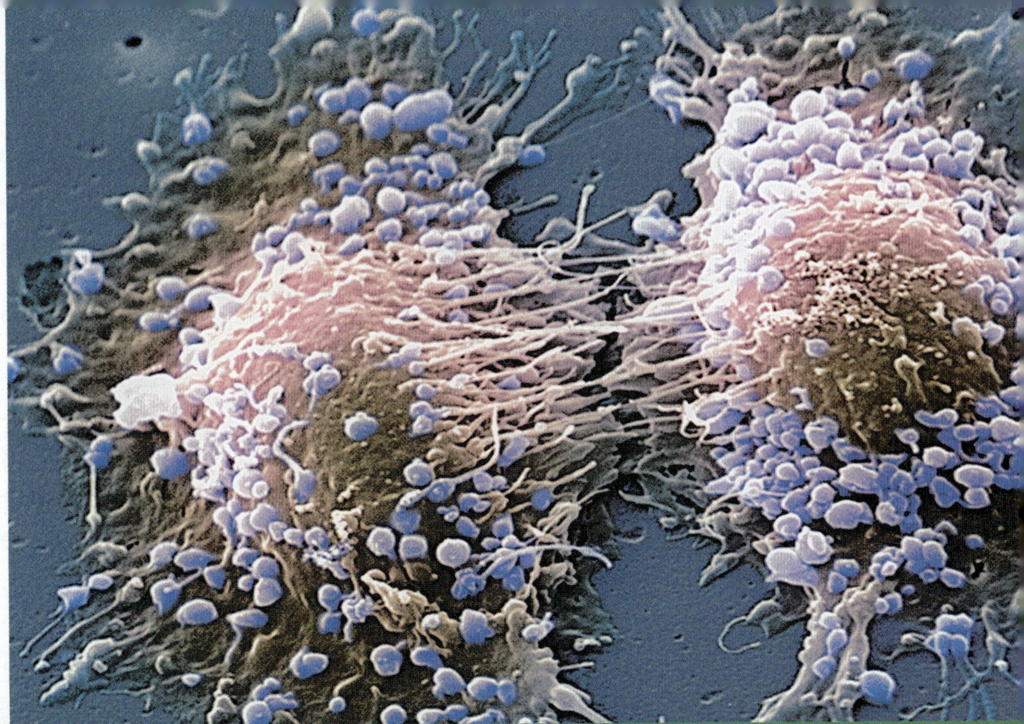

19 암과 세포주기 조절

핵심 개념

- 암은 DNA 손상회복, 염색질 변형, 세포주기 조절, 세포자살 및 신호전달을 포함하는 세포의 기본적 활동에서의 유전적 결함으로 발생한다.
- 암을 야기하는 대부분의 변이는 체세포에서 일어나며, 암의 5% 정도는 유전성을 갖는다.
- 암에 관련된 유전자의 변이는 이상증식을 야기시키고, 세포가 주변조직에 퍼지고 침투하는 것에 대한 제어력을 상실한다.
- 암의 발생은 세포증식과 전이의 여러 측면을 제어하는 유전자들의 변이로 인한 다단계 과정이다.
- 암 세포는 여러 암-관련 유전자들에 발생하는 다수의 돌연변이의 축적으로 인해 높은 수준의 유전체 불안정성을 나타낸다.
- DNA 메틸화와 히스톤 변형 등의 후성유전학적 영향은 암의 발생에 중요한 역할을 하고 있다.
- 원발암유전자와 종양억제유전자에서의 돌연변이는 암 발생의 원인이 된다.
- 암을 일으키는 바이러스는 감염된 세포에 암 유전자를 도입하여 세포증식을 자극한다.
- 환경 인자는 DNA를 손상시킴으로써 암을 유발할 수 있다.

암은 서구 국가의 주요 사망 원인이다. 모든 나이의 사람들이 공격받을 수 있고, 3명 중 1명은 언젠가 자신의 일생에서 암 진단을 경험하게 된다. 매년 미국에서 100만 명 이상이 암 진단을 받고, 50만 명 이상이 이 질병으로 사망하고 있다.

지난 30년간, 과학자들은 암이 체세포 수준에서 일어나는 유전질환이며, 변이된 혹은 비정상적으로 발현되는 유전자 산물을 갖고 있음을 알게 되었다. 수많은 비정상적인 유전자 산물의 복합적 영향은 암 세포의 제어되지 않는 증식과 확산으로 이어진다. 일부 변이된 암 유전자가 유전될 수 있지만, 대부분의 변이는 체세포에서 만들어져 세포분열을 통해 종양을 형성한다. 인간 유전체 프로젝트의 완성과 다수의 대규모의 DNA 서열결정 연구를 통해 암 세포를 유발하는 돌연변이에 대한 새로운 정보의 문이 열렸다. 암 유전학 분야에서 얻은 새로운 정보는 유전자 표적 치료법의 개발로 이어져, 그 중 몇 가지는 현재 임상시험 중에 있다. 일부 과학자들은 향후 25년 이내에 유전자-표적 치료법이 화학요법을 대체할 것으로 예측하고 있다.

이 장의 목적은 암의 성질과 원인에 대해 우리의 현재 이해를 조명하는 것이다. 암은 세포의 여러 기본적인 활동을 조절하는 유전자들의 변이가 축적되어 나타나는 유전병이다. 우리는 암과 유전자간의 관계를 검토하고, 돌연변이, 염색체 변형, 후성유전학, 그리고 환경적 요인들이 암 발생에 어떻게 작용하는지를 고려하게 될 것이다. 이 장에서 논의된 내용 중 일부는 텍스트의 후반에서 더 심도있게 탐구할 것이다(현대 유전학 특강 1장—후성유전학, 4장—유전체학과 맞춤의학 참조).

19.1 암은 체세포 수준에서의 유전질환이다

아마도 암의 원인을 이해하는 데 가장 중요한 발전은 암이 유전질환이라는 인식이다. 암과 관련된 유전체 변형은 단일염기 치환에서 넓은 영역의 염색체 재배열에 해당하는 중복, 결실까지 포함한다(**그림 19-1**). 그러나 다른 유전질환과는 달리 암은 주로 체세포에서 발생하는 돌연변이에 의해 발생한다. 단지 약 5%의 암만이 특정 종류의 암에 개인적 감수성(person's susceptibility)을 증가시키는 생식계 돌연변이와 관련된다. 암과 다른 유전질환 사이에 또 다른 중요한 차이점은 암은 대개 많은 돌연변이의 축적에 의해 발생한다는 것이다. DNA 손상의

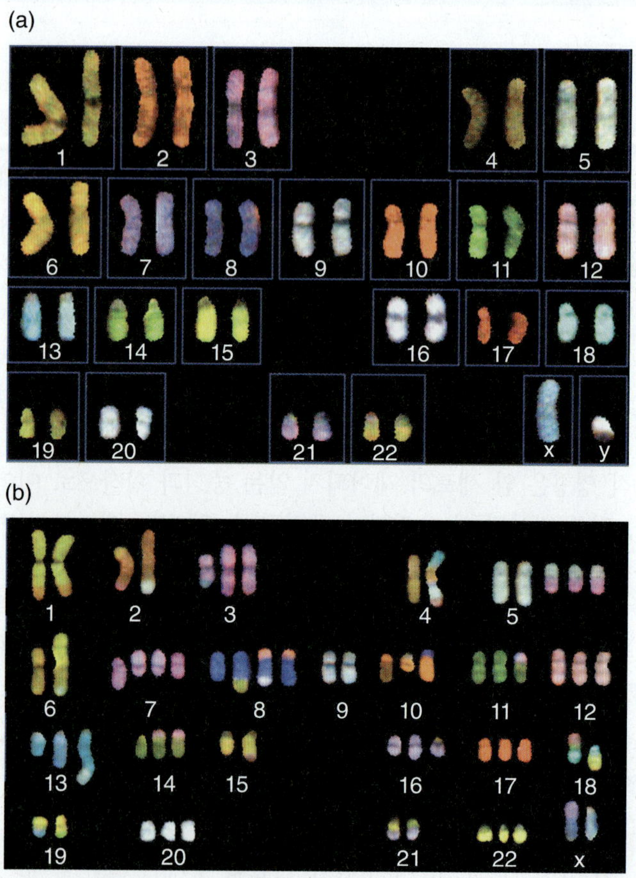

그림 19-1. (a) 정상세포의 핵형분석. (b) 전좌, 결실, 그리고 이수성을 보여주는 암세포의 핵형분석 – 암세포의 특징적 형태.

회복, 세포분열, 세포자살, 세포분화, 세포이동과 세포-세포 접촉 등을 포함한 많은 세포기능에 영향을 주는 돌연변이들로 인해 암에 이르게 된다.

암이란 무엇인가?

임상적으로 암은 유래된 세포의 종류와 암 세포에서 일어난 유전적 변형의 종류에 따라 다른 양상을 보이는 수백 종류의 복잡한 질병으로 정의된다. 암은 발병시기, 성장률, 침윤성, 예후 그리고 치료에 대한 반응성에 있어 다양하다. 그러나 모든 암은 분자수준에서는 하나의 집단으로 묶는 공통의 특성을 나타낸다.

모든 암 세포는 두 가지의 기본적 특성을 공유한다: (1) 비정상적인 세포성장과 분열(**증식, proliferation**), 그리고 (2) 신체의 다른 부위로 확산되어 군체화되는 것을 방지하는 세포의 정상적 결속력의 결함(**전이, metastasis**). 정상적인 세포에서 이러한 기능은 적절한 장소와 시기에 발현된 유전자들에 의해 정교히 조절된다. 암 세포에서는 이러한 유전자들 중의 하나가 변이되거나 비정상적으로 발현하게 된다.

제어되지 않는 세포증식과 전이적 확산의 조합이 암 세포를 위험하게 만든다. 단지 세포성장에 있어 유전적 통제를 잃게 되면, 다세포 덩어리인 **양성종양(benign tumor)**으로 성장할 수 있다. 양성종양은 종종 수술로 제거될 수 있고, 심각한 위험성을 나타내지 않을 것이다. 그러나 종양 내의 세포가 탈출하여 혈류로 들어가 다른 조직에 침투하게 되면 2차 종양을 형성하고(**전이, metastases**) 악성화된다. **악성종양(malignant tumor)**은 대개 치료가 곤란하고, 생명을 위협한다. 우리는 이 장에서 양성종양에서 위험한 악성종양으로 변환시키는 유전자 변이들과 암발생의 여러 단계를 공부할 것이다.

암 세포는 동일한 기원을 가진다

악성종양은 수십억의 세포를 포함하고, 신체의 많은 부분에 침투하고 자랄 수 있지만, 원발암과 2차 종양 내의 모든 암세포는 특정 암을 일으키는 원인 돌연변이가 축적된 조상 세포로부터 유래한 클론들이다. 이것은 암의 분자적 원인을 이해하는 데 중요한 개념이며, 진단을 위해서도 중요하다.

다수의 데이터는 암의 클론화(cancer clonality) 개념을 제안하고 있다. 예를 들어, 백혈병과 림프종(백혈구에서 발생하는 두 가지 암)을 포함한 여러 암에서 염색체의 상호 전좌가 특징이다. **버킷 림프종(Burkitt lymphoma)** 환자로부터 유래한 암 세포는 8번 염색체(*c-myc* 유전자 또는 근처에서 전좌 절단점을 갖는)와 2번, 14번 혹은 22번 염색체(면역글로불린 유전자 영역 또는 근처에서 전좌 절단점을 갖는) 사이의 상호 전좌를 나타낸다. 각 버킷 림프종 환자는 자신의 *c-myc*과 면역글로불린 유전자의 DNA 서열에 독특한 절단점을 나타낸다. 그러나 한 환자

의 모든 림프종 세포는 동일한 전좌 절단점을 가지고 있다. 이것은 각 버킷 림프종 환자에서 모든 암 세포는 하나의 세포로부터 유래되었고, 이 세포가 증식하여 유전적 변형이 자손 세포로 전달된다는 것을 증명한다.

암 세포가 클론성이라는 점에 대해 또다른 증거로 X 염색체 불활성화 패턴을 살펴볼 수 있다. 앞에서(7장 참조) 설명했듯이, 여성은 모자이크로 어떤 세포는 불활성화된 부계 X 염색체를 가지고 또 다른 세포는 불활성화된 모계 X 염색체를 가진다. X 염색체 불활성화는 발생 초기단계에서 무작위로 일어난다. 여성 개체에서 원발성 및 전이성 종양 내의 모든 암 세포들은 동일한 불활성화 X 염색체를 가지고 있다. 이것은 환자의 모든 암 세포가 공통조상 세포에서 유래되었다는 개념을 제안한다.

암줄기세포 가설

암줄기세포는 암 세포의 클론형성능과 관련된 개념이다. 많은 과학자들은 현재 종양 내의 대부분의 세포들은 증식하지 않는다고 생각한다. **암줄기세포(cancer stem cell)**는 종양 내의 모든 세포를 만들고 증식시키는 세포로 알려져 있다. 줄기세포는 자가복제를 할 수 있는 능력을 가진 미분화된 세포이다. 줄기세포는 불균등하게 분열하여 그 중 하나는 성숙한 세포형태로 분화를 수행하고 다른 하나는 줄기세포로 남게 된다. 줄기세포는 이전 장에서 논의되었으며(18장 참조), 암줄기세포 가설은 줄기세포의 정의와는 대조적으로 무작위 또는 확률론적 모델로 제안된다. 이 모델은 종양 내의 모든 세포가 새로운 종양을 형성할 수 있는 잠재력을 가진다고 예측한다.

여전히 과학자들은 암줄기세포의 존재에 대해 활발히 논쟁하고 있으나, 적어도 일부 종양에서는 암줄기세포가 존재한다는 증거들이 축적되고 있다. 암줄기세포는 뇌암, 유방암, 대장암, 난소암, 췌장암 그리고 전립선암의 고형암뿐 아니라 백혈병에서도 발견되었다. 그러나 여전히 모든 암에서 어떤 부분이 암줄기세포로 구성되어 있는지는 분명하지 않다. 예를 들어, 인간의 급성 골수성 백혈병에서 암세포 10,000개 중 1개보다 적은 수의 암줄기세포가 발견된다. 대조적으로, 일부 고형암은 최대 40%의 암줄기세포를 포함하기도 한다.

과학자들 또한 암줄기세포의 기원을 알지 못한다. 암줄기세포는 조직의 정상적인 성체 줄기세포에서 발생했을 수도 있고, 염색질 구조에 많은 변형과 수많은 변이의 축적으로 분화된 체세포가 줄기세포와 유사한 성질을 획득하여 생성되었을 가능성도 있다.

다수의 변이를 요구하는 다단계 과정으로서의 암

비록 우리는 암은 통제되지 않는 세포증식과 전이로 시작된 유전적 질환임을 알고 있으나, 단일 변이로는 정상세포로부터 종양을 형성하거나(종양형성능력, tumorigenic), 악성세포로 형질전환되기에는 충분하지 않다. 만약 이것으로 충분했다면 암은 실제보다 훨씬 만연했을 것이다. 인간에 있어 돌연변이는 DNA 복제 과정에서 나타나는 본질적 오류로서, 세포분열당 유전자당 10^{-6} 비율로 돌연변이가 나타난다. 일생을 거쳐 인간의 신체에서 세포분열은 약 10^{16}번 일어나기 때문에, 사람의 일생 동안 신체의 어딘가에서 유전자당 10^{10} 정도의 돌연변이를 겪게 될 것이다. 그러나 불과 3명 중 1명이 암으로 고통받게 된다.

노화에 따른 암의 발병은 단일 세포에서 여러 돌연변이의 축적에 의해 암이 발생한다는 것에 대한 또 다른 지표이다. 대부분의 암 발병률은 나이가 들수록 기하 급수적으로 상승한다. 단일 돌연변이가 정상세포를 악성세포로 변환하는 데 충분하다면, 암 발병률은 나이와 무관할 것이다. 나이와 연관된 암 발생률은 한 세포가 악성 암세포로 형질전환되기 위해서 무작위적이며 낮은 확률로 발생하는 많은 독립적인 돌연변이가 필요하다는 것을 시사한다. 암이 다단계 과정이라는 또 다른 지표는 **발암물질(carcinogens,** 암을 일으키는 약물)에 노출된 후 암이 발생하기까지 나타나는 상당한 시간이다. 예를 들어, 히로시마와 나가사키의 원자 폭발로 인해 방사선에 노출된 사람들에게서 백혈병이 발병되기까지는 5~8년의 잠복기간이 존재했다.

암 발생의 다단계 과정은 종종 암이 가벼운 변형세포에서 시작하여 점차적으로 종양형성능과 악성을 갖게 되면서 점진적 단계를 거쳐 발생된다는 관찰을 통해 알 수 있다.

종양형성(tumorigenesis, 악성종양의 발생)의 각 단계에서 두 개 이상의 유전적 변형이 점진적으로 발생하여 증식과 악성화에 작용하는 정상적 제어로부터 벗어나게 된다. 점진적인 유전자 변형으로 인해 선택적 이점을 부여받은 암 세포가 형성되고 종양형성 동안 세포분열을 통해 증식하게 된다.

암의 점진적 진행성은 대장암의 발생 과정을 예시로 살펴볼 수 있다. 대장암은 여러 유전자들의 결합이 단계적으로 축적되어 여러 단계를 거쳐 진행하는 것으로 알려져 있다(그림 19-2). 첫 번째 단계는 정상 상피세포가 **선종(adenoma)** 또는 **용종(polyp)**으로 알려진 작은 세포 집단으로 변하는 것이다. 이 단계에서는 대장세포의 정상적인 분화에 관여하는 단백질을 암호화하는 **adenomatous polyposis coli(*APC*)** 유전자에 불활성화 변이가 필요하다. *APC* 유전자는 이 장 뒷부분에서 논의될 종양억제유전자이다. 결과적으로 선종은 천천히 성장하며, 이는 양성종양으로 간주된다.

대장암 발생의 두 번째 단계는 작은 선종의 세포 중 하나

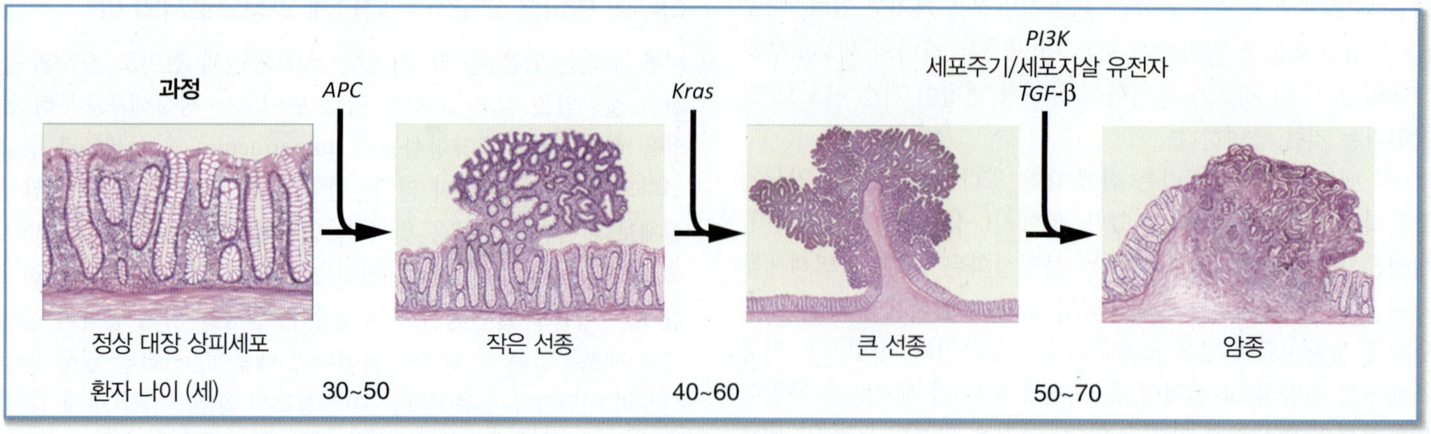

그림 19-2. 대장암의 발생 단계. 어떤 유전자가 돌연변이를 획득하며 대장암의 점진적 발생의 원인이 되는지 그림의 위쪽에 나타나 있다. 이러한 돌연변이들은 시간과 함께 축적될 수 있고, 악성종양으로 형성되기까지는 40년 이상이 걸릴 수 있다.

가 두 번째 유전적 변형을 갖게 되는 것이다. 이것은 보통 정상적인 세포증식의 조절에 관여하는 ***Kras*** 유전자의 변이이다. 대장암을 일으키는 *Kras*의 돌연변이는 Kras 단백질을 지속적으로 활성화시켜 무절제한 세포분열을 유발한다. *APC*와 *Kras* 돌연변이를 가진 세포는 성장하고 확장하여 약 1 cm 직경의 더 큰 중간 선종을 형성하게 되며, 이 과정을 **클론 확장(clonal expansion)**이라 한다. 원래의 작은 선종 내의 세포(*APC* 변이를 가짐)는 이제 두 개의 유전자변이를 갖는 세포에 의해 압도된다.

큰 선종이 **악성종양(carcinoma, 암)**으로 형질전환되는 세 번째 단계에서는 *p53*, *PI3K* 그리고 *TGF-β*를 포함한 여러 유전자들의 결함으로 인한 좀 더 많은 변화를 필요로 한다. 이러한 유전자 산물들은 정상적인 세포증식과 분열에 중요한 세포자살, 증식, 신호전달 그리고 세포주기 조절 과정을 제어한다—이 모두는 이후 장에서 자세히 설명될 것이다. 여러 유전자의 변이로 암은 더욱 성장하고 결장의 하부 조직으로 침투할 수 있게 된다. 암 내부의 몇몇 세포는 하나 이상의 새로운 돌연변이를 획득하여 종양으로부터 자유롭게 분리되어 신체의 다른 부분으로 이동하여 전이를 형성하게 된다.

운전자 변이와 탑승자 변이

과학자들은 지금 암 세포 발생 중에 일어나는 모든 체세포 돌연변이를 식별하기 위해 최근 발전된 DNA 서열법을 적용하고 있다. 이러한 연구는 동일한 환자로부터 분리한 암 세포와 정상세포의 유전체 DNA 서열을 비교하는 것이다. 이 연구 데이터는 암 세포에 수만 개의 체세포 돌연변이들이 존재할 수 있음을 보여준다. 결장암 또는 유방암과 같은 고형암들은 많게는 70개 이상의 변이된 유전자들을 포함하고 있는 것으로 보인다. 폐암과 흑색종과 같은 몇 가지 다른 암은 수백 개의 변이를 포함하고 있는 것으로 보인다. 연구자들은 각 종양에서 소수의 돌연변이[**운전자 돌연변이(driver mutation)**라 불리는]만이 종양세포에 성장 이점을 부여한다고 생각한다. 나머지 돌연변이는 아마도 암 세포에 축적된 DNA 손상 수준의 증가로 시간이 지나면서 생겨난 것이며, 암의 유발에 직접적인 영향을 나타내지 않으므로 **탑승자 변이(passenger mutation)**로 알려져 있다. 어떤 특정 암에서 일어나는 운전자 변이는 2개에서 8개로 소수이다.

이 장의 뒷부분에서 살펴볼 암을 유도하는 운전자 변이를 가진 유전자들(발암유전자와 종양억제유전자라고도 불리는)은 DNA 손상 회복, 염색질 변형, 세포주기 조절과 프로그램화된 세포자살 등을 포함한 수많은 필수적인 세포기능을 조절하는 역할을 한다. 지금부터 이러한 기본적인 세포 활동, 이 과정을 조절하는 유전자들, 그리고 유전자들의 변이가 어떻게 암을 유발하는지에 대해 조사할 것이다.

19.2 암 세포는 유전체 안정성, DNA 회복과 염색질 변형에 영향을 미치는 유전적 결함을 가지고 있다

암 세포는 보통 돌연변이와 염색체 이상이 정상보다 더 높다. 많은 연구자들은 암 세포의 기본적인 결함은 DNA 손상을 회복하는 정상적인 기능에 문제가 발생한 것이라 생각한다. 유전체 온전성의 손실은 세포증식, 예정된 세포자살 그리고 전이를 조절하는 유전자들을 포함하여 유전체 내의 모든 유전자들에 대해 돌연변이 비율의 전반적인 증가를 초래한다. 암 세포에서 발견되는 높은 수준의 유전체 불안정성은 **돌연변이 유발유전자 표현형(mutator phenotype)**으로 알려져 있다. 또한 최근의 연구로 암 세포가 특히 DNA와 히스톤 메틸화 패턴과 같은 염색질 변형의 위

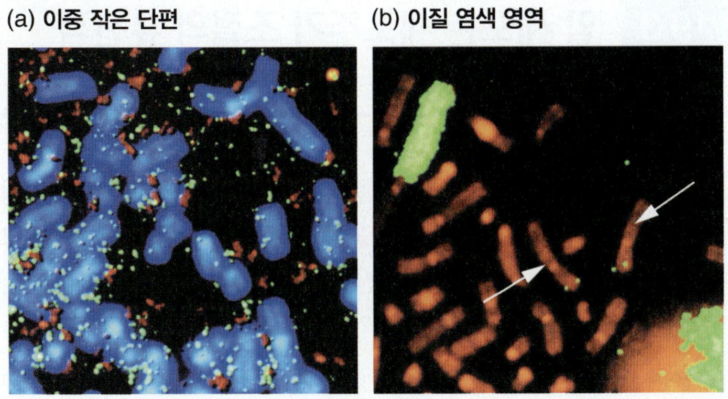

그림 19-3. 신경아종 세포에서의 DNA 증폭. (a) 두 개의 암 유전자(*MYCN*는 붉은색, *MDM2*는 녹색)는 핵 내에서 염색체 DNA와 분리된 작은 DNA 단편으로 증폭된다. 이 증폭된 DNA 단위는 이중 작은 염색체로 알려져 있다. 정상염색체는 푸른색으로 염색되어 있다. (b) *MYCN* 유전자의 다중 사본은 이질성 염색부위(녹색)로 불리는 하나의 큰 영역 내에서 증폭된다. *MYCN* 유전자의 단일 사본은 녹색 점으로 정상 부모 염색체(parental chromosome, 흰 화살표)의 말단에 보인다. 정상염색체는 붉은색으로 염색되어 있다.

치와 종류에 있어서 이상을 가진다는 것이 밝혀졌다.

유전체 불안정성과 DNA 회복 결함

암 세포의 유전체 불안정성은 전좌, 이수성, 염색체 소실, DNA 증폭 그리고 염색체 결실과 같은 전반적인 결함의 존재로 알 수 있다(그림 19-1, 19-3). 실험실에서 배양한 암 세포도 중복, 결실 그리고 염색체 혹은 염색체 일부분의 전좌와 같은 유전체 불안정성을 높게 나타낸다. 종종 암 세포는 특이적 염색체 결함을 나타내며, 이것은 암의 종류와 시기를 진단하는 데 사용된다. 예를 들면, **만성 골수성 백혈병(chronic myelogenous leukemia, CML)** 환자에서 백혈구 암세포는 9번 염색체의 *C-ABL* 유전자가 22번 염색체의 *BCR* 유전자 내로 전좌되어 특징적인 **필라델피아 염색체(Philadelphia chromosome**, 그림 19-4**)** 구조를 만든다. *BCR-ABL* 융합 유전자는 BCR-ABL 키메라 단백질을 암호화한다. 정상 ABL 단백질은 **인산화 단백질(protein kinase)**로서 외부 환경에서 핵으로 성장인자 신호를 전달하는 신호전달 경로에 작용한다. CML 세포에서 BCR-ABL 키메라 단백질은 외부 성장신호의 부재하에서도 세포의 증식을 자극하는 비정상적인 신호전달 분자로 작용한다.

다수의 유전성 암은 DNA 회복을 조절하는 유전자의 결함으로 발생하며, 이러한 현상은 암 돌연변이 유발유전자 표현형(cancer mutator phenotype)의 개념과 일치한다. 예를 들어, 색소성 건피증(xeroderma pigmentosum, XP)은 자외선 및 다른 발암물질에 극단적인 감수성을 갖는 드문 유전질환이다. XP 환자에서 종종 피부암이 발생된다. XP 환자의 세포는 DNA 회복을 수행하기 위해 필요한 7개의 유전자 중 하나에 변이를 가지고, 뉴클레오타이드 절제회복(nucleotide excision repair)에 결함을 가진다. XP 세포는 자외선에 의해 유도된 티민 이합체와 같은 DNA 손상을 회복하는 능력에 결함이 있다. XP와 뉴클레오타이드 절제회복을 조절하는 유전자들 사이의 관계는 앞에서(17장 참조) 서술하였다.

또 다른 예는 DNA 회복을 제어하는 유전자의 돌연변이에 의해 발생하는 유전성 비용종성 대장암(HNPCC)이다. HNPCC는 상염색체 우성 증후군으로 매년 200~1000명 중 약 1명에게 영향을 미친다. HNPCC 환자는 대장, 난소, 자궁 그리고 신장암이 발생할 위험이 높다. HNPCC 환자의 세포는 정상보다 높은 돌연변이 비율과 유전체 불안정성을 보인다. 적어도 8개의 유전자가 HNPCC와 연관되어 있으며, 이러한 유전자들 중 4개가 DNA 짝틀림수선(mismatch repair)을 조절한다. 이 4개의 유전자(*MSH2, MSH6, MLH1, MLH3*) 중 어느 한 개가 불활성화되면, 광범위한 유전체 영역에 변이가 급속하게 축적되어, 암 발생의 원인이 된다.

뉴클레오타이드 절제회복과 DNA 짝틀림수선을 조절하는 유전자의 결함이 높은 빈도로 암을 발생시킨다는 관찰은 돌연변이 유발유전자 표현형이 암의 발생에 중요한 기여를 한다는 생각을 뒷받침한다.

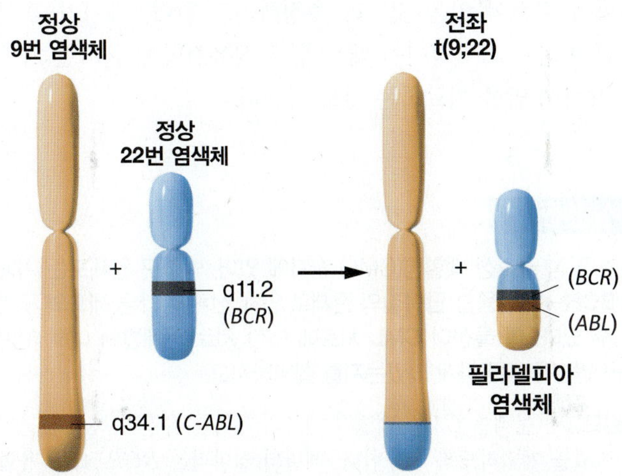

그림 19-4. 만성 골수성 백혈병(chronic myelogenous leukemia, CML)에서 염색체 9번과 22번의 긴 팔 사이에서 상호전좌의 결과로 특징적인 필라델피아 염색체를 형성한다. t(9;22) 전좌의 결과, 9번 염색체의 원발암유전자 *C-ABL* 유전자와 22번 염색체의 *BCR* 유전자가 융합된다. 융합단백질은 세포를 정상적인 세포주기 조절로부터 벗어나게 하여 CML을 발생하게 한다.

염색질 변형과 암 후성유전학

암 후성유전학 분야는 암 유전학에 새로운 관점을 제공한다. **후성유전학(epigenetics)**은 유전자 발현에 영향을 주지만, DNA의 염기서열을 변화시키지 않는 인자에 대한 연구이다. 후성유전학적 효과는 하나의 세포에서 자손 세포로 유전될 수 있으며, 체세포 혹은 생식세포에 영향을 미칠 것이다. 아세틸화 및 인산화와 같은 히스톤 변형과 DNA 메틸화는 후성유전적 변형의 예이다. 유전체 내의 후성유전적 패턴은 유전자 발현에 영향을 미칠 수 있다. 예를 들어, DNA의 메틸화는 부모의 각인, 이질염색질 유전자의 억제 그리고 X 염색체 불활성화와 연관된 유전자 침묵을 유발한다. 유전자 발현에 미치는 염색질 변형, 후성유전학 인자의 영향 및 유전병은 후반부에 좀 더 자세히 논의될 것이다(17장과 현대 유전학 특강 1장—후성유전학 참조).

암 세포는 DNA의 메틸화 패턴에 변형을 가진다. 전반적으로, 정상세포보다 암 세포에 훨씬 적은 DNA 메틸화가 일어난다. 그와 동시에 암 세포에서 어떤 특정 유전자들의 프로모터 영역은 과메틸화되어 있다. 이러한 변화는 세포주기 조절 및 DNA 회복과 같은 정상 세포기능을 조절하는 유전자들의 기능을 억제하는 반면, 동시에 암을 일으키는 유전자들을 포함하여 정상세포에서 침묵하는 대부분의 유전자들의 전사 억제를 풀어줄 것으로 간주된다.

히스톤 변형 또한 암 세포에서 잘못되어 있다. 히스톤 아세틸화 효소, 탈아세틸화 효소, 메틸기 전이효소, 그리고 탈메틸기 효소를 암호화하는 유전자들은 종종 암 세포에서 돌연변이 되거나 이상발현을 보인다. 종양에서 수많은 후성유전학적 이상이 관찰되면서 일부 과학자들을 유전자 변이보다 좀 더 많은 후성유전학적 결손이 있을 것이라 추정하기도 한다. 게다가 후성유전학적 변화는 가역적이기 때문에, 후성유전학에 근거한 치료법을 사용하여 암을 치료하는 것도 가능하다.

실전문제

19-1 만성 골수성 백혈병(CML) 환자에 있어, 백혈구 암세포는 기능적 BCR–ABL 융합 단백질의 존재로 인해 신체의 다른 세포와 구별할 수 있다. 이 특성이 CML 치료에 대한 치료제 개발에 대해 어떤 접근 방법을 제공하게 되었는지를 설명하시오.

■ **힌트:** 이 문제는 *CML* 백혈병 세포의 독특한 유전적 특성에 근거한 치료를 계획하도록 요구한다. 해결의 실마리는 *BCR-ABL* 융합 단백질이 *CML* 백혈구에서만 발견된다는 점과 이 비정상적 단백질이 직접 *CML*의 유발에 특정 기능을 갖는다는 점을 기억하는 것이다. 이 문제의 해결을 위해, 항암제 글리벡에 대해 조사하면 도움이 될 것이다. (http://www.cancer.gov/cancertopics/druginfo/imatinibmesylate 참조)

19.3 암 세포는 세포주기 조절의 유전적 결함을 가진다

모든 암 세포의 기본적인 변형 중 하나는 세포증식 과정의 정상적 조절이 상실되는 것이다. 세포증식은 다세포 생물에 있어 모든 발생과 조직 회복에 필수적인 세포성장 및 분열의 과정이다. 비록 피부의 상피세포와 골수의 조혈모세포같이 어떤 세포들은 생물체의 일생을 통해 성장하고 분열하지만, 다세포 생물인 성인의 대부분 세포들은 분열하지 않고 분화된 상태로 존재한다. **분화된 세포(differentiated cell)**는 심장의 근육세포와 망막의 광수용체 세포와 같이 특정 기능에 대해 특화되어 있는 것이다. 증식하지 않는 가장 극단적 예는 신경세포로 손상된 조직을 대체하기 위한 경우에도 거의 분열하지 않는다. 대조적으로, 간과 신장 등의 많은 분화된 세포는 세포외 신호와 성장인자의 자극을 받게 되면 성장하고 분열할 수 있다. 이와 같이, 다세포 생물은 죽고 손상된 조직을 대체할 수 있다. 그러나 세포의 성장과 분화는 엄격하게 조절되어야 한다. 그렇지 않으면 조직과 기관의 온전한 상태가 세포의 부적절한 종류와 양에 의해 훼손될 것이다. 세포증식의 정상적인 조절에는 세포주기, 예정세포사 및 세포외 성장신호에 대한 반응 등을 통제하는 수많은 유전자 산물이 작용한다. 암 세포에서는 이러한 기능을 조절하는 많은 유전자들이 돌연변이 되거나 이상발현되어 제어되지 않는 세포증식을 초래하게 된다.

이 절에서는 세포주기 단계를 검토하여 세포주기를 조절하는 유전자들과 어떻게 이러한 유전자의 변이가 암을 초래하는지를 알아본다.

세포주기 및 신호전달

하나의 세포분열에서 다음으로 이어지는 일련의 세포 내 사건을 **세포주기(cell cycle,** 그림 19-5)라 한다. 세포주기의 **간기(interphase)**는 유사분열 사이의 간격이다. 간기 동안 세포는 성장하고 DNA를 복제한다. **G1기(G1 phase)** 동안에 세포는 DNA 복제에 필요한 효소와 분자를 축적하여 DNA 합성을 준비한다. G1기 다음에 오는 **S기(S phase)**에는 세포의 염색체 DNA가 복제된다. **G2**기 동안, 세포는 성장하고 분열의 준비를 계속한다. **M기(M phase)** 동안 복제된 염색체는 응축되고, 자매염색체는 양쪽 극으로 분리되어 세포가 두 개로 분할된다. 세포주기의 이러한 단계들 또한 이전 장에 자세히 설명되어 있다(2장 참조).

G1의 초기 혹은 중간단계에서 세포는 다음 세포주기로 들어가거나 혹은 세포주기에서 빠져나와 정지상태로 들어갈 것인지를 결정해야 한다. 연속적으로 증식하는 세포는 세포주기를 벗

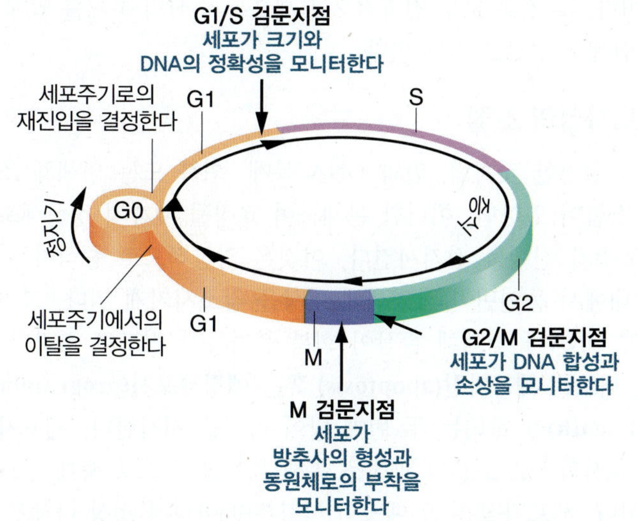

그림 19-5. 세포주기 동안 세포의 진행을 감시하는 검문지점과 증식 결정 지점.

어나지 않고 G1, S, G2 및 M 단계로 진행하지만, 만약 세포가 성장 정지의 신호를 받은 경우 세포주기의 **G0**기로 들어간다. G0 동안 세포는 대사적으로 활동적이나, 성장하거나 분열하지 않는다. 다세포 생물의 대부분의 분화된 세포는 무한정 G0기로 유지될 수 있다. 신경세포와 같은 일부 세포는 세포주기로 다시 들어가지 않는다. 대조적으로, 암 세포는 G0기에 들어갈 수 없고 그 대신 연속적으로 세포주기를 돈다. 암 세포들의 증식 비율은 정상적으로 증식하는 세포보다 반드시 높을 필요는 없다. 그러나 그들은 적절한 시기와 장소에서 휴지 상태로 정지될 수 없다.

G0기의 세포들은 종종 외부 성장신호의 자극으로 세포주기에 다시 들어갈 수 있다. 이러한 성장 신호는 성장인자 혹은 호르몬과 같은 분자가 세포표면 수용체에 결합함으로써 원형질막으로부터 세포질로 전달된다. 외부 환경에서 세포핵으로 성장신호를 전달하는 과정은 **신호전달(signal transduction)**로 알려져 있다. 궁극적으로, 신호전달은 세포를 G0기에서 나와 세포주기로 들어가게 하는 유전자 발현 프로그램을 시작하게 한다. 암 세포는 종종 신호전달 경로에 결함이 있다. 때때로 비정상적인 신호전달 분자들이 외부 증식 신호의 부재에도 핵으로 지속적인 성장 신호를 보낸다. 비정상적인 신호전달의 예로 *ras* 유전자의 돌연변이를 들 수 있고, 19.4절에 설명되어 있다. 부가적으로 악성세포는 세포를 둘러싼 외부 신호—정상적으로 성숙한 조직 내에서 세포 증식을 저해하는 신호—에 대해 반응하지 않을 수 있다.

세포주기 제어와 검문지점

정상세포에서 세포주기의 진행은 엄격하게 조절되고, 각 단계는 다음 단계가 시작하기 전에 반드시 완료되어야 한다. 세포는 세포주기의 최소한 세 지점에서 다음 단계로 진행하기 전에 외부 신호와 내부 평형을 검문한다. 주요 검문지점은 **G1/S**, **G2/M** 그리고 **M 검문지점(M checkpoint**, 그림 19-5)이다. G1/S 검문지점에서 세포의 크기를 확인하고 DNA의 손상 여부를 판정한다. 세포가 적당한 크기에 도달하지 않은 경우, 또는 DNA가 손상된 경우에는 이러한 문제가 수정될 때까지 더 이상의 세포주기 진행을 정지시킨다. 세포 크기와 DNA의 완전성이 확인된 경우에는 G1/S 검문지점을 통과하여 S기로 진행한다. 두 번째 중요한 검문지점은 유사분열 전에 세포의 생리적 조건을 감시하는 G2/M 검문지점이다. DNA 복제나 DNA 손상 회복이 완벽하지 않은 경우, 이 과정이 완료될 때까지 세포주기를 멈춘다. 세 번째 주요 검문지점은 유사분열 동안 발생하는 M 검문지점이다. M 검문지점에서 성공적 방추사 체계의 형성과 동원체에 있는 방추사부착점에 방추사가 적절히 부착되었는지를 감시한다. 만약 방추사가 제대로 형성되지 않거나 부적절하게 부착되면, 유사분열은 멈추게 된다.

검문지점에서 세포주기를 조절하는 것 외에도, 세포는 두 종류의 단백질로 세포주기의 진행을 조절한다: **사이클린(cyclins)**과 **사이클린-의존성 인산화효소(cyclin-dependent kinase, CDK)**. 세포는 세포주기 동안 정확한 패턴으로 사이클린 단백질을 축적하고 파괴한다(그림 19-6). 사이클린은 특정 CDK에 특이적으로 결합하여 CDK/사이클린 복합체의 활성을 유발한

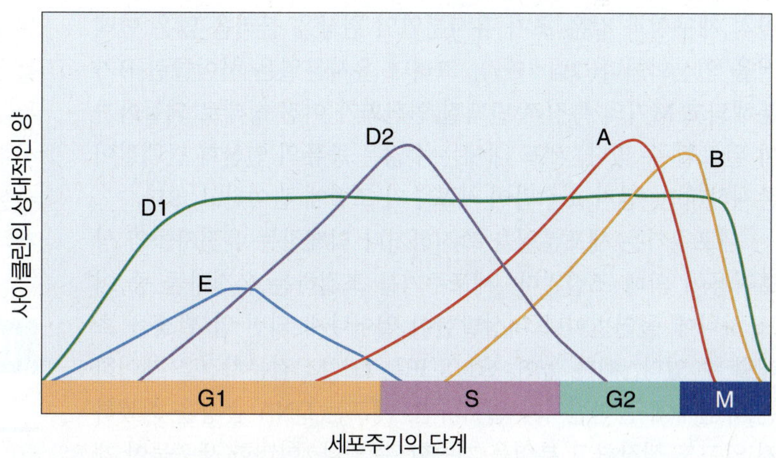

그림 19-6. 세포주기 동안 사이클린의 상대적 발현시간과 양. 사이클린 D1은 G1기 초기에 축적되고 세포주기 동안 일정 수준으로 발현한다. 사이클린 E는 G1기에 축적되어 최대치에 도달하고 S기 중기에 감소한다. 사이클린 D2는 G1기 후반에 축적되기 시작해서 S기 시작 후 최대치에 도달, G2기 초기에 감소한다. 사이클린 A는 G1기 후기에 나타나 S기에 축적되어 G2/M 전이 단계에서 최대치에 도달 후 빠르게 감소한다. 사이클린 B는 G2/M 전이 단계에서 최대치에 도달 후 M기에 빠르게 감소한다.

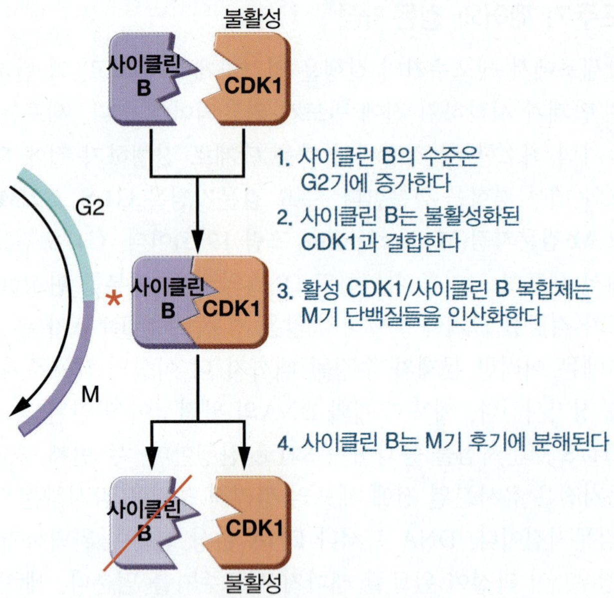

그림 19-7. CDK1과 사이클린 B는 G2에서 M으로의 전이를 조절한다. G2기 후반에 사이클린 B는 축적되고 비활성 CDK1 분자와 복합체를 형성한다. CDK1은 복합체 내에서 활성화되고 특정 단백질을 인산화시킨다. 인산화된 분자는 M기에 필요한 구조 및 생화학적 변화를 초래한다. M기 후기에 사이클린 B는 감소하고 CDK1은 불활성화되며 M기 인산화는 원래 상태로 되돌아간다.

다. 이때 CDK/사이클린 복합체는 선택적으로 인산화되고, 세포주기를 진행시키기 위해 필요한 변화를 가져올 다른 단백질들을 차례로 활성화시킨다. 예를 들어, G1기에서 CDK4/사이클린 D(CDK4/cyclin D) 복합체는 S 기간 동안 DNA 복제에 필요한 유전자들(예를 들어, DNA 중합효소 δ 및 DNA 연결효소)의 전사를 촉진하는 단백질들을 활성화한다. 또 다른 CDK/사이클린 복합체로 CDK1/사이클린 B는 핵막 붕괴, 염색체 응축과 세포골격 재구성과 같은 초기 유사분열의 현상을 불러올 많은 단백질을 인산화한다(그림 19-7). 그러나 유사분열은 사이클린 B가 분해되고 M기의 특징적 단백질 인산화가 이전 상태로 되돌아가야 완료될 수 있다. 세포 내에는 수많은 종류의 인산화 단백질이 존재하지만, 단지 소수만이 세포주기 조절에 관여하고 있다.

세포주기는 세포분열을 촉진하거나 억제하는 유전자들의 상호작용에 의해 조절된다. 세포주기를 조절하는 유전자들 중 어느 하나에 돌연변이나 이상발현이 일어나게 되면 암 발생을 초래할 수 있다. 예를 들어, G1/S 또는 G2/M 검문지점을 제어하는 유전자에 돌연변이가 일어나면, 세포는 DNA 손상을 회복하지 않고도 성장하고 분열을 계속할 수 있다. 이러한 세포들이 계속 분열함에 따라 세포증식이나 전이를 조절하는 유전자들에 변이가 축적될 수 있다. 이와 유사하게 만약 사이클린을 암호화하는 유전자와 같이 세포주기 진행을 조절하는 유전자가 잘못된 시간 혹은 부적절한 수준에서 발현될 경우, 세포는 세포주기를 벗어나 G0기로 들어가지 못하고 지속적으로 성장하고 분열할 것이다. 두 경우 모두 결과적으로 세포는 증식의 통제를 잃게 되어 암세포 경로로 가게 된다.

세포자살의 조절

이미 설명한 것처럼, 만약 DNA 복제, 회복 또는 염색체 조립에 결함이 있다면, 이러한 문제들이 교정될 때까지 정상세포는 세포주기 진행을 정지시킨다. 이것은 정상적으로 증식하는 세포 내에서 돌연변이와 염색체 이상을 감소시키게 된다. 그러나 만약 DNA나 염색체 손상이 회복 불가능할 정도로 심각한 경우, 세포는 **세포자살(apoptosis)** 혹은 **예정세포사(programmed cell death)**라 불리는 두 번째 방어 라인을 시작한다. 세포자살은 유전적으로 조절된 과정을 통해 세포를 스스로 죽게 만드는 것이다. 세포자살은 암 예방의 역할뿐만 아니라 정상 다세포 생물의 발생 동안 최종 성체에 필요하지 않는 특정 세포를 제거하기 위해서도 나타난다. 세포자살의 과정은 손상된 세포나 발생단계에서 제거되는 세포에서 동일하게 진행된다: 핵 DNA는 단편화되고, 내부의 세포 구조가 파괴되며, 세포는 세포자살 소체[apoptotic body, 그림 19-8(a)]라 알려진 작은 구형 구조로 용해된다. 마지막 단계에서 세포자살 소체는 면역계의 식세포에 의해 탐식된다. **카스파아제(caspases)**라고 불리는 일련의 단백질 분해효소들은 세포자살을 진행하는 데 중요하며, 세포 내 성분을 분해한다.

세포자살을 유발하거나 방해할 수 있는 Bcl2와 BAX[그림 19-8(b)]와 같은 특정 유전자 산물의 양을 조절함으로써 세포자살은 유전적으로 조절된다. 예정세포사는 손상된 세포를 제거함으로써 암을 일으키는 유전자들을 포함하여 수많은 변이가 다음 세대로 전달되는 것을 감소시킨다. 세포주기 검문지점을 조절하는 유전자 중 일부는 세포자살을 유발할 수 있다. 이러한 유전자들은 많은 암에서 변이되어 있다. 세포주기 검문지점에 작용하는 유전자들의 불활성화와 돌연변이의 결과, 세포는 DNA를 수선할 수 없게 되거나, 세포자살을 수행하게 된다. DNA 수선과 자살 능력의 상실은 성장, 분열, 그리고 전이를 조절하는 유전자들에 더 많은 돌연변이의 축적을 초래한다.

19.4 원발암유전자와 종양억제유전자는 암 세포에서 변형되어 있다

암 세포에서 돌연변이되거나 이상 발현된 유전자들의 일반적인 두 가지 범주는 원발암유전자와 종양억제유전자이다(표 19.1). **원발암유전자(proto-oncogene)**는 다른 유전자의 발현을 자극하는 전사인자, 세포분열을 자극하는 신호전달 분자, 그리고 세포주기를 진행시키는 세포주기 조절인자들을 암호화한다. 이들 산

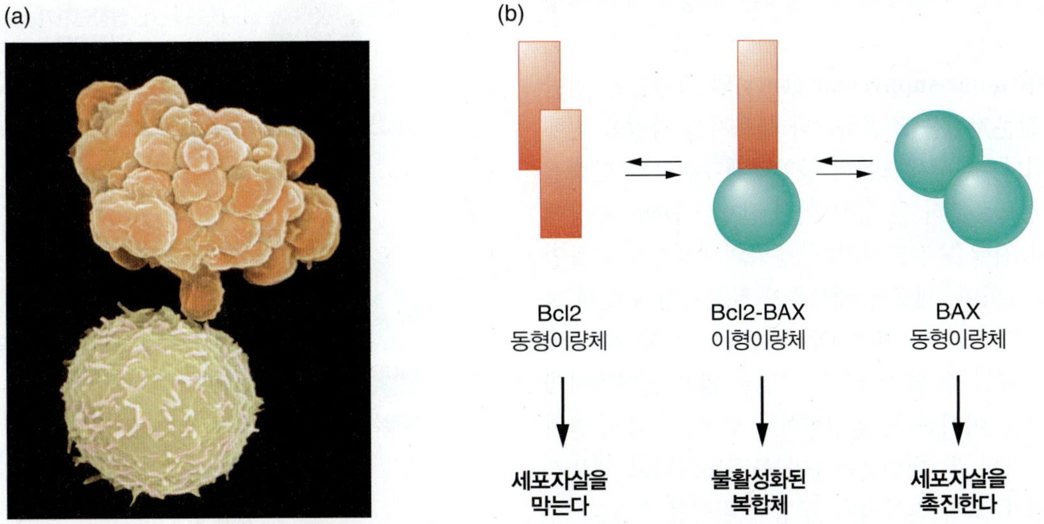

그림 19-8. (a) 정상 백혈구 세포(아래)와 세포자살된 백혈구(위). 세포자살 소체는 세포 표면에 포도송이 형태를 보인다. (b) Bcl2와 BAX의 상대적 농도는 세포자살을 조절한다. 정상세포는 Bcl2와 BAX가 이형이량체(heterodimers)를 형성하여 불활성화되어 균형을 유지한다. Bcl2가 상대적으로 과잉되면 Bcl2 동형이량체가 형성되어 세포자살을 억제한다. Bcl2가 과발현된 암 세포는 화학요법과 방사선요법에 내성을 가진다. BAX가 상대적으로 과잉되면 BAX 동형이량체가 형성되어 세포자살을 유도한다. 정상세포에서는 활성화된 p53이 *BAX* 유전자의 전사를 유도하고 *Bcl2* 유전자의 전사는 억제하여 세포자살을 초래한다. 많은 암 세포에서 p53의 결함은 암 세포를 제거하는 세포자살 경로를 억제한다.

물은 특히 세포성장 및 분열과 같은 정상적인 세포기능에 중요하다. 정상세포가 휴지기 상태로 되어, 분열이 중지되면, 세포에서 대부분의 원발암유전자의 발현이 억제되거나 그 산물들의 활성이 변형된다. 암 세포에서는 하나 혹은 그 이상의 원발암유전자가 변형되어 해당 산물의 활성이 정상적 방식으로 조절될 수 없다. 일반적으로 돌연변이로 인해 비정상적인 단백질 산물이 만들어진다. 다른 경우로는, 인핸서 요소와 같은 유전자 조절영역 변이나 유전자 발현에 영향을 줄 수 있는 염색질 구조의 변형 때문에 원발암유전자는 과발현되거나 잘못된 시간에 발현될 수 있다. 만약 원발암유전자가 지속적으로 '켜짐' 상태에 놓인다면, 원발암유전자 산물은 끊임없이 세포가 분열하도록 자극할 수 있다. 원발암유전자가 돌연변이되거나 비정상적으로 발현되어 암 발생을 초래하게 될 경우, 암을 유발하는 **발암유전자(oncogene)**로 부르게 된다. 즉 발암유전자는 기능획득(gain-of-function) 돌연변이가 일어난 원발암유전자이다. 그 결과, 원발암유전자의 한 대립유전자에서만 돌연변이되거나 이상발현되어

표 19.1 원발암유전자와 종양억제유전자의 종류

원발암유전자	정상 기능	암에서의 변형	연관된 암종
c-myc	전사인자, 세포주기 조절, 분화, 세포자살	전좌, 증폭, 점 돌연변이	림프종, 백혈병, 폐암, 여러 종류의 암종
c-kit	티로신 인산화효소, 신호전달	돌연변이	육종
RARα	호르몬 의존성 전사인자, 분화	***PML*** 유전자를 포함한 염색체 전좌, 융합된 산물	급성 전골수성백혈병
E6	발암유전자를 암호화한 인간유두종 바이러스, p53의 불활성화	HPV 감염	자궁경부암
사이클린들	CDKs에 결합하여 세포주기를 조절	유전자 증폭, 과발현	폐암, 식도암, 여러 종류의 암종
종양억제유전자	**정상 기능**	**암에서의 변형**	**연관된 암종**
RB1	세포주기 검문지점, E2F와 결합	돌연변이, 결실, 바이러스 암유전자 산물에 의한 불활성화	망막아세포종, 골육종, 여러 종류의 암종
APC	세포-세포 간 상호작용	돌연변이	대장암, 뇌암, 갑상선암
p53	전사 조절	돌연변이, 결실, 바이러스	여러 종류의 암종
BRCA1, BRCA2	DNA 수선	점 돌연변이	유방암, 난소암, 전립선암

도 암을 초래할 수 있다. 따라서 발암유전자는 우성적 암 표현형을 갖게 된다.

종양억제유전자(tumor-suppressor genes)의 산물들은 일반적으로 세포주기 검문지점을 조절하거나 세포자살 과정을 진행시키는 유전자들이다. 정상세포에서 종양억제유전자의 단백질 산물은 세포외 환경으로부터 온 성장-억제 신호나 DNA 손상에 반응하여 세포주기 진행을 정지시킨다. 종양억제유전자가 돌연변이되거나 불활성화되면, 세포는 세포주기 검문지점에 대해 정상적으로 반응하지 못하거나, 만약 DNA 손상이 심할 경우 예정된 세포자살을 수행할 수 없게 된다. 이것은 많은 돌연변이의 축적과 암의 발생으로 이어진다. 돌연변이나 후성유전학적 변형으로 종양억제유전자의 두 대립유전자가 불활성화되고 세포가 계속 성장과 분열을 하도록 변화되면, 종양이 발생할 수 있다.

돌연변이되거나 비정상적으로 발현되어 경우 암을 유발하는 대표적인 원발암유전자와 종양억제유전자의 예를 살펴볼 것이다. 현재 약 400개의 발암유전자와 종양억제유전자가 알려져 있고, 암 연구가 진행됨에 따라 더 많이 발견될 것이다.

ras 원발암유전자

인간 종양에서 가장 빈번히 변이된 유전자들의 일부는 ***ras* 유전자군(*ras* gene family)**이다. 이 유전자는 인간 종양의 30% 이상에서 변이되어 있다. *ras* 유전자군은 세포막에 결합하는 신호전달 분자를 암호화하고, 세포증식과 분열을 조절한다. Ras 단백질은 일반적으로 세포막에서 핵으로 신호를 전달하며 외부 성장인자에 반응하여 세포가 분열하도록 자극한다(그림 19-9). Ras 단백질은 구아노신 이인산(guanosine diphosphate, GDP) 또는 구아노신 삼인산(guanosine triphosphate, GTP)과 결합하여, 비활성(switched off) 상태 혹은 활성(switched on) 상태로 변형된다. 세포가 성장인자(예를 들어, 혈소판유래 성장인자 또는 상피성장인자)와 만났을 때, 세포막 위의 성장인자 수용체는 성장인자와 결합하고, 성장인자 수용체의 세포질 부분은 자기인산화된다. 인산화된 수용체는 뉴클레오타이드 교환인자(nucleotide exchange factors) 단백질을 원형질막으로 유인하여 수용체에 결합시킨다. 이러한 뉴클레오타이드 교환인자는 Ras가 GDP를 방출하고 GTP와 결합하도록 하여, Ras를 활성화시킨다. 활성화된 GTP-결합형의 Ras 단백질은 일련의 단백질 인산화 반응을 통해 세포질로 신호를 보낸다. 이러한 단계적 인산화 반응의 마지막 단계에서 핵 내 전사인자들이 활성화되어 세포주기로 들어가게 하는 유전자들의 발현을 촉진한다. Ras가 일단 핵으로 신호를 보내고 나면, GTP는 GDP로 가수분해되어 Ras 단백질은 비활성화된다. *ras* 원발암유전자를 발암유전자로 변환시키는 돌연변이는 GTP가 GDP로 가수분해되는 것을 방해한다. 따라서 Ras 단백질은 계속 "활성"상태로 유지되어 세포가 끊임없이 분열하도록 자극한다.

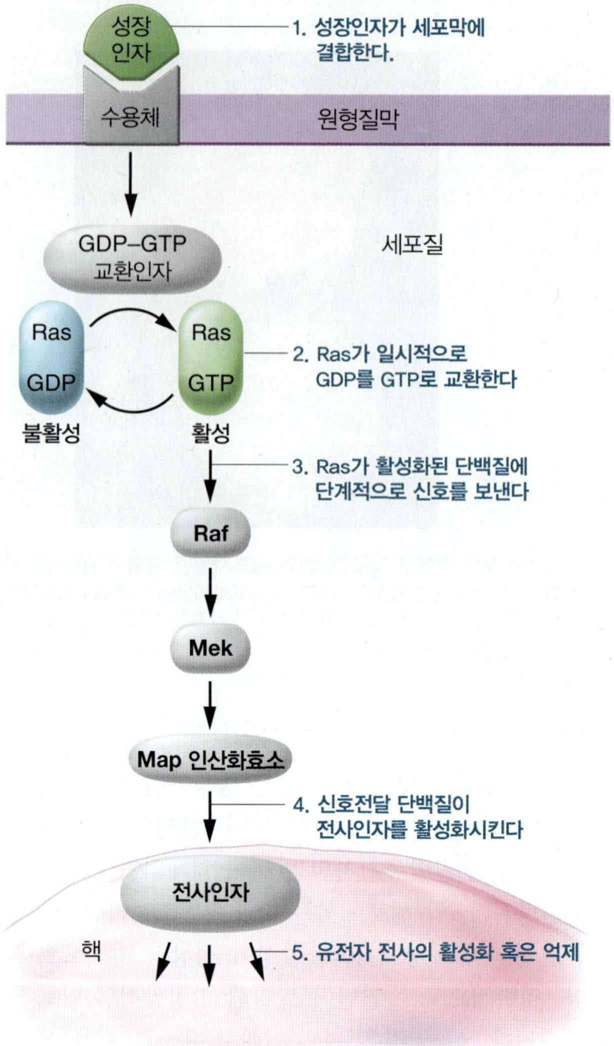

그림 19-9. Ras에 의해 조절되는 신호전달 경로.

p53 종양억제유전자

인간 암에서 가장 빈번하게 변이된 ***p53* 유전자(*p53* gene)**는 모든 암의 50% 이상에서 변이되어 있다. *p53* 유전자는 50개 이상의 서로 다른 유전자들의 전사를 억제하거나 촉진하는 전사인자를 암호화한다.

일반적으로 p53 단백질은 지속적으로 합성되지만 재빨리 분해되기 때문에, 세포에서 낮은 수준으로 존재한다. 또한 p53 단백질은 정상적으로 p53의 활성에 영향을 주는 **MDM2** 단백질과 결합하고 있다. MDM2 단백질이 p53에 결합하면, p53의 전사 활성화 영역이 격리되고, p53의 분해를 위한 표지가 붙게 된다. 또한 p53 단백질을 비활성형에서 활성형으로 전환시키는 인산화와 아세틸화가 방해된다.

여러 유형의 세포성 스프레스로 인해 핵 내에서 활성화된

p53 단백질의 양이 급속히 증가한다. 이러한 스트레스로 DNA의 화학적 손상, 이온화된 방사선에 의해 유도된 DNA의 이중나선 절단, 그리고 자외선 노출로 인해 생성된 DNA 수선 중간체 등이 포함된다. 세포성 스트레스 신호에 반응하여, MDM2는 p53으로부터 분리되어, p53을 더 안정되게 만들고 전사활성화 영역을 드러나게 한다. p53 단백질의 인산화 및 아세틸화를 포함한 여러 번역후 변형이 증가되어 활성화된 p53 단백질의 양이 증가하게 된다(그림 19-10). 활성화된 p53 단백질은 *MDM2* 유전자의 발현을 자극하는 전사인자로 작용한다. MDM2 단백질의 양이 증가됨에 따라 p53 단백질은 다시 MDM2와 결합하여

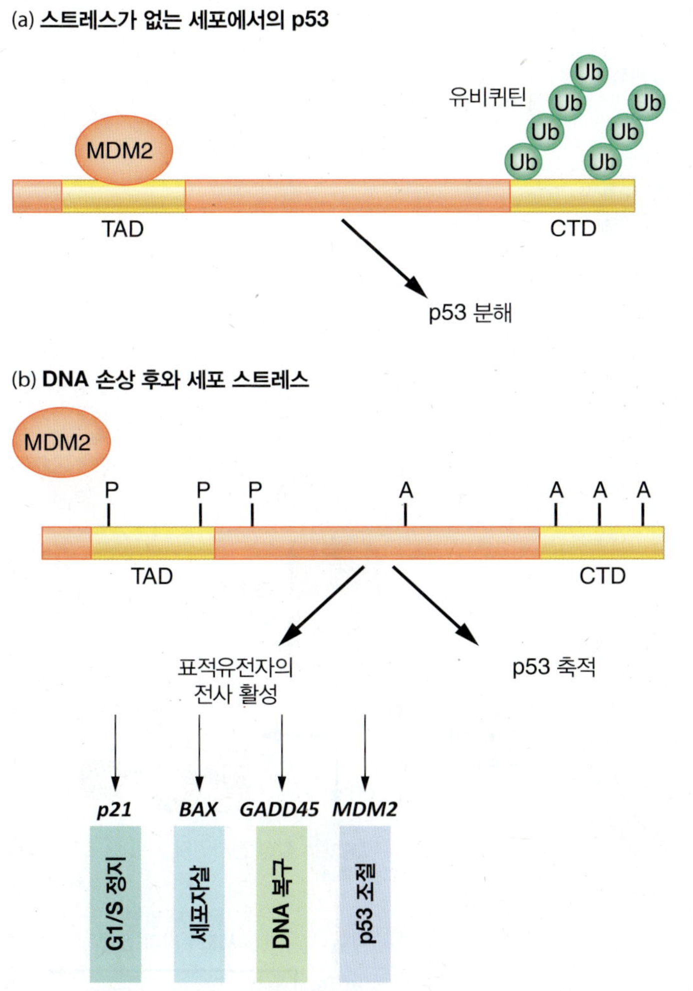

그림 19-10. p53의 양과 활성을 조절하는 단계. (a) 스트레스가 없는 정상세포에서 p53은 MDM2에 의해 비활성화되고 낮은 수준으로 존재한다. MDM2는 전사활성화도메인(TAD)과 결합하고, 카복시-말단도메인(CTD)의 리신잔기에 유비퀴틴을 첨가하도록 한다. 유비퀴틴의 결합은 p53의 분해를 촉진한다. (b) DNA 손상을 포함한 여러 유형의 세포 스트레스를 주면, 인산화효소는 TDA의 세린과 트레오닌에 인산기를 첨가해 MDM2의 해리와 유비퀴틴의 제거를 유도한다. 핵 내에 p53이 증가하면 아세틸기전달효소는 CTD의 리신에 아세틸기를 첨가해 p53의 안정성과 표적유전자의 프로모터 부위의 특정 DNA 서열과의 친화성을 증가시킨다. p53 단백질에 의해 전사되는 유전자의 예로 *p21*(G1/S 세포주기 정지를 유도), BAX(세포자살 촉진), *GADD45*(DNA복구에 관여), *MDM2*(p53의 불활성과 분해를 유도)가 있다.

불활성 상태로 되돌아오며, 단백질 분해의 표적이 되어 음성되먹임 고리에 놓이게 된다.

활성화된 p53 단백질은 DNA 손상에 따른 세포주기의 정지를 포함한 여러 다양한 반응을 유도하며, 만약 DNA가 회복될 수 없을 경우에는 세포자살을 시작하게 유도한다. 이러한 반응은 p53 단백질이 각 반응에 관여하는 표적유전자들의 발현을 촉진하거나 억제하는 전사인자로서 작용하여 이루어진다.

정상세포에서 활성화된 p53은 S기로의 진행을 지연시킬 뿐 아니라 G1/S 및 G2/M 검문지점에서 세포주기를 정지시킬 수 있다. G1/S 검문지점에서 세포주기를 정지시키기 위해서, 활성화된 p53 단백질은 p21 단백질을 암호화하는 유전자의 전사를 촉진한다. p21 단백질은 CDK4/사이클린 D1 복합체를 방해하고, 이를 통해 세포가 G1기에서 S기로 이동하는 것을 저해한다. 활성화된 p53 단백질은 또한 DNA 복제의 진행을 지연시키는 유전자의 발현을 조절하여, S기 동안 DNA 손상이 회복될 수 있는 시간을 부여한다. 만약 DNA 손상이 S기에 일어났다면, 활성화된 p53 단백질은 다른 유전자들의 발현을 조절하여 G2/M 검문지점에서 세포를 멈추게 할 수 있다.

활성화된 p53은 또한 손상된 세포에서 예정세포사 프로그램을 지시할 수 있다. 예정세포사 프로그램은 *Bax* 유전자의 전사를 활성화하고, *Bcl2* 유전자의 전사를 억제함으로써 이루어진다. 정상세포에서는 BAX 단백질과 Bcl2 단백질이 이종이량체로 존재하여 세포가 생존한다(그림 19-8). 그러나 p53 단백질이 *Bax* 유전자의 전사를 촉진하여 BAX 단백질이 증가하게 되면, BAX 동형이량체가 형성되어 세포자살을 유도하는 반응을 활성화시킨다. 암 세포에서는 기능적 p53이 결여되므로 세포 손상에도 BAX 단백질의 양이 증가하지 않게 되어 세포자살이 발생되지 않을 수 있다.

기능적 p53이 결여된 세포는 세포주기 검문지점에서 정지되거나 DNA 손상에 대한 반응으로 세포자살을 일으킬 수 없다. 그 결과, 세포의 DNA 상태와 관계없이 검문을 하지 않고 세포주기를 진행시킨다. p53이 결여된 세포는 높은 돌연변이 빈도를 가지고, 암을 일으키는 돌연변이를 축적하게 된다. 유전체 온전성에 p53 유전자가 중요하기 때문에 종종 p53은 '유전체 수호자'라고 불린다.

RB1 종양억제유전자

종양억제유전자인 ***RB1*(망막모세포종 1, retinoblastoma 1)**의 손실 혹은 돌연변이는 유방, 뼈, 폐 그리고 방광을 포함한 다양한 암의 발생을 초래한다. *RB1* 유전자는 원래 유전적 장애로 유아의 눈에 발생한 종양인 **망막모세포종(retinoblastoma)**의 연구 결과 동정되었다. 망막모세포종은 약 15,000명 중 한 명의 빈도

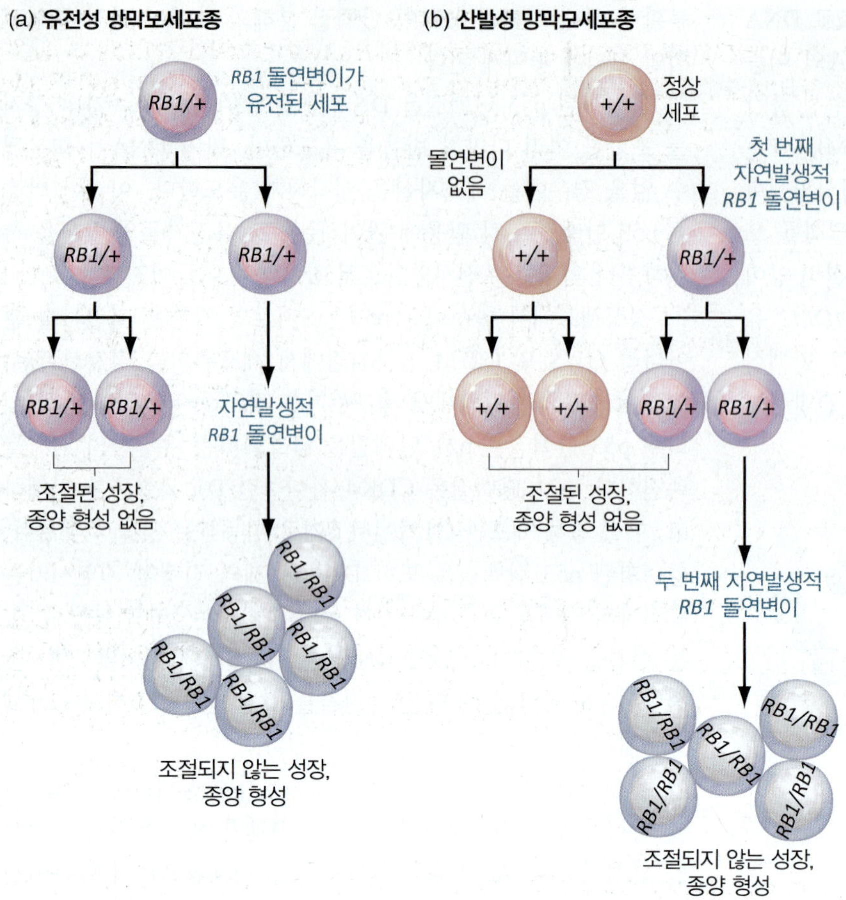

그림 19-11. (a) 유전성 망막모세포종에서 하나의 돌연변이(RB1으로 지정)는 유전되어 모든 세포에 존재한다. 특정 망막세포에서 RB1 유전자에 두 번째 돌연변이가 발생하면, 세포 성장을 조절하지 못하고 종양이 형성된다. (b) 산발성 망막모세포종의 경우 하나의 세포에서 RB1 유전자의 두 대립인자가 독립적인 돌연변이를 차례로 가지게 되면서 종양을 형성한다.

로 발생한다. 유전성 망막모세포종의 경우 자손은 *RB1* 유전자 중 하나의 돌연변이 대립유전자를 갖게 되며 85%의 확률로 망막모세포종이 발생할 뿐 아니라 다른 암의 발생도 증가한다. 유전성 망막모세포종 환자의 모든 체세포는 *RB1* 유전자 중 하나의 돌연변이 대립유전자를 가지고 있다. 그러나 특정 망막세포에서 *RB1* 유전자의 두 번째 정상 대립유전자가 손실되거나 변이되었을 때는 망막모세포종이 발생한다. 이러한 돌연변이 대립유전자를 갖지 않은 사람에서는, *RB1* 유전자 두 사본의 불활성화를 위해 망막세포에서 적어도 두 번의 개별적 체세포 돌연변이가 필요하기 때문에 극히 드물게 망막모세포종이 발생한다(그림 19-11).

망막모세포종 단백질(pRB)은 G1/S 세포주기 검문지점을 제어하는 종양억제 단백질이다. pRB 단백질은 세포주기의 모든 단계에서 모든 종류의 세포 핵에서 발견된다. 그러나 pRB 단백질은 세포주기 동안 인산화 상태에 따라 다양한 활성을 갖는다. 세포주기의 G0기에 있을 때 pRB 단백질은 비인산화되어 E2F 전사인자에 결합함으로써 E2F의 작용을 불활성화한다(그림 19-12). 세포가 성장인자 신호를 받게 되면, G1기를 거쳐 S기에 접근한다. G1기 동안, pRB 단백질은 CDK4/사이클린 D1 복합체

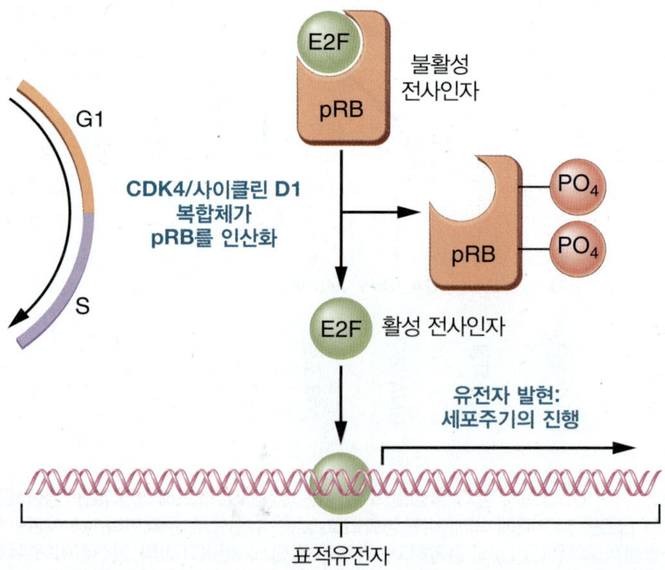

그림 19-12. G0기와 초기 G1기 동안, pRB는 전사인자인 E2F와 상호작용하여 E2F를 불활성화시킨다. G1에서 S기로 세포가 이동하면, CDK4/사이클린 D1 복합체가 형성되어 pRB에 인산기를 첨가한다. pRB가 인산화되면, E2F는 방출되고 전사가 활성화되어 세포가 S기를 통과할 수 있게 된다. pRB의 인산화는 일시적이다; CDK/사이클린 복합체는 분해되고 세포는 초기 G1기로 이동하며 pRB의 인산화가 감소하여 pRB와 E2F는 재결합한다.

에 의해 인산화된다. pRB의 인산화로 인해 pRB에 결합된 조절 단백질이 방출된다. 전사인자 E2F와 여러 조절인자가 방출되면, 방출된 조절인자들이 G1기에서 S기로의 전환에 필요한 30개 이상의 유전자들의 발현을 유도한다. 세포가 S, G2 및 M기를 지난 후, pRB는 다시 비인산화 상태로 돌아가고, E2F와 같은 조절 단백질에 결합하여 다음 세포주기에 요구될 때까지 조절 단백질을 격리시켜 유지한다. 정상적 휴지기세포에서 pRB 단백질은 S기로의 진입을 저지한다. 망막모세포종 세포를 포함한 많은 암 세포에서 *RB1* 유전자의 두 사본에 결함이 있거나, 불활성이거나 결실되면, 세포주기는 제어되지 않은 채 진행된다.

실전문제

19-2 리-프라우메니 증후군(Li-Fraumeni syndrome)을 가진 사람은 *p53* 유전자에 대해 하나의 돌연변이 사본을 갖고 있다. 환자들은 유방암, 백혈병, 골수암, 부신피질 종양, 뇌종양 등 수많은 다양한 암에 걸릴 위험이 높다. 어떻게 하나의 암-관련 유전자의 변이가 이렇게 여러 종류의 종양들을 일으킬 수 있는지를 설명하시오.

■ **힌트:** 이 문제는 종양억제유전자가 세포 증식과 반응을 어떻게 조절하는지를 이해하는 것이다. 해결의 실마리는 p53 단백질에 의해 조절되는 세포반응을 고려하고, 어떻게 p53의 결손이 이러한 각 반응에 영향을 미치는지를 검토하는 것이다. 또한 19.6절에 소개된 이형접합성의 소실에 대해 읽으면 도움이 된다.

더 연습하려면 25, 26, 27번 문제를 참조하시오.

19.5 암 세포는 다른 조직으로 전이되고 침윤된다

이 장의 서두에서 언급한 바와 같이, 통제되지 않은 성장만으로도 생명을 위협하는 악성의 암을 생성하기에 충분하다. 암 세포는 악성화되면 원래의 종양 부위에서 이탈하는 능력을 획득하여 혈액이나 림프계에 들어가 주변 조직에 침윤되고 2차 종양을 발생시킬 수 있다. 원발암 자리에서 떠나서 다른 조직으로 침윤되기 위해 종양세포는 원발암으로부터 분리되어야 하고, 정상적으로 신체 조직을 구분하며 둘러싼 **세포외기질(extracellular matrix)**과 **기저층(basal lamina)**을 분해할 수 있는 단백질분해효소를 분비해야 한다. 세포외기질과 기저막은 단백질과 탄수화물로 구성되며, 신체 조직을 둘러싸 구분짓고, 조직 성장을 위한 버팀목을 형성하며 세포의 이동을 방해한다. 세포외기질에 침투하는 능력은 특정 종류의 정상세포에서 나타나는 특성이다. 예를 들어, 임신 동안 자궁벽에서 배아가 착상할 때 세포외기질을 가로지르는 세포의 이동이 필요하다. 또한 백혈구는 모세혈관벽을 관통하여 감염 부위에 도달한다. 아마 이러한 침윤 기작은 정상세포와 암 세포에서 유사하다. 이들의 차이는 정상세포에서 침윤 능력은 엄격하게 조절되고 있으나, 종양세포에서는 이러한 조절이 결손되어 있다는 것이다.

암 세포가 원발암에서 일단 이탈하게 되면 조직 경계를 통과하여, 혈액이나 림프계로 들어가 다른 조직의 모세혈관에 머물 수 있다. 이 시점에서 세포는 새로운 조직으로 들어가 새로운 전이종양으로 성장하기 위해 침윤의 두 번째 단계를 수행한다. 순환하는 암 세포의 약 0.01%만이 전이 종양을 형성하며 살아남게 된다. 전이성 세포의 다른 중요한 특징으로는 세포 운동성의 증가, 신생 혈관 형성을 촉진하는 능력, 그리고 숙주 면역계에 의한 감지로부터 빠져나가는 능력이다.

전이는 세포-부착 분자, 세포 골격 조절자 그리고 단백질 분해효소를 포함한 수많은 유전자 산물에 의해 조절된다. 예를 들어, 상피성 종양은 정상조직에서 세포-세포 접촉에 관여하는 **E-cadherin 당단백질(E-cadherin glycoprotein)**이 정상보다 낮은 수준이다. 또한 **metalloproteinases**와 같은 단백질 분해효소는 악성도가 높은 종양에서 정상수준보다 높게 발현한다. 예를 들어, 뼈로 전이된 유방암 세포는 metalloproteinases 유전자인 *MMP1*의 비정상적 발현을 나타낸다. 폐로 퍼져 있는 세포들은 *MMP1*과 *MMP2* 유전자를 과잉 발현한다. 이것은 종양의 공격성 수준과 종양 세포가 발현하는 단백질분해효소 수준이 상관성을 가진다는 것을 보여준다. 또한 악성세포들은 **metalloproteinases 조직억제제(tissue inhibitors of metalloproteinase, TIMP)**와 같은 조절 분자에 의해 이루어지는 정상적 조절에 반응하지 않는다.

원발성 암에서 종양억제유전자의 돌연변이가 일어나는 것처럼, 전이된 종양에서 **전이억제 유전자(metastasis-suppressor gene)**가 변이되었거나 파괴되어 있다. 지금까지 12개 정도의 전이억제 유전자가 확인된 바 있으며, 이들은 전이성 종양의 발생과 성장에는 영향을 주지만 원발암에 영향을 주지 않는다. 한 예로 *CD82* 유전자 산물인 CD82 단백질은 침윤과 세포 이동성과 같은 전이에 관련된 기능을 정상적으로 저해한다. CD82 단백질은 침윤 및 세포 이동에 관련된 단백질들과 직접 결합하여 기능한다. 전이성 종양에서는 *CD82*의 발현이 감소하거나 소실된다. *CD82*와 다른 전이억제유전자들은 유전자 자체의 돌연변이보다 후성유전학적 기작에 의해 발현이 감소된다. 이러한 관찰은 전이억제유전자의 후성유전학적 발현 침묵을 표적으로 항전이 치료법을 개발할 수 있을 것이라는 희망을 갖게 한다.

19.6 일부 암은 유전될 수 있다

인간 암의 대부분은 산발적이지만, 일부 암(약 5%)은 유전되거나 가족력을 가진다. 현재 약 50개 정도의 유전성 암이 알려져 있다(표 19.2).

대부분의 유전성 암에 민감한 변이 대립유전자는 종양억제유전자에서 나타나며, 멘델의 우성 양식으로 전달되지만, 이것만으로는 암 발생을 유도하기에 충분하지 않다. 세포가 종양형성으로 가기 위해서는, 나머지 유전자 사본에서 적어도 하나의 다른 체세포변이가 반드시 일어나야 한다. 부가적으로 다른 유전자에서도 변이가 일어나야 암 표현형이 충분히 발현될 수 있다. 또 다른 유전자의 돌연변이는 일반적으로 암 표현형을 완전히 발현하기 위해 필요하다. 앞에서 언급한 바와 같이, *RB1* 유전자의 돌연변이는 개체에 있어 각종 암 발생에 대한 소인으로 작용한다. 이러한 환자의 정상적인 체세포는 *RB1* 돌연변이에 이형접합이지만, 종양 세포는 유전자의 두 사본에 돌연변이를 갖게 한다. 종양 세포에서 나머지 야생형 대립유전자가 변이되어 나타나는 현상은 **이형접합성 상실(loss of heterozygosity)**로 알려져 있다. 이형접합성 상실은 유전성 암의 발생에 필수적인 첫 단계이지만, 종양세포가 완전히 악성화되기 위해서는 다른 원발암유전자, 종양억제유전자 혹은 염색질 변형 유전자들에서 또 다른 변이가 필요하다.

유전성 대장암의 발생은 유전자의 한쪽 대립유전자의 돌연변이가 어떻게 악성종양으로 이어지는 다단계 경로에서 단지 한 단계에만 관여하는가를 보여준다. 19.1절에서 우리는 암의 발생과 단계적 클론 확장을 유발하는 여러 유전자들의 돌연변이 축적에 의해 어떻게 대장암이 발생하는지를 설명했다. 대장암의 대부분은 산발적이지만 증례의 약 1%는 유전적 소인으로 암이 발생하는 **가족성 선종성 용종증(familial adenomatous polyposis, FAP)**으로 알려져 있다. FAP에서 5번 염색체의 긴 팔에 존재하는 *APC*(adenomatous polyposis, 선종성 용종증) 유전자에 대한 하나의 돌연변이 사본이 유전된다. 돌연변이는 결실, 번역틀이동, 그리고 점돌연변이를 포함한다. *APC* 유전자 산물은 정상적으로 성장과 분화를 조절하는 종양억제인자 역할을 한다. 이형접합성 *APC* 돌연변이의 존재는 대장 상피세포가 부분적으로 세포주기의 제어를 벗어나게 하며, 세포는 분열하여 **용종(polyps)** 또는 선종(adenomas)이라는 작은 덩어리의 세포집단을 형성한다. 이형접합성을 가진 사람들은 일생 동안 수백에서 수천의 결장 혹은 직장 용종을 발생시킨다. 용종 단계에서는 *APC* 유전자의 두 번째 대립유전자의 변이는 필요하지 않으나, 두 번째 *APC* 대립유전자는 대부분 암 발생의 나중 단계에서 변이된다. 대장암 발생의 나머지 단계들은 그림 19-2에 나타낸 것과 같은 순서에 따른다.

표 19.2 암의 유전성 요인

종양 소인의 증후군	염색체	영향받는 유전자
조기 발병 가족성 유방암	17q	*BRCA1*
가족성 선종성 용종증	5q	*APC*
가족성 흑색종	9p	*CDKN2*
골린 증후군	9q	*PTCH1*
유전적 비폴립성 대장암	2p	*MSH2, 6*
리-프라우메니 증후군	17p	*p53*
여러 내분비 종양 1형	11q	*MEN1*
여러 내분비 종양 2형	10q	*RET*
신경섬유종증 1형	17q	*NF1*
신경섬유종증 2형	22q	*NF2*
망막모세포종	13q	*pRb*
폰 히펠 린다우 증후군	3p	*VHL*
윌름 종양	11p	*WT1*

실전문제

19-3 흡연이 대부분의 암 발생에 원인이지만, 모든 흡연자에서 암이 발생하는 것은 아니다. 마찬가지로, 종양억제유전자 *p53* 또는 *RB1*의 변이가 유전된 어떤 사람들은 암이 발생하지 않는다. 이러한 관찰을 설명하시오.

■ **힌트:** 이 문제는 어떤 사람들이 환경적 요인 혹은 종양억제유전자의 돌연변이의 결과로 암이 발생하는가를 고려해 보는 것이다. 해결의 실마리는 암 발생에 관련된 단계와 암 세포의 많은 비정상적 기능에 대해 고려하는 것이다. 또한 유전자가 어떻게 DNA 수선에 영향을 미칠 수 있는지를 검토하시오.

19.7 바이러스는 인간과 동물 모두에서 암을 유발한다

동물에서 암을 일으키는 바이러스는 인간의 암 유전학 연구에서 중요한 역할을 해왔다. 암을 일으키는 대부분의 동물 바이러스는 **레트로바이러스(retroviruses)**로 알려진 RNA 바이러스이다. 인간에서 대부분의 암 바이러스는 DNA 바이러스이다.

레트로바이러스가 동물에서 어떻게 암을 일으키는가를 이해하기 위해서는, 바이러스가 세포 내에서 어떻게 복제하는지를 알 필요가 있다. 레트로바이러스가 세포에 감염되면, RNA 유전체는 감염된 바이러스가 세포 내로 유입한 **역전사효소(reverse**

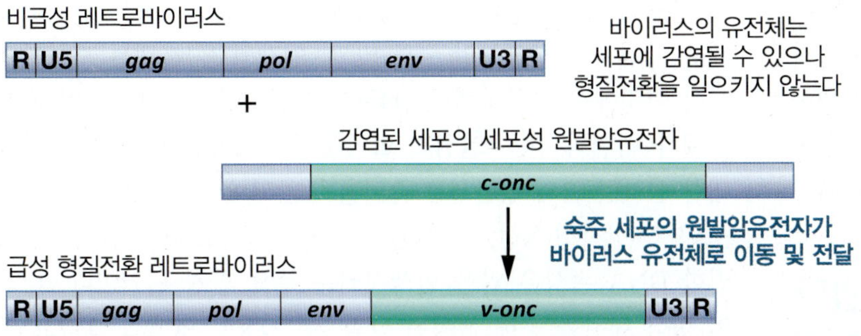

그림 19-13. 전형적인 레트로바이러스 유전체를 위쪽 그림에서 보여준다. 유전체는 말단(R)이 반복되어 있고, 프로모터와 인핸서 인자를 포함하는 U5와 U3 부위, 바이러스의 구조단백질(*gag*와 *env*)과 바이러스 역전사효소(*pol*)를 암호화하는 세 가지 주요 유전자를 포함한다. 전체 바이러스 유전체의 RNA 전사물은 새로운 바이러스 유전체를 구성한다. 만약 레트로바이러스가 숙주 세포의 원발암유전자(*c-onc*)의 전체 혹은 일부를 획득할 경우, 이 유전자(현재는 *v-onc*라고 함)는 바이러스 유전자와 함께 발현되어 *v-onc* 유전자의 과발현이나 부적절한 발현을 초래한다. 또한 *v-onc* 유전자는 형질전환능을 증가시키는 돌연변이를 획득할 수 있다.

transcriptase)를 이용하여 DNA로 복제된다. 이때 DNA 복사본은 감염된 세포의 핵으로 들어가, 숙주 세포의 유전체 내에 무작위로 삽입된다. 레트로바이러스 RNA에 대한 삽입된 DNA 복사본을 **프로바이러스(provirus)**라고 한다. 프로바이러스 DNA의 양 끝에 위치한 U5와 U3 서열에 강력한 인핸서와 프로모터가 존재한다(그림 19-13). 프로바이러스의 프로모터는 숙주 세포의 전사 단백질을 사용하여, 바이러스 유전자(*gag*, *pol*, *env*)의 전사를 지시한다. 이러한 유전자 산물들은 새로운 레트로바이러스 입자를 구성하기 위한 단백질과 RNA 유전체이다. 프로바이러스는 숙주 유전체 내로 삽입되어 있기 때문에, 세포의 정상적인 세포주기 동안에 숙주의 DNA와 함께 복제된다. 레트로바이러스는 숙주세포를 죽이지 않고, 더 많은 바이러스를 복제하기 위한 공장과 같이 숙주세포를 계속 사용하여 주변세포를 감염시킨다.

레트로바이러스는 세 가지 방법으로 암을 일으킬 수 있다. 먼저 프로바이러스 DNA는 세포의 정상적인 원발암유전자 가까이에 우연히 삽입될 수 있다. 그러면 프로바이러스의 강한 프로모터와 인핸서로 인해, 숙주 세포의 원발암유전자의 전사가 부적절한 시간에 높은 수준으로 촉진되어 결국 세포증식을 유발한다. 둘째, 레트로바이러스는 숙주의 원발암유전자의 사본을 가져와 바이러스의 유전체에 삽입될 수 있다(그림 19-13). 세포의 원발암유전자는 바이러스로 전달되는 과정에서 변이가 일어나거나, 혹은 바이러스 프로모터의 통제하에 있기 때문에 비정상적인 수준으로 발현할 수 있다. 이러한 세포 유래의 발암유전자를 가진 레트로바이러스가 감염되어, 정상세포를 암 세포로 형질전환할 수 있는데, 이를 **급성형질전환 레트로바이러스(acute transforming retroviruses)**라 한다. 많은 급성형질전환 바이러스 연구를 통해, 과학자들은 수십 종류의 원발암유전자들을 동정했다. 셋째, 레트로바이러스는 세포주기를 촉진하거나 세포와 바이러스 유전자 모두에 대해 유전자 발현 조절자로 작용하는 바이러스 유전자를 가지고 있을 것이다. 그 결과, 감염으로 인해 바이러스 유전자가 발현하면 부적절한 세포성장 또는 세포 내 암 관련 유전자들의 이상 발현으로 이어질 수 있다.

지금까지 인간에서 급성형질전환 바이러스는 동정되지 않았다; 그러나 **인간 면역결핍 바이러스(human immunodeficiency virus, HIV)**와 **인간 T 세포 백혈병 바이러스(human T-cell leukemia virus, HTLV-1)** 같은 일부 인간 레트로바이러스는 암과 관련이 있다. 이러한 레트로바이러스는 이전 단락에서 설명한 세 번째 기작을 통해 암의 발생을 촉진하는 것으로 생각되고 있다.

DNA 바이러스 또한 다양한 방법으로 인간 암을 발생시키는 요인이다. 바이러스는 단백질 껍질에 둘러싸인 핵산 유전체로 구성되며 증식하기 위해 숙주 세포의 생합성 기구를 이용해야 한다. 숙주의 DNA 합성효소를 사용하기 위해, 바이러스는 활발하게 증식하고 있는 상태의 숙주 세포를 필요로 한다. 따라서 많은 DNA 바이러스는 세포주기를 촉진하는 산물을 암호화하는 유전자를 포함한다. 바이러스의 유전자 산물들은 종종 세포의 종양억제단백질과 상호작용하여 불활성화시킨다. 숙주 세포가 감염에서 살아남게 되면, 세포주기의 통제를 잃고 발암을 시작하게 될 것이다.

세계적으로 인간 암의 약 15%가 바이러스와 관련되며, 바이러스 감염은 흡연에 이어 두 번째로 큰, 암의 위험 요인이라 생각되고 있다. 바이러스-유발 암에 가장 중요한 원인이 표 19.3에

표 19.3 암과 연관된 인간 바이러스

바이러스		관련 암
DNA 바이러스		
엡스타인바 바이러스	EBV	버킷 림프종, 코인두암종, 호지킨 림프종
B형 간염 바이러스	HBV	간세포 암종
C형 간염 바이러스	HCV	간세포 암종, 비호지킨 림프종
인간 파필로마 바이러스 16, 18	HPV16, 18	자궁경부암, 항문암, 구강암
카포시육종 관련 헤르페스 바이러스	KSHV	카포시육종, 원발성 삼출성 림프종
레트로바이러스		
인간 T세포 림프성 바이러스 1형	HTLV-1	성체 T세포 백혈병과 림프종
인간 면역결핍 바이러스 1형	HIV-1	면역 억제, 다른 바이러스(KSHV, EBV, HPV)에 의한 암 유발

기재되어 있다. 특정 암에 대한 유전적 소인을 포함한 여러 위험인자와 마찬가지로, 바이러스 감염만으로는 인간 암을 유발하기에 충분하지 않다. 암에 이르는 다단계 경로로 들어가기 위해 DNA 손상 또는 세포의 원발암유전자와 종양억제유전자에서 하나 이상의 돌연변이가 축적되거나 다른 변이요인들이 필요하다.

19.8 환경 요인은 인간 암을 유발할 수 있다

DNA를 손상시키는 어떤 물질이나 사건이라도 암을 유발할 수 있는 잠재력을 가지고 있다. 수선되지 않았거나 부정확하게 회복된 DNA는 돌연변이를 만들 수 있고, 만약 원발암유전자나 종양억제유전자에 돌연변이가 발생하면, 세포주기가 비정상적으로 조절되거나 세포자살 조절이 붕괴되거나 전이로 이어질 수 있다.

자연적이든 인공합성된 것이든 우리의 환경에는 과다한 발암물질이 존재한다. 발암물질에는 화학물질, 방사선, 일부 바이러스 그리고 만성 감염 등이 포함된다. 아마 우리의 환경에서 가장 심각한 발암물질은 DNA와 상호작용하며 돌연변이의 원인이 되는 적어도 60여 가지의 화학물질이 들어 있는 담배 연기이다. 역학자들은 암 사망의 약 30%가 흡연과 관련이 있는 것으로 추정하고 있다. 흡연자는 폐암 발생위험이 20배 증가하고, 매년 세계적으로 100만 명 이상이 폐암으로 사망한다.

식습관은 많은 경우 암 발생과 관련되어 있다. 붉은 육류와 동물성 지방의 섭취는 대장암, 전립선암 그리고 유방암과 같은 일부 암과 관련된다. 이러한 음식물이 발암물질의 원인이 되는 기전은 호르몬을 통해 세포분열을 촉진하거나 또는 조리 중에 발암성 화학물질의 생성과 관련된 것으로 보인다. 알코올은 간에 염증을 일으키는 원인으로 간암의 원인이 될 것이다.

대부분의 사람들은 산업 환경이 암 발생의 매우 심각한 원인일 것이라 인지하고 있으나, 실제 전체 암의 적은 비율만을 차지하고 있으며 특별한 상황에만 국한된다. 최고의 돌연변이원, 그래서 최고의 발암원으로 잠재력을 갖는 것 중 일부는 천연물질과 자연의 과정이다. 예를 들어, **아플라톡신(aflatoxin)**은 땅콩이나 옥수수에서 자라는 곰팡이의 성분이며, 이것은 가장 발암성이 있는 화학물질 중 하나로 알려져 있다. **니트로소아민(nitrosamine)**과 같은 최고의 화학발암원은 합성물질의 구성요소이며, 저장된 고기에서도 일부 발견된다. 하지만 많은 발암물질은 자연적으로 발생된다. 예를 들면, 식물에 존재하는 천연살충제나 항생제가 발암성일 수도 있고, 인간의 몸 자체는 소화관의 산성 환경에서 알킬화제를 만든다. 그럼에도 불구하고, 합성 살충제나 석면과 같은 인위적 발암물질에 노출되는 특정 집단에 대한 심각한 암의 위험성은 줄어들지 않고 있다.

자연 방사선(X선, 자외선), 음식물, 그리고 외부 환경물질로 인한 DNA 손상은 암을 발생시키는 주요 환경 원인이다. 더욱이 정상 대사를 통해 생성된 산화물은 DNA, 단백질 그리고 지질을 손상시킬 수 있다. 인간의 몸은 활성산소의 작용으로 하루에 약 10,000개의 DNA 손상이 생긴다고 추정된다. DNA 수선효소는 이러한 손상을 거의 성공적으로 회복시키지만, 일부 손상은 영구적인 변형을 초래할 수 있다. DNA 복제 과정 자체도 변이를 일으킬 수 있다. 따라서 세포분열을 촉진하는 성장인자와 호르몬과 같은 물질은 궁극적으로 돌연변이원이며 발암원일 수 있다. 감염에 의한 만성 염증 또한 조직의 수선과 세포분열을 촉진하고, 그 결과 복제 동안에 DNA 손상이 축적된다. 만약 *p53* 또는 *RB1* 등의 종양억제유전자의 불활성화나 변이로 인해 세포주기 검문이 교란된다면 이러한 변이는 지속될 것이다.

자외선(UV)과 이온화방사선(X 선이나 감마선과 같은)은 모두 DNA 손상을 유발한다. 햇빛 속의 자외선은 보통 피부암 유발인자로 받아들여지고 있다. 히로시마와 나가사키의 원자폭탄(중성자와 감마 방사선)에 노출된 집단의 연구에서 이온화방사선은 발암원이 될 수 있다는 것을 분명히 보여주었다. 또 다른 심각한 환경 요소인 라돈은 미국 인구의 이온화방사선 노출의 약 50%의 원인으로 여겨지며, 일부 집단에서 폐암을 유발하고 있다.

실전문제

19-4 암은 자연적으로 발생할 수 있지만, 햇빛 노출, 감염, 흡연과 같은 환경요인의 결과로도 발생할 수 있다. 만일 당신이 암 연구에 대해 자원을 할당하게 된다면, 암 예방 교육과 암 치료법 연구 중 어디에 중점을 둘 것인가?

■ **힌트:** 이 문제는 암 연구에 대한 두 가지 접근의 성과를 검토하도록 권한다. 해결의 실마리는 환경적으로 유도되는 암과 자발적인 암의 상대적 비율을 생각하는 것이다. (이 항목에 대한 흥미로운 정보는 Ames, B. N. et al. 1995의 연구이다. 암의 원인과 예방. *Proc. Natl. Acad. Sci. USA* 92: 5258–5265)

유전체학 탐색

암 유전체 해부 프로젝트(CGAP)

존스홉킨스대학의 Victor Velculescu 박사가 이끄는 연구팀은 유방암과 대장암의 암 표현형에 기여할 것으로 생각되는 약 11개의 유전자 변이를 보고했다. 연구팀은 정상세포와 암 세포 유래의 DNA 미세배열을 비교하여, 인간 유전체에서 알려진 21,000개의 유전자 중 13,023개를 분석하였다. 암 세포에 특이적인 돌연변이의 대부분은 이전까지 암과 관련되지 않은 것으로 알려져 있었다.

Velculescu 박사의 연구는 다양한 암에서 변이된 유전자들을 찾기 위해 인간 유전체를 체계적으로 검사하도록 설계한 15억 달러의 연방 프로젝트인 "The Cancer Genome Atlas(TCGA)"의 첫 단계 중의 하나였다. 우리는 온라인 데이터베이스인 암 유전체 해부 프로젝트(Cancer Genome Anatomy Project, CGAP)에 있는 정보를 찾아봄으로써 Velculescu 박사의 연구 결과를 탐구해 볼 것이다. CGAP의 목적은 정상, 전암 그리고 암 세포로부터 유전자 발현 프로파일을 이해하는 것이다.

■ **연습-대장암과 *TBX22* 유전자**

Velculescu 박사의 연구 그룹은 대장암에서 이전에는 대장암 유발에 관여하지 않는다고 알려진 *TBX22* 유전자가 변이된 것을 발견했다. *TBX22* 유전자는 무엇이며, 변이된 *TBX22* 유전자는 어떻게 대장암 발생을 초래할 것이라고 생각하는가?

1. 답변 검색을 시작하려면 http : //cgap.nci.nih.gov/cgap.html에서 CGAP로 간다.
2. 페이지 상단의 "유전자(Genes)" 버튼을 클릭한다.
3. 왼쪽 여백에 "유전자 도구(Gene Tools)" 목록에서 "유전자 파인더(Gene Finder)"를 선택한다.
4. "생물체 선택(Select organism)" 상자에서 "호모 사피엔스(Homo sapiens)"을 선택하고 "고유 식별자 입력(Enter a unique identifier)" 상자에 TBX22를 입력하고, "문의(query)" 항목을 클릭한다.
5. 테이블의 오른쪽 컬럼에 "유전자 정보(gene Info)"를 선택한다.
6. 이 페이지에 나와 있는 다양한 데이터베이스 링크에서 *TBX22* 유전자에 대한 많은 정보를 탐색할 수 있다.

TBX22 유전자에 대한 정보 검색을 통해 어떤 결론에 도달하였는지와 사용한 정보에 대해 간결한 서면 또는 구두 보고서를 작성하시오.

사례 연구 | 안전한 줄 알았다

유방암 치료제 타목시펜(Tamoxifen)을 10년 동안 복용 중인 한 중년 여성이 충격적인 정보의 뉴스를 보고 걱정하게 되었다. 일부 여성에서 이 약물이 암을 더 공격적으로 변환시켜 주변 조직으로 퍼지게 한다는 것이다. 이 보고에서는 다른 유방암 여성에서 타목시펜이 전혀 효과가 없고, 이 약을 복용하는 여성의 30~40%는 결국 화학요법에 내성을 가지게 된다는 것이다. 여성은 종양 전문의에게 몇 가지 질문을 하였다.

1. 어떻게 동일한 암 치료에 대해 일부는 어떤 한 방향으로 반응하고, 다른 이는 다른 방향으로 반응하게 되는 걸까?
2. 왜 대부분의 암은 결국 특정 화학요법 약물에 내성이 생기는 것인가?
3. 왜 일부 약물은 어떤 때는 안전하다고 하며, 어떤 때는 안전하지 않다고 주장하는 것처럼 보이는가?

요약

1. 암 세포는 2개의 기본적인 특성을 나타낸다: 비정상적인 세포 증식과 신체의 다른 부분으로 확산하고 침윤하는 경향.
2. 암이 클론성이라는 것은, 종양 내의 모든 세포는 수많은 변이를 가진 단일 세포로부터 유래되었음을 의미한다.
3. 암의 발생은 여러 암 관련 유전자의 돌연변이를 필요로 하는 다단계 과정이다.
4. 암 세포는 유전자 돌연변이, 염색체 이상, 유전체 불안정성과 염색질 변형의 이상 패턴을 포함한다.
5. 암 세포는 DNA 손상의 회복, 염색질 변형, 세포주기 조절 그리고 예정된 세포자살에 결함을 가지고 있다.
6. 원발암유전자는 세포 증식과 분열을 촉진하는 정상 유전자이다. 원발암유전자가 암 세포에서 돌연변이되거나 이상 발현되었을 때, 이들은 발암유전자로 작용한다.
7. 종양억제유전자는 일반적으로 세포주기 검문지점과 세포자살을 조절한다. 종양억제유전자가 돌연변이되거나 불활성화되면, 세포는 DNA 손상을 교정할 수 없다. 이것은 암을 일으킬 수 있는 변이의 축적을 초래한다.
8. 암 세포의 전이 능력은 세포 부착, 단백질 분해 그리고 조직 침윤과 같은 여러 기능을 조절하는 유전자들의 결함을 필요로 한다.
9. 암에 민감한 유전자의 유전성 돌연변이만으로 암을 유발하기에 충

분하지 않다. 원발암유전자 또는 종양억제유전자에 추가적 체세포 돌연변이가 유전성 암의 발생에 필요하다.

10. 종양 바이러스는 바이러스의 발암유전자를 도입하여, 종양억제 단백질을 방해하거나 세포성 원발암유전자의 발현을 변화시킴으로써 암을 초래한다.

11. 화학물질, 방사선, 바이러스 그리고 만성 감염과 같은 환경 요인은 암 발생을 초래한다. 인간 암에 영향을 주는 가장 심각한 환경적 요인은 담배 연기, 만성 감염, 식습관, 그리고 자연 방사선이다.

질문 및 해답

1. 망막모세포종에서 *RB1* 유전자의 한쪽 대립유전자의 돌연변이가 생식세포로부터 유전될 경우, 안구종양 발생 가능성에 대해 상염색체 우성상태에 놓이게 된다. 종양이 발생하려면, *RB1* 유전자의 두 번째 사본에서 체세포 돌연변이가 필요하므로, 돌연변이 자체는 열성형질로 기능하고 있음을 보여준다. 첫 번째 변이가 유전된 것이라면, 어떻게 두 번째 돌연변이가 발생할 수 있는가?

해답: 두 번째 돌연변이가 어떻게 발생했는지를 고려하려면, 우리는 전체 염색체 혹은 염색체의 일부에서 일어나는 변이와 뉴클레오타이드 서열의 변화를 포함한 여러 종류의 돌연변이 사건들을 살펴보아야 할 것이다. 망막모세포종은 *RB1* 유전자 자리의 두 사본이 모두 손실되거나 비활성화된 결과이다. 이를 염두에 두고, 먼저 유전자의 손실 혹은 불활성화를 일으키는 변이 현상을 조사해야 한다.

두 번째 *RB1* 돌연변이가 발생되는 하나의 방법은 남아 있는 정상 *RB1* 대립유전자에서 뉴클레오타이드 변형에 의해 돌연변이형으로 전환되는 것이다. 이러한 변화는 복제 중에 염기치환을 통해서나 뉴클레오타이드의 삽입 또는 결실로 인한 번역틀이동 돌연변이에 의해 발생될 수 있다. 두 번째 기작은 정상적인 대립유전자를 보유한 염색체의 소실과 관련된다. 이 사건은 유사분열 동안 일어나 13번 염색체의 1염색체성을 유발하며, RBI 대립유전자의 경우 돌연변이 사본만이 남게 된다. 이 기작은 반드시 염색체 전체의 소실을 수반할 필요는 없다. 긴 팔(*RB1*은 13q 위에 있다)의 결실이나 *RB1* 유전자 자리를 포함한 중간부와 일부 주변부의 결실도 동일한 결과를 나타낼 것이다. 대안으로, *RB1* 유전자의 정상적인 사본의 소실을 수반한 염색체 이상은 변이형 대립유전자를 보유한 염색체의 중복으로 이어질 것이다. 세포에서 13번 염색체의 두 사본이 복원되지만, *RB1*의 정상 대립유전자는 존재하지 않는다. 마지막으로, 재조합 사건에 이은 염색체 분리는 돌연변이 *RB1* 대립유전자의 동형 접합 상태를 만들어 낼 수 있다.

2. 원발암유전자는 여러 가지 방법으로 발암유전자로 변환될 수 있다. 어떤 경우 원발암유전자 자체는 암 세포에서 수백 배 증폭된다. 예를 들어, 일부 암에서 *cyclin D1* 유전자는 증폭되어 있다. 다른 예로 원발암유전자는 유전자 산물의 구조 변화를 가져올 제한된 특정 방법으로 변이될 수 있다. *ras* 유전자는 유전자의 특정 영역에서 점 돌연변이를 일으켜 발암성이 되는 원발암유전자의 예이다. 이 두 원발암유전자(*cyclin D1* 그리고 *ras*)가 발암유전자로 변환되기 위해 왜 이렇게 다른 변형을 수행하는지 설명하시오.

해답: 이 문제를 해결하기 위한 첫 번째 단계는 원발암유전자의 정상적인 기능을 이해하고, 어떻게 증폭 또는 돌연변이가 각각의 기능에 영향을 주는지를 고려하는 것이다.

cyclin D1 단백질은 CDK4에 결합하여 CDK4 단백질을 활성화하여, G1에서 S기로의 세포주기 진행을 조절한다. cyclin D1/CDK4 복합체는 pRB를 포함한 많은 단백질을 인산화한다. 이는 S기에서 DNA 복제에 필요한 유전자의 전사를 유발시키는 일련의 그룹에 속한 다른 단백질을 활성화한다. cyclin D1의 활성을 증가시키는 가장 간단한 방법은 세포에 내재한 CDK4 분자에 결합할 수 있는 cyclin D1 분자의 수를 증가시키는 것이다. 이것은 *cyclin D1* 유전자의 증폭을 포함한 여러 메커니즘에 의해 달성될 수 있다. 반대로, *cyclin D1* 유전자에서의 점 돌연변이는 CDK4에 결합하는 cyclin D1 단백질의 기능을 방해하는 것이다. 따라서 이러한 방식의 변이는 아마도 세포주기를 촉진하기보다는 세포주기의 진행을 억제하는 것이다.

ras 유전자 산물은 성장인자에 의한 외부 자극에 반응하여 스위치 역할을 하는 신호전달 단백질이다. Ras 단백질은 GTP('ON' 상태) 또는 GDP ('OFF' 상태) 중 하나와 결합해서 기능한다. 특정 영역에서 발생하는 *ras* 유전자의 발암성 돌연변이는 GTP에 대한 GDP 교환에 있어서 Ras 단백질의 능력이 변형된 것이다. 발암성 Ras 단백질은 GTP와 결합하여 'On' 형태로 고정된다. 이 방식으로, 활성화된 Ras 단백질은 끊임없이 세포분열을 촉진한다. *ras* 유전자의 증폭은 아직 스위치 제어가 가능한 정상적 Ras 단백질을 더 많이 제공할 뿐이다. 따라서 *ras* 유전자의 간단한 증폭으로 인한 발암가능성은 낮을 것이다.

탐구 문제

어떻게 알았을까?

1. 이 장에서는 암의 다단계성뿐 아니라, 암, 세포주기 그리고 DNA 손상 사이의 관계에 중점을 두고, 유전 질환으로서의 암에 초점을 맞췄다. 동시에, 암에 대한 연구 방법이나 추론을 검토하는 많은 기회를 가졌다. 이 장의 내용을 토대로 다음 질문에 답하시오.

(a) 어떻게 악성종양이 돌연변이를 포함하는 단일세포로부터 발생하는 것을 알게 되었는가?

(b) 어떻게 우리는 암 발생에 하나 이상의 돌연변이가 필요하다는 것을 알게 되었는가?

(c) 어떻게 우리는 암 세포가 DNA 회복기작에 결함이 있는지 알게 되었는가?

개념확인 문제

2. 469쪽의 핵심 개념을 검토하시오. 핵심 개념은 여러 종류의 유전적 변형으로 인해 암이 발생한다는 것에 관한 내용이다. 여섯 번째 개념은 DNA 메틸화와 히스톤 수식 등의 후성유전학적 영향으로 암을 유발하는 유전적 변형이 초래된다는 것을 설명한다. 암 세포의 후성유전학적 변화는 암의 발생을 어떻게 초래하는지에 대해 설명하는 짧은 에세이를 쓰시오.

3. 세포주기의 주요 조절점은 어디에 있는가?

4. 단백질인산화효소와 사이클린의 기능을 설명하고, 그들이 어떻게 상호작용하여 세포주기가 진행되는지 설명하시오.

5 (a) pRB가 G1 검문지점에서 세포를 유지하기 위해 어떤 기능을 하는가?
(b) 세포가 어떻게 G1 검문지점을 지나서 S기로 진행하게 되는가?

6. 암이 유전되는 것과 암의 소인(predisposition)이 유전된다는 것의 차이점은 무엇인가?

7. 유전 상담자로서, 망막모세포종의 가족력이 있는 부부의 자녀 계획에 대해 질병위험성을 평가하도록 요청받았다. 남편과 아내 모두 표현형이 정상이지만, 남편의 여자자매는 양 눈에 가족성 망막모세포종을 가지고 있다. 이 부부는 망막모세포종의 아이를 가질 확률이 어떤가? 이 평가를 돕기 위해 추천할 수 있는 어떤 검사가 있는가?

8. 세포자살은 무엇이며, 어떠한 상황에서 세포는 이 과정을 수행하는가?

9. 종양억제유전자를 정의하시오. 종양억제유전자의 변이된 단일 사본은 왜 열성 유전자로 행동한다고 예측되는가?

10. PSM-RB(인산화 부위가 변이된 RB)라고 불리는 망막모세포종 단백질은 돌연변이가 일어나 CDK4/cyclin D1 복합체의 작용에 의해 인산화될 수 없다. 왜 PSM-RB가 세포주기의 지속적인 증식 억제 작용을 갖는 것인지 이유를 설명하시오.

11. Ras 단백질의 일부는 원형질막에 결합되어 있고, 일부는 세포질 내로 확장되어 있다. Ras 단백질은 어떻게 세포 외부로부터의 신호를 세포질로 전송하는가? *ras* 유전자에 돌연변이가 일어나면 어떻게 되는가?

12. 만약 세포가 S기에서 DNA 손상을 받은 경우, 어떻게 세포가 유사분열에 들어가기 전에 이러한 손상을 회복할 수 있는가?

13. 발암유전자와 원발암유전자가 어떻게 구별되는가? 원발암유전자는 어떤 방법으로 발암유전자로 변환될 수 있는가?

14. 암에 관련된 유전자들은 종양억제유전자와 원발암유전자의 두 부류로 나눌 수 있다. 어떤 그룹에서의 돌연변이가 기능획득 돌연변이라고 생각할 수 있는가? 어떤 그룹이 기능결손 돌연변이인가? 설명하시오.

15. 필라델피아염색체 같은 전좌는 어떻게 암을 초래하는가?

16. 많은 발암성 바이러스가 왜 종양억제 단백질과 상호작용하는 유전자를 가지고 있는지 설명하시오.

17. DNA 염기서열법에 의해 암 세포가 수만 종류의 체세포 돌연변이를 가진다는 데이터가 제공되었으나, 단지 소수의 변이만이 암 세포로의 성장 이점을 주는 것으로 밝혀졌다. 과학자들은 최근 발견된 암 세포의 돌연변이 집단을 어떻게 설명하고 분류하는가?

18. 정상세포는 어떻게 암을 유발하는 유전자 돌연변이의 축적으로부터 자신을 보호하는가? 암 세포는 이러한 과정에서 어떻게 정상세포와 다른가?

19. 급성형질전환 바이러스와 종양을 유발하지 않는 바이러스와의 차이점을 설명하시오.

20. 후성유전학은 유전학의 비교적 새로운 분야로 유전자 발현에 영향을 주지만, DNA 서열에 영향을 주지 않는 현상을 다룬다. 후성유전학적 영향은 비교적 안정적이며, 체세포 혹은 생식계열 세포의 후손에게 전달될 수 있다. 후성유전학적 영향의 알려진 원인은 무엇이며, 어떻게 암과 관련되는가?

21. 방사선 요법(이온화 방사선 처리)은 현재 가장 효과적인 암 치료법 중 하나로 DNA와 여러 세포 성분을 손상시켜 작동한다. 방사선 요법이 암을 제어 또는 치료할 수 있는 방식은 어떤 것이며, 왜 방사선 치료는 종종 심각한 부작용을 보이는가?

22. *BRCA1*과 *BRCA2* 종양억제유전자의 변이를 검출하는 유전자 검사는 광범위하게 사용할 수 있다. 이 시험은 가족성 유방암과 관련 있는 유전자 변이를 보여준다. 유방암이 의심되는 가족 중 젊은 여성이 *BRCA1*과 *BRCA2* 유전자 검사를 받고, 음성의 결과를 받았다고 가정하자. 즉, 그녀는 *BRCA1* 혹은 *BRCA2*의 돌연변이 대립유전자에 양성이 아니었다. 그녀는 유방암 위험이 없다고 생각할 수 있는가?

23. DNA의 과메틸화와 저메틸화 모두가 종종 같은 암 세포에 나타나는 명백한 역설에 대해 설명하시오.

24. 암 연구 사업의 일부로, 많은 전이성 종양에서 변이된 유전자를 발견했다. 이 유전자의 DNA 서열을 결정한 후, 인간 유전체서열 데이터베이스에서 유사한 서열을 가진 유전자들과 비교한다. 당신이 찾은 유전자가 여러 종류의 세린 단백질분해효소의 유전자에서 발견되는 서열과 유사한 아미노산 서열을 암호화하는 것처럼 보인다. 당신의 새로운 유전자가 어떻게 고도의 침윤성 암의 발생을 초래할 수 있는가를 추론하시오.

25. *p53* 유전자가 세포성 스트레스에 대해 DNA 손상을 감지하여 세포주기를 정지시키고 세포자살을 유도하는 과정을 단계적으로 설명하시오. *p53*이 열성유전자이며, X 염색체상에 위치하지 않는다고 가정하면, 열성 종양억제유전자 돌연변이의 한 사본이 유전된 사람의 경우 이 열성유전자를 포함하지 않은 사람보다 암 발생 위험이 높은 이유를 설명하시오.

응용 문제

26. 종양억제유전자의 돌연변이는 많은 종류의 암과 관련이 있다. 또한 종양억제유전자의 후성유전학적인 변화(예: DNA 메틸화 등) 또한 종양 형성에 관련된다(Otani et al., 2013. *Expert Rev MolDiagn* 13: 445–455).

(a) *p53* 유전자 프로모터의 과메틸화는 종양형성에 어떻게 영향을 미칠 수 있는가?
(b) 종양이 괴사(necosis)와 세포자살을 통해 주위의 체액에 유리 DNA를 방출한다는 연구결과가 발표되었다(Kloten et al., 2013. *Breast Cancer Res*. 15(1): R4). 이러한 정보를 기반으로 개인에서 암의 진행을 감지하기 위한 방법으로서 그리고 암의 바이오 마커로 인간 혈액을 사용하기 위한 실험 방법을 설명하시오.

27. 밴더빌트 대학 의료센터는 637개의 단백질 암호화 유전자와 79개의 비암호화 영역의 DNA 조각을 포함한 종양억제유전자들의 정보 웹 사이트(http://bioinfo.mc.vanderbilt.edu/TSGene/)를 가지고 있다. 어떻게 비암호화 DNA 단편이 종양억제 인자로 기능하는 산물을 생산하거나 혹은 작용하는가?

28. Bose와 동료들의 연구(1998. *Blood* 92: 3362–3367)와 이전에 실행된 Biernaux와 동료들(1996. *Bone Marrow Transplant* 17: (Suppl. 3) S45–S47)에 의한 연구에서 만성 골수성 백혈병(CML)을 발병하지 않는 건강한 성인의 25~30%에서 *BCR-ABL* 융합유전자가 검출되었다고 보고했다. 전사적으로 활성화된 융합 유전자를 가지고 있는 이러한 개체들에서 CML이 아직 발병하지 않는 이유를 설명하시오.

29. *RB1* 유전자의 돌연변이 대립유전자가 유전된 사람은 골육종의 발생 위험을 가지고 있다. 당신은 골육종의 발생에 두 번째 *RB1* 대립유전자의 변이가 필요할 것이라고 생각하고, 몇 가지 골육종 세포를 배양하여 정상적인 인간 *RB1* 유전자의 cDNA 클론을 얻었다. 연구 동료가 골육종 세포를 주사하면 암이 발생하기 쉬운 생쥐 계통에서 악성종양이 발생한다는 것이 밝혀진 연구 논문을 당신에게 보냈고, 당신은 이 생쥐를 얻었다. 이러한 세 가지 자료를 사용하여 다음 질문에 답하기 위해 어떤 실험을 수행할 것인가? (a) 골육종 세포는 두 개의 *RB1* 돌연변이를 가지고 있는가? (b) 골육종 세포는 pRB 단백질을 생산하는가? (c) 정상 *RB1* 유전자의 추가로 골육종 세포의 발암 발생 가능성이 변경되는가?

30. 조기발병 유방암과 난소암 모두 높은 발생률을 가진 가족에서 *BRCA1* 유전자의 돌연변이에 대해 수집된 데이터의 일부를 표에 요약한 것이다.

***BRCA1*의 질병소인 돌연변이**

가족 그룹	코돈	염기서열 변화	암호에 대한 영향	대조군 염색체에서의 빈도
1901	24	−11 bp	틀이동 또는 스플라이싱	0/180
2082	1313	C → T	Gln → 종결 코돈	0/170
1910	1756	C 삽입	틀이동	0/162
2099	1775	T → G	Met → Arg	0/120
2035	NA*	?	전사의 상실	NA*

출처: 1994. *Science* 266: 66–71. © AAAS.

*NA(not applicable)는 조절영역의 돌연변이로 추정되며, 위치가 동정되지 않았으므로 적용되지 않음을 표시함.

(a) 가계 그룹 2082에서 발견된 돌연변이의 암호 효과에 주목하시오. 단일염기 치환으로 인한 결과이다. 이 코돈(5′와 3′ 끝이 표시됨)에 대한 정상적 이중가닥 DNA 염기서열을 그리고, 변이로 만들어진 염기서열을 나타내고, DNA 복제 중에 교정되지 않은 짝틀림 사건으로부터 돌연변이 형성과정을 가정해 보시오.
(b) 표에 기재되어 있는 돌연변이의 종류를 조사하고, *BRCA1* 유전자가 원발암유전자 혹은 종양억제유전자일지를 결정하시오.
(c) 표에 기재된 돌연변이는 분명히 유해하며 매우 젊은 나이의 여성에게 유방암을 유발할 수 있지만, 각 가계 그룹에서 적어도 한 여성은 돌연변이를 가지지만 암 발생 없이 80세까지 살았다. 돌연변이 표현형의 발현 여부 변화를 가져올 수 있는 적어도 두 개의 다른 기작을 말하고, 이 돌연변이의 불완전 침투도에 대한 설명을 제안하시오. 어떻게 이러한 기작 혹은 변수가 불완전 침투도와 관련이 있는가?

31. 다음 표는 대조군 가족(유방암 및 난소암 빈도의 증가가 없는 가족)에서 발견된 중립적 다형성을 보여준다. 표의 데이터를 조사하여 다음 질문에 답하시오.

***BRCA1*에서의 중립적 다형성**

이름	코돈 위치	코돈 내의 염기†	대조군 염색체에서의 빈도* A	C	G	T
PM1	317	2	152	0	10	0
PM6	878	2	0	55	0	100
PM7	1190	2	109	0	53	0
PM2	1443	3	0	115	0	58
PM3	1619	1	116	0	52	0

*제시된 다형성 위치(A, C, G, 또는 T)에서 특정 염기를 가진 염색체의 수를 나타낸다.

†코돈 내의 위치 1, 2, 또는 3을 표시.

(a) 중립적 다형성은 어떤 의미를 가지고 있는가?
(b) 암의 개인적 소인이 되는 *BRCA1* 변이에 대해 가족이나 집단의 조사 상황에서 이 표의 의미는 무엇인가?
(c) PM2 다형성은 중립 과오돌연변이 또는 침묵 돌연변이를 초래할 것인가?
(d) PM3의 경우 (c) 질문에 대해 답하시오.

32. 전립선암은 남성에서 암 관련 사망의 주요 원인이다. 유전자 발현을 조절하는 후성유전학적 변형은 이러한 암의 개시와 진행에 모두 관여하고 있다. 다음 표는 전립선암 세포에서 과메틸화되는 것으로 알려져 있는 유전자의 수를 나타낸 것이다(Long-Cheng, L. et al., 2005. *J. Natl. Cancer Inst.* 97: 103–115). 유전자의 각 범주에 대해, 암의 발생 또는 진행 기전이 유전자의 과메틸화에 의해 어떤 방식으로 영향을 받을 수 있는가를 추정하시오.

DNA 과메틸화 유전자 종류	알려진 유전자의 수
호르몬에 반응하는 유전자	5
세포주기 조절 유전자	2
암 세포의 침윤 유전자	8
DNA 손상 회복 유전자	2
신호전달 유전자	4

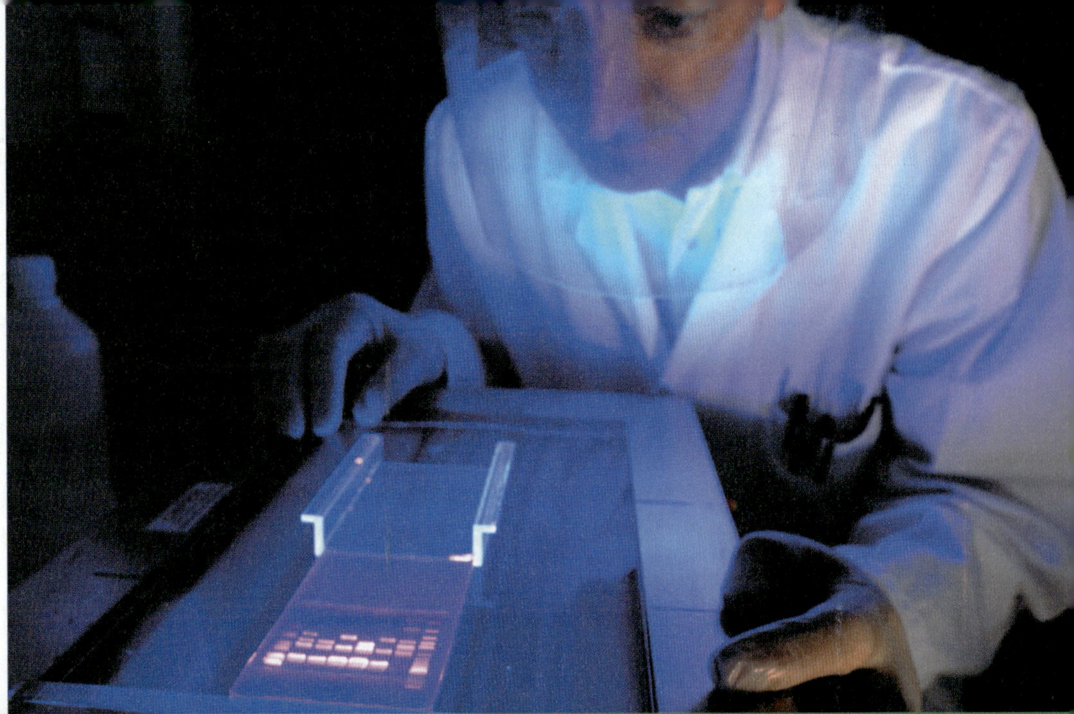

한 연구원이 아가로스 겔을 이용하여 분리한 DNA 절편을 검사하고 있다. DNA 절편은 DNA에 결합하는 염료인 에티디움 브로마이드로 염색한 후 자외선을 비추면 볼 수 있다.

20 재조합 DNA 기술

핵심 개념

- 재조합 DNA 기술로 서로 다른 종들로부터의 DNA 서열을 조합할 수 있다.
- 가장 흔한 재조합 DNA 기술의 응용은 유용한 DNA 조각을 클로닝하는 것이다.
- 클로닝의 응용으로서, 특정 DNA 조각을 벡터에 넣어 재조합 DNA 분자를 만들고, 이 분자를 숙주 세포인 진핵생물이나 원핵생물에 전이시켜 숙주 세포가 분열할 때 재조합 DNA도 같이 복제되게 한다.
- DNA 라이브러리는 클로닝된 DNA의 모음을 말하며, 초기에는 특정한 유전자를 분리하기 위하여 쓰였다.
- DNA 조각은 중합효소연쇄반응(PCR)을 통해 빠르게 수백만 배가 넘게 증폭될 수 있고 클로닝될 수 있다.
- DNA, RNA, 단백질은 다양한 분자적 기술로 분석할 수 있다.
- DNA 염기서열결정법은 클로닝된 DNA의 뉴클레오타이드 서열을 알려주며, 염기서열결정 기술의 주요한 개선은 현대 유전학 연구의 여러 분야, 특히 유전체학의 발전에 많은 기여를 했다.
- 유전자 기능결손 방법과 형질전환동물은 생체 내에서의 유전자 기능을 연구하는 데 매우 유용하다.
- 재조합 DNA 기술은 다양한 종의 유전체를 연구할 수 있는 능력에 대변혁을 일으켰고, 유전체학의 현대적인 혁명을 이끌었다.

Kathleen Danna와 Daniel Nathans가 1971년에 출판한 논문이 재조합 DNA 시대의 시작을 알렸다. 이 논문에는 박테리아 균주에서 효소를 분리하는 것과 바이러스 DNA의 특정한 뉴클레오타이드 서열을 자르는데 이 효소를 사용하는 방법을 기술하였다. 또한 이 논문에는 지금은 제한효소라 불리는 효소로 자른 DNA 사진이 처음으로 포함되었다.

제한효소와 그 밖의 많은 자원을 사용하여 1970년대 중후반의 연구자들은 다른 종의 DNA 조각들을 결합하여 **재조합 DNA(recombinant DNA)** 분자를 만들고 복제하고, 분석하는 다양한 기술을 개발했다. DNA를 클로닝하고 복제하는 방법으로 사용하는 **재조합 DNA 기술(recombinant DNA technology)**은, 초기에는 '유전자 스플라이싱'이라고 종종 알려지기도 하였다. 과학자들이 특정한 DNA 서열을 분리하고 연구할 수 있게 되면서 분자생물학과 유전학 연구에 주요한 발전을 가져왔다. Nathans, Hamilton Smith와 Werner Arber는 이 기술의 발전에 기여한 공로로 1978년에 노벨 생리학 · 의학상을 수상했다.

재조합 DNA 기술의 놀라운 점은 유전학자들이 유전체상의 관심있는 한 유전자나 DNA 조각을 찾아내고 분리해 낼 수 있게 된 것이다. 클로닝을 통해 특정 DNA 분자의 동일한 복제본이 많이 생성된다. 이 동일한 복제본 또는 클론들은 DNA의 구조나 구성에 대해 연구하거나, 유전자 발현에 대해 공부하거나, 그들의 구조나 기능을 이해하기 위해 단백질 산물을 연구하거나, 유전자에 의해 암호화된 단백질로부터 중요한 상업적인 생산물을 만들어 내는 등 다양한 목적을 가지고 다뤄지게 된다. 재조합 DNA 기술과 관련된 근본적인 기술들은 나중에 과학자들이 전체 유전체의 서열을 밝히고 분석할 수 있는 유전체학의 장으로 이끌었다. 이 장에서 논의되는 몇몇의 주제들은 이 책의 후반부에 더 자세히 다뤄진다(현대 유전학 특강 3장—DNA 법의학, 5장—유전적으로 변형된 식품, 6장—유전자 치료 참조). 이번 장에서는 DNA를 분리하고 복제하고 분석하는 데 사용하는 재조합 DNA 기술의 기본적인 방법에 대해 알아본다.

20.1 재조합 DNA 기술은 두 개의 중요한 도구로 시작된다: 제한효소와 DNA 클로닝 벡터

교차(crossing over)와 같은 자연적인 유전 과정으로 재조합된 DNA 분자가 만들어지기도 하지만, **재조합 DNA(recombinant DNA)** 라는 단어는 서로 다른 자원으로부터 얻어진 DNA들을 인공적으로 합쳐서 만들어진 DNA 분자들을 일컬을 때 쓰인다. 재조합 DNA 분자들을 만들고 증폭하는 두 개의 중요한 도구, 즉 **제한효소(restriction enzyme)**라 불리는 DNA를 자르는 효소와 **DNA 클로닝 벡터(DNA cloning vector)**를 설명함으로써 재조합 DNA 기술에 대한 논의를 시작하고자 한다. 광범위한 실험실 기술들이 재조합 DNA 기술에 기반하기 때문에 제한효소와 클로닝 벡터의 사용은 분자생물학 분야를 발전시키는 데 큰 역할을 했다.

제한효소는 특정한 인식서열에서 DNA를 자른다

제한효소는 박테리오파지에 의한 감염에 대항하는 방어 기전으로서 박테리아에 의해서 만들어졌다. 박테리아는 침입해온 바이러스의 DNA를 분해시킴으로써 바이러스의 감염을 제한하고 막는다. 3500개 이상의 제한효소가 밝혀졌으며, 250개 이상이 상업적으로 생산되어 연구자들이 사용할 수 있다. 제한효소는 **제한효소 인식서열(recognition sequence)** 또는 **제한효소 인식자리(restriction site**, 그림 20-1**)**라 불리는 특정 뉴클레오타이드 서열을 인식하고 DNA에 결합한다. 이 효소는 DNA의 인산다이에스터 뼈대를 자름으로써 서열 내의 DNA 두 가닥을 모두 자른다. 과학자들은 이것을 흔히 DNA의 '절단 분해(digestion)'라고 언급한다. 클로닝에서 제한효소의 유용함은 정확하고 재현성 있게 유전체 DNA를 조각으로 자를 수 있는 능력에 있다. 제한효소는 원하는 크기로 DNA를 조각 내는 데 사용되는 정교한 분자적인 가위로 설명된다.

제한효소 인식자리는 유전체에 무작위로 존재한다. DNA가 특정 효소에 의해 절단되어 생성된 DNA 제한효소 절편들의 수는 주어진 제한효소가 DNA를 자른 횟수만큼으로 추정된다. 네

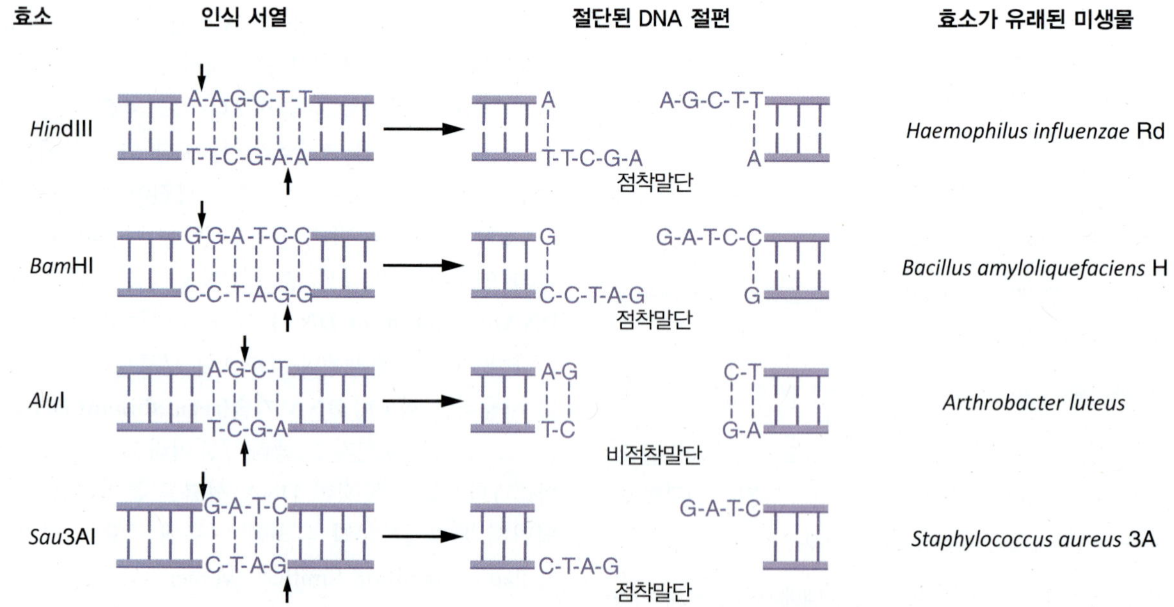

그림 20-1. 흔히 사용되는 제한효소들, 인식서열, DNA가 잘라지는 모양, 효소가 유래된 생물체. 화살표는 각각의 효소에 의해 DNA가 잘리는 부분을 나타낸다.

개의 인식서열을 가진 효소(AGCT를 인식하는 *Alu*I 효소)는 네 개의 뉴클레오타이드가 같은 비율로 존재하는 경우 평균 256 염기쌍($4^n = 4^4 = 256$)씩 잘라 수많은 조각들을 만들어 낼 것이다. DNA상에서 인식서열의 수와 위치가 항상 무작위적이지는 않기 때문에 특정 제한효소로 DNA를 절단하여 생성된 실제 조각의 크기는 다양하다.

인식서열은 **회문(palindrome)**처럼 대칭 형태를 나타낸다: 뉴클레오타이드 서열을 5′에서 3′ 방향으로 읽으면 DNA의 양쪽 가닥에서 똑같이 읽힌다. 각각의 제한효소는 특정한 인식서열을 인지하고 특징적인 형태로 DNA를 자른다. 가장 일반적인 인식서열은 4개나 6개 정도의 뉴클레오타이드 길이이지만, 어떤 것들은 8개나 그 이상의 뉴클레오타이드를 인지하여 자르기도 한다. *Eco*RI이나 *Hin*dIII 같은 효소들은 **점착말단[cohesive end**, 또는 '끈적이는(sticky)' 말단]이라 불리는 외가닥의 돌출부가 있는 말단을 가진 조각을 만들어내는 반면, *Alu*I와 *Bal*I와 같은 효소는 두 가닥 모두 같은 뉴클레오타이드 쌍을 자르기 때문에 **비점착말단(blunt-end)**이라 불리는 이중가닥 말단을 가진 DNA 조각을 만들어 낸다. 네 개의 일반적인 제한효소와 이들의 인식부위, 이 효소들을 얻어낸 미생물들을 그림 20-1에 정리하였다.

처음 발견된 제한효소 중 하나는 대장균(*Escherichia coli*) R 계통에서 분리하였고, *Eco*RI이라 명명하였다. *Eco*RI에 의해 잘린 DNA 조각(그림 20-2)은 *Eco*RI에 의해 잘려진 다른 DNA 조각의 상보적인 단일 가닥 말단과 염기쌍을 이룰 수 있는 점착말단을 가지고 있다. 같은 제한효소로 자른 서로 다른 DNA 절편들을 섞으면, 한쪽의 단일 가닥 말단은 상대편의 단일 가닥 말단과 상보적인 염기 간의 수소결합을 통하여 서로 붙을 수 있다**(어닐, anneal)**. DNA 절편에 **DNA 연결효소(DNA ligase)**—이전에 DNA 복제에서 DNA 연결효소의 역할을 다뤘던 것을 상기하라(11장 참조)—를 첨가하면 DNA의 인산다이에스터 결합으로 재조합 DNA 분자를 만들 것이다(그림 20-2).

돌출부가 있는 말단이 클로닝을 기술적으로 쉽게 하기 때문에 과학자들은 주로 점착말단을 만드는 제한효소를 사용한다. 비점착말단의 연결은 수소결합이 형성되지 않기 때문에 기술적으로 보다 어렵지만, 다른 서열에서 잘려진 조각들을 이 방법으로 연결할 수 있다.

DNA 벡터는 클로닝할 DNA 분자를 받아들이고 복제한다

과학자들은 제한효소로 잘라서 만든 DNA 절편을, 만약 그 절편들이 세포 안에서 복제(replication)되게 하는 기술이 있다면, 복사 또는 클로닝할 수 있다는 사실을 깨달았다. DNA 클로닝을 가능하게 한두 번째 중요한 기술은 DNA 조각을 받아들이고, 숙주 세포에 넣었을 때 복제될 수 있는 DNA 분자인 **클로닝 벡터(cloning vector)**의 개발이다.

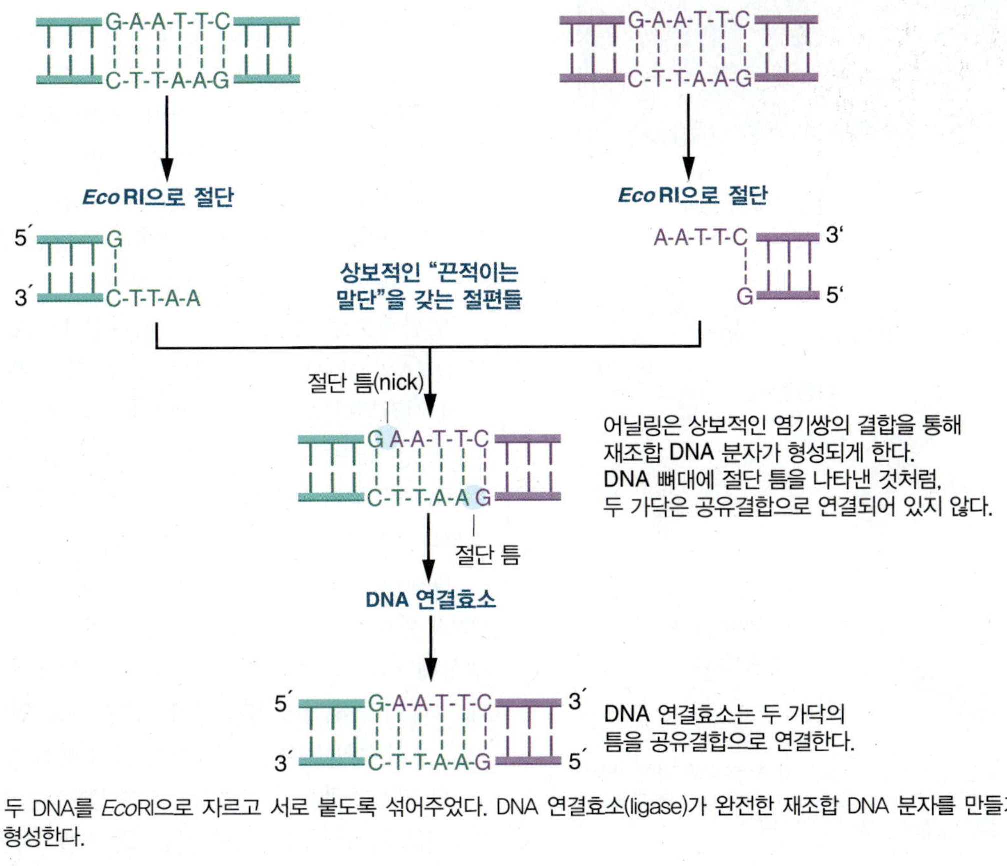

그림 20-2. 서로 다른 두 DNA를 *Eco*RI으로 자르고 서로 붙도록 섞어주었다. DNA 연결효소(ligase)가 완전한 재조합 DNA 분자를 만들기 위하여 두 조각 사이에 인산다이에스터 결합을 형성한다.

여러 종류의 벡터들이 클로닝에 사용될 수 있다. 벡터는 그들이 들어갈 수 있는 숙주 세포에 따라 다르고, 그들이 운반할 수 있는 삽입 DNA 절편의 크기에 따라 다르지만, 대부분의 DNA 벡터는 몇몇 중요한 성질을 가지고 있다.

- 벡터에는 클론하고자 하는 DNA 절편의 삽입을 가능하게 하는 다양한 제한효소 인식 부위가 있다.
- 벡터는 벡터 DNA 자체와 운반하는 DNA 절편이 숙주 세포 안에서 독립적으로 복제할 수 있는 능력이 있어야 한다.
- 벡터를 가진 숙주 세포와 그렇지 못한 숙주 세포를 구별하기 위해서, 벡터는 **선별 표지 유전자(selectable marker gene)**를 꼭 가지고 있어야 한다(대개 항생제 내성 유전자 또는 색이나 형광을 내는 단백질을 암호화하는 유전자).
- 많은 벡터들은 삽입된 DNA의 염기서열결정을 가능하게 하는 특정한 서열(프라이머 결합부위)을 포함한다.

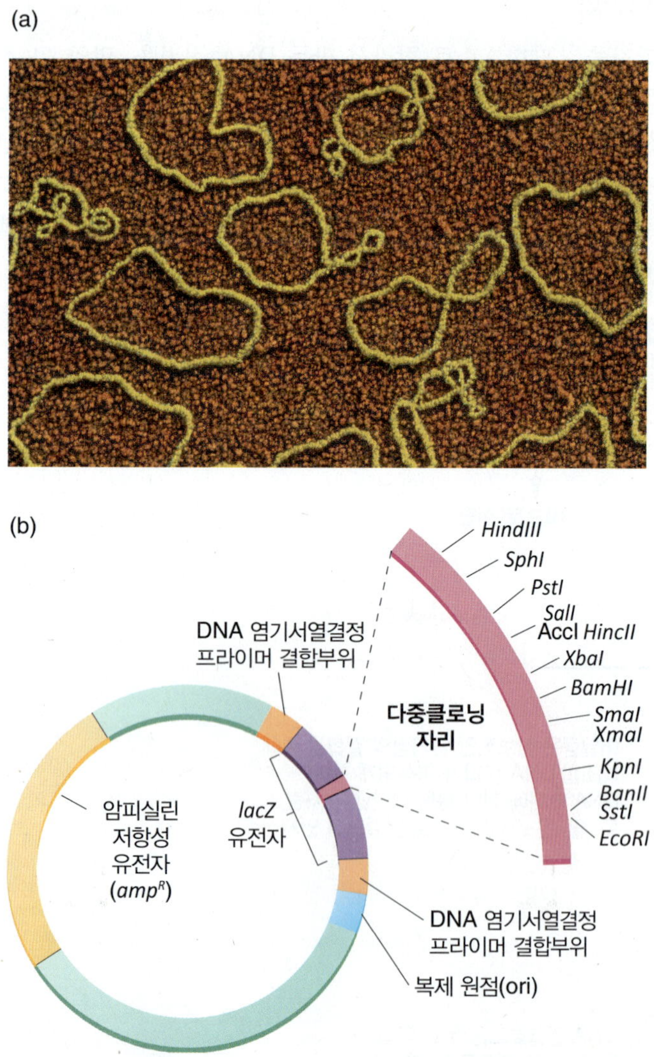

그림 20-3. (a) 대장균에서 분리한 원형의 플라스미드 분자에 대한 색상을 개선한 전자현미경 사진. 유전적으로 조작된 플라스미드들은 DNA를 클로닝할 때 벡터로 사용된다. (b) DNA 클로닝 플라스미드의 모식도.

박테리아 플라스미드 벡터

유전적으로 변형된 박테리아 **플라스미드(plasmid)**는 최초로 개발된 벡터로서, 클로닝을 위해 여전히 널리 사용된다. 플라스미드 클로닝 벡터는 자연에 존재하는 플라스미드에서 유래했다. 지난 장에서(6장 참조) 플라스미드는 박테리아 세포 안에서 염색체와는 독립적으로 복제하는, 염색체 외의 이중가닥으로 이루어진 DNA 분자라고 설명했던 내용을 상기해 보라[그림 20-3(a)]. 플라스미드는 클로닝 벡터로 사용되게끔 유전공학적으로 많이 변형되었다. 상업적으로 만들어진 많은 플라스미드들은 일련의 유용한 특징들을 가지고 있어서 바로 사용할 수 있다[그림 20-3(b)]. 플라스미드는 **형질전환(transformation)**이라는 과정을 통해 박테리아에 도입된다(6장 참조). 박테리아의 형질전환에 쓰이는 기술 중 많이 쓰이는 기술 두 가지가 있다. 한 가지 방법은 세포를 칼슘이온으로 처리하고 DNA가 세포 안으로 들어가게 약간의 열충격을 주는 것이다. 다른 방법은 **전기천공법(electroporation)**이라 불리며, 강도가 센 전기충격을 짧게 주어 DNA가 박테리아 세포로 들어가게 한다.

일반적으로 한 개에서 몇 개의 플라스미드가 형질전환을 통해 박테리아로 들어간다. 플라스미드는 복제를 가능하게 하는 **복제원점**(origin of replication, ori)을 가지고 있기 때문에, 많은 플라스미드들은 복제수(copy number)를 증가시켜 한 숙주 세포 내에 몇백 개의 복제본을 생성해 낼 수 있다. 이런 플라스미드들은 생성될 수 있는 DNA 클론수를 상당히 증가시킨다. 플라스미드 벡터들은 **다중클로닝자리(multiple cloning site)**라 불리는 서열을 갖고 있는데, 그 부위에 일반적으로 사용되는 여러 제한효소에 대한 인식 부위를 가지도록 유전공학적으로 설계되었다. 다중클로닝자리는 흔하게 사용되는 제한효소에 의해 생성된 다양한 절편들을 클론할 수 있게 한다.

일반적으로 플라스미드를 사용한 DNA 클로닝은 플라스미드 DNA와 클로닝하고자 하는 DNA를 같은 제한효소로 자름으로써 시작된다(그림 20-4). 일자로 된 벡터를 만들기 위해 플라스미드는 다중클로닝자리에서 한 번만 잘린다. 클로닝하고자 하는 DNA로부터 만들어진 DNA 절편은 DNA 연결효소와 함께 벡터와 섞인다. DNA 절편의 점착성 말단은 클로닝하고자 하는 DNA와 플라스미드가 결합하도록 한다. DNA 연결효소는 DNA 뼈대에 있는 틈을 봉합하기 위해 인산다이에스터 결합을 생성해 재조합 DNA를 만들고, 재조합 DNA는 형질전환에 의해 박테리아 세포에 넣어진다. 일단 세포 안에 들어가면 플라스미드는 다수의 복사본을 만들기 위해 빠르게 복제된다.

하지만 플라스미드를 사용하여 DNA를 클로닝할 때 모든 플라스미드가 클로닝하고자 하는 DNA를 포함하는 것은 아니다.

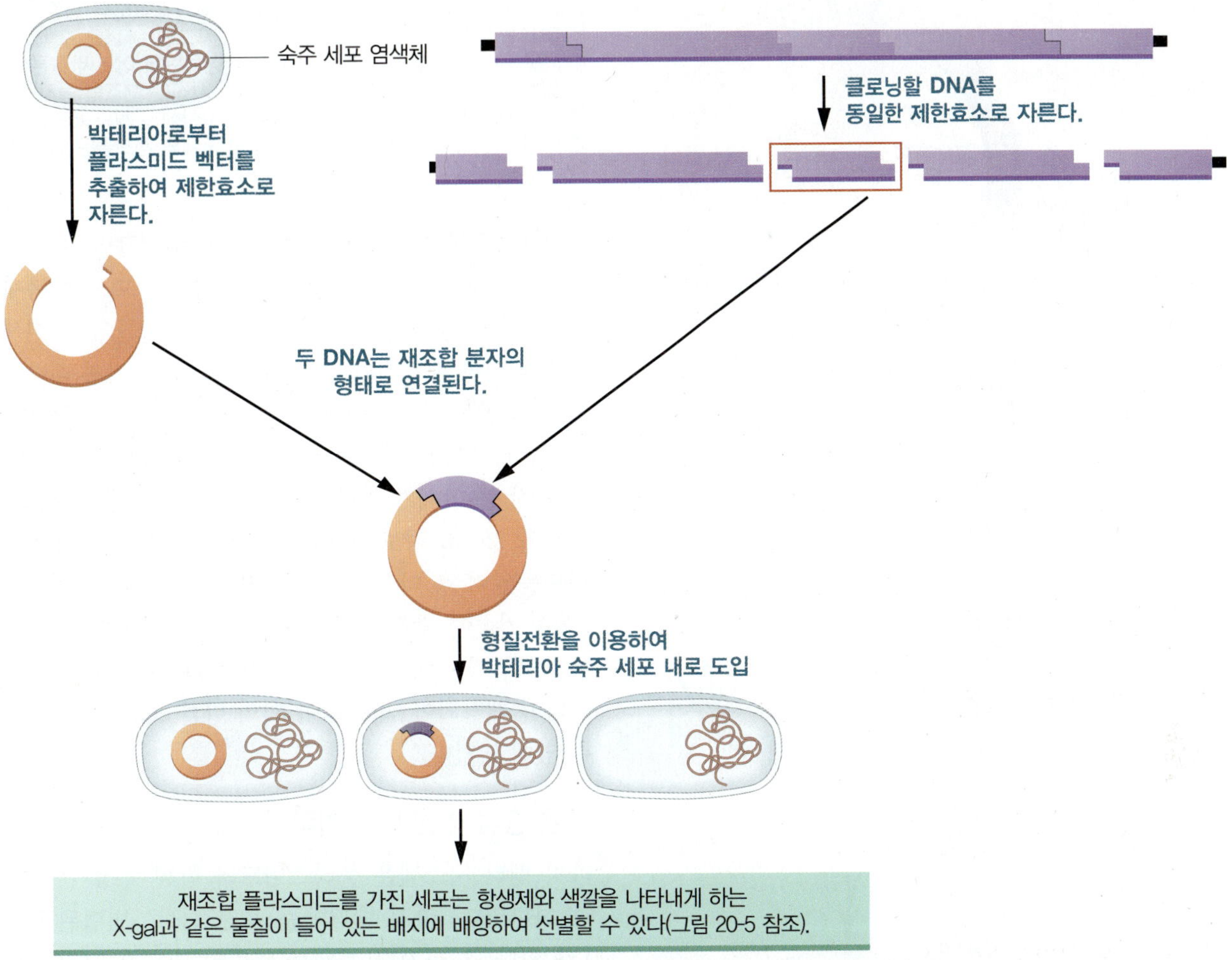

그림 20-4. 플라스미드 벡터를 이용한 클로닝에는 플라스미드와 클로닝할 DNA를 동일한 제한효소로 자르는 과정을 포함한다. 클로닝할 DNA는 벡터에 연결되고 복제를 위해 박테리아에 넣는다. 클로닝 할 DNA가 들어 있는 벡터를 가진 박테리아 세포는 선별되어 얻을 수 있다. 클로닝된 DNA는 분석을 위하여 박테리아에서 얻어낸다.

예를 들어, 특정 제한효소로 잘린 플라스미드의 양 끝이 만나게 되면 자기 자신끼리 붙을 수 있다(자가연결, self-ligation). 당연히 재조합 플라스미드가 아닌 것은 우리가 원하는 것이 아니다. 또한 형질전환 중에 모든 숙주 세포가 플라스미드를 받아들이는 것은 아니다. 그러므로 클로닝 실험에서 재조합 DNA를 포함하고 있는 박테리아 세포를 선별하는 것이 중요하다. 선별하는 방법 중 하나는 앞서 설명한 선택 표지유전자(selective marker gene)의 사용이다. 암피실린과 같은 항생제 저항성을 제공하는 유전자들과 *lacZ* 유전자와 같은 유전자들은 매우 유용한 선택 표지유전자들이다. 그림 20-5는 이런 유전자들이 재조합 플라스미드를 포함하고 있는 박테리아를 구별하는 데 어떻게 사용되는지 그 예를 보여주고 있다. 이런 과정을 종종 **'푸른색-흰색' 선별('blue-white' selection)**이라 불리는데 그 이유는 곧 알게 될 것이다. 푸른색-흰색 선별에서는 다중클로닝자리에 *lacZ* 유전자가 포함되어 있는 플라스미드가 사용된다. *lacZ* 유전자는 이 책의 앞에서 배웠듯이(16장 참조), 효소 β-갈락토시다아제를 암호화하고, 이 효소는 이당류인 유당을 단당류인 포도당과 갈락토스로 쪼갠다. 푸른색-흰색 선택은 β-갈락토시다아제의 효소활성의 이점을 이용한다.

이런 방법들을 사용하여, 형질전환된 박테리아 세포 중 재조합 플라스미드를 포함한 것과 플라스미드 자체만을 포함한 것을 쉽게 구분할 수 있다. 만약 DNA 절편이 다중클로닝자리의 어느 곳에 삽입되었다면, *lacZ* 유전자가 망가져서 활성을 띠는 β-갈락토시다아제를 만들지 못하다. 이런 실험에서 형질전환된 박테리아는 항생제(이 경우는 암피실린)를 포함한 한천배지에 도말된다. 형질전환되지 못한 박테리아는 암피실린에 대해 저항성을 가지지 못하므로 이 배지에서 자라지 못한다. 이 한천배지는 X-gal(5-bromo-4-chloro-3-indolyl-β-D-galactopyranoside)이라는 물질을 가지고 있다. X-gal은 구조적으로 유당과 비슷하다. 이것은 β-갈락토시다아제의 기질이며, β-갈락토시다아제에 의해 쪼개졌을 때 파란색으로 변한다. 그 결과로, 재조합 플라스미드를 포함하고 있지 않은 박테리아 세포는(자가연결되어서 삽입된 DNA를 가지지 못한 것들) 기능적인 *lacZ* 유전자를 가지며, 배지에서 X-gal을 쪼개는 β-갈락토시다아제를 생성

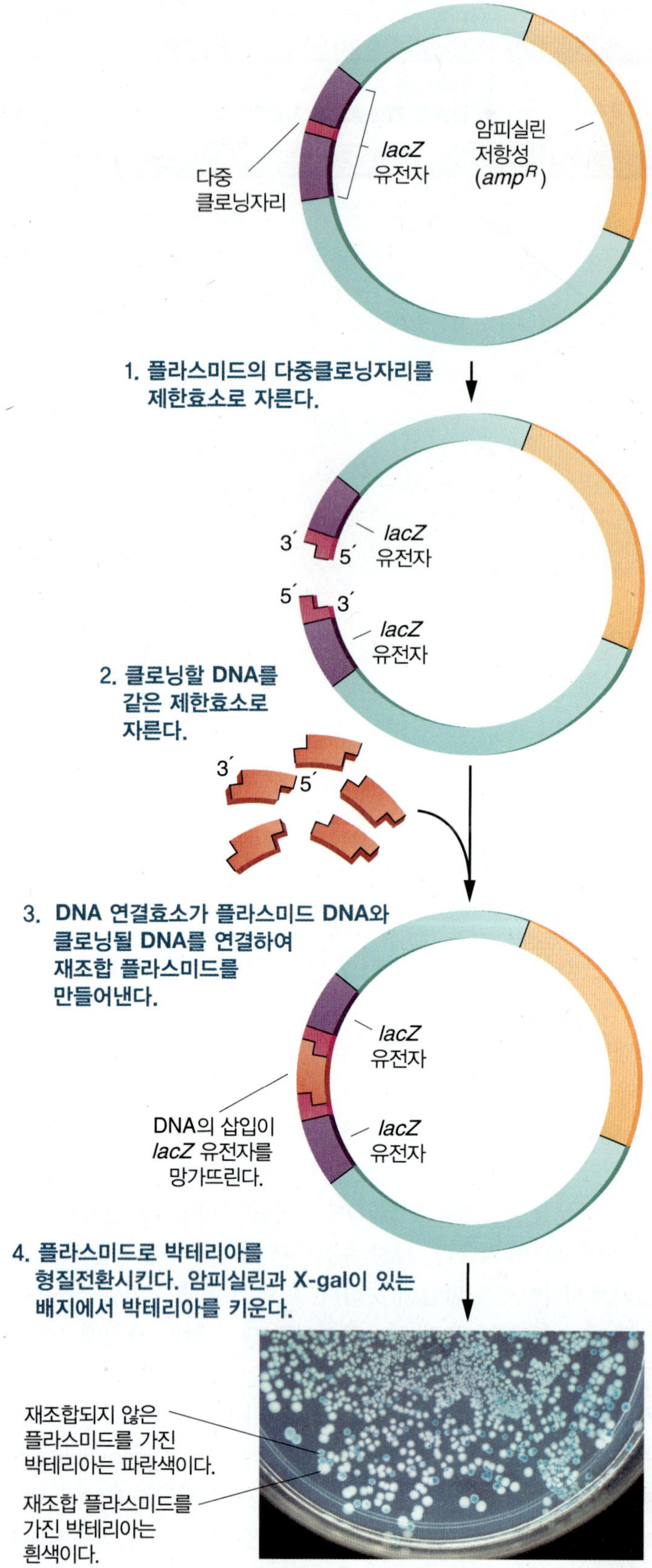

그림 20-5. 파란색-흰색 선별과정에서 플라스미드의 다중클로닝자리에 넣은 DNA는 *lacZ* 유전자를 파괴하게 되고, 재조합 DNA를 포함하는 박테리아는 X-gal을 사용하지 못하여 흰색 군체를 형성하는데 이로써 클론된 DNA를 가지고 있는 박테리아 군체를 구별할 수 있다. 사진은 재조합 플라스미드를 집어넣은 후 박테리아 세포의 성장을 보여준다. 파란색 군체의 세포들은 삽입된 DNA 없이 벡터만 가지고 있는 경우이고, 흰색 군체의 세포들은 삽입된 DNA를 가진 경우이다.

하며, 이 세포들은 파란색으로 변한다. 하지만 삽입된 DNA 절편을 포함하는 플라스미드를 가진 재조합 박테리아는 기능적인 β-갈락토시다아제를 생성하지 못하기 때문에 X-gal 배지에서 자랄 때 흰색의 콜로니를 형성하게 된다(그림 20-5). 흰색의 콜로니에 있는 박테리아들은 재조합 플라스미드의 복제본을 가진 유전적으로 동일한 서로의 복제판인 세포들이다. 흰색 콜로니들은 박테리아 배양액이 담긴 플라스크로 옮겨져 대량으로 배양되고, 재조합 플라스미드를 세포로부터 쉽게 분리, 정제할 수 있다.

플라스미드는 재조합 DNA 기술의 적용에 아직 많이 쓰이지만 가장 큰 한계가 있다: 이것들이 작기 때문에, 삽입되는 DNA 조각을 25 kb 정도까지만 수용할 수 있으며, 대부분의 플라스미드들은 주로 더 작은 조각들만을 수용한다. 그러므로 재조합 DNA 기술이 발전하고 더 큰 조각의 DNA를 클로닝하고자 함에 따라, 기본적으로 더 큰 조각의 DNA를 수용할 능력을 가진 벡터가 개발되어, 박테리아 외의 다른 종류 숙주 세포로 사용할 수 있게 되었다.

다른 종류의 클로닝 벡터들

파지 벡터 시스템은 플라스미드와 함께 초창기에 사용된 벡터 중 하나였다. 파지 벡터에는 유전적으로 변형된 박테리오파지 λ가 있다. λ 파지 유전체는 완벽히 지도가 그려졌고 염기서열도 결정되었으며, 다중클로닝자리를 포함하여 클로닝 벡터의 중요한 많은 특징을 갖도록 유전적으로 변형되었다. 파지 벡터들은 일정기간 동안 꽤 많이 사용되었고, 대부분의 플라스미드 벡터들보다 두 배 이상 긴 약 45 kb까지의 삽입물을 포함할 수 있어서 요즘에도 여전히 많이 쓰인다. DNA 절편들은 파지 벡터에 연결되어 재조합 λ 벡터를 만들고, 시험관에서 파지의 단백질로 구성된 머리쪽에 패키징이 된 후, 배양 접시 위에서 자라고 있는 박테리아 숙주 세포에 들어가게 된다. 박테리아 안에서 벡터는 자가복제를 하고, DNA 삽입물을 가지고 있는 전염성이 있는 파지의 많은 복제본을 형성하게 된다. 이들이 번식하면서, 박테리아 숙주 세포를 용해해 용균반(plaques)이라는 투명한 반점을 형성하는데(6장 참조), 여기로부터 파지를 분리하여 클론된 DNA를 얻어낼 수 있다.

박테리아 인공 염색체(bacterial artificial chromosomes, BACs)와 **효모 인공 염색체(yeast artificial chromosomes, YACs)**는 큰 절편의 DNA를 클로닝하기 위해 사용되는 벡터들이다. 예를 들어, 사람의 유전체와 같이 거대한 진핵생물의 유전체를 지도화하고 분석하기 위해서는 전체 염색체 절편과 같이 굉장히 큰 DNA 절편을 운반할 수 있는 클로닝 벡터들이 요구된다. BAC은 기본적으로 굉장히 크지만 낮은 복제수(전형적으로 하나에서 두 개의 복제본/박테리아 세포)를 갖는 플라스미드로서 100~300 kb 정도의 DNA 삽입물을 수용할 수 있다. 자연적인 염색체와 같이, YAC은 양끝에 텔로미어, 복제원점, 동원체를 가지고 있다. 이 요소들은 선별을 위한 표지유전자(selectable marker gene)와 외부 DNA를 삽입하기 위한 제한효소 인식서열들과 연결되어 있다. 효모 염색체는 230 kb에서 1900 kb 이상의 크기로서, YAC에는 100~1000 kb 정도의 DNA 삽입물을 클론할 수 있다. 이런 벡터들에 큰 조각의 DNA를 클로닝할 수 있는 능력은 인간 유전체 프로젝트에 중요한 도구가 되었다(21장 참조).

지금까지 설명해 왔던 벡터들과는 달리, **발현 벡터(expression vector)**들은 클론된 유전자의 mRNA를 발현시키기 위해 디자인된 벡터로서, 숙주 세포에서 유전자로부터 단백질을 많이 생성하기 위한 목적이다. 대부분의 플라스미드들, 파지 벡터들, YAC들은 DNA를 운반하기만 하지 mRNA로 전사하라고 세포에게 신호전달을 하지 않기 때문에 이것은 아주 중요한 차이다. 발현 벡터는 원핵 또는 진핵의 숙주 세포에서 사용가능하며 클론된 유전자의 전사와 번역을 시작할 수 있는 서열을 가지고 있다. 단백질을 생물학적인 기능을 유지한 채로 발현시키는 것이 항상 쉽지는 않지만, 단백질의 구조나 기능에 대한 연구에서처럼 박테리아(또는 다른 숙주 세포)에서 재조합 단백질을 생성시켜서 정제하는 것은 일반적인 연구 접근법이다. 또한 생명공학 산업은 클론된 유전자로부터 상업적 가치가 있는 단백질을 생산하기 위해 발현 벡터에 많이 의존하는데, 이 주제는 뒤에서 다룰 것이다(22장 참조).

식물 세포를 위한 Ti 벡터들

식물에 유전자를 삽입하는 것은 여러 방법으로 할 수 있으며, 식용식물의 유전공학 측면은 후반부에서 다룰 예정이다(현대 유전학 특강 5장—유전적으로 변형된 식품 참조). 식물 세포에 유전자를 삽입할 때 많이 쓰이는 방법은 다양한 식물 세포를 감염시키는 뿌리혹이라 불리는 종양을 형성하는 흙 박테리아인 리조비움 라디오박터(*Rhizobium radiobacter*)를 사용하는 것이다. 이전에는 아그로박테리움 투메파시엔스(*Agrobacterium tumefaciens*)로 불렸으나 유전체 분석을 기반으로 다시 이름 지어졌다. 리조비움은 **Ti 플라스미드(Ti Plasmid)**라 불리는 플라스미드를 포함하고 있다. 자연에서는 Ti 플라스미드를 가진 박테리아가 식물 세포를 감염시킬 때, *T-DNA*라 불리는 Ti 플라스미드의 한 부분이 숙주 식물 세포의 유전체에 옮겨진다. T-DNA에 있는 유전자가 종양형성과 감염된 박테리아의 성장에 필요한 화합물 합성을 조절한다. Ti 플라스미드의 제한효소 자리는 외부 DNA를 삽입하는 데 사용될 수 있으며, 재조합된 벡터는 형질전환을 통해 리조비움으로 들어가게 된다. Ti 플라스미드의 종양유발유전자는 벡터로부터 제거되기 때문에 재조합 벡터는 종양을 형성하지 않는다. 재조합 DNA를 가진 리조비움은 식물 세포와 섞어준다(모든 종류의 식물 세포가 리조비움에 의해 감염되는 것은 아니다). 세포 안에 들어가면 T-DNA가 숙주 세포 염색체에 끼어들어갈 때 플라스미드는 식물의 유전체로 들어가게 된다. 재조합 Ti 플라스미드를 가진 식물은 배양할 수 있다. 배양배지에 어떤 특정한 화합물이 존재하면 식물 세포는 뿌리와 줄기의 형성이 자극되어 마침내 외부의 유전자를 포함한 성숙한 식물을 형성한다.

클로닝 벡터를 위한 숙주 세포들

어떤 DNA 클로닝 벡터를 사용할까를 결정하는 것 외에 다른 중요한 고려사항은 재조합 DNA를 받아들이는데 어떤 숙주 세포를 쓸 것이냐 하는 것이다. 일의 목적에 따라 재조합 DNA 실험에서 왜 특정 숙주 세포가 선택되는가에는 다양한 이유들이 있다. 작은 조각의 DNA를 조작하기 위해 플라스미드를 사용할 때는 원핵세포인 대장균(*E. coli*)이 숙주 세포로 많이 선택되는 반면, 효모 사카로미세스 세레비시아(*Saccharomyces cerevisiae*)는 진핵세포 유전자를 클로닝하고 발현하는데 숙주 세포로 많이 사용된다. 효모를 선택하는 데에는 몇 가지 이유가 있다. (1) 효모는 진핵생물임에도 불구하고 박테리아 세포와 같은 방식으로 배양하고 조절할 수 있다. (2) 효모에 대한 집중적인 유전학적 연구로 많은 돌연변이체 목록과 고도로 개발된 유전자 지도(효모 유전체 서열의 완성에 앞서서)를 제공하였다. (3) 효모 유전체 전체에 대한 염기서열이 결정되었고, 유전자들이 밝혀졌다. (4) 어떤 진핵생물 단백질들의 기능을 공부하기 위해서는 단백질이 만들어진 후에 이를 기능적인 형태로 바꾸기 위하여, 예를 들어 탄수화물을 더하는 것과 같은, 변형을 시킬 수 있는 숙주 세포를 사용할 필요가 있다. 박테리아는 이런 변형의 대부분을 하지 못한다. (5) 효모는 몇 세기 동안 제빵과 양조 산업에 사용되었고, 백신과 치료제 단백질을 생산해 내는데 안전한 생물체로 고려되고 있다.

숙주 세포의 선택은 곤충 세포를 포함하는 많은 다른 세포 종류로 확장된다. 다양한 사람 세포들도 배양되어 단백질을 발현하는 데 사용된다. 그런 세포주들은 유전자나 단백질의 기능을 분석하는 데도 사용되는데, 특히 그 세포가 암과 같은 인간의 질병 상태의 세포인 경우, 단백질의 기능을 차단하는 약물의 효과 또는 특정한 재조합 단백질이 발현되었을 경우의 영향 등을 분석할 수 있다.

실전문제

20-1 항생제인 암피실린과 테트라사이클린에 내성을 나타내는 플라스미드인 pBR322를 *Pst*I으로 자르면 암피실린 내성을 나타내는 유전자가 잘린다. 잘린 플라스미드는 유전체 라이브러리를 만들기 위해서 *Pst*I으로 잘린 초파리의 DNA와 연결되고, *E. coli* K12로 형질전환된다.

(a) 플라스미드를 가진 세포를 선택하기 위해 어떤 항생제를 배지에 넣어야 할까?

(b) 재조합된 세포가 만약 암피실린 또는 테트라사이클린을 포함한 배지, 두 항생제를 모두 포함한 배지에 도말되었다면 초파리 DNA를 포함하는 플라스미드를 가진 박테리아가 자라는 것을 볼 수 있는 배지는 어느 곳인가?

(c) 두 항생제 모두에 내성을 가진 콜로니가 생겼다면 어떻게 설명할 수 있는가?

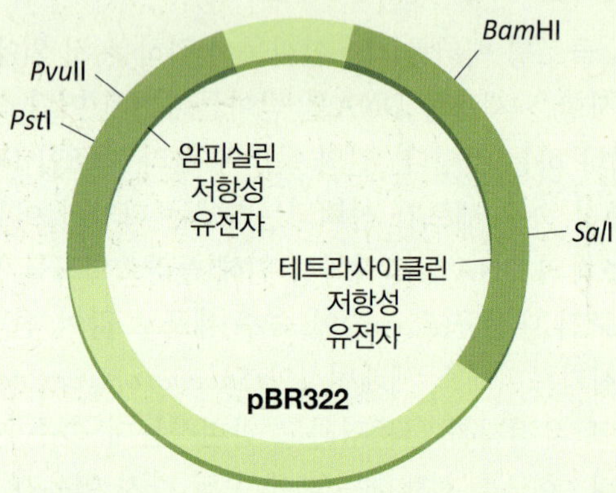

■ **힌트:** 이 문제는 플라스미드상의 항생제 선별표지 유전자와 재조합 플라스미드 DNA로 형질전환된 박테리아를 고르기 위한 항생제 내성 DNA 선택에 대한 이해를 다루고 있다. 이 문제의 해답에 대한 핵심은 외부 DNA를 플라스미드 벡터에 넣는 것이 플라스미드의 항생제 내성 유전자 중 하나를 망가뜨린다는 것에 있다.

20.2 DNA 라이브러리는 클론된 서열의 모음이다

하나의 유전자 또는 유전자의 일부를 포함하는 비교적 작은 DNA 조각들만을 벡터, 특히 플라스미드에 클로닝한다. 수백 개의 유전자들을 BAC이나 YAC 같은 더 큰 벡터에 도입할 때는 클로닝된 DNA 조각을 확인하는 방법이 여전히 필요하다. 지금까지 해온 클로닝에 대한 논의에서는 어떻게 DNA를 벡터에 삽입하고 클로닝하는지 설명했다. 그러나 클로닝한 것이 어떤 DNA 서열인지 알 수 있는 방법에 대해서는 논의하지 않았다. 단순히 DNA를 자르고 벡터에 삽입하는 것으로는 어느 유전자 또는 서열이 클론되었는지 알 수 없다.

DNA 클로닝이 시작되고 첫 몇십 년 동안 과학자들은 클론된 DNA의 모음인 **DNA 라이브러리(DNA library)**를 만들었다. 라이브러리를 만드는 방법에 따라 유전자들만으로 구성된 라이브러리 또는 암호화하지 않는 DNA 지역까지 포함된 라이브러리를 만들 수 있다. 일반적으로 유전체 DNA 라이브러리와 상보적 DNA(cDNA) 라이브러리, 두 종류의 주요한 라이브러리가 있다.

유전체 라이브러리

이상적으로 **유전체 라이브러리(genomic library)**는 한 개체 유전체의 모든 DNA 서열을 적어도 한 카피 이상 포함하는 많은 중첩된 유전체의 조각들로 구성된다. 유전체 라이브러리를 만들려면 세포나 조직에서 DNA를 추출하고, DNA를 제한효소로 무작위적으로 자른다. 잘린 조각들은 이전 영역에서 논의한 기술을 이용하여 벡터에 삽입된다. 플라스미드 같은 벡터들은 수천 염기쌍 이하의 삽입된 DNA만을 운반할 수 있기 때문에, 최소 수의 클론으로 라이브러리가 전체 유전체를 포함하도록 벡터를 선택하는 것이 중요 고려사항이다. 유전체 DNA는 벡터에 도입된 외부 DNA이기 때문에, 유전체 라이브러리는 암호화 부위 및 인트론 같은 DNA의 비암호화 부위를 포함하며, 라이브러리에서 벡터들은 하나 이상의 유전자 또는 유전자의 일부분만을 포함할 수도 있다.

사람의 유전체 같은 큰 유전체를 가지고 작업할 때, 벡터의 선택은 라이브러리를 만들 때 첫 번째 고려사항이다. 대략 30억 염기쌍에 달하는 큰 크기의 사람 유전체 DNA를 수용하기 위해 YAC가 일반적으로 사용된다. 예를 들어 평균 5 kb의 삽입물(insert)을 가질 수 있는 플라스미드 벡터를 사용해서 사람 유전체 라이브러리를 구축한다면, 유전체의 어느 특정 서열을 포함할 가능성이 99% 이상 되기 위해 240만 개의 클론이 필요하다. 너무 많은 개수 때문에 이 라이브러리는 효율적으로 사용되기 어렵다. 하지만 평균 1 Mb의 삽입물 크기를 갖는 YAC에 라이브러리를 구축할 경우, 라이브러리는 약 14,000개 YAC 정도로 비교적 사용하기 쉽다. YAC 같이 큰 인서트를 포함할 수 있는 벡터들은 인간 유전체 프로젝트(Human Genome Project)를 위한 필수적인 도구이다.

이 책의 후반(21장 참조)에 배우게 될 **전유전체 샷건클로닝(whole-genome shotgun cloning)** 접근법(그림 21-1 참조)과 새로운 염기서열결정 방법들은 전통적인 유전체 DNA 라이브러리를 빠르게 대체하고 있는데, 이 방법들은 DNA 조각을 벡터에 넣고 숙주 세포에서 복제할 필요 없이 유전체 DNA의 전체 서열을 효과적으로 결정할 수 있게 한다. 이 책 후반(21장 참조)에 생물정보학에 기반한 DNA 서열분석으로 클론된 DNA에서 어떻게 단백질 암호화, 비암호화 서열을 확인하는지 논의할 것이다.

상보적 DNA 라이브러리

상보적 DNA(cDNA) 라이브러리[(complementary DNA (cDNA) library)]는 유전체 라이브러리에 비해 이점이 있으며 유전자 클로닝을 위해 유용한 방법이다. 주된 이유는 cDNA 라이브러리가 cDNA라 불리는 DNA 카피들을 포함하기 때문인데, cDNA는 배양된 세포나 조직 샘플에서 분리된 mRNA 분자들로부터 만들어지므로 라이브러리가 만들어질 때 세포에서 발현되는 유전자를 나타낸다. cDNA는 mRNA의 뉴클레오타이드 서열에 상보적이고, 따라서 암호화, 비암호화 서열을 망라하여 유전체의 모든 DNA를 포함하는 유전체 라이브러리와는 다르다. cDNA 라이브러리는 발현된 유전자만을 포함한다. 결과적으로 cDNA 라이브러리는 발생, 세포사멸, 암, 어떤 생물학적 과정 등 특정 환경하에서 세포나 조직에서 발현되는 유전자를 확인하고 연구하는데 특히 유용하다. 또한 정상 조직과 병이 있는 조직에서 발현된 유전자를 비교하기 위해 이런 라이브러리를 사용할 수도 있다. 예를 들면, 정상 세포가 암 세포로 진행되는 과정에 기여한 유전자와 암 세포의 전이와 관련된 유전자 등 암의 형성과 관련된 유전자를 확인하기 위해 사용되어왔다.

cDNA 라이브러리는 관심 있는 세포에서 mRNA를 분리하여 만든다. 일반적으로 클론할 유전자의 mRNA를 많이 발현하는 세포를 고른다. 진핵세포에서 분리된 거의 모든 mRNA는 3′ 말단에 폴리-A 꼬리(13장 참조)라 불리는 일련의 아데닌을 가지고 있는데, 이런 mRNA의 구조적 특징을 이용할 수 있다. cDNA 라이브러리를 만드는 다음 단계는 mRNA와 올리고(dT) 프라이머를 섞는 것인데, 이 프라이머는 폴리-A 꼬리와 결합하는 단일 가닥 서열의 T 뉴클레오타이드이다(그림 20-6). **역전사효소(reverse transcriptase)**는 올리고(dT) 프라이머를 연장하여 mRNA와 상보적인 DNA를 합성한다. 이 반응의 산물은 mRNA-DNA의 이중가닥 혼성 분자이다. 혼성 분자상의 RNA는 효소 또는 화학적 방법에 의해 분해되고, DNA와 상보적인 가닥이 DNA 중합효소에 의해 합성된다. 결국 혼성 분자상의 모든 RNA가 DNA로 대체되어 mRNA에 상보적인 이중가닥의 cDNA 분자가 만들어진다. 다른 방법으로는, mRNA 가닥으로부터 이중가닥의 cDNA를 만들기 위해 mRNA 및 cDNA의 첫 번째 가닥에 무작위로 결합하는 프라이머를 이용하여 cDNA를 합성할 수도 있다.

cDNA 분자는 이제 벡터로, 대개는 플라스미드에 삽입될 준비가 되었다. 일반적으로 어떤 제한효소가 이 DNA를 자르는데 사용될 수 있을지 모르기 때문에, 플라스미드에 cDNA를 삽입하기 위해 cDNA의 양끝에 연결서열(linker sequence)을 부착시킬 필요가 있다. 연결서열은 제한효소 인식서열(예: *Eco*RI)을 포함하는 짧은 이중가닥의 올리고 뉴클레오타이드이다. cDNA

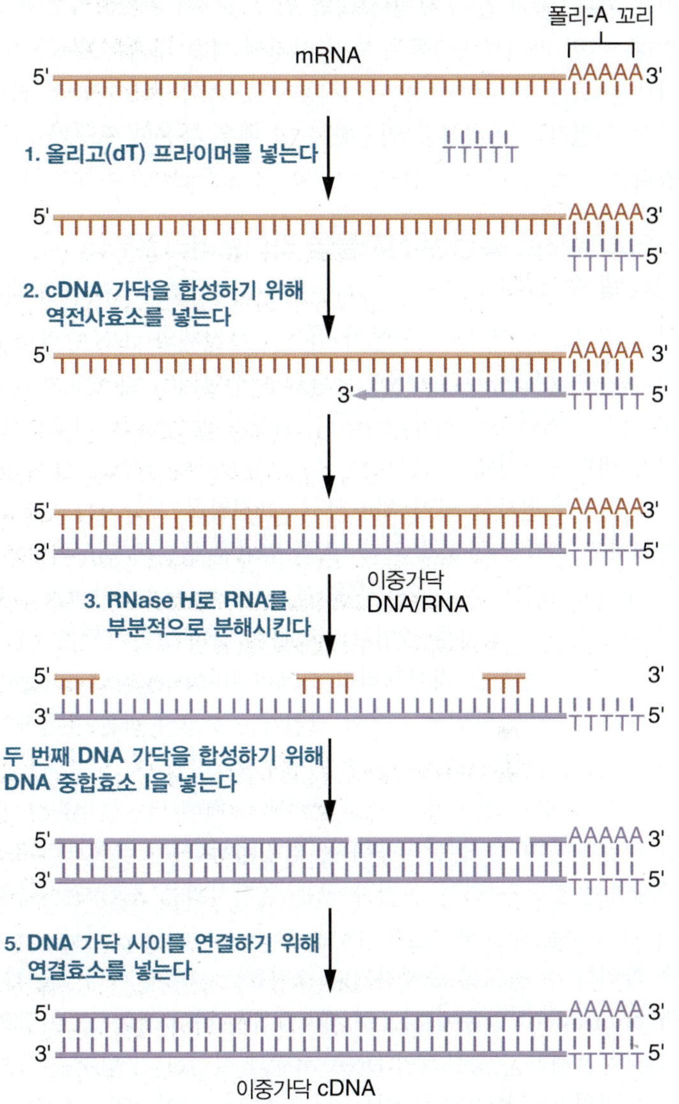

그림 20-6. mRNA로부터 cDNA의 제작. 진핵생물의 mRNA는 대부분 3′ 말단에 폴리-A 꼬리를 가지고 있기 때문에 짧은 올리고(dT) 분자들이 이 꼬리에 결합하여 역전사효소의 프라이머로 작용한다. 역전사효소는 mRNA를 주형으로 상보적 DNA(cDNA)를 합성하여 mRNA/cDNA의 이중가닥을 형성한다. mRNA는 RNAase H 효소에 의해 분해되어 RNA 가닥에 공간을 형성한다. 남아 있는 RNA의 3′ 말단이 DNA 중합효소 I에 대해 프라이머로 작용하여 두 번째 DNA 가닥을 형성한다. 그 결과물이 이중가닥의 cDNA 분자로서 적당한 벡터에 클로닝하거나 라이브러리 스크리닝에 직접 사용될 수 있다.

에 부착된 연결서열은 *Eco*RI으로 잘리고, 같은 효소를 처리한 벡터와 연결된다. cDNA 라이브러리를 만들기 위해서는 cDNA 분자를 운반하는 벡터를 숙주 세포에 집어넣는 과정과 클로닝이 사용된다.

특정 라이브러리에서 cDNA의 상대적인 양은 조직에서 분리되어 리이브러리를 만드는 데 사용된 mRNA 양과 동일하기 때문에, 이런 라이브러리들은 특정 시기에 조직에서 활발히 전사되는 유전자들에 대한 정보를 제공한다. 여러 cDNA 라이브러리들이 특정 발달단계에서의 세포와 조직 및 뇌, 근육, 신장과 같은 기관, 암과 같은 질병 상태의 조직 등에서 만들어지고 이용된다. 이런 라이브러리들은 특정 시기에 세포 내에서 활성을 나타내는 모든 유전자의 목록을 제공하고, 과학자들이 특정 조직에서 유전자를 분리하고 연구하는 데 매우 유용한 도구가 되어 왔다.

스크리닝으로 특정 유전자들을 라이브러리로부터 골라낼 수 있다

마치 큰 도서관에 많은 책들이 있듯이 유전체와 cDNA 라이브러리는 수많은 종류의 DNA 클론들로 구성되어 있는데, 그 중 몇 개만이 여러분의 유전학 연구의 대상이 될 것이다. 그러면 어떻게 라이브러리에서 관심있는 특정 유전자를 찾아낼 수 있는가? 특정 유전자를 찾기 위해서 그 유전자를 포함하는 클론을 확인하고 분리할 필요가 있다. 또한 얻어낸 클론이 연구하고 있는 유전자의 전부 혹은 일부만을 포함하는지 결정해야 한다. 관심 있는 특정 유전자를 라이브러리에서 고르고, 분리할 수 있게 하는 여러 방법들을 **라이브러리 스크리닝(library screening)**이라 부른다. 어떤 방법을 사용할 것인가는 찾고자 하는 유전자에 대해 이용가능한 정보에 의존하는 경우가 많다.

종종 특정 유전자의 클론을 얻어내기 위해 라이브러리를 스크리닝하는 데 탐침이 이용된다. **탐침(probe)**은 라이브러리에 존재하는 찾고자 하는 유전자 또는 염기서열을 포함하는 클론의 어느 부분에 상보적인 DNA나 RNA 서열이다. 탐침은 그것을 확인할 수 있도록 표지하거나 꼬리표를 붙여야 한다. 혼성화(hybridization) 반응에 사용될 때, 탐침은 하나 또는 그 이상의 클론에 존재하는 상보적인 DNA 서열과 결합한다. 탐침은 방사성 동위원소로 표지될 수 있는데, 요즘에는 라이브러리 안의 특정 클론의 위치를 나타내기 위해 화학반응이나 발색반응을 하는, 방사성 동위원소가 아닌 화합물로 표지되는 경향이 있다.

탐침은 다양한 곳에서 얻어지는데, DNA 서열만 충분히 보존되어 있다면 다른 종으로부터 분리된 관련 유전자도 사용될 수 있다. 예를 들면, 사람 유전자와 서열이 유사한 들쥐, 생쥐, 심지어 초파리(*Drosophila*)로부터 얻어진 유전자들은 라이브러리 스크리닝에서 사람 유전자를 확인하기 위한 탐침으로 사용될 수 있다.

탐침으로 라이브러리를 스크리닝하기 위해서 라이브러리를 포함하는 세균을 한천 배지 배양 접시에 키우는데, 박테리아들은 수백에서 수천 개의 콜로니들을 형성한다(그림 20-7). 각 배양판에 있는 콜로니의 레플리카(replica)는 배양 접시의 표면 위에 나일론이나 나이트로셀룰로오스 막을 부드럽게 누름으로써 만들어진다. 이는 세균 콜로니들의 분포형태를 배양 접시에서 막으로 이동시킨다. 막에 붙은 세포들을 용해하고, 세포로부터 방출된 이중가닥 DNA를 단일 가닥으로 변성시켜 막에 결합시키는 과정을 거친다.

막에 붙어 있는 DNA를 표지된 핵산 탐침으로 선별하기 위해 다음의 과정을 따른다. 단일 가닥의 분자를 형성하기 위해 탐침을 가열한 후 빠르게 냉각한다. 다음으로 탐침을 막이 들어 있는 용액에 넣는다. 만약 막에 붙어 있는 어떤 DNA의 핵산 서열이 탐침과 상보적이라면, 탐침의 한 가닥과 막에 있는 DNA의 상보적 가닥이 결합하여 이중가닥의 DNA-DNA 혼성 분자가 형성될 것이다. 이 과정을 **혼성화(hybridization)**라 부른다.

막에 결합되지 않은 탐침 분자들을 씻어내고, 막에 남아있는 혼성 분자를 찾아낸다. 만약 방사성 탐침이 사용되었다면 막을 X선 필름으로 덮는다. 막에 붙어 있는 DNA에 결합한 탐침 분자로부터 나온 방사능은 필름에 노출될 것이고, 필름 위에 어두운 점으로 나타난다. 이 과정은 **방사선자동사진법(autoradiography)**이라고 알려져 있다. 이 점들은 클로닝하고자 하는 유전자를 지닌 배양 접시상의 콜로니를 나타낸다(그림 20-7). 필름 위의 점 위치는 배양 접시상의 일치하는 콜로니를 확인하고 얻어내는 데 사용된다. 세포들에 들어 있는 클론된 DNA는 추가적인 연구를 위해 사용될 수 있다. 일부 비방사성 탐침을 사용하는 경우, 화학반응에서 방출된 빛의 광자(화학발광, chemiluminescence)를 필름에 노출시키거나, 빛을 디지털 카메라로 포착하여 관심있는 유전자를 지닌 콜로니의 위치를 나타내는 이미지를 얻는다.

논의한 바와 같이, 라이브러리는 과학자들로 하여금 DNA를 클로닝하여 라이브러리 내에서 개별 유전자를 확인할 수 있게 한다. 라이브러리로부터 DNA를 클로닝하는 것은 여전히 응용가치가 높은 기술이다. 하지만 뒤에 배우게 될(21장 참조) 재조합 DNA 기술의 기본 방법들은 전유전체 클로닝과 염기서열

실전문제

20-2 한 동료가 당신에게 박테리아 플라스미드 벡터에 클론된 사람 유전자 cDNA 라이브러리를 제공했다. 진핵생물들에서 잘 보존되어 있는 단백질인 EF-1a를 암호화하는 클론된 효모 유전자를 탐침으로 하여 사람의 EF-1a cDNA 클론을 분리했다. 이 유전자의 염기서열을 분석한 결과 1384 nt(뉴클레오타이드)의 길이로 되어 있음을 알았다. 다음으로 이 cDNA 클론을 탐침으로 하여 사람의 유전체 라이브러리로 부터 EF-1a 유전자를 분리했다. 이 유전체 클론의 염기서열을 분석한 결과 5282 nt의 크기라는 것을 알았다. cDNA 클론과 유전체 클론 사이에서 분석된 길이의 차이를 무엇으로 설명할 수 있는가?

■ **힌트:** 이 문제는 당신이 효모 EF1-a 유전자에 접근할 수 있을 때, 사람 EF-1a 유전자를 얻어내기 위해 cDNA 라이브러리를 사용하도록 요구한다. 해결의 실마리는 cDNA 클론들은 유전체 라이브러리의 모든 유전자를 갖지는 않지만, 암호화 서열(엑손)을 포함하고 있고 이 서열은 적절한 탐침으로 확인될 수 있다는 것을 기억하는 것이다.

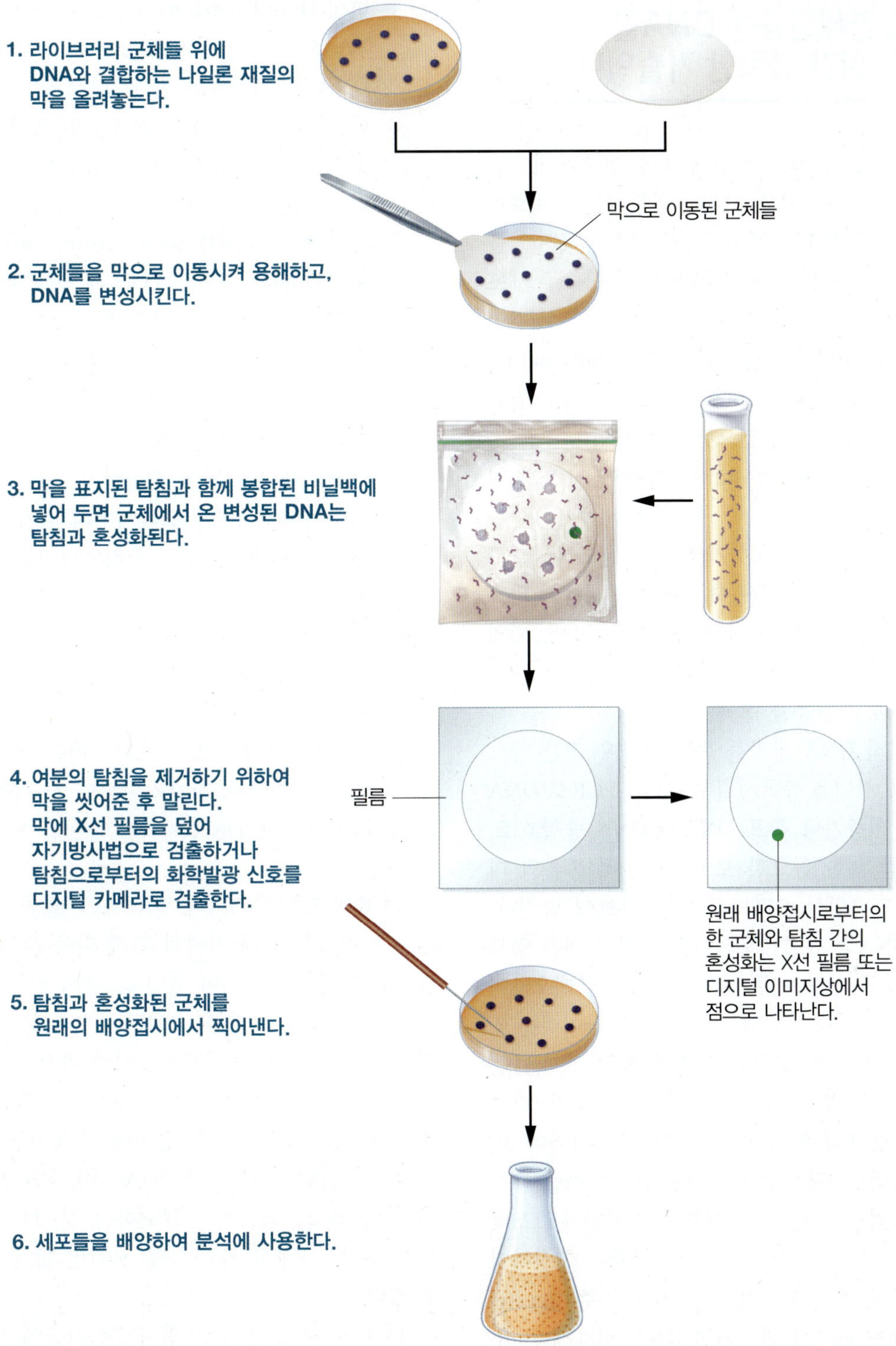

그림 20-7. 특정 유전자를 얻어내기 위한 라이브러리 스크리닝. 배양 접시 위의 박테리아에 있는 라이브러리에 DNA와 잘 결합하는 막을 씌우면 군체들은 이 막으로 이동된다. 막 위의 군체들을 분해하고, DNA를 단일 가닥으로 분리한다. 막을 완충액, 표지된 단일 가닥 탐침과 함께 혼성화 비닐 백에 넣는다. 탐침은 막에 붙어있는 상보적 서열과 이중가닥의 혼성체(hybrid)를 이룬다. 막을 비닐 백에서 꺼내고 여분의 탐침을 씻어낸다. 혼성체는 막에 X선 필름을 덮어 짧은 시간 동안 노출시켜 검출하거나 화학발광(chemiluminescence)을 디지털 카메라로 형상화하여 검출한다. 탐침과 혼성화된, 클론된 DNA를 포함하는 군체들은 점(spot)들의 방향을 맞추어 찾아낸다. 배양과 이후 분석을 위해 이 군체들로부터 세포를 얻어낸다.

결정법의 강력한 기술 발달에 기반하며, 현대 유전학과 분자생물학의 **유전체학(genomics)** 시대를 이끌었다. 라이브러리를 만들지 않고도 전체 유전체의 염기서열을 결정하는 유전체 기술은 한번에 하나 또는 몇 개의 유전자를 복제하거나 확인하는 전통적인 재조합 DNA 방식을 대체하고 있다.

20.3 중합효소연쇄반응은 DNA를 복제하기 위한 강력한 기술이다

나중에 논의하겠지만(22장 참조) 1970년대 초에 개발된 재조합 DNA 기술이 생명공학 산업을 탄생시켰다. 과학자들이 치료목적으로 사용할 수 있는 단백질인 인슐린처럼 사람 유전자들을 복제하는 것이 가능해졌기 때문이다. 하지만 벡터와 숙주 세포들을 사용하여 DNA를 복제하는 것은 노동 집약적이고 시간이 많이 소모되는 일이다. 1986년에 **중합효소연쇄반응(polymerase chain reaction, PCR)**이라 불리는 또 다른 기술이 개발되었다. 이는 재조합 DNA 방법론에 혁명을 일으켰고, 생물학 연구를 가속화시켰다. 이 기술을 개발한 Kary Mullis는 1993년에 노벨 화학상을 수상하였다.

PCR은 재조합 DNA 연구를 강력하게 하는 빠른 DNA 클로닝 방법이며, 많은 경우 클로닝을 위해 숙주 세포를 사용할 필요가 없다. PCR은 분자생물학, 인간 유전체학, 진화, 발생, 법의학 등의 많은 분야에서 응용하고 있다

일련의 시험관(*in vitro*) 반응을 통해 특정 DNA 서열을 복제함으로써, PCR은 여러 DNA 분자들 속에서 매우 적은 양으로 존재하는 목표 DNA 서열을 증폭시킬 수 있다. PCR로 DNA를 복제할 때, 증폭될 이중가닥 목표 DNA는 DNA 중합효소, Mg^{2+}(DNA 중합효소를 위한 중요한 보조인자), 네 종류의 디옥시리보뉴클레오사이드 3인산(dNTP)과 함께 튜브에 담긴다. PCR을 하려면 목표 DNA의 뉴클레오타이드 서열에 대한 일부 정보가 필요하다. 이 서열 정보는 두 개의 올리고뉴클레오타이드 **프라이머(primer)**를 합성하기 위해 사용된다. 프라이머는 짧은(일반적으로 20 nt 길이) 단일 가닥의 DNA 서열로, 하나는 증폭될 목표 DNA 한 가닥의 5′ 끝부분에 상보적이며 또 다른 프라이머는 목표 DNA의 반대편 가닥의 3′ 끝에 상보적이다. 이중가닥 DNA 샘플이 단일 가닥으로 변성되면 프라이머들은 복제될 서열 양옆의 상보적인 뉴클레오타이드에 결합한다. 그 다음에 DNA 중합효소는 목표 DNA의 두 번째 가닥을 합성하기 위해 각 프라이머의 3′ 끝을 신장시킨다. 그러므로 **주기(cycle)**이라 불리는 일련의 반응 과정이 완성되면 DNA 분자 수는 두 배로 증가한다(그림 20-8). 그 과정의 반복으로 매우 빠르게 많은 수의 복제된 DNA를 생산한다. PCR 산물들은 추가적인 사용을 위해 플라스미드 벡터에 클론될 수도 있다.

여러 이유들 때문에 PCR 반응으로 매우 긴 DNA를 증폭시키거나 무제한으로 DNA를 증폭시키기는 어렵지만, 이론적으로는 증폭되는 DNA 양은 사이클이 반복되는 횟수에 비례한다. 가장 일반적인 PCR 방법은 한 사이클 내에 일련의 세 반응 과정을 포함한다. 이 세 과정은 다음과 같다.

1. **변성(Denaturation)**: 복제될 이중가닥의 DNA는 단일 가닥으로 **변성된다**(denatured). 복제될 DNA는 유전체 DNA, 미이라화된 잔해, 화석 및 마른 피, 정액, 머리카락 같은 법의학 샘플을 포함한 많은 출처로부터 얻을 수 있다. 시료에서 추출한 이중가닥의 DNA를 92~95°C에서 약 1분간 가열하여 단일 가닥으로 변성시킨다.
2. **혼성화/어닐링(Hybridization/Annealing)**: 프라이머가 변성된 단일 가닥의 DNA에 붙도록 45~65°C 사이의 온도로 반응온도를 낮추는데 이것을 혼성화 또는 어닐링으로 부른다. 앞서 설명했듯이, 프라이머들은 목표 DNA의 양쪽 주변 서열에 상보적인 짧은 올리고뉴클레오타이드이다. 프라이머는 DNA 중합효소가 목표 DNA에 상보적인 새 DNA 가닥을 합성하기 위한 시작점으로 작용한다. 프라이머의 길이, 프라이머의 염기구성(AT가 많은 프라이머보다 GC가 많은 프라이머가 더 열에 안정), 프라이머의 모든 염기들이 목표 서열과 상보적인지 아닌지와 같은 여러 요인들은 실험을 위한 혼성화 온도를 선택할 때 우선적으로 고려해야 할 사항 중 하나이다.
3. **신장(Extension)**: 반응 온도를 65°C와 75°C 사이로 조정면 DNA 중합효소는 프라이머를 시작점으로 사용하여 5′에서 3′ 방향으로 프라이머의 각 끝에 뉴클레오타이드를 추가하여 새 DNA 가닥을 합성한다.

PCR에서 각 주기마다 새 DNA 가닥들의 수가 두 배가 되고, 새로운 가닥은 원래 가닥과 함께 다음 주기에서 주형으로 쓰인다. 각 주기는 2~5분이 걸리고, 즉시 반복될 수 있으며, 3시간 이내에 25~30 사이클의 PCR로 DNA 양이 100만 배 증가하는 결과를 가져온다(그림 20-8). 이런 과정은 미리 정해진 주기 수를 수행하도록 프로그램할 수 있는 **열순환기**(thermocycler), 간단히 PCR 기계라고 불리는 장치에 의해 자동으로 이루어진다. 결과적으로 많은 양의 특정 DNA 서열들이 만들어지고, 이 DNA는 플라스미드 벡터에 클로닝하는 것, DNA 염기서열결정, 의학적 진단, 유전적 선별 등을 포함한 많은 목적을 위해 사용될 수 있다.

PCR의 핵심 필요조건은 PCR 반응에 사용되는 DNA 중합효소의 종류이다. 많은 PCR 주기는 샘플의 반복적인 가열/냉각을 포함하고 있어서, 결국 열변성으로 대부분의 단백질이 활성을 잃게 된다. PCR 반응은 큰 활성의 손실 없이 가열과 냉각 주기를 견딜 수 있는 열에 안정한 형태의 DNA 중합효소에 의존한다. PCR은 옐로스톤 국립공원의 온천에 사는 박테리아인 *Thermus aquaticus*로부터 DNA 중합효소가 분리되었을 때 비로서 중요한 도구가 되었다. **Taq 중합효소**(Taq Polymerase)라 불리는 이 효소는 극도의 온도 변화에 견딜 수 있어서 PCR에 사

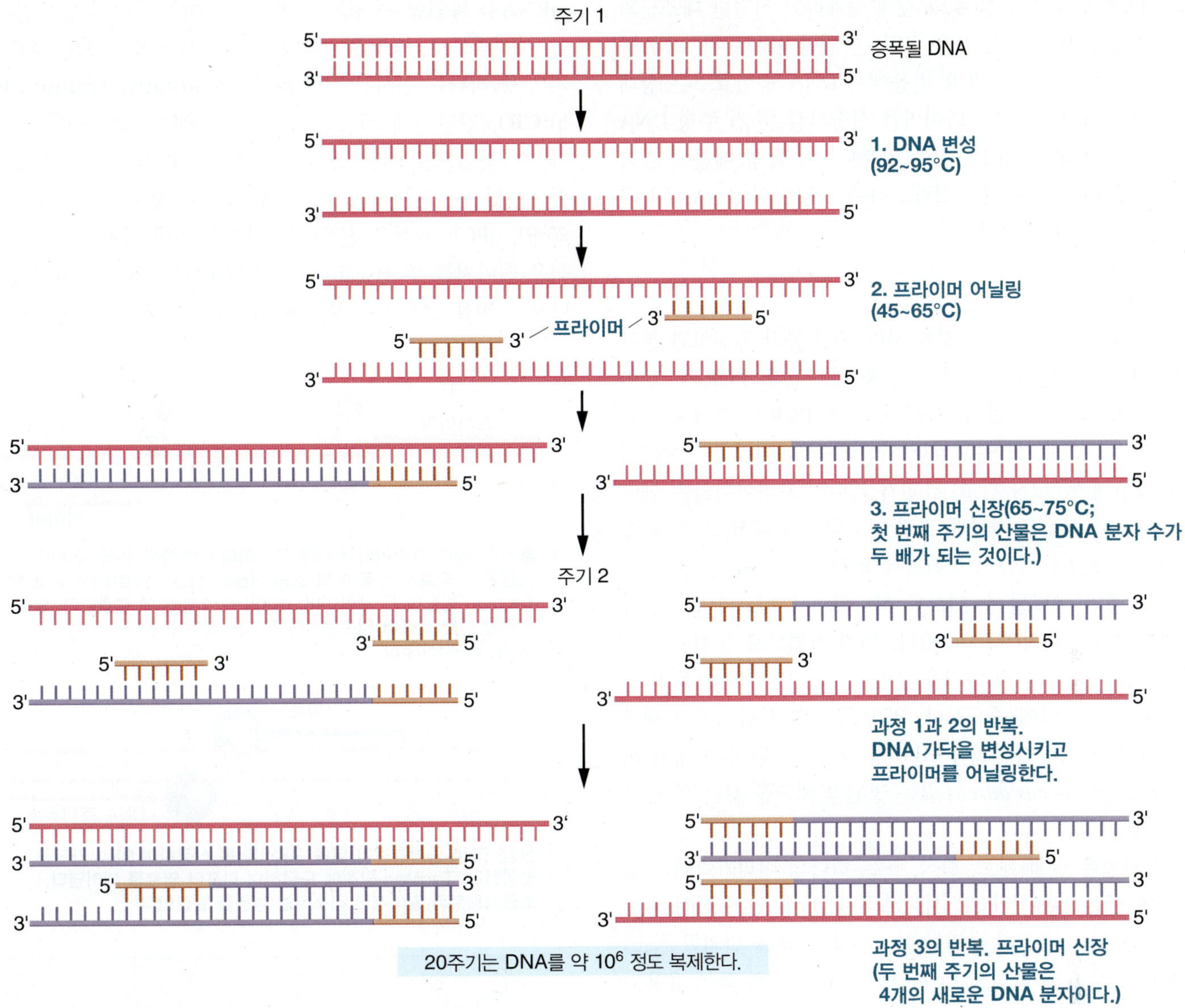

그림 20-8. 중합효소연쇄반응(PCR) 과정에서 표적 DNA는 단일 가닥으로 분리되고, 각 가닥은 짧고 상보적인 프라이머들과 결합한다. DNA 중합효소가 단일 가닥 DNA를 주형으로 프라이머에서부터 5′에서 3′ 방향으로 DNA를 합성한다. 한번의 복제 결과로 DNA 분자가 두 배로 증가하는데 두 개의 새로 합성된 이중가닥 DNA 분자가 만들어진다. PCR 과정의 반복은 원래 DNA 서열을 빠르게 100만 배 이상 증폭시킨다.

Note: 이 그림에서 보인 것은 상대적으로 짧은 DNA 서열이 증폭되는 것이다. 일반적으로 훨씬 긴 길이의 DNA가 PCR에 사용되며, 프라이머들은 실제 분자의 끝부분이 아니라 DNA 분자의 안쪽 어딘가에 결합한다.

용된 최초의 열에 안정한 중합효소였다.

PCR을 기반으로 하는 DNA 클로닝은 라이브러리 클로닝 방식에 비해 여러 이점이 있다. PCR은 빠르고, 몇 시간 이내에 수행될 수 있다. 반면에 라이브러리 스크리닝 방법은 라이브러리를 만들고 선별하는 데 며칠이 필요하다. PCR은 매우 민감하고, 단일 세포에 있는 DNA를 포함해서 아주 적은 DNA 시료에서도 특정 DNA 서열을 증폭한다. 이런 PCR의 특징은 유전자 확인, 법의학, 분자 고생물학 등 여러 방면에서의 응용에 매우 중요하다. 부분적으로 분해되고, 다른 물질들로 오염되거나, 호박과 같은 곳에 삽입된 DNA 샘플 등과 같이 전통적인 방법으로 클로닝이 어렵거나 불가능한 DNA들이 잘 설계한 프라이머를 사용하여 PCR로 증폭될 수 있다. 매우 다양한 PCR 기반 기술들은 여기서 설명한 기본 기술의 변형이다. 일반적으로 사용하는 여러 변형들은 아래에서 논의한다.

PCR의 한계

비록 PCR이 가치있는 기술이지만 그 한계가 있다. 프라이머를 합성하기 위해 목표 DNA의 뉴클레오타이드 서열에 대한 일부 정보는 반드시 알아야 한다. 게다가 다른 원천에서 온 DNA에 의한 시료의 미세한 오염도 문제가 될 수 있다. 예를 들면, 연구자의 피부에서 떨어져 나온 세포는 범죄 현장이나 화석으로부터 얻어진 시료를 오염시킬 수 있고, 정확한 결과를 얻기 어렵게 만든다. PCR 반응은 항상 주의 깊게 설계하고 적절한 대조군과 동시에 수행해야만 한다. 또한 PCR은 일반적으로 긴 DNA를 증폭시킬 수 없다. 보통 PCR 반응에서 DNA 중합효소는 상대적으로 짧은 거리만큼만 프라이머를 신장시킬 뿐 긴 주형 DNA 가닥 끝까지 DNA를 합성하지는 않는다. 이 특성 때문에 과학자들은 주로 PCR을 수천 뉴클레오타이드 길이의 DNA 조각을 증폭시키기 위해 사용한다.

PCR의 응용

PCR로 DNA를 클로닝하는 것은 지난 20년 동안 유전학과 분자생물학에서 가장 널리 사용된 기법 중 하나였다. PCR과 그 변형은 다른 방식으로도 많이 응용된다. 즉, PCR은 현대 유전학에서 가장 다용도로 쓰이는 실험 기법 중 하나이다. 이 책에서 나중에 배우게 될(22장 참조) 유전자 특이적 프라이머들은 돌연변이의 위치나 성질을 빠르게 결정 가능하도록 해서, 유전적 질병과 관련된 돌연변이를 선별하는데 PCR을 사용할 수 있게 한다. 표적서열과 구별될 수 있도록 하나의 뉴클레오타이드만 다른 프라이머들을 디자인할 수 있다. 이런 방법으로 유전자 확인을 위한 대립형질 특이적 탐침을 합성할 수 있다. 그러므로 PCR은 유전질환의 진단에 중요하다. PCR은 또한 사람에게서 세균과 바이러스(간염바이러스나 HIV 등)를, 오염된 음식에서 *E. coli*와 *Staphylococcus aureus* 같은 병원성 세균을 찾는 데 중요한 진단 방법이다.

PCR 기법은 단일 세포, 화석, 또는 하나의 머리카락이나 심지어 침이 묻은 우표를 PCR 시료로 사용할 수 있는 이점이 있다. 이 책의 뒤에서(현대 유전학 특강 3장—DNA 법의학 참조) 어떻게 PCR이 유해 확인 등의 사람 확인과 법의학 등에 응용되는지 논의할 것이다. 연구자들은 또한 PCR을 사용해서 알려진 부위 옆에 위치한 특성이 밝혀지지 않은 DNA 부위를 조사할 수 있고, 심지어 DNA의 서열을 결정할 수도 있다.

역전사 PCR(reverse transcription PCR, RT-PCR)은 유전자 발현, 즉 세포나 조직에서의 mRNA 산물을 연구하는 강력한 방법이다. RT-PCR에서는 세포나 조직으로부터 RNA가 분리되고, 이중가닥의 cDNA 분자를 만들기 위해 역전사효소가 사용된다. 다음으로 관심 있는 유전자에 특이적인 프라이머로 cDNA를 증폭시키기 위해 PCR을 수행한다. 증폭된 cDNA 조각들은 아가로스 겔에서 분리해서 볼 수 있다. RT-PCR에서 증폭된 cDNA 양은 반응이 시작될 때의 상대적인 mRNA 수를 기본으로 하기 때문에, RT-PCR은 서로 다른 시료들에서 유전자 발현의 상대적인 수준을 평가하기 위해 사용될 수 있다. 증폭된 cDNA는 cDNA 라이브러리를 만들기 위해 플라스미드 벡터에 삽입될 수 있다. RT-PCR은 전통적인 cDNA 분리방법보다 더 민감하고, 세포당 하나 또는 두 개의 복사본(copy)만 존재하는 mRNA를 확인할 수 있는 방법으로도 아주 유용하게 쓰인다.

마지막으로, PCR을 논의함에 있어서 가장 중요한 현대 PCR 기법 중 하나는 **실시간 정량 PCR(quantitative real-time PCR, qPCR)**, 간단하게 실시간(real-time) PCR이라 불리는 방법이다. 이 방법으로 실험 동안에 만들어진 PCR 산물의 양을 확인할 수 있으며 '실시간'으로 증폭 반응을 정량화할 수 있다(그림 20-9). qPCR 실험을 진행하는 여러 방법이 있지만 기본적인 형식은 레이저를 주사(scan)하여 각 PCR 튜브의 위나 아래를 통해 나오는 빛을 검출하는 특화된 열순환기의 사용과 관련이 있다.

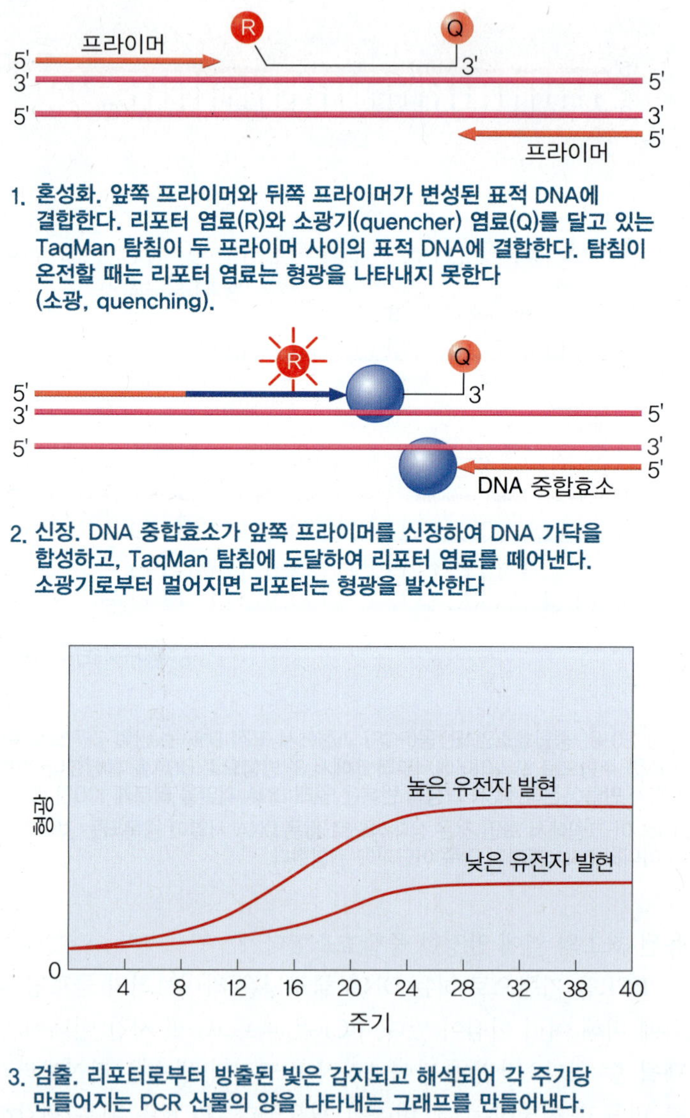

그림 20-9. TaqMan 방식의 실시간 정량 PCR(quantative real-time PCR, qPCR)은 한 쌍의 PCR 프라이머와 표적유전자에 상보적인 탐침 서열을 사용한다. 탐침의 한쪽 끝에는 리포터 염료(R)를, 반대쪽 끝에는 소광기 염료(Q)를 달고 있다. 소광기 염료가 리포터 염료에 근접해 있을 때 리포터 염료는 형광을 나타내지 못한다. Taq DNA 중합효소가 DNA 가닥을 합성하여 리포터 염료를 떼어내면 비로소 리포터 염료는 형광을 발산한다. (b) 다음 단계의 PCR 반응에서는 더 많은 리포터 염료를 떼어내게 되고 염료로부터 발산되는 빛의 증가는 형광의 강도에 대한 정보를 만들어 내기 위해 컴퓨터에 감지된다.

각 반응 튜브에는 염료가 포함된 탐침이나, 레이저에 의해 비춰질 때 형광을 방출하는 DNA 결합 염료가 들어 있다. 염료에 의해 방출된 빛은 증폭된 PCR 산물의 양과 관련이 있다. 각 튜브에서의 빛은 탐지기에 의해 포착되는데, 탐지기는 각 주기 후에 생성된 형광의 양과 원래 시료 내의 정확한 분자 수에 대한 정보를 컴퓨터로 중계한다.

일반적으로 사용되는 qPCR 방식은 SYBR Green이라는 염료를 사용하는 방식과 TaqMan 탐침을 사용하는 두 가지가 있다. SYBR Green은 이중가닥 DNA에 결합하는 염료이다. 실시간 PCR의 각 반응주기마다 이중가닥 DNA가 복제되고, 따라서 SYBR Green과 결합하는 DNA들이 늘어나고, 방출되는 형광이 증가한다. TaqMan 탐침은 PCR의 정향 프라이머(forward primer)와 역향 프라이머(reverse primer)가 결합하는 지점 사이의 표적 DNA의 특정 부분에 상보적이다(그림 20-9). TaqMan 탐침은 두 개의 염료를 포함한다. 하나는 리포터(reporter)로 탐침의 5′ 끝에 위치하고 열순환기로부터 레이저에 의해 자극될 때 형광을 방출할 수 있다. 소광기(quencher)라 불리는 다른 하나는 탐침의 3′ 끝에 부착된다. 두 염료가 서로 가까이 있을 때, 소광기는 리포터 염료로부터 방출된 형광을 방해한다.

Taq DNA 중합효소는 각 프라이머를 신장시키기 때문에 탐침의 끝에서 리포터 염료를 제거한다(결국 탐침 전체가 제거된다). TaqMan 방식은 탐침이 추가적인 서열 특이성을 주기 때문에 하나 이상의 서열을 증폭시키는 프라이머를 사용할 때 유용하다. 반응이 진행되면서 리포터 염료가 소광기로부터 분리되기 때문에 리포터에 의해 방출된 형광은 열순환기에 의해 탐지된다. 컴퓨터는 탐지된 빛을 분석하여 각 주기에서 방출되는 형광의 양을 나타내는 그래프를 작성한다. qPCR은 전기영동 과정이 없기 때문에 특히 다중 시료들에서 여러 유전자들을 분석할 때 유전자 발현의 변화를 측정하고 수량화하는 강력하고 빠른 기법이다.

실전문제

20-3 당신은 세계에서 처음으로 기린의 친척인 아프리카 오카피로부터 유전체 라이브러리를 막 만들었다. 어느 유전자도 이 유전체에서 이전에 분리되거나 알려진 바 없다. 당신은 오카피 라이브러리로부터 산소를 운반하는 단백질인 β-글로빈을 암호화하는 유전자를 분리하길 원한다. 이 유전자는 사람에서 분리되어 뉴클레오타이드 서열과 아미노산 서열이 데이터베이스에서 이용 가능하다. 이용 가능한 사람 β-글로빈 유전자에 대한 정보를 사용해서, 오카피 라이브러리로부터 이 유전자를 분리하기 위해 사용할 수 있는 두 가지 전략은 무엇인가?

■ **힌트:** 이 문제는 당신이 막 서열을 알아낸 종의 β-글로빈 유전자를 증폭시키기 위해 PCR 프라이머를 설계하도록 요구한다. 해결의 실마리는 마음대로 사용할 수 있는 사람 β-글로빈 유전자에 대한 정보를 가지고 있다는 것을 기억하고, PCR 실험이 증폭될 DNA의 상보적인 염기에 결합하는 프라이머의 사용을 필요로 한다는 것을 고려하는 것이다.

더 연습하려면 16, 18번 문제를 참조하시오.

20.4 DNA를 분석하는 분자적 기술들

클로닝이나 PCR을 통해 유전자 또는 DNA 서열을 알아내는 것은 유전체의 구조와 기능을 분석하는 데 매우 강력한 역할을 한다. 유전학자, 분자생물학자를 포함하여 DNA와 RNA를 연구하는 어느 누구나, 특히 유전자의 구조, 발현, 기능을 연구하는 연구자는 클로닝과 PCR 외에도 여러 가지 분자생물학적 기술을 사용한다. 다음에서는 클로닝된 DNA의 구성과 기능에 대한 정보를 얻을 때 가장 일반적으로 사용하는 분자생물학적 방법에 대해 언급하겠다.

제한효소 지도작성

역사적으로 DNA 클론을 분석하는 첫 번째 단계는 **제한효소 지도(restriction map)**를 작성하는 것이다. 제한효소 지도는 클론된 DNA 조각 내의 제한효소 절단 부위의 수, 순서, 거리 등을 확정하여 클론된 삽입 DNA의 길이와 클론 내의 제한효소 절단 위치 등에 대한 정보를 제공한다. 이 지도가 제공하는 정보는 유전자 조각을 다시 클로닝하거나 클론된 유전자 조각의 정보를 클론된 다른 DNA와 비교하는 데 사용할 수 있다.

DNA 염기서열결정법과 생물정보학이 널리 보급되기 전에는 여러 제한효소로 DNA를 자르고, DNA 조각을 겔 전기영동으로 크기별로 분리(제일 작은 조각이 제일 빨리 이동함)하는 실험방법으로 제한효소 지도를 작성하였다(그림 10-20 참조). DNA 조각들은 겔상에서 일련의 밴드(띠)를 형성하는데 이 밴드들을 DNA에 결합하는 염료인 EtBr(에티디움 브로마이드, ethidium bromide)로 염색하고 자외선을 조사하여 눈에 보이게 한다(그림 20-10). 그리고 조각들의 절단양상을 해석하여 여러 제한효소들의 절단자리를 결정한다.

DNA 염기서열결정법과 생물정보학의 발달로 지금은 소프트웨어를 사용하여 제한효소 지도를 제작한다. 이 장의 유전체학 탐색 연습에서는 제한효소 지도를 제작할 때 흔히 사용되는 Webcutter라는 웹사이트를 소개한다. 제한효소 지도는 클론된 DNA를 분석하는 데 중요한 방법이었고, DNA가 유전자를 포함하는지 안하는지, 어떤 기능을 갖고 있는지 등의 다른 정보 없이도 만들 수 있다. 인간 유전체 프로젝트에서 사람 유전체에 대

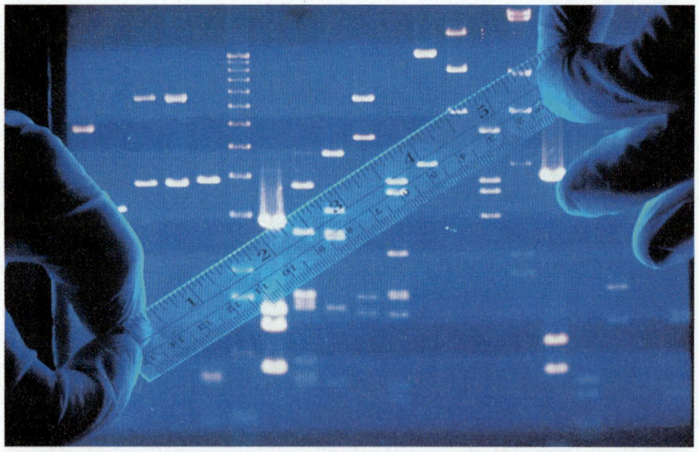

그림 20-10. DNA 조각을 아가로스 겔 전기영동으로 분리한 후 DNA와 결합하는 염색약(ethidium bromide, EtBr)으로 염색하고 자외선 하에서 눈에 보이게 한 사진이다. 작은 조각들은 큰 조각들보다 빨리 이동하여 위의 그림과 같은 분포를 이루게 된다. 아가로스 겔 전기영동 등과 같은 분자적 기술들은 다양하게 활용된다.

한 제한효소 지도는 염기서열 분석을 위하여 유전체를 조각으로 분해하는 데 중요하다.

또한 만약 제한효소 자리에 대한 지도가 돌연변이 좌위와 근접해 있다면, 이 자리는 열성 유전질환의 보인자를 알아내기 위한 유전적 검사의 표지로서 사용되거나 태아의 유전형을 검진하는 데 사용될 수 있다. 이 주제는 교재의 후반부에 논의될 것이다(22장 참조).

핵산 블롯팅

이 장에서 언급하는 여러 기술들은 상보적인 핵산(DNA 또는 RNA) 분자들의 혼성화(hybridization)에 기반한다. 이런 혼성체들을 검출하는 데 가장 널리 사용되는 방법 중의 하나가 서던 블롯팅(이 방법을 고안한 Edwin Southern의 이름을 땀)이다. **서던 블롯(Southern blot)** 방법은 라이브러리 안에서 특정 DNA 서열(β-글로빈 유전자와 같은)을 갖고 있는 클론을 찾고자 할 때, 또 DNA 조각의 크기를 알고자 할 때 사용할 수 있다. 서던 블롯은 또한 유전체 DNA를 제한효소로 잘랐을 때 어떤 조각이 특정 유전자를 포함하고 있는지 알아내는 데도 사용할 수 있다. 서던 블롯으로 확인한 유전체 클론들은 분리해서 클로닝할 수 있는데, 이는 유전자의 일부를 연구할 수 있는 길을 제공한다. 서던 블롯은 특정 서열이나 유전자가 유전체에 몇 복사본(copy) 존재하는지 알아보는 데 중요한 수단으로 사용되었다.

서던 블롯은 두 가지 요소를 가지고 있다. 즉, DNA 조각을 전기영동으로 분리하는 것과 표지된 탐침을 이용하여 DNA 조각과 혼성화하는 것이다. 제한효소에 의해 잘린 조각들의 수와 분자량을 분석하기 위해 겔 전기영동을 사용한다. 그러나 30억 개 이상의 뉴클레오타이드를 갖는 사람 유전체와 같은 커다란 유전체를 제한효소로 자를 경우 너무 많은 조각들이 만들어져서 전기영동으로 분리할 경우 겔상에서 밴드로 보이는 것이 아니라 연속적으로 끌리는 모양을 나타낸다. 이 경우에 특정 조각을 찾아내려면 다음 단계로 조각 안의 DNA 염기서열에 의해 특징 지어지는 혼성화를 수행해야 한다.

서던 블롯을 하기 위해 DNA를 하나 이상의 제한효소로 자르고, 잘려진 조각을 겔 전기영동으로 분리한다(그림 20-11). 때로 플라스미드 DNA와 같이 작은 DNA를 분석할 때는 제한효소로 자르지 않은 DNA가 서던 블롯에 사용되기도 한다. 혼성화를 준비할 때 염기성 조건을 주어 겔 안의 DNA를 단일 가닥으로 변성시킨다. 다음으로 보통 DNA와 잘 결합하는 나일론으로 만들어진 막을 겔 위에 덮는다. DNA 조각을 막으로 이동시키기 위해 막과 겔 위에 완충용액에 담긴 거즈를 놓는다. 몇 장의 종이수건 또는 블롯용 종이를 막 위에 올리고 그 위에 무게가 나가는 것을 올린다. 모세관 현상으로 완충용액이 겔을 통과해 이동하면서 DNA 조각을 겔에서 막으로 이동시킨다.

혼성화를 위하여 막을 표지된 단일 가닥 DNA 탐침과 함께 반응시킨다. 오랫동안 주로 방사선 동위원소로 표지된 탐침으로 서던 블롯을 수행하였으나 요즘에는 형광 또는 화학발광을 이용한 탐침이 주로 사용된다. 막 위의 DNA 조각은 탐침의 뉴클레오타이드 서열과 상보적이어서 탐침과 결합하여 이중가닥 혼성체를 형성한다. 여분의 탐침을 씻어낸 후 혼성화된 조각들은 필름을 사용하여 눈에 보이게 한다(그림 20-11, 20-12).

그림 20-12를 만들기 위해 연구자들은 유전체 DNA를 여러 개의 제한효소들로 잘랐다. 각 제한효소로 잘랐을 때의 조각 형태는 그림 20-12(a)에 보이고 있다. 이 겔의 서던 블롯이 그림 20-12(b)이다. 탐침이 상보적인 서열에 혼성화되므로 관심이 있는 조각을 찾아낼 수 있다.

서던 블롯은 다른 블롯 방법의 개발을 가져왔다. RNA 블롯팅은 **노던 블롯 분석(Northern blot analysis)** 또는 간단히 **노던 블롯팅(Northern blotting)**이라 부르며, 방향을 나타내는 이름과 연관지어서 단백질과 관련된 블롯팅 기술을 **웨스턴 블롯팅(Western blotting)**이라 부른다. 웨스턴 블롯팅은 단백질을 분석하기 위해 널리 사용되는 기술이다. 서던 블롯팅의 역사적 중요성 중 하나는 핵산과 단백질을 연구하는 데 중요한 수단인 다른 블롯팅 방법의 개발을 불러왔다는 것이다.

역전사-PCR(RT-PCR)과 실시간-PCR(real-time PCR) 방법이 개발되기 전에는 유전자 발현을 연구하는 가장 일반적인 방법이 노던 블롯이었다. 세포나 조직에서 어떤 유전자가 발현되고 있는지 알아보기 위해 노던 블롯으로 클론된 유전자와 상보적인 mRNA의 존재를 찾아냈다(그림 20-13). 이를 위해 세포나

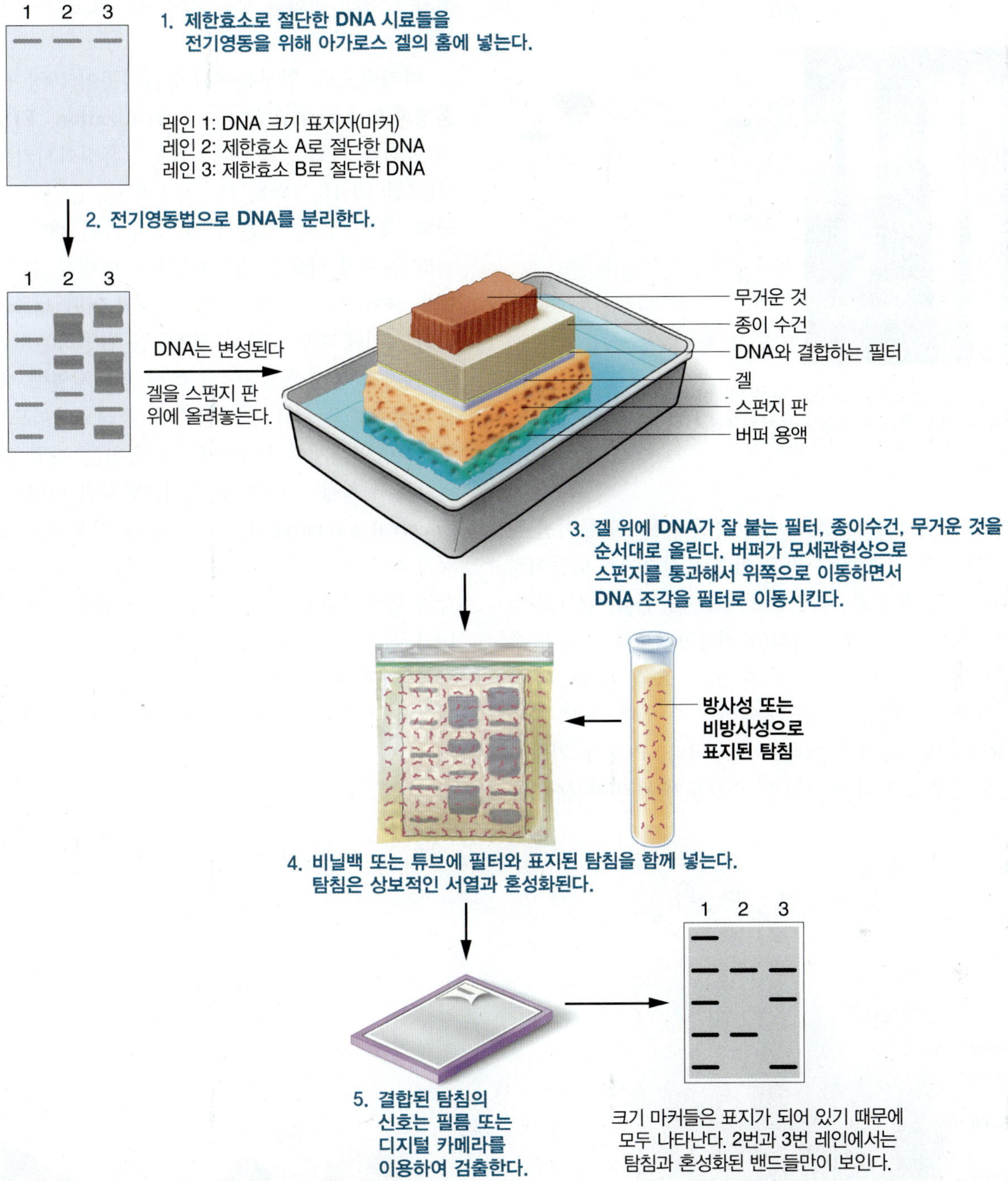

그림 20-11. 서던 블롯 기술에서, 검출할 DNA를 포함하는 시료를 제한효소로 절단하고 DNA 조각들을 전기영동으로 분리한다. DNA 조각들이 분리된 양상을 염색으로 보이게 하여 자외선 조사하에서 사진을 찍는다. 그러고 나서 겔을 버퍼에 잠겨 있는 스펀지 판에 올려놓고 그 위에 DNA가 잘 붙는 막(membrane)을 덮는다. 몇 장의 종이수건을 막 위에 올려놓고, 그 위에 무거운 것을 올린다. 모세관 작용이 겔을 통해 완충용액을 이동시키고 이때 DNA 조각들이 분리된 양상 그대로 겔에서 막으로 이동된다. 막 위의 DNA 조각들은 단일 가닥으로 분리시키고, 표지된 DNA 탐침과 혼성화하는 과정을 거친다. 여분의 탐침을 제거하기 위해 막을 세척한 후 방사선자동사진법으로 검출하기 위해 막 위에 X선 필름을 얹거나 탐침으로부터의 화학발광을 디지털 카메라로 검출한다. 혼성화된 조각들은 X선 필름에 밴드 형태로 나타난다.

조직으로부터 mRNA를 추출하고 겔 전기영동으로 분리한다. RNA 밴드들은 서던 블롯에서와 마찬가지로 막에 옮겨진다. 해당 유전자의 클론으로부터 만들어진 표지된 단일 가닥 DNA 또는 RNA 탐침을 이 막에 처리한다. 만일 DNA 탐침에 상보적인 mRNA가 존재하면, 상보적인 서열들은 혼성화될 것이고 필름에 밴드 형태로 검출될 것이다. 노던 블롯은 특정 유전자의 발현에 대한 정보를 제공하며 배아 조직, 암, 유전질환 등에서 유전자 발현 양상을 연구하는 데 사용된다. 또한 노던 블롯은 선

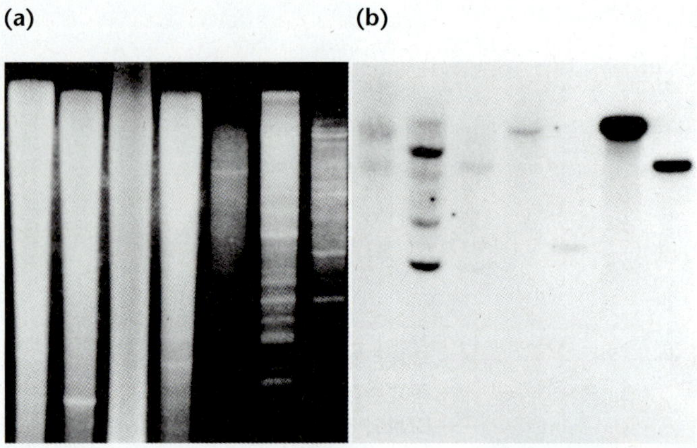

그림 20-12. (a) DNA 조각들을 보이게 하기 위하여 EtBr로 염색한 아가로스 겔. (b) (a)의 겔로부터 수행한 서던 블롯 분석의 X선 사진. (c) 탐침과 상보적인 DNA 서열을 갖는 밴드들만이 혼성화를 이룬다.

택적으로 스플라이싱된 mRNA(하나의 유전자에서 만들어진 여러 종류의 전사물)를 검출할 수 있고 어떤 유전자에서 만들어진 mRNA 전사물 크기와 같은 다른 정보들도 제공한다. 밴드의 밀도를 측정하여 그 유전자의 상대적인 전사활성도를 측정할 수 있다. 그러므로 노던 블롯은 서로 다른 세포, 조직, 개체에서 유전자들의 전사활성도 특징과 정도를 알아낼 수 있다. 노던 블롯은 아직도 RNA 발현분석에 때때로 사용되나, PCR에 기반한 방법들이 블롯 방법보다 더 빠르고 더 민감도가 높기 때문에, 유전자 발현의 변화를 보는 경우 RT-PCR과 같은 기술들이 선호된다.

마지막으로, 앞부분에서 언급했듯이(10장 참조), **형광제자리 혼성화(fluorescent *in situ* hybridization, FISH)**는 블롯팅 없이 탐침을 직접 염색체나 RNA와 혼성화시키는 강력한 방법이다(그림 10-18, 18-8, 18-9). FISH는 슬라이드 위의 분리된 염색체, 조직 절편, 또는 전체 개체(특히 배아가 발생유전학적인 여러 연구에 사용될 경우)에 대해 수행할 수 있다(그림 20-14). 예를 들어, 발생학 연구에서 배아의 어떤 세포들이 발생 과정의 특정 시기에 어떤 다른 유전자들을 발현하는지 알아볼 수 있다.

제자리 혼성화실험에서 특정 염기서열에 대한 탐침은 형광을 내는 특정 염료가 결합된 뉴클레오타이드로 표지된다. 예를 들어 염색체에 혼성화될 때 탐침은 특정 염색체상의 한 유전자의 위치를 나타낼 수 있다. 변형된 FISH 기술이 **분광핵형(spectral karyotype)**을 만드는 데 사용되고 있는데, 여기서는 각기 다른 파장의 형광을 내는 염료로 표지된 탐침에 의해 각각의 염색체들이 검출될 수 있다(8장의 첫 페이지 사진과 그림 19-1 참조). 분광핵형은 염색체 구조의 결실, 전좌, 중복 및 염색체의 재배열과 같은 다른 이상들(8장에서 논의됨)과 암 세포에서의 염색체 이상을 검출하는 데 매우 유용하다(19장에서 논의됨).

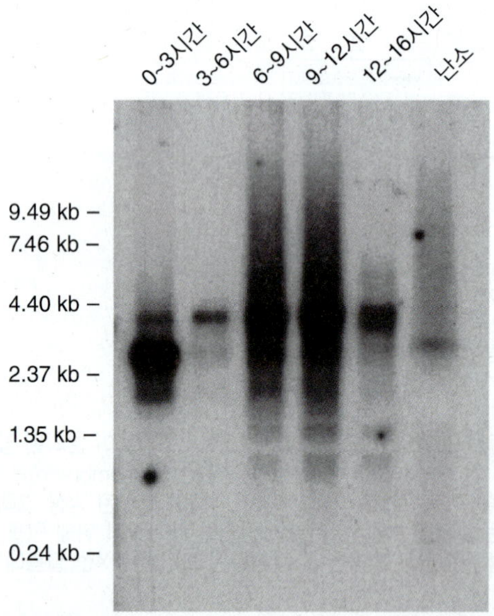

그림 20-13. 초파리 난소와 배아에서 *dfmr1* 유전자의 발현에 대한 노던 블롯 분석. 약 2.8 kb의 *dfmr1* 전사물이 난소와 0~3시간째의 배아에 존재한다. *dfmr1* 전사물은 배아발달 9~12시간 사이에 가장 많이 발현되며, 크기는 4.0 kb로 보인다. 이런 결과는 *dfmr1* 유전자 발현이 배아발달 과정에서 전사 또는 전사물 가공 과정에서 조절될 것이라는 점을 보여준다. *dfmr1* 유전자는 사람의 *FMR1* 유전자에 상응한다. *FMR1*의 기능결손돌연변이는 사람에서 취약-X(fragile-X) 지능저하를 유발한다.

그림 20-14. 근육 특이적 칼슘 펌프를 암호화하는 *atp2a1* 유전자의 mRNA 발현을 보여주는 수정 48시간 후 제브라피쉬 배아의 제자리 혼성화(*in situ* hybridization) 결과. *atp2a1*의 발현을 나타내는 탐침은 짙은 청색으로 염색된다. 배아의 발달하고 있는 척수를 둘러싼 근육세포들에 염색이 한정되어 있다는 것에 주목하라.

20.5 DNA 염기서열결정법은 분자수준에서 DNA 구조를 분석할 수 있는 궁극적인 방법이다

한 유전자에서 전체 유전체에 이르기까지 클로닝된 DNA는 그 염기서열을 알 때만이 분자수준에서 완전히 분석될 수 있다. DNA의 염기서열을 결정할 수 있는 능력은 유전체의 구성에 대한 이해를 증진시켰고 유전자의 구조, 기능, 조절의 기전에 대한 지식을 증가시켰다.

역사적으로 DNA 염기서열을 결정하는 가장 일반적인 방법은 Fred Sanger와 동료들에 의해 개발되었고, **다이디옥시뉴클레오타이드 사슬종결 염기서열결정법(dideoxynucleotide chain-termination sequencing)** 또는 간략히 **생어 염기서열결정법(Sanger sequencing)**이라고 부른다. 이 기술에서 염기서열이 결정될 이중가닥 DNA 분자는 단일 가닥으로 전환되어 일련의 상보적 가닥을 합성하는 데 사용된다. 염기서열이 결정될 DNA는 DNA 중합효소, 네 종류의 디옥시리보뉴클레오타이드3인산(dATP, dCTP, dGTP, dTTP)과 함께 표적 DNA 또는 벡터에 상보적인 프라이머와 섞여 각 튜브에 넣어진다.

생어 방법의 핵심은 **다이디옥시뉴클레오타이드(dideoxy-nucleotide**, 약칭 ddNTP)라 불리는 변형된 디옥시리보뉴클레오타이드(그림 20-15)를 소량 추가하는 것이다. 다이디옥시뉴클레오타이드는 3′수산화기 대신에 수소를 가지고 있음을 주목하라. 다이디옥시뉴클레오타이드는 다른 뉴클레오타이드와 인산다이에스터 결합을 형성하는 데 필요한 산소가 없기 때문에 사슬종결 뉴클레오타이드라 불린다. 그러므로 ddNTP가 DNA 합성반응에 포함되면 중합효소는 합성되고 있는 DNA 가닥에 dNTP 대신에 ddNTP를 가끔 집어 넣는다. ddNTP는 3′-OH 잔기가 없기 때문에 다른 뉴클레오타이드와 결합할 수 없다. DNA 중합효소가 ddNTP 다음에 더 이상 새로운 뉴클레오타이드를 넣을 수 없기 때문에 DNA 합성은 끝이 난다. 생어 반응은 이러한 핵심적 변형의 이점을 취한 것이다.

예를 들어 그림 20-16에서 만들어진 가장 짧은 조각은 프라이머의 3′ 말단에 ddCTP가 추가된 것임을 주목하라. 시간이 지나 반응이 진행됨에 따라 결국 ddNTP는 새롭게 합성되는 DNA의 모든 부위에 끼어들어갈 것이고 만들어지는 각각의 가닥들은 하나의 염기만큼 길이가 다르게 되며 ddNTP에 의해 반응이 종료된다. 따라서 만들어진 DNA 조각들은 전기영동에 의해 분리되어 염기서열결정에 이용될 수 있다.

생어 방법이 처음 개발되었을 때에는 각각 하나의 ddNTP(ddATP, ddCTP, ddGTP, ddTTP)가 들어 있는 네 개의 독립적인 반응이 진행되었다. 이 반응들은 방사선으로 표지된 프라

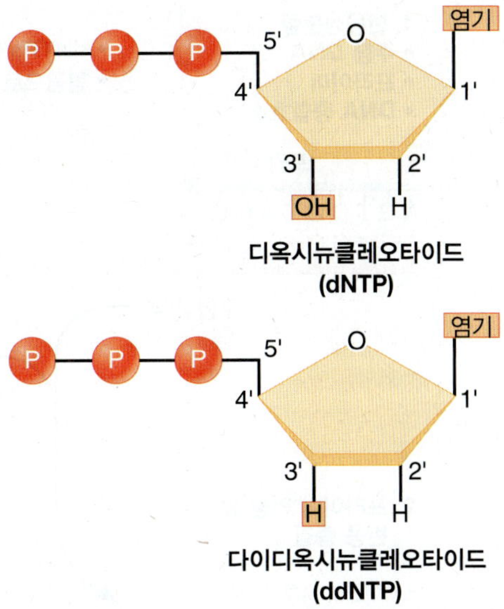

그림 20-15. 디옥시뉴클레오타이드(위)는 디옥시리보오스 분자의 3′ 위치에 OH를 가지고 있다. 다이디옥시뉴클레오타이드(아래)는 이 위치에 OH가 없고 H를 가지고 있다. 다이디옥시뉴클레오타이드는 합성되고 있는 DNA 가닥에 들어갈 수는 있지만, 3′-OH가 없기 때문에 다른 뉴클레오타이드와의 인산다이에스터 결합을 형성할 수 없어서 DNA 가닥이 더 이상 연장되지 않는다.

이머나 방사선으로 표지된 ddNTP를 사용하여 폴리아크릴아미드 전기영동 후에 방사선자동사진법으로 염기서열을 분석하도록 하였다. 역사적으로, 이 방법에는 각각의 반응물을 겔의 독립된 홈(lane)에 넣어 분리하도록 되어 있는 커다란 폴리아크릴아미드 겔과 방사선자동사진법에 의해 나타나는 사다리 모양의 밴드 형태를 읽어 염기서열을 결정하는 과정이 포함되었다. 원래의 접근 방법으로는 일반적으로 동시에 100개의 DNA 분자에 대해 약 800개의 염기서열을 읽을 수 있었다. **판독 길이(read length)**—단일 개별반응에서 얻어질 수 있는 염기서열의 양으로, 효과적으로 읽을 수 있는 길이 곱하기 주어진 시간 동안 기계가 실행할 수 있는 반응의 수로 결정되는, 즉 한번의 염기서열 분석으로 얻어지는 DNA 염기서열의 총량—는 서열결정 기술에서 혁신을 위한 중심분야가 되었다.

지난 20년 동안, 생어 기술의 변형으로 서열결정 반응이 한 튜브에서 일어나도록 하였다. 그림 20-16에서 보듯이, 네 종류의 ddNTP들은 각각 서로 다른 색의 형광염료로 표지된다. 이 반응은 PCR과 유사한 연쇄반응을 이용한 방법으로 수행된다. 반응산물은 하나의 모세관 겔(capillary gel)이라 불리는 초박형 폴리아크릴아마이드 튜브 겔을 통하여 분리된다(모세관 겔 전기영동). DNA 조각은 겔을 통해 이동하고 레이저에 의해 읽혀진다. 레이저는 DNA 조각에 붙어 있는 형광염료를 자극하여 각각의 ddNTP가 독립된 파장의 빛을 내게 한다. 그 빛은 탐지기에 포착되어 증폭되고, 정보가 컴퓨터로 이동되어 빛의 유형이

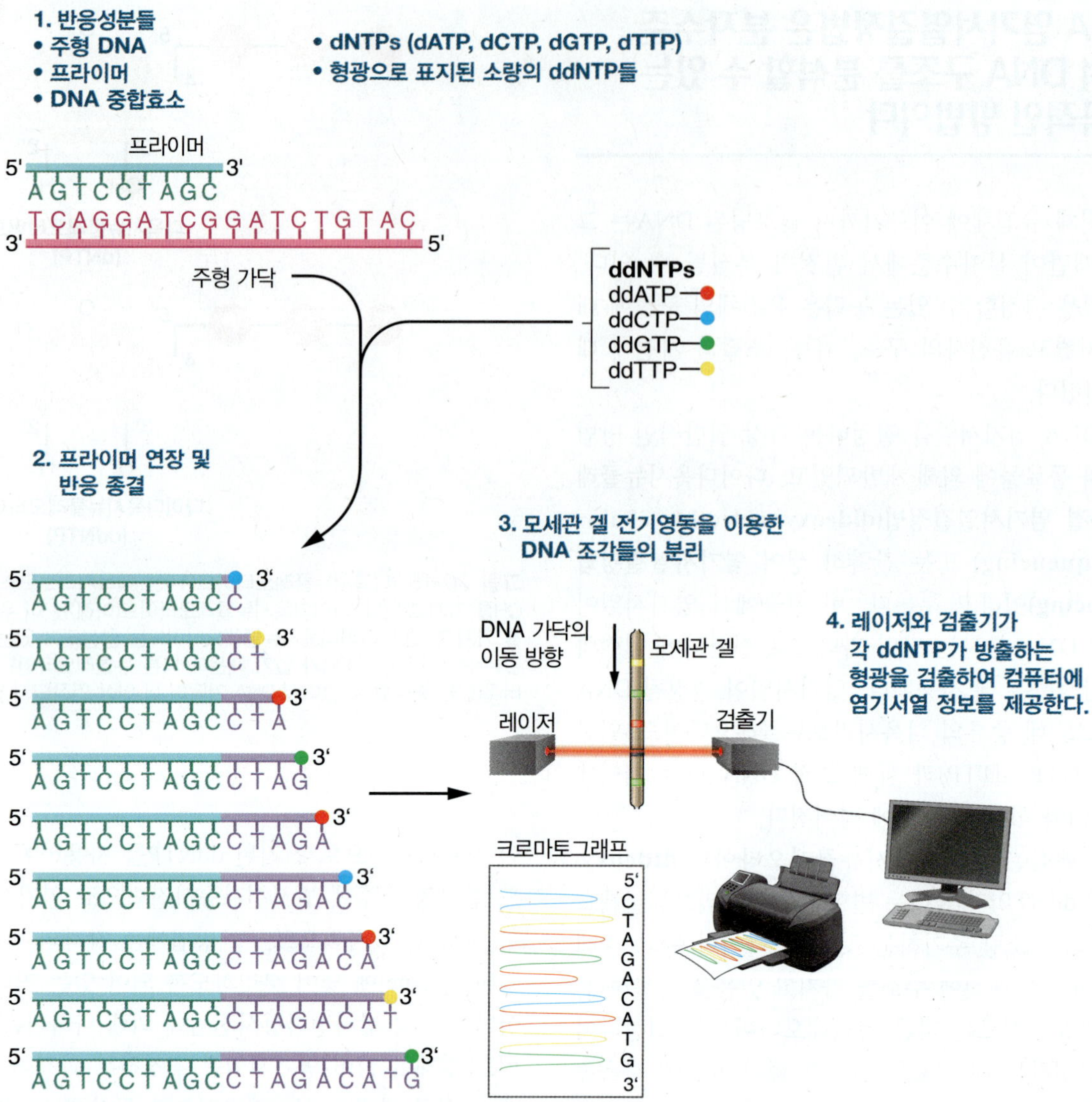

그림 20-16. 생어 방법을 사용한 컴퓨터-자동화 DNA 염기서열분석. (1) 프라이머가 서열분석을 하고자 하는 DNA 부위에 결합된다(일반적으로 클로닝 벡터의 다중클로닝부위 근처). (2) 반응 혼합물을 프라이머-주형이 들어 있는 튜브에 넣는다. 반응혼합물은 DNA 중합효소, 네 종류의 dNTP들, 형광염료가 붙어 있는 소량의 다이디옥시뉴클레오타이드들을 포함한다. 네 종류의 ddNTP는 모두 동일한 반응튜브에 넣어주고, 반응이 진행되는 동안 모든 가능한 길이의 DNA 사슬들이 만들어진다. 반응이 진행되는 동안 중합효소는 때때로(무작위적으로) dNTP 대신에 ddNTP를 사용하는데, ddNTP는 다음 뉴클레오타이드가 결합할 OH를 가지고 있지 않기 때문에 반응이 종결된다. 반응 전체에 걸쳐서 모든 가능한 반응종결 부위에는 끼어들어간 ddNTP가 있다. 반응산물들은 모세관 겔(capillary gel)의 한 레인에 넣어지고, 밴드는 검출기와 이미지 측정장비에 의해 읽힌다. 이 과정은 컴퓨터에 의해 자동화되고, 로봇화된 기계들이 24시간 내에 수십만 뉴클레오타이드를 서열분석하여 저장하고 데이터를 자동으로 분석한다. 염기서열은 프라이머의 신장반응에서 얻어지고, 새로 만들어지는 가닥에서 읽힌다. 그러므로 이 경우, 얻어지는 서열은 5′-CTAGACATG-3′으로 시작한다.

DNA 염기서열로 전환된다. 정보들은 일련의 색깔을 띠는 피크(peak) 형태를 보이는데, 각 피크는 염기서열 내의 각 뉴클레오타이드를 나타낸다.

1990년대 초반 이후로 DNA 서열결정은 컴퓨터로 자동화된 생어 반응에 기반한 기술로 수행되었고 이를 **컴퓨터-자동화 고처리 DNA 염기서열결정법(computer-automated high-throughput DNA sequencing)**이라 한다. 이런 체계는 상대적으로 많은 양의 DNA 염기서열을 분석해 낸다. 컴퓨터-자동화 DNA 염기서열 결정법으로 약 1000 bp 크기의 염기서열을 99.999%의 정확도와 kb당 0.5달러의 가격으로 분석할 수 있다. 컴퓨터-자동화 DNA 염기서열 결정은 때때로 여러 개의 모세관 겔(최대 96개)을 사용하기도 하는데, 이 겔들은 몇 피트(feet)의 길이에 수천 개의 염기서열을 분석할 수 있어서 이런 장치들의 대부분은 하루에 2백만 bp 이상의 정보를 생산할 수 있게 한다. 이런 체계는 빠른 속도로 가속되는 인간 유전체 프로젝트(Human Genome Project)에 필수적인 요소가 되었다.

염기서열결정 기술은 빠르게 발전하였다

Fred Sanger가 1980년에 염기서열결정 기술로 노벨 화학상을 수상(Walter Gilbert, Paul Berg와 함께 수상함)한 이후로 30여 년 만에 DNA 염기서열결정 기술은 서열결정 능력을 획기적으로 향상시키는 놀라운 발전을 이루었다. 생어 서열결정 기술(특히 모세관 전기영동과 같은 컴퓨터-자동화 기기)은 PCR에 의해 증폭된 작은 DNA 조각의 염기서열 결정과 같이 서열결정을 필요로 하는 일상적인 작업에 사용되고 있다.

그러나 전체 유전체 서열결정에 있어서는 생어 염기서열결정 기술은 구식이다. 생어 염기서열결정의 비용은 새로운 기술들에 비하여 상대적으로 높고, 컴퓨터-자동화 DNA 염기서열 결정을 포함하더라도 생어 서열결정법으로 얻어내는 정보량은 늘어나고 있는 유전체 정보의 수요를 충족시키지 못한다. 이 수요는 대부분 개인별 유전체 분석(21장 참조)에 의한 것과 인간 질병의 유전적 기초를 알아내고자 하는 요구에 의한 것인데 여기에는 수많은 개인의 유전체 염기서열이 필요하다. 뒷부분에서 논의하겠지만(21장 참조), 사람 개인의 유전체 염기서열을 1000달러에 완전히 결정할 수 있는 염기서열결정 기술의 개발 경쟁이 시작되었다. **차세대염기서열결정법[next-generation sequencing(NGS) technologies]**의 개발로 이것이 생각보다 빨리 가능하게 될 것이라는 조짐들이 보이고 있다.

차세대, 제3세대 염기서열결정법

유전체학의 발전은 더 빠르고 짧은 시간 내에 수백만 개의 DNA 염기서열을 분석할 수 있는 염기서열분석기에 대한 수요를 이끌었고, NGS 방식의 개발을 가져왔다. 이런 서열분석 기술들은 생어 기술과 모세관 전기영동 방법(제1세대 염기서열결정법, First-Generation Sequencing)을 버리고 보다 정교하고 병렬적인 방식(동시 반응 방식)을 취하였다. 이 방식은 DNA가 수만 개의 동일한 가닥에서 동시에 만들어지고 최신의 형광영상기술을 사용하여 새로 합성된 가닥을 탐지하여 서열이 결정되는 여러 분자들 서열정보의 평균을 낸다. NGS 기술은 빠르고 염기당 매우 저렴한 비용으로 방대한 양의 DNA 염기서열 정보를 생성할 수 있게 한다.

연구자들 사이에서 차세대 염기서열결정법에 대한 열망과 1000달러에 유전체 서열을 결정할 수 있게 하겠다는 도전은 NGS 방식을 개발하고자 하는 많은 기업들 사이에 치열한 경쟁을 유발했다. 그 결과 적어도 5개의 NGS 기술이 있다. 차세대 염기서열결정법은 2005년도 무렵에 시작되었다. 최초 기기 중 일부는 50개의 모세관 전기영동장치가 만들어 내는 정보와 비슷한 정도의 정보를 얻을 수 있었는데 이는 기존의 생어 방법보다 200배 빠르고 가격도 싼 것이다. Applied Biosystems(ABI, 현재는 Life Technologies와 합병됨), Roche 454 Life Sciences, Illumina와 같은 회사들이 이런 노력을 주도했다. NGS 기기는 일반적으로 약 200~400 bp의 짧은 판독 길이(read length)를 제공하고 이 짧은 서열정보들은 소프트웨어를 사용하여 일관된 전체 유전체 서열을 얻기 위해 연결된다.

2005년에 Roche 454 Life Sciences사는 NGS 기술을 최초로 상용화하였다. 이 방식은 비드(bead)에 조각난 유전체 DNA가 붙어 있어 각 비드마다 기름 안의 물방울 속에서 PCR 증폭이 일어나는 고체상(solid-phase) 방법을 사용하며, 비드는 다중 홈 배양 접시(multiwell plate)에 올려져 DNA 중합효소와 섞인다. 다중 홈 배양 접시는 한 홈당 하나의 비드가 들어 있는 백만 개 이상의 홈을 갖고 있는데, 각 홈은 염기서열결정의 반응 튜브로서 작용한다. 다음으로 **파이로염기서열결정법(pyrosequencing)**이라는 염기서열결정 기술이 각 홈의 비드에 붙은 DNA의 서열결정에 사용된다. 파이로염기서열결정법에서는 하나의 표지된 뉴클레오타이드(예: dATP)가 홈 위로 흘러간다. 각각의 홈에는 비드에 붙어 있는 DNA와 거기에 붙어 있는 프라이머가 들어 있다. 상보적인 뉴클레오타이드가 프라이머 근처의 주형가닥과 만나면 이 뉴클레오타이드는 DNA 중합효소에 의해 프라이머의 끝에 첨가된다.

뉴클레오타이드의 첨가는 파이로인산의 방출을 가져오고, 이는 반딧불의 효소인 루시페라아제를 이용하여 궁극적으로 빛을 발생시키는 일련의 화학발광(빛의 방출) 반응을 유발한다. 반응으로부터 방출된 빛은 한 뉴클레오타이드가 언제 가닥에 첨가되는지 결정하기 위해 감지되어 기록된다. 어느 염기가 다음 서열에 있는지를 결정하기 위해 네 개의 뉴클레오타이드를 하나씩 흘리는 과정을 빠르게 반복함으로써, 이 방식은 약 400 bp의 판독 길이를 제공하고 10시간당 대략 4억 bp(400 Mbp) 정도 길이의 염기서열을 결정할 수 있다. NGS 염기서열결정 기술은 또한 대용량의 영상 정보파일을 저장하고 보관하기 위한 정보 관리에 대한 중요한 문제를 야기한다.

Life Technologies사의 Ion Torrent Personal Genome Machine과 Illumina사의 HiSeq은 최첨단의 염기서열결정 실험실에서 현재 가장 일반적으로 사용되고 있는 NGS 플랫폼이다. 각 기기 고유의 특성이 있지만, 합성에 의한 서열분석(sequencing by synthesis)이라는 유사한 방식으로 작동한다. 이 방식은 새로운 가닥을 합성하기 위해 DNA 조각을 주형으로 사용하여 서로 다른 염료로 표지된 뉴클레오타이드를 첨가하고, 첨가되지 않은 뉴클레오타이드들을 씻어내고, 첨가된 뉴클레오타이드를 영상처리하는 과정들을 반복한다. 예를 들어, Illumina사에 의해 개발된 방법은 DNA 조각을 고체 지지대에 붙이고 생어 방법과 유사한 반응으로 형광표지된 종결 뉴클레오타이드를 넣어 감지한다. 그러고 나서 뉴클레오타이드의 형광표지와 종결부분은 다음 주기의 합성반응을 할 수 있도록 제거된다. 이 방식은 완전한 인간 유전체 염기서열 4개의 양인 600 Gb의 정보를 10일 만에, 각 염기당 평균 30번을 읽는 정확성으로 생산할 수 있다. 이런 플랫폼을 실행하는 데 필요한 장비는 고가다. 예를 들어, Illumina 사의 HiSeq은 약 70만 달러이다. 그러나 NGS 방식이 생산할 수 있는 방대한 양의 염기서열 정보를 고려하면 염기당 평균 가격은 생어 염기서열결정법보다 훨씬 저렴하다.

NGS 방식이 상용화된 직후 회사들은 **제3세대 염기서열결정법(Third-Generation Sequencing, TGS)**에 대한 진행상황을 발표했다. TGS 방식은 단일 가닥 DNA 한 분자의 염기서열결정 전략을 기반으로 적어도 4개의 다른 접근법들이 모색되고 있다.

Pacific Bioscience사의 PacBio 기술은 일반적으로 TGS에서 현재 선두주자로 간주된다. PacBio 기기는 서열이 결정될 단일 가닥 DNA 분자를 기판에 고정된 단일 분자의 DNA 중합효소에 결합시키고, 중합효소가 DNA 가닥을 합성하는 과정을 실시간으로 가시화하는 방식으로 작동한다(그림 20-17 참조). DNA 중합효소는 작은 구멍, 즉 유리기판 위의 금속층 안에 위치한 직경이 약 10 nm 정도 되는 나노포어(nanopore) 안에 넣는다. 이런 형태는 나노포어 안에서 합성되는 단일 가닥에 개개의 뉴클레오타이드가 첨가되는 것을 검출하는 데 필요한 발광을 고려한 것이다. 중합효소는 새로 합성되어 길어지고 있는 DNA 가닥에 형광염료로 표지된 뉴클레오타이드를 집어넣는다. 염료가 뉴클레오타이드의 말단 인산기에 붙어 있기 때문에 새로 합성되는 DNA 가닥에 뉴클레오타이드가 첨가될 때 염료는 잘려나간다. 염기가 DNA 가닥에 첨가될 때 형광염료는 깜빡이게 된다. 각 염기는 특징적인 색깔로 깜빡이며 이것을 검출해서 기록한다.

PacBio는 시장에 나온 최초의 '길게 읽는' 기기 중 하나였다. 이 기기는 1500 bp 이상의 판독 길이를 만들어냈다. 최근에 이 기기는 아이티 콜레라 발생의 주범인 비브리오 콜레라 다섯 균주의 유전체 염기서열을 한 시간 내에 결정하는 데 사용되었다. 비브리오 균주의 유전체 염기서열 결정은 박테리아가 내성을 갖지 않는 항생제를 사용하여 콜레라가 확산되는 것을 효과적으로 제어할 수 있는 조치를 빠르게 취하도록 하였다. 대부분의 TGS 기술은 서열결정의 정확도 면에서, 생성된 서열의 15% 정도가 오류를 보일 정도로 아직 높은 오류율을 보인다. 또한 750,000 달러로 이 기술은 매우 비싸다.

개발되고 있는 다른 TGS 방식에서는 단일 가닥 DNA 분자가 나노포어에 붙어 있고, 단일 가닥 DNA로부터 핵산말단가수분해효소에 의해 개별 염기가 잘려지며, 잘려진 염기가 해독될 수 있는 신호를 생성한다. IBM에서 개발하고 있는 다른 TGS 방식에서는 각 뉴클레오타이드가 갖는 고유의 전기적 신호에 기반하여 각각의 염기를 읽기 위해 단일 가닥 DNA를 트랜지스터 위로 통과하게 한다. 어떤 방식이 TGS의 선두주자로 나설지는 알 수 없으나 TGS 기술 개발이 유전체 연구를 위한 또 다른 중요한 이정표가 되리라는 점에는 의심의 여지가 없다.

유전체 연구자들은 NGS와 제3세대 염기서열결정 기술을 채택하고 있다. 장기적으로 어떤 방식이 염기서열결정법으로 선택될지는 모르지만, 명확한 것은 염기서열결정 능력이 더 나은 방향으로 변해왔고 이전의 과학자들이 얻었던 것보다 훨씬 더 많은 서열 정보를 아주 빠르게 얻을 것이라는 것이다. 2006년 이래로 새로운 서열결정기술은 매 2년마다 서열결정 비용을 절반

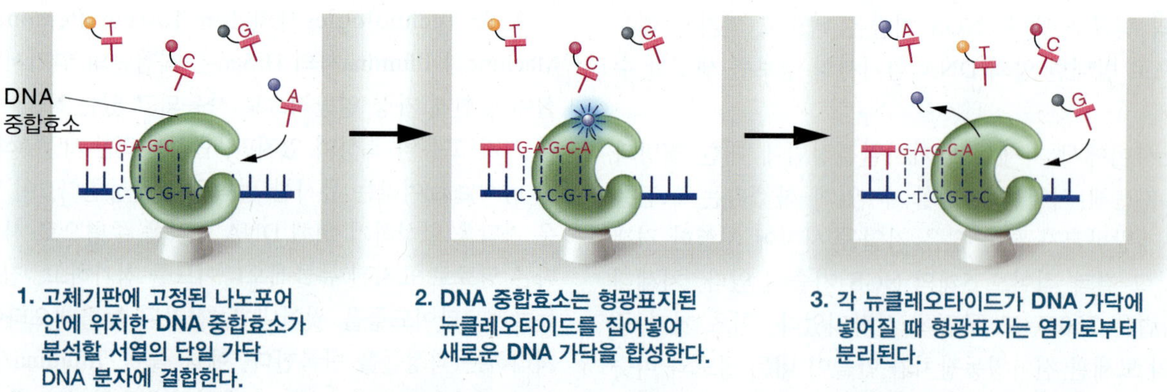

그림 20-17. 제3세대 서열분석법. 제3세대 서열분석법의 하나를 간단히 보인 그림이다. 예에서 나노포어 안에 고정된 DNA 중합효소가 단일 가닥 DNA에 결합한다. 중합효소가 형광표지된 뉴클레오타이드를 새로 합성되는 가닥(오렌지색)에 집어넣으면 각각의 염기는 검출될 수 있는 특정한 색깔을 방출한다.

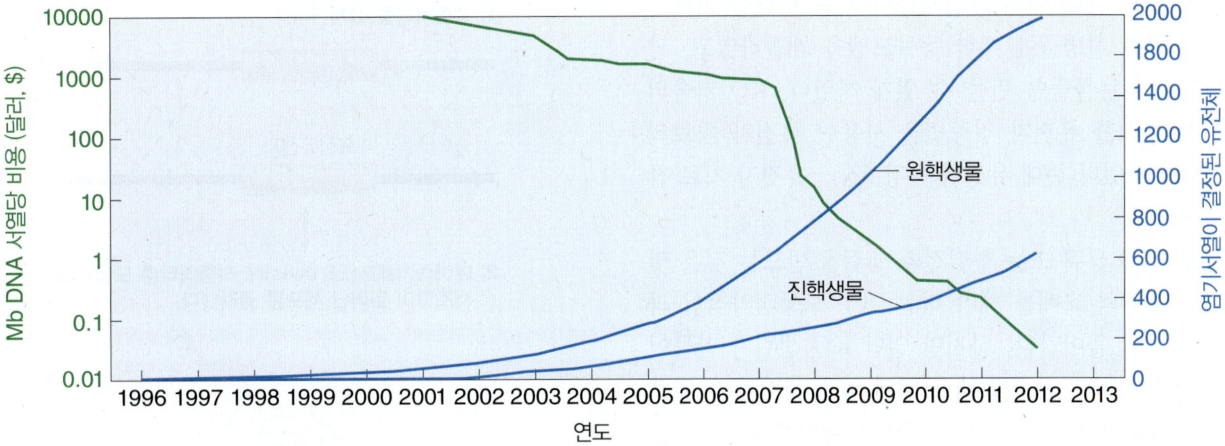

그림 20-18. 서열분석 비용의 급격한 감소로 진핵 및 원핵 생물의 유전체 서열분석이 급격히 증가하였다. 고처리 DNA 염기서열결정법의 개량과 급격히 감소하는 서열분석 비용(초록색 선) 때문에 유전체 서열분석이 완료된 진핵 및 원핵 생물의 수가 지난 10여 년간 현저히 증가하고 있다.

으로 낮췄다(그림 20-18). 그리고 1000달러 유전체에 계속 주목하라: 염기서열결정 기술이 우리를 곧 거기로 인도할 것이라 믿는 여러 이유가 있다.

DNA 염기서열결정과 유전체학

이 장의 DNA 염기서열결정법에 대한 개요는 뒤에 나올 유전체학에 대한 자세한 논의 및 다른 관련 주제들(21장 참조)에 대한 개괄적인 소개이다. 재조합 DNA 기술의 주요 기법, 특히 DNA 클로닝은 유전체 프로젝트를 가능하게 하였으나, DNA 염기서열결정법만큼 유전체 연구력에 영향을 많이 준 것은 없다. 컴퓨터-자동화 염기서열결정법의 역량을 밀어올린 서열결정 기술의 빠른 진보는 유전체 연구자들, 특히 인간 유전체 프로젝트와 관련해 연구하는 연구자들이 더 많은 염기서열을 정확하고 낮은 가격으로 빠르게 읽어내려는 요구에 의해 이루어진 것이다. 이런 기술들의 결과로 일련의 새로운 연구 및 임상 적용을 위해 정보를 제공하는 유전체 염기서열분석을 위한 혁신적인 방식에 대해 배우게 될 것이다.

20.6 유전자의 기능을 연구하기 위한 기능결손 또는 형질전환 생물 만들기

재조합 DNA 기술은 생물체 내의 유전자들을 직접 조작함으로써 과학자들이 생체 내에서 유전자의 기능을 알아보는 것이 가능하도록 하였다. 이런 접근법들은 과학자들이 연구 또는 상업적 목적으로 유전자조작 식물 또는 동물들을 만드는 것을 가능하게 하였다. 이 장에서는 유전자 기능결손 기술과 유전학 연구에 혁명을 일으킨 **유전자 적중법**(gene-targeting)의 예로서 형질전환 동물의 제작 등에 대해 간략히 소개하겠다. 이 책의 "유전자 기능 이해를 위한 현대적 접근" 부분은 유전자 적중법을 이용한 연구의 예를 조명하였다.

유전자 적중과 기능결손 동물모델

유전자 적중법의 개념은 어떤 유전자의 기능을 알기 위하여 하나의 특정 대립유전자, 좌위, 또는 일부 유전자 서열을 조작하는 것을 의미한다. 유전자 적중법은 유전체상의 특정 유전자를 조작하는 데 중점을 둔다. 1980년대에 과학자들은 **유전자기능결손(gene knockout, KO)** 생물체(특히 생쥐)를 만들기 위하여 유전자 적중법을 개발하였다. 유전자 결손기술의 개척자인 유타대학의 Mario Capecchi 교수, 노스캐롤라이나 대학의 Oliver Smithies, 영국 카디프 대학의 Martin Evans 경은 이 기술을 개발한 공로로 2007년에 노벨 생리의학상을 수상하였다.

기능결손을 만드는 궁극적인 목적은 특정 유전자 또는 유전자들을 제거하고 "무슨 일이 일어나는가?"라는 질문을 하기 위해서다. 만약 KO(기능결손) 동물에서 생리학적, 행동학적, 생화학적인 변화들 또는 대사관련 표현형들이 발견되면, 관찰된 표현형을 나타내는데 해당 유전자가 어떤 기능을 할 것이라는 가정하에 연구를 시작할 수 있을 것이다. 따라서 KO를 만드는 가장 중요한 이유는 유전자의 기능을 알아보기 위한 것이다. 생쥐에서 개발된 KO 기술은 제브라피시, 쥐, 돼지, 초파리 등과 다른 여러 생물체들에서 비슷한 방식의 KO 기술로 연결되었다. KO 식물을 만드는 것 또한 활발한 연구 분야의 하나다.

KO 생쥐는 유전학, 분자생물학, 생물의학 분야의 연구에 혁명을 일으켰다. 과학자들은 이 방법을 사용하여 수많은 KO 생물체들을 제작했고, 이로 인해 유전자들의 기능에 대한 이해가 증가하였으며, 인간 질병들에 대한 동물모델을 개발하였고, 과학자들이 형질전환 동물들을 만들 수 있게 하였다. KO 기술의 적용은 뒤에서 논의할 유전자 적중법을 사용한 유전자 치료의 근간을 마련하게 하였다(현대 유전학 특강 6장—유전자 치료 참조).

일반적으로, KO 생쥐 또는 형질전환 생쥐를 만드는 것은 몇 년간의 실험과 생쥐의 교배를 해야 하는 매우 노동집약적인 과정이며 많은 자본이 들어간다. 하지만 일단 KO 생쥐가 만들어지면, 생식이 가능하다고 가정할 때 교배에 의해 유지될 수 있으며, 이 생쥐들은 종종 전 세계의 다른 과학자들이 연구할 수 있도록 공유되곤 한다. 많은 회사들이 연구자들을 위하여 KO 생쥐들을 제작하고 있다. 두 개의 유전자를 제거한 **이중기능결손 동물**(double-knockout animals, DKOs), 심지어는 **삼중기능결손 동물**(triple-knock-out animals, TKOs)도 가능하다. 이런 접근법들은 기능적으로 관련이 있는 두 개 또는 세 개의 유전자를 한꺼번에 제거하고 기능을 연구하기 위하여 사용된다.

KO 동물은 여러 방법으로 제작될 수 있다(그림 20-19). 여기 KO 생쥐 제작을 위한 개요의 한 예가 있다. 거의 모든 KO 동물들을 제작할 때 이와 거의 비슷한 방법이 적용된다. KO 동물을 만들고자 하는 관심유전자의 DNA 서열을 반드시 알아야 한다. 또한 유전체에서 관심유전자의 주위에 있는 비암호화 서열들도 일부 알아야만 한다. 다음으로 **적중벡터**(targeting vector)를 제작한다. 적중벡터의 목적은 세포로 주입될 DNA 절편을 만드는 데 있다. 이 DNA 절편은 세포 안에서 관심유전자와 상동재조합을 이루어 관심유전자를 제거하거나 대체하여 이 유전자의 기능을 잃게 한다. 적중벡터는 중심부에 커다란 외래 DNA를 삽입하여 돌연변이시킨 관심유전자를 포함한다. 이 외래 DNA는 관심유전자의 번역틀(reading frame)을 파괴할 것이고, 따라서 관심유전자가 mRNA로 전사되고 단백질로 번역될 때 기능이 없는 단백질을 만들어 내게 될 것이다.

적중벡터가 유전체 안으로 제대로 들어갔는지 알아보기 쉽게 하기 위해 삽입하는 DNA는 표지유전자를 사용한다. 그림 20-19에서 보인 예는 네오마이신에 내성을 보이게 하는 유전자(*neoR*)이다. 네오마이신은 항생제로서 원핵생물과 진핵생물 모두에서 단백질 합성을 저해한다. 녹색형광단백질(GFP), *lacZ* 유전자 또는 다른 종류의 표지유전자들이 사용되기도 한다. 이런 표지유전자들은 KO 또는 형질전환 생물체들을 시각적으로 잘 드러나도록 하는데 뒤에서 녹색형광단백질 형질전환 동물의 예를 볼 것이다.

적중벡터를 세포 내로 넣는 방법에는 여러 가지가 있다. 가장 널리 사용되는 방법은 배양한 **배아줄기세포(embryonic stem**

그림 20-19. 기능결손 생쥐를 제작하기 위한 기본적인 방법.

cells, ES cells)에 전기천공법(electroporation)으로 적중벡터를 도입하는 방법이다. 배아줄기세포는 배반포(blastocyst) 시기의 생쥐 배아에서 속세포덩이(inner cell mass)를 꺼내 배양한 것이다. 다른 방법으로는 적중벡터를 직접 배반포 안으로 집어넣는 방법인데, 이는 적중벡터가 속세포덩이의 배아줄기세포로 들어가기를 바라는 것이다. 때로는 암컷 생쥐로부터 새로운 수정란을 채취하여 적중벡터 DNA를 직접 수정란의 핵에 주입하거나 수정란의 두 개의 전핵 중 하나에 주입하여 KO 생쥐를 만들 수 있다[그림 20-20(a)].

매우 낮은 비율의 배아줄기세포들만이 무작위적으로 적중벡터를 받아들이게 되고, 재조합효소의 작용으로 적중벡터와 관심유전자 사이에 상동재조합이 일어나게 된다. 적은 수로 만들어지는 재조합 배아줄기세포들에서 일반적으로 적중벡터는 두 개의 상동염색체 중 한 염색체상의 관심유전자만을 대체하게 된다.

배양하고 있는 배아줄기세포에서 적중벡터를 가지고 있지 않은 세포들을 죽이는 시약을 처리하여 재조합 배아줄기세포들을 선별한다. 예를 들어 그림 20-19에서 보듯이 네오마이신을 배아줄기세포 배양액에 첨가한다. 적중벡터를 가지고 있는 세포들은 네오마이신에 저항성이 있지만 재조합되지 않은 배아줄기세포들은 죽는다. 다음으로 재조합 배아줄기세포들은 배반포 시기의 생쥐 배아에 삽입되어 배반포 내의 속세포덩이에 포함된다. 배반포는 대리모 생쥐의 자궁에 착상시킨다. 대리모는 수컷과의 교배를 통하여 미리 **가임신**(pseudopregnant mouse)을 시키는데 가임신은 대리모의 자궁이 적중벡터를 포함하는 배반포의 착상을 잘 받아들일 수 있게 한다.

물론 대리모는 수컷과의 교배를 통해 만들어진 원래 새끼들을 낳을 것이지만 또한 **키메라**(chimeras)도 낳을 것이다. 키메라의 몸을 구성하는 세포들의 일부는 KO 줄기세포에서 유래하였고 나머지는 공여된 배반포의 줄기세포에서 유래하였다. 연구자들은 생쥐의 꼬리조직에서 DNA를 얻어내어 정제한 후 PCR(때때로 서던 블롯)을 수행하여 적중벡터의 유무를 확인한다. 적중벡터 DNA가 생식세포에 존재하는 한, 이 서열은 모든 자손들에게 전달되지만 일반적으로 이 방식으로 만들어진 대부분의 F1 세대 KO 생쥐들은 관심유전자와 적중벡터에 대해서 이형접합(+/−, heterozygous) 상태이지 동형접합(homozygous) 상태가 아니다. F1 동물들을 서로 교배하여 동형접합의 KO 생쥐들을 얻을 수 있는데, 이 생쥐들을 **결손 생쥐**(null mice)라고 부르며 관심유전자가 결여되어 있기 때문에 −/− 라고 표시한다. KO 동물모델들은 유전자의 기능을 알아내는 데 귀중한 역할을 하며 질병에 관련된 유전자들에 대한 생물의학적 연구에 매우 중요하다[그림 20-20(b)].

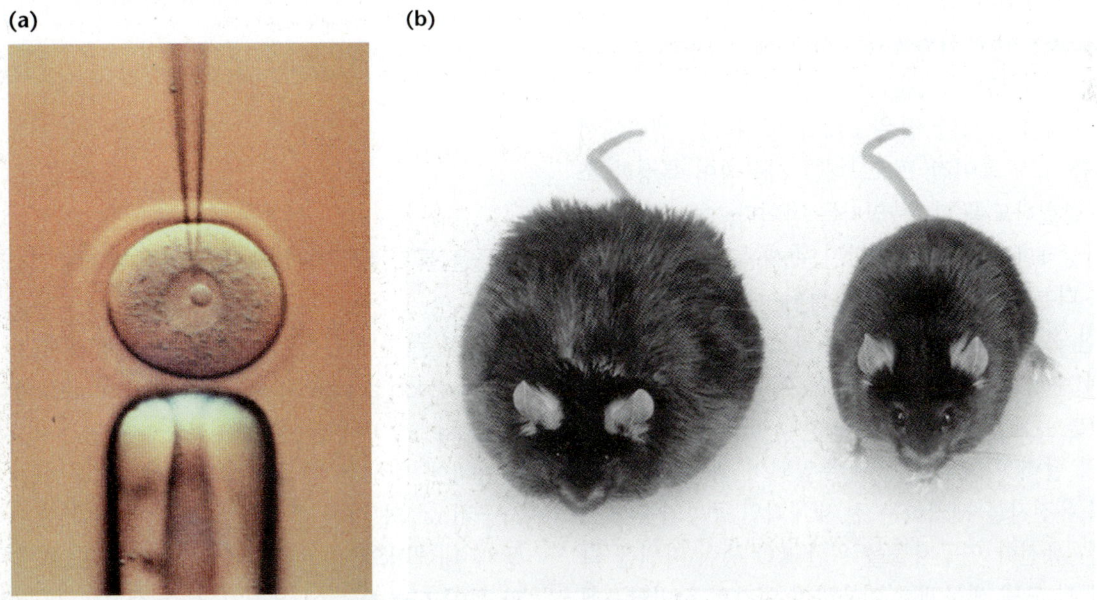

그림 20-20. (a) 기능결손 또는 형질전환 생쥐를 만들기 위하여 수정란에 DNA를 미세주입한다. 수정란을 고정 피펫(난자의 아래쪽)으로 고정하고 미세주입 바늘로 클로닝한 DNA를 난자의 핵에 넣는다. (b) 왼쪽이 렙틴(leptin)이라는 펩타이드 호르몬을 생산하는 비만유전자(*ob*)가 두 염색체상에서 모두 망가진 기능결손 생쥐(−/−)이다. 오른쪽 생쥐는 *ob* 유전자에 대해 정상(+/+)인 생쥐다. *ob* 유전자 기능결손 생쥐는 정상인 형제/자매에 비해 5배 정도 더 무게가 나간다. 사람의 *Ob* 유전자에 대한 자연발생적 돌연변이는 해당 개인들에게 과체중 문제를 발생시킨다.

KO 생물체를 만들어내기 위한 모든 노력에도 불구하고 때때로 살아 있는 새끼가 태어나지 않는 경우가 있다. KO는 배아사멸(embryonic lethality)을 가져오기도 한다. 배아발생 단계에 중요한 유전자의 기능이 결손되면 연구자가 연구할 기회를 갖기도 전에 생쥐가 죽을 것이다. 일반적으로, 연구자들은 가임신된 생쥐로부터 얻어낸 배아를 분석하여 발생단계의 어느 시기에 배아가 죽는지를 알아낼 것이다. 이런 분석으로 특정 생체 기관의 결함을 발견한다면 해당 유전자의 기능을 유추하는 데 중요한 단서를 얻을 수도 있다.

전통적인 KO 방법으로 특정 유전자에 대한 결손 생쥐가 만들어지지 않을 때 **조건부 유전자기능결손(conditional knockout)** 방법이 사용된다. 조건부 유전자기능결손은 언제 표적 유전자를 제거할지 조절할 수 있게 해 준다. 예를 들어 만약 어떤 유전자의 결손에 의해 쥐가 배아상태에서 죽는다면 조건부 KO 방법을 사용하여 생쥐가 발생을 마치고 태어난 후에 그 유전자를 제거할 수 있다. 조건부 KO의 또 다른 장점은 동물 전체에서 특정 유전자를 제거하는 대신에 원하는 조직이나 기관에서만 그 유전자를 제거할 수 있다는 것이다.

조건부 KO를 만드는 하나의 일반적인 방법은 Cre-Lox 체계(Cre-Lox system)를 이용하는 것이다(그림 20-21). 조건부 KO는 *loxP* 서열이라 불리는 DNA 서열을 표적 유전자의 양쪽에 위치하게 하여 적중벡터를 제작함으로써 만들 수 있다. 이 서열들은 KO 방법에서 설명하였던 것과 동일한 과정으로 생식/배우자 세포로 도입된다. 이 방법으로 제작된 생쥐들은 Cre-재조합효소(Cre-recombinase) 유전자(*Cre*)를 가진 생쥐들과 교배하게 된다. Cre-재조합효소는 *loxP* 서열을 인지하여 재조합함으로써 두 *loxP* 서열의 사이에 위치한 표적유전자를 제거한다.

Cre-Lox 체계에서 중요한 점은 *Cre*를 발현하는 생쥐에서 *Cre*의 프로모터를 조직 특이적 프로모터를 사용하여 특정한 조직에서만 *Cre*가 발현하도록 할 수 있다는 점이다. 이 예가 그림 20-21이다. 배아상태에서의 사멸을 막기 위해 특정 호르몬, 식이 영양소, 또는 다른 조건들에 의해 조절되는 프로모터를 *Cre*를 발현하기 위한 프로모터로 사용할 수 있으며, *Cre*의 발현을 켜거나 끔으로써 수행하고자 하는 연구에 따라서 발생 과정의 여러 시기에 KO를 유도할 수 있다.

2006년에 1억 달러 이상의 재원이 투입되어 생쥐 유전체에서 ~20,000개의 유전자를 제거하는 전 세계적인 공동연구가 시작되었다. 목적은 유전학 연구자들을 위한 KO 생쥐 자원을 확보하는 것으로서 이 모델 생물체를 이용하여 인간의 질병연구에 도움을 줄 것이다. 각각의 유전자에 대하여 하나씩 KO 생쥐를 만드는 대신, 연구자들은 고속대량기술을 이용하여 수천 개의 유전자에 대하여 각각 기능결손시킨 배아줄기세포를 만들고

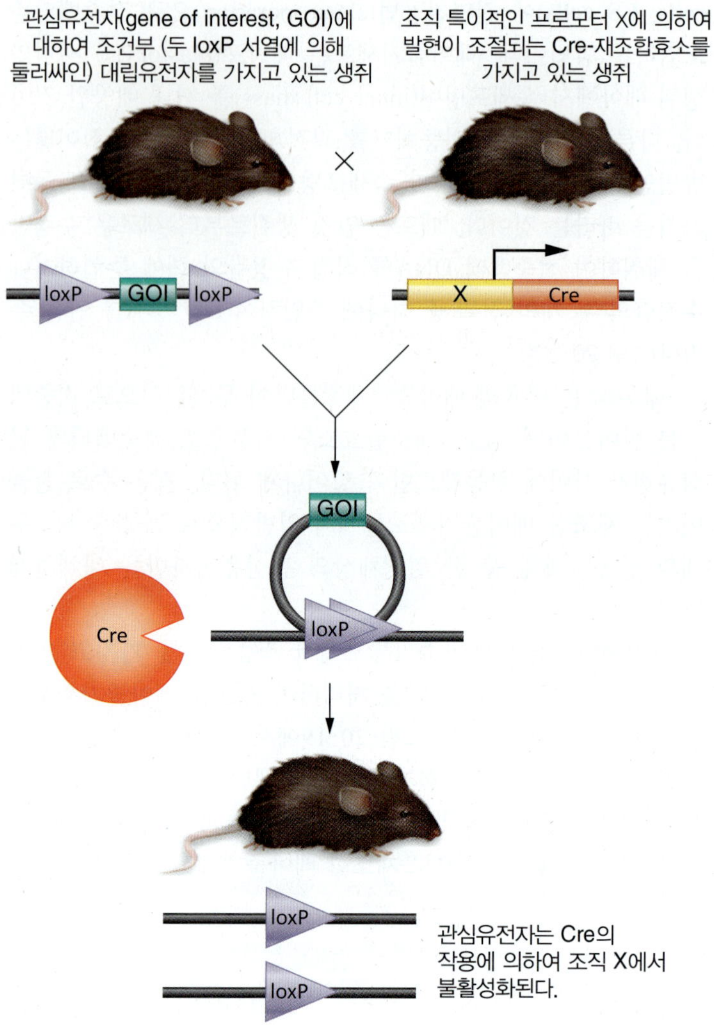

그림 20-21. 조건부 유전자 기능결손을 위한 Cre-Lox 체계.

이들을 특정 유전자가 제거된 생쥐 개체로 만드는 방법을 사용한다.

뒷부분(현대 유전학 특강 6장—유전자 치료 참조)에 TALENs(transcription activator-like effector nucleases)와 ZFNs(zinc finger nucleases)를 이용한 유전자 적중법이 유전자 치료에 이용될 수 있는지에 대해서 언급하겠다. 이런 접근법들은 생쥐(mouse), 시궁쥐(rat)와 다른 종들에서 특정 유전자 표적에 대한 변형 등 생체 내에서의 유전공학에 사용되어 왔다. 뒷부분(현대 유전학 특강 6장 참조)에 유전자 적중 실험의 새로운 강력한 방법인 CRISPRs(Clustered Regularly Interspaced Palindromic Repeats)에 대하여, 기존의 KO 방법으로는 어려웠던 영장류에 대한 조작을 포함하여 간단히 소개하겠다.

(a) (b)

그림 20-22. 형질전환 동물들의 예. (a) 해파리의 GFP 유전자를 넣은 형질전환 생쥐들은 과학자들이 특정 유전자에 GFP로 꼬리표를 달아 해당 형질전환 생쥐와 다음 세대 생쥐들에서 이 유전자의 활성을 추적하는 것을 가능하게 하였다. 이 과정은 후성유전적 변화를 포함하여 유전자 발현이 세대를 건너서 어떻게 변하는지 연구하는 데 매우 중요할 수 있다. (b) 왼쪽의 생쥐는 시궁쥐(rat)의 성장호르몬 유전자를 생쥐의 메탈로티오네인(metallothionein) 프로모터에 의해 발현되도록 한 형질전환 생쥐이다. 형질전환 생쥐에게 아연(zinc)을 먹이면 메탈로티오네인 프로모터가 활성화되어 성장호르몬 유전자의 전사를 유도하고 형질전환 생쥐의 성장을 촉진한다.

형질전환 동물 만들기: 기초

때로는 **기능획득(knock-in) 동물**이라고도 불리는 **형질전환 동물**(그림 20-22)은 특정 유전자를 발현 또는 과발현한다. 형질전환 동물을 제작하는 방법은 개념적으로 간단하며, 과정의 많은 부분이 KO 생쥐를 만드는 과정과 유사하다. KO 동물을 만들 때와 마찬가지로 형질전환 동물을 만들 때에도 종-특이적인 여러 어려움이 있다. 형질전환 동물을 제작할 때 널리 사용되는 많은 기술들은 생쥐에서 개발되었다.

개념적으로, 외래유전자(transgene)를 한 개체에 도입하는 것은 KO를 만드는 것과 유사한 과정을 따른다. 그러나 표적유전자를 제거하는 대신 외래유전자를 포함하는 벡터를 제작하여 상동재조합에 의해 대상 세포의 유전체에 끼어들어 가도록 한다. 경우에 따라서는, 조직-특이적 프로모터 서열을 사용하여 외래유전자가 특정 조직에서만 발현되도록 하기도 한다. 예를 들어, 생명공학 산업에서 특정 재조합 생산물이 우유 속에서 발현되게 하여 후에 정제할 수 있도록 조직-특이적 프로모터를 사용한다. 보통 KO 동물보다는 형질전환 동물을 만드는 것이 더 쉬운데, 이는 KO 동물 제작의 경우 적중벡터가 유전체의 특정 위치에 들어가야 하지만 형질전환의 경우 대상 세포 유전체의 어느 곳에나 끼어들어 가면 되기 때문이다.

외래유전자를 포함하는 벡터는 배아줄기세포에 집어넣거나 직접 배아에 주입된다. 그러면 상대적으로 낮은 비율의 배아 또는 난자에서, 세포 내에 원래 존재하는 DNA 재조합효소의 작용에 의하여 외래 DNA가 난자의 유전체로 재조합에 의해서 삽입된다. 이 단계를 지나면 나머지 과정들, 즉 배아를 가임신된 암컷의 자궁에 넣고, 자손들을 교배하여 동형접합의 외래유전자를 갖는 생쥐를 골라내는 과정들은 KO 생쥐를 제작하는 과정과 유사하다.

형질전환에서는 특정 유전자가 생쥐의 형태나 기능에 미치는 영향을 연구하기 위하여 외래유전자가 종종 과발현된다. 형질전환 동물을 제작하는 이유는 다양하다. 예를 들어 사람 유전자 또는 다른 종의 유전자처럼 특정한 유전자를 발현하는 형질전환 동물들, 돌연변이 유전자를 발현하는 형질전환 동물들은 유전자의 기능을 이해하기 위한 기초와 응용 연구에 귀중한 모델들이다.

뒤에서(22장 참조) 다루겠지만 형질전환 동물들과 식물들은 상업적으로 유용한 생명공학 산물들을 생산하기 위하여 제작된다. 그리고 뒷부분(현대 유전학 특강 5장—유전적으로 변형된 식품 참조)에서 형질전환 식량작물의 예들에 대해서 공부할 것이다.

유전체학 탐색

재조합 DNA의 조작: 제한효소 지도작성과 PCR 프라이머 설계

이 장에서 공부하였듯이 제한효소는 분자생물학자들이 DNA를 자르기 위해 사용하는 정교한 '가위'이고, 유전학이나 분자생물학 연구실에서 재조합 DNA 실험에 자주 사용된다. 여러 목적으로 제한효소를 사용하거나 재조합 DNA를 조작하는 과학자들을 위하여 다양한 온라인 도구들이 있다. 여기서는 Webcutter와 Primer3라는 재조합 DNA 실험을 쉽게 해주는 두 온라인 도구들을 탐구해 보겠다.

■ 연습 I - Webcutter를 사용한 제한효소 지도작성

한 유전자를 클로닝하여 염기서열을 얻었다고 가정하고, 사람의 조직들에서 이 유전자의 발현을 노던 블롯으로 분석하는 데 사용할 약 600 bp 길이의 탐침을 설계하려 한다. 얼마 전에 이 문제에 대해 접근하는 두 가지 방법을 알았다. 클론된 DNA를 냉장고에 있는 아무 제한효소나 사용하여 자르고, 아가로스 전기영동을 한 후, 원하는 크기의 DNA 조각이 만들어지는 제한효소 인식자리를 발견하기를 바라는 마음으로 제한효소 지도를 그릴 수 있었다. 또는 눈으로 염기서열을 훑어보고 관심이 있는 제한효소 인식자리를 찾는 매우 시간 소모적이고 눈에 피로를 주는 노력을 할 수도 있다. 인터넷상의 Webcutter는 가상적인 제한효소 지도를 작성할 수 있게 해주고 재조합 DNA를 조작하기 위한 실험설계를 상대적으로 쉽게 해준다. 이번 연습에서는 Webcutter를 사용하여 사람 DNA에 대한 *Eco*RI, *Bam*HI, *Pst*I의 제한효소 지도를 작성해 본다.

1. Webcutter(http://bioinfo.ut.ee/primer3/)에 접속하라. *Concepts of Genetics* 웹사이트에 접속하여 이 장의 Exploring Genomics 연습을 열어라. 클론된 사람 DNA의 염기서열을 복사하여 Webcutter의 문서상자에 붙여라.
2. 아래로 내려서 "분석에 어떤 효소를 사용할지 선택하시오"를 찾아라. "다음 효소들만을 사용하시오"라는 단추를 눌러라. *Eco*RI, *Bam*HI, *Pst*I를 목록에서 선택하라. "서열 분석"을 선택하라. (Note: command, control, shift 키를 사용하여 여러 제한효소들을 선택하라.)
3. Webcutter에서 제공된 결과를 분석한 후 각 효소당 인식자리의 수와 각 효소에 의해 잘린 DNA 토막의 크기를 보이는 표를 만들어라. 각 제한효소의 인식자리와 각 인식자리 사이의 거리 및 이 사람 DNA 조각들의 총 길이를 표시한 제한효소 지도를 작성하라.

■ 연습 II - 재조합 DNA 실험 설계

사람 DNA 조각에 대한 제한효소 지도를 작성하였고, 이제 이 DNA를, 탐침을 제작하는데 사용할 플라스미드 DNA 벡터에 붙여 넣어야 한다(분자생물학자들이 이 과정을 서브클로닝이라고 부른다). 어떤 제한효소가 플라스미드와 사람 DNA를 모두 자르는데 최적인지 결정해야 한다.

1. *Concepts of Genetics* 웹사이트의 20장에 있는 Exploring Genomics 연습에서 플라스미드 DNA 서열을 복사하여 Webcutter의 문서상자에 붙이고 연습 I에서 사용했던 동일한 제한효소들에 대하여 인식자리를 찾아라. 그리고 다음 질문에 대답하라.
   a. Webcutter에서 분석된 플라스미드 DNA의 총 크기는 얼마인가?
   b. 플라스미드를 사람 유전자 DNA 조각 중 가장 큰 조각과 연결하는 재조합 DNA 실험에 어떤 제한효소(들)가 사용될 수 있는가? 답을 간단히 설명하라.
   c. 이 조각들을 연결하면 어떤 크기의 재조합 DNA 분자가 만들어지는가?
   d. 플라스미드에 DNA 조각이 들어가 있는 상태를 보이는 간단한 모식도를 그리고 재조합 플라스미드를 만드는 데 사용된 제한효소 인식자리를 표시하라.
2. 여러분이 서브클로닝 실험을 준비하고 있을 때, 사용해야 할 대부분의 제한효소들이 사용기한이 한참 지났다는 사실을 발견하였다. 오래된 효소를 사용하여 실험을 하기보다는 새로운 효소들을 구입하기로 결정하였다. 다행히도 REBASE®: The Restriction Enzyme Database라는 웹사이트가 도움을 줄 것이다. 300개 이상의 제한효소들이 비교적 싼 가격으로 판매되고 있으나 과학자들은 항상 연구비를 최대한 아낄 수 있는 방법을 찾고 있다. REBASE는 효소 판매회사들을 찾거나 익숙하지 않은 효소를 사용하려 할 때 효소에 대한 자세한 사항을 알아보기에 매우 좋은 웹사이트이다. 실험에 필요할 제한효소들을 판매하는 회사들을 찾기 위해 REBASE®를 방문하라(http://rebase.neb.com/rebase/rebase.html).

■ 연습 III - PCR 프라이머의 설계

이 실험에 대해 조금 더 숙고해서 유전자 발현을 확인하는데 노던 블롯팅 대신 더 빠르고 더 민감한 방법인 역전사-PCR(RT-PCR)을 먼저 하기로 하였다. PCR 실험을 위해 적절한 프라이머를 고르는 것은 간단한 일이 아니다. 프라이머들이 특정 유전자를 증폭할 수 있는지 확실해야 하며, 프라이머들이 자기들끼리 결합하지 않아야 하는 등 여러 고려사항들이 있다. 다행히도 인터넷을 사용하면 프라이머 설계를 쉽게 할 수 있다. 이번 연습에서는 Whitehead Institute for Biomedical Research에서 제공하는 PCR

프라이머 설계 웹사이트인 **Primer3**를 이용할 것이다.

1. **Primer3**(http://bioinfo.ut.ee/primer3/)에 접속하라. 연습 I에서 사용한 사람 DNA 서열을 복사하여 문서상자에 붙이고, "프라이머 선택"을 눌러라.
2. 최상의 추천을 받은 프라이머들의 서열이 화면 위쪽에 보일 것이다. 다음에 답하라.

   a. 정향(forward)과 역향(reverse) 프라이머의 길이는 몇 bp인가? 이 프라이머들은 각각 유전자 서열의 어느 위치에 결합하는가?

   b. PCR 반응에서 혼성화 온도(hybridization temperature)는 보통 용융온도(melting temperature) T_m(10장의 용융온도에 대한 내용을 참조하라)보다 5도 정도 낮춰서 사용한다.

   c. 이 프라이머들을 사용한 PCR 반응으로 증폭된 DNA를 아가로스 겔 전기영동하였을 때 기대하는 PCR 산물의 크기는 얼마인가?

사례 연구 | 재조합 DNA 기술에 대하여 걱정해야 하는가?

1970년대 초반에 재조합 DNA 연구가 처음 시작되었을 때 과학자들은 예측하지 못한 위험이 존재할 수 있다는 사실을 깨달았고, 유전자 변형 생물을 만들고 보관하고 사용할 때 지켜야 할 안전규약을 만들어서 시행하고 있다. 이런 지침들은 정부에 의해 받아들여져 규제의 근간을 이루게 되었다. 시간이 지나면서 더 안전한 방법들이 개발되었고, 엄중한 지침들은 점차 완화되거나 많은 부분에서 삭제되었다. 그러나 이제는 생물학 무기를 이용한 테러행위의 망령이 재조합 DNA 기술의 잠재적 오용에 대하여 다시 관심을 불러오고 있다. 예를 들어 재조합 DNA 기술과 연관하여 천연두 바이러스 또는 치명적인 인플루엔자 바이러스와 같은 질병 매개체를 만들어 낼 수 있는 정보를 유전체 데이터베이스에서 얻어 사용할 수도 있다.

1. 잠재적인 생물학 테러행위를 감시하기 위해 대학과 기업의 재조합 DNA 연구 규제 문제가 다시 논의되어야 한다고 생각하는가?
2. 유전체 정보를 포함하여, 유전자와 단백질 서열 등의 유전학적 데이터베이스가 자유롭게 접근 가능해야 한다고 생각하는가 또는 접근 승인을 받은 일부의 사람들만 제한적으로 사용하도록 해야 한다고 생각하는가?
3. 개발된 지 40년이 지난 지금 재조합 DNA 기술은 광범위하게 사용되며 심지어는 중학교나 고등학교의 생물학 과정에서도 발견된다. 유전자 스플라이싱의 측면에서 비전문가의 손에서 위험을 초래할 수도 있겠는가?

요약

1. 재조합 DNA 기술은 DNA상의 특정 서열을 인지하여 자르는 제한효소라는 특별한 단백질을 발견함으로써, 이 효소로 자른 DNA를 다른 DNA 조각과 연결하는 재조합을 가능하게 하였다.
2. 재조합 DNA 분자는 다양한 종류의 세포들에 도입될 수 있으며 세포 안에서 세포의 유전체가 복제될 때 재조합 DNA들도 복제된다. 박테리아, 효모, 동물세포 등이 재조합 DNA를 도입할 수 있는 세포들에 포함된다.
3. 중합효소연쇄반응(PCR)은 숙주 세포가 없어도 DNA를 증폭시킬 수 있게 해주며, 여러 방면에 응용할 수 있는 빠르고 민감한 방법이다.
4. 역사적으로, DNA 라이브러리는 관심있는 유전자와 유전자의 조절 부위를 찾아내기 위하여 클로닝된 다양한 유전자들의 모음이라는 점에서 중요하게 여겨져왔다.
5. 일단 클로닝되면 DNA 서열은 다양한 분자생물학적 방법들을 사용하여 분석되며, 이는 과학자들이 유전자의 구조, 발현, 기능 등을 연구할 수 있게 한다.
6. DNA 절편의 뉴클레오타이드 서열을 결정하는 DNA 염기서열결정은 분자적 수준에서 DNA의 특성을 분석하는 궁극적인 방법이다.
7. 서열결정기술의 빠른 발전은 기존에 사용되던 서열결정법보다 낮은 가격으로 엄청난 서열결정 용량의 증가를 가져왔으며, 과학자들이 DNA 서열정보를 전례없이 사용할 수 있게 해 주었다.
8. 유전자 기능결손 방법과 형질전환 동물들은 유전자의 기능을 생체 내에서 연구하기 위하여 널리 쓰이고 있다.

질문 및 해답

제한효소 *Sau*3AI의 인식서열은 GATC(그림 20-1 참조)이다. 효소 *Bam*HI의 인식서열-GGATCC-의 안쪽 4개의 염기가 *Sau*3AI의 서열과 동일하다. 이 두 효소에 의해서 만들어지는 끝부분의 단일 가닥은 서열이 동일하다. *Bam*HI 인식서열이 있는 클로닝 벡터와 *Sau*3AI으로 자른 외래 DNA를 가지고 있다고 가정하자.

(a) 외래 DNA를 벡터의 *Bam*HI 부위에 붙여 넣을 수 있는가? 그렇다면 이유는?

(b) DNA를 (a)에서 제시한대로 클로닝하였다면 이 DNA를 *Sau*3AI으로 벡터에서 잘라낼 수 있는가? *Bam*HI으로는? *Bam*HI을 사용하였을 경우에 어떤 문제가 있을 것으로 생각되는가?

해답: (a) 두 효소에 의해서 만들어지는 끝부분의 단일 가닥은 서열이 동일하기 때문에 *Sau*3AI으로 절단한 DNA는 *Bam*HI으로 절단한 벡터에 붙여 넣을 수 있다.

(b) *Sau*3AI의 인식서열(GATC)은 끼워넣은 DNA의 양 끝에서 유지되기 때문에 이 DNA는 벡터로부터 *Sau*3AI로 잘라낼 수 있다. 그러나 이 DNA를 *Bam*HI으로 잘라내는 데는 문제가 있다. 벡터와 끼워넣은 DNA의 연결 부위상의 보존된 서열은 GGATC(왼쪽)와 GATCC(오른쪽)이다. *Bam*HI에 의해 인지되는 올바른 염기서열(왼쪽에 GGATCC의 서열을 만들기 위한)이 만들어질 확률은 25%(A, T, G, C 중 C가 올 확률)이며, 동시에 오른쪽에 올바른 서열(GGATCC의 서열)이 만들어질 확률도 25%이다. 그러므로 *Bam*HI이 벡터에 연결된 DNA를 잘라낼 확률은 약 6%(0.25 × 0.25 = 0.625) 정도이다.

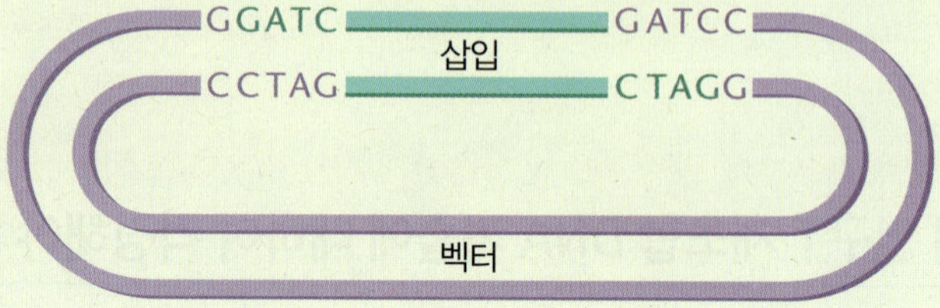

탐구 문제

어떻게 알았을까?

1. 이번 장에서는 어떻게 특정 DNA 서열을 복제하고, 확인하며, 분석하고, 서열을 알아내는지에 대하여 알아보았다. 동시에 이런 기술들에 관한 방법들이나 원리에 대하여 생각할 많은 기회를 만났다. 이번 장에서 주어진 설명으로부터 다음의 기본적인 질문에 대하여 제시할 수 있는 답은 무엇인가?
   (a) 재조합 DNA 클로닝 실험에서 관심 있는 DNA 조각이 플라스미드에 포함되었다는 것을 어떻게 결정할 수 있으며, 세포에 형질전환을 시킨 경우 어떤 세포들이 재조합 DNA를 포함하고 있는가?
   (b) 유전자들을 클로닝하기 위해 DNA 라이브러리를 사용하는 경우, 관심 있는 특정 유전자를 확인하기 위해 어떤 기술들이 사용되겠는가?
   (c) 숙주 세포도 사용하지 않고 몇 시간 내에 특정한 DNA 분자를 수백만 개로 복제할 수 있는 PCR은 어떤 과정들의 연쇄반응인가?
   (d) 유전체를 연구하는 과학자들의 필요에 의해 DNA 서열분석기술이 어떻게 진화해 왔는가?

개념확인 문제

2. 이번 장의 첫 면에 있는 핵심 개념을 복습하시오. 이것들은 모두 재조합 DNA 방법과 그 응용들에 관한 것이다. 어떻게 재조합 DNA 기술이 유전학자들이 유전자들을 연구하는 데 도움을 주었는지를 논의하는 짧은 에세이를 작성하거나 모식도를 그리시오.

3. 제한효소, 벡터, 숙주 세포 등이 재조합 DNA 연구에서 어떤 역할을 하는가? DNA 클로닝 실험에서 DNA 연결효소가 어떤 역할을 하는가? DNA 연결효소의 작용이 제한효소의 기능과 어떻게 다른가?

4. 사람의 인슐린 유전자에는 이 유전자의 전사물이 성숙되는 과정 중에 제거되는 DNA 서열들이 있다. 박테리아 세포는 이런 DNA 서열을 잘라내지 못함에도 어떻게 이런 유전자들을 박테리아에 클로닝하여 인슐린을 생산할 수 있는지 설명하라.

5. 많은 클로닝의 활용법들이 재조합 DNA를 박테리아 세포에 넣는 과정을 포함하지만, 많은 다른 종류의 세포들도 또한 재조합 DNA를 넣는 세포로 사용된다. 이유는?

6. 클로닝한 유전자 조각에 대하여 DNA 서열결정법을 이용하여 아래의 염기서열을 얻었다. 이 염기서열이 회문구조의 제한효소 인식부위를 가지고 있는가? 그렇다면 회문구조의 이중가닥 서열은 무엇이며, 어떤 효소가 이 서열을 자르겠는가? (그림 20-1의 제한효소 목록 참조)

   CAGTATGGATCCCAT

7. 제한효소 인식 부위는 회문구조(palindrome)를 갖는다. 즉, DNA의 각 가닥에서 5′에서 3′으로 읽으면 동일하게 읽힌다. 이런 방식으로 구성된 제한효소 인식 부위의 장점은 무엇인가?

8. 플라스미드를 클로닝 벡터로 사용할 때의 장점과 단점을 열거하라. BAC과 YAC는 클로닝 벡터로서 플라스미드에 비해 어떤 장점이 있는가?

9. 인식 부위가 상대적으로 드문 제한효소를 사용하였을 때의 장점은 무엇인가? 어떤 경우에 그런 제한효소를 사용하겠는가?

10. 식물에 유전자를 도입하는 것은 일상적으로 일어나는 일인데, 이는 유전적으로 변형된 식량을 생산하는 식물체뿐만 아니라 세계적으로 심각한 논쟁을 야기한다. 흥미롭게도 암을 유발하는 플라스미드가 유전적으로 변형된 식물을 만드는 데 사용된다. 그렇다면 암을

유발하는 플라스미드의 사용이 이런 논쟁의 원인이 되겠는가?

11. 재조합 DNA 기술에서 탐침(probe)은 무엇에 사용하는가?

12. PCR 실험에 오직 한 개의 이중가닥 DNA를 주형으로 사용했다면 반응을 15회 반복한 시험관에는 대략 몇 개의 DNA 분자가 존재하겠는가?

13. 대조군 실험으로서 카나마이신 내성 유전자 내에 *Hin*dIII 인식 부위를 갖는 플라스미드를 *Hin*dIII로 자르고, 다시 연결시키고, 대장균인 K12 세포에 형질전환하였다. 카나마이신에 저항성이 있는 콜로니를 골라내었고, 여기서 추출한 플라스미드 DNA를 전기영동으로 분석하였다. 대부분의 콜로니들은 원래의 플라스미드와 동일한 이동성을 보이는 단일 밴드를 보였다. 그러나 몇몇 콜로니들은 두 개의 밴드를 보였는데 원래 크기의 밴드와 겔상에서 훨씬 높게 이동한 밴드였다. 이 느리게 이동하는 밴드가 DNA 연결의 결과로 어떻게 만들어졌는지를 보이는 모식도를 그려라.

14. cDNA 라이브러리가 유전체 DNA 라이브러리에 비해 갖는 장점은 무엇인가? cDNA 라이브러리가 제공할 수 없는 어떤 정보를 제공하기 위해 유전체 DNA 라이브러리가 필요한 클로닝 응용법에 대해 기술하라.

15. 벡터로부터 클로닝한 DNA를 얻어내고 길이가 1300 bp인 것으로 결정했다. 이 클로닝된 부위를 분석하기 위해서 제한효소 지도를 작성하기로 하였다. 효소 I과 효소 II를 이용하고 전기영동을 통하여 효소 I과 효소 II 각각을 처리하였거나 둘을 동시에 처리하였을 때 보이는 DNA 조각의 크기와 개수를 아래 표에 정리하였다. 이 결과를 이용하여 제한효소 인식 부위의 상대적 위치와 그 거리를 bp로 표시한 제한효소 지도를 작성하라.

효소	제한효소 절편 크기 (bp)
I	350, 950
II	200, 1100
I과 II	150, 200, 950

16. cDNA 라이브러리를 제작할 때 cDNA는 벡터에 넣어서 클로닝될 수 있다. cDNA 클론들을 분석할 때 종종 유전자 전체를 포함하는 클론을 찾기 어려운 경우가 있다. 즉, 많은 클론들이 mRNA보다 짧은 경우가 많다. 왜 그런가?

17. 영장류를 포획하고 거래하는 것이 1973년 이래로 112개국에서 금지되었으나 대략 1000마리의 침팬지들이 매년 아프리카에서 유럽, 미국, 일본 등으로 밀수되고 있는 것으로 추정된다. 이 불법거래는 종종 새로 출생한 개체인 것처럼 법률적으로 위장되기도 한다. 최근까지도 유전적 동질성 테스트(genetic identity test)가 이런 불법 행위들을 발견하기 위해 사용되지는 않았는데 이는 한 개체와 다른 개체를 구별할 수 있는 적절한 다형성 표지자(polymorphic marker)가 없었고 침팬지의 혈액 시료를 채취하기가 어려웠기 때문이다. 침팬지의 모근세포에서 DNA 시료를 추출하고 이를 PCR의 주형으로 사용한 보고가 있었다. 이 연구에서 사용한 프라이머들은 사람의 DNA상에서 뉴클레오타이드 반복서열의 개수가 달라서 다형성이 높은 부위의 양쪽에 위치하고 있다. 여러 새끼들과 그들의 부모라 생각되는 개체들에 대해 새끼들이 '적출인지' 또는 불법거래의 산물인지 검사하였다. 다음에 그 자료가 있다. 자료를 신중히 분석하고 최선의 결론을 선택하라.

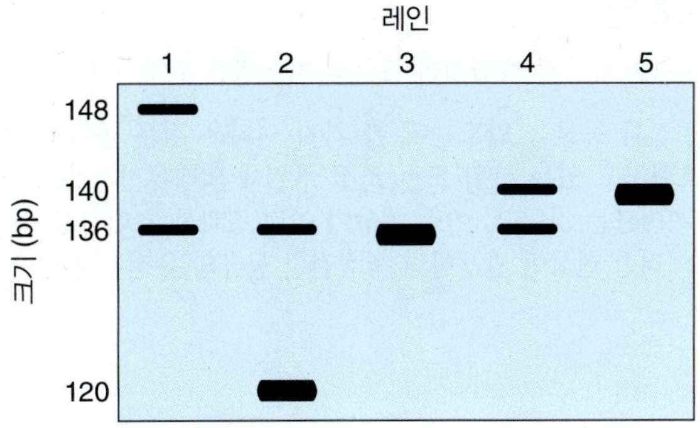

레인 1: 아버지 침팬지
레인 2: 어머니 침팬지
레인 3~5: 추정상의 새끼 A, B, C

(a) 부모에서 태어난 '진짜새끼'는 한 마리도 없다.
(b) 새끼 B와 C는 부모로부터 태어난 새끼가 아니고 불법시장에서 구입한 경우일 것이다. 자료는 새끼 A가 진짜새끼임을 보이고 있다.
(c) 새끼 A와 B는 부모로부터 태어난 새끼이고 C는 아니다. C는 불법시장에서 구입한 경우일 것이다.
(d) 결론을 이끌어 낼만한 충분한 자료가 아니다. 다른 다형성 부위에 대한 분석자료가 더 필요하다.
(e) 사람에 대한 프라이머가 사용되었기 때문에 결론을 내릴 수 없다.

18. 유전체 라이브러리를 스크리닝하기 위한 과정을 적으시오. 그런 과정을 시작하기 전에 무엇을 반드시 알아야 하는가? 그 과정을 진행하는데 예상되는 문제점들은 무엇이며 어떻게 문제점들을 극복하거나 최소화하겠는가?

19. 크기를 알고 있는 특정 DNA상의 제한효소 인식 부위 개수를 추정하기 위해 $N/4^n$(N은 DNA상의 염기쌍의 수, n은 제한효소 인식 부위의 염기 수)의 식을 사용할 수 있다. *Bam*HI에 대한 인식 부위가 GGATCC이고 λ 파지 DNA가 약 48,500 bp일 때 몇 개의 절단 부위를 예상하는가?

20. 일반적인 PCR 반응에서 다음의 온도범위에서 어떤 일들이 벌어지겠는가? (a) 90~95°C, (b) 50~70°C, (C) 70~75°C.

21. 일반적으로 효소들은 37°C 근처에서 활성도가 가장 높다고 생각하는데 PCR에서는 DNA 중합효소가 상대적으로 높은 온도에 여러 번 노출되고 대략 70~75°C에서 기능을 해야 한다. PCR에 일반적으로 사용되는 DNA 중합효소들의 특이점은 무엇인가?

22. 다이디옥시뉴클레오타이드(ddNTP)는 디옥시뉴클레오타이드(dNTP)와 구조적으로 어떻게 다르며, 어떻게 이 구조적 차이가 DNA 서열분석에서 중합반응을 끝내는데 ddNTP가 중요하도록 하는가?

23. 생어의 사슬종결법을 사용하여 DNA 서열을 분석한다고 가정하자. 모든 과정을 제대로 수행하여 전기영동으로 DNA 조각들을 제대로 분리했는데 서열분석용 겔(sequencing gel)을 보니 많은 밴드들이 길이면에서 서로 중복되어 있었다. 무슨 일이 일어난 것일까?

24. 어떻게 형광제자리혼성화(FISH)가 분광핵형을 만들어 내는 데 사

용되는가?

25. 기능결손 동물과 형질전환 동물의 차이점은 무엇인가?

26. 형질전환 동물을 만드는데 한 가지 어려운 점은 동물의 유전자를 암호화하고 있는 부위 또는 조절 부위에 외래유전자가 무작위적으로 끼어드는 것이다. 이런 현상이 어떤 결과를 초래하겠는가? 그리고 이러한 현상이 발생하면 형질전환 동물의 유전적 분석은 어떻게 복잡해질 수 있는가?

27. 기능결손법에 의해 생쥐의 유전자를 제거할 때, 왜 기능결손 표적 유전자의 유전형이 (−/−)인 동형접합 자손이 나올 때까지 교배해야 하는가?

28. 특정 외래유전자가 어떤 생물체의 유전체에 삽입되었다면 이를 분석하기 위해 어떤 기술을 사용할 수 있는가?

응용 문제

29. 다음에 제시된 사진은 여러 제한효소로 절단한 절편들의 전기영동 밴드모양이다. 사용된 제한효소들은 사진의 위, 아래에 표시하였고, 6개의 가능한 제한효소 지도를 오른쪽 그림에 표시하였다.

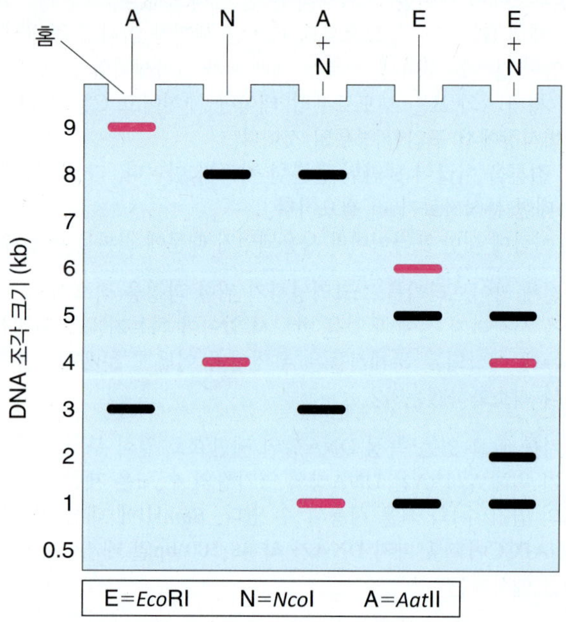

6개 중 한 개의 제한효소 지도만이 전기영동 겔에 보인 밴드모양과 일치한다.

(a) 전기영동 겔에 보인 밴드모양에 대한 분석에 기반하여 올바른 제한효소 지도를 선택하고 이유를 설명하라.

(b) 이 겔로 진행한 서던 블롯 분석에서 분홍색으로 표시된 밴드는 *pep* 유전자와 혼성화(hybridization)되었다. *pep* 유전자는 어디에 위치해 있는가?

30. PCR에 사용되는 프라이머들의 어닐링(annealing) 온도를 계산하는 데 널리 사용되는 방법은 T_m(℃)에서 5도를 낮추는 것이다. T_m은 81.5 + 0.41 X(%GC) − (675/N)의 식으로 계산할 수 있는데 %GC는 올리고뉴클레오타이드 중의 GC 뉴클레오타이드의 비율(%)이고 N은 올리고뉴클레오타이드의 길이다. 식에서 GC 뉴클레오타이드의 비율과 올리고뉴클레오타이드의 길이 모두가 변수다. 다음의 올리고뉴클레오타이드를 프라이머로 가지고 있다고 가정하고 PCR을 위한 어닐링 온도를 계산하라. T_m (℃)과 %GC의 관계는 무엇인가? 이유는 무엇인가? (실제에 있어서 이런 계산은 가장 적절한 어닐링 온도를 결정하기 위한 실험의 시작점이 될 뿐이다.)

5′-TTGAAAATATTTCCCATTGCC-3′

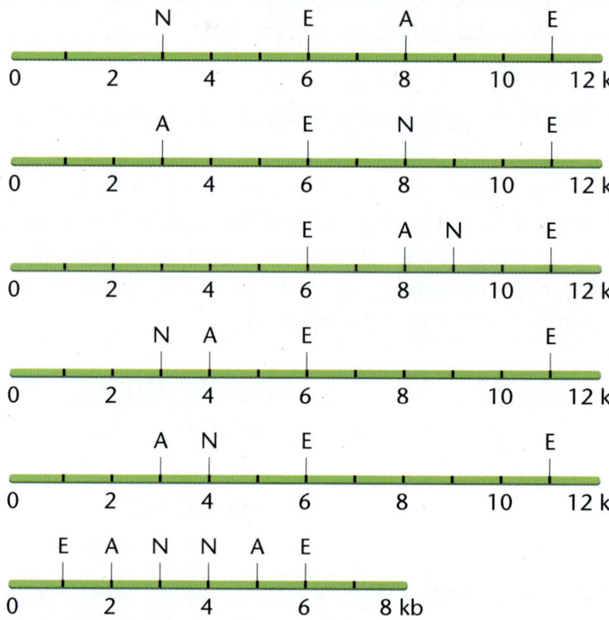

31. 이 장에서 언급된 대부분의 기술들(블롯분석, 클로닝, PCR 등)은 서로 다른 뉴클레오타이드 분자들 사이의 어닐링에 의존한다. 가닥의 길이, 온도, GC 뉴클레오타이드의 비율 등이 분자 상호간의 결합에 중요하다. 혼성화 방법에 흔히 사용되는 다른 두 가지 요소는 1가 이온과 포름아마이드이다. 1가 이온(Na^+)과 포름아마이드의 농도를 고려하여 T_m을 계산하면 다음과 같다.

$$T_m = 81.5 + 16.6(\log M[Na^+]) + 0.41(\%GC) - 0.72(\%\text{포름아마이드})$$

(a) 다음의 Na^+와 포름아마이드 농도에서 T_m을 계산하라. GC 비율은 45%로 가정하라.

Na^+	% 포름아마이드
0.825	20
0.825	40
0.165	20
0.165	40

(b) 포름아마이드는 핵산의 염기와 수소결합에서 경쟁하고 핵산의 음전하는 1가 양이온을 끌어당긴다. 왜 (a)에서처럼 T_m이 변하는지 설명하라.

32. 사람에서 선천성 심장질환은 약 125명 중 1명꼴로 나타나는 매우 흔한 선천성 질환이다. Zaidi(2013) 등은 역전사-PCR(RT-PCR)을 이용하여 약 10% 정도가 점돌연변이로부터 기인하며, 종종 히스톤의 기능과 관련되어 있다는 사실을 발견하였다. 발달 과정의 심장에서 발현하는 유전자 산물들을 잡아내기 위해 역전사 과정에 oligo(dT)를 사용하였다.

(a) 프라이머 안에 있는 높은 %의 T는 어닐링 온도에 어떤 영향을 미치겠는가?

(b) oligo(dT) 프라이머와 비교하여, 임의서열(random sequence) 프라이머의 모음을 사용할 때에는 어닐링 온도의 계산에 요령이 필요하다. 이유는?

(c) 발달 중인 심장의 오른쪽과 왼쪽 편의 비교처럼 만약 유전자 발현의 정량적 분포에 관심이 있다면 RT-PCR을 사용하여 어떻게 분석할 수 있겠는가?

33. 미국 법무부는 사람의 Y 염색체상의 짧은 반복서열(Y-STRs)에 대한 PCR 증폭결과물 목록에 대한 데이터베이스를 만들었다. 이 데이터베이스는 미국 내 5개 인종(아프리카계 미국인, 유럽계 미국인, 히스패닉, 아메리카 인디언, 동양계 미국인)과 세계 인구의 다형성(polymorphism)에 관한 자료가 담겨 있다.

(a) STRs(short tandem repeats)는 $(TCTG)_{9\text{-}17}$ 또는 $(TAT)_{6\text{-}14}$처럼 길이가 다른 여러 서열의 반복임을 생각하여, PCR이 어떻게 개인 간의 차이점(다형성)을 보일 수 있겠는가? 법무부는 이 차이점을 어떻게 이용하겠는가?

(b) Y 염색체상의 비재조합 부위(NRY)로부터의 Y-STRs는 법의학적인 목적에 특히 부합한다. 왜 그런가?

(c) Y-STR 다형성에 대한 인종간의 차이를 아는 것의 가치는 무엇이겠는가?

(d) 법의학적인 활용에서 범죄현장의 DNA 시료와 용의자의 DNA 사이에 '일치'의 개연성은 유죄 또는 무죄 판단을 이끌어 내기도 한다. '일치'는 어떻게 결정하며 그런 개연성의 사용과 한계는 무엇인가?

34. 법의학, 병원균 분석, 유전자변형생물체의 탐지 등과 같이 여러 개의 마커를 사용하여 PCR 증폭으로 빠른 결과를 내야하는 다양한 상황이 있다. 다중 PCR에서는 여러 짝의 프라이머들이 한꺼번에 사용되는데, 종종 각각의 프라이머 짝을 이용할 때보다 좋지 않은 결과를 얻을 때가 있다. 과정을 최적화하기 위하여 많은 연구들이 진행되었으나 별로 좋은 결과들이 얻어지지는 않았다. 31번 문제에서 주어진 정보를 고려하여, 다중 PCR이 하나의 프라이머 짝을 사용하는 것에 비해 신뢰성과 최적화의 수월성 측면에서 왜 차이가 있어야 하는가?

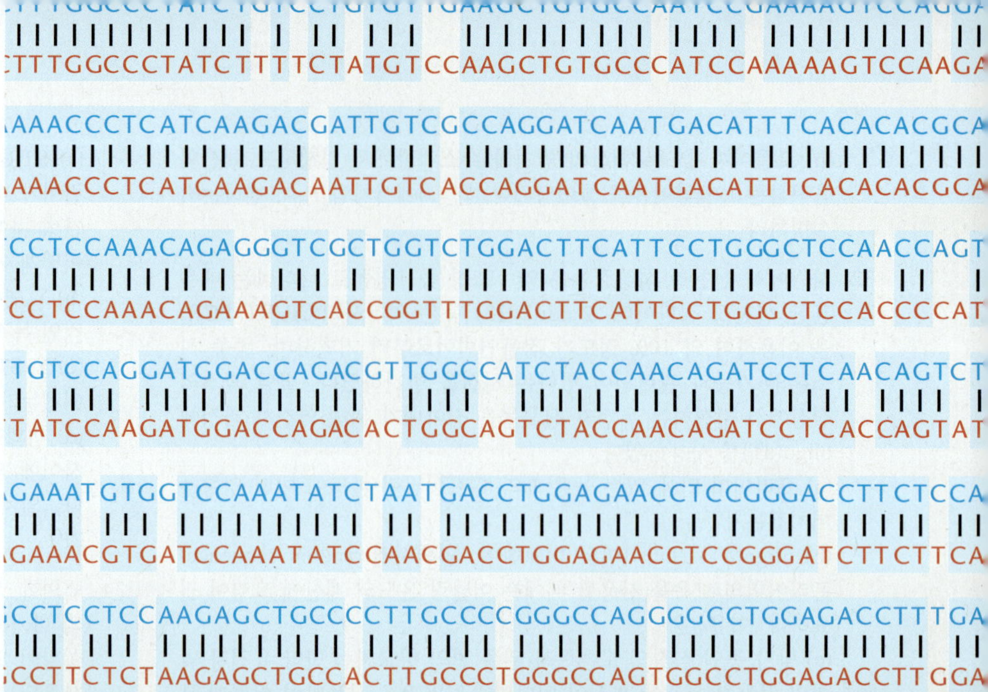

개(위)와 인간(아래)의 렙틴 유전자 DNA 서열을 비교하는 정렬(alignment). 세로선과 음영 부분은 동일한 염기들을 나타낸다. *LEP*는 식욕을 억제하는 기능을 하는 호르몬을 암호화한다. 이러한 유형의 분석은 생물정보학의 일반적인 적용법이며 비교유전체학의 좋은 설명이 된다.

21 유전체학, 생물정보학, 단백질체학

핵심 개념

- 유전체학은 재조합 DNA, DNA 염기서열결정법, 생물정보학을 유전체의 서열결정, 조립 및 분석하는 데에 적용한다.
- 유전체학의 분야는 구조 및 기능 유전체학, 비교유전체학, 메타유전체학을 포함하는 몇몇의 학문 영역을 포함하며, 현대 생물학의 'omics' 혁명을 가져왔다.
- 생물정보학은 핵산, 단백질 서열 정보를 저장, 공유, 비교 및 분석하기 위해서 정보기술을 생물학 및 수학과 접목한다.
- 인간 유전체 프로젝트(Human Genome Project)는 인간 유전체의 조직, 크기, 기능에 대한 우리의 이해를 크게 증진시켰다.
- 인간 유전체 프로젝트 완료 10년 뒤, 유전체학 연구의 새로운 시대는 인간 유전체에 대한 더 깊은 통찰력을 제공하고 있다.
- 비교유전체학 분석은 유전체 크기 및 조직체계의 유사성과 차이점을 밝혀내고 있다.
- 메타유전체학은 환경에서 얻은 시료의 유전체 연구이며, 미생물 유전체를 규명하는 데 중요하다.
- 전사체 분석은 유전체의 유전자 발현, 유전자조절 활성의 양상에 관한 통찰을 제공한다.
- 단백질체학은 세포의 단백질 함량 및 단백질의 구조, 기능, 상호작용에 초점을 맞추고 있다.
- 시스템생물학 접근법은 유전자, 단백질, 다른 세포 구성물들 간의 복잡한 상호작용을 밝히기 위한 시도이다.

유기체 하나의 세포에 있는 DNA의 완전한 집합체를 의미하는 **유전체(genome)**라는 용어는, 유전학자들이 개별적인 유전자에 대한 연구에서 더 큰 그림으로 초점을 맞추기 시작하면서 생겨났다. 유기체의 유전체 안에 있는 모든 유전자의 특성을 분석하기 위해서 유전학자들은 일반적으로 두 가지의 전통적인 유전학적 접근법을 따른다: (1) 자발적인 돌연변이를 규명하거나 화학적, 물리적 물질에 의해서 발생한 돌연변이를 모으거나, (2) 앞에서 언급한 것처럼(5장), 돌연변이 균주를 이용한 연관 지도(linkage map)를 만들어내는 것이다.

이러한 효과적인 전략은 이 책에서 언급하고 있는 초파리(*Drosophila*), 옥수수(maize), 생쥐(mice), 세균(bacteria), 효모(yeast) 등을 포함하는 다양한 전통적인 모델 유기체의 유전자를 규명하는 데 사용되었다. 이러한 접근은 유전학적 분석의 기술적인 기반을 마련하였으며 현재까지 적용되고 있지만, 몇 가지 주요한 한계를 가지고 있다. 예를 들어, 전통적인 돌연변이 분석과 연관은 유전체의 모든 유전자들을 규명하기 위해서 각각의 유전자에 최소한 하나 이상의 돌연변이가 발생해야 한다. 돌연변이를 획득하고 연관 연구를 진행하는 것은 매우 많은 시간이 필요하며, 돌연변이가 치명적이거나 명확한 표현형이 없다면 해당 유전자의 위치를 찾기가 어렵거나 불가능하다. 게다가, 실험실에서 동물 모델의 돌연변이를 만들 수 있다고 해도, 동일한 돌연변이를 인간에서 만들어낼 수는 없다. 따라서 돌연변이 분석을 이용한 인간 유전자의 규명은, 유전적으로 물려받았거나 혹은 자발적으로 획득했지만 표현형이 없는 돌연변이 유전자들의 연관지도 작성에 있어서 매우 제한적이다. 또 다른 근본적인 한계는, 이러한 접근법들이 유전자들의 좌위(loci)를 규명하고 특성화하는 데 이용될 수 있지만, DNA 염기서열을 결정해 줄 수는 없다. 특히, 이러한 접근법은 DNA 조절 염기서열과 같은 유전체 비암호화 지역 연구에 이용되기도 힘들다.

1977년에 재조합 DNA 기반 기술이 개발되면서, Fred Sanger와 공동연구자들은 새롭게 개발된 DNA 염기서열결정법을 이용하여 ϕX174 바이러스의 5400개 뉴클레오타이드 유전체의 서열을 결정함으로써 **유전체학(genomics)**, 즉 유전체 연구 분야를 시작하였다. 다른 바이러스 유전체들도 빠르게 서열결정이 되었지만, 이 기술은 느리고 노동 집약적이며 작은 유전체들에만 유용했다. 1980년대에 인간 유전자 지도에 관심을 가진 유전학자들은 DNA 염기서열을 특정 염색체에서 동정하기 위해 재조합 DNA 기술을 이용하기 시작했다. 처음에 대부분의 이러한 서열들은 실제로 전체 유전자는 아니었고, 제한효소 절편길이 다형성(restriction fragment length polymorphism, RFLP)과 같은 표지 서열이었다. 일단 염색체로 지정이 되면, 이러한 표지자(makers)들은 유전자질환에서의 표지와 질병 표현형 사이의 연관성을 확립하기 위한 가계도 분석에 이용되었다. **위치추적클로닝(positional cloning)**이라고 불리는 이러한 접근은 낭포성 섬유증(cystic fibrosis), 신경섬유종증(neurofibromatosis)과 수십 종의 다른 질병들의 유전자 지도 작성, 분리, 복제, 서열 결정하는 데 이용되었다. 위치추적클로닝은 한번에 하나의 유전자를 규명하였으며, 1980년대 중반까지 3500개 이상의 유전자 및 표지자를 동정하는 데 이용되었다.

이때에는 인간 유전체 안에 대략적으로 100,000종의 유전자가 있을 것으로 추정되었으며, 기존의 방법들을 이용한 지도 작성은 힘들고, 많은 시간이 걸리며, 거의 가능성이 없는 일처럼 보였다. 곧 알게 되겠지만, 유전자 개수에 관한 이러한 추정은 정확하지 않다고 판명되었다. 이후의 30년 동안, 컴퓨터에 의해 자동화된 DNA 염기서열결정법의 개발은 더 크고 복잡한 진핵생물 유전체(인간 유전체를 구성하는 31억 개의 뉴클레오타이드 포함)의 서열분석을 고려하도록 하였다. 새롭고 강력한 DNA 염기서열결정법과 생물정보학의 출현과 함께 재조합 DNA 기술의 발전은 유전체학 분야를 빠르게 발전시키고 있다.

유전체 기술은 아주 빠르게 발전하고 있어서, 현대 생물학자들은 지금 유전체학적 혁명을 경험하고 있다. 이번 장에서는 유전체학에서 사용되는 기본적인 기술들을 설명하고, 유전체 데이터의 예와 유전체학의 서로 다른 분야들에 대해서 논의할 것이다. 또한 세포나 조직에서 발현되는 유전자를 연구하는 **전사체 분석(transcriptome analysis)**, 세포나 조직 안에 존재하는 단백질들을 연구하는 **단백질체학(proteomics)**에 대해서도 논의할 것이다.

이번 장은 유전체학, 전사체 분석, 단백질체학 데이터를 모으고 통합하는 현대 생물학의 새로운 영역인 **시스템생물학(systems biology)**을 간단하게 살펴보고 마무리할 것이다. 이 책의 후반부(22장)에, 재조합 DNA와 유전체학 기술들의 다양한 현대적인 적용들을 다시 언급하면서 유전체학의 논의를 계속할 것이다. 이번 장에서 이야기하고 있는 주제들 중 일부는 다른 장에서 더 깊이 있게 다뤄질 것이다(현대 유전학 특강 1장—후성유전학, 특강 2장—RNA의 새로운 기능, 특강 4장—유전체학과 맞춤의학 참조).

21.1 전유전체 서열결정법은 전체 유전체를 분석하고 조립하는 데 널리 사용되는 방법이다

20장에서 논의된 것처럼, 재조합 DNA 기술은 관심 있는 특정 유전자의 동정, 복제 및 염기서열 결정에 사용될 수 있는 DNA 라이브러리 구축을 가능하게 했다. 하지만 라이브러리 검색과 대부분의 중합효소연쇄반응(polymerase chain reaction, PCR) 접근법의 한계는, 한번에 상대적으로 적은 수의 유전자만을 규명할 수 있다는 것이다. 유전체학은 전체 유전체의 서열결정을 가능하게 한다. **구조유전체학(structural genomics)**은 유전체 서열결정과 더불어, 유전자나 다른 중요한 염기서열(예: 유전자 조절 지역)을 동정하기 위한 뉴클레오타이드 서열 분석에 초점을 맞추고 있다.

전체 유전체의 염기서열 결정과 조립을 위해서 가장 널리 사용되는 전략은 **전유전체 서열결정법(whole-genome sequencing, WGS)**으로 불리는 방법의 변형들을 포함하고 있다. 전유전체 서열결정법은 **샷건 클로닝(shotgun cloning)** 혹은 샷건 서열결정법(shotgun sequencing)으로도 알려져 있다. 간단하게 이 기술은 다음과 같이 설명할 수 있다. 당신과 당신의 친구가 이 유전학 교과서의 복사본을 각각 가지고, 페이지들을 대략 5~7인치 길이의 조각으로 임의로 찢는다. 각 장(chapter)은 염색체를 의미하고, 전체 책의 모든 글자들은 '유전체'이다. 그런 다음, 당신과 당신의 친구는 일치하는 지역을 찾기 위해서 종이 조각들을 공들여서 비교하고, 다른 조각에 있는 유사한 문장들이 존재하는 지역들을 겹친다. 이론적으로, 마침내 페이지들을 복원하고 전체 본문의 순서를 조립하는 방법을 통해서, 페이지를 복구할 수 있을 것이고, 전체 문장을 맞출 수 있을 것이다.

그림 21-1은 전유전체 서열결정법의 기본적인 개요를 보여주고 있다. 먼저 다양한 방법(과도한 열처리, 혹은 음파 에너지를

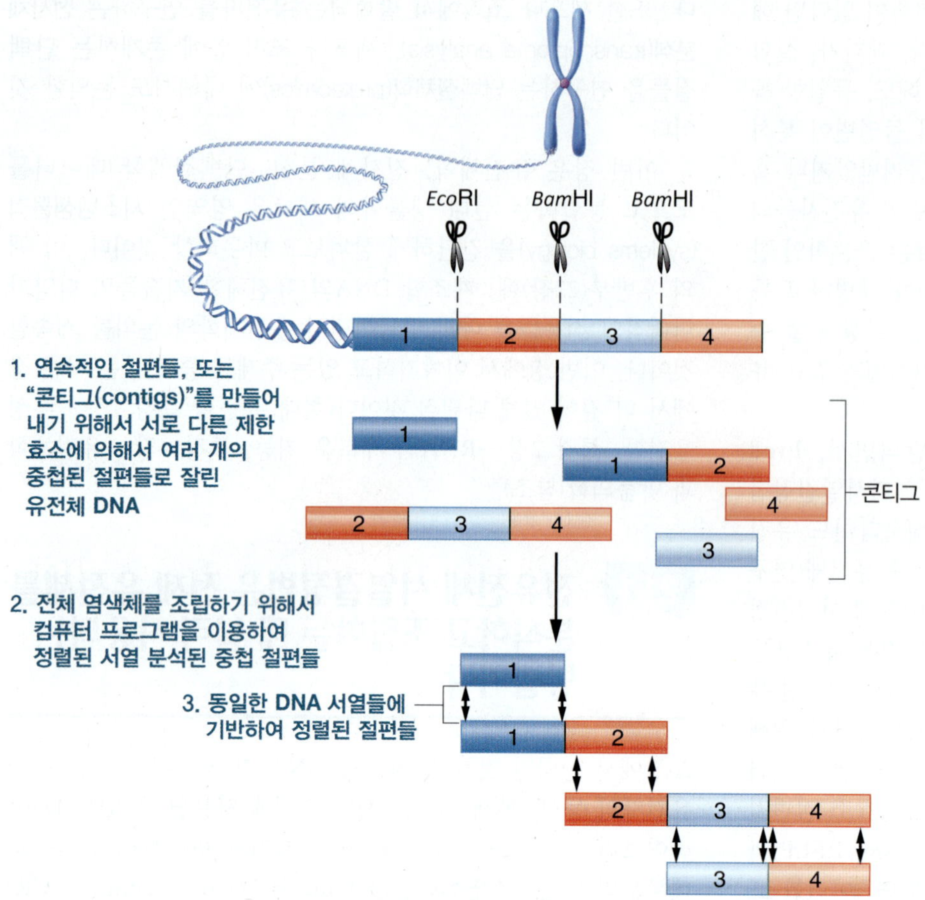

그림 21-1. 전유전체 서열결정법(WGS)과 조립의 개요. 이 접근은 다음과 같은 과정을 포함하는 하나의 전략을 보여주고 있다. 제한효소를 이용해서 유전체 DNA를 콘티그로 자르고, 그 다음에 염기서열 동일성에 기반하여 중첩된 절편들을 동정하기 위해 생물정보학을 이용하여 서열분석하고 정렬한다. 이 그림에서는 *Eco*RI 절단에 의해 2개의 절편(콘티그 1, 2~4)이 생기고, *Bam*HI 절단에 의해 3개의 절편(콘티그 1~2, 3, 4)이 생겨난다.

이용해서 DNA를 파괴하는 초음파 분쇄)으로 DNA를 기계적으로 자르거나, DNA를 서로 다른 위치에서 자르는 제한효소들을 이용해서 전체 염색체를 짧고 중첩된 절편들로 자른다. 간단하게 여기서는 제한효소를 이용한 DNA 절단의 기본적인 예를 보여주고 있다. 실제로는 효소를 사용하지 않는 DNA 절단법의 사용이 점차 증가하고 있다. 다양한 제한효소들은 염색체를 서로 다른 위치에서 자르기 위해 사용될 수 있다. 혹은 종종 동일한 제한효소를 이용한 DNA의 **부분적 분해**(partial digest)가 사용되기도 한다. 부분적 분해 방법으로, 각각의 효소에 의해서 모든 절단 자리가 완전히 절단되지 않도록 하기 위해서 DNA에 짧은 시간 동안만 제한효소를 처리한다. 전체 염색체의 제한절단은 수십억 개의 중첩된 DNA 절편들을 만들어낼 수 있다. 예를 들어, *Eco*RI 같이 6개 염기쌍을 인식하여 자르는 효소(6 bp cutter)로 인간 유전체를 자르면 약 700,000개의 절편이 만들어진다! 이러한 중첩된 절편들은 인접한 부분들이고, 염색체 안에서 하나의 인접한 DNA 분자를 집합적으로 형성하기 때문에, 그것들을 **인접한 절편**(**contiguous fragment**) 혹은 **'콘티그**(**contig**)'라고 부른다.

다음 절에서는 유전체학에 적용할 생물정보학의 중요성에 대해 논의할 것이다. 유전체적인 목적으로 개발된 초기 생물정보학의 응용 중 하나는, DNA-염기서열 **정렬**(**alignment**, 콘티드와 같은 비슷한 염기서열이 비교 목적으로 나열된 것)을 만들어내기 위한 알고리즘-기반 소프트웨어 프로그램의 사용이었다. 정렬을 통해 중첩되는 서열을 찾아낼 수 있고, 과학자들로 하여금 염색체 안에서 그것들의 순서를 복원하는 것을 가능하게 해준다. 그림 21-2는 인간의 2번 염색체 일부분의 콘티그 정렬과 조립의 예를 보여주고 있다. 단순하게 이 그림은 각 콘티그의 상대적으로 짧은 염기서열을 보여주고 있으나, 실제로는 훨씬 더 길다. 그림은 또한 실제 정렬을 단순화했는데, 조립된 서열이 항상 양 끝에서 중첩되지는 않는다.

이러한 전유전체 샷건 서열분석법(whole-genome shotgun sequencing)은 유전체 연구소(The Institute for Genome Research, TIGR)의 J. Craig Venter와 동료들에 의해서 개발되었다. 1995년에 TIGR 연구자들은 이 접근법을 이용하여, 183만 염기쌍을 갖는 *Haemophilus influenzae* 유전체의 서열을 결정하였다. 이는 독립생활 유기체(free-living organisms) 최초의 완전한 유전체 서열이며, 샷건 서열분석법이 전체 유전체의 서열을 결정하는 데 이용될 수 있다는 '개념 입증'을 보여주었다. *H. influenza* 유전체의 서열이 결정된 후에도, 많은 과학자들은 샷건 접근법을 진핵생물의 더 큰 유전체에 적용하는 데에는 회의적이었다. 하지만 차세대염기서열결정법(next-generation sequencing technologies)을 이용한 개선된 샷건 접근법은 현재 인간을 포함한 거의 모든 종의 유전체 서열을 결정하는 데에 우선적으로 이용되는 방법이다.

고처리 염기서열결정법과 유전체학에 미치는 영향

유전체를 콘티그로 자르는 것은 특별히 어렵지는 않다. 하지만 전유전체 염기서열분석의 발전을 위해서 우선적으로 극복해야 하는 장애물은 어떻게 수백만 혹은 수십억 개의 염기쌍을 시간적, 비용적인 측면에서 효율적으로 서열결정을 할 것인가 하는 질문이다. 이는 인간 유전체 프로젝트(21.4절 참조)에 참여

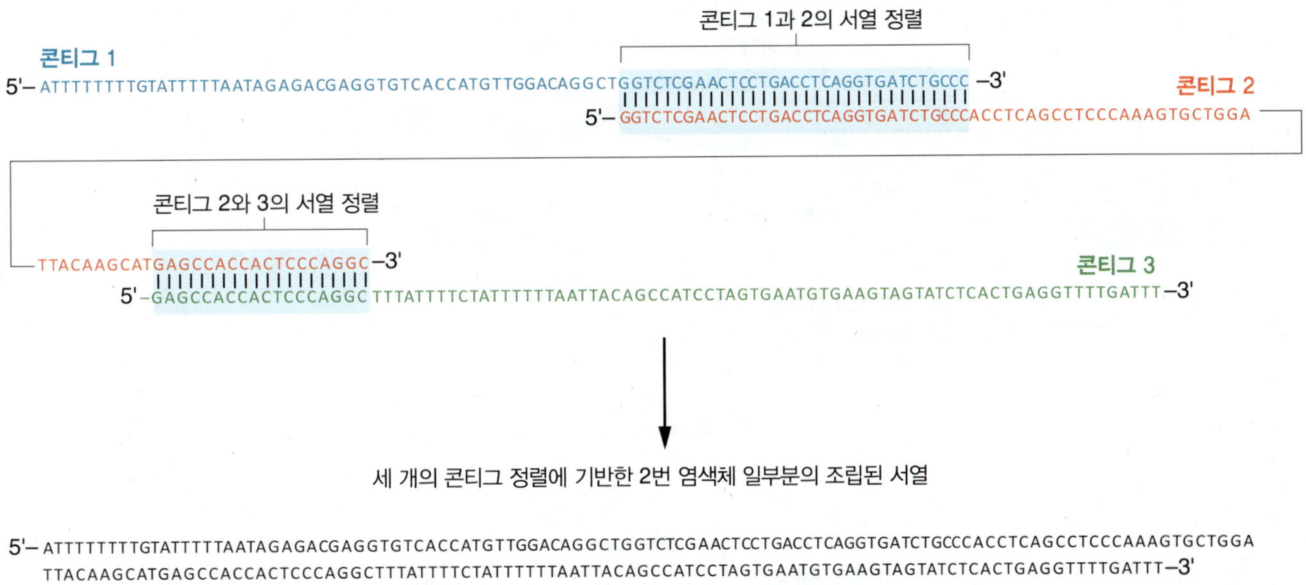

그림 21-2. 인간 2번 염색체 콘티그의 DNA-염기서열 정렬. 인간 2번 염색체 유래 세 종류의 다른 콘티그의 단일 가닥 DNA가 파란색, 빨간색, 녹색으로 표현되어 있다. 2번 염색체의 실제 염기서열을 나타냈지만, 실제로 콘티그 정렬은 몇천 염기 길이의 절편들을 포함하고 있다. 세 종류 콘티그의 정렬은 2번 염색체의 부분이 조립되는 것을 가능하게 한다. 특정 염색체의 전체 콘티그 정렬은 완전히 서열분석된 염색체의 조립을 가능하게 할 것이다.

한 과학자들의 주요한 도전이었다. 20장에서 언급한 생어 염기서열결정법(Sanger sequencing)은 오랜 시간 동안 주요한 염기서열분석 방법이었다. 하지만 이 기술의 주된 한계는, 최상의 서열분석 겔이라도 한 번의 반응에서 몇백 개의 염기쌍만 분석이 가능하고, 하루에 비교적 적은 수의 반응만 가능했다는 점이다. 결과적으로, 전체적인 염기서열 데이터의 생산성은 현대의 기술들에 비해 매우 느렸다. 확실히 생어 염기서열결정법을 이용해서 전체 유전체의 서열을 수동으로 분석하는 것은 매우 많은 시간이 소요된다. 유전체학을 가능하게 한 주된 기술적 돌파구는 컴퓨터에 의한 자동 염기서열 분석기(computer-automated sequencer)였다.

고처리 염기서열결정법(high-throughput sequencing)을 위해 디자인된 초기의 많은 컴퓨터-자동 염기서열 분석기들은 하루에 수백만 개의 염기쌍을 분석할 수 있었다. 이러한 분석기들은 수 피트 길이의 여러 개의 모세관 겔을 포함하고 있었다. 어떤 분석기는 한 번에 96개의 모세관 겔을 반응시킬 수 있었으며, 각각은 대략 900 염기서열을 산출할 수 있었다. 이러한 분석기들은 컴퓨터에 의해 자동화되었기 때문에 24시간 내내 일하면서 하루에 200만 개 이상의 염기서열을 산출할 수 있었다. 지난 15년 동안 고처리 염기서열분석법은 DNA-염기서열분석 기술의 생산성을 500배 이상 증가시켰다. 한번의 반응에서 분석할 수 있는 염기서열의 총 수는 대략 24개월마다 2배로 증가해 왔다. 동시에 이러한 효율성의 증가는 극적인 비용 절감(염기쌍 하나당 약 1달러에서 0.001달러 이하로)을 가져왔다. 21.4절에서 언급하겠지만, 의심할 여지 없이 고처리 염기서열결정법의 개발은 인간 유전체 프로젝트를 위해 필수적이었다. 20장에서 배워서 알겠지만, 현재 차세대-, 3세대-염기서열결정법은 더 높은 생산량, 개선된 정확도, 절감된 비용으로 2000년의 분석기보다 거의 50,000배 더 빠른 속도로 염기서열의 생산을 가능하게 해 준다.

개별 클론 접근법

전유전체 염기서열분석이 널리 사용되기 전에, 유전체는 **개별 클론(clone-by-clone)** 접근법, 또는 **지도-기반 클로닝(map-based cloning)**이라고 불리는 방법을 이용해서 조립되었다(그림 21-3). 인간 유전체 프로젝트의 초기 성과는 이 방법에 기반해서 이루어졌다. 염색체의 제한효소 절단으로 생긴 각각의 DNA 절편들은 염색체의 제한효소지도(restriction map)를 만들어내기 위해 정렬된다. 이러한 제한절편(restriction fragment)들은 콘티그 라이브러리를 만들기 위해 박테리아 인공 염색체(bacterial artificial chromosomes, BACs)나 효모 인공 염색체(yeast artificial chromosomes, YACs)와 같은 벡터 안에 붙여진다. BACs와 YACs는 커다란 DNA 절편을 복제하기 위한 좋은 클로닝 벡터임을 명심하라(20장 참조).

고처리 염기서열 결정법이 발달하기 전에, BACs와 YACs 안의 DNA 절편은 종종 더 작고, 더욱 쉽게 다룰 수 있는 조각으로 더 절단되어, 완전한 서열 분석이 가능하도록 코스미드(cosmid)나 플라스미드(plasmid)로 서브클로닝(subcloning)되었다(그림 21-3). 각 절편서열의 정렬을 통해 중첩이 분석된 후, 염색체는 조립될 수 있었다. 다음 절에서 다룰 생물정보학적 접근은 가능한 단백질-암호화 유전자를 규명하고 염색체상에서 그것들의 위치를 결정하는 데 사용되었다. 예를 들어, 그림

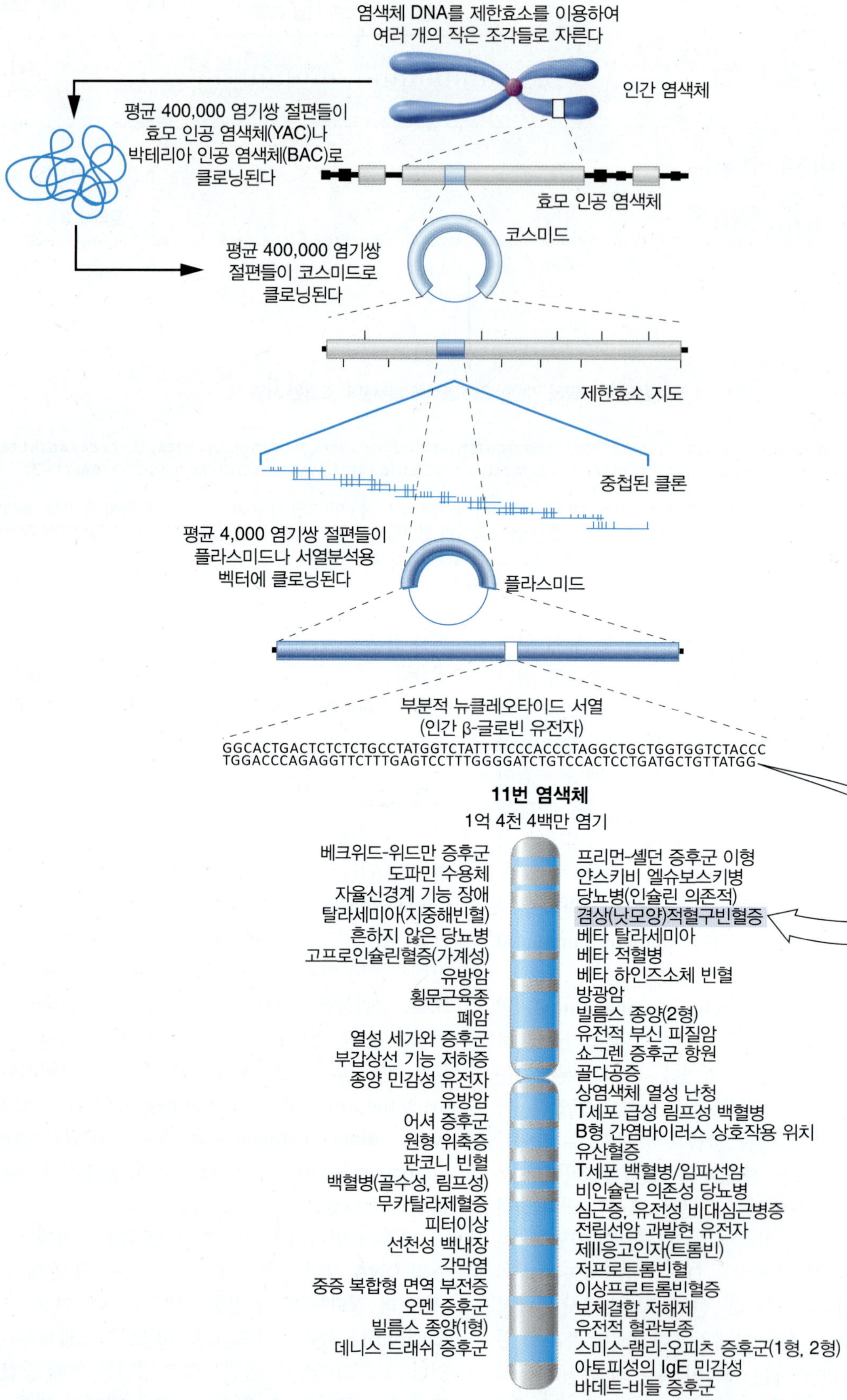

그림 21-3. 유전체 염기서열결정을 위한 개별클론, 혹은 지도-기반 접근법은 중첩된 DNA 절편(콘티그)을 벡터로 클로닝하는 것을 포함한다. 분석하고자 하는 각각의 DNA 절편의 크기에 따라서 BACs, YACs, 코스미드, 플라스미드와 같은 다른 종류의 벡터들이 사용된다. 그 다음, 중첩된 클론들은 전체 염색체의 조립을 위해 염기서열이 분석되고 정렬된다. 그림에서 표현된 부분은 유전적 질병 상황과 관련된 11번 염색체상의 일부 유전자 지도를 보여주고 있다.

21-3은 11번 염색체의 일부분(인간 β-글로빈 유전자의 일부를 포함)의 서열을 결정하기 위한 지도-기반 클로닝 이용을 보여주고 있다.

전유전체 서열결정법에 비해 개별클론 접근법은 복잡하고 시간이 많이 소요된다. 왜냐하면 DNA 절편들을 다른 벡터들에 클로닝하고, 박테리아나 효모에 형질전환하고, 서열결정을 위해 라이브러리로부터 각각의 클론들을 골라야 하며, 그 다음 서열분석을 수행하고, 상대적으로 짧은 염기서열들을 조립하는 시간들이 필요하기 때문이다. 근본적으로, 개별클론 접근은 무작위적인 서열결정과 조립 대신에, 제한효소지도로부터의 콘티그에 대해서만 조직화된 서열분석법이라 할 수 있다. 전유전체 서열결정법이 유전체 조립을 위한 일반적인 방법이 되면서 지도-기반 클로닝 접근은 거의 사용되지 않고 있으며, 전유전체 서열결정법 과정에서 나타나는 문제들을 해결하기 위해서만 사용되고 있다. 예를 들어, 염색체 안의 매우 반복적인 서열들은 중첩들을 규명하기 위해서 정렬하기 어려울 것이다. 왜냐하면 그러한 서열들에서는 거의 일치하는 지역들이 중첩된 절편인지 아니면 아주 반복적인 지역의 다른 부분인지 확실히 알 수가 없기 때문이다. 때로는 정렬된 콘티그들 사이에 공백이 있다. 앞에서 이야기한 책을 찢는 비유를 생각해 보면, 당신이 찢은 모든 종이 조각들을 비교한 후에도, 아주 적은 단어를 포함하고 있어서 다른 어떤 조각과도 확실히 맞춰지지 않는 몇몇의 아주 작은 조각들이 남을 수 있다. 이러한 경우에는, 개별클론 접근으로 필요한 콘티그를 조립하고 염색체를 완성하는 것이 가능할 것이다.

드래프트 서열과 오류 점검

유전체의 확정 서열을 최종적으로 발표하기 전에 일반적으로 드래프트(미완성 초본) 서열을 먼저 공개한다. 드래프트 서열은 여러 가지 이유로, 분석을 어렵게 만들 수 있는 부분부분의 공백을 종종 포함하고 있다. 서열을 '최종'으로 지정하는 결정은 과학자들이 차단점(cutoff)으로 받아들일 수 있는, 즉 잘못된 유전체의 정도에 의해 좌우된다.

염색체 분절들은 일반적으로 높은 수준의 정확도를 보장하기 위해서 두 번 이상 서열분석이 된다. 여러 번의 서열분석 반응으로부터 최종 유전체 서열을 조립하는 것은 **컴파일링(compiling)**이라고 알려져 있다. 편집(compile)하고 오류를 점검하기 위한 하나의 방법은 DNA 분자의 상보적인 가닥들을 따로따로 서열분석하고, 그 다음에 오류를 점검하기 위해 염기쌍 규칙(base-pairing rules)을 사용하는 것이다. *Pseudomonas aeruginosa*의 유전체 분석을 위해 샷건 방법을 이용한 연구자들은 최종 서열이 정확하다는 것을 보장하기 위해서 630만 뉴클레오타이드의 서열결정을 일곱 번이나 수행하였다. 하지만 이러한 수준의 반복에도 어셈블러 소프트웨어는 1604개 지역을 좀 더 명확하게 할 필요가 있다는 것을 발견했다. 이러한 지역들은 다시 분석되고 서열이 재결정되었다. 최종적으로, 샷건 서열의 관련 있는 부분들을 전통적인 클로닝으로 얻은 서로 분리되어 있는 유전체 지역들과 비교하였다. 개별클론 방법에 의해 클로닝되고 서열결정된 81,843개의 뉴클레오타이드들은 샷건 방법에 의해 얻은 서열과 완벽히 일치하였다. 정확성을 점검하기 위한 이러한 수준의 주의는 특별한 것이 아니며, 비슷한 수준의 예방책은 거의 모든 유전체 프로젝트에서 이루어진다. 컴파일링 후에 유전체는 유전자 염기서열과 조절인자 및 중요한 정보를 밝히는 다른 요인들을 동정하기 위해 분석된다. 이러한 과정에서 생물정보학의 핵심적인 역할에 대해 다음 절에서 논의한다.

21.2 DNA 염기서열 분석은 생물정보학의 적용과 유전체 데이터베이스를 필요로 한다

유전체학은 유전자 구조, 유전자 서열 및 발현, 단백질 구조 및 기능과 관련된 데이터를 조직화하고 공유하며 분석하기 위해서 컴퓨터 하드웨어와 소프트웨어, 수학적 적용을 이용하는 **생물정보학(bioinformatics)**의 빠른 발전을 필요로 한다. 하지만 전유전체 서열결정 프로젝트가 시작되기 이전에도, 재조합 DNA 기술에 의한 유전자 클로닝의 결과로 다양한 유기체들에 대한 거대한 양의 서열 정보들이 축적되어 있었다. 전 세계 과학자들은 단백질과 DNA 서열 정보를 최대한 저장하고, 공유하며, 획득하기 위해 이용될 수 있는 데이터베이스가 필요했다. 따라서 생물정보학 소프트웨어는 DNA 서열을 비교 분석하고, 민간 혹은 공공의 데이터베이스를 만들기 위해서 이미 사용되고 있었다. 하지만 유전체학이 DNA를 분석하는 새로운 접근법으로 부상하면서, 생물정보학은 이전보다 훨씬 더 중요해졌다. 오늘날, 생물학 연구분야는 역동적이며, 정보기술, 수학, 통계적 분석으로 생물학적 데이터의 해석(이해)을 융합하는 일에 관심을 갖고 있는 모든 사람에게 새로운 일자리 기회를 제공하고 있다.

생물정보학의 가장 일반적인 적용 분야는 콘티그 정렬의 경우에서와 같이 DNA 서열을 비교하는 것이며, 다음과 같은 다양한 목적을 가진다. 유전체 DNA 서열에서 유전자를 규명하기 위해서, 프로모터와 인핸서와 같은 유전자-조절 지역을 찾기 위해서, 염색체 안에서 텔로미어 서열과 같은 구조적 서열을 규명하기 위해서, 복제된 유전자 서열에 의해 암호화된다고 추정되는 폴리펩타이드의 아미노산 서열을 예측하기 위해서, 규명된 도메인이나 모티프에 기반해서 단백질 구조를 분석하고 단백질 기능을 예측하기 위해서, 서열 정보에 기반하여 유전자와 유기체 사이의 진화적 관계를 추정하기 위해서.

고처리 DNA 염기서열 결정 기법의 발전은 인터넷의 확장과 거의 동시에 이루어졌다. 유전체 데이터가 축적되면서 많은 DNA-서열 데이터베이스들은 온라인에서 무료로 이용 가능해졌다. 데이터베이스는 다른 연구자들과 함께 혹은 공적으로 데이터를 저장하고 공유하기 위해서 필수적이다. 가장 큰 유전체 데이터베이스 중 하나인 **GenBank**는 워싱턴 D.C.의 미국 국립생명공학정보센터(National Center for Biotechnology Information, NCBI)에 의해서 유지되며, 공적으로 이용할 수 있는 가장 큰 DNA 서열 데이터베이스이다. GenBank는 일본과 유럽 데이터베이스와 데이터를 공유하며 얻는다. 100,000종 이상으로부터의 1500억 개 이상의 염기서열 정보를 가지고 있으며, 그 크기는 매 14~18개월마다 두 배가 된다! NIH에 의해 지원되는 인간 유전체 명명법 위원회(Human Genome Nomenclature Committee)는 새롭게 복제된 인간 유전자의 이름 및 기호를 정하기 위한 규정을 만든다. 서열이 규명되고 유전자의 이름이 정해지면, GenBank에 등재된 각각의 서열은 과학자들이 분석을 위해 그 서열에 접근하고 검색할 수 있는 **식별번호(accession number)**와 함께 제공된다.

NCBI는 공적으로 접근 가능한 데이터베이스이며 유전체 데이터를 분석하기 위한 생물정보학도구로서 매우 귀중한 자원이다. 여러분은 이미 "유전체학 탐색" 훈련을 통해 NCBI와 GenBank에 대해 알고 있을 것이다. 이번 장의 유전체학 탐색에서는, 염색체 조각들을 조립하기 위해서 콘티그를 비교하고 정렬하는 데 NCBI와 GenBank를 이용할 것이다.

유전자 서열을 동정하기 위한 주석달기

유전체학의 근본적인 도전은, 비록 유전체 프로젝트가 엄청난 양의 DNA 서열 정보를 생산하지만, 이러한 데이터들이 분석되고 해석되기 전까지는 거의 사용되지 않는다는 점이다. 유전체 프로젝트는 뉴클레오타이드 서열을 축적하고, 과학자들은 축적된 서열들을 이해해야 한다. 따라서 유전체가 서열분석되고 편집된 후에 과학자들은 유전자 지도가 발전될 수 있도록 유전체 안에서 유전자-조절 서열과 다른 흥미로운 서열들을 동정하는 일에 직면하게 된다. **주석달기(annotation)**라고 불리는 이러한 과정은 생물정보학에 대한 의존성이 매우 크며, 주석달기를 수행하기 위해서는 수많은 다양한 소프트웨어 도구들이 필요하다.

주석달기의 초기 접근법은 새롭게 서열이 결정된 유전체 DNA를 다양한 데이터베이스에 저장된 이미 알려진 서열들과 비교하는 것이다. NCBI는 DNA와 단백질 서열 데이터 은행을 철저히 검색하는 매우 유명한 소프트웨어인 **BLAST(Basic Local Alignment Search Tool)**에 대한 접근을 제공한다. BLAST를 이용해서 유전체 DNA 조각을 GenBank와 같은 주요한 데이터베이스의 서열들과 비교해 볼 수 있으며, 이를 통해 유전체 DNA 조각이 기존의 서열과 정렬되는 부분이나, 기존의 서열과 똑같은 부분을 규명할 수 있다. 그림 21-4는 BLAST 검색에 기반한 서열 정렬의 대표적인 예시를 보여주고 있다. 여기서, 집쥐(rat) 콘티그의 서열이 이미 알려진 생쥐(mouse)의 유전자와 일치하는지 알아보기 위해서 집쥐의 280 bp 길이의 12번 염색체 콘티그가 사용되었다. 집쥐 콘티그[BLAST 검색에서 물음(query) 서열]가 생쥐 8번 염색체의 174,612번에서 174,891

ref | NT_039455.6 | Mm8_39495_36
생쥐(*Mus musculus*) 8번 염색체 콘티그, C57BL/6J 종
대상 서열의 이 부분 특성: 인슐린 수용체
스코어 = 418비트(226), E 값 = 2e-114
동일성 = 262/280(93%), 공백 = 0/280(0%)

```
Query  1       CAGGCCATCCCGAAAGCGAAGATCCCTTGAAGAGGTGGGCAATGTGACAGCCACTACACC  60
               ||||||||||||||||||||||||||||||||||||||| |||||||||||||| ||||
Sbjct  174891  CAGGCCATCCCGAAAGCGAAGATCCCTTGAAGAGGTGGGGAATGTGACAGCCACCACACT  174832

Query  61      CACACTTCCAGATTTTCCCAACATCTCCTCCACCATCGCGCCCACAAGCCACGAAGAGCA  120
               ||||||||||||||| |||||| ||||||| ||||| | ||||||||| || || |||||
Sbjct  174831  CACACTTCCAGATTTCCCCAACGTCTCCTCTACCATTGTGCCCACAAGTCAGGAGGAGCA  174772

Query  121     CAGACCATTTGAGAAAGTAGTAAACAAGGAGTCACTTGTCATCTCTGGCCTGAGACACTT  180
               ||| |||||||||||||| || ||||||||||||||||||||||||||||||||||||||
Sbjct  174771  CAGGCCATTTGAGAAAGTGGTGAACAAGGAGTCACTTGTCATCTCTGGCCTGAGACACTT  174712

Query  181     CACTGGGTACCGCATTGAGCTGCAGGCATGCAATCAGGACTCCCAGAAGAGAGGTGCAG  240
               ||||||||||||||||||||||||||||||||||||  || ||||||| |||||||||||
Sbjct  174711  CACTGGGTACCGCATTGAGCTGCAGGCATGCAATCAAGATTCCCAGATGAGAGGTGCAG  174652

Query  241     CGTGGCTGCCTACGTCAGTGCCCGGACCATGCCTGAAGGT  280
                |||||||||||||||||||||||||||||||||||||||
Sbjct  174651  TGTGGCTGCCTACGTCAGTGCCCGGACCATGCCTGAAGGT  174612
```

그림 21-4. 집쥐(*Rattus norvegicus*, 그림에서 'query')의 12번 염색체 콘티그의 280 bp 길이의 서열과 생쥐(*Mus musculus*, 그림에서 'sbjct')의 8번 염색체 인슐린 수용체 유전자의 일부분을 포함하고 있는 지역을 정렬한 BLAST 결과. 집쥐 콘티그 서열은 GenBank의 생쥐 데이터베이스를 찾기 위한 물음(query) 서열로 사용되었다. 두 개의 서열이 93% 동일성(identity)을 가진다는 것을 명심해야 하며, 이는 집쥐 콘티그 서열이 인슐린 수용체 유전자를 포함하고 있다는 강력한 증거가 된다.

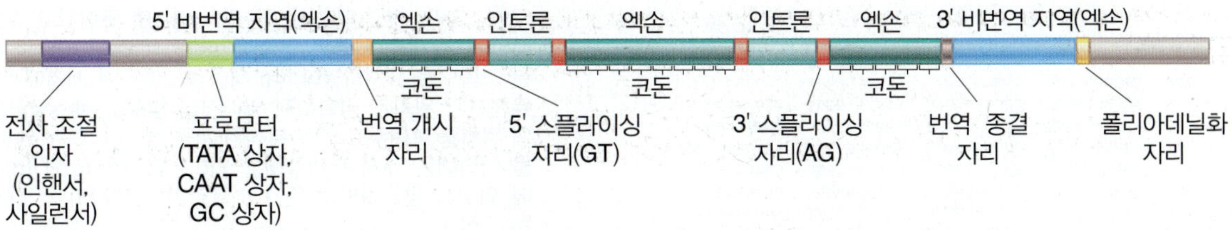

그림 21-5. 유전체 DNA의 알려지지 않은 서열 안에 있는 유전자를 규명하기 위한 주석달기 과정에 사용될 수 있는 단백질-암호화 유전자의 특성. 대부분의 진핵생물 유전자는 암호화 분절(엑손)과 비암호화 분절(인트론)로 구성되어 있다. 유전체 DNA가 유전자를 포함하고 있는지 결정하기 위한 주석을 달 때, 인트론과 엑손, 유전자-조절 서열[프로모터와 인핸서, 번역되지 않는 지역(untranslated regions, UTR)]과 유전자 종결 서열을 구분할 필요가 있다.

번 염기쌍과 정렬됨을 주목하자. 생쥐 염색체 서열의 식별번호 NT_039455.6은 그림의 맨 위에 표시되었다. BLAST 검색은 정렬된 서열간의 겹치는 염기들의 합을 정렬된 염기의 전체 숫자로 나눈 값인 **유사성 스코어(similarity score)**[**동일성** 값(**identity** value)이라고 불림]를 계산한다. 정렬된 두 서열에서 빠진(빈) 염기를 의미하는 공백(gap)은 유사성 스코어를 계산하는 데 있어서 무시된다. 정렬된 쥐와 생쥐 서열은 93% 유사하며, 공백은 없었다. BLAST 결과는 데이터베이스에서 우연히 짝지어진 것으로 예상되는 서열의 수에 기반한 '기대'값 혹은 **E값(E-value)** 또한 제공한다는 것을 명심해라. E값은 물음 서열의 길이를 고려한다. 우연히, 더 짧은 서열이 긴 서열보다 데이터베이스에 존재할 가능성이 더 크다. E값이 낮을수록(0에 가까울수록), 좀 더 유의미한 대조 결과이다. DNA 서열이 아주 유사하다는 것을 의미하는 정렬은 1.0보다 작은 E값을 갖는다.

8번 염색체의 이러한 생쥐 서열이 인슐린 수용체 유전자(호르몬 인슐린에 결합하는 단백질을 암호화하는 유전자)를 포함하고 있다고 알려져 있기 때문에, 집쥐 콘티그 서열 역시 인슐린 수용체 유전자를 포함하고 있을 확률이 높다. 21.3절과 21.6절에서 유사성에 관한 주제들을 다시 논의할 것이고, 비교유전체학(comparative genomics)을 통해서 기능을 추론하고 진화적으로 관련된 유전자들을 규명하기 위해서 유전자 서열간의 유사성이 어떻게 이용되는지 생각해 볼 것이다.

유전자 서열을 검증하는 특성은 주석달기 과정에서 인식될 수 있다

주석달기를 위한 이러한 접근은 유사한 유전자 서열이 이미 데이터베이스에 존재하는 경우에만 유효하다는 주된 한계를 갖고 있다. 다행히도, 이 방법이 유전자를 규명하는 유일한 방법은 아니다. 연구 중인 유전체가 진핵생물 유래건 원핵생물 유래건, 몇몇 유전자 검증(hallmark) 특성은 생물정보학 소프트웨어를 이용해서 검색될 수 있다(그림 21-5). 이 책의 앞부분(13장, 17장)에서 우리는 '전형적인' 유전자의 이러한 특성들에 대해서 논의하였다. 예를 들어, 유전자의 앞쪽(upstream)에서 발견되는 유전자-조절 서열은 프로모터, 인핸서, 사일런서와 같은 식별 가능한 서열들에 의해 표시된다. 17장에서 논의했던 것처럼 TATA 상자, GC 상자, CAAT 상자 서열들은 종종 진핵생물 유전자의 프로모터 지역에 존재한다는 것을 떠올려보자. 또한 **엑손(exon)**과 **인트론(intron)** 사이의 스플라이싱 자리는 예상가능한 서열(대부분의 인트론은 CT로 시작해서 AG로 끝난다)을 포함하고 있으며, 그러한 스플라이스 서열은 인트론과 엑손의 경계를 결정하는 데 있어서 중요하다는 것도 상기해 보자. 흥미롭게도, 최근의 예상으로는 인간 유전자의 6%만이 인트론을 포함하지 않은 단일 DNA 가닥으로부터 전사된다.

종결 서열이나 유전자의 끝부분에 잘 알려진 서열[폴리아데닐화 서열은 mRNA 전사체의 3′ 말단에 폴리아데닌(poly-A) 꼬리를 붙여주는 신호를 전달한다.]과 같은 뒤쪽(downstream) 요소들 역시 주석달기를 위해서 중요하다(그림 21-5). 진핵생물에 비해 원핵생물의 주석달기가 조금 더 쉬운데, 이는 원핵생물의 유전자에는 인트론이 없기 때문이다. 유전자 예측 프로그램은 서열의 주석을 달기 위해 이용된다. 이러한 프로그램들은 위에서 언급한 많은 기준들을 가진 검색 성분들을 포함하고 있으며, 생물정보학에 중요하게 적용되고 있다.

하지만 생물정보학을 이용해서도 DNA의 특별한 서열에 있는 유전자를 규명하는 것은 쉽지 않다. 특히 단백질을 암호화하지 않은 유전자를 연구하는 경우에는 더 그렇다. 사실, 유전체의 서열결정을 할 때마다 발생하는 합리적인 질문은 "유전자가 어디에 있는가?"이다. 다시 말해, "유전체의 어떤 서열이 유전자이고, 어떤 서열이 유전자 혹은 유전자의 일부가 아닌가?"라는 질문이다. 인간 유전체의 일부를 보여주는 그림 21-6(a)에 나타난 서열을 생각해 보자. 그냥 살펴보면, 이 서열이 어떤 유전자를 포함하고 있는지, 그리고 포함하고 있다면 얼마나 많은 유전자를 포함하고 있는지는 명확하지 않다. 하지만 서열 분석을 하면, 단백질-암호화 유전자의 존재에 대한 단서들을 제공하는 인식 가능한 특성들을 밝힐 수 있다. 또한 단백질-암호화 유전자는 전사와 mRNA 스플라이싱 후에 단백질의 아미노산 서열로 번역되는 트리플렛 뉴클레오타이드들의 서열인 **열린번역틀(open reading frame, ORF)**을 하나 이상 포함하고 있다. ORF은 일반적으로 개시 서열, 보통 ATG로 시작하고, 종

(a)

```
gagccacacc  ctagggttgg  ccaatctact  cccaggagca  gggagggcag  gagccagggc
tgggcataaa  agtcagggca  gagccatcta  ttgcttacat  ttgcttctga  cacaactgtg
ttcactagca  acctcaaaca  gacaccatgg  tgcacctgac  tcctgaggag  aagtctgccg
ttactgccct  gtggggcaag  gtgaacgtgg  atgaagttgg  tggtgaggcc  ctgggcaggt
tggtatcaag  gttacaagac  aggtttaagg  agaccaatag  aaactgggca  tgtggagaca
gagaagactc  ttgggtttct  gataggcact  gactctctct  gcctattggt  ctattttccc
acccttaggc  tgctggtggt  ctacccttgg  acccagaggt  tctttgagtc  ctttggggat
ctgtccactc  ctgatgctgt  tatgggcaac  cctaaggtga  aggctcatgg  caagaaagtg
ctcggtgcct  ttagtgatgg  cctggctcac  ctggacaacc  tcaagggcac  ctttgccaca
ctgagtgagc  tgcactgtga  caagctgcac  gtggatcctg  agaacttcag  ggtgagtcta
tgggaccctt  gatgttttct  ttccccttct  tttctatggt  taagttcatg  tcataggaag
gggagaagta  acagggtaca  gtttagaatg  ggaaacagac  gaatgattgc  atcagtgtgg
aagtctcagg  atcgttttag  tttcttttat  ttgctgttca  taacaattgt  tttcttttgt
ttaattcttg  ctttcttttt  ttttcttctc  cgcaattttt  actattatac  ttaatgcctt
aacattgtgt  ataacaaaag  gaaatatctc  tgagatacat  taagtaactt  aaaaaaaaac
tttacacagt  ctgcctagta  cattactatt  tggaatatat  gtgtgcttat  ttgcatattc
ataatctccc  tactttattt  tcttttattt  ttaattgata  cataatcatt  atacatattt
atgggttaaa  gtgtaatgtt  ttaatatgtg  tacacatatt  gaccaaatca  gggtaatttt
gcatttgtaa  ttttaaaaaa  tgctttcttc  ttttaatata  cttttttgtt  tatcttattt
ctaatacttt  ccctaatctc  tttctttcag  ggcaataatg  atacaatgta  tcatgcctct
ttgcaccatt  ctaaagaata  acagtgataa  tttctgggtt  aaggcaatag  caatatttct
gcatataaat  atttctgcat  ataaattgta  actgatgtaa  gaggtttcat  attgctaata
gcagctacaa  tccagctacc  attctgcttt  tattttatgg  ttgggataag  gctggattat
tctgagtcca  agctaggccc  ttttgctaat  catgttcata  cctcttatct  tcctcccaca
gctcctgggc  aacgtgctgg  tctgtgtgct  ggcccatcac  tttggcaaag  aattcacccc
accagtgcag  gctgcctatc  agaaagtggt  ggctggtgtg  gctaatgccc  tggcccacaa
gtatcactaa  gctcgctttc  ttgctgtcca  atttctatta  aaggttcctt  tgttccctaa
gtccaactac  taaactgggg  gatattatga  agggccttga  gcatctggat  tctgcctaat
aaaaaacatt  tattttcatt  gcaatgatgt  atttaaatta  tttctgaata  ttttactaaa
```

(b)

```
gagccacacc  ctagggttgg  ccaatctact  cccaggagca  gggagggcag  gagccagggc
tgggcataaa  agtcagggca  gagccatcta  ttgcttacat  ttgcttctga  cacaactgtg
ttcactagca  acctcaaaca  gacaccatgg  tgcacctgac  tcctgaggag  aagtctgccg ┐
ttactgccct  gtggggcaag  gtgaacgtgg  atgaagttgg  tggtgaggcc  ctgggcaggt ┘ 엑손 1
tggtatcaag  gttacaagac  aggtttaagg  agaccaatag  aaactgggca  tgtggagaca
gagaagactc  ttgggtttct  gataggcact  gactctctct  gcctattggt  ctattttccc
acccttaggc  tgctggtggt  ctacccttgg  acccagaggt  tctttgagtc  ctttggggat ┐
ctgtccactc  ctgatgctgt  tatgggcaac  cctaaggtga  aggctcatgg  caagaaagtg │
ctcggtgcct  ttagtgatgg  cctggctcac  ctggacaacc  tcaagggcac  ctttgccaca │ 엑손 2
ctgagtgagc  tgcactgtga  caagctgcac  gtggatcctg  agaacttcag  ggtgagtcta ┘
tgggaccctt  gatgttttct  ttccccttct  tttctatggt  taagttcatg  tcataggaag
gggagaagta  acagggtaca  gtttagaatg  ggaaacagac  gaatgattgc  atcagtgtgg
aagtctcagg  atcgttttag  tttcttttat  ttgctgttca  taacaattgt  tttcttttgt
ttaattcttg  ctttcttttt  ttttcttctc  cgcaattttt  actattatac  ttaatgcctt
aacattgtgt  ataacaaaag  gaaatatctc  tgagatacat  taagtaactt  aaaaaaaaac
tttacacagt  ctgcctagta  cattactatt  tggaatatat  gtgtgcttat  ttgcatattc
ataatctccc  tactttattt  tcttttattt  ttaattgata  cataatcatt  atacatattt
atgggttaaa  gtgtaatgtt  ttaatatgtg  tacacatatt  gaccaaatca  gggtaatttt
gcatttgtaa  ttttaaaaaa  tgctttcttc  ttttaatata  cttttttgtt  tatcttattt
ctaatacttt  ccctaatctc  tttctttcag  ggcaataatg  atacaatgta  tcatgcctct
ttgcaccatt  ctaaagaata  acagtgataa  tttctgggtt  aaggcaatag  caatatttct
gcatataaat  atttctgcat  ataaattgta  actgatgtaa  gaggtttcat  attgctaata
gcagctacaa  tccagctacc  attctgcttt  tattttatgg  ttgggataag  gctggattat
tctgagtcca  agctaggccc  ttttgctaat  catgttcata  cctcttatct  tcctcccaca
gctcctgggc  aacgtgctgg  tctgtgtgct  ggcccatcac  tttggcaaag  aattcacccc ┐
accagtgcag  gctgcctatc  agaaagtggt  ggctggtgtg  gctaatgccc  tggcccacaa ┘ 엑손 3
gtatcactaa  gctcgctttc  ttgctgtcca  atttctatta  aaggttcctt  tgttccctaa
gtccaactac  taaactgggg  gatattatga  agggccttga  gcatctggat  tctgcctaat
aaaaaacatt  tattttcatt  gcaatgatgt  atttaaatta  tttctgaata  ttttactaaa
```

(c)

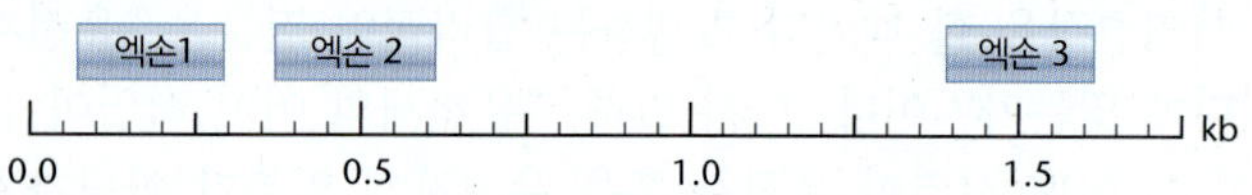

그림 21-6. 인간 베타-글로불린의 일부를 포함하고 있는 DNA 서열의 주석달기. 실제로 서열은 연속적이지만, 관례상 10개의 뉴클레오타이드를 한 그룹으로 표시하였다. (a) 대충 봐서는, 이 서열에서(만약 존재한다면) 유전자의 위치가 명확하지 않다. (b) 앞쪽(upstream)의 조절 서열(녹색)의 위치를 보여주고 있는 분석된 서열. 빨간 네모는 mRNA에서 개시 코돈을 나타내는 개시 트리플렛을 의미한다. (c) (a)와 (b)에서 나타난 서열에 의해서 암호화되는 인간 β-글로빈 유전자의 세 개의 엑손을 나타내는 도식도.

결 서열, TAA, TAG, TGA로 끝난다. mRNA 분자에서는 ATG는 AUG 개시 코돈으로 바뀌고, TAA, TAG, TGA는 mRNA의 UAA, UAG, UGA와 동일하다. 유전자 정보는 3개의 뉴클레오타이드의 그룹(triplet)으로 암호화되지만, 서열 분석을 첫 번째 뉴클레오타이드에서 시작하는지, 두 번째, 세 번째 뉴클레오타이드에서 시작하는지 항상 명확한 것은 아니다. 일반적으로, 프로모터 주변의 서열이 시작(개시) 서열 트리플렛으로 조사되지만, 프로모터 서열이 분명하지 않은 경우에도 ORF들이 유전자를 규명하는 데 사용될 수 있다. 그 다음에 소프트웨어 프로그램들을 이용하여 ORF들의 3개 뉴클레오타이드들을 한번에 분석할 수 있다. 종결 서열과 좀 떨어져 있는 ATG로 시작하는 ORF 발견은 보통 유전자의 암호화 지역이 동정되었음을 알려준다.

유전자가 진핵생물의 유전체(인간 유전체 포함)에서 조직화되는 방식 때문에, 진핵생물의 ORF들을 직접적으로 찾는 것은 원핵생물에서 찾는 것보다 더 어렵다. 먼저, 많은 진핵생물의 유전자는 인트론을 가지고 있다. 결과적으로, 대부분은 아닐지라도 많은 진핵생물 유전자는 연속적인 ORF들로 이루어지지 않는다. 대신 유전자 서열은 인트론 사이에 배치된 ORF(엑손)들로 구성된다. 두 번째로, 인간과 다른 진핵생물의 유전자는 종종 넓은 간격을 가지고 위치함으로써 유전자 클러스터 사이 지역에서 잘못된 ORF들을 발견할 확률이 높아진다.

그림 21-6(a)의 서열에 대한 주석달기는 이 서열이 단백질-암호화 유전자를 포함한다고 알려주는 몇몇의 인식가능한 지표들을 보여준다: 프로모터 서열, 개시 코돈, 그리고 3개의 엑손[그림 21-6(b)]. 엑손 사이에 강조되지 않은 두 지역은 인트론을 나타내며, 인트론은 mRNA가 가공될 때, 전사된 이후 스플라이싱에 의해 제거된다[그림 21-6(b), (c)]. 유전체 데이터베이스에서 이 서열을 물음서열(query)로 검색하면, 하나의 유전자 서열(인간 β-글로빈 유전자)임이 드러날 것이다.

진핵생물 유전체의 ORF 분석을 위해 설계된 소프트웨어는 아주 유용하다. 유전체 안의 단백질-암호화 유전자의 수를 추정하기 위한 방법으로, 종종 그러한 프로그램들은 서열분석된 유전체 안의 모든 ORF들(ORFeome!)을 예측하는 데 사용된다. 이미 언급한 특성들에 더해서, 그러한 소프트웨어는 유전자에 의해 암호화되는 폴리펩타이드를 예측하는 방식으로, ORF를 가능한 폴리펩타이드 서열로 '번역(translate)'하는 데 이용될 수 있다. 그림 21-7은 인간 튜불린 알파 3c 유전자(tubulin alpha 3c, *TUBA3C*) 첫 번째 엑손의 일부를 나타낸다. 예측 프로그램은 유전체 DNA 부분의 양쪽 가닥 모두에서 5′에서 3′ 방향으로 잠재적인 ORF들을 검색하여, 각각의 방향에서 가능한 번역틀을 예측한다. 그림 21-7은 표적서열에서 6개의 가능한 번역틀에 대한 결과를 보여주고 있다. 아미노산 잔기들은 각각 단문자 코드로 표시하였다. 6개의 틀에서 얻은 각각의 결과들이 매우 다르다는 것을 주목할 필요가 있다. 예를 들어, 5′에서 3′의 ORF 1은 아미노산 사이에 배치된 몇 개의 종결 코돈을 포함하고 있지만, 개시 코돈을 의미하는 메티오닌 잔기를 가지고 있지 않다. 다른 ORF은 기능적인 폴리펩타이드를 만들어 내는 너무 많은 메티오닌을 포함하고 있다. *TUBA3C*의 엑손에 대해 5′에서 3′의 ORF 2가 정확하다.

예측 프로그램은 또한 **코돈편향(codon bias)**을 찾아낼 수도 있는데, 코돈편향이란 아미노산을 암호화하는 하나 혹은 두 개의 코돈들이 더 자주 사용되는 현상을 의미한다. 예를 들어, 알라닌은 GCA, GCT, GCC, GCG에 의해 암호화될 수 있다. 만일 코돈들이 무작위로 사용된다면, 각각은 대략 25%의 빈도로 사용될 것이다. 하지만 인간 유전체에서는 GCC가 41% 사용되고 GCG는 11%만 사용된다. 코돈편향은 엑손에서 일어나며, 인트론이나 유전자 사이(intergenic spacer)에서는 일어나지 않는다.

실전문제

21-1 인간 1번 염색체 진정염색질 지역(euchromatic region)의 99.4%를 포함하고 있는 서열에서 Gregory 등은 3141개의 유전자를 규명하였다(Gregory, S.G. et al., *Nature*, 441:315–321, 2006).

(a) 분석되지 않은 상태의 DNA 염기서열 안에서 어떻게 유전자를 규명하는가?

(b) 가능한 유전자 지정을 확인하기 위해서 유전체의 어떤 특성이 이용되는가?

(c) 주어진 1번 염색체는 인간 유전체의 대략 8%를 포함하고 있으며, 대략적으로 20,000개의 유전자가 인간 유전체에 존재한다고 가정할 때, 1번 염색체가 '유전자가 풍부'하다고 생각할 수 있는가?

■ **힌트:** 이 문제는 분석된 DNA에서 어떻게 잠재적인 유전자 서열을 규명할 수 있는지 밝히기 위한 생물정보학 및 유전자 주석달기 접근법에 대한 기본적인 이해를 포함하고 있다.

(a) 인간 *TUBA3C* (bp 1~300)

```
  1 ggttgaggtcaagtagtagcgttgggctgcggcagcggaggagctcaacatgcgtgagtg
 61 tatctctatccacgtggggcaggcaggagtccagatcggcaatgcctgctgggaactgta
121 ctgcctggaacatggaattcagcccgatggtcagatgccaagtgataaaaccattggtgg
181 tggggacgactccttcaacacgttcttcagtgagactggagctggcaagcacgtgcccag
241 agcagtgtttgtggacctggagcccactgtggtcgatgaagtgcgcacaggaacctatag (300)
```

(b) 예측된 폴리펩타이드

5' to 3' Frame 1

G **Stop** G Q V V A L G C G S G G A Q H A **Stop** V Y L Y P R G A G R S P D R Q C L L G T V L P G T W N S A R W S D A K **Stop Stop** N H W W W G R L L Q H V L Q **Stop** D W S W Q A R A Q S S V C G P G A H C G R **Stop** S A H R N L **Stop**

5' to 3' Frame 2

V E V K **Stop Stop** R W A A A A E E L N **Met** R E C I S I H V G Q A G V Q I G N A C W E L Y C L E H G I Q P D G Q **Met** P S D K T I G G G D D S F N T F F S E T G A G K H V P R A V F V D L E P T V V D E V R T G T Y

5' to 3' Frame 3

L R S S S S V G L R Q R R S S T C V S V S L S T W G R Q E S R S A **Met** P A G N C T A W N **Met** E F S P **Met** V R C Q V I K P L V V G T T P S T R S S V R L E L A S T C P E Q C L W T W S P L W S **Met** K C A Q E P I

3' to 5' Frame 1

L **Stop** V P V R T S S T T V G S R S T N T A L G T C L P A P V S L K N V L K E S S P P P **Met** V L S L G I **Stop** P S G **Stop** I P C S R Q Y S S Q Q A L P I W T P A C P T W I E I H S R **Met** L S S S A A A A Q R Y Y L T S T

3' to 5' Frame 2

Y R F L C A L H R P Q W A P G P Q T L L W A R A C Q L Q S H **Stop** R T C **Stop** R S R P H H Q W F Y H L A S D H R A E F H V P G S T V P S R H C R S G L L P A P R G **Stop** R Y T H A C **Stop** A P P L P Q P N A T T **Stop** P Q

3' to 5' Frame 3

I G S C A H F I D H S G L Q V H K H C S G H V L A S S S L T E E R V E G V V P T T N G F I T W H L T I G L N S **Met** F Q A V Q F P A G I A D L D S C L P H V D R D T L T H V E L L R C R S P T L L L D L N

그림 21-7. 인간 *TUBA3C* 유전자의 잠재적인 ORF들로부터 번역된 폴리펩타이드 예상 서열. (a) 인간 *TUBA3C* 유전자 첫 번째 엑손의 1~300 뉴클레오타이드. (b) 번역 프로그램은 이 엑손으로부터 6종의 가능한 폴리펩타이드 서열을 예측하였다. 예측된 서열들 중 어떤 것이 옳은 것일까?

Note: 메티오닌은 3 문자 아미노산 코드(Met)로 강조되어 있다.

21.3 유전체학은 유전자의 잠재적인 기능과 유전체의 또 다른 요소들을 규명하고자 한다

유전체 서열을 읽어 불면증을 확실히 치유할 수 있다. 중요한 것은 뉴클레오타이드 서열이 아니라, 그 서열이 포함하고 있는 정보들이다. 유전체에 주석을 달고 ORF들을 규명한 후, 다음 단계의 분석적인 임무는 서열의 모든 가능한 유전자에 대해서 추정되는 기능을 동정하는 것이다. 용어가 말해주는 것처럼 **기능유전체학(functional genomics)**은, 결과로 나온 RNA나 그들이 암호화하는 가능한 단백질, 그리고 유전자-조절 요소와 같은 유전체의 다른 구성 성분들에 근거하여 유전자 기능에 대해 연구하는 학문이다. 기능유전체학은 유전체 기능(단백질-암호화 유전자의 수와 같은)에 대하여, 컴퓨터를 사용한 예측을 확인하거나 반박하기 위한 실험적 접근을 포함할 수 있다. 또한 기능유전체학은 어떻게 유전자가 발현되는지와 그 유전자 발현의 조절에 대해서도 고려한다.

서열 분석에 의한 유전자와 단백질 기능 예측

유전자에 기능을 부여하는 하나의 접근법은 앞 절에서 언급했던 서열 유사성 검색을 이용하는 것이다. 새롭게 서열분석된 유전체와 이미 규명된 유전자들(같은 종이거나 다른 종이거나)의 정렬을 찾기 위한 데이터베이스 검색을 위해 BLAST와 같은 프로그램들이 이용된다. 여러분은 그림 21-4에서 유전자 기능을 예측하는 이러한 접근법에 대해서 배웠다. 이때 집쥐 콘티그의 유전자가 인슐린 수용체 유전자라는 것을 규명하기 위해서 생쥐 유전자와의 유사성이 어떻게 이용되었는지 설명하였다. 유사성 검색으로부터 유전자 기능을 추론하는 것은 상대적으로 단순한 아이디어를 기반으로 한다. 만일 어떤 유전체 서열이 이미 기능이 알려진 유전자의 서열과 통계적으로 매우 유사하다면, 그 유전체 서열은 비슷하거나 관계된 기능을 갖는 단백질을 암호화할 것이다.

유사성 검색의 또 다른 주된 이점은, 진화적으로 관계된 유전자들인 **동족유전자(homologous gene)**의 동정을 가능하게 한다는 점이다. 인간 유전체 서열분석 후에 그 안에 있는 ORF들 중 많은 수는 다른 종들에서의 기능이 알려진 관련 유전자들과의 정렬에 기반하여 단백질 암호화 유전자로서 동정되었다. 예를 들어, 그림 21-8은 인간 렙틴 유전자(leptin gene, *LEP*)와 생쥐에서의 동족체(*ob/Lep*)를 비교하고 있다. 이 두 유전자의 서열은 85% 이상 동일하다. 렙틴 유전자는 처음에 생쥐에서 발견되었다. 인간에서 렙틴 유전자를 포함하는 DNA 서열과 생쥐에서의 상동 서열의 겹침을 통해 동일성을 확인하였으며, 인간 유전체 DNA에서 이 유전자가 렙틴-암호화 기능을 가진다는 것을 분명히 해 주었다.

흥미로운 여담으로, 렙틴 유전자(생쥐에서 비만을 뜻하는 *ob*라고도 불림)는 지방 세포(fat cell, adipocyte)에서 과발현된다. 이 유전자는 단백질 호르몬 렙틴을 생산하며, 렙틴은 뇌의 세포들을 표적하여 식욕을 억제한다. 기능적인 *ob* 유전자가 없는 기능결손(knock-out) 생쥐들은 심한 과체중으로 자랐다. 렙틴 유전자에 특정 돌연변이가 있는 일부 사람들에서도 비슷한 표현형이 관찰되었다. 비록 체중 조절이 하나의 유전자에 의해서 되는 것은 아니지만, 렙틴의 발견은 인간의 지질 대사와 체중 장애와 관련하여 중요한 통찰력을 제공해 주었다. 렙틴에 대한 추가적인 연구는 체중 장애의 유전학을 더 많이 이해하기 위해 중요할 것이다.

만약 다른 종에서의 동족유전자들이 동일한 조상으로부터 내려왔다고 생각된다면, 그 유전자들은 **이종(직렬) 상동유전자(orthologs)**라고 할 수 있다. 21.6절에서 글로빈의 유전자군에 대해 생각해 볼 것이다. 생쥐와 인간의 α-글로빈 유전자는 동일한 조상으로부터 진화된 이종 상동유전자이다. 같은 종의 동족유전자는 **동종(병렬) 상동유전자(paralogs)**라고 불린다. 인간의 α-, β-글로빈 소단위는 유전자 중복 현상의 결과로 생긴 동종 상동유전자이다. 동종 상동유전자는 종종 비슷하거나 동일한 기능을 갖는다.

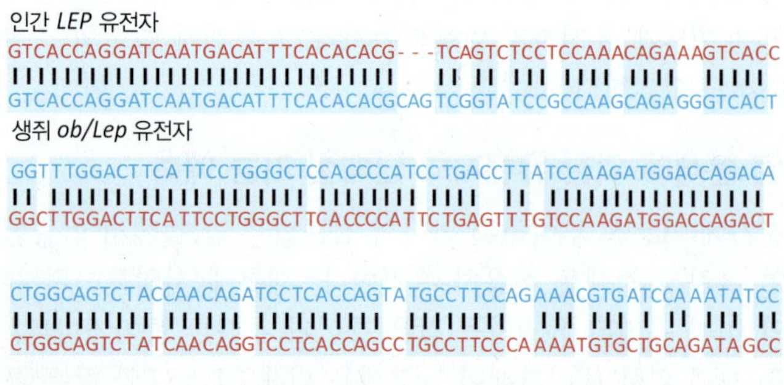

그림 21-8. 인간 렙틴 유전자(*LEP*)와 생쥐 렙틴 유전자(*ob/Lep*)의 비교. 이들 상동체의 부분적인 서열을 보여주고 있으며, 인간 *LEP* 유전자와 생쥐 *ob/Lep* 유전자 서열이 각각 위와 아래에 표시되었다. 세로선으로 표현된 동일한 뉴클레오타이드의 숫자로부터, 이들 두 유전자의 뉴클레오타이드 서열이 매우 유사함을 알 수 있다. 가로 점선은 공백을 의미한다.

단백질 도메인, 모티프의 구조적 분석에 의한 기능 예측

폴리펩타이드 서열을 예측하기 위해서 유전자 서열이 이용될 때, 폴리펩타이드는 특정 구조적 도메인과 모티프로 분석될 수 있다. 이온 채널, 세포막 통과 지역, DNA-결합 지역, 분비와 배출 신호, 그리고 DNA 서열에 의해 암호화되는 폴리펩타이드의 서로 다른 구조적인 측면 등과 같은 **단백질 도메인(protein domains)**을 규명하는 것은 단백질 기능을 예측하기 위해서 이용될 수 있다. 예를 들어, 17장을 상기해 보면, 많은 DNA-결합 단백질들은 나선-회전-나선(helix-turn-helix), 류신지퍼, 아연집게(zinc-finger) 모티프와 같은 특징적인 형태, 즉 **모티프(motif)**를 가지고 있다. 이러한 모티프들은 종종 생물정보학 소프트웨어를 이용하여 쉽게 찾을 수 있으며, 서열 안에서의 모티프 규명은 단백질의 가능한 기능을 예상하기 위한 일반적인 전략이다.

연구자들은 유전체의 기능과 조절 양상을 조사하기 위해서 염색질 면역침강법 같은 유전체학 기법들을 이용하고 있다

이번 장과 다음 장(22장)에서는, 연구자들이 이용하고 있으며, 기능유전체학 연구를 위해 유용한 다양한 유전체학 기법들을 생각해 볼 것이다. 하나의 예는 **염색질 면역침강법(chromatin immunoprecipitation, ChIP)**이라고 불리는 기법이다. 염색질 면역침강을 포함하는 다양한 기법들이 단백질-DNA 상호작용 위치 분석을 위해 고안되었으며, 그러한 기법들은 DNA-결합 전사인자들에 의해 조절되는 유전자들을 동정하는 데 유용하다.

이러한 기법들을 사용하기 위해서 연구자들은 조직이나 배양된 세포에 포름알데히드를 처리한다(그림 21-9). DNA에 강하게 붙어 있는 어떤 단백질들이든 포름알데히드에 의해서 DNA에 교차 연결될 것이다. 그 다음 연구자들은 세포로부터 DNA를 추출하고, DNA를 작은 조각으로 자른다. 특정 단백질에 붙어 있는 DNA 조각들을 분리하기 위해서 단백질을 인식(결합)하는 항체를 넣어준다. 이러한 항체는 보통 비드나 레진에 붙어 있어서, 항체가 결합한 단백질 및 그 단백질과 교차 연결되어 있는 DNA 조각들과 함께 혼합물로부터 침전(면역침강)될 수 있도록 해준다. 면역침강(immunoprecipitation)은 보통 항체/단백질/DNA 복합체의 원심분리를 통해 완성된다. 항체는 비드에 붙어 있기 때문에, 비드 덩어리에 의해 항체/단백질/DNA 복합체가

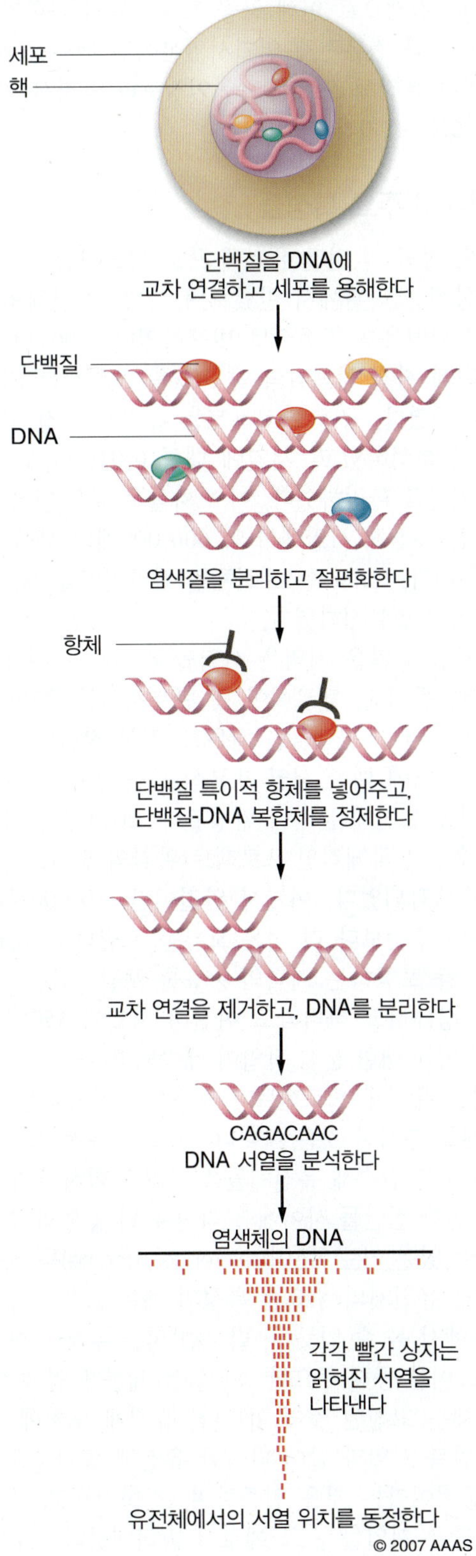

그림 21-9. 전체 유전체에 걸쳐서 특정 전사인자의 결합자리를 탐색하는 *ChIPSeq* 기법. 이 방법에서 조직이나 배양된 세포에 포름알데히드가 첨가되는데, 이는 포름알데히드 첨가 시점에서 염색질에 붙어 있는 DNA-결합 단백질을 교차 연결시키기 위함이다. 그런 다음, 염색질은 세포로부터 추출되고 작은 조각들로 잘려진다. 전사인자와 같은 특정 DNA-결합 관심 단백질(proteins of interest, POI)을 인식하는 항체를 혼합물에 넣어주고, 항체는 POI와 결합한다. 다음, 단백질-DNA 조각들과 함께 항체는 혼합물로부터 당겨져 나온다(면역 침강). 면역침강된 DNA 조각들을 교차 연결된 단백질 및 붙어 있는 항체로부터 분리하여 서열분석한다. 서열 데이터는 POI의 DNA-결합자리를 밝혀주고, 이러한 서열들은 유전체의 특정한 자리에 동정될 수 있다.

원심분리기 용기의 바닥으로 가게 된다. 그런 다음, 연구자들은 항체/단백질로부터 면역침강된 DNA 조각들을 떼어냄으로써 정제할 수 있다.

이 단계에서 침전된 DNA 조각들을 분석하기 위한 몇 가지 선택들이 있다. **그림 21-9**는 *ChIPSeq*라고 불리는 접근법을 보여주고 있다. 여기서 침전된 DNA 조각들은 고처리 접근법에 의해 직접 서열이 결정된다. 이를 통해 연구자들은 전사인자, 히스톤-관련 단백질, 그리고 염색질 구조와 관련된 다른 단백질 등과 같은 단백질들의 결합자리에 위치한 전체 유전체를 연구할 수 있다.

*ChIP-chip*이라고 불리는 다른 접근법에서는 포획된 DNA 조각들이 형광 꼬리표로 표지되고, 전체 유전체를 대변할 수 있는 복제 DNA들이나 합성 올리고뉴클레오타이드를 포함하는 DNA 미세배열(DNA microarray, 21.9절에 설명되었음)에 혼성화될 수 있다. 표지된 DNA가 혼성화된 미세배열에서 나타난 지점은 단백질에 결합한 DNA 서열을 나타낸다. DNA 미세배열에서 각각의 자리들은 알고 있기 때문에, 각각의 발생 신호의 신원을 결정할 수 있다. 또한 염색질 면역침강법에 의해 분리된 DNA는 DNA-결합 단백질에 결합되어 있는 DNA 서열을 규명하기 위해 서열분석될 수도 있다.

21.4 인간 유전체 프로젝트는 인간 유전체 구성의 중요한 측면을 밝혀냈다

여러분은 지금 유전체를 분석하는 데 사용되는 기본적인 전략에 대한 일반적인 개념을 알게 되었으며, 이번에는 현재까지 완료된 가장 거대한 유전체학 프로젝트에 대해서 살펴보자. **인간 유전체 프로젝트(Human Genome Project, HGP)**는 인간 유전체의 서열을 밝히고 그것들이 포함하고 있는 모든 유전자를 규명하기 위한 국제적인 노력과 협력이었다. 서열분석된 서로 다른 모든 유전체로부터 확실히 알 수 있는 것은 인간과 다른 모든 종들이 세포의 기능, 번식을 위해 필수적인 공통의 유전자 세트를 공유하고 있다는 점이다. 이를 통해 모든 생명체는 공통의 조상으로부터 유래한다는 것을 확인할 수 있다.

프로젝트의 발달

공적으로 투자된 인간 유전체 프로젝트는 DNA 이중나선 구조를 발견한 James Watson의 지휘 아래 1990년에 시작되었다. 이 공공 프로젝트는 최종적으로 Francis Collins 박사가 지휘하게 되었는데, Collins 박사는 이전에 낭포성 섬유증 원인으로 *CFTR* 유전자를 규명하는 연구팀을 이끈 바 있다. 미국에서 Collins가 이끄는 인간 유전체 프로젝트는 미국국립보건원 산하의 에너지 부서 및 국립 인간 유전체 연구 센터에 의해 조직화되었다. 원래 80,000개에서 100,000개 사이로 생각되었던 모든 인간 유전자를 규명하고, 모든 유전자의 서열을 분석하고 동정하며, 24개의 염색체(22개의 상염체와 X, Y염색체)를 구성한다고 생각되는 대략 30억 개 염기쌍의 서열을 분석하기 위해서 30억 달러의 예산으로 15년 계획이 수립되었다. 인간 유전체 프로젝트(HGP)의 다른 주요한 목적은 다음과 같다.

- 모든 인간 유전자의 기능적 범주 확립
- **단일뉴클레오타이드 다형성(single-nucleotide polymorphism, SNP)**의 규명을 포함하여, 인간 사이의 유전적 변이 분석
- *E. coli*, *S. cerevisiae*, *C. elegans*, *D. melanogaster*, *M. musculus*(mouse) 등을 포함하여, 실험적 유전학에서 사용되는 모델 유기체들에 대한 유전체 지도 작성 및 서열분석
- 유전체 분석을 용이하게 하기 위해 고처리 컴퓨터기반 자동 염기서열분석기와 같은 새로운 염기서열 분석기술 개발
- 과학자와 일반 대중들에게 유전체 정보의 전파

마지막으로, 유전체 정보가 사회에 미치는 영향을 다루기 위해서 인간 유전체 프로젝트는 **ELSI 프로그램**(Ethical, Legal, Social Implications)을 구축하였으며, 이는 인간 유전체 프로젝트로부터 발생하는 윤리적, 법적, 그리고 사회적 이슈들을 고려하고 개인의 유전적 정보들이 보호됨과 더불어 차별적인 방식으로 사용되지 않도록 하기 위함이었다.

인간 유전체 프로젝트(HGP)가 국제적으로 확대되면서 18개국의 과학자들이 합류하였다. 6개 나라(중국, 프랑스, 독일, 영국, 일본, 미국)의 20개 센터에서 일하는 3000명의 과학자들이 참여한 국제 인간 유전체 서열 컨소시엄(International Human Genome Sequence Consortium)을 통해 많은 일들이 수행되었다.

1999년에 **Celera Genomics**('민첩함'을 의미하는 단어로부터 명명되었음)의 J. Craig Venter가 이끄는 민간 자본의 HGP가 발표되었다. Celera의 목표는 HGP보다 더 빠르게 인간 유전체의 서열을 결정하기 위해서 전유전체 샷건 클로닝과 컴퓨터에 의해 자동화된 고처리 DNA 서열분석기를 이용하는 것이었다. 공공 프로젝트는 유전체의 서열분석을 위해 개별클론 접근법을 사용하여 제안되었다. Venter와 그 동료들이 *H. influenzae* 유전체의 서열분석을 완료한 1995년에 그들이 샷건 서열결정법의 잠재력을 증명한 것을 떠올려 보라. Celera의 발표는 최초의 인간 유전체 서열분석을 목표하였던 두 팀 간의 치열한 경쟁을 촉발시켰다. 이 경쟁으로 인해 공공 프로젝트의 과학자들이 고처리 서열분석기와 전유전체 염기서열분석법 전략을 사용하였으며, 결국 인간 유전체 프로젝트를 일정보다 앞서서 적은 비용으로 끝낼 수 있는 계기가 되었다.

인간 유전체의 주요 특성들

2000년 6월, 공공 및 민간 유전체 프로젝트 책임자들이 Clinton 대통령과 함께 백악관에서 만났으며, 인간 유전체의 드래프트 서열이 완성되었음을 공동으로 발표하였다. 2001년 2월, 그들 각각은 유전체 진정 염색질의 약 96%를 포함하는 지역의 분석 결과를 출판하였다. 공공 프로젝트는 유전체 진정 염색질 부분을 12회 서열분석하였고, 서열에 대한 0.01%의 오차율이라는 질적 관리 기준을 확립하였다. 이 오차율은 매우 낮은 것처럼 보이지만, 인간 유전체 서열에서 약 600,000개의 분석 오류를 허용하는 비율이다. Celera는 유전체를 컴파일링할 때, 특정 지역을 35회 이상 서열분석하였다.

GC 염기쌍이 많은 지역은 서열을 분석하고 해석하기 까다롭기 때문에, 동원체, 텔로미어 및 반복서열들 주변에 주로 무리지어 있는 서열 간 공백들을 채우고, 잘못 정렬된 분절들의 수정 및 일부 지역에 대한 서열 재분석 등을 통해 정확성을 확보함으로써 최종 유전체 분석이 완성된다. 2003년 유전체 서열결정과 오류 수정은 국제적인 프로젝트 완결의 정의를 통과하기에 충분하다고 생각되었다. 여기서 완결이란, 10,000 뉴클레오타이드당 1개의 수준보다 더 적은 오류를 포함하고 있고, 유전체에서 유전자를 포함하는 지역의 95%를 포괄한다는 것이다. 하지만 '완결' 상태라고 하더라도 여전히 서열에 350개의 공백이 존재하였고 이에 대한 분석 작업이 계속되었다.

물론 인간 유전체 프로젝트가 지구상에 존재하는 모든 사람들의 유전체를 분석한 것은 아니다. 조립된 유전체는 다양한 사람들로부터 모은 반수체 유전체들을 널리 포함하여 구성되어 있는데, 이는 인간 집단들 사이에 널리 공유된 공통의 주요 요소들을 대변할 수 있는 **기준 유전체(reference genome)**를 제공하기 위함이다. 인간 유전체의 주요한 특성의 예는 표 21.1에 요약되어 있다. 이 표에서 볼 수 있듯이, 밝혀진 많은 부분이 예상치 못했던 것이었고 이를 통해 주요한 통찰들을 새롭게 얻을 수 있게 되었다. 유전체는 고정된 것이 아니다! 유전체 도처에 산재해 있는 풍부한 반복 서열과 같이 다양한 유전체 변이들은 유전체가 실제로는 동적이라는 것을 입증하며, 진화적으로 구조와 위치가 변화된 많은 서열들을 그 예로서 밝혀내었다. 여러모로, 인간 유전체 프로젝트는 우리가 우리의 유전체에 대해서 아는 것이 얼마나 적은지를 보여주었다.

인간 유전체 프로젝트에 의해서 밝혀진 가장 놀라운 사실들 중 두 가지는 단백질 암호화 지역이 전체 유전체의 2% 미만이라는 점과 이 단백질-암호화 유전자가 단지 20,000개 정도라는 사실이다. 인간 세포가 대략 100,000개의 단백질을 생산한다는 예

표 21.1 인간 유전체의 주요 특성들

- 인간 유전체는 31억 개의 뉴클레오타이드를 포함하고 있지만, 단백질-암호화 서열은 유전체의 대략 2%에 지나지 않는다.
- 모든 국적의 사람들 사이의 유전체 서열은 대략 99.9% 유사하다. 단일뉴클레오타이드 다형성(SNPs)과 복제수 변이(CNVs)는 사람에 따른 유전체 다양성의 이유가 된다.
- 유전체는 동적이다. 유전체의 최소한 50%는, LINE와 *Alu* 서열과 같은 전이인자들과, 또한 다른 반복 DNA 서열들로부터 유래하였다.
- 인간 유전체는 대략 2만 개의 단백질-암호화 유전자를 포함하고 있으며, 이는 원래 예측되었던 8만~10만 개의 유전자에 비해 훨씬 적은 수이다.
- 인간 유전자의 평균 크기는 유전자 조절 지역, 인트론, 엑손을 포함하여 약 25 kb이다. 평균적으로, 인간 유전자에 의해 생산되는 mRNA의 길이는 약 3천 뉴클레오타이드이다.
- 많은 인간 유전자는 선택적 스플라이싱을 통해 하나 이상의 단백질을 생산하며, 따라서 인간 세포는 오직 ~2만 개의 유전자로부터 훨씬 많은 수의 단백질(최대 20만 개)을 만들어 낼 수 있다.
- 50% 이상의 인간 유전자는 다른 유기체의 유전자와 매우 높은 서열 유사성을 보인다. 하지만 규명된 유전자의 40% 이상은 분자적 기능이 알려지지 않았다.
- 유전자는 24개의 인간 염색체에 균일하게 분포되어 있지 않다. 유전자가 거의 없는 '사막(불모지)'(gene-poor 'deserts')은 염색된 염색체에서 보이는 G 밴드와 관련이 있으며, 유전자-풍부 군락들과 구별되어 전체 유전체의 20%를 차지한다. 19번 염색체는 가장 높은 유전자 밀도를 가지고 있으며, 13번 염색체와 Y 염색체는 가장 낮은 유전자 밀도를 가지고 있다.
- 1번 염색체는 가장 많은 수의 유전자를 가지고 있으며, Y 염색체는 가장 적은 수의 유전자를 포함하고 있다.
- 인간 유전자는 *Drosophila* 같은 무척추동물의 유전자보다 더 크며, 더 크고 많은 수의 인트론을 포함하고 있다. 알려진 인간 유전자들 중 가장 큰 유전자는 근육 단백질인 디스트로핀(dystrophin)을 암호화한다. 이 유전자의 돌연변이 형태는 근육 장애와 연관되어 있으며, 길이는 2.5 Mb(14장)이고, 많은 박테리아 염색체보다도 더 크다. 이 유전자의 대부분은 인트론으로 이루어져 있다.
- 인간 유전자의 인트론 개수는 0개(히스톤 유전자)부터 234개(*titin* 유전자, 근육 단백질을 암호화한다)의 범위를 갖는다.

측에 기반해서, 원래 유전자의 수도 한편 100,000개 정도로 추정되어 왔다는 것을 상기해 보자. 유전자의 최소한 절반이 많은 다른 유기체와 공유된 유전자 서열 유사성을 보여주며, 21.7절에서 배우게 될 것처럼, 인간 유전자의 대다수가 침팬치와 같은 밀접한 관계에 있는 종의 유전자들과 유사한 서열을 갖고 있다. 아직까지도 전세계 과학자들은 정확한 인간 유전자의 개수에 관해서는 합의점을 찾지 못하고 있다. 하나의 이유는 추정된 많은 유전자들이 기능적인 단백질을 생산하는지 하지 못하는지가 명확하지 않기 때문이다. 유전체 과학자들은 유전체의 주석화 작업을 계속하고 있으며, 앞에서 언급한 것처럼, 기능 유전체학 연구는 컴퓨터를 이용하여 예측한 단백질-암호화 유전자와 단백질을 암호화하지 않는 유전자의 개수가 정확한가 정확하지 않은가를 결정하는 데 중요한 역할을 한다.

유전자의 개수는 예측된 단백질의 수보다 훨씬 적다. 이러한 이유 중의 하나는 많은 유전자들이 **선택적 스플라이싱(alternative splicing)**을 통해서 다수의 단백질을 암호화하기 때문이다. 13장을 상기해 보면, 선택적 스플라이싱 패턴은 다양한 mRNA 분자들을 만들어낼 수 있고, 따라서 인트론-엑손 스플라이싱 배열의 서로 다른 조합을 통해서 하나의 유전자에서 다수의 단백질을 만들어낼 수 있다. 초기에는 인간 유전자의 50% 이상에서 선택적 스플라이싱이 일어나 다양한 전사물과 다양한 단백질을 생산한다고 예측했었다. 최근의 연구에 따르면, 전-mRNA(pre-mRNA)의 94~95%가 다수의 엑손을 포함하고 있으며, 이들은 다수의 전사물과 따라서 잠재적으로 다수의 다른 단백질들을 생산할 수 있도록 가공된다. 확실히, 선택적 스플라이싱은 인간 유전체에서 유전자 개수에 기반한 단순한 예상을 뛰어넘는, 믿을 수 없을 만큼 다양한 종류의 단백질들을 생산한다.

인간 유전자의 기능적 범주는 다음의 내용들에 기초하여 분류되었다. (1) 기존에 규명된 기능(예를 들면, 인간 유전자의 재조합 DNA 클로닝으로부터, 또는 인간 질병과 관련된 알려진 돌연변이부터), (2) 다른 종으로부터 알려진 유전자 및 예상된 단백질 서열과의 비교, (3) 단백질의 기능적 도메인과 모티프의 주석화 및 분석에 기반한 예측(그림 21-10). 기능적 범주와 분류가 계속해서 수정되고 있지만, 40%가 넘는 인간 유전자 기능이 알려져 있지 않다. 인간 유전자 기능의 규명, 유전자 발현 조절과 유전자 상호작용의 해독, 인간 유전자와 표현형과의 관계 규명 등은 유전체 과학자들에게 주어진 많은 도전 과제들이다.

인간 유전체의 개체간 변이형

인간 유전체 프로젝트는 인종적, 민족적 기원에 상관없이 모든 인간의 유전체 서열이 거의 99.9% 동일하다는 것을 밝혀주었다. 다른 장에서도 논의하겠지만, 인간 사이에 나타나는 대부분의 유전적 차이는 **단일뉴클레오타이드 다형성(single-nucleotide polymorphisms, SNPs)**과 **복제수 변이(copy number variations, CNVs)**에 의한 결과이다. SNPs는 유전체 안에서의 염기 하나의 변화이며, 많은 SNPs의 변이들은 질병 상태와 연관되어 있다. 예를 들어, SNPs는 낫모양 적혈구 빈혈증과 낭포성 섬유증을 유발한다. 22장에서 어떻게 SNPs가 발견되며 질병의 진단과 치료에 이용될 수 있는지 알아볼 것이다.

인간 유전체의 드래프트 서열 결정이 완성된 후에, 처음에는 개인간 유전적 변이(0.1% 차이)의 대부분이 SNPs 때문이라고 생각되었다. SNPs가 유전체 변이의 중요한 인자이긴 하지만, 12장에서 언급한 결실(deletion), 중복(duplication), 역위(inversion), CNVs 등과 같은 구조적 차이도 유전체 변이에 있어서 예전에 생각했던 것보다 훨씬 더 중요한 역할을 한다. 우리

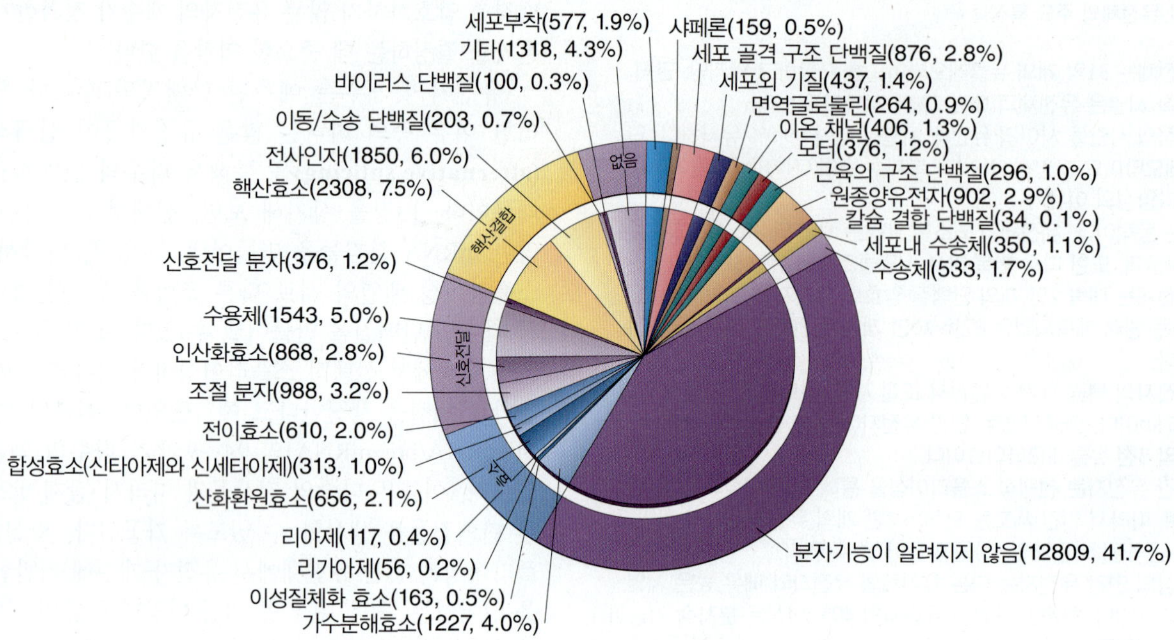

그림 21-10. 인간 유전체 유전자들의 기능적 범주(알려진 기능의 단백질과의 유사성에 기초하여 분류되었음). 가장 흔한 유전자들은 다음과 연관된 유전자들이다: 핵산 대사(규명된 모든 유전자의 7.5%), 전사인자(6.0%), 수용체(5%), 가수분해효소(4%), 단백질 인산화효소(2.8%), 세포 골격 구조 단백질(2.8%). 전체 12,809개의 예상된 단백질(41%)은 기능이 알려지지 않았으며, 이는 우리의 유전체를 완전히 해독하기 위해 아직도 할 일이 많다는 것을 시사한다.

가 8장과 12장에서 언급한 것처럼, CNVs는 DNA의 상대적으로 큰 지역(몇백 혹은 몇천 염기쌍)의 중복이나 결실이라는 것을 상기해 보자. 유전체 사이에 가장 다양한 변화를 일으키는 CNV의 많은 수가 최소 1 kb 길이인 것으로 나타난다.

대부분의 인간 DNA는 세포당 양쪽의 부모로부터 각각 받은 2개의 복사본에 존재하지만, CNV는 중복되거나 결실되는 DNA 분절로서, 개인들에게 물려받은 DNA 분절의 복제수 변이를 초래한다. 어떤 경우에 CNVs는 전체 유전자를 없애 버리는 주요한 결실로 작용한다. (다른 결실들은 번역 코드에서 번역틀 이동을 일으켜 유전자의 기능에 영향을 미친다.) 중복된 CNV 서열은 특정 유전자의 과발현을 일으킬 수도 있지만, 결실되고 중복된 많은 CNV들이 인식 가능한 표현형을 명확하게 나타내지 않는다.

최근의 예측에 의하면, 개인 유전체에서 CNVs의 수는 개인당 12개에서 대략 40~50개로 추산된다. 어떤 연구에 따르면, 인간 유전체에서 1 kb 이상의 CNVs가 무려 1500개나 있다고 예측하고 있다. 다른 연구에서는 개개인의 유전체 변이에 관여하는 100 bp 미만의 결실들이 150만 개 이상 존재한다고 주장한다.

인터넷을 이용한 인간 유전체 프로젝트의 접근

현재 인터넷을 통해 모든 인간 염색체 지도를 보여주는 데이터베이스나 다른 사이트에 접근하는 것이 가능하다. 여러분은 유전체학 탐색 연습에서 이러한 수많은 데이터베이스를 방문할 것이다. **그림 21-11(a)**는 Map Viewer라는 이름의 NCBI 데이터베이스에서 가져온 12번 염색체의 부분적인 유전자 지도를 보여주고 있다. 여러분은 이미 5장과 12장 유전체학 탐색 연습에서 Map Viewer를 사용해 보았을 것이다. 이 이미지는 12번 염색체의 이디오그램(ideogram), 즉 세포유전학 지도(cytogenetic map)를 보여준다. 이디오그램의 오른쪽 열은 이 염색체를 서열분석하기 위해 정렬된 콘티그(수직으로 배열)를 보여주고 있다. Hs UniG 열은 12번 염색체상의 유전자 밀도를 나타내는 도수분포도를 보여준다. 선정된 유전자에 대한 유전자 기호(gene symbol), 좌위(locus), 유전자 이름(설명)도 나타나 있다. 이 그림에서는 20개의 유전자만 보여주고 있다. 인터넷을 통해 이러한 지도에 접근할 때, 염색체의 각 지역을 확대하여 집중할 수 있으며, 특정 지역에 있는 모든 유전자들을 나타낼 수 있다.

여기에 나타나 있는 대부분의 유전자들은, 막관통 단백질, 인산화효소와 같은 여러 효소들과 후각을 포함한 여러 수용체 등과 같이 각 유전자가 암호화하는 단백질의 기능에 기반하여 설명되어 있다는 것을 알 수 있다. 다른 유전자들은 가설상의(hypothetical) 생성물이라는 용어로 설명된다. 그들은 열린번역틀(ORF)의 존재로 인해 유전자라고 예측은 되지만, 기능은 알려져 있지 않은 상태이다[그림 21-11(a)].

인간 유전체 프로젝트의 가장 큰 공헌은 질병 유전자의 규명과 이를 통한 새로운 치료 전략의 개발일 것이다. 따라서 인

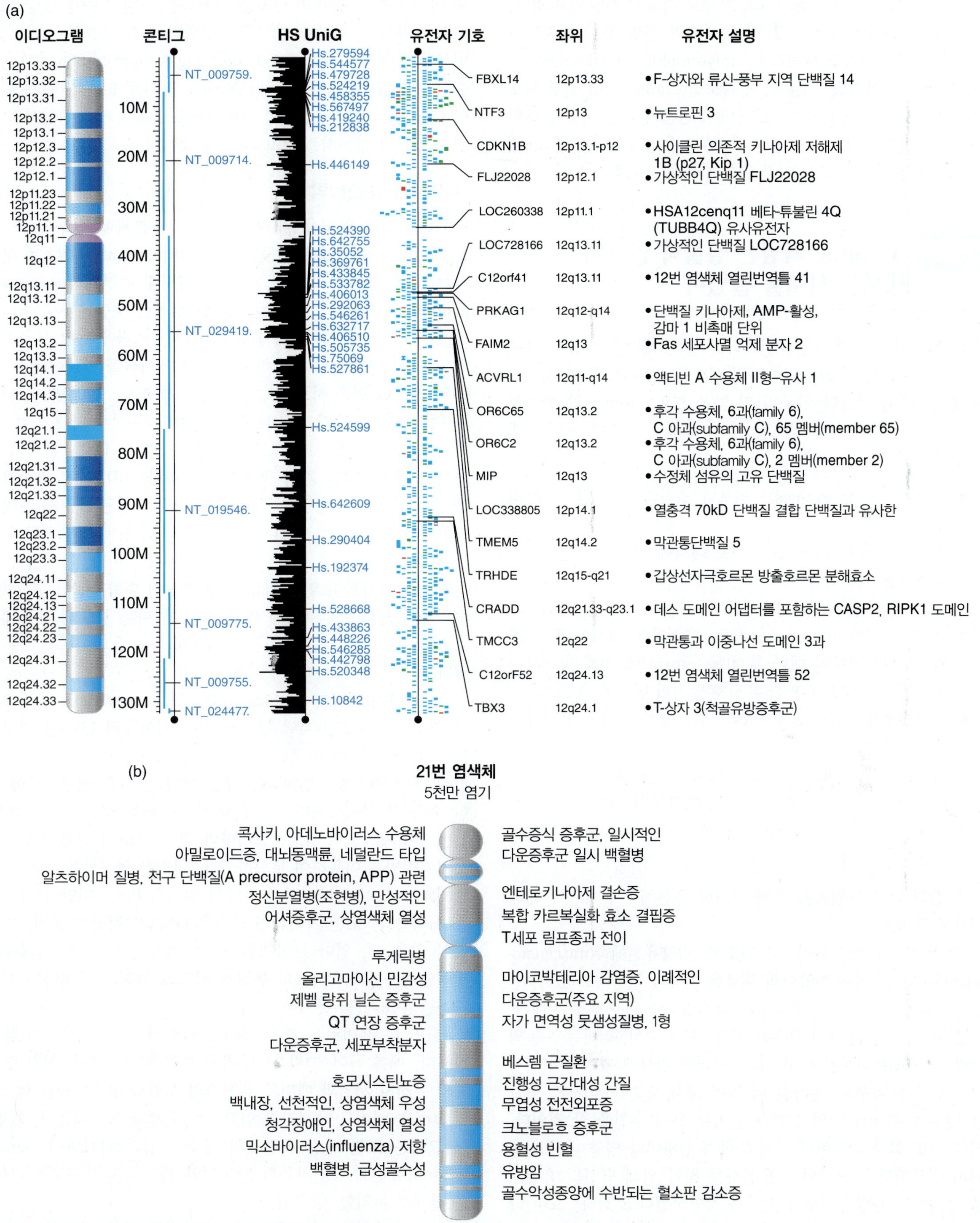

그림 21-11. (a) NCBI의 Map Viewer에서 가져온 12번 염색체의 유전자 지도. (b) 인간 21번 염색체상 질병 유전자의 부분적 지도. 이러한 지도는 인간 유전 질병 상태와 연관되어 있다고 생각되는 유전자들을 보여주고 있다.

간 질병 상태와 관련된 유전자의 대규모 지도가 개발되고 있다. 그림 21-11(b)에서 보이는 21번 염색체의 질병 유전자 지도는 근위축성 측색경화증(루게릭병, amyotrophic lateral sclerosis, ALS), 알츠하이머병, 백내장, 청각소실(deafness) 및 몇몇 서로 다른 암들을 나타내고 있다. 22장에서 인간의 유전 질병에 관련된 유전자들의 규명, 질병 진단 및 발견, 유전자 치료 적용 등에 인간 유전체 프로젝트가 미친 영향에 대해 논의할 것이다.

21.5 'Omics' 혁명은 생물학 연구의 새로운 시대를 열었다

인간 유전체 프로젝트와 유전체학 기술의 개발은 생물학 연구의 새로운 시대, 즉 'omics(-체학)' 시대를 여는 데 큰 역할을 하고 있다. 매년 생물학 연구의 더 많은 영역이 omics와 연관성을 가지고 있다고 설명되는 것 같다. 'omics'의 몇몇 예는 아래와 같다.

- 단백질체학(proteomics) – 세포나 조직의 모든 단백질들의 분석
- 대사체학(metabolomics) – 세포 대사에 관여하는 단백질과 효소작용 경로의 분석
- 글리코믹스(glycomics) – 세포나 조직의 탄수화물 분석
- 독성유전체학(toxicogenomics) – 유전자에 미치는 독성 화학 약품의 영향에 대한 분석[독소(toxin)에 의해 발생하는 돌연변이나 독소에 의한 유전자 발현의 변화 등을 포함]
- 메타유전체학(metagenomics) – 환경에서 수집된 유기체들의 유전체 분석
- 약리유전체학(pharmacogenomics) – 특정 상황에서 개인의 유전적 특성에 기반한 개인 맞춤형 약물의 개발
- 전사체학(transcriptomics) – 세포나 조직에서 모든 발현된 유전자의 분석

이번 장의 다른 단원들을 통해 이러한 유전체학 분야들에 대해 생각해 볼 것이다.

유전체학이 영향을 미친 증거로서, **영양유전체학(nutrigenomics)**이라고 불리는 영양학의 새로운 분야가 부상하고 있다. 영양유전체학은 음식과 유전자 사이의 상호작용을 이해하는 데 초점을 맞추고 있다. 우리 모두는 혈압, 혈당 수치, 심박동수 등의 일반적인 의료 검사를 하고 있다. 이러한 검사에 기반하여 의사는 식습관을 바꾸고, 운동을 더 많이 해서 체중을 줄이며, 혈압을 낮추기 위해서 염의 섭취를 줄이는 등의 추천을 할 것이다. 지금 몇몇 회사들은 여러 가지 의학적 상황이나 영양 대사의 측면과 연관된다고 생각되는 유전자를 찾기 위해 당신의 유전체를 분석하는 영양유전체학 검사를 제공하겠다고 한다. 그런 다음 회사들은 당신의 유전자에 기반해서 건강을 증진시키고 질병을 막기 위한 식습관의 변화를 추천하는 개인 맞춤형 영양 보고서를 제공한다! 이러한 검사들이 정확하게 검증되지는 않았으며 미국 식품의약국(U.S. Food and Drug Administration, FDA)의 승인을 받지 못하고 있는 사실을 아는 것이 중요하다. 현재 이루어지고 있는 이러한 접근이 과학적으로 유효하거나 영양학적 가치가 있는지 없는지는 두고 봐야 할 것이다.

석기시대 유전체학

DNA 분석의 영역을 아우르고 있는 유전체학 연구의 또 다른 예로, 세계의 많은 연구실이 '고대의(ancient)' DNA를 분석하는 일에 참여하고 있다. 소위 **석기시대 유전체학(stone-age genomics)** 연구라고 불리는 이러한 일들은 수만 년에서 약 70만 년이나 된 뼈나 머리카락과 같은 다른 조직에서 얻은 극소량의 고대 DNA로부터 대단히 흥미로운 데이터를 만들어내며, 멸종된 종에서 얻은 시료를 종종 포함하게 된다. 2400년 된 이집트 미라, 들소, 이끼, 오리너구리, 매머드, 홍적세 시대 동굴 곰, 북극곰, 실러캔스, 네안데르탈인 등에서 얻은 DNA 분석이 석기시대 유전체학의 가장 중요한 예들이다. 2013년에 과학자들은 지금까지 밝혀진 것들 중 가장 오래된 완성된 유전체 서열을 보고하였다. 그것은 캐나다 유콘 지역의 언 땅에서 발견된 고대 말의 70만 년 된 뼈 조각으로부터 얻은 결과이다. 흥미롭게도, 진화 생물학자들이 현대 말의 고대 조상이 대략 400만 년 전(기존의 예측보다 거의 두 배 이상 길다)에 다른 동물의 계통에서 갈라져 나왔다는 것을 추정하기 위해서 유전체 데이터를 사용하였다.

2005년에 캐나다 McMaster 대학과 Pennsylvania 주립대학의 연구자들은 27,000년 된 털복숭이 매머드의 1300만 염기쌍을 보고하였다. 이 연구는 매머드와 아프리카 코끼리 사이의 서열이 대략 98.5% 동일하다는 것을 밝혔다. 다른 연구자들에 의한 후속 연구들은 매머드 유전체의 데이터를 제공하기 위해서, 시베리아 매머드의 미토콘드리아와 핵의 DNA를 전유전체 샷건 서열결정법을 이용하여 분석하였다. 이러한 연구들은 매머드 유전체와 아프리카 코끼리 유전체의 차이가 0.6% 미만이라는 것을 제시한다. 또한 이러한 연구들은 DNA가 적당한 조건, 특히 얼어 있을 때, 얼마나 안정한가를 제대로 보여준다. 미래에는 몇백만 년이 지난 시료의 유전체 서열을 완전히 규명하는 것이 가능할 수도 있을 것이다.

훨씬 더 흥미로운 것은 매머드와 인간 유전체 사이의 유사성이다. 예를 들어, 그림 21-12에서 보여주는 것처럼, 인간 염색체의 유전자 서열과 매머드 유전체의 서열을 정렬하였을 때, 거의 50%의 매머드 유전자가 인간 상염색체와 정렬되었다. 한편, 이 그림은 또한 인간 유전체의 기준 서열과 비교하여, James Watson 유전체 유전자들의 상대적인 개수도 나타내고 있다(다음 절에서 논의할 것이다).

21.6절에서는 네안데르탈인 유전체에 관한 최근의 일들에

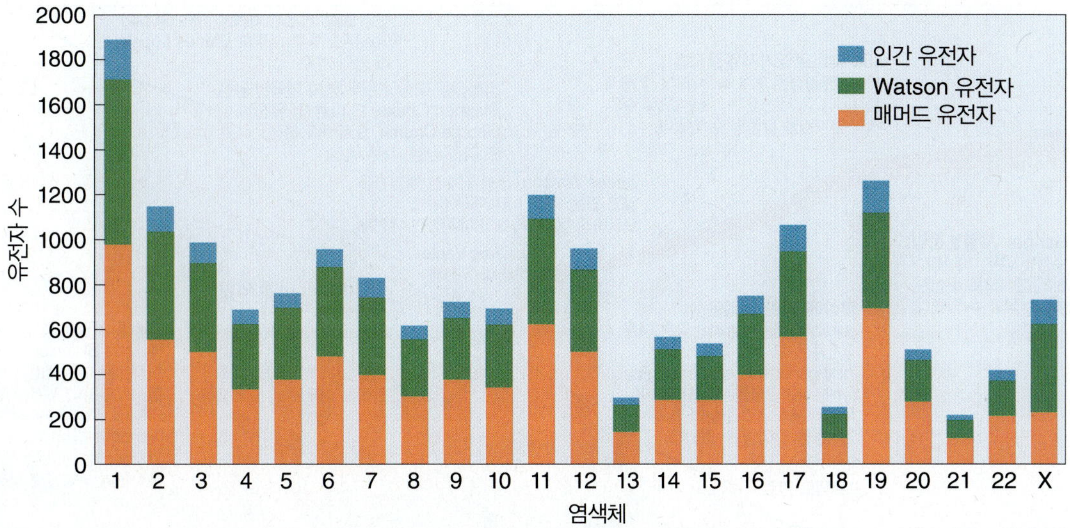

그림 21-12. 사람의 각 염색체에 존재하는 유전자 수(파란색)를 기준으로, James D. Watson 유전체(Roche 454 회사에서 분석)와 정렬되는 단백질-암호화 염기의 평균량(녹색)과 한 개체 이상의 매머드와 정렬되는 단백질-암호화 염기의 평균량(주황색)을 보여주는 도표. 각 상염색체의 약 50%의 서열 유사성에 기반하여 인간 염색체와 정렬될 수 있다고 예측된 코끼리 유전자를 사용하였다. 단, 이 연구에 사용된 매머드가 수컷이었기 때문에 X 염색체에 대해서는 단지 31% 유사성에 기반하였다.

대해 논의할 것이다. 이렇게 오래된 인간 조상의 유전체를 얻는 것은 예전에는 상상할 수도 없었다. 이 일은 인간 진화의 이해에 대한 새로운 시야를 제공하고 있다.

인간 유전체 프로젝트(HGP) 이후: 다음은 무엇인가?

인간 유전체의 기준 서열이 완성된 후에 관련 연구들이 매우 빠른 속도로 이어졌다. 예를 들어, 인간 유전체 프로젝트의 결과로서, 인간 유전체 연구를 위한 다양하고 중요한 주제 영역들이 부상하였다. 그러한 영역은 암 유전체 프로젝트, 후생유전체 분석[다양한 유형의 세포와 조직에서 수백 개의 후생유전학적 변화 지도를 만들고, 복잡한 질병에서 후생유전학의 잠재적인 역할을 평가하는 인간 후생유전체 프로젝트(Human Epigenome Projects)를 포함], SNPs 특성분석(the International HapMap Project)과, 유전체 변이, 질병, 약리유전체학 적용에서의 CNVs의 역할 등을 포함하고 있다. 암 유전체 프로젝트(Cancer Genome Atlas Project)에 관해서는 우리가 이미 19장에서 살펴보았다. 후생유전체는 이 책의 뒷부분에서 깊이 있게 다룰 것이다(현대 유전학 특강 1장—후성유전학 참조). SNPs와 약리유전체학 역시 다음에 다룰 것이다(현대 유전학 특강 4장—유전체학과 맞춤의학 참조). 여기서는 인간 유전체 프로젝트를 확장시키는 인간 유전체 연구의 4가지 예를 다룰 것이다: (1) 개인 유전체의 분석, (2) ENCODE 프로젝트, (3) 인간 미생물군체 프로젝트(the Human Microbiome Project), (4) 유전체 10K 계획(the Genome 10K plan).

개인 유전체 프로젝트와 개인 유전체학

우리가 이 장의 앞부분과 20장에서 다룬 것처럼, 더 빠른 속도로 더 정확하게 더 긴 서열을 읽어낼 수 있는 새로운 서열분석 기술로 인해 DNA 서열분석 비용이 크게 낮아졌으며 지속적인 기술의 발전으로 인해 계속적인 가격 인하에 대한 기대를 높이고 있다(**그림 21-13**). 이러한 기대로부터 몇몇 회사들은 개개인의 전유전체 서열분석(WGS)—개인 유전체학 접근을 제안하였다. 2006년에 엑스프라이즈 재단(X Prize Foundation)은 Archon 유전체학 엑스프라이즈(Archon Genomics X Prize)를 발표했는데, 이는 100개의 인간 유전체 서열분석을 유전체당 10,000달러 이하로, 10일 안에, 정확하게 할 수 있는 기술을 개발하는 첫 번째 민간 그룹에게 1,000만 달러를 상으로 준다는 것이었다. 이 상에 대해 8개의 경쟁자들이 참여했지만, 10일 안에 완료한 그룹은 없었다. Archon은 그 뒤에 엑스프라이즈를 취소했다. 왜냐하면 경쟁이 없이도 서열분석 기술이 빠르게 진보하고 있었으며, 가격이 낮아지고 있었기 때문이다. 다른 그룹들은 개인 맞춤형 유전체 서열분석을 고작 1000달러에 수행하기 위해 노력하고 있다. 미국국립보건원(NIH)에 의해 지원되는 2개의 프로그램은 과학자들이 2014년까지 1000달러에 인간 유전체를 완성하기 위한 서열분석 기술을 개발하도록 도전하게 만들었다(22장의 "유전학, 기술, 사회" 참조).

2012년에 Life Technologies는 그들의 이온 양성자(Ion Proton) 기술이 1000달러로 유전체 서열분석을 하는 데 이용된다고 발표했다. 1000달러라는 가격이 유전체 서열분석을 하는 데 필요한 시약 비용인지, 서열분석을 위한 준비, 노력, 유전체 분석 등이 모두 포함된 실제 가격인지는 논란의 여지가 있다. Life Technologies에 의해 보고된 서열 범위의 정확도와 완성도가 1000달러 유전체 한계점이 성취되었다고 명확하게 이야기하기에 충분한지 아닌지는 다른 과학자들에 의해서 도전받고

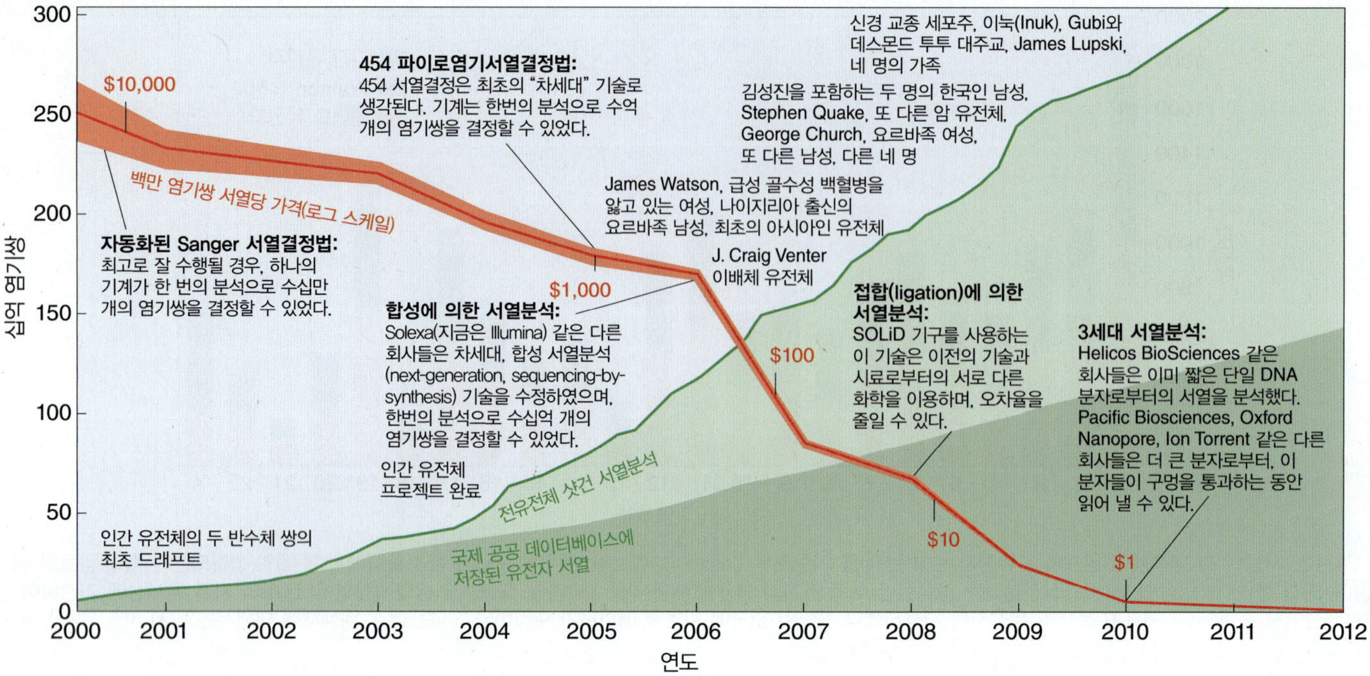

그림 21-13. 인간 유전체 서열분석의 폭발적인 증가. 서열분석 기술의 혁신으로 인해 2000년 이후로 서열분석 비용은 꾸준히 줄어들고 있다. 결과적으로, 공공 데이터베이스에 저장된 전유전체 샷건 서열분석 데이터—몇몇 개인 유전체 데이터를 포함—의 양이 극적으로 증가하고 있음을 주목하라.

있다.

22장에서 배우게 되겠지만, 유전학자와 같은 누군가에게 유전체 데이터를 분석하도록 하고 유전체 변이가 개인의 건강에 어떤 영향을 미칠지 생각하도록 하는 것은 엄청난 시간과 돈이 든다. 개인 유전체 서열분석 비용이 1000달러 미만이라고 할지라도, 의학적 치료를 위해서 유전체 데이터를 해석하는 것은 수십만 달러의 비용이 들 것이다. 유전체 서열분석의 실제 비용이 얼마로 계산되는지와 상관없이, 최근의 비용은 인간 유전체 프로젝트의 비용이었던 30억 달러보다는 훨씬 적다.

1000달러 유전체를 추구한다는 것은, 말하자면 개개인이 자신의 유전적 청사진을 해독하기 위해 DNA 서열분석을 충분히 감당할 수 있다는 지표였다. Fransis Crick과 함께 DNA의 구조를 규명한 James D. Watson의 유전체는 코네티컷 회사인 454 Life Science에 의한 '짐 프로젝트(Project Jim)'의 초점이었다. 그 회사는 세간의 이목을 끄는 인물의 유전체 서열을 결정하고 싶어했고, DNA 구조를 공동으로 규명하였으며 미국 인간 유전체 프로젝트의 첫 번째 책임자였던 James D. Watson의 서열을 분석하기로 결정하였다. 이 회사는 짐 프로젝트를 위해 그들의 차세대 파이로염기서열결정법(next-generation pyrosequencing, 그림 21-13)을 이용하였으며, 2년 내에 대략 100만 달러보다 낮은 가격으로 Watson 유전체의 6배 분석범위도(coverage)를 완성하였다고 발표하였다. James Watson은 그 뒤에 자신의 유전체 서열을 포함하고 있는 2장의 DVD를 선물받았다.

우리가 여러 장에서 업적을 이야기했었던 인간 유전체 개척자인 J. Craig Venter는 J. Craig Venter 연구소에서 자신의 유전체 분석을 완료하고 2007년 5월에 GenBank에 등재하였다. 하버드의 George Church와 동료들은 **개인 유전체 프로젝트(Personal Genome Project, PGP)**를 시작하였으며, 유전체 데이터를 공적으로 사용할 수 있다는 조건으로 개인 유전체 서열분석을 위해 DNA를 제공할 지원자들을 모집하였다. Church의 유전체는 완성되어 온라인에서 이용가능하다. 개인 유전체 프로젝트 개념은 필연적으로 다음 질문을 불러올 수 있다: 당신 자신의 유전체 서열분석을 1만 달러, 1천 달러, 심지어 공짜로 할 수 있을까?

Watson과 Venter 유전체 분석이 완성된 이후, 2008년에 약 4000년 된 영구 동토층에 보존된 머리카락에서 얻은 '고대' 인간, 고대 에스키모인(Palaeo-Eskimo)의 완전한 유전체 서열이 처음으로 제공되었는데, 이배체 유전체의 약 78%를 복원했으며, 많은 흥미로운 SNPs(이들의 약 7%는 이전에 보고된 적이 없었다)를 밝혀냈다. 2013년 현재, 30,000개 이상의 개인 유전체가 서열분석되었다.

개인 유전체학의 특별히 흥미로운 예로서, 유전학 연구자가 의학적 상태를 알아보기 위해 자기 자신의 유전체를 분석하기도 한다. 텍사스 베일러 의과대학의 Richard Gibbs 박사는 **샤르코 마리투드병(Charcot-Marie-Tooth disease, CMT)**을 앓고 있는 의학 유전학자인 동료 James Lupski 박사의 전체 유전체를 분석하는 그룹을 이끌었다. 이 질병은 근육 약화를 일으키는 신경 질환이다. 30개가 넘는 유전자에서의 돌연변이가 CMT와 연관되어 있으며, 이들 중 많은 수를 Lupski 박사가 규명한 것이다. 하지만 흥미롭게도 Lupski는 이 돌연변이들을 하나도 가지고 있지 않았다. Lupski의 유전체와 인간 유전체 프로젝트 기준 서열을 비교해 보니, 많은 SNPs와 다른 변이들이 발견되었다. 하지만 이들 중 얼마나 많은 것이 CMT와 관련이 없는 단순한 서열분석 오류나 변이인지는 명확하지 않았다.

연구자들은 CMT 및 다른 신경질환과 관계된 유전자들에 초점을 맞추어 Lupski의 유전체가 *SH3TC2* 유전자에서 두 개의 다른 돌연변이를 가지고 있다는 것을 발견하였다. *SH3TC2*는 신경에서 충격 전도에 필수적인 미엘린수초를 형성하기 위해 특정 뉴런을 감싸고 있는 슈반세포에서 발현되는 유전자이다. 하나의 *SH3TC2* 대립유전자에서 새로운 종결돌연변이(nonsense mutation)가 밝혀졌으며, 두 번째 대립유전자에서는 새로운 과오돌연변이(missense mutation)가 발견되었다. Lupski의 부모들과 형제자매들에 대해서 이러한 대립유전자에 대한 유전적 검사를 진행한 결과, 질병을 앓고 있지 않은 한 명의 부모와 7명의 형제자매에서 종결돌연변이가 발견되었다. 과오돌연변이는 나머지 부모와 한 명의 조부모에서 발견되었는데, 이들도 그 질환을 갖고 있지 않았다. 두 개의 돌연변이 대립유전자를 모두 물려받은 형제자매들만이 CMT 질병을 가지고 있었다. 많은 사람들은 이것이 (적어도 질병 유전자를 발견했다는 점에서) 개인 유전체 서열결정이 임상적으로 의미가 있는 최초의 성공 사례라고 생각한다.

엑솜 염기서열분석

개인 유전체 프로젝트의 초점은 인간 유전체의 18만 개 엑손을 서열분석하는 **엑솜 염기서열분석(exome sequencing)**으로 바뀌었고, 이를 1000달러 미만의 비용으로 <100× 분석범위도(coverage)로 수행할 수 있다. 엑솜 염기서열분석은 유전체의 단백질-암호화 분절로서 오직 엑손에만 초점을 맞춰 질병과 관련된 돌연변이를 밝혀낸다. 물론, 이 접근법의 한계는 유전자 발현에 영향을 미치는 유전자-조절 지역의 돌연변이를 규명하기는 힘들다는 것이다. 한 예로써, 1000 유전체 프로젝트 컨소시엄(1000 Genomes Project Consortium)으로 불리는 과학자 그룹은 유럽, 동아시아, 사하라 사막 이남 아프리카, 미국을 대표하는 14 민족으로부터 1092명 개개인의 유전체들에 대해 보고했다. 전유전체 염기서열분석법과 엑솜 염기서열분석법 데이터는 3800만 개 이상의 SNPs와 많은 다른 구조적 변이들(CNVs)을 밝혀냈다. 이 연구에서 해석하고자 하는 것은 개개인의 명확한 변이를 밝힘과 더불어 특정 질병을 지리적인 혹은 조상의 배경과 연관시키는 것이다. 그러므로 다양한 민족 개개인의 유전체 서열분석은 인간의 유전적 변이 스펙트럼을 더 잘 이해하고 다양한 그룹에 걸친 유전 질병의 원인을 이해히는 데 도움을 줄 수 있다. 엑솜 염기서열분석 주제에 대해서는 22장에서 유전자 검사에 관해 논의할 때 다시 이야기할 것이다.

개인 유전체 프로젝트의 특히 유익한 측면은 또한 유전체 변이에 대한 이해를 도와준다는 것이다. 인간 유전체 프로젝트는 **반수체 유전체**(haploid genome)의 기준 유전체를 만들기 위해 다른 개인들로부터 얻은 시료를 조합하였다. 개인 유전체 프로젝트는 이배체 유전체(diploid genome)를 서열분석한다. 따라서 그러한 프로젝트는 반수체 유전체 비교가 개인간 유전체 변이 정도를 5배 혹은 그 이상으로 너무 적게 추산할 수 있음을 지적한다. 예를 들어, Venter의 유전체가 분석되었을 때, 그의 어머니와 아버지의 염색체 사이에서만 400만 개 이상의 변이가 발견되었다. 우리가 개인 유전체에 대해 배우고 있는 것처럼, 개인간 유전체 변이는 0.1%보다는 0.5%에 가까울 수 있으며, 30억 bp 유전체에서 이것은 상당한 염기서열 차이이다. 다른 민족들의 완성된 개인 유전체들에 대해 유전체 데이터를 통합하는 것은, 진화 유전학에서 인간의 다양성, 혈통, 이주 패턴에 대한 근본적인 질문들에 답하기 위해 매우 가치 있을 것이다.

관련된 일로, 개인 유전체 프로젝트(PGP)는 인간 체세포에서 상당한 **모자이크 현상**(mosaicism)이 있을 수 있음을 밝혀내고 있다. 따라서 한 개인의 세포들이 모두 동일한 유전체를 가지고 있는 것은 아니다. 전유전체 염기서열분석법(WGS)의 정교함으로 인해 SNPs와 CNVs의 모자이크 현상은 동일한 사람의 피부, 뇌, 혈액, 줄기세포에서 발견되기도 하였다. 우리는 건강 상태와 질병 상태에서의 유전적 모자이크 현상의 빈도와 영향에 대해서 이제 이해하기 시작하는 중이다.

22장에서는 유전적 검사를 위해서 얼마나 다양한 개인 유전체학 접근법들이 이용될 수 있는지 알아볼 것이다.

DNA 요소 백과사전(ENCODE) 프로젝트

2003년 인간 유전체의 서열 발표 몇 달 후에, 전세계 30여 명 연구팀이 **DNA 요소 백과사전 프로젝트[Encyclopedia of DNA Elements(ENCODE) Project]**를 시작했다. ENCODE의 주요 목적은, 인간 유전자의 발현을 조절하는 전사 시작점, 프로모터, 인핸서 등과 같은 유전체의 기능적 요소들을 규명하고 분석하기 위해서 21.3절에서 언급한 ChIP-기반 방법을 포함하는 실험적 접근과 생물정보학을 함께 사용하는 것이었다.

인간 유전체에서 상대적으로 적은 비율(2%)만이 단백질을 암호화한다는 내용을 상기해 보자. ENCODE는 유전자뿐만 아니라 흔히 '정크(junk)' DNA라고 불리는 모든 서열에 초점을 맞추었다. 그렇다면 유전체의 다른 모든 염기들은 무슨 일을 할까? 그러한 서열들은 염색체 구조, 유전자 발현 조절, 그리고 다른 중요한 역할들을 하기 때문에 정크 DNA라는 용어는 부적절하게 사용되는 것이라 할 수 있다. 스스로 단백질을 암호화하지 못한다고 해서 이들이 중요하지 않다는 의미가 아닌 것이다. 단백질 비암호화 서열들은 뒤에 자세하게 논의될 것이다(현대 유전학 특강 2장—RNA의 새로운 기능 참조).

유전체 활성은 세포마다 다르기 때문에, ENCODE는 147개 서로 다른 세포 종류에서의 유전자 발현을 연구하였다. 약 10년 동안 2억 8800만 달러의 예산으로 연구를 수행한 결과, ENCODE 프로젝트의 주요한 발견들에 대해 30편의 연구 논문이 2012년에 출판되었다. ENCODE가 밝혀낸 주요 사항들은 다음과 같다.

- 인간 유전체의 대부분(~80%)은 기능이 있다고 생각된다. 그 이유 중 하나는 유전체의 큰 분절이 RNA로 전사되기 때문이다. 이러한 RNA의 대부분은 단백질을 암호화하지 않는다. 이러한 다양한 RNA들은 tRNA, rRNA, miRNA 등을 포함한다. 예를 들어, 최소한 13,000개의 서열은 긴 비암호화 RNA(long noncoding RNA, lncRNA)로 명시되어 있다. 또 다른 보고는 17,000개 이상의 lncRNA가 존재할 수도 있다고 제안한다. 비암호화 RNA 서열의 수는 단백질 암호화 유전자보다 더 많을 수도 있다.
- 기능적 서열은 또한 유전자-조절 지역을 포함한다: ~70,000개의 프로모터 지역과 거의 400,000개의 인핸서 지역.
- 인간 유전체에는 20,687개의 단백질-암호화 유전자가 존재한다.
- 총 11,224개 서열이 유사유전자(pseudogene)로 나타났으며, 예전에는 모든 개인들에서 활성이 없다고 생각되었다. 일부는 대부분의 개인들에서 불활성이지만, 때때로 어떤 개인들의 특정 세포 유형에서는 활동한다. 이는 결국 그것들을 유사유전자가 아닌 활성이 있고 전사되는 유전자로 재분류하게 하는 근거가 되었다.
- 질병과 연관이 있는 SNPs는 유전체의 비암호화 기능 요소에 풍부하게 존재하며, 종종 단백질-암호화 유전자 주변에 존재하고 있다.

따라서 단백질 비암호화 DNA를 정크로 일축하는 것은 분명 정확하지 않은 것이다. 이러한 서열들은 조절 지역으로서 매우 중요하다. 그러므로 ENCODE의 중요한 결론 중 하나는, 유전체의 거의 80%가 어떤 기능적 중요성을 가지고 있다는 것이다. ENCODE 발견은 암호화 단백질이나 비암호화 RNA를 포함시키기 위해서 유전체의 기능적 역할을 넓게 정의했으며, 전사나 염색질 구조에 영향을 주는 결합 조절 단백질과 같은 생화학적 특성들도 보여주었다. 결과적으로, 유전자 발현의 조절은 전에 생각했던 것보다 훨씬 더 복잡해졌는데, 이는 유전자 발현이 전사되는 유전자와 가까이 있거나 멀리 있는 조절 서열에 의해서 영향을 받는다는 사실에 기인한다.

모든 과학자들이 ENCODE의 서열 기능 정의에 동의하는 것은 아니다. 그리고 과학적 커뮤니티에서는 ENCODE와 프로젝트에 들어간 비용 대비 가치에 대한 논란이 있어 왔다. 하지만 연구팀들은 적절한 치유와 치료를 개발하기 위한 희망을 가지고 특정 질병에 대한 위험 요소들을 규명하기 위해서 이미 ENCODE의 정보를 사용하고 있다.

유전자의 새로운 개념

ENCODE 프로젝트의 결과들을 기반으로, 예전에는 단백질을 암호화하지 않는 '정크 DNA'로 생각되었던 DNA 서열들이 종종 비암호화 RNA(ncRNA)로 전사된다는 것을 이제 알게 되었다. 현재 이러한 RNA들 중 일부의 기능이 밝혀지면서, 유전자의 개념이 ncRNAs를 암호화하는 DNA 염기서열을 포함하도록 확장되어야 하는지 생각해 봐야 한다. 이 글을 통해 합의할 수는 없지만, 유전자의 최종 해석을 발전시켜 가면서 이러한 현재의 발견을 아는 것은 중요하다.

인간 미생물군체 프로젝트

2007년 국립보건원은 인체의 표면이나 내부에서 살고 있는 600~1000종으로 추정되는 미생물, 세균, 바이러스, 효모의 유전체를 완성하기 위해서, 1억 7000만 달러 프로젝트인 **인간 미생물군체 프로젝트(The Human Microbiome Project, HMP)** 계획을 발표했다. 미생물은 인체의 약 1~2%를 차지하고 있다. 소화관의 *E. coli*처럼 많은 미생물들은 인간 건강을 위해 중요한 역할을 하고 있으며, 물론 다른 미생물들은 우리들을 아프게 하기도 한다. 인간 미생물군체 프로젝트는 몇 개의 다음과 같은 주요한 목적을 가지고 있다.

- 개개인들이 핵심 미생물군체를 공유하고 있는지 규명하기.
- 미생물군체의 변화가 인간 건강과 관계가 있을 수 있는지 이해하기.
- 미생물군체의 분석을 돕기 위해 생물정보학을 포함하는 새로운 방법의 개발.
- 인간 미생물군체 연구에 의해 제기되는 윤리적, 법적, 사회적 영향들을 고려하기. 이것이 익숙하지 않은가? 인간 유전체 프로젝트의 윤리적, 법적, 사회적 이슈들을 고려하는 것을 상기해 보자.

인간 미생물군체 프로젝트(HMP)에는 80개 기관의 약 200명의 과학자들이 참여하였다. 2012년에 HMP의 최근 발견들을 요약하는 일련의 논문들이 게재되었다. 인간 미생물군체 프로젝트는 미국의 242명의 건강한 남성 몸의 15개 부위, 여성 몸의 18개 부위를 분석하였으며, 이러한 지역에 존재하는 미생물과 바이러스의 유전체를 전유전체 서열분석법(WGS)을 적용하여 분석하였다. 각각의 사람들로부터 거의 2년 동안 세 번까지 시료를 채취하였다. 연구자들은 생물정보학을 이용하여 얻은 미생물과 바이러스의 서열을 데이터베이스에 공개되어 있는 서열들과 비교하였다. WGS 분석과 함께, 특별히 16S rRNA 유전자의 서열을 세균 샘플과 비교하였다. 지금까지 인간 몸에서 분리된 2000개 이상의 미생물 서열이 결정되었다.

인간 미생물군체 프로젝트는 인간 유전체 프로젝트에 의해서 만들어진 서열 데이터의 1000배 이상의 서열 정보를 축적하였다. 지금까지 인간 미생물군체에 대해서 정립한 개념은 무엇일까?

- 인간 미생물군체 프로젝트의 서열 데이터는 인간 남성과 여성의 몸에 분포되어 있는 미생물과 바이러스의 대략 81~99%를 규명하였다.
- 무려 1000종의 세균 균주가 각 개인 안에 존재한다.
- 대략 10,000종의 세균종이 인간 미생물군체의 일부일 것으로 추정한다.
- 미생물군체는 태어나면서 시작된다. 아기들은 엄마의 미생물군체로부터 세균을 받아들인다.
- 인간 미생물군체 프로젝트 과학자들이 놀란 점은 개개인의 미생물군체가 상당히 다르다는 것이다. 또한 질병을 유발하는 세균의 서열은 모든 사람의 미생물군체에 존재한다.
- 예를 들어, 인간의 소화관에는 사람마다 다르지만, 미생물군체가 오랫동안 비교적 안정한 상태로 남아 있다.

사람들을 비교할 수 있는 '기준'이 되는 인간 미생물군체는 없다. 미생물의 다양성은 개인마다 매우 다르고, 미생물군체의 개인화는 개인 안에서만 이루어질 수 있다. 예를 들어, 나이가 같은 두 명의 건강한 사람을 비교하면, 미생물군체 서열이 아주 다르다는 것을 알 수 있다. 하지만 몸의 특정 부위와 연관되어 있는 특정 세균과 특징적인 유전자는 비슷하다.

미생물군체의 개인적인 특성에 관한 지식은 인간 건강과 의학의 발전을 위해 소중할 것이며, 미래에는 그러한 지식이 미생물군체 특이적인 치료약을 포함할 수도 있다. 과학자들은 건강한 미생물군체의 기준을 확립하기 위해 노력하고 있다. 이를 통해 어떻게 세균이 정상적인 건강상태를 유지하는 데 도움이 되고, 어떻게 항생제가 개인의 미생물군체를 교란하며, 왜 어떤 사람들은 특정 질병, 특히 건선, 과민성 대장증후군, 그리고 잠재적으로 비만과 같은 만성 질환에 민감한지 등을 밝히는 데 도움이 되기를 기대하고 있다.

이 프로젝트와 관련하여, 로스앤젤레스의 캘리포니아 대학 연구팀은 여드름을 가지고 있는 대학생 49명과 갖고 있지 않은 대학생 52명, 총 101명의 미생물군체 DNA 서열을 분석하였다. 1000종 이상의 *Propionibacterium acnes*(*P. acnes*) 균주가 분리되었다. 전유전체 서열분석법과 생물정보학을 이용하여, 연구자들은 이러한 균주를 10개의 균주 유형(관련된 균주)으로 분류하였다. 이들 중 6개는 여드름이 생기기 쉬운 학생들에게 공통으로 존재하였으며, 하나는 여드름이 없는 학생들의 피부 시료에서 반복적으로 나타났다. 여드름과 관련된 유형의 서열분석 결과는 피부질환에 관여할 수도 있는 유전자 집단을 보여주었다. 이러한 균주 유형에 대한 추가 분석은 피부과 전문의들이 여드름을 일으키는 *P. acnes* 균주를 표적으로 하는 새로운 약물을 개발하는 데 도움이 될 수도 있다.

모든 유전체 해독과 유전체 10K 계획

의심할 여지 없이, 인간 유전체 프로젝트는 그 결과로서 개발된 새로운 서열분석 기술들을 통해 현대 생물학에 중요한 파급 효과를 가져왔다. 1990년대 후반에, *C. elegans*의 97 Mb 유전체의 서열을 분석하기 위해서 서열분석기로 가득찬 공간과 수백만 달러가 필요하였다. 유전체학 세계에서 현대화를 나타내는 사례로서, 최근에는 두 대의 서열분석기와 500,000달러로 750 Mb 물고기(대구) 유전체에 대해 완성되었다 할 만한 드래프트를 한 달 내에 도출하였다.

최근의 헤드라인을 장식하는 완성된 유전체는 다음과 같다:

- 인간보다 더 많은 유전자(31,760개)를 가지고 있는 토마토!
- 열매인 토마토와 DNA 92%가 같은 야채인 감자
- 간장콩(soybean) 다음으로 가장 널리 재배되는 콩과식물인 병아리콩(chickpea)
- 거의 100억 개 염기쌍의 유전체를 갖는 붉은 반점 도롱뇽(red-spotted newt)

현대 서열분석 기술은 생각할 만한 질문을 던진다, "만약 당신이 모든 것의 서열을 분석할 수 있다면, 무엇을 분석하겠습니까?" 유전체 과학자와 박물관 큐레이터를 포함하는 전세계 파트너들은 10,000종의 척추동물 유전체를 분석하는 **유전체 10K** 계획(the **Genome 10K** plan)을 제안하였다. 인간 유전체 프로젝트가 끝난 직후, 국립 인간유전체 연구소(the National Human Genome Research Institute, NHGRI)는 유전체 서열분석의 우선과제로 포유동물과 다른 척추동물의 목록을 작성하였다. 왜냐하면 그것들이 비교유전체학을 통한 인간 유전체 이해를 위해 잠재적으로 이득이 있기 때문이다. 유전체 10K는 또한 유전체 진화와 분화에 관한 통찰력도 줄 수 있을 것이다.

21.6 비교유전체학은 서로 다른 유기체들의 유전체를 분석하고 비교한다

2013년 현재, 많은 표준적인 유기체와 바이러스를 포함하여 4300개 이상의 전유전체가 서열분석되었다. 진핵생물의 완성된 유전체는 대략 200개이다. 이는 비교적 짧은 기간에 이룬 엄청난 진전이다! 이러한 유기체들로는 효모(*Saccharomyces cerevisiae*)—서열분석된 최초의 진핵 유전체, 회충 선충(*Cae-*

norhabditis elegans), 애기장대 식물(*Arabidopsis thaliana*), 생쥐(*Mus musculus*), 제브라피쉬(*Danio rerio*), 그리고 초파리(*Drosophila*) 등이 있다. 지난 몇 년 동안 침팬지, 개, 닭, 고릴라, 성게, 꿀벌, 돼지, 복어, 쌀, 밀 등의 유전체들의 서열이 모두 분석되었다.

이러한 연구들은 원핵생물과 진핵생물 사이의 유전체 구조가 매우 다르다는 것뿐만 아니라, 거의 모든 종들의 유전체가 유사하다는 것을 보여준다. 이번 절에서는 선택한 유기체들에서 보이는 유전체의 흥미로운 측면에 대해 논의할 것이다. 점점 늘어나는 유전체 서열에 대한 분석을 통해, 모든 생명체가 관련되어 있으며 공통의 조상으로부터 내려왔다는 것이 확실해지고 있다. DNA 복제, 전사, 번역과 같은 기본적인 세포 기능을 위해서 유기체들은 유사한 유전자 세트를 사용한다. 이러한 유전적 관계는 인간의 유전적 질병, 환경이 유전자에 미치는 영향, 심혈관 질환, 비만, 신경퇴행성 질환과 같은 질병들에서의 유전자 상호작용 등을 연구하기 위해 표준(모델) 유기체를 사용하는 근거가 된다.

비교유전체학(comparative genomics)은 유전학 및 또 다른 측면의 생물학에 대한 질문에 답을 찾고자 서로 다른 유기체의 유전체를 비교한다. 이는 인간 질병을 연구하기 위한 유전자 발견, 표준 유기체 개발 등을 포함하는 많은 연구와 응용을 포괄하는 분야이다. 또한 유전자와 유전체 진화, 유기체와 환경의 관계 등에 대한 연구도 포함한다. 비교유전체학은 핵산과 아미노산 서열을 포함하고 있는 뉴클레오타이드와 단백질 데이터베이스의 구축 및 이용, 형광제자리 혼성화(fluorescence in situ hybridization, FISH), 유전자 기능결손(knockout) 등과 같은 아주 넓은 범위의 기술과 자원을 이용한다. 비교유전체학은 유기체 사이의 유전적 차이점과 유사점을 밝혀줄 수 있으며, 이를 통해 그러한 차이점들이 어떻게 표현형, 생체주기나 다른 속성들의 차이에 기여하는지를 이해할 수 있고, 그러한 유전적 차이들의 진화적 역사를 알아낼 수 있을 것이다.

원핵생물과 진핵생물 유전체는 공통의 구조적, 기능적 특성과 중요한 차이를 나타낸다

대부분의 원핵생물은 샷건 클로닝과 서열분석을 하기에 적당히 작은 유전체를 갖고 있기 때문에, 초기의 많은 유전체 프로젝트는 원핵생물에 초점을 맞추었다. 그리고 원핵생물 유전체를 분석하기 위한 프로젝트 900개 이상이 현재 진행 중이다. 콜레라, 결핵, 나병처럼 인간 질병을 일으키는 유기체들을 포함하여 많은 원핵생물 유전체들의 서열이 이미 분석되었다. 전통적으로, 세균 유전체는 비교적 작고(5 Mb 이하) 하나의 환형 DNA 분자 안에 들어 있다고 생각되어 왔다. 유전학에서 기초 표본(모델) 박테리아 유기체로 사용되는 *E. coli*의 유전체는 이러한 특성을 가지고 있다. 하지만 현재 사용 가능한 엄청난 양의 유전정보들은 세균에 대한 이러한 일반적인 관점의 타당성을 의심하게 하고 있다. 비록 대부분 원핵생물 유전체는 작지만, 실제 이들의 크기는 놀랄만할 정도의 범위로 다양하다. 사실, 커다란 세균 유전체(30 Mb, *Bacillus megaterium*)와 작은 진핵생물 유전체(12.1 Mb, 효모)의 크기는 다소 겹친다. 세균 유전체의 유전자 개수도 역시 500개 미만에서 5,000개 이상의 유전자 범위로 10배 차이가 난다.

게다가, 비록 많은 세균이 하나의 환형 염색체를 가지고 있지만, 세균종들 간의 염색체 구조와 수는 실제 매우 다양하다. 라임병을 일으키는 유기체인 *Borrelia burgdorferi*의 유전체와 같이, 선형 DNA 분자를 포함하고 있는 많은 유전체들이 규명되고 있다. *Vibrio cholera*(콜레라를 일으키는 유기체) 유전체의 서열분석 결과, 두 개의 환형 염색체가 존재한다는 것이 밝혀졌다. *Rhizobium radiobacter*(이전의 *Agrobacterium tumefaciens*), *Deinococcus radiodurans*, *Rhodobacter sphaeroides* 등의 다른 세균들도 두 개 혹은 그 이상의 염색체를 가지고 있다. 몇몇 세균종들이 다중염색체를 가지고 있다는 발견은 두 가지 의문을 제기하는데, 세포분열 시 염색체 복제와 분할이 어떻게 조절되는지, 그리고 세균에 존재할 수도 있는 밝혀지지 않은 유전자 조절 기전은 무엇인지에 관한 의문이다. 그에 대한 해답은 다중염색체를 가진 진핵생물 유전체의 진화에 대한 증거를 제시할 수도 있다.

우리는 세균의 단백질-암호화 유전자 구성에 대해 두 가지 일반화를 할 수 있다. 먼저, 유전자 밀도가 매우 높아 평균적으로 1,000 염기 DNA당 하나의 유전자에 해당한다. 예를 들어, 두 번째로 서열분석된 원핵생물 유전체로서 *E. coli* 균주 K12의 유전체가 1997년에 분석되었는데, 그 크기가 4.6 Mb이며 하나의 환형 염색체 안에 4289개의 단백질-암호화 유전자를 포함하고 있다. 원핵생물 유전체의 이러한 조밀한 구성은 아주 높은 비율의 DNA(대략 85~90%)가 암호화 DNA라는 것을 의미한다. 보통, 아주 적은 양의 세균 유전체가 비암호화 DNA이며, 종종 조절 서열이거나 또는 유전체 안에서 여기저기 움직일 수 있는 전이성 요소 형태로 존재한다.

두 번째 일반화로서, 세균 유전체는 오페론을 포함하고 있다는 것이다. 오페론은 전사 단위로 기능하는 다수의 유전자를 포함하고 있으며, 하나의 전사 단위에서 만들어진 다수의 단백질 생성물들이 모두 공통적인 생화학적 경로의 일부라는 것을 상기해 보자(16장). *E. coli*에서는 모든 유전자의 27%가 오페론에 존재한다(거의 600개 오페론). 그러나 다른 세균들의 유전체에서 전사 단위로의 유전자 구성은 오페론의 본질에 관한 우리의 생각에 이의를 제기한다. 예를 들어, *Aquifex aeolicus* 세균에 있는 어떤 다유전자 전사 단위는 공통 관계가 없어 보이는 몇 개의 서로 다른 세포 과정에 관여하는 6개 유전자를 포함한다: 2개의 유전자는 DNA 재조립, 하나는 지질 합성, 하나는 핵산 합성, 하나는 단백질 합성, 하나는 세포 운동성을 위한 단백질의 암호화. 이 세균의 다른 다유전자 전사 단위 또한 폭넓게 다른 기능

표 21.2 선택된 유전체들의 비교

유기체(학명)	유전체의 대략적인 크기(백만 개 염기[메가베이스, Mb], 십억 개 염기[기가베이스, Gb]) (완료된 연도)	유전자 수	인간과 공유된 유전자의 대략적인 비율
세균(*Escherichia coli*)	4.6 Mb (1997)	4403	밝혀지지 않음
닭(*Gallus gallus*)	1 Gb (2004)	~20,000 – 23,000	60%
개(*Canis familiaris*)	2.5 Gb (2003)	~18,400	75%
침팬지(*Pan troglodytes*)	~3 Gb (2005)	~20,000 – 24,000	98%
초파리(*Drosophila melanogaster*)	165 Mb (2000)	~13,600	50%
인간(*Homo sapiens*)	3.1 Gb (2004)	~20,000	100%
생쥐(*Mus musculus*)	~2.5 Gb (2002)	~30,000	80%
돼지(*Sus scrofa*)	~3 Gb (2012)	21,640	84%
쥐(*Rattus norvegicus*)	~2.75 Gb (2004)	~22,000	80%
붉은털원숭이(*Macaca mulatta*)	2.87 Gb (2007)	~20,000	93%
쌀(*Oryza sativa*)	389 Mb (2005)	~41,000	밝혀지지 않음
회충(*Caenorhabditis elegans*)	97 Mb (1998)	19,099	40%
성게(*Strongylocentrotus purpuratus*)	814 Mb (2006)	~23,500	60%
애기장대(식물)(*Arabidopsis thaliana*)	140 Mb (2000)	~27,500	밝혀지지 않음
효모(*Saccharomyces cerevisiae*)	12 Mb (1996)	~5700	30%

Palladino, M. A. *Understanding the Human Genome Project*, 2nd ed. Benjamin Cummings, 2006.

을 가진 유전자들을 포함하고 있다. 다른 유전체 프로젝트의 비슷한 결과와 함께, 이 발견은 오페론이 세균 세포에서 하나의 대사 경로를 조절하는 생성물들을 암호화한다는 합의에 대해 흥미로운 질문을 제기한다.

진핵생물의 유전체 크기는 매우 다양하지만, 진핵생물 유전체의 기본적인 특성은 종들 사이에 서로 비슷하다(표 21.2). 유전체 크기는 대략 진균류의 10 Mb에서 꽃식물들의 100,000 Mb까지의 범위이다(10,000배 범위); 유전체당 염색체의 개수는 2개에서 수백 개의 범위이다(약 100배 범위). 하지만 유전자 개수의 다양성은 유전체 크기나 염색체 수의 다양성보다 훨씬 더 작다.

진핵생물 유전체는 원핵생물에서 발견되지 않는 몇 가지 특징들을 가지고 있다:

- **유전자 밀도(gene density)**. 원핵생물에서 유전자 밀도는 킬로염기당 하나의 유전자에 가깝다. 진핵생물에서의 유전자 밀도는 넓은 범위를 갖는다. 효모는 약 1 유전자/2 kb, 초파리는 약 1 유전자/13 kb, 그리고 인간의 유전자 밀도는 염색체마다 아주 다양하다. 인간 22번 염색체는 약 1 유전자/64 kb인 반면, 13번 염색체는 1 유전자/155 kb DNA이다.
- **인트론(intron)**. 대부분의 진핵생물 유전자는 인트론을 포함하고 있다. 인트론 개수는 유전체마다 큰 폭의 차이를 보이며, 유전자 사이에서도 매우 다양하다. 효모의 전체 유전체는 고작 239개의 인트론을 가지는 반면, 인간 유전체에서는 하나의 유전자가 100개 이상의 인트론을 포함할 수도 있다. 일반적으로 진핵생물에서 인트론 크기는 유전체 크기와 관련이 있다. 더 작은 유전체는 평균적으로 더 작은 크기의 인트론을 가지며, 더 큰 유전체는 더 큰 평균 크기의 인트론을 가진다. 하지만 예외도 있다. 예를 들어, 복어(*Fugu rubripes*)의 유전체는 비교적 적은 인트론을 가진다.
- **반복 서열(repetitive sequences)**. 인트론의 존재와 반복 서열의 존재는 진핵생물이 넓은 범위의 유전체 크기를 갖게 되는 두 가지 주요한 이유이다. 옥수수 등의 몇몇 식물에서는 반복 서열이 유전체의 두드러진 특성이다. 옥수수 유전체는 약 2500 Mb의 DNA를 가지고 있는데, 3분의 2 이상의 유전체가 반복적인 DNA로 이루어져 있다. 앞서 언급한

것처럼, 인간에서는 거의 절반의 유전체가 반복적인 DNA 이다.

비교유전체학은 표본(모델) 유기체와 인간 유전체에 관한 새로운 정보를 제공한다

앞서 언급한 것처럼, 인간 유전체 프로젝트는 인간 외에도 *E. coli*, *Arabidopsis thaliana*, *Saccharomyces cerevisiae*, *Drosophila melanogaster*, 선충 회충인 *Caenorhabditis elegans*, 그리고 생쥐 *Mus musculus*를 포함하는 많은 수의 다른 표본 유기체들의 유전체 서열도 분석하였다. 그러한 유기체들의 완성된 유전체 서열은 그들과 인간의 유전자 기능에 관한 비교유전체학 연구에 있어서 매우 유용하다. 표 21.2에서 보여주는 것처럼, 인간이 다른 종들과 공유하고 있는 유전자의 수는 매우 많으며, 효모 유전자와 약 30%, 생쥐와 약 80%, 침팬지와 약 98% 범위에 달한다. 인간 유전체는 심지어 많은 세균에 존재하는 100개 정도의 유전자를 포함하고 있다. 비교유전체학은 인간 질병과 관련된 많은 돌연변이 유전자들이 다른 표본 유기체에도 역시 존재한다는 것을 보여주었다. 예를 들어, 거의 300종류의 인간 질병에서 나타나는 돌연변이 유전자의 대략 60%가 초파리에서도 존재한다. 이것들은 전립선암, 대장암, 췌장암, 심혈관계 질환, 낭포성 섬유증 그리고 몇몇 다른 질환들에 관여하는 유전자들을 포함한다. 여기서 우리는 몇몇 표본 유기체들(성게, 개, 침팬지, 붉은털원숭이)과 네안데르탈인 유전체의 비교유전체학 연구가 어떻게 인간 유전체의 흥미로운 요소들을 밝혀주고 있는가를 생각해 볼 수 있다.

성게 유전체

2006년에 성게 유전체 서열분석 컨소시엄의 연구자들은 성게 *Strongylocentrotus purpuratus*[그림 21-20(a)]의 8억 1400만 bp 유전체를 완성하였다. 성게는 얕은 바다에 사는 무척추동물로, 특히 발생 생물학자들에게 있어서 중요한 표본 유기체이다. 하나의 이유는 성게가 비척색 신구 동물(nonchordate deuterostome)이며, 인간은 척수를 가진 척색 신구 동물이라는 것이다. 화석 기록에 따르면, 성게가 약 5억 2000만 년 전(520 mya) 초기 캄브리아기 시대에 나타났을 것으로 보인다.

전유전체 샷건 서열분석과 박테리아 인공 염색체(BAC)의 지도-기반 클로닝을 함께 이용하여 유전체를 완성하였다. 성게는 거의 모든 주요한 척추동물 유전자군의 대표 유전자들을 포함하여 약 23,500개의 유전자를 가지고 있는 것으로 추정된다. 서열 정렬과 상동 검색 결과, 성게는 인간에서 중요한 기능을 하는 많은 유전자를 포함하고 있다. 하지만 흥미롭게도, 유독 물질을 분해하는 역할을 하는 특정한 시토크롬 P-450 유전자들과 같이 파리나 기생충에게 중요한 유전자들이 성게에는 없다. 성게 유전체는 또한 **유사유전자(pseudogenes)**—단백질-암호화 유전자와 유사하지만 기능이 없는 유전자(다음 절에서 다시 유사유전자를 보게 될 것이다)를 풍부하게 가지고 있다(약 25~30%). 성게는 인간보다 더 작은 평균의 인트론 크기를 가지며, 이는 비교유전체학으로 밝혀진 바와 같이 인트론 크기와 전체 유전체 크기가 연관되어 있다는 일반적인 경향성을 뒷받침한다.

성게가 다른 진행생물들과 공유하는 또 다른 유전체 경향은 선천면역(많은 병원균으로부터 폭넓게 보호해 주는 선천적 방어 기전)에 관여하는 유전자의 존재이다. 성게는 선천면역을 제공하는 유전자를 엄청나게 많이 가지고 있다. 예를 들어, 선천면역 유전자의 매우 중요한 범주인 Toll-like 수용체(Toll-like receptor, TLR)는 척추동물의 거의 모든 세포 유형에서 병원균 인식에 필수적인 막관통 단백질을 만들어 낸다. 성게는 200개 이상의 *Tlr* 유전자(인간은 11개)를 가지고 있다. 성게에는 이러한 유전자들과 더불어 다른 중요한 선천면역 유전자가 풍부하기 때문에, 이러한 유전자들은 성게 '방어유전체(defensome)'로 분류된다. 성게의 이와 같은 특징은 병원균이 많은 해저 환경에서 이들이 어떻게 적응했는지 설명하는 데 도움이 될 것이다.

성게는 빛과 냄새를 감지하는 거의 1000개의 유전자를 가지고 있으며, 이는 감각 능력이 매우 뛰어나다는 것을 말해준다. 이러한 측면에서 성게 유전체는 무척추동물보다 척추동물에 더 가깝다. 청각과 균형에 관여하는 인간 유전자의 이종상동유전자(orthologs)가 성게에도 많이 존재한다. 단백질 인산화효소(kinase), GTP 가수분해효소(GTPase), 전사인자, TLRs, 트랜스포터, 저밀도 지단백 수용체(low-density lipoprotein receptors) 등을 포함하여 많은 수의 인간 질병과 관련된 이종상동유전자들도 존재한다. 성게와 인간은 대략 7000개의 이종상동유전자를 공유하고 있다.

성게 유전체 프로젝트의 또 다른 흥미로운 측면은 예전에 척추동물 특이적이라고 생각되던 유전자들을 규명했다는 점이다. 하나의 예로, 배아발생 동안의 형태형성에 중요한 *WntA* 유전자(18장 참조)는 무척추 신구 동물에는 없을 것이라고 생각되었다. 성게 유전체는 척색동물에 존재하지 않는 유전자들도 포함하고 있다. 성게 유전체에 대한 추가적인 분석은 무척추동물과 척추동물 사이의 진화적 이행을 이해하는 데 중요한 도움을 줄 수 있을 것으로 기대된다.

개 유전체

2005년에 '인간의 가장 좋은 친구'의 유전체가 완성되었는데, 우리가 개(*Canis familiaris*)와 75%의 유전자를 공유하고 있다는 것이 밝혀져 우리 자신의 유전체를 연구하기 위한 유용한 표본을 제공하였다. 개는 인간 유전체와 비슷한 크기의 유전체를 가지고 있다: 약 25억 염기쌍과 18,400개로 추정되는 유전자. 개는 인간의 유전성 질병을 연구하기 위한 몇 가지 장점들을 제공한다. 400개 이상의 단일 유전자 장애(single gene disorder), 성염색체 이수성(sex-chromosome aneuploidies), 간질 같은 다인성 질병(multifactorial diseases), 강박 신경증(obsessive-compulsive disorder)과 같은 행동 상태, 암이나 실명, 심장병, 귀먹음 등의 유전적 소인 등을 포함하여 많은 유전적 질환들을 개와 인간이 공유한다. 개 유전병의 최소 60%를 일으키는 점돌연변이, 유전자 결실 같은 분자적 요인들도 인간에서 발견되는 것들과 유사하거나 동일하다. 게다가, 개 유전병의 최소 50%는 품종-특이적이므로, 돌연변이 대립유전자는 비교적 동질의 유전적 배경을 지닌 개체군에서 분리된다. 적은 수의 조상 종과 오랜 기간 동안의 유전적 고립이라는 측면에서, 개의 품종은 인간의 민족과 비슷하다. 이러한 특성들로 인해 각각의 개 품종은 인간 유전병의 모델로서 유용하다.

게다가, 개의 품종 간의 생물학과 행동의 차이들은 잘 알려져 있다. 애완용 개들의 몸 크기는 모든 살아 있는 지구상의 척추동물 중 가장 다양하다. 치와와(Chihuahua)와 그레이트데인(Great Dane)의 크기 차이가 그 좋은 예이다. 품종 간 DNA 서열 차이(다형성)를 동정하고 비교하는 것은 생리학적, 행동학적 차이에 기여하는 유전자들을 규명하는 데 도움이 될 것이다. 예를 들어, 2007년에 서로 다른 크고 작은 개 품종들에 대한 전유전체 분석은 인슐린-유사 성장인자 1 유전자(insulin-like growth factor 1 gene, *Igf1*)에 대하여 단일뉴클레오타이드 다형성이 일어나는 15번 염색체상의 좌위를 밝혔는데, 이 SNP는 모든 작은 품종에서는 공통적이었지만, 큰 개에서는 거의 없었다. *Igf1* 유전자는 인간의 청소년기에 성장 호르몬 조절을 통한 근육량 증가와 뼈의 성장에 중요한 역할을 한다고 잘 알려져 있다. 이 연구는 *Igf1*의 돌연변이가 작은 개들의 몸집 크기를 결정하는 우선적인 원인이라는 강력한 증거를 제공하고 있다.

지금 개 사육자들은 유전병 상태, 래브라도 리트리버와 푸들의 색, 마스티프의 털 길이 등을 확인하기 위해서 유전 검사를 이용하고 있다. 의심할 여지 없이, 개들의 가까운 미래를 위해 더 많은 유전 검사를 기대할 수 있으며, 이는 크기, 꼬리 종류, 속도, 후각, 그리고 사육자와 주인이 중요하다고 생각하는 다른 특성들에 대한 DNA 분석을 포함한다.

마지막으로, 과학자들은 애완용 개들의 혈통을 결정하기 위해 유전체 데이터를 이용하고 있다. 전세계 여러 지역으로부터 수백 마리 개와 회색늑대의 전유전체에 대해 48,000개의 표지자를 분석하여, 현대의 개는 아시아 늑대보다 중동의 늑대와 더 많은 서열을 공유하고 있다는 것을 보여주었다.

최근 고대의 개와 늑대의 화석에서 미토콘드리아 DNA (mtDNA)를 서열분석한 결과에 따르면, 개들은 지금은 멸종된 회색늑대로부터 유럽에서 유래한 것으로 보인다. 이 연구에서 연구자들은 서로 다른 품종의 77마리의 개, 49마리의 늑대, 4마리의 코요테에서 채취한 시료와 1,000년에서 36,000년 된 시료의 미토콘드리아 DNA를 비교하였다. 미토콘드리아 DNA 서열에 기반하여, 개는 현대의 늑대보다 고대의 늑대와 더 가까운 동족이라는 것이 드러났다. 비슷한 결과가 전유전체를 연구하는 팀에 의해서도 밝혀졌다. 게다가 고대의 미토콘드리아 DNA 서열에 따르면, 현대의 개와 가장 밀접하게 겹치는 것은 모두 유럽 회색늑대 시료였다. 시료의 나이(시기)는 인간이 본격적으로 농사를 짓기 시작하기 수천 년 전인 18,000년 전과 32,100년 전 사이에 수렵, 채집인들에 의해서 개의 가축화가 시작되었다는 것을 말해준다. 개의 가축화가 아시아에서 시작되었다고 믿는 과학자들은 최근의 미토콘드리아 DNA 연구에 결함이 있을 수도 있다는 것에 주목하고 있다. 왜냐하면 연구자들이 중동과 동아시아에서 고대 표본의 DNA 시료를 얻을 수 없었기 때문이다. 이 분야의 연구는 계속될 것이며, 인간의 가장 친한 친구의 기원에 관한 논란을 유전체가 해결할 수 있을지 지켜보는 것은 흥미로울 것이다.

침팬지 유전체

침팬지(*Pan troglodyte*) 유전체가 인간 유전체 프로젝트의 일부분은 아니었지만, 침팬지의 뉴클레오타이드 서열은 2004년에 완성되었다. 전체적으로, 침팬지와 인간 유전체 서열은 2% 이하만 다르며, 98%의 유전자는 동일하다. 이러한 유전체의 비교는 무엇이 몇몇의 영장류들, 인간과 다른 침팬지들을 만들었는지에 관한 몇 가지 흥미로운 통찰력을 제시한다.

인간과 침팬지가 분리된 종분화 사건은 630만 년 전에 일어났다. 유전체 분석을 통해 나타난 바로는, 이러한 종들은 처음부터 갈라지지만 그 다음에 완전히 분리되기 전에 유전자 교환이 다시 일어난다. 이 시점 후의 분리 진화는 침팬지 22번 염색체와 인간의 이종상동유전자인 21번 염색체의 서열에서 보이는 것처럼 다른 방식이 나타난다(표 21.3; 침팬지는 48개, 인간은 46개의 염색체를 가지고 있기 때문에 염색체 번호가 다르다). 이들 염색체에는 전체 서열의 1.44%의 뉴클레오타이드 치환이 누적되었다. 가장 놀라운 차이는 인간과 침팬지 염색체에서 발견된 68,000개 뉴클레오타이드의 삽입 혹은 결실(합쳐서 **삽입-결실, indel**이라고 부른다)이며, 빈도는 470염기쌍당 하나의 삽입-결실이다. 이들 중 많은 부분은 인간 21번 염색체의 *Alu* 유전자 삽입이다. 전체적인 뉴클레오타이드 서열의 차이는 작지만, 암호화하는 유전자는 큰 차이가 있다. 분석된 유전자의 오직 17%만이 양쪽 염색체에서 동일한 단백질을 암호화한다. 나머지 83%는 하나 이상의 아미노산 차이를 가진 유전자를 암호화한다.

유전자 발현의 시간과 장소의 차이 역시 두 영장류를 구별하는 데 중요한 역할을 한다. DNA 미세배열을 이용하여(21.9절 참조), 연구자들은 인간과 침팬지의 뇌세포와 간세포에서 발현되는 202개 유전자의 발현 양상을 비교하였다. 간의 유전자보다 뇌의 유전자들의 발현에서 종-특이적 차이가 더 크게 나타났다. 이러한 차이를 좀 더 조사하기 위해서, Svante Pääbo와 동료들은 인간과 침팬지의 뇌에서 발현되는 10,000개의 유전자를 비교하였으며, 조사한 유전자의 10%가 뇌의 하나 이상의 지역

표 21.3 인간 21번 염색체와 침팬지 22번 염색체의 비교

	인간 21	침팬지 22
크기(bp)	33,127,944	32,799,845
G + C % 함량	40.94	41.01
CpG 섬	950	885
짧은 산재요소(*Alu* 요소)	15,137	15,048
유전자	284	272
유사유전자	98	89

에서 발현이 다르다는 것을 발견하였다. 더 중요한 것은, 이러한 차이가 침팬지와 인간이 분리된 이후 중복된 인간 유전체 지역과 관련되어 있다는 것이다. 이 발견은 유전체 진화, 종 분화, 유전자 발현이 서로 연결되어 있다는 것을 보여준다. 이러한 분절 중복(segmental duplication)과 그것들이 포함하고 있는 유전자에 관한 추가 연구를 통해 우리를 인간으로 만들어 준 유전자를 규명할 수 있을 것이다.

붉은털원숭이 유전체

또 다른 영장류인 붉은털 짧은꼬리 원숭이(*Macaca mulatta*)는 생의학적 연구의 가장 중요한 표본 유기체이다. 짧은꼬리 원숭이는 심혈관계 질환, 노화, 당뇨병, 암, 우울증, 골다공증, 그리고 인간 건강의 많은 다른 측면에 관해 이해하는 데 중추적인 역할을 하고 있다. 그들은 에이즈 백신 연구, 소아마비 백신 개발을 위해 필수적이다. 짧은꼬리 원숭이 유전체는 처음으로 서열 분석된 원숭이 유전체이다. 유전학자들이 이 유전체 프로젝트의 완성에 그렇게 열광하는 주된 이유는, 짧은꼬리 원숭이가 더 멀리 떨어진 진화 연대를 보여줌으로써 인간과 침팬지 유전체와의 비교 분석에 아주 적당하기 때문이다. 우리가 앞에서 논의한 것처럼, 인간과 침팬지는 대략 600만 년 전의 공통조상을 공유하고 있다. 하지만 짧은꼬리 원숭이는 인간과 침팬지에 이르게 되는 유인원의 혈통으로부터 2500만 년 전에 갈라져 나왔다. 인간과 침팬지는 약 98%의 동일한 서열을 공유하지만, 인간과 짧은꼬리 원숭이는 약 93%의 서열이 동일하다는 사실에서 알 수 있듯이, 짧은꼬리 원숭이와 인간 유전체는 더 멀리 갈라져 있다.

짧은꼬리 원숭이 유전체는 2007년에 발표되었으며, 놀라운 일은 아니지만, 22개의 염색체(20개의 상염색체와 X, Y 염색체)와 약 20,000개의 단백질-암호화 유전자를 포함하고 있는 28.7억 bp(인간 유전체와 비슷한 크기)로 이루어져 있다. 이 유전체에 대한 비교 분석은 진행 중이지만, 지금까지 많은 흥미로운 특징들이 밝혀졌다. 인간과 마찬가지로 대략 50%의 유전체가 반복 요소[트랜스포존, 긴 산재요소(long interspersed elements, LINEs), 짧은 산재요소(short interspersed elements, SINEs)]들로 이루어져 있다. 인간에서 발견되는 암 유전자군을 포함하여 유전자 중복과 유전자군도 풍부하다.

흥미롭고 놀라운 많은 것들도 역시 밝혀지고 있다. 예를 들어, 유전병인 페닐케톤뇨증(phenylketonuria, PKU)에 관한 4장 및 다른 곳에서의 논의를 상기해 보자. 페닐케톤뇨증은 페닐알라닌 수산화효소(phenylalanine hydroxylase, *PAH*) 유전자의 돌연변이 때문에 아미노산인 페닐알라닌을 대사시키지 못하는 상염색체 열성유전병이다. PKU 환자의 *PAH* 유전자에서는 돌연변이에 의해 암호화된 히스티딘 치환이 일어나는데, 이는 건강한 짧은꼬리 원숭이의 단백질에서는 야생형(wild-type) 아미노산이다. 짧은꼬리 원숭이 유전체의 추가적인 분석 및 인간, 침팬지 유전체와의 비교는 영장류 진화에 중요한 유전적 변이 연구에 매우 유용할 것이다.

네안데르탈인 유전체와 현대 인간

2009년 초기에 독일의 막스플랑크 진화인류학연구소의 Svante Pääbo가 이끄는 과학자 팀과 454 Life Sciences는 네안데르탈인(*Homo neanderthalensis*) 유전체의 초고를 완성하였다고 보고하였고, 보고된 드래프트는 네안데르탈인 유전체의 3분의 2에 해당하는 30억 bp 이상의 DNA를 포함하였다. 그 이전인 1997년에 Pääbo 연구실은 화석으로부터 얻은 네안데르탈인의 미토콘드리아 DNA 일부분의 서열을 결정하였다. 2006년 후반에 Pääbo 그룹과 미국의 많은 과학자들은 크로아티아에서 얻은 네안데르탈인의 뼈 시료로부터 분리한 핵 DNA의 약 65,000 bp 서열을 최초로 보고하였다. 이후, 대략 38,000년에서 44,000년 전에 크로아티아의 Vindija 동굴에 살았던 3명의 여성 뼈를 사용하여, 네안데르탈인 핵 유전체의 드래프트 서열을 규명한 것이다.

네안데르탈인은 인간군(human family)의 구성원이고 침팬지보다 인간에 더 가깝기 때문에, 네안데르탈인의 유전체는 비교유전체학을 사용하여 현대 인간과 우리 조상들과의 진화적 관계를 더 잘 이해할 수 있는 전례 없는 기회를 제공할 것으로 기대되었다. 특히, 과학자들은 인간이 네안데르탈인으로부터 분리된 이후 일어난 빠른 진화가 유전체의 어떤 부분에서 일어났는지 규명하고 싶어한다. 이 분석의 많은 부분은 네안데르탈인 유전체와 인간 및 침팬지 유전체를 비교하는 비교유전체학 접근을 포함하고 있다.

인간과 네안데르탈인 유전체는 99% 동일하다. 인간이 네안데르탈인으로터 분리된 후 생겨나서 현대 인간이 적응하도록 도와주었을 것으로 보이는 78개의 인간 단백질-암호화 서열이 비교유전체학 분석을 통해 동정되었다. 이러한 서열들 중 일부는 인지 발달과 정자 운동성에 관여하고 있다. 네안데르탈인 종들이 공유하고 있는 많은 유전자들 중에서 *FOXP2*는 언어 능력과 관련되어 있는 유전자이다. 언어에 영향을 미치는 유전자들은 매우 많기 때문에 이 발견이 네안데르탈인이 현대인처럼 말을 할 수 있었다는 의미는 아니다. 하지만 네안데르탈인이 현대 인간과 동일한 *FOXP2* 유전자를 가지고 있었기 때문에, 과학자들

은 네안데르탈인이 언어 능력을 가지고 있었을 것이라 추정하고 있다.

2008년, Pääbo 팀이 수행한 네안데르탈인 미토콘드리아 유전체에 관한 연구에서 평균적으로 69 bp 길이에 해당하는 3,900만 개의 서열 정보를 확보하였다. 현대 인간의 미토콘드리아 DNA(mtDNA)에 존재하는 16,568개의 뉴클레오타이드 중에서 평균적으로 206개가 네안데르탈인과 달랐다. 이러한 차이는 현대 인간들 사이의 차이를 넘어서는 범위였으며, 이로 인해 연구팀은 가장 공통된 기원점, 즉 두 mtDNA 혈통 사이의 분기시점이 660,000년(±140,000년) 전이라고 추정하였다. 또한 이 연구는 미토콘드리아 전자전달 연쇄계(electron transport chain)에 관여하는 중요 효소들에서의 아미노산 치환 속도에 관한 흥미로운 결과를 보여주었다.

현대 인간과 네안데르탈인이 30,000년 전의 동시대에 살았다는 인식으로부터 현대 인간과 네안데르탈인 사이의 상호작용을 추정할 수 있다. 유전체 연구는 45,000년에서 80,000년 전으로 추정되는 시기에 동지중해에서 네안데르탈인과 현대 인간 사이의 이종 교배가 일어났을 것이라고 제시한다. 사실, 비아프리카계 *H. sapiens*는 네안데르탈인으로부터 물려받은 대략 1~4%의 서열을 가지고 있다. 예전에는 불가능하다고 생각되었던 이러한 흥미진진한 연구는 인간 진화의 여러 영역에서 큰 파장을 일으키고 있으며, 이 일이 진전되는 것을 따라가는 것도 정말 흥미로울 것이다.

21.7 비교유전체학은 다중유전자족의 진화와 기능을 연구하는 데 유용하다

비교유전체학은 **다중유전자족(multigene family)**의 구성인자들을 규명하는 데 유용하다고 판명되었다. 다중유전자족이란, 하나의 조상 유전자로부터 중복과 계승을 통해, 비슷하지만 동일하지는 않은 DNA 서열을 공유하는 유전자 그룹을 말한다. 그들의 유전자 생성물들은 흔히 비슷한 기능을 하며, 유전자들은 항상은 아니지만 종종 하나의 염색체 좌위에서 발견된다. 서로 연관되어 있는 다중유전자족들의 그룹은 **상과(superfamily)**라고 불린다. 유전체 프로젝트의 서열 데이터는 다중유전자족이 전부는 아니지만 많은 유전체에 존재하고 있다는 증거를 제시한다. 유전자족 진화의 가장 많이 연구된 예로 **글로빈 유전자 상과(globin gene superfamily)**가 있으며, 상과 구성원들은 동일하지는 않지만 매우 유사한 폴리펩타이드 사슬을 암호화하고 그것들은 서로 밀접하게 관련된 기능을 가진다(그림 21-14). 잘 특징지어진 또 다른 유전자 상과로는 히스톤(histone), 튜불린(tubulin), 액틴(actin), 면역글로불린(immunoglobulin, 항체) 유전자 상과 등이 있다.

21.3절을 상기해 보면, 동종상동유전자(paralogs)는 동일한 하나의 유기체 안에 존재하는 동족유전자(homologous gene)이며, 유전자 중복에 의해 진화되었다고 생각된다. 헤모글로

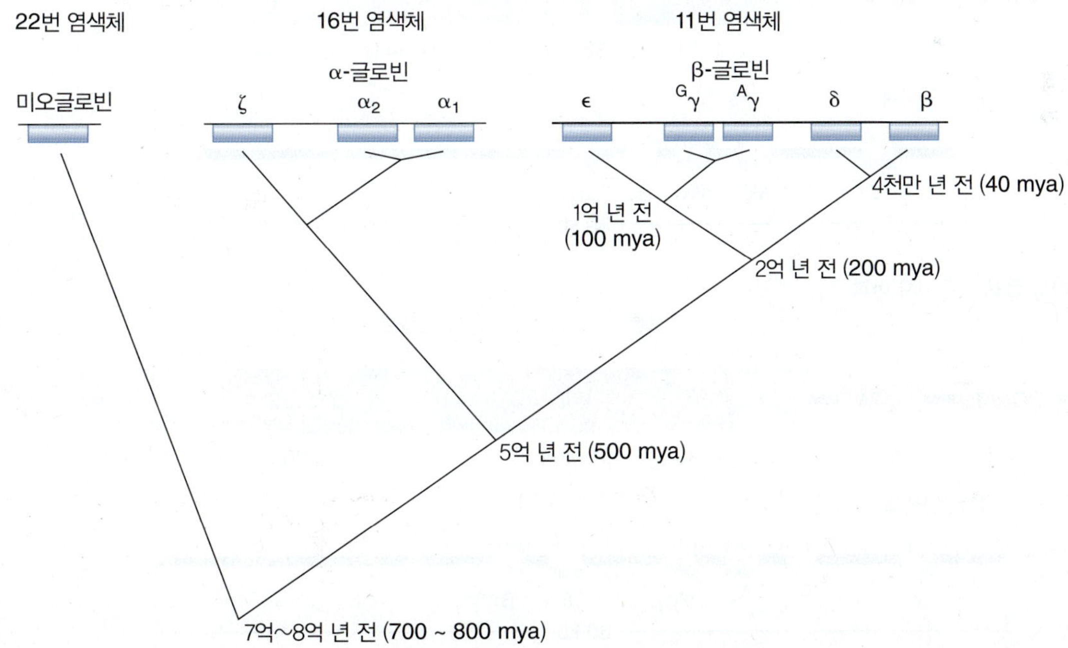

그림 21-14. 글로빈 유전자 상과(superfamily)의 진화적 역사. 7억~8억 년 전에 조상 유전자에서의 중복 사건으로 인해 두 개의 혈통이 생겨났다. 하나의 혈통은 미오글로빈 유전자이고 인간 22번 염색체에 위치한다. 다른 하나는 약 5억 년 전에 두 번째 중복 사건을 통해 α-글로빈과 β-글로빈 유전자 상과의 조상이 나타났다. 약 2억 년 전에 중복이 시작되어 β-글로빈 유전자 아과(subfamily)가 형성되었다. 인간에서, α-글로빈 유전자는 16번 염색체에 위치하며, β-글로빈 유전자는 11번 염색체에 위치한다.

빈 분자들의 폴리펩타이드를 암호화하는 글로빈 유전자들은 다른 염색체 위치를 차지하기 위한 중복과 확산(dispersal)에 의해 발생한 동종상동다중유전자 상과(paralogous multigene superfamily)이다. 이 유전자족에서, 산소 전달 단백질을 암호화는 조상유전자가 약 8억 년 전에 복제되어 두 개의 자매유전자를 만들어냈으며, 그 중 하나가 오늘날의 미오글로빈 유전자로 진화하였다. **미오글로빈(myoglobin)**은 근육에서 발견되는 산소 운반 단백질이다. 다른 하나의 유전자는 약 5억 년 전에 추가적인 중복과 분리를 통해 α-글로빈과 β-글로빈 유전자의 원형(prototype)을 형성하였다. 이러한 유전자들은 적혈구 안에서 산소를 운반하는 분자인 **헤모글로빈(hemoglobin)**에서 발견되는 단백질들을 암호화한다. 지난 2억 년간 이러한 유전자들 안에서는 추가적인 중복이 일어났다. 각각의 중복 이후에는 이러한 유전자 아과(subfamily)들을 다른 염색체로 분산시켰으며, 인간 유전체에서 각각의 새로운 유전자들은 현재 분리된 염색체에 위치하고 있다. 이와 유사한 진화적 양상은 단백질 분해효소인 트립신-키모트립신군(trypsin-chymotrypsin family), 동물의 호메오틱 선택 유전자(homeotic selector genes), 시각 색소의 로돕신군(rhodopsin family) 등의 다른 유전자족에서도 발견된다.

성인의 헤모글로빈은 두 개의 α-글로빈과 두 개의 β-글로빈을 포함하고 있는 사량체(tetramer)이다(그림 14-20의 헤모글로빈 구조 참조). 각각의 폴리펩타이드는 산소와 가역적으로 결합할 수 있는 헴(heme) 그룹을 포함한다. 16번 염색체의 α-글로빈 유전자 군락과 11번 염색체의 β-글로빈 유전자 군락 상호간에도 뉴클레오타이드 서열과 아미노산 서열 유사성을 공유하지만, 가장 높은 수준의 서열 유사성은 아과 내에서 발견된다.

α-글로빈 유전자 아과[그림 21-15(a)]는 3개의 유전자를 포함한다: 초기 배아발생 시에만 발현되는 ζ(제타) 유전자, 태아 시기(α_1)와 성인 단계(α_2)에서 발현되는 두 개의 α 유전자 복사본. 이 유전자 군락은 또한 두 개의 유사유전자(ζ 및 α_1과 유사함)를 포함하고 있는데, 가장 비슷한 유전자의 기호를 접두사인 ψ(프사이) 뒤에 써서 표시한다. 따라서, $\psi\alpha_1$은 태아기 α_1 유전자의 유사유전자를 의미하는 것이다.

α-글로빈 아과 구성인자들의 조직 구조 및 그들의 인트론과 엑손 위치는 몇 가지 특징적인 양상이 나타난다[그림 21-15(a)]. 먼저, 3개의 기능적인 α 유전자를 암호화하는 DNA는 아과를 포함하고 있는 30 kb 정도의 작은 지역만을 차지하고 있다. 두 번째로, 아과 각각의 기능적 유전자들은 정확히 동일한 위치에 두 개의 인트론을 포함하고 있다. 세 번째로, ζ 유전자와 α 유전자에 해당하는 엑손의 뉴클레오타이드 서열은 거의 동일하다. 이러한 유전자들 각각은 141개 아미노산의 폴리펩타이드 사슬을 암호화한다. 하지만 그들의 인트론은 크기는 거의 같지만

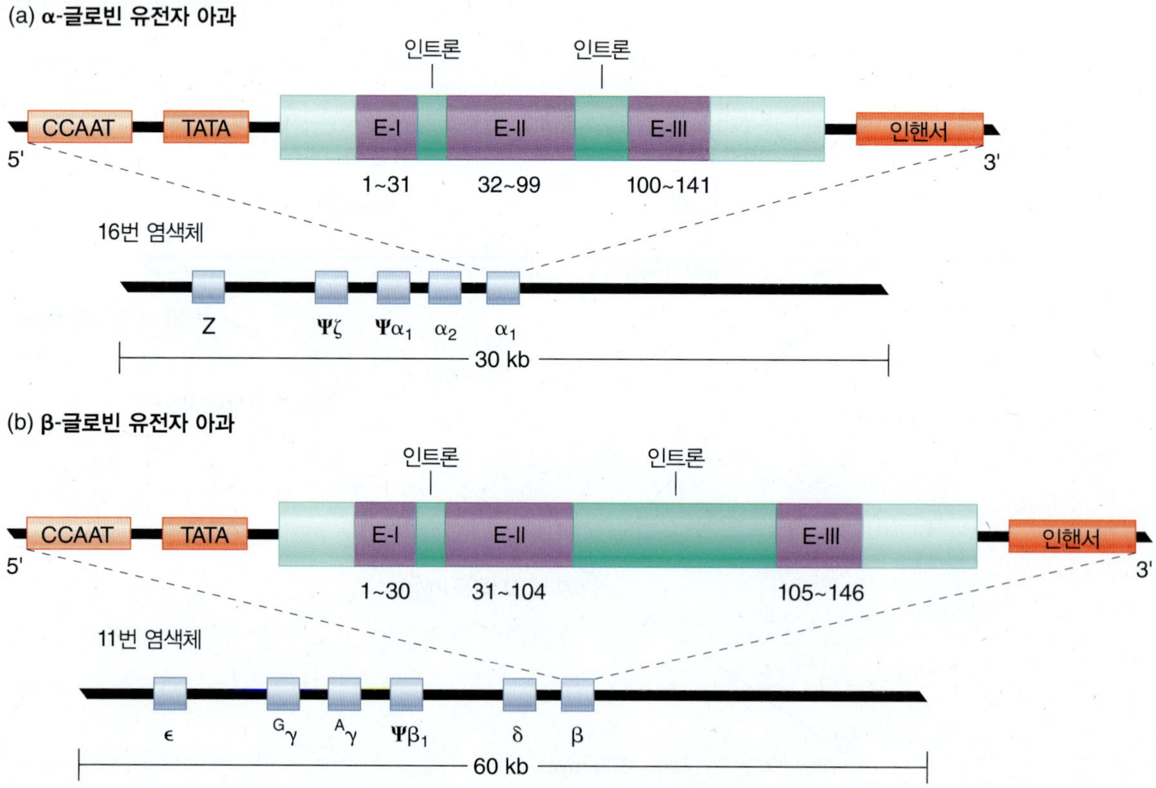

그림 21-15. (a) 16번 염색체상의 α-글로빈 유전자 아과와 (b) 11번 염색체상의 β-글로빈 유전자 아과의 구조. α_1 유전자와 β_1 유전자의 내부 구조를 또한 각각 보여주고 있다. 두 유전자 모두 세 개의 엑손(E-I, E-II, E-III)과 두 개의 인트론을 포함하고 있다. 엑손 아래의 숫자는 각 엑손에 의해 암호화되는 유전자 생성물에서의 아미노산 위치를 나타낸다.

서열은 매우 다르다. 각 유전자의 더 많은 뉴클레오타이드 서열들이 이러한 비암호화 인트론에 포함되어 있다는 것을 주목하라.

인간 **β-글로빈** 유전자 군락은 60 kb DNA 범위에서 구분된 5개의 유전자를 포함하고 있다[그림 21-15(b)]. β-글로빈과 α-글로빈 유전자 아과에서, 염색체상의 유전자 순서는 발생 과정 동안의 발현 순서와 같다. β-글로빈 아과의 5개 유전자 중 3개는 태어나기 전에 발현된다. ε(엡실론) 유전자는 배아발생 동안에만 발현되는 반면, 두 개의 거의 동일한 γ 유전자들($^{G}\gamma$와 $^{A}\gamma$)은 태아기 발달 동안만 발현된다. 두 개의 γ 유전자에 의한 폴리펩타이드 생성물은 단 하나의 아미노산만 다르다. 남은 두 개의 유전자들(δ 유전자와 β 유전자)은 태어난 후부터 평생 동안 발현된다. 이 아과에는 유사유전자가 $\psi\beta_1$ 하나만 존재한다. 5개의 모든 기능적 유전자는 146개 아미노산의 단백질을 암호화하고, 정확하게 같은 위치에 비슷한 크기의 인트론을 갖고 있다. β-글로빈 아과의 두 번째 인트론은 α-글로빈 아과에서 상응하는 인트론보다 훨씬 더 크다. 이러한 특성은 각 아과의 진화적 역사를 반영하고, 현재의 글로빈 상과를 만들어 낸 유전자 중복, 뉴클레오타이드 치환, 염색체 진화 등과 같은 현상들을 반영한다.

21.8 메타유전체학은 유전체학 기술을 환경 시료에 적용한다

환경유전체학(environmental genomics)이라고도 불리는 **메타유전체학(metagenomics)**은 전유전체 샷건 접근법을 이용하여 물, 공기, 토양의 환경 시료 안에 있는 전 미생물 집단의 유전체 서열을 분석한다. 지구상의 대양, 빙하, 사막 및 거의 모든 다른 환경이 메타유전체학 프로젝트의 시료가 된다. 인간 유전체 연구의 선구자인 J. Craig Venter는 Celera를 떠나 J. Craig Venter Institute를 설립했고, 그의 그룹은 유전체학 연구의 떠오르는 분야로서 메타유전체학을 발전시기는 데 중추적인 역할을 담당했다.

이 기관의 중요한 계획 중 하나는 전세계의 해양 및 육상 미생물 시료를 채취하고 그것들의 유전체를 서열분석하는 전지구적 탐험이었다. *Sorcerer II* 전세계 대양 표본채취 탐험[*Sorcerer II* Global Ocean Sampling(GOS) Expedition]이라고 불리는 이 프로젝트를 통해서, Venter와 그의 연구자들은 요트로 지구를 여행했다. 이는 마치 비글호(*H.M.S. Beagle*)를 이용한 찰스 다윈의 유명한 항해의 현대 버전인 것과 같다.

메타유전체학의 가장 중요한 이점은 수백만 종의 세균에 대해 더 많은 것을 알려줄 가능성이 있다는 것이다(현재까지는 수천 종에 대해서만 특성이 잘 규명되어 있다). 또한 물 시료의 메타유전체학 연구를 통해서 많은 새로운 바이러스(특히 박테리오파지)들도 규명될 수 있다. 메타유전체학은 미생물들의 유전적 다양성에 대한 새로운 정보들을 주고 있으며, 이는 새롭게 규명된 미생물의 계통 발생적 분류뿐만 아니라, 미생물 군집과 그들 환경 사이의 복잡한 상호작용을 이해하는 데 필수적이다. 또한 메타유전체학은 새로운 기능의 유전자를 규명하기 위한 큰 잠재력을 가지고 있으며, 그들 중 몇몇은 의학과 생명공학에 중요하게 적용될 수도 있다.

주어진 환경에서 모든 미생물들의 유전체 서열을 결정하기 위해서 메타유전체학에서 사용하는 일반적인 방법은, 미생물이나 바이러스를 배양하지 않고 환경 시료에서 바로 DNA를 분리하는 것이다. 이러한 접근이 필요한 이유는 미생물이 생존하기 위한 복잡한 성장 조건을 재현하는 인위적인 배양조건을 만들기 어려운 경우가 많기 때문이다.

Sorcerer II GOS 프로젝트에서는 미생물을 수집하기 위해 물기둥의 여러 층에서 얻은 시료를 다양한 크기의 고밀도 필터에 통과시켰다. 그런 다음, 미생물로부터 DNA를 분리하고, 샷건 서열분석과 유전체 조립을 수행하였다. 요트 안에 있는 고처리 서열분석기는 거의 24시간 내내 가동되었다. 이 그룹의 초기 탐험에서 버뮤다 조해(Sargasso Sea off Bermuda)의 세균 유전체를 분석하였다. 이 프로젝트는 이전에 알려지지 않았던 148종을 포함하여 1800종의 미생물로부터 120만 개의 새로운 DNA 서열을 규명하였으며, 수백만 개의 광수용체 유전자를 규명하였다. 많은 수생 미생물들은 광합성에 필요한 빛에너지를 획득하기 위해 광수용체에 의존하고 있다. 과학자들은 연료원으로서 수소를 생산하는 광합성 기술 개발에 도움을 주기 위해서 광수용체에 대해 더 많이 알고 싶어했다. 의학 연구자들 역시 광수용체에 관심이 매우 많았는데, 인간과 또한 다른 많은 종에서 광수용체는 빛에너지를 감지하고 이를 전기적 신호로 변환함으로써, 최종적으로 뇌가 해석하여 시각 이미지를 만들게 해주는 중요한 단백질이기 때문이다.

2007년 초기까지 GOS 데이터베이스는 잘 알려지지 않은 400종 이상의 미생물들로부터의 거의 60억 bp DNA를 포함하고 있었다! 이러한 서열 중에는 이전에 알려지지 않았던 770만 개의 서열들이 포함되어 있었으며, 이들은 서로 다른 600만 개 이상의 잠재적인 단백질을 암호화한다. 이는 전세계의 다른 모든 알려진 데이터베이스(14장의 유전체학 탐색에서 언급한 Swiss-Prot 같은)에서 기존에 동정된 단백질 총 수의 거의 2배이다. 그림 21-16(a)는 전세계 사용 가능한 공공 데이터베이스[예: GenBank, Ensembl 및 다른 잘 알려진 데이터베이스들에 접속하는 NCBI-비중복 단백질 데이터베이스(NCBInr)]의 예측된 단백질 서열에 대한 계(kingdom) 분석 결과를 보여준다. 이러한 데이터베이스들에서 예측된 단백질의 가장 많은 부분을 차지하는 것은 진핵생물 서열이다(63%). 이와는 반대로, GOS 데이터세트의 거의 600만 개의 예측된 단백질에 대한 계 분석 결과를 보면, 가장 많은 비율을 차지하고 있는 서열은 세균계이다(90.8%) [그림 21-16(b)].

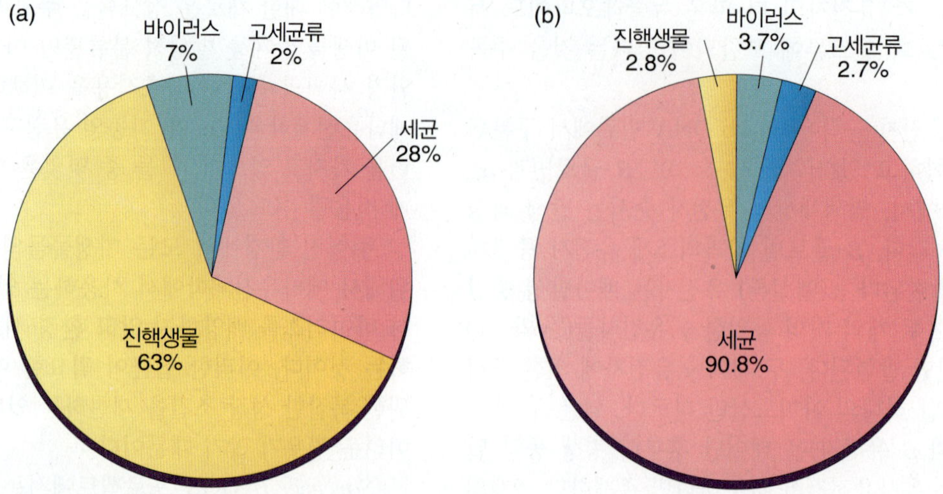

그림 21-16. (a) NCBI-비중복 단백질 데이터베이스(NCBInr), NCBI 원핵생물 유전체(NCBI Prokaryotic Genomes), the Institute for Genomics Research Gene Indices, Ensembl 데이터베이스들에서 예측된 단백질들에 대한 계(kindom) 분석. 서열분석된 유전체와 그것들이 암호화하는 예측 단백질들에 대한 공공 데이터베이스는 진핵생물 서열에 의한 것이 대부분이다. (b) 세계 대양 샘플링(Global Ocean Sampling, GOS) 데이터베이스의 새로운 예측 단백질들에 대한 분석. 이 데이터베이스에는 세균 서열이 압도적이며, 이는 미생물 유전체와 미생물 군집의 새로운 정보들을 밝히기 위한 메타유전체학의 중요성을 보여주고 있다.

GOS 탐험은 또한 GOS 데이터베이스의 유전체 서열로부터 예측되는 단백질들에 대하여 단백질군(protein family)을 조사하였다: 17,067개의 군이 중간 크기(20개에서 200개 단백질)와 큰 크기(200개 이상의 단백질)의 군락을 형성하였다. 그림 21-17에서 보이는 **벤다이어그램(Venn diagram)**은 유전체 데이터 세트에 대해 중복되는 데이터를 나타내는 일반적인 방법이다. 이 그림에서 중복된 타원들은 특정 범주의 세트에 공통으로 속하는 단백질군의 수를 나타낸다. 다이어그램의 각각의 영역에는 각 범주 특이적 또는 중복된 영역에 대하여, 17,067개의 GOS 중간 크기 및 거대 군락들 중에서 해당하는 군의 개수와 비율이 적혀 있다. GOS 데이터베이스의 17,067 군락들 중에서 3995군은 원핵생물, 바이러스, 혹은 진핵생물의 알려진 단백질군과 의미 있는 상동성이 없었다(그림 21-17). 그림 21-16과 21-17에 요약된 결과는 새로운 미생물 유전자와 잠재적인 단백질을 규명하기 위한 GOS 탐험과 메타유전체학의 가치를 보여준다.

21.5절에서는 인간 미생물군체 프로젝트에 대해 논의하였다. 이 프로젝트는 시료를 취한 '환경'으로서의 인간에 존재하는 미생물과 바이러스 유전체의 서열을 분석하려고 했다는 점에서 메타유전체학 프로젝트의 한 예로서 생각할 수 있다. 사실, 이 프로젝트에 사용된 많은 기술들은 해양 물 시료로부터 세균과 바이러스 유전체의 서열을 분석하는 데 이용된 메타유전체학 기술에 기반하고 있었다. 최근에는 세간의 이목을 끄는 많은 메타유전체학 응용들이 나오고 있는데, 그 중 하나로 벌집군집붕괴현상(colony collapse disorder)에 관여한다고 생각되는 바이러스와 곰팡이를 규명하기 위해서 메타유전체학을 사용하기도 한다. 그러한 병폐는 미국 양봉업에서 꿀벌 개체수의 50~90%가 사라지는 원인이 되었었다.

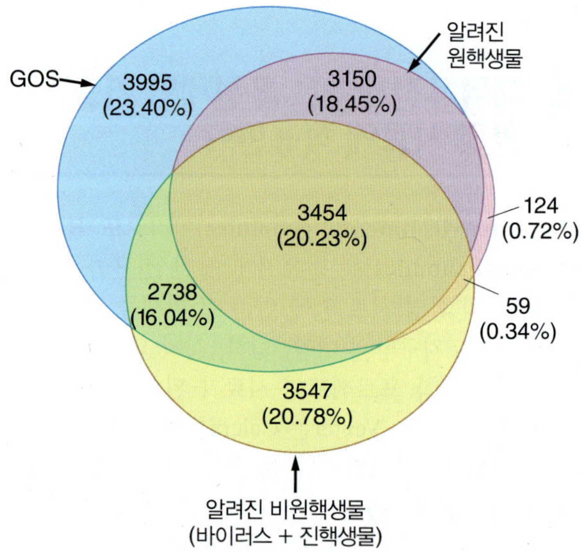

그림 21-17. 세 개의 범주(GOS, 알려진 원핵생물 서열, 알려진 비원핵생물 서열)에 따라 그룹화된 17,067개의 중간크기 및 거대 군락 단백질군들에 대한 벤다이어그램 표현. GOS 프로젝트는 3995개의 중간크기 및 거대 유전자족을 규명했다는 것을 주목하라. 이들은 GOS 데이터베이스에 유일하게 존재하며, 원핵생물, 비원핵생물(바이러스, 원핵생물)의 알려진 단백질군에 대해 의미 있는 상동성을 보이지 않았다.

21.9 전사체 분석은 세포와 조직에서 발현되는 유전자의 양상을 밝힌다

어떤 유전체가 서열분석되고 주석이 달린 후에도, 만만찮은 도전이 아직 남아 있다: 그것은 유전체가 포함하고 있는 유전자를 분석하고 유전체에 의해 조절되는 유전자 발현 방식을 분석함으로써 유전체 기능을 이해하는 것이다. **전사체학(transcriptomics)**, 또는 **전유전자 발현 분석(global analysis of gene expression)**으로도 불리는 **전사체 분석(transcriptome analysis)**은 유전체에 의한 유전자 발현을 정성적으로(어떤 유전자가 발현되고 어떤 유전자가 발현되지 않는지 규명), 그리고 정량적으로(서로 다른 유전자들의 발현 정도의 차이를 측정) 연구한다.

비록 이론적으로 유기체의 모든 세포는 어떤 세포나 조직 유형에서도 동일한 유전자를 가지고 있다 할지라도, 특정 유전자는 과발현될 것이고 다른 유전자는 낮은 수준으로 발현될 것이며, 어떤 유전자는 전혀 발현되지 않을 것이다. 전사체 분석은 동일한 유전체를 가지고 세포 사이에서 또는 조직 유형 사이에서 서로 다르게 나타나는 유전자 발현 양상을 밝혀낸다. 유전체에 의한 유전자 발현을 규명하는 것은 유전체가 어떻게 기능하는지를 이해하는 데 필수적이다. 전사체 분석은 다음과 같은 통찰력을 줄 수 있다. (1) 발생 동안 세포 혹은 조직 유형이 어떻게 구별되는가를 이해하는 데 중요한 유전자 발현의 정상적인 양상, (2) 유전자 발현이 분화된 세포의 생리를 지시하고 조절하는 방식, (3) 세포에서 유전자 발현 변화의 결과로 인한 혹은 그 변화를 유발하는 질병의 발생 기전. 22장에서는, 왜 특정 의학 분야에서 유전자 발현 분석이 점진적으로 중요한 진단 도구가 되었는지에 대해 논의할 것이다. 예를 들어, 암 종양에서 유전자 발현 양상을 조사하는 것은 종양의 종류를 진단하고, 암전이의 가능성을 결정하며, 가장 효과적인 치료 전략을 개발하는 데 도움을 줄 수 있다.

미세배열 분석

전사체 분석을 위해 많은 서로 다른 기술들이 이용될 수 있다. PCR-기반 방법은 낮은 수준으로 발현되는 유전자를 검출할 수 있기 때문에 유용하다. **DNA 미세배열 분석(DNA microarray analysis)**은 널리 이용되고 있는데, 시료에서 발현된 모든 유전자를 동시에 분석할 수 있기 때문이다.

유전자 칩(gene chips)으로 알려진 대부분의 미세배열은 현미경용 슬라이드 유리를 가지고 있는데, 여기에는 단일가닥 DNA들이 점점이 부착되어 있고 배열기(arrayer)라고 불리는 고속 로봇 팔이 컴퓨터로 조정되어 이러한 미세한 DNA부착을 가능하게 한다. 배열기는 여러 개의 미세한 핀들을 가지고 있다. 핀들은 각각 소량의 서로 다른 단일 가닥 DNA 용액에 담가지는데, 이 용액에는 해당 DNA의 복사된 수백만 개 분자들이 들어 있다. 예를 들어, 많은 미세배열은 상보적 DNA(cDNA)의 단일 가닥 서열이나 발현서열꼬리표(expressed sequenced tags, ESTs, 발현된 유전자로부터 복제된 DNA의 짧은 절편)를 이용하여 만든다. 배열기는 DNA를 슬라이드의 특정 지점에 고정시키고 이는 컴퓨터로 기록된다. 하나의 미세배열은 20,000개 이상의 서로 다른 DNA 점(spot)들을 가질 수 있으며(엑손 특이적 미세배열의 경우 100만 개 이상), 각각은 서로 다른 유전자 고유의 서열을 포함하고 있다. 미세배열을 이용하여 인간 유전체를 포함하는 전유전체의 분석이 가능하다. 22장에서 배우게 되겠지만, 생체조직이 서로 다른 조건들에 대하여 반응할 때 유전자 발현의 양상을 비교하고, 정상 및 질병조직에서 유전자 발현을 비교하며, 또한 병원균을 동정하기 위해서도 미세배열이 사용된다.

전사체 분석에 미세배열을 사용하기 위해서 보통 과학자들은 먼저 세포나 조직에서 mRNA를 추출한다(**그림 21-18**). 그 다음 mRNA를 역전사하여, 보통 형광 표지된 뉴클레오타이드가 붙은 cDNA를 합성한다. mRNA나 cDNA는 여러 가지 방법으로 표지될 수 있는데, 대부분의 방법은 형광 염료를 사용하는 것이다. 역사적으로, 미세배열 연구는 종종 서로 다른 세포와 조직 시료에서의 유전자 발현을 비교하는 것을 포함한다. 한 조직에서 준비된 cDNA는 종종 하나의 색(예를 들어, 빨간색)으로 표지되며, 다른 조직에서 얻은 cDNA는 다른 색(초록색 같은)의 염료로 표지한다. 그런 다음, 표지된 cDNA를 변성시켜 미세배열과 함께 하룻밤 배양하는데, 이는 표지된 cDNA가 상보적 DNA를 포함하고 있는 미세배열 지점에서 혼성화되도록 하기 위함이다. 다음으로, 미세배열을 씻어주고 미세배열에 혼성화된 cDNA의 형광을 보기 위해서 레이저로 스캔한다. 형광점의 패턴은 표적 조직에서 어떤 유전자가 발현되었는지를 보여주며, 점의 형광 강도는 상대적인 발현 수준을 나타낸다. 점이 밝을수록 그 조직에서 특정 mRNA가 더 많이 발현되었다는 의미이다.

미세배열은 유전자 발현 패턴을 분석하는 방식을 완전히 변화시켰다. 20장에서 논의한 것처럼, 노던 블롯(Northern blot) 분석은 유전자 발현을 분석하는 데 이용된 초기 방법 중 하나였다. 그 다음은 PCR 기술이 빠르고 더 민감한 접근법이라고 밝혀졌다. 미세배열의 가장 큰 장점은 수천 개의 유전자를 동시에 연구할 수 있다는 것이다. 그러나 결과적으로, 미세배열은 과도한 양의 유전자 발현 데이터를 생산할 수 있다. 공공 데이터베이스에는 지금 현재 100만 개 이상의 유전자 발현 데이터세트가 사용 가능하다. 대부분의 이러한 데이터세트는 주로 미세배열 분석법을 통해서 지난 10년 동안 만들어진 것이다. 게다가, 제대로 조절되는 경우에도 미세배열은 종종 달라진 결과를 보여준다. 예를 들어, 특정 조건에서 수행한 실험이 다른 동일한 실험에서 항상 동일한 유전자 발현 패턴을 보여주지 않을 수도 있다. 어떤 경우에는 이러한 차이가 유전자 발현이 실제로 다르기

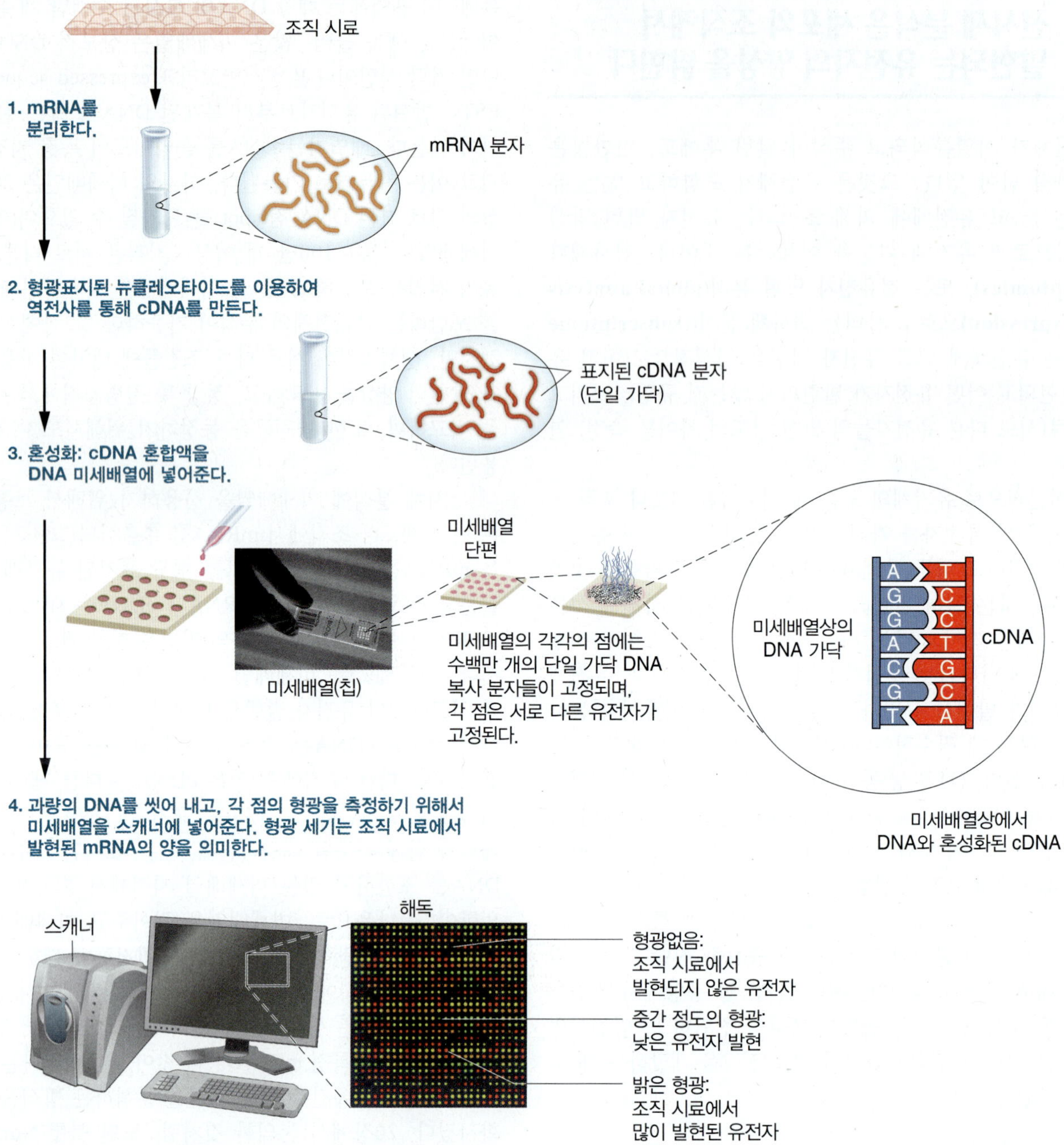

그림 21-18. 조직에서의 유전자 발현 양상을 분석하는 미세배열 분석.

때문일 수도 있지만, 다른 경우에는 칩 준비, cDNA 합성, 탐침 혼성화, 혹은 세척 조건 등의 가변성(차이)의 결과일 수도 있다. 따라서 그러한 가변성을 최소화하기 위해서 모든 조건들이 주의 깊게 조절되어야 한다. 시판되고 있는 미세배열은 개별적인 연구자들이 그들 자신의 배열을 만들 때 발생할 수 있는 가변성을 줄여줄 수 있다. 또한 직접적으로 RNA의 서열을 분석하는 새로운 방법(전-전사체 샷건 서열분석이라고도 불리는 RNA-Seq)이 조만간 미세배열을 더 이상 쓸모가 없는 것으로 만들 수도 있다는 사실을 알아야 한다!

컴퓨터화된 미세배열 데이터 분석 프로그램은 미세배열의 유전자 발현 양상을 해석(조직화)하는 데 필수적이다. 예를 들어, **클러스터 알고리즘(cluster algorithm)** 프로그램은 미세배열상의 서로 다른 지점의 점-세기(spot-intensity) 데이터를 검색하고, 하나 또는 여러 개의 미세배열에서 얻은 유전자 발현 데이터를 그룹화하여, 많은 실험 결과를 아우르는 클러스터 이미지를 만들 수 있다. 클러스터 분석은 조사한 실험적 조건에서 유전자의 발현이 증가하는지(upregulated, 상향조절) 감소하는지(downregulated, 하향조절)에 따라 유전자들을 그룹화한다.

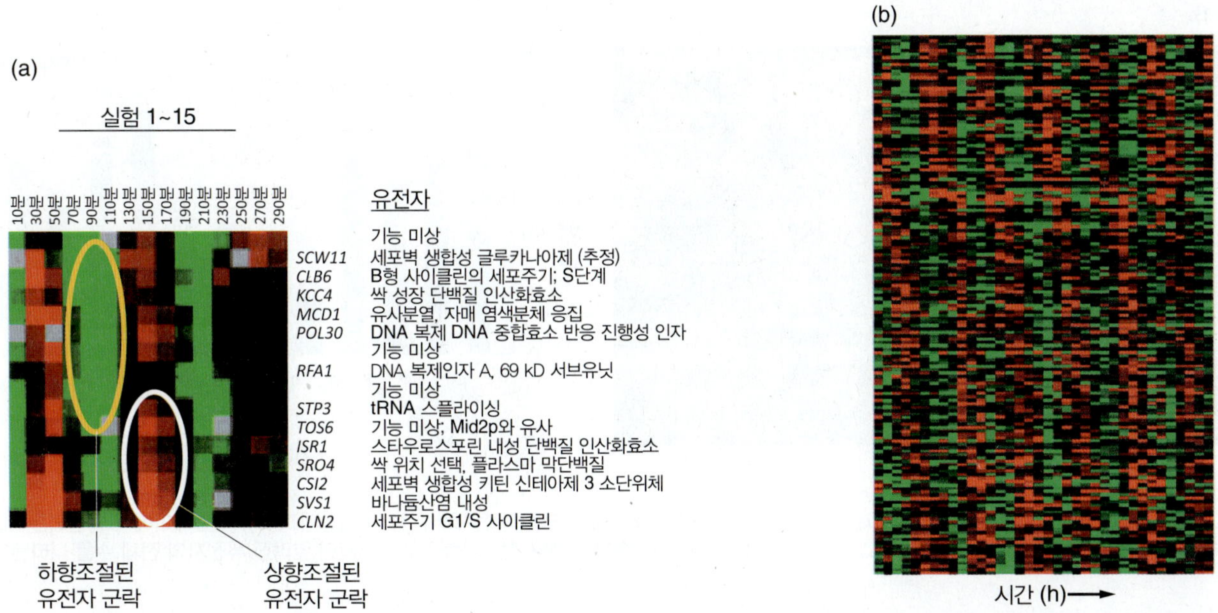

그림 21-19. (a) 다양한 배양 시간에서 자란 *Saccharomyces cerevisiae* RNA 시료를 이용한 미세배열 실험의 계층적 클러스터(hierarchical clusters)(실험 1~15). 유전자 정보는 배열 이미지의 오른쪽에 표시되었다. 기준 배양과 비교하였을 때, 배열의 빨간색은 실험 시료에서 상향조절된 유전자를 의미하고, 초록색은 하향조절된 유전자를 나타낸다. 색의 강도는 상향- 혹은 하향 조절의 크기를 나타낸다. 더 밝은 점은 더 어둡거나 검은 점에 비해서 발현 수준이 더 높다는 것을 나타낸다. (b) 일주기 리듬을 보이는 *Drosophila* 유전자에서 높은 수준(빨간색), 중간 수준(검은색), 낮은 수준(초록색)의 유전자 발현. *Drosophila*의 RNA 시료는 6일 동안 매 4시간마다 취했으며, 그 다음 미세배열 분석에 이용하였다. 각 행은 하나의 유전자에 대해 총 36개의 반응을 보여주고 있다. 각 열은 각 시점에서 채취한 시료들의 유전자 발현 양상을 보여준다. 유전자들은 피크 활성의 시간에 따라 위에서부터 아래로 정렬되어 있다.

그림 21-19(a)는 서로 다른 실험적 배양 조건에서 자란 *Saccharomyces cerevisiae* 효모에서 상향조절되고 하향조절된 유전자 발현 양상에 대한 계층적 클러스터(hierarchical clusters)를 보여준다. 배양 시간에 따라 하향조절(노란 타원)과 상향조절(하얀타원) 양상이 달라짐을 주목하라. 이러한 조절 클러스터의 유전자를 분석해 보면, 이 실험에서 생장 조건에 의해 영향받는 많은 유전자들이 세포분열에 관여하는 유전자라는 것을 알 수 있다.

그림 21-19(b)는 *Drosophila* 유전자들의 흥미로운 유전자 발현 양상을 밝혀주는데, 유전자들은 **일주기 리듬(circadian rhythm)**에 대한 반응의 일부로서 반복적인 발현 양상을 보여준다. 일주기 리듬은 24시간과 같은 규칙적인 시간주기에 대해 일어나는 생물학적 활성(활동)의 움직임을 말한다. 우리가 자고 있을 때 뇌파의 전기적 활동 감소 이후 아침에 알람 시계가 울리기 직전 잠을 깨우는 뇌파 활동 증가가 주기 반응의 예이다. *Drosophila* 미세배열에서 각 수평의 행은 서로 다른 유전자의 발현을 보여준다. 이 실험기간 동안(6일) 반복되는 리듬의 패턴에서, 어떻게 매 몇 시간마다 대부분의 유전자 발현이 상향조절되고(빨간색), 그 다음 몇 시간 후에 하향조절(녹색)되는지 주목하라. 이와 같은 결과들은 미세배열에 의해 밝혀질 수 있는 유전자 발현 양상의 유형을 대표적으로 보여준다. 24장에서 미세배열의 비슷한 내용들을 보게 될 것이다.

21.6절에서 우리는 성게 유전체와 중요한 표본 유기체로서의 성게의 중요성에 대해 논의하였다. 성게는 비교적 단순한 체제(body plan, 생물체 구조의 기본 형식)를 가지고 있다[**그림 21-20(a)**]. 성게는 단지 10여 종의 세포 유형으로 대략 1,500개의 세포를 가지고 있다. 하지만 성게 발생은 유전자 발현의 복잡한 변화를 통해서 진행되는데, 이는 발생 동안 나타나는 척추동물의 유전자 발현 변화 양상과 비슷하다. 이는 성게가 발생 생물학에서 소중한 표본 유기체가 된 하나의 이유이다.

캘리포니아 모페트에 위치한 나사의 에임즈 유전체 연구소(NASA's Ames Genome Research Facility in Moffett, California)는 발생 처음 이틀 동안[중후반의 낭배기(gastrula stage), 수정 후 약 48시간]의 성게 유전자 발현에 대한 전사체 연구를 위해 미세배열을 이용했다. 이 연구는 성게의 모든 유전자의 약 52%가 이 발생기에 활동적이라는 것을 밝혔다: 배아에서 성게의 23,500개의 알려진 유전자들 중 11,500개의 유전자가 발현되었다. 배아에서 발현된 유전자들의 기능적 범주도 다양했는데, 성게 유전체의 거의 300개 전사인자의 약 70%와 함께 세포 신호전달, 면역, 수태(수정), 대사 등에 관여하는 유전자들을 포함하고 있었다[**그림 21-20(b)**]. 믿기 힘들게도, 기능이 알려지지 않은 51,000개의 RNA 또한 발현되었다. 많은 성게 유전자가 선택적 스플라이싱을 통해 광범위하게 가공된다는 것은 이미 알려졌지만, 유전자 수와 발현된 전사체 수의 차이를 설

그림 21-20. (a) 성게 *Strongylocentrotus purpuratus*. (b) 성게 배아에서 발현되는 유전자들의 전사체 분석. 막대그래프의 *y* 축은 배아에서 발현되는 서로 다른 기능적 범주에 대해 알려진 유전자 중 발현된 비율을 나타낸다. 각 막대의 위에 있는 숫자는 해당하는 기능적 범주에서의 알려진 유전자의 전체 수를 나타낸다.

명하기 위해서 연구는 계속되고 있다. 성게 유전체에 대한 추가적인 연구는 성게 발생 동안의 유전자 기능에서 흥미로운 현상을 확실히 밝혀낼 것이며, 무척추동물과 척추동물 모두에서 배아발생 유전학에 대한 이해를 증진시켜 줄 것이다.

지금까지 우리는 유전체와 전사체에 대해 살펴보았다. 이제 대부분 유전자의 최종 생산물, 즉 유전체에 의해 암호화되는 단백질로 눈을 돌릴 것이다.

21.10 단백질체학은 세포의 단백질 구성을 동정하고 분석한다

더 많은 유전체가 서열분석되고 연구됨에 따라, 생물학자들은 유전체가 암호화하고 있는 단백질의 복잡한 구조와 기능을 이해하기 위해 연구를 집중하고 있다. 이러한 관심이 그리 놀라운 일도 아닌 것이, 현재까지 서열분석된 대부분의 유전체에서 새롭게 발견된 많은 유전자들과 이들로부터 추정되는 단백질들의 기능이 알려지지 않았다. 비록 체내의 모든 세포가 같은 유전자 세트를 가지고 있지만 모든 세포가 같은 유전자나 단백질을 발현하는 것이 아님을 명심하기 바란다. **단백질체(proteome)**는 유전체에 의해 암호화되어 있는 단백질의 완성된 집합체를 나타내는 단어이나, 세포에서 전체 단백질 구성체를 의미할 때에도 종종 사용한다.

세포, 조직, 생물체에서 단백질체의 완벽한 동정, 특성화, 정량적인 분석을 일컫는 **단백질체학(prteomics)**은 유전체에서 유전자의 숫자와 생산된 단백질 수 사이의 불일치를 조화시키기 위해 사용될 수 있다. 그러나 또한 중요한 것은, 단백질체학은 단백질의 구조와 기능, 번역후 변형, 단백질-단백질, 단백질-핵산, 단백질-대사산물 간의 상호작용, 단백질의 세포내 위치, 번역 및 번역후 수준에서의 유전자 발현 조절 양상과 단백질 안정성, 다른 단백질과의 관계(도메인의 공유, 진화역사)에 관한 정보를 제공한다. 단백질체학 프로젝트는 여러 생물 종들에 대해 주요 계열의 단백질들을 특성화하는 데 사용되기도 하였다. 예를 들면, *Drosophila* 단백질체의 대략 2/3는 단백질체학을 이용하여 잘 분류되어 있다.

단백질체학은 질병과 정상 조직의 단백질 비교를 할 수 있기 때문에 임상적으로도 관심이 많으며, 또한 질병상태에서 생물학적 표지자로서의 단백질 동정을 할 수 있다. 이러한 연구의 예로서 노화가 되는 동안 미토콘드리아 단백질의 단백질체적인 분석, 사람의 관상동맥에서 얻어진 동맥경화 플라그의 단백질체 지도, 질병 검출 및 진단을 위한 침에서의 단백질 프로파일링 등이 이루어졌다.

유전자의 숫자와 세포나 조직에서 발현되는 단백질 수의 조화

George Beadle과 Edward Tatum의 한 유전자:한 폴리펩타이드 가설을 기억하자(14장 참조). 유전체학은 유전자와 유전자 산물 간의 관계가 조금 더 복잡하다는 것을 보여줬다. 유전자는 여러 다른 형태의 전사물을 생산하는 다수의 전사 시작 부위를 가질 수 있다. 선택적 스플라이싱과 전(pre)-mRNA 분자의 편집을 통해 하나의 유전자로부터 수십 개의 다른 단백질을 만들 수 있다. 사람 유전자의 50% 이상이 선택적 스플라이싱에 의해 두 개 이상의 단백질을 생산할 수 있다는 것을 기억하라. 결과적으로 단백질체는 유전체보다 훨씬 크다. 예를 들어 사람의 단백질체가 150,000~200,000 단백질 정도일거라 추정하기도 하지만, 실제 사람 유전체의 약 20,000개 유전자가 약 100,000개 단백질을 암호화한다.

단백질체의 역동적인 변화는 전사체, 즉 유전자 발현 양상 조절에 의해 일부 이루어지지만, 그 외에도 많은 다른 요인들이 세포의 단백질체 구성에 영향을 주기 때문에 단백질의 기능 분석은 더욱 어렵다. 예를 들어, 많은 단백질은 번역 중 또는 번역 후 과정으로 변형되기도 하는데, 이러한 과정에는 단백질을 표적 세포소기관 경로로 보내기 위한 신호 서열과 전구체 펩타이드나 메티오닌 개시 잔기의 절단과 같은 과정들이 있다. 또한 많은 단백질들은 탄수화물이나 지질과의 결합 또는 화학 작용기의 첨가(메틸화, 아세틸화, 인산화 등)에 의해 변형되기도 하는 등, 100가지 이상의 번역 후 변형 기전이 알려져 있다. 또한 많은 단백질은 복잡한 단백질-단백질 상호작용을 통해서 거대한 분자복합체의 일부분으로서 기능한다.

인간 유전체의 드래프트 서열이 완성되기 전에 과학자들은 이미 '인간 단백질체 프로젝트'의 가능성에 대해 논의하고 있었다. 그러한 프로젝트가 실현될 수 없는 한 가지 이유는 조직마다 다른 단백질 세트를 생산하기 때문에 어떤 단일한 단백질체가 없다는 점이다. 그러나 이 프로젝트의 아이디어로부터 미국 국립보건원(NIH)의 한 부서인 NIGMS(National Institute of General Medical Sciences)에 의해 수십 개의 연구 센터가 참여하는 **PSI(Protein Structure Initiative)**가 만들어졌다. PSI는 4,000개 이상의 단백질군에 대하여 3차원 구조를 분석하도록 설계된 다방면 프로젝트이다. 잠재적인 치료 후보 단백질이PSI의 최상위 목표 분야이었고, 현재까지 6,000개 이상의 단백질 구조를 결정하였다. 계산 단백질 구조 예측 방법 개발, 독특한 단백질 구조 규명, PSI 정보의 전파, 연구의 생물학적 타당성 초점이 주요 목표였다. 암이나 당뇨 같은 질병과 관련 있는 단백질체 프로파일을 동정하기 위해 많은 다른 프로젝트들도 진행중이다.

단백질체학 기술: 단백질 분리를 위한 2차원 겔 전기영동

단백질체 기술로 인해 과학자들은 동시에 수천 개의 단백질을 연구하여 많은 양의 데이터를 빠르게 생산하고 세포 내 단백질 함량 분석 방법을 극적으로 전환할 수 있게 되었다.

단백질체의 초기 역사인 1975년으로 거슬러 올라가면, 고해상도로 수백에서 수천 개의 단백질을 분리할 수 있는 **2차원 겔 전기영동(two-dimensional gel electrophoresis, 2DGE)** 기술 개발이 있었다. 이 기술에서는 관심 있는 세포나 조직에서 분리한 단백질을 폴리아크릴아마이드 튜브 겔에 놓고 **등전집중(isoelectric focusing)** 방법으로 먼저 분리한다. 등전집중에서는 단백질들이 pH 농도 구배를 가지는 겔상에서 전기적 전하에 따라 영동하게 되며, 알짜 전하가 0이 되는 특정 pH 지점에 도달하여 멈춘다(그림 21-21). 그 다음 두 번째 이동에서 첫 번째 것과 수직 방향으로 **SDS-PAGE(Sodium dodecyl sulfate polyacrylamide gel electrophoresis)**를 통해 단백질들이 분자량에 따라 분리된다. 이 단계에서 튜브 겔이 90도 회전하여 SDS 폴리아크릴아마이드 겔의 꼭대기에 위치하며, 겔에 전기가 흘러 단백질들을 질량에 따라 분리한다.

2D 겔에 있는 단백질들은 쿠마시 블루나 은염색 또는 다른 염료로 염색되고, 분리된 각 단백질들이 일련의 점의 형태로 보이게 된다. 인간 혈소판의 복합적인 단백질 혼합물을 보여주는 그림 21-21처럼 수천 개의 점을 보여주는 단백질 혼합물이 전기영동된 2D 겔이 일반적이다. 겔상에서 특히 풍부한 단백질 점들에 대해서는 동정된 단백질의 이름을 표지하였다. 겔상의 수천 개의 다른 점이 존재하는데, 어떻게 단백질의 신원을 알아낼 수 있을까?

일부의 경우 실험 시료의 2D 겔 패턴은 참조할 수 있는 표준 시료의 겔과 비교할 수 있다. 이때, 참조용 겔은 영동 양상이 잘 규명되어 있는 알려진 단백질들을 포함하여 사람의 혈장과 같은 여러 가지 생물학적 시료에 대한 다양한 표준 겔이 사용 가능하다. 컴퓨터 소프트웨어 프로그램으로 맞추어 정렬함으로써 다른 겔의 점들과 비교할 수 있다. 2DGE의 초창기에는 종종 겔에서 점을 잘라내어 점에 포함되어 있는 단백질의 아미노산 서열을 직접 분석하였다. 보통 상대적으로 짧은 아미노산 서열 부분만이 이러한 방법으로 동정되며, 드물게 이 기술을 이용하여 폴리펩타이드 전체 서열의 분석이 가능하다. BLAST나 이와 비슷한 프로그램으로 알려진 아미노산 서열을 가지고 있는 단백질

실전문제

21-2 단백질체의 주석달기는 각 단백질의 때와 장소에 따른 기능을 파악하기 위함이다. 전통적으로, 단백질의 주석달기는 의문의 단백질과 기능이 알려진 단백질을 비교하여 아미노산 서열에 의해 결정된다. 만약 두 단백질이 그들의 서열을 상당 부분 공유한다면, 이 단백질은 주석이 달린 단백질의 기능을 공유할 것으로 추정할 수도 있다. 다음에 나오는 것은 세 가지 단백질과 의문 서열을 포함하여 단백질 주석달기의 한 방법을 보여주고 있다. 세 가지 다른 단백질 내에 의문의 서열이 공통된 도메인을 나란히 갖고 있다는 것을 주목하자. 의문의 서열 기능이 다른 세 단백질의 기능과 관련이 없다고 제안하려면 어떤 주장을 제시할 수 있겠는가?

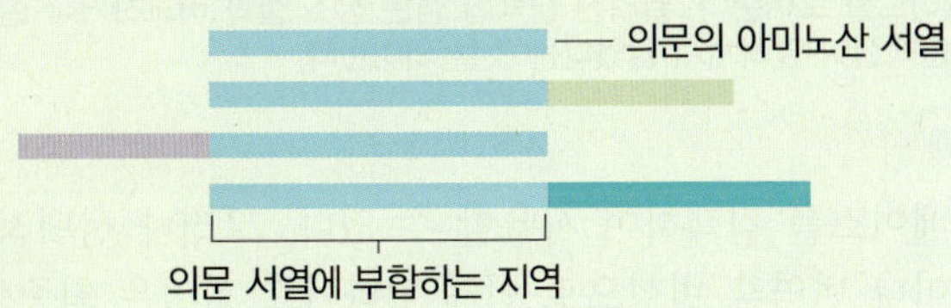

■ **힌트:** 이 문제는 4가지 단백질의 서열 유사성에 관하여 생각하고, 기능적인 관계를 예측하는 것을 물어보는 것이다. 해결의 실마리는 비록 단백질 도메인이 기능과 관련되어 있지만, 단백질은 단백질의 기능을 결정하는 여러 다른 작용 도메인도 가지고 있다는 것이다.

더 연습하려면 24, 26번 문제를 참조하시오.

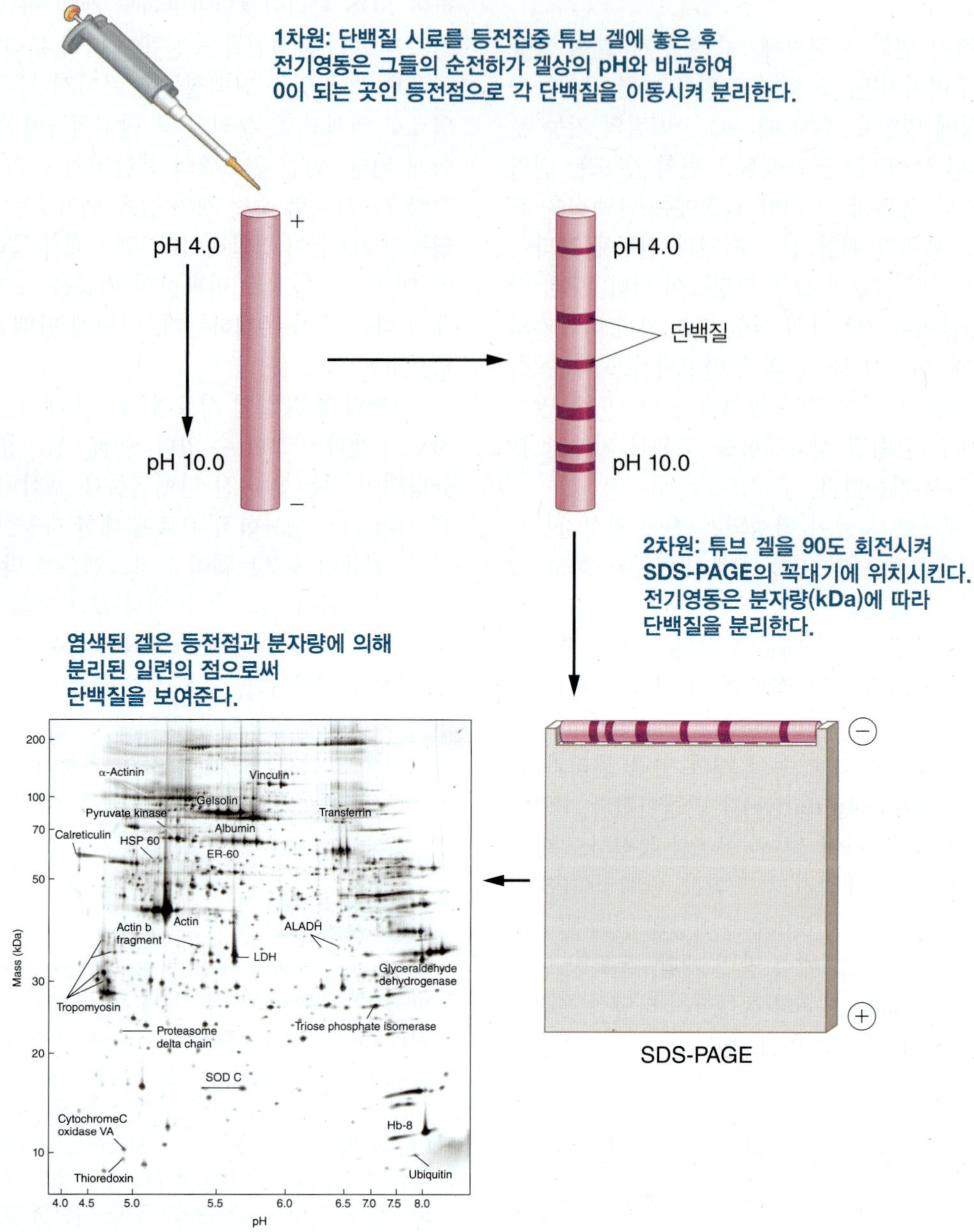

그림 21-21. 세포나 조직은 상이한 생화학적 특성을 갖는 단백질 복합 혼합물을 포함하고 있으며, 이로부터 추출된 단백질을 분리하기 위해 2차원 겔 전기영동(2DGE)은 유용한 방법이다. 2차원 겔 사진은 분리된 인간 혈소판 단백질들을 보여준다. 각각의 점은 분자량(y축)과 등전점 pH(x축)에 의해 분리된 서로 다른 각각의 폴리펩타이드를 보여준다. 알려진 단백질 점은 참조 겔과 비교하거나 질량분석법으로 동정된 단백질 서열에 기초하여 이름이 표지되어 있다. 표지되지 않은 많은 점은 해당 단백질이 알려지지 않았다는 것을 의미한다.

데이터베이스를 검색하여 사용할 수 있다. 그러나 선택적 스플라이싱이나 번역후 변형으로 인해 펩타이드 서열은 최종산물과 항상 쉽게 일치되는 것은 아니며, 단백질의 신원은 또 다른 방법으로 확인해야 한다. 단백질체학은 단백질 동정을 위한 다른 기술들을 도입하게 되었는데, 그 중 하나가 질량분석법으로서, 다음 단원에서 살펴보고자 한다.

단백질체학 기술: 단백질 동정을 위한 질량분석법

단백질 분석에서 2DGE만큼 중요한 **질량분석법(mass spectrometry, MS)**은 단백질체학의 발전에 핵심 수단으로 사용되어 왔다. 질량분석기술은 가스 형태로 이온화된 시료를 분석하며, 시료에 있는 서로 다른 이온들의 **질량대 전하 비율[mass-to-charge(m/z) ratio]**을 측정한다. 질량분석법을 통해 분석한 단백질의 m/z 스펙트럼을 만들어, 알려진 단백질 서열을 가지고 있는 m/z 데이터베이스와 연관시킴으로써 단백질의 신원을 동정한다. 일부 MS 응용은 스펙트럼으로부터 직접적으로 펩타이드 서열을 제공할 수 있다. 단백질체학에 이 기술을 가치있게 적용하는 것은 복합적인 단백질 혼합체에서 알려지지 않은 단백질

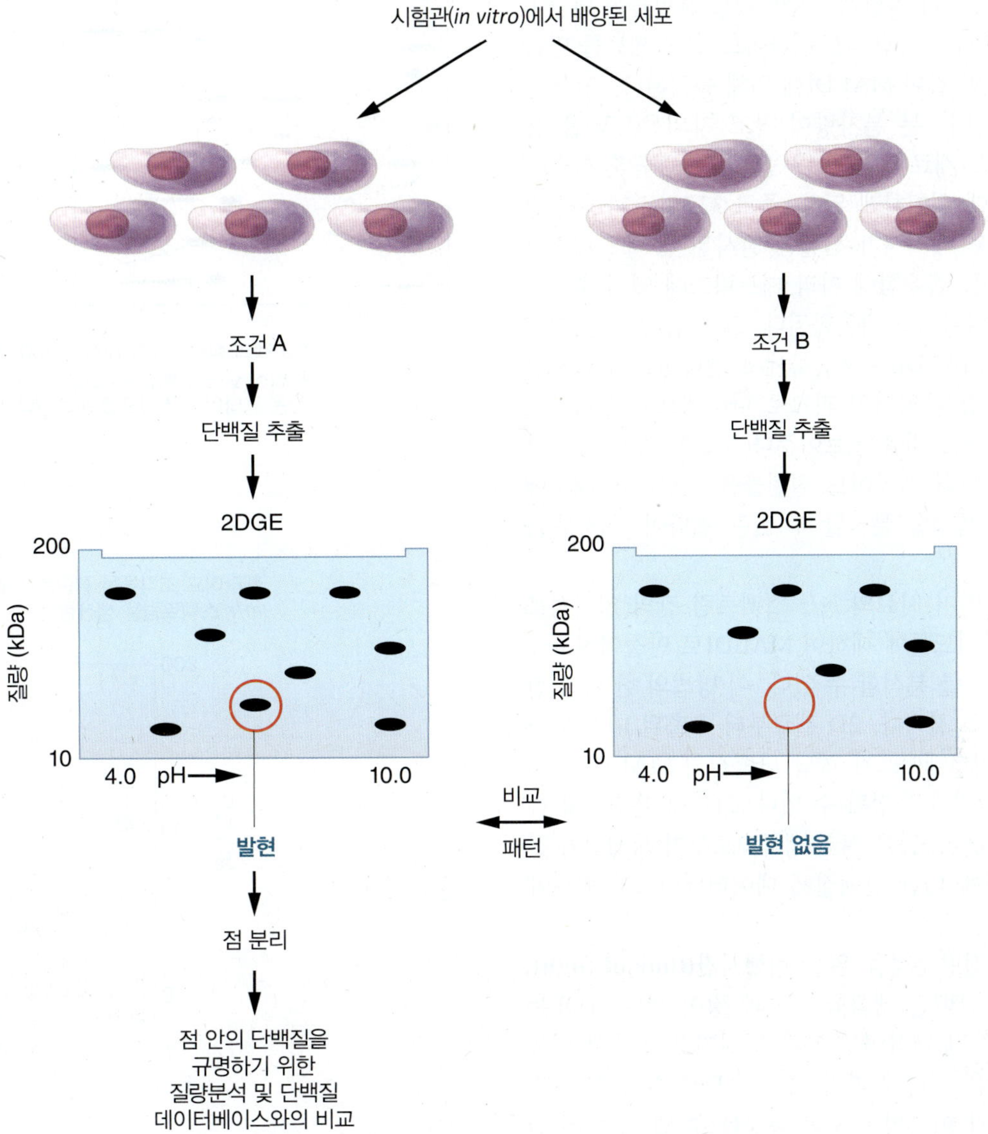

그림 21-22. 전형적인 단백질체 분석. 세포는 다른 상태(다른 성장 조건, 약물이나 호르몬)에 노출되어 있다. 이들 세포로부터 단백질을 추출하여 2DGE의 방법으로 분리한 후, 단백질 발현 차이를 알기 위해 점들의 패턴을 비교하였다. 관심이 있는 점은 겔로부터 잘라내어 펩타이드 조각으로 분해한 후 질량분석함으로써 그 점에 포함되어 있던 단백질을 동정한다.

들을 동정거나 펩타이드 서열을 결정하거나 단백질의 번역후 변형을 동정하거나 다중단백질복합체의 특성을 알아낼 수 있기 때문이다.

흔하게 사용되는 질량분석법은 **매트릭스보조레이저 탈착 이온화(matrix-assiated laser desorption ionization, MALDI)**이다. 이 방법은 단백질 동정에 매우 알맞은 방법이며, 여러 상황에서 처리된 조직 샘플의 단백질체 분석에 널리 사용된다. 먼저 세포나 조직으로부터 단백질을 추출하여 2DGE에 의해 분리한 후 MALDI(아래 설명함)를 사용하여 여러 점에 있는 단백질을 동정한다. 그림 21-22는 서로 다른 두 배양 세포 세트에 대해 단백질의 차이를 분석한 것을 보여주는 한 예이다. 혈액, 전체 조직, 기관, 종양시료, 미생물이나 많은 다른 물질들에서 충분한 수의 세포를 공급받아 적용할 수 있다. MALDI를 사용하여 정상 조직과 종양 시료의 단백질 양상을 비교함으로써 많은 암 관련 단백질들이 동정되었다.

단백질 점을 2D 겔에서 잘라내어 겔의 각 점에서 단백질을 분리해 낸다. 컴퓨터에 의한 자동화 고처리 장비로 2D 겔의 모든 점을 집어낼 수 있다. 단백질분해효소인 트립신 등의 효소를 이용하여 분리된 단백질을 분해함으로써 일련의 펩타이드를 만든다. 이러한 단백질 분해는 단백질분해효소가 해당 단백질에 작용하는 절단 부위에 따라 복합적인 펩타이드 혼합물을 만들어 낸다. 단백질의 각 형태는 특징적인 펩타이드 절편 세트를 만들어 내며, 이것은 아래와 같이 MALDI에 의해 동정된다.

MALDI에서 펩타이드는 분자량이 작고 자외선(UV)을 흡수하는 산성 매트릭스 재료(디히드록시벤조산 등)와 혼합되고, 이 혼합물은 금속 판에 위치하게 된다. 주로 337 nm 파장의 질소 레이저와 같은 UV 레이저가 샘플에 발사된다. 매트릭스가 레이저로부터 에너지를 흡수함에 따라 매트릭스에 열이 축적되어 펩타이드 조각이 기화되고 이온화된다. 그 다음 방출된 이온이 질량분석되는데, MALDI는 혼합물에서 펩타이드의 분자량과 그들의 상대적인 양을 일련의 피크로 나타냄으로써 각각의 이온화된 펩타이드의 *m/z* 비율을 보여준다(**그림 21-23**). 서로 다른 단백질은 다른 세트의 펩타이드 절편들을 생산하기 때문에 MALDI는 단백질의 특성을 분석할 수 있는 펩타이드 '지문'을 만들어 낸다.

알려진 단백질과 미지 시료의 *m/z* 스펙트럼 간의 일치성을 찾기 위해, 다른 펩타이드들에 대하여 MALDI로 만들어진 *m/z* 스펙트럼 데이터베이스를 분석할 수 있다. 이 방법의 한 가지 한계점은 데이터베이스의 질이다. 2D 겔로부터 추출된 미지의 단백질은 단백질체 데이터베이스가 해당 단백질의 MALDI 스펙트럼을 가지고 있어야지만 동정될 수 있다. 그러나 유전체학 데이터베이스가 그러하듯이, 많은 여러 생물체로부터 특성화가 잘된 수천 개의 단백질에 대한 단백질체 데이터베이스가 빠르게 개발되고 있다.

MALDI는 보통 질량분석을 위한 **비행시간(time of flight, TOF)**이라고 불리는 단백질 생화학 기술과 쌍이 된다. TOF는 진공 상태에서 이온화된 펩타이드 조각을 전기장 속에서 이동시킨다. 각각의 이온은 질량에 따라 다른 속도로 이동한다. 진공관 안을 통과하는 각 이온의 속도를 측정할 수 있고, 이온 간의 운동에너지 차이로부터 각 이온의 '비행시간'을 보여주는 질량-의존적 속도 프로파일(MALDI-TOF 스펙트럼)이 생성된다. 이후 이 MADI-TOF 스펙트럼을 앞에서 기술한 MALDI 스펙트럼처럼 알려진 단백질의 스펙트럼 데이터베이스와 비교할 수 있다.

많은 다른 방법들이 질량분석법을 연결하여 사용한다. 일부 통합된 액체크로마토그래피(LC)는 질량에 의해 단백질을 분

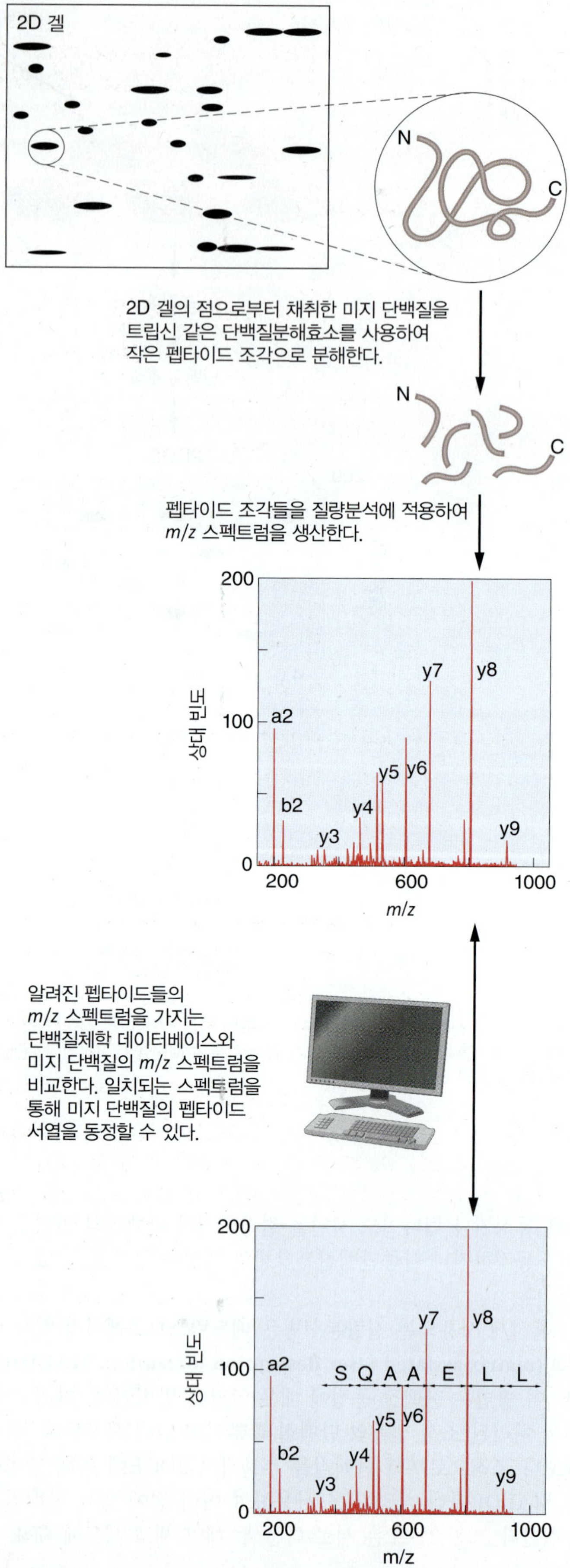

그림 21-23. 2D 겔로부터 분리된 미지의 단백질을 동정하기 위한 질량분석법. 미지의 단백질을 트립신 처리하여 얻은 펩타이드들의 질량-전하 스펙트럼(*m/z*)을 단백질체학 데이터베이스와 비교하여 일치하는 스펙트럼을 찾음으로써 해당 단백질을 동정할 수 있다. 이 실험에서 펩타이드는 세린(S)-글루타민(Q)-알라닌(A)-알라닌(A)-글루탐산(E)-류신(L)-류신(L) 아미노산 서열을 가지고 있는 것이 드러났다. 아미노산은 단문자 코드로 나타내었다.

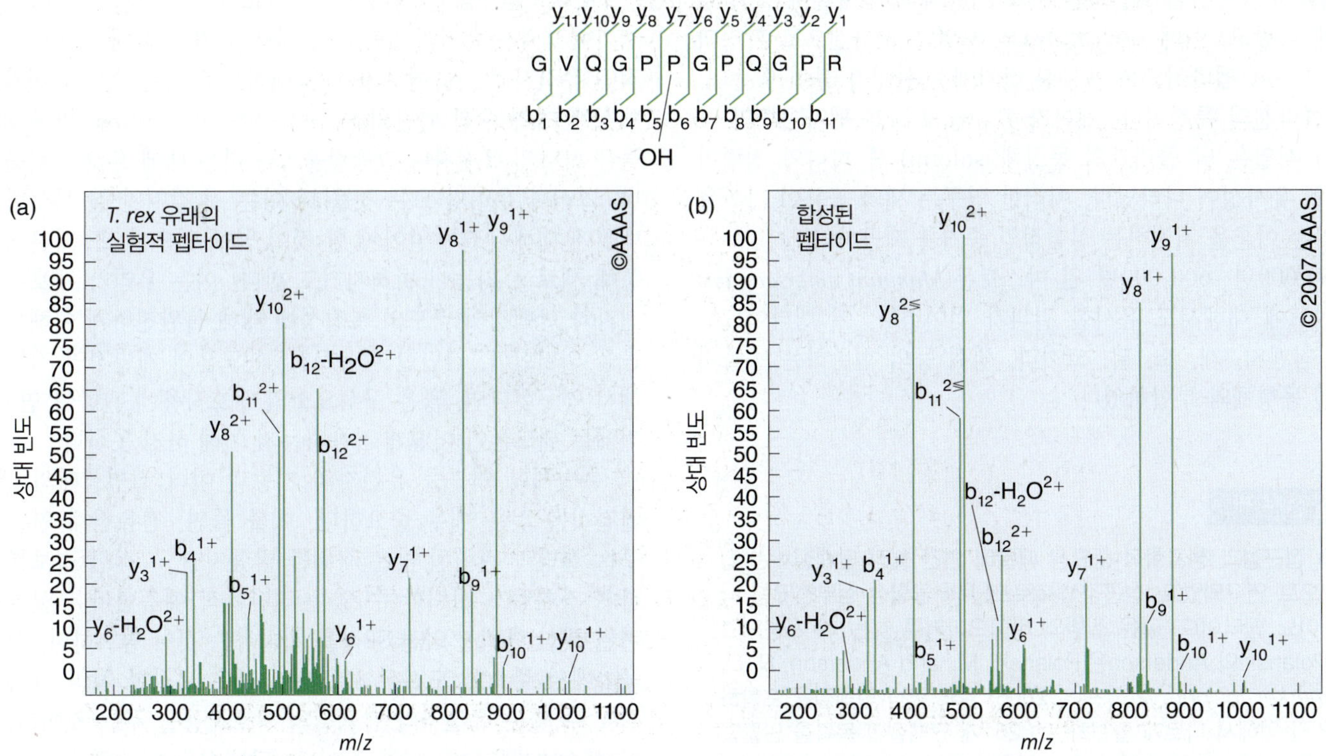

그림 21-24. (a) 트립신 처리로 분해된 *T. rex* 유래 펩타이드 서열—GVQPP(OH)GPQGPR의 질량분석(MS) 패턴. 이 펩타이드 서열(단문자 아미노산 코드로 나타냄)은 콜라겐의 전하를 띤 수산기를 갖고 있는 것이 특징이다. (b) 합성 콜라겐 펩타이드의 질량 분석 스펙트럼은 *T. rex*로부터 유래된 펩타이드 조각 이온의 *m/z* 스펙트럼과 잘 일치된다. 따라서 *T. rex*의 서열은 콜라겐으로서 확정되었고 MS 기술의 가치를 증명하였다.

리하고 **직렬이중질량분석법(tandem mass spectrometry, MS/MS)**으로 *m/z* 스펙트럼을 만들어 낸다. 또한 새로운 질량분석기술은 겔의 전기영동과는 관련이 없다. 앞서 유전체를 논의할 때 언급했듯이, 고처리 2DGE 장비와 질량분석기는 하루에 수천 개의 시료를 분석할 수 있다. 더 빠른 시료 처리 시간과 증가된 민감도를 가진 기기가 개발 중에 있다. 이 기기들은 전체 단백질체들은 특성화할 수 있는 '샷건 단백질체학'을 곧 실현하게 될 것이다.

단백질 미세배열(protein microarrays) 또한 단백질체 연구를 위한 가치 있는 기술로 자리잡아가고 있다. 이 기술은 미세배열(유전자 칩)을 기본 개념으로 하여 고안되었고, 종종 다른 단백질을 특이적으로 인식하고 결합하는 항체를 이용하여 만들어진다. 이 미세배열은 단백질-단백질 상호작용 검사, 질병 진단을 위한 단백질 표지자 검출, 병원성 미생물이나 잠재적으로 감염성 생화학 무기를 검색하도록 고안된 바이오센서 연구 등으로 응용되어 사용되고 있다.

*Tyrannosaurus rex*와 *Mammut americanum* 화석에서 콜라겐의 동정

앞서 언급했듯이 DNA는 화석에서 발견되었지만, 일반적으로 단백질은 분해되어 화석화된 물질에서 발견할 수 없다고 알려져 있었다. 동부 몬태나의 Hell Creek Formation에서 출토된 6800만 년 된 것으로 추정되는 *Tyrannosaurus rex*의 뼈 조직에 대한 질량분석법 연구는, 어떤 특정한 조건으로 잘 보존된 화석에서는 화석화에 의해 모든 단백질이 완전히 파괴되지는 않는다는 것을 보여주는 좋은 예이다. 이 연구는 단백질체 연구 기술로서 질량분석법의 힘과 민감도를 증명했다.

이 연구에서는 좌우 대퇴골의 안쪽으로부터 수질 조직(medullary tissue)을 떼어 내었다. 수질 조직은 골수세포와 혈관, 신경을 함유하고 있는 다공성의 해면뼈이다. 이 조직에서 추출된 *T. rex*의 단백질은 닭의 콜라겐 항체와 교차반응성을 보여주었으며, 콜라겐 특이적 단백질분해효소인 콜라게나아제(collagenase)에 의해 분해된다. 이 결과로부터 *T. rex* 단백질 시료가 뼈, 인대, 힘줄, 피부의 주요 기질 성분인 콜라겐을 함유하고 있다는 것을 알아냈다. 콜라겐의 존재를 동정하기 위해, *T. rex* 시료를 트립신 처리하여 얻어진 펩타이드를 액체크로마토그래피와 질량분석법(LC/MSl 그림 21-23)으로 분석하였다. *T. rex* 펩타이드 중 하나의 *m/z* 스펙트럼이, *m/z* 스펙트럼 데이터베이스로부터 콜라겐에 해당하는 것으로 동정되었다. 그림 21-24(a)의 콜라겐 펩타이드와 합성 콜라겐 펩타이드[그림 21-

24(b)]를 비교하였을 때, 모든 주요 이온의 m/z 비율이 거의 일치하게 나왔고, 이에 따라 *T. rex*의 서열은 콜라겐으로 확정되었다. *T. rex* 펩타이드는 프롤린 잔기에 수산기가 붙어 있는데, 이는 콜라겐의 특징이다. 게다가 *T. rex* 콜라겐 펩타이드의 아미노산 서열은 닭 콜라겐의 동형체(isoform) 중 하나와 정렬되어 서열 유사성이 나타났다. 이러한 연구는 새와 공룡이 가까운 관계라는 이론을 지지하는 실험적인 증거를 제공하였다.

160,000년~600,000년 된 마스토돈(*Mammut americanum*) 펩타이드에 대해서도 유사한 결과가 얻어졌다. 이 펩타이드는 인간, 침팬지, 개, 소, 닭, 코끼리, 생쥐 등의 현존하는 종들의 콜라겐 동형체와 부합하였다.

실전문제

21-3 접근성과 생물학적 중요성 때문에 인간 혈장 단백질체는 집중적으로 연구되었고, 심근경색(트로포닌)과 울혈성 심부전(B형 나트륨이뇨 펩타이드) 같은 질병의 바이오마커를 찾는 데 사용되었다. Polanski와 Anderson은(Polanski, M., and Anderson, N. L., *Biomarker Insights*, 2: 1–48, 2006) 일부 혈장 단백질을 포함하여 인간 암에서 다르게 발현하는 1,261개 단백질의 목록을 만들었다. 이 1,261개의 단백질 중에서 오직 9개만의 암 관련 단백질로서 FDA에 의해 승인을 받았다. 첫째, 암 진단 검색에 있어서 혈장의 유용성은 무엇인가? 둘째, 혈장 단백질체를 통해 암적인 상태를 평가하기 위한 기준은 무엇인가?

■ **힌트:** 이 문제는 암의 진단학적 검색으로서 혈장 단백질체학을 사용하기 위한 기준을 묻는 문제이다. 해결의 실마리는 암과 관련있는 특정한 단백질을 결정하기 위해 단백질체학 데이터를 평가할 수 있는지 고려하는 것이다.

21.11 시스템생물학은 유기체 세포의 모든 구성요소 간 상호작용을 연구하기 위한 통합적인 접근이다

공학적 응용과 문제해결 접근뿐만 아니라, 유전체학, 전사체학, 단백질체학 및 생물학의 다른 분야 등으로부터의 데이터를 아울러서 떠오르고 있는 **시스템생물학(systems biology)**을 논의하면서 이 장을 마무리할 것이다. 눈으로 보이는 표현형을 가진 돌연변이가 비슷한 생화학적 경로의 한 부분으로 생각 될 때, 유전체 변이 분석을 통한 유전자와 단백질 동정은 유전자를 특성화하는 데 중요하고 성공적인 접근이다. 그러나 광범위한 변이 분석과 탐색으로도 신호전달 경로, 대사 경로, 세포분열의 조절, DNA 복제와 유전자 발현 같은 복합적인 세포 처리 과정을 완벽하게 이해하기는 힘들다. 보다 종합적이고 통합적인 접근이 필요하다.

이 장의 앞에서 언급했듯이, 비교적 최근까지도, 세포, 분자, 생화학적 수준에서의 유전자와 단백질 기능에 대한 이해는 개별적인 유전자의 기능이나 또는 상대적으로 적은 수의 유전자와 단백질에 대한 수십 년간의 연구를 통해 이루어졌다. 많은 과학자들은 하나의 유전자나 단백질을 연구하는 데에 온갖 노력을 하였다. 그러나 우리가 모든 것을 다 아는 것 같지만 잘 특성화된 단백질에 대해서조차 알아야 할 것이 남아 있으며, 또 다른 연구를 통해 새로운 기능이 밝혀지기도 한다. 이는 우리가 세포에서 유전자와 단백질의 극도의 복잡성에 대해 불완전하게 이해하고 있음을 의미한다. 간단한 비유로서, 핸드폰의 개별적인 기능에 대해서 연구한다면, 많은 구성요소의 상호작용에 관하여 연구하기 전에는 핸드폰이 어떻게 작용하는지 이해 하지 못한다.

유전체학 연구를 유전자의 기능과 여러 질병상태의 생리에 연결짓는 것은 매우 중요하다. 예를 들면, 전유전체 연관성 연구는 질병과 관련된 많은 좌위를 밝혔지만, 그러한 정보를 전환하여 가치있고 신뢰할 수 있는 진단학적 예측법이나 질병과 관련된 핵심 단백질 약물 표적을 개발하는 것이 필요하다. 현대 생물학에서 주요한 도전은 세포분열 같은 복잡한 처리 과정을 조절할 수 있는 유전자와 단백질의 상호작용을 푸는 것이다. 이것이 시스템생물학의 모든 것이다. 단백질은 때때로 홀로 작동하기도 하지만, 대부분 다른 단백질이나 대사체의 조절과 통제하에서 복잡하게 연결된 네트워크를 통해 작용한다. 단백질 상호작용의 네트워크는 세포가 환경 신호에 반응하고, 영양소를 대사하고, 소기관으로 이동하고, 분화하며, 많은 다른 처리 과정을 처리하도록 하는 조절 체계를 형성한다. 유전체학과 단백질체학이 진보함에 따라 생물학적 시스템의 모든 분자 구성요소들의 상호작용을 분석하여 세포의 기능을 연구하는 전체론적인 접근 방법으로서 시스템생물학 학문 분야가 떠오르고 있다. 시스템생물학은 세포의 유전자, 단백질, 대사물질 및 다른 상호작용 분자들을 고려하여 분자적 상호작용을 이해하고, 그러한 정보를 통합하여 생물체의 생물학적 기능을 더 잘 이해하기 위해 사용할 수 있는 모델을 만든다.

여러모로, 시스템생물학은 생물학적 경로의 구조, 기능, 조절 측면에서 유전체적인 정보를 설명하는 것이다. 잘 알려져 있듯이, 생물학적 시스템은 매우 복잡하다. 생물체에서 모든 구성요소 간의 관계를 연구함으로써, 생물학자들은 생물체의 기능방식에 대한 이해를 '시스템' 수준에서 설명하려고 시도하고 있다. 대체로 시스템생물학자들은 유전체학과 단백질체학의 최근 데이터를 유전자 및 단백질 구조와 기능에 관한 이전의 연구와 결합시킨다. 상당수의 이런 데이터는 Pubmed, GenBank나 유전체학, 전사체학, 단백질체학에 대해 새롭게 떠오르는 다른 데이터베이스로부터 검색된다. 시스템 모델은 단백질-단백질 상호작용, 단백질-핵산 상호작용, 단백질-대사물질 상호작용(예: 효소-기질 결합) 같은 세포 또는 전체 생명체 내에서의 상호작용을 도해로 나타내기 위해 사용된다. 이 모델은 시스템생물학자가 상호작용 경로의 구성요소와 분자들 간의 상호관계를 이해하는 데 도움을 준다. 최근, **상호작용체(interactome)**라는 용어가 세포의 상호작용 요소를 설명하는 용어로서 생겨나게 되었다. 시스템생물학자들은 단백질 상호작용 경로를 도해로 나타내기 위한 여러 가지 모델을 사용한다. 가장 많이 사용되는 모델 중의 하나는 단백질, 유전자, 다른 분자들 간의 상호작용을 그림으로 보여주는 **네트워크 지도(network map)**이다. 이 도표는 근본적으로 전기 배선도와 같다. 이 네트워크 지도의 한 가지 단점은 상호작용이 일어나는 때와 장소에 관한 정보가 부족한 통계적인 도표라는 것이다. 그렇더라도, 이것은 신호가 어떻게 발생하는지에 대해 모의실험할 수 있는 컴퓨터 모델을 만들기 위한 유용한 토대이다. 예를 들어, 다른 단백질을 인산화하여 활성에 영향을 주는 인산화효소(kinase)의 주요 그룹들에 대해 서로간의 상호작용을 보여주는 네트워크 지도가 만들어져 있다. 이처럼 인산화효소는 대부분의 중요한 세포 처리 과정을 조절하는 데에 중요한 역할을 하기 때문에 특정 대사 경로를 표적으로 하여 약물을 개발하는 회사에게 있어, '인산화효소체(kinome)'에 대한 그러한 정보는 굉장한 가치가 있다.

네트워크 지도는 과학자들이 정상 및 질병 상태 관련 분자들의 잠재적인 복잡한 상호작용에 관한 모델을 만들도록 도와준다. 그림 21-25는 네트워크 지도의 한 예를 보여준다. 이 지도는 22개의 인간 질병과 관련 있는 유전자 간 상호작용의 복잡함을 보여주는 인간 질병 네트워크 모델을 묘사한다. 여러 종류의 암과 관련된 유전자와 반응하는 청록색의 집합점(node)을 보라. 지도에서 명확하게 보여주는 한 가지 양상은, 서로 다른 기관에 영향을 주는 암일지라도 많은 암들이 상호작용 유전자를 공유하

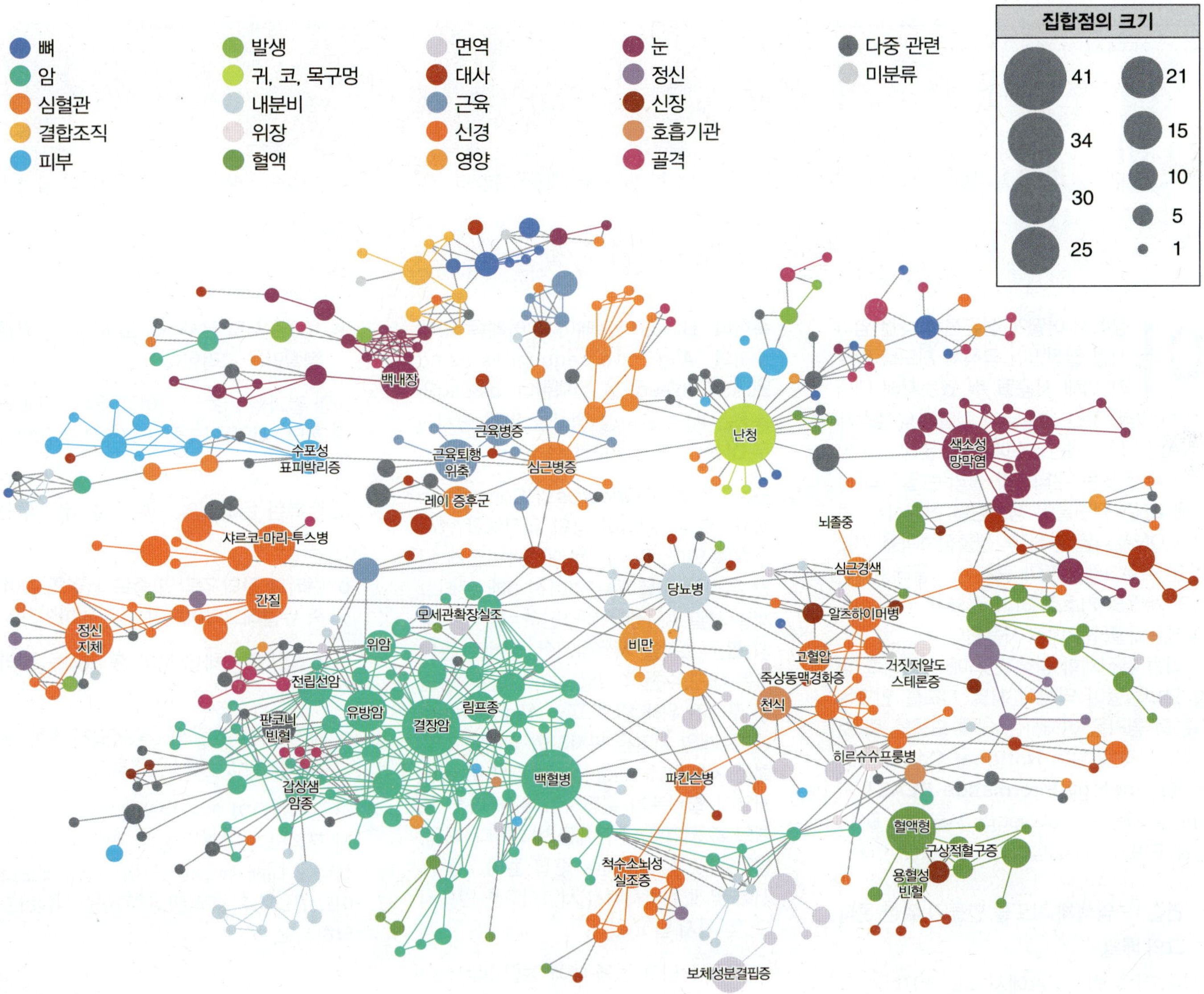

그림 21-25. 인간 질병 유전자 상호작용의 시스템생물학 모델. 이 모델은 분류별로 색채화된 22개 특이적 질환에 해당하는 집합점(node)들을 보여준다. 집합점 크기는 질환에 기여하는 유전자 수에 비례한다.

고 있다는 것이다. 서로 다른 암에 대하여 관련 유전자 및 단백질 상호작용 네트워크를 아는 것은 치료 목적으로 고려되는 표적유전자와 단백질에 관한 정보를 주는 주요한 돌파구이다.

시스템생물학은 약의 발굴과 개발 과정에서 점차 중요해지고 있다. 그러한 접근은 과학자나 의사들이 인간의 질병에서 유전자 및 단백질 상호작용에 대한 개념적인 체계를 수립하고 효과적인 약물 설계의 논리적 근거를 제공할 수 있다. 정상이나 질병 조직의 분자 상호작용 네트워크를 정의함으로써 질병의 발달과 예후를 이해하는 것은 암과 같은 복잡한 질병을 찾고 치료하는 데에 중요할 것이다. 유방암, 전립선암, 당뇨, 천식, 심혈관계 질병 등을 포함한 많은 인간 질병의 상호작용체 모델을 만들기 위해 많은 데이터베이스들이 개발되고 있다. 또 다른 흥미진진한 적용 범주로서, 시스템생물학은 바이오연료를 만드는 데에도 사용 중이며 환경을 깨끗이 하기 위한 유전자 변형 생물체를 고안하는 데에도 사용되고 있다.

유전체학 탐색

콘티그, 샷건 염기서열 결정법, 비교유전체학

이 장에서 어떻게 전유전체 샷건 염기서열 결정법이 염색체 지도를 만들기 위해 사용될 수 있는지에 대해 논의하였다. 샷건 클로닝의 기술에서 염색체 DNA는 여러 제한효소에 의해 분해되어 연속된 서열 또는 콘티그라 불리는 일련의 중첩된 DNA 절편들이 생성됨을 상기하자. 콘티그 DNA 서열 분석 후 생물정보학을 기초로 한 프로그램은 짧게 중복된 뉴클레오타이드의 서열을 기초로 하여 정확한 순서로 콘티그를 배열하는 데에 사용한다.

이번 유전체학 탐색 연습에서 콘티그 정렬 모의실험이 염색체 서열 지도를 만드는 이론적 원리를 이해하는 데에 도움을 줄 것이다. 이것을 위해 **National Center for Biotechnology Information BLAST** 사이트를 사용하여 bl2seq라고 부르는 DNA 정렬 프로그램을 실행하라.

■ 연습 I - 염색체 지도를 만들기 위한 콘티그의 배열

1. NCBI의 웹사이트에서 BLAST(http://blast.ncbi.nlm.nih.gov/blast.cgi)에 접속한다. BLAST 홈페이지 아래쪽 카테고리의 "Align two sequences using BLAST(bl2seq)"를 선택한다. bl2seq의 특징은 서열 유사성 정렬을 위해 동시에 두 DNA 서열을 비교할 수 있다.
2. *Essentials of Genetics*의 Companion 웹사이트로 가서 이 장의 유전체학 탐색 연습을 연다. GenBank에 있는 실제 인간 유전체 서열에서 얻어진 8개 콘티그 서열(서열 A–H)이 나타난다. 이 연습에서 짧은 조각을 사용하지만, 실제로 콘티그는 대개 수천 염기쌍 길이이다. 이 연습을 끝내기 위해 BLAST의 Align feature에 두 개의 서열을 복사하여 붙여넣고 정렬을 시행한다('Align'을 클릭한다). 어떤 서열이 겹치는지 결정하기 위해 다른 조합의 두 서열로 이 단계를 반복한다. 다음, 발견한 것을 사용하여 중첩 콘티그를 순서에 맞게 위치시켜서 서열지도를 만드시오. 몇 가지 팁이 있다.
   - 모든 콘티그 쌍에 대해 정렬 분석하는 전략을 수립한다.
   - 100% 서열 유사성을 보여주는 중복된 정렬만을 고려한다.
3. 정렬 결과를 기초로 하여, 다음 질문에 답을 한다. 서열은 그들의 코드로 언급한다(A~H):
   a. 중복된 콘티그의 정확한 순서는 무엇인가?
   b. 콘티그 간의 각각의 중복 서열의 길이, 즉 뉴클레오타이드의 수는 얼마인가?
   c. 조립한 염색체 조각의 총 크기는 얼마인가?
   d. 다른 어떤 것들과도 중복되지 않는 콘티그를 찾았는가? 설명하라.
4. 이 콘티그들이 어느 염색체에서 유래했는지 결정하기 위해 중첩된 콘티그 중 어느 하나에 대해 뉴클레오타이드-뉴클레오타이드 BLAST 검색(BLASTn)을 실행하고 답하시오.

사례 연구 | 당신의 미생물군체가 질병을 일으키는 위험인자일 수 있다

크론병, 궤양성 대장염을 포함한 염증성 장질환(inflammatory bowel disorders, IBDs)의 민감성에 관련된 많은 유전자가 동정되었다. 그러나 유전적이든 비유전적이든 다른 위험인자들도 질병의 시작을 촉진하는 데 중요한 것은 분명하다. 최근의 연구는 장내 미생물의 역할과 IBD에서 숙주 유전체와의 상호작용에 대한 이해에 집중되고 있다. IBD를 겪는 사람의 장내 미생물과 병에 차도가 있는 사람의 장내 미생물은 차이가 있으며, 또한 IBD를 겪지 않는 사람의 장내 미생물과도 차이가 있다. 이러한 발견은 대변 미생물총 이식(fecal microbial transplantation, FMT)을 통해, 영향받지 않은 사람의 미생물총을 이식하는 것이 IBD의 성공적인 치료법이 될 수 있음을 제안한다. 이러한 생각은 생명을 위협할 수도 있는 *Clostridium difficile* 세균 감염 IBD 환자에게 효과적인 치료법으로 FMT를 사용함으로써 지지를 받았다. IBD 치료법으로서의 FMT 사용을 평가하기 위해 현재 네 가지 임상 시험이 진행 중이다.

1. 만약 IBD에 걸렸는데, 담당의사가 치료제로서 대변 세균총 이식을 평가하기 위한 임상 연구에 등록하도록 권유한다면 어떻게 하겠는가?
2. 현재 IBD의 치료는 항염증제의 처치를 수반하지만, 일부의 경우에만 병의 차도가 있다. 만약 유전체 분석에서 주기적인 FMT 치료에 반응하는 IBD에 민감한 대립유전자를 가지고 있는 것이 판명되었다면, 이 방법의 치료 시도에 동의할 것인가?
3. FMT에 동의하기 전에, IBD를 겪지 않은 사람의 미생물총에 관하여 당신은 무엇을 알고 싶은가?

요약

1. 생물정보학과 결합된 고처리 컴퓨터-자동화 DNA 서열결정 방법은 과학자들이 전체 유전체 서열 지도를 만드는 것을 가능하게 하였다.
2. 생물정보학은 유전체와 단백질체의 분석을 위해 필수적이다. 생물정보학은 생물학적 서열 정보를 분석하기 위해 통계학적 접근과 더불어 컴퓨터의 하드웨어와 소프트웨어를 이용한다.
3. 주석달기(annotation)는 단백질 암호화 서열과 더불어 조절인자와 같은 비암호화 서열 동정에 사용되고, 생물정보학 프로그램은 ORF 동정에 사용되어 특정 서열에 의해 암호화되어 있는 가능한 폴리펩타이드를 예측한다.
4. 기능 유전체학은 서열 분석을 기초로 하여 유전자의 기능을 예측한다.
5. 인간 유전체 프로젝트는 유전자 수, 개인 간 또는 인간과 다른 종 간의 높은 DNA 서열 유사성을 포함하여 인간 유전학에 관한 많은 놀라운 사실을 밝혔으며, 많은 유전자가 다수의 단백질을 암호화한다는 것을 보여주었다.
6. 유전체학은 다른 관련된 '체학(omics)' 학문 분야들을 파생시켰으며, 이들은 현대생물학자들이 DNA, RNA, 단백질 및 세포 기능의 많은 측면을 연구하는 방법을 빠르게 변화시키고 있다.
7. 많은 중요한 표본 생물체의 유전체가 완성되었다. 진핵생물 및 원핵생물 표본의 유전체 분석은 유전체의 크기, 유전자 수, 유전체의 조직과 같은 중요한 기본적인 차이와 유사성을 밝혀주었다.
8. 비교유전체학 연구는 유전자군의 분석과 동정을 포함하여 다른 생물들의 유전체 사이에 흥미로운 차이와 유사성을 밝혔다.
9. 메타유전체학(또는 환경유전체학)은 환경 시료에서 유래한 미생물 유전체 서열을 밝혀, 종종 새로운 기능을 가진 단백질을 암호화하는 새로운 서열을 동정한다.
10. DNA 칩(또는 미세배열)은 동시에 수천 가지 유전자의 발현 패턴을 분석하는 전사체 분석에 가치가 있다.
11. 2차원 겔 전기영동법과 질량분석법 같은 방법은 세포가 함유하고 있는 단백질인 단백질체를 분석하는 데 유용하다.
12. 시스템생물학 접근법은 복잡한 생물학적 과정을 관장하는 유전자, 단백질 및 다른 분자들 간 상호작용을 통합적으로 이해하기 위해 고안되었다.

질문 및 해답

1. 주석달기에서 중요한 문제 중 하나는 유전자로서 받아들여지기 전에 어느 정도 길이로 추정상의 ORF를 결정하는가이다. 오른쪽에 보여주는 것은 *lacY* 유전자를 포함하고 있는, 같은 *E. coli* 유전체 부위에 대한 3가지 다른 ORF 스캔이다. 갈색으로 칠해져 있는 부위는 ORF를 의미한다. 위에 있는 스캔은 50개 뉴클레오타이드의 ORF들을 유전자로서 받아들여지게 한 것이다. 가운데 있는 것과 아래에 있는 스캔은 유전자로서 각각 100개와 300개 뉴클레오타이드의 ORF를 수용하였다. 얼마나 많은 유전자가 각각의 스캔에서 추정되는가? 가장 긴 ORF는 1254 bp였으며 그 다음은 234 bp, 가장 짧은 것은 54 bp였다. 이 부위의 유전자의 실제 수는 어떻게 결정할 수 있는가? 이러한 ORF 스캔의 형태에서 유전체의 유전자 수가 과대 측정되기 쉽겠는가 또는 과소 측정되기 쉽겠는가? 이유는 무엇인가?

   해답: 일반적으로 어떤 ORF가 암호화 지역임을 나타내기 위해 다른 생물체에서 보존된 서열을 검사할 수 있다. 또한 단백질을 암호화한다고 이전에 알려진 서열과 일치시킬 수 있다. ORF가 실제로 유전자인지 결정하는 문제는 쉽게 풀리지 않는다. 200개 이상 ORF의 기회 발생이 줄어들기 때문에 짧은 ORF 스캔일수록 유전자 수가 과대평가되기 쉽다. 이 경우에 50 bp 스캔이 가장 많은 수의 유전자를 만들고, 반면에 300 bp 스캔은 가장 적은 수(1개)의 가능한 유전자를 찾았음을 주목하라.

2. *Drosophila* 유전체의 이질 염색질 부위의 서열(중심립과 텔로미어 지역에 집중된 풍부한 반복서열)은 20.7 Mb 내에 297개의 단백질 암호화 유전자가 있다(Bergman et al. 2002. http://genomebiology.com/2002/3/12/research/0086). 유전체의 진정염색질 부위는 116.8 Mb에 13,379개의 단백질 암호화 유전자를 가지고 있다. 일반적인 분명한 결론은 무엇인가?

   해답: *Drosophila* 유전체의 진정염색질 부위의 유전자 밀도는 8730 염기쌍마다 하나의 유전자이며, 이질염색질 부위의 유전자 밀도는 70,000 염기쌍마다 하나의 유전자(20.7 Mb/297)이다. 분명한 것은 이질염색질의 주어진 부위는 같은 크기의 진정염색질 부위보다 유전자를 적게 함유하고 있다는 것이다.

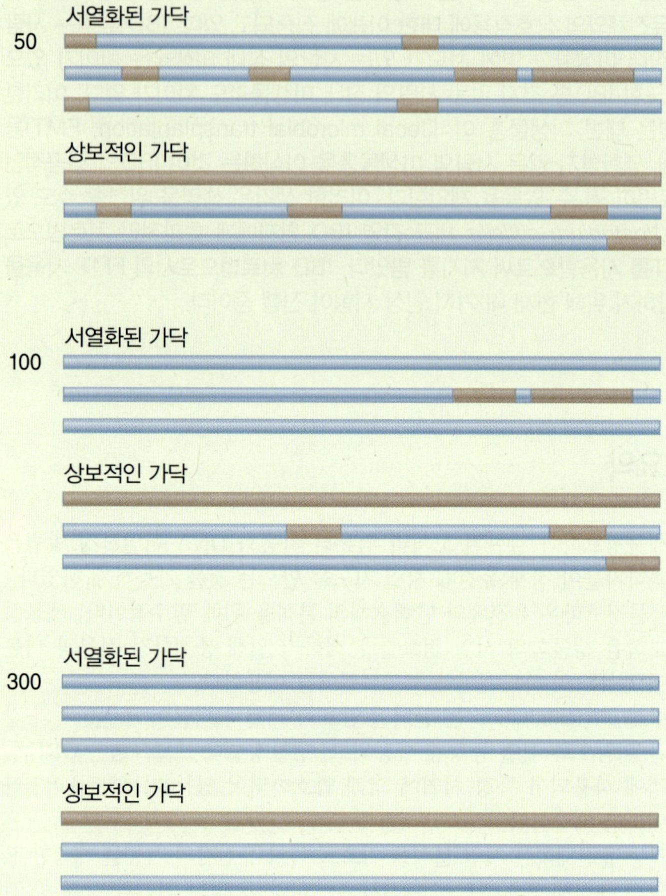

탐구 문제

어떻게 알았을까?

1. 이 장에서 유전체, 전사체, 단백질체의 분석에 대해서 공부하였고 이들의 중요한 적용과 발견에 관하여 생각하였다. 동시에, 이 정보를 얻기 위한 방법과 이유에 대하여 생각하였다. 이 장에서 주어진 설명으로부터 다음의 기본적인 질문에 대한 답은 무엇인가?
   (a) 어떤 콘티그들이 같은 염색체의 부위라는 것을 어떻게 알 수 있는가?
   (b) 어떤 유전체 DNA 서열이 단백질 암호화 유전자를 함유하고 있는지 어떻게 아는가?
   (c) 인간이 다른 표본 생물체들과 상당한 서열 유사성과 유전자 기능 유사성을 공유하고 있다는 개념을 지지하는 증거는 무엇인가?
   (d) 단백질체학은 유전체에 의해 발현되는 단백질의 수와 유전체에 의해 예측되는 단백질 암호화 유전자 수와의 차이를 어떻게 규명할 수 있는가?
   (e) 유전자군들이 유전자 중복 현상들에 의해 생겨났다는 증거는 무엇인가?
   (f) 생물체의 모든 세포는 같은 유전체를 가지고 있고, 일부 유전자는 거의 모든 세포에서 발현되며, 어떤 유전자는 세포나 조직 특이적인 발현을 보여주는데, 미세배열은 이러한 것들을 어떻게 증명하는가?

개념확인 문제

2. 522쪽의 핵심 개념을 다시 살펴보시오. 그 모두는 유전체학, 생물정보학, 단백질체학의 접근법들이 유전자와 단백질 연구 방법을 어

떻게 바꾸었는지와 관계되어 있다. 현대 유전체 기술이 유전자의 복제와 분석에 혁명을 일으킨 방법과 비교하여 재조합 DNA 기술이 유전자를 연구하고 동정하는 데 어떻게 사용되었는지를 설명하는 짧은 글을 쓰시오.

3. 기능 유전체학이란 무엇인가? 비교 유전체학과의 차이는 무엇인가?

4. 전유전체 샷건 서열분석법과 지도-기반 클로닝법을 비교 설명하라.

5. 생물정보학이란 무엇이며 이것은 유전체 연구에 왜 필수적인가? 생물정보학 응용의 두 가지 예를 설명하라.

6. 인간 유전체 프로젝트의 3가지 주요 목표에 대해 서술하라.

7. 컴퓨터 자동화된 차세대 서열분석법과 질량분석법 같은 고처리 기술이 유전체학과 단백질체학의 연구를 어떻게 촉진시키는가? 서술하라.

8. BLAST 검색과 이와 관련된 응용은 유전자와 단백질의 서열을 분석하기 위해 필수적이다. BLAST를 정의하고, 이 생물정보학적 도구의 기본적인 특징을 설명하라. BLAST 검색에 의해 공급되는 정보의 예를 설명하라.

9. 유사유전자란 무엇이며 그들은 어떻게 생성되는가?

10. 유전체 크기, 단백질을 암호화하고 있는 비율, 얼마나 많은 반복 서열로 구성되어 있으며 얼마나 많은 유전자를 함유하고 있는지에 관하여 인간 유전체를 설명하라. 인간 유전체의 다른 두 가지 특징에 관하여 설명하라.

11. 유전체에 관한 어떠한 기능적 정보를 염색질 면역침강법(ChIP)의 응용을 통해 결정할 수 있는가?

12. 인간 유전체 프로젝트는 모든 인종과 국적의 사람들이 대략 99.9% 같은 서열을 가짐을 밝혀고, 반면 개인의 차이는 DNA 지문 분석에 의하여 동정될 수 있었다. 개개인의 차이를 구별하는 데 사용할 수 있는 인간 유전체의 본질적인 변이는 무엇인가? 간단히 설명하라.

13. 주석달기는 유전체에서 유전자와 유전자 조절 서열을 동정하는 것을 포괄한다. 미지의 서열에서 유전자 동정을 보증할 수 있는 유전체 특징에 관하여 설명하라. 원핵세포 유전체에서는 어떤 특징을 찾을 것이며 진핵세포 유전체에서는 어떤 특징을 찾겠는가?

14. 인간 유전체 프로젝트(HGP)를 통해, 서로 다른 개인들로부터 조합된 시료를 이용하여, 상대적으로 정확한 인간 유전체 서열이 2003년에 발표되었다. 이것은 반수체 유전체에 대한 기준을 제공한다. 최근 많은 개인의 유전체가 개인 유전체 프로젝트(PGP)의 지휘하에 서열분석되고 있다. PGP로부터 얻은 결과와 HGP로부터 얻은 결과의 차이는 무엇인가?

15. 유전체 10K 계획의 의미를 기술하라.

16. 현대 생물학은 'omics' 혁명을 경험하는 것이라고 말할 수 있다. 이것의 의미는 무엇인가? 답을 설명하라.

17. 메타유전체학 연구는 매우 많은 양의 서열데이터를 만든다. 메타유전체학으로부터 배울 수 있는 유전체적 정보의 예를 설명하라.

18. 유전자 미세배열이란 무엇인가? 미세배열은 어떻게 사용하는가?

19. 인간 유전체 서열의 초기 주석달기와 개괄을 통해 F. A. Wright 팀은 아래에 보여주는 것과 유사한 그래프를 제시했다(*Genome Biol.* 2001: 2(7): Research0025). 그래프는 각 염색체에 대하여 배아에서만 발현되는 대략적인 유전자 수를 보여준다. 인간 염색체의 이수성에 대해 앞서 배운 것을 기억하고, 그 정보를 그래프와 연관지어 보라. 이 그래프는 왜 일부는 이수성이 발생하고 다른 일부는 발생하지 않는지에 관한 정보를 제공하는가?

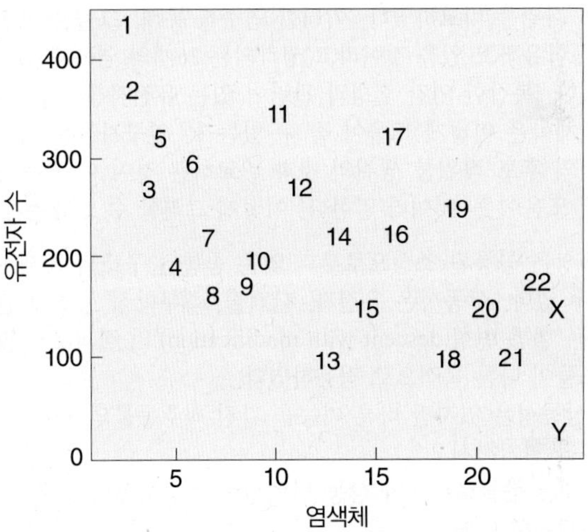

20. 인간 유전체 서열의 주석달기는 유전체에 의해 실제로 발현되는 예상 단백질 수와 단백질 암호화 유전자 수의 차이를 보여주었다. 단백질체 분석은 인간 세포가 100,000개 이상, 어쩌면 그 세 배 이상의 서로 다른 단백질들을 합성할 수 있다는 것을 보여주었다. 이 차이는 무엇이고, 어떻게 조화될 수 있는가?

응용 문제

21. 유전체 서열분석은 생물체의 유전적 틀을 조성하는 진화적인 힘을 이해하도록 도와주는 많은 연구를 가능하게 하였다. 25개 유전체 서열을 포함하고 있는 데이터베이스를 사용하여 과학자들이 GC 함량과 전체 아미노산의 조성 간의 관계를 검사하였다(Kreil, D.P. and Ouzounis, C.A., *Nucl. Acids Res*. 29: 1608-1615, 2001). 그들은 아미노산 조성 하나만으로도 호열성 종을 동정하는 것이 가능하다는 것을 알아냈으며, 이것은 뜨거운 환경에서의 진화가 전체 생물체의 아미노산 조성을 선택하게 만들었다는 것을 제안한다. 무슨 방법으로 극한 환경에서의 진화가 유전체와 아미노산 구성에 영향을 주었겠는가? 극한 환경에서의 진화가 유전체 서열 데이터의 해석에 어떻게 영향을 줄 수 있겠는가?

22. β-글로빈 유전자족은 60 kb의 DNA로 구성되어 있으나, 이중 5%의 DNA만이 유전자 산물을 암호화하고 있다. 나머지 95%의 DNA에 대하여 설명하라.

23. M. Stoll과 그의 동료들은 고혈압을 일으키는 여러 요소들과 관련한 인간 유전체의 좌위를 검색하는 데에 있어서 인간과 집쥐에서 후보 좌위를 비교하였다. 이러한 연구를 통해, 그들은 고혈압 유전자를 함유하고 있을 것이라고 생각되는 26개의 염색체 부위를 동정하였다. 복잡한 인간 질병과 관련이 있는 유전자를 찾는 것에 비교유전체학은 어떻게 도움이 될 수 있는가? 연구자들은 집쥐와 인간에서의 후보 좌위를 생쥐의 것과 비교하는 것이 이 연구를 입증하는데 도움이 될 것이라 말한다. 어떻게 그러할 수 있겠는가?

24. 상동성은 공통된 조상으로부터 얻은 공통된 구조의 존재로서 정의할 수 있다. 상동성은 유전자, 단백질, 해부학적 구조에 관련될 수 있다. '혈통 변형(descent with modification)'의 결과로서 많은 상동 구조들이 다른 목적으로 적응하였다.
(a) 상동성은 있지만 다른 기능을 가진 척추동물의 3가지 해부학적 구조를 열거하시오.
(b) 다른 종들로부터의 상동 단백질이 비슷하거나 같은 기능을 하겠는가? 설명하라.
(c) 유사 기능의 단백질이 어떤 요인으로 상동성을 가지지 않을 것이라 기대할 수 있겠는가? 그런 단백질이 DNA 서열 수준에서는 상동성을 갖겠는가?

25. 인간과 침팬지의 유전체 비교에서 한 영장류에서는 야생형 정상유전자로 기능하는 어떤 유전자가 다른 종에서는 질병을 유발하는 유전자임이 나타났다(The Chimpanzee Sequence and Analysis Consortium, *Nature*, 437: 69-87, 2005). 예를 들어, *PPARG* 좌위(지방세포 분화의 조절자)는 사람에서는 2형 당뇨병과 관련이 있지만 침팬지에서는 야생형의 유전자로서 기능한다. 어떠한 인자가 이러한 모순을 만들어 내는가? 이러한 모순이 드물거나 혹은 일반적이라고 생각하는가? 이러한 발견은 인간에서 질병 유발 유전자에 대한 치료법을 찾거나 고안하기 위해 비교유전체학을 사용하는 것에 어떤 영향을 주겠는가?

26. 전통적으로, 유전자 서열의 상동성은 기능의 유사성을 의미하였다. 두 가지 단백질이 60%가 넘는 서열 일치성을 보인다고 해도, 이들 중 약 38%만이 동등한 기능을 가지고 있다(Roy et al., 2008). 일부의 경우에는 가깝게 관련된 상동체가 완전히 다른 부류의 단백질(효소)로 분류될 수도 있다. 60%의 상동성을 보이지만 전혀 다른 기능을 하는 두 가지 단백질의 3차 구조에 대해서 생각해 보자. 상동적인 아미노산 트랙의 위치나 비상동성 트랙과의 관계, 단백질의 기능을 결정하는 샤페론(14장)의 역할 등에 대해서 논의하여 어떻게 다른 기능을 갖도록 진화하였겠는지 설명하라.

27. *M. genitalium*이 0.58 Mb의 유전체와 단지 470개의 단백질 암호화 유전자를 가지고 있다는 발견은 살아 있는 세포가 필요로 하는 최소한의 유전자 수를 결정하는 것에 흥미를 불러일으켰다. 유전체가 더 작은 생물의 탐색을 통해, 고세균의 새로운 종인 *Nanoarchaeum equitans*가 대양저의 고열의 환기 속에서 발견되었다. 이 원핵생물은 지금까지 발견된 가장 작은 크기의 세포로 된 생물체 중의 하나이며, 유전체는 약 0.5 Mb였다. 그러나 매우 작은 유전체를 가진 *M. genitalium*, *N. equitans*나 다른 미생물들은 기생충이거나 공생자이다. 이는 어떻게 최소 유전체 탐색에 영향을 주는가? 살아 있는 세포의 최소 유전체 크기에 대한 정의가 재정립되어야 하는가?

28. 전체 엑솜 서열분석(WES)은 내과 의사들이 전통적 수단으로 진단되지 않는 유전 상태의 원인을 찾을 수 있게 하는 하나의 방법이 되어가고 있다. 그 의미는, 영향받지 않은 개인들의 유전체와 비교함으로써 진단이 가능할 것이라는 기대 속에 핵 유전체의 엑손 서열이 분석된다는 것이다.
(a) 이 접근 방법의 강점과 약점은 무엇인가?
(b) 만약 환자를 위해 WES를 요청한다면, 환자의 미토콘드리아 유전체 분석을 포함하겠는가?

토마토에서 그 특유의 색을 띠게 하는 항산화제 라이코펜을 생산할 수 있도록 대장균들이 유전적으로 조작되어, 이들도 그 특징색을 띠고 있다.

22 유전공학과 생명공학의 응용 및 윤리적 제문제

핵심 개념

- 재조합 DNA 기법, 유전공학과 생명공학은 의학 및 농업에 대변혁을 일으켰다.
- 유전자 변형 식물이나 동물은 치료 단백질이나 여타의 가치있는 단백질 제품을 생산하는 생체 반응기(bioreactor)로 활용할 수 있다.
- 식물체의 유전자 변형은 제초제나 해충에 저항력을 가진 농작물과 더불어 영양학적으로 개선된 농작물을 생산할 수 있도록 했다. 이와 유사하게 형질전환 동물의 경우 치료용 단백질을 생산하고, 질병으로부터 동물을 보호하기 위해 만들어지고 있다.
- 합성 유전체가 조립되어 공여 세균주에 이식됨으로써 합성 생물학의 잠재적 응용에 대한 관심이 높아졌다.
- 재조합 DNA 기법과 유전체학의 응용은 유전질환을 진단하거나 유전형을 결정하고 또는 인간 유전체 검색으로 질병을 검출하는 데에 필수적인 기술이 되었다.
- 전유전체 연관성 연구(genome-wide association studies, GWAS)에서는 수백 또는 수천 개의 유전적 차이를 조사함으로써 유전체 변이를 특정 형질이나 질병에 연관시키고자 한다.
- 의학적 임상에서는 질병의 진단과 치료를 위해 개인 DNA에 대한 전유전체 염기서열결정법을 활용하고 있다.
- 부부의 유전학에 근거하여 자손을 예상하는 전산 서비스가 소비자에게 홍보되고 있다.
- 거의 모든 유전공학과 생명공학의 응용은 중요한 도덕적, 사회적 그리고 법적 논쟁을 야기하며 풀리지 않은 윤리적 딜레마에 빠져 있다.

1970년대 재조합 DNA 기법이 태동한 이래로 과학자들은 생물학적 연구와 함께 의학, 농업 그리고 생명공학 등의 분야에서 **유전공학(genetic engineering)**을 이용하였다. 유전공학이라 함은 한 유기체의 유전체 변형을 일컬으며, 한 유전체에 하나 또는 다수의 유전자를 삽입하거나 제거하는 재조합 DNA 기법의 사용을 포함한다. 시험관에서(*in vitro*) DNA를 조작하거나 생체 세포 내로 유전자를 삽입하는 능력으로 연구자들은 새로운 다양한 식물, 동물 그리고 특이 형질은 가진 새로운 유기체를 생산할 수 있게 되었다. 이들 유기체를 **유전자변형생물(genetically modified organism, GMO)**이라 한다. 산업 분석가에 의하면 가까운 미래에 유전공학은 미국 내에서만 600억 달러의 가치를 창출할 것으로 예상하고 있다. 이들 제품 중 많은 부분이 **생명공학(biotechnology)** 산업에 의해 이루어질 것이다.

생명공학은 살아 있는 유기체를 이용하여 인간이나 다른 생명체의 삶의 질을 개선할 수 있는 제품이나 그 생산공정을 창출한다. 현대 산업으로서의 생명공학은 재조합 DNA 기법의 개발과 함께 본격적으로 시작되었다. 그러나 생명공학은 실제적으로 미생물을 이용하여 와인이나 맥주와 같은 음료와 식초, 빵, 치즈를 포함한 많은 주요 생필품을 만들던 고대 문명의 과학이다. 현대 생명공학은 재조합 DNA 기법, 유전공학 그리고 유전체학에 많은 부분을 의지하며 이들 영역이 이번 장에서 논의의 중심이 될 것이다. 현재 생명공학은 하루하루 거의 매일 제품과 새로운 개발을 일구어내며 가장 빠르게 발전하는 산업분야 중 하나로서, 54개국의 기업을 아우르고 있다.

생명공학산업이나 재조합 DNA 기법의 응용이 널리 사용됨에 따라 유전자를 조작하거나 유전자 기법을 응용하는 힘은 심각한 우려를 자아낸다. 유전공학이나 생명공학은 인류가 자연계를 다루는 방법을 의미있게 바꾸거나 전 세계 주요 문제의 해결책을 제공할 수 있는 잠재력을 가지고 있다. 따라서 이들은 인류의 경험과는 다른 윤리적, 사회적, 경제적 문제를 야기한다. 그럼에도 이런 복잡한 문제들을 기초 유전학 교과서에서 온전히 다루기에는 어려움이 있다.

따라서 이 장에서는 유전공학이나 생명공학의 힘을 보여주는 여러 응용법과 이들이 야기하는 진퇴양난의 복잡성만을 논의한다. 이것은 유전공학이 동물을 이용해 어떻게 이루어지고 있는지를 설명하는 것으로 시작하려 한다. 또한 유전공학이 의약품의 생산과 어떻게 관련되어 있는지를 간단히 서술하고 유전자 치료를 포함해 인간 질환의 진단과 치료에 생명공학이 미치는 영향력을 기술하려 한다. 마지막으로 유전공학이나 생명공학에서 예상되는 사회적, 윤리적 그리고 법적 영향력의 일단을 살펴보고자 한다.

이 장에서 논의하는 많은 논제들을 이 책의 많은 부분에서 서술하고 있음을 주목하기 바란다(현대 유전학 특강 3장—DNA 법의학, 4장—유전체학과 맞춤의학, 5장—유전적으로 변형된 식품, 6장—유전자 치료 참조).

22.1 유전자 변형 생물은 다양한 범위의 생물학 제제 그리고 의약품을 합성한다

재조합 DNA 기법 중 가장 성공적이며 널리 이용되는 응용은 재조합 단백질 생명공학 산업으로서, **생의약학적(biopharmaceutical)** 생산물, 특히 질환을 치료하기 위한 치료 단백질의 생산일 것이다. 재조합 DNA 시대 이전에는 인슐린이나 혈액응고인자, 성장호르몬 등의 생의약품들을 췌장이나 혈액 또는 부신피질 등에서 분리정제하여 사용해왔다. 이런 공급 방법들은 공급량의 한계를 가지고 있으며, 이들 천연 공급원에서 획득한 생산물들은 바이러스와 같은 질병원으로 오염될 수 있는 한계도 있다. 현재 주요한 치료 목적 단백질을 암호화하고 있는 인간 유전자들을 클로닝할 수 있으며, 여러 숙주 세포에서 발현시킴으로써 우리는 보다 많은 양의 안전하고 값싼 생의약품을 생산하고 있다. **바이오파밍(biopharming)**은 유전자변형(genetically modified, GM) 동물이나 식물로부터의 가치 있는 단백질 생산을 일컫는 용어로 보편적으로 사용되고 있다.

이 절에서는 형질전환 숙주 세포나 유기체로부터 클론된 유전자의 발현을 통해 만들어지는 치료 목적 생산물의 예를 소개한다. 생명공학 회사들이 재조합 치료제 개발을 목표로 하는 주요 질환으로는 암이나 관절염, 당뇨병, 심장질환, 그리고 AIDS와 같은 감염병등이 있다. 표 22.1은 형질전환 세균이나, 식물, 효모 그리고 동물에서 현재 생산되는 주요 재조합 생산물들을 나타낸다.

세균에서의 인슐린 생산

많은 치료 목적 단백질들은 인간의 유전자를 세균 내로 삽입하여 생산한다. 대부분의 경우 인간의 유전자를 플라스미드(plasmid)에 클로닝하고 재조합 운반체(vector)를 세균에 삽입한다. 형질전환된 세균을 대량 배양하고, 재조합 인간 단백질을 세균 추출물로부터 분리, 정제한다.

재조합 DNA 기법으로 대량 생산된 첫 인간 유전자 산물은 휴멀린(Humalin)이란 상품명으로 시판된 인간 인슐린이었으며, 1982년 식품과 의약품 및 의학기구의 안전성을 책임지고 있는 정부기구인 **미국 식품의약국(U.S. Food and Drug Administration, US FDA)**에 의해 1982년에 치료 목적으로 승인되었다. Herbert Boyer(플라스미드를 사용하는 재조합 DNA 기법 초기 개발자 중 한 사람)와 Robert Swanson에 의해 1976년 설립된 샌프란시스코의 생명공학기업 Genentech의 과학자들이 1977년에 인슐린 유전자를 분리하고 클로닝하였으며, 세균 내에서 발현하였다. Genentech는 '유전공학기술(genetic engineering technology)'의 약어로, 일반적으로 세계 최초의 생명공학기업로 간주되고 있다.

이전에 인슐린은 도살장의 소나 돼지 췌장으로부터 화학적 방법으로 추출하였다. **인슐린(insulin)**은 포도당의 대사를 조절하는 단백질 호르몬으로, 이를 생산할 수 없는 개인은 당뇨병을 앓게 되는데, 특히 더 심각한 형태인 1형(type I) 당뇨병의 경우 미국 내에서만 200만 명 이상이 고통받고 있다. 현재는 다른 과정을 통해 생산된 합성 인간 인슐린이 공급되지만, 우리는 이러한 초창기 유전공학 방법을 살펴봄으로써 재조합 DNA 기법의

표 22.1 이용 가능하거나 개발 중에 있는 유전자 조작 생의약품들의 예

유전자 산물	치료 조건	숙주형태
적혈구생성소(erythropoietin)	빈혈	대장균; 배양 포유세포
인테페론	다발성 경화증, 암	대장균; 배양 포유세포
조직 플라스미노겐 활성인자(tPA)	심장병, 발작	배양 포유세포
인간 성장 호르몬	왜소 발육증	배양 포유세포
항 맥관 내피 성장인자(VEGF) 단일클론항체	암	배양 포유세포
인간 혈액응고인자 VIII	혈우병 A	형질전환 양, 돼지
C1 저해인자	유전성 혈관부종	형질전환 토끼
재조합 인간 항트롬빈	유전성 항트롬빈 결핍증	형질전환 염소
B형 간염 표면 단백질 백신	B형 간염 바이러스 감염증	배양 효모세포, 바나나
항 HSV-2 면역글로불린 IgG1	인두종 바이러스 감염증	형질전환 콩 당단백질 B
재조합 단일클론항체들	광견병 수동면역(광견병 진단에도 사용), 암, 류마티스성 관절염	형질전환 토마토, 콩, 배양 포유세포
Norwalk 바이러스 껍질 단백질	Norwalk 바이러스 감염	감자(식이백신)
대장균 열에 불안정한 장관 독	대장균 감염	감자(식이백신)

적용에 대한 긍정적인 면과 난점을 파악할 수 있다.

췌장 내 세포 군락에서 프로인슐린이라는 전구체 폴리펩타이드가 합성되고, 이들이 세포 외로 분비되면 말단과 내부의 아미노산이 절단된다. 이런 절단으로 완전한 인슐린 분자가 되는데, 이황화결합(disulfide bond)에 의해 연결된 두 개의 폴리펩타이드(*A*와 *B* 사슬)로 구성되어 있다. *A* 소단위체는 21개의 아미노산, *B* 소단위체는 30개의 아미노산으로 구성되어 있다.

최초 유전공학의 과정에서는 *A*와 *B* 소단위체를 암호화하는 합성 유전자를 올리고뉴클레오타이드 합성으로 제조하였다(*A* 폴리펩타이드는 63 뉴클레오타이드, *B* 폴리펩타이드는 90 뉴클레오타이드). 각각 합성된 뉴클레오타이드를 개별의 운반체 벡터(vector) 내에, 세균의 β-갈락토시디아제(β-galactosidase)를 암호화하는 *lacZ* 유전자 옆에 삽입시키고, 세균 숙주로 전달하여 *lacZ* 유전자와 함께 인접한 합성 뉴클레오타이드가 하나의 유전자 발현 단위로 전사되고 번역되도록 한다. 이런 산물은 **융합 단백질(fusion protein)**로 β-갈락토시디아제의 아미노산 서열과 각 인슐린 소단위체의 아미노산 서열이 연결된 혼성(hybrid) 단백질이 된다(그림 22-1). 융합 단백질을 세균 추출물로부터 정제한 후, β-갈락토시디아제를 융합 단백질로부터 제거하는 시약인 시안화브롬(cyanogen bromide)으로 처리한다. 이때 융합 단백질을 혼합하면 두 인슐린 소단위체가 자연적으로 결합하여 완전한 활성을 가진 인슐린 분자로 되고, 이렇게 얻은 정제되고 주사가능한 인슐린이 당뇨환자들을 위해 포장된다.

인슐린이 시판된 직후, 왜소발육증(dwarfism)으로 고통받고 있는 어린이 환자 치유에 사용되는 성장호르몬이 클로닝되었다. 곧 재조합 DNA 기법을 이용하여 상용화되었으며, 기존의 방법으로 적정량을 획득하기 어려운 다른 여러 임상적으로 중요한 단백질들도 시판되었다. 재조합 인슐린이 생명공학 시대를 선도한 이래 거의 200개가 넘는 재조합 생산물들이 전 세계 시장에 선보였다. 최근에는 비생의약학적 생산물들의 개발에 많은 연구가 이루어지고 있는데, 예를 들면 토마토에서 발견되는 항산화제인 라이코펜(lycopene)을 대장균에서 생산하는 것이다(이 장의 첫 페이지 그림 참조). 그러나 이런 대장균에서 생산되는 라이코펜은 아직 인간의 소비 목적으로는 시판되지 않는다.

형질전환 동물 숙주와 의약품들

세균은 치료 목적의 단백질을 생산하는 데 널리 이용되고 있지만, 진핵생물 단백질을 합성하기 위해 원핵생물 숙주를 이용하는 것에는 어느 정도 한계가 있다. 하나의 문제는 세균 세포가 종종 진핵생물 단백질을 가공하거나 변형하지 못한다는 것이다. 결과적으로 원핵생물 숙주는 단백질의 완전한 생물학적 활성에 필요한 당류나 인산기의 수식화를 할 수 없다. 이에 더해 원핵세포에서 발현한 진핵생물 단백질은 종종 적절한 3차원 구조를 갖추지 못하여 비활성인 상태가 되기도 한다. 이런 한계를 극복하고 충분한 양을 확보하기 위해 많은 생의약품들은 진핵생물 숙주에서 생산한다. 표 22.1에서 보듯이, 진핵생물 숙주로는 배양

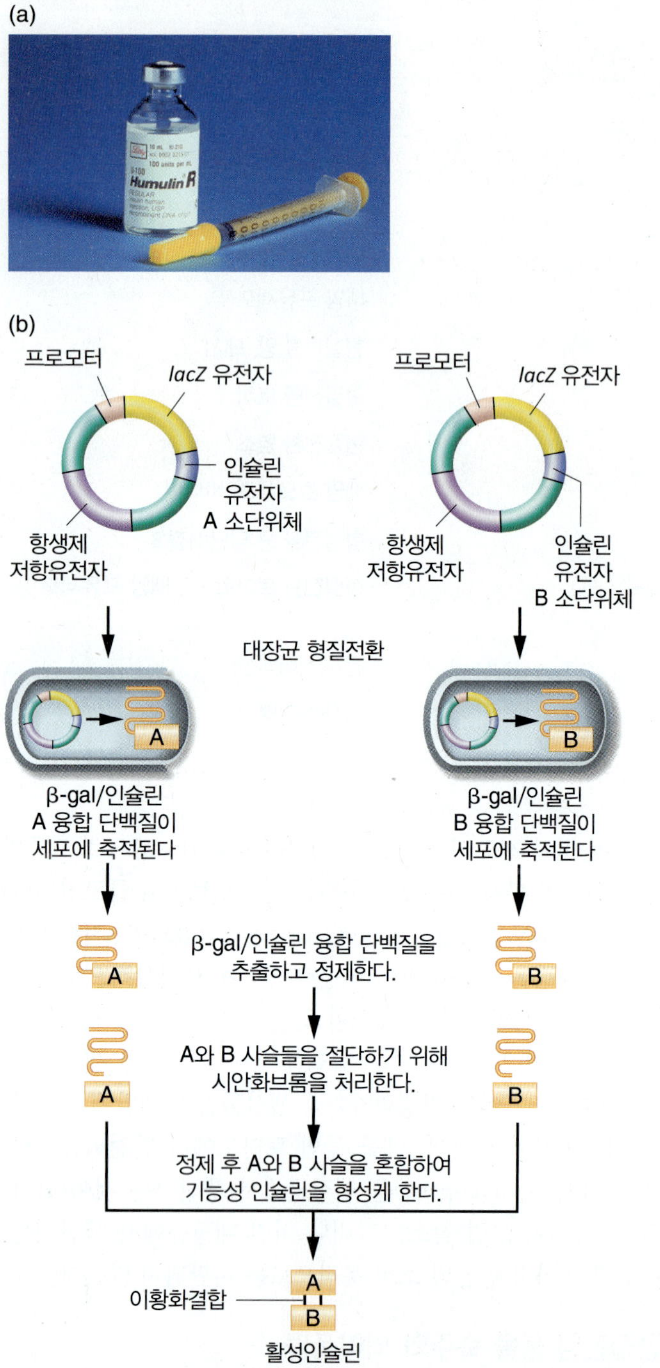

그림 22-1. (a) 인간 인슐린의 재조합 단백질인 Humulin은 재조합 DNA 기법을 이용하여 생산되고 인간에의 사용이 승인된 첫 번째 치료목적 단백질이다. (b) 재조합 인간 인슐린을 합성하기 위해서는 인슐린 A와 B 사슬을 지정하는 합성 올리고뉴클레오타이드를 각각 개별의 벡터 속에 클론닝된 대장균 *lacZ* 유전자 끝 쪽에 삽입한다. 재조합 플라스미드로 대장균 숙주 세포를 형질전환시키고, β-갈락토시디아제/인슐린 융합 단백질을 합성해 세포 내에 축적도록 한다. 융합 단백질을 숙주 세포로부터 추출하고 정제한 후, 시안화브롬으로 처리하여 인슐린 사슬들을 분리한다. 인슐린 소단위체를 각각 정제하여 혼합하면 기능성 인슐린 분자를 생산한다.

된 진핵세포(식물이나 동물)나 형질전환 가축들이 포함된다. 예를 들면 염소나 소 등은 원하는 치료 목적 단백질을 포함한 젖을 계속적으로 생산하여 이를 잔인한 방법을 동원하지 않고도 분리해 낼 수 있기 때문에 매우 효과적인 **생체반응기(bioreactor)** 또는 **생체 공장(biofactory)**—살아 있는 공장—이라 할 수 있다.

효모(yeast) 역시 재조합 단백질을 발현하는 소중한 숙주이다. 곤충세포도 비록 **배큘로바이러스(baculovirus)**라는 바이러스 유전자 전달 시스템을 사용해야 하지만 이런 목적에 유용하다. 원하는 유전자를 포함하고 있는 재조합 배큘로바이러스는 곤충 세포주에 감염시키는 데 사용되는데, 이를 통해 많은 양의 단백질을 발현시킬 수 있다. 배큘로바이러스-곤충세포 발현 시스템은 특히 다수의 당 수식화된 인간 재조합 단백질을 생산하는 데 유용하다. 숙주의 종류에 관계없이, 치료 목적 단백질은 숙주 세포로부터 정제하거나 **형질전환 동물(transgenic animals)**을 사용한 경우 젖과 같은 동물 생성물로부터 분리할 수 있다.

어떻게 형질전환 동물들에서 원하는 형질 유전자를 발현하는지는 앞 장에서 언급하였다(20장 참조). 생명공학기업들은 상업적으로 유용한 단백질을 발현하고 분리, 정제할 목적으로 형질전환 동물들을 이용해 많은 유전자 발현을 시도하고 있다.

형질전환 동물을 이용한 생의약품 생산 사례에는 인간의 **α1-항트립신(antitrypsin)**이 있다. α1-항트립신의 결핍은 진행성이며 치명적인 호흡기 질환으로 유럽계 사람들에게 보편적인 유전성 폐기종(emphysema)과 연관되어 있다. 이 질환의 치료 목적 α1-항트립신을 생산하기 위해서 양 유선(sheep mammary gland)의 젖 생성 세포에서 전사를 특이적으로 활성화하는 양 프로모터 서열에 붙여 인간 α1-항트립신 유전자를 벡터에 클로닝하였다. 이 프로모터의 영향 하에 놓인 유전자는 오직 유선 조직에서만 발현된다. 이 융합 유전자를 세포 외 수정된 양의 접합자에 미세주입시키고 이 수정 접합자를 대리모에 이식한다. 이렇게 만들어진 형질전환 양은 정상적으로 성장하고, 활성을 가진 α1-항트립신이 높은 농도로 포함한 젖을 생산하게 되는데, 젖 1리터당 35그램의 높은 농도로 생산되어 추출과 정제를 쉽게 할 수 있다. 이런 과정을 거쳐 젖을 내는 형질전환 양들을 이용함으로써 충분한 양의 α1-항트립신을 생산할 수 있다.

2006년에는 재조합 인간 **항트롬빈(antithrombin**, 항혈액응고 단백질)이, 가축의 젖으로부터 추출하여 인간에게 사용이 승인된 첫 의약품으로 출시되었다. GTC Biotherapeutics의 연구자들이 인간 항트롬빈 유전자를 염소에 이식하였다. 이들은 모든 젖에 공통으로 존재하는 단백질인 β-카제인 프로모터에 붙여 항트롬빈 유전자를 위치시킴으로써 유선에서 발현되도록 하였다. 그 결과 항트롬빈 단백질을 젖에서 높은 농도로 발현시켰으며, 일 년에 한 마리의 염소에서 약 9만 명의 헌혈액에서 분리할 수 있는 양의 항트롬빈 단백질을 얻을 수 있다.

백신 생산을 위한 재조합 DNA 연구법

치료 목적의 재조합 DNA 기법을 이용한 다른 하나의 성공 사례는 백신(vaccine) 생산이다. 백신은 질병 원인 유기체에 대항해 항체를 생성하도록 면역계를 활성화시킴으로써 특이 질병에 대항할 수 있는 면역력을 갖게 한다. 전통적으로 두 종류의 백신이 사용된다: **비활성화 백신(inactivated vaccine)**은 감염성 바이러스나 세균을 사멸시킨 시료로 준비한 것이고 **독성약화 백신(attenuated vaccine)**은 재생할 수 없거나 독성이 순화된 살아 있는 바이러스나 세균을 사용한다. 비활성화 백신은 광견병이나 인플루엔자의 경우이고, 독성약화 백신의 예로서는 결핵, 콜레라, 수두 등이 있다.

유전공학적 방법으로 **단위 백신(subunit vaccine)**을 생산할 수 있는데, 이는 전체 바이러스나 세균을 대상으로 하는 것이 아니라 바이러스나 세균의 하나 이상의 표면 단백질을 이용한다. 이들 표면 단백질은 백신용으로 사용하기 위해 해당 단백질을 암호화하는 유전자를 클로닝하고 발현하는 재조합 DNA 기법으로 생산하는 것이다. 병원체에 대항할 수 있는 항체 생성을 위해 면역계를 활성화시키는 항원으로서 이들 표면 단백질을 사용하는 것이다. 첫 단위 백신 중 하나는 간 손상이나 간암의 원인인 **B형 간염 바이러스(hepatitis B virus)**의 백신이다. B형 간염 표면 단백질을 암호화하는 유전자를 효모 발현 벡터에 클로닝하고 이를 효모 숙주 세포에서 발현시키고 추출, 정제 과정을 거쳐 백신으로 사용할 수 있게 된다.

2005년에는 FDA가 의약품 회사인 머크(Merck)에서 생산한 단위 백신 **Gardasil**을 승인하였는데, 이는 FDA 승인을 받은 첫 암 백신이다. Gardasil은 자궁경부암의 대략 70%를 일으키는 **인간 유두종 바이러스(human papillomavirus, HPV)** 중 4종류를 대상으로 한다. 성적으로 활동성이 있는 여성의 대략 70%가 일생 동안 HPV에 감염될 가능성이 있다. Gardasil의 경우 감염되기 전의 HPV에 면역적으로 대항하도록 설계되었으며, 이미 감염된 경우에는 효과가 없다. 아마도 이 책을 접하는 여성들은 성적 활동성에 관계없이 모든 청춘기 학생들에게 Gardasil 접종을 추천하는 미디어 소식을 접했을 것이다.

식물체를 이용한 백신 단백질 생산

식물체는 재조합 단백질을 발현하는 데 여러 장점이 있다. 예를 들어, 일단 형질전환 식물체가 만들어지면 쉽게 온실이나 목초지에서 재배할 수 있어 안정적으로 얻을 수 있는 장점이 있다. 또한 형질전환 식물체로부터의 재조합 단백질 발현 비용이 세균이나 효모, 포유류 세포에서 얻는 가격 비용에 비해 저렴하다.

수십 종의 백신이 최종 임상시험까지 이르렀으나, 아직까지 인간 치료 목적의 형질전환 식물체 유래 재조합 단백질이 FDA 승인받은 것은 없다. 현재 몇몇 식용 백신이 임상시험 중에 있다. 예를 들면 콜레라의 원인균에 대항하는 백신을 유전자 변형 감자에서 생산하여 인간 지원자를 대상으로 성공적인 백신화가 보고되었다.

개발도상국에서는 백신의 제조, 이송 및 보관에 많은 어려움이 있다. 대부분 백신의 경우 냉장시설이 필요하고 무균 상태로 주사하여야 한다. 많은 시골 지역에서는 냉장이나 무균 시설을 구비하고 있지 못하다. 또한 많은 국가의 사람들은 바늘을 이용한 주사에 두려움을 가지고 있다. 이를 극복하기 위해 연구자들은 식용 식물체에서 합성할 수 있는 백신 개발에 힘쓰고 있다. 이들 백신은 생산비용이 저렴하고 냉장 시설이 필요하지 않으며, 숙련된 의료인이 무균 상태를 유지하지 않아도 된다.

바나나를 이용한 백신 생산 시험이 현재 시행되고 있다. 바나나는 아마도 최상의 식용 B형 간염 바이러스 백신 후보일 것으로 고려되고 있다. 유전공학적 식용 식물체는 영아들, 청소년, 그리고 성인 대상으로 많은 감염성 질병에 대항할 수 있도록 임상시험에 사용되고 있다. 그러나 식용 식물체가 널리 사용되기 위해서는 백신 전달(vaccine delivery)이라는 난제를 풀어야 한다. 예를 들면 과실이나 채소의 크기에 따라 백신 발현량이 다를 때 백신 투여 용량을 어떻게 주의깊게 조절할 것인지, 또한 면역반응을 활성화시킬 수 있는 상태로 백신 단백질이 소화기관을 투과할 수 있는지 등의 문제이다. 그럼에도 불구하고 이들의 전망은 매우 기대된다.

DNA 기반 백신

최근 **DNA 기반 백신(DNA-based vaccines)**이 수년간 시도되었고, 바이러스 병원체에 대항할 백신으로 많은 주목을 받고 있다. 이 방법은 특정 병원체의 단백질을 암호화하는 DNA 염기서열을 플라스미드 운반체에 삽입하여, 개인에게 직접 주사하거나, 바이러스를 이용하는 유전자 치료와 같은 방식으로 바이러스 벡터를 이용하여 전달한다. 기본적인 아이디어는 전달된 DNA가 암호화하는 병원체 단백질이 생산되고 면역반응을 유발하여 장래 병원체에 노출되었을 때 보호할 수 있다는 것이다.

예를 들면, HIV에 대항하여 개인을 백신화하는 시도로서 HIV 유래 단백질 항원을 암호화하는 플라스미드 DNA가 시험되고 있다. 그럼에도 이들 DNA 기반 벡터들의 중요한 한계는 전달된 유전자에 의해 지정되는 단백질이 일반적으로 너무 적게 발현되어 백신 접종된 개인의 면역반응이 목표한 보호 효과를 나타내기에 충분하지 않다는 것이다. 현재 많은 DNA 기반 백신에 대한 연구가 활발하게 진행되고 있으나, 백신 시장에서 주요한 몫을 할 수 있을지는 지켜봐야 하는 상황이다.

실전문제

22-1 콜레라 독소와 같은 항원이나 식용 백신에서 발현되는 항체를 먹게 함으로써 사람들을 질병에 대해 백신화하려면 항원이 안정적으로 소장의 세포에 도달하여야 한다. 이 방법의 몇몇 잠재적 문제는 무엇인가?

■ **힌트:** 이 문제는 식용가능 백신이 왜 효과적이지 않은가를 고려해야 한다. 해결의 실마리는 항원이나 항체의 분자 구조와 이들에 대한 면역계의 인지 문제와 관련이 있다.

22.2 식물 유전공학은 농업의 대변혁을 일으켰다

수천 년간 농부들은 식량 생산 증가를 위해 식물이나 동물의 유전적 형질을 능숙하게 다루어 왔다. 30년 전 유전공학이 태동하기 전까지는 이런 유전자 형질 조작은 자연적으로 발생하는 즉, 돌연변이 유발원에 의한 변이체들의 선택과 품종개량인 **선택적 육종(selective breeding)**에 주로 의존하였다. 지난 50~100년간 인위적 선택과 유전적 교배의 전통적인 방법에 의한 농작물의 유전적 기능 개선은 식량 생산량과 영양의 극대화에 막대한 영향을 주었다. 예를 들면 옥수수의 생산량은 지난 60년간 4배 증가하였고, 이들 증산의 반 이상은 인위적 선택과 선택적 육종을 통한 유전적 개선이었다(그림 22-2). 현대의 옥수수는 육종에 의해 생산된 잡종을 포함해서 원조 곡실에 비해 실질적으로 큰 열매나 낟알을 가지고 있다.

재조합 DNA 기법은 농업에서 중요한 작물의 유전적 구성을 변형시킬 수 있는 새로운 강력한 수단이 되었다. 연구자들은 이제 원하는 형질 유전자를 확인 분리하고 클로닝하여 유기체에 효과적으로 삽입할 수 있다. 그 결과 해충 저항성, 제초제 저항성 등과 영양적 특성을 농작물이나 가축에 신속히 이입할 수 있게 되었고 이것은 **농업 생명공학(agricultural biotechnology)**의 첫 번째 목표가 되었다.

식물체를 이용한 재조합 DNA 기법과 유전체학의 응용에 관한 예는 무수히 많으며 자세한 논의는 뒤로 미루고자 한다. 농작물의 유전적 변형에 관해서는 뒤에서 상세히 다룬다(현대 유전학 특강 5장—유전적으로 변형된 식품 참조). 이 절에서는 농업적 가치로서의 형질전환 농작물 유전자 변형에 대해 논의하고자 한다. 또한 22.3절에서 농업적으로 중요한 동물의 유전자 변형에 대해 논의할 것이다.

전 세계적으로 수백만 에이커 면적에 유전자 변형 작물이 심어지는데, 특히 제초제나 해충 저항성 콩, 옥수수, 면화, 유채(canola) 등이 대표적이다. 50종 이상의 형질전환 작물이 이용 가능한데 이들에는 알팔파(alfalfa), 옥수수, 벼, 감자, 토마토, 담배, 밀, 덩굴월귤(cranberry) 등이 있다.

형질전환 작물의 생성에 대한 주요 타당성은 다음과 같다.

- 농업적으로 가치있는 작물의 성장 특성 및 수율 개선
- 작물의 영양적 가치 극대화
- 해충, 바이러스, 가뭄 및 제초제에 대한 저항성 향상

또한 시장에 출현할 새로운 많은 유전자 변형 작물(GM corps)들이 에탄올 생산이나 바이오 연료를 생산할 수 있도록 설계해 궁극적으로 에너지원을 제공하려 하고 있다.

식물 유전체 염기서열결정 프로젝트는 의심할 것 없이 작물 식물체의 유전적 다양성 분석, 작물 순화나 교배 형질에 관련된 유전자 동정, 그리고 이를 바탕으로 유전공학을 통한 다양한 필요 형질의 보강을 촉진하였다. 지난 수년간 특히 세계적으로 인류의 칼로리 습득을 담당하는 옥수수, 벼, 밀을 포함하는 주요 식량 작물과 산업적 농산물들에 대한 유전체 프로젝트가 완성되었다. 이 절에서는 농업에서 이용되고 있는 유전자 변형 식물체의 성공적인 예를 살펴보고자 한다. 이들을 사용하는 것과 관련

그림 22-2. 선택적 육종은 식물체의 유전적 변이의 오래된 방법 중 하나이다. 여기에 보이는 것은 테오신트(teosinte, *Zea carnia*, 왼쪽), 선택적 육종을 거친 잡종(가운데), 그리고 현대 옥수수(*Zea mays*)이다.

된 윤리적 사회적 관심사는 22.7절에서 취급할 것이다.

22.3 형질전환 동물은 생명공학에서 중요한 역할을 하고 있다

유전자 변형 식물체가 현대 농업의 중심적 역할을 수행하고 있고, 상대적으로 형질전환 동물의 상업적 응용은 덜 보편화되어 있다. 대부분의 형질전환 동물은 유전자 기능을 위한 연구 목적으로 생산된다. 그럼에도 유전자 변형 가축의 예들은 공공의 이해와 논쟁을 야기했다. 그러나 가까운 장래에 형질전환 동물들은 상업적 목적에 이용 가능할 것으로 예상된다.

형질전환 동물의 예들

최초의 형질전환 동물 예로서 인간의 성장호르몬 형질 유전자를 가진 거대 생쥐가 생산되었다. 형질전환 성장호르몬 유전자를 가진 가축의 생산 시도는 아마도 성장 과정이 복합하고 많은 유전자 형질들이 관여하므로 성공적이지 못했다. 한 가지 의미있는 예외로는 형질전환 대서양 연어를 들 수 있는데, 이는 지속적으로 발현되는 프로모터(constitutive promoter)에 치누크 연어 성장호르몬 유전자를 가지고 있었다(현대 유전학 특강 5장—유전적으로 변형된 식품 참조).

22.1절에서 논의했듯이 형질전환 가축의 주 사용처는 유용한 의약품을 생산하는 생체반응기로서의 역할뿐이지만, 많은 형질전환 응용법이 현재 개발되고 있다. 이런 응용 중 몇몇은 우유 생산을 증가하거나 우유의 영양성분을 극대화시키는 것으로 설계되었다. 많은 연구들이 질병이나 동물 감손(테러리스트가 가축을 공격할 수 있는 잠재적인 생무기를 포함)과 식량 공급을 위협하는 것으로부터 가축을 보호하는 것에 집중되어 있다. 예를 들면, 형질전환 소를 생산함으로써 소의 유선염을 제어할 수 있음이 확인되었다(그림 22-3). **유선염(mastitis)**은 유선의 감염병으로 미국에서만 20억 달러 이상의 손실로 낙농업에 심각한 영향을 주는 고비용 질병이다. 유선염은 수유관을 막히게 해 우유 생산을 감소시키거나 병원성 미생물들로 우유를 오염시킬 수 있다. 포도상구균(*Staphylococcus aureus*) 감염이 유선염의 주 원인이고 통상의 항생체로는 치료가 되지 않는다. 따라서 유선염은 소 감산의 주요 원인이다.

유선염에 저항성을 가진 형질전환 소는 *Staphylococus simulana* 세균의 리소스타핀(lysostaphin) 유전자를 갖는다. 리소스타핀은 *S. aureus* 세포벽 성분을 특이적으로 절단하는 효소이다. 우유로 이 단백질을 발현하는 형질전환 소는 *S. aureus* 감염의 방패로 천연 항생제를 생산하는 것이다. 그러나 이런 시도들도 유선염 문제를 완전히 극복하지는 못하는데, 이는 대장균이나

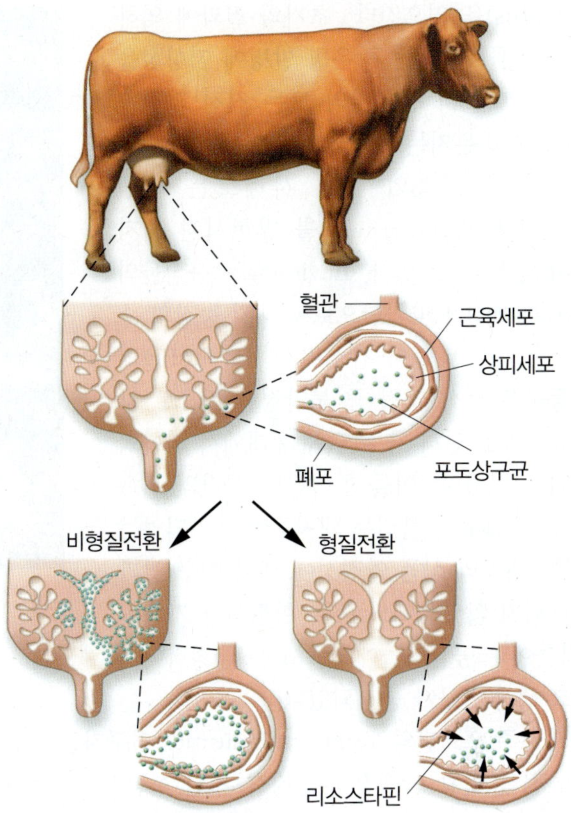

그림 22.3. 유선염에 대응하는 형질전환 소. 일반 소의 유선은 피부 미생물인 포도상구균(*Staphylococcus aureus*)에 민감하다. 우유 내에 리소스타핀(lysostaphin) 유전자를 발현하는 형질전환 소는 유선에서 염증이나 유선 조직의 손상을 일으킬 정도의 포도상구균이 번식하기 전에 살균한다.

*S. uberis*에 의한 유선염 치료에는 효과적이지 않고, 더욱이 *S. aureus*가 리소스타핀에 대한 내성을 가질 수도 있기 때문이다. 그럼에도 불구하고 연구자들은 형질전환 접근법이 미래 주요 병원체에 대항 능력을 향상시키는 것에 대단히 낙관하고 있다.

뉴질랜드의 연구자들은 알레르기 유발이 적은 우유를 생산하는 소를 만들었다. 대략 2~3%의 신생아들이 우유 제품에 알레르기 반응을 보이기 때문인데, 이는 β-락토글로빈(β-lactoglobulin, BLG)이라는 단백질에 대한 과민반응이다. 이들 연구자는 BLG 발현을 억제하는 마이크로 RNA를 설계해 이들을 소의 배아에 삽입하였다. 100개의 유전자 조작 소 배아들 중 Daisy라 명명된 한 마리가 생산되었는데, Daisy가 젖을 생산하기 시작한 후 Diasy의 우유에서 더 이상 BLG가 검출되지 않았다. 현재 연구는 생쥐를 대상으로 알레르기 반응이 안나타나는지 조사 중에 있고, 가까운 미래에 인간을 대상으로 조사할 예정이다.

몇몇 연구 그룹은 최근 프리온 단백질 *PrP* 유전자가 결핍된 소를 생산하였다. PrP 단백질의 비정상적 접힘 구조가 **광우병(mad cow disease)** 즉, **소 해면상 뇌증(bovine spongiform**

encephalitis)을 일으킨다. 초기의 결과에 의하면 이들 동물에게서는 광우병 발병에 저항성을 보이지만, 이들이 광우병의 모든 진전 과정을 완전히 방어하는지는 확인되지 않았다.

형질전환 가축의 다른 사례로는 침샘에 피타아제(phytase) 효소를 발현시킨 돼지 **enviroPig**를 들 수 있다. EnviroPig는 음식물의 인(phosphorus)을 파괴함으로써 돼지 농장의 주 오염원인 인의 배출이 감소된다. EnviroPig의 초기 동물은 번식 과정 중 불안정한 것으로 알려진 유전자로 인해 자주 후속 세대에서 퇴화되는 결과를 보였다. 이들 형질전환 돼지의 후속 변종으로 Cassie라 불리는 돼지종이 생산되었는데, 이들 돼지의 식품 안정성에 대한 연구 결과가 보고되지 않았음에도 이들 형질전환 가축이 소비자들이나 공급자들에게도 모두 긍정적이지 못해 그 생산 연구가 중지되었다.

그림 22-4. 최초의 유전자 조작 애완동물인 GloFish는 유전공학에서 논쟁의 대상인 제품이다.

텍사스주 오스틴의 Yorktown Industries 연구자들은 바다 말미잘의 적색 형광 단백질 유전자를 지닌 형질전환 제브라피쉬(zebrafish, *Danio rerio*)인 **GloFish**를 개발하였다. 미국 애완동물시장의 첫 형질전환 동물인 GloFish는 자외선 빛을 비추면 밝은 핑크색을 띤다(그림 22-4). 그러나 GM 비판자들은 이 어류를 유전공학이 남용된 것이라 비판하였다. 그러나 GloFish는 몇몇 사람들이 믿듯이 유전공학의 하찮은 이용이 아닐 수 있다. 이런 형질전환 동물의 변종으로 중금속에 의해 발현이 유도되는 프로모터에 붙여 적색형광 단백질 유전자를 삽입하여 물의 중금속 오염을 확인할 수 있는 생화학적 검정법으로 쓰일 수 있음이 확인되었다. 이들 제브라피쉬가 수은이나 기타의 중금속으로 오염된 물속에 있으면, 이들 중금속이 특정 프로모터를 활성화시키고, 적색형광 단백질 유전자의 전사를 유도한다. 이런 방법으로 제브라피쉬의 형광 단백질은 중금속 오염이나 생체 중금속 흡수를 측정할 수 있는 생물학적 검정법(bioassay)으로 사용할 수 있다.

22.4 합성 유전자와 합성 생물학의 출현

유전체를 연구하는 것에는 근본적인 의문이 있다: "생명을 유지하기 위한 최소한의 유전자 수는 얼마인가?" 연구자들은 이들 문제에 대해 많은 관심을 가지고 있는데, 실험실에서 만들어진 합성 유전체에 암호화된 유전자를 바탕으로 인공의 세포나 설계 가능한 유기체를 생산할 수 있을 것이라 예상하기 때문이다. **합성 유전체(synthetic genome)**를 가진 유기체를 만들기 위해서는 생명유지에 필요한 최소한의 유전자 수에 대한 보다 많은 이해가 필요하다. 물론 바이러스는 스스로 복제를 할 수 없으므로 이 논의에서 제외한다.

유전체는 어느 정도까지 간단할 수 있나?

합성 유전체 연구에서는 이런 질문들에 답하기 위해서 절대기생체(obligate parasite)의 작은 유전체를 참고할 수 있다. 예를 들면 인간의 기생 병원체인 세균 *Mycoplasma genetalium*은 자기복제 가능한 원핵생물이고, 세포가 자기복제하는 데 필요한 최소한의 유전체 요소들이 알려져 있는 모델이다. *M. genetalium*은 580 kb의 유전체 크기를 가지고 있고, 곤충, 식물체, 인간 등을 포함하는 넓은 숙주에서 질병을 일으킨다. 인간의 경우 이 미생물은 성기 감염을 일으킨다.

1995년 J. Craig Venter, Hamilton Smith, Clyde Hutchison을 포함한 연구팀이 *M. genetalium* 유전체의 염기서열을 결정했다. 485개의 단백질 유전자를 가지고 있었는데, 이는 염기서열이 결정된 세균의 유전체 중 가장 작은 것 중 하나이다. 이에 비해 *Haemophilus influenza*(처음으로 염기서열이 결정된 세균) 유전체는 1.8 Mb 크기로 1783개 유전자를 가지고 있다. 그렇다면 *M. genetalium*이 가지고 있는 485개의 단백질 유전자 중 어떤 것들이 생명을 유지하기 위한 최소한의 유전자 세트에 근접한 것일까? 과연 생명을 특정 유전자의 수만으로 확정할 수 있는 것인가? 생물정보학과 실험적 접근 방법으로 *M. genetalium* 유전체를 *M. pneumoniae*나 *H. influenzae* 등의 다른 친족 세균들과 비교해 이들 질문에 답을 할 수 있었다. *M. genetalium*와 *H. influenza* 유전자의 염기서열들을 비교해서 연구자들은 이들

종에서 이종상동인 240개 유전자를 확인하였다. 이들 공유 유전자와 더불어, 16개의 다른 서열 유전자가 같은 기능을 수행하는 것으로 밝혀졌다. 이들은 비이종상동 유전자에 의해 수행되는 필수적인 기능이었다. 따라서 이들의 비교 유전체학에서는 생명을 위해 필요한 최소한의 유전자를 256개로 추정하였다.

J. Craig Venter와 그의 동료들은 실험적 접근 방법으로 얼마나 많은 *M. genetalium* 유전자가 생명을 위해 중요한가를 결정하였다. 그들은 전이인자(transposon)를 이용하여 *M. genetalium* 유전자를 돌연변이시키는 방법으로 접근하였다. 필수 유전자의 돌연변이는 치사 형질일 것이고, 필수 유전자가 아닌 경우 생존에 치명적이지 않거나 또는 명백한 부정적 효과를 나타내지 않게 된다. 그들은 480개의 유전자 중 대략 100개의 유전자가 필수 유전자가 아니고 *M. genetalium*의 생명을 위한 최소 유전자 집합은 381개임을 확인하였다.

최근의 연구에 의하면 *M. genetalium*가 최소한의 유전체를 가진 유기체는 아니다. 연구자들은 *Tremblaya princeps*라는 미생물의 염기서열을 결정하였는데, 이들은 단지 120개의 단백질 유전자를 가지고 있다. 그러나 이것이 최소의 유전체에 대한 우리의 생각을 현혹시키는 것인가? *T. princeps*는 쥐똥나무벌레(mealybug)라는 곤충과 함께라야 생존 가능하다. 이 유기체는 공생 관계에서만 생존한다. 쥐똥나무벌레는 나무의 수액을 먹고, *T. princeps*는 수액을 쥐똥나무벌레의 생존에 필요한 비타민 및 아미노산으로 대사작용을 한다. 406개의 유전자를 가지는 *Moranella endobia*라는 세균이 *T. princeps*과 함께 생활하고 쥐똥나무벌레는 이들 두 미생물에 의지해 생존하며, 이들 미생물도 각자 독립적으로 생존할 수 없다. 이런 사실은 유기체가 함께 가지고 있는 관계성 때문에 생명으로 유지할 수 있고, 따라서 생명은 최소 크기 유전체로 고립되어서는 존재할 수 없음을 상기시킨다. 즉 최소 크기의 유전체를 구성하는 내용물이 핵심이다.

합성 유전체의 이식

2008년 J. Craig Venter 연구소(JCVI) 연구자들이 580 kb의 *M. genetalium* 유전체를 화학 합성법으로 합성하였음을 발표했다. 그러나 그들이 생산한 합성 유전체를 다른 세균으로 이식할 수 없었기 때문에 실제 생명체로서 기능하는지를 입증하지 못했다. **유전체 이식(genome transplantation)**은 합성 유전체의 기능성을 밝히는 효과적인 실험법이다. 앞서 20장에서 언급한대로 항생제 저항 유전자나 인슐린 등의 인간 유전자 같은 원하는 유전자를 가진 플라스미드를 세균에 주입시켰을 때, 플라스미드 내에서 유전자의 발현이 세균의 성공적인 형질전환을 확인시켜 준다는 것을 상기해보자. 합성 유전체의 이식은 필연적으로 그 유전자들이 이식된 세포의 형질을 완전히 전환시킬 것이라 기대해야 하는 것이다.

2010년 JCVI 연구자들은 기능성 합성 유전체에 대한 첫 학술논문을 발표하였다. 이 시도에서 그들은 전체 1.08 Mb *M. mycoides* 유전체를 망라하여 1080 bp의 카세트라는 절편들을 1,000개 이상 설계하고 화학적으로 합성하였다[(그림 22-5(a)]. 이들 절편을 바르게 조립하기 위해 염기서열의 양쪽 끝에 서로 이웃한 염기서열과 중복되는 80 bp의 염기서열을 가지고 있었다. 이들 염기서열을 대장균에 클로닝하고 효모(*Saccharomyces cerevisiae*)를 이용하여 상동재조합 방법으로 11개의 분리된 100-bp 조립체로 조립하였고, 이들은 최종적으로 전체 1.08 Mb *M. mycoides* 유전체를 온전히 걸치도록 결합되었다[그림 22-5(b)].

JCVI-syn1.0으로 명명된 전체 조립 유전체를 그 수용세포로서 가까운 친척관계에 있는 *M. capricolum* 세포에 이식하였다. 이런 이식으로 JCVI-syn1.0 유전자형과 표현형을 가진 새로운 *M. mycoides* 세포가 만들어졌다. JCVI-syn1.0은 *M. capricolum*에 원래 존재하는 유전체 내에 이식되었다(비록 유전체 이식에 대한 상세한 정보들이 불분명하기는 하지만). 그림 22-5(c)에서 보듯이 JCVI는 수용 세포가 합성 유전체 내에 삽입된 *lacZ* 유전자를 발현한 사실을 부분적인 근거로서 JCVI-syn1.0 *M. mycoides*에 의해 점거된 것으로 판단하였다[그림 22-5(c)]. 그들은 또한 항생제 테트라사이클린 저항성 선택력과 함께 수용 세포에서 *M. capricolum*이 아닌 *M. mycoides* 특이 단백질이 만들어진다는 사실을 종 변환의 증거로 제시하였다.

이 실험의 한 가지 특별히 인상적인 성취는 합성 DNA가 벗겨진(naked) DNA라는 사실인데 이는 *M. mycoides*의 어떠한 단백질도 포함하고 있지 않았다는 것이다. 이는 그럼에도 적절히 유전자가 전사되었고 *M. mycoides*로서 생명을 유지하기 위한 단백질 산물이 번역될 수 있었다는 것을 의미한다! 이는 사소한 과학적 성취를 의미하는 것이 아니다. 합성 유전체로 인해 *M. capricolum* 수용 세포가 효과적으로 다른 형태로 변환되도록 재프로그래밍되었음을 의미하는 것이다. 이 결과를 발표할 때 J. Craig Venter는 "이것은 매킨토시 컴퓨터를 새로운 PC 소프트웨어를 장착시켜 IBM-PC로 바꾼 것과 같다"라고 주장하였다. 이는 매우 지루한 실험이었으며 실험의 99%는 실패를 거듭했다. 백만 bp 중 하나의 오류가 프로젝트를 몇 개월 틀어지게도 하였다고 한다.

Venter를 비롯한 여러 다른 연구자들은 바이러스 유전체의 합성 복제물을 구축하기 위해 재조합 DNA 기법을 사용한 바 있었다. 이런 시도는 최소 유전체를 만들 수 있고, 바이러스와 같은 무생물 독립체로 조립할 수 있음을 보여주었다. 예를 들어 소아마비 바이러스나 1918년 유행한 인플루엔자종의 유전체를 이

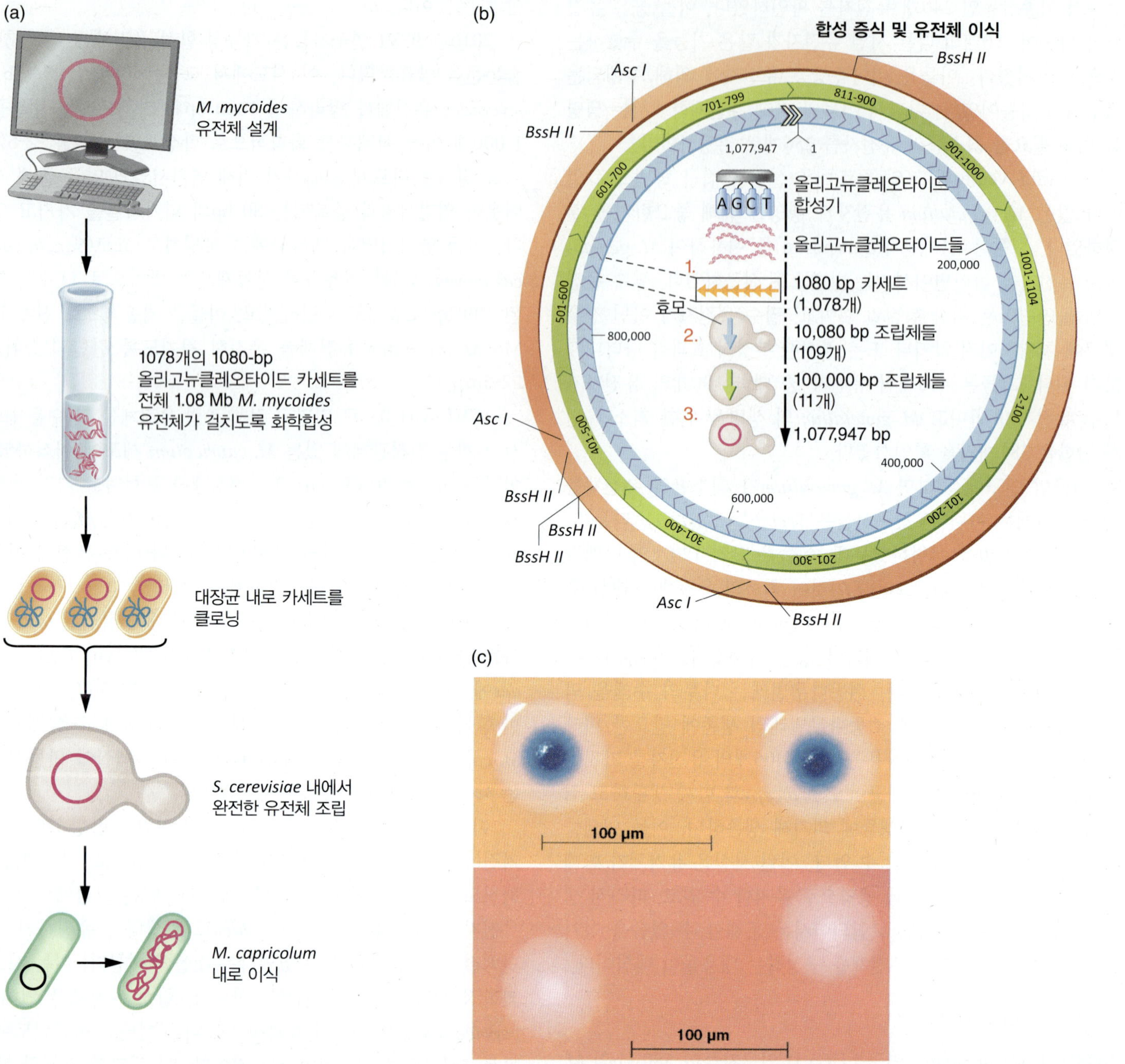

그림 22-5. 1.8 Mb *Mycoplasma mycoides* 유전체 JCVI-syn1.0의 합성 유전체 구축. (a) *M. mycoides* JCVI-syn1.0 구축을 위한 개괄도. (b) 합성 *M. mycoides* 유전체의 효모 내 조립은 3단계를 거쳤다. (1) 1080-bp 절편(카세트)들을 겹치는 올리고뉴클레오타이드(오렌지색 화살표)로부터 만들었다. (2) 절편들을 10개를 한 세트로 결합시켜 109~1.0 kb의 조립체로 만들었다(파란색 화살표). 그리고 (3) 다시 10개를 한 세트로 결합시켜 11~100 kb의 조립체를 만들었다(초록색 화살표). 조립은 효모에서 이루어졌으며 이런 일련의 과정을 거쳐 JCV-syn1.0이라는 전체 합성 유전체를 만들었다. (c) *M. mycoides* JCVI-syn1.0(위쪽)과 야생형 *M. mycoides*(아래). 합성 유전체를 가지고 있는 세포는 *lacZ* 유전자를 발현함으로써 파란색을 띠고 야생형 세포는 *lacZ* 유전자를 발현하지 않음으로 흰색을 띤다.

런 방법으로 조립할 수 있었다. 그러나 Venter의 최근 4,000만 달러를 들인 10년 프로젝트 *M. mycoides* JCVI-syn1.0 사업이 **합성 생물학(synthetic biology)**이라는 새로운 과학 역사의 시작으로 간주되고 있다. 합성 생물학은 공학적 원리와 설계를 생물학적 시스템에 적용한다.

물론 이 사업이 무생물로부터 생명을 창조한 것은 아니다. 합성 생물학 실험이 하나의 생명체 종에서 다른 종으로 변환한 사실에 기초한 것이기 때문이다. 또한 사용한 *Mycoplasma* 종들은 일반적으로 다른 세균에서 발견되는 세포벽이 결핍되어 있는데, 다른 세균종으로의 유전체 이식에서는 세포벽이 장벽이 될 수 있다. 합성 생물학이나 유전체 이식에 관해 아직 풀어야 할 많은 기본적인 의문점이 있다. 그럼에도 이 연구는 인공 유전체를 만들어 내고 조립하고 성공적으로 이식해 인공의 유전체가 암호화하는 미생물종을 창조할 수 있다는 '개념증명(proof of concept)'에 성공함으로써, 연구자들이 특정 형질을 위한 유전자를 가지고 있는 새로운 인공 유전체를 만드는 문제에 보다 근접할 수 있게 하였다.

인공 유전체나 합성 생물학의 또 다른 잠재적 응용범위는 무엇일까? JCVI의 목표 중 하나는 바이오 연료를 합성할 수 있는 미생물 유기체를 창조하는 것이다. 다른 가능성으로는, 오염원을 저감하는 유전자 생산물을 발현하도록 변형된 유전체를 지닌 미생물 창조(생물학적 개선, bioremediation), 새로운 생의약품의 합성, 햇빛과 이산화탄소로부터 화학물질과 연료의 생산, 인간의 병을 고치게 할 수 있는 유전적으로 프로그래밍된 세균, 가뭄 저항성이나 개선된 수율의 광합성과 같은 유용한 형질의 유전자를 암호화하는 합성 염색체를 가진 '반합성(semisynthetic)' 농산물 개발, 보결 유전체(prosthetic genome)의 생산 능력 등이 있다. 인공 유전체와 합성 생물학 사업은 새로운 세균, 혹은 새로운 식물이나 동물 세포들을 우리가 원하는 대로 제어할 수 있도록 설계하고 프로그램할 수 있는 미래의 세계를 상상할 수 있게 한다. 미래에 인공 유전체가 무생물 성분으로부터 생명을 창조할 수 있을까? 계속 주목해 보라!

생물공학적 응용을 위한 합성 생물학

전체 유전체를 창조하는 일은 복잡하므로 합성 생물학자들은 별도의 방법으로 유전자들의 일부를 조립하기 위한 **생물공학**(bioengineering) 접근법을 사용하고 있다. 단백질 암호화 염기서열들, 개시 및 종결 트리플렛, 프로모터와 그 외의 조절에 필요한 염기서열 같은 유전자 요소들을 고려할 수 있다. 이들 유전자 부위들이 새롭고 가치있는 생물공학적 응용을 위해 독특한 방법으로 특히 생물학적 기능을 재구성할 때 상호교환 및 연합할 수 있을까?

여러 측면에서 이들의 응용은 컴퓨터 과학으로부터 차용되었다. 컴퓨터의 변환은 회로 기판과 회로 설계를 통해 이루어졌다. 합성 생물학에서는 세포란 DNA로 조종되는 기계로서, DNA 염기서열은 단백질이 세포를 위해 일하도록 지도하는 소프트웨어 코드를 제공한다. 메사추세츠 기술 연구소(MIT)에서는 현재 합성 생물학을 위한 수천 가지의 부속품이나 호환 가능한 '구성요소'들을 가진 표준 생물학 부품 등록처(Registry of Standard Biological Parts)를 운영하고 있다(http://partsregistry.org를 참조하라). 몇몇 연구자들은 합성 생물학이 미래의 생물학 응용을 변환시킬 것으로 예상하고 있다. 이런 새로운 응용이 느리게 발전한다 해도 합성 생물학은 유전자의 구성요소 단편(프로모터와 인핸서를 포함하는 조절서열, 암호화 및 비암호화 서열, 종결서열) 같은 생명 시스템의 부분들이 어떻게 작동하는지에 대한 깊은 이해를 도울 것이다.

이 분야의 선도자 중 Harvard 대학교의 George Church 팀은 일련의 세 유전자를 일렬로 배열해 대장균 내에 인공 유전자 회로를 만들어 냈다. 이 시스템은 DNA 조각을 자르고 뒤집어 다시 유전체 내로 삽입하도록 재조합효소들을 사용하였다. 각각의 뒤집힌 DNA 조각은 켜거나 끄는 전원 스위치로서 필수적이며 이는 컴퓨터 프로그램에서 2진법적 코드처럼 0과 1의 나열로 사용할 수 있는 것이다. 이 시스템을 특정의 유전자 프로모터에 연결하면, 유전자가 켜질 때마다 재조합효소가 DNA 절편을 뒤집는다. 세균 세포의 DNA는 변형되기 때문에 유전자가 켜진 회수에 대한 메모리를 만들게 되고 이는 뒤집힌 지역의 서열 분석으로 알 수 있다. 따라서 DNA 회로는 횟수를 세는 기억 저장소인 것이다. 이들 유전자 회로는 또한 유전자 회로 활성을 보고할 수 있는 방법으로 생발광 단백질 유전자와 연계되었다(그림 22-6).

예를 들면, Church 팀은 이 재조합효소 시스템을 녹색 형광 단백질(GFP)의 발현을 제어할 수 있는 유전자 프로모터 주위 염기서열에 연결하였다. 이 시스템이 작동할 때마다 재조합효소는 GFP의 프로모터가 작동하도록 DNA 염기서열을 뒤집게 되고 세포는 GFP를 발현하고 성장하게 된다. 연구팀은 DNA 염

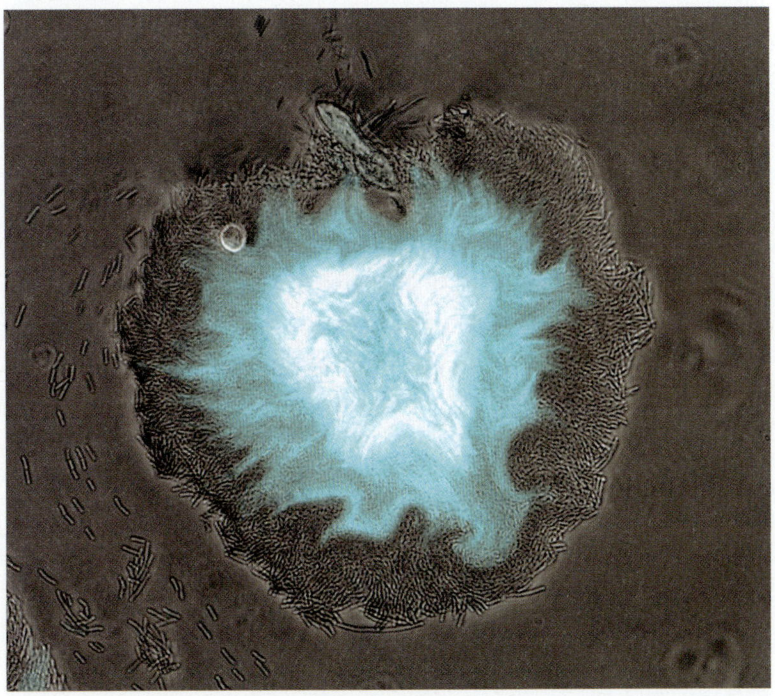

그림 22-6. 유전자 회로판. 합성 생물학에 의해 조작된 세균은 자극에 반응하여 회로판 내 세 개 유전자의 조절을 받아 형광 빛을 발한다.

기서열을 결정하거나 세포가 발하는 GFP 형광을 측정함으로써, 입력신호의 수(유전자 발현이 켜진 수)를 결정할 수 있었다. 컴퓨터 과학자들은 이를 논리 함수나 기억 장치로 간주하는데, 특정의 입력 신호가 프로그램을 반응(논리)하도록 하고 프로그램은 기억장치를 유지한다.

또 하나의 흥미있는 합성 생물학의 예로는 유전학자들에 의해 새로운 코돈 조합을 만들어 유전암호를 재구성함으로써 **유전자 재암호 생물체(genetically recoded organism, GRD)**를 만들어 내는 것이다. 이런 시도는 새로운 아미노산을 단백질에 삽입함으로써 특정 단백질이 분해 저항성을 갖도록 화학적으로 변화시키거나 가혹한 조건의 온도나 pH에서도 안정성을 유지하도록 함으로써 재조합 단백질의 새로운 상업적 이용 가능성을 높일 수 있을 것이다.

22.5 유전공학과 유전체학은 의학 진단을 변화시키고 있다

유전학자들은 인간 유전체나 많은 질병의 유전적 기반에 대한 지식을 광범위한 의학적 응용분야로 확장하고 있다. 유전자 기반 기술은 이미 질병 진단에 막대한 영향력을 가지고 있으며, 의학적 치료와 특이적이고 효과적인 의약품 개발에 대변혁을 일으키고 있다. 인간 유전체 프로젝트(human genome project, HGP)의 결과로 단일 유전자 질병이나 복잡한 유전형질이 관여하는 질병 관련 유전자들이 동정되었으며 재조합 DNA와 유전체학에 기반한 방법들이 이를 가능하게 하였다. 이 절에서는 어떻게 유전자 기반 기술이 유전질환 진단에 사용되는지의 사례들을 보여주려 한다.

DNA-기반 검사법을 사용하여 과학자들은 질병과 직접 연관되어 있는 돌연변이를 환자의 DNA에서 확인할 수 있다. 유전자 검사법은 재조합 DNA 기법의 첫 성공적인 응용 사례이고, 현재 900종 이상의 유전자 검사법이 시행되고 있다. 이들 검사법은 보통 멘델 유전방식으로 유전되는 단일 유전자 장애(single-gene disorder) 연관 DNA 돌연변이를 확인한다. 그 예로는 낫모양 적혈구 빈혈증, 낭포성 섬유증, 헌팅턴병, 혈우병, 근위축증 등을 들 수 있다. 또 다른 유전자 검사법으로는 유방암이나 대장암과 같은 복합성 질환의 확인법들이 개발되었다.

유전자 검사법으로 유전질환의 출생 전 검사, 전염병 매개체 확인, 성인에 있어 미래의 질환 예상, 다른 검사법로 확인된 질환의 진단 확정, 체외 수정에서 얻은 배아에서 유전질환 확인 등이 가능하다. 성인의 유전자 검사를 위해서는 백혈구의 DNA가 일반적으로 사용된다. 다른 검사법으로는 입 속에 면봉을 이용해 얻은 구강 세포나 모발 세포를 이용하고 있다. 몇몇 유전자 검사법은 배우자 세포(gamete)를 이용하기도 한다.

출생 전 유전자 검사

성인들의 유전자 검사가 증가 추세에 있으며 유전질환을 판정하기 위한 신생아의 선별검사도 급격히 증가하고 있다(22.8절에서 논의할 논쟁적 과제이기도 하다). 신생아의 경우에는 아기 뒤꿈치에서 간단히 바늘로 약간의 혈액을 얻고 이를 유전질환의 진단에 사용한다. 지난 20년간 성인을 위한 검사보다는 아기의 유전자 상태를 확인하기 위한 유전자 검사가 많이 시행되었다.

모든 국가들은 일정한 의학적 상태를 진단하기 위한 신생아 선별 검사를 요구한다. 이런 유전적 상태는 60가지에 이르고 있다. 미국의 경우 신생아 선별검사로 매년 대략 400만 신생아로부터 12,500 사례 이상의 유전적 이상을 확인하고 있다.

출생 전 유전 진단을 위해서는 태아 세포를 **양수검사(amniocentesis)**나 **융모막 융모 채취법(chorionic villus sampling)**으로 획득한다. 그림 22-7은 양수 검사법을 보여주고 있는데, 태아를 둘러싸고 있는 양수를 약간 채취한다. 양수는 핵형 분석(karyotyping), 유전자 검사나 다른 검사에 사용할 수 있는 태아 세포를 가지고 있다. 융모막 융모 채취법은 진공 튜브를 이용하여 태반벽(융모막 융모)의 태아 부위로부터 얻은 시료를 분석에 사용하는 것이다. 이렇게 얻은 태아 세포는 일반적으로 대립유전자-특이-올리고뉴클레오타이드 시험법(allele-specific oligonucleotide testing, 이 절의 뒤에 설명)과 같은 PCR 기술로 유전자 검사를 실시한다.

태아 DNA의 유전자 검사를 위해 신체 조직을 해치지 않는 방식이 개발되고 있어, 태아에 대한 위험이 거의 없이 출생 전 검사가 더 쉽게 이루어지고 있다. 죽은 세포와 죽어가는 세포에서 배출되는 무세포 DNA(cell-free DNA)는 각자 개인의 혈류로 순환된다. 이들 DNA가 혈액 내 효소에 의해 작은 조각으로 잘리고, 임신부의 혈액에는 태아 세포에서 유래하는 DNA 조각들도 함유되어 있다. 임신부 혈액의 DNA 중 대략 3~10% 정도가 태아에서 유래하기 때문에 이런 흔적들을 이용하면 아기가 다운증후군과 같은 유전질환 가능성이 있는지 확인할 수 있다. 이런 시험법은 적은 양의 혈액으로도 가능하다.

반수체형(haplotype), 즉 생식세포 형성 동안 재조합을 하지 않는 DNA 연속 절편들을 분석하기 위해 혈액 내 DNA의 염기서열을 결정하는데, 이는 어떤 DNA절편들이 모체에서 유래하고 어떤 것이 태아에서 유래한 것인지를 구별하기 위함이다(그림 22-8). 태아의 반수체형이 특정 돌연변이를 가지고 있다면, 이 또한 염기서열결정을 통해 확인할 수 있다. 또한 임신부의 혈액 분석을 통해 대략적인 태아 유전체 전체의 염기서열을 조립

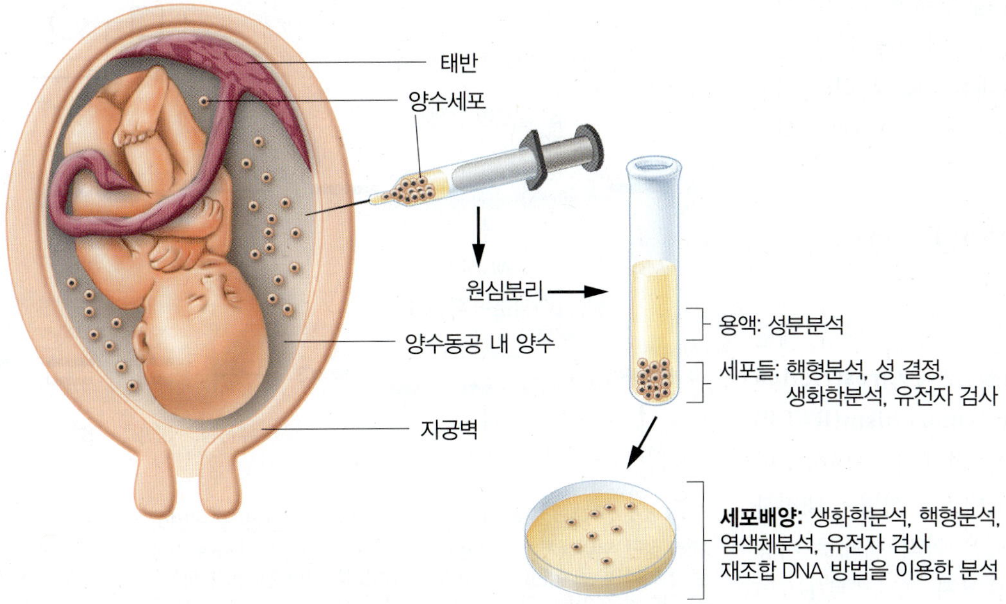

그림 22-7. 양수검사는 우선 초음파를 이용해 태아의 위치를 결정한 후, 주사 바늘을 복부와 자궁벽을 통해 찔러 양수와 태아 세포 시료를 획득하여 유전 및 생화학 분석에 사용한다.

결정할 수 있다. 이런 시도들은 모체 혈액의 DNA 절편 염기서열을 결정하고, 부친과 모친의 유전체 염기서열과 비교한다. 그 다음, 태아 유래 유전자 서열을 분석하여 태아 유전체를 조립하기 위해 생물정보학 소프트웨어를 사용한다. 현재까지 이런 기술은 약간의 절편들이 소실된 결과를 얻을 수밖에 없어 전체 태아 유전체를 완성할 수는 없다. 그러나 모체 혈장 DNA에 대한 전유전체 샷건 서열결정법(whole genome shotgun sequencing)을 이용하여 태아의 전체 엑솜(exome) 염기서열을 정확히 결정할 수 있음은 알려져 있다.

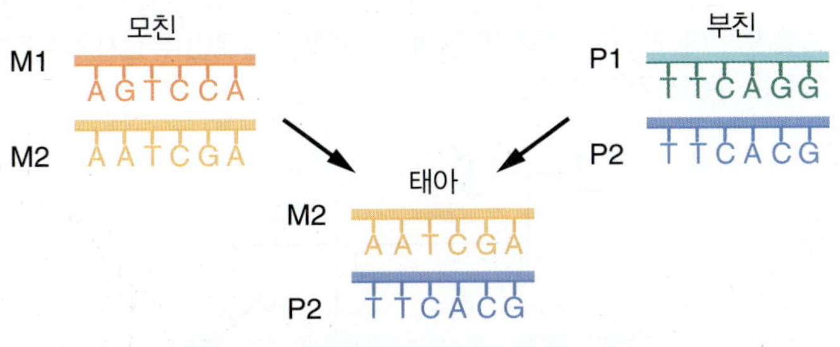

그림 22-8. 모친의 혈액으로부터 태아 유전체 염기서열 추정. 어떤 주어진 염색체에 대하여 태아는 모친으로부터 하나의 반수체형 사본(M1 또는 M2), 다른 하나는 부친(P1 또는 P2)으로부터 물려받는다. 각 반수체형으로부터의 단일가닥 DNA 서열을 간단히 나타내었다. 이 그림에서 태아는 M2와 P2 반수체형을 각각 모친과 부친으로부터 물려받았다. 임신 중인 여성의 혈액 내 DNA에는 태아에 유전된 부성 반수체(P2, 파란색)를 가질 것이고, 태아로 전해지지 않은 모성 반수체(M1, 오렌지)와 태아로 유전된 반수체(M2, 노란색)를 가지고 있다. 태아에 유전된 모성 반수체(M2)는 유전되지 않은 모성 반수체(M1)에 비해 과량 존재한다. 이러한 반수체 염기서열을 전유전체 샷건 염기서열결정법으로 확인할 수 있다.

모친 혈액 시료를 이용한 태아 유전자 분석 검사법은 2011년 시장에 나오기 시작했다. 캘리포니아주 샌디에이고의 Sequenom이라는 기업은 그러한 검사법을 처음 출시한 기업 중 하나로서 **Materni21**이라는 검사법을 출시하였다. 이는 다운증후군 검사법으로, 삼염색체13(trisomy 13, 파타우증후군)과 삼염색체18(trisomy 18, 에드워드증후군) 검사에도 사용할 수 있다. Materni21은 태아의 21번 염색체를 검사하기 위해 36 bp의 절편 DNA들을 분석하는 방법인데 Sequenom사의 주장에 따르면 위양성 빈도(false positive rate)가 단지 0.2%에 불과할 정도로 매우 정확하다. Materni21은 임신 10주 때부터 사용할 수 있는데, 이는 양수 검사에 비해 4~6주 빨리 검사할 수 있는 융모막 융모 검사법(CVS)과 같은 시기이다. 이는 양수 검사를 대신할 의도가 아니라고 해도, 이 검사법은 초음파나 단백질 표지자 검사에서 위양성 반응 결과가 나온 여성들이 양수 검사를 피할 수 있는 장점이 있다.

몇몇 회사들이 Sequenom사를 뒤이어 생겨났으며, 미국 내에서 이 검사법들의 시장 크기는 10억 달러 이상이 될 수 있을 것으로 전망하고 있다. 물론 이 장의 뒤쪽에서 논의할 예정이지만 출생 전 유전자 검사는 많은 윤리적 논쟁을 야기한다. 비용이 대략 2,000달러에 달하는 이런 새로운 검사법에 대부분 보험 회사는 아직 보험보상을 하지 않고 있다. 최근 캘리포니아주에서는 유전 질병 프로그램을 통해 여성에게 조직을 해치지 않는 방식의 출생전 검사법에 보조하기로 결정하였는데, 매년 4만 명이 혜택을 받는다.

22.9절에서는, 후손의 유전적 잠재성을 예측하도록 고안된 컴퓨터 기술인 운명검사법(destiny test)에 대한 최근 특허와 예상검사법(preconception test)에 대해 논의할 것이다.

제한효소 분석에 기반한 유전자 검사법

고전적인 유전자 검사법 중 하나는 **제한효소 절편길이 다형성 분석법[restriction fragment length polymorphism(RFLP) analysis]**이다. 다음 절에서 논의하듯이 PCR 기반 검사법이 RFLP 분석법을 대신하고 있지만, 이 검사법은 아직 때때로 사용되고 있으며, 인간 유전체 프로젝트(HGP)가 완료되기 전에는 널리 이용되지 않았던 다른 새로운 검사법과 RFLP를 비교하는 것은 역사적 관점에서 아직 유용하다. 이 검사법의 예로 **낫모양 적혈구 빈혈증(sickle-cell anemia)**을 들고자 한다. 전에 논의했듯이 이 질환은 서부 아프리카, 지중해 유역, 중동과 인도의 일부 지역 출신자들에게 일반적인 상염색체 열성 유전병이다. 이는 β-글로빈 유전자에서 한 뉴클레오타이드의 치환으로 한 개의 아미노산이 치환되어 발생한다. 이런 단일 뉴클레오타이드의 치환은 β-글로빈 유전자에서 제한효소 *Mst*II과 *Cvn*I에 의해 절단 가능한 부위가 사라지게 한다. 결과적으로, 서던 블롯 분석에서 보이는 제한 절편 양상이 돌연변이로 인해 변화한다. 이런 제한효소 절단 부위의 차이를 확인함으로써 낫모양 적혈구 빈혈증의 출생 전 진단을 할 수 있고, 부모의 유전형뿐 아니라 열성 이형접합체의 보인자로 잠재하는 다른 가족의 유전형을 결정할 수 있다.

DNA는 조직 시료로부터 추출하고 제한효소 *Mst*II로 처리하는데, 이 제한효소는 정상 β-글로빈 유전자를 세 지점에서 절단하여 두 개의 작은 DNA 절편을 만든다. 낫모양 적혈구 빈혈증 돌연변이체는 제한효소 *Mst*II 절단 부위 중 가운데 것이 사라지므로 하나의 큰 절편만을 생성한다. 제한효소로 분해된 이러한 DNA 절편을 겔 전기영동으로 분리하고 이를 나일론 막에 이적하여 이 지역에 대한 탐침자(probe)를 이용한 서던 블롯 혼성화 방법으로 확인한다. 그림 22-9는 한 가족에서 낫모양 적혈구 빈혈증에 대한 RFLP 분석 결과를 보여준다. 양친(I-1과 I-2)은 돌연변이의 이형 집합체 보인자들이다. 부모들의 DNA를 *Mst*II로 절단하면 각 경우는 하나의 큰 밴드(돌연변이 대립유전자에서 유래)와 두 개의 작은 밴드(정상 대립유전자 유래)로 나타난다. 부모들의 첫 여아(II-1)는 두 개의 작은 밴드만을 나타내므로 동형접합체의 정상 양상을 보이고, 두 번째 남아(II-2)는 낫모양 적혈구 빈혈증 환자인데, 단지 하나의 큰 밴드 양상을 보이는 것으로 보아 돌연변이 대립유전자의 동형접합이다. 태아(II-3)는 하나의 큰 밴드와 두 개의 작은 밴드 양상을 보이는 것으로 보아

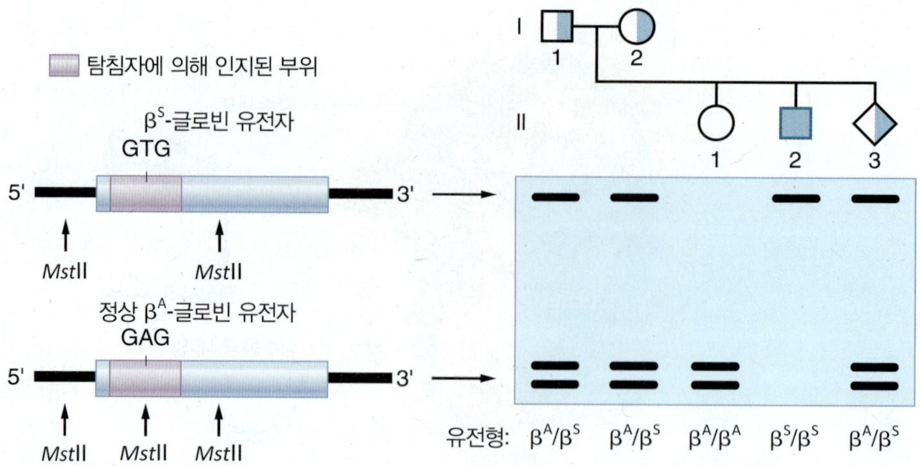

그림 22-9. 낫모양 적혈구 빈혈증의 RFLP 진단법. 돌연변이체 β-글로빈 대립유전자에서는 제한효소 *Mst*II 절단 부위에서 점돌연변이(GAG → GTG)가 발생하여 이 절단 부위는 절단되지 않아 서던 블롯 분석 결과 하나의 큰 절편이 나타난다. 가계도를 보면 한 명의 정상적 상동염색체를 가진 딸(II-1), 한 명의 질병에 영향받은 아들(II-2) 그리고 정상의 보인자 태아(II-3)로 구성되어 있다. 각 가족원의 유전형질은 블롯분석 결과로 직접적으로 확인 가능하고 각 레인에 나타나 있다.

실전문제

22-2 당신은 한 쌍의 부부로부터 출생 전 유전자 검사를 돕도록 요청받았다고 하자. 그 부부는 동형접합체일 때 β-지중해 빈혈(β-thalassemia)을 유발하는 β-글로빈 유전자 내의 결실을 가진 보인자(carrier)라는 것이 밝혀졌다. 이 부부는 이미 병에 걸리지 않고 보인자도 아닌 한 아이가 있다. 부인이 임신을 했고 이들 부부는 태아의 상태를 알고 싶어 한다. 당신은 양수검사를 통해 얻은 태아의 DNA 시료와 나머지 가족의 백혈구로부터 얻은 DNA 시료를 획득하였다. 대립유전자와 결합하는 탐침자를 이용하여 다음의 블롯 결과를 얻었다. 태아는 영향받았을까? 태아의 β-글로빈 유전자의 유전형질은 무엇인가?

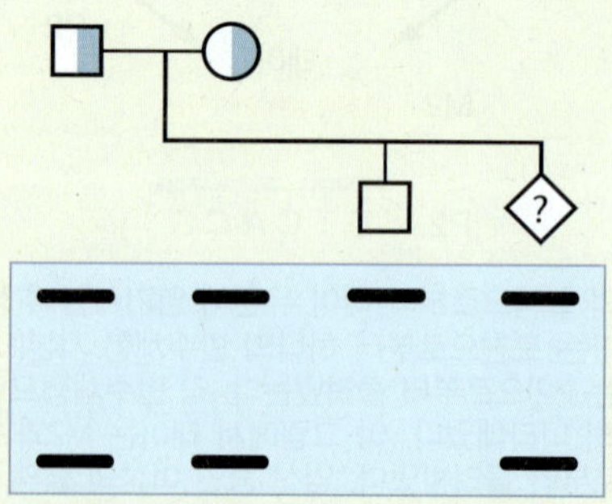

■ **힌트:** 이 문제는 태아의 RFLP 분석 결과의 해석에 관한 것이다. 해결의 실마리는 유전형질 결정에 사용되는 RFLP를 생성하는 제한효소 절단 부위의 수와 위치의 차이임을 상기하라.

낫모양 적혈구 빈혈증에 이형접합성 정상 양상을 보인다. 따라서 태아는 정상이며 단지 유전적 보인자 역할을 한다.

단지 5~10%의 점돌연변이만을 제한효소 분석법으로 확인할 수 있는데, 이는 대부분의 돌연변이들이 제한효소 절단 부위를 포함하지 않는 유전체 영역에 위치하기 때문이다. 그러나 인간 유전체 프로젝트(HGP)가 완성되고 많은 질환 관련 돌연변이가 밝혀짐에 따라 유전학자들은 다음에 논의하듯이 이들 돌연변이를 확인하기 위한 합성 올리고뉴클레오타이드를 사용하고 있다.

대립유전자 특이적 올리고뉴클레오타이드를 이용한 유전자 검사

일반적인 유전자 검사법은 **대립유전자 특이적 올리고뉴클레오타이드**[allele-specific oligonucleotides (ASOs)]라 알려진 합성 DNA 탐침자를 사용한다. 과학자들은 이러한 짧은 단일가닥 DNA 절편을 사용하여 뉴클레오타이드 한 개 차이의 대립유전자까지도 동정할 수 있다. 제한효소 절단 부위 돌연변이 분석에만 한정되는 제한효소 분석법과는 달리, ASOs는 제한효소 절단 부위 존재에 영향받지 않는 **단일뉴클레오타이드 다형성(single-nucleotide polymorphism, SNP)**을 검출할 수 있다. 결과적으로 이 검사법은 증진된 해상력과 보다 폭넓은 응용범위를 가진다. 적절한 조건에서 ASO는 그와 정확히 상보적인 DNA 염기서열과만 반응하고, 단지 하나의 뉴클레오타이드만이 변이되었어도 반응하지 않는다.

ASO와 PCR 분석을 사용하는 유전자 검사법은 낫모양 적혈구 빈혈증 등 많은 질환의 검사법으로 이용 가능하다. 낫모양 적혈구 빈혈증의 경우 추출한 DNA로부터, β-글로빈 유전자 영역을 PCR 기기로 증폭한다. DNA와 결합하는 막의 조각에 증폭된 DNA를 소량 점적하고, 각 조각을 정상 β-글로빈이나 돌연변이 β-글로빈에 상응하는 염기서열로 합성된 ASO로 혼성화 반응 검사를 실시한다(그림 22-10). ASO는 방사성이나 형광물질로 표지되어 있어 막 위의 DNA와 상보적 반응을 하는지 판단할 수 있다. 이렇듯 빠르고 경제적이며 정확한 검사법으로 점돌연변이에 의해 야기되는 많은 유전적 이상을 진단할 수 있다. 그러나 이 검사법은 매우 효과적인 방법임에도 SNP는 특히 적절한 반응 조건이 만족되지 않으면 위양성(false positive)이나 위음성(false negative) 결과의 탐침자 결합에 영향을 주기 때문에 유전질환을 검출하지 못할 수도 있다. 때로는 증폭된 유전자 절편을 대상으로 DNA 염기서열을 결정해서 돌연변이의 정체를 확인하기도 한다.

ASO 검사법은 PCR을 이용하므로 적은 양의 DNA로도 분석 가능하다. 따라서 ASO 검사법은 **착상전 유전진단(preimplantation genetic diagnosis, PGD)**에 이상적이다.

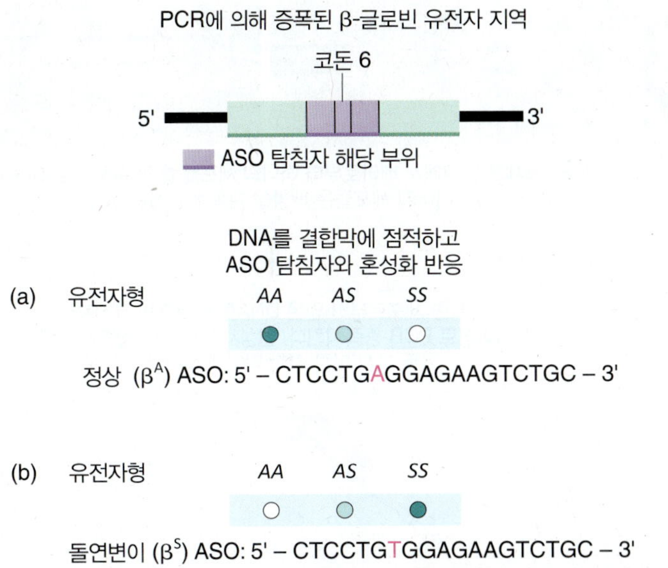

그림 22-10. β-글로빈 유전자와 낫모양 적혈구 빈혈증에 대한 대립유전자 특이 올리고뉴클레오타이드(APO) 검사법. 백혈구로부터 추출한 DNA나 양수 검사에서 얻은 세포를 사용하여 β-글로빈 유전자를 PCR로 증폭한다. 증폭한 DNA를 변성시키고 DNA와 결합하는 막으로 된 작은 조각 위에 점적한다. 각각의 조각을 특이 ASO와 반응시킨 후 X선 필름 위에 감광하여 확인한다. (a) 결과는 세 가지 가능한 유전형질에 대해 정상 β-글로빈 대립유전자 유래 ASO와 반응했을 때의 결과를 보여준다: *AA*-동형접합체를 가진 개인은 정상의 두 개의 사본 β-글로빈을 가진 정상의 헤모글로빈을 가지며, 강한 반응 결과를 나타낸다. *AS*-이형접합체를 가진 개인은 하나의 정상 대립유전자와 다른 하나의 돌연변이 대립유전자를 갖고 약한 반응 결과를 보인다. *SS*-동형접합체를 가진 낫모양 적혈구 빈혈증 환자는 정상 β-글로빈 유전자를 갖고 있지 않아 정상의 β-글로빈 대립유전자를 위한 탐침자와 반응하지 않는다. (b) 세 가지 유전형질의 DNA를 낫모양 적혈구 빈혈증 β-글로빈을 위한 탐침자와 반응시켰을 때의 결과를 보여준다. *AA*-유전형질과는 반응하지 않고, 이형접합체의 유전형질과는 약한 반응 결과를, 동형접합체인 낫모양 적혈구 빈혈증 β-글로빈과는 강한 반응을 한다.

PGD는 체외 수정에 의해 생산된 배아의 단일 세포에 대한 유전자 분석법이다(그림 22-11). 정자와 난자가 서로 합쳐져 접합자를 형성하는 초기 단계 배아를 배양한다. 초기 단계 배아로부터 세포 하나를 떼어낼 수 있는데, 하나의 세포만을 부드럽게 빨아들이기 위해 진공 피펫을 사용한다(그림 22-11). 이 배아는 죽을 수도 있으나, 정확한 실험 조건에서는 정상적으로 분열을 지속할 수 있다. 제거한 세포로부터 얻은 DNA는 일반적으로 FISH(염색체 분석을 위한)나 ASO 검사법으로 분석한다(그림 22-11). 배아를 자궁에 이식할 수 있는가를 결정하기 위해 각 세포의 유전형질을 사용할 수 있다.

ASO 검사법으로 확인할 수 있는 대립유전자들을 PDG를 위해 사용할 수 있다. 낫모양 적혈구 빈혈증이나 낭포성 섬유증, 왜소 발육증 등을 PDG로 확인할 수 있을 뿐만 아니라 많은 다른 조건의 대립유전자들의 분석에도 이용하고 있다. 22.6절에서 공부하겠으나 한 개인의 전체 유전체 염기서열결정이 가능하다. 현재는 체외 수정(IVF)으로 만들어진 배아에서 얻은 단일 세포에 대한 PDG에 응용되고 있다.

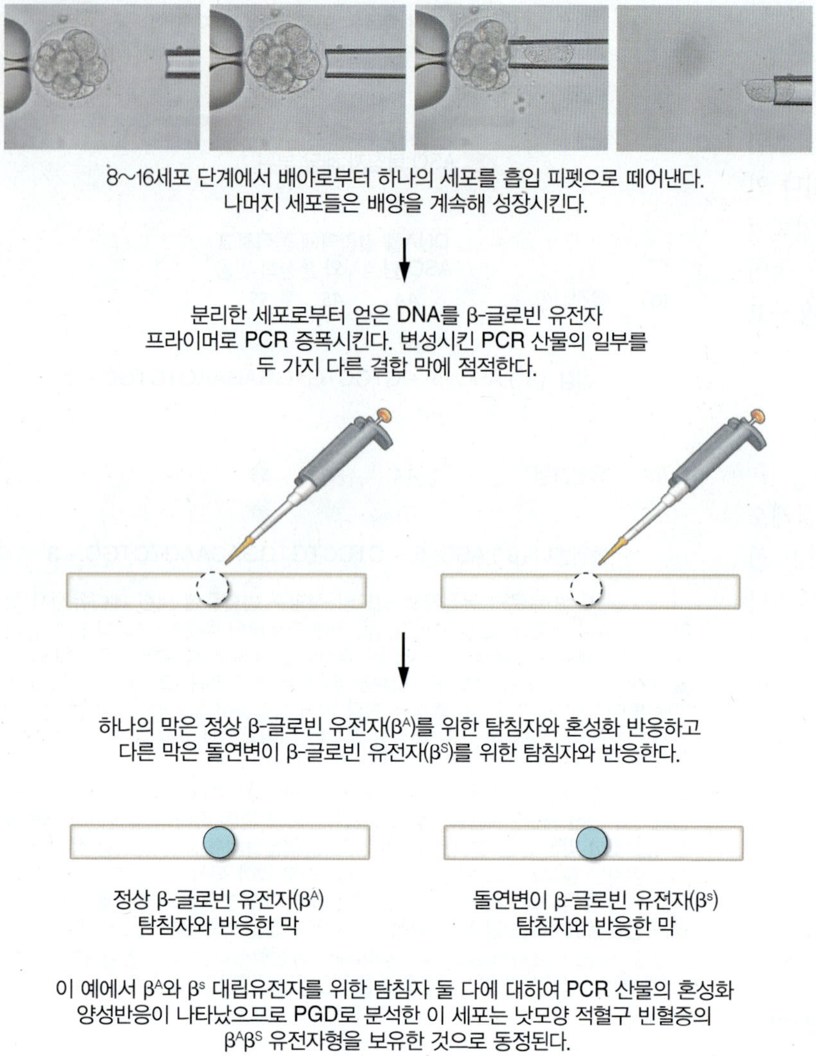

그림 22-11. 체외 수정으로 생긴 사람의 초기 상태 배아로부터 단일세포를 떼어낸 후 ASO 검사법으로 착상전 유전진단을 실시한다. 세포의 DNA를 추출하여, 검사하고자 하는 유전자에 특이적인 프라이머를 이용해 PCR로 증폭하고, 그림 22-10과 같은 방법으로 ASO 검사를 실시한다. 이 예에서는 β-글로빈 유전자의 한 부위를 증폭해 이 세포의 낫모양 적혈구 빈혈증 유전형질을 결정하기 위한 ASO 검사를 실시한 것이다.

ASO는 단일 뉴클레오타이드 돌연변이뿐만 아니라 결실을 포함하는 여러 이상 현상을 대량 조사하는 데에도 적용 가능하다. 예로는 **낭포성 섬유증(cystic fibrosis, CF)**을 진단하기 위한 ASO의 쓰임이다. CF는 원형질막을 통한 염소(Cl^-) 이온의 투과를 조절하는 **낭포성 섬유증 막관통 전도도 조절인자(cystic fibrosis transmembrane conductance regulator, CFTR)**라는 단백질의 결핍과 연관된 상염색체 열성 질환이다. Δ*508*이라는 작은 결실은 *CFTR* 유전자 돌연변이체의 70%에서 발견된다. Δ*508* 돌연변이 보인자를 확인하기 위해 정상과 돌연변이 대립유전자가 클로닝된 시료로부터 PCR 증폭하여 ASO를 만든다. 검사 시료로부터 얻은 DNA를 PCR로 증폭하고 각각의 ASO와 반응시킨다(그림 22-12). 환자의 경우 단지 돌연변이 대립유전자에서 얻은 ASO만이 반응하게 된다. 이형접합체의 경우, 두 ASO와 반응하고 정상의 동형접합체는 정상의 대립유전자로부터 유래한 ASO만 반응하게 된다.

북유럽 가계의 사람 2000명 중 한 명이 CF로 고통받고 있다. 이들 인구의 대량 조사를 통해 CF와 관계된 유전적 상태를 권고할 수 있는 보인자들을 확인할 수 있다. 그러나 유전학자들에 의하면 이 유전자는 1000개 이상의 다른 돌연변이가 있다는 증거가 있다. 따라서 이들 변이체를 위한 ASO를 모두 다 만들 수 없어서 이들 모든 대립유전자를 조사할 수는 없다. 따라서 ASO란 검사법이 목적하는 특정의 대립유전자만을 조사할 수 있는 것이며, 음성 판정의 결과가 나왔다고 해서 다른 돌연변이 대립유전자를 가진 사람들까지 배제할 수는 없다. 더욱이, 아직까지도 또 다른 CF 돌연변이들에 대한 동정이 필요한 상황이다. 결과적으로 CF 조사는 널리 행해지지 않고 있으며, 따라서 모든 가능한 돌연변이의 대부분을 확인할 수 있을 때에만 일반화될 수 있을 것이다.

DNA 미세배열과 유전체 스캔을 이용한 유전자 검사

RFLP나 ASO 분석법은 유전자 돌연변이들을 검색하기 위해 효과적인 방법이지만 그 정체와 유전자 상의 위치가 알려진 하나 또는 약간의 돌연변이만 검출

실전문제

22-3 정상과 돌연변이체 β-글로빈 유전자에서 낫모양 적혈구 빈혈증 돌연변이 주위의 염기서열은 다음과 같다.

각 유형의 DNA를 단일 가닥으로 변성시킨 후 DNA와 결합할 수 있는 막에 점적하고 막 위의 두 점을 염기서열 5′-GACTCCTGAGGAGAAGT-3′의 ASO와 반응시켰다. 이 탐침자는 둘 중 어느 점과 혼성화 반응할까?

5′-GACTCCTGAGGAGAAGT-3′
3′-CTGAGGACTCCTCTTCA-5′
정상 DNA

5′-GACTCCTGTGGAGAAGT-3′
3′-CTGAGGACACCTCTTCA-5′
낫모양 적혈구 빈혈증 DNA

■ **힌트:** 이 문제는 ASO 검사의 결과 분석에 관한 것이다. 해결의 실마리는 막 위에서 동일한 염기서열을 가진 것과만 혼성화하는 조건에서 ASO 검사를 실시 한다는 것을 이해하는 것이다.

더 연습하려면 8, 10, 24번 문제를 참조하시오.

할 수 있다. 따라서 유전질환이나 암과 연관된 유전자들에서 나타나는 복잡한 돌연변이 양상과 미지의 돌연변이를 확인하는 유전자 검사법 역시 필요로 한다. 예를 들면 낭포성 섬유증을 담당하는 유전자(*CFTR* 유전자)는 27개의 엑손을 포함하며, 유전체 DNA에서 250 kb 크기의 영역을 차지한다. 앞서 언급한대로 1,000개의 알려진 *CFTR* 유전자 돌연변이 중 대략 반 정도가 점돌연변이, 삽입 그리고 결실 돌연변이로 유전자 전체에 널리 퍼져 있다. 유사하게 종양억제 유전자 *p53*에도 500개가 넘는 돌연변이가 알려져 있고, 이들 각각의 돌연변이가 많은 암과 연관되어 있거나 환자들이 병에 걸리기 쉽게 할 수도 있다. 이들 유전자의 돌연변이를 조사하기 위해서는 간편하고 빠르게 대량을 취급할 수 있는 방법이 필요하다.

앞 장(21장)을 통해 최근 사용되고 있는 고처리(high-throughput) 검색법이 **DNA 미세배열(DNA microarray)**에 기

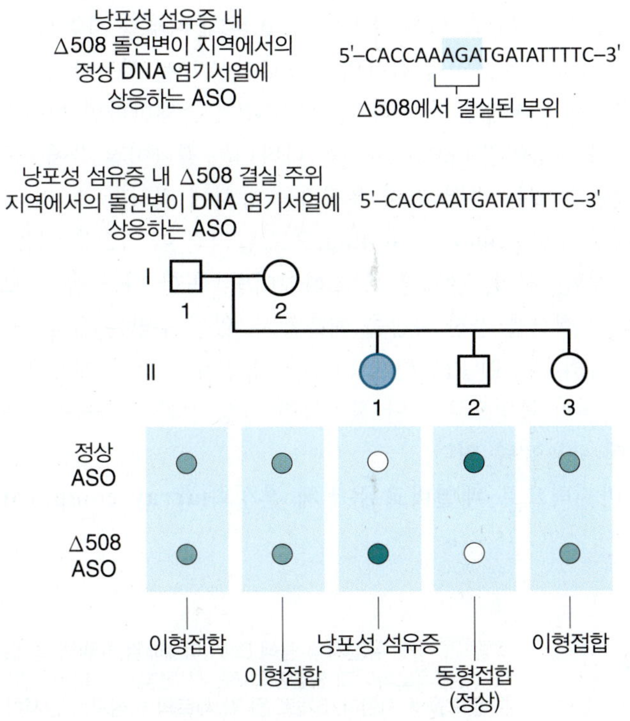

그림 22-12. ASO 검사법을 이용한 *CFTR* 유전자 결실의 확인. 낭포성 섬유증에서 가장 보편적인 돌연변이(*Δ508* 대립유전자)를 포함하는 부위에 대한 ASO들은 정상 및 약간의 결실을 가진 *Δ508* 대립유전자의 클로닝을 통해 준비하고 DNA 결합 막 위에 점적한다. 각 개인이 보유하고 있는 CF 대립유전자들을 PCR로 증폭하고 표지한 후 막에 있는 ASO들과 반응시켜 검색한다. 각 가족원의 유전자형은 막에서의 반응을 근거로 직접 확인 가능하다. 양친의 DNA(I-1과 I-2)들이 각각의 ASO들과 모두 반응하는 것은 그들이 하나의 정상 대립유전자와 하나의 돌연변이 대립유전자를 보유한 이형접합체임을 나타낸다. II-1의 DNA는 *Δ508* ASO와만 반응하는데 이는 이 가족원이 돌연변이 동형접합체형으로 낭포성 섬유증을 가지고 있음을 보여준다. II-2의 DNA는 정상 ASO와만 반응하므로 정상적 CF 대립유전자를 가진 것이며, II-3의 DNA는 두 개의 양성 반응을 보이는 것으로 보아 이형접합체형으로 CF 보인자이다.

반하고 있음을 상기해 보자(그림 22-13). DNA 미세배열(DNA 칩이나 유전자 칩이라 불리기도 한다)은 보통은 유리판이나 정련된 수정으로 만든 작고 견고한 지지대에 알려진 DNA 절편들을 정교한 방식으로 집적해 놓은 것이다. DNA 미세배열 내 각각의 점을 **필드[field**, 때때론 특점(feature)이라고도 한다]라 한다. DNA 미세배열 필드에 집적된 탐침자(probe) DNA 절편은 단일 가닥이고 시험관 합성된 올리고뉴클레오타이드이거나 또는 클로닝이나 PCR 증폭으로 얻은 보다 긴 DNA 절편들이다. 각 필드에는 동일한 염기서열을 가진 일반적으로 100만 개가 넘는 DNA 분자들이 있다. 미세배열 위 DNA 서열의 수나 형태는 필요한 분석에 따라 고안한다. 예를 들면 한 미세배열 위 각 필드는 어떤 유전자족 구성원 유래 서열들이거나 하나 이상의 관심유전자에 대한 서열 변이체들 또는 한 유기체의 유전체 내에서 각각의 유전자로부터 유래한 염기서열을 포함하고 있다. 몇몇 미세배열은 특정의 유전자를 위한 각 필드의 탐침자로서 동일한 염기서열을 사용하기도 하고, 어떤 미세배열은 동일한 유전자에 대해 많은 다른 탐침자를 사용하기도 한다. DNA 미세배열이 놀라운 것은 단일의 미세배열이 동시 다발적으로 생산해내는 정보량이다. 우표 크기(1 cm^2보다 약간 큰 정도)의 DNA 미세배열에 50만 개 이상의 필드를 집적할 수 있는데 각각은 다른 DNA 염기서열을 표현한다. 이 책의 21장에서 미세배열을 이용하여 전사체를 분석할 수 있음을 공부한 바 있다. 연구자들은 DNA 미세배열을 유전체 DNA 내의 돌연변이 확인, 질병 상태에 있는 조직의 유전자 발현 양상 확인 등을 포함해 넓은 범위에 사용하고 있다.

거의 모든 인간 유전자에 대한 탐침자를 갖고 있는 인간 유전체 미세배열이 현재 이용 가능하다. 유전학자들은 특정의 유전자 돌연변이를 확인하기 위해 **유전자형 탐색 미세배열(genotyping microarray)**이라는 DNA 미세배열을 사용하고 있다. 유전자형 탐색 미세배열의 탐침자는 대략 20 뉴클레오타이드 길이의 짧은 올리고뉴클레오타이드로 구성되어 있다. 이들 탐침자는 유전자 내 돌연변이의 각 위치를 확인하기 위해 한번에 한 뉴클레오타이드씩 관심유전자를 조사하도록 조직적으로 설계되어 있다. 유전자 서열의 각 위치가 올리고뉴클레오타이드(따라서 같은 열에 배열된 5개 필드)로 조사되는데, 이들 5가지 서열은 오직 한 군데 즉 유전자 내의 조사하고자 하는 위치에 해당하는 뉴클레오타이드만이 다르다(A, C, G, T, 또는 결실) (그림 22-14).

이런 DNA 미세배열에서 시험하고자 하는 유전체 DNA 시료는 작은 절편으로 조각내어, 관심 있는 DNA 영역을 PCR법으로 증폭하고 형광 색소로 표지하여 DNA 미세배열과 상보적으로 혼성화 반응시킨다. 미세배열 필드에 존재하는 탐침자 염

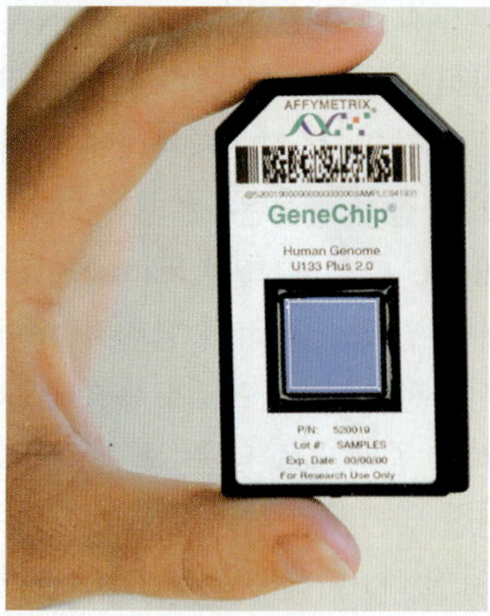

그림 22-13. 유전자칩(GeneChip)이라는 상업적으로 이용 가능한 DNA 미세배열이 Affimetrix라는 기업에서 출시되었다. 이 DNA 미세배열은 대략 50,000가지 RNA 전사물의 발현을 조사할 수 있다. 또한 각 전사물마다 22개의 다른 탐침자를 가지고 있어 연구자들이 인간 유전체 내 거의 모든 유전자들의 발현 정도를 한번에 검사할 수 있다.

기서열과 정확하게 상보적인 염기서열을 가진 DNA 분자는 필드에서 혼성화될 것이다. 하나 이상의 뉴클레오타이드에서 차이를 보이는 DNA 분자는 상보반응 조건에 따라 덜 효과적이거나 또는 전혀 혼성화되지 않을 것이다. 미세배열에 혼성화되지 않은 DNA를 세척한 후 미세배열을 형광 측정기로 분석하여 DNA 시료와 결합, 반응하는 필드의 존재 여부를 확인하게 된다.

엄격한 혼성화 반응 조건 하에서는 PCR로 증폭된 DNA 절편이 완전히 상보적인 것과 가장 효과적으로 결합할 것이고 다른 가능한 염기서열 변이체와는 덜 효과적으로 혼성화될 것이다. 따라서 다섯 필드 중 가장 강력한 반응을 보이는 것은 해당 위치에 정확하게 일치하는 올리고뉴클레오타이드 탐침자를 가지고 있는 것이다. 따라서 세로열의 필드 중 가장 강한 반응성을 보이는 필드를 지정함으로써 조사하는 DNA의 염기서열을 결정할 수 있다(그림 22-15). DNA 미세배열은 대부분의 인간 암에서 돌연변이되어 있는 *p53* 유전자와, 돌연변이된 경우 여성에게 유방암을 일으킬 수 있는 *BRCA1* 유전자를 포함한 많은 질병 관련 유전자들의 돌연변이를 확인할 수 있도록 설계되어 있다. 그림 22-15는 *p53* 유전자를 위한 유전자형 탐색 미세배열의 결과를 보여주고 있다. 이 예에서 환자로부터 PCR로 증폭된 DNA 절편의 반응 결과는 녹색이나 녹청색의 점들로 미세배열상에 나타나 있다[그림 22-15(b)]. 이런 반응양상을 해석하여 환자('표적 대상')의 *p53* 유전자 서열을 알아낸다.

단일 유전자에서의 돌연변이 조사와 더불어 DNA 미세배열은 SNP를 확인히기 위한 탐침자를 포함할 수 있다. SNP는 인간 유전체의 매 100에서 300 뉴클레오타이드마다 무작위적으로 발생하며 이는 유전자 내외부를 모두 포함한다. 인간 유전체에서 대략 1,500만 개 위치에서 SNP가 속출하며, 이러한 단일염기 변화들이 개개인의 차이를 결정짓는다. 한 특정 좌위의 어떤 SNP 염기서열들은 특정 인류 집단에 공유되기도 한다. 또한 어떤 SNP들은 몇몇 질병 상태와 연관된 유전자들과 함께 구별된다. 유전성 질환과 함께 특정의 SNP 존재 여부를 관련시킴으로써 과학자들은 유전자 검사의 지표로서 SNP를 사용할 수 있다.

DNA 미세배열의 탐침자로서 SNP가 존재한다면 이는 단일 유전자 질병이건 다요소 유전을 나타내는 질환이건 간에 이들과 관련될수 있는 수천 가지 유전자를 동시에 검사할 수 있다. **유전체 스캐닝(genome scanning)**으로 알려진 이 기술을 이용하여 심장질환, 천식, 당뇨병, 알츠하이머병, 또한 다른 유전적으로 정의된 질환을 가진 사람을 예측할 수 있는 수많은 질환 대립유전자들의 분석이 가능하게 되었다. 유전체 스캔은 때때로 의사들이 원인 불명으로 진단 불가능한 만성 질환 환자들을 진단하는 데 사용할 수 있다.

마지막으로 **배열비교 유전체 혼성화(array comparative**

검사하는 야생형(정상) *p53* 유전자 지역:		5' – acttgtcatg gcgactgtcc acctttgtgc – 3'
Set 1	Probe 1	3' – tgaacagtaa cgctgacagg – 5'
	Probe 2	3' – tgaacagtac cgctgacagg – 5'
	Probe 3	3' – tgaacagtat cgctgacagg – 5'
	Probe 4	3' – tgaacagtag cgctgacagg – 5'
	Probe 5	3' – tgaacagta– cgctgacagg – 5'
Set 2	Probe 1	3' – gaacagtac agctgacagg t – 5'
	Probe 2	3' – gaacagtac cgctgacagg t – 5'
	Probe 3	3' – gaacagtac tgctgacagg t – 5'
	Probe 4	3' – gaacagtac ggctgacagg t – 5'
	Probe 5	3' – gaacagtac –gctgacagg t – 5'
Set 3	Probe 1	3' – aacagtac cactgacagg tg – 5'
	Probe 2	3' – aacagtac ccctgacagg tg – 5'
	Probe 3	3' – aacagtac ctctgacagg tg – 5'
	Probe 4	3' – aacagtac cgctgacagg tg – 5'
	Probe 5	3' – aacagtac c–ctgacagg tg – 5'

그림 22-14. 유전자형 탐색 DNA 미세배열을 위해 설계된 올리고뉴클레오타이드 탐침자의 예. 각 탐침자는 미세배열의 다른 필드를 차지한다. 5개로 된 각 세트의 탐침자는 검사하고자 하는 뉴클레오타이드 위치에 따라 배열되어 있다(파란색으로 강조되어 있다). 세트의 탐침자들은 각각 동일한 염기서열을 가지나 시험하고자 하는 위치에서만 각각 A, C, T, G 혹은 결실을 포함한다. 각 세트 내 하나의 탐침자만이 야생형 DNA 염기서열과 상보적이고 다른 탐침자들은 같은 위치의 잠재적인 돌연변이체와 상보적이다. 유전자의 각 뉴클레오타이드에 대해 한 세트의 5개 탐침자들로 시험하고 각 세트의 탐침자들은 단지 하나의 뉴클레오타이드씩 밀려서 제작된다. 이런 형식으로 전체 유전자를 반복 검사하여 모든 뉴클레오타이드를 검사한다. 이런 특정의 팀침자는 *p53* 유전자의 돌연변이를 검사하기 위해 설계되었다.

(a)

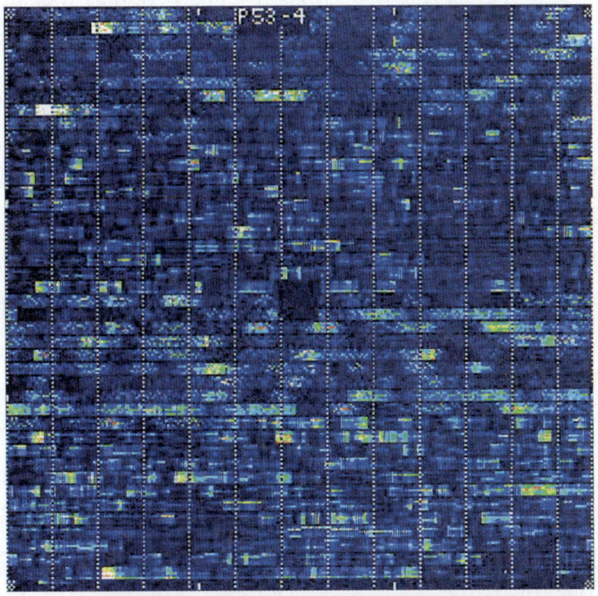

(b)

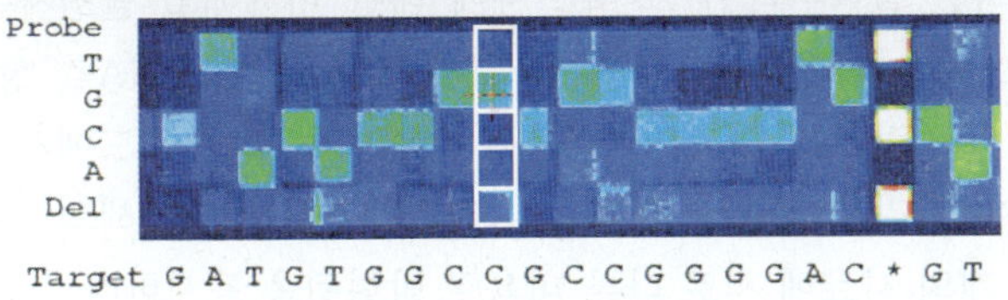

그림 22-15. *p53* PCR 산물과 혼성화 반응시킨 Affimetrix사의 *p53* 유전자 칩. 이 DNA 미세배열은 65,000개 이상의 필드로 구성되어 있고 각각은 50제곱 마이크로미터 정도다. 이 미세배열로 전체 1.2 kb 크기인 사람 *p53* 유전자 내의 돌연변이를 검사한다. 세로 점선들은 대조군 필드로 만들어져서 스캔 분석 동안 DNA 칩을 정렬할 수 있도록 한다. (b) *p53* 미세배열의 확대 부분. 각 네모구획은 시료 DNA가 반응하거나 반응하지 않은 필드를 나타낸다. 각 가로 네모구획은 조사하는 위치에서 탐침자의 뉴클레오타이드(A, C, T, G)나 결실된 뉴클레오타이드를 나타낸다. 각 세로열은 조사하고자 하는 뉴클레오타이드의 위치를 표시하는데 흰색 윤곽으로 표시된 열은 시료 DNA가 이 위치에 G와 상보결합하는 C를 가지고 있음을 나타낸다. 별(*) 표시된 세로열은 대조군 배열이다. *p53* 유전자의 염기서열은 사진의 아래에 표시되었다.

genomic hybridization, CGH)는 유전질환 상태와 연관될 수 있는 복제수 변이(copy number variant, CNV)를 유전체에서 확인하는 데 사용할 수 있는 미세배열 기반의 기술이다. 21장에서 보았듯이 복제수 변이란 개개인에 있어 유전체 변이의 대부분을 차지하는 SNP와 함께 비교적 큰 크기(~500 bp에서 몇 Mb) 염기서열의 삽입이나 결실에 의해 나타난다. 초기에는 암 시료에서 나타나는 염색체의 변화를 확인하는 방법으로 개발되었는데, CGH 배열은 특정 종(species)의 기준 서열에 근거해 한 종 전체 유전체를 범위로 하는 올리고뉴클레오타이드를 사용한다.

인간 유전체 CGH 미세배열은 전체 유전체를 범위로 하는 기준 염기서열을 가진 세균 인공 염색체(bacterial artificial chromosome, BAC)로 만든다. 특정의 질환을 가진 환자에서 얻은 시험용 유전체 DNA와 건강한 정상인에서 얻은 대조군 유전체 DNA를 각각 다른 형광 꼬리표로 표지한 후 CHG 배열에 혼성화시킨다. 이들의 관찰은 미세배열상에서 형광빛의 세기 상대비율을 분석하여 시료 내에 혼성화 유무를 상대적으로 확인한다. DNA 시료가 배열의 특정 필드에 형광 강도가 낮거나 결합하지 않는 경우 유전체 내에 염색체 중복이나 결실과 같은 CNV가 존재한다는 하나의 증거로 볼 수 있다. CGH 배열은 CNV를 확인하기 위해 개별 유전체를 시험할 수 있는 빠른 방법이기는 하나 이들은 유전체에서 이루어지는 매우 작은 변화를 확인할 수 없고, 유전질환의 원인이 될 수 있는 전좌(translocation)나 역위(inversion)도 검출할 수 없다.

유전자 발현 미세배열을 이용한 유전자 분석

바로 전에 언급한 미세배열들의 경우는 유전체 DNA상에서 특유의 질환과 관련 있는 돌연변이 대립유전자와 같은 특정 염기서열의 유무를 확인하는 것이다. **유전자 발현 미세배열(gene-expression microarray)**은 기초 생명과학 연구와 함께 특정 유전자의 발현 양상을 조사하기 위한 유전자 검사법으로 널리 사용되고 있는 기술이다.

유전자 발현 미세배열은 정상 조직이 건강한 상태로부터 질환의 상태로 진행됨에 따라 항상 수많은 유전자의 발현이 함께 변화하기 때문에 이런 현상을 이용해 유전질환의 유전자 발현 양상을 분석하는 데에 효과적인 방법이다. mRNA 발현을 유전자 발현 미세배열로 확인할 수 있으므로 이들 미세배열은 유전질환이나 유전자 발현 변화를 진단할 수 있는 강력한 수단이다. 발현 미세배열은 세포의 종류에 따라 발현되리라 생각되는 단지 적은 수의 유전자만을 위한 탐침자를 사용하거나 유전체 내에서 각각의 모든 유전자를 상징하는 탐침자를 사용할 수도 있다. 미세배열 기술이 유전자 발현에 대한 새로운 정보를 제공하지만, DNA 미세배열은 한 세포나 조직의 단백질 발현 수준에 대한 직접적인 정보를 제공하지는 않음을 명심해야 한다. 즉, 대체로 단백질 발현 수준이 mRNA 발현 양상에 기초한다는 추론이 가능하지만 항상 정확한 것은 아니다.

한 종류의 발현 미세배열로 분석할 때, mRNA 시료는 두 개의 다른 세포나 조직으로부터 분리하는데, 예를 들어 하나는 정상 세포, 다른 하나는 같은 유형 세포에서 발생한 암 세포에서 분리하는 것이다(그림 22-16). mRNA 시료는 그 세포 유형에서 발현되는 각 유전자의 전사물을 포함한다. 몇몇 유전자는 다른 유전자들에 비해 보다 효과적으로 발현되기도 하므로 각 종류의 mRNA는 각각 다른 양으로 존재한다. 각 mRNA 수준을 이용하여 해당 세포의 특징적인 유전자 발현 양상을 일람할 수 있다. 분리된 mRNA는 역전사효소를 사용해 cDNA로 변환시킨다. 정상 세포로부터 얻은 cDNA에는 어떤 형광색(예: 초록색)으로 표지된 뉴클레오타이드 꼬리를 달고, 암 세포에서 얻은 cDNA는 다른 형광색(예: 붉은색)으로 표지된 뉴클레오타이드를 붙인다.

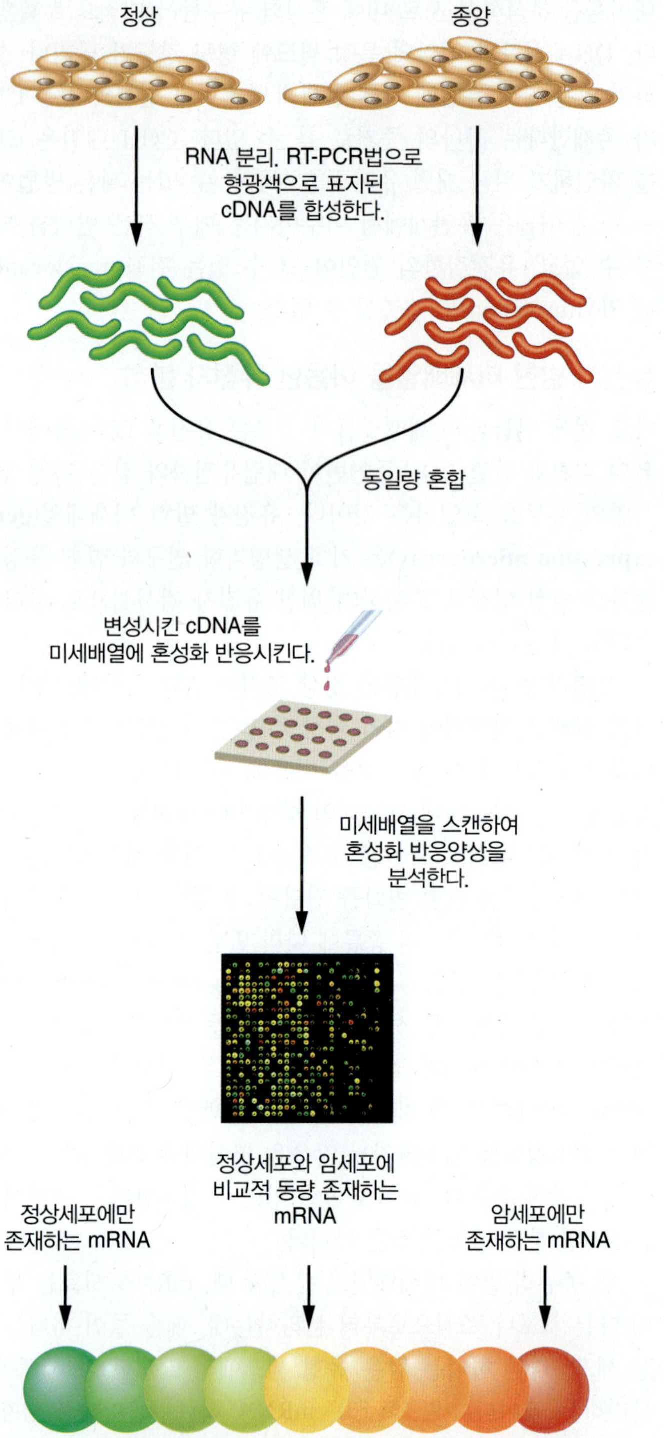

그림 22-16. 정상 세포와 암 세포의 유전자 발현을 검사하기 위한 미세배열 실험 과정. 여기서 보이는 방법은 두 개의 서로 다른 조직으로부터 얻은 cDNA 시료들의 같은 탐침자 세트에서의 결합을 경쟁시험하는 2채널 미세배열이다. 발현 미세배열 위 점들의 색은 유전자 발현 수준을 나타낸다. 이 예에서 초록색 점들은 한 종류의 세포(예: 정상 세포)에서만 발현되는 유전자를, 빨간색 점들은 다른 종류의 세포(예: 암 세포)에서만 발현되는 유전자들을 나타낸다. 중간색의 점들은 두 종류의 세포들에서 같은 유전자들이 다르게 발현되는 정도를 나타낸다. 이 예에서는 DNA 미세배열의 단지 작은 부분만을 보여준다.

각 표지된 cDNA들을 혼합하여 DNA 미세배열에 반응시킨다. cDNA 분자들은 미세배열상의 상보적인 단일 가닥 탐침자와 결합하고 다른 탐침자에는 반응하지 않는다. 각각의 필드[혹은 특점(feature)]는 단지 하나의 탐침자 분자만 갖고 있는 것이 아니고 한 탐침자의 수천 개 복사 분자를 함유하고 있음을 기억하라. 결합하지 않은 cDNA를 세척한 후, 연구자들은 레이저로 미세배열을 조사해 컴퓨터로 형광이미지 양상을 얻는다. 혼성화 반응 양상은 색을 띤 점들의 연속으로 나타나는데, 각 점은 미세배열의 하나의 필드에 해당한다(그림 22-16).

미세배열상에 나타나는 색깔 양상으로 혼합물 내 각 cDNA의 상대적 양을 민감하게 측정할 수 있다. 그림 22-16을 예로 들면, 한 종류의 mRNA가 정상 세포에만 존재할 경우 그 mRNA 해당 유전자를 표시하는 탐침자는 '초록' cDNA와만 반응할 것이므로 초록색을 띨 것이다. 마찬가지로 어떤 mRNA가 암 세포에서만 발현된다면 그 유전자에 대한 미세배열 탐침자는 붉은 점으로 나타난다. 만약 두 시료에 모두 같은 cDNA를 상대적으로 동일량 포함하고 있다면 두 cDNA가 같은 필드에서 혼성화하여 노란색 점으로 나타난다(그림 22-16). 중간색의 경우에는 두 개의 시료에 서로 다른 비율로 발현됨을 표시한다.

발현 미세배열 프로파일링으로 특정 암들에 대해 차별되는 유전자 발현 양상이 밝혀졌고, 이런 발현 양상이 특정 암의 상태, 임상적 과정 혹은 치료에 대한 반응성 같은 인자들과 연관됨이 드러났다. 일례로, 연구자들이 정상 백혈구 세포와 **미만성 큰 B세포 림프종(diffuse large B-cell lymphoma, DLBCL)**이라는 백혈구 암 세포에 대해 유전자 발현을 조사하였다. 약 40%의 DLBCL 환자는 화학 치료법에 민감하고 생존기간이 긴 반면, 60% 정도의 환자는 화학 치료법에 저항성을 갖고 생존기간이 짧다. 연구자들은 18,000개 유전자 발현을 조사해 유전자 발현 양상이 거의 상반되는 두 종류의 DLBCL이 있음을 발견하였다(그림 22-17). GC B-유사(GC B-like)로 명명되는 한 종류의 DLBCL은 활성 B-유사(activated B-like)로 명명된 다른 종류의 DLBCL과는 극적으로 다른 발현 양상을 보인다. 활성 B-유사 양상의 발현을 보이는 환자가 GC B-유사 양상의 환자에 비해 짧은 생존기간을 보였다. 따라서 연구자들은 DLCBL은 실질적으로 두 가지 결과를 나타내는 서로 다른 질환이라 결론지었다. 이런 유형의 분석이 일상적인 임상 용도로 도입된다면 각 그룹 환자를 위한 치료법을 조정하고, 유전자 발현 양상에 따른 새로운 맞춤형 치료법을 찾을 수도 있다. 유사한 유전자 발현 프로파일이 유방, 전립선, 난소, 대장 등의 많은 다른 암에 대해서도 만들어졌다. 이렇듯 유전자 발현 미세배열은 유전질환의 다양하고도 난해한 변이들에 대해 통찰할 수 있도록 해주고 있다.

몇몇 기업들이 **영양 유전체학(nutrigenomics)** 서비스 제공

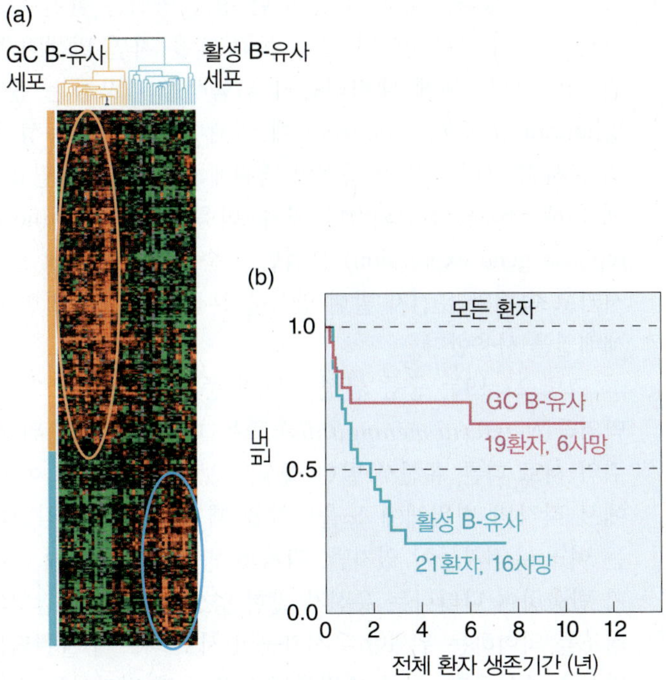

그림 22-17. (a) 정상 및 종양성 림프구에서 발현되는 18,000 유전자를 검사하기 위한 DNA 미세배열 유전자 발현 분석 결과. 각 행은 한 특정 유전자의 발현을 요약하여 나타낸다. 각 열은 하나의 암 환자 시료에서 얻은 데이터를 나타낸다. 색깔은 정상의 대조 세포들과 비교한 상대적인 유전자 발현 비율을 나타낸다. 빨간색은 대조군의 평균 수준보다 높음을, 초록색은 낮음을 표시하며 색깔의 세기는 평균치와의 차이 정도를 나타낸다. 이 예에서는 암 환자시료를 발현 프로파일이 유사한가를 기준으로 그룹지었다. 그림의 맨 위쪽 오렌지색으로 표시된 암 환자 시료의 집단은 GC B-유사 DLBCL 세포들이다. 파란색 집단은 활성 B-유사DLBCL 그룹 내 암 환자를 표시한다. (b) 유전자 발현 프로파일과 생존 가능성. 활성 B-유사 프로파일을 보인 환자(21명 중 16명)들은 GC B-유사 프로파일을 보인 환자(19명 중 6명)들에 비해 짧은 생존 가능성을 보인다. 이와 같은 데이터는 질병의 상태를 진단하는 미세배열 분석의 가치를 보여주고 있다.

을 선전하고 있는데, 그들의 주장에 의하면 영양 대사 과정에 포함된 유전자들의 대립유전자 다형성과 유전자 발현 양상을 조사한다고 한다. 예를 들면, 지질 대사 관련 아포지질 단백질 A(apolipoprotein A, *APOA1*)와 엽산(folic acid)의 대사를 담당하는 *MTHFR*(methylenetetrahydrofolate reductase) 등의 유전자에서의 다형성(polymorphism)은 심혈관 질환에 관련된다. 영양 유전체학 기업들은 이러한 유전자들에 대해 환자의 DNA 시료를 미세배열 분석하면 환자의 대립유전자 변이나 유전자 발현 프로파일을 바탕으로 식이요법을 바꾸고, 이는 잠재적으로 식이 관련 질병의 위험성을 낮추고 건강을 증진시킬 수 있다고 주장한다.

병원체의 유전자 발현과 유전자형 분석을 위한 미세배열 응용

미세배열의 응용은 감염병 연구자들에게 병원체를 연구하기 위한 강력한 수단을 제공하기도 한다. 유전자형 분석 미세배열이 H5N1 조류 독감 바이러스나 중증 급성 호흡기 증후군(severe acute respiratory syndrome, SARS) 바이러스처럼 긴급하고 새로운 전염성 바이러스 종을 확인하는 데 사용되고 있다. 이들 질환은 아시아에서 사람들을 사망에 이르게 하고 8000만 수 이상의 닭들을 매몰 처리하게 했으며 세계적인 유행 가능성을 염려하게 했었다.

병원체의 전유전체 전사체(whole-genome transcriptome) 분석이 가능해 연구자들은 병원체의 감염과 복제를 위한 중요한 유전자들을 확인하였다(그림 22-18). 이런 시도에서는 세균이나 효모, 원생생물 혹은 바이러스 병원체를 시험관에서 숙주 세포로 감염시키고,이에 따른 병원체 유전자 발현 양상을 발현 미세배열로 조사한다. 병원체가 숙주 세포에 감염되거나 자

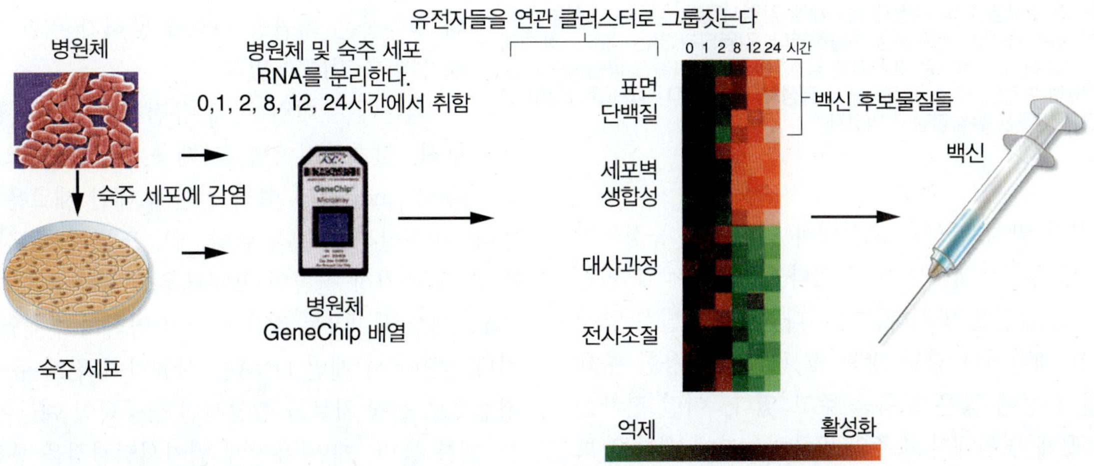

그림 22-18. 전체 유전체 발현 프로파일링을 이용해 연구자들은 병원체가 숙주 세포에 감염되고 자기복제할 때 활발히 발현되는 유전자들을 확인할 수 있다. 병원체 감염이나 자기 복제에 중요한 유전자를 확인함으로써 연구자들은 감염 질환을 방지하거나 치료할 수 있는 백신과 약제 후보물질을 확정하는 데 도움을 준다.

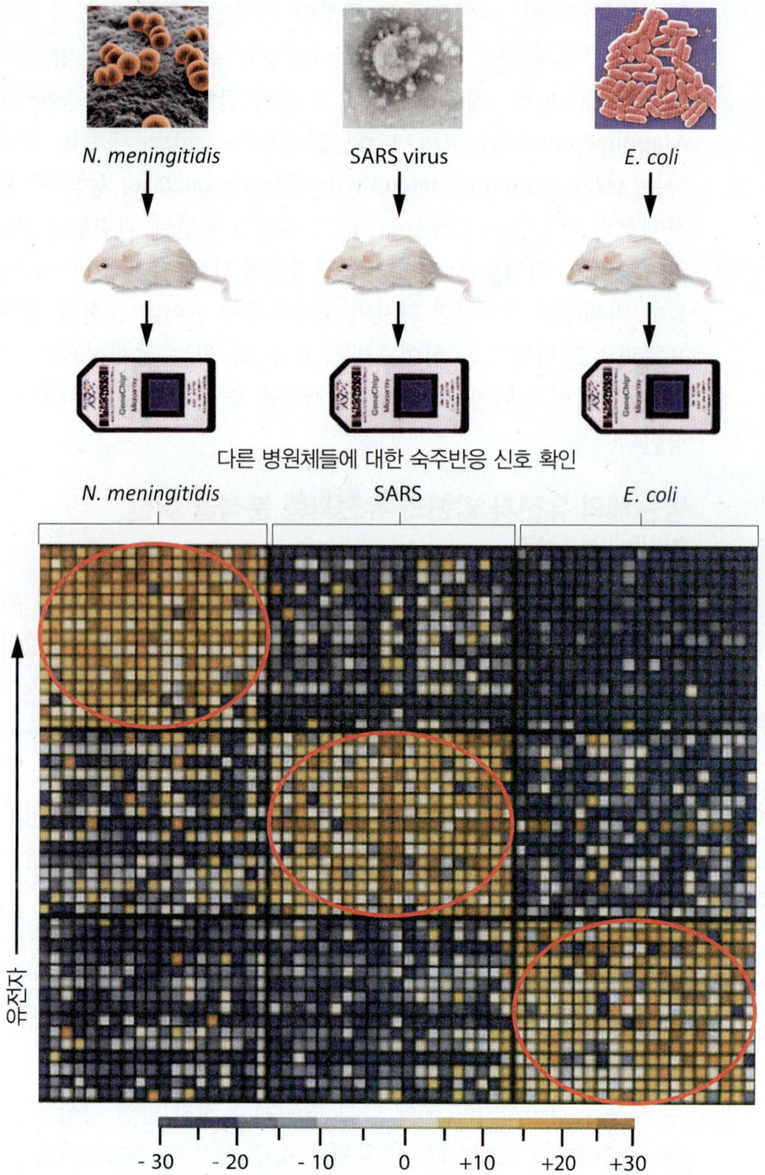

그림 22-19. 유전자 발현 미세배열로 숙주의 반응을 관찰하여 병원체를 확인할 수 있다. 이 예에서는 중증 급성 호흡기 증후군(severe acute respiratory syndrome, SARS)을 유발하는 바이러스와 수막염균 및 대장균 병원체에 감염시켰다. 생쥐의 조직을 얻어 유전자 발현 미세배열 분석을 위한 mRNA를 추출하였다. 감염되지 않은 대조군 생쥐에 비해 증가된 발현은 그늘진 노란색으로 표시되고 감소한 발현은 그늘진 파란색으로 표시되었다. 각각의 병원체는 감염 시 숙주 세포에서 활성화되는 유전자 집단(동그라미 부분) 측면에서 다소 다른 반응을 유발함을 기억하자.

기복제할 때 유전자 활성 양상을 조사해서 병원체를 동정하거나 감염 기전을 이해하는 데 이용하고 있다. 그러나 감염 질환 연구의 우선 목표는 감염을 방지하는 것이다. 유전자 발현 양상 분석이 단위 백신 개발이나 감염 방지 및 관리에 유용한 주요 유전자나 단백질 동정에 많은 도움을 주고 있다. 이런 전략은 연구자들에게 어떻게 병원체가 숙주와 반응하는가에 대한 정보를 제공한다.

유사하게, 연구자들은 병원체에 대항하는 숙주의 반응을 평가할 수도 있다(그림 22-19). 이런 평가 방법은 한편 중증 급성 호흡기 증후군이나 조류 독감 같은 자연 발생적 병원체의 발병, 생체 테러리즘의 위험성을 내포하는 탄저병[anthrax(*Bacillus anthracis*에 의해 발병함)] 가능성 등의 군사적 그리고 민간 목적의 병원체 동정법 개발 필요성에 의해 급속히 진전되었다. 숙주 반응 유전자 발현(host-reponse gene expression) 분석법은 숙주를 병원체에 노출시키고 숙주의 유전자 발현 양상을 분석하기 위한 발현 미세배열을 사용한다.

그림 22-19는 중증 급성 호흡기 증후군 바이러스와 수막염균(*Neisseria meningitidis*) 또는 대장균에 노출된 생쥐의 서로 다른 유전자 발현 양상을 보여주고 있다. 이 예에서 각각의 병원체에 노출되었을 때 증가하거나 감소하는 여러 유전자들이 있지만, 각각의 병원체들에 의해 숙주가 반응하여 나타나는 유전자 발현 양상 및 병원체 감염의 징조를 의미하는 우세한 유전자군이 서로 다르게 발현되는 방식을 주목하라. 다른 병원체에 노출된 후 나타나는 숙주의 유전자 발현 양상은 감염 질환을 진단하고 분류하는 좋은 방법이기도 하다. 연구자들은 병원체를 효과적으로 동정하기 위해 병원체나 숙주의 반응 유전자 발현 분석을 할 수 있는 데이터베이스를 구축하고 있다.

22.6 개인 유전체 염기서열결정을 통한 유전자 분석

개별 유전체 염기서열을 결정하거나 분석할 수 있는 능력은 연구자들이나 임상의들이 한 개인의 유전적 정보를 평가하기 위한 방법 자체를 바꾸게 했다. 유전체 염기서열결정이 빠른 속도로 임상의에 의해 채택되고 있다. 세계 유수의 병원들은 희귀병 원인을 밝히기 위한 임상 염기서열결정 설비를 갖추고 있다.

최근에는 이런 전체 유전체 염기서열결정법으로 식육부진, 알츠하이머병, 자폐증, 프로테우스 증후군(Proteus syndrome) 등의 여러 질환에 대한 새로운 이해를 갖게 되었다. 비정상적인 골격 발달, 암, 또는 다른 상태의 원인이 되는 희귀 선천성 질환인 프로테우스 증후군은 "코끼리 인간(*Elephant Man*)"이라는 절찬 상영된 영화의 주제였다. 이미 청소년기나 성인에서 개인 DNA를 사용하여 전체 유전체 염기서열결정법으로 질병 치료를 향상시킨 성공적인 예들이 있다.

예를 들면, 개인 유전체 염기서열결정을 통해서 뉴펀들랜드의 연구자들은 *AVRD5*라는 유전자의 돌연변이를 확인하였다. 뉴펀들랜드 지역은 **부정맥 우심실 심근병종**(arrhythmogenic right ventricular cardiomyopathy, ARVC)이라는 희귀 질환의 세계적 고발생 위험 지역이다. 이 질환은 평소에는 증상이 없다가 심장의 갑작스런 불규칙적 전기충격으로 사망하는 질환이다. *AVRD5* 유전자의 돌연변이가 ARVC의 원인으로, 결국에는 사망에 이르게 된다. 대략 남성의 50%와 여성의 20%가 50세에 이르기 전에 사망한다. 이 돌연변이를 가진 개인은 전기충격이 정지하거나 불규칙하게 될 때 작동하는 내부 심장 제동기를 이식받는다.

다수의 유전자들이 원인이 되는 질환들은 염기서열 정보를 이용한 진단이나 치료가 더욱 어렵다. 예를 들면, **자폐증 스펙트럼 질환(autism spectrum disorder, ASD)**으로 고통받고 있는 개인의 전체 유전자 염기서열결정 결과, 이 병은 100개 이상의 유전자가 관여하는 것으로 알려졌다. ASD의 유전학은 특히 복잡한데 이 질환과 연관된 형질이 광범위한 경향을 보이기 때문이다. ASD로 고통받는 개인의 전체 유전체 염기서열결정을 통해 이 질환의 원인이 유전적 돌연변이로 판명되었지만, 돌발적인 신규 돌연변이들도 계속 발견되고 있다. 가까운 장래에는 이들 돌연변이에 대한 염기서열 기반 지식들이 임상의들의 환자 맞춤치료 전략에 도움을 줄 것이다.

앞서 **엑솜 염기서열결정(exome sequencing)** 개념에 대해 소개한 바 있다(21장 참조). 2014년 초를 기준으로 전체 유전체 염기서열결정에 3,000달러 정도의 비용이 소요되고, 엑솜 염기서열결정은 1,000달러가 소요된다. 임상적 측면에서 엑솜 염기서열결정이 보여준 몇몇 유망한 결과들이 있다. 예를 들어 태어날 때부터 Nicholas Volmer는 내장 천공(내장에서 신체 외부로의 구멍)으로 체액과 배설물이 새어나와 계속적인 수술을 요하는 질환으로 고통받고 있었다. Nicholas는 3살이 되기까지 100번 이상 수술받았는데, 위스콘신 의과대학팀은 Nicholas의 엑솜 염기서열을 결정하였다. Nicholas의 염기서열과 평범한 사람들의 염기서열을 생명 정보학적 기법으로 비교한 결과, **세포사멸 X-링크 억제제(X-linked inhibitor of apoptosis, XIAP)**라고 불리는 X 염색체 유전자의 돌연변이가 확인되었다. *XIAP*는 골수이식으로 치유 가능한 다른 질환과도 연관되어 있음을 확인하였다. 2010년 골수이식을 통해 Nicholas는 생명을 구했고 그는 완치되었다. 이에 대해 지역 언론에서는 DNA 염기서열결정을 통해 생명을 건진 첫 번째 어린이로 보도하였다.

미국 국립보건원(NIH)은 2008년 미진단 질병 프로그램(Undiagnosed Diseases Program, UDP)이라는 기획을 발의하였다. 이 프로그램의 목표는 알려지지 않은 유전적 원인을 가진 희귀하고 미지의 질환을 진단하기 위해 엑솜 염기서열를 사용하는 것이다. 이 프로그램은 질환과 관련된 돌연변이를 확인하기 위해 질환을 가진 개인의 엑솜 염기서열을 건강한 가족원이나 표준 염기서열과 비교하고자 하는 것이다. 현재 이 프로그램은 40 사례 이상을 진단하였다. 그러나 불행하게도 이들 희귀 상태의 원인 돌연변이를 확인한다 하더라도 그들을 위한 치료법과 치료제가 개발되어 있지 않다.

현재의 기술로 **단일 세포(single cell)**로부터 얻은 유전체의 염기서열을 결정할 수 있다! 단일 세포 염기서열결정은 단일 세포로부터 DNA를 분리하고 이로부터 염기서열결정을 위한 충분한 양의 DNA를 만들기 위해 **전유전체 증폭(whole genome amplification, WGA)**을 시행해야 한다. 오류없는 염기서열결정을 위해 충분한 양의 DNA를 생산할 수 있는 믿을만한 유전체 증폭이 관건이다.

단일 세포 염기서열결정으로 연구자들은 세포들마다 유전체가 어떻게 다른지를 조사할 수 있었다. 이 연구를 통해 여러 돌연변이 유전자들이 개별 세포마다 크게 달라질 수 있음이 밝혀지고 있다. 다른 예로서 개인 정자의 유전체 염기서열이 결정되었다. 이런 시도는 재조합 '돌연변이 다발점'('hot spot', 정자 유전체 중에 가장 재조합되기 쉬운 영역)을 알고 어떻게 비정상적 재조합이 선천적 기형을 일으킬 수 있는지 결정하며, 잠재적인 생식적 문제들을 확인하고 진단함으로써 특정 개인의 배우자(생식세포)를 평가할 수도 있다. 이런 연구는 어떻게 음식물이나 연령과 같은 요소가 생식세포의 돌연변이율에 영향을 주는지에 대해 깊이 이해하게 해준다.

유전자의 염기서열결정은 임상의학의 표준 시술 행태로 되고 있으며, 유전체에 기반한 진단법은 미래 의학적으로 중요한 부분이 될 것으로 예상된다.

22.7 전유전체 연관성 연구는 질병을 유발하는 유전체 변이들을 확인한다

미세배열 기반 유전체 분석은 질환의 위험성에 영향을 줄 수 있는 유전자들을 확인하기 위한 탐색법으로서 **전유전체 연관성 연구(genome-wide association studies, GWAS)**라는 새로운 강력한 전략을 사용할 수 있게 하였다. 지난 8년간 보고된 GWAS의 수는 급격히 증가했다. 예를 들면, 신장의 차이, 자폐증, 비만, 당뇨병, 근 퇴화, 심근경색증, 관절염, 고혈압, 여러 종류의 암, 쌍극성 장애(bipolar disease), 자가면역질환, 크론병(Crohn disease), 정신분열증, 근위축성 측색 경화증, 다발성 경화증, 행동 형질(지능 같은) 등을 위한 전유전체 연관성 연구들이 과학잡지나 일반 보도에 보고되었다. GWAS를 통해 약 150가지 형질에 대한 3,000종류 유전체 변이에 관한 대략 1,000편의 논문이 출간되었다.

GWAS는 어떻게 실행하는 것일까? GWAS에서는 특이 질환을 가지고 있는 관계없는 많은 사람의 유전체를 일반적으로 미세배열 분석법으로 분석하고, 그 결과를 질병이 없는 개인들의 유전체와 비교함으로써, 그 질병의 발병 위험성을 부여할 수 있는 유전 변이를 동정하고자 한다. 많은 GWAS가 별개의 사람들로부터의 결과를 평가하기 위해 50만 단위 SNP를 탐침할 수 있는 대단위 SNP 미세배열을 사용한다. 다른 GWAS 시도로는 특정 유전자 차이를 살피거나 복제수 변이나 혹은 염색체 특정 부위 메틸화 양상과 같은 후성유전체(epigenome) 변이를 평가할 수 있다. 어떤 SNP나 CNV나 후성유전체 변이가 질환을 가진 개인에게서 함께 일어나는지를 결정함으로써, 연구자들은 각각의 변이와 연관된 질환 위험성을 계산할 수 있다. GWAS 결과의 분석은 질환 형질의 전개 과정에서 특정 유전 변이의 상대적이고 잠재적인 영향력(관련성 또는 위험성)을 예상할 수 있는 통계적 분석을 필요로 한다.

그림 22-20은 GWAS로 얻은 결과를 보고하는 전형적인 형식을 보여준다. 맨해튼 도표(Manhattan plot)라 불리는 이런 형식은 많은 데이터 점들을 표시하기 위한 '산포도(scatterplot)'이다. *x*축은 유전체에서의 특정의 위치를 나타내는데, 이 경우 각 염색체는 다른 색으로 표시한다. *y*축은 유전형 연관 시험값을 나타낸다. 연관성을 계산하는 여러 방법이 있다. 여기서 보이는 것은 *p*값의 역대수(-log)값으로서, 특정 상태에 의미있게 연관된 것으로 결정된 좌위들을 보여준다. 이 도표의 꼭대기 선은 유의미성의 임계치를 나타낸다. 유의미성 수준이 10^{-5}(*y*축에서 5.0에 해당함)을 넘는 지표 서열들은 질환 관련 서열일 것이다(그림 22-20).

GWAS의 잠재력을 평가받도록 한 탁월한 연구 중 하나는 미국과 아이슬랜드의 연구로서 심장질환, 기술적으로는 심근경색증(myocardial infarction, MI) 병력이 있는 4,500명의 환자와 12,767명의 대조군을 분석하였다. 이 연구는 305,953 SNP를 포함하고 있는 미세배열을 사용하였다. 가장 특징적인 결과는 9번 염색체의 종양억제 유전자들(*CDKN2A*와 *CDNK2B*)의 돌연변이로 확인되었다. MI 환자들의 21%에서 *CDKN2A*와 *CDNK2B* 유전자의 결실 돌연변이가 동형접합이었으며, 이들

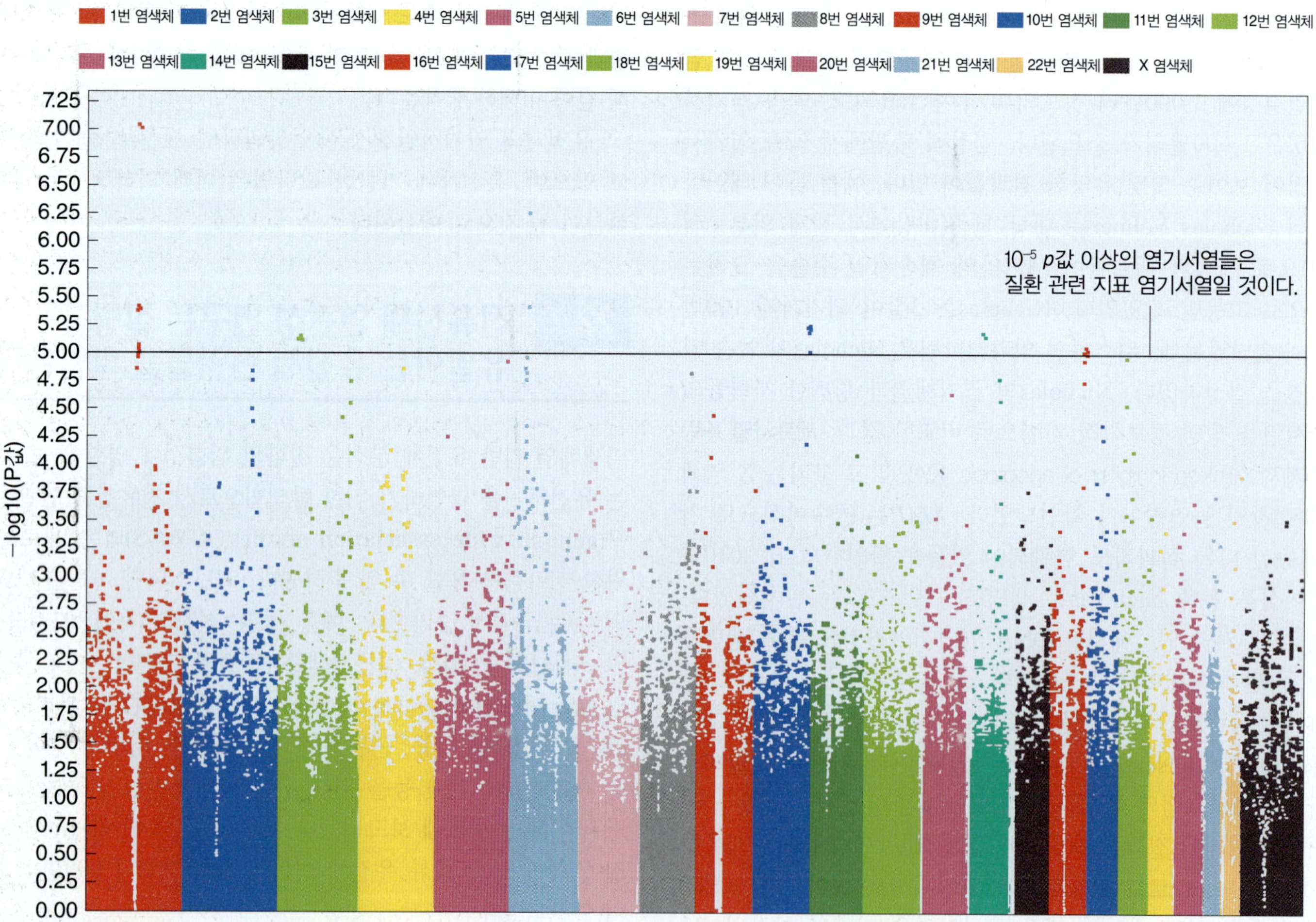

그림 22-20. 2형 당뇨병을 위한 GWAS 검사 결과 염색체 번호에 따라 모은 386,371개의 유전자 지표(genetic marker)를 발굴했다. 검은 선 위에 나타나는 지표들이 이 질환과 밀접히 연관되었을 것으로 보인다.

은 정상의 대립유전자가 동형접합인 사람들을 포함한 비보인자에 비해 MI의 위험도가 1.63배 증가했다. 이런 변이들은 유럽계 사람들에서의 변이와 연관되어 있었으나 흥미롭게도 동일한 돌연변이 대립유전자들이 아프리카계 미국인들에서는 우세하지 않았다. 이 결과는 이런 유전자 지표들이 그 민족에게는 MI 위험인자가 아니라는 것을 의미할까?

이와 같은 예는 GWAS와 관련하여 환자들에 대한 많은 의문과 윤리적 관심을 그리고 유전적 위험인자 데이터에 관한 감정적 대응을 이끌어낸다. 예를 들면,

- 한 개인이 특정 상태와 관련된 3, 5, 9, 또는 30개의 위험 대립유전자를 가졌다는 것은 무엇을 의미할까?
- 우리는 질환에 걸릴 수 있는 전반적인 위험성을 결정하는 데 있어서 희귀, 보통의, 그리고 낮은 빈도의 위험인자 대립유전자로 어떻게 분류할 수 있을까?
- GWAS에서 우리는 많은 DNA 변이를 확인하지만 많은 변이들은 질환에 미미하게 위험한 영향만을 끼친다. 우리는 어떤 사람이 생애에 12~16% 높게 특정 질환 위험성이 있는 유전적 변이를 가지고 있다고 어떻게 설명할 수 있을까? 그리고 이런 정보가 의미하는 것은 무엇인가?
- GWAS 총 합계로써 특정 상태에 대한 위험 대립유전자의 50%를 밝혀낸다면 복잡한 질환에 걸릴 수 있는 나머지 유전적 요소는 무엇인가?

몇몇 경우에 있어서는 GWAS에 의해 밝혀진 위험인자 정보를 이용하여 특정 질환으로 고통받을 수 있는 잠재성을 최소화하기 위한 식이 요법이나 운동 요법을 설계할 수 있다. 그러나 GWAS에 의해 확인된 위험인자 유전자의 수가 우리에게 알려주는 것은, 단일 유전자 질환과는 달리, 복잡한 유전질환 상태의 경우 질병 상태를 유발하는 전체 위험성에 대해 여러 유전적 요인들이 함께 기여한다는 것이다. 따라서 우리는 이런 정보를 질환의 진단이나 치료에 의미 있도록 만들 필요가 있는데, 이것이 GWAS의 궁극적 목표인 것이다.

22.8 유전체학은 개인 맞춤의학을 포함한 새롭고 보다 표적화된 의학적 치료를 제공한다

유전체학 기법들은 의학 진단법을 변화시키고 있고 연구자들에게 많은 양의 효과적인 치료 단백질을 생산할 수 있게 한다. 오늘날 이미 사용 가능한 예들을 통해 짐작하건대, 우리는 가까운 미래에 유전체학과 발전된 DNA 기반 기법들에 근거한 더욱 전환적인 의학 치료법을 보게 될 것이다. 이 절에서는 약리유전체학과 합리적 의약품 설계에 대해 간단히 소개하고 보다 자세한 설명은 뒤에 다룰 것이다(현대 유전학 특강 4장—유전체학과 맞춤 의학 참조).

약리유전체학과 합리적 의약품 설계

매년 200만 명의 미국인들이 투약 시 심각한 부작용을 경험하고, 10만 명 이상이 해로운 약품 반응으로 사망한다. 최근까지 각 개인의 효과적인 투약법은 임의적이고 시행착오의 과정이었다. **약리유전체학(pharmacogenomics)** 접근은 개인의 유전적 상황에 맞추어 설계된 보다 특이적이고 효과적이며 개인 맞춤형 약품의 사용을 가능하게 하였다.

1950년대에 연구자들은 약물에 대한 개인 반응이 유전적 요인에 따라 좌우됨을 발견하였다. 현재 우리는 많은 유전자들이 약물에 어떻게 반응하는지 또는 영향을 미칠 수 있는지를 알고 있다. 이들 유전자의 일부는 약물의 대사 과정을 담당하는 효소뿐 아니라 약물이 결합하여 세포 내로 흡수되는 데에 중요한 세포표면 수용체와 같은 산물을 암호화하고 있다. 예를 들면, 사이토크롬 *P450* 유전자족에 의해 암호화된 간 효소는 심혈관계 및 신경계 질환 치료제를 포함한 많은 약물의 대사 과정에 영향을 미친다. 이들 유전자의 DNA 염기서열 변이는 이들 효소가 약품을 대사하고 이용하는 능력의 차이로 표출된다. 따라서 비활성의 사이토크롬 P450 효소를 암호화하는 유전자 변이체들은 환자들이 몸속에서 약물을 분해하는 능력이 상실되어 같은 복용량의 약품을 과복용 상태로 만들 수 있다. 이런 변이체 중 일부를 인지하는 유전자 검사법이 현재 신약의 임상시험을 위해 모집한 환자들을 대상으로 사용되고 있다.

다른 사례로는 유년기 백혈병의 치료에 사용되는 티오퓨린(thiopurine) 약물에 대한 일부 사람들의 반응을 들 수 있다(그림 22-21). 어떤 사람들은 티오퓨린을 분해하는 티오퓨린 메틸 전이효소(thiopurine methyltransferase, TPMT) 유전자 염기서열에 변이를 가지고 있다. 일반적인 백혈병을 치료하는 데 사용하는 6-메르캅토퓨린(6-mercaptopurine, 6-MP)과 같은 항암제는 티오퓨린 구조를 가지고 있다. *TPMT* 유전자에 돌연변이를 가지고 있는 사람들의 경우 투여한 티오퓨린 항암제가 유독한 수준까지 몸속에 쌓일 수 있다. 그 결과 정상 *TPMT* 유전자의 동형접합인 환자들은 6-MP에 잘 치유되는 반면, *TPMT* 돌연변이로 이형접합이거나 동형접합인 사람들은 6-MP에 심각하게 혹은 치명적으로 반응할 수 있다. 처음에는 *TPMT* 유전자의 변이체를 확인하는 유전자 검사법이 개발되었으나, 현재는 간단한 혈액 검사로 임상의들이 약품의 투여량을 개인에 따라 맞추어 사용할 수 있도록 하고 있다. 이런 새로운 기술의 결과 6-MP의 유독성을 감소하였고, 6-MP로 치료한 유년기 백혈병 환자의 생

존율을 증가시켰다. 이는 약리유전체학의 훌륭한 예로 알려져 있다.

약리유전체학의 확대발전으로 몇몇 검사법들이 개발되고 있다. 한 가지 전도유망한 검사법으로 SNP 확인법을 들 수 있다. 아마도 연구자들은 어떤 약물에 대해 동일한 유전적 반응을 나타내는 사람들의 DNA에서 공유된 SNP 서열을 동정할 수 있을 것이다. 만약 유전체 내에 약물 반응의 원인 유전자를 포함하는 지역에서 SNP가 찾아진다면, 그 유전자 기능을 동정하지 않고서도 단지 해당 SNP에 근거한 유전자 검사법을 개발할 수 있다. 미래에는 DNA 미세배열이 다수의 약물 반응에 대하여 환자 유전체 검사를 위해 사용될 수 있을 것이다.

유전체학과 분자생물학적 지식은 또한 특이 질환 관련 분자들을 표적으로 하는 신약 개발에 기여하고 있다. 현재 대부분 신약 개발은 유효성분의 화학물질을 발견하고자 하는 희망을 갖고 실험동물을 이용한 시행착오 시험법에 기반한다. 이와는 대조적으로 **합리적 약물 설계(rational drug design)**는 특정 유전자 산물에 효과적인 특이적 화학물질 합성과 관련된다. 합리적적 약물 설계의 일례로 상품명 **글리벡(Gleevec)**인 신약 이마티닙(imatinib)을 들 수 있는데, 이 약물은 만성 골수성 백혈병(chronic myelogenous leukemia, CML)의 치료에 사용하고 있다. CML 세포들은 9번과 22번 염색체끼리 전좌되어 만들어지는 필라델피아 염색체(Philadelpia chromosome)를 가지며 이러한 t(9;22) 전좌로 인해 *C-ABL* 원발암 유전자(proto-oncogene)가 *BCR* 유전자와 융합된다는 것이 유전자 클로닝으로 밝혀졌다. 이 *BCR-ABL* 융합 유전자는 세포주기 조절이 안되도록 하는 강력한 융합 단백질을 암호화한다. 티로신 인산화효소로 작용하는 이 융합 단백질은 CML 환자와는 달리 정상의 세포에는 존재하지 않는다.

글리벡을 개발하기 위해 화학자들은 BCR-ABL 융합 단백질과 결합하는 분자를 발견하기 위해 화합물 라이브러리(chemical library)에 대한 고처리 검색(high-throughput screening) 실험법을 이용하였다. 이렇게 분자 간 결합이 확인된 화합물을 화학 변형시킴으로써 더욱 강하게 결합하는 저해제를 만들고 이것이 BCR-ABL 단백질 활성을 특이적으로 억제하는 것을 확인하였다. 임상시험으로 글리벡이 기존의 치료법에 비해 적은 부작용과 낮은 재발률을 보여, 효과적으로 CML에 대항하는 항암제임이 밝혀졌다. 글리벡은 현재 CML과 몇몇 암의 치료제로 사용되고 있다. 연구자들에 의해 질환과 관련된 유전자나 유전자 산물들이 많이 발견되고 있으므로 합리적 약물 설계법은 조만간 매우 강력한 신약발굴 수단이 될 것으로 전망된다.

유전자 치료

약물 치료가 유전질환 증세의 완화에 효과적이기는 하지만, 의학적 치료의 이상적인 결과는 이들 질환들을 완치하는 것이다.

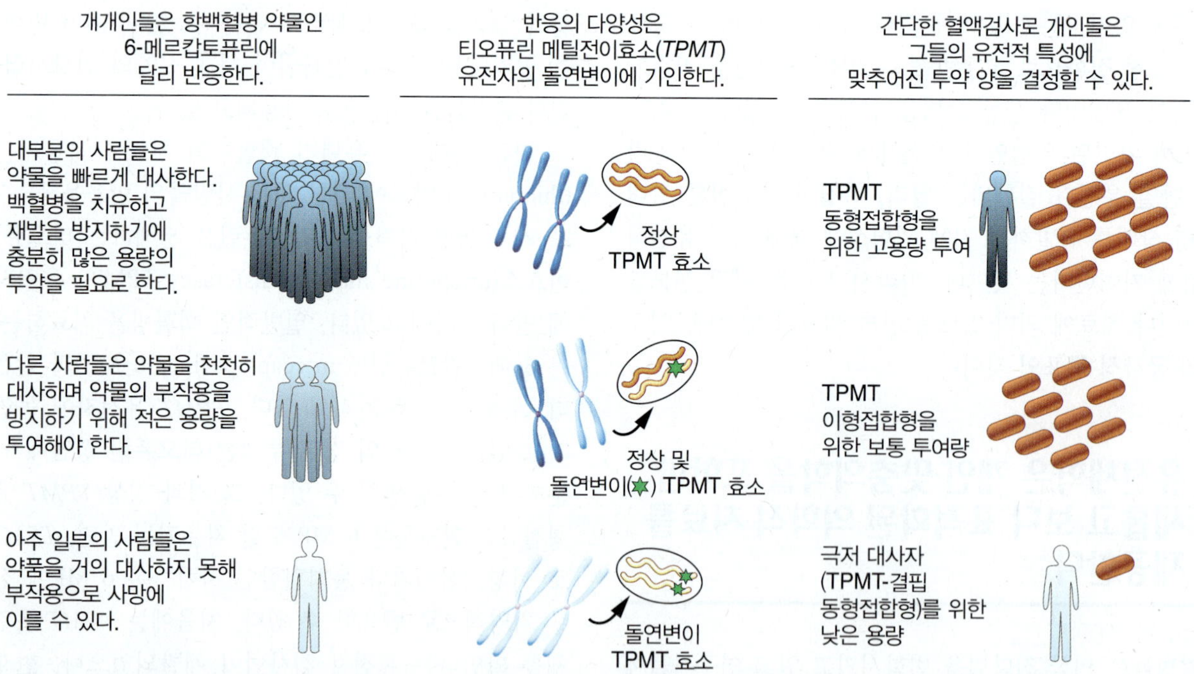

그림 22-21. 약물 개발을 위한 약리유전체학적 접근법으로 생명을 구하고 있다. 같은 질환(이 경우 유년기 백혈병)을 가진 다른 개인들은 유전자 발현의 미묘한 차이로 인해 약 처방에 달리 반응한다. 어떤 사람에게는 6-MP와 같은 항암제의 적정 투여량이 다른 사람에게는 독성을 가질 수 있다. 유전자 변이를 확인하기 위한 간단한 유전자 혹은 효소 검사법으로 의료진들은 사람의 유전적 프로파일에 근거하여 약물 및 그 투여량을 처방할 수 있다.

유전질환을 완치하기 위한 노력의 일환으로 연구자들은 **유전자 치료(gene therapy)**를 활발히 연구하고 있는데, 이는 환자의 세포 내로 정상 유전자를 이식하는 것을 목표로 하는 치료법이다. 이론적으로는 이식된 정상의 유전자가 질환 세포 내에서 전사되고 정상적으로 작동하는 유전자 산물로 번역됨으로써 정상 형질형을 이루게 된다는 것이다.

많은 방법 중에서 유전자 치료는 재조합 기법과 유전체학의 궁극적인 응용법이다. 이런 유전자 치료의 몇몇 성공사례가 보고되고 있으나, 여러 가지 이유로 기술적인 어려움이 극복되어야 한다. 뒤에서 유전자 치료에 대해 자세히 논할 것이다(현대 유전학 특강 6장—유전자 치료 참조).

22.9 유전공학, 유전체학 그리고 생명공학은 윤리적, 사회적, 법률적 의문을 제기한다

유전학자들은 재조합 DNA와 유전체 기법을 유전자의 동정, 유전질환의 진단 및 치료와, 상업적 의약품 생산, 범죄문제 해결 등에 이용하고 있다. 그러나 이런 기법들의 적용은 반드시 확인하고 치열한 논쟁을 거쳐 해결해야 하는 중요한 윤리적, 사회적, 법률적 논쟁거리를 야기한다. 여기서 우리는 유전자 기술 사용에 관한 몇몇 윤리적 논쟁에 대해 간단히 개괄하고자 한다.

유전자 검사와 윤리적 딜레마

인간 유전체 프로젝트가 처음으로 논의될 때 연구자들과 일반 대중에서는 어떻게 유전체 정보를 이용할 것인가, 어떻게 개인이나 공공의 이해관계를 보호할 것인가에 대한 논쟁이 있었다. 이런 논쟁을 해결하기 위해 **윤리적, 법률적, 사회적 의미 프로그램(Ethic, Legal, and Social Implications Program, ELSI 프로그램)**이 만들어졌다. ELSI 프로그램은 방대한 개인 유전정보의 영향력, 유전정보의 사생활 보호 및 기밀유지, 의료 행위, 유전자 상담 그리고 복제 결정권 등의 충격을 고려하고자 했다. 연구비의 지원, 워크숍, 그리고 대중 포럼 등을 통해 ELSI는 이들 논쟁거리들을 해결하기 위한 정책적 선택을 만들어 가고 있다.

ELSI는 이런 논쟁거리에 관한 과제로 네 가지에 집중하였다: (1) 유전정보의 사용과 해석에서 사생활 보호 및 공정성, (2) 연구실로부터 임상적 적용으로의 유전학적 지식의 이전 방법, (3) 유전학 연구 참여자들이 연구 참여로 발생되는 잠재적 위험성과 이익을 인지하고, 이해하며, 통지된 동의에 책임지는 방법, (4) 대중적이고 전문적인 교육.

현재 가장 널리 응용되고 있는 대부분의 유전자 검사법들은 삶의 질을 향상시키기 위한 정보를 환자나 의료인들에게 제공하고 있다. 예를 들면 페닐케톤뇨증의 출생 전 검사와 이 질환의 영향성을 줄이기 위한 식이 요법의 수행을 들 수 있다. 그러나 많은 잠재적 이익이나 유전자 시험법의 결과가 항상 명확한 것만은 아니다. 예를 들면,

- 우리는 현재 효과적인 치료 방법이 없는 유전질환을 검사할 기술을 가지고 있다. 이런 질환을 가진 사람들을 검사하여야만 하는가?
- 현재의 유전자 검사 결과에서 음성 판정의 결과가 미래의 발병 가능성을 완전히 배제하거나 양성의 검사 결과가 반드시 질환에 걸릴 것이라는 것을 의미하지는 않는다. 그럼 우리는 어떻게 검사 결과와 실제 위험성을 효과적으로 연결할 것인가?
- 유전체 스캔이나 단일 질환을 위한 유전자 검사를 할 것인지 혹은 전체 유전체 염기서열결정을 할 것인지 결정하기 전에 사람들이 알아야 할 정보는 무엇인가?
- 모체 혈류로부터 얻은 태아 유전체 염기서열결정으로 태아 유전체의 돌연변이(예를 들어 파킨슨씨병 관련 유전자)를 확인할 수 있다. 어떻게 환자들이나 의료진들이 이 정보를 이용할 수 있을까?
- 이런 검사들로부터 밝혀진 정보를 어떻게 보호할 것인가?
- 전자 의료 기록을 매개로 환자 데이터 공유가 중요한 관심사가 되었는데 어떠한 합의가 고려되어야 할 것인가?
- 유전적 차별을 어떻게 정의하고 방지할 것인가?

특별한 예를 살펴보기로 하자. 2011년 보스턴에서 유전자 검사에 근거한 잘못된 결과의 위험성을 보여준 사례가 있다. 임신부의 출생 전 초음파 검사 결과 발생 중인 태아의 척수에서 잠재적으로 쇠약해질 수 있는 문제(누난 증후군, Noonan symdrome)가 예상되었다. 의사는 DNA 검사를 지시했고 누난 증후군 연관 유전자 데이터베이스에 등재된 유전자 변이에 대해 양성의 결과를 얻었다. 부모는 임신 중절을 결정했다. 몇 개월 후 연관성이 있는 것으로 알려져 있었던 누난 증후군 연관 좌위(locus)가 질환에 영향을 끼치지 않는 것으로 밝혀졌지만 이를 과학계에 알릴 효과적인 방법이 없었다.

미래에 이런 종류의 문제점들을 최소화하기 위해 미국 국립보건원(NIH) 산하의 국립 생명공학 정보센터(National Center for Biotechnology Information, NCBI)는 ClinVar라는 데이터베이스를 구축하였다(www.ncbi.nlm.nih.gov/clinvar 참조). 이는 연구자들과 임상의들에게 최신의 정보를 제공하기 위해 임상 유전 검사소의 데이터와 연구 논문들을 통합 관리해 준다.

우연히 부수적으로 알게된 결과를 공지하는 것도 윤리적으

로 따져볼 만한 논쟁거리이다. 어떤 사람이 질병 상태와 관련된 특정 유전자 좌위를 알기 위해 유전체 서열 분석이나 여타의 검사를 받았을때 분석 결과는 때때로 환자에게 중요할 수 있는 다른 돌연변이를 발견하기도 한다. 연구자나 임상의들은 이런 정보들을 환자에게 고지할 것인지에 대해 양분된 의견을 갖고 있다. 당신의 생각은?

이 장의 초반에서 우리는 유전질환 검사를 위해 체외 수정으로 생성된 배아를 진단하는 착상전 유전진단(PGD)에 대해 공부한 바 있다. 우리가 인간의 형질들과 관련된 유전자에 대해 더 알게 된다면 질환과 연관되지 않은 다른 유전자들도 PGD로 조사할 것인가? 신장, 체중, 지능을 포함한 신체적 정신적 특성에서 매력있는 형질을 나타낼 수 있는 유전자를 지닌 배아를 부모들이 선택할 수 있을 것인가? 유전질환을 가진 배아를 의도적으로 선별할 수 있게 하는 유전자 검사에 대한 여러분의 의견은 무엇인가? 왜소발육증이나 귀머거리로 예상되는 배아를 선별하려고 출생 전 진단이나 PGD를 하고자 했던 대중적으로 잘 알려진 여러 쌍의 부부들이 있었다.

유전형질의 확인이 임상적으로 자리매김함에 따라 환자의 유전적 사생활 보호의 필요성이 대두된다. 유전정보가 고용주들이나 보험회사, 정부 조직 또는 공공 기관들에 의해 부정적으로 남용될 수도 있다는 우려가 크다. 유전적 사생활 정보와 유전적 차별 방지가 미래에는 점차 중요하게 될 것이다. 2008년에 **유전정보 비차별법(Genetic Information Nondiscrimination Act)**이 미국에서 제정되었다. 이 법은 의료보험회사나 고용처들이 유전정보를 부적절하게 사용하는 것을 막기 위해 고안되었다.

직거래 유전자 검사와 유전자 검사 시행기관의 규제

지난 10년 간 **소비자 직거래 유전자 검사[direct-to-consumer (DTC) genetic tests]**가 급속히 발전하였다. 간단한 웹(Web) 검색으로도 DTC 유전 검사를 제공하는 많은 기업을 찾을 수 있다. 1993년 약 100개의 유전자 검사법이 시판되고 있었으나, 2014년 대략 1900개 질환에 대한 유전자 검사법이 시판되고 있다. 대부분의 DTC 검사는 한 개인의 타액 시료, 머리카락 시료 혹은 볼 세포를 면봉에 묻혀 해당기업으로 보내게 된다. 가격 옵션에 따라 소비자 DTC 검사 기업들은 주로 각각의 돌연변이를 확인할 수 있는 ASO 검사 같은 SNP 기반 검사법에 의존한다. 예를 들면 2007년 (주)Myriad Genetics에서는 *BRCA1*과 *BRCA2* 유전자 검사를 위한 DTC 마케팅을 시작했다. 이들 유전자의 돌연변이는 유방암이나 난소암의 위험성을 증가시킨다. 이 검사로 유명 여배우 안젤리나 졸리가 가족력상 *BRCA* 유전자 돌연변이를 가지고 있어 유방암 발병 확률이 87%로 판정되어 2013년 5월 양측 유방 절제술을 받았다는 사실이 알려졌다. 실제 졸리의 어머니가 2007년 유방암으로 사망했다. 그녀는 배우 활동을 계속하기 위해 유방재건 수술을 통해 유방의 외형을 유지하고 있다. DTC 검사 대행 기업들은 절대 위험치, 즉 개인이 이 질환에 걸릴 가능성을 보고하는데, 그러한 위험치가 계산되는 여러 방식이 매우 상이하고 또한 어느 정도는 가정에 의존하기도 한다.

이런 검사법들은 여러 가지 이유로 논쟁의 여지가 있다. 예를 들면, 검사를 온라인상에서 소비자들이 직접 구매하고, 간호사나 유전자 상담사처럼 결과를 관리하고 해석할 수 있는 의료인이나 건강관리 전문가의 도움을 받지 않는다. 따라서 DTC 검사 기업들의 자율 규제에 의존하므로 이런 검사법들의 품질, 효용성, 그리고 정확도에 대한 많은 의문이 있다. 현재 이들 DTC 검사는 FDA의 규제관리를 받고 있지 않다. 현재까지는 가능한 검사 범위와 그것들의 상대적인 품질에 대해 환자들이 비교와 평가를 할 수 있는 쉬운 방법이 없다.

대부분의 기업들은 질환을 진단하거나 예방하고자 하는 것이 아니며 건강 상담을 제공하지도 않는다고 명확하게 밝히고 있다. 그렇다면 검사 결과가 소비자들에게 제공하는 정보의 목적은 무엇인가?

DTC 검사 기업은 양성판정 결과를 받는 사람이 수행할 권고사항을 웹사이트나 온라인 프로그램으로 제공한다. 그럼 이것으로 충분할 것인가? 만약 결과를 이해할 수 없다면 음성판정의 검사 결과로 인해 안전에 대한 잘못된 인식을 심어주지는 않는가? 단순히 한 여성이 *BRCA1*와 *BRCA2* 유전자 돌연변이에 음성의 결과를 보이는 것이 유방암이나 난소암에 걸리지 않는다는 것을 의미하지는 않는다. 유명 여배우 안젤리나 졸리가 유전자 검사의 결과에 의해 내린 개인적 결정에 대한 예로 17번 문제를 참조하라.

2010년 6월 FDA는 유전자 검사대행 기업 5개소(Illumina, Pathway Genomics, NaviGenics, 23andMe, deCODEme)에 대해 그들의 검사법을 소비자에게 시판하기 전에 FDA의 승인을 받아야 한다고 발표했다. 이러한 행동은 Pathway Gnomics라는 검사 기업이 대형 약국 체인점인 월그린(Walgreens)을 통해 '유전자형 종합검진' DTC 키트를 출하한다고 발표함으로써 유발되었다. Pathway Genomics와 다른 기업들은 수년간 회사의 웹사이트를 통해 그들의 DTC를 시판하였다. 이들 기업은 그들의 DTC 키트가 임상실험실 향상 개정법(Clinical Laboratory Improvement Amendments, CLIA)의 승인을 받았기 때문에 더 이상의 규제를 받을 이유가 없다고 주장하였다. CLIA가 일부의 실험실 검사법을 규제하기는 하지만 FDA에 관련된 것은 아니다. Pathway Genomics와 deCODEme는 DTC 제품들의 시판을 포기했다.

FDA가 향후 DTC 유전자 검사를 감독할 것인지는 불확실하다. 그럼에도 이 책이 출판될 때까지 FDA가 DTC 유전자 검사를 규제하거나 감독할 것인지에 대해 확실한 계획을 내놓지 않았다. 그러나 23andMe와 같은 몇몇 DTC 유전자 검사 기업들은 건강관련 분석 혹은 건강 보고서를 제공하므로 FDA의 규제 대상이 된다. 이에 FDA는 유전자 검사의 해석이 건강과 관련된 사실을 제공한다고 판단되는 기업들에게 지속적인 경고를 보내고 있다. 규제 측면에서 여러 선택권들이 있다. 어떤 사람들은 FDA가 DTC 검사를 규제할 권한이 없고, 소비자들이 필요와 관심에 따라 생산물들을 구매하는 데 자유로워야 한다고 믿고 있다. 또 다른 사람들은 소비자들을 보호한다는 측면에서 DTC 검사를 규제해야 한다고 주장한다.

2010년 미국 국립보건원은 이들 검사법의 유용성과, 일반 대중, 환자, 건강관리 요원들, 유전자 상담사, 의료보험 회사들을 위한 연구 등에 대하여, 정보 공유의 투명성을 증진시키기 위한 **유전자 검사 등록 제도(Genetic Testing Registry, GTR)**를 발표했다. GTR은 개인이나 그 가족들로 하여금 그들의 건강과 유전자 검사에 관한 결정을 내리기 위해 주요 정보에 접근할 수 있도록 한다. 그러나 DTC 기업들은 GTR 참여가 의무 사항이 아니다. 그럼에도 이들 기업이 GTR에 참여할 것인가?

DNA와 유전자 특허

지적 재산권[Intellectual property(IP) rights] 또한 유전공학, 유전체학, 그리고 생명공학의 윤리적 측면에서 논의되고 있다. 지적 재산에 대한 특허권[분리된 유전자, 새로운 유전자 조립체(construct), 재조합 세포유형, 유전자 변형 유기체(GMO)]은 특허권자에게는 잠재적으로 유리하지만 역시 윤리적, 과학적 문제들을 제기한다. 왜 지적 재산권을 보호하는 것이 기업들에 중요한 것인가? 이 이슈를 생각해보자. 만약 한 기업이 상업적으로 유용한 생산물을 생산하기 위해 수년간 연구개발 사업에 수백만 혹은 수십억 달러를 사용한다면 연구개발 비용을 회수하거나 이익을 창출하기 위해 일정 기간 동안 그들의 발견을 보호할 가치가 있는 것인가?

자연의 생산물로서 자연 상태에서의 유전자들은 특허의 대상이 아니다. 클로닝되고 이를 실행한 연구자들에게 특허권이 주어진 인간 유전자의 경우를 가정해보자. 특허권을 가진 개인이나 기업에게는 해당 특허 유전자를 이용하여 연구하려는 어느 누구나 그 사용에 대한 사용료를 지불해야 한다. 연구의 결과로 진단 검사나 치료법이 개발되었는데, 보다 많은 수수료나 특허권 사용료를 지불해야 한다면, 그 결과 유전자 검사 비용이 너무 비싸 많은 환자들에게 소용 없을 수도 있을 것이다. 그러나 유전자들이나 유전적 좌위에 대한 특허권을 제한하거나 방지하게 되면 이들 이익 창출을 목적으로 하는 기업들에게 그러한 유전자나 방법을 개발하려는 동기를 감소시킬 수 있다. 연구자들이나 기업이 자연발생 유기체들로부터 얻은 DNA 염기서열에 대해 특허권을 가질 수 있을까? 또한 이들 염기서열의 크기에 대한 상하한선을 둘 수 있을까? 예를 들면, 발현서열꼬리표(expressed sequence tag, EST)와 같은 작은 조각의 유전자가 DNA 염기서열로서 사용 여부가 확실하지 않음에도 몇몇 개인이나 기업이 처음으로 클로닝에 관여했다는 주장만으로 특허권을 부여할 수 있을 것인가? 연구자들에게는 그들이 염기서열을 결정한 특정 유기체의 전체 유전체에 대하여 특허권을 허용할 수 있을 것인가 혹은 허용해야만 하는가?

2014년까지 미국 특허청은 인간 유전체의 대략 20%를 포함하는 35,000개 이상의 유전자와 유전자 염기서열에 대하여 특허를 승인했다. 이에 따라 인간 유전자들에 대한 특허권 부여는 **특허체**(patentome)라는 신조어를 만들어 냈다! 몇몇 과학자들은 단순히 한 조각의 DNA를 클로닝한 것에 대한 특허권은 정말 사소한 행위에 대한 보상이라 주장한다. 컴퓨터가 유전체 염기서열 결정의 일상적인 일의 대부분을 수행하였는데 누가 특허권을 가져야 하는가? 그 유전자로 무엇을 할 수 있는지를 알아낸 사람에 대해서는 어떠한가? 유전자 치료법을 개발할 수도 있는 어떤 질병에서 유전자 염기서열은 어떤 역할을 하는가. 많은 연구자들은 유전자 염기서열 자체보다는 유전자 염기서열을 이용할 수 있는 새로운 기술이나 응용법에 특허권을 부여하는 것이 더 합리적이라고 믿고 있다.

최근 의회에서는 인간의 유전자들과, 한 유전자로부터 자연적으로 생성되는 어떠한 염기서열, 기능 또는 상호관계에 대한 특허권을 금지하는 법안을 고려하고 있다. 유전자 검사에 대한 특허권 역시, 오직 한 기업이 특정 유전자 검사의 권리를 보유하여 또 다른 제2의 선택권을 환자들이 보장받지 못한다면 특허권이 있는 검사법은 독점이 되므로 조사를 확대하고 있는 중이다. 최근의 연구 결과에 의하면 질환 유전자의 64%에 달하는 특허권 있는 검사법들로 인해 같은 질환에 대한 다른 기업의 다른 검사법 제안이 어렵거나 불가능하다고 보고되었다.

상징적인 예로서, 2010년 미국 시민 자유 연합(American Civil Liberties Union, ACLU)이 Myriad Genetics에 대항해 제기한 재판사건에서 유방암의 진단 목적으로 *BRCA1*과 *BRCA2* 염기서열에 대한 특허권을 Myriad에게 줄 수 없다고 다투었다. Myriad의 BRCAnalysis 제품은 배타적인 특허권 기간 동안 수백만 명 여성들의 *BRCA1*과 *BRCA2* 돌연변이를 조사하는 데에 사용되었다. 미국의 한 지방법원은 분리된 형태의 DNA가 생체 내 존재 방식과 기본적으로 다르지 않다는 사실에 근거해 Myriad의 특허권은 무효라고 판정하였다. 이에 따라 Myriad는 그들의 검사법에 대한 시장 독점으로 고소되었는데, 이 유전자 검사는 미국 내에서 배타적 면허권에 근거해 10년 넘게 존속했었다.

이 재판 사건은 2013년 연방 대법원으로 상고되어 Myriad는 9:0 전원 합의로 패했다. 이는 자연 발생 유전자들은 자연의 산물이고 그들이 분리하였다는 것만으로 특허권을 의미하지 않는다는 관점에 근거해 *BRCA1*과 *BRCA2* 유전자에 대한 다섯 건의 특허권을 박탈했다. 법원은 실험실에서 만들어 낸 cDNA 염기서열은 특허권을 계속 보유할 수 있다고 판결했다. Myriad는 아직도 *BRCA* 유전자 검사에 관련된 대략 500개의 유효한 특허권을 보유하고 있다.

유전체 염기서열 분석은 많은 윤리적 문제점들을 제기한다

현재 대부분 유전자 검사법들은 염색체 결함을 확인하고 ASO와 같은 실험적 방법으로 개인 유전자들을 검사하기 위해 양수검사와 융모막 융모검사 접근법을 사용한다. 미세배열 분석법조차 유전 검사를 위해 널리 사용되고 있지 않다. 그러나 가까운 미래에 성인이나 아기들의 전체 유전체 염기서열결정법이 임상적으로 확립될 전망이다. 유전체 염기서열결정 및 신생아 질환조사 프로그램(Genomic Sequencing and Newborn Screening Disorders Program)에서 1,500명 이상 아기들의 엑솜 염기서열을 분석하고 있다. 질환을 가진 아기들이나 건강한 아기들 모두 이 조사 프로그램의 일부이다. 이 프로그램은 연구자들이 특정 서열에 대한 비교 유전체학 분석을 통해 질병 관련 유전자를 동정하도록 도울 것이다.

신생아들에 대한 조사는 특정 질환의 충격을 방어하거나 최소화하는 데 도움이 된다. 이 절의 앞쪽에서 페닐케톤뇨증(PKU)에 대한 초기 검사의 긍적적인 점을 언급한 바 있다. 매년 신생아 발꿈치 바늘채취를 이용한 일상적인 혈액 검사로 미국에서만 수천의 희귀질환을 가진 유아를 찾아낸다. 미국에서 부모들에게 신생아 검사를 면제하는 주는 몇개 되지 않는다. 미래에는 탄생 순간에 DNA 염기서열결정이 필요할 것인가? 우리는 진정으로 어린이들의 질병 예방에 도움을 줄 수 있을 만큼 충분히 질환 관련 유전자에 대해 알고 있는가? 예상으로는 현재까지 다른 검사법으로 진단할 수 없는 질환을 가진 아이들의 15~50% 정도를 염기서열결정으로 확인할 수 있다. 건강한 아이들에 대한 염기서열결정의 가치는 무엇인가?

인간 유전학과 의학의 시대가 들뜨고 있는 만큼 많은 개인들의 전체 유전체 염기서열결정이 DNA 수집, DNA 취급 방법의 변화 및 품질관리, 염기서열 분석, 보관, 그리고 유전정보의 기밀유지 등에 관련해 규제받지 않는 환경에서 이루어지고 있으며(다음 쪽 글상자 "유전학, 기술, 사회"를 참조하라). 이는 심각한 윤리적 우려를 자아내고 있다.

예상 검사, 운명 예측 그리고 아기 예측 특허

기업들은 이제 **예상 검사**(preconception testing)를 통해 전산화 방법을 이용한 부모 DNA 시료 염기서열 데이터 분석으로 가상의 자손들에 대한 '운명예측(destiny prediction)' 능력을 키우고 있다. 23andMe라는 기업은 부모의 DNA 시료를 이용하여 아이들의 눈 색깔이나 특정의 질환에 대한 위험도를 예측할 수 있는 **가족 형질유전계산기**(Family Traits Inheritance Calculator)라는 전산 프로그램으로 미국 특허권을 획득하였다. 이 특허권은 **체외 수정**(in vitro fertilization, IVF)을 위한 정자와 난자 검색 기술의 응용을 포함하고 있다.

현재 체외 수정에 의해 생성된 배아의 성 감별은 일반화되었다. 그러나 예상 검사로 '설계된 아기'를 감별할 수 있을 것인가? **우생학**(eugenics)의 공포가 어른거리는데, 특히나 단순히 질환 상태에 대한 유전자 분석이 아닌 머리카락색, 눈색깔, 다른 신체적 형질들 그리고 잠재적으론 행동 형질(behavioral traits) 등의 비의학적 형질 선별로 변질되고 있다는 것이다. 이 특허권에는 부모가 될 사람들에게 선호하는 특정의 형질을 가진 아이나 가상의 후손을 만들 수 있도록 정자나 난자 제공자 유전형질을 검사하여 그 생식세포 제공자를 제안할 수 있는 과정을 포함하고 있다. 당신은 이에 대해 어떻게 생각하는가?

GenePeeks라는 회사에서는 부모가 될 사람들의 DNA를 함께 '전산적으로 짜깁기(digitally weaving)'하여 유전질환 위험도를 감소시킬 수 있는 특허출원 기술을 보유하고 있다고 주장한다. GenePeeks에서는 정자 제공자들과 임신을 원하는 여성의 DNA를 서열분석함으로써 자손들에게 바라는 특정 유전형질에 적합한 제공자들을 여성에게 알려줄 계획이다. 이 회사가 소유한 전산 기술은 염기서열 데이터를 이용하여 공여자와 의뢰인 짝에 대한 가상의 후손을 검사하고, 이를 통해 장래 부모로부터 유전될 수 있는 특정 질환 가능성을 계산하도록 의도되었다. 초창기에 이 회사는 희귀질환이 포함된 10만 개의 좌위에 집중할 계획을 가지고 있다고 주장했었다. 이와 같은 기술들이 널리 사용되어 미래 소비자들에게 매력을 끌 수 있을까? 당신의 생각은? 당신이 특정의 사람과 함께 아기를 가질 것인가를 결정하기 전에 이런 분석을 하기 원할까?

특허권과 합성 생물학

앞서 언급한 JCVI(J. Craig Venter Institute)는 "세계 최초의 인간이 만든 생명 형태"라는 것으로 두 가지 특허를 출원하였다. 특허권은 *M. genitalium*의 최소 유전체를 특허권리에 포함되도록 의도하였는데, 이는 JCVI가 믿기로는 자기 복제에 필수적인 유전자들이란 것이다. 이 특허 출원 중 하나는 인공적으로 조립된 유기체에 대한 권리를 주장하기 위한 것이다. 다른 연구자 그

롭에 의한 미국 특허출원은 대장균의 최소 유전체 응용에 관한 권리를 주장하고 있다. 당신의 생각은 어떠한가? 최소 유전체나 합성 유기체에 관한 특허는 가능할까?

합성 생물학에 대한 다른 윤리적 논쟁거리를 생각해보자. 합성 생물학은 생화학 테러와 같은 해로운 목적에 이용될 잠재력을 가지고 있다. 어떤 법규와 규제가 합성 생물학의 응용과 이들 응용에 관한 특허권에 담겨야 할까? 생명의 형태를 변화시키는 능력은 어떤 사람들에게는 불쾌감을 준다. 이런 논쟁거리는 합성 생물학 연구 공동체에서 어떻게 정리될 것인가?

유전학, 기술, 사회

유전체 빅 데이터 시대의 개인 사생활과 익명성

우리는 빅 데이터의 홍수 속에 살고 있다. 막대한 양의 개인 정보가 민간 및 공공의 데이터베이스에 저장되는데, 우리의 구매 선호도, 인터넷 엔진 탐색 기록, 사회적 계약, 혹은 GPS 위치에까지 이른다. 우리는 이들 정보에 대해 우리에게 가치 있고 적어도 해롭지 않은 서비스의 대가로 수집을 용인한다. 그러나 우리는 이들 정보가 미래에 어떻게 쓰일 것인지 그리고 이들의 배포가 우리와 우리 가족 그리고 우리의 관련인들에게 영향을 끼칠 것인지에 대해 알지 못한다.

아마도 모든 빅 데이터 중 가장 개인적인 것은 개인의 유전체 염기서열이나 유전체 분석으로부터 얻은 결과일 것이다. 수많은 사람들이 사설 유전자 염기서열결정 민간기업이나 공공 연구 프로젝트에서 실시하는 전체 유전체 염기서열결정을 위해 DNA를 제공하고 있다. 그들이 염기서열결정을 위해 DNA를 제공하는 것은 이런 정보가 익명성을 유지하고 지극히 사적일 것이라는 가정이나 약속으로 행해졌을 것이다. 더욱이 이들 정보가 다른 대단위 연구 프로젝트에 사용될 수 있다고 고지되어도 관심을 기울이지 않는다. 결국 익명의 A, C, T, 그리고 G 대용량 데이터에 대한 접근으로부터 어떤 일들이 일어날 수 있을까? 놀랍게도 답은 매우 많다는 것이다.

유전자 개인정보 문제가 발생한 최초의 예들 중 하나로, 2005년에 Ryan Kramer라는 15살 소년이 그 자신의 Y 염색체 염기서열과 인터넷을 통해 그의 정자 제공자 아버지를 추적한 사례다(Mouluk, A., *New Scientist* 2524: November 3, 2005). Ryan은 DNA 시료를 혈통관련 기업에 제출해 Y 염색체 프로필을 만들고 그들의 데이터베이스와 비교하여 친척임을 의미하는 비슷한 유전적 프로필을 가진 사람들과 접촉할 수 있게 되었다. Ryan은 두 사람과 접촉했는데, 이들 둘은 단지 철자만이 다른 같은 성을 가진 사람들이었다. Ryan은 그 성과 더불어, 정자 제공자 아버지에 대해 유일하게 알고 있었던 생년월일, 출생지, 그리고 대학학위 정보를 결합하여 인터넷의 사람 찾기 서비스를 통해 같은 장소와 같은 날에 태어난 모든 사람의 이름을 얻었고, 그 목록에 Ryan의 두 Y 염색체 친척과 같은 성을 쓰는 한 사람이 있었다. Ryan은 다른 인터넷 서비스를 사용해서 그 사람이 같은 학위를 가지고 있음을 확신하였다. Ryan은 정자 제공자 아버지와 접촉하였다. 이 보고가 있은 후 다른 정자 제공자들의 자녀들이 그들의 부친을 찾기 위해 혈통 조사에 DNA를 사용하고 있다. 이 사례들에서 정자 제공자들은 이들 혈통관련 기업에 DNA를 제공하지 않았지만 그들의 신원이 간접적으로 확인될 수 있었다. 정자 제공자는 대부분 익명성을 보장받았기 때문에 이들에 대한 영향은 혼란스러웠다. 몇몇 경우는 제공자들이 수십 명 자손의 아버지라는 사실을 알고 고통스러워 하고 있다.

보다 최근에는 몇몇 출판된 보고에 의하면 전유전체 염기서열로 어떤 사람의 신원을 추적하는 것이 어렵지 않다. 예를 들면, Whitehead Institute의 Yaniv Erlich 박사 연구팀은 *1000달러 유전체 프로젝트*에 포함된 익명의 사람들을 어떻게 추적하여 확인할 수 있는지를 발표했다(Gymrek, M., et al., 2013. *Science* 339: 321–324). 이런 조사는 단지 수 시간 내로 공공 이용 가능한 인터넷 출처에서 비용없이 얻을 수 있었다. 우선 그들 팀은 데이터베이스에서 임의로 선택된 Y 염색체 염기서열을 STR 프로필들로 변환하고 이 프로필들을 두 무료 공공 혈통 데이터베이스에서 검색하였다. 이런 검색 과정을 거쳐 가족 성과 지리적 위치 그리고 가족 계통도와 같은 정보를 얻을 수 있었다. 사망기사의 인터넷 검색, 다른 여타의 혈통 웹사이트 그리고 인구 통계학적 데이터만으로도 단지 다섯 개인의 전체 유전체 염기서열로부터 시작하여 다른 세 가족의 50명의 성명과 위치 정보까지도 얻을 수 있었다.

Erlich 박사 연구팀은 다른 연구를 통해 익명의 RNA 발현 수준 데이터나 SNP 유전형 미세배열 결과로부터 개인의 정체와 연령, 성별, 체중 지수, 포도당, 인슐린, 지방 함량, 그리고 질환의 감수성 등 여러 개인 정보를 획득할 수 있음을 확인했다. 이에 더해, 어떤 환경에서는 한 개인의 DNA 프로필을–그것이 복잡한 DNA 혼합물의 형태로 얻었다 해도–국내외 법의학적 DNA 데이터베이스로부터 풀어갈 수 있다(이것은 현대

(계속)

유전학, 기술, 사회—계속

유전학 특강 3장—DNA 법의학 참조). 몇몇 이러한 데이터베이스들은 범죄 현장 증거에서 얻은 목록뿐만 아니라 기결수는 아닐지라도 피고인의 목록을 포함하고 있다.

'유전체적 탈 식별(genomic de-identification)'은 많은 사람들에게 불안한 문제이다. 유전체 정보의 유출은 개인의 병력 정보, 신체적 특징, 그리고 인종 등을 밝힐 수 있다. 이것들은 또한 범죄 현장에 놓아두기 위한 DNA를 합성하기 위해 사용할 수도 있고, 우리가 우리의 유전체 내에 숨겨진 보다 많은 정보들을 알게 됨에 따라 미래에 생각하지도 못한 방법으로 사용될 수도 있다. 유전체 정보의 유출 결과는 염기서열이 결정된 개인에 한정되지 않고 그 개인의 유전적 유산를 공유하는 다음 세대에서도 문제가 될 수 있다.

따라서 유전체 지니 요정을 다시 병에 가둘 수 없을 때가 되기 전에 지금이 바로 유전체 정보의 사생활 보호와 익명성에 대한 해결점을 논의해야 할 시간일 수 있다.

조사해 보자

1. 당신은 특정 암의 유전적 연관성을 조사하기 위한 연구 프로젝트에 당신의 DNA를 기증할 것인가? 만약 그렇다면 당신의 기증에 당신이 안심할 수 있도록 하기 위한 개인 사생활 보호정책이 필요할까?

유전체 정보 유출의 몇몇 결과들이 노벨상 수상자 Brenner, S.E.의 2013년 논문에 나와 있다(Brenner, S.E. 2013. Be prepared for the big genome leak. *Nature* 498: 139)

2. 유전체 데이터의 사생활 보호에 대한 문제들이 연구자들과 규제 당국자 사이에서 논의되고 있다. 사생활 보호에 대한 그들의 관심사는 무엇이며, 어떤 해결책이 이들 관심에 대처하기 위해 제안되고 있나?

(Hayden, E.C. 2012. Informed consent: a broken contract. Nature 486: 312–314를 참조하라.)

3. 유전체 데이터 유출문제를 처리할 하나의 방법은 모든 개인의 유전체 데이터를 공개해 이용할 수 있도록 하는 것이다. 이와 같은 방법의 장점과 단점은 무엇인가?

(DNA 데이터의 반익명적 접근 방법에 대해서는 http://www.personalgenomes.org/non-anonymous를 참고하라).

사례 연구 | 암 치사 세균

57세 남성인 Ralph는 대장암 진단을 받았다. 종양 전문가는 그의 치료를 위해 방사선과 화학요법 치료를 권고했고, 이들 치료가 활발히 분열하는 정상 세포와 암 세포 모두를 죽이는 부작용에 대해 설명하였다. Ralph는 전문가의 의견을 면밀히 살펴보고 대형 대학병원 암 클리닉으로의 다른 선택을 했다. 그곳에서는 합성 생물학 프로그램의 연구자들이 정상 세포에는 영향을 미치지 않고 암 세포만을 선택적으로 치사케 하는 유전자 변이 대장균을 시험하고 있다는 사실을 알았다. Ralph는 이 시도에 참여하기로 결정하고 자세한 과정을 설명하는 자리에서 보편적인 화학요법과 유전자 변이 세균 세포의 효과를 비교하는 임상 3상 시험에 참여하게 됨을 고지받았다. 이 시험의 일부로서 그는 임의적으로 두 방법 중 하나의 치료만 받게 될 것이라 하였다. 그는 처음에 세균 치료법을 받게 될 것이라 생각했기 때문에 이 사실을 알고 실망했다.

1. 이 점에 대해 Ralph가 선택할 수 있는 것들은 무엇인가?
2. 그는 다시 방사선이나 화학 치료요법을 고려해야 하는가?
3. 아니면 보편적 치료보다 효과적일지도 모르는 유전자 변형 세균을 이용한 치료를 받을 수도 있는 기회에 등록해야 하는가?

요약

1. 재조합 DNA 기술을 이용하여 질병 치료를 위한 가치 있는 생의약 단백질 제품을 생산할 수 있다.
2. 개선된 성장 특성이나 원하는 형질을 가진 형질전환 동물들이 많은 응용을 위해 유전공학적으로 제조되고 있다.
3. 합성유전체로 세균 내에서 유전체 이식 실험이 성공함으로써 합성생물학에 대한 관심과 잠재적인 응용법이 고무되었다.
4. 제한 절편길이 다형성(restriction fragment length polymorphism, RFLP) 분석법, 대립유전자 특이적 올리고뉴클레오타이드 검정법, DNA 미세배열 등의 여러 다른 분자 생물학적 기법들이 정상 및 질환 표현형질과 관련된 유전형질 확인에 이용될 수 있다.
5. 모친의 혈액을 이용하여 태아 유전체를 유추할 수 있는 착상 전 유전자 진단과 조직 손상없이 가능한 방법들로 인해 발달 중에 있는 태아의 유전자 분석이 가능하게 되었다.
6. 개인 유전체의 전체 염기서열결정방법이 의학계에 도입되어 진단과 유전적 상태 조사에 기여하고 있다.
7. 전유전체 연관성 연구(genome-wide association studies)는 개체군 내 질환의 상태와 연관되어 있는 유전적 변이를 살필 수 있다.
8. 약리유전체학은 개인 유전형질에 근거한 개인 맞춤의학의 기초를 제공한다.
9. 유전공학과 생명공학의 응용은 중요한 과학적 그리고 사회적 문제를 야기하는 윤리적, 사회적, 법률적 딜레마를 포함하고 있다.

질문 및 해답

1. Petukhova 등의 연구(*Nature* 466: 113-117, 2010)는 1054명의 원형 탈모증(alopecia areata, AA) 환자와 3278명의 대조군을 분석한 전유전체 연관성 연구이다. 원형 탈모증은 탈모의 주요 원인으로 미국에서만 대략 530만 명의 환자에 영향을 주는 질환이다.

(a) 이 연구의 맨해튼 도표(Manhhatan plot)를 아래에 보여준다. 이 도표를 해석할 때 어떤 염색체가 원형 탈모증에 기여하는 좌위와 연관되어 있나?

(b) 원형 탈모증과 밀접히 연관되어 있는 139개 단일뉴클레오타이드 다형성(single-nucleotide polymorphism, SNP) 중에서 몇몇 유전자들은 조절 T 림프구(regulatory T lymphocytes, Treg 세포)와 세포독성 T 림프구(cytotoxic T lymphocytes)의 활성화 및 증식에 관여하는데 이들 유전자는 면역세포로의 항원 노출(antigen presentastion)과 인터류킨 등과 같은 면역 조절 분자에 관여하는 유전자들과 모낭 자체에서 발현되는 유전자들이다. 어떻게 과학자들은 이런 후보 유전자들을 통해 원형 탈모증이 질환으로 발전하는 방식을 이해할 수 있겠는가?

해답:

(a). 연구자들은 전유전체 연관성 임계치보다 확실히 높은 SNP들을 가지는 8개의 유전체 부위를 확인하였다. 그들 부위는 염색체 2, 4, 6, 9, 10, 11, 12에 모여 있다.

(b). 원형 탈모증은 자신의 면역계가 모낭을 공격하여 전체 머리카락 혹은 신체 전부에 걸쳐 탈모를 유발하는 자가면역질환이다. T 세포들이 원형 탈모증 환자의 모낭을 공격한다. T 세포 증식, 면역계 조절 그리고 모낭 발전 과정에 관여하는 후보 유전자들의 확인을 거쳐 연구자들이 원형 탈모증의 치료법을 개발할 수 있을 것이다.

2. 인간 면역결핍 바이러스(human immunodeficiency virus, HIV-1)의 감염은 면역계를 약화시키고 AIDS(후천성 면역결핍 증후군)를 앓게 된다. 특이하게 HIV는 CD4로 알려진 세포벽 수용체를 가진 면역계 세포에 특이적으로 감염되어 이 세포를 죽인다. 바이러스의 gp120이라는 표면 단백질이 CD4 수용체와 결합하여 바이러스가 세포 내로 유입되도록 한다. CD4 단백질을 지정하는 유전자가 클로닝되었다. 이 클론을 재조합 DNA기법들을 이용해 HIV 감염과 싸우는 데 사용할 수 있을까?

해답:

연구자들은 *CD4* 유전자의 클론들을 이용하여 감염과 싸우기 위한 약물이나 독소를 목표 지점으로 송달할 수 있는 시스템을 설계할 수 있을 것이라 희망하고 있다. 예를 들면, 감염 과정은 바이러스의 gp120 분자와 CD4 단백질의 결합에 의존하므로, 클로닝된 *CD4* 유전자를 변형하여 그 단백질의 수용성 형태(sCD4)를 생산하도록 하였고, 이 단백질은 그 수용성으로 인해 신체 내에서 자유롭게 순환될 수 있다. gp120 단백질이 여분으로 합성된 수용성 CD4 분자를 먼저 마주쳐서 결합하게 되면 HIV의 세포 감염을 막을 수 있을 것이라는 아이디어이다. 일단 여분의 합성된 CD4 단백질과는 결합하게 되면 면역계 세포들의 CD4 단백질과 결합할 수 없게 된다. 세포 배양 실험에서는 sCD4 분자의 투여로 조직 배양 세포로의 HIV 감염이 효과적으로 방지되었다. 그러나 HIV 양성의 사람을 대상으로 하는 시험에서는 다소 실망스러운 결과를 보였는데, 주요한 이유는 실험실에서 사용한 HIV와 감염된 사람들에서 발견되는 바이러스가 다른 종류였기 때문이다. 다른 전략으로서, *CD4* 유전자를 세균 독소 유전자와 융합하였다. 이렇게 만들어진 융합 단백질은, HIV로 감염된 세포 표면의 gp120과 결합할 수 있는 CD4와, 감염된 세포를 죽일 수 있는 독소 부위를 함께 가지고 있다. 조직 배양 실험에서는 HIV에 감염된 세포가 이 융합 단백질에 의해 죽었고 감염되지 않은 세포는 생존하였다.

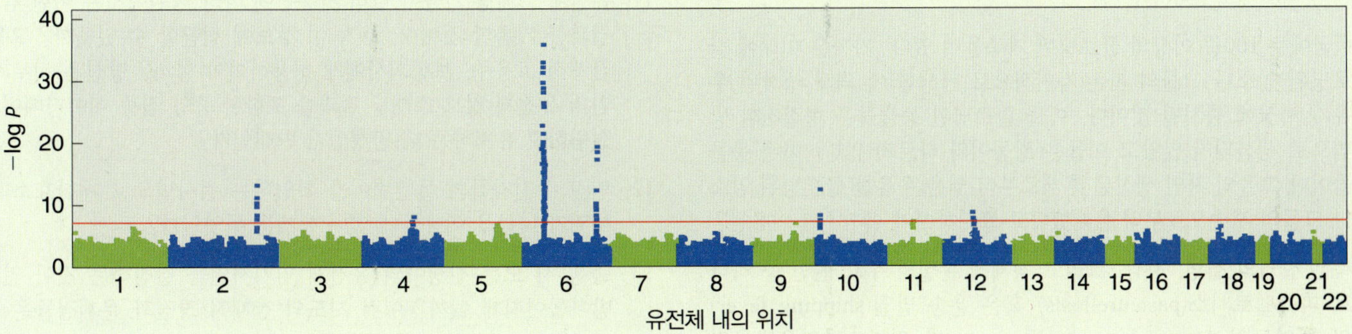

탐구 문제

어떻게 알았을까?

1. 이 장에서 우리는 유전공학, 유전체학, 생명공학과 같은 흥미로운 응용 분야를 다루었다. 동시에 우리는 이러한 정보의 획득 방법이나 원리를 고려할 수 있는 기회를 가졌다. 이 장에서 설명한대로 다음의 기본적인 질문에 당신은 어떤 해답을 내놓을 것인가:
(a) 우리가 유용한 유전자를 형질전환 유기체로 도입하고 예상대로 작동하는지를 확인할 실험적 방법들은 무엇인가?
(b) 낫모양 적혈구 빈혈증(sickle-cell anemia)을 가진 태아를 감별하기 위해 어떻게 DNA 분석법을 사용하는가?
(c) 어떤 조직에서 발현되는 특정 유전자를 확인하기 위해 DNA 미세배열을 어떻게 사용하는가?
(d) GWAS(전 유전체 연관성 연구)는 어떻게 실행하며 그것이 제공할 수 있는 정보는 무엇인가?
(e) 유전자 치료법을 효과적으로 실행하기 어려운 기술적 요인에는 어떤 것들이 있는가?

개념확인 문제

2. 569쪽의 핵심 개념을 살펴보라. 대부분은 널리 사용하게 된 유전학 기술의 응용에 대한 것들이다. 유전체 응용이 제기하는 사회나 윤리적 문제의 영향력을 요약한 간단한 에세이를 작성하라.

3. 유전자 변이 작물들과 관련된 주요 안전성 문제 중 하나는 알레르기 유발물질이 도입되거나 숙주 내 알레르기 유발물질의 발현량을 변화시킴으로써 발생하는 잠재적 알레르기 반응성일 것이다. 일반적인 알레르기 유발 단백질들이 보통 6~7개의 아미노산을 가진 동일한 분절을 가지고 있다는 관찰 사실에 근거해 연구자들은 잠재적 알레르기 특성을 평가할 수 있는 형질전환 작물의 검색법을 개발하였다(Kleter & Peinenburg, 2002. *BMC Struc. Biol*. 2: 8). 당신의 의견으로 이들이 어떻게 연구를 수행했을까?

4. 왜 대부분의 인간 재조합 단백질들을 세균 숙주 세포 대신에 동물이나 식물체로부터 얻는가?

5. 미국에는 100종 이상의 클로닝된 가축들이 있다. 가까운 미래에 클로닝된 암소나 그들의 자손(자연적으로 탄생한)에 의해 생산된 우유가 시장에 출시될 것이다. 이들 클로닝된 동물들은 형질전환 방법으로 생산되지 않았고 이들은 쌍둥이와 다르지 않다. 이런 동물들이나 그들의 자연 생산된 후계로부터 얻은 우유를 클론닝된 암소나 그들의 후손으로부터 유래했다고 표시하여야 할까? 그 이유는?

6. 축우 산업의 질병, 사망, 그리고 경제적 손실의 주요 원인 중 하나로 파스텔로시스(pasteurellosis) 혹은 운송 발열(shipping fever)의 원인균인 *Mannheimia haemolytica*가 있다. 면역유발물질(immunogen)을 발현하는 형질전환 식물체를 이용함으로써 조직 손상없이 백신을 전달하면 인건비와 가축에 대한 트라우마(정신적 외상)를 줄일 수 있을 것이다. 식용 가능한 백신을 개발하기 위한 초기의 단계는 주입된 항원이 시험 대상의 유기체에서 항체를 만들 수 있도록 자극할 수 있는지의 여부를 결정하는 것이다. 다음의 표에서는 토끼에서 특이 항체의 개발을 자극하기 위한 *M. haemolytica* 독소(Lkt)의 형질전환 부위의 능력을 평가한다.

항체유발물질 주입	혈청 내 항체 생성여부
Lkt50*–염수 추출물	+
Lkt50–컬럼 추출물	+
가짜 주사	–
주사 전	–

* Lkt50은 Lkt의 모든 소수성 부위가 결핍된 작은 유도체. +는 Lkt 독성의 적어도 50%가 중화됨을 나타낸다; –는 전혀 중화시키지 못함을 의미한다.
출처: Modified from Lee et al. 2001. *Infect. And Immunity* 69: 5786–5793.

(a). 이 데이터로부터 당신이 얻은 결론은 무엇인가?
(b). 유용한 식용가능 백신 개발 측면에서 남은 작업은 무엇인가?

7. J. Craig Venter Institute의 연구팀이 어떻게 합성 유전체를 만들어 냈는지 기술하라. 그리고 유전체를 공여 받은 세균이 다른 종으로 전환되었음을 어떻게 설명하였나?

8. 당신이 낭포성 섬유증(cystic fibrosis, CF)의 주된 돌연변이 Δ*508*과 다음으로 주된 여섯 돌연변이체를 확인하고자 검색 방법을 개발한다고 가정하자. 당신이 이 질환 집단을 검색하는데 그 방법을 사용하기 전에 고려해야 할 것은 무엇인가?

9. 인간 유전체의 염기서열결정과 미세배열기술의 발전으로 정상과 비정상 세포의 행태에 대한 우리의 이해를 증진시킬 수 있다. 어떻게 미세배열이 암과 같은 복합 질환의 이해를 증진시킬 수 있었나?

10. 유럽계의 한 쌍의 부부가 남편 가계의 낭포성 섬유증(CF) 병력 때문에 임신하기 전에 유전자 상담을 받았다. CF를 대상으로 한 ASO 검사에서 남편은 돌연변이 Δ*508*의 이형접합체였고 아내의 경우 *R117* 돌연변이의 이형접합체로 밝혀졌다. 당신은 유전자 상담사이고 이들 부부는 서로 다른 돌연변이를 가지고 있어 자녀에게서 어떠한 돌연변이의 동형접합도 나타날 위험이 없다고 확신하고 있었다. 이때 당신은 이들 부부에게 무엇을 얘기할까?

11. 유전체 스캐닝 기술이 널리 사용됨에 따라 병원에서는 이런 검사의 결과를 기록할 것이다. 누가 이 정보에 접근할 수 있을까? 고용주, 잠재적 고용주, 보험회사에게 허용하여야 할까? 당신은 정부가 개인의 유전체 정보 스캐닝 결과를 포함한 중앙 집중 데이터베이스를 설립하고 유지하는 데 찬성인가 반대인가?

12. 인간 유전자들의 돌연변이를 확인하는 검사법으로 제한효소 작용부위가 다름을 이용함에 있어 한계는 무엇인가?

13. 출생 시 모든 신생아의 유전체 염기서열을 결정하는 것이 언젠가 받아들여지게 될까? 이런 시도의 잠재적 장점과 문제점들은 무엇인가?

14. GWAS(전유전체 연관성 연구)의 주 목적은 무엇인가? GWAS의 정보가 연구자들이나 의료인에게 유전질환에 대해 알려주는가?

15. 캘리포니아주 팔로 알토의 6학년 한 소년의 가족들은 학교의 행정팀으로부터, 아이가 지닌 *CFTR* 돌연변이가 낭포성 섬유증의 어떤 증세도 일으키지 않음에도 낭포성 섬유증을 가진 다른 학생들에게 위험이 될지도 모른다 하여 전학을 권유받았다. 11일을 결석한

후 소년은 학교로 돌아와도 좋다는 통보를 받았다. GINA(Genetic Information Nondiscrimination Act, 유전정보 차별 금지법)에 근거해 당신은 어떤 윤리적 문제를 이 사례와 관련지을 수 있는가?

16. 우성 돌연변이란 이들 돌연변이에 의해 유전자나 유전자 산물의 전체 활성이 증가하느냐 또는 감소하느냐에 따라 분류할 수 있다. 기능 결실 돌연변이(loss-of-function mutation, 유전자 산물이 비활성화된 돌연변이)는 보통 열성이지만, 몇몇 유전자에서는 정상적인 대립유전자에 의해 지정되는 유전자 산물의 분량으로는 정상의 형질을 나타내는 데 충분하지 않다. 이런 경우 유전자의 기능 결실 돌연변이는 우성이고 이를 반수체기능부전(haploinsufficient)이라고 한다. 두 번째 부류로는 기능 획득 돌연변이(gain-of-function)인데 이들 돌연변이는 유전자나 유전자 산물의 새로운 활성을 보이거나 활성이나 발현이 증가하는 결과가 나온다. 현재 임상적으로 사용되고 있는 유전자 치료법은 정상 복제수의 유전자를 체세포에 '첨가'하는 것이다. 즉, 정상 복제수의 유전자를 돌연변이 체세포의 유전체에 삽입하지만 돌연변이 유전자들을 제거하거나 치환하지는 않는다. 이런 전략은 앞서 언급한 우성 돌연변이의 어떤 형태로 작동할까?

17. 2013년 여배우 안젤리나 졸리는 *BRCA1* 유전자 돌연변이 검사에서의 양성 결과에 따라 유방암을 방지하기 위해 예방 차원의 유방 절제술을 받았다. 유전자 검사의 결과에 따라 행동하는 이런 명확한 사례의 부정 및 긍정적 결과는 무엇인가?

18. 유전자 검사 등록제는 환자들에게 보다 양질의 정보를 제공하기 위해 설립되었지만 유전자 검사 기업들에는 참여 의무가 없다. 기업의 참여가 의무 사항이어야 하겠는가? 긍정과 부정의 이유는? 당신의 답을 설명하라.

19. 미식품의약국(FDA)은 직거래 유전자 검사를 규제해야 하겠는가 아니면 이들 검사를 '구매자 조심(buyer beware)' 물건으로 이용 가능해야 하는가?

응용 문제

20. 당신은 가격이 적당하다면 전체 유전체 염기서열을 결정할 것인가? 긍정과 부정의 이유는? 긍정이라면 당신의 염기서열을 공개적으로 이용할 수 있도록 하겠나? 어떻게 이런 정보가 남용될 수 있을까?

21. 2012년 코네티컷주 뉴타운의 학교에서 발생한 20명의 어린이 총기사건에 따라 코네티컷주 의학 검사원은 살인자 유전체의 전체 유전자 분석을 요청했다. 연구자들이 기대한 것은 무엇이라고 당신은 생각하나? 그들이 발견하리라 예상한 것은 무엇인가? 이런 분석이 비극적 사건의 원인을 아주 간단히 분석할 수 있을까?

22. 사기업에서는 현재 해석이 첨부된 DNA 염기서열결정을 제공하고 있다. 그들이 제공하는 서비스는 무엇인가? 당신은 이런 서비스들이 규제받아야 한다고 생각하는가? 만약 그렇다면 그 방법은? 23andMe와 같은 기업을 조사해보라(http://www.23andMe.com).

23. 숙주 형질전환 동물은 전핵(pronucleus)에 형질전환용 DNA를 주입함으로써 만드는데, 이들 작업은 노동력을 필요로 하고 기술적으로 숙련도를 요구하는 작업으로 1% 미만의 확률로 얻을 수 있다. 현재에는 공학적으로 이용 가능한 레트로바이러스의 일종인 렌티바이러스를 이용해 돼지, 집쥐, 생쥐 그리고 소에서 10% 이상의 효율로 형질전환 동물을 만들 수 있다(Whitelaw, 2004). 렌티벡터는 역전사효소 활성을 가지고 있으며 분열 중이거나 분열하지 않는 세포들에 모두 감염시킬 수 있고 자기 복제가 불가능하다. 렌티벡터를 이용해 약제학적으로 중요한 유전자를 가지는 형질전환 포유류를 생성하기 위한 전략을 그림으로 표현하라.

24. Yeager, M., et al.(*Nature Genetics* 39: 645-649, 2007)과 Sladek, R. et al.(*Nature* 445: 881-885, 2007)은 각각 전립선암과 2형 당뇨병(Type 2 diabetes mellitus)의 새로운 위험인자를 확인하기 위해 GWAS(전유전체 연관성 연구)에서 SNPs를 이용하였다. 각 연구에서 질병의 상태에 의미있게 관여하는 질환 위험 유전자의 동정 가능성을 확인하였다. 어떤 복합 질환에 대한 여러분의 이해를 바탕으로 전유전체 연관성 연구의 결과를 해석하려 할 때 고려해야 할 합리적인 요인들은 무엇인가?

25. 2010년 3월 R. Sweet 판사는 *BRCA1*과 *BRCA2* 유전에 대한 Myriad Genetics사의 특허권은 유효하지 않다고 판결했다. Sweet 판사는 판결문에서 유전자들은 자연의 산물이고 특허권의 대상이 아니라고 지적했다. Myriad Genetics사는 *BRCA1*과 *BRCA2*의 소비자 직거래(DTC) 검사법에 대한 특허권도 가지고 있다.
(a) 여러분은 *BRCA1*과 *BRCA2* 유전자에 대한 특허권을 무효화한 Sweet 판사의 판결에 동의하는가? 만약 *BRCA1*과 *BRCA2*의 소비자 직거래 검사 특허권에 대해 판결하여야 할 때 당신의 결정은 무엇인가?
(b) J. Craig Venter는 '인류에 의해 창조된 첫 번째 유기체'를 특허 출원하였다. 이 특허권은 *M. genitalium* 유전체에 대한 권리를 보호한다. Venter의 '유기체'에 대한 당신의 판결은 *BRCA1*과 *BRCA2* 유전자에 대한 Sweet 판사의 판결과 다른가?

26. 사람의 낭포성 섬유증(CF)에 대한 많은 생쥐 모델들이 존재한다. 이런 생쥐 모델들 각각은 형질전환된 것이고 서로 다른 특이적 *CFTR* 유전자 돌연변이를 지닌다. 돌연변이들은 다양한 인간 CF에서 보이는 돌연변이와 동일하다. 이들 CF 형질전환 생쥐는 인간의 CF를 특징 지우는 다양한 형질들을 연구하는 데 사용되고 있다. 이런 동물들은 잠재적인 CF 치료제를 시험하기 위한 모델로도 사용되고 있다. 불행하게도 대부분의 형질전환 생쥐 CF 종들은 사람 CF의 특징적인 증상 중 하나인 폐 울혈(lung congestion) 증상을 보이지 않는다. 생쥐 CF 종들은 왜 사람의 이런 특징적 CF 증상을 보이지 않을까?

가산적 대립유전자의
영향으로 크기가 다양한 호박.

23 양적유전학과 다중 형질

핵심 개념

- 양적유전은 다유전자성 형질로 인해 측정 가능한 일련의 표현형을 나타낸다.
- 일부 예외를 제외하고, 다유전자성 형질은 연속 변이를 보여주는 경향이 있다.
- 양적형질은 형질과 관련된 특정 대립유전자가 가산적 효과를 나타내며, 멘델의 법칙으로 설명될 수 있다.
- 다유전자성 형질에 관한 연구는 통계분석을 필요로 한다.
- 특정한 환경 조건에서 유전력을 측정하여 표현형 가변성에 대한 유전적 기여도를 추정한다.
- 쌍생아 연구는 인간의 유전력을 추정할 수 있게 해준다.
- 양적형질좌위(QTLs)는 유전자 지도에 나타내어 확인할 수 있다.

지금까지 대부분의 표현형 변이는 뚜렷한 범주로 나뉘었다. 예를 들면, 인간의 혈액형은 A, B, AB, O형이다. 과일 모양은 구 모양, 동글납작한 원판 또는 가늘고 긴 모양으로 구분된다. 그리고 초파리 눈 색깔은 빨강 또는 흰색이다(4장 참조).

전형적으로 이러한 형질들의 유전자형은 하나의 구분 가능한 표현형으로 나타난다. 물론 다양한 침투도(penetrance), 다면발현(pleiotropy), 상위(epistasis)와 같은 현상으로 유전자형과 표현형 사이의 상관관계가 명확하지 않을 때도 있다.

이 장에서 우리는 의학이나 농업 분야에서 중요성을 가지는 명백하지 않은 많은 형질들을 살펴볼 것이다. 변이가 많은 형질은 종종 뚜렷하게 구분하기 어려운 연속적인 표현형 범주로 분류된다. 대부분의 이러한 형질들은 인간의 키, 소의 우유와 고기 생산량, 다양한 농작물의 수확량과 같이 **연속 변이**(continuous variation)를 나타낸다. 표현형 범주에 영향을 미치는 연속 변이는 양적인 면에서 측정되고 기술되므로, 이러한 유전현상은 **양적유전(quantitative inheritance)**으로 알려져 있다. 그리고 하나 이상의 유전자에 의해 다양한 표현형이 나타나기 때문에 이를 **다유전자성(polygenic)**이라고 한다.

유전자형과 표현형 사이의 관계를 더 복잡하게 하기 위해 수정시 형성된 유전자형은 특정한 개체가 가질수 있는 양적 범주를 설정한다. 그러나 최종적으로 표현형은 종종 환경의 영향을 받는다. 예를 들면, 인간의 키는 유전적인 영향을 받지만, 영양상태와 같은 환경적인 영향도 함께 받는다. 양적(다유전자적) 형질은 유전적인 영향과 환경적인 영향이 함께 작용하여 나타나는 표현형으로, **다중(multifactorial)** 혹은 **복합 형질(complex** traits)이라고도 한다. 종종 이러한 용어는 교체되어 사용되기도 하며, 이 장에서는 다중이라는 용어를 사용하고자 한다.

이 장에서는 양적유전, 다중 형질, 그리고 약간의 통계분석기법에 대해 학습하고자 한다. 또한 유전학자가 연속적인 표현형 변이의 요인이 되는 유전인자 대 환경인자를 어떻게 평가하는가에 대해 고려할 것이다. 그리고 양적형질을 야기하는 유전자를 식별하고 유전자 지도를 작성하는 것에 대해 학습할 것이다.

이 장에서 토론되는 주제를 잘 숙지하고 뒤에 나오는 장을 참고하자(현대 유전학 특강 1장 — 후성유전학 참조).

23.1 모든 다유전자성 형질에서 연속변이가 나타나는 것은 아니다

다유전자성 형질에는 연속변이를 보이는 양적형질뿐 아니라 다른 두 종류의 형질이 존재한다. **수량 형질(meristic trait)**은 표현형을 정수로 표시한다. 예를 들면, 꼬투리 안의 콩의 개수, 1년에 닭이 생산한 달걀 수 등과 같은 형질을 말한다. 이는 양적형질로 분류되며, 표현형은 무한범주를 가질 수 없다. 예를 들어, 꼬투리는 2, 4 또는 6개의 콩을 가진다고 셀 수 있지만, 5.75개라고 표시될 수 없다. **경계 형질(threshold trait)**은 다유전자성 특성을 갖는다[흔히 다중적(multifactorial)이라고 함]. 그러나 이는 별개의 특정 표현형 형질을 가지고 있기 때문에 연속 형질과 수량 형질과는 구분이 된다. 경계 형질은 현재 유전학자들의 흥미를 고조시키고 있는데, 왜냐하면, 증가 추세의 질병이 경계 형질의 속성을 지닌 다유전자성 유전 경향을 보이기 때문이다. 예를 들면 성인기 발병성 당뇨병으로 알려진 **제2형 당뇨병(Type 2 diabetes)**은 일반적으로 중년기 또는 그 이후에 발병한다. 인구집단은 이 형질에 대해 2개의 표현형으로 분류되는데, 제2형 당뇨병에 걸린 집단과 걸리지 않은 집단이다. 처음에 제2형 당뇨병은 단일유전자 형질과 좀 더 비슷할 것이라 예측되었다. 그러나 성인기 발병형 당뇨병 유전자는 하나로 확인되지 않았다. 대신에 다수의 좌위에 있는 대립유전자의 조합적 작용으로 개인에 따라 질병 발생 가능성이 다르게 나타난다. 이러한 현상은 연속적인 범주에서 다양하게 나타나는데, 제2형 당뇨병에 걸릴 확률은 극단적으로 낮은 것에서 높은 것까지 유전자형에 따라 다양하게 분포되어 있는 것을 볼 수 있다(그림 23-1). 많은 경계 형질은 환경 요인에 의해 최종적으로 표현형이 결정된다. 제2형 당뇨병의 발병은 여러 관련 유전자들과 환경적인 요소, 즉 개인의 식습관, 생활습관 등과 같은 요인들이 복합적으로 작용한 결과라 볼 수 있다.

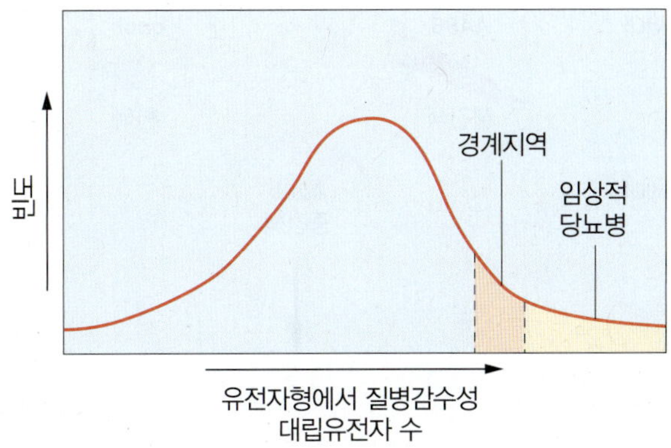

그림 23-1. 제2형 당뇨병에 대해 집단 내 경계형질의 특징적인 질병감수성 대립유전자를 그래프로 묘사하였다.

23.2 양적형질은 멘델의 법칙으로 설명할 수 있다

1900년대 초 연속적으로 변하는 표현형 형질에 멘델의 법칙을 적용할 수 있는지에 대해 의문이 생기기 시작하였다. 일부 과학자들은 멘델의 단위인자 또는 유전자가 불연속적인 범주의 표현형을 설명할 수 있더라도 양적형질의 유전을 설명하기에는 어려움이 있다고 주장하였다. 그러나 유전학자인 Willian Bateson과 G. Udny Yule은 각각 멘델의 법칙을 따르는 많은 유전자의 누적(cumulative) 또는 양적(quantitative)인 효과가 표현형의 원인이 된다는 **다인자설(multiple-factor** or **multiple-gene hypothesis)**을 제안하였다.

양적유전의 다인자설

다인자설은 1909년 Nilsson-Ehle가 발표한 연구논문에서 처음 설명되었다. Nilsson-Ehle은 밀의 낟알 색을 이용하여 양적형질의 표현형을 나타내는 여러 좌위에서 대립유전자의 누적효과를 설명하였다. 한 실험에서 빨간색 낟알의 밀과 흰색 낟알의 밀을 교배하였다(그림 23-2). 잡종 제1세대(F_1)에서 중간색인 분홍색 낟알의 밀이 나타났다. 이는 하나의 좌위에 위치한 두 개의 대립유전자에서 불완전 우성이 나타난 것이라고 제안하였다. 그러나 F_2에서 전형적인 단성잡종 교배(monobybrid cross)의 결과가 나타나지 않았다. 대신에 15/16의 비율로 빨간색 낟알의 밀이, 1/16의 비율로 흰색 낟알의 밀이 나타나는 것을 확인할 수 있었다. F_2에서 빨간색 낟알의 밀은 빨간 빛깔의 농도에 따라 네 가지로 분류된다. F_2 자손의 비가 16분위로 나타나는 것으로 보아 2개의 유전자가 낟알 색 형질을 조절하며, 각 유전자는 2개의 대립유전자를 가지며, 두 유전자는 멘델의 법칙에 근거하여 각각 독립적으로 분리되는 원리를 따른 것이다.

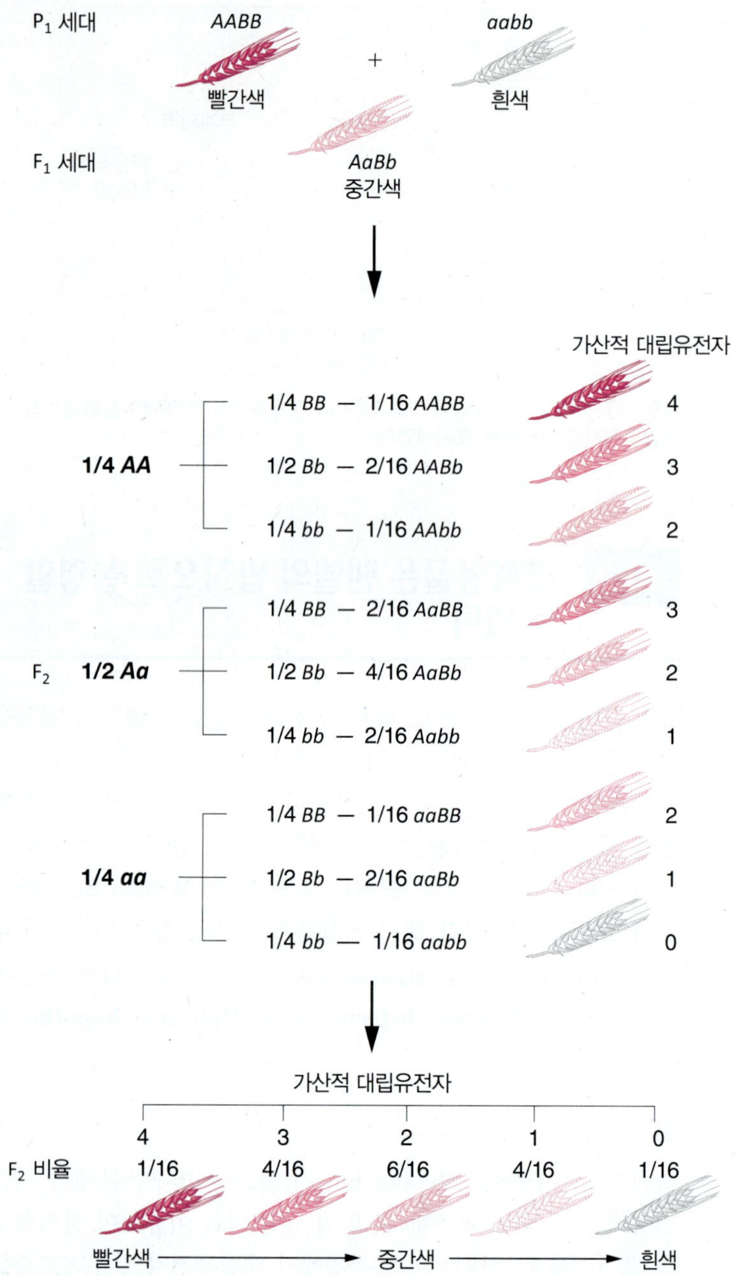

그림 23-2. 1 : 4 : 6 : 4 : 1의 표현형 비율을 보이는 낟알 색에 대한 다인자설. 대문자로 표시한 모든 대립유전자는 동량의 색소 첨가를 나타낸다.

만일 낟알 색을 결정하는 각 유전자가 거의 동량의 붉은 색소를 만드는 하나의 **가산적 대립유전자(additive allele)**와 붉은 색소를 만들지 못하는 하나의 **비가산적 대립유전자(nonadditive allele)**를 가진다면, 다인자설에 의해 어떻게 여러 종류의 낟알 색깔이 나타나는지 알 수 있다. 부모세대(P_1)는 모두 동형접합자이다. 빨간색 낟알 부모 세대(*AABB*)는 가산적 대립유전자만을 갖고 있다(그림 23-2). 흰색 낟알 부모세대(*aabb*)는 비가산적 대립유전자만을 갖고 있다. F_1에서 두 개의 가산적 대립유전자(*A*와 *B*)와 두 개의 비가산적 대립유전자(*a*와 *b*)로 구성된 이형접합자가 나온다. 그리고 표현형은 중간 형질인 분홍색 낟알로 표현된다. F_2는 4, 3, 2, 1 또는 0개의 가산적 대립유전자를 가진다. F_2는 부모세대와 같은 비가산적 대립유전자인 흰색(*aabb*)이 1의 비율로 나타나고, 부모세대와 같은 가산적 대립유전자만으로 구성된 빨간색(*AABB*)이 4의 비율로 나타난다. 가산적 대립유전자를 3개, 2개 또는 1개를 가지는 F_2 자손은 3종류의 빨간색으로 분류된다. 낟알에서 동일한 양의 색소를 만드는 가산적 대립유전자가 많을 수록 농도가 더 진한 빨간색의 표현형을 나타낸다.

Nilsson-Ehle은 연속변이가 멘델의 기본원리에 따른다는 것을 다음과 같이 설명한다. 여러 유전자 좌위에 있는 가신적 대립유전자들이 양적인 방식에서 표현형에 영향을 주지만, 각각의 대립유전자는 멘델의 법칙에 따라 분리된다. Nilsson-Ehle의 교배실험에서 2개의 유전자 좌위에 2개의 대립유전자가 관여한다면 F_2는 모두 5종류의 표현형이 1: 4: 6: 4: 1의 비율로 나타나게 된다. 그러나 3개, 4개 또는 그 이상의 유전자 좌위가 다양한 양적인 표현형을 조절하는 데 있어서 비슷한 방식으로 작용하지 않을 어떤 이유도 없다. 관여하는 유전자 좌위의 수가 많을수록 F_2에서 나타나는 표현형의 종류는 증가한다. 한 형질에 영향을 주는 좌위의 개수에 따른 교배 결과, F_2에서 나타날 수 있는 표현형 범주와 비율을 그림 23-3에 나타냈다.

가산적 대립유전자: 연속변이의 기초

다인자설의 몇 가지 주요 내용은 다음과 같다.

1. 연속변이를 나타내는 표현형 형질은 무게, 개수 등의 측정에 의해 정량화될 수 있다.
2. 두 개 또는 그 이상의 유전자 좌위는 **첨가적인 방법(additive way)**으로 표현형에 유전적 영향을 미친다. 많은 유전자가 관여하고 있기 때문에 이러한 형태의 유전은 **다유전자성(polygenic)**이라고 말한다.
3. 각각의 유전자 좌위에 표현형에 일정한 양으로 기여하는 **가산적 대립유전자** 혹은 표현형의 양적형질에 기여하지 않는 **비가산적 대립유전자**가 위치할 수 있다.
4. 각각의 가산적 대립유전자는 표현형에 매우 적지만 거의 동일하게 기여한다. 항상 그러하지는 않지만, 우리는 이러한 가설하에 논의를 진행하였다.
5. 하나의 양적형질에 기여하는 가산적 대립유전자는 상당한 표현형 변이를 생산한다.

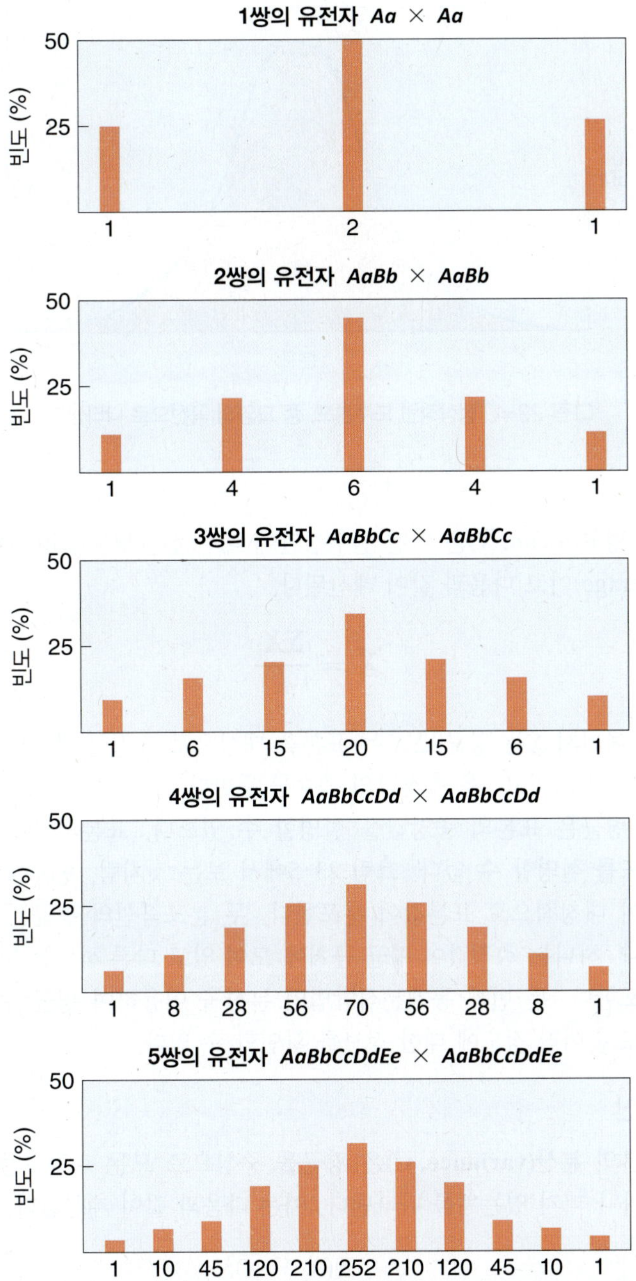

그림 23-3. 다인자 유전이 1~5쌍의 유전자에 의해 영향을 받을 경우, 두 이형접합체를 교배하여 얻은 유전 비율(x축)을 나타낸 것이다. 히스토그램 막대는 하나의 극단(오른쪽 끝)에서 다른 하나의 극단(왼쪽 끝)에 이르기까지, 별개의 F_2의 표현형 분류군을 나타낸다. 가산적 대립유전자의 수의 차이로 인해 각각의 표현형이 나타난다.

다유전자 수 측정

양적형질에 관여하는 유전자인 **다유전자(polygenes)** 수를 측정하는 다양한 공식이 개발되었다. 예를 들면, 만약 F_2 자손에서 부모 세대(P_1)의 양쪽 극단의 표현형 중 한쪽의 표현형과 닮은 자손의 비율을 안다면, 다유전자 수(n)는 다음과 같이 결정할 수 있다:

$1/4^n$ = 부모세대의 어느 한쪽의 표현형을 보이는 F_2 자손의 비율

표 23.1 양적형질에 연관되어 있는 다유전자(n)의 수 결정

n	어느 한쪽 표현형을 나타내는 자손	표현형 범주
1	1/4	3
2	1/16	5
3	1/64	7
4	1/256	9
5	1/1024	11

그림 23-2에서 보듯이, 빨간색 낟알 밀과 흰색 낟알 밀을 예로 들어보자. F_2 자손 중에 1/16은 부모세대와 같은 빨간색 또는 흰색이 나타난다. 이 비율에서 방정식을 이용하여 n값을 계산할 수 있다:

$$\frac{1}{4^n} = \frac{1}{16}$$
$$\frac{1}{4^2} = \frac{1}{16}$$
$$n = 2$$

표 23.1에 1~5쌍의 유전자가 관여하는 교배의 경우 F_2에서 나타날 수 있는 표현형 범주와 비율을 보여준다. 다유전자의 수가 적을 경우, 때때로 다음의 방정식을 이용하는 것이 더 쉽다.

$$(2n + 1) = \text{표현형 범주의 수}$$

예를 들면, 2개의 다유전자($n = 2$)를 포함하고 있다면, $(2n + 1) = 5$이고, 각각의 표현형은 4, 3, 2, 1 또는 0개의 가산적 대립유전자가 나타난다. 만약에 n이 3이면, $2n + 1 = 7$이고, 각각의 표현형은 6, 5, 4, 3, 2, 1 또는 0개의 가산적 대립유전자가 나타난다. 따라서 이러한 공식을 통하여 표현형 범주의 수를 알 수 있고, 다유전자의 수를 측정할 수 있다.

그러나 다유전자의 수를 추론하는 이러한 간단한 계산방법에는 특히 주의해야 할 사항이 있다. 양적형질에 영향을 주는 모든 대립유전자의 효과가 동일하게 작용해야 하고, 환경효과에 의해 크게 영향을 받으면 안 된다. 우리는 앞으로 많은 양적형질에 대해 이러한 추정방법이 적절한지에 대한 여부를 살펴볼 것이다.

23.3 다유전자성 형질 연구는 통계분석 방법을 필요로 한다

유전변이와 환경요인에 의해 표현형의 변이가 얼마나 영향을 받는지를 결정하기 전에 유전학자들은 기본적인 통계방법을 사용

실전문제

23-1 20 cm 직경의 꽃을 가진 동형접합성 식물과 40 cm 직경의 꽃을 가진 다른 동형접합성 식물을 교배하였다. F_1 식물은 지름이 30 cm인 꽃이 나타났다. 512개의 F_2 세대에서는, 2개체가 20 cm의 직경을, 2개체는 40 cm의 직경을, 그리고 508개체는 이들 사이 크기로 나타났다.

(a) 모든 대립유전자가 가산적으로 작용한다고 가정하면, 얼마나 많은 유전자가 이 식물에서 꽃의 직경을 조절하는가?

(b) F_1 식물과 큰 꽃을 가진 부모를 검정교배하여 자손을 얻었을 때, 꽃의 지름의 분포도는 어떻게 나타나는가?

■ **힌트 :** 이 문제는 양적형질에 관한 교배를 위해 F_1과 F_2 자료를 제공한다. 그리고 양적형질을 조절하는 유전자의 수를 계산한다. 해결의 실마리는 F_2 표현형 종류의 총수를 알지 못한다면, F_2의 자손 중 부모 표현형의 비율(개수가 아니라)을 알아야만 관련된 유전자의 수를 결정할 수 있다.

더 연습하려면 4, 5, 6, 7번 문제를 참조하시오.

할 것을 고려해야 한다. 보통 다유전자성 형질의 발현을 측정할 때, 모집단(population)으로부터 표본(sample)을 선택하여 평가한다. 정확한 분석 결과를 결정하기 위해서 표본이 완전히 무작위로 선택되어야 하는 것이 매우 중요하다. 유전학 강의를 수강하는 학생 100명에 대한 키의 평균을 예로 들어보자. 이 중 나란히 앉은 2명의 학생을 선택하여 키를 측정하였는데, 이들은 모두 대학 내 야구팀 학생이었다. 이와 같이 표본을 선택하는 것은 모집단 내 평균을 제대로 측정하기 위한 올바른 방법이 아니다: 첫 번째, 표본의 수가 너무 작다. 두 번째, 표본이 모집단 전체를 대표하지 못한다(100명의 학생 모두가 야구부 학생은 아니다).

만약 표본의 수가 충분히 크고 모집단을 대표할 수 있는 표본을 무작위로 선택한다면, **정규분포(normal distribution)**를 그릴 수 있다. 즉 빈도의 막대그래프를 점으로 잇게 되면 대칭적인 종 모양의 곡선이 생성된다(그림 23-4). 평균, 분산, 표준편차, 평균의 표준오차와 공분산과 같은 다양한 통계 분석법은 형질을 분석하기 위해 사용된다.

평균

평균은 양적형질의 중심에 대한 정보를 제공한다. 그림 23-5에서 표현형 측정치가 서로 다른 분포곡선을 보여준다. 이들 각각은 집단 내 측정된 중앙값(central value)을 보여주고 있다(두 집단은 같은 중앙값을 갖는다). 중심경향성(central tendency), 중심점(central point)이라고 불리는 부분을 평균이라고 한다.

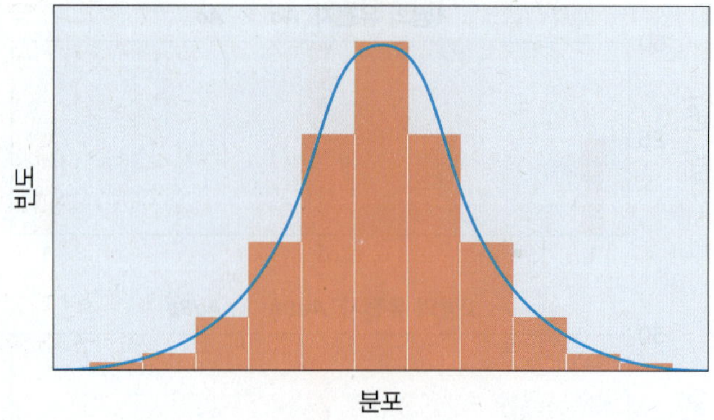

그림 23-4. 정상적인 도수분포, 종 모양의 곡선으로 나타난다.

평균(mean, $\overline{X}$)은 어떤 변수집단에 대한 산술평균(arithmetic average)이고 다음과 같이 계산된다.

$$\overline{X} = \frac{\Sigma X_i}{n}$$

여기서 $\overline{X}$는 평균, ΣX_i는 표본을 대상으로 측정한 각각의 변수의 합 그리고 n은 측정값의 총수를 뜻한다.

평균은 표본의 중앙값을 설명할 수 있으나, 표본의 분포도 정도를 설명할 수 없다. 그림 23-5에서 보는 것처럼, 평균에 대하여 대칭적으로 표본값이 분포한다. 두 분포곡선의 평균은 같으나, 하나는 측정값이 평균 근처에 모여 있고 다른 하나는 넓게 분포한다. 두 번째 통계분석방법인 분산을 이용하여 평균 주변으로 흩어진 정도에 대한 정보를 확인할 수 있다.

분산

표본의 **분산(variance, s^2)**은 평균을 중심으로 모든 측정값들이 얼마나 퍼져 있는지를 나타낸다. 이는 다음과 같이 계산한다.

$$s^2 = \frac{\Sigma(X_i - \overline{X})^2}{n - 1}$$

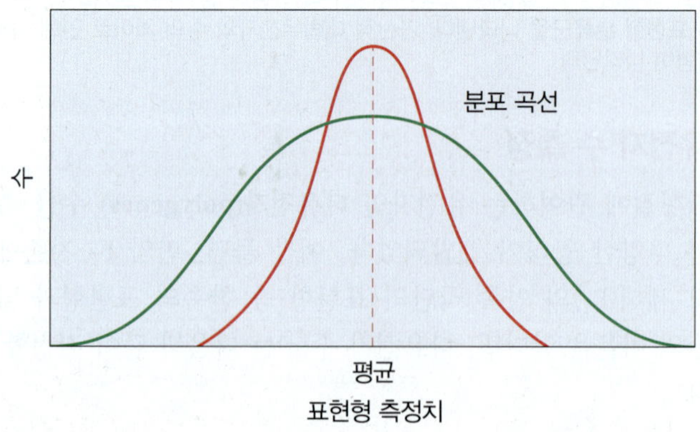

그림 23-5. 평균값은 같고 분산이 다른 두 개의 정상적인 도수분포.

분산은 각각의 측정값(X_i)과 평균($\overline{X}$)과의 차이를 제곱하여 합한 값(Σ)을 전체 표본 크기보다 하나 적은 개수($n-1$)로 나눈 값이다.

그림 23-5는 동일한 평균값을 지니고, 두 개의 다른 분포도를 가지는 정규분포곡선을 보여주고 있다. 두 분포곡선은 다른 분산 값을 가진다. 분산을 측정하는 것은 환경이 표현형에 영향을 미치는 경우 유전적 조절 정도를 결정하는 데 유용하게 사용될 수 있다.

표준편차

분산은 제곱으로 표시하기 때문에, 단위도 제곱으로 표시한다(m^2, g^2 등). 원래 측정값과 같은 단위로 분산을 표시하기 위하여 분산의 제곱근을 사용할 수 있고, 이를 **표준편차(standard deviation, *s*)**라고 한다.

$$s = \sqrt{s^2}$$

표 23.2는 다양한 표준편차 사이에 측정값을 포함하고 있을 개체들의 기대비율을 백분율로 표시하여 보여주고 있다. 평균 ± 1 표준편차는 정규분포에서 68%의 측정값을 포함한다. 집단의 약 95%는 평균 ± 2 표준편차 사이에서 찾을 수 있다. 이것은 표준편차가 확률의 형태로 해석될 수 있다는 것을 의미한다. 예를 들면 무작위적으로 선택한 표본의 측정값이 평균 ± 1 표준편차 내에 포함되어 확률을 68%이다.

평균의 표준오차

만약 동일한 양적형질에 대해 모집단에서 여러 표본을 추출하여 값을 측정한다면, 평균값이 다양하다는 사실을 발견한다. 이론적으로 무작위적으로 선택한 표본은 좀 더 정확하게 모집단을 대표할 것이고, 그들의 평균은 서로에게 근접할 것이다. 표본 평균의 정확성을 측정하기 위해, **평균의 표준오차(standard error of the mean, $S_{\overline{X}}$)**를 측정한다.

$$S_{\overline{X}} = \frac{s}{\sqrt{n}}$$

S는 표준편차이고 $\sqrt{n}$은 표본크기의 제곱근이다. 평균의 표준오차는 표준편차 s를 $\sqrt{n}$으로 나누기 때문에, 표준편차보다 작은 값으로 나타난다.

표 23.2 다양한 표준편차 값에 포함되는 표본

다양한 표준편차	표본 포함률 (%)
$\overline{X} \pm 1s$	68.3
$\overline{X} \pm 1.96s$	95.0
$\overline{X} \pm 2s$	95.5
$\overline{X} \pm 3s$	99.7

공분산과 상관계수

유전학자들은 흔히 둘 이상의 표현형 형질에 관심을 가진다. 예를 들어 닭이 낳은 알의 수와 닭의 무게와의 상관관계를 조사해보자: 무거운 닭이 더 많은 알을 낳는가? 공분산은 두 양적형질이 서로 어떻게 상대적으로 변하는가에 대한 측정이다. 이는 각 표본에 대해(우리가 분산을 계산할 때처럼) 각각의 형질에 대한 평균으로부터 편차를 고려하여 계산된다. 이는 각각의 개체별로 쌍의 값으로 보여준다. 각각 형질별로 측정된 값에 평균을 뺀 값의 곱을 합한 후 전체 표본 크기보다 하나 적은 계수로 나누어 공분산을 계산할 수 있다. 따라서 두 가지 형질의 공분산 $\mathbf{cov}_{XY}$는 다음과 같이 계산된다.

$$\mathrm{cov}_{XY} = \frac{\Sigma[(X_i - \overline{X})(Y_i - \overline{Y})]}{n-1}$$

공분산은 또 다른 통계기법인 **상관계수(correlation coefficient, *r*)**로 표준화할 수 있으며, 상관계수 계산법은 다음과 같다.

$$r = \mathrm{cov}_{XY}/S_X S_Y$$

여기서 S_X는 첫 번째 형질의 측정값 X에 대한 표준편차이며, S_Y는 두 번째 형질의 측정값 Y에 대한 표준편차이다. 상관계수는 −1 에서 +1 사이의 범위에 있을 수 있다. 양의 상관계수 r에서는 하나의 형질 측정값이 증가하면 다른 형질의 측정값도 증가하는 경향이 나타난다. 음의 상관계수 r는 한 형질의 측정값이 증가하면 다른 형질의 측정값이 감소한다는 것을 뜻한다. 따라서 양의 상관계수 r에서 무게가 더 많이 나가는 닭은 그렇지 않은 닭보다 더 많은 알을 낳을 것으로 기대된다. 음의 상관계수 r에서는 더 많은 알을 낳는 닭은 그렇지 않은 닭보다 무게가 더 적게 나갈 것이라고 제안할 수 있다. 상관관계 분석에서 중요한 점은 −1 또는 +1에 가까운 매우 유의한 r값이 두 형질 간의 원인과 결과 관계를 증명하는 것이 아니라 두 형질 사이의 강한 연관성을 뜻한다는 것이다. 즉 상관관계 분석은 형질의 변이 원인을 보여주는 것이 아니라 단순히 한 형질의 변이가 다른 형질의 변이에 얼마나 영향을 주는지를 알려준다.

양적형질 분석

이러한 통계적 개념을 적용하기 위해 서로 다른 두 가지 종자의 토마토(동형접합자)를 교배하는 유전학 실험을 고려해보자. 한 토마토 종자의 평균 무게는 18 oz이고, 다른 토마토 종자의 평균 무게는 6 oz이다. 두 가지 토마토 종자를 교배한 결과, F_1에서 무게가 10~14 oz 사이의 토마토가 생산되었다. F_2에서는 무게가 6~18 oz 사이의 토마토가 생산되었다. 두 자손세대에서 나타난 토마토의 무게 측정값을 표 23-3에 나

표 23.3 토마토의 이론적 교배결과 F_1과 F_2 자손에서 나타나는 분포도

	무게 (oz)												
	6	7	8	9	10	11	12	13	14	15	16	17	18
F_1 개체수					4	14	16	12	6				
F_2 개체수	1	1	2	0	9	13	17	14	7	4	3	0	1

타냈다.

F_1 세대의 토마토 무게의 평균은 다음과 같다.

$$\overline{X} = \frac{\Sigma X_i}{n} = \frac{626}{52} = 12.04$$

F_2 세대의 토마토 무게의 평균은 다음과 같다.

$$\overline{X} = \frac{\Sigma X_i}{n} = \frac{872}{72} = 12.11$$

두 자손세대에서 나타난 토마토의 평균무게는 비슷하다. 그러나 표 23.3에서 보여주듯이 F_2 세대에서 측정값들이 더 다양하게 분포하고 있음을 알 수 있다. 위에서 배운 대로 각각의 측정값(X_i)과 평균($\overline{X}$)과의 차이를 제곱하여 합한 값을 전체 표본 크기보다 하나 적은 개수($n-1$)로 나누어 분산을 구할 수 있다.

$$s^2 = \frac{\Sigma(X_i - \overline{X})^2}{n-1}$$

위의 식을 통해 F_1의 분산값은 1.29, F_2의 분산값은 4.27로 계산되었다. 그리고 표준편차($s = \sqrt{s^2}$)는 각각 1.13과 2.06으로 나타났다. 따라서 F_1 세대의 토마토 무게의 분포는 12.04 ± 1.13으로, F_2 세대는 12.11 ± 2.06으로 표현할 수 있다.

두 종류의 토마토 종자에서 무게에 관여하는 유전자 좌위가 동형접합자라고 가정한다면, 우리는 무게를 조절하는 대립유전자에서 다유전자의 개수를 추정할 수 있다. F_2 세대의 1/72은 부모와 같은 표현형을 가지고 있다(표 23.3을 보면 72개의 F_2 자손세대 중 무게가 6 oz인 토마토가 1개 나타났고, 무게가 18 oz인 토마토가 1개 나타나는 것을 알 수 있다). $1/4^n = 1/72$의 계산식을 이용하면 토마토 종자에서 무게를 제어하는 유전자의 수인 n값은 3과 4 사이인 것을 확인할 수 있다.

실전문제

23-2 다음 표는 8마리 양의 무리에서 섬유길이와 양털 무게 측정 값을 보여준다.

	양 섬유길이 (cm)	양털 무게 (kg)
1	9.7	7.9
2	5.6	4.5
3	10.7	8.3
4	6.8	5.4
5	11.0	9.1
6	4.5	4.9
7	7.4	6.0
8	5.9	5.1

(a) 이 무리의 각 형질에 대한 평균, 분산, 표준편차를 구하시오.
(b) 두 형질의 공분산을 구하시오.
(c) 섬유 길이와 양털 무게에 대한 상관계수를 구하시오.
(d) 당신은 더 무거운 양털 무게가 섬유 길이의 증가와 상관관계가 있다고 생각하는가? 그 이유는 무엇인가?

이 문제는 양의 무리에서 두 개의 양적형질에 대한 자료를 제공한다. 수많은 통계계산을 수행한 후에, 두 형질이 상관관계가 있는지를 결정하기 위해 당신은 (d)를 확인해야 한다.

■ **힌트 :** 이 문제는 두 종류의 양적형질에 대한 자료를 제공한다. 그리고 수많은 통계 계산을 하는 것은 두 형질에 상관관계가 있는지를 결정하기 위해서다. 해결의 실마리는 상관계수(r) 값을 계산하여 그 의미를 설명하는 것이다. 이 값이 양수 또는 음수인지, 그리고 0과 얼마나 가까운지에 대해 설명한다.

23.4 유전력은 표현형 변이에 대한 유전자 기여도로 추정된다

유전학자들은 종종 다중 형질(multifactorial traits)과 질병에서 표현형 변이는 유전변이에 의해 얼마나 영향을 받고, 또한 환경에 얼마나 영향을 받는지에 대해 의문을 갖는다. **유전력(heritability)**은 전체 표현형 변이 중 유전적 요인 때문에 생기는 비율을 말한다. 모집단의 다중 형질에서 높은 유전력은 환경 요인보다 유전적 요인이 형질발현에 더 많이 반영된 것으로 추정된다. 낮은 유전력은 표현형 변이에 환경 요인이 더 많이 반영된 것으로 추정된다.

유전력의 개념은 종종 제대로 해석되지 못한다. 유전력은 형질이 유전적으로 결정되는 정도를 알려주지 못하며, 유전자형이

개체의 표현형에 얼만큼의 원인을 제공하는지를 결정하는 것도 아니다. 최근 몇 년 동안, 지능지수(intelligence quotient, IQ)와 같은 인간의 양적형질에 대한 유전력의 이러한 잘못된 해석은 논란을 가져왔다. 인종 집단별로 IQ검사를 실시하였고, 인종 집단별로 IQ의 차이를 관찰하였으며, 이는 유전적인 요인에 의해 조절된다고 제안하였다. 이러한 제안은 집단 내 표현형의 변이가 유전자형과 환경 간의 상호작용으로 인한 것이라는 점을 무시한 것이다. 더 나아가 유전력은 고정된 값을 갖지 않는다. 예를 들어 개별적으로 사육되고 있는 닭 무리의 계란 생산량에 대한 유전력은 높을 수 있다. 이들은 매우 유사한 환경에서 사육되고 있으므로, 표현형은 주로 유전적인 차이에 기인하기 때문이다. 밖에서 사육되고 있는 닭 무리의 계란 생산량에 대한 유전력은 낮을 수 있다. 이는 서로 다른 환경효과를 반영하기 때문이다. 이러한 차이는 닭이 얼마나 많은 음식을 섭취할 수 있는지, 밤에 좋은 보금자리를 찾을 수 있는지 등의 경쟁력을 모두 포함한다. 따라서 유전력은 특정 환경에서 특정 집단 내의 유전변이에 의해 영향을 받는 표현형 변화의 비율을 말한다. 만약에 다양한 환경에서 다른 집단들 사이의 유전력을 측정할 경우, 유전력에 큰 표준오차가 나타날 수 있다. 이는 인간집단의 형질에서 유전력을 측정할 때 고려되어야 할 매우 중요한 사항이다. 인간의 키에 대한 유전력을 계산하여 0.65라는 값을 얻을 경우, 당신의 키 표현형의 65%가 당신의 유전자 때문이라는 것을 의미하지 않는다. 그러나 표본 집단에서 인간의 키는 평균적으로 전체 변이의 65%는 개체간 유전변이 차이에 의해 설명될 수 있다.

우리는 미묘하지만 중요한 차이를 염두에 두고, 관찰되는 표현형 변이에서 유전적 요소와 환경적 요소의 영향력을 구분하여 고려해 볼 것이다. 앞 절에서 보았듯이, 변이는 표본분산으로 정량화할 수 있다: 모집단 내 대표적인 표본으로부터 형질을 측정하고 표본의 평균값 주변에 측정치가 얼마나 퍼져 있는지를 살펴본다. 이것은 모집단에서 **표현형 분산(phenotypic variance, V_P)**의 추정치를 제공한다. 유전력은 표현형 분산(V_P)을 **유전분산(genotypic variance, V_G)**과 **환경분산(environmental variance, V_E)**으로 나누어 여러 통계기법을 이용하여 추정할 수 있다.

표현형 변이에 기여하는 중요한 요인은 각각의 유전자형이 환경에 따라 다르게 표현형에 영향을 미친다는 것이다. 예를 들어, 1에이커(acre; 약 4,050평방미터에 해당하는 땅)의 메마른 땅에서 A 종자는 평균 20부셀(bushels; 곡물량의 단위로 약 36리터에 해당함)의 밀을, B 종자는 평균 17부셀의 밀을 생산한다. 그리고 기름진 땅에서 A 종자는 평균 22부셀의 밀을, B종자는 평균 25부셀의 밀을 생산하고 있다. 두 종자의 수확량에서 차이가 나타났고, 이는 유전적 요인에 의해서 수확량에 차이가 나타난 것을 알 수 있다. 그리고 환경요인인 기름진 토양에서 더 많은 밀이 생산된 것을 확인하였다. 그러나 유전적인 요인과 환경적인 요인이 동일하게 표현형에 영향을 미쳤는지에 대해서는 확인할 수 없다: B 종자의 밀이 A 종자의 밀보다 기름진 토양에서 재배할 때 수확량이 더 많이 증가되었다. 따라서 밀 수확량은 유전자형과 환경 요인 간의 상호작용에 의해 결정된다. 표현형 변이의 세 번째 주요 요인은 **유전-환경 상호작용 분산(genotype-by-environment interaction variance, $V_{G \times E}$)**이다(그림 23-6).

다음의 방정식을 사용하여 총 표현형 분산을 결정한다:

$$V_P = V_G + V_E + V_{G \times E}$$

즉, 총 표현형 분산은 유전분산, 환경분산 그리고 유전-환경 상호작용 분산으로 나눌 수 있다. 다중 형질에서 유전력을 추정할 때, 연구자들은 종종 유전-환경 상호작용 분산이 충분히 작으므로 무시하거나 환경 분산과 묶을 수 있다. 그러나 유전력이 형질에 대해 고정 값을 갖지 않고, 특정 환경의 모집단에서 추정 값으로 계산되는 이유는 유전 환경 상호작용 분산을 제외한 근사치이기 때문이라는 것을 기억해야 한다.

동물과 식물 육종가는 다양한 실험기법을 이용하여 표현형 분산을 유전요인과 환경요인으로 구분하여 측정함으로써 유전력을 추정한다. 유전력 측정의 가장 일반적인 방법 중 하나는 동형접합성 유전자형을 가진 근친 개체를 대상으로 하는 것이다. 실험은 다양한 환경 조건이 표현형 가변성(phenotypic variability)에 영향을 주도록 설정된다. 일정한 환경에서 자란 서로 다른 근친 개체 사이의 변이는 주로 유전요인에 기인한다. 다른 환경에서 자란 동일한 근친 개체 사이의 변이는 환경 요인에 기인할 가능성이 높다. 또 다른 방법은 서로 다른 교배를 통해 나타난 자손세대의 양적형질에 대하여 분산분석을 실시하거나 또는 동일한 환경에서 사육된 부모와 자손 간의 형질 발현을 비교해 보는 것이다.

광의의 유전력

광의의 유전력(broad-sense heritability, H^2)은 유전분산을 표현형 분산으로 나누어 계산한다.

$$H^2 = \frac{V_G}{V_P}$$

유전력은 0.0~1.0까지의 범위에 있을 수 있다. 값이 1.0에 가깝다는 것은 환경 요인이 표현형 분산에 거의 영향을 주지 않고, 대부분 유전적 차이로 인해 표현형 분산이 생긴다는 것을 뜻한다. 값이 0.0에 가까우면 표현형 분산이 대부분 환경요인 때문에 생긴다는 것을 뜻한다. 양적형질에서 유전력은 매우 높거나 낮게 나타나지 않는다. 이는 유전자형과 환경 요인 모두가 표현형 분산에 영향을 미치는 것으로 추측할 수 있다.

광의의 유전력 추정에 사용되는 유전분산 V_G는 모집단 내 유

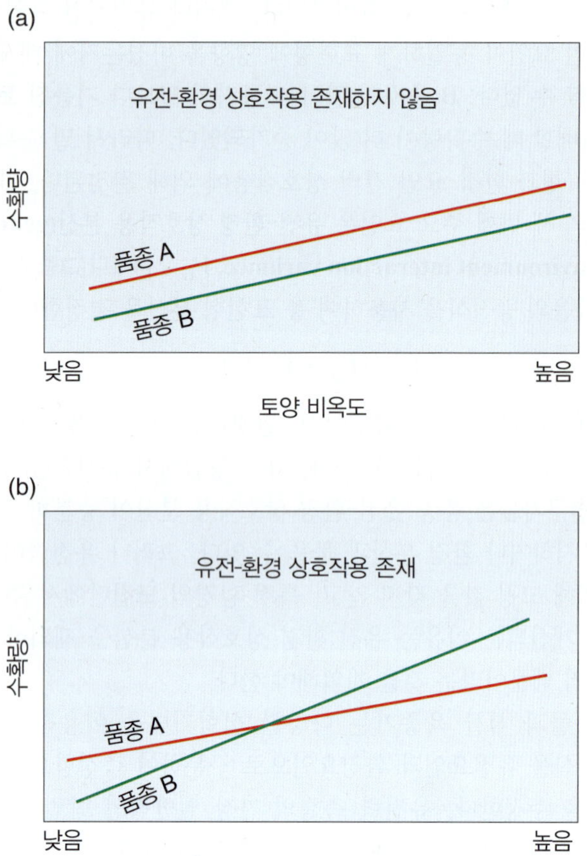

그림 23-6. 토양비옥도 수준에 따른 두 밀 품종 간의 수확량 차이. (a) 유전-환경 상호작용이 존재하지 않을 경우: 두 품종은 수확량에 유전 변이를 나타내지만 토양 비옥도의 증가에 동일하게 반응한다. (b) 유전-환경 상호작용이 존재할 경우: 낮은 토양 비옥도에서 A의 수확률이 B 수확률보다 많다. 그러나 높은 토양비옥도에서 B의 수확률이 A의 수확률 보다 많다.

전변이의 모든 유형을 포함한다. 이는 양적형질 좌위에서 상위성(epistatic) 또는 우성(dominance) 효과를 보이는 대립유전자와 이에 반하는 가산적 대립유전자의 작용을 구별하지 않는다. 광의의 유전력은 유전-환경 상호작용 분산은 무시할 수 있다고 가정한다. 광의의 유전력은 일반적인 유전에서는 흥미롭지만, 여러 제한점으로 인해 보통 육종프로그램에서는 유용하게 사용되지 않는다. 동물 또는 식물 육종가들은 우량 가축 또는 다수확 작물을 개발하기 위하여 좀 더 정확한 유전력을 추정하는 것을 필요로 한다. 따라서 좀 더 실제적인 사용을 위해 협의의 유전력(narrow-sense heritability)이 고안되었다.

협의의 유전력

협의의 유전력(narrow-sence heritability, h^2)은 가산적 유전자형 분산(additive genotypic variance)을 표현형 분산으로 나누어 계산한다. 유전자형 분산은 양적형질 좌위에서 대립유전자의 서로 다른 작동방식에 따라 하위요소로 분류될 수 있다. 양적형질과 관련된 모든 유전자가 표현형에 동일한 방식으로 영향을 주지 않기 때문에, 유전자형 분산은 3가지 종류의 유전자 작용으로 구분한다. **가산적 분산(additive variance; V_A)**은 양적형질 좌위에서 대립유전자의 가산 효과로 유전분산이 형성되는 것이다. **우성 분산(dominance variance; V_D)**은 이형접합체의 표현형이 두 동형접합체 표현형의 정확한 중간이 아닐 때, 첨가 요소로부터 편차를 측정한다. **상호작용 분산(interactive variance; V_I)**은 두 개 또는 그 이상의 유전자 좌위에서 상위성이 나타날 때, 첨가 요소로부터 편차를 구한다. 유전자형 분산을 계산할 때 상호작용 분산은 종종 제외되기도 한다.

다음의 계산식을 사용하여 총 유전자형 분산 V_G을 결정한다:

$$V_G = V_A + V_D + V_I$$

그리고 협의의 유전력은 가산적 유전자(additive gene)의 작용으로 인한 유전자형 분산에만 근거하여 측정한다.

$$h^2 = \frac{V_A}{V_P}$$

V_I를 생략하고, V_P를 유전자형과 환경 분산으로 나눈다.

$$h^2 = \frac{V_A}{V_E + V_A + V_D}$$

육종가는 동물 또는 식물 집단에서 유전력을 추정하여 양적형질의 인위선택을 통해 어떤 반응이 나타날지를 예측할 수 있다. 협의의 유전력(h^2)은 광의의 유전력로(H^2)보다 좀 더 정확한 예측을 제공하기 때문에, 육종가들은 h^2을 좀 더 폭넓게 사용한다.

인위선택

인위선택(artificial selection)은 미래의 육종 목적을 위하여 처음에 여러 집단 중 우수한 표현형을 가지는 집단을 선택하는 과정이다. 이론적으로, 여러 세대에 걸쳐 동일한 형질을 선택하는 인위선택이 반복되는 경우, 원하는 형질을 가지는 개체의 빈도가 높은 집단이 개발될 것이다. 환경요인이 적게 반영되는 조건에서 하나 혹은 두 개의 유전자에 의해 조절되는 단순한 형질을 선택한다면, 쉽고 빠르게 식물 또는 동물에서 원하는 집단을 만들 것이다. 그러나 곡물 생산량, 우유 생산량 그리고 말의 속력이나 체력과 같은 곡물과 가축에서 중요한 많은 경제적 형질은 대부분 다중적이다. 이와 같은 인위선택은 좀 더 복잡하고 오래 걸린다. 협의의 유전력을 추정하는 것은 식물 또는 동물 육종가에게 가치있는 것이다. 왜냐하면 앞 절에서 보았듯이, 협의의 유전력은 형질에 대한 총 표현형 분산에서 가산적 유전자형 분산이 차지하는 비율이기 때문이다. 양적형질 좌위에서 가산적인 영향을 미치는 대립유전자는 육종가에게 가장 쉽게 인위적인 조작을 하는 대상이 된다. 양적형질에서 우성효과 또는 상호작용 상위성 대립유전자(V_D 혹은 V_I에 기여하는)는 인위선택에 대한 반응성이 가산적 대립유전자보다 낮다. 따라서 협의의 유전력, h^2은 선택효과(impact of selection)를 예측하는 데 사용될 수 있다. 집단에서 협의의 유전력이 높을수록 육종가는 인위선택 후 다음 세대에서 해당형질의 표현형 범주가 바뀌는 것을 더 잘 관찰할 것이다.

유전분산 요소를 구분하여 h^2를 계산하고 선택반응(response to selection)을 예측하는 것은 고도의 실험설계 및 분석을 필요로 하는 복잡한 작업이다. 가장 간단한 방법은 여러 집단으로부터 원하는 양적형질의 우수한 표현형을 가진 개체를 선택하고, 이들의 자손을 번식하는 것이다. 자손세대의 형질에 대한 평균값($M2$)은: (1) 원래 집단의 형질에 대한 평균값(M)과 (2) 선택한 부모 개체의 형질에 대한 평균값($M1$)과 차이가 난다. 이러한 평균과 h^2의 관계는 다음과 같다.

$$h^2 = \frac{M2 - M}{M1 - M}$$

이 방정식은 다음과 같이 간단하게 정의할 수 있다. $M2 - M$은 **선택반응[seletion response(*R*);** 선택된 부모의 교배에 대한 반응]과 $M1 - M$은 **선택격차[selection differential(*R*);** 전체 집단의 평균과 선택된 집단의 평균의 차이]이며, h^2은 전체 반응에 대한 관찰된 반응의 비율이다. 따라서

$$h^2 = \frac{R}{S}$$

선택교배와 자손세대의 반응을 적용하여 측정된 협의의 유전력을 **실현 유전력(realized heritability)**이라고 한다. 실현 유전력의 한 예로, 평균 직경 M이 20 mm인 옥수수 개체군에서 옥수수 낟알의 직경을 측정한다고 가정해보자. 이 개체군으로부터 평균 직경 $M1$이 10 mm인 낟알 직경이 가장 작은 집단을 선택한다. 선택된 개체들끼리 교배하여 얻은 옥수수 자손의 평균 직경 $M2$는 13 mm이다. 우리는 인위선택이 낟알 크기에 미치는 영향을 추정하는 실현 유전력 h^2을 계산할 수 있다.

$$h^2 = \frac{M2 - M}{M1 - M}$$

$$h^2 = \frac{13 - 20}{10 - 20}$$

$$= \frac{-7}{-10}$$

$$= 0.70$$

협의의 유전력 값은 옥수수 낟알 크기 형질에 대해 선택 효과가 비교적 크다는 것을 알려준다.

가장 긴 기간 동안 진행된 유명한 인위선택 실험이 일리노이 대학의 농업연구소에서 실시되었다. 1896년 기름 함량이 높은 혹은 낮은 옥수수를 대상으로 하였으며, 76세대 동안 연속적으로 선택한 결과 기름 함량은 증가하였다(그림 23.7). 성공적인 선택으로 인해 기름 함량과 연관된 가산적 대립유전자(additive alleles)가 옥수수에 더 많은 비율로 축적된다. 따라서 인위선택을 통해 기름 생산을 위한 유전적 잠재력을 최적화하면 할수록 다음 세대에서 증가된 기름 함량에 대한 협의의 유전력 h^2은 감소한다(그림 23.7에 9, 25, 52 그리고 76세대에서 괄호 안에 삽입된 값을 보아라). 이론적으로, 이와 같은 과정은 개체군 내 모든 개체가 높은 오일 함량에 관한 모든 가산적 대립유전자를 포함하는 동일한 유전자형을 보유할 될 때까지 계속될 것이다. 그 시점에 도달하면, h^2이 0으로 감소할 것이고, 인위선택에 대한 반응은 중지될 것이다. 낮은 기름 함량의 선택에 대한 반응에서도 유전력은 0에 도달할 것이다.

표 23.4에 여러 생물의 다양한 양적형질에 관한 협의의 유전력을 백분율로 나타냈다. 여기서 볼 수 있듯이, h^2 값은 매우 다양하지만, 생물체의 생존에 필수적인 양적형질에 관련된 유전력은 낮은 경향이 있다. 그러나 이러한 현상이 생존에 관련한 특성에 대한 표현형에 유전적 기여가 없음을 의미하는 것이 아님을

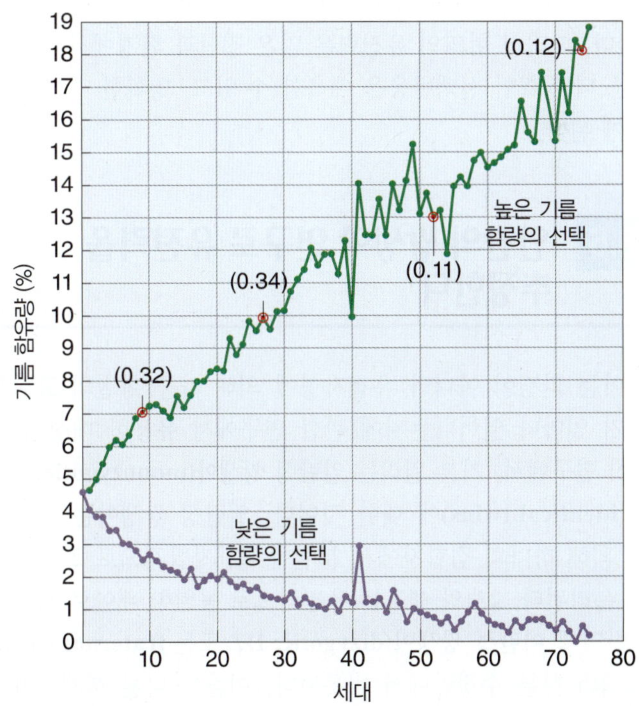

그림 23-7. 76세대 이상 진행된 옥수수의 높은 혹은 낮은 기름 함량에 대한 인위선택의 결과. 9, 25, 52 그리고 76 세대에서 '높은 기름' 그래프의 괄호 안의 수는 계속되는 실험의 해당 지점에서 유전력을 계산한 값이다.

표 23.4 여러 생물체의 형질에서 예상되는 유전력

형질	유전력 (h^2)
쥐	
꼬리길이	60%
몸무게	37
산자수	15
닭	
몸무게	50
산란수	20
부화력	15
소	
출생시 체중	45
산유량	44
수태율	3

기억하라. 대신에 낮은 h^2 값은 이미 진화 과정 동안 자연선택을 통해 이들 형질의 유전적인 구성요소가 크게 최적화되었다고 본다. 계란 생산량, 한 배 새끼의 수 그리고 수태율은 자연선택을 통해 생리학적 한계에 이미 도달한 한 예이다. 몸무게, 꼬리길이 그리고 날개의 길이와 같이 생존에 덜 중요한 특성에 대해서는 이와 같은 형질이 여전히 집단에서 유전분산이 더 높기 때문에 더 높은 유전력을 가진다. 한 형질에 대한 유전력 값은 특정 환경의 특정 집단에 대한 정보만을 제공하는 것임을 기억해야 한다. 따라서 협의의 유전력은 많은 집단과 환경에서 계산될 때, 좀 더 정확한 선택반응을 예측할 수 있고, 명확한 경향을 보여주게 된다.

23.5 인간의 쌍생아 연구로 유전력을 추정한다

쌍생아는 환경이 아니라 유전자형에 의해 다중 형질의 표현형 변이가 얼마나 일어나는지에 관한 연구에서 유용한 대상이 된다. 이 연구에서, 기본 원리는 **일란성 쌍생아(monozygotic; MZ 또는 identical twins)**에 대한 것이다. 일란성 쌍생아는 유사분열에 의해 하나의 접합자에서 분열한 후, 자발적으로 2개의 세포로 분리된다. 2개의 세포는 유전적으로 동일한 배아로 형성된다. 반면에 **이란성 쌍생아(dizygotic; DZ 또는 fraternal twins)**는 2개의 다른 수정란에서 비롯된다. 이들은 다른 형제 · 자매들처럼 그들의 대립유전자의 평균 50% 정도가 유전적으로 비슷한 형질을 가진다. 따라서 일란성 쌍생아 사이에서의 표현형 변이는 환경분산(V_E)과 같을 것이다(왜냐하면 유전분산이 0이기 때문이다). 그러나 이란성 쌍생아 간의 표현형 변이는 환경분산(V_E)과 약 절반의 유전분산(V_G)을 보여준다. 일란성 쌍생아와 이란성 쌍생아 간 표현형 분산을 비교하여 한 특정 형질의 광의의 유전력을 추정할 수 있다.

쌍생아에서 **일치(concordant)**는 쌍생아 모두가 같은 형질을 발현하거나 아니면 둘 다 발현되지 않는 경우를 말한다. 한 명에게서 발현되는 형질이 다른 한 명에게서는 발현되지 않을 때, **비일치(discordant)**라고 한다. 일란성 쌍생아와 이란성 쌍생아 간의 일치율(concordant values)의 비교는 유전력을 추정하는 데 도움이 된다(다음 쪽의 실전문제 참조).

어떠한 결론을 내리기 전에 쌍생아 연구의 자료는 매우 주의 깊게 다루어져야 한다. 예를 들어, 일란성 쌍생아 간의 일치율이 90에서 100%에 다가간다면, 형질의 표현형에 유전적 기여도가 높은 것으로 설명할 수 있다. 어떤 경우에는—예를 들어, 혈액형과 눈색—이러한 것이 사실이다. 그러나 홍역의 경우, 높은 일치율 값은 형질이 거의 항상 환경요인, 즉 바이러스 의해 유발된다는 것을 알려준다.

일란성 쌍생아와 이란성 쌍생아의 일치율 사이의 차이를 비교하는 것은 좀 더 의미 있는 일이다. 일란성 쌍생아에서 일치율이 매우 높게 나타난다면, 형질을 결정하는 것은 강한 유전적 요인이라고 추정할 수 있다. 홍역의 경우, 쌍생아의 두 유형에서 모두 높은 일치율이 나타난다면, 환경이 주요 기여요인이라고 추정할 수 있다. 이와 같은 분석법은 유익하다. 이는 다른 환경에서도 여전히 비슷한 표현형질을 보이는 것은 강한 유전적 요인에 기인한 것이기 때문이다.

쌍생아 연구는 몇몇 한계를 가진다

흥미롭게도, 쌍생아 연구는 불가피하게 오차의 원인을 포함한다. 예를 들어, 일란성 쌍생아는 이란성 쌍생아보다 종종 부모와 선생님이 좀 더 비슷하게 다루게 된다. 특히 이란성 쌍생아는 다른 성별을 가지기도 한다. 이러한 환경은 이란성 쌍생아의 환경변이를 더 부풀리게 될지도 모른다. 또 하나, 가능한 오차의 원인은 유전자형과 환경 사이의 상호작용으로 인해 표현형이 다양해지는 것이다. 이와 같은 상호작용은 같은 환경에서 자란 일란성 쌍생아와 비교하여 볼 때 이란성 쌍생아의 총 표현형 분산을 증가시킬 수 있어 유전력 계산에 영향을 준다. 종합해보면, 쌍생아 연구에 기초한 인간의 형질에 대한 유전력은 근사치로 고려되어야 하며, 어떤 결론을 내리기 전에 매우 신중하게 검토되어야 한다.

일란성 쌍생아가 동일한 유전체를 갖고 있다는 것에 기초한 고전적인 쌍생아 연구는 매우 조심스러워 보이기는 하지만, 심혈관 질환, 당뇨병, 정신병 등의 다인자성 질환을 포함하는 넓은 범주의 형질에서 유전력을 추정하는 데 유용하게 사용된다.

이와 같은 질환은 분명하게 유전적인 요소를 가지므로, 쌍생아 연구는 유전자와 환경인자 간의 상호작용을 이해하는 데 기본 자료를 제공한다. 그러나 유전체학 연구를 통해 일란성 쌍생아가 진짜 동일한가에 대해 의문이 제기되면서, 쌍생아 연구의 결과와 방법이 모두 재평가되고 있다. 또한 유전체학 연구는 유전자형과 환경인자 사이의 상호작용 연구에 새로운 접근법을 제시할 것이다.

쌍생아를 대상으로 한 유전체 연구에서 발견한 것들은 다음과 같다:

- 출생시, 일란성 쌍생아는 반드시 동일한 유전체를 가지는 것은 아니다.
- 일란성 쌍생아의 유전자 발현양상은 나이가 들면서 표현형 변이로 이어진다.

지금부터 위의 사항을 차례로 검토해 보도록 하자. 첫 번째, 일란성 쌍생아는 발생초기에 하나의 수정란이 두 개로 분리되어 두 개의 독립된 배아를 생성한다. 그때까지 일란성 쌍생아는 동일한 유전자형을 가진다. 그러나 그 뒤에 유전자형은 약간 달라질 수 있다. 예를 들어, **사본 변이**(copy number variation, CNV)—크기가 큰 DNA 서열(보통 1,000 bp 이상)의 사본 수 변이—가 생길 수 있으며, 각각의 배아에 유전적으로 뚜렷하게 다른 세포 집단이 생성될 수 있다(8장의 CNV의 고찰 참조). 이로 인해 **체세포 모자이크 현상**(somatic mosaicism)이 나타난다. 이는 어떤 질환에 대해 표현형이 가볍게 나타나는 것과 일란성 쌍생아 간의 표현형이 불일치하는 것과 같은 결과를 야기할 수 있다.

이 시점에서 일란성 쌍생아에서 어떻게 사본 변이가 생기는가에 관한 것은 어려운 문제이다. 그러나 모든 쌍생아 중 10%에서 변이가 나타날 것으로 추정된다. 사본 수 변이가 발생한 일란성 쌍생아의 경우, 체세포의 15~70%에서 변이가 일어날 것이라고 추정할 수 있다. 일례로, 일란성 쌍생아의 사본 변이(CNV) 차이에 의해 만성림프성 백혈병이 쌍생아 중 한 명에게서만 나타났다.

두 번째, 일란성 쌍생아 간의 유전체 변이는 **후성유전학(epigenetics)** 즉 DNA와 히스톤의 화학적인 변형과 연관되어 있다. 유럽의 일란성 쌍생아 성인의 후성유전학적(epigenetic) 변이에 대한 국제적인 연구가 이루어졌다. 이들 일란성 쌍생아는 동일하게 태어났으나, 성인이 되어서 후성유전학적으로 DNA와 히스톤 모두에서 **메틸화 패턴**에 변이가 발생하였음을 보여줬다. 이러한 후성유전학적 변화는 유전자 발현 양상을 변화시킨다. 후성유전학적 변화의 축적과 유전자 발현 양상은 성인이 된 일란성 쌍생아의 질병 민감성과 관찰된 표현형의 불일치를 설명할 수 있다. 예를 들어, 일란성 쌍생아에서 DNA 메틸화 패턴에서의 명확한 변이에 의해 베크위드-위드만 증후군(Beckwith-Wiedemann syndrom) 발병의 불일치가 나타나는 것을 확인하였다. 이 유전질환은 특정한 조직과 기관이 지나치게 크게 성장하거나 악성과 양성 종양을 발생시킬 위험을 증가시킨다. 이러한 증후군을 가진 유아는 종종 정상인보다 크고, 5명 중에 1명은 일찍 죽는다.

유전적인 요소에 의해 나타나는 다른 복잡한 질환들도 쌍생아 연구의 후성유전학적 분석을 통해 비슷하게 조사할 수 있다. 정신분열증 및 자폐증과 같은 여러 신경생물학적 질환, 제1형 당뇨병, 유방암과 자가면역질환에 대한 질병감수성에 대한 쌍생아 연구가 진행되었다.

일란성 쌍생아의 나이와 관련된 점진적인 유전체 변형은 다른 환경인자에 노출되어서이거나 또는 DNA 복제 후 후성유전학적 표식이 제대로 이루어지지 않아 나타난 것일 수도 있다. 이러한 발견은 이란성 쌍생아의 일치도 연구에서 쌍생아 형질의

실전문제

23-3 다음 표는 조사된 쌍생아 쌍에서 형질에 대한 같은 표현형이 발현되는 쌍생아 쌍의 비율(일치)을 나타낸 것이다. 나열된 백분율은 일란성(MZ) 그리고 이란성(DZ) 쌍생아의 각 형질에 대한 일치를 나타낸 것이다. 각 경우에 대해 두 쌍생아는 같은 환경에서 양육되었다. 각 형질에 대해 유전적 요인 대 환경적 요인의 상대적 중요성에 대해 어떤 결론을 내릴 수 있는가?

형질	일란성 쌍생아 (%)	이란성 쌍생아 (%)
혈액형	100	66
눈색	99	28
정신지체	97	37
홍역	95	87
머리카락색	89	22
잘쓰는 손	79	77
진성간질	72	15
정신분열증	69	10
당뇨병	65	18
동일한 알레르기	59	5
구순열	42	5
내반족	32	3
유방암	6	3

■ **힌트:** 이 문제는 일란성 쌍생아 대 이란성 쌍생아의 일치율을 검사하여 특정 형질에 기여하는 유전적 요인 대 환경적 요인의 상대적 중요성에 대한 평가를 요청한다. 해결의 실마리는 일란성 및 이란성 쌍생아 간 유전적 차이에 대해 배운 것에서 일치율과 인자의 차이를 조사하는 것이다.

불일치에 기여하는 요소로 유전자 차이뿐 아니라 **후성유전학적 차이**(epigenetic differences)도 고려해야 한다는 것을 보여준다.

후성유전학은 쌍생아 연구에서 표현형 결정에 있어 유전자와 환경인자 간의 상호작용을 분석하기 위한 유용한 도구를 만드는 데 매우 중요한 역할을 한다. 일란성 쌍생아와 이란성 쌍생아 간의 후성유전학적인 차이는 분석될 수 있다. DNA와 히스톤 변형에 대한 분자적 연구는 일란성 쌍생아와 이란성 쌍생아 간의 일치율의 차이를 유전자 발현 변화와 연계하여 설명할 수 있다.

우리는 뒤에서 후성유전학과 관련된 가장 최근의 연구 결과에 대해 논의하고, 후성유전의 많은 유형과 기능에 대해 요약 정리할 것이다(현대 유전학 특강 1장—후성유전학 참조).

23.6 양적형질좌위는 다중적 표현형 연구에 유용하다

환경의 효과, 분리된 대립유전자간의 상호작용, 그리고 많은 수의 유전자가 다인자 표현형(polygenic phenoytpe)에 기여하므로, 다음과 같은 사항을 알아내기 어렵다: (1) 표현형에 관련된 모든 유전자를 확인한다. 그리고 (2) 표현형을 나타내는 각각의 유전자 효과를 결정한다. 그러나 많은 양적형질은 경제적 또는 의학적으로 관련된 형질이기 때문에, 종종 양적형질에 관한 정보를 얻는 것은 매우 바람직하다. 양적형질에 기인하는 유전자가 한 개 또는 그 이상 포함되어 있다고 밝혀진 염색체 영역을 **양적형질좌위(quantitative trait locus, QTL)**[1)]라 한다. 양적형질과 관련 있는 유전자 또는 QTL에 포함된 유전자는 가능한 한 분리되고 연구되었다.

최근에 DNA 표지와 표현형 간의 연관성을 찾아 QTLs 지도를 작성하여 사용하고 있다. QTLs 지도작성을 위해 우선 매우 다양한 표현형 형질(과일 무게, 기름 함량, 강모수 등)을 가진 계통에서 인위선택을 통해 두 종류의 계통을 생산한다. 예를 들어, 그림 23-8에서 QTL 지도작성의 일반적인 경우를 보여주고 있다. 많은 세대에 걸쳐 인위 선택이 이루어진 두 분리된 계통은 많은 좌위에서 대립유전자에 대해 동형접합성을 나타낼 것이며, 이들은 QTL 지도작성에 유용하게 사용된다. 분기된 표현형을 가진 각 계통의 개체[그림 23-8(a)의 25세대 자손]를 부모세대로 하고, 이들을 교배하여 F_1 자손을 생산한다. F_1은 해당형질에 기인하는 대부분의 좌위에서 이형접합성을 나타낼 것이다. 이후, F_1 개체들끼리 또는 F_1 개체와 부모를 교배한 결과, 부모의 유전체의 다른 영역을 가진 F_2가 생산된다[그림 23-8(b)]. F_2는 서로 다른 QTL 유전자형과 관련된 표현형을 가지므로, 각각의 F_2를 **QTL 지도작성 집단(QTL mapping population)**이라 한다.

연구자들은 지도작성 집단에서 **제한효소 절편길이 다형성**(restriction fragment length polymorphisms, RFLPs), **미세부수체**(microsatellite), 그리고 **단일뉴클레오타이드 다형성**(single-nucleotide polymorphisms, SNPs)과 같은 염색체 특이 DNA 표지를 이용하여 각 개체별로 형질의 표현형 발현 양상과 유전체 차이를 확인한다(21장 참조). 컴퓨터의 통계분석 방법을 기초로 하여 분석을 실행하면 어떤 한 형질과 관련된 분자표지와 표현형 변이 사이의 연관성을 찾아준다. DNA 표지(위에서 설명한 표지들)가 QTL에 연관되어 있지 않다면, 표지 좌위(marker locus)가 서로 다른 유전자형을 가진 집단 간에 해당 형질의 표현형 평균값이 다르지 않을 것이다. 반면에 DNA 표지가 QTL에 연관되어 있다면, 표지 좌위가 다른 유전자형을 가진 개체들은 해당 형질의 표현형 발현이 각각 다르게 나타날 것이다. 즉 표지 좌위와 QTL 간의 이러한 연결고리를 **공분리**(cosegregation)라고 말한다. 공분리가 일정하게 일어난다는 것은 염색체 상에 DNA 표지에 근접하여 QTL이 존재하며, 다시 말해 표지와 QTL은 연관되어 있음을 의미한다. 형질에 대한 많은 QTLs의 위치가 파악되어 유전자 지도가 만들어지고 특정한 염색체 영역이 흥미로운 표현형과 연관되어 있다는 가능성을 보여준다[그림 23-8(c)]. 더 나아가 표현형에 기여하는 염색체 영역에 있는 유전자를 규명하기 위해 유전체 기술이 사용되고 있다.

QTL 지도작성은 옥수수, 쌀, 밀 그리고 토마토와 같은 식물을 포함한 농업에 광범위하게 사용되고 있다(표 23.5). 그리고 소, 돼지, 양, 닭과 같은 가축의 축산업에도 사용되고 있다. 예를 들면, 토마토에는 수백 개의 QTLs이 존재하며, 토마토의 유전체 염기서열은 분석되어 있다. 과일 크기, 모양, 용해성 고형물(soluble solid) 함량, 그리고 산도(acidity)와 관련된 양적형질에 관련된 많은 염색체 영역이 밝혀져 있다. 이러한 QTLs은 토마토의 반수체 유전체에 해당하는 12개의 염색체에 분포한다.

Steven Tanksley와 동료들은 미국의 코넬대학교에서 토마토의 모양과 무게에 대한 양적형질의 특성을 규명하고 QTLs 지도작성을 하는 연구프로그램을 진행하였다. 우리는 이 연구를 통해 QTLs 연구의 접근 모델을 살펴보려 한다. 재배 토마토의 무게가 1,000 g까지 나갈 동안, 현재 토마토의 조상인 연관된 야생종의 무게는 수 그램밖에 나가지 않는다[그림 23-9(a)]. QTL 지도작성을 통해 과일 무게에서 1,000배의 변이가 일어나는 형질과 관련된 28개 이상의 QTLs을 찾았다. 10년 이상의 연구 결과 QTLs의 위치를 밝혀냈고, 이 QTLs 중 하나의 유전자를 동정하여 *fw2.2*(2번 염색체에 존재)라고 명명하였다. 이 QTL

---

1) 우리는 QTLs을 양적형질좌위(quantitative trait loci) 복수형으로 명시한다.

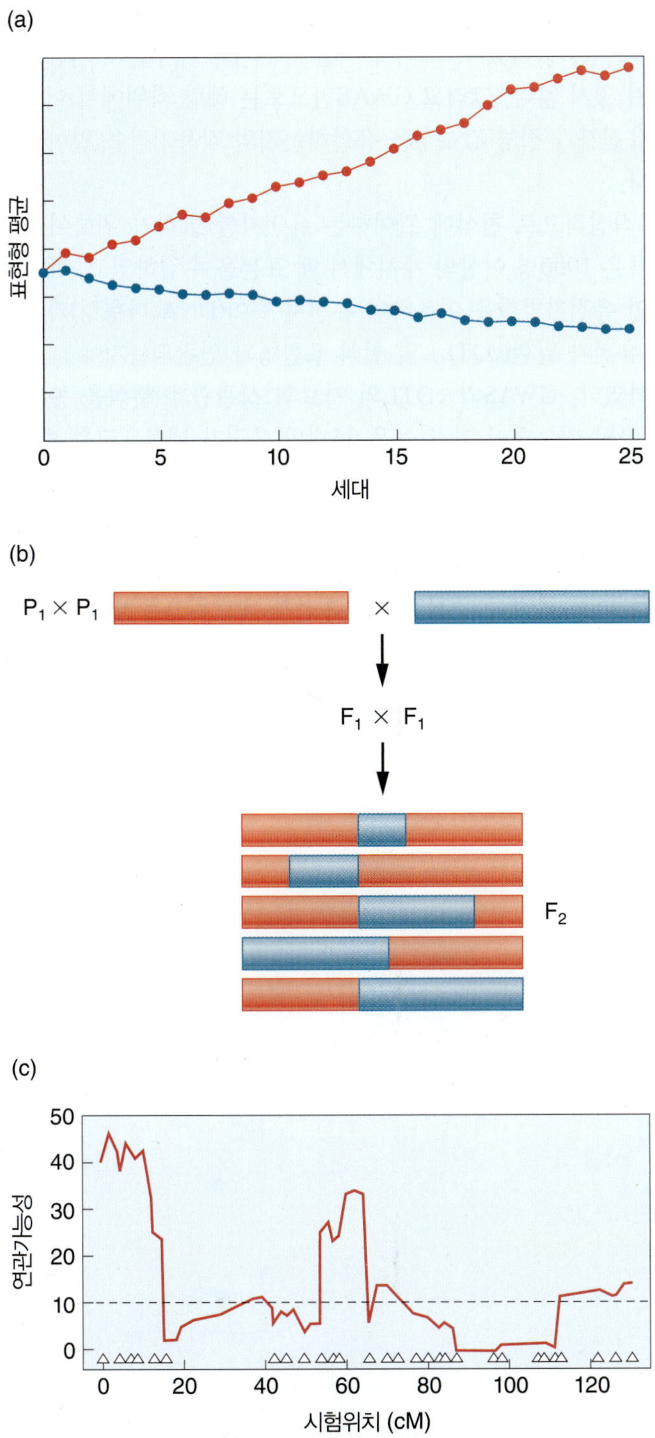

그림 23-8. (a) 인위선택에 의해 상당히 분기된 두 계통의 개체는 부모로부터 25세대에서 선택된 것이다. (b) 두꺼운 막대는 분기된 계통에서 선택된 부모 개체의 유전체를 나타낸 것이다. 이들 개체를 교배하고 F_1 세대를 생산한다(나타내지 않음). F_2 세대는 F_1의 개체들끼리 교배된 결과이다. 교배가 진행되면서 교차가 일어나 F_2 세대의 개체들은 P1 유전체의 서로 다른 부분을 가지게 되며, 막대의 색깔로 보여준다. DNA 표지와 F_2 세대 개체의 표현형을 분석한다. (c) 통계적 방법을 통해 DNA 분자표지와 표현형에 영향을 미치는 QTL 간의 연관성을 결정한다. 이 결과는 염색체 위치에 대해 연관 가능성을 표시한 그래프이다. 유전지도의 단위는 센티모르간(cM)으로 교차빈도로 계산된다. 수평선 위의 봉우리는 의미있는 결과를 나타낸다. 이 자료에서 5개의 가능한 QTL을 보여주며 약 10 cM과 60 cM에서 가장 연관성 높은 QTLs을 나타낸다.

표 23.5 양적 표현형에 대한 QTLs

생물체	양적표현형	확인된 QTL 수
토마토	용해성 고형물	7
	과실 질량	13
	과실 pH	9
	성장	5
	잎모양	9
	키	9
옥수수	키	11
	잎 길이	7
	곡물 생산량	18
	낟알수	10

출처: Used with permission of Annual Reviews of Genetics, from "Mapping Polygenes" by S.D. Tanksley, *Annual Review of Genetics*, Vol. 27:205–233, Table 1, December 1993. © Annual Reviews, Inc.

은 *ORFX*라는 유전자를 가지고 있으며, 이 좌위의 대립유전자는 과일무게의 변이성에 30% 정도 작용하는 것으로 밝혀졌다. *ORFX* 유전자를 분리하고 클로닝하여 식물에 형질전환시킨 결과는 흥미로웠다. 작은 다양한 야생 토마토에서 *ORFX*의 대립유전자는 모두 한 종류이고, 크기가 큰 재배 토마토의 대립유전자는 모두 다른 종류의 대립유전자이다. 크기가 작은 토마토에서 분리한 *ORFX* 유전자가 큰 토마토를 생산하는 식물에 형질전환되면, 형질전환체는 무게가 크게 감소된 토마토를 생산하였다[**그림 23-9(b)**]. Tanksley 그룹의 다양한 연구를 통해 평균 17 g까지 토마토의 무게가 감소되었고, 하나의 QTL에서 찾은 유전자의 작용으로 표현형 변이에 통계적 유의성을 나타냄을 알 수 있었다.

추후 *ORFX* 유전자의 기능을 분석한 결과, 이 유전자는 과일 발생 동안 세포분열을 저해하는 단백질을 암호화한다고 밝혀졌다. 유전자 발현 시기의 차이와 전사물 양의 차이로 인해 작은 또는 큰 과일을 생산한다. 형질전환시킨 *ORFX* 대립유전자가 많이 발현되면, 세포분열이 저해되어 작은 토마토가 생산된다.

그러나 *ORFX* 및 다른 관련 유전자만으로 토마토 크기의 모든 관찰된 변화를 설명할 수 없다. 다른 QTL에 해당하는 *fas* 유전자(11번 염색체에 존재함)의 분석을 통해 인위선택으로 얻어진 과일 크기의 극단적인 차이는 성숙한 열매의 씨방 구획의 수가 증가하여 발생한 것임을 보여주었다. 작은 조상 품종은 2개에서 4개의 씨방 구획을 만들고, 현재 사용되는 큰 과일 품종은 8개 이상의 씨방 구획을 만든다. 따라서 토마토의 과일크기에 영향을 미치는 QTL은 최소한 두 가지 발생 과정, 발생 초기의 세포분열과 씨방 구획의 수를 결정하는 과정을 조절한다.

유전자 발현 정도를 조절할 수 있는 QTL의 발견으로 양적 형질에 대한 표현형에 새로운 분자적 정의를 할 수 있게 되었다. 예를 들어, 표현형은 유전자로부터 생성된 RNA 전사물의 양(**expression QTLs** 또는 **eQTLs**) 또는 단백질의 양(**protein QTLs** 또는 **pQTLs**)으로 나타낼 수 있다. 이러한 분자 표현형(molecular phenotypes)은 과일 무게와 같은 일반적인 표현형과 같은 방식으로 다인자적 요소에 의해 조절된다. 예를 들어 유전자 발현은 *trans*-작용 전사조절인자와 프로모터를 포함한 *cis*-인자에 의해 조절된다(17장의 진핵생물의 유전자조절 부분 참조.).

eQTLs과 유전질환

eQTL은 천식, 구순열, 제2형 당뇨병 그리고 관상동맥질환 같이 복잡한 질병에 반응하는 유전자를 분석하기 위한 중요한 도구로 빠르게 자리잡았다. 예를 들어, 천식은 지난 30년 동안 전 세계에 걸쳐 급상승하였고, 현재 공중보건에 주요한 영향을 미치고 있다. 전유전체 연관성 연구(genome-wide association studies, GWAS)를 통해 천식 및 기타 폐질환에 대한 감수성을 부여하는 좌위를 밝혀냈다. 그러나 이들 유전자의 대부분의 기능은 알려져 있지 않다. 그리고 GWAS만으로는 해당 좌위에서 어떤 대립유전자가 질병 감수성을 유발하는지와 작용기작을 알아낼 수 없다.

직접적으로 천식에 관여하는 유전자를 밝히기 위하여 연구자들은 1000명 이상의 개체에서 폐 표본을 수집하였고, 폐 특이적인 유전자발현을 이용하여 유전자 변이(DNA 다형성)가 어떻게 유전자 발현(eQTL) 및 천식 표현형과 연관되는지에 대해 연구하였다. GWAS와 eQTL의 자료의 상관관계 분석을 통해 천식 유발 가능성이 가장 높은 34개의 유전자 네트워크를 밝혀냈다. 이들 중 6개 유전자가 네트워크상에서 다른 유전자들을 조절하는 것으로 나타났다. 이들 유전자는 만성적인 또는 치명적인 질병의 치료제 개발을 위한 후보 유전자이다. 비슷한 접근방식은 다른 복잡한 유전질환의 유전자 네트워크를 밝히는 데 기초가 될 것이다.

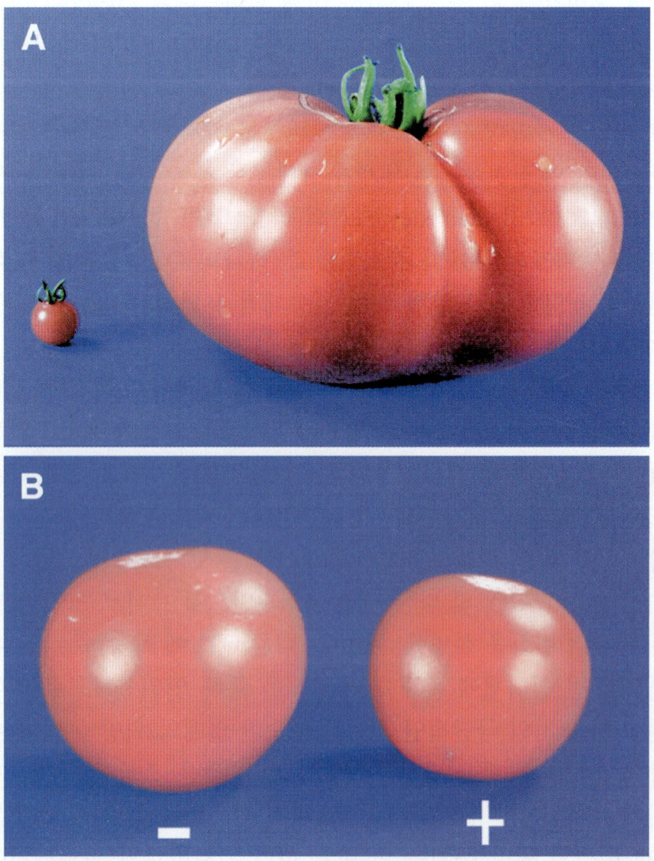

그림 23-9. (a) 토마토의 조상 품종과 현대 품종. (b) 토마토의 *fw2.2* 전이유전자의 표현형 효과. 작은 과일을 야기하는 대립유전자를 큰 과일을 생산하는 식물에 형질전환하였다. 그 결과 과일의 크기는 작아졌다(+). 형질전환되지 않은 대조군(–)과 비교하여 나타내었다.

유전학, 기술, 사회

녹색혁명의 재조명: 쌀에 대한 유전연구

현재 지구에 살고 있는 70억 명 중 8억 명 이상은 충분히 먹지 못하고 있다. 이 숫자는 앞으로 수십 년 동안 해마다 100만 명 정도씩 추가될 것으로 예상된다. 2025년까지 어떻게 약 80억 명에게 식량을 공급할 수 있을까?

과거는 우리에게 낙관할 수 있는 몇 가지 이유를 준다. 1950년대와 1960년대, 인구가 증가했을 때, 식물학자들은 가장 중요한 세 가지 곡물 – 쌀, 밀, 그리고 옥수수를 포함한 작물의 생산을 증가시켜야 한다고 했다. 이러한 노력은 *녹색혁명*(*Green Revolution*)으로 알려졌고, 접근법은 3가지였다: (1) 비료, 살충제 그리고 관개(irrigation)의 사용을 증가시키기. (2) 경작이 가능한 땅 개발하기. (3) 식물 육종에 의해 개선된 작물품종 개발하기.

결과는 극적이었다. 1961에서 1985년 사이에 개발도상국의 쌀, 밀, 그리고 옥수수의 생산량이 두 배 이상 증가하였다. 1960년대에 광범위하게 기아에 직면한 국가들은 자급자족할 수 있는 식량을 생산할 수 있었고, 곡물을 수출할 수 있게 되었다.

녹색혁명은 기아에 시달리고 있는 수백만 명의 사람들을 구원했고, 삶의 질을 향상시켰다. 그러나 그 효과는 감소할지도 모른다. 관개 개발과 비료 사용이 느리게 성장했기 때문에, 1980년대 이후 곡물 수확량의 증가율이 둔화되고 있다. 식량 생산은 세계 인구의 예상된 증가에 보조를 맞추어야 한다. 따라서 우리는 높은 수확량을 가져오는 유전학적으로 향상된 곡물에 점점 더 의존할 것이다. 현재 중요한 작물 생산량은 이론적 한계에 다가가고 있는 걸까? 쌀에 대한 최근 연구는 이 질문에 대해 "아니오"라는 답변을 제시한다.

지구 인구의 절반은 기본 음식물인 쌀에 의존한다. 1960년 국제 쌀 연구소(International Rice Research Institute, IRRI)의 설립에 힘입어 쌀에 대한 녹색혁명이 시작되었다. 주요 발견 중 하나는 질병저항성이 향상되고, 높은 수확량을 가지는 다양한 쌀 품종을 육종한 것이다. IRRI 연구팀은 중국 쌀 품종인 *DGWG*(*Dee-geo-woo-gen*) 품종과 인도네시아 쌀 품종인 페타(*Peta*) 품종을 교배하여 IR8이라는 새로운 품종을 개발하였다. 비료와 관개가 충분한 곳에서 재배될 때, IR8 품종은 더 많은 수의 쌀 곡립(rice kernels)을 생산한다. 따라서 IR8 품종은 곡립의 증가로 끝부분이 매우 무거워져 '도복(lodging)' 형질처럼 식물이 넘어지는 경향이 생겼다. 도복을 줄이기 위해 IRRI 육종가들은 키가 작은 형질을 가진 IR8 품종과 교배하여 단경종(semi-dwarf)을 만들었다. 단경종 IR8 품종의 채택으로 인하여 25년 동안 쌀의 생산량이 2배로 증가하였다.

연간 쌀 수확량의 40% 증가가 향후 30년 동안 인구의 예상 성장률을 유지하는 데 필요할 것이라고 예측된다. 토지와 물 자원은 더 많이 부족하게 될 것이고 비료와 농약의 값은 더 올라감에 따라 이를 보강하기 위해서 많은 수확량과 질병저항성이 강한 새로운 쌀 품종을 만들어야 할 것이다.

유전학자는 현재 지금보다 많은 쌀을 생산하기 위해 몇 가지 전략을 사용하고 있다. IR8 품종을 만들었던 방법처럼 기존의 이종교배(hybridization)와 선택 기법을 통해 연간 1~10%의 생산율 증가에 기여하는 품종 개발을 진행하고 있다. 야생형 쌀 품종이 가진 수십 개의 QTLs은 수확률 증가에 기여할 수 있으므로, 과학자는 현재 재배 중인 키작은 품종에 야생형 형질을 주입하기 위해 노력하고 있다. 유전체학 및 유전공학자는 쌀의 새로운 녹색혁명에 기여하고 있다. 2002년 쌀 유전체는 곡물 중 첫 번째로 염기서열이 분석되었다. 이제 연구는 쌀 유전체의 모든 유전자 기능을 밝히는 것에 집중되어 있다. 이들 유전자의 기능과 특성이 밝혀지게 되면 작물에 특정 기능성 유전자를 주입하여 질병저항성, 가뭄과 염분에 대한 내성 및 영양성분 함량의 향상과 같은 바람직한 형질을 가진 쌀 품종의 개발을 가속화시킬 것이다.

조사해 보자

다음 문제에 대해서 개별적으로 또는 그룹으로 조사하시오. 새로운 녹색혁명을 둘러싼 몇 가지 기술과 문제점을 이해하는 데 도움이 될 참고문헌과 링크를 조사하시오.

1. 세계 쌀의 거의 절반은 척박한 땅에서, 홍수와 가뭄의 상황에서 비료 값을 감당할 수 없는 사람들에 의해 경작되고 있다. 유전학 연구가 이러한 한계를 해결할 수 있는가?

   최근의 한 연구에서 야생 쌀 품종에서 밝혀진 QTL 좌위는 이러한 다양한 요소들에 대한 내성을 제공할 수 있음을 알려준다. 다음의 논문을 읽어보시오. Gamuyao, R. et al. 2012; The protein kinase Pstol1 from traditional rice confers tolerance of phosphorus deficiency. *Nature* 488: 535–539.

2. 전체 인구에게 음식을 공급하는데 있어 심각한 문제는 지구의 기후변화이다. 현재의 기후변화에 대한 예측을 평가할 때, 우리는 쌀에 어떤 특성을 도입해야 하는가? 그리고 어떤 방법으로 이를 이용할 수 있는가?

   농업에 미치는 기후 변화의 효과에 대한 좀 더 자세한 내용은 다음을 참조하시오. Battisti, D. S. and Naylor, R. L. 2009; Historical warnings of future food insecurity with unprecedented seasonal heat. *Science* 323: 240–244.

3. 장점에도 불구하고, 녹색혁명은 논쟁의 대상이 되어 왔다. 녹색혁명의 주요 비평은 무엇이고, 우리는 어떻게 녹색혁명의 부정적인 측면의 일부를 완화할 수 있는가?

   이 주제에 대한 논의는 다음에서 찾을 수 있다. Pingali, P.L. 2012. Green Revolution: Impacts, limits, and the path ahead. *Proc. Natl. Acad. Sci. USA* 109(31): 12302-12308.

사례 연구 | 유전의 동전던지기

2008년 7월 11일, 독일의 Stephan Gerth와 가나의 Addo Gerth 사이에서 아들 쌍생아가 태어났다. Stephan은 파란 눈, 직모, 흰 피부를 가졌다. Addo는 갈색 눈, 곱슬머리, 검은 피부를 가졌다. 쌍생아 중 처음 태어난 Ryan은 파란 눈, 직모, 흰 피부였으며, 동생인 Leo는 옅은 갈색 피부, 갈색 눈, 곱슬머리였다. 모발의 질감과 눈 색깔은 부모와 같았지만, 피부색은 부모의 중간인 갈색이 나타났다. 전문가들은 쌍생아의 피부색은 적어도 3개의 다른 유전자 쌍과 연관되어 있는 양적 유전인 반면에 모발의 질감과 눈 색깔은 양적 유전이 아니라고 설명했다. 양적 유전의 예를 이용하여 우리는 다음과 같은 질문을 할 수 있다:

1. 얼마나 많은 유전자 쌍이 양적형질과 연관되어 있는지를 추정하기 위해 어떤 접근법이 사용되는가? 왜 인간 피부색의 경우는 이러한 추정이 매우 어려운가?
2. 쌍생아의 표현형이 매우 다르려면, 양쪽 부모 중 한 명이 혼혈 혈통이어야 하는가?
3. 쌍생아에게 일부는 부모의 형질(모발의 질감, 눈 색깔)이 나타나지만 다른 형질에 대해 혼합 표현형(이 경우에는 피부 색깔)이 나타나는 일은 아주 흔한 일인가? 아니며 '100만 명 중에 1명'에서 찾을 수 있는 일인가?

요약

1. 표현형 범주에서 양적 유전의 결과는 환경요인에 영향을 받은 두 개 또는 그 이상의 유전자에 대한 가산적 대립유전자의 작용에 기인한다.
2. 평균, 분산, 표준편차, 표준오차, 공분산과 상관계수를 포함한 다수의 통계적 방법은 양적형질을 분석하는 데에 필수적이다
3. 유전력은 특정한 모집단과 환경에서 양적형질의 표현형 분산의 범주에서 유전적인 요인 대 환경적인 요인의 상대적인 기여도를 추정하는 것이다.
4. 쌍생아 연구는 인간에서 다중형질의 유전력을 추정하는 데 사용된다.
5. 양적형질좌위 또는 QTL은 DNA 표지를 사용하여 규명하고 지도를 작성한다.

질문 및 해답

1. 특정 식물의 높이는 6~36 cm로 다양하다. 6 cm와 36 cm의 식물을 교배하여 F_1이 모두 21 cm가 나왔다. F_2 세대에서 높이의 연속적인 범주를 관찰하였다. 대부분은 21 cm였고, 200개체 중 3개체는 6 cm로 부모만큼 작았다.

   (a) 어떤 유형의 유전인지 설명하고, 또한 얼마나 많은 유전자 쌍이 관련되어 있는가?

   (b) 각각의 가산적 대립유전자는 얼마나 높이에 기여하는가?

   (c) 31 cm의 식물이 나오기 위한 모든 유전자형을 나열하시오.

   해답:

   (a) 형질이 연속적이며, 대립유전자가 표현형에 가산적으로 기여할 때 다인자성 유전으로 설명된다. F_2 식물에서 나타난 3/200의 비율이 유전자 쌍의 수를 결정하는 열쇠이다. 계산하면 1/66.7로 1/64과 가깝다. $1/4^n = 1/64$(1/64은 P_1 부모의 어느 한쪽 표현형과 동일한 F_2의 자손비율이다) 공식을 이용하면 된다. $n = 3$. 따라서 3쌍의 유전자 쌍이 관련되어 있다.

   (b) 두 부모 표현형 간 차이는

   $$36 - 6 = 30 \text{ cm}$$

   가산적 대립유전자가 6개(*AABBCC*)이기 때문에, 각각의 기여도는

   $$30 / 6 = 5 \text{ cm}$$

   크기가 6 cm인 것이 가장 작으며, 가산적 대립유전자가 하나도 없는 유전자형(*aabbcc*)일 때 나타난다.

   (c) 5개의 가산적 대립유전자를 포함하는 모든 유전자형은 31 cm로 나타난다(5개의 대립유전자 × 5 cm + 6 cm 기본 크기 = 31 cm). 따라서 *AABBCc*, *AABbCC*, 그리고 *AaBBCC* 유전자형에서 31cm의 크기를 가진 식물이 나타날 것이다.

2. 위에서 본 F_1의 교배에서 교차분리(cross separate)가 일어났고, 표현형과 유전자형을 모르는 F_2 식물을 검정교배하여, 다음과 같은 결과를 얻었다:

   1/4 11 cm

   2/4 16 cm

   1/4 21 cm

   유전학을 공부한 학생은 알 수 없는 식물이 오직 하나의 표현형과 3개의 유전자형 중 하나를 가질 수 있다고 깨달을 것이다. 그것은 무엇인가?

   해답: 알 수 없는 식물의 검정교배(*aabbcc*) 후, 자손에서 3종류의 표현형이 나오기 위해서는 알 수 없는 식물의 배우자는 하나, 둘

또는 세 개의 가산적 대립유전자를 가져야 할 것이다. 6 cm의 자손이 관찰되지 않으므로 알 수 없는 식물은 모든 비가산적 대립유전자(*abc*)를 가질 수 없을 것이다. 식물은 하나의 좌위에 동형접합성이고, 나머지 두 좌위는 이형접합성이어야 이 기준을 충족시킨다. 따라서 알 수 없는 부모는 26 cm의 표현형을 가지는 3개의 유전자형 중 하나가 될 수 있다.

AABbCc

AaBbCC

AaBBCc

예를 들어, 첫 번째 유전자형(*AABbCc*)인 경우,

AABbCc × *aabbcc*

비율은

1/4 *AaBbCc* 21 cm

1/4 *AaBbcc* 16 cm

1/4 *AabbCc* 16 cm

1/4 *Aabbcc* 11 cm

표현형의 비율은 이렇게 관찰된다.

3. 두 종류의 담배 계통을 동종교배하였을 때, 부모와 자손의 꽃의 화관(corolla) 길이의 평균과 분산을 다음 표에 나타내었다. 부모(P_1)은 짧은 화관, 그리고 다른 부모(P_2)는 긴 화관을 갖는다. 이 식물에서 화관 길이의 유전력(H^2)을 계산하시오.

계통	평균 (mm)	분산 (mm)
짧은 P_1	40.47	3.12
긴 P_2	93.75	3.87
F_1 ($P_1 \times P_2$)	63.90	4.74
F_2 ($F_1 \times F_1$)	68.72	47.70

해답: 유전력을 추정하는 공식은 $H^2 = V_G / V_P$이다. 이때 V_G와 V_P는 각각 유전분산과 표현형 분산이다. 해결의 실마리는 표현형 변이의 두 가지 구성요소인 유전인자 그리고 환경인자에 대한 추정값을 얻어야 한다. V_P는 유전분산과 환경분산의 조합이다. 두 부모 품종이 모두 순계이기 때문에 그들은 동형접합성으로 추정되며 분산값인 3.12와 3.87은 환경적 영향의 결과로 고려된다. 두 값의 평균은 3.50이다. F_1은 또한 유전적으로 동일하므로 환경인자의 영향에 대한 가산적인 추정값을 제공한다. F_1의 분산값과 부모의 분산값을 평균하면,

$$\frac{4.74 + 3.50}{2} = 4.12$$

우리는 표현형에 영향을 미치는 환경에 대한 비교적 좋은 아이디어를 얻을 수 있다. F_2의 표현형 분산은 V_G와 V_E의 합이다. 우리는 환경요인을 4.12로 추정하였으므로, 47.70에서 4.12를 빼면 V_G 값으로 43.58이 나온다. 유전력은 43.58/47.70 또는 0.91이다. 이 값을 백분율로 환산하면, 담배 화관길이의 표현형 분산 중 91%는 유전적인 영향으로 인한 것이다.

탐구 문제

어떻게 알았을까?

1. 이 장에서 우리는 양적형질을 연구하기 위해 사용되는 많은 통계적 매개 변수뿐만 아니라 양적 유전현상에 대해 살펴보았다. 우리는 양적 유전학의 이해를 위해 적용된 방법과 추론을 살펴보았다. 이 장에 나와 있는 설명을 토대로 다음의 기본 질문에 대해 해답을 제시하시오.
(a) 경계(threshold) 형질의 경우 표현형의 구분이 두 가지 정도로 적게 나타나는데, 실제적으로 경계형질이 다유전자성이라는 것을 어떻게 알았을까?
(b) 어떻게 양적형질의 유전에 관련된 다유전자의 수를 확인할 수 있는가?
(c) 어떻게 양적유전 양식을 설명하기 위해 가산적 대립유전자의 작용을 적용한 다인자설을 제안하게 되었을까?
(d) 어떻게 양적유전 형질의 표현에 환경 요인이 영향을 미치는지를 평가하는가?
(e) 어떻게 일란성 쌍생아가 성인이 되었을 때 유전적으로 동일하지 않다는 것을 알았을까?

개념확인 문제

2. 604쪽에 나와 있는 양적유전과 다유전자성 형질에 관한 핵심 개념을 복습한다. 전통적인 멘델의 법칙, 새로운 멘델의 법칙(neo-mendelian), 그리고 양적유전의 차이점에 대해 고찰하고 짧은 에세이를 작성하시오.

3. 다음을 정의하시오: (a) 다유전자, (b) 가산적 대립유전자, (c) 상관관계, (d) 일란성 및 이란성 쌍생아, (e) 유전력, (f) QTL, (g) 연속변이.

4. 밀의 진붉은 종자와 흰 종자를 교배하였더니, F_1에서 중간 붉은색의 형질이 나왔다. F_1 식물을 자가 교배한 결과 F_2 자손은 진붉은색 1 : 중간 진붉은색 4 : 중간 붉은색 6: 밝은 붉은색 4 : 흰색 1의 비율로 나타났다. 더 많은 교배를 통해 F_2의 진붉은색과 흰색 식물은 순종 계열임을 알 수 있다.
(a) F_2 집단의 비율을 기초하여 볼 때, 얼마나 많은 유전자가 색깔에 관여하고 있는가?
(b) 각각의 표현형을 생산하기 위해 얼마나 많은 가산적 대립유전자가 필요한가?
(c) 가산적 대립유전자의 표식을 설정하여 중간 붉은색과 밝은 붉은색의 표현형을 나타내는 가능한 유전자형의 목록을 제시하시오.

(d) 순종의 중간 붉은색과 순종의 흰 식물 간의 교배에서 F_1과 F_2 세대의 결과를 예측하시오.

5. 인간의 키는 유전자의 가산적 작용에 의해 결정된다. 4개의 유전자 좌위인 R, S, T 그리고 U에 의해 조절되며, 환경적인 영향은 무시할 수 있을 것으로 가정한다. 가산적 대 비가산적 대립유전자 대신에 가산적 대 부분 가산적 대립유전자가 존재할 것으로 추정된다. 키에 대해서 가산적 대립유전자는 두 개의 단위만큼 그리고 부분 가산적 대립유전자는 한 개의 단위만큼 기여한다.
(a) 보통 키의 두 사람이 낳은 자식은 한쪽 부모보다 클 것인가 혹은 작을 것인가? 어떻게 그런 현상이 일어난 것일까?
(b) 이들 유전자에 의해 지정된 최소의 키를 가진 사람과 중간 키를 가진 사람이 결혼을 한다. 그들의 자식은 부모보다 큰 키를 가지게 될 것인가? 그 이유는 무엇인가?

6. 식물의 동계교배종(inbred strain)은 평균 24 cm의 크기로 나타난다. 다른 지리적 지역에서 살고 있는 동일한 종의 다른 품종도 평균 24 cm의 크기를 보인다. 두 개의 품종이 교배되면, F_1 식물은 부모와 같은 크기로 나타난다. 그러나 F_2 세대에서 넓은 범주의 키가 나타난다. 대다수는 P_1, F_1과 같은 형질로 나타날 것이나 약 1,000개 중 4개는 12 cm의 크기로 그리고 1,000개 중 4개는 36 cm의 크기가 나타난다.
(a) 어떤 유전 양식으로 인한 현상인가?
(b) 얼마나 많은 유전자 쌍이 관련되어 있는가?
(c) 식물의 키에 영향을 미치는 각각의 유전자의 기여도는 얼마나 되는가?
(d) 이러한 결과를 설명할 수 있도록 P_1 부모와 F_1 식물의 가능한 하나의 유전자형을 제시하시오.
(e) F_2에서 18 cm 크기의 식물과 33 cm 크기의 식물에 대해 가능한 유전자형 3가지를 제시하시오.

7. 엘마와 하비는 교배가 가능한 돼지 쌍이며, 흥미로운 표현형을 가진다. 하비의 꼬리길이는 오직 6 cm인데 반해, 엘마의 꼬리길이는 30 cm이다. 엘마와 하비의 교배결과, F_1 자손의 꼬리길이는 18 cm였다. F_1 간의 동종교배 후 F_2 세대에서 많은 새끼가 나왔으며, 이들의 꼬리 길이는 6~30 cm로 4 cm 간격으로 나타났다(6, 10, 14, 18, 22, 26, 30 cm). 대부분은 18 cm의 꼬리를, 1/64은 6 cm의 꼬리를, 그리고 1/64은 30 cm의 꼬리를 가지고 있었다.
(a) 꼬리길이는 어떠한 유전 양식에 의해 결정되는지, 관련하는 유전자 쌍은 몇 개인지, 그리고 하비, 엘마, 18 cm의 꼬리를 가진 자손의 유전자형은 무엇인지에 대해 답을 제시하시오.
(b) 18 cm의 F_1 돼지와 F_2에서 나온 6 cm의 돼지를 교배하여 많은 자손이 나왔다면, 어떤 표현형 비율이 예상되는가?

8. 다음 표에서 일란성 쌍생아(함께 혹은 따로 양육된), 이란성 쌍생아, 그리고 쌍생아가 아닌 형제자매의 키, 몸무게, 그리고 지문의 능선 수(fingerprint ridge count)의 평균값을 나타내었다.

형질	함께 양육된 일란성 쌍생아	따로 양육된 일란성 쌍생아	함께 양육된 이란성 쌍생아	함께 양육된 형제 자매
키 (cm)	1.7	1.8	4.4	4.5
몸무게 (kg)	1.9	4.5	4.5	4.7
지문의 능선수	0.7	0.6	2.4	2.7

표의 데이터에 근거해서, 이들 중 가장 높은 유전력을 가지는 양적 형질은 무엇인가?

9. 인간 쌍생아 연구에서 어떤 종류의 유전력 추정치(광의의 유전력 또는 협의의 유전력)를 얻을 수 있는가?

10. 다유전자성 유전을 따르는 인간의 많은 형질을 나열하시오.

11. 옥수수의 크기를 측정하여 10 cm 간격의 크기 분포로 다음 표에 기록하였다.

키 (cm)	개체 (수)
100	20
110	60
120	90
130	130
140	180
150	120
160	70
170	50
180	40

(a) 크기의 평균, (b) 분산, (c) 표준편차, (d) 평균의 표준오차를 계산하시오. 식물 크기에 대한 분포 그래프를 그려보시오. 이 값은 정상분포를 보여주는가? 계산에 근거하여, 당신은 이 집단 내에서 분산을 어떻게 평가하는가?

12. 다음은 돼지에서 두 개의 형질에 대한 분산값이다.

형질	V_P	V_G	V_A
등 지방	30.6	12.2	8.44
몸 길이	52.4	26.4	11.70

(a) 이 무리의 각각의 형질에 대한 광의의 유전력(H^2)과 협의의 유전력(h^2)을 계산하시오.
(b) 이 두 형질 중 어떤 것이 육종가들의 선택에서 더 많이 반영되는가? 왜 이런 현상이 일어나는가?

13. 두 동계 품종(P_1과 P_2)과 그들의 자손(F_1과 F_2) 식물의 크기에 대한 평균과 분산을 보여준다.

계통	평균 (cm)	분산
P1	34.2	4.2
P2	55.3	3.8
F1	44.2	5.6
F2	46.3	10.3

이 품종의 식물 크기에 대한 광의의 유전력(H^2)을 계산하시오.

14. 가상적 연구를 통해 여러 닭 집단에서 계란의 비타민 A 함량과 콜레스테롤 함량을 조사하였다. 다음 표에서 분산(V)을 계산하였다.

분산	형질 비타민 A	콜레스테롤
V_P	123.5	862.0
V_E	96.2	484.6
V_A	12.0	192.1
V_D	15.3	185.3

(a) 두 형질에 대한 협의의 유전력(h^2)을 계산하시오.
(b) 둘 중 어떤 형질이 선택에 대해 반응 가능성이 있을까?

15. 젖소 무리에서 우유의 단백질 함량에 대한 협의의 유전력은 0.76, 우유의 지방함량에 대한 협의의 유전력은 0.82이다. 우유 단백질 함량과 우유지방 함량 사이의 상관계수는 0.91이다. 만약에 농부가 우유에서 지방함량이 더 많은 우유를 생산하는 소를 선택한다면, 다음 세대에서 우유의 단백질 함량에 나타날 효과는 무엇인가?

16. 초파리의 학습 연구에서, 특정한 후각신호를 피하도록 초파리를 훈련하였다. 학습을 위해서 한 집단은 평균적으로 8.5회의 시도 실험이 필요했다. 부모 집단 중 가장 빠르게 훈련된 집단(평균 = 6.0)을 서로 교배하여 자손을 조사하였다. 이 파리들은 7.5의 훈련값을 보여주었다. 초파리의 후각 학습에서 실현유전력을 계산하시오.

17. 냄새의 감지를 통해 특정한 물질을 피하는 것을 신속하게 배우는 초파리 집단을 개발해야 하는 경우를 가정해 보자. 16번 문제에서 얻을 수 있는 유전력 추정치를 근거로 할 때, 당신은 인위선택을 할 가치가 있다고 생각하는가? 그 이유는 무엇인가?

18. 토마토 집단에서 과일 무게의 평균은 60 g이고 h^2은 0.3이다. 원래 집단에서 토마토의 과일 무게 평균이 80 g인 개체들을 선별하여 상호교배하였을 때, 자손의 평균 무게를 예측하시오.

19. 동계 교배를 통해 유전적으로 동일한 쌀 개체군(100개)에서, 곡물 수확량에 대한 분산은 4.67이다. 수확량에 대한 유전력은 무엇인가? 당신은 이 쌀 품종의 인위선택으로 수확량이 향상될 것이라고 육종가에게 권할 것인가?

20. 경제적 또는 의료적 중요성을 가진 많은 형질은 QTLs에 의해 결정된다. QTLs의 많은 유전자들은 일반적으로 유전체 전체에 흩어져서 표현력에 기여한다.
(a) QTL을 규명하는 데 사용되는 일반적인 절차는 무엇인가?
(b) QTL 지도작성의 맥락에서 공분산이란 용어의 의미는 무엇인가? QTL 지도작성에서 *RFLPs*, *SNPs*, 그리고 미세부수체와 같은 분자표지는 왜 사용되는가?

응용 문제

21. 3인치 식물을 15인치 식물과 교배하여 F_1 식물이 9인치로 나타났다. F_2 식물에서 3, 4, 5, 6, 7, 8, 9, 10, 11, 12, 13, 14 그리고 15인치의 '정규분포'를 보여준다.
(a) 어떤 비율이 F_2의 '정규분포'를 구성할 것인가?
(b) F_1 식물과 비가산적 대립유전자의 동형접합성 식물을 검정교배할 경우, 어떤 결과가 나올 것인가?

22. 큰 기니피그 품종과 작은 기니피그 품종 간 교배 후 F_1은 부모 품종 간 중간 정도의 평균크기로 일정한 표현형을 나타냈다. 1,014마리의 F_2 가운데 3마리는 작은 부모 품종과 같은 크기로 5마리는 큰 부모 품종과 같은 크기로 나타났다. 이들 기니피그 품종의 크기에 대한 유전력은 얼마나 많은 유전자 쌍이 관련되어 있는가?

23. A1B형 단지증(Type A1B brachydactyly; 짧은 중간지골)은 인간의 5번 염색체 짧은 팔에 위치하는 유전자로 인해 결정된다. 개체별로 단지증을 가지거나 또는 가지고 있지 않은 것으로 분류한다면, 형질은 하나의 좌위에서 불완전 우성의 유전 양식을 따를 것이다. 그러나 단지증 환자의 손가락과 발가락을 분석한 조사에서 약간 짧은 것부터 매우 짧은 것까지 다양한 범주의 발현도를 볼 수 있었다. 단지증의 발현에 이러한 변이가 나타나는 이유는 무엇인가?

24. 두 개의 순종 복숭아 품종간 교배 후, F_1 세대는 30 g의 복숭아를 생산했다. F_2의 과일 무게는 38~22g으로 2 g의 간격이 나타났다.
(a) 이러한 자료를 사용하여, 복숭아 질량의 유전력에 연관되어 있는 다유전자성 좌위의 수를 결정하시오.
(b) 당신이 선택한 유전자 상징을 사용하여 부모와 F_1의 유전자형을 제시하시오.

25. 유전학 실험에서 초파리의 두 계통에서 내열성을 증가시키는 실험을 시작하였다. 실험은 야생에서 6주된 한 계통의 초파리와 대학교 연구실에서 얻은 또 다른 계통의 초파리를 대상으로 하였다. 어떤 계통이 내열성 선택에 더 빠르고 민감한 반응을 보일 것으로 기대되는가?

26. *AABBCC*를 가지는 순종 식물과 *aabbcc*를 가지는 다른 순종의 교배결과 자손이 *AaBbCc*로 나타날 것으로 사료된다. F_1세대끼리 교배하여 독립유전이 작동할 경우, 각 표현형 종의 자손에게 예상되는 비율은 $N!/M!(N-M)!$에 의해 계산된다. 여기서 N은 대립유전자의 총수(이 문제에서는 6개)이고 M은 대문자 대립유전자의 수이다. *AaBbCc* × *AaBbCc*의 교배 결과, 두 개의 대문자 대립유전자를 포함할 것으로 예상되는 자손의 비율은?

27. 고관절 둔부 이형성증(Canine hip dysplasia)의 영향을 감소시키기 위한 약 40년간의 노력에도 불구하고, 이 양적형질은 대부분의 큰 개 품종에게 영향을 준다. 육종가와 수의사는 발생률을 감소시키는 육종 방식을 개발하기 위해 X선 사진기록 및 일반적인 생활사기록(출생, 교배, 사망 등)에 의존한다. 논문(Wood and Lakhani. 2003. *Vet. Rec.* 152: 69–72)에서 래브라도 리트리버와 고든 세터의 둔부 이형성증에 '태어난 달' 효과가 있음을 보여준다. 이 질환의 발현 빈도와 정도는 개가 태어난 시기에 따라 달라질 수 있다. 육종가들은 이 질환이 나타나지 않도록 어떤 시도를 할 것이며, 태어난 달 현상이 다유전성 형질의 발현에 대해서 무엇을 알려주는지를 예측

하시오.

28. 식물의 꽃 형질이 만일 유전적으로 결정될 경우, 꽃 형질에서 약간의 변화는 빠르게 생식적 제한을 가져와 진화에 영향을 주므로 다양성이 중요한 역할을 하게 된다. 꽃 형성과 유전적 요소와의 관련성은 실현 유전력을 나타내는 선택 실험을 통해 알 수 있다. Lendvai와 Levin(2003)은 플록스 드루몬디(*Phlox drummondii*) 꽃의 크기(지름)에 대한 일련의 인위선택 실험을 실시했다. 그들의 선택실험 자료는 수정된 형식과 내용으로 다음 표에 제시되어 있다.

연도	처리	평균 (mm)
1997	대조군	30.04
	선택된 부모	34.13
	자손	32.21
1998	대조군	28.11
	선택된 부모	31.98
	자손	31.90
1999	대조군	29.68
	선택된 부모	31.81
	자손	33.74

(a) 대조군 값의 차이가 해마다 온실조건의 차이를 나타낼 때 3년 동안의 선택반응에 대한 평균을 계산하시오(mm로 답하시오).
(b) 매년 실현 유전력과 전반적인 실현 유전력을 계산하시오.
(c) 플록스의 실현 유전력이 상대적으로 높다고 가정할 때, 어떤 요소가 높은 반응을 설명하는가?
(d) 진화 가능성의 관점에서 높은 실현 유전력을 가진 집단이 낮은 실현 유전력을 가지는 집단보다 선호되는가?

29. 1988년, Horst Wilkens는 실명된 동굴어(cavefish)와 호수에서 발견된 이들의 형제 종으로 정상시각을 가진 개체들을 비교하였다 [Wilkens, H.(1988). *Ecol. Biol.* 23: 271–367]. 우리는 그들을 동굴어와 호수어라고 부를 것이다. Wilkens는 동굴어 눈이 호수어 눈에 비해 7배 작다는 것을 발견하였다. F_1 잡종은 중간 크기의 눈을 갖는다. $F_1 \times F_1$ 교배와 검정교배($F_1 \times$ 동굴어 그리고 $F_1 \times$ 호수어류)의 결과는 아래에 나타나 있다. Wilkens의 결과를 검토하고 다음 질문에 답하시오:

(a) 초기 교배에서, F_1과 F_2의 결과를 바탕으로 눈 크기의 유전 양식에 대해 가능한 설명은 무엇인가?
(b) 동굴어와 F_1의 검정교배 결과는 당신의 설명을 지지하는가? 설명하시오.
(c) 호수어와 F_1의 검정교배 결과는 당신의 설명을 지지하는가? 설명하시오.
(d) Wilkens는 약 1,000마리의 F_2 자손을 조사하고 6~7개의 유전자가 눈의 크기를 결정하는데 관여하는 것으로 추정하였다. 표본의 크기는 이 결론을 정당화하기에 적절한가? 가설을 테스트하기 위한 실험 방법을 제안하시오.
(e) 동굴어와 호수어에서 배아 눈을 비교해보면 모두 지름이 약 4 mm에 접근하는 것으로 나타났다. 그러나 동굴어 눈의 크기가 급격히 감소하는 동안, 호수어 눈은 계속 자라고 있었다. 이 문제에 관여하는 유전자의 역할을 추측하시오.

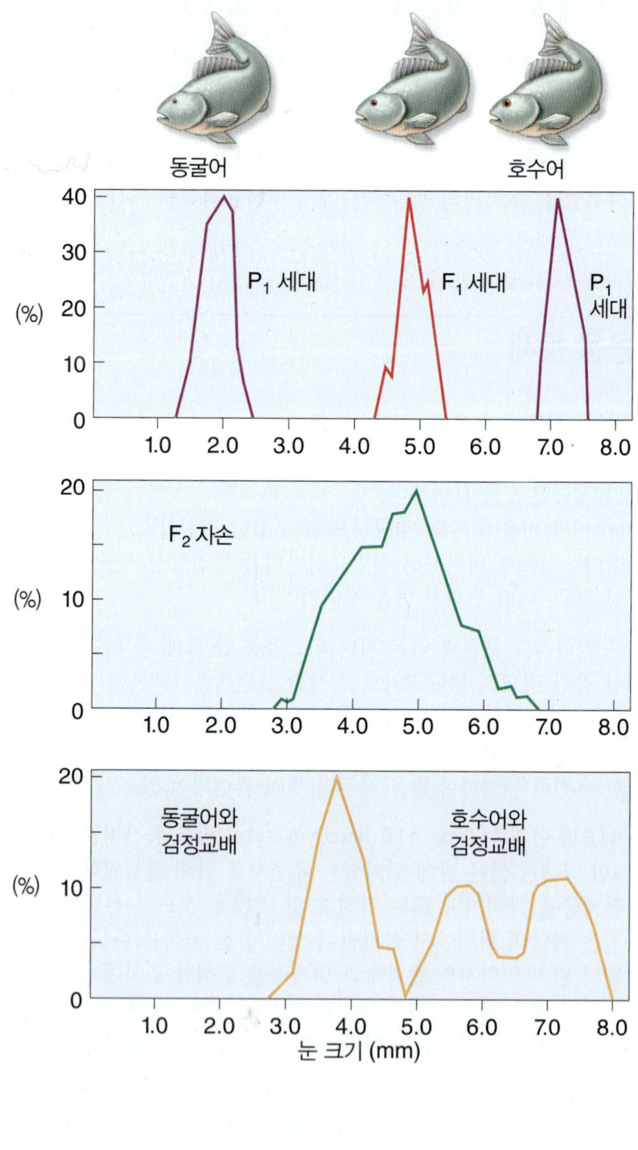

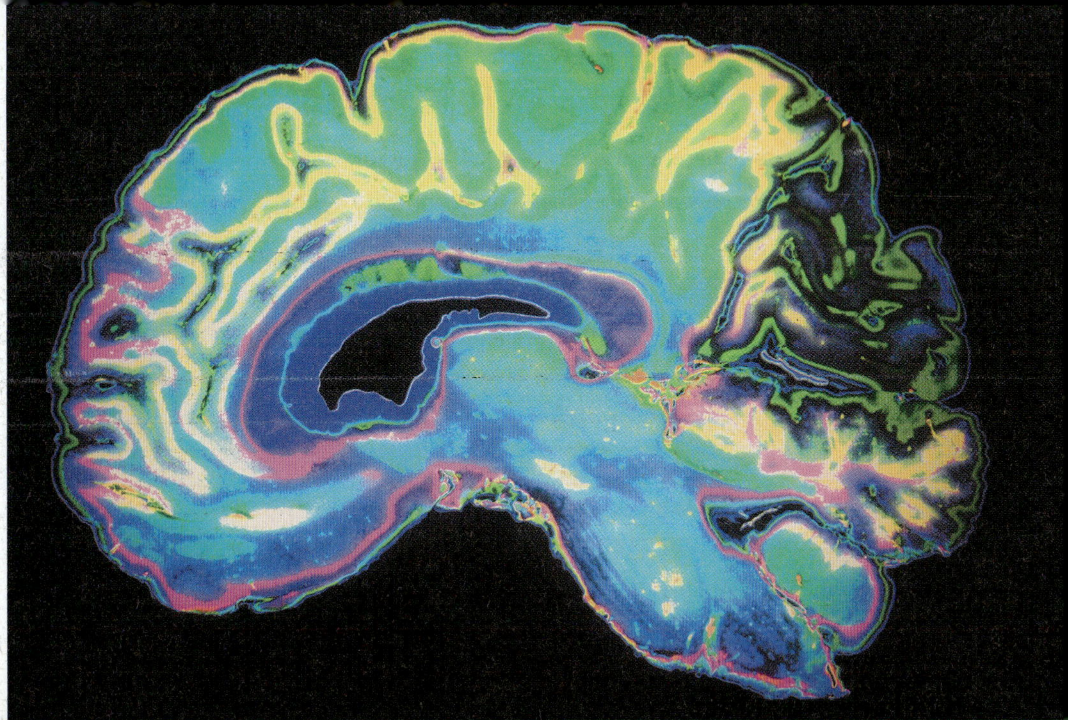

색채 처리된 사람 뇌의 가로 단면. 뇌는 평균적으로 약 860억 개의 뉴런을 함유하고 있으며, 각각의 뉴런은 시냅스에 의해 다른 많은 뉴런과 연결된다.

24 신경유전학

핵심 개념

- 행동은 유전자 또는 환경 자극에 대한 복합적인 반응이다.
- 종-특이적인 행동의 관찰과 인위선택 연구를 포함한 일련의 증거들이 행동에 있어서 유전의 역할을 증명했다. 가계, 쌍둥이, 입양 등의 연구를 통해, 인간의 많은 행동이 유전적인 근거를 가지고 있음을 알게 되었다.
- 인체 및 생물체의 행동에 관한 유전적 및 분자적인 연구는 신경계의 구성요소, 특히 시냅스를 포함한 신경계의 발생, 구조, 기능의 형성에 있어 유전자와 환경의 역할을 이해하는 데 집중되고 있다.
- 행동 연구에서 인간의 행동 장애에 관한 신경의 기능 및 기전 연구를 위해 모델생물인 초파리와 생쥐에서 유전자 및 유전체적인 접근 방법이 성공적으로 활용되고 있다.
- 인간의 많은 행동 장애는 자극에 대한 복합적인 반응이다. 이러한 반응들은 유전자, 환경인자, 유전자와 환경의 상호작용 등에 의해 발생한다. 최근에 새롭게 개발된 유전적인 기술들은 인간의 행동에서 유전자의 역할을 연구하는 데 이용되고 있다.

행동(**behavior**)은 일반적으로 내부 또는 외부 자극에 대한 반응으로 정의되며, 또한 환경에 대한 생명체의 반응으로 표현할 수 있다. 포식자 앞에서 동물이 도망가거나, 멈추거나 또는 공격을 하는 행위, 조류가 내부 또는 외부의 신호 조합에 반응하여 복잡하고 독특한 둥지를 짓는 행위, 식물이 빛을 향하여 구부러지는 행위, 사람의 지성 혹은 감정이 문화에 따라 여러 방식으로 나타내는 행위 등이 행동의 예라 할 수 있다.

Francis Galton은 19세기에 최초로 행동과 유전에 대한 체계적인 연구를 진행하였다. 초기 연구에서, 그는 지성과 관련된 유전의 패턴을 찾기 위해서 그의 가계(그는 Charles Darwin의 사촌이다)를 조사하였다. 1900년대 초에, 행동에 영향을 미치는 유전의 명확한 사례가 발견되었지만, 그 시기에 행동은 주로 정신학자들의 관심거리였으며, 행동을 선천적이거나 후천적 둘 중 하나로만 분류하였다. 선천적 행동은 태어날 때부터 보여주는 행위(예: 반사)이며, 후천적 행동은 경험을 통해 배우는 행위이다. 이 시기에 정신학자들은, 후천적 행동은 유전적인 영향을 제외한 채 환경적인 인자에 의해서만 만들어진다고 생각하였다. 행동에 관하여 유전적인 접근과 환경적인 접근의 차이는 행동이 선천적인 것인가 후천적인 것인가 하는 논란의 시작점이었다. 이러한 지나치게 단순하고 (잘못된) 이분법적인 사고로 인해서, 행동은 유전적이거나 환경적인 요인의 둘 중 하나에 의해서만 조절된다고 생각되었다.

이러한 논란은 행동의 본성을 왜곡된 관점으로 표현하였다.

결국, 모든 행동은 개인의 유전자형의 발현에 의존하며, 유전자형의 발현은 환경의 계층적 체계 내에서 발생한다(다시 말하면, 유전자의 발현은 세포, 조직, 기관, 생명체, 개체와 주변 환경의 상호작용에 의해 좌우된다). 유전자와 환경의 상호작용 없이는 어떠한 행동도 할 수 없다. 그럼에도 불구하고, 선천적인 것과 후천적인 것의 논란은 행동 패턴이 유전인자와 환경인자의 상호작용에 의한 결과라는 것이 명확해진 1950년대까지 계속되었다. 최근의 일반적인 관점에서, 대부분의 행동은 유전자 산물과 환경적 영향 간의 상호작용뿐만 아니라 많은 유전자가 관련한 복합적인 특성이다. 이러한 관점에서 유전자형은 행동을 실행하기 위해 필요한 생물학적인 기초 또는 지적 능력을 제공하며, 더 나아가 환경적 영향의 한계를 결정한다.

행동의 정의는 어떤 자극에 대한 결과로서 세포 또는 생물체와 환경 간의 관계에서 관찰할 수 있는 변화를 의미하며, 이러한 표현형은 유전학자들이 행동의 생물학적 근거를 연구하기 위한 시작점으로 사용된다. 일부 행동이 유전적인 요인에 의한 것이라는 증거는 여러 곳에서 찾아볼 수 있다. 구애 의식과 같은 종-특이적 행동과 인위선택을 통해 개체군 내 다양한 개체 변이로 부터 행동에 관한 유전적 차이를 지닌 계열을 생성하는 것은 대표적 예라 할 수 있다. 인간에서는 쌍둥이 연구가 행동 반응에 있어서 유전형질의 역할에 관한 증거를 제공한다.

신경계는 환경을 감지하고, 정보를 처리하며, 인지적 반응인 행동을 시작하기 때문에, 유전학에서 행동에 관한 많은 연구가 신경계의 구성요소와 신경계의 발생, 구조 및 기능에 집중되고 있다. 이 장에서는, 행동의 유전성을 연구하는 여러 가지 방법과 모델생물체의 사용 및 다양한 연구를 통해 알게된 인간 행동의 유전학적, 분자적인 근거에 관하여 학습할 예정이다. 일부 주제는 이 장에서 논의할 것이며, 다른 장에서 심도 있는 논의를 할 것임을 기억하길 바란다(현대 유전학 특강 1장—후성유전학 참조)

24.1 중추신경계는 감각 자극을 수용하고 행동 반응을 발생시킨다

행동은 환경 자극에 대한 선천적이거나 후천적인 반응이다. 이러한 자극은 신경계에 의해 수용되고 처리된다. 신경계는 행동이라는 형태의 반응을 발생시키고, 행동 및 여러 경험을 기억으로 저장한다. 이러한 이유로, 신경계는 행동유전학의 주요 관심 대상이다. 인간과 척추동물에서, 뇌와 척수(그림 24-1)가 중추신경계(CNS)를 이루며, 말초신경계는 중추신경계로부터 뻗어나가는 신경을 일컫는다.

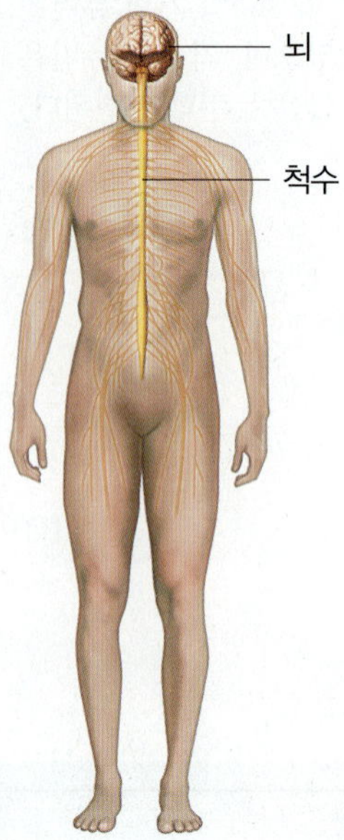

그림 24-1. 중추신경계는 뇌와 척수로 구성되어 있다.

중추신경계에서 세포의 구성

세포 수준에서 중추신경계는 뉴런(그림 24-2)을 포함한 여러 세포로 이루어져 있다. 뉴런의 핵은 세포체(cell body)에 위치하며, 신호의 전달과 수용을 담당하는 두 종류의 세포돌기(cytoplasmic extensions)가 존재한다. 전기 자극의 형태로 전달되는 신호는 세포의 한 쪽 끝에 위치한 수상돌기(dendrite)로 불리는 세포돌기를 통해 수용된다. 이 전기자극은 세포의 다른 한 쪽 끝인 축삭돌기(axon)까지 전달된다. 신호는 축삭돌기를 통해 인접한 뉴런으로 전달된다. 이 과정 동안, 전기 자극은 뉴런의 원형질막을 통과하는 Na^+와 K^+ 이온의 이동을 통해 전파된다(그림 24-2). 전하를 띠는 이온의 이동은 막을 탈분극시키며, 이것은 막 전위의 변화를 측정함으로써 관찰할 수 있다.

비록, 사람의 신경계는 수십억 개의 뉴런으로 구성되어 있지만, 그들은 개별적으로 작동하지 않으며, 대신에 작용그룹으로 통합되어 엄격하게 조절된다. 뉴런간 시냅스의 연결 형태는 각 작용그룹의 용량을 결정하는 회로를 형성한다(그림 24-3). 발산형 회로[diverging circuit, 그림 24-3(a)]에서는 하나의 뉴런으로부터 신호를 받고, 다른 많은 뉴런으로 이 신호를 전달한다. 이러한 현상은 외부 신호를 감각 신경으로부터 수용하고 뇌의 많은 다른 부위로 전달할 때 전형적으로 일어난다. 수렴형 회로[converging circuit, 그림 24-3(b)]에서는, 수많은 뉴런이 하나의 뉴런으로 신호를 전달한다. 이것은 여러 자극인자로부터 신호를 수렴하여 하나의 반응을 발생시킨다.

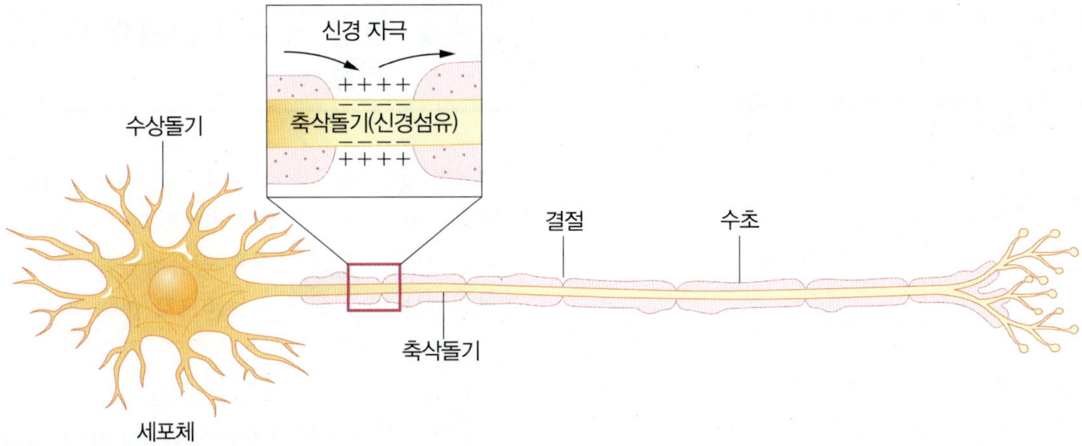

그림 24-2. 신경세포(뉴런)는 세포체로 신호를 전달하는 수상돌기와 세포체로부터 신호가 전달되는 축삭돌기를 하나 또는 그 이상 가지고 있다. 축삭돌기는 사이사이에 존재하는 결절을 제외하고는 수초(sheath of myelin)로 둘러싸여 있다. 신경 자극의 전도는 결절과 결절 사이를 도약하여 전도되어 가속화된다. 뉴런의 원형질막의 양쪽 편에 전극을 위치하면 막을 통하는 막 전위를 측정할 수 있다. 뉴런이 휴지기 상태일 때, 세포 바깥쪽에는 상대적으로 많은 나트륨이온이 존재하며, 세포 안쪽에는 상대적으로 많은 칼륨이온이 존재한다. 신경 자극이 발생하면 나트륨이온이 세포 안쪽으로 이동하고, 칼륨이온이 세포 바깥쪽으로 이동하여 막 전위가 변경된다. 자극이 전도되면, 나트륨-칼륨이온이 반대방향으로 펌프를 통해 이동하여 원래의 막 전위로 회복된다.

시냅스는 뉴런 간 정보를 전달한다

정보는 신경계를 구성하는 뉴런과 서로 다른 뉴런 간에 기능적으로 연결된 접합부를 따라 연속적으로 이동한다. **시냅스(synapse)**는 한 뉴런의 축삭돌기와 다른 뉴런의 수상돌기와의 접합부이다(그림 24-4). 시냅스에서 두 뉴런 사이의 공간을 **시냅스 간극(synapse cleft)**이라 부르며, 대략 30~50 nm의 액체가 차 있는 공간이다. 시냅스로 신호를 전달하는 뉴런을 시냅스전 뉴런(presynaptic neuron)이라 부르며, 시냅스로부터 신호를 전달받는 뉴런을 시냅스후 뉴런(postsynaptic neuron)이라 부른다(그림 24-4).

축삭돌기의 끝에는 소낭을 함유하고 있으며, 각각의 소낭은 신경전달물질(neurotransmitter)로 차 있다. 신경 자극이 축삭돌기의 끝에 전달되면, 시냅스 간극으로 신경전달물질의 분비를 촉진시킨다. 이 화학 신호가 간극을 통해 확산하게 되면, 스냅스후 뉴런의 막에 위치하는 수용체와 결합하게 된다. 신경전달물질과의 결합은 수용체의 형태를 변화시키며, 이후 시냅스후 뉴런에 신경 자극을 발생시킨다. 다시 말하면, 신경 자극이 축삭돌기에 전기 신호로 전도되면, 화학적 신호의 분비, 확산, 결합을 통해 다른 한 쪽의 시냅스의 수상돌기에 새로운 전기신호를 발생시킨다.

신경전달물질이 수용체에 결합한 채로 존재하는 한, 시냅스후 뉴런에 계속적으로 전기 자극이 발생된다. 일반적으로 신경전달물질의 효과는 수 밀리세컨드(millisecond) 이내에 끝난다. 이러한 현상은 신경전달물질이 재흡수되거나 효소에 의해 분해되거나, 시냅스의 바깥쪽으로 확산이 되어 일어난다(그림 24-4). 여러 화학물질이 신경전달물질로서 작용할 수 있으며(표 24.1), 각각은 특정 수용체와 결합한다.

표 24.1 중추신경계의 신경전달물질

중추신경계의 신경전달물질
아세틸콜린(Ach) 아민류
노르에피네프린
도파민
세로토닌
아미노산류
감마아미노부틸릭산(GABA)
글루탐산
글리신
펩타이드류
엔돌핀
타키키닌
소마토스타틴
콜레시스토키닌
가스 및 지질류
산화질소(NO)
일산화탄소(CO)
엔도카나비노이드

(a) **발산형 신경 회로(diverging neural circuit):**
- 하나의 입력, 많은 출력
- 증폭형 회로
- **예:** 뇌에 존재하는 하나의 뉴런은 100개 또는 그 이상의 운동 뉴런을 활성화시킬 수 있다.

(b) **수렴형 신경 회로(converging neural circuit)**
- 많은 입력, 하나의 출력
- 집중형 회로
- **예:** 다른 여러 개의 감각 자극은 모두 같은 기억을 유도할 수 있다.

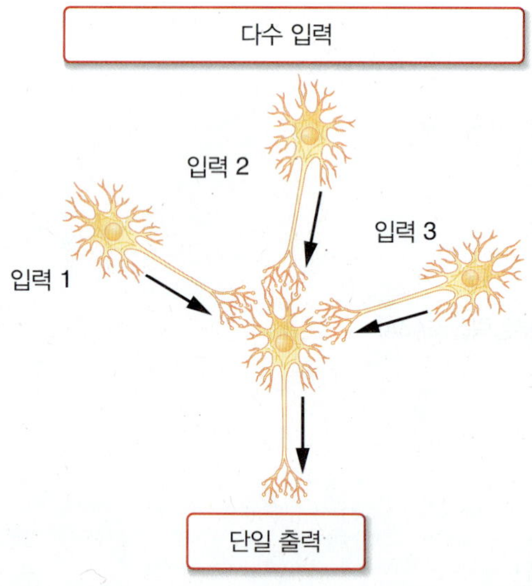

그림 24-3. 뇌에 존재하는 두 주요한 신경회로의 형태. (a) 발산형 회로는 하나의 자극을 전달받아 여러 운동 뉴런으로 신호를 분배한다. (b) 수렴형 회로는 여러 가지 신호를 전달받아 하나의 출력 신호를 발생시킨다.

24.2 신경 자극의 전달과 관련된 유전자의 동정

신경계는 동물의 오래된 특징이며, 뉴런의 구조와 기능은 진화의 수백 년 동안 고도로 보존되어 있다. 그 결과, 초파리와 사람은 8억 년 전에 공통의 조상을 공유하였음에도 불구하고, 신경계의 구조와 기능의 진화적인 보존으로 인해 초파리는 유전체학 기술을 통해 신경계와 행동의 분자유전학적 연구에 이상적인 모델로 사용되었다. 초파리를 대상으로 한 광범위하고 복잡한 유전학 연구 의 재료로 표지 염색체(marker chromosomes), 염색체 부위가 복제되거나 삭제된 변종, 비정상적인 행동의 특성을 보여주는 돌연변이종 등이 포함된다. 이러한 유전학 연구 재료와 유전체 서열로부터 얻은 정보를 통해 초파리에서 행동과 관련된 유전자를 분리하거나 동정할 수 있었다. 결국, 초파리에서 찾은 유전자는 유사한 인간 유전자를 찾기 위해 인간 유전체를 탐색하는 도구로 사용할 수 있다.

적절한 예로서, Barry Ganetzky와 동료들은 신경 자극의 생성과 전달에서 전기생리학적인 비정상 변이를 동정하고자 초파리의 행동 돌연변이를 선별하였다. 이러한 돌연변이는 크게 두 부류로 구분되었다. 하나는 나트륨이온의 수송에 결함이 있었으며, 다른 하나는 칼륨이온의 수송에 결함이 있었다(표 24.2). 선별 과정을 통해 동정된 한 변이는 마비유전자(paralytic gene)의 온도 민감성 대립유전자이다. 이 변이 대립유전자의 동형접합체인 초파리는 29°C 이상의 온도에 노출되었을 때 마비가 되지만, 25°C 이하의 온도에 노출되면 빠르게 회복된다. 전기생리학적인 연구에서 변이 초파리는 신경 자극의 전도와 관련된 나트륨이온의 수송에 결함이 있다는 것이 발견되었다.

이후, Ganetzky와 동료들은 마비유전자의 위치를 찾아내어 분리하여 클로닝하였다. 이 유전자는 초파리에서 사람에 이르기까지 많은 종류의 생물체에서 신경세포의 막에서 나트륨이온의 수송을 조절하는 나트륨채널 단백질을 암호화한다. 사람에서 마비유전자(*para* gene)는 *SCN1A*라 부르며, 사람의 나트륨채널 유전자의 일부를 암호화한다. *SCN1A* 유전자의 돌연변이는 열성 간질성 발작과 전신성 간질을 일으킨다. 연구팀은 또 다른 변이 대립유전자인 Shaker(40년 전 행동 돌연변이체로 처음 동정)가 칼륨채널 단백질을 암호화한다는 것을 발견하였다. 이 유전자 또한 클로닝하여 특징을 연구하였다. 신경 자극의 전도 기전은 동물이 진화하는 동안 고도로 보존되었기 때문에, 동정된 초파리의 유전자를 탐침으로 이용하여 이에 해당하는 사람 칼륨채널 유전자인 *KCN1A*를 12번 염색체에서 찾을 수 있다. *KCN1A* 유전자의 변이는 1형 발작성 운동실조증(episodic ataxia Type

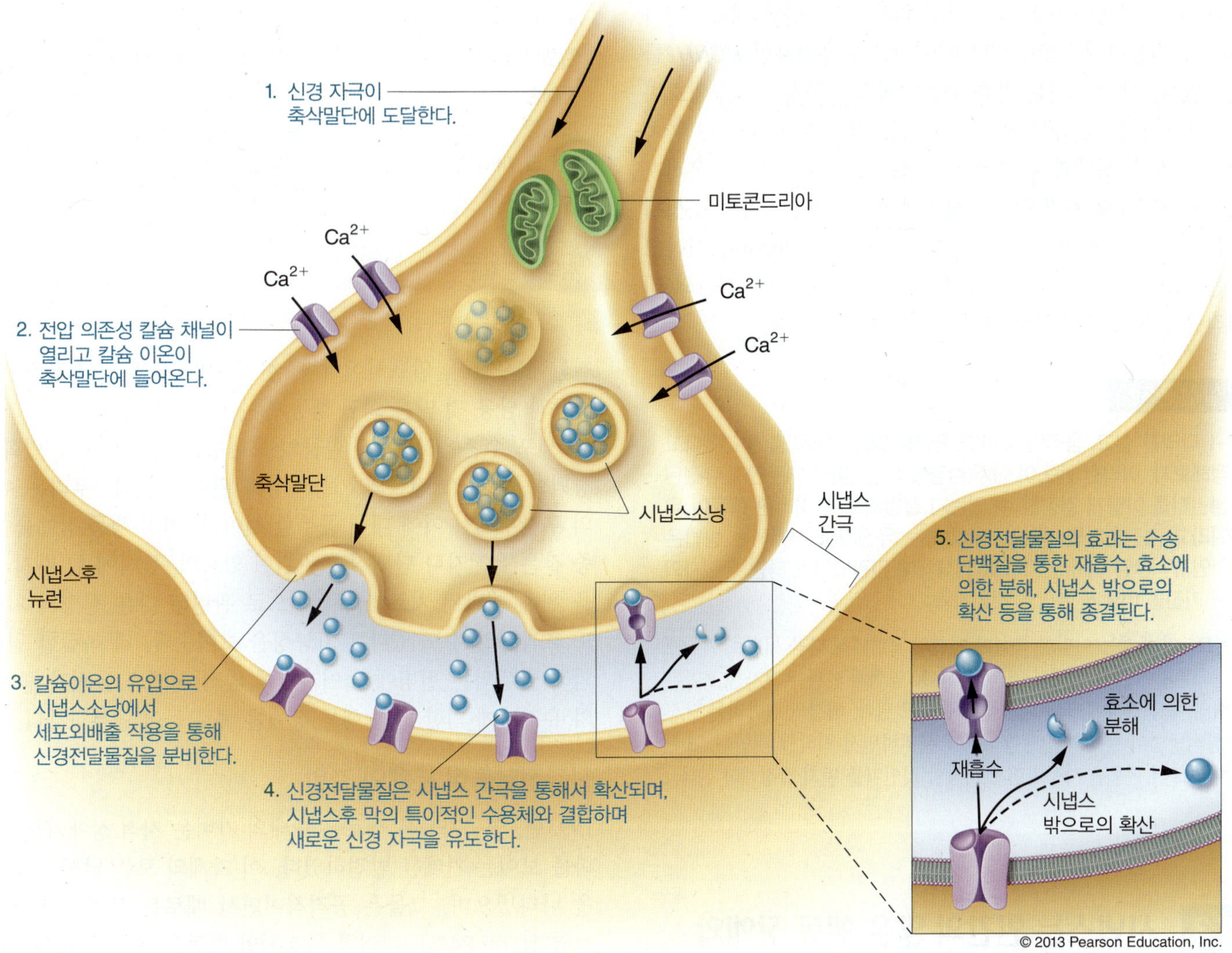

그림 24-4. 시냅스를 통과하는 신경 자극의 전달 과정.

표 24.2 신경 자극 전달에 영향을 주는 초파리의 행동 변이

변이	좌위	관련 이온 채널	표현형
nap^{ts}	2-56.2	나트륨	37.5도에서 성체 및 유충 마비, 25도 회복
para^{ts}	1-53.9	나트륨	29도에서 성체 마비, 37도에서 유충 마비, 25도 회복
Tip-E	3-13.5	나트륨	39~40도에서 성체 및 유충 마비, 25도 회복
sei^{ts}	2-10.6	나트륨	38도에서 성체 마비, 유충 영향 없음; 25도에서 성체 회복
Sh	1-57.7	칼륨	에테르에 노출된 성체의 비정상적인 다리 떨림
eag	1-50.0	칼륨	에테르에 노출된 성체의 비정상적인 다리 떨림
Hk	1-30.0	칼륨	에테르에 의해 유도된 다리 떨림
sio	3-85.0	칼륨	22도에서 성체의 약한 비행, 38도에서 성체는 약한 비협조성 운동

1)을 유발하며, 불수의근의 떨림과 자세의 변화를 나타낸다.

Ganetzky의 연구팀은 초파리의 다른 행동 변이 대립유전자인 *eag*를 이용하여, 이에 해당하는 사람의 유전자인 *KCNH2*를 동정하였다. 이 유전자는 칼륨채널 단백질의 구성요소를 암호화한다. 사람에서 *KCNH2* 유전자의 기능 결손 변이는 잠재적 치사성의 심장 부정맥과 관련된 유전병을 발생시킨다. 이 유전자의 규명으로 인해 치명적인 질병의 위험성이 있는 가족 구성원을 선별할 수 있게 되었다. 이온통로병증(channelopathy)이라고 불리는 이온채널 유전자의 돌연변이는 사람에서 신경 자극의 전도기작을 분자적 수준에서 연구하는 데에 사용된다.

실전문제

24-1 다리를 절고, 움직일 때마다 균형을 잃는 초파리를 발견했다고 가정해보자. 이러한 행동이 상처(환경에 의한 영향) 때문인지 유전된 특성인지를 어떻게 결정할 수 있는지 설명해보자. 이러한 행동이 유전이라고 가정한다면, 특성을 유발하는 유전자를 선별하는 방법은 무엇인가? 만약 이 유전자가 X 염색체에 연관되어 있다면 유전자의 발현 기전을 어떻게 설명할 것인가?

■ **힌트:** 이 문제는 어떠한 특성이 멘델의 교배에서 다음 세대로 어떻게 전달되는지에 대한 이해와 열성, 우성, X 염색체 연관 유전자를 포함한 교배의 예상 결과에 대한 이해를 포함하고 있다. 해결의 실마리는 당신의 분석방법이 유전자를 동정하거나 분리하면서 시작할 것인지, 표현형 마커로서 행동을 사용하면서 시작할 것인지를 먼저 결정해야 한다.

24.3 시냅스는 인간의 많은 행동 장애와 관련이 있다

시냅스의 발생, 구조, 기능 및 유지는 뇌의 정상 기능과 행동의 정상 패턴에 필수적이다. 인간 뇌의 뉴런은 평균적으로 1000개의 시냅스를 가지고 있으며, 다른 뉴런과 다수의 연결을 이루고 있어 뇌에는 총 100조 개의 시냅스가 형성되어 있다.

단백질체학(proteomics, 21장 참조)을 사용하여 연구 팀에서 시냅스와 관련된 1461개의 단백질을 분리, 동정하였다. 단백질체 데이터를 활용하여 인간 유전체를 검색한 결과 각각의 단백질은 서로 다른 유전자와 대응하였다. 이 1461개의 유전자는 인간 유전체의 20,000개의 유전자 중 약 7.5%를 구성하며, 이것은 인간 뇌에서 시냅스의 중요성과 복잡성을 잘 보여주고 있다. 시냅스 관련 유전자와 유전질환 간의 관계를 살펴본 결과, 시냅스 유전자 중 169개의 돌연변이가 260개의 유전질환과 관련되어 있으며, 많은 질환이 행동학적 문제를 가지고 있는 것으로 드러났다(표 24.3). 수백만 명의 사람들이 고통받고 있는 이러한

표 24.3 시냅스 결합과 관련된 신경 질환

알츠하이머병	헌팅턴병
엥겔만증후군	모노아민 산화효소 A 결핍증
자폐증	주요 우울 장애
조울증	펠란 맥더미드 증후군
샤르코-마리-투스병	레트 증후군
다운증후군	정신분열증
간질	결절성 경화 증후군
취약 X 증후군	

질환에는 간질, 알츠하이머병, 헌팅턴병, 자폐, 지적장애, 약물 중독과 남용 및 많은 희귀 행동 장애 등이 있다.

세포 수준에서, 이 질환들의 표현형은 뉴런의 구조 변화, 신경퇴화, 시냅스 전달의 기능이상과 관련이 있다. 우리는 이 장의 후반부에서 이에 대해 공부할 것이며, 여러 행동 장애들이 종종 같은 유전자나 단백질과 관련이 있으며, 동시에 한 가지 질병을 위해 개발된 치료가 유전적으로 관련된 다른 질병의 치료에도 효과적일 수도 있다는 가능성을 보여준다. 더 복잡한 원인에 의해 발생되는 질병에 들어가기에 앞서 시냅스 유전자 중 하나의 유전자에 의한 인간 행동 장애를 예로 들어 공부하겠다.

신경전달물질 분해의 결함

1993년, 연구자들은 새로운 형태의 가벼운 지적 장애와 행동 변화를 보이는 가계를 발견하였다. 이 가계의 모든 남성들이 증상을 나타냈으며, 그들은 공격적이면서 때로는 폭력적인 행동을 보였다(그림 24-5). 이러한 특징적인 행동은 종종 두려움, 불만, 분노에 의해 유발되며, 방화, 강간시도, 흉기로 찌르는 행동을 보였다. 가계도 분석을 통해 이러한 특성은 X 염색체와 관련이 있다는 것을 알아내었다. 이 유전자는 A형 모노아민 산화효소(monoamine oxidase type A, MAOA)를 암호화하는 유전자의 근처에 위치해 있다. 신경계에서 이 효소는 시냅스에서 여러 형태의 신경전달물질을 분해하는 역할을 한다. 신경전달물질이 시냅스후 뉴런에 신경 자극을 발생시킨 이후 시냅스로부터 제거되어야 한다. 이 질병을 가지고 있는 가계의 구성원에 존재하는 변이 MAOA 대립유전자는 비기능적인 형태의 효소를 암호화하고 있다. 시냅스에서 신경전달물질이 제거되지 못하면 행동에 영향을 주며, 이러한 특징을 보이는 사람의 소변에는 신경전달물질과 관련한 화학물질이 증가된 농도로 존재한다.

행동 문제를 보이는 어린이와 청소년의 연구에서 MAOA 유전자의 다른 대립유전자가 범죄와 비행 행동 성향과 관련되어 있다는 것이 드러났지만, 이 행동은 어떠한 환경인자에 노출된 후에만 나타난다. 범죄 및 비행 행동 성향에 있어 MAOA 대사

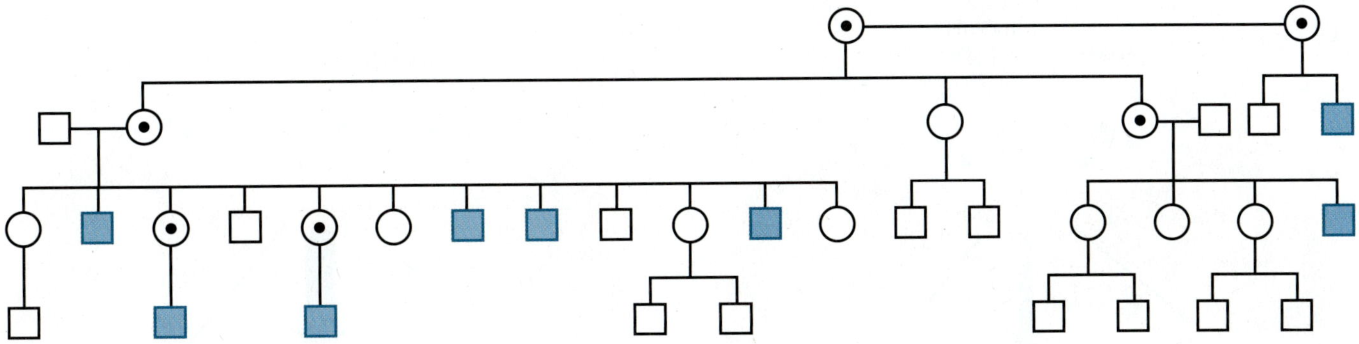

그림 24-5. *MAOA* 유전자의 돌연변이는 공격적인 행동과 같이 유전된다. 이러한 특성을 보이는 남자는 색칠된 사각형으로 표현하였다. 점이 찍힌 원의 여성은 돌연변이 대립유전자의 이형접합체 보인자이다.

의 효과가 일차적인 효과인지 부수적인 효과인지에 대하여 이견이 있지만, 협회에서는 해당 대립유전자를 가진 경우 약물 치료가 가능할 수도 있다고 제안한다.

취약 X 증후군과 시냅스

취약 X 증후군은 선천성 지적 기능 장애의 흔한 원인 중 하나이며, 남성에서는 4000명 중의 1명, 여성에서는 8000명 중의 1명꼴로 발생한다. 또한 이 질환의 약 15~30%에서 자폐증을 유발한다. 취약 X 증후군(Martinl-Bell 증후군)은 X 염색체상에서 우성의 변이 대립유전자에 의해 유발된다(취약 X 증후군의 유전 양상에 대해서 알아보려면 8장을 참조).

취약 X 증후군의 정상 대립유전자는 FMRP(Fragile-X Mental Retadation Protein)라 불리는 단백질을 암호화한다. FMRP는 번역을 억제하는 RNA 결합 단백질로, 정상 세포에서 FMRP는 많은 시냅스성 단백질의 번역을 조절한다. 시냅스성 단백질의 대부분은 시냅스 활성의 증가와 감소로 인한 반응 수준인 시냅스의 강도를 유지하는 데 필요하다.

신경전달물질인 글루탐산이 시냅스로 방출되면 기억과 학습에 관련한 수용체인 mGluR5와 결합한다. 글루탐산의 결합은 mGluR5 신호 전달 체계를 활성화시켜 시냅스 근처에서 단백질 합성을 촉진시킨다. 정상 FMRP 단백질은 두뇌발달의 중요한 시기 동안 리보솜에 결합하여 mGluR5에 의해 촉진되는 시냅스성 단백질의 번역을 감소시킨다[그림 24-6(a)].

취약 X 증후군에서 FMRP 대립유전자는 돌연변이로 비활성화되어 FMRP 단백질이 생성되지 않는다[그림 24-6(b)]. 결과적으로, mGluR5에 의해 촉진되는 단백질 합성은 조절되지 않으므로, 특정 시냅스성 단백질이 과생산되며, 뉴런의 구조나 기능의 변경을 야기시킨다. 이러한 결과로 뉴런 간의 연결이 감소하여, 지적 장애와 취약 X 증후군이라고 정의되는 여러 증상들을 유발하게 된다. 취약 X 증후군과 관련된 많은 증상들이 mGluR5 경로 조절의 장애로 발생하였으며, 취약 X 증후군과 관련된 자폐 어린이의 염기서열 분석에서 mGluR5 경로에서의 많은 변이를 동정함으로써, 자폐와 취약 X 증후군과의 관계를 정립하였다.

취약 X 증후군과 일부 자폐증에서 mGluR5 수용체가 중심 역할을 한다는 사실로 인해 mGluR5와 관련된 신경발생 질병들의 치료제 개발에 관심이 집중되고 있다. 현재 여러 mGluR5 억제제들이 취약 X 증후군의 치료를 위해 임상 시험 중이다(표 24.4). 만약 이 임상 시험이 성공한다면, 취약 X 증후군은 치료 가능한 첫 번째 신경발생 증후군이 될 것이며, 취약 X 증후군 어린이와 가족들의 부담을 덜어 줄 것이다. 만약 이 약이 취약 X 증후군 치료제로 승인을 받는다면, 동일 약물을 대상으로 취약 X 증후군과 관련된 자폐증을 위한 임상 시험도 실시될 것이라고 연구자들은 기대하고 있다.

24.4 동물 모델은 헌팅턴병과 학습 행동 연구에서 중요한 역할을 한다

인간을 대상으로 하는, 행동의 유전 연구는 대부분 다른 생물체보다 더 어렵다. 부분적으로, 이것이 지능, 언어, 인격 및 감정을 포함한 일정한 형태의 행동을 연구할 때에 두 가지 문제를 나타내기 때문이라고 한다. 첫째, 이러한 행동 특성은 객관적으로 정의하거나 정량적으로 측정하기 어렵다. 둘째, 일차적으로 하

표 24.4 취약 X 증후군 치료를 위하여 임상 시험 중인 약

제약회사	약물
Neuren Pharmaceuticals	NNZ-2266
노바티스	AFQ056
로슈	RO4917523
시사이드 쎄러퓨틱스	STX107

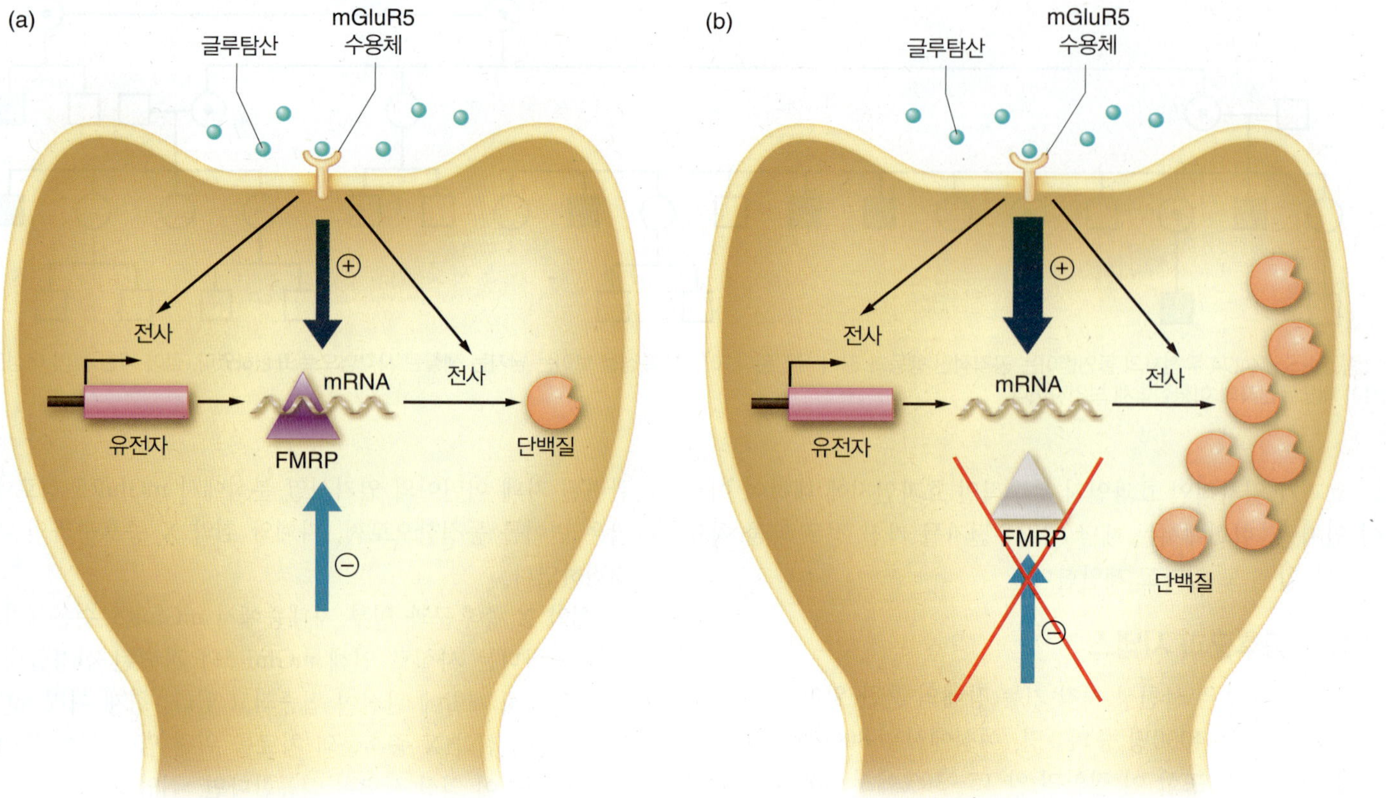

그림 24-6. 정상과 취약 X 증후군 세포에서 FMRP 단백질의 활동. (a) 정상 세포에서 신경전달물질인 글루탐산이 mGluR5와 결합하게 되면 시냅스성 단백질의 합성을 개시한다. FMRP는 mRNA와 결합하고, 이들 단백질의 과생산을 억제한다. (b) 취약 X 증후군에서 FMRP를 생산하지 못한다. 결과적으로, 글루탐산의 결합이 시냅스성 단백질의 생산을 촉진할 때, 이 과정이 적절히 조절되지 못하면 단백질은 과생산된다. 시냅스성 단백질의 축적과 활동은 취약 X 증후군과 관련된 지적 장애를 유발한다.

나의 유전자에 의해 조절되는 비정상행동일지라도 환경인자의 영향을 받으며, 정상 또는 비정상 행동으로 정의되는 범주 내에서 환경인자에 대한 개인 간의 반응 편차가 매우 크다.

인간 행동 장애의 동물 모델 사용은 여러 구성요소부터 행동의 표현형을 구분하는 기회를 제공했다. 인간에서는 어렵거나 불가능했던 방식으로 행동과 관련된 발생학적, 구조적, 기능적인 신경의 기전을 일정 시간에 개별적으로 연구하는 것을 가능하게 하였다. 게다가, 동물 모델에서의 행동 연구는 특정 형태의 행동에 대해 환경인자의 영향을 제한한 상태에서 연구를 가능하게 하였다. 인간과 생쥐의 유전자가 약 90% 정도 일치하며, 특정 행동 표현형을 보이는 많은 종류의 계통을 이용할 수 있기 때문에 생쥐는 행동 연구에 널리 사용된다. 게다가, 유전체학적인 기술로 생쥐에 사람의 유전자를 발현시키는 형질전환 동물종을 만드는 것이 가능하다. 우리는 사람의 특정 행동의 유전학적 기초를 연구하는 데 사용하는 동물 모델에서 행동 장애에 관련된 유전자의 분석 및 기억과 학습에 대해서 공부할 것이다.

헌팅턴병은 신경퇴행성 행동 장애이다

헌팅턴병(Huntington disease, HD)은 10,000명당 1명꼴로 발생하는 상염색체 우성 후발성(late-onset) 유전질환으로서, 영향받은 뇌의 세포가 사망하여 행동 변화를 일으킨다. 대부분의 경우, 임상증상은 운동 능력과 조정 능력이 점차적으로 소실되며, 30~50세에 나타난다. 뇌의 구조적 퇴행이 진행됨에 따라 인격 변화를 유발한다. 이러한 증상은 대뇌피질로부터 신호를 수용하여, 신체의 움직임 반응을 유발시키는 선조체(striatum)와 대뇌피질들의 특정 뇌 부위의 신경세포의 죽음으로 유발된다. 대부분 질병이 발병한 지 10~15년 이내에 사망하게 된다.

4번 염색체상의 *HD* 유전자는 성인 뇌에서 특정한 뉴런의 생존에 필수적인 헌팅틴(huntingtin, HTT)이라 불리는 큰 단백질(350 kDa)을 암호화하고 있다. 변이 HD 대립유전자는 1번 엑손에 CAG의 3뉴클레오타이드 반복서열이 확장되어 있다(3뉴클레오타이드 반복에 관하여 공부하려면 15장 참조). *HD* 유전자의 정상 대립유전자는 7~34회의 CAG 반복을 가지고 있으며, HTT의 아미노 말단 근처에 다수의 글루타민 사본이 삽입되어 있는 특이적인 형태를 보인다. 변이 대립유전자에서 CAG 반복의 확대는 헌팅틴 단백질에 글루타민 잔기를 추가적으로 첨가시킨다. 40회 이상의 CAG 반복의 확장으로 글루타민 잔기가 추가되어 HTT 단백질은 독성을 가지게 되고, 뇌의 특정한 부위에서 세포사를 유발하여 행동 장애를 일으킨다.

HD는 뇌의 특정한 부위에 세포사를 유발하는 구조적 변성 단백질(misfolded protein)이 점차적으로 축적되어 질환을 일으키는 여러 행동 질환 중의 하나이며, 알츠하이머병(Alzheimer disease, AD), 근위축성 축삭 경화증(amyotrophic lateral sclerosis, ALS), 파킨슨병(Parkinson disease) 등이 이에 속한다. HD나 다른 신경퇴행성 질환의 형질전환동물 모델이 개발되어 있으며, 변이 단백질의 합성, 가공, 응집 등의 분자수준에서의 기전과 단백질의 축적, 세포사 및 행동변화 등의 관계를 규명하기 위한 연구에 사용되고 있다.

헌팅턴병의 형질전환 생쥐 모델

HD의 많은 동물 모델이 헌팅턴 단백질의 정상 기능을 연구하고, 질병 발생 과정을 분석하며, 분자 수준에서 질병의 영향을 연구하는 데에 사용되고 있다. 이러한 연구의 궁극적인 목적은 질환들의 임상 증상을 중지시키거나 되돌리는 치료제나 인간 뇌세포의 퇴행이나 죽음을 지연 혹은 정지시키는 치료제의 개발이다. CAG 반복 길이와 질병 진행 간의 관계를 연구하기 위해 연구자들은 CAG 반복의 16, 48, 89개의 카피수를 가지는 인간 *HD* 유전자를 갖는 형질전환 생쥐를 만들었다. 유전자 주입을 위해 사용된 벡터에서 발현성을 높이기 위해 *HD* 유전자는 프로모터와 인핸서의 인접 부위에 위치시켰다(형질전환 생물의 공부를 위해 22장 참조). 인간의 유전자를 이식한 생쥐에서 비정상적 행동이 시작되는 나이와 경과를 알아보기 위해 출생에서 사망에 이르기까지 관찰하였다. 인간 *HD* 유전자에서 48 또는 89회의 CAG 반복 서열을 가진 생쥐는 8주차에 행동 이상을 보이기 시작하였고, 정상 생쥐와 16회의 CAG 반복 서열의 *HD* 유전자를 가진 생쥐와 비교하였을 때 운동 협조능력에도 이상을 보였다.

다양한 연령대에서 정상 생쥐와 16, 48, 89회의 CAG 반복 카피수를 지닌 변이 대립유전자를 가진 형질전환 생쥐의 뇌를 대상으로 구조적인 변화를 관찰하였다. 퇴행성 뉴런과 세포의 소실이 48과 89회 반복을 갖는 생쥐에서 발견되었으며, 정상 생쥐와 16회 반복 유전자를 갖는 생쥐의 뇌에서는 변화가 없었다(그림 24-7).

형질전환 생쥐의 행동 변화와 특정한 뇌 부위에서의 퇴행은 사람에서의 HD의 진행과 유사하다. 이 생쥐를 이용하여 연구자들은 헌팅턴병의 조기 증상의 출현 전에 발생하는 뇌의 구조 변화를 조사하였고, 세포 소실을 지연시키거나 회복시키는 실험적인 치료제들을 개발하고 있다. 헌팅턴병의 생쥐 모델에서 연구자들은 질병의 진행 중 특정한 시기에 약물을 처치하여, HD 증상의 발현 전 단계(presymptomatic stage)에 치료 효과를 평가할 수 있다.

헌팅턴병의 기전

HD 유전자는 대략 30년 전에 염색체 위치가 정해지고, 분리되어 특성이 분석되었지만, HD를 유발하는 변이 형태의 HTT 단백질(mHTT)의 작용 기전은 아직 밝혀지지 않았다. HTT는 신체의 모든 세포에서 발현하며 뇌와 고환에서 가장 많은 발현을 보인다. mHTT는 초기에 뇌의 선조체 세포에서 세포사를 유발한다. 미토콘드리아의 비정상적인 대사, HTT 파편을 함유한 핵 내 봉입체와 관련된 단백질 분해효소의 활성 증가와 같은 여러 기전들이 이러한 부위 특이적인 세포사의 패턴을 설명하기 위해 제시되었다. mHTT가 뇌의 선조체 세포에 위치한 작은 단백질인 Rhes와 결합한다는 것을 발견하면서 mHTT 단백질의 세포 특이적인 독성을 설명할 수 있게 되었다. Rhes와 결합하게 되면, mHTT는 화학적으로 변형되고 세포사를 유발하는 형태로 변형되는 것이 실험적으로 증명되었다. mHTT로 인해 세포사가 유발되는 대뇌피질의 세포와 뇌의 다른 부위에서도 소량의 Rhes가 존재한다. HD의 생쥐 모델에서 Rhes 유전자의 결손은 선조체의 손상을 감소시키고, 운동 기능의 실조를 억제한다. 이 데이터들은 mHTT와 Rhes의 상호작용이 헌팅턴병의 병리에 중요하다는 것을 보여준다.

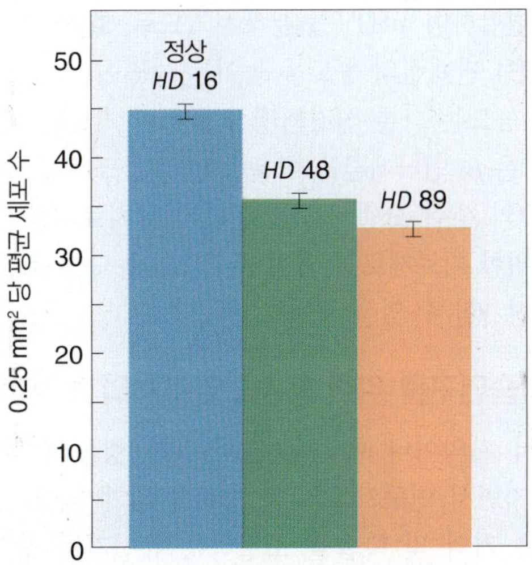

그림 24-7. HD 형질전환 생쥐에서 소실된 뉴런의 상대적인 비교. 세포 수는 정상 생쥐(왼쪽 막대)와 비교하였을 때 *HD* 48 변이(중간 막대)와 *HD* 89 변이(오른쪽 막대) 생쥐의 뇌의 선조체에서 특정 뉴런(중소형 뉴런)의 유의미한 감소가 발견된다. 이 부위에서의 세포 소실은 인간의 *HD*와 비슷하며, 이 형질전환 생쥐는 HD 질환의 병리과정을 연구하는 데 가치 있는 모델로 증명되었다.

그러나 HTT는 시냅스 기능, 전사, 세포 신호, 세포내 수송 등과 관련된 100종류 이상의 여러 단백질과 상호작용 다기능적 단백질로, 선택적인 세포사에서 HTT는 다른 역할을 하게 된다. 최근의 연구는 전사 조절 경로에서 mHTT의 비정상적 역할에 초점을 모으고 있다. 환자에서 HD의 발병은 특정한 신경전달물질 수용체를 암호화하는 유전자의 mRNA 발현 감소와 관련이 있다. 형질전환 HD 생쥐 모델에서 연구자들은 선조체 세포를 대상으로 약 6000개의 mRNA를 선별할 수 있는 cDNA 미세배열을 사용하여 분석한 결과, 선조체 세포의 기능에 필수적인 신호 전달계와 관련된 유전자의 일부 mRNA의 발현이 낮은 것을 발견하였다. 또 다른 형질전환 HD 생쥐 모델을 이용한 실험에서도 비슷한 결과가 나타났으며, HD 환자에서도 일관된 결과가 나타났으므로 HD의 기본 원인 중 하나가 비정상적인 유전자의 발현과 시냅스의 기능 이상임을 보여준다.

헌팅턴병의 치료전략

헌팅턴병은 뇌의 특정한 부위에 mHTT의 축적으로 인해 독성이 유발되고, 그 결과 세포사와 행동증상이 나타난다. 비록 이러한 비정상 단백질의 효과가 15년 전에 발견되었다고 해도, 이 퇴행성질환의 진행이나 발생을 늦추거나 멈출 수 있는 치료제는 없는 실정이다. mHTT의 농도를 줄이는 치료법은 이 질환을 치료하는 방법 중의 하나이다. 이러한 관점을 바탕으로, 연구자들은 초파리를 대상으로 mHTT의 농도를 조절하는 유전자를 선별하기 위하여 유전체 수준에서 RNAi 기반의 스크리닝을 진행하였다. 그 결과 13개의 유전자를 선별하였으며, 초파리 HD 모델에서 이들 유전자 중 NUB1의 발현이 mHTT의 농도를 낮추어, 세포사를 감소시킨다는 것을 확인하였다. 세포수준에서 NUB1은 mHTT와 결합하여 mHTT를 분해시키므로, 효과적인 치료를 위해서는 NUB1 단백질의 농도를 높이는 방법이 필요하다. NUB1의 세포내 농도는 다른 신경퇴행성 질환의 치료를 위해 FDA에서 허가 받은 β-인터페론을 이용하여 상향 조절할 수 있다(그림 24-8). HD의 생쥐 모델에서 β-인터페론 치료제를 검사함으로써 HD를 위한 치료제로서 뇌의 NUB1의 농도를 조절하는 것의 유효성을 평가할 수 있을 것이다.

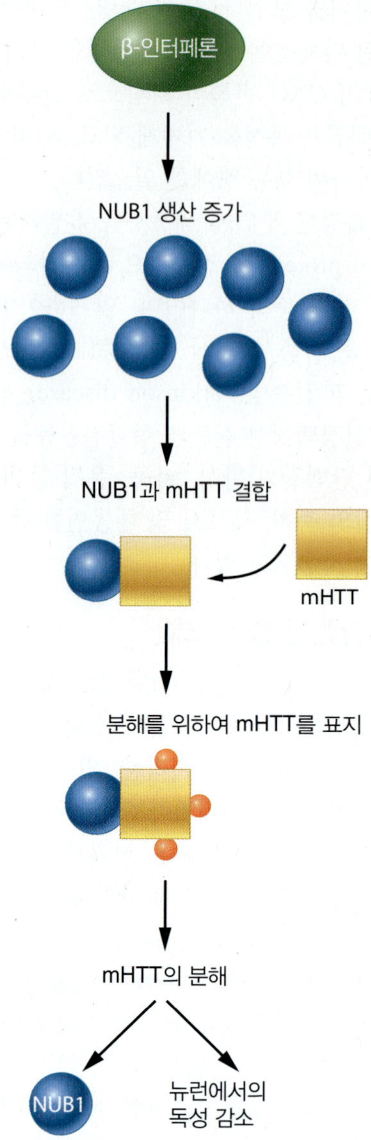

그림 24-8. mHTT를 분해하는 NUB1의 기전 예측. β-인터페론에 의해 증가된 NUB1의 발현은 세포내 경로에 따라 mHTT 분자의 분해를 촉진시킨다. 감소한 mHTT 농도로 인해 돌연변이 단백질의 독성이 낮아진다.

기억과 학습연구를 위한 동물모델로서의 초파리

초파리에서 기억이나 학습 같은 복잡한 행동의 유전학 연구가 가능해지면서 연구자들은 큰 장점을 갖게 되었다. 이 경우, 연구자들은 기억 및 학습을 조절하는 유전자를 찾기 위해 초파리의 후각성 충격 회피 학습 시스템(olfactory based shock avoidance learning system)을 사용하는데, 초파리에게 한 쌍의 향을 맡게 하며, 이들 중 하나의 향은 전기 충격과 연합되어 있다. 이 시스템에서 초파리는 충격과 연합된 향을 피하는 학습을 하게 된다.

초파리가 학습이 가능하다는 개념은 기억과 학습이 결손된 변이를 선별함으로써 증명할 수 있다(표 24.5). 근친교배 계통의 야생형 수컷에 돌연변이유발원을 처리하고, 동일 계통의 암컷과 교배시켰다. 그들의 자손을 교배시켜 돌연변이된 X 염색체를 갖고 있는 계통을 생산하였다. 학습능력에 영향을 받은 변이는 후각성 충격에 대한 반응을 검사하여 선별하였다. *Dunce*, *turnip*, *rutabaga*, *cabbage* 유전자들을 포함한 많은 학습 결핍 변이들은 이와 같은 방식을 통해 분리되었다. 게다가 정상적으로 학습이 가능하지만, 정상보다 4배 빠르게 잊어버리는 *amnesia*

실전문제

24-2 인간 *HD* 유전자의 변이 대립유전자를 가진 형질전환 생쥐는 클로닝한 인간 *HD* 유전자를 생쥐에 형질주입시킴으로써 만들어진다. 이 과정은 생쥐의 유전체에 변이된 인간 *HD* 유전자의 사본을 추가하지만, 정상 생쥐의 *HD* 유전자의 대립유전자를 바꾸거나 비활성화시키지는 않는다. 정상과 변이 *HD* 대립유전자의 구조와 기능에 관하여 배운 것을 바탕으로, 생쥐의 정상 *HD* 유전자와 생쥐 HTT의 존재로 인해 생쥐와 인간 HTT의 추가 효과로 발생한 증가된 HTT의 농도가 이 실험에서 문제를 일으킬 수 있는가?

■ **힌트:** 이 문제는 HTT 분자의 정상과 변이 시의 구조와 기능에 대한 이해가 필요하다.

와 같은 기억력 결핍 변이 또한 발견되었다. 이러한 각각의 변이들은 하나의 유전자 장애가 행동의 특별한 형태에 영향을 준다는 것을 보여준다. 유전자들을 발견하기 위해 사용한 방법 때문에, 처음으로 동정된 변이의 대부분은 X 염색체 연관 유전자들이다. 다른 방법을 사용하여 학습과 기억을 조절하는 상염색체 유전자를 동정하였다.

학습의 신경 경로와 기전의 해부

돌연변이의 분석을 통해 학습 및 기억과 관련된 생화학적 경로와 신경 기전을 규명하였다. 학습 행동에 변이를 갖는 초파리의 한 그룹은 학습에 중요한 역할을 하는 신호전달 경로에 결함이 있다. 신경계의 세포와 많은 다른 세포에서 고리형 아데노신 일인산(cAMP)은 세포막에 전달받은 신호에 반응하여 세포질의 아데노신 삼인산(ATP)으로부터 생산된다(그림 24-9). 생산된 cAMP는 인산화효소를 활성화시키고, 차례로 단백질을 인산화시키며, 핵으로 신호를 전달하여, 유전자 발현의 전사 패턴을 변화시키는 일련의 반응을 개시한다. 초파리의 행동 변이는 cAMP 대사와 학습과의 관련을 보여주는 첫 번째 실례에에 속한다. *rut*(*rutabaga*) 유전자는 ATP로부터 cAMP를 합성하는 아데닐 고리화효소(adenyl cyclase)를 암호화한다. *Rutabaga* 동형접합자 돌연변이 초파리는 단기 또는 장기 기억력을 갖지 못하며, 특정 향과 전기 충격과의 관계를 학습하지 못한다. *Dunce*(*dnc*) 유전자는 아데닐 고리화효소를 분해하는 cAMP 인산다이에스터가수분해효소의 구조유전자를 암호화하고 있다. *Dunce*의 변이 대립유전자는 cAMP의 농도를 상승시키고, 동형접합자 초파리에서 기억 및 학습능력 결핍을 유발한다. *Turnip*(*tur*) 돌연변이는 간접적으로 아데닐 고리화효소를 활성화시키는 G 단백질을 암호화하는 유전자에서 발생한다.

이 돌연변이들의 분석을 통해 초파리의 신경계에서 감각 정보들을 처리하는 부분과 단기 및 장기 기억을 형성하는 부분을 동정하였다. 버섯체 뉴런(mushroom body neuron)이라고 불리는 초파리 뇌의 세포는 입력된 감각 정보를 통합하고 처리하며, 단기 및 장기 기억을 형성한다(그림 24-10). 후각 자극과 전기 충격이 버섯체 뉴런에 동시에 도달하면, *rutabaga*에 암호화되어 있는 아데닐 고리화효소가 자극되고, cAMP 농도를 증가시켜 기억과 학습에 중요한 역할을 하는 유전자를 활성화시킨

표 24.5 초파리에서 학습과 기억에 관련된 돌연변이

행동 유전자	분자적 기능	행동의 표현형, 기능
dunce (*dnc*)	cAMP-특이 인산다이에스터가수분해효소	운동 리듬, 에탄올 저항성
rutabaga (*rut*)	아데닐산 고리화효소	구애 학습, 에탄올 저항성, 털손질
amnesiac (*amn*); *cheapdate* (*chpd*)	신경펩타이드	에탄올 저항성
latheo (*lat*)	DNA-복제인자	미숙한 섭취
Shaker (*Sh*)	전압민감성 칼륨 채널	구애 억제, 임신 결함, 에테르 민감성
G proteins 60 A	이종삼량체 G 단백질	시각 행동, 코카인 민감성
DCO; *cAMP-dependent protein kinase I* (*Pka–C1*)	세린/트레오닌 인산화효소	운동 리듬, 에탄올 저항성
cAMP-response-element-binding protein B at 17A	전사인자	운동 리듬(*CrebB17A*); *dCREB*
Calcium/calmodulin–dependent protein kinase II (*CaMKII*)	세린/트레오닌 인산화효소	구애 억제
Neurofibromatosis 1 (*Nf1*)	Ras GTPase 활성인자	배아의 신경계 결함

출처: Adapted by permission from Macmillan Publishers Ltd: *Nature Reviews Genetics*, "Drosophila: Genetics Meets Behavior," by M.B. Sokolowski. *Nature Reviews Genetics* 2:879–890, table 1, p. 882. Copyright 2001, www.nature.com/nrg.

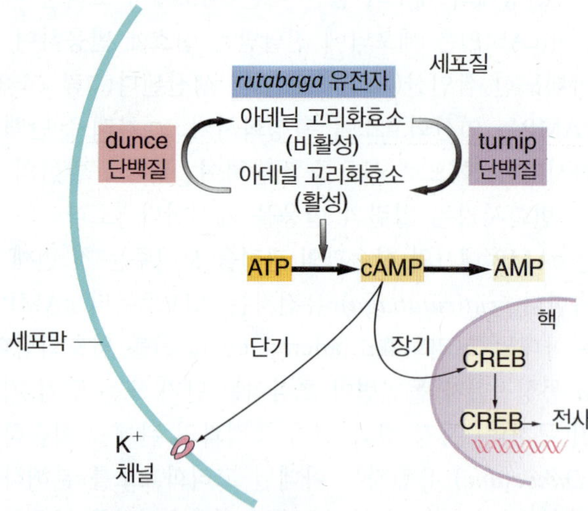

그림 24-9. 고리형 아데노신 일인산(cAMP)의 합성과 분해의 경로. 아데노신 삼인산(ATP)은 아데닐 고리화효소에 의해 cAMP로 변환되고, cAMP는 세포막의 칼륨이온 통로를 통해 단기 기억에 영향을 주고, 전사인자 CREB을 조절하여 장기 기억에 영향을 준다. 초파리에서 *rutabaga* 유전자는 아데닐 고리화효소를 암호화한다. 아데닐고리화 효소는 일반적으로 비활성화된 상태이며, *turnip* 유전자가 암호화하는 단백질에 의해 활성 형태로 변환된다. 아데닐 고리화효소의 활성화된 형태는 *dunce* 유전자가 암호화하는 단백질에 의해 비활성화된다. 이들 중 어떤 유전자라도 변이가 일어난다면 초파리의 기억 및 학습에 영향을 준다.

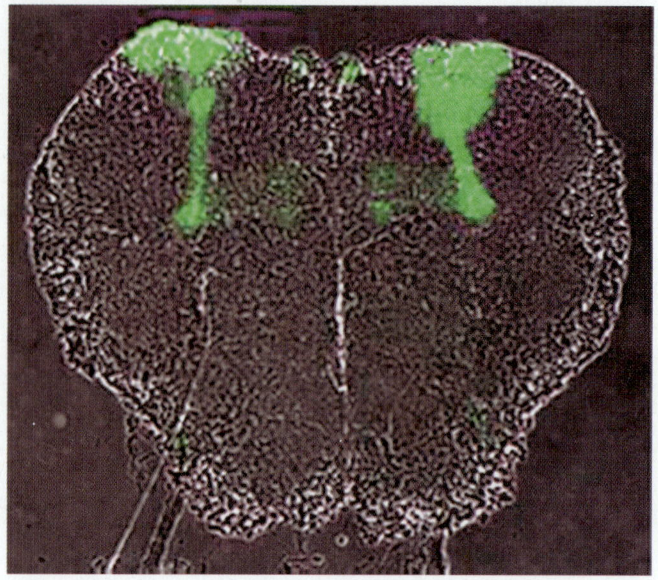

그림 24-10. 초파리 뇌의 버섯체 뉴런에서 녹색 형광 단백질(GFP)의 발현. 이 부위의 세포는 기억과 학습에 중요하다.

다. cAMP의 증가는 버섯체 뉴런의 흥분성의 변화를 야기한다. cAMP의 증가는 단백질인산화효소의 발현을 상향조절하고 단기 및 장기 기억력을 증가시킨다. 이러한 결과는 두 종류의 기억이 서로 다른 뉴런 집단과 관련한다는 것을 보여준다. 단기 기억은 칼륨채널에 의해 조절된다. 장기 기억은 CREB(cAMP response element binding protein)라고 불리는 전사 활성자에 의해 조절되며, 버섯체 뉴런 내의 유전자 발현의 변화와 관계가 있다. CREB는 cAMP에 의해 전사가 유도되는 유전자들의 상부 조절요소들에 결합하며, 유전자 발현 패턴을 변화시켜 장기 기억을 형성한다.

초파리는 사람의 기억과 학습연구에 효과적인 모델이다

초파리의 기억과 학습을 조절하는 생화학 경로는 생쥐와 인간을 포함한 다른 생물체에서도 비슷하다. 초파리 유전자에 대한 포유류의 상동유전자는 생쥐 뇌의 기억과 학습에 관여하는 영역에서 활성화되어 있다. 초파리에서 이들 유전자의 동정과 분석을 통해 사람의 기억과 학습 기전의 이해를 제공했다. *Rutabaga* 경로에 작용하는 약물이 개발되었고, 사람에서 기억장애를 치료하는 데 사용되고 있다. *PDE4B*라고 불리는 *dunce* 유전자의 인간 상동유전자 연구를 통해 이 유전자의 변이 대립유전자가 정신분열증(schizophrenia)과 관련된 증상 스펙트럼의 부분적 원인임을 보여주었다. 초파리에서 기억과 학습을 형성하는 동안 CREB에 의해 활성화되는 여러 유전자들을 대상으로 사람의 기억과 행동 장애에서 그 역할을 평가하고 있다.

24.5 행동 장애는 환경적 요인을 갖는다

유전학자, 심리학자 및 사회과학자는 인간 행동에 영향을 주는 사회 및 환경적 맥락에 관하여 꽤 오랫동안 흥미를 갖고 있었다. 대부분의 인간 행동은 그룹 안에서 개인간의 상호작용이다. 가계 연구나 쌍둥이 연구에서 인간 행동의 형질과 행동 장애가 유전성, 특히 다인자 유전을 따른다는 명확한 증거가 제시되었다. **그림 24-11**은 일부 행동 장애에 대한 쌍둥이 결과를 보여준다. 행동은 유전적인 것과 비유전적인 요소 모두를 갖고 있다. 유전력 연구는 행동에서 비유전적인 인자의 역할에 대한 최상의 증거를 제시한다. 다음 절에서 우리는 사회적인 행동과 관련된 여러 질환들에 대해서 논의할 것이다.

헌팅턴병과 같은 하나의 유전자에 의해 조절되는 행동 장애와는 달리, 많은 행동적 특성은 강한 환경적 요소들과 함께 다인자적이며, 이것은 특정한 유전자와 행동 간의 관계를 이해하는 것을 어렵게 만들 것이다.

유전자 기능 이해를 위한 현대적 접근

노화와 관련된 기억 상실에 관련한 잠재적인 분자 기전과 *RbAp48*

당신은(당신의 교수를 포함한) 누군가로부터 "내가 무엇인가를 말하는 걸 잊었다. 이것은 분명히 나이 때문이야" 또는 이와 비슷하게 말하는 것을 들었을 것이다. 이번 "유전자 기능 이해를 위한 현대적 접근"에서 우리는 노화로 인한 기억 상실과 치매를 대상으로 뇌의 특정한 유전자와의 관계에 대한 흥미로운 최근의 연구 결과를 살펴볼 것이다. 이 연구의 실험적인 토대는 과학자들이 인지 행동의 유전학 연구를 위해 어떻게 분자적인 접근을 사용하는가에 대한 예시를 제공한다. 2010년쯤에 대략 3600만 명의 65세 이상의 사람들이 일정한 형태의 치매를 가지고 있으며, 이 중 대부분은 알츠하이머병(AD)은 가지고 있지 않다.

신경질환 없이 죽은 젊거나 늙은 성인들의 뇌를 연구한 결과, 신경학자들은 노화에 의해 영향을 받는 1차적인 기억 센터로 해마의 특정 부위인 치아이랑(DG)을 동정하였다. 뇌의 이 부위는 AD가 나타나는 전형적인 부위와는 다른 부위이기 때문에, 연구자들은 노화로 인한 기억 상실의 세포학적 및 분자학적 토대가 알츠하이머병과는 분명한 차이가 있을 것이라고 예상하였다.

노벨상을 받은 Dr. Eric Kandler가 이끄는 컬럼비아 대학의 메디컬 센터 연구팀은 DG에서 유전자 발현 패턴을 연구하기 위해 미세배열(microarray)을 진행하여 노화 관련 유전자 17개를 동정하였다. *RbAp48* 유전자의 발현이 DG의 노화와 관련하여 감소하는 경향을 보이기 때문에 이 유전자가 노화로 인한 기억 상실에 중요한 역할을 할 것이라는 가설을 세웠다. *RbAp48*은 히스톤의 아세틸화를 조절하는 히스톤 결합 단백질을 암호화하고 있다. Kandler와 동료들은 노화로 인한 기억력 상실에서 *RbAp48*의 역할을 연구하기 위해 생쥐 모델을 이용하였다.

그들은 *RbAp48DN*이라고 불리는 *RbAp48* 유전자의 돌연변이(우성음성 돌연변이)를 발현하는 형질전환 생쥐를 만들었다. *RbAp48DN* 유전자를 과발현시켜, 연구자들은 야생형 단백질의 기능을 억제하였다. 형질주입 벡터는 전뇌에서 *RbAp48DN*의 발현이 조건적으로 제한되며, 이 발현은 독시사이클린(dox)에 의해 억제되는 프로모터의 조절을 받고 있다. 생쥐의 사료에 dox를 공급하면, 연구자들은 원하는 시기와 나이에 형질주입 유전자의 발현을 억제할 수 있다(그림 패널 a 참조).

결과:

어린 생쥐(2.4개월령)에서 *RbAp48* 유전자의 발현을 억제하면, 늙은 생쥐처럼 미로찾기 검사와 기억력 관련 검사에서 기억력 소실이 발생한다(그림 패널 b). 기억력을 소실한 늙은 생쥐(15개월령)에서 *RbAp48*을 과발현시키면 기억력과 관련된 인지 행동 검사에서 젊은 생쥐처럼 영리해지는 것을 확인하였다(그림 패널 c). 많은 흥미있는 결과가 이 논문에 보고되었고, 연구자들은 다음과 같이 기록하였다.

- *RbAp48*의 농도 조절로 알츠하이머병이 유발되지 않았다.
- 기능적 MRI 검사 결과, *RbAp48DN*을 발현하는 손상된 어린 생쥐에서 DG가 영향을 받은 것으로 나타났다.
- *RbAp48*이 억제된 뇌의 부위에서 히스톤의 비정상적인 아세틸화 패턴이 발견되었다.

결론:

이 연구 결과는 노화로 인한 기억력 소실은 알츠하이머와 같지 않다는 증거를 보강하였다. *RbAp48*은 노화로 인한 기억력 소실에

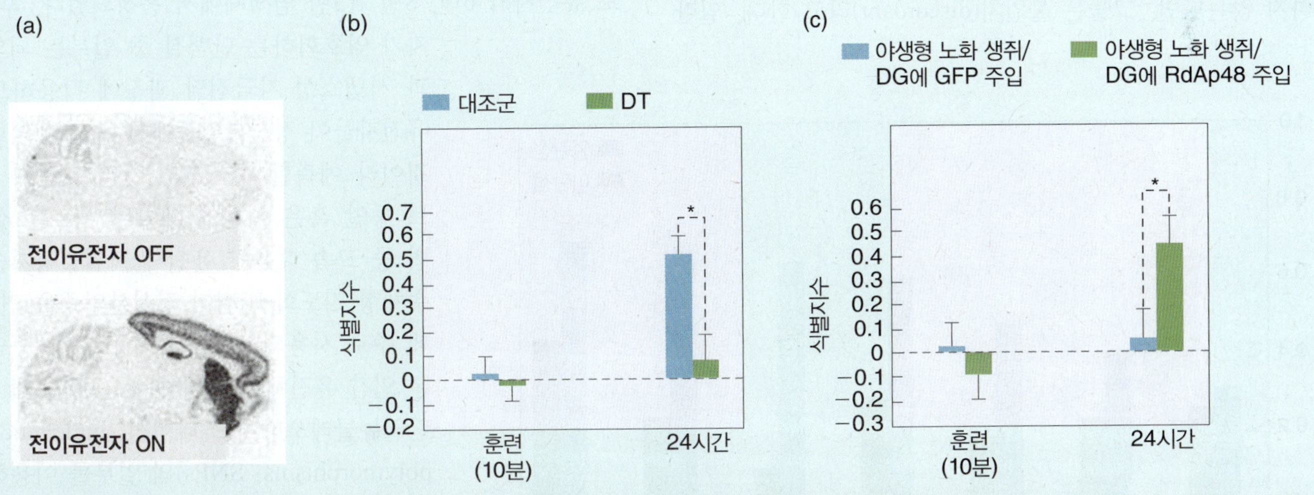

(a) Dox를 처리하지 않은 (전이유전자 on) 생쥐에서 *RbAp48DN* 형질도입 유전자의 발현을 보여주는 제자리 혼성화(*in situ* hybridization) 결과. Dox를 처리(DT)한 생쥐에는 발현이 억제된다(전이유전자 off). (b) 새로운 사물 인식 테스트 결과, 비슷한 것과 새로운 사물을 구분하기 위해 생쥐는 필수적으로 시간을 소모한다. 식별지수가 높은 것은, 생쥐가 비슷한 사물의 기억을 기본으로 더 빠르게 새로운 것을 구분하는 것을 나타낸다. 이 검사에서 *RbAp48DN*을 발현하는 어린 생쥐(2.5개월령)가 야생형의 정상 생쥐보다 유의미하게 식별지수가 나쁘다는 것을 보여준다. (c) *RbAp48*을 발현하는 렌티바이러스 벡터와 음성대조군으로서 GFP를 DG에 주입한 야생형 노화 생쥐(15개월령)의 새로운 사물 인식 테스트. *RbAp48*을 주입한 생쥐는 이 기억 테스트에서 점차적으로 개선되었다. 연구자들은 미로를 포함한 기억력 검사에서도 같은 결과를 얻었다. *, 결과에서 통계학적으로 유의미한 차이가 있다는 것을 나타낸다.

(계속)

관여하는 핵심 유전자인 것으로 증명되었다. *RbAp48*이 히스톤 아세틸화에 작용하는 것으로 보아, 명확하게 후성학적 원인임을 알려준다. 또한 연구자들은 *RbAp48*과 PKA-CREB1-CBP를 연결하는 관련 증거를 제공하였다. 임상적으로, PKA-CREB-CBP 경로를 증가시키는 약물은 생쥐에서 노화 관련 기능을 개선시키는 것으로 알려져 있다. 이것은 인간에서 노화로 인한 기억 문제를 치료하기 위해 이 약물의 효과를 테스트해보는 것이 가능하지 않을까 하는 의견을 제시하게 된다.

참고문헌

Pavlopoulos, E., et al. 2013. Molecular mechanism for age-related memory loss: the histone-binding protein RbAp48. *Sci. Transl. Med.* 5:1–12.

탐구문제:

1. 유전자의 기능을 연구하기 위한 유전자결손동물과 형질전환동물의 사용에 관한 지식을 바탕으로, 왜 연구자들이 가설을 증명하기 위하여 *RbAp48* 유전자결손동물을 사용하지 않았는지 설명하시오.
2. 이 연구의 결과는 설득력이 있다. 만약 *RbAp48*이 기억력 소실을 치료하는 약물 개발의 표적이 되어야 한다면 필요한 다른 정보는 무엇인가?

정신분열증은 복합적인 행동 장애이다

정신분열증은 미국 인구의 1%가 겪는 정신질환이며, 증상은 늦은 청소년기나 이른 성년기에 나타난다. 정신분열증 환자는 망상, 사고장애, 정신병 증상을 보이며, 종종 반사회적인 행동을 나타낸다.

정신분열증은 명백한 유전질환이고, 가계에 정신분열증 환자가 있을 경우 일반적인 가계보다 훨씬 높은 발병률을 보인다(그림 24-12). 게다가, 정신분열증 환자와 유전학적으로 또는 생물학적으로 가까울수록 발병률이 점점 커진다. 쌍둥이 연구는 정신분열증의 유전적 관련성을 증명하는 데 도움이 된다. 만약 두 쌍둥이가 정신분열증 증상을 보인다면 그들은 일치(concordant)라고 하며, 만약 한 명은 발현하고, 다른 한 명은 발현하지 않는다면, 그들은 불일치(discordant)라고 한다. 일란성과 이란성 쌍둥이의 정신분열증 연구에서 일치는 이란성에서보다 일란성에서 훨씬 더 높게 나타난다.

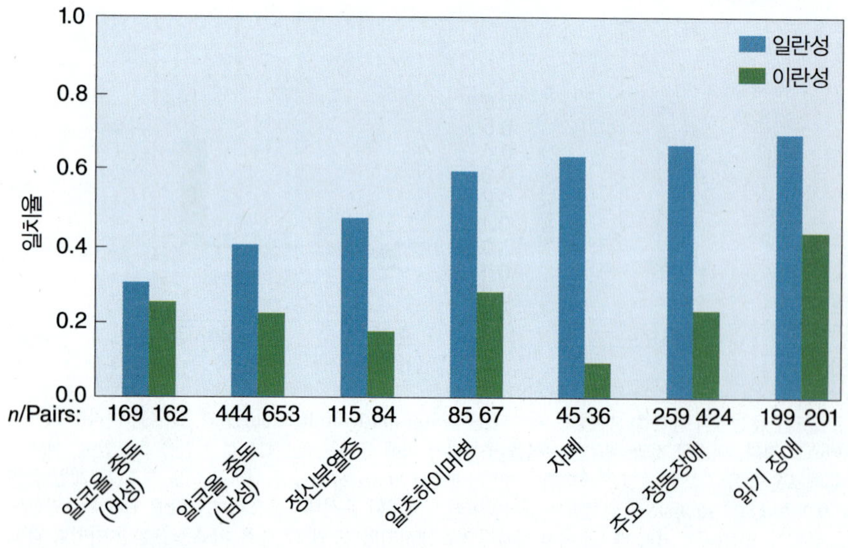

그림 24-11. 다양한 행동 장애에서 일란성 쌍둥이와 이란성 쌍둥이의 일치.

정신분열증의 유전적인 기여는 증명하기 어렵다. 단순한 단성잡종 유전과 양성잡종 유전은 정신분열증의 원인으로 설명되지 않는다. 정신분열증은 유전자, 환경, 그리고 유전자형과 환경인자 간의 상호작용에 의한 다인자적이며 정량적인 형질로 여겨진다.

정신분열증을 유발하는 유전자의 탐색은 복합형질과 관련된 유전자를 규명하기 위한 기술의 발달과 평형을 이루고 있다. 1980년대 후기에 시작한 제한효소 절편길이 다형성(RFLP) 표지를 이용한 연관 연구를 통해 질병이 있는 가족에서 나타나는 특정 염색체 부위를 동정하였다. 2000년까지 적은 수의 후보 유전자가 6번, 8번, 13번 염색체에서 동정되었다. 후보유전자가 암호화하는 단백질 중 일부는 뇌의 발생과 시냅스성 자극전달 과정에 작용하므로 이 유전자들이 정신분열증에서 중요한 역할을 할 것이라 예측할 수 있다. 인간 유전체 프로젝트 동안 혹은 이후에 개발된 새로운 실험 방법 중 고속 대용량 유전자 서열결정기술과 반수체형 지도화 방법이 정신분열증을 연구하는 데 주로 사용되었다. 이들 중 가장 중요한 것은 인간 유전체에 존재하는 1000만 개 이상의 단일뉴클레오타이드 다형성(single-nucleotide polymorphisms, SNPs)의 일부를 이용하는 전유전체연관성연구(genome-wide association studies, GWAS)이다(SNPs는 21장에서 논의했다). **반수체형(haplotypes)**이라고 불리는 밀접하게 연관된 SNP의 부분집합(일괄적으로 유전된다)은 특정 염색체 부위의 표지자로 작

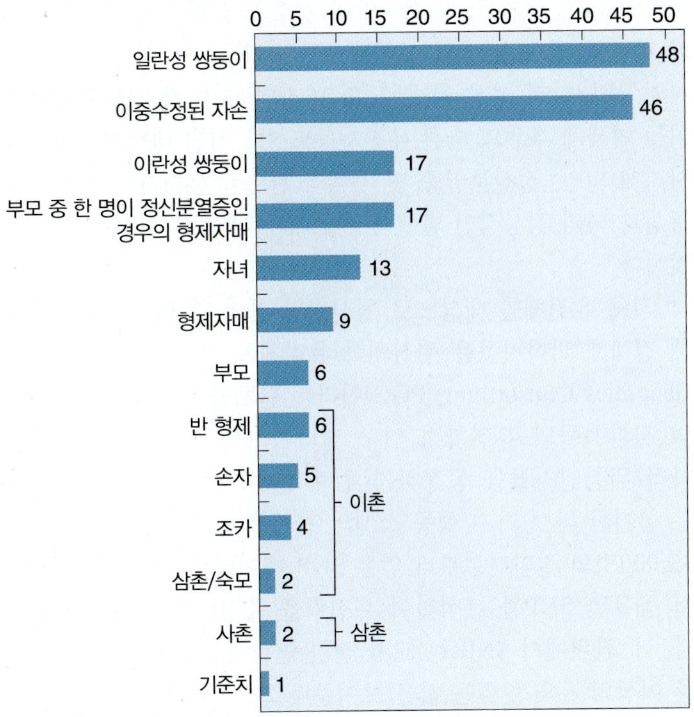

그림 24-12. 정신분열증과 관련이 없는 개인에 대해 환자의 가계에서 일생 동안 나타나는 정신분열증의 상대적인 위험률.

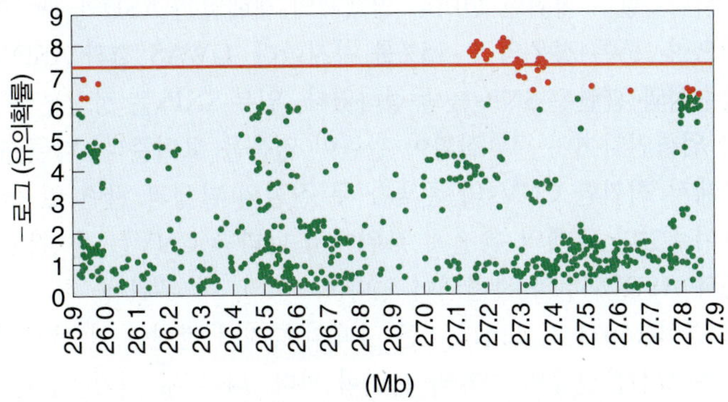

그림 24-13. 정신분열증과 관련한 6번 염색체의 짧은 팔(short arm)에서 연관된 SNP를 찾기 위한 GWAS의 결과. 연관성에 대한 통계학적 역치(붉은선) 위의 SNP는 붉은 다이아몬드로 나타냈다. DNA의 209 kb의 폭에 있는 7개의 SNP는 유의성을 보여준다. 붉은 원은 통계학적 유의성의 역치에 있는 SNP를 나타내며, 녹색 원은 연관성이 없는 SNP를 나타낸다. *x*축은 6p22.1 부위의 100만 염기쌍 내의 SNP 위치를 표시한다.

용된다. GWAS에서 연구자들은 특정한 반수체형과 어떤 특성, 이 경우에는 정신분열증과 관련성을 찾기 위해 수천 개의 유전체를 검색했다(**그림 24-13**). 반수체형은 정신분열증과 관련된 유전자를 함유하고 있는 염색체의 부위를 동정하는데 표지자로 사용된다.

정신분열증에 관한 GWAS의 결과, 하나의 유전자나 대립유전자가 이 질병에 중요한 역할을 하는 것은 아니라는 것을 보여준다. 대신에 수백 개의 유전자가 관여하고 있고, 이들은 각각 정신분열증에 조금씩 관여하고 있다. GWAS는 흔한 유전자 변이(집단의 5% 이상을 차지)가 질병 발생에 기여한다는 가정(흔한 질병/흔한 변이 가설, CDCV)을 기초로 하고 있다. 이 경우에는 GWAS에 의해 동정된 흔한 변이가 정신분열증 발생의 4~30%까지 차지한다. 유전자-표현형 간의 연과성과 관련된 대립유전자 변이를 동정하기 위해 대량의 전유전체 염기서열 분석을 다시 진행하기로 제안되었다.

GWAS는 정신분열증 및 다른 정신질환의 발생에 중요한 인자로서 사본수 변이(copy number variants, CNVs)를 제시한다. 사본수 변이(8장 참조)는 이들 유전자를 조절하는 조절 부위의 수와 유전자의 양(dosage)을 변경할 수 있다. 결손 CNVs와 다량의 중복 CNVs는 일반적으로 소량의 중복 CNVs보다 더 심각한 표현형을 나타낸다.

CNVs의 연구에서 결손과 중복을 동시에 나타내는 새롭게 발생한 CNVs(신생 CNVs)는 정상인보다 정신분열증 환자에서 3~4배 더 자주 나타난다. 이 신생 CNVs를 가진 많은 유전자는 뇌의 발생과 기능에 관련되어 있으며 정신분열증의 세포학적 기초를 위한 단서를 제공한다. 이들 유전자의 일부는 다음 절에서 논의할 것이다.

여러 행동 장애는 유전적 관계를 공유한다

정신질환의 진단은 역사적으로 19세기에 처음 정의되었으며, 특이적인 임상 행동 증상을 근거로 하였다. 그러나 연구자들이 질병을 보유한 사람이 공유한 유전자, SNP 반수체형, CNVs를 규명함으로써 많은 질병들 간의 구분이 흐릿해지기 시작했다. 최근의 연구에서 적어도 다섯 가지 정신질환—정신분열증, 자폐스펙트럼 장애(ASD), 조울증, 주요우울증, 집중력 결핍/과잉행동 장애 증후군(ADHD)—은 동일한 유전적 요소들을 공유한다. 이러한 유전적 공유 관계는 정신분열증과 ASD의 연구를 통해 알려지기 시작하였다.

가계연구와 쌍둥이 연구를 통해 자폐 스펙트럼 장애(autism spectrum disorders, ASD)가 정신분열증처럼, 유전성을 지닌 복합적이고 다인자적인 질병이라는 것을 알게 되었다. 3~10세 사이의 어린이들 1000명당 3.4명이 이 질환을 갖고 있는 것으로 추측된다. 자폐스펙트럼장애는 (1) 사고, (2) 언어능력, (3) 감정, (4) 사회적 상호관계의 심각하고 전면적인 장애를 특징으로 한다. 이 질환은 자폐라고 불리는 심각한 형태에서부터 여러 중간 단계를 거쳐 지적 장애나 언어 장애가 없는 약한 형태까지 다양하다. 일부 희귀한 변이나 염색체의 재배열은 ASD와 관련이 있으며, 모든 경우의 5~15%를 차지한다. GWAS 결과 ASD의 감수성과 관련된 SNPs를 동정하였다. 일부 SNPs는 정신분열증의 위험인자이며, 두 질환이 관련이 있음을 보여준다. 다른 연구에서 희귀환 CNVs의 존재가 두 질환의 발생과 관련 있음을 보여주었다. 7개의 유전체 부위에서 나타난 CNV는 정신분열증과 ASD 모두와 관련되어 있다(표 24.6). 이 부위 중 두 군데의 결실(16p11.2, 22q13.3)은 자폐의 증가와 관련이 있으며, 중복은 정신분열증의 증가와 관련이 있다. 다른 두 지역(1q21.1, 22q11.21)에서의 결실은 정신분열증을 증가시키며, 중복은 ASD와 관계가 있다. 16p13.1의 부위는 두 질병이 겹치는 모델을 나타낸다.

연구를 통해 이들 염색체상의 유전자가 뇌세포의 발생, 시냅스의 성숙, 뉴런간의 상호연결에 중요한 역할을 하는 것을 증명하였다. 이들 유전자에 대해 시스템 생물학 방법을 이용하여 기능적인 네트워크의 지도를 작성하였으며, 신경계 여러 부분의 형성과 기능에 중요한 유전자간 상호작용의 연결 교차점을 보여준다. 유전자 발현 양상은 정신분열증과 ASD가 동전의 양면과 같은 질환이라는 것을 보여준다. ASD는 세포의 과잉성장, 뇌와 머리의 크기 증가를 이끄는 발생 경로의 활성을 증가시키는 것과 관련이 있으며, 반면 정신분열증은 이들 경로의 활성을 감소시켜, 발생학적 성장 억제, 뇌와 머리의 크기 감소를 유발한다. 이들 염색체 부위의 다른 유전자들도 기능적인 네트워크에 통합시키게 되면, 정신분열증 및 자폐와 관련한 유전자 조절 결함의 특성과 뇌의 정상적인 발생과정에 대해 더 많은 지식을 얻게 될 것이다.

표 24.6 자폐나 정신분열증과 관련된 CNV 결실이나 중복의 횟수

좌위	상태	결실된 경우	중복된 경우
1q21.1	자폐	**2**	**10**
	정신분열증	**15**	4
15q13.3	자폐	3	2
	정신분열증	**10**	4
16p11.2	자폐	**14**	5
	정신분열증	5	**24**
16p13.1	자폐	0	**3**
	정신분열증	8	**23**
17p12	자폐	4	1
	정신분열증	**8**	0
22q11.21	자폐	1	**8**
	정신분열증	**16**	1
22q13.3	자폐	**5**	0
	정신분열증	0	**4**

굵은 글씨체는 CNV가 특정 상태의 위험인자라는 것을 통계적으로 입증하고 있다.
From: Crespi, B., et al., 2010. Comparative genomics of autism and schizophrenia. Proc. Nat. Acad. Sci. 107: 1736–1741; their Table 1, page 1737.
Contact: crespi@sfu.ca

전체 유전체를 대상으로 정신질환 간의 관계를 연구하기 위해 전세계 과학자들은 정신의학 유전체학 컨소시엄(Psychiatric Genomics Consortium, PGC)이라는 단체를 만들었다. 수천 명의 질환자들의 유전학적 연구 결과가 모였고, 공유되는 유전학적 위험인자들을 동정하기 위해 분석 중이다. 최근에 PGC는 상기한 다섯 가지 행동 장애의 관계를 완벽하게 분석하였다. 33,000명의 질환자로부터 얻은 SNP 데이터로부터 이들 질병에서 공유된 SNP를 분석하여 유전력을 측정하는 데에 사용하였다. 네 좌위에서 SNPs는 교차 질환 연관성을 증명하는 0.05 수준 이상의 유의성 있는 값을 보여준다(그림 24-14).

10번 염색체 짧은 팔에 위치한 칼슘 채널 소단위체 유전자의 SNP와 12번 염색체의 긴 팔에 있는 SNP뿐만 아니라, 3번 염색체의 짧은 팔과 10번 염색체의 긴 팔의 SNP는 교차-질환 연관성과 관련되어 있다. 가장 높은 SNP 유전력을 보여주는 질병의 쌍은 정신분열증-조울증, 조울증-주요우울증, 주요우울증-ADHD, 정신분열증-자폐 스펙트럼 장애이다. 이 결과와 여러 다른 분석 결과를 통합하여, 다섯 가지 질병의 주요 위험인자로서 뉴런의 칼슘 채널 결합이 중요하게 작용함을 알게 되었고, 이는 하나의 유전자가 여러 영향을 주는 **다면발현(pleiotropy)**의 한 예이다. 만약 PGC 연구의 결과가 확정된다면, 정신질환의 진단과 치료에 중요한 전환점을 가져올 것이다. 행동 장애는 임상 증상 대신에 근본적인 생물학적 장애라고 정의될 것이다. 게다가 이들 질환의 분자적 경로의 이해를 통해 새롭고 더 효과적인 약물 치료법이 개발될 것이다.

후성유전학과 정신질환

출산 전 또는 삶의 초기에 노출된 환경인자는 행동에 엄청난 영향을 줄 수 있고, 이들의 영향은 자손에게 전달될 수 있다. 환경인자의 영향은 뉴클레오타이드의 서열에는 변화없이 DNA 혹은 히스톤에 후성학적 변화를 일으킬 수 있다. 일부 후성학적 조절은 프로모터 지역이나 근처의 DNA 서열에 메틸기를 추가하거나 제거한다. 일반적으로, DNA에 메틸기가 추가되면 유전자가 침묵하고, 메틸기의 제거는 유전자를 활성화시킨다.

쌍둥이 연구 정신질환과 유전적인 후성학적 변화의 관계를 연구하는 기회를 제공했다. 같은 유전자를 공유하는 일란성 쌍

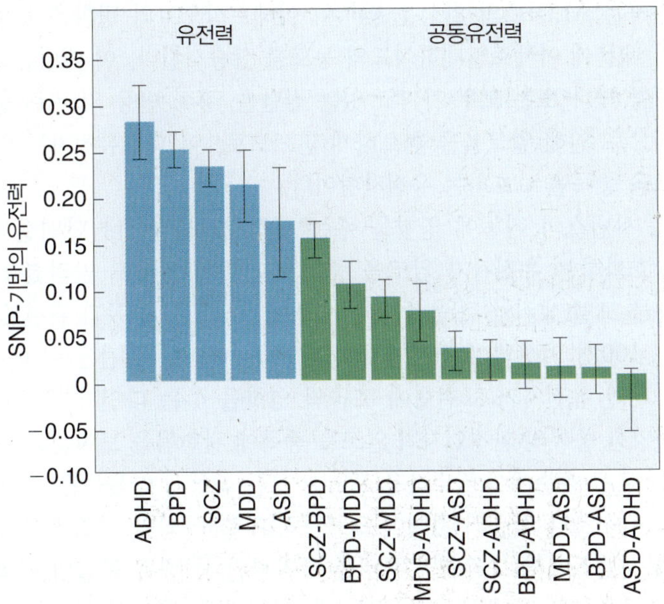

그림 24-14. 개개의 행동 장애(파란막대)에 대한 광범위 유전체 SNP 기반의 유전력과 한 쌍의 행동 장애에 대한 교차 질환 유전력(녹색 막대). 유전력의 정도는 *y*축에 나타난다. 4쌍의 질병(SCZ-BPD, BPD-MDD, SCZ-MDD, MDD-ADHD)은 강한 상호관련성을 갖고 있다. 질병의 여러 쌍 중에서 다면발현 효과가 존재하는 것은 해당질병이 원인 유전자를 공유하는 것을 의미한다.

둥이에서, 한 명은 정신분열증, 조울증, 자폐 같은 질병을 가지며 다른 한 명은 정상일 경우, 이러한 불일치가 후성학적 변화와 관계가 있는지 없는지 연구할 수 있는 기회를 제공한다. 한 연구에서 연구자들은 정신분열증이나 조울증의 불일치를 보이는 일란성 쌍둥이 22쌍의 DNA를 사용하여 유전체의 27,000개 부위에서 메틸화 패턴을 연구했다. 여러 부위에서 메틸화 패턴에 중요한 차이가 있었고, 차이가 나는 부위는 주로 이들 질병과 관련한 위험인자로 알려진 유전자 내부 혹은 근처였다. *ST6GALNAC1* 유전자의 경우, 영향받지 않은 쌍둥이와 각각의 질병에 걸린 쌍둥이를 비교했을 때 프로모터의 메틸화 패턴에 20%의 차이가 있었다. 이 결과는 같은 유전자에서 25%의 메틸화 패턴 차이를 보여주는 사후 뇌 조직을 사용한 이전의 연구 결과를 재확인시켜주었다.

쌍둥이 연구결과 정신분열증 쌍둥이에서 *ZNF659* 유전자의 메틸화가 증가하였고, 조울증 쌍둥이에서 메틸화가 감소하였는데, 이것은 동일유전자의 활성의 차이가 두 질환 간의 차이를 부분적으로 규정할 수 있음을 제안한다.

후성유전학적 연구는 후성학적 변화와 특정 정신질환 간의 일반적 관계를 증명하지는 않지만 어떻게 환경인자가 정신질환의 발생과 심각성에 영향을 주는지를 보여준다. 이 절에서 공부했던 일부 주제는 나중에 조금 더 깊이 공부할 것이다(현대 유전학 특강 1장—후성유전학 참조).

중독과 알코올 중독은 유전적이고 환경적인 원인에 의한 행동이다

중독은 환경인자에 노출된 후에 다단계의 생리학적인 과정을 통해 발생한다. 뇌는 물질에 적응하게 되고 뇌의 기능이 변하게 된다. 연구자들은 중독 또한 동일한 유전자나 신경 경로에 의한 여러 정신질환 상태와 관련 있다는 것을 증명하였다. 비록 중독의 유전학적 또는 분자적 연구가 정신분열증, 조울증, 우울증 등의 여러 정신질환에 대한 연구보다 지연되었지만, 미국에서 중독과 물질 사용 장애와 관련된 비용은 연간 4800억 달러 이상이며 당뇨와 종양을 합친 비용보다 많다.

가족, 입양, 특히 쌍둥이 연구는 여러 형태의 중독이 유전될 수 있다는 것을 보여준다(**그림 24-15**). 대부분의 중독은 간단하고 명확한 멘델의 유전법칙에 따르지 않는 복합적인 특성으로 유전된다. 중독은 상당한 환경요인과 다인자적 유전과 관련 있으며, 신경 경로의 복합성과 이 경로를 조절하는 유전자의 변이로 인해 상당히 이질적인 표현형을 나타내므로 중독 관련 유전자를 규명하기 어렵다. 유전체 검색을 통해 시냅스의 기능 및 유지와 관련 있는 단백질, 시냅스성 수용체, 신경전달물질 등을 암호화하는 유전자 혹은 관련 염색체 부위를 동정하였다. 다음 절에서는 가장 많이 사용되는 중독 약물로 가장 많이 연구되고 알려진 알코올(에탄올) 중독에 관하여 공부할 것이다.

중독의 관점에서 알코올의 과도한 사용은 (1) 뇌, 신경계, 간을 포함한 여러 조직의 손상과 (2) 직장, 자택, 사회에서 개인 능력의 상실이라는 두 가지 중요한 결과를 가져왔다. 미국 인구의 75%가 알코올을 소모하는데, 이들 중 25%가 폭음을 하며 10%

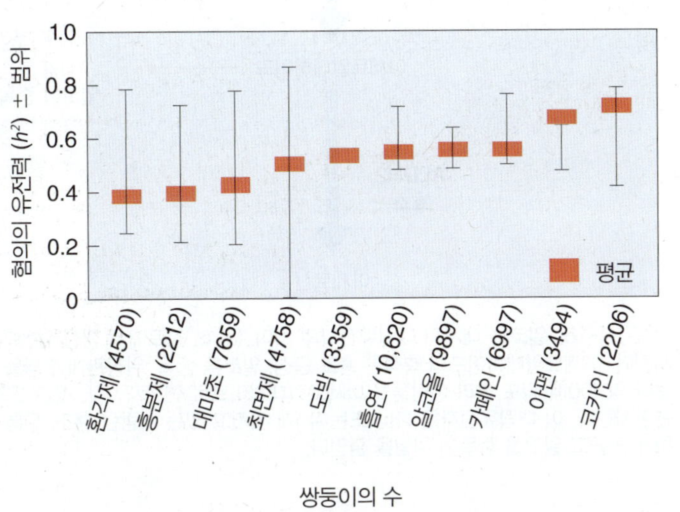

그림 24-15. 쌍둥이 연구로부터 유래된 여러 중독 행동질환의 유전력. 높은 유전력은 고위험과 관련이 있다.

가 알코올 중독으로 분류된다. 알코올 중독의 유전적 관련성은 동물 모델에서 살펴볼 수 있으며, 생쥐에서 알코올 선호도는 선택 가능한 형질이다. 가계 분석 결과 알코올 중독자의 아들 중 25~50%가 알코올 중독의 위험성을 갖고 있다. 쌍둥이 연구에서 일란성 쌍둥이는 50%의 알코올 중독 일치를 보이며, 같은 성의 이란성 쌍둥이는 28%의 일치를 나타낸다.

두 가지 유전자가 알코올 대사 과정을 촉매하는 효소를 암호화한다(그림 24-16). 알코올 탈수소효소(ADH1B)는 알코올을 아세트알데하이드로 변환시키는 효소이며, 아세트알데하이드는 알데하이드 탈수소효소(ALDH2)에 의해 아세트산으로 변환된다. 아세트알데하이드의 축적은 히스타민의 분비를 일으켜, 홍조, 두통, 구역질을 유발한다. 아세트알데하이드는 잠재적인 돌연변이원으로 인식되고 있으며, 이 물질의 축적은 위장관계 종양을 유발할 수 있는 위험인자이다. 각 유전자의 대립유전자 변이들은 알코올의 대사율에 영향을 준다. *ADH1B* 유전자의 고활성 SNP 대립유전자는 동형접합자에서 100배까지 효소의 촉매 효율을 증가시키며, ALDH2 효소가 아세트알데하이드를 아세트산으로 변환시키는 속도보다 알코올을 아세트알데하이드로 변환시키는 속도가 훨씬 빠르다. *ALDH2* 유전자의 어떤 대립유전자는 ALDH2의 활성을 낮추어 아세트산으로의 변환을 늦추기 때문에 아세트알데하이드의 농도를 상승시킨다. 이 대립유전자를 하나 또는 모두 가지고 있는 집단은, 홍조 반응 및 관련 증상으로 인해 알코올을 혐오하게 만드므로, 이 대립유전자는 알코올 중독을 보호하는 유전자형이다.

시냅스의 기능에 영향을 주는 신경전달물질이나 단백질을 암호화하는 유전자가 알코올 중독과 관련이 있다고 알려졌다. 동물 모델(생쥐와 쥐)을 이용한 연구에서 알코올 중독과 관련 있는 100개 이상의 유전자가 동정되었다. 이러한 발견은 아마도 각각의 유전자가 표현형에 조금씩 영향을 주는 다인자 유전과 다양한 종류의 환경인자가 알코올 중독에 관련됨을 보여준다.

세포 수준에서 알코올을 포함한 모든 중독성 약물들은 그 화학적 구조나 작용의 차이에도 불구하고 결국 뇌의 선조체 지역의 시냅스에서 도파민의 분비를 증가시킨다. 중독 물질의 반복된 사용으로 뇌 회로에서 시냅스의 기능과 뉴런 간의 연결에 장기간 지속되는 변화를 일으킨다. 중독에서 이러한 신경회로의 기능이상은 정신분열증, 우울증, 불안 장애 같은 질병과 공유된다. 앞으로의 연구 과제는 시냅스에서 약물의 작용과 중독 행동 간의 관계를 밝히는 것이다.

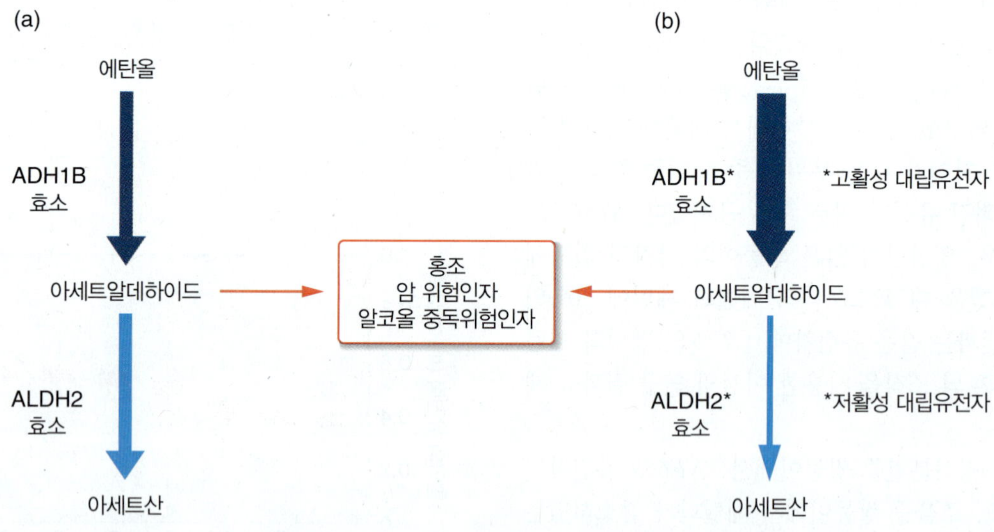

그림 24-16. 알코올 대사의 대립유전자의 차이. (a) 이 경로에서 정상 활성의 대립유전자가 일정한 속도로 에탄올을 아세트알데하이드로 바꾸고 아세트산으로 변환시킨다. 아세트알데하이드의 축적은 홍조 증상, 알코올 중독, 위장관계 종양을 포함한 심각한 위험성을 야기한다. (b) *ADH1B*의 고활성 대립유전자는 정상 대립유전자보다 약 100배 정도 빨리 에탄올을 아세트알데하이드로 변환시킨다. *ALDH2*의 저활성 대립유전자는 정상 대립유전자보다 느리게 아세트알데하이드를 아세트산으로 변환시킨다. 이 대립유전자를 하나 또는 두 개 가지고 있는 사람은 홍조, 두통, 구역질이 증가하게 된다. 이러한 반응은 알코올의 소모를 감소시키거나 알코올을 혐오하게 만들고 알코올 중독의 위험을 줄인다.

사례 연구 | 인간 질환 연구를 위한 영장류 모델

헌팅턴병(HD)은 우성 유전이고 성인 인구 10,000명당 1명꼴로 발생하는 신경 퇴행성 질환이다. 헌팅턴병은 50세 전후에 주로 시작되며 치료 방법은 없고, 필연적으로 치매와 운동 능력의 상실을 유발하며 치명적이다. HD와 관련된 세포학적 및 분자적 기전을 연구하기 위해 생쥐와 초파리를 포함한 동물에 사람의 *HD* 변이유전자를 형질 주입시켜 질병동물모델을 만들었다. 그러나 HD 생쥐와 초파리에서 발견되는 일부 행동 변화는 사람과의 관련성을 찾아보기 어렵다. 헌팅턴병에서 나타나는 인지 및 운동능력의 변화를 더욱 가깝게 모사하기 위해 연구자들은 붉은털원숭이(rhesus macaques)를 이용하여 영장류 모델을 만들었다. 붉은털원숭이는 인간의 먼 친척 중 하나이며, 호르몬이나 생식 기능뿐만 아니라 수명, 세포대사 등을 포함하여 인간과 많은 유사성을 가지고 있다. 하지만 붉은털원숭이의 이용은 몇 가지 중요한 문제를 일으킨다.

1. 인간 질병 연구를 위해 영장류 모델을 이용하는 것에 대한 윤리적인 문제는 무엇인가?
2. 붉은털원숭이를 이용한 연구 결과는 사람의 질병 과정에 대한 이해와 치료제 개발에 직접적으로 이용할 수 있는가?
3. 만약 영장류 HD 모델이 성공적이라면, 알츠하이머병이나 파킨슨병과 같은 다른 인간 행동 장애에도 사용할 수 있는가?

유전체학 탐색

HomoloGene: 행동 유전자를 찾는 방법

이 장에서는 유전자와 환경의 산물로서 인간과 여러 종의 행동 연구의 복잡성에 대해서 논의하였다. 이 연습에서 우리는 행동과 관련이 있는 유전자를 찾는 NCBI 데이터베이스인 **HomoloGene**에 대해 공부할 것이다. HomoloGene은 여러 진핵생물종에 대한 상동유전자 데이터베이스이며, 동물 모델과 사람에서 행동과 관련되어 있는 유전자 정보를 가지고 있다. 이들 중 일부는 단일뉴클레오타이드 다형성(SNP)이나 연관 지도 같은 것을 기초로 한 변이유전자이며, 행동학적 표현형에 기여할 것이라고 생각된다. 하나의 유전자와 어떤 특별한 행동의 상호관계는 유전자가 상태를 유발하는 필수적인 수단이 아님을 명심하길 바란다. 하나의 유전자가 하나의 행동하고만 관련 있는 것이 아니며, 행동이 유전자 작용으로만 결정되는 것도 아니다. 그러나 HomoloGene을 공부하는 것은 잠재적인 행동 유전자를 찾고, 공부할 수 있는 흥미로운 방법이다.

■ 연습 I - HomoloGene

1. Http://www.ncbi.nlm.nih.gov/homologene/에서 ENTREZ 사이트로부터 **HomoloGene**을 접속한다.
2. 인간에서 특정 행동조건과 관련된 다음 단어의 목록을 사용하여 Homologene을 검색한다. 각 조건에 대한 HomoloGene 검색으로부터 나온 결과에서 가장 위쪽에 제시된 상동 유전자의 두 목록에 있는 인간 유전자는 무엇인가? 이 유전자의 이름과 그들의 염색체상의 위치를 동정한다. 각각의 유전자와 상동성을 공유하는 다른 종의 유전자를 알아본다.
   a. 알코올 중독
   b. 우울증
   c. 니코틴 중독
   d. 계절성 우울증
   e. 지능
3. 가장 위쪽에 나온 두 목록에 있는 유전자의 정보를 열기 위해 각 목록의 제목을 클릭한다. 이들 유전자의 기능에 관한 더 많은 정보를 얻기 위해 각각의 유전자의 링크를 사용한다. 다른 유익한 정보를 얻기 위해 각각의 유전자 정보 페이지의 아래에 있는 "additional links"를 열면, 다른 연습에서 사용했던 Online Mendelian Inheritance in Man(OMIM) 사이트를 접속할 수 있다.
4. 다른 흥미있는 행동 조건을 Homolo-Gene에서 검색해보고, 데이터베이스에 해당 유전자 정보가 있는지를 조사해보시오.

요약

1. 행동은 유전자, 환경인자, 유전자와 환경 간의 상호작용 등에 의해 조절되는 다인자성 형질이다.
2. 가계도 분석과 쌍둥이 연구를 통해 인간의 많은 행동이 유전적 요소를 갖고 있다는 것을 알게 되었다.
3. 신경계의 여러 구성요소와 시냅스의 구조와 기능은 행동 연구에 있어 주요 초점이 된다.
4. 많은 수의 유전자가 공통적이기 때문에 초파리 및 여러 생물모델은 인간의 행동질환을 연구하는 데에 유용하다.
5. 유전체 기술은 사람의 신경계 발생과 행동 장애의 기전을 연구하는 데에 새로운 지평을 열었다.

질문 및 해답

양극성 장애는 넓은 범위에 걸쳐 기분의 두드러진 변화가 발생하는 정신질환이다. 인구 100명당 1명꼴로 가지고 있으며, 적어도 일생의 한번 이상 이 질환으로부터 고통을 받는다. 양극성 장애는 유전되며, 여러 유전자의 변이와 관련이 있다. 양극성 장애(예전에는 조울증이라고 불렸다)와 관련 있는 유전자를 동정하기 위해 연구자들은 유전체 분석을 진행하였다. 1987년에 가계도 분석과 제한효소 절편길이 다형성(RFLP) 분석을 사용한 두 가지 연구에서 조울증과 연관된 다양한 유전적 표지자들이 보고되었으며, 한 논문에서는 X 염색체상의 표지자를 다른 논문에서는 11번 염색체의 짧은 팔에 존재하는 표지자를 보고하였다. 당시에 이러한 연구결과는 대표적인 발견으로 묘사되었다. 행동 장애를 조절하는 유전자들도 낭포성 섬유증, 신경섬유종 또는 다른 질환의 유전자와 동일한 방식으로 동정하여 유전자지도를 작성하고 분석할 수 있다는 것을 알게 되었다. 이러한 발견은 행동의 기전과 유전자 산물의 특성에 대한 지식을 바탕으로 행동 장애의 치료전략에 새로운 발전을 가져다주었다. 어떤 질병은 다양한 발병시기를 보여준다는 것이 인간유전학 연구의 도전 중 하나이며, 조울증 연구가 대표적 예라 할 수 있다. 표지자를 동정하는 분석 방법을 통해, 표지자를 갖고 있지 않은 일부 대조군(증상이 없는 개체)에서 나중에 조울증이 발견되었다. 이 결과는 연관성의 증거를 약하게 만들었다. 이러한 발견은 조울증의 발생에 있어 X 염색체와 11번 염색체에 있는 주요한 유전자의 역할을 배제하지 않지만, 연구자들은 발표한 논문에서 사용된 표지자의 연관성을 배제하였다. 이러한 철회는 곤란과 혼란을 야기하였고, 인간 유전자지도 작성에 사용된 새롭게 개발된 재조합 DNA에 기초한 방법의 타당성을 조사하게 되었고, 복잡한 행동 형질에 관한 연관성 연구 데이터 분석의 타당성도 재조사하게 되었다. 여러 인자들이 기존 연구에서 보고된 결론의 결함을 설명하기 위해 제시되었다. 이러한 몇 가지 인자가 무엇이라고 생각하는가?

해답: 비록 일부 평가에서 표지자의 선택 문제를 제기했지만, 이 상황에서 대부분의 인자는 조울증의 표현형과 관련이 있는 것처럼 보인다. 적어도 세 개의 혼란스러운 인자가 동정되었다. 한 인자는 조울증의 진단과 관련이 있다. 조울증의 표현형은 복잡하고, 키나 몸무게처럼 쉽게 정량할 수 없다. 게다가, 기분의 변화는 매일 보편적인 부분이고, 일시적 기분의 변화를 구분하는 것도 어려우며, 생물학적 또는 유전적 원인을 갖는 질병과 환경인자의 역할까지 고려해야 하는 것은 쉽지 않다. 두 번째 인자는 집단연구에서 하나 이상의 X 염색체 연관 주요 유전자와 하나 이상의 상염색체 주요 유전자가 조울증을 유발할 것이라는 점이다. 세 번째 인자는 발병 나이이다. 나이와 조울증 증상간에는 양의 상관관계를 보인다. 따라서 가계도 연구를 하는 시점에 위험인자를 가진 젊은 사람들은 조울증 증상이 보이지 않지만, 이후에 증상이 나타나게 된다. 종합하여 볼 때, 이러한 인자들은 복잡한 행동 형질의 유전학 연구를 어렵게 만드는 것처럼 보인다. 앞서 설명된 이러한 인자들은 개별적 혹은 조합으로 연구결과를 왜곡시킬 수 있으므로, 복잡한 표형형과 복잡한 근본적인 원인을 갖는 행동 형질의 경우 다른 형질의 연구에 사용되는 증명을 위한 가이드라인이 적절하지 않을 수 있다.

탐구 문제

어떻게 알았을까?

1. 이 장에서 신경계의 발생, 구조, 기능을 조절하는 유전자와 환경인자와의 상호작용이 어떻게 행동을 형성시키는지에 대해 공부하였다. 동시에 우리는 이러한 정보를 얻기 위해 사용한 방법과 추론에 대해 심사숙고하였다. 이 장에 설명된 내용으로부터 다음의 기본적인 질문에 대해 답을 하시오.
   (a) 한 종의 계열에서 나타나는 특이적인 행동이 유전적 변이에 의한 것이라는 점을 어떻게 알 수 있는가?
   (b) 초파리가 학습과 기억을 할 수 있다는 것을 어떻게 알 수 있는가?
   (c) 헌팅턴병에서 돌연변이 유전자 산물이 작동하는 법을 어떻게 알 수 있는가?
   (d) 정신분열증은 유전적 구성요소가 있다는 것을 어떻게 알 수 있는가?

개념확인 문제

2. 625쪽의 핵심 개념을 복습하자. 이들 중 하나는 신경계의 구조와 기능에 관하여 유전학 및 분자생물학적인 관점에서 설명한다. 인간의 행동 장애에서 시냅스, 신경전달물질 및 수용체의 역할에 대하여 간략하게 설명하시오.

3. 인간은 화학물질인 페닐티오요소(PTC)의 맛을 감지하거나 그렇지 못한 경우로 구별된다. 맛을 느끼거나 느끼지는 못하는 부모와 자녀의 다양한 조합을 조사한 결과, 다음과 같은 데이터를 얻었다.

부모	자녀
모두 느낌	모두 느낌
모두 느낌	1/2 느낌 1/2 미맹
모두 느낌	3/4 느낌 1/4 미맹
한 명은 느끼고 한 명은 미맹	모두 느낌
한 명은 느낌 한 명은 미맹	1/2 느낌 1/2 미맹
모두 미맹	모두 미맹

이 데이터를 토대로 PTC 맛을 느끼는 행동은 어떻게 유전되는가?

4. 문제성 또는 병적 도박(PG)의 유전을 연구하기 위해 다양한 검사를 적용하였고, 가계 내 취약성에 관한 관련 증거가 확보되었다. 그러나 혈연 집단에 해당하는 가족 연구는 환경적인 영향으로부터 유전적인 요인을 분리하지 못한다. Eisen(2001)은 베트남전 참전 쌍둥이 등록데이터로부터 3359쌍의 쌍둥이를 이용하여 '쌍둥이 연구'를 진행하였고, PG와 관련한 변이의 상당한 부분이 유전적 인자에 의한 것이라는 점을 발견하였다. 어떻게 쌍둥이 연구가 PG 같은 복잡한 행동 형질에서 유전인자와 환경인자를 구분하는 데 사용할 수 있는가?

5. 선충은 다양한 이유로 발생이나 유전학 연구의 가치있는 모델 생물체가 되었다. 각각의 세포(수컷은 1031개, 자웅동체는 959개)의 발생 운명은 지도화되어 있었다. 선충은 연결 패턴이 알려져 있는 302개의 뉴런을 가지고 있으며, 주화성, 주열성 또는 구애행동을 포함한 다양한 흥미있는 행동을 보여준다. 게다가, 선충은 동질 유전자계열(isogenic line)이 확립되어 있다. 동물의 행동 연구에서 선충의 사용이 다른 동물 모델을 사용하는 것보다 장점이 무엇인가? 단점은 무엇인가?

6. 일련의 18개 변이의 행동 표현형을 5개의 표현형 종류로 구분하는 방법을 사용하여, Thomas(1990)는 선충의 순환형 배변 운동 프로그램을 조절하는 유전 프로그램을 설명하였다. 각 주기의 첫 번째 단계는 후방의 신체 근육의 수축이며, 이어 전방의 신체 근육의 수축이다. 마지막으로 항문 근육을 열고, 장 내용물을 배출한다. 다음은 배변 이상을 야기하는 선택된 변이들의 목록이다.

유전자	표현형
exp	항문의 열림과 장 내용물의 배출 실패
unc	전방 신체 근육의 수축 실패
pbo	후방 신체 근육의 수축 실패
aex	항문의 열림과 장 내용물의 배출 실패 및 전방 신체 근육의 수축 실패
cha	주기 간격의 변경, 모든 다른 요소는 기능적으로 완벽하게 작동

선충의 배변행동에 관한 유전자 작용 모식도를 그려 설명하시오. *Aex* 유전자의 활동을 설명하고, *cha* 유전자의 참여와 작동 순서를 추측해 보시오.

7. 왜 인간 행동의 유전학 연구가 다른 생물체보다 늦게 시작되었는지 논의하시오.

8. Scott과 Fuller는 5가지 순종견에서 50가지의 행동 형질을 연구했다. 거의 모든 행동이 5가지 품종에서 유의하게 다양했으며 일부 행동만 교차했다. 이러한 행동 형질의 유전학적 조절에 대한 당신의 결론은 무엇인가?

응용 문제

9. 이 장에서 설명하지 않았지만, 선충의 생활사는 여러 생명현상의 유전학 연구를 하는데 적합하므로 좋은 모델동물이라 할 수 있다. 선충은 자웅동체와 수컷의 두 가지 성을 갖고 있다. 자웅동체는 난자뿐만 아니라 정자를 생산할 수 있으나, 기본적으로는 암컷이다. 생식은 자웅동체의 자가수정이나 자웅동체와 수컷 간의 교배를 통해 일어난다. 신경계 돌연변이 연구에서 열성 돌연변이의 동정과 돌연변이 계통의 유지 측면에서 자웅동체의 자가수정이 가진 장점은 무엇인가?

10. 2006년 7월, 한 무리의 초파리가 우주 왕복선 *Discovery*호를 타고 국제 우주 정거장(ISS)으로 향하였다. 그곳에서 9세대 동안 많은 중력감지 실험과 관찰 실험이 진행되었고, 동결된 샘플은 지구로 돌려보냈다. 연구자들은 RNA와 단백질의 프로파일을 분석하여 유전자의 활성 변화와 극미중력에 대한 행동 및 생리학적 반응을 비교하였다. 이 프로젝트의 이름은 "극미중력에서 초파리의 행동과 유전자의 발현"이다. 만약 이 초파리들의 행동학적 양상에 대해 세 가지 실험을 진행한다면, 당신은 무엇을 할 것인가? 극미중력에 반응한 유전자 발현의 변화를 어떻게 측정할 것인가? 사람이 초파리의 유전체와 단백질을 절반 이상 공유한다면, 인류 보건을 개선시킨다는 관점에서 이 프로젝트의 비용을 어떻게 정당화할 수 있는가?

11. 정신분열증을 연구하는 다양한 연구방법 중에서 쌍둥이 연구와 유전체 분석 같은 두 가지 방법이 유전요인에 대한 강한 근거를 제시하고 있다.

(a) 정신분열증의 이해에 있어서 각 방법이 기여한 바를 요약 설명하시오.

(b) 정신분열증 연구를 향상시키는 데 있어 일란성 및 이란성 쌍둥이 데이터를 사용한 유전체 분석의 가치를 추측하시오.

12. 정신분열증의 유전적 원인에 관한 연구에서 단일뉴클레오타이드 다형성(SNPs)의 사용에 관하여 기술하시오.

13. 상대적으로 흔한 인간의 질환인 자폐증은 심각한 증세부터 미약한 증세까지 범위가 다양하다. 유전학과 자폐증 간의 가능한 관계를 보여주는 증거는 무엇인가?

14. Wedekind와 동료(1995)에 의한 흥미롭고 논란이 많은 발견은 다양한 사람백혈구항원(HLA)의 반수체형으로 인한 향기가 짝 선택에 중요한 역할을 한다는 것이다. 여자는 자신과 다른 HLA 반수체형을 가진 남자의 티셔츠를 선호한다. HLA의 반수체형은 주조직적합성복합체(MHC)의 구성요소이고, 중요한 면역학적 기능을 갖고 있는 것으로 알려져 있다. 사람뿐 아니라, 생쥐 및 물고기도 선호하는 MHC 구성원을 가진 개체와 짝을 이룬다. 큰가시고기(*Gasterosteus aculeatus*)도 암컷이 수컷과 짝을 이룰 때 MHC의 향기에 기초한 시스템을 이용하는 것으로 최근 연구되었다. 다음의 데이터(modified from Milinski et al., 2005)를 조사하여, 결론을 요약하여 기술하시오. 왜 생물체에서 MHC 다양성을 감지하고 최적화하기 위해 짝 선택 계획을 진화시켰을까?

	최적화된 MHC를 가진 수컷	최적화되지 않은 MHC를 가진 수컷
임신 암컷의 시간 소비(초)	350	250
산란한 암컷의 수	11	3

표는 최적화된 MHC 대립유전자를 갖는 수컷과 최적화되지 않은 MHC 대립유전자를 갖는 수컷을 대상으로 임신 암컷이 진행하는 향에 기초한 선택을 비교하였다. 임신 암컷은 최적화된 MHC 대립유전자를 갖는 수컷에게 최적화되지 않은 MHC 대립유전자를 갖는 수컷보다 더 많은 시간(초)을 할애하였다. 서로 다른 MHC 구성요소를 가진 각 수컷에 노출되었을 때 산란한 암컷의 수도 표에 나타내었다.

15. 3뉴클레오타이드 반복의 변화와 함께 DNA 메틸화의 정도(제거 또는 추가)는 정신질환에 중요한 역할을 한다는 것을 보여주는 연구를 기술하시오. 어떻게 쌍둥이 연구가 정신질환 연구에서 DNA 메틸화의 역할에 대한 이해를 도와주는가?

16. 취약 X 증후군은 지적 장애, 약간의 형태이상증 및 활동항진을 특징으로 한다. 취약 X 증후군은 *FMR1* 유전자의 5′-비번역 부위의 $(CGG)_n$ 반복의 비정상적인 확장에 의해 유발되며, 그 결과 CpGs가 과메틸화된다. 취약 X 증후군의 발현에서 *FMR1* 유전자의 역할을 고려하여, 과메틸화와 *FMR1* 유전자 발현 간의 관계를 설명하시오.

17. 특정 유전자의 암호화 영역에서 CAG 반복의 비정상적 수로 인해 야기되는 인간의 점진적인 신경 기능 장애 질환은 적어도 8개가 알려져 있다. 돌연변이 유전자는 전형적으로 기능 획득 형태이며, 점진적인 발병의 흔한 기전을 공유한다. 왜 돌연변이 유전자는 "기능 획득" 형태인가? 왜 이러한 질병이 공통적인 발병 기전에 의해 야기되는지 추측해 보시오.

애리조나주 치리카후아 산맥의 무당벌레들은 상당량의 표현형 변이를 보여준다.

25 집단유전학과 진화유전학

핵심 개념

- 대부분의 개체군과 종들은 상당량의 유전 변이가 있다.
- 유전변이는 한 종의 개체군 사이에 분포한 대립유전자를 반영한다.
- 이상적 개체군에서 대립유전자 빈도와 유전자형 빈도 사이의 관계는 하디-바인베르그 법칙에 의해 설명된다.
- 선택, 이주와 유전적 부동은 대립유전자 빈도의 변화를 일으킬 수 있다.
- 돌연변이는 새로운 대립유전자를 만들며, 매우 작은 개체군에서만 대립유전자 빈도를 변하게 한다.
- 무작위 교배는 개체군의 유전자형 빈도를 바꾸지만 대립유전자 빈도는 바꾸지 않는다.
- 선택이나 유전자 부동이 수반되는 개체군 사이의 유전자 흐름 감소는 생식적 격리와 종분화를 이끌어 갈 수 있다.
- 개체군이나 종들 사이의 유전적 차이는 진화의 역사를 재구성하는 데 이용된다.

19세기 중반에, Alfred Russel Wallace와 Charles Darwin은 진화의 기작으로 자연선택을 확인하였다. 다윈은 1959년 출간한 그의 저서 "종의 기원(*On the Origin of Species*)"에서 개체군 종이 고정되어 있지 않고 자연선택의 결과로 시간이 지나면서 변한다는, 즉 진화한다는 증거를 제시했다. 하지만 Wallace와 Darwin은 진화의 원천에 해당하는 변이의 기원이나 변이가 부모에서 자손으로 전달되는 원리를 설명하지 못했다. Gregor Mendel이 1866년 형질의 유전에 대한 연구를 발표했지만, 그 당시에는 거의 주목을 받지 못했다. 1900년에 Mendel의 연구가 재발견됨으로써 유전자와 대립유전자에 대한 Mendel의 개념과 자연선택에 의한 진화 이론을 결합하는 30년간의 노력이 시작되었다. 20세기의 생물학자들이 Mendel 유전학의 원리를 개체군에 적용함으로써 변이의 원천(돌연변이와 재조합)과 유전의 원리(대립유전자의 분리)를 모두 설명할 수 있게 되었다. 이제 진화는 시간에 따른 개체군의 대립유전자 빈도 변화와 돌연변이에 의한 유전물질의 변화로 해석된다. 집단유전학과 자연선택 이론의 결합으로 **신다윈주의**(neo-Darwinism)라고 불리는 진화 과정의 새로운 시각이 생겼다.

자연선택뿐만 아니라 돌연변이, 이주와 유전적 부동 등 다른 작용력은 개별적으로 또는 집합적으로 대립유전자 빈도를 바꾸고 궁극적으로 **종분화(speciation)**를 일으킬 수 있는 진화적 분기를 초래한다. 종분화는 환경 다양성에 의해 촉진된다. 한 개체군이 서로 다른 선택압이 있는 생태적으로 차이가 뚜렷한 여러 소규모 환경들을 포함하는 광범위한 지역에 걸쳐 퍼져 있다면, 이들 지역을 점유하고 있는 개체군들은 점차 해당 환경에 적응하여 서로 유전적으로 구별될 것이다. 유전적으로 분화된 개체군 집단들은 계속 존재하거나, 멸종하거나, 서로 재결합하거나, 또는 생식적으로 격리될 때까지 계속 분기될 것이다. 생식적으로 격리된 개체군 집단들은 독립된 종으로 간주된다. 개체군 내 유전적 변화는 시간에 따라 종을 변하게 하며, 다른 종이 되게 하거나 둘 이상의 종으로 갈라지게 한다.

집단유전학자들은 상호 교배하는 개체들의 무리 내와 사이의 유전변이 양상을 연구한다. 유전적 구조의 변화가 집단의 진화에 대한 기초가 되기 때문에 집단유전학은 진화생물학의 중요한 하위영역이 되었다. 이 장에서는, 한 종의 집단 내 진화적 변화로 정의되는 **소진화(microevolution)**의 집단유전학 과정을 살펴보고, 소진화 과정의 분자적 양상이 새로운 종과 다른 분류군의 출현을 이끄는 **대진화(macroevolution)**로 어떻게 확장될 수 있는지 알아볼 것이다.

25.1 유전변이는 대부분의 집단과 종에 존재한다

집단(population)은 한정된 지리적 지역에 살며 실제로 또는 잠재적으로 서로 교배하는 한 종에 속하는 개체들의 무리이다. 인간 집단에 대해 생각할 때, 미국이나 스리랑카에 살고 있는 모두를 인간 집단이라고 규정할 수 있고, 특정 작은 마을의 모든 주민을 집단으로 규정할 수도 있다.

집단의 구성원들이 가진 유전정보는 그 집단의 **유전자풀(gene pool)**을 구성한다. 언뜻 보기에는 환경에 잘 적응된 집단은 각 좌위에서 가장 유리한 대립유전자가 높은 빈도로 존재하는 것이 당연하다고 생각되므로, 고도로 동형접합이어야만 할 것처럼 보인다. 게다가, 식물과 동물의 대다수 집단들을 보면 개체들 사이에 상당한 표현형의 유사성을 보여준다. 하지만 여러 연구에서 대부분의 집단들은 고도의 이형접합성을 보여준다. 이런 내재된 유전적 다양성이 반드시 표현형으로 나타날 필요는 없으므로 유전적 다양성을 감지하는 것은 단순한 일이 아니다. 그렇지만 집단 내 다양성은 여러 방법으로 밝혀낼 수 있다.

인위선택에 의한 유전변이 검출

집단 내에 유전변이가 존재하는지 결정하는 한 방법은 인위선택을 이용하는 것이다. 특정 표현형을 조절하는 유전자에 변이가 거의 없다면, 선택은 표현형에 거의 영향을 끼치지 못할 것이다. 유전변이가 존재한다면, 표현형은 몇 세대만에 변할 것이다. 이런 검증의 극적인 예는 사육 개이다. 개의 여러 품종에서 보이는 매우 다양한 크기, 형태, 색과 행동들은 모든 사육 개의 조상인 늑대에 존재하는 유전변이에 대한 선택의 효과로 생겼다. 유전학과 고고학의 증거에 따르면 늑대의 사육화는 최소 10,000년 전이나 훨씬 이전에 일어났다. 더 짧은 시간 척도로는, 초파리(*Drosophila melanogaster*)에 대한 실험실 선택으로 인해 크기, 외형, 발생 속도, 산란력과 행동 등 상상할 수 있는 거의 모든 표현형에서 몇 세대만에 상당한 변화가 일어났다.

뉴클레오타이드 서열변이

유전변이를 산정하는 가장 직접적인 방법은 집단 내 개체들에 있는 유전자의 뉴클레오타이드 서열을 비교하는 것이다. Martin Kreitman은 초파리에서 알코올 탈수소효소(alcohol dehydrogenase, Adh)의 좌위를 조사하였다(그림 25-1). 이 좌위에 2개의 대립유전자(*Adh-f*와 *Adh-s*)가 있으며, 단백질 정보는 단 하나의 아미노산만 다르다(코돈 192에서 트레오닌 혹은 리신). 단백질 수준에서 발견될 수 있는 유전변이의 양(한 아미노산 차이)이 뉴클레오타이드 수준의 변이량과 대응되는지 알기 위해 Kreitman은 초파리의 5개 자연집단을 대표하는 개체들에서 *Adh* 유전자를 추출해서 서열을 결정하였다(그림 25-2).

이들 5개 집단에서 추출된 11개의 유전자는 2,721 염기쌍인 *Adh* 서열에 총 43개의 뉴클레오타이드 변이를 갖고 있었다. 이들 변이는 유전자 전체에 분포하는데, 엑손(정보가 있는 부위)에 14개, 인트론에 18개, 그리고 번역되지 않는 인접 부위에 11개가 있었다. 암호화 부위에 있는 14개 변이 중 코돈 192에 있는 단 하나만이 아미노산 치환을 일으켜 2종류의 대립유전자를 만든다. 다른 13개의 암호화 부위의 뉴클레오타이드 치환은 아미노산 치환을 일으키지 않는 침묵 돌연변이들이다.

낭포성 섬유증 막통과 전도 조절자(cystic fibrosis transmembrane conductance regulator, CFTR) 유전자는 가장 집중적으로 연구된 인간유전자 중 하나이다. *CFTR* 좌위의 열성 기능-결손 돌연변이는 분비샘과 폐에 문제를 일으켜 세균 감염에 대한 감수

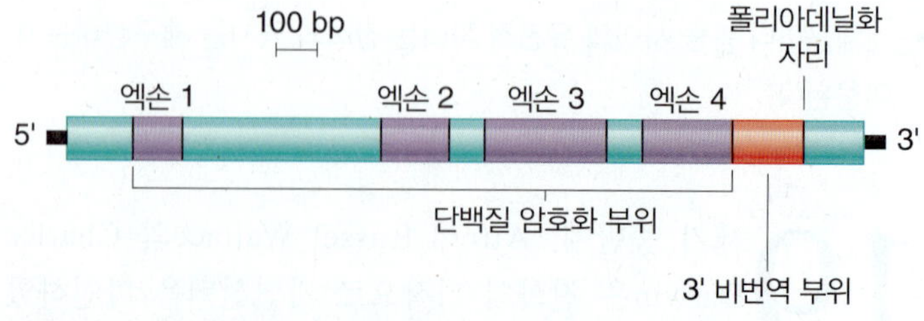

그림 25-1. 초파리의 *Adh* 좌위의 구조.

	엑손 3	인트론 3	엑손 4
공통 *Adh* 서열:	C C C C	G G A A T	C T C C A* C T A G
계통			
Wa-S	T T • A	C A • T A	A C • • • • • • •
Fl1-S	T T • A	C A • T A	A C • • • • • • •
Ja-S	• • • •	• • • • •	• • • T • T • C A
Fl-F	• • • •	• • • • •	• • G T C T C C •
Ja-F	• • A •	• • G • •	• • G T C T C C •

그림 25-2. 다섯 개의 자연집단에서 유래된 실험실 계통의 표본에서 초파리 *Adh* 유전자 일부의 DNA 서열 변이. 점은 공통 서열과 같은 뉴클레오타이드를 표시하고, 글자는 뉴클레오타이드 다형성을 나타낸다. 코돈 192의 A/C 다형성(A*)은 두 종류의 *Adh* 대립유전자를 만든다(F와 S). 다른 다형성은 모두 침묵이거나 정보가 없다.

성이 큰 **낭포성 섬유증(cystic fibrosis)**을 일으킨다. *CFTR* 유전자에서 1,900개 이상의 다른 돌연변이가 밝혀졌다. 이들 중에는 과오 돌연변이, 아미노산 결실, 종결 돌연변이, 번역틀이동과 스플라이싱 결함 등이 있다. 그림 25-3은 *CFTR* 유전자의 27개 엑손 지도를 보여주며, 많은 엑손은 기능에 의해 구분된다. 지도 위의 막대 도표는 질환을 일으키는 돌연변이 중 일부의 위치와 각 돌연변이의 사본수를 보여준다. $\Delta F508$은 엑손 10에서 3 bp가 결실된 돌연변이로, 모든 돌연변이 낭포성 섬유증 대립유전자의 67%를 차지하지만, 조사된 염색체 중 최소 100개에서 몇 개의 다른 돌연변이가 발견되었다. 유럽 혈통의 집단에서 44명 중 1명부터 20명 중 1명까지의 비율로 돌연변이 대립유전자에 대해 이형접합 보인자이다. 그림 25-3은 CFTR 단백질의 기능을 바꾸는 서열 변이만 포함하고 있는 것에 주의하라. 분명히 단백질의 아미노산 서열을 바꾸지 않아 기능에 영향을 끼치지 않는 침묵 돌연변이를 가진 더욱 많은 *CFTR* 대립유전자들이 있다.

쥐, 생쥐와 애기장대 등 다른 생물에 대한 연구를 통해 여러 유전자에서 유사한 추정값의 뉴클레오타이드 다양성을 발견하였다. 이들 연구는 대다수 집단 내에 유전변이의 막대한 저장고가 있다는 것을 말해준다. DNA 수준에서 대다수, 아마도 거의 모든 유전자는 개체마다 다양성을 보여준다. 이런 변이를 나타내는 대립유전자들이 집단의 구성원들 사이에 분포한다.

집단 내 높은 수준의 유전변이 해석하기

아미노산과 뉴클레오타이드 수준에서 상당량의 유전변이가 집단에 있다는 발견은 진화생물학자들에게 놀라운 일이었다. 초기 합의점은 자연선택으로 인해 각 좌위에서 단일의 최적(야생형) 대립유전자가 유리하게 작용하여, 그 결과 집단은 동형접합도가 높은 수준일 것이라는 해석이었다. 이런 예상은 확실히 잘못으로 드러났으며, 이런 높은 수준의 유전변이를 유지하는 작용력에 대해 꽤 많은 연구와 논쟁이 일어났다.

1968년 Motoo Kimura가 제안한 분자 진화의 **중립설(neutral theory)**은 아미노산 치환을 일으키는 돌연변이는 일반적으로 유해하고 극히 일부만 유리하다고 주장한다. 일부 돌연변이는 중립적이며, 대체할 대립유전자와 기능적으로 동등하다. 유리하거나 해로운 돌연변이는 각각 자연선택에 의해 집단에서 보존되거나 제거된다. 하지만 중립의 대립유전자의 빈도는 선택에 의해서가 아니라 돌연변이율과 무작위 유전자 부동에 의해 결정될 것이다. 어떤 중립의 돌연변이는 유전적 부동에 의해 집단에 고정될 것이고, 다른 중립 돌연변이는 소실될 것이다. 어느 특정 시점에 집단은 특정 좌위에 여러 중립의 대립유전자가 있을 수 있다. 그러므로 대다수 좌위에서 대립유전자의 다양성은 자연선택의 결과가 아니라, 집단크기(더 큰 집단은 더 많은 변이가 있다)와 중립 돌연변이 비율의 함수이다. 집단 내 놀라울 정도로 높은 유전변이에 대한 또 다른 설명은 자연선택이다. 효소나 단백질 변이가 특정 환경 상황에 적응되어 유지되는 여러 예가 있다. 말라리아 기생충에 감염되었을 때 낫 모양 적혈구 빈혈증 이형접합체의 잘 알려진 유리함이 그런 예의 하나이다.

100분의 1이라는 극히 일부의 적응도 차이라도 해당 변이를 유지하는 데

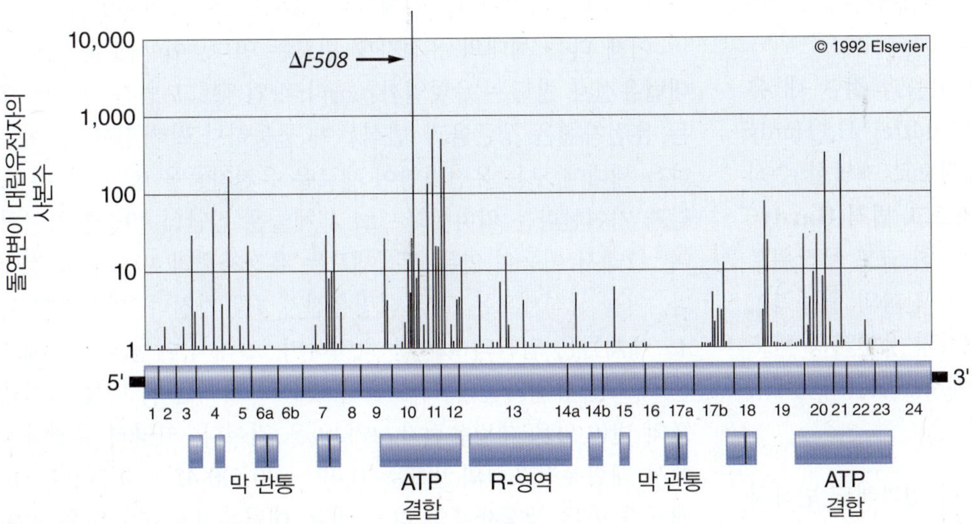

그림 25-3. 낭포성 섬유증 유전자에서 질환-유발 돌연변이의 위치. 막대 도표는 각 확인된 돌연변이의 사본수를 보여준다. (수직축은 로그 척도이다.) 막대 도표 아래 유전자 지도는 *CFTR* 좌위의 27개 엑손의 위치와 상대적 크기를 보여준다. 하단의 상자는 CFTR 단백질의 여러 영역들의 기능을 표시한다.

충분하지만, 그런 수준에서는 선택 변이를 측정하는 것은 어려울 것이다. 그러므로 현재의 자료는 분자 수준의 유전변이 중 어느 정도가 중립이고 어느 정도가 선택의 작용을 받는지 결정하기에는 충분하지 못하다. 그럼에도 불구하고 중립설은 중요한 시사점을 주었다. 중립설은 일부 유전변이는 단순히 돌연변이와 유전적 부동의 결과일 수 있다는 것을 지적한다. 게다가, 중립설은 분자 진화의 연구에 대해 실행 가설을 제공한다. 다시 말해서, 생물학자는 특정 좌위에서 돌연변이와 유전적 부동만이 작용한다는 단순한 가설을 부정하기 위해서 선택이 대립유전자 빈도에 작용하고 있다는 강력한 증거를 찾아야만 한다.

25.2 하디-바인베르그 법칙은 대립유전자 빈도와 유전자형 빈도를 설명한다

집단에서 하나의 단일 유전자를 조사할 때 흔히 이 유전자의 대립유전자들의 분포로 인해 여러 유전자형의 개체들이 생성됨을 알게 된다. 집단유전학의 핵심 요소는 집단 내 대립유전자 빈도와 유전자형 빈도를 계산하는 것과 이들 빈도가 세대에 따라 어떻게 변하는지 결정하는 것이다. 집단유전학자는 다음과 같은 질문에 답하기 위해 다음의 계산을 진행한다. 한 집단 내에 얼마나 많은 유전변이가 있는가? 유전자형이 시공간적으로 무작위로 분포하는가, 아니면 구분되는 분포양상으로 존재하는가? 어떤 과정들이 집단의 유전자풀의 구성에 영향을 끼치는가? 이런 과정들이 집단 간 유전적 분기를 만들어 새로운 종의 형성을 유발할 수 있는가? 생식적 격리를 초래하지 않는 집단 내 대립유전자 빈도의 변화는 소진화의 예이다. 다음 절에서는 집단 유전자풀의 소진화적인 변화를 다룰 것이고, 다음 절에서는 대진화와 종분화 과정을 살펴볼 것이다.

유전자풀 내 대립유전자들의 상대적인 비율과 집단 내 유전자형들의 빈도의 관계는 영국 수학자인 Godfrey H. Hardy와 독일 의사인 Wilhelm Weinberg가 독립적으로 개발한 수식 모형으로 정밀하게 표현된다. **하디-바인베르그 법칙(Hardy-Weinberg law)**이라고 불리는 이 모델은 무한히 크고 무작위로 교배하며 돌연변이, 이주나 자연선택과 같은 진화의 원동력이 작용하지 않는 '이상적' 집단 내의 대립유전자와 유전자형 빈도를 설명해준다. 이런 "이상적" 집단의 상황에서, 하디-바인베르그 모델은 두 가지 예견을 한다.

1. 유전자풀 내 대립유전자 빈도는 시간이 경과해도 변하지 않는다.

2. 한 좌위의 두 대립유전자 *A*와 *a*를 검토할 경우, 이 장의 후반에서 보여주는 대로 무작위 교배의 1세대 후에 집단 내 유전자형의 빈도, *AA*:*Aa*:*aa*는 $p^2 + 2pq + q^2 = 1$로 계산될 수 있다. 여기서 p = 대립유전자 *A*의 빈도, 그리고 q = 대립유전자 *a*의 빈도.

이런 기준에 부합하고 한 좌위에 빈도가 p와 q인 두 대립유전자가 있는 집단은 예견된 유전자형 빈도가 나타내며, 하디-바인베르그 평형에 있다고 한다. 실제 집단이 하디-바인베르그 모델에 완전히 일치하는 경우는 거의 없으며, 모든 대립유전자와 유전자형 빈도가 매 세대 변하지 않고 유지되는 것은 드물다.

하디-바인베르그 모델은 집단 내 대립유전자와 유전자형 빈도 사이의 관계를 설명하기 위해 Mendel의 분리의 법칙과 단순 확률을 이용한다. 집단 내에 빈도가 0.7인 *A*와 빈도가 0.3인 *a*의 두 대립유전자가 있는 상염색체 좌위 하나를 예로 살펴봄으로써 이것이 어떻게 적용되는지 알아보자. $0.7 + 0.3 = 1$이므로 이 유전자의 모든 대립유전자가 포함된다는 것을 알 수 있다. 이는 암컷의 생식세포에 *A*가 있을 확률이 0.7이고 수컷의 생식세포에 *A*가 있을 확률도 0.7이라는 것을 뜻한다. 두 생식세포 모두 *A*가 있을 확률은 $0.7 \times 0.7 = 0.49$이다. 따라서 자손에서 유전자형 *AA*는 매 세대에서 49%의 확률로 발생할 것이라고 예상된다. 접합자가 *A*가 있는 암컷의 생식세포와 *a*가 있는 수컷의 생식세포로 만들어질 확률은 $0.7 \times 0.3 = 0.21$이고, *a*가 있는 암컷의 생식세포와 *A*가 있는 수컷의 생식세포가 수정될 확률은 $0.3 \times 0.7 = 0.21$이다. 따라서 자손에서 유전자형 *Aa*의 빈도는 $0.21 + 0.21 = 0.42$ = 42%이다. 마지막으로, 접합자가 *a*가 있는 두 생식세포로 만들어질 확률은 $0.3 \times 0.3 = 0.09$이고, 유전자형 *aa*의 빈도는 9%이다. 검산으로, $0.49 + 0.42 + 0.09 = 1.0$이므로 접합자의 가능한 유전자형 조합을 모두 포함한다는 것이 확인된다. 이 계산은 그림 25-4에 요약되었다.

이제 다음 세대의 유전자형 빈도는 안다. 이 새로운 세대의 대립유전자 빈도는 무엇일까? 하디-바인베르그 법칙 하에서 모든 유전자형은 생존율과 번식률이 동등하다고 가정한다. 이는 다음 세대에 모든 유전자형이 새로운 유전자풀을 형성하는데 똑같게 기여한다는 의미이다. *AA* 개체들은 집단의 49%를 차지하며, 그래서 이들이 만든 생식세포는 유전자풀의 49%가 될 것이다. 이들 생식세포는 모두 대립유전자 *A*를 가진다. 마찬가지로, *Aa* 개체들은 집단의 42%를 차지하며, 그래서 이들의 생식세포는 새로운 유전자풀의 42%가 될 것으로 기대된다. 이들 생식세포의 반(0.5)은 대립유전자 *A*가 있을 것이다. 따라서 유전자풀에서 대립유전자 *A*의 빈도는 $0.49 + (0.5)0.42 = 0.7$이다. *Aa* 개체가 만든 생식세포의 다른 반은 대립유전자 *a*가 있을 것이다. *aa* 개체들은 집단의 9%를 차지하며, 그래서 이들의 생식세포는 새로운 유전자풀의 9%가 될 것이다. 이들 생식세포는 모두

난자 \ 정자	fr(A) = 0.7	fr(a) = 0.3
fr(A) = 0.7	fr(AA) = 0.7 × 0.7 = 0.49	fr(Aa) = 0.7 × 0.3 = 0.21
fr(a) = 0.3	fr(aA) = 0.3 × 0.7 = 0.21	fr(aa) = 0.3 × 0.3 = 0.09

그림 25-4. 대립유전자 빈도에서 유전자형 빈도 계산하기. 생식세포는 다음 세대의 유전자형을 만들기 위해 유전자풀에서 추출된 표본을 의미한다. 이 집단에서, A 대립유전자의 빈도는 0.7이고, a 대립유전자의 빈도는 0.3이다. 다음 세대의 유전자형 빈도는 AA에 대해 0.49, Aa에 대해 0.42, 그리고 aa에 대해 0.09로 계산된다. 하디-바인베르그 법칙 하에서, A와 a의 빈도는 매 세대 일정하게 유지된다.

난자 \ 정자	fr(A) = p	fr(a) = q
fr(A) = p	fr(AA) = p^2	fr(Aa) = pq
fr(a) = q	fr(aA) = qp	fr(aa) = q^2

그림 25-5. 하디-바인베르그 가정하에 대립유전자와 유전자형 빈도의 일반화. 대립유전자 A의 빈도는 p이고, 대립유전자 a의 빈도는 q이다. 교배 후, 3개의 유전자형 AA, Aa와 aa은 각각 빈도가 p^2, $2pq$와 q^2이다.

대립유전자 a가 있다. 따라서 새로운 유전자풀에서 대립유전자 a의 빈도는 (0.5)0.42 + 0.09 = 0.3일 것으로 기대할 수 있다. 검산으로 0.7 + 0.3 = 1.0이므로 새로운 세대의 유전자풀에는 모든 생식세포가 포함된다는 것이 확인된다.

일반적인 경우, 하디-바인베르그 모델의 대립유전자 빈도에 대해 숫자값 대신에 변수가 사용된다. $p + q = 1$이고 대립유전자 A의 빈도가 p이고 대립유전자 a의 빈도가 q인 유전자풀을 가정하자. 이 유전자풀에서 수컷의 생식세포와 암컷의 생식세포를 무작위로 뽑아서 짝을 지어 접합자를 만든다면, 둘 다 대립유전자 A가 있을 확률은 $p \times p$이다. 따라서 접합자 중 유전자형 AA는 p^2이다. 암컷의 생식세포에 A가 있고 수컷의 생식세포에 a가 있을 확률은 $p \times q$이고, 암컷의 생식세포에 a가 있고 수컷의 생식세포에 A가 있을 확률은 $q \times p$이다. 따라서 접합자 중 유전자형 Aa의 빈도는 $2pq$이다. 마지막으로, 두 생식세포 모두 a가 있을 확률은 $q \times q$이어서 접합자 중 유전자형 aa의 빈도는 q^2이 된다. 그러므로 모든 접합자의 유전자형 분포는 다음과 같다.

$$p^2 + 2pq + q^2 = 1$$

이 계산은 **그림 25-5**에 요약되었다.

다시 말해서, 이 집단은 조사되고 있는 좌위에 관하여 대립유전자의 빈도가 변하지 않는다, 즉 진화하지 않는다. 그런데 하디-바인베르그 모델의 이론적 집단에 대한 다음의 가정을 기억해야 한다.

1. 모든 유전자형의 개체들은 생존율과 번식률이 같다. 즉 선택이 작용하지 않는다.
2. 새로운 대립유전자가 돌연변이에 의해 생기거나 한 대립유전자가 다른 대립유전자로 변하지 않는다.
3. 개체들이 집단의 안이나 밖으로 이주하지 않는다.
4. 집단이 무한히 큰데, 이는 현실적으로 표본오차나 다른 무작위 영향이 무시될 정도로 집단이 충분히 크다는 것을 뜻한다.
5. 집단 내에서 개체들이 무작위로 교배한다.

이런 가정들이 하디-바인베르그 모델을 집단유전학 연구에서 유용하게 만드는 것이다. 집단이 진화하지(변하지) 않는 상황을 명시함으로써, 하디-바인베르그 모델은 실제 자연계에서 대립유전자 빈도를 변하게 하는 진화의 동력을 밝히는 데 이용될 수 있다. 이 모델의 적용으로 집단의 유전자풀에서 진화의 동력이 작용하지 않는 "중립 유전자"를 밝혀낼 수도 있다.

하디-바인베르그 모형은 추가적으로 세 가지 중요한 결과를 도출하게 한다. 첫째, 우성 형질이 세대가 지나면서 반드시 증가되는 것은 아니라는 것을 보여준다. 둘째, 이상 집단이 설정되고 나면 대립유전자의 빈도가 변하지 않고 유지되므로 **유전적 변이성(genetic variability)**이 집단에 유지될 수 있다는 것을 보여준다.

셋째, 하디-바인베르그 가정이 설정되면, 단 하나의 유전자형 빈도를 앎으로써 다른 모든 유전자형의 빈도를 계산할 수 있다. 알고 있는 것이 단지 환자의 빈도일지라도 열성 유전 질환의 이형접합 보인자의 빈도를 계산할 수 있기 때문에 특히 인류유전학 연구에 유용하다.

실전문제

25-1 초기 집단이 하디-바인베르그 관계의 요건에 부합하고 0.2 *AA*, 0.6 *Aa*와 0.2 *aa* 유전자형으로 이루어졌다면, 1세대 이후 *AA*, *Aa*와 *aa* 유전자형의 빈도를 계산하시오. 두 번째 세대 후에 유전자형 빈도는 어떻게 될 것인가?

■ **힌트:** 이 문제는 하디-바인베르그 법칙의 이용 방법을 이해하는지 묻는 것이다. 해결의 실마리는 2세대의 모든 유전자형에 대한 빈도를 계산하는 데 대립유전자 빈도를 이용하는 것이다.

25.3 하디-바인베르그 법칙은 인간 집단에 적용될 수 있다

실제 집단에서 대립유전자 빈도를 어떻게 측정하는지 알기 위해 AIDS(후천성 면역결핍 증후군)의 원인 바이러스인 HIV-1의 감염에 대한 감수성에 영향을 끼치는 유전자를 살펴보자. 고위험(HIV-양성인 상대와 안전장치 없는 성관계 등)에 노출된 사람 중 소수는 감염되지 않는다. 이들 중 일부는 *CCR5* 유전자의 돌연변이 대립유전자에 대해 동형접합이다.

CCR5 유전자(그림 25-6)는 C-C 케모카인 수용체-5(C-C chemokine receptor-5, CCR5) 단백질을 암호화한다. 케모카인은 면역계와 연관된 신호 분자이다. 또한 CCR5 단백질은 HIV-1에 대한 수용체이기도 하여서, 이 바이러스가 세포로 들어갈 수 있도록 한다. *CCR5* 유전자의 돌연변이 대립유전자는 32 bp 결실이 있어 더 짧고 기능이 없는 단백질을 만든다. 정상 대립유전자는 *CCR51*으로 불리고(*1*으로도 불린다), 돌연변이 대립유전자는 *CCR5-Δ32*로 불린다(*Δ32*라고도 불린다).

*Δ32/Δ32*인 사람은 HIV-1 감염에 저항성을 가진다. 이형접합인 *1/Δ32*인 사람은 HIV-1에 감염될 수 있지만 한층 더 느리게 AIDS로 진행된다. 표 25.1에 *CCR5* 좌위에서 가능한 유전자형과 각각에 연관된 표현형이 요약되어 있다.

표 25.1 *CCR5* 유전자형과 표현형

유전자형	표현형
1/1	성적으로 전파되는 HIV-1 변종에 민감
1/Δ32	민감하지만 AIDS로 서서히 진행
Δ32/Δ32	성적으로 전파되는 대다수 HIV-1 변종에 저항

CCR5-Δ32 대립유전자가 발견되면서 두 가지 중요한 질문이 제기되었다. 어느 인간 집단에 *Δ32* 대립유전자가 있고, 얼마나 흔한가? 이 질문을 다루기 위해, 여러 팀의 연구자들이 여러 집단을 조사하였다. 직접적인 DNA 서열분석으로 유전자형이 결정되었다(그림 25-7). 한 집단에서, 79명이 유전자형 *1/1*, 20명이 (*1/Δ32*)이고 1명이 *Δ32/Δ32*이었다. 이 집단에서 *1/1*인 사람들은 158개의 *1* 대립유전자를 갖고, *1/Δ32*인 사람들은 20개의 *1* 대립유전자를 갖고 있으므로, *1* 대립유전자는 총 178개가 된다. 따라서 이 집단에서 *CCR51* 대립유전자의 빈도는 178/200 = 0.89 = 89%이다. *CCR5-Δ32* 대립유전자는 20명의 *1/Δ32*인 사람들과, 1명의 *Δ32/Δ32*인 사람에게 존재하므로 총 22개이다. 따라서 *CCR5-Δ32* 대립유전자 빈도는 22/200 = 0.11 = 11%이다. $p + q = 1$인 것을 알고, 이 집단에 *CCR5* 유전자의 대립유전자 모두가 포함되었음을 확인한다. 표 25.2는 조사된 집단에서 *1*과 *Δ32* 대립유전자 빈도를 계산하는 두 가지 방법을 보여준다.

CCR5-Δ32 대립유전자가 HIV 감염에 대한 저항성을 주기 때문에 인간 집단에서 증가할 것으로 예상할 수 있는가? 이런 특정 질문에 직접 답하기 어렵지만, 이 장의 앞에서 본 대로 자연선택, 돌연변이, 이주나 유전적 부동 같은 요인이 있을 때 집단의 대립유전자 빈도는 세대가 지나면서 변할 것이다.

두 세대 이상 대립유전자 빈도를 측정함으로써, 하디-바인베르그 가정이 유효하기 때문에 빈도가 평형에 머무를지, 아니면 이들 가정 중 하나 이상이 부합되지 않아 대립유전자 빈도나 유전자형 빈도가 변할지 결정하는 것이 가능하다.

집단의 하디-바인베르그 평형에 대한 검증

특정 집단에서 하디-바인베르그 가정 중 하나(또는 그 이상)이

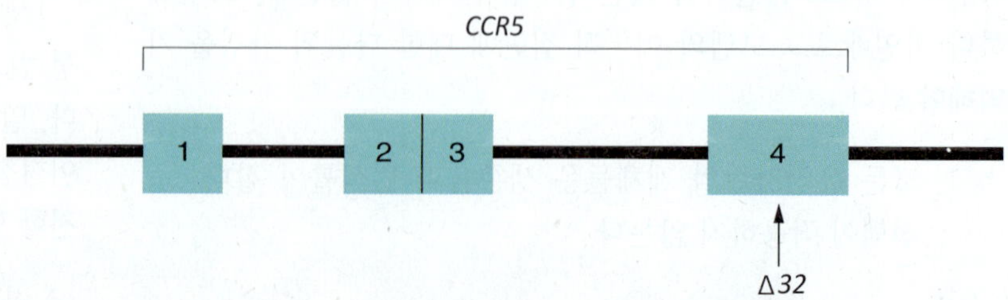

그림 25-6. 3p21.3 부위에 있는 *CCR5* 유전자의 구조. 이 유전자에 4개의 엑손과 2개의 인트론이 있다(엑손 2와 3 사이에 인트론이 없다). 화살표는 HIV-1 감염에 대해 저항성을 만들어 주는 엑손 4에 있는 32 bp 결실의 위치를 보여준다.

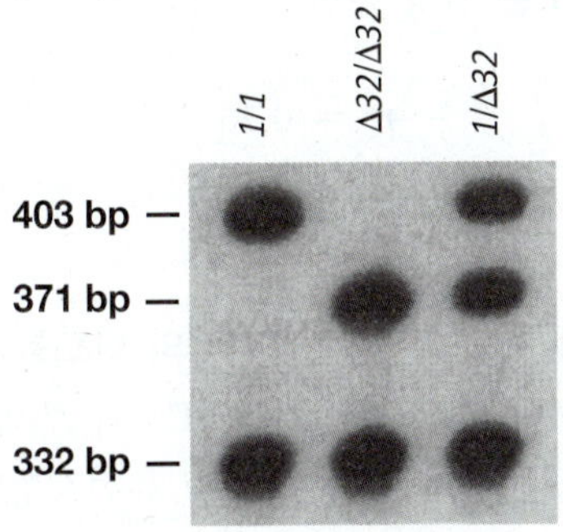

그림 25-7. *CCR5* 유전자의 대립유전자 변이. 연구팀은 32 bp 결실 부위가 있는 *CCR5* 유전자를 증폭하기 위해 PCR을 진행했으며, 합성된 DNA 단편을 제한효소로 잘라 절편을 전기영동했다. 각 열은 단일 개체의 유전자형을 보여준다. *1* 대립유전자는 332 bp 단편과 403 bp 단편을 만들고, *Δ32* 대립유전자는 332 bp 단편과 371 bp 단편을 만든다. 이형접합체는 3개의 띠를 만든다.

부합되지 않는지를 아는 방법은 집단의 유전자형이 평형 상태인가를 확인하는 것이다. 이를 위해, 우선 (이형접합체가 구별될 수 있다면) 표현형을 통해, 또는 단백질이나 DNA 서열의 분석을 통해 직접적으로 유전자형 빈도를 결정한다. 그 다음 앞에서 본 대로 유전자형 빈도에서 대립유전자 빈도를 계산한다. 마지막으로, 자손의 유전자형 빈도를 예측하기 위해 부모 세대의 대립유전자 빈도를 이용한다. 하디-바인베르그 법칙에 따르면, 유전자형 빈도는 $p^2 + 2pq + q^2 = 1$ 관계에 맞게 예측된다. 예측에서 벗어난다면, 문제의 집단에 대해 하디-바인베르그 가정 중 하나 이상이 실효성이 없는 것이다.

예시로 한 집단의 *CCR5* 유전자형을 조사하자. 이 집단에 283명이 있으며, 이들 중 223명이 유전자형 *1/1*이고, 57명이 유전자형 *1/Δ32*이고, 3명이 유전자형 *Δ32/Δ32*이다. 이 숫자를 이용하여 다음의 유전자형 빈도를 계산한다. 각각 *1/1* = 223/283 = 0.788, *1/Δ32* = 57/283 = 0.201, 그리고 *Δ32/Δ32* = 3/283 = 0.011. 유전자형 빈도에서, *CCR51* 대립유전자 빈도는 0.89로, 그리고 *CCR5-Δ32* 대립유전자 빈도는 0.11로 계산될 수 있다. 일단 대립유전자 빈도를 알면, 이 집단이 평형에 있는지 결정하기 위해 하디-바인베르그 법칙을 이용할 수 있다. 대립유전자 빈도에서 다음 세대의 유전자형 빈도가 아래와 같이 예측된다.

$$1/1 \text{ 유전자형의 기대 빈도} = p^2 = (0.89)^2 = 0.792$$

$$1/\Delta 32 \text{ 유전자형의 기대 빈도} = 2pq = 2(0.89)(0.11) = 0.196$$

$$\Delta 32/\Delta 32 \text{ 유전자형의 기대 빈도} = q^2 = (0.11)^2 = 0.012$$

이 기대 빈도는 부모 세대에서 관찰된 빈도와 거의 같다. 이 집단에 대한 검증에서 하디-바인베르그 가정에 어긋난다는 증거를 발견하지 못했다. 결론은 χ^2 분석(3장 참조)을 행하기 위해 유전자형 빈도를 계산할 때 이용된 전체 수를 사용함으로써 확증될 수 있다. 이 경우 유전자형 빈도나 대립유전자 빈도 어느 것도 이 집단에서 변하지 않았고, 이는 집단이 평형에 있으며 선택, 부동, 이주, 돌연변이와 선택 교배가 이 집단에서 작용하지 않았다는 것을 뜻한다.

표 25.2 유전자형에 대한 자료에서 대립유전자 빈도를 구하는 방법

(a) 대립유전자의 수 세기	유전자형 *1/1*	*1/Δ32*	*Δ32/Δ32*	총계
개체의 수	79	20	1	100
1 대립유전자의 수	158	20	0	178
Δ32 대립유전자의 수	0	20	2	22
대립유전자의 총수	158	40	2	200

표본의 *CCR51* 빈도: 178/200 = 0.89 = 89%
표본의 *CCR5-Δ32* 빈도: 22/200 = 0.11 = 11%

(b) 유전자형 빈도에서	유전자형 *1/1*	*1/Δ32*	*Δ32/Δ32*	총계
개체의 수	79	20	1	100
유전자형 빈도	79/100 = 0.79	20/100 = 0.20	1/100 = 0.01	1.00

표본의 *CCR51* 빈도: 0.79 + (0.5)0.20 = 0.89 = 89%
표본의 *CCR5-Δ32* 빈도: (0.5)0.20 + 0.01 = 0.11 = 11%

실전문제

25-2 작은 인간 집단에서 MN 혈액형(MN 혈액형에 대한 설명은 4장 참조)의 대립유전자와 유전자형 빈도를 추적조사하고 있다고 가정하자. 1세 아동집단에 대해 $MM = 0.25$, $MN = 0.5$와 $NN = 0.25$의 유전자형 빈도를 알아냈다. 성인집단의 유전자형 빈도는 $MM = 0.3$, $MN = 0.4$와 $NN = 0.3$이다.

(a) 1세 아동집단과 성인집단에 대해 M과 N 대립유전자 빈도를 계산하라.
(b) 이 집단에서 대립유전자 빈도는 평형에 있는가?
(c) 유전자형 빈도는 평형에 있는가?

■ **힌트:** 이 문제의 해결을 위해 대립유전자와 유전자형 빈도의 계산에 하디-바인베르그 법칙을 적용하는 방법과 세대가 지나면서 변화를 일으키는 요인에 대한 이해를 필요로 한다.

집단의 복대립유전자 빈도 계산하기

비록 두 대립유전자가 있는 유전자 체계를 예로 이용했지만, 많은 유전자들은 하나의 단일 집단에서 여러 대립유전자들이 발견될 수 있다. 사람의 ABO 혈액형(4장에서 논의)이 그런 예이다. 좌위 I(isoagglutinin)는 세 개의 대립유전자 I^A, I^B와 i가 있고, 여섯 가지 가능한 유전자형 조합이 만들어진다(I^AI^A, I^BI^B, ii, I^AI^B, I^Ai, I^Bi). 이 경우 I^A와 I^B는 공우성 대립유전자이고, 둘 다 i에 대해 우성이라는 것을 알아야 한다. 그 결과 동형접합의 I^AI^A와 이형접합의 I^Ai인 사람은 표현형이 같고, I^BI^B와 I^Bi인 사람도 마찬가지로 표현형이 같다. 그래서 단 네 가지의 표현형 조합으로만 구별될 수 있다.

하디-바인베르그 방정식에 또 다른 하나의 변수를 첨가함으로써 세 개의 대립유전자가 관련된 상황에 대한 유전자형과 대립유전자 빈도를 둘 다 계산할 수 있다. p, q와 r은 각각 대립유전자 I^A, I^B와 i의 빈도를 나타낸다. 세 개의 대립유전자가 있기 때문에 다음과 같다.

$$p + q + r = 1$$

하디-바인베르그 가정 하에 유전자형 빈도는 다음과 같이 주어진다.

$$(p + q + r)^2 = p^2 + q^2 + r^2 + 2pq + 2pr + 2qr = 1$$

한 집단의 혈액형 빈도를 알면, ABO 체계에서 세 개 대립유전자의 빈도를 추산할 수 있다. 예를 들면, 표본 추출된 한 집단에서 A = 0.53, B = 0.133와 O = 0.26의 혈액형 빈도가 관찰되었다. i 대립유전자가 열성이기 때문에, 혈액형 O의 집단 내 빈도는 열성 유전자형의 비율 r^2과 같다. 따라서

$$\begin{aligned} r^2 &= 0.26 \\ r &= \sqrt{0.26} \\ r &= 0.51 \end{aligned}$$

r을 이용하여, I^A와 I^B 대립유전자의 빈도를 산출할 수 있다. I^A 대립유전자는 두 개의 유전자형, I^AI^A와 I^Ai에 존재한다. I^AI^A 유전자형의 빈도는 p^2로 나타나고 I^Ai 유전자형의 빈도는 $2pr$로 나타난다. 그러므로 혈액형 A와 혈액형 O의 합산 빈도는 다음과 같이 주어진다.

$$p^2 + 2pr + r^2 = 0.53 + 0.26$$

방정식의 좌변을 인수분해하고 우변의 항을 합하면,

$$\begin{aligned} (p + r)^2 &= 0.79 \\ p + r &= \sqrt{0.79} \\ p &= 0.89 - r \\ p &= 0.89 - 0.51 = 0.38 \end{aligned}$$

대립유전자 I^A와 i의 빈도인 p와 r을 산출하고 나면, I^B 대립유전자의 빈도를 산출할 수 있다.

$$\begin{aligned} p + q + r &= 1 \\ q &= 1 - p - r \\ &= 1 - 0.38 - 0.51 \\ &= 0.11 \end{aligned}$$

이 집단의 표현형과 유전자형 빈도는 표 25.3에 요약되어 있다.

X-연관 형질의 대립유전자 빈도 계산하기

XY 성-결정 체계에서 동형배우자(XX) 성은 X-연관 대립유전자의 사본 2개가, 반면에 이형배우자(XY) 성은 한 개의 사본이 있다는 전제하에 X-연관 형질의 대립유전자와 유전자형 빈도를

표 25.3 대립유전자 I^A 빈도 = 0.38, 대립유전자 I^B 빈도 = 0.11, 그리고 대립유전자 i 빈도 = 0.51인 하디-바인베르그 집단에서 복대립유전자에 대한 유전자형 빈도 계산하기

유전자형	유전자형 빈도	표현형	표현형 빈도
I^AI^A	$p^2 = (0.38)^2 = 0.14$	A	0.53
I^Ai	$2pr = 2(0.38)(0.51) = 0.39$		
I^BI^B	$q^2 = (0.11)^2 = 0.01$	B	0.12
I^Bi	$2qr = 2(0.11)(0.51) = 0.11$		
I^AI^B	$2pq = 2(0.38)(0.11) = 0.084$	AB	0.08
ii	$r^2 = (0.51)^2 = 0.26$	O	0.26

계산하는 데 하디-바인베르그 법칙을 적용할 수 있다. 암컷은 XX이고 수컷은 XY인(인간을 포함한) 포유류의 경우, 유전자풀 내 X-연관 대립유전자의 빈도와 X-연관 형질이 발현된 수컷의 빈도는 같을 것이다. 왜냐하면 각 수컷은 한 개의 X 염색체만 있고 수컷 개체가 해당 대립유전자가 있는 X 염색체를 물려받게 될 확률이 그 대립유전자의 빈도와 같기 때문이다. 암컷 개체가 X 염색체 둘 다에 해당 대립유전자가 있을 확률은 q^2일 것이고, 여기서 q는 그 대립유전자의 빈도이다.

X-연관 열성형질 중 하나인 인간 남성의 8%에서 나타나는 적록색맹을 예로 들어보자. 위의 설명에 따르면 색맹 대립유전자의 빈도는 0.08이다. 다시 말해서 X 염색체의 8%에 이 대립유전자가 있다.

나머지 92%의 X 염색체에는 적록색에 대해 정상 시각의 우성 대립유전자가 있다. 정상 대립유전자의 빈도를 p로, 색맹 대립유전자의 빈도를 q로 규정하면, $p = 0.92$와 $q = 0.08$이다. (색맹 대립유전자가 있는 X 염색체를 두 개 가진) 색맹인 여성의 빈도는 $q^2 = (0.08)^2 = 0.0064$이고, (정상 X 염색체 하나와 색맹 X 염색체 하나가 있는) 보인자인 여성의 빈도는 $2pq = 2(0.08)(0.92) = 0.147$이다. 다시 말해서, 여성의 14.7%는 비록 자신은 정상 시각이지만 적록색맹 대립유전자가 있어 자녀에게 전달할 수 있다.

X-연관 유전자에 있어서 남성과 여성의 배우자세포 사이에 대립유전자 빈도 차이가 있어 나타나는 중요한 결과는 희귀한 열성 대립유전자의 경우 해당 형질이 XX인 여성보다 XY인 남성 사이에 훨씬 높은 빈도로 발현된다는 것이다. 예를 들면, 사람의 혈우병과 뒤센근이영양증(Duchenne muscular dystrophy, DMD)은 둘 다 X 염색체상 열성 유전자에 의해 발현되는데, 돌연변이 대립유전자 단 하나를 물려받기만 하면 질환을 겪는 아들에서 훨씬 더 흔하다. 질환 X 염색체 두 개를 물려받은 딸들도 질환에 걸리지만 희귀 대립유전자의 경우 발생률은 낮다.

이형접합체 빈도 계산하기

하디-바인베르그 법칙의 유용한 적용은, 특히 인류유전학에서 집단 내 이형접합체의 빈도를 추산하는 것이다. 열성 형질의 빈도는 보통 집단의 표본에서 동형접합으로 열성 표현형의 사람을 세어 결정할 수 있다. 이 정보와 하디-바인베르그 법칙으로 이 유전자 좌위에 대해 유전자형 빈도와 대립유전자 빈도를 계산할 수 있다.

상염색체 열성 형질인 낭포성 섬유증은 북유럽 혈통의 사람들에서 약 1/2,500로 발생한다. 낭포성 섬유증이 있는 사람은 대체로 과도한 염분의 땀, 폐에 과량의 진한 점액과 세균 감염에 대한 감수성 등의 증상을 보이며 쉽게 식별된다. 열성 형질이기 때문에 낭포성 섬유증이 있는 사람은 동형접합이다. (앞 세대에서 무작위로 혼인을 한다면) 집단 내 이들의 빈도는 q^2으로 나타난다. 그러므로 이 열성 대립유전자의 빈도는 다음과 같다.

$$q = \sqrt{q^2} = \sqrt{0.0004} = 0.02$$

$p + q = 1$ 이기 때문에,

$$p = 1 - q = 1 - 0.02 = 0.98$$

하디-바인베르그 방정식에서, 이형접합체의 빈도는 $2pq$이다. 따라서

$$2pq = 2(0.98)(0.02) = 0.04 \text{ 또는 } 4\%, \text{ 즉 } 1/25$$

그러므로 동형접합의 열성 발생률이 단지 1/2500, 즉 0.04%일지라도 낭포성 섬유증에 대한 이형접합체는 꽤 흔하다(집단 내 4%, 즉 1/25의 사람들). 집단이 하디-바인베르그 가정에 부합하지 않을 수 있기 때문에 이와 같은 계산값은 추정값이다.

실전문제

25.3 백색증 표현형은 평형에 있는 집단 내 1/10,000의 사람들에서 발생하고 백색증은 상염색체 열성 대립유전자 *a*에 의해 일어난다면, 이 집단에서 (a) 열성 돌연변이 대립유전자, (b) 정상 우성 대립유전자, (c) 이형접합체의 빈도와 (d) 이형접합체 사이의 혼인 빈도를 계산하시오.

■ **힌트:** 이 문제는 대립유전자와 유전자형 빈도의 계산 방법의 이해와 관련된다. 해결의 실마리는 우선 이 집단에서 백색증의 빈도를 결정하는 것이다.

25.4 자연선택은 대립유전자 빈도의 변화를 일으키는 주요 요인이다

진화를 이해하기 위해서는, 집단의 유전자풀을 변화시켜 새로운 종의 형성으로 이끌어갈 수 있는 작용력을 이해해야만 한다. 집단을 변화시키는 기작 중 중요한 것은 Darwin과 Wallace가 독립적으로 발견한 **자연선택(natural selection)**이다. 월리스-다윈의 자연선택 개념은 다음과 같이 요약될 수 있다.

1. 한 종의 개체들은, 예를 들어 크기, 민첩함, 색, 적에 대한 방어, 먹이 섭취 능력, 구애 행동과 개화 시기 등 여러 면에서 표현형의 변이를 보여준다.

2. 이들 변이 중 많은 것들이 작고 외견상 하찮아 보이더라도 유전되어 자손에 전해진다.

3. 생물은 지수 방식으로 증가하는 경향이 있다. 생존할 수 있는 것보다 더 많은 자손이 생산되므로, 종의 구성원들은 생존을 위한 투쟁을 하게 되고 희소한 자원을 두고 다른 구성원과 경쟁하게 된다. 자손들은 또한 포식자를 피해야만 하고 유성생식을 하는 종에서는 짝을 두고 경쟁을 해야 한다.

4. 생존 경쟁에서 특정 표현형의 개체들은 다른 개체들보다 생존에 더 성공적일 것이므로 전자는 더 높은 비율로 살아남고 번식하게 된다.

자연선택의 결과로 집단과 종이 변한다. 생존과 번식에 이득을 주는 표현형은 더욱 흔해지고 생존과 번식에 불리한 표현형은 궁극적으로 사라질 수 있다. 특정 환경 조건에서 한때 상호교배할 수 있던 집단들이 교배 가능성을 잃게 되고, 따라서 특정 생태적 지위로 적응이 갈라지게 될 수 있다. 선택이 계속되면 새로운 종의 출현을 초래할 수 있다.

집단에서 자연선택 발견하기

하디-바인베르그 법칙을 이용한 대립유전자 빈도와 유전자형 빈도 측정은 이상 집단에 대한 특정 가정을 기초로 한다는 것을 기억하자. 큰 집단크기, 이주의 결여, 무작위 교배 존재, 선택과 돌연변이의 부재와 자손의 동등한 생존율.

하지만 모든 유전자형이 생존율이 동일하지 않거나 같은 수의 자손을 남기지 않는다면, 대립유전자 빈도는 매 세대 변할 수 있다. 이유를 알아보기 위해, 대립유전자 A의 빈도가 0.5이고 대립유전자 a의 빈도가 0.5인 100개체의 집단을 가정하자. 이전 세대가 무작위로 교배를 하였다고 가정하면, 현 세대의 유전자형 빈도는 AA에 대해 $(0.5)^2 = 0.25$, Aa에 대해 $2(0.5)(0.5) = 0.5$, aa에 대해 $(0.5)^2 = 0.25$이다. 집단에 100개체가 있기 때문에, AA 개체는 25, Aa 개체는 50, 그리고 aa 개체는 25가 있다. 이제 각 유전자형의 개체들이 생존율이 다르다고 가정하자. 25 AA 개체 모두 생존하여 번식하고, Aa 개체 중 45, 즉 90%가 생존하여 번식하며, aa 개체 중 20, 즉 80%가 생존하여 번식한다. 생존자가 번식할 때, 각각은 2개의 배우자세포를 새로운 유전자풀에 기여하고, 따라서 $2(25) + 2(45) + 2(20) = 180$개의 배우자세포를 제공한다. 생존 집단에서 두 대립유전자의 빈도는 얼마인가? AA 개체에서 50개의 A 배우자세포가 나오고, Aa 개체에서 45개의 A 배우자세포가 더해져, 대립유전자 A의 빈도는 $(50 + 45)/180 = 0.53$이다. Aa 개체에서 45개의 a 배우자세포가 나오고, aa 개체에서 40개의 a 배우자세포가 더해져 대립유전자 a의 빈도는 $(45 + 40)/180 = 0.47$이다.

이것은 시작한 빈도와 다르다. 대립유전자 A의 빈도는 증가한 반면, 대립유전자 a의 빈도는 감소했다. 개체 사이의 생존율이나 번식률(또는 둘 다)의 차이는 자연선택의 예이다. 자연선택은 큰 집단 내 대립유전자 빈도를 바꾸는 주요 작용력이고, 진화적 변화를 유발하는 가장 중요한 요인 중 하나이다.

적응도와 선택

선택은 특정 유전자형의 개체들이 다른 유전자형보다 생존이나 번식에 더 유리함이 있을 때 언제나 발생한다. 하지만 선택은 1보다 적은 수에서 100%까지 다양할 수 있다. 앞의 가설적인 예에서는 선택이 강했다. 약한 선택은 다른 유전자형들의 생존율에 1% 미만의 차이만 나타낼 수도 있다. 생존과 번식의 유리함은 궁극적으로 미래 세대에 대한 증가된 유전적 기여로 해석된다. 미래 세대에 대한 한 개체의 유전적 기여를 **적응도(fitness)**라고 한다. 높은 번식 성공률과 연관된 유전자형은 적응도가 높다고 말하는 반면에, 낮은 번식 성공률과 연관된 유전자형은 적응도가 낮다고 말한다.

하디-바인베르그 분석으로 적응도를 조사할 수 있다. 관행으로 집단유전학자는 w로 적응도를 표시한다. 따라서 w_{AA}는 유전자형 AA의 상대적인 적응도, w_{Aa}는 유전자형 Aa의 상대적인 적응도, 그리고 w_{aa}는 유전자형 aa의 상대적인 적응도를 표시한다. 예를 들면, $w_{AA} = 1$, $w_{Aa} = 0.9$, 그리고 $w_{aa} = 0.8$ 값을 부여하는 것은 앞의 가설적인 사례에서처럼 모든 AA 개체가 생존하고, Aa 개체의 90%가 생존하며, aa 개체의 80%가 생존한다는 것을 의미한다.

해로운 대립유전자를 제외시키는 선택을 살펴보자. 적응도 값, $w_{AA} = 1$, $w_{Aa} = 1$, 그리고 $w_{aa} = 0$은 a가 동형접합 치사 대립유전자인 상황을 나타낸다. 열성 동형접합인 개체는 자손을 남기지 않고 죽기 때문에, 대립유전자 a의 빈도는 감소할 것이다. 대립유전자 a 빈도의 감소는 다음 방정식으로 설명된다.

$$q_g = \frac{q_0}{1 + gq_0}$$

여기서 q_g는 세대 g의 대립유전자 a 빈도이고, q_0는 a의 초기 빈도(즉, 0 세대의 a 빈도)이고, g는 경과된 세대의 수이다.

그림 25-8은 초기 빈도가 0.5인 열성 치사 대립유전자의 경우 어떤 일이 일어나는지 보여준다. aa 유전자형의 높은 퍼센트 때문에 처음에는 대립유전자 a의 빈도는 빠르게 감소한다. a의 빈도는 두 세대만에 반이 된다. 여섯 번째 세대까지 빈도는 다시 반이 된다. 하지만 이제 대립유전자 a의 대다수는 이형접합체에 나타난다. a가 열성이기 때문에, 이들 이형접합체는 선택에 불리하지 않다. 그 결과, 시간이 더 지남에 따라 대립유전자 a의 빈도는 한층 더 느리게 감소한다. 이형접합체가 계속 교배를 하는 한 선택으로 인해 열성 대립유전자 a가 집단에서 완전히 제거되는 것은 어렵다.

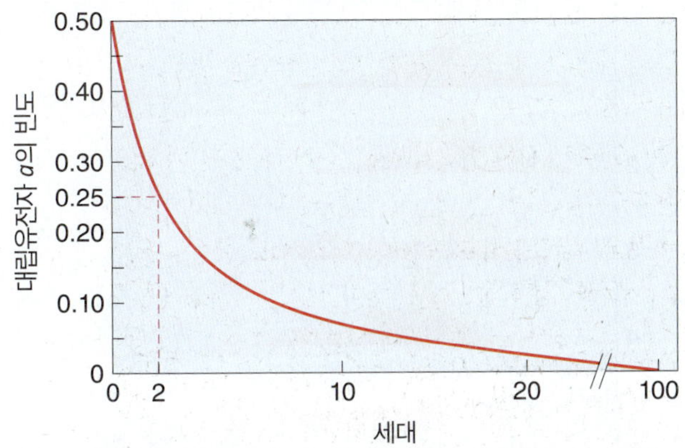

그림 25-8. 열성 치사 대립유전자 *a*의 빈도 변화. *a*의 빈도는 두 세대에 반이 되고 여섯 번째 세대까지 다시 반이 된다. 이후 대립유전자 *a*는 대부분 이형접합체에 있기 때문에 빈도의 감소는 서서히 일어난다.

그림 25-9는 치사를 일으키지 않는 열성 대립유전자 *a*를 제외시키는 다양한 정도의 선택 결과를 보여준다. 이 경우, 선택의 강도는 강한 값(빨강 곡선)에서부터 중간 값(노랑, 자주와 녹색 곡선)을 포함하여 약한 값(파랑 곡선)까지 다양하다. 각 예에서, 해로운 대립유전자 *a*의 빈도는 0.99에서 시작하여 시간이 지나면서 감소한다. 하지만 감소율은 선택의 강도에 따라 크게 영향을 받는다. 선택이 강하여(빨강 곡선) 이형접합체의 90%와 *aa* 동형접합체의 80%만 생존할 경우, 대립유전자 *a*의 빈도는 약 85세대만에 0.99에서 0.01 아래로 떨어진다. 하지만 선택이 약해서(파랑 곡선) 이형접합체의 99.8%와 *aa* 동형접합체의 99.6%가 생존할 경우, 대립유전자 *a*의 빈도는 0.99에서 0.93으로 감소하는데 1,000세대가 걸린다. 여기서 두 가지 중요한 결론이 도출될 수 있다. 첫째, 약한 선택일지라도 수천 세대가 지나면 대립유전자 빈도의 실질적인 변화를 일으킬 수 있다. 진화는 일반적으로 아주 많은 세대에 걸쳐 일어나기 때문에 선택은 진화의 강력한 동력이라 할 수 있다. 둘째, 대립유전자 빈도의 빠른 변화를 만드는 선택의 경우 유전자형 사이의 적응도 차이가 큰 것이 틀림없다.

선택이 대립유전자에 영향을 끼치는 방식을 살펴보면 앞에서 다룬 *CCR5*-Δ*32* 대립유전자에 대해 약간의 추론을 할 수 있다. 유전자형 Δ*32*/Δ*32* 개체는 대부분 성 관계를 통해 전파되는 HIV-1 변종에 저항력이 있지만 유전자형 *1*/*1*과 *1*/Δ*32* 개체는 바이러스 감수성이 있기 때문에, AIDS는 시간이 지나면서 Δ*32* 대립유전자의 빈도를 증가시키는 선택압으로 작용할 것이라 예측할 수 있다. 사실, 그렇게 될 것이지만 Δ*32* 대립유전자 빈도의 증가는 인간의 시간으로 느리게 진행될 것이다. 실은, Δ*32* 대립유전자의 빈도가 겨우 0.11로 되는데 대략 100세대(약 2000년)가 걸릴 것이다. 다시 말해서, Δ*32* 대립유전자 빈도는 아마도 현재 이 대립유전자를 가진 대다수 집단에서 몇 세대 동안 크게 바뀌지는 않을 것이다.

여러 유형의 선택이 있다

표현형은 환경의 효과와 개체의 많은 다른 좌위의 유전자형의 연합작용으로 인한 결과이다. 형질에 대한 선택은 (1) 방향성, (2) 안정화, 또는 (3) 분단성으로 분류될 수 있다.

방향성 선택(directional selection, 그림 25-10)에서 집단에 있는 표현형 범위에서 한 쪽 끝의 표현형이 일반적으로 환경 변화의 결과로 선택에 유리해지거나 불리해진다. 면밀하게 입증된 예는 갈라파고스 군도의 다프네 메이저 섬(Daphne Major Island)에 사는 중간땅핀치(*Geospiza fortis*)에 대한 Peter와 Rosemary Grant의 연구결과이다. 이 새들의 부리 크기는 상당히 다양하다. 예를 들면, 1976년 집단의 일부 새들은 부리 크기가 7 mm보다 짧았지만, 다른 새들은 부리 크기가 12 mm보다 길었다. 1977년 극심한 가뭄으로 핀치의 약 80%가 죽었다. 먹이가 희소해졌을 때 큰 부리의 새들이 더욱 다양한 씨앗들을 먹을 수 있었기 때문에 큰 부리의 새들이 작은 부리의 새들보다 더

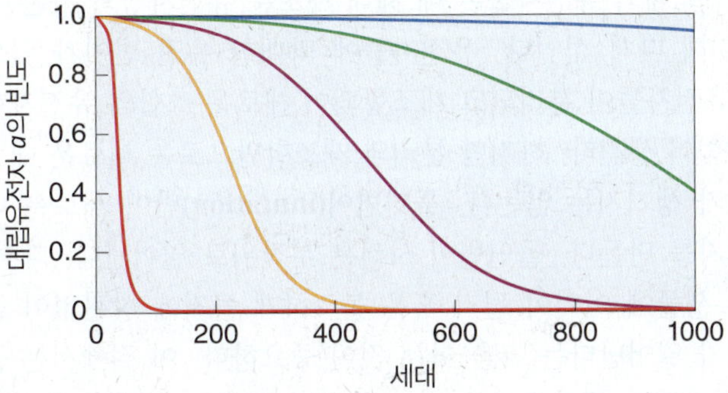

그림 25-9. 대립유전자 빈도에 대한 선택의 효과. 해로운 대립유전자가 집단에서 제거되는 속도는 선택의 강도에 따라 크게 좌우된다.

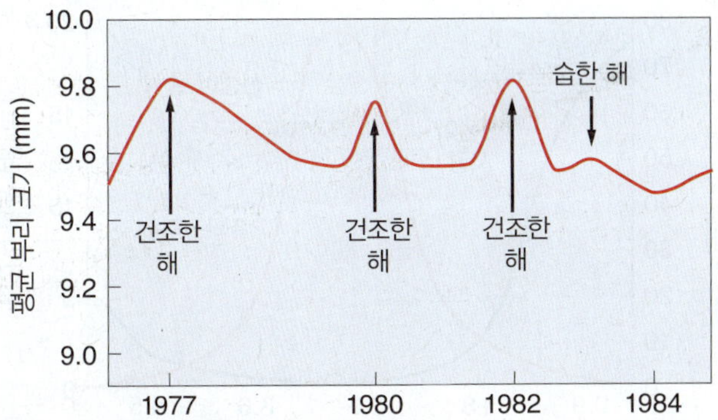

그림 25-10. 건조한 해에는 핀치의 부리 크기가 강한 선택 때문에 증가한다. 가뭄 사이에는, 큰 부리에 대한 선택이 그렇게 강하지 않으며, 부리 크기가 더 작은 새들이 살아남고 번식하여, 부리가 작은 새의 수가 증가한다.

높은 비율로 생존하였다. 1978년 가뭄이 끝났을 때, 생존자의 자손들은 부모의 큰 부리를 물려받았다. 1976년과 1978년 사이에 다프네 메이저 섬에 사는 핀치 집단의 부리 크기는 평균 0.5 mm 이상 증가했고, 평균 부리 크기는 표현형의 한 극단으로 이동했다.

안정화 선택(stabilizing selection)은 대조적으로 양 극단이 선택에 불리하게 작용하여 중간 표현형을 선호하는 경향이 있다. 시간이 지나면서, 이 선택은 집단의 표현형 변이를 줄일 것이지만 평균은 유의미하게 바뀌지 않을 것이다. 안정화 선택의 가장 명확한 증거는 11년에 걸쳐 태어난 13,730명 신생아의 체중과 생존율 연구에서 보여준다. **그림 25-11**은 신생아 체중과 4주 연령의 사망률의 분포를 보여준다. 신생아 사망률은 최적 신생아 체중이 3.4 kg인 분포의 양끝 쪽에서 증가한다. 안정화 선택은 집단이 현재 환경에 잘 적응된 상태로 유지되도록 작용한다.

분단성 선택(disruptive selection)은 중간자에게 불리하고 표현형의 양 극단에 유리하게 작용하는 선택이다. 이 선택은 중간형에 불리하게 작용하기 때문에 안정화 선택의 정반대로 보일 수 있다. 그 결과 **그림 25-12**에서 볼 수 있는 것처럼 해당 형질에 대해 점점 더 심한 양봉분포(bimodal distribution)를 보이는 집단이 만들어진다. 초파리를 이용한 일련의 실험에서, 많은 강모 수나 적은 강모 수를 가진 초파리만 교배가 허용되도록 강모 수에 대한 분단성 인위선택을 여러 세대 진행한 후 대다수 초파리들은 적은 강모 수나 많은 강모 수의 범주로 쉽게 나누어질 수 있었다. 자연 집단에서 이런 상황은 이질적 환경에 있는 집단에서 나타날 수 있다.

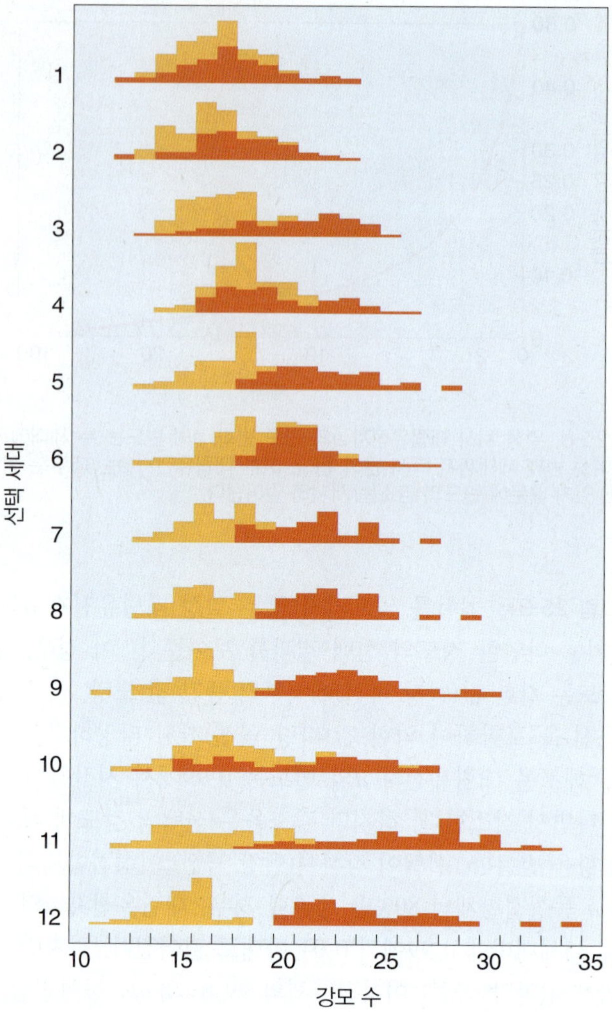

그림 25-12. 초파리에서 강모 수에 대한 분단성 선택의 효과. 가장 높은 강모 수와 가장 낮은 강모 수의 개체들이 선택되었을 때, 12세대만에 집단이 겹치지 않는 분기를 보여주었다.

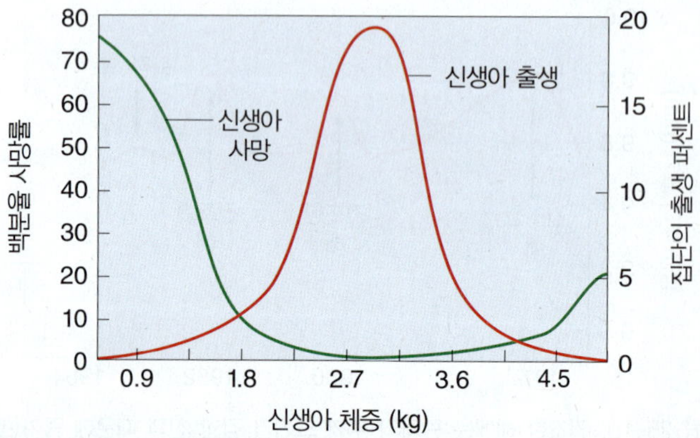

그림 25-11. 사람의 신생아 체중과 사망률의 관계.

25.5 돌연변이는 유전자풀에 새로운 대립유전자를 만든다

한 집단 내의 유전자풀은 매 세대 새로운 유전자형의 자손을 낳기 위해 다시 섞인다. 유전자풀에 막대한 유전 변이가 있으므로, 유전자들이 분리되고 재조합되어 새로운 조합의 유전자형이 끊임없이 생긴다. 하지만 분리와 재조합만으로는 새로운 대립유전자가 생기지는 않는다. **돌연변이(mutation)**만이 새로운 대립유전자를 만든다. 돌연변이 사건은 무작위로 일어난다. 다시 말해서 생물에 이익이 될지 혹은 불리하게 될지에 상관없이 돌연변이가 일어난다는 것을 아는 것이 중요하다. 이 절에서는 돌연변이 자체가 대립유전자 빈도 변화의 중요한 요인인지 살펴볼 것이다.

돌연변이가 대립유전자 빈도 변화의 중요 요인인지 결정하기 위해 돌연변이가 일어나는 속도를 측정한다. 대다수 돌연변이가 열성이므로 이배체 생물에서 돌연변이율을 직접 관찰하는 것은 어렵다. 돌연변이율을 측정하기 위해 확률과 통계, 또는 대규모 선별검사를 이용한다. 그러나 우성 돌연변이의 경우 직접적인 측정 방법을 사용할 수 있다. 정확도를 위해 몇 가지 조건이 충족되어야 한다.

1. 이 대립유전자는 열성 대립유전자가 만드는 비슷한 표현형과 구별될 수 있는 뚜렷한 표현형을 만들어야 한다.
2. 형질이 완전히 발현되어, 즉 완전하게 침투되어 돌연변이 개체가 뚜렷하게 구별될 수 있어야 한다.
3. 동일한 표현형이 약이나 화학물질 같은 비유전적 요인에 의해 만들어지지 않아야 한다.

돌연변이율은 일정 수의 배우자 세포에서 새로운 돌연변이 대립유전자의 수로 나타낼 수 있다. 돌연변이가 일어난 유전자가 우성대립유전자로 작용하고, 10만 명 출생 중 2명이 돌연변이 표현형으로 나타나는 경우를 가정하자. 이 두 경우 모두 부모의 표현형은 정상이다. 출생한 접합자들은 각각 해당 유전자의 사본 2개를 가지므로 실질적으로 유전자의 20만 개 사본(혹은 배우자)을 조사한 것이다. 돌연변이 출생이 각각 이형접합이라고 가정하면 20만 개 중 2개의 돌연변이 대립유전자를 발견한 것이다. 따라서 돌연변이율은 2/200,000, 즉 1/100,000이며, 과학적 표현으로는 1×10^{-5}이다. 인간의 경우, **연골무형성증(achondroplasia)**으로 알려진 왜소증은 우성 표현형을 나타내며, 돌연변이율을 측정할 수 있는 요건을 충족한다. 이 골격 장애가 있는 사람은 커진 두개골, 짧은 팔과 다리를 가지며, 출생 시 X선 검사로 진단될 수 있다. 거의 25만 건의 출산에 대한 조사에서 연골무형성증의 돌연변이율(μ)은 다음과 같이 계산되었다.

$$\mu = 1.4 \times 10^{-5} \pm 0.5 \times 10^{-5}$$

돌연변이율을 앎으로써, 돌연변이에 의해 한 세대에서 다음 세대로 대립유전자 빈도가 변하는 정도를 추정할 수 있다. 정상 대립유전자를 d로 표시하고 연골무형성증의 대립유전자를 D로 표기한다.

모두 dd의 유전자형인 50만 명의 집단을 가정하자. 대립유전자 d의 초기 빈도는 1.0이고, D의 초기 빈도는 0이다. 각 개체가 유전자풀에 2개의 배우자를 기여한다고 하면, 유전자풀에는 100만 개의 배우자가 있게 될 것이고, 모두 대립유전자 d를 가질 것이다. 유전자풀에 있는 배우자에서, 매 10만 개의 d 대립유전자 중 1.4개의 빈도로 D 대립유전자로 돌연변이가 일어나면, 대립유전자 d의 빈도는 이제 (1,000,000 − 14)/1,000,000 = 0.999986이고, 대립유전자 D의 빈도는 14/1,000,000 = 0.000014이다. 이들 숫자로 볼 때 돌연변이 자체만으로 이 집단의 대립유전자 빈도가 감지될 수 있을 정도로 변하기까지는 긴 시간이 필요한 것이라는 점은 명백하다. 다시 말해서, 돌연변이는 새로운 대립유전자를 만들지만 그 자체로 큰 집단에서 인지될 속도로 대립유전자 빈도를 바꾸지는 않는다. 하지만 매우 작은 집단에서는 돌연변이가 대립유전자 빈도를 바꿀 수 있다.

25.6 이주와 유전자 흐름은 대립유전자 빈도를 바꿀 수 있다

때때로 한 종은 지리적으로 격리된 집단들로 나뉜다. 선택을 포함한 여러 진화 동력으로 인해 이런 격리된 집단들을 서로 다른 대립유전자 빈도를 가지게 된다. **이주(migration)**는 집단 사이에 개체들이 이동할 때 발생한다. 한 좌위에 2개의 대립유전자, A와 a가 있는 종을 가정하자. 이 종의 두 집단이 하나는 본토에, 다른 하나는 섬에 있다. 본토에서 A의 빈도는 p_m, 섬에서 A의 빈도는 p_i이다. 본토에서 섬으로 이주가 일어난다고 하면, 섬에서 A의 다음 세대 빈도(p_i')는 다음과 같다.

$$p_i' = (1 - m)p_i + mp_m$$

여기서 m은 본토에서 섬으로 이주한 개체의 비율을 표시하고 이주는 유전자형과 관련하여 무작위로 일어난다.

이주가 섬에서 A의 다음 세대 빈도(p_i')에 끼치는 영향의 예로서, $p_i = 0.4$, $p_m = 0.6$, 그리고 다음 세대 부모의 10%가 본토에서 온 이주자라고($m = 0.1$) 가정하자. 그러면 다음 세대에 섬의 대립유전자 A 빈도는 다음과 같을 것이다.

$$\begin{aligned} p_i' &= [(1 - 0.1) \times 0.4] + (0.1 \times 0.6) \\ &= 0.36 + 0.06 \\ &= 0.42 \end{aligned}$$

이 경우, 본토에서 온 이주로 인해 한 세대만에 섬에서 대립유전자 A의 빈도를 0.4에서 0.42로 바꾸었다.

이 계산에서 이주로 인해 생기는 대립유전자 빈도의 변화가 기여집단과 수용집단 사이의 대립유전자 빈도 차이와 이주율에 비례한다는 것을 알 수 있다. m이 크거나 p_m이 p_i와 크게 다르면, 단 한 세대에 대립유전자 A의 빈도에 비교적 큰 변화가 일어날 수 있다. 이주가 섬에서 대립유전자 빈도를 변화시키는 유일한 동력이라면, $p_i = p_m$일 때만 평형에 도달할 것이다. 이런 지

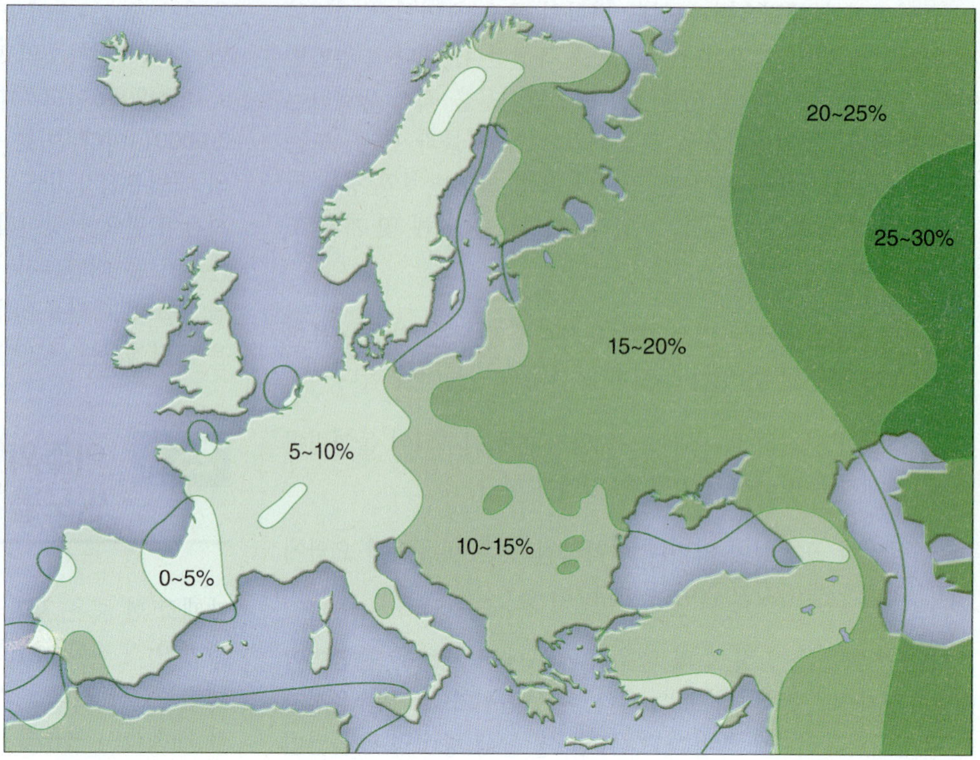

그림 25-13. 진화의 동력으로서 이주. *ABO* 좌위의 I^B 대립유전자는 동에서 서로 기울기를 보여주며 존재한다. 이 대립유전자는 중앙아시아에서 가장 높은 빈도를, 스페인에서 가장 낮은 빈도를 보여준다. 기울기는 로마 제국의 몰락에 이은 유럽으로 온 몽골의 이주 물결과 병행하며, 인류 역사의 유전적 유물이다.

침은 정량화하기 어려운 경우 이주를 예측하는 데 종종 사용될 수 있다. ABO 혈액형의 I^B 대립유전자 빈도에 대해 보여준 그림 25-13에서처럼, m은 넓은 범위의 값이 될 수 있으므로, 이주의 효과는 집단의 대립유전자 빈도를 상당히 바꿀 수 있다.

25.7 유전적 부동은 작은 집단에서 대립유전자 빈도의 무작위적 변화를 일으킨다

작은 집단에서 대립유전자 빈도의 유의미한 무작위 변동이 우연에 의해서만 일어날 수 있으며, 이러한 현상을 **유전적 부동(genetic drift)**이라 한다. 변동의 정도는 집단크기가 감소함에 따라 증가한다. 작은 집단 이외에도 유전적 부동은 **창시자 효과(founder effect)**를 통해 일어날 수 있다. 창시자 효과는 한 집단이 소수의 개체들에서 시작될 때 나타나며, 나중에 집단의 크기가 증가하더라도 모든 구성원의 유전자들은 창시자의 유전자에서 유래된다(돌연변이, 이주나 선택이 작용하지 않고 무작위 교배가 이루어진다는 가정 하에). 유전적 부동은 **유전적 병목(genetic bottleneck)**을 통해서도 나타날 수 있다. 병목현상은 큰 집단의 개체수가 급격하지만 일시적으로 감소할 때 발생한다. 집단의 크기가 회복될지라도 유전적 다양성은 상당히 감소된 채로 있게 된다.

인간 집단에 대한 창시자 효과

특정 인간 집단들의 대립유전자 빈도는 자연집단에서 유전적 부동의 작용을 보여준다. 미국 남서부에 살고 있는 원주민은 눈피부 백색증(oculocutaneous albinism, OCA)의 빈도가 높다. 주로 애리조나주 북동부에 사는 나바호족에서 백색증은 1,500~2,000명 중 1명의 빈도로 발생하며, 백인(36,000명 중 1명)이나 아프리카계 미국 흑인(10,000명 중 1명)과 비교된다. 4종류의 OCA가 있으며(OCA1-4), 모두 피부, 눈과 머리카락에 다양한 정도의 멜라닌 결핍이 있다. OCA2는 원형질막 단백질을 암호화하는 *P* 유전자의 돌연변이로 생긴다. 나바호족 백색증의 유전적 원인을 조사하기 위해 *P* 유전자에 대한 돌연변이 여부를 조사하였다. 연구 결과 백색증이 있는 나바호인은 모두 *P* 유전자의 엑손 10~20에 걸친 122.5 kb 부위의 결실에 대해 동형접합이었다(그림 25-14). 이 결실 대립유전자가 다른 원주민 집단에 속하는 34명에는 존재하지 않았다.

한 세트의 PCR 프라이머를 이용하여, 증상이 있는 동형접합인 환자와 이형접합인 보인자를 구분할 수 있었으며(그림 25-15), 정상 수준의 색소가 있는 나바호족 134명, 나바호족과 근연관계인 아파치족 42명을 조사했다. 이 표본을 근거로 보면, 나바호족의 이형접합 빈도는 4.5%로 추정된다. 조사된 아파치 집단에서는 보인자가 발견되지 않았다.

OCA2를 일으키는 122.5 kb 결실 대립유전자는 나바호족에서만 발견되었고, 미국 남서부에 있는 다른 원주민 부족에서는

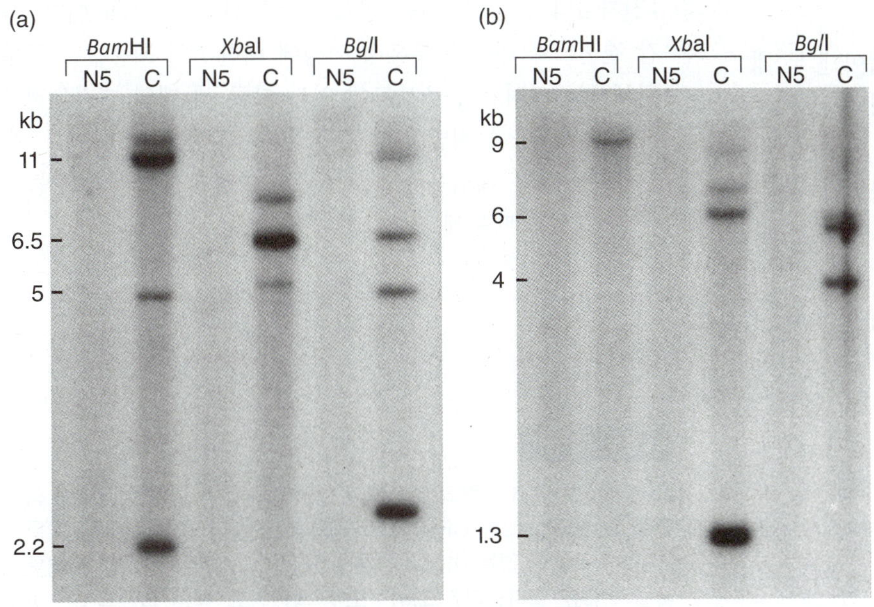

그림 25-14. 백색증의 나바호(N5)와 정상인(C)의 유전체 DNA 단편. (a) *P* 유전자의 엑손 11~15에 상보적으로 결합하는 탐침으로 잡종화 반응을 시행한 결과, N5에는 탐지된 잡종화 단편이 없다. (b) *P* 유전자의 엑손 15~20에 상보적인 탐침으로 잡종화 반응을 시행한 결과, N5에는 탐지된 잡종화 단편이 없다. 이로써 백색증 환자에서 결실의 존재가 확인된다.

Courtesy of Murray Brilliant, "A 122.5 kilobase deletion of P gene underlies the high prevalence of oculocutaneous albinism type 2 inthe Navajo population." From: American *Journal Human Genetics* 72:62–72, Figure 1, 65. Published by University of Chicago Press.

발견되지 않았다. 이는 해당 돌연변이가 나바호족에 고유하며, 적은 수의 나바호 집단 창시자들 중 한 명에서 생겼을 것이라고 말해준다. 다른 방법을 통해 이 돌연변이가 400년에서 11,000년 전 사이에 생겼을 것이라고 추정되었다. 이 범위를 좁히기 위해 부족의 역사를 참조하였다. 나바호의 구전에 따르면 나바호족과 아파치족은 600년에서 1,000년 전 사이에 분리되었다. 아파치족에서는 결실 돌연변이가 발견되지 않았기 때문에 이 돌연변이는 아마도 부족들이 갈라진 이후에 나바호족에서 생겼을 것이다. 이를 기초로 보면 결실 대립유전자는 400년에서 1,000년 전 창시자 돌연변이에 의해 생긴 것으로 추정된다.

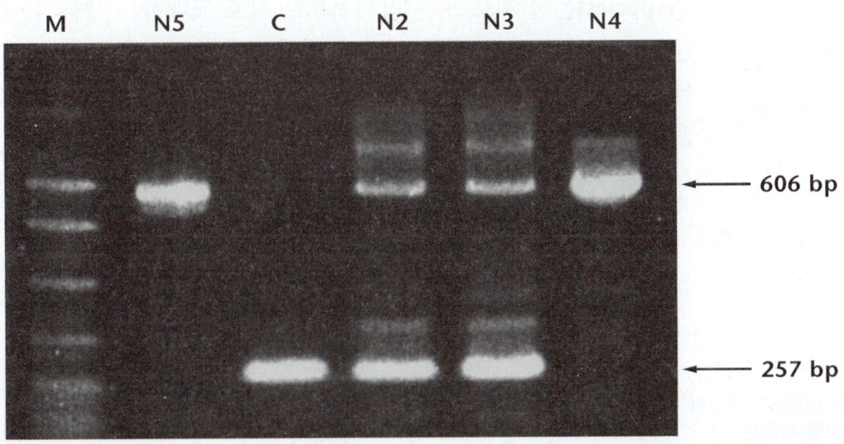

그림 25-15. 백색증의 나바호(N4와 N5)와 N4의 부모(N2와 N3)의 PCR 검사 결과. 백색증(N4와 N5), 이형접합성 보인자(N2와 N3)와 동형접합성 정상(C)은 각각 독특한 밴드를 나타내며, 집단에서 이형접합성 보인자를 검색할 수 있다. 분자 크기 표지자(M)는 첫 번째 줄에 있다.

Courtesy of Murray Brilliant, "A 122.5 kilobase deletion of P gene underlies the high prevalence of oculocutaneous albinism type 2 in the Navajo population." From: *American Journal Human Genetics* 72: 62–72, Figure 3, p. 67. Published by University of Chicago Press.

25.8 선택교배는 유전자형 빈도를 바꾸지만 대립유전자 빈도를 바꾸지 않는다

선택, 돌연변이와 유전적 부동으로 인해 하디-바인베르그 법칙의 첫 네 가지 가정에서 벗어나면 어떻게 대립유전자 빈도가 변하는지 알아보았다. 다섯 번째 가정은 집단의 구성원들이 무작위로 교배하는 것이다. 다시 말해서 한 유전자형은 집단의 다른 어느 유전자형과도 교배할 확률이 같다. 선택교배는 집단의 유전자형 빈도를 바꿀 수 있다. 특정 유전자형을 선택하거나 제외하는 것은 해당 집단의 대립유전자들의 전반적인 빈도에 영향을 줄 가능성이 있지만, 선택교배 그 자체가 대립유전자 빈도를 직접 바꾸지는 않는다는 것을 알아야 한다.

선택교배는 여러 형태를 취할 수 있다. **양의 동류교배(positive assortive mating)**에서는 유사한 유전자형들이 다른 유전자형보다 서로 교배할 가능성이 더 크다. 이런 일이 인간 집단에서 종종 발생한다. 여러 연구에서 많은 사람들이 신체적으로 자신을 닮은 (유전적으로도 더 비슷한) 사람에게 더 끌린다는 결과를 보여주었다. **음의 동류교배(negative assortive mating)**는 닮지 않은 유전자형들이 더 쉽게 교배할 때 일어난다. 일부 식물종들은 핵심 좌위에 동일한 대립유전자가 있는 개체 사이에 수정이 일어나는 것을 방지하는 꽃가루/암술 인지체계가 내재되어 있다. 하지만 집단유전학에서 유전자형 빈도에 영향을 끼치는 것으로 가장 흔히 발견되는 선택교배의 형태는 **동계교배(inbreeding**, 근친혼)이다.

동계교배

동계교배는 교배하는 개체들이 집단에서 무작위로 뽑아낸 두 개체보다 혈연적으로 더 가까울 때 일어난다. 대략 정의하면, 동계교배는 친족 사이의 교배이다. 동계교배가 일어나면 특정 대립유전자에 대한 집단 내 동형접합체의 비율이 증가한다. 완전히 동계교배하는 집단은 이론적으로 동형접합의 유전자형으로만 이루어진다.

집단의 동계교배 강도를 표현하기 위해 유전학자 Sewall Wright는 **동계교배 계수(coefficient of inbreeding, *F*)**를 고안하였다. *F*는 한 개체에서 특정 유전자의 두 대립유전자가 동일한 것이 한 조상 개체의 동일한 대립유전자 사본을 물려받았기 때문일 확률을 정량화한 것이다. $F = 1$이라면, 집단의 모든 개체들은 동형접합이며, 모든 개체의 두 대립유전자 모두 한 조상의 사본에서 유래된 것이다. $F = 0$이라면, 하나의 공통조상 사본에서 유래된 두 대립유전자를 가진 개체는 하나도 없다.

한 개체의 *F*를 추정하는 한 방법이 **그림 25-16**에 나와 있다. 제4세대 여성(분홍색)은 사촌(노란색) 사이의 딸이다. 그녀의 증조할머니(녹색)가 열성 치사 대립유전자 *a*의 보인자였다고 가정하자. 제4세대 여성이 증조할머니의 치사 대립유전자의 두 복사본을 물려받을 확률은 얼마인가? 이런 일이 일어난 경우는 (1) 증조할머니가 그녀의 아들에게 해당 대립유전자의 사본 하나를 물려주어야 하고, (2) 그녀의 아들(파란색)은 그의 딸(노란색)에게 대립유전자 *a*를 물려주어야 하며, (3) 그의 딸(노란색)은 그녀의 딸(분홍색 여성)에게 대립유전자 *a*를 물려주어야 한다. 또한 (4) 증조할머니가 대립유전자 *a*의 사본 하나를 그녀의 딸(파란색)에게도 물려주어야 하고, (5) 그녀의 딸(파란색)은 그것을 그녀의 아들(노락색)에게 물려주어야 하며, 그리고 (6) 그녀의 아들(노란색)은 대립유전자 *a*를 그의 딸(분홍색)에게 물려주어야 한다. 6번의 필수 사건들이 일어날 확률은 각각 1/2이고, 모두 일어나야 한다. 그래서 분홍색 여성이 증조할머니의 치사 대립유전자 *a*의 두 사본을 물려받을 확률은 $(1/2)^6 = 1/64$이다. 사촌 간 결혼으로 태어난 분홍색 여성에 대한 *F*의 최종값을 구하기 위해서는 그녀가 증조부모에 있는 다른 세 개의 대립유전자 중에서 두 사본을 물려받았을 수도 있다는 것을 알아야 한다. 한 조상 사본에서 두 대립유전자를 분홍색 여성에게 물려줄 가능성이 네 가지 있기 때문에,

$$F = 4 \times (1/64) = 1/16$$

이다.

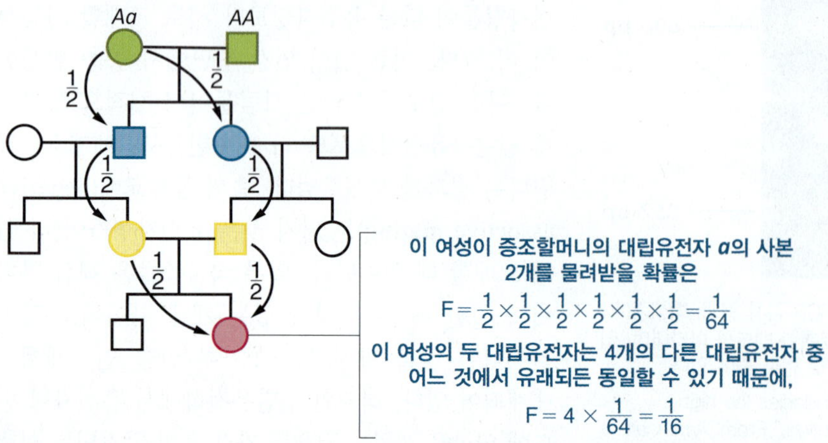

그림 25-16. 사촌 간 결혼에 대한 동계교배 계수(*F*) 계산하기.

실전문제

25-4 정상인 예비신랑의 여동생이 상염색체 열성 질환인 낭포성 섬유증(cystic fibrosis, CF)이다. 이들의 부모는 정상이다. 예비신랑은 CF의 가족력이 없는 여성과 결혼할 계획이다. 그들이 CF인 자녀를 낳을 확률은 얼마인가? 그들은 모두 백인이고, 백인 집단의 CF 빈도는 1/2,500, 즉 자녀 2,500명당 1명의 비율이다. (집단이 하디-바인베르그 가정에 부합한다고 가정하시오.)

■ **힌트:** 이 문제는 열성 대립유전자가 어떻게 전달되는지(3장 참조)와 이형접합의 부모에서 각각 하나의 열성 대립유전자를 물려받을 확률에 대한 이해와 관련된다. 해결의 실마리는 우선 예비신랑과 여성이 각각 돌연변이 대립유전자를 가질 확률을 구하는 것이다.

25.9 감소된 유전자 흐름, 선택과 유전적 부동은 종분화를 유발할 수 있다

종(species)은 실제로 또는 잠재적으로 상호 교배하는 생물의 집단으로서 다른 모든 생물 집단과 생식적으로 격리된다. 유성생식하는 생물에서 종분화는 부모종을 다른 종으로 바꾸거나 한 종을 둘 이상의 독립된 종으로 나눈다. 형태적 혹은 생리적 변화와 생태적 지위에 대한 적응이 일어날 수도 있지만 종분화 사건의 필수 요소는 아니다.

한 종 내 집단들은 다양한 좌위에서 대립유전자 빈도나 대립유전자의 차이로 인한 유전변이가 상당량 있을 것이다. 이들 집단의 유전적 분기는 자연선택이나 유전적 부동, 또는 둘 다의 작용을 반영하는 것일 수 있다. 앞에서 집단 사이의 개체 이주가 집단 사이의 대립유전자 빈도를 동질화하는 경향이 있다는 것을 보았다. 다시 말해서, 이주는 집단이 분기하는 경향을 중화한다.

집단 간 유전자 흐름이 감소하거나 없을 때 한 집단의 구성원이 다른 집단의 구성원과 더는

성공적으로 상호 교배하지 못하는 상황까지 분기할 수 있다. 집단들이 서로 생식적으로 격리되는 상황에 이를 때 생물학적 종 개념에 따라 서로 다른 종이 된다. 집단 간 생식적 격리를 초래하거나 새로운 종 또는 상위 분류군의 형성으로 이끌어 가는 유전적 변화는 대진화의 예이다. 앞으로 새로운 종의 형성으로 이끌어가는 대진화적 변화에 대해 알아볼 것이다.

집단 간 상호교배를 저해하거나 약화시키는 생물학적 장벽을 **생식적 격리 기작(reproductive isolating mechanism)**이라고 하며, 생태적, 행동적, 계절적, 기계적 또는 생리적 기작이 나타날 수 있다.

접합 전 격리 기작(prezygotic isolating mechanism)은 첫 단계에서 개체들이 교배하는 것을 저해한다. 다른 집단들의 개체들이 적시에 서로 찾지 못하거나, 적합한 교배짝으로 서로 인지하지 않거나, 또는 교배를 시도하지만 교배할 수 없게 된다.

접합 후 격리 기작(postzygotic isolating mechanism)은 두 집단의 구성원들이 짝을 지으려 하고 서로 짝짓기에 성공을 하더라도 생식적으로 격리되게 한다. 예를 들면, 유전적 분기로 인해 잡종의 생존력이나 번식능력이 감소된 단계에 이르렀을 수 있다. 잡종 접합자가 형성될 수 있지만, 모두 또는 대다수가 생존 불가능할 것이다. 다른 방식으로, 잡종이 생존 가능하지만 불임이거나 번식능력이 감소될 것이다. 또 다른 방식으로, 잡종 자체는 번식능력이 있지만 그들의 자손은 생존력이나 번식능력이 낮아질 수 있다. 이런 모든 상황에서 잡종은 유전적 종결점이다. 이런 접합 후 격리 기작은 접합자 수준이나 그 이후에 작용하고 유전적 분기에 의해 형성된다.

접합 후 격리 기작은 배우자와 접합자를 낭비하고 잡종 생존자의 번식 적응도를 낮춘다. 그러므로 선택을 통해 잡종 형성을 줄이는 대립유전자의 확산이 촉진될 것이고, 접합 전 격리 기작의 발생으로 이끌어감으로써, 상호교배를 막고 잡종 접합자와 자손 형성을 저해할 것이다. 동물 진화에서 가장 효과적인 접합 전 격리 기작의 하나는 구애행동과 관련된 행동적 격리이다.

종분화로 이끌어가는 변화

약 300만 년 전 파나마 지협의 형성으로 남아메리카와 북아메리카를 연결하는 육교를 만들었고 카리브 해를 태평양과 분리시켰다. 딱총새우(그림 25-17)의 카리브 해 종 7종과 이들과 닮은 태평양 종 7종을 동정한 후 이들을 쌍으로 짝을 지었다. 각 쌍의 구성원은 구조와 외형이 자신과 같은 바다에 있는 다른 어느 종들보다 서로 더 비슷했다. 대립유전자 빈도와 미토콘드리아 DNA 분석에 의해 각 쌍의 구성원들이 서로 가까운 유전적 친족이라는 것이 확인되었다. 다시 말해서 각 쌍의 조상들은 단일 종의 구성원이었다. 지협이 닫혔을 때, 조상종 7종은 카리브 해와 태평양에 각각 두 개의 격리 집단으로 분리되었다. 그런데 격리

그림 25-17. 딱총새우(*Alpheus*속).

된 300만 년 후 이들 집단은 다른 종일까?

수컷과 암컷을 함께 교배하였고, 카리브 해-태평양 쌍 사이의 성공적인 교배 대 카리브 해-카리브 해 쌍 또는 태평양-태평양 쌍의 성공적인 교배를 계산하였다. 7쌍의 교배 중 3쌍의 교차 쌍(카리브 해-태평양 쌍)이 교배를 거부했다. 다른 네 쌍의 교차 쌍은 동일 해양 종의 교배 쌍에 비해 33, 45, 67, 86%가 서로 짝짓기를 하였다.

짝짓기를 한 교차 쌍 중 1%만 생존 가능한 자손을 낳았지만, 동일 해양 종의 교배 쌍은 60%가 생존 가능한 자손을 낳았다. 따라서 300만 년의 격리에 의해 종분화가 완성되었거나 거의 완성 중이며, 7쌍의 종 모두에 강력한 접합 전과 접합 후 격리 기작이 작용한다고 결론지을 수 있다.

대진화와 종분화의 속도

종분화에 얼마나 많은 시간이 필요한가? 위의 예에서 본 대로 유전적 분기와 새로운 종의 형성은 수백만 년에 걸쳐 일어날 수 있다. 사실 종분화의 평균 시간은 10만 년에서 1,000만 년의 범위에 있다. 하지만 훨씬 더 짧은 시간에 걸쳐 일어난 빠른 종분화가 동아프리카 호수의 물고기, 바다연어, 격리된 섬들의 야자수, 배수체 식물과 발트해의 갈조류 등 많은 예에서 보고되었다.

니카라과의 아포요 호수(Lake Apoyo)는 화산 분화구에서 과거 23,000년 이내에 형성되었다(그림 25-18). 이 작은 호수는 미다스 시클리드(*Amphilophus citrinellus*)와 애로우 시클리드(*A. zaliosus*)라는 시클리드 물고기 두 종이 살고 있다. 미다스는 이 지역에서 가장 흔한 시클리드이며 근처 호수에서 발견된다. 애로우 시클리드는 아포요 호수에서만 발견된다.

애로우 시클리드의 진화 기원을 밝히기 위해 계통발생, 형태, 생태 분석 등 다양한 방법이 이용되었다. 미토콘드리아 DNA의 염기서열 분석에 의해 두 종이 단일계통군을 형성한다

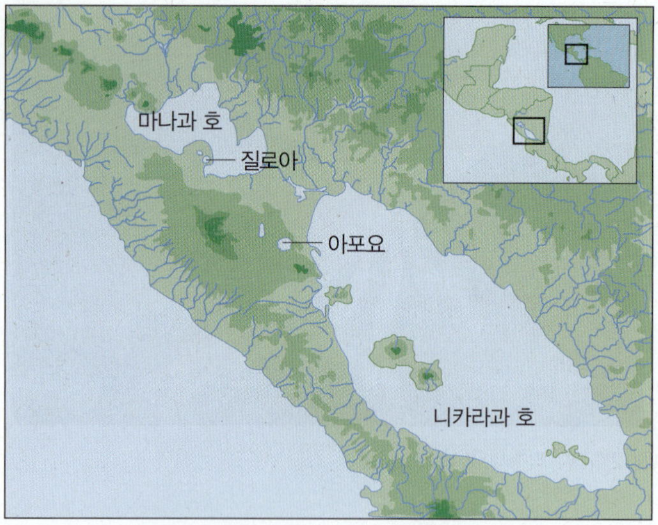

그림 25-18. 니카라과의 아포요 호수는 휴화산의 분화구에 있다. 이 호수는 약 23,000년 전에 형성되었다. 호수에 있는 시클리드 물고기 두 종은 진화적으로 가까운 관계에 있다.

(a)

(b)

그림 25-19. 아포요 호의 두 종은 뚜렷이 구별되는 형태를 보여준다. (a) *Amphilophus citrinellus*, (b) *Amphilophus zaliosus*.

는 것이 입증되었다. 다시 말해서 처음에 미다스 시클리드에서 한 집단이 확장되어 갈라져 나오고, 이어서 애로우 시클리드로 확장이 진행되었다. PCR-기반 방법을 이용한 추가 분석을 통해 이들 두 종이 단일계통이고 *A. zaliosus*가 *A. citrinellus*에서 진화한 것이라는 결론이 보강되었다. 두 종의 구성원은 위장의 내용물 확인을 통해 다른 먹이를 선호하며, 이를 반영하는 턱의 전문화 등을 포함하여 뚜렷한 형태적 차이를 보인다(그림 25-19). 게다가 실험실 연구에서 입증된 대로 두 종은 생식적으로 격리되어 있다. 시클리드 mtDNA로 영점 조정된 분자시계를 이용하면 *A. zaliosus*는 과거 10,000년 이내 어느 시점에 *A. citrinellus*에서 진화한 것으로 추정된다. 이 예와 다른 종의 예들을 통해 선택의 강도와 하디-바인베르그 법칙의 여러 변인의 강도에 따라 종의 형성이 일반적인 10만 년에서 1,000만 년까지의 범위보다 훨씬 더 짧은 시간 규모에 걸쳐 일어날 수 있다는 것을 알 수 있다.

25.10 계통발생은 진화 역사를 분석하는 데 이용될 수 있다

종분화는 집단들의 유전적 구조의 변화, 그리고 이런 집단들의 유전적 분기와 연관되어 있다. 그러므로 현재 종들 사이의 유전적 차이는 진화 역사, 즉 계통발생을 재구성하는 데 이용될 수 있다. 이런 관계는 아주 흔하게 생물 무리 사이의 계보 관계를 보여주는 계통수의 형태로 나타낸다(그림 25-20). 이들 무리들은 종이거나 더 큰 군일 수 있다. 계통수에서 분지는 시간이 경과하면서 생긴 계통을 표시한다. 분지의 길이는 임의적일 수도 있고, 종분화 사건 사이의 시간 길이를 나타내는 시간 척도를 표현할 수도 있다. 마디라고 불리는 계통이 분기하는 점은 한 종이 둘 이상의 종으로 갈라진 시점을 보여준다. 각 마디는 그 마디에서 갈라지는 종들의 공통조상을 표시한다. 분지의 말단은 오늘날 살아 있는(또는 멸종으로 끝난) 종(또는 더 큰 군)을 표시한다. 조상 종과 그의 모든 후손 종으로 이루어진 무리를 단일계통군이라고 한다. 계통수의 뿌리는 계통수에 나타낸 모든 군의 가장 오래된 공통조상을 표시한다.

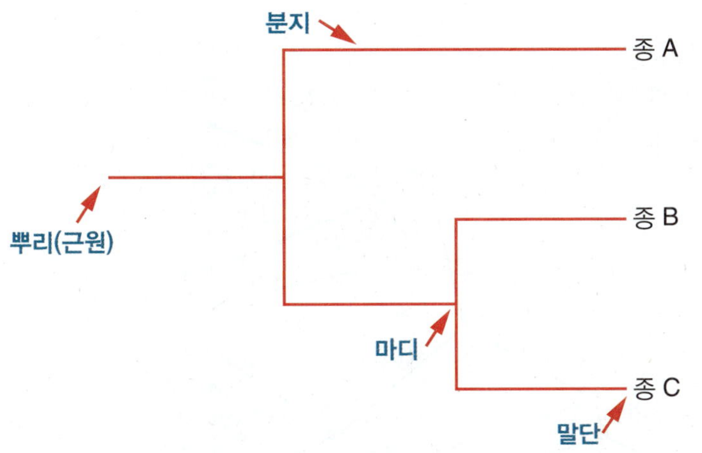

그림 25-20. 몇 종 사이의 관계를 보여주는 계통수의 구성 요소. 뿌리는 계통수에 있는 모든 종의 공통조상을 나타낸다. 분지는 시간 경과에 따른 계통을 나타낸다. 분지들이 갈라지는 점을 마디라고 하고, 분지의 말단에 현존하거나 멸종한 종이 놓인다.

아미노산 서열에 의한 계통수 구축

계통발생 분석의 중요한 초기 사례로, W. M. Fitch와 E. Margoliash는 계통수를 구축하기 위해 다양한 생물의 시토크롬 c의 아미노산 서열 자료를 이용하였다. **시토크롬 c(cytochrome c)**는 진핵생물의 미토콘드리아 단백질로 시간이 경과하면서 아미노산 서열이 매우 느리게 변하였다. 예를 들면, 인간과 침팬지에서 시토크롬 c 단백질의 아미노산 서열은 동일하며, 인간과 붉은털원숭이는 단 하나의 아미노산만 다르다. 이런 높은 정도의 유사성은 화석 기록에서 인간과 원숭이가 대략 2000만 년 전에 공통조상에서 갈라져 나온 계통이라는 것을 고려하면 놀라운 것이다. 이런 분석을 이용해 Margoliash는 종들과 생물의 주요 군들 사이의 아미노산 서열 차이가 그들의 진화적 거리와 비례한다는 의미로 **유전적 등거리(genetic equidistance)** 개념을 제안했다. 예를 들면, 물고기는 초기 척추동물이고, 물고기 개별 종과 포유류의 개별 종 사이의 아미노산 차이의 수는 유사할 것이다. 사실 다랑어와 말, 돼지, 토끼 및 인간 사이의 아미노산 차이는 17~21의 범위에 들어가며, 효모와 척추동물 사이의 아미노산 차이는 43~48의 범위에 들어간다.

그런데 하나의 뉴클레오타이드 변화보다 더 많은 변화가 하나의 아미노산 치환을 만드는 데 요구될 수 있다. 어떤 단백질에서 관찰된 모든 아미노산 차이에 필요한 뉴클레오타이드 변화를 총합할 때 어느 두 종의 유전자 사이의 **최소 돌연변이 거리(minimal mutational distance)**가 확정된다.

Fitch는 진화 역사를 보여주는 계통수를 구축하기 위해 19개 종의 시토크롬 c 유전자 사이의 최소 돌연변이 거리 자료를 이용하였다(그림 25-21). 분지 말단의 검은 점은 현존 종을 표시한다. 공통조상은 녹색선으로 각 종들과 연결되고 빨간점은 조상종이 분기하여 현대 종으로 진화한 것을 보여준다. 계통수에 나타난 모든 종들은 좌측극단의 빨간 점으로 표시된 단일 공통조상으로 완결된다. 선 위의 숫자는 보정된 최소 돌연변이 차이를 표시한다.

분자시계는 진화적 변화의 속도를 측정한다

많은 경우 연구자들은 한 세트의 종들 간의 연관관계뿐만 아니라 그들의 공통조상이 언제 살았는지도 추정하고자 한다. 아미노산 서열 분석과 유전적 등거리 개념이 도입되면서 진화 관계를 추론하고 공통조상에서부터 분기된 시간을 추정하는 한 방법으로 아미노산이나 뉴클레오타이드 서열의 변화율을 측정하여 **분자시계**를 구축하고 이용하게 되었다.

분자시계는 세심하게 영점조정을 해야만 유용할 수 있다. 분자시계는 아미노산이나 뉴클레오타이드의 변화를 측정할 수 있을 뿐이다. 분자시계는 특정 시간 척도 내에서 비례적이고, 실제 시간과 연대는 화석 기록과 같은 독립적인 증거를 이용해서 분자시계에 더해져야 한다. 그림 25-22는 화석 기록에 근거를 둔 인간과 여러 척추동물에 대해 분기[그림 22-22(a)]와 분자 자료에 근거를 둔 분기[그림 25-22(b)]를 나타내는 분자시계를 보여준다. 두 경우 모두 아미노산 서열과 뉴클레오타이드 서열의 변화가 시간에 비례하여 증가한다.

유전체학과 분자 진화

유전체 사업의 발전, 생물정보학과 비교유전체학의 출현으로 분자 진화학 분야에 대변혁이 일어났다. 여러 유전체학 방법을 이용하여 유전자 중복의 기원, 진화 및 기능(8장과 21장에서 논의)과 인간 유전체의 진화가 연구되고 있으며, 최근에는 인간 적응에서 자연선택의 역할이 연구되고 있다. 다음 절에서 다루겠지만, 비교유전체학은 우리의 유전체를 가까운 친족이나 조상의 유전체와 어떻게 비교하는지에 대한 상세한 그림을 제공해 줄 수 있다.

인간 유전체의 복잡한 기원

20세기에는 인간 종이 어디에서 어떻게 생겨났는지에 대한 개념들이 전적으로 화석 연구에서 추론되었다. 1980년대 중반에, 유전학자들은 *Homo sapiens*가 어디에서 기원되었는지 추론하는 방법으로 현존하는 집단 무리들의 미토콘드리아 DNA(mtDNA)에서 유전적 다양성의 수준을 연구하기 시작했다. 이 결과로 구축된 계통수는 아프리카 집단들에서 가장 높은 수준의 다양성을 보여주었고, 유럽, 아시아와 아메리카의 집단들에서 훨씬 더 적은 다양성을 보여주었다. 분자시계 추정값은 모든 비아프리카계 집단이 약 50,000년 전에 기원한 것으로 나

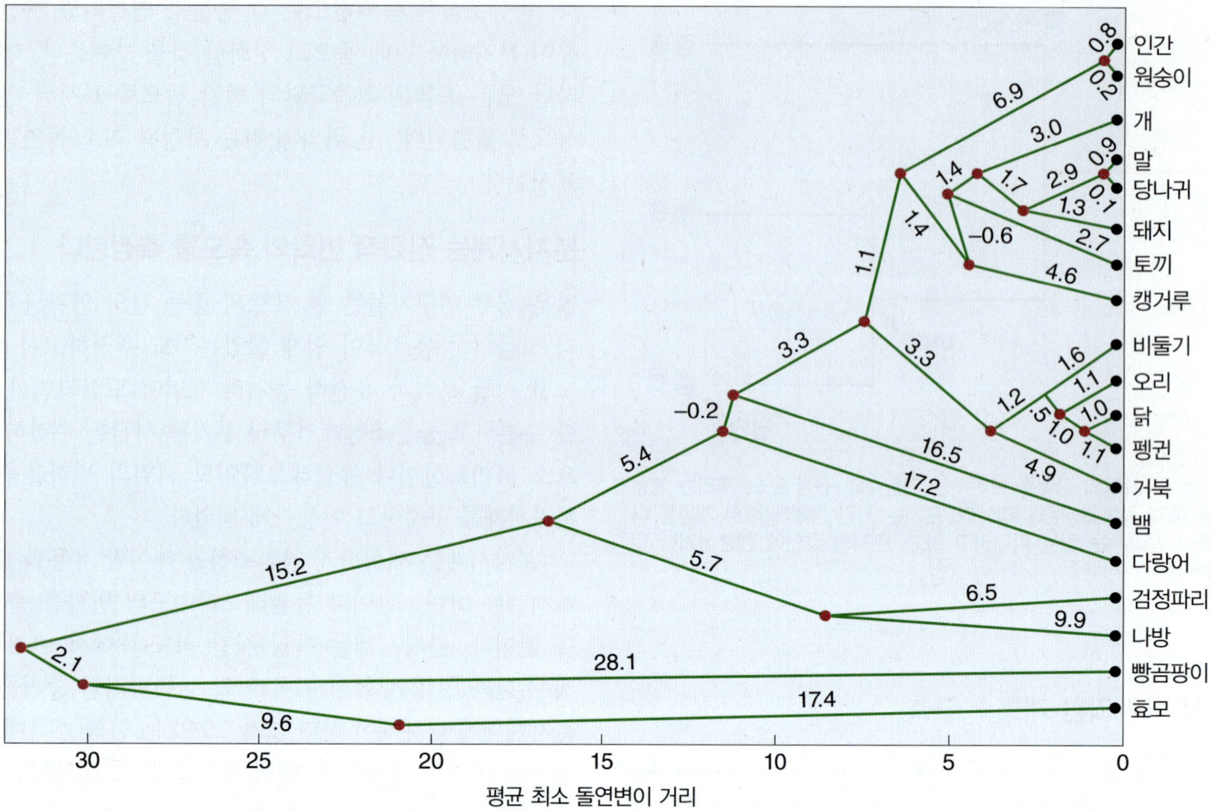

그림 25-21. 시토크롬 c 아미노산 서열의 상동성을 비교하여 구축한 계통수.

타난다. 이 연구와 현대 집단들의 유전변이에 대한 다른 연구들은 시간을 역으로 추정하여 *H. sapiens*가 *Homo*에 속하는 앞선 종으로부터 아프리카에서 기원되었으며, 약 50,000~60,000년 전에 아프리카로부터의 이주가 시작되어 우리가 *H. neanderthalensis*를 포함한 앞서 존재한 다른 인간 종들을 대신하여 유럽과 아시아 전역으로 퍼졌다는 결론을 내린다.

인간 종의 기원과 분산에 대한 이런 간단한 설명과 인간 유전체의 역사는 화석 인간에서 DNA를 추출하고 유전체 서열을 분석하는 DNA 서열 결정 기술의 진전으로 더욱 복잡해졌다. 다른 인간 종을 대표하는 화석의 지속적인 발견과 함께 **고유전**

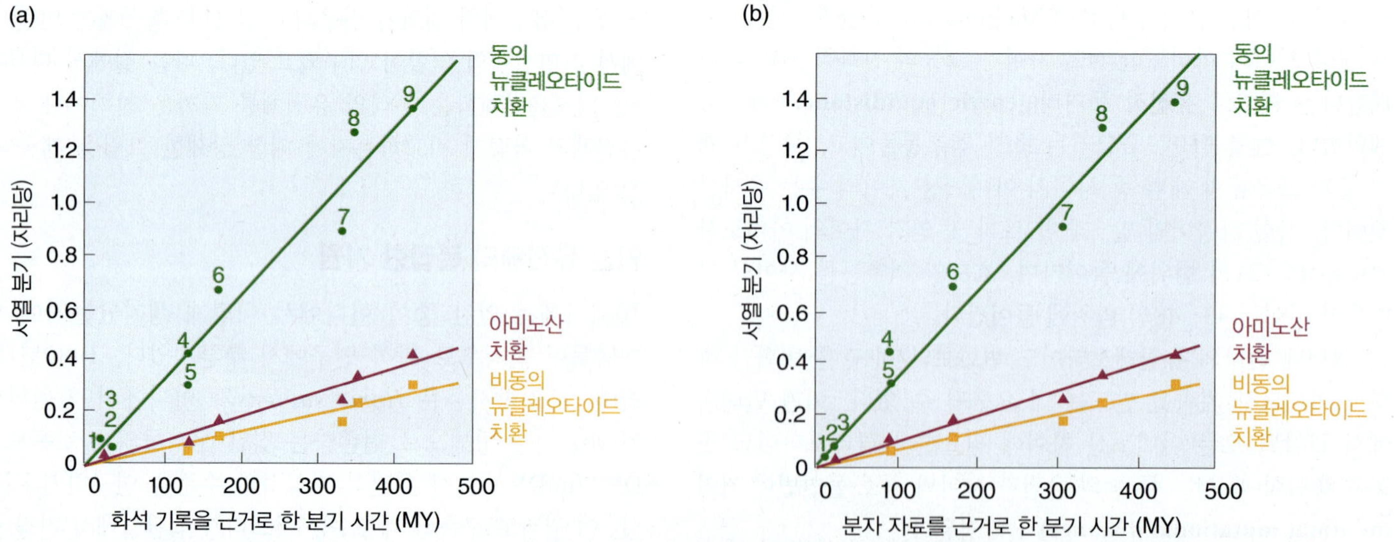

그림 25-22. 10개의 척추동물 종에서 핵의 4,198개 유전자에 대한 아미노산 치환 수와 뉴클레오타이드 치환 수 사이의 관계. 인간 대 (1) 침팬지, (2) 오랑우탄, (3) 짧은꼬리원숭이, (4) 생쥐, (5) 소, (6) 주머니쥐, (7) 닭, (8) 서부발톱개구리, 그리고 (9) 얼룩물고기(zebrafish). (a)에서는 자료가 화석 기록을 근거로 추정한 분기 시간에 의해 계산되고, (b)에서는 분자 자료를 근거로 삼는다. 동의 뉴클레오타이드 치환은 아미노산 치환을 일으키지 않지만, 비동의 뉴클레오타이드 치환은 단백질에서 다른 아미노산으로 바뀌게 한다.

체학(paleogenomics)이라는 새로운 분야가 인간 진화의 연구에 대변혁을 일으키고 있다. 네안데르탈인의 유전체가 호모사피엔스의 유전체에 기여했음을 논의하는 것으로 시작할 것이다. 그 다음 최소한 하나의 다른 종도 우리의 유전체에 대립유전자들을 전달했다는 것을 입증하는 발견에 대해 설명할 것이다.

네안데르탈인(*Homo neanderthalensis*)은 약 30만 년 전부터 유럽과 서아시아에 살았으며, 약 3만 년 전에 사라졌다. 최소 3만 년 동안, 네안데르탈인은 여러 지역에서 해부학적 현생인류(*Homo sapiens*)와 공존하였기 때문에, 네안데르탈인과 현생인류 사이의 관계에 대한 몇 가지 질문이 생겼다. (1) 네안데르탈인은 현생인류의 직접 조상인가? (2) 네안데르탈인과 *H. sapiens*는 상호 교배를 했고, 그래서 네안데르탈인의 후예가 오늘날도 살아 있는가? 아니면 네안데르탈인은 모두 죽어서 멸종하였는가? (3) 우리의 유전체와 네안데르탈인의 유전체 사이의 유사성과 차이에 대해 무엇을 말할 수 있는가?

여러 질문들에 답하기 위해 크로아티아의 한 동굴에서 발견한 세 구의 네안데르탈인 골격에서 추출한 DNA 서열을 분석하고 유전체 서열을 정리하였다. 이 사업의 일부로 세계의 다른 지역에 살고 있는 현생인류 종 5명의 유전체 서열도 분석하였다.

네안데르탈인 유전체는 우리의 유전체와 크기가 같으며, 약 32억 염기쌍으로 구성된다. 서열 비교를 통해 우리 유전체와 99.7%가 동일하다는 것을 보여준다. 참고로, 네안데르탈인 유전체와 우리 유전체 모두 침팬지 유전체와 98.8% 동일하다.

네안데르탈인 유전체를 다섯 명의 현존 인간의 유전체 및 침팬지 유전체와 비교함으로써, 네안데르탈인 계통과 인간 계통이 갈라진 이후 생긴 90개 유전자의 아미노산 정보 차이를 확인할 수 있었다. 이들 유전자는 인지 발달, 피부 형태, 그리고 골격 발생과 관련된다. 게다가, 네안데르탈인과 현대인이 마지막으로 공통조상을 공유한(막 갈라진) 이후 기간에 현대인 유전체의 여러 부위에서 양의 선택이 있었다는 증거가 나타났다.

이 분석에서 아마도 가장 예기치 못한 발견은 아프리카를 제외한 유럽과 아시아의 현존 인간의 유전체에 1~4%의 네안데르탈인 서열이 존재한다는 것이다. 그런데 1~4% 값이 실제로 여러 개체에서 네안데르탈인 유전체의 서로 다른 부분을 나타낸다는 최근의 발견은 우리의 DNA에 네안데르탈인 유전체의 20% 이상이 존재할 수 있다는 것을 말해준다. 네안데르탈인과의 상호교배는 인간이 유럽과 아시아로 이주하기 전 중동의 어디에선가 이루어졌을 수 있다. 아프리카인 유전체에서는 네안데르탈인의 서열이 발견되지 않았지만, 큰 표본의 아프리카계 집단을 분석할 경우 일부 아프리카인이 네안데르탈인 유전자를 갖고 있을 가능성이 있다.

네안데르탈인과 현생인류 종의 분기 양상과 시기를 보여주는 계통수가 그림 25-23에 나와 있다. 계통수는 네안데르탈인과 현생인류가 약 706,000년 전에 마지막으로 공통조상을 공유했다(막 갈라지기 시작했다)는 것과 두 집단 사이가 격리되어 갈라진 것은 약 370,000년 전에 일어났다는 것을 보여준다. 이러한 연구에서 몇 가지 결론이 도출될 수 있다. 첫째, 네안데르탈인은 호모사피엔스 종의 직접적인 조상이 아니다. 둘째, 네안데르탈인은 호모사피엔스 종의 구성원과 상호 교배했고, 네안데르탈인은 현생인류의 유전체에 기여했다. 이런 기여의 정도는 아직 결정되지 않은 상태로 남아 있다. 하나의 종으로서 네안데르탈인은 멸종했지만, 그들의 유전자 일부는 현생인류의 유전체에 일부 남아 있다. 셋째, 네안데르탈인 유전체에 대한 정보를 근거로 현생인류는 대다수 유전자와 여러 서열을 네안데르탈인과 공유한다.

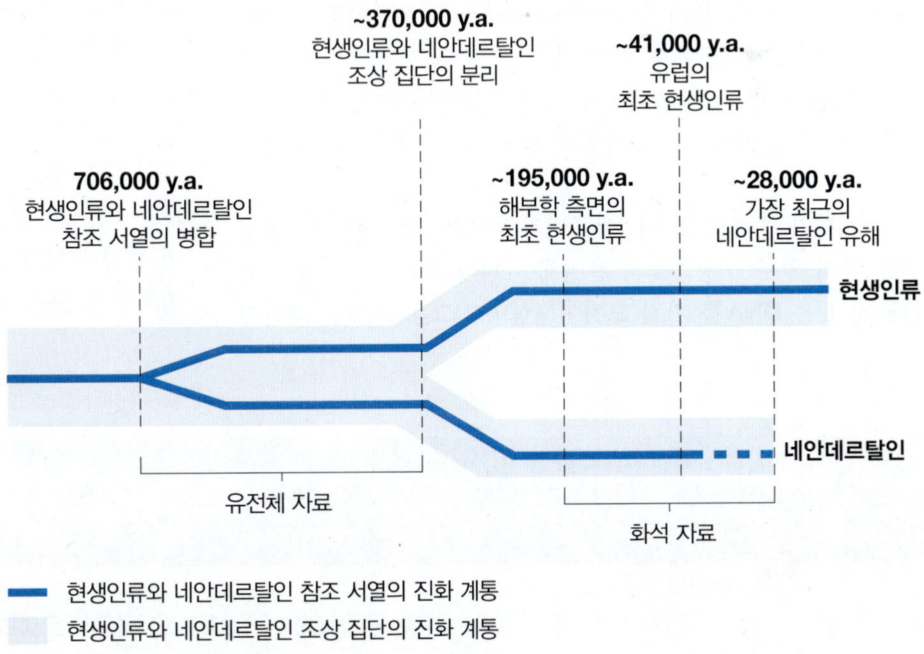

그림 25-23. 현생인류와 네안데르탈인 진화 동안 주요 사건에 따른 현생인류와 네안데르탈인 유전체 서열의 분기 및 후속 집단들의 분기의 추정 시기. 추정값은 네안데르탈인 DNA의 약 65,000 염기쌍에 대한 서열을 근거로 얻어졌다(y.a. = 년 전). "Sequencing and analysis of Neanderthal genomic DNA," by J.P. Noonan et al., from SCIENCE, 314. Copyright © 2006 by AAAS. Reprinted with permission.

인간 유전체는 모자이크형이다

*H. sapiens*가 아프리카에서 이주해 나왔을 때, 유럽과 아시아의 일부 지역에는 이미 다른 인간 종이 점유하고 있었다. 이들 중 가장 잘 알려진 것이 네안데르탈인이며, 비아프리카계 집단들의 유전체에 대한 기여는 앞 절에서 설명되었다. 하지만 인류 집단은 다른 종의 화석 발견으로 확장되었다. 2004년, 새로운 종의 인류 화석이 인도네시아의 플로레스(Flores) 섬에서 발굴되었다. *H. floresiensis*라고 하는 이 종의 구성원은 키가 겨우 1 m였고, 화석 증거는 이 종이 같은 지역에 *H. sapiens*가 존재하던 시기인 최소 38,000년 전에 존재했음을 말해 준다. 열대 기후 때문에, *H. floresiensis* 화석에서 유전체 서열 판정을 위한 DNA를 추출할 수 없었고, 그래서 현생인류의 유전체에 대한 기여는 결정되지 않은 상태로 남아 있다.

2008년, 인류 화석이 시베리아 데니소바(Denisova) 근처에 있는 동굴에서 발견되었다. 이 화석에서 추출한 완전한 mtDNA 서열은 데니소바인이 네안데르탈인 및 현생인류 종과는 분리된 무리에 속했다는 것을 보여주었다. 데니소바인에서 얻은 핵의 유전체 분석을 통해 그들이 현생인류 종보다는 네안데르탈인과 더 가까운 관계라는 것을 보여준다. 하지만 현생인류 집단의 분석에 의하면 데니소바인 DNA가 우리 종의 일부 구성원의 유전체에 존재함을 보여준다. 예를 들면, 남태평양의 한 도서군 거주민인 멜라네시아인(Melanesian)의 유전체 DNA의 4~6%가 데니소바인에서 유래되었다. 게다가, 데니소바인 대립유전자들이 호주 원주민, 폴리네시아인(Polynesian), 푸젠인(Fujian)과 동인도네시아인 집단에서 발견되었다. 아마도 데니소바인이 멸종한 후 남아시아나 동아시아에 이주해 들어와 현재 살고 있는 집단들의 유전체에 데니소바인의 DNA가 존재한다는 증거는 없다.

현재까지 증거로 볼 때, 아프리카 이외의 지역에 있는 현생인류 종의 일부 구성원들의 유전체는 하나 혹은 둘의 다른 공급원에서 온 DNA를 가진 모자이크형이다(그림 25-24). 네안데르탈인과 데니소바인 유전체는 4만 년에서 8만 년 전 화석들에서 모아 맞추어졌다. 데니소바인 유전체의 최근 분석은 아직 밝혀지지는 않았지만 더 이전의 호미닌 집단과 상호 교배를 한 증거를 보여준다. 70만 년 된 말 화석에서 유전체의 서열을 최근에 판독함으로써, *Homo erectus*(190만 년에서 약 15만 년 전)나 *H. heidelbergensis*(대략 70만 년에서 20만 년 전에 유럽과 아시아에서 살았고 데니소바인 유전체에 기여했을 가능성이 있다)와 같이 훨씬 더 오래된 인류 종의 화석에서 유전체 서열을 판독할 될 수 있는 가능성이 열렸다. 이것이 현실이 되면, 우리의 유전체와 다른 인류 종의 유전체 사이의 유사성과 차이에 대한 흥미로운 해답을 기대할 수 있다. 새롭게 다가올 정보는 우리에 앞서 이 행성에 살았던 다른 인류 종과 현생인류 종의 진화에 대한 혁명적인 통찰을 제공할 것이다.

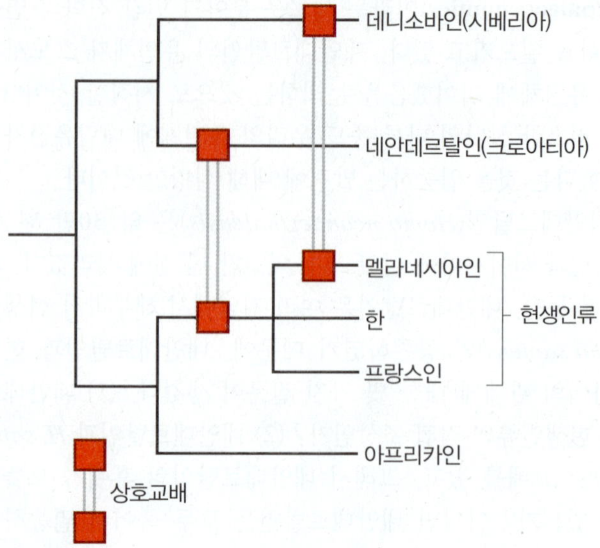

그림 25-24. 네안데르탈인 및 데니소바인과 현생인류 집단들 사이의 관계를 보여주는 계통수. 이들 두 무리는 현생인류 종이 아프리카를 떠나기 전 우리의 최근 공통조상에서 분기되어 나왔다. 유전체 분석은 현생인류 종의 일부 구성원들이 네안데르탈인이나 데니소바인과 상호교배가 있었고, 그래서 두 다른 인류 종에서 온 기여를 포함하는 모자이크형 유전체를 이루게 되었다.

유전학, 기술, 사회

아프리카에서 나온 유전적 발자취 추적하기

사람족(hominid) 화석의 분포와 신체적 형질을 근거로, 대다수 고인류학자들은 *Homo erectus*라고 하는 뇌가 크고 도구를 이용하는 사람족이 약 200만 년 전에 동아프리카에 나타났다는 데 동의한다. 이 종은 간단한 석기를 사용했고, 사냥을 했지만 물고기를 잡지는 않았으며, 집을 짓거나 매장 의식을 치렀다. 약 170만 년 전, *H. erectus*가 유라시아와 남아시아로 퍼져나갔다. 대다수 과학자들은 *H. erectus*가 (아시아에서) 데니소바인, (유럽에서) 네안데르탈인 및 (아프리카에서) 현생인류의 공통조상인 *H. heidelbergensis* 종으로 진화했을 가능성이 있다는 데에 동의한다. 이들 사람족은 해부학적으로 강건하고 묵직한 골격과 두개골이 있다. 이들 무리는 해부학적인 현생인류(*H. sapiens*)가 세계 도처에 나타난 시기와 대략 같은 5만 년에서 3만 년 전에 사라졌다. *H. sapiens*가 유럽과 아시아 도처에 나타나게 된 사건들에 대해서는 논란의 여지가 있다.

현재, 두 개의 주요 가설이 현생인류의 기원을 설명한다. 다지역 기원설(multiregional hypothesis)과 아프리카 기원설(out-of-Africa hypothesis). 다지역 기원설은 주로 고고학과 화석 증거에 근거를 두고 있다. 이 가설은 *H. sapiens*가 네안데르탈인을 포함한 기존 *H. heidelbergensis* 무리들에서부터 세계 도처에서 동시에 점진적으로 발생되었다고 제안한다. 이들 무리 사이의 상호교배에 의해 궁극적으로 유전적으로 동질한 종인 *H. sapiens*가 만들어졌다. 그 다음 자연선택이 오늘날 우리가 보는 지역에 따른 종족들을 만들었다. 다지역 기원의 관점에서, 우리의 유전적 구성은 네안데르탈인을 포함한 많은 *H. heidelbergensis* 무리들의 상당한 기여가 포함되어야 할 것이다. 대조적으로, 주로 현생인류 집단의 유전적 분석에 바탕을 둔 아프리카 기원설은 *H. sapiens*가 약 20만 년 전 아프리카 사하라 사막 이남에 있던 *H. heidelbergensis*의 후예에서부터 진화했다고 주장한다. 그 후 작은 무리의 *H. sapiens*(아마도 1,000명 미만)가 대략 5만 년 전에 아프리카를 떠났다. 대략 4만 년 전에, 그들은 유럽, 아시아와 호주에 도달했다. 아프리카 기원 모델에서, *H. sapiens*는 상호교배 없이 모든 기존 호미닌들을 대체했다. 이런 식으로, *H. sapiens*는 약 3만 년 전에 인간 속의 유일한 종이 되었다.

비록 아프리카 기원설이 아직 논란의 여지가 있지만, 대부분의 유전적 증거는 이것을 지지하는 듯하다. 지구 전체에 퍼져 있는 인간은 놀라울 만큼 유전적으로 유사한다. 무작위로 선택된 두 사람의 DNA 서열은 99.9% 동일하다. 한 인간 집단에서 무작위로 선택된 두 사람 사이가 한 침팬지 집단에서 무작위로 선택된 두 마리 사이보다 더 큰 유전적 동일성이 있다. 흥미롭게도, 유전적 차이의 약 90%가 집단 사이보다는 오히려 개체 사이에서 발생한다. 세계 전역의 모든 인간의 이런 이상하게 높은 정도의 유전적 상관성은 우리 종이 인간의 작은 창시자 집단에서 최근에 생겨났다는 견해를 지지한다.

현재 인간 집단의 미토콘드리아 DNA 서열 연구결과, 가장 높은 수준의 유전 변이가 아프리카 집단 내 존재한다는 것을 알려 준다. 아프리카인은 비아프리카계의 미토콘드리아 DNA 서열 다양성의 두 배를 보여준다. 이것은 *H. sapiens*의 최초 분지가 아프리카에서 분기하였고, 오랫동안 일정한 속도로 축적될 것으로 예상되는 미토콘드리아 DNA 돌연변이가 더 오랜 기간 동안 축적되었다는 것을 의미한다.

미토콘드리아, Y-염색체 21번 염색체에 있는 표지 DNA 서열 분석은 인간의 뿌리가 동아프리카에 있으며, 아프리카 밖으로의 이주가 에티오피아를 통해 아라비안 반도를 따라 유라시아와 동남아시아 쪽으로 이루어졌다는 견해를 지지한다. 핵의 미소부수체 변이와 전 유전체 단일-뉴클레오타이드 다형성(whole genome single-nucleotide polymorphism, SNP)을 기초로 한 최근의 자료도 인간이 아프리카에서 이주해 나왔고 작은 창시자 집단에서 세계 전역으로 퍼졌다는 가설을 더욱 지지한다.

인간 기원에 대한 어느 설명에서도 아프리카 기원설은 활발히 함께 논의될 것이다. 고대 화석의 DNA 서열을 판독하는 방법이 개선됨에 따라 아프리카에서 유래한 유전적 경로의 빈틈을 채우고 현생인류의 기원에 대한 해묵은 의문을 해결하는 것이 가능해질 것이다.

조사해 보자

1. 네안데르탈인의 DNA 서열이 보고되었을 때, 네안데르탈인 유전체가 현생인류의 유전체와 매우 달라서 두 유전체는 약 60만 년 전에 갈라진 두 격리된 종에서 온 것이라고 주장되었다. 하지만 최근 자료에 의하면 *H. sapiens*와 네안데르탈인 사이에 약간의 상호교배가 있었다. 네안데르탈인과 *H. sapiens*가 유럽에서 상호 교배하였고 데니소바인과 *H. sapiens*가 아시아에서 상호 교배하였다는 견해를 지지하거나 반박하는 증거에 대해 논하시오. 이런 견해들이 아프리카 기원설에 어떻게 영향을 끼치는가?

   "Stone-king, M. and Krause, J. 2011. Learning about human population history from ancient and modern genomes. *Nat. Rev. Genet*. 12(9): 603–614"를 읽고 조사를 시작하시오.

2. 지구상의 모든 사람이 유전적으로 매우 유사하다면, 인종 차이라고 설명되기도 하는 다양한 신체적 차이가 어떻게 생겼을까? "인종(race)"이라는 용어의 타당성과 정의에 대한 논의에 현대 유전체학이 어떻게 기여했는가?

   인종, 인간 변이와 유전체 연구에 대한 흥미로운 논의를 위해 "Lewontin, R.C. 2006. Confusion about human races, on the *Social Sciences Research Center website* – raceandgenomics.ssrc.org/Lewontin"을 참조하시오. 인간 집단 무리들 사이의 유전적 차이에 대한 연구는 "Witherspoon, D.J. et al. 2007. Genetic similarities within and between human populations. *Genetics* 176(1): 351–359"에서 찾아볼 수 있다.

3. 유전학자들은 현생인류의 조상을 판정하기 위해 미토콘드리아와 Y-염색체 DNA를 연구한다. 왜 계통 연구에 이들 두 종류의 DNA가 이용되는가? 미토콘드리아 이브(mitochondrial Eve)와 Y-염색체 아담(Y-chromosome Adam)이라는 용어에 담긴 의미는 무엇인가?

   미토콘드리아 이브를 가정한 최초 논문을 읽기 위해 "Cann, R.L. et al. 1987. Mitochondrial DNA and human evolution. *Nature* 325: 31–36"을 참조하시오. Y-염색체 아담에 대한 논의를 위해 "Gibbons, A. 1997. Y Chromosome shows that Adam was an African. *Science* 278: 804–805"를 참조하시오.

사례 연구 | 뜻밖의 결과

신생아 검사로 혈액 내에 높은 수준의 암모니아가 축적되는 아르기노숙신산뇨증(arginosuccinic aciduria, AGA)이라는 희귀 상염색체 열성 질환이 있는 한 아기가 확인되었다. 일반적으로 증상이 출생 후 첫 주 내에 나타나고 진행되어 심각한 간 손상, 발생 지연과 정신 지체 등이 수반된다. AGA는 7만 명 출생 중 1명의 빈도로 발생한다. 부계나 모계의 가족은 이 질환에 대해 병력이 없다. 이 사례의 경우 몇 가지 의문이 발생한다.

1. 정상의 부모가 이형접합인 것으로 보이므로, 질환에 대한 가족력이 없는 것이 이상하다고 생각되는가? 태어날 자녀의 질환 위험률에 대해 어떻게 상담해 줄 것인가?
2. 이 질환이 이렇게 희귀하다면, 집단 내 이형접합 보인자의 빈도는 얼마인가?
3. 두 이형접합인 사람이 만나서 질환이 있는 자녀를 낳을 확률은 얼마인가?

요약

1. 유전 변이는 대다수 집단의 특성이다. 많은 경우, 유전 변이는 표현형 수준에서 관찰될 수 있지만, 아미노산과 뉴클레오타이드 수준의 분석은 유전 변이를 측정하는 더 직접적인 방법이 된다.
2. 하디-바인베르그 법칙의 가정을 이용하면, 집단 내 대립유전자와 유전자형 빈도를 추정하는 것이 가능하다.
3. 하디-바인베르그 법칙은 특정 유전자에 대한 이형접합의 빈도를 계산하는 것은 물론 복대립유전자와 X-연관 대립유전자에 대한 대립유전자 및 유전자형 빈도를 결정하는 데 적용될 수 있다.
4. 자연선택은 집단 내 대립유전자 빈도에 변화를 일으켜 진화적 변화를 야기할 수 있다. 양적 형질에 대한 선택은 방향성 선택, 안정화 선택과 분단성 선택이 포함된다.
5. 자연선택 이외에, 다른 작용력들도 집단 내 대립유전자 빈도에 영향을 끼친다. 이들은 돌연변이, 이주와 유전적 부동이 포함된다. 선택 교배는 유전자형 빈도는 바꾸지만 대립유전자 빈도는 바꾸지 않는다.
6. 새로운 종의 형성은 아집단이 형성된 후 다시 합쳐질 때 분리되었던 집단들의 구성원들이 상호 교배할 수 없을 만큼 충분한 유전적 차이가 축적되었는가의 여부에 달려 있다.
7. 형태학, 아미노산 서열이나 뉴클레오타이드 서열을 이용한 계통발생 분석은 한 무리의 생물들 사이의 진화 관계를 보여주는 계통수를 구축하는 데 이용될 수 있다. 분자시계로 척도가 조정될 때, 계통수에 나타난 진화적 변화는 시간 척도로 맞추어질 수 있다.
8. 현생인류, 네안데르탈인, 다른 고인류 간의 유전체 서열 자료가 적용된 계통발생 분석은 네안데르탈인과 현생인류 종 사이의 관계를 재구축하는 데 도움이 되었다.

질문 및 해답

1. 테이-삭스(Tay-Sachs) 질환은 15번 염색체에 위치한 리소좀 효소를 암호화하는 유전자의 기능결손 돌연변이에 의해 발생한다. 테이-삭스는 상염색체 열성 질환으로 유전된다. 중앙 유럽 혈통의 아슈케나지 유태인에서 3,600명의 자녀 중 1명이 이 질환을 갖고 태어난다. 이 집단 중 보인자의 비율은 얼마인가?

   해답: p를 야생형 효소 대립유전자의 빈도라고 하고 q를 열성인 기능결손 대립유전자의 빈도라고 하면, 그리고 이 집단이 하디-바인베르그 평형에 있다고 하면, 유전자형 빈도는 동형접합의 정상에 대해 p^2, 보인자에 대해 $2pq$, 그리고 테이-삭스 질환자에 대해 q^2이 주어진다. 그러므로 테이-삭스 대립유전자의 빈도는 다음과 같다.

   $$q = \sqrt{q^2} = \sqrt{\frac{1}{3600}} = 0.017$$

   $p + q = 1$이므로,

   $$p = 1 - q = 1 - 0.017 = 0.983$$

   그러므로 보인자의 빈도는 다음과 같이 추정될 수 있다.

   $2pq = 2(0.983)(0.017) = 0.033$ 또는 대략 30명 중 1명

2. 한 집단에서 다른 개체 크기의 두 배가 되는 개체가 돌연히 나타났다. 정상적으로 이 종의 식물은 자가 수정과 타가 수정에 의해 번식한다. 이 새로운 거대 개체는 단순한 변이체인가, 아니면 새로운 종일까? 어느 것인지 어떻게 결정할 것인가?

   해답: 고등 식물에 가장 널리 퍼진 종분화 방식은 염색체 전체가 배가되는 배수성이다. 배수성의 결과는 일반적으로 더 큰 꽃과 씨앗을 가진 더 큰 개체이다. 새로운 변이체가 새로운 종인지 판정하기 위해 시험하는 두 가지 방법이 있다. 첫째, 거대 식물이 생존 가능하고 번식 능력이 있는 자손을 만드는지 보기 위해 거대 식물을 정상 크기 식물과 교배해야 한다. 자손이 형성되지 못한다면, 두 식물들은 생식적으로 격리된 것으로 본다. 둘째, 염색체 구성을 조사하기 위해 거대 식물을 세포유전학적으로 검사해야 한다. 큰 개체가 정상 크기 개체의 염색체 수의 두 배라면, 거대 식물은 자발적으로 생겨난 사배체이다. 염색체 수가 2의 배수로 다르고 새로운 식물이 정상 크기 식물과 생식적으로 격리되어 있으면, 새로운 식물은 새로운 종이다.

탐구 문제

어떻게 알았을까?

1. 집단유전학자는 집단 내 유전 변이의 양과 성질의 변화, 여러 유전자형의 분포와 선택과 부동 등의 작용력이 어떻게 집단 내 진화적 변화와 새로운 종의 형성을 초래하는지를 연구한다. 이 장의 설명을 참고하여 다음의 기초적인 질문에 대해 답을 제시해 보시오.
(a) 얼마나 많은 유전변이가 한 집단 내에 있는지 어떻게 알 수 있는가?
(b) 집단 내 다른 대립유전자들로 인한 유전변이의 존재를 어떻게 알아내는가?
(c) 한 집단의 유전적 구성이 정적인지 역동적인지 어떻게 알 수 있는가?
(d) 집단이 분기하여 다른 두 종을 형성한 시점을 어떻게 알 수 있는가?
(e) 두 종이 공유하는 최근의 공통조상의 시기를 어떻게 알 수 있는가?

개념확인 문제

2. 647쪽에 있는 핵심 개념은 종의 진화와 집단유전학의 원리에 대한 설명이다. 종분화를 일으키는데 돌연변이, 이주와 선택이 하는 역할을 설명하는 짧은 에세이를 쓰시오.

3. Price 등(1999. *J. Bacteriol.* 181: 2358-2362)은 사람에게 탄저병을 일으키는 *Bacillus anthracis*의 독성 수송단백질(toxin transport protein, PA)에 관한 유전 연구를 했다. 26개 변종에서 2,294-뉴클레오타이드 유전자 내 5개의 점돌연변이(2개의 과오 돌연변이와 3개의 동의 돌연변이)를 확인하였다. 1979년 탄저병 창궐 시의 검시 표본은 10명의 희생자에서 하나의 새로운 과오돌연변이와 다섯 개의 단일 뉴클레오타이드 변화를 보여주었다. 저자들은 이런 자료가 여러 *B. anthracis* 변종들 사이에 수평 전달이 거의 없다는 것을 보여준다고 결론지었다.
(a) 어느 유형의 뉴클레오타이드 변화(과오 혹은 동의)가 아미노산을 바꾸는가?
(b) 수평 전달이 의미하는 것은 무엇인가?
(c) 무엇을 근거로 저자들은 수평 전달의 증거가 없다고 결론지었는가?

4. 두 *Drosophila* 종, *D. heteroneura*와 *D. sylvestris* 사이에 뉴클레오타이드 다양성으로 측정된 유전적 차이가 약 1.8%이다. 침팬지(*P. troglodytes*)와 인간(*H. sapiens*) 사이의 유전적 차이도 유사하지만, 후자의 종들은 다른 속으로 분류된다. 이것이 타당한지에 대해 당신의 견해를 제시하시오.

5. 유전 다양성을 측정하기 위해 뉴클레오타이드 서열 자료를 이용할 때 고등 진핵생물의 경우 유전자 구조가 복잡하고 인트론은 물론 5′과 3′ 연접 부위가 있다는 사실 때문에 복잡해진다. 한 사람에게서 클로닝한 *γ-globin* 유전자의 두 대립유전자에 대한 뉴클레오타이드 서열 비교에서 1%의 변이가 발견되었다. 이런 차이에는 13개 위치에서 한 뉴클레오타이드의 치환이 있었으며, 또한 각 대립유전자에 삽입되었거나 결실된 3개의 짧은 DNA 단편이 포함된다. 변화 중 어느 하나도 유전자의 엑손(암호화 부위)에서 일어나지 않았다. 왜 이러한 결과가 나왔다고 생각하는가? 그리고 이러한 결과로 인해 유전 변이의 개념을 바꾸어야 하는가?

6. 화합물 PTC의 맛을 느끼는 능력은 우성 대립유전자 *T*에 의해 이루어지며, 열성 대립유전자 *t*에 대해 동형접합인 사람은 PTC 맛을 느낄 수 없다. 유전학 강의를 듣는 125명 중에서, 88명은 PTC 맛을 느끼고 37명은 느낄 수 없다. 이 집단에서 *T*와 *t* 대립유전자의 빈도와 유전자형 빈도를 계산하라.

7. 상염색체 열성 돌연변이에 의해 유발되는 희귀 질환을 생각해 보자. 주어진 집단의 질환 빈도를 이용하여 이형접합인 보인자의 비율을 계산하시오.
(a) 0.0064
(b) 0.000081
(c) 0.09
(d) 0.01
(e) 0.10

8. 7번 문제의 답을 정당화하기 위해 무엇을 가정해야 하는가?

9. 우성 표현형의 개체 총수만을 알고 있는 한 집단에서 열성 동형접합인 개체와 보인자의 비율을 어떻게 계산할 수 있는가?

10. 다음 두 세트의 자료가 하디-바인베르그 평형에 있는 집단들을 보여주는지 판정하시오(필요하다면 카이-제곱 분석을 이용하시오).
(a) CCR5 유전자형: *1/1*, 60%. *1/Δ32*, 35.1%. *Δ32/Δ32*, 4.9%.
(b) 낫세포 헤모글로빈: *AA*, 75.6%. *AS*, 24.2%. *SS*, 0.2%.

11. 평형에 있는 한 집단의 4%가 열성 형질을 발현한다면, 이 형질을 발현하지 않는 두 개체의 자손이 이 형질을 발현할 확률은 얼마인가?

12. 서로 공우성인 대립유전자 *A*의 빈도 $p = 0.7$이고 대립유전자 *a*의 빈도 $q = 0.3$인 한 집단을 생각하자. 다음과 같은 상황이 발생한다면 1세대 후 대립유전자 빈도는 얼마인가?
(a) $w_{AA} = 1$, $w_{Aa} = 0.9$, $w_{aa} = 0.8$
(b) $w_{AA} = 1$, $w_{Aa} = 0.95$, $w_{aa} = 0.9$
(c) $w_{AA} = 1$, $w_{Aa} = 0.99$, $w_{aa} = 0.98$
(d) $w_{AA} = 0.8$, $w_{Aa} = 1$, $w_{aa} = 0.8$

13. 초기 대립유전자 빈도가 $p = 0.5$이고 $q = 0.5$이며 대립유전자 *a*가 열성 치사라면, 1, 5, 10, 25, 100과 1,000세대 후 대립유전자 빈도는 얼마일까?

14. 어떤 상황에서 우성 치사 대립유전자가 한 집단 내에 유지되겠는가?

15. 상염색체 열성 질환이 1만 명 중 1명꼴(0.0001)로 발생하고, 이 집단에서 약 2%(0.02)가 이 질환의 보인자라고 가정하자. 사촌 간의 결혼에서 자녀가 질환이 발생할 확률을 계산하시오. 이 확률을 일반 집단에서 질병이 발생할 확률과 비교하시오.

16. 인간에서 확인된 최초의 Mendel 형질은 단지증(brachydactyly)으로 알려진 우성 증상이다. 이 유전자는 기형적으로 짧은 손가락이나 발가락(또는 둘 다)이 되게 한다. 당시에, 일부 연구자들은 (우성과

열성의 표현형 비율이 3:1이기 때문에) 단지증 우성 형질이 집단의 75%에서 나타날 것으로 생각했다. 이런 추론이 틀린 것이라는 것을 증명하시오.

17. 상당한 유전적 차이가 있는 집단들이 어떻게 생기는지 설명하시오. 자연선택이 하는 일은 무엇인가?

18. 연골무형성증은 왜소발육증의 특징적 외형을 유발하는 우성 형질이다. 5만 명의 신생아 조사에서, 연골무형성증의 신생아 5명이 확인되었다. 증상이 있는 신생아 중 세 명은 부모에게 증상이 있었지만, 두 명은 부모에게 증상이 없었다. 연골무형성증에 대해 돌연변이율을 계산하고, 그 비율을 특정 수의 배우자당 돌연변이 유전자의 개수로 표현하시오.

19. 5,669개의 포유류 유전자(17,208 서열)의 돌연변이율을 조사한 최근 연구에 따르면, 일반적인 믿음과는 다르게 세대 길이와 생리적 속성들이 상당히 다른 계통들 사이의 돌연변이율이 놀랄 만큼 일정하다(Kumar, S., and Subramanian, S. 2002. *Proc. Natl. Acad. Sci. [USA]* 99: 803-808). 평균 비율은 12.2×10^{-9}/bp/년으로 추산된다. 포유류 진화의 관점에서 이러한 발견의 의미는 무엇인가?

20. 자연집단에서 놀라울 정도로 높은 수준의 유전변이를 유지하는 중요한 요인들로 여겨지는 것은 무엇인가?

21. 한 고립된 연못의 수련을 연구하는 식물학자가 이 집단에서 세 가지 잎의 형태를 관찰했다. 둥근형, 화살촉형과 부채형. 125 개체의 DNA 표지 분석에서 둥근-잎 수련은 대립유전자 *r1*의 동형접합이지만 화살촉형 잎 수련은 같은 좌위의 다른 대립유전자 *r2*의 동형접합인 것을 보여주었다. 부채형 잎 수련은 *r1*과 *r2* 대립유전자를 모두 지닌 이형접합인 것을 보여주었다. *r1* 대립유전자의 빈도는 0.81로 추산되었다. 식물학자가 연못에서 20 개체의 부채형 수련을 세었다면, 이 집단의 동계교배 계수 *F*는 얼마인가?

22. 한 농부가 스스로 살충제를 만들도록 변형된 형질전환 Bt 옥수수를 심는다. 이 Bt 옥수수를 먹는 조명충나방 유생 중에서, Bt 살충제에 저항성을 주는 우성 저항 대립유전자 *B*가 최소한 한 개라도 있지 않을 경우, 오직 10%만이 살아남는다. 농부가 Bt 옥수수를 심을 때, 이 조명충나방 집단에서 *B* 저항 대립유전자의 빈도가 0.02이다. 조명충나방이 Bt 옥수수를 먹은 1세대 후의 저항성 대립유전자의 빈도는 얼마일까?

23. 사막큰뿔양의 격리된 집단에서, 동형접합일 때 돌연변이 열성 대립유전자 *c*는 수컷과 암컷 모두에서 곱슬털을 유발한다. 정상 우성 대립유전자 *C*는 곧은 털을 만든다. 이 양을 연구하는 생물학자가 곱슬털 양 네 마리를 세었다. 양 집단에서 혈액을 얻어 DNA를 분석한 결과, 17마리의 양이 *c* 대립유전자의 이형접합 보인자로 나타났다. 이 집단의 동계교배 계수 *F*는 얼마인가?

24. 23번 문제에서 설명한 큰뿔양 집단의 유전적 다양성을 높이기 위해, *c* 대립유전자가 없는 집단에서 10마리의 양이 도입된다. 원래 양과 도입된 양 사이에 무작위 교배가 이루어지고 *c* 대립유전자가 선택적으로 중립이라고 가정하면, 다음 세대에서 *c*의 빈도는 얼마가 될까?

25. 종분화 중에 어떤 유전적 변화가 일어나는가?

26. 일부 비판가들은 유전질환을 교정하기 위해 유전자 치료를 활용하는 것은 인간 진화의 경로에 영향을 끼칠 것이라고 경고했다. 이러한 비판을 집단유전학과 진화에 대해 알고 있는 정보에 근거하여 체세포 유전자 치료와 생식세포 유전자 치료를 구분하여 평가하시오.

응용 문제

27. 엘리스-반 크레벨드 증후군(Ellis-van Creveld syndrome)이라는 왜소발육증의 한 형태는 1930년대 후반 Richard Ellis와 Simon van Creveld가 소아과학회로 가는 길에 열차 객실을 함께 이용하면서 처음 발견되었다. 대화를 하는 동안에, 그들은 각각 이 증후군이 있는 환자가 한 명씩 있다는 것을 알았다. 그들은 1940년 이 증후군에 대한 논문을 발표했다. 증후군 환자는 사지가 짧은 유형의 왜소발육이며, 종종 입술과 이에 결함이 있고 다지증(polydactyly, 잉여의 손가락)이 있다. Victor McKusick 연구팀(1964)은 동부 펜실베이니아에 있는 구아미쉬(Old Order Amish) 집단에서 이 증후군을 가진 가장 큰 가계를 보고하였다. 이 공동체에서 대략 신생아 1,000명당 5명의 증후군이 있으며, 8,000명의 일반 집단에서 관찰 빈도는 1,000명당 2명이다. 증후군이 있는 사람들은 모두 부모가 증후군이 없으며, 구아미쉬 집단은 1774년 이 지역에 도착한 Samuel King과 부인의 후예이다. 킹이나 부인 모두 이 장애가 없었던 것으로 알려진다. 오하이오나 인디애나 등에 있는 다른 아미쉬 공동체에는 이 장애의 사례가 없다.
(a) 주어진 정보에서, 이 장애의 가장 그럴 듯한 유전 방식을 추론하시오. 하디-바인베르그 조건을 가정하고 하디-바인베르그 법칙을 이용하여 집단 내 돌연변이 대립유전자의 빈도와 이형접합인 사람의 빈도를 계산하시오.
(b) 펜실베이니아 아미쉬 공동체에는 이 장애의 빈도가 높고 다른 아미쉬 공동체들에는 이 장애가 없는 것에 대한 가장 그럴 듯한 설명은 무엇인가?

28. 상호교배를 저해하는 장벽의 목록을 말하고 각각에 대해 예를 들어 보시오.

29. 두 범주의 생식적 격리 장치는 무엇인가? 이들 중 어느 것이 더 효율적으로 여겨지며, 그 이유는 무엇인가?

30. 선택이 작용하는 새로운 대립유전자의 원천은 생물에서 선택적인 평가와 무관하게 일어나는 무작위 사건인 돌연변이이다. 비록 많은 모델 생물들이 집단 내 돌연변이 사건을 연구하기 위해 이용되었지만, 일부 연구자들은 무생물 분자 모델을 개발했다. Soll (2006)은 RNA로 구성된 리보자임에 대해 해로운 돌연변이와 이로운 돌연변이 둘 다와 집단 크기 간의 관계를 연구하기 위해 모델을 조사했다. Soll은 분자의 집단이 작으면 작을수록 해로운 돌연변이뿐만 아니라 이로운 돌연변이도 사라질 가능성이 크다는 것을 발견하였다. 왜 집단 크기가 (해로운 혹은 이로운) 두 유형의 돌연변이의 집단 내 존속에 영향을 끼치는가?

31. 사람족(hominid)과 설치류 사이의 뉴클레오타이드 서열 비교는 동계교배가 설치류 계통보다 사람족 계통에서 더 많이 일어났을 것이라는 결과를 보여준다. Knight(2005)와 Bakewell(2007)은 대략 1만 명을 남긴 고대 집단 병목현상이 인류에게 발생했을 때 이 사건이 초기 인류에게 유전 질환의 위험을 더 크게 만들었을 것이라고 제안했다. 왜 집단의 병목현상이 유전 질환의 빈도에 영향을 끼칠 것인가?

32. 아래에 보여주는 것은 사람 헤모글로빈의 알파와 베타 사슬의 상동인 부분이다. 유전 암호표(그림 13.7)를 참조하여 얼마나 많은 아미노산 치환이 하나의 단일 뉴클레오타이드 치환의 결과로 발생할 수 있는지 판정하시오. 단일 변화의 결과로 발생할 수 없는 것에 대해 최소 돌연변이 거리를 결정하시오.

alpha: ala val ala his val asp asp met pro
beta: gly leu ala his leu asp asn leu lys

33. 최근 진화 역사의 재구축은 종종 아미노산이나 뉴클레오타이드 서열의 변화에 근거하여 분기를 지정하는 것에 의존한다. 예를 들면, 시토크롬 c의 비교는 사람과 개 사이에 10개의 아미노산 차이를, 사람과 나방 사이에 24개의 차이를, 그리고 사람과 효모 사이에 38개의 차이를 보여준다. 이런 자료는 사람, 개, 나방과 효모에 대해 분기의 절대 시간에 관한 정보가 없다. 어떻게 분자시계를 절대 시간의 시계에 맞출 수 있을까? 이런 눈금 조정에서 어떤 문제를 만나게 될까?

34. 네안데르탈인의 미토콘드리아 DNA와 현생인류 DNA 비교는 네안데르탈인이 현생인류와 관련되어 있지 않으며, 우리의 미토콘드리아에 기여하지 않았다는 것을 보여준다. 하지만 네안데르탈인과 현생인류가 최소한 25,000년 전에 격리되었기 때문에, 이런 사실이 어떤 형태의 상호교배에 의해 현대 유럽인 유전자풀이 네안데르탈인과 초기 인류(소위 크로마뇽인) 둘 모두에서 유래되었을 가능성을 배제하지는 않는다. 이런 문제를 해결하기 위해, Caramelli 등(Caramelli et al. 2003. *Proc. Natl. Acad. Sci. [USA]* 100: 6593-6597)은 25,000년 된 크로마뇽인 유해에서 미토콘드리아 DNA 서열을 분석하고 4개의 네안데르탈인 표본, 그리고 현생인류의 가장 큰 자료 모음과 비교하였고, 그 결과를 도표에 나타냈다.

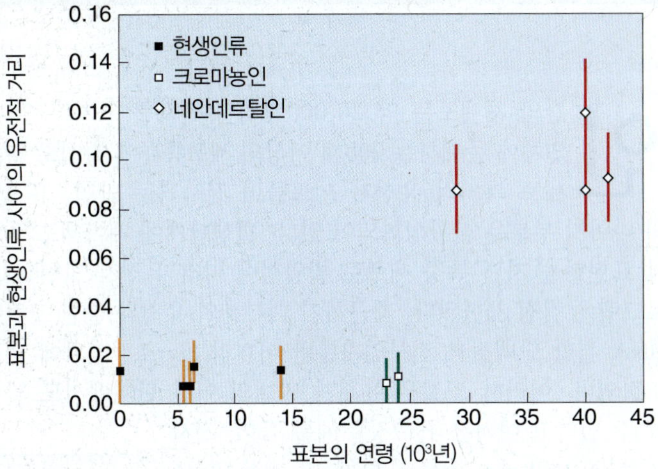

*x*축은 천 년 단위로 표본의 연령을 표시한다. *y*축은 평균 유전적 거리를 표시한다. 현생인류는 검은 사각으로 표시되고, 크로마뇽인은 빈 사각으로 표시되고, 네안데르탈인은 마름모로 표시된다.

(a) 크로마뇽인과 현대 유럽인 사이의 관계에 대해 어떤 결론을 내릴 수 있는가? 크로마뇽인과 네안데르탈인 사이의 관계에 대해서는 어떠한가?

(b) 이 자료로 볼 때, 네안데르탈인이 크로마뇽인 유전자풀이나 현대 유럽인 유전자풀에 미토콘드리아 DNA를 기여했을 것이라고 할 수 있는가?

후성유전학

인간의 체세포는 약 20,000개의 유전자를 가지고 있다. 인체에 존재하는 200개 이상의 세포종류에서 서로 다른 세포 특이적 유전자 세트들이 전사되는 반면, 유전체의 나머지 부분은 불활성화되어 있다. 발생단계에 배아세포가 점차 표현형을 지닌 특정 세포로 발달함에 따라 유전자 발현의 프로그램은 점점 제한된다. 최근까지 대부분의 유전자 발현 조절은 DNA 결합 단백질과 전사인자뿐만 아니라 *cis*-조절인자에 의해 조절되며, 이러한 조절은 유전자 발현의 어떤 단계에서도 일어날 수 있다고 여겨졌다(17장). 예를 들어, 전사 조절, mRNA processing 단계 및 전사 후 조절 단계가 DNA 주형으로부터 합성되는 유전자 산물의 양을 조절한다. 하지만 우리가 유전체 구성 및 유전자 발현 조절에 대해 배워온 것처럼, 고전적인 조절 기작들을 통해 어떻게 표현형들이 나타나도록 하는지 완벽히 설명할 수 없다. 한 예로, 일란성 쌍둥이는 동일한 유전자형을 가지고 있지만 종종 다른 표현형을 나타낸다. 또한 각 유전자의 한 대립유전자가 모계 유전되며 다른 하나는 부계 유전될 때, 어떤 경우에는 모계 또는 부계 대립유전자만 발현되며 다른 하나는 전사되지 않는다.

"새로이 떠오르는 학문, 후성유전학은 DNA 염기서열이 아닌 다른 측면에서의 유전적 변화가 표현형의 다양성에 어떤 영향을 줄 수 있는지에 대한 기본 지식을 제공하고 있다."

후성유전학은 새로이 떠오르는 분야로서 DNA 염기서열 보다는 다른 측면의 유전적 변화들이 어떻게 표현형의 다양성에 영향을 줄 수 있는지 이해하기 위한 분자적인 기반을 제시한다(ST 그림 1-1). 이러한 진보는 유전자 조절에 대한 이해를 높은 수준으로 향상시켰으며, 유전성 질병, 암, 행동을 포함한 넓은 범위의 분야에 적용시킬 수 있다.

후성유전학적 형질(epigenetic trait)은 안정적이다. 즉, DNA의 염기서열 변화 없이 유전자 발현 양상의 변화로부터 야기되는 유사분열 및 감수분열로 유전되는 표현형이다. **후성유전학(epigenetics)**은 DNA와 히스톤에서 일어나는 화학적 변형이 세포 및 조직 특이적으로 유전자의 발현 양상을 변화시키는 것에 대해 연구하는 학문이다. DNA와 염색질 구조의 가역적 변화는 다양한 환경적 요인들과 유전체의 상호작용을 매개하며, 환경적 요인들에 반응하여 유전자 발현 양상의 변화를 일으킨다. **후성유전체(epigenome)**는 어떤 특정 시간에 세포에 존재하는 후성유전학적 변화 양상이라 일컫는다. 생명체는 생애주기 동안 한 종류의 유전체를 가지지만, 유전체는 각 시기별로 다양한 세포 종류에서 변형될 수 있어 많은 통해 후성유전체를 형성한다.

최근 연구들은 후성유전학의 몇 가지 측면에 집중되어 있다: 발생과 분화 중인 세포에서 후성유전체가 어떻게 형성되며 이러한 후성유전체가 어떻게 유사분열 및 감수분열을 통해 전달되어 유전적인 형질을 만들어 내는가? 또한 유전체에서 후성유전학적으로 조절되는 변화들은 암, 당뇨, 천식과 같은 흔히 볼 수 있는 질병과 관계가 있기 때문에 연구자들은 세포 내 질병과 연관된 후성유적학적 변화를 조절할 수 있는 신약 개발에 집중하고 있다.

여기서는 후성유전학이 몇몇 유전질환, 암, 환경과 유전체 간의 상호 작용 등과 어떤 관계가 있는지에 대해 초점을 맞출 것이다. 또한 후성유전학적 변화는 가역적이므로 후성유전학의 분자적 기작에 대한 지식이 인간 질병 치료를 위한 신약 개발에 어떻게 이용될 수 있는지 살펴볼 것이다.

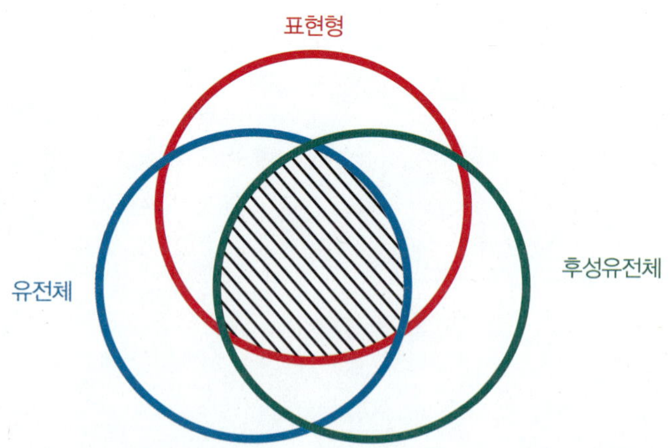

ST 그림 1-1. 생물체의 표현형은 유전체와 후성유전체 간 상호작용의 산물이다. 유전체는 수정에서부터 평생 일정하지만, 세포, 조직 및 개체는 환경 자극에 반응하여 유전자 활성을 후성유전학적 재프로그래밍함으로써 다양한 후성유전체를 발달시킨다. 이러한 재프로그래밍 현상은 생활사를 통틀어 표현형의 변화로 이어진다.

BOX 1
후성유전학의 시작

C. H. Waddington은 발생단계에서의 환경적 영향이 어떻게 성인의 표현형에 영향을 줄 수 있는지 설명하기 위하여 *후성유전학*(*epigenetics*)이라는 용어를 1940년대에 처음 사용하였다. 그는 발생 과정에서 환경 조건을 변화시킴으로써 동일한 유전자형을 갖는 개체들을 서로 다른 표현형을 발생시킬 수 있음을 보여주었다. Waddington은 초파리(*Drosophila melanogaster*)를 사용하여 시맥 패턴이 번데기 발생단계 중 열충격을 가함으로써 바뀔 수 있다는 것을 발견하였다. 이러한 환경으로 유도된 변화를 가진 초파리의 자손은 지속적인 환경 자극이 없어도 변화된 표현형을 나타내었다. 그는 이러한 현상을 '유전적 동화'라 명명하였다. 즉, 특정 발생단계에서 환경과 유전체 간의 상호작용은 유전되는 표현형의 변화를 유발하였다.

1970년대, Holiday와 Pugh는 발생단계에서의 유전자 발현 프로그램의 변화가 DNA 특정 염기의 메틸화에 의존적이며 메틸화 양상의 차이가 결국 표현형에 영향을 미친다는 것을 제시함으로써 후성유전학의 개념을 확장하였다. Waddington의 선구적인 연구, Holliday와 Pugh의 메틸화 모델, 그리고 모계 및 부계 유전체 모두가 유전자의 발현이 정상적인 발달에 필요하다는 발견은 후성유전학과 후성유전체학을 과학 연구 분야로서 자리잡을 수 있도록 이바지하였다.

유전체의 후성유전학적 변화

개체의 모든 세포 유형에서 동일한 유전체와는 달리, 후성유전체는 세포가 특이적으로 생활사 전반에 걸쳐 환경 자극에 반응하는 변화이다. 유전체처럼 후성유전체는 체세포분열에 의해 딸세포에 전달될 수 있을 뿐만 아니라 감수분열에 의해 다음 세대에 전달될 수 있다. 다음 절에서 후성유전학적 변화의 기작과 유전자 각인(imprinting), 암과 환경-유전체 간 상호작용에서의 역할을 살펴봄으로써, 최근 밝혀진 유전자 조절 기작을 살펴볼 것이다.

세 가지 주요 후성유전학 기작은 다음과 같다: (1) 메틸기의 결합 유무에 따른 DNA의 가역적 변화, (2) 히스톤 단백질의 여러 화학 그룹의 결합 유무에 따른 염색질 재구성, (3) 비암호화 RNA 분자에 의한 유전자 발현 조절.

DNA 메틸화

포유동물에서 DNA 메틸화는 복제 후 세포분화 과정 동안 일어난다. 이 과정은 시토신(cytosine) 염기에 메틸기($-CH_3$)가 결합되는 반응을 말하며 DNA 메틸기 전달효소(DNA methyltransferases, DNMTs)에 의해 촉매된다. 메틸화는 대부분 구아닌(guanine) 염기 앞에 위치한 시토신 염기(CpG)에서 생성된다. 다수의 뉴클레오타이드들이 모여 CpG 섬(CpG island)을 형성하며 이는 주로 유전자와 유전자 사이에 존재하는 프로모터 영역에 위치한다(ST 그림 1-2). 항존 유전자(housekeeping 유전자)와 세포 특이적인 유전자들의 프로모터 영역은 메틸화되어 있지 않아 전사가 일어난다. 메틸화된 CpG 섬과 프로모터를 가지는 유전자들은 전사되지 않고 침묵된다. CpG 다이뉴클레오타이드에 결합되어 있는 메틸기는 DNA의 주홈(major groove)에 위치하여 전사 복합체 형성에 필요한 전사인자의 결합을 차단하여 전사를 억제한다.

CpG 섬의 메틸화는 발생단계 중의 정상적인 과정이다. 예를 들어, 포유동물 암컷의 X 염색체 중 하나가 불활성화되는 과정은 DNA 메틸화와 연관되어 있다(X 염색체의 불활성화에 대한 자세한 설명은 7장 참조). 또한 발생단계의 CpG 메틸화는 유전체 각인이라는 부모 특이적(부계 또는 모계)인 전사 양상을 유도한다. DNA 메틸화의 비정상적인 양상은 암과 같은 인간의 특정 질병과 관련이 있다.

히스톤 변이 및 염색질 재구성

DNA 메틸화와 더불어 히스톤 변형은 유전자 조절을 위한 중요한 후성유전학적 기작이다. DNA가 히스톤 단백질 8개를 중심으로 감겨져 있는 뉴클레오솜으로 구성된 염색질의 동적 구조를 떠올려보자. 각 히스톤의 N-말단 영역은 뉴클레오솜을 넘어 연장되어 있고, 이 부위의 아미노산들은 아세틸기, 메틸기 및 인산

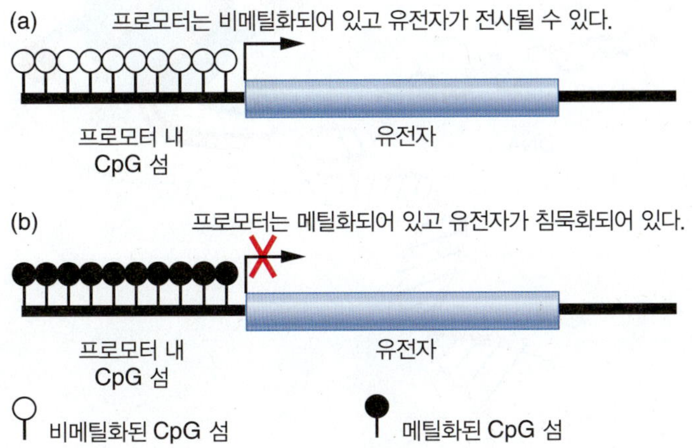

ST 그림 1-2. 프로모터 내 CpG 다이뉴클레오타이드의 메틸화 양상이 인접한 유전자의 활성을 조절한다.

기의 결합 등을 통해 변화될 수 있다(ST 그림 1-3). 일련의 단백질 세트들이 히스톤 변형에 관여하는데, 이들은 히스톤에 화학 그룹을 추가하는 단백질('writer'), 히스톤 변형을 인식하는 단백질(readers) 그리고 화학 그룹을 제거하는 단백질('erasers') 등이 있다. 히스톤 변형에 관여하는 단백질들의 예가 ST 표 1.1에 나와 있다.

이러한 히스톤 변형은 염색질 구조를 변화시켜, 전사를 위해 뉴클레오솜 상의 유전자에 전사를 위한 접근을 가능하게 하거나 또는 불가능하게 한다. 예를 들어, 히스톤 아세틸화는 뉴클레오솜 상의 유전자의 전사를 가능토록 한다[ST 그림 1-4(a)]. 이 변화는 가역적이다. 아세틸기가 제거되면, 염색질을 '열린' 구조에서 '닫힌' 구조로 변화시켜, 전사에 필요한 인자들이 접근하지 못하게 함으로써 유전자 발현이 침묵된다[ST 그림 1-4(b)].

우리는 히스톤 변형들의 특이적 조합이 염색질 영역의 전사 상태를 조절하는 것을 배우고 있다. 예를 들어, 히스톤 H3에 위치한 라이신(lysine) 9의 메틸화 여부는 다른 영역에서 생기는 변

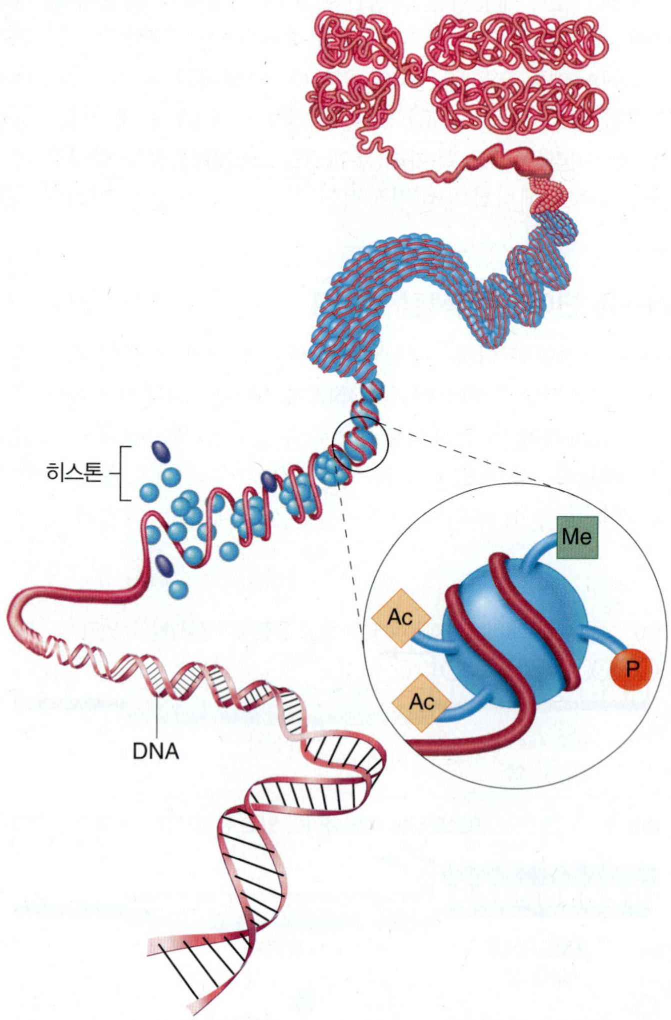

ST 그림 1-3. 뉴클레오솜에서 히스톤 클러스터는 후성유전학적인 변화로 공유결합적 변형이 일어난 N-말단 꼬리부분을 가지며, 이는 궁극적으로 유전자 발현 양상을 변화시킨다. Ac = 아세틸기, Me = 메틸기, P = 인산기.

ST 표 1.1 후성유전학적 염색질 변이에 관여하는 단백질들

종류	알려진 개수
화학 그룹을 추가하는 단백질(Writers)	78
단백질 메틸기 전달효소	
히스톤 아세틸기 전달효소	
염색질 변형을 인식하는 단백질(Readers)	156
튜더 영역 포함하는 단백질	
MBT 영역 포함하는 단백질	
크로모 영역 포함하는 단백질	
화학 그룹을 제거하는 단백질(Erasers)	42
히스톤 탈아세틸효소	
라이신 탈메틸효소	

화에 의해 조절된다. 가령 세린(serine) 10이 인산화되면, 라이신 9의 메틸화가 저해된다. 반면, 라이신 14가 탈아세틸화되어 있으면, 라이신 9의 메틸화가 촉진된다. 히스톤 변형에 대해 많은 조합이 가능하며, 복잡한 양상과 염색질의 구성 및 유전자 발현을 변화시키는 히스톤 변형의 상호작용을 통틀어 **히스톤 암호(histone code)**라 한다. 이러한 변화들의 조합은 분화된 세포가 유전자 발현의 세포 특이적 양상을 나타내도록 하며, DNA 서열의 변화 없이 외부 자극에 반응할 수 있도록 한다.

마이크로 RNA와 긴 비암호화 RNA

전령 RNA(messenger RNA, mRNA)뿐만 아니라 유전체의 전사는 몇가지 계열의 비암호화 RNA를 생성한다. 이들 중에서 특히 마이크로 RNA(microRNAs, miRNA)와 긴 비암호화 RNA(long noncoding RNA, lncRNA)는 후성유전학적 조절 네트워크에서 중요한 역할을 하고 있다. 마이크로 RNA는 세포 신호전달뿐만 아니라 발생단계의 배아에서 패턴 형성에 관여한다.

마이크로 RNA는 두 가닥의 줄기-고리와 단일 가닥 영역을 포함하는 약 70~100 뉴클레오타이드 길이의 전구체 분자로 전사된다. 프로세싱 과정 동안 단일 가닥 영역이 제거되고 남은 고리구조는 다음 단계를 위해 세포질로 이동한다. 생성된 이중가닥 RNA 중 한 가닥은 제거 및 분해되고, 남은 한 가닥 마이크로 RNA 가닥이 성숙한 RNA 유도 침묵 복합체(RNA-induced silencing complex, RISC)를 형성한다. RISC는 마이크로 RNA와 상보적인 염기서열을 가지는 표적 mRNA에 결합한 뒤 이를 파괴하여 유전자 발현을 억제한다. RISC의 마이크로 RNA와 부분적으로 상보적인 서열을 가진 mRNA에 대해 리보솜에 의한 번역을 저해시켜 궁극적으로 유전자 발현을 감소시킨다.

RISC 복합체를 형성하는 것 이외에도, 마이크로 RNA는 또한 RNA 유도 전사 침묵(RNA-induced transcriptional silencing, RITS) 복합체를 형성하는 일련의 단백질들과 결합한다. RITS복합체는 진정염색질의 염색체 부위를 가역적으로 조건적 이질염

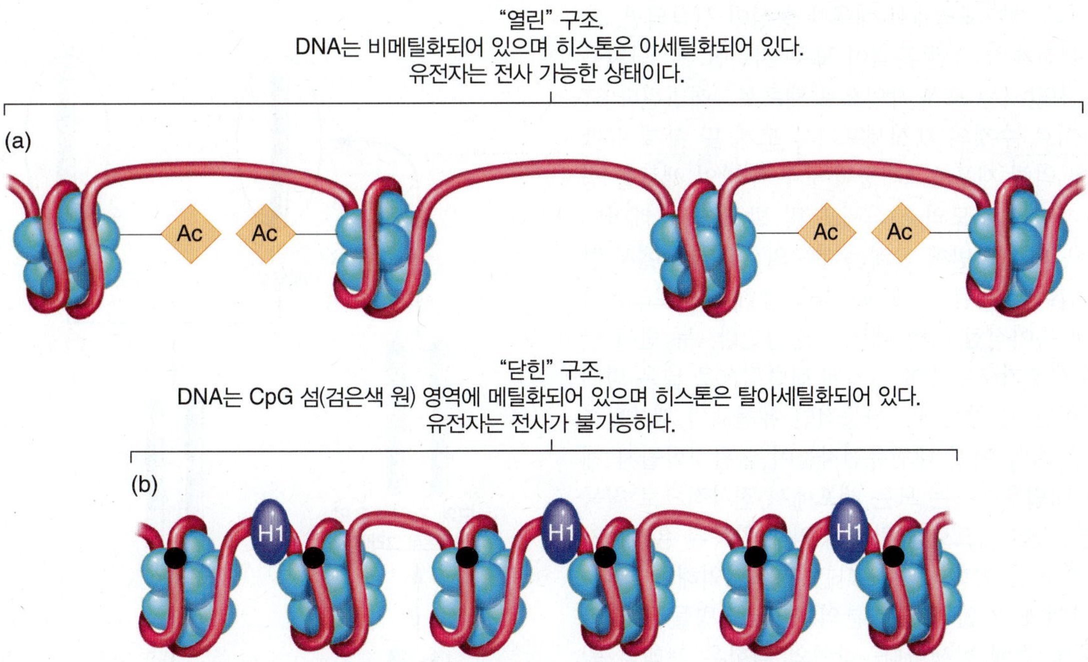

ST 그림 1-4. 유전체에서 일어나는 후성유전학적 변이는 뉴클레오솜 위치를 변화시킨다. 열린 구조에서는 뉴클레오솜 위치가 바뀌는데, CpG들이 비메틸화되고, DNA상 유전자들이 전사 가능한 상태가 된다. 닫힌 구조에서는 DNA가 뉴클레오솜으로 바짝 감겨 CpG들이 메틸화되고, DNA상 유전자들이 전사 불가능한 상태가 된다.

색질로 변화하는데, 이처럼 새롭게 생성된 이질염색질 부위 내에 위치하는 유전자들의 발현은 침묵된다.

긴 비암호화 RNA는 mRNA와 공통되는 많은 특성을 가지고 있다. 긴 비암호화 RNA는 종종 3′ 폴리-A 꼬리와 5′ 캡을 가지며 스플라이싱된다. 긴 비암호화 RNA와 mRNA와 구분되는 점은 폴리펩타이드로 번역될 수 있는 긴 열린 번역틀(open reading frame, ORF)을 가지고 있지 않다는 것이다.

긴 비암호화 RNA는 핵과 세포질에서 볼 수 있고, 다양한 기작을 통해 유전자 발현의 거의 모든 단계를 조절한다. 후성유전학적 조절인자로서, 긴 비암호화 RNA는 염색질 변화에 관여하는 효소에 결합하여 유전체의 특정 영역에 대한 그들의 활성을 직접적으로 조절한다. 이 영역에서 긴 비암호화 RNA는 염색질 변화를 야기하고, 결국 유전자 발현 패턴을 변화시킨다.

요약하면, 후성유전학적 변형은 DNA의 염기서열 변화 없이 DNA 메틸화, 히스톤 아세틸화 및 RNA의 작용 등과 같은 여러 가지 기작을 통해 염색질 구조를 변화시킨다. 이러한 후성유전학적 변형은 정상적인 발달을 조절하고 환경 자극에 대한 반응으로 유전자 발현을 변화시키는 후성유전체를 형성한다.

후성유전학과 각인

포유류는 모계와 부계로부터 각 상염색체 유전자의 복제본을 유전하며, 일반적으로 이러한 유전자들의 두 복제본 모두가 자손에서 발현된다. 각인(Imprinting)은 후성유전학적으로 조절되는 기작으로 유전자들이 부계 또는 모계 유래 특이적인 패턴으로 발현된다. 즉, 특정 유전자들은 모계 대립유전자 또는 부계의 대립유전자 한쪽에서만 발현을 보인다. 대립유전자 발현의 부계 또는 모계 특이적인 패턴은 생식세포에서 배우자 형성 과정 동안 볼 수 있으며, 체세포에서 유사분열을 통해 유전된다.

CpG가 많은 영역의 서로 다른 메틸화와 프로모터 서열의 메틸화를 통해 대립유전자 특이적인 형성 및 순차적인 유전자 침묵이 일어난다. 유전자가 각인되고 나면 배아 형성과 발생 과정 동안 전사적으로 침묵된 상태가 유지된다. 대부분의 각인된 유전자들이 태아 발생 동안 생장의 과정에 직접적으로 연관되어 있다. 예를 들어, 쥐에서 모계의 X 염색체상의 유전자는 태반에서 발현되는 반면, 부계의 X 염색체상의 유전자는 침묵된다. 기능을 가진 하나의 대립유전자만 존재한다면 각인된 유전자들을 돌연변이의 결실효과에 매우 취약할 것이다. 각인유전자들은 유전체 내 제한된 수의 영역에 무리를 지어 존재하므로 한 유전자의 돌연변이는 이웃한 각인유전자의 기능에 영향을 미칠 수 있으며, 이는 표현형에까지 그 영향이 확장된다. DNA 염기서열의 변화 또는 비정상적인 후성유전학적 변화에 의해 각인유전자의 돌연변이가 발생할 수 있다. 이를 **후성변이(epimutation)**라고 하며, 두 경우 모두 유전자의 활성에서의 유전되는 변화를 야기시킨다.

수정 단계에서 포유류의 배아는 부계 및 모계의 각 염색체 세트를 받게 되며, 각각의 염색체는 어버이의 염색체 각인 양상을 따른다. 가령, 암컷의 생식세포에서 배우자 형성이 시작되면, 모계 및 부계 유래 유전체의 각인 흔적이 모두 지워진 후, 난자를 통해 다음 세대로 전달되는 모계 각인으로 재프로그래밍된다(ST 그림 1-5). 마찬가지로 수컷의 생식세포에서 모계 및 부계 유래 염색체는 메틸화에 의해 재프로그래밍되어 부계 각인 세트를 형성한다. 재프로그래밍은 부모의 생식세포 및 발생 중인 배아에서 두 단계로 일어난다. 첫 번째 단계는 부모의 생식세포에서 탈메틸화에 의해 각인이 삭제된 후 재메틸화를 통해 재프로그래밍되어 부계 및 모계 특이적인 각인 패턴이 형성된다. 두 번째 단계에서는 발생 16 세포기 전, 배아 시기에 전반적으로 넓은 범위의 탈메틸화가 일어난다. 착상 후, 차등적인 유전체의 재메틸화를 통해 모계 및 부계의 어떤 대립유전자들이 불활성화될지 재조정된다. 각인된 대립유전자는 모든 세포에서 전사적으로 침묵되어 있으나, 후성유전학적으로 메틸화에 의해 침묵된 유전자가 외부 신호에 의해 다시 활성화될 수 있다는 것을 기억해야 한다.

비정상적인 각인에 기인한 대부분의 인간 질병들은 태아의 성장과 발생단계 중에 발생한다. 각인의 결함은 프래더-윌리 증후군(Prader-Willi syndrome), 엔젤만 증후군(Angelman syndrome), 베크위트-비데만 증후군(Beckwith-Wiedemann syndrome) 등 기타 여러 질병을 야기시킨다(ST 표 1.2). 그러나 알려진 후보 유전자들과 아직 밝혀지지 않은 각인유전자들의 가능성을 고려하면, 각인과 관계된 유전질환의 수는 훨씬 많은 것으로 예상된다.

인간에서 알려진 대부분의 각인유전자는 성장인자나 여러 성장 조절유전자를 암호화한다. 각인의 상염색체 우성 질환인 베크위트-비데만 증후군(Beckwith-Wiedemann syndrome, BWS)을 통해 후성유전학적 각인유전자의 결함이 어떻게 비정상적인 표현형으로 이어지는지 이해할 수 있다. BWS는 비정상적인 복벽 결손, 장기의 비대, 높은 출생 체중 및 암 발병 소인을 갖는 태아 과성장 장애이다. BWS는 돌연변이나 어떤 염색체 결실과 관계가 없다. 대신 BWS는 각인 질환이며, 비정상적인 메틸화와 이로 인해 변화된 유전자 발현에 기인한다.

BWS와 연관된 유전자들은 11번 염색체의 짧은팔 부위의 각인된 유전자들의 무리영역에 위치한다. 이 무리영역 내 모든 유전자들은 태아발생 과정에서 성장을 조절한다. 여기에서 두 가지 중요한 유전자는 성장과 발생에 중요한 역할을 하는 인슐린 유사 성장인자(insulin-like growth factor 2, *IGF2*)와 *H19*이다. H19 유전자 산물은 종양 억제자로 작용할 수 있는 비암호화 RNA로서 정확한 기능은 알려져 있지 않다. 일반적으로 *IGF2*의 부계 대립유전자가 발현되고, 모계 대립유전자는 각인되어 침묵되어 있다. 반대로 *H19*의 경우, 모계 대립유전자는 발현되고, 부계 대립유전자는 각인되어 침묵되어 있다.

BWS에서 모계 *IGF2* 대립유전자는 각인되어 있지 않은 양상을 보인다. 그 결과, 모계 및 부계 대립유전자 모두 전사되어 활성을 나타내며, 그 결과 이 질병의 특징인 조직의 비대화를 초래한다.

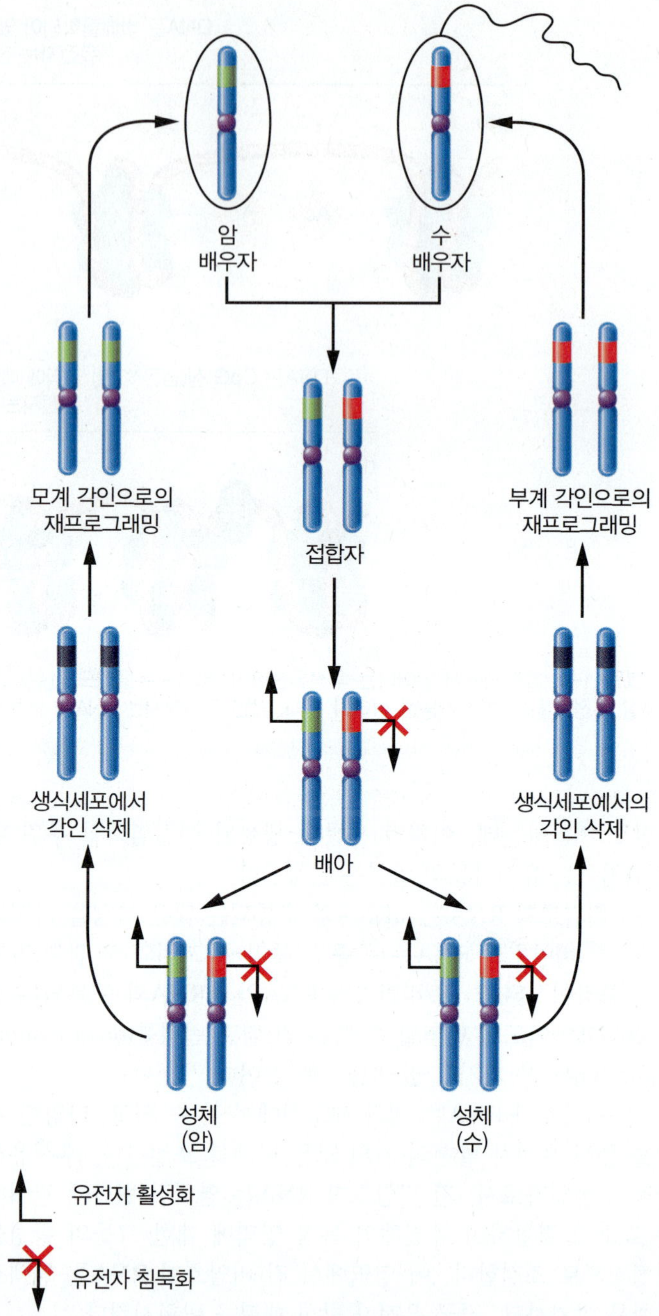

ST 그림 1-5. 배우자 형성단계에서 각인 양상은 각 세대를 걸쳐 재프로그래밍된다. 후성유전학적 재프로그래밍의 두 번째 단계는 초기 배아 발달시기에 일어난다.

알려진 각인된 유전자들의 수는 포유류 유전체의 1% 미만으로 매우 적은 비율을 차지하지만 이들은 태아 발생단계에 성장을 조절하는 중요한 역할을 수행하고 있다. 이들은 생명체 발생단계의 매우 이른 시기에 기능하기 때문에 후성유전학적 각인 양상이나 각인된 유전자 발현을 망가트리는 내부 또는 외부 인자들이 심각한 표현형을 유발할 수 있다.

ST 표 1.2 인간의 몇 가지 각인 장애

질병	위치
알브라이트 유전성 골이영양증	20q13
엔젤만 증후군	15q11-q15
베크위트 비데만 증후군	11p15
프래더-윌리 증후군	15q11-q15
실버-러셀 증후군	7번 염색체
한쪽 부모의 이염색체성 14	14번 염색체

보조생식기술 및 각인 결함

보조생식기술(assisted reproductive technologies, ART)로 불리는 여러 방법들이 불임 치료에 이용 가능하다. 체외 수정(*in vitro* fertilization, IVF)과 세포질 내 정자 주입(Intracytoplasmic sperm injection, ICSI)은 후성유전학적 질병인 엔젤만 증후군 및 BWS의 위험성을 증가시킨다.

몇몇 연구에 따르면, 체외 수정 후 태어난 아이에서 비정상적인 각인 양상으로 인해 출생 시 굉장히 낮은 체중을 가질 위험성이 높다. 체외 수정과 기타 보조생식기술의 이용은 또한 BWS에 대한 위험성을 6~7배 증가시킨다고 알려져 있다. 한 연구에서는 보조생식기술로 태어난 아이의 90% 이상이 각인 결함으로 인해 BWS을 보임을 보고하였다. 각인 결함으로 인한 질병들은 희귀하기 때문에(자연적인 임신으로 약 15,000명 중 1명꼴로 BWS가 발생한다.) 각인 결함, 성장 장애 및 보조생식기술 사이의 인과 관계를 확립하기 위해 넓은 범위의 장기적인 연구가 필요한 실정이다.

후성유전학과 암

흡연과 폐암과의 관련성과 같이 여러 복잡한 질병은 환경 요인과 깊은 연관이 있다. 후성유전학이 환경적인 신호에 반응하여 유전자 발현 양상의 변화를 매개한다는 발견은 암과 다른 여러 질병에서 유전체와 환경 간 상호작용을 이해하기 위해 새롭고 좀 더 직접적인 접근을 할 수 있게 하였다.

세포분열을 촉진하거나(발암유전자) 저해하는(종양억제유전자) 암 관련 유전자들의 발견에 이어, 암 유전학 연구는 세포주기 조절에 관여하는 유전자의 돌연변이에 초점을 맞추고 있다. 최근까지 암에 대한 관점은 암이 복제의 결과로서 세포주기의 조절이 제대로 이루어지지 않도록 하는 우성 및 열성 돌연변이가 축적된 하나의 세포로 시작한다는 것이다. 순차적인 돌연변이로 인해 종양 세포가 전이하여 인체 내 다른 위치로 옮겨 새로운 악성 종양이 나타난다.

여러 연구 결과들을 토대로 악성 종양이 생겨나고 유지되는데 후성유전학적인 변화의 중요성이 밝혀지고 있다. 이러한 연구 결과는 연구자로 하여금 대립유전자의 돌연변이만으로 설명하기 힘든 암 세포의 특성을 이해하는 데 도움이 된다. 암에서 후성유전학적 변화의 중요성에 대한 연구 결과들은 현재 암의 기원에 대한 기존의 패러다임에 도전하며, 후성유전체학적 변화를 악성 종양의 형성과 전이와 관련된 주요 기작으로 제시된다.

후성유전학과 암과의 관계는 1980년대에 Feinberg와 Vogelstein에 의해 처음으로 제시되었다. 그는 결장암 세포가 같은 조직 유래의 정상 세포보다 메틸화 수준이 매우 낮음을 관찰하였다. 많은 연구자들의 후속 연구를 통해 정상 세포가 암으로 전환되면서 DNA 메틸화 패턴이 복잡한 변화 양상을 보임을 알 수 있다. 이러한 변화는 과메틸화, 저메틸화, 각인 결손 등의 크게 세 가지로 나누어 볼 수 있다: 유전체의 전반적인 저메틸화는 모든 암의 특징으로 알려져 있다. 선택적인 과메틸화 및 유전자 침묵 또한 암 세포의 특성이다. 현재 암은 유전학 및 후성유전학적 변화를 모두 수반하여 결국 유전자 발현 변화와 악성종양 발달을 야기시키는 질환으로 여겨진다(ST 그림 1-6).

DNA 저메틸화는 유전자를 활성화시키며, 암 유발 유전자와 같은 억제되어 있는 유전자들의 전사를 가능하도록 한다. 저메틸화는 각인유전자의 통제를 완화시켜 세포가 새로운 성장 특성을 획득하도록 하기도 한다. 이질 염색질 영역의 반복 DNA 서열 저메틸화는 염색체 재배열 및 염색체 수의 변화를 야기하는데 이러한 현상은 암 세포의 특징이다. 또한 반복 염기서열의 저메틸화는 LINE, SINE과 같은 전이 DNA 서열의 전사활성을 증가시키기도 하며, 이는 유전체 불안정성을 증가시킨다.

광범위한 저메틸화 양상은 암 세포의 특징이지만, CpG 섬 및 프로모터 영역의 과메틸화는 암억제유전자를 침묵시킨다(ST 표 1.3). 예를 들어, 유방암 유전자 *BRCA1*은 과메틸화로 유방암과 난소암에서 불활성화되어 있다. 또한 DNA 수선유전자 *MLH1*의 과메틸화는 결장암의 여러 형태로의 발달에 있어 중요한 기작으로

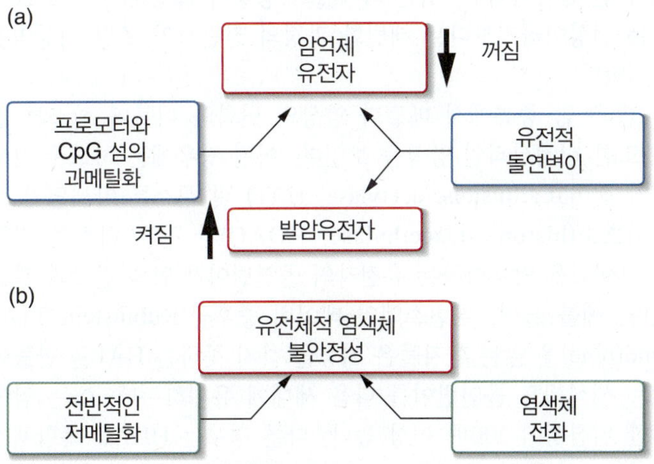

ST 그림 1-6. 암에서 악성 증식의 발달 및 유지는 유전자 돌연변이, 저메틸화, 과메틸화, 암유발유전자의 과발현, 비암호화 RNA, 암억제유전자의 침묵화에 기인한다.

ST 표 1.3 인간 암에서 과메틸화로 인해 비활성화되는 몇 가지 암 관련 유전자

유전자	위치	기능	관련된 암
BRCA1	17q21	DNA 복구	유방, 난소
APC	5q21	세포핵-세포질 신호전달	대장, 십이지장
MLH1	3p21	DNA 복구	결장, 위
RB1	13q14	세포주기 조절	망막아세포종, 골육종
AR	Xq11-12	안드로겐에 대한 핵 수용체; 전사 활성인자	전립선
ESR1	6q25	에스트로겐에 대한 핵 수용체; 전사 활성인자	유방, 대장

여겨진다. 후성유전학 연구들을 통해 암의 각 유형마다 발견되는 비정상적인 DNA 메틸화의 양상들이 밝혀지고 있다. 이러한 양상 분석을 CpG섬 메틸화 표현형(CpG island methylator phenotype, CIMP)이라 일컫는데, 이는 종양의 종류 및 하위 유형을 파악하고 종양의 전이 위치 예측을 할 수 있다.

종양억제유전자의 후성유전학적 불활성화는 정상 세포에서 악성 세포로의 전환을 수반하는 돌연변이 변화를 보상할 뿐만 아니라 종양형성에 중요한 역할을 하고 있다. 예를 들어, 방광암 세포주에서 세포주기 조절유전자 *CDKN2A*의 한 대립유전자에 돌연변이가 일어나고, 다른 정상 대립유전자가 과메틸화에 의해 불활성화된다. 다른 기작이지만 두 대립유전자가 모두 불활성화 되므로 세포주기 조절이 잘 되지 않아 세포가 지속적으로 분열할 수 있다. 다양한 임상 사례에서, 흔히 볼 수 있는 암 종류에서 돌연변이와 후성유전학적 과메틸화의 조합이 발견되고 있다.

하지만 암 세포에서 대부분의 과메틸화 된 유전자들은 암억제 유전자가 아니다. 이는 과메틸화 양상이 특정 유전자를 표적하는 현상이라기보다는 메틸화 과정의 전반적인 조절 이상임을 의미한다.

많은 암 종류에서 메틸화 양상의 변화와 더불어 히스톤 변이 또한 비정상적인 양상을 보인다. 어떤 경우에는 히스톤 아세틸기 전이효소(histone acetylase, HAT) 및 히스톤 아세틸기 탈전이효소(histone deacethylase, HDAC)와 같은 히스톤 변형은 단백질을 암호화하는 유전자의 돌연변이가 암의 발달과 관련 있다. 예를 들어, 루빈스테인-테이비 증후군(Rubinstein-Taybi syndrome)을 앓는 환자들은 기능을 하지 못하는 HAT을 만들어 내는 생식세포 돌연변이를 다음 세대에 유전하는데, 이는 암에 대한 위험성이 300배 이상 높다. 다른 경우는 HDAC 복합체가 돌연변이화된 암 유발 DNA 결합 단백질들에 의해 선택적으로 암억제유전자로 동원된다. 이러한 유전자에서 HDAC 복합체의 작용은 염색질을 닫힌 형태로 변환하여, 세포는 전사 억제에 따른 세포주기의 조절 통제를 잃게 된다.

암 세포에서 후성유전학적 변화를 일으키는 기작은 충분히 밝혀지지 않았다. 이 기작은 정상 세포에서 암의 특징을 가진 세포로 전환되는 매우 초기 단계에 일어나며, 암이 발견될 때에는 이미 메틸화 패턴에 이미 변화가 일어난 후이기 때문이다. *MLH1* 유전자의 경우, 유전체 안정성에 중요한 역할을 하고 있다. 과메틸화에 의해 이 유전자가 침묵되면 미세부수체(microsatellite) 반복 서열의 불안정을 초래하며, 이는 결장암을 비롯한 여러 암의 발달에 있어서 중요한 단계이다. 결장암을 가진 환자들 중 일부는 정상 결장 세포에서 *MLH1* 유전자 프로모터 영역이 이미 과메틸화로 인해 침묵되어 있다. 이는 후성유전학적 현상이 유전적 돌연변이 발생 이전, 종양 형성의 매우 초기 단계에 일어남을 의미한다.

이러한 변화가 전환 과정의 매우 초기에 발생한다는 사실을 기반으로 암을 일으키는 후성유전학적 변화가 정상 조직의 성체 줄기세포에서 일어날 수 있다고 제안되었다. 이를 뒷받침하는 세 가지 증거가 있다: (1) 후성유전학적 기작은 종양억제유전자 각각을 침묵화하거나 암유발유전자를 활성화하는 방식으로 돌연변이를 바꿀 수 있다. (2) 전반적인 저메틸화 양상은 유전체의 불안정성과 큰 범위의 염색체 변화를 야기할 것이며 이는 암의 특징 중 하나이다. (3) 후성유전학적 변화는 여러 유전자들을 침묵화할 수 있으며, 이는 단일 유전자의 지속적인 돌연변이보다 효율적으로 정상 세포에서 악성 세포로의 전환할 수 있도록 한다. 돌연변이 현상에 이어 결장 줄기세포의 발암 초기 현상으로서 후성유전학적 변화에 기반한 암 모델은 ST 그림 1-7과 같다.

암 유전체 아틀라스(The Cancer Genome Atlas, TCGA) 데이터 분석은 암에서 후성유전학적 변화의 중요성을 보여준다. 난소암에서, 9개의 특정 유전자에서 우세한 돌연변이가 알려져 있는 반면, 168개의 유전자에서 프로모터 영역의 과메틸화 양상이 발견되고 있다. 이러한 유전자들은 후성유전학적으로 침묵화되어 있으며 감소된 유전자 발현량은 난소암의 발달과 유지와 관련이 있다. 암의 기원이 바뀌고 있는 견해와 함께 후성유전학적인 변화가 잠재적으로 가역적이라는 점은 화학적 치료를 위한 새로운 종류의 신약 개발을 가능하게 한다. 후성유전학적 치료의 초점은 메틸화나 히스톤 변이에 의해 침묵화된 유전자들을 재활성화시켜 암 세포에서 유전자 발현 양상을 재조정하는 것이다. 미국식품의약국으로부터 여러 후성유전학적 의약품들이 승인이 되고 있으며 12~15종류의 신약들이 현재 임상 테스트 중에 있다. 승인된 의약품 중 하나인 Vidaza는 백혈병의 전구체인 골수이형성증후군(Myelodysplastic syndrome)과 급성 골수성 백혈병(Acute myeloid leukemia)을 치료하는 목적으로 이용된다. 이 약은 사이티딘(cytidine)의 유사체로 세포주기의 S단계 중 복제되는 DNA에 작용한다. 메틸화효소(methyltransferases)는 비가역적으로 Vidaza에 결합하여 많은 부위에서 DNA 메틸화를 막고, 효과적으로 암 세포의 메틸화 양상을 감소시킨다. 히스톤 탈

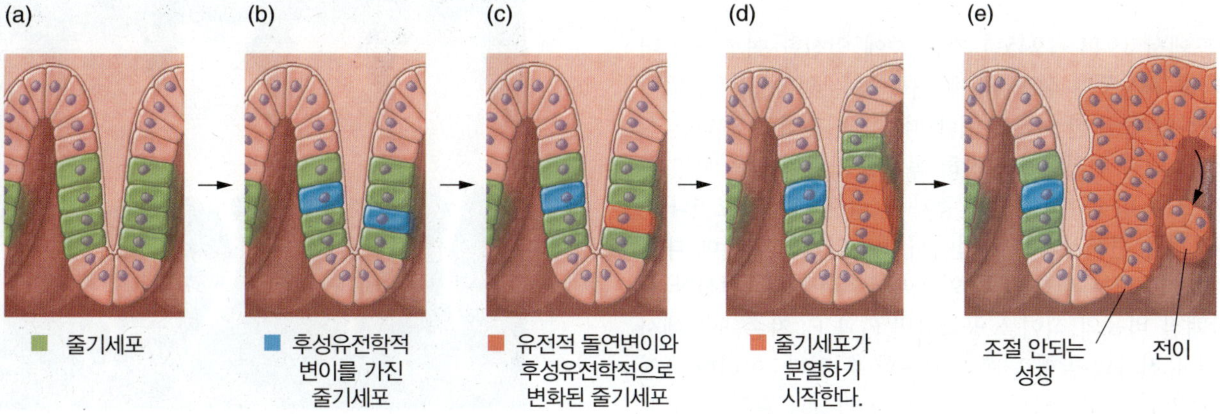

ST 그림 1-7. 후성유전학적 줄기세포 모델은 후성유전학적 변이 및 돌연변이 모두 암의 기원에 관여한다고 주장한다.

아세틸화 효소(HDAC)를 저해하는 의약품들 또한 FDA 승인을 받아 후성유전학적 치료에 이용된다. 암 세포주를 통한 실험을 통해 HDAC 활성을 저해시키면 암억제유전자들이 재발현됨이 밝혀졌다. HDAC 저해제인 Zolinza는 림프종 치료에 이용되고 있다.

암 치료를 위한 후성유전학적 신약 개발은 아직 걸음마 단계이다. 승인된 후성유전학적 약제들은 그 자체로서 효과는 보통에 그치며 다른 항암 치료제와 함께 사용하였을 때 그 효과가 증대된다. 보다 더 효과적인 신약을 개발하기 위해서 몇 가지 중요한 문제들을 해결해야 한다: 무엇이 특정 후성유전학적 약제에 암 세포가 반응하게 하는가? 후성유전학적 약제와 널리 사용되고 있는 항암제의 어떤 조합이 특정 암 종류에서 가장 높은 효과를 가지는가? 새로이 개발되는 약들에 대한 감수성 및 저항성을 예측하는 데 있어 어떤 후성유전학적 마커가 효율적인가? 암 세포에서 후성유전학적 유전체의 변화의 위치 및 그 기작에 대한 후속연구가 이루어진다면, 암 치료로서 특정 후성유전학적 이벤트를 표적하는 더욱 높은 가능성을 지닌 신약 개발에 도움을 줄 수 있을 것이다.

후성유전학과 환경

영양, 화학물질에 대한 노출, 온도 등 물리적 인자와 같은 환경적인 요인들은 후성유전체에 영향을 줌으로써 유전자 발현을 변화시킬 수 있다. 인간의 후성유전체를 변화시키는 인자들로서 환경 요인이나 학습 행동의 상대적인 기여도를 결정하는 것은 힘들지만 발생단계의 태아에 영향을 미치는 영양상태나 약물 노출의 변화가 성인기의 유해한 영향을 미칠 수 있다는 간접적인 증

BOX 2
후성유전학과 암에 대하여 얼마나 더 많이 알아야 하는가?

후성유전학적 변화가 암의 기원, 유지 및 전이에서 유전적 변이만큼이나 중요할지도 모른다는 발견은 암 연구의 새로운 길을 열어주었다. 후성유전학적 기작에 대한 중요한 발견으로는 변화된 DNA 메틸화 프로필과 히스톤 변이에 의한 유전자의 종양 특이적인 비정상적 조절의 발견, 히스톤 또는 DNA 메틸화의 후성유전학적인 변이가 상호 연결된다는 발견 및 후성유전학적 변이가 단일 암 세포에서 수백 개의 유전자에 영향을 미칠 수 있다는 발견 등이 있다. 이러한 발전은 수 년간 이루어져 왔고, 후성유전학이 암에서 중요한 역할을 하는 것은 분명하다. 암 발생에 대한 유전학과 후성유전학의 상대적인 기여도에 대한 결론을 맺기 전에 많은 질문들에 대한 답을 얻어야 한다. 이러한 질문 중 일부는 다음과 같다:

- 암 세포에서의 전반적인 저메틸화는 악성종양 상태의 원인이 되거나 영향을 미치는가?
- 줄기세포와 분화된 세포에서 이런 변화들이 초기에 일어난 것일까?
- 일단 한 번 메틸화의 변화가 시작되면, 무엇이 암세포들에 대한 과메틸화를 유발하는가?
- 과메틸화는 특정 유전자 분류군들을 표적으로 하는 일련의 과정인가? 아니면 무작위적인 현상인가?
- 암 세포에서 암 특이적 후성유전학적 변화들을 바꿀 수 있는 치료제를 개발할 수 있는가?
- 다른 영역을 불활성화시키는 동안 특정 유전자만을 재활성시킬 수 있는가?

거가 있다.

네덜란드에서 1944~1945년 기근 중에 임신한 여성들이 비만, 당뇨병 및 관상동맥 심장질환에 대한 높은 위험성을 가진 아이들을 출산하였다. 또한 어른이 됨에 따라 정신분열증 및 다른 신경 정신질환에 대한 위험도가 굉장히 높게 증가한 양상을 보였다. F_2 세대에서 또한 비정상적인 체중 증가 및 성장 패턴을 보였다.

후성유전체를 변화시키는 과정에서 환경인자의 역할에 대한 가장 직접적인 증거는 실험 동물 연구에서 비롯된다. 임신한 쥐에 낮은 단백질 비율의 식이를 공급하면 F_1과 F_2 자손 모두에서 고정된 여러 유전자의 발현 변화를 관찰할 수 있다. 이러한 유전자의 발현 증가는 프로모터의 낮은 메틸화 양상과 관련이 있다. 다른 증거를 통해 이러한 식이 변화에 의해 야기되는 후성유전학적 변화는 유전자 특이적인 것으로 밝혀졌다.

후성유전체의 변화가 표현형에 어떻게 영향을 미치는지의 극적인 예로 우성 대립유전자 아구티(*Agouti*, *A*)에 의해 털색이 조절되는 생쥐의 털색 연구가 있다. 동형 접합의 *AA* 생쥐에서는 대립유전자가 털 발달 중 특정 시간 동안만 활성화된다. 이는 노란 띠 양상을 야기하며, 반대의 경우 검은 털색을 나타내어 아구티 표현형을 만들어낸다. 비치사 돌연변이 대립유전자(A^{VY})는 전체적인 털의 축을 따라 황색 색소를 형성되도록 유도하여 노란 털을 나타낸다. 이 대립유전자는 아구티 유전자의 전사 시작 영역 근처에 전이인자 삽입의 결과이다. 전이인자 내 프로모터는 유전자 발현 변화의 원인이 된다. 연구자들은 전이인자의 프로모터 내 메틸화 정도가 털 색깔 형성단계의 노란 색소의 양과 관계가 있으며, 메틸화의 정도는 개체간 다양함을 밝혔다. 결과는 유전적으로 동일한 생쥐에서 털색 표현형의 다양성이다(ST 그림 1-8). 이러한 생쥐에서 털 색깔은 황색(비메틸화된 프로모터)에서 갈색(과메틸화된 프로모터)의 범위이다. 털 색깔 변화뿐만 아니라 체중의 변화도 있다. 황색 생쥐는 갈색 생쥐에 비해 비만이다. 유전으로 동일한 생쥐에서 후성유전학적인 변화로 인해 개체 간에 다양한 발현 양상 차이를 보이도록 하는 A^{VY}와 같은 대립유전자를 *metastable epialleles*라고 한다. Metastable은 후성유전학적인 특징이 변화할 수 있는 성질을 말하며, epiallele는 대립유전자의 후성유전학적 상태가 유전됨을 말한다.

후성유전체를 변화시키는 환경인자의 역할을 평가하기 위해 임신한 A^{VY} 생쥐의 식이에 엽산, 비타민 B_{12}, 콜린 등의 메틸화의 전구체를 첨가하였다. 자손에서 털 색깔의 차이가 줄어들고 갈색(과메틸화된) 표현형으로 바뀌었다. 털 색깔의 변화는 전이인자 프로모터의 증가된 메틸화를 수반했다. 이러한 연구 결과는 인간의 후성유전학적 질환에 응용될 수 있다. 예를 들어, 대장 암의 위험은 엽산이 부족한 식이 및 메틸 공여체를 합성하도록 하는 효소의 활성차이와 직접 연관되어 있다.

메틸화를 통해 유전자 발현에서 후성유전학적인 변화를 매개하는 음식뿐만 아니라, 최근 쌀, 양배추, 밀, 감자 등 일부 식품들이 인간의 혈액과 혈청을 순환하는 miRNA의 근원이라는 것이 알려졌다. 하나의 표적유전자에 대한 연구를 통해 식물 miRNA가 유전자의 발현을 감소시키며 조절하며 이 영향은 anti-miRNA를 처리함으로써 가역적임이 밝혀졌다. 예비 데이터이지만, 굉장히 중요한 연구라고 할 수 있는데, 이를 통해 miRNA가 표적유전자의 발현을 조절하기 위해 종을 넘어 계에서 작용할 수 있음을 알 수 있으며, 환경인자가 유전자 발현의 후성유전학적 조절에 중요한 역할을 함을 시사한다.

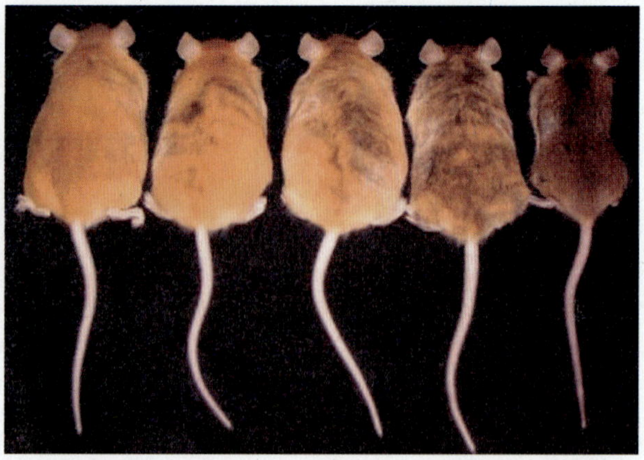

ST 그림 1-8. 식이와 관계된 유전체 내 후성유전학적 변이로 인해 나타나는 쥐의 황색 표현형의 다양한 발현.

후성유전학체 프로젝트

질병에서 후성유전체의 역할이 점점 명확히 밝혀짐에 따라 전 세계 연구자들은 정상적인 유전체에서 발생하는 모든 후성유전학적인 변화를 맵핑하고, 특정 질환에서 후성유전체의 역할을 연구하는 다학제 프로젝트를 형성하고 있다. 이러한 프로젝트는 다음과 같다.

- NIH Roadmap Epigenomics Project
- Human Epigenome Project(HEP)
- International Human Epigenome Consortium(IHEC)
- International Cancer Genome Consortium(ICGC)

결론적으로 우리는 이러한 프로젝트들의 일부와 그 목적을 살펴볼 것이다.

NIH Roadmap Epigenomics Project는 질병을 야기하는 내부 또는 외부 자극에 대해 줄기세포 분화와 기관 형성을 조절하는 후성유전학적 기작이 어떻게 생물학적인 반응을 생성하는지에 대해 초점이 맞추어져 있다. 이 프로젝트 내 한 프로그램이 바로 Human Epigenome Atlas인데, 이는 정상 인간 후성유전체들을 참조 기준으로 이용할 수 있도록 목록화한다. Atlas는 다양한 세포 종류와 생리학적 상태 및 유전자형에 따라 특정 좌위에서의 후성유전체학적 변화에 대해 자세한 정보를 제공한다. 이러한 데이터는 연구자들로 하여금 유전체 영역이나 전체 유전체에 대해 후성유전체학적 데이터의 비교 분석을 수행할 수 있도록 한다.

Human Epigenome Project는 인체의 모든 주요 조직 유형에 걸쳐 인간 유전체에서 모든 DNA 메틸화 양상을 맵핑하고 이들의 기능적 중요성을 확립하기 위해 조직된 다국적, 공공/민간 컨소시엄이다. 이러한 메틸화 양상의 분석은 후성유전학적 변화에 의해 매개되는 환경 신호에 대한 유전적 반응이 질병에 대한 하나의 경로임을 보여준다.

International Human Epigenome Consortium(IHEC)은 환경적인 인자들에 대한 반응에서 어떻게 후성유전체가 인간 집단을 변화시켜왔는지 밝히고자 설립된 국제 프로그램이다. 이 컨소시움은 전 세계 다른 집단으로부터 1000명의 후성유전체를 목록화함으로써 시작될 것이다. 또한 이러한 목록에는 250개의 다른 세포 종류의 후성유전체들이 포함될 것이다.

이러한 프로젝트들이 시작 초기 단계임에도 불구하고 이미 우리가 유전학에서 새로운 시대의 도래를 맞이하고 있음을 시사하며, 이를 통해 우리는 유전체 수준에서 질병의 진행을 연구할 수 있고, 유전자 발현에 대한 환경적 인자들의 영향을 이해할 수 있다. 이러한 프로젝트들의 결과물들은 어릴 때의 환경적인 영양들이 성인 질병들에 어떻게 영향을 줄 수 있는지 설명하는 데 도움이 될 것이다.

참고 문헌 및 자료

Journal Articles and Reviews

Burdge, G.C., and Lillicrop, K.A. 2010. Nutrition, epigenetics, and developmental plasticity: Implications for understanding human disease. *Annu. Rev. Nutr.* 30: 315–339.

Mercer, T.R., and Mattick, J.S. 2013. Structure and function of long noncoding RNAs in epigenetic regulation. *Nat Struct. Mol. Biol.* 20: 300–307.

Petronis, A. 2010. Epigenetics as a unifying principle in the aetiology of complex traits and diseases. *Nature* 465: 721–727.

Sandoval, J., and Esteller, M. 2012. Cancer epigenomics: Beyond genomics. *Curr. Opin. Genet. Develop.* 22: 50–55.

Soejima, H., and Higashimoto, K. 2013. Epigenetic and genetic alterations of the imprinting disorder Beckwith-Wiedemann syndrome and related disorders. *J. Hum. Genet.* 58: 402–409.

Weaver, I.C. , Cervoni, N., Chanpagne, F.A., D'Allesio, A.C., Sharma, S., Seckl, J.R., Dymov, S., Szyf, M., and Meany, M.J. 2004. Epigenetic programming by maternal behavior. *Nat. Neurosci.* 7: 847–854.

Web Sites

Human Epigenome Project. www.epigenome.org

Human Epigenome Atlas. http://www.genboree.org/epigenomeatlas/index.rhtml

Computational Epigenetics Group. http://www.computational-epigenetics.de

확인 문제

1. 후성유전학적인 유전체 변화의 주요 기작으로는 어떤 것들이 있는가?
2. 유전체의 어느 부분이 가역적으로 메틸화 되는가? 어떻게 이것이 유전자 발현에 영향을 주는가?
3. 히스톤 변이에서 단백질들의 역할은 무엇인가?
4. 히스톤에 대해 가역적인 화학적 변화가 염색질 변화와 어떻게 연관이 있는지 설명하시오.
5. 히스톤 코드란 무엇인가?
6. 각인에 의해 침묵화된 유전자와 후성유전학적 변화에 의한 침묵화 사이 다른 점은 무엇인가?
7. 유전자 발현 변화에 있어 왜 뉴클레오솜 위치가 변하는가?
8. microRNA는 발생 과정에서 어떻게 후성유전학적 기작을 조절하는가?
9. 인간 유전적 질환에서 각인의 역할은 무엇인가?

탐구 문제

1. 각인과 관계된 질환들은 DNA 염기서열 변화를 수반하지 않으며 대신 DNA의 메틸화 상태와 관계가 있다. 모계 환경을 조절하거나 식이의 변화로 각인 관련 질환들을 해결할 수 있을까?
2. 불임 클리닉은 일부 보조생식기술(ARTs)로 후성유전학적 질환이 발생할 수 있음을 공개하도록 법적으로 요구되는가? 당신과 배우자는 아이를 가지고 싶은 욕망과 ART의 위험성 사이에서 어떻게 균형을 맞추겠는가?
3. 어떻게 암에서 후성유전학의 역할이 '암억제유전자와 전암유전자(proto-oncogene)의 돌연변이의 축적에 의해 암이 발생한다'는 생각과 타협될 수 있는가?
4. 당신의 인체 내 식물 miRNA가 유전자 발현에 영향을 준다는 지식이 당신의 음식 선택에 영향을 줄 것인가?

RNA의 새로운 기능

1958년에 Francis Crick은 유전정보가 DNA에서 RNA를 거쳐 단백질로 흘러가는 방식을 설명함으로써 분자생물학의 중심원리를 제안하였다. 유전자의 최종산물인 단백질은 세포의 기능적 단위이며, DNA는 유전정보를 저장하는 안정적인 물질로 여겨졌다. 그리고 RNA는 DNA와 단백질 사이에 존재하는 일시적인 정보물질로 생각했다. 통찰력 있는 모델은 새롭게 대두되는 분자생물학의 조건이 되었고, 현재까지 정확성이 인정되고 있다. 그러나 이 모델에서는 최근에 밝혀진 여러 종류의 **비암호화 RNA(noncoding RNAs, ncRNAs)**의 중요한 역할에 대해서는 설명하지 못한다. 1990년대 초반부터 현재까지 진행된 연구에서 비암호화 RNA는 우리가 예상했던 것보다 더 많은 수가 존재하며, 더 다양한 구조이며, 더 중요한 기능을 가지고 있음을 알게 되었다.

> **"비암호화 RNA는 세포에서 수많은 기능을 가지는데, 촉매 반응, 단백질의 활성 변화, 외부 핵산의 침입으로부터 세포의 보호, 유전자 발현의 조절 등의 작용을 한다."**

사람 유전체를 구성하는 32억 염기쌍 중 대략 1.5%만이 단백질을 암호화하고 있다는 사실은 10년 넘게 알려져 왔던 반면, 사람 유전체의 75% 이상에서 RNA로 전사가 일어난다는 사실은 비교적 최근에 알게 되었다. 전사된 많은 RNA 중에서 실험적으로 생물학적 기능이 밝혀진 수많은 비암호화 RNA의 실례들이 있다. 앞서 여러 예를 살펴보았는데, 우선 DNA 복제 편에서 RNA는 DNA 합성의 프라이머로 작용하며 또한 텔로미어 서열에서 텔로머레이즈(telomerase)의 의해 역전사가 일어날 때 RNA는 주형으로 기능한다(11장). 여러 단백질**(snRNPs)**이 결합된 **작은 핵 RNA(small nuclear RNAs, snRNAs)**는 전구체 mRNA의 스플라이싱을 촉매하여 성숙한 전사체로 만든다(13장). 또 다른 예로 원핵생물의 23S rRNA와 진핵생물의 28S rRNA는 번역 동안 펩타이드 결합을 촉매하는 것으로 최근 밝혀졌다(14장).

RNA의 기능적 다양성은 구조적 다양성을 기반으로 한다. RNA는 단일 가닥으로 전사되어 정보물질인 mRNA로 작용하지만, 다른 핵산과 상보적으로 염기쌍을 형성하여 DNA/RNA 혹은 RNA/RNA 이중나선 구조를 만들 수 있다. 또한 한 가닥의 RNA 분자가 스스로 꼬이고 접히면서 머리핀형(hairpin) 혹은 가지-고리(stem-loop) 구조를 형성할 수도 있다. RNA는 단백질처럼 3차원의 접힘을 통해 다양한 구조를 형성함으로써 기능적 다양성을 가질 수 있게 된다. 또한 RNA는 단백질과 결합하여 자신의 활성을 조절할 수 있으며, 상보적 염기쌍 형성을 통해 다른 핵산을 유인할 수도 있다.

RNA의 구조와 기능의 다양성에 대한 지식이 축적되면서 분자 수준에서 생명을 바라보는 시각의 패러다임이 변화하고 있다. 단백질만이 효소로 작용할 것이라 생각했었지만 이제는 질병 치료를 위해 RNA 촉매를 연구하고 있다. 또한 대부분의 사람 유전체를 '쓰레기 DNA(junk DNA)'라고 보았던 관점에서 많은 비암호화 서열이 전사되고 심지어 중요한 항암 기능을 하는 RNA를 발견하는 단계에 이르렀다. 또한 RNA는 유전자 발현을 조절할 수 없을 것이라 생각했으나, 현재 전사 및 번역 수준에서 유전자 발현을 조절하는 RNA에 대한 연구가 활발하게 진행 중이다. RNA에 대한 여러 새로운 발견으로 심지어 생명의 기원에 대한 시각도 바뀌고 있다. 우리는 이 장에서 RNA의 다양한 기능을 살펴볼 것이며, 현재 생명과학 분야에서 RNA를 연구방법이나 치료제로 적용하는 사례를 중요하게 다루어 볼 것이다. 앞으로 살펴볼 여러 종류의 RNA에 대한 주요 정보가 표 2.1에 요약되어 있다.

RNA의 촉매 기능: 리보자임과 생명의 기원

1960년대에 Carl Woese, Francis Crick, Leslie Orgel 등의 여러 과학자들은 RNA가 복잡한 2차 구조를 형성할 수 있다는 사실에 근거하여 촉매제로 작용할 수 있을 것이라 가정하였다. 실제로 RNA가 생물학적 촉매제, 즉 **리보자임(ribozymes)**으로 작용하는 것을 최초로 증명한 것은 1980년대 초기의 두 연구를 통해서였다. 콜로라도대학교의 Tom Cech 그룹은 일부 RNA의 인트론(그룹 I 인트론)이 단백질의 작용 없이 스플라이싱이 일어나는 것을 관찰하였고, 스스로 스플라이싱이 일어나는 인트론의 경우 RNA가 인산다이에스터 결합(phosphodiester bond)을 절단하고 연결할 수 있음을 증명하였다(13장 참조). 예일대학교의 Sidney Altman 그룹은 RNase P 효소의 M1 RNA 부분이 리보자임으로 작용함을 밝혔는데, RNase P는 tRNA 형성 과정에서 전구체 tRNA의 5′-선도서열을 절단한다. Cech와 Altman은

ST 표 2.1 여러 종류의 RNA

RNA 종류	기능	실례	크기
전령 RNA (mRNA)	폴리펩타이드의 아미노산 서열을 지정하며, mRNA의 안정성, 세포내 위치 및 번역을 조절하는 비번역 부위를 가짐.	사람의 β-액틴 mRNA는 375개의 아미노산으로 구성된 단백질을 암호화함.	다양
비암호화 RNA (ncRNA)	폴리펩타이드를 암호화하지 않는 RNA.	tRNAS, rRNAs, miRNAs	다양
운반 RNA (tRNA)	번역 동안 합성 중인 폴리펩타이드에 아미노산을 전달.	$tRNA^{Met}$, $tRNA^{Ala}$	73–94 nt
리보솜 RNA (rRNA)	리보솜의 구성요소.	23*S* rRNA는 원핵생물의 리보솜 큰 소단위체의 구성요소이며, 리보자임으로 작용함.	120–5070 nt
작은 핵 RNA (snRNA)	스플라이세오좀의 구성요소로 pre-mRNA의 스플라이싱을 촉매함.	U2 snRNAs, U6 snRNAs	~120 nt
작은 핵인 RNA (snoRNA)	rRNA, tRNA, snRNA 등의 여러 RNAs의 화학적 변형을 유도함.	snoRNA와 단백질 간의 복합체는 rRNAs 내의 일부 유리딘을 유사유리딘(pseudouridine)으로 변형시킴.	~70–200 nt
텔로머레이즈 RNA 요소 (TERC)	텔로머레이즈와 결합한 RNA로 염색체 말단에서 텔로미어 반복서열을 첨가시키는 데 주형으로 사용됨.	TERC는 텔로미어 서열 5′-TTAGGG-3′에 상보적임.	438–541 nt
작은 RNA (sRNA)	원핵생물의 작은 비암호화 RNA로 mRNA에 결합하여 유전자 발현을 조절하거나 단백질에 결합하여 활성을 조절함.	낮은 철 농도에서 *RyhB* sRNA가 발현하여 비필수적인 철-함유 단백질의 번역을 억제함.	50–500 nt
규칙적 간격으로 배열된 짧은 회문 구조의 반복 RNA 서열 집단 (CRISPR; crRNA)	여러 세균과 고세균에 존재함. 외부 DNA가 유전체의 CRISPR 좌위에 삽입되면, 삽입된 부위에서 전사된 crRNAs가 핵산가수분해효소를 상보적 서열을 지닌 침입 DNA로 유인하여 분해시킴.	*E. coli*의 CRISPR 좌위에 주입된 박테리오파지 DNA로부터 전사체가 형성된 후 crRNA로 가공됨. crRNA는 핵산내부가수분해효소를 표적서열로 유인하여 박테리오파지 DNA를 분해시킴.	24–72 nt
작은 비암호화 RNA (sncRNA)	진핵생물의 작은 비암호화 RNA로 RISC와 결합하여 mRNA 혹은 전사를 조절함.	miRNAs, siRNAs, piRNAs	20–31 nt; 이중가닥; 2-nt 3′ 돌출
작은 간섭 RNA (siRNA)	다이서에 의해 가공된 짧은 이중가닥 RNA로 유전자 발현의 전사 혹은 전사 후 조절에 관여함.	선충에 긴 이중가닥 RNA를 도입하면 다이서에 의해 가공된 siRNA가 형성되어 RISC와 결합한 후 상보적인 표적 mRNA를 분해시킴.	20–25 nt; 이중가닥; 2-nt 3′ 돌출
내생 작은 간섭 RNA (endo-siRNA)	중심체와 전이인자처럼 반복서열 부위에서 양방향전사가 일어나 생성된 이중가닥 RNA를 다이서가 가공하여 내생 siRNA를 형성함.	LINE-1 retrotransposon 서열에서 전사되어 다이서에 의해 가공된 endo-siRNA는 LINE-1 좌위에서 DNA 메틸화 및 전사 억제를 유발함.	20–25 nt; 이중가닥; 2-nt 3′ 돌출
마이크로 RNA (miRNA)	전사 조절 혹은 전사 후 조절에 관여하는 짧은 이중가닥 RNA로 머리핀형 구조로 처음 형성되어 RNA 가공을 통해 성숙한 형태가 됨.	*let-7* miRNA는 원발암유전자 *RAS* mRNAs의 3′UTR에 작용하여 유전자 발현을 억제함. 암 세포에서 *let-7* miRNA의 발현이 적거나 없는 경우가 많이 보고됨.	21–24 nt; 이중가닥; 2-nt 3′ 돌출
Piwi-결합 RNA (piRNA)	다이서와 관계없이 가공된 짧은 이중가닥 RNA로 Piwi 단백질과 결합함. 배우자 세포에서 전사 조절 및 전사 후 조절을 통해 전이인자와 반복서열의 작용을 억제함.	piRNAs와 Piwi 단백질은 특정 형태의 RISC를 형성하여 배우자 세포에서 전이인자의 작용으로 인한 손상을 방어함.	26–31 nt; 이중가닥; 2-nt 3′ 돌출

긴 비암호화 RNA (lncRNA)	200개 이상의 뉴클레오타이드로 구성된 RNA로 폴리펩타이드를 암호화하지 않음. lncRNAs는 DNA의 후성유전학적 변형 및 전사인자의 활성 조절 등의 다양한 역할을 수행함.	*Xist* lncRNA는 포유류 세포에서 X 염색체의 후성유전학적 변형을 통해 불활성화를 유도함.	> 200 nt
원형 RNA (circRNA)	lncRNA의 한 종류로, miRNA를 흡수하는 '스펀지' 역할을 하여 miRNA의 표적유전자 발현을 허용하게 함.	CDR1as/ciRS-7 circRNA는 *miR-7* miRNA를 흡수하는 스펀지로 작용하여 *miR-7*의 표적유전자를 발현하도록 함.	다양
세포외 RNA (exRNA)	mRNA 혹은 miRNA 등의 다양한 종류의 RNA가 단백질에 결합되어 분비되거나 소낭 형태로 분비되어 다른 세포에 신호를 전달함.	사람의 체액에서 많은 종류의 exRNA가 발견되나, 현재 기능에 대해서는 알려진 바가 별로 없음.	다양

'RNA의 촉매 기능을 발견'한 공로로 1989년 노벨 화학상을 수상하였다.

리보자임의 발견은 생명의 분자적 기원에 관한 이론에 상당한 영향을 주었다. DNA는 단백질을 암호화하며 또한 단백질은 DNA를 복제하는 데 필요하므로, 지구상 생명체의 기원을 밝히는 데 있어 어느 물질이 먼저였을까 하는 문제는 마치 "닭이나 달걀 중 무엇이 먼저인가?"와 같은 모순에 빠지게 된다. 그러나 RNA는 정보를 암호화할 수 있고 동시에 촉매 기능도 할 수 있기 때문에, RNA가 세포로 구성된 생명체의 전구체였을 것이라는 매력적인 가설을 제안할 수 있다. 1986년 Walter Gilbert가 제안한 **RNA 세계 가설(RNA World Hypothesis)**의 중심에는 RNA가 스스로 복제할 가능성을 지니고 있는 물질이라는 개념이 포함되어 있다.

RNA 분자는 동일한 RNA 분자의 합성을 촉매하는 반응을 할 수 있을까? 자연계에서 관찰되는 리보자임의 실례를 살펴보면, 리보자임-매개 촉매 반응의 종류는 매우 제한적이다. 대부분의 리보자임은 인산디에스터 결합의 절단 혹은 형성을 촉매한다. 예외적 촉매 반응이 리보솜에서 나타나는데, 원핵생물의 23*S* rRNA와 진핵생물의 28*S* rRNA는 펩타이드 결합의 형성을 촉매하는 리보자임으로 작용한다. 또한 자연계의 리보자임은 일반적으로 해당 촉매 반응을 한 번만 수행할 수 있다는 점에서 상당히 제한적인 활성을 지닌다. 예로 자가-스플라이싱하는 인트론은 스스로를 절단하여 엑손끼리 연결시키지만, 다른 분자에서 촉매 반응을 반복하거나 혹은 역반응을 진행할 수 없다. 현재까지 알려진 자연계의 리보자임 중에 '여러 번의 반복'적인 촉매 기능을 할 수 있는 것은 세 종류인데, 바로 리보솜, snRNPs, RNase P이다. 따라서 자연계에서 나타나는 리보자임은 RNA 세계 가설에서 제안한 자가-복제 분자와는 상당히 거리가 멀다. 그러나 오래 전에 자가-복제 RNA가 한 번 존재했었고, 진화의 시간 동안 훨씬 더 안정적으로 정보를 저장하는 DNA와 훨씬 더 효과적인 촉매제인 효소가 RNA의 자리를 대체했을 수도 있다고 예측해 볼 수 있다.

리보자임의 유전공학

리보자임의 잠재력을 알아보기 위해 연구자들은 유전공학 기술을 이용해 리보자임을 합성하기 시작하였다. 연구실에서 합성한 다양한 서열을 지닌 RNA 분자 집단을 대상으로 연구자들은 특정 촉매 활성을 지닌 RNA 분자를 규명할 수 있었다. **생체 외 진화(*in vitro* evolution)**라 불리는 이러한 과정을 통해, 새로운 기능을 지닌 합성 리보자임이 탄생하게 된 것이다. 새로운 촉매 기능으로는 RNA 및 DNA의 인산화 반응, 탄소 간의 공유결합 형성, RNA와 아미노산 간의 결합 형성 등 여러 종류가 관찰되었다. 특히 RNA 중합효소 기능을 지닌 리보자임도 생성되었는데, 최근 캠브리지대학교 Holliger 그룹에서 RNA 분자를 95 뉴클레오타이드 길이만큼 복제할 수 있는 리보자임 중합효소 tC19Z를 보고하였다(ST 그림 2-1). 리보자임 tC19Z가 성공적으로 복제한 RNA는 다른 종류의 리보자임이었는데, 합성 후 해당 리보자임은 기능적 활성을 나타내었다. 이러한 일련의 결과는 RNA 세계 가설에 신뢰도를 높여주지만, RNA를 구성하는 리보뉴클레오타이드 같은 복잡한 분자가 생명 탄생 이전의 세상에서 어떻게 합성되었을지에 대한 의문은 여전히 남아 있다.

유전공학적으로 제조된 리보자임은 현재 치료제로서의 가능성에 대해 연구 중이다. 새로운 혈관 생성을 억제하기 위해 제작된 엔지오자임(angiozyme)은 최초로 임상 실험을 진행했던 리보자임이다. 암 세포는 종종 혈관내피세포성장인자(vascular endothelial growth factor, VEGF) 단백질을 분비하여 혈관세포 표면의 VEGF 수용체를 통해 종양의 신생혈관 형성을 유도한다. 이를 통해 암 세포는 산소와 영양분을 원활히 공급받게 되며, 몸의 다른 부위로 퍼져나갈 수 있게 된다. 이 문제를 해결하기 위해, 엔지오자임은 VEGF 수용체의 mRNA를 표적으로 분해시켜 단백질 합성을 억제함으로써 결국 신생혈관 형성을 중지시킨다. 엔지오자임은 동물 실험에서 성공적인 결과를 보여주었으며, 전분적으로 겹치는 DNA 부위에서 전사된다. 그러나 표적유전자 DNA의 반대쪽 가닥에서 전사되어 형성된 sRNAs는 표적 mRNA와 상보적인 서열을 지니게 된다. 따라서 sRNAs는 전사되는 mRNA의 주로 5′ 말단에 결합하여 유전자 발현을 조절한다. 어떤 경우 mRNA에 상보적으로 결합한 sRNAs는 리보솜 결합 부위(ribosome binding site, RBS)의 작용을 방해하여 번역을 억제한다. 다른 경우 sRNAs는 번역을 증가시키는데, mRNA에서 2차 구조 … RBS가 차단되어 번역이 억제되는 것 … 결합이 막을 수 있기 때문이다 … 조절할 수 있다.

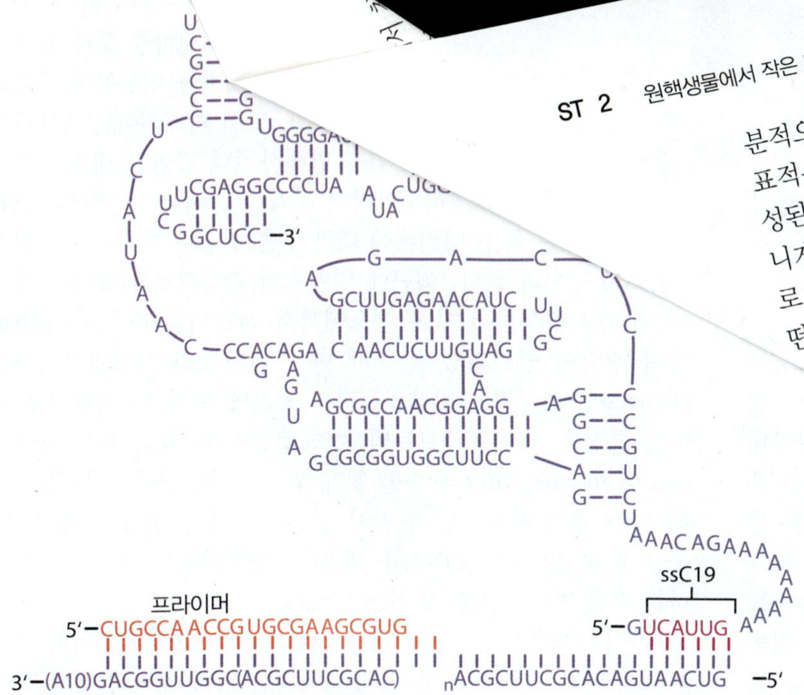

ST 그림 2-1. 리보자임 중합효소. 연구실에서 합성된 tC19z 리보자임은 RNA를 주형으로 95개의 뉴클레오타이드 길이만큼 복제할 수 있다. 리보자임의 5′ 말단에 ssC19에 상보적인 서열을 지닌다.

(ST 그… 적으로 혹은 … 결합이 …

sRNAs는 변화하… 한 반응으로 유전자 발현을 …과 스트레스에 대… 져 있다. 예를 들어, *E. coli*의 *Dsr*… 것으로 알려… 온도 조건에서 과발현되어 스트레스 조건… 낮은 … 정지기(stationary phase)에 세포의 장기간 생존에 필요한 유전자의 발현을 촉진한다(그림 6-1 참조). *DsrA* sRNA는 *rpoS* mRNA에 결합하여 RpoS 시그마인자(sigma factor)의 번역을 증진시킨다. RpoS 시그마인자는 스트레스에 반응하여 정지기에 과발현되는 유전자의 전사에 필수적인 주요 조절자이다. 반대로 *E. coli*의 *RyhB* sRNA는 유전자 발현의 음성 조절자로 작용한다. 낮은 철 농도에 반응하여, *RyhB* sRNA가 전사되어 여러 종류의 비필수적인 철-함유 효소의 번역을 방해하는데, 결국 상대적으

이성 유방암 환자를 대상으로 임상 2상 실험을 진행하게 되었다. 환자의 혈청을 분석한 결과 VEGF 수용체의 양이 상당히 감소하였으나, 암 세포를 치료하는 데에는 별로 효과적이지 않아 향후의 개발 연구는 중단되었다. 이 연구를 통해 리보자임이 특정 표적을 억제할 수 있음이 증명되었으므로, 향후 치료제 연구로의 잠재성은 높다고 전망된다. 한편으로 암 치료제의 개발이 얼마나 어려운지를 보여주는 사례이기도 하다. 현재 HIV의 치료제 연구와 관련하여 여러 표적을 대상으로 각각의 리보자임에 대한 임상 실험이 진행 중이다.

원핵생물에서 작은 비암호화 RNA는 조절 기능을 수행한다

수십 년 전에 원핵생물의 비암호화 RNA(**small noncoding RNAs**, **sRNAs**)가 발견되었으며, 조절 기능에 대한 연구가 진행됨과 동시에 새로운 sRNAs가 여전히 발견되고 있다. *E. coli*에서는 대략 80~100종류의 sRNAs가 존재하며, 다른 박테리아 종에서는 세 배 이상의 sRNAs가 존재할 것이라 알려져 있다. sRNAs는 일반적으로 50~500 뉴클레오타이드로 구성되며, 유전자 발현 조절과 단백질 활성 조절에 관여한다. 유전자 발현 조절에 관여하는 sRNAs는 주로 자신이 조절하는 표적유전자와 부

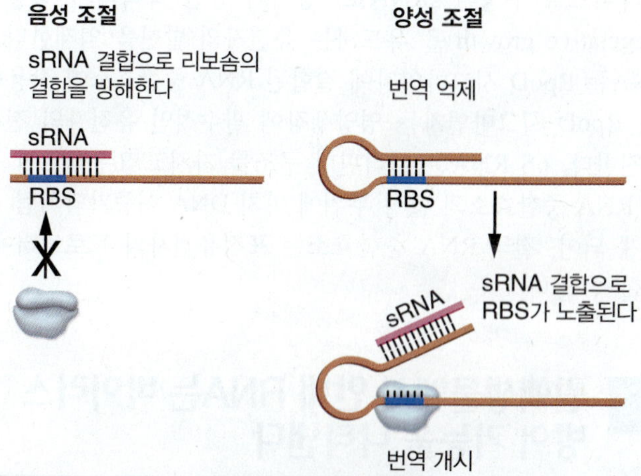

ST 그림 2-2. 박테리아의 작은 비암호화 RNA는 유전자 발현을 조절한다. 박테리아의 sRNA는 mRNA에 결합하여 리보솜 결합자리(RBS)의 작용을 막아 번역을 억제함으로써 음성 조절자로 기능할 수 있다. 또한 sRNAs는 mRNA에 결합하여(리보솜의 결합을 막는) 2차 구조의 형성을 방해함으로써 번역을 유도하는 양성 조절자로 기능할 수도 있다.

로 더 중요한 철-함유 효소가 세포질에 매우 낮은 농도로 존재
는 철을 이용할 수 있도록 한다.

sRNAs는 박테리아 세포 간의 신호전달에 중요한
다. 박테리아는 신호전달을 통해 개체군 밀도를
데, 낮은-밀도 혹은 높은-밀도의 개체군에 맞는
행동을 보이게 된다. 박테리아 간의 이러한 **병원**
(quorum sensing)이라 한다(16장의 유 하도록 하
조). 예를 들어 병원성 박테리아는 주로부터 영양분
성 인자(virulence factors, 박 않기 때문에 별로 해롭
고, 숙주의 면역계를 피하기 병원성 인자가 기능을 나타내
을 획득하도록 하는 물질 다. 그러나 병원성 박테리아는 개
지 않다. 낮은 개체군 유전자 발현을 변화시켜, 높은 농도의 병
기에 충분한 농도 적으로 공격을 개시하도록 한다. 병원성 세균
체군 크기를 *cholera*는 사람의 소장세포를 감염하여 콜레라 독소를
원성 인자 병원성 인자를 분비하여 구토와 설사를 유발한다. 병원
인 *Vib*
포함한
성 인자의 생산은 전사인자 HapR의 활성에 따라 조절되는데, 낮은 박테리아 개체군 밀도에서 4종류의 sRNA인 *Qrr1-4*의 작용으로 HapR 단백질이 생성되지 않는다. *Qrr1-4* sRNA들은 *hapR* mRNA에 결합하여 번역을 억제한다. 그러나 박테리아 개체군이 분비한 **자가유도물질(autoinducer)**의 농도가 점차 증가하면서 특정 역치 밀도에 도달하면, *Qrr1-4* sRNA의 전사가 감소함으로써 결국 HapR 전사인자가 충분히 만들어져 콜레라 독소 생산을 증가시키도록 하게 된다. 현재 병원성 박테리아의 정족수 인식 경로를 이용하여 감염을 막을 수 있는 약물 개발에 대한 연구가 진행 중이다.

sRNAs는 mRNA의 변역을 조절하는 작용 외에 단백질의 활성을 조절할 수도 있다. *E. coli*의 *6S* RNA는 184개의 뉴클레오타이드로 구성된 sRNA로, 정지기 동안 축적되어 영양생장(vegetative growth)을 유도하는 유전자의 발현을 억제한다. *6S* RNA는 RpoD 시그마인자에 결합된 RNA 중합효소에 작용하는데, RpoD 시그마인자는 영양생장에 필수적인 유전자의 전사를 촉진한다. 6S RNA는 머리핀형 구조를 가지고 있는데, 이 구조가 RNA 중합효소의 활성 부위에 마치 DNA 이중가닥처럼 결합하게 되어, 결국 RNA 중합효소는 표적유전자의 프로모터에 작용할 수 없다.

원핵생물에서 안내 RNA는 바이러스 방어 기능을 나타낸다

바이러스(박테리오파지)와 원핵생물 간의 전쟁은 공진화의 과정을 통해 다양한 방어 기작을 만들어 내었다. 예를 들어 박테리아는 특정 DNA 서열을 절단하는 핵산내부가수분해효소(제한
침입한 박테리오파지 DNA를 제거하
의 유전체 DNA는 메틸화를 통해 보호한
들은 박테리아의 제한효소를 이용하여 재조합
을 발전시켰다(20장 참조). 또한 박테리아는 박테리오
흡착 혹은 DNA 주입을 방해하거나 감염된 세포의 자살을 유도함으로써 박테리오파지의 공격을 방어한다. 이러한 모든 종류의 방어는 특정 병원체에 대한 맞춤 반응이 아니므로 **선천성(innate)** 방어라 한다. 최근에 병원체의 감염으로 박테리아 세포에 면역이 형성되어 자손 세포에까지 전달되는 **적응(adaptive)** 방어 전략이 발견되었다. 2007년에 덴마크의 식품과학회사인 Danisco의 연구진은 박테리오파지 공격에 훨씬 더 저항성을 보이는 특성을 지녀 요구르트와 치즈 생산에 더 효과적인 *Streptococcus thermophiles* 균주를 찾게 되었다. 이 균주에 특정 박테리오파지를 노출시키면 면역이 생긴다는 것을 알게 되었고, 연구를 통해 바이러스 DNA를 제거하는 안내자로서 RNA가 작용하는 적응 방어 기작을 밝히게 되었다.

바이러스에 대한 적응면역은 **크리스피알(CRISPR)**이라 불리는 독특한 유전체 구조로 인해 나타나는데, 규칙적 간격으로 배열된 짧은 회문반복서열의 집단(clustered regularly interspaced short palindromic repeats)으로 이루어져 있다. 1987년에 *E. coli*의 유전체에서 크리스피알 서열이 처음 발견되었는데, 독특한 스페이서 서열을 사이에 둔 반복 서열로 간단히 묘사되었다. 이 스페이서 서열의 정체는 2005년에 밝혀지게 되었는데, 세 그룹의 연구진이 독자적으로 크리스피알의 스페이서 서열이 박테리오파지 서열과 동일함을 증명하였다. 파지 DNA의 일부 단편이 박테리아의 크리스피알 유전자 좌위로 삽입되는 것이 적응면역에 필수적인 단계임이 알려지게 되었다. 크리스피알과 함께 작용하는 유전자인 ***cas***는 크리스피알 좌위에 인접하여 위치하며, 적응면역의 여러 반응에 필수적이다(ST 그림 2-3). 여러 종류의 Cas 단백질이 알려졌는데, DNase, RNase 및 헬리케이즈 도메인을 지니고 있으며 아직 기능이 밝혀지지 않은 것들도 있다.

적응면역 시스템인 **크리스피알/카스페이즈(CRISPR/Cas)** 기작은 세 단계로 구분된다(ST 그림 2-3). 첫 번째 단계는 침입하는 파지 DNA가 크리스피알 좌위로 삽입되는 것이며, 일반적으로 **획득(acquisition)**이라 한다. 박테리아 세포가 파지 DNA를 조각 내어 특정 크리스피알 좌위로 끼워 넣는 과정에 대해서는 완전히 밝혀져 있지 않다. 그러나 *E. coli*의 Cas1 단백질은 이중가닥 DNA를 절단하는 가수분해효소이므로 이 과정에 관여할 것으로 예측된다. 또한 파지 유전체의 특정 서열은 크리스피알 좌위로의 삽입을 표적화하는 데 관여한다.

두 번째 단계는 크리스피알 좌위의 전사와 crRNA(CRISPR-derived RNA)의 가공으로 **crRNA 생성과정(crRNA biogenesis)**이라 한다. 이 과정에도 Cas 단백질이 작용하는데, *E. coli*의 CasE 단백질은 핵산내부가수분해효소로 긴 전구체 crRNA를 성숙한 crRNA로 절단시킨다. 각 crRNA는 삽입

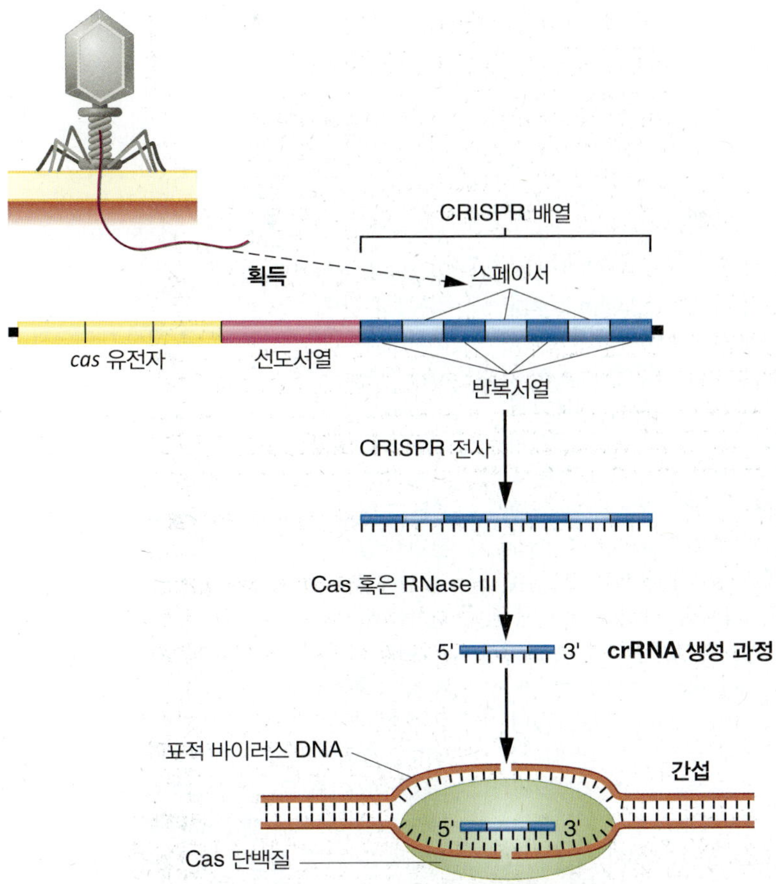

ST 그림 2-3. 크리스피알/카스페이즈 시스템은 원핵생물에서 적응면역 반응을 유도한다. 크리스피알 좌위에는 외부에서 침입한 바이러스 DNA에서 유래한 반복서열이 존재하며, 반복서열은 스페이서 서열로 인해 일정 간격을 가지게 된다. 크리스피알 좌위 근처에 위치한 *cas* 유전자의 단백질 산물은 크리스피알-유도 적응면역에 관여한다. 크리스피알/카스페이즈 시스템의 작동 기작은 획득(바이러스 DNA가 크리스피알 좌위로 삽입된다), crRNA 생성(크리스피알 좌위의 전사로 형성된 RNA가 짧은 crRNA로 가공된다), 간섭(crRNA가 Cas 단백질을 바이러스 DNA 부위로 유인하여 분해시킨다)의 3단계로 구분된다.

된 파지 DNA로 구성된 스페이서 서열 양쪽에 반복서열을 지니게 된다. 일부 종에서 크리스피알 반복서열은 줄기-고리 형태의 2차 구조를 형성하여 RNA 가공을 거치게 된다. 다른 종에서는 크리스피알 RNA를 활성화시키는 작은 RNA(transactivation CRISPR RNA, tracrRNA)가 RNA 가공에 필요한데, tracrRNA는 전구체-crRNA의 크리스피알 반복서열과 상보적인 서열이므로 염기쌍을 형성하여 2차 구조를 만든다.

마지막 단계는 crRNA가 상보적인 서열의 파지 DNA에 결합하여 분해시키는 과정으로, **간섭(interference)**이라 한다. 성숙한 crRNA는 하나 이상의 Cas 단백질과 결합하여 크리스피알 리보핵산단백질 복합체를 형성하여 crRNA와 상보적인 외부 침입 DNA 서열에 결합하게 된다. 상보적인 crRNA-DNA 결합이 형성되면 단백질 복합체는 상보적 염기쌍이 형성된 부위 내부에서 두 가닥의 DNA를 절단한다. 여러 종에서 발견된 Cas3 단백질은 헬리케이즈와 DNase 도메인을 지니고 있으므로 표적 DNA 절단에 필수적이다. 놀라운 점은 크리스피알/카스페이즈 시스템이 자신의 DNA와 외부 DNA를 구분할 수 있다는 것인데, 유전체의 크리스피알 좌위에 삽입되어 있는 파지 DNA 서열인 스페이서 서열은 절단하지 않는다. '자기' 인식이 가능한 것은 crRNA가 자신의 DNA에 상보적인 크리스피알 반복 서열을 가지고 있어 절단을 방해하기 때문일 것이다. 아마도 스페이서 부위의 바깥쪽에 위치한 상보적 서열로 인해 크리스피알 리보핵산단백질 복합체의 입체적 구조가 변화되어 절단 반응을 할 수 없을 것이다.

선별된 일부 박테리아종에서만 크리스피알/카스페이즈 시스템의 작동 기작에 대해 자세히 연구되었으나, 이미 크리스피알 좌위의 수, 반복서열의 횟수, 반복서열의 길이, 스페이서의 길이, *cas* 유전자의 종류에 따라 상당한 다양성을 지닌다는 것은 명백하다. 유전체 서열이 분석된 박테리아종의 대략 48%, 그리고 고세균의 95%에서 크리스피알/카스페이즈 적응방어 시스템에 일부 변이가 존재하는 것으로 보아 이 방어 시스템은 매우 오래 전에 출현하여 현재까지 성공적으로 작동한다고 볼 수 있다. 또한 이 방어 시스템은 박테리오파지에만 작용하는 것이 아니라 플라스미드 DNA에도 활성을 보이는 것으로 알려져 있다.

크리스피알/카스페이즈 시스템은 분자생물학 분야에서 주요 실험 도구로 활용되고 있다. 진핵세포에서 이 시스템을 적용하여 효과적으로 표적유전자 특이적인 돌연변이를 유발할 수 있다. *Streptococcus pyrogens*의 크리스피알/카스페이즈 시스템이 가장 광범위하게 사용되고 있는데, 특정 DNA 서열의 표적 돌연변이를 유발하는 데 있어 3가지 구성 요소, 성숙한 crRNA, Cas9 핵산내부가수분해효소, tracrRNA만이 요구되기 때문이다. tracrRNA는 Cas9과 crRNA 간의 상호작용에 필요한 요소인데, 유전공학 기술을 이용하여 crRNA와 tracrRNA를 융합시켜 하나의 RNA 분자, 즉 작은 안내 RNA(small guide RNA, sgRNA) 형태로 발현시키게 되면 활성에 필요한 2차 구조를 형성하게 된다. 따라서 Cas9과 sgRNA를 세포에 도입하게 되면, 특정 표적유전자를 변형시킬 수 있다. 이것은 Cas9과 sgRNA를 암호화하는 유전자를 주입하거나 혹은 생체 외 전사된 sgRNA와 Cas9 mRNA를 주입하면 된다. 이 실험 기술은 2012년에 발표되었는데, 초파리, 예쁜꼬마선충, 제브라피쉬, 애기장대, 생쥐, 배양된 사람세포에서 성공적으로 특정 표적유전자의 돌연변이를 유발하는 데 사용됨으로써 과학 연구에 빠른 속도로 광범위하게 적용될 전망이다.

BOX 1

크리스피알/카스페이즈 기술을 활용한 RNA-유도 유전자 치료

크리스피알/카스페이즈 시스템은 유전체의 특정 서열을 효과적으로 편집할 수 있으므로, 과학자들은 관심있는 표적유전자에 돌연변이를 유도하는 유전체 편집기술로 이 시스템을 사용하고 있다. 매사추세츠 주에 위치한 Editas Medicine 회사는 크리스피알/카스페이즈 시스템의 유전체 편집 기술을 한 단계 발전시켜 새로운 형태의 치료기술, 즉 유전자 수준에서 발생하는 다양한 종류의 질병에 대해 근본적인 원인 치료가 가능하도록 분자적 변형을 정확하게 교정하는 기술을 개발하고자 하였다. 요약하면, Editas Medicine 회사는 유전자 치료를 위한 크리스피알/카스페이즈 기술을 개발하려는 것이다.

현재의 유전자 치료 방식은 질병을 유발하는 돌연변이를 지닌 환자에게 정상 유전자 사본을 주입하는 것인데, 주로 바이러스 벡터를 사용한다(22장 참조). 이 방식에는 몇 가지 문제점이 있는데, 우선 정상 유전자를 지닌 바이러스 벡터가 유전체에 무작위적으로 주입될 수 있으므로, 유전체 내의 다른 중요한 유전자의 기능을 손상시킬 수 있다. 또한 바이러스 벡터는 자체적으로 위험한 면역 반응을 유발할 수 있다. 한편 일반적인 유전자 치료 방식은 열성으로 작용하는 기능 상실 돌연변이로 유발된 질병에만 국한되어 사용된다는 것도 극복해야 할 문제점이다. 우성으로 작용하는 기능획득 돌연변이에 의한 질병의 경우, 해로운 수준으로 유전자 발현이 나타나거나 비정상적인 위해 단백질을 생성하므로 정상적인 대립유전자를 주입하여도 질병을 개선시킬 수 없다.

크리스피알/카스페이즈 시스템에 정통한 5명의 과학자들이 모여 4300만 달러의 자본을 가지고 설립한 벤처 회사인 Editas Medicine은 크리스피알/카스페이즈 기술이 전통적인 유전자 치료 방식의 문제점을 해결해 줄 수 있을 거라 제안한다. 물론 회사에서 개발 중인 기술의 정확한 내용과 목표 질환이 무엇인지는 현재 알지 못하지만, 유전자 치료에 크리스피알/카스페이즈 시스템이 어떻게 적용될지는 예측해 볼 수 있다. 크리스피알/카스페이즈 시스템은 RNA를 안내자로 하여 Cas9 핵산내부가수분해효소를 유전체의 상보적 DNA 서열로 유인하기 때문에, 질병을 유발하는 돌연변이 대립유전자를 표적으로 하는 작은 안내 RNA(sgRNA)의 개발이 필수적일 것이다. 열성유전병의 경우, 크리스피알/카스페이즈 시스템을 적용하여 표적유전자에 이중가닥 절단을 유도하게 되면 DNA 수선 기작이 활성화될 것이다. 만일 정상 유전자 사본이 크리스피알/카스페이즈 시스템과 함께 세포에 주입하면, 정상 유전자 사본은 상동재조합 기작(15장 참조)을 통해 돌연변이 대립유전자를 교정할 주형으로 사용될 수 있다. 이 방법은 정상 유전자가 염색체에 무작위적으로 삽입되거나 통합되는 것이 아니라 유전체 내에 원래 그 유전자의 위치에서 교정이 가능하도록 하기 때문에 현재까지의 유전자 치료 방식에 비해 상당한 장점을 가진다.

일반적인 유전자 치료 방식은 우성 유전병의 치료에는 유용하지 못하지만, 크리스피알/카스페이즈 시스템을 이용하면 유전자 치료의 영역을 우성 유전병을 포함하여 광범위하게 확장시킬 수 있다. 우성 유전병의 경우 대부분 이형접합자인데, 하나의 우성 돌연변이 대립유전자와 정상 대립유전자를 가진다. 이론적으로 크리스피알/카스페이즈 시스템은 우성 돌연변이 대립유전자만을 특이적으로 불활성화시켜 열성의 기능소실 대립유전자자로 작용하게 만들 것이다. 대부분의 경우, 영향을 받지 않은 정상 대립유전자가 기능을 회복시킬 것이다.

크리스피알/카스페이즈 시스템을 이용한 유전체의 편집에 대한 기초 연구의 전망은 매우 밝지만, Editas Medicine 회사가 목표를 이루기 위해서는 극복해야 할 몇 가지 문제가 있다. 예를 들어 여러 기술적 문제가 쉽게 해결될 거라는 지나친 긍정적 기대와 재정적 지원 등이다. 과연 제작한 sgRNA와 Cas9을 환자의 적절한 표적세포에만 부작용 없이 효과적으로 운반할 수 있을까? 모든 유전자 치료 전략에서 운반은 어려운 문제이다. 크리스피알/카스페이즈 시스템에서 나타난 또 다른 문제는 Cas9 핵산내부가수분해효소가 유전체 내에 표적 부위 외의 자리에서 DNA를 절단할 수 있다는 점이다. 크리스피알/카스페이즈 기술이 치료에 안전하게 사용되기 위해서는 절대적인 표적 특이성을 획득하는 것이 매우 중요하다. 그럼에도 불구하고 이 문제를 해결할 수 있을 것이라는 긍정적 기대가 있다. 원핵생물에 존재하는 다양한 종류의 Cas 단백질을 분석하여 Cas9보다 훨씬 더 적절한 핵산내부가수분해효소를 발견할 수 있을 것이며 혹은 유전공학 기술을 이용하여 맞춤형 Cas9을 개발할 수도 있을 것이다. 크리스피알/카스페이즈에 의한 유전체 편집 시스템은 2012년에 처음 발표되었으며, 현재 이 기술을 다양한 분야에 적용하기 위한 연구 개발은 이제 출발점에 서 있다.

진핵생물에서 작은 비암호화 RNA는 유전자 발현을 조절한다

지금까지 원핵생물의 작은 비암호화 RNA(sRNA)가 유전자 발현과 단백질 활성을 조절하는 것에 대해 살펴보았다. 작은 비암호화 RNA는 진핵생물에도 존재하는데, 원핵생물과 진핵생물에서 작은 비암호화 RNA는 크기, 생성과정, 작동 기작, 활성 조절 방식 등 여러 면에서 차이를 보인다. 연구자들은 두 종류의 작은 비암호화 RNA를 구분하기 위해 원핵생물의 경우 약자로 sRNA라 부르고, 진핵생물의 **작은 비암호화 RNA(small noncoding RNA)**의 경우 **sncRNA**라 부른다. sncRNA의 구조는 20~31개의 뉴클레오타이드로 구성된 짧은 이중가닥 RNA로 3′ 말단에 2개 뉴클레오타이드 돌출부를 가진다. sncRNA는 **RNA 유도 유전자 침묵(RNA-induced gene silencing)** 과정을 통해 전사 혹은 전사후 단계에서 유전자 발현을 억제하는 데 관여한다.

sncRNA는 생성 과정과 기능에 따라 세 종류로 구분된다. 작은 간섭 RNA(small interfering RNA, **siRNA**)는 레트로바이러스 유전체처럼 외부에서 침입한 RNA로부터 세포를 보호한다. 그러나 siRNA의 작용 기작은 이미 연구 방법과 응용적 측면에서 필수 요소가 되었으며 엄청난 이용 가능성을 가지고 있다. 마이크로 RNA(microRNA, **miRNA**)는 유전자 발현 조절에 중요한 역할을 하며, 비정상적으로 작동하는 마이크로 RNA로 인해 질병이 발생한다(17장 참조). 최근에 발견되었으나 정보가 별로 없는 Piwi-결합 RNA(Piwi-interacting RNA, **piRNA**)는 생식세포에서 전이인자의 유해 작용을 억제하는 것으로 알려져 있다. 지금부터 세 종류의 sncRNA에 대해 개별적으로 알아보자.

siRNAs와 RNA 간섭

1998년 Andrew Fire와 Craig Mello는 선충의 세포에 도입시킨 이중가닥 RNA가 상보적인 mRNA에 작용하여 '강력하고 특이적으로' mRNA를 분해시키는 **RNA 간섭(RNA interference, RNAi)** 현상을 발견하였으며, 2006년에 그 업적으로 노벨상을 수상하였다. RNAi의 분자적 작동 기작에 대해 많은 연구가 진행되면서 진핵생물에서도 RNAi가 광범위하게 작용하며, 연구 및 치료제 개발에 주요 도구로 사용할 수 있음을 알게 되었다. 이중가닥 RNA가 진핵세포의 세포질에 존재하면, RNase III 단백질인 **다이서(Dicer)**가 인식하여 3′ 말단에 2개 뉴클레오타이드 돌출부를 지닌 22개의 뉴클레오타이드로 구성된 RNA로 절단한다. 이렇게 형성된 **siRNA**는 **RNA-유도 침묵 복합체(RNA-induced silencing complex, RISC)**와 결합하는데, RISC에는 RNA에 결합하여 핵산내부가수분해 효소 기능을 하는 **아고노트(Argonaute)** 계열의 단백질이 존재한다. RISC는 siRNA의 두 가닥 중 한 가닥을 절단하여 제거시킨 후 남은 한 가닥을 '안내' siRNA로 지니게 되며, 안내 siRNA는 RISC를 상보적 서열의 표적 mRNA로 유인한다. RISC는 siRNA와 mRNA 간의 상보적 염기쌍이 형성된 부위에서 mRNA를 절단한다(ST 그림 2-4). 절단된 mRNA는 메틸화된 캡 구조 혹은 폴리-A 꼬리가 없으므로 세포 내의 핵산가수분해효소에 의해 빠르게 분해된다.

1998년 RNAi의 발견으로 인해 유전자 기능을 분석하는 연구 분야에 빠르게 혁신이 일어났다. 전통적으로 연구자들은 유전자의 기능에 문제가 생긴 돌연변이체를 분석함으로써 특정 유전자의 기능을 알아내는 **전향유전학(forward genetics)** 방법을 사용하였다. 전향유전학 방법은 무작위적으로 돌연변이를 유발한 후 돌연변이체의 표현형을 조사하고 해당 돌연변이의 위치를 파악하며 유전자를 찾아내는 방식이다. 전향유전학 방법은 상당히 많은 노력과 비용이 들기 때문에, 많은 연구자들은 **역유전학(reverse genetics)** 방법을 이용하기 시작하였다. 역유전학에서는 특정 유전자의 기능을 억제한 후 표현형을 조사함으로써 해당 유전자의 기능을 결정하게 된다. RNAi는 역유전학 연구의 매우 강력한 도구로 사용되는데, 어떤 유전자의 서열을 알면 해당 서열에 상보적인 이중가닥 RNA를 빠르게 합성하여 그 유전자의 기능을 방해 혹은 '감소'시킬 수 있기 때문이다. RNAi 기술이 얼마나 빨리 연구 방법론에 적용되었는지에 대한 실례로 RNAi의 발견 후 5년째에 캠브리지대학교의 Ahringer 연구팀은 대단위적인 RNAi 실험을 통해 예쁜꼬마선충 유전체의 유전자 86%에 해당하는 기능소실 표현형을 결정하였다. 또한 수많은 유전체 단위의 RNAi 실험을 통해 각 유전자가 분자적, 세포적, 발생학적 경로에서 어떤 기능을 담당하는지를 밝혀내고 있다.

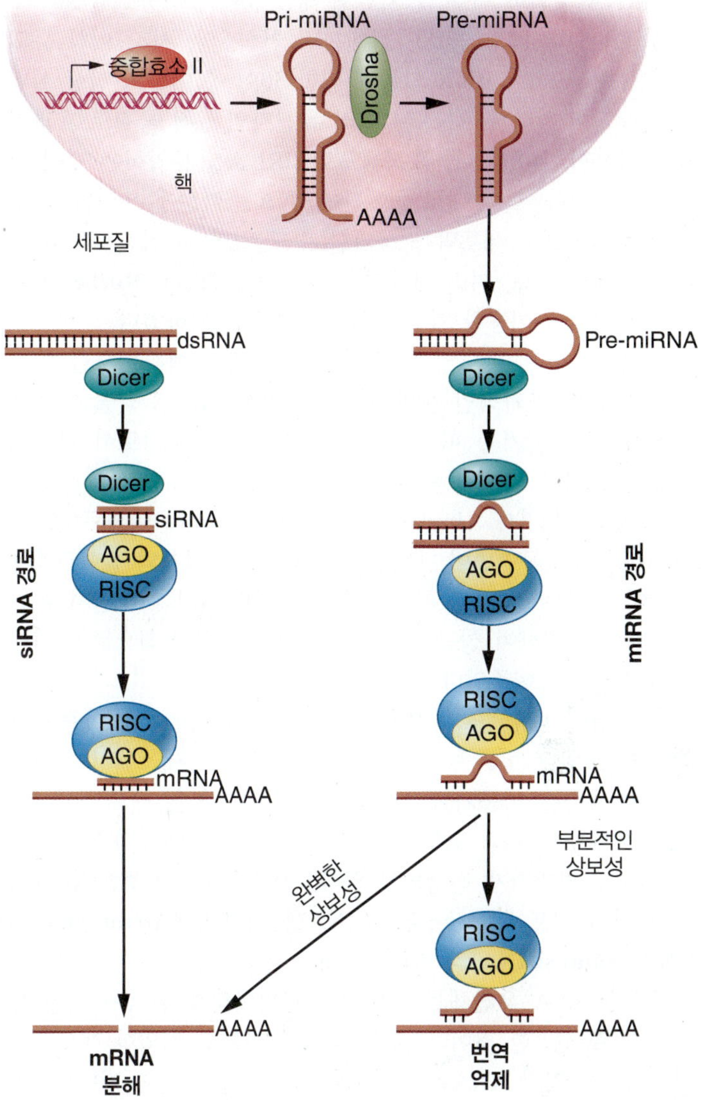

ST 그림 2-4. RNA 간섭 경로. 이중가닥 RNA가 다이서에 의해 가공되어 작은 간섭 RNA(siRNA)를 생성한다. siRNA는 아고노트(AGO) 계열 단백질을 포함한 RNA 유도 침묵 복합체(RISC)와 결합한다. RISC는 siRNAs를 단일 가닥 siRNA로 만들어 상보적 서열을 지닌 mRNA에 결합시킨 후 표적 mRNA를 분해시킨다. 마이크로 RNA(miRNA) 유전자는 전사되어 miRNAs 전구체(pri-miRNAs)를 형성한다. 이후 드로샤 단백질이 pri-miRNAs의 5′ 및 3′ 말단을 다듬어 pre-miRNA를 생성하고, pre-miRNA는 세포질로 이동하여 다이서에 의해 가공된다. miRNA는 RISC와 결합하며, 단일 가닥의 miRNA는 RISC를 표적 mRNA로 유인한다. 만일 miRNA와 mRNA 간의 상보성이 완벽히 일치하면 mRNA는 분해되고, 부분적 상보성이 나타나면 번역이 억제된다.

siRNA는 의학 연구 및 치료제 개발 분야에서 중요한 도구로 활용되고 있다(17장 참조). 현재까지 천식, 암, 시각 이상 등의 질병을 대상으로 siRNA 약물에 대한 30여 종 이상의 임상 실험이 진행되어 왔다. siRNA는 여러 유전자의 표적 물질로 효과적으로 사용할 수 있으나, 표적세포로 siRNA를 유입하는 것이 어려운 문제이다. 혈액 내로 들어간 siRNA는 빠르게 분해되며, 수동수송 방식으로 세포막을 통과할 수도 없다. 이러한 siRNA의 운반 문제로 인해, 여러 제약회사(Novartis, Pfizer, Roche 등)는 siRNA 약물을 이용한 연구와 임상 실험을 포기하였다.

2011년 이후 나노입자 혹은 세포-투과성 펩타이드를 이용한 siRNA의 효과적인 운반이 보고되면서 siRNA 약물의 개발 연구가 최근 활기를 띠고 있다. siRNA가 치료제로서 광범위하게 사용되기 위해서는 효과적인 운반 방법이 반드시 필요하다. 최근 제약회사 Alnylam에서는 transthyretin 아밀로이드증(transthyretin 돌연변이 단백질의 축적으로 신경계와 심혈관계에 이상이 생기는 질병)을 치료하기 위해 siRNA와 나노입자 운반 시스템을 병행하여 성공적인 1상 임상 실험을 마침으로써 기대되는 출발을 보여주었다.

RNAi에 대한 초기 연구는 연구실에서 합성한 이중가닥 RNA의 도입 실험을 통해 주로 진행되었으나, 세포에서 자연적으로 발생하는 이중가닥 RNA, 즉 유전체 혹은 레트로바이러스 유전체의 양 가닥 모두에서 전사가 일어나 형성된 RNA에 대한 연구도 활발하게 진행되고 있다. 연구실에서 합성한 RNA의 도입 없이 세포에서 생성된 siRNA를 **내생 RNA(endogenous RNA, endo-siRNA)**라 한다. 실제로 RNAi 경로는 일반적으로 이중가닥 RNA 유전체를 지닌 레트로바이러스 공격에 대한 방어 체계로 진화한 것이라 예측된다. 즉 세포로 침입한 레트로바이러스 이중가닥 RNA는 절단되어 siRNA를 형성할 것이며, 이 siRNA는 RISC를 유인하여 레트로바이러스의 전사체에 작용하여 분해시킬 것이다.

miRNA는 유전자 발현의 전사후 단계를 조절한다

진핵생물에 존재하는 또 다른 종류의 sncRNA는 miRNA이다(17장 참조). miRNA는 유전자로부터 전사된 자가-상보성을 지닌 전사체로부터 형성되는데, 이것은 siRNA와 다른 점이다. 초기의 전사체를 **miRNA 전구체(primary miRNAs, pri-miRNAs)**라 하는데, 캡 구조와 폴리-A 꼬리 구조를 가지며 일부는 mRNA처럼 인트론을 가지기도 한다. miRNA 전구체는 자가-상보성을 지닌 서열 부위에서 머리핀형 구조를 형성하며, 핵에 존재하는 효소인 **드로샤(Drosha)**가 5′ 및 3′ 말단에 위치한 비상보적인 서열을 제거하여 **pre-miRNAs**를 형성한다. 이후 세포질로 운반된 pre-miRNAs의 머리핀 부분은 **다이서(Dicer)** 단백질에 의해 절단되어 이중가닥의 성숙한 miRNA를 생성한다. miRNA는 siRNA와 유사하게 작용하는데, miRNA는 RISC 단백질과 결합하여 상보적 서열을 지닌 표적 mRNA로 유인된다. 만일 miRNA와 mRNA 간의 상보적 결합이 100% 일치할 경우(주로 식물), 표적 mRNA는 RISC에 의해 분해되지만, miRNA와 mRNA 간의 상보적 결합이 부분적일 경우(주로 동물) 표적 mRNA의 번역이 억제된다(ST 그림 2-4).

miRNA는 동물, 식물, 바이러스, 곰팡이류에서도 발견되며, 식물의 스트레스 반응, 예쁜꼬마선충의 발생, 포유류 세포의 세포주기 조절 등과 같은 다양한 세포 반응에서 유전자 발현을 조절하는 것으로 알려져 왔다. miRNA에 의한 전사 후 조절이 다양한 생물 종에서 광범위하게 나타나는 이유는 무엇일까? 한 유전자의 mRNA를 방해 혹은 분해하기 위해 다른 유전자를 전사시키는 것보다 그 유전자의 전사를 억제하는 것이 더 효과적이지 않을까? 이 질문에 대한 답은 전사가 멈춘 후에도 mRNA는 여러 번 번역될 수 있다는 사실에서 부분적으로 찾을 수 있다. 빠르고 효과적으로 유전자 발현의 변화를 만들어 내기 위해서 세포는 전사를 멈추게 하고 miRNA를 이용하여 세포질에 존재하는 표적 mRNA를 제거할 수 있다. 예를 들면 miRNA는 포유류의 배아줄기세포의 주요 조절자로 기능한다. 배아줄기세포는 분화를 억제하고 줄기세포 유지 및 자가 분열을 촉진하는 '줄기세포능 유전자(*Oct4*, *Sox2*, *KLF4*, *Lin28*, *Myc* 유전자)'를 발현한다. 이 유전자의 기능이 소실되면 배아줄기세포의 미성숙한 분화가 일어나는 반면, 지속적으로 활성을 나타내면 배아줄기세포는 특정 세포로 분화하지 못하게 되며, 두 경우 모두 치사 표현형을 보이게 된다. 배아줄기세포의 딸세포가 분화하기 위해서는 줄기세포능과 관련된 mRNA를 표적으로 하는 *miR-145* miRNA와 *let-7* miRNA가 발현되어야 한다(ST 그림 2-5). 세포 분화를 조절하는 miRNA의 작용에 대해 더 많은 연구가 이루어지게 되면 특정 세포로의 분화를 적절히 유도하고 동시에 종양형성의 위험을 줄인 치료용 세포를 환자에게 제공할 수 있게 되어 줄기세포 치료 분야에 도움이 될 것이다.

piRNA는 다음 세대로의 전달을 위해 유전체를 보호한다

전이인자(transposon)는 이동성이 있는 DNA 서열로 진핵생물의 유전체에서 여러 위치로 옮겨 다닐 수 있다. 전이효소(transposase)는 전이인자 내부에 위치한 유전자에 암호화되어 있으며 전이인자의 이동성에 필수적이다(15장 참조). 전이인자가 유전체의 다른 부위로 옮겨가면 유전자 내에 끼어 들어가 돌연변이를 유발하여 유전자의 기능을 손상시킬 수 있다. 따라서 전이인자의 작용을 억제하는 것이 매우 중요한데, 다음 세대로 유전체를 전달하는 배우자 세포에서 특히 더 그러하다. Piwi-결합 RNAs(piRNAs)는 동물의 배우자 세포와 배아 세포에서 전이인자의 작용을 억제하는 데 중요한 역할을 한다. piRNAs가 소실된 동물에서는 배우자 형성 과정에 결함을 보이며 생식능이 없거나 혹은 자손에게 돌연변이를 전달한다. piRNAs는 RISC 내의 아고노트 계열 단백질의 한 종류인 Piwi 단백질과 결합한다. Piwi 단백질을 포함하는 RISC와 함께 piRNAs는 전이인자에서

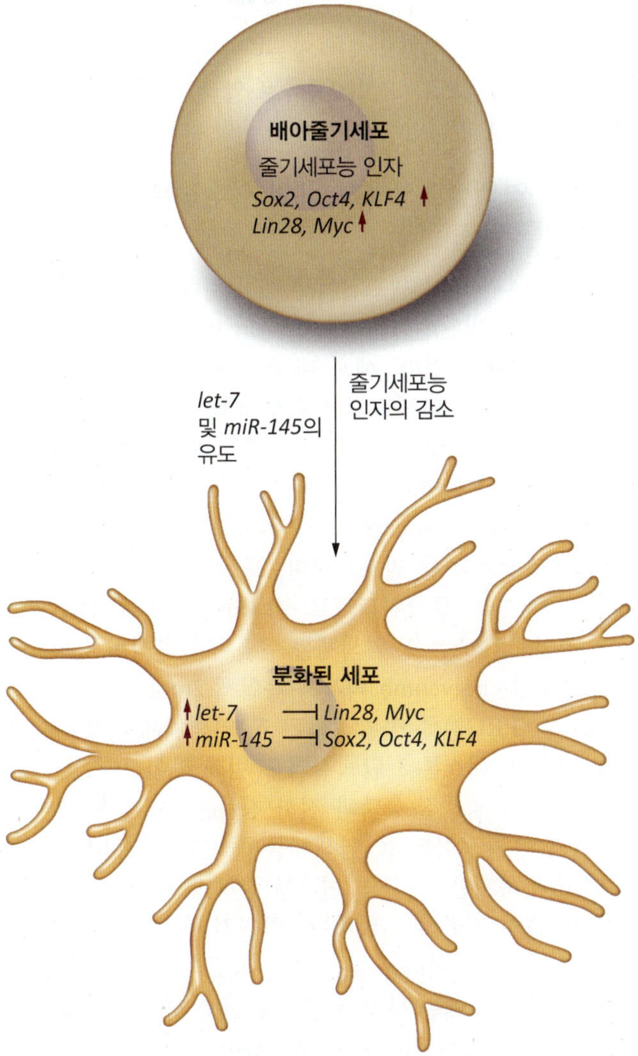

ST 그림 2-5. miRNA는 배아줄기세포의 분화를 조절한다. 분화 중인 세포에서는 *miR-145* 와 *let-7*의 작용으로 배아줄기세포의 특성 유지에 필요한 여러 유전자(*Sox2, Oct4, KLF4, Lin28, Myc*)의 발현이 억제되어 있다. 따라서 *miR-145* 와 *let-7* miRNA는 세포가 특정 기능을 획득할 수 있도록 하며 자가분열을 방해한다.

유래한 RNA에 상보적 서열을 이용하여 결합한 후 전사 억제를 유발한다. 아마도 DNA 메틸화 반응의 촉진을 통해 전사 억제가 일어나는 것으로 보인다. piRNA 생성 과정에 대해 자세히 알려지지 않았으나, piRNA는 전이인자 DNA 서열이 포함된 piRNA 집단 부위에서 전사되어 만들어진다. piRNA 집단은 손상된 혹은 기능을 잃은 전이인자에서 유래한 것으로 예측된다. 긴 길이의 piRNA 전사체는 다이서 단백질과 무관한 방식으로 가공되어 보통의 sncRNA보다 긴 26~31개의 뉴클레오타이드로 구성된다. piRNA 경로가 다른 sncRNA 경로와 얼마나 차이를 보이는지는 아직 명확하지 않지만, piRNA가 전이인자의 작용으로 유전체가 손상되지 않도록 보호하는 역할을 하는 것은 명백하다.

RNA 유도 전사 침묵

진핵생물의 염색체에서 이질염색질은 매우 응축되어 전사가 억제되어 있는 DNA 부위로 구조적 기능에 매우 중요하다(12장 참조). 예를 들어 중심체는 이질염색질로 되어 있으며 세포분열 동안 염색체와 방추사 간의 결합 위치로 중요하게 작용한다. 이질염색질 구조는 뉴클레오솜 내의 히스톤 단백질의 변형으로 일어나며, 응축과 전사 억제에 영향을 주게 된다. 예를 들어 이질염색질에 결합한 뉴클레오솜은 일반적으로 히스톤 3 단백질의 9번째 라이신이 메틸화되어 있다(H3K9Me). 이질염색질 단백질 1(heterochromatin protein 1, HP1)과 같이 염색질 응축과 전사 억제에 관여하는 단백질은 H3K9Me에 결합하여 이질염색질 형성을 유도한다. H3K9 메틸화는 **히스톤 메틸기전달효소(histone methyltransferase, HMT)**의 활성에 의존적이다. 여러 연구를 통해 HMT와 복합체를 형성하는 DNA 결합 단백질이 HMT를 특정 서열로 유인한다는 것이 확인되었다. 또한 sncRNAs도 유전체의 특정 부위에서 이질염색질 형성을 유도할 수 있음을 알게 되었다.

RNAi는 유전자 발현의 전사 후 억제를 유도하는 반면, 이질염색질 형성에 관여하는 sncRNAs는 **RNA 유도 전사 억제(RNA-induced transcriptional silencing, RITS)** 방식을 사용한다. RITS 현상은 분열효모인 *Schizosacchromyces pombe*에서 처음 발견되었는데, 아고노트와 다이서 같이 RNAi 경로에 관여하는 몇몇 유전자의 기능이 소실되면 중심체 내의 뉴클레오솜에서 H3K9 메틸화가 일어나지 않아 결국 중심체가 기능하지 못하게 된다. 2004년 하버드대학교의 Moazed 연구팀은 아고노트 단백질, 이질염색질 결합 단백질, 다이서에 의해 생성된 siRNA를 포함하는 RITS 복합체를 규명하였다. 이 복합체에 결합된 siRNAs는 중심체 DNA 서열에 상보적이므로, 해당 복합체를 중심체로 유인하여 이질염색질을 형성하도록 한다.

역설적으로 중심체 같은 이질염색질 부위의 전사는 RITS에 의한 전사 억제에 중요하다. RITS 복합체를 중심체로 유인하는 siRNAs는 세포주기의 S기 동안 중심체 DNA 부위에서 전사되어 형성된다. 중심체에서 전사가 일어나면, **RNA 의존성 RNA 중합효소(RNA-directed RNA polymerase)**가 새로 합성 중인 전사체에 결합하여 단일 가닥 RNA로부터 이중가닥 RNA를 형성시킨다. 이중가닥 RNA는 다이서에 의해 가공되어 중심체 DNA 서열에 상보적인 siRNAs가 생성된다. RITS 복합체는 siRNAs에 결합하여 중심체 부위의 표적 전사체로 유인된다. 아직 알려지지 않은 작동 기작으로 중심체 부위에 결합된 복합체는 HMT를 유인하여 H3K9에 메틸화를 일으켜 이질염색질 형성을 유도하게 된다(ST 그림 2-6). 이 작동 모델을 뒷받침하는 실험 결과로 RNAi 기구를 염색체의 다른 부위에 결합시키면, 해당 부위에서 이질염색질 형성과 함께 전사 침묵 현상이 나타난다.

RITS는 *S. pombe*에서 처음 발견되었으나, RNAi 기구는 식

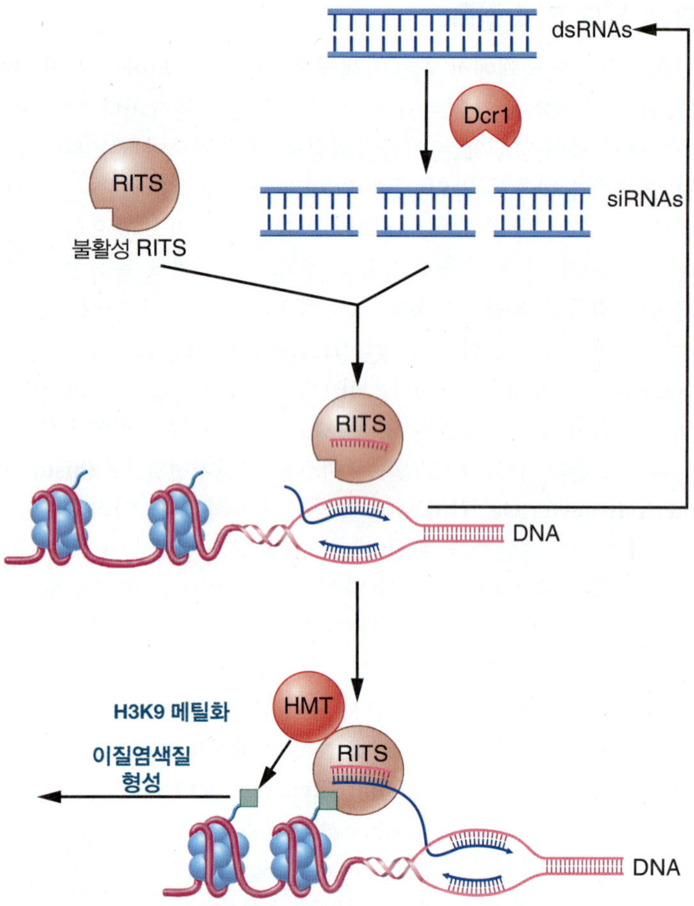

ST 그림 2-6. RNA-유도 전사 침묵. 중심체 DNA의 양 방향 전사가 일어날 경우(혹은 단일 가닥 전사체에서 RdRP 활성이 나타날 경우)에 이중가닥 RNA가 생성된다. 다이서에 의해 이중가닥 RNA가 가공되어 siRNAs를 형성한다. siRNAs는 RITS 복합체와 결합한 후 새로 합성 중인 전사체에 RITS 복합체를 유인한다. RITS에 결합된 히스톤 메틸기전달효소가 근처 염색질의 H3K9 메틸화를 유도하여 이질염색질 형태로 만든다.

물, 초파리, 선충, 포유류 등에서 전사 침묵과 이질염색질 형성에 관여하는 것으로 알려져 있다. 향후 연구를 통해 다양한 종에서 이러한 작동 기작이 얼마나 유사한지를 이해할 수 있게 될 것이다.

긴 비암호화 RNA의 종류와 기능은 다양하다

진핵생물의 유전체에는 작은 비암호화 RNA뿐 아니라 많은 종류의 **긴 비암호화 RNA(long noncoding RNA, lncRNA)**가 존재한다. lncRNA와 sncRNA 간의 가장 큰 차이는 길이인데, 일반적으로 lncRNA는 200개 이상의 뉴클레오타이드로 구성된다. lncRNA는 mRNA와 유사한 방식으로 만들어지는데, 전사 이후 메틸화된 캡, 폴리-A 꼬리를 가지며 스플라이싱도 일어난다. 다른 점은 lncRNA에는 개시코돈과 종결코돈이 **존재하지 않으므로** 어떠한 단백질도 암호화하지 않는다. 사람 유전체에 존재하는 lncRNA는 대략적으로 17,000종류로 알려져 있으며, 일부 연구를 통해 lncRNA의 다양한 기능이 조금씩 밝혀지고 있다.

lncRNA는 염색질 조절 복합체와 상호작용하여 전사 억제를 유도한다

성숙한 mRNA가 주로 세포질에 존재하는 반면, 성숙한 lncRNA는 주로 핵에서 발견된다는 사실로부터 lncRNA의 기능에 관한 단서를 포착하게 되었다. 세포 내 위치에 걸맞게 lncRNA는 유전체의 특정 부위에 염색질 조절 복합체를 유인하여 유전자 발현을 조절하는 기능을 한다. 전형적인 예로 포유류의 X-염색체 불활성화(7장 참조)에 중요한 역할을 하는 X-**불활성화 특이 전사체**(X-inactive specific transcript, XIST) 유전자는 X 염색체에 위치하며 17 kb의 lncRNA를 암호화한다. 포유류 암컷에서 두 개의 X 염색체 중 한 개가 무작위적으로 선택되어 *Xist* lncRNA를 발현하는데, 이 lncRNA는 X 염색체를 뒤덮어 불활성화를 일으킨다. *Xist* lncRNA는 polycomb 억제자 복합체 2(polycomb repressor complex 2, PRC2)를 불활성화된 X 염색체에 유인하여 염색질 전반에 걸쳐 히스톤 3 단백질의 27번째 라이신에 삼중메틸화를 일으켜 결국 염색질 응축과 전사 침묵을 유발한다. 현재 *Xist* lncRNA가 불활성화된 X 염색체를 둘러싸는 기작에 대해 정확히 알지 못하지만, 최근의 연구를 통해 X 염색체에 처음으로 *Xist* lncRNA가 결합하는 위치는 3차원적 구조를 이룬 염색체에서 *Xist* 유전자의 근처라는 것을 알게 되었다. *Xist* lncRNA가 위치 설정을 하는 데에는 특정 서열보다 전사 시작 부위 근처가 더 중요하게 작용한다는 점은 매우 흥미롭다.

다양한 진핵생물에서 lncRNA에 의해 유도되는 전사 억제와 유사한 기작이 발견되며, 유전자 특이적 혹은 염색체 전반에 걸친 전사 침묵 현상이 알려져 있다. 예를 들어, 사람 12번 염색체에서 발현하는 2.2 kb의 *Hotair* lncRNA는 2번 염색체에 위치한 여러 표적유전자의 전사를 억제한다. *Xist*와 유사한 방식으로, *Hotair* lncRNA는 PRC2를 표적유전자로 유인하여 H3K27의 메틸화를 일으켜 전사를 억제시킨다(ST 그림 2-7). *Hotair* lncRNA의 정확한 기능은 알려져 있지 않으나, 암 세포에서 *Hotair* lncRNA가 과발현되면 암의 전이성이 증가되어 나쁜 예후를 나타낸다. 향후 연구를 통해 *Hotair* lncRNA의 과발현으로 어떤 유전자의 발현이 조절되어 암의 전이성이 증가되는지를 밝혀야 할 것이다.

lncRNA는 전사인자의 활성을 조절한다

lncRNA는 전사인자와 결합하여 활성을 조절할 수 있다. 예를 들어 안드로겐 수용체(androgen receptor, AR)는 테스토스테론과 결합한 후 전사인자로 작용하여 정소 발생에 필수적인 표적유전자를 활성화시킨다. 최근의 연구를 통해 AR이 전사인자로

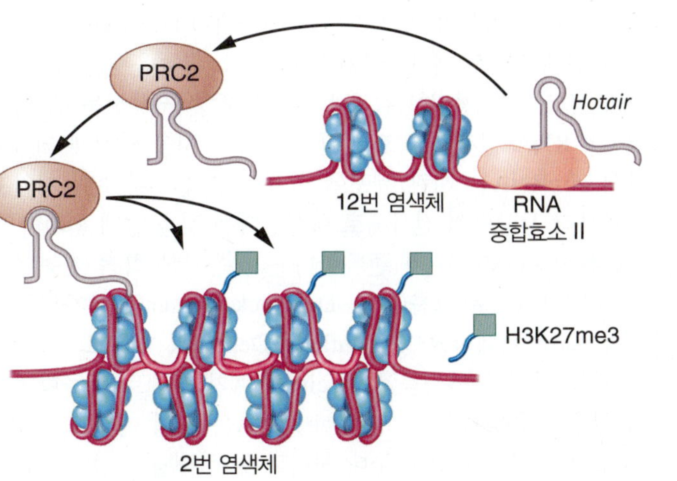

ST 그림 2-7. 염색질을 조절하는 긴 비암호화 RNA. 사람의 12번 염색체에서 발현된 *Hotair* lncRNA는 polycomb 억제자 복합체2(PRC2)를 2번 염색체에 위치한 여러 표적유전자로 유인한다. PRC2는 근처 염색질의 메틸화를 일으켜 염색질 응축을 유발한다. 암 세포에서 *Hotair* lncRNA가 과발현하면 전이 가능성이 높아지는 나쁜 예후를 보이게 되는데, 표적유전자의 발현 억제에 의한 것이라 예측된다.

작용하는 데 두 종류의 lncRNAs, PRNCR1과 PCGEM1의 조절이 필요함을 알게 되었다. AR은 인핸서인 안드로겐 반응인자(androgen response elements, AREs) 서열에 결합하는데, 이 서열은 표적유전자로부터 멀리 떨어져 위치한다. 따라서 표적유전자의 전사를 활성화시키기 위해 DNA는 고리구조를 만들어 인핸서와 AR이 표적유전자의 프로모터와 전사기구 근처로 가까이 위치되어야 한다. PRNCR1과 PCGEM1은 AR과 프로모터 사이의 간격을 물리적으로 이어주는 '연결장치'의 역할을 담당한다(ST 그림 2-8). 이 두 종류의 lncRNA가 없으면 AR은 표적유전자의 전사를 활성화시킬 수 없다. 안드로겐 신호전달은 전립선암의 성장을 촉진하는 데 관여하므로, AR의 활성을 조절하는 lncRNA에 대한 정보는 중요한 의미를 지닌다. 거세를 통해 테스토스테론의 분비를 제거하여도 전립선암의 진행만이 지연되고 완전한 치료가 되지 않는데, 암 세포가 종종 돌연변이 형태의 AR을 만들어 테스토스테론 없이 활성을 나타내기 때문이다. 예비연구에서 PRNCR1과 PCGEM1 lncRNA를 억제할 경우 전립선암의 안드로겐-의존적 및 안드로겐-비의존적인 성장을 막을 수 있음을 보여주어, 향후 전립선암 치료를 위해 PRNCR1과 PCGEM1 lncRNA를 억제하는 새로운 전략이 사용될 것으로 전망된다.

원형 RNA는 마이크로 RNA를 흡수하는 '스펀지' 역할을 한다

RNA 분자는 tRNA의 클로버잎 구조와 마이크로 RNA의 줄기-고리 구조와 같이 다양한 형태를 가진다. 또한 RNA는 5′-인산 혹은 3′-OH 말단이 존재하지 않는 닫힌 원형 구조를 가질 수도

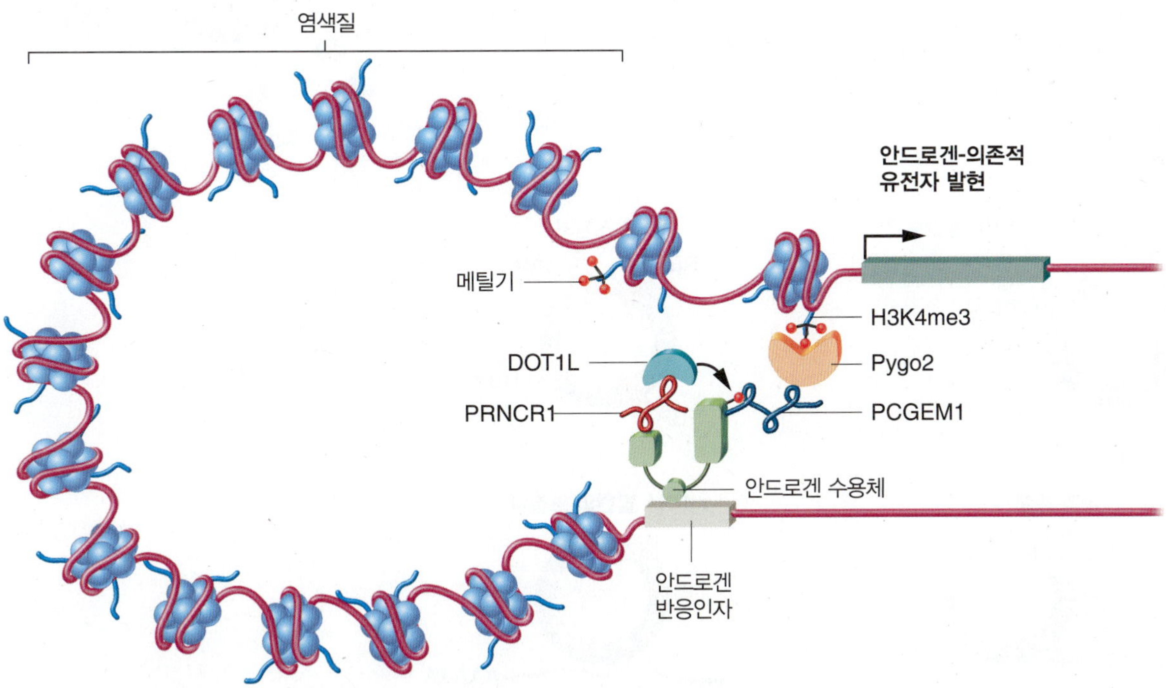

ST 그림 2-8. 긴 비암호화 RNA는 전사 활성을 유도한다. PCGEM1 lncRNA와 PRNCR1 lncRNA는 안드로겐 수용체(AR)와 표적유전자의 프로모터 간 연결 장치로 작용한다. PRNCR1 lncRNA는 AR에 결합하여 효소 DOT1L을 유인하여 AR의 메틸화를 일으킨다. PCGEM1 lncRNA는 메틸화된 AR에 결합하여 Pygo2 단백질을 유인하여 프로모터의 메틸화된 H3K4 부위에 결합시킨다.

있다. D형 간염바이러스처럼 일부 바이러스의 유전체는 단일 가닥의 원형 RNA 분자이며, rRNA에서 자가-스플라이싱이 일어나는 인트론의 경우 가끔 원형구조를 형성한다. 최근 연구에서 진핵생물에 존재하는 원형의 lncRNAs가 유전자 발현 조절에 작용하는 것으로 알려졌다.

원형 RNA(circular RNA, circRNA)는 1979년 진핵세포의 세포질에서 전자현미경을 통해 처음 관찰되었고 이후 여러 보고가 있었으나, 원형 RNA의 생물학적 기능에 대해서는 알려져 있지 않았다. 따라서 많은 연구자들은 circRNA가 보기 드문 유전적 결함이거나 분자생물학적 방법을 실험에 적용하면서 나타난 오류 같은 것으로 생각하였다. 그러나 최근 연구를 통해 circRNA가 실제 세포 내에 존재하며, 생물학적 기능도 가지고 있다는 주목할 만한 결과들이 발표되고 있다.

진핵생물의 circRNA를 찾기 위해 스탠퍼드대학교의 Patrick Brown 연구팀은 차세대 RNA 서열분석법을 이용하여 사람 세포를 대상으로 두 번째 엑손 뒤에 네 번째 엑손 서열이 연결되는 것처럼 순서가 뒤섞인 엑손 서열을 지닌 전사체를 분리하였다. 이러한 순서가 뒤섞인 엑손 서열의 전사체가 circRNA인지를 증명하기 위해 3′→5′ 핵산외부가수분해효소 활성을 지닌 RNaseP를 해당 전사체에 처리한 결과 분해되지 않는 저항성을 보여줌으로써, 이 RNA 전사체가 3′ 말단이 없다는 것을 밝히게 되었다. 따라서 circRNA는 사람 세포에 실제로 존재하며 수백 개의 유전자로부터 상당량의 전사체로 형성된다는 것을 알게 되었다.

상당수의 circRNA가 존재한다는 것은 생물학적 기능이 있음을 의미한다. 두 그룹(Max Delbruck Center의 분자의학 연구팀과 Aarhus 대학교 및 Southern Denmark 대학교의 공동연구팀)에서 진행한 연구를 통해 circRNA가 실제로 생물학적 기능이 있음을 증명하였다. 일부 circRNA는 특정 마이크로 RNA에 상보적인 서열을 여러 군데 지니고 있어 해당 마이크로 RNA가 RISC와 상호작용하지 못하도록 격리 혹은 흡수하는 '스펀지' 의 역할을 수행한다(ST 그림 2-9). 특히 CDR1as 혹은 ciRS-7 이라 불리는 circRNA는 *miR-7* miRNA의 스펀지 역할을 하는

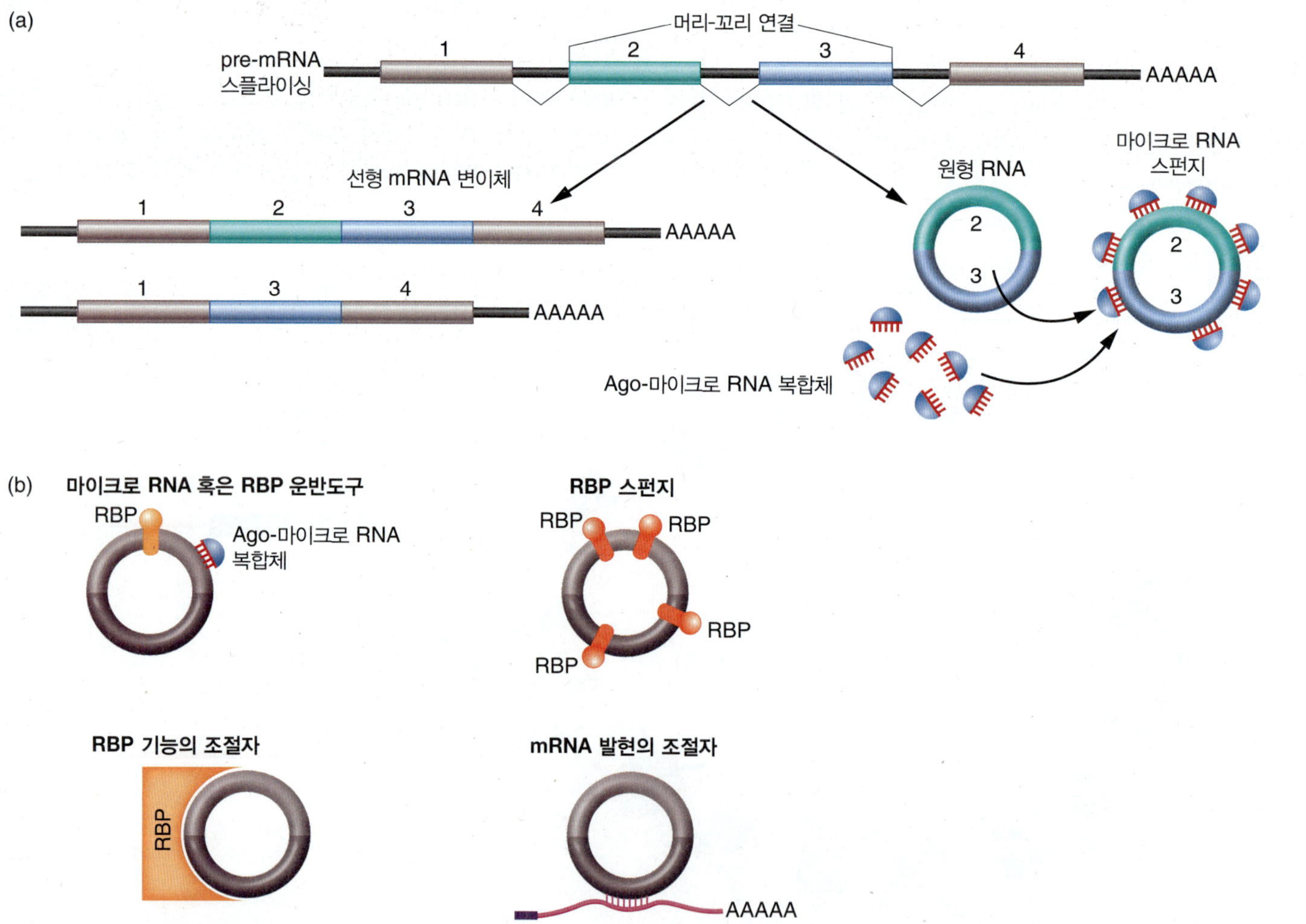

ST 그림 2-9. 원형 RNA는 마이크로 RNA의 스펀지 역할을 한다. (a) circRNA는 원형 형태의 스플라이싱을 통해 형성될 것으로 예측된다. (b) circRNA는 miRNA와 결합함으로써 miRNA가 표적 mRNA에 작용할 수 없도록 격리시키는 '스펀지' 역할을 한다. 또한 circRNA는 miRNA 혹은 RNA 결합 단백질(RBP)의 운반 장치, RBP의 스펀지, 혹은 RBPs와 mRNAs의 조절자 역할을 할 것으로 예측된다.

BOX 2

세포외 RNA는 세포간 소통에 중요한 역할을 할까?

세포 내에 존재하는 RNA의 종류와 수는 매우 다양하다. RNA는 세포 밖에서도 관찰되는데, 혈액, 눈물, 체액 등에 흔하게 존재한다. 이러한 **세포외 RNA(extracellular RNA, exRNA)**는 mRNAs, siRNAs, lncRNAs, tRNAs 등을 포함하며, 어디에나 존재하는 RNase의 공격을 피하기 위해 소낭 내에 둘러싸여 있는 경우가 많다. RNA는 세포에서 분비될 수 있으므로, 다른 세포로 유입되어 세포간 소통에 관여할 수도 있다는 가능성이 제안된다. 물론 포유류에서 이러한 작용이 있을 것이라는 확실한 증거는 없지만, 애기장대와 예쁜꼬마선충에서 세포에서 세포로 이동한 RNA가 기능을 가진다는 연구 결과가 발표되었다.

애기장대에 대한 연구를 통해 exRNAs가 분비된 세포에서 멀리 떨어져 위치한 세포에게도 영향을 줄 수 있음을 확인하였다. 녹색형광단백질(GFP)을 발현하는 잎을 지닌 식물에 GFP를 표적으로 역반복 RNA 서열이 생성되도록 디자인한 유전자를 발현하는 뿌리를 이식한 결과, 잎에서 GFP의 발현이 사라졌고 역반복 서열에서 유래한 siRNAs가 식물의 관다발 조직에서 관찰되었다(ST 그림 2-10). 이 연구 결과는 siRNAs가 식물 내에서 이동하여 멀리 떨어진 세포에서도 유전자 발현에 영향을 줄 수 있음을 보여준다. 식물은 exRNA의 작용을 통해 식물의 한 부분에서 스트레스와 같은 외부 환경 조건을 감지하여 다른 부분에서 적당한 반응을 유도하는 매력적인 적응 전략을 가질 수 있을 것이다.

예쁜꼬마선충에 대한 연구를 통해 RNAi의 효과가 몸 전체에 영향을 주며, 일부 경우에는 세대를 넘어 작용할 수 있음을 알게 되었다. 선충에 이중가닥 RNA(dsRNA)를 먹이면, 막단백질 SID-2는 소장세포로 dsRNA의 세포내 섭취 작용을 유도한다. 소장세포 내로 들어간 dsRNA는 체강으로 분비될 것이다. 다른 종류의 dsRNA 운반 단백질인 SID-1는 체강에 있는 dsRNA를 대부분의 세포로 이동시킨다. 세포에 유입된 dsRNA는 다이서에 의해 가공되어 siRNA를 형성한 후 표적 mRNA를 분해한다. 심지어 배우자 세포도 이러한 기작을 통해 dsRNA를 전달받아 자손에게 효과를 주게 된다. 이러한 방식은 면역 반응의 일부로 진화된 것이라 예측되는데, 손상받은 바이러스 입자가 유출시킨 바이러스의 dsRNA로 인해 몸 전체에 RNAi 반응이 유도됨으로써 바이러스의 침입에 대항할 수 있다.

사람에서 exRNA의 구조와 기능에 대해 연구하고자 2013년에 미국국립보건원

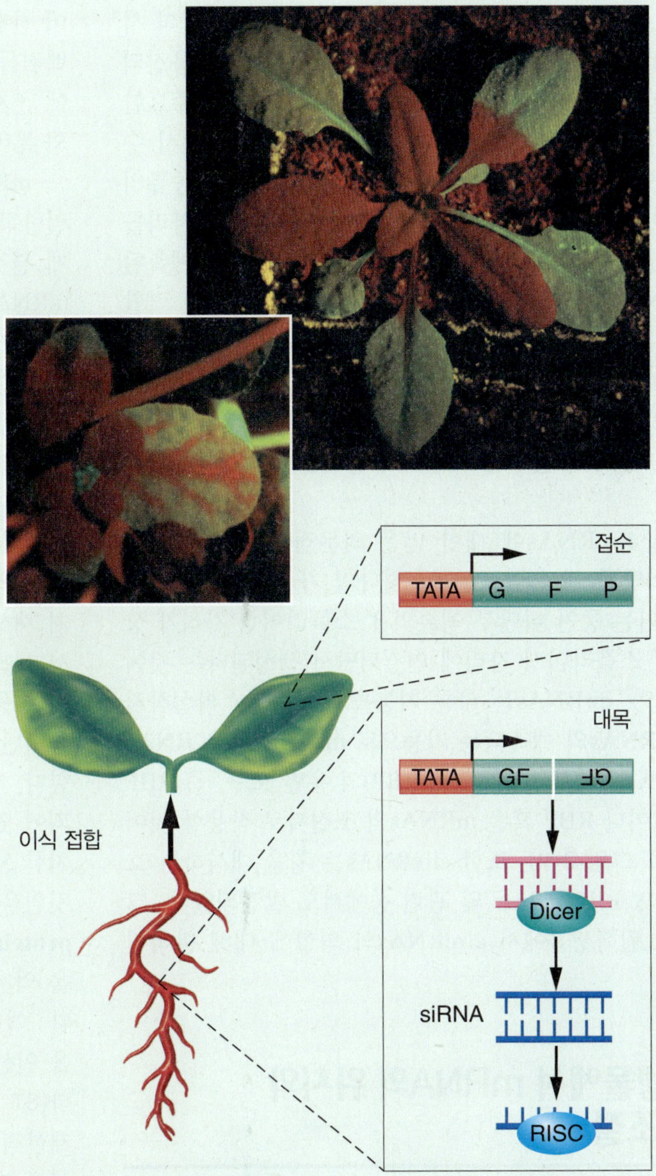

ST 그림 2-10. 식물에서 RNA는 세포간 이동이 가능하다. 잎과 줄기에서 녹색형광단백질(GFP)을 발현하는 애기장대에 역반복 형태로 GFP의 일부 서열을 발현하는 뿌리를 이식하였다. 뿌리에서 역반복 서열의 전사가 일어나 머리핀형 구조의 RNA를 형성하며, 이 RNA는 다이서에 의해 가공되어 siRNA를 생성한다. siRNA는 식물체의 여러 부위로 번져 나가 RISC와 결합한 후 잎에서 GFP 발현을 방해한다. 이 결과는 siRNA가 세포 간에 전달될 수 있음을 보여준다. GFP-발현 부위는 녹색인 반면, GFP-비발현 부위는 엽록소의 자가형광으로 인해 붉은색을 보인다. 유전자 발현 침묵 현상은 siRNA가 이동하는 구간인 관다발 조직 전체에서 더 확실하게 관찰된다.

(계속)

Box 2—계속

(NIH)에서는 이 새로운 분야의 연구 프로그램에 1700만 달러의 연구비를 할당하였다. NIH의 원장인 Francis Collins는 다음과 같이 발표하였다: "이 새로운 분야의 연구가 활발해져 우리가 더 많은 정보를 알게 되면, exRNA가 건강과 질병에 어떤 역할을 하는지를 이해할 수 있게 될 것이다. 또한 exRNA의 신비로운 세계를 밝힘으로써 다양한 영역의 질병을 효과적으로 진단하고 치료하는 새로운 도구를 제공할 수 있을 것이다."

데, CDR1as/ciRS-7의 발현으로 *mir-7* miRNA의 격리가 일어나 *miR-7* 표적유전자의 발현을 허용하게 된다. 파킨슨병 환자에서 *miR-7*의 발현 감소로 인해 *miR-7* miRNA의 표적 중 알파 시누클린(alpha synuclein) mRNA로부터 형성된 단백질이 응집되는 것을 관찰함으로써, CDR1as/ciRS-7이 신경계에서 주요한 역할을 할 것이라는 예측을 해 볼 수 있다. 생쥐의 정소에서 수컷결정 유전자인 *Sry*(7장 참조)의 전사체로부터 또 다른 종류의 circRNA가 생성된다. *Sry* circRNA는 *miR-138*의 결합자리를 16개 가지고 있으며 *miR-138*의 스펀지로 작용할 것으로 예측된다. *Sry* circRNAs가 성 결정 및 정소 분화 과정에서 어떤 역할을 담당하는지는 정확하지 않다. 줄기세포에서는 분화에 필요한 유전자의 발현이 억제되어야 하므로 miRNAs가 많이 존재할 것이다. 줄기세포가 분화할 때 circRNAs가 발현되어 miRNAs를 흡수하게 되면, 분화에 필요한 유전자의 발현이 시작될 수 있을 것이다.

아직까지도 circRNAs에 대한 많은 의문점들이 존재한다. circRNAs는 어떻게 생성되는 걸까? 하나의 가설은 RNA 스플라이싱이 일어나는 동안 하단부 엑손의 3′ 스플라이싱 자리가 상단부 엑손의 5′ 스플라이싱 자리에 연결되면서 생성된다는 것이다(ST 그림 2-9). cirRNAs는 다른 기능을 수행할까? 확실하지는 않지만 circRNAs의 예측되는 기능으로 miRNA 혹은 **RNA-결합 단백질(RNA-binding protein, RBP)**의 운반 도구, 즉 RBP의 스펀지 역할이나 RBP 혹은 mRNAs의 조절자로 작용할 것이라 제안된다(ST 그림 2-9). 또한 circRNAs는 황을 대사하는 호기성 고세균인 *S. solfataricus* 및 관련 종에서도 발견되었다. 그러나 현재까지 원핵생물에서 circRNAs의 역할에 대해 밝혀진 것은 없다.

진핵생물에서 mRNA의 위치와 번역 조절

이 장에서는 비암호화 RNA에서 mRNA로 주제를 옮겨 본다. 1960년대 단백질을 암호화하는 mRNA의 발견 이후 많은 것이 밝혀졌으나, 여전히 진핵생물에서 mRNA의 전사 후 조절 과정에 대해 새로운 정보가 밝혀지고 있다. mRNAs는 세포질에 도달하면 바로 번역되는 것이 아니라 세포 내의 특정 위치로 편재화되어 국소적으로 번역된다. 이러한 mRNA의 편재로 인한 국소적 번역 조절은 세포 내에 비대칭적 단백질의 분포를 형성하여 특정 기능을 담당하는 세포 구역을 만들 수 있게 된다. 예를 들어 신경세포에서 많은 가지 형태의 수상돌기들에 편재한 여러 단백질들은 감각 정보를 수용하는 기능을 하며, 신경세포의 축삭에 존재하는 단백질은 다른 세포에 신호를 보내는 신경전달물질의 분비를 유도한다(그림 24-6 참조).

mRNA 위치와 이에 따른 번역 조절은 다양한 세포 유형에서 일반적으로 일어나는 중요한 현상이므로, mRNA의 위치가 어떻게 결정되고 번역이 조절되는지에 대한 이해는 매우 중요하다. mRNA가 전사되면 바로 일련의 **RNA 결합 단백질**과 결합하는데, RBPs는 mRNA의 스플라이싱, 핵 밖으로의 이동, 위치, 안정성, 분해 및 번역 조절에 관여한다. 따라서 mRNA 위치 및 번역 조절에 관한 연구는 주로 RBPs와 mRNA 간의 상호작용에 초점을 두고 진행되어왔다. 가장 잘 알려진 RBP/mRNA 상호작용은 이동성 세포에서 액틴 mRNA의 위치 및 번역조절에 관한 것이다.

조직 손상 발생 시 섬유아세포는 손상된 부위로 이동하여 상처 재생을 돕는다. 섬유아세포와 여러 이동성 세포는 세포 내에서 새롭게 중합되는 액틴 미세섬유의 형성을 조절함으로써 세포의 이동 방향성을 통제한다. 세포의 '선두 가장자리'에서 액틴의 중합반응이 일어나는 부위를 접착용세포족(lamellipodium)이라 한다. 일련의 연구를 통해 액틴 mRNA가 접착용세포족에 편재되어 있으며, 이러한 편재는 액틴 전사체의 3′ 비번역 부위에 위치한 54개 뉴클레오타이드로 구성된 **신호서열(zip code)**에 의한 것임을 밝혀내었다. **신호서열 결합 단백질1(zip code-binding protein 1, ZBP1)**은 액틴 전사체의 신호서열에 결합하여 번역을 억제함과 동시에 액틴 mRNA를 접착용세포족으로 이동시킨다. 액틴 mRNA가 목적지에 도달하면 **Src** 인산화효소가 ZBP1을 인산화시켜 mRNA와의 결합을 방해하여 결국 번역이 개시된다(ST 그림 2-11). Src 인산화효소의 활성은 세포의 가장자리에 제한적으로 나타나므로, 번역이 억제된 상태로 액틴 mRNA가 세포 가장자리로 이동하게 되며, 결국 액틴 중합반응이 일어나는 위치에서 번역이 유도되는 것이다. 이러한 작동 모델과 부합되는 연구 결과로 ZBP1 단백질이 결손된 생쥐의 섬유아세포에서 액틴 mRNA의 편재 및 세포의 이동 방향성이 감소함을 관찰하였다. 액틴 mRNA의 편재 기작이 다른 유형의 세포에서도 사용된다는 연구 결과가 나타나고 있다. 신경세포의 돌기에서 액틴의 편재적 번역은 신경돌기 성장과 축삭 유도(axon guidance)

(a)

(b)

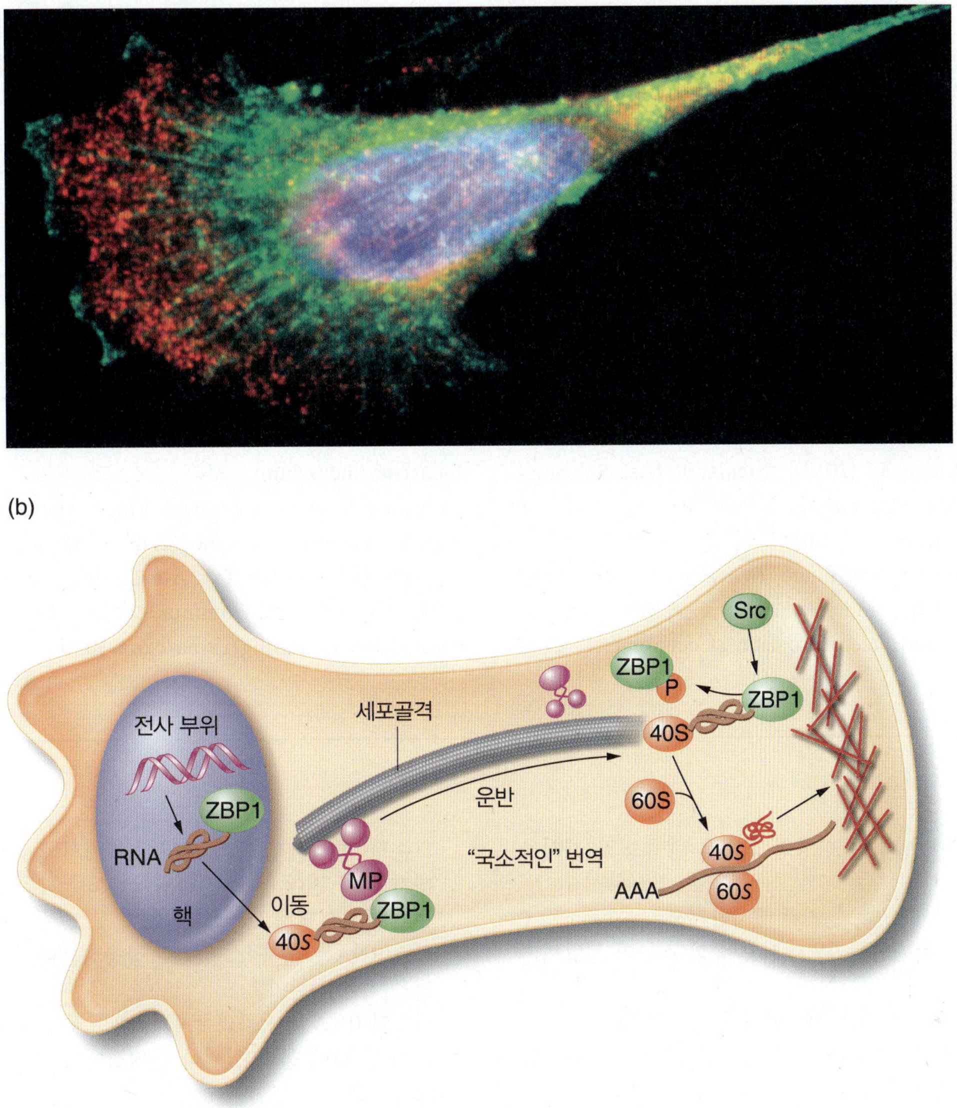

ST 그림 2-11. 액틴 mRNA의 편재와 번역 조절. (a) 액틴 mRNA(붉은색)는 섬유아세포의 선도 가장자리에 편재되어 해당 위치에서 액틴 단백질(녹색)로 번역된다. 핵은 파란색이다. (b) RNA 결합 단백질인 ZBP1은 핵에서 액틴 mRNA와 결합하여 액틴 mRNA가 세포질로 이동하도록 돕는다. 세포골격 운동 단백질(MP)은 ZBP1과 결합하여 액틴 mRNA–ZBP1을 세포의 가장자리로 이동시킨다. 세포의 가장자리에서 ZBP1은 Src에 의해 인산화되어 액틴 mRNA로부터 분리됨으로써 액틴 mRNA는 번역될 수 있다. 선도 가장자리에서 액틴 단백질의 번역과 중합이 일어나면서 세포 이동의 방향성이 설정된다.

결정에 중요하게 작용한다. ZBP1 단백질이 결손된 생쥐의 신경세포에서 신경돌기의 길이가 감소되었고 축삭 유도에도 결함이 나타났다.

다양한 종과 여러 세포에서 mRNA 위치와 이에 따른 번역 조절은 광범위하게 사용되는 것으로 보인다. 예를 들어 초파리의 *nanos* mRNA는 번역 억제자를 암호화하며, 초파리 배아의 뒤쪽 말단과 일부 신경세포의 수상돌기에 위치한다. *Nanos* mRNA의 편재가 일어나지 않게 되면 배아의 앞-뒤 패턴 형성에 결함이 나타나며, 신경세포의 수상돌기 수가 감소함과 동시에 감각 기능이 상실된다. 프린스턴대학교의 Gavis 연구팀은 살아 있는 세포에서 형광물질로 표지한 *nanos* mRNA가 수상돌기에 위치한 **리보핵산단백질입자[ribonecleoprotein(RNP) particles]**로 이동함을 관찰하였다. 이러한 *nanos* mRNA의 이동은 세포골격의 미세소관을 따라 '움직이는' dynein 운동 단백질을 필요로 한다. 여러 연구에서 mRNA의 편재와 단백질의 국소적 번역이 신경세포 기능에 매우 중요하게 작용함을 보여준다. 실제 신경세포에서 mRNA 위치에 결함이 나타날 경우 유약-X 증후군, 척수근위축증, 척수소뇌성 실조증 등과 같은 질병 유발과 관련되는 것으로 알려져 있다.

참고 문헌 및 자료

Journal Articles

Bardil, P., and Hammer, B.K. (2012). Non-coding sRNAs regulate virulence in the bacterial pathogen *Vibrio cholerae. RNA Biology* 9: 392 – 401.

Cech, T.R. (2012). The RNA Worlds in Context. *Cold Spring Harbor Perspectives in Biology* 4.

Eliscovich, C., Buxbaum, A.R., Katz, Z.B., and Singer, R.H. (2013). mRNA on the move: The road to its biological destiny. Journal of Biological Chemistry 288: 28.

The ENCODE Project Consortium (2012). An integrated encyclopedia of DNA elements in the human genome. *Nature* 498: 57 – 74.

Hentze, M.W., and Priess, T. (2013). Circular RNAs: Splicing's enigma variations. *The EMBO Journal* 32: 923 – 925.

Kung, J.T.Y., Colognori, D., and Lee, J.T. (2013). Long noncoding RNAs: Past, present, and future. *Genetics* 193: 651 – 659.

Lejeune, E., Bayne, E.H., and Allshire, R.C. (2010). On the connection between RNAi and heterochromatin at centromeres. *Cold Spring Harbor Symposia on Quantitative Biology* 75: 275 – 283.

Leslie, M. (2013). NIH effort gambles on mysterious extracellular RNAs. *Science* 341: 947.

Lujambio, A., and Lowe, S.W. (2012). The microcosmos of cancer. *Nature* 482: 347 – 355.

Pennisi, E. (2013). The CRISPR craze. *Science* 341: 833 – 836.

Web Sites

Exploring Life's Origins: Understanding the RNA World. http://exploringorigins.org/rnaworld.html

microRNA.org. http://www.microrna.org

Nature Reviews Web Focus: RNA. http://www.nature.com/nrm/focus/rna/index.html

Nature Reviews Genetics: Video Animation: RNA Interference. http://www.nature.com/nrg/multimedia/rnai/animation/index.html

National Center for Advancing Translational Sciences—Extracellular RNA Communication. http://www.ncats.nih.gov/research/reengineering/exrna/exrna.html

확인 문제

1. 생명체 내에서 RNA가 담당하는 다양한 역할을 종류별로 제시하시오.
2. RNA 세계 가설을 입증할 수 있는 논거를 제시하시오.
3. 리보자임은 어떤 반응을 촉매하는가? 어떤 종류의 결합이 절단되거나 혹은 형성되는가?
4. 박테리아의 DNA 메틸화와 제한효소의 발현이 선천성 방어 전략으로 작용하는 근거는 무엇인가? 한편 크리스피알/카스페이즈 시스템이 적응 방어 전략으로 작용하는 근거는 무엇인가?
5. 진핵생물에 존재하는 세 종류의 작은 비암호화 RNA는 무엇이며, 각각의 특징을 비교 설명하시오.
6. 이질염색질 부위에서 나타나는 RNA 유도 전사 침묵 기작은 상당히 모순적이다. 예를 들어 분열 효모에서 중심체 DNA는 전사 억제 상태가 되기 전에 우선 전사되어야 하는데, 어떻게 이러한 작용이 가능한지를 설명해 보시오.
7. 원형 RNA는 분자 '스펀지'로 작용하는데, 이것은 어떤 의미이며, 무엇을 '흡수'하는가?
8. 세포외 RNA는 식물과 동물의 체액에서 자주 발견되는데, 일반적으로 소낭 안에 들어 있거나 단백질에 결합되어 있다. 왜 그러한지 설명하시오.
9. 진핵생물의 mRNA는 세포의 특정 위치로 어떻게 이동하여 편재되는가? 또한 이러한 mRNA의 편재는 왜 일어나는가?

탐구 문제

1. RNA 세계 가설에서는 가장 초기의 생명체는 DNA 대신 RNA를 유전체로 사용했을 것이라고 제안한다. 그렇다면 현재 RNA 유전체를 가진 생명체가 존재하지 않는 이유는 무엇일까?
2. 박테리아의 sRNAs는 상보적 염기쌍 형성을 통해 mRNA에 결합하여 유전자 발현을 조절한다. sRNA/mRNA 간의 결합이 mRNA의 번역을 촉진할 것인지 혹은 억제할 것인지를 결정하는 요인은 무엇인가?
3. 대부분의 경우, ncRNAs는 '안내자'로 작용하여 단백질이 다른 핵산 부위에 결합하도록 유도한다. ncRNAs가 "안내자"로 작용하는 실례를 들어, 이들의 역할에 대해 설명하시오.
4. 원핵생물과 진핵생물은 각각 바이러스 혹은 외부 핵산에 대항하는 방어 기작을 진화시켰다. 두 종류의 방어 기작의 공통점과 차이점을 설명하시오.
5. 세포외 RNA는 사람의 체액에 많이 존재하지만, 현재 이들의 기능에 대해서는 별로 알려진 바가 없다. 인체 생물학에서 세포외 RNA가 어떤 역할을 담당할지에 대해 예측해 보시오.
6. 어떤 mRNA가 한 세포의 세포질 전체에 골고루 분포하고 있다고 가정하자. 그런데 이 mRNA가 암호화하는 단백질은 세포질의 일부 특정 부위에서만 발견될 수 있을까? 만일 그렇다면 가능한 작동 기작을 몇 가지 제시해 보시오.

DNA 법의학

유전학은 오늘날 가장 영향력이 있는 학문으로 간주된다—농업, 고고학, 의학진단과 질병치료와 같이 다양한 분야의 기술에 지대한 영향을 끼친다.

현대유전학에 의해 가장 많이 변화된 분야 중 하나가 법의학이다. 법의학(**forensic science** 또는 *forensics*)은 범죄 혹은 일반 시민 사건의 진실이 무엇인지를 답하기 위해 기술적이고 과학적인 접근방식을 사용한다. 1986년 이전에는 법의학자가 특정 개인 혹은 용의자와 증거를 연관시키기 위해 사용한 방법들이 제한적이었다. 혈액형 분석, 지문 분석과 같은 믿을만한 방법도 있었으나 물은 자국의 비교분석 및 머리카락 현미경 분석 같이 신뢰성이 떨어지는 방법도 사용하였다.

1986년에 처음으로 **DNA 감식법(DNA profiling)**(Box 1)을 사용한 이후에, **법의학적 DNA 지문법(forensic DNA fingerprinting)**, 혹은 **DNA 유형분석(DNA typing)**이라고 하는 **DNA 법의학(DNA forensic)**이 경찰이 생물학적 단서를 규명하는 데 중요한 방법이 되었다. 지금은 범죄현장에서 발견된 담배꽁초 혹은 우표에 남아 있는 침, 애완동물의 털, 아주 적은 양의 혈흔만 있어도 DNA 감식이 가능하다. 불이 났거나 혹은 시간이 지나서 생물학적 검체가 부식되었다고 해도 DNA 감식이 가능하며 이를 통해 신원확인, 유무죄 판단과 같은 법적 절차를 도울 수 있다. 수사관은 범죄현장의 증거물에서 얻은 DNA 감식 결과와 일치하는 자료가 있는지를 기존에 저장되어 있는 방대한 DNA 감식자료를 스캔하여 찾는다. DNA 감식법은 심각한 범죄자로 선고를 받은, 심지어 사형까지 선고를 받은 수백 명의 사람이 무죄라는 것을 증명해 보였다. 법의학자들은 2004년 아시아 쓰나미와 같은 대형 참사의 희생자와 2001년 9월 11일에 뉴욕을 공격한 테러분자들을 알아내기 위하여 DNA 감식법을 사용했다. 또한 멸종위기종 및 불법 야생동물 거래를 위해 포획된 동물들을 알아내기 위하여 법의학적 DNA 분석을 이용해왔다. 법의학적 DNA 분석의 힘은 대중의 상상력에도 동원되어 DNA 법의학이 몇몇의 인기 텔레비전 방송에서 다루어지기도 한다.

> "불에 의해 혹은 시간이 지남에 따라 부식된 생물학적 검체라 할지라도 이를 이용해 신원확인, 결백, 유죄를 판정하는 데 도움을 주는 DNA 감식을 할 수 있다."

DNA 감식법은 법의학적 조사 외에도 친자확인, 가족관계증명, 식물감식, 군인사상자확인 및 진화연구에도 적용된다.

법의학적 DNA 분석의 기본개념을 이해하는 것은 중요하다. 우리는 교육받은 시민으로서 이러한 분석법의 사용 및 남용을 감시해야만 한다. DNA 감식법이 잘 점검된 기술이며 법의학적 규명 과정으로 잘 정립된 것으로 알고 있지만 법적인 문제 및 논쟁의 여지가 없는 것은 아니다.

이번 장에서 DNA 감식법은 어떻게 하는 것인지 그리고 그 결과는 어떻게 해석해야 하는지에 대해 살펴보고자 한다. DNA 데이터베이스, DNA 감식법과 관련된 가능한 문제점들과 이런 강력한 기술의 미래에 대해 배울 것이다.

DNA 감식법

직렬반복 서열수변이를 이용한 DNA 지문법

DNA를 이용한 신원확인의 시대는 1984년에 Alec Jeffreys 박사가 발표한 **미소부수체(minisatellites)**, 또는 **직렬반복 서열수변이(variable number of tandem repeats, VNTRs)**의 DNA 서열에 관하여 발표함으로써 시작되었다. 앞에서 설명한대로(12장 참조), VNTRs은 유전체의 비암호화 구역에 위치하고 15개에서 100개의 염기가 모인 DNA 서열로 여러 번 반복되어 있다. 각 VNTR의 반복수는 개개인에 따라 다양하다. 그래서 사람에 따라 VNTR의 길이가 1~20킬로베이스(kb)까지 된다.

5′-GACTGCCTGCTAAGAT**GACTGCCTGCTAAGAT**
GACTGCCTGCTAAGAT-3′

는 16개의 염기서열이(굵게 표시) 3번 반복된 것이다.

VNTR은 하나의 VNTR이 많게는 30가지의 다른 형태(반복 길이)로 존재하기 때문에 DNA 감식에 유용하다. 이로 인해 다양한 유전자형이 생길 수 있다. 예를 들어, 4개의 서로 다른 VNTR을 조사할 때 한 좌위에 20가지의 다른 형태가 존재한다면 4개 좌위를 감식하면 20억(4^{20}) 가지의 유전자형이 나올 수 있다.

VNTR 감식(DNA 지문이라고도 함)을 하려면 검체조직에서 DNA를 추출하고 VNTR 반복부위의 양끝을 제한효소로 자른다(ST 그림 3-1). 자른 DNA를 전기영동으로 분리하고 서던블롯분석을 한다(20장에서 자세히 설명). 간단히 말하면, 겔에서 분리한

BOX 1

Pitchfork 사건: DNA 감식 결과를 이용한 첫 범죄 판결

1980년대 중반 Lynda Mann과 Dawn Ashworth 두 여학생의 시체가 영국 Leicestershire에서 발견되었다. 두 여학생은 강간을 당했으며 시체는 묶여져 나무 덤불 사이에 버려졌다. 어떤 단서도 없는 상황에서 경찰이 그 지역 수위인 정신지체자 Richard Buckland를 조사하였다. Richard Buckland는 성추행 전과가 있었다. 심문 중에 Buckland는 Dawn Ashworth 살인을 자백하였으나 경찰은 그가 Lynda Mann의 죽음에도 책임이 있는지는 알지 못했다. 1986년에 그 두 번째 살인자를 찾기 위하여 DNA 지문법이라는 새로운 DNA 분석방법을 수행해보려고 Leicester 대학의 Alec Jeffreys 박사에게 문의하였다. Jeffreys 박사는 한 집단 내 개인별로 길이가 다양한 *직렬반복 서열수변이*(*variable number of tandem repeats, VNTRs*)가 있는 DNA 부위를 분석하는 방법을 개발하였다. Jeffreys 박사가 개발한 VNTR 분석으로 두 범죄현장에서 얻은 정액 검체의 DNA 감식 결과가 일치한다는 것을 알았다. 이것은 두 강간사건의 범인이 동일하다는 것을 제시하는 결과이다. 하지만 Richard Buckland의 혈액 검체의 DNA 감식 결과와는 일치하지를 않았다. 유일한 용의자를 잃자 경찰은 그 지역에 사는 모든 남성의 혈액 검체를 모아 역사적으로 최초의 대단위 DNA 수사를 시작하였다. 4000명의 남성이 검체를 제공하였지만 하나도 맞지를 않았다. 빵공장 직원인 Colin Pitchfork는 신원확인을 위조하기 위하여 친구에게 돈을 주고 자기 대신 혈액 검체를 제공하도록 하였다. 그들의 계획은 동네 술집에서 그들의 대화를 엿듣게 되면서 들통이 났다. 대화 내용은 경찰에 신고되었고 Pitchfork는 잡혔다. 그의 혈액 검체의 DNA 감식 결과와 두 범죄현장에 있었던 정액 검체의 감식 결과가 일치하였다. Pitchfork는 살인을 자백하였으며 유죄로 판결이 나서 무기징역으로 감옥에 보내졌다. Pitchfork 사건은 법의학적 DNA 감식법으로 처음으로 해결한 범죄사건이자 DNA 감식법이 결백한 사람을 구한 첫 사건이다.

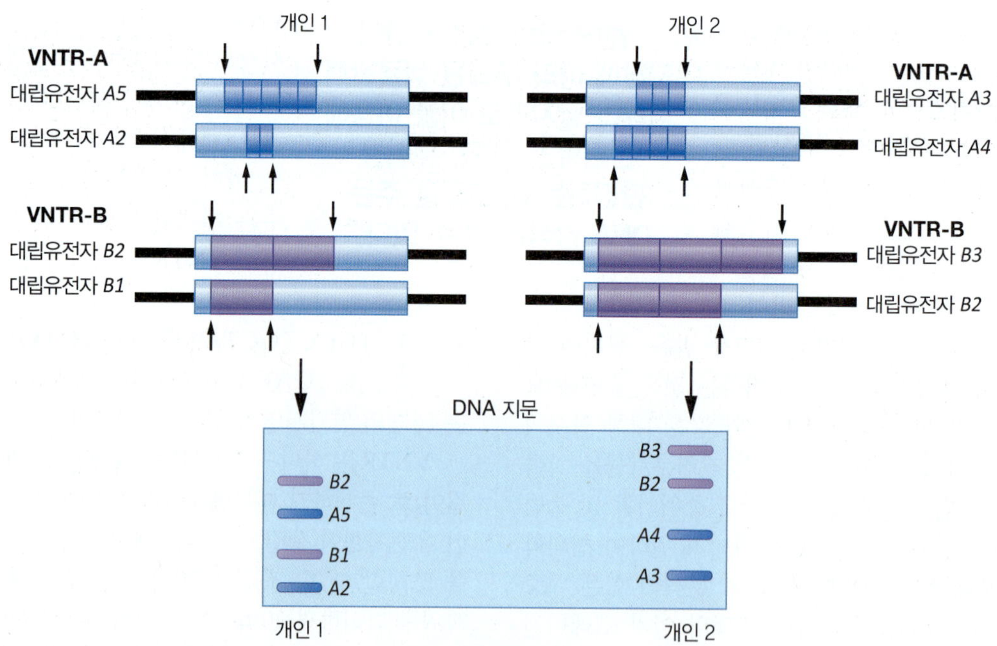

ST 그림 3-1. 2명의 2개 VNTR 좌위의 DNA 지문. 2명의 2개 좌위의 VNTR 대립유전자(*A*와 *B*)를 보여주는 그림이다. 화살표는 VNTR 양끝 부위의 제한효소가 자르는 위치를 표시한 것이다. 제한효소로 자른 조각은 겔 전기영동으로 분리하고 서던블롯(아래)에서 밴드로 감지할 수 있다. 각 좌위에서 반복수는 다양하여 밴드의 전체 패턴은 개인마다 다르다. DNA 지문감식은 두 사람이 하나의 대립유전자 *B2*를 공유함을 보여준다.

DNA를 막으로 옮겨 VNTR 부위의 DNA 염기서열을 인식하는 방사능으로 표지된 상보적인 핵산 탐침과 혼성화를 한 후, 막을 X선 필름에 노출시켜 특정 DNA 절편인 밴드형태를 조사한다. 길이가 긴 VNTR은 겔의 윗부분에 남아 있고 길이가 짧은 VNTR은 빠르게 이동하여 겔의 아래쪽에서 보인다. 어떤 조직에서 추출한 DNA이든지 한 개인의 밴드형태는 동일하다. 충분한 VNTR 좌위를 분석한다면 매우 다양한 VNTR 및 대립유전자가 가능하기 때문에 사람마다 고유의 DNA 감식 결과를 보일 것이다(물론 일란성 쌍둥이는 예외). 실제로, DNA 감식을 할 때 대략 5개에서 6개의 좌위를 분석한다.

VNTR 감식법의 중요한 한계는 상당히 많은 양의 DNA 검체가 필요하다는 것이다(10,000개의 세포 혹은 50 μg 정도의 DNA). 이 정도면 대개 범죄의 현상에서 얻을 수 있는 양보다 많은 것이다. 또한 DNA가 어느 정도 잘 보존되어야 한다(잘림이 없는 것). 결과적으로 VNTR 감식법은 조직검체가 충분할 때, 즉 친자확인 같은 경우에 가장 잘 이용되는 방법이다. VNTR 감식법은 어떤 경우에 아직도 이용되기는 하지만 대부분 다음에 설명하는 훨씬 더 민감한 방법들로 대체되었다.

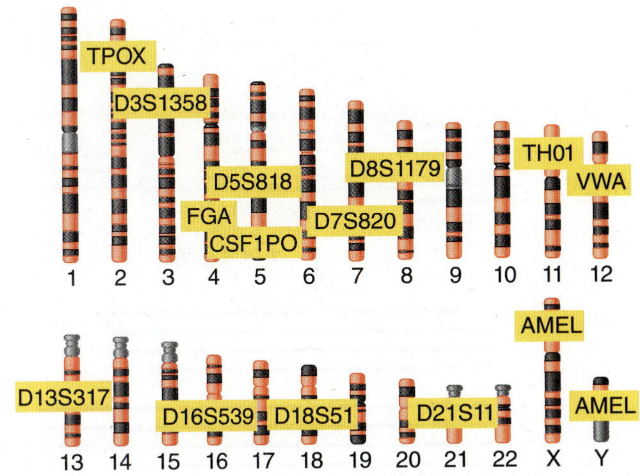

ST 그림 3-2. 법의학 DNA 감식에 사용하는 13개 핵심 STR 좌위의 염색체 위치. AMEL(amelogenin) 좌위는 13 핵심 좌위와 함께 포함하여 DNA 검체 제공자의 성별을 정하는 데 사용한다. X 염색체에 있는 *AMEL* 좌위는 Y 염색체의 것과 비교하면 염기 6개가 결실되어 있다.

상염색체 STR DNA 감식법

중합효소연쇄반응(PCR)의 개발은 DNA 감식법에 혁명을 불러왔다. PCR 기법은 앞서 자세히 설명하였다(20장 참조). PCR로 증폭한 DNA를 사용하여 적은 양의 검체(예를 들면, 머리카락 하나의 모근, 혈흔에서 얻은 몇 개의 세포)와 오래되거나 부식된 검체(고대 이집트 미라 혹은 야외에서 발견된 뼈)라도 DNA 감식이 가능해졌다.

사람의 법의학 DNA 감식법은 현재 대부분 상업용 키트를 이용해서 한다. 이것은 **미세부수체(microsatellites)** 혹은 **짧은 직렬 반복서열(short tandem repeats, STRs)** 부위를 증폭하고 분석한다. STR은 VNTR과 유사하지만 반복서열이 짧아 2개에서 9개 염기쌍으로 된 서열이 경우에 따라 7번에서 40번 반복된다. 예를 들면, 4개의 염기쌍 TCTA가 경우에 따라 7번에서 20번 반복되어 있는 D8S1179 좌위가 있으며 집단 내에 발견되는 한 좌위에 19가지의 가능한 유전자형이 있다. 인간 유전체에 수백 개의 STR이 있지만 그 중에 몇 개만 DNA 감식에 이용한다. 현재로서는 FBI나 다른 미국법정기관에서 13개의 STR 좌위를 법의학 분석에 핵심세트로 사용한다(ST 그림 3-2). 대부분 유럽국가들은 현재 12개의 STR 좌위를 핵심세트로 사용한다.

STR 좌위를 이용한 몇 가지 상업용 키트가 법의학 DNA 분석에 현재 사용된다. 방법은 약간씩 다르지만 대략 다음과 같다. ST 그림 3-3에서 설명한 것 같이 각 프라이머 세트를 4개의 형광물질(파랑, 초록, 노랑 혹은 빨간색) 중 하나를 각각 붙인다. 준비한 프라이머 세트는 DNA 절편을 증폭하도록 짜놓는다. DNA 절편의 길이는 반복서열의 반복수에 따라 다양할 것이다. 예를 들어, D19S433, vWA, TPOX와 D18S51 STR 부위를 증폭하는 프라이머 세트는 모두 노란 형광물질을 붙인다. 노란색 형광이 붙은 증폭된 DNA 절편끼리 길이를 비교 분석한다. D19S433 좌위의 증폭된 DNA 길이는 100 bp에서 150 bp인 반면에 vWA 좌위는 150 bp에서 200 bp이다.

증폭한 후에 DNA 검체에는 소량의 주형 DNA와 형광물질이 붙은 다량의 증폭된 DNA가 있다(ST 그림 3-4). 증폭된 DNA의 크기는 **모세관 전기영동(capillary electrophoresis)**으로 측정한다. 이 방법은 얇은 네모 모양의 겔 전기영동에서 사용하는 것과 유사한 폴리아크릴아마이드 겔을 채운 얇은 유리관을 사용한다. 증폭한 DNA 검체를 모세유리관 위에 올려놓고 유리관에 전류를 통하게 한다. 음전하를 띤 DNA 절편은 유리관을 지나 양극으로 크기에 따라 이동한다. 작은 조각은 빠르게 큰 조각은 천

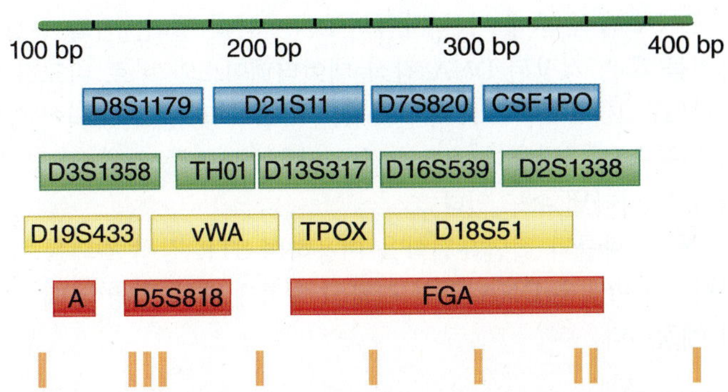

ST 그림 3-3. 상업용 DNA 감식 키트로 검사한 16개 STR 결과물의 형광물질로 표시된 색깔과 상대적인 크기. 그림 아래에 오렌지색으로 표시한 DNA 조각은 DNA 크기 마커이다. AMEL 좌위는 A로 표시하였다.

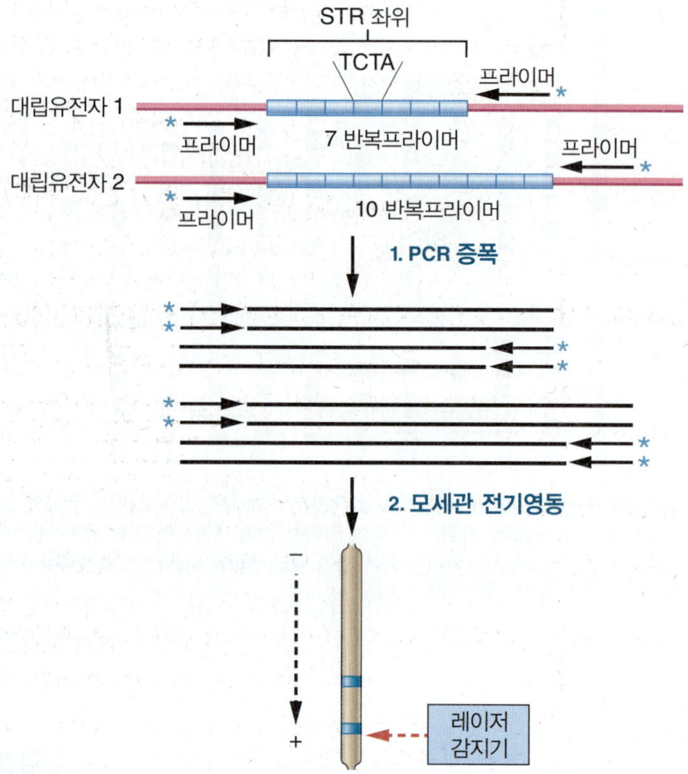

ST 그림 3-4. PCR 증폭 과정과 하나의 STR 좌위(D8S1179) 분석. D8S1179 좌위가 이형접합인 사람의 예로써 하나는 7번, 다른 하나는 10번 반복수를 지닌 대립유전자를 가졌다. STR 좌위를 포함하는 특정 서열을 증폭할 수 있는 프라이머를 파란색 형광으로 표시하였다. 이중나선 DNA를 풀고 프라이머를 붙이고 4개의 dNTPs와 Taq DNA 중합효소를 넣고 PCR로 각 대립유전자를 증폭한다. 증폭 후에 형광으로 표시된 생성물을 모세관 전기영동으로 크기에 따라 분리하고 형광을 감지한다.

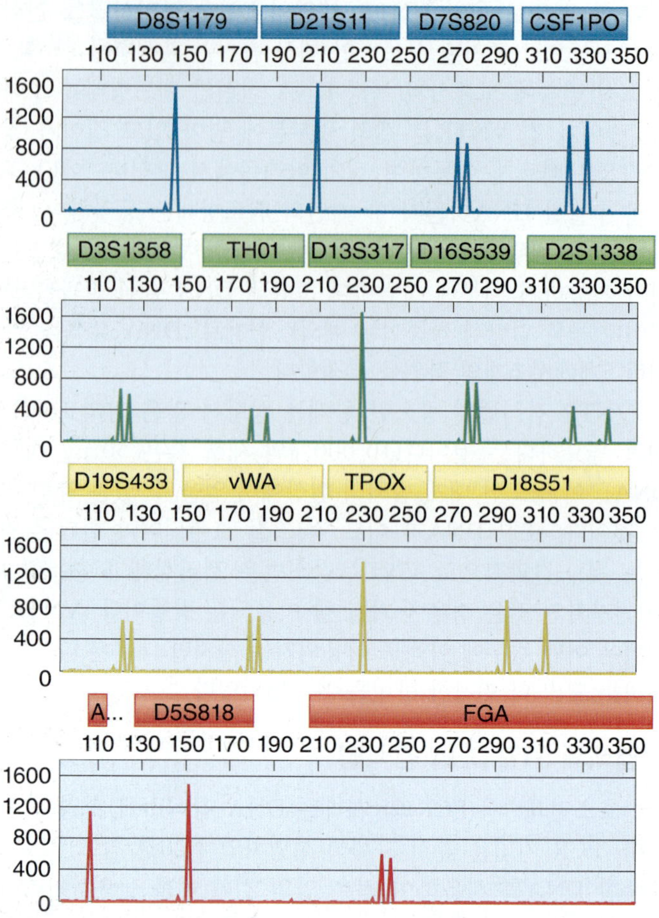

ST 그림 3-5. ST 그림 3-3에서 보여준 16개 STR 좌위 감식 키트를 이용하여 얻은 DNA 감식 결과를 보여주는 전자페로그램(electropherogram). 이형접합 좌위는 2개의 피크를 보이고 동형접합 좌위는 하나의 높은 피크를 보인다. 각 대립유전자의 크기는 각 패널의 위 축에 표시한 크기와 상대적으로 피크의 위치를 보고 계산할 수 있다. AMEL(A) 좌위가 한 개 피크를 보인 것은 ST 그림 3-2에서 설명한 것과 같이 이 DNA 감식 결과는 여성의 것임을 나타낸다.

천히 이동한다. 유리관 아래 끝에서 형광을 띤 각 DNA 절편이 유리관을 통과할 때 레이저로 형광을 감지한다. DNA 절편의 크기와 양을 소프트웨어로 분석하고 이를 그래프의 피크 모양으로 표시한다(ST 그림 3-5). 대개 자동 모세관 전기영동은 한번에 많게는 16개의 검체를 분석하며 분석시간은 대략 30분 정도 걸린다.

DNA 감식 후에 다른 사람의 DNA 감식 결과, 범죄 현장의 증거물 혹은 저장된 DNA 감식 데이터베이스와 바로 비교할 수 있다(ST 그림 3-6). STR 유전자형은 서열이 몇 번 반복되어 있는지 반복수로 나타낸다. ST 그림 3-6에서 보여준 것을 ST 표 3.1와 같이 나타낼 수도 있다.

통계, 확률과 집단유전학을 이용하여 STR 감식 결과를 해독한다. 이 방법은 DNA 감식 결과의 해독에 대해 설명할 때 논의할 예정이다.

Y 염색체 STR 감식법

많은 법의학 검사에서, 두 명 혹은 더 많은 사람이 섞인 검체의 DNA 감식 결과를 분별하는 것은 중요한 일이다. 예를 들어, 강간의 경우 질액을 채취한 면봉에는 대개 여성의 체세포와 남성의 정자세포가 섞여 있게 된다. 어떤 경우에는 범죄현장에서 얻은 검체에 여러 명의 남성 용의자의 증거물이 있을 수 있다. 이런 경우에 Y 염색체의 STR 감식은 유용하다. Y 염색체에는 DNA 감식에 사용할 수 있는 200개 이상의 STR 좌위가 있다. 하지만 이 중 20개보다도 적은 부위만이 법의학 분석에 일상적으로 사용된다. Y 염색체 STR의 PCR 증폭은 X 염색체의 DNA는 증폭할 수 없는 Y 특이적인 프라이머를 사용한다.

Y 염색체를 이용한 DNA 감식의 한 가지 문제는 DNA가 아버지와 아들, 혹은 남자 형제 누구의 것인지를 분별할 수 없다는 것이다. Y 염색체는 통째로 아버지에서 아들로 직접 전해지기 때문이다. Y 염색체는 재조합을 하지 않아 이것은 Y 염색체가 상염색체에 비해 유전적 다양성이 적다. 따라서 부계 친족 모두는 동일한 Y 염색체 패턴을 갖는다. 심지어 전혀 관련이 없는 두 남성이 오래전 조상이 같다면 동일한 Y 감식 결과를 가질 수

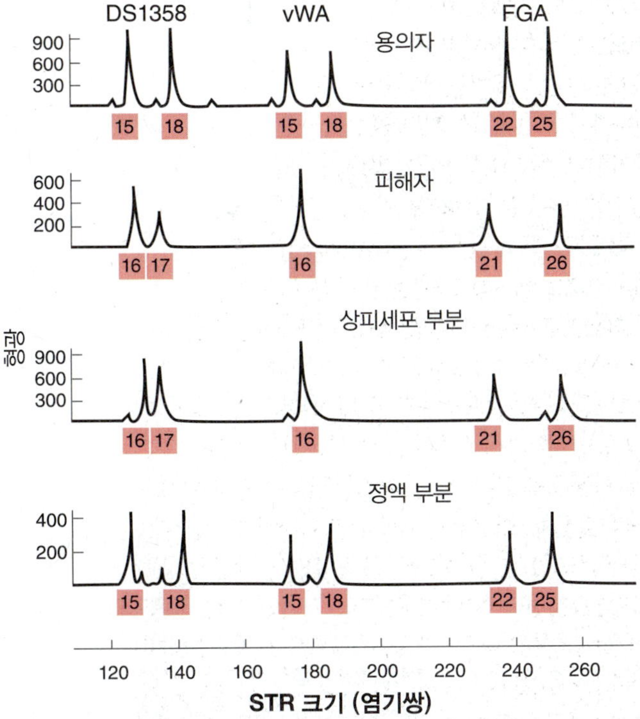

ST 그림 3-6. 강간사건에서 수거한 4개 검체의 STR 감식 결과를 보여주는 전자페로그램(electropherogram). 용의자, 피해자 검체와 피해자의 질액 표본에서 얻은 2 부분을 가지고 3개의 STR 좌위를 검사하였다. *x*축은 DNA 크기를 *y*축은 형광의 상대적 강도를 나타낸다. 각 대립유전자 아래 숫자는 반복수를 표시하며 DNA 크기로 정하였다. 피해자로부터 얻은 정액의 STR 감식 결과와 용의자의 것과 일치하는 것을 주목하라.

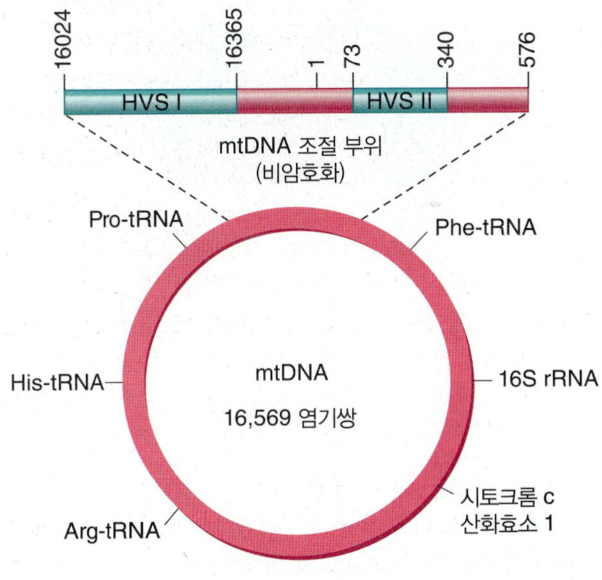

ST 그림 3-7. HVS I과 HVS II 부위의 위치를 다른 mtDNA 유전자와 상대적으로 보여준 인간 mtDNA 분자. mtDNA 조절 부위는 1122 염기쌍으로 되어 있다. 법의학적 DNA 분석에는 2개 HVS 부위(총 610 염기쌍)의 염기서열분석과 개인 혹은 검체 간에 염기서열을 비교하는 과정을 포함한다. 염기서열의 차이는 짧은 2개의 염기가 반복되거나 한 개 염기쌍에 변화로 인한 것들이다.

도 있다.

이와 같이 Y 염색체가 법의학적 이용에 문제점이 있지만 남성 친족의 DNA만 있다면 비교를 통해 잃어버린 사람을 찾기에는 유용하다. 또한 유전적 가계도 연구에 부계 연관도를 찾아내는 데 유용하다.

미토콘드리아 DNA 감식법

또 하나의 중요한 DNA 감식법은 **미토콘드리아 DNA (mitochondrial DNA, mtDNA)** 분석이다. 사람의 체세포에는 200개에서 1700개의 미토콘드리아가 있다. 각 미토콘드리아에는 16 kb의 원형 DNA 염색체가 있다. 미토콘드리아는 세포 내에서 나뉘어서 세포분열 후에 딸세포로 분배된다. 수정 시 미토콘드리아는 난자세포에서 접합체로 전해지며 정자세포는 기여도가 매우 낮아 다음 세대에 미토콘드리아로 기여하지 않는다. 따라서 사람의 모든 세포는 엄마로부터 받은 다수의 동일한 미토콘드리아를 가진다. Y 염색체의 DNA와 같이 mtDNA는 재조합을 거의 하지 않기 때문에 통째로 유전된다.

서로 상관이 없는 개개인과 집단 사이에 다양성을 보이는 mtDNA 부위를 증폭하여 mtDNA 감식을 한다. 흔히 사용되는 두 부위로 **고도가변 부위 I과 II(hypervariable segment I과 II, HVSI와 HVSII)**가 있다(ST 그림 3-7). PCR로 증폭한 후, 자동 DNA 염기서열분석으로 이 부위의 염기서열을 알아낸다. 그런 다음 타인 혹은 범죄 증거물의 염기서열과 비교하여 서로 일치하는지를 확인한다.

세포에는 수많은 복사본의 mtDNA가 있기 때문에 범죄 증거물의 양이 적거나 오래되고 부식되어도 분석이 용이하다. mtDNA 감식법은 1995년 Srebrenica 대학살이나, 2001년 세계무역센터의 공격과 같은 대량학살과 재해의 희생자들의 신원확인에 특별히 유용하다. 이 경우에는 친척들로부터 얻은 비교가 가능한 검체가 가용하기 때문이다. mtDNA 감식법의 주 단점은 모계 친족 혹은 형제 간 mtDNA를 분별할 수 없다는 것이다. Y 염색체 감식과 같이 mtDNA 감식도 오래전 모계 조상이 같은 사람은 분명히 서로 상관없는 사람이라고 해도 패턴이 동일할 것이

ST 표 3.1 ST 그림 3-6에서 보여준 4개의 감식 결과에서 얻은 STR 감식의 유전자형

	검체의 감식 유전자형			
STR 좌위	**용의자**	**피해자**	**상피세포**	**정액**
DS1358	15, 18	16, 17	16, 17	15, 18
vWA	15, 18	16, 16	16, 16	15, 18
FGA	22, 25	21, 26	21, 26	22, 25

BOX 2

Thomas Jefferson의 DNA: 친자확인과 그 이상

2세기 이상 역사학자들은 미국대통령 Thomas Jefferson과 그의 노예였던 Sally Hemings 사이에 한 명 혹은 그 이상의 자녀가 있었는지 논쟁을 해왔다. 1997년 이 논쟁을 해결하기 위하여 Jefferson과 Hemings의 남성 친족들의 Y 염색체 DNA 패턴을 분석하였다. Jefferson의 생존한 남성 후손이 없어서 Jefferson의 숙부측 부계 자손 5명의 Y 염색체를 검사하였다. Sally Hemings의 막내아들인 Eston Hemings의 부계 자손의 DNA뿐만 아니라 Jefferson의 여자형제의 아들들의 부계 자손 3명과 Sally Hemings의 장남이라고 주장하는 Thomas Woodson의 부계 후손 5명의 DNA도 분석하였다. 11개의 Y 염색체 STR 좌위, 한 개의 커다란 미소부수체(MSY1)와 하나의 염기가 다른 7개의 SNP와 유사한 좌위의 DNA 감식 결과를 얻었다. Jefferson 가계의 5명의 남성은 STR 한 좌위에 변이가 있는 한 명을 제외하고는 모두 동일한 Y 염색체 패턴이었다. Woodson 가계의 결과는 Thomas Jefferson의 아들인 Thomas Woodson을 제외하고는 Jefferson 가계의 것과 일치하지 않았다. 이와 유사하게 Jefferson의 조카는 예상한대로 Y 염색체의 패턴이 일치하지 않았다. 하지만 Eston Hemings의 남성 자손의 Y 염색체 패턴은 Jefferson 가계의 것과 동일하였다. 이 결과는 Jefferson은 적어도 Sally Hemings의 한 자녀의 아버지라는 것을 지지하기는 하지만 또 다른 남성 Jefferson이 Eston Hemings의 아버지 일 수 있다는 가능성을 배제할 수 없다(Thomas Jefferson의 남자형제, 이들의 아들들 혹은 Jefferson의 Y 염색체를 공유한 또 다른 남성).

Jefferson의 DNA 연구에서 알아낸 또 다른 흥미거리는 Jefferson의 Y 염색체의 패턴(반수체 K2)이 유럽인 중에는 매우 드물다는 것이다. 이것은 주로 아프리카나 서부 유라시아 남성에게 있는 것이다. 북아프리카, 이집트와 중동에서 온 유대인 조상의 남성들에서도 발견되는 유형이다. 2007년에 K2 반수체형(Jefferson의 Y 염색체와 일치)은 영국에 Jefferson 이름을 가진 85명의 남성 중 2명이 있었다. 따라서 Jefferson의 주장과 같이 Jefferson 가계는 영국에서 왔을 것이다. 하지만 과거 어느 시점에 아프리카인 혹은 중동인의 Y 염색체가 Jefferson 가계로 들어왔을 수도 있다. Jefferson 추리이야기에 더하자면 어떤 해설자는 Jefferson은 미국의 첫 번째 유대인 대통령이었음을 제안하기도 했다.

다. mtDNA 감식법은 가계도, 진화 및 사람의 집단이동 연구에 유용하다.

미토콘드리아 DNA 분석은 야생동식물의 법의학에도 유용하다. 전세계에서 야생동식물의 불법 포획으로 수십억 달러가 거래된다. 종의 확인이나 동식물의 기원 조사는 야생생물의 불법 거래 사건을 성공적으로 기소하는 데 종종 중요하다. 호주에서 새의 알을 불법 밀수한 사건이 미토콘드리아 염기서열분석으로 해결되었다(Box 3 참조).

단일뉴클레오타이드 다형성 감식법

단일뉴클레오타이드 다형성(single-nucleotide polymorphisms, SNPs)은 두 DNA 분자 사이에 염기서열 하나가 다른 것이다. 염기쌍의 변이, 짧은 염기서열의 삽입 혹은 결핍에 의한다(ST 그림 3-8). SNP는 유전체 전체에 걸쳐 무작위로 생긴다. 대략 매 500개에서 1000개의 염기마다 있다. 이것은 인간유전체에 수백만 좌위가 DNA 감식에 사용될 수 있다는 것을 의미한다. 하지만 SNP는 대개 2개의 형태만 갖기 때문에 STR처럼 효과적으로 개개인을 분별할 수 있는 DNA 감식을 하기 위해서는 다수의 SNP(50 혹은 그 이상)를 분석해야만 한다.

SNP는 분석하려는 부위를 특정 프라이머를 사용하여 증폭하여 분석한다. 증폭된 부위는 자동 DNA 염기서열분석 혹은 염기

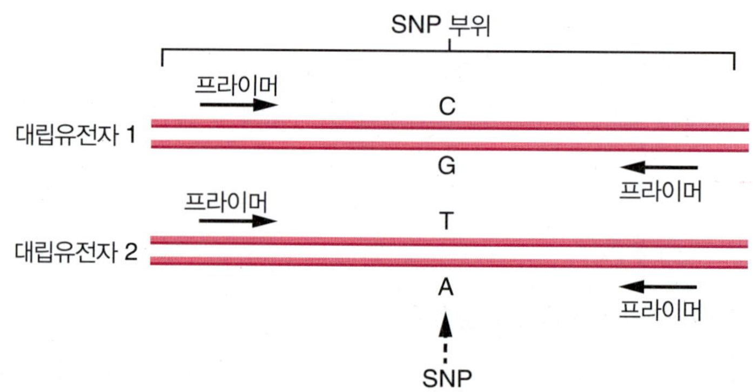

ST 그림 3-8. 단일뉴클레오타이드 다형성(SNP) 좌위가 이형접합인 사람의 SNP 예. 화살표는 DNA 염기서열 분석 전에 SNP 부위를 증폭하기 위한 PCR 프라이머의 위치를 표시한다. 이 SNP 좌위가 알려진 C와 T 대립유전자만을 지닌다면 3개의 유전자형 CC, TT와 CT가 가능하다. 위에서 예를 든 사람은 CT 유전자형이다.

하나의 차이를 지닌 DNA 분자 사이를 구별할 수 있는 DNA 미세배열에 고정된 표지자로 혼성화를 하는 등 여러 가지 방법으로 분석할 수 있다.

법의학 SNP 감식법은 STR 감식법에 비해 한 가지 주요 장점이 있다. SNP가 DNA 분자의 염기 하나에 의한 것이기 때문에 PCR 반응을 위해 필요한 이론적인 DNA의 크기는 2개 프라

BOX 3

Pascal Della Zuana 사건: DNA 바코드와 야생생물 법의학

2006년 8월 2일 프리랜서 사진작가 Pascal Della Zuana가 호주의 시드니 국제공항 세관에 잡혔다. 태국에서 호주로 오는 여정에 대해 심문하는 동안 검시관은 그가 겉옷 안에 특이한 하얀 조끼를 입고 있는 것을 발견하였는데 조끼 안에 23개 새의 알이 숨겨져 있는 것을 확인하였다.

호주의 엄격한 검역규정으로 인해 알은 멸균을 위해 방사선 처리를 해야만 했다. 알이 깨어나지 않아 검시관들은 알의 출처와 종을 확인하기 위한 시도로 DNA 검사를 했다.

알들은 법의학적 확인을 위해 호주 박물관에 있는 DNA 연구실의 Rebecca Johnson 박사에게 보내졌다. Johnson 박사는 각 알에서 적은 양의 검체를 채취하여 DNA를 추출하였다. 미토콘드리아 유전체의 cytochrome c oxidase 1 유전자의 650 bp 정도 부위를 PCR 방법으로 증폭하였다. 그런 다음 염기서열을 DNA 바코드 형식으로 정리하였다. 종을 확정짓기 위하여 Johnson 박사는 각 DNA 바코드를 캐나다 Guelph 대학에 저장된 거대한 DNA 바코드 데이터베이스에 있는 바코드와 비교하였다. 이 데이터베이스는 전 세계에 있는 수백 개의 대학 및 박물관으로부터 온 70,000개가 넘는 서로 다른 종으로 분류된 미토콘드리아 DNA 바코드 서열을 가지고 있다.

Johnson 박사의 바코드 서열 비교는 인상적이었다. Della Zuana의 조끼에는 진기한 새 종의 알들이 숨겨져 있었던 것이다. Macaws, African grey, Eclectus parrots와 같은 진기한 새와 멸종위기의 Moluccan cockatoo이었다.

2007년 1월 20일에 Pascal Della Zuana는 멸종위기종 국제거래에 관한 협약(Convention on International Trade in Endangered Species, CITES) 및 3개의 호주 관세 및 검역 규정 위반으로 유죄로 판결되고 벌금 10,000달러와 징역 2년 선고를 받았다.

재판 과정에서 사실은 알에서 새들이 깨어나면 암시장에서 약 25만 달러에 거래될 수 있을 것으로 확인되었다. 전 세계적으로 야생동식물과 야생관련 밀수는 매년 1500억 달러에 달하는 규모로서 마약과 무기에 의한 불법 수익을 능가한다.

이머의 길이와 염기 하나 정도이다(즉, 염기 50개 정도). 이 점은 SNP 분석이 심하게 절단된 DNA 검체를 분석하기에 적합함을 말해준다. 이러한 장점에도 불구하고 SNP 감식법은 법의학 적용에 아직은 자주 사용되지 않는다. 오히려 가계도와 진화연구에 Y 염색체와 mtDNA의 SNP 감식을 위해 더 자주 사용된다.

DNA 감식의 해독

DNA 감식법이 생긴 이후에 이것의 중요성을 결정해야 했다. 전통적인 법의학 조사에서 용의자의 감식 결과는 증거물의 감식 결과 혹은 DNA 데이터베이스에 이미 있는 결과를 비교한다. 용의자의 결과와 일치하는 것이 없으면 용의자의 검체는 증거물과는 무관하다고 결론을 내릴 수 있다. 하지만 용의자의 결과가 증거물 혹은 데이터베이스의 것과 일치하면 결과의 해독은 더 복잡해진다. 이 경우에는 2개의 검체가 동일한 사람의 것인지 아니면 서로 다른 사람이지만 우연히도 DNA 패턴이 동일한 경우인지를 결정해야 한다. DNA 감식 결과의 일치의 중요성을 결정하기 위하여 2개의 결과가 무작위로 일치할 확률을 추정하는 것이 필요하다.

감식 확률(profile probability) 혹은 **무작위 일치확률(radom match probability)**은 집단 내에서 무작위로 한 사람은 선정했을 때 그 사람의 DNA 감식 결과가 증거물 혹은 용의자의 결과와 동일할 확률을 숫자로 준다. 다음의 예로 어떻게 감식 확률을 계산하는지를 설명하고자 한다(ST 표 3.2).

첫 번째 DNA 감식을 조사할 좌위(D5S818)는 2개의 대립유전자로 11과 13이 있다. 집단을 조사한 결과 이 좌위가 11의 형태일 빈도는 0.361이고 13의 형태일 빈도는 0.141이다. 집단유전학에서 한 좌위의 서로 다른 2개의 대립형질의 확률은 앞서 설명한 Hardy-Weinberg의 법칙에 따라 p와 q이다(25장 참조). 한 사람이 각 부모에게서 임의로 11과 13을 받았다고 하자. 그러면 이 사람이 11을 어머니에게서 13을 아버지에게서 받을 확률은 $p \times q = pq$이다. 또한 이 사람이 11을 아버지에게서 13일 어머니에게서 받을 확률도 pq이다. 따라서 이 사람이 임의로 11, 13의 유전자형을 지닐 총 확률은 $2pq$이다. ST 표 3.2에서 보듯이 $2pq$는 0.102 혹은 대략 10%이다. 이것은 한 부위를 DNA 감식을 위해 사용하면 D5S818 좌위가 11, 13의 유전자형일 확률이 그 집단에서 10% 정도와 같이 전혀 분별력이 없다.

DNA 감식법의 분별력은 더 많은 좌위를 분석할 때 높아진다. 다음 좌위로 TPOX는 모두 11로 2개의 동일한 대립유전자를 지닌다. 11은 이 집단에서 빈도가 0.243이다. 각 부모에게서 11을 받을 확률은 $p \times p = p^2$. 표에서 보듯이 이 좌위의 이 유전자형의 빈도는 0.059로 집단 내의 6% 정도가 된다. DNA 감식을 위해 위의 2개 좌위를 조사하면 임의로 위의 형태를 지닌 사람이

ST 표 3.2 5개 STR 좌위를 분석한 결과의 감식 확률 계산

STR 좌위	대립유전자형	집단 데이터베이스에서 확인한 대립유전자 빈도*	유전자형 빈도 계산
D5S818	11	0.361	$2pq = 2 \times 0.361 \times 0.141 = 0.102$
	13	0.141	
TPOX	11	0.243	$p^2 = 0.243 \times 0.243 = 0.059$
	11	0.243	
D8S1179	13	0.305	$2pq = 2 \times 0.305 \times 0.031 = 0.019$
	16	0.031	
CSF1PO	10	0.217	$p^2 = 0.217 \times 0.217 \times 0.047$
	10	0.217	
D19S433	13	0.253	$2pq = 2 \times 0.253 \times 0.369 = 0.187$
	14	0.369	
5개 좌위의 감식 결과로부터 얻은 유전자형 빈도 = $0.102 \times 0.059 \times 0.019 \times 0.047 \times 0.187 = 0.0000009 = 9 \times 10^{-7}$			

* 미국 백인 집단의 데이터베이스(Butler, J.M., et al. 2003. *J. Forensic Sci.* 48:908-911).

나올 확률은 2개의 유전자형 확률을 함께 곱하면 $0.102 \times 0.059 = 0.006$이다. 이것은 대략 1000명당 6명은 위의 유전자형을 지닌다는 것이다. 각 좌위의 유전자형의 전체빈도를 곱하는 방법을 **곱셈 규칙(product rule)**이라고 알려져 있다. 이것이 DNA 감식 결과의 해독을 위하여 가장 자주 사용하는 방법이며 미국 재판소에서 보편적으로 받아들여지고 있다.

5개 좌위의 모든 유전자형의 확률을 곱하여 유전자형 빈도를 구하면 9×10^{-7}이다. 이것은 대략 1000만 명에 9명이(100만 명에 1명 정도) 집단 내에서 무작위로 뽑았을 때 이 5개 좌위의 DNA 감식 결과가 동일할 수 있다는 것이다.

DNA 감식의 유일함

DNA 감식법에서 분석하는 좌위의 수를 늘릴수록 결과가 우연히 일치할 확률은 더 작아진다. 이론적으로 충분한 수의 좌위를 분석한다면 DNA 감식 결과에 대해 거의 확신할 수 있다. 현재 북미지역의 사법당국은 DNA 감식을 위하여 13개의 STR 좌위를 핵심세트로 사용한다. 핵심 STR 감식 결과 각 STR 좌위가 가장 흔한 형태로 구성된 가상의 유전자형의 경우 100억 명 중 오직 한 명뿐일 것이라 예상한다. 따라서 이런 경우가 일어날 빈도는 100억 분의 1일 것이다.

이와 같이 13개의 STR 좌위 분석에 의한 DNA 감식 결과는 지구상에서 유일할 수 있지만 몇 가지 상황에서는 이와 같은 견해가 번복될 수도 있다. 예를 들어 일란성 쌍둥이는 동일한 DNA를 지님으로 이들의 DNA 감식 결과는 동일할 것이다. 일란성 쌍둥이는 250회의 출산 중 1회 정도 일어난다. 또한 형제끼리는 어떤 DNA 좌위에서든 하나의 대립유전자를 공유할 확률은 50%이며 두 개 대립유전자를 다 공유할 확률은 25%이다. 부모와 자식 간에도 대립유전자를 공유하지만 형제끼리 한 좌위에서 두 개의 대립유전자를 공유하는 확률 보다는 낮다. DNA 감식을 가까운 친족 사이인 두 사람을 대상으로 하는 경우 이와 같은 사실을 감안하여 감식 결과의 확률을 보정하여야만 한다. 여기서 설명하는 대립유전자의 확률계산은 집단의 수가 크고 이들 사이에 연관성과 근친교배가 적다고 가정했을 경우이다. 만약 서로 연관된 작은 집단 내 사람의 DNA 감식을 분석한다면 일반적인 대립유전자의 확률계산은 적용될 수 없다.

검사의 오류

법적으로나 일반적으로 말하기를 "범죄 현장의 증거물과 임의로 일치할 확률이 지구의 인구보다 큰 100억 분의 1이라는 가정하에 용의자는 유죄이다"라고 말한다. 이러한 진술을 **검사의 오류(prosecutor's fallacy)**라고 하는데 이것은 다른 증거도 없이 하나의 증거물로부터 얻은 숫자적 확률과 죄를 동일시 하기 때문이다. 검사자의 오류, 검체의 오염, 혹은 고의로 부당하게 조작하는 등 많은 이유로 용의자의 DNA 감식과 범죄현장의 증거물과의 일치함이 죄를 증명했다고 볼 수 없다. 더불어 DNA 감식과 증거물과 일치하지 않는다고 용의자가 무죄라고도 볼 수 없다. 예를 들어, 강간현장에서 얻은 정액 검체와 용의자의 감식 결과가 일치하지 않지만 용의자는 아마 피해자를 속박함으로써 범죄에 가담했을 수도 있다. 이런저런 이유로 DNA 감식 결과는 다른 모든 증거를 고려하여 판정하여야만 한다. DNA 감식의 문제점을 다음에 더 자세히 설명하고자 한다.

BOX 4

Kennedy Brewer 사건: 2개의 물은 자국 오류와 반전

1992년 Mississippi에서 Kennedy Brewer가 여자친구의 3살 된 딸, Christine Jackwon의 강간 및 살인 혐의로 체포되었다. Christine의 몸에서 정액 검체를 채취하였지만 DNA 감식을 하기에는 부족하였다. 범죄현장에서 있었던 혈흔에서 ABO 혈액형도 확인할 수 없었다. 검사의 유일한 증거는 물은 자국을 전문으로 보는 법의학자의 증거뿐이었다. 그는 19개의 물은 자국이 Christine의 몸에 있었는데 Brewer의 윗니 2개의 자국과 일치한다고 증언했다. 그 전문법의학자가 그 당시에 미국법치학위원회(American Board of Forensic Odontology)에 의해 불신임되었고, Christine의 몸에 있는 자국은 죽은 후에 벌레가 물은 것이라고 변호인 측의 치과 전문의가 증언했어도 Brewer를 살인 및 성추행범으로 판결하여 사형을 선고하였다.

2001년에 좀 더 민감한 DNA 감식법을 이용하여 1992년 정액 검체를 재검사하였다. 감식 결과 Brewer는 그 정액의 제공자가 아니었다. 2명의 Brewer의 친구들도 아니었고 Y 염색체 감식 결과 Brewer의 부계 친족들도 아니었다. 이러한 검사 결과에도 불구하고 Brewer는 5년이나 더 감옥에 있으면서 재심을 기다려야 했다. 2007년에 Innocence Project에서 Brewer 사건을 택해서 DNA 검체를 재분석하였다. 감식 결과 Justin Albert Johnson의 것과 일치하였다. 그는 이 사건의 용의자 중 한 명으로 성폭행 전과가 있는 사람이었다. Johnson은 Christine Jackson의 살인을 바로 자백하였고 3살 여자아이 Courtney Smith의 강간 및 살인도 자백하였다. Courtney의 어머니의 전 남자친구 Levon Brooks는 Smith 사건의 살인자로 선고를 받았는데, 이것도 불신임을 받은 그 동일한 전문가의 물은 자국에 대한 증언 때문이었다.

2008년 2월 15일 Kennedy Brewer의 모든 기소는 취소되었고 무죄로 판결되었다. 곧이어 Levon Brooks도 2008년 3월에 Smith 살인에 대해 무죄가 되었다.

1989년 이후 미국에서 250명이 넘는 사람이 DNA 감식 증거에 의해 중대한 범죄가 무죄로 되었다. 이 중 17명은 사형이 이미 집행되었다. 무죄로 된 100건 이상의 사건의 진범을 DNA 데이터베이스 탐색으로 찾아내었다.

BOX 5

DNA 이동 사건: Lukis Anderson 이야기

2012년 11월 30일 Raveesh Kumra의 시체를 캘리포니아 Monte Sereno에 있는 그의 집에서 경찰이 발견하였다. Kumra의 집은 엉망이었고 그는 입에 물린 테이프 때문에 질식사하였다. 범죄현장에서 DNA 검체를 수거하여 DNA 감식을 하였다. DNA 데이터베이스에서 감식 결과와 일치하는 여러 명의 용의자를 찾아냈다. Kumra의 손톱에서 얻은 검체와 일치하는 것은 Lukis Anderson의 것으로 그는 경찰이 알고 있는 노숙자였다. DNA 감식 결과에 의해 Anderson은 체포되어 살인 혐의로 수감되었고 사형 선고를 생각하면서 5개월간 감옥에 있었다.

담당자들은 이 사건의 판결은 당연한 것이라고 믿었다. 범죄현장에서 얻은 DNA 검체의 감식 결과와 Anderson의 것이 완벽하게 일치했고 실험 결과도 정확했다. 검사는 사형을 선고하려고 했다. 하지만 한 가지 문제점은 Anderson은 살인에 가담할 수도 없고 범죄현장에 있을 수도 없었다는 것이다.

살인사건 당일 밤에 Anderson은 San Jose 거리에서 몹시 취해서 거의 의식이 없어 병원으로 이송되었고 그곳에서 12시간 동안 있었다. 이 부정할 수 없는 그의 알리바이로 인해 담당자들은 Anderson을 풀어주어야만 한다고 압박받았다. 그러나 결백한 사람의 DNA가 Anderson은 만나지도 않았을 피해자에게서 어떻게 나왔는지 도저히 이해할 수 없었다.

Anderson이 풀려나고 몇 달이 지난 후, 이 수수께끼를 풀었다고 검찰이 발표하였다. Anderson을 병원으로 옮겨 치료한 응급의료진이 Kumra의 집에서 전화를 받았고 부주의로 Anderson의 DNA가 Kumra의 손톱으로 옮겨졌다는 것이다. 어떻게 DNA가 옮겨졌는지는 명확하지 않지만 Anderson의 DNA가 장비 혹은 긴급의료원의 옷에 남아 있었던 것 같다.

Lukis Anderson이 반박할 수 없는 알리바이로 병원에 있지 않았다면 DNA 증거물로 인해 사형선고를 당했을지도 모른다. 이 이야기는 DNA 증거물에 대한 너무 큰 신뢰가 어떻게 잘못된 판결로 이어질 수 있지를 보여주는 예이다. 이것은 또한 DNA가 소독에도 살아남아 그대로 존재하며, 한 장소에서 다른 장소로 이동가능하며, 가능할 것 같지 않은 상황 속에서도 발견될 수 있다는 것을 지적한 사건이다.

DNA 감식 결과 데이터베이스

전 세계에 걸쳐 많은 국가들이 국가 DNA 감식 결과 데이터베이스를 운영한다. 첫 번째 데이터베이스는 1995년 영국에서 만들어져 지금은 대략 500만 건의 감식자료가 저장되어 있다. 이것은 인구의 거의 10%에 해당한다. 미국은 주정부 및 연방정부 모두 DNA 감식 결과 데이터베이스가 있다. 데이터를 분석할 수 있는 도구를 포함하여 전체 데이터베이스 시스템을 총칭하여 **통합 DNA 지표 시스템(Combined DNA Index System, CODIS)**이라고 하며 FBI가 운영한다. 2013년 8월 현재 CODIS 시스템에 1100만 건 이상의 DNA 감식 결과가 저장되어 있다. CODIS에는 2개의 주 데이터베이스가 있다. 특정 범죄를 저지른 죄수들의 DNA 감식 결과를 저장한 **범죄자 데이터베이스(convicted offender database)**와 범죄현장의 증거물에서 얻은 감식 결과를 저장한 **법의학 데이터베이스(forensic database)**가 있다. 어떤 주에서는 용의자, 신원미상자 및 실종자들의 DNA 감식 결과도 가지고 있다. 유죄선고를 받지 않은 용의자들은 데이터베이스에서 본인의 결과를 지워줄 것을 요구할 수 있다.

DNA 감식 결과 데이터베이스는 여러 경우에 유용함을 증명한 바 있다. 2013년 8월 현재 CODIS의 사용 결과 200,000건 이상의 감식 결과 비교로 범죄수사 및 실종자 탐색을 도왔다(Box 4). DNA 감식 결과 데이터베이스의 가치에도 불구하고 개인의 사생활 및 시민의 자유와 국가의 필요성 사이에서 의문을 제기하는 많은 사람들을 무시할 수 없다.

DNA 감식에 관련된 기술적 측면과 윤리적 쟁점

DNA 감식법이 민감하고 정확하며 강력하다고 해도 이것의 문제점을 아는 것은 중요하다. 한 가지 문제점은 대부분의 범죄의 경우 분석할 수 있는 DNA 증거물이 없거나 있더라도 정보를 줄 만한 것이 못 된다는 것이다. 어떤 경우에는 잠재적으로 중요할지도 모르는 DNA 증거물이 있지만 처리가 안되거나 방치되어 있기도 한다. 또 다른 심각한 문제점은 검사자의 오류이다. 부주의로 DNA 검체가 처리 과정에서 바뀌어서 결백한 사람이 강력범으로 판결을 받은 경우들이 있다. 범죄현장에서 얻은 DNA 증거물이 때론 범죄현장에 있었던 여러 사람의 것이 섞이거나 심지어 그곳에 없었지만 간접적으로 생물학적 물질(머리카락 혹은 침)이 사건장소에 있어 섞이게 된 사람의 것까지 포함할 수 있다(Box 5). 범죄현장의 증거물은 가끔 부식되어 DNA 감식 결과가 부분만 나오면 해독이 어렵다.

DNA 감식법에 가장 큰 문제는 의도적으로 결과를 바꿀 수 있는 가능성이 있다는 것이다. DNA 감식기술은 아주 민감해서 세포 몇 개 또는 심지어 합성된 DNA 조각만 있어도 결과를 얻을 수 있다. 범죄자가 법의학 DNA 감식 결과에 영향을 주기 위한 시도로 범죄현장에 생물학적 물질을 놓아둔 경우들이 있었다. 어떤 사람의 STR 좌위의 DNA 감식 결과와 일치하도록 DNA 조각을 인위적으로 제조할 수도 있다. 2010년 한 연구논문은[1] 알려진 STR 부위의 DNA를 합성하고 체액과 DNA를 섞어 그 검체를 범죄현장의 증거물로 삼는 방법을 발표하였다. 일반적인 법의학 분석을 할 때 이러한 인위적인 검체는 완벽한 STR 감식 결과를 보인다. 미래에는 범죄현장의 검체에 합성한 혹은 클로닝한 DNA가 있는지를 감지할 수 있는 방법을 고안할 필요가 있다. 자연적 DNA는 메틸화와 같은 후성적 마커를 지녔다는 사실을 고려하면 감지할 수도 있을 것이다.

DNA 감식법과 관련된 많은 윤리적인 쟁점은 생물학적 물질의 채취, 저장 및 DNA 감식 등이 있다. 누가 DNA 감식 결과를 데이터베이스에 저장할 것이며, 용의자가 알거나 용의자의 동의 없이 경찰이 DNA 검체를 채취할 수 있는지에 관한 의문사항들이다.

또 다른 윤리적 쟁점은 용의자와 부분적으로 일치하는 DNA 감식 결과의 이용에 관한 것이다. 범죄현장에서 얻은 DNA 감식 결과가 DNA 데이터베이스에 저장된 결과와 부분적으로 일치하는 경우가 있었다. 이 2개의 감식 결과는 유전적으로 관련이 있는 두 사람의 것이라는 가정하여 범죄자의 친척을 조사한 적이 있다. 이런 조사를 **가족 DNA 검사(familial DNA testing)**라고 한다. 이러한 탐색이 과학적으로 유효하다고 혹은 심지어 윤리적이라고 할 수 있을까?

지금은 DNA 검체의 정보를 바탕으로 눈과 머리카락 색을 정확하게 예측할 수 있다. 이러한 방법을 DNA **표현형검사(DNA phenotyping)**라고 한다. 나아가, 나이, 키, 인종, 머리 선, 얼굴넓이와 코 크기를 예측할 수 있는 DNA를 기반으로 하는 검사들이 가능하다. 이러한 정보들을 용의자를 확인하거나 판결하기 위해 사용해야만 할까?

DNA 감식법이 더 복잡해지고 대세로 되면서 강력한 이 새로운 기술을 둘러싼 기술적 측면과 윤리적 쟁점을 조심스럽게 고려해야만 한다.

[1] Frumkin, D., et al. 2010. Authentication of forensic DNA samples. *Forensic Sci Int Genetics* 4: 95 - 103.

참고 문헌 및 자료

Journal Articles

Brettell, T.A., et al., 2009. Forensic science. *Anal. Chem.* 81: 4695 – 4711.

Butler, J.M., et al., 2007. STRs vs. SNPs: Thoughts on the future of forensic DNA testing. *Forensic Sci Med Pathol* 3: 200 – 205.

Enserink, M. 2011. Can this DNA sleuth help catch criminals? *Science* 331: 838 – 840.

Frumkin, D., et al., 2010. Authentication of forensic DNA samples. *Forensic Sci International* 4: 95 – 103.

Garrison, N.A., et al. 2013. Forensic familial searching: Scientific and social implications. *Nature Reviews Genetics* 14: 445.

Gill, P., Jeffreys, A.J., and Werrett, D.J. 2005. Forensic applications of DNA "fingerprints." *Nature* 318: 577 – 579.

Jobling, M.A., and Gill, P. 2004. Encoded evidence: DNA in forensic analysis. *Nature Reviews Genetics* 5: 739 – 750.

Roewer, L. 2009. Y chromosome STR typing in crime casework. *Forensic Sci Med Pathol*. 5(2): 77 – 84.

Whittall, H. 2008. The forensic use of DNA: Scientific success story, ethical minefield. *Biotechnol J.* 3: 303 – 305.

Zietkiewicz, E. et al. 2012. Current genetic methodologies in the identification of disaster victims and in forensic analysis. *J. Appl. Genetics* 53: 41 – 60.

Web Sites

Brenner, C.H., Forensic Mathematics of DNA Matching. http://dna-view.com/profile.htm

Butler, J.M. and Reeder, D.J. Short Tandem Repeat DNA Internet DataBase. http://www.cstl.nist.gov/div831/strbase/

Obasogie, O.K. 2013. High-tech, high-risk forensics. http://www.nytimes.com/2013/07/25/opinion/high-tech-high-risk-forensics.html?_r=0

DNA initiative: advancing criminal justice through DNA technology. http://www.dna.gov

The Innocence Project. http://www.innocenceproject.org

Berson, S.B. Debating DNA collection, from Office of Justice Programs, National Institute of Justice Journal, November 2009. http://www.nij.gov/journals/264/debating-DNA.htm

CODIS-NDIS Statistics. Federal Bureau of Investigation Web site, http://www.fbi.gov/about-us/lab/biometric-analysis/codis

확인 문제

1. VNTR 감식법이 무엇이며 이 기술의 적용은 무엇인가?
2. 법의학적 DNA 감식을 위해 가장 자주 이용되는 짧은 직렬 반복(STRs)은 무엇인가?
3. 모세관 전기영동에 대해 설명하라. 이 기술로 본래 DNA와 증폭된 DNA를 어떻게 구분하는가?
4. Y 염색체 STR 감식의 장점과 한계점은 무엇인가?
5. 어떻게 AMEL 유전자 좌위로 DNA 검체가 남성 혹은 여성의 것인지를 알 수 있는가?
6. 미토콘드리아 DNA 감식법이 대학살이나 대재해의 희생자들의 신원을 확인하는데 왜 사용되는지를 설명하라.
7. 감식 확률이 무엇이며 이것을 계산하기 위하여 필요한 정보는 무엇인가?
8. CODIS라는 데이터 시스템을 설명하라. 개인의 DNA 감식 결과를 CODIS 시스템에 저장할 것인지는 무엇이 결정하는가?
9. DNA 바코드는 무엇이며 어떤 경우에 이러한 감식법을 사용하는가?
10. 검사의 오류를 이해하는 것이 왜 중요한가?

탐구 문제

1. 결백한 사람이 연루된 것처럼 하기 위하여 합성 DNA를 의도적으로 범죄현장에 놓아둘 가능성을 생각한다면 합성 DNA와 자연적 DNA를 구분하기 위하여 어떤 방법들이 개발될 수 있을까?
2. 다른 국가와 다른 사법권은 DNA 검체와 감식 결과의 수거 및 저장에 관해 다른 규정을 가진다. 당신이 속한 지역의 규정은 무엇인가? 이러한 규정들은 개인의 권리를 보호하기에 충분하다고 생각하는가?
3. 만약 당신이 살인사건의 변호인이라면 DNA 감식 결과가 피고인에게 불리할 때 범죄현장에서 얻은 DNA 감식 결과의 판정을 바꿀 수도 있는 한계점들에 대해 어떻게 배심원들에게 설명할 것인가?
4. 체세포 모자이크현상이나 혼성화현상은 대부분의 사람들이 아는 것보다 훨씬 많이 일어난다. 예를 들어, 임신 및 골수이식은 2개의 서로 다른 유전체를 갖게 한다. DNA 법의학적 분석이 혼성화에 의해 어떤 영향을 받을지 설명하고 DNA 감식을 할 때 혼동을 피하기 위하여 어떤 조사를 해야 하는가? 2013년 9월 16일, 뉴욕 타임지에 실린 Zimmer, C.의 기사를 보고 유전적 혼성화에 관하여 더 알아보자.

유전체학과 맞춤의학

의사는 항상 환자에게 가장 효과적인 치료를 하기 위해 개인 맞춤의학을 실현하려 한다. 환자의 증상, 가족력, 생활습관, 여러 의료 검사 데이터들을 종합하여 살펴보고 치료법을 결정하는 것이다. 그러나 최근 20년간 맞춤의학은 유전학과 유전체학의 놀라운 발전으로 새로운 국면을 맞이하게 되었다. 오늘날 **맞춤의학**(personalized medicine)은 부작용을 최소화시킨 최적의 치료를 선택하고 발병 전에 미리 질병 감수성을 진단하기 위해 환자 고유의 유전정보를 활용하는 것을 의미한다.

엄청난 양의 의료 정보와 약물들이 제공되고 있지만, 여전히 사람의 질병을 진단하고 치료하는 것은 어려운 일이다. 때로는 어떤 증상을 정확하게 진단하기 어렵거나 불가능한 경우도 있다. 또한 어떤 환자는 치료에 전혀 반응하지 않는 반면, 다른 환자는 부작용이 나타나 괴로움을 호소하거나 생명을 위협받기도 한다. 개인의 질병 감수성과 약물 처방에 따른 다양한 표현형은 유전적 요인과 밀접한 관련이 있는 만큼 유전학, 유전체학, 분자생물학의 발전으로 진단과 치료 분야에 상당한 진보가 이루어졌다.

> **"가까운 미래에 맞춤의학 기술을 통해 개인마다 어떤 질병에 걸리게 될 것인지, 어떤 치료법이 가장 적절한 것인지, 또한 어떤 약물을 얼만큼 처방해야 할 것인지를 예측하게 될 것이다."**

사람 유전체 서열 분석, 유전자 변이 서열의 목록화, 변이 서열과 유전병 감수성과의 관계에 대한 정보는 새롭게 부상하는 맞춤의학 분야의 기본 토대가 된다. 또한 급속도로 성장하는 유전자 진단 검사를 통해 의사는 환자의 약물 부작용 가능성을 예측하여 어떤 약물이 가장 적합한지를 결정하는 데 도움을 받는다.

다가올 미래에 맞춤의학의 전망은 매우 밝으며, 현재에도 중요한 진전이 이루어지고 있다. 유전체 기술이 진보하고 개인 유전체 분석 비용이 감소함에 따라 환자의 유전체 정보를 파악하는 것이 훨씬 더 쉬워져 질병 진단과 치료에 도움을 줄 것이다. 개별화된 맞춤의학 기술을 찬성하는 사람들은 미래에는 출생하는 개인의 유전체 서열을 분석하여 디지털화된 의료 정보 파일로 저장하게 될 것이라 예측한다. 의료 종사자는 자동화된 프로그램을 통해 개인의 의료 정보 파일을 조사하여 질병 감수성과 약물 반응성에 대해 단서를 얻을 수 있을 것이다. 가까운 미래에 유전체 프로필과 맞춤의학 기술을 통해 의사는 환자의 질병 가능성을 예측하고 환자 맞춤형 치료법과 최적의 약물 복용량을 제안할 수 있을 것이다.

이 장에서는 유전체 기반의 맞춤의학이 질병 진단과 약물 선택에 어떻게 사용되는지를 살펴볼 것이다. 또한 맞춤의학의 향후 방향과 함께 이에 따른 기술적 및 윤리적 문제도 알아볼 것이다.

맞춤의학과 약리유전체학

가장 많이 발전된 맞춤의학은 아마도 약리유전체학 분야일 것이다. **약리유전체학(pharmacogenomics)**은 개인의 유전체 정보가 약물에 대한 몸의 반응과 어떠한 관계가 있는지를 연구하는 것이다. 약리유전체학은 특정 유전자의 서열 다양성이 개체의 약물 반응에 어떠한 영향을 주는지를 연구하는 **약리유전학**(pharmacogenetics)과 교체되어 사용되기도 한다.

약리유전체학 분야에서는 약물의 대사과정과 유전체 형질 간의 관계를 연구한다. 약이 몸에 들어오면 여러 단백질들과 상호작용하게 되는데, 운반자, 세포막 수용체, 운반 단백질, 대사효소 등이 포함된다. 이 단백질들은 약물의 활성 부위, 흡수, 약리반응, 분해, 배출에 관련된 표적 부위에 영향을 준다. 환자의 몸속에서 약물과 단백질 간의 다양한 상호작용이 있기 때문에, 많은 유전자와 각 유전자의 서로 다른 유전적 다형성은 개체의 약물 반응에 영향을 주게 된다.

이 장에서 유전체학과 맞춤의학이 약리유전체학 분야에 변화를 준 두 가지 측면, 약물 치료의 최적화와 약물 부작용의 감소에 대해 알아볼 것이다.

약물 치료의 최적화

약물 치료를 진행할 때, "한 종류의 처방이 모든 경우에 들어맞지는 않는다"라는 것은 확실하다. 평균적으로 하나의 약물은 복용하는 환자의 50% 정도에서만 효과를 발휘한다(ST 그림 4-1). 따라서 의사는 환자에게 효과적인 약물을 찾기 위해 처방전 약의 종류를 바꾸어야 하는 경우가 생기게 된다. 이것은 시간과 자원의 낭비일 뿐 아니라 여러 종류의 약에 노출되는 환자에게는 위험이 될 수 있으며 제시간에 적절한 치료를 받지 못하여 병을 악화시킬 수도 있다.

약리유전체학은 약물에 반응하는 환자군을 선별함으로써 약의 치료 효과를 높이게 한다. 개별화된 약리유전체학이 현재 가장 많이 활용되는 분야는 암의 진단과 치료이다. 세포병리학적 분석에서 유사한 분류군에 해당하거나 조직 기원이 같은 암인 경우임에도 불구하고 염기서열 분석은 각각의 암이 유전적으로 다름을 나타낸다. 이러한 암의 유전적 다형성으로 인해 각 환자의 유전자 돌연변이 정보를 이해하는 것이 최적의 치료를 선택하는 데 필수적이다. 즉 암의 분자적 특성에 따라 새로운 치료를 제안할 수 있게 된다(Box 1).

맞춤의학을 적용한 첫 번째 성공 일화의 한 예로 유방암에서 ***HER-2*** 유전자와 치료제 **허셉틴(Herceptin®)**에 대해 알아보자. 사람 표피성장인자수용체 2(*HER-2*) 유전자는 17번 염색체에 존재하며, 막관통 티로신 인산화효소 수용체 단백질을 암호화한다. HER-2 단백질은 정상 유방 표피세포의 세포막에 위치하며, 성장인자(리간드)가 HER-2 수용체에 결합하면 세포핵으로 신호를 보내어 성장과 분열에 관련된 유전자의 전사를 유발한다.

침윤성 유방암의 25%에서 *HER-2* 유전자의 증폭이 일어나 세포 표면에 HER-2 단백질의 과발현이 관찰된다. 일부 유방암에서는 *HER-2* 유전자의 증폭으로 100개 정도의 많은 사본이 존재한다. *HER-2* 유전자의 과발현은 종양의 침윤성, 전이성, 세포분열능의 증가 및 나쁜 예후와 관련되어 있다.

유전공학 회사 Genentech은 재조합 DNA 기술을 이용하여 HER-2 수용체의 세포외 부위에 특이적으로 결합할 수 있는 단일클론항체 trastuzumab(허셉틴)을 개발하였다. HER-2 수용체에 결합한 허셉틴은 HER-2 신호전달계를 방해하며, 또한 환자의 면역계가 HER-2 과발현 세포를 표적으로 할 수 있도록 유도할 것이다. HER-2가 과발현되는 암 세포에 허셉틴을 처리하면 암 세포의 세포주기 정지가 일어나며, 어떤 경우에는 암 세포의 죽음이 유도된다.

약물 종류		
항우울제 (SSRIs)	38%	
천식약	40%	
당뇨약	43%	
관절염약	50%	
알츠하이머약	70%	
항암제	75%	

ST 그림 4-1. 환자에 따른 약물 반응의 다양성. 이 그림은 특정 종류의 약물에 효과적으로 반응하는 환자의 대략적인 퍼센트를 요약한 것이다.

BOX 1 화이자의 크리조티닙(Crizotinib) 이야기

2007년 Beverly Sotir는 진행성 non-small cell lung cancer(NSCLC)를 진단받았다. Beverly는 68세의 할머니로 비흡연자이며 표준 화학요법을 받고 있었다. 그러나 그녀의 암조직은 계속 성장하였고, 6개월의 시한부 판정을 받았다. 바로 그때 제약회사 화이자는 Beverly의 사례와 무관한 어떤 연구를 진행 중이었다. 화이자는 티로신 인산화효소인 MET의 활성을 억제하는 크리조티닙이라는 화합물을 개발하였는데, MET는 여러 암에서 비정상적으로 작용하는 것으로 알려져 있었다. 크리조티닙은 다른 인산화효소인 ALK(anapiastic lymphoma kinase)의 활성도 억제하였는데, 연구자들은 이 기능에 대해서는 별로 중요하게 생각하지 않았다. 크리조티닙의 임상 시험 후에, 소수의 NSCLC 환자에서 발견된 전좌에 대한 연구 논문이 발표되었다.* 논문에서는 *ALK* 유전자와 *EML4* 유전자 간에 전좌가 일어나 융합 단백질이 형성되어 암 세포 성장을 촉진시킨다는 내용이었다. 화이자는 즉시 크리조티닙의 임상 시험에 NSCLC 환자를 포함시켰다. Beverly의 주치의는 종양 검사를 통해 Beverly의 암 세포가 *ALK/EML4* 융합유전자를 가지고 있음을 확인하였고, 임상시험에 Beverly를 등록하였다. 결과는 극적이었다. 6개월 만에 Beverly의 암은 50% 이상 줄어들었고, 일부 암은 완전히 사라졌다. 2011년에도 Beverly는 건강하게 지내고 있다.

크리조티닙의 임상 결과에서 *ALK* 융합유전자를 지닌 82명의 암환자 중 90%가 암의 크기가 줄어들거나 안정화됨을 보여주었다. 크리조티닙 처방에 반응한 환자들은 임상 시험 기간인 15개월까지 긍정적인 반응을 보였다. *ALK* 융합유전자는 담배를 피운 적이 없는 어린 NSCLC 환자에서 자주 나타나는 것으로 보고되었다. NSCLC 환자 중 약 4% 정도가 암 세포에 *ALK* 융합유전자를 지닌다. 물론 크리조티닙의 혜택을 받게 되는 환자의 수가 적지만, 매년 세계적으로 45,000명의 사람이 이 치료의 대상이 될 수 있다. 현재 크리조티닙은 미국에서 NSCLC의 치료제로 승인받은 상태이다.

* Choi, S. M., et al. 2007. Identification of the transforming EML4-ALK fusion gene in non-small cell lung cancer. *Nature* 448: 561-566.

허셉틴은 *HER-2* 유전자의 증폭으로 발생된 유방암에만 작용할 것이므로, 각 암에서 HER-2 표현형을 조사하는 것이 중요하다. 허셉틴은 심각한 부작용을 유발할 가능성도 있으므로 처방 시 효과가 나타날 수 있는 환자에게만 제한적으로 사용되어야 할 것이다. 유방암 세포에서 유전자와 단백질의 상태를 분석하는 수많은 분자생물학적 기법이 개발되었으며, 주로 두 종류의 방법이 암 세포에서 *HER-2* 과발현을 측정하는 데 사용된다: 면역조직염색법(immunohistochemistry, IHC)과 형광제자리혼성화(fluorescence in situ hybridization, FISH). 면역조직염색법에서는 슬라이드상의 고정된 조직에 HER-2 단백질과 특이적으로 결합하는 항체를 처리한다. 결합된 항체는 염색을 통해 감지하며 현미경하에서 관찰한다[ST 그림 4-2(a)]. FISH(10장 참조)에서는 HER-2 탐침의 결합으로 나타난 형광 신호와 암 세포에서 증폭되지 않은 대조군 유전자에 대한 탐침 신호를 비교하여 *HER-2* 유전자의 수를 측정하게 된다[ST 그림 4-2(b)].

허셉틴은 HER-2 양성의 유방암을 치료하는 데 효과적이다. 화학요법과 병행하여 허셉틴을 사용한 경우 화학요법을 단독으로 사용한 경우보다 생존율이 25~50% 정도 증가한다. 현재 허셉틴은 가장 잘 팔리는 생명공학 제품 중의 하나이며 연 매출 50억 달러 이상에 이른다.

현재 표적세포의 유전적 상태에 따라 처방하고 사용되는 약품이 수십 종 있으며, 미국식품의약국 승인 약품 중 약 10%는 약리유전체학 정보가 포함된 설명서를 가진다(ST 표 4.1). 예를 들어 대장암 환자의 약 40%는 약물 **Erbitux**®(cetuximab)와 **Vectibix**®(panitumumab)에 반응한다. 이 두 약물은 세포 표면에 존재하는 **표피성장인자수용체(epidermal growth factor receptors, EGFRs)**에 결합하는 단일클론 항체로 EGFR 신호전달 경로를 방해한다. 약물이 작용하기 위해서는 암 세포의 표면에 EGFR가 발현되어야 하며, 정상의 *K-RAS* 유전자를 지니고 있어야 한다. EGFR의 존재 여부는 암 세포에 특수 염색을 하여 현미경으로 관찰하면 될 것이며, *K-RAS* 유전자의 돌연변이 여부는 중합효소연쇄반응(PCR, 20장 참조)을 이용한 분석 방법을 통해 확인할 수 있다.

유전자 검사를 통한 정보를 활용하여 치료법을 선정하는 또 다른 예로 **Oncotype DX**® Assay(Genomic Health Inc.)가 있다. 이 분석법은 유방암 조직에서 21종류의 유전자 발현(mRNA의 양)을 측정하고 분석함으로써 환자에게 적절한 치료를 제공하고 암의 진행 과정을 이해하는 데 도움을 준다. 분석 대상의 유전자들의 발현 정도는 초기 치료 후 유방암 재발과 밀접하게 관련된 것으로 알려져 있다. 분석 결과에서 나타난 mRNA 발현 정도에 근거하여 연구자들은 10년 이내에 암이 재발할 가능성을 예측해 주는 '재발 점수'를 계산한다. 낮은 위험도 점수를 보인 환자는 치료 계획에 화학요법을 첨가해서 얻을 이익이 별로 없으므로 호르몬 처방만을 받게 될 것이다. 높은 위험도 점수를 보인 환자는 상당히 공격적인 치료를 진행해야 효과를 볼 수 있을 것이다.

약물 부작용의 감소

매년 미국에서는 약 200만 명의 사람들이 치료용 약물의 심각한 부작용을 경험하며, 그 중 10만여 명은 사망에 이른다. 약물 부작용**(adverse drug reactions, ADRs)**으로 인한 비용은 매년 1,360억 달러로 추정된다. 물론 일부 부작용은 약물의 오남용에 의한 것이지만, 다른 경우는 약물에 대한 환자의 타고난 생리적 반응에 따라 나타날 수 있다.

상당수의 유전자에서 서열 변이는 약물 반응성에 영향을 준다(ST 표 4.2). 가장 중요한 유전자는 시토크롬 P450 계열의 효소를 암호화하는 것으로, 이 계열에는 57종류의 유전자가 있

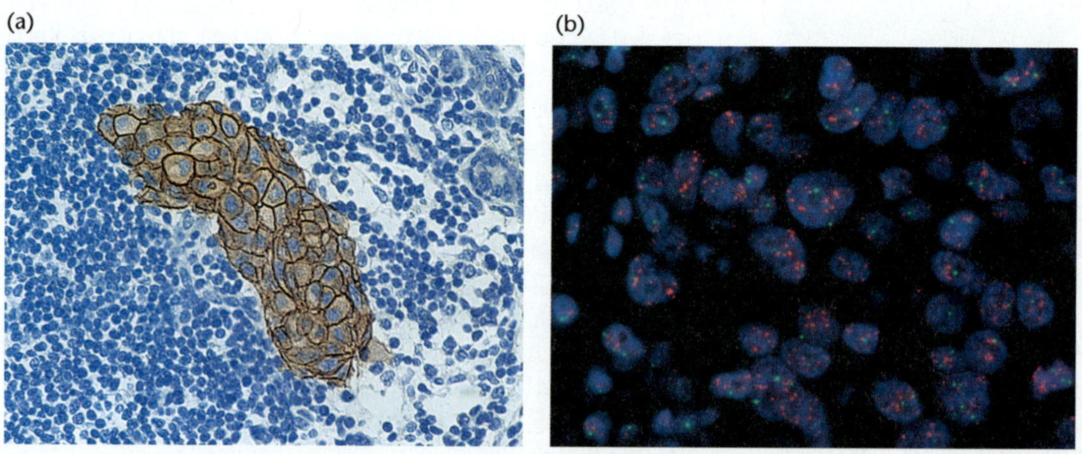

ST 그림 4-2. HER-2 단백질과 유전자-증폭 분석. (a) 생체 시료 내의 정상 세포와 유방암 세포를 대상으로 HER-2에 대한 면역조직염색을 시행하였다. 세포핵은 파란색으로 염색되어 있다. HER-2 단백질을 과발현하는 암 세포는 세포막에 갈색으로 염색되어 있다. (b) 형광제자리혼성화 방법으로 암 세포에서 *HER-2* 유전자의 사본 수를 분석하였다. 세포핵은 파란색으로 염색되어 있다. *HER-2* 유전자는 분홍색으로 나타나 있다. 염색체 17번의 중심립이 녹색으로 염색되어 있다. *HER-2* 유전자의 증폭 정도는 녹색 점에 대한 분홍색 점의 비율을 계산하여 측정한다.

ST 표 4.1 맞춤의약 약물과 진단의 실례

치료제	유전자 검사	설명
허셉틴®(trastuzumab)	*HER-2* 증폭	유방암에서 허셉틴 사용 여부를 확인
얼비톡스®(cetuximab)	*EGFR* 발현, *K-RAS* 돌연변이	치료 전에 단백질과 돌연변이를 분석
글리벡®(imatinib)	*BCR/ABL* 융합	필라델피아 염색체에 양성인 만성 골수성 백혈병에 사용
글리벡® (imatinib)	*C-KIT*	돌연변이 *C-KIT*를 발현하는 위암에 사용
타르세바®(erlotinib)	*EGFR* 발현	EGFR-양성 폐암
약물/수술	*MLH1*, *MSH2*, *MSH6*	대장암과 관련된 돌연변이
호르몬/화학요법	Oncotype DX® 검사	화학요법에 맞는 유방암 선별
화학요법	Aviara Cancer TYPE ID®	유전자 발현 분석에 따라 39종류의 암 유형으로 분류
리툭시맙(Rituximab)	PGx Predict®	CD20 변이형 탐색을 통해 비호지킨 림프종에서 리툭시맙 반응성을 예측

다. 어떤 종류의 P450 유전자 변이형을 지닌 사람은 약물의 대사와 분해가 천천히 일어나 약물의 체내 축적으로 인해 과다 복용 부작용을 나타낸다. 반대로 다른 변이형을 가진 사람은 너무 빨리 약물의 분해와 제거가 일어나 약의 효과가 감소된다. 약물의 체내 반응에 영향을 주는 대표적인 유전자인 *CYP2D6*는 시토크롬 P450 계열에 속하며, debrisoquine hydroxylase 효소를 암호화한다. 이 효소는 모든 제약물 중 약 25%에 해당하는 물질의 대사에 관여하는데, 디아제팜(diazepam), 아세트아미노펜(acetaminophen), 클로자핀(clozapine), 베타차단제(beta blockers), 타목시펜(tamoxifen), 코데인(codeine) 등이 속한다. *CYP2D6* 유전자는 70종 이상의 변이 대립유전자가 존재하며, 이 유전자의 돌연변이는 해당 효소의 활성을 감소시킬 수도 혹은 증가시킬 수도 있다. 인구의 80% 정도는 야생형 *CYP2D6* 유전자에 대해 동형접합자 혹은 이형접합자이며, 광범위 대사자(extensive metabolizer)로 알려져 있다(ST 그림 4-3). 인구의 약 10~15% 정도는 효소 활성이 감소된 대립유전자에 대해 동형접합자이며 약한 대사자(poor metabolizer)에 해당하며, 나머지는 대립유전자의 중복으로 인해 초고속 대사자(ultra-rapid metabolizers)로 작용한다. 약한 대사자는 약물 부작용이 일어날 위험이 높은 반면, 초고속 대사자는 증상에 효과를 보이는 충분한 복용량을 받지 못할 것이다.

2005년 미국 식품의약국(FDA)에서는 미세배열(microarray) 유전자 분석 방식의 **AmpliChip® CYP450** 진단 키트(Roche Diagnostics)의 판매를 승인하였는데, 이 진단 키트는 두 종류

ST 표 4.2 약물 반응에 영향을 주는 유전자 변이형의 실례

유전자 산물	변이형 표현형	영향 약물	반응
Acetyl transferase NAT2	느린 혹은 빠른 아세틸화	Isoniazid, sulfamethazine, dapsone, paraminosalicylic acid, heterocyclic amines	느림: 중증 신경염, 홍반성 루프스, 방광암 빠름: 직장암
Thiopurine methyltransferase	낮은 수준의 TPMT 메틸화	6-mercaptopurine, 6-thioguanine, azathioprine	골수 독성, 간 손상
Catechol O-methyl transferase	높은 혹은 낮은 수준의 메틸화	Levodopa, methyldopa	감소된 혹은 증가된 반응
CYP2C19	낮은 혹은 과도한 히드록시화	Mephenytoin, hexobarbital, proguanil 등	낮은 혹은 증가된 독성, 낮은 효능(proguanil)
β_2 Adrenoceptor	수용체 활성 감소	Albuterol, ventolin	약한 수준의 천식 조절
5-HT2A serotonergic receptor	여러 개의 다형성	Clozapine	약물 효능의 다양성
Multiple drug resistance transporter	암 세포에서 과발현	Vinblastine, doxorubicin, paclitaxel 등	약물 저항성

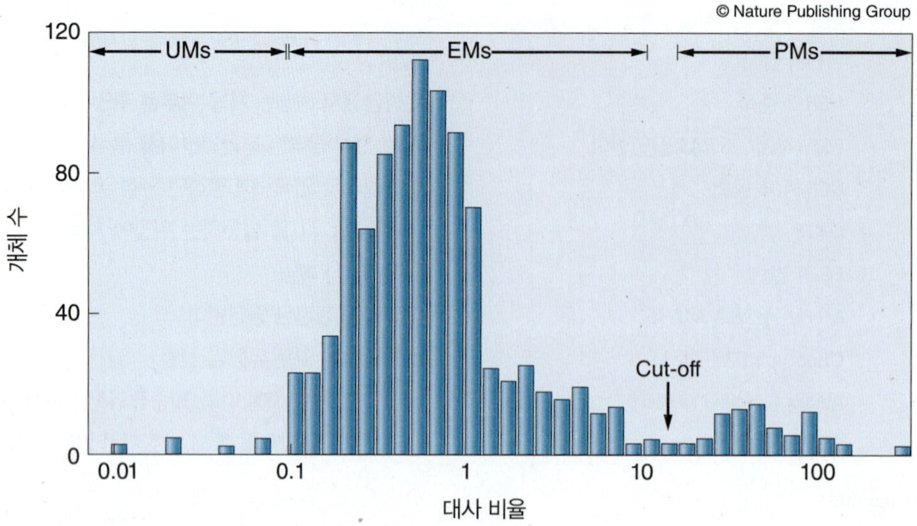

ST 그림 4-3. 스웨덴 개체군에서 *CYP2D6* 유전자에 대한 약리유전체 프로파일. 각 개체가 지닌 debrisoquine hydroxylase 효소 활성도를 측정하기 위해 debrisoquine을 4-hydroxydebrisoquine으로 대사하는 능력을 검사하였다. 개체군 샘플은 초고속 대사자(ultra-rapid metabolizer, UMs), 광범위 대사자(extensive metabolizer, Ems), 약한 대사자(poor metabolizer, PMs)로 분류하였다. 'Cut-off' 표시는 광범위 대사자와 약한 대사자 사이의 경계군을 말한다.

의 시토크롬 P450 유전자(*CYP2D6*와 *CYP2C19*)의 29가지 유전 변이형을 분석할 수 있으며, 단일염기다형성(single-nucleotide polymorphisms, SNPs)뿐 아니라 유전자 중복 및 결실도 확인할 수 있다. AmpliChip® CYP450 진단 키트는 22장에서 설명한 유전자형 진단 미세배열의 한 종류로 볼 수 있다. 자동 스캐너로 미세배열 진단 데이터를 탐지한 후, 컴퓨터 프로그램을 이용하여 분석함으로써 개인의 *CYP2D6*/*CYP2C19* 유전자형을 알아낼 수 있다.

개인 맞춤의학에서 약리유전체학을 이용하는 또 다른 예로는 *CYP2C9* 유전자와 *VKORC1* 유전자의 분석 결과에 맞추어 **와파린(warfarin)**을 투약하는 것이다. 와파린은 수술 후 혈전 생성을 억제하기 위해 혹은 혈전이 생기기 쉬운 심혈관계 질환을 돕기 위해 처방하는 항응고제이다. 와파린은 여러 응고인자가 비타민 K 의존적으로 합성되는 과정을 방해한다. 그런데 치료 효과를 보기 위해 환자마다 처방하는 와파린의 양은 약 10배 정도의 차이를 보인다. 과거에는 의사가 와파린의 적정 복용량을 결정하기 위해 처음 1년간 시행착오를 겪어야 했다. 만일 와파린 복용량이 너무 많으면, 환자는 심각한 출혈을 보일 것이다. 반대로 복용량이 너무 적으면, 생명을 위협하는 혈전이 생성될 것이다. 따라서 와파린 부작용으로 인해 투약 이후 처음 6개월간 병원 신세를 지는 환자가 20% 정도에 이르렀다.

여러 유전자의 다형성에 따라 와파린의 활성도가 영향을 받게 되는데, 특히 *CYP2C9* 유전자와 *VKORC1* 유전자의 변이형이 중요하게 작용한다. *CYP2C9* 유전자에서 두 종류의 단일염기다형성은 와파린의 배출을 감소시켜 출혈의 위험성을 높인다. 백인의 약 25%는 이 다형성 대립유전자 중 하나에 대해 이형접합자이며, 5% 정도는 동형접합자로 추정된다. 아시아와 아프리카계 후손의 약 5% 정도는 이 변이형 유전자를 지닌다. 특정 형태의 *CYP2C9* 대립유전자를 지닌 이형접합자 혹은 동형접합자 환자에게는 10~90% 정도 낮은 와파린 복용량이 처방될 것이다.

미국 식품의약국은 환자에게 나타날 수 있는 와파린 부작용을 예측하기 위해 *CYP2C9*와 *VKORC1* 유전자의 변이형 진단을 시행할 것을 권장한다. 여러 회사는 대립유전자 특이적 프라이머를 이용한 PCR 증폭 실험을 통해 유전자의 다형성을 진단하는 키트를 제공한다. 와파린 유전자 테스트를 통해 매년 17,000건의 심장마비와 85,000건의 심각한 출혈을 예방하는 것으로 추정되며, 건강 보험료 절감은 매년 11억 달러에 달한다.

약리유전체학과 치료, 그리고 기반이 되는 유전자 정보 기술은 빠른 속도로 진전하고 있다. 약리유전체학의 모든 최첨단 정보는 Box 2에 소개된 약리유전체학 정보 데이터베이스에서 찾아볼 수 있다.

맞춤의학과 질병 진단

맞춤의학의 궁극적 목적은 환자의 유전체 정보를 활용하여 질병을 진단하고 환자 맞춤형 치료를 선별하기 위함이다. 유전체 정보는 서열 정보를 포함하여 전사체학, 단백질체학, 대사체학, 후성유전학 실험을 통해 얻은 유전자 발현 정보까지 포함된다.

현재 질병 진단에 가장 많이 사용되는 유전체 정보는 특정 질병 관련 유전자와 그 변이형을 조사하는 것이다. 대부분의 유전자 진단 테스트는 질병과 관련된 특정 유전자에 돌연변이가 존

BOX 2

약리유전체학 정보 데이터베이스 (PharmGKB): 웹사이트의 유전자, 약물, 질병

약리유전체학 정보 데이터베이스(Pharmacogenomics Knowledge Base, PharmGKB)는 공용 인터넷 기반의 데이터베이스로, 스탠퍼드대학교에서 개발하였다. PharmGKB는 미국 국립보건원의 연구비 투자로 운영되고 있으며, 미국의 약리유전체학 연구 컨소시엄의 일부이기도 하다. PharmGKB의 목표는 연구자와 일반에게 유전적 변이가 개인의 약물 반응에 어떠한 영향을 주는지에 대한 정보를 제공한다. PharmGKB 웹사이트(ST 그림 4-4)에서 약물반응에 영향을 주는 유전자와 변이형, 수많은 약물에 대한 정보, 질병과 유전자 간의 연관성, 약리유전체학 경로, 유전자 검사 및 관련 문헌에 대해 찾을 수 있을 것이다. http://www.Pharmgkb.org를 방문하여 보자.

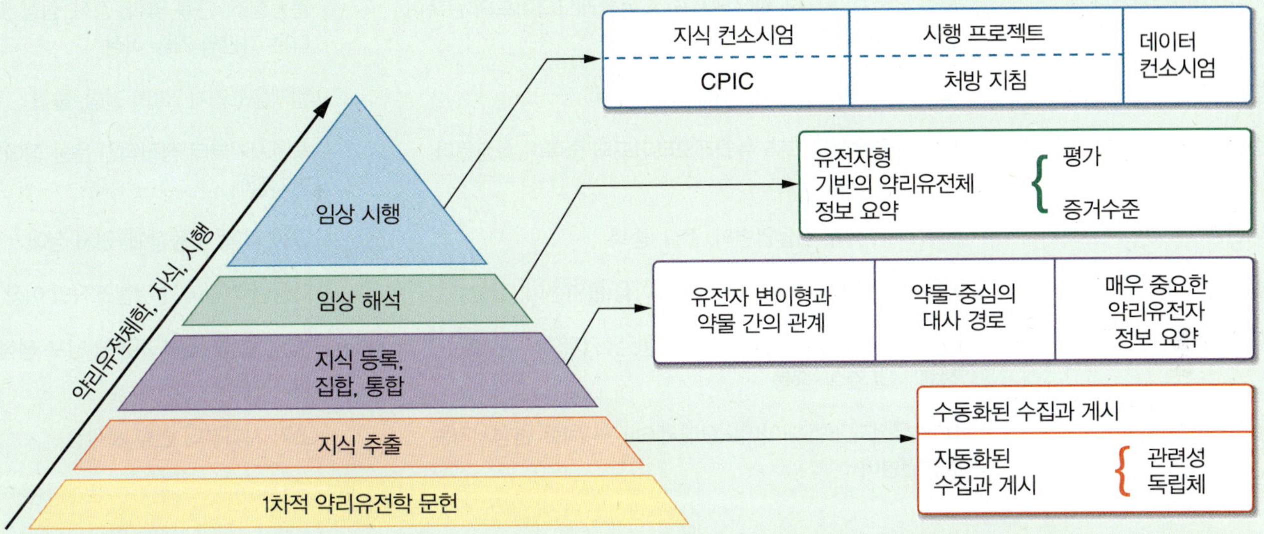

ST 그림 4-4. PharmGKB 정보 피라미드. 정보의 유형별로 시각화된 설명은 www.pharmgkb.org에서 찾아볼 수 있다.

재하는지를 탐지한다(ST 표 4.3). 현재 1,600종류 이상의 유전자 진단 테스트가 사용 가능하며, 전체 목록은 미국 국립보건원의 유전자 진단 등록 사이트(www.ncbi.nlm.nih.gov/gtr/)에서 찾아볼 수 있다. 이러한 유전자 진단 테스트에 사용되는 기술과 공학은 22장에 소개된다.

유전자 검사는 사용 대상에 따라 여러 종류로 구분된다. 진단 검사(diagnostic tests)는 증상을 보이는 환자에게서 의심되는 유전병과 관련된 유전자 변이 혹은 돌연변이 여부를 탐지하는 것이다. 예측 검사(predictive tests)는 헌팅턴병 혹은 BRCA 관련 유방암과 같은 유전병의 가족력을 지닌 환자에게서 돌연변이 여부를 탐지한다. 보인자 검사(carrier tests)는 자손에게 테이-삭스병 혹은 낭포성 섬유증 같은 유전병 관련 돌연변이 유전자를 물려줄 가능성이 있는 환자를 찾을 수 있게 한다. 착상전 검사(preimplantation tests)는 의심 질병 유전자를 가지고 있지 않은 배아를 선별하여 착상할 수 있도록 초기 배아를 대상으로 검사한다. 산전 검사(prenatal tests)는 태아 시기에 유전병 검사를 진행하며, 다운증후군 검사가 대표적이다.

최근 10년 동안 유전체 서열 분석 기술은 속도, 정확성, 비용면에서 엄청난 진보를 이루었다. 또한 전사체학, 단백질체학 등의 여러 '-체학(omics)' 기술의 발전으로 DNA 서열을 통해 유전자 발현과 궁극적으로 표현형을 이해할 수 있게 되었다. (사람의 '-체학' 연구를 통해 얻게 된 정보와 기술에 대해서는 21장을 참조하라.) 유전체학 기술이 더욱 발전하고 분석 비용이 절감될수록 유전체 정보는 맞춤의학에 엄청난 공헌을 할 수 있게 될 것이다.

물론 '-체학'을 맞춤의학에 적용하는 것이 일상적인 의료에 아직 사용되고 있지는 않지만, 향후 원리 증명 사례를 통해 유전체 분석으로 무엇이 가능한가를 보여주게 될 것이다. 또한 유전체 기반 의학이 일반화되고 실용성을 가지기 위해 극복해야 할 몇 가지 문제점도 나타날 것이다. 지금부터 암 및 여러 질병을

ST 표 4.3 유전자 검사가 가능한 단일 유전자 결함

질병	유전자 돌연변이	설명
연골무형성증	*FGFR3* 유전자. 환자의 99%는 1138번째 뉴클레오타이드에 G→A 점돌연변이를 가진다(G380R 치환)	비정상적인 뼈 성장
유전성 유방암/난소암	*BRCA1* 및 *BRCA2* 유전자. 결실, 중복, 점돌연변이	유방암, 난소암, 전립선암 등의 위험도 증가
Duchenne 근위축증	*DMD* 유전자. 점돌연변이, 결실, 삽입, 스플라이싱 돌연변이	이른 시기부터 점진적인 근육 감퇴가 시작, 심장질환
유약-X 증후군	*FMR1* 유전자. 주로 CGG 뉴클레오타이드의 반복서열이 확장되어 유전자 기능이 소실된다.	정진 지체, 발생 결함
프리이드라이히 운동실조증	*FXN* 유전자. 환자의 98%에서 GAA 뉴클레오타이드의 증폭이 인트론 1에 나타난다.	운동실조, 근육 약화, 경직, 심장 및 다른 기관의 기능 이상
A형 혈우병	*F8* 유전자. 점돌연변이, 삽입, 결실, 역위	혈액응고인자 VIII의 결함, 출혈
헌팅턴병	*HTT(HD)* 유전자. CAG 뉴클레오타이드의 중복이 확장된다.	중년시기부터 점진적인 운동 장애와 인지장애
레쉬-니한병	*HPRT1* 유전자. 점돌연변이, 결실, 중복	발생 결함, 운동장애, 인지 장애
마르팡증후군	*FBN1* 유전자. 점돌연변이, 스플라이싱 돌연변이, 결실	다양한 기관에서 결합조직의 이상
다낭신장병, 우성	*PKD1* 및 *PKD2* 유전자. 서열 변이형, 유전자의 부분 혹은 전체 서열 결실, 중복	신장, 간 및 여러 기관에 낭포 생성, 혈관 이상
낫모양 적혈구 빈혈증	*HBB* 유전자. 6번째 아미노산에서 Glu → Val로 변형시키는 점돌연변이	초기 시기부터 빈혈 시작

진단하는 데 개인 유전체학이 어떻게 적용되는지를 알아보도록 한다.

개인 유전체와 암

암은 체세포의 유전자 돌연변이로 발생하는 질병이다(19장 참조). 정상 세포와 암 세포의 대단위 유전체 서열 분석, RNA 및 단백질의 발현을 비교 분석함으로써 특정 암과 관련된 유전자 돌연변이와 유전자 재배열을 알게 되었다. 암 유전체 지도 프로젝트는 20종류 이상의 암을 대상으로 20,000명의 환자에서 정상 세포와 종양세포의 DNA를 분리하여 유전체를 분석한 엄청난 규모의 데이터를 보여준다. 이 프로젝트를 통해 일반적으로 암이라 분류되는 질병이 사실 각각 고유의 유전적 프로파일을 지닌 매우 다양한 질병임을 알게 되었다. 예를 들어 과거에 혈액암은 크게 백혈병(leukemias)과 림프종(lymphomas)으로 구분되었다. 현재 혈액암은 유전자 돌연변이의 종류와 유전자 발현 데이터에 근거하여 40종류 이상으로 분류하고 있다. 마찬가지로 유방암도 유전체와 유전자 발현 데이터에 따라 최소한 10종류로 구분하고 있다. 유전자 발현에 따라 종양의 특성이 상당히 다르다는 인식으로 인해 향후 특정 유전자 발현을 교정하는 맞춤 치료가 진행되어야 함을 보여준다.

암의 유전체 연구를 통해 알게 된 또 다른 중요한 사실은 모든 암이 유전적으로 고유성을 지닌다는 것이다. 이러한 사실은 각 암이 지닌 모든 유전적 결함을 탐지할 수 있는 유전체 분석이 이루어져, 해당 암에 대한 맞춤치료가 필요함을 알려준다. 유전체 서열 분석과 유전자 발현 분석 정보가 암 진단과 치료에 어떠한 잠재력을 발휘하는지를 Box 3에 소개한 사례에서 찾아볼 수 있다. 사례에서는 엄청난 양의 유전체 서열 정보, 유전자 발현 정보 데이터를 포함하여 데이터 분석 결과까지 설명하고 있다. 또한 유전체 서열 정보만으로는 암 세포의 표적 치료 대상이 될 만한 가장 중요한 유전적 결함을 탐지해 내기 어렵다는 것을 보여준다. 그리고 현재 사용 가능한 유전자 표적 치료제의 수는 매우 적으며, 있다 하더라도 가격이 비싸고 의료 보험 대상이 아니라는 점을 지적한다. Box 3에 소개한 암환자의 경우는 유전체 분석을 통해 주요 유전적 결함이 탐지되었으며, 기존 약물로 표적 치료할 수 있었던 매우 운이 좋은 사례였다. 대부분의 암이 수십 혹은 수백 개의 유전적 및 유전자 발현 결함을 지니고 있고 하나 이상의 유전자 산물이 암 세포를 유도하게 되므로, 각 결함에 대한 약물을 개발한다는 것은 상당히 도전적인 목표이다. 이

BOX 3 맞춤 암 진단과 치료: Lukas Wartman 이야기[1)]

2002년, 의과대학 마지막 학기에 Lukas Wartman은 피로, 열, 뼈의 통증을 호소하기 시작했다. 수개월의 검사 결과 그는 성인성 급성 림프성 백혈병(acute lymphoblastic leukemia, ALL)으로 판정받았다. 2년간의 화학요법 이후, 5년 동안 회복 상태였다. Wartman에게 암이 재발되자, 더 강력한 화학요법과 골수이식을 진행하여 3년 동안 완치 상태를 보였다. 그러나 두 번째로 암이 재발되었을 때, 모든 치료적 접근은 실패하였고 상태는 급속도로 악화되었다.

두 번째 암 재발 시에, Wartman은 워싱턴대학교에서 의사이면서 연구자로 일하고 있었으며, 그의 연구 분야는 백혈병의 유전학이었다. 워싱턴대학교 유전체 연구소의 부책임자인 Timothy Ley는 Wartman의 생명을 구하기 위해 최후의 노력을 시도하기로 결정하였다. 연구소의 서열분석 기관과 슈퍼컴퓨터를 24시간 가동하여 연구팀은 Wartman의 정상 세포와 암 세포의 유전체 서열을 분석하였다. 또한 RNA 서열 분석 기술을 이용하여 유전자의 발현 데이터도 확보하였다.

예측대로 Wartman의 암 세포에는 여러 개의 유전자 돌연변이가 존재하였다. 불행하게도 돌연변이 유전자로부터 생성된 산물을 공격할 수 있는 약물은 아직 개발되지 않은 상태였다. 그러나 RNA 서열 분석에서 흥미로운 결과가 나타났다. 암 세포에서 fms-related tyrosine kinase 3(*FLT3*) 유전자의 서열은 정상인데 발현량이 증가되어 있었다(아마도 유전자 발현 조절 부위의 돌연변이일 것으로 예상된다). *FLT3* 유전자는 조혈줄기세포의 성장과 분화에 관여하는 단백질 인산화효소를 암호화하며, 이 유전자의 과발현은 Wartman의 암 세포 형성에 중요한 역할을 할 것으로 예측되었다. 다행스럽게도 FLT3 인산화효소를 억제하는 약물인 수니티닙(sunitinib) 혹은 수텐트(Sutent)가 이미 진행성 신장암 치료에 사용 승인을 받은 상태였다.

Wartman은 수니티닙을 사용해 보기로 결정하였는데, 문제는 이 약의 비용이 하루에 330달러이며 보험 적용을 받을 수 없다는 점이었다. 또한 수니티닙을 개발한 제약회사 화이자는 회사 차원의 무상지원 프로그램에 Wartman을 포함시킬 수 없다고 통보하였다. 이러한 어려움에도 불구하고 Wartman은 일주일간 사용할 수 있는 수니티닙을 구매하여 자신에게 처방하기 시작하였다. 며칠 이내에 Wartman의 혈구 수는 정상으로 돌아왔고, 2주일이 지나자 그의 골수에는 암 세포가 발견되지 않았다. 이 시점에서 화이자는 결정을 번복하여 Wartman에게 약물을 공급하였다. 또한 Wartman은 암의 재발을 막기 위해 두 번째 골수 이식을 받았다. 물론 Wartman의 장기간에 걸친 예후는 아직 확실하지 않지만, 암의 맞춤치료를 활용한 그의 성공적인 이야기는 암환자에게 상당히 희망적이며, 또한 여러 암에서 *FLT3* 유전자의 조절에 관한 연구를 촉발시켰다.

[1)] 위 이야기는 Kolata, G. 가 2012년 7월 7일자 *New York Times*에 기고한 "In treatment for leukemia, glimpses of the future"에서 발췌한 것이다.

러한 어려움에도 불구하고 맞춤의학 분야에서 암 진단과 유전자 표적 치료의 밝은 미래를 보여주는 사례라 할 수 있다.

개인 유전체학과 질병 진단: 한 사람의 유전체 분석하기

2010년에 *Lancet* 저널에 한 사람의 전체 유전체 서열로부터 얻을 수 있는 정보의 유형에 관한 논문이 발표되었다.[2)] 이 연구에 제시된 유전체 서열은 true single-molecule sequencing (tSMS™) 방법으로 분석한 최초의 사례였다. 앞서 20장과 21장에서 소개한 대단위 유전체 서열 분석 과정에는 DNA 클로닝과 PCR 증폭 과정이 요구된다. 그러나 tSMS 방법은 최소한의 공정을 거친 유전체 DNA 가닥을 직접 서열 분석하게 된다. 이 방법으로 한 사람의 유전체를 분석하는데 1대의 기계로 세 사람의 작업을 통해 1주일 정도 걸리며, 비용은 48,000달러 정도 소요된다. 논문의 유전체 서열은 이 방법을 개발하여 연구팀의 리더로 있는 스탠퍼드대학교 교수 Stephen Quake 박사의 것이다. 그는 당시 40세의 건강한 남성이며, 관절염, 대동맥류, 관상동맥 질환, 심장마비의 가족력을 지니고 있었다.

환자의 서열과 데이터베이스상의 다른 사람의 유전체 서열을 비교 분석함으로써 260만 개의 SNP와 752개의 사본 수 변이를 발견하였다. 연구자들은 유전체 서열 데이터를 분류하여 변이서열 중 표현형에 영향을 줄 가능성이 있는 것을 결정한다. 이러한 연구는 기존에 알려진 여러 데이터베이스의 SNPs와 개별 실험을 통해 알려진 질병 관련 SNP 데이터베이스의 조사를 통해 진행하며, 여러 질병에 대한 예측 위험도를 계산하게 된다. 질병 예측 위험도 분석에는 수십 명의 연구자와 임상의들이 보통 1년간 공동으로 연구를 진행하며, 수십 개의 서열 데이터베이스, 다양한 유전체 분석 기술, 수백 개의 연구 논문에서 얻은 정보들이 통합된다.

환자가 약물에 어떻게 반응하는지를 알기 위해 연구자들은 약리유전체학적으로 중요한 유전자에 알려진 변이형이 있는가를 PharmGKB 데이터베이스(Box 2 참조)에서 검색하였다. 환자의 유전체에서 약물 반응과 관련된 유전자들 중 63개의 임상적 의미가 있는 SNPs를 찾아내었다. 또한 기존에 알려져 있지 않은 6

[2)] Ashley, E.A., et al. 2010. Clinical assessment incorporating a personal genome. *Lancet* 375: 1525–1535.

개의 SNPs를 약물 반응 관련 유전자에서 찾았는데, 모두 아미노산 서열을 변화시키는 변이형이었다. 예를 들어 유전체 서열 분석 결과 환자는 *CYP2C19* 유전자의 기능소실 돌연변이 대립유전자에 대해 이형접합자이었다. 이 돌연변이로 인해 환자는 심장 질환에 사용하는 여러 약물에 대해 민감성을 보일 것이다. 또한 *VKORC1*과 *CYP4F2* 유전자의 SNPs 유형에 근거하면, 환자는 와파린에 대해 정상보다 더 민감성을 가질 것이다. 반면 환자의 서열에는 스타틴에 대해 좋은 반응을 보이는 유전자 변이형이 있는 반면, 다른 유전자 변이형을 살펴보면 정상보다 높은 스타틴 복용량을 요구한다.

질병에 직접 영향을 주는 유전자의 돌연변이를 찾는 과정에서 여러 개의 후보 변이형을 발견하게 되었다. 환자는 *CFTR* 유전자에 SNP 변이를 가진 이형접합자였는데, 변이형은 CFTR 단백질의 458번째 아미노산이 글라이신에서 아르기닌으로 변형되어 있다. 이러한 변이가 자손에게 전달되고 동시에 다른 쪽 부모로부터 돌연변이 *CFTR* 유전자를 받게 되면 낭포성 섬유증이 유발될 것이다. 환자는 유전성 혈색소증 단백질 전구체 유전자(hereditary haemochromatosis protein precursor gene, *HFE*)의 경우에도 열성 돌연변이 유전자를 지닌 이형접합자였다. 이 유전자의 열성 돌연변이는 독성 수준으로 철을 축적시켜 혈색소증을 유발한다. 또한 환자는 용질 운반계(solute carrier family 3, *SLC3A1*) 유전자의 열성 돌연변이를 지닌 이형접합자였으며, 이 돌연변이는 시스테인의 과다 배출과 신장결석을 보이는 시스틴뇨증과 관련된다. 연구자들은 파라파이브로민(parafibromin, *CDC73*) 유전자에서 이형접합 SNP를 발견하였는데, 이 유전자의 변이형은 미리 종결된 단백질을 형성한다. 파라파이브로민 유전자는 종양억제 유전자로 부갑상선 기능항진과 부갑상선암 발생에 관련된다. 변이형 SNP를 가지고 있는 이 환자는 어떤 세포에서 나머지 정상 유전자의 이형접합 결실 돌연변이가 발생하게 된다면, 암이 발생할 위험이 증가하게 된다.

이 환자의 유전체 분석을 통해 다인자성 질병의 발생을 예측하는 것은 훨씬 더 어려운 일이다. 유전체와 질병 간의 상관 관계 연구를 통해 복합성 질병과 관련된 수많은 서열 변이가 발견되었다. 그러나 질병 감수성에 미치는 각 변이의 효과는 일반적으로 아주 작다고 볼 수 있다. 모든 변이 유형이 발견되었거나 특성이 분석된 것이 아니기 때문에, 하나 혹은 그 이상의 SNPs를 가진다고 해서 관련 질병에 대한 위험도를 수치화하기는 어렵다. 한 예로, 연구자들은 급성 심장마비와 관련될 것이라 예측되는 세 종류의 유전자(*TMEM43*, *DSP*, *MYBPC3*)에서 SNPs를 발견하였다. 그러나 이 SNPs 중 두 개의 효과는 아직 확실하지 않으며, 나머지 SNP도 이전에 알려진 것이 아니었다. 환자는 심근경색에 걸릴 가능성을 높이는 것과 관련된 5개의 SNPs와 동시에 심근경색에 걸릴 가능성을 낮추는 것과 관련된 2개의 SNPs를 가졌다. 심근경색의 위험도를 증가시키는 SNPs 중에서 아포지질단백질 A 전구체(apolipoprotein A precursor, *LPA*) 유전자의 변이는 혈장 내 지질단백질 농도를 5배 정도 증가시키며 관상동맥질환 위험도를 2배 정도 증가시킨다. 환자가 지닌 여러 SNPs의 동시적인 잠재효과, 환경인자, 생활습관을 고려함으로써, 연구자는 환자의 유전체로 인해 8개 질병(제2형 당뇨, 비만, 관상동맥질환 등)에 대한 위험도가 상당히 증가되며 7개 질병(알츠하이머 등)에 대한 위험도가 감소된다고 결론지었다. 환자는 임상유전학자, 상담자, 임상 연구자에게서 유전체 서열 분석을 통해 얻은 정보에 대해 설명을 듣게 되었다. 유전 상담을 통해 유전병 위험도에서 기인하는 정신적 및 출산 문제, 유전자 검사 결과로 인한 차별 가능성, 위험도 측정의 불확실성에 관한 문제를 다루게 되었다.

2012년 개인 유전체 분석에 관한 또 다른 연구 결과가 발표되었다(Box 4). 이 연구는 한 개인의 유전체 서열, 전사체, 단백질체, 대사체 프로파일을 14개월 동안 여러 시점에서 분석한 데이터를 종합한 것이다. 다차원적으로 깊이 있게 분석한 개인 프로파일에는 환자의 건강한 상태와 질병에 걸린 상태에 대한 조사도 포함되었는데, 분석 기간 동안 환자가 바이러스에 2차례 감염되었고 제2형 당뇨를 앓았던 기간이 있기 때문이다. 이 연구를 통해 유전자 발현의 복잡한 변화가 표현형에 어떻게 영향을 주는지를 알 수 있게 되었고, 개인의 DNA 서열 분석을 넘어서 발현 양상 분석 데이터의 중요성을 보여주었다. 또한 현재의 기술로 유전자 발현 프로파일을 조사하는 것이 가능하며, 향후 맞춤의학 검사에 유전자 발현 분석도 포함될 것임을 시사한다.

기술적, 사회적, 윤리적 문제

개인 맞춤의학은 앞으로 의료 분야의 표준이 될 것이다. 유전체 분석, '-체학' 프로파일, 미세배열 분석, SNP 진단은 기술적으로 더 신속하고 정확해져야 하며, 비용도 감소해야 할 것이다. 연구자들은 이러한 요구가 해결될 수 있을 거라 예측한다. 그러나 기술의 정확도와 신뢰도가 훨씬 더 발전할 때까지 유전체 분석 결과는 주의 깊게 다루어져야 할 것이다. 유전체 서열 혹은 검사 결과에 아주 약간의 오류가 있게 되면 잘못된 진단과 부적절한 치료가 이루어질 수 있다. 아마도 연구자들이 엄청난 양의 서열 분석 데이터를 저장하고 해석할 수 있는지가 가장 큰 문제로 대두될 것이다. 한 사람의 유전체는 같은 크기의 문자로 200권 분량의 전화번호부에 해당하는데, 이 서열을 데이터베이스로 저장하고 적절한 서열 변이를 탐색하며, 각 서열 변이에 의미를 할당해야 한다. 이러한 작업을 하기 위해서 연구자들은 대단위적인 집단 유전학 연구를 통해 데이터를 얻어야 하며, 서열 변이와 표현형, 질병, 혹은 약물 반응성 간의 관계를 설정해 볼 수 있다. 전문가들은 유전체 분석을 통한 맞춤의료가 이루어지기 위해서는 여러 공공 및 민간 연구팀의 협조가 필요하며, 아마도 10년 이상의 기간이 걸릴 것이라 예상한다. 또한 효과적인 자동

BOX 4

유전체학을 넘어: 개인의 '–체학' 프로파일

스탠퍼드대학교의 Michael Snyder가 이끄는 연구팀은 여러 분야의 '–체학' 기술이 개인의 건강 상태와 질병 상태를 조사하는 데 어떻게 사용되는지를 발표하였다.[3)]

건강한 개인(Synder 본인)에게서 14개월 연구 기간 동안 20번의 시점에서 혈액 샘플을 얻어 2종류의 방법으로 전체 유전체 서열을 매 시점마다 분석하였고, 3종류의 방법으로 엑솜 서열 분석도 진행하였다. 또한 그의 유전체 서열을 어머니의 유전체 서열과 비교하였으며, 동시에 전사체 서열 분석, 단백체 프로파일, 대사체 분석도 진행하였다.

Synder의 유전체 서열 분석 결과, 관상동맥질환, 기저세포 암, 고중성지질혈증, 제2형 당뇨의 위험도를 증가시키는 여러 개의 SNPs가 발견되었다. 텔로미어 복제와 관련된 *TERT* 유전자의 돌연변이도 발견되었는데, 이 유전자의 돌연변이는 재생불량성 빈혈 위험도를 증가시킨다. 이러한 유전체 분석 데이터에 근거하여 여러 의료 검사를 시행한 결과, Synder에게는 재생불량성 빈혈의 증상은 전혀 없었으며 텔로미어의 길이도 정상에 가까웠다. Synder의 어머니도 동일한 형태의 *TERT* 돌연변이를 지니고 있었으나, 재생불량성 빈혈의 증후는 없었다. 의료검사 결과 높은 수준의 트리글리세리드가 탐지되었으므로, Synder는 적절한 처방을 통해 혈중 지질의 관리를 시작하였다. 혈당량은 처음에는 정상이었으나, 호흡기세포융합바이러스(RSV)의 감염 이후 비정상적으로 높아졌다. 이 데이터를 확인한 후, Synder는 식단 관리와 운동을 통해 정상 수준의 혈당으로 유지시켰다. 약물 반응과 관련된 유전자의 변이형을 분석한 결과 Synder는 당뇨약에 잘 반응하는 것으로 나타났다.

RNA 서열분석을 통해, 연구자들은 20번의 시점에서 얻은 샘플을 대상으로 19,000종류 이상의 mRNA의 존재와 양을 측정하였으며, 12,000개 이상의 유전자로부터 생성된 miRNA를 분석하였다. 분석 결과 일련의 유전자 세트가 RSV 감염과 혈중 포도당 농도와 같은 특정 환경 조건에 따라 통합적으로 조절됨을 알 수 있었다. 또한 생리학적 변화에 따라 RNA의 선택적 스플라이싱과 편집이 나타남을 관찰하였다. RNA 편집은 아데노신(adenosine)을 이노신(inosine)으로, 시티딘(cytidine)을 우리딘(uridine)으로 바꾸는 것이었으며, 이러한 RNA 편집으로 인해 번역된 단백질의 아미노산 서열이 변형되었다.

연구자들은 시간 단계별로 얻은 모든 샘플에 대해 6,000개 이상의 단백질과 대사산물의 양을 분석하였다. RNA 분석 데이터처럼 단백질과 대사 산물의 데이터에서도 바이러스 감염과 혈당량에 따라 통합적인 변화를 관찰할 수 있었다. 이러한 변화 중 일부는 RNA, 단백질, 대사산물 간에 공통적으로 나타났으며, 일부는 각 영역에 특이적인 양상을 보였다. 이러한 유전체 발현 양상의 패턴이 지닌 의학적 중요성은 향후 연구에서 밝혀질 것이다.

[3)] Chen, R. et al. 2012. Personal omics profiling reveals dynamic molecular and medical phenotypes. *Cell* 148: 1293-1307.

분석 시스템과 엄청난 양의 정보를 처리하는 알고리즘의 개발도 필요하다. 더구나 데이터 분석 시 유전적 변이가 개인의 표현형에 부분적으로만 영향을 준다는 점이 고려되어야 한다. 맞춤의학의 실현을 위해서는 유전체 정보뿐 아니라 환경, 생활습관, 후성 유전적 정보까지 통합적으로 다루어야 한다.

맞춤의학을 실현하는 데 있어 또 다른 기술적 문제는 자동 건강 정보기술의 개발이다. 건강관리 기관은 각 환자의 유전체 프로파일을 저장, 검색, 분석하는 전자기록 장치를 사용해야 하며, 기존의 정보를 유전자와 질병에 관한 새로운 정보와 지속적으로 비교할 수 있는 프로그램도 필요하다. 현재 미국의 병원과 의사 중 10% 미만이 상기에 소개한 정보 기술에 접근할 수 있다.

맞춤의학은 수많은 사회문제도 야기한다. 모든 사람에게 맞춤의학이 적용되기 위해서는 유전 검사와 유전 상담의 비용이 보험 적용 대상이 되어야 한다. 유전 검사와 유전체 서열 분석의 정확성을 검증하는 관리도 필요하며, 검사 및 분석 결과는 환자 개인 정보의 보호가 이루어질 수 있도록 보관되어야 한다. 현재 유전 검사의 1% 정도가 미국 식품의약국과 같은 정부 기관의 관리를 받고 있다.

맞춤의학은 의료교육의 변화를 요구한다. 향후 의사들은 환자 관리의 한 분야로 유전체 정보를 사용하게 될 것이므로, 의과대학은 예비의사들에게 유전정보를 해석하고 설명할 수 있도록 교육해야 할 것이다. 또한 유전 상담자와 유전체 전문가도 더 많이 필요할 것이다. 유전체 전문가는 유전체와 질병의 관계를 이해하고 생물정보학 데이터를 다룰 수 있어야 할 것이다. 2010년의 경우 북미에 대략 2,500명의 유전 상담자와 1,100명의 임상 유전학자가 활동하는 것으로 보고되었다.

새로운 맞춤의학의 시대에 야기되는 윤리문제는 다양하며 도전적이다. 예를 들어 유전체와 맞춤의학 기술의 개발에 사용할 비용이 과연 제한된 예산에서 적절한 배분인가에 대한 것이다. 과학이 맞춤의학에 관심을 가지기보다는 식량의 분배나 깨끗한 물의 보존 같은 인류가 직면한 더 중요한 문제를 해결해야 한다고 주장하는 사람들도 있다. 일부 비평가들은 고도로 전문화된 값비싼 의료 관리는 모든 사람에게 적용되지 않을 것이며, 경제적 불평등을 더욱 악화시킬 것이라고 말한다. 또한 데이터베이스로 보관되는 유전체 정보와 사적인 건강관리 기록이 얼마나 안전하게 보호될 것인가에 대해서도 염려스럽다. 유전체 분석을 통해 알게 된 정보에 근거하여 고용과 보험에서 차별을 막을 수 있는 효과적인 방법도 고려되어야 할 것이다.

대부분의 전문가들은 현재 우리 사회가 맞춤의학 혁명의 출발점에 있다고 본다. 유전학과 유전체학 연구를 통해 얻은 정보로 이미 효과적인 약물 처방이 진행되고 있으며, 질병 발생 전에 예측할 수 있도록 도와준다. 향후 맞춤의학은 의료 분야의 전반에 영향을 주게 될 것이다. 새로운 맞춤의학 시대에 다가올 여러 문제를 해결해 나감으로써, 우리는 최대한의 사람들에게 최대의 이익을 줄 수 있도록 방향을 잡아야 할 것이다.

참고 문헌 및 자료

Journal Articles

Ashley, E.A., et al. 2010. Clinical assessment incorporating a personal genome. *Lancet* 375: 1525 – 1535.

Collins, F. 2010. Has the revolution arrived? *Nature* 464: 674 – 675.

McLeod, H.L. 2013. Cancer pharmacogenomics: Early promise, but concerted effort needed. *Science* 339: 1563 – 1566.

Ormond, K.E., et al. 2010. Challenges in the clinical application of whole-genome sequencing. *Lancet* 375: 1749 – 1751.

Pushkarev, D., et al. 2009. Single-molecule sequencing of an individual human genome. *Nature Biotech* 27: 847 – 850.

Ross, J.S. 2009. The HER-2 receptor and breast cancer: Ten years of targeted anti-HER-2 therapy and personalized medicine. *The Oncologist* 14: 320 – 368.

Soon, W.W., et al. 2013. High-throughput sequencing for biology and medicine. *Mol. Systems Biol.* 9: 640; doi:10.1038/msb.2012.61.

Venter, J.C. 2010. Multiple personal genomes await. *Nature* 464: 676 – 677.

Web Sites

Personalized Medicine Coalition, 2011. The Case for Personalized Medicine. http://www.personalizedmedicinecoalition.org/Resources/The_Case_for_Personalized_Medicine

U.S. Food and Drug Administration, 2010. Table of Valid Genomic Biomarkers in the Context of Approved Drug Labels. http://www.fda.gov/Drugs/ScienceResearch/ResearchAreas/Pharmacogenetics/ucm083378.htm

U.S. National Institutes of Health, Genetics Home Reference. What is pharmacogenomics? http://ghr.nlm.nih.gov/handbook/genomicresearch/pharmacogenomics

확인 문제

1. 약리유전체학이란 무엇인가? 약리유전체학과 약리유전학의 차이점은 무엇인가?
2. 항암제 허셉틴의 작용 기작을 설명하시오. 허셉틴을 처방하기 전에 어떤 종류의 유전자 검사가 진행되어야 하는가?
3. Oncotype DX Assay는 무엇이며, 어떻게 사용하는지 설명하시오.
4. 시토크롬 P450 단백질은 약물 반응에 어떻게 영향을 주는지 두 개의 실례를 들어 설명하시오.
5. 현재 사용되는 유전 검사의 종류와 분류 기준에 대해 설명하시오.
6. 유전체 연구가 암을 이해하는 데 어떤 변화를 유발하였는지 두 개의 실례를 들어 설명하시오.
7. 효과적인 맞춤의학을 위해 유전체 서열 분석을 포함하여 유전자 발현 프로파일을 조사해야 하는 이유를 설명하시오.
8. PharmGKB 데이터베이스를 이용하여, *CYP2D6* 유전자의 변이형과 유방암 치료제인 타목시펜(tamoxifen)에 대한 환자의 반응성 간의 관계를 설명하시오.

탐구 문제

1. 이 장에서 개인 유전체학 분석을 통해 질병을 예측하고 치료하는 3건의 연구가 소개되었다. 이러한 연구는 향후 맞춤의학이 얼마나 발전할 것인가에 대한 전망을 보여주지만, 논란도 야기시킨다. 맞춤의학 연구에 대한 어떤 종류의 반대 의견들이 있으며, 이러한 문제를 해결하기 위해 어떤 방안이 제안될 수 있는지 논의해 보시오.
2. 맞춤의학이 일상적인 의료 체계의 한 부분이 되기 위해서 극복해야 할 가장 큰 문제는 무엇인가? 이 문제의 가장 어려운 점이 무엇이며, 왜 그렇다고 생각하는지 논의해 보시오.
3. 환자의 유전체 정보가 의료 기록에 남게 되는데, 사적인 정보로 보호받을 수 있을지에 대해 논의해 보시오. 만일 당신의 유전체 서열을 연구를 위해 사용해도 되는지에 대해 질문받는다면 당신의 의견은?
4. 유전자 검사와 유전체 서열 분석은 앞으로 점점 더 일반화될 것이다. 우리는 고용과 의료보험에서 '유전적 차별'의 출현을 막기 위해 어떻게 해야 할 것인지 논의해 보시오.

유전적으로 변형된 식품

수세기 동안, 인간은 원하는 유전형질을 가진 식물과 동물을 만들기 위해 선택적 육종기술(selective breeding techniques)을 사용하였다. 우리는 자연발생체와는 돌연변이체들을 선별하고 원하는 표현형을 얻기 위한 이들 간의 육종에 의하여 인류의 식량과 복잡한 문명을 지원하기 위해 다양한 개체들을 진화시켰다.

선택적 육종을 통한 유전자 조합(shuffling)은 엄청난 성공을 거두었지만, 그 과정이 너무 느렸다. 재조합 DNA 기술이 1970년대와 1980년대에 등장했을 때 과학자들은 원하는 특성을 가진 유전자를 동정하고 클로닝한 뒤 생물체에 도입하여 농업적으로 중요한 생물을 정확하고 신속하게 변형할 수 있다는 것을 깨달았다. 동물과 식물의 유전공학은 생산성 향상, 농약 사용 감소, 향상된 맛과 영양 등을 이끄는 새로운 농업과학의 시대를 약속하였다.

1990년대 초부터 과학자들은 다수의 유전자변형(Genetically Modified, GM) 식품들을 생산하기 시작하였다. 1994년에 판매 승인을 받은 첫 번째 GM 작물은 Flavr Savr 토마토로, 일반 토마토보다 더 오래 단단하고 잘 익은 상태가 유지되었다. 바로 얼마 뒤에 다른 GM 작물들이이 개발되었다: 바이러스 감염에 대한 저항이 있는 파파야와 호박, 열대 오일 라우레이트(laurate)를 포함한 카놀라, 곤충에 내성이 있는 옥수수와 면화, 그리고 제초제에 내성이 있는 대두와 사탕무 등이 있었다. 2012년에는 이미 200가지 이상의 다양한 GM 작물 품종이 생산되었다. 전 세계적으로 GM 작물은 1억 7,000만 헥타르에서 경작되고 있으며 GM 종자들은 150억 달러의 가치를 가진다.

많은 사람들이 GM 식품의 큰 잠재력을 알고 있지만—성장하고 있는 인구와 기후 변화로 인한 세계의 기아 해결을 위한—어떤 이는 기술에 의문을 가지고 GM 식품의 개발에 반대하며, 때로는 GM 품종의 도입을 막기 위해 폭력을 행사하기도 한다(ST 그림 5.1 참조). 황금쌀(Golden Rice)—비타민 A 전구 물질이 포함되어 있어 개발국에 비타민 A 결핍증을 줄이기 위해 인도주의 비영리 기반으로 개발된 다양한 쌀—조차도 이러한 반대와 폭력의 표적이 되었다. 2013년 8월 8일에는 400명의 시위대가 필리핀 Bicol 지역의 황금쌀 야외 포장 실험 용지를 둘러싼 보안 펜스를 부숴버렸다. 15분 이내에 그들은 대부분의 GM 벼를 뿌리채 뽑고 짓밟았다. 공격자들은 황금쌀이 인간의 건강과 생물 다양성에 대한 위협이며, 지역 식용작물의 서구 기업 지배로 이어질 것이라고 주장했다.

"동물과 식물의 유전공학은 생산성 향상, 농약 사용 감소, 향상된 맛과 영양 등을 이끄는 새로운 농업과학의 시대를 약속하였다."

GM 식품에 대한 반대는 황금쌀에만 국한된 것이 아니다. 2013년에는 52개국에서 개최된 집회에서 약 200만 명이 GM 식품 금지에 대한 행진을 했다. 어떤 국가는 모든 GM 식품에 대해 철저히 금지한 반면, 다른 국가에서는 기술을 용인하였다. 일부 과학자와 사업가들은 GM 식품의 거의 무한한 가능성을 극찬했지만, 반대파는 안전과 환경에 대한 우려를 보였다. GM 식품의 주제는 토론의 양쪽에서 과장된 수사, 정보, 그리고 오보를 초래했다.

그러면 GM 식품에 관한 진실은 무엇인가? 이 장에서는 GM 식품의 배경에 있는 과학을 소개하고, 새로운 기술의 약속과 문제점을 검토한다. 우리는 이 주제를 둘러싼 복잡한 질문을 다루기 위해 몇 가지 논쟁과 현재의 정보를 살펴볼 것이다.

ST 그림 5-1. 남서부 프랑스에서 유전자 변형 옥수수의 필드를 공격하는 안티-GM 시위대. 2004년 7월, GM 작물 반대 운동가 수백 명이 미국의 생명공학 회사 Pioneer Hi-Bred International에 의해 실험되고 있는 작물을 파괴했다.

GM 식품은 무엇인가?

GM 식품은 **유전자변형생물(genetically modified organism, GMO)**들 중 농업적으로 중요한 식물과 동물을 의미한다. GMO는 유전체가 자연적으로 일어나지 않는 방식으로 변형된 생물로 정의된다. 비록 GMO의 정의는 선택적 육종에 의해 유전적으로 변형된 생물을 포함하지만, 가장 일반적으로 사용되는 정의는 유전공학 또는 재조합 DNA 기술에 의해 변형된 생물을 말한다. 유전공학은 클론화된 하나 또는 그 이상의 유전자들을 하나의 개체에서 다른 개체로—같은 종의 개체 간 또는 관련성이 없는 종 간에서—이동시키는 것이다. 또한 개체가 지닌 내재 유전자(endogeneous genes)의 발현을 증가 혹은 감소시키는 방법으로 변형시킬 수 있다. 관련성이 없는 종 간에 유전자가 전달된 경우, 그 결과 얻어진 개체를 **transgenic**(종간 형질전환)이라고 한다. 때로 한 종 내에서 유전자가 전달된 경우에는 **cisgenic**(종내 형질전환)이라고 한다. 대조적으로, **생명공학(biotechnology)**이라는 용어는 효소를 분리하거나 와인, 치즈, 요구르트 생산하는 것처럼 유기체와 그 요소들을 조작하는 보다 일반적이고 광범위한 방법을 의미한다. 식물과 동물의 유전적 변형은 생명공학의 한 측면이다.

2012년에 GM 작물은 지구상 경작지의 11%에서 약 30개국에서 경작된 것으로 추정되었다. 이러한 GM 작물의 약 90%는 5개국(미국, 브라질, 아르헨티나, 캐나다, 인도)에서 재배되고 있다. 특히, 미국은 경작지 면적의 약 절반을 GM 작물이 차지했다. 미국 농무부에 따르면, 미국에서 재배된 대두의 93%와 옥수수의 88%는 GM 작물이다. 미국에서는 가공 식품의 70% 이상이 GM 작물에서 유래한 성분이 포함되어 있다.

1990년대 Flavr Savr 토마토의 출시 직후, 농업 관련 산업은 소비자에게 직접 GM 식품의 매력을 보여주는데 거의 신경을 쓰지 않았다. 대신 시장은 생산성이 향상된 작물을 제공하기 위해 농가 쪽으로 관심을 가졌다. 미국에서는 2012년까지 약 200종류의 GM 작물 품종이 식품과 가축 사료로 사용하기 위해 승인되었다. 그러나 콩, 옥수수, 사탕무 품종, 면화, 캐놀라, 파파야, 호박 등이 포함된 24종만이 널리 재배되었다. ST 표 5.1에 미국에서 경작 가능한 일반적 GM 농작물의 일부를 나타내었다. 이러한 GM 작물 중 지금까지 가장 널리 경작된 것들은 제초제 내성 및 해충에 저항성을 가지는 품종이다. 비록 GM 연어 품종은 미국(Box 1)에서 시장의 승인에 근접했지만, 현 시점에서 어떠한 GM 동물식품도 소비를 위해 승인되지 않았다. 염소와 양처럼 몇몇 농업상 중요한 동물들은 그들의 우유에서 의약 제품을 생산하도록 유전적으로 변형되었다. 생물반응기(bioreactors)로서의 형질전환동물의 사용은 이전 장에서 논의되었다(22장 참조).

ST 표 5.1 미국 내에서 식품, 사료, 재배로 승인된 GM 농작물*

농작물	종류 수	GM 특성
대두	19	글리포세이트 제초제에 대한 내성 글루포시네이트 제초제에 대한 내성 감소된 포화지방 강화된 올레산 향상된 오메가-3 지방산
옥수수	68	글리포세이트 제초제에 대한 내성 글루포시네이트 제초제에 대한 내성 Bt 해충 저항성 향상된 에탄올 생산
목화	30	글리포세이트 제초제에 대한 내성 Bt 해충 저항성
감자	28	Bt 해충 저항성
카놀라	23	글리포세이트 제초제에 대한 내성 글루포시네이트 제초제에 대한 내성 향상된 라우르산
파파야	4	파파야 윤문병 바이러스에 대한 저항
사탕무	3	글리포세이트 제초제에 대한 내성
쌀	3	글루포시네이트 제초제에 대한 내성
주키니(호박)	2	호박, 수박, 오이의 모자이크 바이러스에 대한 저항
알팔파(자주개자리)	2	글리포세이트 제초제에 대한 내성
자두	1	매화 수두 바이러스에 대한 저항

* 위 정보는 www.isaaa.org, International Service for the Acquisition of Agri-Biotech Applications에서 발췌.

제초제 내성 GM 작물

잡초는 전 세계 작물 생산량의 약 10%를 감소시킨다. 잡초를 없애기 위해 농민들은 종종 작물의 파종 전과 후에 제초제를 사용한다. 가장 효율적인 광역 스펙트럼 제초제는 작물 또한 죽이기 때문에 제초제의 사용이 어렵고 제한적이다. 농부는 또한 잡초를 통제하기 위해 경작법을 사용하나, 이러한 경작은 토양 구조를 망치며 침식을 증가시킨다.

제초제 저항성 품종은 가장 널리 재배되고 있으며, 전체 GM 작물의 약 70%를 구성한다. 이러한 품종의 대부분은 광범위한 스펙트럼 **제초제(glyphosate)**에 대한 내성을 부여하는 박테리아 유전자를 포함한다—Roundup®과 같은 상업 제초제의 주성분. 제초제는 낮은 농도에서 작용하고, 토양과 물에 빠르게 분해되어 인체에 유해하지 않다는 연구가 보고되었다.

제초제 내성 작물을 심는 농부는 GM 작물이 성장하는 동안

BOX 1

GM 연어 이야기— 하류 효과?

사람이 먹을 수 있는 최초의 GM 동물로 승인될 AquAdvantage salmon은 18년이 걸렸고 약 6000만 달러가 들었지만, 곧 미국 시장에서 판매될 것으로 예상된다.

AquAdvantage salmon은 일반 연어의 2배의 속도로 성장하여 3년이 아닌 1년 반에 시장성 있는 크기에 도달하도록 유전적으로 변형된 대서양 연어이다. 매사추세츠에 있는 AquaBounty Technologies 회사의 과학자들은 Chinook 연어의 성장 호르몬을 암호화하는 단일 유전자를 대서양 연어에 형질전환시켜 변종을 만들었다. 이 유전자는 장어에서 얻어진 결빙 방지 단백질의 유전자 프로모터 하위부분(downstream)에 클로닝되었다. 이 프로모터는 성장 호르몬 유전자가 발현되지 않는 겨울에 성장 호르몬의 합성을 자극한다. GM 연어의 급속한 성장은 어부들의 생산성을 두 배로 증가시킬 수 있게 한다.

AquaBounty는 연어를 키우고 판매할 두 시설에 — 하나는 미국, 또 하나는 파마나에 소재함 — GM 물고기의 알을 판매할 예정이다. 물고기가 시설 외에 유출되는 것을 막기 위해, 기업은 삼배체 불임성의 암컷 수정란만을 판매할 것을 약속했다. 내륙에 소재하고 알과 작은 물고기가 도망칠 수 없는 충분한 필터를 가지고 있는 시설만이 승인될 예정이다.

이러한 보증에도 불구하고 환경 단체들은 GM 연어의 판매에 대해 싸울 계획을 하고 있다. 미국의 일부 식료품 체인은 GM 물고기를 금지하고, 일부 미국 서부 지방에서 의원들은 이 물고기의 유출사고 시 형질전환체가 야생 연어 개체군을 오염시켜 정상적인 생태계 교란 가능성에 대한 우려로 AquAdvantage 연어의 승인을 저지하려 하고 있다.

GM 물고기의 지지자들은 GM 연어가 그 시설을 탈출하는 것은 매우 가능성이 낮다는 점을 지적하고, 만약 탈출을 하면 야생에 적응하지 못할 것이라고 한다. 새로운 GM 연어의 비평가들은 불임성 삼배체(수정란의 압력-충격법)를 만드는 데 사용되는 기술은 비록 작은 비율이나마 가임성 이배체가 남을 수 있는 가능성을 지적했다. 그들은 비록 몇 마리의 생식 가능한 물고기가 야생으로 도망치더라도, 야생 개체군에 장기적인 영향을 미칠 수 있음을 지적했다. 2013년에 발표된 AquAdvantage 연어는 가까운 친척인 브라운 송어와 성공적으로 번식할 수 있음을 보여주었다.[1] 실험실 조건에서는 GM이나 일반 품종들보다 잡종(hybrid)이 더 빨리 성장하였고, 그리고 실험실에 만들어진 닫힌 강 시스템(closed stream-like system)에서 잡종이 식량 확보에 있어 양쪽 부모 물고기 품종을 월등히 능가했다. 비록 잡종 연어-송어 품종이 성공적으로 야생에서 번식할 수 있는지 여부는 아직 알려져 있지 않지만, 저자들은 이러한 결과는 환경 평가에 고려되어야 한다는 점을 지적한다. 만약 GM 연어가 탈출하여 번식하고, 야생 개체군을 형질전환시킨다면, 물고기의 생태계에 알 수 없는 부정적인 효과가 있을 수도 있다.

[1] Oke, K.B., et al. 2013. Hybridization between genetically modified Atlantic salmon and wild brown trout reveals novel ecological interactions. *Proc. R. Soc. B.* **280** (1763): 20131047.

AquAdvantage 연어는 일반 대서양 연어보다 두 배 빠르게 자라서, 절반의 시간에 시장에 내놓을 수 있다.

에도 밭에 제초제를 사용할 수 있다. 이 방법은 기계적인 제초보다 효율적이고 경제적이며, 반복된 경작에 의한 토양의 피해를 줄일 수 있다. 이 제초제는 독성이 더 높은 다른 제초제를 사용하는 것과 비교하여 환경 부하가 적다고 제안되었다.

최근 어떤 잡초들은 제초제에 대한 내성을 일으켜, 제초제 내성 작물의 효율성을 저하시킬 수 있음이 시사되었다. (제초제 내성 GM 식물에 대한 우려는 이 장의 후반에서 다룰 것이다.) 제초제 내성 식물을 형질전환하는 데 사용된 방법은 다음 절에 설명할 것이다.

해충 저항성 GM 작물

두 번째로 인기 있는 유전적 변형은 병해충에 대한 내성 작물을 만드는 것이다. 해충은 전 세계 식량 생산에 있어 가장 심각한 위협 중 하나다. 농가는 살충제 살포뿐 아니라 윤작이나 포식 동물을 사용하여 해충과 싸운다.

가장 널리 사용되는 GM의 해충 내성 작물은 **Bt 작물(Bt**

crops)이다. ***Bacillus thuringiensis***(Bt)는 특정 곤충에게 독성이 있는 크리스탈(Cry) 단백질을 생산하는 토양서식 균주이다. 이러한 Cry 단백질은 세균의 *cry* 유전자 의해 암호화되어 있으며, 포자 형성 시 결정 구조를 형성한다. Cry 단백질은 나비목(나방과 나비), 파리목(모기와 파리), 딱정벌레목(딱정벌레) 및 막시류(벌과 개미)에 유독하다. 독소가 활성화되려면 곤충이 세균 포자 또는 Cry 단백질을 섭취해야 한다. 곤충 장(gut)의 높은 pH 범위 내에서 결정이 곤충 프로테아제(protease) 효소에 의해 용해되고 절단된다. Cry 단백질은 곤충 장막의 수용체에 결합하여, 장벽을 파괴하고 죽음에 이르게 한다.

각 곤충 종은 일부의 Bt Cry 독소와 일치하는 특정한 장 수용체를 가지고 있다. 200개 이상의 서로 다른 Cry 단백질이 존재하기 때문에 특정 해충 종류에 대항하는 Bt 균주의 선택이 가능하다.

Bt 포자는 보통 액체 스프레이에 넣어 전통적인 그리고 유기농 원예 양쪽에서 살충제로 수십 년 동안 사용되어 왔다. 햇빛과 토양은 빠르게 Bt 살충제를 분해해 지하수, 포유류, 어류 또는 조류에 악영향을 끼치지 않는다. 인간과 동물의 독성 시험에서 Bt의 작용은 적다는 것이 밝혀졌다.

Bt 작물을 만들기 위하여 과학자는 다음 절에 설명된 방법을 이용하여 식물세포에 하나 이상의 클론된 *cry* 유전자를 도입시켰다. 그리면 GM 작물은 자신의 Bt Cry 단백질을 생산하게 되고, 표적 해충 종이 식물조직을 먹었을 때 죽게 될 것이다.

Bt 작물은 작물의 피해를 감소시키고 수확량을 향상시키며, 농업에 사용하는 살충제 살포의 양을 감소시키는 데 성공하였지만, 이 작물의 사용은 여전히 논쟁 중이다. 비록 최근의 연구에서 반대의 결론(Box 2)을 나타내고 있지만, 초기 연구에서 Bt 작물이 모나크 나비의 개체군에 악영향을 미치는 것이 보고되었다. 여전히 존재하는 다른 문제들은 이 장의 다음 절에서 설명된다.

직접 소비를 위한 GM 작물

현재까지 대부분의 GM 작물은 농부들의 수확량이 증가되도록 설계되어 있었다. 또한 대부분의 GM 작물은 인간에 의해 직접 소비되지는 않지만, 동물 사료나 기름, 전분, 시럽 그리고 설탕 등의 가공식품 성분으로 사용되었다. 예를 들어 미국산 대두의 98%는 가축의 사료로 사용되었다. 나머지는 레시틴(lecithin)과 같은 음식 재료, 질감있는 콩 단백질, 콩 오일과 간장 분말 등으로 다양하게 가공되었다. 그러나 일부의 GM 식품은 직접 소비를 위해 개발되어왔다. 예로는 쌀, 호박 및 파파야(Box 3)가 있다.

GM 식품 중 가장 유명하며 논쟁이 되는 사례 중 하나는 쌀알의 배젖에서 β-카로틴(**비타민 A**의 전구체)을 합성하도록 만든 **황금쌀(Golden Rice)** 품종이다.

비타민 A 결핍은 아시아와 아프리카를 중심으로 전세계 60여 개국 이상에서 심각한 건강 문제를 유발하고 있다. 세계보건기구(WHO)는 세계적으로 1억 9,000만 명의 아이들과 1,900만 명의 임산부들이 비타민 A가 결핍된 것으로 추정하고 있다. 비타민 A 결핍증으로 인해 매년 25~50만 명 사이의 아이들이 시력을 잃어가고 있으며, 이 중 절반은 시력을 잃은 후 일 년 이내에 사망한다. 비타민 A는 면역 체계의 기능을 위해서도 필요하며, 이의 결핍은 설사 및 바이러스 감염을 포함한 다양한 증상을 유발한다. 가장 심각한 영향을 받은 사람들은 가난한 나라에 살고 있고, 보통 쌀을 기반으로한 전분 중심의 식생활을 하고 있다. 비타민 A는 일반적으로 β-카로틴을 합성할 수 있는 주황색 과일과 야채, 그리고 녹색 잎의 채소에서 얻을 수 있다.

개발도상국 사람들의 비타민 A 부족 상태를 완화하기 위한 몇 가지 방법이 취해지고 있다. 고용량 비타민 A 보충제를 공급하고 집 정원에서 신선한 과일과 야채를 기르는 방법 등이 있다. 이러한 노력은 부분적인 성공을 거두고 있지만, 교육과 공급에 드는 비용으로 인해 이러한 프로그램의 효율성이 저하되고 있다.

1990년대에 과학자들은 쌀 중심의 식생활을 하는 사람에게 비타민 A 결핍을 해결하기 위한 재조합 DNA 기술을 적용하기 시작했다. 벼과 식물은 자연적으로 잎에서 β-카로틴을 생산하지만, 실제로 먹는 부분인 쌀알의 배젖에서는 생산하지 않는다. β-카로틴의 전구체인 제나릴제라닐 이인산(geranylgeranyl-diphosphate)은 배젖에 존재하지만, β-카로틴으로 변환하는 효소가 생성되지 않는다(**ST 그림 5-2**).

과학자들은 황금쌀의 첫 번째 버전에서는 수선화에서 클로닝된 *phytoene synthase*(*psy*) 유전자와 박테리아인 *Erwinia uredovora*에서 클로닝된 *carotene desaturase*(*crtI*)유전자를 벼에 도입하였다. 세균의 *crtI* 유전자는 이 유전자에 의해 암호화된 효소가 쌀의 효소 중 부족한 두 가지 기능을 수행하여 변환 과정을 단순화할 수 있기 때문에 선택되었다. 그 결과 식물은 β-카로틴(**ST 그림 5-3**)으로 인해 노란색 쌀알을 생산하였다. 이 황금쌀은 중간 수준의 β-카로틴을 합성할 수 있었다—하지만 비타민 A의 일일 권장량의 15~20%를 공급할 뿐이었다. 황금쌀 2라고 불린 GM 작물의 두 번째 버전은 수선화의 *psy* 유전자 대신 옥수수의 *psy* 유전자를 사용하였다. 황금쌀 2는 기존의 황금쌀보다 20배 이상의 β-카로틴 농도를 나타냈다. 다음 절에서는 황금쌀 2를 만드는 데 사용된 방법을 설명할 것이다.

임상 시험은 황금쌀 2의 β-카로틴은 인간 안에서 효율적으로 비타민 A로 변환되며 150그램(4~8세 아동의 정상적인 일일 쌀 소비량에 가까운)의 요리하지 않은 황금쌀 2는 모든 아동의 비타민 A 일일 권장량을 공급할 수 있다는 것을 보여주었다.

현재 황금쌀 2는 방글라데시와 필리핀에서 사용 승인을 받기 위해 농장, 생물안전성 및 유효성 시험 등을 준비하고 있다. 황금쌀 2가 비타민 A 결핍증을 완화하는 데 도움이 되는 것을 증명하고 사용이 승인된다면, 농부들이 기존의 일반 종자와 같은

BOX 2

모나크 나비(제주왕나빗과의 일종) 이야기

1999년 미국 Bt 옥수수의 도입 3년 후, 과학자들은 GM 반대 운동에 불을 붙이게 된 보고서를 발표했다. 과학자들은 모나크 나비의 유충에게 비GM 작물과 Bt 옥수수 꽃가루로 코팅시킨 milkweed(흰 유액을 분비하는 식물)의 잎을 먹인 실험을 실시하였다. 그들은 Bt 옥수수의 꽃가루가 약 50%의 유충 생존율을 감소시켰다고 결론지었다. 비표적 생물의 의도하지 않은 피해 가능성을 우려하며, 미국 농림부는 미국과 캐나다의 과학자들에게 상세한 후속 연구를 위탁하였다. 2001년에 이러한 연구는 모나크 나비의 생물학과 생태학을 검토하고, 실험실과 야생 조건에서 다양한 Bt 옥수수와 Bt 단백질에 의해 어떻게 영향을 받을 수 있는지에 대한 5개의 연속적인 논문이 완성되었다.

이러한 연구 데이터는 첫 번째 연구와 상반된 결과를 나타내었다. 첫째, 기존의 1999년 발표된 연구의 저자는 보통 꽃가루에서 발견되는 Cry1Ab 단백질 보다 100배 높은 양을 가지는 오염된 옥수수의 꽃가루를 유충에게 주고 있었다. 유충은 필드에서 milkweed의 잎 이외에 옥수수의 꽃밥이나 다른 부분을 먹지 않는다. 둘째, 실험실 시험에서 유충은 Cry1Ab와 Cry1Ac 단백질 외의 다른 Cry 단백질에는 반응하지 않는 것으로 밝혀졌다. 셋째로, Bt 옥수수 밭에 존재하는 Cry1Ab와 Cry1Ac 단백질 수준은 모나크 나비의 유충에 거의 효과가 없었다. 또한 연구는 옥수수 밭의 해충을 제거하는 데 사용된 pyrethroid 살충제를 살포하고, 일반 옥수수 밭과 Bt 옥수수 밭에서 유충의 생존율을 비교하였다. Bt 옥수수 밭의 생존율은 80~93%였던 반면, 농약을 처리 한 농장의 milkweed에서의 유충 생존율은 0~10% 사이였다.

이러한 연구들로 모나크 나비에 대한 위험이 낮은 것이 확실하게 되었지만, 또 다른 왜곡된 이야기가 나오고 있었다. 1993년부터 멕시코에서 월동하는 모나크 나비의 수는 크게 감소하고 있다. 2007년을 시작으로 2011~2012년에 30%의 감소가 나타났고, 2012~2013년에 59% 감소하는 등 매년 수치가 유의미하게 하락하고 있었다. 이러한 감소의 이유는 복잡한 것으로 보인다. 멕시코에서 나비는 벌목, 배수로 그리고 가뭄에 시달리고 있다. 모나크 나비는 매년 산란을 위해서 미국 및 캐나다로 향하는데 유액이 나는 풀의 서식지는 가뭄, 인간 개발 그리고 농업활동의 변화에 고통을 받고 있다. 경작, 풀 베기 그리고 제초제 사용으로 milkweed 서식지의 수백만 헥타르가 파괴되었다. 잡초에 사용하던 기존 제초제의 사용에 따라 제초제 내성 옥수수와 콩 작물의 재배는 잡초를 줄이는 데 효율적이었으나 잡초로 포함되어 있던 milkweed의 성장도 억제되었다. Milkweed에 영향을 줌으로써 제초제 내성 GM 작물은 모나크 나비의 개체수의 심각한 감소에 관여하고 있을 가능성이 있다. 과학자들은 모나크 나비 유충의 먹이를 제공하기 위해 텍사스에서 캐나다로 남북 고속도로를 따라 milkweed를 심기 위한 프로그램을 제안하고 있다.

Milkweed를 먹고 있는 모나크 나비 유충.

BOX 3

하와이 GM 파파야의 성공

1990년대 중반에는 파파야 윤문병 바이러스(papaya ringspot virus, PRSV)는 하와이 파파야 농장 전체에 급속히 퍼져 몇 년 이내에 산업을 망칠 정도로 위협했다. 이에 따라 하와이 대학, 하와이의 미국 농무부 농업 연구 센터과 Upjohn사의 과학자 팀은 PRSV의 코트 단백질 유전자를 클로닝하여 배양된 파파야 세포에 생물학적 형질전환을 이용하여 도입시켰다. 이 실험의 목표는 pathogen-derived resistance(병원체 유래 저항)로 알려진 메커니즘을 사용하여 PRSV 저항성을 만드는 것이었다. 식물에게 바이러스 코트 단백질의 존재는 감염 바이러스의 분해 및 이동을 방해하는 것으로 생각되며, 감염을 예방하거나 지연시킨다. 연구팀은 형질전환된 파파야 식물에 PRSV에 대한 저항성을 시험하고 2개의 GM 품종 – SunUp과 Rainbow를 개발했다. SunUp은 PRSV의 코트 단백질 유전자에 동형접합체이고, Rainbow는 SunUp과 일반 Kapoho 종의 F_1 하이브리드였다. 3년의 농장 실험과 2년의 연방 규정 심사를 거쳐 GM 파파야의 사용이 승인되었다. 종자는 즉시 바이러스로 황폐화된 농장을 복구하기 위해 농가에 무료로 주어졌다. 3년 이내에 하와이 파파야 수확은 두 배로 늘었고 소비자도 긍정적으로 수용했다. 바이러스 저항성 GM 파파야는 하와이 파파야 산업을 구했다고 여겨지고 있다.

하와이에서 GM 파파야에서 나타난 흥미로운 부작용은 일반 파파야와 유기농 재배 파파야의 회복이었다. 바이러스 저항성 경작지의 출현과 감염된 경작지의 포기로 인해 PRSV 수준이 저하되어, 일부 생산자는 전보다 작은 규모이지만 비GM 파파야를 생산할 수 있게 되었다. 현재 하와이 파파야의 70% 이상이 유전적으로 형질전환되어 있다. GM 파파야는 미국, 캐나다, 일본에서 판매가 승인되어 있다.

하와이에서 GM 파파야를 개발한 이래, GM 식품에 대한 대중의 저항 증가로 인해 세계의 다른 지역에서 비슷한 품종을 개발하기 위한 노력은 주춤하고 있다.

2010년부터 하와이에서는 수천 그루의 GM 파파야 나무가 익명의 공격자에 의해 파괴되었다. 태국에 GM 파파야를 도입하기 위한 노력은 실패했고, 최근 정부는 GM 식품을 금지했다. 일본은 GM 파파야가 유전으로 형질전환된 것이 표지되어 있는 경우에만 판매를 승인했다.

(a)

(b)

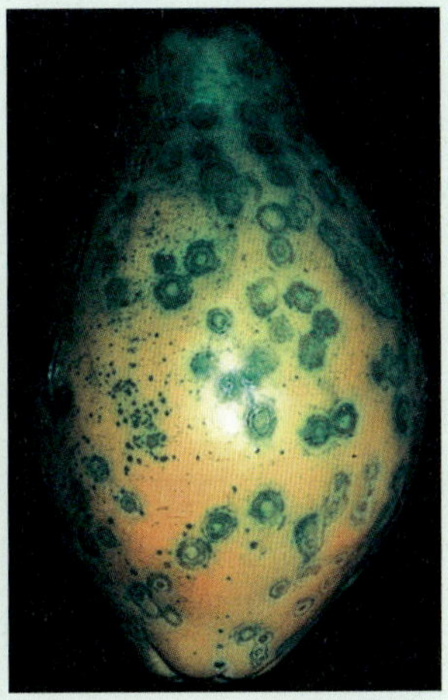

GM 파파야 검사 농장. 'Rainbow' 변종은 농장의 중심에서 성장하고 있으며 PRSV의 영향을 받지 않는다. GM 파파야를 둘러싸고 있는 비GM 품종인 'Sunrise'는 심하게 감염되어 있다.

가격으로 자신의 밭에서 경작할 수 있도록 제공될 것이다.

이러한 황금쌀 2의 가능성에도 불구하고 논란은 여전히 남아 있다. GM 식품의 비평가들은 황금쌀이라는 식품의 한 종류에 농민들이 너무 의존하게 만들어, 장기적으로 건강과 환경에 미치는 영향이 있을지도 모른다고 생각한다. GM 식품을 둘러싼 다른 논쟁은 이 장의 뒷부분에서 설명된다.

GM 식물을 만드는 데 사용된 방법

대부분의 GM 식물은 두 가지 방법 중 하나를 사용하여 만들어진다: **바이오리스틱(biolistic) 방법과 아그로박테리아(*Agrobacterium tumefaciens*) 매개 형질전환법**. 두 방법은 모두 시험관 내에서 성장하는 식물세포를 대상으로 한다. 과학자들은 다양한 종류의 식물조직을 배양할 수 있고, 배양된 세포를 액체 배양이나 고체 증식 배지의 표면에서 키운다. 특정 영양소와 호르몬이 있는 상태에서 증식시키면, 배양된 세포는 캘러스

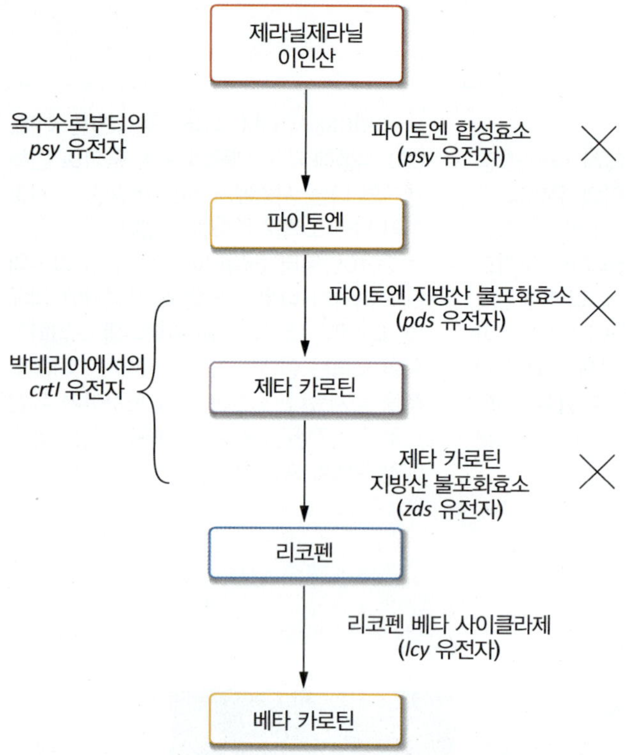

ST 그림 5-2. 황금쌀 2의 베타 카로틴 경로. 베타 카로틴의 합성에 연관된 쌀의 식물 효소와 유전자가 오른쪽에 표시되어 있다. 쌀 배젖에서 발현되지 않는 효소는 "X"로 표시되어 있다. 황금쌀 2에 삽입된 유전자는 왼쪽에서 보여준다.

ST 그림 5-3. 일반쌀과 황금쌀 2. 황금쌀 2는 쌀 배젖을 노랗게 하는 베타 카로틴을 높은 수준으로 포함하고 있다. 색의 진한 정도는 배젖 속의 베타 카로틴의 양에 의해 결정된다.

(calluses)라는 세포의 응집 덩어리를 형성하고, 특정 배지에 옮기면 캘러스에서 뿌리가 형성된다. 뿌리가 난 식물부위가 성숙하게 되었을 때, 온실의 토양 배지에 옮기면 정상 식물로 자라게 된다.

바이오리스틱 방법은 세포에 DNA를 도입하는 물리적 방법이다. 금 등의 중금속 입자를 형질전환될 DNA로 코팅하고, **유전자 총(gene gun)**이라는 장치를 사용하여 시험관 내에서 식물세포에 고속으로 발사한다. 이러한 물리적 충격에서 살아남은 세포는 DNA 코팅 입자를 취해 DNA가 식물 세포의 핵으로 이동하여 염색체에 삽입될 수 있다. 생존 세포로 부터 유도된 식물들은 원하는 표현형을 기반으로 선발된다.

바이오리스틱 방법은 다양한 종류의 식물에게 성공적이지만, 아그로박테리아에 의한 형질전환이 훨씬 높은 전환율을 나타낸다. *Agrobacterium tumefaciens*(또한 *Rhizobium radiobacter* 라고도 함)는 식물세포에 감염되어 종양을 일으킬 수 있는 토양 미생물이다. 이러한 특성은 **Ti 플라스미드(Ti plasmid)**라는 약 200 kb의 암유발 플라스미드에 의해 나타난다. 아그로박테리아 감염 후, Ti 플라스미드는 식물 유전체 내에 전이 DNA(transfer-DNA, T-DNA)로 알려진 DNA 절편을 무작위적으로 삽입시킨다(ST 그림 5-4). 형질전환 벡터로서 Ti 플라스미드를 사용할 수 있도록 과학자들은 식물세포 내에 도입시키고자 하는 유전자를 T-DNA 부위에 대신 삽입하였다.

새롭게 도입된 유전자가 식물에서 발현되기 위해서 유전자는 필요한 식물조직 내에서 직접 전사될 수 있는 적절한 프로모터 서열 다음에 위치하여야 한다. 예를 들어, 황금쌀의 β-카로틴 합성 유전자는 벼의 배젖 내에서 직접 전사될 수 있는 프로모터 다음에 클로닝되었다. 또한 형질전환된 유전자는 적절한 전사 종결신호와 단백질의 세포내 위치를 결정해 주는 신호서열을 필요로 한다.

선별마커

T-DNA가 성공적으로 식물 유전체에 삽입되어 적절하게 발현되게 될 비율은 낮다. 대부분의 경우 세포 1,000개나 그 이상의 개

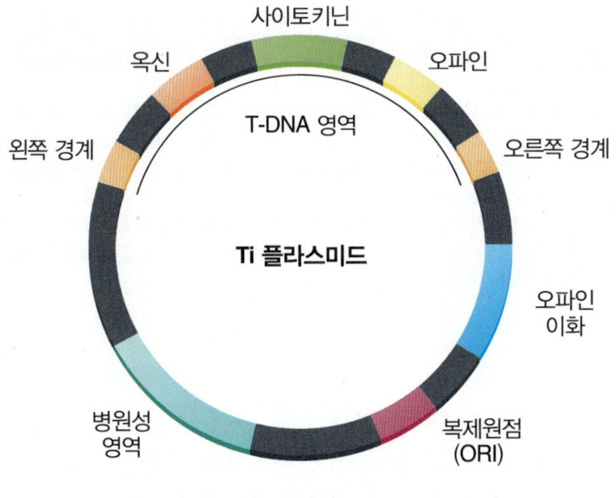

ST 그림 5-4. Ti 플라스미드의 구조. 아그로박테리움에서 유래한 250 kb의 Ti 플라스미드는 숙주 세포의 핵 유전체 내로 T-DNA 부분을 삽입하여 종양을 유발한다. 독성 부위에 있는 유전자는 식물 유전체에 T-DNA를 전달하는 효소를 암호화한다. T-DNA 영역은 세포 성장과 종양 형성에 관여하는 호르몬을 암호화하는 옥신과 사이토키닌 유전자를 포함한다. 오파인 유전자는 세균의 에너지원으로 사용되는 화합물을 암호화한다. Ti 플라스미드의 T-DNA 영역은 플라스미드가 형질전환 벡터로 이용될 때 관심 있는 유전자로 대체된다.

체당 하나 정도로 형질전환된다. 배양된 식물세포를 성숙한 식물로 성장시키기 전에 그 표현형이 조사되어야 하고, 비형질전환 세포를 제거하는 것이 중요하다. 이것은 양성(positive) 혹은 음성(negative) 선별 기술을 이용하여 할 수 있다.

음성 선택의 예는 hygromycin 내성 유전자와 같은 **마커 유전자(marker gene)**의 사용을 들 수 있다. 이 유전자는 적당한 프로모터 뒤에 클로닝되어 목적유전자와 함께 식물세포에 형질전환될 수 있다. 세포는 hygromycin을 포함한—진핵세포의 성장을 억제하는 항생제를 포함한—배지에서 배양된다. Hygromycin 내성을 발현하는 세포만이 생존할 것이다. 이때 내성세포가 함께 형질전환된 유전자를 발현하는가를 확인하는 것이 필요하다. 이것은 종종 유전자 특이적 프라이머를 이용한 PCR 증폭과 같은 기술에 의해 이루어진다. 그리고 목적유전자가 발현된 식물은 원하는 도입 유전자에 의해 부여되는 표현형 등을 포함한 다른 특성도 검사되어야 한다.

양성 선택의 예는 **phosphomannose isomerase(PMI)**를 암호화하는 선택마커 유전자의 사용을 들 수 있다. 이 효소는 동물에게는 일반적으로 발견되지만, 대부분의 식물에게는 포함되어 있지 않다. 이것은 만노스 6-인산(mannose 6-phosphate)과 과당 6-인산(fructose 6-phosphate)의 상호전환을 촉매한다. *pmi* 유전자를 발현하는 식물세포는 탄소원으로 만노스만을 포함하는 합성배지에서 생존할 수 있다. 적절한 프로모터의 조절 하에 있는 *pmi* 유전자와 동시에 목적유전자가 형질전환된 세포는 만노스 함유 배지에서 성장할 수 있다. 이런 유형의 양성 선택은 황금쌀을 만드는 데 사용되었다. 쥐의 구강 독성 시험에서 정제된 PMI 단백질은 쉽게 소화되고, 비알레르기성이며, 독성이 없음을 보여주었다. 다양한 양성 선택은 마커유전자의 발현으로 색소의 침착과 같은 가시적 표현형의 결과도 포함한다.

다음의 설명은 Roundup-Ready® 대두와 황금쌀 2. GM 작물을 만드는데 쓰인 방법을 설명한다:

Roundup-Ready® 대두

제초제인 Roundup-Ready® 대두 GM 품종은 1996년에 미국에서 시장의 승인을 받았다. 이 GM 식물은 광범위하게 사용되는 글리포세이트(glyphosate, 라운드 업의 주요 활성성분)에 대한 내성을 가진다. 글리포세이트는 페닐알라닌, 티로신 및 트립토판과 같은 방향족 아미노산을 합성하는 데 필요한 식물의 5-enolpyruvylshikimate-3-phosphate sysnthase(EPSPS)를 방해한다. EPSPS는 포유류에는 존재하지 않아, 음식을 통해서만 방향족 아미노산을 얻을 수 있다.

제초제-내성 대두 식물을 생산하기 위해 연구자들은 아그로박테리아 균주 CP4에서 *epsps* 유전자를 클로닝했다. 이 유전자는 글리포세이트에 대한 저항성을 가지는 EPSPS 효소를 암호화한다. 모든 식물조직에서 유전자 발현이 가능하게 하기 위해 꽃양배추 모자이크 바이러스로부터 얻어진 과발현 프로모터의 하류에 *CP4 epsps* 유전자를 클로닝했다. 또한(페투니아에서) 엽록체로의 수송 펩타이드로 알려진 짧은 펩타이드를 EPSPS 유전자를 암호화하는 서열의 5′ 말단에 클로닝했다. 이것으로 인해 새로 합성된 EPSPS 단백질이 대두의 엽록체(ST 그림 5-5) 내로 삽입될 수 있다. 최종 플라스미드는 두 *CP4 epsps* 유전자와 초기 실험을 위해 대장균에서 유래한 *beta-glucuronidase*(*GUS*) 유전자를 포함하였다. *GUS* 유전자는 양성 마커로 작용하고, 형질전환 후 플라스미드를 발현하는 세포는 파란색 침전물로 인해 검출

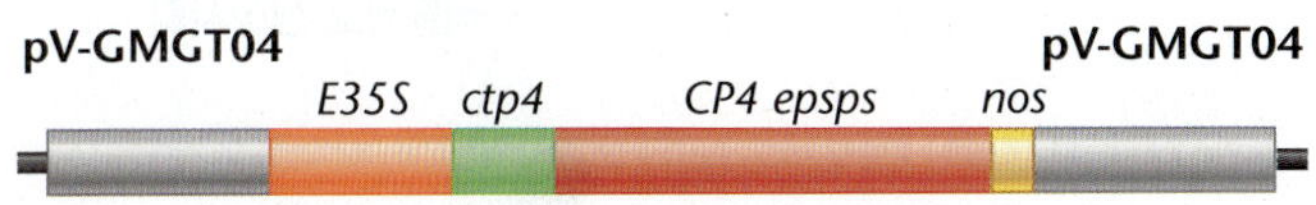

ST 그림 5-5. 플라스미드 PV-GMGT04는 Roundup-Ready 대두를 만드는 데 사용된다. 아그로박테리아 *CP4*의 EPSPS 효소를 암호화하는 1365 bp의 단편은 꽃양배추모자이크 바이러스의 *E35S* 프로모터와 페투니아의 엽록체 전이 시그널 펩타이드 서열(*ctp4*)의 하류에 클로닝되었다. CTP4 신호 서열은 방향족 아미노산이 합성되는 엽록체 내로 EPSPS 단백질을 유도한다. *CP4 epsps* 코딩 영역은 노팔린 합성효소(*nos*) 전사 종결과 폴리아데닐화 서열의 상류에 클로닝되었다. *CP4 epsps* 서열은 455 아미노산으로 구성된 46 kDa의 ESPSP 단백질을 암호화한다.

될 수 있다. Roundup-Ready 대두 생산을 위해 선택된 최종 세포주는 *GUS* 유전자를 함유하고 있지 않다.

플라스미드는 바이오리스틱 방법을 이용하여 배양된 대두 세포에 도입되었다. 그 후, 세포는 모든 비형질전환 세포를 제거하기 위해 글리포세이트로 처리되었다(ST 그림 5-6). 선별된 캘러스를 식물로 분화시킨 뒤 글리포세이트에 대한 내성과 다양한 변수들(조성, 독성 및 알레르기성)이 경작지에 검증되었다.

황금쌀 2

황금쌀 2를 만들기 위해 과학자들은 Ti 플라스미드의 T-DNA 영역에 세 가지 유전자를 클로닝했다. pSYN12424라는 Ti 플라스미드는 ST 그림 5-7에서 보여주는 것과 같다. 벼의 *glutelin* 유전자 promoter(*Glu*)와 *nos* 유전자 terminater 영역(*nos*) 사이에 첫 번째 유전자인 *Erwinia uredovora*에서 유래한 *carotene desaturase*(*crtI*) 유전자를 클로닝되었다. *Glu* promoter는 이 유전자가 쌀의 배젖에서 전사되도록 유도한다. *Agrobacterium tumefaciens*의 *nopaline synthase* 유전자로부터 클론된 *nos* terminater는 식물 유전자의 3′ 끝에 필요한 전사종결 및 polyadenylation 서열을 제공한다. 두 번째 유전자는 옥수수에서 클로닝된 *phytoene synthase*(*psy*) 유전자이다. 옥수수 *psy* 유전자는 벼의 *psy* 유전자에 대해 약 90%의 서열상 유사성을 가지고 있으며, 옥수수 배젖의 카로티노이드 합성에 관여한다. 이 유전자 역시 쌀의 배젖에서의 적절한 전사 개시 및 종결을 유도하기 위해 *Glu* promoter와 *nos* terminater 배열에 융합시켰다. 세 번째 유전자는 대장균에서 클로닝된 선별 마커 유전자인 *phosphomannose isomerase*(*pmi*)이다. 황금쌀 2의 Ti 플라스미드에 *pmi* 유전자는 옥수수 *polyuniquitin* 유전자 promoter(*Ubi1*)와 *nos* terminater 배열에 융합시켰다. *Ubi1* promoter는 모든 식물조직에서 *pmi* 유전자의 전사를 유도한다.

ST 그림 5-7. T1 플라스미드 pSYN12424의 T-DNA 영역. 황금쌀 2를 만드는데 사용된 Ti 플라스미드에는 박테리아에서 복제된 carotene desaturase(*crtI*) 유전자, 옥수수로부터 복제된 phytoene synthase(*psy*), *E. coli*에서 복제된 phosphomannose isomerase(*pmi*) 유전자가 포함되어 있다. Glutelin(*Glu*) 유전자 프로모터는 쌀 배젖에서 전사를 지시하고, polyubiquitin(*Ubi1*) 프로모터는 모든 조직에서 전사를 지시한다. 전사 종결 신호는 노팔린 합성효소(*nos*) 유전자의 3′ 영역에 의해 제공되었다.

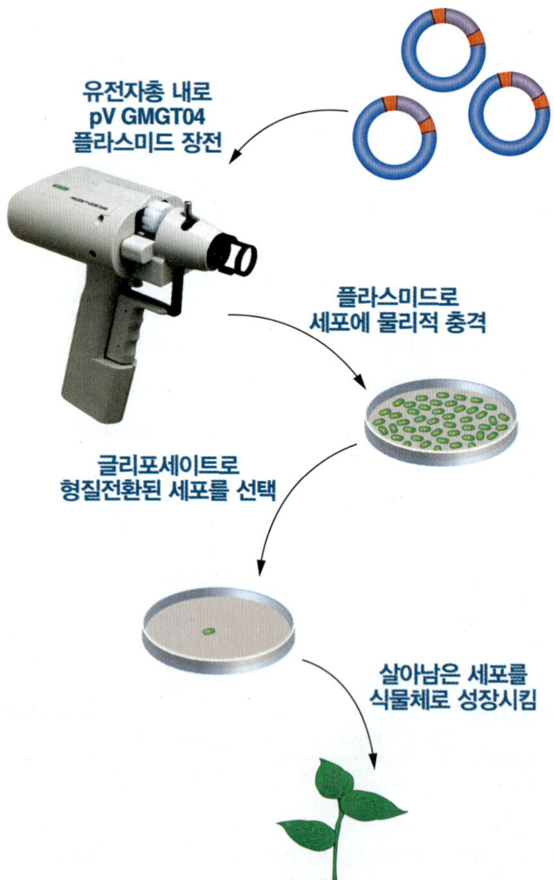

ST 그림 5-6. Roundup-Ready 대두를 만드는 방법. 플라스미드를 유전자총에 넣고 조직 배양에서 성장하는 세포에 고압 발사시킨다. *epsps* 유전자가 삽입되고 발현되는 세포를 선별하기 위해 제초제(glyphosate)의 존재 하에서 배양했다. 살아남은 세포는 캘러스를 형성하고 식물체로 성장하도록 자극했다.

쌀 세포로 pSYN12424 플라스미드를 도입시키기 위해 연구자들은 배아 쌀 세포를 배양하고, pSYN12424를 가지는 *Agrobacterium tumefaciens*(ST 그림 5-8)를 사용하여 감염시켰다. 이후 형질전환된 세포를 선별하기 위해 만노스만이 함유된 배지에서 배양하였다. *pmi* 유전자를 발현하는 형질전환된 세포는 이때 식물로 자랄 수 있는 캘러스를 형성하도록 자극이 주어진다. 세 개의 모든 유전자들이 형질전환 벼 식물체 내에 존재하는 것을 확인하기 위해 채취된 샘플들은 유전자 특이적 프라이머를 이용한 중합효소연쇄반응(PCR)에 의해 분석되었다. 형질전환 식물이 그들의 종자에서 β-카로틴을 합성하는 것이 확인되면 보다 심도 있는 시험을 통해 분석하였다.

GM 식품 논쟁

GM 식품은 현대 생명공학에 제조된 대부분의 생산물과 관련하여 논쟁이 될 수 있다. GM 식품의 지지자들은 기술이 농업 생산성의 증가, 저농약 사용, 토양 보호, 그리고 인구증가를 뒷받침하는 식량으로써의 잠재력에 대해 말하고 있다. 비평가들은 GM 식품은 인간과 환경 모두를 위해 안전하지 않다고 주장하면서 GM 식품의 억제와 사용 범위를 제한하는 법을 통과시키도록 정

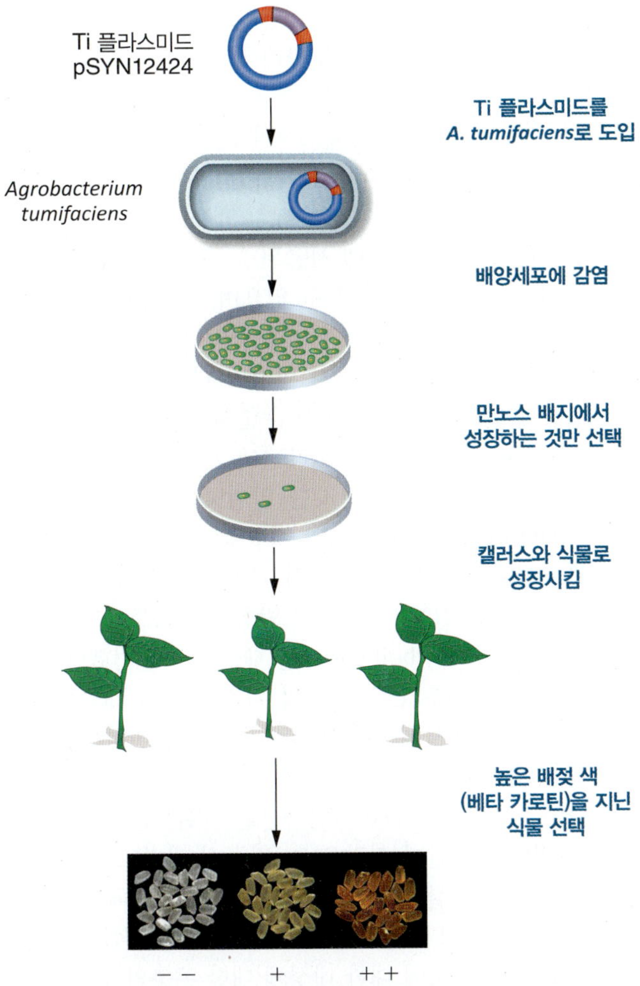

ST 그림 5-8. 황금쌀 2를 만드는 방법. 본문에 기술된 바와 같이, 벼의 배양세포는 pSYN12424 의해 형질전환되고 만노스 함유 배지에서 선별되었다. 곡물의 노란색 정도를 기반으로, 쌀 곡물 배젖에서 베타 카로틴을 높은 수준(+ +)으로 생산하는 식물들을 추가 분석을 통해 선별하였다.

부에 압력을 넣고 있다. 이 캠페인은 규제자와 정치가에 영향을 주어 전세계적으로 다양한 규제가 가해지고 있다. 종종 GM 식품을 둘러싼 토론은 선택적으로 데이터를 제시하고, 논쟁의 측면이 양측 모두 과장되고 극단적이고 감정적이다. 그렇다면 이러한 논쟁의 뒤에 진실은 무엇일까?

우리가 모든 GM 식품에 대해 일률적인 판단을 하는 것은 불가능하다고 생각하는 것이 중요한 관점이다. 각 GM 작물 혹은 개체는 다양한 종류의 유전자가 서로 다른 방법에 의해 서로 다른 위치로 유전체에 삽입되었고, 다양한 마커 또는 선택 유전자를 가진다. GM 식품은 서로 다른 목적과 방식으로 사용되고 있다. 따라서 이들의 고유한 특성을 바탕으로 개별적으로 평가될 필요가 있다.

이제 우리는 현재 GM 식품에서 논쟁이 되는 두 개의 주요한 관점을 검토할 것이다: 이는 인간의 건강과 안전 및 환경에 미치는 영향에 대한 것이다.

건강과 안전성

GM 식품의 지지자들은 종종 현재 시장에 나와 있는 GM 식품이 잠재적인 독소나 알레르기 항원으로 인해 건강에 악영향을 미친다는 증거가 없다고 주장한다. 이러한 결론은 두 가지 관찰에 근거한다. 첫째, 인간은 지금 20년 이상 GM 식품의 몇 가지 유형을 소비하고 있으며, 부작용이 있다는 보고서가 나오지 않고 있다. 둘째, 사전에 정부 규제를 필요로 하는 동물 실험에서 대부분은 부정적인 영향을 보이지 않았다. 일부 부정적인 연구가 발표되고 있지만, 이들은 제대로 실험하지 않았거나 재현성이 없다는 비판을 받고 있다.

GM 식품의 비평가들은 여러 가지 방법으로 반대의견을 표방한다. 우선 전술한 바와 같이, 소수의 GM 식품만이 소비자가 직접 먹는다. 대신 대부분은 가축 사료로 사용되며 나머지는 정제된 식품 성분으로 활용된다. 가축에 대한 GM 식품의 해로운 영향이 발견되지는 않았지만, 많은 식품 성분의 가공과정에서 전부는 아니더라도 대부분의 식물 단백질과 DNA가 제거된다. 따라서 GM 식품 유래 성분의 섭취는 건강과 안전을 위해 충분한 테스트가 없었다. 둘째, GM 식품의 비평가들은 직접 대부분의 GM 식품이 건강에 미치는 영향을 알아보기 위해 소수의 임상 실험만이 진행되었다고 주장한다. 하나의 주목할만한 예는 두 종류의 임상 시험이 실시된 황금쌀 2이다. 독성 시험은 대부분 주로 쥐와 생쥐를 사용한 동물에게서 행해졌고, 대부분은 단기 독성만을 시험했다고 말한다.

GM 식품의 지지자들은 여러 가지 주장들로 이러한 비판에 반박한다. 첫 번째 주장은 동물의 단기 독성 시험은 독소나 알레르기 항원을 검출하기 위해 잘 확립된 방법이라는 것이다. 규제 과정은 GM 식품의 승인 전에 동물 독성 시험을 요구한다. 이때 어떤 부정적인 영향이 발견된 경우 승인이 나지 않는다. 지지자들은 또한 글리포세이트(제초제) 내성 대두와 Bt 옥수수 등의 GM 작물에서 수십 가지의 장기 독성 시험이 수행되고 있으며, 이 모든 실험에서 동물에게 장기적인 위해 효과를 나타내지 않았다고 했다. 부정적인 장기 영향이 보고된 몇 개의 연구는 시험의 디자인이 잘못되었고 신뢰할 수 없다고 비판하고 있다. GM 식품의 지지자들은 선택적 육종과 같이 다른 유전적 변형으로부터 유래된 어떤 다른 식품에 대해서도 인간 임상 시험이 요구되지 않았다고 말한다. 식물과 동물의 일반적 육종 과정에서 원하는 표현형을 획득할 가능성을 높이기 위해 방사선 또는 화학약품을 이용해 유전체에 돌연변이를 유발시키고 있다. 이러한 방법은 직접 선택되는 것에 비해 유전자에 변이가 도입될 가능성을 가진다. 또한 식물과 동물은 자연적으로 교환되기도 하며 예상할 수 없는 방식으로 DNA를 섞기도 한다. 이들은 종간의 DNA 전달, 전이인자 삽입 그리고 염색체 변형을 포함한다. 이러한 상황은 GM 식품에서 발생될 수 있을 정도의 잠재적 변화만큼 생물체에 생리적으로 의도하지 않은 변화를 가져올 수 있다.

환경적 영향

GM 식품의 비평가들은 환경 중에 방출된 유전자변형작물(GMO)은 환경에 대한 잠재적인 영향을 가진다는 것이 입증되어 있어, 간접적으로 인간의 건강과 안전에 영향을 미칠 수 있다는 것을 지적했다. GM 식품의 지지자들은 이러한 잠재적인 환경 영향을 식별하고 관리할 수 있다고 주장하고 있다. 여기에서는 자연적 환경과 농업에 영향을 미칠 수 있는 GM 식품의 두 가지 측면을 이야기할 것이다.

1. 제초제와 살충제 저항성의 발생. 많은 연구들에서 제초제 저항성이 있는 GM 작물의 재배가 제초제와 살충제의 양을 감소시켰다는 것이 보고되었다. 그 결과, 환경에 GM 작물의 영향은 긍정적이라고 가정되어 왔다. 그러나 제초제와 살충제 저항성이 나타나기 시작함에 따라 이러한 긍정적인 효과는 일시적인 것일지도 모른다(ST 그림 5-9).

   1995년 중반에 제초제 글리포세이트 내성 작물이 도입된 이래, 미국에서 24가지 이상의 글리포세이트 내성 잡초종이 발견되고 있다. 저항성 잡초는 다른 18개국의 나라에서 발견되었고, 어떤 경우에서는 이들 잡초의 출현이 수확량에 영향을 주고 있다. 저항성 잡초의 급속한 출현에 대한 이유의 하나는 농가가 한 종류의 광범위한 스펙트럼 제초제를 사용하는 것을 선호하여 다른 잡초 관리를 하지 않은 것이다. 이 편향된 선택은 제초제 저항성을 부여하는 유전자 변이를 가진 잡초 종의 빠른 진화를 가져왔다. 이러한 배경으로 생명공학 기업은 여러 제초제에 내성을 가지는 새로운 GM 작물을 개발하고 있다. 그러나 과학자들은 농부들이 자신의 잡초 관리를 다양화하고, GM 작물 사용과 함께 다른 제초제의 사용, 경작과 순환을 하지 않으면 잡초는 또한 여러 제초제의 대한 내성을 가지게 될 것이라고 주장하고 있다. 과학자들은 제초제 저항성이 GM 작물의 사용에만 한정되지 않는 것을 지적한다. 잡초 집단은 이들을 제어하는 데 사용된 모든 제초제에 대한 내성을 가질 수 있도록 진화될 수 있으며, 진화의 속도는 제초제가 사용되는 정도에 따라 영향을 받는다.

   1996년 이래로 8가지 이상의 다른 종류의 해충이 Bt 살충제 단백질에 대한 여러 수준의 내성을 가진 것으로 진화되었다. 예를 들어, 2011년에 과학자가 아이오와의 농장에서 *cry3Bb1* 유전자를 발현하는 Bt 옥수수에 대한 western corn rootwarm의 저항성에 대한 첫 번째 사례를 보고했다. 2010년 몬산토의 과학자들은 Bt 면화의 한 변종에서 *cry1AC* 유전자에서 발현되는 독소에 대한 저항성을 갖는 핑크색 bollworms를 대량으로 발견했다. Bt 내성의 발생을 늦추기 위하여 몇 가지 전략이 개발되고 있다. 첫 번째는 동시에 두 개의 Bt 독소를 분비하는 작물 품종을 개발하는 것이다. 이러한 품종의 일부는 이미 시장에 나와 있으며, Bt *cry* 유전자만을 발현하는 품종을 대체하고 있다. 두 번째 전략은 Bt 작물이 자라고 있는 농장 주위에 '은신처'를 사용하는 것이다. 이 은신처에는 일반 작물을 포함하고 있어 해충은 은신처 내에서 쉽게 성장하고, 이곳은 Bt 독소에 대한 내성에 대한 곤충의 진화적 압력이 없게 된다. 이러한 비선택된(내성이 없는) 곤충은 농장의 Bt 작물의 영역에서 나타나는 어떤 내성 곤충과 짝을 맺는다는 생각이다. 결과적으로 나올 잡종 자손은 어떤 내성 유전자 변이에 이종접합체가 된다. 저항성 변이는 열성이기 때문에, 잡종은 Bt 작물을 먹고 죽을 것이다. 은신처와 두 개의 Bt 유전자를 포함하는 식물 GM 작물을 사용하는 농장에서는 Bt 독소에 대한 내성이 지연되거나 존재하지 않는다. 제초제 저항성이 발생함에 따라 농가들은 기존의 해충 구제 방법과 Bt 작물의 사용을 같이 하도록 권장받았다.

ST 그림 5-9. 제초제 저항성 잡초. 라운드업-레디 대두의 필드에서 성장하는 글리포세이트 제초제에 내성을 가진 물 대마 잡초.

2. GM 작물의 일반 작물로의 확산. 미국, 캐나다, 호주, 일본, 유럽에서 미경작 지역에서 GM 작물이 출현하는 일부 사례가 보고되었다. 예를 들어, GM 사탕무 식물은 시판하는 상토에서 성장하고 있는 것이 발견되었다. GM 카놀라 식물은 그들이 자란 농장에서 훨씬 떨어진 도랑과 도로변이나 철로변의 토양에서 발견되었다. 2011년 보고에 의하면 연구[2]는 노스 다코타의 도로를 따라 634개 중 288개 샘플 장소에 '돌아다니는' GM 카놀라 식물을 발견하였

[2] Schafter, M.G. et al. 2011. *PLoS One* 6:e25736.

다. 이러한 식물의 41%(제초제 내성을 부여하는)가 CP4 EPSPS 단백질을 함유하고, 39%(제초제 글리포세이트에 대한 내성을 부여하는)는 PAT 단백질을 가지고 있었다. 또한 두 식물(샘플의 0.7%)에서 두 단백질(두 제초제에 내성을 가진)이 발현되었다. 두 단백질을 발현하는 작물은 식물유전자 변형에 의해 만들어진 것이 아니라, 서로 다른 두 GM 작물의 교배에 의해 발생한 것으로 추정되었다. 이 조사를 실시한 연구팀은 교통 노선을 따라 GM 카놀라를 발견했지만 운송 중에 종자가 종종 유출될 수 있기 때문에 놀라지 않았다. 더욱 놀라운 것의 GM 카놀라 식물의 분포와 영역 그리고 잡종 식물의 존재였다.

주요 문제점 중의 하나는 GM 작물의 경작지에서 유출된 작물이 다른 식물에게 바람직하지 않은 표현형을 부여하는 **이종교배(outcrossing)** 또는 **유전자 흐름(gene flow)** 이다—생식적으로 호환 가능한 비GM 작물 혹은 야생식물에 GM 작물에서부터 형질전환된 유전자의 이전 가능성이다. GM 작물과 인접한 비GM 작물 사이의 유전자 흐름은 'GM이 없는' 또는 '유기농'으로 작물을 판매하고자 하는 농가를 우려하게 만든다.

GM 형질전환체의 유전자 흐름은 사탕수수뿐 아니라 GM과 비GM 카놀라 사이에서 보고되었고, 쌀, 밀, 옥수수를 이용한 실험에서도 입증되었다. GM의 비평가들은 종종 멕시코의 Oaxaca에서 발생한 GM 이종교배 관련 연구를 가지고 논쟁한다. 2001년의 첫 번째 연구는 지역 옥수수 작물이 몬산토의 Roundup-Ready와 Bt 해충 저항성 옥수수에서 형질전환된 유전자를 가지고 있는 것으로 보고되었다. GM 작물은 멕시코에서의 사용이 승인되지 않았기 때문에, 형질전환 유전자는 식품재료로 미국에서 수입된 후 종자는 형질전환체임을 인식하지 못한 농가가 심은 옥수수에서 온 것으로 생각하고 있었다. 다음 10년간 후속 연구에서는 혼합된 결과를 보고했다. 어떤 연구에서는 형질전환된 유전자는 검출되지 않고, 다른 어떤 연구에서는 검출되었다. 유전자 흐름이 멕시코의 GM 및 비GM 옥수수 사이에서 발생했는지 여부에 대한 합의는 아직 없다.

야생 식물집단 내에 글리포세이트 내성 유전자의 존재는 환경적 위험에 대한 가능성이 낮고, 잡종에 대해서는 긍정적인 면이 없다고 생각된다. 하지만 야생 집단에서 글리포세이트 내성 유전자의 존재는 식물을 근절하기가 더 어려워지게 만들 것이다. 오리건주의 유출된 GM bentgrass 같은 예에서 비교적 안전한 제초제인 글리포세이트를 사용할 수 없었기 때문에 잡초를 제거하는 것이 어렵다는 것이 증명되었다. GM 형질전환유전자가 가뭄, 홍수, 해충에 대한 저항성과 같은 장점을 갖게 되면 환경 파괴의 가능성이 커질 가능성이 있다.

GM 작물로부터 GM 작물로의 형질전환 유전자의 확산을 억제하기 위한 시도로, 규제 당국은 이들 사이에 꽃가루의 이동 빈도를 줄이기 위해 작물 격리의 필요성을 검토하고 있다. 각 작물의 꽃가루 확산력을 고려하여 서로 다른 격리 거리가 요구된다. 여러 다른 방법도 검토되고 있다. 예를 들어, RNAi 기술을 사용하여 모든 GM 식물을 불임화하는 것이다. 또는 엽록체에 형질전환 유전자를 도입하는 것이다. 엽록체가 모계 유전되기 때문에 그 유전체는 꽃가루를 통해 전파되지 않을 것이다. 이러한 봉쇄 방법은 모두 개발 단계에 있고 시장성이 있기 위해서는 몇 년이 걸릴지는 알 수 없다.

GM 식품의 미래

지난 20년간 GM 식품은 가능성과 문제점이 모두 대두되었다. GM의 지지자들은 GM 식품이 다음 세대는 더 희망적인 전망을 보일 것이며 많은 문제를 해결할 수 있을 것이라고 확신하고 있다.

가난한 나라에서 식생활의 문제를 해결하기 위해 영양분을 강화한 주식 작물을 개발하는 연구가 이어지고 있다. 예를 들어, 호주의 과학자들은 파나마병—작물을 파괴하는 심각한 곰팡이 질환—에 대한 저항성을 제공하는 것만이 아니라 β-카로틴과 철을 포함한 다른 영양소의 수준을 향상시킬 수 있는 유전자를 바나나에 추가하고 있다. 파이프 라인 내의 다른 GM 작물은 가뭄, 높은 염분, 질소 결핍, 그리고 저온에 견딜 수 있도록 설계된 식물을 포함하고 있다.

과학자들은 원하는 표현형을 만들기 위해 식물의 유전자 중 하나 이상의 발현을 증가, 감소 혹은 배제하여 정확하게 식물 내 생 유전자를 편집할 수 있도록 새로운 유전체 정보와 더 정확한 기술을 희망하고 있다. 이러한 접근 방식은 형질전환체의 사용을 피하고, GM 식품에 대한 일부 우려를 불식시킬 수 있을 것이다. 연구자가 식물세포로 유전자를 도입하는 데 사용하는 현재의 기술은 유전체 내에 무작위적 삽입을 유발한다. 새로운 기술은 무작위적 삽입으로 인해 식물의 정상적인 유전체를 파괴할 수 있는 잠재적인 문제점을 방지하고, 유전자가 유전체의 정확한 위치에 삽입하는 것을 허용하도록 고안하고 있다.

또한 연구자들은 해충과 질병으로부터 식물을 보호하기 위해 보다 창의적인 방법을 모색하고 있다. 흥미로운 프로젝트 중 하나는 진딧물에 대한 화학 알람 신호로 작용할 수 있는 페로몬을 암호화하는 유전자를 밀에 도입하는 것이다. 만약 성공했을 경우, 이 방법은 독소를 사용하지 않고 진딧물에서 밀 식물을 보호할 수 있다. 또 다른 프로젝트는 아프리카인의 주식 작물인 카사바(cassava)인데, 이 작물은 두 개의 바이러스성 질환에 의해—cassava mosaic virus와 brown streak virus—성장이 저해되고 뿌리가 부패되기도 한다(ST 그림 5-10). 카사바의 일부 품종은 이러한 바이러스에 저항성이지만, 카사바의 생활사는 매우 길어 전통적인 육종 기술을 사용하여 다른 품종에 저항성을 도입하는 것이 어렵다. 과학자들은 내성 카사바의 유전자를 이용하여 식물을 형질전환할 예정이다. 이러한 형태의 cisgenic 유전자 이송은 형질전환체 기술보다 전통적인 육종과 더 가깝다.

미래에는 아마 GM 식품에 GM 동물이 추가되어 있을 것이다. Box 1에서 설명한 것처럼, 형질전환 대서양 연어는 가까운 장래에 판매 승인을 받을 것이다. 다른 프로젝트에서 과학자들은 조류독감이 퍼지는 새로부터 닭을 보호하기 위해 닭에 DNA 서열을 도입하고 있다. 염기서열은 바이러스 중합효소에 결합하는 정상적 바이러스 RNA와의 유사성을 갖는 머리핀 RNA 분자를 암호화하고 있다. 머리핀 RNA의 존재는 바이러스 중합효소의 활동을 억제하고 바이러스 증식을 방해한다. 이 전략이 생체 내에서 유용한 것으로 판명될 경우, 이러한 GM 닭의 사용은 가금류 생산에서 조류독감의 발생을 감소시킬 뿐만 아니라 인간에서도 조류독감 바이러스의 전파를 감소시킬 수 있을 것이다.

GM 식품은 농업의 생산성을 높이고 질병을 감소시키기 위한 가능성을 보여주지만, GM 반대 비평가의 정치적 압력은 강력하게 남아 있다. 이러한 기술의 배경이 되는 과학을 이해하는 것은 우리 모두가 GM 식품의 장래성을 평가하는 데 도움이 될 것이다.

ST 그림 5-10. 갈색 줄무늬 바이러스에 감염된 카사바 괴경. 사하라 사막 이남 아프리카의 주요 식량인 카사바는 뿌리 썩음의 원인인 갈색 줄무늬 바이러스와 식물 성장을 멈추는 모자이크 바이러스의 감염에 위협당하고 있다.

참고 문헌 및 자료

Journal Articles

Butler, D. 2012. Hyped GM maize study faces growing scrutiny. *Nature* 490: 158.

Cressey, D. 2013. A new breed. *Nature* 497: 27–29.

Domingo, J.L. 2007. Toxicity studies of genetically modified plants: A review of the published literature. *Crit. Rev. Food Sci. Nutrition* 47: 721–733.

Enserink, M. 2008. Tough lessons from Golden Rice. *Science* 320: 468–471.

Gassmann, A.J., et al. 2011. Field-evolved resistance to Bt maize by western corn rootworm. *PLoS One* 6(7): e22629.

Gilbert, N. 2013. A hard look at GM crops. *Nature* 497: 21–26.

Gonsalves, D. 2004. Transgenic papaya in Hawaii and beyond. *AgBioForum* 7: 36–40.

Oke, K.B., et al. 2013. Hybridization between genetically modified Atlantic salmon and wild brown trout reveals novel ecological interactions. *Proc. R. Soc. B.*, 280: 20131047.

Paine, J.A., et al. 2005. Improving the nutritional value of Golden Rice through increased pro-vitamin A content. *Nature Biotech.* 23(4): 482–487.

Schafer, M.G., et al. 2011. The establishment of genetically engineered canola populations in the US. *PLoS One* 6(10): e25736.

Whitty, C.J.M., et al. 2013. Africa and Asia need a rational debate on GM crops. *Nature* 497: 31–33.

Web Sites

GMO Compass: EU supported GMO database. http://www.gmo-compass.org.

Adoption of Genetically Engineered Crops in the US. U.S. Department of Agriculture, Economic Research Service. http://www.ers.usda.gov/data-products/adoption-of-genetically-engineered-crops-in-the-us.aspx#.UdmLqW3fJyI

GM Approval Databases and Information. International Service for the Acquisition of Agri-Biotech Applications. http://isaaa.org

Twenty questions on genetically modified foods. World Health Organization. http://www.who.int/foodsafety/publications/biotech/20questions/en/

Golden Rice. The International Rice Research Institute. http://irri.org/golden-rice

확인 문제

1. 선택적 육종을 통해 생성된 개체와 유전적으로 변형된 개체는 어떻게 비교되는가?
2. 현재 GM 작물은 transgenic 혹은 cisgenic으로 간주할 수 있는가? 왜?
3. 개발된 약 200종의 GM 작물 품종 중 단지 몇 개만이 널리 사용된다. 이 품종들은 무엇이며, 그들은 얼마나 보편적인가?
4. 글리포세이트의 작용 기작은 무엇이며, 농업 생산량을 증가시키기 위해 GM 작물에 어떻게 사용되어 왔는가?
5. *Bacillus thuringiensis*로부터 나온 Cry 단백질이 살충제로 사용되는 기작을 설명하라.
6. 개발 도상국에서 비타민 A 결핍을 완화하기 위해 어떤 조치를 했는가? 지금까지 이런 조치들이 얼마나 성공적이었는가?
7. 황금쌀 2는 무엇이며, 어떻게 만들어졌는가?
8. 바이오리스틱법은 사용하여 식물을 형질전환할 수 있는 방법에 대해 설명하라. 이 방법은 *Agrobacterium tumefaciens*를 사용한 방법과 어떻게 비교할 수 있는가?
9. 양성 선택과 음성 선택 기술은 GM 작물의 개발에 어떻게 기여하는가?
10. Roundup-Ready 대두 품종이 어떻게 개발되었는지를 설명하고, 콩 식물을 형질전환하는데 사용된 유전자가 무엇인지 설명하라.

탐구 문제

1. 당신 지역의 GM 식품의 개발, 승인 및 사용을 규제하는 법률은 어떤 것이 있는가?
2. 당신은 GM 성분이 포함된 식품을 표시해야 한다고 생각하는가? 이러한 전략의 장점과 단점은 무엇인가?
3. GM 식품에 대한 주요 반대 중 하나는 인간의 건강에 유해할 수 있다는 것이다. 당신은 이것에 동의하는가?

유전자 치료

약물치료는 유전질환의 증상을 조절하는 데는 효과적일 수 있지만, 의학치료의 이상적인 결과는 질환을 치료하는 것이다. 이것이 결함 유전자에 의해 나타나는 유전질환을 치료하기 위해 환자의 세포 내로 치료 유전자(therapeutic gene)를 전달하는 **유전자 치료(gene therapy)**의 목표이다. 유전자 치료의 초기 시도는 질병 유전자의 효과를 억제하기 위하여 정상적인 치료유전자의 복제본을 전달하는 데 중점을 두어 유전질환의 증상을 최소화하거나 제거하고자 하였다. 그러나 최근에는 결함유전자의 억제, 침묵 더나아가 제거하는 방식을 통한 접근법이 대두되고 있다. 이 장에서는 이러한 각각의 접근 방식을 소개하고자 한다.

유전자 치료는 과학적 발견을 통해 질병 유발유전자(disease-causing gene)를 규명하고 효과적인 치료법을 찾아 연구실에서 연구된 질병치료법을 환자에게 적용하는 **중개 의학(translational medicine)**의 궁극적인 목표 중 하나이다. 이론적으로, 치료유전자의 전달은 비교적 간단하지만, 실제로는 유전자 치료를 실행하기가 매우 어려웠다. 20년이 넘게 연구가 진행되었음에도 불구하고, 현장에서의 기대에 부응하지 못하고 있다. 그러나 유전자 치료는 몇 가지 새로운 기술의 성공과 함께 여러 방면에서 현재 빠른 속도로 부활하고 있어 곧 주류의학의 일부가 될 것으로 기대된다. 이 장에서는 유전자 치료가 어떤 방법으로 진행되는지에 대해 모색할 것이고, 유전자 치료의 새로운 접근방법뿐만 아니라 성공사례와 실패사례를 함께 소개할 것이다. 마지막으로 유전자 치료에 관한 윤리적 문제에 대해서도 다루고자 한다.

"유전자 치료를 통한 인간의 유전질환 치료는 유전공학의 궁극적인 적용 방법이다."

어떤 유전질환이 유전자 치료의 대상인가?

유전자 치료를 위한 두 가지 중요한 기준은 특정 질병을 일으키는 유전자가 규명되었는지와 유전자가 실험실에서 복제되거나 합성될 수 있는지에 대한 여부이다. 인간 유전체 프로젝트(Human Genome Project)에 의해 밝혀진 결과, 인간 질병 유전자들의 DNA 염기서열이 유전자 치료를 위한 후보유전자의 수를 크게 증가시켰다. 초기 유전자 치료의 대상과 방법은 대부분 하나의 유전자에 의해 야기되는 단일 유전자 질환(monogenic diseases)을 치료하는데 초점을 맞추었다. 이론적으로, 다중 유전자(multiple gene)와 다중 돌연변이(multiple mutation)에 의해 야기되는 질병의 경우보다 단일 유전자에 의해 야기되는 질병이 기술적으로 더 쉽기 때문이다. 개념적으로, 이 방법은 간단하다. 유전질환의 원인이 되는 돌연변이 유전자를 동정하고, 정상 유전자의 사본으로 교체하거나 보충하는 것이다. 그러나 다음에서 살펴보겠지만, 실제 유전자 치료에는 이보다 더 많은 어려움이 뒤따른다.

유전적 양상에 의해 영향을 받는 세포는 유전자 치료를 위해 손쉽게 접근 가능하다. 예를 들어, 백혈병(leukemia)과 혈우병(hemophilla) 등의 혈액 질환은 유전자 치료의 주요한 표적이 되어 왔다. 뇌와 척수, 골격 또는 심근의 세포, 이종 개체군(heterogeneous population)으로 이루어진 췌장과 같은 기관의 치료에 비해 생체 밖에서 혈구세포를 조작한 뒤 다시 체내로 돌려보내는 것이 상대적으로 쉽기 때문이다. 호흡기의 세포들 또한 유전자 치료를 위해 쉽게 접근할 수 있는 조직의 또 다른 예이다. 예를 들어, 이 방법은 낭포성 섬유증(cystic fibrosis)을 치료하는 데 사용되었다. 하지만 여러 가지 이유로 실패하고 말았다.

지난 10년간 주요한 유전질환들은 유전자 치료의 표적이 되었다[ST 그림 6-1(a)]. 최근에 승인된 임상 실험의 대부분은 암 치료에 관한 것이었다. 유전자 치료는 현재 유전성 실명(hereditary blindness), 알츠하이머병(Alzheimer disease)과 파킨슨병(Parkinson disease)을 포함한 퇴행성 신경질환(neurodegenerative), 심혈관 질환(cardiovascular disease), 다양한 종류의 암과 HIV와 같은 전염병(infectious diseases), 우울증(depression)과 약물 및 알코올 중독 등과 관련된 질환을 치료하기 위해 연구되고 있다. 1700건 이상의 유전자 치료가 임상실험을 승인을 받았고, 최근에 후천성 질병과 유전병에 대한 치료가 시작되었다[ST 그림 6-1(b)].

미국에서는 제안된 유전자 치료 임상실험을 진행하기 위해서는 먼저 주관하는 기관위원회의 승인을 받고 실험방법에 대해 식품의약품국(Food and Drug Administration, FDA)의 승인을 받아야 한다. 미국국립보건원(National Institutes of Health, NIH)의 투자를 받은 유전자 치료 실험은 NIH 재조합 DNA 자문위원회(NIH Recombinant DNA Advisory Committee)에도 등록해야 한다.

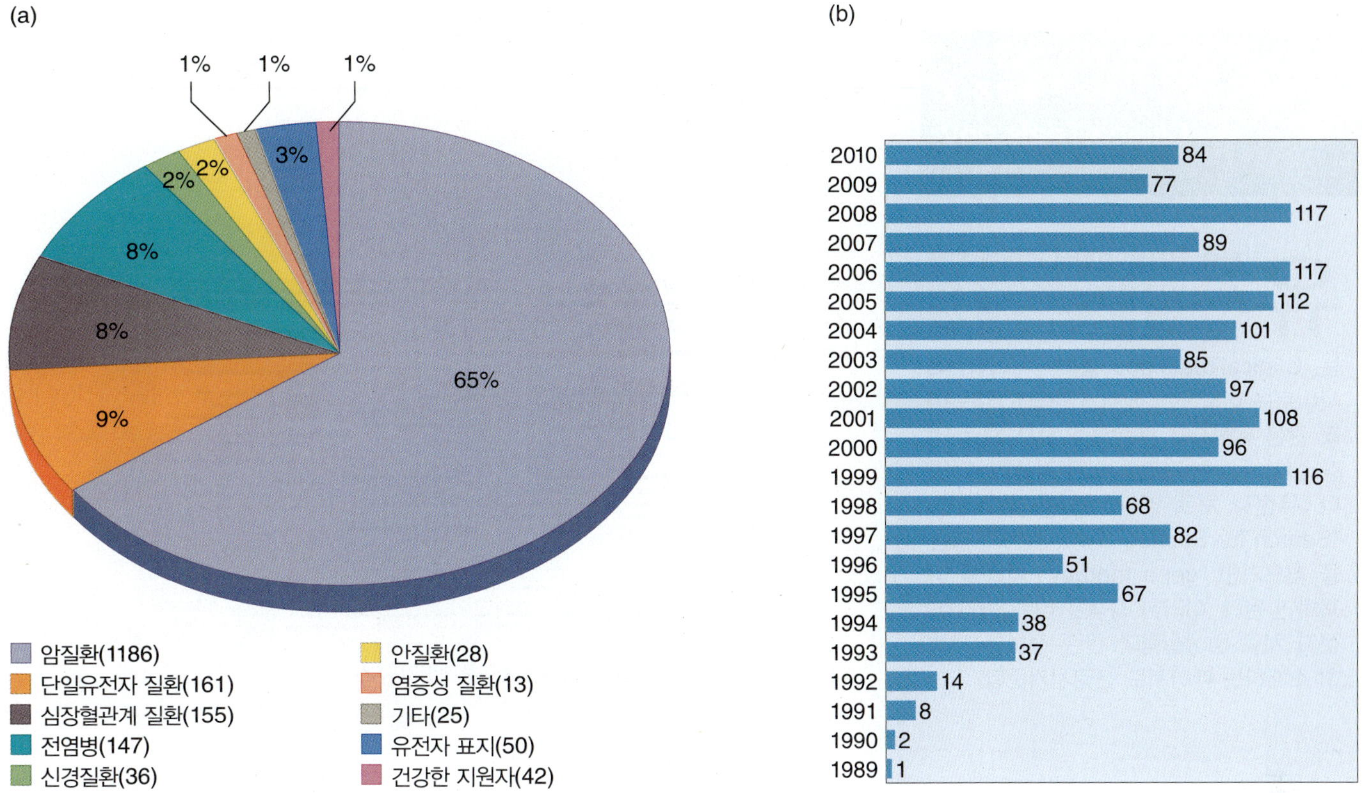

ST 그림 6-1. 전 세계 유전자 치료의 현재 상태. (a) 그래프는 전 세계적으로 유전자 치료 임상실험에 의해 치료된 각기 다른 유전질환들을 나타내고 있다. (b) 많은 유전자 치료 임상 실험은 매년 각국 규제 기관에 의해 승인된다. 여기에 매년 전 세계에서 승인받은 실험 개수를 나타냈다.

치료유전자는 어떻게 전달되는가?

일반적으로, 환자에게 치료유전자를 전달하기 위한 두 가지 접근법은 **생체 외**(*ex vivo*) **유전자 치료**와 **생체 내**(*in vivo*) **유전자 치료**이다(**ST 그림 6-3**). 생체 외 유전자 치료는 특정한 유전 질환을 가진 환자로부터 세포를 분리하고, 실험실에서 이 세포에 정상적인 치료 유전자의 사본 또는 결함이 있는 유전자의 발현을 억제하는 DNA 또는 RNA 가닥을 삽입한다. 그리고 유전자가 삽입된 세포를 다시 환자에게 이식한다. 그러면 유전자는 정상적인 단백질로 발현될 것이다. 이러한 세포들은 처음에 환자로부터 전달된 것이기 때문에, 이러한 방식을 통해 유전적으로 변형된 세포는 면역거부반응에 대한 두려움이 없기 때문에 다시 환자에게 이식될 수 있다. 곧 배우겠지만, 최초의 성공적인 유전자 치료가 이러한 방법으로 이루어졌다.

생체 내 유전자 치료는 사람의 세포를 제거하지 않는다. 대신에 치료 DNA를 몸속의 질환이 있는 세포에 직접 전달한다. 생체 내 유전자 치료의 중요한 당면 과제 중 하나는 치료유전자가 몸속 모든 조직이 아닌 오직 의도된 조직으로만 전달되어야 하는 것이다.

유전자 치료용 바이러스 벡터

생체 내 또는 생체 외 접근법 모두에서 성공적인 유전자 치료를 위해서는 환자의 세포에 유전자를 전달하는 방법 체계를 가지는 것이 핵심이다. DNA는 비교적 큰 분자 크기와 전하를 띠고 있기 때문에, 대부분의 사람 세포는 쉽게 DNA를 받아들이지 못한다. 만약 사람세포가 DNA를 쉽게 받아들였다면 박테리아의 형질전환과 같은 방법으로 단순히 세포와 DNA를 혼합하여 유전자를 전달하는 것이 가능했었을 것이다. 따라서 사람 세포에 치료용 DNA 분자를 전달하는 것은 매우 어렵다. 유전자 치료 초기부터, 유전공학적으로 설계된 바이러스 벡터는 사람 세포에 치료유전자를 전달하기 위한 주요 도구로 사용되어 왔다. 유전자 치료를 위한 바이러스 벡터는 바이러스를 표적세포에 감염시키고, 치료 DNA의 손상을 일으키지 않고 세포로 전달될 수 있도록 설계된다.

전 세계적으로 대부분의 유전자 치료 임상실험에서 과학자들은 변형된 **레트로바이러스**(retroviruses)를 벡터로 사용하고 있다. 앞 장에서 설명한 것처럼(10장 참조) 레트로바이러스(HIV는 레트로바이러스이다)가 과학자들이 상보적 DNA 분자 합성의 주형으로 사용하는 RNA 유전체를 가지는 것을 상기해보라. 유전자 치료에 사용된 첫 번째 바이러스는 몰로니 설치류 백혈병 바이러

BOX 1
ClinicalTrials.gov

유전자 치료를 포함하여 현재 진행하는 임상 실험에 대해 학습하기 위한 가장 좋은 웹자료 중 하나는, ClinicalTrials.gov 홈페이지이다. 이 사이트는 미국 전역에서 시행되고 있는 여러 관심 유전자와 관련된 유전자 치료 임상 실험에 대한 자료를 쉽게 검색할 수 있다. 유전자 치료 임상 실험을 찾으려면, "Search for Studies" 박스, 질병의 이름을 찾으려면 "gene therapy" 박스를 이용하면 된다. 이러한 검색은 진행 중인 유전자 치료 임상실험과 관련 정보를 자세히 소개하는 페이지로 연결시켜준다.

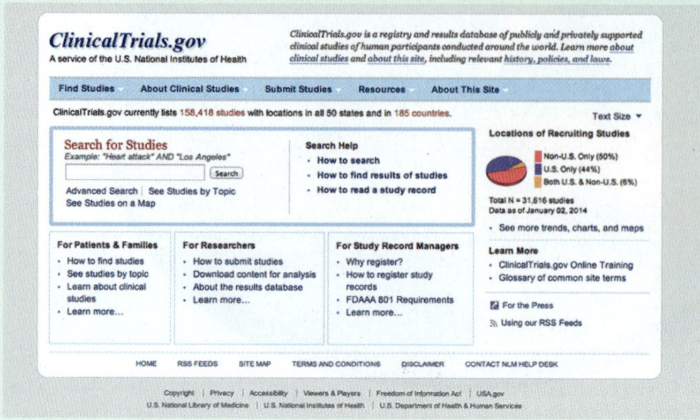

ST 그림 6-2. ClinicalTrials.gov 홈페이지 주소.

스(Moloney murine leukemia virus)라고 불리는 설치류 레트로바이러스(murine retroviruse) 계열이었다. **레트로바이러스 벡터(Retroviral vector)**는 바이러스에서 복제와 질병유발유전자를 제거한 뒤 클로닝된 사람의 유전자를 대체 삽입하여 만든다. 변형된 RNA가 바이러스로 포장된 후, 치료를 위한 사람 유전자를 가지는 재조합 바이러스 벡터는 환자의 세포를 감염시키기 위해 사용된다. 기술적으로 바이러스 입자는 치료유전자의 RNA 사본을 운반해준다. 일단 세포 내에 들어오면, 바이러스는 자가 복제를 하지 못하고, 치료 RNA는 DNA로 역전사 된다. 이는 세포의 핵으로 들어가고 숙주 세포 염색체의 유전체 내로 삽입된다. 삽입된 치료유전자가 제대로 발현된다면, 돌연변이 효과에 의한 환자의 증상을 개선시킬 수 있는 정상적인 유전자 산물을 생산할

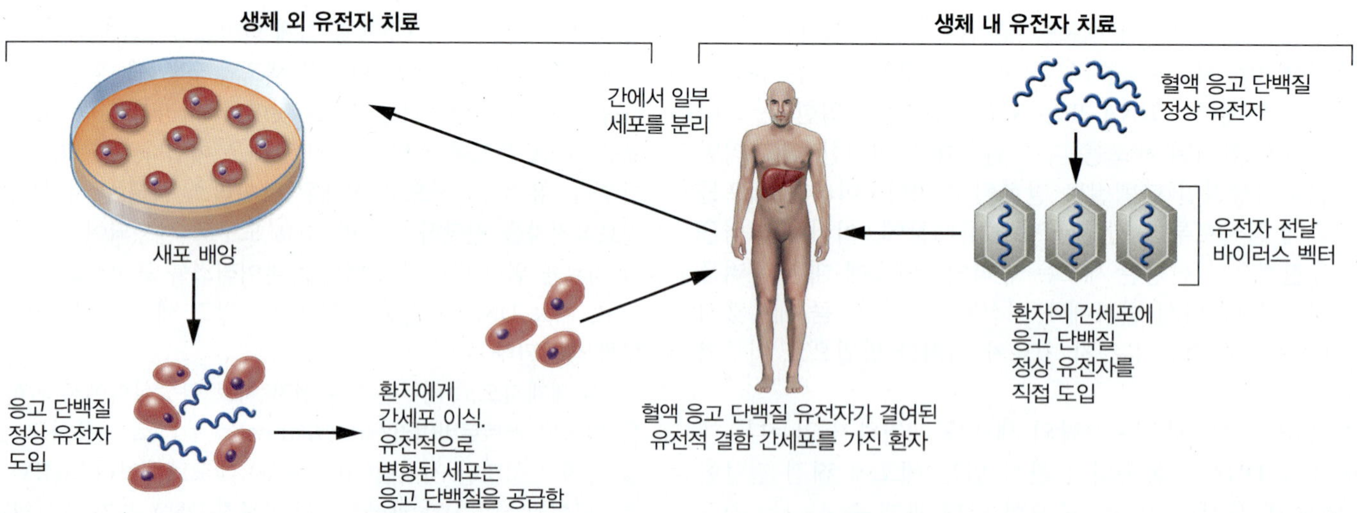

ST 그림 6-3. 간질환 환자의 생체 외 및 생체 내 유전자 치료. 생체 외 유전자 치료는 환자로부터 세포를 분리하는 하는 것, 세포에 치료유전자(예를 들어 혈액 응고 단백질을 암호화하는)의 정상 사본의 도입, 몸 안에 세포가 재주입되는 것을 포함한다. 그러면 혈액 응고 단백질이 생산될 것이다. 생체 내 접근법은 몸 안의 세포에 직접적으로 DNA를 도입하는 것을 포함한다. 두 접근법 모두 돌연변이 유전자의 발현 영향을 극복하기 위해 유전자를 전달하는 방식으로 사용된다.

것이다.

레트로바이러스 벡터의 장점 중 하나는 환자 세포의 유전체에 치료유전자가 삽입되었기 때문에 전달된 유전자의 장기적인 발현을 제공한다는 것이다. 그러나 레트로바이러스 벡터가 갖는 주요 문제점은 **삽입돌연변이**(insertional mutation)로 인해 몇몇 경우에 심각한 부작용이 발생하는 것이다. 레트로바이러스 벡터는 일반적으로 숙주 세포 유전체의 임의 지역에 그들의 유전체를 삽입시킨다. 따라서 유전체 부위 또는 프로모터와 같은 유전자 조절 지역에 레트로바이러스 벡터가 임의로 삽입되면 유전자가 비활성화될 가능성이 있다. 어떤 경우에는 유전자 치료 벡터의 프로모터 서열이 숙주 세포 유전체 안에서 인접한 유전자를 조절할 때도 있다—이는 곧 배우겠지만, 무서운 결과로 암유전자를 활성화시킬 수도 있다.

아데노바이러스 벡터(adenovirus vector)는 초기의 많은 유전자 치료에 사용되었다. 이 벡터의 장점은 크기가 큰 치료유전자를 운반할 수 있다는 것이다. 그러나 많은 사람들이 아데노바이러스에 대한 항체를 생성하기 때문에, 바이러스에 의해 야기되는 면역반응이 나타날 수 있다. 이로 인해 치료유전자의 효과가 나타나지 않거나, 환자에게 상당한 부작용을 일으킬 수 있다.

아데노연관바이러스(adeno-associated virus, AAV)는 현재 유전자 치료 벡터로 광범위하게 사용되고 있다[ST 그림 6-4(a)]. 사람의 80~90%는 어린 시절 흔한 감기 증상의 원인이 되는 기본형의(native form) AAV에 감염된다. 불활성형의 바이러스는 비병원성이고 보통 치료를 받은 환자에서 주요 면역반응을 유도하지 않으므로 염색체의 특정 부위에 유전자를 전달하기 위해 변형된 형태의 AAV를 사용하기도 하지만, 일반적으로 AAV는 숙주세포의 유전체에 삽입되지 않으므로 레트로바이러스가 내재하고 있는 삽입돌연변이가 일어날 위험도는 낮다. 대부분의 AAV는 숙주 세

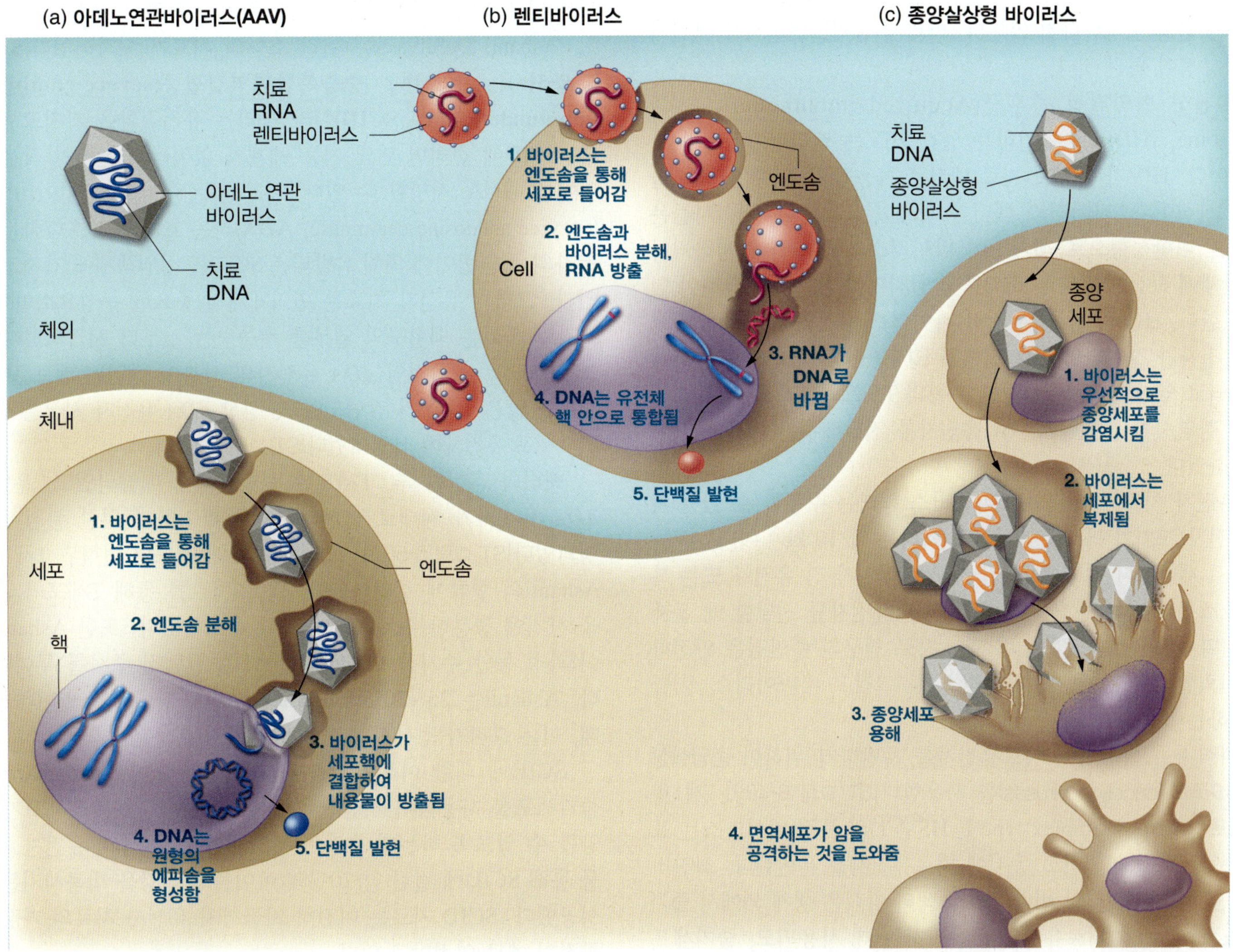

ST 그림 6-4. 치료유전자 전달. (a) 변형된 아데노바이러스와 같은 비삽입 바이러스는 표적세포의 유전체에 삽입 없이 치료유전자가 전달된다. 운반 DNA는 에피솜에 거주한다. 그러나 세포분열로 시간이 지남에 따라 이러한 비삽입 DNA 고리는 점점 소멸된다. (b) 삽입 바이러스는 렌티바이러스, 역전사효소로 인해 세포질로 치료유전자를 운반하는 RNA 레트로바이러스를 포함한다. 유전체에 DNA가 삽입되면 치료 DNA는 세포분열 동안 딸세포로 이동한다. (c) 종양살상형 바이러스는 암 세포에 치료 유전자를 전달시켜 표적을 공격한다.

포의 핵으로 유전자를 전달한다. 이는 바이러스 유전체 내에 포함된 프로모터 서열의 조절 하에 발현되는 에피솜(episome)이라 불리는 작은 고리형의 DNA 구조를 형성한다. 그러나 AAV에 의해 전달되는 치료 DNA는 보통 유전체 안으로 삽입되지 않기 때문에 숙주 세포가 분열할 때 복제되지 않는다. 따라서 성공적인 치료를 위해서는 반복적인 시술이 필요하다[ST 그림 6-4(a)]. 과학자들은 특정한 지역의 유전체에 DNA가 삽입될 수 있도록 하는 AAV의 변이 종에 관한 연구를 계속 진행하고 있다.

렌티바이러스 벡터(lentivirus vectors)에 의한 방법은 유전자 치료에 활발하게 사용되고 있다[ST 그림 6-4(b)]. 렌티바이러스는 비교적 큰 크기의 유전물질을 수용할 수 있는 레트로바이러스이다. 렌티바이러스의 또 다른 장점은 다른 바이러스 벡터는 오로지 분열할 때 세포에 감염되는 반면에 렌티바이러스는 분열되지 않은 세포도 감염시킬 수 있다. 숙주 세포 유전체 내에 렌티바이러스 유전자 삽입을 조절하는 것은 여전히 불가능하지만, 렌티바이러스는 다른 레트로바이러스처럼 유전자 조절 지역으로 접근하는 현상은 나타나지 않는다. 따라서 삽입돌연변이를 야기시킬 가능성이 훨씬 적다.

후천성 면역결핍 증후군(Acquired immunodeficiency syndrome, AIDS)을 야기하는 인간 HIV는 렌티바이러스의 한 유형이다. HIV가 유전자 치료 벡터로 사용될 수 있다는 것은 놀라운 사실이다. 바이러스 벡터를 사용하기 위해서, 과학자들은 벡터를 비활성형으로 설계하여 바이러스가 질병을 발병하거나 몸 전체에 확산되고 다른 조직을 감염시키지 않는다는 확신이 있어야 한다. HIV의 경우, 완전한 바이러스 입자의 재구성에 필요한 유전자가 결여되어 있는 변형된 HIV종이 유전자 치료 실험에 사용되고 있다. HIV는 특정한 유형의 T림프구(T세포)와 대식세포를 감염시켜 혈류에서 치료유전자를 전달해주는 좋은 벡터로 진화하였다.

유전자 치료에 사용되는 바이러스 벡터는 수용할 수 있는 치료유전자 크기가 레트로바이러스 벡터는 약 10 kb이며, AAV는 5 kb로 제한된다. 이러한 크기 제한은 길이가 긴 유전자 또는 복잡한 조절부위 및 암호 서열을 가지는 유전자를 전달할 때 문제가 된다. 배운 바와 같이, 유전자 치료 연구의 주안점은 안전하고 신뢰할 수 있는 벡터(바이러스 성 그리고 비바이러스 성)를 개발하는 것이다.

과학자들은 심지어 치료유전자를 운반하기 위하여 종양살상형 바이러스(oncolytic viruses)를 사용한다[ST 그림 6-4(c)]. 제1형 단순포진(herpes simplex type I, HSV-1)의 특정 바이러스는 표적 종양세포를 파괴하고 동시에 치료유전자를 운반한다. 점진적으로 바이러스 벡터와 비바이러스 벡터 방식은 생체 외에서 줄기세포(stem cell)에 치료유전자를 운반하는 데 사용되고, 줄기세포는 환자에게 재도입되거나 환자에게 치료된 장기를 이식하기 전에 생체 외에서 성숙한 세포로 분화시킨다.

비바이러스 전달 방법

과학자들은 바이러스 벡터를 사용하지 않은 소위 벌거벗은 DNA(naked DNA)를 전달하기 위해 생체 내와 생체 외 전략을 통해 다양한 실험을 계속하고 있다. 비바이러스성 방법은 치료 유전자를 가진 나노입자(nanoparticle)의 운송을 돕고 클로닝된 DNA 서열을 함유한 리포좀(liposome)이라고 불리는 인공 지질 소포(artificial lipid vesicles)의 세포 융합 등을 통하여 세포에 유전자를 옮긴다. '유전자 알약(gene pills)'을 통해 단기간 유전자 발현을 유도하는 연구도 진행되고 있다. 여기서 알약은 장에 치료 DNA를 전달하고 DNA는 장 세포에 흡수되어 치료 단백질로 발현되고 혈류를 통해 분비된다.

최초의 성공적인 유전자 치료 실험

1990년 FDA는 첫 번째 인간의 유전자 치료 실험을 승인하였고, Ashanti DeSilva라는 어린 소녀의 치료가 시작되었다[ST 그림 6-5(a)]. 이 소녀는 **중증복합면역결핍증(severe combined immunodeficiency, SCID)**이라 불리는 유전질환을 가지고 있었다. SCID에 걸리면 면역 기능 체계가 없어서 일반적인 작은 감염에 의해서도 사망할 수 있다. Ashanti는 아데노신 디아미나제(enzyme adenosine deaminase, ADA)라는 효소를 암호화하는 유전자의 돌연변이에 의해 유발되는 SCID를 상염색체에 가지고 있었다. 그녀의 유전자 치료는 면역체계의 중요한 구성요소인 T세포라고 불리는 백혈구의 일부를 추출하는 것부터 시작되었다[ST 그림 6-5(b)]. 정상적인 *ADA* 유전자의 사본이 삽입된 레트로바이러스가 많은 T세포가 감염되었고, 정상 *ADA* 유전자 사본은 몇몇의 T세포 유전체에 삽입되었다[ST 그림 6-5(b)].

벡터와 혼합한 후, T세포는 실험실에서 배양되었고, 운반된 *ADA* 유전자가 제대로 발현되는지를 확인하기 위한 분석이 진행되었다[ST 그림 6-5(b)]. 그리고 1억 개 정도의 변형된 T세포를 Ashanti의 혈류에 주입하였다. 반복 치료를 통해 T세포가 기능을 하기에 충분한 수로 생성되도록 유도하였다. 또한 Ashanti는 이 과정 동안 주기적으로 정제된 ADA 단백질 주사를 투여받았다. Ashanti는 25~30%의 T세포가 ADA 단백질을 발현하였는데, 이는 그녀가 정상적인 삶을 살아가기에 충분했다.

SCID에 대한 이후의 유전자 치료법은 골수(bone marrow) 줄기세포를 사용하여 시험관에서 ADA를 생산하는 T세포가 배양할 수 있도록 하는데 초점이 맞춰졌다. 현재까지 유전자 치료를 통해 SCID에 걸린 약 20명의 아이들의 건강을 회복시키는 데 성공했다. SCID 치료는 여전히 지금까지 유전자 치료의 가장 성공적인 예로 인정받고 있다.

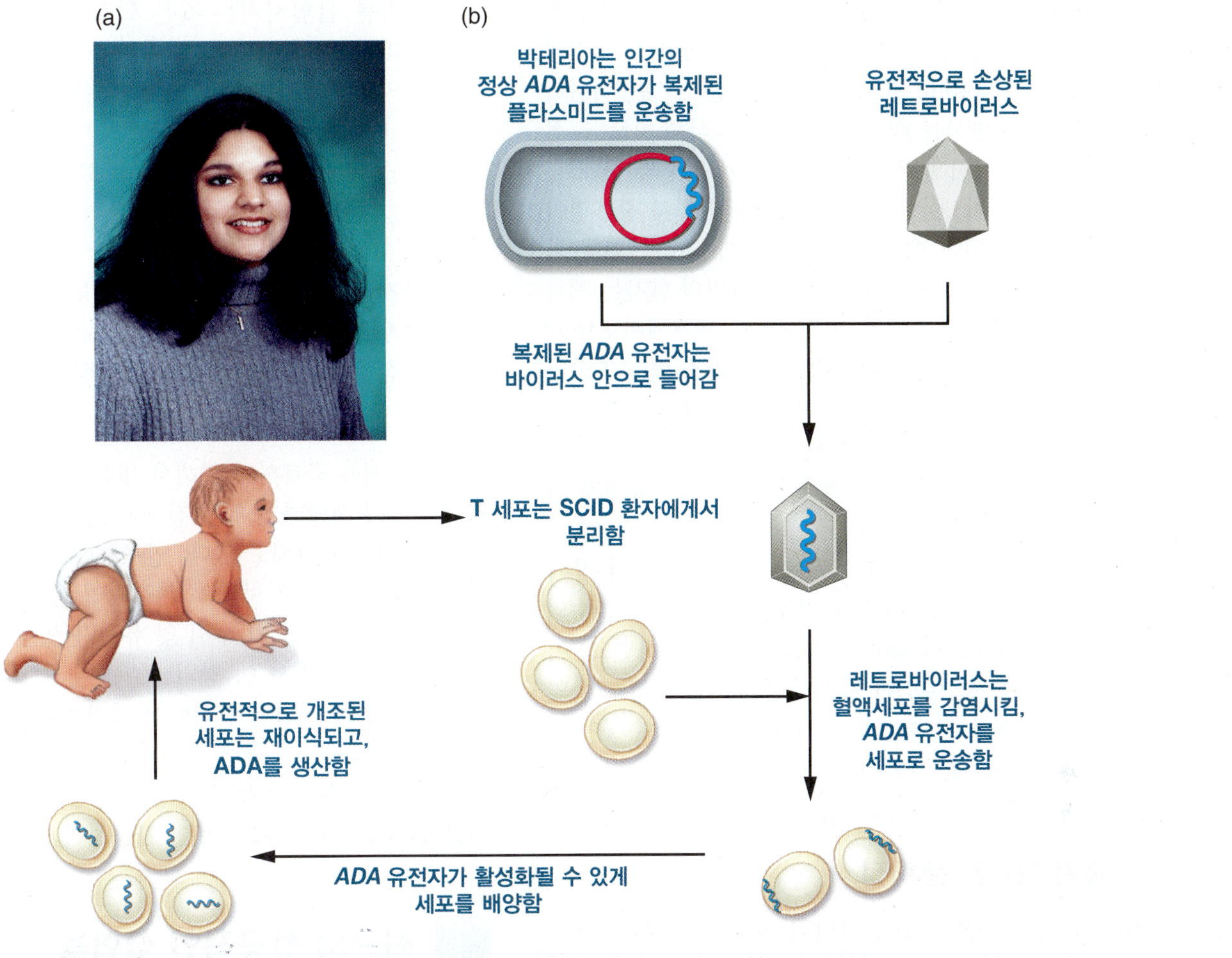

ST 그림 6-5. 최초의 성공적인 유전자 치료 실험. (a) Ashanti DeSilva는 유전자 치료를 통해 성공적으로 치료된 첫 번째 사람이다. (b) 유전자 치료를 통한 SCID의 치료는 인간의 *ADA* 유전자 사본을 바이러스 벡터에 운송한 후 환자에게서 추출한 백혈구 세포에 주입된다. 운송된 *ADA* 유전자는 염색체에 삽입되고 활성화된다. 성장 후 세포의 수가 많아지면 환자에게 다시 재주입한다. 그러면 환자는 면역반응이 발달된 ADA를 생산한다.

유전자 치료의 난관

1990년부터 1999년까지 4,000명 이상의 사람들이 다양한 유전 질환에 대한 유전자 치료를 받았다. 이러한 실험은 종종 실패하여, 유전자 치료에 대한 신뢰를 떨어뜨렸다. 특히 미국에서 오르니틴 트랜스카바밀라아제(ornithine transcarbamylase, OTC)의 결핍에 의한 간질환 치료를 위해 유전자 치료 과정의 안전성을 조사하면서 10대인 Jesse Gelsinger가 죽은 1999년에 유전자 치료의 신뢰도는 더욱 하락하였다. *OTC* 유전자를 생성하는 많은 수의 아데노바이러스를 그의 간동맥(hepatic artery)에 주입하였다. 그의 죽음은 아데노바이러스 벡터에 대한 대량의 염증 반응에 의해 유발되었다. 바이러스 벡터는 그의 간으로 이동한 뒤 간 세포 내로 들어가, OTC 단백질의 생산을 유도할 것으로 예상하였다. 이어서, OTC 단백질은 그의 유전적인 결함을 보정하고 그의 간질환을 치료할 수 있기를 기대했다. 연구자들은 이전에 치료바이러스를 이용해 18명의 사람을 치료했고, 처음 17명의 성인환자의 결과는 조짐이 좋았다. 그러나 18번째 환자인 Jesse Gelsinger는 첫 번째 치료 후 몇 시간 만에 대량의 면역반응이 나타났다. 그는 고열이 났고, 폐가 폐액으로 가득 채워졌고, 여러 장기가 멈추고, 급성호흡부전(acute respiratory failure)이 나타나면서 4일 만에 사망했다. 아데노바이러스에 대한 Jesse의 심각한 반응은 그의 몸이 이전에 같은 바이러스에 노출되었던 것에 대한 면역반응의 결과로 생각된다.

비극의 여파로, 여러 정부의 과학적인 조사는 계속 실시되었다. 임상 실험에서 과학자들은 유전자 치료의 다른 부작용에 대해 보고하지 않았고, 어떤 과학자들은 실험을 통해 경제적 이익을 갖게 되는 개인회사에 소속되어 있었다. 또한 환자에게 동물 연구에서 볼 수 있는 심각한 부작용을 설명하지 않은 것으로 밝혀졌다. 나중에 FDA에서 유전자 치료 실험에 대해 전국적인 조사를 진행하였고, 여러 유전자 치료 프로그램이 종료되었다. 다른 연구 그룹은 자발적으로 유전자 치료 연구를 중단하였다. Jesse의 경우에서 드러난 문제점을 해결하기 위해 임상실험 방법이 엄격하게 제한되었다. Jesse의 죽음은 험난한 유전자 치료분야에 심각한 타격을 주었다.

유전자 치료에 대한 전망은 프랑스 연구진이 최초로 대규모 성공을 보고한 2000년에 일시적으로 빛이 났다. 치명적인 X 염색체 연관 SCID(X-linked form SCID, X-SCID)를 가지는 어린이들이 정상 유전자를 운반하는 레트로바이러스 벡터로 치료 후 정상적인 면역시스템을 가지게 되었다. 그러나 이 연구의 큰 기쁨은 곧 절망으로 바뀌었다. 실험에 참여한 20명의 환자 중 5명이 유전자 치료가 원인이 되어 백혈병에 걸렸기 때문이다. 이들 환자 중 한 명은 유전자 치료 후 사망했고, 다른 4명의 환자는 백혈병 치료에 들어갔다. 조사된 2명의 아이들이 암 세포에서 *LMO2*라고 불리는 유전자 또는 그 근처에 레트로바이러스 벡터가 삽입되어 있었다. **삽입성 돌연변이**는 제어되지 않는 백혈구 세포 분화와 백혈병을 야기시키는 *LMO2* 유전자를 활성화시켰다. FDA는 즉시 27개의 비슷한 유전자 치료 실험을 중단시켰고, 유전자 치료에 대한 정밀 재평가가 이루어졌다.

영국에서는 X-SCID와 SCID 치료를 통한 긍정적인 장기 생존율 자료를 보여주었다. 유전자 치료를 위해 환자 골수의 조혈줄기세포(hematopoietic stem cell, HSC)를 사용하였고, 이를 통해 16명의 아이들 중 14명이 치료 후 최소 9년 동안 그들의 면역 체계가 복원된 것을 보여줬다. 이 아이들은 평균 수명이 예전에는 20년이 되지 않았다. 그럼에도 불구하고 위에 기술한 바와 같이 유전자 치료가 진보하는 데에는 많은 난관을 가지고 있다.

유전자 치료가 가지는 문제점

유전자 치료에 대해 비평가들은 지나친 서두름, 이해 관계의 충돌, 부실한 임상 실험 관리, 그리고 높은 기대에 반해 부실한 성과를 보이는 연구 그룹을 질책했다. Jesse Gelsinger의 경우와 프랑스의 X-SCID 실험 등과 같은 유전자 치료의 주요 문제점은 세포에 치료유전자를 운송하는 데 사용된 바이러스 벡터로 추정되었다. 이러한 벡터의 사용은 몇 가지 심각한 단점을 가지는 것으로 밝혀졌다.

- 첫 번째, 숙주 세포의 유전체에 인간의 치료유전자를 포함한 레트로바이러스 유전체가 삽입된다. 이는 숙주 세포가 DNA를 복제하는 경우에만 발생한다. 몸속의 임의의 조직에서 소수의 세포만 분열되고, 그들의 DNA를 복제한다.
- 두 번째, 대부분의 바이러스 벡터는 대량으로 주입되는데, 특히 아데노바이러스 벡터는 Jesse Gelsinger의 경우에 일어난 반응처럼 환자에게 부정적인 면역반응을 일으킬 수 있다.
- 세 번째, 숙주 염색체 내로 바이러스 유전체의 삽입은 프랑스 환자의 경우처럼 필수유전자를 활성화시키거나 돌연변이를 유발할 수 있다. 숙주 유전체로 바이러스 유전체를 삽입하는 바이러스의 인터그라아제(integrase)는 염색질을 구성하는 단백질과 결합하여 종종 전사를 활성화시킨다. 불행히도 유전체의 특정 지역으로 치료유전자를 삽입시키는 것은 확실하게 가능한 것이 아니다. 그러나 우리는 다음 절에서 표적유전자의 전달이 이 분야의 주요 연구영역이라는 점을 논의할 것이다.
- 네 번째, AAV 벡터는 5 kb보다 큰 DNA 서열을 운반하지 못하고 레트로바이러스는 DNA 서열이 10 kb보다 큰 것을 운반하지 못한다. 많은 인간 유전자는 5~10 kb의 크기 범위를 초과한다.
- 마지막으로, 불활성화된 벡터가 숙주 안에 이미 존재하고 있는 다른 바이러스 유전체와 결합할 경우 감염성을 가진 바이러스가 새롭게 생성될 수 있다는 가능성이 있다.

이러한 문제를 극복하기 위해서 새로운 바이러스 벡터와 세포 내로 유전자를 전달하기 위한 전략이 벡터의 활성과 안전을 개선하기 위해 계속 개발되고 있다. 연구자들은 새로운 유전자 전달 체계를 사용하며 초기 벡터의 본질적인 문제를 개선할 뿐만 아니라, 치료유전자의 삽입 부위 및 유전자 생성량을 조절할 수 있기를 기대한다. 따라서 이 장의 뒷부분에서 논의될 표적화된 유전자 치료를 위해 개발된 안전한 바이러스와 비바이러스성 벡터 체계를 개발하는 것이 관련 연구의 주요 영역으로 자리잡고 있다. 다행히, 여러 유망한 새로운 시도와 성공적인 치료의 희망이 보이고 있어 유전자 치료의 부활 가능성이 크다.

최근의 성공적인 실험들

망막 실명의 치료

최근 몇 년 동안, 실명 치료를 받고 있는 환자는 유전자 치료 기법에 의해 많은 혜택을 받고 있다. 선천적인 망막실명은 전 세계적으로 약 2,000명 중에 1명꼴로 나타나며, 그 중 대다수는 넓은 범주의 유전적 결함의 결과이다. 165개 이상의 유전자들이 망막실명의 다양한 형태와 연관되어 있다.

유전자 치료는 해마다 50,000~100,000명 중의 1명꼴의 빈도로 나타나는 퇴행성 망막질환으로 시력상실이 되고 심각한 실명을 야기하는 **레버 선천성 흑내장**(Leber congenital amaurosis, LCA)을 가진 환자에게 성공적으로 이루어졌다. LCA에 대한 유전자 치료는 원래 개에서 개발되었다. 개에서의 성공적인 치료를 바탕으로, 실험기법을 사람에게 맞춰 개조하고 사람의 유전자 치료 실험에 적용하였다.

LCA는 망막에서 빛에 민감한 시각세포(막대세포와 원뿔세포)에서 18개 이상의 유전자들의 변이에 의해 유발된다. 특히 *RPE65*는 유전자 치료의 표적이 되었다. *RPE65* 단백질에 의해 레티놀(retinol)이라는 비타민 A가 합성되는데 이는 망막의 막대세포와 원뿔세포가 빛을 검출하고 뇌에 전기신호를 전송할 수 있게 한다. 초기실험에서, *RPE65* 유전자에 결함이 있는 젊은 성인 환자에게 정상유전자를 주입하였다. 한번의 치료 후 몇 개월이 지난 뒤 많은 성인 환자는 여전히 실명상태였으나 빛을 감지할 수 있었고 그들 중 일부는 시력검사표의 선을 읽을 수 있었다. LCA에 대한 이러한 치료법은 *RPE65*를 AAV에 실어 눈 뒤쪽의 망막 밑에 직접 주입하는 것이었다[ST 그림 6-6(a, b)]. 치료유전자는 망막의 시각세포(visual cells) 아래층에 위치하는 망막 색소 상피(retinal pigment epithelium) 세포 중 약 15~20%로 들어간다. 이 방법에 의해 치료된 성인은 다양한 시각 기능 테스트에서 상당히 개선된 모습을 보여줬다. 그러나 가장 큰 개선은 아이들이 걸어다닐 수 있을 정도로 충분한 시력을 얻었다는 것이다. 연구진은 아이들을 대상으로 성공했던 이유가 어린 환자들은 나이든 환자들에 비해 시각세포가 덜 손상되었기 때문이라고 생각하고 있다.

실명을 야기시키는 노화와 연관된 퇴행성 형질을 포함한 다양한 실명의 유형에 대한 24종류 이상의 유전자 치료 실험들이 완료되거나 진행 중이다. 눈의 작은 크기와 치료를 필요로 하는 세포들의 수가 상대적으로 적기 때문에 유전자 치료의 전망은 일반적인 눈질환의 치료에 매우 좋은 것으로 보인다. 망막세포는 또한 매우 긴 수명을 가진다. 따라서 AAV 전달 방식을 이용하여 유전자가 삽입되지 않더라고 장기간 효과를 나타낼 수 있다.

HIV 벡터는 최근의 실험에서 가능성을 보여주었다

파리대학과 하버드의과대학 연구자들은 헤모글로빈의 생산을 저해하는 베타 글로빈(β-globin) 유전자와 연관된 혈액질환인 **베타 지중해 빈혈(β-thalassemia)**에 대한 유전자 치료 2년 후 한 명의 환자가 더 이상 수혈을 받을 필요가 없고 건강한 것으로 나타났다고 보고하였다. 비병원성의 HIV가 정상 **베타 글로빈** 유전자 사본을 운반하는 데 사용되었다. 이 실험은 *HMGA2*라 불리는 성장인자의 활성화를 초래하여, 프랑스의 X-SCID 실험을 연상시키지만 X-SCID와 달리 전사인자의 활성화는 조혈세포를 과잉생산하거나, 전백혈병(preleukemia) 상태를 유발하지 않는다.

2013년, 이탈리아 밀라노에서 San Raffaele Telethon의 연구진들은 2가지의 유전자 치료 연구를 수행하였다. HIV에서 파생된 렌티바이러스 벡터와 조혈줄기세포(HSCs)를 이용하여 **이염성 백질이영양증(metachromatic leukodystrophy, MLD)** 또는 **비스코트-올드리치증후군(Wiskott-Aldrich syndrome, WAS)**에 걸린 아이들을 성공적으로 치료하였다. 실험 시작 3년 후, MLD 환자 10명, WAS 환자들 중 6명의 자료를 18~24개월 동안 분석한 결과 유전자 치료가 안전하고 효과적인 것으로 나타났다. 이러한 초기 보고서는 각각의 연구에서 3명의 아이들 연구를 기초로 한다. 이들은 실험 후 충분한 시간이 지난 뒤에 실험의 안

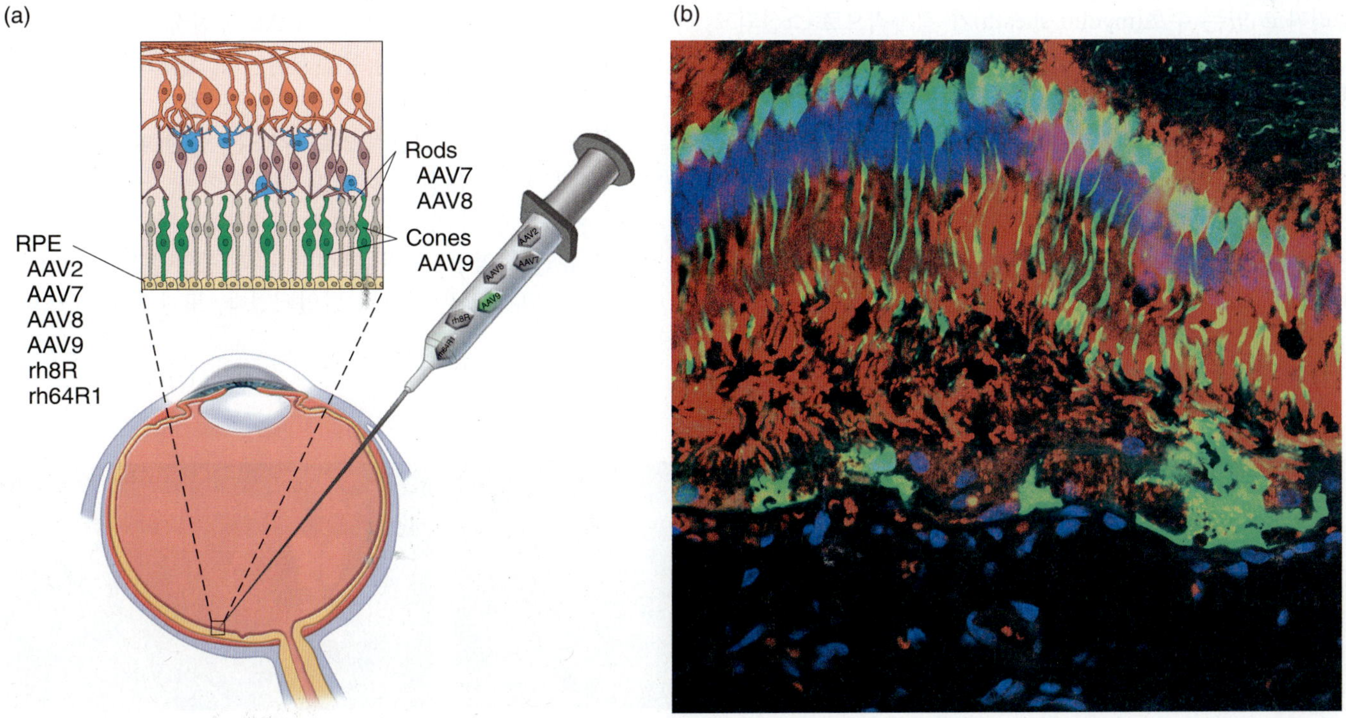

ST 그림 6-6. 망막 실명의 치료. (a) 특정한 유전자의 AAV 운송은 망막, 막대세포, 원뿔세포와 망막색소상피세포와 같은 각각의 다양한 세포형태에 표적화된다. 여기서 나타낸 기본적인 기법은 LCA를 성공적으로 치료하는 데 사용한 방법이다. (b) 광수용체는 원숭이 망막의 형질전환 유전자를 성공적으로 전달한 증거를 보여준다. 막대세포와 원뿔세포 안에 GFP를 발현하는 AAV를 망막 하에 주입한 후 원숭이 망막에 광수용체가 나타났다.

BOX 2

글리베라(Glybera)는 최초의 상용 유전자 치료로 유럽에서 승인을 받았다

2012년 후반, 글리베라(alipogene tiparvovec)라고 불리는 유전자 치료 산출물이 유럽 의약청에서 처음으로 유전자 치료 실험에 대한 승인을 받았을 때, 유럽권에서 상업적인 사용이 승인된 최초의 유전자 치료로서 역사에 남았다. 글리베라는 아데노바이러스 벡터를 기반으로 LPLD(lipoprotein lipase deficiency)라고 불리는 질병 환자를 치료하기 위한 *LPL* 치료유전자 사본을 전달하는 체계이다. LPLD 환자는 혈액에 높은 함량의 중성지방을 가지고 있다. 높은 혈청중성지방은 췌장에 독성을 나타내고 심각한 췌장염증(pancreatitis)을 야기한다. 암스트로담의 uniQure BV사에서 개발된 글리베라가 미국 FDA에서 승인을 받을지의 여부는 여전히 불분명하다. 그럼에도 불구하고, 유럽에서 글리베라 실험의 성공은 많은 유전자 치료 연구자들에게 유럽과 미국에서 유전자 치료가 승인받기 시작했다는 큰 희망을 주고 있다.

전성 및 효능에 대한 중요한 결론을 얻을 수 있는 첫 번째 환자들이기 때문이다. 이러한 점을 감안하는데 15년 이상이 걸렸다. 이 실험은 70명 이상의 연구원과 임상의로 구성된 한팀에 의해 진행되었으며 유전자 치료를 위한 팀워크 방식의 전형적인 예를 보여준다.

MLD는 리소좀 내 효소의 저장에 영향을 주는 퇴행성 신경(neurodegenerative) 질환으로, 아릴설파타아제 에이(arylsulfatase A, *ARSA*) 유전자의 돌연변이에 의해 야기되며 설파타이드(sulfatides)라 불리는 지방이 축적된다. 뇌의 신경세포를 둘러싸고 있는 수초(myelin sheath)가 점차적으로 소실되고, 이는 인지기능과 운동기능의 손실로 이어진다. MLD에 대한 치료법은 없다. MLD에 걸린 아이들은 태어날 때 건강한 것처럼 보이지만 결국 MLD 증상이 발현된다. 이 연구에서 연구자들은 각각의 환자에게서 추출한 골수 유래 HSCs(조혈줄기세포)에 렌티바이러스를 이용한 생체 외 접근법을 사용하며 정상 *ARSA* 유전자를 도입한 뒤 다시 환자에게 HSCs를 주입하였다.

MLD에 걸린 3명의 아이들에서 유전자 치료 후 뇌의 자기공명영상과 인지능력 및 운동능력 테스트를 통해 확인한 결과 18~24개월 동안 질병의 진행이 중지되는 것을 확인하였다(ST 그림 6-7). 질병은 생후 7~21개월에 개시될 것으로 예측되기 때문에 과학자들은 이 실험 결과에 매우 고무되었다. HSCs가 혈액을 통해 이동하면서 뉴런으로 흡수된 ARSA 단백질을 분비해야 하기 때문에 이 실험은 기술적으로 복잡했다. 주요한 과제는 신경의 퇴화 과정을 억제하는 충분한 양의 치료 ARSA 단백질을 생산할 수 있는 세포를 만드는 것이었다.

WAS(비스코트-올드리치 증후군)는 혈소판의 세포골격에서 기능하는 단백질을 암호화하는 WAS 유전자의 돌연변이에 의해 야기되는 X 염색체 연관 유전질환이다. 혈소판 결함을 가지는 WAS 환자는 감염에 더 취약하며 잦은 출혈, 자가면역질환 및 암 등이 발생한다. 일반적으로 WAS는 습진(피부의 염증)이 나타나는데, WAS 유전자 치료 후 혈소판이 증가하고 감염률이 감소하는 것을 볼 수 있었다. 유전 자 치료를 받는 환자의 MLD와 WAS 유전체 염기서열을 분석한 결과 종양유전자 근처에 유전체가 삽입되지 않은 것으로 확인되었다. 또한 환자는 HSC 과다

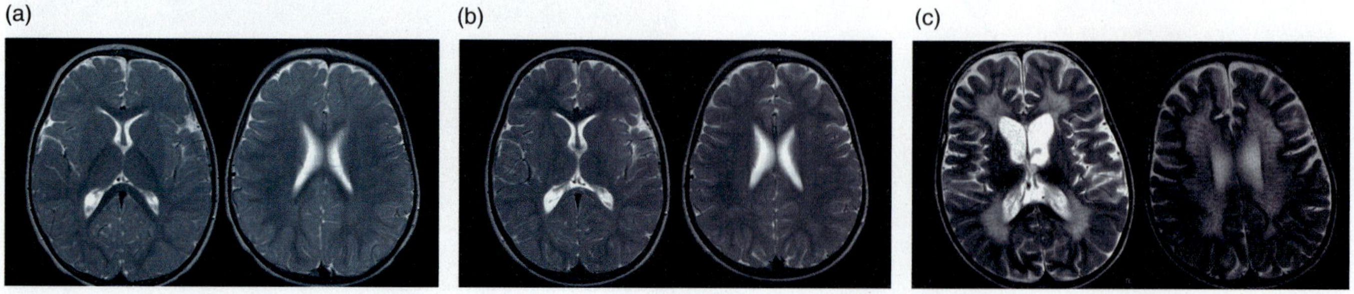

ST 그림 6-7. 유전자 치료는 이염성 백질이영양증의 진행을 억제할 수 있다. (a) 유전자 치료 시 16개월 된 MLD 환자의 뇌자기공명 이미지. 그림상 중앙의 흰색부분은 뇌와 뇌실의 뇌척수액을 나타낸 것이다. 뇌의 주변에 있는 흰색 점과 줄무늬는 수초를 나타낸다. (b) 유전자 치료 2년 후의 MLD 환자의 MRI 이미지. 뇌에서 수초의 함량은 상대적으로 정상으로 나타난다. (c) 39개월 된 MLD 환자의 뇌 MRI 이미지는 MLD 연관 뇌 위축과 관련되어 심각하게 수초가 소실된 모습이 나타난다.

발현의 흔적을 보이지 않아 한 렌티바이러스 전달 방법이 유전자 치료의 안전하고 안정된 방법으로 제안될 수 있었다.

유전자 치료에서 표적으로의 접근법

지금까지 살펴본 유전자 치료의 접근법과 예는 결함이 있는 유전자의 기능을 대신할 수 있는 치료유전자의 첨가에 초점이 맞추어져 왔다. 그러나 돌연변이 유전자의 제거, 교정, 교체, 그리고 결함이 있는 유전자 발현을 억제하는 두 가지 다른 접근법이 개발되었으며, 이러한 방식들은 빠르게 발전하고 있다.

유전자 표적화에 대한 DNA-편집 핵산가수분해효소

거의 20년 동안, 과학자들은 유전체 안의 특정 유전자를 교체하기 위해 **유전자 표적화(gene targeting)** 또는 **유전자 편집(gene editing)**을 할 수 있는 단백질을 설계하기 위해 제한효소와 기타 핵산가수분해효소(nuclease)를 변형시키는 연구를 진행하고 있다 — 개념은 정확한 표적의 절단을 위해 서열 특이적 DNA 결합 부위와 핵산가수분해효소를 결합하는 것이다. 1996년 연구자들은 아연집게 구조(zinc-finger motif)를 가지는 DNA 결합단백질에 제한효소 *Fok*I의 DNA 절단 부위를 융합하여 **아연집게 핵산가수분해효소(zinc-finger nucleases, ZFNs)**를 만들었다(ST 그림 6-8). 이전 장에서(17장 참조) 많은 전사인자에서 발견되는 아연집게 구조는 아연원자와 결합하는 두 개의 시스테인과 두 개의 히스티딘으로 구성되며, 특정한 DNA 염기서열과 결합을 한다고 배웠다. 폴리펩타이드의 DNA 절단 부분을 아연집게 구조와 연결한 ZFN은 서열 특이적인 표적 방법을 통해 유전체의 염기서열을 변형시킨다.

폴리펩타이드에서 고리를 형성하며, ZFN의 아연집게 배열은 DNA와 결합하기 위해 이량화(dimerization)된다. ZFN의 DNA 결합 부위는 유전체에서 어떤 염기서열에 결합하도록 설계될 수 있다. 대부분의 ZFNs은 표적하는 DNA 염기서열 내 3개의 뉴클레오타이드를 인식한다. 아연집게는 5~7개의 뉴클레오타이드 간격으로 결합하고 이러한 결합 부위 사이를 자른다.

탈렌효소(유사전사활성화 효과자 핵산분해효소; transcription activator-like effector nucleases, TALENs)라고 불리는 또 다른 범주의 DNA 편집 핵산가수분해효소는 유사전사활성화 효과자(transcription activator-like effectors, TALEs)로 알려진 식물 병원성 세균의 전사조절인자에서 밝혀진 DNA 결합구조를 핵산가수분해효소에 추가함으로써 만들어졌다. TALENS 역시 이량화된 구조를 가진다. DNA 결합 부위는 아미노산 반복 직렬배열로 하나의 특정한 염기쌍과 결합한다. 핵산분해효소 절단 부위는 13 bp의 염기에 걸쳐 있는 이량체 사이의 염기서열을 절단한다.

ZFNs와 TALENs는 동물 모델과 배양세포에서 유전체 내 결함유전자를 제거하는 유전자 교체 접근방식의 가능성을 보여주었다. 이 효소들로 유전체에서 서열 특이적으로 절단할 수 있다. 특정 인테그레이즈(integrases)와 결합할 때, ZFNs와 TALENs은 결함이 있는 염기서열을 절단하고, 결함이 있는 유전자를 대체하기 위해 재조합을 이용하여 유전체에서 동형접합성 염기서열을 도입하는 유전자 편집을 가능하게 한다. 생쥐와 같은 모델 생물을 이용한 실험에서 이 분야의 중요한 돌파구가 열렸다. 이 기술은 아직 인간에게 안정적으로 사용하기 위해 충분한 연구가 진행된 것은 아니지만, 몇몇의 기대할 만한 실험 결과들이 존재한다.

예를 들어, ZFNs는 HIV 환자를 치료하기 위해 임상실험에 적극적으로 사용되고 있다(ST 그림 6-9). 과학자들은 HIV 감염에 저항성을 나타내게 하거나 또는 HIV 양성인 사람에서 바이러스를 손상시킬 수 있는 면역체계를 자극하는 유전자를 운반하는 방법을 모색하고 있다. 2007년 40살의 HIV 양성환자인 미국인 Timothy Brown은 급성 골수성 백혈병이 재발하며 줄기세포(골수)를 이식받았다. Brown의 주치의는 HIV가 T세포 내로 들어가기 위해 결합해야 하는(특히 CD4+ 세포) T세포 표면의 HIV 공동수용체(co-receptor)를 암호화하는 *CCR5* 유전자 사본이 모두 돌연변이인 기증자를 선택했다. *CCR5* 유전자의 두 복사본에

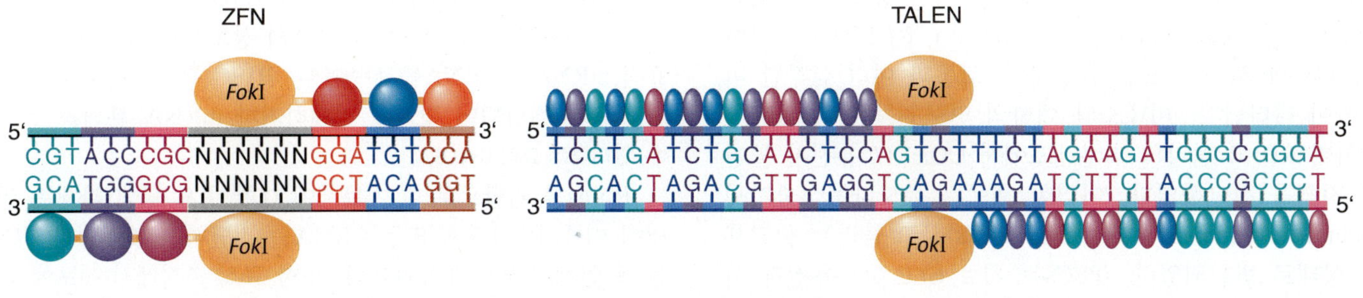

ST 그림 6-8. 아연집게 핵산가수분해효소와 TALENs은 특정 염기서열에 결합하여 DNA를 자른다.

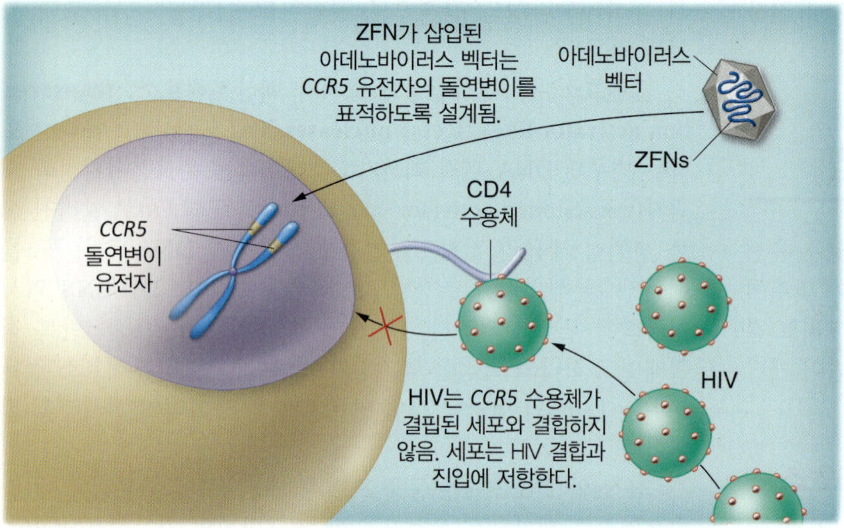

ST 그림 6-9. 유전자 치료는 HIV 감염환자 또는 HIV 감염 예방을 위해 사용할 수 있는가? 최근의 실험은 T세포 안에 *CCR5* 유전자의 파괴를 표적하는 ZFN을 아데노바이러스를 이용하여 운송한다. *CCR5*에 의해 암호화된 단백질 수용체가 결핍된 세포는 HIV 결합에 저항하고 진입한다.

자연적인 돌연변이를 가지는 사람은 거의 모든 형태의 HIV에 저항성을 가진다. Brown은 다시 병이 재발하였고, *CCR5* 돌연변이 제공자로부터 또 다른 줄기세포를 이식받았다. 결국 2010년에 암은 억제되었고, 그가 더 이상 면역 억제 치료를 받고 있지 않음에도 불구하고, HIV는 여전히 검출되지 않았다. Brown은 일반적으로 HIV 감염이 치료된 최초의 인간으로 여겨진다.

이러한 예는 HIV 환자의 *CCR5* 유전자를 변형하기 위한 유전자 치료를 진행하도록 연구자를 고무시켰다. 한 실험에서 T세포가 HIV 양성인 남자로부터 분리되었고, ZFNs는 *CCR5* 유전자를 파괴하도록 사용되었다. 그 다음 변형된 세포를 환자에게 재주입하였다. 치료를 받은 6명의 환자 중 5명의 면역세포 수는 치료 후 실질적으로 상승했다. 면역세포의 몇 퍼센트가 바이러스의 확산을 억제하기 위하여 이러한 방식으로 치료되어야 하는지 아직 모른다. 그러나 초기의 결과는 매우 고무적이다.

과학자들은 최근, 인간세포에서 TALENs을 사용하여 결함이 있는 *COL7A1* 유전자의 사본을 제거하였다. 결함을 가진 *COL7A1* 유전자는 퇴행성 이영양성 수포성 표피 박리증(recessive dystrophic epidermolysis bullosa, RDEB)을 야기하는데, 피부에 과도한 물집이 생기며, 고통과 여러 심각한 피부손상이 나타난다. 미네소타 대학의 연구원들은 TALEN을 사용하여 RDEB 환자의 피부세포에서 *COL7A1* 유전자 돌연변이 지역을 절단하였다. 이러한 세포는 유도다능성줄기세포(induced pluripotent stem cells, iPSCs)라고 불리는 줄기세포의 형태로 변환되었다. iPSCs는 치료 *COL7A1* 유전자 사본으로 처리된 후 정상 단백질을 발현하는 피부세포로 분화시켰다. 이는 매우 유망한 결과로, 연구자들은 RDEB 환자를 치료하기 위한 시도로 이러한 피부세포를 환자에게 이식할 계획을 가지고 있다. 또 다른 그룹은 최근에 비슷한 방법으로 뒤센근이영양증(Duchenne muscular dystrophy, DMD)의 돌연변이를 교정하기 위하여 TALENs을 사용한 배양세포 복구를 시도하였다. 연구자들은 이 접근법이 곧 환자를 치료하기 위해 최적화될 것이라고 긍정적으로 생각하고 있다.

유전자 표적화의 또 다른 최근의 예를 들어보자. *CRISPR*이라고 불리는 체계는 표적유전자 서열을 대체하는데 매우 유용하다. 2013년 상반기, 서로 다른 그룹들은 인간 세포, 생쥐, 들쥐, 세균, 초파리, 효모, 제브라피쉬, 그리고 다른 생물의 특정 유전자를 대상으로 *CRISPR* 접근법을 사용하였다. *CRISPR*는 표적유전자에 특이적인 한 가닥의 '유도(guided)' RNA 서열과 Cas9이라고 불리는 단백질에 기초로 하고 있다. TALEN 방식에 비해 유도 RNA는 설계하고 합성하기가 더 쉽다. Cas9이 표적 DNA 염기서열로 유도 RNA를 운반하면 표적 DNA에 기능상실(knocked out)이 일어나거나 대체 염기서열로 대체될 수 있다. CRISPR 방법의 급속한 발전에 따라 이러한 접근법은 향후 유전자 치료를 위한 매우 유용한 도구로 사용될 것이다.

유전자 억제를 위한 RNA 침묵

결함이 있는 유전자의 mRNA 번역을 억제하기 위해 안티센스(antisense) 올리고뉴클레오타이드(oligonucleotides)를 사용해 왔다. 그러나 유전자 치료에 대한 이러한 접근방법은 아직 일반적으로 신뢰할 수 없다. 그럼에도 불구하고, 강력한 유전자 침묵 도구로서 **RNA 간섭(RNA interference, RNAi)**의 출현은 유전자 침묵에 의한 유전자 치료법을 활성화시켰다. RNAi는 유전자 발현 조절의 한 형태이다(그림 17-14). 동물에서, 짧은 이중가닥 RNA 분자가 세포 내로 운반되면 효소인 다이서(Dicer)가 **작은 간섭 RNA(small interfering RNA; siRNA)**라 불리는 21~25 nt 길이의 조각으로 자른다. 이후 siRNA는 **RNA 유도침묵복합체(RNA-inducing silencing complex, RISC)**라 불리는 효소복합체와 결합하는데 RISC는 siRNA와 상보적인 염기서열을 가진 표적 mRNA로 siRNA를 운반한다. RISC 복합체에서 siRNA와 mRNA가 결합되어 번역을 억제하거나 mRNA 분해를 유도할 수 있다(ST 그림 6-10).

RNAi를 기반으로 한 치료제에 대한 주요 당연 과제는 생체 내에 이중가닥 RNA 또는 siRNA를 전달하는 것이었다. RNA는 몸 안에서 빠르게 분해된다. 또한 표적 조직에서 세포에 침투한 RNA를 얻기가 어렵다. 예를 들어, 어떻게 RNA 기반 치료제를 암 세포에만 전달하고 건강한 세포에는 전달하지 않을 수 있을까? 두 가지 일반적인 전달방식은 siRNA를 직접 주입하거나 또는 DNA 플라스미드 벡터를 이용하는 방법이다. DNA 플라스미드의 경우 세포에 의해 받아들여지고 전사되어 만들어진 이중가닥 RNA는 다이서에 의해 잘려 siRNA가 된다. 렌티바이러스, 리포좀 그리고 콜레스테롤과 지방산에 부착시킨 siRNA는 siRNAs를 전달하는 또 다른 방법으로 사용된다(ST 그림 6-10).

RNAi에 관련된 12건 이상의 임상실험이 미국에서 진행되고 있다. 실명을 치료하기 위한 몇몇 RNAi 임상실험은 희망적인 결과를 보여주고 있다. 한 예는 VEGF라고 불리는 유전자를 표적함으로써 황반변성(macular degeneration)이라고 불리는 실명의 한 형태를 치료하는 것이다. VEGF 단백질은 혈관 성장을 촉진한다. VEGF의 과발현은 망막 혈관의 과도한 생성을 유발하고 결과적으로 시각의 손상과 실명을 일으킨다. 이 질병은 RNAi에 의한 치료법으로 승인받는 첫 번째 대상이 곧 될 것이라고 기대하고 있다. RNAi에 의해 치료될 수 있는 다른 후보 질환은 암, 당뇨병, 다발성 경화증 그리고 관절염 등이 있다.

미래의 도전과 윤리 문제

우리가 지금까지 언급한 진전에도 불구하고, 유전자 치료를 유전질환에 광범위하게 적용되기를 희망하기 전에 많은 질문에 대해 해답을 찾아야 한다.

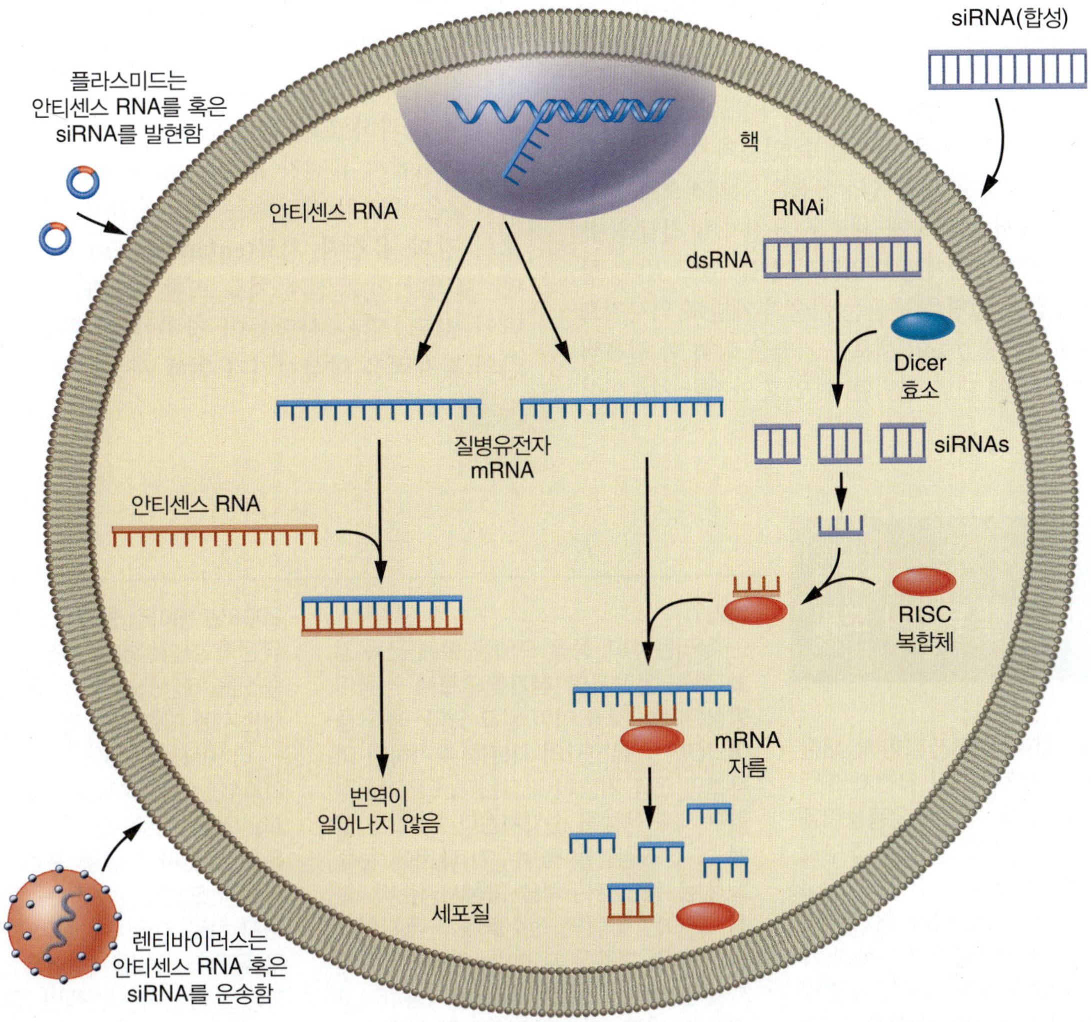

ST 그림 6-10. 안티센스 RNA와 RNAi는 유전자 치료에서 유전자 침묵을 유도하는 방법에 사용된다. 안티센스 RNA와 RNAi는 유전자 발현 침묵과 질병 유전자를 억제하는 두 가지 방법이다. 안티센스 기술에서 안티센스 RNA 분자(보통 세포에서 생성된 mRNA의 센스가닥과 결합함)는 질병을 발현하는 mRNA와 결합하고 번역을 억제한다. RNAi 기술, siRNA는 RISC 단백질 결합체가 mRNA 분자와 결합하고, 이로 인해 mRNA 분해와 번역 억제를 유도한다. 안티센스 RNA와 RNAi 분자는 합성 RNA, 플라스미드와 바이러스 벡터를 이용하여 직접적으로 전달될 수 있다.

- 서로 다른 종류의 질환들에서 유전자 전달에 대한 적절한 경로는 무엇인가? 예를 들어, 뇌 또는 근육 조직을 치료하는 가장 좋은 방법은 무엇인가? 조직 특이적 유전자 전달 방식이 핵심이다.
- 유전질환의 영향이 완화되기 위한 치료유전자 발현에 필요한 장기 또는 조직의 세포의 비율은 얼마나 되는가? 어떻게 수백만 세포가 뇌 또는 간과 같은 기관에서 치료될 수 있는가?
- 얼마만큼의 치료용 유전자 산물이 증상의 지속적인 개선을 위해 생산되어야 하며 어떻게 충분한 생산량을 확보할 수 있는가? 현재 많은 유전자 치료는 치료유전자와 단백질이 오로지 단기간 살 수 있게 전달되고 있다.
- 여러 유전자가 관여하는 질병치료를 위해 유전자 치료의 사용이 가능할 것인가?
- 특정시간에 또는 필요로 할 때 유전자의 발현이 꺼졌다 켜졌다 할 수 있게 환자가 조절하는 것이 가능한가?
- 표적유전자를 전달하는 접근법은 더 광범위하게 유전자 치료 실험이 사용될 것인가?

많은 사람들을 위해 유전자 치료가 과거의 차질로부터 회복될 수 있고, 유전병을 고치는 약속을 이행할 수 있는지 여부가 여전히 남아 있다. 새로운 치료를 위한 임상실험은 잠재적으로 위험하고 종종 동물 연구에서 정확하게 새로운 유전자의 전달을 유도하는 방법이 인간 개개인에게는 반영되지 않을 수도 있다. 항생제와 장기 이식과 같은 생명을 구하는 기술의 개발도 역사적으로 유사한 어려움에 직면했었듯이 새로운 기술을 향해 한 걸음씩 올라가다 보면 유전질환에 대한 신뢰할 수 있고 안전한 치료법이 언젠가는 제공할 수 있을 것이다.

유전자 치료를 둘러싸고 있는 윤리적 관점

유전자 치료는 많은 윤리적 관점을 야기하며 유전자 치료의 많은 형태는 극심한 논쟁의 원인이 된다. 현재, 모든 유전자 치료 실험은 유전자 운송의 표적으로써 체세포를 사용하는 것으로 제한된다. 이러한 형태의 유전자 치료를 **체세포 유전자 치료(somatic gene therapy)**라고 말한다; 이는 오로지 한 명의 개인이 영향을 받는다. 그리고 치료는 환자 또는 가족의 허락과 동의로 이루어진다.

유전자 치료의 다른 두 가지 방식은 풀리지 않는 윤리적 문제 때문에 승인을 받지 못했다. 첫 번째는 생식세포(정자나 난자 같은 배우자를 만드는 세포) 또는 성숙한 배우자가 유전자 운송의 표적으로 사용되는 **생식세포 유전자 치료(germ-line therapy)**이다. 이 방법에서 주입된 유전자는 생식세포를 포함한 신체의 모든 세포에 같이 삽입된다. 그 결과, 미래 세대의 개인들은 동의 없이 영향을 받을 것이다. 이런 종류의 절차는 윤리적인가? 우리가 미래세대의 결정을 내릴 수 있는 권한을 가지고 있는가? 지금까지의 문제점은 잠재적인 이익을 훨씬 초과하였고, 관련 연구는 금지되었다.

Box 3에서 유전자 도핑(gene doping)을 언급하였다. 이는 사람들은 몇몇의 희망하는 형질에 대해 '강화'될 수 있다는 것으로 **강화 유전자 치료(enhancement gene therapy)**의 예이다. 그러나 이 유전자 치료 또한 허가되지 않았다. 극도로 논란이 많고, 많은 사람들이 강하게 반대한다. 유전공학이 인간의 잠재력을 향상시키기 위해 사용되어야 하는가? 예를 들

BOX 3

운동 능력에 대한 유전자 도핑

유전자 치료는 유전질환에 대한 치료를 제공하지만 유전자 또는 유전자 침묵 개념은 운동능력을 증진시키기 위해 유전적 향상을 추구하는 사람들을 위해서 적용할 수 있다. 당신은 아마추어와 프로스포츠에서 경기력 향상을 위한 약물 사용을 둘러싼 논쟁과 가능성을 잘 알고 있을 것이다. 모든 수준의 운동선수들이 경쟁 우위를 정하고자 하기 때문에 경기력 향상을 위한 유전자 도핑의 한 형태로서 유전자 치료는 지연되었는가?

우리는 이미 동물 모델을 통해 근육 강화 기능 유전자를 첨가함으로써 능력이 향상된다는 것을 이미 알고 있다. 예를 들어, *IGF-1* 유전자의 사본을 추가하면 마우스의 근육 기능이 향상된다. EPO는 적혈구 세포 생성을 증가시킨다. EPO는 혈액 내 산소함량을 높여주기 때문에 운동을 하는 동안 지구력을 향상시켜준다. 합성 EPO는 올림픽 선수들에게 금지되어 있다. 몇몇 그룹은 자연상태의 *EPO* 유전자를 전달하는 유전자 치료를 사용하라고 권한다. 다른 예로서 형질전환 마우스는 *PPAR-δ* 유전자가 과발현되어 운동테스트에서 지구력이 강화되었다고 나타났다. 2008년 베이징 올림픽 이전에, 중국의 한 유전학 실험실에서 유전자 기반의 경기력 증진을 제공했지만, 누가 이 서비스를 받았는지에 대한 것은 알 수 없었다.

국제사회는 분명히 관련되어 있고, 2004년 이후 WADA(World AntiDoping Agnecy)는 금지된 방법에 유전자 치료를 통한 유전자 도핑을 포함하였다. 그러나 유전자 도핑을 감지하는 방법은 없다. 유전자 치료 기술이 일반적으로 될 경우, 많은 유전자 요법을 통한 유전자 도핑 성능 향상은 단순히 시간적인 문제라고 생각된다. 유전자 도핑이 현실이 되면 법적, 윤리적 문제가 발생할 것이다.

어, 키의 증가, 운동능력 향상 또는 잠재적인 지적 능력의 확장 등에 대해 유전자 치료를 사용하는 것은 어디까지 허용되어야 하는가? 현재, 생식세포 유전자 치료와 같은 강화치료에 대해서는 허용되지 않고 있다. 그러나 논의는 계속되고 있고, 많은 문제는 여전히 미해결되었다. 예를 들어, FDA는 현재 재조합 DNA 기법을 이용하여 성장촉진제와 같은 성장호르몬을 생산하는 것을 허용하고 있다. 더 나아가 성장과 연관된 유전적 질환을 치료하는 의료용 목적으로도 사용되고 있다. 비평가들은 강화를 위한 유전자 산물의 사용은 같은 목적으로 운송유전자를 사용하는 것으로 이어질 것이다. 이러한 논쟁의 결과는 개인의 운명에 관한 것이기도 하지만 우리 사회에도 영향을 미칠 수 있다.

유전자 치료는 현재 상당히 비싼 치료법이다. 그렇다면 이에 대한 적절한 가격은 어떻게 정할 수 있을까? 그것은 의료보험 공급자가 유전자 치료를 어떻게 평가하느냐에 달려 있다고 할 것이다. 그러나 유전자 치료 처리가 의료보험에 포함된다면, 보험 회사가 환자의 처리비용을 대신 처리해 줌으로써 환자의 삶의 질은 크게 향상될 것이다.

마지막으로, 유전자 치료의 대상이 되는 사람은 아직 윤리적으로도 민감한 고려사항이다. 앞에서 언급한 Jesse Gelsinger의 경우, 그의 OTC 결함의 증상은 저단백질 식이요법과 약물 치료를 통해 최소화하였다. 유전자 치료를 처리한 Jesse의 경우 유전자 치료 방법의 안전성을 테스트하기 위해 자원봉사자로 승인했어야 했는지에 대한 여부가 광범위하게 논의되는 쟁점이다.

참고 문헌 및 자료

Journal Articles

Aiuti, A., et al. 2013. Lentiviral hematopoietic stem cell gene therapy in patients with Wiskott-Aldrich syndrome. *Science*, 341: 1233151.

Akst, J. 2012. Targeting DNA. *The Scientist*, 26: 36 – 42.

Baker, M. 2012. Gene-editing nucleases. *Nature Methods*, 9: 23 – 26.

Biffi, A., et al. 2013. Lentiviral hematopoietic stem cell gene therapy benefits metachromatic leukodystrophy. *Science*, 341: 1233158.

Carroll, D. 2011. Genome engineering with zinc-finger nucleases. *Genetics*, 188: 773 – 782.

Cartier, N., et al. 2009. Hematopoietic stem cell gene therapy with a lentiviral vector in X-linked adrenoleukodystrophy. *Science*, 326: 818 – 823.

Cavazzanna-Calvo, M., et al. 2010. Transfusion independence and HMGA2 activation after gene therapy of human β-thalassemia. *Nature* 467: 318 – 322.

Friedmann, T., Rabin, O., and Frankel, M. S. 2010. Gene doping and sport. *Science*, 327: 647 – 648.

Golic, K.G. 2013. RNA-guided nucleases: A new era for engineering the genomes of model and nonmodel organisms. *Genetics*, 195: 303 – 308.

Gorman, C., and Maron, D.F. 2014. The RNA revolution. *Scientific American*, 310:52 – 59.

Hacein-Bey-Abina, S., Von Kalle, C., Schmidt, M., et al. 2003. *LM02*-associated clonal T cell proliferation in two patients after gene therapy for SCID-X1. *Science*, 302: 415 – 419.

Jacobsen, S.G., et al. 2012. Gene therapy for Leber congenital amaurosis caused by *RPE65* mutations. *Arch. Ophthalmol.*, 130: 9 – 24.

Osborn, M.J., et al. 2013. TALEN-based gene correction for epidermolysis bullosa. *Molecular Therapy*, 21: 1151 – 1159.

Ousterout, D.G., et al. 2013. Reading frame correction by targeted genome editing restores dystrophin expression in cells from Duchene muscular dystrophy patients. *Molecular Therapy*, 4 June 2013; doi: 10.1038/mt.2013.111

Rossi, J.J., June, C.H., and Kohn, D.B. 2007. Genetic therapies against HIV. *Nature Biotechnology*, 25: 1444 – 1454.

Sheridan, C. 2011. Gene therapy finds its niche. *Nature Biotechnology*, 29: 121 – 128.

Wirth, T., Parker, N., and Ylä-Hertuttuala, S. 2013. History of gene therapy. *Gene*, 10: 162 – 169.

Yzer, S., et al. 2011. Gene-specific phenotypes and mechanism-based treatments in early-onset retinal dystrophies. *Retinal Physician*, July 2011.

Web Sites

All the Virology on the WWW. http://www.virology.net/garryfavwebgenether.html

American Society of Gene & Cell Therapy. http://www.asgct.org

Center for Gene Therapy – University of Iowa. http://genetherapy.genetics.uiowa.edu

ClinicalTrials.Gov. http://www.clinicaltrials.gov

Explore Research: American Cancer Society. http://www.cancer.org/research/index

Gene Therapy. http://www.nature.com/gt/index.html

Gene Therapy Clinical Trials Worldwide. http://www.abedia.com/wiley/index.html

Gene Therapy: Genetic Home Reference, National Library of Medicine. http://ghr.nlm.nih.gov/handbook/therapy

U.S. Food and Drug Administration: Cellular and Gene Therapy Research. http://www.fda.gov/BiologicsBloodVaccines/ScienceResearch/BiologicsResearchAreas/ucm124376.htm

확인 문제

1. 유전자 치료는 무엇인가?
2. 치료유전자를 전달하기 위한 접근법을 생체 외 유전자 치료와 생체 내 유전자 치료로 나누어 차이를 비교하시오.
3. 유전자 치료에 의해 사람을 치료하는 경우, 치료유전자가 세포 내로 삽입될 때 염색체(삽입)의 일부가 되는가?
4. 치료유전자가 세포 내로 전달될 수 있는 두 가지 방법을 설명하시오.
5. 바이러스 벡터가 어떻게 유전자 치료에 사용되는지와 일반적으로 사용되는 바이러스 벡터의 두 가지 예를 설명하여라. 유전자 치료를 위한 좀 더 안전하고 효과적인 바이러스 벡터를 개발하기 위해 극복해야 하는 주요 과제는 무엇인가?
6. 최초의 성공적인 유전자 치료 실험을 통해 Ashanti DeSilva는 SCID를 치료하였다. 이때 Ashanti로 전달되는 치료유전자는 ADA 유전자의 결함 있는 사본인가? 왜 치료유전자의 표적으로 백혈구 세포가 선택되었나?
7. 성공적인 유전자 치료 실험의 예를 설명하시오. 치료법을 사용하여 치료 시 질병상태, 돌연변이 또는 질병유전자 효과, 치료유전자의 전달, 그리고 전달 방법 등을 고려하여 대답하시오.
8. 표적는 유전자 치료 또는 유전자 편집은 무엇인가? 그리고 이러한 접근 방법과 전통적인 유전자 치료의 차이점은 무엇인가?
9. ZFNs는 어떻게 작동하는가?
10. 두 개의 유전자 침묵기술과 유전자 치료에 사용되는 방법을 설명하시오.

탐구 문제

1. 인간의 질병상태를 치료하기 위해 유전자 치료를 안전하고 신뢰성 있는 기술로 만들기 위한 과학자의 당면 과제에 대해 논의하시오.
2. 유전자 치료의 대상은 누구인가? 사람이 유전자 치료를 위한 후보라면 어떠한 기준이 사용되어 결정되는가? 미용 목적 또는 운동 능력을 강화시키기 위해 유전자 치료가 이용될 수 있는가?
3. 유전자 치료와 관련된 미래의 도전과 윤리적 문제를 논의하시오.

부록 A

참고문헌

1장 유전학 서론

Amman, N. H. 2008. In defense of GM crops. *Science* 322: 1465–1466.

Bilen, J., and Bonini, N. M. 2005. *Drosophila* as a model for human neurodegenerative disease. *Annu. Rev. Genet.* 39: 153–171.

Chen, M., Shelton, A., and Ye, G. Y. 2011. Insect-resistant genetically-modified rice in China: From research to commercialization. *Ann. Rev. Entomol.* 56: 81–101.

Cohen, J. C., and Hobbs, H. H. 2013. Simple genetics for a complex disease. *Science* 340: 689–690.

Daya, S., and Berns, K. I. 2008. Gene therapy using adeno-associated virus vectors. *Clin. Microbiol. Rev.* 21: 83–93.

Ehrnhoefer, D. E., Butland, S. L., Pouladi, M. A., and Hayden, M. R. 2009. Mouse models of Huntington disease: Variations on a theme. *Dis. Models Mech.* 2: 123–129.

Gurdon, J. B. 2013. The egg and nucleus: A battle for supremacy. *Develop.* 140: 2449–2456.

McBride, S. M., Bell, A. J., and Jongens, T. A. 2012. Behavior in a *Drosophila* model of fragile X. *Results Probl. Cell Differ.* 54: 83–117.

Müller, B., and Grossnicklaus, U. 2010. Model organisms—A historical perspective. *J. Proteomics* 73: 2054–2063.

Pearson, H. 2006. What is a gene? *Nature* 441: 399–401.

Reid, J. B., and Ross, J. J. 2011. Mendel's genes: Toward a full molecular characterization. *Genetics* 189: 3–10.

Tiscornia, G., Vivas, E. L., and Belmonte, J. C. 2011. Diseases in a dish: Modeling human genetic disorders using induced pluripotent cells. *Nat. Med.* 17: 1570–1576.

Wisniewski, J-P., Frange, N., Massonneau, A., and Dumas, C. 2002. Between myth and reality: Genetically modified maize, an example of a sizeable scientific controversy. *Biochimie* 84: 1095–1103.

Zhao, Z., Tuakli-Wosornu, Y. Lagase, T. A., et al. 2006. Molecular characterization of loss-of-function mutations in *PCSK9* and identification of a compound heterozygote. *Am. J. Hum. Genet.* 79: 514–523.

2장 체세포분열과 감수분열

Alberts, B., et al. 2007. *Molecular biology of the cell,* 5th ed. New York: Garland Publ.

Bornens, M. 2012. The centrosome in cells and organisms. *Science* 335: 422–426.

Brachet, J., and Mirsky, A. E. 1961. *The cell: Meiosis and mitosis,* Vol. 3. Orlando, FL: Academic Press.

DuPraw, E. J. 1970. *DNA and chromosomes.* New York: Holt, Rinehart & Winston.

Glotzer, M. 2005. The molecular requirements for cytokinesis. *Science* 307: 1735–1739.

Glover, D. M., Gonzalez, C., and Raff, J. W. 1993. The centrosome. *Sci. Am.* (June) 268: 62–68.

Golomb, H. M., and Bahr, G. F. 1971. Scanning electron microscopic observations of surface structures of isolated human chromosomes. *Science* 171: 1024–1026.

Hartwell, L. H., and Karstan, M. B. 1994. Cell cycle control and cancer. *Science* 266: 1821–1828.

Hartwell, L. H., and Weinert, T. A. 1989. Checkpoint controls that ensure the order of cell cycle events. *Science* 246: 629–634.

Ishiguro, K., and Watanabe Y. 2007. Chromosome cohesion in mitosis and meiosis. *J. Cell Sci.* 120: 367–369.

Javerzat, J. P. 2010. Directing the centromere guardian. *Science* 327: 150–151.

Mazia, D. 1961. How cells divide. *Sci. Am.* (Jan.) 205: 101–120.

———. 1974. The cell cycle. *Sci. Am.* (Jan.) 235: 54–64.

McIntosh, J. R., and McDonald, K. L. 1989. The mitotic spindle. *Sci. Am.* (Oct.) 261: 48–56.

Nature Milestones. 2001. *Cell division.* London: Nature Publishing Group.

Watanabe Y. 2005. Shugoshin: Guardian spirit at the centromere. *Curr. Opin. Cell Biol.* 17: 590–595.

Westergaard, M., and von Wettstein, D. 1972. The synaptinemal complex. *Annu. Rev. Genet.* 6: 71–110.

3장 멘델 유전학

Bennett, R. L., et al. 1995. Recommendations for standardized human pedigree nomenclature. *Am. J. Hum. Genet.* 56: 745–752.

Carlson, E. A. 1987. *The gene: A critical history,* 2nd ed. Philadelphia: Saunders.

Dunn, L. C. 1965. *A short history of genetics.* New York: McGraw-Hill.

Henig, R. M. 2001. *The monk in the garden: The lost and found genius of Gregor Mendel, the father of genetics.* New York: Houghton-Mifflin.

Kabeche, L., and Compton, D. A. 2013. Cyclin A regulates kinetechore microtubules to promote faithful chromosome segregation. *Nature* 502: 110–114.

Klein, J. 2000. Johann Mendel's field of dreams. *Genetics* 156: 1–6.

Miller, J. A. 1984. Mendel's peas: A matter of genius or of guile? *Sci. News* 125: 108–109.

Olby, R. C. 1985. *Origins of Mendelism,* 2nd ed. London: Constable.

Orel, V. 1996. *Gregor Mendel: The first geneticist.* Oxford: Oxford University Press.

Peters, J., ed. 1959. *Classic papers in genetics.* Englewood Cliffs, NJ: Prentice-Hall.

Schwartz, J. 2008. *In pursuit of the gene: From Darwin to DNA.* Cambridge, MA: Harvard University Press.

Sokal, R. R., and Rohlf, F. J. 1995. *Biometry,* 3rd ed. New York: W. H. Freeman.

Stern, C., and Sherwood, E. 1966. *The origins of genetics: A Mendel source book.* San Francisco: W. H. Freeman.

Stubbe, H. 1972. *History of genetics: From prehistoric times to the rediscovery of Mendel's laws.* Cambridge, MA: MIT Press.

Sturtevant, A. H. 1965. *A history of genetics.* New York: Harper & Row.

Tschermak-Seysenegg, E. 1951. The rediscovery of Mendel's work. *J. Hered.* 42: 163–172.

Welling, F. 1991. Historical study: Johann Gregor Mendel 1822–1884. *Am. J. Med. Genet.* 40: 1–25.

4장 멘델 유전법칙의 확장

Bartolomei, M. S., and Tilghman, S. M. 1997. Genomic imprinting in mammals. *Annu. Rev. Genet.* 31: 493–525.

Brink, R. A., ed. 1967. *Heritage from Mendel.* Madison: University of Wisconsin Press.

Bultman, S. J., Michaud, E. J., and Woychik, R. P. 1992. Molecular characterization of the mouse *agouti* locus. *Cell* 71: 1195–1204.

Carlson, E. A. 1987. *The gene: A critical history,* 2nd ed. Philadelphia: Saunders.

Cattanach, B. M., and Jones, J. 1994. Genetic imprinting in the mouse: Implications for gene regulation. *J. Inherit. Metab. Dis.* 17: 403–420.

Choman, A. 1998. The myoclonic epilepsy and ragged-red fiber mutation provides new insights into human mitochondrial function and genetics. *Am. J. Hum. Genet.* 62: 745–751.

Dunn, L. C. 1966. *A short history of genetics.* New York: McGraw-Hill.

Feil, R., and Khosla, S. 1999. Genomic imprinting in mammals: An interplay between chromatin and DNA methylation. *Trends Genet.* 15: 431.

Foster, M. 1965. Mammalian pigment genetics. *Adv. Genet.* 13: 311–339.

Grant, V. 1975. *Genetics of flowering plants.* New York: Columbia University Press.

Harper, P. S., et al. 1992. Anticipation in myotonic dystrophy: New light on an old problem. *Am. J. Hum. Genet.* 51: 10–16.

Howeler, C. J., et al. 1989. Anticipation in myotonic dystrophy: Fact or fiction? *Brain* 112: 779–797.

Larson, N. G., and Clayton, D. A. 1995. Molecular genetic aspects of human mitochondrial disorders. *Ann. Rev. Genet.* 29: 151–178.

Mitchell, M. B., and Mitchell, H. K. 1952. A case of maternal inheritance in *Neurospora crassa. Proc. Natl. Acad. Sci. (USA)* 38: 442–449.

Morgan, T. H. 1910. Sex-limited inheritance in *Drosophila. Science* 32: 120–122.

Nüsslein-Volhard. C. 1996. Gradients that organize embryo development. *Sci. Am.* (Aug.) 275: 54–61.

Peters, J. A., ed. 1959. *Classic papers in genetics.* Englewood Cliffs, NJ: Prentice-Hall.

Phillips, P. C. 1998. The language of gene interaction. *Genetics* 149: 1167–1171.

Race, R. R., and Sanger, R. 1975. *Blood groups in man,* 6th ed. Oxford: Blackwell.

Sager, R. 1985. Chloroplast genetics. *BioEssays* 3: 180–184.

Sapienza, C. 1990. Parental imprinting of genes. *Sci. Am.* (Oct.) 363: 52–60.

Siracusa, L. D. 1994. The *agouti* gene: Turned on to yellow. *Cell* 10: 423–428.

Taylor, R. W., and Turnbull, D. M., 2005. Mitochondrial DNA mutations in human disease. *Nature Reviews Genetics* 6: 389–402.

Wallace, D. C. 1997. Mitochondrial DNA in aging and disease. *Sci. Am.* (Aug.) 277: 40–59.

———. 1999. Mitochondrial diseases in man and mouse. *Science* 283: 1482–1488.

Wallace, D. C., et al. 1988. Familial mitochondrial encephalomyopathy (MERRF): Genetic, pathophysiological and biochemical characterization of a mitochondrial DNA disease. *Cell* 55: 601–610.

Yoshida, A. 1982. Biochemical genetics of the human blood group ABO system. *Am. J. Hum. Genet.* 34: 1–14.

5장 진핵생물의 염색체 지도작성

Allen, G. E. 1978. *Thomas Hunt Morgan: The man and his science.* Princeton, NJ: Princeton University Press.

Chaganti, R., Schonberg, S., and German, J. 1974. A manyfold increase in sister chromatid exchange in Bloom syndrome lymphocytes. *Proc. Natl. Acad. Sci.* 71: 4508–4512.

Creighton, H. S., and McClintock, B. 1931. A correlation of cytological and genetical crossing over in *Zea mays. Proc. Natl. Acad. Sci.* 17: 492–497.

Douglas, L., and Novitski, E. 1977. What chance did Mendel's experiments give him of noticing linkage? *Heredity* 38: 253–257.

Ellis, N. A., et al. 1995. The Bloom syndrome gene product is homologous to RecQ helicases. *Cell* 83: 655–666.

Ephrussi, B., and Weiss, M. C. 1969. Hybrid somatic cells. *Sci. Am.* (Apr.) 220: 26–35.

Latt, S. A. 1981. Sister chromatid exchange formation. *Annu. Rev. Genet.* 15: 11–56.

Lindsley, D. L., and Grell, E. H. 1972. *Genetic variations of* Drosophila melanogaster. Washington, DC: Carnegie Institute of Washington.

Morgan, T. H. 1911. An attempt to analyze the constitution of the chromosomes on the basis of sex-linked inheritance in *Drosophila. J. Exp. Zool.* 11: 365–414.

Morton, N. E. 1955. Sequential test for the detection of linkage. *Am. J. Hum. Genet.* 7: 277–318.

———. 1995. LODs—Past and present. *Genetics* 140: 7–12.

Neuffer, M. G., Jones, L., and Zober, M. 1968. *The mutants of maize.* Madison, WI: Crop Sci. Soc. of America.

Perkins, D. 1962. Crossing over and interference in a multiply marked chromosome arm of *Neurospora. Genetics* 47: 1253–1274.

Ruddle, F. H., and Kucherlapati, R. S. 1974. Hybrid cells and human genes. *Sci. Am.* (July) 231: 36–49.

Stahl, F. W. 1979. *Genetic recombination.* New York: W. H. Freeman.

Stern, C. 1936. Somatic crossing over and segregation in *Drosophila melanogaster. Genetics* 21: 625–631.

Sturtevant, A. H. 1913. The linear arrangement of six sex-linked factors in *Drosophila,* as shown by their mode of association. *J. Exp. Zool.* 14: 43–59.

———. 1965. *A history of genetics.* New York: Harper & Row.

Voeller, B. R., ed. 1968. *The chromosome theory of inheritance: Classical papers in development and heredity.* New York: Appleton-Century-Croft.

Wellcome Trust Case Control Consortium, 2007. Genome association study of 14,000 cases of seven common diseases and 3,000 shared controls. *Nature* 447: 661–676.

Wolff, S., ed. 1982. *Sister chromatid exchange.* New York: Wiley-Interscience.

6장 세균과 박테리오파지의 유전적 분석과 염색체 지도작성

Adelberg, E. A. 1960. *Papers on bacterial genetics.* Boston: Little, Brown.

Benzer, S. 1962. The fine structure of the gene. *Sci. Am.* (Jan.) 206: 70–86.

Birge, E. A. 1988. *Bacterial and bacteriophage genetics—An introduction.* New York: Springer-Verlag.

Brock, T. 1990. *The emergence of bacterial genetics.* Cold Spring Harbor, NY: Cold Spring Harbor Press.

Bukhari, A. I., Shapiro, J. A., and Adhya, S. L., eds. 1977. *DNA insertion elements, plasmids, and episomes.* Cold Spring Harbor, NY: Cold Spring Harbor Press.

Cairns, J., Stent, G. S., and Watson, J. D., eds. 1966. *Phage and the origins of molecular biology.* Cold Spring Harbor, NY: Cold Spring Harbor Press.

Campbell, A. M. 1976. How viruses insert their DNA into the DNA of the host cell. *Sci. Am.* (Dec.) 235: 102–113.

Hayes, W. 1968. *The genetics of bacteria and their viruses,* 2nd ed. New York: Wiley.

Hershey, A. D., and Rotman, R. 1949. Genetic recombination between host range and plaque-type mutants of bacteriophage in single cells. *Genetics* 34: 44–71.

Hotchkiss, R. D., and Marmur, J. 1954. Double marker transformations as evidence of linked factors in deoxyribonucleate transforming agents. *Proc. Natl. Acad. Sci. (USA)* 40: 55–60.

Jacob, F., and Wollman, E. L. 1961. Viruses and genes. *Sci. Am.* (June) 204: 92–106.

Kohiyama, M., et al. 2003. Bacterial sex: Playing voyeurs 50 years later. *Science* 301: 802–803.

Kruse, H., and Sorum, H. 1994. Transfer of multiple drug resistance plasmids between bacteria of diverse origins in natural microenvironments. *Appl. Environ. Microbiol.* 60: 4015–4021.

Lederberg, J. 1986. Forty years of genetic recombination in bacteria: A fortieth anniversary reminiscence. *Nature* 324: 627–628.

Luria, S. E., and Delbruck, M. 1943. Mutations of bacteria from virus sensitivity to virus resistance. *Genetics* 28: 491–511.

Lwoff, A. 1953. Lysogeny. *Bacteriol. Rev.* 17: 269–337.

Miller, J. H. 1992. *A short course in bacterial genetics.* Cold Spring Harbor, NY: Cold Spring Harbor Press.

Miller, R. V. 1998. Bacterial gene swapping in nature. *Sci. Am.* (Jan.) 278: 66–71.

Morse, M. L., Lederberg, E. M., and Lederberg, J. 1956. Transduction in *Escherichia coli* K12. *Genetics* 41: 141–156.

Novick, R. P. 1980. Plasmids. *Sci. Am.* (Dec.) 243: 102–127.

Smith-Keary, P. F. 1989. *Molecular genetics of* Escherichia coli. New York: Guilford Press.

Stahl, F. W. 1987. Genetic recombination. *Sci. Am.* (Nov.) 256: 91–101.

Stent, G. S. 1966. *Papers on bacterial viruses,* 2nd ed. Boston: Little, Brown.

Waters, D. J., and Wildasin, K. 2006. Cancer clues from pet dogs. *Sci. Am.* (Dec.) 295: 96–101.

Wollman, E. L., Jacob, F., and Hayes, W. 1956. Conjugation and genetic recombination in *Escherichia coli* K12. *Cold Spring Harb. Symp. Quant. Biol.* 21: 141–162.

Yoshida, A. 1982. Biochemical genetics of the human blood group ABO system. *Am. J. Hum. Genet.* 34: 1–14.

Zinder, N. D. 1958. Transduction in bacteria. *Sci. Am.* (Nov.) 199: 38–46.

7장 성결정과 성염색체

Amory, J. K., et al. 2000. Klinefelter's syndrome. *Lancet* 356: 333–335.

Arnold, A. P., Itoh, Y., and Melamed, E. 2008. A bird's-eye view of sex chromosome dosage compensation. *Annu. Rev. Genomics Hum. Genet.* 9: 109–127.

Court-Brown, W. M. 1968. Males with an XYY sex chromosome complement. *J. Med. Genet.* 5: 341–359.

Davidson, R., Nitowski, H., and Childs, B. 1963. Demonstration of two populations of cells in human females heterozygous for glucose-6-phosphate dehydrogenase variants. *Proc. Natl. Acad. Sci. (USA)* 50: 481–485.

Goriely, A., et al. 2012. Paternal age effect mutations and selfish spermatogonial selection: causes and consequences for human diseases. *Am J. Hum. Genet.* 90: 175–200.

Hashiyama, K., et al. 2011. *Drosophila* sex lethal gene initiates female development in germline progenitors. *Science* 333: 885–888.

Hawley, R. S. 2011. Hitting a tiny target in the dark. *Science* 331: 870–871.

Hodgkin, J. 1990. Sex determination compared in *Drosophila* and *Caenorhabditis. Nature* 344: 721–728.

Hook, E. B. 1973. Behavioral implications of the humans XYY genotype. *Science* 179: 139–150.

Hughes, J. F., et al. 2010. Chimpanzee and human Y chromosomes are remarkably divergent in structure and gene content. *Nature* 463: 536–539.

Hughes, J. F., and Rozen, S. 2012. Genomics and genetics of human and primate Y chromosomes. *Ann. Rev. Genom. Hum. Genet.* 13: 83–108.

Irish, E. E. 1996. Regulation of sex determination in maize. *BioEssays* 18: 363–369.

Jacobs, P. A., et al. 1974. A cytogenetic survey of 11,680 newborn infants. *Ann. Hum. Genet.* 37: 359–376.

Jegalian, K., and Lahn, B. T. 2001. Why the Y is so weird. *Sci. Am.* (Feb.) 284: 56–61.

Kauppi, L., et al. 2011. Distinct properties of the XY pseudoautosomal region crucial for male meiosis. *Science* 331: 916–920.

Koopman, P., et al. 1991. Male development of chromosomally female mice transgenic for *Sry. Nature* 351: 117–121.

Lahn, B. T., and Page, D. C. 1997. Functional coherence of the human Y chromosome. *Science* 278: 675–680.

Lucchesi, J. 1983. The relationship between gene dosage, gene expression, and sex in *Drosophila. Dev. Genet.* 3: 275–282.

Lyon, M. F. 1972. X-chromosome inactivation and developmental patterns in mammals. *Biol. Rev.* 47: 1–35.

Marshall Graves, J. A. 2009. Birds do it with a Z gene. *Nature* 461: 177–178.

McMillen, M. M. 1979. Differential mortality by sex in fetal and neonatal deaths. *Science* 204: 89–91.

Ng, K., Pullirsch, D., Leeb, M., and Wutz, A. 2007. Xist and the order of silencing. *EMBO Reports* 8: 34–39.

Nora, E. P., and Heard, E. 2009. X chromosome inactivation: When dosage counts. *Cell* 139: 865–868.

Penny, G. D., et al. 1996. Requirement for Xist in X chromosome inactivation. *Nature* 379: 131–137.

Pieau, C. 1996. Temperature variation and sex determination in reptiles. *BioEssays* 18: 19–26.

Quinn, A. E., et al. 2007. Temperature sex reversal implies sex gene dosage in a reptile. *Science* 316: 411.

Smith, C. A., et al. 2009. The avian Z-linked gene DMRT1 is required for male sex determination in the chicken. *Nature* 461: 267–270.

Stochholm, K., et al. 2012. Criminality in men with Klinefelter's syndrome and XYY syndrome: A cohort study. *BMJ Open* 2: 1–8.

Straub, T., and Becker, P. B. 2007. Dosage compensation: The beginning and end of a generalization. *Nat. Rev. Genet.* 8: 47–57.

Warner, D. A., and Shine, R. 2008. The adaptive significance of temperature-dependent sex determination in a reptile. *Nature* 451: 566–567.

Westergaard, M. 1958. The mechanism of sex determination in dioecious flowering plants. *Adv. Genet.* 9: 217–281.

Whitelaw, E. 2006. Unravelling the X in sex. *Dev. Cell* 11: 759–762.

Witkin, H. A., et al. 1996. Criminality in XYY and XXY men. *Science* 193: 547–555.

Xu, N., Tsai, C-L., and Lee, J. T. 2006. Transient homologous chromosome pairing marks the onset of X inactivation. *Science* 311: 1149–1152.

8장 염색체 돌연변이: 수적 변이와 구조적 변이

Antonarakis, S. E. 1998. Ten years of genomics, chromosome 21, and Down syndrome. *Genomics* 51: 1–16.

Ashley-Koch, A. E., et al. 1997. Examination of factors associated with instability of the *FMR1* CGG repeat. *Am. J. Hum. Genet.* 63: 776–785.

Beasley, J. O. 1942. Meiotic chromosome behavior in species, species hybrids, haploids, and induced polyploids of *Gossypium*. *Genetics* 27: 25–54.

Blakeslee, A. F. 1934. New jimson weeds from old chromosomes. *J. Hered.* 25: 80–108.

Boue, A. 1985. Cytogenetics of pregnancy wastage. *Adv. Hum. Genet.* 14: 1–58.

Carr, D. H. 1971. Genetic basis of abortion. *Ann. Rev. Genet.* 5: 65–80.

Conrad, D. F., et al. 2010. Origins and functional impact of copy number variation in the human genome. *Nature* 464: 704–710.

Croce, C. M. 1996. The *FHIT* gene at 3p14.2 is abnormal in lung cancer. *Cell* 85: 17–26.

DeArce, M. A., and Kearns, A. 1984. The fragile X syndrome: The patients and their chromosomes. *J. Med. Genet.* 21: 84–91.

Epstein, C. J. 2006. Down's syndrome: Critical genes in a critical region. *Nature* 441: 582–583.

Feldman, M., and Sears, E. R. 1981. The wild gene resources of wheat. *Sci. Am.* (Jan.) 244: 102–112.

Galitski, T., et al. 1999. Ploidy regulation of gene expression. *Science* 285: 251–254.

Gersh, M., et al. 1995. Evidence for a distinct region causing a cat-like cry in patients with 5p deletions. *Am. J. Hum. Genet.* 56: 1404–1410.

Hassold, T. J., et al. 1980. Effect of maternal age on autosomal trisomies. *Ann. Hum. Genet.* (London) 44: 29–36.

Hassold, T. J., and Hunt, P. 2001. To err (meiotically) is human: The genesis of human aneuploidy. *Nat. Rev. Gen.* 2: 280–291.

Hassold, T., and Jacobs, P. A. 1984. Trisomy in man. *Annu. Rev. Genet.* 18: 69–98.

Hecht, F. 1988. Enigmatic fragile sites on human chromosomes. *Trends Genet.* 4: 121–122.

Hulse, J. H., and Spurgeon, D. 1974. *Triticale. Sci. Am.* (Aug.) 231: 72–81.

Kaiser, P. 1984. Pericentric inversions: Problems and significance for clinical genetics. *Hum. Genet.* 68: 1–47.

Lewis, E. B. 1950. The phenomenon of position effect. *Adv. Genet.* 3: 73–115.

Lewis, W. H., ed. 1980. *Polyploidy: Biological relevance.* New York: Plenum Press.

Lynch, M., and Conery, J. S. 2000. The evolutionary fate and consequences of duplicate genes. *Science* 290: 1151–1154.

Madan, K. 1995. Paracentric inversions: A review. *Hum. Genet.* 96: 503–515.

Nelson, D. L., and Gibbs, R. A. 2004. The critical region in trisomy 21. *Science* 306: 619–621.

Ohno, S. 1970. *Evolution by gene duplication.* New York: Springer-Verlag.

Oostra, B. A., and Verkerk, A. J. 1992. The fragile X syndrome: Isolation of the *FMR-1* gene and characterization of the fragile X mutation. *Chromosoma* 101: 381–387.

Patterson, D. 1987. The causes of Down syndrome. *Sci. Am.* (Aug.) 257: 52–61.

Patterson, D., and Costa, A. 2005. Down syndrome and genetics—A case of linked histories. *Nature Reviews Genetics* 6: 137–145.

Shepard, J., et al. 1983. Genetic transfer in plants through interspecific protoplast fusion. *Science* 21: 683–688.

Shepard, J. F. 1982. The regeneration of potato plants from protoplasts. *Sci. Am.* (May) 246: 154–166.

Stranger, B. E., et al. 2007. Relative impact of nucleotide and copy number variation on gene expression phenotypes. *Science* 315: 848–854.

Taylor, A. I. 1968. Autosomal trisomy syndromes: A detailed study of 27 cases of Edwards syndrome and 27 cases of Patau syndrome. *J. Med. Genet.* 5: 227–252.

Tjio, J. H., and Levan, A. 1956. The chromosome number of man. *Hereditas* 42: 1–6.

Wilkins, L. E., Brown, J. X., and Wolf, B. 1980. Psychomotor development in 65 home-reared children with cri-du-chat syndrome. *J. Pediatr.* 97: 401–405.

9장 핵외 유전

Adams, K. L., et al. 2000. Repeated, recent and diverse transfers of a mitochondrial gene to the nucleus in flowering plants. *Nature* 408: 354–357.

Choman, A. 1998. The myoclonic epilepsy and ragged-red fiber mutation provides new insights into human mitochondrial function and genetics. *Am. J. Hum. Genet.* 62: 745–751.

Freeman, G., and Lundelius, J. W. 1982. The developmental genetics of dextrality and sinistrality in the gastropod *Lymnaea peregra*. *Wilhelm Roux Arch.* 191: 69–83.

Gray, M. W., Burger, G., and Lang, B. 1999. Mitochondrial evolution. *Science* 283: 1476–1481.

Green, B. R., and Burton, H. 1970. *Acetabularia* chloroplast DNA: Electron microscopic visualization. *Science* 168: 981–982.

Grivell, L. A. 1983. Mitochondrial DNA. *Sci. Am.* (Mar.) 248: 78–89.

He, Y., et al. 2010. Heteroplasmic mitochondrial DNA mutations in normal and tumour cells. *Nature* 464: 610–614.

Hiendleder, S. 2007. Mitochondrial DNA inheritance after SCNT. *Adv. Exp. Med Biol.* 591: 103–116.

Ishikawa, K. 2008. ROS-generating mitochondrial DNA mutations can regulate tumor cell metastasis. *Science* 320: 661–664.
Kuroda, R., et al. (2009). Chiral blastomere arrangement dictates zygotic left-right asymmetry pathway in snails. *Science* 462: 790–794.
Larson, N. G., and Clayton, D. A. 1995. Molecular genetic aspects of human mitochondrial disorders. *Ann. Rev. Genet.* 29: 151–178.
Margulis, L. 1970. *Origin of eukaryotic cells.* New Haven, CT: Yale University Press.
Mitchell, M. B., and Mitchell, H. K. 1952. A case of maternal inheritance in *Neurospora crassa. Proc. Natl. Acad. Sci.(USA)* 38: 442–449.
Nüsslein-Volhard, C. 1996. Gradients that organize embryo development. *Sci. Am.* (Aug.) 275: 54–61.
Preer, J. R. 1971. Extrachromosomal inheritance: Hereditary symbionts, mitochondria, chloroplasts. *Annu. Rev. Genet.* 5: 361–406.
Sager, R. 1965. Genes outside the chromosomes. *Sci. Am.* (Jan.) 212: 70–79.
———. 1985. Chloroplast genetics. *BioEssays* 3: 180–184.
Schwartz, R. M., and Dayhoff, M. O. 1978. Origins of prokaryotes, eukaryotes, mitochondria and chloroplasts. *Science* 199: 395–403.
Sonneborn, T. M. 1959. Kappa and related particles in *Paramecium. Adv. Virus Res.* 6: 229–256.
Sturtevant, A. H. 1923. Inheritance of the direction of coiling in *Limnaea. Science* 58: 269–270.
Tachibana, M., et al. 2009. Mitochondrial gene replacement in primate offspring and embryonic stem cells. *Nature* 461: 367–372.
Taylor, R. W., and Turnbull, D. M., 2005. Mitochondrial DNA mutations in human disease. *Nature Reviews Genetics* 6: 389–402.
Vafai, S. B., and Mootha, V. K. 2012. Mitochondrial disorders as windows into an ancient organelle. *Nature* 491: 374–383.
Wallace, D. C. 1997. Mitochondrial DNA in aging and disease. *Sci. Am.* (Aug.) 277: 40–59.
———. 1999. Mitochondrial diseases in man and mouse. *Science* 283: 1482–1488.

10장 DNA의 구조와 분석

Adleman, L. M. 1998. Computing with DNA. *Sci. Am.* (Aug.) 279: 54–61.
Alloway, J. L. 1933. Further observations on the use of pneumococcus extracts in effecting transformation of type *in vitro. J. Exp. Med.* 57: 265–278.
Avery, O. T., MacLeod, C. M., and McCarty, M. 1944. Studies on the chemical nature of the substance inducing transformation of pneumococcal types: Induction of transformation by a desoxyribonucleic acid fraction isolated from pneumococcus type III. *J. Exp. Med.* 79: 137–158. (Reprinted in Taylor, J. H. 1965. *Selected papers in molecular genetics.* Orlando, FL: Academic Press.)
Britten, R. J., and Kohne, D. E. 1968. Repeated sequences in DNA. *Science* 161: 529–540.
Chargaff, E. 1950. Chemical specificity of nucleic acids and mechanism for their enzymatic degradation. *Experientia* 6: 201–209.
Darnell, J. E. 1985. RNA. *Sci. Am.* (Oct.) 253: 68–87.
Dawson, M. H. 1930. The transformation of pneumococcal types: I. The interconvertibility of type-specific *S. pneumococci. J. Exp. Med.* 51: 123–147.
Dickerson, R. E., et al. 1982. The anatomy of A-, B-, and Z-DNA. *Science* 216: 475–485.
Dubos, R. J. 1976. *The professor, the Institute and DNA: Oswald T. Avery, his life and scientific achievements.* New York: Rockefeller University Press.
Felsenfeld, G. 1985. DNA. *Sci. Am.* (Oct.) 253: 58–78.
Franklin, R. E., and Gosling, R. G. 1953. Molecular configuration in sodium thymonucleate. *Nature* 171: 740–741.
Griffith, F. 1928. The significance of pneumococcal types. *J. Hyg.* 27: 113–159.
Guthrie, G. D., and Sinsheimer, R. L. 1960. Infection of protoplasts of *Escherichia coli* by subviral particles. *J. Mol. Biol.* 2: 297–305.
Hershey, A. D., and Chase, M. 1952. Independent functions of viral protein and nucleic acid in growth of bacteriophage. *J. Gen. Phys.* 36: 39–56. (Reprinted in Taylor, J. H. 1965. *Selected papers in molecular genetics.* Orlando, FL: Academic Press.)
Levene, P. A., and Simms, H. S. 1926. Nucleic acid structure as determined by electrometric titration data. *J. Biol. Chem.* 70: 327–341.
McCarty, M. 1985. *The transforming principle: Discovering that genes are made of DNA.* New York: W. W. Norton.
Olby, R. 1974. *The path to the double helix.* Seattle: University of Washington Press.
Pauling, L., and Corey, R. B. 1953. A proposed structure for the nucleic acids. *Proc. Natl. Acad. Sci. (USA)* 39: 84–97.
Rich, A., Nordheim, A., and Wang, A. H.-J. 1984. The chemistry and biology of left-handed Z-DNA. *Annu. Rev. Biochem.* 53: 791–846.
Spizizen, J. 1957. Infection of protoplasts by disrupted T2 viruses. *Proc. Natl. Acad. Sci. (USA)* 43: 694–701.
Varmus, H. 1988. Retroviruses. *Science* 240: 1427–1435.
Watson, J. D. 1968. *The double helix.* New York: Atheneum.
Watson, J. D., and Crick, F. C. 1953a. Molecular structure of nucleic acids: A structure for deoxyribose nucleic acids. *Nature* 171: 737–738.
———. 1953b. Genetic implications of the structure of deoxyribose nucleic acid. *Nature* 171: 964.
Wilkins, M. H. F., Stokes, A. R., and Wilson, H. R. 1953. Molecular structure of desoxypentose nucleic acids. *Nature* 171: 738–740.

11장 DNA 복제와 재조합

Blackburn, E. H. 1991. Structure and function of telomeres. *Nature* 350: 569–572.
DeLucia, P., and Cairns, J. 1969. Isolation of an *E. coli* strain with a mutation affecting DNA polymerase. *Nature* 224: 1164–1166.
Gilbert, D. M. 2001. Making sense of eukaryotic DNA replication origins. *Science* 294: 96–100.
Holliday, R. 1964. A mechanism for gene conversion in fungi. *Genet. Res.* 5: 282–304.
Holmes, F. L. 2001. *Meselson, Stahl, and replication of DNA: A history of the "most beautiful experiment in biology."* New Haven, CT: Yale University Press.
Kornberg, A. 1960. Biological synthesis of DNA. *Science* 131: 1503–1508.
Kornberg, A., and Baker, T. 1992. *DNA replication,* 2nd ed. New York: W. H. Freeman.
Krejci, L., et al. 2012. Homologous recombination and its regulation. *Nucleic Acids Res.* 40: 5795–5818.
Krogh, B. O., and Symington, L. S. 2004. Recombination proteins in yeast. *Annu. Rev. Genet.* 38: 233–271.

Leman, A. R., and Noguchi, E. 2013. The replication fork: Understanding the eukaryotic replication machinery and the challenges to genome duplication. *Genes (Basel)* 4: 1–32.

Luke, B., and Linguer, J. 2009. TERRA: Telomere repeat- containing RNA. *EMBO J.* 28: 2503–2510.

Meselson, M., and Stahl, F. W. 1958. The replication of DNA in *Escherichia coli. Proc. Natl. Acad. Sci. (USA)* 44: 671–682.

Okazaki, T., et al. 1979. Structure and metabolism of the RNA primer in the discontinuous replication of prokaryotic DNA. *Cold Spring Harbor Symp. Quant. Biol.* 43: 203–222.

Radman, M., and Wagner, R. 1988. The high fidelity of DNA duplication. *Sci. Am.* (Aug.) 259: 40–46.

———. 1987. Genetic recombination. *Sci. Am.* (Feb.) 256: 90–101.

Redon, S., et al. 2010. The noncoding RNA TERRA is a natural ligand of human telomerase. *Nucleic Acid Res.* 38: 5797–5806.

Shay, J. W., and Wright, W. E. 2011. Role of telomeres and telomerase in cancer. *Semin. Cancer Biol.* 21: 349–353.

Takeda, D. Y., and Dutta, A. 2005. DNA replication and progression through S phase. *Oncogene* 24: 2827–2843.

Taylor, J. H., Woods, P. S., and Hughes, W. C. 1957. The organization and duplication of chromosomes revealed by autoradiographic studies using tritium-labeled thymidine. *Proc. Natl. Acad. Sci. (USA)* 48: 122–128.

Wang, J. C. 1987. Recent studies of DNA topoisomerases. *Biochim. Biophys. Acta* 909: 1–9.

Whitehouse, H. L. K. 1982. *Genetic recombination: Understanding the mechanisms.* New York: Wiley.

12장 염색체상의 DNA 구조

Angelier, N., et al. 1984. Scanning electron microscopy of amphibian lampbrush chromosomes. *Chromosoma* 89: 243–253.

Beerman, W., and Clever, U. 1964. Chromosome puffs. *Sci. Am.* (Apr.) 210: 50–58.

Carbon, J. 1984. Yeast centromeres: Structure and function. *Cell* 37: 352–353.

Chen, T. R., and Ruddle, F. H. 1971. Karyotype analysis utilizing differential stained constitutive heterochromatin of human and murine chromosomes. *Chromosoma* 34: 51–72.

DuPraw, E. J. 1970. *DNA and chromosomes.* New York: Holt, Rinehart & Winston.

Gall, J. G. 1981. Chromosome structure and the *C*-value paradox. *J. Cell Biol.* 91: 3s–14s.

Hewish, D. R., and Burgoyne, L. 1973. Chromatin substructure. The digestion of chromatin DNA at regularly spaced sites by a nuclear deoxyribonuclease. *Biochem. Biophys. Res. Comm.* 52: 504–510.

Korenberg, J. R., and Rykowski, M. C. 1988. Human genome organization: *Alu*, LINES, and the molecular organization of metaphase chromosome bands. *Cell* 53: 391–400.

Kornberg, R. D. 1975. Chromatin structure: A repeating unit of histones and DNA. *Science* 184: 868–871.

Kornberg, R. D., and Klug, A. 1981. The nucleosome. *Sci. Am.* (Feb.) 244: 52–64.

Krogh, B. O., and Symington, L. S. 2004. Recombination proteins in yeast. *Annu Rev Genet* 38: 233–271.

Lorch, Y., et al. 2006. Chromatin remodeling by nucleosome disassembly *in vitro*. *Proc. Nat. Acad. Sci.* 103: 3090–3093.

Luger, K., et al. 1997. Crystal structure of the nucleosome core particle at 2.8 resolution. *Nature* 389: 251–256.

Moyzis, R. K. 1991. The human telomere. *Sci. Am.* (Aug.) 265: 48–55.

Olins, A. L., and Olins, D. E. 1974. Spheroid chromatin units (*v* bodies). *Science* 183: 330–332.

———. 1978. Nucleosomes: The structural quantum in chromosomes. *Am. Sci.* 66: 704–711.

Singer, M. F. 1982. SINES and LINES: Highly repeated short and long interspersed sequences in mammalian genomes. *Cell* 28: 433–434.

Takeda, D. Y., and Dutta, A. 2005. DNA replication and progression through S phase. *Oncogene* 24: 2827–2843.

13장 유전자 암호와 전사

Barrell, B. G., Air, G., and Hutchinson, C. 1976. Overlapping genes in bacteriophage ϕX174 *Nature* 264: 34–40.

Barrell, B. G., Banker, A. T., and Drouin, J. 1979. A different genetic code in human mitochondria. *Nature* 282: 189–194.

Bass, B. L., ed. 2000. *RNA editing*. Oxford: Oxford University Press.

Brenner, S., Jacob, F., and Meselson, M. 1961. An unstable intermediate carrying information from genes to ribosomes for protein synthesis. *Nature* 190: 575–580.

Brenner, S., Stretton, A. O. W., and Kaplan, D. 1965. Genetic code: The nonsense triplets for chain termination and their suppression. *Nature* 206: 994–998.

Cattaneo, R. 1991. Different types of messenger RNA editing. *Annu. Rev. Genet.* 25: 71–88.

Cech, T. R. 1986. RNA as an enzyme. *Sci. Am.* (Nov.) 255(5): 64–75.

———. 1987. The chemistry of self-splicing RNA and RNA enzymes. *Science* 236: 1532–1539.

Chambon, P. 1981. Split genes. *Sci. Am.* (May) 244: 60–71.

Cramer, P., et al. 2000. Architecture of RNA polymerase II and implications for the transcription mechanism. *Science* 288: 640–649.

Crick, F. H. C. 1962. The genetic code. *Sci. Am.* (Oct.) 207: 66–77.

———. 1966a. The genetic code: III. *Sci. Am.* (Oct.) 215: 55–63.

———. 1966b. Codon–anticodon pairing: The wobble hypothesis. *J. Mol. Biol.* 19: 548–555.

Crick, F. H. C., Barnett, L., Brenner, S., and Watts-Tobin, R. J. 1961. General nature of the genetic code for proteins. *Nature* 192: 1227–1232.

Darnell, J. E. 1983. The processing of RNA. *Sci. Am.* (Oct.) 249: 90–100.

Dickerson, R. E. 1983. The DNA helix and how it is read. *Sci. Am.* (Dec.) 249: 94–111.

Dugaiczk, A., et al. 1978. The natural ovalbumin gene contains seven intervening sequences. *Nature* 274: 328–333.

Fiers, W., et al. 1976. Complete nucleotide sequence of bacteriophage MS2 RNA: Primary and secondary structure of the replicase gene. *Nature* 260: 500–507.

Gamow, G. 1954. Possible relation between DNA and protein structures. *Nature* 173: 318.

Hall, B. D., and Spiegelman, S. 1961. Sequence complementarity of T2-DNA and T2-specific RNA. *Proc. Natl. Acad. Sci. (USA)* 47: 137–146.

Hamkalo, B. 1985. Visualizing transcription in chromosomes. *Trends Genet.* 1: 255–260.

Khorana, H. G. 1967. Polynucleotide synthesis and the genetic code. *Harvey Lectures* 62: 79–105.

Makalowska, I., et al. 2005. Overlapping genes in vertebrate genomes. *Comput. Biol. Chem.* 29: 1–12.

Miller, O. L., Hamkalo, B., and Thomas, C. 1970. Visualization of bacterial genes in action. *Science* 169: 392–395.
Nirenberg, M. W. 1963. The genetic code: II. *Sci. Am.* (Mar.) 190: 80–94.
O'Malley, B., et al. 1979. A comparison of the sequence organization of the chicken ovalbumin and ovomucoid genes. In *Eucaryotic gene regulation,* R. Axel et al., eds., pp. 281–299. Orlando, FL: Academic Press.
Reed, R., and Maniatis, T. 1985. Intron sequences involved in lariat formation during pre-mRNA splicing. *Cell* 41: 95–105.
Rhee, H. S., and Pugh, B. F. 2012. Genome-wide structure and organization of eukaryotic pre-initiation complexes. *Nature* 483: 205–301.
Ridley, M., 2006. *Francis Crick: Discoverer of the genetic code.* New York: HarperCollins.
Roberts, J. W. 2006. RNA polymerase: A scrunching machine. *Science* 314: 1097–1098.
Sharp, P. A. 1994. Nobel lecture: Split genes and RNA splicing. *Cell* 77: 805–815.
Steitz, J. A. 1988. Snurps. *Sci. Am.* (June) 258(6): 56–63.
Volkin, E., and Astrachan, L. 1956. Phosphorus incorporation in *E. coli* ribonucleic acids after infection with bacteriophage T2. *Virology* 2: 149–161.
Watson, J. D. 1963. Involvement of RNA in the synthesis of proteins. *Science* 140: 17–26.
Woychik, N. A., and Jampsey, M. 2002. The RNA polymerase II machinery: Structure illuminates function. *Cell* 108: 453–464.

14장 번역과 단백질

Anfinsen, C. B. 1973. Principles that govern the folding of protein chains. *Science* 181: 223–230.
Atkins, J. F., and Baranov, P. V. 2007. Duality in the genetic code. *Nature* 448: 1004–1005.
Bartholome, K. 1979. Genetics and biochemistry of phenylketonuria—Present state. *Hum. Genet.* 51: 241–245.
Beadle, G. W., and Tatum, E. L. 1941. Genetic control of biochemical reactions in *Neurospora. Proc. Natl. Acad. Sci. (USA)* 27: 499–506.
Beet, E. A. 1949. The genetics of the sickle-cell trait in a Bantu tribe. *Ann. Eugenics* 14: 279–284.
Ben-Sham, A. 2010. Crystal structure of the eukaryotic ribosome. *Science* 330: 1203–1208.
Brenner, S. 1955. Tryptophan biosynthesis in *Salmonella typhimurium. Proc. Natl. Acad. Sci. (USA)* 41: 862–863.
Doolittle, R. F. 1985. Proteins. *Sci. Am.* (Oct.) 253: 88–99.
Fischer, N., et al. 2010. Ribosome dynamics and tRNA movement by time-resolved electron cryomicroscopy. *Nature* 466: 329–336.
Frank, J. 1998. How the ribosome works. *Amer. Scient.* 86: 428–439.
Garrod, A. E. 1902. The incidence of alkaptonuria: A study in chemical individuality. *Lancet* 2: 1616–1620.
———. 1909. *Inborn errors of metabolism.* London: Oxford University Press. (Reprinted 1963, Oxford University Press, London.)
Garrod, S. C. 1989. Family influences on A. E. Garrod's thinking. *J. Inher. Metab. Dis.* 12: 2–8.
Ingram, V. M. 1957. Gene mutations in human hemoglobin: The chemical difference between normal and sickle-cell hemoglobin. *Nature* 180: 326–328.
Koshland, D. E. 1973. Protein shape and control. *Sci. Am.* (Oct.) 229: 52–64.
Lake, J. A. 1981. The ribosome. *Sci. Am.* (Aug.) 245: 84–97.
Lomakin, I. B., and Steitz, T. A. 2013. The initiation of mammalian protein synthesis and mRNA scanning mechanism. *Nature* 500: 307–311.
Maniatis, T., et al. 1980. The molecular genetics of human hemoglobins. *Annu. Rev. Genet.* 14: 145–178.
Neel, J. V. 1949. The inheritance of sickle-cell anemia. *Science* 110: 64–66.
Nirenberg, M. W., and Leder, P. 1964. RNA codewords and protein synthesis. *Science* 145: 1399–1407.
Nomura, M. 1984. The control of ribosome synthesis. *Sci. Am.* (Jan.) 250: 102–114.
Pauling, L., Itano, H. A., Singer, S. J., and Wells, I. C. 1949. Sickle-cell anemia: A molecular disease. *Science* 110: 543–548.
Ramakrishnan, V. 2002. Ribosome structure and the mechanism of translation. *Cell* 108: 557–572.
Rich, A., and Houkim, S. 1978. The three-dimensional structure of transfer RNA. *Sci. Am.* (Jan.) 238: 52–62.
Rich, A., Warner, J. R., and Goodman, H. M. 1963. The structure and function of polyribosomes. *Cold Spring Harbor Symp. Quant. Biol.* 28: 269–285.
Richards, F. M. 1991. The protein-folding problem. *Sci. Am.* (Jan.) 264: 54–63.
Rould, M. A., et al. 1989. Structure of *E. coli* glutaminyl-tRNA synthetase complexed with $tRNA^{Gln}$ and ATP at 2.8 resolution. *Science* 246: 1135–1142.
Srb, A. M., and Horowitz, N. H. 1944. The ornithine cycle in *Neurospora* and its genetic control. *J. Biol. Chem.* 154: 129–139.
Warner, J., and Rich, A. 1964. The number of soluble RNA molecules on reticulocyte polyribosomes. *Proc. Natl. Acad. Sci. (USA)* 51: 1134–1141.
Wimberly, B. T., et al. 2000. Structure of the 30S ribosomal subunit. *Nature* 407: 327–333.
Yuan, J., et al. 2010. Distinct genetic code expansion strategies for selenocysteine and pyrrolysine are reflected in different aminoacyl-tRNA formation systems. *FEBS Lett:* 584: 342–349.
Yusupov, M. M., et al. 2001. Crystal structure of the ribosome at 5.5A resolution. *Science* 292: 883–896.

15장 유전자 돌연변이, DNA 회복, 전이

Arnheim, N., and Calabrese, P. 2009. Understanding what determines the frequency and pattern of human germline mutations. *Nature Rev. Genetics* 10: 478–488.
Cairns, J., Overbaugh, J., and Miller, S. 1988. The origin of mutants. *Nature* 335: 142–145.
Cleaver, J. E. 2005. Cancer in xeroderma pigmentosum and related disorders of DNA repair. *Nature Reviews Cancer* 5: 564–571.
Comfort, N. C. 2001. *The tangled field: Barbara McClintock's search for the patterns of genetic control.* Cambridge, MA: Harvard University Press.
Jiricny, J. 1998. Eukaryotic mismatch repair: An update. *Mutation Research* 409: 107–121.
Luria, S. E., and Delbrück, M. (1943). Mutations of bacteria from virus sensitivity to virus resistance. *Genetics* 28(6): 491–511.
Mirkin, S. M. 2007. Expandable DNA repeats and human disease. *Nature* 447: 932–940.
Mortelmans, K., and Zeigler, E. 2000. The Ames *Salmonella*/microsome mutagenicity assay. *Mutation Research* 455: 29–60.

O'Driscoll, M., and Jeggo, P. A. 2006. The role of double-strand break repair—insights from human genetics. *Nature Reviews Genetics* 7: 45–51.

O'Hare, K. 1985. The mechanism and control of *P* element transposition in *Drosophila. Trends Genet.* 1: 250–254.

Ortega-Recalde, O., et al. 2013. Whole-exome sequencing enables rapid determination of xeroderma pigmentosum molecular etiology. *PLOS One* 8: e64692.

Rosenberg, S. M. 2001. Evolving responsively: adaptive mutation. *Nature Rev. Genetics* 2: 504–515.

16장 원핵생물의 유전자 발현 조절

Antson, A. A., et al. 1999. Structure of the trp RNA-binding attenuation protein, TRAP, bound to RNA. *Nature* 401: 235–242.

Beckwith, J. R., and Zipser, D., eds. 1970. *The lactose operon.* Cold Spring Harbor, NY: Cold Spring Harbor Laboratory Press.

Bertrand, K., et al. 1975. New features of the regulation of the tryptophan operon. *Science* 189: 22–26.

Breaker, Ronald R. 2008. Complex riboswitches. *Science* 319: 1795–1797.

Gilbert, W., and Müller-Hill, B. 1966. Isolation of the *lac* repressor. *Proc. Natl. Acad. Sci. (USA)* 56: 1891–1898.

———. 1967. The *lac* operator is DNA. *Proc. Natl. Acad. Sci.(USA)* 58: 2415–2421.

Jacob, F., and Monod, J. 1961. Genetic regulatory mechanisms in the synthesis of proteins. *J. Mol. Biol.* 3: 318–356.

Lewis, M., et al. 1996. Crystal structure of the lactose operon repressor and its complexes with DNA and inducer. *Science* 271: 1247–1254.

Maumita, M., et al. 2003. Riboswitches control fundamental biochemical pathways in *Bacillus subtilis* and other bacteria. *Cell* 113: 577–586.

Serganov, A. 2009. The long and the short of riboswitches. *Curr Opin Struct Biol.* 19: 251–259.

Stroynowski, I., and Yanofsky, C. 1982. Transcript secondary structures regulate transcription termination at the attenuator of *S. marcescens* tryptophan operon. *Nature* 298: 34–38.

Valbuzzi, A., and Yanofsky, C. 2001. Inhibition of the *B. subtilis*-regulatory protein TRAP by the TRAP-inhibitory protein, AT. *Science* 293: 2057–2061.

Yanofsky, C. 1981. Attenuation in the control of expression of bacterial operons. *Nature* 289: 751–758.

17장 진핵생물의 유전자 발현 조절

Alt, F. W., et al. 1987. Development of the primary antibody repertoire. *Science* 238: 1079–1087.

Becker, P. B., and Hörz, W. 2002. ATP-dependent nucleosome remodeling. *Annu. Rev. Biochem.* 71: 247–273.

Black, D. L. 2003. Mechanisms of alternative pre-mRNA splicing. *Annu. Rev. Biochem.* 72: 291–336.

Bumcrot, D., et al. 2006. RNAi therapeutics: a potential new class of pharmaceutical drugs. *Nature Chemical Biology* 2: 711–718.

Ecker, J. R., et al. 2012. ENCODE explained. *Nature* 489: 52–55.

Henikoff, S. 2008. Nucleosome destabilization in the epigenetic regulation of gene expression. *Nature Reviews Genetics* 9: 15–20.

Juven-Gershon, T., and Kadonaga, J. T. 2009. Regulation of gene expression via the core promoter and the basal transcriptional machinery. *Dev. Biol.* 339: 225–229.

Licatalosi, D. D., and Darnell, R. B. 2010. RNA processing and its regulation: global insights into biological networks. *Nature Rev. Genetics* 11: 75–87.

Mello, C. C., and Conte, D., Jr. 2004. Revealing the world of RNA interference. *Nature* 431: 338–342.

Newbury, S. F. 2006. Control of mRNA stability in eukaryotes. *Biochem. Soc. Trans.* 34: 30–34.

Pennacchio, L. A., et al. 2013. Enhancers: Five essential questions. *Nature Rev. Genet.* 14: 288–295.

Rana, T. M. 2007. Illuminating the silence: understanding the structure and function of small RNAs. *Nature Mol. Cell Biol.* 8: 23–34.

Weintraub, H., and Groudine, M. 1976. Chromosomal subunits in active genes have an altered conformation. *Science* 193: 848–856.

Wheeler, T. M., and Thornton, C. A. 2007. Myotonic dystrophy: RNA-mediated muscle disease. *Curr. Opin. Neurol.* 20: 572–576.

18장 발생유전학

Anderson, E. R., Sandberg, R., and Lendahl, U. 2011. Notch signaling: Simplicity in design, versatility in function. *Development* 138: 3593–3612.

Davidson, E. H., and Levine, M. S. 2008. Properties of developmental gene regulatory networks. *Proc. Nat. Acad. Sci.* 115: 20063–20066.

De Leon, S. B-T., and Davidson, E. H. 2007. Gene regulation: Gene control networks in development. *Annu. Rev. Biophys. Biomol. Struct.* 36: 191–212.

Eklund, E. 2011. The role of Hox proteins in leukemogenesis: insights into key regulatory events in hematopoiesis. *Crit. Rev. Oncol.* 16: 65–76.

Feng, S., Jacobsen, S. E., and Reik, W. 2010. Epigenetic reprogramming in plant and animal development. *Science* 330: 622–627.

Goodman, F. 2002. Limb malformations and the human *HOX* genes. *Am. J. Med. Genet.* 112: 256–265.

Gramzow, L., and Theissen, G. 2010. A hitchhiker's guide to the MADS world of plants. *Genome Biol.* 11: 214.

Gridley, T. 2003. Notch signaling and inherited human diseases. *Hum. Mol. Genet.* 12: R9–R13.

Inoue, T., et al. 2005. Gene regulatory special feature: Transcriptional network underlying *Caenorhabditis elegans* vulval development. *Proc. Nat. Acad. Sci.* 102: 4972–4977.

Kestler, H. A., Wawra, C., Kracher, B., and Kuhl, M. 2008. Network modeling of signal transduction: Establishing the global view. *Bioessays* 30: 1110–1125.

Krizek, B. A., and Fletcher, J. C. 2006. Molecular mechanisms of flower development: An armchair guide. *Nat. Rev. Genet.* 6: 688–698.

Lynch, J. A., and Roth, S. 2011. The evolution of dorsal-ventral patterning mechanism in insects. *Genes Dev.* 25: 107–118.

Maeda, R. K., and Karch, F. 2006. The ABC of the BX-C: The bithorax complex explained. *Development* 133: 1413–1422.

Nüsslein-Volhard, C., and Weischaus, E. 1980. Mutations affecting segment number and polarity in *Drosophila. Nature* 287: 795–801.

Reyes, J. C. 2006. Chromatin modifiers that control plant development. *Curr. Opin. Plant Biol.* 9: 21–27.
Schroeder, M. D., et al. 2004. Transcriptional control in the segmentation gene network of *Drosophila. PLOS Biol.* 2: 1396–1410.
Schvartsman, S. Y., Coppey, M., and Berezhkovskii, A. 2008. Dynamics of maternal morphogen gradients in *Drosophila. Curr. Opin. Genet. Dev.* 18: 342–347.
Verakasa, A., Del Campo, M., and McGinnis, W. 2000. Developmental patterning genes and their conserved functions: From model organisms to humans. *Mol. Genet. Metabol.* 69: 85–100.
Walser, C. B., and Lipshitz, H. D. 2011. Transcript clearance during the maternal-to-zygote transition. *Curr. Opin. Genet. Dev.* 21: 431–443.
Wang, M., and Sternberg, P. W. 2001. Pattern formation during *C. elegans* vulval induction. *Curr. Top. Dev. Biol.* 51: 189–220.
Yuan, J., and Kroemer, G. 2010. Alternative cell death mechanisms in development and beyond. *Genes Dev.* 24: 2592–2602.

19장 암과 세포주기 조절

Alison, M. R., et al. 2010. Stem cells in cancer: instigators and propagators? *J. Cell Sci.* 123: 2357–2368.
Ashworth, A., and Hudson, T. J. 2013. Comparisons across cancers. *Nature* 502: 306–307.
Bernards, R., and Weinberg, R. A. 2002. A progression puzzle. *Nature* 418: 823.
Esteller, M. 2007. Cancer epigenomics: DNA methylomes and histone-modification maps. *Nature Reviews Cancer* 8: 286–297.
Futreal, P. A., et al. 2004. A census of human cancer genes. *Nature Reviews Cancer* 4: 177–183.
Gray, J. 2010. Genomics of metastasis. *Nature* 464: 989–990.
Hartwell, L. H., and Kastan, M. B. 1994. Cell cycle control and cancer. *Science* 266: 1821–1827.
Kandoth, C., et al. 2013. Mutational landscape and significance across 12 major cancer types. *Nature* 502: 333–340.
Ledford, H. 2010. The cancer genome challenge. *Nature* 464: 972–974.
Marte, B. 2013. Tumour heterogeneity. *Nature* 501: 327.
Nurse, P. 1997. Checkpoint pathways come of age. *Cell* 91: 865–867.
Varmus, H. 2006. The new era in cancer research. *Science* 312: 1162–1164.
Vazquez, J., et al. 2008. The genetics of the p53 pathway, apoptosis and cancer therapy. *Nature Reviews Drug Discov.* 7: 979–987.
Watson, I. R., et al. Emerging patterns of somatic mutations in cancer. *Nature Rev. Genet.* 14: 703–718.
Yokota, J. 2000. Tumor progression and metastasis. *Carcinogenesis* 21: 497–503.

20장 재조합 DNA 기술

Brownlee, C. 2005. Danna and Nathans: Restriction enzymes and the boon to modern molecular biology. *Proc. Nat. Acad. Sci.* 103: 5909.
Mardis, E. R. 2008. Next-generation DNA sequencing methods. *Annu. Rev. Genomics Hum. Genet.* 9: 387–402.
Mardis, E. R. 2011. A decade's perspective on DNA sequencing technology. *Nature* 470: 198–203.
Mullis, K. B. 1990. The unusual origin of the polymerase chain reaction. *Sci. Am.* (Apr.) 262: 56–65.
Rothberg, J. M., and Leamon, J. H. 2008. The development and impact of 454 sequencing. *Nat. Biotech.* 26: 1117–1124.
Sanger, F., et al. 1977. DNA sequencing with chain-terminating inhibitors. *Proc. Natl. Acad. Sci.* (*USA*) 74: 5463–5467.
Shendure, J., and Ji, H. 2008. Next-generation DNA sequencing. *Nature Biotechnology* 26: 1135–1145.
Snyder, M., Du, J., and Gerstein, M. 2010. Personal genome sequencing: Current approaches and challenges. *Genes & Development* 24: 423–431.
Southern, E. 1975. Detection of specific sequences among DNA fragments separated by gel electrophoresis. *J. Mol. Biol.* 98: 503–507.

21장 유전체학, 생물정보학, 단백질체학

Asara, J. M., et al. 2007. Protein sequences from Mastodon and *Tyrannosaurus Rex* revealed by mass spectrometry. *Science* 316: 280–285.
Amemiya, C. T., et al. 2013. The African coelacanth genome provides insights into tetrapod evolution. *Nature* 496: 311–316.
Campbell, K. L., and Hofreiter, M. 2012. New life for ancient DNA. *Scientific American* 307: 46–51.
Conrad, D. F., et al. 2010. Origins and functional impact of copy number variations in the human genome. *Nature* 464: 704–712.
Domon, B., and Aebersold, R. 2006. Mass spectrometry and protein analysis. *Science* 312: 212–217.
Doolittle, W. F. 2013. Is junk DNA bunk? A critique of ENCODE. *Proc. Natl. Acad. Sci. (USA)* 110: 5294–5300.
Green, R. E., et al. 2008. A complete Neandertal mitochondrial genome sequence determined by high-throughput sequencing. *Cell* 134: 416–426.
Green, R. E., et al. 2010. A draft sequence of the Neandertal genome. *Science* 328: 710–722.
Grice, E. A., and Segre, J. A. 2012. The human microbiome: Our second genome. *Annual Review of Genomics and Human Genetics* 13: 151–170.
Hawkins, R. D., Hon, G. C., and Ren, B. 2010. Next-generation genomics: An integrative approach. *Nature Reviews Genetics* 11: 476–486.
Hood, L., Heath, J. R., Phelps, M. E., and Lin, B. 2004. Systems biology and new technologies enable predictive and preventative medicine. *Science* 306: 640–643.
Hoskins, R. A., et al. 2007. Sequence finishing and mapping of *Drosophila melanogaster* heterochromatin. *Science* 316: 1625–1628.
Hugenholtz, P., and Tyson, G. W. 2008. Metagenomics. *Nature* 455: 481–483.
International Human Genome Sequencing Consortium. 2001. Initial sequencing and analysis of the human genome. *Nature* 409: 860–921.
International Human Genome Sequencing Consortium. 2004. Finishing the euchromatic sequence of the human genome. *Nature* 431: 931–945.
Joyce, A. R., and Palsson, B. O. 2006. The model organism as a system integrating "omics" data sets. *Nat. Rev. Mol. Cell Biol.* 7: 901–909.
Lander, E. S. 2011. Initial impact of sequencing the human genome. *Nature* 470: 187–197.

Loscalzo, J., Kohane, I., and Barabasi, A-L. 2007. Human disease classification in the postgenomic era: A complex systems approach to human pathobiology. *Molecular Systems Biology* 124: 32–42.

Lupski, J. R. 2013. Genome mosaicism—One human, multiple genomes. *Science* 341: 358–359.

Nei, M., and Rooney, A. P. 2005. Concerted and birth-and-death evolution of multigene families. *Annu. Rev. Genet.* 39: 197–218.

Nezvizhskii, A. I., Vitek, O., and Aebersold, R. 2007. Analysis and validation of proteomic data generated by tandem mass spectrometry. *Nature Methods* 4: 787–797.

Noonan, J. P., et al. 2006. Sequencing and analysis of Neanderthal DNA. *Science* 314: 1113–1118.

Pennisi, E. 2006. The dawn of Stone Age genomics. *Science* 314: 1068–1071.

Qin, J., et al. 2010. A human gun microbial gene catalogue established by metagenomic sequencing. *Nature* 464: 59–64.

Rhesus Macaque Genome Sequencing and Analysis Consortium. 2007. Evolutionary and biomedical insights from the Rhesus Macaque genome. *Science* 316: 222–234.

Schweitzer, M. H., et al. 2007. Analyses of soft tissue from *Tyrannosaurus rex* suggest the presence of protein. *Science* 316: 277–280.

Sea Urchin Genome Sequencing Consortium. 2006. The genome of the sea urchin *Stronglyocentrotus purpuratus*. *Science* 314: 941–956.

Switnoski, M., Szczerbal, I., and Nowacka, J. 2004. The dog genome map and its use in mammalian comparative genomics. *J. Appl. Physiol.* 45: 195–214.

Thalmann, O. 2012. Complete mitochondrial genomes of ancient canids suggest a European origin of domestic dogs. *Science* 342: 871–874.

The ENCODE Project Consortium. 2012. An integrated encyclopedia of DNA elements in the human genome. *Nature* 57–74. Part of ENCODE: Guidebook to the Human Genome. [A special edition of *Nature*]. *Nature* 489: 45–113.

The 1000 Genomes Project Consortium. 2010. A map of human genome variation from population-scale sequencing. *Nature* 467: 1061–1073.

The 1000 Genomes Project Consortium. 2012. An integrated map of genetic variation from 1,092 human genomes. *Nature* 492: 56–65.

The Human Microbiome Project Consortium. 2012. Structure, function and diversity of the healthy human microbiome. *Nature* 486: 207–214.

The Human Microbiome Project Consortium. 2012. A framework for human microbiome research. *Nature* 486: 215–221.

Thieman, W. J., and Palladino, M. A. 2009. *Introduction to biotechnology*, 2nd ed. San Francisco, CA: Benjamin Cummings.

Venter, J. C., et al. 2001. The sequence of the human genome. *Science* 291: 1304–1351.

Venter, J. C., et al. 2004. Environmental genome shotgun sequencing of the Sargasso Sea. *Science* 304: 6–74.

Weinstock, G. M. 2012. Genomic approaches to studying the human microbiota. *Nature* 489: 250–256.

Yooseph, S., Sutton, G., Rusch, D. B., Halpern, A. L., Williamson, S. J., et al. 2007. *The Sorcerer II* global ocean sampling expedition: Expanding the universe of protein families. *PLoS Biology* 5(3): 0432–0466.

22장 유전공학과 생명공학의 응용 및 윤리적 제문제

Altshuler, D., Daly, M. J., and Lander, E. S. 2008. Genetic Mapping in Human Disease. *Science* 322: 881–888.

Anower, J., Wagner, S., McCracken, D., Wells, N., and Laible, G. 2012. Targeted microRNA expression in dairy cattle directs production of beta β-lactoglobulin-free, high-casein milk. *Proc. Natl. Acad. Sci. USA* [it] 109: 16811–16816.

Collins, F. S., and Barker, A. D. 2007. Mapping the cancer genome. *Scientific American* 296: 50–57.

Dykxhoorn, D. M., and Liberman, J. 2006. Knocking down disease with siRNAs. *Cell* 126: 231–235.

Engler, O. B., et al. 2001. Peptide vaccines against hepatitis B virus: From animal model to human studies. *Mol. Immunol.* 38: 457–465.

Fan, H. C., et al. 2012. Non-invasive prenatal measurement of the fetal genome. *Nature* 487: 320–324.

Friend, S. H., and Stoughton, R. B. 2002. The magic of microarrays. *Sci. Am.* (Feb.) 286: 44–50.

Gibson, D. G., et al. 2010. Creation of a bacterial cell controlled by a chemically synthesized genome. *Science* 329: 52–56.

Green, E. D., and Guyer, M. S. 2011. Charting a course for genomic medicine from base pairs to bedside. *Nature* 470: 204–213.

Jiang, Y. H. 2013. Detection of clinically relevant genetic variants in autism spectrum disorder by whole-genome sequencing. *Am. J. Hum. Genet.*

Knoppers, B. M., Bordet, S., and Isasi, R. M. 2006. Preimplantation genetic diagnosis: An overview of socio-ethical and legal considerations. *Annu. Rev. Genom. Hum. Genet.* 7: 201–221.

Lajoie, M. J., Kosuri, S., Mosberg, J. A., Gregg, C. J., Zhang, D., and Church, G. M. 2013. Probing the limits of genetic recoding in essential genes. *Science* 342: 361–363.

Lajoie, M. J., et al. 2013. Genomically recoding organisms expand biological functions. *Science* 342: 357–360.

Lu, S., et al. 2012. Probing meiotic recombination and aneuploidy of single sperm cells by whole-genome sequencing. *Science* 338: 1627–1630.

Maher, B. 2011. Human genetics: Genomes on prescription. *Nature* 478: 22–24.

Manolio, T. A., et al. 2009. Finding the missing heritability of complex diseases. *Nature* 461: 747–753.

Shastry, B. S. 2006. Pharmacogenetics and the concept of individualized medicine. *Pharmacogenetics Journal* 6: 16–21.

Siuti, P., Yazbek, J., and Lu, T. K. 2013. Synthetic circuits integrating logic and memory in living cells. *Nature Biotech.* 31: 448–452.

Stix, G. 2006. Owning the stuff of life. *Sci. Am.* (Feb.) 294: 76–83.

Wang, D. G., et al. 1998. Large-scale identification, mapping, and genotyping of single-nucleotide polymorphisms in the human genome. *Science* 280: 1077–1082.

Wang, J., et al. 2012. Genome-wide single-cell analysis of recombination activity and de novo mutation rates in human sperm. *Cell* 150: 402–412.

Whitelaw, C. B. A. 2004. Transgenic livestock made easy. *Trends Biotechnol.* 22(4): 257–259.

23장 양적유전학과 다중 형질

Browman, K. W. 2001. Review of statistical methods of QTL mapping in experimental crosses. *Lab Animal* 30: 44–52.

Cong, B., Barrero, L. S., and Tanksley, S. D. 2008. Regulatory changes in a YABBY-like transcription factor led to evolution of extreme fruit size during tomato domestication. *Nat. Genet.* 40: 800–804.

Cong, B., Liu, J., and Tanksley, S. 2002. Natural alleles at a tomato fruit size quantitative trait locus differ by heterochronic regulatory mutations. *Proc. Nat. Acad. Sci.* 99: 13606–13611.

Crow, J. F. 1993. Francis Galton: Count and measure, measure and count. *Genetics* 135: 1.

Druka, A., et al. 2010. Expression of quantitative trait loci analysis in plants. *Plant Biotech.* 8: 10–27.

Falconer, D. S., and Mackay, F. C. 1996. *Introduction to quantitative genetics,* 4th ed. Essex, UK: Longman.

Farber, S. 1980. *Identical twins reared apart.* New York: Basic Books.

Feldman, M. W., and Lewontin, R. C. 1975. The heritability hangup. *Science* 190: 1163–1166.

Frary, A., et al. 2000. *fw2.2*: A quantitative trait locus key to the evolution of tomato fruit size. *Science* 289: 85–88.

Gupta, V., et al. 2009. Genome analysis and genetic enhancement of tomato. *Crit. Rev. Biotech.* 29: 152–181.

Haley, C. 1991. Use of DNA fingerprints for the detection of major genes for quantitative traits in domestic species. *Anim. Genet.* 22: 259–277.

———. 1996. Livestock QTLs: Bringing home the bacon. *Trends Genet.* 11: 488–490.

Johnson, W. E., et al. 2010. Genetic restoration of the Florida panther. *Science* 329: 1641–1644.

Kaminsky, A. A., et al. 2009. DNA methylation profiles in monozygotic and dizygotic twins. *Nat. Genet.* 41: 240–245.

Lander, E., and Botstein, D. 1989. Mapping Mendelian factors underlying quantitative traits using RFLP linkage maps. *Genetics* 121: 185–199.

Lander, E., and Schork, N. 1994. Genetic dissection of complex traits. *Science* 265: 2037–2048.

Lynch, M., and Walsh, B. 1998. *Genetics and analysis of quantitative traits.* Sunderland, MA: Sinauer Associates.

Macy, T. F. C. 2001. Quantitative trait loci in *Drosophila. Nature Reviews Genetics* 2: 11–19.

Newman, H. H., Freeman, F. N., and Holzinger, K. T. 1937. *Twins: A study of heredity and environment.* Chicago: University of Chicago Press.

Paterson, A., Deverna, J., Lanini, B., and Tanksley, S. 1990. Fine mapping of quantitative traits loci using selected overlapping recombinant chromosomes in an interspecific cross of tomato. *Genetics* 124: 735–742.

Tanksley, S. D. 2004. The genetic, developmental and molecular bases of fruit size and shape variation in tomato. *Plant Cell* 16: S181–S189.

Veenma, D., et al. 2012. Copy number detection in discordant monozygotic twins of congenital diaphragmatic hernia (CDH) and esophageal atresia (EA). *Eur. J. Hum. Genet.* 20: 298–306.

Zar, J. H. 1999. *Biostatistical analysis,* 4th ed. Upper Saddle River, NJ: Prentice Hall.

24장 신경유전학

Akolal, D-B, Yu, D., and Davis, R. 2011. The long-term memory trace formed in *Drosophila* α/β mushroom body neurons is abolished in long-term memory mutants. *The J. Neurosci.* 31: 5643–5647.

Bassett, A., Scherer, S. M., and Brzstowicz, L. M. 2010. Copy number variation in schizophrenia: Critical review and new perspectives on concepts of genetics and disease. *Am. J. Pschiatr.* 167: 899–914.

Bhakar, A. L. Dölen, G., and Bear, M. 2012. The pathophysiology of fragile X (and what it teaches us about synapses). *Annu. Rev. Neurosci.* 35: 417–443.

Craddock, N., and Skar, P. 2013. The genetic basis of addictive disorders. *Psychiat. Clin. North Amer.* 35: 495–519.

Cross-Disorder Group of the Psychiatric Genomics Coalition 2013. Identification of risk loci with shared effects on five major psychiatric disorders. *Lancet* 381: 1371–1379.

Ducci, F., and Goldman, D. 2012. The genetic basis of addictive disorders. *Psychiatr. Clin. North Amer.* 35: 495–519.

Ehrnhoefer, D. E., Butland, S. L., Pouladi, M. A., and Hayden, M. R. 2009. Mouse models of Huntington disease: Variations on a theme. *Dis. Models Mech.* 2: 123–129.

Ganetzky, B., 2000. Genetic analysis of ion channel dysfunction in *Drosophila. Kidney Intern.* 57: 766–771.

Lu, B., Al-Rahami, I., Valencia, A., et al. 2013. Identification of *NUB1* as a suppressor of mutant Huntington toxicity via enhanced protein clearance. *Nat. Neurosci.* 16: 57–66.

Lu, B., Nagappao, G., Guao, X., et al. 2013. BDNF-based synaptic repair as a disease-modifying strategy for neurodegenerative diseases. *Nat. Rev. Neurosci.* 14: 401–416.

Nielson, D. A., Utrankar, A., Reyes, J. A., et al. 2012. Epigenetics of drug abuse: Predisposition or response. *Pharmacogenomics* 13: 1149–1160.

Sullivan, P. F., Daly, M. J., and O'Donovan, M. 2012. Genetic architecture of psychiatric disorders: The emerging picture and its implications. *Nat. Rev. Genet.* 13: 537–551.

25장 집단유전학과 진화유전학

Ansari-Lari, M. A., et al. 1997. The extent of genetic variation in the *CCR5* gene. *Nature Genetics* 16: 221–222.

Barluenga, M., Stölting, K. N., Salzburger, W., Muschick, M., and Meyer, A. 2006. Sympatric speciation in Nicaraguan crater lake cichlid fish. *Nature* 439: 719–723.

Green, R. E., et al. 2010. A draft sequence of the Neandertal genome. *Science* 328: 710–722.

Hedges, S. B., and Kumar, S. 2003. Genomic clocks and evolutionary time scales. *Trends Genet.* 19: 200–206.

Karn, M. N., and Penrose, L. S. 1951. Birth weight and gestation time in relation to maternal age, parity and infant survival. *Ann. Eugen.* 16: 147–164.

Kerr, W. E., and Wright, S. 1954. Experimental studies of the distribution of gene frequencies in very small populations of *Drosophila melanogaster. Evolution* 8: 172–177.

Knowlton, N., et al. 1993. Divergence in proteins, mitochondrial DNA, and reproductive compatibility across the Isthmus of Panama. *Science* 260: 1629–1632.

Kreitman, M. 1983. Nucleotide polymorphism at the alcohol dehydrogenase locus of *Drosophila melanogaster. Nature* 304: 412–417.

Lamb, R. S., and Irish, V. F. 2003. Functional divergence within the *APETALA3/PISTILLATA* floral homeotic gene lineages. *Proc. Natl. Acad. Sci.* 100: 6558–6563.

Leibert, F., et al. 1998. The *DCCR5* mutation conferring protection against HIV-1 in Caucasian populations has a single and recent origin in northeastern Europe. *Hum. Molec. Genet.* 7: 399–406.

Markow, T., et al. 1993. HLA polymorphism in the Havasupai: Evidence for balancing selection. *Am. J. Hum. Genet.* 53: 943–952.

Meyer, M., Kircher, J., Gansauge, M. T., et al. 2012. A high-coverage genome sequence from an archaic Denisovan individual. *Science* 338: 222–226.

Nei, M., Suzuki, Y., and Nozwa, M. 2010. The neutral theory of molecular evolution in the era of genomics. *Annu. Rev. Genomics Hum. Genet.* 11: 265–289.

Noonan, J. P., et al. 2006. Sequencing and analysis of Neanderthal genomic DNA. *Science* 314: 1113–1118.

Presgraves, D. C. 2010. The molecular evolutionary basis for species formation. *Nat. Rev. Genet.* 11: 175–180.

Prüfer, K, Racimo, F., Patterson, N., et al. 2014. The complete genome sequence of a Neanderthal from the Altai mountains. *Nature* 505: 43–49.

Rasmussen, M., et al. 2010. Ancient human genome sequence of an extinct Paleo-Eskimo. *Nature* 463: 757–762.

Reich, D., Green, R., Kircher, D., et al. 2010. Genetic history of an archaic hominin group from Denisova cave in Siberia. *Nature* 468: 1153–1160.

Reznick, D. N., and Ricklefs, R. E. 2009. Darwin's bridge between microevolution and macroevolution. *Nature* 457: 837–842.

Salzburger, W. 2009. The interaction of sexually and naturally selected traits in the adaptive radiations of cichlid fishes. *Mol. Evol.* 18: 169–185.

Schulter, D. 2009. Evidence for ecological speciation and its alternative. *Science* 323: 737–741.

Stiassny, M. L. J., and Meyer, A. 1999. Cichlids of the Rift Lakes. *Sci. Am.* (Feb.) 280: 64–69.

Vitti, J. J., Cho, M. K., Tishkoff, S. A., and Sabeti, P. C. 2012. Human evolutionary genetics: ethical and interpretative issues. *Trends Genet.* 28: 137–145.

Yi, Z., et al. 2003. A 122.5 kilobase deletion of the *P* gene underlies the high prevalence of oculocutaneous albinism type 2 in the Navajo population. *Am. J. Hum. Genet.* 72: 62–72.

부록 B

해답

1장

2. 에세이에는 재조합 DNA 기술이 동식물의 경작과 생산, 신약 개발, 의학적 발전, 법의학, 유전자 기능의 이해 등에 끼친 영향에 대해 기술해야 한다.

4. 한 생물체의 유전자형은 그 생물의 특정 대립유전자 또는 유전적 구성으로 정의되는데, 흔히 조사하는 하나 또는 제한된 수의 유전자에 대한 대립유전자 조성으로도 정의된다. 유전자들의 식별 가능한 특징을 표현형이라고 한다. 한 유전자의 변이형을 대립유전자라고 부른다. 개체군에는 이런 변이형이 많이 있을 수 있지만, 이배체 생물의 한 개체에는 2개의 대립유전자만 존재할 수 있다.

6. 유전자는 뉴클레오타이드의 선형 서열로서 보통 전사와 번역 과정을 통해 폴리펩타이드를 생산하게 한다. 유전자는 유전의 기능적 단위이다. 유전자는 때때로 단백질과 결합하여 염색체를 형성한다. 세포주기 동안 염색체와 유전자는 다양한 효소에 의해 복제되며, 딸세포는 부모의 유전정보의 복사본을 물려받는다. 진핵생물과 원핵생물의 유전자는 DNA로 구성되어 있다.

8. 분자유전학의 중심 원리는 DNA, RNA, 단백질의 상호 관계와 관련된다. 전사와 번역 과정은 이러한 상호 관계를 이해하기 위해 필수적이다. DNA와 RNA는 별개의 화학물질이기 때문에 현대 유전학을 규정하는 다양한 실험을 통해 분리되고, 연구되고, 조작될 수 있다.

10. 제한효소(endonuclease)는 특정 염기서열에서 DNA 이중가닥을 절단한다. 동일한 효소로 벡터를 절단할 때, 상보적 말단이 만들어지는데 이 말단은 어디에서 기원했는지에 관계없이 연결되어 온전한 이중가닥 구조를 형성할 수 있다. 이러한 재조합형은 흔히 산업, 연구 또는 약학적 활용에 유용하다.

12. 1980년 미국 대법원 판결처럼, 고유의 형질전환 식물 및 동물은 특허를 받을 수 있다. 생물체 특허를 지지하는 사람들은 형질전환 생물 특허는 혁신을 독려하고 발견 비용을 회수하는 데 필요하다고 주장한다. 자본 투자자들은 투자가 긍정적으로 되돌아올 기회가 있다고 추정한다. 다른 사람들은 자연물은 개인적으로 소유되어서는 안 되며, 일단 소수의 회사에 소유되면 무료 사업은 막히게 될 것이라고 주장한다.

14. 모델생물은 유용할 뿐만 아니라 인간 질병에 영향을 주는 유전자를 이해하는 데도 필요하다. 많은 유전학/분자생물학적 시스템이 광범위하게 여러 계통에서 고도로 보존되어 있기 때문에, 보통 한 생물에서 알게 된 것을 모든 생물체에 적용할 수 있다. 또한 대부분의 모델생물체들은 잘 성장하며, 유전적으로 이해하기 쉽고, 자손을 많이 낳는 특성을 갖고 있어서 쉽게 사용할 수 있으며, 특히 유전학 연구에서 유용한 정보를 준다.

16. 약 60년 동안의 유전학적 발견은 생물 시스템을 이해하게 했고 합리적인 약물 설계를 도왔으며 많은 사회적 논의를 주도해왔다. 유전학은 범생물학적 과정의 뼈대를 제공하며 종의 안정성과 다양성에 대한 이해를 돕는다. 수많은 생명 연구에서 유전학이 중심적인 주목을 받고 있음을 고려하면 왜 그렇게 많은 유전학자들이 노벨상을 수상했는지도 이해 가능하다.

18. 이 모임은 정부와 산업체의 생명공학적 적용에 대하여 지역사회의 참여를 요구하고 의사-결정을 되돌리고자 한다. 이들은 이윤추구의 동기가 생명공학 기술이 제공할 수 있는 이익에 위협이 될 수 있다고 생각한다. 이들은 유전적으로 조작된 생물체가 인간의 건강과 생태계의 조화에 안전한지 의심하고 있으나 무기 개발에 대한 생명공학적 적용을 말하고자 하는 것은 아니다.

2장

실전문제 풀이

2-1. (a) 32 (b) 16

2-2. (a) 8 (b) 8 (c) 8

2-3. 그렇지 않다. 제1감수분열에 교차가 일어나면 2차 난모세포의 염색분체는 같지 않다. 제2감수분열 동안 염색분체가 분리되면 각 염색분체는 난세포와 2차 극체 내에 존재하게 된다.

탐구 문제 풀이

2. 염색체의 불변성이 유지되는 체세포분열과 비교하여 감수분열은 염색체 수가 줄어들고 상동염색체 사이의 유전물질 교환이 일어난다. 체세포분열에서 딸세포의 염색체 수나 종류가 변화하지 않는 데 반해, 감수분열에서 잠재적으로 서로 다른 수많은 반수체(n) 세포가 만들어진다. 난자발생 결과 만들어지는 4개의 감수분열 산물 중 하나만 기능을 하지만, 정자발생 결과 만들어지는 4개 감수분열 산물은 모두 잠재적으로 기능한다.

4. 상동 염색체들은 전체 길이, 동원체 위치(중부동원체형, 차중부동원체형, 차단부동원체형, 말단동원체형), 염색 띠 양상, 유전자 유형과 위치, 자동방사선 양상을 포함한 다양한 특성을 공유한다. 이배체는 흔히 $2n$의 기호로 쓰는 용어로서 상동염색체 쌍의 양쪽 구성원이 존재한다는 뜻이다. 반수체는 각 상동염색체 중 한 사본(n)이 존재한다는 것을 뜻한다.

8. 식물에서 말기 동안 세포판이 나타나 세포벽의 1차 및 2차층이 축적되는 중간 박막층이 된다. 동물에서 세포막이 수축하여 딸세포의 세포 고랑을 형성한다.

10. (a) 시냅시스: 제1감수분열의 전기 동안 상동염색체의 쌍 형성.
    (b) 2가 염색체: 상동염색체의 시냅시스에 의해 형성되는 구조. 다

른 말로, 염색체 2개(4개의 염색분체)가 2가를 형성함.

(c) **키아즈마타**: 키아즈마의 복수형이며 현미경으로 관찰했을 때 염색분체가 교차하는 구조를 말함.

(d) **교차**: 염색분체 사이의 유전물질 교환. 염색분체가 절단되고 재연결되는 과정을 통해 유전적 다양성을 제공하는 방법.

(e) **염색소립**: 염색체 길이를 따라 인접 부분과 다르게 보이는 염색분체의 띠.

(f) **자매염색분체**: 'S기를 지난 후' 복제된 염색체의 구조. 자매염색분체는 유전적으로 동일하며(돌연변이가 발생한 곳은 제외함) 동일한 동원체에 붙어 있음.

(g) **4분염색체**: 결합되어 있는 상동염색체로서 4개의 염색분체로 구성되어 있음.

(h) **2분염색체**: 하나의 동원체로 연결되어 있는 두 개의 염색분체로 구성됨.

(i) **1가염색체**: 제2감수분열 후기에서 동원체가 분열하고 자매염색분체들(1가염색체)은 각각 반대편으로 이동함.

12. 제1감수분열 동안 염색체 수는 반수체 수로 줄어든다. 이는 상동염색체의 시냅시스와 이에 따른 염색체 분리를 통해 이루어진다. 상동염색체가 쌍을 이루면 체세포분열을 통해 유전적으로 동일한 딸세포가 만들어지는 것이 기계적으로 더 어려워진다. 체세포분열 중기에 염색체가 쌍을 이루지 않으면 동원체 분열만 일어날 경우 딸세포가 동일한 염색체를 받을 수 있다.

14. 첫째, 제1감수분열 후기에서 염색체의 독립적 분리를 통해 딸세포(2차 정모세포와 2차 난모세포)는 부계와 모계로부터 유래한 염색체의 서로 다른 세트를 가질 수 있다. 둘째, 체세포분열 세포와 비교할 때 감수분열 세포에서 훨씬 더 높은 빈도로 발생하는 교차는 모계와 부계에서 유래한 염색체의 단편 교환을 허용하고, 그 결과 딸세포(2차 정모세포와 2차 난모세포)는 유전적으로 고유할 가능성이 높아진다.

16. 한 쌍의 염색체를 추가하면 16가지 조합이 가능하다.

18. 각 4분염색분의 절반이 모계 기원이므로 $(1/2)^{10}$이다.

20. 속씨식물에서 감수분열의 결과 소포자(수)와 대포자(암)가 형성되어 각각 반수체 수배우자체와 암배우자체 단계로 발달한다. 소배우자체와 대배우자체는 각각 꽃가루와 배주를 만들어낸다. 수정이 되면 포자체가 형성된다.

22. 접힌 섬유 모델은 각각의 염색분체가 헝클어진 실타래처럼 감겨 있는 단일 섬유로 이루어져 있다고 설명한다. 각 섬유는 DNA와 단백질로 구성되어 있다. 응축의 과정은 간기 염색질이 체세포분열 또는 감수분열 전기 동안 염색체로 응축되는 동안 일어난다. 응축 결과 각 염색분체 내 DNA 길이는 약 5000배 줄어든다.

24. 50, 50, 50, 100, 200

26. 복제된 염색체 A^m, A^p, B^m, B^p, C^m, C^p가 중기에 정렬하여 동원체가 나누어지고 후기에 자매염색분체가 양쪽 극으로 이동한다.

28. 27번 문제의 8가지 가능한 조합 이외에 새로운 것은 없다.

30. 제1감수분열의 마지막에 염색체 *C*의 비분리 산물은 다음과 같다:

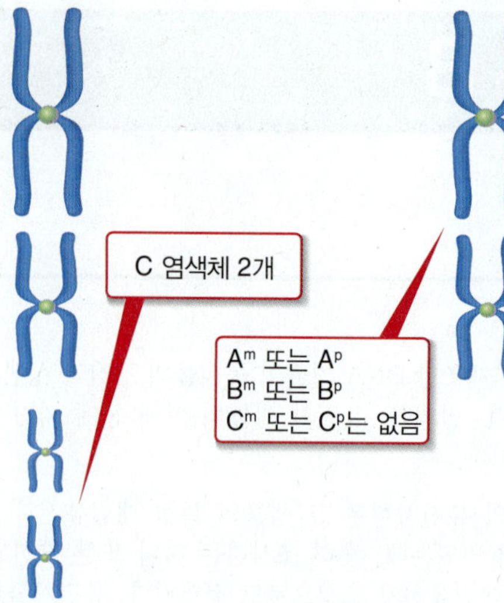

문제에서 제시하는 것 같이, 제2감수분열 동안 *C* 염색체가 1가염색체 대신 2분염색체로 분리되었다고 가정하면, 제2감수분열이 끝났을 때 A와 B 염색체는 1가염색체이며(왼쪽 세포에서) *C* 염색체는 모두 2분염색체이다.

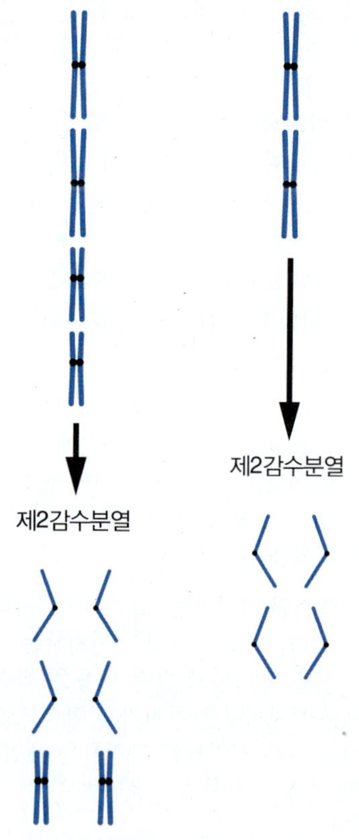

32. (a) 잡종의 체세포 조직에서 염색체 수는 각 부모종의 반수체 수의 합이다: 7 + 14 = 21.

(b) 제1감수분열 중기에서 상동염색체의 쌍 형성이 일어나지 않는다는 점을 고려하면, 제1감수분열 후기에서 21개의 1가염색체와 무작위 '1 × 0' 염색체 분리를 예상할 수 있다.

즉, 제1감수분열 후기에서 각 극 쪽으로 1가염색체가 무작위적으로 분리되어 보통은 반수체 세포가 생존할 수 없게 되고, 따라서 불임이 된다.

34. 극체에 21번 염색체가 없다면 2차 난모세포는 두 개의 2가염색체를 갖게 될 것이고 그 결과 접합자는 세 개의 21번 염색체를 갖게 될 것이다(다운증후군). 이 중 두 개는 모계에서 한 개는 부계에서 온 것이다.

3장

실전문제 풀이

3-1. P = 바둑무늬; p = 순수무늬

교배 (a): $PP \times PP$ 혹은 $PP \times pp$

교배 (d)에서 바둑무늬 자손과 순수무늬를 교배했을 때 바둑무늬 F_2 자손만 생성하며, 교배 (g)에서 바둑무늬와 교배했을 때에도 바둑무늬 자손만이 생성된다. 이 부가적인 정보로부터 교배 (a)의 자손 중에는 이형접합자가 없으며 원 교배는 $PP \times PP$이라고 결론을 내릴 수 있다.

교배 (b): $PP \times pp$

교배 (c): 이 교배의 모든 자손은 순수무늬이기 때문에 두 양친의 유전자형은 pp임이 분명하다.

모든 개체의 유전자형:

	자손	
P_1 교배	바둑무늬(checkered)	순수무늬(plain)
(a) $PP \times PP$	PP	
(b) $PP \times pp$	Pp	
(c) $pp \times pp$		pp
(d) $PP \times pp$	Pp	
(e) $Pp \times pp$	Pp	pp
(f) $Pp \times Pp$	PP, Pp	pp
(g) $PP \times Pp$	PP, Pp	

3-2. 제안된 부호체계:

w = 주름진 종자(wrinkled seeds)
g = 녹색 떡잎(green cotyledons)
W = 둥근 종자(round seeds)
G = 노란 떡잎(yellow cotyledons)

(a) 종자모양에 대한 비율이 3:1이므로 $Ww \times Ww$, 녹색 떡잎이 없기 때문에 $GG \times GG$ 혹은 $GG \times Gg$. 이 형질을 함께 나열하면

$$WwGG \times WwGG \quad \text{혹은} \quad WwGG \times WwGg$$

(b) $wwGg \times WwGg$
(c) $WwGg \times WwGg$
(d) $WwGg \times wwgg$

3-3. (a)

자손:

유전자형	비율	표현형
$AABBCC$	(1/16)	
$AABBCc$	(1/16)	
$AABbCC$	(1/16)	
$AABbCc$	(1/16)	A_B_C- = 12/16
$AaBBCC$	(2/16)	
$AaBBCc$	(2/16)	
$AaBbCC$	(2/16)	
$AaBbCc$	(2/16)	
$aaBBCC$	(1/16)	
$aaBBCc$	(1/16)	$aaB\_C\_$ = 4/16
$aaBbCC$	(1/16)	
$aaBbCc$	(1/16)	

(b)

자손:

유전자형	비율	표현형
$AaBBCC$	(1/8)	$A\_BBC\_$ = 3/8
$AaBBCc$	(2/8)	
$AaBBcc$	(1/8)	A_BBcc = 1/8
$aaBBCC$	(1/8)	$aaBBC\_$ = 3/8
$aaBBCc$	(2/8)	
$aaBBcc$	(2/8)	$aaBBcc$ = 1/8

(c) 각 양친으로부터 8종류의 배우자들(2^n)이 생성되기 때문에 64개의 퍼넷사각형이 필요하다. 이 문제는 갈래진-선 접근법을 이용하여 쉽게 해결할 수 있다.

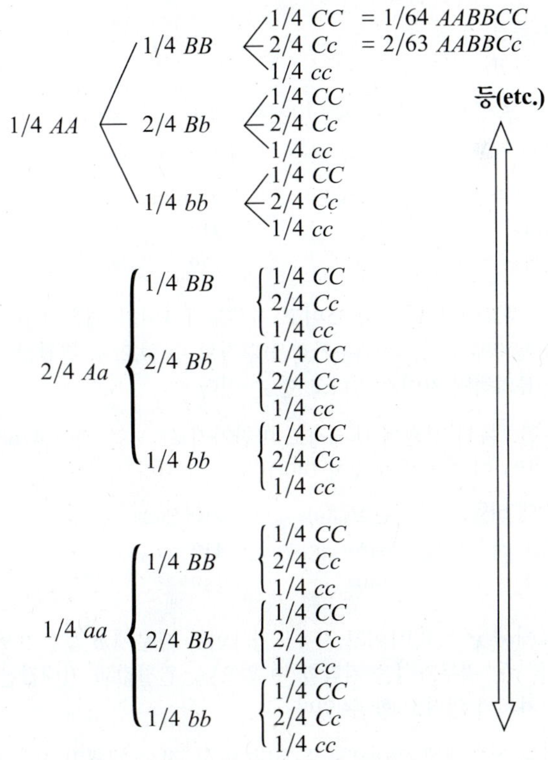

각 구성원을 곱해서 최종 유전자형 빈도를 구할 수 있다.

표현형의 비율은 다음과 같은 방법으로 해결할 수 있다.

```
                 3/4 C_  = 27/64 A_B_C_
        3/4 B_ <
                 1/4 cc  = 9/64 A_A_cc
3/4 A_
        1/4 bb < 3/4 C_   등(etc.)
                 1/4 cc

        3/4 B_ < 3/4 C_
1/4 aa           1/4 cc

        1/4 bb < 3/4 C_
                 1/4 cc
```

3-4. 이 문제를 풀기 위해서는 아래와 같은 기대치를 가지는 양성잡종 F_2 교배를 생각해야 한다.

기대 비율	관찰값(o)	기대값(e)
9/16	315	312.75
3/16	108	104.25
3/16	101	104.25
1/16	32	34.75

$\chi^2 = 0.47$

교과서에 있는 카이제곱표를 참고하며, 0.47의 χ^2 값은 자유도 3(표현형 범주가 4종류이기 때문에)에서 0.90보다 큰 확률값에 상응한다. 기대값와 관찰값 간에 편차가 유의하지 않음을 의미한다.

(b)와 (c) 문제를 풀기 위해서 표현형이 아래와 같이 나열되었다면, 단성잡종 비율을 위한 관찰치로 보아야 한다.

둥글고, 노란 315
둥글고, 녹색 108
주름진, 노란 101
주름진, 녹색 32

둥글고: 주름진 형질에 대한 **단성잡종**으로 생각하면, 둥근 것은 423(315 + 108)이고 주름진 것은 133(101 + 32)이다.

기대 비율	관찰값(o)	기대값(e)
3/4	423	417
1/4	133	139

위 자료에서 $\chi^2 = 0.35$이고 자유도가 1이기 때문에 p 값은 0.50과 0.90에 있다. 즉 귀무가설을 기각할 수 없으며, 관찰값은 기대값과 유의적인 차이가 없다고 할 수 있다.

(c) 노란: 녹색 형질에 대해서도 마찬가지로, 노란 것이 416(315 + 101)이고 녹색인 것이 140(108 + 32)이다.

기대 비율	관찰값(o)	기대값(e)
3/4	416	417
1/4	140	139

위 자료에서 $\chi^2 = 0.01$이고 자유도가 1이기 때문에 p 값은 0.90보다 크다. 즉, 귀무가설을 기각할 수 없으며, 관찰값과 기대값은 확실하게 차이가 없다고 할 수 있다.

3-5. 유전자는 상염색체 열성으로 유전된다. 두 정상 개체(II-3와 II-4)는 근시안 딸이 있다는 점에 주목한다.

I-1(aa), I-2(Aa 혹은 AA), I-3(Aa), I-4(Aa)
II-1(Aa), II-2(Aa), II-3(Aa), II-4(Aa), II-5(aa)
II-6(AA 혹은 Aa), II-7(AA 혹은 Aa)
III-1(AA 혹은 Aa), III-2(aa), III-3(AA 혹은 Aa)

탐구 문제 풀이

2. 에세이에는 다음 관점들이 포함되어야 한다: 1. 단위요소는 쌍으로 존재한다. 2. 일부 유전자들을 우성과 열성 대립유전자를 가져야 한다. 3. 대립유전자들은 배우자 형성 동안 서로 분리된다. 상동염색체들이 제1감수분열 후기 동안 서로 분리될 때 대립유전자들은 감수분열 기구의 반대 극으로 이동한다. 4. 각 유전자 쌍은 다른 유전자 쌍과 독립적으로 분리된다. 같은 상동염색체 쌍에 위치한 다른 유전자 쌍들(서로 멀리 떨어져 있을 경우), 혹은 비상동염색체 상에 위치한 유전자 쌍들은 감수분열 동안 서로 독립적으로 분리된다.

4. 단위요소 쌍, 우성과 열성, 분리

6. **완두**는 쉽게 키울 수 있다. 자연에서는 자가수정하는 식물이지만, 인위적으로 교잡할 수 있다. 완두는 식별되는 여러 표현형을 가지고 있고(예: 큰 키 혹은 작은 키, 적색 꽃 혹은 흰꽃), 이 형질들은 유전적 환경과 대조되는 다양한 환경조건에서 일정하게 유지된다. 종자를 지역 종자상인들로부터 얻을 수 있다.

8. $WWgg = 1/16$

10. 질문의 첫 문장에는 여러 의미들이 내포되어 있다. 첫째, 한 가지 형질(털색)에 대한 두 대립유전자(검은색과 흰색)가 기술되어 있다. 따라서 단성잡종 상황이 존재한다. 둘째, **검은색**과 **흰색** 중 어느 쪽이 우성인가? 모든 자손들이 검은색이기 때문에 검은색이 우성이다. 질문의 두 번째 문장에 자손들 중 3/4은 검은색이고 1/4은 흰색이라고 기술되어 있기 때문에 단성잡종 교배가 포함되어 있다는 것을 말해준다. 이배체 생물체는 유전자를 쌍으로 가지고 있다는 지식에 기초하여 다음과 같은 도표를 작성할 수 있다.
(a)

P_1:
표현형: 검은색 × 흰색
유전자형: WW ww
배우자: (W) (w)
F_1: Ww (검은색)

$F_1 \times F_1$:
표현형: 검은색 × 검은색
유전자형: Ww Ww
배우자: (W) (w) (W) (w)
(문제에 제시된 것처럼 조합한다)

F_2:
표현형: 검은색 검은색 검은색 흰색
유전자형: WW Ww Ww ww

(b) 흰색은 열성 유전자(검은색에 대해)이기 때문에 흰색 기니피그는 동형접합자이어야 하며, 두 흰색 기니피그를 교배하면 모든 자손들은 흰색이다.

흰색 × 흰색
ww *ww*

(c) 위의 (a)에서 F_2 세대에서 검은색 표현형을 생성할 수 있는 유전자형을 기억하시오: *WW*와 *Ww*. 문제에서 제시된 교배 1에서 모든 자손은 검은색이기 때문에 양친의 유전자형은 다음과 같다.

WW × *WW*
혹은
WW × *Ww*

Ww 유전자형을 가지는 검은색 기니피그들이 검은색 자손만을 생성할 수도 있다. 이것은 표본 크기가 작아 *ww* 유전자형이 관찰되지 않는 경우이다. 교배 2에서는 전형적의 3:1 멘델 비율이 관찰되었기 때문에 이형접합자끼리 교배되었다.

Ww × *Ww*

12. 질문에 두 형질이 제시되어 있다: 몸색과 날개 길이. 우선 의미를 갖는 유전자 부호를 부여하시오.

몸색	날개 길이
E = 회색 몸	*V* = 긴 날개
e = 흑단색 몸	*v* = 흔적날개

(a) P_1:

EEVV × *eevv*

F_1: *EeVv*(회색 몸, 긴 날개)

F_2: 이 교배는 16개의 퍼넷사각형으로 나타낼 수 있다.

표현형	비율	유전자형	비율
회색 몸, 긴 날개	9/16	*EEVV*	1/6
		EEVv	2/16
		EeVV	2/16
		EeVv	4/16
회색 몸, 흔적 날개	3/16	*EEvv*	1/16
		Eevv	2/16
흑단색 몸, 긴 날개	3/16	*eeVV*	1/16
		eeVv	2/16
흑단색 몸, 흔적 날개	1/16	*eevv*	1/16

(b) P_1: *EEvv* × *eeVV*

F_1: 이 교배의 결과는 위의 (a)와 정확히 일치한다는 것을 아는 것이 중요하다. 유일한 차이는 (a)의 경우는 열성 유전자가 두 양친 중 한쪽에서 유래했지만, 이 교배에서는 두 양친으로부터 하나씩 유래한다는 점이다. 유전자들이 상염색체상(X-연관이 아닌 경우)에 있고, 독립적 분리가 일어나고, 완전우성이고, 이중 이형접합자를 포함한 교배에서 유전자 상호작용이 없다면 자손들은 9:3:3:1의 비율로 생성된다.

(c) P_1: *EEVV* × *EEvv*

F_1: *EEVv* (회색 몸, 긴 날개)

F_2: 모든 자손들은 회색 몸을 가지며, 자손들 중 3/4은 긴 날개, 1/4은 흔적날개를 가질 것이다. 문제에 대한 답을 하기 전에 이를 먼저 알아야 한다. 이 교배는 두 유전자 쌍이 포함되어 있지만, '단성잡종 교배' 비율이 생성된다. 이는 유전자 쌍 중 하나는 동형접합자(몸색)이고 다른 하나는 이형접합자 (날개 길이)이기 때문이다.

표현형	비율	유전자형	비율
회색 몸, 긴 날개	3/4	*EEVV*	1/4
		EEVv	2/4
회색 몸, 흔적 날개	1/4	*EEvv*	1/4

14.

표현형	유전자형
P_1: 노란색 × 녹색	*GG* × *gg*
F_1: 모두 노란색	*Gg*
F_2 : 6022 노란색	1/4 *GG*; 2/4 *Gg*
2001 녹색	1/4 *gg*

GG × *GG* = 모두 *GG*

Gg × *Gg* = 1/4 *GG*; 2/4 *Gg*; 1/4 *gg*

16.

종자 모양	종자 색
W = 둥근	*G* = 노란색
w = 주름진	*g* = 녹색

P_1: *WWgg* × *wwGG*

F_1: *WwGg* × *wwgg* (전형적인 검정교배)

자손은 다음과 같이 1:1:1:1 비율로 생성된다.

1/4 *WwGg* (둥근, 노란색)
1/4 *Wwgg* (둥근, 녹색)
1/4 *wwGg* (주름진, 노란색)
1/4 *wwgg* (주름진, 녹색)

18. (a)

기대 비율	관찰값(o)	기대값(e)
3/4	882	885.75
1/4	299	295.25

$$\chi^2 = \Sigma(o-e)^2/e = 0.064$$

카이-제곱 분포 표에서 이 값은 자유도 1(두 표현형 범주가 있으므로 $n - 1 = 1$)에서 0.9와 0.5 사이의 확률값과 상응한다. 따라서 관찰값은 기대값과 잘 일치하고 있다고 할 수 있다.

(b)

기대 비율	관찰값(o)	기대값(e)
3/4	705	696.75
1/4	224	232.25

$\chi^2 = 0.39$

카이-제곱 분포 표에서 이 값은 자유도 1(두 표현형 범주가 있으므로 $n - 1 = 1$)에서 여전히 0.9와 0.5 사이의 확률값과 상응한다. 카이-제곱 값은 (a)에서보다 크기 때문에 기대값으로부터 편차가 더 크다고 말할 수 있다. 그러나 두 경우 모두 편차는 우연에 기인한다.

20. 귀무가설을 기각하거나 기각하지 못하는 한계값으로 0.05 대신 0.10의 확률값(p)을 사용한다면, 귀무가설을 기각하는 것이 용이해진다. 한계값으로 p 값이 증가할수록, 귀무가설을 기각하는데 더 작은 χ^2 값이 요구된다. 즉 귀무가설을 기각하는데 있어서 관찰값

과 기대값 간의 차이가 더 작아도 된다; 즉 귀무가설을 기각하는 엄격도가 증가한다.

22. (a) 두 가지 가능성이 있다. 해당 형질이 우성인 경우, 이는 개체 I-1, II-2, II-3은 이형접합자이다. 혹은 해당 형질이 열성인 경우, I-1이 동형접합자이고 I-2는 이형접합자이다. 열성이라고 한다면, II-1과 II-4는 이형접합자이고 II-2와 II-3는 동형접합자이다.
(b) 열성: 양친 *Aa, Aa*
(c) 열성: 양친 *Aa, Aa*
(d) 열성 혹은 우성, 성-연관 없음; 열성이라면 양친 *Aa, aa*

24. $p = [8!\ (3/4)^6(1/4)^2]6!2!$

26. 전담의사는 부부에게 첫 자녀의 증후군이 유전적인 기형이 아니라고 오진한 것으로 여겨진다. 둘째 아이가 스미스-램리-오피츠 증후군이라면, 두 양친 모두 이 질환 원인유전자인 열성 돌연변이 유전자에 대해 보인자일 것으로 판단된다. 이 상황에서 증후군 아이가 탄생할 확률은 25%이다. 이형접합자 두 양친으로부터 증후군을 가진 두 자녀가 태어날 확률은 0.25 × 0.25 = 0.0625, 즉 6% 정도이다.

28. (a) 우선 정확한 가계도(여러 가능성 중 하나를 선택해서)를 작성해야 한다.

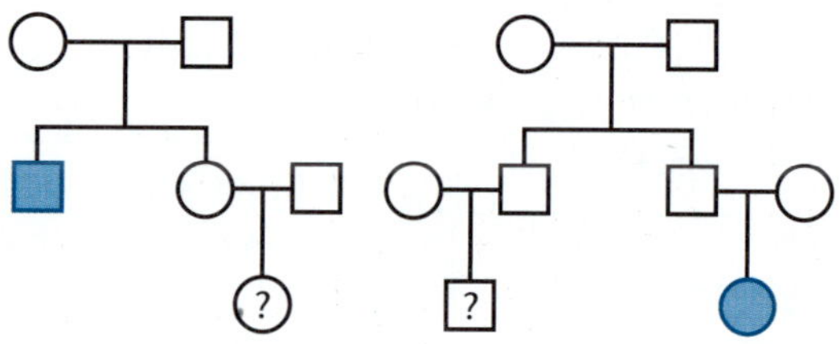

(b) 1/3 × 1/4 = 1/12
(c) 둘 다 이형접합자가 아닐 확률은 2/3 × 3/4 = 6/12이다.
(d) 한 사람이 이형접합자일 확률은 (1/3 × 3/4) + (2/3 × 1/4) = 5/12이다.

세 가지 가능성만 있다: 둘 다 이형접합자인 경우, 둘 다 이형접합자가 아닐 경우, 적어도 한 명이 이형접합자인 경우. 이미 처음 두 가지 확률은 계산하였다. 세 번째 가능성은 1 − (1/12 + 6/12) = 5/12이다.

30. (a) 곧은 날개 = w^+ 휜 날개 = w
긴 강모 = b^+ 짧은 강모 = b
(b) 교배 #1: $w^+/w;\ b^+/b$ × $w^+/w;\ b^+/b$
교배 #2: $w^+/w;\ b/b$ × $w^+/w;\ b/b$
교배 #3: $w/w;\ b/b$ × $w^+/w;\ b^+/b$
교배 #4: $w^+/w^+;\ b^+/b$ × $w^+/w^+;\ b^+/b$
(한쪽 양친은 w^+/w 일 수 있다)
교배 #5: $w/w;\ b^+/b$ × $w^+/w^+;\ b^+/b$

32. (a) 교배 1에서 기대값은: 큰 키 = 26.25, 작은 키 = 8.75
교배 2에서 기대값은: 큰 키 = 262.5, 작은 키 = 87.5
교배 1의 χ^2 값: $(30 - 26.25)^2/26.5 + (5 - 8.75)^2/8.75 = 2.15$이고 p 값은 0.2와 0.05 사이임.
따라서 기대값과 관찰값 간에 유의적인 차이가 없어 귀무가설을 수용할 수 있다.
교배 2에서 χ^2 값은 21.43이고 p 값은 0.001보다 작다. 따라서 기대값과 관찰값 간에 유의적인 차이가 있기 때문에 귀무가설은 기각된다.
(b) 대부분의 경우 표본 크기가 클수록 더 확신을 가질 수 있다: 그렇지만 생물체 혹은 실험에 따라 표본크기에 실제적인 제한이 있다.

34. (a, b) 유전자가 열성일 경우, 열성 표현형이 발현되기 위해서는 해당 유전자 두 사본이 필요하다. 그러나 우성일 경우에는 우성 유전자의 한 사본으로 충분하다.

36. 상아질형성부전증(*Dentinogenesis imperfect*)은 우성대립유전자로서 유전되고 이 남성의 모친이 정상 치아를 가지고 있다면, 6명의 자녀를 가진 이 남성은 이형접합자이다. 그러므로 이들의 첫째 자녀가 질환을 가진 남아일 확률은 1/2(대립유전자가 유전될 확률) × 1/2(남아일 확률) = 1/4이다. 6명의 자녀들 중 3자녀들이 상아질형성부전증일 확률은 다음 식으로 산출할 수 있다.

$$p = \frac{n!}{s!t!}a^s b^t$$

n = 총 사건 수(이 경우 6명의 자녀)
s = a 결과가 일어날 횟수(이 경우 3)
t = b 결과가 일어날 횟수(이 경우 3)
a = 이 가계에서 정상일 확률(1/2)
b = 이 가계에서 질환을 가질 확률(1/2)

$$p = \frac{6!}{3!\ 3!}1/2^3\ 1/2^3$$

전체적인 확률 (p)은 5/16, 약 0.31 (31%)이다.

4장

실전문제 풀이

4-1. (a) 부모: 적갈색 × 크림색
교배: $c^kc^a \times c^dc^a$
2/4 적갈색; 1/4 크림색; 1/4 알비노
(b) 부모: 적갈색 × 크림색
($c^kc^d \times c^kc^d$ 혹은 $c^kc^d \times c^kc^a$); 크림색 부모는 c^dc^d 혹은 c^dc^a가 될 수 있다.
교배: $c^kc^a \times c^dc^d$
1/2 적갈색; 1/2 크림색 *
*(만약 부모가 동형이라 가정할 경우)
혹은 $c^kc^a \times c^dc^a$
1/2 적갈색; 1/4 크림색; 1/4 알비노
(c) 부모: 적갈색 × 크림색

적갈색 기니피그는 모든 색을 갖는 두 부모(Cc^k, Cc^d, 혹은 Cc^a)를 가지고 있기 때문에(적갈색은 만들어질 수 없기 때문에 CC는 아님), 부모의 유전자형은 c^kc^k, c^kc^d 혹은 c^kc^a

크림색 기니피그는 두 적갈색 부모($c^kc^d \times c^kc^d$ 혹은 $c^kc^d \times c^kc^a$)를 가지고 있기 때문에, 크림색 부모는 c^dc^d 혹은 c^dc^a가

될 수 있다.

교배:

c^kc^k × c^dc^d 모두 적갈색
c^kc^k × c^dc^a ⟹ 모두 적갈색
c^kc^d × c^dc^d ⟹ 1/2 적갈색; 1/2 크림색
c^kc^d × c^dc^a ⟹ 1/2 적갈색; 1/2 크림색
c^kc^a × c^dc^d ⟹ 1/2 적갈색; 1/2 크림색
c^kc^a × c^dc^a ⟹ 1/2 적갈색; 1/4 크림색; 1/4 알비노

(d) 부모: 적갈색 × 크림색

적갈색 부모는 하나의 모든 색을 갖는 부모와 알비노 부모(Cc^k × c^ac^a)를 가지고 있기 때문에 이것은 c^kc^a가 되어야 한다. 크림색 부모는 2개의 모든 색을 갖는 부모(Cc^d 혹은 Cc^a)를 가졌기 때문에, c^dc^d 혹은 c^dc^a가 될 수 있다.

교배:

c^kc^a × c^dc^d ⟹ 1/2 적갈색; 1/2 크림색
c^kc^a × c^dc^a ⟹ 1/2 적갈색; 1/4 크림색; 1/4 알비노

4-2. A = 색소; a = 색소없음; B = 자주색; b = 빨간색

$AaBb$ × $AaBb$
⇓
$A\_B\_$ = 자주색
A_bb = 빨간색
$aaB\_$ = 색깔 없음
$aabb$ = 색깔 없음

4-3. 모든 세 가계도에 대하여 a를 돌연변이 대립유전자로 표시하고 A를 정상 대립유전자로 나타낸다.
(a) 이 가계도는 남성이 a 돌연변이를 가지고 있는 X 염색체를 aa 딸에게 주었기 때문에 X-연관 열성 형질과 관련이 있다. 엄마의 유전자형은 Aa가 되어야 할 것이다.
(b) 이 가계도는 엄마가 Aa로 a 대립유전자를 한 아들(a/Y)에게 전달하고, 다른 아들에게는 A 대립유전자를 전달하기 때문에 X-연관 열성 형질과 일치한다.
(c) 이 가계도는 aa 엄마가 A/Y 아들을 가지고 있기 때문에 X-연관 열성유전과 일치하지 않는다.

탐구 문제 풀이

2. 에세이에는 서로 간에 독립적으로 기능을 하지 않는 혹은 자손의 생존율을 감소시키는 대립유전자에 대한 설명을 포함해야 한다. 복대립유전자에서는 하나의 유전자에 대하여 2개 이상의 대립유전자가 있다.

4. Pp x Pp ⟹
1/4 PP **(치사)**
2/4 Pp(백금색)
1/4 pp(은색)

따라서 생존한 여우의 비는 2/3 백금색, 1/3 은색이 된다. P 대립유전자는 열성 동형에서 치사가 되는데 색깔과 관련해서는 우성으로 작용한다.

6.

혈액형 그룹(표현형)	유전자형(s)
A	I^AI^A, I^Ai
B	I^BI^B, I^Bi
AB	I^AI^B
O	ii

I^A와 I^B는 공동우성이며, i에 대해서 우성이다.

8. 아버지가 될 수 없는 유일한 혈액형은 AB형으로 이 혈액형에는 i 대립유전자가 없기 때문이다. 한 집단 내에 많은 개인들은 i 대립유전자를 갖는 유전자형을 가질 수 있기 때문에 특정 남성은 이런 방법으로 아버지가 되었다는 것을 증명할 수 없을 것이다.

10. 가장 간단한 설명은 동형 발바리는 치사라는 것이다.

12. 3개의 독립적으로 분리되는 특성을 다루고 있다: 꽃 색깔(불완전우성), 꽃 모양(우성/열성), 그리고 식물의 크기(우성/열성).

적절한 유전자 기호를 이용하여 표시한다.

꽃 색깔: RR = 빨간색; Rr = 분홍색; rr = 흰색
꽃 모양: P = 가면모양; p = 펠로리아형
꽃 크기: D = 큰 키; d = 작은 키

$RRPPDD$ × $rrppdd$ ⟹
$RrPpDd$ (분홍색, 가면모양, 큰 키)

다음처럼 분지점을 이용한다.
2/4 분홍색 × 3/4 가면모양 × 3/4 큰 키 = 18/64

14. (a) 세 번째 교배에서 보여준 것처럼 이것은 불완전우성이며, 이형접합자(황금색)는 전형적인 1:2:1의 비를 갖는 자손을 생산한다.

$C^{ch}C^{ch}$ = 밤색
C^cC^c = 크림색
$C^{ch}C^c$ = 황금색

(b) 크림색과 밤색 말과의 교배로부터 나온 F_1은 모두 황금색이 될 것이다. F_2는 (a)에서 세 번째 교배처럼 1:2:1의 비율이 나올 것으로 생각된다.

16. (a) $AACC$ × $aacc$ 교배에서 자손은 모두 $AaCc$(쥐색)이며 이는 C 대립유전자가 털에 색소가 쌓이도록 해주었기 때문에 나타난 것이다. F_2 자손은 해당 표현형을 갖는 '단순화된' 유전자형을 가질 것이다.

$A\_C\_$ = 9/16 (쥐색)

A_cc = 3/16 (cc는 A에 대해 상위이기 때문에 색깔 없음)

$aaC\_$ = 3/16 (검은색)

$aacc$ = 1/16 (cc는 aa에 대해 상위이기 때문에 색깔이 없음)

두 색깔이 없는 계통은 표현형적으로 구별할 수 없어 결과는 9:3:4가 된다.

(b) 쥐색 암컷($A\_C\_$)과 $aacc$ 수컷간의 교배 결과는 세 개의 그룹이 나온다.
(1) 같은 수의 쥐색 및 흰색 자손을 만들기 위해 암컷 부모는 $AACc$가 되어야 하며, 그럴 경우 C 때문에 자손의 반은 색소

를 축적할 수 있다. 이 경우 암컷의 부모로부터 A만을 받기 때문에 모두 쥐색이다.

(2) 같은 수의 쥐색과 검은색 자손을 만들기 위해서 엄마 쥐는 Aa가 되어야 하며, 흰색의 자손은 만들어지지 않으므로 암컷은 CC가 되어야 한다. 따라서 이 암컷의 유전자형은 $AaCC$가 되어야 한다.

(3) 자손의 반이 흰색이므로 암컷은 Cc가 되어야 한다. 색소를 가지고 있는 자손의 반은 검은색이며, 반은 쥐색이다. 따라서 암컷은 Aa가 되어야 한다. 전반적으로 볼 때, $AaCc$ 유전자형이 적절해 보인다.

암컷 비는 다음과 같을 것이다.
3/8 (회색)
1/8 (노란색)
4/8 (흰색)

18. (a) 이것은 알비노 표현형이 없는 9:3:3:1의 비이기 때문에 부모는 양성 잡종이며, cc 유전자형을 만들어낼 수 없다.

유전자형:

$$AaBbCC \times AaBbCC$$
혹은
$$AaBbCC \times AaBbCc$$

표현형:

회색 × 회색

(b) 검은색 자손은 없기 때문에, 부모에서 aa를 만들어낼 수 있는 조합은 없다. 4/16비는 C 좌위에서 양쪽부모가 이형접합자라는 것을 나타낸다.

만약 부모가 다음과 같다면,
$$AABbCc \times AaBbCc$$
혹은
$$AABbCc \times AABbCc$$

결과는 주어진 패턴을 따를 것이다.
표현형: 회색 × 회색

(c) 자손의 16/64 혹은 1/4은 알비노이기 때문에 부모는 C 좌위에서 둘 다 이형접합자이어야 한다. 둘째, C 좌위를 고려하지 않았을 때 27:9:9:3, 즉 9:3:3:1이 된다.

이러한 정보가 주어질 때 유전자형은
$AaBbCc \times AaBbCc$가 되어야 한다.
표현형: 회색 × 회색

(d) 유전자형: $aaBbCc \times aabbCc$
표현형: 검은색 × 크림색

(e) 유전자형: $aaBbCc \times aaBbcc$
표현형: 검은색 × 알비노

20. 초기의 교배는 $AABB \times aabb$가 되어야 한다.

두 유전자 쌍이 관여한다.

(a) $A\_B\_$ = 9/16 (큰 키)
A_bb = 3/16 (작은 키)
$aaB\_$ = 3/16 (작은 키)
$aabb$ = 1/16 (작은 키)

(b) 세 종류의 작은 키 식물 그룹이 있다. 3/16 그룹에는 2종류가 있다.

A_bb = 3/16 (작은 키) = 1/3 $AAbb$ 및 2/3 $Aabb$
그리고
$aaB\_$ = 3/16 (작은 키) = 1/3 $aaBB$ 및 $aaBb$
따라서 순종의 키 작은 식물은 다음이 될 것이다: $AAbb$, $aaBB$ 및 $aabb$
그리고 이들은 작은 키 그룹의 3/7을 차지할 것이다.

22. 교배 #1 = (c)
교배 #2 = (d)
교배 #3 = (b)
교배 #4 = (e)
교배 #5 = (a)

24. 교배는 $X^{RG}X^{rg}$; $I^Ai \times X^{RG}Y$; I^Ai 이다.
독립적인 확률의 최종 값은 1/2 × 1 × 1/4 = 1/8 이다.

26. 부모가 동형이라고 가정하면, 교배는 다음과 같을 것이다. X 기호는 sd 유전자가 X 염색체에 있다는 것을 알려준다. 돌연변이 유전자와 야생형 대립유전자의 각각을 설명하는 것이 매우 중요하다.

P_1: $X^{sd}X^{sd}$; e^+/e^+ × X^+/Y; e/e

F_1: 1/2X^+X^{sd}; e^+/e (암컷, 정상)

1/2 X^{sd}/Y; e^+/e (수컷, 가리비형)

F_2:

표현형:

3/16 정상 암컷
3/16 정상 수컷
1/16 검은 체색 암컷
1/16 검은 체색 수컷
3/16 가리비형 날개 암컷
3/16 가리비형 날개 수컷
1/16 가리비형 날개, 검은 체색 암컷
1/16 가리비형 날개, 검은 체색 수컷

분지법 방법으로 표현하면 다음과 같다.

P_1: $X^{sd}X^{sd}$; e^+/e^+ × X^+/Y; e/e
⇓
F_1: 1/2 X^+X^{sd}; e^+/e (암컷, 정상)
1/2 X^{sd}/Y; e^+/e (수컷, 가리비형)

F_2:	날개	색깔	
1/4	암컷, 정상	3/4 정상	3/16
		1/4 검은색	1/16
1/4	암컷, 가리비형	3/4 정상	3/16
		1/4 검은색	1/16
1/4	수컷, 정상	3/4 정상	3/16
		1/4 검은색	1/16
1/4	수컷, 가리비형	3/4 정상	3/16
		1/4 검은색	1/16

28. (a) P_1: X^vX^v; +/+ × X^+/Y; b^r/b^r

F_1:
1/2 X^+X^v; $+/b^r$ (암컷, 정상 눈)
1/2 X^v/Y; $+/b^r$ (수컷, 주홍색 눈)

F_2:
3/16 = 암컷, 정상 눈
1/16 = 암컷, 갈색 눈
3/16 = 암컷, 주홍색 눈
1/16 = 암컷, 흰 눈
3/16 = 수컷, 정상 눈
1/16 = 수컷, 갈색 눈
3/16 = 수컷, 주홍색 눈
1/16 = 수컷, 흰 눈

(b) P_1: X^+X^+; b^r/b^r × X^v/Y; +/+

F_1: 1/2 X^+X^v; $+/b^r$ (암컷, 정상 눈)
1/2 X^+/Y; $+/b^r$ (수컷, 정상 눈)

F_2:

6/16 = 암컷, 정상 눈
2/16 = 암컷, 갈색 눈
3/16 = 수컷, 정상 눈
1/16 = 수컷, 갈색 눈
3/16 = 수컷, 주홍색 눈
1/16 = 수컷, 흰 눈

(c) P_1: X^vX^v; b^r/b^r × X^+/Y; +/+

F_1: 1/2 X^+X^v; $+/b^r$ (암컷, 정상 눈)
1/2 X^v/Y; $+/b^r$ (수컷, 주홍색 눈)

F_2:

3/16 = 암컷, 정상 눈
1/16 = 암컷, 갈색 눈
3/16 = 암컷, 주홍색 눈
1/16 = 암컷, 흰 눈
3/16 = 수컷, 정상 눈
1/16 = 수컷, 갈색 눈
3/16 = 수컷, 주홍색 눈
1/16 = 수컷, 흰 눈

30. (a, b) 이 상황은 열성이다. 두 번째 교배에서 아버지가 표시되어 있지 않았지만, 딸(II-4)은 표시되어 있다는 것을 주목해야 한다. 만약 이 상황이 열성이라면 이것은 상염색체가 되어야 한다.

(c) II-1 = *AA* 또는 *Aa*
II-6 = *AA* 또는 *Aa*
II-9 = *Aa*

32. P_1: 암탉: *HH* × 수탉: *hh*
F_1: 모든 암탉형 깃털

F_2: *1/2* 암탉	*1/2* 수탉
1/4 *HH* 암탉형 깃털	암탉형 깃털
2/4 *Hh* 암탉형 깃털	암탉형 깃털
1/4 *hh* 암탉형 깃털	수탉형 깃털

자손의 1/8은 수탉형 깃털이며, 나머지 자손은 모두 암탉형 깃털이다.

34. 표현형은 생물의 유전체, 유전체의 분자세포적 환경, 유전체와 개체 및 환경 사이의 상호작용에 의해 결정된다.

36. (a) *AAB_* × *aaBB* (다른 배열도 가능하나 각각은 모든 자손에서 *A*와 *B* 우성 대립유전자를 가지게 된다.)
(b) *AaB_* × *aaBB* (다른 배열도 가능하나 *bb* 유전자형은 나올 수 없다.)
(c) *AABb* × *aaBb*
(d) *AABB* × *aabb*
(e) *AaBb* × *Aabb*
(f) *AaBb* × *aabb*
(g) *aaBb* × *aaBb*
(h) *AaBb* × *AaBb*

순종 교배가 되는 유전자형은 아래와 같을 것이다.

검은색 = *AABB*
금색 = *bb*를 갖는 모든 유전자형
갈색 = *aaBB*

38. 우성 동형은 치사이다. 뿔이 없는 것은 독립적으로 유전하는 우성 대립유전자에 의해서 나타나며, 뿔이 있는 것은 열성 대립유전자에 의해서 결정된다.

40. 이계 교배(outcrossing)가 이루어지면, 대립유전자는 매우 드물게 나타남으로써 이형접합자는 매우 드물 것이다. 유전의 빈도가 높다면, 남성의 조기성숙의 형태는 성염색체 우성이며 한성 유전에 의해서 일어날 것이다.

42. 부모의 유전자형이 다음과 같다면,

aabb = 진홍색
AABB = 흰색

F_1은 장미색을 갖는 *AaBb* 유전자형을 갖는다.
F_2에서 다음 유전자형은 주어진 표현형과 일치한다.

*AAB_* = 흰색 4/16
AaBB = 마젠타(자홍색) 2/16
AaBb = 장미색 4/16
Aabb = 오렌지 2/16
aaBB = 노란색 1/16
aaBb = 창백한 노란색 2/16
aabb = 진홍색 1/16

완전 우성 없이 유전자간의 상호작용이 일어나고 있다.

44. 베아트리스, 알리스(헤세), 그리고 알리스(아쓸론)는 보인자이다. 이레네 공주가 보인자일 확률은 1/2이다.

5장

실전문제 풀이

5-1. (a) 1/4 *AaBb*
1/4 *Aabb*

1/4 *aaBb*
1/4 *aabb*
(b) 1/4 *AaBb*
1/4 *Aabb*
1/4 *aaBb*
1/4 *aabb*
(c) 1/2 *AB*/*ab*
1/2 *ab*/*ab*

5-2. 교차의 백분율을 더하면(6.9 + 7.1) 14%인데, 이 값이 두 유전자 사이의 지도 거리이다. 우성 유전자는 한 상동염색체에 있으며, 열성 대립유전자들은 다른 상동염색체에 위치한다.

5-3. (a, b) + *b c* / *a* + +

$$a - b = \frac{32 + 38 + 0 + 0}{1000} \times 100 = 7 \text{ 지도 단위}$$

$$b - c = \frac{11 + 9 + 0 + 0}{1000} \times 100 = 2 \text{ 지도 단위}$$

(c) 나타나지 않은 자손의 표현형은 + + *c*와 *a b* +이며, 1000명의 자손 중 1.4(0.07×0.02×1000) 개체가 예상되는 값이다. 아마도 우연히 또는 알려지지 않은 선택인자에 의해 이들이 관찰되지 않았을 것이다.

탐구 문제 풀이

2. 에세이에는 적절하고 구분 가능한 마커에 대한 교배와 확인 방법, 그리고 대부분의 경우 교차의 빈도가 유전자의 거리와 직접적으로 비례한다는 것이 포함되어야 한다.

4. 일부 제약이 있지만, 특히 동원체와 말단소체 주변은 피해야겠지만 교차는 염색체의 길이를 따라 비교적 무작위적으로 일어난다고 할 수 있다. 거리가 멀리 떨어진 두 좌위는 거리가 가까운 좌위보다 교차가 더 많이 일어난다.

6. 한 가지 사건이 일어날 확률이 $1/X$ 이라면, 동시에 일어나는 두 사건의 확률은 $1/X^2$ 이다.

8. 유전자 지도를 작성하는 기초가 되는 것은 교차의 빈도이므로, 각각의 교배는 교차가 일어나는 것을 확인할 수 있도록 계획되어야 한다. 교차에 의해 유전자 배열이 달라지는 유전적인 이질성을 구분할 수 있는 것이 필요하다. 이형접합인 개체는 교차가 일어날 수 있는 성이어야 한다. 다시 말하면, 만일 수컷 부모가 이형접합이면 초파리에서는 수컷에서 교차가 일어나지 않기 때문에 지도를 작성할 수 없다. 마지막으로 교배는 자손의 표현형으로부터 유전자형을 알아낼 수 있도록 계획되어야 한다. 가장 좋은 방법은 지도를 작성할 유전자의 완전한 이형접합 개체를 완전한 열성 개체와 교배하는 것이다.

10. 자손과 부모에서 가장 흔한 표현형은 각각 유색, 초록색(88)과 무색, 노란색(92)이다. 이것은 검정교배에서 이형접합 부모가 한 염색체에 두 우성 유전자를, 다른 상동염색체에 나머지 두 열성 유전자를 가지고 있음을 의미한다.

RY/*ry* × *ry*/*ry*

200개체 중 20개의 교차형 자손이 관찰되었으므로, *R*과 *Y* 좌위 사이의 지도 거리는 10 mu(20/200 × 100)이다.

12.

d	*b*	*pr*	*vg*	*c*	*adp*
31	48	54	67	75	83

지도 단위

예상되는 *d*와 *c* 사이의 지도 단위는 44, *d*와 *vg* 사이는 36, *d*와 *adp* 사이는 52이다. 그러나 어떤 교배에서 가능한 지도 단위의 이론적인 최대값은 50이므로, 거리는 단순한 뺄셈에 의해 얻은 52보다 적은 값일 것이다.

14. (a) P_1: *sc s v* / *sc s v* × + + + /*Y*
F_1: + + + / *sc s v* × *sc s v*/*Y*

(b) 유전자의 순서를 결정하기 위해서 방법 I 또는 II를 사용해서 부모형을 조사하고 이중교차형(가장 적게 나타나는)의 배열을 비교하시오.

sc v s
+ + +

$$sc - v = \frac{150 + 156 + 10 + 14}{1000} \times 100$$
$$= 33\% \text{ (지도 단위)}$$

$$v - s = \frac{46 + 30 + 10 + 14}{1000} \times 100$$
$$= 10\% \text{ (지도 단위)}$$

sc-------*v*------*s*
33 10

(c, d) 일치계수 = 0.727은 예상되는 것보다 적은 이중교차형이 관찰된다는 것을 의미하며, 따라서 염색체의 양성 간섭이 있다는 것이다.

16. P_1: *D* + +/ + + + × + *e p*/+ *e p*
F_1: *D* + +/+ *e p* × + *e p*/+ *e p*

F_2:	
D + +/+ *e p*	Dichaete
+ *e p* /+ *e p*	ebony, pink
D e +/+ *e p*	Dichaete, ebony
+ + *p*/+ *e p*	pink
D + *p*/+ *e p*	Dichaete, pink
+ *e* +/+ *e p*	ebony
D e p/+ *e p*	Dichaete, ebony, pink
+ + +/+ *e p*	야생형

(b) 어느 유전자가 가운데 위치한 것인지를 부모형과 이중교차형을 비교하여 결정하시오.

F_1: *D* + +/+ *p e* × + *p e*/+ *p e*

$$D - p = \frac{12 + 13 + 2 + 3}{1000} \times 100$$
$$= 3.0 \text{ 지도 단위}$$

$$p - e = \frac{84 + 96 + 2 + 3}{1000} \times 100$$
$$= 18.5 \text{ 지도 단위}$$

18. + *cu* / + *cu*

20. 자매염색분체는 유전적으로 동일하기 때문에(아주 가끔 일어나는 돌연변이를 제외하고) 이들 사이의 교차는 유전적 다양성을 증가시

키지 않는다. 체세포에서의 교차는 자손에 영향을 미칠 수 없다.

22. (a) 2^n = 8종류의 유전자형과 표현형이 있으며, 이들은 1:1:1:1:1:1:1:1 비율로 나타난다.
(b) 두 종류가 있으며, 이들은 1:1 비율로 나타날 것이다.
(c) *A*와 *B* 좌위 사이의 거리는 20 mu이며, *C* 좌위는 *A* 및 *B* 좌위와 독립적으로 분리된다.

24. 언급한 다른 생물과는 대조적으로 한 쌍의 인간은 교배를 통해 태어나는 자손의 수가 비교적 적고 반수체의 염색체 수(23)가 비교적 많다. 따라서 염색체마다 확인할 수 있는 유전자의 수는 적다. 또한 정확한 의료 기록을 얻기도 쉽지 않으며, 일생도 비교적 길다.

26. 기호를 다음과 같이 정한다.

R = 빨간색	*r* = 노란색
O = 타원	*o* = 긴 모양

자손 A: *Ro/rO* × *rroo* = 10 지도 단위
자손 B: *RO/ro* × *rroo* = 10 지도 단위

28. 주어진 세포주의 염색체 번호와 발현되는 유전자 사이에 겹치는 것이 있는지 확인하시오. *ENO1*은 B, D, E 세포주에서 발현되며, 1번과 5번 염색체가 공통이다. *ENO1*은 세포주 C에서는 발현되지 않는데, 이 세포주에는 1번 염색체가 없으며, 5번 염색체는 있다. 따라서 *ENO*1은 1번 염색체에 위치한다.

MDH1: 2번 염색체
PEPS: 4번 염색체
PMG1: 1번 염색체

30. 수컷에서는 교차가 없다. 만일 두 유전자가 같은 염색체에 있다면 수컷 배우자에서 유전자들은 완전 연관되어 있을 것이다. 암컷에서는 교차에 의해 부모형과 교차형 배우자가 만들어질 것이다. 따라서 암컷(왼쪽)과 수컷(오른쪽)에서 생기는 배우자는 다음과 같다.

bw^+ st^+	1/4	bw^+ st^+	1/2
bw^+ st	1/4	bw st	1/2
bw st^+	1/4		
bw st	1/4		

이 배우자들을 합하면 결과 표에 주어진 비율이 될 것이다.

32. *B*와 *m* 사이의 거리를 구하면 다음과 같다.

$$(57 + 64)/ (226 + 218 + 57 + 64) \times 100$$
$$= 121/565 \times 100 = 21.4 \text{ 지도 단위}$$

이로부터 *ebony* 좌위는 *B*와 *m*으로부터 아주 멀리 떨어져 있거나(50 mu 또는 그 이상) 다른 염색체에 위치하고 있을 것이라 결론지을 수 있다. 실제로 *ebony*는 다른 염색체에 위치한다.

34. (a) 이 표에 주어진 데이터는 재조합 빈도와 다양한 3염색체성을 지니고 살아서 태어난 아이 사이에 역상관 관계가 있다는 것을 보여준다. 교차의 빈도가 감소하면 3염색체성의 빈도는 증가한다. 이 데이터가 상관관계가 있음을 보여주기는 하지만 자궁내 생존과 같은 다른 요인들 또한 3염색체성을 가지고 살아서 태어나는 빈도에 영향을 줄 것이다.
(b) 만일 양성간섭이 염색체 사이에 혹은 염색체 안에서 교차를 분산시킨다면, 모든 염색체에 교차가 퍼져 나타나도록(염색체의 모든 부위에서 골고루 일어나게) 함으로써 비분리가 줄어들 것이고, 따라서 선택적인 이점을 지니게 될 것이다. 이 모델은 난모세포에서 교차의 총수가 제한되어 있다고 가정한 것이다.

6장

실전문제 풀이

6-1. *TCHROMBAK*
모든 유전자들은 서로 연관된 것으로 보이며, 말단이 중복되어 지도가 환형임을 알 수 있다. 유전자 순서는 두 종류의 교배에서 역으로 되어 있는데, 이것은 전달의 방향이 역방향이었음을 의미한다.

6-2. 0.031과 0.012의 곱(0.031 × 0.012)은 0.00037, 또는 대략 0.04%이다. 이 정보로부터 두 유전자 간에는 연관이 없는 것으로 보인다. 이 빈도는 두 좌위가 독립적으로 형질전환된 두 번째 실험에서의 빈도와 대략 비슷한 것에 유의하기 바란다.

6-3. 그룹 A에 대해 *d*와 *f*는 동일 상보성 그룹(유전자)에 속하며, *e*는 다른 그룹에 속한다. 따라서, *e* × *f* = 용균을 일으킨다.

그룹 B에 대해 모든 세 돌연변이가 동일 유전자 속에 있으므로, *b* × *i* = 용균을 일으키지 않는다.

그룹 C에서는 *j*와 *l*에서와 같이 *j*와 *k*가 다른 상보성 그룹에 존재한다. 만약 *rII* 좌위가 세 개 이상의 시스트론을 가진다면, *l*과 *k*가 동일한 상보성 그룹에 존재하는지 그렇지 않은지 결정하는 것은 불가능할 것으로 보인다. 하지만 단지 두 개의 상보성 그룹이 존재하고, 각각은 *j*처럼 동일한 시스트론에 존재하지 않으므로, *k*와 *l*은 서로 다른 시스트론에 존재해야 한다.

탐구 문제 풀이

2. 당신의 요약문에는 접합, 형질전환, 형질도입 및 이런 과정들의 결과로 나타나는 재조합 가능성에 대한 설명을 포함시켜야 한다.

4. (a) $F^+ \times F^-$ 교배에서 F 인자의 전달은 F^+인 수용체 세포를 유도한다. 어떤 유전자든 F′에 전달될 수 있으며, 전달의 빈도는 매우 낮다. Hfr × F^- 교배는 $F^+ \times F^-$ 교배보다 높은 빈도의 재조합체를 생산한다. 전달의 방향은 무작위적이며, 수용체 세포는 F^-를 유지한다.
(b) F^+인 세균은 F 인자를 보유하지만, F^-는 F 인자가 결핍되어 있다. Hfr 세포에서 F 인자는 세균의 염색체 속으로 통합되지만, F′ 세균에서 F 인자는 세균의 염색체와 독립적으로 자유롭게 존재하며, 세균 염색체의 일부 조각을 보유한다.

6. 우리가 조사하고자 하는 세균은 일반적으로 원영양체와 영양요구주의 두 종류로 구분될 수 있다. 최소배지를 먼저 사용한다면, 영양요구주는 자랄 수 없을 것이다. 최소배지로의 이동은 재조합 세균의 탐지를 위한 것이다. 조사 대상의 세균을 완전배지로 옮긴다면, 돌연변이체 세균을 분리할 수 없을 것이다.

8. F^+ 인자는 숙주 세균의 염색체 속으로 통합된 후, 독립적인 상태로 되돌아갈 수 있는데, 이때 세균 염색체의 조각을 보유할 수 있다. 이것이 완전한 염색체를 가진 세균과 결합하게 되면, 부분적인 이배체 혹은 부분접합체가 형성된다.

10. 형질전환 동안 도입되는 DNA가 숙주 염색체와 복합체를 형성할 때, 숙주 DNA 가닥과 도입된 DNA 가닥으로 구성된 이중나선이 만들어진다. 두 단일 가닥의 염기서열이 서로 다르기 때문에(다른 의미로 유전적 재조합이 일어나지 않으므로), **"이형이중가닥"**이라는 표현이 적절해 보인다. 한 차례의 복제가 진행되면, 이형이중가닥 DNA는 숙주의 원래 DNA와 동일한 이중가닥 구조와 돌연변이체 DNA 이중가닥 구조를 만든다.

12. **용균반**은 배지 표면에 골고루 도말된 세균이 파지에 감염되어 파지의 자손들이 세균을 파괴(용균)시킬 때 만들어지며, 약간 투명한 지역으로 나타난다. **용원성**은 어떤 용원성 파지(template phage)가 세균 세포로 침입한 후, 용균성 경로 대신 숙주 염색체 속으로 자신의 DNA를 통합시키는 복잡한 과정이다. 이렇게 되면, 세균 세포는 용원성 상태가 된다. 이때 통합된 파지 염색체를 **프로파지**라 한다.

14. *c* 유전자가 가운데 위치한다. 유전자 거리는 다음과 같다:

a 및 $c = (740 + 670 + 90 + 110)/10{,}000$
$= 16.1$ 지도 단위
c 및 $b = (160 + 140 + 90 + 110)/10{,}000$
$= 5$ 지도 단위

음성 간섭이 일어난다.

16. 단일 박테리오파지에서 시작한다면, 한번의 용균 회로는 200 파지 자손을 생산한다. 세 번의 용균 회로가 더 진행되었다면, $(200)^4$ 또는 1,600,000,000 파지가 생산될 것이다.

18. T4 파지의 돌연변이체(*rII*)와 야생형 균주는 모두 *E. coli* B에서 자랄 수 있다. 하지만 야생형 T4만 K12에서는 자랄 수 있다. 다양한 *rII* 균주 사이의 재조합 정도는 K12에서의 용균반 수를 조사해서 결정할 수 있는데, 재조합체와 야생형만 자랄 수 있기 때문이다. 엄청난 수의 T4 파지가 *E. coli* B에서 자랄 것이다.

20. 돌연변이체 5는 두 시스트론 각각의 돌연변이와 상보성에 실패했기 때문에, 두 시스트론이 모두 손상된 것과 같은 큰 손상이 유전자에 생긴 것으로 보인다. 두 시스트론에 걸쳐 일어난 결실은 이런 큰 손상을 초래할 수 있다.

22.

조합	상보성
1, 2	−
1, 3	+
2, 4	+
4, 5	−

24. 이중 형질전환의 빈도가 매우 높기 때문에(A와 B 실험에서 trp^+tyr^+ 형질전환체와 비교했을 때), 유전자들은 매우 가깝게 연관된 것으로 결론내릴 수 있다. 실험의 Part B에서 개별 유전자들의 형질전환 빈도와 DNA의 두 조각을 전달받은 형질전환체의 빈도(결과 표에서 2)를 알 수 있다. trp^+tyr^+ 동시형질전환체의 실제 수를 측정하기 위해서는 이 숫자를 알아야만 한다.

26. 초기 파지 용액의 농도는 다음과 같이 계산할 수 있다:

$$10 \times 10^6 \times 17 = 1.7 \times 10^8$$

mL당 용균반-형성단위(혹은 pfu/mL).

28. *g*는 *f*와 동시형질전환되므로, *c, b, f*는 '연관 그룹'으로 여겨지며, 각각 동시형질전환될 수 있을 것으로 기대된다. 하지만 *a, d* 혹은 *e*와 동시형질전환을 기대할 수 없다.

30. (a) 아니다. 모든 기능 그룹이 R27의 접합 전달에 비슷하게 영향을 주지는 않기 때문이다. 지역 1, 2 및 4는 100% 전달되기 때문에 돌연변이로부터 최소의 영향을 받은 것으로 보인다.
(b) 지역 3, 5, 6, 8, 9, 10, 12, 13 및 14가 접합에서 가장 큰 영향을 받은 것으로 보이는데, 돌연변이체는 접합이 일어나지 않기 때문이다.
(c) 지역 7과 11은 단지 부분적으로 접합이 일어나지 않으므로, (b)에서 나열한 지역들보다 접합에 대한 영향을 덜 받을 것으로 여겨진다.
(d) 이번 문제의 결과는 세균의 접합과 관련된 유전 기작의 복잡성을 알려준다. 접합에서 가장 영향을 받는 지역들은 세 개의 다른 기능적 그룹으로 구분된다. 또한 지역 1, 2, 4, 7 및 11은 접합에서 낮은 영향을 받은 것에 주의시오(지도에서 기능적으로 연관된 지역은 비슷한 색으로 표시되었다).

7장

실전문제 풀이

7-1. 포유류에서 성결정 방식은 Y 염색체의 일부분에 의존적이므로 만일 Y 염색체가 존재한다면, 남성성이 발현될 것이다. 개불에서 암컷의 주둥이는 수컷의 형태적, 생리적, 그리고 행동 발달적 패턴을 유도하는 물질을 포함하고 있다. 이러한 기작을 규명하기 위한 첫 번째 시도로써, 주둥이에서 서로 다른 화학적 추출물을 확인함으로써, 활성물질들을 분리하고 특성을 확인할 수 있다. 두 번째 시도로써, 돌연변이 분석을 통하여 발생 과정에 대한 중요한 접근법을 제공할 수 있다. 이러한 생물의 특징을 바탕으로, 암컷이나 수컷 발생시 변화를 일으키는 돌연변이들을 분리할 수 있다. 세 번째 시도로써, 미세조직 이식법(micro-tissue transplantation)을 이용하여 암컷의 화학적 신호에 대하여 어떠한 해부학적 '중추'가 반응하는지에 대하여 결정할 수 있다.

7-2. (a) 성결정의 남성-결정 체계에서 유전자, 유전자 산물, 혹은 수용체 등의 수준에서 무엇인가가 결여되었다. (b) *SOX9* 유전자나 혹은 그 산물은 남성의 발생에 관여할 것이고, 아마 *SRY*에 의하여 활성화될 것이다. (c) *SOX9* 유전자와 *SRY* 유전자 사이에는 아마도 진화적 연관 관계가 있을 것이다. 여러 유전자들과 위유전자(pseudogenes)들이 *SRY* 유전자와 상동(homologous)이라는 상당한 증거들이 밝혀졌다. (d) 정상적인 여성의 성적 발달은 *SOX9* 유전자 혹은 유전자 산물(들)을 요구하지 않는다.

7-3. 만일 하나의 가정으로써 난모세포에서 X 염색체 불활성화가 일어났다면, 레인보우가 제공한 난모세포로부터 CC가 만들어질 때 검은색 유전자가 활성화되고, 오렌지색 유전자가 불활성화되었을 것이다(X-불활성화에 의해서). 이러한 사실은 CC가 발생할 때, 제공된 난모세포의 X-불활성화 패턴이 변화되지 않았음을 의미한다. 그래서 레인보우와 다르게, CC는 오렌지색을 갖지 않고, 검은색과 흰색의 털을 갖게 되었다. 만일 불활성화 패턴이 역전되어 검은색과 오렌지색 각각의 대립유전자가 활성화된 상태에서 이후 무작위로 불활성화되었다면, CC는 여전히 레인보우 고양이와 동일하지 않을 것이다. 왜냐하면 불활성화 패턴이 무작위적이고 흰색 패

치의 분포가 다양하기 때문이다.

탐구 문제 풀이

2. 당신의 짧은 글은 성 염색체가 포함하고 있는 유전자들이 성 결정에 어떠한 역할을 하는지에 대한 내용이 포함되어 있을 것이다. 또한 개체에서 상염색체들이 성염색체와 협력하여 작용한다는 내용이 포함되어야 한다.

4. **동형 염색체**(homomorphic)란 암수 각 두 개의 성 염색체가 같은 형태를 갖는 상황을 말한다. **이형 염색체**(heteromorphic)란 많은 종에서 X 그리고 Y 염색체와 같이 서로 다른 형태(모양)의 염색체를 언급하는 것이다.

6. XX/XO 성 결정에서 염색체의 존재 혹은 부재에 따라서 성이 결정되는데 비해서, XX/XY 성 결정에서는 Y 염색체가 성 결정에 중요한 역할을 한다. 하지만 몇몇의 경우, 상염색체가 성 결정에 중요한 역할을 한다. 성 결정의 프로테노(*Protenor*) 형태는 XX/XO 상태를 포함하고, 리가우스(*Lygaeus*) 형태는 XX/XY 상태를 포함한다.

8. 포유류는 암컷에서 두 개의 X 염색체 중 하나가 염색질소체(chromatin body) 혹은 바소체(Barr body)가 됨으로써 X 염색체 불활성화 기작을 가진다. 만일 암컷(XX)에서 두 개의 X 염색체 중 하나가 무작위로 불활성화된다면, 유전정보의 양은 수컷(XY)과 다소 비슷해질 것이다.

10. 인간에서 Y 염색체는 남성을 결정하며, Y 염색체의 특정 영역인 **성결정 영역**(sex-determining region, *SRY*)은 남성성을 유발한다. *SRY*는 정소결정인자(testis-determining factor, TDF)를 만들어 내는데, 이는 미분화된 정소를 발생시킨다. 핵형이 47,XXY인 사람은 남성이 되고, 45,XO인 사람은 여성이 된다. 초파리에서 X 염색체 수와 상염색체들의 반수체 수의 비율은 성을 결정한다. 사람과 달리, XO 초파리는 수컷이고 XXY의 경우 암컷이 된다.

12. (a) 암컷 $X^{rw}Y$ × 수컷 $X^{+}X^{+}$

F$_1$: 암컷: $X^{+}Y$ (정상)
수컷: $X^{rw}X^{+}$ (정상)

F$_2$: 암컷: $X^{+}Y$ (정상)
$X^{rw}Y$ (감소된 날개)
수컷: $X^{rw}X^{+}$ (정상)
$X^{+}X^{+}$ (정상)

(b) 암컷 $X^{rw}X^{rw}$ × 수컷 $X^{+}Y$

F$_1$: 암컷: $X^{rw}X^{+}$ (정상)
수컷: $X^{rw}Y$ (감소된 날개)

F$_2$: 암컷: $X^{rw}X^{+}$ (정상)
$X^{rw}X^{rw}$ (감소된 날개)
수컷: $X^{+}Y$ (정상)
$X^{rw}Y$ (감소된 날개)

14. 부착-X 염색체는 암컷에서 딸 개체로 유전되고, 수컷의 X 염색체는 아들 개체로 전달되기 때문에, 자손 중 암컷은 흰색 표현형, 수컷은 작은 날개 표현형을 갖게 될 것이다. 더구나, 드물게 나타나는 ($<$ 3%) 초암컷(부착-X + X)은 야생형의 눈 색깔을 나타낼 것이다. YY 접합체들은 유충으로 발생하지 못할 것이다.

16. 감수분열 조직에서 염색체의 시냅시스(synapsis)는 종종 교차(crossing over)와 동반하여 일어나기에, 성결정 좌위에서의 Y 염색체 이동, 특히 X 염색체와의 교차는 성결정 기작에 손상을 일으킬 것이다.

18. 클라인펠터 증후군(XXY) = 1
터너증후군(XO) = 0
47,XYY = 0
47,XXX = 2
48,XXXX = 3

20. 다른 표지자와 달리, 세포학적 혹은 분자적 표지는 가능하지만, 동형접합성인 X-연관 유전자들에 대해 라이온 가설을 증명할 수는 없다.

22. 유전자량 보정과 바소체의 형성은 두 개 혹은 더 많은 X 염색체가 있을 때 나타나게 된다. 남성은 하나의 X 염색체를 가지고 있기에, 이러한 패턴은 수컷에서 일어나지 않는다.

24. 인간(일반적인 포유류)에서 X 염색체의 불활성화 대신, 초파리의 X-연관 유전자들은 수컷에서 암컷에 비해 두 배의 비율로 전사된다.

26. 몇몇 가능성이 본 단원에서 제시되었다. 하나의 가설을 설명하자면, 제1감수분열 후기에 Y 염색체가 종종 극쪽으로 이동하여 좀 더 생존력 있는 정세포들을 생산한다고 제안함으로써 남녀의 비율을 1:1과 달라지게 하는 이유를 찾을 수 있다. 혹은 Y 포함 정자가 여성의 생식관에서 살아남을 가능성이 높다고 가정하거나, 난자 표면이 Y 포함 정자를 더 잘 수용할 수 있다고 생각할 수 있다. 하지만 정확한 기작은 아직 불확실하다.

28. 빨간색과 초록색 유전자 사이 상동성이 있기에 불규칙한 시냅시스가 일어날 가능성이 있다. 이는 교차 결과에 따라 하나의 중복된 초록색 유전자를 만들 수 있다.

30. 모든 반수체들이 수컷이고 난자들 중 반이 미수정란이기에, 자손의 50%가 수컷이 될 것이다. X_a/X_a 형태가 추가된다면 25%의 수컷이 추가 될 것이다. 남은 X_a/X_b가 암컷이 될 것이다. 전체적으로, 75%의 자손이 수컷, 그리고 25%가 암컷이 될 것이다.

32. Y 염색체의 존재는 남성성의 초기특성과 정소 형성을 유도하는 요소(혹은 요소들)를 제공한다. 잇따르는 2차 성징의 발현은 X-연관 정상 *Tfm* 대립유전자가 테스토스테론과 함께 독립적으로 상호작용하여야 한다. 이러한 상호작용이 없으면, 암컷으로의 분화가 일어날 것이다. *Tfm* 대립유전자가 우성으로 작용하는지를 테스트하기 위해, *Tfm* 대립유전자에 대해 이형접합자인 XXY 수컷을 생산해 볼 수 있다. 만일 정소의 여성화 표현형이 나타난다면, *Tfm* 대립유전자가 우성으로 작동함을 증명되게 된다. 만일 *Tfm* 표현형이 이형접합자에서 나타나지 않는다면, 정상 *Tfm* 대립유전자가 테스토스테론과의 상호작용에 필요하다는 모델을 제시할 수 있을 것이다.

34. (a) 아래의 그림은 *Mm* 그리고 *Dd* 유전자형과 관련된 염색체를 묘사한 것이다. *MmDd* 유전자형에서 한 쌍의 염색체는 정확히 분리되어 2차 정모세포를 형성하고, 난자와 수정하기 위한 잠재적 능력을 갖게 된다(오직 *MmDd* 유전자형 구성으로만 설명).

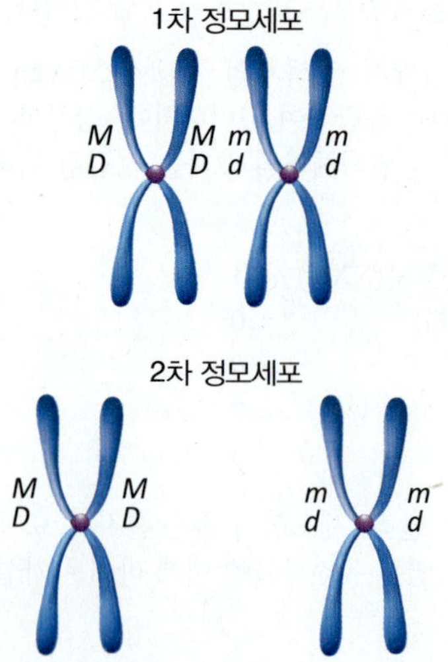

아래의 *Mmdd* 유전자형은 *m*을 품은 염색체를 조각으로 부순다. 때문에 오직 *M*을 품은 염색체만 수정에 이용된다.

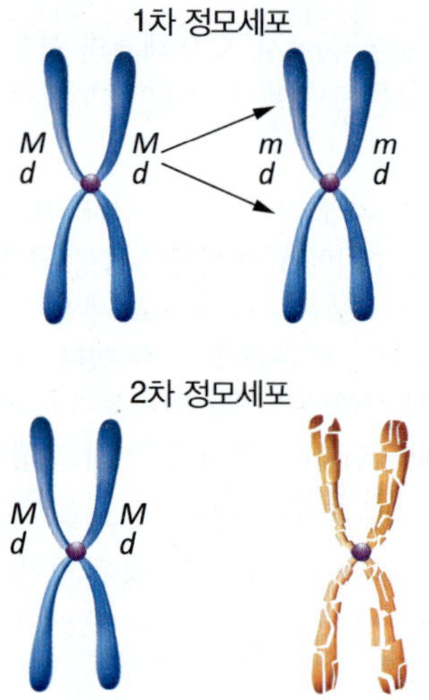

(b) 해충 조절을 위한 많은 시도들이 한쪽 성의 형성을 방해한다든지 불임이 되도록 하는 방법을 통하여 이루어졌다. 이 사례의 경우, 만일 성비가 성공적으로 망가져서 수컷의 그룹이 많아지게 된다면, 암컷은 매우 감소하게 될 것이다. 이러한 방법을 성공적으로 조절함으로써 해충의 개체군 수를 적절히 조절할 수 있을 것이다.

36. 생식세포가 체액 내의 신호들에(비자발적으로) 반응할까? 혹은 세포 특이적으로(자발적으로) 반응할까? 상호 이식(reciprocal transplantation) 실험은 해부학적 환경의 영향에 따라 세포분화가 결정되는 양상을 연구하는 데 사용된다. 암/수 한몸이 첫 단계에서 나타났기에, 포유류에서 보인 것과 다르게 성 분화가 자발적으로 형성된다는 것을 주장할 수 있다.

8장

실전문제 풀이

8-1. 아버지가 혈우병 환자인 경우, 터너증후군 환자는 혈우병 환자인 아버지로부터 X 염색체를 물려받으면서 동시에 어머니로부터 성염색체를 물려받는 경우는 없다. 만약 염색체 비분리가 제1 혹은 제2 감수분열 동안 어머니로 부터 발생하였다면, 그 결과는 X 염색체가 없는 난자일 것이다.

8-2. 종간 잡종(hybrids)의 생식력 결핍/불임은 종종 감수분열 1기에서 1가 염색체가 높은 비율로 존재하는 경우가 종종 그 원인이 된다. 이 경우에 생존할 수 있는 생식세포는 매우 드물고 1가 염색체를 가지고 있는 2개의 생식세포가 '만나서 수정될' 확률도 희박하다. 비록 염색체들의 부분적인 상동성이 일부 짝을 이루는 것을 가능하게 할지라도, 일반적으로 불임이 된다. 원예가는 아마도 불임의 잡종에 콜히친을 처리하여 불임성을 회복하려는 시도를 할 것이다. 그러한 시도가 성공한다면, 아마도 염색체 수를 2배로 만들 것이며, 각각의 염색체는 감수분열 동안 쌍을 이룰 수 있는 상동염색체를 갖게 될 것이다.

8-3. 측동원체 역위나 협동원체 역위가 일어난 경계면 내에서 드물지만 2번의 교차가 일어나고, 그 교차가 2개의 동일한 염색분체를 포함하는 경우, 일반적인 염색체 배열에서 오직 최소의 변화만 발생한다. 2가닥의 이중 교차 내에서, 2번째 교차가 첫번째 교차를 회복시킨다. 그러나 3가닥이나 4가닥의 이중 교차는 결과적으로 후기 교량을 이끌어 낼 뿐 아니라, 유전적으로 매우 불균형한 배우자세포를 만들어 낸다.

탐구 문제 풀이

2. 당신의 에세이는 본문에서 논의된 많은 예들 즉, 결실, 복제,역위, 전좌, 그리고 사본수 변이에 대한 설명에 근거하여 작성할 수 있다.

4. 반수체 = 9, 4배체 = 36, 3염색체성 = 19, 1염색체성= 17

6. 자연 유산된 태아의 염색체 분석 결과, 많은 비율의 사산아가 3염색체성이며 모든 염색체가 3염색체성이 될 수 있다는 것을 보여준다. 다른 형태의 이수성(1염색체성, 0염색체성)은 드물다.

8. 미국에서 재배되는 면화는 26쌍의 염색체를 갖는다: 13개의 큰 염색체와 13개의 작은 염색체. 구 세계 면화는 큰 염색체 13쌍을 갖고, 미국의 야생 면화는 작은 염색체 13쌍을 갖는다. 종간 교배는 염색체 배수화가 따를 것으로 여겨진다. 이러한 경우 아마도 생식이 가능한 복이배체[amphidiploid: 이질 사배체(allotetraploid)]를 만들 것이다. 미국에서 재배되는 면화의 기원을 재현하는, 실험이 수행되었다.

10. 교차가 역위 '이형접합자'에서 억제되는 것처럼 보이지만, 현상적으로는 교차된 염색분체들은 결국 비정상적인 유전물질의 구성을 갖게 된다. 그런 경우 교차된 염색분체들은 생존할 수 있는 (혹은 그에 상응하는) 배우자세포를 형성하는데 실패하거나, 접합자나 배아 상태에서 죽음을 유도할 것이다.

12. 현대의 글로빈 유전자들은 약 50억 년 전의 조상이 되는 유전자들의 중복으로부터 유래된 결과이다. 시간이 지나면서 돌연변이가 발생하고, 염색체 이상은 중복된 유전자들을 분리시켜, 결국 16번 염색체위에 α 클러스터를, 11번 염색체에는 β 클러스터를 남겨놓았다

14. 역위 내에 유전자들이 존재함으로써, 교차된 염색분체들은 역위 내에 존재하는 유전자들을 회복하지 못하여, 다음 세대로 전달되지 못한다. 전좌는 비상동염색체로부터 유래한 유전자들의 연관에 의하여 새로운 유전자의 조합 기회를 제공한다. 특정 상황에서 그러

한 새로운 조합은 아마도 선택적인 이득을 갖게 될 것이다. 감수분열의 상황은 전좌된 염색체들의 분리를 통해 상대적으로 일정한 세트의 배우자세포를 형성할 수 있도록 진화되었다.

16. 만일 9개의 염색체로 구성된 기본적인 세트를 가지고 있을 경우에, '*n* 배수'를 갖는 다른 형태들은 동질 배수성을 나타낸다. 27개의 염색체를 갖는(3*n*) 각각의 개체는 불임이 확실한데, 그 이유는 감수분열 1기에 3가 염색분체를 형성하기 때문이다. 즉 상대적으로 높은 수의 불균형 배우자세포가 형성되도록 한다.

18. 다음과 같은 교배가 진행된다.

$$WWWW \times wwww$$

(염색체 쌍이 감수분열시 이가염색체라는 가정하에)

F_1: *WWww*

F_2 1*WW* 4*Ww* 1*ww*

1*WW*
4*WW*
1*Ww*

퍼넷 사각형을 채워라.
35 *W* 표현형과 1 *w* 표현형

20. 꼬리가 짧은 돌연변이가 회복되는 것에 대한 몇 가지 기전이 보고되었는데, 감수분열 재조합에 기초한 한가지는 '불균등한 교차'가 일어나는 것이다. 반복 서열이 있는 염색체 부위에서 시냅시스가 형성될때, 상동염색체는 잘못 정렬될 수 있다. 만약 교차가 잘못 정렬된 부분에서 발생한다면, 한개의 염색분체는 다른 염색분체의 희생/대가로 염색체의 일부를 더 얻을 수 있다. 염색체가 rRNA 유전자를 얻음으로써, 선택적인 이득을 갖게 되고 꼬리가 짧은 돌연변이와의 경쟁에서 이길 수 있는 파리를 생산한다. 결국, 원래 꼬리가 짧은 초파리를 포함하고 있던 집단은 시간이 지나면서 야생형 초파리가 나타나게 된다.

22. (a) 모든 가능성에서, 역위된 염색체의 역위 고리에서 교차(이형접합체 상태에서)가 일어나면 결함이 있는 불균형의 염색분체를 생산한다. 그러므로 사산아나 기형아를 출산하게 된다. (b) 역위를 가지고 있는 남자의 아이들 중 많은 수(아마도 50%)가 비슷하게 역위에 의해 영향을 받을 것이다. (c) 일단 핵형 이상이 관찰될 정도이기 때문에, 양수천자나 융모막검사를 통하여 일부 비정상염색체를 밝혀낼 수 있을 것이다. 그러나 역위의 형태 혹은 밴딩 모양의 적은 변화를 감지하는 능력에 따라 모든 비정상 염색체를 규명할 수는 없다.

24. (a) 상호 전좌
(b)

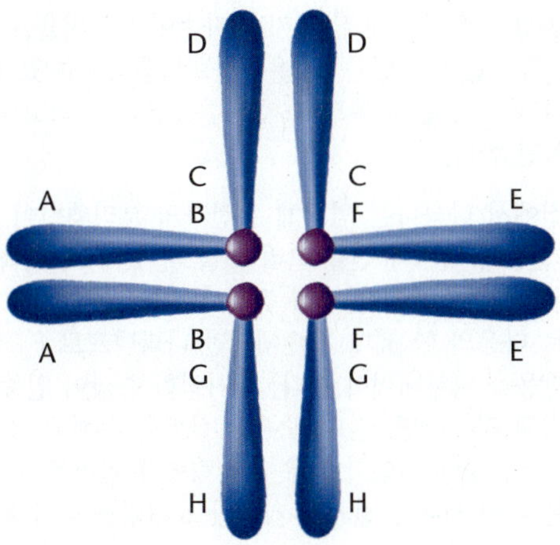

(c) 모든 염색체 부분이 존재하고 염색체의 결실이 없다는 것에 주의하시오. 그러나 만약 전좌의 절단 지점이 유전자 내에 존재한다면, 결과적으로 비정상적인 표현형이 생길 것이다. 더욱이, 유전자의 기능은 때때로 그것의 위치에 의해 영향을 받는다. 그러한 '위치의 영향'이 발생한다면, 다른 표현형이 나타날 것이다.

26. t(14;21)이라는 상징은 전좌(t)가 염색체 14번과 21번 사이에서 발생한다는 것을 표시한다. 일반적으로 t(14;21)을 갖는 다운증후군 환자는 46개의 염색체를 갖는다.

28. 체세포분열 동안 자매염색분체 한 개가 비분리를 통하여 손실이 발생하여 생기는 2개의 딸세포는 46,XX와 45,X0이다. 배아 발생과정의 보다 초기에 이러한 현상이 발생할수록 보다 많은 비율의 45,X0 조직이 생길 것으로 기대된다. 45,X0 조직의 분포는 염색체 비분리가 발생하는 세포가 결국 무엇이 되는가라는 운명에 의존한다.

30. 체세포분열 시의 염색체 비분리로 인해 모자이크 상태가 되는 경우가 많다. 만약 X 염색체의 한 개가 체세포분열시 딸세포 내에 포함되는 것이 실패한다면, 자손 세포의 일부분은 X0가 될 것이다. 터너증후군 증상의 발현은 X0 세포들의 분포 정도와 분포하는 위치에 의존한다.

32. **3염색체성 회복**은 원래 3염색체성을 갖는 생식세포가 특정한 염색체를 잃게 되는 경우이다. 아래의 그림에서 보듯이, 원래 2개의 염색체가 부계(파랑)로부터 전달되었고 한 개는 모계(황금색)로부터 전달되었다. 모계로부터 전달된 염색체는 세포분열 동안 분실되고, 결국 부계로부터 전달된 2개의 염색체만 남게 된다.

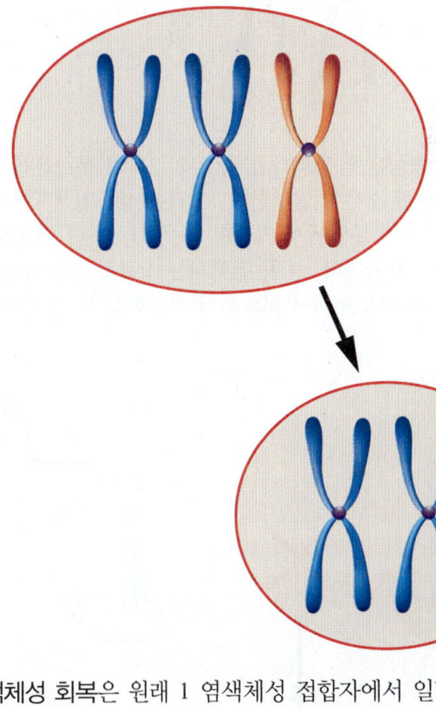

1염색체성 회복은 원래 1 염색체성 접합자에서 일반적으로 체세포분열시 염색체 비분리과정을 통하여 해당 염색체의 복사본이 유지되는 경우이다.

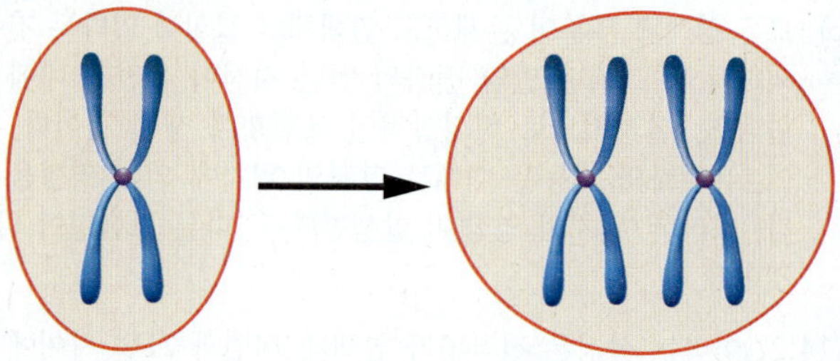

배우자세포 보완은 특정 염색체의 상동염색체가 존재하지 않는 세포가 해당 상동염색체의 복사본 2개를 가지고 있는 배우자세포와 수정되어 발생한다. 그 결과로 생기는 접합자는 한 부모로부터 전달된 2개의 상동염색체를 갖게 된다.

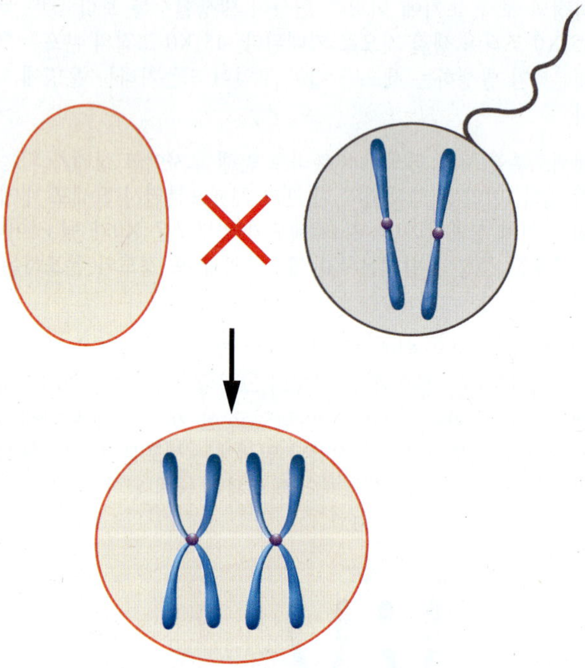

동위 염색체 형성은 염색체가 한쪽 완의 2개의 복사본을 갖고 상동염색체를 분실한 경우에 발생한다. 그러한 상동염색체의 소실은 체세포분열이나 감수분열에서 기원할 수 있다. 동위 염색체는 0염색체성의 상황을 보완한다. 동위 염색체는 소실된 상동염색체의 대부분의 염색체 물질이 한 쪽 부모로부터 기원했기 때문에 '단위 생식적'이다.

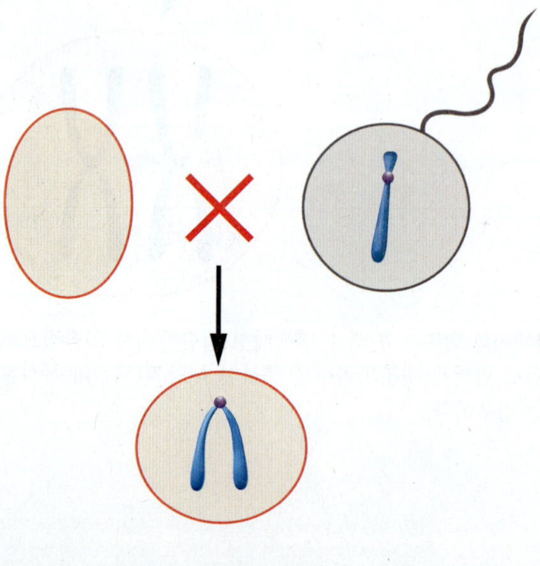

9장

실전문제 풀이

9-1. 저항성 혹은 민감성이 mt^+ 세포가 지닌 유전자에 따라 결정되므로 mt^+ 세포가 *cp*DNA의 공여자이다. 클라미도모나스에서 엽록체는 mt^+ 세포로부터 특성을 전달받으며, 미토콘드리아는 mt^- 세포로부터 특성을 전달받는다.

9-2. (a) 중립
(b) 분리형(핵 내 돌연변이)
(c) 억제형

9-3. 많은 경우 미토콘드리아의 분자적 구성물은 핵 내 유전자로부터 합성된 후 세포질로부터 유입된다.

9-4. 개체수준에서 심각한 미토콘드리아 손상을 가진 개체는 생식적으로 실패할 가능성이 높다. 세포수준에서 단백질 암호화 유전자에 돌연변이를 지닌 미토콘드리아는 도태되기 쉽다. 이와 같은 선택 과정으로 인해 돌연변이 없는 미토콘드리아가 유리해진다.

탐구 문제 풀이

2. 세포소기관 유전에서는 세포소기관이 유전형질을 결정하는 데 관여하는 반면, 모계효과에서는 세포소기관이 관여하지 않는다는 사실에 기초하여 에세이를 작성하여야 한다. 모계효과에서 영향력은 단지 한 세대에만 전달되며 어미의 유전자형에만 의존한다.

4. 밑씨는 배아에게 세포질, 즉 엽록체를 제공하므로 자손은 밑씨를 제공하는 식물과 동일한 표현형을 가질 것이다.
   (a) 녹색
   (b) 흰색
   (c) (아래에 도해한 것과 같이) 흰색, 점박이, 혹은 녹색
   (d) 녹색

6. 문제에 서술한 것처럼 두 균주를 교배할 경우, 이배체 접합자에서 분리형 균주가 지닌 대립유전자는 중립 균주가 지닌 정상 대립유전자로 인해 표현되지 않을 것이다. 한편, 반수체 상태의 자낭포자에서 핵 내 유전자들은 다시 노출되므로 정상과 petites는 1:1 비율로 나타날 것이다. Petite 표현형은 핵에 있는 분리형 균주 대립유전자로 인한 것이다.

8. 모든 자손(F_1)이 우선형 껍질을 가졌다는 사실로부터 부모 중 한 쪽(모계)은 *D* 대립유전자를 가지고 있음을 알 수 있다. 또한 F_2 세대에서 우선형과 좌선형 껍질을 지닌 자손이 1:1 비율을 보이는 것으로 보아, F_1 자손의 절반은 *dd* 유전자형임을 알 수 있다. 이러한 결과가 나타나려면, 원래 부모 중 한쪽은 *Dd*를, 그리고 다른 쪽은 *dd*를 가져야만 한다.

10. 멘델 형질에서 나타나는 염색체 유전자의 분리패턴이 나타나지 않으므로, 일종의 핵외 유전을 고려해 볼 수 있다. 무기력한 유전자가 우성이라면 모계효과가 관련될 것이다. 이 경우 모계효과는 일시적으로 바로 다음의 한 세대 자손에게만 나타나므로 F_2 자손 중 일부는 과민반응을 나타내어야 한다. 무기력한 증상이 일종의 감염원에 의해 야기된 것이라면, 감염원 주입 실험을 수행해 볼 수 있다. 미토콘드리아 손상에 기인할 경우 무기력한 표현형을 지닌 모계의 모든 자손은 여러 세대에 걸쳐 무기력한 표현형을 나타낼 것이다.

12. 세포공생설이란 미토콘드리아와 엽록체는 약 20억 년 전에 자유롭게 살아가는 원시박테리아로부터 독립적으로 생겨났음을 의미한다. 이러한 박테리아의 유기호흡과 광합성 능력이 원시 진핵세포에게 전달되었다. 즉 이 두 세포소기관은 원핵생물 기원이므로, 핵외 DNA에 대한 심도 있는 이해가 가능하다.

14. 발생 초기에 일어나는 사건은 후기에 일어나는 것보다 모계 영향을 받을 가능성이 더 높다. 앞/뒤축과 등/배축 형성은 배아발생의 매우 초기에 설정되며, 유전학 실험 연구가 가능한 모델 생물체에서 상당한 모계효과를 나타낸다. 모계효과 유전자의 산물은 한 세대 이상을 넘어서 전달되지 않는데, 이것은 세포소기관 유전 및 감염 유전과 다른 차이점이다. 모계효과의 일시적 특성을 보여주는 교배를 디자인해 보면 다음과 같다.

암컷 *Aa*와 수컷 *aa* 간의 교배에서 모든 자손은 'A' 표현형을 보인다. 위 교배에서 'A' 표현형을 보이는 암컷을 대상으로 다음의 교배를 수행하자(위 교배에서 자손의 절반은 *aa*일 것이다): *aa* × 수컷 *Aa*.

두 번째 교배 결과 모든 자손은 '*a*' 표현형을 보일 것이다. 왜냐하면 모든 자손은 어미의 **표현형**이 아니라 **유전자형**을 따를 것이기 때문이다. 이러한 교배 실험을 통해 모계효과가 바로 다음 한 세대에만 적용됨을 보여줄 수 있다. 실제 상황에서는 두 번째 교배에 참여하는 암컷이 *Aa* 혹은 *aa*이므로 표현형 결과는 1:1 비율로 나타날 것이다.

16. (a) 미토콘드리아 결함은 모계에서 자손으로 전달되므로, 할아버지를 통해 결함이 전달되지는 않을 것이다. 반면 할머니가 미토콘드리아 결함을 가진 경우, 가계도 전체에 모계에서 자손으로 표현형이 유전되는 양상이 나타날 것이다. (b) 동형접합자로 돌연변이 유전자를 가질 경우마다 미토콘드리아 질병이 나타날 것이다. 이형접합자일 경우 이질세포질 현상으로 인해 약한 수준의 질병 표현형이 나타날 수 있다. 결함을 지닌 미토콘드리아가 생성되므로, 전형적인 '모계에서 자손으로' 전달되는 유전 양상을 보일 것이다.

18. (a) 가계도를 좀 더 실제적으로 만들고자 표에 나타나지 않은 여러 개체를 포함시키도록 한다. 가계도에 사용하는 기호에 대해서는 3장의 정보를 참조한다.

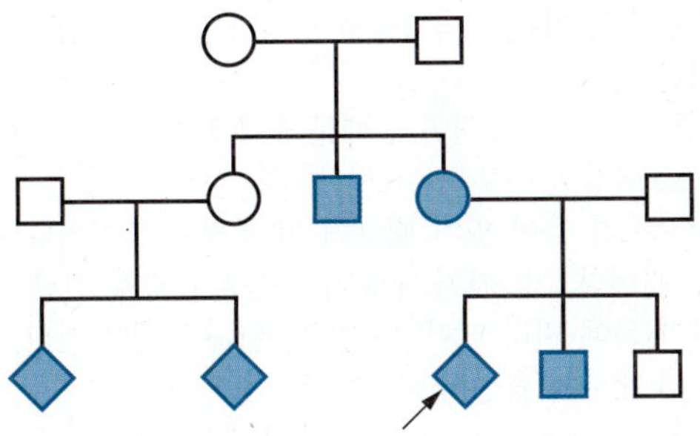

(b, c) 일단 가계도를 살펴보면, 멘델의 열성 유전방식이 작용할 것으로 예측된다. 만일 예측대로라면, 정상 표현형을 보이는 모든 개체는 이형접합자일 것이다. 그러나 가계도에서 질병을 나타내는 개체가 미토콘드리아 DNA의 돌연변이를 지니고 있음이 확인되었다면, 가계도의 양상은 세포소기관 유전과도 일치한다. 이질세포질 현상으로 표현형의 다양성과 전달 방식이 설명된다. 처음에는 잘못된 결론 같을 수 있지만, 표에 제시한 돌연변이 미토콘드리아의 퍼센트를 주목해 보자. 외할머니는 56%의 돌연변이 미토콘드리아를 가지고 있으며, 자손에게 혼합된 형태로 미토콘드리아를 전달하여 90%에 가까운 돌연변이 미토콘드리아를 지닌 자손 2명에게서 질병 증상이 나타난다. 두 명의 성별을 알지 못하는 외사촌은 우연히 비교적 높은 빈도의 돌연변이 미토콘드리아를 전달받게 되어(90%와 91%) 질병을 나타낸다. 질병 표현형을 보이는 역치는 대략 85% 이상일 것으로 예측된다.

(d) 세포소기관 유전에서 형질의 전달은 주로 모계를 따라 결정되는 반면, 백색증 같은 단일 유전자 돌연변이는 양쪽 부모에서 유전될 수 있다. 또한 세포소기관 유전에서는 이질세포질 현상으로 인해 표현형의 발현이 다양한 수준으로 나타날 수 있으며, 가계도 분석에서 유전 양상을 해석하는 것이 훨씬 더 복잡하다.

10장

실전문제 풀이

10-1. 이론적으로, 표지를 한 물질이 형질전환된 박테리아의 자손에 나타난다는 점에서 전체적인 디자인은 타당하다. 그렇지만 형질전환 DNA(형질전환을 일으키는 DNA) 양이 숙주 박테리아와 자손 세포의 유전체 DNA 양에 비해서 매우 적기 때문에 표지된 핵산을 측정하는 것이 기술적으로 어려울 것이다. 또한 실제로 형질전환을 일으키는 작은 DNA의 표지가 필수적일 것이다.

10-2. 구아닌 = 17.5%, 아데닌 = 32.5%, 티민 = 32.5%

10-3. 통계적으로 1.13 값이 1.00 값과 다르다고 가정하면 루벨라(rubella)는 단일 가닥 RNA 바이러스이다.

탐구 문제 풀이

2. 당과 염기의 구성을 포함하여 구조적인 비교를 서술해야 한다. 또한 상보성, 가닥의 수, 입체구조 등을 언급해야 한다.

4. Griffith는 두 종류의 *Diplococcus pneumoniae* 균주로 실험을 하였다. 살아 있는 무병원성 균주와 열로 죽인 균주를 생쥐에 주사하면 생쥐가 죽었다. 자세한 실험은 본문을 참조하시오. 죽은 생쥐에서 살아 있는 병원성 세균을 검출하였다. Griffith는 열로 죽인 병원성 세균이 무병원성 세균을 병원성 균주로 형질전환시켰다고 제안하였다. Avery와 동료들은 체계적으로 열로 죽인 병원성 균주로부터 형질전환 물질을 분리하였으며, 그것이 DNA라고 결정하였다. Taylor는 형질전환된 박테리아가 형질전환 DNA(형질전환을 일으키는 DNA)의 공여자로 작용할 수 있음을 밝혀내어 형질전환 과정은 유전물질(DNA)의 안정적인 변화를 포함함을 제안하였다.

6. 핵산은 많은 양의 인을 갖고 있으나 황은 갖고 있지 않은 반면에 단백질은 황은 갖고 있으나 인은 갖고 있지 않다. 그러므로 방사능 동위원소 ^{32}P와 ^{35}S는 각각 핵산과 단백질을 표지한다. Hershey-Chase 실험은 박테리아에 주입되는 물질이 파지 증식을 담당하는 유전물질이어야 한다는 전제에 기초를 두고 있다. 그들은 실험에서 ^{32}P-표지물질(DNA)이 주입되었고 단백질 껍질은 세포 밖에 남았다는 것을 보여주었다. 그러므로 핵산이 유전물질이어야 한다.

8. DNA를 통하여 유전정보가 전달되는 박테리아의 형질전환 같은 실험이 전혀 수행되지 않았기 때문에 초기에는 간접적인 증거로 간주하였다. 이후 다양한 세포(정자세포와 체세포)에 들어 있는 DNA 양을 비교하고 자외선의 작용스펙트럼과 흡수스펙트럼을 비교함으로써 DNA를 유전물질로 간주하였다. 이러한 제안은 DNA가 박테

리아와 일부 파지의 유전물질임이 직접 검증됨으로써 지지받았다. 재조합 DNA 기술을 이용한 유전자 전달은 DNA가 유전물질이라는 직접적인 증거에 속한다.

10. 디옥시아데닐산의 구조는 아래와 같다. 세 구성 요소가 결합할 때 물 분자(H_2O)가 형성되어 나온다.

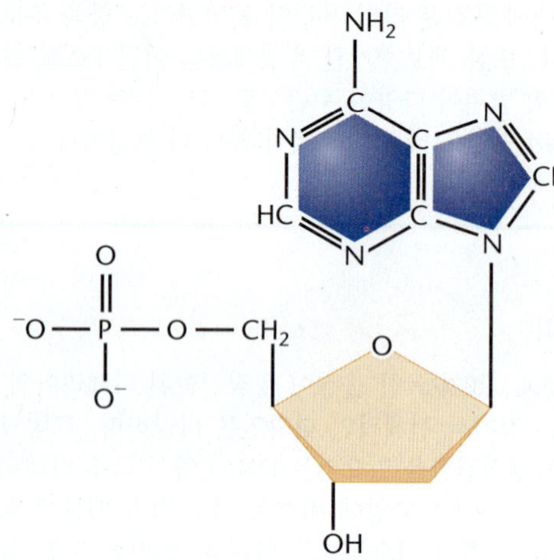

12. 구아닌: 2-아미노-6-옥시퓨린
시토신: 2-옥시-4-아미노피리미딘
티민: 2,4-디옥시-5-메틸피리미딘
우라실: 2,4-디옥시피리미딘

14. DNA의 Watson-Crick 이중나선 모델의 특징은 다음과 같다: 염기 조성은 A = T, G = C이고 (A + G) = (C + T)이다. 염기는 0.34 nm 간격으로 36° 오른쪽으로 돌면서 쌓여 있어서 한 바퀴당 10개의 염기가 연결된 구조이다. 염기와 디옥시리보오스와 인산으로 구성된 뉴클레오타이드가 인산이에스테르 결합으로 폴리뉴클레오타이드를 형성하며, 역평행인 두 개의 폴리뉴클레오타이드 사슬은 염기 간의 수소결합으로 이중나선 구조를 형성한다. A는 T와, G는 C와 각각 이중수소결합과 삼중수소결합을 형성한다. 소수성인 염기는 이중나선의 안쪽에 위치하고 친수성인 당-인산 골격은 바깥쪽에 위치한다. 이중나선의 직경은 2 nm이며, 골격부위에 주홈과 부홈이 나타난다.

16. 이중나선 DNA의 염기 조성은 A = T이고 G = C이기 때문에 제시된 데이터는 단일 가닥 구조이거나 수소결합이 아닌 다른 결합에 의한 구조일 것이다. 데이터를 분석해보면 A = C이고 T = G이다. 이러한 염기쌍은 전하가 반대가 아니기 때문에 전형적인 수소결합이 형성되기가 어렵다. 그러므로 안정된 나선 구조가 형성되지 않는다. 결론적으로, Watson과 Crick은 수소결합이 이중나선 구조의 형성에 중요한 요소가 아니라는 결론을 내렸을 것이다.

18. RNA와 DNA의 큰 차이점 3가지는 다음과 같다:
(1) RNA의 우라실이 DNA의 티민을 대체한다.
(2) RNA의 리보오스가 DNA의 디옥시리보오스를 대체한다.
(3) RNA는 단일 가닥이거나 부분적으로 이중가닥인 반면에 DNA는 이중가닥 구조이다.

20. 핵산(뉴클레오사이드, 뉴클레오타이드, 단일 가닥 폴리뉴클레오타이드, 이중가닥 폴리뉴클레오타이드)의 질소성 염기가 자외선을 흡수하며, 최대 흡수는 254~260 nm 범위에서 일어난다. 이 현상을 이용하여 혼합물에 들어 있는 핵산의 농도를 측정할 수 있다. 단백질은 280 nm의 자외선을 최대로 흡수하기 때문에 이것은 생물학적으로 중요한 분자들을 분석하는 간편한 방법이다. 단일 가닥 핵산의 자외선 흡수가 이중가닥 핵산보다 더 크기 때문에, 변성 실험에 적용하여 핵산이 단일 가닥인지 이중가닥인지를 쉽게 결정할 수 있다. 또한 A-T가 많은 DNA가 G-C가 많은 DNA보다 쉽게 변성되기 때문에 변성 속도 실험으로 염기 조성을 예측할 수 있다.

22. **흡수증가 효과**는 이중가닥 DNA(혹은 RNA)가 단일 가닥 DNA로 전환되면서 자외선 흡수가 증가하는 현상이다. 본문에 나와 있듯이 흡수의 변화는 매우 현저하다. G-C 양이 많은 DNA는 A-T 양이 많은 DNA보다 높은 온도에서 변성된다. 변성 과정 동안의 자외선 흡수를 분광광도계로 측정하면 흡수증가의 이동(hyperchromic shift)이 관찰된다. T_m은 핵산의 반이 변성되었을 시점의 온도이다.

24. 분리된 핵산(DNA 혹은 RNA)의 상보적인 가닥의 재결합은 A와 T(혹은 U), G와 C 사이에 형성되는 수소결합에 의해서 일어난다.

26. (2) 아데닌 고리의 8번 위치는 탄소이고 9번 위치는 질소이다.
(3) 당의 C-1′은 아데닌의 9번 질소(N-9)와 결합해야 한다.
(4) 디뉴클레오타이드는 '디옥시(deoxy)' 형태이므로 C-2′에 수산그룹(hydroxyl group)이 없어야 한다.
(5) 티민의 C-5 위치에 메틸그룹(methyl group)이 있어야 한다.
(6) 티민의 C-2와 N-3 사이는 단일결합이어야 한다.
(7) 티민의 C-5와 C-6 사이는 이중결합이어야 한다.

28. 시토신은 구아닌과 쌍을 이루고 우라실은 아데닌과 쌍을 이루기 때문에 G:C 쌍이 두 번의 복제 후에는 A:T로 변한다.

30. FISH에서는 유사분열 중기와 간기의 염색체와 혼성화하는 형광으로 표지한 DNA를 사용한다. FISH의 혼성화가 70% 이상이면 해독이 가능하며, 1~2일 후에 결과가 나온다. 13번, 18번, 21번, X, Y 염색체들이 상대적으로 높은 비율로 이수성이 관찰되므로 분석하는 염색체로 선택한다.

32. (a) X선 회절 패턴이 DNA의 패턴과 비슷하다면 나선 구조일 것이다. 크기가 다르고 규칙성이 없다는 것은 염기쌍이 DNA와 달라서 직경이 다르고 나선이 꼬이거나 구부러진 것을 의미한다.
(b) 흡수증가의 이동은 염기쌍을 형성하는 수소결합이 있다는 것을 의미한다.
(c) 네 염기가 모두 퓨린이기 때문에 퓨린과 퓨린의 비정상적인 결합으로 이상한 구조를 이룰 것이다.
(d) 리보오스가 들어 있기 때문에 이 분자는 꼬이거나 구부러진 구조일 것이다. 몇 가지 구조가 가능하겠지만 인산 그룹은 강한 전하 때문에 멀리 떨어져서(바깥에) 위치해야 한다. 수소결합은 분자의 내부에 형성되어야 한다.

34. (1) DNA가 이중가닥이라면 자외선 흡수 실험에서 흡수증가의 이동을 보일 것이다. 또한 변성과 재결합 실험을 통하여 GC 양을 추측할 수 있다.
(2) 가수분해와 크로마토그래피 분석으로 염기의 종류와 양을 결정할 수 있고 단일 가닥인지 이중가닥인지를 판단할 수 있다.
(3) Z-DNA 항체를 사용하여 좌회전 구조의 비율을 결정할 수 있다.
(4) 두 바이러스 DNA의 염기서열을 결정하여 서열의 유사성을 알 수 있다. 인터넷(예를 들면, Web site: *http://blast.ncbi.nlm.nih.*

gov/Blast.cgi)을 검색하여 유사한 서열이 다른 바이러스나 다른 생물에 존재하는지를 결정할 수 있다.

36. 겔 속에서의 DNA 이동 속도는 겔의 농도, 전류의 세기, 완충용액의 이온강도, DNA의 형태 등에 의존한다. 일반적으로 초나선 DNA(형태 I)가 가장 빠르게 이동하고 선형 DNA(형태 III)가 중간으로 이동한다. 보통 느슨한 원형 DNA(형태 II)가 가장 느리게 이동한다.

11장

실전문제 풀이

11-1. ^{14}N 배지에서 한 세대 복제를 한 후, 보존적 복제라는 가설은 배제될 수 있었다. ^{14}N 배지에서 한 세대 복제 후 분산적 복제 모델 역시, 반보존적 복제의 결과처럼 중간값의 DNA 밀도결과를 얻을 수 있다. 그러나 ^{14}N 배지조건에서 그 다음 세대 복제의 결과, DNA 밀도는 '가벼운' 밀도와 중간값 밀도에 있으므로 분산적 복제는 배제될 수 있다.

11-2. 만약 DNA가 이중나선의 평행한 가닥이고 중합효소가 그러한 평행 가닥에 적응되었다면, 합성은 연속적일 것이고 오카자키 절편은 없을 것이다. 다른 여러 가지 가능성도 존재할수 있다. 만약 DNA가 단일 가닥으로 복제된다면, 합성은 양 끝에서 시작될 수 있고 오카자키 절편이 생길 필요가 없다.

탐구 문제 풀이

2. 여러분은 존재하는 핵산으로부터 새로운 핵산을 만드는 과정에 대한 복제를 설명해야만 한다. 합성은 정확하고 순차적인 단계, 구성요소, 복제에 필요한 반응들 모두를 의미한다.

4. Meselson과 Stahl의 실험은 다음과 같은 구성요소를 가지게 된다. 대장균 DNA의 질소 염기를 무거운 동위원소인 ^{15}N로 표지함으로써, old DNA를 추적할 수 있게 하였다. 이 방법은 ^{15}N를 포함하는 배지에서 세포를 오랜 세대 배양하면 된다. ^{14}N 배지로 옮겨서 세포를 배양하기 때문에 new DNA를 검출할 수 있다. 실험에서 여러 시간대의 DNA 시료들의 밀도 비교를 통해 ^{14}N 배지에서 한 세대 복제 후의 DNA 밀도는, ^{15}N 배지에서만 자란 박테리아 DNA 밀도의 절반이 되었음을 알 수 있다. (처음에는 ^{15}N 배지에서 배양되었고 이어서 ^{14}N 배지에서 배양하였다.) ^{14}N 배지에서 두 세대의 복제 후 얻은 시료에서, 절반의 DNA는 중간값의 밀도였고, 나머지 절반은 ^{14}N 만을 포함한 DNA 밀도와 같았다.

6. 생체 외 복제를 위해 DNA 주형, 2가 양이온(Mg^{2+}), 네 종의 삼인산디옥시리보뉴클레오사이드(dATP, dCTP, dTTP,dGTP)가 모두 필요하다. 소문자 'd'는 디옥시리보오스 당을 의미한다.

8. 서열의 유사성을 반영하지 않더라도 **염기조성**은 비슷할 수 있기 때문에, 설득력 있는 실험방법은 염기조성에 대한 비교이다. 가장 가까운 **주변 빈도**(nearest-neighbor frequencies)를 비교함으로써, Kornberg는 새로운 DNA 산물은 주형 DNA와 같은 염기서열을 가질 가능성이 크다고 결론지었다.

10. 3′-OH 작용기 노출은 다음 뉴클레오타이드가 첨가되는 과정을 위해 필요하다. 결과적으로 3′-OH 작용기는 물의 형태로 제거되고, 추가되는 뉴클레오타이드의 5′-인산과 공유결합을 형성한다.

12. 세 가지 효소 모두 공통적 특성들을 가진다. 첫째, DNA 주형에서 합성을 개시할 수는 없지만, 주형가닥이 있다는 가정 하에 DNA 가닥을 신장할 수 있다. 뉴클레오타이드들의 중합은 5′에서 3′방향으로 일어나며, 각 5′-인산은 3′ 말단에 추가되어 폴리뉴클레오타이드를 신장한다.

세 효소 모두 분자량 100,000달톤이 넘는 크고 복잡한 단백질들이고, 각각은 3′에서 5′ 방향의 핵산말단가수분해효소 활성을 가진다. 다음을 참고하시오.

DNA 중합효소 I:
- 5′ – 3′핵산말단가수분해효소 활성
- 많은 양이 존재함
- 비교적 안정함
- RNA 프라이머의 제거

DNA 중합효소 II:
- 수선 기능에 관여할 가능성이 높음

DNA 중합효소 III:
- 복제에 필수적임
- 복잡한 분자임

14. DNA 이중나선의 한 가닥에서 하나는 주어진 지점에서부터 합성을 개시할 수 있고, 아래 보인 바와 같이 DNA 가닥을 오직 한 방향으로만 복제하거나(unidirectional), 양방향으로 복제한다(bidirectional). 상보적 가닥의 합성이 선도가닥에서는 복제분기점 방향의 5′ > 3′으로 **연속적 형태**로 일어나고, 지연가닥에서는 복제분기점 반대 방향을 향해 5′ > 3′으로 **비연속적 형태**로 일어남을 주목하시오. 그러한 비연속적 복제는 오카자키 절편을 형성하게 된다.

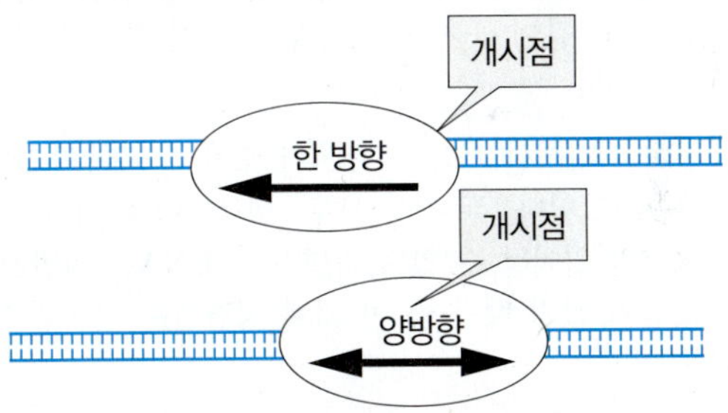

16. (a) **오카자키 절편**(Okazaki fragments)은 비교적 짧은(원핵세포에서는 1000~2000 염기) DNA 절편으로 DNA 복제의 지연가닥에서 비연속적 방법으로 합성된다. 복제분기점 방향의 선도가닥에서 어느 정도의 연속적인 DNA 합성이 일어날 때까지는 5′ > 3′ 방향으로 주형 DNA 구조가 반응이 일어날 수 없는 상태이므로 이러한 절편들이 나타날 수밖에 없다. 이 절편들이 존재하기 때문에 본문에서 기술한 복제 이론을 설명할 수 있다.

(b) **DNA 연결효소**(ligase)는 DNA 중합효소 I이 RNA 프라이머를 제거하면서 그 앞에 새롭게 형성된 DNA와 만날 때 생긴 틈을 메우기 위한 인산다이에스터 결합 형성을 위해 필요하다. 이 비연속적 DNA 가닥은 함께 모여 하나의 연속적인 가닥으로 연결된다.

(c) RNA 프리메이즈에 의해 프라이머 RNA가 형성되며, DNA 주형에서 산물 DNA 가닥을 위한 개시점을 제공하게 된다. DNA 중합효소 중 그 어느 것도 3′-OH기 없이는 합성을 시작할 수 없다. RNA 프라이머는 그 작용기를 제공하는 역할을 하며, DNA

중합효소 III가 작용하게 된다.

18. 진핵세포 DNA는 한 가닥에서는 연속적으로, 다른 한 가닥에서는 비연속적으로 양방향의 합성을 진행하는 대장균의 방식과 유사한 방법으로 복제되는데, 합성에 필요한 구성성분들(네 종의 디옥시리보뉴클레오사이드 삼인산, 2가 양이온, 주형 DNA, 프라이머)은 같다. 진핵세포의 오카자키 절편은 박테리아의 오카자키 절편 크기의 $\frac{1}{10}$ 정도이다.
   한 개의 복제원점을 가지는 원핵세포에 비하여, 진핵세포는 복제될 DNA 양이 훨씬 많은데다가 복제도 느리기 때문에 수많은 복제 개시점이 존재한다. (또한 세포당 DNA 중합효소도 많다.) 복제는 S기의 각 구간 동안에 DNA의 여러 곳에서 일어난다.

20. (a) DNA 중합효소 I 그리고/또는 DNA 중합효소 III 의해 수선이 되지 않았다.
   (b) DNA 연결효소의 활성이 없다.
   (c) 프리메이즈의 활성이 없다.
   (d) DNA 중합효소 I 만 활성이 있다.
   (e) DNA 자이레이즈의 활성이 없다.

22. 유전자 전환(gene conversion)은 비상호적 재조합으로 한 대립형질이 다른 것으로 바뀌어 나타나게 되는 유전자 재조합의 결과일 가능성이 높다. 유전자 전환은 잘못 짝지어진 염기에 의한 이형이중가닥(heteroduplex) 구조형성의 결과일 것이다. 이런 잘못된 짝지음이 교정되면 전환이 일어난다.

24. 텔로머레이즈 활성은 한 세대에서 다음 세대로 텔로미어 길이를 유지하기 위하여 생식과 관련된 조직에서 나타난다. 달리 말하면 텔로미어는 유전정보를 잃지 않으면서 무한정 짧아질 수 없다.

26. 만약 보존적 복제라면, 첫 번째 방사성 사진(제1감수분열 중기)에서 보이는 바와 같이 중기 염색체의 오직 한 쪽(염색분체)에만 표지되었을 것이다.

28. 외계 생명체는 평행한 가닥의 DNA나 오직 한 가닥의 DNA를 포함하고 있을 수도 있다. 두 경우 모두, 텔로미어 문제는 염색체의 한 쪽 말단에서만 일어날 수 있다. 원핵세포 DNA는 일반적으로 환형이어서 말단이 없기 때문에, 이 외계 생명체는 진핵생물일 가능성이 높다.

보전적 복제

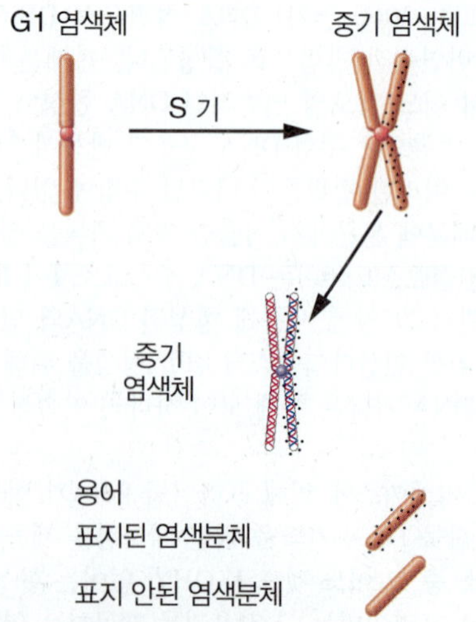

30. 오카자키 절편이 뉴클레오솜 주기성에 의존하는지 여부를 결정하기 위하여 뉴클레오솜이 없는 DNA 가닥을 사용해 볼 수 있다. 이런 실험은 생체 외 연구를 통해 진행되므로, 원래 본연의 조건을 반영할 수는 없을 것이다.

32. 박테리아 *A*종에서는 30℃와 42℃ 모두에서 DNA 합성이 줄어드는데, 이것은 *A*종이 온도 민감성이라는 것을 의미한다. 게다가, *A*종은 노보비오신(novobiocin) 민감성이다. 그러므로 *A*형은 gyr^{ts}이다. *B*형은 노보비오신 저항성이지만 온도민감성이고 gyr^{ts} 이다. *C*형은 노보비오신 민감성이지만 온도에 민감하지 않으므로 야생형이다. *D*형은 노보비오신 저항성이지만 온도민감성은 아니므로 gyr^{r}이다.

34.

처음 표지된 염기	비장 이인산 분해효소 처리 후 염기 표지	
	역평행	평행
G	A, T	C, T
C	G, A, G	G, A
T	C, T, G	C, T, A, G
A	T, C, A, T	T, C, A, G

비장 이인산 분해효소 처리 후에 표지된 인산기가 옮겨지는 패턴을 비교하면 어떤 모델이 자연적으로 일어나는지 결정할 수 있다. 역평행 모델에서 살펴보면, (예를 들어) G의 5′쪽 C의 빈도가 반드시 C의 5′쪽 G 빈도와 같은 것을 의미하지는 않는다는 것을 알 수 있다. 그러나 평행 모델에서는, G의 5′쪽 C의 빈도가 C의 5′쪽 G의 빈도와 같다. 그러한 분해빈도(digestion frequencies)를 검토해보면 DNA는 서로 반대 방향으로 존재한다는 것이라고 결론지을 수 있다.

12장

실전문제 풀이

12-1. 원형 염색체를 가짐으로써 양끝의 말단이 노출되지 않아 선형염색체가 지니는 문제점, 즉 말단 서열이 완전하게 복제를 못하는 문제는 없다.

12-2. 진핵생물 염색체는 '다중복제단위(multirepliconic)'가 있어 염색체상의 여러 곳에 복제분기점이 있기 때문에 만약 짧은 기간 표식을 한다면 여러 곳에서 방사능 부위를 볼 수 있으리라 예상한다.

12-3. 핵부피 $= 4/3\pi r^3$

$= 4/3 \times 3.14 \times (5 \times 10^3\ \text{nm})^3$

$= 5.23 \times 10^{11}\ \text{nm}^3$

염색체 부피 $= \pi r^2 \times$ 길이

$= 3.14 \times 5.5\ \text{nm} \times 5.5\ \text{nm} \times (2 \times 10^9\ \text{nm})$

$= 1.9 \times 10^{11}\ \text{nm}^3$

따라서 염색질로 채워진 핵부피의 퍼센트는

$= (1.9 \times 10^{11}\ \text{nm}^3/5.23 \times 10^{11}\ \text{nm}^3) \times 100$

$= \sim 36.3\%$

탐구 문제 풀이

2. 에세이를 작성할 때 선형 혹은 원형, 염색체 결합 단백질 등과 같은 내용을 포함하는 전체적인 염색체 구조에 대해 설명해야 한다. 진핵생물 염색체의 경우 응축과 같은 고단위의 구조도 설명해야 한다.

4. 다사염색체는 가닥의 분리 및 세포질분열 없이 여러 번의 DNA복제 후 상동염색체끼리 서로 결합하여 이루어진 것이다. 각각의 염색체는 1000~5000개의 DNA 가닥이 나란히 배열되어 있다. 초파리(*Droshophila*)와 같은 다양한 쌍시류의 침샘과 같은 일정한 조직에서 볼 수 있다. 뚜렷하게 구분되는 엷고 진한 부위(밴드)를 지닌 상대적으로 길고 넓은 섬유처럼 보인다. 이런 밴드(염색소립, chromomere)는 염색체 구분에 유용하다.

6. 램프브러쉬 염색체는 대개 척추동물의 난자에서 볼 수 있다. 일부 곤충의 정자에서도 볼 수 있다. 복사기(diplotene) 단계의 구조를 지니며 응축된 감수분열 염색체의 풀어진 형태라 할 수 있다.

8. Micrococcal nuclease와 같은 핵산내부가수분해효소로 염색질을 자르면 200개 염기쌍 정도 길이의 DNA 절편 혹은 200개의 배수 단위의 DNA 절편이 나온다. X선 회절 데이터는 염색질상에 DNA가 일정한 간격으로 있음을 제시한다. 일정 간격의 구슬과 같은 구조(뉴클레오솜)를 전자현미경으로 관찰하였다.

10. 염색체가 응축될 때 300 Å 섬유를 형성한다. 이것은 5개 혹은 6개의 뉴클레오솜이 함께 감겨진 형태일 것이다. 이런 구조를 솔레노이드(solenoid)라고 한다. 솔레노이드 섬유는 일련의 루프를 이루고 이들은 염색질 섬유로 더 응축이 된다. 염색질 섬유는 각각의 염색분체를 이루는 염색체 팔로 꼬이게 된다.

12. (a) 문제에서 정한 것 같이 뉴클레오솜 한 개당 200개 염기쌍이 있기 때문에, 10^9 염기쌍에는 5×10^6개의 뉴클레오솜이 있다. (b) 5×10^6개의 뉴클레오솜이 있으며 뉴클레오솜 한 개당 9개의 히스톤(H1을 포함하여)이 있기 때문에 $9(5 \times 10^6)$의 히스톤, 즉 4.5×10^7개가 있다. (c) 10^9개의 염기쌍이 있고 각 염기쌍은 3.4 Å이기 때문에 DNA의 총 길이는 3.4×10^9 Å이다. 이것을 포장비율(50)로 나누면 6.8×10^7 Å이다.

14. 염기쌍 하나가 0.34 nm이므로 식은 다음과 같다:

$$52\ \mu m/(0.34\ nm/bp) \times 1000\ nm/\mu m$$

$$= 152{,}941 \text{ 염기쌍}$$

16. 긴 산재요소(long interspersed elements, LINEs)는 사람에게 있는 반복 이동 DNA 서열이다. 가장 잘 알려진 부류가 **L1**으로 대략 각각 6.4 kb이며 100,000개 정도 있다. LINEs은 이동기전이 레트로바이러스가 사용하는 것과 유사하기 때문에 레트로트랜스포존이라고도 한다.

18. 첫째, 특정 질환에서 보이는 메틸화 패턴이 안정화되어 시간이 가도 극적으로 변하지 말아야 한다. 둘째, DNA 메틸화 패턴은 개개인마다 다르기 때문에 특정 패턴이 질환별 특이적이어야지 개인별 특이적이면 안 된다. 셋째, 질환 관련하여 DNA 메틸화의 변화는 수 백 개의 유전자에서 일어난다. 일정한 패턴에 대한 정당한 해석을 위해서는 현재 우리가 할 수 있는 것은 아니지만 전문성을 요한다. 하지만 어느 정도의 진전은 있다.

20. 암세포에서는 정상세포에서보다 히스톤 아세틸화의 변화가 다양하게 일어난다. 과다 아세틸화는 유전자의 활성을 증진시키는 것과 관련이 있다. HDAC 저해제를 처리하여 유전자의 활성을 저하시키려고 해보았다. HDAC 저해제의 작용기전은 명확하지 않지만 상대적으로 적은 수의 유전자의 작용을 저하시켜 세포주기를 중지시키는 역할을 할 것이라 추정한다.

22. 염색질상의 DNA, 뉴클레오솜과 히스톤 사이의 밀접한 관계는 세포주기가 전기에서 중기로 가면서 염색체의 구조적인 재구성이 있음을 명확하게 설명한다. 유전자가 활성화되어 있는 동안에 염색질상의 뉴클레오솜은 염색체의 구조뿐 아니라 유전자의 기능에도 영향을 끼치지 않을까 묻게 된다. 질문에서 제시한대로 자연적으로 생기는 뉴클레오솜의 화학적 변형이 유전자의 활성을 증진시킨다는 것은 뉴클레오솜과 DNA의 결합을 변형시키면 유전자 기능을 활성화시키는 인자들이 유전자에 더 잘 접근할 수 있다는 것을 제안할 수 있다. 또한 적은 수의 유전자가 있으며 발현이 억제되어 있는 이질염색질이 과소 메틸화되어 있다는 것은 히스톤 변형이 유전자 활성 변화와 기능적으로 연관되어있다는 견해를 지지한다.

24. 무작위로 분포되어 있다고 가정하면 3×10^9 염기쌍을 10^6으로 나누면 대략 3000개의 염기쌍 혹은 3 kbp의 염기쌍이 *Alu* 서열 사이에 있다.

26. 미세부수체(microsatellites)의 분포는 분류학적인 연관성이 있고 다양하다. 효모와 곰팡이의 유전자 내에 더 많이 분포되어 있고 포유동물의 유전자 내에는 드물다. 더 최근에 진화한 개체에서 유전자 내에 분포된 미세부수체는 일반적으로 감소하는 것 같다.

28. 모든 경우에 자녀는 아버지로부터 한 좌위를 어머니로부터 다른 한 좌위를 받기 때문에 혐의가 있는 아버지가 정말로 친아버지인지를 알 수가 있다. 일반적인 경우에 각 마커가 나올 빈도수에 대한 정보가 없이는 확실하게 결론을 내리기는 어렵다.

13장

실전문제 풀이

13-1. (a) 임의로 형성되는 각각의 3문자의 확률을 정하기 위한 방법은 코돈의 각 위치(첫째, 둘째, 셋째)에서 각 염기가 결정될 경우를 정하는 것이다. 그리고 최종 확률에 대한 개별적 가능성(분획)을 곱하는 것이다.

$$GGG = 3/4 \times 3/4 \times 3/4 = 27/64$$
$$GGC = 3/4 \times 3/4 \times 1/4 = 9/64$$
$$GCG = 3/4 \times 1/4 \times 3/4 = 9/64$$
$$CGG = 1/4 \times 3/4 \times 3/4 = 9/64$$

$$CCG = 1/4 \times 1/4 \times 3/4 = 3/64$$
$$CGC = 1/4 \times 3/4 \times 1/4 = 3/64$$
$$GCC = 3/4 \times 1/4 \times 1/4 = 3/64$$
$$CCC = 1/4 \times 1/4 \times 1/4 = 1/64$$

(b) 글리신: GGG와 하나의 G_2C(최대 36/64)
알라닌: 하나의 G_2C와 하나의 C_2G(최대 12/64)
아르기닌: 하나의 G_2C와 하나의 C_2G(최대 12/64)
프롤린: 하나의 C_2G와 CCC(최대 4/64)

(c) 워블 가설에 따라 각 코돈의 세 번째 위치에 변이가 생길 수

있다.

글리신: GGG, GGC
알라닌: CGG, GCC, CGC, GCG
아르기닌: GCG, GCC, CGC, CGG
프롤린: CCC, CCG

13-2. 세포외 단백질 합성 시스템을 이용해 ACACACAC가 반복되는 중합체를 넣었다고 가정하자. 두 개의 가능한 번역틀이 생기게 된다. 만약에 첫 번째 염기에서 시작하게 된다면 ACA이고 두 번째 염기에서 시작하게 되면 CAC가 만들어진다. 이들은(ACA = 트레오닌; CAC = 히스티딘)과 같은 두 개의 아미노산을 암호화하고 *thr-his-thr-his* 혹은 *his-thr-his-thr*로 반복되는 두 종류의 폴리펩티드가 만들어질 것이다.

3문자 암호로 인해 세 개의 염기서열은 일단 시작되어 같은 번역틀을 가지게 되면 개시점과는 상관없이 서열을 따라 같은 암호를 생산한다.

주어진 CUACUACUACUA 서열에서 동일한 아미노산으로 구성된 세 개의 다른 서열을 만드는 각각의 번역틀을 확인하시오.

코돈 :	CUA	CUA	CUA	CUA…
아미노산:	leu	leu	leu	leu…
	UAC	UAC	UAC	UAC…
	tyr	tyr	tyr	tyr…
	ACU	ACU	ACU	ACU…
	thr	thr	thr	thr…

만약 네 개로 이루어진 ACGUACGUACGU… 반복서열이 사용된다면

코돈:	ACG	UAC	GUA	CGU	ACG
아미노산:	thr	tyr	val	arg	thr
	CGU	ACG	UAC	GUA	CGU
	arg	thr	tyr	val	arg
	GUA	CGU	ACG	UAC	GUA
	val	arg	thr	tyr	val
	UAC	GUA	CGU	ACG	UAC
	tyr	val	arg	thr	tyr

시작되는 아미노산의 변화를 제외하면 서열이 같음을 기억하시오.

13-3. 상보적 염기를 적용하고 T를 U로 치환하면:

(a)

서열 1: 3′-GAAAAAACGGUA-5′
서열 2: 3′-UGUAGUUAUUGA-5′
서열 3: 3′-AUGUUCCCAAGA-5′

(b)

서열 1: met-ala-lys-lys
서열 2: ser-tyr-(종결)
서열 3: arg-thr-leu-val

(c) 상보적 염기서열을 적용하면:
3′-GAAAAAACGGTA-5′

탐구 문제 풀이

2. 당신의 에세이는 유전암호의 구조와 성질, 효소, 중합반응의 화학적의 성질과 전사의 과정을 포함하고 있어야 한다.

4. UUACUUACUUAC 사중뉴클레오타이드 서열은 개시가 어디서 시작되느냐에 따라 다음의 삼중체를 생산할 것이다.
요점: UUA = leu; UAC = tyr; ACU = thr; CUU = leu.
중첩성 암호 때문에 두 개의 코돈은 류신에 해당한다.
UAUCUAUCUAUC 사중뉴클레오타이드 서열은 개시가 어디서 시작되느냐에 따라 다음의 삼중체를 생산할 것이다.
요점: UAU = tyr; AUC = ile; UCU = ser; CUA = leu.
이런 경우 중첩성은 밝혀지지 않고 모든 코돈들이 다른 아미노산을 생성할 것이다.

6. AGG가 아르기닌을 암호화할 때 AG 다중중합체로부터 얻어지는 정보는 AGA 또한 아르기닌을 암호화하고 있으며, GAG는 글루탐산을 암호화하고 있다는 것이다. 이런 정보들을 복합적으로 이용해서 AAG 다중중합체에서 GAA는 글루탐산을 AAG는 리신을 암호화한다는 것을 알게 된다.

8.

원형		**치환**
트레오닌	------▸	알라닌
_AC(U, C, A, 혹은 G)		_GC(U, C, A, 혹은 G)
글리신	------▸	세린
_GG(U 혹은 C)		_AG(U 혹은 C)
이소루이신	------▸	발린
_AU(U, C, 혹은 A)		_GU(U, C, 혹은 A)

10. 다중뉴클레오타이드 탈인산화효소는 일반적으로 RNA의 분해작용을 한다. 그러나 시험관 환경에서, 리보뉴클레오사이드 이인산이 다중으로 존재하게 되면, 반응의 방향이 중합으로 유도된다. 생체 내에서는 리보뉴클레오사이드 이인산이 적기 때문에 분해반응으로 반응의 방향이 일어난다.

12. 암호사전을 적용해서 다음의 서열들이 '해독'된다.

서열 1: met-pro-asp-tyr-ser-(term)
서열 2: met-pro-asp-(term)

12번째 염기(우라실)는 서열 1번에서 결실되어 있다. 그러므로 번역틀이동 돌연변이가 일어나고 종결암호인 UAA가 나오게 된다.

14.

G G A gly	G G U gly
U G A **term**	G G C gly
C G A **arg**	G G A gly
A G A **arg**	G G G gly
G U A **val**	U G U **cys**
G C A **ala**	C G U **arg**
G A A **glu**	A G U **ser**
G G U gly	G U U **val**
G G C gly	G C U **ala**
G G A gly	G A U **asp**

16. 특정 아미노산을 암호화하고 있는 코돈의 수는 문제에 언급되어 있듯이 첨가되는 아미노산의 빈도와 관련이 있다.

18. 첫째, 유전물질로서의 DNA가 진핵생물의 핵에 위치하고 있지만 단백질의 합성은 세포질에서 일어난다. 따라서 DNA는 직접적으로 단백질 합성에 관여하지 않는다. 둘째, DNA와 화학적 구조가 비슷한 RNA는 진핵세포의 핵에서 합성된다. 대부분의 RNA는 세포질로 이동하여 단백질 합성이 진행된다. 셋째, 일반적으로 세포 내의 RNA 양과 단백질의 양과는 직접적인 상관관계가 있다. 더 직접적인 증거는 리보솜에서 발견되는 것과 다른 RNA가 직접적으로 단백질 합성과 관련되어 있다는 것을 보여준 실험이다. 파지감염 직후, 파지 DNA에 상보적인 RNA들이 생성된다.

20. RNA 중합효소와 2가 금속 양이온(Mg^{2+})의 존재 하에서 리보뉴클레오사이드 삼인산과 DNA 주형은 리보뉴클레오사이드 일인산 중합체를 만들어낸다. 전구 물질인 리보뉴클레오사이드 삼인산과 생성물인 리보뉴클레오사이드 일인산 중합체와 이인산이 동일한 양으로 생성된다. *E. coli*에서 전사와 번역은 동시에 일어난다. 번역은 리보솜이 새로 생성된 mRNA의 5′ 말단에 붙어서 3′ 말단까지 진행해서 일어난다.

22. 전구 mRNA는 전사가 일어난 직후 종종 5′ 말단에 7-메틸구아노신 캡이 첨가되는 변형을 겪게 된다. 게다가, 250개까지 길어지는 아데닐잔기가 3′ 말단에 AAUAAA 서열이 잘린 직후에 첨가된다. 다양한 진핵생물의 전구 mRNA는 또한 성숙 과정 중에 다양한 조합으로 인트론이 제거된다. 몇몇 생물에서는 두 가지 방법의 RNA 편집현상이 일어나는데, 뉴클레오타이드가 변하는 치환편집과 전체 염기의 수가 변화는 삽입/결실 편집이 있다.

위치	예
5′ 말단	– 7-mG 첨가
3′ 말단	– 다중 아데닐 첨가
중간	– 내부 서열의 제거
	– RNA 편집
	– 치환
	– 삽입/결실

24. 치환 편집은 개체의 염기서열이 변할 때 일어난다. 핵에서 유래된 진핵생물의 RNA뿐만 아니라 미토콘드리아나 엽록체의 RNA에서도 흔하게 일어난다. 아포지질단백질 B는 하나의 유전자에서 길이가 길고 짧은 두 가지 형태로 발현된다. 초기의 전사체가 편집되고 이것이 조기 종결 코돈을 생성해서 길이가 반으로 줄어든 단백질을 합성하기 때문이다. 다른 카테고리는 삽입/결실 편집이다. 아프리카 수면병을 일으키는 기생충은 미토콘드리아 RNA의 삽입/결실 편집을 이용하여 개시코돈을 만들고 남은 서열이 적절한 전사틀을 가지도록 한다.

26. (a) 삼중암호에서 첫째, 둘째 염기는 마지막 염기에 비해서 같은 경우가 많다. 만약 더 적은 수의 아미노산이 더 일찍 사용되었다면, 첫 번째, 두 번째 염기가 우선적으로 관련되었을 것이다.

(b) 재미있게도, 언급된 모든 초기의 아미노산들은 각 코돈에서 구아닌을 첫 번째 염기로 사용하였다. 따라서 GNN 구조가 오늘날 암호의 시작점일 것이라 생각할 수 있다. GNN 형식에서 두 번째 염기는 초기 아미노산들을 구분하기 위해 사용되었다.

(c) 가장 초기의 아미노산이 GNN에 암호화되어 있고, 이후에 생겨난 아미노산은 [U(U, A, G)(U, C)]에 암호화되어 있다고 추측하는 것은 흥미로운 일이다. 초기와 그 이후에 생겨난 아미노산 코돈 구조 사이의 차이점을 설명하는 데 몇 가지의 고려할 조건이 있다. 새로운 아미노산이 코돈의 영역으로 추가되는 것은 느리고 돌연변이가 빈번한 과정일 가능성이 높다. 늦게 추가된 아미노산이 초기에 이미 정해진 코돈의 할당을 바꾸었는가 아니면 일부 아미노산은 아미노산을 암호화하지 않던 코돈을 사용할 수 있도록 되었는가? 이 경우에 있어서, 이후에 추가된 아미노산은 초기 아미노산에 비해 훨씬 적고 보다 제한된 형태의 코돈 할당이 이루어질 수밖에 없었을 것이다. 이후에 추가된 각각의 아미노산은 오늘날의 종결 코돈과 같이 동일한 첫 번째 뉴클레오타이드로 시작된다. 아미노산이 추가될 당시 일단 아미노산으로 할당된 코돈을 바꾸는 것 보다 단백질 합성에 덜 방해가 된다는 이유로 종결코돈으로 사용되던 코돈들이 나중에 추가된 아미노산을 암호화하게 되지 않았을까? 유전암호의 구조에 관해 많은 것들이 의문으로 남아 있다.

28. Proline: C_3와 C_2A 중 하나
Histidine: C_2A 중 하나
Threonine: 하나의 C_2A와 하나의 A_2C
Glutamine: A_2C 중 하나
Asparagine: A_2C 중 하나
Lysine: A_3

30. (a,b) 각 아미노산을 암호화하고 있는 삼중암호의 수를 결정하기 위해 코돈 표를 이용하고 그래프를 그리시오.
(c) 아미노산의 상대 사용빈도와 각각에 해당하는 삼중암호의 수와는 약한 상관관계가 있는 것 같다.
(d) 이 문제를 더 조사하기 위해서 누군가는 비슷한 방법으로 추가적인 아미노산을 조사해 볼 수 있다. 게다가, 여러 계통분류학적 그룹에서 동일 아미노산에 대한 코돈들의 사용빈도가 다르다. 상관관계가 더 극단적인 상황을 찾을 수도 있을 것이다. 이런 약한 상관관계가 다른 단백질에서 더 강해지는지 알아보기 위해 더 많은 단백질에 대해 연구를 해 볼 수 있을 것이다.

32. 만약 다양한 HIV 바이러스의 균주에서 유사한 서열을 동정할 수 있다면 하나 혹은 몇 개의 백신만으로도 전세계의 다양한 아형을 막을 수 있는 이점이 있을 것이다. 다른 말로 하면, 다양한 감염체에 더 넓게 적용되는 백신은 더 효능이 좋다. 한편 백신이 표적균에 잘 작용할수록 새로운 혹은 이전에 알려지지 않았던 변형균에도 잘 반응할 것이다.

14장

실전문제 풀이

14-1. 아미노산이 코돈의 인식 과정에 관여하지 않는다는 결론을 내릴 수 있다.

14-2.

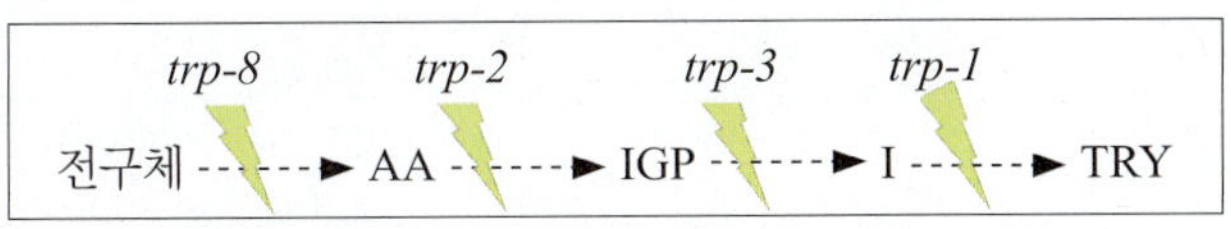

14-3. 발린 코돈이 GUU, GUC, GUA, 그리고 GAG이기 때문에, 글루타민산 코돈인 GAA와 GAG에 발생한 염기 하나의 변화가 글루

타민산을 발린으로 바꿀 수 있다. 정상적인 글루타민산은 음성 전하를 갖는 아미노산이나 발린은 전하를 띠지 않으며 리신은 양성 전하를 갖는다. 이와 같은 의미성 높은 전하의 변화가 일어났을 때, 우리는 단백질 구조 및 기능에 어느 수준의 영향을 끼칠 것이라고 예견할 수 있다. 이와 같은 변화는 단백질 접기에서 내부적인 변화 혹은 적혈구의 다른 분자, 특히 다른 헤모글로빈 분자와의 상호작용에서 발생할 수 있다.

탐구 문제 풀이

2. 단백질 합성이 일어날 때, 리보솜은 다음과 같은 구성인자들(mRNA, 아미노산 결합 tRNA, 리보솜 대단위체, 리보솜 소단위체, 신장 및 개시인자들, 펩타이드이동효소, GTP, Mg^{2+} 새로 합성된 단백질, GTP-의존성 방출인자들)을 가질 것이다. 종합하자면, 이러한 구성인자들이 이웃한 아미노산들 사이에 펩타이드 결합을 형성해서 단백질을 합성한다.

4. 아미노산과 핵산 사이의 친화력이 단백질 합성에 충분하지 않을 수 있다. 예를 들어, 산성 아미노산은 핵산에 대한 친화력이 없을 것이다. 어댑터 분자로 인해서 핵산 사이에 특정한 수소결합이 발생하며, 또한 아미노산과 tRNA 사이에 공유결합이 발생할 수 있을 것이다.

6. 3개의 핵산이 하나의 아미노산을 암호화하기 때문에 423개의 핵산이 암호화하고, 종결 코돈을 포함하여 핵산의 수는 426개이다. 이는 폴리-A 꼬리, 5′ 캡, 비암호화 선도서열과 같은 다른 구성 요인들을 고려하지 않은 것이다.

8. ATP, Mg^{2+} 및 특정 아미노산 합성효소가 아미노아실-AMP 효소 복합체(+ PP_i)를 생성한다. 이 복합체가 특정한 tRNA와 작용하여 아미노아실 tRNA를 생성한다.

10. 동종수용 tRNA들은 아미노산 한 종류만을 인식해서 수용하는 tRNA들이다. 어쨌든 20가지 다른 아미노아실 tRNA 합성효소들은 동종수용 tRNA들의 염기 성분과 3차 구조를 각각 인식할 수 있어야 한다. 그러지 못할 경우, 번역의 완성도에 심각한 문제가 생긴다. 이 문제에 대한 가장 직접적인 해결책은 각각의 안티코돈을 인식하는 합성효소들을 갖는 것이다. 또 다르게 고려할 수 있는 방법은 안티코돈과 함께 특이성을 가질 수 있는 다양한 고리이다. 실제로, 각각의 tRNA는 여러 가지 특징을 갖는다: 하나 이상의 안티코돈 염기, 수용팔의 부위, 그리고 CCA 말단 부근의 특정한 하나의 염기.

12. 섭취한 음식에서 페닐알라닌과 티로신을 얻을 수 있다. 대부분의 자연적인 단백질들은 이러한 아미노산을 갖고 있다.

14. 임산부가 페닐알라닌을 다시 섭취하였을 때, 태아의 페닐알라닌의 혈중 농도는 발생 기간 동안 정상보다 높게 된다. 높은 페닐알라닌 농도는 매우 독성이 강해서, 신생아의 90% 정도가 심각하게 그리고 비가역적으로 발육이 부진하다. 유전적으로 페닐케톤뇨증이 있는 임산부는 임신 기간 중에 페닐알라닌의 섭취를 제한해야 한다.

16.

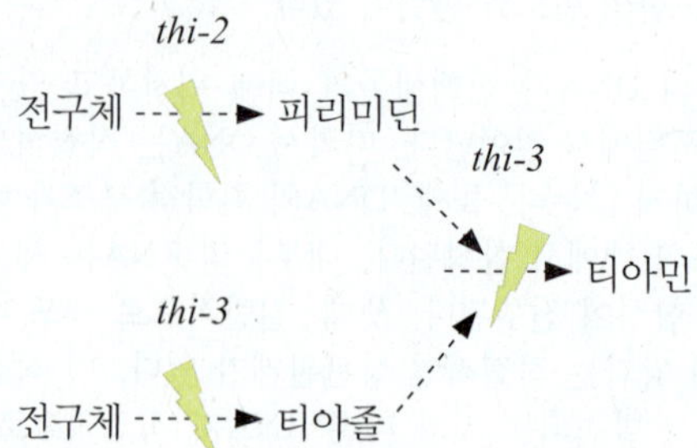

18. 단백질의 전기영동 이동속도는 여러 가지 요인에 기인하는데, 1차적으로 단백질의 전하이며, 그 다음 전기영동 환경 하에서 갖는 구조가 일정 수준까지 영향을 미친다. 이 두 가지 요인은 단백질의 형태와 아미노산의 서열(1차 구조)에 있다. 펩타이드 결합에 관여하는 구성인자 간의 상호작용, 소수성, 친수성 및 공유결합(기타) 등이 모두 아미노산의 서열에서 비롯되어, 단백질의 최종적인 구조를 결정하는 데 관여한다. 따라서 전기영동상에서 단백질의 이동속도가 변화되었다는 것은 아미노산 서열에 변화가 발생했다는 것을 의미한다.

20. 겸상적혈구 빈혈증은 분자 수준에서 잘 분석되어 **분자적** 질병이라고 부른다. DNA에서 하나의 염기가 바뀌면 헤모글로빈의 β단위체의 아미노산이 바뀐다. 이는 세대 간에 유전되기 때문에 유전질환이라고 하며, 미생물에 의해 유발되는 질환과 달라 전염되지 않는다. 미생물체에 의해 유발되는 질환과 달리 유전질환은 가계 혈통을 따라서 전달된다.

22. 아미노산 하나가 바뀌더라도 단백질의 전기영동 이동속도가 표준 조건에서 변하지 않을 수 있다. 바뀐 아미노산이 원래 아미노산과 유사한 전하와 구조를 갖는다면, 전기영동 이동속도에 영향을 끼치는 요인들이 바뀌지 않을 것이다. 절단된 펩타이드 분석법을 사용하여 미세한 아미노산의 차이점을 분석할 수 있다.

24. 모든 치환 변이는 하나의 염기 변화로 이루어진다.

26. **선형대응성**(colinearity)은 단위체의 순서적인 배열로서, 단백질에서 아미노산과 DNA에서 염기의 순서적인 배열을 뜻한다. MS2 파지의 유전자와 산물들의 서열을 분석하고, **트립토판 합성효소**의 A 단위체 유전자에 생긴 돌연변이들을 연구한 결과, 염기순서와 아미노산 순서 간의 선형대응성 관계를 파악하게 되었다.

28. **일차**(primary): 아미노산의 직선적인 배열 혹은 순서. 이 서열이 다음 단계의 구조를 결정한다.

    이차(secondary): 펩타이드 결합을 이루는 요소 간의 수소결합에 의해서 형성되는 α-나선 및 β-병풍 구조.

    삼차(tertiary): 아미노산 곁가지 간에 일어나는 상호작용의 결과 생기는 접힘. 이러한 상호작용은 다음의 경우에 주로 일어나지만 이 경우에만 제한되는 것은 아니다: 시스테인 잔기 간의 이황화 공유결합, 친수성 곁가지와 물 분자 사이의 상호작용, 소수성 곁가지 간의 상호작용.

    사차(quaternary): 두 개 이상의 폴리펩타이드 간의 결합. **다중체**(oligomer)는 한 개 이상의 폴리펩타이드 분자로 구성된 단백질 복합체를 가르킨다.

30. 효소는 세포의 동화 및 이화 작용을 조절하는 기능을 수행한다. 이들은 활성화 에너지를 낮추어서 생물 시스템에 적합한 환경에서 화학 반응이 일어나도록 만든다. 효소는 활성부위 및/혹은 환경에 민감한 다른 도메인들을 갖는다. 활성부위는 틈새, 혹은 구멍과 같은 구조로서 반응물질과 결합하여 그 상호작용을 촉진한다. 다른 도메인들은 입체구조에 영향을 끼쳐, 활성 부위의 기능을 조절한다.

32. 세 쌍의 유전자가 관여함에도 불구하고, 주목할 점은 돌연변이의 양상 때문에 (a) 단성잡종 혹은 (b, c) 양성잡종으로 다루어야 한다.

(a) F_1: *AABbCC* = 점박이

F_2: 3 *AAB_CC* = 점박이
1 *AAbbCC* = 노랑

(b) F_1: *AABbCc* = 점박이

F_2: 9 *AAB_C_* = 점박이
3 *AAB_cc* = 초록
3 *AAbbC_* = 노랑 } 4
1 *AAbbcc* = 노랑 }

(c) F_1: *AaBBCc* = 점박이

F_2: 9 *A_BBC_* = 점박이
3 *A_BBcc* = 초록
3 *aaBBC_* = 무색 } 4
1 *aaBBcc* = 무색 }

34. 다음의 교배가 데이터를 만족시킨다.

AABBCC × *aabbcc*

F_2 자손:

27 *A_B_C_* = 보라색
9 *A_B_cc* = 분홍색
9 *A_bbC_* = 장미색
9 *aaB_C_* = 오렌지색
3 *A_bbcc* = 분홍색
3 *aaB_cc* = 분홍색
3 *aabbC_* = 장미색
1 *aabbcc* = 분홍색

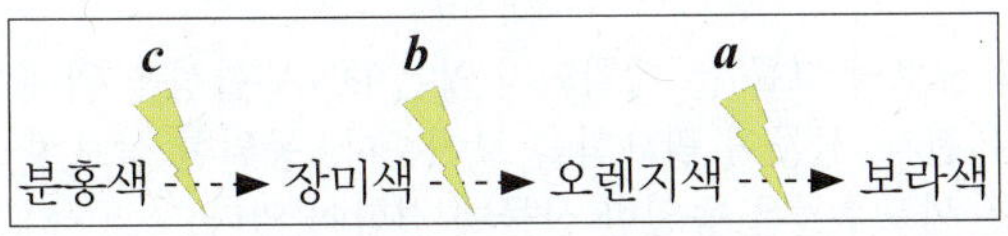

위의 가설은 아래와 같이 역교배 실험을 수행하여 검증할 수 있다.

AaBbCc × *aabbcc*

교배의 결과는 아래의 비율과 같을 것이다:
4(분홍): 2(장미색): 1(오렌지색): 1(보라)

36.

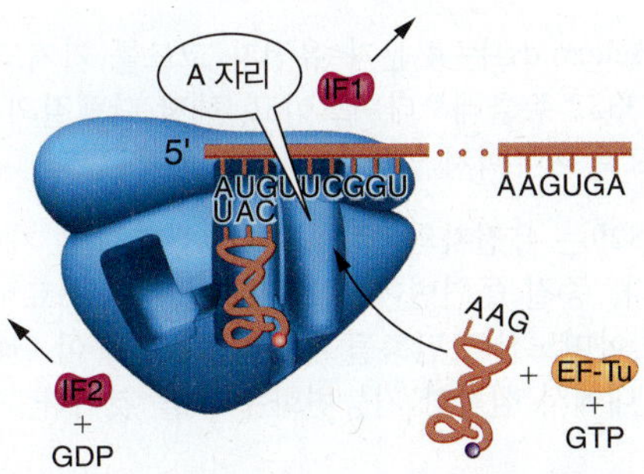

38. (a) 유전자는 우성으로 작용하는 것으로 보인다. 열성이기 위해서 외부 혈통에서 온 세 개체 모두가 이형접합체이어야 하는데, 이는 매우 가능성이 낮기 때문이다. 뿐만 아니라, tRNA 합성효소에 발생한 하나의 돌연변이가 글리신을 포함하는 단백질 합성에 상당히 부정적인 영향을 끼칠 수 있다.

(b) 반면에 가계도에서 영향을 받은 개체는 이형접합이기 때문에, 충분한 글리실 tRNA 합성효소 활성이 존재해야만 원활한 기능이 이루어진다.

(c) 돌연변이적 및 생리학적 교란이 발생 초기에 생길 경우, 신경병리적 요인이 된다. 이는 고도로 예민한 신경세포의 발생과 관련되고, 특히 축삭의 길이가 매우 길기 때문에 글리신-포함 단백질의 합성 저하로 인해서 이러한 단백질들이 축삭 전반에 분포하지 못하기 때문일 것이다.

15장

실전문제 풀이

15-1. 염기변화가 표현형에 주는 영향은 암호화영역이나 비암호화영역(non-coding region)에서의 위치, 우성 또는 열성, 유전체상의 다른 염기서열과의 상호작용 등 다양한 요인에 의해 달라진다. 만일 염기변이가 비암호화 영역에 있는 경우 표현형에 영향이 없을 수 있다. 그러나 전통적인 의미에서 일부 비암호화 영역들은 다른 유전자 또는 유전자 생성물에 영향을 미칠 수 있음이 알려져 있다. 만일 이 돌연변이가 암호화 영역에서 열성으로 작용하는 경우에는 표현형에 영향을 주지 않지만 우성으로 작용하는 경우에는 표현형에 영향을 줄 것이다. 일부 유전자들은 다른 유전자와의 상호작용이 예측하기 어려운 다양한 방법으로 이루어진다.

15-2. 만일 어떤 유전자가 불완전 침투(incomplete penetrant)를 한다면, 이 유전자는 집단 내에 존재하지만 어떤 특정 조건에서만 발현하게 된다. 혈우병 유전자가 이 방식으로 작동하는 것 같지는 않다. 어떤 유전자의 발현이 또 다른 유전자의 돌연변이에 의해 억제되는 경우, 자손은 해당 유전자를 전달받았으나, 억제자 유전자는 전달받지 않을 수 있다. 이러한 방식으로 혈우병(hemophilia)이 나타날 수 있다. 빅토리아 여왕의 가계에서 나타난 혈우병 유전자 돌연변이는 아버지에게서 발생되었을 가능성도 있다. 마지막으로 어머니가 이형접합성이었고 그녀의 가족 중 누군가 우연히 돌연변이형 유전자를 받았을 수 있다.

15-3. DNA 복제 억제제는 직간접적인 방법으로 돌연변이 또는 DNA의 교차-결합(cross-linking)을 통해 세포주기를 억제하여 암 치료에 도움을 줄 수 있다. 구아닌의 알킬화는 종종 불일치 염기가 유발되고, 이들은 다양한 불일치 수선 기전(mismatch repair mechanism)에 의해 수선(복구)된다. 그러나 DNA 교차-결합은 재조합 기전(recombinational mechanism)에 의해 복구될 수 있다. 따라서 이러한 DNA 복제억제제는 특정 항암제와 함께 DNA 수선 시스템의 억제제로 성공적인 암치료를 위해 사용된다.

15-4. 에틸 메탄 설포네이트(ethyl methane sulfonate, EMS)는 구아닌(G)의 6번째 위치 그리고 티민(T)의 4번째 위치의 케토기를 알킬화시킨다. 각각의 경우에 염기쌍의 친화성이 변하여 구아닌(G)이 아데닌(A)으로, 티민(T)은 시토신(C)으로 유사형 염기치환 변이(transition mutation)가 유발될 수 있다. 변경된 염기는 쉽게 수선

(복구)되지 않으며, 이들이 복제에 의해 정상 염기쌍을 형성하면, 돌연변이들은 원래대로 회복되기 어렵다.

탐구 문제 풀이

2. 에세이에는 이배체와 반수체 생물체의 유전체(genome) 차이에 대한 간략한 설명을 포함해야 한다. 두 그룹의 생물체 차이로부터 기인하는 세포사멸, 질병 및 암과 같은 돌연변이 현상 등의 상황은 예외로 한다.

4. 유전적 스크리닝(genetic screening; 유전적 검사)을 수행할 때, 우리는 일반적으로 한 생물체의 모든 세포가 유전적으로 동일할 것으로 추정한다. 따라서 생물체는 돌연변이를 진단하는 검사에 반응(respond)한다. 체세포 돌연변이가 한 개의 세포에서 처음으로 발견된 이후, 그 생물체의 다른 세포에서 동일한 돌연변이가 나타날 가능성이 거의 없기 때문에 검사에 반응할 만큼 충분히 변화되지는 않을 것이다. 즉, 체세포 돌연변이는 한두 세포에서 나타난다고 하여도 개체 수준에서는 큰 의미가 없다.

6. 유전자는 아마 10억 년 이상의 진화 산물일 가능성이 높다. 어떤 환경에서 각 유전자와 유전자 산물의 기능도 진화, 혹은 공진화한다. 각각의 유전자 산물들의 상호작용의 결과물들이 생명에 요구된다. 각 유전자 생성물은 복잡한 상호작용 환경에서 기능해야 하므로 돌연변이로 인해 정상 범위에서 벗어나면 치명적일 수 있다. 그러나 가끔 유익한 변이가 발생하기도 한다.

8. 조건부 돌연변이(conditional mutation)는 어떤 환경적 조건에서는 야생형 표현형을, 그리고 다른 조건하에서는 돌연변이 표현형을 유발한다. 조건부 치사(conditional lethal) 유전자는 어떤 환경조건에서 생물체를 조기사망에 이르게 하는 유전자형이다.

10. 이들 세 가지 물질은 염기치환의 원인물질이기 때문에 모두 돌연변이원이다. 탈아미노화에 의해 염기가 산화되어 시토신은 우라실로, 아데닌은 히포크산틴으로 변환된다. 우라실은 아데닌과, 시토신은 히포크산틴(hypoxanthine) 염기와 쌍을 이룬다. 알킬화제는 뉴클레오타이드의 아미노기 또는 케토 그룹에 알킬기를 제공하고, 따라서 염기쌍의 친화도에 변화를 준다. 6-에틸구아닌(6-ethyl guanine)은 아데닌처럼 행동하여 티민과 결합한다. 염기 유사체로서 5-부로모우라실(5-bromouracil)과 2-아미노퓨린(2-amino purine)은 각각 티민과 아데닌 자리에 들어간다. 그러나 이들은 각각 구아닌 및 시토신과 염기쌍을 이룬다.

12. X선은 UV보다 고에너지이고 더 짧은 파장을 갖는다. X선은 더 큰 투과능력을 가지고 있으며, 더 많은 DNA를 파괴할 수 있다.

14. **광회복**은 UV에 의한 손상을 수선하도록 한다. 효소, 즉 광회복 효소는 광자를 흡수하여 티민 이합체를 절단한다. **절제수선**(excision repair)에는 여러 유전자 산물이 관여하며, DNA 중합효소 I 과 DNA 연결효소(DNA ligase)는 UV에 의한 이합체를 잘라낸 후, 빈 부위를 채우고 그 사이를 포스포다이에스터 결합으로 연결한다. 절제 수선과정은 DNA 나선의 손상에 의해 활성화될 수 있다. **재조합 수선**(recombinational repair)은 복제할 때 일어나는 또 다른 방식의 DNA 손상회복 기전이다. 만일 새롭게 합성된 가닥에 틈(gap)이 생기면, '구조활동(rescue operation)이나 SOS 반응' 중 하나에 의해서 그 공백을 채울 수 있다. 많은 다른 유전자 산물이 수선 과정에 관여 한다: recA 와 lexA. SOS 수선에서는 DNA 중합효소 III에 의한 교정이 억제되므로, 이를 '오류가 발생하기 쉬운 시스템(error-prone system)'이라고 한다.

16. 유전자의 암호화 부위 앞쪽은 돌연변이에 매우 민감하다. 이 부분에는 전사인자나 중합효소의 결합 부위가 위치해 있어서 돌연변이는 전사에 영향을 주게 된다. 인트론 부위의 돌연변이는 스플라이싱, mRNA의 안정성이나 번역을 결정하는 다른 인자들에 영향을 미칠 수 있다.

18. **색소피부건조증**은 손상된 DNA의 회복을 방해하는 여러 상염색체 유전자들로 인해 발생하는 인간 피부암의 한 형태이다. 이핵체(heterokaryon)를 이용한 연구에서 이 질환을 유발하는데 관련된 일곱 가지 상보적인 유전자가 존재한다는 것을 알게 되었다. 이 과정에는 광회복 수선효소 (photoreactivation repair enzyme)가 관여하는 것으로 나타났다. 암은 여러 종류의 유전자 돌연변이에 의해 야기되기 때문에, 특히 DNA 회복효소의 이상은 여러 가지 유형의 DNA 돌연변이 발생을 증가시킬 수 있다.

20. 그것은 돌연변이의 원인인 특정 환경요인 감소를 통해 가능하며, 돌연변이 비율이 감소될 수도 있을 것이다. 한편, 특정 산업이나 의료행위는 실제로 돌연변이원을 집중시킨다(방사성물질과 유해 화학물질 등). 인간 집단이 이 같은 물질들로부터 보호되지 않는 한, 돌연변이 비율은 실제로 증가할 수 있다. 개선된 생활환경 및 의료행위의 결과로서 인간 집단에 돌연변이의 축적이 일어난다면, 덜 가혹한 환경으로 인해 선택압력이 감소함에 따라 더 많은 변이가 허용될 가능성이 있다. 또한, 개체가 더 오래 살고, 늦은 나이에 아이를 가지기 때문에, 일부 연구에서 고령의 남성은 배우자세포에 더 많은 돌연변이를 축적하고 있는 것으로 밝혀졌다.

22. 트랜스포존(transposon)은 거대한 염색체 변화를 포함한 다양한 방법으로 DNA의 변화를 일으킨다. 대부분의 경우 DNA의 변화는 생물체에 해롭다. 매우 드물게 새로운 유전적 변이가 선택이득(selective advantage)을 부여받아서 진화적이득(evolutionary advantage)이 발생한다.

24. *XP1* *XP4* *XP5*

XP2 *XP6*

XP3 *XP7*

그룹화(상보성 그룹)는 계획되지 않은 DNA 합성을 위해 적어도 세 가지 '유전자' 산물이 필요함을 보여준다. 동일한 상보성 그룹을 갖는 모든 세포주들은 동일한 산물에 결함이 있다.

26. 인간의 방사선 노출의 약 78%는 천연 자원에서 비롯된다. 진단용 X선 노출은 전체의 약 10%를 차지하며, 인공적으로 만들어진 다른 형태의 방사성 물질들은 비교적 매우 소량이다. 즉, 인공 방사선 피폭이 돌연변이를 일으키는 요인이 아니라고 말할 수는 없지만, 중요한 요인은 아니다.

28. 베타조이드(Betazoids)는 4-문자 유전자 코드를 가지고 있기 때문에 유전자는 3332 뉴클레오타이드이고, 해당 단백질의 길이는 833개 아미노산으로 이루어져 있다.

(*mr-1*) 코돈 829는 유전자의 말단(carboxyl)에 매우 가까운 아미노산을 지정한다. 종결 돌연변이가 조기에 번역을 종료하며, 단백질은 다섯 개의 아미노산이 단축될 것이다. 따라서 이 단백질은 접힘 기능과 세포 내에서 심각한 기능변화는 없을 것이다. 왜냐하면 번

역의 방향(mRNA의 5′에서 3′)에 단백질의 카복시 말단 아미노산은 접힘의 순위에서 가장 말단이며, 단백질 기능을 결정하는데도 덜 중요한 부위이다.

(*mr-2*) 표현형이 약하기 때문에, 이 아미노산 변화는 단백질을 완전히 불활성화하지 않는다. 그러나 어느 정도는 단백질 활성에 영향을 준다. 아마도 이 치환으로 인해 단백질이 약간 이상한 방식으로 접혀서 약간의 나쁜 영향을 주게 되어, 전체적으로는 정상적인 작동을 방해한다. 추가로, 단백질의 접힘이 야생형 단백질의 전하나 단백질 활성부위의 구조적인 차이에는 약간 영향을 줄 수 있을 것이다.

(*mr-3*) 이러한 68개 뉴클레오타이드의 결실(deletion)은 17개 아미노산의 결실에 해당한다. 베타조이드의 코돈 하나는 네 개의 뉴클레오타이드로 구성되기 때문에, mRNA 번역틀의 결실 이후 부분은 그대로 유지된다. 단백질의 기능은 결실 부위의 2차 구조인 α-사슬 및 β-병풍 내 상대적인 위치에 따라 달라진다. 결실된 부분이 중요한 단백질 도메인 사이의 '양성(benign)' 링커(linker)인 경우, 아마 단백질은 완전히 그 기능을 잃지 않고 일부 아미노산의 손실 부분만을 감내할 것이다.

(*mr-4*) 코돈 192 부위의 아미노산은 단백질의 기능에 매우 중요함에 틀림없다. 이 아마노산의 변경은 단백질의 중요한 영역을 파괴하여 단백질의 활성을 거의 또는 전부 잃게 할 것이다. 단백질이 효소인 경우, 이 아미노산은 효소의 활성 부위에 위치하며 기질과의 결합 혹은 작용에 영향을 줄 수 있다. 아미노산의 변화는 겸상 적혈구 빈혈증(sickle cell anemia)에서 보듯이 하나의 아미노산 변경에 의해 엄청난 변화를 유발할 수 있다. 헤모글로빈 S형(Hemoglobin S, HbS)은 아미노산 서열 6번째 글루타민산 (glutamic acid, 음전하)이 발린(valine, 전하 없음)으로 바뀌면서 증상이 발생한다.

(*mr-5*) 11개 염기쌍의 결실은 4로 나눌 수 없는 숫자이므로 그 위치 다음부터 번역틀이 이동한다. 이 부위의 결실(83~93)은 위 문제에서의 결실(83~150) 보다 작고, 같은 지역에 위치하고 있음에도 불구하고, 번역틀이동이 발생하여 결실지점 이후의 아미노산 일부 또는 전부가 정상 단백질의 것과 차이가 생긴다. 그런데 이들 중 일부는 암호가 일치할 것이므로 모두 바뀌지는 않을 것 이다. 예기치 않은 다른 국면에서 넌센스 트리플렛(nonsense triplet; 종결코돈)이 발생하여, 조기 사슬종결을 야기할 수 있다. 이 돌연변이는 유전자 시작 부위에서 발생하기 때문에 합성되는 단백질의 아미노산 대부분이 영향을 받을 것이다. 이 경우에 단백질은 매우 심각한 기능 상실 표현형을 가질 것이다.

30. 이것은 IS(insertion sequence)가 갈락토오스 유전자를 제어하는 상단부에 존재하면서 갈락토오스 오페론 유전자 조절 부위의 정상적인 기능을 파괴하기 때문인 것 같다.

32. (a) 암호화 영역의 종결 돌연변이는 사슬종료(정지)가 발생한 위치에 따라 다르기는 하지만 대부분 375개 아미노산보다 다소 적은 크기의 산물을 만든다.
(b) 엑손 1 삽입, 번역틀이동의 원인: 다양한 아미노산 치환 및 하단부에서의 종결 돌연변이에 의한 폴리펩타이드사슬의 정지.
(c) 엑손 7 삽입, 번역틀이동의 원인: 다양한 아미노산 치환과 하단부에서의 종결돌연변이에 의한 폴리펩타이드사슬의 정지로 엑손 1의 삽입 보다는 적은 변화가 일어난다.
(d) 과오 돌연변이: 아미노산 치환.
(e) 엑손 2 결실, 번역틀이동의 원인: 결실의 크기에 따라 약간 많은 아미노산이 손실될 수 있다. 번역틀 이동은 추가적인 아미노산 변화와 사슬의 종결을 유도하기도 한다.
(f) 엑손 2 결실, 정상 번역틀: 단백질의 추가 변경없이 엑손 2에서 아미노산만 손실됨.
(g) 엑손 2와 3을 포함하는 큰 결실: 단백질의 N 말단쪽으로 아미노산의 상당한 손실.

16장

실전문제 풀이

16-1. (a) *lacZ* 유전자의 초기에 하나의 염기 결실로 인해 결실부위 이후부터 '틀이동'이 있을 것이다. 따라서 모든 아미노산이 변경되거나 미성숙 사슬 종결이 일어나(번역틀에서 넌센스 트리플렛의 도입으로) 정상적 사슬 종결은 무시될 것이다. 이런 세포를 락토오스배지에 두면 β-갈라토시다제를 이용할 수 없어 생장할 수 없을 것이다.
(b) *A* 유전자의 초기에 결실이 일어나면 *A* 유전자 산물의 기능이 손상될 것이라 예상되지만, 탄소원으로 락토오스를 사용하는 데는 영향이 없을 것이다.

16-2. (a) 락토오스와 포도당이 없을 때 오페론은 꺼지는데 *lac* 억제자가 작동자에 결합하기 때문이고 CAP가 제 결합자리에 결합하고 있을지라도 억제자의 활동을 제압하지 못한다.
(b) 락토오스가 배지에 첨가되면 *lac* 억제자는 불활성되고 오페론은 구조유전자를 전사한다. 포도당이 없으면 CAP는 결합자리에 작용하고 따라서 전사가 향상된다.
(c) 락토오스가 배지에 없을 때 *lac* 억제자는 작동자 부위에 결합한다. 또한 포도당은 아데닐사이클라제를 저해하며 CAP 단백질은 결합자리에 상호작용하지 않을 것이다. 따라서 오페론도 '꺼짐' 이다.
(d) 락토오스가 있으면, *lac* 억제자가 불활성된다. 그런데 포도당이 있으면 CAP는 결합자리와 상호작용할 수 없을 것이다. 이런 조건에서 전사는 거의 일어나지 않으므로 오페론은 '꺼짐'으로 간주될 수 있다.

탐구 문제 풀이

2. 자원들이 있을 때 환경적 자원과 도전(예를 들면 항생제)에 효과적으로 대응하여 진화적 장점을 가진 반응에 대해 설명하여야 한다. 오페론에서 기능의 관련성을 가진다는 것은 협력적 반응을 제공한다는 것이다.

4. **유도 시스템**(inducible system)에서 억제자는 작동자와 정상적으로 상호작용하여 전사를 저해하는데, **유도자**(inducer)에 의해 억제자가 불활성화되면 전사가 허용된다. **억제 시스템**(repressible system)에서 정상적 불활성 억제자는 **공동억제자**(corepressor)에 의해 활성화된다. 따라서 활성화된 억제자가 전사를 저해하기 위해 작동자에 결합할 수 있게 된다. 단백질(억제자)의 상호작용은 전사에 부정적 영향을 주므로 여기서 기술한 시스템은 **음성 조절**(negative control)의 형태이다.

6. $I^+O^+Z^+ = I^+$ 유전자에서 활성적 억제자의 작동 때문에 락토오스가

억제자 기능에 영향을 주지 못해 **효소가 만들어지지 않을 것이다.**

$I^+O^cZ^+$ = 구성적 작동자가 Z 유전자와 *cis* 상태이기에 **기능적 효소가 만들어질 것이다.** 배지의 락토오스는 구성적 작동자 때문에 영향을 주지 않을 것이다. 억제자는 돌연변이 작동자와 결합할 수 없다.

$I^-O^+Z^-$ = I^- 시스템이 구성적이나 Z 유전자가 돌연변이이기 때문에 **기능이 없는 효소가 만들어질 것이다.** 배지의 락토오스가 없는 것은 기능이 없는 억제자 때문에 영향을 주지 않을 것이다. 돌연변이 억제자는 작동자에 결합할 수 없다.

$I^-O^+Z^-$ = I^- 시스템이 구성적이나 Z 유전자가 돌연변이이기 때문에 **기능이 없는 효소가 만들어질 것이다.** 배지의 락토오스는 기능이 없는 억제자 때문에 영향을 주지 않을 것이다.

$I^-O^+Z^-$ / $F'I^+$ = 락토오스가 없기 때문에 **효소가 만들어지지 않을 것이고,** I^+ 유전자의 억제자 생성물은 작동자에 결합하여 전사가 저해될 것이다.

$I^+O^cZ^+$ / $F'O^+$ = 정상적 Z 유전자를 가진 *cis*에서는 구성적 작동자가 있기 때문에 **기능적 효소가 만들어질 것이다.** 배지의 락토오스는 돌연변이 작동자 때문에 영향을 주지 않을 것이다.

$I^+O^+Z^-$ / $F'I^+O^+Z^+$ = 배지에 락토오스가 있기 때문에 억제자 단백질은 작동자에 결합할 수 없고 전사가 일어날 것이다. 정상적 Z 유전자가 있어 **기능적, 비기능적 효소가 만들어질 것이다.** 억제자 단백질이 확산성이 있어 *trans*로 작동한다.

$I^-O^+Z^-$ / $F'I^+O^+Z^+$ = 배지에 락토오스가 없기 때문에 단백질(I^+)은 작동자를 억제하고 **효소가 만들어지지 않을 것이다.**

$I^sO^+Z^+$ / $F'O^+$ = I^s의 생성물로 인해 억제자는 작동자에 결합하여 **효소가 만들어지지 않는다.** 배지에 락토오스가 없는 것은 중요하지 않은데, 돌연변이 억제자가 락토오스에 반응하지 않기 때문이다.

$I^+O^cZ^+$ / $F'O^+Z^+$ = Z 유전자에 구성적 작동자(O^c)가 위치하므로 **기능적 효소를 만들 것이다.**

8. 하나의 대장균 세포는 *lac* 억제자의 양이 적다. 그런데 *lac* I^q 돌연변이체는 억제 단백질 생성이 10배나 증가하므로 추출이 쉽다. 방사성 표지 유도자(IPTG)에 대해 투석을 사용하여 길버트와 휠러-힐은 *lac* I^q 세포추출물에서 억제 단백질을 동정할 수 있었다. 표지된 IPTG에 결합한 물질을 분리하였는데 열에 불안정하고 단백질의 여러 특성을 보였다. *lac* I^-세포 추출물은 표지된 IPTG에 결합하지 않았다.

10. (a) 활성화된 CAP는 RNA 중합효소를 *lac* 프로모터에 협력적으로 결합시키는 작용을 하므로, 기능성 *crp*의 결여는 CAP에 의해 나타내는 양성 조절과 절충(타협)할 것이다.
    (b) CAP 결합자리가 없다면 *lac* 오페론의 유도성이 감소될 것이다.

12. 트립토판이 충분히 공급될 때 전사감쇠 작용은 트립토판 합성을 줄인다. 또한 트립토판 오페론의 전사감소가 일어난다. 트립토판이 억제자를 활성화할 때도 똑같은 현상이 일어나 트립토판 오페론이 꺼진다.

14. Neelaredoxin은 혐기성과 아마 호기성 생기체에서 산소대사로 인해 나타나는 산화스트레스를 막는 단백질이다. 산소 자유라디칼(산화스트레스를 만든다)의 생성은 O_2와 H_2O_2를 포함한 여러 분자에 의존적이다. 분명히 Neelaredoxin은 유전자 발현의 잠재적 유도자가 시스템에 추가되지 않아도 모든 시기에 비교적 높은 수준으로 합성(구성적 발현)된다. O_2와 H_2O_2를 처리해도 Neelaredoxin 유전자의 추가적 발현이 없으므로, 반응성(**유도성**)이 없다.

16. 아라비노스가 배지에 있을 때 아라비노스 오페론에 대한 구조유전자가 전사된다. *lac* 오페론에 대한 구조유전자가 아라비노스 오페론의 구조유전자로 대치되면 아라비노스가 있을 때 *lac* 구조유전자는 전사되고 β-갈락토시다제는 유도수준까지 생성된다.

18. 억제자가 전사를 정지하므로 여기서 기술한 것처럼 이 시스템은 음성 조절로 간주된다.

20. 이 시스템은 **유도성**이다. C는 **구조유전자**를 암호화한다. B는 **프로모터**여야 한다. A부위는 **작동자**이고 D부위는 **억제자** 유전자이다.

22. 문제의 첫 두 문장은 기름이 단백질 생성을 촉진시키고, 기름을 대사하는 유전자 발현을 촉진(양성조절)하는 유도성 시스템임을 알려준다. 균주 #2와 #4에서 결과의 차이는 *cis* 작동 시스템이라는 것을 나타낸다. 오페론은 저절로(균주 #3 같은 돌연변이체일 때)가 구조유전자의 구성적 합성을 나타내므로, *cis* 작동 시스템이라는 것을 지지한다. *cis*-작동요소는 대부분 오페론의 일부일 것이다.

24. SOS 조절 하에서 다른 유전자 산물을 분석해낸다면 *lexA*$^-$ 균주에 다른 유전자 산물이 유도수준으로 존재해야 한다.

26. (a) 클라미디아에서 R과 D의 작용에 대한 가장 단순한 모델은 억제자 요소(R)가 열충격을 받으면 *cis*-작용 요소(I)와 비효율적으로 결합할 것이다. 이것은 두 가지 과정으로 일어난다. 슈퍼코일된 DNA의 구조가 변경되어 R 결합에 비효율적이거나 R 단백질의 D-결합 효율이 열에 의해 변형된다. 어떤 경우든 전염성에 관한 유전자가 열충격시 전사된다.
    (b) 클라미디아의 열충격 R 및 D 시스템과 대장균의 열충격 시그마 인자간의 가장 명확한 비교는 클라미디아에서 R-D 시스템은 열에 의해 불활성화되며 대장균에서는 열에 의해 시그마 인자가 활성화된다.

17장

실전문제 풀이

17-1. 암세포는 종양억제유전자 혹은 원발암유전자의 돌연변이로 인해 종종 만들어진다. 많은 DNA 수선유전자의 하나에 과메틸화가 일어나면 해당 DNA 수선시스템이 손상되기 때문에 돌연변이 율이 증가될 것이다. 그 결과 종양억제유전자 혹은 원발암유전자에서 돌연변이가 증가하게 된다.

17-2. 보편 전사인자는 프로모터와 결합하여 특정 유전자의 전사를 촉진한다. 인핸서에 결합되었을 때 *trans*-활성요소는 보조활성인자와 상호결합하여 전사 시작을 촉진하는 인핸세오좀을 형성함으로써 전사를 촉진한다. 어떤 단백질이 사일런서 DNA 요소에 결합하여 억제 염색질 구조를 형성하면 전사가 억제될 수 있다. 조직의 분자적인 환경에 따라서 동일한 분자들이 서로 다른 염색체 조절 부위(인핸서 혹은 사일런서)에 결합할 수 있다.

17-3. 초파리 *tra* 유전자의 돌연변이는 발생 과정을 극적으로 변경시키

는데, TRA 단백질이 존재하면 정상 암컷이 생성되고 TRA 단백질이 없을 때는 수컷이 만들어진다. 비기능성의 *tra* 대립유전자는 수컷 특이적 스플라이싱 때문에 수컷을 생성하는 반면, 항상 활성이 있는 *tra* 유전자는 암컷을 생성한다.

탐구 문제 풀이

2. 여러분의 에세이는 인간유전체의 조절요소/전사생성물의 백분율, 조절 단백질의 결합 부위, 염색질 내 조절 요소의 일반적 구조를 설명해야 한다.

4. 염색질 구조에 의미있는 변화가 있을 때 염색질은 리모델링된다. 염색질 리모델링은 DNA 메틸화의 변화와 뉴클레오솜내 히스톤과 DNA의 상호결합을 포함한다. 뉴클레오솜 리모델링 복합체는 히스톤 변형과 인핸서/사일런서를 포함하는 많은 과정에 의해 뉴클레오솜의 구조와 위치를 변경시킨다.

6. DNA가 전사적으로 활성이 있을 때, 덜 응축된 상태로 존재하여 DNase 접근을 용이하게 한다.

10. 일반적으로 활성인자와 억제인자는 RNAP II와 전사복합체 간의 관계를 변화시킨다. DNA 고리는 먼 거리에 있는 인핸서 혹은 사일런서 요소를 프로모터 지역과 가깝게 하여 유전자 조절을 용이하게 하는 것으로 생각된다.

12. 일반적으로 과학자들은 조절 요소를 제거하거나 추가하는 분석방법을 이용하여 여러 조절 요소의 영향을 알게 된다. 또한 조절 요소 내에 돌연변이를 조사하여 기능에 대한 이해를 하게 된다. 분석 시스템을 사용하여 그러한 변화 후에 유전자 발현의 상대적 정도를 결정한다.

14. RNA 간섭에서 Dicer 단백질은 이중나선 RNA를 가공하여 RISC와 결합한 짧은 간섭 RNA(siRNA)를 생성한다. siRNA를 풀어서 mRNA와 상보적인 안티센스 가닥을 생성하여 mRNA를 분해하는 단백질과 결합한다. microRNA라고 불리는 짧은 RNA는 mRNA의 3′-비번역 부위와 염기쌍을 이루고 그들의 번역을 정지시킨다.

16. Inr, BRE, DPE, MTE 서열들은 전사 시작 부위(Inr), TATA 상자의 상부서열 혹은 하부서열(BRE), 전사개시점의 하부서열[DPE(+18에서 +27), MTE(+28에서 +33)]에 위치한 이중나선 DNA 요소들이다.

18. DNA 메틸화가 포유동물에서 유전자 발현에 중요한 역할을 한다고 볼 때, DNA 메틸화의 어떤 변화(과메틸화 혹은 저메틸화)는 발생에 음성적 효과를 줄 가능성이 있다. 게다가 mC^5 >>>티민이므로, 전이염기치환은 DNA의 암호화 부위에 돌연변이를 일으킬 가능성이 높다. 메틸화 양식이 변할 때 돌연변이를 위한 새로운 부위가 생긴다. 이전에 비메틸화 부위였던 자리에서 돌연변이가 높은 빈도수로 발생한다면 배발생 과정은 영향을 받을 것이다.

20. 암으로 진행되는 여러 경로가 있으므로, 과학자들은 복잡한 조절 시스템이 관여할 것으로 기대한다. 좀 더 구체화한다면 발암유전자와 같은 유전자의 활성을 낮추는 것은 암 치료에 적절하고 종양억제유전자의 활성을 낮추는 것은 치료에 바람직하지 않다.

22. 다음 그림은 전사공장에 있는 여러 RNA 중합효소(어둡게 칠해진 원형) 분자들을 그린 것이다. 이 그림은 전사 중에 있는 8개의 RNAP II를 보여준다. 전사물이 RNAP II 분자로부터 생성되고 있다. 간단하게 그리기 위해서 오직 한 개의 프로모터와 한 개의 구조 유전자만 보여준다.

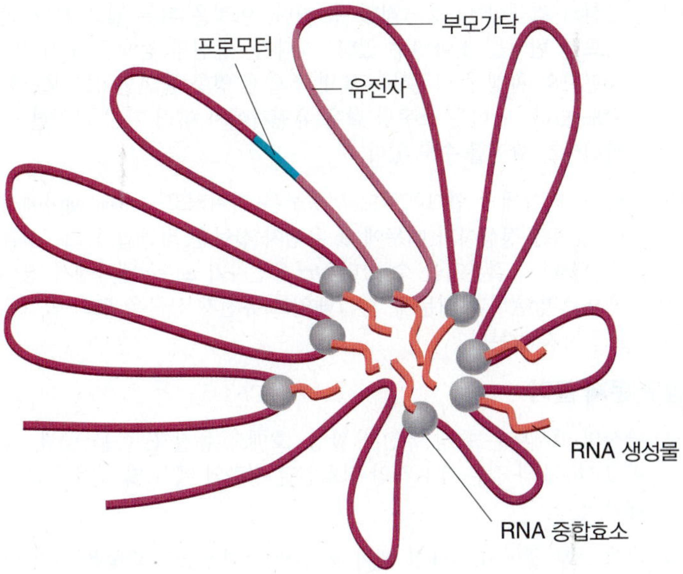

24. mRNA 안정성은 직접적으로 번역과 관련되기 때문에 과학자들은 아래 보인 것처럼 여러 재조합체를 대상으로 문제에서 기술된 분석 시스템으로 루시퍼레이즈 활성을 조사할 수 있다.

5′ 캡	3′ 말단	*mRNA (no cap, no tail)*
−	−	+
+	−	+
−	+	+
+	−	−
−	+	−

26. 스플라이싱 특이성이 소실될 때 과학자들은 여러 종류의 변형된 RNA를 관찰하게 된다: (1) 다양한 엑손과 인트론의 조합으로 다양한 길이를 가진 여러 비특이적 RNA 생성물, (2) 인트론과 엑손이 잘못 포함되거나 배제된 불완전 스플라이싱 mRNA 생성물, (3) 다양한 넌센스 생성물(이들은 비성숙 RNA 분해 혹은 짧아진 단백질 생성물이 된다). 암 특이적 스플라이싱 생성물이 종양생성의 결과인지 혹은 종양생성을 유도하는지에 대해서는 알려져 있지 않다. 암 유도의 복잡성과 형질전환된 세포 상태를 고려해 보면, 세포주기를 조절하는 데 중요한 유전자 생성물이 선택적 스플라이싱의 영향을 받아 암으로의 진행을 유발할 수 있다.

28. 수용체 분자와 결합한 스테로이드 호르몬은 DNA에 상호 결합하여 유전자 발현을 조절하는데, 무절제한 세포 성장에 관여하는 유전자들이 영향받는다. 에스트로겐에 의해 영향을 받는 DNA의 작용을 타목시펜이 막는다면, ER 양성 유방암에 효과적일 것이다. 타목시펜은 에스트로겐 수용체의 억제제이다.

30. 1. 효소 혹은 RNA 활성을 통해 핵 위치 신호서열을 제거하거나 감추는 방법을 고안하시오. 2. 수용체의 활성 부위를 차단하시오. 3. 전사인자와 DNA 프로모터 부위의 상호작용을 차단하시오.

18장

실전문제 풀이

18-1. 당신의 검색이 더 총괄적일 수 있다. 이것은 다른 검색 보다 더 미묘한 변이를 찾아낼수 있다. 게다가, 당신의 검색은 모계영향 유전자의 활성에 의존하는 몇몇 접합체 영향 돌연변이를 포함할 수도 있다. 당신은 소수의 같은 유전자에서 여러 가지 다양한 돌연변이를 확인할 수도 있다.

18-2. *ftz/ftz* 배아에서 인그레일드 생성물은 결여되고, *en/en* 배아에서 *ftz* 발현은 정상이기 때문에 *ftz* 유전자 산물은 직간접적으로 *en*을 조절한다고 결론지을 수 있다. *ftz* 유전자가 *en/en* 배아에서 정상적으로 발현되기 때문에, 인그레일드 유전자 산물은 *ftz*의 발현을 조절하지 않는다.

탐구 문제 풀이

2. 당신의 에세이는 특정 유전자 활성, 호메오 유전자, 음문 발생, 그리고 Notch와 같은 대표적인 신호전달 경로의 예시 및 묘사를 포함해야 한다.

4. 거의 모든 종에서 유래한 핵이 전사 및 번역적으로 활성을 띠고 있다는 사실은 동물과 식물계 전체에 걸쳐 유전자 암호, 전사와 번역의 부수적인 과정들이 서로 호환될 수 있다는 사실을 입증한다. 난자는 기계적으로나 환경적으로, 또한 생화학적으로 조절 가능한 단힌계에 해당하므로 연구자들이 다양한 조건에서 유전자 조절 양상을 연구할 수 있도록 허용한다. 예를 들어, 전사 관련 인핸서와 억제인자들은 번역 과정 및 번역 후 과정에 영향을 미치는 요인들과 함께연구될 수 있다. 다른 핵의 주입을 통해 핵 간 상호작용을 보여줄 수도 있다.

6. (a) 난자에서 초기발생을 조절하는 유전자들은 모계에 의해 난자에 축적된 유전자 산물들(mRNA, 전사인자, 다양한 구조 단백질 등)에 의존하는데, 이것을 모계영향유전자라 한다. (b) 모계영향유전자 산물들은 난자형성 과정 중 초기 난모세포 또는 영양 세포에서 만들어진다. (c) 모계영향유전자들은 전후 극성(anteriorposterior polarity)과 같은 초기 발생학적 사건을 조절한다. 난자형성 과정 중 이러한 산물들은 난자 안에 위치하고, 수정 후 즉시 발현된다. (d) 다양한 표현형이 가능하고 이것은 암컷의 자손에서 종종 나타난다. 모계효과는 모계의 유전자형을 알려준다.

8. 접합체 유전자의 세 가지 주요 그룹: (1) 인접 체절을 지정하는 간극 유전자, (2) 하나 걸러 모든 체절과 각 체절의 한 부분을 지정하는 쌍지배 유전자, (3) 각 체절의 동일한 부분을 지정하는 체절극성 유전자.

10. 다양한 세포 안에서 주어진 유전자의 전사 활성을 측정하기 위한 여러 가지 간접적인 방법이 있다. 첫째, 주어진 유전자의 단백질 산물이 서로 다른 세포 내에 존재하면, 원인이 되는 유전자가 전사되고 있다고 가정할 수 있다. 둘째, 만약 특수한 형태의 일부 염색체(침색염색체)에서 나타나는 것처럼 현미경을 이용해 유전자 활성을 관찰할 수 있다면, 유전자 활성은 국한된 염색체 퍼프의 존재 여부에 의해 추론될 수 있다. 특정 유전자의 전사를 확인하기 위한 보다 직접적이고 보편적인 방법은 표지된 탐침을 이용하는 것이다. 전사된 RNA와 상보적인 염기서열을 가지고 있는 표지된 탐침이 있다면, 이런 탐침들은 서로 다른 조직 내에 존재하는 표적 RNA와 혼성화될 것이다. 제자리 혼성화라고 불리는 이 기술은 매우 강력한 실험 기법이다.

12. 우성 기능 획득 돌연변이는 유전자 또는 유전 산물의 발현 양상 및 특징이 바뀌는 것이다. "기능 획득" *Antp* 돌연변이는 야생형 *Antennapedia* 유전자가 눈-더듬이(eyeantenna) 부위에서 발현되도록 하고, 변이가 일어난 초파리는 머리 위 더듬이 자리에서 다리가 형성된다.

14. 결정과 분화에 필수적인 호메오(*homeotic*) 유전자의 조절 기능 때문에 종양 형성 가능성을 무시하기는 어렵다. 호메오 유전자는 유전자 발현에 영향을 미치는 DNA 결합 도메인을 암호화한다. 유전자 발현에 영향을 미치는 요인들은 몇몇 환경 조건에서 세포주기 조절을 변화시킬 수 있다.
그러나 이 매력적인 모델에서 호메오 유전자의 변형은 유선에서 관찰되지 않았으며, Lewis의 말에 따르면 곤충에서 돌연변이 호메오 유전자의 전형적인 발현은 유선조직에서 나타나지 않았다. 수많은 실험은 호메오 유전자 돌연변이와 암 유발 사이의 기능적 연결고리를 밝히기 위해 필요할 것이다. 돌연변이 유발과 형질전환 실험은 인과관계 설립에 있어 가장 생산적일 것이다.

16. 첫째, '미토콘드리아 리보솜에 의한 번역의 억제자들이 생식세포 형성을 방해는가'에 대해 알아보는 것은 흥미로울 것이다. 둘째, 이러한 리보솜에 의해 번역되는 mRNA의 종류를 알아야 한다.

18. 문제에 주어진 정보를 고려할 때, 이 유전자는 체내 모든 체절에서 *BX-C* 유전자의 발현을 정상적으로 조절한다고 보인다. 난자 안에 저장된 *esc* 유전자의 야생형 생성물은 난자 안에 저장된 정보를 정확하게 해석하는데 요구될 수 있다.

20. 세 가지 그룹의 꽃 형성 호메오 유전자는 꽃의 다양한 기관들을 지정한다. *A* 그룹 유전자는 꽃잎에서 발현한다. *B*와 *C* 그룹 유전자들은 수술 형성을 조절하고, *C* 그룹 유전자는 심피 형성을 조절한다.

22. *her-1*$^-$ 돌연변이는 수컷을 자웅동체로 발생시키고, *tra-1*$^-$ 돌연변이는 자웅동체를 수컷으로 만들기 때문에, *her-1*$^+$ 유전자가 자웅동체 발생을 억제하는 생성물을 형성한다고 가정할 수 있고, 반면 *tra-1*$^+$ 유전자 산물은 자웅동체 발생을 위해 필요하다고 가정할 수 있다.

24. 만약 *her-1*$^+$ 생성물이 음성 조절자로 작용하고, 이 유전자에 돌연변이가 일어난다면, *tra-1*$^+$에 대한 억제가 상실될 것이고, 결과적으로 자웅동체가 될 것이다. 이 가설은 주어진 정보에 적합하다. 이중 돌연변이는 *her-1*$^-$ 로부터 억제가 일어나지 않아도, 자웅동체 발생을 이끄는 *tra-1*$^+$ 생성물이 없기 때문에 수컷이 되도록 할 것이다.

26. (a) 광합성과 관련된 유전자들의 발현은 꽃과 잎에서 최대 활성을 나타낼 것이다. 또한 뿌리에서는 단백질 합성이 가장 많이 일어날 것으로 예상된다. 화분과 씨앗은 초기 발생 과정에서 필요하기 때문에, 이러한 조직들이 전사 조절인자의 강한 발현을 나타낼 것이라고 생각된다.
(b) 두 가지 요소는 꽃과 씨앗에서 광합성 유전자 발현을 이끌 수 있다. 첫째, 식물의 발생은 더 연속적이며 순서적으로 일어나기 때문에, 생성물이 필요하지 않을 때에도 유전자 활성이 필수적으로 차단되지는 않을 것이다. 둘째, 어쩌면 다양한 전사후 변형이 광합성 유전자 생성물의 기능을 바꿀 것이다. 다시 말해,

이러한 유전자 산물을 위한 대안책은 몇몇 동물 조직에서 관찰된 것과 같이 식물에서도 진화되었을 것이다.

(c) 한 생물체 및 생물체의 다양한 조직과 기관에서 유전자 발현에 대한 전반적인 이해를 통해 발생단계에 관여하는 특정 유전자의 상대적인 기여도를 측정할 수 있다. 발생단계에서 발생 및 전사 네트워크는 서로 공통되기 때문에, 특정 유전자가 기능하는 정황을 아는 것은 유용하다. 결국 분자 수준에서 발생학을 이해하는 유일한 방법은 다양한 유전자의 활성 네트워크에 대해 전반적으로 이해하는 것이다.

19장

실전문제 풀이

19-1. CML을 방지하기 위한 몇 가지 접근 방법이 존재한다. 이 중 하나는 ABL 키나아제의 ATP 결합 부위에 경쟁적으로 결합하는 티로신(tyrosine) 키나아제 억제제를 사용하여 BCR-ABL의 인산화를 억제하고 부가적인 신호전달 경로의 활성화를 방지하는 것을 포함한다. 또한 부가적으로 실시간 정량적 역전사-중합효소 연쇄반응(Q-RT-PCR)을 통해 환자에서 약물 반응을 모니터링할 수 있어, 보다 독성이 작고 효과적인 치료가 가능하도록 한다. 건강한 세포와 백혈병 세포의 구분을 통해 특정 세포집단을 대상으로 한 표적 치료가 가능할 뿐 아니라, 치료에 대한 반응을 정량화할 수 있게 된다. 암 세포들은 하이브리드 단백질을 생산하기 때문에, BCR/ABL 단백질의 특이성에 기초하여 면역요법과 같은 치료법도 개발 가능할 것이다.

19-2. *p53*은 종양억제유전자로서 세포가 손상된 DNA를 가지고 복제되는 것을 막는다. 모든 종양의 50% 이상에서 *p53* 유전자가 돌연변이 상태로 존재한다. 보편적이며 결정적인 세포주기 검문 지점에서 직접적 제어가 *p53*에 의해 매개되기 때문에 이의 돌연변이는 세포 유형에 광범위한 영향을 미칠 것이다. *p53*의 작용은 특정 세포 유형에 한정되지 않는다.

19-3. 암은 정상 세포주기 제어의 복잡한 변형이다. 주요 '발암' 유전자가 전달된 경우에도 세포가 종양 형성으로 가기 위해서는 종종 다른 유전자들의 새로운 돌연변이가 필요하다. 매우 다양한 암 표현형은 다양한 유전자 간의 상호작용의 결과이므로 다양한 발현도와 침투도를 나타낼 수 있다.

19-4. 불행하게도, 질병 예방에 집중하기보다 발생 후 질병 치료에 엄청난 양의 돈이 소비되는 것이 일반적이다. 빈번히 특수 이익집단의 압력이나 정치적 문제로 교육과 예방의 발전이 지연된다. 분명히, 사람이 겪을 고통과 비용의 양쪽 측면에서 보면 가능한 한 많은 질병에 대한 예방 조치를 추구하는 것이 더 경제적이다. 그러나 암의 경우, 질병 메커니즘의 일부를 이해하더라도 예방책이 무엇이든 인류로부터 완벽히 질병을 제거할 수 없다는 것이 명시되어야 한다. 그러나 가능한 많은 유해 환경으로부터 인류를 보호하기 위한 노력이 증가되고 있다는 것은 매우 중요하다. 균형잡힌 다각적인 접근 방법이 적절할 것이다.

탐구 문제 풀이

2. 에세이는 암 유전학의 일반적인 영향에 대해 설명이 포함되어야 한다. 후성유전학적 요인은 유전자 발현에 영향을 주기 때문에, 이러한 요인은 암의 발생요인일 가능성이 있다.

4. 인산화효소는 인산기를 추가하는 방식에 의해 다른 단백질을 조절한다. 사이클린은 인산화효소에 결합하여 단백질 기능을 on/off로 스위치한다. CDK4는 cyclin D에 결합하여 세포를 G1에서 S로 진행시킨다. G2/mitosis(유사분열) 경계에서 CDK1(cyclin dependent kinases)는 다른 사이클린(cyclin B)과 결합한다. 인산화 반응이 일어나면, caldesmon, 세포골격 및 히스톤 H1을 경유한 핵 막에서 일련의 변화를 초래한다.

6. 어떤 형질이 유전성을 갖는다는 것은 특정한 유전적 환경에 전달될 경우 표현형으로 나타날 것이라는 예측이다. 유전적 소인에 대해 논의할 때, 이는 일반적으로 특정 표현형이 가족 내에서 어떤 일관된 패턴으로 표현되는 상황을 의미한다. 그러나 표현형은 항상 발현되는 것은 아닐 수 있고 그 자체는 다른 방식으로 나타날 수 있다. 상염색체 우성으로 유전되는 *RB*의 돌연변이 대립유전자가 유전된 경우, 망막에서 눈 종양을 발생시킬 소인으로 작용한다. 그러나 해당 유전자를 물려받은 사람의 약 10%가 실제로 발현되지 않았으며, 몇몇 경우에서 발현은 양쪽이 아닌 한 쪽 눈에서만 나타나기도 한다.

8. 세포자살, 또는 프로그램된 세포사멸은 세포를 죽음에 이르게 하는 유전적 조절 과정이다. 이는 형태 형성과 관련된 자연적 과정이며, 암 형성을 막기 위한 보호 기작이다. 세포자살 동안 핵 DNA는 단편화되고, 세포내 구조가 파괴되어 세포는 용해된다. Caspases는 세포자살의 시작과 진행에 관여한다.

10. pRB의 비인산화 형태는 E2F와 같은 전사인자와 결합하여 세포주기 억제 및 불활성화를 야기한다. pRB의 인산화는 세포주기를 추진시키는 전사인자(E2F)를 방출함으로써 세포주기를 활성화한다. PSM-RB 형태로 불활성화된 인산화 자리를 가지게 되면 인산화가 일어날 수 없으므로, 세포주기는 억제된 상태로 남게 된다.

12. 다양한 인산화효소는 DNA 절단에 의해 활성화될 수 있다. ATM이나 Chk2로 불리는 인산화효소들은 BRCA1 및 p53을 인산화한다. 활성화된 p53은 DNA 회복이 일어날 수 있도록 S기에서 복제를 정지시킨다. 활성화된 BRCA1 단백질은 BRCA2, mRAD51 및 다른 핵 단백질과 함께 DNA 회복에 관여한다.

14. 돌연변이는 직접 혹은 간접적으로 발암유전자의 유전자 발현을 변화시키고 우성적으로 활동한다. 원발암유전자는 정상적으로는 세포분열을 유지하고 촉진하는 기능을 한다. 돌연변이 상태(암유전자)에서는 통제되지 않은 세포분열을 유지하거나 유도한다. 즉, 기능을 획득하게 되는 것이다. 일반적으로, 이러한 기능획득(gain of function)은 유전자 산물의 증가나 비정상적으로 지속된 유전자 산물에 의해 나타난다. 반면, 세포주기 진행을 정지시키는 기능을 지닌 종양억제유전자에 기능상실 돌연변이가 생기면 세포주기를 중지시키는 능력을 상실하게 되며 일반적으로 열성으로 작용한다.

16. 감염된 세포의 성장과 분열을 촉진하기 위해 바이러스는 종종 성장과 분열을 촉진하는 유전자들을 암호화하고 있다. 대부분의 바이러스는 숙주의 종양억제유전자를 불활성화하거나 세포의 성장과 분열을 촉진하는 유전자를 가지고 있다. 종양억제유전자의 불활성화에 의해 세포주기의 정상적인 제동기작이 파괴된다.

18. 대부분의 정상세포는 적당한 세포주기 검문과 DNA 회복기작을 갖고 있기 때문에 돌연변이 공격을 견딜 수 있다. 이러한 기작이 실패

하게 되면 결과적으로 암이 생길 수 있다. 돌연변이를 통해 암 세포에서 보호 메커니즘은 손상되고, 그 결과 정상세포보다 높은 돌연변이, 염색체 이상 및 유전체 불안정성이 나타난다.

20. 후성유전학적 영향은 아세틸화 혹은 인산화를 포함하는 히스톤 변형과 DNA 메틸화에 의해 야기될 수 있다. 이러한 후성유전학적 영향은 염색체(예를 들어 X 염색체) 또는 특정 염색체 영역을 활성화 혹은 불활성화 할 수 있고, 이질염색질에서 유전자 활성에 영향을 주거나 부모 각인(parental imprinting)에 관여한다. 암세포와 정상세포를 비교하면 뉴클레오타이드 탈메틸화 및 과메틸화 양상이 종종 다르게 나타난다.

22. 아니다. 그녀는 여전히 약 10%의 일반개체군의 위험성을 가지고 있다. 또한 유전자 검사는 모든 유방암 돌연변이를 검출할 수 없다.

24. 일반 프로테아제와 세린 프로테아제는 특별히 세포외기질에 존재하는 단백질을 분해하기 때문에 특히 종양촉진제로 간주되고 있다. 이러한 단백질 분해가 발생하면, 세포의 침윤과 전이가 촉진된다. 이 보고와 일관된 결과로 정상세포에서 발현되는 프로테아제 양에 비해 훨씬 높게 나타나는 전이성 암세포가 다수 관찰되었다. 종종 세린 프로테아제의 억제제가 항암효능에 대해 검사되고 있다.

26. (a) 정상 p53 단백질은 암 예방에 매우 중요하고, 프로모터 영역의 과메틸화에 의한 p53 합성의 결함은 p53의 농도를 감소시키므로 유해하다. (b) 만약 어떤 개인에서 암을 갖기 전의 혈액과 암을 가진 후의 혈액을 비교할 수 있다면, 혈액으로부터 얻은 DNA에서 암의 원인을 찾을 수 있을 것이다. 혈액이 비교적 쉽게 얻을 수 있기 때문에 이는 매우 유용한 진단도구가 될 수 있을 것이다.

28. 암의 다양한 형태와 마찬가지로 단일 유전자 변형이 유일한 필요 조건일 수 없다. 저자들(Bose 등)은 "인간의 백혈병을 일으키는 데는 세포의 부가적인 변화가 있어야 한다"고 명기했다. 절단점(breakpoint) 부위에서의 변이(종종 결손)는 암-관련 유전자의 변화를 야기시킬 수 있다는 것이 일부 연구에서 밝혀졌다.

30. (a) Gln에 대한 mRNA의 코돈은 CAG(A)이다. 종결 코돈은 다음 세 가지 중 하나이다: UAA, UAG, 또는 UGA. CAG(A)를 암호화하는 DNA 가닥은 다음과 같다: 3′-GTC(T)-5′. 그러므로 만약 G가 A(전이)로 변이되면, 따라서 DNA 가닥 3′-ATC(T)-5′이 될 것이고, 이는 UAG(A) 코돈이 만들어져 종결이 야기된다.
    (b) 기능 소실이 암에 대한 소인이 될 수 있으므로, 종양억제유전자일 것이다.
    (c) 어떤 여성은 *BRCA1* 유전자산물에 대해 "예비(spare)"가 되는 유전자(아마도 돌연변이)를 가지고 있을 것이다. 어떤 여성은 전암세포(precancerous cells)를 인지하거나 파괴할 수 있는 면역시스템을 가지고 있거나, 유방 신호전달 유전자의 변이로 인해 *BRCA1*의 부재 하에도 세포분열을 억제할 수 있을 것이다.

32. 과메틸화 및 저메틸화와 관련하여 유전자 활성의 다양한 변형은 수많은 암과 관련이 있다. 과메틸화는 대개 유전자 활성의 억제를 일으킨다. 종종 **호르몬 반응 유전자**는 안드로겐, 레티놀산, 에스트로겐과 같은 다양한 호르몬에 반응하는 수용체를 합성한다. 예를 들어, 전립선 암은 에스트로겐 수용체인 억제된 *ESR1*과 *ESR2*의 활성과 관련된다.
    세포주기 조절유전자는 사이클린과 사이클린-의존성 키나아제에 영향을 주어 세포주기의 활성화와 억제에 대한 조절에 관여한다. 사이클린-의존성 키나아제 억제제인 *CDKN2A*가 과메틸화되면 사이클린-의존성 키나아제의 억제를 실패함으로써 암의 진행을 야기시킨다.
    많은 **종양세포 침윤유전자**들은 세포간 부착을 저해한다. 이러한 유전자가 메틸화를 통해 억제되는 경우, cadherin-catenin 부착 메커니즘은 저해되어 세포 간 접촉에 영향을 미친다.
    암의 가장 흔한 원인 중 하나는 **DNA 회복**기구의 고장이다. 과메틸화는 정상적으로 DNA 회복 요소를 생산하는 유전자를 억제한다.
    세포 외 신호에 대한 반응과 세포-세포 부착을 유지하는데 적절한 **신호전달**이 필요하다. 예를 들어, 신호전달에 관여하는 기질 부착에 관여하는 막내 단백질인 CD44가 과메틸화되면, 세포는 세포주기 조절에 문제가 없어도 적절한 세포-세포 접촉과 소통을 유지할 수 없다.

20장

실전문제 풀이

20-1. (a) 재조합 플라스미드로 형질전환된 박테리아는 테트라사이클린에 저항성을 가지게 될 것이고, 그러므로 테트라사이클린을 배지에 넣어줘야 한다.
    (b) 테트라사이클린 배지에서 자란 콜로니만이 인서트(insert)를 포함해야 한다. 암피실린 배지에서 자라지 않는 세균들은 아마도 초파리 DNA 인서트를 포함할 것이다.
    (c) 형질전환된 세균이 두 항생제 모두에 저항성을 보이는 것은 여러 가지로 설명할 수 있다. 첫 번째, *Pst*I으로 절단하는 것이 완전하지 않았다면, 잘리지 않은 플라스미드는 생물학적 특성에 변화가 없었을 것이다. 또한 플라스미드의 잘린 끝부분이 서로 연결되어 인서트가 없는 원래의 형태가 다시 만들어질 수도 있다.

20-2. 유전체 클론은 아마도 RNA 가공 동안 mRNA으로부터 제거되는 많은 인트론들을 포함할 것이다. cDNA는 mRNA로부터 만들어졌다.

20-3. 사람의 뉴클레오타이드 서열을 사용하여 아프리카 오카피의 라이브러리를 선별하기 위한 탐침을 만들 수 있다. 두 번째로 라이브러리 선별을 위한 상보적 DNA 탐침을 만들기 위해 아미노산 서열과 유전 암호를 사용할 수 있다. 탐침은 혼성화를 통하여 탐침에 상보적인 DNA를 찾아내기 위해 사용되고, 라이브러리에서 관심있는 DNA를 포함하는 클론을 확인할 수 있게 한다. 그 다음에 원하는 클론을 가진 세포를 원래의 배지에서 찾아내고 세포로부터 플라스미드를 분리한다.

탐구 문제 풀이

2. 당신의 에세이는 DNA의 일부분이 다양한 벡터에 삽입되고, 증폭되며, 그 DNA가 다시 분리되는 과정이 상대적으로 쉽게 이루어진다는 점에 대한 설명을 포함해야 한다.

4. 비록 사람 인슐린을 암호화하는 유전자가 많은 인트론을 포함하더라도 인슐린 mRNA로부터 만들어진 cDNA는 인트론이 없다. cDNA로부터 만들어진 인슐린 유전자를 포함하는 플라스미드는

인트론이 없고, 그래서 문제가 되지 않는다.

6. 이 조각은 제한효소 *Bam*HI에 의해 인식되는 GGATCC의 회문구조 서열(palindromic sequence)을 포함한다. 이중가닥 서열은 다음과 같다.

GGATCC
CCTAGG

8. 플라스미드는 가장 먼저 사용된 클로닝 벡터였고, 상대적으로 작은 조각의 DNA를 클론하기 위해 여전히 일상적으로 사용된다. 작은 크기 때문에 숙주세균의 염색체와 구분하기 쉽고, 상대적으로 적은 제한효소 인식자리를 가진다. 플라스미드들은 쉽게 조작될 수 있다 [예를 들면, 제한효소자리 집단부위(polylinkers)와 리포터 유전자의 추가 등]. 진핵세포의 유전자와 같은 더 큰 조각의 DNA를 클로닝하기 위해서 코스미드가 종종 사용된다. 예를 들면, 세균성 바이러스 람다를 변형시키면 약 20 kb의 상대적으로 큰 인서트를 클론할 수 있다. 이것은 큰 유전자를 클론할 필요가 있거나 진핵생물의 유전체 라이브러리를 만들 때 중요한 장점이다. 게다가 어떤 코스미드는 제한된 크기의 인서트만을 받아들이는데, 이는 작고, 아마도 덜 의미 있는 조각은 불필요하게 클론되지 않는다는 것을 의미한다. 플라스미드와 코스미드 모두 숙주로 세균만을 사용할 수 있다는 한계를 가진다. BACs은 특정한 특성을 위해 조작될 수 있는 인공적인 세균 염색체이다.

YACs(yeast artificial chromosomes)은 텔로미어, 복제원점, 동원체를 포함하고, 효모에서 DNA를 클론하기 위해 널리 사용된다. 선별을 위한 표지(TRP1, URA3)와 일련의 제한효소 인식자리를 가지고 있고, 100~1,000 kb의 DNA 인서트가 클론될 수 있고, 효모에 도입된다. 진핵생물로서 효모는, 더 복잡한 진핵생물에서 일반적으로 일어나는 RNA와 단백질 가공의 많은 과정을 겪기 때문에, 진핵생물의 유전자로 작업할 때 많은 이점이 있다.

10. 아니다. 유전자 변형 식물을 만드는 데 사용되는 종양 유도 플라스미드(Ti)는 많은 식물종에서 종양의 원인이 되는 세균인 *Agrobacterium tumifaciens*에 특이적이다. 이 종양 유도 플라스미드는 인간에게 암을 일으킬 위험이 없다.

12. 15 사이클 후에 전체 분자 수는 16,384 또는 $(2)^{14}$ 개이다.

14. cDNA 라이브러리는 RNA 전사체로부터 DNA를 제공하므로 어떤 DNA가 기능을 수행하고 있는지를 확인하는 데 유용하다. 만약 암호화 부위와 비암호화 부위를 모두 분석하고 싶다면 유전체 라이브러리가 더 유용하다.

16. cDNA를 만들 때 mRNA의 5′ 끝부분이 덜 만들어지는데는 여러 원인이 있다. 하나는 역전사효소가 RNA 주형으로부터 DNA를 완전히 합성하지 않을 가능성이다. 다른 이유는 복사된 DNA의 3′ 끝부분이 자체적으로 접혀서 DNA 중합효소에 대한 프라이머로 작용하는 경우이다. 이 경우 접힌 부위를 절단해 주는 추가적인 처리가 필요하다. 이 접힌 부위가 mRNA의 5′ 끝부분에 해당하므로 메시지의 일부가 종종 손실된다.

18. 단백질의 아미노산 서열이나 표적 핵산의 뉴클레오타이드 서열에 대한 지식을 가지고 있다고 가정하면, 적절한 벡터에 클로닝하거나 PCR에 의해 증폭될 수 있도록 중첩된 세트(degenerate set)의 DNA 가닥을 준비할 수 있다. 그 다음에 다양한 표지 기술들을 사용하여 혼성화를 통해 유전체 라이브러리에 포함된 상보적인 염기서열을 찾아낼 수 있다. 이런 과정을 진행하기 위해서는 적어도 단백질의 아미노산 서열 또는 핵산 서열의 일부를 알아야만 한다. 유전암호의 중첩성(적절한 탐침을 만들기 어렵게 하는), 라이브러리에 가짜 유전자의 존재 가능성(라이브러리에서 진짜가 아닌 유사조각과의 혼성화), 그리고 인트론 때문에 발생하는 라이브러리 DNA 서열의 변이(혼성화를 어렵게 함)를 통해 몇몇 문제들이 발생할 수 있다. 이런 문제들을 극복하기 위해 암호의 중첩성을 고려한 다양한 종류의 작은 탐침들을 만들 수 있다. 혼성화 조건(염과 온도)을 바꾸면서, 원하지 않는 혼성화를 줄일 수 있다.

20. (a) 90~95°C로의 가열은 이중가닥 DNA를 변성시켜 단일 가닥으로 분리한다. 대개 5분 정도 걸리며, DNA 길이와 GC 포함 정도에 따라 다르다.
(b) 온도를 50~70°C로 낮추면 변성된 DNA에 프라이머가 결합한다.
(c) 온도를 70~75°C로 바꾸면 열에 안정한 DNA 중합효소가 프라이머 가닥의 3′ 끝에 뉴클레오타이드를 추가함으로써 DNA를 합성하게 된다. 각 PCR은 DNA(주형과 프라이머)의 특성에 따라 특정 온도로 설계되어야 한다.

22. ddNTP들은 '정상적인' 디옥시리보뉴클레오타이드 트리포스페이트(dNTPs)의 유사체이지만 3′-수산기(3′-OH)가 없다. DNA 합성이 일어날 때, DNA 중합효소는 때때로 자라나는 DNA 가닥에 ddNTP를 삽입한다. 3′-수산기가 없으므로 DNA 사슬의 신장이 멈추고, 그 결과 조각이 형성되고, 조각들은 전기영동에 의해 분리될 수 있다. 어디에 ddNTP가 끼어들어가느냐가 각 가닥의 길이를 결정하므로 특정 ddNTP의 위치가 결국 DNA의 염기서열을 제공하기 위해 사용된다.

24. FISH는 염색체상의 상보적인 DNA 부위와 표지된 탐침 간의 혼성화와 관련이 있으며, 염색체상의 특정 DNA 서열(종종 유전자나 유전자 조각)의 위치를 찾아내기 위해 사용될 수 있다. 분광핵형분석은 개별 염색체를 확인하기 위해 FISH를 사용하는데, 염색체 이상을 확인하는데 뚜렷한 이점이 있다.

26. 만약 외래 유전자가 암호화 부위나 조절 부위에 끼어들어간다면, 그것은 돌연변이의 원인이 될 가능성이 있다. 무작위로 끼어들어가는 것은 원래 유전체 DNA의 기능을 바꿀 가능성이 있다.

28. 리포터 유전자들, 다양한 탐침 등은 종종 외래 유전자가 끼어들어갔는지를 결정하는 데 사용된다.

30. T_m(°C) = 81.5 + 0.41(%GC) − (675/N) = 81.5 + 0.41(33.3) − (675/21) = 약 63°C. 5°C를 빼서 이 프라이머로 PCR하기 위해 약 58°C를 시작점으로 설정한다. GC의 비율과 길이가 증가함에 따라 T_m(°C) 값이 증가하는 것에 주목하시오. 두 개의 수소결합을 가지는 AT 쌍과 비교했을 때, GC 쌍은 세 개의 수소결합을 포함한다.

32. (a) dT의 비율이 증가하면 필요한 어닐링(annealing) 온도가 낮아진다.
(b) 무작위 서열 프라이머가 G와 C 염기를 포함하기 때문에 어닐링 온도는 조정이 필요하다.
(c) 양쪽에서 RNA를 분리하며, 올리고(dT)를 사용하여 mRNA를 분리하고, 정량 PCR을 사용하여 mRNA를 분석할 수 있다.

34. 이전의 방정식에서, 다양한 요인들이 T_m에 영향을 주며, 그러므로

DNA와 프라이머 간의 어닐링에도 영향을 끼치는 것이 명확하다. GC 비율이나 길이가 다른 프라이머는 어닐링 온도가 다를 것이다. 이런 변수들은 다른 많은 요인들(2가와 1가 양이온 농도, 프라이머와 표적 DNA의 농도)과 함께 단일 T_m을 고려하는데 있어 종종 해결할 수 없는 복잡한 문제가 되었다.

21장

실전문제 풀이

21-1. (a) 유전자의 주석을 달기 위해서는, 유전자의 상부에서 발견되는 유전자-조절 서열(프로모터, 인헨서, 사일런서)과 하부 요소들(종결 서열), 유전자 암호화 지역에 대한 번역틀이 맞는 트리플렛 뉴클레오타이드를 규명한다. 또한 엑손과 인트론을 구분하는 데 이용되는 5′과 3′ 스플라이스 지역과 폴리아데닐화 지역 역시 주석달기에 이용된다.

(b) 주석이 달린 다른 서열과의 유사성은 종종 서열의 기능에 관한 통찰력을 제공하며, 특정 유전자로 목록화(assignment)하는 데 이용될 수 있다. 다양한 조직과 발생 단계에서 cDNA의 서열을 직접 분석하는 것은 확인에 도움을 준다.

(c) 인간 유전체의 유전자 수는 20,000개로 추산되기 때문에, 3141개로 계산해 보면 15.7%가 나온다. 1번 염색체는 유전자가 풍부하다고 할 수 있다.

21-2. 구조적, 화학적 요소들이 단백질의 기능을 결정하기 때문에, 몇몇 단백질들이 상당히 많은 아미노산 서열 동일성을 공유하지만, 기능적으로 동일하지는 않을 것이다. 그러한 단백질의 *in vivo* 기능이 활성지역 및 기능지역의 지역적인 계면 화학뿐만 아니라 2차, 3차 구조에 의해서 결정되기 때문에, 동일하지 않은 서열들은 기능에 큰 영향을 미칠 것이다. Query가 타깃 단백질 안에서 서로 다른 지역들에 겹침(matches)을 주목하시오. 다른 기능을 제시하는 수많은 요인들은 다른 분자와의 연관성(세포질, 막, 세포밖), 결합 도메인의 화학적 특성과 위치, 번역 후 변형, 신호 전달 서열 등을 포함한다.

21-3. 혈액은 순수한 상태로 얻는 것이 비교적 쉽기 때문에, 그 구성 성분은 조직 오염의 공포 없이 분석될 수 있다. 두 번째, 혈액은 인체의 거의 모든 세포에 직접적으로 노출되어 있으며, 따라서 화학적 마커를 특정 비정상 세포로 운반할 수 있다. 이론적으로, 혈액은 인체의 이상적인 탐색자이다. 하지만 혈액이 몸에서 제거될 때, 그것의 단백질체는 변하고, 그러한 변화들은 수많은 환경적 요인들에 의존하고 있다. 그러므로 어떤 상황에서는 유용할 수 있는 진단이 다른 상황에서는 그렇지 않을 수 있다. 게다가, 혈청 단백질체는 환자의 유전적, 생리적, 환경적 상태에 따라 변한다. 나이와 성은 고려되어야 하는 부가적인 변수이다. 특정 암에 대한 혈청 단백질체의 확인은 암의 발전 단계와 비교적 크고, 통계적으로 의미 있는 환자 집단에서 단백질체의 상응하는 변화를 연관지음으로써 강화될 수 있다. 두 번째로, 단백질체의 변화 유형은 재현할 수 있어야 하며, 최소한 복잡성이 명확해질 때까지 발암 단백질과 연관되어야 한다. 질병이 없는 상황에서의 각 개개인의 보관된 시료와 비교하는 것은 도움이 될 것이다.

탐구 문제 풀이

2. 에세이는 유전자 절단과 연결을 포함하는 전통적인 재조합 DNA 기술과 PCR 증폭, 미세배열 분석 등에 대한 기술을 포함해야 한다.

4. 전유전체 샷건 서열분석은 유전체를 수많은 작은 분절들로 무작위로 자르는 것을 포함한다. 중첩된 서열들은 한때 인접해 있었고, 결과적으로 전체 서열을 생성하는 분절들을 규명하는 데 이용된다. 종종 유전체의 반복적 서열 부위에서 정렬의 어려움이 발생한다. 지도-기반 서열분석은 서열분석된 절편들의 정렬을 맞추기 위해서 이미 알려진 표지자(유전자, 뉴클레오타이드 다형성 등)에 의존한다. 전유전체 샷건 서열분석과 비교하면, 지도-기반 접근은 다소 복잡하고 시간이 많이 든다. 전유전체 샷건 서열분석은 가장 흔한 방법이 되었으며, 지도-기반 클로닝은 전유전체 샷건 서열분석 과정에서 종종 직면하는 문제들을 해결하기 위해서 사용되고 있다.

6. 인간 유전체 프로젝트의 주요한 목적은 인간 유전자들을 규명하고, 분류하며, 기능을 분석하는 것이다. 교과서에는 다음과 같이 기술되어 있다:

   단일뉴클레오타이드 다형성(SNP)의 규명을 포함하는, 인간 사이의 유전적 변이(genetic variations)의 분석

   E. coli, *S. cerevisiae*, *C. elegans*, *D. melanogaster*, *M. musculus* (mouse) 등을 포함하는 실험 유전학에서 사용되는 모델 생물의 유전체 동정 및 서열분석

   유전체 분석을 용이하게 하기 위한 고속대용량 컴퓨터기반 자동염기서열분석기와 같은 새로운 염기서열 분석기술의 개발

   과학자와 일반 대중들에게 유전체 정보의 전파

8. 서열 주석달기의 초기 접근은 새롭게 서열분석된 유전체 DNA를 다양한 데이터베이스에 이미 저장되어 있는 알려진 서열들과 비교하는 것이다. 미국 국립생물공학정보센터(NCBI)는 DNA와 단백질 서열의 데이터은행을 통해 직접적으로 검색할 수 있는 BLAST (Basic Local Alignment Search Tool) 소프트웨어에 대한 접근을 제공한다. DNA 분절을 GenBank와 같은 주요 데이터베이스의 서열들과 비교함으로써, 정렬된 서열 전체나 일부가 겹치는 것을 규명할 수 있다. 누군가는 생쥐의 11번 염색체상의 서열을 찾고, 다수의 분류군에서 그것과 비슷한 서열을 발견할 수 있을 것이다. BLAST는 두 서열이 얼마나 유사한지 알아내기 위해서 유사성 스코어나 동일성 값을 계산할 것이다. BLAST는 섬세함(sensitivity) 대신 속도(speed)를 선택한 많은 서열 정렬 알고리즘들(RNA-RNA, 단백질-단백질 등) 중 하나이다.

10. 인간 유전체는 30억 개 이상의 뉴클레오타이드로 이루어져 있으며, 대략 2%가 유전자를 암호화한다. 유전자는 염색체상에 고르지 않게 분포되어 있으며, 유전자가 풍부한 지역의 무리는 유전자가 부족한 지역(사막)과 구분되어 있다. 인간 유전자는 *Drosophila*와 같은 무척추동물의 유전자보다 더 큰 경향이 있으며, 더 큰 인트론을 더 많이 포함하고 있다. 최소 절반 이상의 유전자가 선택적 스플라이싱을 통해 생성물을 만들어낸다고 추산된다. 수백 개의 유전자가 세균에서 척추동물로 이동되어 왔다. 중복 지역은 일반적이며, 염색체 재배열을 촉진할 것이다. 인간 유전체는 대략 20,000개의 단백질-암호화 유전자를 포함하고 있다고 밝혀졌다. 하지만 총 개수에 관해서는 아직 확실하지 않다.

12. 유전체의 많은 반복 부위는 표현형의 형성에 직접적으로 관여하지 않기 때문에, 선택에서 제외되고 중복에서 상당한 차이를 보이는 경향이 있다. 그러한 반복 서열에서 길이 차이는 개인들마다의 고유 특성이며(일란성 쌍둥이 제외), 다양한 방법으로 DNA 지문인식의 기초를 제공한다. 단일뉴클레오타이드 다형성(SNP) 또한 유전체에서 자주 발생하며, 개개인을 구분하는 데 이용될 수 있다.

14. 개인 유전체 프로젝트(PGP)는 이배체 유전체의 개인 서열을 제공하는데, 그 결과 인간 유전체 프로젝트(HGP)가 유전체의 변이 정도를 5배 이상 적게 추산했을 수도 있다는 것을 나타냈다. 개인간 유전체 변이는 HGP에서 추산한 0.1%보다는 0.5%에 가까울 수 있다. PGP가 개개인의 서열 정보를 제공하기 때문에, 인간의 다양성과 진화에 관한 근본적인 질문들에 대해 답하기에 더 적합할 것이다.

16. 분자생물학의 많은 새로운 하위 학문분야는 생명시스템에 대한 우리의 이해를 진보시키기 위한 기반을 제공할 것이다. 다음의 용어들은 그 기반의 구체적인 영역을 규명한다.

    단백질체학(proteomics) — 세포나 조직의 단백질
    대사체학(metabolomics) — 효소적 경로
    글리코믹스(glycomics) — 세포나 조직의 당질
    독성유전체학(toxicogenomics) — 독성 화학 약품
    메타유전체학(metagenomics) — 환경적 문제
    약리유전체학(pharmacogenomics) — 개인 맞춤형 약물
    전사체유전체학(transciptomics) — 발현 유전자

    많은 다른 '-omics'들도 앞으로 나타날 것이다.

18. 유전자 칩으로 알려진 대부분의 미세배열은 로봇 시스템을 이용하여 단일 가닥 DNA 분자가 부착된 현미경용 슬라이드 유리로 이루어져 있다. 어떤 미세배열은 발현 서열 꼬리표나 유전자 전사체와 상보적인 DNA 단일 가닥 서열이 부착되어 있다. 하나의 미세배열은 20,000개 이상의 서로 다른 DNA 지점(spot)을 가질 수 있으며, 각각은 고유의 서열을 포함하고 있다. 연구자들은 다양한 상황에 대한 반응으로 조직에서의 유전자 발현 패턴을 비교하기 위해서 혹은 정상 조직과 질병 조직에서의 유전자 발현 패턴을 비교하기 위해서 미세배열을 이용한다. 또한 미세배열은 병원균을 규명하기 위해서 이용될 수 있다. 연구자들은 미세배열 데이터베이스를 이용하여 어떠한 주어진 발현 패턴을 다른 것들과 비교할 수 있다.

20. 대략 20,000개의 유전자로부터 생산된 단백질의 개수가 더 많은 것은 선택적 스플라이싱과 다양한 전사후 변형 과정과 관련되어 있을 것이다. 게다가, 특정 DNA 분절은 다양한 방식으로 두 방향으로 읽힐 수도 있다.

22. β-글로빈 유전자군이 비교적 큰 서열이고 제한효소 분석 결과 6개의 유전자로 이루어져 있다고 보여주지만, 하나는 유사유전자이며 따라서 생성물을 만들어내지 않는다. 다섯 개의 기능적 유전자 각각은 두 개의 비슷한 크기의 인트론을 포함하고 있으며, 비암호화 인접 지역(5′과 3′)과 유전자 사이의 스페이서 DNA를 포함시키면, 이 질문에서 말하는 95%가 된다.

24. (a) 인간의 팔, 새의 날개, 고래의 지느러미
    (b) 상동 단백질들은 비슷한 기능을 가질 것이지만, 항상 그렇지만은 않다.
    (c) 만약 단백질이 수렴 진화에 의해서 형성되었다면, 그것들은 비슷한 기능을 가질 수도 있지만, 상동은 아니다.

26. 상동 트랙의 위치가 단백질의 3차 구조를 규명하는 데 중심이 된다. 기능을 명시하는 것은 특정 계면 화학을 가지고 있는 3차 구조이며, 이는 샤페론에 의해 용이해진다.

28. (a, b) 전엑솜 서열분석법(WES)을 이용하여, 누군가는 운좋게도 관련성을 가진 유전자 안에서의 문제를 발견할 수도 있다. 하지만 주어진 개인 간의 아주 많은 유전적 변이에서, 이것은 건초 더미에서 바늘을 찾는 것과 비슷한 일이다. 많은 특징적인 유전체 기능은 엑손 밖에서 조절된다. 인트론과 미토콘드리아는 개인별로 매우 다양하지만, 개인별로 상당히 기여하고 있다.

22장

실전문제 풀이

22-1. 항원은 보통 대단히 큰 분자이고 소화가 되는 과정 중에 작은 분자로 분해되면서 면역계를 활성화시키기에 비효율적으로 된다. 몇몇 개인에게는 자신이 섭취한 음식물에 알러지 반응을 보임으로써 모든 항원들이 소화로 인해 완전히 분해되거나 변형되지 않는다는 사실을 입증하고 있다. 몇몇 경우에는 소화된 항원들이 실제로 면역계를 활성화시키고(예를 들면 구강 소아마비 백신) 면역을 위한 경로를 제공한다. 국소(장내의) 면역은 때때로 항원의 구강 섭취로 활성화될 수 있고 몇몇 경우에는 소화된 병원체에 대한 면역을 제공할 수 있다.

22-2. 아이는 부모와 같은 보인자이며, β-글로빈 유전자 결손 보인자이다. 따라서 유전자형은 $\beta^{A}\beta^{o}$ 이다.

22-3. 정상의 DNA 염기서열과 상보적으로 반응할 것이다.

탐구 문제 풀이

2. 당신의 에세이는 농업, 건강과 복지, 과학적 탐구, 지구의 동식물군의 이해 등에 관련된 유전체 응용을 설명하여야 한다. 또한 특허권 보호, 개인의 프라이버시, 잠재적 농업 및 환경의 위험성의 측면들을 설명하여야 한다.

4. 일반적으로, 세균은 진핵세포와 같은 방법으로 진핵세포의 단백질을 만들 수 없다. 형질전환 진핵생물은 진핵세포와 같은 방법으로 단백질을 만들게 되고 정상적인 생물학적 활성을 증가시킨다.

6. (a) Lkt50의 생리 식염수와 컬럼 추출물들을 토끼에 주사했을 때 적어도 독성의 50% 중성화를 유도할 수 있을 것으로 보인다.
   (b) 첫째로 면역유발 물질은 숙주 식물의 유전물질에 안정적으로 삽입되어야 하고, 숙주는 단지 그 면역유발물질만을 발현하여야 한다. 섭취 시 면역유발물질은 원하는 면역반응을 활성화하도록 변형이 없거나 혹은 변형된 채로 소장벽을 투과하여야 한다. 잠재적으로 위험한 형질전환과정의 부산물이 생산되지 않는다는 보장이 있어야 한다. 달리 말하면, 광범위한 생태적 및 환경적 이슈로 형질전환 식물이 환경적으로 해가 없으며, 직간접적으로 식물체를 섭취한 여타의 생기체에도 유해하지 않도록 하여야 한다.

8. 여러분이 묘사된 7개의 돌연변이를 스크리닝하기 위한 방법을 개발

하였다 하더라도 사람이 CF 유전자를 갖고 있다면 부정적인 결과가 생길 수 있다. 달리 말하면, 개발된 특이 탐침자(혹은 대립유전자 특이 올리고뉴클레오타이드)는 모든 돌연변이 대립유전자를 스크리닝하기에 유용하지 않다. 이에 더해 이런 스크리닝 제안의 가격 효율성을 고려하여야 한다.

10. 두 돌연변이들이 CF 유전자에서 일어남으로 두 대립유전자를 보유하고 있는 자녀들은 CF로 고통받을 것이다. 양친이 이형접합체이므로 태어난 아이가 CF로 진단될 경우는 25%에 달한다.

12. 사람에게서 점돌연변이를 확증하는데 제한효소 분석법은 지루한 시행착오의 과정이다. 상대적으로 적은 수의 제한효소의 관점에서 사람 유전자의 크기를 고려하면, 해당 유전자에 대해 정상 염기서열 변이와 구별할 수 있는 특이적인 점돌연변이와 일치하는 제한효소자리를 찾을 가능성은 낮은 편이다.

14. 전유전체 연관성 연구는 특정 질환을 가진 수천의 연관되지 않은 개인의 유전체를 스캐닝한 후 질환을 가지고 있지 않은 개인들의 유전체와 비교하는 것을 포함한다. 전유전체 연관성 연구는 질환의 위험성에 영향을 주는 유전자를 규명한다.

16. 반수체 기능부전 돌연변이의 경우 유전자 치료는 희망적이지만, 기능획득돌연변이의 경우 돌연변이 유전자의 활성이나 산물들이 절충되어야 한다. RNAi 전략이 보다 효과적으로 적용할 수 있다. 추가된 정상 유전자가 돌연변이 유전자 산물들과 경쟁할 수 없다면 효과적이지 않다.

18. 확실히 의료진이나 환자들에게 제공되는 유전자 검사 정보는 강점이 있다. 수술에 특화된 정확한 정보를 제공함으로써 유전자 검사와 관련된 기업들에서도 유용할 수 있다. 그러나 어느 개인의 검사결과는 보안을 유지하여야 한다. 수집한 통계 데이터는 집단 혹은 지형적 분포와 함께 가긍정 및 가부정의 빈도수 관점에서 공공에 도움이 될 것이다.

20. 유전체 염기서열 결정은 개인의 결정이지만 실행에 있어 유전체의 예상되는 변이성과 잘못된 정보의 가능성에 대해 대처할 수 있어야 한다. 공공이 이용 가능한 유전체는 고용 불이익, 개인 관계의 변화 등을 이끌 수 있다.

22. 초기 유전체 정보는 해석하기 어렵다. 23andMe는 현재 가계정보만을 제공하고 건강관련 데이터를 제공하고 있지 않다. 2013년 11월 식품의약품안정청은 23andMe에게 그들의 유전체 서비스의 제공을 중지하도록 경고했다.

24. **시료의 크기**: 시료의 크기가 충분히 위조 연관성을 최소화할 수 있을까? **후성유전학적 요소들**: 유전체는 후성유전학적 요소들에 의해 강력히 영향받기 때문에 이런 것들이 SNPs에 근거한 연구에 어떻게 영향을 끼칠 것인가? **환경적 요소들**: 시료들이 환경적 노출에서 중요한 차이들을 배제할 수 있는 방법으로 수집되었는가? **유전적 배경**: 전체 유전체를 비교하지 않았으므로 특정 유전자의 발현을 저해하거나 증진하는 억제제 혹은 변형자의 존재 여부는 확인하였는가? 어떤 의외의 특징이 전체 유전체 구조에 존재하는가? **집단 성층**: 대조군 그룹과 비교해 케이스 집단에 특징적으로 대립유전자 빈도수 차이가 있을 것인가? 이런 집단 빈도수 차이는 가계의 차이에서 비롯되는데, 케이스와 대조군의 구성성분에 의존한다.

26. CF 생쥐가 CF로 고통받는 사람들과 비슷한 기도 증후를 보이지 않는 여러 가지 원인이 있다. 첫째로 세포 타입의 분포, CFTR의 존재, 그리고 클로라이드/나트륨의 취급 등에서 인간과 생쥐의 상하 기도에 차이가 있다. 둘째로 생쥐의 경우 인간에게는 호되게 영향을 주는 기도 세균감염에 고통받는 경향이 적다. 이 주제의 완전한 리뷰는 Grubb와 Broucher의 논문(*Physiological Reviews*, 71, 5193-5214)을 참조하시오.

23장

실전문제 풀이

23-1. (a) 1/256의 F_2 식물은 20 cm 그리고 1/256은 40 cm, 꽃의 크기를 결정하는 형질은 대부분 4개의 유전자 쌍과 연관되어 있다.

(b) 9가지 크기로 나타날 때, 검정교배에 의해 다음과 같이 나타난다: *AaBbCcDd* × *AABBCCDD*. 검정교배 결과 분포도는 다음과 같다:

1/16 = 40 cm
4/16 = 37.5 cm
6/16 = 35 cm
4/16 = 32.5 cm
1/16 = 30 cm

23-2. (a) 값의 합을 표본 수로 나누어 평균을 구한다:

양 섬유 길이의 평균 = 7.7 cm
양털 무게 평균 = 6.4 kg

각각의 분산은:

양 섬유 길이 분산 = 6.097
양털 무게 분산 = 3.12

표준편차는 분산의 제곱근이다:

양 섬유 길이 = 2.469
양털 무게 = 1.766

(b, c) 두 형질에 대한 공분산은 30.36/7 또는 4.34이고 상관계수는 +0.998이다.

(d) 이는 섬유길이와 양털 무게 사이의 높은 상관계수를 보이며, 이 상관 관계가 우연이 아니라는 것을 보인다. 상관관계가 원인과 결과를 의미하지 않는다 하더라도, 섬유길이가 증가할수록 양털 무게도 증가한다는 것은 논리적이라고 할 수 있을 것이다. 아마도 양털 무게의 증가는 직접적으로 섬유 길이의 증가와 관련이 있다고 말하는 것은 아마도 안전할 것이다.

23-3. **일란성 쌍생아**는 하나의 수정란에서 유래되었고, 따라서 서로가 유전적으로 동일하다. 그들은 특정 형질에서 유전과 환경의 영향을 결정하는 방법을 제공한다. **이란성 쌍생아**는 두 개의 정자 세포에 의해 수정된 두 개의 수정란에서 발생한다. 그들은 형제자매와 같은 유전 관계를 가지고 있다. 유전적 역할과 환경적 역할은 일란성 쌍둥이와 이란성 쌍둥이에서 형질의 발현을 비교하는 연구가 될 수 있다. 일란성 쌍생아의 높은 일치도는 형질이 주는 유전적 요소와 연관되어 있는 것으로 나타났다. 혈액형, 눈 색깔 그리고 정신지체를 포함한 형질에서 일란성 쌍생아와 이란성 쌍생아 사이의 현저한 차이가 있음을 주목하시오. 그러나 홍역의 경우 차이가 크지 않으므로, 환경의 역할이 중요함을 보여준다.

모발의 색깔은 특발간질, 정신분열증, 당뇨병, 알레르기, 구순구개열, 그리고 내반족처럼 유전적 요소와 상당히 연관되어 있다. 유방암의 경우 유전적 요소가 있으나, 자료에 의하면 최소한으로 존재한다.

탐구 문제 풀이

2. 에세이는 멘델유전학을 대표하는 다양한 비율과 비교하여 신멘델의 양식을 따르는 혼합된 혹은 연속적 변이 표현형을 나타내는 경우도 포함해야 한다. 그것은 불연속 유전과 연속 패턴을 대비시킨다.

4. (a) 양성잡종의 결과가 확인되었기 때문에, 두 개의 유전자 좌위가 색깔의 생산에 연관되어 있다. 각각 좌위에 두개의 대립유전자가 있기 때문에 총 4개의 대립유전자가 있다.

(b,c) 빨간색, 중간 빨간색 등이 나타나는 것에 대해 단위의 형태로 색의 양을 제공하는 것이 아니기 때문에, 우리는 실제로 각각의 색 변화 단위량을 정량할 수 없을 것이다. 우리는 각각의 유전자(가산적 대립유전자)가 표현형에 동일한 단위의 양을 제공한다고 말할 수 있으며, 색깔은 단위량의 배수에 따라 서로 다르다.

1/16 = 어두운 빨간색 = *AABB*
4/16 = 중간 어두운 빨간색 = 2*AABb*, 2*AaBB*
6/16 = 중간 빨간색 = *AAbb*, 4*AaBb*, *aaBB*
4/16 = 밝은 빨간색 = 2*aaBb*, 2*Aabb*
1/16 = 흰색 = *aabb*

(d) F_1 = 모두 밝은 빨간색
F_2 = 1/4 중간 빨간색
2/4 밝은 빨간색
1/4 흰색

6. (a, b) 4가지 유전자 쌍이 가산적으로 작용할 경우, 자손들의 총 수에서 부모 중 한 쪽 표현형 비율이 1/256인 것을 알 수 있다. 다른 극단적인 유형도 같은 비율이 나온다. 하나는 12 cm 다른 하나는 36 cm로 나타난다. 이러한 관찰은 4개의 유전자 쌍이 연관되어 있다는 것을 제안한다.

(c) 4개의 유전자 쌍이 있는 경우, 9가지 ($2n + 1$) 표현형 범주가 나타나고, 8개의 간격으로 나눠진다. 24 cm의 차이가 나기 때문에, 24 cm / 8 = 3 cm 간격이 나타난다(각각 가산적 대립유전자).

(d) 부모들이 동계교배를 하기 때문에 이는 순수 동형접합체인 것으로 기대된다. 예 :

AABBccdd × *aabbCCDD*

(e) 소문자 대립유전자형은 12 cm의 크기를 나타내고 각 대문자 대립유전자가 3 cm의 크기를 추가하기 때문에, 18 cm 식물에 대한 많은 가능성이 나타난다:

AAbbccdd,
AaBbccdd,
aaBbCcdd 등

7개의 대문자 유전자를 가지는 식물은 33 cm의 크기로 나타난다:

AABBCCDd,
AABBCcDD,
AABbCCDD

8. 키의 경우, 동일한 곳에서 자란 일란성 쌍생아의 평균 키 차이(1.7 cm)와 다른 곳에서 자란 일란성 쌍생아의 평균키 차이(1.8cm) (환경적인 영향을 최소화시키고)는 변화가 더 적다고 고려한다. 이는 같은 곳에서 자란 이란성 쌍생아의 차이(4.4 cm) 또는 형제 자매의 차이(4.5 cm)보다 작은 차이를 보였다.

그러나 무게에서 함께 자란 일란성 쌍생아는 다른 곳에서 자란 일란성 쌍생아보다 더 작은 차이(1.9 kg)를 보여 환경이 몸무게에 상당한 영향을 미치는 것을 알려준다. 함께 자란 이란성 쌍생아와 형제 자매를 따로 자란 일란성 쌍생아와 무게 차이를 비교해보면, 환경은 유전만큼 무게에 많은 영향을 미치는 것으로 결론을 내릴 수 있다.

능선 수에서는, 같이 자라온 일란성 쌍생아의 차이는 다른 곳에서 자란 일란성 쌍생아의 차이보다 낮은 것으로 나타났다. 표에 나타난 자료에서 능선의 수와 키는 높은 유전력을 보여준 것이다.

10. 많은 형질, 특히 정량적 형질은 가능한 환경적 영향과 함께 다유전자성 유형에 따라 결정될 것이다. 일반적인 예는 다음과 같다: 키, 일반 신체 구조, 피부 색깔, 그리고 지능을 포함한 가장 일반적인 행동특성,

12. (a) 등 지방:

광의의 유전력 = H^2 = 12.2/30.6 = 0.398
협의의 유전력 = h^2 = 8.44/30.6 = 0.276

체장:

광의의 유전력 = H^2 = 26.4/52.4 = 0.504
협의의 유전력 = h^2 = 11.7/52.4 = 0.223

(b) 등 지방에 대한 선택이 생산에 더 많이 반영되었다.

14. (a) 비타민 A : $h_A{}^2 = 0.097$
콜레스테롤 : $h_A{}^2 = 0.223$

(b) 콜레스테롤 함량은 선택에 의해 더 큰 정도의 영향을 미친다.

16. h^2 = (7.5 − 8.5/6.0 − 8.5) = 0.4(실현 유전력)

18. h^2 = 0.3 = ($M2$ − 60/80 - 60) $M2$ = 66 g

20. (a, b) 많은 경우에, 형질은 가족 안에서 클러스터를 형성할 수 있지만, 해당 형질은 여러 유전자의 영향을 받을 수 있기 때문에 전통적인 지도 작성 과정은 적용되지 않는다. 일반적으로, 연구자들은 특정한 DNA 염기서열(분자 표지)와의 연관성을 찾는다. 형질이 특정한 분자표지와 함께 분리되며, 통계학적으로 우연보다 높은 비율로 연관될때, QTL을 규명했을 가능성이 높다. 변이가 많고 모든 개체에 존재하며 측정하기 쉬운 RFLP, SNP 그리고 미세부수체와 같은 분자표지는 종종 사용된다.

22. 이런 종류의 문제에 대한 해답은 총 개체수에 대해 극단적인 표현형을 보이는 개체의 비율을 정하는데서 시작한다. 이 경우, 8:2028은 1:253과 같고, 이는 1:256에 가깝다. 3쌍의 유전자가 있는 경우 비율은 1:64; 4쌍의 경우 1:256 또는 5쌍의 경우 1:1024이다. 따라서 기니피그의 크기에 영향을 주는 유전자쌍은 4개임을 알려준다.

24. (a, b) F_2에서 9가지의 표현형이 나타나기 때문에, 4개의 유전자 쌍이 연관되어 있을 것으로 보인다. 부모 유전자형은 *AABBCCDD* ×

$aabbccdd$이고, F_1은 $AaBbCcDd$ 이다.

26. $6 \times 5 \times 4 \times 3 \times 2 \times 1/(2 \times 1)(4 \times 3 \times 2 \times 1) = 15 / 64$.

28. (a) 선택반응의 평균값은 대조군과 자식 간의 차이를 합하고 이를 3으로 나눈다: $(2.17 + 3.79 + 4.06)/3 = 3.34$ mm.

(b) 다음 식에 의해 실현 유전력을 계산한다.

$$h^2 = \frac{(M2 - M)}{(M1 - M)}$$

여기서 M은 대조군의 평균 크기, $M1$은 선택한 부모, 그리고 $M2$는 자손의 크기를 나타낸다.

1997년:

$h^2 = (32.21 - 30.04)/(34.13 - 30.04) = 0.53$

1998년:

$h^2 = (31.90 - 28.11)/(31.98 - 28.11) = 0.98$

1999년 :

$h^2 = (33.74 - 29.68)/(31.81 - 29.68) = 1.91$

3개의 유전력 평균은 1.14이다.

(c) 선택반응을 결정하는데 주요 인자는 선택반응을 할 수 있는 유전적 변이의 가용성이다. 더 큰 유전적 변이는 더 큰 반응을 보인다. 빠른 선택반응에 대한 핵심인자는 유전자 좌위의 수와 연관되어 있다. 특성을 조절하는 큰 표현형 효과를 가지는 몇몇 좌위는 보통 선택에 반응이 높다. 마지막으로 꽃의 크기가 유전적으로 상관관계가 없을 경우, 꽃의 크기만 유전적 변이를 감소시킬 강력한 안정화 선택의 대상이 될 수 없다. 따라서 다른 꽃 형질이 낮은 선택반응을 나타내는 반면, 크기는 더 많은 반응을 보일 수 있다

(d) 높은 유전력은, 표현형 변이에 유전적 기여도가 높은 것으로 예측된다. 변화하는 환경에 빠르게 적응하는 유전적 변이는 진화의 이점이다. 따라서 일반적으로 높은 유전력은 높은 진화적 잠재력에 기여할 것으로 기대된다.

24장

실전문제 풀이

24-1. 주어진 비정상적인 행동이 유전학적 근거가 있는지 알아보는 가장 쉬운 방법 중의 하나는 비정상 초피리와 정상 초파리를 교배시키는 것이다. 만약 그 특성이 우성 유전자에 의해 결정된다면, 그 특성은 자손에 반드시 나타날 것이다. (만약 이형접합 상태라면 자손의 반만 나타날 것이다.) 만약 유전자가 열성이고 동형접합 상태라면, 첫 번째 교배 자손에서는 발현하지 않을 것이다. 그러나 만약 F_1을 자가교배하면 그 특성은 자손의 1/4 정도에서 나타날 것이다. 만약 그 특성이 복잡성을 만드는 다인자성 유전이라면 이러한 비율로 나타나지는 않을 것이다. 만약 유전 형태가 X 염색체와 관련되어 있거나 전형적인 멘델의 비율과 다른 변화를 보인다면 변형된 패턴이 나타날 것이다. 이 특성은 신경계, 표피계, 근육계에 영향을 줄 수 있다고 가정할 수 있다.

24-2. 정상 유전자의 존재는 변이 *HD* 인간 유전자의 영향을 일부 약화시키거나 희석시킬 수 있다.

탐구 문제 풀이

2. 에세이에 반드시 알츠하이머병, 엔젤만증후군, 자폐 등과 같은 질병의 예뿐만 아니라 시냅스와 신경전달물질의 해부 및 화학에 관한 전반적인 논의가 포함되어 있어야 한다.

4. 일란성 및 이란성 쌍둥이에서 중독 행동 같은 특성의 일치는 많은 유형의 행동에서도 나타났다. 일란성 쌍둥이는 유전적으로 동일한 반면에 이란성 쌍둥이는 유전적으로 비슷하다. 쌍둥이 각각은 어떤 비슷한 환경 하에서 비슷한 반응을 보이기 때문에, 주어진 행동에 대한 유전적 기여를 측정하는 것이 가능하다. 이란성 쌍둥이와 비교했을 때 일란성 쌍둥이의 높은 일치 비율은 그 특성이 유전적인 요소라는 것을 보여준다. 비록 연구에서는 유전적인 요소가 존재한다고 하지만, 병적 도박의 정확한 유전적 근거는 밝혀지지 않았다.

8. 일반적으로, 만약 동형접합자(개의 순종)가 동일한 특성의 새끼를 낳는 것에 실패한다면, 그 특성이 미세한 영향을 받는 복잡한 유전인자에 의해 결정되거나 조건에 의한 것일 수 있다. 비록 매우 순종을 선택했다고 하지만, 모든 유전자가 동형접합상태인 것은 아니다. 비록 개는 순종이지만, 대립유전자는 다양한 방법으로 분리되거나 결합되어 변이를 생산할 수 있다. 미묘한 유전적 변이에서부터 환경 자극에 의한 다양한 상호 작용이 있을 수 있다.

10. 지구상에 있는 대조군과 우주에서 기른 초파리 간의 미세배열 분석을 통해 유전자의 발현을 비교할 수 있다. 두 그룹(지구, 우주) 간의 행동 의식(대사, 교미, 섭식, 걷기, 날기)을 비교하면, 유전적 발현 프로파일의 관계성을 알 수 있고, 유전자가 행동 변화에 반응하는지 알 수 있다. 많은 수의 매개변수가 이러한 방식으로 연구에 흥미를 주지만 초파리와 인간의 근육과 신경 기능에 영향을 준다고 알려진 유전자에 연구가 집중되고 있다. 두 번째 연구는 초파리와 포유류의 면역반응에 상당한 유전적 관계가 있다(Hoffmann, 2003)고 알려져 있기 때문에 면역계에 관심을 가진다. 미세중력은 인간의 면역계에 부정적인 영향을 주는 것(T 세포의 분열촉진 활성을 감소시킨다)으로 알려져 있기 때문에, 면역계 유전자의 발현 프로파일의 비교는 연구 가치가 있다. 실험의 행동적인 측면은 중력 스트레스의 변화가 행동(비활성, 근육과 신경의 사용)의 변화를 일으켜 면역반응의 변화를 일으키는지에 대한 연구에 집중하고 있다. 두 연구가 진행되면, 행동과 면역반응에 관련된 유전자 발현 프로파일을 통해 인간이 우주 여행에서 접할 수 있는 많은 중요한 문제에 대해 이해할 수 있게 될 것이고, 그리하여 이치에 맞거나 비교적 가격이 낮아질 것이다.

12. 전유전체 연관성 연구(GWAS)는 정신분열증과 같은 유전적인 특성의 연관성을 찾기 위해 수백만의 단일뉴클레오타이드 다형성(SNP)을 사용한다. 이 연구에서 하나의 유전자나 대립유전자가 이 질병을 정의하는 원인 제공자는 아니다라는 것을 알 수 있다.

14. 표 안의 데이터에서 암컷(*Gasterosteus aculeatus*)은 최적화된 MHC 구조를 갖는 수컷에게 그렇지 않은 수컷보다 더 많은 시간을 소비한다. 다른 생물체들처럼 MHC를 위한 유전적 다양성이 선택적인 이점을 갖고 있다. 면역학적인 기능은 MHC 복합체와 관련이 있기 때문에, 다양성의 유지를 위한 짝짓기 기전은 진화의 관점에서 합리적으로 보인다.

16. 일반적으로 DNA 과메틸화가 일어난 부분은 하향조절을 유발한다. FMR1 유전자의 경우 과메틸화는 취약 X 증후군의 발현과 관계가 있다.

25장

실전문제 풀이

25-1. p와 q를 계산하고, 다음 세대의 유전자형 빈도를 결정하기 위해 방정식 $p^2 + 2pq + q^2$을 적용하시오.

p = A의 빈도
= 0.2 + 0.3
= 0.5
$q = 1 - p = 0.5$
AA의 빈도 = p^2
= $(0.5)^2$
= 0.25, 즉 25%
Aa의 빈도 = $2pq$
= 2(0.5)(0.5)
= 0.5, 즉 50%
aa의 빈도 = q^2
= $(0.5)^2$
= 0.25, 즉 25%

초기 집단은 평형에 있지 않다. 하지만 하디-바인베르그 조건에서는 한 세대 후에 집단은 평형에 있게 되고, 하디-바인베르그 조건 중 하나 이상에 부합하지 않게 되기 전에는 변하지 않고 평형이 지속될 것이다.

25-2. (a) 아동 집단: M 대립유전자 빈도: $p = 0.25 + 0.25 = 0.5$; N 대립유전자 빈도: $q = 0.25 + 0.25 = 0.5$. 성인 집단: M 대립유전자 빈도: p = 0.3 + 0.2 = 0.5; N 대립유전자 빈도: $q = 0.3 + 0.2 = 0.5$.
(b, c) 대립유전자 빈도는 같다. 하지만 성인 집단에서는 유전자형 빈도가 평형에 있지 않은 것으로 나타난다.

25-3. 열성 대립유전자 a가 빈도 0.0001의 동형접합 상태(q^2)로 존재한다면, q의 값은 0.01 이고 $p = 0.99$.
(a) q는 0.01
(b) $p = 1 - q$, 즉 0.99
(c) $2pq = 2(0.01)(0.99) = 0.0198$ (또는 약 1/50)
(d) $2pq \times 2pq = 0.0198 \times 0.0198 = 0.000392$
(또는 약 1/255)

25-4. 부부가 CF 아이를 낳을 확률은 98/2500 × 2/3 × 1/4 = 0.00653, 즉 약 1/153이다.

탐구 문제 풀이

2. 변이의 원래 원천은 돌연변이라는 논의와 이입자들이 주된 집단과 유전자 빈도가 다르다면 이주는 집단의 유전자 빈도를 변화시킬 수 있다는 논의가 포함돼야 한다. 또한 선택을 다음 세대로 배우자 세포와 자손에게 편향되게 전달한 결과로 설명해야 한다.

4. 생물을 다른 종으로 분류하는 것은 생식적으로 격리된(형태, 유전, 생태적 등의) 근거를 기초로 해야 한다. 다시 말해서, 다른 종으로 불리는 무리들 사이에 유전자 흐름이 일어나지 않는다는 근거가 있어야만 한다. 종 수준 위(속, 과 등)의 분류는 그런 경험적 자료를 기초로 하지 않는다. 사실 종 수준 위의 분류는 다소 임의적이고 DNA 서열 정보와 거리가 먼 전통에 바탕을 두고 있다. 또한 DNA 서열 차이가 형태, 행동, 또는 생태적 차이와 항상 정비례하지는 않는다는 것을 알아야 한다. 비록 이런 문제에서 속의 분류가 타당하지 않은 듯하지만, 단순한 DNA 서열 비교를 훨씬 넘어서 다른 요인들이 실제 분류에 고려되어야 한다. 형태 요인에 대비하여 DNA 서열의 의미에 대한 더 많은 정보가 얻어짐에 따라 많은 계통발생적 관계가 재고될 것이며, 분류체계에 조정이 필요하게 될 가능성이 있다.

6.
$q^2 = 37/125 = 0.296$
$q = 0.544$
$p = 1 - q$
$p = 0.456$

유전자형 빈도는 방정식 $p^2 + 2pq + q^2$을 적용하여 다음과 같이 결정된다.

AA의 빈도 = p^2
= $(0.456)^2$
= 0.208, 즉 20.8%
Aa의 빈도 = $2pq$
= 2(0.456)(0.544)
= 0.496, 즉 49.6%
aa의 빈도 = q^2
= $(0.544)^2$
= 0.296, 즉 29.6%

8. 하디-바인베르그 방정식을 적용하기 위해서는 집단이 하디-바인베르그 평형에 있어야만 한다.

10. (a) CCR5 분석을 위해 우선 p와 q를 결정해야 한다. 모든 유전자형의 빈도를 알고 있으므로 0.6과 0.351/2를 더해서 p를 구한다(p = 0.7755); q는 0.049 + 0.351/2 = 0.2245이다.

평형값은 다음과 같을 것이다.

*1/1*의 빈도 = $p^2 = (0.7755)^2 = 0.6014$, 즉 60.14%
*1/Δ32*의 빈도 = $2pq = 2(0.7755)(0.2245) = 0.3482$, 즉 34.82%
Δ32/Δ32의 빈도 = $q^2 = (0.2245)^2 = 0.0504$, 즉 5.04%

이 평형값과 관찰값의 비교는 관찰값이 하디-바인베르그 평형에 있는 집단에서 얻어진 것이라는 것을 강력하게 시사한다.

(b) AS(낫모양-세포) 분석을 위해 우선 p와 q를 결정한다. 모든 유전자형의 빈도가 있으므로 0.756와 0.242/2를 더하여 p를 구한다(p = 0.877); q는 1 − 0.877, 즉 0.123이 될 것이다.

평형값은 다음과 같을 것이다.

AA의 빈도 = $p^2 = (0.877)^2 = 0.7691$, 즉 76.91%
AS의 빈도 = $2pq = 2(0.877)(0.123) = 0.2157$, 즉 21.57%
SS의 빈도 = $q^2 = (0.123)^2 = 0.0151$, 즉 1.51%
이 평형값과 관찰값의 비교는 관찰값이 하디-바인베르그 평형에 있지 않은 집단에서 얻어졌을 수 있다는 것을 말해준다. 집단에 예상된 것보다 더 많은 이형접합체가 있고 SS형은 더 적게 있다는 것을 명심하시오. 자료가 퍼센트로 주어졌기 때문에 χ^2 값은 계산될 수 없다.

12. 이 세대의 a와 A의 빈도와 모든 세 유전자형의 적응도가 주어진다면 선택 작용 하에서 다음 세대의 대립유전자의 빈도를 다음 방정식으로 계산한다. $q_{g+1} = [w_{Aa}p_g q_g + w_{aa}q_g^2]/[w_{AA}p_g^2 + w_{Aa}2p_g q_g + w_{aa}q_g^2]$, 여기서 q_{g+1}은 다음 세대의 a 대립유전자 빈도이고, q_g는 이번 세대의 a 대립유전자 빈도이고, p_g는 이번 세대의 A 대립유전자 빈도이며, 각 'w'는 각각 해당 유전자형의 적응도이다.
   (a) $q_{g+1} = [0.9(0.7)(0.3) + 0.8(0.3)2]/[1(0.7)_2 + 0.9(2)(0.7)(0.3) + 0.8(0.3)_2]$
   $q_{g+1} = 0.278,\ p_{g+1} = 0.722$
   (b) $q_{g+1} = 0.289,\ p_{g+1} = 0.711$
   (c) $q_{g+1} = 0.298,\ p_{g+1} = 0.702$
   (d) $q_{g+1} = 0.319,\ p_{g+1} = 0.681$

14. 우성 치사 유전자는 선택에서 매우 불리하므로 설령 있다 하더라도 아주 높은 빈도로 존재할 가능성은 없다. 하지만 이 유전자의 침투성이 불완전하거나 (번식 연령 이후) 늦은 연령에 발현된다면 집단에 유지될 수 있다.

16. 한 대립유전자의 빈도는 그것의 적응도, 돌연변이율, 그리고 이주에 의한 유입 등 많은 요인에 의해 결정된다. 한 유전자가 0.5와 같은 특정 인위적인 빈도에 도달하는 경향은 없다. 사실 희귀한 대립유전자가 선택에서 매우 유리하지 않는 한 우성일 때조차 희귀하게 유지된다는 것을 보아왔다. 개체들 사이에서 한 유전자의 분포는 짝짓기(집단크기, 동계교배 등)와 환경 요인(선택 등)에 의해 결정된다. 집단은 유전자형의 분포가 $p^2 + 2pq + q^2 = 1$ 식에 근접할 때 하디-바인베르그 평형에 있다. 평형은 *AA* 25%, *Aa* 50%와 *aa* 25%를 의미하는 것은 아니다. 이런 혼동은 흔히 멘델 교배에서 본 1:2:1(또는 3:1) 비율 때문에 생긴다.

18. 돌연변이 빈도는 2/100,000, 즉 2×10^{-5}이다.

20. 선택적으로 중립인 대립유전자의 존재와 다양한 환경에 대한 유전적 적응 때문에 자연 집단에 유전변이가 상당량 있다.

22. Bt 옥수수를 먹이로 한 조명충나방의 한 세대 후 b 대립유전자의 빈도는 다음과 같이 계산된다.
   $q' = q(1 - sq)/1 - sq^2$
   $q' = 0.98[1 - (0.9)(0.98)]/1 - [(0.9)(0.98)(0.98)]$
   $q' = 0.852$와 $p' = 0.148$

24. 50마리의 양 중 10마리, 즉 20퍼센트가 도입되고 있다는 사실에서 0.2의 값이 나오고 도입 집단에 c 대립유전자가 없다는 사실에서 $p_m = 1.0$이다.
   $p_i' = (1 - 0.2)(0.75) + (0.2)(1.0)$
   $p_i' = 0.8$

26. 체세포 유전자 치료는 다른 치료와 마찬가지로 일부 사람들이 치료를 받지 않은 사람들보다 더 정상적인 삶을 살도록 한다. 그렇게 함으로써 이들의 유전자풀에 기여하는 능력은 덜 적응적인 대립유전자가 유전자풀에 들어가 유지될 가능성을 높인다. 이것은 유전적이든 아니든 치료의 정상적인 결과이며 질병 통제와 예방의 면에서 사회는 이런 결과를 일반적으로 수용해 왔다. 생식세포 치료는 성공한다면 한 유전자 계통에서 한 대립유전자로 제한되고, 분리되며, 드물게 제거된다. 하지만 지금의 과학 수준에서 보면 인류 진화 과정에 끼치는 영향은 인류에게 영향을 끼치는 다른 많은 요인들에 의해 희석되고 무시될 수 있다.

28. 생식적 격리 방식은 접합 전과 후로 나뉘며, 다음과 같다.
   - 지리적 또는 생태적
   - 계절적 또는 시간적
   - 행동적
   - 기계적
   - 생리적
   - 잡종 치사 또는 약화
   - 발생 이상에 의한 불임
   - 분리 이상에 의한 잡종 불임
   - F_2 와해

30. 작은 집단에서 유전자 빈도의 큰 변동은 무작위 배우자세포 표본이 부모들의 유전변이를 모두 포함할 수 없기 때문이다. 같은 현상이 집단의 분자 수준에서도 일어난다. 두 가지 요인이 작은 집단에서 특정 돌연변이를 소멸시킬 수 있다. 첫째, 표본오차에 의해 한 형태가 고정되고 다른 형태는 소실되게 할 수 있다. 유리한 돌연변이가 일어나게 되면, 이 돌연변이는 이후 세대들에 유지되기 위해서는 다음 복제 시기에 포함되어야만 한다. 초기 집단이 작다면, 유리한 돌연변이가 존속되지 못할 가능성이 있다. 둘째, 비록 해로운 돌연변이에 대해서도 이런 설명이 적용될 수 있지만, 해로운 돌연변이가 고정되면 이 돌연변이 때문에 이 집단의 멸종이 초래될 수 있다.

32. 아미노산 치환(Ala – Gly, Val – Leu, Asp – Asn, Met – Leu) 모두 단 하나의 염기 변화가 필요하다. 마지막 Pro(CC–) –Lys(AAA,G) 변환은 두 염기 변화(최소 돌연변이 거리)가 필요하다.

34. (a, b) 시간의 경과에 따른 유전적 거리의 양상은 25,000년 전부터 지금까지 현대인류와 크로마뇽인은 일정한 수의 차이를 보여주는 것으로 나타난다. 반대로 현생인류과 크로마뇽인을 네안데르탈인과 비교할 때는 유전적 거리의 갑작스런 증가가 보인다. 이런 결과는 수집된 미토콘드리아 DNA의 유전 변이 측면에서 현생인류, 크로마뇽인과 네안데르탈인 사이에 명백한 불연속을 보여준다.

현대 유전학 특강 1

확인 문제 풀이

2. 일반적으로 주기적인 메틸화는 CpG가 풍부한 영역과 프로모터 서열에서 일어난다. 메틸화에 의해 유전자가 각인되어 있는 경우, 전사적으로 침묵화된 상태를 유지한다. 예를 들어 포유류 배아에서 각인은 부계 염색체 세트만을 침묵시킬 것이다.

4. 가역적인 히스톤 변이는 전사 기구에 대한 뉴클레오솜의 접근성을 변화시킴으로써 염색질의 구조에 영향을 미친다.

6. 각인은 일반적으로 특정 유전자들에 국한되며, 감수분열 각 단계를 거치며 변화된다. 모계 유래의 각인 또는 부계 유래의 각인이 일어날 것이다. 각인된 대립유전자들은 생물체의 모든 세포에서 전사적으로 침묵화되어 있는 반면, 후성유전학적 변이(메틸화)는 환경적인 자극에 의해 재활성화될 수 있다.

8. 세포 신호전달에서의 역할과 더불어, microRNA는 발생 단계의 배

아에서 매우 중요한 수행힌다. miRNA는 유전자 발현의 억제자로서 RISC를 통해 RNA 침묵화에 관여한다. 이들은 mRNA의 번역을 감소시킨다.

탐구 문제 풀이

2. 데이터가 부족하지만, 일부 연구에서 체외 수정을 통해 태어난 아이들이 비정상적인 각인으로 인해 출생시 매우 낮은 체중에 대한 위험이 있다고 보고하였다. ART 아이는 또한 베크위트 비데만 증후군(Beckwith-Wiedemann syndrome)을 가질 위험성이 높은 것으로 보인다. 이 데이터에서 그러한 정보가 ART 아이의 예비 부모에게 제공되어야 한다는 사실은 합리적인 것 같다. 각 부부는 이용 가능한 과학과 그들의 가치와 신념에 기초하여 결론을 내릴 필요가 있다.

4. 식물 miRNA는 유전자 발현을 감소시킴이 알려져 있으며, 일부 음식은 인간 체액에서 순환하는 miRNA의 근원이다. 이러한 정보를 바탕으로, 아직 잘 이해되지 않고 있는 환경적 인자들이 아마도 인간의 유전자 발현에 중요한 역할을 할 것이라 제시할 수 있다. 이 시점에서 식물 miRNA의 역할에 대한 부족한 이해를 바탕으로 식이요법을 계획하는 것은 시기상조일 수 있다.

현대 유전학 특강 2

확인 문제 풀이

2. RNA는 정보를 저장할 수 있고 동시에 정보를 전달할 수 있으며, 또한 반응을 촉매할 수 있다. 따라서 RNA가 생명체와 유사한 분자 전구체로 작용했을 것이라고 제안된다. 또한 RNA는 여러 종류의 원시적이지만 생물학적으로 중요한 반응의 구성요소로 작용한다.

4. DNA 메틸화는 외부 DNA가 박테리아의 염색체로 통합되는 것을 방어하는데 반해, *CRISPR* 좌위의 전사로 생성된 crRNAs는 침입하는 상보적인 DNA에 핵산가수분해효소를 유인하여 표적 DNA를 분해시킨다.

6. 일련의 전사와 다이서의 작용으로 중심체 DNA와 상보적인 서열을 지닌 siRNAs가 형성된다. siRNAs는 RITS 침묵 복합체를 중심체 부위로 유인한 후, RITS에 의해 DNA 메틸화가 일어나 이질염색질 형성이 유도된다. 이질염색질을 형성하는데 왜 이렇게 복잡한 과정이 진화했는지는 잘 알려져 있지 않다.

8. 세포외 RNA는 서로 다른 종류의 mRNAs와 miRNAs로 구성되며, 단백질과 결합한 형태로 소낭에 둘러싸여 분비된다. 소낭은 보호 혹은 신호 전달의 도움을 줄 것이다.

탐구 문제 풀이

2. 음성 혹은 양성 조절은 리보솜 결합 부위(RBS)의 이용 가능성 여부에 의존한다. 억제가 일어날 때, RBS는 sRNA에 의해 가려져 있다. 양성 조절이 나타날 때, sRNA의 결합은 RBS를 노출시킨다.

4. 박테리아와 세균에서 외부 DNA는 유전체의 *CRISPR* 좌위로 삽입될 수 있으며, *CRISPR* 좌위에서 전사된 crRNAs는 침입하는 상보적 DNA로 핵산가수분해효소를 유인한다. 또한 외부 DNA는 제한효소에 의해 절단될 수 있다. 진핵생물의 유전체를 보호하는 방어기작 중 piRNA는 위치를 바꾸는 이동성 DNA인 전이인자의 작용을 억제하는 데 관여한다. piRNAs는 Piwi 단백질과 결합하여 특정 단백질 복합체(RNA-유도 침묵 복합체, RISC)를 전이인자에서 생성된 RNA 서열 및 상보적 서열 부위로 유인한다. 이 과정을 통해 전이인자 DNA에 메틸화 반응이 촉진됨으로써 전이인자의 전사가 억제된다. 광범위하게 사용되는 방어 기작으로는 RISC, 다이서, RNAse III 등이 함께 작용하는 siRNA 경로가 있다.

6. 특정 mRNA가 세포에 골고루 분포하고 있을지라도 반드시 일률적으로 번역되는 것은 아니다. 세포 내의 각 영역 혹은 도메인은 서로 다른 번역 신호를 가지고 있는 것 같다. 대표적 예로 초파리의 배아에서는 앞-뒤 축을 따라 단백질의 농도구배가 존재한다. 만일 어떤 mRNA가 특정 분자 환경에 노출될 경우 번역이 일어난다면, 동일한 mRNA가 세포의 다른 부위에 위치하여 번역에 필요한 환경 신호를 받지 못할 수도 있을 것이다.

현대 유전학 특강 3

확인 문제 풀이

2. PCR 기술의 개발로 적은 양의 DNA 검체가 있어도 법의학에 흔히 적용할 수 있게 되었다. STRs은 2~9개의 염기가 7~40번 반복되어 있는 짧은 부위라는 것 외에는 VNTRs과 유사하다. STR 좌위의 핵심세트로 13개 부위가 가장 흔하게 법의학 적용에 사용된다.

4. 대개 남성이 Y 염색체를 지니기 때문에(성전환이나 모자이크 패턴을 지닌 사람은 예외), 섞어 있는 검체조직의 성 분리는 Y 염색체 감식으로 쉽게 할 수 있다. 더욱이 STR 감식 좌위가 200개가 넘게 있다. 하지만 Y 염색체의 DNA는 상대적으로 잘 보존되기 때문에 해당 DNA가 아버지의 것인지, 아들의 것인지 혹은 남자 형제 것인지를 구분하기가 어렵다.

6. Y 염색체의 DNA와 같이 mtDNA는 재조합을 거의 하지 않기 때문에 굉장히 잘 보존되어 있다. 세포 내에는 매우 많은 복사본의 미토콘드리아가 존재하기 때문에 검체의 양이 적고, 오래되거나 부식이 심한 경우, 즉 대개 대재난에서 얻은 검체의 경우 mtDNA 사용은 특별히 유용하다.

8. 통합 DNA 지표 시스템(CODIS)은 DNA 데이터베이스와 주정부 및 연방정부의 분석도구를 모두 지니고 있으며 FBI에 의해 운영된다. 2013년 현재 1100만 건 이상의 DNA 감식 결과를 저장하고 있다. 이러한 DNA 감식 결과는 선고받은 범죄자, 법의학적 조사, 어떤 주에서는 범죄 용의자 및 신원이 밝혀지지 않은 채로 남은 사람과 실종된 사람의 것도 포함되어 있다(이 경우 DNA가 가용한 경우만 해당).

10. 검사의 오류는 하나의 증거물에 의해 발생되는 숫자적인 확률을 유죄와 동일시하려고 시도하는 것이다. 범죄현장에서 얻은 것이 용의자의 것과 일치한다고 해서 그 용의자가 유죄라는 것을 의미하는 것은 아니다. 사람의 실수, 오염 혹은 증거조작 모두 DNA 감식결과에 대한 해석을 복잡하게 할 수 있다.

탐구 문제 풀이

2. 다양한 주정부에서 시행하는 법규에 대한 정보를 얻으려면 전국 주의회 회의(the National Conference of State Legislatures)의 웹사이트에 있는 'DNA법 데이터베이스(DNA Laws Database)'를 찾아보

면 된다. 그 사이트에서 DNA 수집 및 감식에 관한 법규를 알기 위해 특정한 주를 택해서 찾아보시오. 일반적으로 대부분의 주는 다음과 같은 주제들에 대해 설명하고 있다.
(a) 사용한 다양한 DNA 데이터베이스
(b) DNA 수거 방법
(c) 선고 후에 범죄자의 DNA 수집
(d) 감독 및 자문 위원회
(e) 유죄판결을 받은 범죄자를 위한 법령

4. 체세포 모자이크현상이나 혼성화 현상은 세포유형이 섞이는 것으로, 배아발생 시 다양한 기전으로 인해 생긴다고 이해하고 있다. 한 개인에서 세포 유형이 섞여 있기 때문에 한 세포에서 얻은 DNA 검체는 다른 조직에서 얻은 DNA 검체와 일치하지 않을 수 있다. 이 경우, 범죄현장에서 얻은 DNA 검체와 결과가 일치해도 결과의 해석이 어렵다. 한 사람의 여러 부위에서 DNA 검체를 채취하여 검사한다면 아마도 이런 혼동을 다소 줄이는 데 유용할 것이다. 이 경우에는 STR DNA 감식 결과도 모자이크현상이 보일 것이다. 전기영동 분석 시 피크의 수가 다르다거나 피크의 높이가 일정하지 않을 수 있다.

현대 유전학 특강 4

확인 문제 풀이

2. 허셉틴은 유방암의 표적 치료에 사용되는 약품으로, 17번 염색체에 위치한 표피성장인자수용체 2(*HER-2*) 유전자 산물에 특이적으로 작용한다. *HER-2* 유전자의 과발현은 대략 25%의 침습성 유방암에서 나타난다. 허셉틴은 단일클론 항체이며, HER-2 수용체 단백질의 작용을 특이적으로 억제한다.

4. 시토크롬 P450 단백질은 57종류의 유전자가 암호화하는 효소군으로 구성된다. 시토크롬 P450 단백질의 특정 변이형은 약품을 천천히 대사하여 결국 체내에 약품이 축적되도록 한다. 다른 변이형은 약품이 빨리 제거되도록 하여 약품의 효능을 감소시킨다. 핵심 유전자인 *CYP2D6*는 전체의 약 25%에 해당하는 약품의 대사에 영향을 주는 반면, *VKORC1* 유전자는 항응고제 약품인 와파린 반응에 영향을 준다.

6. 최근 대단위 유전체 분석을 통해 각 종양이 유전적으로 독특하다는 사실을 알게 되었다. 따라서 암세포의 유전체 정보를 활용하여 맞춤 진단과 맞춤 치료가 가능해질 것이라 예측된다. 한 예로 유방암 치료에 허셉틴을 사용할 것인가의 여부를 확인할 수 있다. 다른 예로는 암 세포에서 흔히 발현되는 표피성장인자수용체를 억제하는 얼비툭스(Erbitux)와 벡티빅스(Vectibix)의 사용 여부를 확인하는 것이다.

8. PharmGKB 데이터베이스에서 검색 기능을 이용하여 *CYP2D6* 유전자 변이형과 타목시펜에 대해 연구한 다수의 참고 문헌을 찾을 수 있다. 예를 들어, Hertz 연구팀이 발표한 논문(Hertz, D. et al. 2012. *The Oncologist*. 17(5): 2011-0418)에서 타목시펜의 효능은 상당한 다형성을 지닌 *CYP2D6* 유전자의 변이형에 따라 영향을 받는 것으로 보고되었다. 어떤 변이형을 가지고 있는가에 따라 타목시펜의 치료 효과는 상당한 차이를 보였다. 본 논문은 PharmGKB 데이터베이스에서 전문을 읽을 수 있으며, *CYP2D6* 변이형과 타목시펜 간의 상호작용에 대한 완벽하고 상세한 설명도 제공된다.

탐구 문제 풀이

2. 최근에 일어난 명백한 발전을 고려해 보면, 향후 맞춤 치료의 미래는 매우 밝다. 그러나 맞춤의료가 일반화되기 위해서는 여러 문제들이 해결되어야 한다. 첫째, 데이터 수집과 복잡한 상호작용의 해석 사이의 간격을 줄여나가야 할 것이다. 둘째, 맞춤의학은 부작용이 적고 합리적인 가격을 지닌 효과적인 치료 방법의 개발과 맞물려 있다. 마지막으로 생명체 시스템의 복잡성으로 인해 치료방법의 개발이 어려운 질병도 있을 것이다. 또한 상당히 드물게 나타나는 질병 혹은 재정적 보상이 적은 질병의 치료법을 개발하도록 충분한 장려 정책이 이루어져야 할 것이다.

4. 현재에도 유전적 차별은 존재한다. 최근 건강관리법 개정안에서는 의료 보험회사에 의한 유전적 차별을 최소화하려고 한다. 직장에서 유전적 차별이 진행되는지는 지켜보아야 할 사안이다.

현대 유전학 특강 5

확인 문제 풀이

2. 유전공학은 유전물질의 종간 이동과 유전자의 발현수준을 변형시키는 것을 가능하게 하였다. 형질전환 생물체는 서로 다른 종간의 유전물질이 이동된 경우를 말하며, 반면 cisgenic이라는 용어는 종 내에서 유전적 이동을 한 경우를 일컫는다.

4. 제초제 저항성 식물은 모든 GM 식물의 약 70%를 차지하고 있으며, 그 주된 저항성은 제초제인 glyphosate에 대한 것이다. 제초제는 모든 식물에 존재하는 방향족 아미노산인 페닐알라닌(phynylalanine), 티로신(tyrosine) 및 트립토판(tryptophan) 합성에 필요한 5-enolpyruvylshikimate-3-phosphate synthase(EPSPS) 효소를 저해한다.

6. 황금쌀(Golden Rice) 의 첫 번째 단계는 수선화 식물에서 유래한 phytoene 합성효소와 세균에서 제조한 카로틴 불포화효소(carotene desaturase)를 벼과 식물로 도입하는 것이다. 결과적으로 쌀알들은 β-카로틴의 생산으로 노란색이 되었다. 황금쌀 2는 β-카로틴을 더 많이 생산할 수 있도록 옥수수에 존재하는 유사한 유전자의 도입이 이루어졌다. 현재 황금쌀 2는 방글라데시와 필리핀에서 사용 준비를 위한 검사 중에 있다.

8. 유전자 도입의 생물학적(biolistic) 방법은 식물세포에 사용하는 유전자총(gene gun)으로, 형질전환 DNA를 코팅한 중금속 입자를 고속으로 발사하여 DNA를 전달한다. 도입된 DNA는 세포핵 내의 식물 염색체로 통합될 수 있다.

10. Roundup-Ready 대두는 약 10년 전에 시장의 승인을 취득했다. 이러한 GM 식물은 방향족 아미노산인 페닐알라닌(phynylalanine), 티로신(tyrosine) 및 트립토판(tryptophan) 합성에 필요한 5-enolpyruvylshikimate-3-phosphate synthase (EPSPS) 효소를 저해함으로써 폭넓게 쓰여지는 광역 제초제인 글라이포세이트(glyphosate) 제초제에 대한 내성이 있다. *epsps* 유전자는 *Agrobacterium* 균주 CP4에서 클론되었고, 생물학적 충격법(biolistic bombardment)을 이용하여 콩으로 도입되었다.

탐구 문제 풀이

2. GM 식품 표시의 문제를 해결하기 위해 여러 주에 많은 법안과 제도가 실시되고 있다. 일반적인 분위기는 소비자가 자신이 소비하는 식품에 대한 알맞은 선택을 할 수 있도록 '알 권리'를 허용해야 한다고 생각한다. 만약 GM 성분을 포함하고 있는 가능성과 정보를 소비자가 갖는다면, 소비자는 주어진 식품의 안정성에 대해 판단할 수 있을 것이므로 이것이 장점이라고 할 수 있다. 다른 관점은 식품이 어떤 식으로 변형되었는지에 대한 정보가 부족할 경우 GM 표지의 유용성에 대해 고민하게 된다. 변형에 관한 과학적인 세부 정보가 포함되지 않은 경우, 식품이 유전적으로 변형된 것을 아는 것이 어떤 가치를 갖는 것일까? 소비자는 그러한 정보를 해석하는 데 얼마나 많은 배경 지식을 필요로 하는 것인가?

현대 유전학 특강 6

확인 문제 풀이

2. 생체외 유전자 치료에서는 환자로부터 얻은 세포에 잠재적으로 유전학적 교정을 일으킨다. 생체내 유전자 치료는 환자 내로 DNA를 도입하여 신체의 세포를 치료한다.

4. 대부분의 경우, 치료 DNA는 레트로바이러스 또는 아데노바이러스 벡터와 같은 바이러스를 이용하여 운송된다. 비바이러스 전달 방법은 화학적인 반응을 통한 세포막 통과, 나노 입자, 또는 인공소낭과 함께 세포 융합을 하는 방법을 이용할 수 있다.

6. 백혈구 세포인 T세포의 주요 기능은 면역반응이므로, Ashanti는 면역반응이 유발되지 않는다. 레트로바이러스에 정상적인 *ADA* 유전자의 사본을 넣어 그녀의 T세포에 도입하였다. 이 세포는 *ADA* 유전자를 발현하며, 이를 Ashanti의 혈류에 주입하고 일부는 골수에 채워졌다 Ashanti를 치료할 때 표적 유전자 치료는 불가능했고, 따라서 *ADA* 유전자는 Ashanti의 염색체에 삽입되었다. 그러나 아마도 결함이 있는 유전자를 교체하지 못한 것 같다.

8. 표적 유전자 치료는 유전자 치료의 주요 위험 중 하나인 무작위적으로 DNA가 삽입되는 것을 어느 정도 완화시키기 위해 설계된다. 또한 최근의 연구는 결함 있는 유전자의 침묵과 표적 유전자의 제거 방법이 떠오르고 있다. DNA 편집은 유전체로부터 결함있는 유전자를 제거하기 위해 핵산가수분해효소와 아연집게가 사용된다.

10. 유전자를 억제하는 하나의 방법은 RNAi를 사용하는 것이다. 이는 세포로 전달된 이중가닥 RNA 분자는 다이서에 의해 가공되어 siRNA를 형성한다. siRNA는 표적 mRNA와 결합한다. 다른 접근법은 안티센스 RNA를 이용한 유전자 침묵으로 mRNA와 결합하여 번역을 억제한다.

탐구 문제 풀이

2. 일반적으로 유전자 치료는 유전적 질병의 완화를 위해 공인된 절차와 적절한 조건에서 진행되어야 한다. 유전자 치료는 매우 비싼 의료법이기 때문에 많은 논쟁이 생긴다. 이는 보험 회사가 실험적인 치료를 고려할 때 무엇을 받아들일 것인지 두고 볼 일이다. 현재 대부분의 기관과 대중은 개인의 경쟁 상태(유전 향상 또는 유전자 도핑)를 강화하는 목적의 유전자 치료는 불법으로 간주한다. 생식세포 치료는 대중 혹은 과학계에서 호의적으로 받아들이지는 않을 것 같다. 그러나 여기에 언급된 상당히 많은 문제는 미래에 논쟁의 대상이 될 것이다.

용어 해설

1염색체성 monosomic 염색체 한 쌍 중 1개의 염색체가 결실된 이수체 상태. $2n-1$의 염색체 수를 가진다.

1차 성비 primary sex ratio 수정 시 수컷과 암컷의 비율. 보통 소수점 형태(예: 1.06)로 표시된다.

2가의, 2가 염색체 bivalents 제1감수분열 전기에서 시냅시스를 이룬 상동염색체.

2분자, 2분염색체 dyad 제1감수분열 전기에서 4분염색체의 분리에 의한 생성물. 각 2분염색체는 동원체에서 연결된 두 자매염색분체로 이루어져 있다.

2차 성비 secondary sex ratio 보통 소수점의 형태(예: 1.05)로 표현되는 출생 시 남자와 여자의 성비.

3뉴클레오타이드 반복 trinucleotide repeat 한 유전자의 내부 또는 근처에서 3개 뉴클레오타이드(CTG와 같은)의 직렬 반복 무리. 근긴장성이영양증, 헌팅턴병과 같은 질병은 이러한 반복수의 증가로 인해 유발된다.

3배수성 triploidy 한 세포나 생물이 3개의 반수체 염색체 세트를 가지는 상태.

3세대 염기서열 결정법(TGS) third-generation sequencing (TGS) 단일 가닥 DNA 개별 분자의 염기서열을 결정하는 방법에 기초를 둔 DNA 서열 결정기술.

3염색체성 trisomy 한 세포나 생물에서 한 염색체는 3개의 사본($2n+1$)을 가지며, 나머지 각 염색체는 두 개의 사본을 가지는 상태.

4분염색체 tetrad 제1감수분열 전기에 쌍을 이룬 상동염색체를 형성하는 4개의 염색분체. 우세한 반수체 단계를 가지는 진핵생물(일부 조류 및 곰팡이)에서 4분염색체는 한 번의 감수분열에 의해 생성된 4개의 반수체 세포를 의미한다.

4분염색체 분석 tetrad analysis 생활사에서 우세한 반수체 단계를 가지는 생물에서 유전자 연관과 재조합을 분석하는 방법. 4분염색체 참조.

5-메틸사이토신 5-methylcytosine 유전자 발현을 변경시키는 후성적 변화를 나타내는 메틸화된 사이토신 염기.

5-브로모디옥시유리딘 BrdU(5-bromodeoxyuridine) 돌연변이 유발에 활성을 가지는 티미딘 유사체. 티민의 5′ 위치에 있는 메틸기가 브로민으로 대체되었다. BrdU라고 줄여서 쓰기도 한다.

***Alu* 서열 *Alu* sequence** 영장류의 유전체 내에 산재하는, *Alu*I 제한효소에 의해 절단되는 약 300 bp의 DNA 서열. 사람에는 30만~60만 개의 복사본이 유전체에 흩어져 존재하며 유전체의 3~6%를 차지한다. 짧은 산재요소 참조.

A형 DNA A-DNA 오른쪽 방향의 이중나선 DNA의 한 형태. 한 회전당 11개의 염기쌍이 존재하므로, 일반적인 B형 DNA에 비해 나선이 더 촘촘하게 감겨 있다. A형 DNA에서 나선에 존재하는 염기는 측면으로 치우쳐 있어 세로축 방향으로 기울어져 있다. A형 DNA가 생물학적 중요성을 가지는지는 아직 명확하지 않다. B형 DNA 참조.

BLAST(기본 국소 정렬탐색 도구) BLAST(Basic Local Alignment Search Tool) 알고자 하는 뉴클레오타이드 또는 아미노산 서열을 데이터베이스에 있는 서열과 비교하기 위해 설계된 탐색 도구. BLAST는 또한 일치(match)의 통계적 중요성을 계산한다.

B형 DNA B-DNA 왓슨-크릭의 이중나선 모델의 DNA이며, 대부분의 세포에서 존재하는 DNA 형태. 오른쪽 방향의 나선 한 회전마다 10개의 염기쌍이 존재하며, 뉴클레오타이드는 0.34 nm 간격으로 위치한다. 나선의 직경은 2 nm이다.

***C* 값 *C* value** 한 유전체에 존재하는 반수체 DNA 양.

***C* 값 역설 *C* value paradox** 유전체의 크기와 종의 복잡성 사이에는 아무 관련도 없다는 역설. 예를 들어 양서류의 C 값(반수체 유전체 크기)은 서로간에 100배 이상 차이가 난다.

CAAT 상자 CAAT box 진핵생물 유전자의 프로모터 지역에서 발견되는 매우 잘 보존된 DNA 서열. 이 서열은 전사인자에 의해 인지된다.

***cdc* 돌연변이 *cdc* mutation** 효모의 세포분열주기(*c*ell *d*ivision *c*ycle, *cdc*) 돌연변이의 한 종류로서 세포주기의 시기와 진행에 영향을 미친다.

cDNA 라이브러리 cDNA library 클로닝된 cDNA 서열의 집합.

CFTR 단백질 CFTR *CFTR*(낭성 섬유증 막관통 전도 조절자) 유전자에 의해 암호화되는 단백질. 이 단백질은 상피 세포의 원형질막에 위치하며, 염화이온의 이동을 조절한다. *CFTR* 유전자의 돌연변이는 낭포성 섬유증을 유발한다.

***cis* 입체구조 *cis* configuration** 동일한 상동염색체에 존재하는 두 유전자(또는 한 유전자 내의 두 돌연변이 자리)의 아래 그림과 같은 배열.

$$\frac{\boldsymbol{a^1}\quad \boldsymbol{a^2}}{+\quad +}$$

이것은 돌연변이 대립유전자가 반대편 상동염색체에 존재하는 *trans* 구조와 비교된다. *trans* 입체구조 참조.

***cis-trans* 검사 *cis-trans* test** 두 돌연변이가 동일한 시스트론(유전자) 내에 있는지를 결정하는 유전적 검사.

***cis*-작용 서열 *cis*-acting sequence** 동일한 염색체상에 존재하는 유전자의 발현을 조절하는 DNA 서열. 이것은 다른 염색체상에 존재하며 유전자의 발현을 조절하는 *trans*-작용 서열과 대조된다. *trans*-작용 요소 참조.

CpG 섬 CpG island 유전자의 상부에서 발견되는 조절 DNA의 짧은 부위로, 높은 빈도의 C와 G 뉴클레오타이드를 가지는 메틸화되지 않은 서열을 포함한다.

crRNA 생성과정 crRNA biogenesis CRISPR/Cas 메커니즘의 한 단계로 RNA가 Cas 단백질에 의해 전사되고 가공된다.

C-말단 C terminus 폴리펩타이드에서 마지막 아미노산의 자유 카르복실기 말단. 관례상 폴리펩타이드의 구조식은 오른쪽에 C 말단이 오도록 쓴다.

C-말단 아미노산 C-terminal amino acid 펩타이드 사슬에서 자유 카르복실기를 가지는 말단 아미노산.

DNA DNA 디옥시리보핵산 참조.

DNA 감식법 DNA profiling 유전체에 넓게 분포하고 있는 짧은 직렬반복 DNA 서열(STR)의 길이 변이를 이용하여 개체를 감별하는 방법.

DNA 기능 결손 기법 DNA knockout technology 유전자 기능 결손(*gene knockout*) 참조.

DNA 미세배열 DNA microarray 기질(보통 유리) 위에 DNA 서열 또는 올리고뉴클레오타이드를 부착하여 정렬한 배열. 미세배열은 유전자 발현 양상(예를 들어 발생 동안 또는 정상 세포와 암세포 사이의 유전자 발현의 차이점을 비교하기 위해)을 측정하기 위해 DNA-DNA 또는 DNA-RNA 결합을 양적으로 분석하는 데 이용된다.

DNA 분해효소 deoxyribonuclease(DNase) 이중가닥 DNA의 단일 가닥 또는 이중가닥을 절단하여 DNA를 올리고뉴클레오타이드 절편으로 분해하는 효소.

DNA 분해효소 DNase 디옥시리보핵산 분해효소(*deoxyribonuclease*) 참조.

DNA 연결효소 DNA ligase 한 폴리뉴클레오타이드 사슬의 5′ 말단과 다른 폴리뉴클레오타이드 사슬의 3′ 말단 사이를 공유결합시키는 효소. 폴리뉴클레오타이드 연결효소로도 알려져 있다.

DNA 요소 백과사전 프로젝트 Encyclopedia of DNA Elements(ENCODE) Project 인간 유전자의 발현을 조절하는 기능적인 유전체 요소(전사 개시 부위, 프로모터, 인핸서와 같은)를 탐색하고 분석하기 위해 실험적 접근법과 생물정보학을 이용하는 전 세계적인 연구자들의 컨소시엄.

DNA 자이레이즈 DNA gyrase 닫힌 원형 DNA의 복제, 전사 또는 재조합이 일어나기 전에 음성초나선 형태로 변환시키는 위상이성질체화효소의 한 종류. 이 효소는 복제 동안 초나선에 의해 생긴 분자적 긴장상태를 감소시킨다.

DNA 족적법 DNA footprinting DNA와 단백질 간의 결합으로 인해 인산다이에스터 결합이 디옥시리보핵산 분해효소의 절단으로부터 보호되는데 근거한, 특정 단백질과 결합하는 DNA 서열을 확인하는 기술.

DNA 중합효소 DNA polymerase 주형 DNA 분자를 이용하여 디옥시리보뉴클레오타이드로부터 DNA의 합성을 촉매하는 효소.

DNA 지문법 DNA fingerprinting 한 개체군이나 종에서 특정 개체를 확인하는 분자적 방법. 제한효소 절단 후 미세부수체를 탐침으로 한 서던블롯 분석을 통해 DNA 절편의 독특한 양상을 얻는다. DNA 감식법(*DNA profiling*) 참조.

DNA 클로닝 벡터 DNA cloning vectors 벡터(*vector*) 참조.

DNA 헬리케이즈 DNA helicase DNA 복세 동안 복제 분기점 부근의 이중나선을 풀어주는 효소.

DNase I DNase I DNA 분자에서 피리미딘 뉴클레오타이드에 인접한 인산다이에스터 결합을 선택적으로 절단하는 핵산분해효소. DNase I은 단일 및 이중가닥 DNA와 염색질 상태의 DNA에 작용할 수 있다.

F 선모 F pilus F인자를 가지는 박테리아 세포 표면에 존재하는 가는 실과 같은 돌기로서, 접합 과정에서 기능을 수행한다.

F^-세포 F^- cell 수정인자를 포함하지 않는 박테리아 세포로서, 박테리아 접합에서 수용자로 작용한다.

F 인자 F factor 접합에서 공여자로 작용할 수 있는 능력을 제공하는 박테리아 세포 내의 에피솜 플라스미드.

F^+ 세포 F^+ cell 수정인자를 포함하는 박테리아 세포로서, 박테리아 접합에서 공여자로 작용한다.

F_1 세대 F_1 generation 첫 번째 자손 세대. 일련의 교배 중 첫 번째 교배로부터 나온 자손.

F_2 세대 F_2 generation 두 번째 자손 세대. F_1 세대의 교배로부터 나온 자손.

F′인자 F′ factor 박테리아 염색체의 일부분을 포함하는 수정인자.

G0기 G0 분열을 하지 않으나 대사적으로는 활발한 상태(G zero)로서 세포주기의 G1기에서 들어간다.

G1 검문지점 G1 checkpoint 세포가 DNA 합성을 개시하고 세포주기를 계속할지 또는 G0 단계로 들어갈지를 결정하는 세포주기 G1기에서의 한 지점.

GC 상자 GC box 진핵생물에서 5′-GGGCGG-3′ 서열을 포함하는 프로모터 부위로서, 전사 조절 단백질의 결합자리이다.

H 물질 H substance 적혈구 표면에 존재하는 탄수화물기로 여기에 A와/또는 B 항원이 더해진다. 변형되지 않으면 O 혈액형이 된다.

HapMap 프로젝트 HapMap Project 질병 및 질병 감수성과 연관된 유전자의 탐색, 지도작성 및 클로닝을 위한 노력의 일환으로 특정 개체가 공유하는 반수체형(한 염색체상에서 밀접하게 연관된 유전적 마커)을 찾기 위한 유전학자들의 국제적 프로젝트.

IS 요소 IS element 유전체의 여러 자리로 전이할 수 있는 이동성 DNA 절편.

K-RAS 단백질 K-RAS *K-RAS* 유전자가 암호화하는 원형질막 연관 단백질. 이 단백질은 세포 신호 전달에 중요하다. *K-RAS*의 돌연변이 대립유전자는 많은 형태의 암에 존재하는 발암유전자이다.

miRNA 전구체 primary miRNAs(pri-miRNAs) 5′ 메틸화된 캡, 3′ 폴리아데닌 꼬리 그리고 자가 상보적인 서열로부터 유래한 머리핀 구조를 포함하는 miRNA 유전자의 전사 산물.

N-말단 N terminus 폴리펩타이드에서 첫 번째 아미노산의 자유 아미노기. 관례상 폴리펩타이드의 구조식은 N-말단을 왼쪽에 쓴다.

N-말단 아미노산 N-terminal amino acid 폴리펩타이드 사슬에서 자유 아미노기를 가지는 말단 아미노산.

P 인자 P element 초파리에서 잡종 불임에 관여하는 DNA 전이 요소.

PharmGKB 데이터베이스 PharmGKB database 임상 약물유전체학 연구에 참여하는 개인의 유전적, 분자적, 세포 및 유전체 정보의 저장소. 개체 사이의 유전 변이가 어떻게 개체 간 약물에 대한 반응을 다르게 하는지를 연구하는 데 도움을 주기 위해 계획되었다.

piwi-상호작용 RNA piRNAs(Piwi-interacting RNAs) 다이서-비의존성 메커니즘에 의해 가공되어 PIWI 단백질과 결합된 짧은 이중가닥 RNA 서열. 생식세포에서 전이인자와 반복서열을 침묵시키기 위한 전사, 전사후 및 후성적 메커니즘에 관여한다.

Rh 인자 Rh factor 붉은털원숭이에서 최초로 알려진 항원 시스템. 열성의 *r/r* 개체는 Rh 항원을 생산하지 못하므로 Rh 음성이다. 반면 *R/R* 또는 *R/r* 개체는 적혈구 표면에 Rh 항원을 가지므로 Rh 양성으로 분류된다. 이것은 신생아 용혈성 질환인 태아적아세포증이라고 불리는 면역 불일치 질병의 유전적 원인이 된다.

RNA 간섭(RNAi) RNA interference(RNAi) 부분적으로 상보적인 RNA 가닥을 포함하는 단백질 복합체(RNA 유도 침묵 복합체, RISC)가 표적 mRNA에 결합하여 해당 mRNA의 번역을 억제하거나 또는 감소시킴으로써 유전자 발현을 억제시킴.

RNA 분해효소 RNase RNA를 가수분해하는 효소.

RNA 세계 가설 RNA World Hypothesis DNA 유전체와 단백질 촉매를 사용하는 현재의 생명형태에 앞서 정보작용(유전체) 및 촉매작용(리보자임)을 동시에 수행하는 RNA에 기초한 생명을 언급하는 가설.

RNA 유도 유전자 침묵 RNA-induced gene silencing 작은 비암호화 RNA와 RNA 유도 침묵 복합체(RISC)가 전사 또는 mRNA 전사물의 번역을 음성적으로 조절하는 메커니즘.

RNA 유도 전사 침묵(RITS) RNA-induced transcriptional silencing(RITS) 단백질 복합체(아르고노트 단백질과 히스톤 메틸기 전달효소를 포함)가 작은 비암호화 RNA의 유인으로 상보적인 DNA 서열에 결합하여 근처의 히스톤을 메틸화시켜 해당 부위에서 전사를 침묵(억제)시킨다.

RNA 유도 침묵 복합체(RISC) RNA-induced silencing complex(RISC) 핵산내부분해효소 활성을 가지는 아르고노트 단백질을 포함하는 단백질. siRNA와 miRNA가 RISC를 상보적인 mRNA로 유도하여 분해한다.

RNA 의존성 RNA 중합효소(RdRP) RNA-directed RNA polymerase(RdRP) RNA주형으로부터 상보적인 RNA 가닥을 합성하는 효소.

RNA 중합효소 RNA polymerase DNA 분자의 염기서열을 주형으로 사용하여 RNA 폴리뉴클레오타이드 가닥의 형성을 촉매하는 효소.

RNA 편집 RNA editing 전사후 그리고 번역 전 mRNA 분자의 뉴클레오타이드 서열의 변경. 다음과 같은 두 종류의 주요 편집이 있다: 각각의 뉴클레오타이드를 변화시키는 치환 편집, 각각의 뉴클레오타이드가 첨가되거나 결실되는 삽입/결실 편집.

RNA-결합 단백질(RBP) RNA-binding proteins(RBPs) RNA의 번역, 스플라이싱, 안정성 및 분해에 영향을 미치는 것과 같은 다양한 활동을 하는 RNA 결합 단백질.

R인자(R 플라스미드) R factor(R plasmid) 항생제 저항성 유전자를 가지고 있는 박테리아 플라스미드. 대부분의 R 플라스미드는 다음과 같은 두 요소를 갖는다: 항생제 저항성 유전자를 포함하는 r-결정요인과 저항성 전달 인자(resistance transfer factor, RTF).

S_1 핵산분해효소 S_1 nuclease 단일 가닥 DNA 분자를 절단하고 분해하는 디옥시리보핵산 분해효소.

SOS 반응 SOS response 대장균에서 손상된 DNA를 수선하는 효소의 유도. 이 반응은 효소의 활성화를 통해 억제자를 분해하여 DNA 수선에 관련된 일련의 유전자를 활성화시킨다.

Src 인산화효소 Src 활성을 조절하기 위해 많은 표적 단백질을 인산화시키는 단백질인산화효소. 예를 들어 RNA-결합 단백질인 ZBP1의 활성을 조절한다.

sRNA sRNA mRNA와 결합하여 번역에 영향을 주거나 또는 단백질과 결합하여 기능을 변화시켜 유전자 발현을 조절하는, 원핵생물에 존재하는 작은 비암호화 RNA.

SRY SRY Y 염색체의 성결정 부위로 염색체의 유사상염색체 경계부 근처에 존재한다. 이 부위의 유전자는 정소결정인자(TDF)를 암호화한다고 알려져 있다.

β-갈락토시데이즈 β-galactosidase *lacZ* 유전자에 의해 암호화되는 박테리아 효소로, 갈락토오스를 글루코오스로 변환시킨다.

β-글로빈 β-globin 헤모글로빈의 폴리펩타이드 소단위. 두 개의 α 사슬과 두 개의 β 사슬이 합쳐져 헤모글로빈을 형성한다.

β-지중해성빈혈증 β-thalassemia β 헤모글로빈 소단위의 감소 또는 결핍으로 인해 발생하는 유전성 혈액 질병.

TATA 상자 TATA box 골드버그-호그네스(*Goldberg–Hogness*) 상자 참조.

Ti 플라스미드 Ti plasmid 외부 DNA를 식물세포로 전달하는 벡터로 사용되는 박테리아 플라스미드.

***trans* 입체구조 *trans* configuration** 두 돌연변이 대립유전자가 동일한 상동염색체에 존재하는 *cis* 입체구조와는 달리 아래 그림과 같이 두 돌연변이 대립유전자가 반대편 상동염색체에 존재하는 배열.

$$\frac{a^1 \quad +}{+ \quad a^2}$$

***trans* 작용 요소 *trans*-acting element** 표적 유전자의 발현을 조절하는 작용을 하는 유전자 산물(보통 확산성 단백질 또는 RNA 분자).

W, Z형 염색체 W, Z chromosomes 암컷이 이형염색체 배우자(WZ) 성인 생물종에 존재하는 성염색체.

X 염색체 X chromosome 암컷이 동형염색체 배우자(XX) 성인 생물 종에 존재하는 성염색체.

X 염색체 불활성화 X chromosome inactivation 포유류 암컷에서 모계 또는 부계 유래 X 염색체의 무작위적인 전사 침묵. 발생 초기에 일어나는 이 사건은 유전자량 보정의 한 메커니즘이며, 모든 자손 세포는 동일한 X 염색체를 불활성화시킨다. 바소체, 라이온 가설, *XIST* 참조.

X선 결정학 X-ray crystallography X선을 연구대상의 분자 결정체에 충돌시켜 생성된 X선 회절 양상을 분석하여 분자의 3차 구조를 결정하는 기술.

X-연관 X-linkage X 염색체에 존재하는 유전자에 의한 유전 양상.

X-염색체 불활성화 특이 전사물 *XIST* X 염색체 불활성화 중심에 존재하는 좌위로서, 포유류 암컷에서 X 염색체의 불활성화를 조절한다.

Y 염색체 Y chromosome 수컷이 이형염색체 배우자(XY) 성인

생물종의 성 염색체.

Y-연관 Y-linkage Y 염색체에 존재하는 유전자에 의한 유전 양상.

Z형 DNA Z-DNA 두 역평행 폴리뉴클레오타이드 사슬이 왼쪽 방향 이중나선을 형성하는 지그재그 모양의 DNA 구조. 유전자 발현의 조절에 관련된다.

가계도 pedigree 인간유전학에서 여러 대에 걸친 한 가족의 유전 형질의 전달과 조상의 관계를 보여주는 모식도.

가변부위(V) variable region(V) 서로 다른 특이성을 가지는 항체 사이에서 많은 아미노산 서열 차이를 보이는 면역글로불린 분자의 부분.

가산적 분산 additive variance 한 유전자 좌위에서 한 대립유전자에 대해 다른 대립유전자의 대체로 인한 유전분산. 이 분산은 양적형질에서 표현형 선택에 반응하는 속도를 예측하는 데 이용될 수 있다.

가산적 유전자 additive genes 다인자 유전 참조.

가족성 형질 familial trait 가족의 일원에 의해 유전되고 발현되는 형질. 보통 가족에서 내려오는 형질을 언급할 때 사용하지만 자세한 유전양상은 명확하지 않다.

각인 imprinting 유전체 각인(*genomic imprinting*) 참조.

간극 유전자 gap genes 초파리(*Drosophila*) 배아의 앞-뒤축을 따라 인접한 도메인에서 발현되는 유전자로서, 각 도메인의 체절형성을 조절한다.

간기 interphase 세포주기에서 분열 사이의 간격.

간섭 interference(*I*) 한 교차가 동일한 염색분체의 인접한 부위에서 일어나는 또 다른 교차에 영향을 미치는 정도를 측정한 것. 음의 간섭은 다른 교차의 기회를 증가시키고, 양의 간섭은 두 번째 교차의 기회를 감소시킨다.

감쇠자 attenuator 일부 박테리아 오페론의 프로모터와 구조유전자 사이에 존재하는 뉴클레오타이드 서열로서 RNA 중합효소의 이동을 조절하여 해당 구조유전자의 전사를 감소시킨다.

감수분열 meiosis 포자 형성 과정 또는 배우자 형성 과정 동안 이배체 수의 염색체가 반수체 수로 감소되는 세포분열 과정.

감수분열 reductional division 동원체의 수를 반으로 줄임으로써 염색체 수를 절반으로 감소시키는 염색체 분열. 제1감수분열은 감수분열이며 반수체 세포를 생성한다. 균등 분열 참조.

개시코돈 initiation codon 폴리펩타이드 사슬의 첫 번째 아미노산으로 메티오닌을 암호화하는 mRNA 분자의 AUG 코돈.

개인 유전체 프로젝트 Personal Genome Project 유전 및 환경 요인이 형질에 기여하는 정도를 이해하기 위해 10만 명이 참여하여 유전체 서열, 개인 정보 및 의료기록을 연구자 및 일반 대중과 공유하는 프로젝트.

개체군 population 실질적 또는 잠재적으로 상호 교배가 가능한 같은 종에 속하는 개체의 무리.

개체군 병목 population bottleneck 개체군 크기의 급격한 감소로 인해 유전적 다양성의 소실 이후에 개체군 크기의 증가할 경우, 재건된 개체군은 유전적 부동으로 인해 유전적 다양성이 감소된 유전자 풀을 가진다.

검정교배 testcross 하나 이상의 좌위의 유전자형이 알려지지 않은 개체와 알고자 하는 유전자에 대해 열성 동형접합인 개체 사이의 교배.

격리 기작 isolating mechanism 한 종의 서로 다른 집단 사이의 유전자 교환을 막는 장벽. 일반적으로 격리 기작은 공간적, 환경적 또는 생식적 기작으로 구분된다.

결실 deficiency 염색체의 결실이 관련된 염색체 돌연변이. 결실(deletion)이라고도 한다.

결실 deletion 염색체의 결실이 관련된 염색체 돌연변이. 결실(deficiency)이라고도 한다. 결실(*deficiency*) 참조.

결정 determination 한 세포에서 유전자의 활동과 발생 운명이 특정 양상으로 확립되는 것으로, 세포의 미래 표현형이 확립되기 이전에 나타난다.

계보발단자 proband 유전적으로 결정되는 형질의 유전을 추적하기 위한 가계도를 제작하기 위해 유전 연구의 초점이 되는 개체. 이전에는 계보발단자(*propositus*)로 알려졌었다.

계보발단자 propositus(female, proposita) 계보발단자(*proband*) 참조.

계통진화 phyletic evolution 오랜 시간에 걸친 한 종에서 다른 종으로의 점진적인 변형. 수직진화라고도 한다.

고도가변 영역 hypervariable regions 항원에 부착하는 항체 분자 부위. 이 부위는 매우 높은 아미노산 다양성을 가진다.

고리수 linking number 닫힌 고리 모양의 이중나선 DNA 두 가닥이 서로 교차를 일으키는 횟수.

고리형 아데노신1인산 cyclic adenosine monophosphate (cAMP) 원핵생물과 진핵생물 모두에서 중요한 조절 분자.

고빈도 재조합(Hfr) Hfr 높은 재조합 빈도를 보이는 박테리아 균주. 이러한 균주는 염색체에 통합된 F 인자를 가지며, 염색체의 일부를 F^- 세포로 이동시키거나 전달할 수 있다.

고양이 울음 증후군 cri-du-chat syndrome 사람 5번 염색체의 짧은 팔 일부분의 결실에 의해 생기는 증후군. 이 질병을 가지는 유아는 고양이 울음소리를 낸다.

고정 fixation 집단유전학에서 개체군의 모든 개체가 주어진 대립유전자에 동형인 상태.

고속 대용량 DNA 염기서열 결정법 high-throughput DNA sequencing 표준적인 생어의 DNA 염기서열 결정법을 100~1,000배 능가하며, 비용을 99% 이상 감소시킨 DNA 염기서열 결정법. 차세대 염기서열 결정법(*next-generation sequencing*)이라고도 불린다.

골드버그-호그네스 상자 Goldberg-Hogness box 진핵생물 유전자의 전사 개시지점에서 20~30 bp 상부(upstream)에 있는 짧은 뉴클레오타이드 서열로 RNA 중합효소가 결합한다. 공통서열은 TATAAAA이다. TATA 상자라고도 알려져 있다.

곱셈법칙 product law 통계학에서 동시에 일어나는 두 독립적인 사건의 확률은 그들 각각의 독립적인 확률의 곱과 같다는 법칙.

공동우성 codominance 한 유전자의 두 대립유전자의 표현형 효과가 이형접합체에서 완전히 그리고 동시에 발현되는 상태.

공생자 symbiont 다른 생물과 상호 공생적인 관계를 가지고 공존하는 생물.

공유결합 covalent bond 전자의 공유에 의해 형성되는 비이온 화학결합.

공통 서열 consensus sequence 특정 유전자 또는 단백질에 가장 많이 존재하는 DNA의 뉴클레오타이드 서열 또는 단백질의 아미노산 서열.

공통유전암호 universal code 모든 생명체가 사용하는 유전 암호. 미토콘드리아, 섬모충류 및 마이코플라스마에서 일부 예외가 존재한다.

과오돌연변이 missense mutation 다른 아미노산을 지정하는 코돈으로 변경시킴으로써 번역된 단백질에 아미노산이 치환되는 결과를 유발하는 돌연변이. 이러한 변화는 기능이 없는 단백질을 만들 수 있다.

광우병 bovine spongiform encephalopathy(BSE) 프리온 단백질 감염에 의해 유발되는, 사람 및 다른 동물에게도 전염되는 소의 치명적인 퇴행성 뇌질환. 광우병(mad cow disease)으로도 알려졌다.

광의의 유전력 broad heritability 한 개체군에서 유전자형의 차이로 인해 나타나는 모든 표현형 변이의 부분.

광회복 수선 photoreactivation repair 자외선 노출로 인한 DNA 손상이 빛에 의해 유도되어 수선됨. 세포 내 효소시스템과 연관됨.

광회복 효소 photoreactivation enzyme(PRE) 자외선 유도에 의해 생성된 티민 이량체의 광활성 절단을 촉매하는 핵산말단분해효소.

교정 proofreading 복제, 전사 또는 번역에서 발생한 오류를 탐색하고 교정하는 분자 메커니즘.

교차 crossing over 절단과 재결합에 의한 상동염색체 사이의 염색체(염색체 팔의 일부) 교환. 감수분열 동안 비자매 염색분체 사이의 교환은 유전자 재조합의 근원이 된다.

교차반응물질 cross-reacting material(CRM) 정상 효소에 대한 항체로 감지 되지만, 돌연변이 유전자에 의해 생성되는 기능을 가지지 못하는 효소.

교차점, 키아즈마 chiasma(pl., chiasmata) 제1감수분열의 복사기 때 보이는 교차가 일어난 비자매 염색분체의 가닥. 교차의 세포학적 증거로 여겨진다.

교차형 염기치환 transversion mutation 퓨린이 피리미딘으로 또는 피리미딘이 퓨린으로 대체되는 돌연변이.

복구실험 rescue experiment 유전자 또는 단백질을 한 생물의 세포로 전달하여 특정 표현형이나 기능을 회복시키는 실험 방법. 보통 유전자에 돌연변이가 일어났을 때 사용하는 실험이다. 연구자들은 표현형을 회복시키기 위해 적절한 유전자를 삽입함으로써 연구하고자 하는 유전자를 기능적으로 증명한다.

구조유전자 structural gene 폴리펩타이드 사슬의 아미노산 서열을 암호화하는 유전자.

귀무가설 null hypothesis(H_0) 측정값과 관찰값 사이에 실제적인 차이가 없는 통계검정에 사용되는 가설. 카이제곱 분석과 같은 통계적 방법은 이 가설과 연관된 확률을 검증하는 데 사용된다.

균등분열 equational division 동원체의 수가 반으로 줄어들지 않고 각 염색체가 세로방향으로 절반으로 나눠져 두 딸핵으로 분리되어 들어가는 분열 단계. 유사분열과 제2감수분열에서의 염색체 분리가 균등분열의 예이다. 감수분열(*reductional division*) 참조.

균주, 계통 strain 유전적 분석 또는 사육하기에 좋은 생리적 또는 형태적 특성이 있는 공통 혈통을 갖고 있는 개체 무리.

균형자 염색체 balancer chromosome 상동 염색체와의 교차를 억제하는 하나 이상의 역위를 포함하는 염색체로 보통 동형일 때 치사적인 우성 표지자를 가진다.

균형전좌 보인자 balanced translocation carrier 유전정보의 소실이나 추가 없이 유전물질의 교환이 일어난 염색체 전좌를 가진 개체.

극체 polar body 배우자 형성 과정의 제1감수분열 및 제2감수분열 동안 암컷에서 생성되며, 분열 과정의 핵 중 하나를 포함하지만 세포이지만 불균등 세포질 분열 결과 세포질은 거의 포함하지 않는 버려지는 세포이다.

근친교배 inbreeding 가깝게 연관된 생물 사이의 교배.

근교계수 coefficient of inbreeding 한 접합자에 존재하는 두 대립유전자가 공통조상으로부터 유래하는 확률.

근교약세 inbreeding depression 여러 세대에 걸친 근친교배 후 자손에서 나타나는 감소된 생존력, 활성 또는 생장.

근긴장성 이영양증 myotonic dystrophy 근력저하와 근긴장성(수축 후 근육을 이완시키지 못함)의 특징을 가지는 퇴행성 신경근육 유전병.

급증감 주기 flush-crash cycle 급격한 개체군 생장 기간에 이은 급격한 개체군 크기의 감소.

기능결손 돌연변이 loss-of-function mutation 기능이 없거나 감소된 단백질을 암호화하는 대립유전자를 생성하는 돌연변이.

기능결손 생쥐 knockout mice 정상 유전자를 클로닝하고 마커(항생제 저항 유전자와 같은) 삽입에 의해 불활성화시킨 다음 배아줄기세포로 도입하여 일부 세포에서 변형된 유전자가 정상 유전자를 대체하도록 하는 과정을 통해 만들어진 생쥐. 이들 세포를 할구배로 주입시킨 후 돌연변이된 유전자가 상동이 되는 생쥐를 얻기 위하여 교배를 시킨다. 유전자 적중법 참조.

기능획득 돌연변이 gain-of-function mutation 유전자 산물이 새로운 기능을 얻어 정상 대립유전자의 표현형과는 다른 표현형을 보이는 돌연변이 유형.

긴 말단 반복 long terminal repeat(LTR) 레트로바이러스 DNA의 양 말단에 존재하는 수백 염기쌍 길이의 서열.

긴 비암호화 RNA(lncRNA) long noncoding RNAs (lncRNAs) 200 nt 이상의 길이를 가지는 비암호화 전사물로서, DNA의 후성적 변화 및 유전자 특이 전사 조절 기능을 포함한 다양한 작용을 한다.

긴 산재인자 long interspersed elements(LINEs) 고등 생물의 유전체 내에 산재되어 존재하는 긴 반복 서열.

나선-회전-나선 모티프 helix-turn-helix(HTH) motif DNA 결합 단백질에서, 4개의 아미노산으로 이루어진 한 회전이 서로 수직인 두 나선을 포함하는 부위의 구조.

낫모양 적혈구 빈혈증 sickle-cell anemia 상염색체 열성대립유전자에 의해 유발되는 유전병으로, 동형일 경우 치료가 되지 않으면 종종 치명적이다. 글로빈의 β 사슬에 있는 하나의 아미노산을 변경시키는 뉴클레오타이드 치환으로 인해 유발된다.

낫모양 적혈구 형질 sickle-cell trait 낫모양 적혈구 세포 대립유전자에 이형접합인 개체가 보이는 표현형.

내생 siRNA endogenous siRNAs(endo-siRNAs) 반복 서열(동원체 혹은 전이인자)의 양방향 전사와 같은 내생적 근원으로부터 유래한 짧은 간섭 RNA; 이들 RNA는 다이서에 의해 가공된다.

내성전달인자(RTF) resistance transfer factor(RTF) 접합에 의해 박테리아 세포 사이에 R 플라스미드를 전달하는 능력을 부여하는 R 플라스미드의 한 요소.

내성전달인자(RTF) RTF 내성전달인자(*resistance transfer factor*) 참조.

노던블롯분석 northern blot RNA 분자를 전기영동으로 분리하여 모세관 현상을 이용해 나일론 또는 나이트로셀룰로오스 막으로 이동시키는 분석 방법. 그런 다음 특정 RNA 분자는 표지된 핵산 탐침으로 혼성화하여 확인한다.

뉴클레오사이드 nucleoside 핵산의 화학적 명명법에서 리보오스 또는 디옥시리보오스 당 분자와 공유적으로 결합된 퓨린 또는 피리미딘 염기.

뉴클레오솜 nucleosome 진핵생물에서 DNA 분자가 두 번 회전하여 감겨진 4쌍의 히스톤 분자로 이루어진 복합체. 핵에서 염색질의 구성과 관련된 주요 구조.

뉴클레오타이드 nucleotide 핵산의 화학적 명명법에서 하나 이상의 인산기와 공유적으로 결합된 뉴클레오사이드. 리보오스 또는 디옥시리보오스의 5′ 탄소와 연결된 단일 인산염을 포함하는 뉴클레오타이드는 핵산의 구성요소이다.

뉴클레오타이드 쌍 nucleotide pair 염기 간의 상보적 수소결합으로 연결된 DNA 분자에서 쌍을 형성한 뉴클레오타이드(A는 T와, G는 C와 염기쌍 형성).

다른자리입체성 효과 allosteric effect 효과기 분자와의 상호작용에 의해 초래된 단백질 활성 부위의 구조 변화.

다면발현 pleiotropy 단일 돌연변이가 다수의 표현형 효과를 유발하는 상태.

다사염색체 polytene chromosome 말 그대로는 여러 가닥을 가진 염색체라는 뜻. 복제된 가닥의 분리 없이 수많은 DNA 복제를 거쳐 서로 평행하게 붙어 있다. 이 결과 보통 초파리의 침샘 세포에서 연구된 특징적인 밴드 양상을 보이는 정렬된 염색소립을 가지는 거대 염색체가 생긴다.

다윈 적응도 Darwinian fitness 적응도(*fitness*) 참조.

다이디옥시뉴클레오타이드 dideoxynucleotide 수산기가 없는 디옥시리보오스 당을 포함한 뉴클레오타이드. 신장 중인 폴리뉴클레오타이드에 통합되면 사슬 신장이 멈추게 되며, 생어 염기서열 결정법에 사용된다.

다이디옥시뉴클레오타이드 사슬종결 염기서열결정법 dideoxynucleotide chain-terminating sequencing 생어 염기서열 결정법(*Sanger sequencing*) 참조.

다이서 Dicer 이중가닥 RNA(dsRNA)와 miRNA 전구체(pre-miRNA)를 절단하여 20~25 뉴클레오타이드 길이의 작은 간섭 RNA 분자로 만드는 효소(핵산분해효소). siRNA는 siRNA에 상보적인 서열을 가지는 mRNA의 분해를 유도한다.

다인자 유전 multiple-factor inheritance 다인자 유전(*polygenic inheritance*) 참조.

다인자 유전 polygenic inheritance 표현형 발현이 여러 유전자의 부가적 효과에 의존하는 형질의 유전.

다중유전자족 multigene family 보통 중복과 뒤이은 유전자 분기에 의해 한 공통조상 유전자로부터 유래한 유전자 세트. 글로빈 유전자가 다중유전자족의 예이다.

다형성 polymorphism 한 개체군에 둘 이상의 불연속적이고 분리되는 표현형의 존재.

단계통군 monophyletic group 한 조상으로터 유래된 모든 자손으로 이루어진 분류군.

단백질 protein 아미노산이 공유결합으로 연결된 하나 이상의 폴리펩타이드로 이루어진 분자. 단백질은 1차, 2차, 3차 및 4차구조를 보인다.

단백질 1차 구조 primary protein structure 폴리펩타이드 사슬의 아미노산 서열.

단백질 2차 구조 secondary protein structure 특정 아미노산 사이의 수소 결합에 의존하여, 폴리펩타이드에서 α-나선 또는 β-병풍구조의 형성.

단백질 3차 구조 tertiary protein structure 폴리펩타이드의 1차 구조에 의해 지정되는 폴리펩타이드 사슬의 3차원 입체 구조. 3차 구조는 최대 열역학적 안정상태를 이룬다.

단백질 4차 구조 quaternary protein structure 한 단백질 분자 내에 두 개 이상의 폴리펩타이드 사슬 사이의 상호작용 양식과 유형.

단백질도메인 protein domain 같은 단백질 내의 다른 부위와는 구조적 기능적으로 구분되는 특정 배열과 기능을 가지는 아미노산 서열.

단백질체 proteome 한 특정 시간에 세포, 조직 또는 생물에서 발현되는 전체 단백질 세트.

단백질체학 proteomics 한 특정 시간에 한 세포에 존재하는 발현된 단백질에 관한 연구.

단성생식 parthenogenesis 수정이 없는 난자의 발생.

단성잡종 교배 monohybrid cross 한 형질만이 관련된 유전 교배(예: *AA* × *aa*).

단일가닥 결합단백질(SSB) single-stranded binding proteins (SSBs) DNA 복제에서 이중가닥을 푸는 단백질에 의해 생긴 단일 가닥 DNA 부분에 결합하여 이를 안정화시키는 단백질.

단일 분자 염기서열 결정법 single molecule sequencing 염기서열 분석을 위해 PCR에 의한 증폭이 필요 없으며, 단일 DNA 분자 또는 RNA 분자의 직접 염기서열 결정을 위해 합성에 의한 고속대용량 염기서열 결정법.

단일 사본 DNA unique DNA 유전체에 오직 한 사본만 존재하는 DNA 서열.

단일뉴클레오타이드 다형성 SNP 단일 뉴클레오타이드 다형성(*single-nucleotide polymorphism*) 참조.

단일뉴클레오타이드 다형성(SNP) single-nucleotide polymorphism(SNP) 유전체 분석 중 탐지되는 DNA에서의 단일 뉴클레오타이드 변이. 적어도 한 개체군의 1% 정도 존재하는 SNP는 유전적 마커로 유용하게 사용된다.

단일 분자 염기서열 결정법 **true single molecule sequencing** 단일 분자서열 결정법(*single molecule sequencing*) 참조.

달톤 **dalton(Da)** 1.67×10^{-24} g의 수소 원자와 동일한 질량 단위. 분자량을 측정할 때 사용하는 단위이다.

대립성 검정 **allelism test** 상보성 검정 참조.

대립유전자 **allele** 한 유전자의 여러 형태 중 하나로서, 보통 표현형 효과에 의해 다른 대립유전자와 구별된다.

대립유전자 배제 **allelic exclusion** 면역글로불린 유전자가 이형인 형질세포에서 오직 한 대립유전자의 선택적 활동.

대립유전자 특이 올리고뉴클레오타이드(ASO) **allele-specific oligonucleotide(ASO)** 실험실에서 합성된 짧은 뉴클레오타이드 사슬로서 보통 15~20 염기쌍 길이이다. 섬세하게 조절된 조건에서 완전하게 일치하는 상보성 서열과 혼성화한다.

덧셈법칙 **sum law** 하나 이상의 상호배타적으로 일어나는 확률은 각 사건의 합과 동일하다는 법칙.

독립적 분리 **independent assortment** 제1감수분열에서 염색체 분리 동안 상동염색체 각 쌍의 독립적인 행동. 모계 또는 부계의 상동염색체가 배우자세포로 무작위 분배된다.

독성파지 **virulent phage** 박테리아 세포를 감염시키고, 그 안에서 복제하며, 세포를 용해시켜 새로운 파지 입자를 방출하는 박테리오파지.

돌연변이 **mutation** DNA나 염색체 구조에 변화를 유발하는 과정. 유전자에서 새로운 대립유전자의 근원이 된다.

돌연변이 다발점 **hot spots** 높은 비율로 돌연변이가 일어나는 유전체 부위. 단일뉴클레오타이드 치환이나 불균등교차로 이어지는 경향이 있다.

돌연변이유발원 **mutagen** 돌연변이 속도를 증가시키는 요인.

돌연변이율 **mutation rate** 주어진 유전자 좌위나 개체군에서 일어나는 돌연변이의 빈도.

돌연변이체 **mutant** 하나 이상의 돌연변이 대립유전자를 가지는 세포나 생물.

동류교배 **assortative mating** 한 종의 암컷과 수컷 사이의 선택교배. 양성 동류교배는 동일한 유전자형을 가지는 수컷을 선택하며, 음성 동류교배는 반대되는 유전자형을 가지는 수컷을 선택한다.

동소종분화 **sympatric speciation** 최소한 부분적으로 동일한 지리적 범위에서 서식하는 개체군에서 일어나는 종분화.

동원체 **centromere** 자매염색분체가 복제 후 붙어 있는 특수화된 이질염색체성 부위. 세포분열 시 방추사가 염색체에 붙는 장소. 동원체의 위치는 세포분열 후기 동안 염색체의 모양을 결정한다. 일차협착(primary constriction)이라고도 한다.

동원체 부위 **CEN** 동원체의 기능적 DNA 부위. 효모에서 약 120 bp 길이의 염색체 DNA 절편을 플라스미드에 삽입하면 유사분열 동안 분리하는 능력을 갖도록 한다.

동원체 융합 **centric fusion** 로버트슨 전좌 참조.

동원체방추사부착점 **kinetochore** 동원체 내에 위치한 약 400 nm 크기의 섬유 모양의 구조로서 세포분열 동안 미세소관의 부착장소이다.

동위염색체 **isochromosome** 두 개의 동일한 팔과 상동 유전좌위를 가지는 이상 염색체.

동위원소 **isotopes** 동일한 원자 번호를 가지나 핵 속에 포함된 중성자의 수가 다른(따라서 질량이 다른) 동일한 화학적 특성을 가지는 원자의 다른 형태.

동족의 **consanguineous** 앞 선 몇 세대에서 공통조상을 가지는.

동종응집원 **isoagglutinogen** 하나의 항체 형성을 유도할 수 있는 세포 표면에 존재하는 항원(예: 사람 적혈구 표면의 A와 B 항원).

동질4배체 **autotetraploid** 4개 사본의 동일한 유전체로 이루어진 동질배수성.

동질배수성 **autopolyploidy** 한 이배체 염색체의 중복에 의해 생성되는 배수성.

동질효소 **isozyme** 화학적으로는 같거나 거의 동일하지만 순전하, 적정 pH, 소단위의 수와 종류 또는 기질 농도 등과 같은 일부 특성에서 차이가 나는 한 효소의 둘 이상으로 구별되는 형태 중 하나.

동형염색체배우자 성 **homogametic sex** 동일한 성염색체를 가지는 배우자를 생산하는 성. 포유류에서는 암컷이 동형염색체 배우자이다.

동형접합체 **homozygote** 한 유전자 또는 유전자들에 대하여 동일한 대립유전자를 가지는 개체. 이 개체는 그 유전자(들)에 관하여 동일한 배우자를 생산하며, 따라서 순계가 된다.

동화작용 **anabolism** 덜 복잡한 전구체로부터 복잡한 분자의 물질대사적 합성.

뒤센근이영양증 **Duchenne muscular dystrophy** 근육 세포에서 발견되는 단백질인 디스트로핀 유전자의 돌연변이에 의해 발생하는 X-연관 열성 유전병. 질병을 가진 남성은 점진적인 근육 조직의 쇠약과 소실을 보인다. 호흡기 감염과 심부전으로 인해 20살 전후에 사망으로 이른다.

드로샤 **Drosha** miRNA의 성숙과 관련된 핵 RNA 특이 핵산분해효소. 1차 miRNA의 5′ 및 3′ 비자기(non-self) 상보부위를 제거하여 miRNA 전구체를 생성한다.

디스트로핀 **dystrophin** 근육세포의 원형질막의 내부에 부착하여 근수축 동안 막을 안정화시키는 단백질. 디스트로핀을 암호화하는 유전자에 생긴 돌연변이는 뒤센/베커 근이영양증을 유발한다. 뒤센근이영양증 참조.

디옥시리보오스 **deoxyribose** DNA의 디옥시리보핵산을 구성하는 5탄당.

디옥시리보오스 핵산(DNA) **deoxyribonucleic acid(DNA)** 주로 디옥시리보오스 당을 가지는 역평행인 두 사슬이 서로 수소결합에 의해 연결되어 형성되는 뉴클레오타이드 중합체로 이루어진 거대분자. 유전정보의 주 운반체이다.

라드 **rad** 조사되는 조직의 1그램당 100에르그(erg)에 해당되는 방사선의 흡수량 단위.

리보자임 **ribozymes** 특정 생화학 반응을 촉매하는 RNA.

라이온 가설 **Lyon hypothesis** 발달 초기의 포유류 암컷 체세포에서 모계 또는 부계 X 염색체가 무작위로 비활성화된다는 제안. 모든 딸세포는 그들이 유래한 세포와 동일한 불활성화된 X 염색체를 가지게 되므로, X 염색체 유전자의 발현이 모자이크 양상으로 된다.

램프브러쉬 염색체 **lampbrush chromosomes** 복사기 동안 최대

로 확장되는 넓어진 측면 고리 모양을 특징으로 하는 감수분열 염색체. 대부분 양서류에서 광범위하게 연구되었지만 이 구조는 곤충에서 사람에 이르는 많은 생물의 감수분열 세포에서 발견된다.

레콘(재조합단위) recon 재조합이 일어날 수 있는 가장 작은 유전자 내 단위를 나타내기 위해 미세구조 분석 연구에서 사용되는 용어. 하나의 염기에 해당한다.

레트로바이러스 retrovirus 생활사 동안 RNA를 유전 물질로 사용하고 역전사효소를 이용하는 바이러스의 한 형태.

레트로바이러스 벡터 retroviral vectors 레트로바이러스에서 유래된 유전자 전달 벡터. 종종 유전자 치료에 사용된다.

레트로트랜스포존 retrotransposon 많은 진핵생물 유전체의 중요 요소인 이동성 유전 요소로, RNA 중간체에 의해 복제되고 멀리 떨어진 염색체의 위치에 삽입된다.

렘(방사선 작용단위) rem 사람에서 동등하게 작용하는 방사선. 1 뢴트겐의 X선과 동일한 생물학적 효과를 보이는 방사선의 용량.

로드값 lod score(LOD) 두 유전좌위가 연관되었는지의 여부를 결정하는 통계학적 방법. 로드값 4는 연관되지 않은 것에 비해 연관이 일어날 확률이 10,000배나 높다는 것을 의미한다. 관행상 3~4의 로드값은 연관이라고 본다.

로버트슨 전좌 Robertsonian translocation 두 차단부동원체형 염색체의 짧은 팔에서 절단이 일어난 후 이들 염색체의 긴 팔이 동원체에서 융합하여 생긴 염색체 이상. 동원체 융합이라고도 불린다.

뢴트겐(R) roentgen(R) 방사선 방출의 측정단위. 0°C, 760 mmHg의 압력에서 1 cm^3당 2.083×10^9의 이온쌍을 방출하는 양에 해당된다.

류신지퍼 leucine zipper DNA 결합 단백질에서 매 7번째 아미노산 잔기마다 류신이 존재하는 것을 특징으로 하는 구조적 모티프. 양전하의 아미노산을 인근 지역에 가진다. 두 폴리펩타이드에 존재하는 류신지퍼는 상호작용하여 DNA에 결합하는 이량체를 형성할 수 있다.

리보솜 ribosome 각각 RNA와 단백질 분자를 포함하는 두 소단위로 이루어진 리보핵단백질 소기관. 리보솜은 mRNA 코돈이 폴리펩타이드 사슬의 아미노산 서열로 번역되는 장소이다.

리보솜 RNA rRNA 리보솜 RNA(*ribosomal RNA*) 참조.

리보솜 RNA(rRNA) ribosomal RNA(rRNA) 리보솜 소단위의 구조적 요소인 RNA 분자. 원핵생물에서는 16*S*, 23*S* 및 5*S* 분자가 있고, 진핵생물에서는 18*S*, 28*S* 및 5*S* 분자가 있다. 스베드베리 침강 계수(*S*) 참조.

리보스위치 riboswitch 물질대사 산물과 같은 작은 리간드와 결합하여 유전자 발현을 조절하는 RNA를 기반으로 하는 세포내 감지분자.

리보오스 ribose RNA의 리보뉴클레오사이드와 리보뉴클레오타이드와 연관된 5탄당.

리보핵산(RNA) RNA 리보핵산(*ribonucleic acid*) 참조.

리보핵산(RNA) ribonucleic acid(RNA) DNA와 비슷하지만 5탄당인 리보오스와 피리미딘 우라실을 가지며 단일 가닥의 폴리뉴클레오타이드 사슬로 이루어진 핵산. rRNA, mRNA, tRNA 및 다양한 작은 조절 RNA 분자들을 포함한 많은 형태가 존재한다.

리보핵산단백질(RNP) 입자 ribonucleoprotein(RNP) particles 하나 이상의 단백질과 복합체를 형성하는 작고 안정된 RNA 분자. RNP는 핵, 세포질 및 미토콘드리아에서 발견된다. 이것은 mRNA의 스플라이싱, 수송, 전사 후 조절과 단백질 수송 등 다양한 기능을 가진다.

리플리솜 replisome DNA를 합성하는 박테리아의 복제 분기점에서 조립되는, DNA 중합효소를 포함하는 단백질 복합체.

리플리콘(복제단위) replicon DNA 복제의 개시에 필요한 DNA 서열로 시작하는 DNA 복제 단위. 박테리아에서는 전체 염색체가 리플리콘이다.

마이크로RNA microRNA mRNA의 분해에 참여함으로써 유전자 발현을 조절하는 대략 20~30 뉴클레오타이드 길이의 단일가닥 RNA 분자.

말기 telophase 딸 염색체가 세포의 반대 극에 도달하며, 전기의 특성을 반대로 보여 핵막을 다시 형성하고 염색체를 풀리게 하는 세포분열의 단계. 세포질을 나누어 부모 세포를 두 딸세포로 쪼개는 세포질분열 동안 말기는 끝난다.

말단동원체성 염색체 telocentric chromosome 동원체가 제일 끝에 위치한 염색체.

말단이동 terminalization 제1감수분열의 복사기 단계에서 염색체의 말단 쪽으로 교차점의 이동.

메타유전체학 metagenomics 실험실 배양으로 자라는 생물과는 달리 환경에서 채집한 생물로부터 회수한 DNA의 연구. 보통 환경 시료에서 생물의 다양성을 측정하기 위해 사용된다.

메틸화 methylation S-아데노실메티오닌으로부터 인지질, 단백질, RNA 및 DNA 등의 생물분자로 메틸기를 전달하는 과정. DNA의 메틸화는 유전자 발현 조절 및 각인과 같은 후성적 현상과 연관되어 있다.

면역글로불린 Ig 면역글로불린(*immunoglobulin*) 참조.

면역글로불린(Ig) immunoglobulin(Ig) 항체의 특성을 가지는 혈청단백질의 한 종류.

모계유전 maternal inheritance 보통 미토콘드리아 또는 엽록체에 존재하는 DNA로 인해 엄격하게 모계만을 통한 형질의 전달.

모계효과 maternal effect 모계 유전체로부터 유래된 난모세포 내의 유전 정보에 기인하는 자손의 표현형 효과.

모계효과 maternal influence 모계효과(*maternal effect*) 참조.

모세관 전기영동 capillary electrophoresis 전하를 띤 크고 작은 분자를 크기와 전하의 비를 이용하여 모세관 안에서 분리하는 분석 방법. 분리된 성분의 감지와 분석은 모세관 안에서 보통 자외선을 이용하여 이루어진다.

무동원체성 염색체 acentric chromosome 동원체가 없는 염색체 또는 염색체 절편.

무성생식 asexual reproduction 어떠한 유성적 과정이 없는 자손의 생성.

무세포 추출액 cell-free extract 세포를 용해시킨 후 핵, 막 및 세포소기관을 제거함으로써 얻어지는 세포의 용해성 부분. 보통 특정 외부 mRNA 분자를 첨가하여 단백질 합성을 수행할 때 이용한다.

물질대사 metabolism 살아 있는 세포가 진행하는 모든 종류의 화학 반응. 특히, 생물에서 에너지를 생성하고 이용하는 화학적 기초이다.

뮤 박테리오파지 **mu(μ) bacteriophage** 삽입서열(삽입, 절제, 이동, 숙주 유전자의 불활성화 및 염색체 재배열을 일으킬 수 있는)처럼 행동하는 유전물질이 포함된 파지 무리.

뮤톤(돌연변이의 최소단위) **muton** 유전자의 미세 구조 분석에서 돌연변이의 가장 작은 단위로, 단일 염기에 해당한다.

미결실형질도입 **abortive transduction** 형질도입되는 DNA가 이를 수용하는 박테리아의 염색체 내로 통합되는데 실패한 경우. 형질도입 참조.

미세배열 **microarray** DNA 미세배열 참조.

미세부수체 **microsatellite** 유전체에서 널리 분포하는 1~4 염기쌍의 매우 다형성이 높은 DNA 서열. 많은 방법에서 분자 표지로서 사용된다. 단순서열반복(SSR)이라고도 불림.

미소부수체 **minisatellite** 진핵생물의 유전체를 통해 빈번하게 나타나는 10~100 뉴클레오타이드 길이의 짧은 직렬반복 서열(STR). 이 좌위의 반복수는 가변적이기 때문에, 이 좌위는 직렬반복서열수 변이(VNTR)로 알려져 있다. DNA 지문법과 DNA 감식법에 이용된다. 직렬반복서열수 변이(*VNTR*) 및 *STR* 참조.

미토콘드리아 **mitochondrion** 진핵생물에서 고에너지 화합물인 ATP를 생성하는, 소위 세포의 발전소라고 불리는 자가복제하고, DNA를 함유하는 세포소기관.

미토콘드리아 DNA **mitochondrial DNA(mtDNA)** 미토콘드리아에 존재하는 이중가닥의 자가복제하는 원형 DNA로서, 미토콘드리아의 산화적 호흡 과정에 쓰이는 미토콘드리아 rRNA, tRNA 및 단백질을 암호화한다.

미토콘드리아 DNA **mtDNA** 미토콘드리아 DNA(*mitochondrial DNA*) 참조.

미토콘드리아교체 **mitochondrial swapping** 미토콘드리아의 유전적 질병을 고치기 위해 난자에 존재하는 결함이 있는 미토콘드리아를 정상적인 미토콘드리아로 교환하는 것. 미토콘드리아 결함이 있는 난자로부터 핵을 꺼내 미리 핵을 제거한 정상 난자로 전달함으로써 수행된다. 이렇게 만들어진 난자를 체외 수정을 거쳐 발생을 위해 착상시킨다.

밀도기울기 원심분리 **density gradient centrifugation** 원심력과 다양한 밀도를 가지는 용액을 이용하여 거대분자 혼합물을 분리시키는 방법. 염화세슘을 이용한 부력밀도 기울기원심분리에서 원심장은 염화세슘 용액의 밀도 기울기를 형성하고, 이 기울기를 통해서 DNA와 같은 거대분자의 혼합물이 자신의 밀도와 같은 지점에 도달할 때까지 이동하게 된다. 때로는 평형 침강원심분리법이라고도 한다.

바소체 **Barr body** 암컷 포유류의 체세포 핵에서 관찰되는 짙게 염색되는 DNA가 많이 포함된 덩어리. M. Barr에 의해 발견되었으며, 이 소체는 불활성화된 X 염색체를 나타낸다.

바소체, 성염색질 소체 **sex chromatin body** 바소체(*Barr body*) 참조.

박테리오파지 **bacteriophage** 생식을 위한 숙주로 사용하기 위해 박테리아를 감염시키는 바이러스. 파지라고도 한다.

반보존적 복제 **semiconservative replication** 이중가닥 분자가 복제하여 생긴 딸분자 각각이 하나의 부모 가닥(오래된)과 하나의 새로 합성된 가닥으로 이루어진 DNA 복제 방식.

반복 DNA 서열 **repetitive DNA sequence** 반수체 유전체 내에 많은 사본수로 존재하는 DNA 서열.

반불임성 **semisterility** 배우자의 일부분이 생존력이 없는 상태.

반성도입 **sexduction** F 인자에 의해 공여자 박테리아로부터 수용자 박테리아로의 염색체 유전자의 전달.

반수체(n) **haploid(n)** 상동염색체 각 쌍 중 하나씩을 가지는 세포 또는 생물. 배우자의 염색체 수를 가리킨다.

반수체기능부전 **haploinsufficiency** 이배체 생물에서 유전자 중 하나만 기능을 가지고 다른 하나는 돌연변이에 의해 불활성화된 유전자를 가지는 개체가 보이는 현상. 하나의 유전자 사본에 의해 생산되는 단백질의 양이 정상적인 표현형을 나타내기에는 불충분하기 때문에 비정상적인 표현형을 나타낸다. 사람의 여러 상염색체 우성질병에서 이런 현상이 나타난다.

반수체형 **haplotype** 한 개체가 가지는 밀접하게 연관된 유전자 좌위의 대립유전자 세트로서, 하나의 단위로 유전된다.

반접합체의 **hemizygous** 이배체 세포에서 한 세트만의 유전자가 존재하는 경우. 이형염색체 배우자 수컷에서 X 염색체상에 존재하는 유전자가 이러한 예에 속한다.

반치사유전자 **sublethal gene** 이 유전자를 가진 개체의 50% 미만이 성숙하기 전에 죽는, 낮은 생존력을 유발하는 돌연변이.

발암물질 **carcinogen** 암을 유발하는 물리적 화학적 요인.

발암유전자 **oncogene** 진핵세포에서 조절되지 않는 세포 증식을 촉진하는 유전자. 보통 원발암유전자로부터 유래된 돌연변이 유전자이다.

발현도 **expressivity** 한 형질에 대해 표현형이 발현되는 정도.

발현벡터 **expression vector** 삽입된 DNA 서열이 발현될 수 있도록 설계된 프로모터 부위를 포함하는 플라스미드 또는 파지.

발현서열꼬리표(EST) **expressed sequence tag(EST)** cDNA 클론 뉴클레오타이드 서열의 일부 또는 전부. EST는 유전자 지도를 작성하는데 마커(표지자)로 사용된다.

방사선자동사진법 **autoradiography** 방사선 붕괴로 인한 사진 이미지의 생성. 세포와 조직 내에서 방사선으로 표지된 화합물의 위치를 탐색하거나 또는 다양한 혼성화 기법에서 방사선 탐침을 확인하는데 이용된다. 서던블롯분석 참조.

방사성동위원소 **radioactive isotope** 변경된 중성자 수를 가지는 불안정한 동위원소. 붕괴 동안 안정된 형태로 변형되면서 이온화방사선을 방출한다. 동위원소 참조.

방추사 **spindle fibers** 세포분열 동안 형성되는 가는 세포질 섬유로서, 유사분열과 감수분열의 후기에 염색분체에 부착하여 이들을 분리시키고 세포의 반대편 극으로 이동시킨다.

방황변이 시험 **fluctuation test** 선택적 물질에 의해 유도되는 돌연변이와는 달리 자연발생적으로 일어나는 박테리아의 돌연변이를 증명하는 루리아와 델부뤼크에 의해 개발된 통계적 검정 방법.

배수성 **ploidy** 기본적인 염색체 세트 또는 그 세트의 배수를 일컫는 용어.

배수체 **polyploid** 둘 이상의 반수체 염색체 세트를 가지는 개체 또는 세포.

배아줄기세포 embryonic stem cells 초기 포유류의 배반포 배아의 내부 세포 덩어리로부터 유래한 세포. 이들 세포는 어떠한 종류의 배아세포 또는 성체세포로 분화할 수 있는 다분화능을 가진다.

배우자 gamete 반수체 염색체 수를 가지는 특수화된 생식세포.

백색증 albinism 홍채, 털 및 피부에 멜라닌 색소의 생성이 결핍되어 생기는 증상. 사람에서는 종종 상염색체 열성 형질로 유전된다.

번역 translation 리보솜과 tRNA와 함께 mRNA 분자의 염기서열로부터 폴리펩타이드의 아미노산 서열을 형성하는 과정.

번역후 변형 posttranslational modification 효소 절단, 인산기, 탄수화물 사슬 또는 지질의 첨가에 의한 폴리펩타이드 사슬의 가공 또는 변형.

번역틀 reading frame 핵산에서 코돈의 선형 서열.

번역틀이동 돌연변이 frameshift mutation 한 유전자에서 3의 배수를 보이지 않는 염기수의 삽입과 결실(indel)로 인한 돌연변이. 이것은 돌연변이가 일어난 부위 이후부터의 모든 코돈에서 번역틀을 이동시킨다.

법의학 forensic science 형사 및 민사 소송에 사용되는 증거를 얻기 위한 과학적 방법의 사용.

법의학 DNA 지문법 forensic DNA fingerprinting 법의학에서 개인을 식별하는데 있어 짧은 직렬반복(STR)을 사용함. DNA 타이핑으로도 알려져 있다. DNA 감식법 참조.

벡터 vector 재조합 DNA에서 파지나 플라스미드와 같이 외부 DNA 절편을 숙주세포로 전달하고 형질전환시키는 데 이용되는 중개자.

변성 온도 T_m 변성온도(*melting profile*) 참조.

변성된 DNA denatured DNA 단일 가닥으로 분리된 DNA 분자.

변성온도(T_m) melting profile(T_m) 이중가닥의 핵산 분자의 절반이 단일가닥으로 분리되는 온도.

병렬 상동유전자 paralogs 단일 조상 유전자의 중복과 뒤이은 분기에 의해 유래된 동일한 종 안에 있는 둘 이상의 유전자.

병목 bottleneck 개체군 병목(*population bottleneck*) 참조.

병원성인자 virulence factors 일부 바이러스나 박테리아와 같이 병원체에 의해 생성되는 분자로, 이들 병원체가 숙주에 서식하고, 숙주의 면역계를 피하거나 억제하며 숙주에 질병을 유발할 수 있게 한다.

보인자 carrier 열성 형질에 이형접합인 개체.

보존 유전학 conservation genetics 자연환경에서 동물과 식물의 유전적 다양성과 종 다양성을 보존하고 유지하려는 유전학의 한 분야.

복귀 reversion 야생형 표현형을 회복시키는 돌연변이.

복대립유전자 multiple alleles 개체군에서 동일한 유전자의 대립유전자가 3개 이상 존재함.

복시기 diplotene 제1감수분열 전기에서 태사기 바로 뒤에 이어지는 단계. 복사기에는 자매염색분체가 분리하기 시작하고 교차점이 보이기 시작한다. 이러한 교차와 유사한 포개짐은 이 단계가 진행됨에 따라 염색분체의 말단으로 이동한다(말단이동).

복원 reannealing 변성된 단일 가닥으로부터 이중가닥 DNA 분자의 형성.

복원 renaturation 변성된 단백질이나 핵산을 정상적인 3차원 구조물로 되돌리는 과정.

복이배체 amphidiploid 이질 4배체 참조.

복제 replication DNA가 복제되는 과정.

복제분기점 replication fork DNA 복제 부위에 있는 염색체의 Y형 부위.

사본수 변이 copy number variant(CNV) 유전체 내에서 다양한 수로 반복되는 1 kb보다 더 큰 DNA 절편.

유전체변이 데이터베이스(DGV) Database of Genomic Variants(DGV) 사본수 변이와 역위를 포함하는 인간 유전체에 존재하는 구조 변이의 목록.

복제원점(*ori*) origin of replication(*ori*) 염색체의 길이를 따라서 DNA 복제가 시작되는 지점.

복제형(RF) replicating form(RF) 특정 RNA를 포함하는 바이러스의 생식 동안 중간체로 존재하는 이중가닥 핵산 분자.

복합성(X) complexity(X) 핵산 분자의 집단에서 재결합 양상에 의해 결정되는, 뉴클레오타이드 또는 뉴클레오타이드 쌍의 전체 수.

복합좌위 complex locus 기능적으로 관련된 유사대립유전자 세트를 재조합 분석으로 확인할 수 있는 유전자 좌위(예를 들어 초파리의 이중 흉부 좌위).

복합형질 complex trait 다중 유전자와 환경요인의 상호작용에 의해 표현형이 결정되는 형질.

봄베이표현형 Bombay phenotype ABO 항원 시스템의 드문 변형. 이 표현형을 가지는 개체는 A 및 B 항원의 대립유전자를 가지고 있지만, 유전자형이 발현되지 않아 A나 B 항원을 가지지 않기 때문에 O형 혈액형을 보인다.

부계유전 patroclinous inheritance 자손이 부계의 표현형을 가지는 유전전달의 형태.

부등교차 unequal crossing over 부적절하게 정렬된 두 상동염색체 사이에서 일어나는 교차로, 한 염색체는 특정 부위를 3 사본이나 가지게 되고 다른 염색체는 그 부위를 1 사본만 가지게 된다.

부력밀도 buoyant density 부분적인 비부피(specific volume)와 수화(hydration) 정도에 의해 결정되는, 실제적인 밀도에 의존하는 입자(또는 분자)의 특성으로, 밀도-기울기 분리 과정의 기본이 된다.

부모형배우자 parental gamete 비재조합 배우자(*noncrossover gamete*) 참조.

부분이배체 partial diploids 부분접합체(*merozygote*) 참조.

부분접합체 merozygote 자기 자신의 염색체 외에 형질전환, 형질도입 또는 접합에 의해 세포로 도입된 염색체 절편을 포함하는 부분적으로 이배체인 박테리아 세포.

부수체 DNA satellite DNA 유전체 DNA를 세슘염 밀도기울기로 원심 분리하였을 때 작은 밴드를 형성하는 DNA. 이 DNA는 보통 유전체에서 많이 반복된 짧은 서열로 이루어져 있다.

부착 X 염색체 attached-X chromosome 하나의 동원체를 공유하는 서로 결합한 두 X 염색체로 세포분열 중 함께 이동한다.

분광핵형 spectral karyotype 서로 다른 색으로 염색된 각 염색체를 나타내는 핵형으로 한 생물의 모든 염색체를 나타낸다.

분단성 선택 disruptive selection 한 개체군에서 극단적 표현형의 동시 선택; 보통 이 결과로 표현형적으로 불연속적인 두 종류의 계통이 생긴다.

분리 segregation 감수분열 동안 각 상동염색체 쌍의 부계 및 모계 상동염색체가 배우자 내로 분리하여 들어가는 현상.

분리, 염색체 분리 disjunction 세포분열의 후기 동안에 일어나는 염색체의 분리.

분비자 secretor 침 또는 다른 체액으로 혈액의 A 항원과 B 항원을 용해성 형태로 분비하는 개체. 이것은 ABO 좌위와는 무관한 상염색체 우성 대립유전자에 의해 유발된다.

분산(s^2) variance(s^2) 중앙값으로부터의 변이 값의 통계적 측정. 표준편차의 제곱으로 계산된다.

분자시계 molecular clock 진화연구에서 두 종이 한 조상으로부터 분기한 시간을 측정하는 한 방편으로 DNA 또는 단백질 서열 차이의 수를 세는 방법.

분화 differentiation 세포와 조직이 성체 구조와 기능을 얻는 복잡한 변화 과정.

불연속 변이 discontinuous variation 표현형이 둘 이상의 뚜렷한 종류로 구분되는 형질의 변이 양상.

불연속적 DNA 복제 discontinuous replication of DNA DNA 복제 동안 지연가닥상의 불연속 절편 형태의 DNA 합성. 오카자키 절편으로 알려진 이 절편은 DNA 연결효소에 의해 연결되어 연속적인 가닥을 형성한다.

불완전 우성 incomplete dominance 동형 부모의 표현형 어느 것과도 같지 않은 이형표현형을 나타내는 것. 부분 우성(partial dominance)이라고도 한다.

불완전 우성 partial dominance 불완전 우성(*incomplete dominance*) 참조.

불일치 discordance 쌍생아 연구에서 한 쌍둥이는 형질을 발현시키지만 다른 쌍둥이는 발현시키지 않는 상황.

비교유전체 혼성화 comparative genomic hybridization (CGH) 미세배열에 기반을 둔, 유전체 DNA나 종양세포와 같은 특정 유형의 세포에서 사본수 변이를 분석하는 방법.

비대립유전자 null allele 기능을 가지지 않는 유전자 산물을 생산하는 돌연변이 대립 유전자. 보통 열성형질로 유전됨.

비분리 nondisjunction 감수분열에서의 상동염색체 또는 유사분열에서의 자매염색분체가 분리하지 못해 양극으로 끌려가지 못하는 세포분열 오류. 1염색체성과 3염색체성과 같은 결함의 원인이 된다.

비스코트-올드리치 증후군(WAS) Wiskott-Aldrich syndrome (WAS) 혈소판의 세포골격에 위치하는 단백질을 암호화하는 *WASP* 유전자의 돌연변이에 의해 생기는 X-연관 질병. WAS는 결함이 있는 혈소판을 생성함으로써 환자를 감염, 빈번한 출혈, 자가면역질환 및 암에 잘 걸리게 한다.

비암호화 RNA noncoding RNAs(ncRNAs) 폴리펩타이드를 암호화 하지 않는 RNA.

비자발적 전이인자 nonautonomous transposon 기능을 가지는 전이효소가 결핍된 전이인자.

비재조합 배우자 noncrossover gamete 유전적 재조합을 겪지 않은 염색체를 가지는 배우자.

비침습적 산전진단 noninvasive prenatal genetic diagnosis (NIPGD) 태아의 유전자형을 검사하는 비침습적 방법으로, 모친의 혈액 시료 속에 존재하는 태아 세포 또는 태아 DNA 절편을 이용하여 수천 개의 태아 유전좌위를 분석한다.

사이클린 cyclins 진핵세포에서 세포주기와 동조되어 합성되고 분해되는 단백질 종류로 세포 주기 단계의 진행을 조절한다.

삽입서열 insertion sequence IS 요소(*IS element*) 참조.

상동염색체 homologous chromosomes 감수분열 동안 쌍을 형성하며, 유전좌위 및 동원체 위치가 같은 염색체.

상반교배 reciprocal cross 한 교배에서 암컷의 유전자형을 다른 교배에서는 수컷의 유전자형으로 하여 수행하는 한 쌍의 교배. 또는 그 반대.

상보성 complementarity 수소결합의 결과로 생기는 핵산 가닥의 질소염기 사이의 화학적 친화성. 세포에서 유전자의 발현 동안, 그리고 분자 혼성화 기법에서 DNA 이중나선의 가닥 사이 그리고 DNA와 RNA 가닥 사이의 염기쌍 형성에 기여한다.

상보성 검정 complementation test 두 돌연변이가 동일한 유전자(시스트론) 내에서 일어났는지를 결정하는 유전 검증. 만약 두 돌연변이가 한 세포에 동시에 일어나서 야생형 표현형을 보인다면(즉, 서로 상보한다면) 그들은 보통 서로 비대립적이다. 만약 돌연변이 표현형을 보인다면 그들은 보통 대립적이다.

상보적 DNA cDNA(complementary DNA) RNA를 주형으로 역전사효소에 의해 합성된 DNA.

상염색체 autosomes 성염색체가 아닌 염색체. 사람은 22쌍의 상염색체를 가진다.

상위 epistasis 비대립 유전자 사이의 비상호적 작용으로서, 한 유전자가 다른 유전자의 발현에 영향을 미치거나 방해함으로써 특정 표현형을 초래하게 된다.

상호전좌 reciprocal translocation 비상동 염색체의 일부분이 교환되는 염색체 이상.

생명공학 biotechnology 생명체 또는 그 산물을 이용하는 사업적 및/또는 산업적 과정.

생물다양성 biodiversity 동식물의 개체군 및 종에 존재하는 유전적 다양성.

생물정보학 bioinformatics 뉴클레오타이드나 아미노산 서열과 같은 생물정보를 저장, 분석 및 처리하기 위해서 소프트웨어와 전산방법을 이용하고 설계하는데 초점을 맞춘 연구분야.

생식계열 germ line 생식세포(난자와 정자)를 형성하는 배아 세포 계통.

생식세포 유전자 치료 germ-line therapy 생식세포 또는 성숙한 배우자를 유전자 전달의 표적으로 삼는 유전자 치료.

생식적 격리 reproductive isolation 개체군, 아종 또는 종 사이에서 교배가 일어나지 못함. 생식적 격리는 행동과 같은 외적 요인 또는 잡종의 생존 불가능과 같은 내적 요인에 의해 생길 수 있다.

생식질 germ plasm 한 세대에서 다음 세대로 전달되는 유전물질.

생어 염기서열결정법 Sanger sequencing 뉴클레오타이드 유사체(다이디옥시뉴클레오타이드)의 통합에 의한 무작위 사슬 종결과 이어 각 반응에서 생긴 절편길이를 분석하여 서열을 결정하는 DNA 합성에 의한 DNA 염기서열 결정법.

생존력 viability 특정 표현형을 가지는 개체가 다른 종류의 개체(보통 야생형)에 비해 생존하는 능력.

생체 내 *in vivo* 문자 그대로는 살아 있는 것 내부라는 의미로, 살아 있는 생물의 몸체 내에서 일어난다.

생체 외 *in vitro* 문자 그대로는 시험관 내부라는 의미로, 살아 있는 생물 외부라는 뜻. 인공환경에서 일어난다.

생체 외 진화 *in vitro* evolution 세포 외부에서 일어나는, 자연선택을 모방한 작고 단계적인 핵산의 변화를 이용한 방향성 진화의 한 형태.

샤론파지 charon phages 외부 DNA를 클로닝하기 위해 벡터로 사용할 수 있도록 만든 유전적으로 변형된 람다 파지. 죽은 자의 영혼을 스틱스 강을 건너 운반하는 그리스 신화에 나오는 사공의 이름을 따서 명명하였다.

샤인-달가노 서열 Shine-Dalgarno sequence 원핵생물 유전자의 선도서열에서 리보솜 결합 부위로 작용하는 AGGAGG 뉴클레오타이드. 리보솜 소단위의 16S rRNA는 mRNA의 샤인-달가노 서열과 결합하는 상보적인 서열을 포함한다.

샤페론 chaperone 기능성을 가지는 3차원의 단백질 모양으로 폴리펩타이드의 접힘을 조절하는 단백질.

샷건 클로닝 shotgun cloning 유전체 DNA의 무작위 절편을 벡터(플라스미드나 파지)로 클로닝함. 보통 이 방법으로 관심을 가지는 클론을 분석(염기서열 결정과 같은)하기 위하여 해당 클론을 선별하려는 목적의 라이브러리를 생성한다.

서던블롯분석 Southern blotting Edwin Southern에 의해 개발된 기법으로, DNA 절편을 제한효소로 절단한 후 전기영동으로 분리하고 모세관현상을 이용하여 나일론 또는 나이트로셀룰로오스 막으로 이동시킨다. 방사능으로 표지된 상보적인 핵산 탐침과의 혼성화 반응 이후 방사선 자동 사진법 기술을 이용하여 특정 DNA 절편을 확인할 수 있다.

선도 서열 leader sequence mRNA 분자의 5′ 말단으로부터 개시코돈에 이르는 부분으로서, 종종 조절 또는 리보솜 결합자리를 포함한다.

선도가닥 leading strand DNA 복제 동안 복제분기점 방향으로 연속적으로 합성되는 가닥.

선모 pilus 박테리아 세포의 표면에 난 필라멘트와 같은 돌기. 종종 F 인자를 포함하는 세포와 관련이 있다.

선천성 대사이상 inborn error of metabolism 유전적으로 조절되는 생화학적 이상으로, 보통 특정 증후군을 초래하는 효소의 결함으로 생긴다.

선택 selection 개체군에서 차등적 생식의 결과로 대립유전자와 유전자형의 빈도에서 일어나는 변화.

선택계수(*s*) coefficient of selection(*s*) 한 개체군에서 주어진 표현형의 생식적 불이익의 측정. 예를 들어, *aa* 유전자형에서 100개체 중 99개체가 생식한다면 선택계수는 0.01이다.

선택계수(*s*) selection coefficient(*s*) 한 유전자형을 다른 유전자형과 비교했을 때의 상대적 적응도의 양적인 측정. 선택계수(*coefficient of selection*) 참조.

선택적 스플라이싱 alternative splicing 동일한 mRNA 전구체로부터 엑손의 다른 세트 또는 순서를 mRNA 산물로 통합시켜 다른 형태의 단백질 분자를 생성.

선형대응성 colinearity 한 유전자의 뉴클레오타이드 서열과 그 유전자에 의해 지정되는 폴리펩타이드 사슬의 아미노산 순서 사이의 선형 상관관계.

성비 sex ratio 1차 성비, 2차 성비 참조.

성염색체 sex chromosome 사람의 X 및 Y 염색체처럼 성결정에 관여하는 염색체.

세사기 leptotene 제1감수분열 초기 단계로, 복제된 염색체가 눈에 보이기 시작한다. 이 시기에는 염색체의 한쪽 또는 양쪽 말단이 핵 내막 위의 한 점에 모여 있는 배열(부케 구조)을 한다.

세포골격 cytoskeleton 진핵세포의 모양과 운동성을 제공하는 미세소관, 미세섬유와 중간섬유의 내부 배열.

세포공생설 endosymbiont theory 미토콘드리아나 엽록체와 같이 자가 복제하는 세포내 소기관은 원래 자유생활을 하던 원핵생물이 들어가 진핵세포와 공생관계를 형성함으로써 유래하였다는 제안.

세포내 섭취 endocytosis 음세포작용, 식세포작용 또는 수용체-매개 세포내 섭취에 의한 액체, 거대분자 또는 입자의 세포 흡수.

세포외 RNA(exRNAs) extracellular RNAs(exRNAs) RNA 분해효소로부터의 보호를 위해 단백질과 복합체를 형성하여 분비되거나 또는 소낭 내에 포함되어 분비되는, 다양한 기능을 가지는 여러 종류의 RNA(예: mRNA와 miRNA).

세포운명전환 transdetermination 한 세포 또는 세포군의 발생 운명의 전환.

세포유전학 cytogenetics 세포학과 유전학 기술 모두를 이용하여 유전연구를 하는 생명과학의 한 분야.

세포자살 apoptosis 정상 발생의 한 부분 또는 세포 손상의 결과로 활성화되는 유전적으로 조절되는 세포의 죽음.

세포주기 cell cycle 세포에서 일련의 생장 단계 순서. G1(gap 1), S(DNA 합성), G2(gap 2)와 M(유사분열)기로 나눈다. 세포는 일시적 또는 영구적으로 세포분열을 중단하기도 하는데, 이 경우 세포가 G0 단계에 있다고 말한다.

세포질분열 cytokinesis 유사분열과 감수분열 동안 세포질의 분리 또는 분열.

세포질유전 cytoplasmic inheritance 유전정보가 핵보다는 미토콘드리아와 엽록체처럼 주로 DNA를 포함하고 자가복제하는 세포 소기관과 같이 세포질을 통해 유전되는 비멘델 유전 형태.

센티모건 centimorgan(cM) 두 유전자 사이의 1% 교차에 해당하는 염색체상에서의 유전자 사이의 거리 단위. 1지도단위(mu)와 동일하다.

소포체 endoplasmic reticulum(ER) 진핵생물의 세포질에 존재하는 막성의 세포내 기관 시스템. 거친면(조면) 소포체에서 막의 바깥표면에는 리보솜이 붙어 있으나 매끈면(활면) 소포체에는 리보솜이 없다.

솔레노이드 구조 solenoid structure 뉴클레오솜의 초나선꼬임에 의해 생긴 진핵생물 염색질 구조의 특징.

수소결합 hydrogen bond 산소 또는 질소와 공유결합된 수소 원자와 비공유전자쌍을 가진 원자 사이의 약한 정전기적 인력.

수용능 competence 박테리아 세포가 외부 DNA와 결합하고 안으로 끌어들여 형질전환이 될 수 있는 일시적인 상태나 조건.

수정인자 fertility factor 수정인자(*F factor*) 참조.

수직적 유전자 전달 vertical gene transfer 자손대대로 부모로부터 자손으로의 유전정보 전달.

수평적 유전자 전달 horizontal gene transfer 종 사이와 그 이상의 분류체계(심지어 영역)를 넘어 한 생물에서 다른 생물로 유전정보가 비생식적으로 전달되는 현상. 이 현상은 유전정보가 부모로부터 자식으로 전달되는 수직적 유전자 전달과 비교된다. 박테리아와 고세균의 일부 종은 유전체의 5%까지 수평적 유전자 전달에 의해 획득한 것으로 보인다.

슈고신 shugoshins 유사분열과 감수분열 동안 자매염색분체의 동원체 결합을 유지하는 단백질.

스베드베리 침강 단위(*S*) svedberg coefficient unit(*S*) 입자(분자)가 원심장에서 침강하는 속도의 측정 단위. 1×10^{-13}초의 속도가 1 스베드베리 침강 단위로 정의된다.

스페로플라스트 spheroplast 원형질체 참조.

스페이서 DNA spacer DNA 유전자 사이에서 발견되는 DNA 서열로, 보통 반복 DNA 절편이다.

스플라이세오좀 spliceosome 핵에 존재하는 거대 분자복합체로 mRNA 전구체로부터 인트론을 제거하는 스플라이싱 과정을 유발한다.

시그마(σ) 인자 sigma(σ) factor 전사 개시를 위해 RNA 중합효소에서 DNA 결합 자리를 인식하는 폴리펩타이드 소단위.

시냅시스 synapsis 감수분열에서 상동염색체들의 쌍형성.

시냅시스복합체(SC) synaptonemal complex(SC) 제1감수분열 태사기에서 쌍을 이룬 상동 염색체 사이에서 형성되는, 3부분의 핵단백질 리본으로 이루어진 초현미경적 구조.

시스템생물학 systems biology 세포 내 물질대사의 조절, 세포 내 및 세포간 의사소통, 그리고 세포 내, 두 세포 사이 또는 여러 세포 사이의 복잡한 상호작용에 대하여 이해하기 위해 유전자 및 단백질 네트워크를 탐색하고 분석하는 과학 분야.

시스트론 cistron 단일 폴리펩타이드 사슬을 암호화하는 DNA 분자(유전자) 부분. 한 지역 내에서의 두 돌연변이는 서로 상보적이지 못하다는 유전적 검사로 규정된다.

식별번호 accession number 뉴클레오타이드 또는 아미노산 서열을 데이터베이스에 포함시키고 목록작성을 위해 부여되는 식별번호 또는 부호.

신생의 *de novo* 새롭게 만들어지는, 이미 존재하고 있는 분자의 변형에 의해 만들어지기보다는 덜 복잡한 전구체로부터 합성이 되는.

신호서열 zip code 세포 내에서 전사물 배치와 번역 조절에 영향을 미치는 작용을 하며, RNA 결합 단백질의 결합 장소로 작용하는, 많은 mRNA에 존재하는 서열.

신호서열 결합 단백질(ZBP1) zip code binding protein 1 (ZBP1) mRNA의 배치, 안정성 및 번역 조절에 중요한 기능을 하는 아주 잘 보존된 RNA 결합 단백질.

신호전달 signal transduction 외부 신호가 기능적인 생물적 반응으로 전환되는 세포간 또는 세포내의 분자 경로.

실시간 정량 PCR quantitative real-time PCR(qPCR) 매 증폭 주기 후에 존재하는 DNA나 RNA의 양을 측정하기 위해 형광 탐침을 사용하는 PCR(중합효소연쇄반응)의 변형.

쌍지배 유전자 pair-rule genes 초파리 발생 동안 배반엽 배아 주위로 줄무늬 형태로 발현되는 유전자.

쎄타 구조 theta(θ) structure 원형 DNA 분자의 양방향 복제에서 나타나는 중간산물의 구조. 복제주기의 중간 단계에서 그리스 문자 쎄타와 유사하다.

아고노트 Argonaute 표적 mRNA의 분해와 관련된 핵산내부분해효소 활성을 가지는 유도침묵 복합체(RISC) 내에서 발견되는 단백질.

아데노신 3인산 ATP 세포에서 주 에너지원인 뉴클레오타이드.

아데노연관바이러스 adeno-associated virus(AAV) 흔히 사람을 감염시키는 바이러스로서 병원성 서열을 가지지 않는다. AAV의 변형된 형태는 생체 내 또는 생체 외에서 치료용 유전자를 전달하는데 이용될 수 있다.

아미노산 amino acids 단백질을 형성하기 위해 공유적으로 연결된 소단위를 구성하는 아미노카르복실산.

아미노아실 tRNA aminoacyl tRNA 아미노산과 tRNA 분자가 공유결합으로 연결된 분자.

아연집게 zinc finger 단백질에 존재하는 DNA 결합 도메인의 한 종류. 아연 이온과 결합한 시스테인 및 히스티딘 잔기의 특징적인 양상을 보이는데, 중간의 아미노산 잔기들은 일련의 고리 또는 집게 모양을 형성한다.

아연집게 핵산분해효소(ZFN) zinc-finger nucleases(ZFNs) 아연집게 모티프(아연이온과 결합하는 두 시스테인과 두 히스티딘 무리)로 이루어진 서열 특이 DNA 분해효소. ZFN은 서열 특이적인 방법으로 유전체 내의 서열을 변화시키는 메커니즘을 제공한다. 아연집게 참조.

아종, 변종 subspecies 형태적 또는 지리적으로 구분이 되는 상호교배하는 한 종의 개체군.

아크리딘 염료 acridine dyes DNA에 결합하여 이중나선 구조로 끼어들어 염기쌍 형성을 방해하는 유기화합물의 한 종류. 이 방해로 인해 다음 번의 복제 동안 뉴클레오타이드 삽입 또는 결실이 생긴다.

안정화 선택 stabilizing selection 한 개체군의 평균과 근접한 유전자형을 가지는 개체의 선별적 생식. 양 극단에 존재하는 유전자형이 선택적으로 제거된다.

안티센스 RNA antisense RNA mRNA 분자의 일부분에 상보적인 리보뉴클레오타이드 서열을 가지는 생체 내 또는 생체 외에서 합성된 RNA 분자.

안티센스 올리고뉴클레오타이드 antisense oligonucleotide 특정 서열에 상보적인 짧은 단일 가닥의 DNA 또는 RNA 분자.

안티코돈 anticodon 상보적인 mRNA 분자의 트리플렛(3염기조)

코돈과 결합하는 tRNA 분자의 뉴클레오타이드 트리플렛.

알로락토오스 allolactose 젖당 오페론의 유도자로 작용하는 젖당 유도체.

알로자임 allozyme 전기영동으로 다른 것과 형태를 구별할 수 있는 단백질의 대립형.

알캅톤뇨증 alkaptonuria 호모젠티스산 산화효소의 결핍으로 생기는 사람의 상염색체 열성 질병. 동형접합자 개체의 소변은 분비된 호모젠티스산의 산화로 말미암아 검게 변한다. 동형접합의 대립유전자를 가지는 성인의 연골은 호모젠티스산으로부터 유래된 색소의 침적으로 인해 검게 된다. 이 증상을 가진 사람은 종종 관절염을 갖는다.

암수한몸 gynandromorphy 암컷 및 수컷 유전자형 모두를 가지는 세포로 이루어진 개체.

암유발돌연변이 driver mutation 암 세포에서 종양을 진행시키는 작용을 하는 돌연변이.

암줄기세포 cancer stem cells 암에서 종양을 형성하는 세포로서 특정한 형태의 암에서 모든 유형의 세포를 생산할 수 있다. 암줄기세포는 자기 재생 및 다양한 유형의 세포로 분화하는 능력과 같은 정상적인 줄기 세포의 특성을 가진다.

앰버코돈 amber codon 아미노산을 암호화하지 않아 사슬 종결을 하는 UAG 코돈. 종결 코돈 중 하나.

야생형 wild type 가장 흔하게 관찰되는 표현형 또는 유전자형으로, 표준으로 간주한다.

약리유전체학 pharmacogenomics 개체간의 유전적 변이가 의약품의 활성에 어떻게 영향을 미치는가를 연구.

양방향 복제 bidirectional replication 두 개의 복제 분기점이 공통 복제원점으로부터 서로 반대방향으로 이동하는 DNA 복제 메커니즘.

양성잡종교배 dihybrid cross 각 형질의 서로 다른 형태(예: 노란색, 둥근, 녹색, 주름진 콩)를 포함하는 두 부모가 관련된 유전 교배.

양수검사 amniocentesis 태아를 둘러싸는 양막으로부터 양수와 태아 세포를 꺼내어 수행하는 태아의 유전 검사.

양자 종분화 quantum speciation 선택과 유전적 부동의 조합 작용으로 인해 한 세대 또는 몇 세대 이내에 새로운 종이 형성되는 것.

양적 유전 quantitative inheritance 다인자 유전 참조.

양적형질좌위(QTL) quantitative trait loci(QTLs) 단일 다유전자 형질에 양적으로 작용하는 둘 이상의 유전자.

억제돌연변이 suppressor mutation 다른 위치에 있는 돌연변이로 인해 결실된 기능을 완전하게 또는 부분적으로 회복시켜주는 돌연변이.

억제성 유전자 시스템 repressible enzyme system 특정 대사물질의 세포 내 농도에 의해 합성이 조절되는 효소나 효소 무리.

억제자, 억제물질 repressor 유전자에 인접한 조절 서열에 결합하여 그 유전자의 전사를 막는 단백질.

얼룩(형성), 반문(형성) variegation 조직 내에서 색과 같이 표현형이 서로 다른 부분.

에임즈 검사 Ames test 에임즈에 의해 개발된 돌연변이 유발물질을 검색하는 박테리아 분석 방법. 이 방법은 박테리아 *Salmonella typhimurium*에서 히스티딘 독립성으로의 복귀를 평가한다.

에피솜 episome 박테리아 세포에서 박테리아 염색체와는 독립적으로 복제하거나 또는 염색체의 일부분으로서 통합하여 복제할 수 있는 원형의 유전적 요소.

엑손 exon 유전자의 한 부분으로서 전사와 번역을 통해 최종 폴리펩타이드 산물로 나타나는 DNA 부분.

엑솜 염기서열결정법 exome sequencing 유전체의 단백질 암호화 부분(엑손)만의 염기서열을 분석하는 DNA 염기서열 결정 방법.

역교배 backcross F_1 이형접합체와 부모 중 하나(또는 부모 중 하나와 동일한 유전자형을 가지는 개체) 사이의 교배.

역위 inversion 염색체의 일부분이 뒤집어진 염색체 이상.

역위 고리 inversion loop 상동염색체 중 하나가 역위를 포함할 경우, 상동염색체 쌍형성(시냅시스) 결과 생긴 염색체 구조.

역유전학 reverse genetics 유전자를 확인, 분리 및 클로닝하여 염기서열을 결정한 다음 그 기능을 알아내고자 하는 실험적 접근 방법. 클로닝된 유전자는 유전자 적중법을 통해 그 기능을 제거하거나 RNA 간섭이나 과발현과 같은 방법으로 발현을 변경시켜 표현형을 연구할 수 있다. 전향유전학과 비교된다.

역전사효소 reverse transcriptase 단일 가닥 DNA 분자를 생산물로 전사시키기 위해 주형으로 RNA를 사용하는 중합효소.

역평행 antiparallel 평행으로 배열되어 있지만 서로 반대 방향으로 향하는 분자를 일컫는 용어. 흔히 DNA 분자 두 가닥의 반대 방향을 언급할 때 주로 사용.

연관 linkage 유전자들이 동일한 염색체상에 존재하여 그들이 하나의 단위로 유전되는 현상으로서 감수분열 동안 교차에 의해 분리되지 않는다.

연관검사 syntenic test 체세포 유전학에서 두 유전자가 동일한 염색체에 존재하는지의 여부를 결정하는 방법.

연속변이 cline 지리적 범위에 걸쳐 분포된 유전자형 또는 표현형의 분포 기울기.

연속변이 continuous variation 형질이 한 극단의 표현형에서부터 다른 극단의 표현형으로 서로 겹치거나 연속적인 형태로 변하는 표현형 변이.

연쇄체 concatemer 서로 연결된 소단위의 사슬 또는 연결체. 연쇄체를 형성하는 과정을 연쇄체 형성(concatenation, 예를 들어 복제 동안 생성되는 파지 유전체의 다중 단위)이라고 한다.

열린번역틀(ORF) open reading frame(ORF) 개시 코돈과 종결 코돈을 포함하는 폴리펩타이드의 아미노산 서열을 암호화하는 3 염기조로 구성된 뉴클레오타이드 서열.

열성 recessive 이형접합체의 조건에서 잠재적인 표현형 발현이 우성 대립유전자에 의해 가려지는 대립유전자.

열충격 heat shock 높은 온도에 세포나 개체를 노출시킨 후 일어나는 일시적 유전적 반응. 이 반응은 적은 수의 유전좌위의 활성, 이전에 활성을 띠었던 유전좌위의 불활성, 열충격 mRNA의 선택적 번역을 포함한다.

염기쌍 base pair 뉴클레오타이드 쌍 참조.

염기유사체 base analog 생물계에서 보통 사용되는 염기와는 구조적으로 다르나 화학적 행동은 동일한 퓨린 또는 피리미딘 염기. 예를 들어 티민처럼 보이는 5-브로모우라실은 티민을 대체하여 DNA나 RNA에 통합되면 증가된 크기 때문에 감지된다. 유사체 참조.

염기치환 base substitution 돌연변이를 생성하는 DNA 분자에서의 단일 염기 변화. 두 종류의 염기치환이 있다. 퓨린이 퓨린으로 또는 피리미딘이 피리미딘으로 대체되는 유사형 염기치환과 퓨린이 피리미딘으로 또는 피리미딘이 퓨린으로 대체되는 교차형 염기치환이 있다.

염색 중심 chromocenter 다사염색체에서 동원체와 이질염색체가 모여 있는 곳으로, 이곳에서 염색체가 붙어 있는 것처럼 보인다.

염색분체 chromatid 복제된 염색체의 세로로 된 소단위의 하나.

염색소립 chromomere 꼬인 구슬 같은 염색체 부분으로, 세포분열 동안 쉽게 관찰된다. 다사 염색체의 배열된 염색소립은 독특한 밴드 양상에 기여한다.

염색질 chromatin 응축되지 않은 염색체를 구성하는 DNA, RNA, 히스톤 및 비히스톤 단백질 복합체. 진핵생물 간기 핵의 특징이다.

염색질 면역침강법 chromatin immunoprecipitation(ChIP) DNA 서열에 결합하는 DNA-결합 단백질을 탐색하는 데 이용되는 분석 기술. 칩을 이용한 염색질 면역침강법(*ChIP-on-chip*) 참조.

염색질 리모델링 chromatin remodeling 염색질의 구조가 단백질 복합체의 의해 변형되는 과정으로, 이 결과 변형된 부위에서 전사의 상태가 변환된다.

염색체 chromosome 원핵생물에서 유전체를 포함하는 DNA 분자. 진핵생물에서 DNA 분자는 RNA 및 단백질과 복합체를 이루어 선형의 서열로 배열된 유전정보를 포함하는 실과 같은 구조이다. 유사분열과 감수분열 동안 관찰할 수 있다.

염색체 다형성 chromosomal polymorphism 한 개체군의 개체 사이에 다른 구조나 배열을 가진 염색체가 존재함.

염색체 돌연변이 chromosomal mutation 한 생물의 이배체 염색체의 중복, 결실 또는 재배열을 생기게 하는 과정. 염색체 이상 참조.

염색체 밴딩 chromosome banding 유사분열 또는 감수분열 염색체를 차등적으로 염색하여 특징적인 밴드 양상을 형성하는 기술. 또는 동원체, 인 형성체 부위와 GC- 또는 AT-가 풍부한 부위와 같이 특정 염색체 부위를 선택적으로 염색하는 것. 염색체의 정렬로 인해 생성된 다사염색체에 나타난 밴드 양상과 혼동하지 말 것.

염색체 워킹 chromosome walking 긴 DNA 부분을 분석하는 방법. 클로닝된 DNA 절편의 말단을 다시 클로닝하여 첫 번째 클론과 중첩되는 다른 클론을 탐색하는 탐침으로 이용한다.

염색체 이상 chromosomal aberration 한 생물의 이배체 염색체의 중복, 결실 또는 재배열.

염색체 지도 chromosome map 염색체상에 유전자의 위치를 나타낸 도표.

염색체 지도단위 map unit 1%의 재조합 빈도에 해당하는, 두 유전자 사이의 유전적 거리 측정. 센티모건(*centimorgan*) 참조.

염색체 퍼프 chromosome puff 국소적으로 풀리고 부풀은 다사염색체. 보통 활발한 전사 활동이 일어나는 곳으로 여겨진다.

엽록체 chloroplast 엽록소를 함유한 자가복제하는 세포소기관. 광합성 장소이다.

영양요구주, 영양요구생물 auxotroph 생장에 필요한 하나 이상의 물질을 합성하는 능력을 상실한 돌연변이 미생물 또는 세포주.

영양유전체학 nutrigenomics 식품과 식품성분이 유전자 발현에 어떻게 영향을 미치는가를 연구.

영염색체성 nullisomic 한 쌍의 염색체 모두가 소실된 염색체 이상을 가지는 개체를 일컫는 용어.

오카자키 절편 Okazaki fragment DNA 합성 동안 지연가닥 형태로 생산되는 짧고 불연속적인 DNA 가닥.

오페론 operon 폴리펩타이드를 암호화하는 하나 이상의 구조유전자와, 유전자들의 전사활동을 조절하는 인접한 작동자로 이루어진 유전적 단위.

온도 민감성 돌연변이 temperature-sensitive mutation 특정 온도에서는 돌연변이 표현형을 보이고 그 외 다른 온도에서는 정상 표현형을 보이는 조건부 돌연변이.

올가미 구조 lariat structure mRNA 전구체 가공 동안 형성되는 구조로서 한 인트론에서 5′-3′ 결합의 형성을 통해 mRNA 분자로부터 해당 인트론을 제거하게 된다.

올리고뉴클레오타이드 oligonucleotide 5′-3′ 인산다이에스터 결합에 의해 연결된 약 10~20 뉴클레오타이드 길이의 선형 서열.

완전연관 complete linkage 두 유전자가 서로 매우 가까이 위치하여 이들 사이에 재조합이 일어나지 못하는 상태.

완전효소 holoenzyme 다중의 소단위를 가지는 단백질에 있어 효소의 기능에 필요한 모든 소단위가 결합하여 형성된 복합체.

용균반 plaque 불투명한 박테리아 세포층 위에 단일 박테리오파지의 생장과 생식에 의해 유발된 투명한 부위.

용균성 lytic phase 박테리오파지가 박테리아 침입, 생식 및 세포를 분해하는 상태. 용원성 박테리아는 용균성 단계로 들어가도록 유도된다.

용원성 lysogeny 감염한 파지의 DNA가 억제되어 박테리아 세포의 염색체 내로 통합되는 과정.

용원성 박테리아 lysogenic bacterium 박테리아 염색체 내로 통합되는 용원성 파지의 DNA를 가진 박테리아 세포.

용원성 파지 temperate phage 자신의 DNA를 숙주 박테리아 세포의 염색체로 통합하여 프로파지 상태를 만들 수 있는 박테리오파지.

용해 lysis 막의 파열에 의해 초래되는 세포의 분해.

우생학 eugenics 선택적인 교배를 통해 사람 종의 개량을 지지하는 운동. 적극적 우생학은 우수한 유전자를 소유하고 있는 개체끼리 교배를 권장하는 것을 말하고, 소극적 우생학은 바람직하지 않은 유전자를 가진 개체끼리의 교배를 방지하는 것을 말한다.

우성 dominance 이형접합상태에서 형질의 발현.

우성 음성 돌연변이 dominant negative mutation 보통 정상적인 유전자 산물과 결합하여 이량체를 형성함으로써 정상적인 유전자 산물의 작용을 억제하는 산물을 만드는 유전자 돌연변이.

운명지도 fate map 배아세포의 위치와 발생 운명을 보여주는 모식도.

운반 RNA(tRNA) transfer RNA(tRNA) 번역에 필수적인 역할을 하는 작은 리보핵산 분자. tRNA는 다음을 포함한다: (1) mRNA

의 코돈을 인식하는 3염기 부위(안티코돈), (2) 안티코돈에 상응하는 특정 아미노산 결합 부위, (3)리보솜과 상호작용하는 인식부위 및 tRNA를 해당 아미노산과 연결시키는 효소 인식부위.

운반 RNA(tRNA) tRNA 운반 RNA(*transfer RNA*) 참조.

동요가설 wobble hypothesis 안티코돈의 3번째 염기는 mRNA 코돈의 염기를 하나 이상 인식하게 여러 방법으로 정렬할 수 있다는 크릭에 의해 제안된 개념.

원발암유전자 proto-oncogene 세포 생장과 분열을 시작하고 촉진하며 유지하는 기능을 하는 유전자. 원발암유전자는 돌연변이에 의해 발암유전자로 전환될 수 있다.

원시생식세포(PGC) primordial germ cells(PGCs) 생식샘으로 이동하여 배우자를 형성하는 초기 배아의 전구체 세포.

원영양체 prototroph 정의된 최소배지에서 생장할 수 있는 균주(보통 미생물). 야생형 균주는 보통 원영양체로 간주되며 영양요구주와는 대조된다.

원핵생물 prokaryotes 핵막과 진정한 염색체를 가지지 않는 생물. 박테리아와 시아노박테리아는 원핵생물의 예이다.

원형 RNA(circRNA) circular RNAs(circRNAs) 원형의 단일 가닥 배열을 가지는 RNA. 이들 중 일부는 유전자 발현을 조절하는 miRNA와 결합하여 그 작용을 방해하는 '분자 흡수자' 역할을 한다.

원형질체 protoplast 세포벽이 제거된 박테리아 또는 식물 세포. 때로는 스페로플라스트라고 불린다.

웨스턴블롯분석 western blot 단백질을 전기영동으로 분리한 다음 모세관 현상을 이용하여 나일론 또는 나이트로셀룰로오스 막으로 이동시키는 분석 기술. 표지된 항체와 혼성화시킴으로써 특정 단백질을 확인할 수 있다.

위상이성질체화효소 topoisomerase 한 위상 형태의 DNA를 다른 형태로 변환하는 효소의 한 종류. 복제 중에 위상이성질체화효소인 DNA 자이레이즈는 복제 분기점 상부에서 초나선 꼬임에 의해 야기되는 분자적 긴장도를 감소시킴으로써 DNA 복제를 용이하게 한다.

위우성 pseudodominance 다른 상동염색체에 존재하는 우성 대립유전자의 결실로 인해 한 상동염색체에 존재하는 열성 대립유전자의 발현.

위치지정돌연변이 유발 directed mutagenesis 유전자 적중법(*gene targeting*) 참조.

위치지정돌연변이 유발 site-directed mutagenesis 클로닝된 유전자의 특정한 위치에서 돌연변이를 유도하기 위해서 돌연변이 염기서열을 포함하는 합성 올리고뉴클레오타이드를 프라이머로 사용하는 과정.

위치추적클로닝 positional cloning 폴리펩타이드 산물이나 기능에 대한 지식이 없이 유전자를 분리하고 클로닝하는 것. 이 과정은 특정 유전자를 포함하고 있는 염색체를 탐색하기 위하여 DNA 표지자를 가지는 돌연변이 표현형의 공동분리를 이용한다. 유전자의 위치는 부가적인 표지자와의 연관을 통해 확인된다.

위치효과 position effect 유전체 내 유전자의 위치 변화에 의한 유전자 발현의 변화.

유도물질 inducer 전사를 활성화시키는 효과기 분자.

유도성 효소시스템 inducible enzyme system 억제자를 차단하는 활동을 통해 전사가 일어나게 하는 유도물질의 조절을 받는 효소 시스템.

위대립유전자 pseudoalleles 상보성 검정에 의해서는 서로 대립유전자처럼 행동하지만, 재조합에 의해서 서로 분리될 수 있는 유전자.

유사분열 mitosis 부모세포와 유전적으로 동일한 두 개의 자손세포를 생성하는 세포분열의 한 종류로, 하나의 세포로부터 부모세포와 동일한 염색체를 가지는 두 개의 세포를 생산한다.

유사분열촉진물질 mitogen 분열하지 않는 세포의 유사분열을 촉진하는 물질.

유사상염색체 부위 pseudoautosomal region 사람의 X 염색체와 Y 염색체에 공통으로 존재하는 부위. Y 염색체의 유사상염색체 부위에서 발견되는 유전자는 상염색체 쌍에 존재하는 유전자와 유사한 유전 양상을 보인다.

위유전자 pseudogene 유전체에 존재하는 알려진 구조유전자와 서열이 유사한 비기능성 유전자. 삽입 또는 결실에 의해 또는 인접한 10~20 뉴클레오타이드의 직접 반복 서열에 의해 기능성 유전자와 구별된다.

유사체 analog 유사한 화합물과 구조적으로는 다르나 화학적 행동이 동일한 화학물질. 염기 유사체 참조.

유사형 염기치환 transition mutation 한 퓨린이 다른 퓨린에 의해 대체되거나 또는 한 피리미딘이 다른 피리미딘에 의해 대체되는 돌연변이.

유성생식 sexual reproduction 감수분열의 반수체 생성물인 배우자의 융합을 통한 생식.

유전 heredity 한 세대에서 다음 세대로의 형질 전달.

유전공학 genetic engineering 개별 유전자 또는 유전자 세트의 선택적 제거, 삽입 또는 변형을 통해 개체나 세포의 유전적 조성을 변형시키는 기술.

유전력 heritability 한 형질에서 관찰되는 표현형의 차이가 유전적인지의 정도를 상대적으로 측정하는 것.

유전상담 genetic counseling 한 가족에서 유전적 결합의 위험성 분석과 예상되는 위험을 피하거나 개선하기 위해 가능한 선택권을 제공하는 것.

유전암호 genetic code 20개의 아미노산을 암호화하고 번역의 개시 또는 종결을 지정하는 리보뉴클레오타이드의 3염기조.

유전의 염색체설 chromosome theory of inheritance 염색체는 유전자의 운반체이며 멘델의 분리의 법칙과 독립의 법칙의 근거가 된다는, 서턴과 보베리에 의해 독자적으로 제안된 이론.

유전자 gene 유전의 기본적인 물리적 단위로서, 유전자의 존재는 대립유전자 변이체의 존재로 확인할 수 있고, 특정한 염색체상의 좌위를 차지한다. 단일 폴리펩타이드나 RNA 분자를 암호화하는 DNA 서열이다.

유전자 검사 등록부(GTR) Genetic Testing Registry(GTR) 유전자 검사의 가능성과 과학적 근거에 관한 정보를 제공하기 위해 미국 정부의 지원을 받는 일반화된 온라인 데이터베이스.

유전자 기능결손 gene knockout 한 유전자에 삭제 돌연변이(*null mutation*)를 생성한 후 유전자 변형 기술을 이용하여 생물체 내로 도입함으로써 표적 유전자의 기능을 상실하게 함. 종종 생쥐에서 이용됨. 유전자 적중법 참조.

유전자 돌연변이 **gene mutation** 점돌연변이 참조.

유전자 미세구조분석 **genetic fine structure analysis** 개별 뉴클레오타이드 수준에서 유전자간 지도작성 정보를 제공하는 재조합 분석.

유전자 변환 **gene conversion** 이형접합체에서 감수분열 동안 한 유전자의 대립유전자가 다른 대립유전자를 자신과 동일한 형태로 변형시키는 과정.

유전자 빈도 **gene frequency** 한 개체군에서 주어진 유형의 대립유전자 비율.

유전자 상호작용 **gene interaction** 서로 다른 유전자의 대립유전자 간의 상호작용에 의한 새로운 표현형의 생성.

유전자 적중법 **gene targeting** 특별하게 변형된 유전자를 만든 후 생물체 내로 도입하는 유전자 변형 기술. 생쥐에서 유전자 적중법은 종종 클로닝된 유전자를 돌연변이시킨 후 수정과 관련된 배우자의 유전체 속으로 도입하는 것을 포함한다. 이렇게 만들어진 개체는 유전자 기능결손 돌연변이에 동형인 성체를 만들기 위해 상호교배된다.

유전자 중복 **gene duplication** 복제 동안 유전자 서열의 직렬 반복을 생성하는 사건.

유전자 중복 **gene redundancy** 한 생물의 유전체에 동일한 기능을 가진 변이형 유전자가 여러 개 존재.

유전자 증폭 **gene amplification** 유전자 서열을 선택하여 염색체 외적인 혹은 염색체 내적인 방법으로 차등적으로 복제하는 과정.

유전자 칩 **gene chip** DNA 미세배열 참조.

유전자 풀 **gene pool** 한 개체군의 생식 가능한 개체가 가지는 모든 대립유전자의 총합.

유전자 흐름 **gene flow** 두 개체군 사이의 개체 이동에서 비롯한 배우자의 분산으로 인해 생긴 두 개체군 사이의 유전자 교환.

유전자군 **gene family** 진화적 시간의 흐름에 따라 공통조상 유전자의 중복과 서열 변이에서 유래한 매우 가까이 연관된 유전자 무리.

유전자량 보정 **dosage compensation** X 염색체상의 좌위에 위치하는 유전자의 발현량을 동등하게 하는 유전적 메커니즘. 포유류에서는 한 염색체의 무작위 불활성화에 의해 바소체가 형성된다.

유전자변형생물 **GMO** 유전자변형생물(*genetically modified organism, GMO*) 참조.

유전자변형생물(GMO) **genetically modified organism (GMO)** 재조합 기술에 의해 다른 종으로부터 전달된 유전자를 유전체에 포함하며, 이 유전자는 발현되어 산물을 생성하므로 새로운 표현형을 보이는 동물이나 식물.

유전자 치료 **gene therapy** 결함이 있는 유전자를 정상 유전자로 대체하여 유전질병을 치료하는 접근방법.

유전자형 **genotype** 한 생물의 대립유전자 또는 유전적 조성. 종종 하나 또는 제한된 수의 유전자의 대립유전자 조성을 연구대상으로 한다.

유전적 다형성 **genetic polymorphism** 한 개체군에서 주어진 형질에 대해 둘 이상의 구별이 되는 유전자형의 안정적 공존. 해당 형질의 두 대립유전자의 빈도가 평형 상태에 있을 때 평형다형성이라고 부른다.

유전적 배경 **genetic background** 조사하는 유전자의 발현에 대한 한 생물 유전체의 총체적 영향.

유전적 변이성 **genetic variability** 개체군에서 한 개체의 유전자형이 한 형태에서 다른 형태로 변하는 정도를 측정한 것. 유전적 변이성은 특정 유전자의 돌연변이율을 결정함으로써 측정될 수 있다.

유전적 부동 **genetic drift** 대부분 작은 개체군에서 관찰되는, 세대에 따른 대립유전자 빈도의 무작위 변이.

유전적 부하 **genetic load** 개체군에서 이형접합성 개체가 운반하는 열성 치사 유전자의 평균수.

유전적 예상 **anticipation** 유전적 예상(*genetic anticipation*) 참조.

유전적 예상 **genetic anticipation** 유전병에서 증후군의 심각성이 세대에 따라 증가하고 발병 나이가 세대에 따라 빨라지는 현상. 이것은 유전자 내부 또는 근처의 3 뉴클레오타이드 반복의 확장에 의해 초래되며, 근긴장성 이영양증에서 최초로 관찰되었다.

유전적 침식 **genetic erosion** 개체군이나 한 종에서 유전적 다양성의 감소.

유전적 평형 **genetic equilibrium** 한 개체군 내의 대립유전자 빈도가 세대에 따라 증가하거나 감소하지 않는 상태.

유전체 **genome** 한 개체의 DNA에 암호화되어 있는 유전정보의 세트로서, 단백질 암호화 서열 및 비암호화 서열을 포함한다.

유전체 각인 **genomic imprinting** 암컷 부모에서 유래되었는지 또는 수컷 부모에서 유래되었는지에 따라 대립유전자의 발현이 의존하는 과정. 부모 각인(parental imprinting)이라고도 불린다.

유전체 라이브러리 **genomic library** 한 생물 유전체의 모든 DNA 서열을 포함하고 있는 클론의 집합.

유전체학 **genomics** 유전자의 염기 서열결정, 유전자의 상호작용, 유전 요소뿐만 아니라 유전체의 구조와 진화에 과한 연구를 목적으로 고전생물학과 분자생물학의 결합으로 탄생한 유전학의 한 분야.

유전학 **genetics** 유전되는 변이의 연구를 다루는 생명과학의 한 분야. 보다 명확하게는 유전정보의 기원, 전달 및 발현에 관한 연구.

유전학 모델생물 **genetic model organism** 유전학이 아주 잘 연구되어 있어 이러한 발견을 다른 생물의 연구에 적용할 수 있는 실험용 생물. 예를 들어 초파리(*Drosophila melanogaster*)와 생쥐(*Mus musculus*)는 사람의 유전병의 원인과 발생을 연구하는 데 사용되는 모델생물이다.

유효집단크기 **effective population size** 개체군에서 다음 세대에 배우자를 만드는 데 있어 동등한 확률을 가진 개체의 수.

윤리적, 법적, 사회적 문제 **ELSI(Ethical, Legal, Social Implications)** 1990년에 국립인간유전체연구소가 진행한 인간 유전체 프로젝트의 한 부분으로 설립된 프로그램으로 유전체 연구의 윤리적, 법적, 사회적 문제와 개인 및 사회제도에 대한 영향을 연구함.

융모막 융모검사법 **chorionic villus sampling(CVS)** 융모막의 태아 세포를 회수하여 배아의 세포유전학적, 생화학적 결함을 조사하는 태아 검진 방법.

융합핵 **synkaryon** 두 생식세포 또는 체세포 핵의 융합. 또한 체세포 유전학에서 핵융합의 산물.

이계교배 약세 outbreeding depression 유전적으로 다양한 부모의 교배에서 생성된 자손의 적응도 감소. 이것은 국소적인 환경조건에 대해서 낮은 적응의 결과로 나온다고 생각된다.

이동기 diakinesis 제1감수분열 전기의 최종 단계로서, 염색체가 빽빽하게 꼬이고 응축되며 핵 주변부를 향해 이동한다.

이란성 쌍생아 fraternal twins 이란성 쌍생아(*dizygotic twin*) 참조.

이란성 쌍생아 dizygotic twins 분리된 수정 과정으로 인해 생긴 쌍생아. 두 개의 난자가 독립적으로 수정된다. 이란성 쌍생아(fraternal twin)라고도 알려짐.

이배체(2*n*) diploid(2*n*) 각 염색체가 쌍으로 존재하는 상태. 각 염색체 두 개를 가진다.

이소종분화 allopatric speciation 지리적 격리와 관련된 종분화 과정.

이수성 aneuploidy 염색체 수가 반수체 세트의 정확한 두 배가 아닌 이상 상태.

이염성백질 이영양증 metachromatic leukodystrophy (MLD) 아릴설파테이즈 A(*ARSA*) 유전자의 돌연변이에 의해 유발되며, 리소좀에서 효소의 저장에 영향을 미치는 유전성의 퇴행성 뇌질환. ARSA 효소의 축적은 신경세포에 독성을 나타내므로 뇌의 수초의 점진적인 소실로 인해 운동기능 상실로 이어진다.

이주 계수 migration coefficient 세대당 개체군으로 유입되는 유전자의 비율 측정.

이중교차 double crossover 동일한 4분 염색체 내에서 일어나는 두번의 분리된 염색체 절단과 교환.

이중나선 double helix 왓슨과 크릭에 의해 제안된 DNA 구조 모델. 이 모델에서는 역평행의 수소결합으로 결합된 두 폴리뉴클레오타이드 사슬이 2 nm 직경으로 한 회전당 10 염기쌍을 가지는 오른쪽 나선 구조로 감겨 있다.

이중동원체 염색체 dicentric chromosome 두 개의 동원체를 가지는 염색체로, 세포분열 후기 동안 반대 방향으로 끌려간다.

이질4배체 allotetraploid 다른 종으로부터 유래한 두 유전체를 포함하는 이질배수체.

이질배수체, 이질배수성의 allopolyploid 둘 이상의 구별되는 서로 다른 염색체 세트가 합쳐진 다음 염색체 수가 배가되어 형성된 배수체.

이질염색질 heterochromatin 진하게 염색되는, 나중에 복제되는 염색체 부위로 간기 동안 일찍 응축된다.

이핵체 heterokaryon 서로 다른 두 원천에서 유래한 핵을 포함하는 체세포

이형염색체배우자 성 heterogametic sex 서로 같지 않은 염색체를 포함하는 배우자를 생산하는 성. 포유류에서는 수컷이 이형염색체배우자 성.

이형이중가닥 heteroduplex 각 폴리뉴클레오타이드 사슬이 서로 다른 기원에서 유래한 이중가닥 핵산 분자. 재조합 과정의 중간산물로 만들어지거나 생체 외에서 단일 가닥 상보적 분자의 재결합에 의해 만들어질 수 있다.

이형접합체 heterozygote 한 좌위 이상에서 서로 다른 대립유전자를 가지는 개체. 이러한 개체는 서로 다른 배우자를 생산하기 때문에 순종이 되지 못한다.

이형 핵 RNA heterogeneous nuclear RNA(hnRNA) rRNA, mRNA 및 tRNA의 전구체 및 가공의 중간산물로 이루어진 핵 내의 RNA 전사물 집단. 또한 snRNA와 같이 세포질로 이동하지 않는 RNA 전사물을 포함한다.

이형 핵 RNA hnRNA 이형핵 RNA(*heterogeneous nuclear RNA)* 참조.

이화물질 억제 catabolite repression 오페론이 암호화하는 효소의 물질대사 산물에 의한 오페론의 선택적인 불활성화.

이화물질 활성 단백질 CAP cAMP와 결합하여 유도 오페론의 활성을 조절하는 단백질.

이화물질 활성 단백질 catabolite activator protein 이화물질 활성 단백질(*CAP*) 참조.

이화작용 catabolism 복잡한 분자가 보다 단순한 형태로 분해되는 물질대사 작용으로 종종 에너지의 방출이 수반된다.

인 nucleolus 리보솜이 생합성되고 조립되는 핵의 부위. 인형성체 부위를 구성하는 DNA와 연관되어 있다.

인간 면역결핍 바이러스(HIV) human immunodeficiency virus(HIV) AIDS의 발생 및 진행과 연관된 RNA를 포함하는 사람 레트로바이러스.

인간 유전자 및 유전질환 검색 데이터베이스(OMIM) Online Mendelian Inheritance in Man(OMIM) 알려진 모든 유전병 및 유전적 요소를 가지는 질병을 나열한 데이터베이스. 또한 알려진 모든 인간유전자를 포함하고 그 유전자를 유전병과 연결시킨다.

인간개조학, 우형학 euphenics 결함이 있는 표현형의 영향을 감소시키기 위한 의학적 또는 유전적 개입.

인산다이에스터 결합 phosphodiester bond 핵산에서 한 5탄당(리보오스 또는 디옥시리보오스)의 5′ 탄소로부터 이웃하는 뉴클레오타이드의 5탄당의 3′ 탄소로 뻗은 인접한 뉴클레오타이드를 연결하는 인산기에 의한 공유결합. 인산다이에스터 결합은 핵산 분자의 골격을 형성한다.

인위선택 artificial selection 선택 참조.

인트론 intron 한 유전자에서 암호화 부위 사이에 위치한 DNA 부분. 인트론은 전사는 되지만 RNA 산물로부터 스플라이싱 과정 동안 제거되므로 폴리펩타이드에는 나타나지 않는다.

인트론. intervening sequence 인트론(intron) 참조.

인핸서 enhancer 구조유전자의 전사와 발현을 향상시키는 DNA 서열. 인핸서는 프로모터와는 달리 수천 염기쌍 떨어져 작용할 수 있고, 또한 해당 유전자의 상부, 하부 또는 내부에 위치할 수 있다.

인형성체 부위 NOR 인형성체 부위(*nucleolar organizer region*) 참조.

인형성체 부위 nucleolar organizer region(NOR) rRNA 유전자를 포함하는 염색체 부위. 보통 핵인과 물리적으로 결합되어 존재한다.

일란성 쌍생아 identical twins 일란성 쌍생아(monozygotic twin) 참조.

일란성 쌍생아 monozygotic twins 한 번의 수정으로 인해 생성

된 쌍생아. 접합자의 첫 번째 분열로 두 세포가 생성되고 그 각각이 배아로 발생한다. 일란성 쌍생아(*identical twin*)라고도 한다.

일반형질도입 **generalized transduction** 박테리오파지에 의해 매개되는 과정에서 한 유전자가 박테리아 숙주로부터 수용자 박테리아로 전달되는 현상. 특수 형질도입 참조.

일치계 **coefficient of coincidence** 관찰된 이중교차의 수를 예측되는 이중교차의 수로 나눈 비율.

일치도 **concordance** 동일한 표현형을 가지는 개체 무리 또는 쌍. 쌍생아 연구에서 두 쌍둥이 모두 한 형질을 보이거나 또는 보이지 않는 조건.

임의 증폭 DNA 다형성(RAPD) **random amplified polymorphic DNA(RAPD)** 알려지지 않은 DNA 서열을 증폭시키기 위해 약 10 뉴클레오타이드 길이의 무작위 프라이머를 사용하는 PCR 방법.

임의교배 **random mating** 유전자형을 고려하지 않은 개체들 사이의 교배.

자가면역질환 **autoimmune disease** 자기 자신의 분자, 세포 또는 조직에 대한 면역반응에 의한 항체 생산. 이러한 반응은 면역계가 자기와 비자기를 구분하지 못해 일어난다. 관절염, 피부경화증, 전신홍반성 낭창과 같은 질병과 소아 당뇨병은 자가면역질환이다.

자가수정 **selfing** 식물유전학에서 동일한 식물에서 생성된 꽃가루와 밑씨 간의 수정. 자가수정에 의한 생식.

자가수정, 자가수분, 자가생식 **autogamy** 자가수정의 결과로 동형접합이 생성된다.

자가유도물질 **autoinducer** 원핵생물에 의해 생성되는 신호 분자. 정족수 감지 경로를 통해 세포 집단의 밀도 정보를 제공한다.

자낭 **ascus** 균류에서 4개 또는 8개의 자낭포자를 둘러싸는 주머니.

자낭포자 **ascospore** 특정 균류에서 생산되는 감수분열 포자.

자매염색분체 교환 **SCE** 자매염색분체 교환(*sister chromatid exchange*) 참조.

자매염색분체 교환(SCE) **sister chromatid exchange(SCE)** 감수분열 또는 유사분열 동안 공통의 동원체에 의해 연결된 자매염색분체 사이의 상호교환을 포함하는 교차 과정. 이러한 교환은 복제중인 염색체 내로 BrdU를 통합시킨 후 세포학적으로 감지할 수 있다.

자매종 **sibling species** 형태적으로는 유사하지만 생식적으로는 서로 격리된 종들.

자발적돌연변이 **spontaneous mutation** 돌연변이 유발원에 의해 유도되지 않은 돌연변이.

자손 **progeny** 교배로부터 생성된 자식이나 새끼.

자손세대 **filial generations** F_1, F_2 세대 참조.

자연선택 **natural selection** 유전자형의 차이에 의해 생기는 적응도의 차이 때문에 한 종의 개체 사이에서의 차등적 생식.

자율복제 서열 **autonomously replicating sequences(ARS)** 효모 염색체에서 발견되는 약 100 뉴클레오타이드 길이의 DNA 복제원점. ARS 요소는 세포소기관 DNA에도 존재한다.

자이레이즈 **gyrase** DNA 자이레이즈(*DNA gyrase*) 참조.

자폐 스펙트럼 장애(ASD) **autism spectrum disorder(ASD)** 특정한 사회적, 인지적 및 의사소통 행동 또는 결핍을 특징으로 하는 광범위한 증후군 및 뇌 발달 장애.

작동자 부위 **operator region** 박테리아 DNA에서 인접한 유전자 또는 유전자군의 발현을 조절하기 위하여 특정 억제자 단백질과 상호작용하는 부위.

짧은 간섭 RNA(siRNA) **siRNAs** 작은 또는 짧은 간섭 RNA이다. 두 개의 3′ 돌출 뉴클레오타이드를 가지는 20~25개의 뉴클레오타이드로 이루어진 짧은 이중가닥 RNA 서열. 다이서에 의해 가공되어 전사 및/또는 전사후 유전자 조절에 관여한다.

작은 핵 RNA(snRNA) **small nuclear RNA(snRNA)** 단백질과 결합하여 snRNP 또는 snurps로 알려진 RNP 입자를 형성하는 90~400 뉴클레오타이드 크기의 작은 RNA 분자. 핵질에 위치하는 snRNA는 mRNA 전구체의 가공에 관여하는데, 아마도 절단과 연결 기능을 가지는 것으로 보인다.

작은 핵 RNA(snRNA) **snurps** 작은 핵 RNA(*small nuclear RNA*) 참조.

잡종 **hybrid** 서로 다른 유전적 배경을 가지는 두 부모의 교배에 의해 생산된 개체.

잡종 강세 **hybrid vigor** 순종과 비교하여 잡종의 일반적인 우수성.

재조합 **recombination** 염색체상에 새로운 대립유전자가 형성되는 과정.

재조합 DNA 기술 **recombinant DNA technology** 두 종의 다른 생물로부터 유래한 DNA를 생체외 연결에 의해 DNA 분자를 만들고 이러한 재조합 DNA 분자를 복제하고 회수하는 여러 방법.

재조합형 배우자 **recombinant gamete** 감수분열 동안 교차에 의해 생성된 새로운 조합의 대립유전자를 포함하는 배우자.

적도판 **equatorial plate** 중기판 참조.

적응 **adaptation** 생존과 생식 성공에 이득을 제공하는 유전되는 표현형의 요소. 이 과정으로 생명체가 당면한 환경조건에 적응한다.

적응도 **fitness** 한 개체 또는 유전자형의 상대적인 생존 및 생식 성공도의 측정치.

전기영동 **electrophoresis** 전기장 아래에서 겔과 같은 고정배지를 통하여 차등적으로 이동하는 차이를 이용하여 분자 혼합물을 분리시키는 기술.

전기천공법 **electroporation** 전기충격을 이용하여 극성을 띤 분자를 세포막을 통해 세포 내부로 이동시키는 기술.

전능성의 **pluripotent** 전능성이 있는(*totipotent*) 참조.

전능성이 있는 **totipotent** 세포 또는 배아 부분이 성체의 특성인 모든 세포유형으로 분화하는 능력. 일반적으로 이 능력은 발생 동안 계속해서 제한되게 된다. 전능성(*pluripotent*)과 같은 말로 사용된다.

전달유전학 **transmission genetics** 부모로부터 자손에게 유전자가 전달되는 메커니즘과 유전을 연구하는 유전학의 한 분야.

전령 RNA **mRNA** 전령 RNA(*messenger RNA*) 참조.

전령 RNA(mRNA) **messenger RNA(mRNA)** DNA로부터 전사

되고 폴리펩타이드의 아미노산 서열로 번역되는 RNA 분자.

전사 transcription DNA 가닥 중 하나를 주형으로 사용하여 상보적인 RNA 분자의 합성을 통해 DNA의 유전정보를 전달하는 것.

전사후 변형 posttranscriptional modification 성숙한 mRNA로의 변환 동안 mRNA 전구체에서 일어나는 변화. 이 과정은 5′ 말단의 메틸화된 캡, 3′ 말단의 폴리-A 꼬리, 인트론 제거 및 엑손 스플라이싱을 포함한다.

전사인자 transcription factor 한 유전자의 프로모터 내부 또는 인접한 특정 서열에 결합하는 DNA 결합 단백질. 유전자의 전사를 조절한다.

전사체 transcriptome 한 특정 시간에 세포에 존재하는 mRNA 분자의 집합.

전성설 preformationism 후성설(*epigenesis*) 참조.

전유전체 샷건클로닝 whole genome shotgun cloning 샷건클로닝(*shotgun cloning*) 참조.

전유전체 연관성연구(GWAS) genome-wide association studies(GWAS) DNA 서열의 변이와 특정 표현형을 암호화하는 유전체 부위 사이의 연관성을 조사하는 전유전체 수준에서 유전적 변이의 분석.

전이 metastasis 암세포가 1차 종양으로부터 퍼져 나가 신체의 다른 부분에서 악성 종양을 형성하는 과정.

전이인자 transposable element 서열 상동성과는 무관하게 유전체의 한 장소에서 다른 장소로 이동하는 DNA 절편. 보통 이러한 요소는 양 말단에 20~40 염기쌍의 짧은 역반복을 가진다. 구조유전자로 삽입하여 돌연변이 표현형을 만들 수 있다. 전이인자의 삽입과 삭제는 유전자 전이효소(transposase)와 재조합 효소(resolvase)에 의존한다. 이러한 인자는 원핵생물과 진핵생물 모두에 존재한다.

전적응 돌연변이 preadaptive mutation 나중에 적응적으로 중요성을 가지게 되는 돌연변이.

전좌 translocation 한 염색체로부터 다른 염색체로 염색체의 상호적 또는 비상호적 전달과 관련된 염색체 돌연변이. 또한 번역 과정 동안 리보솜을 통한 mRNA의 이동을 말한다.

전향 유전학 forward genetics 유전체 또는 DNA 서열상에서 유전자의 위치를 알지 못하는 상태에서 표현형을 조절하는 유전자를 탐색하기 위해 사용하는 고전적인 접근방법. 돌연변이 대립유전자를 분리하고 그 유전자의 지도작성을 통해 수행되는데, 대부분 전통적으로 재조합 분석을 이용한다. 일단 지도작성이 이루어지면 해당 유전자는 클로닝되어 분자수준에서 더 깊게 연구된다. 역유전학과는 대조적인 접근법이다.

절제수선 excision repair 손상된 DNA 부분이 제거된 다음 수선이 일어나는 DNA 수선. 절제는 각각의 뉴클레오타이드(염기 절제수선) 또는 손상된 뉴클레오타이드 부분(뉴클레오타이드 절제 수선)을 포함한다.

점돌연변이 point mutation 단일 좌위에 위치하는 돌연변이. 분자수준에서 이 돌연변이는 한 뉴클레오타이드를 다른 뉴클레오타이드로 치환시킨다. 유전자 돌연변이라고도 부른다.

접합 conjugation 두 단세포 생물이 유전물질을 유성적으로 전달하는 일시적 융합.

접합기 zygotene 상동염색체가 그들의 전체 길이를 따라 쌍을 이루고 2가 염색체를 형성하는 제1감수분열 전기의 단계. 이 단계에서 시냅시스 복합체가 형성된다.

접합자 zygote 반수체 배우자 핵의 융합에 의해 생성된 이배체 세포.

접합전 생식적 격리 기작 prezygotic isolation mechanism 구애, 짝짓기 또는 수정을 막음으로써 근계교배를 감소시키는 요소.

접합후 생식적 격리 기작 postzygotic isolation mechanism 수정 후 생존력이 없는 불임의 잡종 또는 적응도가 낮은 잡종을 생산함으로써 근계교배를 막거나 감소시키는 요소.

접힌 섬유 모델 folded-fiber model 각 자매염색분체가 빽빽하게 꼬인 실타래와 같이 이중가닥 DNA와 단백질이 서로 감겨진 단일 가닥의 염색질 섬유로 이루어져 있다는 진핵생물 염색체 구성의 한 모델.

정규분포 normal distribution 확률 변수의 분포의 근사치를 측정하는 확률 함수. 가우시안 곡선 또는 종형곡선으로 알려진 정규분포곡선은 정규분포를 그래프로 나타낸 것이다.

정배수성 euploid 반수체 수의 정확히 배수로 염색체를 가지는 세포.

정소결정인자(TDF) TDF(testis-determining factor) Y 염색체 상에 존재하는 *SRY* 유전자의 산물. 분화하지 않은 생식소를 정소로 발생시키는 과정을 조절한다.

정족수 인식 quorum sensing 세포 개체군 밀도 변화에 반응하여 유전자 발현을 조절하는 데 사용되는 메커니즘.

젖당 억제자 단백질 *lac* repressor protein 젖당오페론에서 작동자와 결합하여 번역을 방해하는 단백질.

제인 zein 분자량 19,000 및 21,000 Da의 두 주요 단백질로 이루어진 옥수수 배젖의 중요 저장 단백질.

제자리 혼성화 *in situ* hybridization 특정 핵산이나 폴리뉴클레오타이드에 상보적인 DNA 서열의 염색체 내 정확한 위치를 찾아내는 세포학적 기법.

제1감수분열 말기 telophase I 복제된 염색체가 분열 중인 세포의 극에 도달하는 제1감수분열의 단계.

제1감수분열 후기 anaphase I 상동염색체 쌍이 서로 분리하는 제1감수분열 단계.

제한적 형질도입 restrictive transduction 특수 형질도입 참조.

제한효소 restriction endonuclease DNA 분자의 특정 뉴클레오타이드 서열, 보통 회문서열을 인식하여 그 부위의 DNA를 절단하는 박테리아 핵산분해효소. 박테리아가 침입하는 바이러스 DNA에 대해 방어할 수 있도록 하며, 재조합 DNA 분자의 제작에 널리 사용된다.

제한효소 인식자리 restriction site 제한효소에 의해 인식되는 종종 회문성의 DNA 서열. 제한효소는 제한된 특정서열의 DNA와 결합하여 절단한다.

제한효소 절편길이 다형성(RFLP) restriction fragment length polymorphism(RFLP) 제한효소에 의해 생성되는 DNA 절편 길이의 변이. 이러한 변이는 제한효소의 절단 부위를 새로 만들거나 또는 제거하는 돌연변이에 의해 발생된다. 제한효소 절편길이 다형성은 공동 우성의 양상으로 유전되며, 유전적 표지자로 매우 유용하다.

제한효소 절편길이 다형성(RFLP) **RFLP** 제한효소 절편길이 다형성(*restriction fragment length polymorphism*) 참조.

제한효소자리 집단부위 **polylinker** 절단에 필요한 많은 제한효소 자리를 포함하도록 조작된 DNA 부위. 제한효소자리 집단부위는 보통 플라스미드와 같은 조작된 벡터에서 발견된다.

조건부 돌연변이 **conditional mutation** 특정 조건 아래에서만 발현되는 돌연변이. 즉, 야생형 표현형은 특정(허용) 조건에서 발현되고, 돌연변이 표현형은 다른(제한) 조건에서 발현된다.

조건부 기능결손 **conditional knockout** 유전자 기능 결손의 한 종류로서 기능을 결손시키려는 표적 유전자를 실험 조건에 따라 발현시키거나 발현을 억제시킬 수 있다. CRE-lox 시스템은 이러한 조건부 유전자 기능 결손을 만드는 일반적인 방법이다.

조절 부위 **regulatory site** 보통 다른 분자와의 상호작용을 통해 해당 유전자의 발현을 조절하는 기능을 가지는 DNA 서열.

조직적합항원 **histocompatibility antigens** *HLA* 참조.

조직적합항원 **HLA** 조직적합성 좌위에 의해 생성되는 세포 표면 단백질로서, 조직이나 기관의 이식 거부반응과 관련이 있다.

종 **species** 다른 무리들과는 생식적으로 격리되고, 실제적 또는 잠재적으로 상호교배가 가능한 개체들의 무리.

종결돌연변이 **nonsense mutation** 특정 아미노산을 지정하는 코돈을 종결코돈으로 변화시키는 돌연변이로, mRNA의 번역 동안 조기 종결로 이르게 한다.

종결코돈 **nonsense codons** 번역의 종결을 신호하는 mRNA 분자 내의 뉴클레오타이드 트리플렛(UGA, UAG, UAA).

종분화 **speciation** 식물 및 동물의 새로운 종이 생기는 과정.

종성유전 **sex-influenced inheritance** 개체의 성에 의해 좌우되는 표현형 발현. 이형접합체는 한 성에서 한 표현형을 발현하고 다른 성에서는 다른 표현형을 발현한다(예: 사람의 대머리).

종양억제유전자 **tumor-suppressor gene** 정상적으로 세포분열을 억제하는 기능을 가지는 산물을 암호화하는 유전자. 종양억제 유전자의 돌연변이는 세포분열의 활성화와 종양형성으로 이끈다.

좌위 **locus(pl., loci)** 특정 유전자가 위치하는 염색체상의 장소.

주석(달기) **annotation** 암호화 유전자, 비암호화 유전자 및 각 유전자의 조절 서열과 기능을 확인하기 위한 유전체 뉴클레오타이드 서열 데이터의 분석.

주조직 적합성 좌위 **major histocompatibility(MHC) loci** 조직 특이성의 원인이 되는 항원 결정원을 암호화하는 유전좌위. 인간 HLA 복합체와 쥐의 H2 복합체는 MHC 복합체 내에 위치한다. *HLA* 참조.

주조직적합성 **MHC** 주조직 적합성(*major histocompatibility, MHC*) 좌위 참조.

주형 **template** DNA 또는 RNA 중합효소에 의해 합성되는 상보적인 뉴클레오타이드 가닥의 서열을 지정하는 단일 가닥 DNA 또는 RNA 분자.

주화성 **chemotaxis** 화학적 기울기에 반응하는 세포 또는 생물의 이동.

중개 의학 **translational medicine** 중개 유전학이라고도 한다. 질병 예방 및 질병 치료를 통해 인간의 건강을 증진시키기 위해 유전학 및 여러 분야에서의 연구 발견을 실험대에서 사람에게로 적용시키는 것.

중기 **metaphase** 응축된 염색체가 세포 양극 사이의 중앙판에 나열하고, 방추사가 염색체에 부착하는 세포분열 단계.

중기판 **metaphase plate** 중기 동안 세포의 적도에 유사분열 또는 감수분열 염색체가 모일 때 형성되는 구조.

중단평형 **punctuated equilibrium** 종 발산이 아주 짧은 기간 동안 중단된 장기간의 종 안정기의 화석기록 양상.

중립돌연변이 **neutral mutation** 즉각적인 적응의 중요성이나 표현형 효과를 보이지 않는 돌연변이.

중복 **duplication** 염색체의 한 부분이 반복된 염색체 이상.

중복유전자 **redundant genes** 리보솜 유전자와 같이 반수체 유전체당 사본수가 둘 이상으로 존재하는 유전자 서열.

중부동원체성 염색체 **metacentric chromosome** 동원체가 중심에 위치하고 있어 동일한 길이의 염색체 팔을 가지는 염색체.

중심립 **centriole** 보통 3조로 배열된 9군의 미세소관으로 이루어진 세포질 내 세포소기관. 섬모와 편모의 생성기능을 하며 세포분열에서 방추사의 중심으로 작용한다.

중심원리 **central dogma** 유전정보가 DNA를 거쳐 RNA로 다시 단백질로 흐른다는 고전적 개념. 오늘날 예외가 알려졌지만 이 원리는 유전자 기능을 이해하는 데 핵심적이다.

중심체 **centrosome** 한 쌍의 중심립을 포함하는 세포질의 부분.

중앙값 **median** 한 세트의 데이터 값에서 그 값의 위와 아래에 다른 데이터 값이 동일한 수로 존재하는 값.

중증복합면역결핍증(SCID) **severe combined immunodeficiency (SCID)** 면역반응의 결핍을 특징으로 하는 유전병을 총체적으로 말하며, 세포 매개 및 항체 매개 면역반응 모두가 결핍되었다.

중첩성 유전암호 **degenerate code** 유전암호에서 한 특정 아미노산이 둘 이상의 코돈에 의해 암호화됨.

중첩암호 **overlapping code** 하나의 3 염기조 암호가 둘 이상의 인접한 코돈에 의해 공유되는 가설적 유전암호.

중합효소 **polymerases** 각각 디옥시뉴클레오타이드와 리보뉴클레오타이드로부터 DNA와 mRNA의 형성을 촉매하는 효소.

중합효소연쇄반응(PCR) **polymerase chain reaction(PCR)** 변성, 프라이머 결합 및 DNA 중합효소에 의한 DNA 합성의 반복된 주기를 통해 DNA 절편을 증폭하는 방법.

증후군 **syndrome** 질병이나 기형과 연관된 일련의 증상 또는 특징. 증후군을 가지는 개체는 해당 특징이나 증상 중 많은 것을 발현하지만 모두 다 발현하는 것은 아니다.

지도작성 기능 **mapping functions** 지도 거리를 재조합 빈도에 연계시키는 수학적 공식.

지문 **fingerprint** 사람 손가락 끝의 융선과 와상문의 독특한 양상. 또한 단백질이나 핵산을 효소로 절단한 후 2차원 크로마토그래피나 전기영동에 의해 얻어진 양상을 말한다. *DNA* 지문 참조.

족적법 **footprinting** *DNA* 족적법 참조.

지연가닥 **lagging strand** DNA 복제 동안 복제 분기점 반대 방

향으로 불연속적으로 합성되는 가닥. 오카자키 절편 참조.

방향성 선택 directional selection 고정되거나 또는 제거되는 방향으로 대립유전자의 빈도를 변화시키는 선택압.

이종 상동유전자 orthologs 공통조상의 단일 유전자로부터 비롯된, 둘 이상의 서로 관련된 종에서 발견되는 서열 유사성을 가진 유전자.

직렬반복서열수변이(VNTR) variable number tandem repeats (VNTRs) 두 제한효소 자리 사이에 직렬반복으로 존재하는 2~20 뉴클레오타이드 길이의 짧은 반복 DNA 서열. 반복수의 변이는 제한효소 절단 후 다른 길이의 DNA 절편을 생성한다. 초창기의 DNA 지문법에 이용되었다.

직렬반복서열수변이 VNTRs 직렬반복서열수변이(*variable number tandem repeats*) 참조.

진정염색질 euchromatin 옅게 염색되는 염색질 또는 염색체 부분으로 세포주기의 간기 동안 비교적 풀려 있다. 진정염색질 부위는 대부분 구조유전자를 포함한다.

진핵생물 eukaryotes 진정한 핵과 막성 세포소기관을 가지고 있는 생물로서, 이 생물의 세포는 유사분열과 감수분열을 통해 분열한다.

진행도 processivity 기질로부터 해리되기 전에 연속적인 반응을 수행하는 효소의 능력. DNA 중합효소 III의 경우 진행도는 이 효소가 주형으로부터 떨어져 나오기 전 주형가닥에 첨가하는 뉴클레오타이드의 수이다.

진화 evolution 변화를 동반한 혈통. 이미 존재하고 있던 종류로부터 새로운 종류의 식물과 동물이 생겨남.

짝지음 입체구조 coupling conformation *cis* 입체구조(*cis configuration*) 참조.

짝틀림수선 mismatch repair 오류를 가지는 가닥과 정상적인 가닥을 구분할 수 있는 절제 수선의 한 형태.

짧은 비암호화 RNA(sncRNA) small noncoding RNAs (sncRNAs) RNA 유도 침묵복합체(RISC)와 함께 전사를 조절하거나 또는 전사 후 mRNA를 조절하는 짧은 비암호화 RNA(전사물).

짧은 산재인자(SINE) short interspersed elements(SINEs) 고등생물의 유전체에 존재하는 반복 서열. 300 bp *Alu* 서열이 짧은 산재요소이다.

짧은 직렬반복 short tandem repeats *STR* 서열 참조.

짧은 직렬반복(STR) 서열 STR sequences 미세부수체에서 발견되는 2~9 염기쌍 길이의 짧은 직렬 반복 서열로, 법의학, 친자확인 등의 DNA 지문법에 이용된다.

차단부동원체형 염색체 acrocentric chromosome 동원체가 염색체의 한 쪽 말단에 매우 가까이 위치한 염색체. 사람의 13, 14, 15, 21 및 22번 염색체가 차단부동원체형 염색체이다.

차세대염기서열결정법 next-generation sequencing(NGS) technologies 고속대용량 DNA 염기서열 결정법(*high-throughput DNA sequencing*) 참조.

차중부동원체성 염색체 submetacentric chromosome 염색체의 한쪽 팔이 다른 팔보다 약간 더 길게 동원체가 위치한 염색체.

착상전유전진단(PGD) preimplantation genetic diagnosis (PGD) 초기 배아(3~5일 된)로부터 얻은 단일세포, 수정되지 않은 난모세포, 극체를 대상으로 한 유전적 분석.

창시자 효과 founder effect 유전적 부동의 한 종류. 유전자형이 모집단에 존재하는 여러 대립유전자의 일부만을 포함하는 소수의 개체에 의해 개체군이 형성되는 것.

체세포 somatic cells 한 생물 안에 있는 생식세포 또는 배우자 외의 모든 세포.

체세포 돌연변이 somatic mutation 체세포 안에서 일어나는 유전이 되지 않는 돌연변이.

체세포 상동염색체 접합 somatic pairing 체세포 내 상동염색체의 접합.

체세포 유전자치료 somatic gene therapy 유전자 전달을 위한 표적으로 체세포를 사용하는 유전자 치료.

체세포유전학 somatic cell genetics 서로 다른 생물로부터 유래한 세포의 융합을 이용한 준유성적(parasexual) 방법으로 배양된 체세포를 이용하여 유전 현상을 연구.

체절극성유전자 segment polarity genes 발생 중인 초파리 배아의 각 체절 내에서 분화의 공간적 양상을 조절하는 유전자.

초나선꼬임 DNA supercoiled DNA 나선이 자체적으로 꼬여 있는 DNA 구조. 공유적으로 닫힌 원형 DNA 분자와 같이 DNA의 한 말단이 자유롭지 못할 때 초나선꼬임이 존재할 수 있다.

초수컷 metamale 초파리에서 X 염색체와 상염색체 세트의 비율이 0.5 미만인 낮은 생존력을 가지는, 발생이 잘 되지 않는 수컷. 이전에는 초수컷(*supermale*)이라고 불렀다.

초수컷 supermale 초암컷(*metamale*) 참조.

초암컷 metafemale 초파리에서, X염색체와 상염색체 세트의 비율이 1.0을 초과하는 낮은 생존력을 가지는, 발생이 잘 되지 않는 암컷. 이전에는 초암컷(*superfemale*)이라고 불렀다.

초암컷 superfemale 초암컷(*metafemale*) 참조.

초우성 overdominance 이형접합체가 동형의 유전자형에 비해 보다 극단적인 표현형을 가지는 현상.

최빈수 mode 데이터에서 가장 높은 빈도로 발생하는 값.

최소교배단위 deme 상호교배가 가능한 국소 개체군.

최소배지 minimal medium 한 생물의 야생형 균주(계통)의 생장과 생식에만 필요한 영양소를 포함하는 배지. 보통 탄소와 질소원을 포함하는 비유기물 요소로 구성된다.

취약 X 증후군 fragile-X syndrome 사람 *FMR-1* 유전자 내의 CGG 3뉴클레오타이드 반복의 확장과 Xq27.3 위치에 취약 부위의 생성으로 나타나는 유전병. 취약 X 증후군은 남성에서 가장 흔한 지적 장애의 한 형태이다. 이 질병을 가진 남성은 독특한 얼굴 특징과 지적 장애를 가진다. 보인자 여성은 물리적인 증상은 없으나, 집단으로 보면 정상 개체보다 높은 지적 장애율을 보인다.

취약 부위 fragile site 염색체에서 염색이 되지 않는 부위 또는 유전되는 간극으로 염색체 절단을 유발한다.

측동원체 역위 paracentric inversion 동원체 부위가 포함되지 않은 염색체 역위.

치사유전자 lethal gene 발현 결과 생애 주기의 한 단계에서 생물을 조기 사망하게 하는 유전자.

침강계수(*S*) sedimentation coefficient(*S*) 스베드베리 침강 단위(*Svedberg coefficient unit*) 참조.

침투도 penetrance 특정 유전자형을 가지는 개체가 해당 형질과 관련된 특정 돌연변이 표현형을 최소한 어느 정도 나타내는지를 비율로 나타낸 빈도.

칩을 이용한 염색질 면역침강법 ChIP-on-chip DNA 결합 단백질에 결합하는 DNA부위를 탐색하기 위해 염색질 면역 침강법(ChIP)과 미세배열(chip)을 결합한 기술. 이 부위는 인핸서, 프로모터, 전사 개시 부위 또는 다른 기능을 가지는 DNA 서열일 수 있다.

카이제곱 검정 chi-square(x^2) analysis 관찰된 데이터값이 이론적인 예측치와 동일한지를 결정하는 통계적 검정.

카파 입자 kappa(κ) particles 다른 민감성 계통을 죽이는 독소인 파라메신을 방출하는 능력을 가지는 짚신벌레(*Paramecium aurelia*)의 특정 계통에서 발견되는 DNA를 포함하는 세포질 입자.

코돈 codon 특정 아미노산을 지정하거나 유전암호의 시작과 종결을 알리는 mRNA 뉴클레오타이드의 3염기조. 61개의 코돈이 단백질의 아미노산을 지정하는데 사용되고, 3종류의 종결코돈(UAG, UAA, UGA)은 폴리펩타이드 사슬의 종결을 지정한다. AUG 코돈은 특정 아미노산을 지정하는 것 외에도 개시코돈으로 작용한다.

코스미드 cosmid 큰 외부 DNA 절편을 클로닝할 수 있도록 만들어진 벡터. 코스미드는 파지의 *cos* 자리를 플라스미드로 삽입시켜 만든다. 클로닝 시 재조합 DNA 분자는 파지 단백질 껍질 내로 포장되고, 박테리아 세포를 감염시킨 후 재조합 DNA는 플라스미드로 복제되고 유지된다.

코작 서열 Kozak sequence 진핵생물 mRNA에서 개시코돈에 인접한 짧은 뉴클레오타이드 서열로서 번역 개시 부위로 인식된다.

코헤신 cohesin 유사분열과 감수분열 동안 자매염색분체를 함께 붙들어 두는 단백질 복합체로, 방추사가 방추사부착점에 부착하도록 한다.

콘티그 contig 클로닝이나 서열분석으로부터 유래된 서로 중첩되는 DNA 서열로부터 재조립된 연속적인 DNA 서열.

콜히친 colchicine 세포분열 동안 방추사의 형성을 억제하는 알칼로이드 화합물. 핵형분석을 준비할 때 유사분열의 중기에 많은 세포가 머물도록 할 목적으로 사용한다.

크로마토그래피 chromatography 용해되는 분자 혼합물을 기질에서의 차등적 이동을 이용하여 분리하는 기술.

크로이츠펠트-야콥병 Creutzfeldt-Jakob disease(CJD) 돌연변이에 의해 유발되는 뇌 및 신경계의 치명적인 퇴행성 질병으로, 이상 형태의 프리온 단백질을 생산한다. CJD는 상염색체 우성 형질이다.

크리스피알(CRISPR) CRISPR 규칙적으로 산재한 짧은 회문성 반복 무리(CRISPR)로 구성된 원핵생물의 유전체 부위. 외부 DNA가 CRISPR 좌위에 삽입된 후 이 지역에서 전사가 일어나 CRISPR RNA를 생성한다. 이 RNA는 상보적인 DNA를 공격하여 파괴하도록 핵산분해효소를 유도한다.

크리스피알/카스페이즈(CRISPR/Cas) CRISPR/Cas CRISPR RNA를 이용, Cas 핵산분해효소를 유도하여 상보적인 DNA를 공격하여 파괴하도록 하는, 많은 원핵생물에 존재하는 적응성 면역 메커니즘. CRISPR/Cas 메커니즘은 진핵생물 유전체에 특정 돌연변이를 만들 때 사용된다.

클라인펠터증후군 Klinefelter syndrome 하나 이상의 추가적인 X 염색체의 존재에 의해 초래되는 남성의 유전병. 클라인펠터 남성은 XY 대신 주로 XXY이다. 증상은 확대된 가슴, 작은 고환, 불임성 및 경미한 지적장애를 포함한다.

클론 clone 무성적 또는 준 유성적인 방법에 의해 단일의 조상으로부터 유래한 동일한 분자, 세포 또는 생물. 예를 들어, 플라스미드나 파지 또는 박테리아의 염색체에 삽입되어 복제된 후 많은 사본을 생성한 DNA 절편 혹은 동일한 유전적 조성을 가진 생물.

클론선택설 clonal selection theory 면역학에서 항체의 다양성은 항원 노출 이전에 존재하며, 항원은 특정 항체를 포함하고 있는 세포를 선택적으로 증식하도록 한다는 제안.

킬로베이스(kb) kilobase(kb) 1,000 뉴클레오타이드로 이루어진 길이의 단위.

탈렌효소/유사전사활성화 효과자 핵산분해효소 transcription activator-like effector nucleases(TALENs) 식물 병원성 박테리아의 DNA 결합 모티프(유사전사활성화 효과자 또는 TALES)를 핵산분해효소의 DNA 절단 도메인과 결합시켜 만든 인공 DNA 절단효소. 이 방법은 어떠한 DNA 염기 서열도 절단할 수 있는 제한효소를 생성할 수 있다.

탐침 probe 방사선자동사진법 또는 형광현미경법과 같은 분석에서 탐지될 수 있는 표지된 DNA 또는 RNA 분자. 탐침은 표적 분자, 유전자 또는 유전자 산물을 확인하는 데 사용된다.

태사기 pachytene 시냅시스를 형성한 상동 염색체가 길이로 분리(동원체를 제외한)되는 감수분열 전기 1의 단계로, 4분염색체라 불리는 4개의 염색분체를 형성.

태아세포 분별법 fetal cell sorting 모친의 순환계로부터 태아 세포를 추출하여 검사하는 출생 전 비침습적 진단.

터너증후군 Turner syndrome 45,X 유전자형에 의해 유발되는 여성의 유전병. 이러한 개체는 표현형은 여성이지만 불임이다.

테트라뉴클레오타이드 가설 tetranucleotide hypothesis DNA 분자가 각각 아데닌, 티민, 사이토신 및 구아닌 등 4개의 뉴클레오타이드로 이루어진 반복 단위로 되어 있다는 것을 제안한 DNA 구조의 초기 이론

텔로머레이즈 telomerase 짧은 직렬반복 DNA 서열을 진핵생물 염색체의 말단에 추가하는 효소.

텔로미어 telomere 염색체의 이질염색질 말단 부위.

텔로미어 반복 함유 RNA(TERNA) telomere repeat-containing RNA(TERRA) 텔로미어 이질염색질의 일부인 텔로미어 반복으로부터 전사된 긴 비암호화 RNA 분자.

호변체 변이 tautomeric shift 수소 원자 위치의 변이에 의해 유발되는, 한 분자 내의 가역적인 이성질체화. 핵산에서 뉴클레오타이드 염기의 호변체 변이는 복제 시 다른 염기에 변화를 일으키므로 돌연변이의 원인이 된다.

통계적 접근법 biometry 생물학적 문제를 해결하는데 있어 통계학 및 통계적 방법의 응용.

통합 DNA 지표 시스템 Combined DNA Index System(CODIS) DNA 감식을 위해 법의학이나 정부에서 사용하는 13개의 표준화된

짧은 직렬반복(STR) DNA 서열 세트.

특수형질도입 specialized transduction 파지의 도입에 의해 특정 숙주 유전자의 유전적 전달. 일반형질도입 참조.

티민 이합체 thymine dimer 폴리뉴클레오타이드 가닥에서 공유결합에 의해 연결된 두 인접한 티민 염기로 이루어진 결합. 주로 자외선의 노출에 의해 발생하며, DNA 복제를 억제한다.

파이로염기서열결정법 pyrosequencing 상보적인 가닥의 합성에 의해 단일 가닥 DNA 분자의 염기서열을 결정하는 고속대용량 DNA 염기서열 결정법. 합성 동안 새로 합성된 DNA 가닥으로 뉴클레오타이드의 통합을 수반하는 파이로인산 방출의 화학발광 탐지에 의해 염기서열이 결정된다.

파지 phage 박테리오파지 참조.

퍼프 puff 염색체 퍼프(*chromosome puff*) 참조.

페닐케톤뇨증 phenylketonuria(PKU) 페닐알라닌 수산화효소의 결핍으로 아미노산인 페닐알라닌을 대사하지 못하는 사람의 유전병.

펩타이드 결합 peptide bond 한 아미노산의 아미노기와 다른 아미노산의 카르복실기 사이의 공유결합.

평균 mean($\bar{X}$) 산술 평균.

평형다형성 balanced polymorphism 이형접합체가 동형접합체에 비해 더 잘 적응하기 때문에 자연선택에 의한 한 개체군 내에서 두 대립유전자가 유지됨.

평형치사 balanced lethals 각각 서로 다른 상동염색체에 존재하는 열성의 비대립 치사유전자. 평형치사유전자를 가진 개체가 서로 교배하면 부모와 동일한 유전자형(이형접합체)을 가진 개체만 생존한다.

포밀메티오닌 f-met 포밀메티오닌(*formylmethionine*) 참조.

포밀메티오닌 formylmethionine(f-met) 아미노산 메티오닌의 말단 아미노기에 포밀기가 결합한 분자. 모든 박테리아의 폴리펩타이드의 합성에 사용되는 첫 번째 단량체이다. *N*-포밀 메티오닌으로도 알려져 있다.

포자 spore 보호껍질에 의해 둘러싸인 단세포체 또는 세포. 일부 박테리아, 식물 및 무척추동물에서 생성되는데, 포자는 불리한 환경 조건에서 생존이 가능하며, 발아하여 새로운 개체를 형성할 수 있다. 식물에서 포자는 감수분열의 반수체 산물이다.

폴리뉴클레오타이드 polynucleotide 5′-3′ 인산다이에스터 결합에 의해 연결된 30개 이상의 선형 뉴클레오타이드 서열. 올리고뉴클레오타이드 참조.

폴리솜 polyribosome 폴리솜(*polysome*) 참조.

폴리솜 polysome 둘 이상의 리보솜이 번역 중인 mRNA와 결합하여 이루어진 구조. 폴리리보솜이라고도 한다.

폴리시스트론성 mRNA polycistronic mRNA 인접한 구조유전자에서 둘 이상의 폴리펩타이드 사슬의 아미노산 서열을 암호화하는 mRNA 분자.

폴리펩타이드 polypeptide 펩타이드 공유결합에 의해 연결된 아미노산으로 이루어진 분자. 이 용어는 단백질이라고 불리는 기능을 가지는 3차원 구조를 형성하기 전의 아미노산 사슬을 지칭할 때 사용한다.

표준오차(*SE*) standard error(*SE*) 한 개체군에서 측정한 표본 평균 주변의 변이량의 양적 측정.

표준편차(*SD*) standard deviation(*SD*) 분산의 제곱근으로서 계산되는, 한 개체군의 측정 표본에 존재하는 변이량의 양적 측정.

표피생장인자수용체 epidermal growth-factor receptor 표피생장인자군에 속하는 단백질의 세포표면 수용체. 생장인자가 수용체에 결합하여 신호 경로를 자극한다. 사람에서 이 수용체 단백질은 *HER* 유전자에 의해 암호화되며, 돌연변이 대립유전자는 암과 연관이 있다.

표현형 phenotype 유전적으로 조절되는 형질이 명시적으로 나타남.

풀기 단백질 unwinding proteins DNA 복제 동안 복제 분기점에 앞서 DNA 이중나선을 불안정화시켜 푸는 역할을 하는 핵 단백질.

품종 race 유전자형이나 또는 지리적으로 구분이 되는 한 종 내의 소집단.

프라이머 primer 핵산에서 중합효소에 의한 합성을 개시하는 데 필요한 짧은 길이의 RNA 또는 단일 가닥의 DNA.

프로모터 요소 promoter element 전사 개시 이전에 RNA 중합효소가 결합하는 유전자의 상부 조절 부위.

프로파지 prophage 박테리아 염색체 내로 통합되어 박테리아 염색체와 함께 복제되는 박테리오파지 유전체. 프로파지를 포함하는 박테리아 세포를 용원성이라고 하며, 파지 입자를 생성하는 용균성 주기로 들어갈 수 있다.

프리온 prion 분자량 27,000~30,000 Da의 PrP 단백질로 이루어진 핵산이 아닌 감염성 병원체. 프리온은 양의 퇴행성 뇌질환인 스크래피, 광우병(bovine spongiform encephalopathy, BSE) 및 쿠루병과 크로이츠펠트-야콥병을 포함하는 사람 질병을 유발하는 것으로 알려졌다.

프립나우 상자 Pribnow box 원핵생물 유전자에서 RNA 중합효소의 시그마 인자가 결합하는, 전사 개시 부위 앞쪽에 존재하는 6 bp 서열. 이 상자의 공통서열은 TATAAT이다.

플라스미드 plasmid 숙주염색체와 개별적으로 존재하여 독립적으로 복제하는 원형의 DNA 분자.

피부무늬학 dermatoglyphics 피부, 특히 손과 발의 표면 융선 연구.

필라델피아 염색체 Philadelphia chromosome 인간에서 *C-ABL* 발암유전자를 가지는 9번 염색체의 짧은 팔과 *BCR* 유전자를 가지는 22번 염색체의 긴 팔을 포함하는 상호전좌의 산물.

하디-바인베르그 법칙 Hardy-Weinberg law 돌연변이, 이주 및 선택이 없는 매우 크고, 무작위 교배가 일어나는 개체군에서는 유전자형 빈도가 평형상태를 유지한다는 원리.

한성유전 sex-limited inheritance X나 Y 연관이 아니지만 한 성에서만 발현되는 형질.

합성생물학 synthetic biology 생명계의 복잡성을 연구하고 자연에 존재하지 않는 생물 기반의 시스템을 구축하기 위해 과학과 공학이 결합된 연구 분야.

합성유전체 synthetic genome 유전체를 가지지 않는 숙주 세포에 화학적으로 합성된 DNA 절편을 도입하여 조립된 유전체.

항원 antigen 종종 세포 표면 단백질이라고 불리는, 항체 형성을 유도하는 능력이 있는 분자.

항원결정부 epitope 항체 반응을 끌어내는 작용을 하는 거대분자 또는 세포의 한 부분. 항원 결정원이다. 복잡한 분자 또는 세포는 여러 개의 항원결정부를 가진다.

항체 antibody 항원에 특이적으로 결합하는 능력을 가지는, 항원 자극에 의해 생성되는 단백질(면역글로불린).

핵 nucleus 염색체와 인을 포함하는 막으로 둘러싸인 진핵세포의 세포소기관.

핵내 유사분열 endomitosis 핵분열 또는 세포질 분열 없이 일어나며, DNA 양이 반수체 DNA 양의 배수로 증가됨. 다사염색체는 핵내 유사분열에 의해 형성된다.

핵내배수성 endopolyploidy 핵내유사분열 복제에 의해 체세포 핵 안에서 염색체 세트의 증가.

핵분열 karyokinesis 핵분열 과정.

핵산내부가수분해효소 endonuclease 단일 또는 이중가닥 폴리뉴클레오타이드 사슬에서 인산다이에스터 결합을 가수분해하는 효소.

핵산말단가수분해효소 exonuclease 3′ 또는 5′ 말단 뉴클레오타이드의 인산다이에스터 결합을 파괴하여 핵산 분자를 분해하는 효소.

핵산분해효소 nuclease 핵산 분자의 공유결합을 절단하는 효소.

핵심효소 core enzyme 촉매 작용에 필요한 효소 소단위. DNA 중합효소 III에서 핵심효소는 완전효소에 촉매 활성을 부여하는 α, β 및 θ의 3개의 소단위로 이루어져 있다.

핵양체 nucleoid 원핵생물의 세포질 내에 DNA를 포함하는 부위.

핵외 유전 extranuclear inheritance 미토콘드리아와 엽록체와 같은 세포질 소기관의 DNA에 포함된 유전정보에 의한 형질의 유전.

핵형 karyotype 한 세포 또는 개체의 전체 염색체로, 길이와 동원체의 위치에 따라 순서대로 나열한 중기 염색체 배열.

헤모글로빈 hemoglobin(Hb) 주로 척추동물의 적혈구에 존재하는, 철분을 포함하며 산소를 운반하는 다량체 단백질.

헬리케이즈 helicase DNA 헬리케이즈(*DNA helicase*) 참조.

혈우병 hemophilia 혈액응고 기작의 결함과 연관된 X-연관 형질.

협동원체 역위 pericentric inversion 염색체의 두 팔이 관여하는, 즉 동원체를 포함하는 염색체 역위.

형광제자리 혼성화 FISH 형광제자리 혼성화(*fluorescence* in situ *hybridization*) 참조.

형광제자리 혼성화 fluorescence *in situ* hybridization(FISH) 형광으로 표지된 탐침을 이용하는 제자리혼성화방법으로, 혼성화된 부위는 자외선 아래에서 형광을 나타낸다.

형질 character 한 생물의 관찰되는 표현형 속성.

형질 trait 탐지할 수 있는 특정 유전형질의 표현형 변이.

형질개선 유전자 치료 enhancement gene therapy 질병 치료나 예방 목적이 아니라 특정 형질을 개선하기 위한 목적의 유전자 치료.

형질도입 transduction 바이러스에 의해 매개되는 박테리아 재조합. 또한 레트로바이러스에 의해 매개되는 진핵생물 유전자의 전달을 의미한다.

형질전환 transformation 외부 DNA에 의해 유발된 세포 또는 생물의 유전적 변화. 자연적으로 발생하기도 하며, 재조합 DNA 연구에 사용되기도 한다.

형질전환동물 transgenic animals 관심을 가지는 유전자(외부 유전자)를 삽입시켜 발현 또는 과발현시킨 유전자 조작 동물. 때로는 '기능도입(knock-in)' 동물이라고도 한다. 유전자 변형 생물 참조.

형질전환생물 transgenic organism 외부 DNA 서열을 생식계통 내부로 도입함으로써 유전체가 변형된 생물.

호메오 돌연변이 homeotic mutation 정상적으로 특별한 기관이나 신체 부분을 형성하도록 결정된 조직을 분화 경로를 변경시켜 다른 구조가 되게 하는 돌연변이.

호메오상자 homeobox 전사인자로 작용하는 DNA 결합 단백질의 한 부분인 호메오도메인이라고 불리는 60개의 아미노산 서열을 암호화하는 180 뉴클레오타이드 길이의 서열.

홀리데이 구조 Holliday structure 투과전자현미경 상에서 4개의 단일 가닥 DNA 지역을 보이는 X 모양의 구조로 나타나는 DNA 재조합의 중간단계.

확률 probability 특정 사건이 일어날 가능성 또는 일어났는지의 수학적 가능성을 나타내는 방법.

환경 environment 한 생물이 살아가는 지리적, 기후적 및 생물적 요인의 복합체.

활성부위 active site 효소의 기질 결합 부위. 다른 단백질에서는 기능을 위해 필요한 구조적으로 온전한 부분.

활성산소종(ROS) reactive oxygen species(ROS) 산소의 불완전한 환원으로 인한 이온이나 분자의 형성. 이들은 하이드록실 라디칼(수산화 라디칼), 슈퍼옥사이드(초과산화물) 및 퍼옥사이드(과산화물)를 포함한다. 활성산소종은 DNA 및 그 외 다른 고분자에 산화적 손상을 일으킨다.

활주 DNA 클램프 sliding DNA clamp 중합효소에 부착된 원형의 단백질 복합체를 형성하는 여러 개의 β 소단위로 이루어진 DNA 중합효소 III 완전효소의 한 요소로 중합반응의 진행을 촉진한다.

활주 클램프 장전자 sliding clamp loader ATP 의존성 반응을 통해 원형의 단백질 복합체를 중합효소에 부착시키는 5개의 소단위로 이루어진 DNA 중합효소 III 완전효소의 한 요소.

회문구조 palindrome 유전학에서 앞으로나 뒤로 동일하게 읽히는 DNA 염기쌍 서열. DNA에서 두 가닥은 서로 역평행이기 때문에 5′ 말단으로부터 읽으면 두 가닥에 있는 염기서열은 앞으로나 뒤로 동일하게 읽힌다. 예를 들면 다음과 같다.

5′-G A A T T C-3′
3′-C T T A A G-5′

회문 서열은 제한효소의 인식 및 절단부위로 이용된다.

회전고리모형 rolling circle model 복제 분기점이 원형의 주형가닥 주위를 회전하는 DNA 복제 형태. 원형의 주형가닥 주위를 한

번 돌 때마다 새롭게 합성된 가닥이 이전의 복제로 만들어진 가닥을 대체하여 주형가닥의 연속적인 복사본을 생성한다.

효과기 분자 effector molecule 단백질의 특정 수용기와 결합하여 그 단백질의 활성을 조절하는, 생물학적으로 활성을 띤 작은 분자.

효모 인공염색체 YAC 텔로미어(섬모충으로부터 유래), 효모의 동원체, 복제원점 및 마커유전자를 포함하는 여러 염색체 요소를 사용하여 제작한 효모 인공 염색체 형태의 클로닝 벡터. YAC은 매우 긴 진핵생물 DNA를 클로닝하는 데 이용된다.

효소 enzyme 반응 개시에 요구되는 활성화 에너지를 낮춤으로써 특정 생화학 반응을 촉매하는 단백질 또는 단백질 복합체.

후기 anaphase 염색체가 세포의 반대편극으로 이동하기 시작하는 유사분열 또는 감수분열 단계.

후성설 epigenesis 한 생물이나 기관의 발생이 난자에 이미 존재하는 구조의 조립 결과라는 전성설과는 달리 새로운 구조의 순차적인 출현과 발생을 통하여 형성된다는 이론.

후성유전학 epigenetics DNA 및/또는 히스톤의 가역적 화학적 변형이 유전자 발현 양상에 미치는 효과를 연구하는 학문. 후성적 변화는 DNA의 뉴클레오타이드 서열을 변화시키지 않는다.

히스톤 histones 핵에서 DNA와 복합체를 이루는 양전하를 띤 단백질. 염기성 아미노산인 아르기닌, 리신이 풍부하며, DNA를 감아 뉴클레오솜을 형성하는 기능을 한다.

히스톤 메틸기 전달효소 histone methyltransferase 히스톤 단백질에 메틸기 첨가를 촉매하는 효소.

히스톤 암호 histone code 히스톤 꼬리(히스톤 분자의 자유 말단으로서 뉴클레오솜으로부터 돌출됨)에서 아미노산의 화학적 변형. 이 변형은 DNA-히스톤 상호작용에 영향을 미쳐 전사를 촉진 또는 억제한다.

찾아보기

국문 찾아보기

ㄱ

가계도 59
가변 유전자 활성 가설 446
가변영역 436
가산적 대립유전자 606
가산적 분산 612
가시 돌연변이 369
가우어 1 353
가족성 고콜레스테롤혈증 61
가족성 다운증후군 206
가족성 선종성 용종증 482
가지이동 279
각인 93, 177
간격 DNA 339
간극유전자 449
간기 22, 474
간섭 689
간섭 RNA 748
간성 165, 180
갈락토스혈증 92
감마선 377
감수분열 4, 16
감식 확률 707
감염 유전 214
강화 유전자 치료 750
개시 323
개시인자 342
개시전복합체 425
개시코돈 317
개인 유전체 프로젝트 540
검사의 오류 708
검정교배 45
결실 200
결실 검증 155
결정 445
겸상(낫모양) 적혈구 형질 351
겸상(낫모양) 적혈구 빈혈증 359, 582
겹쳐진 유전자 319
경계 형질 605
경쇄 436
경쇄 유전자 436
고리 200
고리수 291
고리형 아데노신 1인산 403
고빈도 재조합 138
고양이 울음 증후군 200
고유전체학 666
골드버그-호그네스 324
곱셈법칙 47, 54
공동활성자 426
공조억제자 406
공조적 결합 404
공통 서열 322, 275
과오 돌연변이 368
광우병 358, 575
광의의 유전력 611
광회복 수선 381
광회복 효소 381
교잡증후군 388
교정 272, 323
교차 26, 104
교차형 106
교차형 배우자 106
교차형 염기치환 368
구성성 돌연변이 399
구성성 효소 397
구아노신 삼인산 242
구아닌 240
구제실험 49
구조유전자 397
귀무가설 56
균등 분열 27
균형자 염색체 205
극성 354
근긴장성이영양증 93, 430
근긴장증 430
근위 프로모터 요소 421
근친 59
글로빈 유전자 상과 549
글리벡 594
급성형질전환 레트로바이러스 483
기능결손 돌연변이 71, 369
기능획득 돌연변이 71
기능획득 동물 515
기본전사인자 324
기저층 481
기회 편차 56
긴 비암호화 RNA 694
긴 산재 인자 302, 390

ㄴ

나선-회전-나선 425
난 31
난세포 33
난원세포 31
난자형성 31
낭포성 섬유증 123, 584, 649
낭포성 섬유증 막관통 전도도 조절인자 584
내생 RNA 692
내성전달인자 144
네트워크 지도 563
노던 블롯 분석 504
노던 블롯팅 504
농업 생명공학 574
뉴클레오사이드 241
뉴클레오사이드 삼인산 242
뉴클레오사이드 이인산 242
뉴클레오사이드 일인산 242
뉴클레오솜 295
뉴클레오솜 중심 분자 295
뉴클레오타이드 6, 240, 241
뉴클레오타이드 반복서열 379
뉴클레오타이드 절제 수선 382
뉴클레인 233
니트로소아민 484

ㄷ

다른자리입체성 399
다면발현 86
다운증후군 191
다운증후군의 중요한 부분 192
다유전자 607
다유전자성 604
다이디옥시뉴클레오타이드 507
다이디옥시뉴클레오타이드 사슬종결 염기서열결정법 507
다이서 691, 692
다인자 378
다인자설 605
다중 604
다중리보솜 344
다중사본 유전자 299
다중유전자족 549
다중클로닝자리 492
단결정 X선 분석 249
단백질 290, 354
단백질 도메인 360
단백질 미세배열 561
단백질 접힘 358
단백질 표적화 358
단백질체 429, 556
단백질체학 10, 556
단성 165
단성잡종 교배 42
단위 백신 573
단위요소 42
단일 가닥 결합 단백질 270
단일교차 110
단일뉴클레오타이드 다형성 123, 534, 535, 583, 706
단일사본 DNA 서열 253
단일시스트론성 mRNA 323
단일인자 378
단절교배 기술 139
담배모자이크 바이러스 240
당질층 18
대립유전자 5, 20, 43, 71
대수기 135
덧셈법칙 54
도입유전자 178
독성약화 백신 573
독성파지 149
돌연변이 5, 370, 658
돌연변이 다발점 156, 371
돌연변이 유발원 375
돌연변이 유발유전자 표현형 472
돌연변이에 의한 변이 232
돌연변이율 370
동계교배 661
동계교배 계수 662
동시형질전환 146
동원체 19, 301
동원체방추사부착점 24, 301
동원체방추사부착점 미세소관 24
동일 선상 309
동종수용 tRNA 341
동종체 329
동질배수성 195
동질사배체 196
동질삼배체 195
동형배우자 165
동형배우자성 165
동형염색체배우자 370
동형염색체배우자 성 169
동형접합성 43
동형접합자 43
동화작용 360
뒤센근이영양증 93
드로샤 692
등전집중 557
디뉴클레오타이드 242
디옥시리보뉴클레아제 235
디옥시리보오스 241
딸 염색체 24

ㄹ

라이브러리 스크리닝 498
라이온 가설 176
락 오페론 397
락토스 과민증 92
락토오스 397
레버씨선천성시신경병증 222
레쉬-니한 증후군 93
레트로바이러스 240, 482
레트로바이러스 벡터 740
레트로트랜스포존 302
렌티바이러스 벡터 742
로드값 방법 122
로버트슨 전좌 206
리보뉴클레아제 235
리보솜 6, 18, 250, 337
리보솜 RNA 250
리보솜 단백질 338
리보스위치 409
리보오스 241
리보자임 328, 684
리보핵산단백질입자 699
리플리콘 266

ㅁ

마르팡 증후군 86
마이크로 RNA 251, 433
마커 유전자 731
만성 골수성 백혈병 473
말기 25
말단 200
말단동원체형 19
말단이동 29
망막모세포종 479
망막모세포종 단백질 480
매개자 425
매트릭스보조레이저 탈착 이온화 559
머리핀 2차 구조 323
메타유전체학 551
메탈로티오네인 IIA 유전자 424
메틸화 297
멘델 40
면역글로불린 359, 436
모계 양친 52
모계효과 214, 224
모노솜 338
모델생물체 10
모세관 전기영동 703
모자이크 170
무동원체 염색분체 204
무작위 일치확률 707
뮐러관 억제물질 173
미국 식품의약국 570
미만성 큰 B세포 림프종 588
미세부수체 123, 302, 703
미세섬유 18

미세소관 18
미소부수체 301, 701
미오글로빈 359, 550
미오신 359
미토콘드리아 18
미토콘드리아 DNA 705
미토콘드리아교체 224

ㅂ

바소체 175
바이오리스틱(biolistic) 방법 729
바이오파밍 570
박테리아 인공 염색체 494
박테리아 전이인자 387
박테리오파지 146
박테리오파지 T2 236
박테리오파지 람다 289
반감기 431
반보존적 복제 262
반복 DNA 299
반복 DNA 서열 253
반복 서열 545
반불임성 206
반비연속 합성 270
반수체 기능부전 190, 369
반수체 수 4, 20
반수체형 580, 638
반접합성 88
반접합체 87
발단자 60
발생 446
발암물질 385, 471
발암유전자 477
발현 벡터 495
발현 플랫폼 409
발현도 91
방추사 19
방향성 선택 657
방황변이 시험 135
배수성 189
배아줄기세포 512
배열비교 유전체 혼성화 586
배우자 16
배우자체 상태 33
배큘로바이러스 572
백색증 60
버킷 림프종 470
번역 6, 232, 337
번역틀이동 돌연변이 310, 368
번역후 변형 357
범죄자 데이터베이스 710
법률적 595
법의학 데이터베이스 710
법의학적 DNA 지문법 701
베타 글로빈 745
베타 지중해 빈혈 745
벡터 8
벤다이어그램 552
변성 251, 500
병원성 인자 688
보정 200
보존적 복제 262
보편적 309
보편전사인자 425
복대립유전자 74
복사기 단계 29
복이배체 197
복제 232
복제 오차 373
복제분기점 265
복제수 변이 535
복제원점 265
복제원점인식복합체 275
복제전 복합체 275
복제후 수선 381
복합 형질 604
봄베이 표현형 76
부계 양친 52
부모세대 42
부모형 105
부분결실 200
부분적 우성 72
부분접합체 142, 400
부수체 DNA 300
부홈 245
분광핵형 506
분단성 선택 658
분리형 petites 217
분산 608
분산 프로모터 421
분산적 복제 262
분자 모터 25
분자 질환 353
분자 혼성화 252
분자시계 665
분자유전학의 중심원리 232
분지도식 50
분지법 50
분지점 329
분해자 387
분화 445
분화된 세포 474
불변영역 436
불안정 가설 345
불연속 변이 52
불완전 72
브로모데옥시우리딘 375
블룸증후군 125
비가산적 대립유전자 606
비교유전체학 544
비교차형 배우자 105
비극성 354
비대립유전자 71
비분리 29, 170, 189
비상동 말단결합 384
비스코트-올드리치증후군 745
비암호화 RNA 684, 690
비연속 DNA 합성 270
비일치 614
비점착말단 491
비침수성 산전진단 194
비행시간 560
비활성화 백신 573

ㅅ

사본수 변이 203
사슬 신장 267, 323
사이클린 25, 475
사이클린-의존성 인산화효소 475
사일런서 324, 423
사회적 의미 프로그램 595
삭제 돌연변이 369
삼성잡종 교배 49
삽입/결실 편집 330
삽입서열 386

상과 549
상관계수 609
상동성 탐색 28
상동염색체 4, 19
상동재조합 279
상동재조합 수선 381, 384
상반된 종류 114
상보성 154, 246, 383
상보성 검정 85
상보성 그룹 85, 154
상보성 분석 154
상보적 DNA 라이브러리 497
상염색체 돌연변이 370
상위성 79
상호작용 분산 612
상호작용체 563
색맹 88
색사 17
색소성 건피증 383
생명공학 8, 569, 725
생물정보학 10, 124
생물학적 촉매 359
생식계열 형질전환 388
생식능선 172
생식세포 유전자 치료 750
생식적 격리 기작 663
생어 염기서열결정법 507
생의약학적 570
생체 공장 572
생체 외 진화 686
생체반응기 572
생화학 359
생화학적 돌연변이 369
샤르코마리투드병 540
샤인-달가노 서열 342
샤페론 358
서던 블롯 504
석기시대 유전체학 538
선도 서열 406
선도가닥 270
선별 표지 유전자 492
선종 471
선천성 688
선택격차 613
선택반응 613
선택적 분리 205
선택적 스플라이싱 180, 329, 535
선택적 육종 574
선형 대응성 318
성결정 165
성결정 부위 Y 172
성-결정 염색체 20
성분화 165
성비 174
성선모 137
성염색질 소체 175
성염색체 165
세사기 단계 28
세포 고랑 25
세포 껍질 18
세포공생설 19, 218
세포기질 18
세포벽 18
세포분열 주기 돌연변이 25
세포설 3
세포소기관 유전 214, 215
세포외기질 481
세포자살 476
세포주기 22, 474
세포질 18
세포질분열 21
세포판 25
셀레노시스테인 354
소비자 직거래 유전자 검사 596
소수성 354
소의 해면상뇌증 358
소포체 18
소형 핵 RNA 329
소형 핵 RNA 단백질 복합체 329
수량 형질 605
수소결합 247
수송 단백질 359
수용능 145
수용체 359
수용체 분자 18
수정인자 138
수직적 유전자 전달 136
수평적 유전자 전달 136
슈고신 24
스베드베리 계수 250
스크래피 358
스플라이세오좀 328
스필라이싱이상증 430
시간 지도작성 140
시그마 인자 321
시냅스 627
시냅스 간극 627
시냅시스복합체 28
시스 작용 요소 322
시스템생물학 562
시스트론 154
시작 309
시토신 240
시토크롬 c 665
신장 343, 500
신장복합체 426
신호 서열 358, 698
신호 서열 결합 단백질1 698
신호전달 475
실시간 정량 PCR 502
실현 유전력 613
쌍지배유전자 449, 450

ㅇ

아가로스 겔 254
아고노트 691
아그로박테리아 매개 형질전환법 729
아데노바이러스 벡터 741
아데노신 삼인산 242
아데노신-우라실 풍부요소 432
아데노연관바이러스 741
아데닌 240
아데닌 메틸화효소 380
아데닐 사이클라제 403
아라비노스 오페론 410
아로마테이즈 183
아미노기 354
아미노아실 아데닌산 341
아미노아실-tRNA 합성효소 340
아세틸전이효소 398
아세틸화 297
아연-집게 425
아연집게 핵산가수분해효소 747
아포지방단백질 B 330
아플라톡신 484

악성종양 470, 472
안내 RNA 330
안정 수준 431
안정화 선택 658
안젤만 증후군 94
안티센스 RNA 251
안티코돈 313
안티코돈 고리 340
알루족 302
알츠하이머병 359
알캅토뇨증 347
알킬화 물질 375
알파 나선 356
알포이드계 301
암 472
암수딴몸 165
암수한몸 165
암줄기세포 471
액틴 18, 359
앰플리콘 174
앱타머 409
약리유전체학 593, 712
양성 165
양성 간섭 120
양성 조절 397, 427
양성잡재성 생식선 172
양성잡종 교배 46
양성종양 470
양수검사 580
양수천자 194
양의 동류교배 661
양적유전 604
양적형질좌위 616
양전하성 354
양친 유전 20
어닐 491
어닐링 500
억제고리 406
억제성 397
억제자 424
억제자 분자 399
억제자 유전자 399
억제형 petites 218
얼룩무늬 염색체 125
에드워드 증후군 194
에임즈 검사 385
에피솜 144
엑손 섞기 360
엑솜 염기서열결정 591
엑솜 염기서열분석 541
여과성 물체 150
역교배 42
역위 203
역위 고리 203
역위 이형접합체 203
역위말단 반복서열 386
역유전학 10, 691
역전사 240, 278
역전사효소 240, 482, 497
역평행 245, 270
연결 DNA 295
연골무형성증 659
연관 104
연관 검사법 122
연관 비율 106
연관군 106
연속변이 51
연속적 DNA 합성 270
열린 번역틀 319
열성치사 대립유전자 76
열충격 단백질 358
염기 유사체 375
염기 절제 수선 382
염기서열지도 124
염기성 류신지퍼 425
염기치환 368
염색소립 28, 292
염색질 294
염색질 재구성 297
염색질 조립인자 277
염색체 16
염색체 돌연변이 188
염색체 밴딩기술 298
염색체 분리 24
염색체 영역 419
염색체 유전설 88
염색체 이상 188
염색체간 도메인 419
엽록체 18
영양 돌연변이 92
영양 유전체학 588
영양요구 돌연변이 369
영양요구주 92, 135
영양유전체학 538
예정 DNA 재배열 436
예정세포사 476
오브알부민 유전자 327
오카자키 절편 271
오탄당 240
오티드 33
오페론 모델 399
온도민감성 돌연변이 92 273, 369
온도-의존성 성결정 182
올리고뉴클레오타이드 242
와파린 716
완전효소 268, 321
용균 147
용균반 148
용균반 시험 147
용균회로 147, 237
용원성 149
용원성 세균 149
용원성 파지 149
용융 곡선 251
용융온도 251
용종 471, 482
우라실 241
우성 돌연변이 369
우성 분산 612
우성기능획득 돌연변이 369
우성음성 돌연변이 218, 369
우성치사 대립유전자 77
우주 복사선 377
운반 RNA 6, 250, 337
운전자 돌연변이 472
워블가설 317
원발암유전자 476
원영양체 135
원핵생물 18
원형 RNA 696
원형질막 17
원형질체 237
웨스턴 블롯팅 504
위상이성질체 291
위상이성질체화효소 291

위치효과 91, 298
유도 돌연변이 370
유도성 효소 397
유도적 427
유리기 354
유비퀴틴 358, 432
유사상염색체 부위 172
유사유전자 302, 546
유사전사활성화 효과자 핵산분해효소 747
유사형 염기치환 368
유선염 575
유전공학 569
유전력 610
유전물질 231
유전분산 611
유전성난청 79
유전암호 6
유전의 염색체설 3, 52
유전자 43
유전자 검사 등록 제도 597
유전자 기능상실 10
유전자 돌연변이 367
유전자 밀도 545
유전자 반복 201
유전자 발현 미세배열 587
유전자 변환 281
유전자 상호작용 70, 79
유전자 조절 네트워크 462
유전자 증폭 201
유전자 총 730
유전자 치료 595, 738
유전자 칩 553
유전자 편집 747
유전자 표적화 747
유전자 흐름 735
유전자군 202
유전자기능결손 511
유전자량 보정 175
유전자량 보정 복합체 180
유전자변형생물 569, 725
유전자풀 648
유전자형 43
유전자형 성결정 182
유전자형 탐색 미세배열 585
유전적 균형이론 180
유전적 등거리 665
유전적 배경 91
유전적 변이성 651
유전적 병목 660
유전적 부동 660
유전적 예상 208
유전적 예후 93
유전적 재조합 136
유전정보 비차별법 596
유전체 8, 20
유전체 10K 543
유전체 라이브러리 496
유전체 스캐닝 586
유전체 이식 577
유전체학 10, 499
유전학 4
유전형 5
유전-환경 상호작용 분산 611
유주자 165
윤리적 595
융모막 융모 검사 194
융모막 융모 채취법 580
융합 단백질 571
융합핵 122
음성 397
음성 간섭 120
음의 동류교배 661
음전하성 354
이동조절인자 388
이란성 60
이란성 쌍생아 614
이배체 수 4, 19, 52
이소프로필티오갈락토사이드 399
이수성 189
이염성 백질이영양증 745
이온화 방사선 377
이종교배 735
이중 동원체 염색분체 204
이중가닥 절단 277
이중교차 111
이중나선 절단 수선 384
이진법의 스위치유전자 461
이질배수성 195
이질사배체 197
이질세포질 215
이질염색질 91, 298
이항 정리 55
이핵체 122, 383
이형 핵 RNA 324
이형염색체배우자 성 169
이형의 염색체쌍 165
이형이중가닥 146
이형이중가닥 DNA 분자 279
이형이중체 326
이형적 형질 79
이형접합성 43
이형접합성 상실 482
이형접합자 43
이화물질 억제 403
이화물질 활성단백질 403
이화작용 360
인 18
인간 면역결핍 바이러스 483
인간 미생물군체 프로젝트 542
인간 유두종 바이러스 573
인간 유전체 프로젝트 533
인산 그룹 240
인산다이에스터 결합 242
인산화 297
인산화 단백질 473
인산화효소 25
인슐린 570
인위선택 612
인접 분리 1 205
인접 프로모터 요소 324
인트론 326, 545
인핸서 324, 422
인핸서RNA 439
인핸세오좀 426
인형성체 부위 18, 201
일란성 59
일란성 쌍생아 614
일반적 재조합 279
일주기 리듬 555
일치 614
임계 효과 73

ㅈ

자가교배 42
자가유도물질 688

자기방사법 264
자매염색분체 24
자매염색분체 교환 125
자발적 돌연변이 135, 370
자연발생설 3
자연선택 655
자연선택설 3
자외선 239, 376
자웅동주 165
자웅이주 165
자유도 57
자유라디칼 377
자율복제 서열 275
자폐증 스펙트럼 질환 591
작동자 부위 399
작용 스펙트럼 239
작은 핵 RNA 250, 684
재결합 동력학 252
재조합 104
재조합 DNA 489
재조합 DNA 기술 240, 489
재조합형 106
재조합효소 391
적록색맹 177
적응 688
적응 가설 135
적응도 656
전개시복합체 325
전기 22
전기영동 254
전기천공법 492
전달유전학 40
전령 RNA 250, 309
전령 RNA 6
전분 겔 전기영동 351
전사 6, 232, 320
전사 개시 부위 322
전사 후 변형 326
전사감쇠 408
전사개시점 421
전사공장 419
전사억제인자들 324
전사인자 49, 324, 359, 424
전사체 분석 553
전사체학 553
전사활성인자들 324
전사후 변형 339
전사후 조절 428
전성설 3
전위 144
전유전자 발현 분석 553
전유전체 샷건클로닝 496
전유전체 연관성 연구 591
전이 470
전이서열 302
전이억제 유전자 481
전이요소 62
전이인자 375, 386
전이효소 386
전자기 스펙트럼 376
전좌 205
전중기 24
전통 10
전향 유전학 10, 691
절제 수선 381
점돌연변이 368
점착말단 491
접합 26, 136
접합 전 격리 기작 663
접합 후 격리 기작 663
접합기 단계 28
접합자 21
접힌 섬유 모델 33
정규분포 608
정렬된 유전암호 317
정배수성 189
정보의 발현 232
정보의 저장 232
정보흐름 232
정세포 31
정소결정인자 173
정원세포 31
정자 31
정자 완성 31
정자미인 3
정자형성 31
정족수 인식 688
정지기 136
정충 31
제1감수분열 말기 29
제1감수분열 전기 28
제1감수분열 중기 29
제1극체 32
제1세대 42
제2감수분열 29
제2감수분열 말기 29
제2감수분열 전기 29
제2감수분열 중기 29
제2감수분열 후기 29
제2극체 33
제2세대 42
제2형 당뇨병 605
제3세대 염기서열결정법 510
제자리 혼성화 300
제초제 725
제한효소 8, 490
제한효소 인식서열 490
제한효소 인식자리 490
제한효소 절편길이 다형성 123
제한효소 절편길이 다형성 분석법 582
제한효소 지도 503
조건부 돌연변이 92, 273, 369
조건부 유전자기능결손 514
조절 돌연변이 369
종 662
종결 309
종결 돌연변이 318, 368
종결인자 323
종결자 머리핀 408
종결코돈 311, 318, 344
종결코돈 생성에 의한 분해 432
종렬반복 339
종분화 647
종성 유전 89
종양억제유전자 478
종양형성 471
좌우 암수한몸 182
좌위 20, 53
주기 500
주형결합 322
주홈 245
중간 결실 200
중간 반복서열 301
중간박막층 25
중개 의학 1, 738

중기 24
중립 돌연변이 71, 369
중립설 649
중립형 petites 217
중복 200
중부동원체형 19
중쇄 436
중심립 19
중심체 19
중증복합면역결핍증 742
중첩성 309
중합효소 전환 276
중합효소연쇄반응 500
증식 470
지놈 8
지문 분석 기술 352
지연가닥 270
지적 재산권 597
지체기 135
직렬반복서열 수변이 301, 701
직렬이중질량분석법 561
직접말단반복서열 388
진정염색질 298
진핵생물 18
진행도 269, 276
질량대 전하 비율 558
질량분석법 558
질소성 염기 240
집단 648
집중 프로모터 421
짝틀림 수선 380
짧은 간섭 RNA 251, 433
짧은 산재 인자 302, 390
짧은 직렬반복 123, 302
짧은 직렬 반복서열 703

ㅊ

차단부동원체형 19
차세대염기서열결정법 509
차중부동원체형 19
착상전 유전진단 583
창시자 효과 660
채우기 340
체세포 돌연변이 370
체세포 유전자 치료 750
체세포 잡종화 122
체세포 혼성화 383
체세포분열 4, 16
체액성 면역 436
체절극성유전자 450
체절형성유전자 449
초나선꼬임 DNA 290
초돌연변이 438
초수컷 180
최소 돌연변이 거리 665
최소배지 135
축소 분열 26
취약 X 증후군 207
취약 부위 207
측동원체 역위 203
치사 돌연변이 369
치환 편집 330
친수성 354
침강평형 원심분리 263
침묵 돌연변이 368
침투도 91

ㅋ

카복실기 354
카스파아제 476
카이제곱 검정 57
캡제거효소 432
컨스-세이어증후군 222
컴퓨터-자동화 고처리 DNA 염기서열결정법 508
케라틴 359
코돈 6, 309
코작 서열 346
코피아 388
코헤신 24
콜라겐 359
콜리신 145
콜히친 196
크로이츠펠트 야곱병 358, 359
크리스피알 688
클라인펠터증후군 170, 189
클러스터 알고리즘 554
클로닝 벡터 491
클론 8, 176
클론 확장 472
키아즈마 29

ㅌ

타원적혈구증 122
탈렌효소 747
탈아민화 374
탈퓨린 382
탈퓨린화 374
탈피리미딘 382
탐침 498
탑승자 변이 472
태사기 단계 29
태아 헤모글로빈 353
터너증후군 170, 189
테이-삭스병 62, 73, 93
테트라뉴클레오타이드 가설 233
텔로머레이즈 278
텔로머레이즈 RNA 250
텔로미어 277
통합 DNA 지표 시스템 710
투과효소 398
튜불린 18, 359
트랜스 작용 인자 322
트랜스포존 386
트리뉴클레오타이드 242
트리플-X 171
트리플렛 결합 분석 313
트리플렛 암호 309
트립토판 생합성효소 406
특수화 445
티민 240

ㅍ

파이로염기서열결정법 509
파지 146, 236
파킨슨병 359
파타우 증후군 194
퍼넷사각형 44
퍼프 292
페닐알라닌 수산화효소 348
페닐케톤뇨증 92, 348
펩타이드 결합 354
펩티딜 전이효소 343
평균 608
평균의 표준오차 609

평형투석 402
포로테아솜 358
포자 16
포자체 상태 33
폴리-A 서열 326
폴리-A 결합 단백질 432
폴리-A 꼬리 346
폴리뉴클레오타이드 242
폴리뉴클레오타이드 가인산분해효소 311
폴리솜 330, 344
폴리시스트로닉 mRNA 323
폴리펩타이드 354
표준편차 609
표피성장인자수용체 714
표현형 5, 43
표현형 분산 611
푸른색-흰색 선별 493
퓨린 240
프라이머 268, 500
프라이메이즈 270
프래더-윌리 증후군 94
프로모터 322, 421
프로모터 부위 403
프로모터 요소 421
프로바이러스 483
프로파지 149
프리온 358
프립나우 상자 322
플라스미드 144, 492
피로리신 354
피리미딘 240
피리미딘 이합체 376
피브로인 356
필드 585
필라델피아 염색체 473

ㅎ

하디-바인베르그 법칙 650
한성 유전 89
합리적 약물 설계 594
합성 생물학 578
합성 유전체 576
항원 436
항원 인식 436
항종결자 머리핀 408
항체 436
항트롬빈 572
해면상 뇌증 575
핵 18
핵내배수성 198
핵분열 21
핵산내부가수분해효소 380
핵산말단가수분해효소 380
핵심 프로모터 324, 421
핵심효소 268
핵양체 18, 290
핵외 유전 214
핵형 20
행동 625
행동 돌연변이 369
허셉틴 713
헌팅턴병 77, 93, 359, 632
헤모글로빈 359, 550
헥소스아미니데이즈 73
협동원체 역위 203
협의의 유전력 612
형광 제자리 혼성화 252, 506
형제자매 59
형질 42
형질도입 149
형질전환 8, 145, 234, 492
형질전환 동물 240, 515, 572
형질전환 생쥐 173
형질주입 238
호르몬 359
호메오 변이 452
호메오 선택유전자 449
호메오도메인 452
호메오박스 452
호변체 373
호변체 변이 373
혼성화 498, 500
혼합감염실험 152
혼합포르피린증 86
홀리데이 구조 280
확률값 57
환경분산 611
환경유전체학 551
활성 산화제 374
활성 자리 359
활성산소종 221
활성자 387, 424
활성화 에너지 359
활주 DNA 클램프 268
활주 클램프 장전자 268
황금쌀 727
회문 491
회문구조 173
획득 688
효모 인공 염색체 494
효소 7, 359
후기 24
후성변이 677
후성설 3, 79
후성유전체 674
후성유전학 94, 177, 298, 474, 615, 674
후성유전학적 형질 674
흡광증가 이동 251
흡수 스펙트럼 239
히스톤 294, 359
히스톤 꼬리 297
히스톤 메틸기전달효소 693
히스톤 아세틸기 전달효소 420
히스톤 암호 676
히스톤 탈아세틸화 효소 420

기타

1가염색체 27
1염색체성 189
1유전자:1단백질 가설 351
1유전자:1폴리펩타이드 가설 351
1유전자:1효소 가설 348
1차 165
1차 구조 355
1차 난모세포 31
1차 성비 174
1차 정모세포 31
14/21, D/G 전좌 206
2가 26
2-디옥시리보오스 241
2분염색체 26
2-아미노 퓨린 375
2차 구조 355
2차 난모세포 33
2차 성분화 165

2차 성비 174
2차 정모세포 31
2차원 겔 전기영동 557
21번 3염색체성 191
3뉴클레오타이드 반복 208
3염색체성 190
3차 구조 356
4분염색체 26
4차 구조 357
5 위치 420
5-메틸시토신 297
5-브로모우라실 375
5-아자시티딘 421
7-메틸구아노신 326
α 사슬 353
α1-항트립신 572
β 사슬 353
β-갈락토시데이즈 397
β-글로빈 551
β-병풍 구조 356
δ 사슬 353
*X*174 박테리오파지 289
ABO식 혈액형 그룹 74
AP 핵산내부가수분해효소 382
Bt 작물 726
B림프구 436
B세포 436
B형 간염 바이러스 573
C 엑손 437
C-밴딩 298
C-3′ 말단 242
C-5′ 말단 242
CAAT 상자 422
CEN 부위 301
cis-작용 서열 421
cis-작용 자리 397
Col 플라스미드 145
CpG 섬 297, 420
crRNA 생성과정 688
DMPK 유전자 430
DNA 감식법 701
DNA 글리코실화효소 382
DNA 기능결손 기법 273
DNA 기반 백신 573
DNA 라이브러리 496
DNA 마커 123
DNA 메틸화 94, 380, 420
DNA 미세배열 585
DNA 미세배열 분석 252, 553
DNA 법의학 701
DNA 분해효소 민감 427
DNA 블롯팅 과정 252
DNA 연결효소 271, 491
DNA 요소 백과사전 프로젝트 438, 541
DNA 위상이성질체화효소 270
DNA 유형분석 701
DNA 자이레이즈 270
DNA 중합효소 I 266
DNA 중합효소 III 380
DNA 지문법 302
DNA 클로닝 벡터 490
DNA 합성 383
DNA 헬리케이즈 125, 270
DNA 회복 380
DNA-결합 도메인 425
Dscam 유전자 429
E 지점 343
E-cadherin 당단백질 481
ELSI 프로그램 534
F 선모 137
F^- 세포 137
F 인자 138
F^+ 세포 137
G0기 22, 475
G1/S 검문지점 25
G1기 22, 474
G2/M 검문지점 26
G2기 22
G-4중체 277
GAL 유전자 시스템 427
GC 상자 422
GTP-의존성 방출인자 344
G-밴드 298
H 기질 74
HER-2 유전자 713
Inr 요소 422
IS 요소 386
Kras 유전자 472
L1족 302
Luria-Delbrück 방황변이 실험 372
M 검문지점 26, 475
MADS-박스 단백질 456
metalloproteinases 조직억제제 481
miRNA 전구체 692
MN식 혈액형 73
M기 474
Notch 신호전달 경로 457
N-포밀메티오닌 317, 342
P 인자 388
p 팔 19
p53 단백질 432
p53 유전자 478
para 유전자 429
q 팔 19
QTL 지도작성 집단 616
R 인자 387
R 플라스미드 144
ras 유전자군 478
RecA 단백질 144
RecBCD 단백질 144
Rh 항원 122
RNA 간섭 432, 691, 748
RNA 결합 단백질 698
RNA 동형중합체 312
RNA 복제효소 240
RNA 세계 가설 686
RNA 스플라이싱 180
RNA 유도 유전자 침묵 432, 690
RNA 유도 전사 억제 693
RNA 유도 전사 침묵 복합체 433
RNA 유도 침묵 복합체 433, 748
RNA 의존성 RNA 중합효소 693
RNA 이형중합체 312
RNA 중합효소 321
RNA 중합효소 II 324
RNA 편집 330, 429
RNA 프라이머 250
RNA-결합 단백질 698
RNA-유도 침묵 복합체 691
r-결정자 144
SOS 수선 시스템 381
S기 22, 474
TATA 상자 324, 422
Ti 플라스미드 495, 730
trans 작용 요소 397

trans-억제 도메인 425
trans-작용 인자 421
trans-활성 425
tRNA의 클로버잎 모델 339
t-고리 277
X-불활성화 센터 178
X선 377
X-연관 70, 87
X-연관 돌연변이 370
X-염색체 불활성화 특이 전사물 178
Y 염색체 168
Y-연관 370
Y-연관 돌연변이 370
Y의 남성 특이적 부위 172
ZNF9 유전자 430

영문 찾아보기

A

AAV 741
ABO blood group 74
absorption spectrum 239
acentric chromatid 204
Ac 387
acetylation 297
achondroplasia 659
acquisition 688
acrocentric 19
actin 18, 359
action spectrum 239
activator 424
active site 359
acute transforming retroviruses 483
adaptation hypothesis 135
adaptive 688
additive allele 606
additive variance 612
adenine 240
adenine methylase 380
adeno-associated virus 741
adenoma 471
adenomatous polyposis coli 471
adenosine triphosphate 242
adenosine-uracil rich elment 432
adenovirus vector 741
adenyl cyclease 403
adjacent segregation-1 205
A-DNA 249
ADRs 714
adverse drug reactions 714
aflatoxin 484
agarose gel 254
agricultural biotechnology 574
albinism 60
alkaptonuria 347
alkylating agents 375
allele 5, 20, 43, 71
allopolyploidy 195
allosteric 399
allotetraploidy 197
alphoid family 301
alternative segreagation 205
alternative splicing 180, 329, 535
Alu family 302
Alzheimer disease 359
Ames test 385
amino group 354
aminoacyl tRNA synthetase 340
aminoacyladenylic acid 341
amniocentesis 194
amni-ocentesis 580
amphidiploid 197
AmpliChip CYP450 715
amplicon 174
anabolism 360
anaphase 24
anaphase II 29
aneuploidy 189
Angelman syndrome 94
anneal 491
annealing 500
antibody 436
anticodon 313
anticodon loop 340
antigen 436
antigen recognition 436
antiparallel 270
antisense RNA 251
antiterminator hairpin 408
antithrombin 572
antitrypsin 572
AP endonuclease 382
apo B 330
apolipoprotein B 330
apoptosis 476
aptamer 409
apurinic 382
apyrimidinic 382
arabinose operon 410
ARE 432
Argonaute 691
aromatase 183
array comparative genomic hybridization 586
ARSs 275
artificial selection 612
ASD 591
ATP 242
attenuated vaccine 573
attenuation 408
autism spectrum disorder 591
autoinducer 688
autonomously replicating sequences 275
autopolyploidy 195
autoradiography 264
autosomal mutations 370
autotetraploids 196
autotriploids 195
auxotroph 135
auxotroph 92

B

B cell 436
B lymphocytes 436
BACs 494
bacterial artificial chromosomes 494
bacteriophage T2 236
bacteriophages 146
baculovirus 572
balancer chromosome 205
Barr body 175
basal lamina 481
base analogs 375
base excision repair 382
base substitution 368

basic leucine zipper 425
B-DNA 249
behavior 625
behavioral mutations 369
benign tumor 470
bilateral gynandromorphy 182
binary switch genes 461
binomial theorem 55
biochemical mutations 369
biochemistry 359
biofactory 572
bioinformatics 10, 124
biological catalysis 359
biopharmaceutical 570
biopharming 570
bioreactor 572
biotechnology 8, 569, 725
biparental inheritance 20
bipotential gonad 172
bisexual 165
bivalent 26
Bloom syndrome 125
blue-white selection 493
blunt-end 491
Bombay phenotype 76
bovine spongiform encephalitis 575
bovine spongiform encephalopathy 358
branch diagram 50
branch migration 279
branch point 329
BRCA2 281
BrdU 375
BRE 422
broad-sense heritability 611
bromodeoxyuridine 375
Bt crops 726
Burkitt lymphoma 470
bZIP 425

C

C-3′ end 242
C-5′ end 242
CAAT box 422
CAFs 277
cAMP 403
cancer stem cell 471
CAP 403
capillary electrophoresis 703
carboxyl group 354
carcinogen 385, 471
carcinoma 472
caspases 476
catabolism 360
catabolite repression 403
catabolite-activating protein 403
C-banding 298
CDK 475
C-DNA 249
Celera Genomics 534
cell coat 18
cell cycle 22, 474
cell furrow 25
cell plate 25
cell theory 3
cell wall 18
CEN region 301
central dogma of molecular genetics 232
centriole 19
centromere 19, 301
centrosome 19
CF 584
CFTR 584
CGH 587
chain elongation 267, 323
chance deviation 56
chaperone 358
Charcot-Marie-Tooth disease 540
charging 340
chiasma 29
chiasmata 29
chi-square analysis 57
chloroplast 18
chorionic villus sampling 194, 580
chromatin 17, 294
chromatin assembly factors 277
chromatin remodeling 297
chromomere 28, 292
chromosomal theory of inheritance 52
chromosome 16
chromosome aberration 188
chromosome mutations 188
chromosome territory 419
chromosome theory of inheritance 3, 88
chromosome-banding techniques 298
chronic myelogenous leukemia 473
circadian rhythm 555
circRNA 696
circular RNA 696
cis-acting elements 322
cis-acting sequence 421
cis-acting site 397
cisgenic 725
cistron 154
classical 10
clonal expansion 472
clone 8, 176
cloning vector 491
cloverleaf model of tRNA 339
cluster algorithm 554
CML 473
CMT 540
CNVs 203, 535
coactivator 426
codon 6, 309
coefficient of inbreeding 662
cohesin 24
cohesive end 491
Col plasmid 145
colchinine 196
colicin 145
colinear 309
colinearity 318
collagen 359
color blindness 88
Combined DNA Index System 710
commaless 309
comparative genomics 544
compensation 200
competence 145
complementarity 246
complementary DNA library 497
complementation 154, 383
complementation analysis 85
complementation assay 154
complementation group 85, 154

complex traits 604
computer-automated high-throughput DNA sequencing 508
concordant 614
conditional knockout 514
conditional mutaitons 92, 273, 369
conjugation 136
consanguineous 59
consensus sequence 275, 322
conservative replication 262
constant region 436
constitutive enzyme 397
constitutive mutation 399
continuous DNA synthesis 270
continuous variation 51
convicted offender database 710
cooperative binding 404
copia 388
copy number variants 203
copy number variations 535
core enzyme 268
core promoter 324, 421
corepressor 406
correlation coefficient 609
cosmic rays 377
cotransformation 146
CpG island 297, 420
Creutzfeldt-Jakob disease 358, 359
cri du chat syndrome 200
CRISPR 688
cross over 104
crossing over 26
crossover 106
crRNA biogenesis 688
cryo-electron microscopy 345
CVS 194
cycle 500
cyclic adenosine monophosphate 403
cyclin 25, 475
cyclin-dependent kinase 475
cystic fibrosis 123, 584, 649
cystic fibrosis transmembrane conductance regulator 584
cytochrome c 665
cytokinesis 21
cytoplasm 18
cytosine 240
cytosol 18

D

daughter chromosome 24
DCC 180
D-DNA 249
deamination 374
decapping enzymes 432
deficiency 200
degenerate 309
degree of freedom 57
deletion 200
deletion testing 155
denaturation 251, 500
deoxyribonuclease 235
deoxyribose 241
depurination 374
determination 445
development 446
dicentric chromatid 204
Dicer 433, 691, 692
dideoxynucleotide chain-termination sequencing 507
differentiated cell 474
differentiation 445
diffuse large B-cell lymphoma 588
dihybrid cross 46
dinucleotide 242
dioecious 165
diploid number 4, 19, 52
diplotene stage 29
direct terminal repeat 388
directional selection 657
direct-to-consumer(DTC) genetic tests 596
discontinuous DNA synthesis 270
discontinuous variation 52
discordant 614
disjunction 24
dispersed promoters 421
dispersive replication 262
disruptive selection 658
dizygotic 60
dizygotic 614
DLBCL 588
DM1 93
DMD 93
DNA 8
DNA blotting procedure 252
DNA cloning vector 490
DNA fingerprinting 302
DNA forensic 701
DNA glycosylase 382
DNA gyrase 270
DNA helicase 125, 270
DNA knockout technology 273
DNA library 496
DNA ligase 271, 491
DNA maker 123
DNA methylation 94, 420
DNA microarray 585
DNA microarray analysis 252, 553
DNA Pol I 268
DNA Pol II 268
DNA Pol III 268
DNA Pol IV 268
DNA polymerase I 266
DNA profiling 701
DNA repair 380
DNA topoisomerase 270
DNA typing 701
DnaA 269
DNA-based vaccines 573
DNA-binding domain 425
DNase 235
DNase hypersensitive 427
dominance variance 612
dominant gain-of-function mutation 369
dominant lethal allele 77
dominant mutation 369
dominant negative mutation 218, 369
dosage compensation 175
dosage compensation complex 180
double crossover 111
doublesex 431
double-strand break repair 384
double-stranded breaks 277
Down syndrome 191

down syndrome critical region 192
DPE 422
driver mutation 472
Drosha 692
Ds 387
DSB repair 384
DSBs 277
DSCR 192
DTR 388
Duchenne muscular dystrophy 93
duplication 200
dyad 26

E

E(exit) site 343
E-cadherin glycoprotein 481
E-DNA 249
EGFRs 714
electromagnetic spectrum 376
electrophoresis 254
electroporation 492
elliptocytosis 122
elongation 343
elongation complexes 426
embryonic stem cells 512
Encyclopedia of DNA Elements Project 541
endogenous RNA 692
endonuclease 380
endoplasmic reticulum 18
endopolyploidy 198
endo-siRNA 692
endosymbiont hypothesis 19
endosymbiotic theory 218
energy of activation 359
enhancement gene therapy 750
enhanceosome 426
enhancer 324, 422
enhancer RNA 439
environmental genomics 551
environmental variance 611
enviroPig 576
enzyme 7, 359
epidermal growth factor receptors 714
epigenesis 3, 79
epigenetic trait 674
epigenetics 94, 178, 298, 474, 615, 674
epigenome 674
epimutation 677
episome 144
epistasis 79
equational division 27
equilibrium dialysis 402
Erbitux® 714
ES cell 513
euchromatin 298
eukaryotic organisms 18
euploidy 189
excision repair 381
exome sequencing 541, 591
exon shuffling 360
exonuclease 380
expression of information 232
expression platform 409
expression QTLs 618
expression vector 495
expressivity 91
Extension 500
extracellular matrix 481
extranuclear inheritance 214
extremely rough 236

F

F^- cell 137
F factor 138
F pilus 137
F^+ cell 137
familial adenomatous polyposis 482
familial Down syndrome 206
familial hypercholesterolemia 61
FAP 482
fertility factor 138
fetal hemoglobin 353
fibroin 356
field 585
filterable agent 150
fingerprinting technique 352
first filial generation 42
first polar body 32
FISH 252, 506
fitness 656
fluctuation test 135
fluorescent *in situ* hybridization 252, 506
fmet 317
f-met 342
focused promoters 421
folded-fiber model 33
forensic database 710
forensic DNA fingerprinting 701
forked-line method 50
forward genetics 10, 691
founder effect 660
fragile site 207
fragile X syndrome 207
frameshift mutation 310, 368
free radicals 377
fusion protein 571
FXS 207

G

G0 stage 22
G1 cyclins 197
G1 phase 474
G1/S 475
G1/S checkpoint 25
G2 474
G2/M 475
G2/M checkpoint 26
gain-of-function mutation 71
GAL gene system 427
Gal3p 427
Gal4p 427
Gal80p 427
galactosemia 92
gamete 16
gametophyte stage 33
gamma rays 377
gap 449
gap I 22
gap II 22
Gardasil 573
G-bands 298
gene 43
gene amplification 201
gene chips 553

gene conversion 281
gene density 545
gene editing 747
gene families 202
gene flow 735
gene gun 730
gene interaction 70, 79
gene knockout 10, 511
gene mutations 367
gene pool 648
gene redundancy 201
gene targeting 747
gene therapy 595, 738
gene-expression microarray 587
general recombination 279
general transcription factor 324, 425
gene-regulatory networks 462
genetic anticipation 93, 208
genetic background 91
genetic bottleneck 660
genetic code 6
genetic drift 660
genetic engineering 569
genetic equidistance 665
Genetic Information Nondiscrimination Act 596
genetic material 231
genetic recombination 136
Genetic Testing Registry 597
genetic variability 651
genetically modified organism 569, 725
genetics 4
genic balance theory 180
genome 8, 20
Genome 10K 543
genome scanning 586
genome transplantation 577
genome-wide association studies 591
genomic imprinting 93
genomic library 496
genomics 10, 499
genotype 5, 43
genotype-by-environment interaction variance 611
genotypic sex determination 182
genotypic variance 611
genotyping microarray 585
germ-line therapy 750
germ-line transformation 388
Gleevec 594
global analysis of gene expression 553
globin gene superfamily 549
GloFish 576
glycocalyx 18
glyphosate 725
GMO 569, 725
Goldberg-Hogness 324
Golden Rice 727
gonadal ridges 172
gonochoric 165
G-quartets 277
gRNA 330
GRNs 462
GSD 182
GTFs 324
GTP 242
GTP-dependent release factor 344
guanine 240
guanosine triphosphate 242
guide RNA 330
GWAS 591

H

H substance 74
hairpin secondary structure 323
half-life 431
haploid number 4, 20
haploinsufficiency 190, 369
haplotype 580, 638
Hardy-Weinberg law 650
harlequin chromosome 125
HATs 420
HbA 351, 353
HbA_2 353
HbF 353
HbS 351
HDACs 420
heat-shcok proteins 358
heavy chains 436
helix-turn-helix 425
hemizygosity 87
hemizygous 88
hemoglobin 359, 550
hepatitis B virus 573
Herceptin 713
hereditary deafness 79
heritability 610
hermaphroditic 165
heterochromatin 91, 298
heteroduple 146
heteroduplex 326
heterogametic sex 169
heterogeneous trait 79
heterogenous nuclear RNA 324
heterokaryon 122, 383
heteromorphic chromosome 165
heteroplasmy 215
heterozygote 43
heterozygous 43
hetroduplex DNA molecules 279
Hex-A 62
hexosaminidase A 62
hexoseaminidase 73
Hfr 138
HGP 533
high-frequency recombination 138
histone 294, 359
histone acetyltransferase enzymes 420
histone code 676
histone deacetylases 420
histone methyltransferase 693
histone tails 297
Histon-like Nucleoid Structuring 290
HMP 542
HMT 693
hMTIIA 424
hnRNA 324
H-NS 290
Holliday structure 280
holoenzyme 268, 321
homeobox 452
homeodomain 452
homeotic mutant 452
homeotic selector genes 449
homogametic 370

homogametic sex 169
homologous chromosome 4, 19
homologous recombination 279
homologous recombination repair 384
homologous recombinational repair 381
homology search 28
homopolymer 312
homozygote 43
homozygous 43
homunculus 3
horizontal gene transfer 136
hormon 359
hot spots 156
HPV 573
HTH 425
HTLV-1 483
HU 290
Human Genome Project 533
human immunodeficiency virus 483
human papillomavirus 573
human T-cell leukemia virus 483
humoral immunity 436
Huntington disease 77, 93, 359, 632
hybrid dysgenesis 388
hybridization 498, 500
hydrogen bond 247
hyperchromatic shift 251
hypermutation 438

I

IFs 342
imcomplete 72
immunoglobulin 359, 436
imprinting 177
in situ hybridizatio 300
inactivated vaccine 573
inbreeding 661
indel 547
induced mutation 370
inducible 427
inducible enzyme 397
inercalary 200
infectious heredity 214
information flow 232
initiate 309
initiation 323
initiation factors 342
initiator codon 317
innate 688
Inr element 422
insertion sequence elements 386
insertion/deletion editing 330
insulin 570
interactive variance 612
interactome 563
interchromosomal domain 419
interference 689
intergenic 152
interphase 22, 474
interrupted mating technique 139
intersex 165, 180
intervening sequences 326
intron 326, 545
inversion 203
inversion heterozygote 203
inversion loop 203
inverted terminal repeats 386
ionizing radiation 377
IPTG 399
isoaccepting tRNA 341
isoelectric focusing 557
isoform 329
isogametes 165
isogamous 165
isopropylthiogalactoside 399
ITR 386

K

karyokinesis 21
karyotype 20
Kearns-Sayre syndrome 222
keratin 359
kinase 25
kinetochore 24, 301
kinetochore microtubule 24
Klinefelter syndrome 170, 189
knock-in 515
Kozak sequence 346
KSS 222

L

L1 family 302
lac operon 397
lactose 397
lactose intolerance 93
lag phase 135
lagging strand 270
leader 437
leader sequence 406
leading strand 270
Leber's hereditary optic neuropathy 222
lentivirus vectors 742
leptotene stage 28
Lesch-Nyhan syndrome 93
lethal mutation 369
LHON 222
library screening 498
light chains 436
light-chain gene 436
LINEs 302, 390
linkage 104
linkage group 106
linkage ratio 106
linker DNA 295
linking number 291
lncRNA 694
loci 53
locus 20, 53
lod score method 122
logarithmic(log) phase 135
long interspersed element 302, 390
long noncoding RNA 694
loop 200
loss of heterozygosity 482
loss-of-function mutation 71, 369
Luria-Delbrück fluctuation test 372
Lyon hypothesis 176
lysis 147
lysogenic bacteria 149
lysogeny 149
lytic cycle 147, 237

M

M checkpoint 26, 475
M phase 474

mad cow disease 358, 575
major groove 245
MALDI 559
male-specific region of the Y 172
malignant tumor 470
Marfan syndrome 86
marker gene 731
mass spectrometry 558
mass-to-charge ratio 558
mastitis 575
maternal effect 214, 224
maternal parent 52
Materni21 581
MCEs 388
Mdm2 432, 478
mean 608
Mediator 425
meiosis 4, 16
meiosis II 29
melting profile 251
melting temperature 251
meristic trait 605
merozygote 142, 400
MERRF 221
messenger RNA 250, 309
metacentric 19
metachromatic leukodystrophy 745
metagenomics 551
metalloproteinases 481
metallothionein IIA gene 424
metamale 180
metaphase 24
metaphase I 29
metaphase II 29
metastases 470
metastasis 470
metastasis-suppressor gene 481
methylation 297, 380
microfilament 18
microRNA 251, 433
microsatellite 123, 302, 703
microtubule 18
middle 301
middle lamella 25
minimal medium 135
minimal mutational distance 665
minisatellites 301, 701
minor groove 245
miRN 251, 691
miRNAs 433
MIS 173
mismatch repair 380
missense mutation 368
mitochondria 18
mitochondrial DNA 705
mitochondrial swapping 224
mitosis 4, 16
mixed infection experiments 152
MLD 745
MN blood group 73
mobile controlling elements 388
model organism 10
moderately repetitive DNA 301
molecular disease 353
molecular hybridization 252
molecular motor 25
monad 27
monocistronic mRNA 323
monoecious 165
monogenic 378
monohybrid cross 42
monosome 338
monosomy 189
monozygotic 59, 614
mosaic 170
mRNA 250, 309
MS 558
MS2 318
MSY 172
mtDNA 705
MTE 422
Müllerian inhibiting substance 173
multifactorial 604
multigene family 549
multiple allele 74
multiple cloning site 492
multiple-copy gene 299
multiple-factor or multiple-gene hypothesis 605
mutagen 375
mutation 5, 658
mutation hot spots 371
mutation rate 370
mutator phenotype 472
myoclonic epilepsy and ragged-red fiber disease 221
myoglobin 359, 550
myosin 359
myotonia 430
myotonic dystrophy 93, 430

N

narrow-sence heritability 612
natural selection 3, 655
ncRNAs 684
NDP 242
necleotide excision repair 382
negative 397
negative assortive mating 661
negative interference 120
NER 382
network map 563
neutral mutation 71, 369
neutral theory 649
next-generation sequencing technologies 509
N-formylmethionine 317, 342
NIPGD 194
nitrogenous base 240
nitrosamine 484
NMP 242
nonadditive allele 606
noncoding RNAs 684
noncrossover gametes 105
nondisjuctin 189
nondisjunction 29, 170
nonhomologous end joining 384
noninvasive prenatal genetic diagnosis 194
nonoverlapping 309
nonsense codons 311, 344
nonsense mutation 318, 368
nonsense-mediated decay 432
NOR 18, 201
normal distribution 608

Northern blot analysis 504
Northern blotting 504
Notch signaling pathway 457
NTP 242
nuclear organizer region 201
nuclein 233
nucleoid 18, 290
nucleolus 18
nucleolus organizer region 18
nucleoside 241
nucleoside diphosphat 242
nucleoside monophosphate 242
nucleoside triphosphate 242
nucleosome 295
nucleosome core particle 295
nucleotide 6, 240, 241
nucleus 18
null allele 71
null hypothesis 56
null mutation 369
nutrigenomics 538, 588
nutritional mutation 92, 369

O

Okazaki fragment 271
oligonucleotide 242
oncogene 477
Oncotype DX® 714
one-gene:one-enzyme hypothesis 348
one-gene:onepolypeptide chain hypothesi 351
one-gene:one-protein hypothesis 351
oogenesis 31
oogonium 31
ootid 33
open reading frame 319
operator region 399
operon model 399
ORC 275
ordered genetic code 317
ORF 319
organelle heredity 214, 215
origin of replication 265
origin recognition complex 275
outcrossing 735
ova 31
ovalbumin gene 327
overlapping genes 319
ovum 31

P

p arm 19
P elements 388
p53 gene 478
p53 protein 432
pachytene stage 29
pair-rule 449
pair-rule genes 450
paleogenomics 667
palindrome 491
palindromes 173
paracentric inversion 203
parental 105
parental generation 42
parental imprinting 93
parental parent 52
Parkinson disease 359
passenger mutation 472
PCR 500, 502
P-DNA 249
pedigree 59
penetrance 91
pentose sugar 240
peptide bond 354
peptidyl transferase 343
pericentric inversion 203
permease 398
Personal Genome Project 540
PGD 583
PGP 540
Ph antigen 122
phage 146, 236
pharmacogenomics 593, 712
phenotype 5
phenotypic variance 611
phenylalanine hydroxylase 348
phenylketonuria 92, 348
pheynotype 43
Philadelphia chromosome 473
phosphate group 240
phosphodiester bond 242
phosphomannose isomerase 731
phosphorylation 297
photoreactivation enzyme 381
photoreactivation repair 381
PIC 425
piRNA 691
PKU 348
plaque 148
plaque assay 147
plasma membrane 17
plasmid 144, 492
pleiotropy 86
PMI 731
point mutation 368
Pol α 276
poly-A tail 346
poly-A binding protein 432
poly-A sequence 326
polycistronic mRNA 323
polygenes 607
polygenic 378, 604
polymerase chain reaction 500
polymerase switching 276
polynucleotide 242
polynucleotide phosphorylase 311
polyp 471
polypeptide 354
polyploidy 189
polyps 482
polyribosome 330, 344
polysomes 344
population 648
position effect 91, 298
positive assortive mating 661
positive control 397, 427
positive interference 120
postreplication repair 381
posttranscriptional modification 326, 339
posttranscriptional regulation 428
posttranslational modification 357
postzygotic isolating mechanism 663
Prader-Willi syndrome 94
pRB 480
PRE 381

preformation 3
preimplantation genetic diagnosis 583
preinitiation complex 325, 425
pre-miRNAs 692
pre-mRNA 324
pre-RC 275
prereplication complex 275
prezygotic isolating mechanism 663
Pribnow box 322
primary miRNAs 692
primary oocyte 31
primary sex ratio 174
primary sexual differentiation 165
primary spermatocyte 31
primary structure 355
primase 270
primer 268, 500
pri-miRNAs 692
prion 358
probability value 57
proband 60
probe 498
processivity 269, 276
product law 47, 54
product rule 708
profile probability 707
programmed cell death 476
programmed DNA rearrangements 436
prokaryotic organism 18
proliferation 470
prometaphase 24
promoter 322, 421
promoter elements 421
promotor region 403
proofreading 272, 323
prophage 22, 149
prophase I 28
prophase II 29
prophyria variegata 86
prosecutor's fallacy 708
proteasome 358
protein 354
protein domain 360
protein folding 358
protein kinase 473
protein microarrays 561
Protein Structure Initiative 557
protein targeting 358
proteome 429, 556
proteomics 10
protooncogene 476
protoplast 237
prototrop 135
provirus 483
proximal promoter elements 324, 421
prteomics 556
pseudoautosomal region 172
pseudogenes 302, 546
PSI 557
puff 292
Punnett square 44
purine 240
PWS 94
Pyl 354
pyrimidine 240
pyrimidine dimer 376
pyrosequencing 509
pyrrolysine 354

Q

q arm 19
qPCR 502
QTL 616
QTL mapping population 616
quantitative inheritance 604
quantitative real-time PCR 502
quantitative trait locus 616
quaternry structure 357
quorum sensing 688

R

R factor 387
R plasmi 144
Rad51 281
radical group 354
radom match probability 707
ras gene family 478
rational drug design 594
RBP 698
r-determinant 144
rDNA 201, 339
reactive oxidant 374
reactive oxygen species 221
realized heritability 613
reassociation kinetics 252
Rec D 281
RecA 281
RecA protein 144
RecB 281
RecC 281
receprtor 359
receptor molecule 18
recessive lethal allele 76
reciprocal class 114
reciprocal crosses 42
recognition sequence 490
recombinant 106
recombinant DNA 8, 489
recombinant DNA technology 240, 489
recombinase 391
recombination 104
red-green color blindness 177
reductional division 26
regulatory mutations 369
repetitive DNA 299
repetitive DNA sequences 253
repetitive sequences 545
replication 232
replication fork 265
replication slippage 373
replicon 266
repressible 397
repression loop 406
repressor 424
repressor gene 399
reproductive isolating mechanism 663
rescue experiment 49
resistance transfer factor 144
restriction enzyme 8, 490
restriction fragment length polymorphism 123
restriction fragment length polymorphism analysis 582
restriction map 503
restriction site 490

retinoblastoma 479
retinoblastoma 1 479
retrotransposon 302
retroviral vector 740
retrovirus 240, 482
reverse genetics 10, 691
reverse transcriptase 240, 482, 497
reverse transcription 240, 278
reverse transcription PCR 502
RFLP 123
rho 323
ribonecleoprotein(RNP) particles 699
ribonuclease 235
ribose 241
ribosomal RNA 250
ribosome 6, 18, 250, 337
ribosomal protein 338
riboswitches 409
ribozyme 328, 684
RISC 433, 691, 748
RITS 433, 693
RNA editing 330, 429
RNA heteropolymers 312
RNA interference 432, 691, 748
RNA polymerase 321
RNA polymerase II 324
RNA primer 250
RNA replicase 240
RNA splicing 180
RNA World Hypothesis 686
RNA-binding protein 698
RNA-directed RNA polymerase 693
RNAi 432, 748
RNA-induced gene silencing 432, 690
RNA-induced silencing complex 433, 691
RNA-induced transcriptional silencing 693
RNA-inducing silencing complex 748
RNAP II 324
RNase 235
Robertsonian translocation 206
ROS 221
rRNA 250
RTF 144
RT-PCR 502

S

S phase 22, 474
Sanger sequencing 507
satellite DNA 300
SCID 742
scrapie 358
SDS-PAGE 557
Sec 354
second filial generation 42
second polar body 33
secondary oocyte 33
secondary sex ratio 174
secondary sexual differentiation 165
secondary spermatocyte 31
secondury structure 355
sedimentation equilibrium centrifugation 263
segment polarity 449
segment polarity genes 450
segmental deletion 200
segmentation genes 449
selectable marker gene 492
selection differential 613
selective breeding 574
selenocysteine 354
seletion response 613
selfing 42
semiconservative replication 262
semidiscontinous synthesis 270
semisterility 206
sequence map 124
severe combined immunodeficiency 742
sex chromatin body 175
sex chromosome 165
sex determination 165
Sex lethal 430
sex pilus 137
sex ratio 174
sex-determining chromosome 20
sex-determining region Y 172
sex-influenced inheritance 89
sex-limited inheritance 89
Shine-Dalgarno sequence 342
short interfering RNA 251
short interspersed elements 302, 390
short tandem repeat 123, 302, 703
shugoshin 24
siblings 59
sibship line 59
sickle-cell anemia 351, 359, 582
sickle-cell trait 351
sigma factor 321
signal sequence 358
signal transduction 475
silencer 324, 423
silent mutation 368
SINEs 302, 390
single crossover 110
single-crystal X-ray analysis 249
single-nucleotide polymorphism 123, 534, 583, 535, 706
single-strand displacement 144
single-stranded binding proteins 270
siRNA 251, 691, 748
sister chromatid 24
sister chromatid exchanges 125
sliding clamp loader 268
sliding DNA clamp 268
small interfering RNA 748, 433
small noncoding RNA 690, 687
small nuclear ribonucleoprotei 329
small nuclear RNA 251, 329, 684
SNP 534, 583
snRNA 251, 329, 684
snRNPs 329, 684
snurps 329
somatic cell hybridization 122, 383
somatic gene therapy 750
somatic mutations 370
SOS repair system 381
Southern blot 504
spacer DNA 339
speciation 647
species 662
specification 445
spectral karyotype 506
sperm 31
spermatid 31
spermatogenesis 31
spermatogonium 31

spermatozoa 31
spermiogenesis 31
spheroplast 237
spindle fiber 19
spliceopathies 430
spliceosome 328
spontaneous generation 3
spontaneous mutation 135, 370
spore 16
sporophyte stage 33
SRY 172
SSBs 270
stabilizing selection 658
standard deviation 609
standard error of the mean 609
starch gel electrophoresis 351
stationary phase 136
steady-state level 431
stone-age genomics 538
stop codons 344
storage of information 232
STRs 302, 703
structural gene 397
submetacentric 19
substitution editing 330
subunit vaccine 573
supercoil 291
supercoiled DNA 290
supercoiling 270
superfamily 549
Svedberg coefficient 250
SWI/SNF 420
synapse 627
synapse cleft 627
synapsis 26
synaptonemal complex 28
synkaryon 122
synteny testing 122
synthetic biology 578
synthetic genome 576
systems biology 562

T

TAFs 425
TALENs 747
tandem mass spectrometry 561
tandem repeats 339
TATA box 324, 422
tautomeric shifts 373
tautomers 373
Tay-Sachs disease 62, 73, 93
TBP 425
TDF 173
telocentric 19
telomerace 278
telomerase RNA 250
telomerse 277
telophase 25
telophase I 29
telophase II 29
temperate phages 149
temperature-dependent sex determination 182
temperature-sensitive mutation 92, 273, 369
template binding 322
terminal 200
terminalization 29
terminate 309
termination codon 318, 344
termination factor 323
terminator hairpin 408
tertiary structure 356
testcross 45
testis determining factor 173
tetrad 26
tetranucleotide hypothesis 233
TFIIA 325, 425, 325
TFIIB 425
TFIID 325, 425
TFIIE 425
TFIIF 425
TFIIH 425
TGS 510
The Human Microbiome Project 542
Third-Generation Sequencing 510
threshold effect 73
threshold trait 605
thymine 240
Ti Plasmid 495, 730
time mapping 140
time of flight 560
time-resolved single particle cryo-EM 345
TIMP 481
tissue inhibitors of metalloproteinase 481
t-loops 277
TLS 276
TMV 240
Tn elements 387
tobacco mosaic virus 240
TOF 560
topoisomerases 291
topoisomers 291
traits 42
transacetylase 398
trans-acting elements 397
trans-acting factors 322, 421
transcription 6, 232, 320
transcription activator-like effector nucleases 747
transcription factory 49, 324, 359, 419, 424
transcription start site 322, 421
transcriptional activators 324
transcriptional repressors 324
transcriptome analysis 553
transcriptomics 553
transduction 149
transfection 238
transfer RNA 337
transformatioin 145, 234, 492
transformation 492
transformer 431
transgenes 178
transgenic 8, 725
transgenic animal 240, 572
transgenic mice 173
transition 368
translation 6, 232, 337
translational medicine 1, 738
translesion synthesis 276
translocation 205
transmission genetics 40
transport protein 359
transposable element 62, 386

transposable sequences 302
transposase 386
transposon 375, 386
trans-repression domain 425
transversion 368
trihybrid cross 49
trinucleotide 242
trinucleotide repeat sequence 379
trinuclotide repeats 208
triosmy 21 191
triplet binding assay 313
triplet code 309
triplo-X 171
trisomy 190
tRNA 6, 337
trptophan synthetase 406
TSD 182
tubulin 18, 359
tumorigenesis 471
tumor-suppressor genes 478
Turner syndrome 170, 189
two-dimensional gel electrophoresis 557
Type 2 diabetes 605

U

ubiquitin 358, 432
ultraviolet light 239
ultraviolet radiation 376
unambiguous 309
unique DNA sequences 253
unisexual 165
unit factor 42
universal 309
unscheduled DNA synthesis 383
uracil 241
UV light 239

V

variable 437
variable gene activity hypothesis 446
variable number of tandem repeats 701
variable number tandem repeats 301
variable region 436
variance 608
variation by mutation 232
Vectibix® 714
vector 8
Venn diagram 552
vertical gene transfer 136
virulence factors 688
virulent phage 149
visible mutations 369

W

warfarin 716
Western blotting 504
whole-genome shotgun cloning 496
Wiskott-Aldrich syndrome 745
wobble hypothesis 317, 345

X

xeroderma pigmentosum 383
X-inactivation center 178
X-inactive specific transcript 178
XIST 178
X-linkage 70, 87
X-linked 370
XP 383
X-ray diffraction analysis 245
X-rays 377

Y

Y chromosome 168
YACs 494
yeast artificial chromosomes 494
Y-linked 370

Z

ZBP1 698
Z-DNA 249
zinc-finger 425
zinc-finger nucleases 747
zip code 698
zip code-binding protein 1 698
zoospores 165
zygote 21
zygotene stage 28

기타

13mers 269
2-amino purine 375
2-AP 375
2-deoxyribose 241
2DGE 557
45,X 170
45,X/46,XY 170
45,X/46/XX 170
47,XXX 171
47,XXY 170
47,XYY 171
48,XXXX 171
48,XXXY 170
48,XXYY 170
49,XXXXX 171
49,XXXXY 170
49,XXXYY 170
5-azacytidine 421
5-bromouracil 375
5-BU 375
5-methylcytosine 297, 420
7-methylguanosine 326
7mG 326
9mers 269
α helix 356
β-galactosidase 397
β-pleated sheet 356
β-thalassemia 745